Handbuch der Sonderstahlkunde

Von

Prof. Dr.-Ing. Eduard Houdremont

Vorstandsmitglied der Fried. Krupp A.-G., Essen

Mit 873 Textabbildungen
und 224 Zahlentafeln

Springer-Verlag Berlin Heidelberg GmbH
1943

ISBN 978-3-642-51201-8   ISBN 978-3-642-51320-6 (eBook)
DOI 10.1007/978-3-642-51320-6

Herrn Professor

Dr.-Ing. Dr. phil. h. c. Paul Goerens

in dankbarer Verehrung

gewidmet

Vorwort.

Es sind bereits 3 Jahre vergangen, seit die „Einführung in die Sonderstahlkunde" vergriffen ist. Diese war ein erster Versuch, in großen Zügen eine einheitliche Darstellung des Stoffes zu bringen. Das vorliegende Handbuch stellt sich nun die Aufgabe, den Stoff der „Einführung" in entsprechend in die Tiefe gehender Art zu erweitern. Infolge der großen damit verbundenen Arbeit sowie der erschwerenden Umstände durch Vierjahresplan und Kriegsaufgaben kann die Ausgabe dieses Werkes erst jetzt erfolgen.

Außerdem ist auf dem Gebiet der Sonderstähle seit dem Erscheinen der „Einführung" eine Fülle von weiterer Forschungsarbeit geleistet worden, die mit zu berücksichtigen war. Unter anderem gilt dies für die allgemeinen Erkenntnisse auf dem Gebiete der Metallkunde. Ausgehend von den Erscheinungen des Magnetismus, der Leitfähigkeit usw. hat die moderne Physik in den letzten Jahren fortschreitend einen tieferen Einblick in das Wesen der Metalle gewinnen lassen. Es beginnen sich hier größere Zusammenhänge abzuzeichnen, die wieder eine zusammenfassende Betrachtung mancher Eigenschaften zu gestatten scheinen. Nach dem unverändert beibehaltenen Grundsatz der „Einführung", auch in diesem Werk gerade derartige größere Zusammenhänge dem Leser zu vermitteln, ist in dem vorliegenden Werk an einzelnen Stellen der Versuch unternommen worden, bei den physikalischen Eigenschaften auf diese Gesichtspunkte einzugehen, trotz der Gefahr, die damit verknüpft ist, wenn man Dinge, die sich am besten mit mathematischen Formeln darstellen lassen, in allgemeiner, auch dem Nichtphysiker verständlicher Form anzudeuten versucht. Herrn Dr. phil. Schlechtweg bin ich für die Unterstützung bei der Bearbeitung dieses Teiles zu Dank verpflichtet.

Da die Eigenschaften der Sonderstähle grundsätzlich auf denjenigen des reinen Eisens aufbauen und sich in irgendeiner veränderten Form bei den einzelnen Legierungen entsprechend wiederfinden, ist insbesondere auf die Eigenschaften dieses Grundstoffes etwas näher eingegangen worden, zumal weitgereinigtes Eisen schon für viele Verwendungszwecke als Sonderstahl angesprochen werden könnte. Der dadurch bedingten Erweiterung der einzelnen Abschnitte trägt auch der neue Titel Rechnung.

Ganz besonderen Dank möchte ich meinen beiden jahrelangen Mitarbeitern, den Herren Dr.-Ing. H. Bennek und Dr.-Ing. habil. H. Schrader, an dieser Stelle aussprechen für ihre aufopferungsvolle Mitarbeit. Ebenso gehört mein Dank Herrn Dr.-Ing. Wiester für die Mitarbeit an der Neubearbeitung.

Nicht vergessen möchte ich zu danken allen in- und ausländischen Freunden, die nach Erscheinen der „Einführung in die Sonderstahlkunde" auf die Vor- und Nachteile in der gewählten Art der Darstellung aufmerksam gemacht haben.

Ebenso möchte ich dem Verlag für die große Sorgfalt bei der Herstellung dieses Buches sowie der Firma Krupp für die Überlassung manchen wertvollen Materials meinen Dank sagen.

Essen, im November 1942.

Eduard Houdremont.

Inhaltsverzeichnis.

I. Das Gebiet der Sonderstähle.

Unter Sonderstählen versteht man Eisen- und Stahllegierungen, die sich durch besondere Eigenschaften aus dem Rahmen der normalen Massenstähle, die in den großen gemischten Hüttenwerken erzeugt werden, hervorheben. Das Besondere dieser Eigenschaften kann bedingt sein durch die Art der Zusammensetzung, die Art der Herstellung oder die Art der Behandlung. Eines dieser drei Merkmale genügt bereits, um einen Stahl als Sonderstahl zu kennzeichnen. Sehr oft und nahezu in den meisten Fällen treten die drei Kennzeichen gleichzeitig auf. Letzteres gilt insbesondere für die sog. legierten Stähle mit höheren Prozentgehalten an Fremdstoffen. Man wird selbstverständlich diesen Stählen keinen höheren Legierungsgehalt beimengen, ohne bei der Herstellung, der Weiterverarbeitung und Behandlung alle Gesichtspunkte zu berücksichtigen, die eine volle Ausnützung des Vorteils der Legierung versprechen. Da aber in vielen Fällen eines der drei genannten Kennzeichen in den Vordergrund tritt, könnte man das Gebiet der Sonderstähle unterteilen in:

Sonderstähle der Zusammensetzung,
Sonderstähle der Herstellung,
Sonderstähle der Behandlung.

Sonderstähle der Zusammensetzung. Es gibt eine große Reihe von Stählen, die durch ihre Zusammensetzung allein als Sonderstähle gekennzeichnet sind. Hierzu gehören vor allem die Legierungen des Eisens mit hochwertigen Metallen, wie Nickel, Chrom, Wolfram, Molybdän, Vanadin usw. Als Beispiel eines solchen Sonderstahles braucht nur auf die bekannten rostfreien Stahllegierungen mit mehr als 13% Cr und gegebenenfalls Beimengungen von Nickel, Molybdän usw. hingewiesen werden. Es ist selbstverständlich, daß bei derartigen hochlegierten Stählen auch schon bei der Herstellung und Behandlung der Eigenart der Legierung Rechnung getragen wird.

Es dürfte nicht überflüssig sein, an dieser Stelle eine kurze Begriffsbestimmung für legierte Stähle zu geben. Bei der Herstellung von unlegiertem Stahl läßt es sich nicht vermeiden, daß durch die großen Mengen von Schrott, die der Stahlindustrie von außerhalb zulaufen, auch verschiedene Legierungselemente wieder in den Kreisprozeß der Stahlherstellung gelangen. Sog. unlegierte Massenstähle enthalten daher vielfach bereits ungewollt die verschiedenen Legierungselemente, wie Nickel, Kupfer, Chrom, in Mengen, die zusammen manchmal 0,5% erreichen können. Diese ungewollten Beimengungen verschlechtern die Eigenschaften dieser Stähle nicht und können vielfach unberücksichtigt bleiben. Solche Stähle als „legierte" zu bezeichnen, wäre verfehlt. Da andererseits die kleinste Legierungsmenge, die mit bestimmter Absicht dem Stahl zugesetzt wird, oft nicht größer als 0,1 % ist, erscheint es zweckmäßig, den Begriff der legierten Stähle folgendermaßen zu definieren:

Unter legierten Stählen versteht man Eisenlegierungen, denen zur Erreichung bestimmter Eigenschaften Zusätze an Legierungselementen in bestimmter Höhe zugefügt werden. Nach dieser Begriffsbestimmung gehört zum Begriff des legierten Stahles der beabsichtigte, in seiner Höhe genau bestimmte Zusatz des Legierungselementes zwecks Erzielung einer bestimmten Eigenschaft.

Sonderstähle der Herstellung. Eine ganze Reihe von Stählen gleicher Zusammensetzung — z. B. reine Kohlenstoffstähle mit geringen Zusätzen von Mangan und Silizium — werden entweder in der Thomasbirne, der Bessemerbirne, im Siemens-Martin-Ofen oder im Elektroofen bzw. im Tiegelofen erzeugt.

Die Wahl der Herstellungsart wird meist durch den Verwendungszweck und die Ansprüche, die sich aus diesem Verwendungszweck ergeben, bestimmt. Beispielsweise werden Stähle mit Kohlenstoffgehalten von 0,6 bis 0,8 % und Mangangehalten von etwa 0,6 bis 1 % in großen Mengen für Massenprodukte, wie Schienen harter Qualität usw., hergestellt. Ihre Erzeugung erfolgt in der Thomasbirne oder in basischen Siemens-Martin-Öfen großen Fassungsvermögens. Stähle gleicher Zusammensetzung können aber auch Verwendung finden für die Herstellung von Gesenken, Sägeblättern, Schnittwerkzeugen, Feilen usw. Bei der Herstellung der Werkstoffe für letztere Verwendungszwecke wird man jedoch bereits besonders geeignete Siemens-Martin-Öfen oder Elektroöfen, unter Umständen sogar Tiegelöfen verwenden. Eine besondere Gruppe in derselben Zusammensetzung stellen z. B. die Bessemer- und sauren S.M.-Stähle für Feilen, Pflugschare, Werkzeuge usw. dar. Der Name „Sonderstahl" ergibt sich also in diesem Falle rein auf Grund der Herstellungsart.

Ein typisches Beispiel für die Beeinflussung der Eigenschaften durch die Art der Herstellung ist der sog. „Zementstahl", bei dem der gewünschte Kohlenstoffgehalt durch Zementation von besonders reinem Flußeisen erreicht wurde.

Sonderstähle der Behandlung. Für eine größere Anzahl von Verwendungszwecken stellt man aus wirtschaftlichen Gründen den Stahl in großen S.M.-Ofeneinheiten oder in der Thomasbirne her und erzielt die gewünschten Eigenschaften durch spezielle Behandlung nach dem Schmelzen, z. B. beim Gießen, Walzen oder Schmieden, durch besondere Wärmebehandlung nach dem Fertigschmieden oder Fertigwalzen, Verarbeitung in Kaltwalzwerken, Ziehen usw. Ein treffendes Beispiel hierfür sind weiche Flußeisensorten, die z. B. zu Tiefziehblechen verarbeitet werden. Wenn man bei diesen Flußeisenarten auch bereits bei der Herstellung Wert auf besondere Sauberkeit in der Schmelzführung legt, so werden die gewünschten Eigenschaften doch endgültig erst durch Walz- und Glühbehandlung erzielt.

Auch die bereits erwähnten Stähle mit etwa 0,6 % C und 0,8 % Mn, die als Bessemerstähle eine große Verbreitung für Gesenke gefunden hatten, wurden erst durch besondere Behandlung beim Gießen, insbesondere aber durch besonders sorgfältiges Schmieden mit darauffolgender zweckentsprechender Wärmebehandlung den an sie gestellten Anforderungen voll gerecht.

Wie aus dieser kurzen Einleitung hervorgeht, ist das Gebiet der Sonderstähle ein außerordentlich weitverzweigtes. Wollte man es ganz erfassen, so wäre man gezwungen, die gesamte Stahlherstellung, -verarbeitung und -behandlung zu beschreiben. Im folgenden werden daher nur die Sonderstähle der Zusammensetzung besprochen, und es wird bei entsprechender Gelegenheit auf Besonderheiten der Herstellung und der Behandlung hingewiesen.

II. Reines Eisen.

1. Allgemeines.

Das die Grundlage für die gesamte Stahltechnik bildende Element Eisen kann, in höchstem Reinheitsgrad hergestellt, bereits als Sonderwerkstoff angesprochen werden, da reines Eisen nach einem in der Eisengroßindustrie üblichen Herstellungsverfahren nicht gewonnen werden kann. Die Eigenschaften des reinen Eisens und die Möglichkeiten ihrer Beeinflussung sind von grundsätzlicher Bedeutung für das Wesen der Sonderstähle, und es erscheint zweckmäßig, hierauf etwas näher einzugehen.

Reines Eisen gewinnt man heute in größeren Mengen durch Elektrolyse als Elektrolyteisen[1] oder auf dem Wege des Karbonylverfahrens als Karbonyleisen[2]. Auch diese „technisch reinen" Eisensorten enthalten stets geringe Mengen von Fremdstoffen, wie Wasserstoff, Sauerstoff, Kohlenstoff, Schwefel usw. Durch Umschmelzen oder Glühen im Vakuum, insbesondere durch wechselweises Glühen in Wasserstoff und im Vakuum gelingt es, auch diese Beimengungen zum großen Teil zu entfernen. Aber auch solche, schon mehr laboratoriumsmäßig gereinigten Eisenarten können nicht als völlig reines Eisen angesprochen werden; das gilt z. B. selbst für ein im Laboratorium durch Wasserstoffreduktion aus seinem Oxyd hergestelltes Eisen, für das der Ausgangsstoff aus mehrfach umkristallisiertem Eisennitrat gewonnen wird.

Mit zunehmendem Reinheitsgrad ändern sich auch im Bereich dieser kleinsten Beimengungen, wie die Untersuchungen der letzten Jahre gezeigt haben, noch die Eigenschaften des reinen Eisens. Insbesondere gilt dies für das sehr empfindlich auf feinste Abweichungen im Aufbau der Metalle reagierende physikalische Verhalten. Die Eigenschaften dieses wichtigsten Metalles der Menschheit sind somit erst in erster Annäherung bekannt. Unterschiede der Angaben über gleiche Eigenschaften bei verschiedenen Forschern dürften vielfach auf solche kleine Abweichungen zurückzuführen sein. Da nach den neuesten Forschungen auf dem Gebiete der Atomphysik die Eigenschaften der Metalle im Aufbau des

---

[1] v. Hirsch, S. P.: Beiträge zur technischen Elektrolyteisengewinnung. (Mit Abb. u. Zahlentaf. im Text.) Dresden-A. 46: M. Dünki 1936. (3 Bl., 107 S.) 8°. (Maschinenschrift autogr.) Dr.-Diss. Dresden, Techn. Hochschule. — Thompson, J. G., u. H. E. Cleaves: Zusammenfassung der Kenntnisse über Herstellung und Eigenschaften von reinem Eisen. Ausführliche Zusammenstellung der Herstellungsverfahren und der damit erreichbaren Reinheitsgrade sowie einer Reihe physikalischer und technologischer Eigenschaften. J. Res. Nat. Bur. Stand. Bd. 16 (1936) Nr. 2 S. 105/30.

[2] Offermann, K. E.: Über die Herstellung und die Eigenschaften von Stahl aus Karbonyleisen. (Mit 69 Abb. u. 7 Zahlentaf.) Dortmund: Stahldruck Dortmund 1936. (38 S.) 4°. Dr.-Diss. Braunschweig, Techn. Hochschule. — Ein Auszug dieser Arbeit ist veröffentlicht in Stahl u. Eisen Bd. 56 (1936) S. 1132/38. — Mittasch, A.: Z. angew. Chem. Bd. 41 (1928) S. 827/33. — Duftschmid, F., L. Schlecht u. W. Schubart: Z. Elektrochem. Bd. 37 (1931) S. 485/92, auch Stahl u. Eisen Bd. 52 (1932) S. 845/49.

Atoms und in den Wechselwirkungen der einzelnen Atome aufeinander begründet sind, ist es verständlich, daß jede auch noch so kleine Beimengung eines Fremdatoms bereits von Einfluß auf die Eigenschaften sein muß.

Von den nach üblichen Stahlwerksverfahren hergestellten reinen Eisenarten sind zu erwähnen das sog. „Armcoeisen" und das „Weicheisen".

Die angenäherte Zusammensetzung verschiedener Reineisensorten gibt Zahlentafel 1 (S. 4).

Zahlentafel 1. Chemische Zusammensetzung reinster Eisensorten.

	C	Si	Mn	P	S
Armcoeisen[1]	0,01	$<$0,02	$<$0,02	$<$0,05	0,028
Weicheisen[2]	0,04	$<$0,02	0,10	$<$0,02	0,035
Elektrolyteisen	0,02	0,01	0,02	0,01	0,013
Karbonyleisen	0,01	0,02	0,02	0,01	0,007

2. Kristallaufbau und Umwandlungen des Eisens.

Der Kristallaufbau des Eisens gehört dem kubischen System an. Beim Erwärmen auf höhere Temperaturen erleidet das Eisen verschiedene Eigenschaftsveränderungen[3], die zum Teil mit Phasenveränderungen verknüpft und für die technische Bedeutung des Eisens als Metall von ausschlaggebender Bedeutung sind.

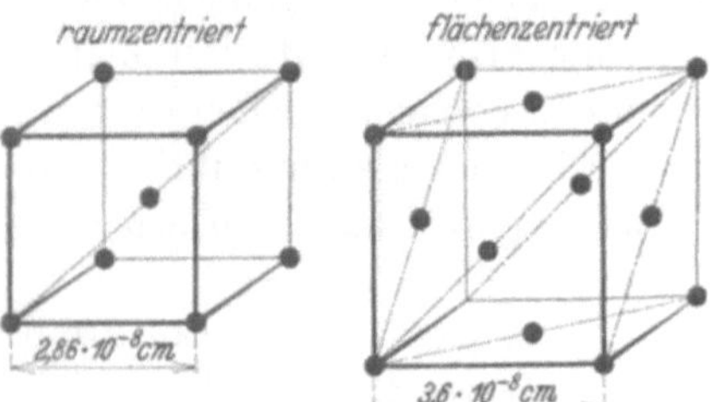

Abb. 1. Atomanordnung von α- und γ-Eisen. [Nach A. Westgren u. A. E. Lindh: Z. physik. Chem. Bd. 98 (1921) S. 200.]

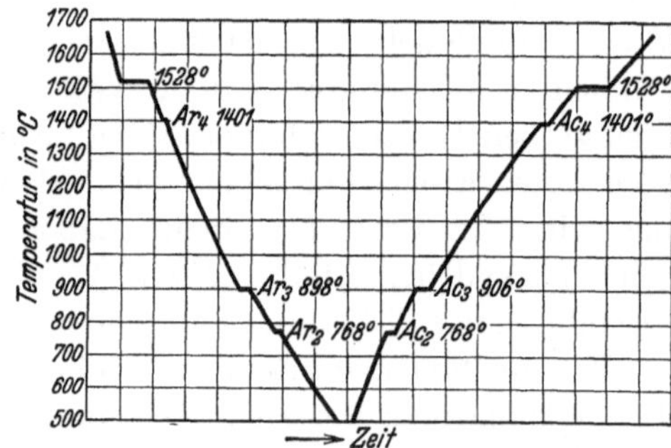

Abb. 2. Schematische Erhitzungskurve (rechts) und Abkühlungskurve (links) von reinem Eisen. (Entnommen aus Oberhoffer: Das technische Eisen, S. 10. Berlin: Springer 1925.)

Die bei Raumtemperatur beständige Phase des Eisens bezeichnet man als α-Eisen. Sie kristallisiert im kubisch-raumzentrierten System (Abb. 1).

Nimmt man Erwärmungs- und Abkühlungskurven von reinem Eisen von Raumtemperatur bis zum Schmelzpunkt auf (s. Abb. 2), so stellt man an verschiedenen Punkten sprunghafte Veränderungen des Temperaturverlaufes fest. Man hat diese Punkte mit A_2, A_3, A_4 bezeichnet, wobei die bei der Erwärmung festgestellten Punkte noch durch ein angegliedertes „c", die bei der Abkühlung gefundenen durch ein angegliedertes „r", also z. B. Ac_2 oder Ar_2, bezeichnet werden.

Die erste bei 768° festgestellte Unstetigkeit „A_2" wurde früher als Phasenveränderung gedeutet. Man bezeichnete im Gegensatz zu dem bei Raumtemperatur beständigen α-Eisen das zwischen A_2 und A_3 beständige als β-Eisen. Durch die Untersuchungen der letzten Jahrzehnte ist jedoch einwandfrei

---

[1] Dazu noch bis zu 0,1% Sauerstoff.

[2] Dazu noch bis zu 0,005% Sauerstoff.

[3] Siehe auch Abschnitt „Physikalische Eigenschaften", S. 13ff.

erwiesen, daß beim A_2-Punkt keine Phasenveränderung erfolgt; das sog. β-Eisen ist mit dem α-Eisen wesensgleich. Der A_2-Punkt (Curie-Punkt) ist gekennzeichnet durch den Verlust des Ferromagnetismus des α-Eisens. Dieser Verlust ist kein sprunghafter, sondern, wie die Abb. 3 zeigt, erfolgt die Abnahme der Magnetisierungsintensität allmählich. Die allmählich fortschreitende Abnahme der Magnetisierbarkeit ist bereits ein Beweis gegen einen Phasenwechsel. Ein

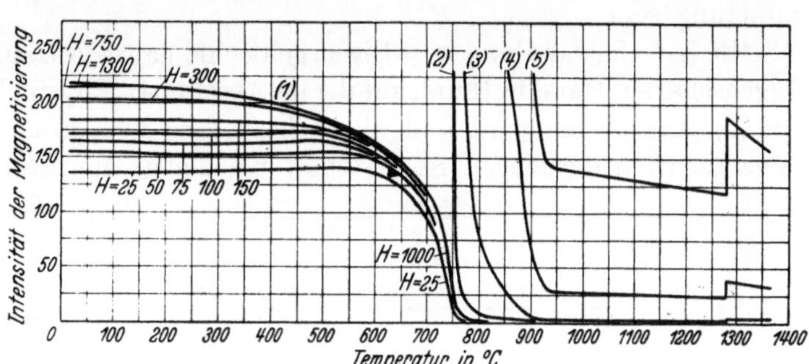

Abb. 3. Veränderung der Magnetisierungsintensität von weichem Flußeisen mit der Temperatur für verschiedene Feldstärken. (Nach Curie: Œuvres Pierre Curie, S. 312. Paris: Gauthier-Villars 1908.) Bei den mit (2), (3), (4), (5) bezeichneten Kurven ist die Ordinate 10-, 100-, 1000-, 5000-fach vergrößert.

weiterer Beweis wird durch die röntgenographischen Untersuchungen gebracht, die deutlich zeigen, daß beim Übergang von α- in β-Eisen keine Veränderung des Raumgitters erfolgt. Die Vorgänge, die zum Verlust des Ferromagnetismus führen und somit das Vorhandensein des A_2-Punktes bedingen, sind atomistischer Art; hierauf soll bei der Besprechung der magnetischen Eigenschaften (S. 13 u. 29 ff.) noch eingegangen werden.

Anders verhält es sich mit dem A_3-Punkt. Dieser Punkt ist durch sprunghafte Veränderung der Eigenschaften gekennzeichnet. Entsprechend einer Phasenveränderung erfolgt hierbei eine Umlagerung des Raumgitters, die bei den röntgenographischen Untersuchungen klar zum Ausdruck kommt, und zwar lagert sich das unterhalb A_3 beständige raumzentrierte Würfelgitter des α-Eisens in ein entsprechendes flächenzentriertes um (Abb. 1). Die neugebildete Phase bezeichnet man als γ-Eisen. Der Gitterparameter (bei 900°) wird von 2,900 auf 3,645 Å vergrößert. Da aber die Besetzung der Atomebenen beim flächenzentrierten Würfel dichter ist als beim

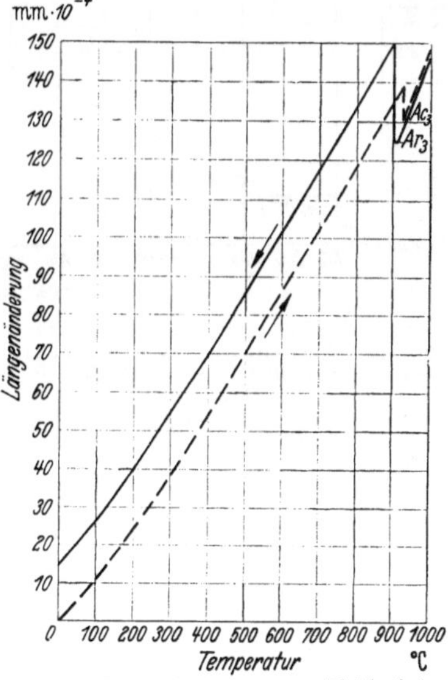

Abb. 4. Längenänderung von Elektrolyteisen in Abhängigkeit von der Temperatur (mit dem Stäbleinschen Ausdehnungsapparat aufgenommen).

raumzentrierten, hat das γ-Eisen ein kleineres Volumen als das α-Eisen. Die Umwandlung erfolgt somit unter sprunghaften Volumenveränderungen[1] (Abb. 4).

---

[1] Nach T. D. Yensen [Science Bd. 68 (1928) S. 376/77] soll die A_3-Umwandlung eine Folge von Verunreinigungen, insbesondere von Kohlenstoff sein. Er glaubte gefunden zu haben, daß sich mit steigendem Reinheitsgrad die A_3-Umwandlung zu höheren, die A_4-Umwandlung zu tieferen Temperaturen verschiebt. Hieraus wurde der Schluß gezogen, daß absolut reines Eisen umwandlungsfrei sein sollte. Bei den in den letzten Jahren durchgeführten Untersuchungen [S. D. Smith u. W. P. Davey: Trans. Amer. Soc. Met. Bd. 26 (1938) S. 255 sowie Phys. Rev. Bd. 51 (1937) S. 1010] wurde aber der Ac_3-Punkt bei noch so weitgehend gereinigtem Eisen bei einer Temperatur von 909° gefunden.

Beim Übergang vom α- zum γ-Eisen treten auch im Atomaufbau Änderungen ein, auf die man z. B. aus der Veränderung der spezifischen Wärme schließen kann[1]. Diese Veränderungen dürften auch der Grund für die auftretende Gitteränderung sein.

Mit der Umwandlung in γ-Eisen geht eine ganze Anzahl Veränderungen von Eigenschaften Hand in Hand, auf die im Abschnitt „Physikalische Eigenschaften" (S. 13) eingegangen wird und die insbesondere von großer Wichtigkeit für die Eigenschaften derjenigen Stähle sind, bei denen man durch Legierung den γ-Zustand bis auf Raumtemperatur hin stabilisiert hat, d. h. bei den sog. austenitischen Stählen.

Die wichtigste Eigenschaftsveränderung beim Übergang vom α- in γ-Eisen ist die Erhöhung der Lösungsfähigkeit für verschiedene Stoffe. Die hierunter besonders wichtige Vergrößerung des Lösungsvermögens für Kohlenstoff bildet die Grundlage für die gesamte Entwicklung der Stahltechnik.

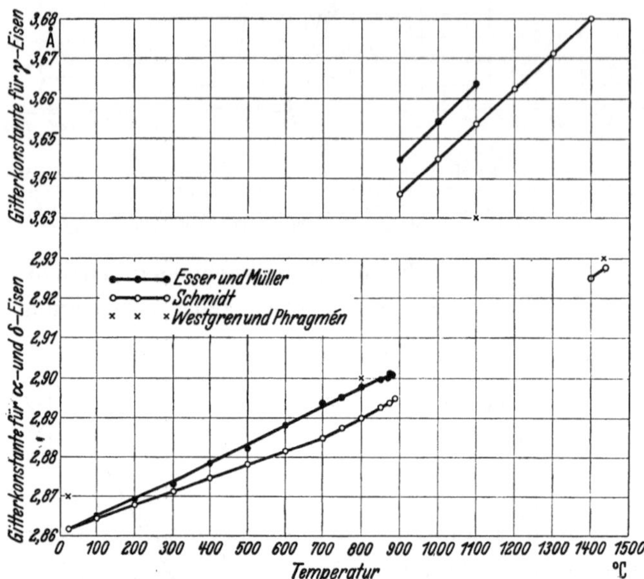

Abb. 5. Veränderung des Gitterparameters von Eisen mit der Temperatur. [Nach H. Esser, u. G. Müller: Arch. Eisenhüttenw. Bd. 7 (1933/34) S. 265/68, bzw. W. Schmidt: Erg. d. techn. Röntgenkunde Bd. 3 (1933) S. 194/201 sowie A. Westgren, u. G. Phragmén: Z. physik. Chem. Abt. B Bd. 102 (1922) S. 1/25; J. Iron Steel Inst. Bd. 105 (1929) S. 241/73, Bd. 109 (1924) S. 159/75 — vgl. Stahl u. Eisen Bd. 42 (1922) S. 1436/37, Bd. 44 (1924) S. 1026.

Erwähnenswert ist auch der Umstand, daß bei Aufnahme von Umwandlungskurven schon bei verhältnismäßig langsamer Erwärmungs- und Abkühlungsgeschwindigkeit der Ac_3-Punkt bei höherer Temperatur gefunden wird als der Ar_3-Punkt (Abb. 2 und 4). Die $\gamma \to \alpha$-Umwandlung ist somit unterkühlungsfähig und weist eine mit der Abkühlungsgeschwindigkeit veränderliche Hysteresis auf. Die Hysteresis des A_3-Punktes nimmt außerdem mit steigendem Reinheitsgrad ab. Bei sehr reinem Eisen fanden C. Wells, R. A. Ackley und R. F. Mehl[2] nur mehr eine Hysteresis von 2,5°, die durch geringe Mengen von Verunreinigungen auf 20° vergrößert wurde. Die Abhängigkeit der Hysteresis von der Abkühlungsgeschwindigkeit ist, wie hierdurch bereits angedeutet, durch verschiedene Legierungselemente weitgehend beeinflußbar, was für die Wärmebehandlungstechnik ebenfalls besonders wichtig geworden ist.

Eine weitere Umwandlung des Eisens erfolgt bei einer Temperatur von ungefähr 1400° C. Auch diese Umwandlung muß als Phasenveränderung gedeutet

---

[1] Schlechtweg, H.: Verh. dtsch. phys. Ges. Bd. 19 (1938) S. 19/20.

[2] Wells, C., R. A. Ackley u. R. F. Mehl: Trans. Amer. Soc. Met. Bd. 24 (1936) Nr. 1 S. 46/74.

werden. Es geht hierbei das flächenzentrierte γ-Eisen wieder in das raumzentrierte δ-Eisen über. Nach röntgenographischen Untersuchungen ist das δ-Eisen mit dem α-Eisen wesensgleich. Diese Übereinstimmung kommt nicht nur in dem gleichen Aufbau des Raumgitters zum Ausdruck, sondern auch dadurch, daß die Eigenschaften des δ-Eisens in gewissem Sinne die Fortsetzung der Eigenschaften des α-Eisens in entsprechend höheren Temperaturen darstellen. Es vergrößert sich z. B. der Parameter des δ-Eisens gegenüber dem des α-Eisens nur um den Betrag, der durch die Wärmeausdehnung im Temperaturbereich 900—1400° C bedingt ist (Abb. 5).

3. Mechanische Eigenschaften reinen Eisens.

a) Verhalten bei Raumtemperatur.

Gebrauchsgegenstände aus Eisen bestehen nahezu alle aus einem Kristallhaufwerk vieler kleiner Kristalle. Zur genaueren Erforschung der Eigenschaften des Eisens sind laboratoriumsmäßig aber auch bereits vielfach größere Einkristalle hergestellt und untersucht worden.

Da die Eigenschaften des Einkristalls von grundlegender Wichtigkeit für das Verhalten vielkristalliner Proben sind, sei kurz auf die wichtigsten mechanischen Eigenschaften des Einkristalls eingegangen.

Einkristall. Der Eiseneinkristall weist in Einklang mit dem über den Einfluß der Korngröße und Korngrenze bei Vielkristallen noch zu Sagenden (S. 8) die geringste Festigkeit und Elastizitätsgrenze auf, wie dies folgende Werte für Einkristalle im Vergleich mit den später angegebenen Zahlen in Zahlentafel 2 (S. 9) bestätigen.

Festigkeit kg/mm²	Proportionalitätsgrenze kg/mm²	Dehnung %
14—15	3—4	30—50

Die mechanischen Eigenschaften des Eiseneinkristalls sind keineswegs nach allen kristallographischen Richtungen gleich. Je nach der Beanspruchungsrichtung, z. B. Achse des Kubus (100-Richtung) im Vergleich zu seiner Diagonale (111-Richtung) ist das Verhalten verschieden. Dies ist verständlich, wenn man bedenkt, daß die Besetzung der einzelnen kristallographischen Richtungen mit Atomen verschieden ist und das Verhalten eines Kristalls bei mechanischer Beanspruchung von den Kraftfeldern bestimmt wird, die durch die Elektronenverteilung in den einzelnen Atomen gegeben sind, wobei die gesamte den Atomkern umgebende Elektronenhülle in den verschiedenen Gitterrichtungen verschieden ausgedehnt ist.

So ergeben sich z. B. für den in verschiedenen Richtungen beanspruchten Eiseneinkristall folgende Werte für den Elastizitätsmodul[1]:

$$100\text{-Richtung} \quad . \quad . \quad . \quad 13\,500 \text{ kg/mm}^2$$
$$111\text{-Richtung} \quad . \quad . \quad . \quad 29\,000 \text{ kg/mm}^2$$
$$110\text{-Richtung} \quad . \quad . \quad . \quad 21\,600 \text{ kg/mm}^2.$$

Der Mittelwert entspricht mit etwa 21 000 kg/mm² dem bei regellos verteiltem Kristallhaufwerk ermittelten Elastizitätsmodul von Eisen und Stahllegierungen.

---

[1] Goens, E., u. E. Schmid: Naturwiss. Bd. 19 (1931) S. 520/24.

Ebenso verhält sich der Einkristall bei der plastischen Verformung je nach
der kristallographischen Richtung verschieden. Bereits bei Erreichung einer
Schubspannung von etwa 1 kg/mm² in der Gleitebene tritt plastische Gleitung
auf, wobei die Raumdiagonale Gleitrichtung ist, während über die Gleitebene
selbst die Ansichten noch etwas auseinandergehen[1]. Die Dehnung ist ebenso
wie die Festigkeit kristallographisch abhängig; sie nehmen beide in Richtung der Würfelkante Höchstwerte an (Abb. 6)[2].

Vielkristalliner Zustand. Angaben über die mechanischen Eigenschaften vielkristallinen reinen Eisens bei Raumtemperatur sind in Zahlentafel 2 (S. 9) enthalten. Wie aus diesen Zahlen hervorgeht, ist das
Eisen ein weiches, gut dehnbares Metall. Die Einzelwerte mancher
Eigenschaften, wie vor allem der Festigkeit, Streckgrenze, Dehnung
usw. sind einerseits von der Größe der Kristallkörner und andererseits
vom Reinheitsgrad ziemlich weitgehend abhängig. Mit zunehmendem
Reinheitsgrad nehmen die Festigkeit, Streckgrenze (Proportionalitätsgrenze) ab, die Werte für Dehnung, Einschnürung und Verformbarkeit steigen entsprechend an. In obiger Zahlentafel sind daher entsprechende Grenzwerte für diese Eigenschaften angegeben. Die Verformbarkeit von reinstem Eisen erreicht die des Kupfers. Karbonyl-
eisenbleche ergeben z. B. im Vergleich zu Kupfer und anderen Eisensorten die in Abb. 7 wiedergegebenen Tiefziehwerte.

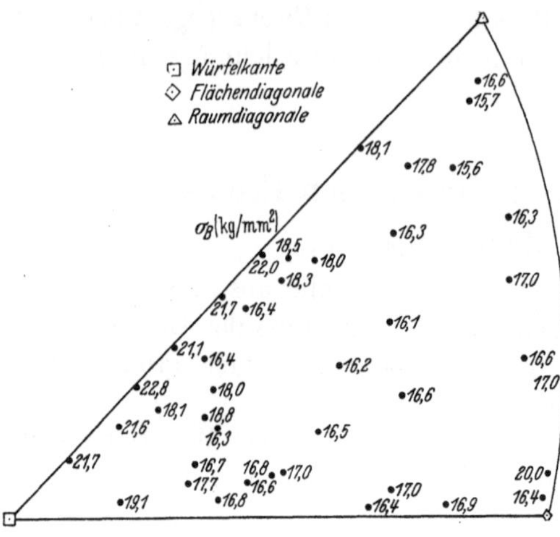

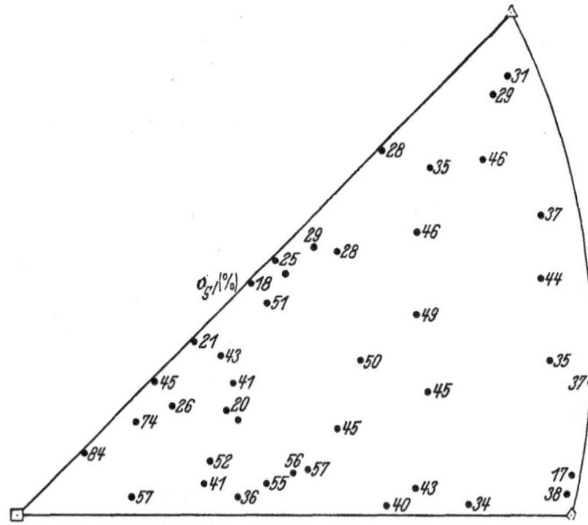

Abb. 6. Orientierungsabhängigkeit der Höchstlast und
Dehnung von α-Eisenkristallen. [Nach W. Fahrenhorst
und E. Schmid: Z. Phys. Bd. 78 (1932) S. 383/94.]

Leider sind diese Werte höchster
Tiefziehfähigkeit an einen ziemlich grobkristallinen Zustand gebunden, der
durch Glühen auf höchste Weichheit unterhalb des Umwandlungspunktes A_3
erzielt wird. Gegenstände, die aus diesem weichsten, auf höchste Tiefziehfähigkeit
behandelten Karbonyleisen gezogen werden, erhalten infolge ihrer Grobkörnigkeit das unschöne sog. krispelige Aussehen der Oberfläche (s. a. Abb. 99). Das
grobkristalline Gefüge von Karbonyleisen beruht auf dem unbehinderten
Kristallisationsvermögen dieses durch Sinterung gewonnenen Eisens, das im
Gegensatz zu geschmolzenem in seinem Kristallwachstum nicht so stark durch

[1] Schlechtweg, H.: Techn. Mitt. Krupp Bd. 4 (1936) S. 36/38.
[2] Fahrenhorst, W., u. E. Schmid: Z. Phys. Bd. 78 (1932) S. 383/94.

Zahlentafel 2. Mechanische Eigenschaften von reinstem Eisen.

	Elektrolyteisen [1] im geglühten Zustand	Carbonyleisen [2]	Technisches Weicheisen, geglüht
Brinellhärte	45—55	55—80	80—90
Streckgrenze [3]	10—14 kg/mm²	9—17 kg/mm²	9—25 kg/mm² } [4]
Zugfestigkeit	18—25 „	20—28 „	18—32 „
Dehnung $l = 10d$	50—40%	40—30%	40—30%
Einschnürung	80—70%	80—70%	80—70%
Elastizitätsmodul E	21000 kg/mm²	20700 kg/mm²	20—21000 kg/mm²
Dehnungszahl $\alpha = 1/E$	0,000048 mm²/kg	—	—
Torsionsmodul G	8200 kg/mm²	—	—
Kerbzähigkeit bei 20°(DVMR-Probe)	—	18—25 mkg/cm²	> 27 mkg/cm²

Verunreinigungen behindert ist. Ein Beispiel, bis zu welcher Korngröße man durch Ausglühen bei 850° C gelangen kann, zeigt Abb. 8.

Glüht man reinstes Eisen, z. B. ein solches Karbonyleisen, oberhalb seines Umwandlungspunktes (930°), so wird es feinkörnig (s. „Umwandlungsglühen" S. 89). Feinkörniges Eisen gleichen Reinheitsgrades zeigt gegenüber grobkörnigem eine höhere Streckgrenze bzw. Elastizitätsgrenze, höhere Festigkeit, geringere

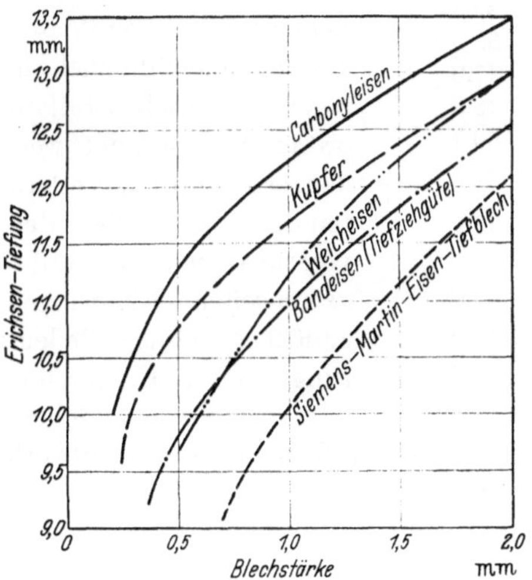

Abb. 7. Tiefziehfähigkeit von Karbonyleisen im Vergleich zu handelsüblichen Flußeisensorten und Kupfer. [Nach L. Duftschmidt, W. Schlecht u. Schubardt: Stahl u. Eisen Bd. 52 (1932) S. 847.]

Abb. 8. Starke Grobkornbildung bei längerer Glühung von Karbonyleisen durch 60stündige Zementation bei 850°. [Nach F. Duftschmidt, u. E. Houdremont: Stahl u. Eisen Bd. 51 (1931) S.1613/16.]

Tiefziehfähigkeit (geringere Verformungsfähigkeit) trotz höherer prozentualer Dehnung beim Zerreißversuch (Zahlentafel 3 [S. 10]). Die hohe Verformungsfähigkeit grobkörnigen Eisens beruht auf der Erniedrigung von Festigkeit und Streckgrenze. Die Ursache hierfür ist die Verminderung der Anzahl der Korngrenzen im Metallstück. Jede Korngrenze ist gekennzeichnet durch einen Spannungszustand zwischen den Atomen der aneinandergrenzenden Kristalle, und

---

[1] Nach F. Stäblein: Werkstoffhandbuch 2. Aufl A 105—S. 1/2. Düsseldorf 1937.

[2] Nach Duftschmidt, F., L. Schlecht u. W. Schubardt: Stahl u. Eisen Bd. 52 (1932) S. 45/49.

[3] Reinstes kohlenstofffreies Eisen weist beim Zerreißversuch keine ausgeprägte Streckgrenze auf, es handelt sich bei obigen Angaben also z. T. um die 0,2% Dehngrenze. Eine deutliche Streckgrenze entsteht anscheinend nur bei Anwesenheit von Kohlenstoff.

[4] Die tieferen Werte entsprechen einem durch Rekristallisation grobkörnig und damit besonders weichgemachten Eisen.

jeder Zuwachs an innerer Spannung erhöht naturgemäß Elastizitätsgrenze und
Festigkeit. Grobkörnigkeit und Reinheitsgrad (Freiheit von Fremdatomen im
Atomverband) wirken also im gleichen Sinne entspannend. Daß grobkörnige
Proben beim Zerreißversuch trotzdem geringe Dehnung zeigen, ist damit zu
erklären, daß sie eine geringere Einschnürung und damit einen geringeren An-
teil der Einschnürungsdehnung an der Gesamtdehnung aufweisen, weil das durch
die Einschnürung gekennzeichnete Verformungsvermögen von einer geringeren
Anzahl Gleitebenen getragen und somit eher erschöpft wird. Die Tiefziehfähigkeit hingegen steht in Zusammenhang mit der gleichmäßigen
Dehnbarkeit des Metalls vor der Einschnürung.

Zahlentafel 3. Einfluß der Korngröße auf die Festigkeitseigenschaften reinen Eisens nach D. S. Edwards und L. B. Pfeil[1].

Korngröße Anzahl der Körner pro mm²	Zugfestigkeit kg/mm²	Proportiona-litätsgrenze kg/mm²	Dehnung %
Ein-Kristall	14—15	3—4	30—50
9,7[2]	16,8	4,1	28,8[3]
7,0[2]	18,4	3,9	30,6
2,5[2]	21,5	4,5	39,5
6,3	23,7	4,6	35,3
15,3	25,8	4,4	47,0
35,6	26,8	5,8	48,8
48,8	27,0	6,6	50,7
51,0	27,4	7,0	44,8
75,5	29,6	14,1	47,0
77,5	29,3	14,2	48,3
91,6	28,2	11,7	50,3
92,0	28,4	11,8	50,0
120	29,0	11,8	42,5
130	29,3	11,0	41,3
194	29,4	10,8	47,5

Da Eisen und seine Legierungen praktisch nahezu ausschließlich in regelloser Vielkristallan-ordnung verwendet wer-den, erscheint das Verhal-ten des Einkristalls in den verschiedenen kristallo-graphischen Richtungen zunächst ohne Bedeu-tung. Durch Kaltverfor-men, wie Kaltziehen,
Walzen usw., werden die Kristalle aber auch im vielkristallinen Haufwerk
kristallographisch zur Kaltverformungsrichtung orientiert. Man spricht in solchen Fällen von einer Textur, die bei α-Eisen im wesentlichen darin besteht,
daß sich die Flächendiagonale in die Walzrichtung, die Würfelebene in die Walzebene einstellt (Kaltwalztextur). Durch nachträgliches Glühen eines so vorbehandelten Werkstoffes braucht keineswegs wieder eine regellose Kristall-
anordnung zu entstehen, sondern es kann sich unter Umständen eine neue Orientierung herausbilden (Rekristallisationstextur) (s. a. unter Rekristallisationsglühen usw., S. 98 u. 110). Derartig behandelte vielkristalline Proben können
dementsprechend in der Verformungsrichtung ein anderes elastisches Verhalten
zeigen als z. B. in einer Richtung senkrecht dazu, da ja alle Kristalle kristallographisch gleichgerichtet sind und der Kraftangriff in zwei senkrecht zueinander
stehenden Ebenen auch auf verschiedene kristallographische Richtungen trifft,
ähnlich den beim Einkristall vorliegenden Verhältnissen.

Bei kaltgezogenen Gegenständen, z. B. Gongstäben, können diese Verhältnisse, die das elastische und damit klangliche Verhalten der Stahlstücke bestimmen, eine Rolle bei der Herstellung spielen, dadurch, daß einem bestimmten

---

[1] J. Iron Steel Inst. Bd. 112 (1925) S. 79/110.
[2] Durchschnittlicher Durchmesser der Körner in mm.
[3] Bezogen auf 51 mm Meßlänge.

Kaltreckgrad ein bestimmtes günstigstes Klangbild entspricht, das bei geringen Änderungen des Herstellungsverfahrens sich ändern und somit zu ungleichmäßigen Lieferungen führen kann. Auch bei Warmverformung, die in einer bestimmten Richtung erfolgt, tritt bisweilen bereits eine Textur auf, die in gleichem Sinne die Eigenschaften beeinflussen kann. In diesem Zusammenhang sei auf die Zipfelbildung beim Tiefziehen von Bändern u. dgl. hingewiesen[1], die auf ungleiches Fließen des Werkstoffes in den verschiedenen Richtungen des Bandes infolge der Textur zurückzuführen ist.

b) Verhalten bei tieferen und höheren Temperaturen.

Die Veränderungen der Eigenschaften mit steigender oder fallender Temperatur sind ebenfalls in atomistischen Vorgängen begründet. Bei dem absoluten Nullpunkt nimmt jedes Atom seinen Platz im Gitter ein, ohne irgendeine Bewegung auszuführen. Mit wachsender Temperatur jedoch führt jedes Atom, wenn es für diese Betrachtungen als kleine Masse aufgefaßt wird, Schwingungen um den Gitterpunkt als Ruhelage aus. Diese Schwingungen nehmen mit steigender Temperatur zu. Wie sich theoretisch folgern läßt, ist infolgedessen und im Hinblick auf weitere, hier nicht näher zu erörternde atomistische Erscheinungen mit steigender Temperatur ein weicheres Verhalten des Werkstoffes zu erwarten. In Übereinstimmung mit der Theorie fallen mit steigender Temperatur vom absoluten Nullpunkt Festigkeit, Streckgrenze, Elastizitätsmodul entsprechend ab (Abb. 9 und Zahlentafel 4 [S. 11]).

Von dem geringen Anstieg der Festigkeit bei 100—300°, der eine

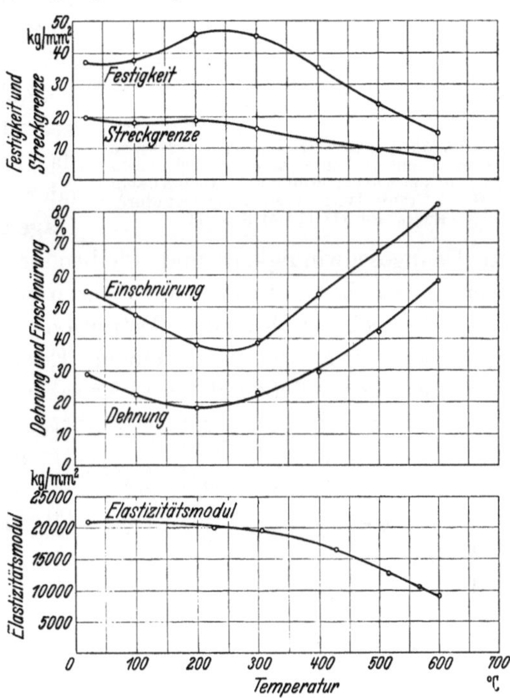

Abb. 9. Mechanische Eigenschaften von weichem Flußeisen bei erhöhten Temperaturen. Festigkeitswerte. [Nach G. Urbanczyk: Stahl u. Eisen Bd. 47 (1927) S. 1128/35; Elastizitätsmodul nach F. C. Lea u. O. H. Crowther: Stahl u. Eisen Bd. 35 (1915) S. 249].

Zahlentafel 4. Eigenschaften von schwedischem Holzkohleneisen bei normalen und besonders niedrigen Temperaturen nach Dewar und Hadfield[2] sowie De Haas und Hadfield[3].

Temperatur	Brinellhärte	Zugfestigkeit kg/mm²	Streckgrenze kg/mm²	Dehnung %	Einschnürung %
normal +15° C	101	37	29,3	25	81
von flüssiger Luft —182° C	230	82	—	0	—
von flüssigem Wasserstoff —253°. .	232	82,5	82,5	0	0

[1] Dahl, O., u. J. Pfaffenberger: Z. Phys. Bd. 71 (1931) S. 93/105.
[2] Proc. roy. Soc. Lond. A Bd. 74 (1904/05), S. 326/36.
[3] Phil. Trans. roy. Soc. Lond. A Bd. 232 (1933/34) S. 297/332.

Folge geringer Verunreinigungen ist, sei hier abgesehen. Ebenso wird der Verlauf
der Kerbzähigkeitstemperaturkurve durch Verunreinigungen ziemlich unregelmäßig gestaltet (s. hierüber auch Abschnitt Stickstoff, bes. „Alterungsfreier Stahl").

Die Festigkeit und Streckgrenze können nur bis zu Temperaturen von etwa 300° als feste Werkstoffkennziffern gelten. Oberhalb dieser Temperatur sind die gefundenen Zahlenwerte sehr stark von der Zerreißgeschwindigkeit beim Zugversuch abhängig und können somit nur unter genau reproduzierbaren Bedingungen als Anhaltswerte dienen. Als konventionelle mechanische Grundlage wählt man daher heute bei höheren Temperaturen die sog. Dauerstandfestigkeit oder Kriechfestigkeit, das ist diejenige Belastung, die ein Eisen- oder Stahlteil bei bestimmter Temperatur tragen kann, ohne ein bestimmtes Maß

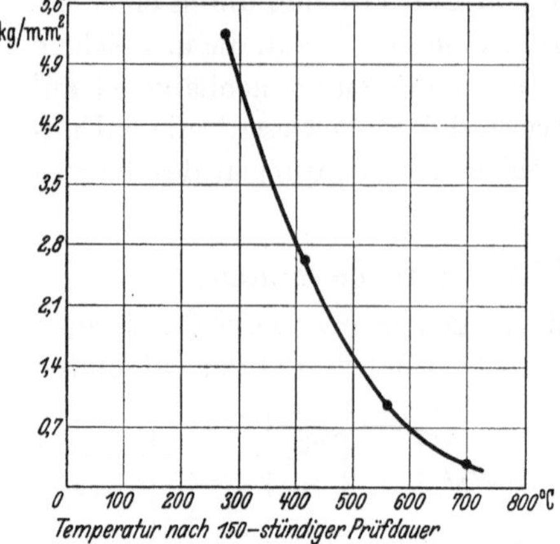

Abb. 10. Abhängigkeit der zulässigen Belastung von der Beanspruchungstemperatur bei reinem Eisen für 150 stündige Prüfdauer. [Nach Austin u. Gier: Trans. Amer. Inst. min. metallurg. Engrs. Bd. 111 (1934) S. 53/74].

an Dehngeschwindigkeit und bleibender Dehnung (Fließen) während eines
bestimmten Zeitraumes zu überschreiten. Auch der Begriff Dauerstandfestigkeit ist noch wechselnder Definition unterworfen (s. u. Vanadin). Einige
Spannungswerte, die von reinem Eisen bei höheren Temperaturen ohne
stärkeres Weiterfließen dauernd ertragen werden, zeigt Abb. 10.

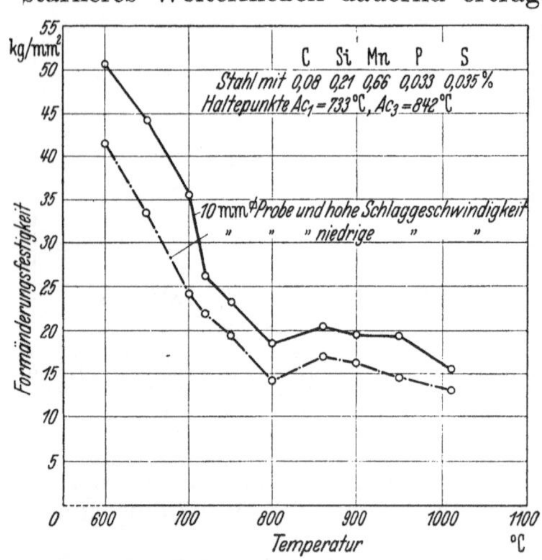

Abb. 11. Formänderungswiderstand eines niedriggekohlten Stahles in Abhängigkeit von der Temperatur.
[Nach E. Houdremont u. H. Kallen: Werkstoffausschußbericht V. d. Eisenh. Nr. 72 (1925)].

Bei Temperaturen oberhalb 900° geht das bei Raumtemperatur stabile α-Eisen in γ-Eisen über. Die mechanischen Eigenschaften werden hierbei insofern beeinflußt, als der Formänderungswiderstand des γ-Eisens, der als Maß für die Warmfestigkeit bei schnelleren Prüfgeschwindigkeiten gelten kann, unmittelbar oberhalb der Umwandlung A_3 höher ist als im α-Zustand dicht unterhalb A_3, wie dies aus Abb. 11 hervorgeht.

Die höhere Warmfestigkeit des γ-Eisens beruht wahrscheinlich auf der dichteren Atombesetzung seines Gitters gegenüber dem von α-Eisen[1] und hat insofern Bedeutung, als es möglich ist, durch Legierung Stähle zu schaffen, die auch bis zur Raumtemperatur den

Gitteraufbau des γ-Eisens aufweisen und daher besonders hohe Warmfestigkeit
ergeben. Der höhere Formänderungswiderstand austenitischer Stähle ist ferner
von Bedeutung für den Kraftbedarf beim Walzen, Schmieden usw.

---

[1] Houdremont, E., u. H. Kallen: Bericht Nr. 72 des Werkstoffausschusses beim
Verein dtsch. Eisenhüttenleute (1925).

4. Physikalische Eigenschaften.

Das Eisen weist eine ganze Anzahl wichtiger physikalischer Eigenschaften auf, die es besonders geeignet machen, allein und in Verbindung mit anderen Elementen in für die Technik wertvollen Legierungen Verwendung zu finden.

a) Gitterparameter.

Die Veränderung der Gitterparameter mit der Temperatur deutet in anschaulicher Weise die Lockerung des Atomverbandes mit steigender Temperatur an (Abb. 5), womit bereits eine Erklärung für die Abnahme der Festigkeit mit steigender Temperatur innerhalb derselben Kristallstruktur gegeben wird. Die Kurve der Temperaturveränderung des Gitterparameters von δ-Eisen bildet entsprechend der Analogie α-Eisen $= \delta$-Eisen die geradlinige Verlängerung der entsprechenden Kurve des α-Eisens.

b) Magnetische Eigenschaften.

Die Worte Eisen und Magnetismus sind von alters her eng miteinander verknüpft. Man verbindet mit dem Ausdruck „Ferromagnetismus" u. ä. feststehende Begriffe. Die magnetischen Eigenschaften eines Metalles beruhen nach den Erkenntnissen der physikalischen Chemie auf seinem Atomaufbau, und zwar spielen im besonderen die zwischen den Elektronen auftretenden Energie-Wechselwirkungen hierfür eine ausschlaggebende Rolle. Nach einer von P. Weiss aufgestellten und von W. Heisenberg theoretisch begründeten Hypothese kann man sich vorstellen, daß bei den ferromagnetischen Metallen innerhalb jedes Kristalls kleine Bereiche bestehen, in denen infolge einer bestimmten mathematisch erfaßbaren Energiebeziehung die magnetischen Momente der einzelnen Elektronen parallel gerichtet sind. Von diesen Bezirken stellt also gewissermaßen jeder einen bis zur Sättigung magnetisierten kleinen Magneten dar (spontane Magnetisierung). Trotzdem erscheint der Kristall als Ganzes unmagnetisch, weil die Einzelbezirke in verschiedenen Richtungen magnetisiert sind, so daß sich ihre magnetischen Momente in ihrer Summe nach außen gegenseitig aufheben. Bringt man einen ferromagnetischen Kristall in ein äußeres Magnetfeld, so werden die magnetischen Momente der einzelnen Bezirke mit steigender Feldstärke immer mehr in die Feldrichtung ausgerichtet; in ihr ist also jetzt ein Überschuß an Einzelbezirken magnetisiert, den man nach außen experimentell als Magnetisierung feststellen kann.

Das magnetische Verhalten eines Stoffes wird gekennzeichnet durch das Verhältnis der mittels eines äußeren Magnetfeldes im Stoff hervorgerufenen magnetischen Induktion (B) zu der Feldstärke des äußeren Feldes (H). Das Verhältnis

$$\frac{B}{H} = \mu$$

bezeichnet man als Permeabilität. Sie erreicht bei den ferromagnetischen Metallen Werte bis zu 10^6 und ist von der Feldstärke abhängig. Bei den paramagnetischen Stoffen ist sie nur wenig größer als 1, während sie bei den diamagnetischen etwas kleiner als 1 wird.

Die Magnetisierung J hängt mit der Induktion zusammen nach der Gleichung

$$4\pi J = B - H \,.$$

Das Verhältnis $J/H = \varkappa$ nennt man Suszeptibilität; es besteht die Beziehung

$$\mu = 4\pi\varkappa + 1 \,.$$

$\varkappa$ ist also für ferromagnetische und paramagnetische Stoffe positiv, für ganz unmagnetische Stoffe (leerer Raum) gleich Null, für diamagnetische Stoffe negativ.

Wie hieraus hervorgeht, bezeichnet man als paramagnetische Werkstoffe solche, die nur schwach magnetisierbar sind, während diamagnetische Stoffe unmagnetisch sind, und sogar der durch ein äußeres Feld erzeugte Magnetismus in ihnen vermindert wird (vgl. auch S. 31).

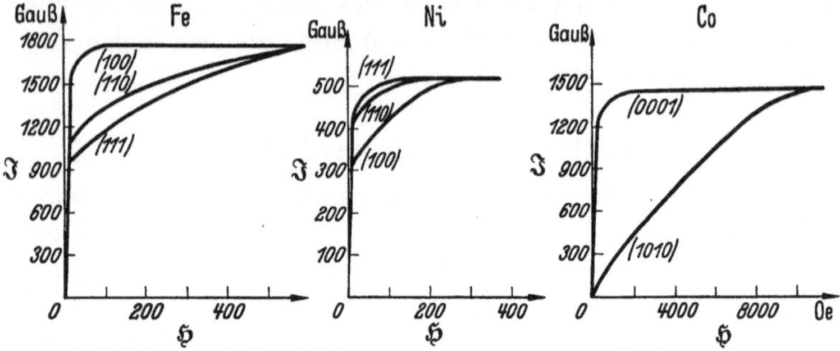

Abb. 12. Einfluß der kristallographischen Richtung auf die Magnetisierbarkeit von Eisen, Nickel und Kobalt. [Nach R. Becker: Phys. Z. Bd. 33 (1932) S. 905 bzw. K. Honda, H. Masumoto u. S. Kaya: Sci. Rep. Tohôku-Univ. Bd. 17 (1928) S. 111.]

Von einer bestimmten Stärke des äußeren Feldes an (bei Eisen einige tausend Gauß) nimmt die Intensität der Magnetisierung J praktisch nicht mehr zu, das Metall hat seine magnetische Sättigung $4\pi J\infty$ erreicht.

Untersucht man einen Einkristall eines ferromagnetischen Metalles auf sein magnetisches Verhalten in einem äußeren Magnetfeld, so kann man feststellen, daß zur Erzielung der Sättigung in den einzelnen kristallographischen Richtungen verschieden hohe Feldstärken nötig sind (magnetische Anisotropie), die Permeabilität und übrigens auch die Koerzitivkraft und Remanenz also in den einzelnen Kristallrichtungen verschiedene Werte aufweisen; der Sättigungswert selbst ($B - H = 4\pi J$) ist jedoch, unabhängig von der Magnetisierungsrichtung, gleich groß. Beim Eisen liegt die leichteste Magnetisierbarkeit beispielsweise in Richtung der Würfelkante (Abb. 12). Infolge des andersartigen atomistischen Aufbaues ist dagegen beim Nickel die Raumdiagonale, beim Kobalt die hexagonale Achse die Richtung leichtester Magnetisierbarkeit.

Nimmt man das äußere Feld weg, so verliert das Eisen nur einen Teil der Magnetisierungsintensität. Den bei der Feldstärke Null verbleibenden Teil des Magnetismus bezeichnet man als Remanenz (B_r); sie beträgt im allgemeinen etwa $^1/_2$ bis $^2/_3$ der magnetischen Sättigung, woraus bereits hervorgeht, daß zur Schaffung von Werkstoffen mit hohem remanenten Magnetismus Legierungselemente günstig sein werden, die eine Erhöhung der magnetischen Sättigung gewährleisten (Kobalt).

Wird nun die Richtung des magnetisierenden Feldes ins Negative gekehrt, so springt nicht die Magnetisierung der vorerwähnten einzelnen Bezirke plötzlich

um, sondern ausgehend von einem Keim bildet sich zunächst im einfachsten
Falle ein Bereich, dessen Magnetisierung der vorher vorhandenen genau entgegengesetzt ist. Man stellt sich vor, daß sich die Wand dieses Bereiches dann mit
wachsender negativer Feldstärke über die anderen Bereiche, die noch die alte

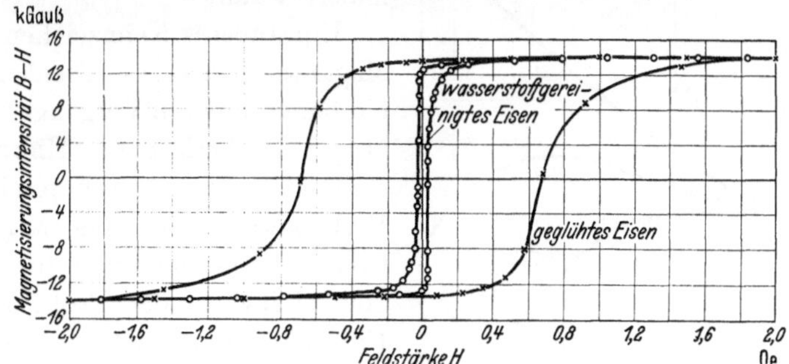

Abb. 13. Hysteresisschleife von geglühtem und in Wasserstoff gereinigtem Armcoeisen. [Nach P. P. Cioffi:
Phys. Rev. Bd. 39 (1932) S. 363/67].

Magnetisierungsrichtung haben, in irreversibler Weise hinweg verschiebt und sie
dabei aufzehrt[1] (s. Abschnitt „Nickel" S. 345). Bei der Umkehrung der Magnetisierung nimmt der remanente Magnetismus bis zum Nullwert ab, um dann
negativ zu werden. Die Feldstärke, die zur Entmagnetisierung auf Null erforder-

lich ist, bezeichnet man
als Koerzitivkraft
(H_c). Ihre Größe hängt
mit der Energie zusam-
men, die zu der eben er-
wähnten Wandverschie-
bung erforderlich ist.
Diese Energie wird ver-
ständlicherweise um so
geringer sein, je kleiner
die Zahl der Gitterfehl-
stellen und Spannungen
zwischen den einzelnen
Atomen ist, die über-
wunden werden müssen.
Jedes Fremdatom mit
anderem Aufbau, ande-
rem Atomradius muß zu
inneren Spannungen füh-

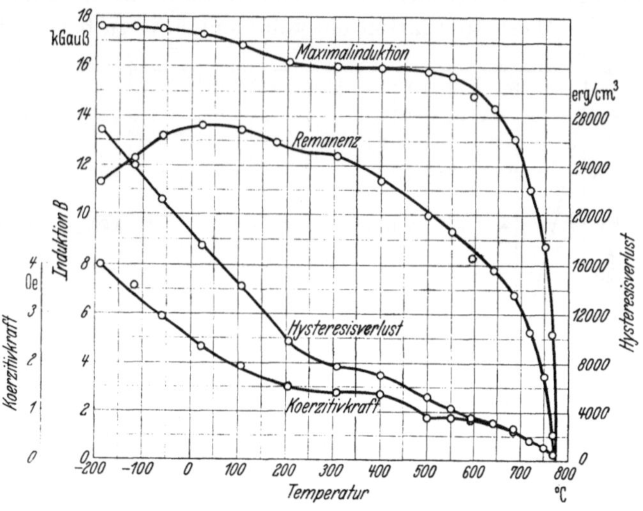

Abb. 14. Veränderung der magnetischen Eigenschaften von geglühtem
Elektrolyteisen mit der Temperatur. [Nach E. M. Terry: Phys. Rev.,
Reihe I, Bd. 30 (1910) S. 133/60.]

ren. Bei steigendem Reinheitsgrad des Eisens, was gleichbedeutend mit einer
Verkleinerung von atomaren Spannungen ist, wird also die Koerzitivkraft erheblich verkleinert (Abb. 13).

Die bei Raumtemperatur ermittelten magnetischen Eigenschaften verändern
sich bei steigender oder fallender Temperatur (Abb. 14). Mit steigender Temperatur nehmen die magnetische Induktion und die Koerzitivkraft ab, um beim

---

[1] Barckhausen-Effekt; vgl. F. Preisach: Phys. Z. Bd. 33 (1932) S. 913/23 — W. Döring:
Z. Phys. Bd. 108 (1938) S. 137/52.

A_2-Punkt dem Nullpunkt zuzustreben; oberhalb dieser Temperatur ist das Eisen paramagnetisch. Daß somit bei stärkerer Magnetisierung die magnetische Suszeptibilität oberhalb A_2 nicht exakt gleich Null zu setzen ist, sei hier nochmals erwähnt.

Ein äußeres Kennzeichen der beim Magnetisieren eines Eisenkristalls eintretenden inneren Vorgänge ist die sog. Magnetostriktion. Hierunter versteht man die mikroskopisch meßbare Verlängerung (positive Magnetostriktion) oder Verkürzung (negative Magnetostriktion) der Probe unter dem Einfluß eines magnetischen Kraftfeldes. Entsprechend den vorhergehenden Betrachtungen läßt es sich verstehen, daß sich auch die Magnetostriktion beim Eiseneinkristall in verschiedenen kristallographischen Richtungen verschie-

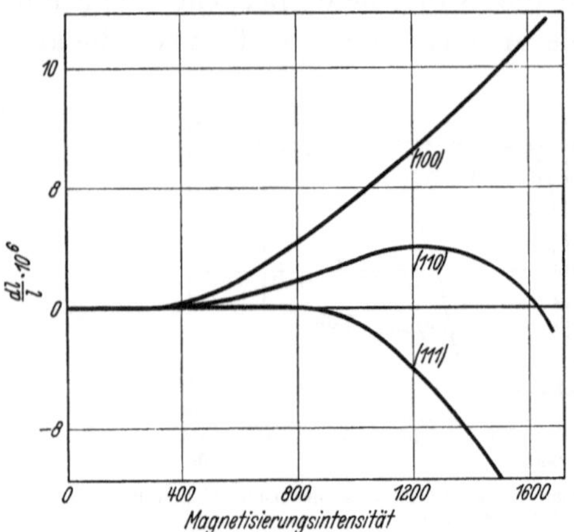

Abb. 15. Magnetostriktion von Eisen in verschiedenen kristallographischen Richtungen. [Nach W. Webster: Proc. roy. Soc., Lond. (A) Bd. 109 (1925) S. 570/84].

den auswirkt, wie dies z. B. aus Abb. 15 hervorgeht. Quer zum Feld finden ebenfalls entsprechende Dimensionsänderungen magnetostriktiver Natur statt, da die Magnetostriktion ein volumenmäßig zu betrachtender Vorgang ist. Da es also durch Magnetisieren gelingt, das Eisen elastisch zu dehnen, muß eine Wechselwirkung zwischen mechanischem Dehnungszustand und magnetischem Verhalten des Werkstoffes bestehen. Im Einkristall mit Baufehlern und im vielkristallinen Werkstoff führen magnetostriktive Dehnungen zu Verspannungen der Körner. Umgekehrt bewirken mechanische Spannungen eine Veränderung des magnetischen Verhaltens.

Die für den Einkristall angestellten Überlegungen übertragen sich naturgemäß auch auf den vielkristallinen Zustand. Auch bei Eisenvielkristallproben stellt

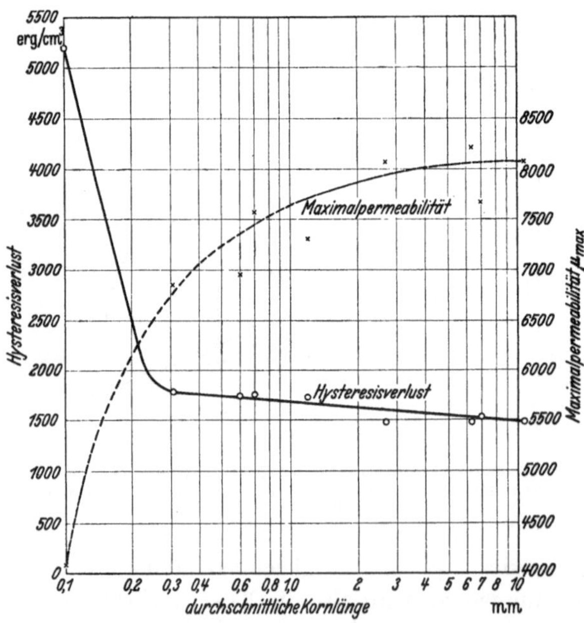

Abb. 16. Wirkung der Korngröße auf den Hysteresisverlust und die Maximalpermeabilität von Elektrolyteisen. [Nach G. I. Sizoo: Z. Phys. Bd. 51 (1928) S. 557/64].

man mit steigendem Reinheitsgrad eine Verminderung der Koerzitivkraft fest, die bei reinem Eisen dem Nullwert zuzustreben scheint. Da jedoch nicht nur Verunreinigungen, sondern auch die Korngrenzen Veranlassung zu Fehlstellen und Spannungen im Gitter geben, müssen die magnetischen Eigenschaften zum Teil auch von der Korngröße beeinflußt werden, wie dies z. B. aus Untersuchungen von Sizoo (Abb. 16) hervorgeht, wobei nicht nur die Koerzitivkraft, sondern auch die Maximalpermeabilität im gekennzeichneten Sinne beeinflußt wird. Der technische Fortschritt in der Erzeugung reinsten Eisens, an dem ein Hauptverdienst dem Amerikaner Yensen zukommt, wird durch die in den letzten Jahren erzielte Steigerung der Maximalpermeabilität veranschaulicht (Abb. 17). Ähnliche Kurven ließen sich für die Koerzitivkraft und die Hysteresisverluste zeichnen. Die Größenschwankungen der in der Literatur vorhandenen Angaben über Remanenz, Koerzitivkraft

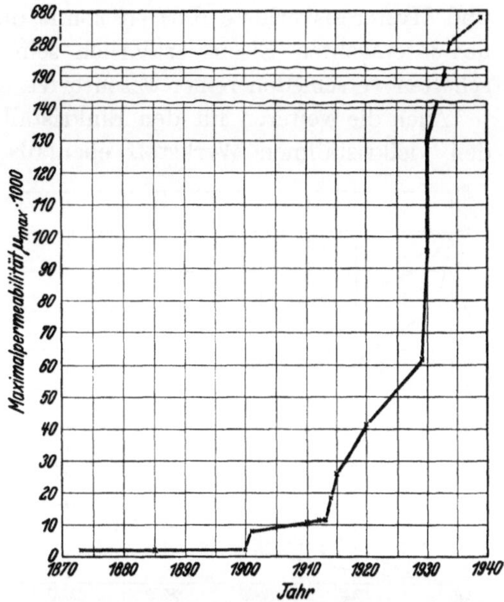

Abb. 17. Wirkung des im Laufe der Jahre gesteigerten Reinheitsgrades von Eisen auf die Maximalpermeabilität. [Nach T. D. Yensen: Phys. Rev. Bd. 39 (1932) S. 358/63 und P. P. Cioffi: Phys. Rev. Bd. 45 (1934) S. 742, sowie P. P. Cioffi, H. J. Williams u. R. M. Bozorth: Phys. Rev. Bd. 51 (1937) S. 1009.]

Zahlentafel 5. Physikalische Konstanten des reinen Eisens[1].

		Für im Großbetrieb herstellbares technisch reines Eisen	Umgeschmolzenes Elektrolyteisen und gesintertes Carbonyleisen	Reinste Eisensorten, laboratoriumsmäßig gereinigt
Spezifisches Gewicht .	g/cm³	7,876	—	—
Lineare Wärmeausdehnungszahl β zwischen 0 und 100°	—	$12{,}5 \cdot 10^{-6}$	—	—
Wärmeleitfähigkeit λ zwischen 0 und 100°	cal/cm · sec · ° C	0,133[2]	—	—
Mittlere spez. Wärme c_p zwischen 0 und 100°	cal/g · ° C	0,111[3]	—	—
Wärmeinhalt zwischen 0 und 100°	cal/g	11,3	—	—
Spezif. elektr. Widerstand bei 20° . . .	Ohm · mm²/m	0,99[4]	—	—
Koerzitivkraft	Oerstedt	∞1	0,1/0,5	0,1
Remanenz	Gauß	8000/11000	8000/11000	8000/11000
Sättigung $4\pi J_\infty$ . . .	Gauß	—	21630	—
Permeabilität μ_{max} . .	—	5000/10000	10000/20000	bis 180000
Anfangspermeabilität μ_0	—	200/300	500/3000	4000
Hysteresisverlust . . . erg/cm³ je Schleife für $B_{max} = 10000$ Gauß		—	1500	200

---

[1] Nach F. Stäblein: Werkstoffhandbuch. 2. Aufl. A 105 S. 1/2. Düsseldorf 1937.

[2] Für schwedisches Eisen nach K. Honda u. T. Simidu: Sci. Rep. Tohoku Univ. Bd. 6 (1917) S. 219/33. Bei Eisen höherer Reinheit 20—30% höhere Werte.

[3] Nach P. Oberhoffer u. W. Grosse: Stahl u. Eisen Bd. 47 (1927) S. 576/82.

[4] Nach F. Ribbeck: Diss. Marburg 1926.

und Hysteresisverluste dürften somit durch die verschiedenen Reinheitsgrade des untersuchten Eisens erklärlich sein. Einige der hauptsächlichsten Eigenschaften verschieden reiner Eisensorten sind in Zahlentafel 5 (S. 17) enthalten.

Auch die weiteren für den Einkristall angestellten Betrachtungen haben für den vielkristallinen Werkstoff ebenfalls Bedeutung. Wie in dem Abschnitt über die mechanischen Eigenschaften erwähnt wurde, gelingt es, durch Kaltverformung mit oder ohne nachträgliche Rekristallisation auch in einem Kristallhaufwerk die Kristallite bezüglich der Lage ihres Gitters gleichmäßig zu orientieren, also eine Textur zu erzeugen. Wegen der im Einkristall vorhandenen Richtungen leichtester Magnetisierbarkeit werden jetzt auch die Richtungen des texturbehafteten Vielkristalls verschieden gut magnetisierbar. Abb. 18 zeigt für siliziumlegiertes Eisen den Unterschied der magnetischen Kurven bei einem Werkstoff mit regellosem Gefüge und einem solchen mit Textur, wobei in letzterem Falle die Magnetisierungskurven in der besten Richtung, die hier die Walzrichtung ist, aufgenommen wurden[1]. Durch Verwendung derartig gerichteter Bleche oder Bandstreifen lassen sich Teile für elektrische Maschinen, bei denen entsprechende Eigenschaften erwünscht sind, mit außerordentlich hohen magnetischen Werten erzeugen.

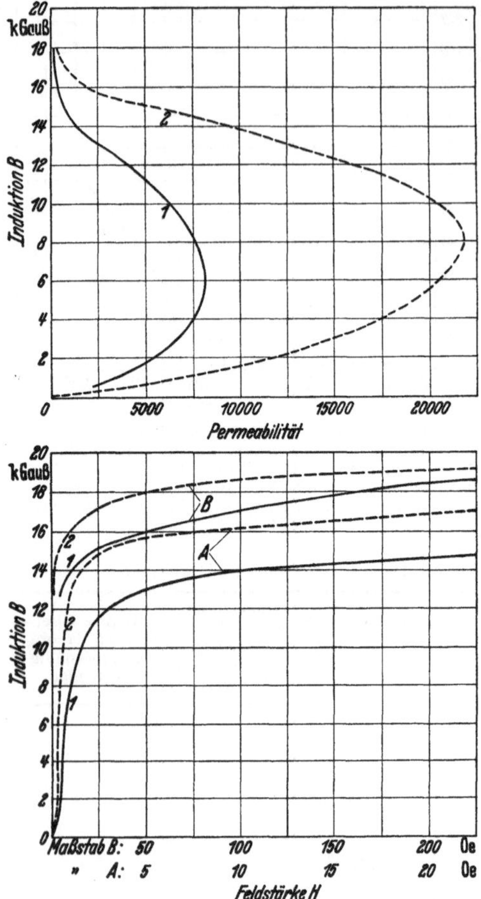

Abb. 18. Permeabilität und Magnetisierbarkeit eines Siliziumstahles in regellosem und gerichtetem Zustand. [Nach N. P. Goss: Trans. Amer. Soc. Met. Bd. 23 (1935) S. 511/44.]

Stahl-Nr.	1	2	
Zusammensetzung	3,38	3,25	% Si
Textur	regellos	gerichtet	—
Blechstärke	0,38	0,32	mm
Wattverlust	1,58	1,02	W/kg } bei 60 Per.
Hysteresisverlust	1,03	0,56	„ } u. 10 000 Gauß

Längsproben

In Übereinstimmung mit dem beim Einkristall Gesagten tritt auch bei Vielkristallproben die Magnetostriktion (Abb. 19) und damit ein Einfluß von Spannungen auf die Magnetisierbarkeit auf (Abb. 20). Die in dieser Abbildung dargestellten Ergebnisse weisen darauf hin, daß bei bestimmten Vorspannungen und bestimmten Feldstärken eine Erleichterung der Magnetisierbarkeit eintritt, während bei anderen keine Veränderung oder gar eine Verschlechterung beobachtet wird. Letzteres wird meistens beobachtet, da es nur bei absichtlich klein gewählter Vorspannung gelingt, leichtere Magnetisierung in Gleichrichtung mit dem Effekt der Magnetostriktion zu erzielen. Das

---

[1] Goss, N. P.: Trans. Amer. Soc. Met. Bd. 23 (1935) S. 511/44.

Normale ist eine Verschlechterung der Magnetisierung durch Erhöhung des Spannungszustandes der Atome. Auch Spannungen infolge plastischer Verformungen haben infolgedessen einen Einfluß auf die magnetischen Eigenschaften. Diese Beeinflussung kann, wie in dem eben erwähnten Falle, eine Verbesserung, wird meistens aber eine Verschlechterung sein. Die Auswirkungen hängen auch hier von der Spannungsverteilung in bezug auf die Kristallrichtung und von der Magnetostriktion ab. Ein Beispiel für den Einfluß einer plastischen Kaltverformung zeigt Abb. 21. Daß schließlich und nicht zum wenigsten Spannungen in Form von Legierungsverunreinigungen sich auch im Vielkristall auswirken werden, ergibt sich aus dem Gesagten von selbst. Man wird daher für magnetisch weiche Werkstoffe solche mit hohem Reinheitsgrad, niedriger Magnetostriktion und ab-

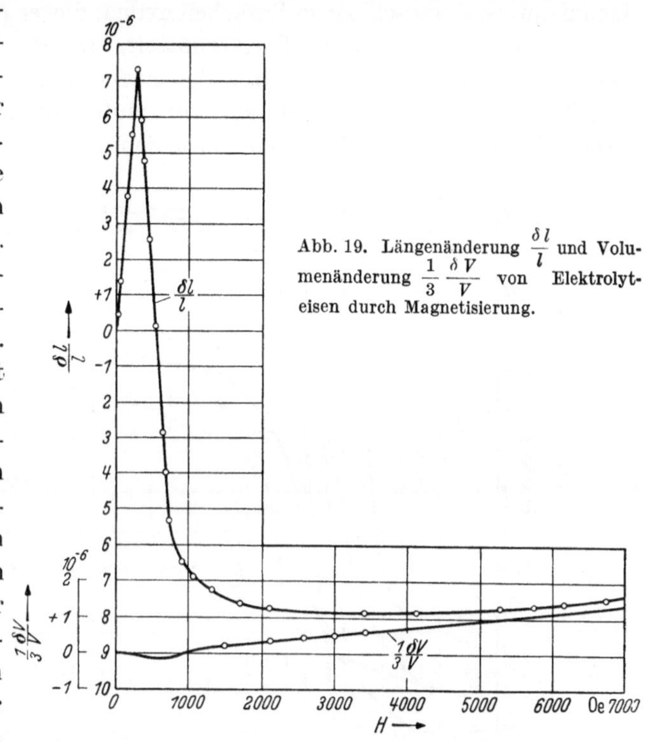

Abb. 19. Längenänderung $\frac{\delta l}{l}$ und Volumenänderung $\frac{1}{3}\frac{\delta V}{V}$ von Elektrolyteisen durch Magnetisierung.

soluter Spannungsfreiheit wählen, während man für magnetisch harte Werkstoffe solche mit höherer Magnetostriktion und inneren Spannungen verwendet.

Im vorhergegangenen wurden bereits einzelne Ausdrücke, wie Elementarbereiche, Wandverschiebungsprozeß usw., genannt, die ohne nähere Erläuterung den Begriffsbestimmungen des theoretischen Physikers entnommen sind. Jetzt wird auf Zusammenhänge zwischen magnetischen und mechanischen Eigenschaften hingewiesen, später werden noch Zusammenhänge zwischen Magnetismus, elektrischem Widerstand, spezifischer Wärme

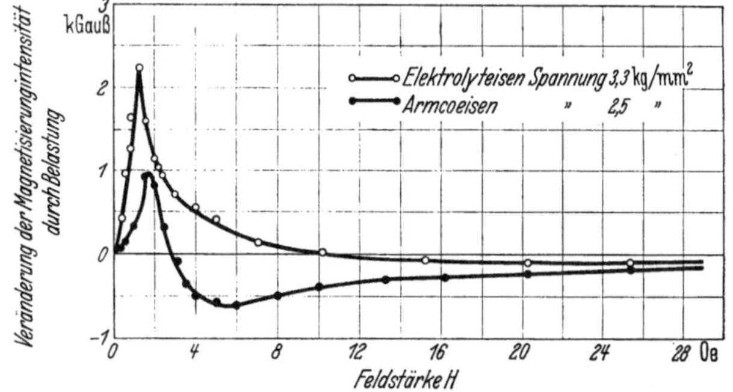

Abb. 20. Wirkung von Spannungen auf die Magnetisierungsintensität von Elektrolyteisen und Armcoeisen. [Nach Fischer, entnommen aus Cleaves und Thompson: The Metal Iron. New York/London: McGraw-Hill Book Company (1935) S. 251.]

u. dgl. anzudeuten sein. Diese Zusammenhänge metallkundlicher Natur ergeben sich auf Grund der Arbeiten der Physik im letzten Jahrzehnt, die die Eigenschaften der Elemente, insbesondere der Metalle, auf Grund ihres Atomaufbaues zu erklären

bzw. zu verstehen sucht. Eine systematische Einführung in die Zusammenhänge
der Eigenschaften der Sonderstähle müßte diese grundlegende Systematik entsprechend berücksichtigen. Leider ergibt sich hierbei die Schwierigkeit, daß der
mathematisch geschulte Physiker und der Eisenhüttenmann oder Werkstoff-
fachmann zwei verschiedene Sprachen reden, die es erschweren, daß einer dem
anderen sein Wissen unmittelbar vermittelt. Die Physik hat mehr oder weniger
bewußt auf den Versuch verzichtet, die moderne Atomtheorie nach landläufigen
Begriffen anschaulich darzustellen; sie mußte darauf verzichten, um in den
Erkenntnissen weiter zu kommen. Trotzdem muß der Werkstoffachmann wenig-

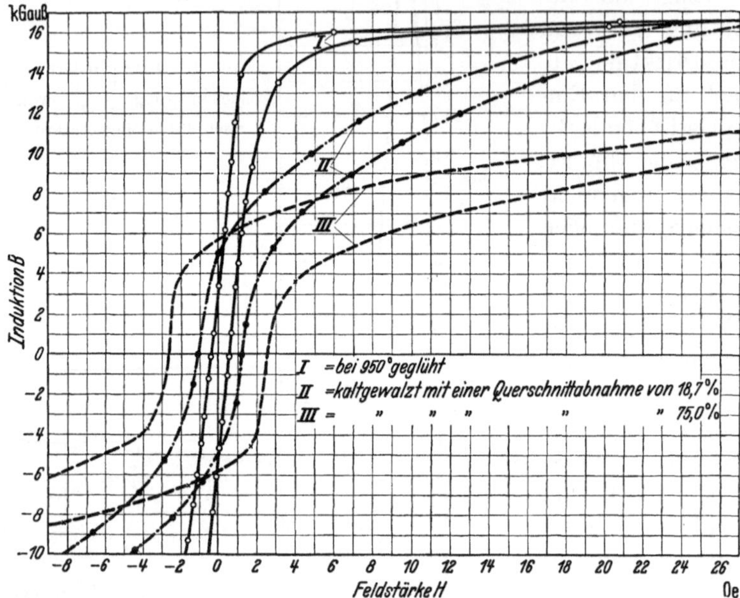

Abb. 21. Wirkung einer Kaltverformung auf die Hysteresisschleife von vielkristallinem Elektrolyteisen. [Nach
H. Gries und H. Esser: Arch. Elektrotechn. Bd. 22 (1929) S. 145/52.]

stens einen Begriff haben, um welche systematischen Zusammenhänge es sich
bei den neueren Arbeiten der Physik handelt. Es wird daher im folgenden und
an einzelnen weiteren Stellen der Sonderstahlkunde auf diese Zusammenhänge
etwas eingegangen auf die Gefahr hin, daß einzelne dieser Hinweise von manchem
Leser als etwas schwer verständlich empfunden werden und der Physiker mit
dem einen oder anderen anschaulichen Vergleich vielleicht nicht immer ganz
einverstanden ist. Wenn einer oder der andere der Leser es unternimmt, sich
dann anderenorts intensiver über diese Fragen zu unterrichten, ist der Zweck
dieser Ausführungen erreicht, da der mathematisch-physikalischen Betrachtungsweise der vom Atomaufbau ausgehenden metallkundlichen Vorgänge eine nicht
zu unterschätzende Bedeutung für die spätere Entwicklung der Werkstoffkunde
zukommen kann.

Das Atom besteht aus dem Kern und den diesen umgebenden Elektronen.
Da die Masse des Atoms im Kern konzentriert ist, spricht man auch von Kernmasse und der diese umgebenden Elektronenhülle (Elektronengas). Die Elektronen stehen mit dem Kern im Energiegleichgewicht. Mit steigender Kernmasse
steigt die elektrostatische Energie des Kerns, und dementsprechend wird mit

steigender Kernmasse eine steigende Anzahl von Elektronen mit ihm im Energiegleichgewicht stehen. Im periodischen System der Elemente ergibt sich eine Ordnung, indem bei jedem Atom so viel Elektronen in der Elektronenhülle enthalten sind, als der Ordnungszahl entspricht, z. B. Wasserstoff 1, Eisen 26, Nickel 28 (Zahlentafel 6, S. 22). Bei der Kernmasse 1 des Wasserstoffatoms ist im neutralen Atom nur 1 Elektron möglich, und dieses Elektron kann sich nur in einem bestimmten Energiezustand zum Kern befinden, wenn von irgendwelchen Anregungszuständen infolge von außen zugeführten Energien abgesehen wird. Nach dem Gesetz des Minimums der Energie bewegt sich das Elektron hierbei so nahe wie möglich, also mit dem kleinstmöglichen Radius um den Kern. Es handelt sich hierbei, wenn man in den Betrachtungsgrenzen des Bohrschen Atommodells bleibt, nicht um einen statischen, sondern einen dynamischen Energiezustand, da das Elektron sich auf einer Schale um den Kern bewegt (man spricht von Bahnimpuls oder Drehimpuls) und gleichzeitig sich dabei um seine eigene Achse dreht (Kreiselimpuls des Elektrons). Wie bereits hieraus hervorgeht, sind für den Energiezustand eines einzelnen Elektrons verschiedene Einzelenergiegrößen maßgebend, wie z.B. Masse, Ladung, Drehimpuls und Kreiselimpuls. Steigt mit wachsender Kernmasse die Anzahl der Elektronen, so wächst zunächst die Anzahl der Elektronen auf dieser Schale mit kleinstem Radius an, doch sind die auf dieser Schale möglichen Energieplätze oder, wie die Physik sagt, Energiezustände, die durch Elektronen besetzt werden können, mit der Zahl 2 erschöpft (Helium: Ordnungszahl 1, Elektronen: 2 auf der innersten Schale — s. Zahlentafel 6 [S. 22]), und weitere Elektronen können nur auf einer weiter außen liegenden Schale Platz finden. Die Tatsache, daß auf einer Schale eines bestimmten Radius nur einzelne besonders gekennzeichnete Energiezustände besetzt werden können, hängt damit zusammen, daß die einzelnen Energiegrößen, die den gesamten Energiezustand eines Elektrons bestimmen, dem Gesetz der Quantelung der Energie unterliegen. Der Energiezuwachs kann nicht kontinuierlich, sondern nur diskontinuierlich in bestimmten Energiestufen erfolgen. Es erscheint auch dem Nichtphysiker verständlich, daß auf der zweiten Schale mit größerem Radius nun eine größere Anzahl von Energiezuständen vorhanden ist, die durch Elektronen besetzt werden können. Ob sie alle besetzt sind oder nur teilweise, hängt damit im wesentlichen von der Kernladung ab, da jedes Elektron eine bestimmte Energiegröße (Masse, Ladung, Drehimpuls, Kreiselimpuls) darstellt. Eine bestimmte Kernladung kann entsprechend nur mit einer bestimmten Menge Elektronen im Gleichgewicht sein. Mit steigender Kernmasse (mit höherer Ordnungszahl der Atome) steigt auch die Elektronenzahl an und besetzt auch die in dieser zweiten Schale möglichen Energiezustände mit Elektronen. Ist die zweite Schale mit Elektronen besetzt, erfolgt erst die Besetzung einer dritten, vierten usw. Etwas ungewöhnlich ist für denjenigen, der sich nicht näher damit befaßt hat, die Bezeichnung der Energieschalen und Energiezustände. Es ist üblich, die Schalen mit Nummern n von 1 ab zu versehen (s. zweite obere waagerechte Spalte in Zahlentafel 6). Neben der Bezeichnung 1, 2, 3 findet man auch oft für die Schalen die Bezeichnungen K, L, M, N, O, P, Q, die in der ersten waagerechten Spalte der Zahlentafel 6 mitangeführt sind. Wie oben erwähnt, befindet sich jedes Elektron innerhalb einer solchen Schale in einem bestimmten Energie-

Zahlentafel 6. Elektronenanordnung der Elemente.

Periode	Schale	K	L		M			N				O			P			Q
$n=$		1	2		3			4				5			6			7
$l=$		0	0	1	0	1	2	0	1	2	3	0	1	2	0	1	2	0
Element		s	s	p	s	p	d	s	p	d	f	s	p	d	s	p	d	s
I	1 H	1																
	2 He	2																
II	3 Li	2	1															
	4 Be	2	2															
	5 B	2	2	1														
	6 C	2	2	2														
	7 N	2	2	3														
	8 O	2	2	4														
	9 F	2	2	5														
	10 Ne	2	2	6														
III	11 Na	2	2	6	1													
	12 Mg	2	2	6	2													
	13 Al	2	2	6	2	1												
	14 Si	2	2	6	2	2												
	15 P	2	2	6	2	3												
	16 S	2	2	6	2	4												
	17 Cl	2	2	6	2	5												
	18 Ar	2	2	6	2	6												
IV a)	19 K	2	2	6	2	6		1										
	20 Ca	2	2	6	2	6		2										
	21 Sc	2	2	6	2	6	1	2										
	22 Ti	2	2	6	2	6	2	2										
	23 V	2	2	6	2	6	3	2										
	24 Cr	2	2	6	2	6	5	1										
	25 Mn	2	2	6	2	6	5	2										
	26 Fe	2	2	6	2	6	6	2										
	27 Co	2	2	6	2	6	7	2										
	28 Ni	2	2	6	2	6	8	2										
b)	29 Cu	2	2	6	2	6	10	1										
	30 Zn	2	2	6	2	6	10	2										
	31 Ga	2	2	6	2	6	10	2	1									
	32 Ge	2	2	6	2	6	10	2	2									
	33 As	2	2	6	2	6	10	2	3									
	34 Se	2	2	6	2	6	10	2	4									
	35 Br	2	2	6	2	6	10	2	5									
	36 Kr	2	2	6	2	6	10	2	6									
V a)	37 Rb	2	2	6	2	6	10	2	6			1						
	38 Sr	2	2	6	2	6	10	2	6			2						
	39 Y	2	2	6	2	6	10	2	6	1		2						
	40 Zr	2	2	6	2	6	10	2	6	2		2						
	41 Nb	2	2	6	2	6	10	2	6	4		1						
	42 Mo	2	2	6	2	6	10	2	6	5		1						
	43 Ma	2	2	6	2	6	10	2	6	6		1						
	44 Ru	2	2	6	2	6	10	2	6	7		1						
	45 Rh	2	2	6	2	6	10	2	6	8		1						
	46 Pd	2	2	6	2	6	10	2	6	10								

Zahlentafel 6 (Fortsetzung).

Periode	Schale	K	L	M	N	O	P	Q
	$n=$	1	2	3	4	5	6	7
	$l=$	0	0 1	0 1 2	0 1 2 3	0 1 2	0 1 2	0
	Element	s	$s\ p$	$s\ p\ d$	$s\ p\ d\ f$	$s\ p\ d$	$s\ p\ d$	s
b)	47 Ag	2	2 6	2 6 10	2 6 10	1		
	48 Cd	2	2 6	2 6 10	2 6 10	2		
	49 In	2	2 6	2 6 10	2 6 10	2 1		
	50 Sn	2	2 6	2 6 10	2 6 10	2 2		
	51 Sb	2	2 6	2 6 10	2 6 10	2 3		
	52 Te	2	2 6	2 6 10	2 6 10	2 4		
	53 J	2	2 6	2 6 10	2 6 10	2 5		
	54 X	2	2 6	2 6 10	2 6 10	2 6		
VI a)	55 Cs	2	2 6	2 6 10	2 6 10	2 6	1	
	56 Ba	2	2 6	2 6 10	2 6 10	2 6	2	
	57 La	2	2 6	2 6 10	2 6 10	2 6 1	2	
	58 Ce	2	2 6	2 6 10	2 6 10 1	2 6 1	2	
	59 Pr	2	2 6	2 6 10	2 6 10 2	2 6 1	2	
	60 Nd	2	2 6	2 6 10	2 6 10 3	2 6 1	2	
	61 Il	2	2 6	2 6 10	2 6 10 4	2 6 1	2	
	62 Sm	2	2 6	2 6 10	2 6 10 5	2 6 1	2	
	63 Eu	2	2 6	2 6 10	2 6 10 6	2 6 1	2	
S.E.)	64 Gd	2	2 6	2 6 10	2 6 10 7	2 6 1	2	
	65 Tb	2	2 6	2 6 10	2 6 10 8	2 6 1	2	
	66 Dy	2	2 6	2 6 10	2 6 10 9	2 6 1	2	
	67 Ho	2	2 6	2 6 10	2 6 10 10	2 6 1	2	
	68 Er	2	2 6	2 6 10	2 6 10 11	2 6 1	2	
	69 Tu	2	2 6	2 6 10	2 6 10 12	2 6 1	2	
	70 Yb	2	2 6	2 6 10	2 6 10 13	2 6 1	2	
	71 Cp	2	2 6	2 6 10	2 6 10 14	2 6 1	2	
a)	72 Hf	2	2 6	2 6 10	2 6 10 14	2 6 2	2	
	73 Ta	2	2 6	2 6 10	2 6 10 14	2 6 3	2	
	74 W	2	2 6	2 6 10	2 6 10 14	2 6 4	2	
	75 Re	2	2 6	2 6 10	2 6 10 14	2 6 5	2	
	76 Os	2	2 6	2 6 10	2 6 10 14	2 6 6	2	
	77 Ir	2	2 6	2 6 10	2 6 10 14	2 6 7	2	
	78 Pt	2	2 6	2 6 10	2 6 10 14	2 6 9	1	
b)	79 Au	2	2 6	2 6 10	2 6 10 14	2 6 10	1	
	80 Hg	2	2 6	2 6 10	2 6 10 14	2 6 10	2	
	81 Tl	2	2 6	2 6 10	2 6 10 14	2 6 10	2 1	
	82 Pb	2	2 6	2 6 10	2 6 10 14	2 6 10	2 2	
	83 Bi	2	2 6	2 6 10	2 6 10 14	2 6 10	2 3	
	84 Po	2	2 6	2 6 10	2 6 10 14	2 6 10	2 4	
	85 —	2	2 6	2 6 10	2 6 10 14	2 6 10	2 5	
	86 Rd	2	2 6	2 6 10	2 6 10 14	2 6 10	2 6	
VII	87 —	2	2 6	2 6 10	2 6 10 14	2 6 10	2 6	1
	88 Ba	2	2 6	2 6 10	2 6 10 14	2 6 10	2 6	2
	89 Ac	2	2 6	2 6 10	2 6 10 14	2 6 10	2 6 1	2
	90 Th	2	2 6	2 6 10	2 6 10 14	2 6 10	2 6 2	2
	91 Pa	2	2 6	2 6 10	2 6 10 14	2 6 10	2 6 3	2
	92 U	2	2 6	2 6 10	2 6 10 14	2 6 10	2 6 5	1

zustand; hierbei befinden sich in den Schalen, die mehrere Elektronen enthalten, diese in verschiedenen, im allgemeinen nahe beieinander liegenden Energiezuständen, da der Energiezustand nicht nur durch den Abstand vom Kern, sondern auch durch die Größe und Richtung des Bahndrehimpulses und des Kreiselimpulses des Elektrons bestimmt wird. Hierdurch kommt es, daß die Elektronen einer Schale verschiedenen Energiezuständen entsprechen. Die Energiezustände in einer einzelnen Schale lassen sich entsprechend in einzelne Gruppen unterteilen, und zwar sind in der Schale mit der Nummer n jeweils n Gruppen von Energiezuständen möglich. Diese Gruppen numeriert man durch eine laufende Nummer l, die von 0 bis $n-1$ läuft (dritte horizontale Zeile am Kopf der Zahlentafel 6). Die Spektroskopie hat mit als erste einen tieferen Einblick in den Aufbau der Atome vermittelt, da die von den einzelnen Elementen ausgesandten Lichtspektren mit dem Aufbau der Elektronenhülle zusammenhängen. So benutzt man auch aus historischen Gründen die in der Spektroskopie üblichen Buchstaben zur Kennzeichnung der einzelnen Energiezustände[1]. Energiezustände, für die $l=0$ ist, bezeichnet man als s-Zustände. Ist $l=1$, spricht man von p-Zuständen, bei $l=2$ von d-Zuständen, bei $l=3$ von f-Zuständen (vierte waagerechte Zeile Zahlentafel 6). Will man nun einen Energiezustand in der dritten Schale $n=3$ kennzeichnen, für den $l=2$ ist, so spricht man von einem $3d$-Zustand (s. auch hierfür die waagerechten Überschriftszeilen der Zahlentafel 6). Faßt man das einzelne Elektron entsprechend dem wenn auch nur annähernd richtigen Bohrschen Atommodell als eine den Kern auf einer bestimmten Bahn umkreisende Masse auf[2], so ist der Wert n ein Maß für die Energie aus Masse und Ladung, der Wert l ein Maß für den Drehimpuls (Bahnimpuls) des Elektrons, der nach den Gesetzen der allgemeinen klassischen Mechanik für eine Masse, die sich um eine feste außerhalb gelegene Achse dreht, erhalten wird. Für denjenigen, für den die Begriffsvorstellung des Energiezustandes Schwierigkeiten macht, sei der wenn auch nicht ganz richtige Vergleich mit dem Sonnensystem angebracht, bei dem sich die Planeten in bestimmten Abständen ebenfalls entsprechend um die Sonne bewegen, sich also in einem bestimmten Energiezustand befinden. Es müßte aber ein so um den Kern sich bewegendes Elektron nach den Gesetzen der klassischen Elektrodynamik Veranlassung zu einer Strahlung geben, wodurch das Atom dauernd Energie verlieren würde. Bohr legte daher dem Aufbau seines durch die späteren Erfahrungen bewährten Atommodells das Postulat zugrunde, daß die Bewegung des Elektrons auf seiner Bahn keine Strahlung bedingt, sondern nur der Übergang eines Elektrons von einer Bahn zu einer anderen. Hiervon ausgehend gelang es, die Gesetze der Spektroskopie zu verstehen. Das Atom wird also in dem anschaulichen, von der modernen Physik nicht als ganz einwandfrei empfundenen Bohrschen Atommodell ähnlich dargestellt wie ein Planetensystem, in welchem der Kern die Sonne, die Elektronen etwa die Planeten darstellen.

Die Frage, wieviel Energiezustände es für Besetzung mit Elektronen bei einem bestimmten Zahlenpaar l und n gibt, wird von der Quantentheorie beantwortet. Das Ergebnis, das hier allein interessiert, lautet, daß es $(2l+1)$ derartige Zustände gibt, unabhängig von der Größe der Zahl n. Nun kommt

---

[1] Vgl. z. B. K. W. Meißner: Spektroskopie. Sammlung Göschen 1935 S. 113/17.
[2] Vgl. z. B. Grimsehl: Lehrbuch der Physik Bd. II Tl. 2 S. 162, 175ff. Teubner 1936.

aber noch eine Größe hinzu, die die mögliche Anzahl der Energiezustände verdoppelt. Wie oben bereits gesagt, bewegt das Elektron sich nicht nur um den Kern, sondern hat auch eine eigene Bewegung um seine Achse. Zu dem erwähnten Drehimpuls (Bahnimpuls) kommt der Kreiselimpuls des sich um seine Achse drehenden Elektrons, für den vielfach die englische Bezeichnung „spin" gebraucht wird. Dieser Kreiselimpuls ist die Ursache für ein magnetisches Moment des Elektrons. Die Drehung kann links oder rechts erfolgen, das magnetische Moment ist entsprechend um $180°$ verschieden. Wirkt ein Magnetfeld auf ein freies Atom ein, das nur ein Elektron besitzt, so stellt sich das magnetische Moment dieses Elektrons dementsprechend parallel oder antiparallel zur Feldrichtung. Diese zwei möglichen Stellungen des magnetischen Momentes ergeben eine Verdopplung der möglichen Energiezustände, so daß es zu einem bestimmten Faktor nicht nur $(2l+1)$-Zustände, sondern $2 \cdot (2l+1)$-Zustände gibt. Die gesamte Anzahl z. B. der $3d$-Zustände ist also gleich $2 \cdot (2 \cdot 2 + 1) = 10$. Hiermit sind die in einem Atom möglichen Energiezustände, die mit Elektronen besetzt werden können, vom Physiker gekennzeichnet. Wenn im vorstehenden naturgemäß die Begriffe nicht im einzelnen entwickelt werden konnten, erscheint dieser energetisch dargestellte Aufbau des Atoms dem Nichtphysiker doch in großen Linien verständlich. Man muß immer wieder bedenken, daß es sich um in Bewegung befindliche Teile handelt, die im Gleichgewicht gehalten werden von der Kernenergie. Der Zuwachs an Energie erfolgt in bestimmten Energiemengen, und gegenüber dem den Kern umgebenden Energiefeld können dann nur bestimmte, besonders ausgezeichnete Stellen = Energiezustände mit Elektronen besetzt sein, wenn das Gleichgewicht erhalten bleiben soll. Es ist mit Absicht vermieden worden, auf weitere Folgerungen hinzuweisen, die sich aus der wellenmechanischen Betrachtungsweise der Elektronen ergeben.

Jedes Atom besitzt nun so viel Elektronen, wie seine aus dem periodischen System entnommene Ordnungszahl angibt. Nach dem Minimumprinzip der Energie befinden sich die Elektronen in den obengenannten Energiezuständen, die möglichst tief liegen. Dies sind normalerweise die Energiezustände mit möglichst kleinem n und l. Betrachtet man Zahlentafel 6 (S. 22), so sieht man, wie diese Regel für die Atome mit geringeren Kernladungen und entsprechend geringer Zahl von Elektronen restlos erfüllt ist. Es tritt immer erst ein Elektron in einen höher liegenden Energiezustand ein, wenn die darunter liegenden restlos ausgefüllt sind (Gruppe I, II, III der Zahlentafel 6). Bei den höheren Gruppen gibt es charakteristische Abweichungen von dieser Regel, die sowohl für die physikalischen als auch chemischen Eigenschaften der Metalle bedeutungsvoll sind. So zeigt die Gruppe IV, daß bereits vor der vollständigen Auffüllung der $3d$-Zustände mit Elektronen $4s$-Zustände besetzt werden. Insbesondere gilt dies auch für das hier besonders interessierende Element Eisen, bei dem die $4s$-Zustände vollkommen, während die $3d$-Schalen nur etwas über die Hälfte besetzt sind. Als ein bereits mit vielen Elektronen besetztes Atom ist es ein Beispiel dafür, daß die Energiezustände in einer weiter außen liegenden Schale energetisch günstiger zur Auffüllung mit Elektronen sein können als die übrigbleibenden Zustände der nächst inneren Schale. Auch dies kann man sich ohne theoretische Berechnung vorstellen, da die Elektronen sich gegenseitig ebenfalls energetisch beeinflussen und die letzte Auffüllung einer stärker mit Elektronen

besetzten Schale einen höheren Energieaufwand erfordern kann als die Besetzung
der ersten Energiezustände einer weit außen liegenden Schale. Diese unabgeschlossenen Zwischenschalen sind für die magnetischen Eigenschaften von
grundsätzlicher Bedeutung, indem in einer mehr als halb vollen Zwischenschale
jedem nicht besetzten Zustand ein bestimmtes magnetisches Moment zukommt,
das man als Bohrsches Magneton bezeichnet und dem die Größenordnung von
5565 Gauß · cm³/mol zukommt. Das Magneton entspricht dem magnetischen
Moment eines sich um seine Achse drehenden Elektrons beim absoluten Nullpunkt der Temperatur. Beim Fehlen eines Elektrons in der Zwischenschale
tritt ein entsprechendes Moment nach außen in Erscheinung. In den einmal
ziemlich weitgehend — mehr als halb voll — besetzten Zwischenschalen ergeben
also nicht besetzte Energiezustände Veranlassung zum Auftreten von magnetischen Momenten. Hiermit ist eine der wichtigen Grundlagen für den Magnetismus enizelner Elemente gegeben, doch genügt diese Grundlage allein nicht.

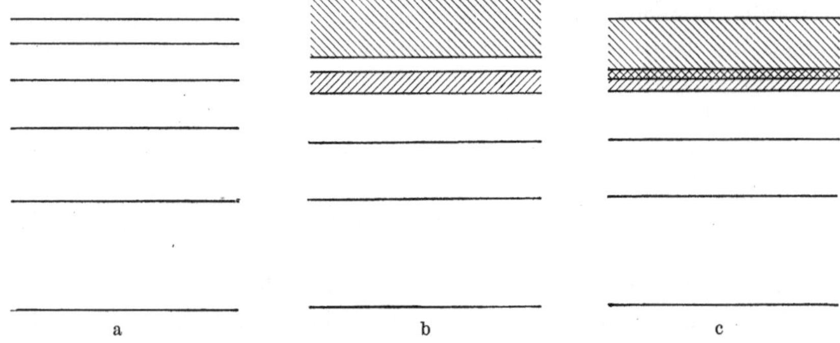

a   b   c

Abb. 22. Energiezustände im einatomigen Dampf (a) und Energiebänder im Kristall (b und c).

Alle bisher angestellten Betrachtungen sowie die in Zahlentafel 6 angegebene
Elektronenverteilung beziehen sich auf Atome im einatomigen Dampfzustand,
d. h. auf ein Einzelatom, das so weit von seinem Nachbaratom entfernt ist, daß
sie sich nicht gegenseitig energetisch beeinflussen. Ehe auf eine weitere wichtige
Größe für das ferromagnetische Verhalten einzelner Stoffe, das sog. Austauschintegral, eingegangen wird, sollen die Veränderungen behandelt werden, die die
Atome erleiden, wenn sie sich gegenseitig beeinflussen, wie dies z. B. im festen
kristallinen Zustand der Fall ist. Während im einatomigen Dampfzustand klare,
quantenmäßig scharf getrennte Energiezustände vorkommen, was z. B. dadurch
zum Ausdruck kommt, daß der Übergang eines Elektrons in einen anderen
Energiezustand, d. h. in den einer anderen Schale an die Zuführung eines
bestimmten Energiequantums geknüpft ist, findet im Kristallverband eine
gewisse Verzerrung durch die gegenseitige Beeinflussung der Atome statt.
Man kann sich das grob etwa wie in Abb. 22a—c vorstellen. Im einatomigen
Dampf ergeben sich klar getrennte Energiezustände, wie sie in Abb. 22a durch
die in bestimmten Abständen vom Kern gezogenen geraden Striche angedeutet sind. Im Kristallverband würde diese Linie entsprechend Abb. 22b verzerrt sein. Die scharf definierten Zustände des einatomigen Dampfzustandes
werden damit zu kleinen Energiegebieten verbreitert. Dabei kann die Verbreiterung, insbesondere in weiter außen liegenden Schalen, so weit erfolgen,

daß nun diese Energiebänder sich etwas überschneiden, wie in Abb. 22c angedeutet. So erfolgt diese Überschneidung z. B. beim Eisen für das $3d$- und $4s$-Band, was sich u. a. in der Temperaturabhängigkeit des elektrischen Widerstandes äußern kann. Bei sich überschneidenden Energiebändern gehören die Elektronen nicht mehr ganzzahlig einem Band an, der Physiker spricht dann von Bruchteilen von Elektronen, die z. B. im Kristallgitter bei einem Eisenatom im $3d$- bzw. $4s$-Zustand vorliegen. Aus der Tatsache, daß ein Bohrsches Magneton 5565 Gauß · cm³/mol entspricht und die Bohrschen Magnetonen gleich fehlenden $3d$-Elektronen gesetzt werden können, ergibt sich bei Messung der Sättigung des Eisens beim absoluten Nullpunkt der Temperatur (zwecks Ausschaltung der Temperatureinflüsse), daß dem kristallisierten Eisen 2,2 Bohrsche Magnetonen zukommen. Damit ist die Zahl der $3d$-Elektronen $10 - 2,2 = 7,8$. Da man vom isolierten Atom weiß, daß die Summe $3d$ und $4s$ beim Eisen $6 + 2 = 8$ beträgt, so muß die Energieverteilung im kristallisierten Eisen so sein, als ob die Anzahl der $4s$-Elektronen $= 0,2$ sei. Es kommt, wie hieraus hervorgeht, dem Physiker mehr auf genaue Kenntnis der Energieverteilung als auf anschaulichere, dafür aber ungenauere Begriffe an. Die neue Quantenphysik will nicht die Frage beantworten, an welchem Ort sich ein bestimmtes Elektron befindet, sondern eine Aussage liefern über die Wahrscheinlichkeit, daß sich an einem bestimmten Ort ein Elektron befindet. Ein Elektron, das in zwei einzelne Bereiche übergreift, kann zu einem nur als Bruchteil zugehörig betrachtet werden.

Zusammenfassend ergibt sich, daß im einatomigen Dampfzustand um den Atomkern bestimmte günstigste Energiezustände bestehen, die mit Elektronen besetzt werden können. Im kristallisierten festen Zustand, in dem ein Atom das benachbarte Atom beeinflußt — man könnte sagen: in dem das die Atomkerne umgebende Elektronengas in verschiedenen kristallographischen Richtungen verschieden komprimiert wird —, ergeben sich Verzerrungen verschiedener Energiezustände, die dazu führen, daß man diese insbesondere in den äußersten, vom Nachbaratom naturgemäß am stärksten beeinflußten Schalen energetisch als mit Bruchteilen von Elektronen besetzt bezeichnet. Das einzelne Elektron besitzt ein magnetisches Moment. Trotz dieser magnetischen Momente der Elektronen kann das Gesamtatom das magnetische Moment Null haben, wenn die Summe des Gesamtimpulses (Gesamtimpuls = Bahndrehimpuls + Spin) gleich Null ist. Bei besonderer Elektronenverteilung erhält das Atom als solches ein magnetisches Moment. So ergibt ein fehlendes Elektron in einer mehr als halb besetzten Zwischenschale (beim Eisen $3d$) ein magnetisches Moment entsprechend dem Bohrschen Magneton. Für das Eisen ergeben sich 2,2 Magnetonen.

Der für den ferromagnetischen Zustand wichtigste Begriff ist nun das sog. Austauschintegral. Auch dieser Begriff kann hier nur annäherungsweise erläutert werden, da ihn die Wellenmechanik auf rein formalem Wege liefert und für ihn keine anschaulichere Erläuterung möglich ist. Es handelt sich hierbei ebenfalls um eine Erscheinung, die sich beim Wechselspiel der Kräfte zwischen einer Ansammlung von Atomen, mögen es Moleküle oder Kristalle sein, ergibt. Befindet sich ein Atomkern A mit einem Elektron 1 in weiter Entfernung von einem Atom B mit einem Elektron 2, so wird vom Kern A auf Elektron 2 sowie vom Kern B auf Elektron 1 keine Kraft ausgeübt. Werden die Atome einander angenähert auf Entfernungen, wie dies z. B. im Kristallverband der Fall ist, so wirken zwei Kräfte ein. Die eine entsteht aus der anziehenden Kraft zwischen Kern A und Elektron 2 bzw. Kern B und Elektron 1. Dieser Anteil ist dem Quadrat ihres Abstandes umgekehrt proportional. Der andere ist gebildet von der Abstoßung zweier Elektronen voneinander. Dieses Kräftespiel führt dazu, daß man bei stark angenäherten Atomen nicht mehr sagen kann, ob die gemäß den Grundsätzen der Quantenmechanik berechnete Wahrscheinlichkeit für die Existenz eines Elektrons sich auf ein Elektron des Kerns A oder B bezieht. Es kann sowohl das Elektron 1 als auch das Elektron 2 an diesem Ort sein, da sich ja ein Elektron von dem anderen nicht unterscheidet, mit anderen Worten, man muß für die Elektronenverteilung die gesamte Energieverteilung, wie sie sich aus dem Zusammenwirken aller in Frage kommenden Atome ergibt, berücksichtigen. Man bezeichnet dieses Phänomen des Austausches von Elektronen als Austauschentartung der beiden Elektronen, deren potentielle Energie neben der klassischen elektrostatischen Energie durch ein Integral, das sog. Austauschintegral, gekennzeichnet wird. Die Größe des Austauschintegrals und die Frage, ob es positiv oder negativ ist, hängt von den obengenannten zwei Kräftefaktoren ab: Anziehungskraft der Kerne, abstoßende Kraft der Elektronen. Beide Anteile wirken in bezug auf das Vorzeichen verschieden. Der erstgenannte Anteil, Anziehungsenergie des Kerns auf das Elektron, der dem Abstand umgekehrt proportional ist, ist negativ, der zweite aus der Abstoßung der Elektronen positiv. Das Austauschintegral ist also positiv, wenn der zweite Anteil überwiegt, und um so stärker positiv, je stärker er überwiegt. Es ist verständlich, daß der positive Anteil mit sich weiter vom Kern entfernenden Elektronen überwiegt, da hierbei der Einfluß des Kernes abnimmt. Der negative Anteil ist entsprechend klein in seinem absoluten Betrag, wenn die Entfernung vom Kern groß und die Ladungsdichte in der Kernnähe möglichst klein ist. Das letztere ist dann der Fall, was man auch ohne die genauere Rechnungsgrundlage verstehen kann, wenn sich das Elektron in einer unabgeschlossenen Schale von höchstmöglichem Bahnimpuls l befindet. Bereits die Nichtauffüllung von Zwischenschalen spricht ja für eine geringere Einwirkungskraft des Kernes gegenüber den Kräften zwischen den Elektronen. Die Bedingungen für das Auftreten eines positiven Austauschintegrals sind z. B. besonders gut beim Eisen, da es $3d$-Elektronen mit hohem Bahnimpuls ($l = 2$) in unabgeschlossener Schale enthält. Die $4s$-Elektronen sind ohne Bedeutung, da für sie l den Wert 0 hat. Ähnlich günstig für ein positives Austauschintegral liegen die Verhältnisse bei den anderen Übergangselementen mit unabgeschlossener $3d$-Schale, wie Nickel und Kobalt, sowie einigen seltenen Erden mit unabgeschlossenen $4f$-Schalen. Dies gilt, soweit es sich darum handelt, den negativen Anteil so klein als möglich zu halten. Der positive Anteil ist möglichst groß, wenn zu kleinem Abstand der Elektronen voneinander große Ladungsdichte gehört, wobei die Ladung hauptsächlich nicht in Kernnähe ist. Dies tritt ein, wenn die Kerne einander nicht zu nahe kommen oder im Sinne des Bohrschen Atommodells entsprechend der Schalenradius klein genug ist gegenüber dem Gitterabstand. Auch diese Bedingung ist am besten erfüllt beim Eisen, Nickel, Kobalt und den seltenen Erden. Das Austauschintegral ist somit ein Ausdruck für das Kräftespiel bzw. den Energiezustand, wie er sich einstellt beim Zusammentreffen mehrerer Atome in einem engeren Verband, sowie ein Maß für die gegenseitige

Beeinflussung der Elektronen, insbesondere der Außenelektronen eines Atoms durch Nachbaratome. Es ist somit nicht verwunderlich, wenn das Austauschintegral auch mit eine maßgebende Größe für die chemische Bindung der Atome aneinander ist, somit z. B. bei der Molekülbildung des Wasserstoffmoleküls aus zwei Atomen oder der metallischen Bindung von Metallatomen.

Der Wert des Austauschintegrals ist von grundlegender Bedeutung für den Ferromagnetismus in dem Sinne, daß er in eindeutiger Beziehung steht zu der Frage, wie sich die magnetischen Momente der Elektronen, die an im Kristallgitter gebundene Atomkerne gebunden sind, einstellen. Ist der Wert des Integrals positiv, so stellen sich in bestimmten Bereichen des einzelnen Kristalls die magnetischen Momente (d. h. die Kreiselimpulse der Elektronen, „spins") mit fallender Temperatur, d. h. mit sinkender Wärmebewegung des Atoms, immer mehr parallel zueinander ein. Beim absoluten Nullpunkt sind innerhalb eines Bereiches alle magnetischen Momente parallel gerichtet. Diese Bereiche umfassen eine größere Anzahl von Atomen. Ihre Richtung entspricht einer kristallographisch bestimmten Kristallrichtung. Beim Eisen sind die Würfelkanten die magnetische Vorzugsrichtung. Im großen und ganzen erscheint auch dies nach dem Vorhergehenden verständlich, da eine bestimmte kristallographische Besetzung mit Atomen in einer bestimmten Richtung auch das Kräftegleichgewicht entsprechend in dieser Richtung beeinflussen muß. Die Erscheinung der Parallelrichtung magnetischer Momente innerhalb bestimmter kristallographischer Bereiche bezeichnet man als spontane Magnetisierung. Sie ist das Kennzeichen des Ferromagnetismus. Diese einzelnen Bereiche spontaner Magnetisierung werden Heisenbergsche oder Weißsche Bereiche genannt. Trotz des Vorhandenseins dieser kleinsten Elementarmagnete tritt nach außen keine Magnetisierung in Erscheinung, weil sie bei Abwesenheit eines äußeren Feldes verschieden gerichtet sind, z. B. beim Eisen nach den drei Würfelkanten, und sich in ihrer Wirkung gegenseitig aufheben. Erst bei Anwendung eines äußeren Feldes werden sie, von den zur Feldrichtung am günstigsten gelegenen ausgehend, in die Feldrichtung verschoben (Wandverschiebungsprozesse — siehe hierzu im einzelnen den Abschnitt Nickelstähle, Abb. 282 S. 346). Es tritt dann nach außen entsprechender Magnetismus auf.

Das wenn auch nicht anschaulich klar zu definierende Austauschintegral hat bereits praktische Nutzanwendung für die Erklärung mancher metallkundlichen Vorgänge gefunden. Es wurde z. B. oben erwähnt, daß sein positiver Anteil wächst, wenn der Gitterabstand im Vergleich zum Schalenradius groß ist. Durch Aufweitung eines Gitters ist somit die Steigerung des positiven Anteils möglich. Dies tritt anschaulich bei Manganlegierungen ein. Mangan steht im periodischen System vor Eisen, hat eine halb gefüllte $3d$-Schale, ist nicht ferromagnetisch, da sein Austauschintegral negativ ist. Weitet man das Mangangitter durch Einlagerung von Stickstoffatomen auf, so wird das Austauschintegral positiv und die Legierung ferromagnetisch. Ebenso gilt das für die Aufweitung des Mangangitters durch Kupferatome. Hier findet sich die Erklärung, wieso durch Legieren von an sich nicht ferromagnetischen Werkstoffen, wie Mangan und Kupfer, eine ferromagnetische Legierung, die sog. Heuslersche Legierung, entstehen kann. Das gleiche gilt für Legierungen entsprechend der Zusammensetzung Cu_2MnAl sowie Cu_2MnSn.

Weiterhin ergeben sich praktische Zusammenhänge mit der Curietemperatur. Es wurde im vorhergehenden die Temperatur und deren Einfluß auf die Energie des Atoms erwähnt. Mit steigender Temperatur führt das Atom in wachsendem Maße Schwingungen aus. Hierdurch ändert sich die Energie der Elektronen. Die Wärmekräfte wirken den Kräften entgegen, die eine parallele Ausrichtung der magnetischen Momente erstreben. Der Magnetismus muß somit mit steigender Temperatur abnehmen, und es wird eine Temperatur geben, bei der die „Wärmekräfte" und die „Richtungskräfte" sich gerade das Gleichgewicht halten, d. h. der Magnetismus eben verschwindet. Es ist dies die Curietemperatur oder auch der Curiepunkt; beim Eisen der A_2-Punkt. Das allmähliche Verschwinden des Magnetismus am Curiepunkt ist damit erklärt. Da die Höhe des Austauschintegrals bei positivem Vorzeichen als ein Maß für die Ausrichtungskräfte gekennzeichnet ist, wird der Curiepunkt eines Elementes oder einer Legierung bei um so höherer Temperatur liegen, je stärker positiv das Austauschintegral ist. So ist z. B. beim Gadolinium, dessen magnetisches Verhalten mit der unabgeschlossenen $4f$-Schale in Zusammenhang steht, nur ein schwach positives Austauschintegral vorhanden. Die Curietemperatur ist entsprechend niedrig und beträgt etwa 16° C. Schwach positives Austauschintegral und die tiefe Temperatur des Curiepunktes gehören somit zusammen. Die Erhöhung oder Erniedrigung der Curietemperatur durch Legierungszusätze, wie z. B. Erhöhung durch Chrom und Vanadin beim Eisen, ließe sich durch den Einfluß dieser im Gitter eingebauten Atome erklären. Diese Zusammenhänge zwischen Temperatur und Magnetismus erklären auch, warum in der Nähe des Curiepunktes Anomalien in der spezifischen Wärme auftreten, die bei nichtmagnetischen Werkstoffen fehlen. Während die Temperaturkurve der spezifischen Wärme allgemein durch quantentheoretische Betrachtungen der Schwingungen der Atome um den Gitterpunkt gut erklärt werden kann, tritt bei ferromagnetischen Stoffen noch ein Glied der Beeinflussung auf, das seinen Grund hat in der durch spontane Magnetisierung erzeugten Energie der Heisenbergschen Bereiche. Desgleichen kommt dieser ferromagnetische Anteil der Energie in der elektrischen Leitfähigkeitskurve bzw. Temperaturwiderstandskurve zum Ausdruck. Die elektrische Leitung entspricht bekanntlich einem Elektronentransport durch den Werkstoff. Dieser Elektronenplatzwechsel muß ebenfalls in den äußersten Elektronenschalen als den energetisch hierzu günstigst gelegenen erfolgen, die, wie gesehen, aber auch Träger des Ferromagnetismus sind. Entsprechend macht sich die ferromagnetische Energie auch hier bemerkbar (s. S. 36, Abb. 25, sowie Abschnitt Nickelstähle S. 369).

Auch die Zusammenhänge zwischen Magnetismus, Magnetostriktion, Spannungen, Dämpfung usw. werden dadurch erläutert, daß Spannungen in der Lage sind, einen Richtungseffekt bei bestimmten günstig gelegenen Heisenbergschen Bereichen auszuüben und somit einen Teil der mechanischen Energie für magnetische Vorgänge aufzuzehren. Diese Aufzehrung der Energie kommt dann in einer mechanisch erfaßbaren Dämpfung zum Ausdruck, einer Dämpfung, die nichts mit irgendwelchen plastischen Verschiebungsvorgängen im rein mechanischen Sinne zu tun hat; auch hierzu s. Näheres im Abschnitt Eisen-Nickel-Legierungen.

Zusammenfassend ergibt sich, daß für die physikalischen Eigenschaften der Elemente und insbesondere des hier zu betrachtenden Eisens der Aufbau des

Atoms ausschlaggebend ist. Der Kreiselimpuls des Elektrons ist die Ursache für ein magnetisches Moment des Elektrons. Für die magnetischen Eigenschaften des Atoms ist dagegen die Vollständigkeit der Besetzung mit Elektronen in den äußeren Schalen von maßgeblicher Bedeutung (mehr als halb aufgefüllte Zwischenschalen, z. B. $3d$-, $4f$-Schalen), wobei den Verzerrungen der Energieverteilung durch Eintritt der Atome in einen Atomverband (Kristallaufbau) Rechnung zu tragen ist. Die Erscheinung des Ferromagnetismus selbst ist an die Notwendigkeit eines positiven Austauschintegrals zwischen Atomen mit unabgeschlossener Zwischenschale geknüpft, wobei den erwähnten $3d$-Elektronen beim Eisen praktische Bedeutung zukommt.

Es erscheint hier vielleicht angebracht, nochmals kurz auf die Begriffe Diamagnetismus, Paramagnetismus und Ferromagnetismus einzugehen. Wie aus Vorstehendem hervorgeht, besitzen Elektronen ein magnetisches Moment. Trotzdem können eine ganze Anzahl von Atomen ein magnetisches Moment Null besitzen. Das ist im allgemeinen der Fall bei den Atomen, bei denen der Gesamtimpuls (Gesamtimpuls = Bahndrehimpuls + Spin) gleich Null ist. Diese Elemente, bei denen das Atom kein magnetisches Moment besitzt, sind diamagnetisch. Trotzdem das Gesamtmoment des Atoms gleich Null ist, findet durch ein äußerlich aufgebrachtes magnetisches Feld eine Veränderung des Energiezustandes der Elektronen statt, da diese ja ein ihnen eigenes magnetisches Moment besitzen. Diese Beeinflussung entspricht einem Energieaufwand des äußerlich aufgebrachten Magnetfeldes, so daß in Körpern aus derartigen Elementen die magnetische Kraftliniendichte abnimmt. Die Permeabilität wird somit kleiner als 1. Eine qualitative Deutung dieser Erscheinung ist möglich an Hand des Bohrschen Atommodelles. Ein kreisendes Elektron entspricht einem kleinen Kreisstrom. Wird nun ein magnetisches Feld eingeschaltet, so wird in der Bahn dieses kleinen Kreisstromes entsprechend den Anschauungen der klassischen Physik ein Strom induziert, der nach den Lenzschen Gesetzen der Elektrizitätslehre dem Induziervorgang entgegenwirkt, d. h. es tritt ein negatives magnetisches Moment auf. Dieses negative magnetische Moment bewirkt eine negative Suszeptibilität (Permeabilität < 1), die für diamagnetische Stoffe charakteristisch ist. Genauer konnten die Verhältnisse später ebenfalls an Hand der Wellenmechanik geklärt werden. Dieser Einfluß hat bei allen Elektronen Geltung. Es müssen daher auch alle Stoffe diamagnetische Eigenschaften haben. Bei Atomen, die kein magnetisches Moment besitzen — also mit dem Gesamtimpuls Null —, tritt dieser Diamagnetismus im Idealfall allein auf.

Wenn die Atome eigene magnetische Momente haben, kann der Einfluß dieser magnetischen Momente größer sein als der geschilderte gleichzeitig auftretende Diamagnetismus. In diesem Falle tritt dann Paramagnetismus oder Ferromagnetismus auf. Der negative diamagnetische Anteil wird durch den positiven Anteil der magnetischen Momente der Atome überwogen. Die Permeabilität wird größer als 1. Paramagnetismus tritt hierbei auf bei negativen Werten des Austauschintegrals. Jedem Atom kommt dabei ein bestimmtes magnetisches Moment zu als Resultante der Spins aller Elektronen, die zu dem betreffenden Atom oder bei Metallen dem entsprechenden Atomrumpf gehören (bei Metallen spricht man gelegentlich von Atomrümpfen, da eine Anzahl Außenelektronen als sog. Leitungselektronen gleichmäßig verteilt sind und dementsprechend nicht als zu einem bestimmten Atom gehörig betrachtet werden; s. Abb. 300). Durch die Wirkung eines äußeren magnetischen Feldes werden die einzelnen magnetischen Momente, die ohne Feld nach allen möglichen Richtungen orientiert sind, allmählich nach der Feldrichtung zu eingerichtet. Hierdurch tritt ein magnetisches Moment auf, das zu einer positiven Suszeptibilität führt (Permeabilität wenig über 1). Mit steigender Temperatur wird bei paramagnetischen Stoffen die Permeabilität verkleinert, weil der Temperatureinfluß (Atomschwingungen) der Ausrichtung der Atommomente entgegenwirkt, so daß dieser Paramagnetismus temperaturabhängig ist. Neben diesem temperaturabhängigen Paramagnetismus bekommt man in Metallen auch noch einen Anteil von Paramagnetismus in Leitungselektronen, da auch diese ein magnetisches Moment besitzen. Dieser letztere Paramagnetismus ist nicht von der Temperatur abhängig. Den beiden paramagnetischen Wirkungen überlagert sich, wie bereits oben erwähnt wurde, der allen Stoffen gemeinsame Diamagnetismus.

Ferromagnetismus kann ebenfalls nur auftreten, wenn die einzelnen Atome ein magnetisches Moment haben, wie dies bei nicht vollständig aufgefüllten Zwischenschalen der Fall ist. Die außerordentlich große Suszeptibilität (Permeabilität erheblich größer als 1, von der Größenordnung bis zu Tausenden) kommt bei diesen Werkstoffen durch die Parallelrichtung der Spins der Elektronen des Metallzustandes zustande und ist an die Anwesenheit eines positiven Austauschintegrals und die damit verbundene Ausbildung der Heisenbergschen Bereiche geknüpft.

c) Spezifische Wärme.

Über die Bestimmung der spezifischen Wärme liegen eine größere Anzahl von Ergebnissen vor, von denen die wahrscheinlichsten in dem vollausgezogenen

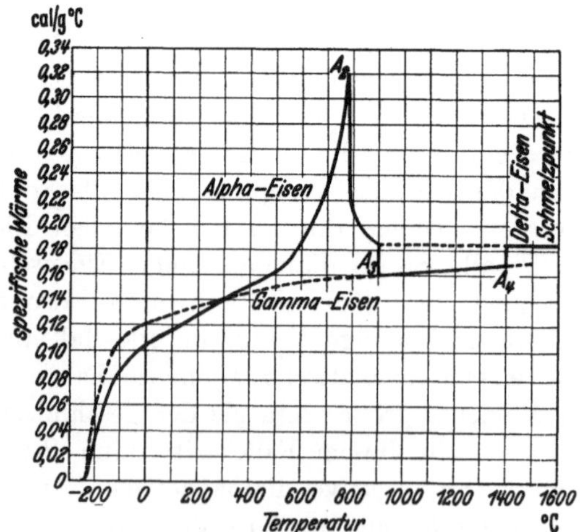

Abb. 23. Spezifische Wärme von Eisen. [Nach J. B. Austin: J. Ind. Eng. Chem. Bd. 24 (1932) S. 1225/35.]

Linienzug der Abb. 23 zusammengefaßt sind. Gleichzeitig ist für γ-Eisen der von J. B. Austin[1] errechnete Wert bis zu tieferen Temperaturen gestrichelt eingetragen.

---

[1] Industr. Engng. Chem. Bd. 24 (1932) S. 1225/35.

Der Übergang der spezifischen Wärme des α-Eisens zu der des γ-Eisens scheint in dem Temperaturbereich von 760 bis 900° kein allmählicher zu sein, wenigstens weisen die vorliegenden Untersuchungen hier den größten Streubereich auf. Das Gebiet des γ-Eisens dürfte noch gewisse Unsicherheiten enthalten. Die Angaben über die Umwandlungswärme am A_3- und A_4-Punkt schwanken, wie Zahlentafel 7 (S. 33) zeigt [1—7].

Bemerkenswert ist die Anomalie des Kurvenverlaufs am A_2-Punkt. Während bei nicht ferromagnetischen Stoffen die Größe der spezifischen Wärme durch eine quantentheoretische Betrachtung der Schwingungen der Atome um die Gitterpunkte ziemlich gut erklärt werden

Zahlentafel 7.

Umwandlungswärme bei der A_3-Umwandlung.

Forscher	cal pro g	cal pro g Atom
Osmond[8]	3,8	216
Stansfield[9]	2,86	160
Meuthen[10]	5—6	279—335
Wüst, Meuthen u. Durrer[11]	6,56	366
Umino[12]	5,35	299
Oberhoffer u. Grosse[13]	6,76	375
Klinkhardt[14]	3,86	216
Umino[15]	5,60	313
Esser u. Bungardt[16]	3,6	201
	3,42	191

kann, tritt bei den ferromagnetischen noch ein Glied auf, das seinen Grund hat in der durch die spontane Magnetisierung erzeugten Energie der Heisenbergschen Bereiche. Bringt man diesen ferromagnetischen Anteil der spezifischen Wärme in Abzug, so kommt die beim A_2-Punkt auftretende Anomalie praktisch fast zum Verschwinden.

d) Wärmeausdehnung.

Den Wärmeausdehnungskoeffizient von Eisen gibt Abb. 24 wieder. Wie ersichtlich wird der Wärmeausdehnungskoeffizient mit steigender Temperatur größer. In der Nähe des A_2-Punktes, d. h. beim Übergang vom ferromagnetischen in den paramagnetischen Zustand tritt eine Volumenverminderung ein, die bei Eisen etwa 1,6% beträgt[17] und die von Dehlinger[18] atomistisch erklärt

---

[1] Dumas, A.: Thèses Zürich 1909.

[2] Weiss, P., A. Piccard u. A. Carrard: Arch. Sci. phys. nat. Bd. 42 (1916) S. 378 bis 401; Bd. 43 (1917) S. 27/52, 113/130, 199/216.

[3] Klinkhardt, H.: Ann. Phys. Folge 4 Bd. 84 (1927) S. 167.

[4] Esser, H., u. W. Bungardt: Arch. Eisenhüttenw. Bd. 8 (1934/35) S. 37/38.

[5] Meliß, K.: Arch. Eisenhüttenw. Bd. 9 (1935/36) S. 209/212.

[6] Ahrens, E.: Ann. Phys. Folge 5 Bd. 21 (1934) S. 169/81.

[7] Eucken, A., u. H. Werth: Z. anorg. allg. Chem. Bd. 188 (1930) S. 152/72.

[8] C. R. Acad. Sci., Paris Bd. 103 (1886) S. 743/46.

[9] J. Iron Steel Inst. Bd. 56 (1899) S. 169/79.

[10] Ferrum Bd. 10 (1912/13) S. 1/21.

[11] Forsch.-Arb. Ing.-Wes. Nr. 204 (1918) S. 1/60.

[12] Sci. Rep. Tohoku Univ. Bd. 15 (1926) S. 597/617.

[13] Stahl u. Eisen Bd. 47 (1927) S. 576/82.

[14] Ann. d. Phys. Bd. 84 (1927) S. 167/200.

[15] Sci. Rep. Tohoku Univ. Bd. 18 (1929) S. 91/107.

[16] Arch. Eisenhüttenw. Bd. 8 (1934/35) S. 37/38.

[17] Köster, W., u. W. Schmidt: Arch. Eisenhüttenw. Bd. 8 (1934/35) S. 25/27.

[18] Dehlinger, U.: Metallkunde Bd. 28 (1936) S. 194/196.

wurde. Die in der Literatur vorhandenen Werte schwanken etwas und sind nicht ohne weiteres untereinander vergleichbar. Zwischen Raumtemperatur und 100° beträgt der lineare Ausdehnungskoeffizient für α-Eisen und für die meisten Stähle mit α-Eisencharakter rund $12 \cdot 10^{-6}$, was bei Gebrauch von Feinmeßwerkzeugen aus Eisen- und Stahllegierungen zu beachten ist, falls nicht in Räumen konstanter Temperatur gemessen wird. Der Ausdehnungskoeffizient des γ-Eisens ist erheblich höher als der des α-Eisens. Aus direkten Messungen sowie Berechnungen auf Grund von Gitterparametermessungen mittels Röntgenstrahlen ergeben sich für 900—1000° Werte von 22 bis $25,5 \cdot 10^{-6}$. Diese größere spezifische Wärmeausdehnung ist den meisten legierten Stählen mit γ-Charakter, den

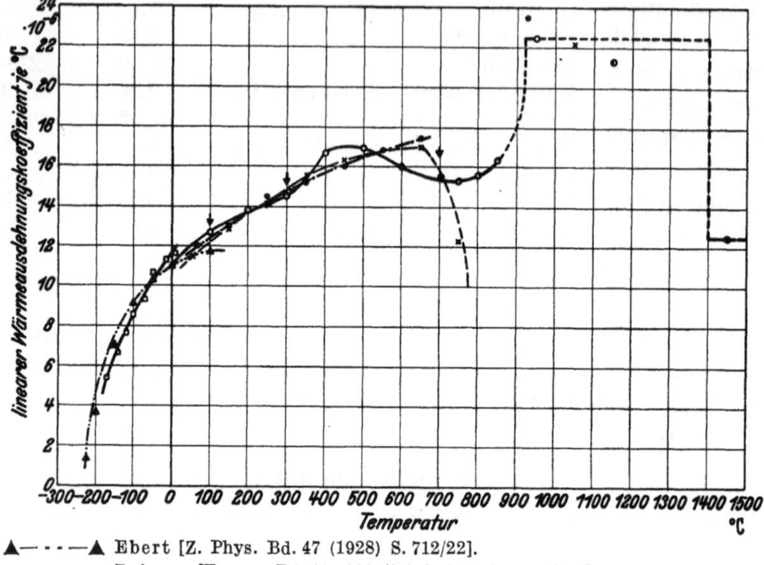

▲— · · —▲ Ebert [Z. Phys. Bd. 47 (1928) S. 712/22].

×— — — —× Driesen [Ferrum Bd. 11 (1913/14) S. 129/38 u. 161/69].

□————□ Dorsey [Phys. Rev. Bd. 25 (1907) S. 88/102].

●— · —● Souder und Hidnert [Sci. Pap. Bur. Stand. Bd. 17 (1922) S. 611/26].

○————○ Austin und Pierce [Trans. Amer. Soc. Met. Bd. 22 (1934) S. 447/67].

◐ Satô [Phil. Mag. Bd. 1 (1926) S. 996/1007].

↓ Sieglerschmidt [Mitt. dtsch. Mat.-Prüf.-Anst. Bd. 13 (1930/31) S. 135/39].

Abb. 24. Linearer Wärmeausdehnungskoeffizient von Eisen bei verschiedenen Temperaturen.

sog. austenitischen Stählen, auch bei Raumtemperatur eigen. Für δ-Eisen werden Werte zwischen $16—19,5 \cdot 10^{-6}$ angegeben[1, 2]. Die höheren Werte werden wiederum gut dem Wert des α-Eisens für eine entsprechende Temperatur gerecht.

Die Literaturangaben für die lineare Zusammenziehung bzw. Ausdehnung am A_3-Punkt schwanken zwischen 0,82 und $3,8 \cdot 10^{-3}$, am A_4-Punkt zwischen 0,85 bis $3,2 \cdot 10^{-3}$, berechnet aus Röntgenuntersuchungen[3-6]. Der genaue Wert für die Veränderung am Schmelzpunkt liegt noch nicht vor.

[1] Sato, S.: Phil. Mag. Bd. 1 (1926) S. 996/1007; Sci. Rep. Tohoku Univ. Bd. 14 (1925) S. 513/27.

[2] Schmidt, W.: Erg. techn. Röntgenkde. Bd. 3 (1933) S. 194/201.

[3] Benedicks, C.: J. Iron Steel Inst. Bd. 89 (1914) S. 407/43.

[4] Esser, H., u. G. Müller: Arch. Eisenhüttenw. Bd. 4 (1933/34) S. 265/68.

[5] Sato, S.: Sci. Rep. Tohoku Univ. Bd. 14 (1925) S. 513/27; Phil. Mag. Bd. 1 (1926) S. 996/1007.

[6] Westgren, A., u. G. Phragmén: J. Iron Steel Inst. Bd. 105 (1922) S. 241/62.

Bei tiefen Temperaturen führte die Betrachtung der im Gitter auftretenden Wärmeschwingungen zu einem Zusammenhang zwischen dem Ausdehnungskoeffizienten und der spezifischen Wärme, der von H. Adenstedt[1] auch an reinem Eisen bestätigt wurde; bei sehr tiefen Temperaturen (bis etwa 100° abs.) besteht Proportionalität zwischen Ausdehnungskoeffizient und spezifischer Wärme c_v.

e) Wärmeleitfähigkeit, elektrische Leitfähigkeit.

Die Leitfähigkeit eines Metalles ist sehr stark abhängig von seinem Reinheitsgrad. Bezüglich der elektrischen Leitfähigkeit sind, allerdings ausgehend von größeren Prozentgehalten an Fremdstoffen, zahlenmäßige Unterlagen geschaffen worden, die den Einfluß von Legierungselementen zu berechnen gestatten. Ob diese Unterlagen aber auch ihre Gültigkeit für kleinste Mengen von Verunreinigungen beibehalten, ist zweifelhaft[2], da gerade sehr geringe Mengen augenscheinlich einen verhältnismäßig größeren Einfluß auf die Eigenschaften reiner Metalle ausüben; für die magnetischen Eigenschaften z. B. ist dies erwiesen. Außerdem ist die Leitfähigkeit von der Korngröße abhängig, wie die Untersuchungen von A. Eucken und K. Dittrich[3] zeigen, in dem Sinne, daß Korngrenzen die Leitfähigkeit erwartungsgemäß vermindern. Einige Werte über das Wärmeleitvermögen von Eisen gibt Zahlentafel 8 (S. 35). Mit dem Auftreten des Ferromagnetismus beim Curiepunkt scheint ein kleiner, sprunghafter Anstieg der Wärmeleitfähigkeit verbunden zu sein[4].

Zahlentafel 8. Abhängigkeit der Wärmeleitfähigkeit des Eisens von Korngröße und Temperatur.

Korngröße in μ^2	Temperatur	Wärmeleitfähigkeit in cal/cm sec °C		
10^6	0°	0,225[5]		
3450	0°	0,215		
250		0,197		
10^6	−193°	0,439		
3450	−193°	0,437		
250		0,280		
		Weniger reines Eisen	Eisen mittl. Reinheitsgrades	Reinstes Eisen
	−252°	0,118	0,719	1,34
	−190°	0,217	0,325	0,360[6]
		Armcoeisen		
	−183°	0,224[7]		
	−78,5°	0,171		
	0°	0,169		
	0°	0,178[8]		
	100°	0,163		
	200°	0,147		
	300°	0,132		
	400°	0,117		
	500°	0,104		
	600°	0,094		
	700°	0,082		
	800°	0,071		

[1] Ann. d. Phys. Folge 5 Bd. 26 (1936) S. 69/96.

[2] Yensen, T. D.: Trans. Amer. Inst. electr. Engrs. Bd. 43 (1924) S. 145/71.

[3] Z. physik. Chem. Bd. 44 (1927) S. 211/28.

[4] Ranque, G., P. Henryet u. M. Chaussain: Congr. Int. Min., Métallurg. et Géol. appl. 20. 1935, Sect. Métallurg. T. 2, S. 303/09.

[5] Nach A. Eucken u. K. Dittrich: Z. phys. Chem. Bd. 125 (1927) S. 211/28.

[6] Nach E. Grüneisen u. E. Goens: Z. Phys. Bd. 44 (1927) S. 615/42.

[7] Nach W. G. Kannuluik: Proc. roy. Soc., Lond. A Bd. 141 (1933) S. 159/68.

[8] Nach R. W. Powell: Proc. phys. Soc., Lond. Bd. 46 (1934) S. 659/79.

Der elektrische Leitwiderstand für reines Eisen wird von Yensen mit etwa $0{,}095 \frac{\Omega \text{mm}^2}{\text{m}}$ bei 20° angegeben. Den elektrischen Widerstand bei verschiedenen Temperaturen gibt Abb. 25, den Beiwert für verschiedene Legierungselemente Zahlentafel 9 (S. 37) wieder. Bemerkenswert sind die Zahlen von Yensen, der für kleine Beimengungen andere Werte gibt als für größere Prozentgehalte.

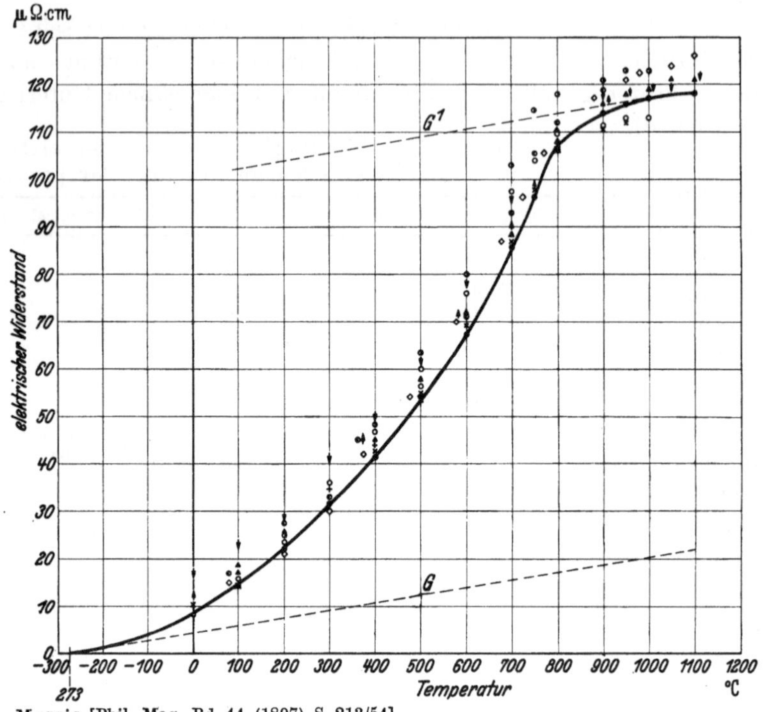

▲ Morris [Phil. Mag. Bd. 44 (1897) S. 213/54].
+ Niccoloi [Phys. Z. Bd. 9 (1908) S. 367/72].
○ Meyer, Kahlbaum-Eisen ⎫
◑ Meyer, Ingot-Eisen   ⎬ [Verh. dtsch. phys. Ges. Bd. 13 (1911)
◑ Meyer, Elektrolyt-Eisen ⎭   S. 680/92.]
↓ Honda und Ogura [Sci. Rep. Tohoku Univ. (I) Bd. 3 (1914) S. 113/25].
× Burgess und Kellberg [Bull. Bur. Stand. Bd. 11 (1915) S. 457/70].
◇ Saldau, Kahlbaum-Eisen [Iron Steel Inst. Carn. Schol. Mem. Bd. 7 (1916) S. 195/231].
↑ Honda und Simidu [Sci. Rep. Tohoku Univ. I Bd. 6 (1917/18) S. 219/33].
● Ribbeck [Z. Phys. Bd. 38 (1926) S. 772/87, 887/907; Bd. 39 (1926) S.787/812].

Abb. 25. Elektrischer Widerstand von Eisen bei verschiedenen Temperaturen.

Der Reinheitsgrad des Eisens ist für den elektrischen Widerstand besonders in der Nähe des absoluten Nullpunktes der Temperatur von Bedeutung, indem für ein streng periodisches, ideales Gitter die theoretische Durchrechnung auf den Widerstand Null führt; oberhalb des absoluten Nullpunktes kommt ein endlicher Widerstand erst durch den Temperatureinfluß zustande. Ein von Null verschiedener Widerstand bei absolutem Nullpunkt hat demgemäß seinen Grund in Gitterstörungen, die durch kleinste Verunreinigungen oder vorhergehende plastische Verformung erzeugt sind; in Abb. 25 geben die Meßpunkte der einzelnen Beobachter geradezu ein Maß für die Reinheit des Materials, indem die tiefsten Punkte dem reinsten Material entsprechen.

Zahlentafel 9. Veränderung des elektrischen Leitwiderstandes durch Legierungszusätze und Verunreinigungen[1,2].

Legierungselement	Zunahme des elektrischen Widerstandes von Eisen in Mikroohm · cm		
	für 1 Atomprozent des zugesetzten Elementes	für 1 Gewichtsprozent des zugesetzten Elementes	
Kohlenstoff	7,3	34,0	bis 0,02% C 86,5
			von 0,02—0,85% C 4,5
Stickstoff	3,6	14,6	
Aluminium	5,8	12,0	
Silizium	6,9	13,5	bis 0,35% Si 18,4
			von 0,356% Si 11,1
Phosphor	6,1	11,0	bis 0,015% P 60,0
			von 0,015—0,12% P 3,5
Vanadin	4,6	5,0	
Chrom	5,0	5,4	
Mangan.	4,9	5,0	7,0
Nickel	1,5	1,5	
Kobalt	1,0	1,0	
Kupfer	4,5	4,0	
Molybdän	5,8	3,4	
Wolfram	4,9	1,5	
Gold	3,9	1,1	

Zwischen A_2 und Raumtemperatur tritt eine Widerstandserniedrigung ein infolge der Temperaturabhängigkeit der durch die spontane Magnetisierung erzeugten Energie der Heisenbergschen Bereiche. Diese Erniedrigung ist entsprechend dieser von Gerlach[3] stammenden Vorstellung in Abb. 25 durch den Unterschied der Linien G bzw. G' angedeutet, die den Temperatur-Widerstandsverlauf ohne diese Beeinflussung andeuten. Auch dieser Hinweis sei nur zur weiteren Andeutung atomistischer Zusammenhänge auf dem Gebiet der Metalle hier angeführt.

Einkristalle aus kubischen Stoffen, wie Eisen, verhalten sich aus Gründen, die hier nicht näher erörtert werden können, hinsichtlich des elektrischen Widerstandes in den verschiedenen Kristallrichtungen gleich; befinden sie sich jedoch in einem Magnetfeld, so tritt Anisotropie auf.

f) Einige weitere physikalische Eigenschaften.

Zahlentafel 10 (S. 38) gibt einige weitere physikalische Konstanten reinen Eisens an. Eine sehr wichtige physikalisch-chemische Eigenschaft des γ-Eisens ist, wie bereits hervorgehoben, seine gegenüber dem α-Eisen höhere Lösungsfähigkeit für verschiedene Fremdstoffe. Diese sprunghafte Erhöhung der Lösungsfähigkeit z. B. für Kohlenstoff beim Übergang vom α-Eisen zum γ-Eisen bildet im Zusammenhang mit der Unterkühlungsfähigkeit der Ar_3-Umwandlung in Abhängigkeit von der Abkühlungsgeschwindigkeit und der Legierung die wichtigste Grundlage für die Entwicklung der Stahltechnik.

[1] Spalte 2 und 3 nach A. L. Norbury: J. Iron Steel Inst. Bd. 101 (1920) S. 627/44.
[2] Spalte 4 nach T. D. Yensen: Trans. Amer. Inst. electr. Engrs. Bd. 43 (1924) S. 145/71.
[3] Ann. d. Phys. Folge 5 Bd. 6 (1930) S. 772/84.

Zahlentafel 10. Einige physikalische Konstanten des reinen Eisens.

Eigenschaft	Temperatur °C		
Spezifisches Gewicht (auf reines Eisen extrapoliert	Raumtemp. +20°	7,876	nach Gumlich[1]
	1550°	7,207	nach Bene-
	1600°	7,157	dicksEricsson
	1700°	7,057	und Ericsson[2]
Schmelzpunkt (Durchschnitt verschiedener Beobachtungen) . .	1534°	—	
Dampfdruck.		m/m Hg	
	1564°	0,076	
	1960°	0,76	
	2004°	7,6	
	2316°	76	nach Kelley[3]
	2464°	190	
	2595°	380	
Siedepunkt	2735°	760	
Dampfdruck	327°	$1,86 \cdot 10^{-23}$	
	427°	$7,58 \cdot 10^{-19}$	
	527°	$2,06 \cdot 10^{-16}$	
	627°	$9,52 \cdot 10^{-13}$	
	727°	$1,32 \cdot 10^{-10}$	
	827°	$7,11 \cdot 10^{-9}$	
	927°	$1,94 \cdot 10^{-7}$	
	1027°	$3,22 \cdot 10^{-6}$	
	1127°	$3,47 \cdot 10^{-5}$	
	1227°	$2,70 \cdot 10^{-4}$	
	1327°	$1,60 \cdot 10^{-3}$	nach Jones,
	1427°	$7,6 \ \cdot 10^{-3}$	Langmuir
	1527°	$3,0 \ \cdot 10^{-2}$	u. Mackay[4]
	1727°	$2,9 \ \cdot 10^{-1}$	
	1927°	1,8	
	2127°	7,5	
	2327°	26,2	
	2527°	82,5	
	2727°	165	
	2927°	345	
	3127°	630	
Siedepunkt	3202°	760	

5. Chemische Eigenschaften.

In der chemischen Spannungsreihe der Elemente nimmt das Eisen den Platz zwischen Kupfer und Zinn ein, ist somit als ein von allen Säuren leicht angreifbares Metall gekennzeichnet. Von Interesse ist im chemischen Sinn das Verhalten reinsten Eisens gegenüber konzentrierter rauchender Salpetersäure sowie anderen stark oxydierenden Chemikalien. Taucht man einen Stab in diese Säure ein, so kommt der zunächst einsetzende Angriff nach kurzer Zeit zum Stillstand; das Eisen hat sich passiviert, und es findet kein weiterer Angriff mehr statt.

[1] Abh. phys. techn. Reichsanstalt Bd. 4 (1904/18) S. 289.
[2] Arch. Eisenhüttenw. Bd. 3 (1928/30) S. 473/86.
[3] Beitrag zu den Zahlen der Theoretischen Metallurgie. U. S. Bur. Min. Bull., Auflage 1935 S. 400.
[4] Phys. Rev. Bd. 30 (1927) S. 201/14.

Die Passivierung des Eisens in dieser stark oxydierenden Säure wird hervorgerufen durch die Bildung einer Oxydhaut, die das Metall oberflächlich überzieht und dem weiteren Angriff der Säure entgegenwirkt. Diese Eigenschaft des Eisens gewinnt für die Technik erst größere Bedeutung in Stählen mit Zusätzen von Chrom, Silizium usw., worauf noch später eingegangen wird.

Bei Abwesenheit starker Oxydationsmittel wird das Eisen leicht angegriffen. Der Lösungsdruck von Eisen ist größer als der von Wasserstoff. Es neigt daher dazu, in Lösung zu gehen und den Wasserstoff aus der wässerigen Lösung zu verdrängen.

In trockener Luft oder trockenem Sauerstoff wird Eisen nicht angegriffen, es sei denn, daß es im Zustand feinster Verteilung (pyrophor) vorliegt, z. B. aus fein verteiltem Oxyd mit Wasserstoff reduziertes Eisen. Es sei in diesem Zusammenhang auf die Rolle feinverteilten Eisens als Katalysator bei chemischen Prozessen hingewiesen.

Bei höheren Temperaturen oxydiert Eisen auch in trockener Luft. Oberhalb 100° beginnt sich ein dünner Oxydfilm zu bilden, der Veranlassung zu den bekannten Anlaßfarben — von hellgelb bis dunkelblau — gibt (Fe_3O_4-Bildung, Zahlentafel 11 [S. 39]). Oberhalb 600° setzt im Laufe der Zeit eine so starke Oxydation ein, daß das gebildete Eisenoxyd eine dickere Schicht bildet, die mechanisch abgelöst werden kann („Zunder", s. Abschnitt Chrom und Sauerstoff).

In feuchter Luft, belüftetem sauerstoffhaltigem Wasser usw. rostet Eisen bekanntlich schnell. Temperaturschwankungen, die zur

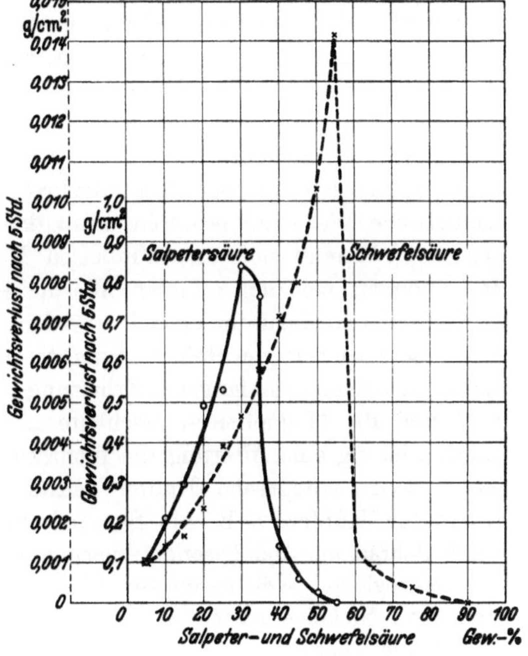

Abb. 26. Angriff von Salpeter- und Schwefelsäure verschiedener Konzentration auf Armcoeisen. [Nach E. Endo: Sci. Rep. Tohoku Univ. I Bd. 17 (1928) S. 1111/34.]

Niederschlagsbildung führen, begünstigen den Angriff in feuchter Luft (Tröpfchenkorrosion). Der Rostangriff ist im Gegensatz zum Angriff (Auflösung) des Eisens in Chemikalien nur in seltenen Fällen gleichmäßig, sondern oft lokal, was auf die erwähnte Tröpfchenbildung, ferner Verletzungen, Verunreinigungen und dadurch verursachte Lokalelementbildung zurückzuführen ist. In Salpetersäure und Schwefelsäure nimmt die Löslichkeit mit steigendem Säuregehalt zu, bis bei bestimmter Konzentration Passivitätserscheinungen auftreten (Abb. 26).

Zahlentafel 11. Färbung der oberflächlichen Oxydschicht bei verschiedenen Anlaßtemperaturen für unlegierten Stahl.

Temperatur in °C	Anlaßfarbe	Temperatur in °C	Anlaßfarbe	Temperatur in °C	Anlaßfarbe	Temperatur in °C	Anlaßfarbe
20	blank	240	braun	290	dunkelblau	350	blaugrau
200	blaßgelb	260	purpur	300	kornblumenblau	400	grau
220	strohgelb	280	violett	320	hellblau		

6. Einige Anwendungen reiner Eisensorten.

Wegen der großen Weichheit und guten Verformungsfähigkeit finden reine Eisensorten vielfach dort Verwendung, wo es auf gute Tiefziehfähigkeit ankommt. Vielfach wurde das Kupfer dieserhalb durch Eisen ersetzt. Durch die Absperrung Deutschlands vom Bezuge des Kupfers während des Weltkrieges wurde gerade die Herstellung des technischen Weicheisens so vervollkommnet, daß es auch heute noch Verwendung findet für Lokomotivfeuerbüchsen, Geschoßhülsen, Geschoßführungsringe usw.[1]. Auf die geringere Korrosionsbeständigkeit von Eisen gegenüber Kupfer muß bei derartigen Gegenständen geachtet werden.

Die physikalischen Eigenschaften reinen Eisens haben seine weitgehende Verwendung für Teile mit besonderen magnetischen Eigenschaften ermöglicht. Hierfür sind sowohl ganz reine Eisensorten, wie Karbonyleisen und Elektrolyteisen, als auch technische Eisen, wie Weicheisen und Armcoeisen, in Gebrauch. Hauptsächlich werden diese Weicheisenqualitäten in der Elektrotechnik verwendet für Relais, Weicheisenmeßinstrumente, Abschirmkappen und ähnliche Teile, bei denen es auf eine geringe Koerzitivkraft ankommt. Um möglichst günstige magnetische Werte zu erhalten, muß das Material auf grobes Korn geglüht werden. Während normales Flußeisen Koerzitivkräfte von 2—5 Oersted besitzt, können bei den reineren Weicheisenqualitäten Koerzitivkräfte bis zu 0,5 Oersted und darunter erreicht werden. Besonders bemerkenswert ist noch, daß diese hochwertigen Reineisenqualitäten zum Teil kaum eine Alterung aufweisen, d. h. nach einer längeren Erhitzung auf z. B. 100° ändert sich die Koerzitivkraft und die Magnetisierungsschleife nicht. Beim normalen Flußeisen wird dagegen häufig eine Alterung um mehrere 100% beobachtet. Bei hohem Reinheitsgrad und entsprechend guter Leitfähigkeit wird technisch reines Eisen als Ersatz für Kupfer, z. B. als Sammelschienenmaterial verwendet. Der hohe Reinheitsgrad und der besonders geringe Gasgehalt einiger Qualitäten haben es auch ermöglicht, Weicheisen für Elektroden und Gitter von Radioröhren an Stelle von Nickel einzuführen.

Auf die chemische Anwendung feinverteilten Eisens als Katalysator bei chemischen Prozessen wurde bereits hingewiesen.

III. Eisen-Kohlenstoff-Legierungen.

A. Das System Eisen-Kohlenstoff.

Kohlenstoff kann im Eisen als elementarer Kohlenstoff in Form von Graphit oder Temperkohle, oder als Verbindung von Eisen und Kohlenstoff als Eisenkarbid $= Fe_3C$ (Zementit) vorkommen[2]. Das Schaubild des Zweistoffsystems Eisen-Kohlenstoff wird deswegen meist in doppelter Ausführung

---

[1] Goerens, P., u. F. P. Fischer: Kruppsche Mh. Bd. 1 (1920) S. 5/12.

[2] Vereinzelt findet man Hinweise auf die Existenz eines Karbides Fe_2C. Eine endgültige Klärung des evtl. Existenzbereiches eines derartigen Karbides ist infolge der Schwierigkeiten bei der Karbidisolierung und Untersuchung nicht einfach [siehe u. a. auch S. Hugg: Z. Kristallogr. Bd. 89 (1934) S. 92/94].

gezeichnet, einmal als System Eisen-Graphit und einmal als System Eisen-Eisenkarbid[1] (Abb. 27). Das System selbst kann als bekannt vorausgesetzt werden[2]; es genügt daher an dieser Stelle eine kurze Zusammenfassung.

Mit steigendem Kohlenstoffgehalt sinkt der Schmelzpunkt von dem des reinen Eisens längs der Linie ABC bis zu einem eutektischen Punkt Eisenkarbid-Eisen — Punkt C — ab (Eutektikum Ledeburit). Die Linie ABC stellt somit die Liquiduslinie dar. Bei Beginn der Erstarrung findet eine Entmischung der Schmelze und der erstarrenden Phase entsprechend den Linien AH und IE statt. Diese Linien bezeichnet man als Soliduslinien. Der Unterschied zwischen der Solidus- und Liquiduslinie ist von technischer Bedeutung, da durch die Größe dieses Unterschiedes in einem gewissen Sinne die Seigerungs-, d. h. die Entmischungsfähigkeit bei der Erstarrung gekennzeichnet wird. Da nach beendeter Erstarrung nicht immer die Möglichkeit eines vollkommenen Diffusionsausgleiches gegeben ist, spielen diese Seigerungen, die als primäre Seigerungen bezeichnet werden, in der Stahltechnik eine große Rolle.

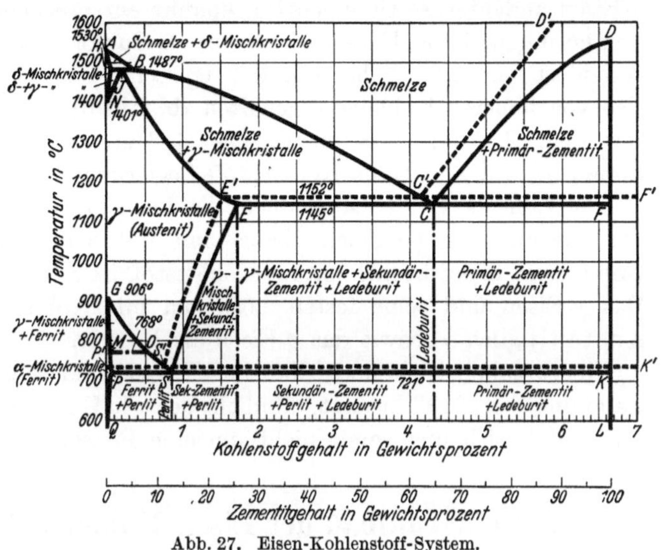

Abb. 27. Eisen-Kohlenstoff-System.

Im festen Zustand wird durch Zusatz von Kohlenstoff das Temperaturgebiet der Existenz der γ-Phase erweitert, wie dies aus den auseinanderstrebenden Linien NI und GOS hervorgeht. Zusatz von Kohlenstoff erhöht also den A_4-Punkt und erniedrigt den A_3-Punkt.

Bei höheren Temperaturen finden Umsetzungen zwischen γ- und δ-Eisen längs der Linien HN und IN statt, wobei sowohl im δ-Eisen wie im γ-Eisen der Kohlenstoff sich in fester Lösung befindet. Das Gebiet $GOSEIN$ stellt das Gebiet der festen Lösung von Kohlenstoff im γ-Eisen dar. Die maximale Löslichkeit von Kohlenstoff im γ-Eisen beträgt rund 1,7% und fällt mit sinkender Temperatur bis zum Punkt S auf etwa 0,9% ab. Die Linie ES gibt somit die Temperatur der Ausscheidung von Eisenkarbid an. Die Ausscheidung oder das Inlösunggehen von Karbiden längs der ES-Linie zeichnet sich auf Haltepunktskurven nur undeutlich als schwacher Knickpunkt ab. Man bezeichnet diesen Punkt mit A_{cm}.

Da der A_3-Punkt mit steigendem Kohlenstoffgehalt sinkt, bezeichnet die Linie GOS den Beginn der α-Eisen-Ausscheidung. Dieser Beginn der α-Eisen-

---

[1] Gelegentlich findet man immer wieder Hinweise auf ein einheitliches System Eisen-Kohlenstoff. Siehe hierzu Jänecke: Z. Metallkde. Bd. 32 (1940) S. 142.

[2] Vgl. Bericht Nr. 180 des Werkstoffausschusses des Vereins deutscher Eisenhüttenleute.

bildung zeichnet sich deutlich auf Haltepunktskurven ab und behält die Bezeichnung A_3. Im Punkt S erfolgt gleichzeitig Ausscheidung von α-Eisen und Eisenkarbid. Diesen eutektoiden Punkt bezeichnet man als Perlitpunkt; er erhält die Kennzeichnung A_1 (Ac_1 für die Erwärmung, Ar_1 für die Abkühlung). Während die Legierung mit etwa 0,9% C im Punkt S einen einheitlichen Umwandlungspunkt A_1 und A_3, also $A_{1,3}$ aufweist, zeigen Legierungen mit höherem und tieferem Kohlenstoffgehalt entsprechend der ES-Linie bzw. der GOS-Linie einen Knickpunkt, der entweder die Ausscheidung von Zementit oder von α-Eisen andeutet, sowie einen Haltepunkt entsprechend dem Perlitpunkt A_1.

Die magnetische Umwandlung am A_2-Punkt wird durch Kohlenstoff wenig verändert, sie verläuft horizontal entsprechend der Linie MO. Vom Punkt O, also von höheren Kohlenstoffgehalten ab, fällt die magnetische Umwandlung A_2 mit dem A_3-Punkt zusammen. Die A_1-Umwandlung liegt entsprechend der Linie PSK für alle Eisen-Kohlenstoff-Legierungen bei gleicher Temperatur.

Die Linie GPQ gibt schließlich die Löslichkeit für Kohlenstoff im α-Eisen an. Wie aus dem Vergleich dieser Linie mit der ES-Linie hervorgeht, ist der Unterschied in der Löslichkeit für Kohlenstoff im α- und γ-Eisen sehr beträchtlich. Das γ-Eisen und seine festen Lösungen mit Kohlenstoff bezeichnet man als Austenit, das α- sowie das δ-Eisen als Ferrit.

Hervorzuheben ist noch, daß das Eisenkarbid selbst eine magnetische Umwandlung bei 220° besitzt, ähnlich der A_2-Umwandlung des reinen Eisens. Es handelt sich hier somit nicht um eine Phasenveränderung des Karbids.

1. Gefügeaufbau der Eisen-Kohlenstoff-Legierungen.

Die bei langsamer Abkühlung aus dem Gebiet der γ-Mischkristalle entsprechend den Gleichgewichtsbedingungen des Eisen-Kohlenstoff-Schaubildes sich ausbildenden Gefüge sind in Abb. 28 wiedergegeben. Das Gefüge eines Eisens mit unter 0,04% C besteht aus Ferritkristallen, an deren Korngrenzen sich der vorhandene Kohlenstoff bei der Abkühlung entsprechend der längs der Linie PQ abnehmenden Löslichkeit als Korngrenzenzementit ausgeschieden hat. Bei Kohlenstoffgehalten über 0,04% tritt im Gefüge das dunkel geätzte Eutektoid Perlit hinzu, das aus dicht nebeneinanderliegenden Lamellen von Ferrit und Zementit besteht und dessen Menge mit dem Kohlenstoffgehalt bis zu dem eutektoiden Gehalt von 0,9% linear zunimmt. In Legierungen mit niedrigen Kohlenstoffgehalten liegen Ferrit und Perlit als Körner nebeneinander. Bei mittleren Kohlenstoffgehalten umschließt der Ferrit auf den Korngrenzen der ehemaligen Austenitkristalle als mehr oder weniger geschlossenes Netz den Perlit. Mit weiter zunehmendem Kohlenstoffgehalt wird das Netz immer unvollkommener, bis schließlich nur noch vereinzelte Flecken von Ferrit zu finden sind. Bei 0,9% C ist das Gefüge rein perlitisch. Oberhalb 0,9% C tritt neben Perlit voreutektoider Zementit auf, der als schmales Netz auf den Korngrenzen der ehemaligen Austenitkristalle ausgeschieden ist. Die Breite des Zementitnetzes nimmt mit steigendem Kohlenstoffgehalt zu, bis bei Gehalten über 1,7% das Eutektikum Ledeburit im Gefüge auftritt. Der Kohlenstoffgehalt der Legierung läßt sich bei untereutektoiden Stählen aus dem bis zum eutektoiden Gehalt linear ansteigenden Perlitanteil mit einiger Sicherheit, bei übereutektoiden aus

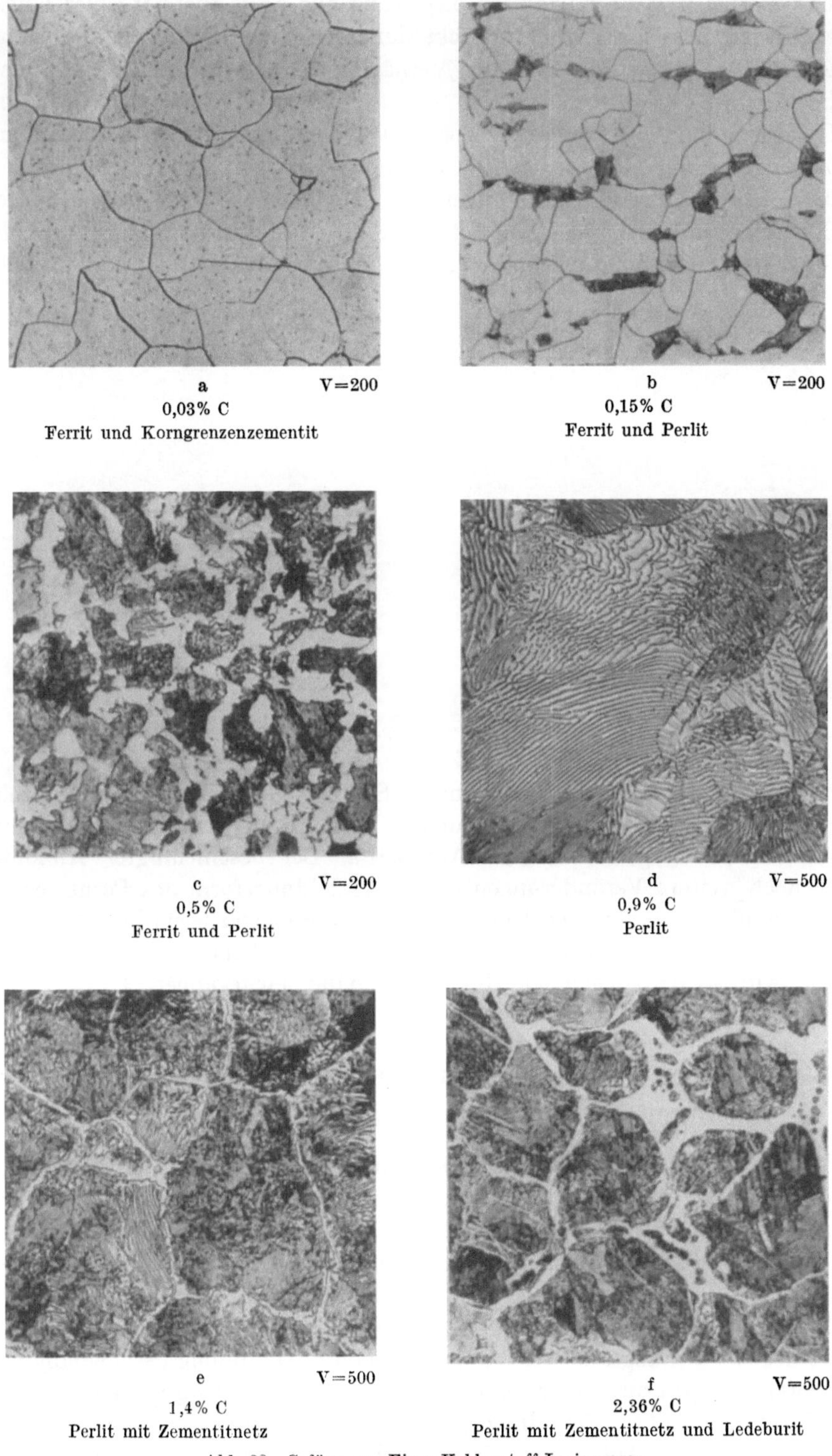

Abb. 28. Gefüge von Eisen-Kohlenstoff-Legierungen.

der Breite des Zementitnetzes annähernd aus dem Gefüge abschätzen. Voraussetzung hierfür ist jedoch, daß die Legierung aus dem Austenitgebiet langsam abgekühlt ist, da sich bei erhöhter Abkühlungsgeschwindigkeit, wie im folgenden Abschnitt gezeigt werden soll, die Verhältnisse ganz wesentlich verschieben können.

Die Ausbildung des Eutektoids Perlit ist noch abhängig von der Abkühlungsgeschwindigkeit im Gebiet der A_1-Umwandlung. Beim Erkalten eines Stahlstückes nicht zu großer Abmessungen mit beispielsweise 0,9% C an Luft tritt das Eutektoid in lamellarer Form auf, Abb. 29a. Bei sehr langsamer Abkühlung (z. B. im Ofen, oder im Innern sehr großer Schmiedestücke auch bei Luftabküh-

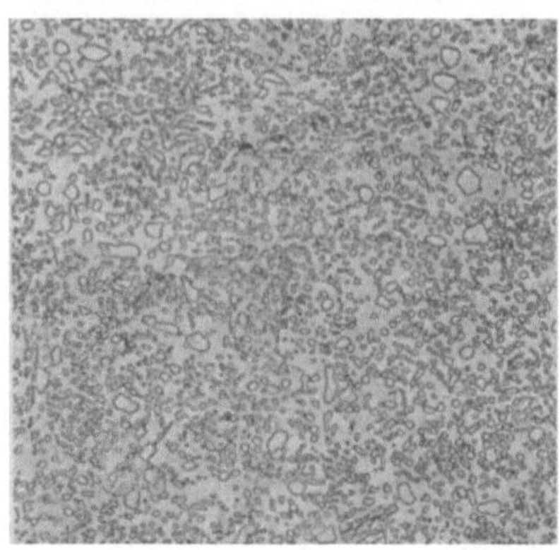

a　　　　　　　　　　　　　　　b　　　　　V = 500

Abb. 29. Streifiger und körniger Perlit (Stahl mit 0,98% C).

lung, oder bei entsprechender Glühung [s. S. 46 u. 88]) ballen sich die einzelnen Lamellen des Eisenkarbids in globularer Form, d. h. dem Zustand kleinster Oberflächenspannung, zusammen (Abb. 29b). Bei beschleunigter Abkühlung treten noch weitere Veränderungen in der Ausbildungsform des Perlits ein, die aber seine metallographischen Kennzeichen so weitgehend beeinflussen, daß man diese Gefügearten bereits als selbständige Strukturelemente bezeichnen muß. Hierauf wird in den folgenden Abschnitten näher eingegangen.

2. Vorgänge bei der Umwandlung der Eisen-Kohlenstoff-Legierungen bei erhöhter Abkühlungsgeschwindigkeit.

Bereits bei der bei reinem Eisen erwähnten A_3-Umwandlung wurde darauf hingewiesen, daß diese Umwandlung beim Abkühlen bei tieferer Temperatur erfolgt als beim Erwärmen, also mit einer Hysteresis verbunden ist, deren Größe von der Abkühlungsgeschwindigkeit abhängt. Das gleiche gilt für die Perlitumwandlung am A_1-Punkt sowie für die Karbidausscheidung längs der ES Linie. Auch diese Vorgänge finden bei der Abkühlung bei tieferen Temperaturen statt als bei der Erwärmung und werden durch erhöhte Abkühlungsgeschwindigkeiten zu tieferen Temperaturen verschoben. Diese Unterkühlung der Umwandlung, die mit zunehmender Abkühlungsgeschwindigkeit sich steigert, beeinflußt in starkem Maße ihren Ablauf und die Ausbildung der dabei entstehenden Gefüge.

Die Nutzbarmachung dieser Erscheinungen ist die Grundlage für die Wärmebehandlung der Eisen-Kohlenstoff-Legierungen geworden. Zum Verständnis dieser Vorgänge muß hier kurz auf den Mechanismus der Umwandlung etwas näher eingegangen werden.

Die Grundlage für die Umwandlung ist ebenso wie beim reinen Eisen der Übergang von dem kubisch flächenzentrierten Gitter des Austenits in das kubisch raumzentrierte des Ferrits. Der Umwandlungsvorgang wird nun aber erschwert durch die Anwesenheit des Kohlenstoffs, der im Austenit in beträchtlichem Maße löslich ist, während der Ferrit praktisch keine Löslichkeit für Kohlenstoff besitzt. Der Kohlenstoff muß demnach bei der Umwandlung des γ- in das α-Eisen ausgeschieden werden, und das geschieht bei der Umwandlung nach dem metastabilen System, das für die Stähle fast ausschließlich in Betracht kommt, in Form des Eisenkarbids Fe_3C (Zementit). Die Umwandlung setzt sich somit aus zwei miteinander verkoppelten Teilvorgängen zusammen:

a) Umwandlung des γ-Eisengitters in das α-Eisengitter.

b) Ausscheidung des Kohlenstoffs als Eisenkarbid Fe_3C (Zementit).

Da die Ausscheidung des Karbids als Korngrenzenkarbid oder in nadeliger und lamellarer Form erfolgt, diese Ausscheidungsformen aber nicht dem Höchstmaß an strukturellem Gleichgewicht entsprechen, haben die Karbide das Bestreben, in die kugelige Form, d. h. den Zustand kleinster Oberflächenspannung, überzugehen. Im Anschluß an die oben erwähnten Punkte a) und b) läßt sich dieser Vorgang angliedern als Punkt

c) Einformung des Karbids zu größeren Karbidkugeln.

Die unter a), b) und c) genannten Vorgänge erfordern eine gewisse Zeit, da sie nur mit einer bestimmten Geschwindigkeit ablaufen. Hieraus geht hervor, daß sie sich nur bei sehr langsamer Abkühlung vollständig abspielen, d. h. wenn bei der Umwandlungstemperatur selbst genügend Zeit zur Verfügung steht. Kürzt man die am Umwandlungspunkt zur Verfügung stehende Zeit, indem man die Abkühlungsgeschwindigkeit vergrößert, so wird auch die Vollständigkeit des Ablaufs dieser Vorgänge mehr oder weniger unterbrochen. Bei der Umwandlung des eutektoiden Stahles mit 0,9% C am A_1-Punkt spielen sich die obengenannten Vorgänge a) und b) zugleich ab, indem sich aus dem Austenit unmittelbar ein lamellares Gemenge von Ferrit und Zementit (Perlit) bildet. Da nun im Atomgitter des Austenits die Atome des gelösten Kohlenstoffs in gleichmäßiger Verteilung vorliegen, so setzt dies voraus, daß der Kohlenstoff aus den Teilen des Austenitkristalls, die praktisch kohlenstofffreien Ferrit bilden sollen, fast vollständig abwandert, während er sich in denjenigen Teilen, die Zementit mit einem Kohlenstoffgehalt von 6,7% bilden sollen, sehr stark anreichert. Die eigentliche Umwandlung muß demnach mit einer vorbereitenden Umlagerung des Kohlenstoffs verbunden sein. Die Umlagerung muß durch Diffusion erfolgen und erfordert somit eine gewisse Zeit, die abhängig ist von der Temperatur, bei der sich dieser Vorgang abspielt. Die Umwandlung des γ- in das α-Eisengitter ist dagegen infolge der schon beim reinen Eisen besprochenen einfachen geometrischen Beziehungen zwischen diesen beiden Gittern ein Vorgang, der sich leicht und schnell vollziehen kann, wenn die Vorbedingungen dafür erfüllt sind (s. hierüber auch später die Vorgänge bei der Martensitbildung). Auch für die Bildung des Zementitgitters aus dem an Kohlenstoff stark angereicherten Austenitgitter können verhältnismäßig einfache gittergeometrische Beziehungen vermutet werden, obwohl hierfür noch keine sicheren experimentellen Unterlagen bestehen[1].

Bei untereutektoiden Stählen (Kohlenstoffgehalt unter 0,9%) beginnt bei der Abkühlung die Umwandlung beim Überschreiten des A_3-Punktes mit der Ausscheidung von Ferrit an den Korngrenzen. Der Kohlenstoff wandert somit von den Korngrenzen fort und reichert sich im Innern des Austenitkristalls an, bis er dort einen Gehalt erreicht, der die gleichzeitige Bildung von Ferrit und Zementit (Perlit) ermöglicht. Bei übereutektoiden Stählen dagegen beginnt die Umwandlung beim Überschreiten der ES-Linie mit der Ausscheidung von Zementit auf den Korngrenzen. Hier geht also der Kohlenstoff zu den Korngrenzen und reichert sich dort auf den zur Zementitbildung notwendigen Gehalt an, bis der restliche Austenitkristall so weit an Kohlenstoff verarmt ist, daß wiederum die Möglichkeit für die gleichzeitige Bildung von Ferrit und Zementit gegeben ist. Man ersieht hieraus, daß für den Ablauf der Umwandlung nach den Gleichgewichtsbedingungen des metastabilen Eisen-Kohlenstoff-Systems, wie sie sich bei sehr langsamer Abkühlung einstellen, sehr beträchtliche Umlagerungen des Kohlenstoffs notwendig sind. Da diese, wie erwähnt, durch Diffusion auf verhältnismäßig großen Diffusionswegen erfolgen müssen und die Diffusionsgeschwindigkeit mit fallender Temperatur abnimmt, so werden mit zunehmender Abkühlungsgeschwindigkeit und damit zunehmender Unterkühlung die Umwandlungsvorgänge dahingehend beeinflußt, daß die Ausbildung und Verteilung der Gefügebestandteile feiner wird, damit sich die zurückzulegenden Diffusionswege verkleinern.

Der erste Erfolg steigender Abkühlungsgeschwindigkeit ist die Unterdrückung des unter c) erwähnten Vorganges. Daran schließt sich in zunehmendem Maße eine Verfeinerung der Gefügeausbildung von Ferrit und Karbid, wie dies im folgenden näher gezeigt wird.

a) Veränderung des Gefüges bei erhöhter Abkühlungsgeschwindigkeit.

Körniger Perlit. Der Übergang vom lamellaren zum körnigen Perlit bei sehr langsamer Abkühlungsgeschwindigkeit ist bereits erwähnt worden. Der Perlit in der lamellaren Form ist bereits ein Ergebnis einer mehr oder weniger starker Unterkühlung der Umwandlung und befindet sich nicht im strukturellen Gleichgewicht. Die in die Ferritmasse eingelagerten dünnen Zementitplättchen haben das Bestreben, ihre Oberfläche zu verkleinern und sich zu Kügelchen zusammenzuballen. Glüht man daher einen Stahl dicht unterhalb des A_1-Punktes, so ballen sich die Zementitlamellen des Perlits zu Kugeln zusammen und es entsteht das in Abb. 29b wiedergegebene Gefüge von körnigem Perlit. Dieses Zusammenballen muß man sich so vorstellen, daß infolge der in diesem Temperaturbereich bereits merklichen Lösungsfähigkeit des α-Eisens für Kohlenstoff der Zementit sich teilweise in der ferritischen Grundmasse auflöst und an anderen Stellen in kugeliger Form wieder ankristallisiert. Bei sehr langsamer Abkühlung kann sich dieser als Einformung bezeichnete Vorgang unmittelbar an

---

[1] Siehe H. Hanemann, U. Hofmann u. H. J. Wiester: Arch. Eisenhüttenw. Bd. 6 (1932/33) S. 199/207.

die Umwandlung anschließen. Wegen der obenerwähnten Unterkühlbarkeit der Umwandlung gelingt es jedoch häufig auch bei sehr langsamer Abkühlung nicht, das als Zustand höchster Weichheit angestrebte Gefüge des körnigen Perlits allein durch langsame Abkühlung zu erreichen. Bei übereutektoiden Stählen ballt sich bei einer solchen Glühung unter Umständen auch das Zementitnetz zu Kügelchen zusammen. Eine vorhergehende Verformung bei Raumtemperatur oder in der Nähe des A_1-Punktes, die den spröden Zementit zerbricht, beschleunigt diesen Vorgang beträchtlich. Hieraus geht schon hervor, daß man aus einem auf körnigen Perlit geglühten Stahl nicht mehr auf den Gehalt an Kohlenstoff irgendwelche Rückschlüsse ziehen kann, wie dies beim lamellaren Perlit infolge der Anteile an Ferrit und Zementit in etwa der Fall ist. Die Überführung des Zementits in den körnigen Zustand kann man vor allem bei übereutektoiden Stählen schneller und sicherer dadurch erreichen, daß man bis in das Umwandlungsintervall, also etwas über A_1 hinein, erhitzt und dann ganz langsam abkühlt. Die beim Erhitzen nicht aufgelösten Zementitreste bewirken bei der nachfolgenden langsamen Abkühlung, daß sich der Zementit an diesen Keimen sogleich in kugeliger Form abscheidet.

Lamellarer Perlit, Sorbit. Sowohl die Ferritbildung längs der *GOS*-Linie als auch die Karbidausscheidung längs der *ES*-Linie werden mit steigender Abkühlungsgeschwindigkeit in steigendem Maße unterkühlt. Die Unterkühlung der mit Unterschreitung der *GOS*-Linie einsetzenden Ferritbildung ist um so stärker, je höher der Kohlenstoffgehalt des Stahles, d. h. je höher der Anteil gelösten Kohlenstoffes im γ-Mischkristall ist. Die *GOS*- und *ES*-Linien streben daher bei steigender Unterkühlung stärker auseinander, und der Perlitpunkt im Punkt *S* wird dadurch zu einer Linie (*S'S''* Abb. 30). Wie Abb. 30 zeigt, tritt dies schon bei einer Abkühlungsgeschwindigkeit von 1°/sec auf. Diese Abbildung gibt nach F. Wever und A. Rose[1] die Veränderungen wieder, die in der Lage der Umwandlungspunkte mit zunehmender Abkühlungsgeschwindigkeit eintreten. Ausgangspunkt — Unterkühlungsstufe 0 — sind die Gleichgewichtslinien des Eisen-Kohlenstoff-Schaubildes, die nur für den Grenzfall unendlich geringer Abkühlungsgeschwindigkeiten gelten. Die Verbreiterung des Perlitpunktes durch Unterkühlung zu einer Linie deutet darauf hin, daß bei Gefügeuntersuchungen derart abgekühlter Stähle ein vollkommen perlitisches Gefüge frei von voreutektoidem Ferrit und übereutektoidem Zementit jetzt in einem größeren Kohlenstoffbereich auftreten und somit nicht mehr im Sinne eines Kohlenstoffgehaltes von 0,9% gedeutet werden kann. Bei einer Abkühlungsgeschwindigkeit von 15°/sec weist auch ein Stahl mit 0,7% Kohlenstoff noch ein rein eutektoides Gefüge auf. Gleichzeitig ist die übereutektoide Zementitausscheidung auch bis zu höheren Kohlenstoffgehalten praktisch unterdrückt. Stähle von 0,7% C aufwärts zeigen somit ein mehr oder weniger einheitlich perlitisches Gefüge, bei denen der höhere Karbidgehalt mit steigendem Kohlenstoffgehalt nur verhältnismäßig schwer geschätzt werden kann.

Bei Abkühlungsgeschwindigkeiten bis zu 200°/sec, die noch keine Härtungserscheinungen bewirken (Unterkühlungsstufe I), zeigt sich, daß mit zunehmender Abkühlungsgeschwindigkeit die Linien kontinuierlich zu tieferen Temperaturen verschoben werden, wobei die A_3-Umwandlung erheblich stärker herab-

<hr>

[1] Mitt. Kais.-Wilh.-Inst. Eisenforsch. Bd. 20 (1938) S. 55/60.

gesetzt wird als die A_1-Umwandlung. Der Anteil der voreutektoiden Ferritausscheidung nimmt entsprechend oben Gesagtem mit steigender Abkühlungsgeschwindigkeit immer mehr zu tieferen Kohlenstoffgehalten hin ab. Nur bei
sehr niedrigen Kohlenstoffgehalten läßt sich die Ferritausscheidung nicht vollkommen unterdrücken.

Durch die Herabsetzung der Temperatur des A_1-Punktes tritt auch eine zunehmende Verfeinerung des lamellaren Perlits infolge der schon erwähnten Zusammenhänge zwischen Karbidausscheidung und Diffusionsgeschwindigkeit ein,

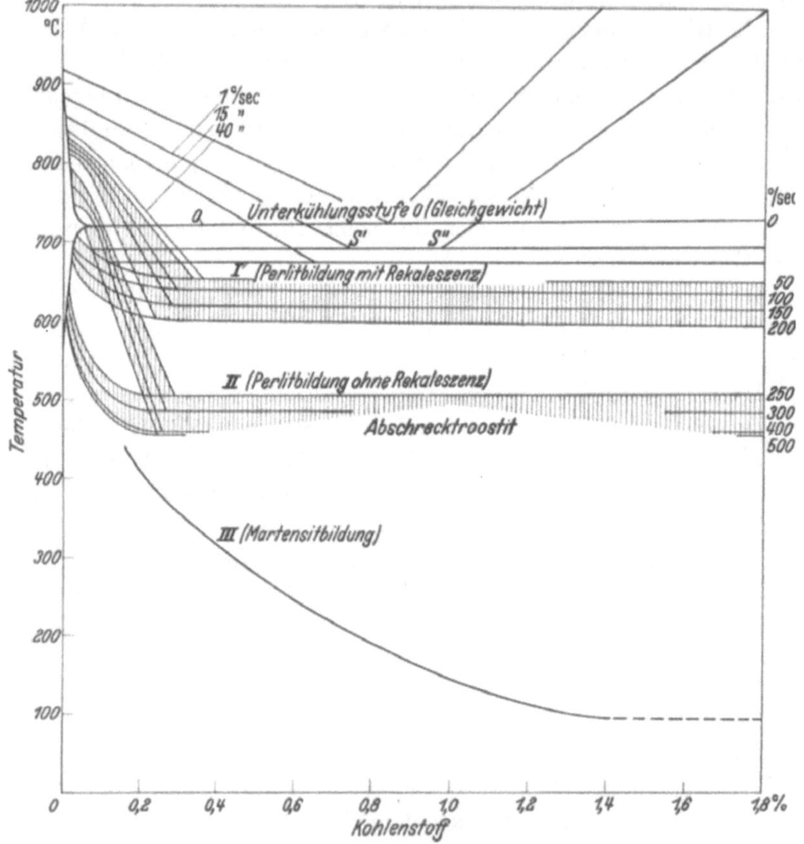

Abb. 30. Die Umwandlungsdiagramme für 1, 15 und 40°/sec im Schema der Unterkühlungsstufen.
[Nach F. Wever u. A. Rose: Mitt. Kais.-Wilh.-Inst. Eisenforsch. Bd. 20 (1938) S. 55/60.]

die darauf hinwirken, daß bei abnehmender Diffusionsgeschwindigkeit mit fallender Temperatur die zurückgelegten Diffusionswege kleiner und somit die ausgebildeten Gefügebestandteile feiner werden müssen. Den bei beschleunigter
Abkühlung sich ausbildenden sehr feinlamellaren Perlit, dessen Lamellen im
Mikroskop auch bei höchster Vergrößerung kaum noch aufzulösen sind, bo
zeichnet man als Sorbit, und zwar, um ihn von dem vielfach noch mit dem
gleichen Namen bezeichneten Anlaßgefüge des gehärteten Stahles zu unterscheiden, als „Abschreck-Sorbit" (Abb. 31).

Widmannstättensches Gefüge. Eine Steigerung der Abkühlungsgeschwindigkeit und die dadurch bedingte Verschleppung der Umwandlung zu tieferen

Temperaturen innerhalb der Unterkühlungsstufe I bewirkt aber nicht nur eine Verkleinerung der sich ausscheidenden Bestandteile, sondern kann auch von besonderem Einfluß auf die Anordnung der bei der Umwandlung gebildeten Gefügebestandteile werden. Im vorhergehenden Kapitel wurde gezeigt, daß bei langsamer Abkühlung in Stählen mit niedrigem Kohlenstoffgehalt Ferrit und Perlit als Körner nebeneinander liegen, daß bei mittleren Kohlenstoffgehalten der Ferrit als Netz um den Perlit erscheint, daß in der Nähe des eutektoiden Gehaltes das Gefüge aus Perlit mit mehr oder weniger großen und zahlreichen Flecken von Ferrit und schließlich bei übereutektoiden Kohlenstoffgehalten aus netzförmig angeordnetem Zementit und Perlit besteht. Mit steigender Abkühlungsgeschwindigkeit können nun sehr beträchtliche Änderungen im Gefügeaufbau eintreten. Die Ausscheidung des voreutektoiden Ferrits auf den Korngrenzen der ursprünglichen Austenit-

Abb. 31. Sorbit und Ferrit.　V = 200

kristalle sowie die Nebeneinanderlagerung von Ferrit- und Perlitkörnern bei sehr tiefen Kohlenstoffgehalten haben zur Voraussetzung, daß dem auf Diffusionsvorgängen beruhenden Umwandlungsvorgang genügend lange Zeiten bei entsprechend hohen Temperaturen zur Verfügung stehen. Nur in diesem Falle

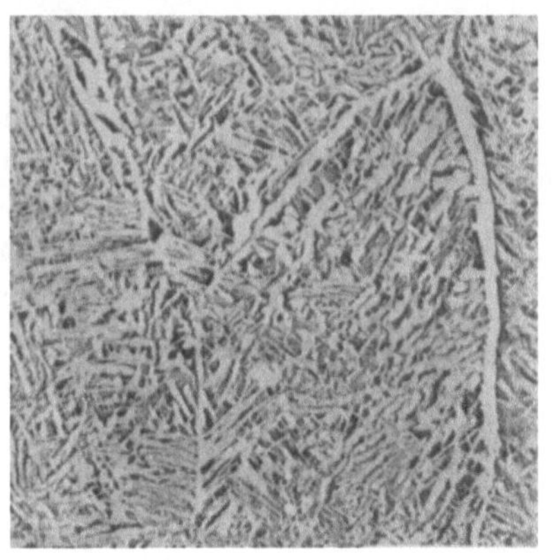

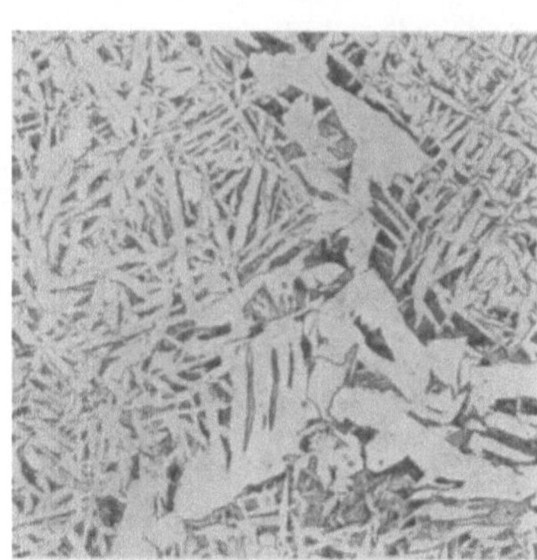

<table>
<tr><td>a</td><td>b</td><td>V = 200</td></tr>
<tr><td>0,24% C, Gußzustand</td><td colspan="2">0,24% C, geschmiedet　1 Std. 1300°/L</td></tr>
</table>

Abb. 32.　Widmannstättensches Gefüge.

können die immerhin beträchtlichen Wege, die zu einer derartigen Trennung der Gefüge erforderlich sind, zurückgelegt werden. Bei steigender Abkühlungsgeschwindigkeit des Austenits werden die zur Korngrenzenausscheidung erforderlichen Bedingungen nicht mehr erfüllt. Der Ferrit scheidet sich nun nicht mehr nur an den Korngrenzen des Austenitkristalls aus, sondern auch innerhalb der Kristalle auf bestimmten kristallographisch bevorzugten Ebenen. Diese Gefügeform (Abb. 32a und 32b) bezeichnet man als „Widmannstättensches Gefüge".

Eine Vergrößerung des Austenitkorns vor der Abkühlung trägt wesentlich zur Vergrößerung der Diffusionswege bei, die zurückgelegt werden müssen, wenn die Ausscheidung nur in den Korngrenzen erfolgen soll, und so ist es erklärlich, daß man Widmannstättensches Gefüge vornehmlich in grobkörnigem Material nach entsprechender Abkühlung vorfindet.

Die Zusammenhänge zwischen Korngröße, Abkühlungsgeschwindigkeit und Kohlenstoffgehalt einerseits und der Ausbildung des Gefüges als Korn-, Netz- und Widmannstättensches Gefüge andererseits sind in Abb. 33 nach H. Hanemann und A. Schrader[1] wiedergegeben. Man sieht, daß bei kleiner Korngröße nur ein schmaler Bereich von etwa 0,15—0,35% C bei erhöhter Abkühlungsgeschwindigkeit zur Ausbildung von Widmannstättenschem Gefüge neigt. Bei hoher Korngröße verändern sich die Verhältnisse dahingehend, daß die Verschiebungen von normaler zu Widmannstättenscher Struktur bereits bei wesentlich geringerer Abkühlungsgeschwindigkeit eintreten. Die erhöhte Korngröße begünstigt also die Unterkühlung der Umwandlungsvorgänge. Bemerkenswert ist noch, daß der Bereich des Widmannstättenschen

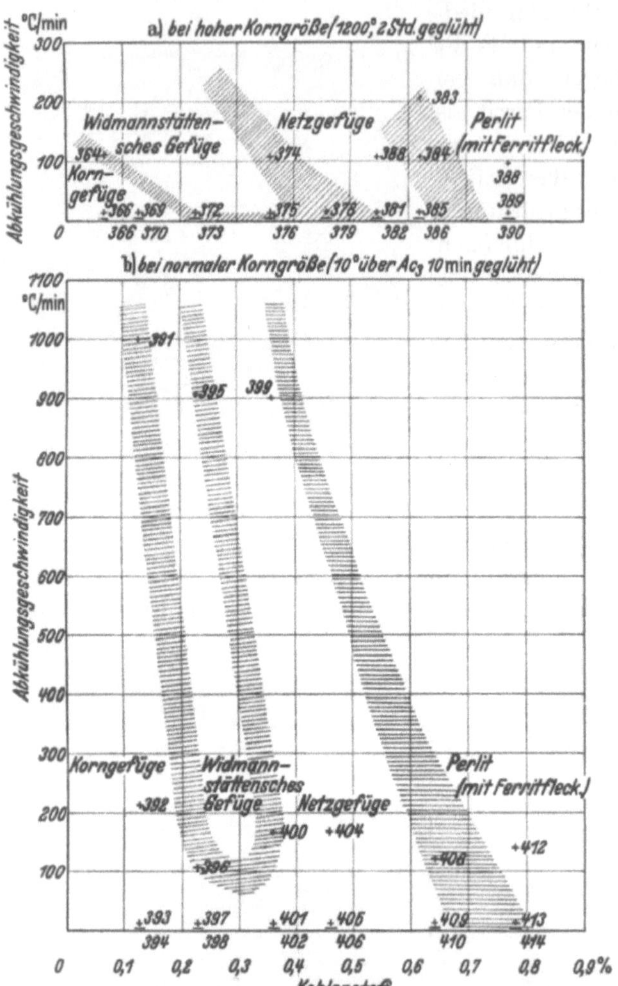

Abb. 33. Einfluß der Abkühlungsgeschwindigkeit und der Korngröße auf die Gefügeausbildung von untereutektoiden Eisen-Kohlenstoff-Legierungen. (Zahlen entsprechen den Bildnummern der Originalarbeit[1]).

Gefüges bei grobem Korn nicht nur zu niedrigeren Abkühlungsgeschwindigkeiten, sondern auch zu höheren Kohlenstoffgehalten hin erweitert ist. Es ergibt sich jedoch aus dem Schaubild, daß das Auftreten von Widmannstättenschem Gefüge nicht ohne weiteres als Zeichen eines durch Überhitzung grobkörnigen Gefüges angesehen werden kann, sondern daß es auch bei normaler Korngröße bei entsprechendem Kohlenstoffgehalt und erhöhter Abkühlungsgeschwindigkeit auftreten kann. Der Vollständigkeit halber sei noch erwähnt, daß bei übereutektoiden Stählen sich auch der voreutektoide Zementit unter entsprechenden Bedingungen in Widmannstättenscher Anordnung ausscheiden kann (Abb. 34).

<hr>

[1] Hanemann, H., u. A. Schrader: Atlas Metallographicus Bd. 1 (1935) S. 30.

Martensit. Bei den bisher gewählten Abkühlungsgeschwindigkeiten, die, wie aus Abb. 30 hervorgeht, in der Unterkühlungsstufe I bis zu etwa 200°/sec betragen können (als Maß für die Abkühlungsgeschwindigkeit wählt man meistens die in der Zeiteinheit erfolgte Temperaturabnahme innerhalb des Umwandlungsgebietes), bestand das gebildete Gefüge immer nur aus **Ferrit** und **Zementit**. An dem Beispiel eines Stahles mit 0,45% C soll nun verfolgt werden, welche Veränderungen die Umwandlungstemperatur und damit das Stahlgefüge erleiden, wenn die Abkühlungsgeschwindigkeit darüber hinaus gesteigert wird. Abb. 35 gibt schematisch die Veränderung der Umwandlungstemperatur wieder. Man erkennt darin die schon besprochene Erniedrigung der Temperatur und das Zusammenfließen des Ar_3- und Ar_1-Punktes sowie den Übergang dieser Umwandlungen in den Ar'-Punkt. Von einer bestimmten Abkühlungsgeschwindig-

V = 500
Abb. 34. Zementitausscheidungen in Widmannstättenscher Anordnung. (Stahl mit 1,72% C.)

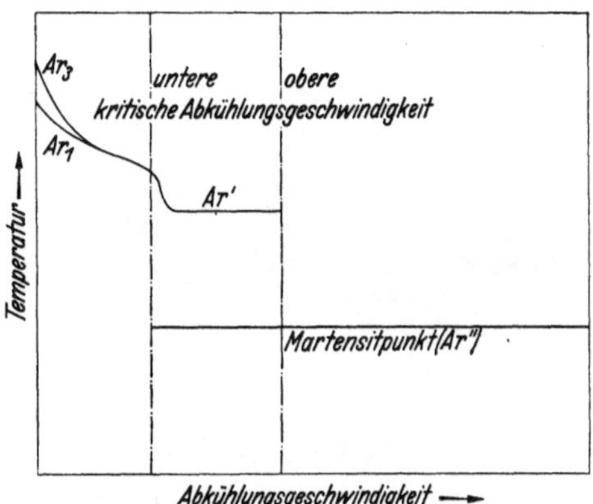

Abb. 35. Schematische Darstellung der Abhängigkeit der Umwandlungstemperatur von der Abkühlungsgeschwindigkeit. [Nach H. J. Wiester: Dissert. Berlin 1932.]

keit an wird die Ar'-Umwandlung, mit der man diese durch steigende Abkühlungsgeschwindigkeit herabgesetzte Umwandlung bezeichnet, bei der sich noch ein sehr feinlamellarer Perlit bilden kann, erst teilweise, dann ganz unterdrückt[1]. Der Austenit bleibt bis zu tieferen Temperaturen stark unterkühlt erhalten und wandelt sich erst von der mit Martensitpunkt Ar'' bezeichneten Temperatur an zu dem als **Martensit** bekannten nadeligen Härtungsgefüge um (Abb. 36).

Die zum Auftreten des Martensitpunktes erforderliche Abkühlungsgeschwindigkeit bezeichnet man als „kritische Abkühlungsgeschwindigkeit", wobei man zwischen unterer kritischer Abkühlungsgeschwindigkeit (beginnendes Auftreten des Martensitpunktes) und oberer kritischer Abkühlungsgeschwindigkeit (Verschwinden des Ar'-Punktes) unterscheidet. Wie hieraus hervorgeht, tritt die Ar'-Umwandlung neben der Ar''-Umwandlung in einem bestimmten Abkühlungsgeschwindigkeits-

---

[1] Die Ar'-Umwandlung wird in diesem Bereich, wie in Abb. 35 schematisch angedeutet, zugleich infolge Verschwindens der Rekaleszenz, d. h. der Wiedererhitzung durch die bei der Umwandlung frei werdende Umwandlungswärme, um etwa 100° in der Temperatur herabgesetzt, da bei diesen Abkühlungsgeschwindigkeiten die Wärmeabfuhr den Einfluß der frei werdenden Wärmemenge bei der unvollkommen verlaufenden Umwandlung überwiegt. [Lange, H., u. H. Hänsel: Mitt. Kais.-Wilh.-Inst. Eisenforschg. Bd. 19 (1937) S. 207.]

bereich nebeneinander auf (Abb. 35), was so zu verstehen ist, daß der beim Ar'-Punkt einsetzende Umwandlungsvorgang wegen ungenügender zur Verfügung stehender Zeit nicht mehr restlos abläuft und die endgültige Umwandlung des restlichen Austenits erst beim Ar''-Punkt erfolgen kann. Im Gefüge zeichnen sich die Stähle, die zwischen der oberen und unteren kritischen Abkühlungsgeschwindigkeit abgeschreckt wurden, durch entsprechende Gefügeanteile, die zur Umwandlung Ar' gehören, und Martensit (zu Ar'' gehörend) aus. Dem bei Ar' umgewandelten Anteil entsprechen im Gefügebild dunkel geätzte Bereiche, deren Aufbau nur bei sorgfältiger Ätzung als äußerst feinstreifiger Perlit aufzulösen ist (Abb. 37). Man bezeichnet diese Gefügebestandteile als ,,Abschrecktroostit‘‘. Abb. 37 zeigt solche Flecken von Troostit in der Grundmasse von nadeligem Martensit; der Abschrecktroostit kommt praktisch stets zusammen mit Martensit im Gefüge vor. In dem Unterkühlungsschaubild von F. Wever

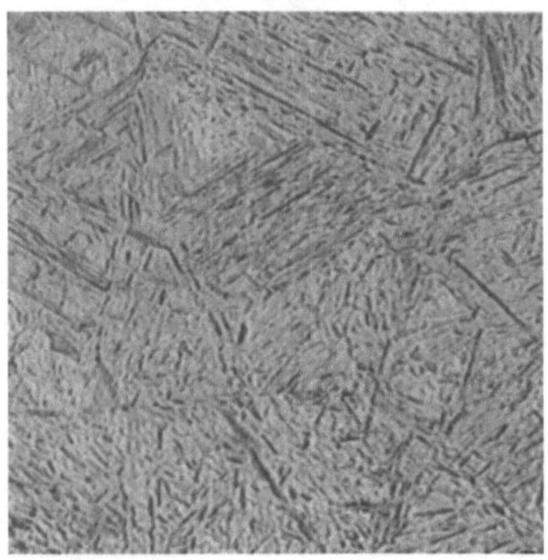

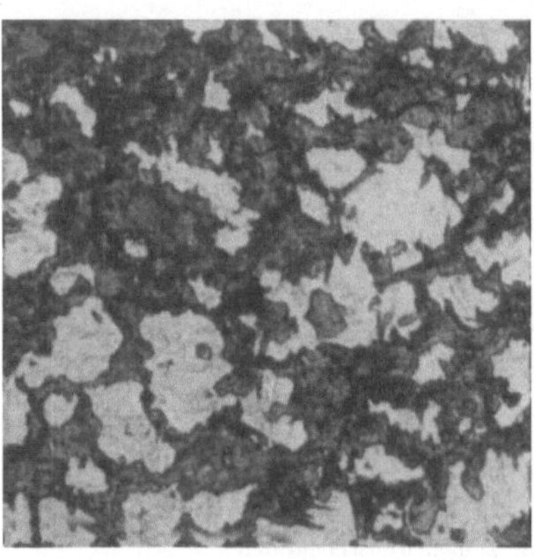

V = 200   V = 200

Abb. 36. Martensit.   Abb. 37. Abschrecktroostit (neben Martensit).

und A. Rose, Abb. 30, hebt sich der Bereich der Abschrecktroostitbildung als Unterkühlungsstufe II deutlich ab. Die abgebrochene Schraffierung in dem Schaubild soll die Neigung zur Unvollständigkeit der Umwandlung andeuten. Seinem Wesen nach ist der Abschrecktroostit nichts anderes als ein besonders dichtstreifiger Perlit. Die Martensitbildung ist in der Abb. 30 als Unterkühlungsstufe III gekennzeichnet. In dem Temperaturgebiet zwischen Ar' und Ar'' gehen bei derartig erhöhten Abkühlungsgeschwindigkeiten keine Umwandlungen vor sich, die mit besonderen Gefügeerscheinungen verknüpft sind. Daß es trotzdem möglich ist, in diesem Bereich durch Unterbrechung der Abschreckung vor der endgültigen Abkühlung auf Raumtemperatur besondere Umwandlungsgefügeerscheinungen hervorzurufen, die später als Zwischenstufe und Zwischenstufengefüge behandelt werden, sei hier nur der Vollständigkeit halber erwähnt.

Wie Abb. 35 zeigte, ist der Martensitpunkt in seiner Temperaturlage praktisch von der Abkühlungsgeschwindigkeit unabhängig, d. h. die Martensitbildung kann bei einer bestimmten Legierung, also bei einem bestimmten Kohlenstoffgehalt, durch eine weitere Steigerung der Abkühlungsgeschwindigkeit nicht mehr weiter unterkühlt werden. Erst durch Änderung der Legierung, z. B. durch steigenden Kohlenstoffgehalt, wird der Martensitpunkt als Grenze der Unterkühlung des Austenits zu tieferen Temperaturen verschoben, wie dies durch die eingezeichnete „Unterkühlungsstufe III“ in Abb. 30 gekennzeichnet ist. Die in der *GOS*-Linie bereits angedeutete erweiterte Beständigkeit des γ-Mischkristallbereiches mit steigendem Kohlenstoffgehalt findet auch bei den tiefen Temperaturen der Martensitbildung eine entsprechende Bestätigung.

Der Vorgang bei der Martensitbildung ist ein grundsätzlich verschiedener von demjenigen bei der Perlit-, Sorbit-, Troostit-Umwandlung, die man zusammenfassend als Perlitstufe bezeichnen kann. Durch die starke Unterkühlung des Austenits bis zur Martensitstufe wird die Möglichkeit der

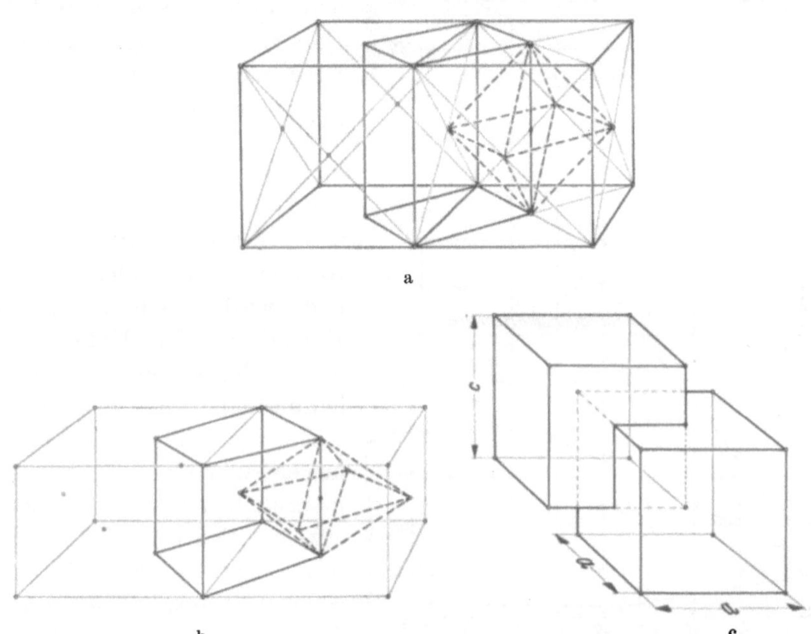

a) Austenit, oktaedrische Koordination des Kohlenstoffatoms. b) Tetragonaler Martensit, oktaedrische Koordination des Kohlenstoffatoms. c) Lage des Kohlenstoffatoms im α-Eisengitter des tetragonalen Martensits. Abb. 38. Koordination eines Kohlenstoffatoms in Austenit und Martensit. [Nach Engel: Untersuchungen über die Stahlhärtung. Ingeniervidensk. Skr. 1931 Nr. 31 S. 154.]

Abwanderung des Kohlenstoffes durch Diffusion unterbunden. Eine Ausscheidung von Eisenkarbid kann nicht mehr erfolgen. Die Umwandlung wird durch die Umklappung des γ-Gitters in das α-Eisengitter hervorgerufen, ohne daß die Kohlenstoffatome ihre Lage verändern. Bei genügend hohem Kohlenstoffgehalt und genügend tiefer Temperaturlage der Martensitumwandlung stören die Kohlenstoffatome hierbei den Umwandlungsvorgang dahingehend, daß sie, da sie im Gitter des α-Eisens nicht genügend Raum finden, eine tetragonale Aufweitung des α-Eisengitters bewirken. Die Umklappung erfolgt also vom kubisch-flächenzentrierten in ein tetragonales Gitter entsprechend Abb. 38, wobei das Kohlenstoffatom in der Mitte des tetragonalen Gitters eingeordnet bleibt. Man kann sich, wie in Abb. 38a durch Linien angedeutet, bereits im kubisch-flächenzentrierten Austenitgitter ein tetragonal-raumzentriertes Gitter vorgebildet denken, dessen Achsenverhältnis $c : a$ im Austenit $= 3,62 : 2,56 = 1,41$ beträgt. Bei der Martensitumwandlung wird dieses vorgebildete tetragonal-raumzentrierte Gitter in der c-Achse gestaucht und dehnt sich längs der a-Achsen aus, bis das

Achsenverhältnis auf $3,04 : 2,84 = 1,07$ verkleinert worden ist (Abb. 38 b). Das ursprünglich in der Würfelmitte gelegene Kohlenstoffatom bleibt in seiner Lage und verhindert, daß die Stauchung und Aufweitung des Gitters sofort bis zur Bildung des kubisch-raumzentrierten α-Eisengitters mit dem Achsenverhältnis $c = a = 2,86$ Å vor sich geht. Abb. 38 b stellt also das tetragonale Gitter des in der Martensitstufe gebildeten Martensits dar. Diese rein hypothetisch von E. C. Bain[1] entwickelte Vorstellung hat den Vorzug einer gewissen Anschaulichkeit. Nach der von G. Kurdjumow und G. Sachs[2] gegebenen und auch experimentell belegten Darstellung erfolgt dagegen die Umwandlung durch eine Reihe von Schiebungsvorgängen in bezug auf die 111-Ebene des Austenitkristalls, die dabei erhalten bleibt und 110-Ebene im neuen Gitter wird. Auch die 110-Richtung des Austenitgitters bleibt erhalten und wird 111-Richtung im α-Eisengitter. Die Unterschiede in beiden Betrachtungsweisen dienen hauptsächlich den gittergeometrischen Beziehungen zwischen dem neu entstehenden α-Eisen und dem ursprünglichen Austenitkristall und erweisen sich bei näherer Betrachtung nicht so schwerwiegend, als es scheinen mag[3]. Die tetragonale Aufweitung des α-Gitters nimmt mit steigendem Kohlenstoffgehalt zu, wie dies aus Abb. 39 hervorgeht.

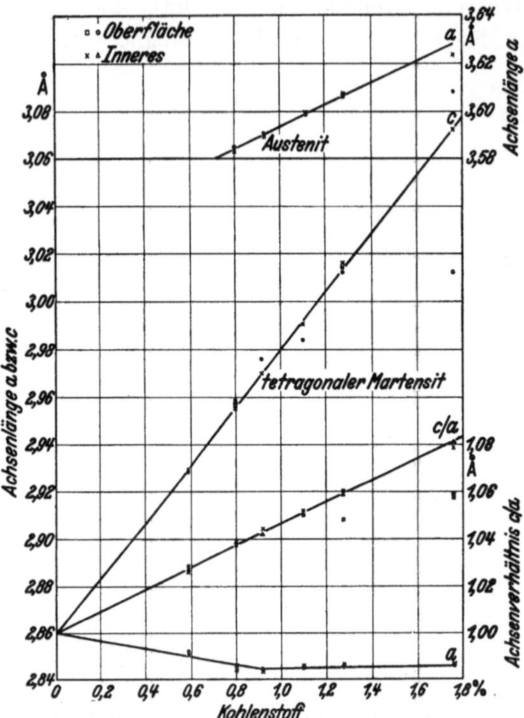

Abb. 39. Gitterkonstanten des tetragonalen Martensits und des Austenits in Abhängigkeit vom C-Gehalt. [Nach K. Honda u. Z. Nishiyama: Sci. Rep. Tohoku Univ. I Bd. 21 (1932) S. 306.]

Der tetragonale Martensit befindet sich infolge seiner durch Kohlenstoff bewirkten starken Aufweitung des Gitters in einem so großen Spannungszustand, daß er nur bei tiefen Temperaturen bis etwa 100° längere Zeit stabil bleiben kann. Bei höheren Temperaturen (s. Anlaßvorgänge) geht dieses tetragonale Gitter in die kubische Form des α-Gitters über, wobei sich das Kohlenstoffatom in einer noch nicht näher geklärten Weise einordnet[4]; das Ergebnis ist

---

[1] Bain, E. C.: Trans. Amer. Inst. min. metallurg. Engrs. Bd. 70 (1924) S. 25/46.

[2] Kurdjumow, G., u. G. Sachs: Z. Phys. Bd. 64 (1930) S. 325/43.

[3] Aus kristallographischen Messungen glauben neuerdings A. B. Greninger u. A. R. Troiano, Amer. Inst. min. metallurg. Engrs. Techn. Publ. 1218 [Metals Techn. Bd. 7 (1940) Nr. 5], schließen zu müssen, daß die Gitterbeziehungen wesentlich verwickelter seien, als sie von Kurdjumow und Sachs festgestellt worden sind.

[4] Siehe z. B. N. Engel: Untersuchungen über die Stahlhärtung (Ingeniøvidensk. Skr. 1931 Nr. 31 S. 154); teilweise wird angenommen, daß sich bereits Eisen-Karbid in äußerst feiner molekularer Verteilung bildet.

der sog. kubische Martensit. Beide Martensitformen, die tetragonale sowie die kubische, sind somit als Zwangszustände bezüglich der Verteilung des Kohlenstoffs im Raumgitter anzusehen, da das Kohlenstoffatom keine gesetzmäßige zur Aufnahme eines Fremdatoms vorgesehene Stelle im Gitter einnimmt. Die Frage, ob nach der Martensitumwandlung tetragonaler oder kubischer Martensit bei der Abkühlung auf Raumtemperatur erhalten bleibt, hängt davon ab, ob der neu gebildete tetragonale Martensit noch lange genug bei erhöhten Temperaturen verweilt, um sich in den kubischen Martensit umzuwandeln.

Bei kohlenstoffarmen Legierungen — etwa unter 0,4% C — liegt die Martensit-Temperatur, wie Abb. 30 zeigte, noch verhältnismäßig hoch. Es tritt somit während der Umwandlung selbst oder im Anschluß daran die schon erwähnte Anlaßwirkung auf, so daß diese Legierungen im abgeschreckten Zustand nur kubischen Martensit aufweisen. Es mag auch sein, daß bei derart niedrigen Kohlenstoffgehalten an und für sich die Umwandlung bei den in Frage kommenden Temperaturen sofort zum kubischen Martensit erfolgt. Kohlenstofffreie Legierungen (s. z. B. später unter Nickelstähle, S. 315), die ebenfalls erst in der Nähe der Raumtemperatur ihre γ-α-Umwandlung in einer Art Martensitumwandlung erfahren, wandeln sich immer in kubischen Martensit um, da ja der Kohlenstoff und die Höhe seines Gehaltes für das Auftreten des tetragonalen Gitters Voraussetzung ist.

Da die Martensitumwandlung unabhängig von allen Diffusionsvorgängen verläuft, kann sie auch bei tiefen Temperaturen noch mit sehr hoher Geschwindigkeit ablaufen. Man bezeichnet eine solche Umwandlung, deren Typ in der Martensitbildung erstmalig entdeckt wurde, als „Schiebungsumwandlung". Die dem Umklappen des Gitters ohne vorbereitende Umlagerung des Kohlenstoffes sich entgegenstellenden Widerstände sind sehr beträchtlich und können nur durch eine starke Unterkühlung, die das Umwandlungsbestreben kräftig erhöht, überwunden werden. Die Umwandlung geht hierbei durch gruppenweises Umklappen nadeliger Felder, oder besser gesagt lanzenförmiger Bereiche, auf den kristallographisch bevorzugten Ebenen des Austenits vor sich, was schlagartig erfolgt, wie dies von H. Hanemann und H. J. Wiester[1] mikroskopisch beobachtet und in kinematographischen Aufnahmen dargelegt werden konnte. Durch das Umklappen dieser Bereiche werden aber Gegenkräfte ausgelöst (Volumenvergrößerung bei der Martensitbildung, Spannungen), die das weitere Fortschreiten der Umwandlung hemmen und nur durch weitere Unterkühlung überwunden werden können. Obwohl die Martensitumwandlung also, wie vorhin erwähnt, mit sehr hoher Geschwindigkeit einsetzt und durch weitere Steigerung der Abkühlungsgeschwindigkeit im Beginn ihres Auftretens praktisch nicht unterkühlt werden kann, verläuft sie nicht bei gleichbleibender Temperatur zu Ende, in dem Sinne, daß das gesamte Gefüge umgewandelt wird. Zur Vervollständigung der Umwandlung ist es vielmehr notwendig, daß eine weitere Abkühlung eintritt; die Umwandlung verläuft also in einem Temperaturintervall, das sich bei Stählen von mittlerem und hohem Kohlenstoffgehalt bis auf Raumtemperatur erstreckt. Dabei bleibt ein mit zunehmendem Kohlenstoffgehalt steigender Anteil des Austenits als sog. Restaustenit noch unverändert zurück,

---

[1] Hanemann, H., u. H. J. Wiester: Arch. Eisenhüttenw. Bd. 5 (1931/32) S. 377/82. — H. J. Wiester: Z. Metallkde. Bd. 24 (1932) S. 276/77.

der erst durch weitere Abkühlung, z. B. bis auf die Temperatur der flüssigen Luft, zu einem weiteren Teil umgewandelt werden kann. Hiermit erklärt sich das so gebildete Gefüge, das aus Gruppen von Nadeln besteht, die unter bestimmten Winkeln gegeneinander gerichtet sind, wobei die Richtung der Nadeln

a   V = 500

Austenit und weißer tetragonaler Martensit nach Ablöschung von 1050° in Wasser.

b   V = 500

Austenit und dunkler (zerfallener) kubisch-raumzentrierter Martensit nach Ablöschung von 1050° in Wasser und Anlassen auf 150°.

Abb. 40. Weiße und dunkle Martensitnadeln.

in gesetzmäßigem Zusammenhang mit der Orientierung der Austenitkristalle steht, aus denen sie sich gebildet haben. Der Restaustenit befindet sich in den Zwischenräumen zwischen den Martensitnadeln. Er tritt erst bei kohlenstoffreichen Stählen, in denen der Restaustenitgehalt sehr beträchtlich ist, im Gefüge deutlich in Erscheinung (Abb. 40a und 40b). Ein rein austenitisches Gefüge, d. h. die vollständige Unterdrückung der auf S. 45 geschilderten drei Vorgänge a, b und c (γ-α-Umwandlung, Ausscheidung von Eisenkarbid, Zusammenballung von Eisenkarbid) läßt sich jedoch in reinen Eisen-Kohlenstoff-Legierungen selbst bei schärfster Abkühlung nicht erreichen, da auch bei dem höchsten Kohlenstoffgehalt des Austenits von 1,7% C noch die Martensitumwandlung Ar'' bei etwa 80° eintritt. Durch Zusatz von Legierungselementen, z. B. von Mangan und Nickel, kann dagegen der Ar''-Punkt unterhalb Raumtemperatur herabgesetzt werden, so daß man einen bei Raumtemperatur noch beständigen unterkühlten Austenit erhält (Abb. 41).

V = 100

Abb. 41. Austenit (Stahl mit 1,6% C, 2,5% Mn, abgeschreckt von 1180° in Wasser).

b) Gefügeveränderungen beim Anlassen.

Im vorhergehenden Abschnitt wurde gezeigt, wie mit zunehmender Abkühlungsgeschwindigkeit die verschiedenen bei der Gleichgewichtseinstellung eintretenden Vorgänge nach und nach in steigendem Maße wegen Mangels an zur Verfügung stehender Zeit unterdrückt werden. Erwärmt man derartig schroff, beispielsweise bis zur Erreichung des tetragonalen Martensits mit Restaustenit, abgekühlten Stahl wieder auf höhere Temperaturen, so müssen sich

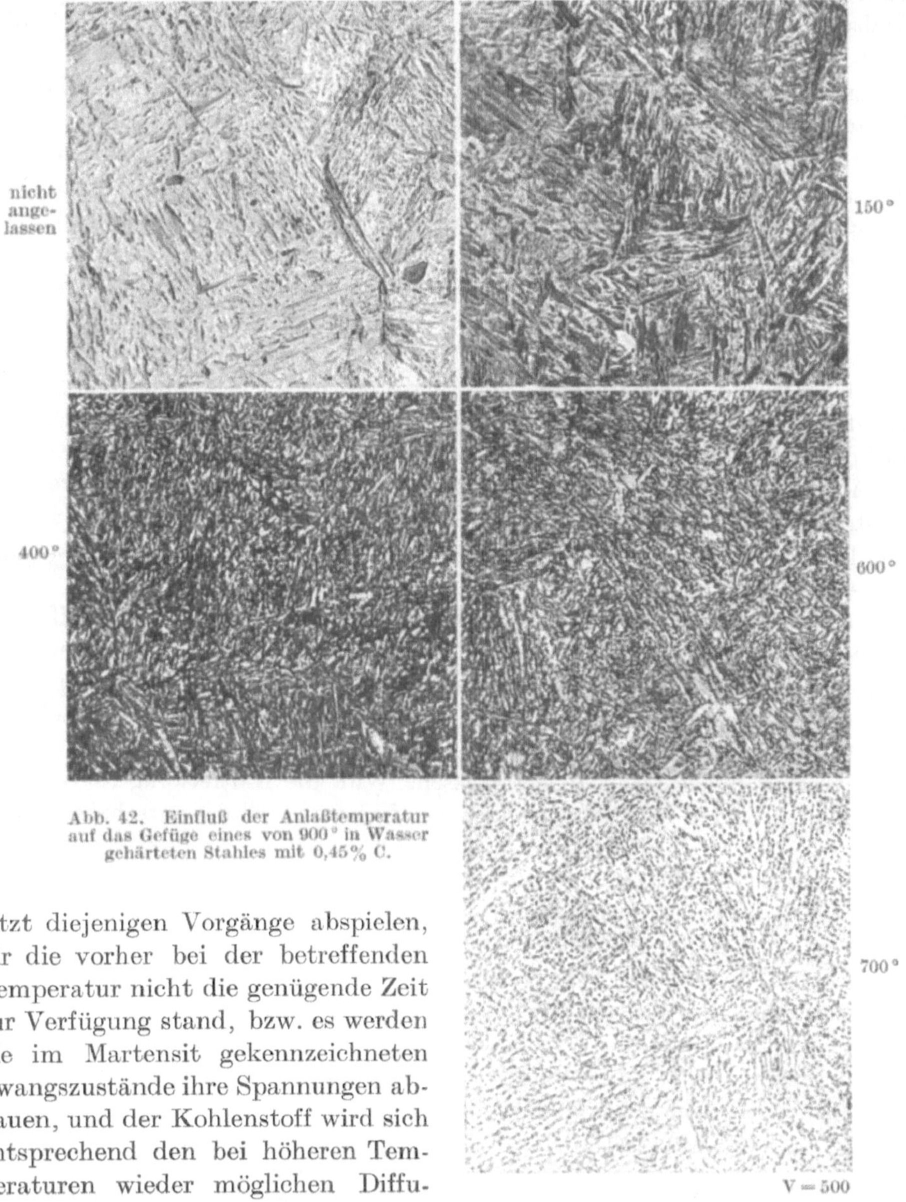

Abb. 42. Einfluß der Anlaßtemperatur auf das Gefüge eines von 900° in Wasser gehärteten Stahles mit 0,45% C.

jetzt diejenigen Vorgänge abspielen, für die vorher bei der betreffenden Temperatur nicht die genügende Zeit zur Verfügung stand, bzw. es werden die im Martensit gekennzeichneten Zwangszustände ihre Spannungen abbauen, und der Kohlenstoff wird sich entsprechend den bei höheren Temperaturen wieder möglichen Diffusionsvorgängen zu Eisenkarbid zusammenballen. Der vorhandene Restaustenit wird ebenfalls das Bestreben zeigen, sich umzuwandeln.

Das martensitische Gefüge befindet sich, wie schon im vorigen Abschnitt angedeutet, bei Raumtemperatur in einem durchaus labilen Zustand. Die erste Anlaßumwandlung tritt bereits von 100° an mit merklicher Geschwindigkeit in Erscheinung. Man findet gelegentlich Hinweise, daß sie in langen Zeiträumen schon bei noch tieferen Temperaturen, sogar bei Raumtemperatur, auftreten kann[1]. Wie bei der Martensitumwandlung bereits erwähnt, hat das tetragonal aufgeweitete Atomgitter des tetragonalen Martensits das Bestreben, in das kubische α-Eisengitter mit einem durch den eingelagerten Kohlenstoff allseitig gestörten Gitteraufbau überzugehen. Im Gefüge zeigt sich dann eine erhöhte Ätzbarkeit der Martensitnadeln, die sich in einer dunklen Färbung äußert (Abb. 40 und 42). Im übrigen bleibt aber das nadelige martensitische Gefüge unverändert. Der Restaustenit wird durch diese erste Anlaßumwandlung des Martensits nicht verändert. Man bezeichnet das in dieser Stufe gebildete Gefüge als angelassenen Martensit, vielfach auch noch als Anlaßtroostit. In den Anfangszeiten der Metallographie hat man infolge der noch wenig entwickelten mikroskopischen Technik den Abschreck- und den Anlaßtroostit wegen der beiden gemeinsamen leichten Ätzbarkeit für den gleichen Gefügezustand gehalten, der als eine Zwischenstufe des als stetig angenommenen Übergangs vom perlitischen zum austenitischen Gefüge angesehen wurde. Der Unterschied zwischen dem feinstreifig perlitischen Gefüge des Abschrecktroostits und dem nadeligen martensitischen Gefüge des Anlaßtroostits ist jedoch klar zu erkennen. Bei den Stählen mit unter etwa 0,4% C ist diese Stufe schon beim Abschrecken mehr oder weniger vorweggenommen.

Als zweite Anlaßstufe tritt bei Legierungen, die nach dem Abschrecken noch Restaustenit enthalten, die Zersetzung dieses Restaustenits ein, der sich bei der Temperatur von etwa 250° ebenfalls sofort zu kubischem Martensit (Anlaßtroostit) umwandelt.

Die Beständigkeit des Restaustenits in gehärteten Eisen-Kohlenstoff-Legierungen bis zu dieser Anlaßtemperatur kennzeichnet schon eine verhältnismäßig große Stabilität dieses Gefügebestandteiles. Durch zusätzliche Spannungen, wie z. B. Kaltverformung, kann der Zerfall erleichtert werden. Kaltrecken bei Raumtemperatur genügt unter Umständen, um bereits eine teilweise Umwandlung von Austenit in Martensit zu veranlassen. Wird die Kaltreckung so vorsichtig vorgenommen, daß keine Erwärmungen auftreten, so wird wahrscheinlich hierbei weißer tetragonaler Martensit gebildet. Tritt bei der Verformung eine Temperatursteigerung ein, so bildet sich der bei der betreffenden Temperatur stabile Martensit, also kubischer Martensit. Da in den Gleitebenen bei der Verformung stets infolge der auftretenden Reibung eine gewisse Temperaturerhöhung eintreten wird, kann die Umwandlung von Austenit zu Martensit als Folge von Kaltverformung auch hiermit erklärt werden. Das Produkt ist dann kubischer Martensit. Die Frage, ob der Zerfall des Restaustenits beim Anlassen auf 250° durch den ersten Beginn einer Karbidausscheidung aus dem Austenit eingeleitet wird, ist noch nicht geklärt.

Bei höher legierten Stählen erhöht sich die Stabilität des Restaustenits in dem Sinne, daß er bis zu höheren Temperaturen beständig bleibt. Erwärmt man derartige Stähle, die im Gefüge neben Martensit Austenit aufweisen, so kann man auch dort beobachten, daß sich zuerst der Martensit zersetzt, während der Restaustenit erhalten bleibt. Es kann sogar sein, daß beim ersten Anlassen auf höhere Temperaturen (s. sonderkarbidlegierte Stähle, z. B. S. 665) der Austenit bei der Anlaßtemperatur selbst erhalten bleibt und nur Karbid ausscheidet. Durch diese Verarmung an Kohlenstoff infolge Karbidausscheidung erfährt dieser

---

[1] Wiester, H. J., in Gmelins Handb. d. anorg. Chemie, 8. Aufl. System Nr. 59, Eisen, Teil A, S. 1312.

Restaustenit dann erst beim Abkühlen von der Anlaßtemperatur eine Umwandlung zu Martensit beim Durchschreiten der Martensitstufe. Ein solcher Stahl besteht also nach dem erstmaligen Anlassen aus Troostit und Martensit, letzterer entstanden aus Restaustenit (Abb. 43a). Erst bei einem zweiten Anlassen zersetzt sich dieser neu gebildete Martensit dann ebenfalls und das Gefüge bekommt ein einheitliches Aussehen (Abb. 43b).

Bei reinen Eisen-Kohlenstoff-Legierungen beginnt von der Temperatur der Restaustenitumwandlung an auch die dritte Anlaßstufe, die in der Ausscheidung von Karbid aus den Martensitnadeln besteht, das als solches im Mikroskop sichtbar zu werden beginnt. Gleichzeitig verringern sich die Störungen des Gitteraufbaues. Hieraus und aus der Dunkelätzbarkeit des Anlaßtroostits kann man entnehmen, daß vielleicht schon bei tiefer Temperatur die Vorbereitungen zur

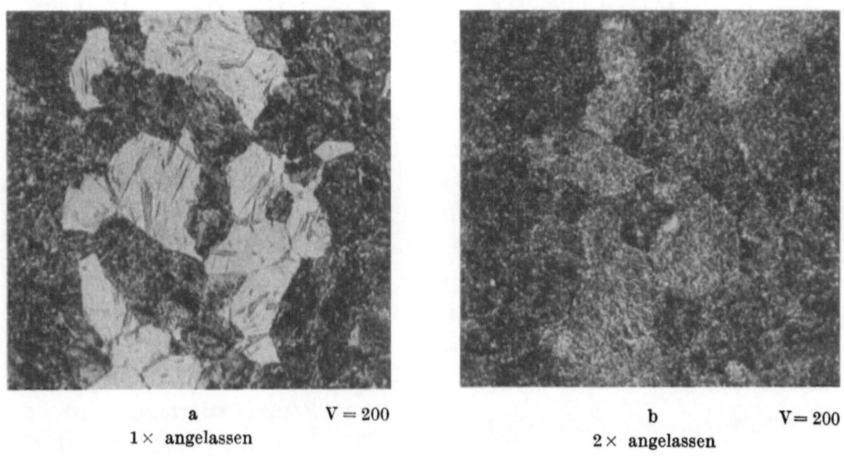

Abb. 43. Beim erstmaligen Anlassen in Martensit umgewandelter Restaustenit, der beim zweimaligen Anlassen in Anlaßtroostit zerfällt.

Karbidausscheidung vor sich gegangen sind. Über das Verhalten des Kohlenstoffs in diesen niedrigsten Anlaßstufen konnte aber noch keine vollständige Klarheit geschaffen werden. Mit zunehmender Anlaßtemperatur ballen sich die zunächst außerordentlich feinen Karbidkügelchen immer stärker zusammen. Bei Anlaßtemperaturen dicht unter A_1 besteht das Gefüge dann nur noch aus Ferrit und Zementitkügelchen (Abb. 42). Das nadelige Aussehen des martensitischen Ausgangszustandes bleibt jedoch in der Form der Ferritkristalle und in der Anordnung der Zementitkügelchen noch bis zu den höchsten Anlaßtemperaturen erkennbar und geht erst bei Überschreitung des A_1-Punktes infolge der damit verbundenen Umkristallisation verloren. Man bezeichnet die durch Zersetzung des Martensits unter Ausscheidung von Karbid entstehenden Gefüge auch als Vergütungsgefüge, trotzdem, wie später im Abschnitt Vergüten (S. 192) gezeigt wird, bei der Vergütung von Stahllegierungen im praktischen Gebrauch nicht immer die Martensitstufe erreicht wird. Früher wurde vielfach das bei etwa 400° Anlaßtemperatur entstehende Gefüge, das sich durch größte Ätzbarkeit auszeichnet, als „Osmondit" bezeichnet, während man das bei höheren Anlaßtemperaturen auftretende Gefüge „Anlaßsorbit" nannte. Die Verwendung des Begriffes Sorbit als Bezeichnung von Anlaßgefügen sollte man aber endgültig vermeiden, da der Sorbit durch seine lamellare

Struktur als feinstreifiger Perlit gekennzeichnet ist und nicht mit irgendeinem
körnig ausgebildeten Anlaßgefüge gleichgesetzt werden darf. Da sich klare
Grenzen zwischen dem mit Karbidausscheidung beginnenden Gefügezustand und
dem vollständig ausgeglühten Zustand unterhalb A_1 nicht ergeben, sollte man
diese Gefügearten nur allgemein als Anlaßgefüge bezeichnen und nötigenfalls
durch Angabe der ungefähren Anlaßtemperatur unterscheiden.

c) Verlauf der Austenitumwandlung bei konstanter Umwandlungstemperatur.

Die bisher angestellten Betrachtungen folgten in etwa der historischen Ent-
wicklung in der Erforschung der Abschreckvorgänge von Eisen-Kohlenstoff-
Legierungen. Hierbei beobachtete man, welche Veränderungen auftreten,
wenn man die entsprechenden Legierungen aus dem Gebiet der festen Lösung mit immer größer werdenden Abkühlungsgeschwindigkeiten bis auf
Raumtemperatur abkühlt. Es wurde in den vorherigen
Abschnitten des öfteren erwähnt, daß die sich ergebenden
Veränderungen und Gefügearten, die mit zunehmender
Abkühlungsgeschwindigkeit zustande kommen, darauf
zurückzuführen sind, daß zur vollkommenen Einstellung
des Gleichgewichtes für die einzelnen Vorgänge bestimmte Zeiten zur Verfügung stehen müssen, wenn sie
sich vollkommen abspielen sollen. Dies deutet schon
darauf hin, daß es zum Verständnis der Umwandlungsvorgänge wichtig sein muß, die Geschwindigkeiten kennenzulernen, mit denen
sich die einzelnen Vorgänge abspielen,
da aus der Ablaufgeschwindigkeit des
einzelnen Vorganges einerseits und der
bei schnellerem Abkühlen im entsprechenden Temperaturgebiet zur Verfügung
stehenden Zeit andererseits der Endzustand sich ergeben muß. Diese Unter-

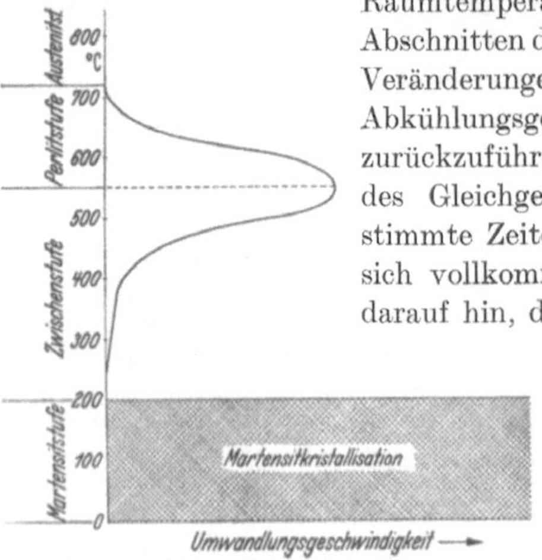

Abb. 44. Geschwindigkeit der Umwandlungen des
Austenits in den verschiedenen Temperaturstufen.
(Stahl mit 0,9% C.)

suchungen über die Umwandlungsgeschwindigkeit bei gleichbleibender Temperatur, die zuerst von E. S. Davenport und E. C. Bain[1] und von F. Wever
und seinen Mitarbeitern[2] durchgeführt worden sind, haben sich als sehr auf-
schlußreich erwiesen und sind daher in neuerer Zeit immer stärker in den
Vordergrund gerückt. Man geht hierbei so vor, daß man die zu untersuchenden Stahllegierungen durch Abschrecken in Metall- oder Salzbädern oder
auch in strömenden Gasen auf bestimmte Temperaturen schnell abkühlt und
den auf diese Temperaturen unterkühlten Austenit sich isotherm umwandeln
läßt. Mißt man hierbei das Fortschreiten der Umwandlung in Abhängigkeit
von der Zeit, so erhält man ein Bild, wie es in Abb. 44 für einen Stahl mit 0,9% C

[1] Davenport, E. S., u. E. C. Bain: Techn. Publ. Amer. Inst. min. metallurg. Engrs.
Nr. 348 Cl. C, Iron and Steel Nr. 56 (1930).

[2] Wever, F.: Arch. Eisenhüttenw. Bd. 5 (1931/32) S. 367/76. — Engel, N.: Ingeniør-
vidensk. Skr. A Nr. 31 (1931). — Wever, F., u. H. Lange: Mitt. K.-Wilh.-Inst. Eisenforschg. Bd. 14 (1932) S. 71/83. — Wever, F., u. W. Jellinghaus: K.-Wilh.-Inst. Eisenforschg. Bd. 14 (1932) S. 85/129.

wiedergegeben ist. Wie diese Abbildung zeigt, ist dicht unterhalb der A_1-Umwandlung die Umwandlungsgeschwindigkeit sehr gering, um dann aber mit sinkender Temperatur sehr schnell auf einen Höchstbetrag anzusteigen und bei noch weiterem Herabsinken der Umwandlungstemperatur wieder zu einem Mindestbetrag abzunehmen. Nach einer gewissen Unterschreitung der Umwandlungstemperatur, also beispielsweise bei 600°, spielt sich die Umwandlung mit so großer Geschwindigkeit ab, daß sie bereits in kurzer Zeit vollständig verläuft, während bei tieferen Temperaturen bei der geringeren Umwandlungsgeschwindigkeit entsprechend längere Zeiten zur Verfügung stehen müssen. In diesem ersten Gebiet großer Umwandlungsgeschwindigkeit dicht unterhalb A_1 vollzieht sich, wie oben an Hand der Gefügebilder ausgeführt, die Umwandlung des γ-Eisens in α-Eisen unter gleichzeitiger Ausscheidung des Eisenkarbids. Da die Ausscheidung und Zusammenballung des Eisenkarbids im wesentlichen einen Diffusionsvorgang darstellt und die Diffusionsvorgänge sich bei höheren Temperaturen rascher abspielen als bei tieferen, ist der Verlauf der Kurve für die Umwandlungsgeschwindigkeit in diesem Bereich verständlich. Sie wird bestimmt durch die gesetzmäßigen Beziehungen zwischen Keimzahl und Diffusionsgeschwindigkeit. Dicht unterhalb der dem Gleichgewicht entsprechenden Umwandlungstemperatur wird die Keimzahl sehr gering sein, und hieraus erklärt sich auch die verhältnismäßig geringe Umwandlungsgeschwindigkeit. Nach einer gewissen Unterkühlung tritt eine größere Anzahl von Keimen auf. Infolge der hohen Diffusionsgeschwindigkeit spielt sich dann bei genügender Keimzahl der Vorgang nun mit großer Geschwindigkeit ab. Bei weiterem Absinken der Umwandlungstemperatur sinkt die Umwandlungsgeschwindigkeit infolge der Abnahme der Diffusionsgeschwindigkeit und evtl. auch der Keimzahl, letzteres insbesondere bei steigender Unterkühlung. Der Einfluß der Keimzahl auf die Umwandlung geht auch aus der Beobachtung der Anlaufzeit der Umwandlung eines perlitischen Stahles hervor. Unterkühlt man einen solchen auf eine bestimmte Temperatur unterhalb des A_1-Punktes, so setzt die Umwandlung nicht sofort mit voller Geschwindigkeit ein. Es vergeht vielmehr eine gewisse Anlaufzeit, die die Umwandlung einleitet. Erst nach dieser Anlaufzeit setzt die Umwandlung dann mit einer bestimmten Geschwindigkeit ein. Auch die Anlaufzeit ist je nach der Unterkühlung verschieden. Dicht unterhalb der Gleichgewichtslinie ist die Anlaufzeit groß, dann wird sie mit steigender Unterkühlung (große Keimzahl) kleiner, um nach Überschreiten einer bestimmten kleinsten Anlaufzeit wieder größer zu werden. Daß hier Keime eine Rolle spielen, geht aus der Tatsache hervor, daß im Stahl vorhandene Restkarbide (s. Vanadin) und Fremdeinschlüsse, wie z. B. Sulfide, in mehr oder weniger starkem Maße als Impfpunkt wirken[1]. Daß jede Korngrenze ebenfalls infolge ihres Spannungszustandes als umwandlungsfördernder Teil angesehen werden muß und feinkörnige Stähle mit vielen Korngrenzen entsprechend größeres Umwandlungsbestreben zeigen, sei hier nur kurz erwähnt. Das Gebiet mit großer Umwandlungsgeschwindigkeit unterhalb A_1 bezeichnet man entsprechend den hierbei entstehenden Gefügen — Perlit, Sorbit, Troostit — als **Perlitstufe.** Die Zusammenhänge zwischen Umwandlungsgeschwindigkeit und Umwandlungstemperatur erklären uns jetzt, warum mit steigender Abkühlungsgeschwindigkeit

---

[1] s. Scheil, E.: Arch. Eisenhüttenw. Bd. 8 (1934/35) S. 565/67.

im Sinne der Betrachtungen im vorigen Abschnitt diese Gefüge mit immer feinerer Verteilung von Ferrit und Zementit entstehen müssen.

Die Abb. 44 zeigt, daß bei Temperaturen dicht oberhalb des Beginns der Martensitbildung — im vorliegenden Falle etwa 250° — die Umwandlungsgeschwindigkeit sehr gering ist. Wenn man den Austenit durch geeignetes Abkühlen schnell in diesen Temperaturbereich unzersetzt unterkühlt, z. B. durch Abschrecken in einem Blei-Zinnbad von 220°, so erweist er sich als außerordentlich beständig und kann längere Zeit bei dieser Temperatur erhalten werden. Auf das bei diesen Temperaturen zwischen der Perlitstufe und dem Martensitpunkt entstehende Umwandlungsgefüge wird im folgenden Abschnitt näher eingegangen. Diese Erscheinung der großen Austenitstabilität in diesem Temperaturgebiet bildet die Grundlage für die Verfahren der Stufenhärtung, die später noch behandelt werden; sie bestehen darin, daß man den Stahl schnell auf diese Temperatur abkühlt und von da aus einer unter Umständen langsamen Abkühlung auf Raumtemperatur unterwirft.

Bei 200° tritt plötzlich die Umwandlung des Austenits wiederum mit großer Geschwindigkeit ein. Es handelt sich hierbei um die Martensitkristallisation, die als Schiebungsumwandlung, wie bereits erwähnt, mit sehr hoher Geschwindigkeit unabhängig von den für normale Umwandlungsvorgänge bestehenden Gesetzen über Kernzahl und Kristallisationsgeschwindigkeit vor sich geht. Trotz der großen Anfangsgeschwindigkeit und des Beginnens der Kristallisation bei konstanter Temperatur, unabhängig von den gewählten Ablöschbedingungen[1], verläuft sie dennoch nicht bei konstanter Temperatur zu Ende in dem Sinne, daß das Gefüge sich vollkommen umwandelt. Erst mit fallender Temperatur wandeln sich immer wieder neue Bereiche mit entsprechend hoher Geschwindigkeit weiter um. Eine solche Art des Verlaufes der Umwandlung paßt in das Schema der Abb. 44 nicht hinein und ist deshalb schraffiert in das Schaubild eingezeichnet. Man bezeichnet den durch den Martensitpunkt (Ar'') begrenzten Temperaturbereich der Martensitkristallisation als Martensitstufe. Das Ergebnis der mit großer Geschwindigkeit verlaufenden Umwandlung in diesem Bereich ist der durch tetragonalen oder kubisch-raumzentrierten Gitteraufbau gekennzeichnete Martensit.

Auf Grund der Kenntnis der Umwandlungsgeschwindigkeit bei den verschiedenen Temperaturen ergibt sich jetzt auch zwanglos eine Erklärung für das gleichzeitige Auftreten von Ar' und Ar'' (Troostit und Martensit) bei bestimmten Abkühlungsgeschwindigkeiten (s. Abb. 35; untere und obere kritische Abkühlungsgeschwindigkeit). Kühlt man einen Stahl mit steigender Abkühlungsgeschwindigkeit ab, so muß vor Erreichung der oberen kritischen Abkühlungsgeschwindigkeit, die zur vollständigen Unterdrückung der Umwandlung in der Perlitstufe erforderlich ist, eine Abkühlungsgeschwindigkeit erreicht werden, bei der die Perlitumwandlung wohl noch eben beginnen kann, aber infolge der geringen zur Verfügung stehenden Zeit nicht mehr vollkommen abläuft. Nach einer beginnenden Troostitabscheidung in der Perlitstufe kann dann der Umwandlungsvorgang erst in der Martensitstufe unter Martensitbildung zu Ende gehen.

---

[1] Der Beginn der Umkristallisation ist, wie im vorigen Abschnitt erwähnt, nicht unterkühlbar.

Der Begriff der kritischen Abkühlungsgeschwindigkeit, der weiter oben durch das Auftreten der Martensitbildung gekennzeichnet war, braucht nicht mehr mit einer Abkühlung bis zur Raumtemperatur verknüpft zu sein, sondern ist lediglich gebunden an die Geschwindigkeit, die notwendig ist, die Umwandlung in der Perlitstufe zu unterdrücken. Es braucht hierbei nichts über die Abkühlungsgeschwindigkeit in der Martensitstufe selbst gesagt zu werden.

Die Umwandlung in der Zwischenstufe. Bisher sind die Vorgänge in der Perlitstufe und der Martensitstufe eingehender besprochen worden. Es ist aber noch nichts gesagt worden über die Umwandlungsvorgänge, die sich zwischen diesen beiden Umwandlungsbereichen abspielen. In Abb. 44 ist die Umwandlungsgeschwindigkeit in dem Bereich zwischen der Perlit- und Martensitstufe, den wir im folgenden mit Zwischenstufe bezeichnen, als sehr klein eingezeichnet, doch soll dies keineswegs bedeuten, daß sie gleich Null ist. Dieser Temperaturbereich der Umwandlung, der bei Kohlenstoffstählen infolge der großen Ausdehnung der Perlitstufe zu tiefen Temperaturen hin klein ist, kann bei legierten Stählen erheblich größer werden. In der Perlitstufe wird, wie oben auseinandergesetzt wurde, die Umwandlung in ihrem Ablauf maßgebend durch die Karbidausscheidung beeinflußt. Wir erkennen bei dem bis zum Perlitpunkt mit Kohlenstoff angereicherten Austenit deutlich die Zusammenhänge, die sich aus der Keimzahl, Kristallisationsgeschwindigkeit, Diffusionsgeschwindigkeit usw. ergeben. Man muß hierbei berücksichtigen, daß mit gesteigerter Unterkühlung des Austenits, also Verlagerung der Perlitumwandlung zu immer tieferen Temperaturen, die Sättigungsgrenze des Austenits an Kohlenstoff entsprechend einer über den Punkt S hinaus verlängerten ES-Linie zu immer tieferen Kohlenstoffgehalten verschoben wird. Mit steigender Unterkühlung der Umwandlung an der ES-Linie tritt eine steigende Übersättigung des Austenits an Kohlenstoff ein. Man kann also mit Recht sagen, daß die Vorgänge in der Perlitstufe durch das Ausscheidungsbestreben des Karbids maßgeblich beeinflußt werden. Da die Ausscheidungsgeschwindigkeit der Karbide wesentlich abhängt von der Diffusionsfähigkeit des Kohlenstoffs im Gitter, so wird sie nicht unabhängig sein können von der Zusammensetzung der betreffenden Stahllegierung. Legierungselemente, die die Diffusionsfähigkeit von Kohlenstoff erschweren, und insbesondere Elemente, die Sonderkarbide bilden, werden also zu einer Einengung der Perlitstufe führen, weil die Bildung dieser Karbide mehr Zeit erfordert. Dies wird sich darin äußern, daß die Perlitstufe erst bei stärkerer Unterkühlung beginnt, ferner in dem Absolutwert der Umwandlungsgeschwindigkeit kleiner bleibt und vor allem schon bei höheren Temperaturen wieder zu Ende läuft. Während also bei Eisen-Kohlenstoff-Legierungen der Beginn der Perlitumwandlung bei 680° liegt, diese bei etwa 550° dem Höchstwert der Umwandlungsgeschwindigkeit zustrebt und auf Grund der verhältnismäßig leichten Diffusionsfähigkeit des Kohlenstoffs im Eisen sich bis zu Temperaturen von 400—450° erstreckt, wird bei einem legierten Stahl der Beginn einer merklichen Umwandlungsgeschwindigkeit vielleicht erst zwischen 650—600° deutlich werden; die Umwandlungsgeschwindigkeit kann ihren Höchstwert schon zwischen 600—550° haben, aber bei 500° infolge der erschwerten Diffusionsfähigkeit des Karbids bereits vollständig abklingen. Bei einem derartig legierten Stahl würde sich für das Zwischengebiet somit ein Temperaturbereich zwischen 500—200° ergeben. Entsprechend diesem größeren zur

Verfügung stehenden Temperaturbereich lassen sich die Vorgänge in der Zwischenstufe bei legierten Stählen besser als bei unlegierten verfolgen, da sie bei letzteren zu sehr durch die Perlitstufe überdeckt werden und es daher schwer wird, die ihnen zukommende Umwandlungsgeschwindigkeit genau zu erfassen. Es ist somit nicht verwunderlich, daß auch die ersten Untersuchungen über die Zwischen-

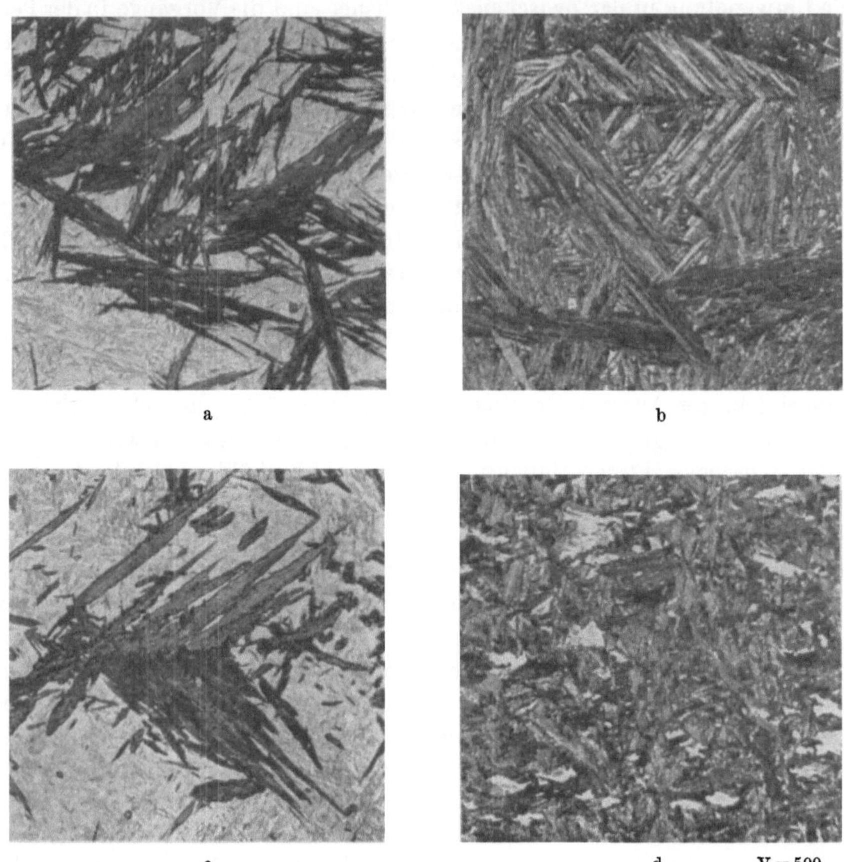

Abb. 45. Gefüge eines unlegierten Stahles mit 0,92% C nach isothermer Umwandlung bei 250° und 350°.
a) von 1050° im Metallbad bei 250° abgeschreckt; Haltedauer 1 Std.
b) ,, 1050° ,,   ,,   ,, 250°   ,,   ,, 2 ,,
c) ,, 1050° ,,   ,,   ,, 350°   ,,   ,, 5 Min.
d) ,, 1050° ,,   ,,   ,, 350°   ,,   ,, 30 ,,
V = 500

stufe und die dabei auftretende Gefügeumwandlung von F. Wever und H. Lange[1] an einem Chrom-Nickel-Stahl mit 4,5% Ni, 1,3% Cr und 0,5% C durchgeführt wurden.

Die folgenden Ausführungen sollen an Hand von Untersuchungen von H. J. Wiester zeigen, daß auch bei Kohlenstoffstählen die typischen metallographischen Gefüge der Zwischenstufe beobachtet werden können.

Betrachtet man z. B. nochmals die Abb. 44, so sieht man, daß oberhalb der Martensittemperatur die Umwandlungsgeschwindigkeit bis zu 350° nur verhältnismäßig wenig zunimmt und dann erst steiler ansteigt, um in den Bereich der

---

[1] Mitt. Kais.-Wilh.-Inst. Eisenforsch. Bd. 14 (1932) S. 71/83.

Umwandlungsgeschwindigkeit der Perlitstufe einzumünden. Beobachtet man die Gefügeveränderungen bei einem Stahl mit 0,9% C dicht oberhalb der Martensittemperatur bei 250°, so ergeben sich die in Abb. 45a und b gekennzeichneten Gefügeausbildungen. Die Proben wurden in einem Metallbad von 250 bzw. 350° abgeschreckt und entsprechende Zeit auf dieser Temperatur gehalten. Man sieht, daß auch hier ein nadeliges Gefüge, ähnlich wie bei der Martensitbildung, entsteht. Diese Nadeln unterscheiden sich aber von den tetragonalen Martensitnadeln dadurch, daß sie sich nicht schlagartig in ihrer ganzen Länge ausbilden, sondern daß sie von irgendwelchen Kristallisationspunkten aus anwachsen und so schließlich bei gleichbleibender Temperatur die Umwandlung des Austenits herbeiführen. Je höher die Temperatur ist, desto rascher verläuft der Vorgang. Hieraus ist zu schließen, daß die sich abspielende Umwandlung doch noch mit einem vorbereitenden Diffusionsvorgang verknüpft ist. Es ist anzunehmen, daß der Kohlenstoff bei längerem Halten auf diesen tieferen Temperaturen sich innerhalb des Austenitgitters so umlagert, daß nun das Umklappen in das α-Gitter erleichtert wird: der Vorgang kann sich daher schon bei einer geringeren Unterkühlung vollziehen, als wenn der Kohlenstoff starr angeordnet bleibt, wie dies bei der Kristallisation des tetragonalen Martensits der Fall ist. Bei Röntgenuntersuchungen zeigen die Bilder die Interferenzen eines α-Eisens mit einem allseitig gestörten Gitteraufbau, das sich nicht wesentlich von dem auf gleiche Temperatur angelassenen tetragonalen Martensit unterscheidet. Im Gefüge hingegen ist für ein geübtes Auge ein geringfügiger Unterschied in der Ausbildung der Nadeln zu erkennen, wenn diese sich durch isothermen Zerfall des Austenits bei 250° ausgebildet haben im Vergleich zum Anlaßgefüge eines auf 250° angelassenen tetragonalen Martensits. In beiden Fällen erscheint der Kohlenstoff aber innerhalb der mikroskopischen Bereiche gleichmäßig verteilt. Die Umlagerung des Kohlenstoffs als Vorbereitung für die Umwandlung dürfte demnach nur submikroskopisches Ausmaß haben. Welcher Art diese vorbereitende Umwandlung des Kohlenstoffs ist, in welchem Zustand das Umwandlungsprodukt vorliegt und in welcher Weise die einzelnen Vorgänge miteinander gekoppelt sind, ist ebenso wie für das Anlassen des Restaustenits noch nicht bekannt. Für den Zustand der Karbidzusammenballung ist zu beachten, daß diese naturgemäß nach vollzogener Umwandlung durch die der betreffenden Temperatur zukommende Anlaßwirkung beeinflußt wird. Man könnte in diesem Temperaturbereich somit die Zwischenstufe als eine dem Martensit ähnliche Umwandlung, aber mit eintretendem Platzwechsel des Kohlenstoffs, im Gegensatz zur Martensitumwandlung ohne Platzwechsel des Kohlenstoffs, bezeichnen.

Mit zunehmender Umwandlungstemperatur werden die Umwandlungsprodukte gröber und breitflächiger und lassen entsprechend der stärkeren Anlaßwirkung bereits feine Karbidausscheidungen erkennen, ohne daß sich das Bild zunächst jedoch grundlegend verändert (Abb. 45c und d). Wenn die isotherme Umwandlung des Austenits dagegen oberhalb 350°, also im Gebiet stark gesteigerter Umwandlungsgeschwindigkeit erfolgt, so gelangt man bei Kohlenstoffstählen in die Perlitstufe, und es tritt allmählich und im Gefüge nur schwer nachweisbar der Übergang zur Bildung von lamellarem Perlit auf; allerdings ist der Perlit bei diesen Temperaturen so sehr fein ausgebildet, daß es auch bei den höchsten Vergrößerungen nicht möglich ist, die lamellare Struktur aufzulösen. Auch in

der Umwandlungsgeschwindigkeit zeichnet sich die Zwischenumwandlung
bei Kohlenstoffstählen nicht besonders aus, weil sie bereits von dem zu tiefen
Temperaturen hinabreichenden unteren Teil der Perlitstufe überdeckt ist.

Das Studium der Vorgänge in der Zwischenstufe wird daher, wie oben auseinandergelegt, bei geeigneten legierten Stählen erleichtert. Abb. 46 zeigt den
Verlauf der Umwandlungsgeschwindigkeit des von F. Wever und H. Lange[1]
erstmalig untersuchten Chromnickelstahls bei isothermer Umwandlung. Der

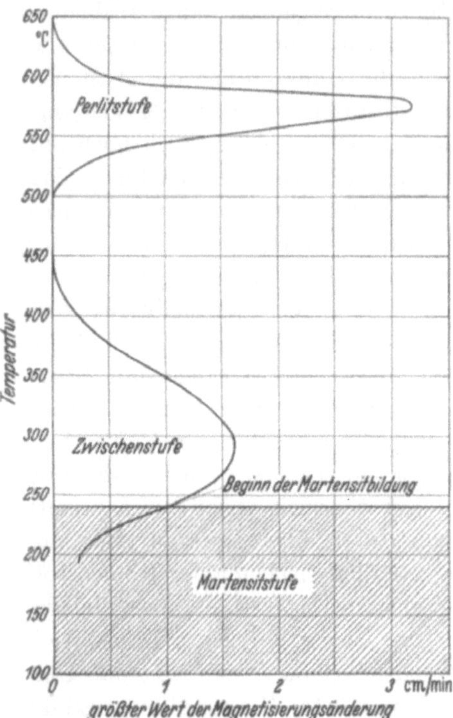

Abb. 46. Größte Umwandlungsgeschwindigkeit des
Austenits in Abhängigkeit von der Temperatur.
(Stahl mit 0,4% C, 1,3% Cr, 4,5% Ni.)

Temperaturbereich in der Perlitstufe ist
entsprechend obigen Ausführungen verhältnismäßig gering und die Umwandlungsgeschwindigkeit nimmt unterhalb
600° rasch ab, so daß um 450—500°
herum ein Gebiet entsteht, in dem der
Austenit weitgehend beständig ist. Die
Perlitstufe hebt sich dadurch von der
Zwischenstufe deutlich ab. Die Martensitbildung tritt vom Martensitpunkt an in
der gleichen Art wie bei Kohlenstoffstählen auf. Daß sich hier die Martensitstufe und der untere Teil der Zwischenstufe teilweise überschneiden, hängt mit
der Lage des Martensitpunktes zusammen, der wegen des verhältnismäßig
geringen Kohlenstoffgehaltes des untersuchten Stahles von 0,40% bereits bei
etwa 240° liegt. Der Umwandlungsmechanismus im unteren Teil der Zwischenstufe, d. h. bis zu etwa 350°, und
das dabei entstehende Gefüge ist ebenfalls
nicht wesentlich unterschieden von dem
der Kohlenstoffstähle (vgl. Abb. 47 mit
45b und d). Also auch hier muß man

demnach eine vorbereitende Umlagerung des Kohlenstoffs in submikroskopischem
Ausmaße innerhalb des Austenits annehmen, während der Umwandlungsvorgang
selbst durch das Umklappbestreben des Eisenkristalls geleitet wird. Aus der
so gebildeten Zwischenphase scheidet sich dann infolge der von der Umwandlung nicht zu trennenden Anlaßwirkung der Kohlenstoff in mehr oder weniger
gleichmäßiger feiner Verteilung ab; hierbei hängt der Verteilungsgrad der Karbide von der Temperatur des Vorganges ab.

Im Gegensatz zu den Kohlenstoffstählen setzt sich dieses Verhalten auch
mit steigender Umwandlungstemperatur stetig weiter fort, ohne von der Perlitumwandlung überdeckt zu werden. Auch im oberen Teil der Zwischenstufe
bilden sich demnach primäre Nadeln von übersättigtem α-Eisen, die sich sogleich unter Ausscheidung von Karbiden zersetzen. Die in diesen Nadeln auftretenden Karbide können dabei unter Umständen gröber sein, als es der betreffenden Anlaßstufe eines kubischen Martensits zukommt, weil die bei dem

___
[1] Mitt. Kais.-Wilh.-Inst. Eisenforsch. Bd. 14 (1932) S. 71/83.

Vorgang frei werdende Umwandlungswärme die Anlaßwirkung verstärkt (Abb. 48a und 48b). Da aber mit zunehmender Umwandlungstemperatur die Unterkühlung abnimmt, die als die treibende Kraft für die Bildung einer kohlenstoffübersättigten Phase anzusetzen ist, bleibt die Umwandlung im oberen Bereich der Zwischenstufe bei solchen legierten Stählen in steigendem Maße unvollständig, bis sie bei Temperaturen von etwa 500° ganz ausbleibt. Läßt man daher einen Stahl sich bei etwa 450—500°, also im Beständigkeitsgebiet, umwandeln, so findet man im Gefügebild einige wenige Nadeln von Ferrit mit verhältnismäßig groben Karbiden (Zwischenstufengefüge), während sich der Rest bei der Umwandlungstemperatur selbst nicht verändert, sondern erst bei der Abkühlung normalen Martensit bildet. Ebenso wie bei der Martensitbildung muß also angenommen werden, daß die Umwandlung selbst Kräfte auslöst, die sie zum Stillstand bringen. Das Beständigkeitsgebiet bei 500° erklärt sich

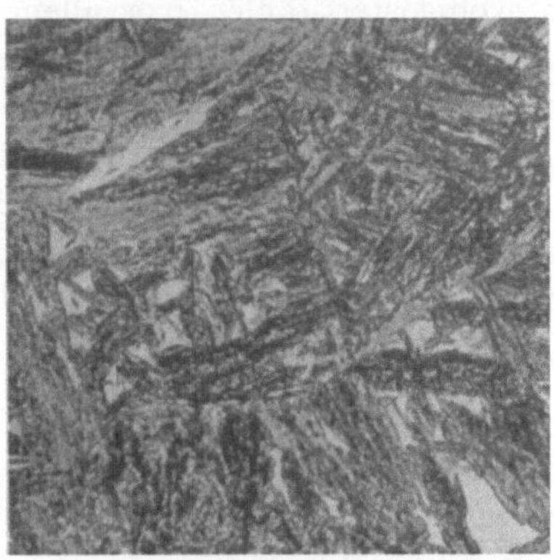

V = 500

Abb. 47. Gefüge eines Stahles mit 0,35% C, 4,4% Ni, 1,2% Cr nach isothermer Umwandlung bei 300°.

dann so, daß in diesem Temperaturbereich bei diesen Stählen die Unterkühlung und damit Übersättigung des Austenits mit Kohlenstoff noch nicht ausreicht, um die Umwandlung der Zwischenstufe zu bewirken, während sie andererseits

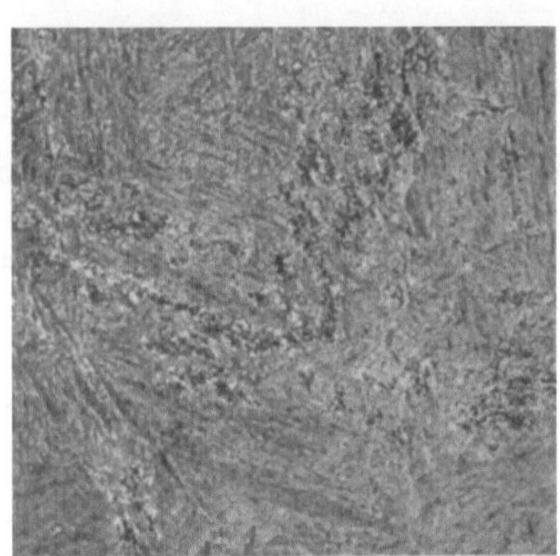

a　　　　　V = 500　　　　　　　　　　b　　　　　V = 1500

Abb. 48a und b. Gefüge eines Stahles mit 0,35% C, 4,4% Ni, 1,2% Cr nach isothermer Umwandlung bei 450°.

bereits zu stark für die durch die Legierungselemente erschwerte Perlitbildung ist, die bei unlegierten Stählen in diesem Temperaturgebiet noch mit großer Geschwindigkeit ablaufen kann.

Der obere Teil der Zwischenstufe spielt insbesondere bei niedriggekohlten legierten Stählen eine Rolle, bei denen die Umwandlung in der Zwischenstufe häufig viel leichter und rascher vor sich geht als in der Perlitstufe. Man findet daher bei solchen Stählen oft schon bei geringer Abkühlungsgeschwindigkeit das Gefüge der Zwischenstufe, vielfach auch neben voreutektoid ausgeschiedenem Ferrit, so daß das Zwischenstufengefüge an die Stelle des Perlits tritt. Die

Behinderung der Perlitbildung durch Legierungselemente ist besonders auffällig beim Molybdän, das bereits bei niedrigen Legierungsgehalten die Umwandlung in der Perlitstufe stark erschwert. Man findet daher gerade in niedrig mit Molybdän legierten Stählen leicht das Gefüge der Zwischenstufe (Abb. 49), weshalb man gelegentlich auch von einem „Molybdängefüge" gesprochen hat. Aber auch in Kohlenstoffstählen, vor allem in solchen mit geringen Kohlenstoffgehalten, findet man mitunter Gefügeausbildungen, die dem oberen Teil der Zwischenstufe zuzuordnen sind, wie sie Abb. 50 zeigt.

Die Umwandlung in der Zwischenstufe bleibt häufig mehr oder weniger unvollständig. Man findet daher, wie schon erörtert, in dem dabei gebildeten Gefüge oft noch Reste von Austenit, die sich bei der nachfolgenden Abkühlung zu Martensit umgewandelt haben. Mitunter kommt es auch vor, daß man alle drei Umwandlungsstufen in einer Probe auftreten sieht. Dies ist dann der Fall,

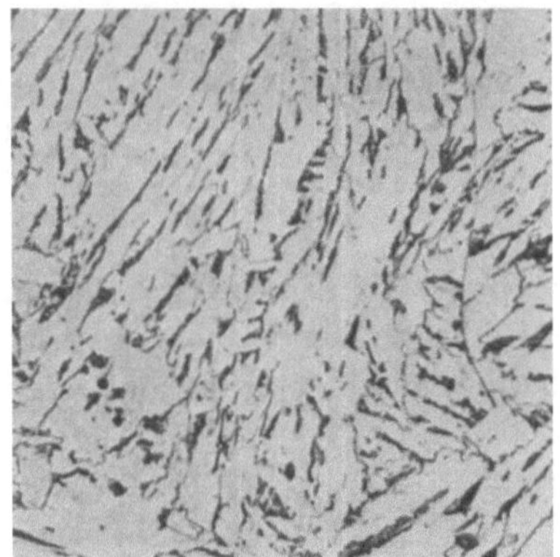

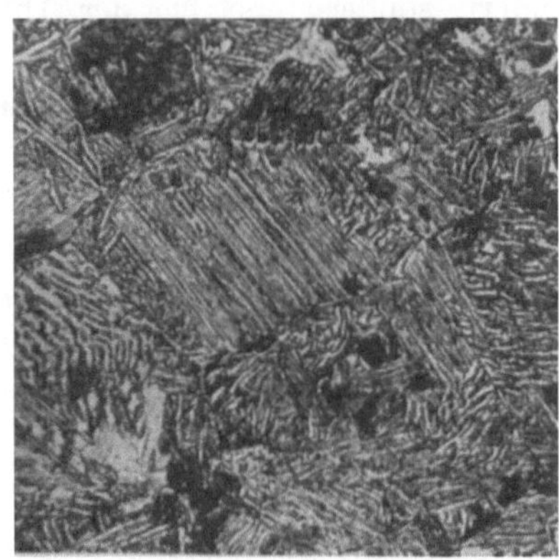

Abb. 49. Zwischenstufengefüge eines Molybdänstahls (0,14% C, 0,51% Mo).

Abb. 50. Gefüge eines unlegierten Stahles mit 0,45% C nach isothermer Umwandlung bei 475°.

wenn die Abkühlungsgeschwindigkeit gerade so hoch ist, daß die Umwandlung in der Perlitstufe unvollständig bleibt. Die Umwandlung setzt sich dann in der Zwischenstufe fort, wo sie ebenfalls nicht zu Ende verläuft. Die letzten Austenitreste wandeln sich schließlich in der Martensitstufe zu tetragonalem Martensit um. Wenn man in solchen Fällen bei thermischen und dilatometrischen Untersuchungen der Härtungsvorgänge in legierten Stählen dementsprechend drei Umwandlungspunkte gefunden hat, so hat man diese dann als Ar', Ar'' und Ar''' bezeichnet und hat dann von einer weiteren Aufteilung des Martensitpunktes (Ar'') gesprochen. Wie die obengenannten Überlegungen zeigen, trifft dies aber nicht zu, denn der Martensitpunkt ist stets der unterste Umwandlungspunkt, und der mittlere kommt der Zwischenstufe zu. Im Interesse der Einheitlichkeit der Bezeichnung sollte man deshalb die Bezeichnung Ar'' für die Umwandlung der Zwischenstufe nicht anwenden, sondern hierfür nötigenfalls eine besondere Bezeichnung, etwa Ar_z, gebrauchen[1].

---

[1] Ein Auftreten von zwei verschiedenen Martensitpunkten wäre natürlich auch durch Kristallseigerung möglich; meist liegen die beobachteten Effekte aber so hoch in der Temperatur, daß man wohl mit Recht die oben gegebene Erklärung mit Auftreten der Zwischenstufe als die wahrscheinlichere ansehen kann.

Aus Abb. 46 geht hervor, daß die Zwischenstufe und die Martensitstufe sich überschneiden können. Das bedeutet für die Umwandlung folgendes:

Kühlt man eine Stahllegierung bis dicht unterhalb der Martensittemperatur ab, so wandelt sich in wenigen Sekunden ein bestimmter Anteil von Austenit in Martensit um. Durch längeres Halten auf dieser Temperatur wird der Anteil an Martensit nicht mehr vergrößert, da, wie nun schon häufig erwähnt, die Martensitumwandlungsgeschwindigkeit sehr groß ist und eine weitere Umwandlung von Austenit in Martensit erst bei weiter sinkender Temperatur eintritt. Dieses Gleichgewicht zwischen Martensit-Austenit bei dieser Temperatur würde also auf lange Zeit hinaus erhalten bleiben, wenn nicht die Überschneidung mit der Zwischenstufe bestehen würde. Infolge dieser Überschneidung wird bei längeren Haltezeiten von mehreren Minuten bis zu einigen Stunden nach einer gewissen Zeit der Restaustenit anfangen, sich nach den Gesetzen der Zwischenstufe umzuwandeln.

Auf die komplizierten und zur Zeit noch wenig erforschten Vorgänge bei der Umwandlung in der Zwischenstufe, insbesondere auch auf die Natur der hierbei gebildeten Karbide im einzelnen näher einzugehen, würde an dieser Stelle zu weit führen. Welche Rolle die Zwischenstufe praktisch bei den verschiedenen legierten Stählen spielt, wird bei der Besprechung der einzelnen Legierungselemente noch zu erörtern sein.

Zusammenfassend ergibt sich für den Verlauf der Umwandlungen des Austenits in den verschiedenen Temperaturstufen folgendes Bild:

Die Umwandlungsvorgänge werden bestimmt einerseits durch das Bestreben des Eisens, aus dem γ- in den α-Zustand überzugehen, das mit zunehmender Unterkühlung der Umwandlung zunimmt, andererseits durch die Diffusionsgeschwindigkeit des die Umwandlung störenden Kohlenstoffs, die mit fallender Temperatur abnimmt. In der Perlitstufe geht die die Umwandlung vorbereitende Umlagerung des Kohlenstoffs so weit, daß unmittelbar aus dem Austenit eine vollständige Aufteilung zu kohlenstofffreiem α-Eisen und Eisenkarbid eintreten kann. Je tiefer die Umwandlungstemperatur wird, desto feiner und gleichmäßiger wird in dem Bestreben, die erforderlichen Diffusionswege für den Kohlenstoff abzukürzen, die Verteilung dieser beiden Gefügebildner. Die Umwandlungsgeschwindigkeit geht dabei wegen der Gegenläufigkeit der beiden maßgebenden Komponenten (Umwandlungsbestreben und Diffusionsgeschwindigkeit) in Abhängigkeit von der Temperatur durch ein Maximum.

In der Zwischenstufe bildet sich aus dem Austenit zunächst ein an Kohlenstoff übersättigtes α-Eisen als Zwischenphase, aus dem sich unmittelbar anschließend der Kohlenstoff sekundär als je nach der Umwandlungstemperatur mehr oder weniger fein verteiltes Karbid ausscheidet. Die vorbereitende Umlagerung des Kohlenstoffs im Austenit geht dabei nicht mehr bis zur Karbidausscheidung, sondern nur so weit, daß sie in nicht näher bekannter Weise die Bildung der übersättigten Phase erleichtert. Dieser Vorgang erfordert eine wesentlich geringere Bewegung des Kohlenstoffs durch Diffusion, setzt aber wegen der Bildung einer übersättigten Phase eine wesentlich stärkere Unterkühlung voraus. Die in der Zwischenstufe sich bildenden Gefüge sind wegen der Inanspruchnahme des Mechanismus der Gitterumklappung zur Bildung des übersättigten α-Eisens nadelig ausgebildet. Die Verteilung des sekundär aus diesem übersättigten α-Eisen ausgeschiedenen Karbids wird um so feiner, je tiefer die Temperatur ist. Die Umwandlungsgeschwindigkeit geht auch hier wegen der Gegenläufigkeit der beiden maßgebenden Komponenten (Umwandlungsbestreben und Diffusionsgeschwindigkeit) erneut durch ein Maximum, das aber wegen der veränderten Voraussetzungen bei wesentlich tieferen Temperaturen als das der Perlitstufe liegt. Im oberen Teil der Zwischenstufe bleibt die Umwandlung infolge der durch sie selbst ausgelösten inneren Widerstände unvollständig, sofern keine Überlagerung mit dem unteren Teil der Perlitstufe eintritt.

In der Martensitstufe endlich vollzieht sich die γ-α-Umwandlung, ohne daß der Kohlenstoff seine Lage überhaupt verändert. Diese Umwandlung geht durch reine Gitterumklappung vor sich und ist dementsprechend von allen Diffusionsvorgängen unabhängig. Sie kann daher unabhängig von der Temperatur mit sehr hoher Geschwindigkeit ablaufen. Die Martensitumwandlung ist nicht unterkühlungsfähig, d. h. der Beginn der Umwandlung erfolgt für eine bestimmte Stahlzusammensetzung stets bei der gleichen Temperatur, unabhängig von der gewählten Abkühlungsgeschwindigkeit. Sie läuft bei der Temperatur des Umwandlungsbeginns aber nicht vollständig ab, da sie durch ihren Verlauf innere Widerstände (Volumenveränderungen, Spannungen) hervorruft, die ihren weiteren Ablauf hemmen. Es bleibt ein Teil Austenit neben Martensit bestehen. Nur durch weitere Senkung der Temperatur wird auch von diesem Restaustenit ein weiterer Teil umgewandelt. Die Umwandlung von Austenit in Martensit erstreckt sich daher trotz der großen Umwandlungsgeschwindigkeit in den sich umwandelnden Bereichen über ein Temperaturintervall. Vielfach bleibt bei der Abkühlung bis auf Raumtemperatur Restaustenit übrig. Das martensitische Gefüge ist ebenfalls nadelig.

Von dem Kohlenstoff- und dem Legierungsgehalt des Stahles hängt es ab, ob sich die drei Umwandlungsstufen mehr oder weniger stark überschneiden oder ob sie durch Gebiete hoher Beständigkeit des Austenits klar voneinander geschieden sind. Es ist somit möglich, und dies wurde versucht darzulegen, die auf den ersten Blick verwirrende Vielfältigkeit der Erscheinungen der Umwandlungen des Austenits auf einige wenige Grundtatsachen zurückzuführen.

3. Veränderung der Eigenschaften in Abhängigkeit von der Abkühlungsgeschwindigkeit.

Solange die Umwandlung in der Perlitstufe erfolgt, ändern sich die physikalischen Eigenschaften, wie Dichte, elektrischer Widerstand, Wärmeleitfähigkeit usw., nur wenig. Dies ist verständlich, da ja das Gefüge nach wie vor aus Ferrit und Zementit besteht und nur der Verteilungsgrad der beiden Phasen verschieden ist. Auf den Verteilungsgrad des Karbids reagieren vor allem die Koerzitivkraft und der elektrische Leitwiderstand. Beide werden mit feinerer Verteilung erhöht. Die größte Veränderung durch den Übergang von körnigem Perlit zu Troostit erleidet die Härte.

Die Härte eines Metalles kann man definieren als den Widerstand, den der betreffende Werkstoff dem Eindringen eines Körpers entgegensetzt. Auf dieser Definition beruhen die meisten Härteprüfverfahren, wie Brinellhärteprüfung, Rockwellhärteprüfung usw. Wegen der bei der Härteprüfung auftretenden plastischen Verformung hängt das Ergebnis von dem dabei in dem Werkstoff entstehenden Spannungszustand ab. Dieser ist bedingt durch Fließgrenze und Verfestigungskurve des Werkstoffs und durch die Art des angewandten Härteprüfverfahrens. Die „Härte" ist also kein physikalisch eindeutig definierter Begriff, wie Fließgrenze und Verfestigungskurve, sondern aus ihnen abgeleitet. Bei der Härteprüfung, z. B. mittels Brinellkugel, wird somit das zu prüfende Metall verformt. Bei der Verformung gleiten die Kristalle auf bestimmten bevorzugten Gitterebenen, den sog. Gleitflächen. Je freier sich diese Gleitflächen ausbilden können, um so leichter wird sich der Werkstoff verformen, d. h. um so weicher wird er sein. Durch die Zwischenlagerung von harten Teilen, wie Eisenkarbiden, wird der hemmungslosen Ausbildung von Gleitlinien ein Widerstand entgegengesetzt. Dieser Widerstand wird um so größer, je feiner die Verteilung der Eisenkarbide in der Grundmasse ist. Es muß somit bei ein und demselben Stahl körniger Perlit weicher als lamellarer, lamellarer Perlit weicher als Sorbit und Sorbit weicher als Troostit sein. Das läßt sich aus Untersuchungen von Kohlenstoffstählen mit isothermer Umwandlung bei verschiedenen Temperaturen anschaulich verfolgen, wie es Abb. 51 zeigt[1]. Bezeichnend ist hier, daß beim Übergang von lamellarem (Perlitstufe) zu nadeligem Gefüge (Zwischenstufe) keine weitere Härtesteigerung stattfindet, sondern gelegentlich eine Härteabnahme beobachtet werden kann, die sowohl auf die körnige Natur der ausgeschiedenen Karbide gegenüber den lamellaren der Perlitstufe als auch auf die etwas gröbere Ausbildung zurückgeführt werden kann.

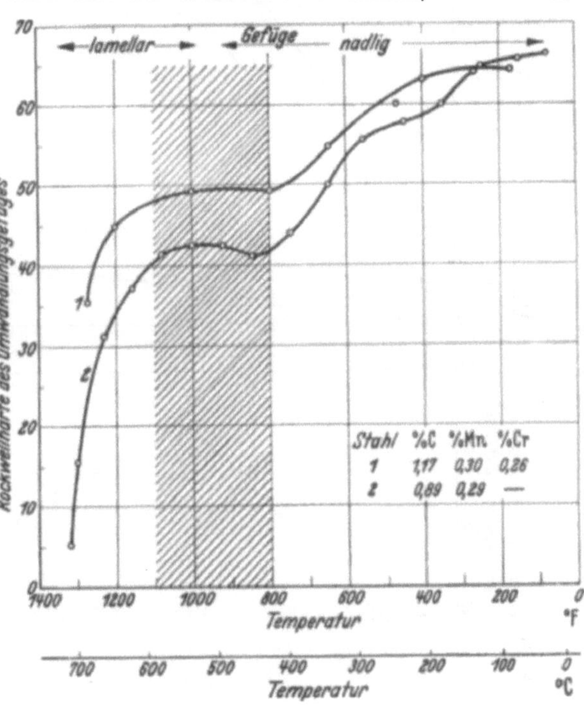

Abb. 51. Rockwellhärte der bei isothermer Umwandlung von Kohlenstoffstählen entstehenden Gefüge. [Nach E. S. Davenport: Trans. Amer. Soc. Met. Bd. 27 (1939) S. 847/86.]

Eigenschaften des Martensits. Wesentlich stärker sind dagegen die Eigenschaftsveränderungen, die an die Martensitbildung gebunden sind. Der Martensit stellt einen Zwangszustand dar, dadurch gekennzeichnet, daß in seinem Gitter die Kohlenstoff- bzw. Karbidteilchen zwangsweise eingeschlossen sind, ohne daß ihnen ein gesetzmäßiger Platz im Gitter zukommt, wie dies im γ-Eisen der Fall ist. Durch diese verteilten Kohlenstoffatome findet eine Zerrung des α-Eisengitters statt, die sich in einer Vergrößerung des spezifischen Volumens von Martensit gegenüber Perlit äußert. Daß diese Volumenvergrößerung mit

---

[1] Davenport, E. S.: Trans. Amer. Soc. Met. Bd. 27 (1939) S. 837/46.

dem Kohlenstoff zusammenhängt, geht daraus hervor, daß sie dem Kohlenstoffgehalt des betreffenden Stahles bis zum eutektoiden Gehalt von rund 0,9% C nahezu proportional ist (Abb. 52). Bei höheren Kohlenstoffgehalten bleibt dann das spezifische Volumen im gehärteten Zustand zunächst etwa gleich und nimmt schließlich infolge Restaustenitbildung allmählich ein wenig ab, wenn die Stähle, wie im Falle der Abb. 52, von der technisch üblichen Härtetemperatur, also etwa 800°, abgeschreckt werden. Da das Volumen im geglühten Zustande mit steigendem Kohlenstoffgehalt auch über 0,9% hinaus weiter zunimmt, wird die Volumenveränderung durch Härtung oberhalb 0,9% C prozentual geringer. Hieraus ergibt sich die praktisch wichtige und erfahrungsgemäß belegte Tatsache, daß Stähle mit 0,9% C wegen ihrer verhältnismäßig großen Volumenveränderung auch am härteempfindlichsten sind. Der Unterschied in der Veränderung der Gitterkonstanten bei Kohlenstoffgehalten oberhalb 0,9% in Abb. 39 und in der Veränderung des spezifischen Volumens nach Abb. 52 erklärt sich daraus, daß die Messungen der Stähle in Abb. 39 nach Abschreckung aus dem homogenen γ-Gebiet erfolgt sind, d. h. oberhalb der Karbidlöslichkeitslinie *ES* des Eisen-

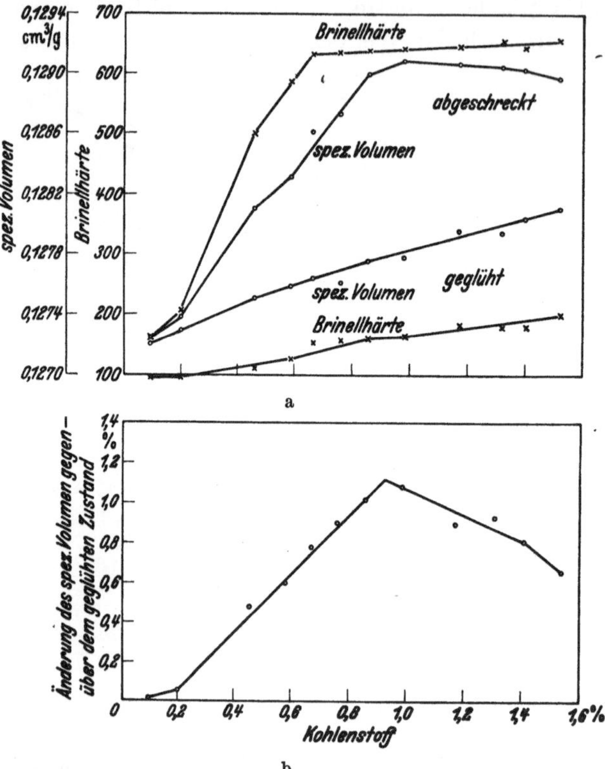

Abb. 52. Brinellhärte und spezifisches Volumen geglühter und abgeschreckter Stähle in Abhängigkeit vom Kohlenstoffgehalt (a) sowie Volumenänderung durch das Härten gegenüber dem geglühten Zustand (b). Abschrecktemperatur der untereutektoiden Stähle oberhalb *GOS*, der übrigen 800°. [Nach E. Maurer: Mitt. K.-Wilh.-Inst. Eisenforsch. Bd. 1 (1920) S. 39/86.]

Kohlenstoff-Diagramms, während in Abb. 52 die Abschrecktemperatur 800° war, so daß auch mit steigendem Kohlenstoffgehalt des Stahles praktisch doch nur der eutektoide Kohlenstoff in Lösung ging. Abb. 53 zeigt in Abhängigkeit vom Kohlenstoffgehalt den außerordentlichen Härteanstieg kritisch abgeschreckter Eisen-Kohlenstoff-Legierungen gegenüber dem geglühten Zustand (s. a. S. 178 u. Abb. 152). Für diese Erhöhung der Härte sind die verschiedensten Theorien entwickelt worden, die sie teils auf hohe Kornfeinheit, teils auf ein verzerrtes Gitter, auf Spannungen usw. zurückführen[1]. Von einer kritischen Stellungnahme zu diesen Theorien soll hier abgesehen werden. Es genügt die Vor-

---

[1] Es sei hier auf die klassische Arbeit von Ed. Maurer verwiesen, die die Grundlage für die modernen Härtetheorien wurde [Mitt. Kais.-Wilh.-Inst. Eisenforsch. Bd. 1 (1920) S. 39/86 — Stahl u. Eisen Bd. 43 (1923) S. 538].

stellung, daß der martensitische Zustand ein Zwangszustand ist, bei welchem Fremdatome im Gitter des α-Eisens verteilt sind. Infolge dieser zwangsweisen unregelmäßigen Verteilung können sich Gleitebenen nicht oder nur sehr schwer ausbilden. Daher leistet der Martensit einem eindringenden Körper bei der Härteprüfung erhöhten Widerstand, ist also mit anderen Worten härter. Da man bei richtiger Wahl der Abkühlungsgeschwindigkeit in Eisen-Kohlenstoff-Legierungen durch Abschrecken Martensit und somit größte Härte erzeugen kann, bezeichnet man das schnelle Abkühlen aus dem γ-Gebiet als Härten.

Entsprechend der Verteilung des Kohlenstoffs im α-Gitter, die praktisch einer festen Lösung gleichkommt, ist auch die Leitfähigkeit des martensitischen gegenüber dem perlitischen Zustand vermindert (Abb. 54). Auch im martensitischen Zustande ist die Leitfähigkeit von der Menge des verteilten Stoffes, also hier von dem Kohlenstoffgehalt, abhängig und nimmt mit dessen Ansteigen ab.

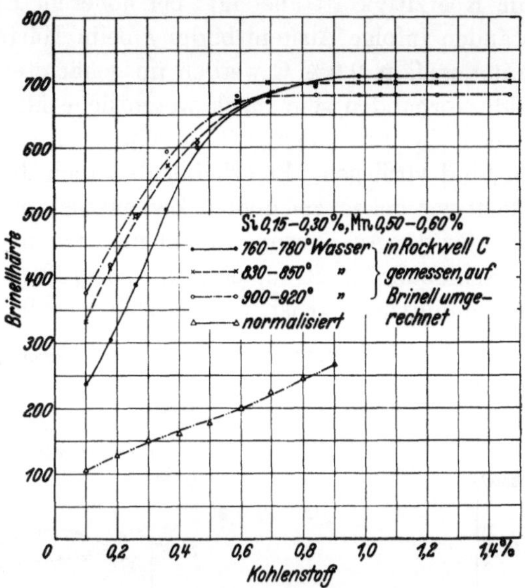

Abb. 53. Einfluß des Kohlenstoffgehaltes auf die durch Abschreckhärtung erreichbare Härte.

Von besonderer Bedeutung sind die magnetischen Eigenschaften des Martensits.

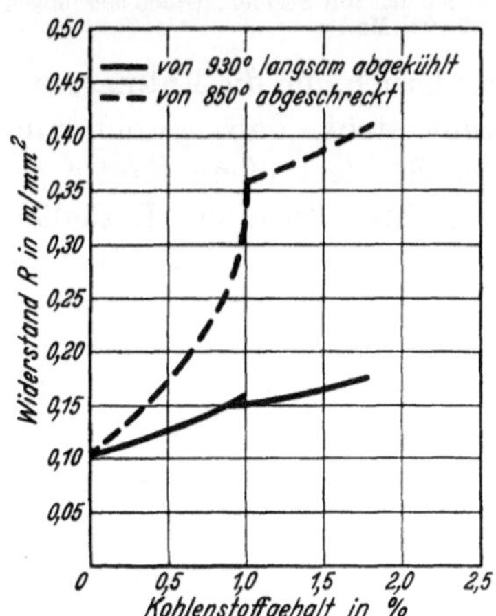

Abb. 54. Veränderung des elektrischen Leitwiderstandes von Kohlenstoffstählen verschiedenen Kohlenstoffgehaltes [Nach Gumlich: Wiss. Abh. physik.-techn. Reichsanst. Bd. 4 (1918) S. 328.]

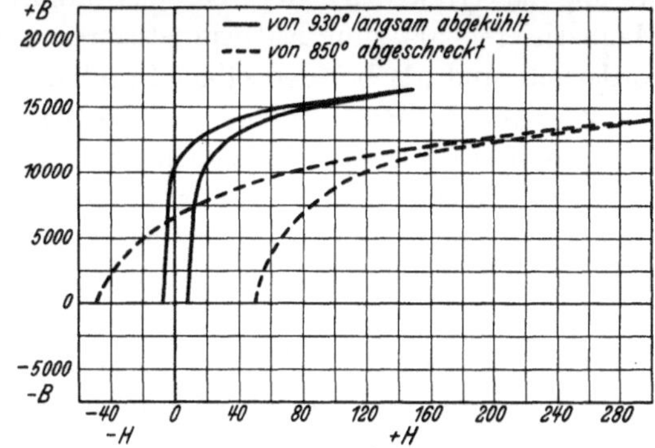

Abb. 55. Hysteresisschleife eines Kohlenstoffstahles mit 0,9% C im gehärteten und normalisierten Zustand. [Nach Zahlenangaben von Gumlich: Wiss. Abh. physik.-techn. Reichsanst. Bd. 4 (1918) S. 407.]

Abb. 55 zeigt die Hysteresisschleife eines Kohlenstoffstahles mit 0,9% C im geglühten (perlitischen) und gehärteten (martensitischen) Zustand. Wie hieraus hervorgeht, erfährt vor allem die Koerzitivkraft, d. h. die Gegenkraft, die angewendet werden muß, um einen magnetisierten Körper von seiner Induktion zu befreien, eine wesentliche Vergrößerung durch die Härtung. Diese Vergrößerung ist wiederum abhängig vom Kohlenstoffgehalt. Die in Abb. 56 wiedergegebenen Werte zeigen, daß mit zunehmendem Kohlenstoffgehalt bis zu 0,9% die Koerzitivkraft ansteigt; bei höherem Kohlenstoffgehalt fällt sie unter Umständen infolge Austenitbildung beim Härten wieder etwas ab. Bei dem Stahl mit ungefähr 0,9% C werden im gehärteten Zustand weder überschüssige Karbide vorhanden sein, noch wesentliche Mengen Austenit gebildet werden. Wir haben also hier Martensit in reinster Ausbildung, d. h. dem höchsten Zwangszustand vorliegen. Es scheint also auch die Koerzitivkraft ein Maß für den als Martensit gekennzeichneten Zwangszustand zu sein. Man kann sich vorstellen, daß für die Ausrichtung der kleinen magnetischen Bezirke (Vorgang der Wandverschiebung, s. S. 15) eine um so größere Feldstärke nötig ist, je größer der Spannungszustand ist, in dem sich jene befinden. Ist aber das Richten einmal

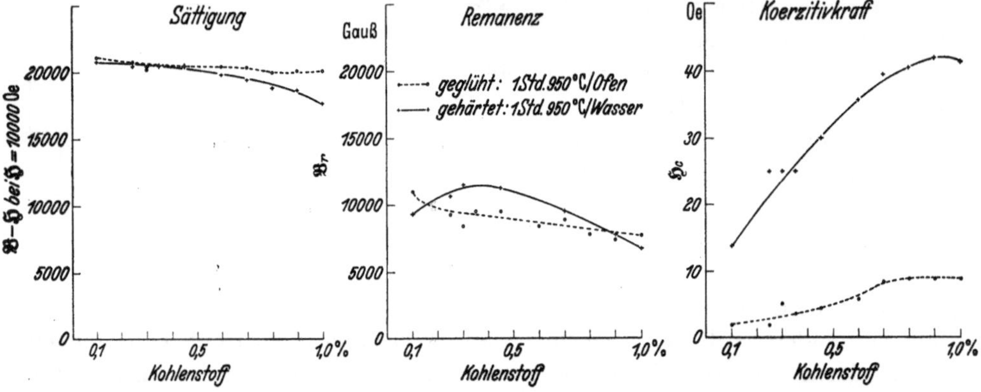

Abb. 56. Einfluß des Härtens auf die magnetischen Eigenschaften von Kohlenstoff-Stählen. (Nach Messungen an S.M.-Stählen mit etwa 0,35% Si und 0,60% Mn.)

erfolgt, so ist auch wiederum eine größere Kraft erforderlich, um die Entmagnetisierung zu erreichen. In Übereinstimmung hiermit steht, daß sowohl zum Magnetisieren als zum Entmagnetisieren gehärteter Stähle größere Kräfte erforderlich sind als bei denselben Stählen im ausgeglühten Zustand. Bezüglich der Wirkung des Restaustenits auf die Koerzitivkraft sei erwähnt, daß sein Vorhandensein nicht immer verschlechternd zu wirken braucht. Kleine Restaustenitmengen können, wenn sie in entsprechend feiner Verteilung vorliegen, unter Umständen auch eine Erhöhung der Koerzitivkraft hervorrufen (s. Chrom-Magnet-Stähle), die ihre Ursache in einem erhöhten Spannungszustand infolge Einlagerung von Gefügebestandteilen mit verschiedenen spezifischen Volumen hat.

Die praktische Nutzanwendung aus der Veränderung der magnetischen Eigenschaften ist die, daß für permanente Magnete nur gehärtete Stähle Verwendung finden können, da es hier auf höchste Koerzitivkraft ankommt.

Eigenschaften des Austenits. Wenn auch bei unlegierten Kohlenstoffstählen reiner Austenit nicht erhalten wird, so soll doch in Kürze auf die Eigenschaften des stabilen Austenits hingewiesen werden. Er zeigt bei Raumtemperatur ähnliche Eigenschaften wie das γ-Eisen oberhalb A_3; so ist das Raumgitter flächenzentriert. Die dichtere Atombesetzung des flächenzentrierten Gitters bedingt geringeres spezifisches Volumen und unmagnetisches Verhalten; das letztere, weil wegen des geringeren Atomabstandes die Austauschenergie der Elektronen (vgl. Abschnitt „Reines Eisen", S. 28) negativ wird[1]. Der Austenit besitzt eine gute Kalt- und Warmverformbarkeit, wie dies bei den meisten Mischkristallen im Gegensatz zu metallischen Verbindungen der Fall ist. Begründet ist die Verformbarkeit wiederum auf dem Unterschied im atomistischen Aufbau (Art der Atombindung) zwischen Mischkristall und Verbindung. Die Verfestigung des Austenits bei der Kaltverformung ist allerdings größer als die des Ferrits (siehe Abb. 88, S. 101). Gegenüber dem martensitischen und dem ferritischen bzw. perlitisch ausgeglühten Zustand weist der Austenit einen höheren Wärmeaus-dehnungskoeffizienten auf. Auch hier liegt ein charakteristischer Zusammenhang zweier physikalischer Eigenschaften, nämlich des Wärmeausdehnungskoeffizienten und des Ferromagnetismus (Abwesenheit desselben im Austenit) vor, worüber Näheres in dem Abschnitt austenitische Nickelstähle (S. 360) gesagt wird.

4. Eigenschaftsveränderungen gehärteter Stähle beim Anlassen.

Beim Wiedererwärmen (Anlassen) eines Stahles, der durch Abschrecken martensitisch oder martensitisch-austenitisch geworden war, treten, wie im vorangegangenen erwähnt, mit steigender Anlaßtemperatur Gefügeveränderungen in der Richtung auf, daß zunächst der tetragonale Martensit bei etwa 100° in kubischen Martensit übergeht. Bei 200—250° wandelt sich dann etwa vorhandener Restaustenit ebenfalls zu kubischem Martensit um; praktisch in dem gleichen Temperaturbereich setzt dann auch die mikroskopisch sichtbare Ausscheidung von Karbiden aus dem Martensit ein, die mit weiter steigender Temperatur in erhöhtem Maße in Erscheinung tritt. Als erste Folge der Ausscheidung des Kohlenstoffs aus dem durch die Härtung bewirkten Zwangszustand macht sich eine Verminderung der Spannungen bemerkbar, die z. B. in einem allmählichen Schärferwerden der verwaschenen Interferenzen im Röntgenbild zum Ausdruck kommt. Entsprechend der Gefügeveränderung ändern sich beim Anlassen auch alle übrigen Eigenschaften. In der Längenänderung drückt sich der Über-

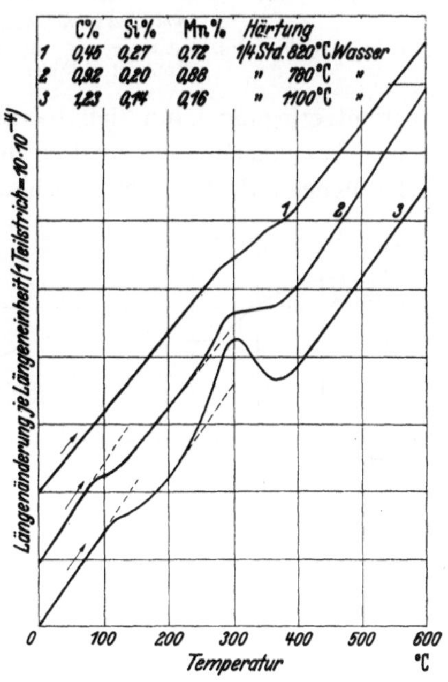

Abb. 57. Längenänderung gehärteter Kohlenstoffstähle während des Anlassens.

gang vom tetragonalen zum kubischen Martensit durch eine Verkürzung, die Restaustenitzerlegung durch eine Ausdehnung und die Karbidausscheidung durch eine erneute stärkere Verkürzung aus[2]. Wie Abb. 57 zeigt, werden alle drei Effekte mit steigendem Kohlenstoffgehalt stärker, weil ihre Größe von dem im Austenit gelösten Kohlenstoff abhängt. Die zunehmende Zusammenballung der Karbide mit steigender Anlaßtemperatur macht sich im spezifischen Volumen und damit in der Längenänderung nicht mehr bemerkbar.

---

[1] Dehlinger, U.: Z. Elektrochem. Bd. 41 (1935) S. 657/59.
[2] Siehe auch Hanemann, H., u. L. Träger: Stahl u. Eisen Bd. 46 (1926) S. 1508/14.

In der Härte tritt zunächst durch den Übergang vom tetragonalen zum kubischen Martensit keine Veränderung ein; gelegentlich findet man im Schrifttum[1] die Angabe, daß der tetragonale Martensit durch kurzes Anlassen auf Temperaturen von 100 bis 150° noch eine geringfügige Härtesteigerung erfährt. Praktisch ist das bedeutsam, weil man damit durch Auskochen bei 100° die Möglichkeit erhält, die Spannungen abzubauen, ohne die Härte merklich zu beeinflussen. Mit fortschreitender Anlaßtemperatur sinkt dann die Härte entsprechend Abb. 58 ab.

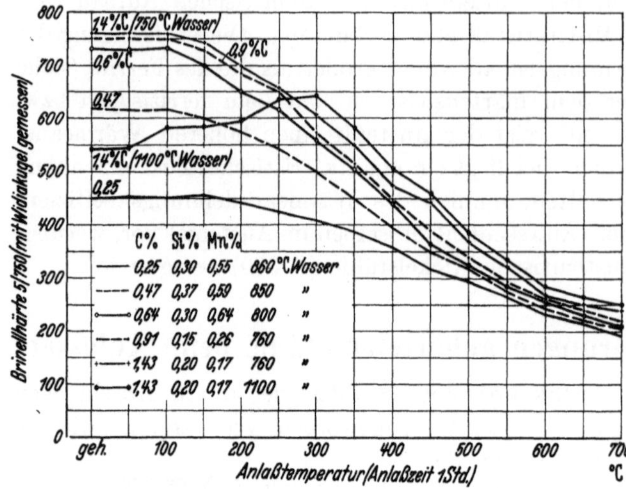

Abb. 58. Einfluß des Anlassens auf die Brinellhärte gehärteter Kohlenstoffstähle.

Die Restaustenitzerlegung kann sich bei etwa 250° in einer Verzögerung dieses Abfalls bemerkbar machen; ein Anstieg der Härte tritt nur dann ein, wenn sehr erhebliche Mengen Restaustenit vorhanden sind, wie dies z. B. bei dem von 1100° abgeschreckten Stahl mit 1,4% C in Abb. 58 der Fall ist. Durch Abschrecken mit darauffolgendem Anlassen ist es somit möglich, die verschiedensten Härte- und somit Festigkeitsstufen zu erhalten; die für die Formänderungsfähigkeit kennzeichnenden Eigenschaften ändern sich dabei im großen und ganzen in umgekehrter Richtung wie die Härte. Die Nutzbarmachung dieser Wärmebehandlung bezeichnet man in der Stahltechnik mit „Vergüten".

Auch die übrigen physikalischen Eigenschaften erfahren beim Anlassen rückläufige Veränderungen. Von den magnetischen Eigenschaften wird die Koerzitivkraft zunächst durch kurzes Anlassen auf rund 100° gelegentlich etwas erhoht, fällt dann mit zunehmender Anlaßtemperatur ab, steigt aber zwischen 400 und 500° nochmals zu einem Zwischenmaximum an (Abb. 59). Die Sättigung eines

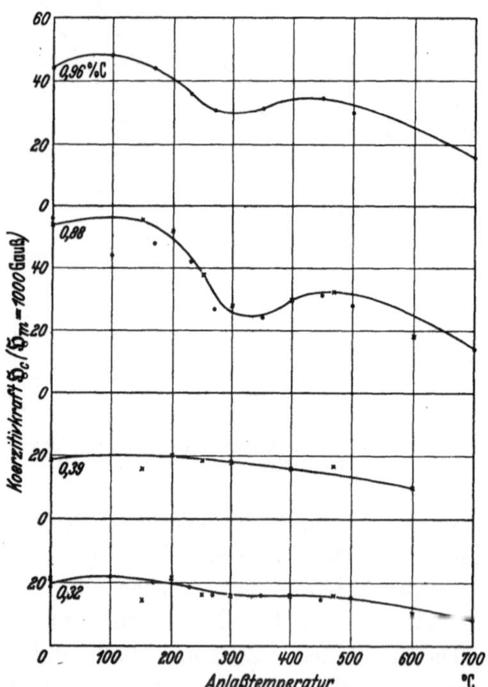

Abb. 59. Änderung der Koerzitivkraft mit der Anlaßtemperatur. [Nach W. L. Cheney: Sci. Pap. Bur. Stand. Bd. 18 (1922/23) S. 609/35.]

---

[1] Sykes, W. P., u. R. Jeffries: Trans. Amer. Soc. Steel Treating Bd. 12 (1927) S. 871/904.

gehärteten Stahles bleibt in der ersten Anlaßstufe zunächst praktisch unverändert und steigt dann durch die Restaustenitzerlegung an, um schließlich mit zunehmender Karbidausscheidung wieder in geringfügigem Maße abzufallen. Die Sättigungsmessung gestattet also vor allem, Rückschlüsse auf die vorhandene Menge an Restaustenit zu ziehen.

Der elektrische Widerstand ist, wie aus Abb. 54 hervorging, im gehärteten Zustand am größten, durch die Vorgänge beim Anlassen wird er entsprechend vermindert.

Von den chemischen Eigenschaften wird durch das Härten und Anlassen am stärksten die Löslichkeit in Säure beeinflußt; sie nimmt mit steigender Anlaßtemperatur bis etwa 400° zu und fällt dann wieder etwas ab[1]. Die unterschiedliche Säurelöslichkeit kann schon bei der metallographischen Ätzung beobachtet werden (Abb. 42); der durch stärkste Ätzbarkeit gekennzeichnete Anlaßzustand bei 400° wurde früher vielfach als Osmondit bezeichnet.

5. Die Zementitausscheidung aus dem α-Eisen
(Vorgänge unterhalb A_1).

Außer den durch die γ-α-Umwandlung bewirkten Eigenschaftsveränderungen verdienen noch die Vorgänge besondere Beachtung, die durch die temperaturabhängige Löslichkeit des Zementits im α- (und im γ-) Eisen bedingt sind. Das Vorhandensein solcher Löslichkeitslinien innerhalb des α- bzw. γ-Gebietes kann Ausscheidungsvorgänge zur Folge haben, die ebenfalls Wärmebehandlungsmöglichkeiten ergeben.

Die Linien GPQ des Eisen-Kohlenstoff-Systems in Abb. 27 geben die Lösungsfähigkeit des α-Eisens für Kohlenstoff an. Abb. 60 zeigt diese Ecke des Eisen-Kohlenstoff-Diagramms im vergrößerten Maßstabe. Wie man hieraus ersieht, ist die Lösungsfähigkeit bei der Temperatur des A_1-Punktes etwa 0,04%, während sie bei Raumtemperatur auf 0,006% absinkt.

Löscht man einen Stahl mit beispielsweise 0,04% C von 700° in Wasser ab, so gelingt es, die bei 700° beständige feste Lösung von Kohlenstoff im α-Eisen auch bei Raumtemperatur zu erhalten. Bei langsamer Abkühlung scheidet sich dagegen Eisenkarbid längs der Löslichkeitslinie aus. Dementsprechend werden die Eigenschaften im abgeschreckten und langsam abgekühlten Zustand verschieden sein. Am deutlichsten prägt sich dieser Unterschied im spezifischen Gewicht und in der Leitfähigkeit aus (Abb. 61).

Mit steigender Abschrecktemperatur wird der elektrische Widerstand höher, da durch die Lösung des Kohlenstoffs im α-Mischkristall in diesem die Zahl

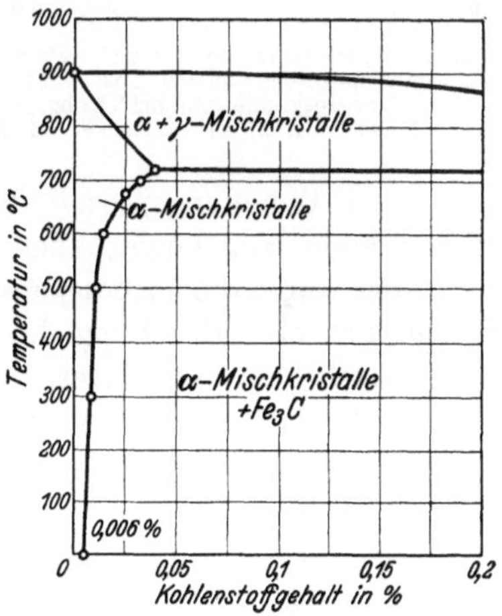

Abb. 60. Löslichkeit des Kohlenstoffs im α-Eisen. [Nach Köster: Arch. Eisenhüttenw. Bd. 2 (1929/30) S. 503/22.]

---

[1] Heyn, E., u. O. Bauer: Mitt. dtsch. Mat.-Prüf.-Amt. Bd. 24 (1906) S. 29/84 — Stahl u. Eisen Bd. 26 (1906) S. 778/94.

der Gitterstörungen erhöht wird (Abb. 61). Läßt man eine von 680° C abgeschreckte Eisen-Kohlenstoff-Legierung längere Zeit bei Raumtemperatur liegen, so beginnt die feste Lösung sich unter Ausscheidung feinster Eisenkarbide zu zersetzen. Schneller spielt sich der Vorgang bei erhöhter Temperatur ab. Die dabei eintretende Widerstandserniedrigung hat ihren Grund in dem durch den Ausscheidungsvorgang bedingten Reinigungsprozeß des α-Mischkristalls. Infolge der niedrigen Temperaturen erfolgt diese Ausscheidung des spezifisch großen Eisenkarbids im hochdispersen Zustand. Die Folge hiervon ist ein durch örtlich sehr verschiedene Spannungen gekennzeichneter Zwangszustand, der in den Eigenschaftsveränderungen dem martensitischen Zustand ähnlich ist.

Es sei hier darauf hingewiesen, daß bei derartigen Ausscheidungsvorgängen im Bereich der **beginnenden** Ausscheidung der elektrische Widerstand sich nicht immer in obigem Sinne entsprechend einem Reinigungsprozeß erniedrigt. In einzelnen Fällen konnte bei Metallegierungen auch im Beginn der Ausscheidung ein Anstieg des elektrischen Widerstandes beobachtet werden. Die Ursache für dieses widersprechende Verhalten des elektrischen Widerstandes bei verschiedenen Metallen ist darin begründet, daß der elektrische Widerstand durch zwei Komponenten beeinflußt werden kann:

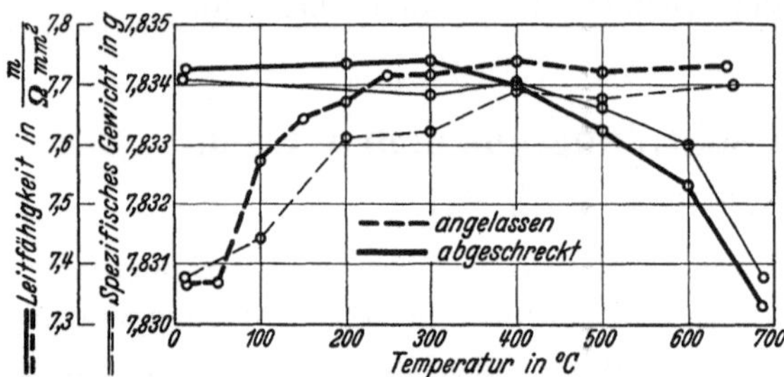

Abb. 61. Spezifisches Gewicht und elektrische Leitfähigkeit von weichem C-Stahl, der von 680° abgelöscht und bei T° angelassen (— — —) bzw. ausgeglüht und bei T° abgeschreckt (——————) wurde. [Nach **Köster**: Arch. Eisenhüttenw. Bd. 2 (1929/30) S. 503/22.]

1. den Reinigungsprozeß durch die Ausscheidung, der eine Senkung des Widerstandes zur Folge haben müßte;

2. den durch die hochdispersen Ausscheidungen bedingten Spannungszustand, der an sich eine Erhöhung des Widerstandes verursacht[1].

Je nach dem Größenverhältnis beider Komponenten kann der Widerstand also im Beginn der Ausscheidung steigen oder wie hier bei dem Beispiel des Kohlenstoffs im α-Eisen fallen. Bei weiterem Verlauf der Ausscheidung und Zusammenballung (Entspannung des Gitters) tritt dann in allen Fällen eine Erniedrigung des Zwangszustandes ein. An erster Stelle wirkt sich der Zwangszustand infolge behinderter Ausbildung der Gleitebenen in der Härte und Festigkeit aus, d. h. es findet durch den bei Raumtemperatur sehr langsam erfolgenden Ausscheidungsvorgang ein stetiger, langsamer Anstieg der Härte und Festigkeit bei gleichzeitigem Abfall der Einschnürung, Dehnung und Zähigkeit statt (Abb. 62). Wie aus dieser Abbildung hervorgeht, genügen bereits die sehr kleinen Mengen Eisenkarbid, um eine Härtesteigerung von 50% gegenüber dem abgeschreckten Zustand hervorzurufen. Beim Erwärmen auf 50° gelingt es, gleiche Wirkungen bereits innerhalb weniger Stunden zu erzielen.

---

[1] Bei ferromagnetischen Stoffen kommt ein Einfluß des Spannungszustandes auf den elektrischen Widerstand durch die Abhängigkeit des Widerstandes von der Richtung der spontanen Magnetisierung der Elementarbereiche zustande. Die Richtung der spontanen Magnetisierung der Elementarbereiche wird aber ihrerseits wiederum durch Spannungen beeinflußt (vgl. S. 348 und 370).

Wie bereits bei der Besprechung der magnetischen Eigenschaften des Martensits (S. 74) angedeutet, führen starke Verspannungen zu hoher Koerzitivkraft; da bei der beginnenden hochdispersen Zementitausscheidung aus dem α-Eisen

ebenfalls Verspannungen im Werkstoff entstehen, müssen auch die magnetischen Eigenschaften im gleichen Sinne beeinflußbar sein (s. a. S. 104). Wie stark die Analogie ist, zeigt am besten Abb. 63. Im abgelöschten sowie ausgeglühten Zustand ist die Koerzitivkraft verhältnismäßig gering. Nach 12stündigem Anlassen abgeschreckter Proben auf 160° steigt sie aber ungefähr auf das Doppelte. Das Maximum der Härte- und der Koerzitivkraftsteigerung liegt somit nicht bei der gleichen Temperatur.

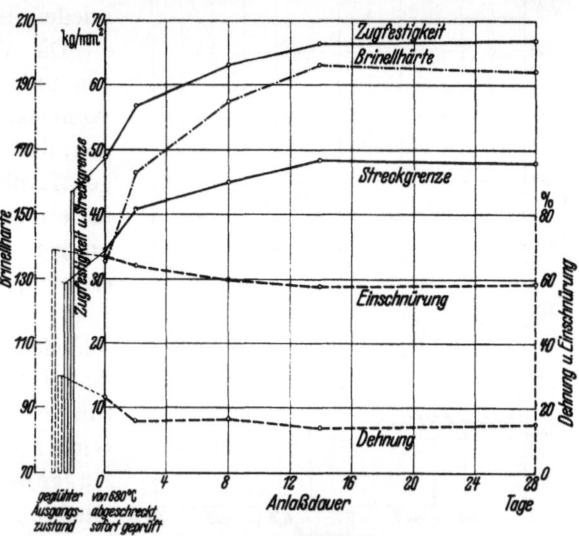

Abb. 62. Zeitliche Änderung der Festigkeitseigenschaften eines von 680° abgeschreckten weichen Kohlenstoffstahles bei Raumtemperatur. [Nach Köster: Arch. Eisenhüttenw. Bd. 2 (1929/30) S. 503/22.]

Der Einfluß der Löslichkeitslinie für Kohlenstoff im α-Eisen und die hieraus hervorgehenden Eigenschaftsveränderungen machen sich nur bei verhältnismäßig tiefem Kohlenstoffgehalt bemerkbar und sind entsprechend der geringen Menge

gelösten oder ausgeschiedenen Stoffes gering. Am stärksten wirken sich kritisch disperse Ausscheidungen in diesen geringen Mengen, außer in den physikalischen Eigenschaften, auf die Erhöhung der Streckgrenze und Verminderung der Kerbzähigkeit aus. Bei höher gekohlten Stählen über 0,4% C wird der Effekt durch die große Menge vorhandenen ausgeschiedenen Eisenkarbids überdeckt. Es liegen Anzeichen dafür vor, daß auch die mechanische Alterung (s. S. 887) durch

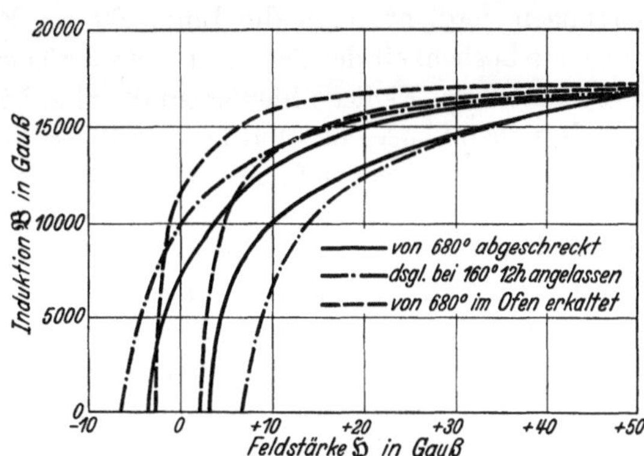

Abb. 63. Änderung der Induktionsschleife eines von 680° abgeschreckten weichen Kohlenstoffstahles durch Anlassen bei 160°. [Nach Köster: Arch. Eisenhüttenw. Bd. 2 (1929/30) S. 503/22.]

die Ausscheidung des Kohlenstoffs im α-Eisen beeinflußt wird. Eine ausreichende Erklärung der Alterung läßt sich aber mit der Annahme einer Kohlenstoffaushärtung allein nicht geben (siehe Abschnitt „Stickstoff").

Es ist nun von Interesse festzustellen, wie die Gefügeausbildung des Zementits im Zusammenhang mit dem Eisen-Kohlenstoff-Diagramm eine physikalische Eigenschaft beeinflussen kann. Die Wirkung des Kohlenstoffs kann verschieden sein, je nachdem, ob er im α-Eisen gelöst ist (Spuren von Kohlenstoff unter

0,006%), ob er als Eisenkarbid aus dem α-Eisen ausgeschieden wurde ($\approx 0{,}006$ bis 0,04% C) oder ob er als Perlit vorliegt (über 0,4% C), wie dies z. B. Abb. 64 für den Hysteresisverlust kennzeichnend wiedergibt.

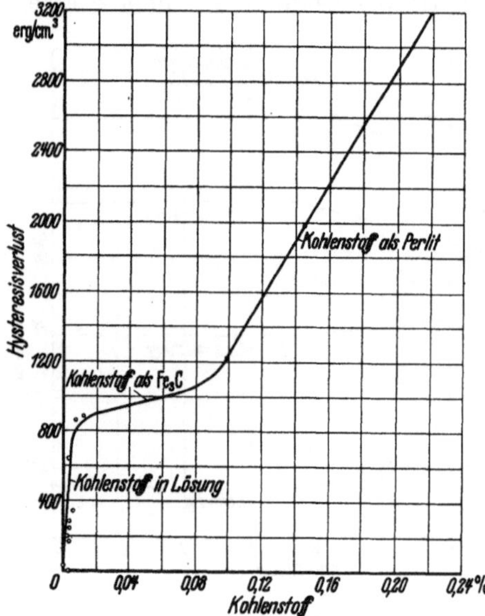

Abb. 64.' Abhängigkeit des Hysteresisverlustes vom Kohlenstoffgehalt. [Nach N. A. Ziegler: Metal Progr. Bd. 24 (1933) Oktoberheft S. 26.]

Die Veränderungen der Eigenschaften unterhalb A_1 durch die veränderte Kohlenstofflöslichkeit im α-Eisen zeigen, daß es beim Vorhandensein derartiger ¦Löslichkeitslinien ohne Phasenveränderung möglich ist, ähnliche Erscheinungen bezüglich Härtung usw. zu erzielen, wie dies bei Anwesenheit von zwei verschiedenen Phasen mit verschiedener Löslichkeit (γ-Eisen, α-Eisen) der Fall ist. Letztere Art der Härtungsmöglichkeit bezeichnet man mit Umwandlungshärtung, erstere mit Ausscheidungshärtung. Diese Ausscheidungsvorgänge können bei der praktischen Durchführung von Wärmebehandlungen bedeutungsvoll werden (s. S. 120).

6. Die Karbidausscheidung im γ-Gebiet.

Im Zusammenhang mit den geschilderten Möglichkeiten von Ausscheidungshärtungen verdient auch die Linie *ES* im Eisen- Eisenkarbidsystem, die die steigende Löslichkeit des Zementits mit der Temperatur im γ-Eisen angibt, besondere Beachtung. Es liegt hier ebenfalls eine Linie veränderter Löslichkeit innerhalb derselben Phase vor. Würde die γ-Phase bis zur Raumtemperatur stabil sein, so müßten auch hier infolge dieser veränderten Löslichkeit des Eisenkarbids ähnliche Ausscheidungserscheinungen beobachtet werden, wie dies durch die Ausscheidung von Eisenkarbid im α-Eisen der Fall ist. Bei rein austenitischen legierten Stählen läßt sich eine derartige Ausscheidungshärtung durch Karbide nachweisen. Bei gewöhnlichen, bei Raumtemperatur nicht austenitischen Stählen tritt der interessante Fall ein, daß neben einer Löslichkeitsveränderung infolge Phasenwechsel gleichzeitig noch in der γ-Phase selbst eine veränderte Löslichkeit der sich ausscheidenden Phase (Fe₃C) mit steigender Temperatur vorliegt. Bei reinen Eisen-Kohlenstoff-Legierungen, bei denen sich längs der Linie *ES* Eisenkarbid ausscheidet, gewinnt diese Linie keine erhöhte Bedeutung. Bemerkbar macht sich ihr Einfluß nur darin, daß beim Abschrecken von Eisen-Kohlenstoff-Legierungen mit höherem Kohlenstoffgehalt von Temperaturen oberhalb dieser Linie die Austenitmenge in der Grundmasse steigt; d. h. durch das Inlösunggehen des Kohlenstoffes längs dieser Linie wird die feste Lösung bei Raumtemperatur stabiler. Beim Anlassen jedoch ist von der Ausscheidung des bei *ES* gelösten Karbids keine hervortretende Wirkung zu erwarten, weil wegen der Gleichartigkeit der Phasen diese Ausscheidung gleichzeitig mit derjenigen des am Perlitpunkt gelösten eutektoiden Karbids erfolgt.

Eine andere Bedeutung erlangt aber diese Linie bei Stählen mit Sonderkarbiden, die längs einer ähnlichen Linie bzw. — in Mehrstoffsystemen — Fläche in Lösung gehen. Diese Sonderkarbide scheiden sich jetzt als besondere Phase nach anderen Gesetzen aus als das Eisenkarbid. Ist in solchen Stählen neben dem Sonderkarbid auch noch Eisenkarbid vorhanden, so können sich zwei Vorgänge überdecken. Nach dem Ablöschen von hohen Temperaturen sind beide Karbide in Lösung; beim Anlassen scheidet sich das Eisenkarbid bei den für Eisenkarbid normalen Temperaturen aus, während das erst bei höheren Temperaturen in Lösung gegangene Sonderkarbid seinen eigenen Ausscheidungsvorgang beibehält. Hätte man es nur mit der Ausscheidung des Eisenkarbids zu tun, so ergäbe sich infolge der Ausscheidung und weiteren Zusammenballung des Karbids ein Abfallen der Härte nach Kurve *I* in Abb. 65. Würde nur die Ausscheidung des Sonderkarbids erfolgen — ohne γ-α-Umwandlung —, so würde sich der Ausscheidungsvorgang in der Härte nach Kurve *II* auswirken. Sind beide Arten von Karbid vorhanden, so überdecken sich die Vorgänge nach Kurve *III*. Tritt die γ-α-Umwandlung ein, so entsteht auch bei Anwesenheit von Sonderkarbiden beim Ablöschen normalerweise Martensit mit hoher Anfangshärte. Die verspätete Sonderkarbidausscheidung und Zusammenballung äußert sich dann nicht so sehr in einem erneuten Härteanstieg, als in einem Bestehenbleiben der Martensithärte bis zur Ausscheidungstemperatur der Sonderkarbide. Man erhält durch diese Kombination einen

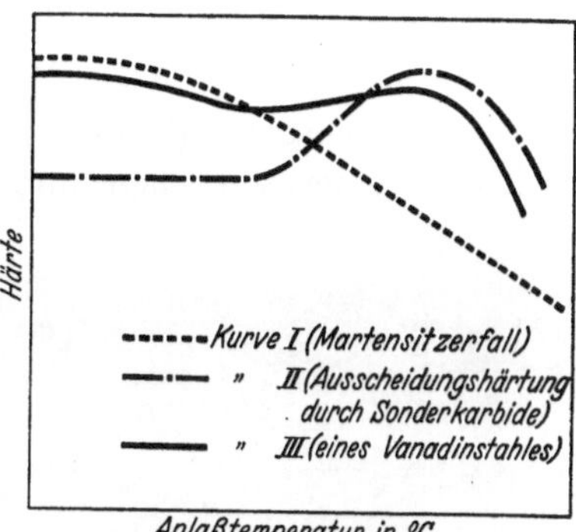

Abb. 65. Schematische Darstellung der beim Anlassen hochabgeschreckter Vanadinstähle sich überlagernden Vorgänge. [Nach Houdremont, Bennek u. Schrader: Arch. Eisenhüttenw. Bd. 6 (1932/33) S. 24/34.]

Stahl, der beim Abschrecken eine hohe Härte annimmt und auch beim Anlassen auf höhere Temperaturen seine Härte beibehält. Die Kurve *III* ist charakteristisch für eine Kombination von Umwandlungs- und Ausscheidungshärtung. Näheres hierüber wird noch bei den karbidbildenden Elementen, insbesondere bei den Eisen-Chrom-, Eisen-Vanadin-, ferner auch den Eisen-Kupfer-Stählen besprochen.

Die Ausscheidungshärtung durch stabile Karbide allein kann man am besten bei rein austenitischen Stählen verfolgen. Der Vorgang verläuft rein nach dem oben gekennzeichneten Vorgang *II*. Nach dem Ablöschen befinden sich die Karbide in fester Lösung. Durch Anlassen auf Temperaturen von 500—800° scheiden sie sich unter Steigerung der Zugfestigkeit usw. aus. Dieserhalb sei auf das Kapitel der austenitischen Chrom-Nickel-Stähle verwiesen (Abb. 450).

B. Praktische Nutzanwendung des Eisen-Kohlenstoff-Diagramms. (Die Wärmebehandlung.)

Die praktische Nutzanwendung des Eisen-Kohlenstoff-Diagramms, insbesondere der sich ergebenden Veränderungen durch mehr oder weniger schnelle Abkühlung von Eisen-Kohlenstoff-Legierungen mit und ohne darauffolgendes Anlassen, ist in dem Begriff Wärmebehandlung zusammengefaßt.

Bei der Wärmebehandlung des Stahles kann man drei verschiedene Arten unterscheiden:

1. Glühen;   2. Härten;   3. Vergüten.

1. Glühen.

Das Glühen kann man unterteilen in:

a) Diffusionsglühen zur Beseitigung von Primärseigerungen;

b) Weichglühen (Glühen zur Erleichterung der Bearbeitbarkeit);

c) Umwandlungsglühen oder Normalglühen (Glühen zwecks Erleichterung der Bearbeitbarkeit und Verbesserung des Gefüges);

d) Spannungsfreiglühen und Rekristallisationsglühen.

a) Diffusionsglühen.

Die beträchtliche Temperaturdifferenz zwischen Solidus- und Liquiduslinie im Eisen-Kohlenstoff-Diagramm bedingt einen Unterschied im Kohlenstoffgehalt

V = 50   V = 50

V = 1:1   V = 1:1

Normal verarbeitet, vergütet   Vor der Vergütung bei 1100° geglüht

Abb. 66. Gefügeausgleich durch Diffusionsglühung bei einem 4% Mangan enthaltenden Flußeisen.

der zuerst erstarrenden Kristalle gegenüber der Schmelze und infolgedessen eine gewisse Seigerung des erstarrten Werkstoffes. Außer Kohlenstoff neigen auch noch andere Zusätze zur Seigerung, wie z. B. Phosphor und Schwefel.

Die Ursache für diese Seigerungen ist darin begründet, daß bei der Erstarrung und der darauffolgenden Abkühlung nicht die nötige Zeit zum vollkommenen Diffusionsausgleich zur Verfügung steht; Zweck des Diffusionsglühens ist es, diesen Ausgleich teilweise herbeizuführen und somit eine größere Gleichmäßigkeit des gegossenen Werkstoffes zu erzielen (Abb. 66). Der Einfluß der Glühung erstreckt sich auf die Seigerung innerhalb eines Kristalles selbst (Kristallseigerung), insbesondere aber auf geseigerte Zonen in den Korngrenzen. Bricht man z. B. Gußstücke aus Stahl, vorzugsweise solche aus etwas härteren oder legierten Stahlsorten, im unbehandelten Gußzustand, so erfolgt der Bruch meist längs der Korngrenzen, da diese infolge der dort

a V = ¼ nat. Gr.
In der Kokille langsam erkalteter Block

b V = ¼ nat. Gr.
Bei 1050° nachgeglühter Block

Abb. 67. Wirkung einer Nachglühung auf die Bruchbeschaffenheit von Chrom-Nickel-Stahl im Gußzustand. [Nach Houdremont: Kruppsche Mh. Bd. 11 (1930) S. 270/86.]

ausgeseigerten Bestandteile eine gewisse Schwächung des Zusammenhanges bilden. Glüht man dieselben Gußstücke gleich nach dem Gießen bei hoher Temperatur, je nach der Stahllegierung bei 1050—1300°, so werden diese Ausseigerungen durch Diffusion weitgehend ausgeglichen. Der nachfolgende Bruch erfolgt nicht mehr

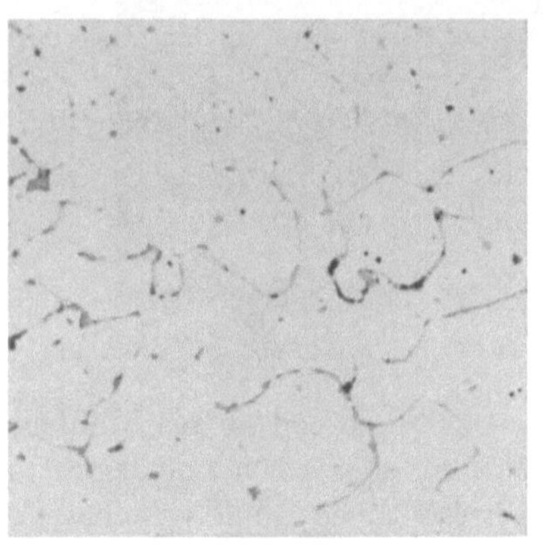
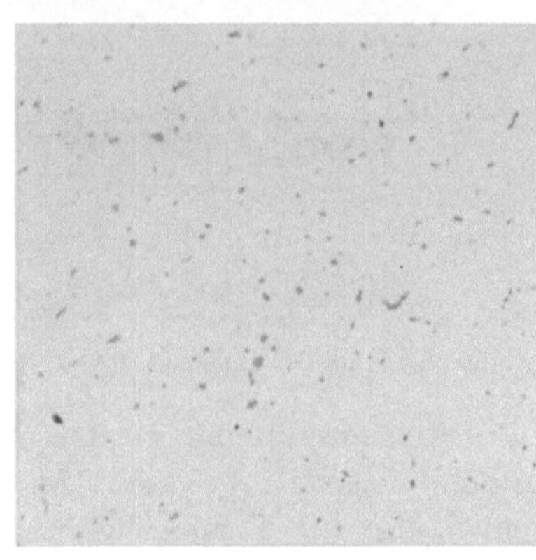

a V = 100
Gußzustand

b V = 100
1000° geglüht und in Wasser abgelöscht

Abb. 68. Verteilung von Schwefel durch Diffusionsglühung. [Nach Niedenthal und Bennek: Arch. Eisenhüttenw. Bd. 7 (1933/34) S. 683/86.]

interkristallin in den Korngrenzen, sondern intrakristallin durch die Körner hindurch. Abb. 67 zeigt deutlich den feinkörnigen intrakristallinen Bruch einer diffusionsgeglühten Chrom-Nickel-Gußscheibe im Vergleich zu der ungeglühten.

Besonders deutlich wirkt eine Diffusionsglühung auf die Verteilung bestimmter Sulfideinlagerungen. Im gegossenen Zustand sammeln sich die Sulfidteilchen, falls die sich bildenden Sulfide tieferen Schmelzpunkt haben als der metallische

Grundstoff, als Eutektikum in Netzform an, z. B. bei Nickelstählen oder in Abwesenheit von Mangan auch bei reinen Eisenlegierungen. Diese Anordnung bewirkt, da beim nachherigen Anwärmen zum Schmieden oder Walzen ein vorzeitiges Schmelzen eintritt, ein Brüchigwerden des Materials bei der Verarbeitung (Rotbruch). Durch Diffusionsglühung bei Temperaturen von 1100—1150° lassen sich in Einzelfällen je nach der Natur der Sulfide diese Ausscheidungen beseitigen oder feiner verteilen; gleichzeitig verhindert man hierdurch die obengenannte Erscheinung des Rotbruchs[1] (s. Abschnitt Schwefel, S. 951ff.). Metallographisch läßt sich der Vorgang, wie in Abb. 68 gezeigt, verfolgen.

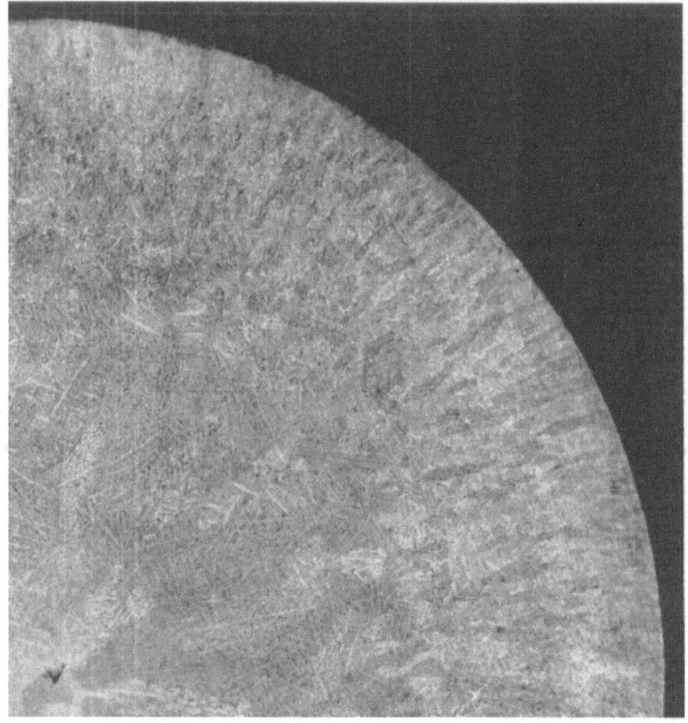

Abb. 69. Dendritenausbildung an einer Gußscheibe aus Chrom-Nickel-Stahl. $^4/_{10}$ natürl. Gr.

Die Diffusionsglühung wendet man deswegen praktisch an bei Stählen, die hohen Schwefelgehalt besitzen (Automatenstähle) oder sonst hochlegiert sind, bei denen also die Primärseigerungen eine wesentliche Rolle spielen. Meist läßt sich diese Glühung beim Anwärmen der Blöcke zum Walzen usw. durch Regelung von Temperatur und Zeit zumindest teilweise erzielen.

Vielfach werden die Hoffnungen, die an eine Diffusionsglühung geknüpft werden, zu weit gespannt. Manche legierten Stähle, wie z. B. Chrom-Nickel-Stähle, weisen im Gußzustand eine stark ausgeprägte dendritische Gefügeausbildung auf (Abb. 69). Durch Diffusionsglühen werden diese dendritischen Seigerungen nur wenig, und zwar am stärksten beim Glühen dicht unterhalb des Schmelzpunktes beeinflußt; die Dendriten verschwinden dabei nicht völlig, sondern man beobachtet vielmehr nur ein Unschärferwerden der Konturen im

---

[1] Niedenthal, A., u. H. Bennek: Arch. Eisenhüttenw. Bd. 7 (1933/34) S. 683/86.

Ätzbild. Es findet also nur ein teilweiser Konzentrationsausgleich statt. Derartige Diffusionsglühtemperaturen verbieten sich aber meist schon wegen der Gefahr einer Schädigung durch Verbrennen, Überhitzen usw.; die Nachteile überwiegen die Vorteile. Seigerungen dieser Art werden auch durch Schmieden nicht beseitigt, da sie gut plastisch verformbar sind (Abb. 70); eine Zertrümmerung, wie z. B. bei Karbidseigerungen, findet auch bei noch so starker Verformung nicht statt. Es ist daher grundlegend falsch, beim Auffinden derartiger Seigerungen in gewalzten und geschmiedeten Teilen hieraus auf einen ungenügenden Verformungsgrad schließen zu wollen. Findet die Verformung vorzugsweise in einer Richtung. also mit stärkerer Längsstreckung statt, so wird

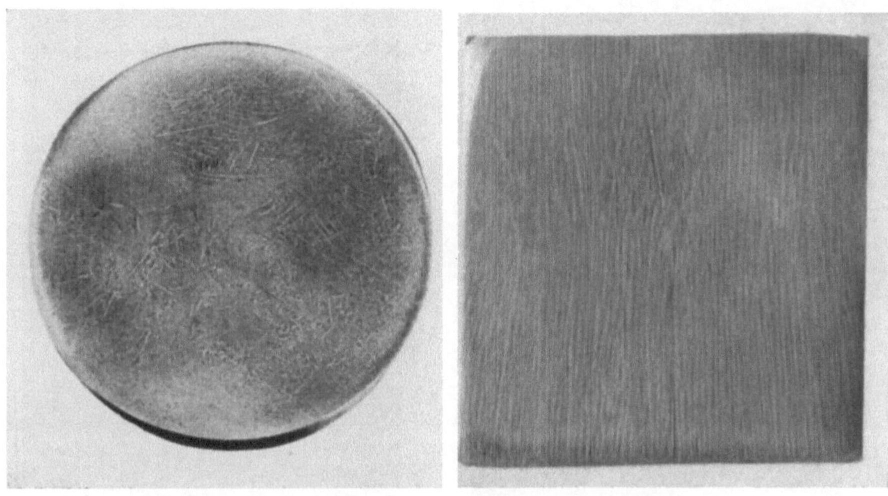

a   b

Abb. 70. Grobe Dendriten in stark verformtem Werkstoff (Chrom-Nickel-Wolfram-Stahl in 35 cm ∅-Güssen abgegossen, 40fach verschmiedet). Natürl. Gr.

man im Längsschliff eine entsprechende Aneinanderschmiegung und Längsstreckung der Seigerungen beobachten können, die einen gewissen Rückschluß auf den Verschmiedungsgrad gestatten (Abb. 70b). Im Querschliff derartiger längs gestreckter Teile sind dagegen irgendwelche Rückschlüsse in vielen Fällen nicht mehr möglich (Abb. 70a). In Teilen, die durch vielfaches Stauchen und Recken ohne wesentliche Längsstreckung verformt sind, läßt sich im metallographischen Schliffbild aus der Dentritenausbildung überhaupt keine Schlußfolgerung auf den Verschmiedungsgrad ableiten. Auch die Schärfe der Seigerungen würde in diesem Falle keinen Hinweis auf den Verschmiedungsgrad, sondern höchstens auf die Verschmiedungstemperatur bringen im Sinne einer Diffusionsglühung bei höheren Temperaturen.

Das gleiche gilt für eine gewisse Art von Gasblasenseigerungen. Neben den obenerwähnten, in großen Güssen besonders stark und in größerer Länge ausgebildeten dendritischen Seigerungen findet man auch manchmal — wiederum bevorzugt in großen Güssen — Seigerungsstreifen größerer Ausdehnung, deren Zusammenhang mit Gasblasen oft unverkennbar ist (Abb. 71). Nach dem Schmieden heben sich derartige Seigerungen beim Bearbeiten oft ab und werden deswegen als „Schattenstreifen" bezeichnet (s. hierzu S. 927).

Es erhebt sich die Frage, inwieweit derartige Primärseigerungen die Eigenschaften eines fertigen Stahlstückes beeinflussen können. Im Gußzustand ergaben Proben, die längs und quer zur Transkristallisationsrichtung entnommen wurden, kleine Unterschiede in den Festigkeitswerten, wie Abb. 72 zeigt. Im geschmiedeten Zustand wird man zwischen Längs- und Querwerten stärker unter-

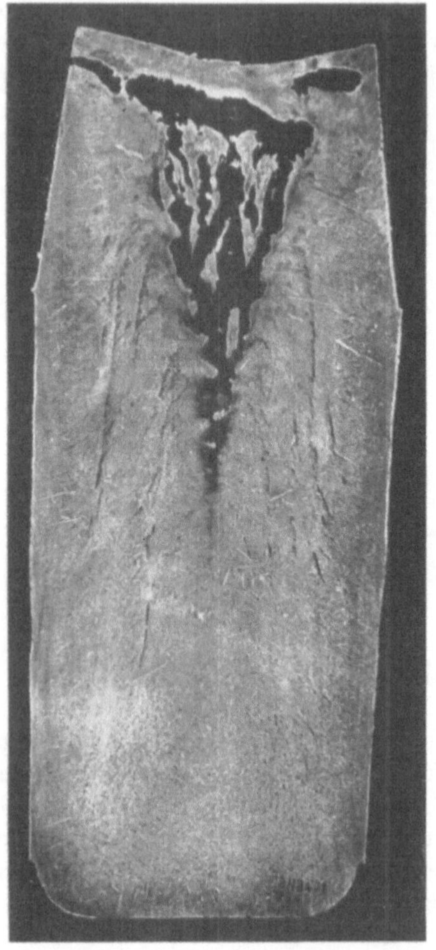

a   b

Abb. 71. Ausbildung von Schattenstreifen in Gußblöcken und ihr Zusammenhang mit Randblasen. [Nach F. Badenheuer: Stahl u. Eisen Bd. 54 (1934) S. 1073/81.] ¹/₁₀ natürl. Gr.

scheiden müssen. Bei Rundstücken ist die Querrichtung eindeutig definiert; bei Flachstücken, insbesondere Blechen, gibt es zwei Querrichtungen:

a) die normale, für die Probeentnahme übliche Querrichtung, die in Richtung der Breitung beim Walzprozeß liegt, im Gegensatz zur Walzlängsrichtung;

b) die Querrichtung senkrecht zur Blechoberfläche. Letztere ist für die Materialeigenschaften außerordentlich ungünstig.

Bei vielen geschmiedeten Teilen treten ebenfalls diese beiden Querrichtungen mit ihren entsprechenden Festigkeitswerten in Erscheinung. Bei Gesenkschmiedestücken ist z. B. immer die Richtung senkrecht zur Gesenknaht als besonders ungünstig zu bezeichnen. Der Unterschied der Quer- zu den Längseigenschaften

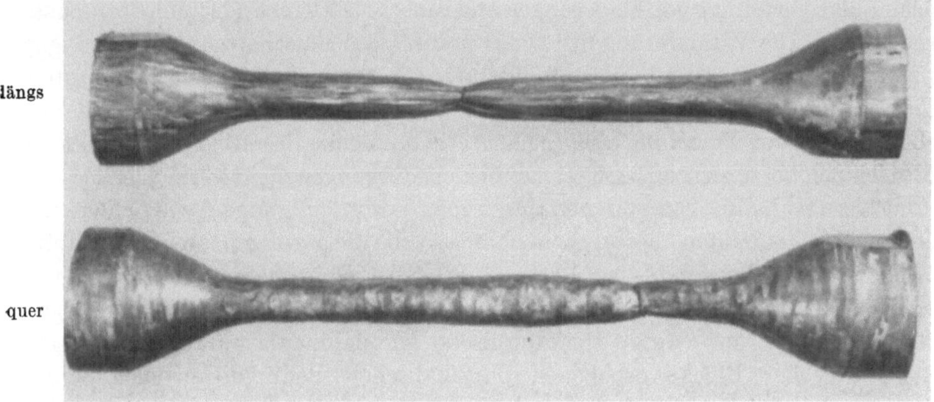

<table>
<tr><td rowspan="2">Abb. 72. Wirkung der Probenlage zur Transkristallisationsrichtung auf das Zerreißprobenaussehen und die Festigkeitseigenschaften eines austenitischen Chromnickelstahles im Gußzustand.</td></tr>
</table>

Lage	Streckgrenze kg/mm²	Festigkeit kg/mm²	Dehnung ($l=5d$) %	Einschnürung %
längs. .	22,7	47,5	52,5	nicht meßbar
quer . .	29,0	52,6	47,0	„ „

Abb. 72. Wirkung der Probenlage zur Transkristallisationsrichtung auf das Zerreißprobenaussehen und die Festigkeitseigenschaften eines austenitischen Chromnickelstahles im Gußzustand.

muß mit steigendem Verschmiedungsgrad größer werden. Während im Gußzustand, wie bereits oben erwähnt, nur geringe Unterschiede in den verschiedenen Richtungen vorhanden sind, tritt durch die Verschmiedung eine Verdichtung des Blockes und damit eine allgemeine Verbesserung der Eigenschaften ein. Gleichzeitig wird sich aber durch die einseitige Streckung der Seigerungen und Einschlüsse die Querrichtung, insbesondere in den Zähigkeitseigenschaften, stärker von der Längsrichtung unterscheiden, wie dies aus Abb. 73 hervorgeht. Diese Abbildung zeigt in anschaulicher Weise, wie nach schwacher Verformung nicht nur die Längseigenschaften, sondern zunächst auch die Quereigenschaften durch den allgemeinen Verdichtungsprozeß beim Schmieden eine gewisse Verbesserung erfahren; insbesondere tritt dies bei den Zähigkeitseigenschaften — Dehnung, Einschnürung und Kerbzähigkeit — deutlich in Erscheinung. Erst bei stärkerem Verformungsgrad fallen dann die Quereigenschaften infolge der Streckung der Seigerungen und Einschlüsse im Vergleich zu den

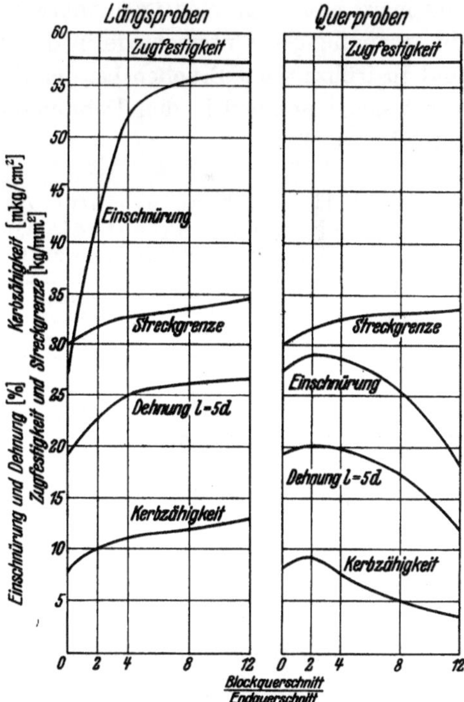

Abb. 73. Wirkung des Verschmiedungsgrades auf die Festigkeitseigenschaften eines Stahles mit 0,36% C quer und längs zur Faserrichtung. [Nach K. Kreitz: Stahl u. Eisen Bd. 55 (1935) S. 830/31.] (Ausgangsgröße des Blockes 440 mm vkt., 3 t.

Längseigenschaften stärker ab. Zur Erzielung besonders gleichmäßiger Eigenschaften in Längs- und Querrichtung sind daher Verformungsprozesse anzustreben, die durch Verbindung von entsprechendem Stauchen und Recken eine möglichst gleichmäßige Verteilung von Seigerungen und Einschlüssen im Endschmiedezustand herbeiführen. Die Veränderung der Quer- und Längseigenschaften wird abhängig sein vom Reinheitsgrad und der Stahlqualität, d. h. der Neigung einer bestimmten Legierung zur Ausbildung von Seigerungen. Bei großen Schmiedestücken — die größten bisher zur Verschmiedung gelangten Gußblöcke liegen bei etwa 300 t — wird sich auch bei noch so günstigen Schmiedebedingungen nicht vermeiden lassen, daß im Kern Anhäufungen von metallurgischen Verunreinigungen, wie Schlacken, Sulfiden usw., auftreten, betragen doch schon die Seigerungen an Kohlenstoff, Phosphor und Schwefel bis zu 100% (s. S. 958). Eine wesentliche Beeinflussung der Seigerungen und damit der Festigkeitseigenschaften im Kern derartiger großer Schmiedestücke durch metallurgische Maßnahmen ist infolge der beim Erstarren großer Blöcke gegebenen physikalischen Bedingungen nicht ohne weiteres möglich. Der Einfluß der Seigerungen auf die Quereigenschaften ist nicht nur abhängig vom Verschmiedungsgrad und der Verschmiedungsrichtung, sondern auch noch von den Festigkeitseigenschaften, die ein derartiges Stahlstück durch Vergüten (s. später) erhalten soll. Je weicher ein Stahl ist, um so geringfügiger werden die Unterschiede zwischen geseigerten und nichtgeseigerten Stellen sein, um so weniger werden sich Seigerungen also auch in Querproben bemerkbar machen. Ist hingegen ein Werkstoff auf hohe Festigkeit vergütet, was meist mit einem niedrigen Anlassen gleichbedeutend ist, so können sich auch die geringfügigen Unterschiede in den Seigerungen deutlich bemerkbar machen und zu frühzeitigen Brüchen bei der Zerreißprobe Veranlassung geben; letzteres wirkt sich besonders in den Dehnungs- und Einschnürungswerten aus (Zahlentafel 12, S. 88).

Zahlentafel 12. Wirkung erhöhter Anlaßtemperaturen und entsprechender Festigkeitsverminderung auf die Querfestigkeitseigenschaften in einem 120 mm vkt.-Knüppel aus Chrom-Nickel-Molybdän-Stahl.

Wärmebehandlung	Brinell-härte	Streck-grenze kg/qmm	Bruch-grenze kg/qmm	Dehnung $(1 = 5d)$ %	Einschnürung %
850° Öl, 430° angel.	388	114	124,5	1,3	5 (vorzeitig gerissen)
850° „ 480° „	368	114	130,3	3,0	16
850° „ 500° „	352	114	131,3	6,3	22
850° „ 520° „	321	104	117,2	12,0	53
850° „ 550° „	321	100	111,4	16,3	54
850° „ 580° „	302	88	106,2	17,5	56

b) Weichglühen.

(Glühen zur Erleichterung der Bearbeitbarkeit.)

Gegossene oder geschmiedete Stahlstücke erleiden nach der Formgebung meist eine mehr oder minder willkürliche Abkühlung, die durch die Verschiedenheit der Abmessungen und der Abkühlungsbedingungen gegeben ist. Das Gefüge solcher Stücke ist daher sehr unterschiedlich und kann schwanken zwischen körnigem Perlit bis Sorbit, in einzelnen Fällen — bei hochlegierten Stählen — sogar bis zum Zwischenstufengefüge und Martensit. Entsprechend der verschiedenen Härte dieser Gefüge ist auch die Bearbeitbarkeit verschieden. In diesem Sinne unterscheiden sich bereits lamellarer und kugeliger Perlit, da der Meißel bei der Arbeit durch die Perlitlamellen einem größeren Verschleiß ausgesetzt ist als beim Bearbeiten des kugeligen Perlits. Bei Vergleich der beiden Gefüge in Abb. 29 ist es auch leicht verständlich, daß der Meißel beim Bearbeiten des lamellaren Perlits einen größeren Widerstand finden muß[1].

Das einfache Weichglühen strebt die Erzeugung eines gleichmäßig körnigen Perlits an und besteht daher in einem mehrstündigen Glühen 10—20° unterhalb Ac_1. Leichter formen sich die Karbide bei einer Pendelglühung abwechselnd oberhalb und unterhalb Ac_1 ein. Es ist somit eine Art Anlaßglühen nach dem Schmieden, Walzen, Gießen zwecks Erleichterung der Bearbeitbarkeit und Herabsetzung der Festigkeit bzw. Erhöhung der Zähigkeit durch Behebung etwaiger Härtungserscheinungen. Auf die gleichzeitig erreichbare Spannungsfreiheit wird noch später eingegangen. Selbstverständlich wird durch eine solche Glühung das Schmiede-, Guß- oder Walzgefüge in seiner Korngröße nicht beeinflußt; Unterschiede in der Bearbeitbarkeit infolge wechselnder Korngröße werden also nicht ausgeglichen, sondern es wird lediglich der karbidische Bestandteil in globulare Form übergeführt. Wenn höchste mechanische Eigenschaften in den fertigen Stahlstücken angestrebt werden, ist ein Weichglühen nicht zu empfehlen. Man wird sich nur in einzelnen Fällen damit begnügen, wenn es sich im wesentlichen darum handelt, Stücke schnell für eine Bearbeitungsoperation vorzubereiten. Infolge der unterhalb der Umwandlungstemperatur liegenden Glühtemperatur kann die Abkühlung hierbei auch an Luft erfolgen, sofern nicht niedriggekohlte Stähle in dünnen Abmessungen vorliegen, bei denen die Löslichkeit des Eisenkarbids im x-Eisen und die damit verbundenen Ausscheidungsvorgänge eine Rolle spielen können (s. S. 77 u. 120). Bei mechanisch betriebenen Durchlauföfen kann dadurch an Baulänge gespart werden. Das Hauptverwendungebiet dieser Glühart ergibt sich deswegen bei Massenartikeln, die vor der endgültigen Wärmebehandlung nur für die Bearbeitbarkeit auf möglichst schnelle Art und Weise weichgeglüht werden sollen. Das Weichglühen wird durch eine vorangegangene Kaltbearbeitung erleichtert; praktischen Gebrauch hiervon macht man bei der Drahtherstellung, wo vielfach der Walzdraht vor der ersten Glühung einer Ziehbehandlung unterworfen wird.

c) Umwandlungsglühen oder Normalglühen.

(Glühen zwecks Erleichterung der Bearbeitbarkeit und Verbesserung des Gefüges.)

Das Umwandlungsglühen erfolgt stets im Gebiet der festen Lösung oberhalb der A_3-Umwandlung. Durch das Überschreiten von Ac_3 bei der Erwärmung und

---

[1] Bei von Natur weichen Stählen, z. B. niedriggekohlten Stahlsorten mit etwa < 0,3 % C, wird durch Glühen auf körnigen Perlit vielfach eine für die Bearbeitung zu große Weichheit und Zähigkeit erzielt, so daß derart geglühtes Material beim Bearbeiten schmiert. Zur Vermeidung dieser Schwierigkeit ist möglichst lamellar perlitisches Gefüge anzustreben (s. S. 94 und Abb. 78).

das Unterschreiten von Ar_3 bei der Abkühlung durchläuft der Stahl eine zweimalige Umwandlung, bei der eine vollkommene Gefügeumlagerung — „Umkristallisation" — stattfindet. Durch diese Art der Glühung wird somit nicht nur die Ausbildung des Zementits beeinflußt, sondern es tritt gleichzeitig eine

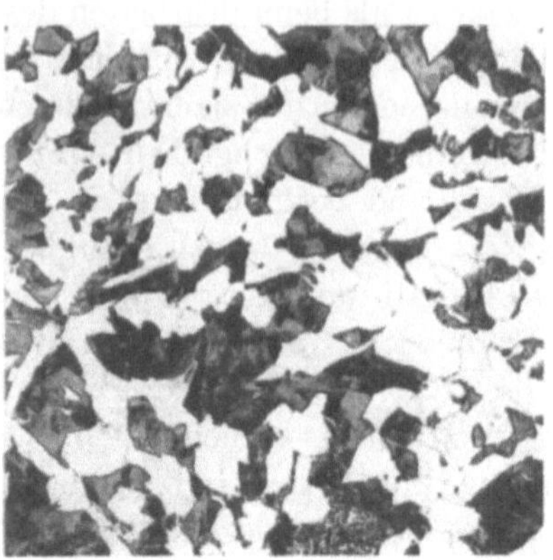

<table>
<tr><td align="center">a</td><td align="center">V = 100</td><td align="center">b</td><td align="center">V = 100</td></tr>
<tr><td align="center">Stahlguß Gußzustand</td><td></td><td align="center">Stahlguß normal geglüht</td><td></td></tr>
</table>

Abb. 74. Umwandlung von Gußgefüge durch normalisierende Glühung.

wesentliche Veränderung des Schmiede-, Walz- oder Gußgefüges ein. Den Vorgang des Ausglühens oberhalb der Umwandlung mit nachfolgender Luftabkühlung bezeichnet man als Normalisieren oder Normalglühen. Den Erfolg einer solchen Glühung zeigt Abb. 74.

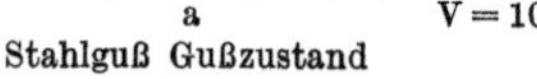

Abb. 75. Schematische Darstellung der für Eisen-Kohlenstoff-Legierungen gebräuchlichen Normalisierungstemperaturen im Vergleich zur Lage der Umwandlungen.

Die Widmannstättensche Struktur, die im Kern großer Schmiedestücke oder bei Stahlformgußstücken nach dem Erkalten vorgefunden wird, wird durch eine derartige Glühung vollkommen umgewandelt, und an ihre Stelle tritt nach der Glühbehandlung eine feinkörnige gleichmäßige Verteilung von Perlit und Ferrit. Bei sehr großen Schmiedestücken oder Stahlformgußstücken, bei denen im Kern nach dem Abkühlen eine außerordentlich grobe Kristallisation vorliegen kann, wird man sich nicht immer damit begnügen, diese Umwandlungsglühung einmal auszuführen, sondern wird durch zweimaliges Über- und Unterschreiten des Umwandlungsgebietes eine höchstmögliche Kornfeinheit anstreben.

Die Feinheit des Kornes, die bei der Umwandlungsglühung erzielt werden kann, ist abhängig von der Höhe der Glühtemperatur, der Dauer der Erwärmung und der Abkühlungsgeschwindigkeit. Die Glühtemperatur soll nicht allzu hoch über der

Umwandlungstemperatur liegen, da jede weitere Temperatursteigerung Kornvergröberung bewirkt. Gleichfalls im Sinne des Kristallwachstums wirkt ein zu langes Verweilen auf der Glühtemperatur. Entsprechend der Lage der Umwandlungspunkte richten sich deswegen die Glühtemperaturen nach dem Kohlenstoffgehalt. Schematisch ist dieser Zusammenhang in Abb. 75 wiedergegeben.

Den Einfluß der Überhitzung und Überzeitung auf die Kornveränderung veranschaulicht Abb. 76. Diese Abbildung hat nur Geltung für die untersuchte Schmelzung — je nach der Stahlherstellung kann das Kornwachstum eines Stahles verschieden beeinflußt werden (s. S. 813).

Die endgültige Korngröße hängt nicht nur von Glühdauer und -temperatur ab, sondern auch von der Abkühlung in dem Sinne, daß mit steigender Abkühlungsgeschwindigkeit, solange diese die kritische Abkühlungsgeschwindigkeit nicht erreicht, ein feineres Korn entsteht. Maßgebend hierfür sind die von Tammann[1] angegebenen Gesetzmäßigkeiten über die Abhängigkeit der Korngröße von der Keimzahl und Kristallisationsgeschwindigkeit.

Dementsprechend wird man je nach dem gewünschten End-

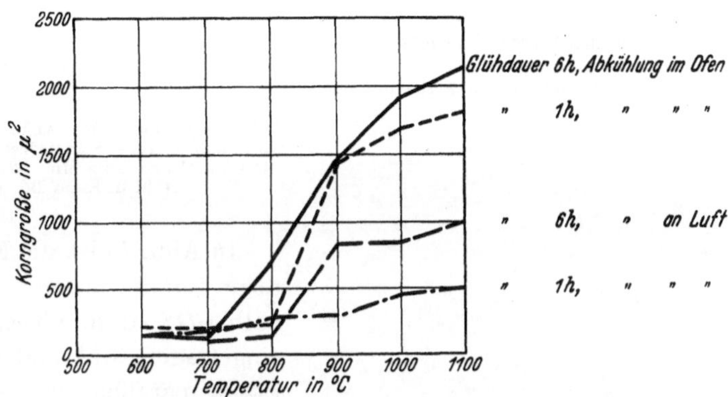

Abb. 76. Korngröße in Abhängigkeit von Glühtemperatur, Glühdauer und Abkühlungsgeschwindigkeit für Flußeisen mit 0,15 % C.

zweck die Abkühlung nach dem Umwandlungsglühen langsam (im Ofen) oder schnell (in Luft, Öl, Wasser) erfolgen lassen. Es darf bei diesen Überlegungen nicht außer acht gelassen werden, daß die übliche metallographische Beurteilung der Korngröße bei Stählen mit ausgeprägtem Korngefüge nach der Größe des Ferritkornes, bei solchen mit Netz- oder Widmannstättenschem Gefüge aber nach der Größe des Ferritnetzes und nicht nach der Größe des einzelnen Ferritkornes innerhalb dieses Netzes erfolgt. Die Größe des Ferritnetzes ist aber praktisch identisch mit der Größe des im γ-Gebiet vorhandenen Austenitkornes; sie muß also von der Abkühlungsgeschwindigkeit unabhängig sein. Wenn die Umwandlung in der Martensit- oder Zwischenstufe erfolgt, so tritt im Gefügebild ebenfalls die Größe des Austenitkornes in Erscheinung, und zwar dadurch, daß die nadelförmigen Umwandlungsprodukte in enger kristallographischer Beziehung zum Austenitkorn stehen, also innerhalb jedes einzelnen Austenitkornes nur in bestimmten Winkeln ausgebildet sein können. Als Schwierigkeit für die Beurteilung tritt dabei auf, daß meistens innerhalb ein und desselben Kristalles wegen der Mannigfaltigkeit der Umwandlungsmöglichkeiten sich verschiedene Gruppen von parallel gerichteten Nadeln abheben; sie sind aber trotzdem bei einiger Übung als einander zugehörig zu identifizieren. Auch bei dieser Gefügeausbildung ist somit die erkennbare Korngröße von der Abkühlungsgeschwindigkeit unabhängig.

---

[1] Tammann, G.: Lehrb. d. Metallographie Leipzig: Leopold Voss (1932), 4. Aufl. S. 4 ff.

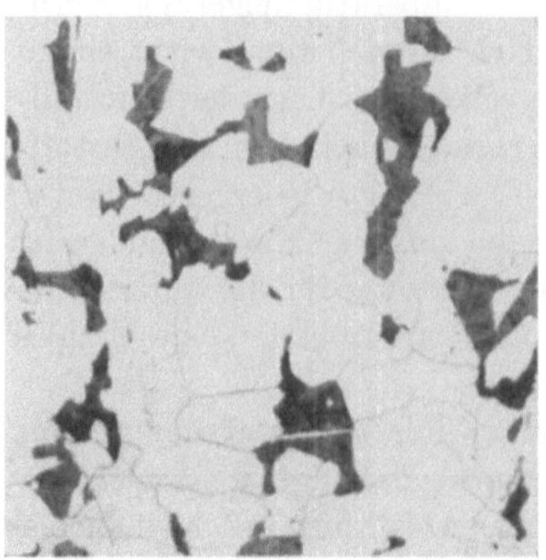

a   V = 50
Schmiedezustand geglüht
Festigkeit: 40 kg/mm²
Kerbzähigkeit: 3 mkg/cm² (große Charpyprobe)

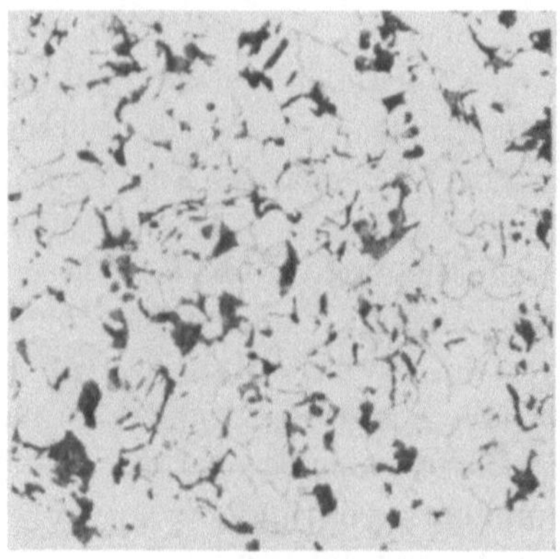

b   V = 50
luftvergütet
Festigkeit: ∼40 kg/mm²
Kerbzähigkeit: 7 mkg/cm² (große Charpyprobe)

Abb. 77. Wirkung der Abkühlungsgeschwindigkeit auf die Kornfeinheit großer Schmiedestücke von 1180 mm ⌀ aus Stahl mit 0,2% C und 0,6% Mn. [Nach Maurer u. Korschan: Stahl u. Eisen Bd. 54 (1933) S. 243/51.]

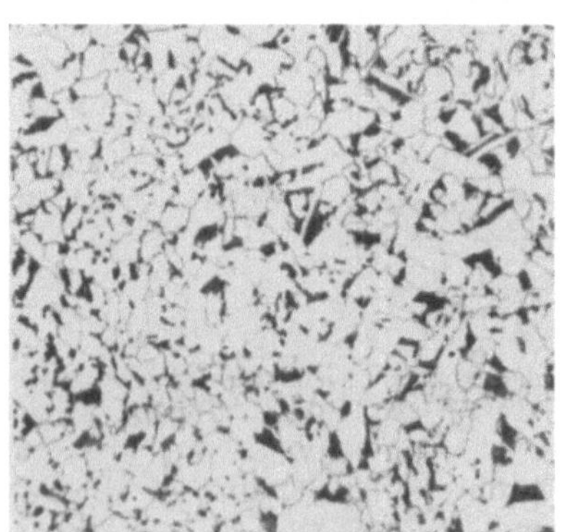

c   V = 50
ölvergütet
Festigkeit: 40 kg/mm²
Kerbzähigkeit: 8 mkg/cm² (große Charpyprobe)

In Abb. 75 ist die Normalisierungstemperatur für die untereutektoiden Stähle oberhalb GOS, d. h. oberhalb der Umwandlung eingetragen, während sie für übereutektoide Stähle parallel zur Perlitlinie verläuft. Man könnte annehmen, daß die Normalisierung übereutektoider Stähle analog derjenigen untereutektoider Legierungen oberhalb der ES-Linie, der Karbidlöslichkeitslinie, vorgenommen werden sollte, da das Austenitkorn übereutektoider Legierungen vielfach durch Karbidausscheidungen an den Korngrenzen fixiert ist. Ein Erwärmen über A_1 kann wohl eine Verfeinerung des innerhalb der Zementitkorngrenzen gelegenen Kornes herbeiführen, das Zementitnetzwerk würde hingegen nur in Lösung gehen durch eine Erwärmung oberhalb ES. Wir sehen aus der Abb. 75, daß die Zementlöslichkeitslinie sehr steil zu hohen Temperaturen ansteigt; bei einem Stahl mit 1,3% C würde ein sicheres Überschreiten von A_{cm} und

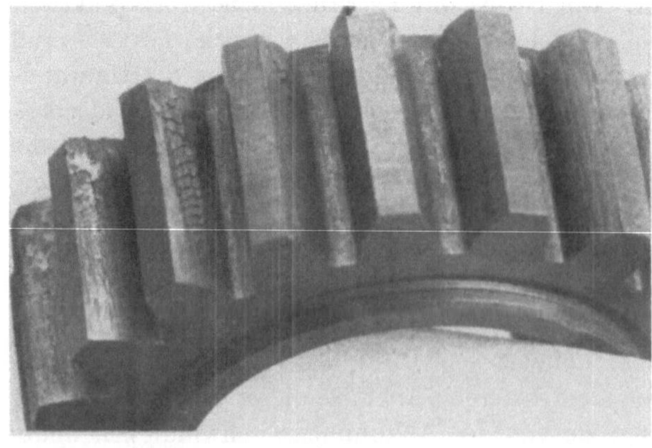

V = 1 : 1

Abb. 78. Aufreißen in den Zahnflanken („Schmieren") von kohlenstoffarmem, weichem Flußeisen beim Bearbeiten.

Auflösen aller Karbide also Temperatur von etwa 1050° bedingen. Diese Temperatur ist bereits so hoch, daß eine Überhitzung, d. h. eine Kornvergröberung,

Oberflächenaussehen eines Chrom-Nickel-Stahles mit 0,27% C, 2,1% Ni, 1,02% Cr bei einer Festigkeit von 70 kg/mm² nach Abdrehen mit 1,4 mm Vorschub, 2,0 mm Spantiefe bei einer Schnittgeschwindigkeit von: 1 m/Min. 9 m/Min.

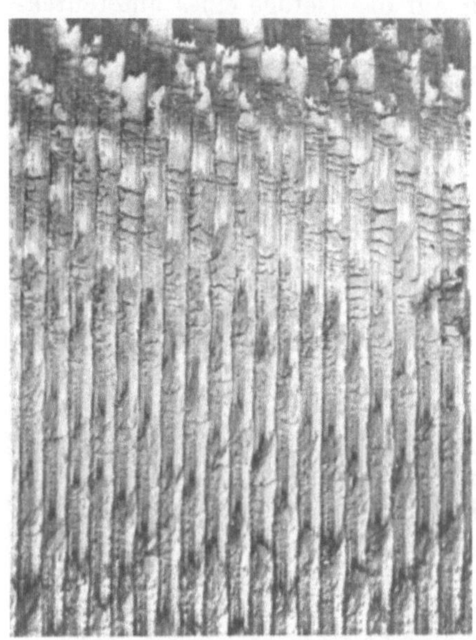

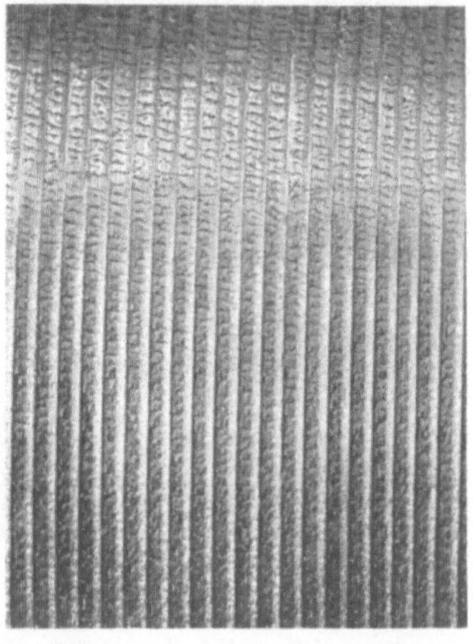

a V = 1:1

b V = 1:1

Abb. 79. Verbesserung der Oberflächenbeschaffenheit durch Erhöhung der Schnittgeschwindigkeit beim Drehen.

46 m/Min.

c V = 1:1

nahezu unvermeidlich ist. Bei einer nachfolgenden Luftabkühlung würden sich insbesondere bei etwas stärkeren, nicht schnell genug abkühlenden Abmessungen wieder Karbide in den Korngrenzen des überhitzten Gefüges bereits vor Eintreten der A_1-Umwandlung abscheiden. Das Ziel der Normalglühung, eine Kornverfeinerung, wäre somit nicht erreicht. Zur Unterdrückung der Karbidausscheidung müßte man zu schroffen Abkühlmitteln greifen, wie z. B. Öl oder Wasser. Damit erzielt man aber Härtungserscheinungen und müßte ein Anlassen bei A_1 folgen lassen. Eine derartige Wärmebehandlung ist dann bereits eine Vergütung (s. den folgenden Abschnitt). Eine einfache Normalglühung übereutektoider Stähle wird, soweit sie überhaupt angewandt wird, daher zweckmäßig nur über A_1 durchgeführt. Hierbei ballen sich bei reinen Kohlenstoffstählen die übereutektoiden Korngrenzenkarbide bereits zusammen, und das eutektoide Korn erfährt eine gewisse Umwandlungsglühung. Ein Normalisieren übereutektoider Stähle ergibt infolgedessen keine so durchgreifende Gefügeverfeinerung wie bei untereutektoiden Stählen.

Den Einfluß einer Wärmebehandlung mit Luft- bzw. Ölabkühlung nach dem Umwandlungsglühen zeigt in seiner Wirkung auf das Gefüge eines untereutektoiden Stahles Abb. 77. Entsprechend der Gefügeverfeinerung zeigt auch die Zähigkeit bei verhältnismäßig gleichbleibender Festigkeit eine Steigerung. Die Kerbzähigkeitswerte sind jeweils bei den Gefügebildern vermerkt. Bei dem Werkstoff handelt es sich um einen Kohlenstoffstahl mit etwa 0,2% C, 0,6% Mn.

Während bei der Ofenabkühlung durch Regulierung der Abkühlungsgeschwindigkeit gleichzeitig mit der Kornverfeinerung eine Bildung von körnigem Perlit und somit die beste Bearbeitbarkeit erzielt werden kann, ist dies beim Normali-

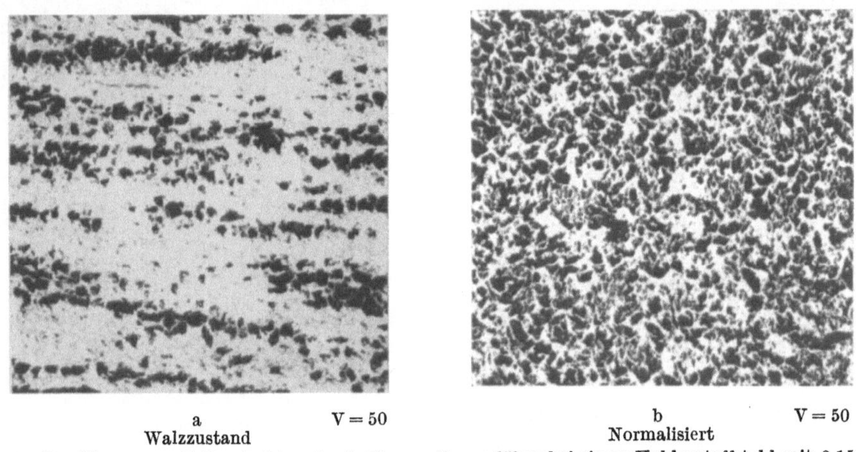

<table>
<tr><td align="center">a   V = 50</td><td align="center">b   V = 50</td></tr>
<tr><td align="center">Walzzustand</td><td align="center">Normalisiert</td></tr>
</table>

Abb. 80. Beseitigung von Zeilenstruktur durch Umwandlungsglühen bei einem Kohlenstoffstahl mit 0,15% C.

sieren und Ölablöschen meist nicht der Fall. Zur Erzielung körnigen Perlits und höchster Weichheit nach dem Normalisieren usw. ist daher noch ein Ausglühen unterhalb A_1 erforderlich.

Auf höchste Weichheit geglühte Stähle neigen bei der Bearbeitung infolge zu großer Zähigkeit leicht zum Schmieren (Abb. 78) und ergeben daher unsaubere Bearbeitungsflächen. Zweckmäßig ist hier eine Normalisierung, da die durch die Luftabkühlung erzielte etwas höhere Festigkeit für die Erzielung sauberer und leichter Bearbeitbarkeit günstiger ist. Hieraus geht hervor, daß der Begriff höchster Weichheit nicht immer mit bester Bearbeitbarkeit gleichbedeutend ist. Allerdings muß hervorgehoben werden, daß die Frage des Schmierens beim Bearbeiten nicht nur von der Weichheit des betreffenden Werkstoffes, sondern auch von der Schnittgeschwindigkeit beim Bearbeiten abhängt (Abb. 79) und die Sauberkeit der Schnittfläche normalerweise mit steigender der Schnittgeschwindigkeit zunimmt[1].

Die Umwandlungsglühung kann gleichzeitig den Zweck haben, sekundäre Seigerungen zu beseitigen. Wird z. B. ein Stahl mit tiefem Kohlenstoffgehalt zwischen A_3 und A_1 fertiggewalzt oder -geschmiedet, so wird infolge des hetero-

<hr>

[1] Rapatz, F.: Arch. Eisenhüttenw. Bd. 3 (1929/30) S. 717/20.

genen Gefüges bei der Formgebung (Ferrit und Austenit) der Perlit und Ferrit nach Abkühlung in streifiger Form angeordnet sein (sekundäre Zeilenstruktur). Auch diese Zeilenstruktur kann durch die Umwandlungsglühung beseitigt werden (Abb. 80). Oft steht die sekundäre Zeilenstruktur jedoch mit Schlackenzeilen in Verbindung: in diesem Falle wird ein völliger Ausgleich nicht immer gelingen, weil besonders bei langsamer Abkühlung die Einschlüsse wieder als Keime für die Ferritbildung wirken.

d) Spannungsfreiglühen, Kaltverformung und Rekristallisationsglühen.

α) Spannungsfreiglühen.

In vielen Fällen ist es notwendig, Glühungen vorzunehmen, um Spannungen, die in Stahlstücken vorhanden sind, zu beseitigen. Infolge verschiedener Abkühlung nach dem Schmieden, bei der Wärmebehandlung (s. Kapitel über Härten, S. 137), infolge von Richtoperationen an Stangen usw. können Spannungen von ganz erheblicher Höhe im Stahl verbleiben. Diese Spannungen können Beträge von der Höhe der Streckgrenze und bei mehrachsigem Spannungszustand darüber hinaus erreichen. Bei Verwendung derartiger Teile als Bauelemente ist es selbstverständlich, daß die Spannungen für die Beanspruchung von Bedeutung sein können, da man meistens nicht weiß, welcher Art die in einem Stück vorhandenen Span-

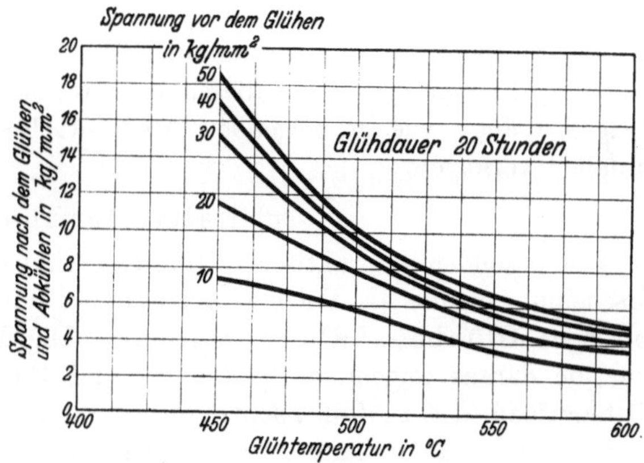

Abb. 81. Verminderung der Eigenspannungen durch Glühen. [Nach R. Mailänder: Kruppsche Mh. Bd. 12 (1931) S. 139/47.]

nungen sind, daher nicht übersehen kann, ob sie den auftretenden Betriebsbeanspruchungen hinzuzufügen oder von ihnen abzuziehen sind. Um vorhandene Spannungen zu beseitigen, ist es notwendig, die betreffenden Stücke auf höhere Temperaturen zu erwärmen. Den Vorgang der Spannungsverminderung bei höheren Temperaturen kann man leicht verfolgen. Man belastet einen Zerreißstab in der Zerreißmaschine bei Raumtemperatur mit einem bestimmten Maß an elastischen Spannungen und erwärmt ihn bei dieser Belastung auf höhere Temperaturen. Infolge des Absinkens der Streckgrenze bei der Erwärmung wird der Stab sich automatisch dadurch entlasten, daß er zu fließen beginnt und sich plastisch verformt. Hieraus kann man bereits schließen, daß die Eigenspannungen in einem Stahlstück nach Erwärmung auf bestimmte Temperaturen nicht wesentlich höher sein können als die Warmstreckgrenze bzw. Dauerstandfestigkeit bei dieser Temperatur. Da die Dauerstandfestigkeit der meisten Stähle, es sei hier einstweilen von rein austenitischen Stählen abgesehen, bei Temperaturen von 600° sehr niedrig liegt — bei etwa 6 kg/mm² und darunter —, sinken durch Ausglühen bei 600° die Eigenspannungen auf ungefähr diesen Wert ab. Abb. 81 zeigt nach Versuchen von Mailänder die Verminderung der Eigenspannungen durch Glühen bei verschiedenen

Vorspannungen. Man sieht, daß nach dem Spannungsfreiglühen bei Glühtemperaturen von 450° aufwärts bereits eine wesentliche Verminderung der Eigenspannungen eintritt. Dementsprechend erfolgt das Spannungsfreiglühen von Konstruktionsteilen, bei denen man noch Restspannungen vermutet, in dem Temperaturbereich von 450° bis etwa 650°; in jedem Falle nicht oberhalb der bei etwa vorher erfolgtem Vergüten angewendeten Anlaßtemperatur, da sonst die durch Vergüten erzielten Eigenschaften verändert werden würden. Nach dem Spannungsfreiglühen ist langsame Abkühlung zweckmäßig und bei kompliziert geformten Körpern erforderlich, um das Auftreten neuer Spannungen infolge ungleichmäßiger Abkühlung auf ein Mindestmaß zu beschränken (siehe S. 138).

Der Spannungsausgleich bei höheren Temperaturen sowie das Absinken der Streckgrenze und Dauerstandfestigkeit ist begründet in der Erleichterung des Atomplatzwechsels mit steigender Temperatur. Wie jeder Diffusionsvorgang zeigt, genügt Temperaturerhöhung schon, um einen Platzwechsel der Atome zu ermöglichen. Die durch Spannungen in das Kristallgitter zusätzlich hineingebrachte Energie erleichtert diesen Platzwechsel. Sehr anschaulich lassen sich diese Vorgänge, wie im folgenden Abschnitt beschrieben, bei kalt verformten Metallen verfolgen.

β) Kaltverformung.

Von besonderem praktischen Interesse sind die nachfolgend beschriebenen Erscheinungen, die als Folge von Kaltverformung, insbesondere mit nachfolgender Glühbehandlung, auftreten. Die Kaltverformung von Metallen und die daraus folgenden Spannungs- und Energiezustände im Gefüge- und Gitteraufbau, der Einfluß nachträglicher Wärmebehandlungen und die mit der Verformung und Glühung zusammenhängenden Eigenschaftsveränderung sind Gegenstand derart zahlreicher Forschungsarbeiten geworden, daß man wegen Einzelheiten und als Schrifttumsnachweis auf eine zusammenfassende Darstellung, wie sie von Burgers[1] gegeben wurde, verweisen muß.

I. Mechanismus der Verformung.

Würde ein von jeglichen Gitterbaufehlern freier Einkristall durch eine angelegte Spannung beansprucht, so würden elastische Verzerrungen des Atomgitters mit entsprechender elastischer Dehnung die Folge sein. Da die Besetzung verschiedener durch den Kristall durchgelegter Ebenen mit Atomen je nach der kristallographischen Richtung verschieden dicht ist, werden entsprechende Schubspannungen in verschiedenen Richtungen auch verschieden große Dehnungen hervorrufen. Die Atome haben hierbei das Bestreben, sich auf derartigen auf Schub beanspruchten Ebenen gegeneinander zu verschieben. Hierbei kann die Verformung bei entsprechend tiefer Temperatur im fehlerfreien Kristall nur elastisch sein, d. h. nach Entlastung geht sie auf Null zurück. Zur plastischen Verformung wäre es erforderlich, daß auf der entsprechenden Gitterebene Atomsprünge vorkämen in dem Sinne, daß jedes Atom um einen ganzen Atomabstand springen würde. Die Arbeit, die hier geleistet würde, wäre gleichbedeutend mit

---

[1] Burgers, W. G.: Rekristallisation, verformter Zustand und Erholung. Handb. d. Metallphysik Bd. 3 II. Leipzig 1941.

dem Losreißen eines Atoms vom Nachbaratom. Sie wäre beispielsweise zu vergleichen mit der Arbeit, die bei der Überführung in den Dampfzustand eintritt. Da dieser Atomsprung von allen Atomen der betreffenden Gleitebene gemacht werden müßte, wäre hiermit die Materialtrennung bereits vollständig eingetreten, d. h. mit anderen Worten, das Material würde auch in diesem Falle nach elastischer Vorbelastung ohne plastische Verformung reißen. Um die plastische Verformung zu erklären, müssen Gitterfehlstellen, wie Mosaikstruktur u. dgl., im Kristall angenommen werden.

Nahezu alle technischen Kristalle besitzen derartige Gitterbaufehler. Unter Mosaikstruktur versteht man kleine Orientierungsverschiedenheiten der Netzebene, kleine Atomversetzungen, wie sie beispielsweise Abb. 82 an einem Einkristall veranschaulicht. Insbesondere sei bei vielkristallinem Werkstoff auf die Störungen im Gitteraufbau an den Korngrenzen hingewiesen. An diesen Stellen mit Gitterbaufehlern können nun bei entsprechender Beanspruchung einzelne Atomsprünge vorkommen. Entlastet man jetzt den Kristall, so bleibt die eingetretene Veränderung erhalten, da der Atomsprung nicht zurückgeht. Durch diese Atomverhakung werden andere Gitterbereiche im verspannten Zustande mit verzerrten Atomabständen erhalten. Letztere Verzerrung von Gitterblöcken kommt in der Verbreiterung der Röntgeninterferenzen zum Ausdruck. Die Atomverhakung ist somit hauptsächlich

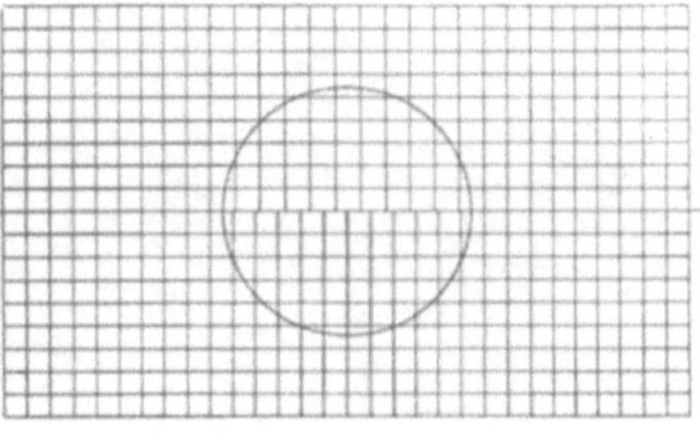

Abb. 82. Darstellung einer Versetzung. [Nach M. Polanyi: Z. Physik. Bd. 89 (1934) S. 660.]

die Grundlage der eingetretenen Verformung. Sie enthält auch, wie viele Arbeiten zeigen[1], den weitaus größten Anteil der in den Kristall aufgenommenen Verformungsenergie.

Die auf diese Weise zustande gekommene Verformung verläuft bevorzugt in bestimmten bevorzugten Gitterebenen, den sog. Gleitebenen, und gewissen Gitterrichtungen, den Gleitrichtungen. Dies sind, wie oben erwähnt, diejenigen Ebenen, die auf Grund der verschiedenartigen Besetzung mit Atomen in den entsprechenden kristallographischen Richtungen zum Gleiten unter der Einwirkung von Schubspannungen bevorzugt sind. Beim Eisen ist die bevorzugte Gleitebene in etwa die 123-Ebene, wobei die Gleitrichtung die Würfeldiagonale ist. Je nach dem Kristallaufbau und der Art der metallischen Bindung zwischen den Atomen können auch mehrere Ebenen Gleitebenen sein. Insbesondere können, wenn die bevorzugten Ebenen durch die bereits eingetretene Verformung (Verspannung) verfestigt sind, weitere Gleitrichtungen in Anspruch genommen werden. Bei vielkristallinen Proben werden bei beginnender Verformung zuerst die mit ihren Vorzugsebenen günstig zur Kraftrichtung gelegenen Kristalle verformt, bei weiter fortschreitender Verformung werden auch weniger günstige Kristalle und Gleitebenen erfaßt. Schließlich drehen sich die Kristalle mit ihren Gleitebenen in eine bestimmte Richtung zur Spannungsrichtung. Hierbei treten nicht mehr nur reine Gleitungen auf, sondern auch Verbiegungen

---

[1] Burgers, W. G.: Rekristallisation, verformter Zustand und Erholung. Handb. d. Metallphysik Bd. 3 II. Leipzig 1941.

(Verknüllungen der Gleitebenen). Man spricht jetzt von Gleit- und Biege-verhakungen der Atome. Die Kristalle haben schließlich das Bestreben, sich alle in dieselbe günstigste kristallographische Lage zur Kraftrichtung einzustellen, wodurch sie sich gleichmäßig zur Kraftrichtung (Walzrichtung, Ziehrichtung) orientieren. Diese bei starken Verformungsgraden beobachtete Gleichrichtung der Kristalle in einem kaltgewalzten oder -gezogenen Metall bezeichnet man als Walztextur bzw. Ziehtextur. Bei stark kaltgewalztem Eisen ist die Walztextur derart, daß die Flächendiagonalen parallel zur Walzrichtung, die Würfelebenen parallel zur Walzebene laufen. Da manche physikalischen Eigenschaften in verschiedenen Richtungen der Kristalle verschieden sind, können auch die Eigenschaften eines verformten Werkstoffes in der Walzrichtung andere als quer zur Walzrichtung sein.

Zusammenfassend ergibt sich für den verformten Zustand: Das verformte Gefüge von Kristallen besteht zum größten Teil aus Gitterblöcken, die relativ nur wenig elastisch verspannt sind. Diese Gitterblöcke werden von sehr stark gestörten Gitterteilen kleinster Abmessungen, in denen die Atomverhakungen den verformten Zustand stabilisieren, zusammengehalten. Praktisch sitzt in den Verhakungen nahezu die gesamte aufgespeicherte Verformungsenergie. Schematisch gibt dies Abb. 83 wieder. Für die später zu betrachtenden Rekristallisationsvorgänge ist noch wichtig, folgendes hervorzuheben: Da die Gleitebenen sich bevorzugt nach einzelnen kristallographischen Ebenen ausbilden, ist es selbstverständlich, daß bei Vielkristallproben zuerst diejenigen Kristallkörner eine Verformung erfahren, deren Gleitebenen in einer bestimmten günstigsten Lage zur Kraftrichtung stehen. Je schwächer also der Verformungsgrad ist, um so weniger Kristalle werden sich zunächst an der Verformung beteiligen. Bei stärkerer Verformung werden auch weniger günstig gelagerte Kristalle verformt werden, somit also eine größere Anzahl Störungen ihres ursprünglichen Gleichgewichtszustandes erfahren. Schließlich erfolgt die erwähnte Gleichrichtung des Kristallgitters der einzelnen Kristalle, die durch Gleitung und Drehung bestrebt sind, gleiche kristallographische Ebenen in die Beanspruchungsrichtung zu legen.

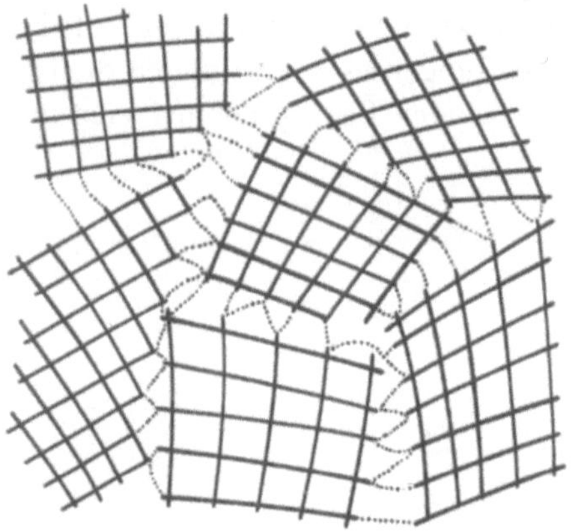

Abb. 83. Schematisches Bild eines verformten Gefüges: Die Mehrzahl der Atome gehören zu zusammenhängenden Gitterbereichen, mit Dimensionen von wenigstens 0,1 μ, welche elastisch verzerrt und gebogen sind (die von der Verzerrung hervorgerufenen Änderungen in den Gitterabständen betragen in Wirklichkeit höchstens einige zehntel Prozent). Zwischen diesen Bereichen befinden sich inhomogen verzerrte Übergangsgebiete, die „Verhakungen", die den Spannungszustand in der verformten Probe stabilisieren. (Nach W. G. Burgers: Rekristallisation, verformter Zustand und Erholung. Handb. d. Metallphysik Bd. 3 II. Leipzig 1941.)

Im Gefüge läßt sich das Auftreten von Gleitebenen und ihre fortschreitende Verknüllung entsprechend Abb. 84 und 85 ebenfalls verfolgen. Die Verspannung von Gitterblöcken und die dadurch veränderte Regelmäßigkeit der Atomabstände äußert sich in einer Veränderung der Schärfe der Röntgeninterferenzlinien

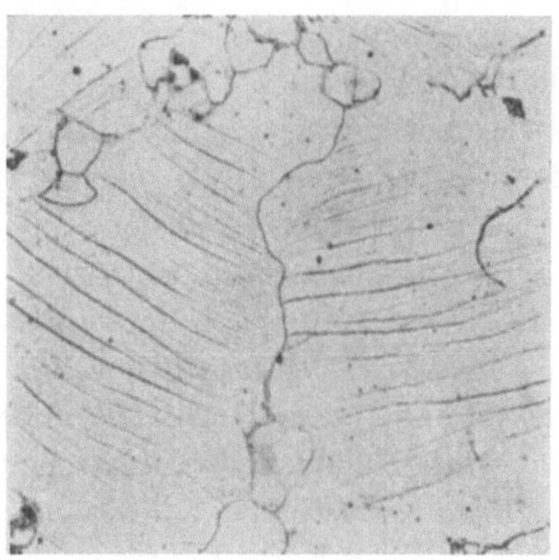

V = 100

Abb. 84. Gleitlinien in Ferrit als Folge von Kaltverformung.

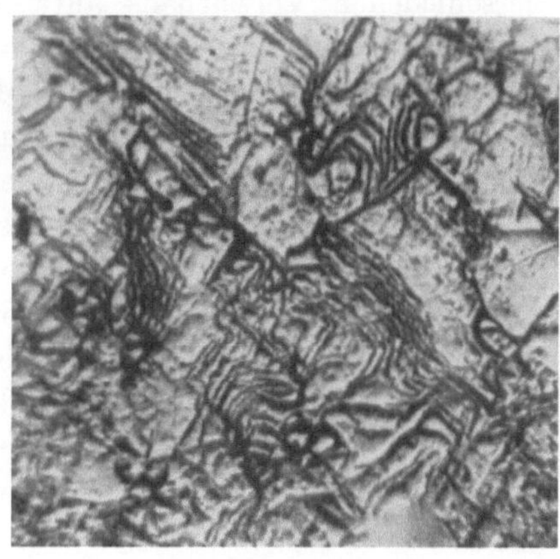

V = 700

Abb. 85. Gleitlinienzerknüllung bei starker Verformung.

(Abb. 86a und b). Beim Auftreten einer ausgeprägten Verformungstextur sind die Interferenzlinien nicht wie in Abb. 86b gleichmäßig ausgebildet, sondern

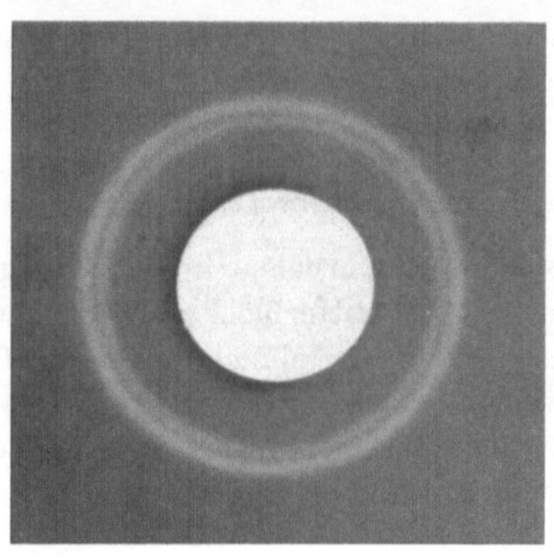

a

b

Abb. 86. Wirkung einer Kaltverformung auf die Schärfe der Interferenzenringe im Röntgenbild. a) unverformt; b) Linienverbreitung durch Kaltverformung; c) örtlich verstärkte Interferenzlinien bei Walztextur.

örtlich verstärkt. Diese Erscheinung kommt in den üblichen Rückstrahlaufnahmen hochindizierter Ebenen nicht zum Ausdruck; am deutlichsten findet man sie bei den niedrig indizierten Ebenen (Würfel-, Dodekaeder- und Oktaederebene, Abb. 86c).

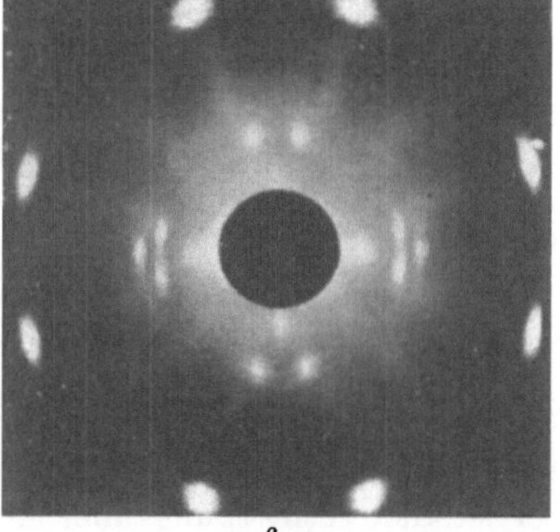

c

Außer den erwähnten Atomverhakungen und elastischen Verspannungen von Gitterblöcken als Folge von Gleitung und Biegung können kaltverformte Proben von Metallen auch makroskopische Spannungen verschiedener Größe und verschiedenen Vorzeichens aufweisen. Einen Hinweis auf einen hohen allgemeinen Spannungszustand liefert bereits das gelegentliche Aufreißen stark kaltverformter Eisen-, Kupfer- und Messingstäbe. Insbesondere können die Spannungsvorzeichen (Druck-, Zugspannungen) in einem Stück über den Querschnitt bei technisch durch Ziehen oder Walzen verformten Proben wechseln. Infolge der Reibungen am Zieheisen oder an der Walze werden technische Ver-

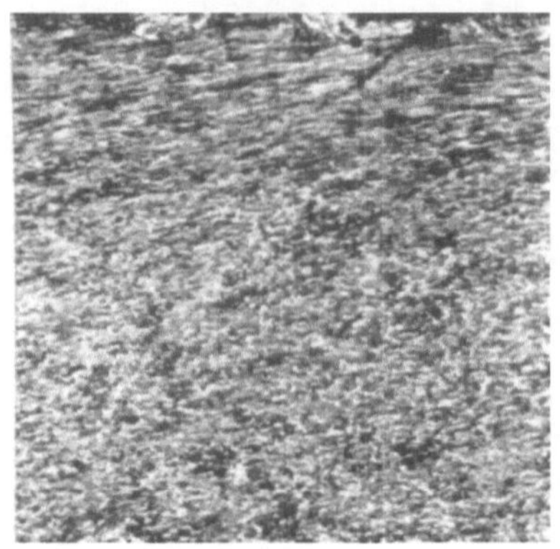

V = 100

Abb. 87. Verschieden starke Streckung von Rand und Kern bei gezogenem Draht.

formungen selten homogen vom Metall aufgenommen, wie dies Abb. 87 an der unterschiedlichen Reckung der Kristalle anschaulich kennzeichnet. Die unter dem Einfluß der Reibung stehenden Randzonen unterstehen anderen Verformungsbedingungen als der meist unter Zug fließende Kern. Entsprechend weisen kaltgezogene Eisenstangen bei Untersuchungen über die makroskopische Spannungsverteilung oft in der Randzone starke Druckspannungen, im Kern hingegen Zugspannungen auf. Die Frage, ob außen Druck und innen Zug oder umgekehrt auftritt, hängt von den Abnahmen beim Ziehen, dem Ziehwinkel des Zieheisens u. dgl. mehr ab.

II. Eigenschaftsveränderungen durch Kaltverformung.

Die durch die Verformung hervorgerufenen Veränderungen in der Energieverteilung des Gitters (Atomverhakung, verspannte Gitterblöcke, Walztextur) können nicht ohne Einfluß auf die Eigenschaften bleiben. Manche Eigenschaftsveränderungen sind besonders durch die Atomverhakungen bestimmt, wie elektrischer Widerstand, Verfestigung (Härte), während für andere auch die elastische Verspannung der Gitterblöcke von besonderer Bedeutung ist (magnetische Härte).

Verfestigung. Durch die Kaltverformung erfahren die Metalle eine Zunahme ihrer Härte und Festigkeit. Wie der Mechanismus der Verformung zeigt, sind hierfür besonders die Atomverhakungen und die stark verformten Stellen in ihrer Nachbarschaft verantwortlich, die elastisch verspannten, sonst gleichmäßig aufgebauten Gitterblöcke können hierzu nur einen verhältnismäßig kleinen Beitrag liefern. Belegt wird dies z. B. durch Untersuchungen an Aluminium, bei dem starke Verfestigung beobachtet werden konnte, ohne daß die Röntgeninterferenzen auf starke elastische Gitterverspannung hinwiesen. Eisen und seine Legierungen zeigen mit zunehmendem Verformungsgrad eine zunehmende Verfestigung. Trägt man diese als Funktion des Verformungsgrades, ausgedrückt durch $\ln \frac{F_o}{F}$ (F_o = Ausgangsquerschnitt, F = Endquerschnitt nach der Verformung)[1] auf, so ergeben sich gerade Verfestigungslinien, wie Abb. 88 zeigt. Hierbei ist die Verfestigung aller auf der Basis des kubisch raumzentrierten

---

[1] Siebel, E., E. Houdremont u. H. Kallen: Werkstoffausschußber. VDEh. 1925 Nr. 71.

α-Eisens (Ferrit + Eisenkarbid) aufgebauten Legierungen des Eisens annähernd gleich groß, wie dies der Neigungswinkel der Verfestigungslinien für Weicheisen und Nickelstahl andeutet. Stärker verfestigen sich die Legierungen des Eisens mit flächenzentriertem Gitter auf der Basis des γ-Eisens, wie die Kurven für einen austenitischen 12proz. Manganstahl und einen 25proz. Nickelstahl in Abb. 88 zeigen (s. a. S. 447 u. 557). Diese stärkere Verfestigung des flächenzentrierten Gitters dürfte zum Teil mit seiner dichteren Atombesetzung in Verbindung stehen.

Mit der zunehmenden Verfestigung steigt auch die Streckgrenze, die nach einem gewissen Kaltreckungsgrad nahezu mit der Festigkeit zusammenfällt, da das Verformungsvermögen, das zwischen Streckgrenze und Festigkeit bei normalen Zerreißversuchen im Verlauf der Spannungsdehnungslinie zum Ausdruck kommt, durch die Kaltverformung vorweggenommen wird. Gleichzeitig fällt infolgedessen die Dehnung wesentlich ab. Bekanntlich setzt sich beim Zerreißversuch die Dehnung aus der zuerst über den ganzen Stabquerschnitt gleichmäßig auftretenden „Gleichmaßdehnung" und derjenigen an der Einschnürstelle zusammen. Durch die Kaltverformung wird die gleichmäßige Dehnung vorweggenommen und es bleibt nur die Dehnung an der Einschnürstelle übrig. Bei schwachen Reckgraden, z. B. beim Ziehen von weichem Flußeisen von 16 auf 15 mm Durchmesser, fällt die Dehnung infolge dieser Vorwegnahme der gleichmäßigen Dehnung von etwa 30 auf 7—8% ab. Dieser letztere Betrag an Dehnung entspricht etwa der Einschnürungsdehnung. Wie aber aus dem Verhalten der Einschnürung und Kerbzähigkeit hervorgeht — die Einschnürung ging bei diesem Versuch von 71 auf 69%, die Kerbzähigkeit von 22 auf 18 mkg/cm^2 zurück —, fällt dagegen die Formänderungsfähigkeit des Werkstoffes insgesamt nur unwesentlich ab. Es ist unbedingt verfehlt, bei kaltgezogenem Material die Dehnung in direkten Zusammenhang mit der Zähigkeit oder Formänderungsfähigkeit des Werkstoffes bringen zu wollen. In Einzelfällen — besonders bei reinen Werkstoffen mit ausgebildetem Kristallisationsvermögen und auch gewisser Grobkörnigkeit — kann durch das Kaltrecken sogar eine Verbesserung der Kerbzähigkeit eintreten, da die Reckung eine Art Sehne- (Zeilen-) Bildung bewirkt. Andrerseits kann die Verfestigung bei eintretender Alterung größer werden, womit dann ein stärkerer Zähigkeitsabfall, gemessen an der Kerbschlagprobe, verbunden ist.

Beim Elastizitätsmodul zeigt sich der Einfluß einer Verformung, wenn durch hohe Verformungsgrade Textur aufgetreten ist, in einer beachtlichen Anisotropie; er kann z. B. in der Querrichtung eines Walzbleches etwa 30%

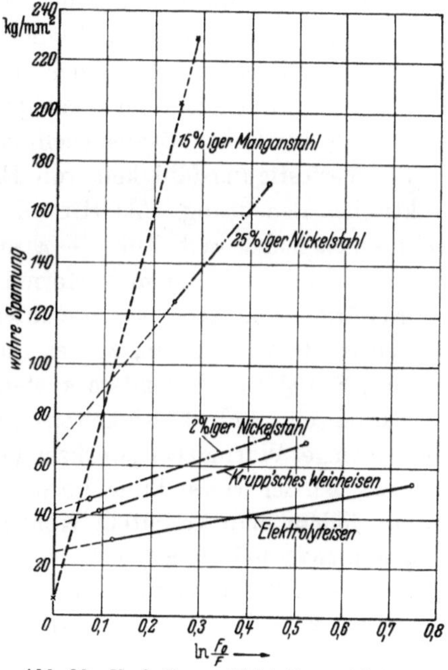

Abb. 88. Verfestigungsfähigkeit verschieden legierter Stähle. [Nach F. Körber u. W. Rohland: Mitt. Kais.-Wilh.-Inst. Eisenforsch. Bd. 5 (1924) S. 59.]

höher sein als in der Diagonalrichtung[1]. Gelegentlich wurde erwähnt, daß z. B. mit Textur behaftete Federn leichter springen sollen als texturfreie[2].

Durch Kaltrecken wird auch die Dämpfung des Werkstoffes beeinflußt. Die Dämpfung eines Werkstoffes stellt anscheinend ein gewisses Maß für den Reibungswiderstand zwischen den einzelnen Atomgruppen dar (s. a. S. 355). Sie drückt sich z. B. darin aus, daß sie die Schwingungen eines in Schwingung versetzten Stahlstückes mehr oder weniger schnell zum Abklingen bringt; bei Dauerfestigkeitsversuchen ist die sich entwickelnde Wärme ein gewisses Maß für die Dämpfung. Die Höhe der Dämpfung ist in starkem Maße abhängig von der Beanspruchung und nimmt bei Beanspruchungen in der Nähe der Elastizitätsgrenze besonders stark zu. Im allgemeinen ist sie um so größer, je weicher der Werkstoff ist. Doch lassen sich hierüber allgemeine Aussagen nicht treffen, weil die eben genannte Zunahme mit der Beanspruchung für verschiedene Behandlungszustände desselben Stahles verschieden stark sein kann; infolgedessen können sich die entsprechenden Kurven überschneiden, und es kann bei Dämpfungsmessung mit niedriger Beanspruchung eine andere Reihenfolge gefunden werden als bei hoher Beanspruchung[3].

Die Verfestigungsfähigkeit von Eisen- und Metallegierungen ist von großer praktischer Bedeutung. Als Hinweis können folgende Beispiele gelten: Bei der technischen Kaltverarbeitung — Ziehen und Walzen — steigt der Verformungswiderstand mit steigendem Verformungsgrad. Die Verformungsfähigkeit nimmt ab. Erwärmen auf etwa 200° erleichtert die Kaltverformbarkeit (s. S. 804). Durch Glühen ist die Verfestigung zu beseitigen (s. Abschnitt „Erholung und Rekristallisation“, S. 105ff.). Besonders austenitische können durch Verformung höhere Streckgrenzen und Festigkeiten erlangen (unmagnetische Bandagendrähte, Kappenringe, Warmarbeitswerkzeuge). Ebenso macht man sich die Verfestigung zunutze bei der Herstellung hochbeanspruchter Seildrähte und Klaviersaitendrähte, indem man vergütete Kohlenstoffstähle auf hohe Festigkeit zieht usw.

Volumenveränderung. Mit fortschreitender Verformung und Verfestigung wird das spezifische Volumen von Eisenlegierungen vergrößert, wie dies Untersuchungen von E. Houdremont und E. Bürklin[4] für weiches Eisen und eine 25proz. Eisen-Nickel-Legierung zeigen. Bei einer Querschnittsabnahme von 99,8% wies weiches Eisen eine Festigkeit auf etwa 180 kg/mm^2 bei einer Volumenvergrößerung von etwa 0,9% auf. Bei einem austenitischen 25proz. Nickelstahl betrug die Festigkeit 204 kg/mm^2 nach einem Reckgrad von 90% bei einer Volumenvergrößerung von 0,8%. Die Volumenvergrößerung veranschaulicht die Gefügelockerung und kann im gewissen Sinne als Maß für die im verformten Metall enthaltenen Spannungen angesprochen werden. Da eine Eisen-Kohlenstoff-Legierung mit 1% Kohlenstoff beim Härten ebenfalls eine Volumenvergrößerung von etwa 1% aufweist und die erreichte Härte in der Größenordnung übereinstimmt mit der hartgezogenen Weicheisens bei rd. 1% Volumenvergrößerung

---

[1] Goens, E., u. E. Schmid: Naturwiss. Bd. 29 (1931) S. 520/24. — Brjuchanow, A.: Techn. Physics USSR. Bd. 3 (1936) S. 209 — Metallurg. 1936 Nr. 3 S. 60/66.

[2] Goss, N. P.: Trans. Amer. Soc. Met. Bd. 24 (1936) S. 967/1036; erwähnenswert ist, daß Goss auch an Ventilfedern erhebliche Textur fand, die nach vorangegangenem Kaltziehen oberhalb A_3 wärmebehandelt wurde.

[3] Pomp, A., u. B. Zapp: Mitt. Kais.-Wilh.-Inst. Eisenforsch. Bd. 15 (1933) S. 21/35.

[4] Stahl u. Eisen Bd. 47 (1927) S. 90/93.

(600—700 Brinell entspr. über etwa 200 kg/mm² Zugfestigkeit), hat man gelegentlich versucht, diese beiden Arten der Härtung zueinander in Beziehung zu bringen. Wenn auch in beiden Fällen die Härtesteigerung sicherlich mit dem inneren Spannungszustand des Metalles zusammenhängt, sind doch wesentliche Unterschiede vorhanden. Insbesondere ist folgendes erwähnenswert: Die hohe Härtesteigerung durch Kaltverformung läßt sich nur bei sehr großen Verformungsgraden erzielen. Wie bereits oben erwähnt, erfolgt bei stärkerer Reckung ein Ausrichten der Kristalle in die Verformungsrichtung. Die Eigenschaften nach der Kalthärtung werden also quer und längs zur Verformungsrichtung verschieden sein. Bei der Martensithärtung hingegen tritt ein regelloser innerer Spannungszustand auf. Prüft man einen auf über 200 kg/mm² Festigkeit durch Abschreckung gehärteten Stahl im Vergleich zu einem kaltgereckten im Zerreißversuch, so können erhebliche Unterschiede in der Verformungsfähigkeit auftreten, die für das unterschiedliche Verhalten martensitgehärteter oder kalt gehärteter Werkstoffe kennzeichnend sind. Es sei erinnert an die kaltgezogenen patentierten Drähte zur Herstellung von Seildrähten, die nicht ohne weiteres durch gehärtete bzw. vergütete Drähte ersetzt werden können.

Elektrischer Widerstand. Der elektrische Widerstand[1] wird durch Kaltreckung im allgemeinen erhöht. Wie bereits früher angedeutet, können elastische Verspannungen von Gitterblöcken keinen wesentlichen Einfluß auf den Elektronentransport und damit die Leitfähigkeit ausüben. Hierzu sind schon stärkere Änderungen in der Elektronenverteilung (Atomaufbau) erforderlich (s. Abschnitt „Reines Eisen" und „Nickel"). Manche Versuche weisen darauf hin, daß

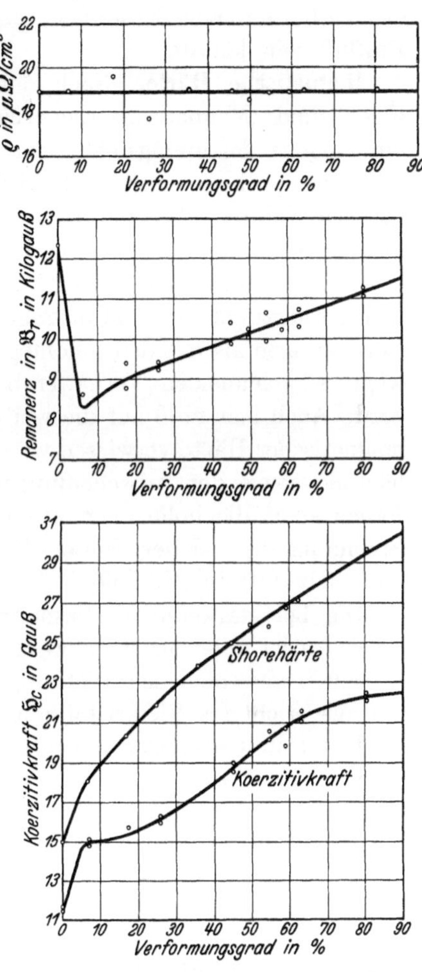

Abb. 89. Abhängigkeit des spezifischen elektrischen Widerstandes, der Koerzitivkraft und Remanenz vom Verformungsgrad bei kaltgewalzten Bändern. [Nach Meßkin: Arch. Eisenhüttenwes. 3. Jg. (1929) S. 418.]

gestörte Gitterbereiche von so kleiner Größe der hauptsächliche Träger der Widerstandserhöhung sind, daß sie für die Erzeugung einer Röntgeninterferenz zu klein sind (s. a. Abschnitt „Erholung und Rekristallisation"). Wie Abb. 89 zeigt, kann die Widerstandserhöhung durch Verformung bei höher gekohlten Stählen, die infolge ihres heterogenen Gefüges schon zahlreiche Atomverhakungen aufweisen, verhältnismäßig gering sein, weil hier die Zunahme der Atomverhakungen durch Kaltverformung nur relativ klein sein wird.

---

[1] Tammann. G., u. W. Boehme: Ann. Phys. Bd. 22 (1935) S. 506.

Trotz der auch bei reinem Eisen nur geringen prozentualen Widerstandszunahme von nur 3—4% für einen Kaltverformungsgrad von 98% wird angegeben[1], daß diese bei kaltgezogenen blanken Schweißdrähten von Einfluß auf die Abschmelz-Schweißleistung sind und sich im Ergebnis der Schweißnaht ungünstig bemerkbar machen soll. Es bleibt allerdings zweifelhaft, ob nicht vielleicht eher die Zunahme der inneren Spannungen durch das Kaltziehen für das Verhalten beim Schweißen, insbesondere die Stabilität des Lichtbogens, von Einfluß sein könnte.

Magnetische Härte. Nach den Ausführungen in dem Abschnitt „Reines Eisen" und „Magnetische Eigenschaften von Eisen-Nickel-Legierungen" müssen inhomogene Spannungsfelder im Gitter von Eisenlegierungen die Wandverschiebungsprozesse erschweren, die zur magnetischen Ausrichtung der Elementarbereiche führen. Mit derartigen Spannungen versehene Gefüge müssen also magnetisch hart sein, d. h. geringere Anfangspermeabilität, höhere Koerzitivkraft u. dgl. aufweisen. Hiermit stehen die Untersuchungsergebnisse der Abb. 89 in Übereinstimmung. Die magnetische Härte steht somit nicht so sehr mit den Verhakungen als mit den inhomogenen Gitterverspannungen in Zusammenhang, wie dies auch aus dem Verhalten bei der Erholung und Rekristallisation bestätigt wird. Auch hier muß auf die weitgehende Analogie zwischen mechanischer und magnetischer Härte verwiesen werden, ähnlich wie dies bereits bei der Martensithärtung sowie der Ausscheidungshärtung im α-Eisen geschehen ist. In allen Fällen steht die hohe magnetische Härte in Zusammenhang mit dem inneren Spannungszustand der Werkstoffe (s. a. den parallelen Verlauf von Härte und Koerzitivkraft in Abb. 89).

Die bei stärkeren Verformungen eintretende Verformungstextur kann zu einer Anisotropie der magnetischen Eigenschaften führen. Da ein Einkristall in seinen verschiedenen Richtungen sich magnetisch verschieden verhält, wird ein ausgerichtetes Vielkristallhaufwerk ebenfalls Unterschiede im magnetischen Verhalten in den verschiedenen Richtungen aufweisen. Die praktische Anwendung derartiger auf Textur behandelter Werkstoffe wird in den Abschnitten „Rekristallisation" sowie „Nickel", „Kupfer" und „Silizium" noch näher behandelt.

Chemische Beständigkeit. Schließlich wird auch die chemische Beständigkeit einer Stahllegierung durch Kaltverformen beeinflußt. Im allgemeinen kann man sagen, daß Spannungen und Korrosion sich in ihrer Auswirkung vielfach unterstützen, d. h. ein unter Spannungen stehender Stahl wird unter gleichzeitigem chemischen Angriff eher brechen (ob statisch oder dynamisch beansprucht, ist hierbei gleich), und der chemische Angriff wird seinerseits durch Spannungen unterstützt. Kaltverformter Werkstoff wird also chemisch leichter angegriffen. In Einzelfällen treten Sondererscheinungen der Korrosion ein, wie Spannungsrißkorrosion, Laugensprödigkeit usw., auf die später noch eingegangen werden wird.

γ) Erholung und Rekristallisation.

I. Mechanismus der Vorgänge.

Durch Erwärmen lassen sich die als Folge der Kaltverformung eingetretenen Eigenschafts- und Gefügeveränderungen je nach der Höhe der Erwärmungs-

---

[1] Kessner, A., u. H. Specht: Arch. Eisenhüttenw. Bd. 9 (1935/36) S. 239.

temperatur teilweise oder gänzlich wieder rückgängig machen. Diese Rückläufigkeit der Eigenschaftsänderungen setzt bereits bei verhältnismäßig tiefen Temperaturen ein und führt zunächst nicht zu einer Beeinflussung des Gefüges (vgl. auch den Abschnitt „Spannungsfreiglühen"); man spricht in diesem Falle von „Kristallerholung". Beim Erwärmen auf höhere Temperaturen können sich dagegen die Folgen der Kaltverformung in kennzeichnenden Gefügeveränderungen bemerkbar machen, und zwar bilden sich die bei der Kaltverformung langgestreckten Kristallite wieder in gleichachsige um, wobei erhebliche Korngrößenveränderungen eintreten können; gleichzeitig tritt eine völlige Entspannung und ein Rückgang der physikalischen Eigenschaften auf annähernd dem Ausgangszustand ein. Diesen Vorgang bezeichnet man als „Rekristallisation".

Die heutigen Erkenntnisse ergeben von dem Mechanismus der Erholung und Rekristallisation folgendes Bild: Zum Platzwechsel der Atome in Metallen ist eine bestimmte Energie erforderlich. Durch Energiezufuhr in Gestalt von Wärme kann ein Atomplatzwechsel erfolgen, wie z. B. Diffusions- und Umwandlungsvorgänge in Metallen in Ab-

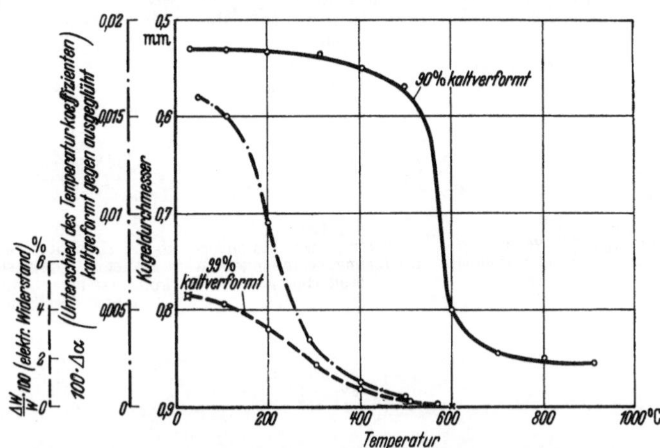

Abb. 90. Erholung des Widerstandes, des Temperaturkoeffizienten und der Härte von kaltverformtem Eisen. [Nach G. Tammann u. V. Caglioti: Ann. Phys., Lpz. Bd. 16 (1933) S. 680/84.]

hängigkeit von der Temperatur zeigen. Wird einem Metall eine bestimmte Menge Verformungsenergie zugeführt, so ist diese bevorzugt in den Atomverhakungen konzentriert. Je größer diese in einem Atom aufgespeicherte zusätzliche Verformungsenergie ist, um so geringer braucht die Energiezufuhr durch Wärme zu sein, um Platzwechsel herbeizuführen. Hieraus ergibt sich die durch die Praxis bestätigte Folgerung, daß durch Wärmezufuhr die Folgen der Kaltverformung wieder aufgehoben werden können, und daß dieser Vorgang bei um so tieferer Temperatur einsetzen wird, je stärker die Verformung war.

Erholung. Erwärmt man ein kaltverformtes Metall verschiedene Zeiten bei bestimmten Temperaturen, so kann man feststellen, daß manche Eigenschaften, wie elektrischer Widerstand, Verfestigung usw., sich bereits wieder dem Zustande vor der Verformung nähern, ohne daß hierbei im Gefüge praktisch Veränderungen zu beobachten sind (vgl. Abb. 90 und 91). Diese ohne metallographisch sichtbare Neuordnung von Atomen eintretende rückläufige Änderung der Eigenschaften bezeichnet man, wie eingangs erwähnt, als Erholung. Im Röntgenbild macht sich Kristallerholung bereits in einem Schärferwerden der Interferenzringe bemerkbar (Abb. 91). Die Erholungstemperatur fällt im allgemeinen mit steigendem Verformungsgrad. Es muß allerdings hervorgehoben werden, daß eine ganz scharfe Trennung zwischen Erholung und Rekristallisation nicht immer möglich ist, da die ersten Anfänge der Rekristallisation im Gefügebild nicht nachzuweisen sind[1]. Man gebraucht daher im allgemeinen den Ausdruck Erholung für die Eigenschaftsänderungen physikalischer Art, solange diese nicht mit den im Gefüge direkt wahrnehmbaren Rekristallisationserscheinungen eindeutig in Verbindung zu bringen sind.

Es herrscht die Auffassung, daß die Erholung hauptsächlich durch Auflösungen von Verhakungen herbeigeführt wird. Dementsprechend werden sich auch die Eigenschaften bevorzugt erholen, die mit den Atomverhakungen in Zusammenhang stehen. Wie oben erwähnt, soll die Änderung des elektrischen Widerstandes besonders auf Verhakungen beruhen, die Verfestigungen dagegen

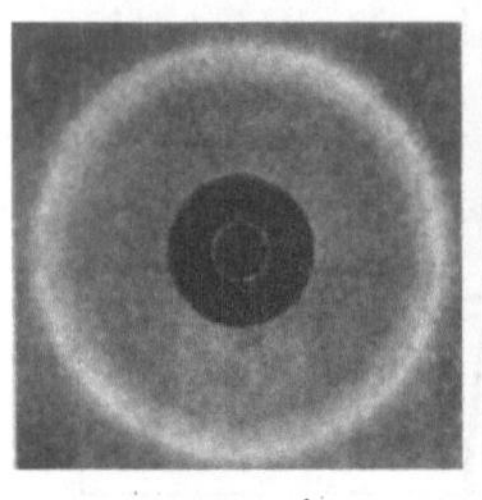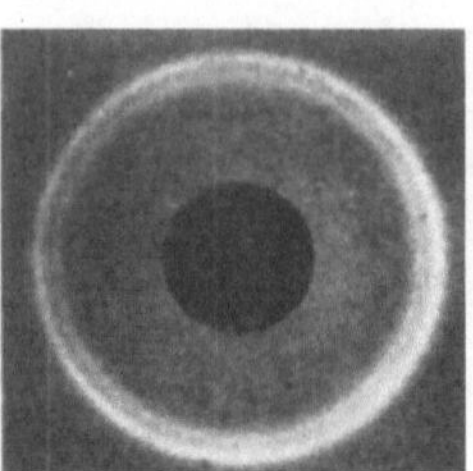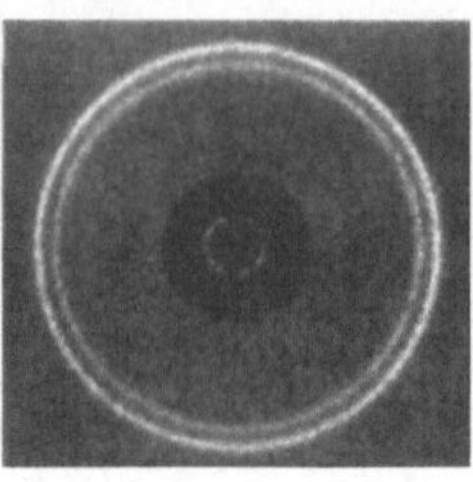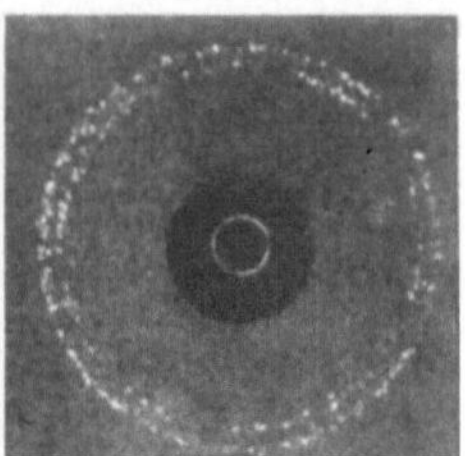

20°	400°	450°	500°
kalt verformt, verschwommene und verbreiterte Linien.	Rückgang der Linienverbreiterung, beginnende Kristallerholung.	klare Linienentwicklung, beginnende Rekristallisation (siehe Gefügeaufnahme Randzone).	Auflösung der Linien in Punkte, vollständige Rekristallisation (Punkte durch gröberes Korn verursacht).

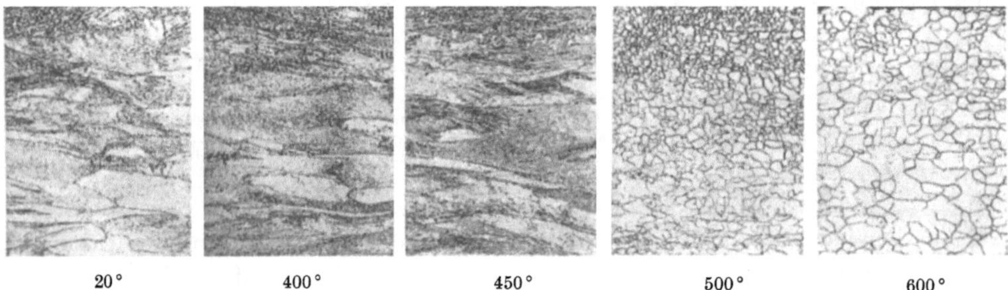

20°   400°   450°   500°   600°

Abb. 91. Interferenzlinienausbildung und Gefüge von 80% kaltverformtem Elektrolyteisen nach Anlassen bei steigenden Temperaturen. [Nach F. Wever und B. Pfarr: Mitt. Kais.-Wilh.-Inst. Eisenforsch. Bd. 15 (1933) S. 137/45.]

auch noch Bereiche um die Verhakungen herum umfassen, während die magnetische Härte insbesondere durch inhomogene elastische Spannungszustände beeinflußt wird. Ändert sich mit steigender Temperatur zuerst die energetisch bevorzugte Verhakung, so muß auch die Erholung des Widerstandes der Erholung der anderen Eigenschaften voranlaufen, was auch gelegentlich beobachtet wird. Hier sei auch auf die Analogie mit Ausscheidungsvorgängen hingewiesen, wo eine ähnliche Reihenfolge der Eigenschaftsänderungen auftritt. Der hochdisperse Zustand der Ausscheidung (Vorbereitungszustand zur Ausscheidung) macht sich meist nur im elektrischen Widerstand bemerkbar. Die mechanische Härte reagiert erst auf weniger hochdisperse Ausscheidungen (Spannungszustände), während die magnetische Härte meist auf noch gröbere Spannungsverteilungen anspricht und somit der Höchstwert der magnetischen

---

[1] Vgl. H. Hanemann u. A. Schrader: Atlas Metallographicus, S. 64, Bd. 1. Berlin 1933.

Härte bei Ausscheidungsvorgängen oft bei höherer Temperatur als das Maximum der mechanischen Härte beobachtet wird (s. Abb. 469).

Die Änderung der Eigenschaften bei reinen Metallen erfolgt in der Weise, daß, wie am Beispiel des reinen Eisens aus Abb. 90 zu ersehen ist, ein Wendepunkt auftritt[1, 2, 3]. Dieser Wendepunkt zeigt diejenige Temperatur an, bei der die steilste Änderung der betreffenden physikalischen Eigenschaften, also im Energiezustand der Atome erfolgt. Besonders anschaulich geht der Unterschied in der Erholungstemperatur zwischen elektrischem Widerstand und Härte, gemessen am Kugeleindruck, hervor. Hierbei ist hervorzuheben, daß dieses unterschiedliche Verhalten der verschiedenen Eigenschaften bei der Erholung nicht bei allen Metallen in gleicher Weise auftritt. Es scheinen sich besonders die ferromagnetischen Stoffe, wie Eisen und Nickel, durch derartige Unterschiede in der Erholungstemperatur für verschiedene Eigenschaften auszuzeichnen (Änderung der elastischen Federkraft, des elektrischen Widerstandes, der Thermokraft und der Röntgeninterferenzen bei etwa $250°$[4], während Härte und Festigkeit erst bei höheren Temperaturen abfallen). Da sich bei nichtferromagnetischen Elementen, beispielsweise Kupfer, Silber, Gold, die verschiedenen Eigenschaften bei der gleichen Temperatur erholen, liegt die Vermutung nahe, daß die Vorgänge, z. B. bei der Erholung des elektrischen Widerstandes, auch noch weitgehend durch den Zusammenhang zwischen dem elektrischen Widerstand und dem Ferromagnetismus bestimmt sind (vgl. auch hierzu Kapitel „Reines Eisen" und „Nickelstähle mit besonderen physikalischen Eigenschaften").

Beimengungen von Fremdstoffen können den Beginn der Erholung nach höheren Temperaturen verschieben. Dies ist für das plastische Verhalten von Eisenlegierungen bei höheren Temperaturen von Wichtigkeit. Je höher die Erholungstemperatur liegt, um so höher wird die Dauerstandfestigkeit, d. h. der Widerstand gegen Fließen der betreffenden Legierungen, sein (weitere Hinweise hierzu s. im Abschnitt „Wolfram" und „Vanadin").

Rekristallisation. Wie bereits erwähnt, ist eine scharfe Trennung zwischen Rekristallisation und Erholung, insbesondere bei stärker verformten Proben schwierig. Beobachtet man kaltverformte Metallproben im Schliffbild nach Erwärmen auf höhere Temperaturen, so sieht man nach gewissen Glühzeiten von bestimmten Temperaturen an sich Keime bilden, die mit fortschreitender Glühdauer und insbesondere gesteigerter Temperatur in das verformte Gefüge hineinwachsen und es allmählich aufzehren, bis eine Berührung der neu gebildeten Körner stattfindet. Diese Kornneubildung, von einzelnen Keimen ausgehend bis zur vollständigen, allseitigen Berührung, bezeichnet man mit primärer Rekristallisation[5]. Für die Keimbildung gibt es zwei Thesen: die eine geht davon aus, daß die Keimbildung von den Zentren des Maximums der Verformungsenergie (Atomverhakungen) ausgeht, die andere, daß der Keim von möglichst ungestörten, regelmäßig aufgebauten Atomen gebildet wird, an die sich

---

[1] Tammann, G., u. V. Caglioti: Ann. Phys. Bd. 16 (1933) S. 680/84.

[2] Goerens, P.: Ferrum Bd. 10 (1913) S. 226/33. — Pomp, A., u. S. Weichert: Mitt. Kais.-Wilh.-Inst. Eisenforsch. Bd. 10 (1928) S. 301/16.

[3] Tammann, G.: Z. Metallkde. Bd. 24 (1932) S. 220/23.

[4] Dreyer, K. L., u. G. Tammann: Heraeus Vakuumschmelze 1923—33 1933 S. 86/108.

[5] Über die als „sekundäre" Rekristallisation bezeichneten Vorgänge s. S. 110.

bei der erhöhten Temperatur wieder Atome anbauen. Diese Stellen des Minimums der Verformungsenergie im Gitter müßten aber auch in Stellen stärkster Verformung eingebettet liegen. Vielleicht läßt sich auch die Anschauung vertreten, daß sich primär die am meisten mit Energie beladenen Atomverhakungen auflösen. Durch diese Auflösung werden auch umliegende Gitterblöcke entspannt und wirken jetzt als Gitterkeim[1].

Die Anzahl der Keime nimmt, wie dies leicht erklärlich ist, mit wachsendem Verformungsgrad zu, ebenso sinkt die Keimbildungstemperatur mit steigendem Verformungsgrad, d. h. mit steigender, im Gitter aufgespeicherter Verformungsenergie. Die untere Grenze der Rekristallisationstemperatur liegt daher um so tiefer, je stärker die Verformung war. Die Kernzahl ist um so geringer und damit das rekristallisierte Korn um so gröber, je geringer der Verformungsgrad war. Das bei der Rekristallisation in Abhängigkeit von der Zeit beobachtete Kornwachstum steigt mit steigender Rekristallisationstemperatur an.

Daß die Rekristallisationsvorgänge im Zusammenhang der Atome untereinander bedingt sind, geht auch aus der Tatsache hervor, daß die Rekristallisationstemperaturen der reinen Metalle in einer gewissen Beziehung zur absoluten Schmelztemperatur stehen (Zahlentafel 13 [S. 108]).

Nach der gegenseitigen, allseitigen Berührung der neu gewachsenen Körner tritt kein Gleichgewichtszustand an den Korngrenzen ein. Man beobachtet vielfach ein weiteres Aufzehren von Korngrenzen, indem einige Körner auf Kosten anderer weiterwachsen. Hierbei können kleinere Körner größere und umgekehrt größere kleinere aufzehren. Manchmal beobachtet man, daß ein Korn an einer Korngrenze ein anderes aufzehrt, an einer anderen aber selbst

Zahlentafel 13. Verhältnis der Rekristallisationstemperatur T_R zur Schmelztemperatur T_S (°K) nach A. A. Botschwar[2].

Metall	T_R	T_S	T_R/T_S
Au	473	1336	0,35
Ag	473	1234	0,38
Cu	473 bis 503	1357	0,35 bis 0,37
Fe	623 bis 723	1803	0,35 bis 0,40
Ni	803 bis 933	1724	0,46 bis 0,54
W	1473	3630	0,40
Ta	1273	3123	0,41
Mo	1173	2773	0,42
Al	423 bis 513	932	0,45 bis 0,55
Zn	∽ 280 bis 348	692	0,40 bis 0,50
Sn	∽ 270 bis 298	505	0,53 bis 0,59
Cd	∽ 280	594	0,49
Pb	∽ 270	600	0,45
Pt	723	2037	0,35
Mg	423	923	0,45

aufgezehrt wird. Die Ursachen können verschiedene Korngrenzenenergie, verschiedene Orientierung, verschiedene innere Gitterenergie, verschiedener Gehalt der Einzelkörner an Beimengungen sein (Dampfdruckunterschied infolge von Konzentrationsunterschieden; es wächst der Kristall mit geringerem Dampfdruck). Dieses weitere Kornwachstum wird im Schrifttum zum Unterschied von der Primärkristallisation vielfach mit Kornvergröberung bezeichnet. Die Wachstumsgeschwindigkeit bei der Kornvergröberung ist meist geringer als bei der primären Rekristallisation. Des weiteren ist von Interesse, daß ein rekristallisierter Kristall meistens unvollkommener in seinem Aufbau ist als ein aus dem Schmelzfluß erstarrter. Der Einfluß von Fremdstoffen auf die Rekristallisations-

---

[1] Dehlinger, U.: Z. Metallkde. Bd. 33 (1941) S. 16/20.
[2] Z. anorg. Chem. Bd. 157 (1926) S 319/20.

geschwindigkeit ist nur insofern geklärt, als nichtgelöste Beimengungen meistens das Kristallwachstum behindern. Dies ist für manche ferritische Eisen- und Stahllegierungen von Bedeutung. Es sei hier der hemmende Einfluß von eingelagerten Karbiden oder Stickstoffverbindungen auf das Kornwachstum erwähnt. Im Schrifttum sind die Endergebnisse der Gefügeänderung durch Rekristallisation von Eisen- und Metallegierungen meist unter Zusammenfassung von primärer Rekristallisation und Kornvergröberung in sog. Rekristallisationsdiagrammen wiedergegeben (Abb. 92—94, 458 u. 694).

Ein für die Praxis außerordentlich wichtiger Umstand ist die Tatsache, daß das rekristallisierte Korn normalerweise in gewisser Hinsicht zu dem verformten Mutterkristall orientiert ist. Es zeigt sich dabei, daß die Orientierung im rekristallisierten Zustand formal angesehen werden kann als durch eine bestimmte Drehung hervorgegangen aus der des verformten Zustandes. Während eine einheitliche Orientierung bei schwacher Verformung vielleicht noch nicht ganz sicher ist, wird sie bei starker Verformung deutlich beobachtet. Die infolge starker Verformung gebildete Verformungstextur (Walz-, Ziehtextur) kann in rekristallisierten, vielkristallinen Proben ebenfalls zu einer einheitlichen

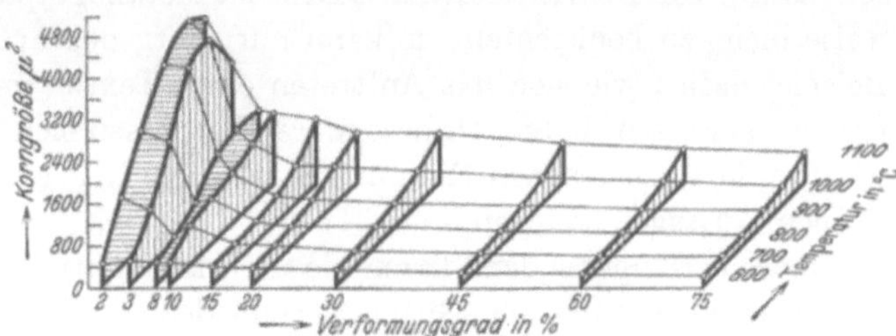

Abb. 92. Rekristallisationsdiagramm eines ferritischen Chromstahles mit 30 % Cr. [Nach Houdremont: Kruppsche Mh. 11. Jg. (1930) S. 281.]

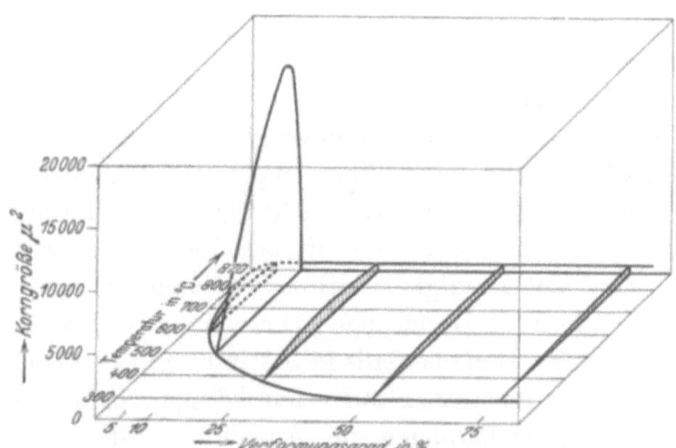

Abb. 93. Rekristallisationsdiagramm von Weicheisen mit 0,08 % C, 0,02 % Si, 0,13 % Mn, 0,002 % P und 0,35 % S. [Nach Oberhoffer u. Jungbluth: Stahl u. Eisen 42. Jg. (1922) S. 1513.]

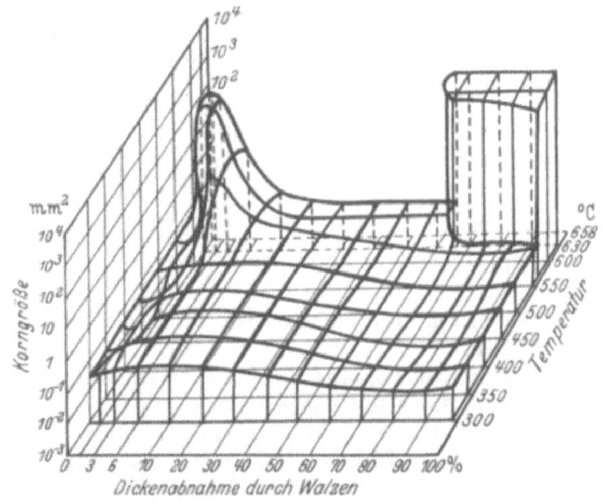

Abb. 94. Rekristallisationsdiagramm von Aluminium mit 99,6 % Al nach Walzung. [Nach Dahl u. Pawlek: Z. Metallkde. Bd. 28 (1936) S. 266.]

Kristallausrichtung führen. Es kommt zur Ausbildung einer **Rekristallisationstextur**, die aber, wie oben angedeutet, von der Verformungstextur verschieden sein kann. Die Rekristallisationstextur ist metallographisch im Gefüge normalerweise nicht zu beobachten, sie kann nur röntgenographisch erfaßt werden. Ein Beispiel dafür, wie sich das Auftreten einer Textur im Röntgenbild ausdrückt, brachte bereits Abb. 86. Insbesondere aber lassen sich auch an Hand der Eigenschaften in verschiedenen Richtungen über mit Rekristallisationstextur behaftete Proben Aussagen machen.

Nach Vorhergehendem kann die Rekristallisationstextur je nach Lage der Verformungsrichtung im Gitter verschieden sein[1]. Sie kann, wie einleitend bemerkt, durch eine Rotation der Walztextur um die Walzennormale beschrieben werden, bei der die Flächendiagonalen sich zu beiden Seiten der Walzrichtung unter einem Winkel von etwa 15° häufen[2, 3]. Bei eintretender Umwandlung, d. h. bei Glühung über A_3 scheint die Textur im wesentlichen zu verschwinden[4], doch findet man gelegentlich Hinweise, daß dies nicht immer vollständig der Fall ist. Da die Eigenschaften, insbesondere z. B. die magnetischen Werte des einzelnen Kristalls, in den verschiedenen kristallographischen Richtungen verschieden sind, kann man durch gleichmäßige Ausrichtung aller Kristalle in einem Metallstück besonders hohe magnetische Eigenschaften in verschiedenen Richtungen, z. B. in der Walzrichtung, züchten (vgl. Abschnitte „Reines Eisen", „Kupfer", „Nickelstähle mit besonderen physikalischen Eigenschaften").

Der Vollständigkeit halber sei bemerkt, daß Ausscheidungen, die in stark kaltverformten Legierungen vor sich gehen, bei der Kaltverformung oder bei der Rekristallisation ebenfalls in bestimmten Gesetzmäßigkeiten zur Walztextur oder Kristallisationstextur auftreten können, in solchen Fällen, in denen die Verarbeitungsbedingungen zur Ausbildung einer Textur führen (s. auch hierüber im Abschnitt „Kupfer").

Gelegentlich beobachtet man noch eine besondere Art des Kornwachstums, die man bevorzugt bei Nichteisenmetallen, aber auch bereits bei Eisen-Nickel-Legierungen feststellen konnte. In mehr oder weniger fein rekristallisierten Proben kann man bei längerem Erwärmen auf im Verhältnis zum Schmelzpunkt hohen Temperaturen beobachten, wie einzelne besonders grobe Kristalle auf Kosten der anderen entstehen. Manchmal beträgt die hierzu erforderliche Zeit einige Tage. Diese Erscheinung, die man auch mit **sekundärer Rekristallisation** oder **Sammelkristallisation** bezeichnet, ist noch nicht restlos erfaßt. Diese spät einsetzende Kornvergröberung wird in vielkristallinen Proben meist nach sehr starker Verformung und hohen Glühtemperaturen beobachtet, wie dies Abb. 94 für Aluminium veranschaulicht. Bei Einkristallen liegen die Verformungsgrade für Aluminium mit 30% niedriger als bei vielkristallinen Proben.

---

[1] Beobachtung an Aluminium von W. G. Burgers u. J. C. M. Basart: Z. Phys. Bd. 54 (1929) S. 74/91.

[2] Kurdjumow, G., u. G. Sachs: Z. Phys. Bd. 62 (1930) S. 592/99. — Gensamer, M., u. B. Lustmann: Amer. Ind. min. metallurg. Engr., Techn. Publ. Nr 798 6 S, Met. Technol. 1936.

[3] Inhomogenität der Ziehtextur, z. B. E. Schmid u. G. Wassermann: Z. Phys. Bd. 42 (1927) S. 779/94. — Inhomogenität der Walztextur, z. B. M. Gensamer u. R. F. Mehl: Trans. Amer. Inst. min. metallurg. Engrs. Bd. 120 (1936) S. 277/92.

[4] Nach Beobachtungen von O. Dahl u. J. Pfaffenberger an Tiefziehblech. Z. Phys. Bd. 71 (1931) S. 93/105.

Wahrscheinlich hängt diese Art der Kristallisation damit zusammen, daß auf Grund der starken Verformung sich eine gut ausgerichtete Verformungstextur mit entsprechender nachfolgender Rekristallisationstextur ausgebildet hatte und die Energieunterschiede in den rekristallisierten Kristallen auch an den Korngrenzen so gering sind, daß ein Zusammenwachsen in einzelne große Körner bei hoher Temperatur erleichtert wird. Die Inkubationszeit für das Herausbilden von Keimen, die entsprechend wachsen, ist verhältnismäßig lang. Vielleicht ist dieser Wachstumsprozeß auch mit einer weiteren, länger dauernden Ausheilung der weniger vollkommenen Rekristallisationskristalle verbunden. Auch die Sammelrekristallisation bzw. Sekundärrekristallisation ist texturbehaftet, doch unterscheidet sie sich gelegentlich von der Rekristallisationstextur. Da diese Art Gefügeausbildung auch bei Eisen-Nickel-Legierungen bei 50% Nickel beobachtet wurde[1], sei sie hier erwähnt, da in Zukunft von ihr voraussichtlich ebenfalls zur Erzielung bestimmter Eigenschaften Gebrauch gemacht werden wird.

Zusammenfassend kann man in etwa sagen, daß die Kristallerholung auf die beginnende Entspannung an den Stellen höchsten Energiezustandes zurückzuführen ist, wobei noch kein wesentlicher Atomplatzwechsel, sondern nur eine Auflösung der stärksten Verhakungen stattfindet, während bei den bei höherer Temperatur sich abspielenden Rekristallisationserscheinungen ein viel weitgehenderer Spannungsausgleich unter stärkerem Platzwechsel und neuer Ausrichtung der Atome in neuen Kristallgittern eintritt. Bei der Sekundärrekristallisation oder Sammelkristallisation erfolgen auch noch Ausgleiche zwischen kleinen Unterschieden in den Energiezuständen verschiedener Kristalle.

II. Praktische Folgen der Rekristallisation.

Gefüge. Das erzielte Rekristallisationskorn steht nach dem Vorangegangenen in direktem Zusammenhang mit Verformungsgrad und Rekristallisationstemperatur. Hierbei kann die Art der Verformung ebenfalls von Bedeutung sein. So hat man z. B. bei einachsigem Druck größere Kristalle erhalten als bei einachsigem Zug[2]. Weiterhin ist es nicht gleichgültig, ob eine Probe beispielsweise sehr schnell erwärmt wird oder nach langsamem Durchlaufen der tieferen Temperaturen die Rekristallisationstemperatur erreicht. Es wurde beobachtet, daß schnell erwärmte Proben ein gröberes Rekristallisationskorn aufwiesen als langsam erwärmte, bei denen offenbar Kristallerholung und Rekristallisation teilweise bereits während der Erwärmung vorweggenommen waren[3]. Es kann also Fälle geben, bei denen die Korngröße davon abhängt, wie weitgehend durch die Geschwindigkeit der Erhitzung beim Durchlaufen der tiefen Temperaturen den dort eintretenden Vorgängen Zeit zu mehr oder weniger vollständigem Ablauf gegeben ist. Auch die Frage der Ausgangskorngröße verdient in diesem Zusammenhang Erwähnung. Bei verschiedenen Anfangskorngrößen muß die Kalt-

---

[1] Z.B. O. Dahl u. F. Pawlek: Z. Metallkde. Bd. 28 (1936) S. 266/71.

[2] Rodgers, J. W.: J. Iron Steel Inst. Bd. 138 (1938) S. 91/107 — vgl. Stahl u. Eisen Bd. 59 (1939) S. 554. — Lamarche, W.: Mitt. Kohle- u. Eisenforsch. Bd. 1 (1937) S. 181/98 — vgl. Stahl u. Eisen Bd. 58 (1938) S. 304.

[3] Nach L. Graf [Z. Metallkde. Bd. 30 (1938) S. 103/08] wurde bei Aluminium mit etwa 7% Mg allerdings auch der umgekehrte Fall beobachtet.

verformung, die bei der nachfolgenden Glühung ein Kornwachstum veranlaßt bzw. die Glühtemperatur nach bestimmter Kaltverformung um so höher sein, je größer die Anfangskorngröße war[1,2]. Die Leichtigkeit, mit der bei niedrigen Temperaturen Rekristallisation einsetzt, und die Ausdehnung, die sie annimmt, wird durch die Anzahl der Kristalle je Querschnittseinheit bestimmt.

Die Abhängigkeit der Korngröße vom Verformungsgrad und der Rekristallisationstemperatur zeigten die Abb. 92—94. Wie bereits bemerkt, handelt es sich hierbei um technische Rekristallisationsschaubilder, bei denen die wiedergegebene Korngröße das summarische Endergebnis von Rekristallisation und Kornwachstum darstellt und bei denen die Versuchsbedingungen untereinander nicht immer vergleichbar sind. Immerhin ergibt sich grundsätzlich, daß die Korngröße mit abnehmendem Verformungsgrad zunimmt, sobald die Glühbehandlung die untere Grenze der Rekristallisationstemperatur überschritten hat. Letztere liegt, wie bereits erwähnt, um so niedriger, je höher der Verformungsgrad war. Bei kleinsten Verformungsgraden bilden sich also nur wenige sehr große Kristalle und bei noch geringerem Verformungsgrad wird dann eine Grenze erreicht, bei der sich überhaupt kein neuer Kristall in den Proben entwickelt, diese also nicht rekristallisieren (Abb. 93 und 94). Die Verformung muß also eine untere Verformungsgrenze überschreiten, ehe überhaupt Rekristallisation eintritt. Diese Verformungsgrenze liegt bei weichem Eisen etwa bei 8—10%, bei anderen Metallen und Legierungen zum Teil noch niedriger. Bei dem ferritischen Chromstahl in Abb. 92 dürfte sie weniger als 2% betragen haben, so daß sie bei den gewählten Versuchsbedingungen im Diagramm nicht in Erscheinung tritt. Dieser Grenzwert wird auch als Rekristallisationsschwellenwert bezeichnet.

Bei gleichem Verformungsgrad nimmt die Korngröße mit steigender Glühtemperatur ständig zu. Bei umwandlungsfreien Legierungen entsteht somit das gröbste Korn bei höchster Glühtemperatur und geringstem Verformungsgrad nach Überschreitung der Verformungsgrenze (Abb. 92 und 94). Bei derartigen Legierungen läßt sich höchste Kornfeinheit durch Glühen nach Verformungen also nur dann erzielen, wenn man gleichzeitig hohe Verformungsgrade mit möglichst niedriger Glühtemperatur anwendet[3]. In Eisen-Kohlenstoff-Legierungen, die α-γ-Umwandlung aufweisen, nimmt die Grobkornbildung mit steigender Glühtemperatur dagegen nur so lange zu, als nicht durch die einsetzende Umwandlung eine Kornneubildung stattfindet. Das entsprechende Rekristallisationsdiagramm in Abb. 93 schneidet somit bei etwa 900° ab, weil nur bis zu diesem Temperaturbereich dicht unterhalb der Umwandlung sinngemäß von Rekristallisation die Rede sein kann. Für Eisenlegierungen mit niedrigen Kohlenstoffgehalten, die dicht oberhalb der Verformungsgrenze von 8—10% kalt verformt worden sind, besteht somit eine zu maximaler Kornvergröberung führende kritische Glühtemperatur unmittelbar unterhalb des Ac_3-Punktes. Dieses Maximum der Korngröße bei kritischen Rekristallisationsbedingungen

---

[1] Edwards, C. A., D. L. Philips u. C. R. Pipe: Stahl u. Eisen Bd. 56 (1936) S. 800/01.

[2] Tofaute, W., u. V. Lwowski: Techn. Mitt. Krupp Bd. 4 (1936) S. 66/74.

[3] Bei dem Rekristallisationsschaubild des umwandlungsfreien Chromstahles in Abb. 92 ist zu beachten, daß bei den hier angewandten hohen Glühtemperaturen von über 1000° stets eine starke Kornvergröberung auftreten wird, ganz unabhängig vom Verformungsgrad. Die eingangs für die Auswertung von technischen Rekristallisationsschaubildern angeführten Einschränkungen gelten also hier in besonderem Maße.

nimmt mit steigendem Kohlenstoff ab, weil offenbar die wachsende Menge des zwischen Ac_1 und Ac_3 gebildeten γ-Eisens das Kornwachstum der α-Kristalle im gefährlichen Glühbereich behindert.

Im Vorhergehenden ist bisher nur von Rekristallisationsvorgängen nach Kaltverformung mit nachfolgender Glühung gesprochen worden. Unter Kaltverformung versteht man normalerweise die bei Raumtemperatur erfolgte Verformung. Durch Erhöhung der Verformungstemperatur um einige 100° ändert sich an den geschilderten Vorgängen wenig, sofern die Verformung unterhalb der unteren Grenze der Rekristallisationstemperatur erfolgt. Beim Warmwalzen spielen sich dagegen die geschilderten Vorgänge der Kristallverformung, -erholung und Rekristallisation unmittelbar nacheinander ab. Die Abhängigkeit der Korngröße von Verformungsgrad und Glühtemperatur bleibt aber in den Grundzügen die gleiche, wenn Verformung und Erwärmung gleichzeitig vorgenommen werden. Auch für die Rekristallisation des γ-Eisens bei der Warmverformung oberhalb A_3 gelten somit dieselben Gesichtspunkte[1], wenn auch bei Rekristallisationsversuchen mit warmverformten Proben damit gerechnet werden muß, daß im Laufe der Verformung bereits eine anfängliche Rekristallisation oder Erholung stattfindet und somit die Abhängigkeit zwischen Korngröße und endgültigem Verformungsgrad schwieriger zu erfassen ist. In Einzelfällen, z. B. bei austenitischen Werkstoffen und entsprechend tiefen Walztemperaturen, kann es vorkommen, daß die Rekristallisationsgeschwindigkeit kleiner als die Walzgeschwindigkeit ist. Das Ergebnis ist dann ein nach dem Walzen gestrecktes Gefüge ähnlich dem durch Kaltwalzen erzeugten. Die Grenzen zwischen Kalt- und Warmverformung verwischen sich also und sind im wesentlichen abhängig von der Walzgeschwindigkeit, der Walztemperatur und der Rekristallisationsgeschwindigkeit des betreffenden Werkstoffs. Es ist somit nicht verwunderlich, daß auch warmgewalzte Stahlteile texturbehaftet sein können[2]. Bei Untersuchungen von Werkstoffen im Walzzustand ist dies stets zu beachten.

In Sonderfällen kann Grobkornbildung durch Rekristallisation auch dann eintreten, wenn die Kaltverformung bei Temperaturen unterhalb der Rekristallisationsgrenze erfolgt und sich eine Wärmebehandlung oberhalb der Umwandlung anschließt. Unter besonderen Umständen kann dann auch im γ-Eisen eine Art grobkörnige Rekristallisation auftreten, die trotz der eintretenden Umwandlung bei der darauffolgenden Abkühlung noch deutlich zu erkennen ist. Dies kommt insbesondere dann vor, wenn die Erwärmung des kaltgereckten oder mit entsprechenden Spannungen versehenen Stahlstückes schnell auf Temperaturen oberhalb der Umwandlung erfolgt. Die Verspannung der α-Kristalle wird hierbei offenbar nicht ganz ausgelöst, so daß sie sich auf die neugebildeten γ-Kristalle überträgt und bei diesen ein Kornwachstum bewirkt, das sich auch nach der Abkühlung an dem wieder umgewandeltem Gefüge verfolgen läßt. So zeigt Abb. 95 rechts z. B. derartige Rekristallisationshöfe in der Umgebung einer Schweißnaht. Infolge der hohen Spannungen, unter denen die nächste Umgebung der Schweißnaht nach dem Schweißen steht, treten bei nachfolgender Erwärmung die

---

[1] Hanemann, H., u. F. Lucke: Stahl u. Eisen Bd. 45 (1925) S. 1117/22.
[2] Kurdjumow, G., u. G. Sachs: Z. Phys. Bd. 62 (1930) S. 592/99. — Gensamer, M., u. B. Lustmann: Amer. Inst. min. metallurg. Engrs., Techn. Publ. Nr. 748 6 S., Met. Technol. Bd. 3 (1936) Nr. 6.

geschilderten Rekristallisationsvorgänge in dieser Zone auf mit einer entsprechenden, wenn auch meist geringfügigen Kornvergröberung.

Aufgabe des Spannungsfreiglühens im Sinne der Rekristallisationsglühung muß es sein, ein möglichst einwandfreies, d. h. feinkörniges Gefüge zu erzielen. Hierzu ist es erforderlich, daß man bei den einzelnen Glühungen nicht nur die Glühtemperatur, sondern auch den vorhergehenden Verformungsgrad in den Kreis der Betrachtungen mit einbezieht. Auch muß die Glühzeit berücksichtigt werden, da ihre Verlängerung bei höheren Temperaturen im Sinne einer Erhöhung

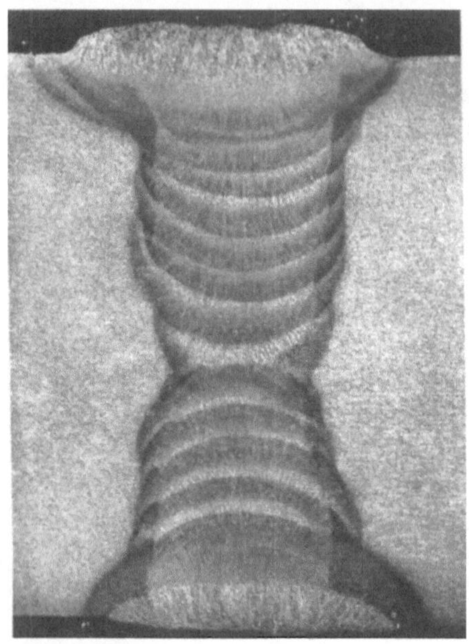 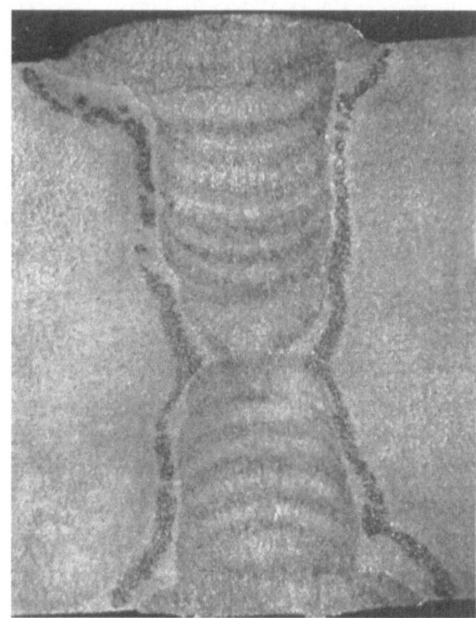

unbehandelt   normalgeglüht (920°/Luft)

Abb. 95. 50 mm-Flußstahl II-Blech, geschweißt mit artgleicher Elektrode. Ätzg. 3proz. alkoh. Salpetersäure 7/10. Vergr. 2mal.

der Glühtemperatur wirkt. Normalerweise ist der Rekristallisationsvorgang bei einer bestimmten Temperatur innerhalb 2 Stunden beendet; die erforderliche Zeit ist um so kürzer, je höher die Temperatur liegt. Bei 630° ist bei Flußeisen und ferritischen Stählen ein deutlicher Einfluß verlängerter Rekristallisationsdauer festzustellen. Nach 15 Minuten z. B. sind die gestreckten Körner neu eingeformt, sie erfahren aber bei Verlängerung der Glühdauer auf etwa 2 Stunden eine weitere Vergröberung. Beim Glühen von kaltverformtem Flußeisen im kontinuierlichen Ofen lassen sich — gleichen Reckgrad vorausgesetzt — mit etwas erhöhten Temperaturen (700°) und kurzen Glühzeiten, z. B. von 5 Minuten, gleich gute Ergebnisse wie mit 2stündigem Glühen bei 600—630° erzielen.

Zum Schluß sei hier auf einen Spezialfall eingegangen, der sich bei Rekristallisationserscheinungen einstellen kann. Die Rekristallisation ist ein Vorgang, der infolge voraufgegangener starker Verformung, von Keimen ausgehend, in üblicher Weise mit Kristallwachstum verbunden ist. Ein solches Kristallwachstum kann aber nur dann erfolgen, wenn nicht irgendwelche Kristallwachstumshemmungen gleichzeitig mit der Keimbildung oder nach erfolgter Keimbildung auftreten. Der

Fall, daß die Kristallisation durch andere Vorgänge gehemmt werden kann, tritt bei gleichzeitig auftretenden Ausscheidungsvorgängen auf. Wenn ein übersättigter Mischkristall stark kaltverformt wird, so können die Ausscheidungen entweder zum Teil schon während der Kaltverformung auftreten oder je nach dem Zustandsdiagramm der betreffenden Legierung erst bei höheren Temperaturen in Erscheinung treten. Liegt beispielsweise die beginnende Rekristallisationstemperatur in der Gegend von 600° und befindet sich diese Temperatur ebenfalls in dem Bereich, in dem die Ausscheidung verläuft, so kann es vorkommen, daß die Rekristallisation so lange unterdrückt wird, bis die Ausscheidung vollkommen abgelaufen ist. Liegt die Ausscheidungstemperatur höher als die Temperatur der beginnenden Rekristallisation, so kann die Rekristallisation beginnen, bei entsprechender Temperatursteigerung im Gebiet der Ausscheidung zum Stillstand kommen und erst bei höheren Temperaturen wieder vollständig verlaufen. Derartige Beobachtungen hat man beispielsweise an Kupfer-Nickel-Eisen-Legierungen gemacht

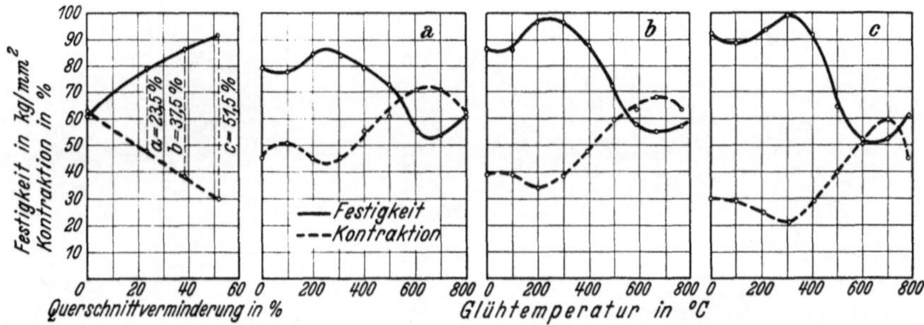

Abb. 96. Veränderung von Festigkeit und Einschnürung durch Kaltziehen und nachträgliche Glühung bei einem Stahl mit 0,68% C und 0,50% Mn. [Nach Schneider u. Houdremont: Stahl u. Eisen Bd. 44 (1924) S. 1681/87.]

(s. auch Abschnitt Kupfer, S. 863). Da die Rekristallisationstemperatur mit zunehmender Verformung nach tieferen Temperaturen verschoben wird, so beobachtet man diese beginnende Rekristallisation unterhalb der Ausscheidung besonders leicht an sehr stark kaltverformten Legierungen. Leider hat man diese Erscheinungen mit anomaler Rekristallisation bezeichnet, trotzdem sie, wie eben erläutert, keineswegs etwas Anomales darstellt.

Physikalische Eigenschaften. Hand in Hand mit der Kristallerholung bzw. Rekristallisation und den damit verbundenen Gefügeänderungen verändern sich auch die anderen physikalischen Eigenschaften, wie dies schon am Beispiel der mechanischen Eigenschaften anläßlich der Begriffsbestimmung — Erholung und Rekristallisation — ausgeführt wurde. An dem Abfall der Verfestigung bei verschiedenen Glühtemperaturen kann man ebenfalls das Eintreten der Kristallerholung verfolgen (Abb. 96). Für den praktischen Ziehereibetrieb ergibt sich hieraus die Folgerung, die Glühtemperatur nach erfolgtem Kaltziehen für den jeweils bearbeiteten Stahl nach Feststellung des entsprechenden Kurvenverlaufes dem Festigkeitsabfall anzupassen. Beim Glühen gezogenen Materials ist gleichfalls auf die bereits geschilderten Zusammenhänge zwischen geringem Verformungsgrad und kritischer Rekristallisationsglühung zu achten. Wie Abb. 93 zeigte, kann das rekristallisierte Material bei geringen Verformungsgraden und entsprechender kritischer Glühtemperatur (zu hohe Temperatur) grobkörnig werden (vgl. auch Abb. 97). Diese Grobkörnigkeit äußert sich vor allem in einem

Abfall der Zähigkeit und Streckgrenze und, in geringerem Maße, der Zugfestigkeit (Zahlentafel 14 [S. 116]). Der starke Abfall in der Streckgrenze grobkörnig rekristallisierten Stahles erleichtert die Verformungsfähigkeit bei nachfolgenden Kaltziehoperationen. Auf die hohe Tiefziehfähigkeit grobkörnigen Karbonyleisens ist auf Seite 8 (Abb. 7) hingewiesen worden. A. Pomp[1] stellte den

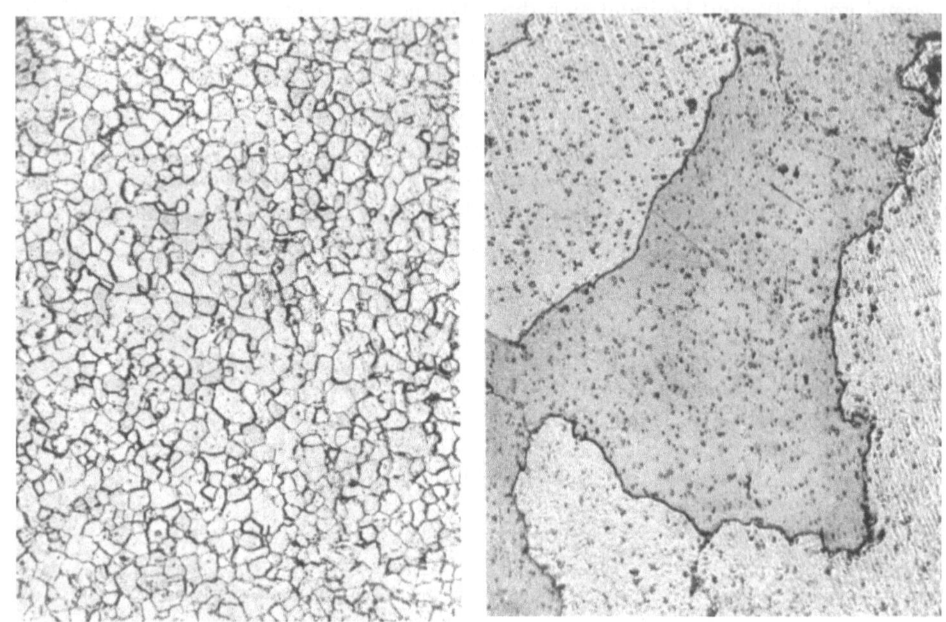

a   V = 100   b   V = 100
Abb. 97. Grobkornbildung bei kritischer Rekristallisation.

Zahlentafel 14. Veränderung der Festigkeitseigenschaften von Weicheisen durch kritische Rekristallisation [nach F. P. Fischer[2]].

Behandlungszustand	Streck-grenze kg/mm²	Zug-festigkeit kg/mm²	Dehnung $l = 5 \times d$ %	Ein-schnürung %	Kerbzähigkeit für Probeform $3 \times 3 \times 16$ cm³ mkg/cm²
Geglüht.	21	31	50	79	13
Bis zur Mitte zwischen Streck-grenze und Festigkeit gereckt, dann bei 730° 6 Stunden ge-glüht (kritisch rekristallisiert)	13	28	32	78	4
Von 910° an Luft normalisiert (umkristallisiert)	23	32	43	80	18
Vergütet	22	31	53	85	über 33
Bis zur Mitte zwischen Streck-grenze und Festigkeit gereckt, dann bei 730° 6 Stunden ge-glüht (kritisch rekristallisiert)	9	28	36	72	3
Von 910° an Luft normalisiert (umkristallisiert)	23	32	42	81	20

[1] Pomp, A.: Mitt. Kais.-Wilh.-Inst. Eisenforsch. Bd. 16 (1934) S. 9/13.
[2] Kruppsche Mh. Bd. 4 (1923) S. 77/114.

geringen Formänderungswiderstand beim Kaltziehen kritisch rekristallisierter Stähle höheren Kohlenstoffgehalts ($\sim 0,9\%$) ebenfalls fest.

Wie aus diesen letzten Ausführungen hervorgeht, ändern sich mit wachsender Glühtemperatur und eintretender Rekristallisation im allgemeinen die Eigenschaften wieder im rückläufigen Sinne, so daß das ausgeglühte Material die gleichen Eigenschaften aufweist wie das nichtverformte. Dies gilt nur, wenn nach der Rekristallisation wieder ein regelloses Haufwerk von Kristallen entsteht. Nach starken Kaltverformungen treten aber oft die bereits erwähnten Rekristallisationstexturen auf; dann werden nur diejenigen Eigenschaften dem unverformten Werkstoff entsprechen, die auch im Einkristall nach allen kristallographischen Richtungen gleich, d. h. von der Gitterorientierung unabhängig sind, wie z. B. der elektrische Widerstand. In anderen Eigenschaften, die orientierungsabhängig sind, kann dagegen ein vor der Kaltverformung isotroper Werkstoff durch rekristallisierendes Glühen so verändert werden, daß praktisch ein Werkstoff mit völlig anderem Verhalten, z. B. in magnetischer Beziehung, entsteht. Die hierbei festgestellten Eigenschaften werden in der Verformungsrichtung anders sein als senkrecht hierzu oder in der Diagonale zu diesen Richtungen. Ein Beispiel für derartige Veränderungen zeigt die Abb. 98, die die Permeabilität und die Wattverluste einer Eisen-Silizium-Legierung in verschiedenen Winkeln zur Walzrichtung wiedergibt, und zwar für ein Blech mit bevorzugter Gitteranordnung infolge mehrfacher Kaltwalzung und Zwischenglühung im Vergleich zu einem einfach warmgewalzten.

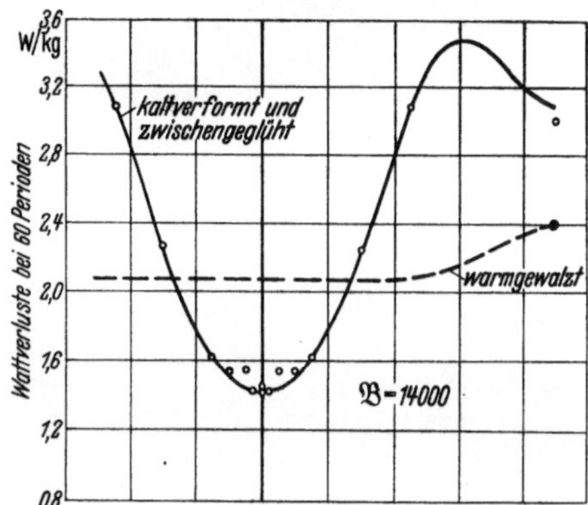

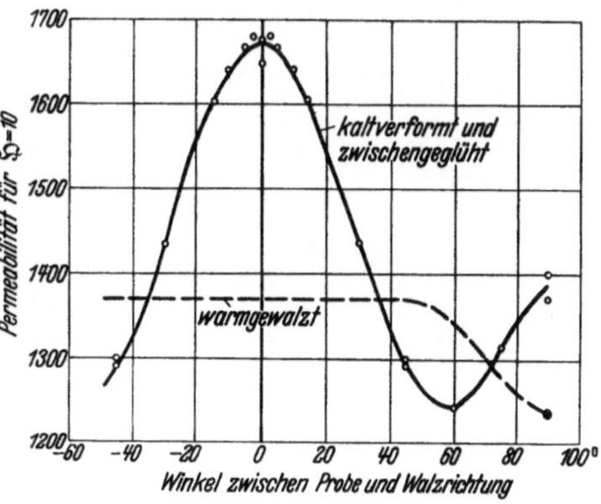

Abb. 98. Abhängigkeit der magnetischen Eigenschaften einer Eisen-Silizium-Legierung von der Lage zur Walzrichtung. [Nach T. D. Yensen: Stahl u. Eisen Bd. 56 (1936) S. 1545/50.]

Zum Schluß dieses Abschnittes sei auf einige Überlegungen eingegangen, die mit den Gedankengängen über die Rekristallisation zusammenhängen und einen Einblick in das unterschiedliche Verhalten beim Fließen der Metalle in der Kälte und in der Wärme vermitteln. Es ist aus Vorhergehendem ohne weiteres verständlich, daß ein durch Kaltrecken verfestigter Kristall oder ein verfestigtes Vielkristallhaufwerk einen größeren Fließwiderstand aufweisen bei allen Temperaturen, die unterhalb der Temperatur des beginnenden Atomplatzwechsels liegen. Liegt die Prüftemperatur aber in der Nähe der Temperatur beginnenden Platzwechsels, muß der bereits verformte Kristall wegen des nun schneller eintretenden Platzwechsels schneller fließen, als dies beim nichtverformten Kristall der Fall ist. Dies hat für Eisen- und Stahllegierungen zur Folge, daß Kaltverformungen die Dauerstandfestigkeit von Legierungen unterhalb ihrer

Rekristallisationstemperatur heraufsetzen, bei Beginn der Rekristallisation oder bei Temperaturen oberhalb der Rekristallisation aber verringern. Ferner wird

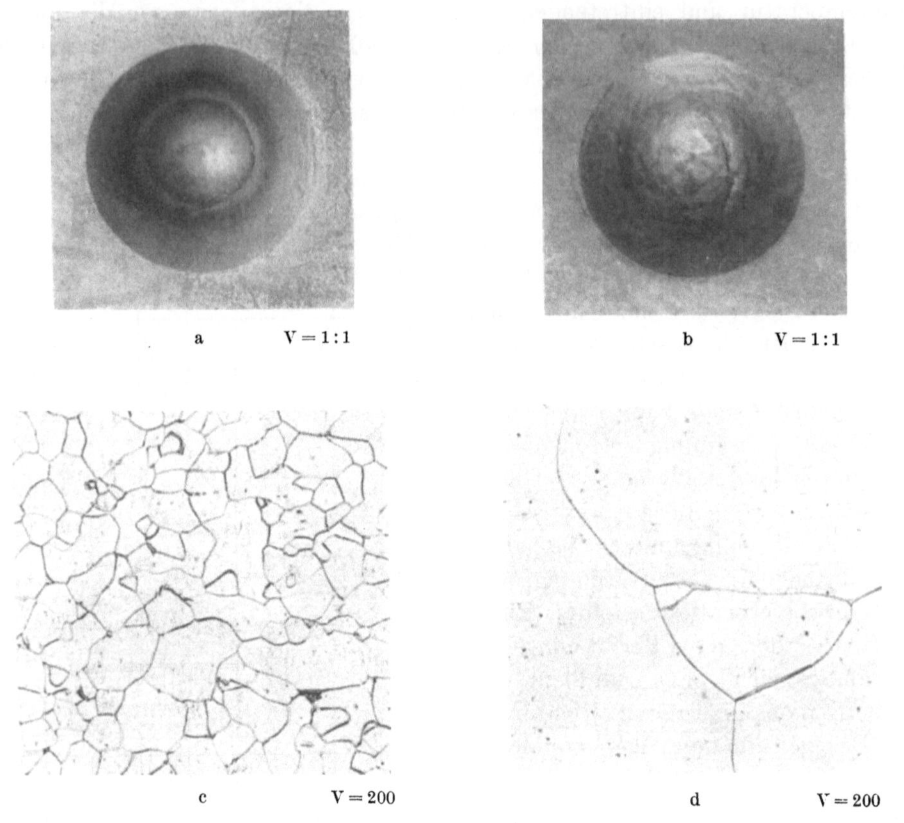

a   V = 1 : 1

b   V = 1 : 1

c   V = 200

d   V = 200

Abb. 99. Narbige, krispelige Blechbeschaffenheit beim Tiefziehen infolge groben Kornes.

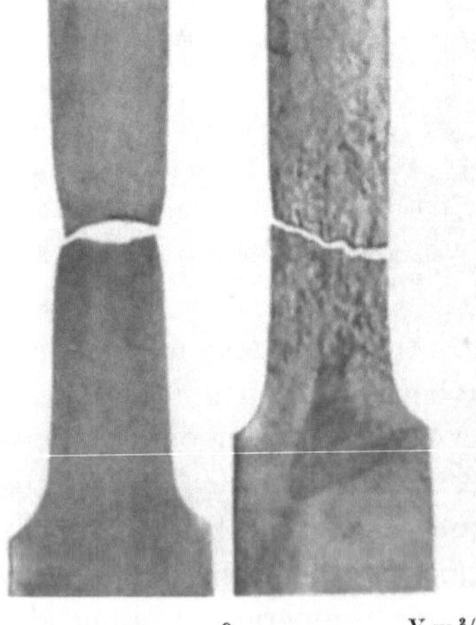

e $V = {}^{2}/_{3}$

ein Kristallhaufwerk bei tieferen Temperaturen eine um so höhere Streckgrenze — d. h. „Fließ"grenze — aufweisen, je feinkörniger er ist, da die Korngrenzen dem Fließen ein Hindernis wegen der dort vorhandenen Atomversetzungen entgegenstellen. Bei hoher Temperatur hingegen wird gerade wegen dieser Atomversetzungen beim vielkristallinen oder feinkristallinen Werkstoff ein leichteres Fließen längs der Kristallgrenzen einsetzen als beim Einkristall oder grobkristallinem Werkstoff, mit anderen Worten, bei tiefen Temperaturen wird ein feinkörniges Material, bei höheren Temperaturen hingegen ein möglichst grobkörniges Gefüge, eine höhere Dauerstandfestigkeit aufweisen.

Einige Hinweise auf praktische Anwendung der Rekristallisationsglühung. Die übliche Behandlung für kalt zu ziehendes oder zu walzendes Material ist folgende: **Rohglühen** des schwarzgewalzten Bandes oder Drahtes dicht oberhalb der Umwandlung mit langsamer Abkühlung durch das Umwandlungsgebiet und rekristallisierendes **Zwischenglühen** nach den einzelnen Kaltverformungen dicht unterhalb A_1.

Von besonderer Wichtigkeit ist eine einwandfreie Behandlung bei der Herstellung von Tiefziehblechen höchster Güte, wie Karosserieblechen usw. Ein grobkörniges Karosserieblech ergibt beim Tiefziehen gegenüber einem feinkörnigen, richtig geglühten Blech eine narbige krispelige Oberfläche (Abb. 99). Bleche mit derartigen Schönheitsfehlern können für hochwertige Zwecke keine Verwendung finden. Es ist daher notwendig, bei der Herstellung von Blechen höchster Tiefziehqualität auf die Zusammenhänge bei der Rekristallisation, d. h. Verformungsgrad, Glühtemperatur, Glühzeit usw. besonders zu achten. Auf Grund der Erkenntnisse über die Rekristallisationsvorgänge haben sich daher folgende Verfahren zur Herstellung von Karosserieblechen herausgebildet:

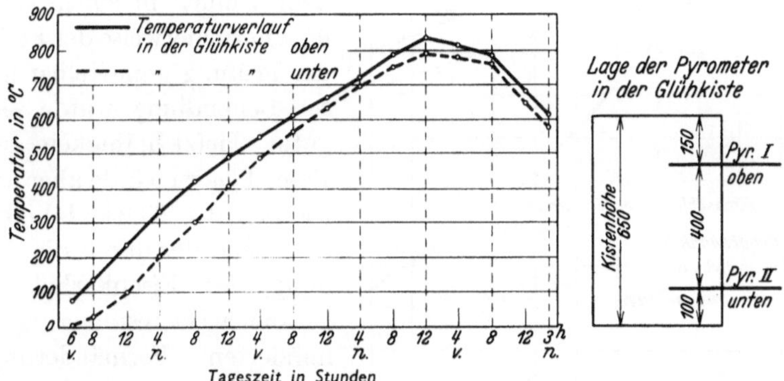

Abb. 100. Temperaturverlauf in der Glühkiste beim Glühen von Transformatoreneisen. (Nach **Eichenberg** u. **Oertel**: Werkstoffausschußbericht Ver. dtsch. Eisenhüttenl. 1926 Nr. 87 S. 3.)

Das schwarzgewalzte Blech wird vor dem Kaltwalzen einer Umkristallisationsglühung (also oberhalb A_3) unterworfen und hierauf kalt zur Erzielung besserer Oberfläche auf die gewünschte Abmessung heruntergewalzt. Bei Kaltverformungen unter 20% wird es sich empfehlen, nach der Kaltwalzung nochmals eine Glühung oberhalb des Umwandlungspunktes vorzunehmen. Bei sehr starker Kaltverformung, z. B. 30%, wird dagegen eine Rekristallisationsglühung bei 650—750° ein ähnlich gutes Ergebnis liefern. Demnach ergibt sich für Qualitätstiefziehblech folgende Behandlung[1]:

Schwarzgewalztes Blech: Glühen, besser normalisieren bei 930°.

Kaltgewalztes Blech:

    a) bei Kaltwalzgraden von 5—10%, normalisieren bei 930°,

    b) bei Kaltwalzgraden über 20%, glühen bei 650—750°.

Für b sind bei 650° lange Glühzeiten von mindestens 2 Stunden, bei 750° weniger lange Zeiten erforderlich. Aus dem Einfluß der Zeit auf den Glühvorgang ergibt sich die Notwendigkeit, hochwertige Bleche für Kaltziehzwecke nicht in großen Stapeln zu glühen, sondern Einzelglühung vorzunehmen. Bei Glühung in großen Stapeln ist das Durchziehen des Stapels auf gleichmäßige Temperatur mit sehr langen Glühzeiten verbunden (Abb. 100). Hierbei ist es unvermeidlich,

---

[1] **Marke**, E.: Arch. Eisenhüttenw. Bd. 2 (1928/29) S. 177/84.

daß die obersten Bleche und der Rand des Blechstapels länger auf Temperatur bleiben als die Mitte. Die Folgen sind ungleichmäßige Kornausbildung zwischen Rand und Mitte.

Bei der Wärmebehandlung von weichem Flußeisen mit $<0,10\%$ C für Tiefziehzwecke kann die Karbidlöslichkeit und Ausscheidung im α-Eisen von technischer Wichtigkeit sein. Bei dünnen Abmessungen, z. B. Blechen, genügt eine Luftabkühlung von 650—680°, um den Kohlenstoff in fester Lösung bzw. im Zustande mehr oder weniger beginnender Ausscheidung zu halten. Bei genügend starkem Verformungsgrad kann die zweckmäßigste Glühtemperatur für weiches Tiefziehflußeisen gerade in diesen Temperaturbereich fallen. Da bei diesen unterhalb A_1 liegenden Temperaturen keine Umwandlung zu befürchten ist, könnte die Abkühlung an Luft erfolgen, wie dies z. B. beim Glühen in einem Durchziehofen normalerweise der Fall ist. Bei der Prüfung unmittelbar nach dieser Behandlung würde sich eine gute Tiefziehfähigkeit ergeben. Beim Lagern würde aber nach kurzer Zeit die Tiefziehfähigkeit entsprechend der durch die Ausscheidung des Eisenkarbids hervorgerufenen Härtesteigerung und verminderten Formänderungsfähigkeit abnehmen. Die Tiefziehwerte eines derart behandelten Bleches gehen aus Abb. 101 hervor. Beim Glühen von tiefgekohlten Blechen für Tiefziehzwecke bei

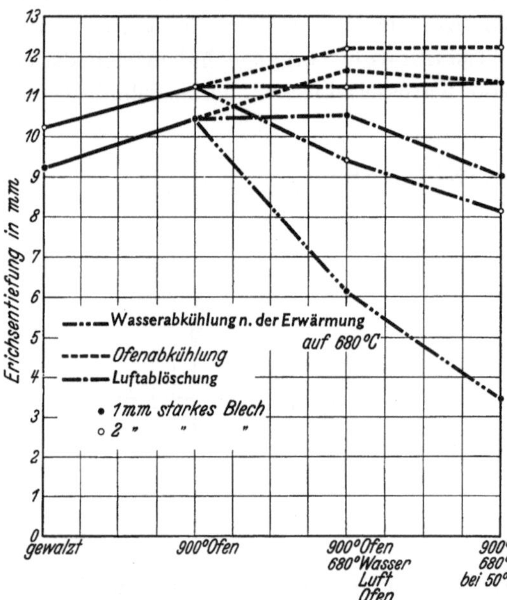

Abb. 101. Einfluß der Abkühlungsart bei einer Wärmebehandlung unterhalb A_1 auf die Tiefziehfähigkeit von Tiefziehblechen. [Nach Houdremont: Rev. Métallurg. Bd. 29 (1932) Nr. 3 S. 133/39.]

650—680° ist es also wichtig, für eine langsame Abkühlung zu sorgen[1].

Von praktischer Bedeutung ist außerdem der Einfluß der durch Kaltverformung erzielten Spannungen auf die Umwandlungsvorgänge. Kaltverformungen beschleunigen alle Umwandlungen in Stahllegierungen. Die Umwandlung von Austenit und Martensit wird beispielsweise so stark beeinflußt, daß durch starkes Kaltrecken bei Raumtemperatur ziemlich stabil austenitische Stähle, wie 25proz. Nickelstahl, rostfreie austenitische Chrom-Nickel-Stähle (18/8) zum Teil martensitisch werden. Ähnlich wirken Spannungen auf nach der Härtung verbleibende Restaustenitmengen in anderen Stahllegierungen. Ebenso werden der Zerfall des Martensits sowie Ausscheidungsvorgänge durch Kaltreckung beschleunigt. Auch bei Gefügezuständen, die sich weitgehend im Gleichgewicht befinden, wie beispielsweise lamellarem Perlit, wirken die durch Kaltverformungen erzeugten Spannungen noch im oben

---

[1] Über weitere störende Erscheinungen beim Tiefziehen, wie Alterung, Auftreten der Lüdersschen Linien u. dgl. s. Abschnitt „Stickstoff", S. 892.

angegebenen Sinne, indem sie beim Glühen den Übergang vom lamellaren in den körnigen Perlit erleichtern.

Bei der Kaltverarbeitung hochgekohlter Stähle, z. B. Werkzeugstähle, Silberstahl (1% C, 1% W), ist letzteres von Bedeutung. Wie bereits angedeutet, werden die schwarzgewalzten Stähle einer Glühung dicht oberhalb der Umwandlungstemperatur (etwa 750°) unterworfen mit langsamer Durchschreitung des Umwandlungsintervalls zwecks Erzielung höchster Weichheit und Kaltverformbarkeit. Nach den einzelnen Kaltzieh- oder Kaltwalzoperationen genügt eine rekristallisierende Glühung unterhalb A_1 (etwa 680°), wobei man beobachten kann, daß sich der Perlit durch die Glühung stärker zusammenballt als dies ohne Kaltverformung der Fall wäre. Gleichzeitig damit verbunden ist die Erzielung eines Zustandes höchster Weichheit. Von besonderer Wichtigkeit kann dieser Einfluß bei der Herstellung von kaltgewalztem Bandstahl mit höherem Kohlenstoffgehalt (0,9 bis 1,4% C) sein, z. B. für Rasierklingen, Tuchscherenmesser usw. Da die durch Kaltwalzen herzustellenden Dimensionen zum Teil, z. B. beim Rasierklingenbandstahl, außerordentlich dünn sind, kann das Herunterwalzen auf die Endabmessung infolge der hohen Kaltverfestigung nur nach Vornahme verschiedener Zwischenglühungen erfolgen. Man hat es hierbei in der Hand, durch die Wahl der Glühtemperatur und der Glühzeit die Körnigkeit des Perlits und somit die Weichheit des Materials verschieden zu beeinflussen. Während z. B. bei Tuchscherenmesserbandstahl, der noch eine starke Kaltverformung bei der Herstellung der Messer erfährt, das Glühen auf die hierfür erforderliche höchste Weichheit, also ziemlich grobkörnigen Perlit, abgestellt ist, wird man bei Rasierklingenbandstahl wegen der notwendigen Stanzarbeit am gewalzten Material und der bei zu großer Weichheit leicht auftretenden Erscheinung der Gratbildung und des Klebens gern auf allzu große Weichheit verzichten und eine gewisse Feinkörnigkeit des körnigen Perlits anstreben. Die Feinkörnigkeit des Perlits ist hier auch von ganz besonderer Bedeutung für die nachfolgende Härtung. Da die Erwärmung auf Härtetemperatur von dünnem Rasierklingenbandstahl nur sehr kurze Zeit beträgt und betragen darf, ergibt sich bei feinerer Verteilung des Karbids eine bessere Härtung als bei grober Ausbildung. Grobkörniger Zementit bedarf längerer Erwärmungszeit auf Härtetemperatur als feinkörnigerer, um in Lösung zu gehen und entsprechend einwandfreie Härtung zu ergeben. Ungünstig ist grober Zementit auch beim späteren Schleifen, weil er zum Ausbröckeln der Schneide Anlaß gibt. Besonders deutliche Unterschiede kann man beobachten zwischen grobkörnigem perlitischem, lamellar perlitischem und troostosorbitischem Gefüge. In welchem Maße durch Wahl verschiedener Glühtemperaturen und -zeiten ohne und mit Kaltverformung das Gefüge von Rasierklingenbandstahl beeinflußt wird, zeigt Abb. 102.

Die durch Kaltbearbeitung erleichterte Zusammenballung des Zementits geht so schnell vor sich, daß das Glühen bei derartigem kaltgewalztem Bandstahl, der eine feine Karbidverteilung aufweisen soll, am gleichmäßigsten im Durchziehofen erfolgt. Beim Glühen von aufgerollten Ringen in Töpfen oder Muffeln wird man nie verhüten können, daß die Außenwindungen länger auf Temperatur sind als die Innenwindungen. Infolgedessen werden sich hierdurch ungleichmäßige Zusammenballungen des Zementits und somit eine ungleichmäßige Glühwirkung ergeben.

Bei Werkstoffen, die im Walzzustand nicht zu hart sind, wendet man oft einen Kaltzug im Walzzustand ohne vorherige Glühung an. Diese Kalt-

Beurteilt am Gefüge.

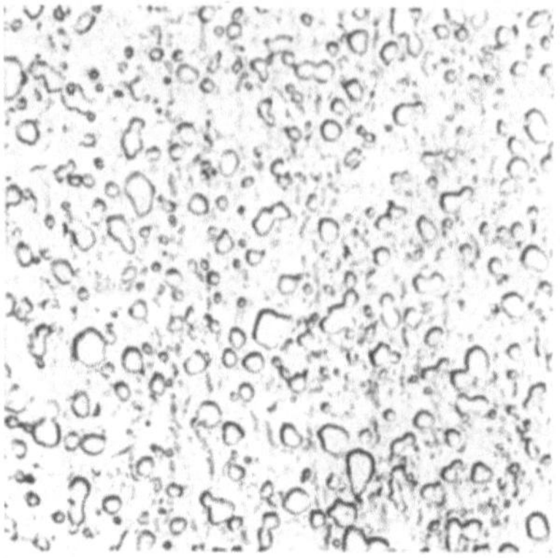

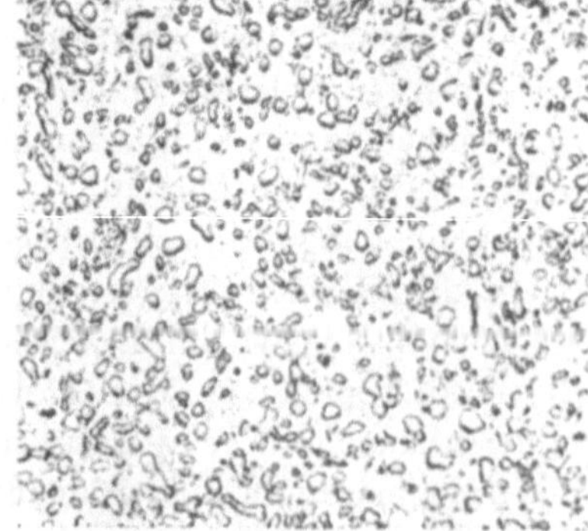

a	V = 1000
680° 8 Stunden	

b	V = 1000
700° 2 Stunden	

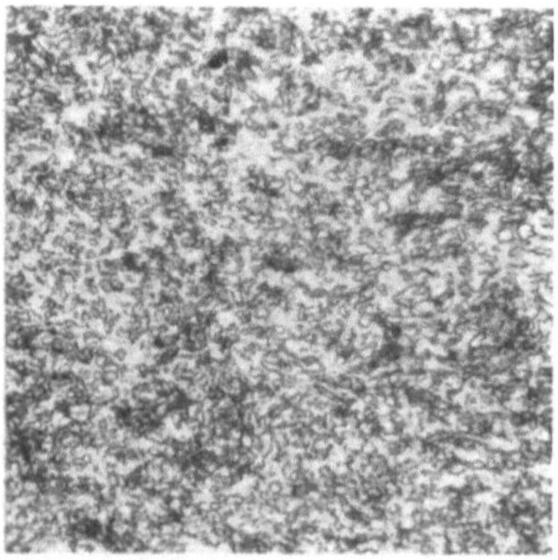

c	V = 1000
740° 5 Minuten	

d	V = 1000
740° 1 Stunde	

e	V = 1000
Kaltgewalzt, dann 700° 4 Stunden	

Beurteilt an der Härte.

Glühdauer	Brinellhärte bei einer Glüh-temperatur von			
	680°	700°	720°	740°
5 Minuten . .	270	275	282	217
10 ,, . .	255	255	255	217
30 ,, . .	255	239	229	217
1 Stunde . .	255	229	229	207
2 Stunden . .	244	217		
4 ,, . .	220	207		
8 ,, . .	187	187		

Abb. 102. Einfluß von Glühtemperatur und Glühzeit auf die Karbidzusammenballung bei Rasierklingenbandstahl mit einem Gehalt von 1,3% C und 0,2% Cr.

verformung erleichtert die nachfolgende Glühung auf Weichheit und ergibt Ersparnis an Glühkosten und Glühzeiten.

Auf die praktische Nutzanwendung der durch Kaltverformung erzeugten Walz- und Rekristallisationstexturen zur Herstellung von Legierungen mit besonderen physikalischen Eigenschaften, vor allem mit besonderem Verhalten der Permeabilität, wird in den Abschnitten „Nickel", „Kupfer" und „Silizium" noch verschiedentlich eingegangen werden.

e) Besonderheiten beim Glühen.

Fehler beim Glühen können entstehen durch schlechtes Anwärmen, durch Wahl einer falschen Glühtemperatur, durch unzweckmäßige Glühzeiten, ungeeignete Glühatmosphäre, fehlerhafte Abkühlung.

Bei zu schnellem Erwärmen — insbesondere gilt dies für Stahlstücke größerer Abmessungen — können infolge starker Wärmeausdehnung in der zu schnell erwärmten Außenzone beträchtliche Zugkräfte auf den Kern des Stückes ausgeübt werden. Die Folge hiervon können sog. Schrumpfrisse im Kern der Stücke sein, die sich bei stabähnlichen Gebilden meistens als Querrisse ausbilden (Abb. 103). Derartige Fehler kommen vor, wenn kalte Stahlstücke in einen zu heißen Ofen gelegt werden oder nach Einlegen größerer Stücke zu schnell, z. B. mit Stichflammen, aufgeheizt wird.

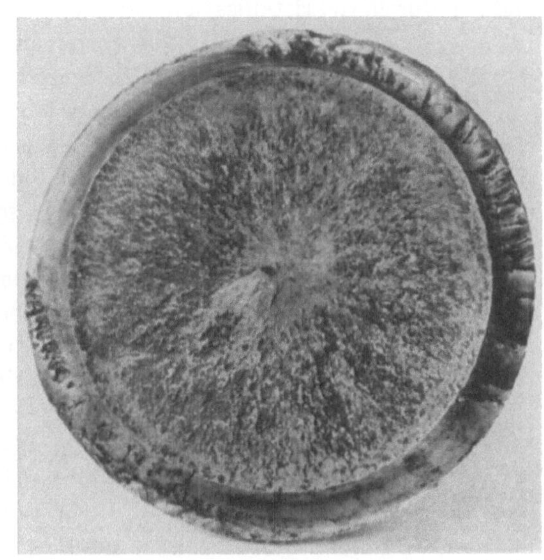

$V = {}^{1}/_{8}$

Abb. 103. Schrumpfriß in einer Walze, der sich in Form eines Dauerbruches erweitert hat.

Es ist deswegen zweckmäßig, in einen kalten, zumindest nur schwach angewärmten Ofen einzulegen und erst nach einer gewissen Vorwärmung der Stücke eine weitere Temperatursteigerung vorzunehmen, insbesondere bei größeren Stahlstücken, da nur bei diesen die Spannungen durch ungleichmäßige Erwärmung ein beträchtliches Maß annehmen können. Diese Vorsichtsmaßnahmen sind besonders bei austenitischen Stählen mit großem Ausdehnungskoeffizienten und schlechter Wärmeleitfähigkeit zu beachten.

Eine ungleichmäßige Erwärmung während des gesamten Glühvorganges führt zu einem ungleichmäßigen Gefüge und zu Unregelmäßigkeiten der mechanischen Eigenschaften innerhalb eines Stahlstückes.

Von besonderer Wichtigkeit ist die Innehaltung der richtigen Glühtemperatur und der richtigen Glühzeit. Sowohl durch Überschreiten der Glühtemperatur als auch der Glühzeit findet eine Kornvergröberung statt, die sich vor allem in der Verminderung der Zähigkeitswerte des geglühten Stahles äußert.

Die durch lange Glühung bei hoher Temperatur hervorgerufene Kornvergröberung, wie sie z. B. beim Zementieren eintreten kann, zeigt Abb. 104. Bei grober Kornausbildung und verhältnismäßig schneller Abkühlung kommt es ferner, besonders bei kohlenstoffarmen Stählen, häufig vor, daß sich der Ferrit nicht an den Korngrenzen, sondern in kristallographischer Orientierung nadelförmig innerhalb des Kornes ausscheidet (Widmannstättensche Struktur, s. S., 49 Abb. 32. Es sei hier jedoch nochmals betont, daß die nadelige Struktur allein kein Kennzeichen von Überhitzungen ist, da sie auch bei richtiger Glühbehandlung und feinem Korn durch entsprechend schnelle Abkühlung auftreten kann. Nur in Verbindung mit grobem Korn darf sie als solches gewertet werden.

Der Einfluß zu langer Glühdauer auf die Zusammenballung der Karbide ist schon früher besprochen worden; ebenso wurde die Gefährlichkeit kritischer Glühung nach vorangegangener Kaltverformung hinsichtlich der Grobkornbildung durch Rekristallisation bereits erwähnt (s. Abb. 97 u. 99). Diese wird nicht nur bei niedriggekohlten Stählen beobachtet; sie ist jedem bekannt, der sich mit dem Glühen von Werkzeugstahl mit z. B. 0,9—1% C, und zwar nicht nur im kaltgezogenen oder kaltgewalzten, sondern auch im einfach schwarzgewalzten Zustand beschäftigt hat. Das Fertigwalzen von derartigen Stählen erfolgt vor allem bei dünneren Abmessungen bereits bei ziemlich tiefen Temperaturen. Die Abnahmen in den letzten Stichen sind meist gering — Fertigkalibrier- und Polierstiche —, so daß die Bedingungen für grobkörnige Rekristallisation vorliegen.

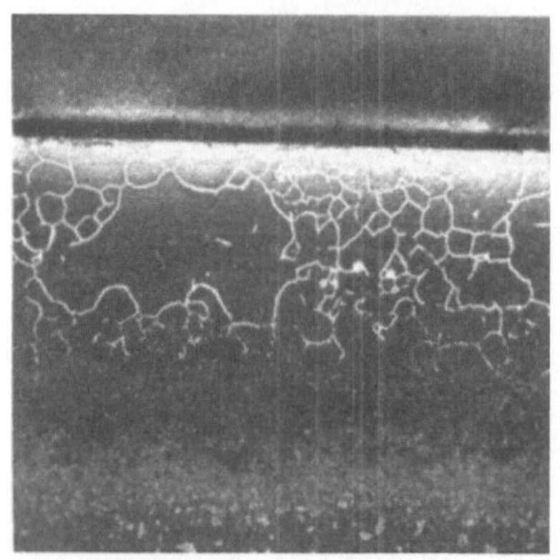

Abb. 104. Starke Kornvergröberung infolge Anwendung langer Glühzeiten bei hohen Temperaturen (Zementation).

Glüht man nur auf Weichheit — körnigen Perlit — dicht unterhalb des Umwandlungspunktes, so wird man vielfach in Bruchproben die grobkristalline rekristallisierte Struktur feststellen können. Normalisierende Umwandlungsglühung bei Temperaturen kurz oberhalb Ac_1 ist daher angezeigt und erzeugt den gewünschten gleichmäßig feinkörnigen Glühzustand. Pomp[1] hat versuchsmäßig die kritische Kornvergröberung derartiger Stähle nach Reckungen von 8—20% und Glühen unterhalb A_1 festgestellt.

Die bisher beschriebenen Überhitzungs- und Überzeitungserscheinungen sind nachträglich durch ein einwandfreies Umwandlungsglühen durchweg zu beseitigen.

Auf die Schwierigkeiten bei der Beseitigung eines einmal gebildeten Zementitnetzwerkes übereutektoider Stähle wurde bereits früher (s. S. 92) eingegangen. Eine nicht mehr zu beseitigende Werkstoffschädigung ist dann eingetreten, wenn bei der Glühung durch Eindringen von Sauerstoff oder Schwefel in die Korngrenzen eine Verbrennung erfolgt. Das grobe Korn wird dann durch die entstehenden Oxyd- bzw. Sulfidhäutchen fixiert; selbst wenn innerhalb dieser Häutchen eine Umkristallisation eintritt, bleiben die Stahleigenschaften mangelhaft. Beispiele einer Verbrennung zeigt die Abb. 105. Derartiges Verbrennen tritt meist nur dann ein, wenn durch Stichflammen usw. eine starke Überhitzung bis nahe an den Schmelzpunkt vorkommt. Es ist durchaus nicht

[1] Pomp, A.: Mitt. Kais.-Wilh.-Inst. Eisenforsch. Bd. 16 (1934) S. 9/13.

erforderlich, daß Sauerstoff oder Schwefel von außerhalb in den Werkstoff eindringt, um derartige Verbrennungserscheinungen herbeizuführen. Man findet oft in verhältnismäßig dicken Stahlstücken im Innern glitzernde Stellen in den Bruchflächen (Abb. 105b). Gelegentlich kann man bei der metallographischen Untersuchung am ungeätzten Schliff die Ursache in äußerst feinen Ausscheidungen an den Grenzen der groben, überhitzten Körner feststellen. Für diese Fixierung der Korngrenze genügen die im Werkstück enthaltenen Verunreinigungen an Sauerstoff, Schwefel usw., die bei der Erwärmung auf hohe Temperaturen beginnen in Lösung zu gehen und sich in geschilderter Weise in den Korngrenzen abscheiden. Hierzu genügen oft bereits Temperaturen von ∞ 1200° bei Stählen, deren Schmelzpunkt bedeutend höher, etwa 1350—1400°, liegt. Man beobachtet dann vielfach im Bruchgefüge allgemein ein überhitztes Korn, das durch Wärme-

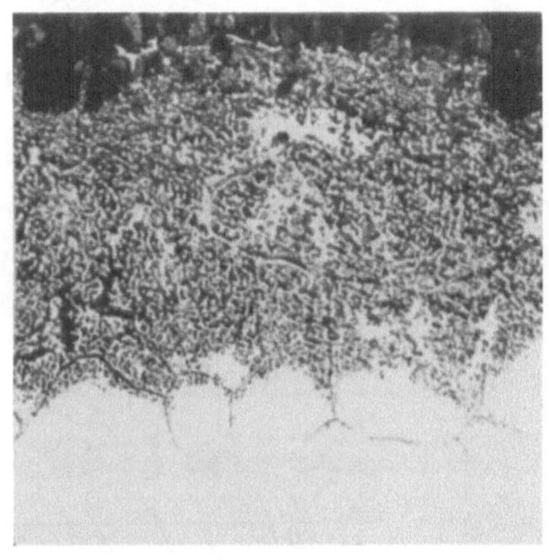 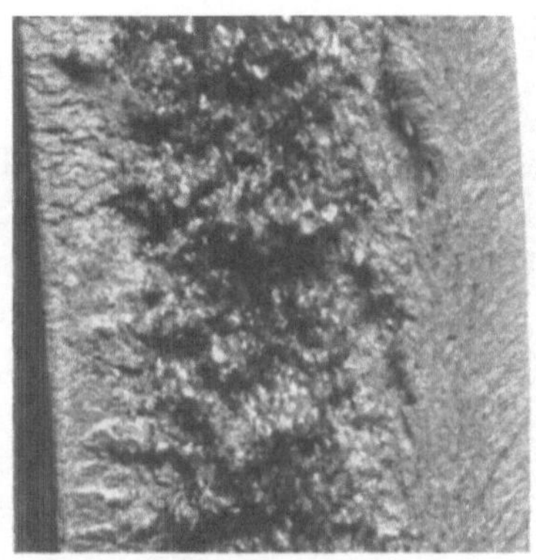

a   V = 50   b   V = ⁴/₅

Eindringen von Oxyden in die Randschichten   Glitzernde Körner im Bruch

Abb. 105. Verbrennungserscheinungen im Schliff und im Bruch.

behandlung allein nicht beseitigt werden kann. Durch Nachschmieden bei entsprechend tieferen Temperaturen, z. B. 1000°, lassen sich die Erscheinungen und ihre Folgen — schlechtere Kerbschlagzähigkeit und Einschnürung — beseitigen.

Eine besondere Erscheinung ergibt sich auch beim Glühen zwischen Ac_1 und Ac_3. Liegt die Glühtemperatur bei niedrig gekohlten Stählen zwischen diesen beiden Punkten, so wird nur ein gewisser Anteil Ferrit in Lösung gehen und ein anderer Anteil unverändert zurückbleiben. Kühlt man nun von diesen Temperaturen ab, so bleiben die nicht in Lösung gegangenen Ferritanteile unverändert, es entstehen aber aus den Anteilen der festen Lösung deutlich ausgeprägte Ferritsäume, von denen die Perlitinseln umgeben sind (Abb. 106).

Um eine Glühung einwandfrei durchzuführen, ist es notwendig, richtige Temperaturmessungen während der Glühung nicht nur im Ofen, sondern auch am Werkstück selbst auszuführen. Gleichzeitig ist eine genaue Kenntnis der Abhängigkeit der Erwärmungszeit von dem Querschnitt der einzelnen Stücke erforderlich. Die Erwärmungszeiten bei verschiedenen Querschnitten unter sonst gleichen Ofenbedingungen ergeben sich aus Abb. 107 und 108. Die beiden Abbildungen beziehen sich auf verschiedene Ofenatmosphären. Abb. 107 gilt für ein Salzbad, bei dem die Wärmeübertragung ausschließlich durch Wärmeleitung erfolgt. Die längeren Anwärmzeiten für höhere Temperaturen bei gleicher Stückgröße erklären sich aus dem einzuführenden größeren Wärmeinhalt. Im Falle eines Muffelofens (Abb. 108) geht die Wärmeübertragung, außer durch Berührung mit der heißen Ofenatmosphäre, hauptsächlich durch Strahlung vor sich. Infolgedessen sind die Zeiten zur Erwärmung auf entsprechende Temperaturen länger als bei der Salzbaderwärmung. Die Erwärmung läuft bei den höheren Temperaturen trotz des größeren Wärmeinhaltes der aufgeheizten Stücke infolge der intensiveren Strahlung rascher, da die Strahlungswirkung bei tiefen Temperaturen beträchtlich nachläßt.

Um mit Sicherheit eine gleichmäßige Temperatur in einem Werkstück zu erlangen, findet man des öfteren die Gewohnheit vor, Stücke zuerst 30—40° über die richtige Glühtemperatur zu erwärmen und dann auf die normale Glühtemperatur zurückgehen zu lassen. Bei dem Zurückgehen

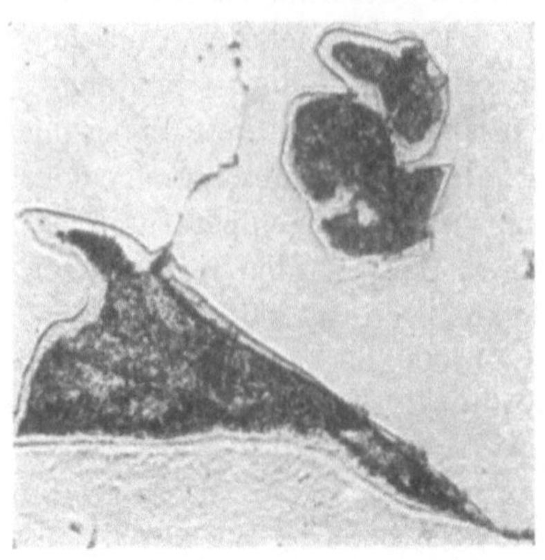

Abb. 106. Perlit von Ferrithöfen umsäumt in kaltgerecktem Weicheisen, das längere Zeit bei 760° geglüht ist. [Entnommen aus P. Goerens „Einführung in die Metallographie". 6. Auflage. 1932 S. 323.]

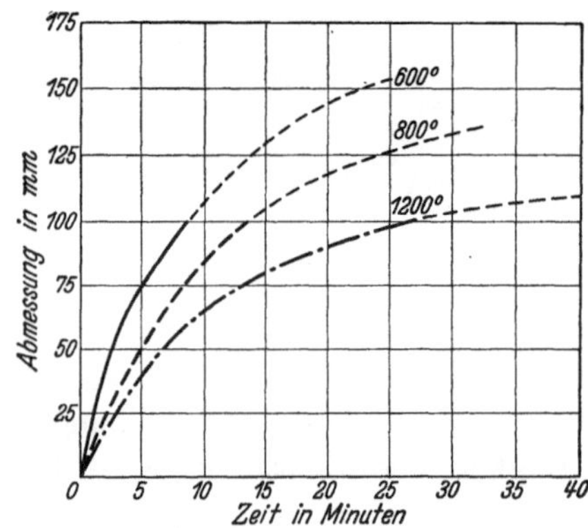

Abb. 107. Einfluß des Querschnittes auf die Anwärmdauer in einem Salzbad bei verschiedenen Temperaturen.

wird vor allem bei größeren Stücken der Ausgleich zwischen der etwas heißeren Randschicht und dem kälteren Kern angestrebt. Bei untereutektoiden sowie rein eutektoiden Stählen braucht ein derartiger Temperaturausgleich keinen besonderen Schaden hervorzurufen, da beim Durchschreiten der Umwandlungstemperatur wieder eine gewisse Kornverfeinerung eintritt, wenn die Überhitzung nicht zu groß war. Anders verhält es sich bei übereutektoiden Stählen. Hier kann ein derartiges Vorgehen

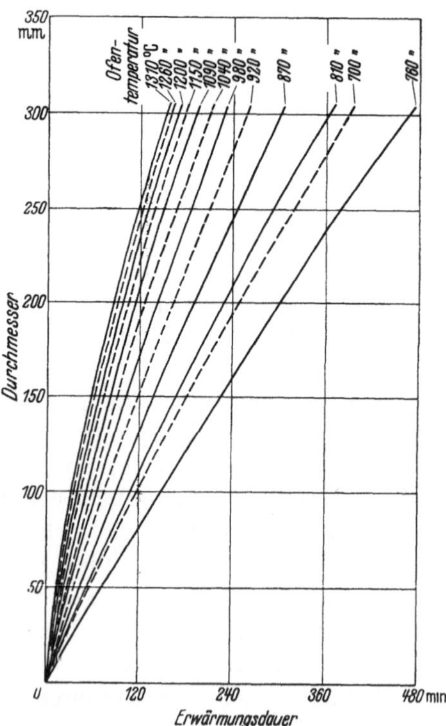

Abb. 108. Anwärmzeiten in Abhängigkeit von der Ofentemperatur für verschiedene Stückquerschnitte, berechnet für einen Strahlungsabsorptionskoeffizienten von 60% gegenüber dem schwarzen Körper. [J. D. Keller: Heat Treat. Forg. Bd. 20 (1934) S. 586/90.]

eine Ausscheidung von Korngrenzenkarbid mit den entsprechenden Nachteilen — geringere Zähigkeit und Verformungsfähigkeit — hervorrufen. Gleichzeitig können sich je nach Zusammensetzung des Werkstoffes und seiner Empfindlichkeit gegen Kornvergröberung entsprechende Schädigungen ergeben.

Ein weiterer Punkt, der bei der Glühung Beachtung verdient, ist die Frage der Glühatmosphäre. Mit an erster Stelle interessiert der Einfluß des in allen Verbrennungsgasen vorhandenen Sauerstoffs. Die oxydierende Wirkung von Heizgasen macht sich vor allem in einer mehr oder weniger starken Verzunderung der Oberfläche bemerkbar. Will man des besseren Aussehens wegen Zunderbildung vermeiden, so muß der Zutritt von Verbrennungsgasen und Luft zum Glühgut soweit als möglich verhindert werden. (Einpacken in Glühkästen oder Blechrohre, die mit Lehm verschlossen werden; Zusatz von etwas Holzkohle usw.) Durch die Wirkung der Glühatmosphäre können aber auch andere Oxydationserscheinungen auftreten, von denen vor allem die Entkohlung hervorzuheben ist. Genau wie eindringender Sauerstoff beim flüssigen Stahl zuerst den Kohlenstoff entfernt, ehe er das Eisen oxydiert, findet auch in der festen Lösung die Oxydation des Kohlenstoffs unter Umständen vor der des Eisens statt; d. h. ein Stahl, der in das Gebiet der festen Lösung erwärmt wird, kann je nach den Oxydationsbedingungen entkohlen oder verzundern, bzw. es kann beides eintreten. Abb. 109 zeigt eine Randentkohlung.

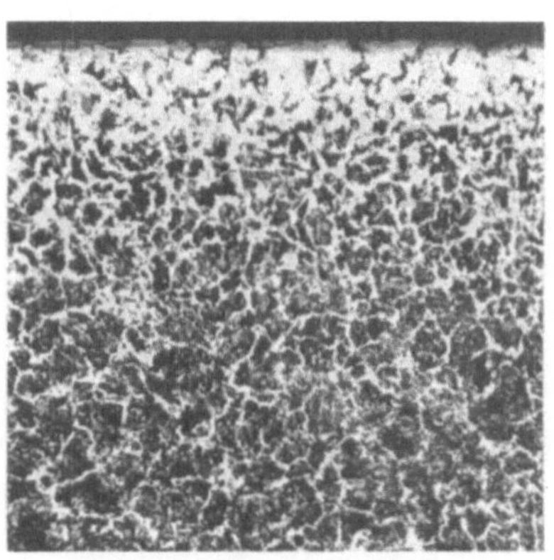

V = 100

Abb. 109. Entkohlte Randzone.

Um eine solche Entkohlung hervorzurufen, ist es notwendig, daß der Sauerstoff langsam in das Eisen eindringt. Ist die Oxydationsgeschwindigkeit geringer als die Diffusionsgeschwindigkeit des Kohlenstoffs, so entsteht Entkohlung; ist die Oxydationsgeschwindigkeit hingegen größer als die Diffusionsgeschwindigkeit, so muß Verzunderung auftreten, da jetzt infolge des schnell eindringenden Sauerstoffs Kohlenstoff und Eisen gleichzeitig oxydieren.

Auf die Gleichgewichtsvorgänge, die die Entkohlung regulieren, wird ausführlicher im Abschnitt Einsatzhärtung (s. S. 147, Abb. 131) eingegangen. Aus dem bereits Gesagten geht aber schon zur Genüge hervor, daß stark oxydierende Ofenatmosphären, bei denen die Oxydationsgeschwindigkeit die Diffusonsgeschwindigkeit um ein erhebliches Maß überschreitet, zwar eine stärkere Verzunderung bewirken, aber praktisch keine Entkohlung hervorrufen. Diese Erkenntnis hat man sich beim Glühen von hochgekohlten Werkzeugstählen zunutze gemacht, insbesondere bei der Wärmebehandlung von kalt zu ziehendem Silberstahl (1% C, 1% W), der oft vor der Härtung keine oder nur geringe Oberflächenbearbeitung erfährt. Während noch vor 10—20 Jahren die warmgewalzten Ringe nur im Topf oder in der geschlossenen Muffel geglüht wurden, um eine einwandfreie Oberfläche zu erzielen, werden sie heute vielfach in der offenen Muffel geglüht. Man nimmt dabei die stärkere Verzunderung in Kauf, wenn man die gerade bei diesem Stahl außerordentlich unangenehme Entkohlung vermeiden kann. Außerdem wirkt sich die etwas stärkere Verzunderung günstig beim Blankbeizen aus, da der besser aufgelockerte Zunder in der höheren Oxydationsstufe leichter löslich ist als die festhaftende eisenreiche Oxydschicht, die sich beim Glühen in schwach oxydierender Atmosphäre ergibt. Zu langes Beizen eines solchen schwerbeizbaren Materials führt sonst leicht zu Beizporen.

Auch das Verschließen der Topföffnungen mit Lehm und Holzkohle kann infolge der unter diesen Umständen leicht möglichen Schaffung einer schwachoxydierenden Atmosphäre gefährlich sein. Will man unbedingt eine Entkohlung des Glühgutes vermeiden, so muß man so große Mengen Holzkohle anwenden, daß beim Glühen in gewissem Sinne bereits eine zementierende Atmosphäre geschaffen wird (s. S. 129). Besonders gefährlich sind auch schwach reduzierende Atmosphären, wenn sie Wasserstoff enthalten. Feuchter Wasserstoff gilt mit als das schärfste Entkohlungsmittel. Auf weitere Fehlererscheinungen, die durch Anwesenheit von Wasserstoff in der Glühatmosphäre, insbesondere bei legierten Stählen, eintreten können, wird im Abschnitt „Wasserstoff", S. 936 u. 940, noch eingegangen werden.

Bei Entkohlung oberhalb A_1, aber unterhalb der A_3-Umwandlung des reinen Eisens beobachtet man eine eigenartige, säulenartige Ausbildung der entkohlten Kristalle, die auch als Zapfenkorn bezeichnet wird (Abb. 110). Diese Kristallausbildung kommt dann zustande, wenn bei Temperaturen zwischen GOS und der Perlitlinie entkohlt wird. Der bei diesen Temperaturen vorliegende γ-Mischkristall erfährt hierbei eine Verminderung

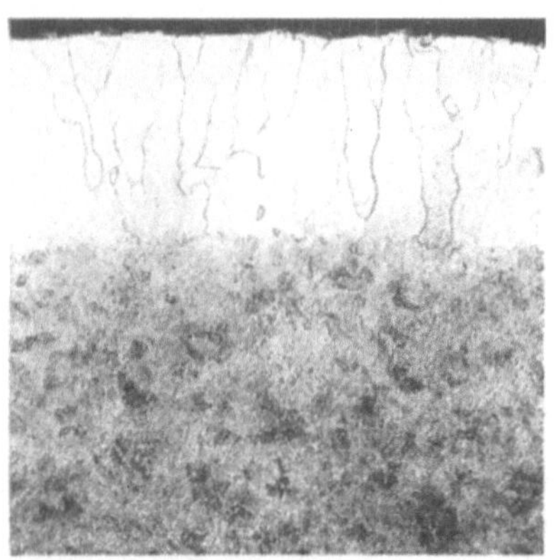

V = 100

Abb. 110. Zapfenbildung bei Entkohlung.

seines Kohlenstoffgehaltes, die zu einer der Unterschreitung der GOS-Linie im Eisen-Kohlenstoff-Diagramm und damit zu einer Ausscheidung von Ferrit führt. Die nach dem Innern zu fortschreitende Entkohlung hat ein in gleicher Richtung fortgesetztes Anwachsen der Ferritausscheidung und damit die Bildung der säulenförmigen Kristalle zur Folge. Bei umwandlungsfreien Metallen und z. B. auch bei Entkohlungen unterhalb A_1 können ebensolche Säulenkristallisationen beobachtet werden, die auf ein durch die Entkohlung erleichtertes und entsprechend deren Fortschreiten ausgerichtetes Kornwachstum zurückzuführen sind. Der oberhalb der A_3-Umwandlung entkohlte γ-Mischkristall erfährt dagegen bei der Abkühlung eine Umkristallisation; es entstehen also in diesem Falle Ferritkörner von regelloser Form und Achslage.

Die schädliche Wirkung einer Entkohlung macht sich z. B. bei Werkzeugstählen, die später gehärtet werden müssen, bemerkbar; sie bewirkt hier eine ungleichmäßige und unvollständige Oberflächenhärtung. Sehr ungünstig wirkt die Entkohlung auch bei Teilen, die einer Wechselbeanspruchung auf Biegung oder Verdrehung unterworfen werden, weil bei dieser Beanspruchungsweise gerade die entkohlte Randzone mit ihrer entsprechend geringeren Festigkeit der höchsten Belastung ausgesetzt ist (s. S. 183). Die Entkohlungserscheinungen führen daher stets zu einer erheblichen Verminderung der Dauerfestigkeit, insbesondere wenn die entkohlte Schicht im Verhältnis zum Gesamtquerschnitt eine merkliche Tiefe erreicht, wie es z.B. bei Ventilfedern der Fall sein kann. Auch die chemische Widerstandsfähigkeit, wie z. B. das Verhalten von Flußeisen gegen Spannungskorrosion, kann durch Randentkohlung verschlechtert werden, insbesondere wenn sie mit gleichzeitiger Stickstoffaufnahme verbunden ist. Hierauf wird im Abschnitt Stickstoff noch näher eingegangen (S. 896).

Im Gegensatz zu den Entkohlungserscheinungen kann beim Glühen in Anwesenheit aufkohlender Gase, die beispielsweise durch Abdeckung mit genügender Menge Holzkohle usw. entstehen, die Gefahr einer Aufkohlung eintreten (Abb.111). Aufkohlungen können ebenfalls schädlich werden, weil die Karbidbildung in der Randschicht besonders bei Stücken mit geringem Querschnitt leicht eine zu große Sprödigkeit der Randschicht und damit Rißbildung usw. herbeiführen kann.

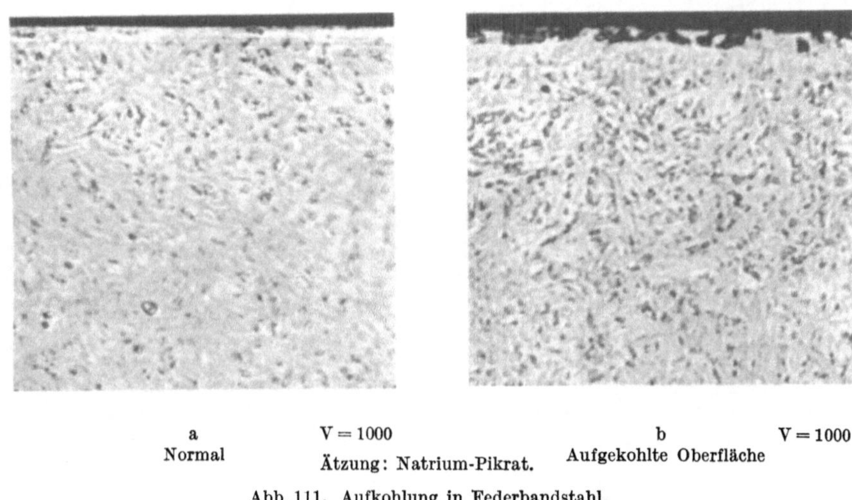

<table>
<tr><td>a</td><td>V = 1000</td><td>b</td><td>V = 1000</td></tr>
<tr><td>Normal</td><td>Ätzung: Natrium-Pikrat.</td><td>Aufgekohlte Oberfläche</td><td></td></tr>
</table>

Abb. 111. Aufkohlung in Federbandstahl.

Fehler beim Glühen können schließlich noch durch falsche Abkühlung entstehen. So ist es beim Glühen auf körnigen Perlit nötig, zumindest in der Nähe der Umwandlung sehr langsam abzukühlen, weil sonst wieder mit Bildung von lamellarem Perlit gerechnet werden muß. Beim Spannungsfreiglühen wird man möglichst noch bis zu Temperaturen von 200—300° herab langsam im Ofen abkühlen, um das Auftreten neuer Spannungen durch ungleichmäßiges Abkühlen von höheren Temperaturen mit Sicherheit zu verhindern.

2. Härten.

Unter Härten versteht man das Ablöschen aus dem Gebiet der festen Lösung mit dem Ziel, Martensitbildung hervorzurufen, d. h. den Stahl in den größtmöglichen Härtezustand überzuführen. Man kann zwei Arten von Härtung unterscheiden:

a) Die normale Härtung, bestehend aus einem Ablöschen mehr oder weniger hochgekohlter Stähle.

b) Die sogenannte Einsatzhärtung, d. h. Ablöschen nach erfolgter Aufkohlung der Randzone durch Diffusion.

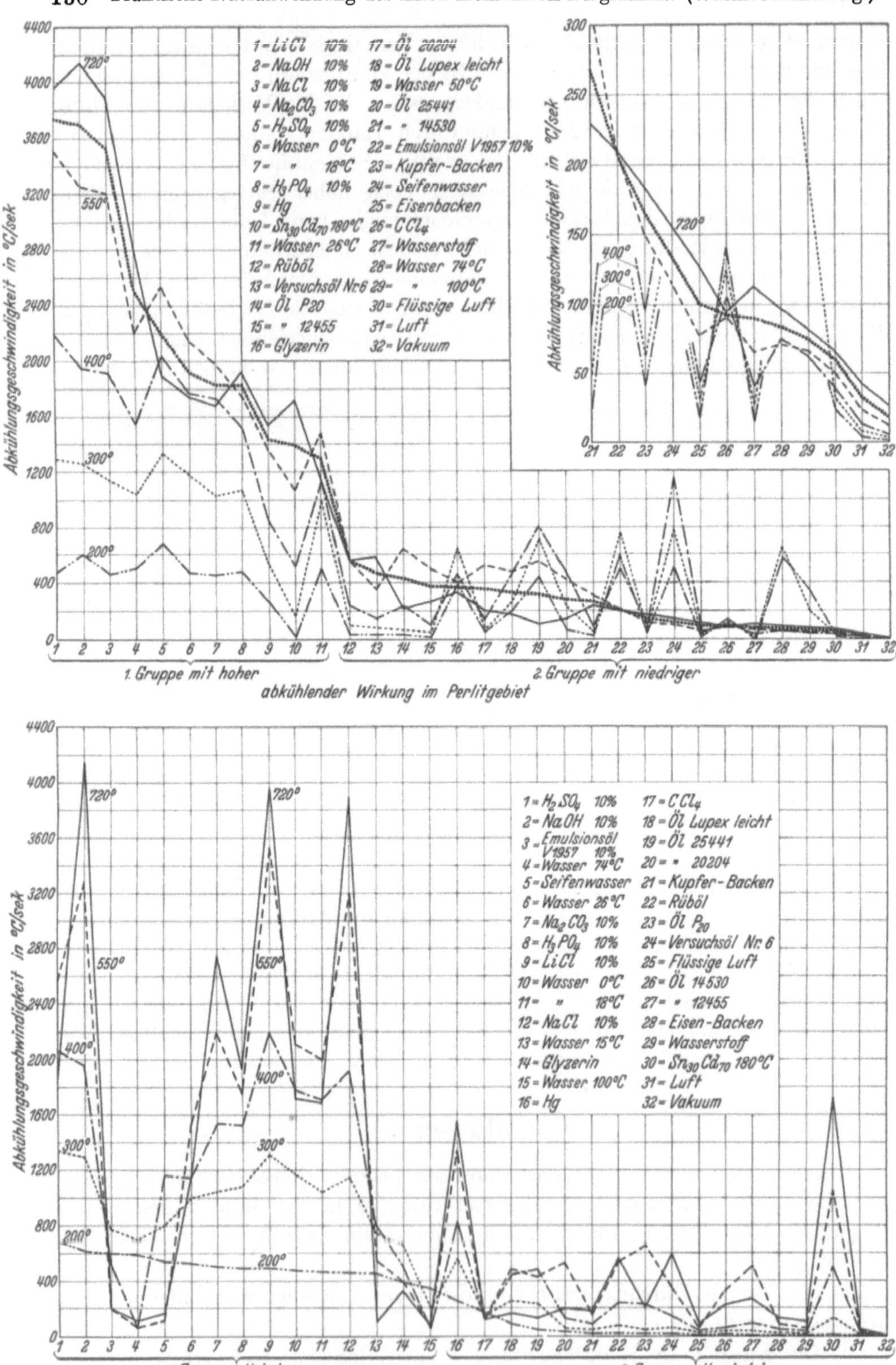

Abb. 112. Abkühlungsvermögen verschiedener Härtemittel. Oben nach der Wirkung in der Perlitstufe (rund 700°); unten nach der Wirkung in der Martensitstufe (rund 200°) geordnet. [Nach F. Wever: Arch. Eisenhüttenw. Bd. 5 (1931/32) S. 367/76.] (Durch Abkühlung einer 4 mm Kugel aus Chrom-Nickel ermittelt.)

a) Die normale Härtung.

Maßgebend für die Martensitbildung ist die kritische Abkühlungsgeschwindigkeit, d. h. diejenige Geschwindigkeit, die notwendig ist, um die Perlit- und Zwischenstufe zu unterdrücken. Je nach der Zusammensetzung des betreffenden Stahles verändert sich die kritische Abkühlungsgeschwindigkeit und damit die Wahl der Abkühlungsart. Die notwendige Abkühlungsgeschwindigkeit ist auch weitgehend von den Abmessungen des Werkstückes abhängig. Eine Veränderung der Abkühlungsgeschwindigkeit erreicht man praktisch durch Anwendung verschiedener Ablöschmittel. Die hauptsächlich angewendeten Ablöschmittel sind in fallender Folge der Abschreckwirkung Wasser, Öl und Luft; eine Zusammenstellung verschiedenster Abschreckmittel, nach der Reihenfolge ihrer Abschreckwirkung geordnet, zeigt Abb. 112.

Die schroffe Abschreckwirkung des Wassers kann noch erhöht werden durch Zusätze, die die Verdampfungstemperatur des Wassers heraufsetzen, wie z. B. Schwefelsäure und Kochsalz. Maßgebend für die Ablöschwirkung ist nämlich nicht nur die Wärmeleitfähigkeit, sondern auch der Verdampfungspunkt. Je niedriger der Verdampfungspunkt liegt, um so leichter bilden sich um das zu härtende Stahlstück kleine isolierende Dampfbläschen, die die Abschreckwirkung vermindern. Die Gefahr der Dampfblasenbildung ist, abgesehen von der Lage des Verdampfungspunktes, um so höher, je größer das abzuschreckende Stahlstück und je geringer die Bewegung des Ablöschmittels ist. Hieraus geht bereits hervor, daß zum einwandfreien Härten größerer Stahlstücke eine sehr energische Bewegung des Ablöschbades erforderlich ist, da die Bewegung des Ablöschmittels gleichzeitig im Sinne einer erhöhten Wärmeleitfähigkeit wirkt. Ebenso kann durch Zusätze von den Verdampfungspunkt heraufsetzenden Stoffen, wie z. B. Natronlauge, trotz verschlechterter Wärmeleitfähigkeit eine verbesserte Härtewirkung, insbesondere größere Gleichmäßigkeit, erzielt werden. Als gebräuchliche Härteflüssigkeiten dieser Art haben sich eine 5—10proz. Kochsalzlösung und eine 5—10proz. Natronlauge bewährt.

Die abkühlende Wirkung verschiedener Härtemittel bei den verschiedenen Abkühltemperaturen ist eingehender von A. Rose[1] untersucht worden (Abb. 113). Wenn keine Nebenerscheinungen auftreten würden, müßte die abkühlende Wirkung stets im Augenblick des Eintauchens in das Härtemittel am größten sein, da ja hier das Wärmegefälle zwischen den zu härtenden Stücken und dem Abkühlbad am stärksten ist. Dies kann man auch bei der Härtewirkung von Luft und Preßluft beobachten. Bei Wasser steigt die Abkühlwirkung erst mit fallender Temperatur und nimmt bei etwa 500° ein Maximum an. Die verzögernde Wirkung im Augenblick des Eintauchens des Härtegutes ist auf die Dampfhautbildung zurückzuführen, die auch durch noch so energische Badbewegung nicht ganz unterdrückt werden kann. Je nach der Badbewegung kann die Kurve für Wasserabkühlung auch Formen annehmen, wie sie Abb. 113b für Mineralöl zeigt. Auch beim Härten mit Mineralöl bildet sich zuerst eine Dampfhaut, die plötzlich zusammenbricht und einen steilen Anstieg der Abkühlwirkung ergibt. Die hohe Abschreckwirkung wird erst in dem Augenblick erreicht, wo die Dampfhaut zusammenbricht und ein Kochvorgang um das zu härtende Stück einsetzt.

---

[1] Mitt. Kais.-Wilh.-Inst. Eisenforsch. Bd. 21 (1939) S. 181/96 — Arch. Eisenhüttenw. Bd. 13 (1939/40) S. 345/54.

Das Festhalten von Dampfblasen durch Unebenheiten an der Probenoberfläche und die dadurch bewirkte Gefahr ungünstiger Abkühlung dürfte hiermit zur Genüge gekennzeichnet sein. Sehr deutlich zeigt sich in der Abbildung die Wirkung eines Zusatzes von Natronlauge oder aufgeschlämmtem Kalk auf die größere Gleichmäßigkeit der Abschreckgeschwindigkeit in einem weiten Temperaturbereich. Auch der Unterschied zwischen Mineralöl und Rüböl kommt durch diese Untersuchungen klar zum Ausdruck sowie die Möglichkeit, durch Wasserglaslösungen in Wasser eine dem Rüböl ähnliche Abschreckung hervorzurufen. Man kann somit auch durch entsprechende Mischungen eine Härte-

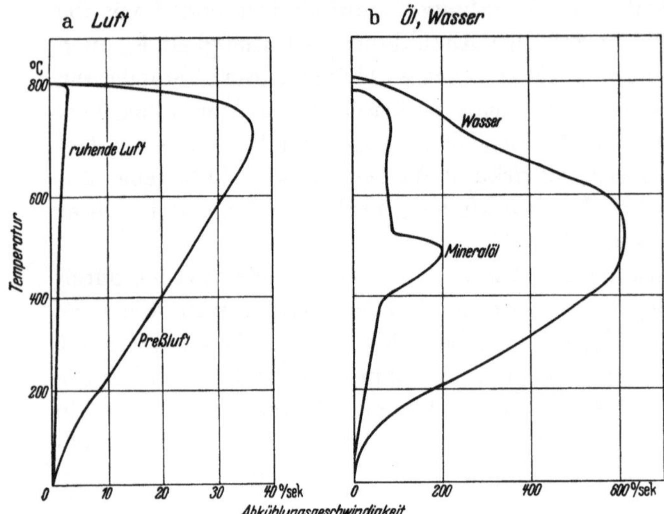

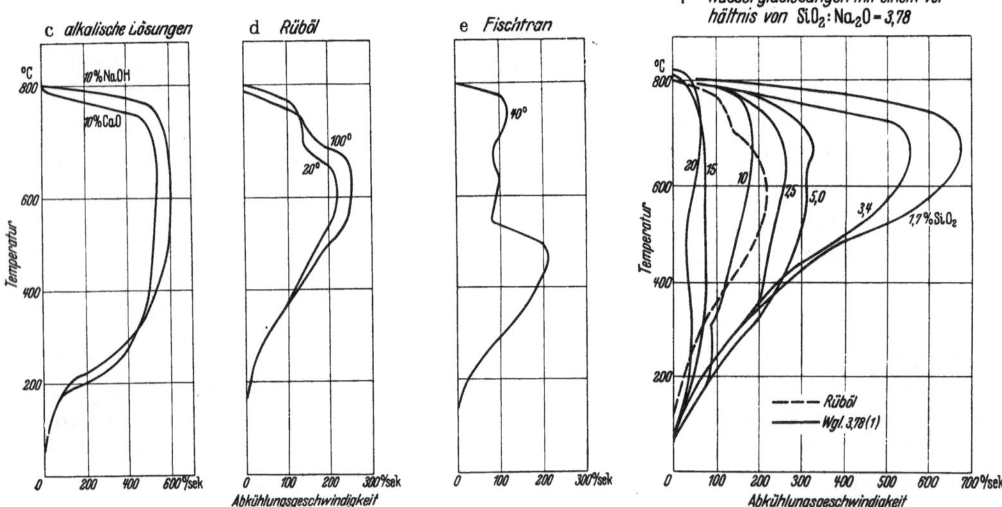

Abb. 113. Abkühlungsvermögen verschiedener Abschreckmittel bei verschiedenen Temperaturen.
[Nach A. Rose: Mitt. Kais.-Wilh.-Inst. Eisenforsch. Bd. 21 (1939) S. 181/96.]

wirkung, die zwischen Rüböl und Wasser liegt, erzielen. Bei Wasserglaslösungen wird es vielfach als lästig empfunden, daß die gehärteten Stücke sich mit einer Haut überziehen, die erst durch Kochen in Natronlauge wieder entfernt werden kann.

Aus den Untersuchungen geht auch hervor, daß die verschiedenen Härtemittel das Maximum ihrer Abkühlungsgeschwindigkeit bei verschiedenen Temperaturen haben können. Dies ist für die zu erzielende Härtewirkung in Zusammenhang mit dem über die Umwandlungsgeschwindigkeit bei verschiedenen

Temperaturen Gesagten nicht belanglos. Ebenso wird die Höhe der beim Ab-
löschvorgang auftretenden Spannungen, die zum Ausschuß durch Härterisse,
Verziehungen usw. führen können, wesentlich von der Abkühlungsgeschwindigkeit bei den verschiedenen Temperaturen beeinflußt. Durch Veränderung der
Temperatur der Härtemittel ergeben sich weitere Verschiebungen, die zum Teil
in der obengenannten Arbeit ebenfalls näher beschrieben sind.

Die Härtewirkung ist aber nicht nur von dem Abschreckmittel, sondern
auch in einem gewissen Sinne von der Abschrecktemperatur abhängig. Besonders leicht läßt sich diese Erscheinung bei legierten Stählen verfolgen. Abb. 114
zeigt den Einfluß verschiedener Härtemittel und Härtetemperaturen auf die
erzielte Härte bei einem 5proz. Nickelstahl mit 0,5% C. Wie hieraus ersichtlich,
liegt die beste Härtetemperatur für Wasser bei 750°, für Öl oder Preßluft bei
etwa 900°, während bei Abkühlung an Luft die beste Härtewirkung erst bei
1100° erzielt wird. Zur Er-
klärung dieses Einflusses der
Härtetemperatur kann man
sich vorstellen, daß die Unterdrückung der Umwand-
lung in der Perlitstufe bei um
so geringerer Abkühlungsgeschwindigkeit möglich wird,
je keimfreier die feste Lösung
ist; eine Erwärmung zu höheren Temperaturen wirkt
aber zweifelsohne im Sinne
einer Homogenisierung der
festen Lösung. Insbesondere
bei sonderkarbidhaltigen
Stählen geht mit steigenden

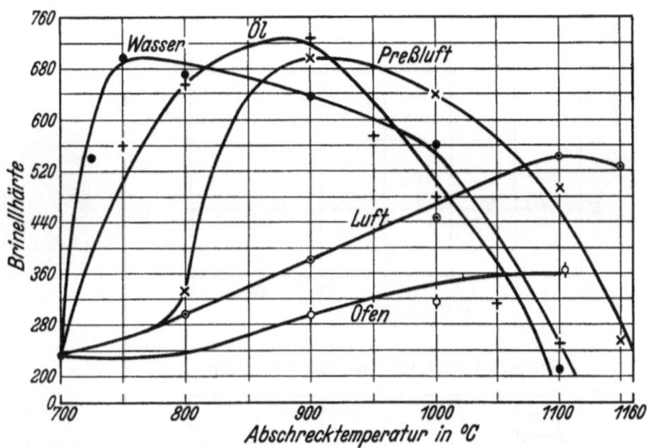

Abb. 114. Brinellhärten eines Nickelstahles mit 0,5% C, 5% Ni bei
wechselnden Härtetemperaturen in verschiedenen Abschreckmitteln
abgelöscht. [Nach H. Jungbluth: Stahl u. Eisen Bd. 42 (1922)
S. 1392/96.]

Temperaturen ein wachsender Anteil von Karbid in Lösung (s. a. unter „Vanadin"), und somit wird eine Unterdrückung der Perlitumwandlung bei steigender
Ablöschtemperatur leichter möglich. Außer der Höhe der Abschrecktemperatur
wird bei solchen Stählen aber auch die Beschaffenheit des Ausgangsgefüges insofern eine wesentliche Rolle spielen, als ein feinverteiltes Karbid leichter zu lösen
ist als grob zusammengeballte Karbidanhäufungen. Ob außer Kohlenstoff nicht
auch noch chemisch schwer bestimmbare kleinste Mengen anderer Fremdstoffe
in Lösung gehen und im gleichen Sinne wirken, muß einstweilen dahingestellt
bleiben. Auch die mit steigender Ablöschtemperatur zunehmende Kristallkorn-
größe steigert die Härtefähigkeit. Jede Korngrenze stellt einen atomaren Spannungszustand zwischen zwei Kristallen dar und wirkt somit umwandlungsför-
dernd. Je höher ein Stahl erhitzt wird, um so grobkörniger wird er, um so
weniger Korngrenzen sind vorhanden, um so größer wird seine Härtefähigkeit.
Sehr deutlich geht der Einfluß steigender Korngröße und die damit verbundene
geringere Impfwirkung der Korngrenzen aus Abb. 115 hervor. Es wurden Proben
von zwei unlegierten Werkzeugstählen mit etwa 1% Kohlenstoff zunächst von
normaler Härtetemperatur (780° C) abgeschreckt. Beide Stähle zeigten nach dieser
Behandlung einen feinkörnigen Härtebruch und eine verhältnismäßig geringe

Einhärtung von 3,5 bzw. 2,5 mm, entsprechend ihren verschiedenen Herstellungsverfahren. Die Stähle wurden sodann eine Stunde bei 1100° C geglüht und in Wasser abgeschreckt; hierdurch trat eine

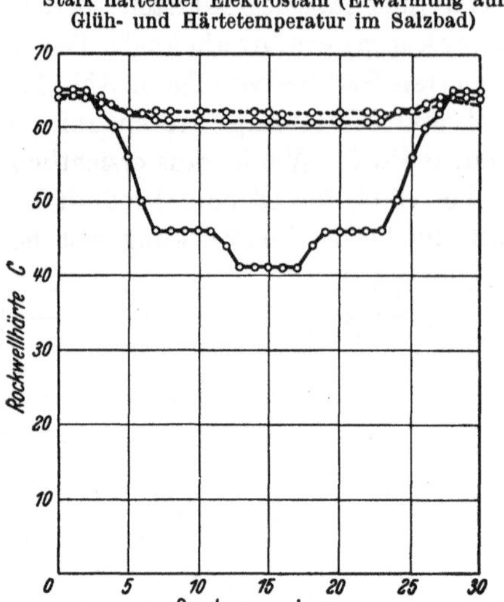

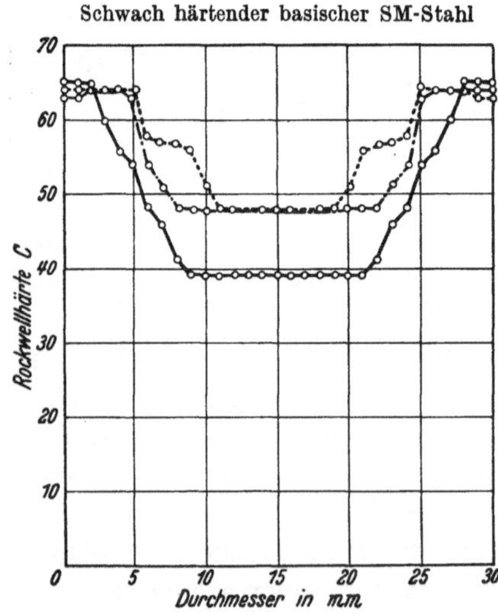

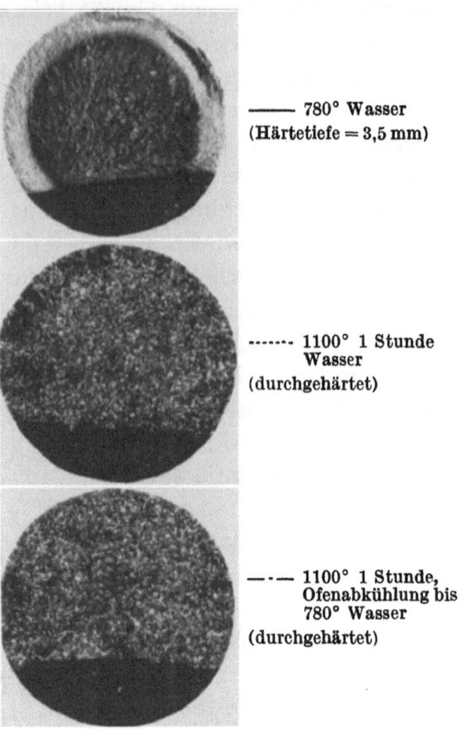

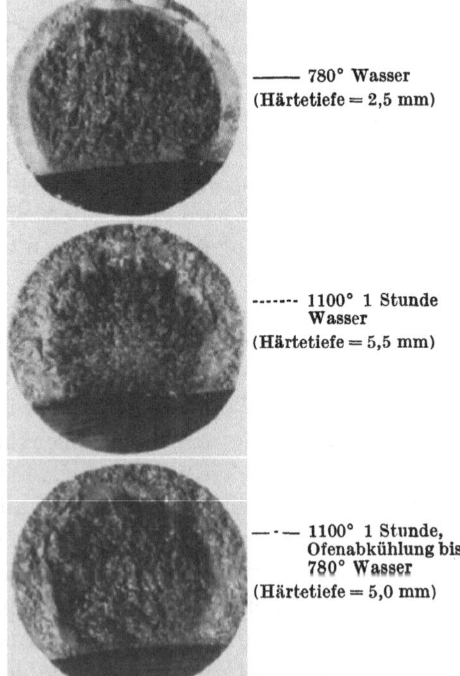

starke Kornvergröberung ein, und die Härtetiefe stieg erheblich an. Vergleichsproben wurden zunächst 1 Stunde bei 1100° C geglüht und kühlten von dieser Temperatur im Ofen auf die normale Härtungstemperatur von 780° C ab. Von dieser Temperatur abgelöscht,

Abb. 115. Einfluß der Kornvergröberung auf die Durchhärtung bei zwei unlegierten Werkzeugstählen mit 1% C verschiedener Herstellungsart.

zeigten die Stähle genau so starke Durchhärtung wie die von 1100° C gehärteten Proben. Der Versuch zeigt, daß die verstärkte Durchhärtung bei höherer Abschrecktemperatur nicht etwa eine Folge größerer Abkühlungsgeschwindigkeit ist, wie man, verleitet durch das höhere Temperaturgefälle, öfter irrtümlicherweise annahm. Im Sinne einer Erhöhung des Temperaturgefälles könnte nur eine Senkung der Temperatur des Abschreckmittels wirken, nicht aber eine Erhöhung der Härtetemperatur, denn die Geschwindigkeit, mit der das Umwandlungsgebiet durchlaufen wird, ist unabhängig davon, ob die Abschrecktemperatur 800° oder etwa 1000° ist. Bei höheren Anfangstemperaturen könnte infolge des höheren Wärmeinhaltes der Stücke höchstens eine Verlangsamung der Abkühlung eintreten. Maßgeblich für die erwähnte Wirkung ist ausschließlich die durch das Verweilen auf höherer Temperatur eintretende Kornvergröberung und Homogenisierung. Der Versuch zeigt gleichzeitig, daß der im Abschnitt „Glühen" erwähnte Brauch, Stücke zwecks besseren Temperaturausgleichs über Härtetemperatur zu erwärmen und sie dann im Ofen zurückgehen zu lassen, mitunter zu unerwünschter Kornvergröberung und Durchhärtung führen kann. Sehr oft treten solche Erscheinungen dann auf, wenn zu kleine Härteöfen übermäßig vollgepackt werden. Die hierdurch erforderliche größere Wärmezufuhr bedingt meistens ungleichmäßige Erwärmung und teilweise Überhitzung der eingesetzten Stücke, auch wenn im Augenblick der Härtung eine vollkommen gleichmäßige Temperatur im Ofen erzielt wird.

Durchhärtung. Die größte Abkühlungsgeschwindigkeit tritt beim Abschrecken an der Oberfläche der Stahlstücke auf, da diese unmittelbar mit dem Kühlmittel in Berührung steht. Je weiter die Teile von der Oberfläche des Stahlstückes ent-

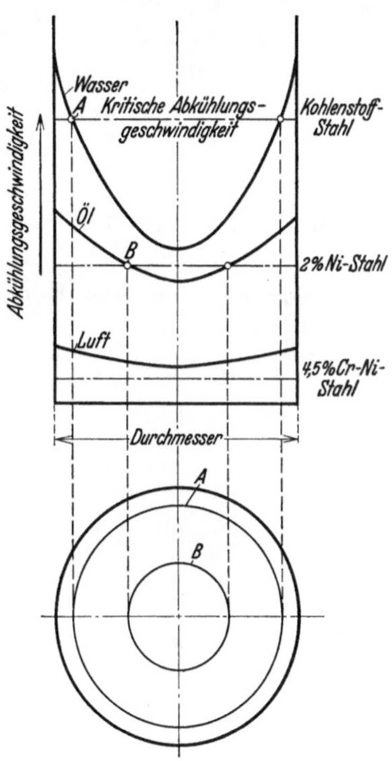

Abb. 116. Einfluß der Legierung auf das Durchhärtungsvermögen von Stählen.

fernt sind, um so geringer wird die Abkühlungsgeschwindigkeit, so daß es bei dickeren Stücken vorkommen kann, daß außen bereits Temperaturen von 300° und darunter erreicht sind, während im Kern das Material noch dunkelrot glühend ist, also eine Temperatur von etwa 600° aufweist. Da die Abkühlungsgeschwindigkeit vom Rand zur Mitte abnimmt, wird es für eine bestimmte Stahlzusammensetzung immer einen bestimmten Querschnitt geben müssen, in dem die kritische Abkühlungsgeschwindigkeit im Kern unterschritten wird und der Stahl also nicht mehr härtet. Wir erhalten dann im abgeschreckten Zustand einen martensitischen Rand und einen zäheren Kern, der aus Troostit bis Sorbit bestehen kann. Diese Erscheinung der nicht vollkommenen Durchhärtung tritt bei allen reinen Kohlenstoffstählen bereits bei Abmessungen von etwa 10 mm aufwärts ein. Bei legierten Stählen, die eine geringere kritische Abkühlungsgeschwindigkeit erfordern, wird bei demselben Ablöschmittel, also z. B. Wasser, noch im ganzen Querschnitt des betreffenden Stahlstückes die kritische

Abkühlungsgeschwindigkeit erreicht und man erhält Durchhärtung. Durch Legierungselemente kann die kritische Abkühlungsgeschwindigkeit so weit herabgesetzt werden, daß sogar bei milderen Ablöschmitteln, wie Öl oder Luft, vollkommene Durchhärtung erzielt wird.

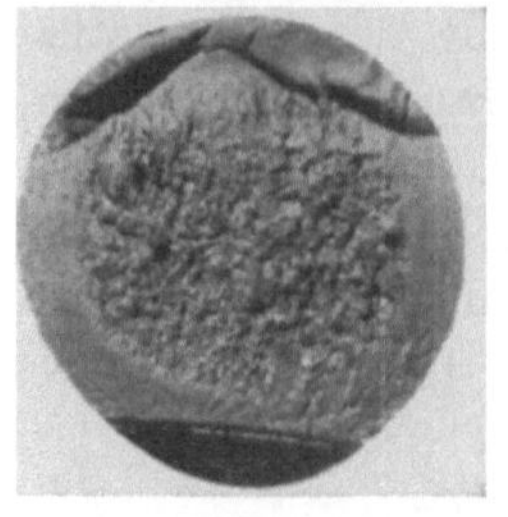

V = 1:1
Abb. 117. Härtebruch eines Kohlenstoffstahles mit Härterandschicht und zähem Kern.

Wie die Verhältnisse liegen, zeigt die Darstellung in Abb. 116. In ihr sind schematisch verschiedene Abkühlungsgeschwindigkeiten über dem Durchmesser — dick ausgezogen — aufgetragen. Die stärkste Abkühlwirkung am Rand wird durch Wasser erzielt, wobei gleichzeitig die größten Unterschiede zwischen Kern und Rand auftreten können. Ein Kohlenstoffstahl wird beim Ablöschen bis zu einer Tiefe durchhärten, bei der die kritische Abkühlungsgeschwindigkeit (im Punkte A) erreicht wird. Wir bekommen einen Härterand entsprechend der Ringzone A. Bei einem höher legierten Nickelstahl oder mittellegierten Chrom-Nickel-Stählen genügt schon Ölablöschung zur Erreichung der kritischen Geschwindigkeit. Im Punkte B wird aber wiederum nach dem Kern zu die kritische Abkühlungsgeschwindigkeit unter-

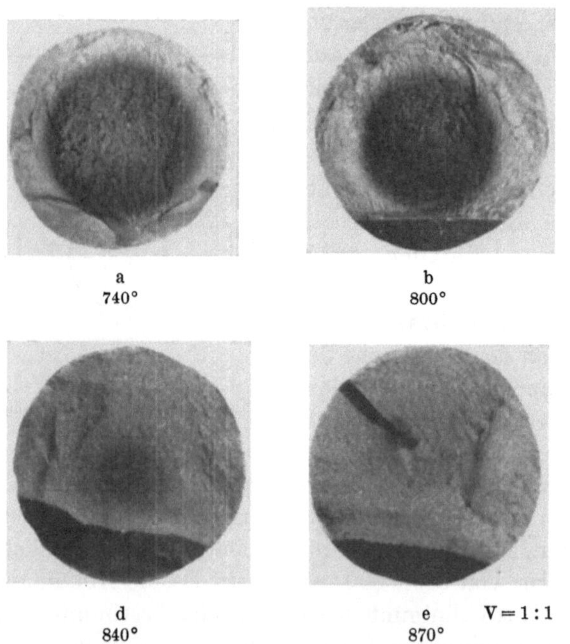
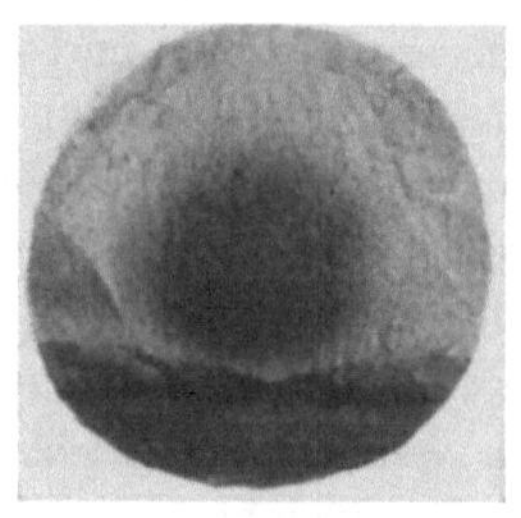

a
740°

b
800°

c
820°

d
840°

e   V = 1:1
870°

Abb. 118. Veränderung der Härtetiefe mit der Ablöschtemperatur bei einem Werkzeugstahl mit 0,99% C, 0,43% Si, 0,43% Mn.

schritten; wir erhalten einen Härterand entsprechend der Kreiszone bis B und einen kleineren troostitischen Kern. Bei Wasserhärtung würde vollkommene Durchhärtung dieser Stähle erfolgen. Bei Lufthärtung, z. B. von hochlegiertem Chrom-Nickel-Stahl, oder dem extremsten Fall, der Ofenhärtung sehr hochlegierter Stähle, werden die Unterschiede zwischen Rand und Kern am geringsten; unter Umständen wird hier die kritische Abkühlungsgeschwindigkeit im ganzen Querschnitt erzielt, es erfolgt vollkommene Durchhärtung.

Die nicht vollkommene Durchhärtung bei Kohlenstoffstahl kann man schon an Bruchproben erkennen, bei denen sich der harte Martensitrand von dem zähen Troostitkern abhebt. Infolge des gleichzeitigen Auftretens von Ar'' und Ar'

in einer gewissen Tiefe erhält man einen milden Übergang vom Härterand zum zähen Kern (Abb. 117).

Da eine Erhöhung der Ablöschtemperatur im Sinne einer Verbesserung der Härtbarkeit wirkt, ist es erklärlich, daß mit steigender Ablöschtemperatur die Durchhärtung bei ein und demselben Stahl zunimmt (Abb. 118). Gleichzeitig erkennt man oft mit steigender Temperatur eine steigende Kornvergröberung. Hierbei beobachtet man meist, daß die Feinkörnigkeit der Härteschicht über einen bestimmten Temperaturbereich erhalten bleibt und dann plötzlich grobkörnig glitzernd wird. Eine derartige Härtebruchbeurteilung für steigende Härtetemperaturen bezeichnet man als „Überhitzungsempfindlichkeitsprüfung". Die niedrigste Temperatur, bei der Härtung auftritt, und die Temperatur der beginnenden Grobkornbildung werden als „Härtegrenzen" bezeichnet.

Härtespannungen. Beim Ablöschen von Stählen müssen Spannungen entstehen, und zwar kann zwischen a) Kristallgitterspannungen, b) Spannungen durch Gefügeunterschiede und c) rein thermischen Spannungen durch ungleichmäßiges Abkühlen unterschieden werden.

a) Wie bereits erwähnt, tritt bei der Bildung von Martensit durch die zwangsweise Verteilung des Kohlenstoffes im Kristallgitter eine Volumenvergrößerung auf, die gleichzeitig einen Maßstab für die im Gefüge vorhandenen Spannungen ergibt. Entsprechend der Volumenvergrößerung steigen die Spannungen mit der Höhe des Kohlenstoffgehaltes an. Da diese Spannungen aber innerhalb des Kristallgitters selbst auftreten und jedes Stahlstück sich aus einem Haufwerk gegeneinander regellos gerichteter Kristalle zusammensetzt, brauchen sich die Kristallgitterspannungen über makroskopische Raumbereiche nicht auszuwirken, sondern heben sich größtenteils selbst auf. Ein im Gefüge gleichmäßiger Stahl, z. B. eine luft- oder ofenhärtbare Legierung, die durch den ganzen Querschnitt vollkommen martensitisch wird, weist zwischen den einzelnen Querschnittsteilen — Rand und Kern — keine wesentlich verschiedenen Spannungszustände auf; sie würde also beim schrittweisen Abschleifen keine wesentlichen Längenänderungen ergeben, dagegen kann bei röntgenographischen Untersuchungen die gleichmäßige Verspannung des Gitters festgestellt werden. Infolgedessen wird bei luft- und ofenhärtbaren Stählen, vorausgesetzt, daß sie im Rand und Kern gleichmäßig härten, ein ungleichmäßiger Verzug beim Härten, der meistens eine Andeutung für auftretende gerichtete Spannungen ist, fast völlig vermieden. Der Fall, daß Stahllegierungen bei der Härtung vollkommen gleichmäßig martensitisch werden, ist aber selten. Meist verläuft die Härtung entweder unvollkommen, so daß geringe Mengen Troostit im Gefüge zurückbleiben, oder es entsteht Restaustenit. Die im Härtegefüge durch örtlich verschiedene Volumenvergrößerung bei der Martensitbildung entstehenden Spannungen können so groß werden, daß sich mikroskopisch feine Risse im Härtungsgefüge ausbilden.

b) Tritt bei gehärteten Stahlstücken außen Martensit und innen Troostit auf, so bilden sich — wenn man von den unter c) beschriebenen Abkühlungsspannungen absieht — gerichtete Spannungen zwischen Rand- und Kernzone aus. Infolge des größeren Volumens der gehärteten Randzone wird eine Zugbeanspruchung auf den Kern ausgeübt, während der Rand selbst unter Druckspannung steht. Es liegen hier gerichtete Spannungszustände vor, die um so größer sein werden, je stärker die Unterschiede in der Ausbildung des Martensitrandes und des nichtgehärteten Kernes sind. Durchhärtende Stähle enthalten daher, wie erwähnt, weniger gerichtete Spannungen als Stähle mit Härterand.

c) Eine weitere Art von Spannungen schließlich tritt in jedem abgelöschten Metallstück auf, ganz gleich, ob es Umwandlungen im Gefüge erfährt oder nicht. Die Ursache dieser Spannungen ist auf die unterschiedliche Abkühlung in verschiedenen Querschnittszonen beim Abschrecken zurückzuführen. Beim Ablöschen kühlt die Randzone zuerst ab und versucht sich zusammenzuziehen, so daß in ihr Zugspannungen, im Kern hingegen Druckspannungen entstehen. Solange die Temperatur des Metallstückes hoch genug ist, wird das Bestreben vorhanden sein, diesen Spannungen durch plastische Formänderungen nachzugeben. Bei der weiteren Abkühlung des Kernes wird dieser sich entsprechend seinem Ausdehnungskoeffizienten zusammenziehen wollen, infolge der Starrheit der abgekühlten Randzone wird er aber an der Zusammenziehung verhindert werden, mit anderen Worten, im abgeschreckten Zustande ist die Randzone eines Stückes für den Kern zu groß. Die Folge hiervon sind gerichtete Spannungen von erheblicher Größe, und zwar jetzt in der Außenzone Druck, in der Innenzone Zug, d. h. es hat eine Umkehrung der Spannungsverhältnisse in Rand und Kern während der Abkühlung stattgefunden. Die Größe der auf-

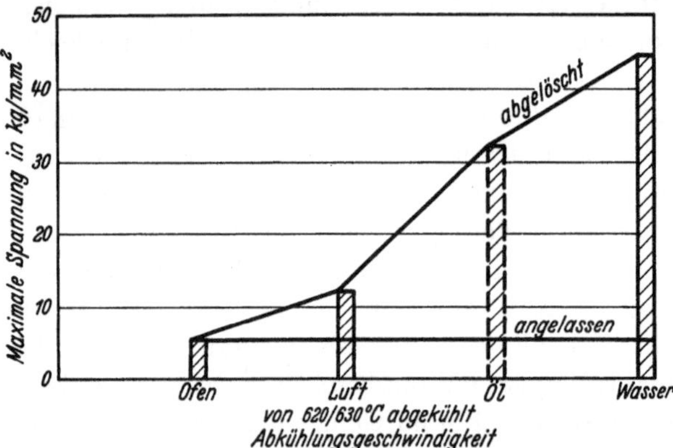

Abb. 119. Ablöschspannungen in einem vergüteten Knüppel eines Kohlenstoffstahles mit 0,8 % C nach Abkühlung in verschiedenen Abschreckmitteln. [Nach F. Stäblein.]

tretenden Spannungen steht in direktem Zusammenhang mit der Schroffheit des Ablöschmittels (Abb. 119). Gelegentlich versucht man, solche Spannungen, gegebenenfalls durch örtliches Erwärmen, bewußt zu erzeugen, um an hochbeanspruchten Stellen von Bauteilen eine der Betriebsspannung entgegengerichtete Vorspannung zu erhalten (z. B. an der Innenwandung von Druckbehältern).

Infolge der auftretenden Spannungen treten bei Stücken, die nicht einer Kugel entsprechen, durch das Ablöschen allein erhebliche Verformungen ein; z. B. erfolgt bei großen zylindrischen Schmiedestücken, die im Kern eine Bohrung besitzen, durch den auf die Kernzone beim Ablöschen ausgeübten Druck ein Zudrücken der Bohrung. Bei Stücken von 800 mm Durchmesser und 80 mm Bohrung kann man beobachten, daß nach dreimaligem Vergüten die Bohrung nahezu verschwunden ist, es sei denn, daß die Innenbohrung beim Vergüten selbst stark gekühlt wird.

Ganz anschaulich kann man sich den Einfluß der Abkühlung auf die sich ausbildenden Formänderungen und somit Spannungen nach einem Versuch von F. Stäblein (Abb. 120) vor Augen führen. Ein auf höhere Temperatur, jedoch unterhalb der Umwandlung, erwärmter Knüppel, z. B. Weicheisen, Flußeisen, wird gemäß Abb. 120a über eine Brause gebracht und von unten her abgebraust. Infolge der abkühlenden Wirkung erfolgt zuerst eine Zusammenziehung der unteren Fläche und ein Verziehen nach Abb. 120 b; die obere noch warme Fläche wird plastisch deformiert. Bei weiterer Abkühlung zieht sich nun die obere Seite ebenfalls zusammen und bewirkt eine Krümmung nach der entgegengesetzten Richtung gemäß Abb. 120 c unter Hervorrufung ganz beträchtlicher Spannungen.

Dieses Beispiel eines unterhalb des Umwandlungspunktes abgelöschten Stahlstückes zeigt bereits deutlich die während der Abkühlung eintretende Spannungsumkehrung. Während beim Ablöschen eines Metallstückes zuerst Zugspannungen in der Außenzone auftreten, sind nach vollendeter Abkühlung Druckspannungen in der Randzone vorhanden. Für den Kern gelten die umgekehrten Verhältnisse. Die Umkehrung der Zug- in Druckspannungen bzw. umgekehrt erfolgt bei verschiedenen Temperaturen, je nach dem Ablöschmittel, den Abmessungen und der Temperaturungleichmäßigkeit des Stückes usw. Zum mindesten wird sich die Randzone und Kernzone jeweils in voneinander verschiedenen Temperaturgebieten befinden, wenn die Spannungsumkehrung eintritt. Abb. 121 gibt ein anschauliches Bild von reinen Abschreckspannungen, verfolgt an den Gitterkonstanten, nach Ablöschen von verschiedenen Temperaturen und Stückabmessungen. Die Spannungen und Gitterveränderungen nehmen mit steigendem Durchmesser und steigenden Temperaturen zu.

Noch verwickelter werden die Verhältnisse, wenn nicht nur reine Ablöschspannungen entstehen, sondern bei Stählen mit Umwandlung gleichzeitig noch Umwandlungsspannungen zu den Ablöschspannungen hinzutreten. Da auch die Umwandlungstemperatur von der Abkühlungsgeschwindigkeit abhängig ist, werden die hierdurch hervorgerufenen Spannungen sich entweder vor oder nach der Spannungsumkehrung im positiven oder negativen Sinne überlagern. Ebenso spielt für den endgültigen Spannungszustand nach vollendeter Abkühlung der Fließwiderstand bei den Temperaturen, bei

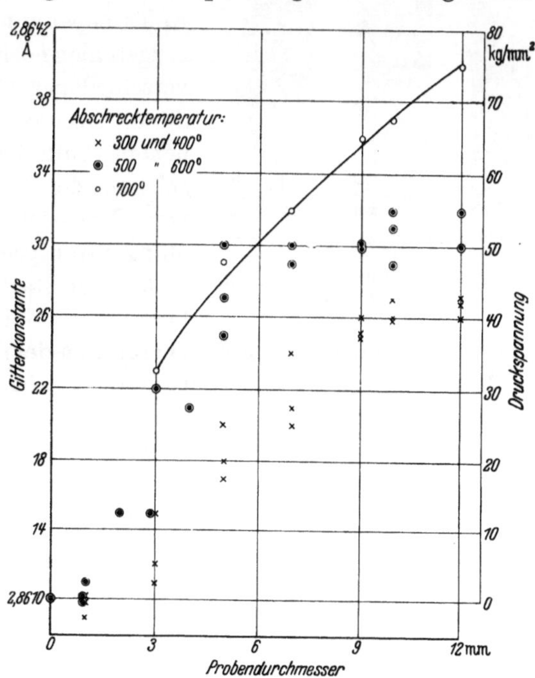

Abb. 120. Schematische Darstellung des Verhaltens einseitig abgelöschter Knüppel. [Nach F. Stäblein: Kruppsche Mh. Bd. 12 (1931) S. 93/99.]

Abb. 121. Gitterkonstanten und Abschreckspannungen zylindrischer Proben aus Flußeisen (0,02% C, Spuren Si, 0,37% Mn, 0,052% P, 0,025% S) in Abhängigkeit vom Probendurchmesser für verschiedene Abschrecktemperaturen. [Nach G. Wassermann: Mitt. Kais.-Wilh.-Inst. Eisenforsch. Bd. 17 (1935) S. 167/74.]

denen die Spannungen auftreten, noch eine Rolle, da durch das Fließen ein Spannungsausgleich stattfinden kann. Je niedriger der Fließ- bzw. Formänderungswiderstand bei der betreffenden Temperatur ist, um so besser wird der Spannungsausgleich durch Fließen erfolgen. Einen guten Überblick über die sehr verwickelten Verhältnisse geben die Arbeiten von Bühler und Mitarbeitern[1—3].

Wie man hieraus ersieht, können die auftretenden Spannungen zu starkem Verzug gehärteter Stücke führen, der je nach ihrer Form verschieden sein muß. Insbesondere wird starker Verzug bei einseitiger Abkühlung in Erscheinung treten. Beim Härten von langen Scherenmessern von 2—3 m Länge kann man des öfteren feststellen, daß sie sich um mehrere Zentimeter in der Länge verziehen. Hierbei ist zu beachten, daß der Verzug um so größer ist, je mehr Spannungen in den Stücken vorhanden sind. So ist es kennzeichnend, daß derartige Scherenmesser sich stärker verziehen, wenn sie direkt aus dem Schmiedezustand gehärtet werden, als wenn sie nach dem Schmieden vorab einer Ablöschbehandlung und nachfolgendem Ausglühen unterworfen worden sind und dann erst gehärtet werden. Zu diesen reinen Ablöschspannungen kommen beim Härten von Werkzeugstählen noch die gerichteten Spannungen infolge verschiedener Gefügeausbildung hinzu. Daß auch diese verschiedene Gefügeausbildung von wesentlichem Einfluß auf die Art des Verzuges sein kann, geht aus den Vielhärtungsproben der Abb. 122 hervor. Man sieht deutlich, daß der niedriggekohlte Manganstahl gegenüber dem höher gekohlten Chromstahl einen stärkeren Verzug aufweist und vor allem beim Härten eine Längung erfährt, während der Chromstahl einen geringeren Verzug mit dem Bestreben einer Verkürzung zeigt.

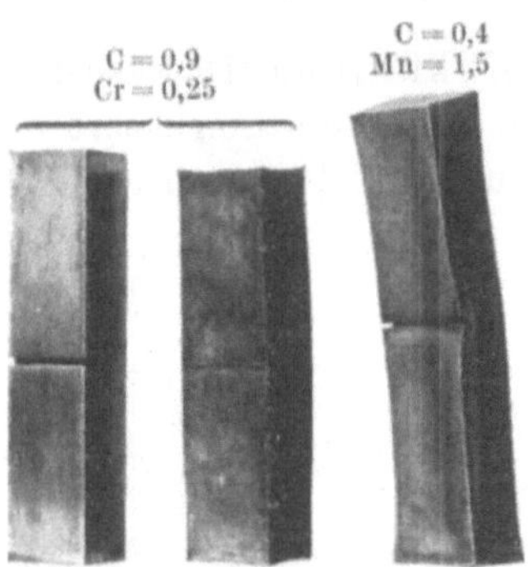

Abb. 122. Einfluß der Legierung auf das Verziehen.

Eine Folge auftretender Spannungen können Rißbildungen bei oder nach der Härtung sein. Da die Spannungen um so stärker sind, je komplizierter die Form des betreffenden Werkstückes und je schroffer das Abkühlmittel ist, ergibt sich zur Vermeidung von Verzug und Härterissen zwangsläufig die Notwendigkeit, für komplizierte Stahlteile, insbesondere Werkzeuge, von der schrofferen Wasserhärtung zur milderen Ölhärtung oder Luftabkühlung überzugehen und die Art der Legierung derart zu wählen, daß ihre kritische Abkühlungsgeschwindigkeit für diese Härtebehandlung ausreicht.

Die bei schroffer Abkühlung erzeugten Spannungen bewirken auch bei längerem Lagern gehärteter Stücke noch nachträglich eintretenden Verzug, der durch Feinmessung ohne weiteres festgestellt werden kann. Von Wichtigkeit ist dieser Verzug, der sich im Laufe der Zeit einstellt, insbesondere bei gehärteten Feinmeßwerkzeugen. Wie groß die Veränderungen sein können, zeigt Abb. 123.

Stähle für Feinmeßwerkzeuge müssen daher vor der Verwendung gealtert werden, sei es durch längeres Lagern oder vor allem durch Anlassen. Spannungen

[1] Bühler, H., u. E. Scheil: Arch. Eisenhüttenw. Bd. 6 (1932/33) S. 283/88.

[2] Bühler, H., H. Buchholtz u. E. H. Schulz: Arch. Eisenhüttenw. Bd. 5 (1932/33) S. 413/18.

[3] Buchholtz, H., u. H. Bühler: Arch. Eisenhüttenw. Bd. 6 (1932/33) S. 335/38.

werden mit steigender Temperatur vermindert; zum beträchtlichen Teil tritt dies schon beim Anlassen auf niedrige Temperaturen von 100—200° ein. Da hierbei noch kein wesentlicher Härteverlust entsteht, sollten prinzipiell alle schroff abgelöschten Werkzeuge durch Auskochen in Wasser oder Öl bei Temperaturen von 100—200° angelassen werden. Hierbei ist es vorteilhaft, die Dauer der Anlaßzeit so lang wie möglich zu wählen. In vielen Fällen begnügt man sich bei kleineren Werkzeugen damit, sie über einem Feuer anzulassen und schätzt die Temperatur an Hand der an einer blankgeriebenen Stelle eines Werkzeuges sich bildenden Anlauffarbe. Hierauf sind die Bezeichnungen „anlassen auf gelb, dunkelgelb usw.“ zurückzuführen. Bei besonders komplizierten Werkzeugen wird man oft die Eigenwärme des Werkzeuges zum Anlassen ver-

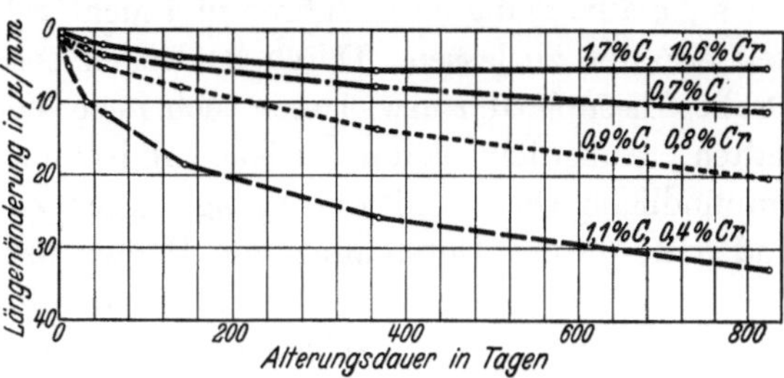

Abb. 123. Längenänderung gehärteter Stähle durch Lagern bei Raumtemperatur. [Nach A. Weber: Die natürliche und künstliche Alterung des gehärteten Stahles. Berlin: Springer-Verlag 1926. Vgl. Stahl u. Eisen Bd. 46 (1926) S. 1437.]

wenden. Man kühlt die betreffenden Werkzeuge beim Härten nur kurze Zeit in Wasser ab, so daß der Kern noch nicht auf Raumtemperatur abkühlt. Beim Herausnehmen aus dem Wasser bewirkt die dem Kern innewohnende Wärme ein Anlassen der Außenschicht. Nach Erzielung der gewünschten Anlaßfarbe läßt man nun vollkommen in Wasser oder Öl abkühlen. Selbstverständlich wird durch diese einfachen Anlaßmethoden nicht dieselbe sichere und gleichmäßige Wirkung erzielt wie beim Auskochen im Wasser- oder Ölbade bei genau bestimmten Temperaturen. Bei diesen Anlaßvorgängen findet eine Umwandlung des weißen tetragonalen Martensits in dunklen Martensit und bei höheren Temperaturen ein Zerfall des Martensits statt.

Einige praktische Gesichtspunkte beim Härten. Beim praktischen Härten wendet man die verschiedensten Mittel und Kniffe an, um besondere Wirkungen zu erzielen. Auf die Bewegung des Abschreckmittels — Wasserstrudel, Ölstrudel, Preßluft — ist bereits hingewiesen worden. Beim Härten von Gesenken, die z. B. zum Schlagen von Stahlteilen dienen, ist es üblich, die gravierte Fläche, die besonders

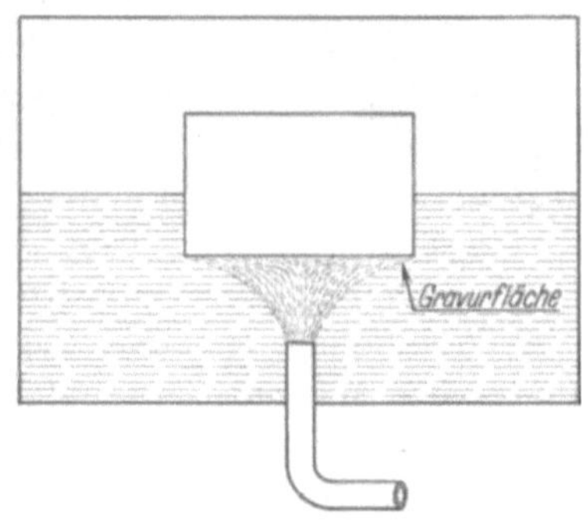

Abb. 124. Darstellung der Härtung eines Gesenkes im Wasserstrudel.

verschleißfest sein muß, härter zu halten als die Rückseite, die eine zähe Unterlage für die gehärtete Fläche ergeben soll. Dies wird dadurch erreicht, daß man die Gesenke mit der gravierten Fläche über einem Wasserstrudel oder Ölstrudel härtet (Abb. 124). Bei der Wasserhärtung kann man hierbei die Rückseite aus dem Wasser herausragen lassen, so daß sie praktisch keine oder nur sehr geringe Ablöschwirkung erfährt. Gleichzeitig kann durch frühzeitige Unterbrechung der Härtung die Eigenwärme zum Anlassen der Härtungsflächen ausgenutzt werden. Eine entsprechende Wirkung läßt sich auch durch Abblasen der Arbeitsfläche mit Preßluft bei lufthärtenden Stählen erzielen. Eine ähnliche Art der Härtung nimmt man auch bei Preßluft-döppern, Steinhämmern usw. vor, bei denen nur die Arbeitsflächen und die hinteren Schaftteile bis zum Übergang in den dickeren Querschnitt gehärtet werden sollen (Abb. 125). Umgekehrt pflegt man bei Ziehringen das Abschreck-mittel durch die Bohrung hindurchzuspritzen (Strahlhärtung). Auch hierbei empfiehlt es sich, durch die Eigenwärme nach einer bestimmten Abkühlzeit einen Anlaßvorgang herbeiführen und nicht vollkommen in der Abschreckflüssig-keit erkalten zu lassen. Durch Abdecken bestimmter Teile mit Asbest, Lehm, Draht, Eisenplatten usw. lassen sich noch beim Härten gewisse Stellen weich halten. Außerdem können solche Abdeckungen den Zweck haben, besonders empfindliche Querschnittsübergänge gegen zu schroffe Abkühlung zu schützen und dadurch der Entstehung von Härterissen vorzubeugen.

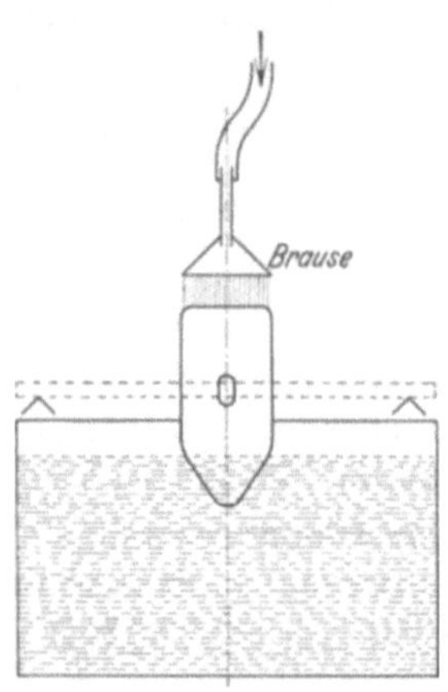

Abb. 125. Örtliche Härtung eines Steinhammers.

Bei Stücken mit sehr starken Querschnittsunter-schieden werden bei Massenanfertigungen häufig Härte-maschinen (Quetten) benutzt, die auf die jeweils zu fertigenden Teile zugeschnitten sind und den Zweck haben, die Abschreckwirkung den Abmessungen der Stücke weitestgehend anzupassen (z. B. Zahnradhärte-maschine von Gleason).

Stufenhärtung. Bei der Besprechung der Umwand-lungsvorgänge in Eisen-Kohlenstoff-Legierungen wäh-rend der Abkühlung aus der festen Lösung wurde darauf hingewiesen, daß zwischen der Perlitstufe und der Martensitstufe ein Temperaturbereich geringer Umwandlungsgeschwindigkeit liegt. Infolge dieser ge-ringen Umwandlungsgeschwindigkeit ist es möglich, Stahllegierungen schnell durch die Perlitstufe auf diese Temperatur abzukühlen und sie dann langsam durch die Martensitstufe auf Raumtemperatur abkühlen zu lassen. Diese Art der Härtung bezeichnet man mit „Stufenhärtung", so genannt, weil die Härtung in zwei Stufen vor sich geht:

1. Abkühlung zur Unterdrückung der Perlitumwandlung;

2. Abkühlung von der Zwischentemperatur auf Raumtemperatur zur Er-zielung der Martensitumwandlung.

Als Abschreckbäder kommen Metall-, Öl- oder Salzbäder unter Umständen auch konzentrierte Natronlaugelösungen in Frage, die auf die gewünschte Temperatur geringer Umwandlungsgeschwindigkeit gebracht werden. Da das Temperatur-gefälle bei der Stufenhärtung geringer ist als bei der direkten Ablöschung bis auf Raumtemperatur, werden auch die reinen Ablöschspannungen und damit der Verzug geringer. Da auf höheren Temperaturen befindliche Salz- oder Metallbäder ein geringeres Abschreckvermögen haben als entsprechende Wasser- oder Ölbäder bei Raumtemperatur, kann die Stufenhärtung bei Kohlenstoff-stählen nur in verhältnismäßig dünnen Abmessungen angewandt werden, bei denen auch die hier gewählten Abkühlbedingungen die Unterdrückung der Perlit-Troostit-Stufe gewährleisten. Bei legierten Stählen mit geringerer kri-tischer Abkühlungsgeschwindigkeit können dagegen auch größere Stücke nach diesem Härtungsverfahren behandelt werden. Die seit vielen Jahren übliche

Härtung von hoch legierten Stählen in Bleibädern (s. hierüber später unter Schnellstähle) kann ebenfalls als eine Art Stufenhärtung bezeichnet werden.

Härteeinrichtungen. Während man zum Glühen meist Kohle-, Koks-, Gas- oder elektrischbeheizte Öfen verwendet, von denen sowohl die elektrisch- als auch die gasbeheizten Öfen wegen ihrer leichten Temperaturregelbarkeit einen gewissen Vorzug verdienen, verwendet man zum Härten außer den genannten Ofenarten noch vielfach Salz- und Metallbäder.

Für das Härten ergeben sich gerade bei Metall- und Salzbädern viele Vorteile, die in der guten Wärmeübertragung begründet sind. Da die Erwärmung in diesen Bädern sehr schnell vor sich geht, können dickere Stücke nicht im kalten Zustande in heiße Bäder eingeführt werden. Es empfiehlt sich, sie in einem anderen Ofen, je nach der Höhe der Härtetemperatur, vorzuwärmen. Um zu starkes Verschlagen der Badtemperatur beim Einbringen der zu härtenden Stücke zu verhindern, darf der Inhalt der Bäder nicht zu klein sein.

Beispiele der gebräuchlichsten Salzbäder und ihrer Temperaturbereiche gibt Zahlentafel 15 (S. 143). Die Salzbäder besitzen den Nachteil, daß sie nach einer gewissen Zeit infolge des sich lösenden Zunders Sauerstoff aufnehmen, der im geschmolzenen Zustande in kürzester Zeit außerordentlich starke Entkohlungen hervorrufen kann. Dieser Nachteil wird be-

Zahlentafel 15. Gebräuchliche Salzbäder.

Angewandte Temperaturen	Zusammensetzung
250— 600°	1 T. Natriumnitrat + 1 T. Kaliumnitrat
540— 870°	3 T. Kalziumchlorid + 1 T. Natriumchlorid
680—1000°	2 T. Kaliumchlorid + 1 T. Bariumchlorid
1000—1300°	Bariumchlorid

hoben durch Zusatz von Borax, Zyankali oder feingepulverter Kohle. Im letzteren Falle besteht bei zu reichlicher Verwendung von Kohle die Gefahr einer leichten Aufkohlung (s. a. später Kapitel über Schnelldrehstähle). Borax ist auch ein billiges Mittel, um beim Härten aus Muffeln die Entkohlung und Verzunderung zu vermeiden. Es genügt hierzu ein Aufstreuen auf die vorgewärmten Stahlstücke, um einen Überzug und somit die schützende Wirkung zu erzielen.

Zum Glühen verwendet man nur selten Salz- oder Metallbäder, da die Stücke zum Abkühlen aus dem Bad genommen werden müssen, also ziemlich schnell abkühlen. Hierdurch beschränkt sich die Anwendungsmöglichkeit der genannten Bäder auf Härten, Normalisieren oder auf Weichglühen unterhalb A_1. Verwendung finden z. B. Bleibäder zum Ausglühen von Drahtmaterial in Ringen vor dem Blankbeizen, wobei der Vorteil in der geringen Verzunderung und geringen Entkohlung der gegen die Atmosphäre gut geschützten Oberfläche liegt. Da Bleioxyd an Eisen im Gegensatz zu Blei selbst leicht haftet, ist es wichtig, die Oberfläche des Bleies durch Aufgabe von Holzkohle oder dünnen Salzschichten vor Oxydation zu schützen. Hierdurch werden auch die Bleiverluste auf ein Minimum beschränkt. Die obere Anwendungsgrenze für Bleibäder liegt wegen der Gefahr der Bildung giftiger Bleidämpfe bei etwa 850°.

Oberflächenhärtung. Bei den bisherigen Betrachtungen über Härtung ist meist vorausgesetzt, daß das zu härtende Werkstück gleichmäßig auf Härtetemperatur erwärmt und von dieser abgelöscht wird. Will man nur die Oberfläche eines Stahlstückes härten, so ist es natürlich möglich, auch nur diese Oberfläche auf Härtetemperatur zu bringen und abzulöschen, während der Kern noch unterhalb des Umwandlungspunktes bleibt und dementsprechend an den Härtevorgängen keinen Anteil nimmt. In Sonderfällen ist eine derartige Härtung schon verhältnismäßig frühzeitig angewandt worden, indem man gleichförmige Stahlstücke in hocherhitzte Salz- oder Metallbäder eintauchte und nach alleiniger Erwärmung der Außenzone auf Härtetemperatur wieder ablöschte. Panzerplatten, die einseitig gehärtet werden sollen, werden auf einem Wagen so in feuchten Sand eingebettet, daß nur die zu härtende Oberfläche frei bleibt. Der Wagen wird dann in einen auf hoher Temperatur stehenden Ofen eingefahren, bis die Oberfläche Härtetemperatur angenommen hat. Die Kanten und die Rückseite der Platte werden dabei durch die Abdeckung vor zu hoher Erwärmung geschützt. Nach Erreichen der Härtetemperatur wird die Oberfläche der Platte mit Wasser abgebraust[1]. Voraussetzung für eine derartige Härtung ist hierbei, daß die Erwärmung rasch erfolgt und die Temperaturen nicht zu hoch werden, um übermäßige Eindringtiefen und eine Überhitzung zu vermeiden.

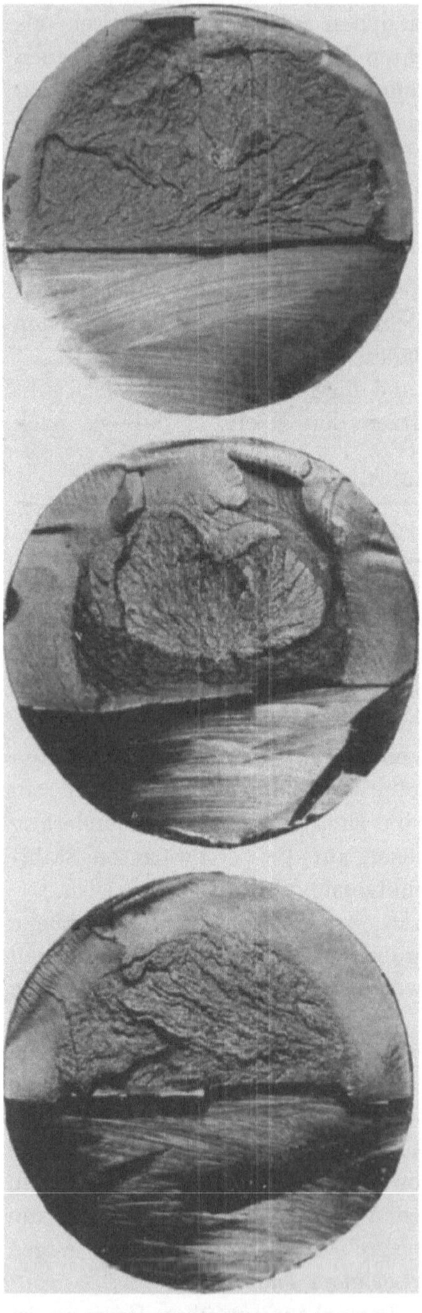

Stahlart Chromstahl (VC 135)
Wärmedauer 2 Min. 20 Sek.
Zapfen ⌀ 60 mm

Stahlart Chromstahl (VC 135)
Wärmedauer 3 Min. 4 Sek.
Zapfen ⌀ 60 mm

Stahlart Chrommolybdänstahl (VC Mo 135)
Wärmedauer 2 Min. 25 Sek.
Zapfen ⌀ 60 mm

Abb. 126. Einfluß der Erwärmungsdauer und Legierung auf die Einhärtungstiefe bei Oberflächenhärtung mittels Gasbrenner.

Um auch bei weniger einfach geformten Gegenständen bestimmte Stähle oberflächlich härten zu können, ist man in den letzten Jahrzehnten dazu übergegangen, diese örtliche Erwärmung durch Flammen (Azetylen- oder Gasbrenner) oder elektrische Beheizung (Hochfrequenzerhitzung) vorzunehmen. Bei runden Gegenständen, z. B. Zapfen von Kurbelwellen, läßt man die

[1] Ehrensberger, E.: Stahl u. Eisen Bd. 42 (1922) S. 1229/36, 1276/72, 1320/30, s. bes. S. 1327.

betreffenden Teile in der Brennervorrichtung rotieren, um eine gleichmäßige Oberflächenerwärmung zu erhalten. Die erzielbare Härtetiefe ist abhängig von der Erwärmungsdauer, da damit die Tiefe der erwärmten Zone reguliert wird. Außerdem ist auch die kritische Abkühlungsgeschwindigkeit der Stahllegierung von Bedeutung. Diese Einflüsse zeigt z. B. Abb. 126. Bei flachen Gegenständen, wie z. B. Platten, bewegt man die zu härtende Fläche unter der Wärmevorrich-

tung mit geregelter Geschwindigkeit hindurch. Hinter der
Heizvorrichtung (Flamme,
Hochfrequenzspule) kann der er-
hitzte Streifen sofort abgelöscht
werden. Durch Regelung von
Geschwindigkeit der Fortbewe-
gung und zugeführter Wärme-
energie kann die Härtetiefe entsprechend verändert werden.

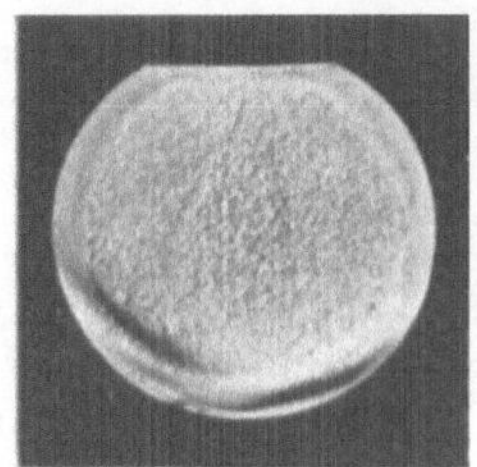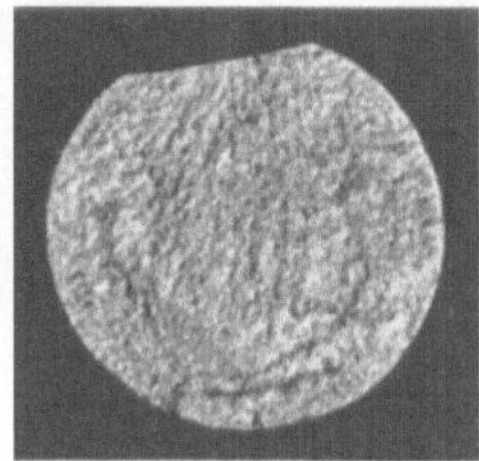

1,2% C   1,2% C
780° Wasser, gut gehärtet   950° Wasser, überhitzt gehärtet
Abb. 127. Wirkung einer Überhitzung beim Härten auf die Beschaffenheit des Härtebruchgefüges.

Fehler bei der Härtung. Die Fehler, die beim Härten gemacht werden können, überdecken sich zum Teil mit den Fehlern beim Glühen, z. B. zu schnelles, ungleichmäßiges Erwärmen, Überhitzen, Überzeiten, Entkohlen, ungleichmäßige Abkühlung usw.

Das Überzeiten und Überhitzen äußert sich in einer Vergröberung der Martensitnadeln und des Härtebruchkornes, wie der Vergleich eines gut und eines überhitzt gehärteten Stahles in

Abb. 127 erkennen läßt. Infolge
solcher grobkörniger Härtung werden nicht nur die gehärteten Teile
empfindlicher im Gebrauch, sondern
können auch schon beim Härten
aufreißen (Abb. 128). Hierbei verlaufen die Risse meist durch die
grob ausgebildeten Korngrenzen.
Häufig wird dem Überzeiten nicht
genügend Beachtung geschenkt.
Gerade bei Stählen, bei denen man
auf besondere Feinheit der Härteschicht Wert legt, z. B. Gewinde-

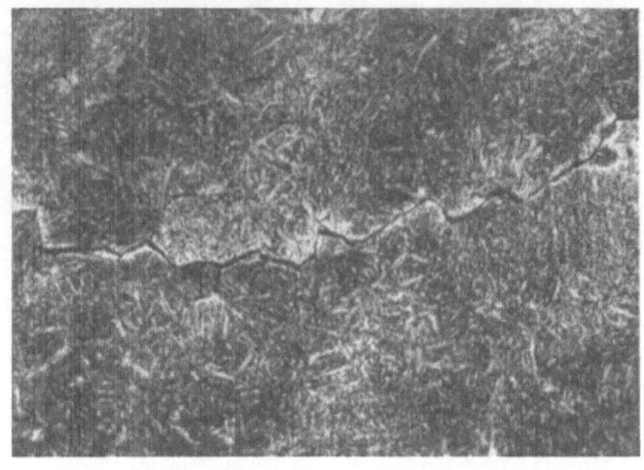

V = 200
Abb. 128. Härteriß infolge überhitzter Härtung.

schneideisen, muß man diesem Punkte Aufmerksamkeit widmen. Besonders verstößt hiergegen das Verfahren, große Öfen mit kleinstückigem Härtegut vollzupacken, wobei lange und ungleichmäßige Haltezeiten unvermeidlich sind. Die Ofengröße muß dem Gewicht der Einzelwerkstücke einigermaßen angepaßt sein.

Beim Härten entkohlter Werkzeuge erlangen diese nicht die gewünschte Härte an der Oberfläche, und auch unterhalb der entkohlten Schicht macht sich noch eine gewisse Verschlechterung der Härtbarkeit bemerkbar. Ein gewisses Maß von Entkohlung kann durch Abschleifen unschädlich gemacht werden.

Ungleichmäßige Abkühlungen können auch bei gleichmäßig auf Temperatur gebrachten Werkzeugen beim Ablöschen entstehen, z. B. in Wasser durch Dampfblasenbildung, anhaftenden Zunder, Anfassen mit der Härtezange usw. Insbesondere bei Teilen, die feine Einarbeitungen aufweisen, wie gravierte Matrizen, Münzstempel, setzen sich an den eingearbeiteten Vertiefungen leicht Dampfblasen fest, falls nicht dafür Sorge getragen wird, daß das Wasser den betreffenden Teilen mit der nötigen Energie zugeführt wird (Wasserstrahl). In diesem Sinne ist die Entfernung von Zunder nach dem Erwärmen auf Härtetemperatur kurz vor dem Ablöschen von Wichtigkeit, insbesondere bei solchen Stählen, die infolge ihrer Legierung (Si, Al, Cr) zur Bildung festanhaftender Zunderschichten neigen. Außerdem müssen Härtezangen dem betreffenden Werkstück soweit wie möglich angepaßt sein bzw. derartig feine Schneiden besitzen, daß eine Behinderung der Abkühlung hierdurch nicht eintreten kann.

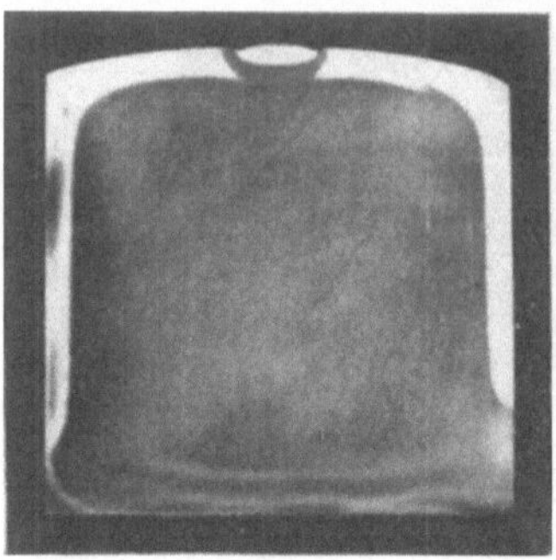

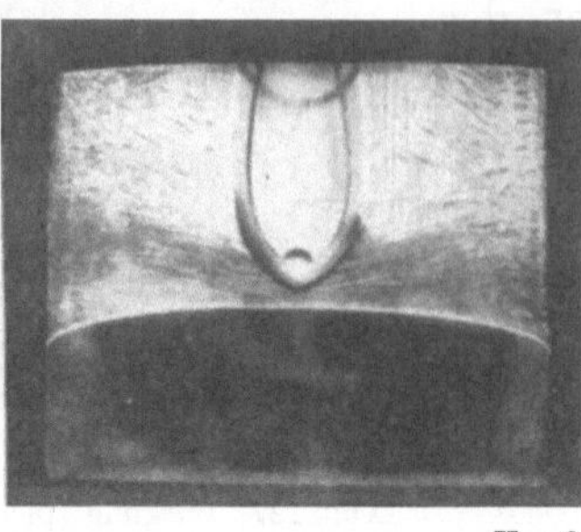

V = 3

V = 3

Abb. 129. Weiche Flecken in der Härterandschicht infolge Festsetzens von Dampfblasen beim Ablöschen.

Ungleichmäßige Härtung infolge von Dampfblasenbildung zeigt z. B. Abb. 129. Ungenügende Härte kann auch durch Unterhärtung, d. h. Wahl einer zu tiefen Härtetemperatur oder zu kurze Haltezeit entstehen.

Bei gehärteten Stahlstücken können auch Fehler auftreten, die nicht mehr auf die Härtung selbst zurückzuführen sind, sondern mit dem infolge der Härtung vorhandenen Spannungszustand zusammenhängen. Erwähnenswert sind hier Fehler durch Schleifen und Beizen. Infolge des erhöhten Spannungszustandes der gehärteten Schicht können durch die plötzliche und ungleichmäßige Erwärmung beim Schleifen

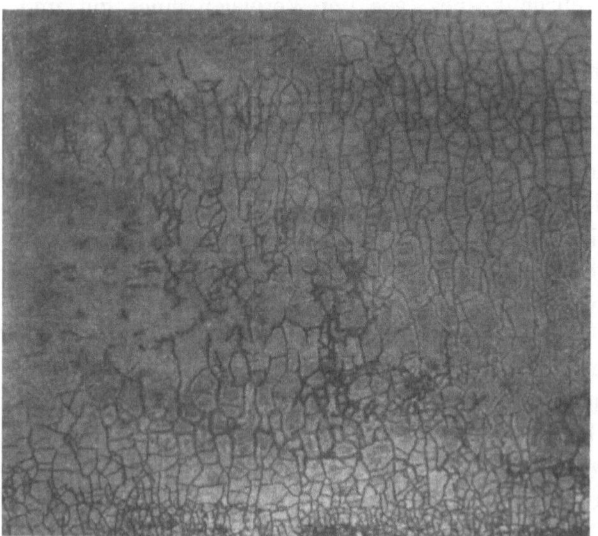

Abb. 130. Schleifrisse.   V = 1:1

feine Netzrisse auftreten, die als Schleifrisse bekannt sind (Abb. 130). Bei unvorsichtigem Schleifen können sie bis zu Abblätterungen führen. Ähnliche Erscheinungen bilden sich aus bei unvorsichtigem Beizen und beim Kochen gehärteter Stücke in starker Säure, wie dies manchmal unvorsichtigerweise zur Kontrolle auf Risse bei gehärteten Stahlstücken geschieht. Da die Wirkung eines derartigen allzu starken Säureangriffs beim Beizen gehärteter Stücke zu Ausschuß führen muß, soll man solche Kontrollen nach dem Anlassen und nur mit schwachen bzw. kalten Säuren vornehmen, am besten aber ganz darauf verzichten (s. Abschnitt „Wasserstoff", S. 924).

b) Einsatzhärtung.

α) Grundbedingungen.

Während bei der direkten Härtung die Stähle vom Schmelzvorgang her so viel Kohlenstoff enthalten müssen, daß sie bei Abschreckung aus dem Austenitgebiet die gewünschte Härte annehmen, benutzt man bei der Einsatzhärtung die Lösungsfähigkeit und hohe Diffusionsgeschwindigkeit von Kohlenstoff im γ-Eisen, um Stähle mit ursprünglich niedrigem Kohlenstoffgehalt in der Randzone aufzukohlen. Einsatzstähle besitzen also von der Herstellung her einen niedrigen Kohlenstoffgehalt, der durch die Zementation in der Randschicht erhöht wird.

Die Aufkohlung wird erreicht durch Glühen in Kohlenstoff abgebenden Mitteln, wobei eine wesentliche Zementationswirkung nur dann erfolgt, wenn der Kohlenstoff gasförmig, also als Kohlenoxyd, Kohlenwasserstoff oder bei flüssigen Zementationsbädern als Zyan vorliegt. Für die Zementation kommen feste, flüssige und gasförmige Zementationsmittel zur Anwendung.

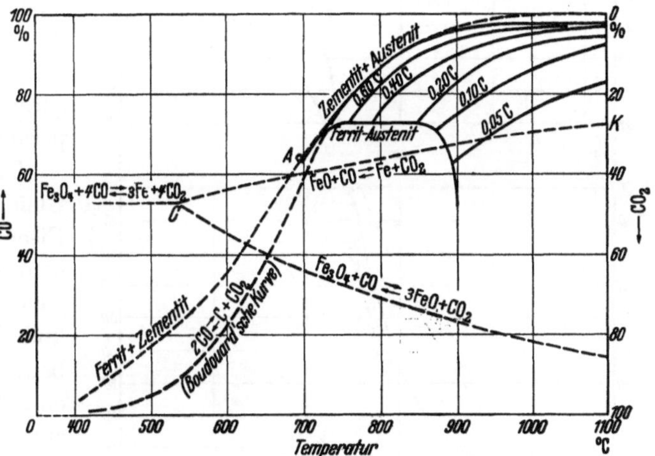

Abb. 131. Gleichgewichtsbedingungen für CO_2- und CO-Gemische mit Stählen verschiedenen Kohlenstoffgehaltes. [Nach A. Johansson u. R. von Seth: J. Iron Steel Inst. Bd. 114 (1926) S. 295/352.]

Maßgebend für die Kohlenstoffaufnahme von Eisenlegierungen bei höherer Temperatur sind die Gleichgewichtsbedingungen zwischen dem Kohlenstoff abgebenden Gas und dem festen Eisen. Bei der Verwendung von Kohlenstoff als Zementationsmittel erfolgt die Gewinnung des Zementationsgases durch Oxydation von Kohlenstoff. Die Gleichgewichtsverhältnisse zwischen Kohlenstoff und Sauerstoff verlaufen entsprechend der bekannten Boudouardschen Kurve (Abb. 131), die die Anteile Kohlenoxyd zu Kohlendioxyd bei den verschiedenen Temperaturen angibt und aus der hervorgeht, daß mit steigender Temperatur der Anteil von Kohlenoxyd in der Gasphase zunimmt. In Gegenwart von Eisen erfährt die Boudouardsche Kurve eine leichte Verflachung im oberen und unteren Teil, wie dies Abb. 131 zeigt. Verschiedene Kohlenstoffgehalte des Bodenkörpers Eisen beeinflussen die Gleichgewichtseinstellung entsprechend den eingetragenen weiteren Linien. Das Diagramm veranschaulicht die Bedingungen, unter denen bei Stählen verschiedenen Kohlenstoffgehaltes durch Kohlenoxyd-Kohlensäure-Gemische eine Aufkohlung oder Entkohlung herbeigeführt werden kann. Bei der Temperatur des A_1-Punktes (Punkt A bei etwa 700° in Abb. 131) bewirkt die Gleichgewichtseinstellung die Entstehung von

Eisenkarbid an der Eisenoberfläche. Bei 800° steht ein bis zur Löslichkeitsgrenze, also mit 1,2% Kohlenstoff, gesättigter Austenit im Gleichgewicht mit einem Gas von 85% Kohlenoxyd. Stähle tieferen Kohlenstoffgehaltes werden bei einer derartigen Gaskonzentration und bei dieser Temperatur aufgekohlt. Stähle höheren Kohlenstoffgehaltes werden entsprechend eine Entkohlung auf diesen Kohlenstoffgehalt erfahren. Die Gleichgewichtslinien für die Stähle verschiedenen Kohlenstoffgehaltes zeigen an, daß Gaszusammensetzungen, die links von diesen Kurven liegen, zur Aufkohlung führen und rechts davon zur Entkohlung. Es ist weiter zu entnehmen, daß bei verhältnismäßig hoher Temperatur, wie 1000°, nur geringe Anteile von Kohlendioxyd notwendig sind, um eine Entkohlung hervorzurufen bzw. entsprechend hohe Gehalte an Kohlenoxyd, um eine Aufkohlung zu erzielen. Andererseits stellt sich diese hohe Konzentration von CO gerade bei diesen hohen Temperaturen ein.

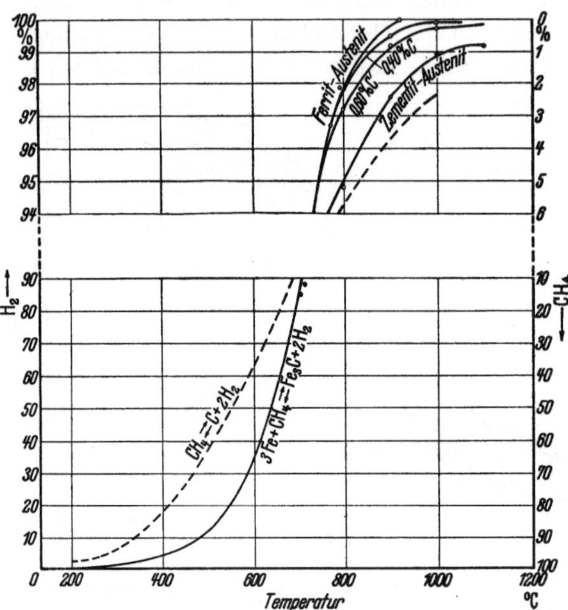

Abb. 132. Gleichgewichtsbedingungen für die Zementation von Stählen verschiedenen Kohlenstoffgehaltes in Methan. [Nach A. Johannsson, R. von Seth u. N. Elfström: Jernkont. Ann. (1932) S. 565/654.]

Durch die eingetragenen Gleichgewichtslinien zwischen Eisenoxyden, Kohlenoxyd, Kohlendioxyd und Eisen werden gleichzeitig die Temperaturen und Konzentrationen angegeben, bei denen Verzunderung eintritt. Die Gefahr nicht verzundernd wirkender, reduzierender Gase oberhalb der Linie *CK* für Entkohlungsvorgänge zeichnet sich hierdurch deutlich ab. Für eine rasche Wirkung der Zementation hingegen schält sich die Bedeutung des Grundkohlenstoffgehaltes und des erforderlichen hohen Anteils an Kohlenoxydgas andererseits deutlich heraus.

Praktisch erreicht werden die Gleichgewichtsverhältnisse zwischen CO und CO_2 bei der Einsatzhärtung in den Zementationskästen, in die Holzkohle (gegebenenfalls gemischt mit anderen Zusätzen) mit den zu zementierenden Stücken eingepackt wird; die immer vorhandene Menge Sauerstoff genügt hier, um die geschilderten Gleichgewichtsbedingungen hervorzurufen.

Auch für einige Kohlenwasserstoffe, wie z. B. Methan, sind die Gleichgewichte ermittelt worden; Abb. 132 zeigt die entsprechenden Gleichgewichtskurven zwischen Methan, Wasserstoff, Eisen und Kohlenstoff. Steigerung der Temperatur führt zur Zerlegung von Methan und Abgabe von Kohlenstoff ans Eisen (im Feld rechts der Kurve: Zementationsvorgang, im Feld links: Entkohlungsvorgang). Für Zyanverbindungen sind die entsprechenden Gleichgewichte noch nicht ermittelt.

Außer den geschilderten Gleichgewichtsbedingungen spielt bei der Zementation die Diffusionsgeschwindigkeit von Kohlenstoff im Eisen eine ausschlaggebende Rolle[1]. Mit steigender Temperatur wird das Eindringen des am Rand durch die Gleichgewichtsbedingungen angereicherten Kohlenstoffgehaltes nach innen erleichtert.

Die Aufnahme des Kohlenstoffs ist nach Vorhergehendem abhängig von der Zementationstemperatur und dem Zementationsmittel. Hinzu treten als Veränderliche die Zementationszeit und die Legierung des zu zementierenden Stahles, wobei die letztere die Gleichgewichtsbedingungen an der Oberfläche des Stahlstückes und auch die Diffusionsgeschwindigkeit verändern kann. Die Wirkung einer Zementationsbehandlung beurteilt man zweckmäßig nach der absoluten Tiefe der über den Ausgangskohlenstoffgehalt aufgekohlten Schicht und der Höhe des Randkohlenstoffgehaltes (Zementationstiefenkurve Abb. 133)[2]. Der Einfluß von Zementationstemperatur, -zeit und -mittel sowie der Stahllegierung muß zur vollständigen Erfassung der erzielbaren Wirkung immer nach diesen beiden Gesichtspunkten beurteilt werden.

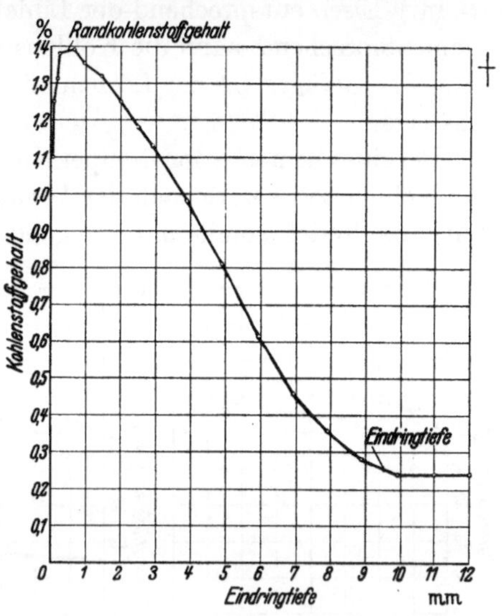

Abb. 133. Beispiel einer Kohlenstoffgehalt-Tiefekurve in der Einsatzschicht eines unlegierten Stahles nach 60stündiger Zementation bei 980—1000° C. (Zementationsmittel: Holzkohle + Bariumkarbonat 60 : 40.)

β) Einfluß von Zementationstemperatur, -zeit, Einsatzmittel und Legierung.

Der Einfluß der Temperatur auf den Randkohlenstoffgehalt muß in einem gewissen Zusammenhang mit der Löslichkeitslinie für Kohlenstoff im Eisen-Kohlenstoff-Diagramm stehen. Zementiert man ein weiches Flußeisen bei Temperaturen dicht unterhalb oder direkt bei A_1, so wird infolge der geringen Löslichkeit für Kohlenstoff im α-Eisen in der Randzone eine stärkere Kohlenstoffanreicherung stattfinden, die zur direkten Bildung einer reinen Karbidschicht führen kann. Bereits Abb. 111 zeigte, wie beim Glühen unterhalb A_1 in Kohlenstoff abgebenden Mitteln eine solche Karbidanreicherung an den Randzonen auftreten kann.

---

[1] Die Diffusionsgeschwindigkeit regelt sich nach dem Fickschen Gesetz:

$$dG = - k \cdot F \cdot \frac{dc}{dx} \cdot dt.$$

Hierin bezeichnet: G die Kohlenstoffmenge, k den Diffusionskoeffizienten, F die betrachtete Fläche, dc/dx das Konzentrationsgefälle in Abhängigkeit von der Eindringtiefe und t die Zeit. Die Zahlenwerte des Diffusionskoeffizienten für unlegiertes Eisen werden von Tammann [Stahl u. Eisen Bd. 42 (1922) S. 655] mit verhältnismäßig großen Streuungen zu 1,15 bis $3{,}0 \cdot 10^{-7}$ bei 925° und 4,2 bis $19{,}3 \cdot 10^{-7}$ bei 1000° angegeben.

[2] Der Erfolg einer Einsatzbehandlung wird aber außer nach der Zementationstiefe vielfach auch nach der bei der späteren Härtung erreichten Härtetiefe beurteilt. Da die Höhe des zur vollständigen Härtung erforderlichen Kohlenstoffgehaltes aber je nach Legierung und Härtetemperatur verschieden ist, sollte man bei vergleichenden Betrachtungen über die Wirkung von Einsatzmitteln u. dgl. stets die absolute Zementationstiefe zugrunde legen.

Bei Zementationstemperaturen, die dicht oberhalb A_1 liegen, wird bei einem weichen Flußeisen das Gefüge noch größtenteils ferritisch sein, und nur der mengenmäßig geringe perlitische Gefügeanteil ist bereits in den γ-Zustand übergegangen. Durch die Kohlenstoffaufnahme findet eine weitere Umsetzung von α- in γ-Eisen entsprechend der Linie GOS im Eisen-Kohlenstoff-Diagramm statt. Dementsprechend kann die Kohlenstoffaufnahme mit fortschreitender Umwandlung des Gefüges bis zur Löslichkeitsgrenze des Kohlenstoffgehaltes im Austenit ansteigen.

Bei einer Zementationstemperatur oberhalb A_3 wird sich die Aufnahmefähigkeit für Kohlenstoff sofort nach der Löslichkeitslinie für Kohlenstoff im γ-Eisen richten. Es findet somit mit steigender Zementationstemperatur auch eine Erhöhung des Randkohlenstoffgehaltes annähernd entsprechend der ES-Linie im Eisen-Kohlenstoff-Diagramm statt. Wie aus Abb. 134 hervorgeht, steigt der Randkohlenstoffgehalt von 0,9% bei 10 stündiger Zementation bei 840° auf 1,20% bei 980/1000°. Bei weiterer Steigerung der Zementationstemperatur bis beispielsweise 1100°, wie sie bei reinem Einsatzflußeisen in der Praxis selten vorkommt, findet infolge der hohen Diffusionsgeschwindigkeit bei dieser Temperatur keine weitere wesentliche Erhöhung des Randkohlenstoffgehaltes mehr statt, so daß bei diesen reinen Eisen-Kohlenstoff-Legierungen ein Randkohlenstoffgehalt von 1,4% beim Zementieren oberhalb A_3 normalerweise als höchst erreichbare Grenze anzusprechen ist. Dies kann naturgemäß nur dann gelten, wenn während der Zementationszeit eine dauernde Abwanderung des Kohlenstoffgehaltes nach einem noch entsprechend kohlenstoffarmen Kern stattfinden kann. Bei dünnen Drähten, bei denen die Aufkohlung des Kerns gegenüber dem Rand wenig zurückbleibt und ein Abwandern des Kohlenstoffs nicht möglich ist, kann der Zementationsvorgang zu wesentlich höheren Kohlenstoffgehalten führen. So wurden z. B. an Drähten von 2 mm Durchmesser nach langzeitiger Zementation bei 1100° Kohlenstoffgehalte bis zu 3% in Form von Zementit gefunden. Wenn es in dieser Weise durch weitere Verlängerung der Zementationszeit bei unlegierten Stählen nicht zu erreichen war, bis zu einer vollständigen Umsetzung des Eisens zu reinem Zementit zu gelangen, so liegt das daran, daß bei Kohlenstoffgehalten über 3% ein teilweiser Zerfall des Zementits zu Graphit eintrat.

Zusammenfassend kann man bezüglich des Randkohlenstoffgehaltes in Abhängigkeit von der Temperatur sagen, daß unterhalb A_1 starke Karbidschichten in der Randzone auftreten können, während dann oberhalb A_1 und A_3 der Randkohlenstoffgehalt sich nach der ES-Linie im Eisen-Kohlenstoff-Diagramm verschiebt; für den Einfluß der Zementationstemperatur auf den Randkohlenstoffgehalt

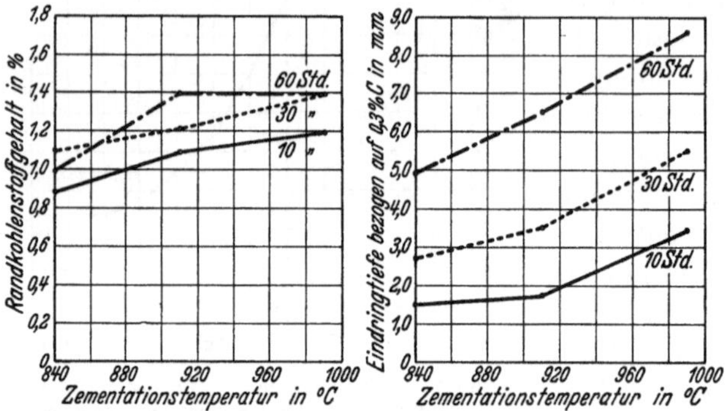

Abb. 134. Veränderung von Randkohlenstoffgehalt und Eindringtiefe mit Zementationstemperatur und -dauer bei einem Kohlenstoffeinsatzstahl (Zementationsmittel: Holzkohle-Bariumkarbonat 60:40). [Nach E. Houdremont u. H. Schrader: Arch. Eisenhüttenw. Bd. 8 (1934 bis 1935) S. 445/59.]

ergibt sich somit die in Abb. 135 wiedergegebene schematische Darstellung. Diese Gesetzmäßigkeiten gelten für die in der Praxis üblichen Zementationszeiten.

Der Einfluß der Temperatur auf die Zementationstiefe äußert sich in einer mit steigender Zementationstemperatur fortschreitenden Vergrößerung, da durch Steigerung der Temperatur die Diffusionsfähigkeit für Kohlenstoff in der festen Lösung erhöht wird. Diese Wirkung zeigen Abb. 134 und Abb. 136, in denen auch der Einfluß der Zementationszeit bei verschiedenen Temperaturen auf die Zementationstiefe wiedergegeben ist.

Einfluß der Zeit auf Randkohlenstoffgehalt und Zementationstiefe. Eine Erhöhung der Zementationszeit bewirkt, wie aus Abb. 134 (s. auch Abb. 137) hervorgeht, ebenfalls eine Steigerung des Randkohlenstoffgehaltes. Je höher die Zementationstemperatur ist, um so mehr gleicht sich aber der Einfluß der Zeit aus. Bei einer

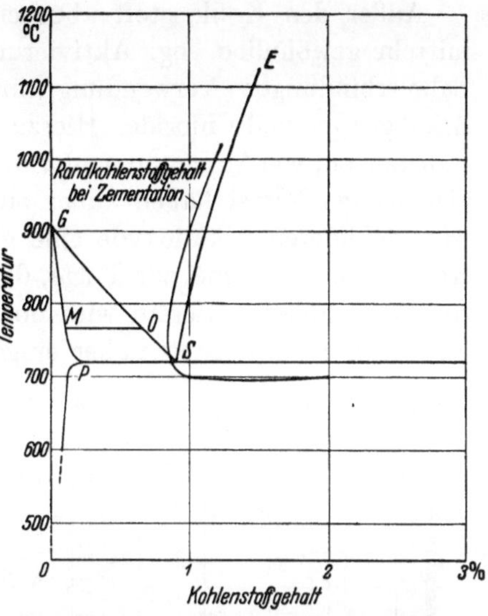

Abb. 135. Schematische Darstellung der Abhängigkeit des Randkohlenstoffgehaltes unlegierter Stähle von der Zementationstemperatur.

Zementationstemperatur von annähernd 1000° ist im Randkohlenstoffgehalt bei Zementationszeiten von 30 und 60 Stunden praktisch kein Unterschied mehr vorhanden. Viel stärker ist der Einfluß der Zementationszeit auf die Zementationstiefe, wie dies aus Abb. 134 und 136 zu ersehen ist.

Einfluß des Zementationsmittels. Wie bereits einleitend hervorgehoben, unterscheidet man zwischen festen, gasförmigen und flüssigen Zementationsmitteln.

Bei den festen Zementationsmitteln bringt man die zu zementierenden Gegenstände in einem geschlossenen Behälter mit einer Kohlenstoff abgebenden Substanz zusammen, wobei

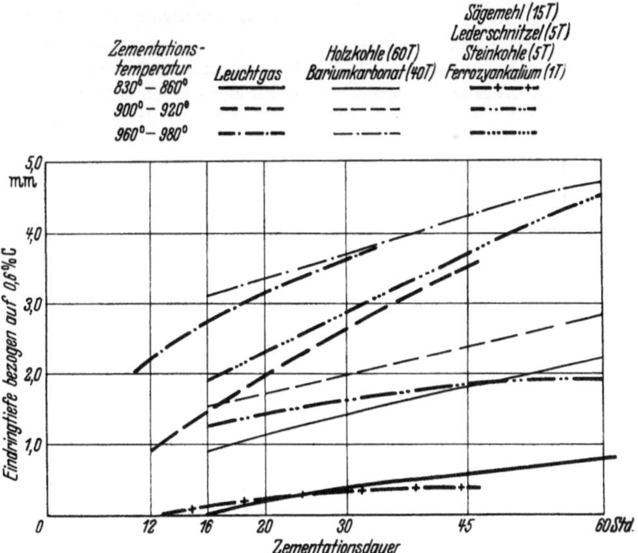

Abb. 136. Abhängigkeit der Zementationstiefe von Temperatur und Zeit für einen Chrom-Nickel-Wolfram-Stahl mit 4,3% Nickel bei Anwendung verschiedener Zementationsmittel.

die Deckel mit Lehm oder anderen feuerfesten Massen abgedichtet sind. Als Kohlenstoff abgebende Substanz kommen in Frage: Holzkohle, Lederkohle, Knochenkohle, Steinkohle, verschiedene Arten von Koks (Tieftemperaturkoks, Schwelkoks, Braunkohlenkoks usw.). Von weiteren organischen Zusätzen seien genannt: rohe Knochen, Harz, Sägespäne, Lederabfälle, Haar- und Pflanzenfasern, Schweröle, Petroleumrückstände u. a.

Außer den Kohlenstoff abgebenden Stoffen setzt man den Zementationsmitteln gewöhnlich sog. Aktivierungssalze zu. Als solche finden nahezu alle Salzverbindungen Verwendung, insbesondere Karbonate der Erdalkali- und Alkaligruppe und Chloride. Hierzu kommen vielfach auch noch stickstoffhaltige Substanzen, wie Ammoniumchlorid, Ferrozyankalium, Salpeter. Diese Stickstoff abgebenden Mittel haben außer einer aktivierenden Wirkung der enthaltenen oder gebildeten Alkalioxyde eine gleichzeitige Stickstoffanreicherung neben der Kohlenstoffaufnahme zur Folge, die ebenfalls geeignet ist, die Härte der Randzone zu erhöhen. Hierauf wird noch bei den flüssigen Einsatzhärtemitteln und im Abschnitt Stickstoff näher eingegangen.

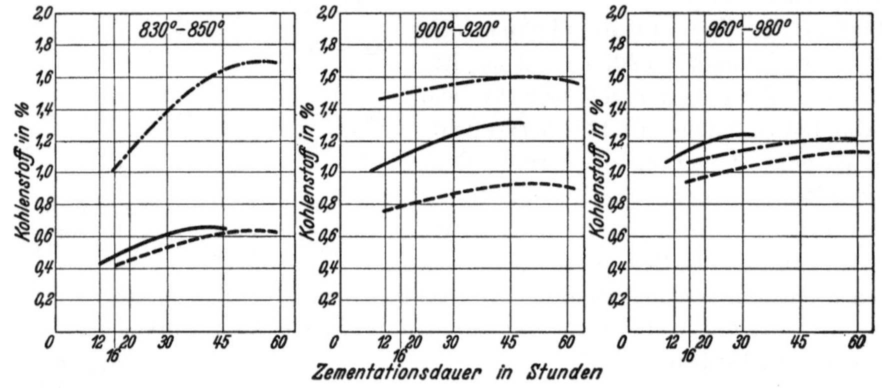

Abb. 137. Abhängigkeit des Randkohlenstoffgehaltes in 0,2 mm Tiefe von Zementationsdauer und Temperatur für einen Chrom-Nickel-Wolfram-Stahl mit 4,3% Ni bei Anwendung verschiedener Zementationsmittel.

Von den Aktivierungsmitteln hat sich besonders Bariumkarbonat eingeführt. Man kann die Mischung von Holzkohle und Bariumkarbonat im Verhältnis 60 : 40 als das klassische Zementationsmittel bezeichnen. Die günstigsten Zusätze dürften aber in einer Größenordnung von 5—25% Bariumkarbonat liegen.

Zur Begründung der Wirkung der sog. aktivierenden Zusätze auf der Erdalkalibasis sind verschiedene Erklärungsversuche unternommen worden. Mit die gebräuchlichste Erklärung wurde lange Zeit in der Anwesenheit des Karbonats gesucht, indem man annahm, daß das Karbonat beim Erhitzen auf Zementationstemperatur die entsprechende Menge Kohlensäure abgibt, die in der Reaktion mit dem vorhandenen Kohlenstoff das Zementationsgas zur Verfügung stellen sollte. Man kann dem entgegenstellen, daß dieselbe aktivierende Wirkung durch Bariumoxyd zu erzielen ist und infolgedessen die obige Erklärung nicht den Kern der Sache treffen kann. Bei Anwesenheit von Bariumoxyd kann man sich hingegen vorstellen, daß es beim Beginn der Reaktion zwischen Kohlenstoff und Sauerstoff Kohlensäure abbindet, wodurch die Reaktion zwischen Kohlenstoff und Sauerstoff in Richtung eines höheren Prozentgehaltes an Kohlenoxyd im Zementationsgas beeinflußt wird. Für die in Abb. 131 wiedergegebenen Gleichgewichtsverhältnisse würde das bedeuten, daß die Boudouardsche Kurve durch Anwesenheit des kohlensäurebindenden Aktivierungsmittels eine Verschiebung nach links zu etwas höheren Kohlenoxydgehalten erfährt, was eine Erklärung für eine stärkere Zementationswirkung geben kann[1].

Bei diesem Erklärungsversuch ist es gleichgültig, ob man von Bariumoxyd oder -karbonat ausgeht, da nach Erreichung der Zementationstemperatur sich bestimmt in beiden Fällen das entsprechende Gleichgewicht nach kurzer Zeit einstellen wird. Beim Abkühlen von Zementationstemperatur wird der vorhandene Anteil an Bariumoxyd in der Lage sein, die sich jetzt stärker bildende Kohlensäure wieder abzubinden. Hierdurch wird der Zusatz eines derartigen Salzes auch die Entkohlungsgefahr bei sehr langsamer Abkühlungsgeschwindigkeit beim Abkühlen von Zementationstemperatur etwas vermindern. Ob Chloride und andere Salze darüber hinaus die Reaktion der Zementitbildung katalytisch beeinflussen, steht noch offen.

Einige gebräuchliche feste Zementationsmittel sind in Zahlentafel 16 angeführt, ohne damit den Wert anderer Zusammensetzungen in Frage zu stellen.

Von flüssigen Zementationsmitteln werden heute praktisch nur mehr die in Zahlentafel 17 enthaltenen Zyanbäder verwendet. Es ist zu unterscheiden zwischen den normalen Zyanbädern, die meist 30% Zyannatrium oder noch mehr enthalten, und den sog. Tiefzementierbädern, bei denen der Zerfall der Zyansalze durch Zusätze von Erdalkali eingedämmt wird.

Als gasförmiges Zementationsmittel finden hauptsächlich Leuchtgas und Naturgas, letzteres natürlich nur in

Zahlentafel 16.
Feste Zementationsmittel.

1	Holzkohle	60 Teile
	Bariumkarbonat	40 „
2	Holzkohle	90 „
	Kochsalz	10 „
3	Mit mineralischen Ölen imprägnierter Koks	
4	Steinkohle	5 „
	Lederabfälle	5 „
	Kochsalz	1 „
	Sägemehl	15 „
5	Lederabfälle	10 „
	Ferrozyankalium	2 „
	Sägemehl	10 „
6	Koks	50 „
	Braunkohle	45 „
	Kalziumkarbonat	5 „
	Bariumkarbonat	15 „

Zahlentafel 17. Zementationsbäder.

Verwendungszweck	Gehalt	Anteil
Für Oberflächenzementation von 0,5—1 mm Einsatztiefe	1. Natriumchlorid	1—2
	Kaliumchlorid	1—2
	Zyannatrium	1
	2. Natriumchlorid	1
	Kaliumchlorid	1
	Zyannatrium	8
	3. Natriumchlorid	2
	Kaliumchlorid	3
	Bariumchlorid	6
	Zyannatrium	16
	4. Natriumchlorid	1
	Zyannatrium	3
Für Tiefzementation bis 2 mm Einsatztiefe	5. Natriumchlorid	3
	Kaliumchlorid	17
	Bariumchlorid	7
	Strontiumchlorid	2
	Zyannatrium	3
	Zyankalium	1
	6. Natriumchlorid	1
	Bariumchlorid	2
	Bariumkarbonat	4
	Zyannatrium	6

[1] McQuaid, H. W.: Trans. Amer. Soc. Met. Bd. 26 (1938) S. 443/50. — Mahin, E. G.: Diskussionsbeitrag ebenda S. 453/59.

Gegenden wie Nordamerika, in denen es in genügender Menge vorkommt, Verwendung. Die Zusammensetzung von Leuchtgas und Naturgas ist etwa folgende:

	CO_2	O_2	N_2	CO	H_2	CH_4	C_nH_m
Naturgas . . .	—	0,6	0,5	0,8	—	80,7	17,0
Leuchtgas . . .	1,8	0,3	10,9	5,1	55,7	24,8	1,4

Gelegentlich wird Leuchtgas auch für sog. gemischte Zementation angewendet in dem Sinne, daß die zu zementierenden Stücke in Holzkohle eingepackt werden und Leuchtgas durchgeleitet wird.

Einen gewissen Anwendungsbereich haben neuerdings auch die sog. Vergasungspulver gefunden. Es handelt sich hierbei um stark Gas entwickelnde Zementationspulver, die vorwiegend aus einer Grundsubstanz von Braunkohle, Steinkohle und Holzkohle mit wesentlich höheren als für die festen Zementationsmittel üblichen Zusätzen an Karbonaten, z. B. Bariumkarbonat, ferner Ammoniak abgebenden Beimengungen bestehen. Die von diesen Mitteln entwickelten Gase, die unter Umständen in einer besonderen Kammer erzeugt und über die aufzukohlenden Teile geleitet werden können, besitzen eine zementierende Wirkung, ähnlich wie gasförmige Zementationsmittel.

Vielfach wird in Sonderöfen für Massenteile auch ein Einsetzen in einem vergasten Gemisch von Ammoniak, Benzin und Schweröl vorgenommen. Der Zusatz von Ammoniak zu den durch Vergasung der verschiedenen Öle erzeugten Kohlenwasserstoffen hat ebenfalls den Zweck, neben einer Aufkohlung eine Stickstoffanreicherung in der Randzone zu erzeugen. Welche Stickstoffgehalte durch Zusatz von Ammoniak zu Gasgemischen erhalten werden, geht aus Zahlentafel 18 hervor. Zum gleichen Zwecke sind auch schon Versuche gemacht worden, bei Verwendung gewöhnlich fester Zementationspulver gleichzeitig Ammoniak

Zahlentafel 18. Kohlenstoff- und Stickstoffgehalte in den Randzonen eines unlegierten Stahles mit 0,2% C nach Zementation in verschiedenen ammoniakhaltigen Gasgemischen nach R. J. Cowan und J. T. Bryce [Trans. Amer. Soc. Met. Bd. 26 (1938) S. 766/87].

Versuch	1	2	3	4
Gaszusammensetzung: Stadtgas	5	6	7,5	— Teile
Naturgas	2,5	3,5	—	5 ,,
Ammoniak	2,5	0,5	2,5	5 ,,
Zementationstemperatur	790	790	790	790° C
Zementationszeit	2	$1^3/_4$	$1^3/_4$	$1^1/_2$ Std.
Abgedrehte Schicht: 0,1 mm C	0,88	0,87	0,78	0,83 %
N_2	0,31	0,13	0,33	0,45 %
0,2 mm C	0,51	0,55	0,52	0,58 %
N_2	0,40	0,08	0,28	0,25 %
0,3 mm C	0,28	0,33	0,32	0,28 %
N_2	0,02	0,011	0,09	0,05 %
0,4 mm C	0,23	0,25	0,25	—
N_2	0,019	0,011	0,031	—

durch die Zementationskästen durchzuleiten. Auf den Einfluß von Stickstoff bei einsatzgehärteten Teilen wird später eingegangen.

Die verschiedenen Zementationsmittel werden sich je nach der Schärfe ihrer Wirkungsweise wiederum verschieden auf den Randkohlenstoffgehalt und die

Zementationstiefe in Abhängigkeit von der Zementationstemperatur und der Zementationszeit auswirken. Wie früher ausgeführt, wird für die Wirkung eines Zementationsmittels einerseits seine Vergasbarkeit bei den betreffenden Temperaturen, andererseits die Natur der abgegebenen Gase von Bedeutung sein. Die Vergasbarkeit ist besonders bei tiefen Zementationstemperaturen wesentlich. Die unterschiedliche Vergasbarkeit von Holzkohle zu verschiedenen Koksen ist in diesem Zusammenhang erwähnenswert. Die Wirkung einiger gebräuchlicher fester Zementationsmittel ist für zwei verschiedene Zementationstemperaturen und eine Zementationsdauer von 60 Stunden aus einer Gegenüberstellung der Eindringtiefen in Zahlentafel 19 zu ersehen. Der Einfluß der Zementationsmittel auf den Randkohlenstoffgehalt ist hier durch die Breite der übereutektoiden Zone ausgedrückt.

Zahlentafel 19. Zementationswirkung verschiedener fester Einsatzmittel.

Zementationsmittel	Zementationstemperatur	Eindringtiefe in mm		
		übereutektoide Zone	eutektoide Zone	Gesamttiefe
45 Teile Koks, 45 Teile Braunkohle, 5 Teile Kalk, 15 Teile Bariumkarbonat	850°	0	0,70	2,2
	920°	0,8	0,75	2,85
Holzkohle und Bariumkarbonat 60 : 40, Erbsengröße	850°	0	1,10	2,70
	920°	1,35	0,75	3,05
dsgl., pulverförmig	850°	0	1,30	3,0
	920°	1,4	0,7	3,55
Organisches Zementationsmittel: 15 Teile Sägemehl, 5 Teile Steinkohle, 5 Teile Lederabfälle, 1 Teil Ferrozyankalium . . .	850°	0	1,2	3,0
	920°	0,6	1,5	3,0

Aus Zahlentafel 19 geht bereits hervor, daß die Wirkung eines Zementationsmittels nicht nach einer Zementationstemperatur allein beurteilt werden kann, wofür später noch weitere Beispiele gebracht werden. Erwähnenswert ist, daß das Gemisch von Holzkohle und Bariumkarbonat in dem vorliegenden Verhältnis von 60 : 40 sich als besonders scharfes Zementationsmittel erweist, das sehr stark randaufkohlend wirkt im Gegensatz zu der vielfach in der Literatur vertretenen Ansicht, daß dieses Mittel im Vergleich mit organischen Zementationsmitteln als mild wirkend anzusprechen sei (s. S. 158). Von Interesse ist fernerhin bei Zementationspulvern der Einfluß verschiedener Körnigkeit. Das pulverförmige Gemisch von Holzkohle und Bariumkarbonat zementiert infolge der größeren Reaktionsfähigkeit besser als das grobkörnige. Es ergibt sich hieraus die Schlußfolgerung, daß Zementationsmittel nicht in allzu grober Körnung verwendet werden sollen.

Für zwei technisch gebräuchliche Einsatzhärtebäder sind die erzielbaren Eindringtiefen in Abb. 138 gezeigt[1]. Bemerkenswert ist, daß bei den angewandten Zementationsbehandlungen eine stark übereutektoide Zone und unzulässige Zementitbildung am Rande nicht zu beobachten ist. Ein Vergleich der beiden Zementationsmittel läßt erkennen, daß das Bad 6 bei der niedrigsten Zementationstemperatur eine geringfügig bessere Tiefenwirkung besitzt. Dagegen ist bei

---

[1] Es handelt sich bei Zementationsmittel 5 um das Durferrit-C5-Bad der Durferrit-Gesellschaft, Frankfurt a. M., bei dem Zementationsmittel 6 um das Perliton-Tief-Zementierungssalz der Deutschen Houghton-Fabrik, Magdeburg-Buckau (vgl. Zahlentafel 17 S. 153).

den höheren Einsatztemperaturen Bad 5 in der Tiefenwirkung etwas überlegen. Außerdem neigt Bad 6 wenigstens bei der höchsten Zementationstemperatur stärker zur Überkohlung. Ein Vergleich der mit diesen Zyansalzbädern erzielten Eindringtiefen mit den für Holzkohle und Bariumkarbonat erhaltenen (siehe Abb. 137) ergibt folgendes: Bei den niedrigsten Zementationstemperaturen von etwa 830—850° ist der Unterschied in der Tiefenwirkung nicht so sehr erheblich. Dagegen wird bei höheren Zementationstemperaturen von etwa 920° bei Zementation in flüssigen Zyansalzbädern eine größere Einsatztiefe erhalten als mit Holzkohle und Bariumkarbonat. Die Zyansalzbäder haben sich hauptsächlich bewährt für die Zementation von Stücken mit geringeren Zementationstiefen, da bei längeren Zementationszeiten mit einer stärkeren Zersetzung der Bäder

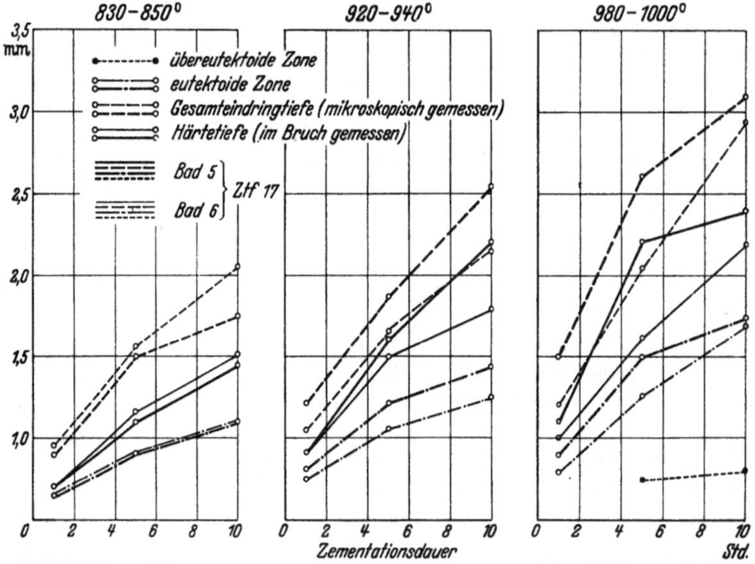

Abb. 138. Zementationswirkung von zwei verschieden zusammengesetzten Tiefzementierbädern an einem unlegierten Einsatzstahl mit 0,14% C, 0,32% Si, 0,28% Mn. [Nach H. Schrader: Werkstoffhandbuch Stahl und Eisen, 2. Auflage 1937, T 14, S. 5.]

und einem Nachlassen der Aufkohlungswirkung zu rechnen ist. Bei den Zyansalzbädern wird nicht nur Kohlenstoff, sondern zum Teil auch Stickstoff in die Randzone aufgenommen; dadurch findet gleichfalls eine gewisse Steigerung der Härtbarkeit der Zementationsschicht statt. Stickstoff verändert die kritische Abkühlungsgeschwindigkeit von Eisen-Kohlenstoff-Legierungen, wenn er neben Kohlenstoff im Austenit gelöst wird. Durch Verwendung sehr stickstoffhaltiger Zementationsmittel können Stickstoffgehalte bis zu 0,7% neben etwa gleichen Kohlenstoffgehalten erzielt werden. Beim Ablöschen derartig hoher stickstoff- und kohlenstoffhaltiger Randzonen kann es aber infolgedessen vorkommen, daß bei der Härtung ein Gemisch von Martensit und Austenit entsteht und die gewünschte möglichst hohe Harte in der Randzone nicht erzielt wird. Insbesondere tritt dies beim Einsatzhärten legierter Stähle auf, bei denen an sich schon durch die Legierung die kritische Abkühlgeschwindigkeit weitgehend herabgesetzt ist (s. die Ausführungen zu Abb. 161, S. 187, sowie Abschnitt „Stickstoff“).

Infolge der Einfachheit der Handhabung verdienen gasförmige Zementationsmittel, vor allem das Leuchtgas, für die Zementation besondere

Beachtung. Von den darin enthaltenen Gasen ist Kohlenoxyd allein ein ziemlich schwach wirkendes Zementationsmittel. Dies geht bereits aus einem Vergleich der Gleichgewichtskurven für Zementation mit Kohlenoxyd gegenüber Methan hervor, die zeigen, daß schon ein verhältnismäßig geringer Gehalt an Methan zementierend wirkt, während bei gleichen Temperaturen sehr hohe Konzentrationen an Kohlenoxyd zur Zementation erforderlich sind. Durch Zusätze von Kohlenwasserstoffen zu Kohlenoxyd werden erheblich schärfere Zementationswirkungen, und zwar erhöhter Randkohlenstoffgehalt und vergrößerte Zementationstiefe erzielt (Abb. 139). Die Verwendung reiner Kohlenwasserstoffe schaltet praktisch für die Zementation aus, da sie bei einer Erhitzung in Berührung mit Eisenstücken eine außerordentlich starke Kohlenstoffabscheidung ergeben, die so undurchlässig werden kann, daß eine weitere Zementationswirkung unterbunden wird. Beim Leuchtgas tritt dieser Übelstand infolge der vorliegenden Verdünnung der Kohlenwasserstoffe mit nicht Kohlenstoff abspaltenden Gasen nur in geringem Maße in Erscheinung. Bei verhältnismäßig kohlenwasserstoffreichem Leuchtgas wird die Abscheidung von Kohlenstoff durch eine vorhergehende Überleitung des Leuchtgases durch erwärmte Vorwärmkammern, die mit Eisenstücken gefüllt sind, verhindert. Die für die Zementation schädliche Abscheidung auf den zu zementierenden Stücken wird in den Vorwärmkammern vorweggenommen. Weiterhin ist gebräuchlich, die zu zementierenden Stücke in Holzkohle einzupacken und dann Leuchtgas durchzuleiten. In diesem Falle fällt der abgespaltene Kohlenstoff

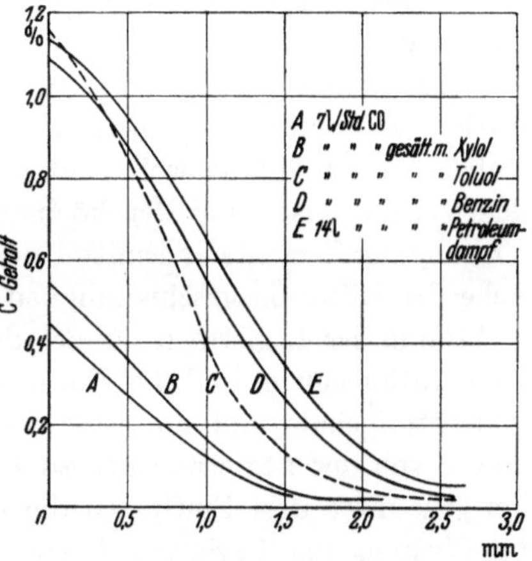

Abb. 139. Einfluß von Zusätzen verschiedener Kohlenwasserstoffe auf die Aufkohlung durch Kohlenoxyd für 10stündige Zementation bei 950° C. [Nach A. Bramley u. G. Lawton: Carnegie Schol. Mem. Bd. 16 (1927) S. 35/100.]

auf den Holzkohlestücken und nicht auf den zu zementierenden Teilen aus. Durch Beimengungen von Kohlensäure, Wasserdampf, Luft, Abgasen u. dgl. zum Leuchtgas besteht weiterhin die Möglichkeit, eine Abscheidung von Kohlenstoff durch Vergasung unter Neubildung von Kohlenoxyd weitgehend zu vermeiden.

Die Leuchtgaszementation ergibt auch bei größeren Stücken und großen Zementationstiefen, wie z. B. Panzerplatten[1], eine sehr gleichmäßige Wirkung und besitzt den Vorteil der Sauberkeit und einfachen Handhabung. In der Literatur findet man vielfach Angaben, daß gerade Leuchtgas und Kohlenwasserstoff besonders scharf wirkende Zementationsmittel sind. Es lohnt daher, vergleichend die Wirkung von Leuchtgas und zwei festen Zementationsmitteln, einer Holzkohle/Bariumkarbonat-Mischung (60 : 40) und eines organischen Zementationsmittels, an Hand eines Chrom-Nickel-Wolfram-Einsatzstahles mit 4,3% Ni, 1% Cr, 1% W in bezug auf Randkohlenstoffgehalt und Zementationstiefe zu verfolgen.

In Abb. 136 und 137 ist die Wirkung der drei verschiedenen Zementationsmittel auf Zementationstiefe und Randkohlenstoffgehalt in Abhängigkeit von

---

[1] Siehe hierzu E. Ehrensberger: Stahl u. Eisen Bd. 42 (1922) S. 1229/36, 1276/82, 1320/30.

Temperatur und Zeit festgehalten. Es erweist sich das Zementationsmittel Holzkohle und Bariumkarbonat als wesentlich schärfer randaufkohlend als Leuchtgas und das organische Zementationsmittel, und zwar gilt dies hauptsächlich für die niedrigste Zementationstemperatur. Bei der mittleren Zementationstemperatur liegt der Randkohlenstoffgehalt für Leuchtgaszementation zwischen den mit den beiden festen Zementationsmitteln erzielbaren, während bei der höchsten Zementationstemperatur eine weitgehende Angleichung stattgefunden hat.

Abgesehen von der unterschiedlichen Wirkung der Zementationsmittel auf den Randkohlenstoffgehalt, kann man auch einen wesentlichen Unterschied in der Wirkung auf die Zementationstiefe beobachten. Leuchtgas ergibt bei niedrigen Zementationstemperaturen eine wesentlich geringere Zementationstiefe als Holzkohle und Bariumkarbonat und unterscheidet sich bei dieser Zementationsbehandlung kaum von dem organischen Zementationsmittel in seiner Wirkung. Dies letztere kann auch bei höheren Temperaturen die Wirkung von Holzkohle-Bariumkarbonat nicht erreichen, während bei Leuchtgaszementation für eine mittlere Zementationstemperatur eine Steigerung der Zementationswirkung zu beobachten ist, die so weit geht, daß dieses Mittel Holzkohle-Bariumkarbonat gleichzusetzen ist. Bei der höchsten Zementationstemperatur gleicht sich die Wirkung der Zementationsmittel ziemlich weitgehend an, weil jetzt in der Hauptsache die Diffusionsgeschwindigkeit im Mischkristall maßgebend ist.

Einfluß der Legierung. Außer der geschilderten Wirkung der verschiedenen Zementationsmittel und des Einflusses von Temperatur und Zeit auf den Randkohlenstoffgehalt und die Eindringtiefe sind auch die Verhältnisse noch abhängig von der Legierung des zu zementierenden Stahles. Es kommen also zu den genannten drei Einflüssen die vielfachen Veränderungsmöglichkeiten durch die Wirkung der Legierung hinzu.

Wenn in den späteren einzelnen Abschnitten über die Wirkungsweise der einzelnen Legierungselemente auch näher auf den Einfluß des einzelnen Elementes auf die Zementation eingegangen wird, sollen doch hier schon vorab einige prinzipielle Hinweise gemacht werden. Als erstes muß der Kohlenstoffgehalt der zementierenden Grundlegierung Beachtung finden, da er sich ebenfalls auf die Eindringtiefe auswirkt.

Aus den Gleichgewichtskurven in Abb. 131 ergibt sich, daß bei gleichem Zementationsgas der tiefgekohlte Stahl mehr Kohlenstoff aufnimmt als ein höher kohlenstoffhaltiger Stahl[1]. Dies gilt für die Reaktionsverhältnisse an der Stahloberfläche und den daraus sich ergebenden Randkohlenstoffgehalt. Ein mild wirkendes Zementationspulver könnte unter Umständen in der Lage sein, einen tiefgekohlten Stahl aufzukohlen, während ein höher kohlenstoffhaltiger Stahl unter gleichen Bedingungen nicht zementiert, sondern sogar entkohlt wird. Bezüglich der Zementationstiefe sind diese Gesetzmäßigkeiten nicht mehr von Bedeutung, da hierfür bei gleichen Zeiten allein der durch Temperatur und Legierung bedingte Diffusionskoeffizient maßgeblich ist. Bei Stählen mit gleichen Legierungs- aber verschiedenem Kohlenstoffgehalt unterscheidet sich demnach die Zementationstiefe praktisch nicht (Abb. 140); es wird aber die insgesamt aufgenommene Kohlenstoffmenge wegen des kleineren Konzentrationsgefälles

---

[1] Selbstverständlich wird aber der erreichte Randkohlenstoff nicht höher, sondern nach ausreichender Zeit höchstens gleich.

bei dem kohlenstoffreicheren Stahl geringer. Trotzdem ist im letzteren Falle die Schichtdicke, in der der zur vollständigen Härtung nötige Kohlenstoffgehalt von etwa 0,4% überschritten wird, also auch die praktisch wichtige „Einsatzhärtetiefe" infolge des vorhandenen höheren Ausgangskohlenstoffgehaltes größer.

Was die übrigen Legierungselemente anbelangt, sei hier nur kurz auf das Verhalten von Stählen mit einem Gehalt an stark karbidbildenden Elementen eingegangen. Solche Zusätze, wie z. B. Chrom, verringern die Diffusionsfähigkeit und Löslichkeit des Kohlenstoffes in der festen Lösung. Daher können bei derartig legierten Stählen stärkere Randkohlenstoffgehalte auftreten, weil auch hier ähnlich wie beim Zementieren von unlegiertem Stahl unterhalb oder bei A_1 beträchtliche Karbidanreicherungen in der Randzone entstehen. Ein Beispiel hierfür gibt Zahlentafel 20, nach der bereits geringe Mengen von Chrom (etwa 1,2%) eine beträchtliche Erhöhung des Randkohlenstoffgehaltes

Zahlentafel 20. Anhäufungen von Randkohlenstoff bei Anwendung niedriger Zementationstemperaturen.

Zementationsbehandlung	Kohlenstoff in der äußersten Randzone von 0,05 mm Stärke bei	
	Kohlenstoffstahl	ChromNickel-Stahl
780° 24 Stunden	0,98	2,49
750° 48 „	0,99	2,92

herbeiführen. Die hohen Randkohlenstoffgehalte beziehen sich dabei nicht nur auf die alleräußerste Randschicht, sondern erstrecken sich auch noch in die anschließenden Zonen hinein.

Bei derartigen Stählen scheiden sich bereits während des Zementationsvorganges Karbide im Gefüge aus; dies ist schon aus der Zahlentafel 20 zu entnehmen, da die dort angeführten hohen Randkohlenstoffgehalte nicht mehr im Austenit des Stahles gelöst sein können. Die Erklärung für die sehr starke Anreicherung des Randkohlenstoffgehaltes über die Löslichkeitsgrenze des Austenits hinaus bei sonderkarbidhaltigen Stählen und den hierin zum Ausdruck kommenden Unterschied gegenüber dem normalen Verhalten unlegierter Stähle dürfte in folgendem liegen:

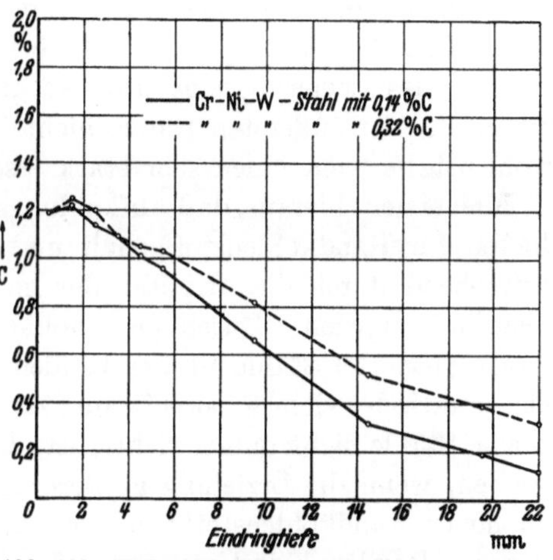

Abb. 140. Verlauf der Kohlenstoffgehalte in der Einsatzschicht an Stählen gleicher Legierung, aber verschiedenen Ausgangskohlenstoffgehaltes nach gemeinsamer Zementation. Zementationsmittel: Knochenkohle + Holzkohle.

Beim unlegierten Stahl ist die Diffusionsgeschwindigkeit des Kohlenstoffs im γ-Gebiet groß, so daß bei den technisch üblichen Zementationszeiten und -querschnitten ein dauerndes Abwandern des Kohlenstoffs nach dem Kern zu stattfindet. Es kommt daher nicht zu Anreicherungen über die Löslichkeitsgrenze des Austenits bei der Zementationstemperatur, d. h. im allgemeinen nicht zu höheren Kohlenstoffgehalten als 1,4% (s. Abb. 135). Nur bei sehr langzeitiger Zementation dünnster Querschnitte, wie z. B. von Drähten, wird die Kohlenstoffanreicherung im Kern allmählich so stark, daß die Abwanderung des Kohlenstoffs nach innen infolge des geringer werdenden Konzentrationsgefälles kleiner wird als die Kohlenstoffaufnahme an der Oberfläche. Bei Zusatz sonderkarbidbildender Elemente wird nun die maximale Kohlenstofflöslichkeit des Austenits geringer (vgl. Abschnitt „Chrom" u. a.), infolgedessen muß die Diffusionsgeschwindigkeit an sich schon wegen des kleineren Konzentrationsgefälles abnehmen. Hinzu kommt die Verringerung der Diffusionsfähigkeit durch die Veränderung der Zusammensetzung des Mischkristalles, so daß in derartigen Stählen der Zeitpunkt schneller erreicht wird, in dem die Kohlenstoffaufnahme in der Randzone die Kohlenstoffabführung nach dem Kern überwiegt. Dadurch wird auch bei normalen Zementationszeiten und -querschnitten die Löslichkeitsgrenze des Austenits überschritten, so daß es zu Karbidanreicherungen während des Zementationsvorganges kommt. Diese Ausscheidung von Sonderkarbiden dürfte andererseits bei nicht zu hoch legierten Stählen überhaupt erst eine nennenswerte Zementationstiefe ermöglichen, weil sie zu einer Abbindung des Legierungselementes in der Randzone führt und die Diffusionsfähigkeit des Kohlenstoffs in der dann an Legierung verarmten Grundmasse verbessert. Erst bei sehr hohem Legierungsgehalt, z. B. bei mehr als 12% Chrom, ist der Anteil an Atomen des Legierungselementes so groß, daß es nur mehr zu einer Karbidbildung in der äußersten Randschicht kommt, während das Abdiffundieren des Kohlenstoffs nach innen sehr stark erschwert wird.

Man ersieht hieraus, daß Aufkohlungsgeschwindigkeit und Diffusionsgeschwindigkeit für Randkohlenstoffgehalt und Zementationstiefe maßgebend sind und weitgehend durch die Affinität der im Stahl vorhandenen Legierungselemente beeinflußt werden. Durch eine hohe Affinität kann das Reaktionsvermögen derartig legierter Stähle mit den Kohlenstoff abgebenden Gasen verstärkt werden. Als praktisch wichtig ist hieraus zu entnehmen, daß es beim Zementieren solcher Stähle nicht immer richtig ist, das am schärfsten kohlende Mittel zu verwenden, wenn die Erzielung größerer Zementationstiefen beabsichtigt ist, aber ein hoher Randkohlenstoffgehalt vermieden werden soll. Wie die Einsatzzone eines zur Randkarbidbildung neigenden Chrom-Molybdän-Stahles durch verschiedene Zementationsmittel beeinflußt werden kann, zeigt Abb. 141 (S. 162).

Typisch ist bei manchen Stählen mit sonderkarbidbildenden Elementen die globulare Ausbildung der Karbide besonders in den äußersten Randzonen, wie sie nur durch den oben geschilderten Vorgang zu erklären ist. Derartige Karbide sind infolge ihrer schweren Löslichkeit auch erst durch Glühen bei sehr hohen Temperaturen in Lösung und zu einer gleichmäßigen Verteilung über die Grundmasse zu bringen (siehe Abb. 145, S. 167).

γ) Einfluß der Einsatzhärtung auf die Stahleigenschaften.

Durch den Zementationsvorgang werden die Eigenschaften des zementierten Stahles weitgehend verändert. Die Beeinflussung erstreckt sich nicht nur auf die aufgekohlte Randschicht, sondern auch auf das in seiner Zusammensetzung nicht veränderte Kernmaterial.

Der Zweck der Zementation ist es, durch Härten von Stücken mit derartig unterschiedlichem Rand- und Kernkohlenstoffgehalt Erzeugnisse zu erhalten, die in der Randzone beim Ablöschen entsprechend härter werden als die tiefgekohlte Kernzone. Letztere soll sich im Vergleich zur Randzone durch besondere Zähigkeitseigenschaften auszeichnen. Aus den gewonnenen Erkenntnissen über die zweckmäßigste Ablöschung von Eisen-Kohlenstoff-Legierungen ergibt sich an Hand des Eisen-Kohlenstoff-Diagramms, daß ein Stahl mit etwa 1% Kohlenstoff von etwa 760° abgelöscht werden soll. Die Randzone eines zementierten Stückes entspricht etwa einem derartigen Kohlenstoffgehalt und wird daher auch zweckmäßig so behandelt. Nimmt man ein gewöhnliches Einsatzflußeisen mit 0,15% Kohlenstoff an, so würde die günstigste Abschrecktemperatur für die nicht aufgekohlte Kernzone mit 0,15% Kohlenstoff dagegen bei etwa 880 bis 900° liegen.

Man ersieht hieraus, daß die zweckmäßigsten Warmbehandlungstemperaturen für die Kernzone und die Randzone verschieden sind. Es müssen also Mittelwege zur Erzielung der günstigsten Warmbehandlungsbedingungen für beide Schichten gefunden werden. Um diese Bedingungen für den jeweils vorliegenden Fall ermitteln zu können, ist es erforderlich, auf die durch die Zementation hervorgerufenen Veränderungen von Randzone und Kernzone etwas näher einzugehen.

Beeinflussung der Randzone. Der Kohlenstoff des Randes fällt naturgemäß vom Rand ausgehend allmählich nach der Kernzone zu ab. Dieser Abfall wird um so allmählicher sein, je größer die Diffusionsgeschwindigkeit bei der Zementationstemperatur, je höher also die Einsatztemperatur war. Ein allmählicher Übergang ist erstrebenswert, um bei den nachfolgenden Härteoperationen schroffe Unterschiede in der Volumenänderung und somit in den Spannungen zwischen Kern- und Randzone zu vermeiden.

Besondere Beachtung ist derjenigen Zone zuzumessen, die mehr als 1% Kohlenstoff enthält, also übereutektoid ist. Wird die Zementation bei einer Temperatur oder Zeit vorgenommen, bei der der Kohlenstoffgehalt der äußersten Randschicht über 1% ansteigt, so scheidet sich der überschüssige Zementit bei der Abkühlung in den Korngrenzen ab und fixiert sie. Da eine wirtschaftliche Zementation bei Anstrebung tieferer Einsatzschichten Temperaturen von mehr als 850°, bei sehr großen Tiefen sogar eine Überschreitung von 900° erfordert und je nach der Zementationstiefe auch entsprechend lange Zeiten gewählt werden müssen, tritt als Begleiterscheinung der Zementation eine Kornvergröberung durch Überhitzung bzw. Überzeitung ein. Vielfach läßt sich das Fortschreiten der Kornvergröberung in der zementierten Randschicht durch Unterschiede in der Ausbildung und der Größe des Zementitnetzwerkes verfolgen. So zeigt beispielsweise Abb. 142, daß im Zementitnetzwerk am äußersten Rand ein verhältnismäßig feines Korn vorliegt, während es nach dem Kern zu erheblich gröber wird. Es erklärt sich diese Anordnung daraus, daß bei der Zementation in der äußersten Randzone die Kohlenstoffanreicherung bis zum übereutektoiden Gehalt verhältnismäßig rasch vor sich geht und daher in der Randzone die Zeit zur Kornvergröberung fehlt. Treten dann infolge der bei technischen Zementationsvorgängen, zumal bei längeren Einsatzzeiten, häufig vorkommenden Temperaturschwankungen Zementitausscheidungen an den Korngrenzen auf, so kann eine Vergröberung auch später nicht mehr erfolgen. Für weiter nach innen liegende Zonen dagegen sind wesentlich längere Zeiten zum Aufkohlen auf einen ungefähr gleichen Kohlenstoffgehalt erforderlich, da hier der Kohlenstoff durch Diffusion über längere Strecken eingebracht werden muß. Es hat hier also das Korn Gelegenheit, infolge der Überzeitung weiter zu wachsen, ehe die Aufkohlung so weit fortgeschritten ist, daß es zu Zementitausscheidungen und damit zur Fixierung der Korngrenzen kommen kann.

1. Holzkohle und Bariumkarbonat (60:40)

2. 45 T. Koks, 45 T. Braunkohle, 5 T. Kalk, 5 T. Bariumkarbonat

3. Dohundin

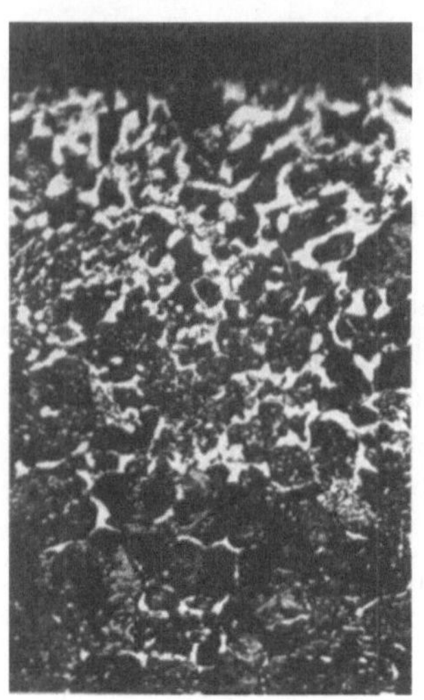 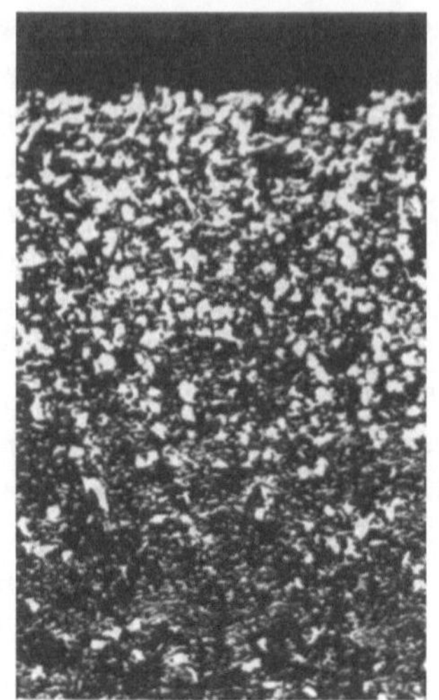 

830° 20 Std. Randkohlenstoffgehalt in Prozent

in 0,0—0,1 mm Tiefe

| 2,30 | 2,08 | 1,01 |

in 0,1—0,2 mm Tiefe

| 1,60 | 1,57 | 0,96 |

Einsatztiefe in mm

| 1,3 | 1,1 | 1,1 |

 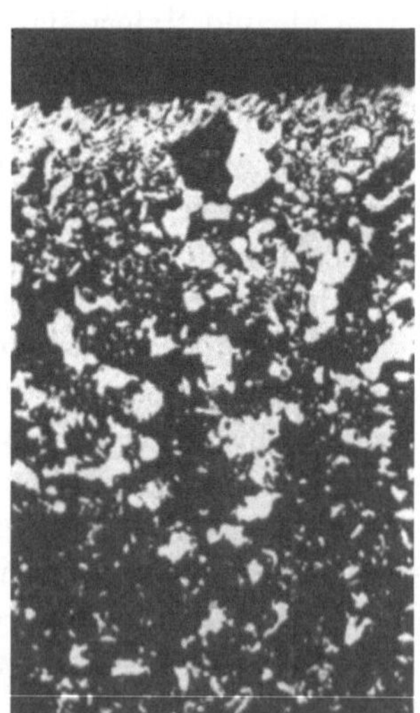 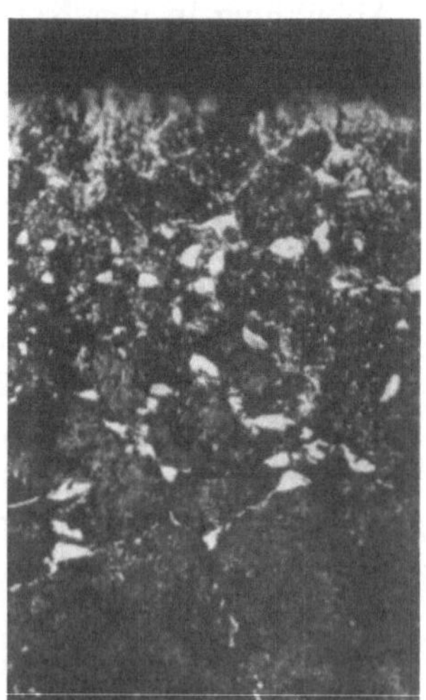

880° 10 Std. Randkohlenstoffgehalt in Prozent

in 0,0 0,1 mm Tiefe

| 2,55 | 1,96 | 1,17 |

in 0,1—0,2 mm Tiefe

| 1,50 | 1,27 | 1,09 |

Einsatztiefe in mm

| 1,5 | 1,4 | 1,2 |

Abb. 141. Beeinflussung der Randkarbidbildung von Chrom-Molybdän-

3a. Dohundin nach 1 maligem
Gebrauch

4. Goerigpulver CMD 11

5. Lederkohle

  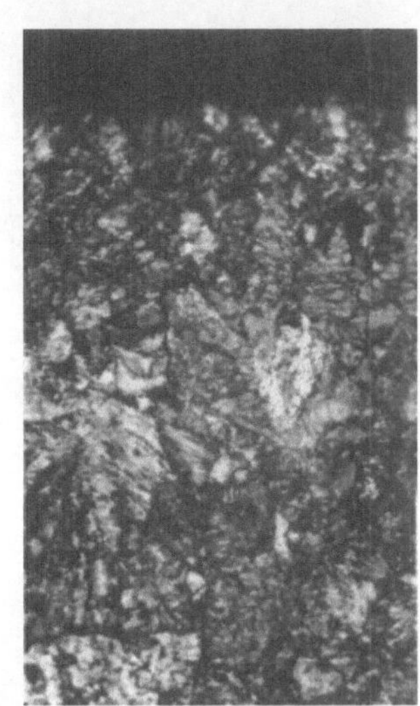

830° 20 Std.   Randkohlenstoffgehalt in Prozent
in 0,0—0,1 mm Tiefe

| 0,72 | 0,85 | 0,79 |

in 0,1—0,2 mm Tiefe

| 0,86 | 0,83 | 0,79 |

Einsatztiefe in mm

| 1,0 | 1,1 | 1,2 |

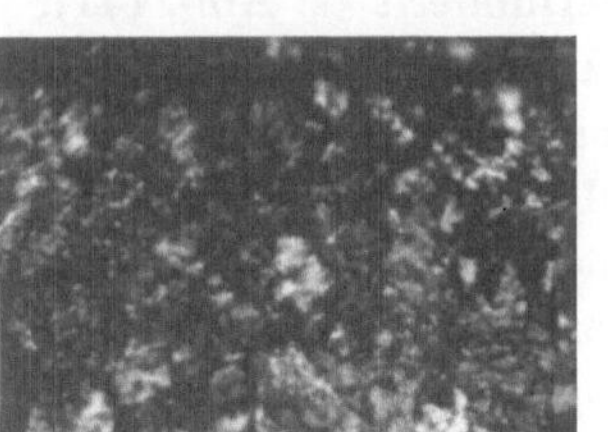  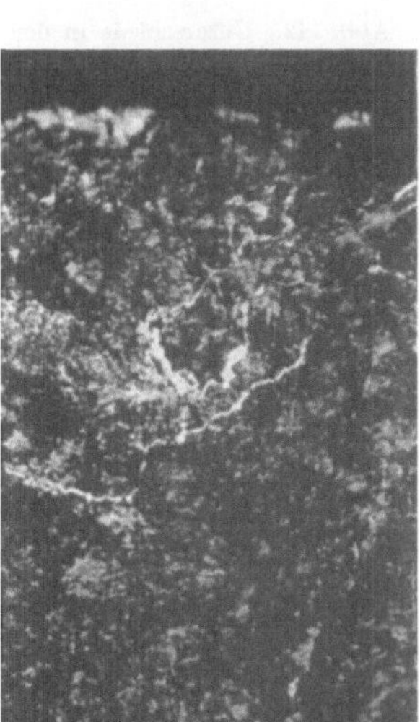

880° 10 Std.   Randkohlenstoffgehalt in Prozent
in 0,0—0,1 mm Tiefe

| 0,73 | 1,12 | 1,02 |

in 0,1—0,2 mm Tiefe

| 0,73 | 1,07 | 0,99 |

Einsatztiefe in mm

| 1,2 | 1,5 | 1,5 |

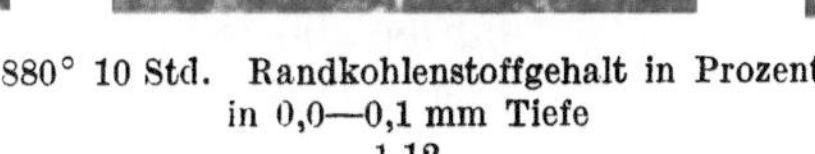

Stahl durch Milderung der Zementationsmittel.   V = 300.

Abgesehen von der Sprödigkeit, die durch die Karbideinlagerungen selbst verursacht wird, wirkt auch die Kornvergröberung noch versprödend. Infolge dieser hohen Sprödigkeit kann es leicht vorkommen, daß sich später in dieser Schicht Risse ausbilden. Dies tritt insbesondere nach erfolgter Härtung beim Schleifen oder Beizen ein. Abb. 143 zeigt derartige Risse entlang den Zementitadern in der übereutektoiden Zone eines einsatzgehärteten Stahles, gleichzeitig feine Ausbröckelungen der spröden Karbideinlagerungen. Für hochwertige zementierte Stücke ergibt sich somit die Forderung, daß der Kohlenstoffgehalt der Randzone den eutektoiden Gehalt von etwa 0,9% möglichst nicht überschreiten soll. Bei geringeren Einsatztiefen von z. B. 1 mm, wie sie u. a. für Teile im Automobilbau, insbesondere Zahnräder, gebräuchlich sind, bereitet eine derartige Zementation bei Wahl der geeigneten Zementationsmittel und Zementationsbedingungen keine Schwierigkeiten.

Beim Zementieren auf größere Zementationstiefen ist eine Überschreitung des Randkohlenstoffgehaltes von etwa 0,9% durch Anwendung von mild wirkenden Zementationsmitteln bei längeren Zementationszeiten zu verhindern (s. Abb. 141). Bei Tiefen von über 3 mm macht jedoch die lange Zementationszeit ein derartiges Verfahren unwirtschaftlich. Infolgedessen wird zur Beschleunigung des Zementationsvorganges eine erhöhte Zementationstemperatur und übereutektoide Aufkohlung angewandt und durch eine nachfolgende Wärmebehandlung eine weitgehende Beseitigung der Ansammlung von Karbiden in den Korngrenzen angestrebt. Dies kann geschehen durch homogenisierendes Glühen und Ausgleichen des übereutektoiden Kohlenstoffgehaltes, weiterhin durch eine Glühung, die eine Zusammenballung des Korngrenzenzementits zum Ziele hat. Das zuverlässigste Verfahren, das jedoch nur in den seltensten Fällen anwendbar ist, ist eine Zerstörung des Korngrenzenzementits durch Nachschmieden

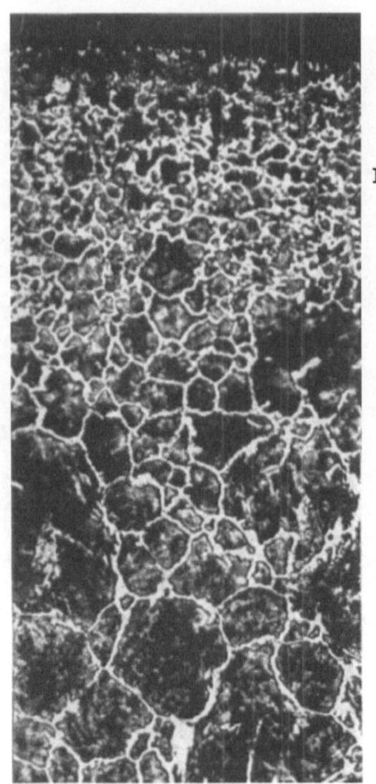

V = 40

Abb. 142. Unterschiede in der Korngröße des Zementitnetzes einer Einsatzschicht (äußerster Rand feinkörnig, nach dem Innern zu gröberes Korn; Einsatztemperatur ∼1000°).

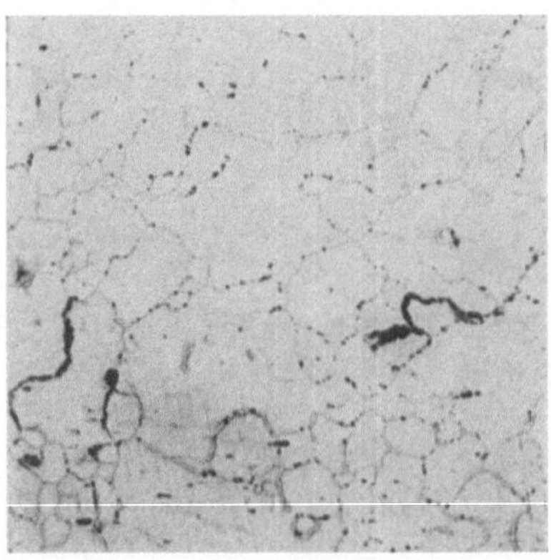
V = 10

Abb. 143. Risse bzw. Ausbröckelungen an Zementitadern.

oder Walzen oder auch eine Entfernung der überkohlten Randzone durch spanabhebende Bearbeitung.

Die Verfeinerung der Randzone durch Verformen kann nur bei einfachen Rund- und Flachstücken durchgeführt werden. Die Zementation erfolgt in vorgeschmiedetem Zustand und kann bei sehr hohen Temperaturen (1100 bis 1150°) vorgenommen werden, so daß in verhältnismäßig kurzer Zeit große Zementationstiefen erzielt werden können. Diese sind erforderlich, weil beim Nachschmieden eine Verminderung mit der Querschnittsabnahme erfolgt[1].

Die Glühung auf körnigen Zementit gelingt bei reinen Eisen-Kohlenstoff-Stählen verhältnismäßig einfach durch längeres Glühen um den A_1-Punkt herum. Noch leichter ist eine körnige Verteilung des Karbids dadurch zu erreichen, daß eine Erwärmung des Stahles über die Zementationstemperatur vorgenommen wird und die gesamten Karbide in feste Lösung übergeführt werden. Danach wird in Wasser oder in Öl rasch abgekühlt. Durch diese rasche Abkühlung der homogenen festen Lösung wird eine Abscheidung des Zementits an den Korngrenzen verhindert, und bei einem darauffolgenden Ausglühen bei A_1 bildet er sich in feinkörniger globularer Verteilung. Bei einem so vorbehandelten Stahl liegen die überschüssigen Karbide nach der Schlußhärtung von normaler Temperatur oberhalb A_1, z. B. 760—780°, in körniger Anordnung in der gehärteten martensitischen Randzone.

Diese Art der Wärmebehandlung — Ablöschen von Temperaturen 20—30° oberhalb der Zementationstemperatur, zumindest oberhalb des A_3-Punktes der Kernzone des betreffenden Stahles, Zwischenglühen bei A_1 und nachfolgende Schlußhärtung bei der für die aufgekohlte Randzone günstigsten Härtetemperatur (bei unlegiertem Kohlenstoffstahl also beispielsweise 760°) — bezeichnet man als Doppelhärtung. Durch das erste Ablöschen von hoher Temperatur kann nicht nur das Zementitnetzwerk in der Randzone beseitigt werden, sondern es wird gleichzeitig durch diese Behandlung die bestmögliche Kornverfeinerung im Kerngefüge erzielt, das durch das lange Verweilen auf hoher Temperatur grobkörnig geworden war (Rückfeinung). Für die Randzone hingegen mit hohem Kohlenstoffgehalt und tiefliegendem Umwandlungspunkt ist diese erste Ablöschung eine überhitzte Härtung. Man bevorzugt deswegen für die erste Ablöschung meist Öl als milderes Abschreckmittel. Statt die eingesetzten Stücke zuerst im Zementationskasten abkühlen zu lassen und dann die Doppelhärtung vorzunehmen, kann man eine ähnliche Wirkung erreichen durch Erhöhung der Einsatztemperatur zum Schluß der Zementationsdauer und rasche Abkühlung (Luft, Öl) von dieser Temperatur im Anschluß an die Zementation. Bei komplizierten Teilen ist das Verfahren der Doppelhärtung kaum anwendbar, da es zur Voraussetzung eine schnelle Abkühlung von hohen Temperaturen (über 900°) hat. Die hierdurch für die Randzone bedingte überhitzte Härtung und schroffe Abkühlung birgt bei derartigen Werkstücken die bekannten Gefahren des Verziehens und Reißens in sich.

Bei tief zementierten legierten Stählen, insbesondere solchen mit einem Gehalt an karbidbildenden Elementen, wie Chrom, Molybdän usw., gelingt es nicht, die bei der Zementation gebildeten Karbide durch die oben geschilderten Verfahren in Lösung oder zum Zusammenballen zu bringen, insbesondere da bei derartig

---

[1] Es wird hierbei bereits durch die Erwärmung auf Schmiedetemperatur ein gewisser Ausgleich durch Diffusion erhalten. Praktische Verwendung findet ein derartiges Verfahren bei der Herstellung von Zementstahl, der als niedrig gekohlter Stahl erschmolzen und auf die Kohlenstoffgehalte von Werkzeugstahl aufzementiert wird. Die nach der Zementation vorgenommene Verschmiedung bedingt dann einen einwandfrei feinkörnigen Materialzustand.

legierten Stahlen infolge der hohen Affinität dieser Elemente zum Kohlenstoff der Randkohlenstoffgehalt häufig weit über die Sättigungsgrenze des Mischkristalls angereichert wird. Infolgedessen ist man auf ein homogenisierendes Glühen, also ein Ausgleichen des hohen Randkohlenstoffs, angewiesen. Ein derartiges Diffusionsglühen erfolgt in einer neutralen Atmosphäre, beispielsweise Stickstoff, oder nach Einpacken in Gußeisenspänen bzw. in verbrauchten Zementationsmitteln. Es muß selbstverständlich vermieden werden, daß die Verteilung des Kohlenstoffgehaltes so weit getrieben wird, daß der Randkohlenstoffgehalt unter den gewünschten Gehalt herabsinkt und damit eine Einbuße an Härtefähigkeit eintritt. Der bei Glühung in neutraler Atmosphäre stattfindende Diffusionsausgleich wirkt sich außer in einer Verminderung des Randkohlenstoffgehaltes am äußersten Rand in einer Verbreiterung der Zementationstiefe aus, da neben der Diffusion des höchsten Kohlenstoffgehaltes nach außen hin auch eine Abwanderung nach dem Kern zu erfolgt. Der Einfluß einer derartigen Glühung, die Verbreiterung der Zementationstiefe und Verminderung des Randkohlenstoffgehaltes ist in Abb. 144 für einen zementierten Chrom-Nickel-Stahl wiedergegeben. Das grobe Zementitnetzwerk eines derartigen Stahles und seine allmähliche Auflösung durch die Diffusionsglühung ist in Abb. 145a—f gezeigt. Wie aus Abb. 145b zu ersehen, genügt eine Diffusionsglühung von 80 Stunden bei 950° noch nicht, um die Karbide restlos zu verteilen. Die Korngrenzen erscheinen immer noch dunkel geätzt und lassen feine Reste von Karbiden erkennen. Bei stärkerer Vergrößerung (Abb. 145e) ist deutlich der Lösungsvorgang der Karbide zu verfolgen, die ähnliche Anfressungen aufweisen,

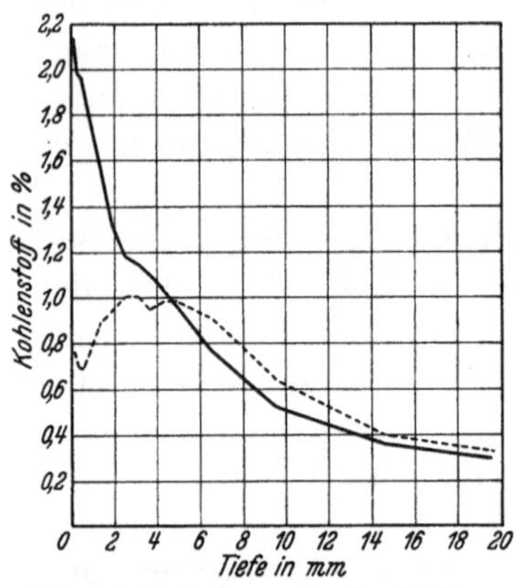

Abb. 144. Veränderung des Randkohlenstoffgehaltes durch Diffusionsglühung bei einem Chrom-Nickel-Stahl mit 0,3% C, 3,8% Ni, 1,8% Cr.

—— Verlauf der Kohlenstoffgehalttiefekurven nach 120stündiger Zementation bei etwa 980° in Leuchtgas; - - - - bei gleicher Zementationsbehandlung, 40 Stunden in Stickstoff nachgeglüht.

wie in Wasser sich auflösender Zucker. Erst nach 60stündiger Glühdauer bei 1000° gelingt es, die Karbide vollkommen zu beseitigen. Allerdings ist auch hier noch keine vollkommene Homogenität erzielt worden (Abb. 145c bzw. f). Man sieht deutlich, daß der beim Härten gebildete Martensit aus verschieden legierten Zonen zusammengesetzt ist. Nach einer 40stündigen Glühung einer 1050° äußert sich der höhere Kohlenstoffgehalt in den Teilen, in denen früher der Korngrenzenzementit gelegen hat, durch einen deutlich sichtbaren höheren Restaustenitgehalt (Abb. 145d). Die Möglichkeit einer Verdopplung des Ar''-Punktes bei derart inhomogenen Stählen ist bereits erwähnt worden (s. S. 68).

Anomales und normales Zementationsgefüge. Eine besondere Art der Gefügeausbildung in der übereutektoiden Zone von Einsatzschichten, insbesondere bei Kohlenstoffstählen, ist in den letzten Jahren Gegenstand zahlreicher Untersuchungen geworden[1]. Während sich im allgemeinen die Zementitausscheidung bei der Abkühlung nach der Zementation im Ofen scharf ausgeprägt in den Korngrenzen

---

[1] Schrifttumsübersicht bei E. Houdremont u. H. Müller: Stahl u. Eisen Bd. 50 (1930) S. 1321/27, sowie F. Duftschmid u. E. Houdremont: Stahl u. Eisen Bd. 51 (1931) S. 1613/16.

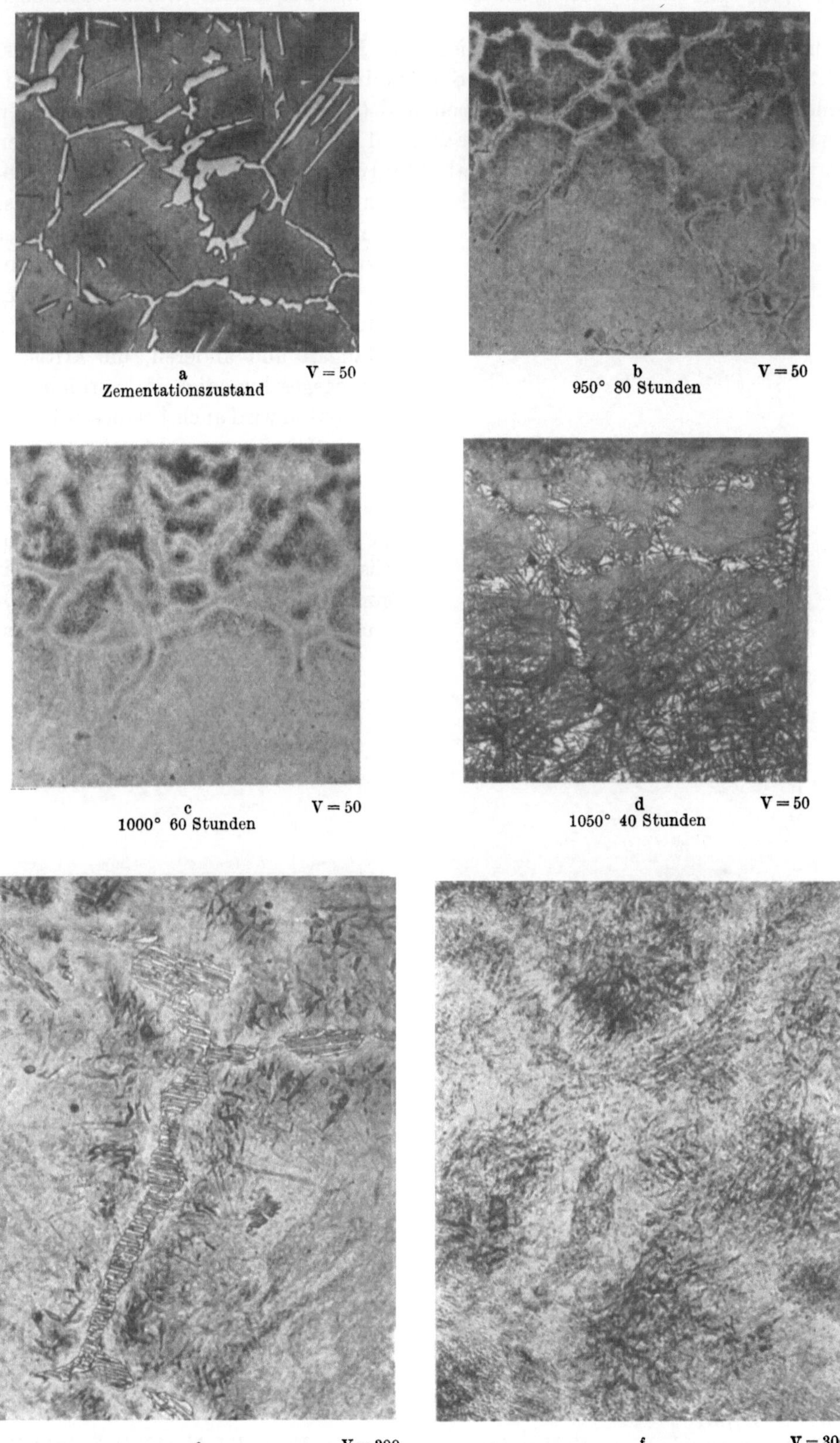

Abb. 145. Wirkung einer Diffusionsglühung in Gußeisenspänen auf die Verteilung eines groben Zementitnetzes bei einem Chrom-Nickel-Molybdän-Stahl.

vollzieht und der Perlit die zwischenliegenden Körner voll in lamellarer Form ausfüllt (Abb. 146a), erfolgt bei anderen Stählen die Abscheidung in groben Zementitlamellen, die von Ferrithöfen umgeben sind (Abb. 146b und c). Das Verhalten des ersteren Stahles wurde von Mc. Quaid und Ehn[1] als normal, das des zweiten als anomal bezeichnet. Der normale Stahl zeigt außerdem meistens ein grobkörnigeres Gefüge sowohl in der Kern- als auch in der Randzone und ist

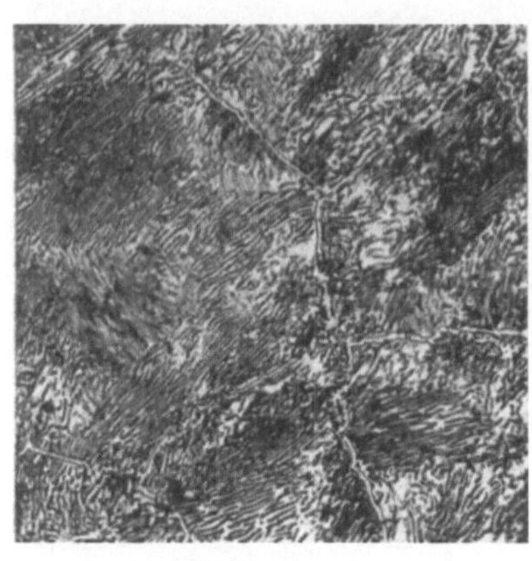

beim Härten überhitzungsempfindlicher als anomaler Stahl. Die reinsten Eisensorten, wie Elektrolyt- und Carbonyleisen, sind durchweg anomal[2]. Durch Zusatz von Mangan und anderen, die kritische Abkühlungsgeschwindigkeit verkleinernden Elementen wird auch bei diesen Eisenarten eine Neigung zur Bildung eines normalen Zementationsgefüges hervorgerufen. In technischem Stahl tritt anomales Gefüge häufig dort auf, wo Stellen reinster Eisenkonzentration vorliegen, so beispielsweise im Kern von unruhigem Flußeisen, und zwar innerhalb der Seigerungs-

a   V = 200

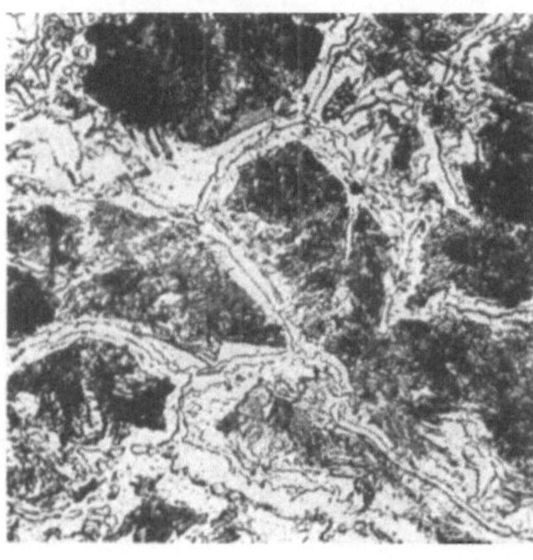

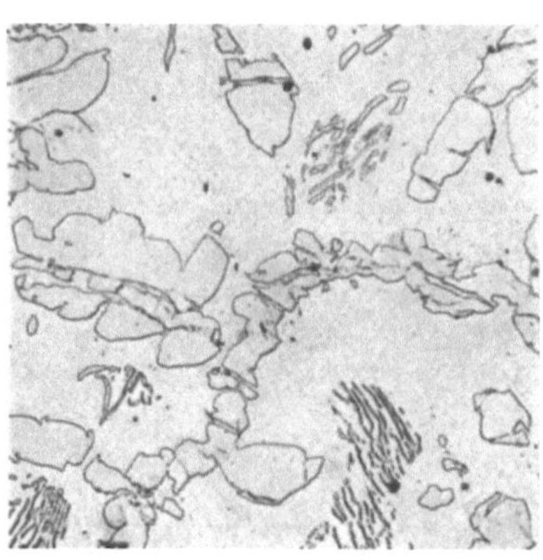

b   V = 300   c   V = 200
Abb. 146. Normales und anomales Zementationsgefüge.

streifen, wo neben den Stellen höherer Verunreinigung solche von hoher Reinheit vorhanden sein müssen. Die Tatsache, daß vor allem unruhig vergossenes Flußeisen anomales Verhalten bei der Zementation zeigt, führte bereits frühzeitig zu dem Schluß, daß Sauerstoff die Ursache hierfür sei. Da aber auch sehr reines Eisen mit Sauerstoffgehalten von nur 0,008% anomal sein kann, muß man annehmen, daß die hohe Diffusionsfähigkeit des Kohlenstoffs im reinen Eisen genügt, um anomales Verhalten zu erzeugen, wobei die Frage offenbleibt, ob nicht Sauerstoff und insbesondere Oxyde als Keime für frühzeitige Karbidabscheidung

---

[1] Mc. Quaid, H. W., u. E. W. Ehn: Trans. Amer. Inst. Min. Metallurg. Ergrs. Bd. 67 (1922) S. 341/91.

[2] Duftschmid, F., u. E. Houdremont: Stahl u. Eisen Bd. 51 (1931) S. 1613/16.

diese Neigung noch weiter verstärken. Der Begriff des reinen Eisens ist nicht genau definierbar, da stets kleinste Beimengungen von Fremdstoffen vorhanden sein werden und das Studium des Einflusses kleinster Fremdbeimengungen im Eisen noch keineswegs abgeschlossen ist. Falls Sauerstoff überhaupt einen besonderen Einfluß auf das anomale Verhalten ausübt, muß es dahingestellt bleiben, ob sauerstoffhaltige Fremdkörper durch Keimbildung die anomale Zementationsgefügeausbildung verursachen oder ob durch den im Ferrit gelösten Sauerstoffgehalt eine Veränderung der Kohlenstoffdiffusion hervorgerufen wird. Einen Anhalt für eine zusätzliche Wirkung von Sauerstoff glaubte man darin zu finden, daß manche Stähle beim Zementieren in festen Einsatzmitteln anomales Gefüge erhielten, während bei Zementation in Leuchtgas (Kohlenwasserstoff) das Zementationsgefüge normalen Charakter annahm. Das feste Einsatzmittel, das als Zementationsgas Kohlenoxyd enthält, soll durch den eindringenden Sauerstoff die Anomalität hervorrufen. Man könnte die Wirkung etwa eindringenden Sauerstoffs aber auch so auslegen, daß durch ihn in der Randzone bevorzugt Legierungselemente oxydiert werden, die leichter oxydierbar sind als Eisen, wie z. B. Mangan, Silizium, und dadurch eine Legierungsverarmung eintritt. Wahrscheinlicher dürfte sich dieses unterschiedliche Verhalten durch die Feststellung erklären, daß der vom Stahl aus dem Leuchtgas aufgenommene Wasserstoff die Härtefähigkeit im Sinne eines Legierungselementes erhöht und somit ähnlich wie Mangan zur Ausbildung eines normalen Zementationsgefüges beitragen kann (s. Abschnitt „Wasserstoff").

Bei der Betrachtung der Härtungsvorgänge in Eisen-Kohlenstoff-Legierungen ist hervorgehoben worden, daß bei der A_1-Umwandlung, abgesehen von dem Übergang von γ-Eisen in α-Eisen, eine Ausscheidung von Karbid erfolgt und daß sich dieses Eisenkarbid bei ausreichender Zeit im Umwandlungsgebiet in kugeliger Form zusammenballt. Man kann daher den anomalen Stahl im Vergleich zum normalen Stahl auch dahingehend definieren, daß sich bei ihm die Vorgänge nach der Umwandlung weitergehend, d. h. bis zur Karbidzusammenballung vollziehen. Beim normalen Stahl bleiben bei gleicher Abkühlungsgeschwindigkeit hingegen die Vorgänge bei der lamellaren Perlitausbildung stehen. Hieraus geht schon hervor, daß der anomale Stahl eine höhere kritische Abkühlgeschwindigkeit erfordert als der normale Stahl, um die Umwandlungsvorgänge so weit zu unterdrücken, daß Martensit entsteht. Bereits bei der Abkühlung des anomalen Stahles von Zementationstemperatur kann man beobachten, daß der Ar_1-Punkt bei Messungen im Dilatometer höher liegt als bei Stählen mit Neigung zur normalen Gefügeausbildung. Infolge der höheren Lage der Umwandlungstemperatur, gleichzeitig aber auch infolge der besonderen Reinheit des Ferrits ist die Diffusionsgeschwindigkeit am A_1-Punkt noch so groß, daß die Bildung des Perlits bereits in gröberer Form erfolgt und somit auch eine verhältnismäßig starke Zusammenballung des Zementits zustande kommen kann, die die typische Ausbildung des anomalen Gefüges zur Folge hat. Alle Zusätze zum Stahl, die die kritische Abkühlgeschwindigkeit und die Diffusion im Ferrit verringern, wirken entsprechend im Sinne einer normalen Gefügeausbildung. Es sei hier nur nebenbei erwähnt, daß dieses anomale Verhalten bezüglich Karbidzusammenballung nicht nur bei Einsatzstählen, sondern auch bei höher kohlenstoffhaltigen Stählen, die weitgehend frei von Beimengungen sind, beobachtet werden kann.

Entsprechend der größeren kritischen Abkühlgeschwindigkeit neigt der anomale Stahl bei Härtung in Wasser zu Weichfleckigkeit. Zur Erzielung gleichmäßiger Härte ist es deshalb notwendig, ihn im Gegensatz zu normalem Stahl, der bei gewöhnlicher Wasserablöschung einwandfrei Härte annimmt, in Salzwasser abzuschrecken. Die geringe Härtefähigkeit des anomalen Stahles, hervorgerufen durch sein großes Umwandlungsbestreben, wird noch dadurch unterstützt, daß solche Stähle sehr oft wenig überhitzungsempfindlich sind und dementsprechend auch nach Erwärmung auf hohe Temperaturen ziemlich feinkörnig bleiben. Im Schrifttum der früheren Jahre hat man nahezu immer die anomale Verteilung von Zementit und Ferrit gleichzeitig mit Feinkörnigkeit in Zusammenhang gebracht; doch erkannte man immer mehr, daß beide Erscheinungen in technischen Stählen zwar oft gleichzeitig auftreten, aber nicht miteinander in Zusammenhang stehen, weil anomale Zementitausbildung ebenso bei grobkörnigen Stählen auftreten kann wie normale Zementitausbildung bei feinkörnigen Stählen. Man hat daher unterschieden zwischen der oben geschilderten Gefügeanomalität (grobe Zusammenballung des Karbides) und der Korngrößenanomalität (geringe Überhitzungsempfindlichkeit und Feinkörnigkeit). In den letzten Jahren ist man von dem Begriff Korngrößenanomalität abgekommen und spricht eigentlich nur mehr von Gefügeanomalität. Die Korngröße wird für sich getrennt beurteilt.

Die Bedeutung der Korngröße für die Umwandlungsvorgänge ist schon in den vorigen Abschnitten (s. auch Abb. 115) erwähnt worden. Erwärmt man einen Stahl auf verschieden hohe Temperaturen oberhalb seines Umwandlungspunktes, so treten die Unterschiede in der Korngröße deutlich in Erscheinung. Zwecks Bestimmung der Korngröße nimmt man diese Erwärmung nach dem Vorschlag von Ehn in Zementationspulvern vor, um durch die Zementitausscheidungen an den Korngrenzen eine leichtere Beobachtung der bei der Zementationstemperatur vorhandenen Korngröße (Austenitkorngröße) im Schliffbild zu erzielen. Man spricht deswegen vielfach von der sog. „Ehn"-Korngröße des Stahles. Als Norm hat sich herausgebildet, die Stähle, die man auf ihre Ehn-Korngröße untersuchen will, bei 925° 8 Stunden in einem bestimmten Zementationspulver, meistens Holzkohle-Bariumkarbonot (60:40), zu zementieren. In Amerika hat man zur Beurteilung der Stähle acht unterschiedliche Korngrößen herangezogen, die man mit „Ehn"-Korngröße 1—8 bezeichnet (Abb. 147). Diese Unterteilung ist viel zu weitgehend, da ein gewünschter Körnigkeitsgrad bei dieser Unterteilung in der metallurgischen Herstellung nicht mit Sicherheit erreicht werden kann[1]. Eine Unterscheidung in zwei, höchstens drei Korngrößen wäre zweckmäßiger. Es muß noch betont werden, daß die mittleren Stufen (3—6) häufig nicht durch einheitliche Korngröße gekennzeichnet sind, sondern Übergänge zwischen Fein- und Grobkorn darstellen, wobei neben feinen Körnern ein entsprechender Anteil grober vorhanden ist.

Diese Art der Stahlprüfung ist, abgesehen von der Untersuchung auf anomale Zementitzusammenballung, nichts anderes als eine Überhitzungsempfindlichkeitsprobe, wobei die Empfindlichkeit gegenüber Überhitzung allerdings nur

---

[1] Über die metallurgische Behandlung von Stählen gleicher Zusammensetzung zwecks Erzielung verschiedener Überhitzungsempfindlichkeit siehe Abschnitt „Kohlenstoffstähle" (S. 216) und „Aluminium" (S. 813).

bei einer Temperatur und einer Erwärmungszeit bestimmt wird. Da die Korngröße, die sich ausbildet, abhängig ist von der Zeit und der Temperatur, besagt die Ehn-Probe nichts über das Verhalten der Stähle bei tiefen und bei hohen Temperaturen. Es kann somit leicht sein, daß Stähle, die bei 925° und 8 Stunden ein gleiches Kornwachstum gezeigt haben, sich bei einer normalen Härtetemperatur von 780—850° schon wesentlich unterscheiden und ebenso bei 1000° Unterschiede gegeneinander aufweisen. Außerdem ist die Ehn-Korngröße abhängig von der vorangegangenen Wärmebehandlung und der Schmiedeendtemperatur[1]. Wenn man somit den Einfluß der metallurgischen Behandlung auf die Ehn-Korngröße feststellen will, ist es notwendig, vorher eine ausgleichende Wärmebehandlung (Normalisieren) vorzunehmen. Demgegenüber haben die zur Prüfung auf Überhitzungsempfindlichkeit seit mehreren Jahrzehnten in Deutschland und Schweden üblichen Abschreck-Härteproben[2] den Vorteil, daß sie genau den Temperaturbereich erkennen lassen, in dem die Grobkornbildung bei der Härtung eintritt. Hierzu genügt es, Proben von Stählen mit mehr als 0,40% Kohlenstoff von verschiedenen, jeweils um 20° höher liegenden Härtetemperaturen oberhalb der Umwandlungstemperatur, also z. B. bei einem Kohlenstoffgehalt von 0,9% bei 760, 780, 800, 820° usw. zu härten und im Bruchgefüge die beginnende Grobkornbildung zu beobachten. Bei Einsatzstählen kann die Grobkornbildung in gleicher Weise nach einer Zementation am Bruchaussehen der gehärteten Einsatzschicht beurteilt werden.

Bei der Härtung von zementierten Gegenständen ist die Kenntnis der Überhitzungsempfindlichkeit und der Neigung zur anomalen Gefügeausbildung von Wichtigkeit. Die Notwendigkeit der Wahl eines schrofferen Härtungsmittels bei anomalem Stahl, also z. B. Salzwasser gegenüber Wasser, ist bereits betont worden.

Da die Zementationstemperatur aus Wirtschaftlichkeitsgründen meist bei 850—1000° gewählt wird, kann auch bei der Zementation bereits ein grobkörniges Gefüge entstehen, wenn der Stahl bei der Zementationstemperatur schon überhitzungsempfindlich ist. Ein grobkörniges Gefüge verursacht bei der nachfolgenden Härtung eine Neigung zu Härterissen und macht die gehärteten Gegenstände selbst verhältnismäßig spröde. Ein feinkörniger, wenig überhitzungsempfindlicher Stahl kann somit direkt nach der Zementation ohne Schaden gehärtet werden, wobei ein Höchstmaß an Feinkörnigkeit und Zähigkeit erzielt wird. Ein grobkörniger Stahl wird hingegen nach der Zementation zweckmäßig regeneriert durch eines der oben angeführten Verfahren, und zwar meist durch eine Doppelhärtung.

Veränderungen in der Kernzone. Der im vorigen Abschnitt erwähnte Zusammenhang zwischen Korngröße und Überhitzungsempfindlichkeit gilt naturgemäß für die Kernzone genau so wie für die Randzone. Durch die Zementation bei höheren Temperaturen tritt daher vielfach durch Überzeitung und Überhitzung auch in der Kernzone eine Kornvergröberung ein. Da das gebildete grobe Korn nicht durch Ausscheidungen in den Korngrenzen festgelegt ist, wie dies in der Randzone durch Zementit der Fall sein kann, läßt sich die Kernzone

---

[1] Grossmann. M. A.: Trans. Amer. Soc. Met. Bd. 22 (1934) S. 861/75. — Houdremont, E., u. H. Schrader: Stahl u. Eisen Bd. 56 (1936) S. 1412/22.

[2] Houdremont, E., u. H. Schrader: Stahl u. Eisen Bd. 56 (1936) S. 1412/22.

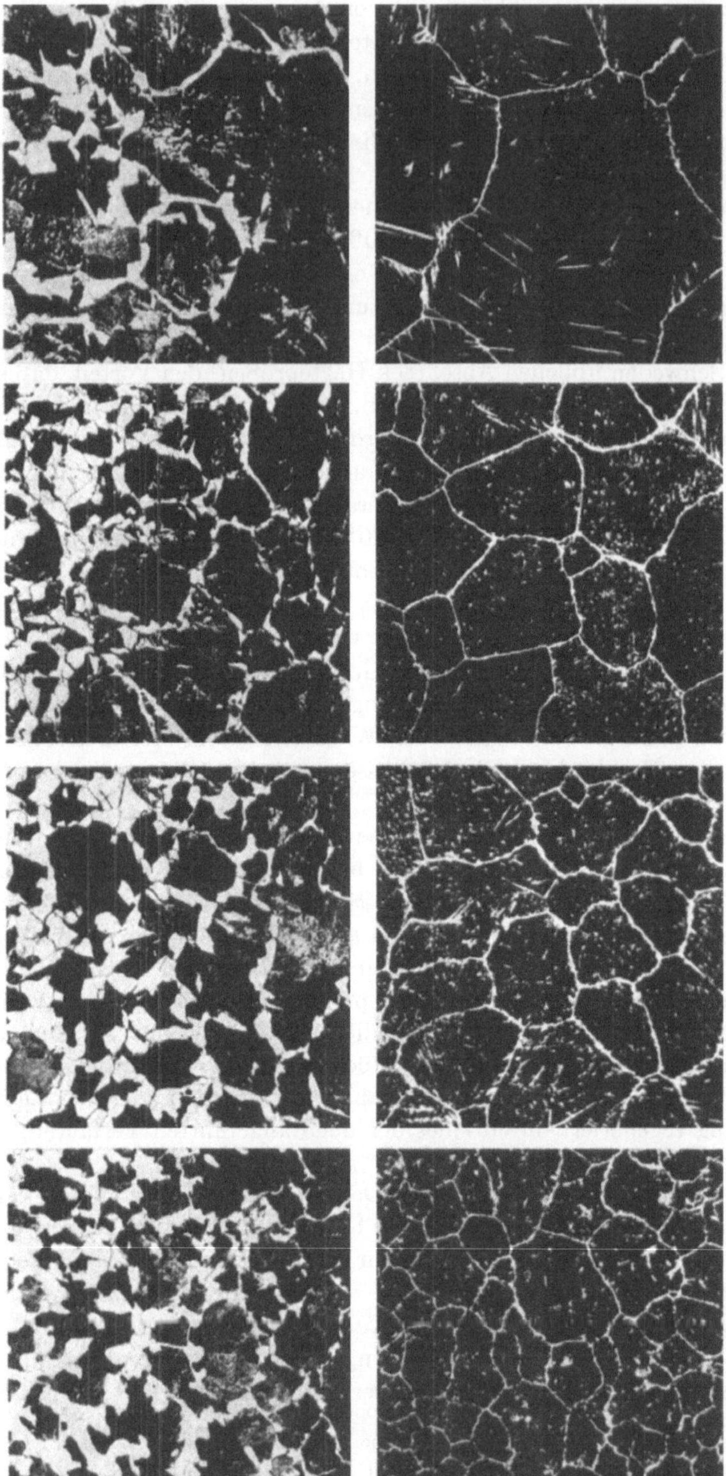

untereutektoide   übereutektoide Zone der Einsatzschicht

Wert-
zahl

1

2

3

4

Abb. 147. Korngrößennorm der American Society for Testing Materials.

untereutektoide   übereutektoide Zone der Einsatzschicht

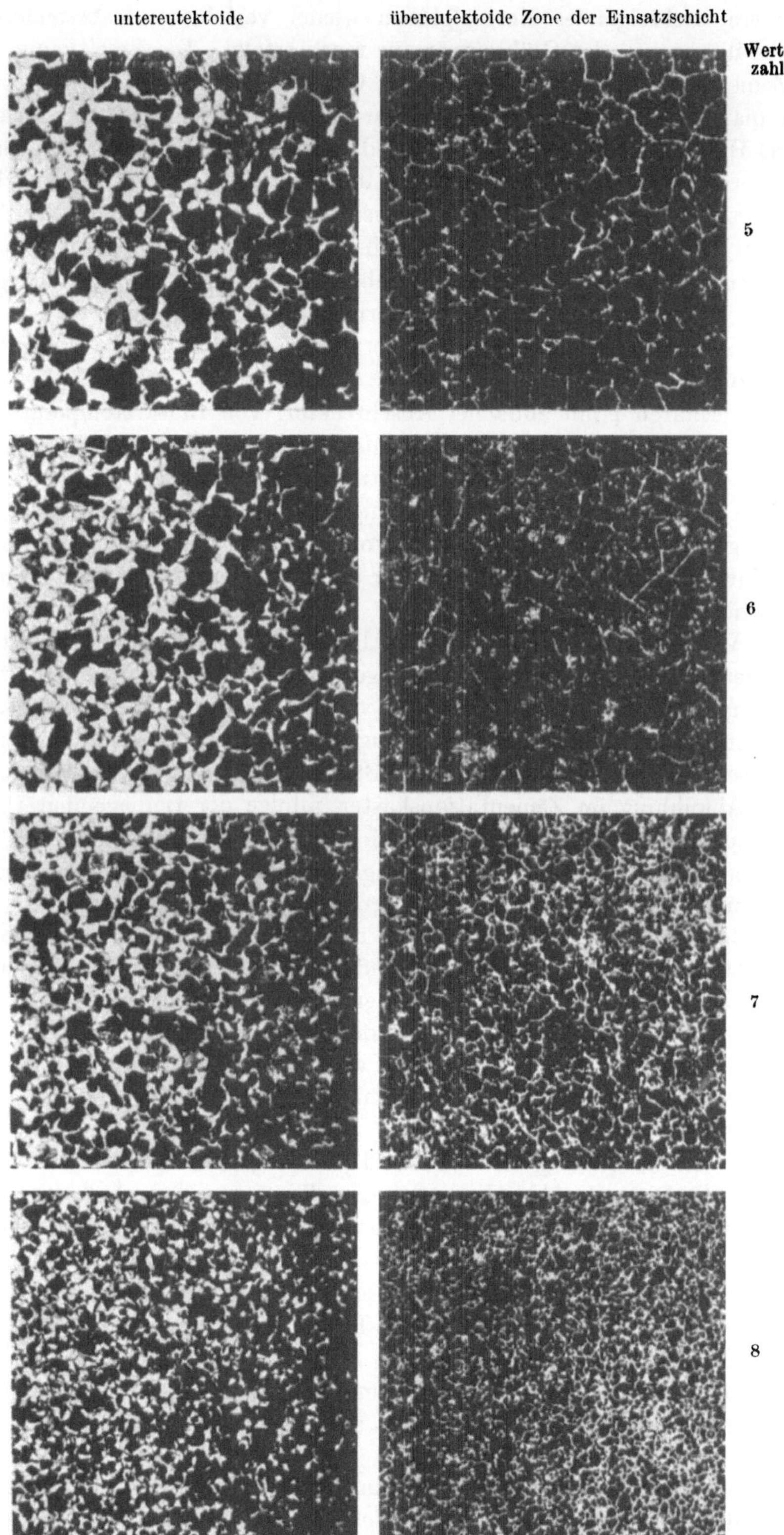

Abb. 147. Korngrößennorm der American Society for Testing Materials.

durch ein nachfolgendes Normalglühen wieder verfeinern, insbesondere wenn die Abkühlung von der Glühtemperatur rasch erfolgt. Die Beseitigung des von der Zementation herrührenden groben Gefüges der Kernzone ist notwendig, wenn man auch im Kern die höchsten Zähigkeitseigenschaften erzielen will.

Das Härten zementierter Teile. Aus den angestellten Überlegungen über die Beeinflussungsmöglichkeiten von Rand- und Kernzone bei der Zementation und nach derselben ergeben sich die Hinweise für die zweckmäßigste Nachbehandlung von zementierten Stahlstücken. In Zahlentafel 21 (S. 175) ist eine Übersicht über die üblichsten Verfahren gegeben. Die höheren der dort angegebenen Einsatztemperaturen gelten für feinkörnige Stähle, die eine wirtschaftliche, schnelle Zementation bei hohen Temperaturen ohne zu starke Kornvergröberungen zulassen.

Das Verfahren I mit einfacher Abschreckung von Einsatztemperatur eignet sich nur für Teile geringer Beanspruchung. Da die Einsatztemperatur meist höher liegt als die beste Härtetemperatur, ergibt diese Härtungsart überhitzt gehärtete Randzonen bei meist grobkörnigem Kern und verhältnismäßig großen Spannungen durch die Abschreckung von hoher Temperatur. Für dieses einfache Härtungsverfahren eignen sich vor allem feinkörnige, wenig überhitzungsempfindliche Stähle.

Das Verfahren II mit langsamer Abkühlung von Einsatztemperatur und nachfolgendem Abschrecken von niedriger, auf die Randschicht abgestimmter Härtetemperatur ist bei der Härtung von komplizierten Teilen, z. B. Zahnrädern, angebracht, bei denen ein geringer Verzug der Verzahnung angestrebt wird. Da für Zahnräder meist legierte Stähle verwendet werden, findet bereits bei der Abkühlung im Zementationskasten infolge der tiefliegenden Umwandlungstemperatur eine gute Gefügeverfeinerung statt. Bei reinen Kohlenstoffstählen ergibt diese Art der Behandlung allerdings eine nicht genügend nachgefeinte und daher unter Umständen grobkörnige Kernzone.

Verfahren III mit Zwischenglühung nach einer langsamen Abkühlung von Zementationstemperatur und nachfolgendem Härten von niedriger Temperatur ist besonders geeignet für Teile, bei denen man vor der Endhärtung auf größte Spannungsfreiheit Wert legt und außerdem noch Bearbeitungen vor der Endhärtung vornehmen will. Gleichzeitig wird bei reinen Kohlenstoffstählen in der Randzone eine teilweise Zusammenballung von überschüssigem Zementit erreicht.

Die beste Verfeinerung von Rand und Kern ergibt die Doppelhärtung gemäß Verfahren IV. Die erste Ablöschung von einer Temperatur oberhalb der Umwandlungstemperatur des niedrig gekohlten Kernmaterials läßt für die Kernzone beste Kornfeinheit erzielen und beseitigt evtl. vorhandenen Korngrenzenzementit in der Randzone. Durch eine nachfolgende Zwischenglühung werden die hierbei erzeugten Spannungen weitgehend entfernt. Es ist danach möglich, jede beliebige Art von Bearbeitung vorzunehmen. Die Schlußhärtung findet bei einer für den Randkohlenstoffgehalt geeigneten Temperatur statt. Das doppelte Abschrecken ergibt naturgemäß stärkeres Verziehen, als dies bei Verfahren II und III der Fall ist.

Eigenschaften einsatzgehärteter Stücke. Die aufgekohlte Randschicht zementierter Teile soll nach der Härtung möglichst Glashärte, d. h. höchste Martensit-

Zahlentafel 21. Wärmebehandlung für Einsatzstähle[1].

	Einsatz-temperatur °C	Abkühlung	Erwärmung für Doppelhärtung auf °C	Abkühlung	Glühen	Erwärmung auf °C	Abkühlung	Erwärmung auf * °C	Abkühlung
I Billiges Einsatzhärteverfahren für weniger wichtige Teile und Teile aus feinkörnigem Stahl	850—950	Wasser Öl	—	—	—	—	—	—	—
II Einsatzbehandlung komplizierter Stücke zur Vermeidung eines Verziehens bei guter Oberflächenhärte ohne Rückfeinung des Kernes	850—950	langsam imKasten	—	—	—	760—780 780—820	Wasser Öl	—	
III Wie II mit Zwischenglühen des Kernes	850—950	langsam imKasten	—	—	—	630—680*	Ofen	760—780 780—800	Wasser Öl
IV Einsatzbehandlung mit Doppelhärtung zur Erzielung hoher Oberflächenhärte und größter Kernzähigkeit (Rückfeinung) a)	850—950	Ofen	880—900	Wasser Öl	evtl. 630—680°* zwischenglühen	760—780 780—820	Wasser Öl		
b)	850—950	Wasser Öl	880—900	Wasser Öl	evtl. 630—680°* zwischenglühen	760—780 780—820	Wasser Öl		

[1] Diese Richtlinien beziehen sich auf Stücke, die nur ungefähr 2 mm tief zementiert werden. Bei größeren Zementationstiefen ist eine besondere Berücksichtigung der Verhältnisse von Fall zu Fall erforderlich. Die Einsatztemperaturen über 900° gelten für feinkörnige Stähle.

* Die höheren Temperaturen gelten für Kohlenstoffstähle, die tieferen für legierte Stähle.

härte, aufweisen. Je nach der Legierung ist hierzu Ablöschung von oberhalb $A_{1,3}$ in Wasser, Öl oder Luft erforderlich. Hierbei weisen die unlegierten Kohlenstoffstähle oder schwachlegierten (Cr-Mo-) Stähle nach Wasserhärtung stets die höchsten Härten auf (64—65 Rockwell). Bei denjenigen Stählen, die so hoch legiert sind, daß sie sich zur Öl- oder sogar Lufthärtung eignen, nimmt die Härte

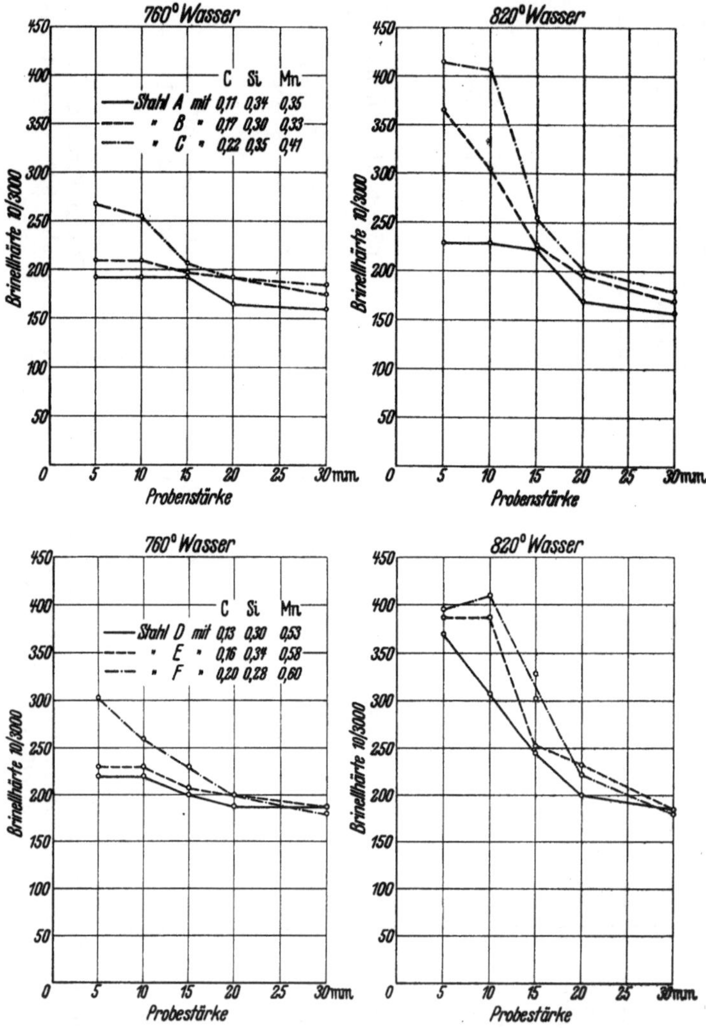

Abb. 148. Veränderung der erreichbaren Kernhärte von Kohlenstoffeinsatzstählen niedrigen und hohen Mangangehaltes bei verschiedener Härtetemperatur. [H. Schrader: Stahl u. Eisen Bd. 56 (1936) S. 1201/10.]

zum Teil wegen der Bildung größerer Mengen Restaustenits keine so hohen Werte, sondern nur etwa 62 Rockwell an.

Im Gegensatz zum Rand soll der Kern einsatzgehärteter Stücke weniger hohe Härte- und Festigkeitszahlen aufweisen, dafür sich mehr durch Zähigkeit auszeichnen. Die Höhe der Kernfestigkeit richtet sich nach der Höhe des Kohlenstoffgehaltes sowie der übrigen Legierung des betreffenden Stahles und kann zwischen etwa 60 kg/mm² bei unlegierten Flußeisen bis annähernd 200 kg/mm² bei einem legierten Einsatzstahl mit 0,35% C, 4% Ni, 1,5% Cr, 1% W schwanken.

Bei unlegierten Einsatzstählen ist die Kernfestigkeit in hohem Maße abhängig von geringen Verschiedenheiten im Kohlenstoff- und Mangangehalt, besonders bei kleineren Abmessungen und höheren Abschrecktemperaturen. Einen Überblick über die Wirkung kleiner Veränderungen des Kohlenstoffgehaltes in den Grenzen von 0,11 bis 0,22% für zwei verschiedene Mangangehalte bei Wandstärken von 5 bis 30 mm gibt Abb. 148. Während bei der niedrigeren Härtetemperatur von 760° selbst bei dünnsten Querschnitten die Kernfestigkeit kaum über 90 kg/mm² ansteigt, werden bei der höheren Härtetemperatur von 820° bei dünneren Wandstärken von 5 und 10 mm besonders bei den höheren Kohlenstoffgehalten Kernfestigkeiten von bis zu 145 kg/mm² erreicht. Diese hohe Kernfestigkeit erklärt sich aus einer Verminderung des Anteils an Ferrit im Kerngefüge und einer Vermehrung des Martensitanteils. Bei der höheren Härtetemperatur tritt auch deutlich der Einfluß des höheren Mangangehaltes auf die Martensitbildung in Erscheinung. Da mit dem Ansteigen der Härtetemperaturen der Ferritgehalt des Kerngefüges immer kleiner wird und ein gleichmäßigeres Umwandlungsgefüge mit nur geringen Ferritresten erhalten wird, ergibt sich mit steigenden Härtetemperaturen eine Verbesserung des Bruchaussehens der Kernzonen (Abb. 149). Das körnige Bruchaussehen bei tiefen Härtetemperaturen entsteht infolge der hohen Kohlenstoffkonzentrationen in den von Ferrit umgebenen Martensitinseln. Die für die sehnige Beschaffenheit der Kernzonen günstigen hohen Härtetemperaturen verursachen aber eine grobe Überhitzung der Einsatzschicht. Wird durch Doppelhärtung mit Schlußhärtung von niedriger Abschrecktemperatur eine feine Randschicht angestrebt, so ist eine sehnige Kernzone nur bei besonderer Beachtung der Haltezeiten auf Schlußhärtetemperatur zu erhalten, indem ein Durchwärmen der Probe sowie eine stärkere Entwicklung des Kerngefüges vermieden wird. Wie aus Abb. 150a und b ersichtlich, erfährt das nach Härtung von hoher Temperatur überwiegend martensitische Gefüge mit geringen Ferritresten bei sehr kurzen Haltezeiten nur eine Anlaßwirkung; die Martensitnadeln sind noch deutlich in ihrer Form zu erkennen. Das Bruchaussehen ist zäh, die Haltedauer reicht aber doch nicht aus, um eine Härtung der Randschicht zu sichern. Bei geringer Verlängerung der Haltezeit erfolgt eine weitgehende Zusammenballung im Feingefüge; der Bruch ist immer noch zäh bei feiner Härterandschicht (Abb. 150c). Bei weiterer Verlängerung der Haltezeit kommt eine Gefügeumwandlung im Kern zustande; nach dem Abschrecken von der niedrigeren Schlußtemperatur sind wiederum große Ferritmengen neben Martensitinseln vorhanden, die ein körniges Bruchgefüge der Kernzonen verursachen (Abb. 150d). Eine derartige Beeinflussung des Bruchgefüges durch Abschrecktemperatur und Haltedauer bei Schlußhärtung ist für unlegierte Einsatzstähle nur bei kleinen Wandstärken bis zu 20—30 mm möglich. Mit dem Querschnitt vergrößern sich die Schwierigkeiten, ein möglichst ferritfreies Kerngefüge zu erzeugen, um bei den erforderlichen längeren Wärmzeiten für die Schlußhärtung die Umwandlung zu unterdrücken.

Außer durch solche geringen Veränderungen des Kohlenstoff- und Mangangehaltes, durch die Abmessungen und die Härtetemperatur wird die Zähigkeit der Kernzonen unlegierter Einsatzstähle auch noch durch höheren Schlackengehalt sowie durch eine auf Feinkörnigkeit abgestellte Stahlherstellung beeinflußt. So ist ein durch besondere Aluminiumzusätze desoxydierter Einsatzstahl bei derselben Härtungsbehandlung in den Kernzonen zäher als ein reiner Stahl gleicher Zusammensetzung (Abb. 151). Gelegentlich kann man auch beobachten, daß die schlackenhaltigen S.M.-Stähle eher sehnig brechen als reinere Elektrostähle. Die Ursache ist das Ablenken des Querbruches an den durch die Verformung gestreckten Einschlüssen (s. als Beispiel Einfluß der Verunreinigungen auf die Kerbzähigkeit bei Manganfederstählen, Abb. 244). Für die Entwicklung dieser Unterschiede der Zähigkeit im Bruchaussehen ist aber häufig auch die

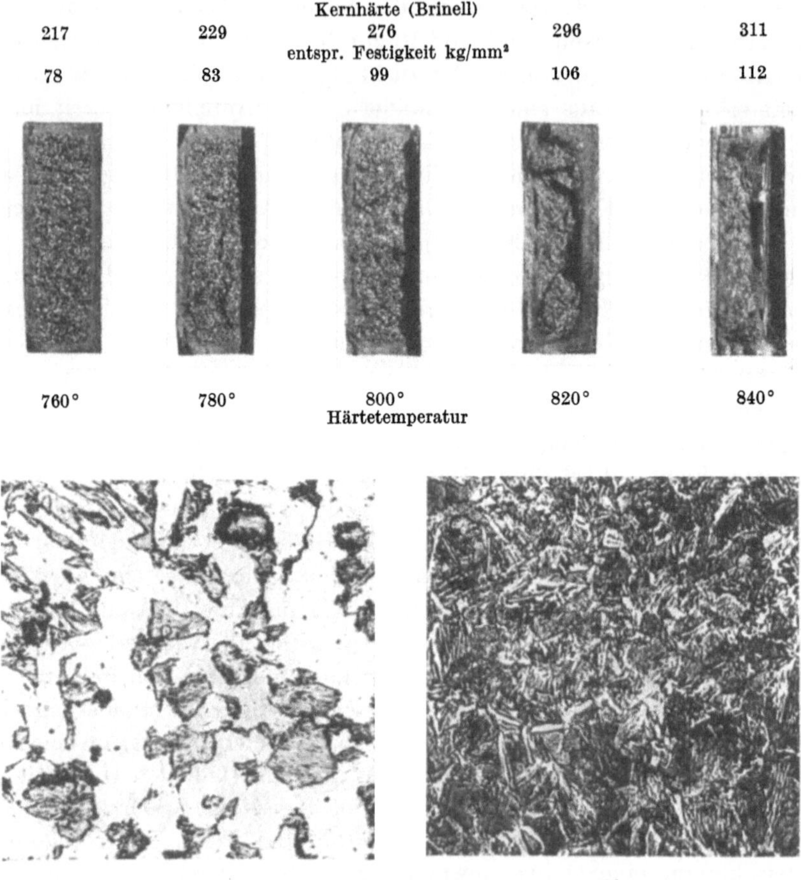

Abb. 149. Einfluß der Abschrecktemperatur auf Bruchaussehen und Gefüge der Kernzone von unlegier-
H. Schrader: Stahl u.

Bruchgeschwindigkeit von Bedeutung, da die besondere Zähigkeit des mit Aluminium behandelten Stahles nur bei langsamem Biegen in einem sehnigen Bruchaussehen in Erscheinung tritt, während bei rascher, schlagartiger Brucherzeugung das Bruchgefüge beider Stähle im Kern körnig aussieht. Vielleicht ist hier ein Hinweis auf die Bedeutung des Kohlenstoffgehaltes und der sonstigen Legierungselemente für die Kerneigenschaften angebracht. Träger der erreichbaren Härte ist der Kohlenstoff. Unabhängig von der Legierung ist die erreichbare Höchsthärte und damit Höchstfestigkeit nur vom Kohlenstoffgehalt des Stahles abhängig, vorausgesetzt, daß die kritische Abkühlgeschwindigkeit überschritten und damit vollständige Martensitbildung erzielt wird (Abb. 152). Tiefgekohlte legierungsfreie Stähle härten nur bei schroffstem Abkühlen von Temperaturen oberhalb A_3 in kleinsten Querschnitten einwandfrei. Durch Legieren wird, wie die späteren Abschnitte über legierte Stähle zeigen, die kritische Abkühlgeschwindigkeit herabgesetzt und damit leichter volle Martensithärte erreicht. Gleichzeitig verringert sich durch Legieren meist der Abstand zwischen A_3 und A_1, womit das Auftreten von voreutektoidem Ferrit im Gefüge vermindert oder vermieden wird. Durch diese Einwirkung kann die Legierung

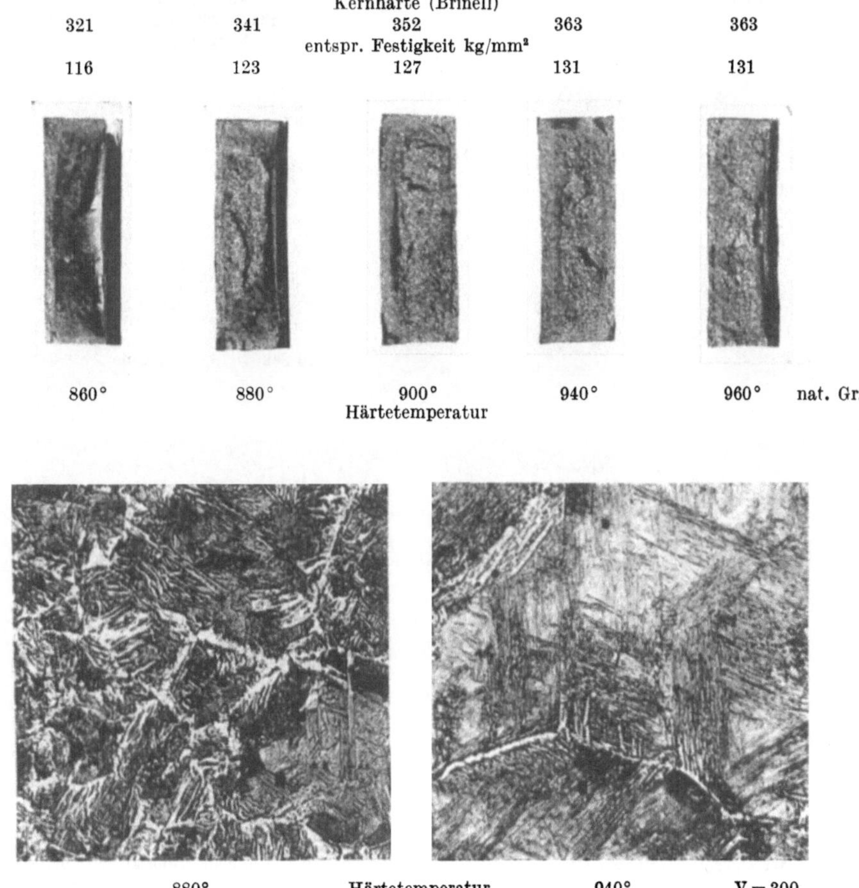

tem Einsatzstahl (Stahl mit 0,17% C. 0,3% Si und 0,33% Mn, 8 Std. bei 880° zementiert.) [Nach Eisen Bd. 56 (1936) S. 1201/10.]

bei bestimmten Querschnitten trotz gleicher Kohlenstoffgehalte Steigerung der Höchsthärte, Festigkeit und Zähigkeit bedingen.

Da die Einsatzhärtung überall dort Verwendung findet, wo Bauteile und Werkzeug stark auf Verschleiß, Druck, Schlag beansprucht werden, wo somit die beanspruchten Stellen (Einsatzschicht) möglichst hart sein müssen, fällt dem Kern die Rolle zu, der Beanspruchung gegenüber die nötige Zähigkeit und gleichzeitig die für die Einsatzschicht erforderliche Tragfähigkeit aufzubringen. Da ein Eindrücken der Einsatzschicht unter allen Umständen vermieden werden muß, wählt man mit steigender Druckbeanspruchung steigende Kernfestigkeit. Als Beispiel können verschiedenartig beanspruchte Zahnräder gelten: Während die kleinen Zahnräder für Kraftwagenölpumpen, die ohne starken Druck hauptsächlich auf Verschleiß beansprucht werden, aus unlegiertem Kohlenstoff- oder schwach legiertem Chromstahl (0,8% Cr) mit 60—80 kg/mm² Kernfestigkeit hergestellt werden, verwendet man für die auf hohen Druck beanspruchten Ausgleichsgetriebetellerräder im Lastwagen- und Traktorenbau Stähle, die Kernfestigkeiten von 120 bis 180 kg/mm² ergeben. Eine wesentliche Steigerung der Einsatztiefe verbietet sich in Anbetracht der kleinen Zahnabmessungen.

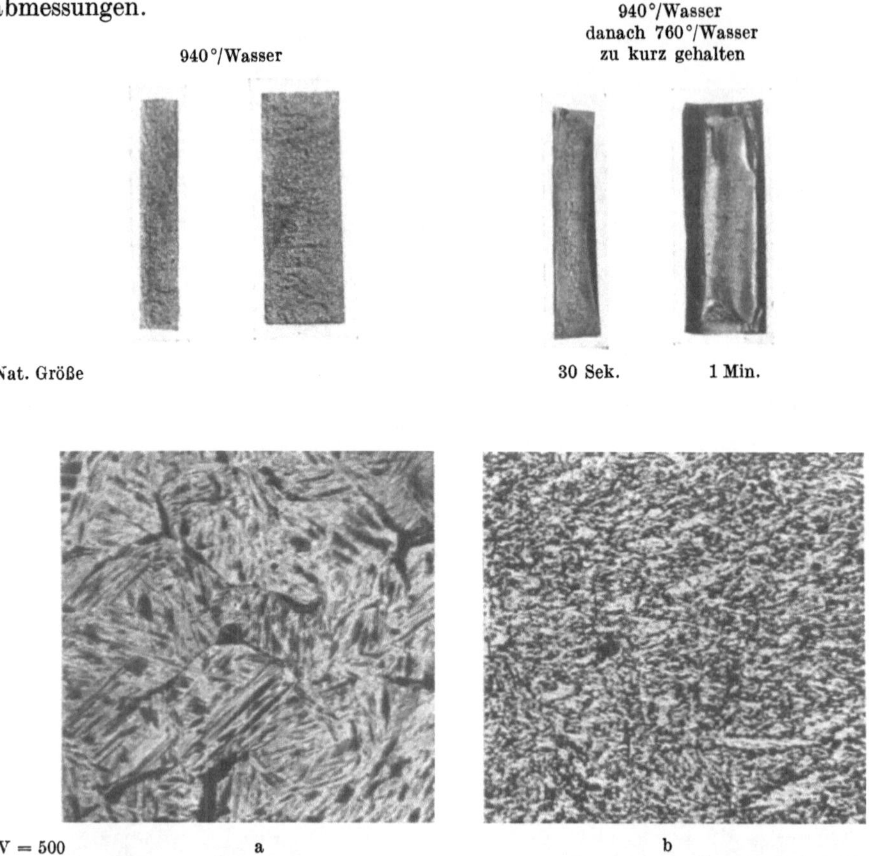

Abb. 150. Wirkung der Haltezeit auf Schlußhärtetemperatur bei einer Doppelhärtung auf Bruchaussehen und und 0,6% Mn, 8 Std. bei 880° zementiert). [Nach

Neben der Erhöhung des Verschleißwiderstandes tritt durch die Einsatzhärtung als besonders wichtiger Vorteil eine Erhöhung der **Dauerfestigkeit** (Schwingungsfestigkeit, Schwellfestigkeit usw.), also der Widerstandsfähigkeit gegen Wechselbeanspruchung ein. Allgemein kann man sich den Einfluß der Oberflächenhärtung[1] auf die Dauerfestigkeit wie folgt vorstellen:

Die Dauerfestigkeit von Stählen steigt mit ihrer Zugfestigkeit oder Härte an (Abb. 153). Die Stärke dieses Anstieges hängt von der Oberflächenbeschaffenheit ab. Da härtere Stähle kerbempfindlicher sind als weichere, ist der durch

---

[1] Es ist hierbei ziemlich gleichgültig, ob es sich um Oberflächenhärtung durch Einsatzhärtung oder Nitrierhärtung handelt, weshalb als Zahlenbeispiele des öfteren Untersuchungen über Nitrierung mit angeführt werden.

Steigerung der Härte zu erzielende Gewinn an Schwingungsfestigkeit bei rauher oder gekerbter Oberfläche geringer als bei polierter Oberfläche, wie dies die unteren, für gekerbte Proben geltenden Kurven in Abb. 153 im Gegensatz zu dem für glatte polierte Proben geltenden Linienzug zeigen.

Ähnliche Verminderungen des Widerstandes gegen Wechselbeanspruchung ergeben sich durch alle Änderungen in der Oberfläche oder Form von Bauteilen, die zu Spannungsanhäufungen oder -umlenkungen Veranlassung geben, wie

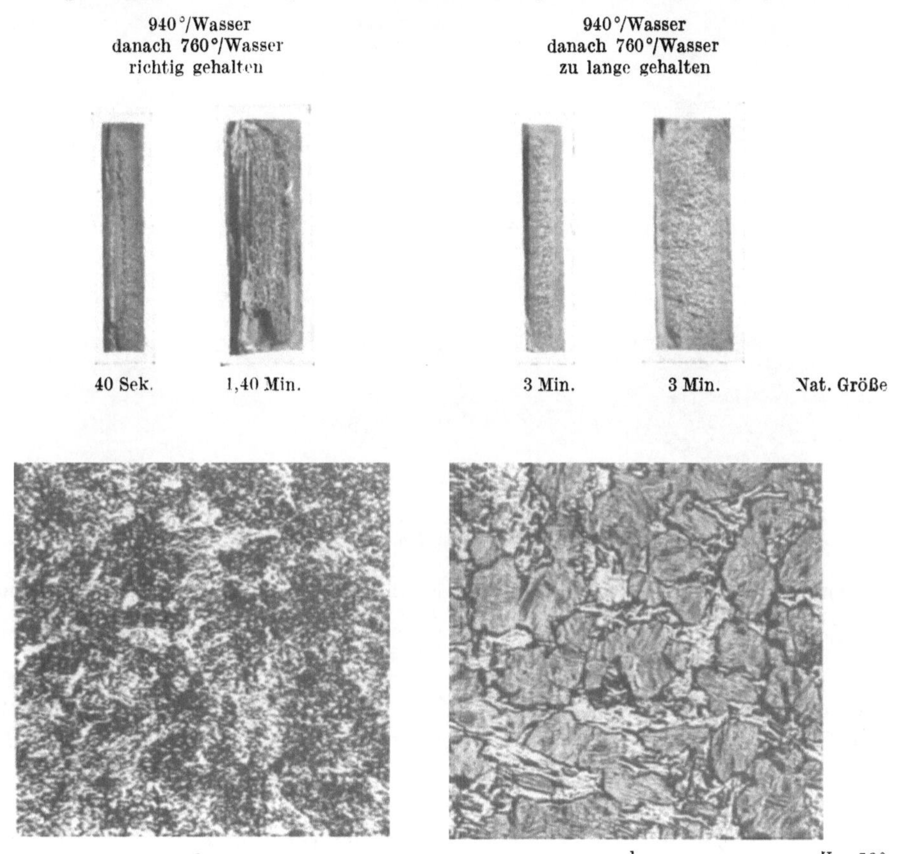

Feingefüge eines unlegierten Einsatzstahles mit 5 und 10 mm Wandstärke (Stahl mit 0,2% C, 0,28% Si H. Schrader: Stahl u. Eisen Bd. 56 (1936) S. 1201/10.]

Oberflächenverletzungen, Querschnittsübergänge, Keilnuten usw. Man spricht daher auch von der „Gestaltfestigkeit" dieser Bauteile[1].

Betrachten wir zunächst die Verhältnisse für ideal polierte glatte Oberflächen. Nach Abb. 154 und 155 ist bei einsatzgehärteten Stücken die Schwingungsfestigkeit σ_{Dr} der härteren Randzone größer als die Schwingungsfestigkeit σ_{Dk} des weicheren Kernes[2]. Diese höhere Dauerfestigkeit der Randzone

[1] Vgl. z. B. A. Thum u. W. Buchmann: Dauerfestigkeit und Konstruktion. Berlin: VDI-Verlag 1932, S. 4. — A. Thum u. W. Bautz: Stahl u. Eisen Bd. 55 (1935) S. 1025 bis 1029.

[2] Vgl. hierzu J. G. Woodvine: Iron Steel Inst. Carnegie Scholar. Mem. Bd. 13 (1924) S. 197: ferner R. Mailänder: Krupp. Mh. Bd. 13 (1932) S. 56.

hat bei wechselnder Biege- oder Verdrehungsbeanspruchung eine größere Bedeutung als bei Zug-Druck-Beanspruchung, wo eine gleichmäßige Beanspruchung

einer Biegeprobe   Bruchaussehen eines schlagartig erzeugten Bruches   einer Kerbschlagprobe

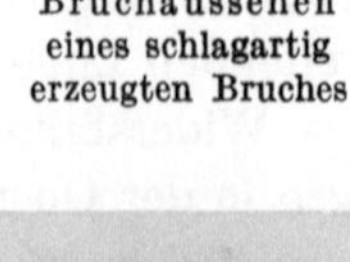

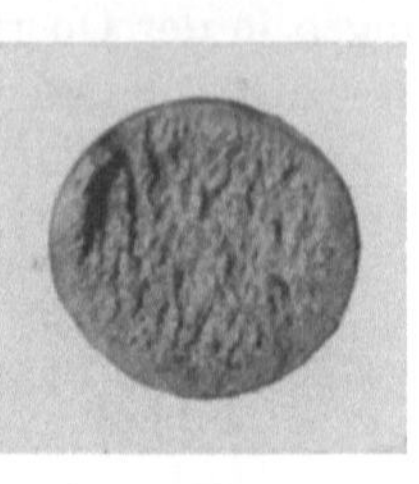

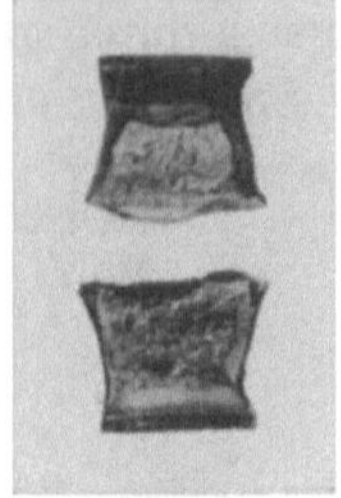

I   II   III

Stahl mit: 0,17% C, 0,20% Si, 0,41% Mn.   Kerbzähigkeit 19,8 mkg/cm².

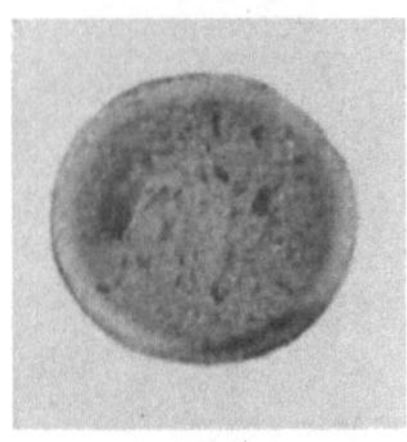

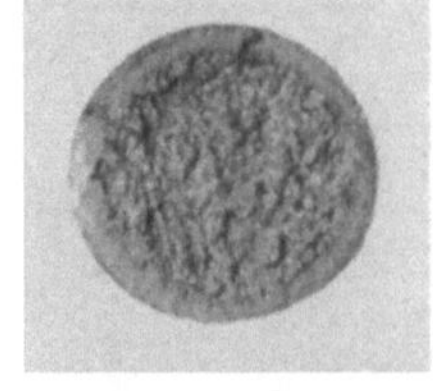

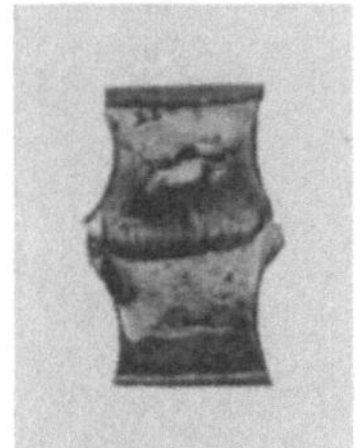

IV   V   VI

Stahl mit: 0,16% C, 0,17% Si, 0,42% Mn, zusätzl. mit 0,09% Al desoxydiert.   Kerbzähigkeit $>$ 25,4 mkg/cm².

Abb. 151. Härtebruch und Kerbschlagprobe eines zusätzlich mit Aluminium desoxydierten Stahles im Vergleich zu einem reinen Einsatzstahl (8 Std. bei 880° zementiert und von 780° in Wasser abgeschreckt; Kerbschlagprobe 10×10×55 mm³ mit 2 mm tiefem Kerb von 2 mm Durchmesser. Nat. Größe. [Nach H. Schrader: Stahl u. Eisen Bd. 56 (1936) S. 1201/10.]

über den Querschnitt vorliegt. Bei Zug- und Druckbeanspruchung erhöht die Oberflächenhärtung die Wechselfestigkeit nur insoweit, als der Einfluß der Oberflächenbeschaffenheit ausgeschaltet wird [Zahlentafel 22 (S. 183)]. Bei Biegung z. B. tritt die höchste Beanspruchung σ_{br} am Rand auf (Abb. 154 I), wo im einsatzgehärteten Stück auch die höhere Schwingungsfestigkeit σ_{Dr} vorhanden ist (Abb. 154 II). Die Kernzone hat eine geringere Dauerfestigkeit σ_{Dk}; die größte Biegebeanspruchung der Kernzone (an ihrem Rande) beträgt aber bei einer Einsatztiefe a nur noch σ_{bk}, d. h. das Kernmaterial von bestimmter Zug- und Schwingungsfestigkeit wird nicht bis zu der höchsten Randspannung σ_{br}, sondern nur bis zu der niedrigeren Spannung σ_{bk} beansprucht. Die höhere Schwingungsfestigkeit der zementierten Randzone hat also zur Folge, daß ein zementiertes Stück

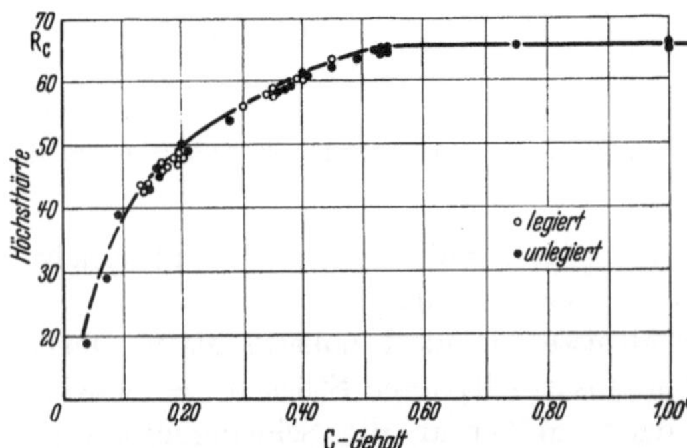

Abb. 152. Erreichbare Höchsthärte von legierten und unlegierten Stählen in Abhängigkeit vom Kohlenstoffgehalt. [Nach Burns, Moore u. Archer, aus E. J. Wellauer: Metal Progr. Bd. 37 (1940) S. 653/57.]

höhere Dauerbiegebeanspruchungen erträgt als ein nichtzementiertes. Bei einer Einsatztiefe $b > a$ wird die größte Biegebeanspruchung in der Kernzone $\sigma_{b'k}$ niedriger als bei der kleineren Einsatztiefe a. Für eine gegebene Randspannung σ_{br} wird also die größte Beanspruchung in der Kernzone um so kleiner und damit die zulässige Dauerbeanspruchung um so größer, je dicker die Einsatzschicht im Verhältnis zur Querschnittshöhe ist, solange nicht die Dauerfestigkeit der Randzone erreicht wird. In letzterem Falle spielt die Dicke der Einsatzschicht keine wesentliche Rolle mehr[1].

Bei Beanspruchungen, die zum Dauerbruch führen, sind nun folgende Fälle möglich:

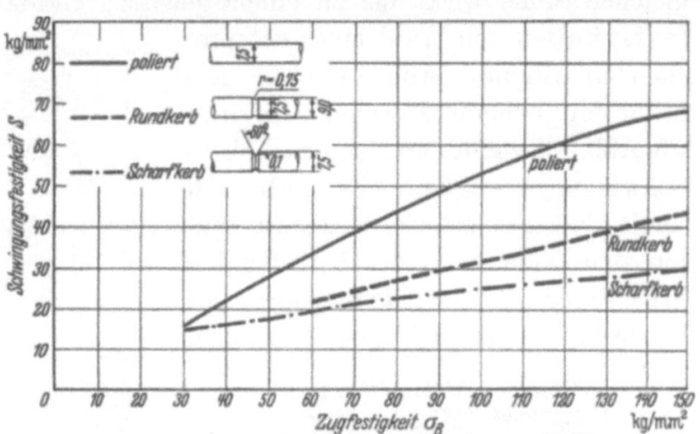

Abb. 153. Abhängigkeit der Dauerfestigkeit von der Zerreißfestigkeit an polierten und gekerbten Proben verschiedener Stahllegierungen; Mittelkurven aus je 150 Werten. [Nach E. Houdremont u. R. Mailänder: Krupp. Mh. Bd. 10 (1929) S. 39/49 sowie Stahl u. Eisen Bd. 55 (1935) S. 39/42; für gekerbte Proben vgl. Krupp. Mh. Bd. 13 (1932) S. 56/81 u. Techn. Mitt. Krupp. Bd. 3 (1935) S. 108/11.]

Zahlentafel 22. Veränderung der Wechselfestigkeit durch Oberflächenhärtung bei Biegungs- und Zug-Druck-Beanspruchung (nach Versuchen von H. Sutton [Metal Treatm. Bd. 2 (1936) S. 89/92, an einem Stahl mit 0,44% C, 1,7% Cr, 1,3% Al].

Oberflächenbehandlung	Nicht nitriert	Nitriert
Zugfestigkeit (Kern) kg/mm²	97	99
Wechsel- { Biegung ,,	50	60
festigkeit { Zug-Druck ,,	36	36,5

1. Die Beanspruchung überschreitet sowohl im Kern wie in der Randzone die dort vorhandene Schwingungsfestigkeit (Abb. 155 I). Der Dauerbruch erfolgt vom Rand oder vom Übergang zwischen Einsatzschicht und Kern aus, je nachdem das Verhältnis σ_{br}/σ_{Dr} oder σ_{bK}/σ_{DK} den höheren Wert hat.

2. Die Biegebeanspruchung überschreitet die Schwingungsfestigkeit der Randzone, die des Kernes jedoch nicht (große Einsatztiefe, hohe Kernhärte) (Abb. 155 II). Der Dauerbruch erfolgt vom Rand aus.

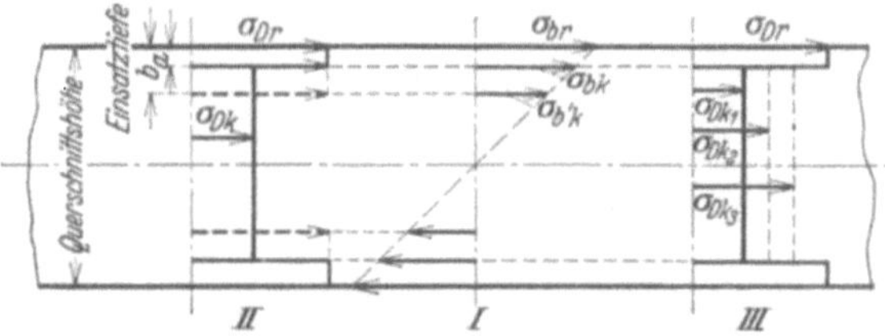

Abb. 154. Schematische Darstellung der Beanspruchungsverhältnisse in einem einsatzgehärteten Stück.
I: Spannungsverteilung bei Biegung.
II: Schwingungsfestigkeiten bei verschiedenen Einsatztiefen (a bzw. b).
III: Schwingungsfestigkeiten bei verschiedenen Kernhärten (1 weich, 2 mittelhart, 3 hart).

3. Die Beanspruchung am Rand liegt unter der Schwingungsfestigkeit der Randzone, aber am Übergang zum Kern überschreitet die Beanspruchung die Schwingungsfestigkeit des Kerns (Abb. 155 III). Der Dauerbruch beginnt am

---

[1] Wiegand, H., u. R. Scheinost: Arch. Eisenhüttenw. Bd. 12 (1938/39) S. 445/48.

Übergang zwischen Einsatzschicht und Kern. Solche Brüche kann man häufig an einsatzgehärteten Proben beobachten (Abb. 156).

Eine Vergrößerung der Einsatztiefe kann in Einzelfällen eine Erhöhung der zulässigen Beanspruchung herbeiführen (Abb. 154 II und Abb. 157 u. 158). Im gleichen Sinne wirkt bis zu einem gewissen Grade eine Erhöhung der Kern-festigkeit durch Wahl eines entspre-chenden Stahles (Abb. 154 III). Ein Stahl mit höherer Kernhärte besitzt, wie Abb. 153 zeigte, an sich eine höhere Schwingungsfestigkeit. Es ergibt sich somit, daß sowohl dicke Einsatzschich-ten den Widerstand des betreffenden Stückes gegen wechselnde Biegungs- und Verdrehungsbeanspruchung   erhöhen

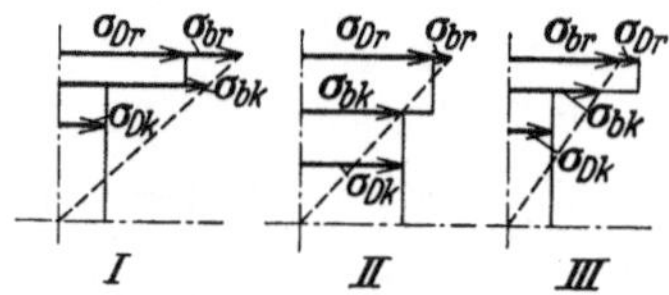

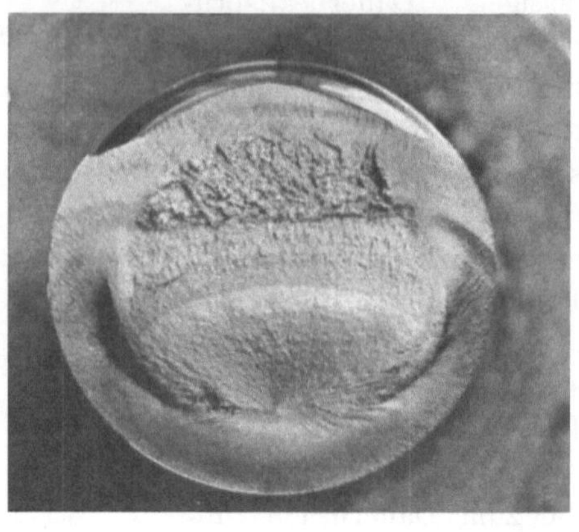

Nat. Größe

Abb. 155. Schematische Darstellung von drei ver-schiedenen Beanspruchungsverhältnissen in einem einsatzgehärteten Stück.

Abb. 156. Unterhalb der härteren Einsatzschicht aus-gehender Dauerbruch.

(Abb. 154 I), als auch dünne Einsatzschichten bei hoher Kernhärte im gleichen Sinne wirken (Abb. 154 III). Letzteres ist wesentlich bei Stücken dünnerer Abmessung, bei denen man nicht beliebig die Einsatztiefe vergrößern kann. Bei sehr großen Dickenabmessungen kann der Einfluß der Einsatzschicht nicht

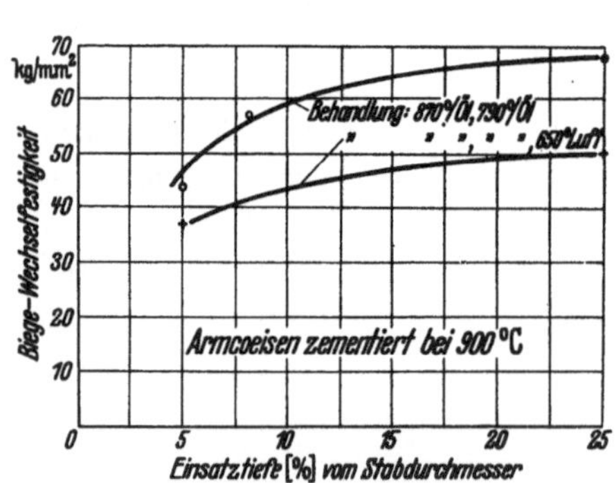

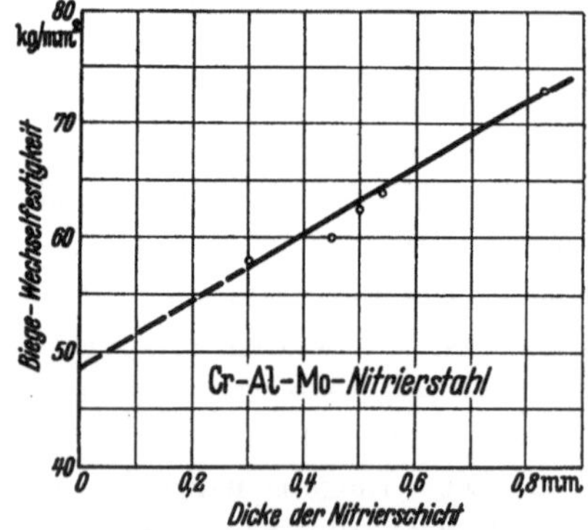

Abb. 157. Zunahme der Wechselfestigkeit mit stei-gender Einsatztiefe. [Nach H. F. Moore u. T. M. Jasper: Univ. of Illinois, Engg. Exper. Station Bull. Nr. 152 (1925).]

Abb. 158.   Zunahme der Wechselfestigkeit mit steigender Dicke der Nitrierschicht (Stab 7,5 mm Durchm. Wechselfestigkeit, umgerechnet auf eine Kernzugfestigkeit von 100 kg/mm²). [Génie civ. Bd. 107 (1935) S. 788.]

so sehr in Erscheinung treten wie bei Teilen, bei denen das Verhältnis von Ein-satztiefe zu Querschnittshöhe groß ist. Solche Überlegungen lassen sich nicht wahllos auf alle beliebigen Querschnitte übertragen. Aber auch bei größeren Querschnitten spielt die höhere Randzone eine Rolle in bezug auf die Haltbarkeit.

In den bisherigen Ausführungen ist der Einfachheit halber angenommen worden, daß die Einsatzschicht ihre höhere Schwingungsfestigkeit ihrer höheren

Härte verdankt. In Wirklichkeit liegen die Verhältnisse nicht ganz so einfach. Infolge des höheren Kohlenstoffgehaltes der Einsatzschicht erfährt diese bei der Härtung eine stärkere Volumenvergrößerung gegenüber dem Kernmaterial; sie hat das Bestreben, bei der Härtung stärker zu wachsen als der Kern und muß somit nach dem Ablöschen Druckspannungen aufweisen. So wurden z. B. an einem Stab von 45 mm Durchmesser mit einer Kernzugfestigkeit von 117 kg/mm² in der Einsatzzone Druckspannungen in der Größenordnung von 60 kg/mm² gemessen. Es ist verständlich und durch verschiedene Untersuchungen belegt[1], daß durch derartige Druckspannungen die Schwingungsfestigkeit erhöht wird. Insbesondere stellte sich heraus, daß Druckeigenspannungen die Empfindlichkeit gegenüber Kerbwirkungen und Änderungen der Oberflächenbeschaffenheit herabsetzen, somit vor allem die sogenannte Gestaltfestigkeit erhöhen. Man kann also sagen, daß durch die Einsatzhärtung der Einfluß von Oberflächenkerben und Oberflächenbearbeitungen sowohl bei Biegung als auch bei Zug-Druck-Beanspruchungen weitgehend vermindert wird. Dieses tritt z. B. dadurch zutage, daß Stäbe, die nach erfolgter Kerbung zementiert und gehärtet wurden, eine höhere Dauerfestigkeit aufwiesen als gleichgekerbte nicht zementierte Stäbe. Bei nitrierten Proben wurde auch durch nachträgliches Kerben der Nitrierschicht die Wechselfestigkeit nicht erniedrigt, solange die Kerbtiefe nicht größer war als etwa 70% der Dicke der Nitrierschicht[2]. Wieweit die Verbesserung der Wechselfestigkeit durch Einsatzhärtung anteilig auf die Festigkeitssteigerung der Randschicht und auf die Spannungsänderung zurückgeführt werden muß, ist noch nicht bekannt. Dieser Schutz, den die Oberfläche eines Stahlstückes durch Oberflächenhärtung erfährt, führt aber dazu, daß der Konstrukteur in Fällen, in denen der Dauerbruch durch die Kernfestigkeit bestimmt wird (Abb. 155 III), die ideale Schwingungsfestigkeit des polierten Kernwerkstoffes in seine Berechnungen einsetzen kann.

Der Vollständigkeit halber muß hier erwähnt werden, daß auch direkt gehärtete Teile im abgelöschten Zustand, insbesondere bei nicht durchhärtenden Stählen, ähnliche Druckvorspannungen aufweisen können wie zementierte Teile. Naturgemäß gelten die über die Schwingungsfestigkeit angestellten Überlegungen auch für diesen Fall, vor allem also auch für Oberflächenhärtung durch oberflächliche Erhitzung mit Gasbrennern, Hochfrequenzstrom usw. Bedingung ist allerdings, daß auch bei dieser Behandlung dieselbe Gleichmäßigkeit der Härtung über die gesamte Oberfläche erzielt wird, wie dies bei der Einsatzhärtung der Fall ist. Andernfalls können die Spannungsverhältnisse, die erzeugt werden, sehr verwickelter Natur sein und auch gegenteilige Effekte beobachtet werden.

Entsprechend diesen Ausführungen muß jede Oberflächenentkohlung betreffend Schwingungsfestigkeit entgegengesetzt einer Zementation wirken und somit zu ihrer Verminderung beitragen (Zahlentafel 23 [S. 186]). Man hat infolgedessen mit Erfolg versucht, den Einfluß der Randentkohlung, z. B. bei Trag-

---

[1] Thum, A., u. W. Bautz: Z. VDI 1934 S. 921/25. — Oschatz, H.: Dissertation Darmstadt 1932. — Bautz, W.: Dissertation Darmstadt 1935 — s. Mitt. d. Mat. Prüf.-Anst. d. Techn. Hochschule Darmstadt Heft 8.

[2] Mailänder, R.: Techn. Mitt. Krupp Bd. 1 (1933) S. 53/138. — Johnson, J. B., u. T. T. Oberg: Metals & Alloys Bd. 5 (1934) S. 129/30.

federn, die ja fast immer als Flachstäbe mit Walzhaut, also mehr oder weniger entkohlt verwendet werden, durch Zementation aufzuheben.

Zahlentafel 23. Verringerung der Wechselfestigkeit durch Oberflächenentkohlung. [Nach Versuchen von C. R. Austin [Metals & Alloys Bd. 2 (1931) S. 117/19] an Stahl mit 0,38% C, 1,5% Mn.]

Behandlung	Biege-Wechselfestigkeit kg/mm^2
Proben fertig bearbeitet, 18 Std. bei 700° im H$_2$-Strom (feucht) geglüht; 0,25 mm Entkohlungstiefe	26,7
Proben mit Zugabe bearbeitet, geglüht wie oben, fertig bearbeitet ($\sigma_B = 78$ kg/mm^2)	32,7

Besonderheiten bei der Einsatzhärtung. In vielen Fällen ist es erwünscht, an zementierten Teilen einzelne Stellen weich zu halten. Dies kann dadurch erfolgen, daß weich zu haltende Stellen durch einen Überzug von Lehm oder Wasserglas gegen eine Zementationswirkung geschützt werden. Da diese Überzüge meist bei der Erwärmung reißen, schützen sie nicht mit unbedingter Sicherheit. Als besser geeignet hat sich ein metallischer Überzug von Kupfer erwiesen, der eine Aufkohlung bei schwacher Zementation vollkommen verhindert. Bei sehr langer Zementationsdauer findet allerdings auch hier, wenn auch erschwert, ein Eindringen von Kohlenstoff statt, da der Kupferüberzug bei längerer Zementationszeit oxydiert wird. Neuerdings wird empfohlen, diejenigen Stellen, die vor Zementation geschützt werden sollen, in feingepulvertes Silizium einzupacken. Nicht durchführbar sind diese Verfahren bei Zementation in flüssigen Zementationsmitteln. Hier bleibt nur übrig, die Einsatzschicht an den weich zu haltenden Stellen vor der Härtung, nötigenfalls nach einem Ausglühen, abzuarbeiten, ein Verfahren, das sich natürlich auch bei allen anderen Einsatzmitteln anwenden läßt. Bei geringen Zementationszeiten läßt sich ein Schutz gegen Aufkohlung auch in flüssigen Zyanbädern durch Verkupferung und Vernickelung erzielen.

Fehler bei der Zementation sind meist durch zu starke Randaufkohlung, Überhitzung, Überzeitung mit ungenügender Nachbehandlung verursacht und mit starken Sprödigkeitserscheinungen verbunden. Bei schroffem Abfall des Kohlenstoffgehaltes in der Einsatzschicht, insbesondere auch bei grobkörniger Ausbildung der Randschicht, können Risse entstehen, die, wie in Abb. 159, eine schalenartige Trennung zwischen zementiertem Rand und Kern zur Folge haben.

Ungleichmäßige Zementationsschichten (Abb. 160) können durch unvollkommenes Einpacken bzw. zu starkes Setzen des Zementationsmittels beim Zementieren entstehen, bei Gaszementation auch dann, wenn nicht für eine gleichmäßige Umspülung durch den Gasstrom Sorge getragen wird. Eingangs wurde darauf hingewiesen, daß Zementation nur dann stattfindet, wenn ein zementierendes Gas vorhanden ist. Da das zur Zementation erforderliche Gas bei festen Zementationsmitteln stets durch das umliegende kohlenstoffabgebende Zementationsmittel regeneriert wird, ist es nicht gleichgültig, ob die entstehenden Gase in einem Zementationskasten noch vom Zementationsmittel umgeben sind oder nicht. Deutlich kann die Wirkung ungleichmäßiger Verteilung des Zementationsmittels durch folgenden Versuch veranschaulicht werden:

In einen zylindrischen, senkrecht stehenden Zementationskasten wurde ein 250 mm langer Rundstab aus Chrom-Molybdän-Stahl in der Längsachse des

Gefäßes stehend eingebaut. Der Kasten war nur so weit mit einem festen Zementationsmittel (Holzkohle + Tierkohle 60 : 40) gefüllt, daß die obere Stabhälfte unbedeckt blieb Zum sicheren Abschluß von der Außenluft wurde der Kasten zugeschweißt und mit einem Quecksilberventil gegen Überdruck gesichert. Nach dreitägiger Zementation bei 950° wurden von der oberen und unteren Stab-

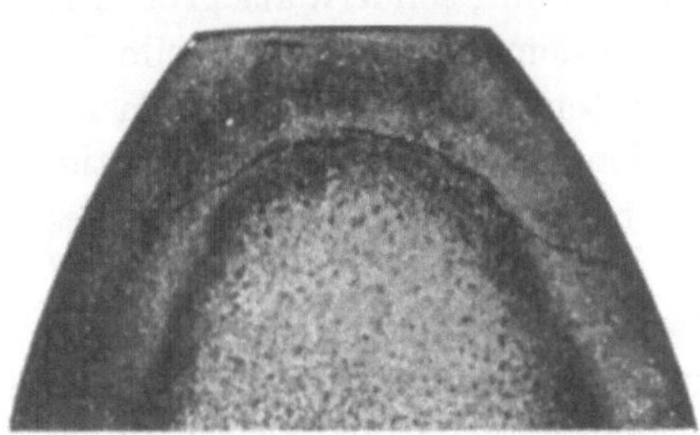

Abb. 159. Schalenbildung im Kopfe eines Zahnes eines einsatzgehärteten Zahnrades. [Aus Brearley-Schäfer: „Die Einsatzhärtung von Stahl und Eisen." S. 58.]

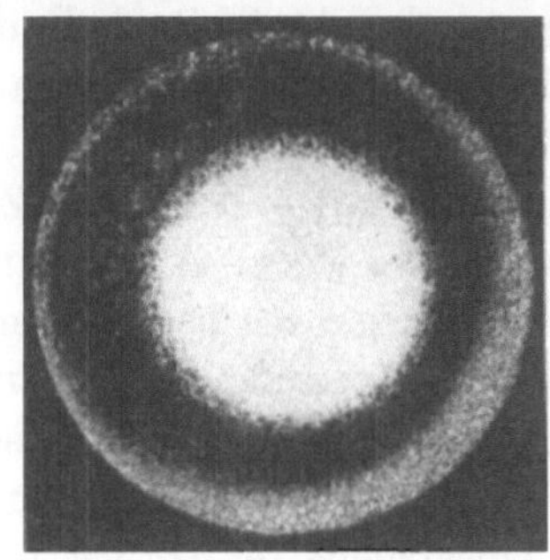

Abb. 160. Ungleichmäßige Verteilung des Kohlenstoffgehaltes bei einem zementierten Rundstab.

hälfte getrennt schichtenweise Proben entnommen. Es ergaben sich die in Abb. 161 dargestellten Zementationskurven, die die erheblich geringere Zementationswirkung in dem nicht vom Einsatzmittel bedeckten Stabende deutlich erkennen lassen. Noch geringer wird die Zementationswirkung, wenn die Gase abgesaugt werden.

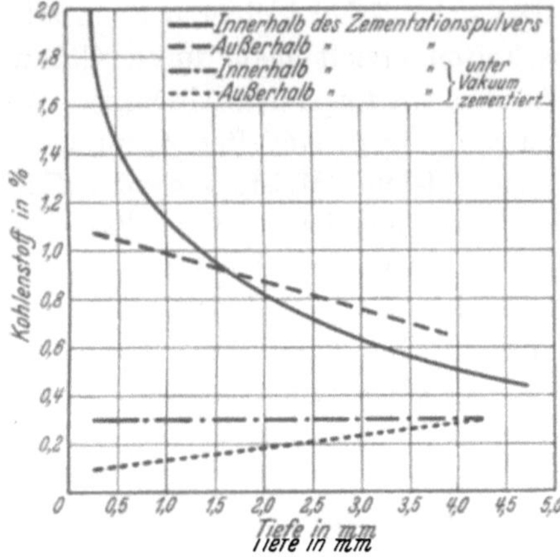

Abb. 161. Kohlenstoffgehalttiefekurven einer zur Hälfte in Zementationspulver eingepackten Stahlprobe vom eingesetzten und herausragenden Teil, desgleichen bei Zementation in Vakuum. (Zementiert im festen Einsatz 72 Stunden bei 950°.) [Nach H. Bennek, unveröffentlichte Untersuchung.]

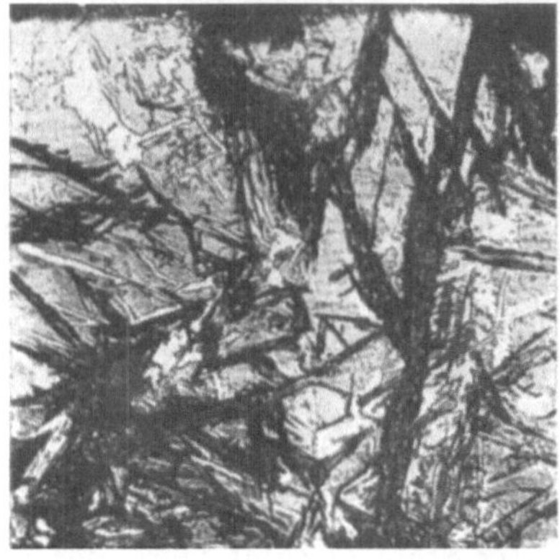

Abb. 162. Austenitbildung in der Einsatzschicht infolge zu hohen Kohlenstoff- und Legierungsgehaltes.

Ein unbefriedigendes Ergebnis kann bei der Einsatzhärtung, insbesondere bei höher legierten Stählen — beispielsweise Stählen mit 4—4,5% Ni, 1—1,5% Cr — entstehen, wenn bei der Zementation durch Wahl ungeeigneter Zementationstemperaturen oder Anwendung zu scharf kohlender Zementationsmittel zu hohe Randkohlenstoffgehalte erhalten werden. Beträgt der Randkohlenstoffgehalt bei derartig legierten Stählen wesentlich mehr als 1%, so führt das Ablöschen in der äußersten Randschicht zur Bildung von großen Mengen Austenit neben

Martensit (Abb. 162). Die Austenitanreicherung kann hierbei so weit gehen, daß im Gegensatz zu dem beabsichtigten Zweck der Einsatzhärtung keine harten, sondern verhältnismäßig weiche Zementationsschichten erzielt werden. Bei Zahnrädern wird eine derartige austenitische Oberfläche leicht zum Fressen und zu außerordentlich schnellem Verschleiß führen. Bereits bei der Feilenprüfung ist der Austenitgehalt dieser äußersten Randschicht deutlich merkbar. Meist besteht das Gefüge nicht aus reinem Austenit, sondern aus groben Martensitnadeln mit austenitischer Grundmasse. Bei Zementation bis zu 2 mm Tiefe läßt sich durch richtige Wahl der Zementationstemperatur und des Zementationsmittels eine zu starke Aufkohlung vermeiden. Bei stärkerer Zementation muß unter Umständen die beschriebene Diffusionsglühung zur Beseitigung des überflüssigen Kohlenstoffgehaltes angewandt werden. Dem Übel läßt sich auch dadurch begegnen, daß sehr niedrige Härtetemperaturen gewählt werden[1].

In diesem Zusammenhang ist noch zu erwähnen, daß es empfehlenswert ist, jedes einsatzgehärtete Stück ebenso wie direkt gehärtete Teile nach erfolgter Härtung bei tiefen Temperaturen anzulassen bzw. in Wasser oder Öl auszukochen.

c) Beispiele für die praktische Anwendung der verschiedenen Härtungsarten.

Nachdem im vorhergehenden Abschnitt die verschiedenen Arten der Härtung besprochen worden sind, ist es vielleicht lehrreich, an einem Beispiel diese mannigfaltigen Möglichkeiten in ihrer Anwendung, z. B. bei Zahnrädern, zu schildern. Je nach der Beanspruchung werden Zahnräder aus Vergütungsstählen mit bestimmten Festigkeitseigenschaften hergestellt, wobei die Festigkeit von etwa 60 kg/mm² bei großen Zahnrädern bis zu 180 kg/mm² bei kleineren Zahnrädern schwanken kann. Diese Festigkeitseigenschaften erzielt man durch Glühung oder Vergütung der betreffenden Stähle, wie dies im folgenden Abschnitt „Vergüten" näher erläutert wird. Die Festigkeit derartig behandelter Zahnräder ist im Kern und an der Zahnoberfläche praktisch gleich. Meistens werden Zahnräder aber oberflächlich gehärtet, um ihnen einen möglichst hohen Widerstand gegen Verschleiß, insbesondere aber auch eine Erhöhung der Dauerfestigkeit zu geben. Würde man das gesamte Zahnrad gleichmäßig auf hohe Härte, beispielsweise über 60 Rockwell bringen, so würde die Sprödigkeit zu groß und auch die Dauerfestigkeit nicht in gleichem Maße wie die Härte erhöht werden. Man legt daher Wert auf große Randhärte und mehr oder weniger zähen Kern. Eine derartige Härtung kann erzielt werden, wenn ein Kohlenstoffstahl oder schwachlegierter Stahl gewählt wird, der nicht tief einhärtet. Abb. 183, S. 219 zeigt am Beispiel eines Preßluftkolbens, daß es möglich ist, Kohlenstoffstähle mit einer gleichmäßig dünnen Härteschicht zu härten. Die gleiche Art der Härtung kann man bei einem Zahnrad aus Kohlenstoffstahl anwenden. Durch Ablöschen eines Stahles mit 0,6—0,9% C und tiefem Mangan- und Silizium-Gehalt gelingt es, nur an den ausgearbeiteten dünnen Zähnen entsprechende Härteschichten von einigen Millimetern Tiefe zu erzielen, während der Radkörper selbst und auch die Zahn-

---

[1] Auch die übrigen Legierungsanteile, die die Austenitbildung fördern, sollen nicht zu hoch gehalten werden. In der deutschen Norm DIN 1662 ist als höchst legierter Einsatzstahl ein Chrom-Nickel-Stahl mit 4,25—4,75% Nickel vorgesehen. Bei 4,75% Nickel ist aber bereits deutlich eine Zunahme der Austenitbildung festzustellen. Es ist zweckmäßig, gerade den Nickelgehalt nicht über 4,5% zu halten.

wurzel zum Teil weich bleiben. In der Abb. 164 ist die Ausbildung der Härteschicht an einem derart hergestellten Ritzel im Vergleich zu einem einsatzgehärteten Zahnrad (Abb. 163) wiedergegeben. Statt der direkten Ablöschung

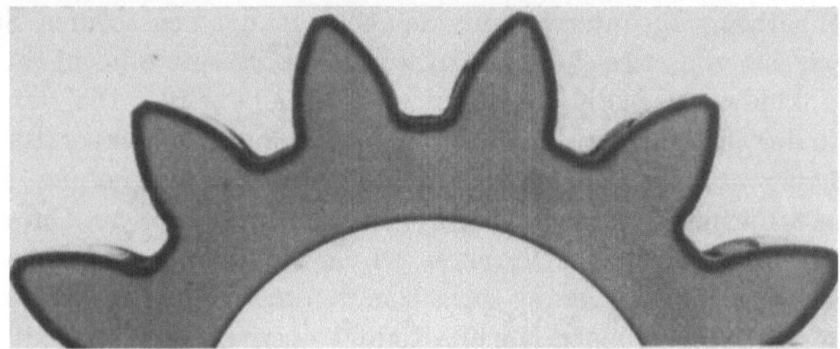

Nat. Größe

Abb. 163. Ausbildung der Härteschicht an einem einsatzgehärteten Zahnrad (Modul 8).

in Wasser kann man auch entsprechend zusammengesetzte Stähle der Stufenhärtung unterziehen. Man löscht die fertig bearbeiteten Zahnräder von üblicher Härtetemperatur in einem Salzbad ab. Die ausgearbeiteten Zähne werden hierbei so rasch abgekühlt, daß die Perlitstufe unterdrückt wird. Für den massiveren Zahnkörper gilt dies nicht in gleichem Maße. Ist der Stahl entsprechend der Zahnstärke ausgesucht — beispielsweise ein Stahl mit 0,8% C, 0,5% Mn, 0,10% V für eine Zahnstärke von 6 mm —, so gelingt es, beim Abschrecken in einem Bad mit einer Temperatur von 180° die Zähne im unterkühlten, überwiegend nicht

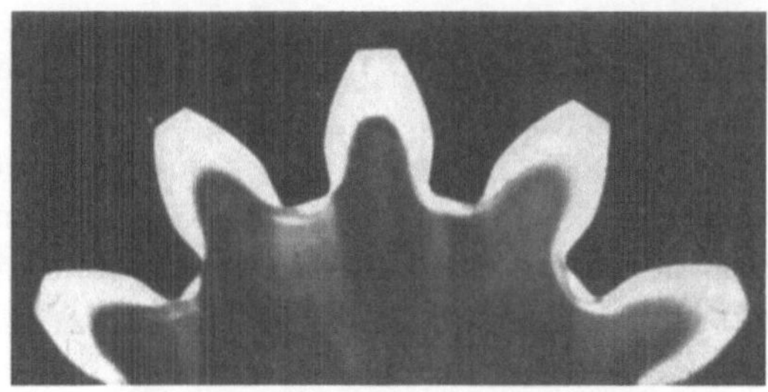

Nat. Größe

Abb. 164. Ausbildung der Härteschicht an einem Ritzel (Modul 6) aus einem wasserhärtenden Stahl.

umgewandelten Zustand zu halten. Beim Verweilen im Abschreckbad bzw. bei der nachfolgenden Luftabkühlung härten die Zähne infolge der dann einsetzenden Martensitumwandlung. Diese Härtung ist wegen des geringeren Temperaturgefälles und der milden Ablöschart verzugsfrei und kann bei genügend genau abgestimmter Härtefähigkeit der Stähle und Einhaltung gleichmäßiger Härtungsbedingungen brauchbare Zahnräder liefern (Abb. 165). Eine ähnliche Härtung der auf

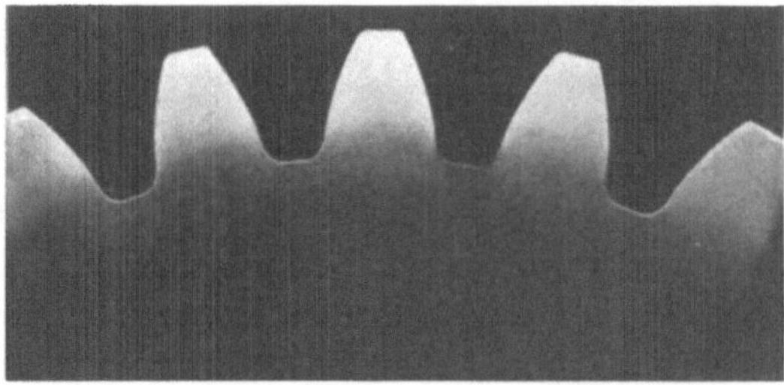

Nat. Größe

Abb. 165. Zahnhärtung an einem stufengehärteten Laufrad (Modul 6) aus Mangan-Vanadin-Stahl.

Verschleiß beanspruchten dünnen Zähne ist durch kurzzeitiges Anwärmen in einem auf Härtetemperatur befindlichen Salzbad zu erreichen. Die Wärmzeit muß so kurz gewählt werden, daß nur die Zähne die Härtetemperatur annehmen. Die anschließende Ablöschung erfolgt dann meist in Öl.

Am gebräuchlichsten sind für hochbeanspruchte Zahnräder Einsatzstähle, die im Einsatz gehärtet werden. Die Einsatzhärtung kann, wie in Zahlentafel 21 (S. 175) angegeben, erfolgen. Statt der direkten Schlußhärtung in Wasser oder Öl kann man aber auch daran denken, derartige einsatzgehärtete Zahnräder einer Stufenhärtung zu unterwerfen. Schreckt man einen solchen Stahl z. B. in einem Salzbad von etwa 200° ab, so wird die eingesetzte hochgekohlte Zone so schnell abkühlen, daß die Perlitstufe unterdrückt wird. Die Randzone des Stahles befindet sich im Salzbad oberhalb ihrer Martensittemperatur in einem verhältnismäßig stabilen Zustand, was die Austenitumwandlung anbelangt. Der kohlenstoffärmere Kern hingegen, der eine viel größere Umwandlungsgeschwindigkeit hat, wandelt sich schon bei der Abkühlung im Salzbad je nach Zusammensetzung und Legierung ganz oder teilweise um. Er wird sich schon deswegen umwandeln, weil sein Martensitpunkt oberhalb der Salzbadtemperatur liegt; die Umwandlung erfolgt also auch dann, und zwar in der Martensitstufe, wenn die Perlitstufe und die Zwischenstufe bei der Abkühlung unterdrückt wurden. Beim Herausnehmen aus dem Salzbad und Abkühlen auf Raumtemperatur erfolgt erst die Martensithärtung der einsatzgehärteten Schicht. Infolge der nacheinander ablaufenden Umwandlungsvorgänge im Kern und Rand verläuft die Härtung verhältnismäßig spannungsfrei und mit entsprechend geringem Verzug. Die erzielten Festigkeitseigenschaften können je nach Wahl der Stähle sehr günstig sein.

Schließlich können solche Zahnräder auch oberflächengehärtet werden, indem man einen direkt härtbaren Stahl nimmt, ihn an den Oberflächen mit dem Schneidbrenner erwärmt und im Anschluß daran sofort ablöscht. Die Erwärmung kann hierbei sowohl mit einem Azetylenbrenner als auch durch Hochfrequenzstrom erfolgen. Mit Hochfrequenzbeheizung wäre nicht nur die Härtung der Zahnoberfläche, sondern auch die der eingearbeiteten Innenbohrung einwandfrei durchzuführen. Man könnte schließlich auch daran denken, eine Kombination von Zementation und derartigen Oberflächenhärtungsverfahren anzuwenden, um die Einhärtungstiefe möglichst genau zu regulieren und den Verzug der zu härtenden Stücke klein zu halten. Dieses Beispiel mag genügen, um zu zeigen, wie der moderne Härtetechniker die gewonnenen Erkenntnisse auf dem Gebiet der Umwandlungsgeschwindigkeit für praktische Härtungsvorgänge benutzt.

3. Vergüten.

a) Allgemeines.

Unter Vergüten versteht man ein Härten, d. h. Ablöschen in Öl, Wasser, Luft usw., mit nachfolgendem Anlassen bei Temperaturen unterhalb A_1. Während man bei Werkzeugstahl das Härten und nachfolgende Anlassen auf niedrige Temperatur vielfach unter dem Begriff Härtung zusammenfaßt, bezeichnet man diese Behandlungsart bei Baustählen als Vergütung, wobei die Anlaßtemperatur meist höher ist als bei Werkzeugstählen.

Der Zweck der Vergütung ist, das Gefüge des Stahles energisch zu verfeinern, mit dem Ziel einer entsprechenden Beeinflussung der Festigkeitseigenschaften. Die Gefügeverfeinerung wirkt sich nicht nur in der Korngröße, sondern vor allem in der Feinheit und Gleichmäßigkeit der beim Anlassen ausgeschiedenen Karbide

aus. Sie ist abhängig von der Unterkühlung und somit von der Art der Ablöschbehandlung. Die erzielte Gefügeverfeinerung ist bei den meisten Stählen um
so weitgehender, je energischer die Ablöschbehandlung vorgenommen wird.
Wie schon in Abb. 77 gezeigt, weist bei demselben Stahl das ölabgelöschte
Material ein wesentlich feineres Gefüge auf als das luftabgekühlte.

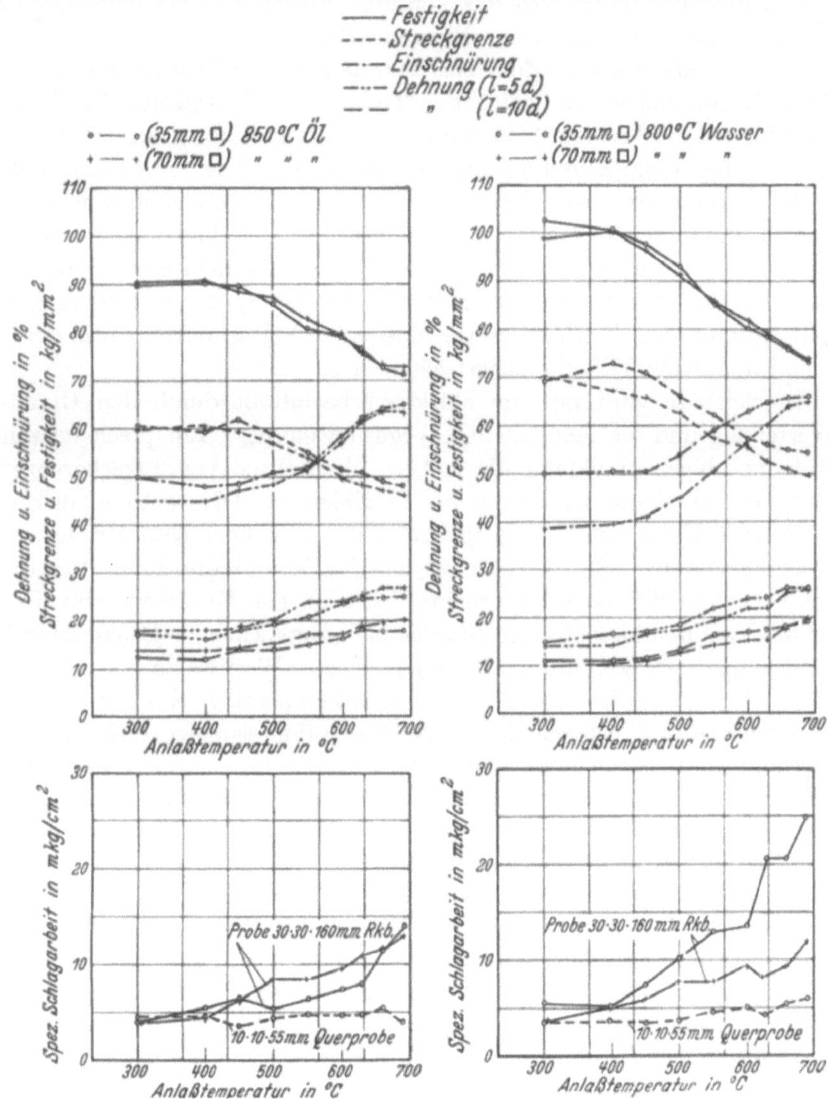

Abb. 166. Vergütungsschaubild eines Kohlenstoffstahles mit 0,46% C, 0,21% Si ,0,80% Mn nach Wasser-
und Ölablöschung.

Von den weniger oft vorkommenden Fällen der Vergütung von Werkzeugstahl
ist besonders hervorzuheben das Gebiet der Warmwerkzeuge, insbesondere der
Gesenkstähle zum Schmieden und Pressen von Eisen, Kupfer, Messing, ferner
der Spritzwerkzeuge für Messing, Aluminium usw. Durch die Vergütung gibt
man diesen Stählen höhere Festigkeiten. Das Anlassen bezweckt aber außerdem, den Stahl bereits in denjenigen Gefügezustand zu versetzen, in den er

nachher beim Arbeiten in der Wärme von selbst kommen würde. Die Zusammensetzung dieser Werkzeuge ist daher so zu wählen, daß sie bei oder über den Betriebstemperaturen angelassen werden können, damit durch Gefügeveränderungen beim Arbeiten nicht störende Spannungen in dem Werkzeug hervorgerufen werden.

In der Hauptsache findet aber das Vergüten Anwendung bei Baustählen zur Erzielung bestimmter mechanischer Eigenschaften.

Beeinflussung der Eigenschaften bei Raumtemperatur. Durch das Anlassen nach dem Härten fallen mit steigender Temperatur Festigkeit, Streckgrenze und Härte bis auf die Werte des ausgeglühten Zustandes ab; gleichzeitig steigen die Werte der Dehnung, Einschnürung, Kerbzähigkeit. Die kurvenmäßige Darstellung der Veränderung der Festigkeitseigenschaften in Abhängigkeit von der Anlaßtemperatur bezeichnet man als „Vergütungsschaubild" oder auch als „Anlaßkennkurve". In Abb. 166 ist ein derartiges Schaubild eines Stahles mit ∞ 0,45% C, einmal für Öl- und einmal für Wasservergütung, wiedergegeben. Man sieht deutlich den Einfluß der verschiedenen Ablöschmittel sowie der Anlaßtemperatur auf die Festigkeitseigenschaften.

Die Streckgrenze wird mit am stärksten beeinflußt durch den Grad der Karbidverteilung und die Feinheit des Vergütungskornes. Entsprechend zeigen die Stähle in obiger Abbildung ein höheres Verhältnis von Streckgrenze zu Festigkeit bei der Wasservergütung im Vergleich zur Ölvergütung, das z. B. bei fast gleicher Festigkeit von 73 kg/mm² 75% gegenüber 65% beträgt.

Das Verhältnis von Streckgrenze zu Festigkeit und die durch Vergütung bewirkte Erhöhung der Streckgrenze im Vergleich zur Festigkeit wird als ein Maß für die Vergütefähigkeit eines Stahles bei entsprechender Behandlung und für die Wirkung dieser Vergütung angesehen. Dieser Wert ist aber nicht nur abhängig von dem Ablöschmittel und der Anlaßtemperatur, sondern außerdem von den zur Vergütung gelangenden Querschnittsabmessungen sowie der Legierung des Stahles. Es ist nicht unbedingt erforderlich und auch keineswegs immer der Fall, daß beim Ablöschen eines zu vergütenden Stahlstückes die Abkühlgeschwindigkeit ausreichend gewählt wird, um auch nur in der Randzone die Umwandlung bis zur Martensitstufe zu unterdrücken. In einer großen Anzahl von Fällen wird je nach den Abkühlungsbedingungen die Umwandlung im unteren Bereich der Perlitstufe oder, besonders bei legierten Stählen, im Gebiet der Zwischenstufe verlaufen. Das Vergütungsschaubild wird natürlich jeweils verschieden sein, wenn sich ein Stahl in der Martensitstufe, Zwischenstufe oder Perlitstufe umwandelte. Wenn die Umwandlung beim Ablöschen schon bei höheren Temperaturen, also z. B. im untersten Gebiet der Perlitstufe bei etwa 500—550° verlief, werden die Anlaßtemperaturen, die unterhalb der Umwandlungstemperatur liegen, nur wenig an den Festigkeitseigenschaften verändern. Erst beim Anlassen auf Temperaturen in der Nähe der Umwandlungstemperatur wird eine Beeinflussung der Festigkeitseigenschaften bemerkbar werden. Bereits in Abb. 166 kann man feststellen, daß bei der Ölvergütung bis zu Anlaßtemperaturen von 400—450° keine wesentliche Veränderung der Festigkeitseigenschaften eintritt. Man kann hieraus mit Sicherheit schließen, daß die Umwandlung beim Ablöschen in Öl oberhalb dieser Temperatur verlaufen ist. Bei der Wasserablöschung sieht man hingegen, insbesondere bei dem dünneren Querschnitt von 35 mm, wie bereits beim Anlassen auf 300° die Festigkeitseigenschaften verändert werden. Die Umwandlung wird bei diesem Querschnitt und den gewählten Ablöschbedingungen im wesentlichen in der Martensitstufe verlaufen sein. Noch deutlicher zeigt dies das Vergütungsschaubild eines legierten Stahles (Abb. 167). Dieser Stahl ist in der Martensitstufe umgewandelt und erfährt schon bei niedrigsten Anlaßtemperaturen die durch den Martensitzerfall gekennzeichneten Eigenschaftsänderungen. Unter diesen Eigenschaftsveränderungen ist vor allem auf das Verhalten der Streckgrenze hinzuweisen und das Verhältnis von Streckgrenze zur Zugfestigkeit. Während die Zugfestigkeit beim Anlassen sofort entsprechend dem Zerfall des Martensits abfällt, sieht man,

daß die Streckgrenze nicht nur keinen Abfall bei den unteren Anlaßtemperaturen erfährt, sondern eher ansteigt. Dies tritt noch deutlicher in Erscheinung, wenn man statt der hier gewählten 0,2%-Grenze den Beginn der bleibenden Formänderung beim Zerreißversuch in feineren Abstufungen ermittelt, also z. B. die 0,03%-Grenze. Es sei hier nur nebenbei darauf hingewiesen, daß eine deutliche Streckgrenze wie bei geglühtem, weichem Stahl im vergüteten Zustand nicht auftritt und daher zur genauen Bestimmung die Grenze für 0,2% bleibende Dehnung als „Streckgrenze" ermittelt werden muß. Bei vergüteten Stählen fallen der Höchstwert der Streckgrenze und insbesondere das höchste Streckgrenzenverhältnis nicht mit der maximalen Zugfestigkeit, also dem martensitischen Zustand zusam-

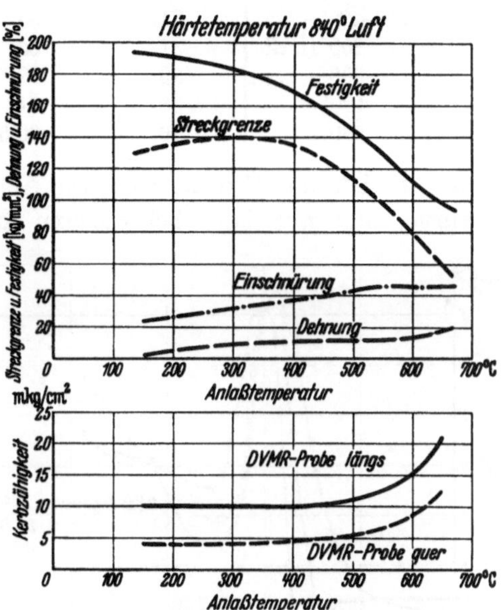

Abb. 167. Vergütungsschaubild eines Chrom-Nickel-Molybdän-Stahles mit 0,32% C, 0,28% Si, 0,53% Mn, 4,3% Ni, 1,2% Cr, 0,34% Mo. (Vergütungsquerschnitt 60 mm vkt.)

men: das günstigste Ergebnis hinsichtlich der Streckgrenze wird vielmehr im Bereich höherer Anlaßtemperaturen von etwa 300° und darüber erzielt. Man könnte daraus den Schluß ziehen, daß der im Martensit vorliegende Gefügezustand vielleicht infolge seiner noch im engen Zusammenhang mit dem ursprünglichen Austenitmischkristall stehenden Ausbildung der ersten bleibenden Formänderung nicht so starken Widerstand entgegensetzt, wie dies der Fall ist, wenn sich Karbide in feinstverteiltem Zustand aus dem Martensit ausgeschieden haben. Eine andere Ursache für dieses frühzeitige Einsetzen der Verformung könnten die im Martensit enthaltenen Spannungen sein, die unter Umständen ebenfalls das erste örtliche Gleiten und damit den Beginn der plastischen Verformung erleichtern. Auch bei Stählen, die in der Zwischenstufe umgewandelt sind, also hauptsächlich bei legierten Stählen, kann man ein Ansteigen der Streckgrenze und besonders des Streckgrenzenverhältnisses mit steigender Anlaßtemperatur verfolgen, wie dies aus Zahlentafel 24 (S. 194) am Beispiel eines Manganstahles hervorgeht, der nach der metallographischen Untersuchung Zwischenstufengefüge neben Martensit enthielt. Aber auch bei weichem Flußeisen kann man im abgelöschten Zustand eine niedrigere Streckgrenze beobachten. Dieses Verhalten der Streckgrenze in Abhängigkeit von der Anlaßtemperatur erklärt, warum einsatzgehärtete Stähle meist ein schlechteres Verhältnis von Streckgrenze zur Festigkeit aufweisen als vergütete, d. h. zwischen 400—650° angelassene Stähle. Im allgemeinen steigt bei ein und demselben Vergütungsstahl das Streckgrenzenverhältnis mit steigender Anlaßtemperatur bis $\sim 500°$. Wie aus der Abb. 167 hervorgeht,

Zahlentafel 24. Ansteigen der Streckgrenze und des Verhältnisses Streckgrenze zu Zugfestigkeit beim Anlassen eines Stahles mit 0,17% C, 0,37% Si, 1,19% Mn und 0,91% Cr.

Behandlung ° C	Streckgrenze kg/mm²	Zugfestigkeit kg/mm²	Verhältnis von Streckgrenze zu Zugfestigkeit %
850°/Luft —	31	63	49
„ 200°/Luft	31	63	49
„ 300°/ „	33	62,8	52
„ 400°/ „	38	61,6	62
„ 500°/ „	40	60,6	66

nähert sich die Streckgrenze im Anlaßbereich bis etwa 600° der Festigkeitskurve, und fällt dann bei höheren Anlaßstufen und niedriger Festigkeit, entsprechend dem ausgeglühten Zustand, wieder stärker ab.

Die Vergütung und die dabei erstrebte Korn- und Gefügeverfeinerung trägt auch wesentlich zur Erhöhung der Kerbzähigkeit bei, die vielfach ebenfalls als ein Maß für die Vergütungsfähigkeit eines Werkstoffes mit herangezogen wird (vgl. hierzu jedoch S. 200, Abschnitt „Durchvergütung"). In dem für Vergütungsstähle in Frage kommenden Anlaßbereich (oberhalb 300°) steigt die Kerbzähigkeit normalerweise mit steigender Anlaßtemperatur entsprechend dem Abfall der Festigkeit (vgl. Abb. 166 und 167); im Bereich niedriger Anlaßtemperaturen, wie sie beispielsweise für das Anlassen gehärteter Werkzeugstähle in Frage kommen, können aber auch unstetige Veränderungen der Zähigkeit trotz gleichmäßig abfallender Härte beobachtet werden (Abb. 168).

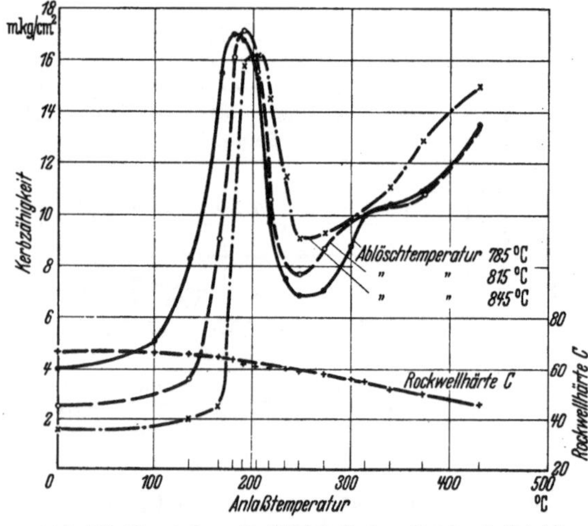

Abb. 168. Beurteilung der Zähigkeit eines Kohlenstoffstahles mit 1,06% C durch Schlagverdrehproben im Vergleich zur Rockwellhärte bei verschiedenen Härte- und Anlaßtemperaturen. [Nach G. V. Luerssen und O. V. Greene. Trans. Amer. Soc. f. Metals Bd. 22 (1934) S. 311—337.]

Die oben erwähnte Tatsache, daß beim Ablöschen zum Vergüten nicht immer die Martensitstufe erreicht wird, ist auch von Einfluß auf das erzielte Vergütungsgefüge. Von allen beim Ablöschen möglichen Gefügen (Perlit, Zwischenstufengefüge, Martensit) zerfällt der Martensit beim Anlassen am schnellsten und führt zu den bekannten Anlaßgefügen. Hingegen bleibt das in der Zwischenstufe umgewandelte charakteristische Gefüge beim Anlassen bis zu Temperaturen dicht unterhalb A_1 in seiner grundsätzlichen Anordnung erhalten und unterscheidet sich durch die gröbere Ausbildung der ausgeschiedenen

Ausgangsgefüge Martensit
850°/Wasser

Ausgangsgefüge Zwischenstufengefüge
850°/Luft

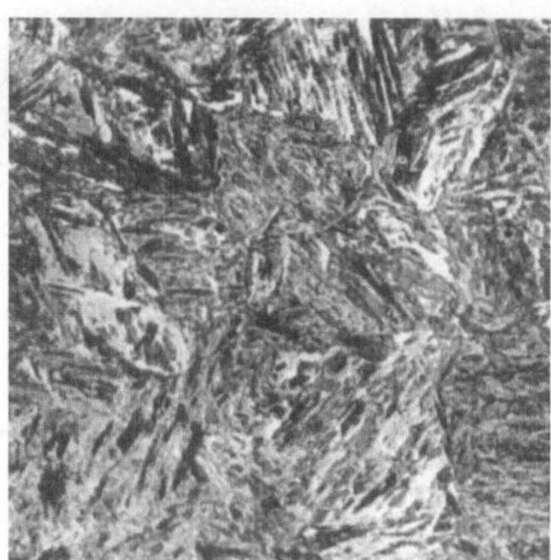 

Nicht angelassen.

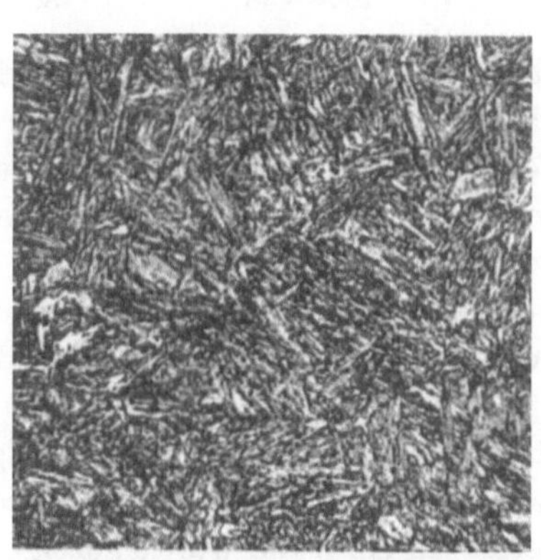 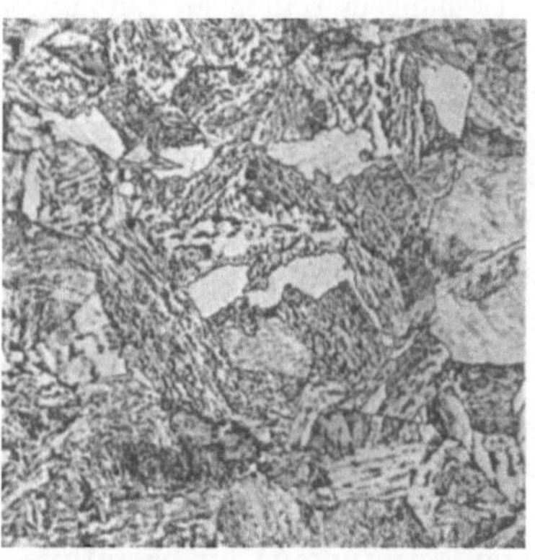

Anlaßbehandlung 2 Std. 600°/Luft.

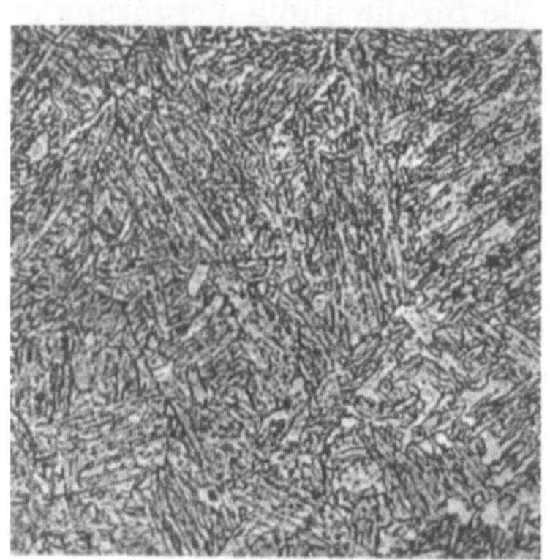 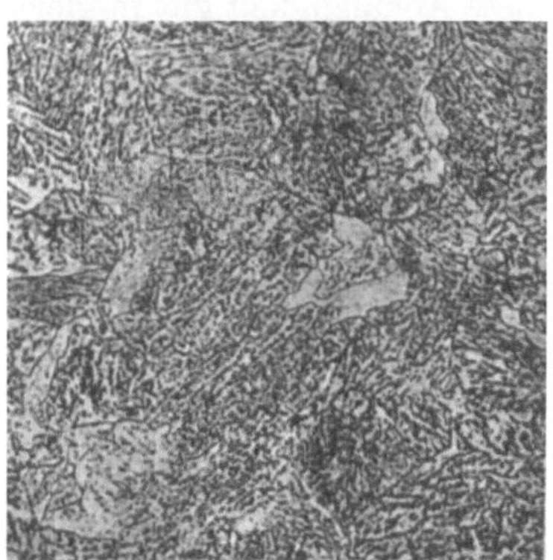

Anlaßbehandlung 2 Std. 700°/Luft.

Abb. 169. Einfluß des Abschreckgefüges auf die Gefügeausbildung nach dem Anlassen bei einem Stahl mit 0,32% C, 0,76% Mn, 0,93% Cr, 0,23% Mo. V = 500.

Karbide von dem auf entsprechende Anlaßtemperaturen angelassenen Martensit. Erst bei sehr hohen Anlaßtemperaturen wird dieser Unterschied verwischt (Abb. 169). Ähnliches gilt für das in der Perlitstufe umgewandelte Gefüge.

13*

Gelegentlich wendet man auch bei der Vergütung das unter der Bezeichnung „Stufenhärtung" bereits beschriebene Verfahren (s. S. 142) an[1]. Außer der Vermeidung der bei Wasserhärtung von Kohlenstoffstählen auftretenden starken Spannungen ergeben sich hierbei mitunter auch gewisse Eigenschaftsverbesserungen, wie sie Zahlentafel 25 für einen Sonderfall veranschaulicht. Bei legierten Stählen werden derartige Verbesserungen nicht in diesem Umfange beobachtet, weil hier bereits bei der gewöhnlichen Härtung meist mildere Abschreckmittel angewendet werden.

Zahlentafel 25. Biegefähigkeit eines gestuft vergüteten Kohlenstoffstahles mit 0,84% C, 0,20% Si, 0,52% Mn im Vergleich zur normalen Vergütung.

Behandlung	Brinellhärte	Biegewinkel (Dorn 10 mm Durchm.)
5 mm-Drähte, normal vergütet 800° Wasser, bei 350° 1 Stunde angelassen...............	426—461	25—110°
5 mm-Drähte, gestuft vergütet, 850° in Blei von 350°, nach 1 stündigem Halten an Luft abgekühlt ..	404—438	180°

Bei größeren Stücken ergeben sich bei gestufter Vergütung Schwierigkeiten, eine genügend schnelle und gleichmäßige Abkühlung und isotherme Umwandlung in Bädern entsprechend hoher Temperatur zu erreichen. Bei kleinen Abmessungen macht man indessen hiervon Gebrauch. Weitgehend verwendet man diese Art der Behandlung seit Jahrzehnten bei der Vergütung von Seildrähten, Klavierdrähten usw., dem sog. Patentieren. Die Drähte werden in einem Bleibad von etwa 500° abgelöscht und in diesem bis zur Umwandlung gehalten (s. S. 228).

Ebenso wie man die statischen Festigkeitseigenschaften und die Kerbzähigkeit durch Vergütung verändern kann, ist es auch möglich, die Dauerfestigkeit (Schwingungsfestigkeit) zu beeinflussen. Bereits in Abb. 153 wurde gezeigt, daß die Schwingungsfestigkeit in einer bestimmten Abhängigkeit zur Zugfestigkeit steht; diese Abhängigkeit gilt in gleichem Maße für die durch Vergütung erzielte Festigkeitssteigerung. Es findet durch Vergütung also auch eine Steigerung der Schwingungsfestigkeit statt. Hierbei nimmt aber im allgemeinen eine andere Eigenschaft ab, die man bei Schwingungsversuchen feststellt, nämlich die sog. Dämpfungsfähigkeit. Unter Dämpfungsfähigkeit versteht man die Eigenschaft von Metallen, bei wiederholter Beanspruchung, also z. B. Schwingungsbeanspruchung, einen Teil der je Lastwechsel aufgenommenen Energie in Wärme umzusetzen, so daß nur ein Teil in elastischen Formänderungen zum Ausdruck kommt. Dieser als Dämpfung bezeichnete Arbeitsanteil ist im unverspannten reinen Metall oder Mischkristall am größten. Für Eisen- und Stahllegierungen ist eine hohe Dämpfungsfähigkeit daher an das Vorhandensein möglichst unverspannter Ferritkristalle, mit anderen Worten also an den möglichst weitgehend ausgeglühten Zustand gebunden (desgleichen sind austenitische Stähle sehr dämpfungsfähig). Durch feinere Verteilung von Ferrit und Karbid infolge der Vergütung geht diese Dämpfungsfähigkeit weitgehend verloren. In ähnlichem Sinne wirken Legierungselemente, die die Vergütbarkeit von Stählen verstärken und auch im ausgeglühten Zustand noch eine feine Verteilung von Karbid

---

[1] Vgl. z. B. E. E. Legge: Metals & Alloys Bd. 10 (1939) S. 228/42.

und Ferritmischkristallen bewirken. Diese Feststellung hat dazu geführt, daß
des öfteren vergütete und legierte Stähle gegenüber geglühten und unlegierten
Stählen als weniger günstig gewertet wurden. Da aber sowohl die vergüteten
als auch die legierten Stähle, die eine geringere Dämpfungsfähigkeit aufweisen,
stets durch eine höhere Lage ihrer Streckgrenze und Festigkeit und somit ihrer
absoluten Dauerfestigkeit gekennzeichnet sind, während die Dämpfungsfähigkeit nur in vereinzelten Fällen praktische Bedeutung hat, ist dieses Urteil nur
beschränkt gültig. Der Wert der Dämpfungsfähigkeit ist heute noch eine für
den Konstrukteur praktisch kaum verwertbare Größe[1].

Beeinflussung der Eigenschaften bei tiefen und höheren Temperaturen. Beim
Absinken der Prüftemperatur unter Raumtemperatur steigen bei geglühten sowie
vergüteten Stählen Festigkeit und Streck-
grenze stark und verhältnismäßig stetig an,
während die Kerbzähigkeit zunächst langsam, dann plötzlich abnimmt[2] (s. S. 11
und 132). Dehnung und Einschnürung,
besonders die Gleichmaßdehnung, steigen
erst etwas an, fallen aber dann ebenfalls
ab, wenn infolge des Festigkeitsanstieges
die Neigung zum vorzeitigen Trennungsbruch zunimmt (Abb. 190, S. 231 und
Abb. 767, S. 887). Die Verbesserung der
Zähigkeit durch Vergüten tritt auch bei
tieferen Temperaturen in Erscheinung,
wie dies z. B. Abb. 170 zeigt.

Auch für die Eigenschaften bei Temperaturen über Raumtemperatur ist die
Vergütung nicht belanglos. Grundsätzlich nimmt die Streckgrenze und Festigkeit mit zunehmender Prüftemperatur
ab, während die Zähigkeitseigenschaften

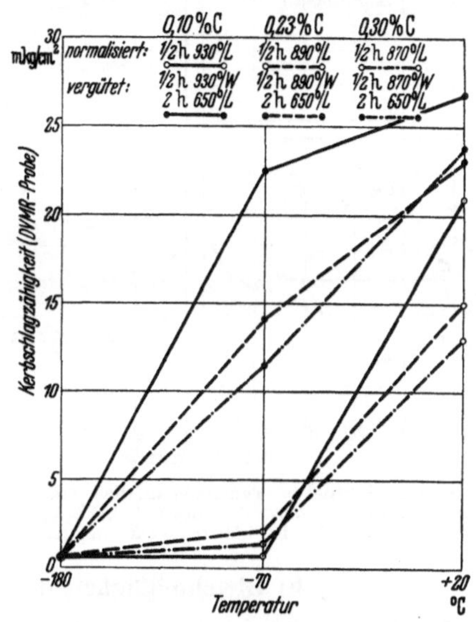

Abb. 170. Kerbschlagzähigkeit unlegierter stark
desoxydierter Stähle nach Normalisieren und
Vergüten bei tiefen Temperaturen.

bis zu einem gewissen Grade ansteigen. Es treten jedoch besonders im Temperaturbereich von 200—400° Unregelmäßigkeiten auf, die sehr wesentlich von der Herstellung und der Legierung abhängen, so daß hierauf jeweils bei den einzelnen
Legierungselementen eingegangen werden muß. Die Verbesserung der Streckgrenze
und Festigkeit durch Vergütung kann aber auch noch in der Wärme bis zu Temperaturen von etwa 350—400° verfolgt werden (Abb. 171). Man kann im allgemeinen sagen, daß die Warmstreckgrenze bis zu diesen Temperaturen in etwa von
der Höhe der Streckgrenze bei Raumtemperatur abhängig ist. Oberhalb 400° tritt

---

[1] Außer dem erwähnten rein mechanischen Dämpfungsanteil ist bei ferromagnetischen
Stoffen auch der Ferromagnetismus an der Werkstoffdämpfung beteiligt (siehe einige Hinweise hierzu unter Eisen-Nickel, S. 355).

[2] Vgl. z. B. M. Rudeloff: Mitt. Kgl. techn. Versuchsanst. Berlin Bd. 13 (1895) S. 197
bis 219. — Goerens, P., u. R. Mailänder: Forsch.-Arb. Ing.-Wes. Heft 295. Berlin:
VDI-Verlag 1927. — Gruschka, G.: Desgl. Heft 364 (1934). — Pomp, A., A. Krisch
u. G. Haupt: Mitt. K.-Wilh.-Inst. Eisenforschg. Bd. 21 (1939) S. 219/30. — Hanel, R.:
Z. VDI Bd. 81 (1937) S. 410/14.

an Stelle der Warmstreckgrenze die Dauerstandfestigkeit[1] als Maßstab für das Verhalten der Werkstoffe (s. später unter Vanadin, S. 703). Ein so enger Zusammenhang zwischen Dauerstandfestigkeit und Kaltstreckgrenze wie bei der Warmfestigkeit besteht hier nicht; vielmehr können auch Stähle mit sehr hoher Kaltstreckgrenze eine nur mäßige Dauerstandfestigkeit aufweisen. Grundsätzlich läßt sich aber auch die Dauerstandfestigkeit durch Vergütung erhöhen, wobei sich insbesondere ein Vergüten von hohen Temperaturen, das eine gewisse Kornvergröberung hervorruft, und ein durch Umwandlung in der Zwischenstufe gebildetes Gefüge als vorteilhaft erweist (s. auch S. 711). Für die Verwendung vergüteter Stähle bei höheren Temperaturen ist es zweckmäßig, daß die Anlaßtemperatur beim Vergüten möglichst hoch über der Gebrauchstemperatur gewählt wird, da sich sonst unter dem Einfluß von Spannungen und längeren Glühzeiten noch Gefügeveränderungen und damit unerwartete Fließerscheinungen ergeben können.

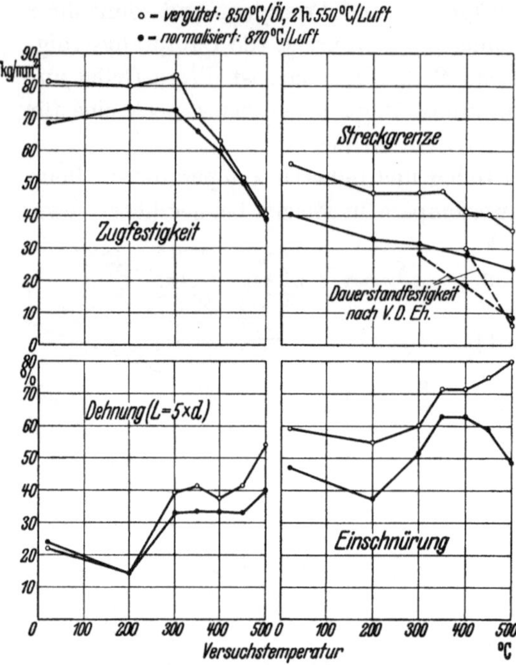

Abb. 171. Einfluß des Vergütens auf die Festigkeitseigenschaften eines Kohlenstoffstahles mit 0,47% C, 0,29% Si, 0,54% Mn bei höheren Temperaturen.

b) Gleichmäßigkeit der Vergütung (Durchvergütung).

Bei den verschiedenen Stählen und verschiedenen Abmessungen gelingt es je nach der kritischen Abkühlungsgeschwindigkeit und dem Ablöschmittel unter Umständen nur, die Randzone eines Stückes zu härten, während der Kern nicht mehr schnell genug abgekühlt werden kann, um die Unterdrückung der Perlit- und Zwischenstufe zu ermöglichen. Zur Durchhärtung ist es unbedingt notwendig, im ganzen Querschnitt die kritische Abkühlungsgeschwindigkeit zu erzielen. Dies ist für den Begriff der Durchvergütung nicht unbedingt der Fall. Da man beim Vergüten praktisch stets höhere Anlaßtemperaturen verwendet, ist es nur notwendig, daß die Kernzone bei der Abkühlung in einen Zerfallszustand der festen Lösung übergeführt worden ist, der in den mechanischen Eigenschaften dem ähnelt, in den die martensitisch gewordene Randzone durch das Anlassen gebracht wird. Hieraus geht hervor, daß der Grad der Durchvergütung auch von der Anlaßtemperatur abhängig sein kann und zum Beispiel ein Stahl, der bei bestimmten Abmessungen bei Anlaßtemperaturen von 600° gleichmäßige Durchvergütung in den Festigkeitseigenschaften aufweist, nicht ohne weiteres bei einer Anlaßtemperatur von 500°

---

[1] In Deutschland üblicherweise bestimmt nach den Richtlinien des Vereins Deutscher Eisenhüttenleute (V. D.-Eh.); vgl. Stahl u. Eisen Bd. 55 (1935) S. 1535 und DVM-DIN-Vornorm A 117, A 118; s. a. S. 705.

durchvergütet zu sein braucht. Beim Ablöschen kann das Umwandlungsgefüge im Kern einen Zerfallsgrad, z. B. Sorbit, erreicht haben, dessen Eigenschaften in der Randzone beim Anlassen auf 500° noch nicht, wohl aber beim Anlassen auf 600° erreicht werden. Bei 500° angelassen ergeben sich somit Unterschiede zwischen Rand und Kern, die bei einer Anlaßtemperatur von 600° sich ausgleichen und praktisch verschwinden.

Für praktische Verhältnisse gelten im allgemeinen die vorstehenden Überlegungen. Vom metallographischen Standpunkt aus ist allerdings zu beachten, daß beim Anlassen nicht die gleichen Gefügearten entstehen wie beim Abkühlen und daß das Umwandlungsbestreben des Gefüges beim Anlassen um so stärker ist, je höher der Spannungszustand des Abschreckgefüges war, bei einem martensitischen Ausgangszustand also mehr als bei

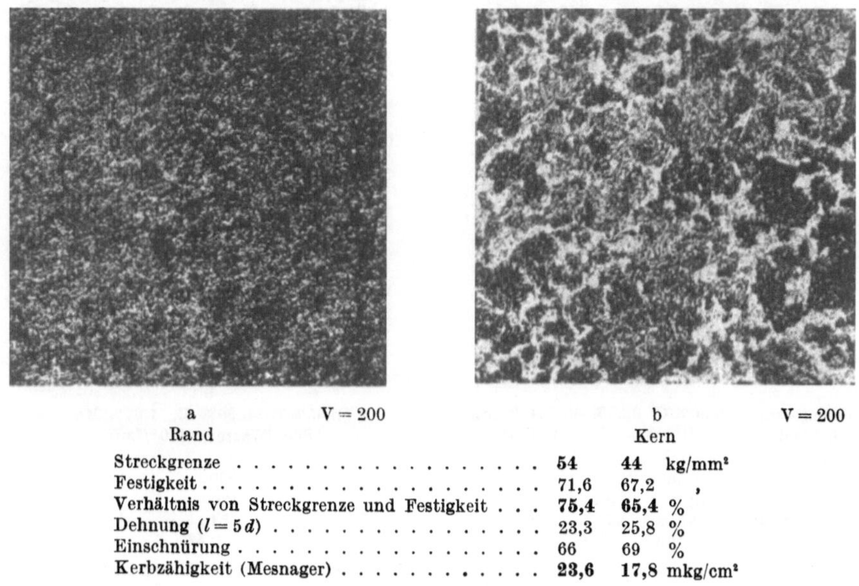

	Rand	Kern	
Streckgrenze	54	44	kg/mm²
Festigkeit	71,6	67,2	,
Verhältnis von Streckgrenze und Festigkeit	75,4	65,4	%
Dehnung ($l = 5d$)	23,3	25,8	%
Einschnürung	66	69	%
Kerbzähigkeit (Mesnager)	23,6	17,8	mkg/cm²

Abb. 172. Unvollkommene Durchvergütung an einem 200 mm ⌀ - Stück eines niedriglegierten Chrom-Nickel-Stahles (0,32% C, 1,44% Ni, 1,04% Cr) und ihre Auswirkung auf Gefügebeschaffenheit und Festigkeitseigenschaften.

einem troostitischen. Dementsprechend weist ein Stahl, der abgeschreckt am Rande Martensit und im Kern Troostit enthielt, nach dem Anlassen im Kern oft höhere Härtewerte auf als am Rand, insbesondere wenn die gewählten Anlaßzeiten kurz waren.

Ein im abgelöschten Zustand aus martensitischem Rand und troostitischem oder sorbitischem Kern bestehender, also nicht durchgehärteter Stahl, kann somit je nach der Anlaßtemperatur trotzdem vollkommen durchvergütet sein, da sich beim Anlassen die Unterschiede zwischen dem Martensit der Randzone und dem Gefüge der Kernzone ausgleichen. Dies erfolgt jedoch nicht mehr, wenn bei untereutektoiden Stählen während der Abkühlung eine Ferritbildung eintritt. Während die äußerste, beim Abkühlen ferritfrei gebliebene Randzone beim Anlassen in diesem Falle ein gleichmäßiges Gefüge aufweist, bleibt die Kernzone infolge der einmal ausgeschiedenen Ferritstreifen auch beim Anlassen meist weicher und weist vor allem stets ein schlechteres Streckgrenzenverhältnis auf. Dies ist besonders bei niedrig legierten Stählen in dickeren Abmessungen zu beobachten. Abb. 172 zeigt Gefüge- und Festigkeitswerte eines solchen Stahles.

Eine derartige Gefügeausbildung mit starken Ferritresten kann, auch wenn die Zugfestigkeit noch nicht beeinträchtigt ist, von Wichtigkeit werden für die Schwingungsfestigkeit vergüteter Bauteile. Im allgemeinen kann man annehmen, daß bei glatten polierten Stäben die Schwingungsfestigkeit eines Stahles etwa der Hälfte der Zerreißfestigkeit entspricht. Bei Untersuchung einer ausreichend großen Reihe vergüteter Stähle zeigt sich nun, daß diese Verhältniszahl nur stimmt, wenn einwandfreies gleichmäßiges Vergütungsgefüge vorliegt. Haben sich aber bei der Ablöschung zusammenhängende Ferritanteile im Gefüge abscheiden können, so beobachtet man, daß solche Stähle trotz gleicher Zerreißfestigkeit eine erheblich geringere Schwingungsfestigkeit aufweisen, wie dies aus

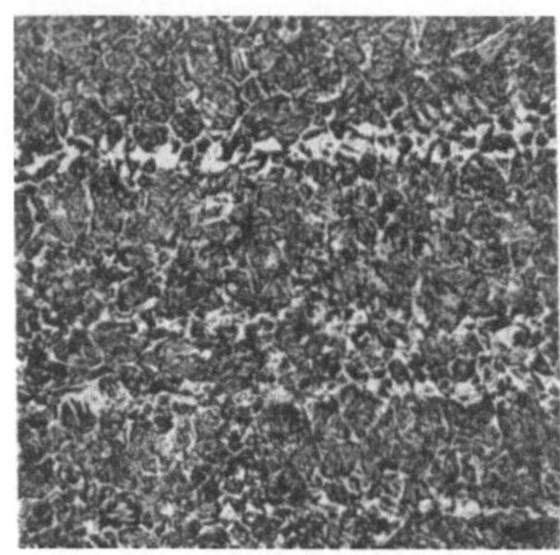

a

Zusammensetzung: 0,50% C, 0,53% Si, 1,46% Mn
Wärmebehandlung: 810°/Wasser, 470°/Luft
Festigkeitseigenschaften:
Streckgrenze σ_S kg/mm² 108
Zerreißfestigkeit σ_B kg/mm² 125
Wechselfestigkeit σ_W kg/mm² 67
               σ_W/σ_B kg/mm²   0,54

b

0,45% C, 0,60% Si, 1,64% Mn
860°/Wasser, 470°/Luft

100

126

54

0,43

Abb. 173. Beeinträchtigung der Wechselfestigkeit bei gleicher Zugfestigkeit durch Ferritgehalt des Vergütungsgefüges. V = 200.

den Zahlen in Abb. 173 hervorgeht. Das schlechtere Verhältnis von Schwingungsfestigkeit zur Zugfestigkeit ist darauf zurückzuführen, daß der Dauerbruch im weicheren Ferrit seinen Ursprung nimmt.

Ist es nicht möglich, bei bestimmten Abmessungen durch Wahl der Ablöschmittel die Durchvergütung zu erzielen, so ist man gezwungen, durch Zusatz von Legierungselementen die kritische Abkühlungsgeschwindigkeit derart zu verändern, daß jetzt der gewünschte Erfolg erreicht wird. Als Maß für die Durchvergütung kann das Verhältnis von Streckgrenze zu Festigkeit gewählt werden. Vollkommene Durchvergütung besteht, wenn nicht nur die Festigkeit im Rand eines vergüteten Stückes gleich der des Kernes ist, sondern auch das Verhältnis von Streckgrenze zu Festigkeit bei Prüfung über den ganzen Querschnitt dasselbe bleibt. Abb. 174 zeigt an dem Verhältnis von Streckgrenze zu Zugfestigkeit, wie verschieden die Durchvergütefähigkeit verschieden legierter Werkstoffe sein kann.

Die Kerbzähigkeit kann dagegen nur im Zusammenhang mit der Streckgrenze und Festigkeit als Maßstab für die Durchvergütung herangezogen werden, weil z. B. im Kern großer Stücke die Abkühlung unter Umständen so langsam erfolgt, daß die Festigkeit erheblich abnimmt und die Kerbzähigkeit dann trotz geringerer Vergütungswirkung infolge der größeren Weichheit höhere Werte erreicht.

Für das ganze Gebiet der Wärmebehandlung — für das Härten wie Vergüten — ist es wichtig, zu wissen, wie groß die Abkühlungsgeschwindigkeit an

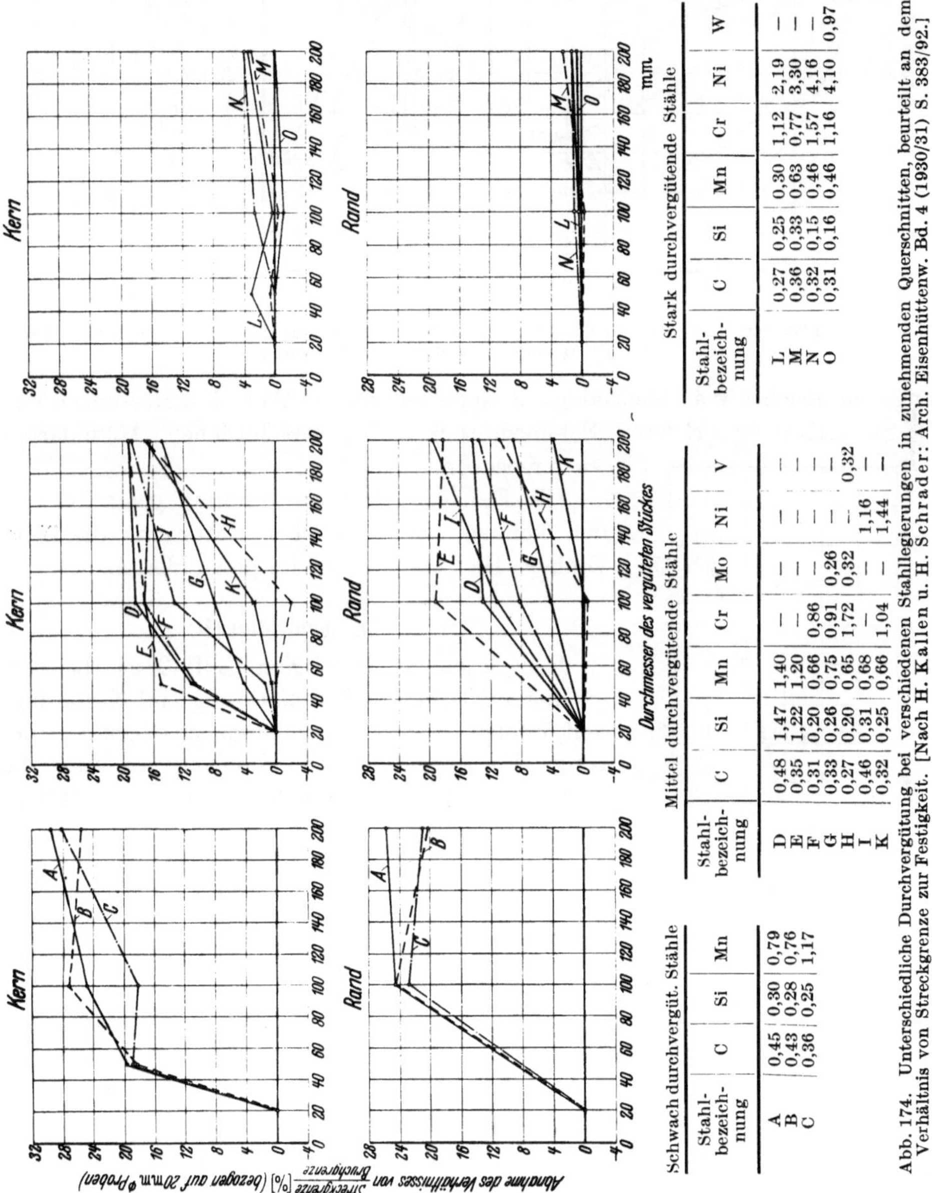

Stark durchvergütende Stähle

Stahl-bezeichnung	C	Si	Mn	Cr	Ni	W
L	0,27	0,25	0,30	1,12	2,19	—
M	0,36	0,33	0,63	0,77	3,30	—
N	0,32	0,15	0,46	1,57	4,16	—
O	0,31	0,16	0,46	1,16	4,10	0,97

Mittel durchvergütende Stähle

Stahl-bezeichnung	C	Si	Mn	Cr	Mo	Ni	V
D	0,48	1,47	1,40	—	—	—	—
E	0,35	1,22	1,20	—	—	—	—
F	0,31	0,20	0,66	0,86	—	—	—
G	0,33	0,26	0,75	0,91	0,26	—	—
H	0,27	0,20	0,65	1,72	0,32	—	0,32
I	0,46	0,31	0,68	—	—	1,16	—
K	0,32	0,25	0,66	1,04	—	1,44	—

Schwach durchvergüt. Stähle

Stahl-bezeichnung	C	Si	Mn
A	0,45	0,30	0,79
B	0,43	0,28	0,76
C	0,36	0,25	1,17

Abb. 174. Unterschiedliche Durchvergütung bei verschiedenen Stahllegierungen in zunehmenden Querschnitten, beurteilt an dem Verhältnis von Streckgrenze zur Festigkeit. [Nach H. Kallen u. H. Schrader: Arch. Eisenhüttenw. Bd. 4 (1930/31) S. 383/92.]

jeder Stelle in Stahlstücken verschiedener Abmessung ist. Hat man nämlich die Abkühlungsgeschwindigkeit in Wasser, Öl, Luft oder in anderen Ablöschmitteln in Abhängigkeit vom Durchmesser einmal bestimmt, so genügt es jetzt, nur die kritische Abkühlungsgeschwindigkeit der jeweiligen Stahllegierungen zu bestimmen, und man kann von vornherein festlegen, bis zu welchem Querschnitt Durchhärtung bzw. Durchvergütung erzielt wird. Um einen gewissen Überblick über die Abkühlungsverhältnisse in Abhängigkeit vom Durchmesser bei Stahlstücken

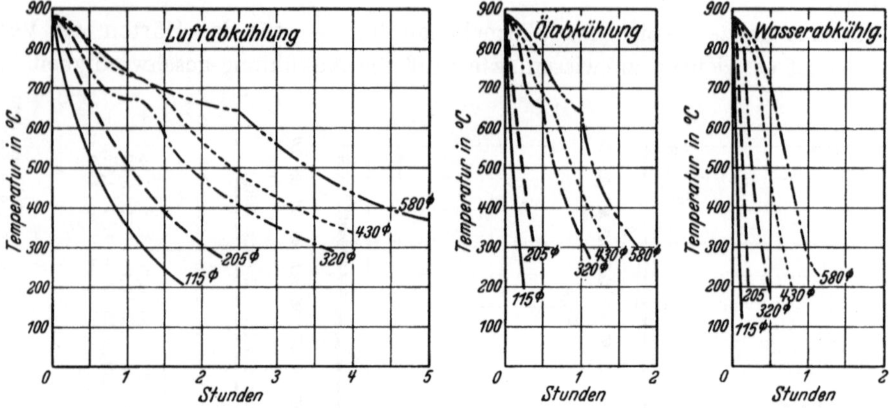

Abb. 175. Einfluß der Stückgröße auf die Abkühldauer (im Kern) bei verschiedenen Abkühlmitteln. [Nach G. Schilling, unveröffentlichte Untersuchung.]

ungefähr gleicher Wärmeleitfähigkeit zu geben, sind in Abb. 175 Messungen von G. Schilling an größeren Schmiedestücken bei verschiedenen Abkühlarten wiedergegeben.

Die Fehler, die beim Vergüten gemacht werden können, sind ähnlicher Natur wie die beim Glühen, Härten usw. bereits geschilderten.

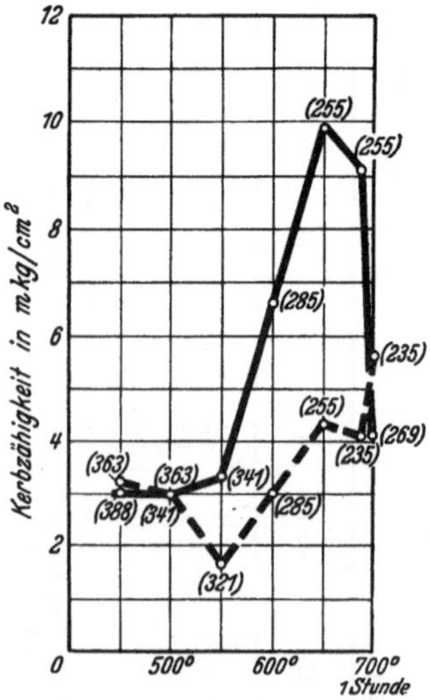

c) Anlaßsprödigkeit.

Von besonders günstigem Einfluß ist die Vergütung auf Dehnung, Einschnürung und Kerbzähigkeit infolge der mit ihr verbundenen Kornverfeinerung. Da sowohl die Einschnürung als auch die Kerbzähigkeit ein Maß für die Formänderungsfähigkeit bei Werkstoffen, wenn auch mit verschiedenen Versuchsgeschwindigkeiten ist, stimmt meistens eine gute Einschnürung mit einer guten Kerbzähigkeit überein.

Eine Ausnahme bildet das Verhalten der Kerbzähigkeit im Vergleich zur Einschnürung nur bei sog. anlaßsprödem Stahl. Mit anlaßspröde bezeichnet man solche Stähle, die empfindlich gegen die Art und Weise der Abkühlung von der Anlaßtemperatur sind. Während man eine große Anzahl von Stählen nach dem Vergüten, also Härten und Anlassen, von der Anlaßtemperatur sowohl langsam im Ofen als auch schnell in Luft, Öl oder Wasser abkühlen kann, ohne eine wesentliche Veränderung ihrer Eigenschaften zu erzielen, sind einzelne

Abb. 176. Abhängigkeit des Auftretens der Anlaßsprödigkeit von der Anlaßtemperatur sowie der Abkühlungsart nach dem Anlassen bei einem gegen Anlaßsprödigkeit empfindlichen Chrom-Nickel-Stahl. [Nach E. Houdremont u. H. Schrader: Arch. Eisenhüttenw. Bd. 7 (1933/34) S. 49/59.] Saurer Siemens-Martin-Stahl mit 0,43% C, 0,34% Si, 0,44% Mn, 1,40% Cr, 0,1% Ni. Behandlung: 850° Öl — 555 Brinell. ——— Ölablöschung nach dem Anlassen. ——— Ofenabkühlung nach dem Anlassen. (Brinellhärten sind in Klammern beigefügt.)

Stähle in bezug auf Kerbzähigkeit gegen die Art der Abkühlung nach dem Anlassen empfindlich, und zwar besitzen sie eine geringere Kerbzähigkeit bei

langsamer Ofenabkühlung als bei schneller Wasserabkühlung. Zwischenwerte
werden erhalten bei dazwischenliegenden Abkühlungsgeschwindigkeiten, wie Öl-
und Luftabkühlung. Eine prinzipielle Darstellung des Einflusses der Anlaßtem-

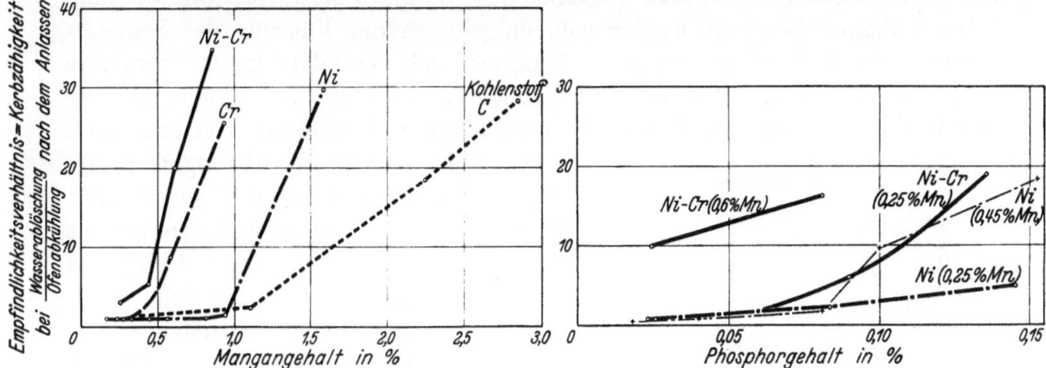

Abb. 177. Einfluß von Mangan und Phosphor auf die Empfindlichkeit gegen Anlaßsprödigkeit. [Nach Greaves
und Jones: Iron Steel Inst. Bd. 111 (1925) S. 231/55.]

peratur und der Abkühlungsart gilt Abb. 176. Während die obere Kurve die
Kerbzähigkeitswerte für schnelle Abkühlung nach dem Anlassen gibt, zeigt die

untere Kurve die Werte nach der langsamen Ofenabkühlung. Der Einfluß
der Abkühlungsgeschwindigkeit macht
sich meist bei Anlaßtemperaturen oberhalb 450—500° bemerkbar und verringert sich bei Anlaßtemperaturen
dicht unterhalb des Ac_1-Punktes, besonders bei längerer Anlaßdauer.

Die Empfindlichkeit der Stähle
gegen Anlaßsprödigkeit ist verschieden,
und zwar kann man deutlich einerseits
den Einfluß der Legierung, andererseits den des Herstellungsverfahrens feststellen. Je nach der Zusammensetzung unterscheiden sich die
Stähle gleichen Herstellverfahrens; vor
allem sind mangan- und chrom-nickel-
haltige Stähle als anlaßspröde zu bezeichnen. Besonders unempfindlich
gegen Anlaßsprödigkeit sind Stähle, die
Wolfram- und Molybdänzusätze aufweisen. Daß sich die Empfindlichkeit
bei wechselnden Legierungszusätzen

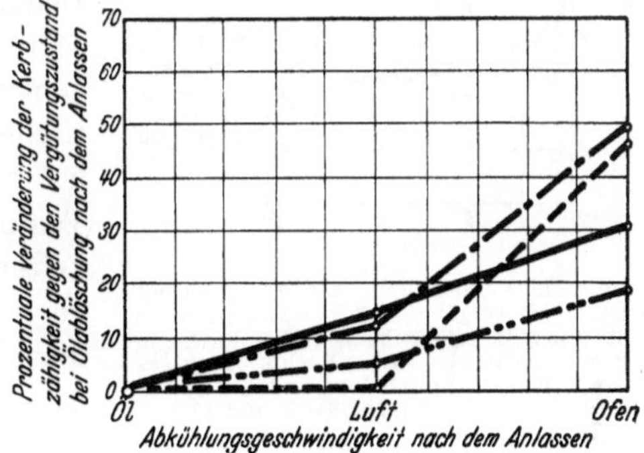

Abb. 178. Einfluß der metallurgischen Herstellung auf
das Verhalten eines anlaßspröden Cr-Ni-Stahles bei
verschiedenartiger Abkühlung nach dem Anlassen.
[Nach E. Houdremont u. H. Schrader: Arch. Eisenhüttenw. Bd. 7 (1933/34) S. 49/59.]

———— Elektrostahl mit 0,43% C, 0,22% Si, 0,38% Mn,
1,34% Cr, 3,24% Ni. Behandlung: 850° Öl — 630° Öl:
16,1 mkg/cm² — 630° Ofen: 11,2 mkg/cm².

—·— Basischer Siemens-Martin-Stahl mit 0,44% C,
0,26% Si, 0,45% Mn, 1,35% Cr, 2,90% Ni. Behandlung: 850° Öl — 630° Öl: 12,7 mkg/cm² — 630° Ofen:
6,5 mkg/cm².

——— Saurer Siemens-Martin-Stahl mit 0,45% C,
0,31% Si, 0,38% Mn, 1,43% Cr, 3,16% Ni. Behandlung: 850° Öl — 630° Öl: 8,9 mkg/cm² — 630° Ofen:
4,8 mkg/cm².

—··— Tiegelstahl mit 0,43% C, 0,32% Si, 0,39% Mn,
1,66% Cr, 2,85% Ni. Behandlung: 850° Öl — 630°
Öl: 9,2 mkg/cm² — 630° Ofen: 7,5 mkg/cm².

ändert, zeigt Abb. 177 für verschiedene Mangan- und Phosphor-Gehalte.

Der Einfluß der Legierung ist nicht allein ausschlaggebend für das Auftreten
der Anlaßsprödigkeit. Dies geht daraus hervor, daß an sich der Legierung nach
zu Anlaßsprödigkeit neigende Stähle je nach der Art des Herstellungsverfahrens
verschieden empfindlich sein können. Abb. 178 zeigt bei gleichem Legierungs-

gehalt die verschiedene Empfindlichkeit von Stählen verschiedener Herstellart gegen Anlaßsprödigkeit. Es soll ausdrücklich hervorgehoben werden, daß durch obige Angaben nicht prinzipiell das betreffende Schmelzverfahren, also Tiegelstahl, Elektrostahl, saurer oder basischer S.M.-Stahl, in bezug auf Anlaßsprödigkeitsanfälligkeit beurteilt werden soll, da je nach der Führung des Schmelzprozesses die Reihenfolge der Schmelzungsart sich verändern kann. Immerhin zeigte sich der Tiegelstahl bei statistischer Auswertung einer großen Anzahl von Werten günstiger als Stähle, die nach anderen Schmelzarten erzeugt sind.

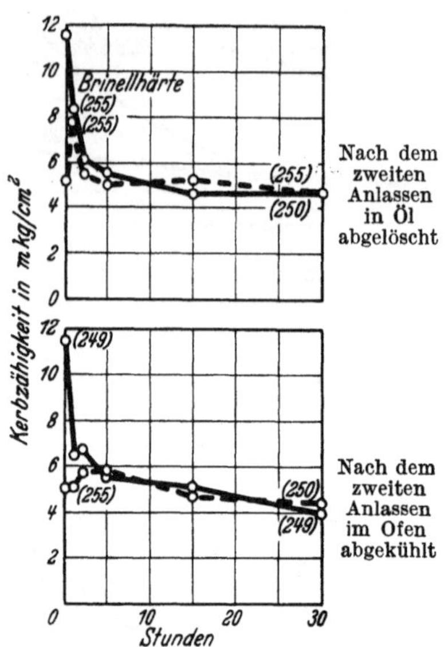

Abb. 179. Veränderung der Kerbzähigkeit eines weich vergüteten Chrom-Nickel-Stahles mit 0,43% C, 1,48% Cr, 3,1% Ni durch ein zweites Anlassen bei 500°. [Nach E. Houdremont u. H. Schrader: Arch. Eisenhüttenw. Bd. 7 (1933/34) S. 49/59.] Vergütet von 850° in Öl, 1 Stunde bei 650° angelassen. ——— nach dem Vergütungsanlassen bei 650° in Öl abgelöscht. — — — nach dem Vergütungsanlassen bei 650° im Ofen abgekühlt; in Klammern die Brinellhärte.

Die bisher erwähnte Abhängigkeit der Zähigkeit von der mehr oder weniger schnellen Abkühlungsart nach dem Anlassen bezieht sich auf die in der Praxis beim Anlassen von Stahlstücken angewandten normalen Anlaßzeiten von einigen wenigen Stunden.

Aus der Tatsache, daß langsame Abkühlung Sprödigkeit hervorruft, muß abgeleitet werden, daß sich bei der langsamen Abkühlung beim Durchschreiten eines bestimmten Temperaturintervalls Veränderungen vollziehen, die bei rascherer Abkühlung und schnellerem Durchschreiten des Temperaturgebietes unterdrückt werden. Da das kritische Temperaturgebiet hierbei hauptsächlich zwischen 450—600° liegt und bei diesen Temperaturen Gefügeveränderungen gewisse Zeiten beanspruchen (siehe Verminderung der Umwandlungsgeschwindigkeit im Gebiet der Perlitumwandlung mit fallender Temperatur sowie den Einfluß von Temperatur und Zeit bei Ausscheidungsvorgängen), so war es von Interesse, das Auftreten der Anlaßsprödigkeit auch bei längeren Anlaßzeiten bis zu einigen 100 Stunden und mehr zu untersuchen. An erster Stelle interessierte es, festzustellen, ob ein einmal nach dem Anlassen schnell abgekühlter Stahl, der seine höchsten Zähigkeitseigenschaften aufwies, wiederum spröde wurde, wenn er in das kritische Temperaturgebiet erwärmt wurde. Daß dies tatsächlich der Fall ist, zeigt Abb. 179.

Durch ein zweites Anlassen auf 500° wird auch der vorher durch schnelle Abkühlung von 650° zäh gemachte Stahl (voll ausgezogene Linie) spröder, während der durch Ofenabkühlung von 650° bereits spröde gewordene Stahl (strichpunktierte Linie) naturgemäß nur mehr wenig an Kerbzähigkeit durch längeres Glühen bei 500° verliert. Letzterer war während der Ofenabkühlung bereits lang genug der Temperatur von 500° ausgesetzt gewesen, um spröde zu werden. Die Abb. 179 zeigt, daß ein Verweilen des zähen Stahles während 1—2 Stunden bei 500° genügt, um ihn anlaßspröde zu machen. Nach längerem Glühen bei 500° ist es belanglos, ob von dieser Temperatur schnell (Öl) oder langsam (Ofen) abgekühlt wird, wie dies der Vergleich der oberen mit den unteren Kurven in Abb. 179 ergibt.

Aus diesen Ergebnissen geht hervor, daß der schnellen oder langsamen Abkühlung nach dem Anlassen nur insofern Bedeutung zukommt, als bei langsamer Abkühlung dem Stahl Gelegenheit gegeben wird, genügend lange auf einer zur Erzielung der Anlaßsprödigkeit erforderlichen kritischen Temperatur zu verweilen. Jedes nachträgliche Erwärmen eines infolge schneller Abkühlung von Anlaßtemperatur zähen Werkstoffes in das kritische Temperaturgebiet wird ebenfalls die entsprechende Sprödigkeit hervorrufen. Hierbei ist es dann belanglos, ob der Stahl von der kritischen Temperatur schnell oder langsam abgekühlt wird. Die für das Auftreten der Anlaßsprödigkeit kritische Temperatur ist abhängig von der Legierung der betreffenden Stähle und der Anlaßzeit. Für die meisten nach

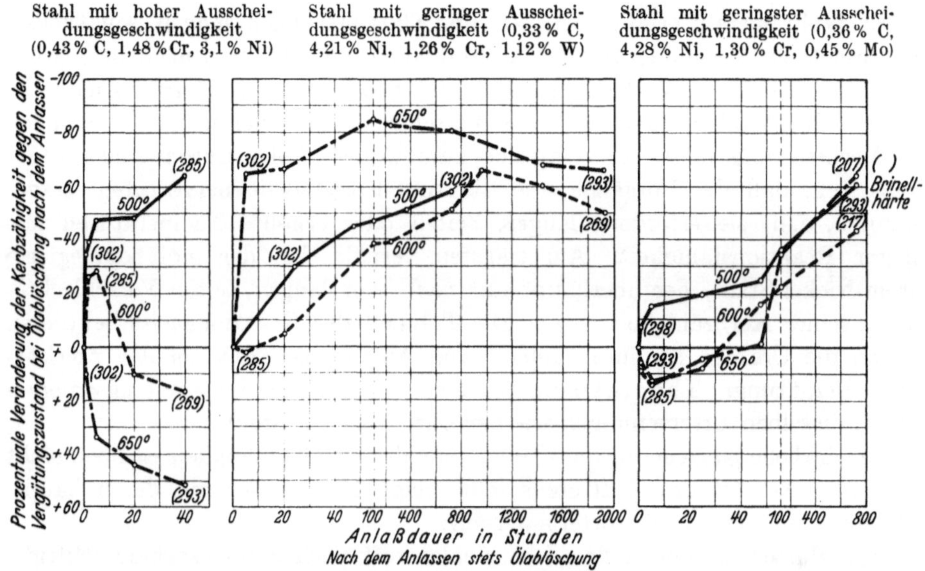

Abb. 180. Geschwindigkeit der Kerbzähigkeitsveränderung beim Anlassen auf verschiedene Temperaturen für Stähle mit unterschiedlicher Neigung zu Anlaßsprödigkeit. [Nach E. Houdremont u. H. Schrader: Arch. Eisenhüttenw. Bd.7 (1933/34) S. 49/59.]

dem bisher üblichen Maßstab zur Anlaßsprödigkeit neigenden Stähle liegt die kritische Temperatur in der Nähe von 500°.

In Abb. 180 ist für drei gegen Anlaßsprödigkeit verschieden stark empfindliche Stähle die Abhängigkeit der Kerbzähigkeit von der Anlaßzeit bei verschiedenen Temperaturen angegeben. Der links angeführte Stahl neigt bei Ofenabkühlung nach dem Anlassen stark zur Anlaßsprödigkeit. Die kritische Temperatur liegt für diesen Stahl bei 500°, da er bereits nach kurzer Anlaßzeit bei dieser Temperatur einen erheblichen Verlust an Kerbzähigkeit erleidet, der sich bei Verlängerung der Anlaßzeit vergrößert. Bei 600° tritt nach kurzen Anlaßzeiten von 1 Stunde noch eine Verschlechterung der Kerbzähigkeit ein. Die Vorgänge, die die Ursache der Anlaßsprödigkeit sind, verlaufen indes entsprechend der höheren Reaktionsfähigkeit bei der erhöhten Temperatur schneller, und es findet bei längeren Anlaßzeiten ein Abklingen mit Verbesserung der Kerbzähigkeit statt. Bei 650° Anlaßtemperatur tritt keine Verschlechterung, sondern sofort eine Verbesserung der Kerbzähigkeit ein, die mit Verlängerung der Anlaßzeit ansteigt. Es besteht also eine klare Abhängigkeit der

Kerbzähigkeit von Anlaßtemperatur und Zeit, die auch bei weniger zur Anlaßsprödigkeit neigenden Stählen beobachtet werden kann.

F. Rittershausen hatte 1911 grundlegend erkannt, daß Wolfram und Molybdän geeignet sind, die Anlaßsprödigkeit, die man damals nur als Verschlechterung der Kerbzähigkeit bei Ofenabkühlung definierte, zu beseitigen. Untersucht man solche wolfram- und molybdänlegierten Chrom-Nickel-Stähle, die für die meisten praktischen Vergütungsbehandlungen auch bei Ofenabkühlung frei von Anlaßsprödigkeit sind, in gleicher Weise wie den obigen Chrom-Nickel-Stahl, so ergeben sich die Abhängigkeiten von Kerbzähigkeit, Anlaßtemperatur und Anlaßzeit, wie in Abb. 180 Mitte für wolfram-, rechts für molybdänlegierten Chrom-Nickel-Stahl gezeigt wird.

Der Wolframstahl erfährt bei 500° und 600° erst nach langen Anlaßzeiten eine wesentliche Verminderung der Kerbzähigkeit, bei 600° tritt nach 1000 Stunden schon wieder eine Verbesserung ein. Bei 650° erfolgt bei kurzer Anlaßzeit, d. h. 10—20 Stunden, eine erhebliche Verschlechterung, der nach 100 Stunden eine Verbesserung folgt. Im Vergleich zum wolframfreien Chrom-Nickel-Stahl ergibt sich, daß die Vorgänge, die die Anlaßsprödigkeit hervorrufen, träger verlaufen, d. h. sie erfordern längere Zeiten oder erhöhte Temperaturen mit höherer Reaktionsfähigkeit. Am trägsten verhält sich der molybdänlegierte Chrom-Nickel-Stahl, der überhaupt nur nach sehr langen Zeiten Verschlechterungen seiner Kerbzähigkeit zeigt. Die Trägheit der Reaktionen ist bei diesen Stählen die Ursache für ihre Freiheit von Anlaßsprödigkeit bei der praktischen Vergütung. Theoretisch betrachtet, zeigen sie, nur in langsamerem Ablauf, dieselben Erscheinungen wie der Chrom-Nickel-Stahl.

Die wirkliche Ursache für die Erscheinung der Anlaßsprödigkeit ist noch nicht gefunden. Die Art des Auftretens läßt einige Hypothesen zu, deren hauptsächlichste in folgendem erörtert werden:

Beim Härten werden außer dem Kohlenstoff noch Sonderkarbide, Nitride, Phosphide, Sulfide oder andere Verbindungen, deren Löslichkeit mit steigender Temperatur zunimmt, zwangsweise in Lösung gehalten. Beim Anlassen scheiden sich neben Karbiden auch diese Bestandteile aus der Zwangslösung aus. Daß solche Ausscheidungen mit Sprödigkeitserscheinungen verknüpft sein können, geht bereits aus den bei der Löslichkeit von Kohlenstoff im α-Eisen geschilderten Verhältnissen hervor. Die Temperatur von 500—650° scheint je nach Legierung in mehr oder weniger langer Anlaßzeit den kritischen Dispersitätsgrad des den Kerbzähigkeitsabfall bewirkenden ausgeschiedenen Bestandteils zu ergeben.

In gutem Einklang mit Ausscheidungsvorgängen steht auch der Wiederanstieg der Kerbzähigkeit mit steigender Anlaßtemperatur oder -zeit, wie beim Chrom-Nickel-Stahl in Abb. 180, da man mit Erhöhung dieser beiden Faktoren den Dispersitätsgrad von Ausscheidungen verringert. Da nur ein kritischer Dispersitätsgrad die schlechte Kerbzähigkeit ergibt, führt eine weitere Zusammenballung zur Verbesserung der Zähigkeit. Die oben geschilderten Zusammenhänge zwischen Sprödigkeit und Anlaßtemperatur sowie -zeit wären somit durch einen Ausscheidungsvorgang ohne weiteres erklärlich.

Um zu erklären, daß ein bei höherer Anlaßtemperatur, also z. B. 650°, angelassener Stahl bei Wasserablöschung, also schneller Durchschreitung des

kritischen Gebietes, zähe bleibt, bei langsamer Durchschreitung jedoch spröde
wird und der durch Wasser abgelöschte zähe Stahl durch Glühen bei kritischer
Temperatur — beispielsweise 500° — wieder spröde wird, muß man annehmen,
daß der sich ausscheidende Bestandteil auch im α-Eisen mit steigender Temperatur in steigendem Maße löslich ist. Insbesondere spricht für die letztere
Annahme, daß ein einmal bei der kritischen Temperatur von 500° spröde ge-
machter Stahl durch Erwärmen auf höhere Temperatur, beispielsweise 650°,
mit darauffolgendem Ablöschen auch wieder zähe gemacht werden kann. Nach
einer derartigen zähemachenden Behandlung kann der Stahl auch wieder durch
Glühen bei 500° spröde gemacht werden, d. h. das Spiel kann des öfteren durch
Behandlungen unterhalb A_1 wiederholt werden. Daß diese Verhältnisse wirklich vorliegen, zeigt Zahlentafel 26.

Zahlentafel 26. Kerbzähigkeit eines gegen Anlaßsprödigkeit empfindlichen
Chrom-Nickel-Stahles mit 0,43% C, 1,48% Cr, 3,1% Ni bei verschiedenen Anlaßbehandlungen nach Zahlenangaben von E. Houdremont und H. Schrader[1].

	Wärmebehandlung	Kerbzähigkeit in mkg/cm² in der 1 · 1 · 5,5 Probe
1	850° Öl, 650° 1 Stunde Öl	11,5
2	850° Öl, 650° 1 Stunde Ofen	5
3	850° Öl, 650° 1 Stunde Öl, danach 5 Stunden 500° Öl	5
4	850° Öl, wie unter 2 und 3 angelassen und nach den Anlaß-behandlungen nochmals 650° angelassen mit darauf-folgender Ölablöschung	12

Es muß noch eine Erscheinung im Zusammenhang mit dieser Hypothese
erwähnt werden. Abb. 176 zeigte, daß nach Anlassen dicht unterhalb des Umwandlungspunktes A_1 die Stähle unempfindlicher gegen langsame Ofenabkühlung
werden. Diese Unempfindlichkeit nimmt noch zu, wenn die Anlaßzeit bei diesen
hohen Anlaßtemperaturen verlängert wird. So z. B. zeigte der in Abb. 180
links wiedergegebene Chrom-Nickel-Stahl nach 40tägigem Glühen bei 650° dieselben hohen Kerbzähigkeitswerte, wenn er von dieser Temperatur in Öl abgelöscht wurde oder langsam im Ofen erkaltete. Diese größere Unempfindlichkeit hatten derart behandelte Proben auch beim nachträglichen Glühen bei
der kritischen Temperatur von 500°. Durch diese kritische Anlaßbehandlung
bei 500° erlitten sie denselben Kerbzähigkeitsabfall erst nach längeren Anlaßzeiten (in diesem Fall 500 Stunden). Ein dicht unterhalb A_1 längere Zeit
angelassener Stahl verhält sich bezüglich der Anlaßsprödigkeits-
vorgänge also so träge wie die gegen Anlaßsprödigkeit wenig empfindlichen wolfram- und molybdänhaltigen Stähle. Man könnte annehmen, daß die allgemein erhöhte Zähigkeit von auf hohe Weichheit, d. h. bei
hohen Temperaturen angelassenen Stählen, den verschlechternden Einfluß der
die Anlaßsprödigkeit hervorrufenden Vorgänge zurücktreten läßt. Es ist ja
bekannt, daß Einflüsse, die die Kerbzähigkeit ungünstig beeinflussen, besonders
stark in Erscheinung treten, wenn bereits aus anderem Grunde die Kerbzähigkeit
nicht besonders hoch ist. So macht sich die Anlaßsprödigkeit oder auch der
Kerbzähigkeitsabfall durch Alterung (siehe „Stickstoff" S. 894) besonders stark
bemerkbar bei grobkörnigem Gefügezustand, wie er z. B. durch Überhitzung

---

[1] Arch. Eisenhüttenw. Bd. 7 (1933/34) S. 49/59.

hervorgerufen werden kann. Ein Gefügezustand besonders hoher Zähigkeit, wie ihn z. B. ein dicht unterhalb A_1 angelassener Vergütungsstahl aufweist, könnte also in geringerem Maße durch derartige Erscheinungen in seiner Kerbzähigkeit beeinflußt werden.

Eine andere und vielleicht wahrscheinlichere Erklärung kann in einem Ausgleich von Legierungsanreicherungen durch Diffusion bei langen Glühzeiten gesehen werden, wie er von H. Bennek[1] im Zusammenhang mit dem Einfluß des Phosphors auf die Anlaßsprödigkeit nachgewiesen wurde; hierauf wird im Abschnitt „Phosphor" noch eingegangen (S. 945 u. 950).

Eine andere Ursache für das Auftreten der Anlaßsprödigkeit nimmt E. Maurer[2] an, der die auftretenden Sprödigkeitserscheinungen auf Umlagerungen in Sonderkarbiden zurückführt, die sich bei bestimmten Temperaturen vollziehen sollen. Mit dieser Annahme lassen sich ebenfalls viele Einzelheiten der Anlaßsprödigkeit in Einklang bringen. Man müßte annehmen, daß bei längerem Glühen bei bestimmten Temperaturen die Karbide mit der Grundmasse reagieren und ihre Zusammensetzung ändern würden. Infolge des behinderten Diffusionsausgleichs bei den für die Anlaßsprödigkeit eigentümlichen tiefen Temperaturen und den vermutlichen Volumenveränderungen der Karbide, könnten Spannungen im Gefüge auftreten, die eine Verminderung der Kerbzähigkeit zur Folge haben würden. Dagegen gibt diese Theorie nicht ohne weiteres eine Erklärung für die Abhängigkeit der Anlaßsprödigkeit von der verschiedenen metallurgischen Behandlung bei der Stahlherstellung. Die Annahme von Ausscheidungen kleinster Beimengungen als Grund für die Anlaßsprödigkeit hingegen könnte erklären, warum einzelne Schmelzungen gleicher Legierung mehr oder minder empfindlich sind, weil die Chemie der kleinsten Teilchen und Beimengungen bei der Stahlherstellung noch nicht so restlos beherrscht wird und diese, um beim Beispiel Phosphor zu bleiben, bei verschiedenen Schmelzungen verschieden stark geseigert sein können. Für die Ausscheidungen könnte auch der Umstand sprechen, daß im anlaßspröden Zustand im Gefüge manchmal verstärkte Korngrenzen beobachtet wurden, obwohl allerdings bemerkt werden muß, daß diese Erscheinung nicht mit Sicherheit reproduzierbar ist.

Bisher ist nur von der Verschlechterung der Kerbzähigkeit bei Raumtemperatur die Rede gewesen. Am deutlichsten lassen sich derartige Vorgänge, wie Anlaßsprödigkeit und Alterungssprödigkeit, an Hand von Kerbzähigkeitstemperaturkurven verfolgen, wie dies beispielsweise für die Alterung in Abb. 769 dargestellt ist. Ähnliche Kurven würden sich für die Anlaßsprödigkeit aufzeichnen lassen. Die Temperaturkerbzähigkeitskurve gestattet eine genauere Erfassung des Vorganges, als dies bei einer zufällig herausgegriffenen Temperatur (Raumtemperatur) der Fall ist.

Aus den bisherigen Untersuchungen geht hervor, daß im Gebiet der Anlaßtemperaturen von 450° bis nahe an den A_1-Punkt sich Veränderungen im Gefügeaufbau ergeben, die zu einer Verminderung der Kerbzähigkeit führen. Diese Umlagerungen oder Ausscheidungen verlaufen bei den verschiedenen Stählen verschieden schnell und führen damit, je nach Temperatur und Zeit, eine mehr

---

[1] Bennek, H.: Arch. Eisenhüttenw. Bd. 9 (1935/36) S. 147/54.

[2] Maurer, E., u. R. Hohage: Mitt. Kais.-Wilh.-Inst. Eisenforsch. Bd. 2 (1921) S. 91/105; vgl. Stahl u. Eisen Bd. 42 (1922) S. 59/61.

oder weniger große Empfindlichkeit für die sog. Anlaßsprödigkeit herbei. Die anderen Eigenschaften, wie Festigkeit, Streckgrenze, insbesondere auch Einschnürung und Dehnung, erfahren keine wesentlichen Änderungen. Nur die Festigkeit steigt bei schroffer Ablöschung von 600° meist etwas an (Zahlentafel 27).

Zahlentafel 27. Härteveränderung durch Ölablöschung nach dem Anlassen im Vergleich zu Ofenabkühlung für verschieden legierte Stähle.

Stahllegierung	C	Cr	Ni	W	Mo	V	Al	Anlaß-tempe-ratur	Brinellhärte nach dem Anlassen bei nachfolgender	
									Öl-ablöschung	Ofen-abkühlung
Cr-Stahl	0,40	0,90	—	—	—	—	—	600°	269	269
Cr-Mo-Stahl . . .	0,32	1,12	—	—	0,35	—	—	650°	293	293
Cr-Al-Stahl . . .	0,25	1,40	—	—	—	—	0,95	620°	285	269
Cr-Mo-V-Stahl . .	0,28	2,48	—	—	0,34	0,19	—	670°	285	269
Ni-Stahl	0,30	—	3,48	—	—	—	—	550°	285	285
Cr-Ni-Stahl . . .	0,34	1,32	3,06	—	—	—	—	580°	302	265
				(Mittel von 20 Schmelzungen)						
Cr-Ni-W-Stahl . .	0,18 / 0,23	1,18 / 1,55	4,20 / 4,40	0,82 / 1,07	—	—	—	600°	275 / 285	255 / 269

Die Verwendung von mit Molybdän und Wolfram legierten vergüteten Stählen, die frei von Anlaßsprödigkeit bei der normalen Wärmebehandlung, insbesondere den normalen Anlaßzeiten sind, hat eine immer größere Bedeutung erlangt. Das Ablöschen von Anlaßtemperatur in Wasser oder Öl zwecks Vermeidung der Anlaßsprödigkeit bei molybdän- und wolframfreien Stählen ist nachteilig, da hierdurch Spannungen erzeugt werden, die in Bauteilen unerwünscht sein können. Das Auftreten der Spannungen beim Vergüten ist zeitweilig der Grund gewesen, warum von seiten der Konstrukteure des öfteren von der Verwendung vergüteter Stähle, insbesondere für hochwertige Bauteile, abgeraten worden ist. Nach den gewonnenen Erkenntnissen (s. a. Spannungsfreiglühen) ist es aber als feststehend zu betrachten, daß ein vergüteter Werkstoff nach dem Anlassen oberhalb 500° keine wesentlichen Spannungen mehr zu enthalten braucht und diese mit der Höhe der Anlaßtemperatur abnehmen. Durch Wahl geeigneter Legierungen, deren Anlaßtemperaturen zur Erzielung bestimmter Festigkeitseigenschaften möglichst hoch gelegen sind, gelingt es, spannungsarm vergütete Bauteile auch größter Abmessungen herzustellen. Die Kornverfeinerung und Verbesserung der mechanischen Eigenschaften kann somit bei einwandfrei vergüteten Stücken unbedenklich zum Vorteil des betreffenden Bauteiles ausgenutzt werden. Diese Spannungsfreiheit der vergüteten Werkstücke würde zum Teil wieder verlorengehen, wenn zur Vermeidung der Anlaßsprödigkeit von der Anlaßtemperatur schnell abgekühlt würde. Bei Wahl nicht anlaßspröder Stähle, die nach dem Anlassen langsam im Ofen erkalten können, ergibt sich die Möglichkeit, die vollen Vorteile der Vergütung zu erhalten.

Außer in der Verminderung der Kerbzähigkeit macht sich die Anlaßsprödigkeit in keiner anderen Eigenschaft nachteilig bemerkbar, insbesondere wird die Dauerfestigkeit bei Wechselbeanspruchung nicht herabgesetzt. Die Elastizitätsgrenze wird bei Feinmessungen gelegentlich im anlaßspröden Zustand höher gefunden, was ebenfalls auf eine Ausscheidung hindeutet. Von praktischem Nachteil ist Anlaßsprödigkeit also nur bei auf Schlag beanspruchten Bauteilen.

C. Technische Kohlenstoffstähle.

Die Legierungen des Eisens mit Kohlenstoff finden in der Technik als Stähle mit Kohlenstoffgehalten von einigen hundertstel Prozent bis hinauf zu 1,5% Verwendung. Während die weniger als 0,5% Kohlenstoff enthaltenden Stähle mehr als Baustähle verwendet werden, finden solche von 0,6% aufwärts in der Hauptsache als Werkzeugstähle Anwendung. Hierbei handelt es sich nicht um vollkommen reine Eisen-Kohlenstoff-Legierungen. Als Folge der metallurgischen Herstellverfahren enthalten die technischen Kohlenstoffstähle vielmehr geringe Beimengungen von Silizium und Mangan. Für die Eigenschaften der Stähle spielen diese geringen Gehalte, wie noch gezeigt wird, unter Umständen eine wesentliche Rolle.

1. Werkzeugstähle.

Die Kohlenstoff-Werkzeugstähle umfassen den Bereich von 1,5—0,6% C, $<0,3\%$ Mn, $<0,2\%$ Si. Man unterscheidet praktisch sechs verschiedene Härtestufen, deren Kohlenstoffgehalt und Hauptverwendungszwecke in Zahlentafel 28 angegeben sind.

a) Kohlenstoffgehalt etwa 1,5%. Bezeichnung: Härte 1 „sehr hart“.

Trotz des hohen Kohlenstoffgehaltes werden diese Stähle knapp über dem A_1-Punkt, also bei 760° in Wasser gehärtet. In der gehärteten martensitischen Grundmasse liegen noch harte Eisenkarbide in großer Anzahl. Es ist eine möglichst feine Karbidverteilung anzustreben und vor allem darauf zu achten, daß nicht durch vorhergehende falsche Wärmebehandlungen (Überhitzung s. S. 92) ein Zementitnetzwerk vorhanden ist. Der Glühzustand mit körnigem Zementit ist die günstigste Vorbedingung für die Härtung. Durch kleine Veränderungen in der normalen Härtetemperatur, z. B. Steigerungen von 760 bis 820°, läßt sich eine wesentliche Veränderung der Härtetiefe erzielen, da durch die Erhöhung der Härtetemperatur steigende Mengen von Kohlenstoff in Lösung gehen, wodurch die kritische Abkühlungsgeschwindigkeit verringert wird.

Infolge der in der gehärteten Grundmasse fein verteilten harten Karbide eignen sich diese Stähle besonders dann, wenn größter Wert auf Härte und Verschleißfestigkeit gelegt wird. Die hauptsächlichen Verwendungsgebiete sind in Zahlentafel 28 (S. 211) angegeben.

Die praktische Anwendung dieser Stähle hat in den letzten Jahren dauernd abgenommen. Sie sind meist durch Stähle hoher Leistung mit etwa 1,3—1,5% C und karbidbildenden Legierungszusätzen in der Höhe von 0,3 bis zu einigen Prozenten ersetzt worden, sofern man nicht sogar ganz hochwertige legierte Stähle aus schnellstahlähnlichen Legierungen oder Hartmetalle verwendet.

b) Kohlenstoffgehalt etwa 1,3%. Bezeichnung: Härte 2 „hart“.

Es gelten für diesen Stahl dieselben Überlegungen wie bei der ersten Gruppe, nur mit dem Unterschied, daß der Karbidgehalt eine Verminderung erfahren hat. Die Verwendungszwecke sind annähernd die gleichen. Bei den Stählen

Zahlentafel 28. Kohlenstoff-Werkzeugstähle.

Bezeichnung	Kohlenstoff-gehalt	Hauptverwendungszwecke
Härte 1 sehr hart	ca. 1,5%	Dreh-, Hobel- und Stoßwerkzeuge zur Bearbeitung harter Werkstoffe — Werkzeuge zur Horn-, Elfenbein- und Kunststoffbearbeitung — Räumwerkzeuge — Mühl- und Messerpicken
Härte 2 hart	ca. 1,3%	Fräs- und Bohrmesser, Schaber — Spiralbohrer, Gewindebohrer, Gewindeschneidbacken — Ziseleur-, Graveur- und Uhrmacherwerkzeuge — Feilenhauermeißel — Ziehmatrizen und Ziehringe — kleine Preß- und Prägestempel für Metalle — Metallsägen — Tabakmesser, Rasiermesser
Härte 3 mittelhart	ca. 1,1%	Fräser, Schaber, Hohlbohrmesser, Stichel — Spiralbohrer, Gewindebohrer — Schneideisen, Schneidhülsen, Schneidbacken für Gewindekluppen — Gewindewalzbacken — Werkzeuge für Drahtnagelherstellung, Drahtstiftbacken — Bearbeitungswerkzeuge für hartes Holz — Messerklingen: Taschenmesser, Ledermesser, Hackmesser
Härte 4 zähhart	ca. 0,9%	Gesteinsbohrer — kleine Scherenmesser, Drahtstiftmesser — Drahtstiftbacken, Gewindewalzbacken — gravierte Prägewerkzeuge, z. B. Besteckstanzen, Münzstempel, Buchstabenstempel — Lochmatrizen, Matrizen für Nadeln, Schreibfedern und ähnliches — Kaltlochstempel, Kaltschnitte und Stanzen, Muttermoletten, Durchschläge — Schlagsäume — Handmeißel — Messer- und Scherenklingen — Kolben für Preßlufthämmer — Bandsägen — Rohrwalzen — Schurpfannenlinsen und -zapfen — Federstahl, Federdraht — Klaviersaitendraht — Sensen und Nadeln — Gongs
Härte 5 zäh	ca. 0,75%	Gesteinsbohrer, Spitzeisen, Kohlenhacken — Bohr- und Treibfäustel — Scherenmesser, Drehmesser und Bohrer zur Bearbeitung weicher Hölzer, Abgratwerkzeuge — komplette Kaltschnitte und Stanzen, Ziehringe — Lochstempel, Dorne — Kaltschlagwerkzeuge, Hammersättel, Hammerkerne. Handhämmer, Körner, Durchschläge, Döpper — Schrottmeißel, Handmeißel — Scheren- und Messerklingen, Sensen — Gewehrläufe — Seildrähte — zum Verstählen von Werkzeugen
Härte 6 sehr zäh	ca. 0,6%	Kohlenbohrer, Schlangenbohrer, Warmschroter — Fassonscherenmesser — große Schnitte und Matrizen, Warmmatrizen zur Schrauben- und Nietenerzeugung — Lederstanzen — Warmlochdorne — große Hammersättel, Satz- und Niethämmer, Steinhämmer — Schmiedehandwerkzeuge, Steinmetzwerkzeuge — Pfaffen — zum Verstählen von Beilen und sonstigen Werkzeugen.

der Härte 1 treten infolge des hohen Kohlenstoffgehaltes leicht örtliche Anreicherungen an Karbiden (Karbidzeilen) auf, die bei der Verarbeitung, insbesondere beim Kaltwalzen und Kaltziehen, vielfach als störend empfunden werden. Die Karbidzeilen machen sich auch unangenehm bei Werkzeugen mit feinen Schneiden bemerkbar, wo sie leicht zu Abbröckelungen führen.

Besonders gilt das für Gewindeschneidbacken, bei denen die feinen Schneiden nach der Kern- und somit Seigerungszone des Stahles zu liegen kommen, sowie auch für Rasierklingenbandstahl, bei dem eine Karbidzeilenseigerung zu ungleichmäßigem Verschleiß der Klinge oder Ausbröckelungen der Schneide beim Schleifen führt. Härte 2 findet daher für diese Zwecke stärkere Verwendung als Härte 1.

Die Karbidzeilen in diesen hoch karbidhaltigen Kohlenstoffstählen sind vielfach Sekundärseigerungen. Die Ursache ist darin zu suchen, daß die Endwalz- oder -schmiedetemperaturen unterhalb der ES-Linie liegen und somit die sich ausscheidenden Karbide während des Verformungsganges gestreckt werden. Durch eine Vergütung von Temperaturen oberhalb ES und Glühung dicht unterhalb A_1 lassen sich die Seigerungen ähnlich wie Korngrenzenkarbide beseitigen (s. S. 93 Normalglühen).

Des Interesses halber sei hier erwähnt, daß in dem unbewußten Hervorrufen derartiger Karbidseigerungen das Geheimnis der Herstellung des echten indischen und persischen Damaststahles liegt. Im Gegensatz zum Schweißdamast, dessen Zeichnung durch das Aufeinanderschweißen und vielfältige Durcharbeiten von Schichten aus hartem und weichem Stahl hervorgerufen wird, war der Ausgangsstoff zu diesen Damastarten ein hoch kohlenstoffhaltiger Stahl, bei dem durch sehr langsame, tagelange Abkühlung aus dem Gußzustande eine grobe Karbidausscheidung erreicht wurde (Wootzstahl). Die Verschmiedung erfolgte dann bei sehr tiefen Temperaturen in der Nähe der Perlitlinie, so daß sich die Karbide streckten, ohne aber in Lösung zu gehen. Im reliefpolierten und entsprechend geätzten Zustand heben sie sich dann als feine mattgraue Äderung von der blanken Grundmasse ab.

Die Hauptverwendungszwecke der Stähle der Härte 2 überschneiden sich aus den eingangs genannten Gründen zum Teil mit denen der Härte 1.

c) Kohlenstoffgehalt etwa 1,1%. Bezeichnung: Härte 3 „mittelhart".

Die Wärmebehandlung dieser Gruppe erfolgt wie bei Härte 1 und 2. Der Hauptunterschied besteht wiederum im Gehalt an Karbiden in der gehärteten Grundmasse. Die durch den verminderten Karbidgehalt erhöhte Zähigkeit (Fehlen von Karbidzeilen usw.) gestattet bereits die Verwendung dieser Stähle bei Druck- und Schlagbeanspruchung.

Wie schon bei Härte 1 bemerkt, so gilt auch allgemein für Härte 1—3, daß diese reinen Kohlenstoffstähle in immer geringerem Maße Verwendung finden. Ihre Härte, insbesondere aber ihre Verschleißfestigkeit, wird nämlich weiter verbessert durch Zusatz von geringen Mengen an Legierungsmetallen, wie Chrom, Wolfram, Vanadin usw., und zwar schon in Mengen bis zu 1%, so daß diese legierten Stähle die reinen Kohlenstoffstähle vielfach verdrängen.

d) Kohlenstoffgehalt etwa 0,9%. Bezeichnung: Härte 4 „zählhart".

Dieser rein eutektoide Stahl ergibt bei der Härtung in der Grundmasse die höchsten Härtewerte, ist aber praktisch frei von Karbiden und zeigt somit gleichmäßigste Härte und gleichmäßigstes Gefüge im abgeschreckten Zustand. Eutektoider Kohlenstoffstahl findet auch heute noch eine ausgedehnte Verwendung und dürfte der gebräuchlichste aller unlegierten Werkzeugstähle sein. Infolge der erhöhten Zähigkeit sind die Verwendungszwecke in vielen Fällen besonders auf schlagähnliche Beanspruchung abgestimmt (Zahlentafel 28, S. 211).

Infolge des Kohlenstoffgehaltes von nur 0,9% werden beim Überschreiten des Ac_1-Punktes bei genügender Erwärmungszeit ziemlich alle Karbide gelöst, es bleibt zum mindesten eine geringere Anzahl Keime zurück als bei dem höher kohlenstoffhaltigen Stahl. Dieses Fehlen von Keimen begünstigt die Grobkornbildung. Der eutektoide Stahl neigt infolge seiner Zusammensetzung daher am leichtesten zu einer gewissen Überhitzung bei der Härtung. Dieser Empfindlichkeit gegen Überhitzung muß man durch besondere Sorgfalt bei der metallurgischen Herstellung entgegenwirken. Infolge der maximalen Volumenveränderung, die ein Stahl mit 0,9% C durch die Martensitbildung erfährt (s. S. 72), zeichnet er sich auch durch ein Maximum an Spannungen im gehärteten Zustande aus. Deshalb ist hier, um ein Höchstmaß an Leistung zu erhalten, besondere Sorgfalt bei der Herstellung, Wärmebehandlung und insbesondere der Härtung notwendig.

e) Kohlenstoffgehalt etwa 0,75%. Bezeichnung: Härte 5 „zäh".

Dieser bereits untereutektoide Stahl erfordert eine erhöhte Härtetemperatur, und zwar 780—790°, gegenüber 760° bei den vorhergehenden Gruppen. Gleichzeitig mit der Verminderung der Härtefähigkeit der Randzone ergibt sich auch infolge des niedrigeren Kohlenstoffgehaltes eine Verringerung der Kernhärte. Der Stahl zeichnet sich nach der Härtung durch eine große Zähigkeit aus. Dementsprechend eignet er sich auch für besondere Verwendungszwecke, bei denen es weniger auf höchste Härte als vielmehr auf Zähigkeit ankommt, wie z. B. für Handmeißel, Schrottmeißel usw.

f) Kohlenstoffgehalt etwa 0,6%. Bezeichnung: Härte 6 „sehr zäh".

Wie der vorhergehende Stahl erfordert dieser, entsprechend dem Verlauf der *GOS*-Linie des Eisen-Kohlenstoff-Diagramms, eine noch höhere Härtetemperatur von etwa 800°. Infolge des verringerten Kohlenstoffgehaltes sind die Volumenveränderungen bei der Martensitbildung erheblich geringer. Diese Stähle zeichnen sich durch eine gewisse Unempfindlichkeit beim Härten aus.

g) Allgemeines.

Die Höhe der erzielten Randhärte sowie der Härtetiefe der oben aufgeführten Stähle wird durch den Kohlenstoffgehalt geregelt. Da die Wirkung weiterer Legierungselemente auf die kritische Abkühlgeschwindigkeit vielfach größer ist als diejenige des Kohlenstoffs, spielen die geringfügigen Beimengungen, die in Kohlenstoffstählen enthalten sind, eine verhältnismäßig große Rolle in bezug auf ihre Härtbarkeit. Ebenso sind Kohlenstoffstähle verhältnismäßig empfindlich gegenüber dem bereits früher erwähnten Einfluß der Austenitkorngröße (s. S. 170).

Da die Austenitkorngröße durch metallurgische Stahlherstellungsbedingungen in dem Sinne beeinflußt werden kann, daß das Kornwachstum, d. h. die Überhitzungsempfindlichkeit eines Stahles je nach der metallurgischen Herstellung verschieden ausfällt, muß bei der Herstellung von Kohlenstoffstählen hierauf besonders geachtet werden. Es ist verständlich, daß sowohl die Wirkung von Legierungszusätzen als auch der Einfluß der Korngröße bei Kohlenstoffstählen, die nur Härtetiefen von 2 bis 4 mm bei Querschnitten von 20 mm Durchmesser haben, stärker in Erscheinung treten müssen, als dies bei höher legierten Stählen der Fall ist, die bei derartigen Querschnitten vollkommen durchhärten. Ein Stahl, der nur 2 mm Tiefenhärtung aufweist und durch derartige Einflüsse seine Härtetiefe auf 3—4 mm erhöht, hat eben eine Veränderung dieser Eigenschaft um 50—100% erlangt, während bei dem durchhärtenden legierten Stahl derselbe Einfluß sich in Größenordnungen von einigen wenigen Prozenten bewegt. Es ist also erforderlich, die Zusammensetzung von Kohlenstoffstählen möglichst genau einzuhalten und der metallurgischen Herstellung in bezug auf Korngröße und Überhitzungsempfindlichkeit besondere Aufmerksamkeit zu schenken.

α) Einfluß der Zusammensetzung.

Die sog. unlegierten Kohlenstoffstähle haben alle Siliziumgehalte von 0,1 bis 0,2% bei Mangangehalten von maximal 0,3%. Die in Zahlentafel 28 (S. 211) angeführten Verwendungszwecke von Eisen-Kohlenstoff-Legierungen haben sich auf Grund der gleichzeitigen Anwesenheit dieser Legierungsgehalte herausgebildet. In den ersten Zeiten der Herstellung von Kohlenstoff-Werkzeugstählen in Tiegeln ergab sich ein Gehalt von 0,1 bis 0,2% Si zwangläufig durch Reduktion von Silizium aus der Tiegelwandung, die je nach dem verwendeten Tiegelmaterial mehr oder weniger groß war. Vor der Einführung der chemischen Analyse in der Stahlindustrie war es nicht möglich, diese Verschiedenheiten genau zu erfassen. Rein empirisch hatten sich diese Unterschiede aber bereits in verschiedenen Eigenschaften unterschiedlich hergestellter Tiegelstähle bemerkbar gemacht. Besonders auffallend war im vorigen Jahrhundert der Unterschied zwischen dem englischen und Kruppschen Tiegelstahl, der nur auf der Verwendung verschiedener Tiegelmassen beruhte. Die höhere Siliziumreduktion in Krupptiegeln machte den deutschen Stahl zu einem tiefer härtenden Werkzeugstahl als den englischen, der noch heute unter dem Namen Huntsman-Stahl durch seine geringe Tiefenhärtung bekannt ist (s. auch Abschnitt Silizium). Während sich letzterer somit den Weltmarkt besonders zur Herstellung von Werkzeugen mit feinen Schneiden usw. eroberte, konnte der Krupp-Tiegelstahl infolge seiner großen Tiefenhärtung diejenigen Anwendungsgebiete gewinnen, bei denen es auf größere Druckbeanspruchung, also hohe Härtetiefen, wie bei Kaltwalzen, Besteckstanzen, Prägematrizen usw., ankam.

Durch Einschmelzen reinster Rohstoffe ergeben sich heute Möglichkeiten, auch im Elektrostahlverfahren Werkzeugstähle herzustellen, die außerordentlich geringe Mengen an Mangan und Silizium aufweisen. Die Härtefähigkeit dieser Legierungen wird dadurch derartig herabgesetzt, daß sie bereits bei Abmessungen von 20 mm Durchmesser bei normaler Wasserhärtung nicht mehr einwandfrei härten, sondern weiche Flecken nach der Härtung zeigen. Nur bei Härtung in Salzwasser gelingt es, eine gleichmäßige Härtung zu erzielen. Bei diesen Stählen ist demnach auch die Härteschicht außerordentlich dünn. Die Ursache ist in der geringen Hysteresis der Umwandlung, also in der größeren kritischen Abkühlungsgeschwindigkeit der reinen Eisen-Kohlenstoff-Legierungen gegenüber den mit Mangan und Silizium verunreinigten Stählen zu suchen (Zahlentafel 29 [S. 215]). Jene Legierungen neigen auch bei der Prüfung durch die Ehnsche Zementationsprobe zur Gefügeanomalität (s. S. 170).

Zahlentafel 29. Umwandlungstemperaturen und Zahlenwerte der kritischen Abkühlungsgeschwindigkeit für Stähle mit üblichen Beimengungen an Silizium und Mangan im Vergleich zu sehr reinen Stählen.

	Stähle mit 0,2/0,3% Si 0,3/0,4% Mn[2]	Carbonylstähle mit etwa 0,03% Si 0,03% Mn[3]
Umwandlungstemperaturen		
bei 1,0% C . . . . Ac_1	735°	725°
Ar_1	685°	695°
Kritische Abkühlungsgeschwindigkeit[1]		
bei einem C-Gehalt von 0,3%	190°/sec	870°/sec
0,4%	180°/sec	610°/sec
0,6%	170°/sec	440°/sec
0,8%	160°/sec	380°/sec
1,2%		650°/sec
1,4%		1000°/sec

Für die Qualität der Kohlenstoff-Werkzeugstähle ist somit nicht nur die Zusammensetzung, sondern auch die Art der metallurgischen Herstellung von ausschlaggebendem Einfluß. So findet man die sechs Härten der Kohlenstoffstähle bei vielen Edelstahlwerken in drei verschiedenen Qualitäten vertreten, und zwar in einer Extraqualität besonderer Reinheit, einer normalen guten Qualität und einer sog. Sekundaqualität. Während die erstere sich bereits durch das Herstellungsverfahren (Tiegel- oder Elektroofen) auszeichnet und die bei der Chargenkontrolle etwas schlechter ausfallenden Schmelzungen für die zweite Qualität aussortiert werden, findet die Herstellung der dritten Qualität meist im Siemens-Martin-Ofen statt. Die Thomasbirne kommt zur Herstellung von hochwertigen Werkzeugstählen nicht in Frage. Anders war es bei dem Bessemerstahl. Gerade die Bessemerstähle zeichnen sich durch eine hohe Überhitzungsunempfindlichkeit aus. Trotz der hohen Frischgeschwindigkeit und der Überfrischung des Stahlbades, die bei diesem Verfahren stattfindet, waren die Stähle

Zahlentafel 30. Bessemerstahl.

a für Wasserhärtung,   b für Ölhärtung.

C %	Si %	Mn %	P %	Verwendungszweck
a 0,30/0,40	∽0,35	∽0,60	∽0,05/0,08	Spaten, Schaufeln, Feilen, Gesteinsbohrer,
b 0,30/0,40	∽0,50	>0,80	∽0,05/0,08	Schienen, Messer, Scheren, Warmsägen, Hämmer, Gabeln, Federn, Preßwerkzeuge
a 0,40/0,50	∽0,35	∽0,65	∽0,05/0,08	Messer, Warmmatrizen, Gesenke, Walzdorne,
b 0,40/0,50	∽0,50	>0,80	∽0,05/0,08	Bohrer, Steinhämmer, Gabeln, Matrizen, Säbelklingen, Gesteinsbohrer, Tragfedern, Feilen
a 0,50/0,60	∽0,35	∽0,65	∽0,05/0,08	Feilen, Warmlochdorne, Kreissägen, Hackmesser,
b 0,50/0,60	∽0,50	>0,80	∽0,05/0,08	Tragfedern, Backen für Schmiedemaschinen
b 0,60/0,70	∽0,40	∽0,70	∽0,05/0,08	Pflugschare, Schirmschienen, Rasiermesser, Zinken, Tragfedern, Puffer.

[1] Bezogen auf einen Temperaturbereich von 800 bis 700° bei Abschrecktemperaturen von ∽980°.

[2] Esser, H., u. W. Eilender: Arch. Eisenhüttenw. Bd. 4 (1930/31) S. 121/44.

[3] Esser, H., W. Eilender u. E. Spenlé: Arch. Eisenhüttenw. Bd. 6 (1932/33) S. 389/93.

doch in gewisser Beziehung als Qualitätsstähle gekennzeichnet. Es muß einstweilen dahingestellt bleiben, ob diese Härteunempfindlichkeit infolge der kurzen für die Desoxydation zur Verfügung stehenden Zeit durch außerordentlich fein verteilte Kieselsäure und die dadurch bedingte Keimbildung erreicht wird. Wahrscheinlich spielt auch der hohe Stickstoffgehalt des windgefrischten Stahles hierbei eine Rolle.

Die Bessemerstähle, die bis zu 0,5% Si und 0,8% Mn enthalten, werden noch nicht als legierte Stähle angesprochen. Heute werden Stähle dieser Art in Deutschland meist nicht mehr in der Birne, sondern im sauren Siemens-Martin-Ofen hergestellt. Die hohe Härteunempfindlichkeit der Bessemerstähle läßt sich auch bei diesen „Ersatz-Bessemerstählen" durch sorgfältige metallurgische Herstellung erreichen (s. folgenden Abschnitt).

Die Hauptverwendungszwecke dieser höher silizierten, manganhaltigen Werkzeugstähle gehen aus Zahlentafel 30 (S. 216) hervor.

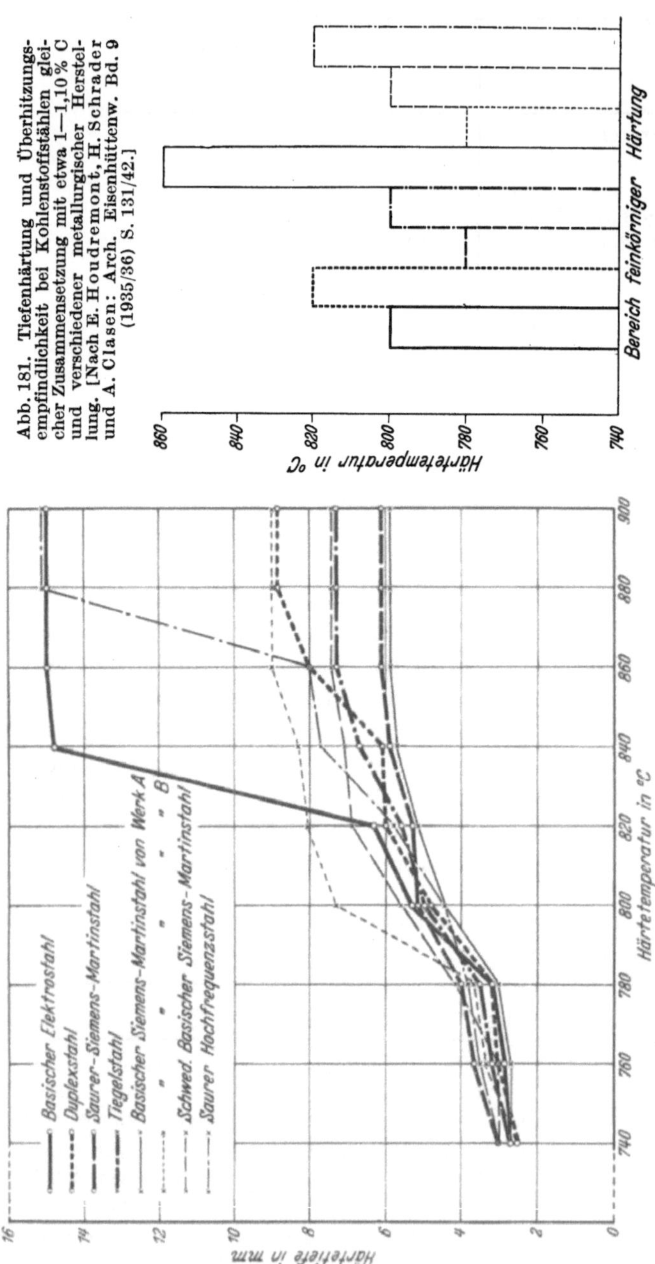

Abb. 181. Tiefenhärtung und Überhitzungsempfindlichkeit bei Kohlenstoffstählen gleicher Zusammensetzung mit etwa 1—1,10% C und verschiedener metallurgischer Herstellung. [Nach E. Houdremont, H. Schrader und A. Clasen: Arch. Eisenhüttenw. Bd. 9 (1935/36) S. 131/42.]

β) Einfluß der metallurgischen Herstellung.

Die Art der metallurgischen Herstellung ist nicht nur manchmal, wie am Beispiel Bessemerstahl gezeigt, mit einer Erhöhung der Begleitelemente Silizium und Mangan und damit einer Steigerung der Härtefähigkeit verknüpft, sie kann auch bei gleichbleibender Zusammensetzung die Überhitzungsempfindlichkeit des Stahles beeinflussen. Da die im Augenblick des Ablöschens vorhandene Austenitkorngröße die Härtetiefe ebenfalls beeinflußt (s. Kapitel Härten), kann man meistens beobachten, daß zwischen Härtetiefe und Überhitzungsempfindlichkeit ein Zusammenhang in dem Sinne besteht, daß Stähle gleicher Zusammensetzung verschieden überhitzungsempfindlich sein können und der Stahl mit größerer Überhitzungsempfindlichkeit tiefer einhärtet (Abb. 181). Die Gleichmäßigkeit in bezug auf Härtetiefe und Überhitzungsempfindlichkeit, mit der Stähle bei praktisch gleicher Zusammensetzung erzeugt werden können, ist eine Frage der Gleichmäßigkeit der metallurgischen Erzeugung. Die Unterschiede, wie sie bei verschiedenen Stahlherstellungsverfahren in dieser Beziehung vorkommen können, zeigt Abb. 181, ohne hiermit eine grundsätzliche Reihenfolge für die einzelnen Verfahren angeben zu wollen. Elektrostahl kann genau wie saurer oder basischer Siemens-Martin-Stahl überhitzungsempfindlich oder -unempfindlich hergestellt werden. Die Ursache für die verschiedene Überhitzungsempfindlichkeit, d. h. für das verschiedene Kornwachstum verschiedener Stahlschmelzen beim Erwärmen oberhalb $A_{1, 3}$, muß ein das Kornwachstum bei den betreffenden Temperaturen hindernder Bestandteil sein. Als solche das Kornwachstum hindernde Einflüsse sind fein verteilte Einschlüsse anzusprechen. Als Beispiel sei hier auf den Einfluß kleiner Mengen schwer löslicher Sonderkarbide im Stahl hingewiesen (s. Abschnitt „Vanadin"). Bei derartigen Stählen beginnt das Kornwachstum erst, wenn die Temperatur so weit gesteigert wird, daß die Karbide alle in Lösung gegangen sind. Daher muß sich bei Eisen-Kohlenstoff-Legierungen bereits die *ES*-Linie (Karbidlöslichkeitslinie) in dem Sinne bemerkbar machen, daß eutektoide Stähle am überhitzungsempfindlichsten sind, während Stähle mit höherem Kohlenstoffgehalt, deren Härtetemperatur unter *ES* liegt, infolge überschüssiger Karbide verzögertes Kornwachstum aufweisen. Durch großzahlmäßige Auswertung und Verfolgung von Schmelzen gleicher Herstellungsart und verschiedenen Kohlenstoffgehaltes kann das bestätigt werden (Abb. 182). Bei untereutektoiden Stählen verlaufen die Temperaturen des Beginnes der Grobkornbildung, wie ebenfalls Abb. 182 zeigt, etwa parallel zur *GOS*-Linie.

Bei gegebenem Kohlenstoffgehalt ist es nun Sache des Stahlwerkers, entsprechend dem gewünschten Endziel — schwach härtender, überhitzungsunempfind-

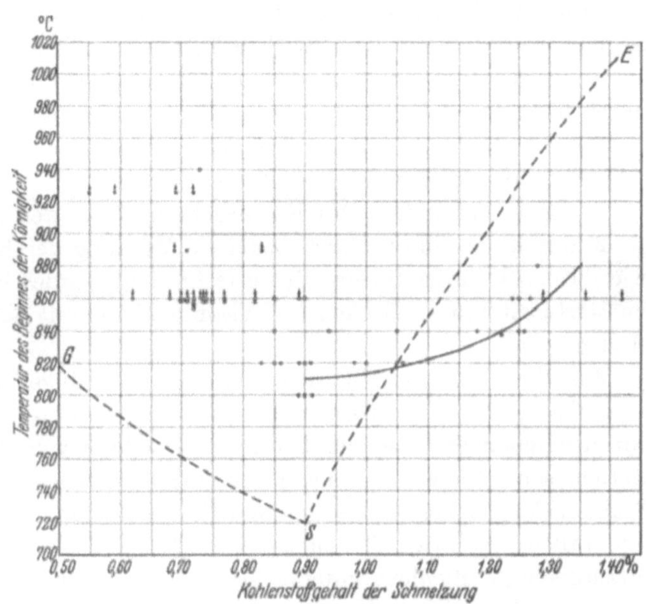

Abb. 182. Einfluß des Kohlenstoffgehaltes auf die Härtegrenzen. Temperatur des Beginnes der Körnigkeit.

licher Stahl oder tiefhärtender überhitzungsempfindlicher Stahl — Keime im Stahl zu erzeugen oder nicht. Ein einfaches Mittel hierzu ist bereits erwähnt worden: kleine Zusätze von z. B. Vanadin führen zur Bildung von Sonderkarbiden, die schwerer löslich im Austenit sind als Eisenkarbid. Je nach Menge kann hiermit das Kornwachstum für entsprechende Temperaturbereiche beeinflußt werden. Es hat sich nun aber gezeigt, daß auch verschiedene Desoxydationsmittel, wie z. B. insbesondere Aluminium, kornverfeinernd im Sinne der Überhitzungsunempfindlichkeit wirken können, wobei die Vorbehandlung des Stahles im Ofen gleichzeitig von Einfluß sein kann[1]. Die Ursache für diese Wirkung ist in der Entstehung von feinen Einschlüssen zu suchen, die neben Tonerde vor allem Nitride zu sein scheinen, die sich aus der Reaktion des Desoxydationsmittels mit dem Stickstoffgehalt des Stahles bilden[2]. Letzterer Umstand würde auch erklären, warum die stickstoffreichen Bessemerstähle sich durch besondere Überhitzungsunempfindlichkeit auszeichnen.

Die im Stahl vorhandenen Keime können in zweifacher Hinsicht die Härtefähigkeit beeinträchtigen:

1. durch Verhindern des Kornwachstums bei der Härtetemperatur,

2. durch die umwandlungsfördernde Wirkung der Keime beim Abschrecken, wie dies z. B. für Sulfideinschlüsse festgestellt wurde[3]. Z. B. kann man vielfach im Martensit Troostitflecken im Zusammenhang mit Schlackeneinschlüssen feststellen.

Für die Praxis ergibt sich hieraus, daß Kohlenstoffstähle stets auf ihre Tiefenhärtung und Überhitzungsempfindlichkeit untersucht werden sollen, wenn ein gleichmäßiges Erzeugnis bei der Herstellung von Werkzeugen gewährleistet werden soll. Diese Kontrolle jeder einzelnen Schmelzung erfolgt, indem man Stahlstücke gleicher Abmessung und Vorbehandlung oberhalb A_1 in Temperaturintervallen von etwa 20° steigend härtet und auf Durchhärtung und Überhitzungsempfindlichkeit untersucht. Die Wichtigkeit einer gleichmäßigen Härtung zeigt Abb. 183 an Hand eines Preßlufthammerkolbens, der aus einem Stahl mit 0,9% C, 0,2% Si, 0,25% Mn hergestellt wurde. Zu geringe Härtetiefe führt zum Eindrücken der Härteschicht auf der Schlagfläche bei der Beanspruchung im Betrieb. Zu große Härtetiefe bringt die Gefahr der Rißbildung in den dünneren Teilen des Werkzeugs mit sich.

Die geschilderten Zusammenhänge zwischen Härtetiefe, Überhitzungsempfindlichkeit, Kornwachstum und Verteilungsgrad vielfach submikroskopisch fein verteilter Einschlüsse zeigen eindeutig, daß man den Begriff der Hochwertigkeit eines Stahles nicht mit der absoluten Reinheit in direkten Zusammenhang bringen kann. Wie Abb. 8 zeigte, neigt sehr reines Eisen, das aus Eisenkarbonyl durch Sintern gewonnen und frei von den beim Schmelzen und Erstarren sich bildenden Zwischenhäutchen ist, besonders zum Kornwachstum. Ebenso dürfte es heute einwandfrei feststehen, daß die reinsten, von fein verteilten Einschlüssen freien Stähle überhitzungsempfindlicher sind als andere mit stärkeren Verunreinigungen.

---

[1] Hengstenberg, O., u. E. Houdremont: Techn. Mitt. Krupp Bd. 3 (1935) S. 189/95. — Houdremont, E., u. H. Schrader: Stahl u. Eisen Bd. 56 (1936) S. 1412/22.

[2] Houdremont, E., u. H. Schrader: Techn. Mitt. Krupp, Forschungsberichte Bd. 1 (1938) S. 139/56.

[3] Scheil, E.: Arch. Eisenhüttenw. Bd. 8 (1934/35) S. 565/67.

Die Kunst des Stahlwerkers ist es, je nach dem Verwendungszweck und dem gewünschten Verhalten eines Stahles beim Härten die entsprechende metallurgische Beeinflussung vorzunehmen.

γ) Besondere Anwendungsgebiete von Kohlenstoff-Werkzeugstählen.

Einen Sonderfall der Verwendung unlegierter Werkzeugstähle stellen die sog. verstählten Werkzeuge dar. Für derartige Werkzeuge, bei denen auf einer Flußeisengrundlage eine Stahlschneide durch Hammerschweißung angesetzt wird, werden meist unlegierte Kohlenstoffstähle, seltener legierte Stähle verarbeitet. Bei der Herstellung wird der niedriggekohlte Grundwerkstoff und der aufzuschweißende Stahl auf hohe Temperaturen erwärmt und dann eine Verbindung durch Schmieden, Pressen oder Walzen vorgenommen. Bis zu einem Kohlenstoffgehalt von etwa 0,6% lassen sich Stähle ohne besondere Schweißmittel verbinden. Bei höheren Kohlenstoffgehalten bis zu 1,5% gelingt eine Verbindung durch Hammerschweißung nur bei Verwendung von Schweißmitteln, die im wesentlichen aus Borax, Soda, Sand u. ähnl. sowie Eisenfeilspänen bestehen. Die diesen Schweißpulvern zugesetzten Flußmittel gestatten eine bessere Entfernung der bei der Erwärmung entstehenden Schlacke durch den Preßvorgang. Die günstigsten Schweißtemperaturen richten sich nach der Oberflächenbeschaffenheit. So ist bei kohlenstoffarmen Stählen mit polierter Oberfläche die Schweißbarkeit am besten bei 970°, für grob geschmirgelte Oberflächen bei 1280°[1]. Eine derartige Verstählung bezweckt nicht nur eine Verbilligung durch Stahleinsparung, sie verbessert auch die Zähigkeit der in dieser Weise hergestellten Werkzeuge, da die häufig dünne, harte Stahlschicht durch das einseitig aufgebrachte oder umgebende weiche Flußeisen unterstützt wird. Von den vielseitigen Anwendungsmöglichkeiten des Verstählungsverfahrens seien als Beispiele für Werkzeuge mit Schneiden aus unlegierten Kohlenstoffstählen Blatthacken, Spaten, Beile, Pflugschare, Hobelmesser und Schlittschuhe herausgegriffen. Bei verstählten

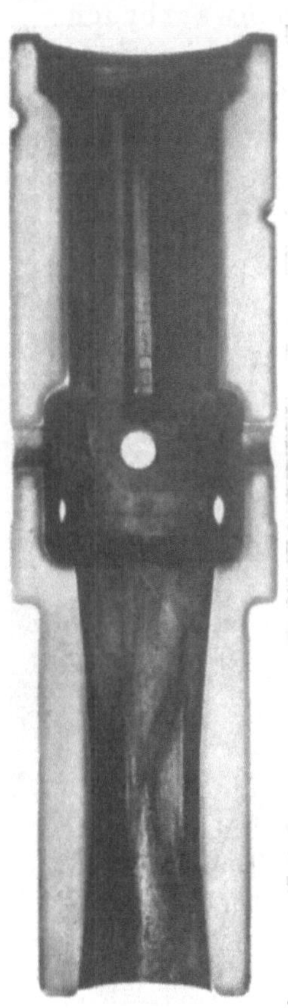

$V = {}^{1}\!/_{2}$

Abb. 183. Verlauf der Härterandschicht in einem längs aufgeschnittenen Kolben eines Preßlufthammers.

Scherenmessern oder Sägeblättern besteht der harte Teil meist aus leicht legierten Stählen. Ein ähnliches Verfahren wird bei der Herstellung von Drehmeißeln angewandt, bei dem allerdings die dem Aufschweißen folgende Verformung unterbleibt. Hierbei werden Plättchen aus hochlegierten Stählen, z.B. Schnelldrehstählen oder Hartmetallen, in Schweißhitze bei etwa 1200° unter Beifügung von Schweißpulver auf Schäfte eines unlegierten Stahles, der meist 0,7% C enthält, aufgelegt und durch Anpressen verbunden. Bei Spiralbohrern ist es üblich, zur Einsparung der teueren hochlegierten Stähle nur den Spiralteil aus Schnelldrehstahl anzufertigen und einen Schaft aus unlegiertem Stahl durch Stumpfschweißung anzusetzen.

---

[1] Esser, H.: Arch. Eisenhüttenw. Bd. 4 (1930/31) S. 199/206.

h) Schwarzbruch in Kohlenstoffstählen.

Eine besondere Erscheinung bei hochgekohlten Werkzeugstählen ist der sog. Schwarzbruch. Beim Brechen eines geglühten hochgekohlten Werkzeugstahles beobachtet man manchmal an Stelle eines hellen kristallinen Bruches einen dunklen bis schwarzen, der sich nicht immer über den ganzen Querschnitt erstreckt, sondern meistens auf bestimmte Zonen beschränkt ist. Wegen des dunklen Aussehens der Bruchfläche bezeichnet man diese Erscheinung als Schwarzbruch.

Sehr oft kann man an der Anordnung des Schwarzbruches noch den Einfluß der Verschmiedung deutlich erkennen. Dabei kann es vorkommen, daß manchmal der innere Schmiedekern weiß bricht (Abb. 184a), in anderen Fällen umgekehrt nur der innere Schmiedekern schwarz ist, während die übrige Bruchfläche das normale Aussehen erkennen läßt (Abb. 184b, äußerster Rand weiß).

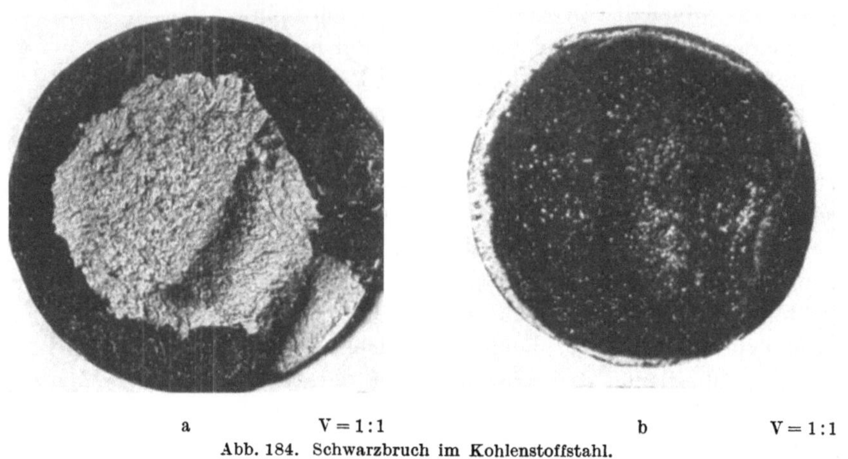

a   V = 1:1   b   V = 1:1

Abb. 184. Schwarzbruch im Kohlenstoffstahl.

Die Entstehung des Schwarzbruches beruht auf dem Auftreten von elementarem Kohlenstoff im Stahl in Form von Graphit bzw. Temperkohle (Abb. 185). Das Vorhandensein von elementarem Kohlenstoff in Stählen mit höherem Kohlenstoffgehalt von 0,9—1,6% bei tiefem Siliziumgehalt (etwa 0,2%) ist nicht ohne weiteres verständlich, da die Umsetzung des Eisen-Karbid-Systems in das Eisen-Graphit-System bei derartigen Legierungen außerordentlich langsam verläuft. In Übereinstimmung mit dem trägen Verlauf der Umsetzung in das Eisen-Graphit-System steht die Tatsache, daß Schwarzbruch gewöhnlich erst nach langem Glühen im Temperaturgebiet von 760 bis 800° auftritt. Gleichbedeutend mit einer langen Glühung ist sehr langsame Abkühlung durch das betreffende Temperaturgebiet. Vorbedingung zur rascheren Einstellung des Systems Eisen-Graphit bzw. zum Zerfall des Zementits ist, daß bereits Graphitkeime im Stahl vorhanden sind oder von außen hineingetragen werden. Die ersten, den weiteren Verlauf beschleunigenden Keime können verschiedene Entstehungsursache haben. Während F. Rapatz und H. Pollack[1] glauben, daß bei längerem Glühen eines Stahles dicht unterhalb seiner Ausscheidungstemperatur für Karbide geringe Mengen von Temperkohle zur Ausscheidung gebracht werden, die als Keime wirken,

---

[1] Stahl u. Eisen Bd. 44 (1924) S. 1509/14.

soll nach E. Maurer[1] vor allem die Glühatmosphäre durch ihren Gehalt an Kohlensäure und Kohlenoxyd evtl. auch Kohlenwasserstoffen und die hierdurch erfolgte Ablagerungsmöglichkeit von Kohlenstoff begünstigend auf die Keimbildung wirken, also eine Art Keimbildung durch äußere Einflüsse eintreten Nach den Erfahrungen des Verfassers hängt das Auftreten von Schwarzbruch vielfach mit dem Stahlherstellungsverfahren zusammen. Die Tatsache, daß Schwarzbruch besonders häufig bei Tiegelstahl beobachtet werden konnte, während bei Elektrostahl diese Erscheinung bei gleicher Zusammensetzung kaum auftritt, deutet darauf hin, daß die Graphitkeime beim Tiegelstahl bereits aus der Tiegelwandung des Graphittiegels stammen könnten. Bei Versuchen, reine Eisen-Kohlenstoff-Legierungen im Elektroofen, insbesondere auch im Hochfrequenzofen, herzustellen, kann ebenfalls beobachtet werden, daß beim Aufkohlen mit Graphitkohle (Elektrodenkohle) eine Neigung zu Schwarzbruch entsteht, die fehlt, wenn man zur Aufkohlung weißes Roheisen benutzt.

Gleichzeitig zeigt sich, daß bei Stählen, die nach dem Aufkohlen zwecks Beseitigung von Graphitkeimen überhitzt wurden, auch die Gefahr des Schwarzbruches vermindert wird.

Stähle, die geringe Graphitkeime aufweisen, brauchen noch nicht die genannten Erscheinungen des Schwarzbruches zu zeigen, vielmehr sind die Graphitkeime nur Vorbedingung, die endgültige Ausscheidung erfolgt durch kritische Glühung. Von besonders ungünstigem Einfluß sind außerdem Verformungen im kritischen Temperaturbereich. Das typische Schwarzbruchaussehen erhält man durch Schmieden bei niedrigen Temperaturen, bei denen nicht nur vorhandene

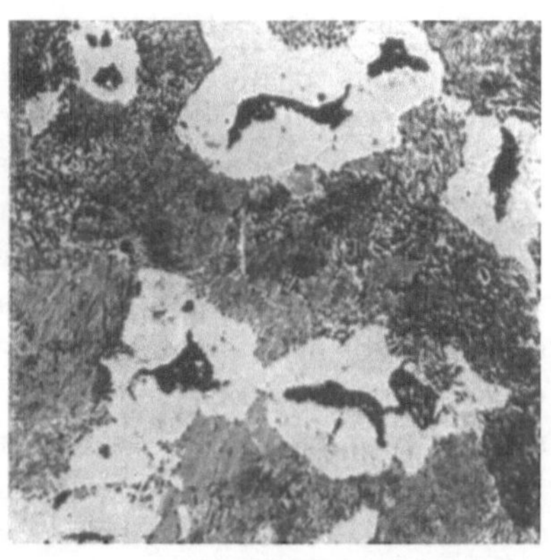

V = 200

Abb. 185. Gefüge von schwarzbrüchigem Kohlenstoffstahl mit 1% C.

Temperkohle schlecht in Lösung geht, sondern auch noch weitere Ausscheidungen erfolgen können. Durch die Streckung beim Schmieden zeigt dann der Bruch das für Schwarzbruch typische samtartige Aussehen. Bei genügender Streckung reicht schon ein Gehalt von 0,12% freiem Kohlenstoff zur Erzeugung von Schwarzbruch aus. Das Auftreten von in der Bruchfläche erkennbarem Schwarzbruch ist somit abhängig von der vorhandenen Temperkohlenmenge und dem Reckgrad. Metallographische Schliffe von schwarzbrüchigen Stählen lassen sich meist sehr schlecht polieren; die Schlifffläche wird durch die Graphitausscheidungen trübe.

Das verschiedenartige Aussehen schwarzbrüchiger Stähle, nämlich schwarzer Kern bei hellem Rand und umgekehrt heller Kern bei schwarzem Rand, kann durch Temperaturverschiedenheiten beim Schmieden erklärt werden. Durch Erwärmen in das Gebiet der festen Lösung allein gelingt es bei reinen Kohlenstoffstählen nicht ohne weiteres, den gesamten Kohlenstoff wieder in die feste Lösung zu bringen und die Graphitkeime zu beseitigen. Hierzu ist es erforderlich, daß man auf sehr hohe Temperatur erwärmt und gleichzeitig durchschmiedet. Auf diese Art kann man bei Stählen mit Schwarzbruch die genannten

---

[1] Kruppsche Mh. Bd. 4 (1923) S. 117/19; s. hierzu jedoch Abschnitt „Wasserstoff" S. 926.

Erscheinungen wieder vollkommen beseitigen. Andererseits kann man durch Erniedrigung der Schmiedetemperatur wiederum das Auftreten des Schwarzbruches begünstigen.

Die Erklärung der verschiedenen Erscheinungsformen ist demnach verhältnismäßig einfach. Hat das zu Schwarzbruch neigende Material beim Schmieden eine solche Temperaturverteilung, daß der Kern heißer ist als der Rand, was bei einem sich abkühlenden Stück sehr leicht möglich ist, so wird der Kern hell, der Rand dunkel. Erfolgt dagegen die Erwärmung des Stückes rasch, so daß der Kern die Außentemperatur nicht erreicht, so kann der umgekehrte Fall beobachtet werden. Für die Unterschiede zwischen Rand und Kern können außerdem noch Seigerungen verantwortlich gemacht werden. Manche Unterschiede im Bruchaussehen sind vielleicht auch als reine Brecherscheinungen infolge verschiedener Brechgeschwindigkeit zu denken, ohne daß Unterschiede im Temperkohlegehalt der verschiedenen Zonen zu bestehen brauchen. Begünstigend für das Auftreten von Schwarzbruch können Silizium, Wolfram und Kobalt sein, während andererseits Chrom und Mangan entgegengesetzt wirken. Bei Anwesenheit größerer Gehalte von Elementen, die den Karbidzerfall fördern, wie z. B. bei mehr als 1% Si, ist das Vorhandensein von Graphitkeimen zur schnellen Ausbildung von Schwarzbruch nicht erforderlich.

Reine, möglichst manganarme Eisen-Kohlenstoff-Legierungen lassen sich auch bei ganz geringen Kohlenstoffgehalten durch sehr langes Glühen mehr oder weniger in das stabile Eisen-Graphit-System überführen. Hierzu sind allerdings sehr erhebliche Glühzeiten erforderlich, wie sie bei technischen Prozessen nicht vorkommen. Praktisch besteht also eine Schwarzbruchgefahr für derartige Legierungen nicht. Die Graphitisierung beim Glühen unterhalb A_1 soll hierbei durch Tonerdekeime begünstigt werden; ihre Geschwindigkeit kann somit auch mit der Art der Erschmelzung und Desoxydation zusammenhängen[1].

Praktische Anwendung temperkohlehaltigen Stahles. Auf dem Gebiet des Gußeisens macht man seit langem davon Gebrauch, Eisen-Kohlenstoff-Legierungen, die nach dem Karbidsystem erstarrt sind, durch Glühen graphitisch zu machen. Entsprechend diesem unter dem Namen Temperguß bekannten Gußeisen ist in letzter Zeit auch die Verwendung von getemperten, d. h. schwarzbrüchigen geschmiedeten Stählen vorgeschlagen worden[2]. Der Zweck, der mit einem derartigen Stahl erzielt werden soll, ist die Verbindung der Eigenschaften von gehärtetem Stahl einerseits und graphitischem Gußeisen andererseits. Grauguß hat sich stets durch gute Gleiteigenschaften ausgezeichnet bewährt. Die Ursachen für die guten Gleiteigenschaften des Gußeisens (siehe Zylinderbüchsen in Verbrennungskraftmaschinen, Lagerbetten von Werkzeugmaschinen usw.) beruhen auf seinem Gehalt an Graphit und der dadurch bedingten gewissen Porosität. Bricht man ein Stück Grauguß, das längere Zeit von Öl benetzt war, so wird man feststellen, daß die Oberflächenschichten dieses Gusses etwas mit Öl durchtränkt sind, wodurch eine gewisse Schmierwirkung auch beim gelegentlichen Versagen der Ölzufuhr gewährleistet ist, abgesehen davon, daß auch Graphit selbst als Schmiermittel für aufeinander gleitende metallische Flächen wirkt.

---

[1] Austin, C. R., u. M. C. Fetzer: Amer. Inst. min. metallurg. Engrs., Techn. Publ. Nr. 1228 (1940); Metals Techn. Bd. 7 (1940) Nr. 6.

[2] Bonte, F. R., u. M. Fleischmann: Metal Progr. Bd. 31 (1937) Nr. 4 S. 409/13.

Bei der Herstellung eines schwarzbrüchigen Stahles, den man auch als getemperten Schmiedestahl bezeichnen könnte, verfolgt man die Absicht, ebenfalls einen Teil des Kohlenstoffs in Graphit umzuwandeln, während der zur Härtung erforderliche Teil des Kohlenstoffs in karbidischer Form erhalten bleibt. Im gehärteten Zustand weisen derartige Stähle in der Oberfläche ein martensitisches Gefüge auf, in dem in regelmäßiger Verteilung Temperkohle eingebettet ist. Bei der Verwendung derartiger Werkstoffe, z. B. als Zieheisen, ergeben sich in manchen Fällen günstigere Schmierbedingungen und damit geringere Reibung zwischen Zieheisen und zu verformendem Metall. Hierdurch wird unter Umständen eine längere Lebensdauer des Werkzeuges gewährleistet. Bei der Verwendung temperkohlehaltigen Stahles für die Herstellung wechselbeanspruchter Konstruktionsteile könnte man außerdem einen gewissen Vorteil auf Grund der höheren Dämpfungsfähigkeit erwarten, die diesem Werkstoff ähnlich wie dem Gußeisen eigen ist.

Zur Herstellung eines gleichmäßig schwarzbrüchigen Stahles bedient man sich nicht mehr einer reinen Eisen-Kohlenstoff-Legierung. Man macht vielmehr von der graphitisierenden Wirkung des Siliziums als Legierungselement Gebrauch. Trotzdem es sich hier also bereits um legierte Stähle handelt, beruht ihre Anwendung auf dem Vorhandensein des Schwarzbruches, und ihre Erwähnung dürfte daher an dieser Stelle zweckmäßig erscheinen. Die Zusammensetzung, die man für einen derartigen Stahl auswählt, kann z. B. folgende sein: etwa

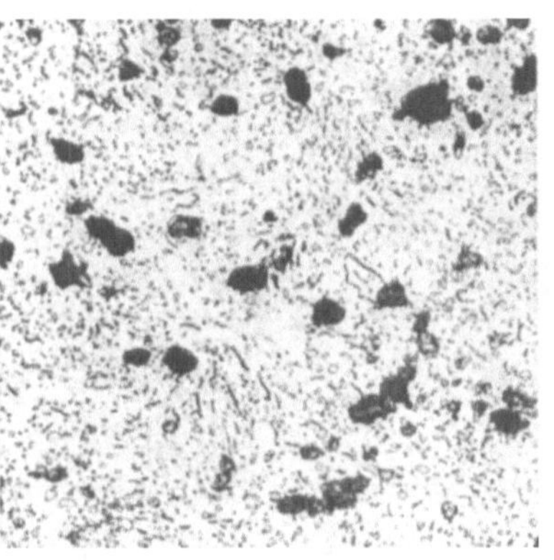

V = 500

Abb. 186. Gefügeaussehen eines Graphitstahles im geglühten Zustand.

1,6% C, 1,2% Si, 0,5% Mn. Soll der betreffende Stahl später ölhärtbar sein, so kann er außerdem noch andere Legierungselemente, z. B. Molybdän, bisweilen auch Nickel oder Kupfer enthalten. Die Graphitisierung erfolgt durch Glühen des fertig geschmiedeten Stahles bei 950°. Wie Zahlentafel 31 zeigt, ist die erzielte Höhe des Graphitgehaltes ziemlich unabhängig von der Glühdauer und beträgt etwa 0,7%. Wie aus derselben Zahlentafel hervorgeht, erhöht sich dieser Graphitgehalt noch etwas durch das Weichglühen bei 760°

Zahlentafel 31. Graphitgehalt eines Stahles mit 1,62% C und 1,16% Si nach verschiedenen Wärmebehandlungen.

Glühbehandlung zur Graphitisierung	Graphitgehalt	Brinellhärte	Graphitgehalt	Brinellhärte
	nach Graphitisierung		nach Normalisierung von 850° und anschl. Weichglühung bei 760° mit Ofenabkühlung	
950° 1 Std.	0,72%	288	0,86%	187
950° 2 Std.	0,73%	296	0,90%	187
950° 5 Std.	0,66%	302	0,90%	187

zwecks Erzielung günstiger Bearbeitbarkeit. Der in graphitischer Form vorliegende Kohlenstoffgehalt beträgt dann etwa 0,9%. Nach Härtung von 760° lassen sich noch Härten von 63—64 Rockwell-C erzielen. Infolge des vorhandenen

Siliziumgehaltes härtet der Stahl in Querschnitten von 30 mm² bei Härtungstemperatur von 760° 7—8 mm tief ein, bei Härtungstemperaturen von 760 bis 800° gänzlich durch. Die gleichmäßige Graphitverteilung in einem solchen Werkstoff zeigt Abb. 186. Die Verwendung derartiger Stähle ist allerdings auf wenige Sonderfälle beschränkt geblieben.

2. Baustähle.

Die Beeinflussung der Festigkeitseigenschaften von Stahl im weichgeglühten Zustand durch Kohlenstoff zeigt Abb. 187. Auffallend gering ist der Einfluß von Kohlenstoff als kugeliger Zementit auf die Streckgrenze. Die Höhe der letzteren wird hauptsächlich durch den Ferrit bestimmt. Erst feinere Karbidverteilung (streifiger Perlit, Sorbit usw.) bringt eine stärkere Steigerung der Streckgrenze hervor.

Im Walzzustand ist die Festigkeit außer vom Kohlenstoffgehalt auch von der Walzendtemperatur und von der Abkühlungsart abhängig. Da die Abkühlungsgeschwindigkeit nicht nur von den Abkühlungsbedingungen (Außentemperatur, Kühlbett, Abkühlung in Asche), sondern auch von der Abmessung bedingt wird, ist es

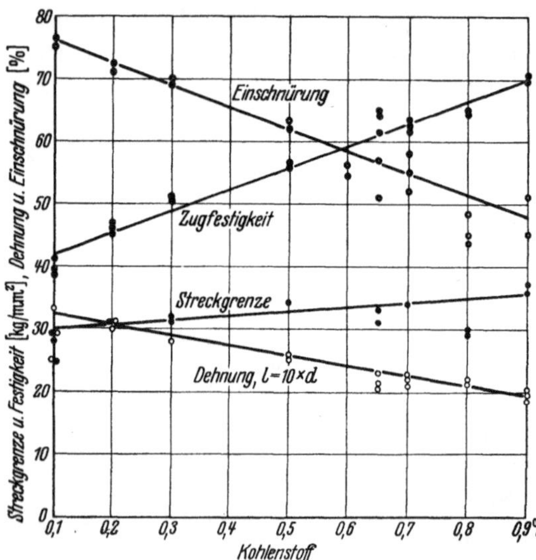

Abb. 187. Festigkeitseigenschaften weichgeglühter Kohlenstoffstähle in Abhängigkeit vom Kohlenstoffgehalt.

Zahlentafel 32. Festigkeitseigenschaften von Kohlenstoffstählen im Walzzustand bei verschiedenen Knüppelabmessungen.

C %	Si %	Mn %	Knüppelabmessung mm	Streckgrenze kg/mm²	Festigkeit kg/mm²	Dehnung $(l=10\,d)$ %	Einschnürung %	Kerbzähigkeit 3·3·16 mkg/cm²
0,08/0,14	0,10/0,15	0,50/0,70	20— 40	27	42	30	60	15
			40— 80	25	40	30	62	15
			80—175	23	39	30	64	15
0,28/0,33	0,15/0,35	0,50/0,70	13— 56	35	55	22	50	10
			61—110	32	54	22	48	8
			115—160	30	53	23	48	6
0,38/0,43	0,15/0,35	0,50/0,70	12— 64	40	65	17	43	7
			68—115	32	62	18	41	4
			120—155	36	62	19	39	4
0,48/0,53	0,15/0,35	0,50/0,70	6— 60	40	74	14	35	4
			65— 90	38	72	16	32	3
			100—150	35	71	15	27	2
0,58/0,63	0,15/0,35	0,50/0,70	13— 30	42	85	11	20	3
			55— 68	40	83	11	16	2
			135—180	38	81	12	18	2

selbstverständlich, daß die Festigkeitseigenschaften je nach den Abmessungen im Walzzustand verschieden sein müssen. Die ungefähre Beeinflussung der Festigkeitseigenschaften durch Kohlenstoff bei verschiedenen Abmessungen gibt Zahlentafel 32 (S. 224) wieder. Praktisch kann man für die Verwendung als Baustähle drei Gruppen unterscheiden:

a) Vergütungsstähle;
b) Einsatzstähle;
c) verschiedene Flußeisensorten.

Auf die Verwendung von Kohlenstoffstählen im Walzzustand wird, soweit sie zu den Sonderstählen gezählt werden können, in der letztgenannten Gruppe eingegangen.

a) Vergütungsstähle.

Die üblichen Kohlenstoff-Vergütungsstähle haben die in der Zahlentafel 33 gekennzeichneten Zusammensetzungen und werden in der Hauptsache mit den dort angegebenen Festigkeitswerten verwendet. Das Vergütungsschaubild eines derartigen Stahles bei Wasser- und Ölvergütung ist in Abb. 166 gezeigt worden.

Die erzielbaren Eigenschaften wechseln mit dem Querschnitt der betreffenden Stücke. Da die kritische Abkühlungsgeschwindigkeit der Kohlenstoffstähle groß ist, muß insbesondere das Verhältnis von Streckgrenze zu Festigkeit bei größeren Querschnitten und milderen Vergütungsarten erheblich abfallen. Die Umwandlung erfolgt bei größeren Querschnitten ($>$40 mm Durchmesser) im Kern selbst bei Wasserablöschung stets in der Perlitstufe.

Im Abschnitt Werkzeugstähle ist die Bedeutung der Korngröße für die gehärteten unlegierten Werkzeugstähle besonders hervorgehoben worden. Auch bei den Kohlenstoff-Vergütungsstählen ist die Frage von Bedeutung, ob ein Stahl eine hohe Korngröße hat, also überhitzungsempfindlich, oder feinkörnig, d. h. überhitzungsunempfindlich ist. Die überhitzungsempfindlichen Stähle härten bei der Vergütung stärker durch und ergeben daher bessere und gleichmäßigere

Zahlentafel 33. Zusammensetzung und Verwendung von Kohlenstoff-Vergütungsstählen.
(Bezeichnung und Zusammensetzung entnommen den deutschen Werkstoffnormen (DIN 1661) und den amerikanischen SAE-Normen.)

Markenbezeichnung in den Normen	C %	Si %	Mn %	P %	S %	Zustand	Zugfestigkeit kg/mm²	Dehnung $l=5d$ %	Streckgrenze kg/mm²	Verwendungszwecke
St C 25.61 SAE 1025	etwa 0,25	$<$0,35	$<$0,8	$<$0,04	$<$0,04	geglüht vergütet	42—50 47—55	über 27 „ 24	über 24 „ 28	Wellen, Schrauben, Scheiben, Achsen, Hebel, Gestänge, Trommelwellen
St C 35.61 SAE 1035	etwa 0,35	$<$0,35	$<$0,8	$<$0,04	$<$0,04	geglüht vergütet	50—60 55—65	über 23 „ 22	über 28 „ 33	Spindeln, Bolzen, Muttern, Kupplungsscheiben, Polkerne, Kurbelwellen, Schubstangen, Hebel, Achsen, Kurbelzapfen
St C 45.61 SAE 1045	etwa 0,45	$<$0,35	$<$0,8	$<$0,04	$<$0,04	geglüht vergütet	60—70 65—75	über 19 „ 18	über 34 „ 39	Kurbelwellen, Seitenwellen, Steuerwellen, Brennstoffpumpenkörper, Steuerschnecken, Schaltstangen, Federbolzenwellen

Vergütungseigenschaften, wenn auch ihre Zähigkeitseigenschaften unter Umständen um ein Geringes hinter einem feinkörnigen Stahl zurückbleiben. Die Überhitzungsempfindlichkeit wirkt also hier im Sinne einer Legierung und gestattet es, unter Umständen höhere Festigkeitseigenschaften zu erzielen. Beim Vergüten von Kurbelwellen von etwa 60—80 mm Durchmesser gelang es nur unter Verwendung eines grobkörnigen Stahles mit 0,45% C und 0,7% Mn die gewünschte Festigkeitseigenschaft von mindestens 75 kg/mm² zu erreichen, während dies mit feinkörnigen Schmelzungen nicht mehr der Fall war. Abgesehen von diesen Überlegungen bei der Wärmebehandlung spielt die Frage der Körnigkeit für die Bewährung des Stahles im vergüteten Zustand keine Rolle, wenigstens sind dem Verfasser keine Untersuchungen und keine Ergebnisse der Praxis bekannt, in denen nach sachgemäß vorgenommener Vergütung die Bewährung oder Nichtbewährung irgendwie von der Korngröße abhängig gewesen wäre.

Für den größten Teil der Baustähle liegt die obere Kohlenstoffgrenze bei etwa 0,5%; nur für einzelne besondere Zwecke wird dieser Kohlenstoffgehalt noch überschritten. Diese besonderen Verwendungsgebiete sind: Federstähle, Gewehrlaufstähle, Seildrähte usw. Eine Übersicht über die gebräuchlichen Kohlenstoff-Federstähle und deren Eigenschaften gibt Zahlentafel 34.

Zahlentafel 34.
Analysen und Festigkeitswerte von einigen sauren Kohlenstoff-Federstählen.

C	Si	Mn	P	S	Streckgrenze kg/mm²	Festigkeit kg/mm²	Dehnung % $L=5d$	Härtungsart
%	%	%	%	%	im gehärteten Zustande			
etwa 0,45	<0,30	0,45—0,75	<0,050	<0,050	etwa 110	>130	etwa 7	Wasser
0,65—0,75	<0,30	0,45—0,75	<0,050	<0,050	„ 120	>135	„ 6	Öl
0,95—1,15	<0,30	0,45—0,75	<0,050	<0,050	„ 120	>140	„ 5	Öl
etwa 0,45	0,20—0,30	0,50—0,70	<0,035	<0,035	„ 120	>135	„ 6	Wasser
0,95—1,15	0,20—0,30	0,50—0,70	<0,035	<0,035	„ 120	>140	„ 5	Öl

Verwendung finden diese Kohlenstoff-Federstähle hauptsächlich infolge der englischen Vorschriften für Federstahl, die in der ganzen Welt Verbreitung gefunden haben. Ihre Herstellung erfolgt laut Abnahmevorschrift meist im sauren Siemens-Martin-Ofen. Für hochwertige Automobil- und Eisenbahnfedern haben sich aber in den letzten Jahren meist legierte Federstähle (s. unter Silizium, Mangan usw.) eingebürgert.

Einen anderen Verwendungszweck stellt der weitverbreitete Gewehrlaufstahl dar, dessen Zusammensetzung und Eigenschaften aus Zahlentafel 35 hervorgehen. Der hohe Kohlenstoffgehalt dieser Stähle begründet den erhöhten Widerstand gegen Verschleiß, der für diesen Verwendungszweck erforderlich ist. Der Verschleiß eines normalen Infanteriegewehrlaufes entsteht

Zahlentafel 35. Zusammensetzungen und Festigkeitswerte von einigen Kohlenstoff-Gewehrlaufstählen.

C %	Si %	Mn %	P %	S %	Streckgrenze kg/mm²	Festigkeit kg/mm²	Dehnung $L=5d$ %	Einschnürung %
0,50	0,25	0,55	je unter	0,03	40	∾70	15	45
0,60	0,25	0,55	„ „	0,03	50	∾75	15	45
0,70	0,40	0,65	„ „	0,03	55	∾85	15	45

durch die hohe Beanspruchung beim raschen Gleiten des Geschosses durch die Züge. Bei den modernen Maschinengewehren mit hoher Schußfolgezahl spielt sich diese Verschleißbeanspruchung nicht mehr bei Raumtemperatur ab; sie kommen vielmehr beim Gebrauch bis in den Temperaturbereich der Dunkelrotglut. Eine derartige Beanspruchung würde außer einem durch eingelagerte Karbide erreichbaren Verschleißwiderstand eigentlich die Verwendung hochwarmfester Stähle voraussetzen. Da aber je nach dem Beanspruchungsverhältnis die Temperaturen auch bis 700° ansteigen können, bei denen selbst legierte warmfeste Stähle erweichen und andererseits die Wärmeleitfähigkeit durch die Legierung meist etwas herabgesetzt wird, hat sich trotzdem der einfache Kohlenstoff-Gewehrlaufstahl auch für diese Zwecke vielfach behauptet. Auch bei diesem Stahl können durch Vergüten von hohen Temperaturen und Erzielung eines gewissen Grobkornes die Warmeigenschaften noch etwas verbessert werden (vgl. S. 198).

Ein ganz großes Anwendungsgebiet haben die Kohlenstoffstähle für Erzeugnisse, die durch Kaltwalzen oder -ziehen auf dünne Abmessungen weitgehend verfeinert werden. Daß dieses große Anwendungsgebiet den mehr oder weniger unlegierten Kohlenstoffstählen vorbehalten bleibt, dürfte nicht zuletzt darauf zurückzuführen sein, daß möglichst schwach legierte Kohlenstoffstähle sich durch Glühen und Warmbehandlung leicht in einen Zustand höchster Verformbarkeit und Ziehfähigkeit bringen lassen.

Auf dem Gebiet der Bandstähle sind in diesem Zusammenhang erwähnenswert: Rasierklingen-Bandstahl, Tuchscherenmesser, Uhr- und Grammophonfedern. Wenn auch für Rasierklingen heute vielfach leicht legierte Stähle mit karbidbildenden Elementen, wie Chrom, in Gehalten bis zu etwa 0,5% Verwendung finden, so wird ein großer Teil doch auch noch aus reinen Kohlenstoffstählen mit etwa 1—1,3% C hergestellt. Auf die notwendige Sorgfalt bei der Verarbeitung zwecks Erzielung möglichst feiner gleichmäßig verteilter Karbide ist auf Seite 212 bereits hingewiesen worden. Bei Tuchscheren-Bandstahl ist es erforderlich, ein Material zu wählen, das möglichst frei von irgendwelchen Legierungselementen ist, die die Zusammenballung von Karbiden erschweren, da ein solcher Bandstahl trotz seines Kohlenstoffgehaltes von etwa 1,0—1,1% im geglühten Zustand starken Kaltbiegeoperationen, deren Biegewinkel bis 180° betragen, unterworfen werden muß, bevor dann die erforderliche Schlußhärtung vorgenommen wird. Ein ganz besonderes Anwendungsgebiet ist die Anwendung von kalt gewalzten Bändern aus Kohlenstoffstahl für Uhr- und Grammophonfedern. Diese werden aus kalt gewalztem Bandstahl gehärtet. Es werden sehr hohe Anforderungen an solche Federn gestellt; ihre Festigkeit nach dem Härten und Anlassen beträgt 190—210 kg/mm², sie dürfen dabei aber nicht spröde sein. Dies bedingt höchste Sorgfalt bei der Herstellung des Stahles und bei der Verarbeitung. Bereits geringfügige Oberflächenverletzungen des möglichst sauber gewalzten oder sogar polierten Bandstahles geben Veranlassung zu Dauerbrüchen (Abb. 188). Aber auch für diesen Verwendungszweck gebraucht man bereits in steigendem Maße einen legierten Silizium-Mangan-Stahl mit 0,6% C, 1,2% Si, 1,2% Mn[1].

---

[1] Poellein, H.: Mitt. Kais.-Wilh.-Inst. Eisenforsch. Bd. 19 (1937) S. 247/72; siehe auch A. Pomp u. H. Poellein: Ebenda Bd. 11 (1929) S. 155/84; Arch. Eisenhüttenw. Bd. 3 (1929/30) S. 223/31.

Ganz große Mengen Kohlenstoffstahl werden auch heute noch als verfeinerte Drahtprodukte auf den Markt gebracht[1]. Erwähnenswert sind hier besonders die Stähle für Seildrähte, Klaviersaitendrähte, Federdrähte usw. Die Anforderungen, die an Seildrähte gestellt werden, sind: höchstmögliche Tragfähigkeit, also höchste Festigkeit, bei genügender Zähigkeit (Biegefähigkeit, Torsionsfähigkeit). Diese Eigenschaften lassen sich durch normale Härtung bzw. Vergütung nicht erzielen. Durch die übliche Härtung kann man zwar die bei Seildrähten vorgeschriebene Festigkeit bis über $300\ \mathrm{kg/mm^2}$ erreichen, doch sinkt die Formänderungsfähigkeit und Zähigkeit des Materials dann stark ab. Ebenso würde es schwer halten, nur durch Kaltziehen des weichgeglühten Stahles eine Verfestigung auf die genannte Höhe herbeizuführen, ohne das Material zu überziehen. Günstiger werden die Verhältnisse beim Ziehen, wenn man sich die gute Verformbarkeit des feintroostischen bis sorbitischen Gefüges und dessen

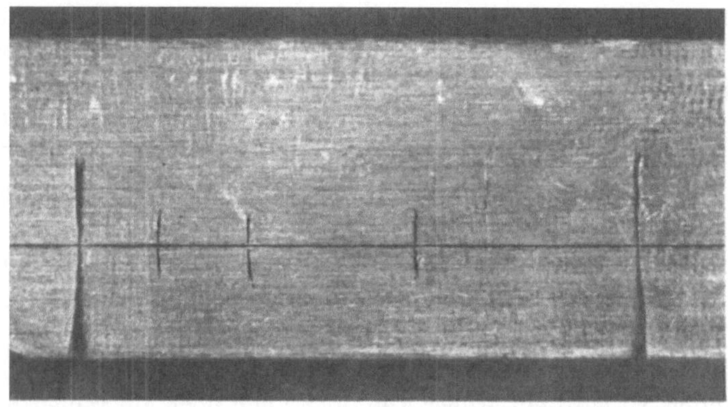

nat. Gr.

Abb. 188. Auslösung von Dauerbrüchen durch Kerbwirkung riefenartiger Oberflächenverletzungen an Federbandstahl. [Nach Houdremont und Bennek: Stahl u. Eisen Bd. 52 (1932) S. 653/62].

höhere Festigkeitseigenschaften als Grundlage für den Kaltreckungsprozeß zunutze macht, also Vergütung und Kaltrecken anwendet. In der Praxis wird die Vergütung des Stahldrahtes in Form einer Stufenvergütung vorgenommen. Der Stahldraht wird aus dem Gebiet der festen Lösung in einem Bleibad von etwa 500° abgelöscht. Das Ablöschen erfolgt entweder durch Eintauchen der einzelnen Drahtringe, in der Drahtindustrie als „Zementieren" bezeichnet, oder durch Durchlaufen des Drahtes aus dem Härteofen in ein Bleibad (Durchziehofen, Patentieren). An Stelle des Durchziehens durch Blei wendet man heute aus Gründen der Bleiersparnis vielfach Salzbäder oder auch eine Luftpatentierung an, bei der die Drähte aus einem auf entsprechender Temperatur stehenden Ofen durch einen Luftstrom abgekühlt werden. Für die erzielbaren Eigenschaften ist die Ablöschtemperatur sowie die Temperatur des Abkühlmittels von Einfluß. Das Patentierverfahren ergibt die größere Gleichmäßigkeit der Wärmebehandlung und somit die gleichmäßigeren Eigenschaften nach erfolgter Kaltreckung und Fertigstellung der Drähte.

Da die Temperatur von 500° an der unteren Grenze der Perlitumwandlung liegt und in diesem Temperaturgebiet die Umwandlungsgeschwindigkeit verhältnismäßig gering ist, kommt der genauen Temperatur des Bleibades und der

---

[1] Pomp, A.: Stahldraht; Verlag Stahleisen, Düsseldorf 1941.

Zeit, die der Stahl im Bleibad verbleibt, eine gewisse Bedeutung zu. Allzu kurzes Verweilen bei zu tiefer Temperatur ergibt infolge unvollkommen verlaufender Umwandlungen ungünstiges Gefüge und somit verschlechterte Eigenschaften (ungleichmäßige Torsion. Biegezahlen usw.). Wandelt der Stahl sich nicht vollständig bei Bleibadtemperatur um, so läuft die Umwandlung bei der nachfolgenden Luftabkühlung in der Martensitstufe zu Ende. An Stelle des angestrebten gleichmäßigen Vergütungsgefüges erhält man noch Martensitreste (Abb. 189). Derartige Martensitreste machen sich häufig nicht erst in der Torsions- oder Biegeprobe, sondern schon beim Weiterziehen durch Abreißen bemerkbar. Die Stahlzusammensetzung — besonders die Höhe des Mangan- und

Siliziumgehaltes — beeinflußt ebenfalls die Umwandlungsgeschwindigkeit im Bleibad; daher müssen ihr Zeit und Temperatur beim Patentieren angepaßt werden. Die Erwärmungstemperaturen vor dem Patentieren werden in den verschiedenen Ziehereien je nach der vorliegenden Erfahrung und der zu verarbeitenden Stahlqualität verschieden hoch gewählt. Man findet Temperaturen von 850 bis annähernd 1000°. Die Beziehungen zwischen Stahlqualität und Temperatur ergeben sich aus dem Zusammenhang mit der Überhitzungsempfindlichkeit, d. h. der Neigung zum Kornwachstum des betreffenden Stahles. Ein gröberes Korn im Augenblick der Ablöschung im Bleibad ergibt eine gleichmäßigere Vergütung, gleichzeitig erleichtert ein gröberes Korn im vergüteten Zustand die nachfolgende Kaltverformung. Feinkörnige. nicht überhitzungsempfindliche Stähle vergütet man

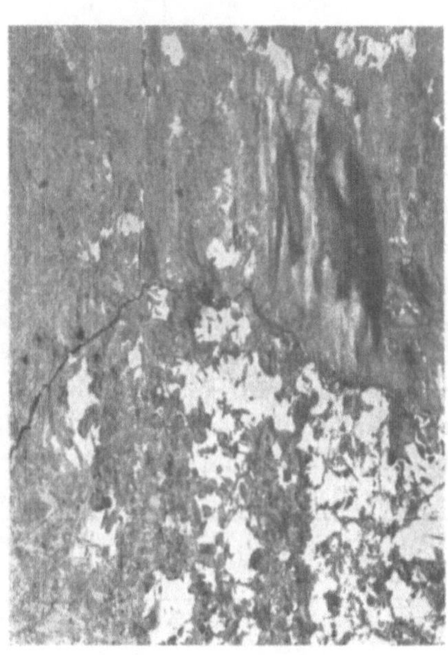

V = 250

Abb. 189. Martensit im Patentierungsgefüge als Ursache für schlechte Ziehbarkeit bzw. Überziehungserscheinungen (Rißbildung).

daher zweckmäßig von höherer Temperatur als überhitzungsempfindlichere Stähle, die bereits bei tieferen Temperaturen ein entsprechendes Kornwachstum aufweisen.

Für hochwertige patentierte Drähte ist möglichst Freiheit von kleinen Beimengungen an Legierungselementen erwünscht. 0,1% Cr, Cu, Ni usw. verlangsamen bereits die Umwandlungsgeschwindigkeit des Stahles und sind daher beim Patentieren vielfach unerwünscht, es sei denn, daß man dieser verlangsamten Umwandlungsgeschwindigkeit Rechnung trägt. Hiermit erklärt sich zum Teil der gute Ruf schwedischen Stahles für derartige Zwecke, der stets neu aus reinen Eisenerzen ohne stärkere Verunreinigung durch legierten Schrott hergestellt wird.

Da die Güte der Patentierung für die Ziehfähigkeit von ausschlaggebender Bedeutung ist. muß gerade bei hochbeanspruchten Drähten viel Sorgfalt auf sie verwandt werden. Nur bei einwandfreier Ziehfähigkeit wird es gelingen, Drähte mit tadelloser Oberfläche zu erzeugen. Die Oberflächenbeschaffenheit ist aber bekanntlich bei Wechselbeanspruchung von um so größerem Einfluß,

Zahlentafel 36. Fabrikationsgang eines 2,7 mm-Seildrahtes.

C %	Si %	Mn %	P %	S %	Zustand	Draht-durch-messer mm	Festig-keit kg/mm²	Dehnung 200 mm Meßlänge %	Ein-schnürung %	Ver-drehung 200 mm Meßlänge	Biegungen über 10 mm Radius
0,80	0,21	0,33	0,022	0,026	Walzdraht						
					geglüht	7,0	71	12	50	14	5
					gezogen	6,3	79,5	4,5	45,5	14	3
					„zementiert"	6,3	96	6	45	18	5
					gezogen	5,6	110	3	40	6	7
					patentiert	5,6	130	7,5	47	10	6
					gezogen	4,8	146	3,3	47	18	8
					„	4,2	154	3,5	52	20	10
					„	3,7	164	3,0	52	28	15
					„	3,1	185	3,0	50	30	22
					„	2,7	201	2,5	47	35	22

je höher die Festigkeit des Stahles ist; ihre Auswirkungen sind bei Drahtseilen, die vielfach über Rollen gebogen werden, bei Federn und auch bei Klaviersaiten (Klangreinheit) nicht zu unterschätzen. (Es sei hier noch erwähnt, daß „Klaviersaitendraht" heute die allgemeine Bezeichnung für hartgezogenen Draht mit bester Oberflächenbeschaffenheit ist.)

Den Herstellungsgang und die Eigenschaften eines Seildrahtes von 2,7 mm Stärke zeigt Zahlentafel 36. Die Zusammensetzung und einige Eigenschaftswerte von Stählen für Seildrähte bringt Zahlentafel 37. Wie man hieraus ersieht, erfahren bei fallendem Kohlenstoffgehalt die Mangangehalte eine gewisse Erhöhung.

Zahlentafel 37. Seildrähte.

Chemische Zusammensetzung						Verwendungsgebiet
C %	Si %	Mn %	P %	S %	P + S %	
0,70/0,80	∞0,15	∞0,30	max 0,025	max 0,025	0,040	Förderseile für höchste Festigkeit (über 180 kg/mm²)
0,60/0,80	∞0,25	∞0,50	∞0,040	∞0,040	—	Halteseile, Schiffsseile für mittlere Festigkeit (über 150 kg/mm²)
0,20/0,40	∞0,30	∞0,50/0,80	—	—	—	Befestigungsseile für niedrige Festigkeit (über 120 kg/mm²)

Hart gezogene Drähte finden vielfach Verwendung zur Herstellung von Federn. Die Federn, wie z. B. Ventilfedern für Automobilmotore, werden aus dem patentierten und auf hohe Festigkeit gezogenen Draht kalt gewickelt. Da aber das Kaltziehen auf hohe Festigkeit bei dem immer härter werdenden Draht sehr leicht zu Riefenbildung und Oberflächenverletzungen bei den letzten Ziehoperationen oder auch sogar beim Wickeln der Federn führt und derartige Verletzungen die Dauerfestigkeit wesentlich (bis zu 40%) vermindern, geht man zur Herstellung von hochwertigen Ventilfedern heute andere Wege. Hochwertiger riefenfreier Walzdraht, dessen Walzoberfläche einer besonderen Kontrolle unterworfen, oder der nach dem Fertigwalzen spitzenlos geschliffen worden ist, wird auf die erforderliche Federfestigkeit von 140—150 kg/mm² vergütet

und im vergüteten Zustand zur Feder gewickelt. Die Sorgfalt der Federher-
stellung — Vermeiden von Riefen und Oberflächenverletzungen — beschränkt sich

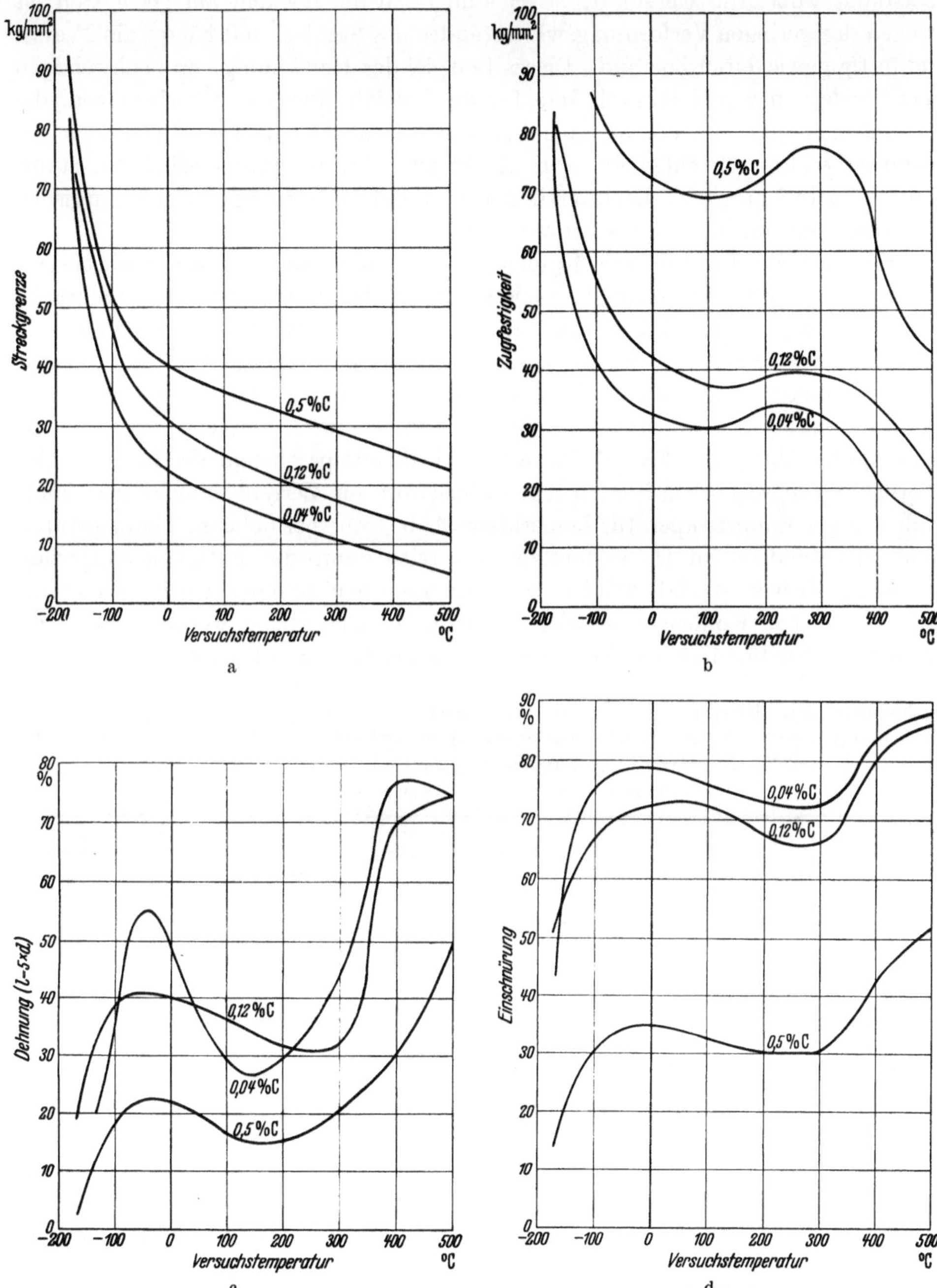

Abb. 190. Einfluß des Kohlenstoffgehaltes auf die Festigkeitseigenschaften geglühter Kohlenstoffstähle bei
tiefen und hohen Temperaturen. [Nach P. Goerens u. R. Mailänder: Forsch. Ingenieurwes. Heft 295. Berlin:
VDI-Verlag (1927) S. 18/34.]

in diesem Falle auf die Wickeloperation selbst. Verwendung findet ein Stahl
mit 0,6—0,7 % C bei etwa 0,6 % Mn oder mit 0,8—0,9 % C bei etwa 0,3 % Mn.

Der sicherste Weg zur Vermeidung von Oberflächenfehlern ist folgender: Man wickelt aus Draht mit sehr hochwertiger Oberfläche die Feder im geglühten Zustand, wobei die Gefahr der Verletzungen beim Wickeln am geringsten ist wegen des geringen Verformungswiderstandes des Stahles, und härtet die Federn im fertig gewickelten Zustand. Dieses Beispiel der Herstellung von hochwertigen Ventilfedern mag ein Hinweis sein für die Vielfältigkeit der Überlegungen, die erforderlich sind, um hochwertige Erzeugnisse aus verhältnismäßig einfach zusammengesetzten Stählen auf den Markt zu bringen. Daß hierbei die Stahlqualität selbst möglichst hochwertig und einwandfrei in bezug auf metallurgische Reinheit sein muß, ist selbstverständlich.

Für das Verhalten der Kohlenstoff-Baustähle bei hohen und tiefen Temperaturen sind einige Beispiele schon im Abschnitt „Vergüten" gebracht worden. Ergänzend sei hier erwähnt, daß Kohlenstoff als Legierungselement in sonst unlegierten Stählen in dieser Hinsicht keine andere Wirkung ausübt, als aus seinem Einfluß auf die Festigkeitseigenschaften bei Raumtemperatur richtungsmäßig zu erwarten ist. Bis zu Temperaturen von etwa 400° macht sich die Erhöhung der Festigkeitswerte und die entsprechende Verringerung der Formänderungseigenschaften durch Kohlenstoff im Zerreißversuch noch ähnlich wie bei Raumtemperatur bemerkbar (Abb. 190); bei höheren Temperaturen und insbesondere im Dauerstandversuch tritt dann die festigkeitssteigernde Wirkung zurück, so daß die Unterschiede zwischen Stählen des im Baustahlgebiet üblichen Kohlenstoffgehaltes verhältnismäßig gering werden. Bei 500° wird man bei im üblichen Verfahren hergestellten normalisierten Kohlenstoff-

Zahlentafel 38. Einfluß der Korngröße auf die Festigkeitseigenschaften bei Raumtemperatur und auf die Dauerstandfestigkeit eines Stahles mit 0,37% C, 0,31% Si, 0,67% Mn, 0,021% P, 0,028% S. [Nach W. Enders: Mitt. Kais.-Wilh.-Inst. Eisenforsch. Bd. 16 (1934) S. 159/67.]

Wärmebehandlung	Korngröße	Dauerstandfestigkeit* bei 500°	Streckgrenze kg/mm²	Zugfestigkeit kg/mm²	Dehnung (10 $x\,d$) %	Einschnürung %
				bei Raumtemperatur		
Normalisiert	sehr fein	4,2	34,9	62,0	22,6	56
1 Std. 1050° Kieselgur	fein-mittel	6,9	33,6	63,2	16,7	43
1 Std. 1200° „	grob**	9,5	34,1	64,2	12,2	36
1 Std. 1300° „	grob**	10,5	33,6	66,2	14,2	39

Zahlentafel 39. Einfluß des Herstellungsverfahrens auf die Festigkeitseigenschaften bei Raumtemperatur und auf die Dauerstandfestigkeit von Kohlenstoffstählen gleicher Zusammensetzung.

Herstellungsverfahren	Zusammensetzung					Wärmebehandlung	Dauerstandfestigkeit* bei 500° kg/mm²	Streckgrenze kg/mm²	Zugfestigkeit kg/mm²	Dehnung (10 $x\,d$) %	Einschnürung %
	C %	Si %	Mn %	P %	S %				bei Raumtemperatur		
Normal desoxydiert	0,32	0,20	0,62	0,01	0,014	870°/Luft	5,3	35	55,4	24	62
Stark mit Al behandelt	0,31	0,16	0,58	0,01	0,013	870°/Luft	3,8	34	53,8	28	68
						1150°/Luft	8,3	34	56,0	26	63

* Nach V. D. Eh.   ** Widmannstättensche Struktur.

stählen mit 0,1—0,5% C mit einer Dauerstandfestigkeit nach V. D. Eh. (siehe S. 705) von rund 3—10 kg/mm² rechnen können. Bei Stählen, denen zur Erhöhung der Dauerstandfestigkeit weitere Legierungselemente, wie Chrom, Mo-

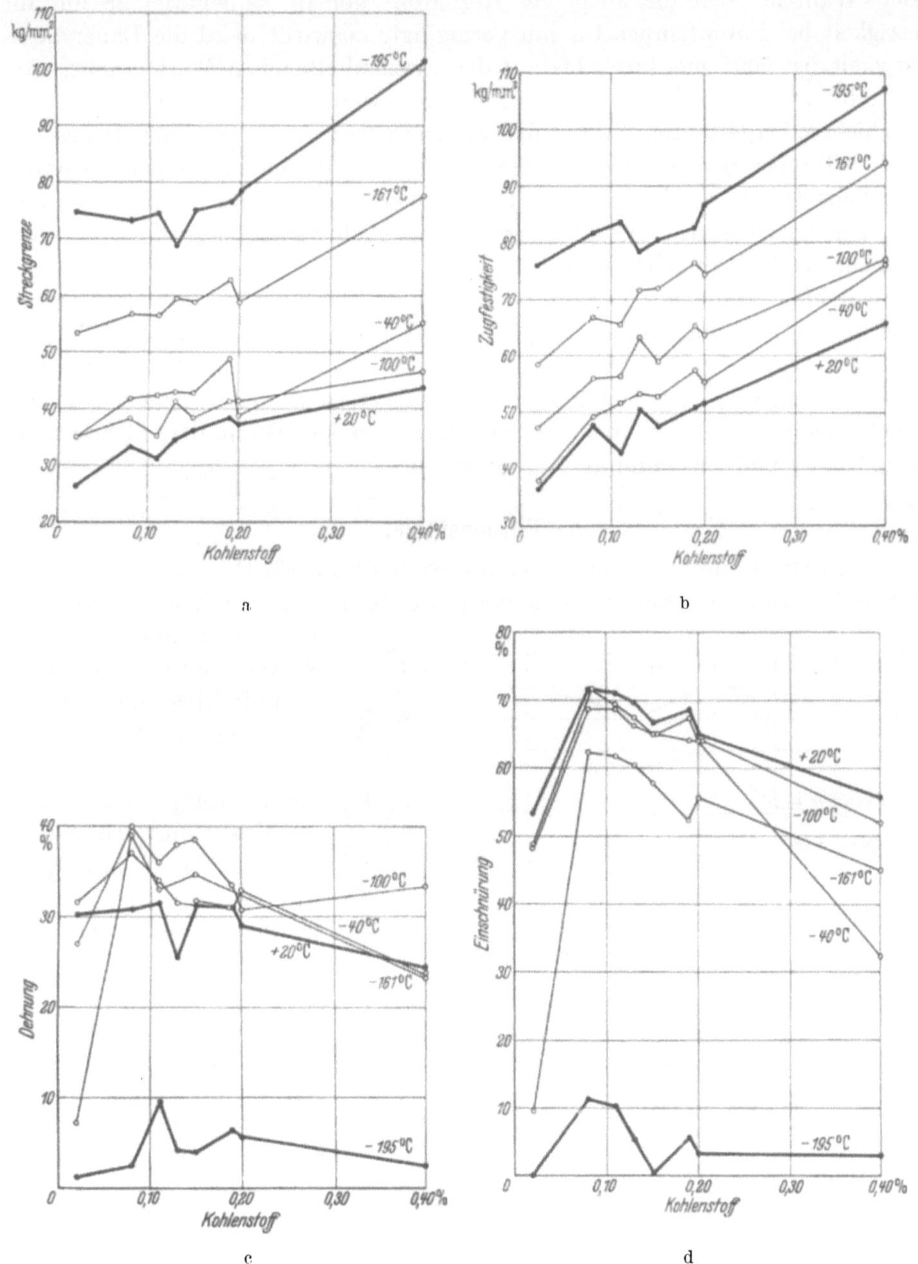

Abb. 191. Einfluß des Kohlenstoffgehaltes auf die Festigkeitseigenschaften bei tiefen Temperaturen. (Nach G. Gruschka: Forsch. Ing.-Wes. Heft 364. Berlin: VDI-Verlag 1934.)

lybdän u. a. zugesetzt wurden, wird bisweilen bei Vergütung auf gleiche Kaltfestigkeit eher ein verschlechternder Einfluß des Kohlenstoffes auf die Dauerstandfestigkeit beobachtet. Im unlegierten Stahl verschwindet sein Einfluß praktisch gegenüber anderen Faktoren, wie insbesondere den Herstellungsbedingungen und des Gefüges (s. S. 198). Als Beispiel hierfür zeigt Zahlentafel 38 und 39 (S. 232) die Wirkung einer Überhitzung bzw. verschiedener Desoxydation. Während sich die steigende Korngröße gemäß Zahlentafel 38 auf die Festigkeit bei Raumtemperatur nur geringfügig auswirkt, wird die Dauerstandfestigkeit bei 500° hierdurch bis auf den zweieinhalbfachen Wert erhöht. Andererseits weisen die beiden in der Zusammensetzung praktisch gleichen, aber verschieden hergestellten Stähle der Zahlentafel 39 nach Normalisierung von gleicher Temperatur verschiedene Korngrößen und damit auch erheblich unterschiedliche Dauerstandfestigkeit auf; durch Vergröberung des Kornes wird aber auch hier die Dauerstandfestigkeit des ursprünglich weniger warmfesten Stahles um mehr als das Doppelte erhöht.

Auch hinsichtlich des Verhaltens bei tiefen Temperaturen übt Kohlenstoff keine andere Wirkung aus als bei Raumtemperatur (vgl. Abb. 190 u. 191); insbesondere tritt sein Einfluß auf die Lage des Steilabfalls der Zähigkeitseigenschaften gegenüber den Herstellungsbedingungen und der Wärmebehandlung zurück. Es genügt daher, hier auf die entsprechenden Abschnitte, insbesondere „Vergütung" und „Aluminium" zu verweisen.

b) Einsatzstähle.

Als Einsatzstähle finden praktisch nur Stähle bis 0,3% C Verwendung. Über die Durchführung der Einsatzhärtung ist bereits in dem vorangegangenen Kapitel über die technische Anwendung des Eisen-Kohlenstoff-Diagramms Näheres gesagt worden.

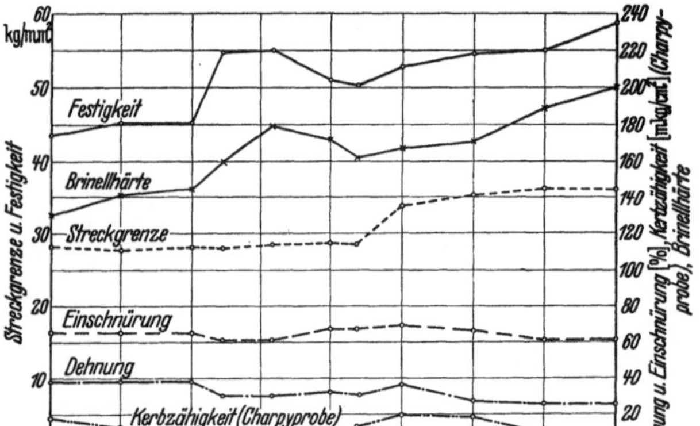

Je nach der Höhe des Kohlenstoffgehalts und den Querschnittsabmessungen sind die Kernfestigkeiten nach der Einsatzhärtung verschieden. Für Querschnitte von 60 mm gibt Zahlentafel 40 (S. 235) die Festigkeitseigenschaften für verschiedene Kohlenstoffgehalte mit Angabe des Verwendungszwecks wieder. Bei weichen Flußeisensorten muß darauf hingewiesen werden, daß die erzielte Festigkeit im Kern in starkem Maße abhängig ist vom Kohlenstoffgehalt sowie von der Abschrecktemperatur. Da bei diesen Stählen die Haupthärtewirkung nur vom Kohlenstoffgehalt kommt und im Ferrit bereits einige hundertstel Prozent Kohlenstoff gelöst bleiben, wird sich ein Unterschied zwischen 0,1 und 0,15% C sehr stark auswirken müssen, da für die Härtung im letzteren Falle ungefähr die doppelte Menge an Kohlenstoff zur Verfügung steht. Bei 780° Ablöschtemperatur bilden sich im Kern nur einzelne Martensitinseln, entsprechend den

Abb. 192. Einfluß der Ablöschtemperatur auf die Festigkeitseigenschaften von Stahl mit 0,15% C. [Nach B. Jones u. N. Gray: ref. Stahl u. Eisen Bd. 58 (1938) S. 953/54.]

vorhandenen Perlitflächen, während bei hoher Ablöschtemperatur ein gleichmäßiges Härtungsgefüge erreicht wird (s. Abschnitt Einsatzhärtung S. 177).

In den Festigkeitseigenschaften prägt sich die Ablöschtemperatur, abgesehen von der erreichten Härte, auch noch in den Zahlen für Streckgrenze, Dehnung, Einschnürung usw. aus. Abb. 192 zeigt, daß beim Überschreiten des A_1-Punktes ein verhältnismäßig starker Anstieg von Härte und Festigkeit stattfindet. Dieses ist auf die Härtung der in Austenit umgewandelten kohlenstoffreichen Perlitinseln zurückzuführen, die nach dem Härten in Form von Martensitinseln mit wegen ihres hohen Kohlenstoffgehaltes hoher Härte in einer ferritischen Masse eingebettet liegen. Da die Streckgrenze, d. h. der Beginn des Fließens, durch die Menge des Ferrits mitbestimmt wird, steigt sie entsprechend nicht so sehr an, und es ergeben sich hier Stähle mit verhältnismäßig hoher Festigkeit im Vergleich zur Streckgrenze. Bei leicht legierten Stählen kann diese Erscheinung in noch schärferem Maße beobachtet werden. Infolge der Anwesenheit der harten Martensitinseln wird die Verformungsfähigkeit vermindert, was in den Kurven für Einschnürung, Dehnung und Kerbzähigkeit zum Ausdruck kommt. Im Bereich der Härtetemperatur zwischen A_1 und A_3 nimmt die Härte nur wenig zu, um in der Nähe von A_3, wo der Kohlenstoffgehalt über die gesamte Grundmasse verteilt wird, einen Mindestwert anzunehmen. Entsprechend sinkt die Festigkeit und es steigen die Werte für die Verformungsfähigkeit. Oberhalb A_3 tritt mit steigender Erwärmungstemperatur und wachsender Korngröße wieder eine Zunahme der Härte und Festigkeit auf.

Um bei unlegierten Einsatzstählen die besten Zähigkeitseigenschaften im

Zahlentafel 40. Zusammensetzung und Verwendung von Kohlenstoff-Einsatzstählen (Abmessung $60 \boxplus \times 200$ mm³). (Bezeichnung und Zusammensetzung entnommen den deutschen Werkstoffnormen (DIN 1661) und den amerikanischen SAE-Normen.)

Markenbezeichnung in den Normen	C %	Si %	Mn %	P %	S %	Zustand	Zug-festigkeit kg/mm²	Dehnung $l = 5d$ % im Kern	Streck-grenze kg/mm²	Verwendungszwecke
St C 10.61 SAE 1010	0,06/0,13	<0,35	<0,5	<0,04	<0,04	normal geglüht zementiert und wassergehärtet	etwa 38 „ 50	über 30 „ 26	über 21 „ 35	Bolzen, Schrauben, Naben, Räder, Gabeln
St C 16.61 SAE 1015	0,13/0,20	<0,35	<0,5	<0,04	<0,04	normal geglüht zementiert und wassergehärtet	etwa 42 „ 60	über 28 „ 22	über 23 „ 40	Treib- und Kuppelzapfen, Exzenterwellen, Nockenwellen, Kolbenbolzen, Federbolzen, Gleitbahnen
SAE 1020	0,18/0,25	<0,35	<0,5	<0,04	<0,04	normal geglüht zementiert und wassergehärtet	etwa 45 „ 80	über 25 „ 20	über 25 „ 45	Räder für Pumpensteuerung, Kugellager, Wellen, Zapfen

Kern zu erzielen, wird zweckmäßig die Doppelhärtung angewandt; bei langsamer Abkühlung im Zementationskasten weisen diese Stähle sonst, falls sie nicht durch metallurgische Maßnahmen auf Feinkörnigkeit behandelt wurden, ein verhältnismäßig grobkörniges Gefüge auf. Bei Behandlung auf Feinkörnigkeit muß man andererseits berücksichtigen, daß hierdurch zwar bessere Kornfeinheit und Zähigkeit auch bei einfacher Härtung erreicht wird, hingegen die Härtefähigkeit selbst eine Verschlechterung erfährt, so daß man unter Umständen gezwungen ist, zu schärferen Ablöschmitteln, wie Salzwasser usw., zu greifen. So ist auch hier die Frage der Verwendung eines überhitzungsempfindlichen oder überhitzungsunempfindlichen Stahles mehr eine Frage der Anpassung der Härtung als eine grundsätzliche Voraussetzung für spätere Betriebsbewährung, die bei einwandfreier Behandlung in beiden Fällen gleich sein dürfte.

Die Einsatztiefen der Kohlenstoffstähle schwanken je nach dem Verwendungszweck zwischen einigen Zehntel bis zu mehreren Millimetern. Als allgemeine Regel kann gelten, daß Teile, die nur auf Verschleiß beansprucht sind, kleinere Einsatztiefen erhalten können als solche, bei denen noch Druckbeanspruchungen hinzukommen. Die Ablöschung erfolgt bei allen Kohlenstoffstählen in Wasser, nur in Ausnahmefällen, z. B. bei sehr dünnen Abmessungen usw., in Öl.

c) Verschiedene Flußeisensorten.

Die Herstellung und Verwendung der verschiedenen handelsüblichen Flußeisensorten fällt unter das Gebiet der Massenstähle; sie werden normalerweise nicht zu den Sonderstählen gerechnet. Die Zusammensetzung und die Festigkeitseigenschaften einiger solcher besonders häufig verwendeter Stähle sind in Zahlentafel 41 (S. 237) wiedergegeben. Die immer weiter vordringende Erkenntnis über den Einfluß kleinster Beimengungen auf die Eigenschaften von Eisenlegierungen und die steigenden Anforderungen, die für bestimmte Verwendungszwecke gestellt werden, lassen aber vielfach auch das Gebiet des Flußeisens zu einem Sondergebiet werden. Diese Vielseitigkeit der Verwendung unlegierter Flußeisensorten erfordert eine weitgehende Anpassung der Schmelzführung an den Verwendungszweck; hierfür seien im Rahmen dieses Buches nur einige Beispiele herausgegriffen.

In der Emailliertechnik hat sich herausgestellt, daß ein Eisen mit möglichst geringen Siliziumgehalten, aber auch ziemlich niedrigem Mangangehalt (unter 0,3%) besonders gute Haftfähigkeit für Emailleschichten hat. Die Herstellung erfolgt als unruhiges Flußeisen, das nur im letzten Augenblick eine gewisse Beruhigung mit Aluminium oder Zirkon erfahren kann.

Beim Verzinken macht sich die Anwesenheit von Silizium ebenfalls in ungünstigem Sinne bemerkbar. Infolgedessen ist man gezwungen, für Teile, die verzinkt werden sollen, den Siliziumgehalt so tief wie möglich zu halten.

Bei Material für Röhren bestimmen wiederum die Festigkeitseigenschaften die Zusammensetzung des Stahles. Wegen der Forderung großer Weichheit, die z. B. an Siederohre gestellt wird, sind auch hier hohe Siliziumgehalte nicht erwünscht. Da bei tiefen Siliziumgehalten das Vergießen des Stahles meist unruhig erfolgt, andererseits aber unruhiges Material infolge seiner Ungleichmäßigkeit in der geseigerten Kernzone einen geringeren Gütegrad darstellt, fällt die

Zahlentafel 41. Unlegierte Baustähle nach DIN 1611.

Bezeichnung	Zug-festigkeit kg/mm²	Bruchdehnung (Mindestwert) $l=5\cdot d$ %	$l=10\cdot d$ %	Streckgrenze kg/mm² (für die Abnahme nicht bindend) (Mindestwert)	C %	Si %	Mn %	Pn %	S %	Eigenschaften
St 00.11	Der Stahl darf weder kalt- noch rotbrüchig sein. d. h. die Proben müssen sich im warmen und kalten Zustande bis zum rechten Winkel biegen lassen bei einer Ausrundung. deren Halbmesser gleich der doppelten Probedicke ist									
St 37.11	37–45	25	20							Übliche Thomas- oder SM-Güte. Schweißt nicht immer gut und zuverlässig
St 34.11	34–42	30	25	19	~0,12	Sp.	0,35–55	max. 0,06	max. 0,06	Einsetzbar. Feuerschweißbar
St 42.11	42–50	25	20	23	~0,25	~0,25	max. 0,80	„ 0,06	„ 0,06	Noch einsetzbar, wenn Kern bereits hart sein darf. Schwer feuerschweißbar
St 50.11	50–60	22	18	27	~0,35	~0,25	„ 0,80	„ 0,06	„ 0,06	Nicht für Einsatzhärtung bestimmt. Kaum feuerschweißbar. Wenig härtbar
St 60.11	60–70	17	14	30	~0,45	~0,25	„ 0,80	„ 0,06	„ 0,06	Härtbar. Vergütbar
St 70.11	70–85	12	10	35	~0,60	~0,25	„ 0,80	„ 0,06	„ 0,06	Härtbar. Vergütbar

Kesselbleche, nach VGB-Vorschrift (Vereinigung der Großkesselbesitzer).

Bezeichnung	Zugfestigkeit kg/mm²	Bruchdehnung (Mindestwert) %	Probe-abmessung	Kerbzähigkeit mkg/cm² bei Flußstahl geglüht	bei alterungsgeringem Werkstoff geglüht	gealtert	C %	Si %	Mn %
Kesselblechsorte I	35–44	27–22	bei Probequerschnitten bis 500 mm²	10	12	9	0,09–0,13	< 0,15	0,40–0,55
Kesselblechsorte II	41–50	24–18		8	10	8	0,14–0,18	< 0,25	0,45–0,60
Kesselblechsorte III	44–53	22–18		6	9	7	0,20–0,24	0,15–0,30	0,45–0,60
Kesselblechsorte IV	47–56	20–18		5	8	6	0,24–0,28	0,15–0,30	0,50–0,65

Herstellung einer guten, ruhig vergossenen, aber tief silizierten Röhrenqualität unbedingt in das Gebiet der Sonderstähle der Herstellung und erfordert eine besondere Erfahrung sowohl in der Stahlerschmelzung als im Vergießen. Auf das ebenfalls als Sonderstahl zu bezeichnende alterungssichere Flußeisen, das, wie Zahlentafel 41 (S. 237) zeigt, u. a. als Sonderqualität für Kesselbleche Verwendung findet, wird später im Abschnitt Stickstoff näher eingegangen.

In gewissem Sinne als „Sonderstahl" könnte man auch zahlreiche Sorten unruhigen Flußeisens bezeichnen. Es genügt hierfür schon der Hinweis, daß je nach dem Verwendungszweck zwischen einer normal vergossenen unruhigen Flußeisencharge und einer im Ofen oder in der Pfanne vollkommen beruhigten Flußeisenart 6—10 verschiedene halb beruhigte Übergangsformen ausgeführt werden. Durch das Vergießen überoxydierten Stahles entsteht bei der Erstarrung infolge der schnellen Abkühlung an der Kokillenwand eine Abscheidung von sehr reinem Eisen. Auf diese Randschicht folgt dann unter dem Einfluß der Erstarrung und Abkühlung eine Abscheidung von Gasen, die zu dem bekannten Blasenkranz hinter der zuerst erstarrten Randkruste führen (Abb. 193a). Im Innern eines derartigen Flußeisenblocks sammeln sich alle seigernden Bestandteile, wie Phosphor, Schwefel und auch Kohlenstoff an, so daß man auch nach einer Verwalzung und der damit verbundenen Verschweißung der Randblasen noch deutlich die reine Randzone und die innere Seigerungszone erkennen kann (Abb. 194). Für eine einwandfreie Verarbeitbarkeit eines derartigen Materials ist es von größter Wichtigkeit, durch die Schmelz- und Gießbedingungen, insbesondere durch die Menge und Art des Desoxydationsmittels und durch zweckentsprechende Einstellung der Gießtemperatur, die reine blasenfreie Randzone in bestimmter Dicke zu erzeugen. Ein zu weit nach außen liegender Randblasenkranz (Abb. 193b), wie er beispielsweise dann entsteht, wenn der Stahl infolge zu niedriger Gießtemperatur in der Kokille nicht genügend auskochen kann, führt beim Walzen zum Aufreißen der Blockoberfläche und damit zur Schuppenbildung auf den Walzerzeugnissen; bei zu stark überoxydiertem oder zu heiß vergossenem Stahl können andere Störungen auftreten, die ebenfalls zu ungenügender Oberflächenbeschaffenheit führen. Die reine kohlenstoffarme Randzone des unruhigen Stahles ist für viele Verwendungszwecke von Wichtigkeit. Insbesondere bei Tiefziehvorgängen wird durch die hohe Verformbarkeit der reinen Eisenkristalle eine gute Ziehbarkeit des ganzen Werkstücks ohne Einreißen gewährleistet. Aus diesem Grunde werden auch höhergekohlte Stähle bis zu Kohlenstoffgehalten von etwa 0,25% in Ausnahmefällen unruhig vergossen, um trotz der hohen Kernfestigkeit in der Randzone noch eine gute Verformbarkeit und Tiefziehfähigkeit zu haben. Als Beispiel sei die Verwendung eines derartigen Stahles für tiefgezogene Bremstrommeln an Kraftfahrzeugen genannt. Erwähnt sei ferner, daß sich unruhiges Flußeisen auch für maschinelle Schweißung, insbesondere für die Rollennahtschweißung, als besonders geeignet erwiesen hat, weil bei den hohen Schweißgeschwindigkeiten dieses Verfahren offenbar die gute Schweißbarkeit der reinen Randzone besonders zur Geltung kommt. Auch für Zwecke, wo es allein auf größte Weichheit ankommt, wird man unruhig vergossenes, niedrig gekohltes Flußeisen verwenden, weil schon durch den Zusatz der zur Desoxydation erforderlichen Metalle, insbesondere des Siliziums, eine gewisse Härtesteigerung hervorgerufen wird. Auf die Verwendung von weichem Flußeisen möglichst

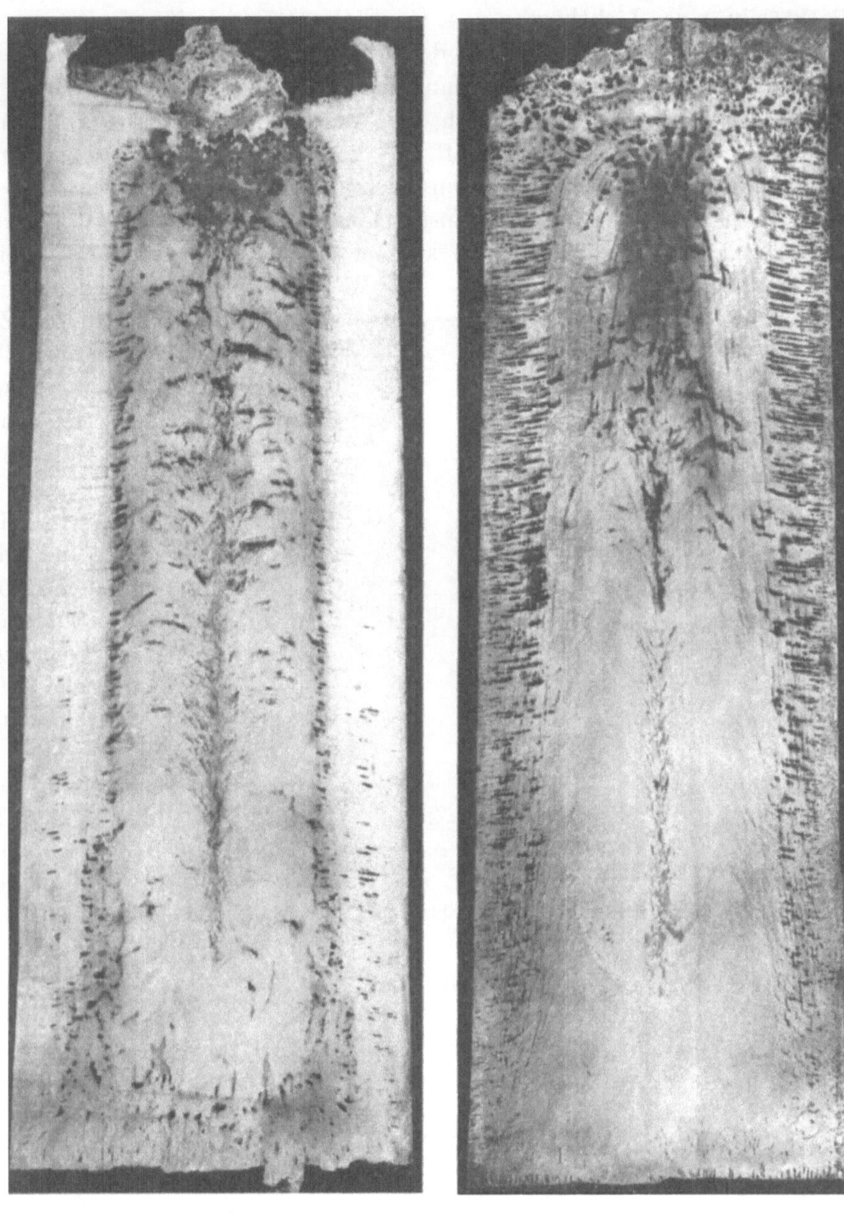

a   b

Abb. 193. Längsschnitte durch 5 t-Blöcke aus kohlenstoffarmem, unruhigem Flußeisen.

hoher Reinheit für physikalische Zwecke wird in dem entsprechenden Abschnitt noch eingegangen.

Sonderstähle sind auch diejenigen unlegierten Flußeisensorten, die zur Herstellung von Schweißstäben für die Autogen- und Elektroschweißung dienen. Bei diesen Werkstoffen sind die Herstellungsbedingungen von erheblichem Einfluß auf das Verhalten des Drahtes beim Niederschweißen, insbesondere für einen klaren, schlackenfreien Fluß bzw. für ein gutes Aufsteigen der Schlacke, für die Stabilität des Lichtbogens u. a. m. Einige Beispiele für die Zusammensetzung und die Verwendungsgebiete derartiger Legierungen zeigt die Zahlentafel 42 (S. 241). Hierbei ist die Grundanalyse des Drahtes nicht allein von ausschlaggebender Bedeutung. Durch die verschiedenartigsten Umhüllungen kann ein und derselbe Drahtwerkstoff für die mannigfachsten Verwendungszwecke geeignet gemacht werden. Durch die Umhüllung kann nicht nur das Schweißverhalten, sondern auch die Zusammensetzung des niedergeschmolzenen Schweißgutes beeinflußt werden. So können je nach Art der aufgebrachten Umhüllung aus den Grunddrähten 3 und 4 der Zahlentafel 42 umhüllte Elektroden mit Schweißeigenschaften und erreichbaren mechanischen Gütewerten hergestellt werden, die von denen der nackten Drähte sehr verschieden sind. Dünn umhüllte (getauchte oder auch umpreßte) Elektroden ergeben bessere Lichtbogenstabilität und Porenfreiheit; sie sind besonders geeignet für Schweißungen in nicht waagerechter Lage, für Dünnblechschweißungen, für Zwecke, wo höhere Schweißgeschwindigkeit oder Wechselstromschweißbarkeit erforderlich ist,

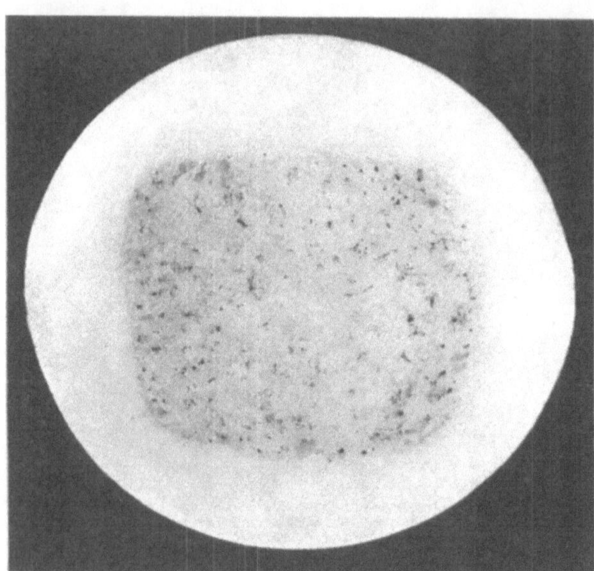

Abb. 194. Seigerungen und verwalzte Blasen im Querschnitt eines Walzstabes aus unruhigem Flußeisen.

u. a. m. Mittelstark oder stark umhüllte (Mantel-) Elektroden, die durch mehrmaliges Tauchen, Umwickeln oder Umpressen hergestellt werden, ergeben außer sehr ruhigem Lichtbogen Schweißnähte besonders guter Dichte und Verformbarkeit, also Eigenschaften, die von hochwertigen Schweißungen verlangt werden. An Stelle einer dünnen Umhüllung können die Schweißdrähte auch mit einer im Innern des Drahtes angeordneten Seele aus nichtmetallischen Bestandteilen versehen werden, die ähnliche Wirkungen wie eine äußere Umhüllung ergibt. Derartige Drähte werden beispielsweise hergestellt, indem man Knüppel oder Blöcke ausbohrt, die Bohrung mit Schlacke füllt und das Material dann zu Draht auswalzt.

Als Sondereisen ist schließlich noch der Schweißstahl zu erwähnen. In früheren Zeiten wurde er ausschließlich im sog. Puddelverfahren gewonnen (Puddelstahl), bei dem die Frischoperation bekanntlich mehr oder weniger im teigigen Zustand vor sich ging. Heutzutage hat man dieses mühselige und unwirtschaftliche Verfahren so gut wie vollkommen verlassen und stellt Schweißstahl nur noch nach zwei anderen Verfahren her. Das eine von ihnen besteht darin, alten Puddelstahlschrott oder auch Flußeisenschrott zu Paketen zusammenzustellen, die dann durch Pressen und Walzen zusammengeschweißt werden. Das zweite Verfahren, das sog. Aston-Verfahren der Fa. A. M. Byers Comp., USA., arbeitet in der Weise, daß ein auf niedrigen Kohlenstoffgehalt verblasenes Bessemer-Roheisen mit einer vorwiegend aus Eisenoxyden bestehenden flüssigen Schlacke so zusammengegossen wird, daß eine Luppe entsteht, aus der dann durch Pressen und Walzen bei Schweißhitze die überschüssige Schlacke wieder herausgepreßt wird.

Zahlentafel 42.

Zusammensetzung und Verwendungsgebiete unlegierter Schweißdrähte.

	Chemische Zusammensetzung					Art der Schweißdrähte	Verwendungszweck
	C %	Si %	Mn %	P %	S %		
1	bis 0,12	0,05	0,3 bis 0,6	bis 0,03	bis 0,03	nackte Schweißdrähte für Gasschweißung	Für Verbindungs-, Dicht- und Auftragschweißungen an St 34 und St 37
2	0,15 bis 0,25	0,08 bis 0,15	0,6 bis 1,0	bis 0,03	bis 0,03	nackte Schweißdrähte für Gasschweißung	Für Verbindungs-, Dicht- und Auftragschweißungen an St 42
3	bis 0,12	Sp.	0,4 bis 0,55	bis 0,03	bis 0,03	nackte Elektroden für elektrische Lichtbogenschweißung (nur für Gleichstrom)	Für Verbindungs-, Dicht- und Auftragschweißungen an St 34 und St 37. Die Schweißnähte sind dabei normalerweise nicht schmiedbar, nur wenig verformbar u. nicht porenfrei[1]
4	0,1 bis 0,14	0,05	0,6 bis 0,85	bis 0,03	bis 0,03	nackte Elektroden für elektrische Lichtbogenschweißung (nur für Gleichstrom)	Für Verbindungs-, Dicht- und Auftragschweißungen an St 42, ferner an St 34 und St 37, wenn hier Schmiedbarkeit der Schweißnähte verlangt wird. Auch solche Schweißungen sind normalerweise nur wenig verformbar und nicht porenfrei[1]

Der Schweißstahl zeichnet sich gegenüber dem Flußeisen durch Freiheit von Seigerungen, Lunkern und Blasen aus, ist aber mit Oxyden (Eisensilikaten) stark durchsetzt. Diese gut verformbaren Einschlüsse führen zu starker „Sehnen"-bildung, die dem Stahl hohe Anbruchsicherheit und geringe Empfindlichkeit gegen Kerbwirkung verleiht und ihn für die Verwendung zu Lasthaken, Stehbolzen, Kupplungen u. ä. besonders geeignet macht. Die Einschlüsse erhöhen ferner die Feuerschweißbarkeit, so daß er sich leicht stumpf-(hammer-)schweißen läßt (z. B. zu Ketten). Da Schweißstahl leicht mit sehr geringen Gehalten an Kohlenstoff und anderen Elementen hergestellt werden kann, zeichnet er sich auch durch eine gewisse Korrosionsbeständigkeit aus. Erwähnt sei ferner noch, daß er bis zu Temperaturen von etwa $-20°$ nur geringen Kerbzähigkeitsabfall aufweist und auch gegen Alterung nicht so stark empfindlich ist wie gewöhnliches Flußeisen.

---

[1] Ähnliche Grunddrähte werden auch für hochwertige umhüllte Elektroden verwendet.

3. Chemisch-physikalische Eigenschaften der Kohlenstoffstähle.

Die Veränderung der chemischen Lösungsfähigkeit, des Wärmeausdehnungs-koeffizienten und des elektrischen Leitwiderstandes in Abhängigkeit vom Kohlenstoffgehalt zeigt Abb. 195. Aus diesen Veränderungen, die durch Zusatz von Kohlenstoff zum reinen Eisen entstehen, lassen sich keine besonderen praktischen Verwendungsmöglichkeiten auf physikalischem und chemischem Ge-biete ableiten. Vielmehr kommen für diese Zwecke hauptsächlich kohlenstoff-ärmste Werkstoffe in Frage, die im Abschnitt „Reines Eisen" bereits behandelt wurden. Von dem guten Leitvermögen niedriggekohlten Flußeisens üblicher Herstellung wird Gebrauch gemacht bei der Verwendung als Draht für Fern-meldeleitungen und für die Stromleitschienen elektrischer Bahnen. Für den ersteren Zweck wird gewöhnlich Thomasstahl verwendet, für den ein Höchst-

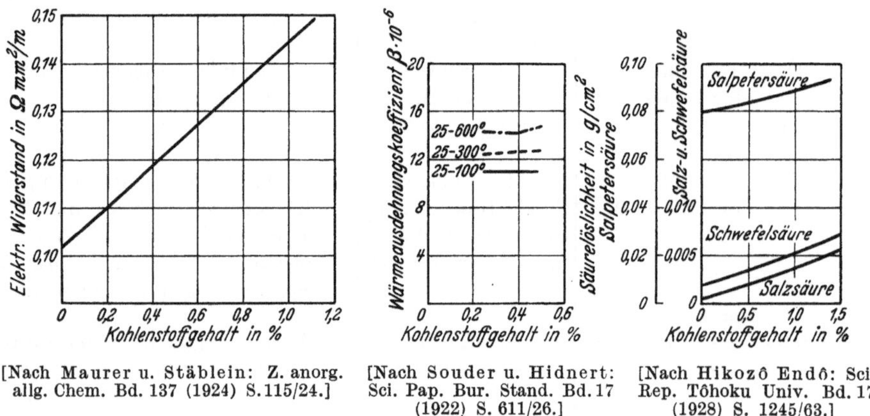

[Nach Maurer u. Stäblein: Z. anorg. allg. Chem. Bd. 137 (1924) S.115/24.]   [Nach Souder u. Hidnert: Sci. Pap. Bur. Stand. Bd. 17 (1922) S. 611/26.]   [Nach Hikozô Endô: Sci. Rep. Tôhoku Univ. Bd. 17 (1928) S. 1245/63.]

Abb. 195. Abhängigkeit des elektrischen Widerstandes, des Wärmeausdehnungskoeffizienten und der Säure-löslichkeit vom Kohlenstoffgehalt.

widerstand von $0,14 \frac{\Omega \cdot \text{mm}^2}{\text{m}}$ bei 20° C vorgeschrieben ist; die Zugfestigkeit im verzinkten Zustande muß 40—70 kg/mm² betragen, wobei die höheren Werte im hartgezogenen Zustand erreicht werden. Auf die Verwendung sehr weichen Flußeisens für elektrochemische Zwecke ist bereits hingewiesen worden (Reines Eisen, S. 39). Diese Stahlsorten müssen sehr niedrige Silizium- und Mangan-gehalte aufweisen (unter 0,3% Mn, unter 0,1% Si).

Eine Verwendung, die Eisen-Kohlenstoff-Legierungen in früheren Zeiten ge-funden hatten, lag auf dem Gebiete des Magnetstahles. Wie bereits in Abb. 55 u. 56 gezeigt, gelingt es, durch Härten von Kohlenstoffstahl die Koerzitivkraft infolge des erreichten martensitischen Zwangszustandes wesentlich zu erhöhen. Derartig gehärtete Kohlenstoffstähle konnten für permanente Magnete Verwendung finden. Sie ergaben eine Koerzitivkraft von 45—50 Oersted bei einer Remanenz von etwa 9000 Gauß entsprechend einem Leistungsprodukt von etwa 400 · 10³. Da durch Zusatz von Legierungselementen, wie Chrom, Wolfram, Kobalt, wesent-liche Verbesserungen der magnetischen Eigenschaften erreicht worden sind, dürfte die Verwendung derartiger Stähle nur noch in Ausnahmefällen stattfinden.

4. Einige Hinweise auf den Einfluß des Kohlenstoffs bei der Stahlherstellung und -verarbeitung.

Bei der Stahlherstellung ist der im flüssigen Eisen gelöste Kohlenstoff deshalb für die Qualität des Erzeugnisses von entscheidender Wichtigkeit, weil er auf Grund seiner starken Affinität zum Sauerstoff mit diesem stärker als das Eisen reagiert und daher im wesentlichen die Sauerstoffaufnahme des Stahles bestimmt. Bei allen Schmelzverfahren, mit Ausnahme des Vakuumschmelzens, ist ja der flüssige Stahl stets dem Einfluß oxydierender Gase, wie Verbrennungsgasen oder Luft, ausgesetzt. Besäße er unter diesen Bedingungen keinen Kohlenstoff, so würde das Eisen selbst weitgehend oxydiert und damit verschlackt, außerdem aber auch stark durch gelösten Sauerstoff verunreinigt. Das erste ist wirtschaftlich unerwünscht. das zweite metallurgisch von Nachteil, da der im Stahl verbleibende Sauerstoff sich dann in Form von oxydischen Verunreinigungen (Einschlüssen) im metallischen Gefüge wiederfinden würde. An sich wären auch andere Elemente, die eine größere Verwandtschaft zum Sauerstoff besitzen als das Eisen, in der Lage, eine Reaktion des Eisens mit dem Sauerstoff weitgehend zu verhindern. Zum Unterschied von Kohlenstoff, der bei Umsetzung mit Sauerstoff im wesentlichen Kohlenoxydgas bildet, würde es bei ihnen zu festen oder flüssigen Reaktionsprodukten kommen, die sich nicht so leicht vom flüssigen Eisen abtrennen würden. Außerdem hat der Kohlenstoff bzw. das aus ihm gebildete Kohlenoxyd noch weitere wichtige Aufgaben. Durch die Gasentwicklung wird nämlich im Stahlbade eine lebhafte Bewegung des Bades („Kochen") hervorgerufen, die den Wärmeübergang von einer heizenden Flamme auf das Bad sehr fördert, ja eine befriedigende Erhitzung des Stahlbades überhaupt erst möglich macht. Gleichzeitig begünstigt die Kochbewegung die Berührung zwischen Stahl und Schlacke, die für den Ablauf der verschiedenen Reaktionen, wie Entphosphorung, Entschwefelung, Manganverteilung u. ä., sowie für den Fortgang der Kohlenstoffverbrennung selbst notwendig ist. Außerdem gibt die Durchspülung des Bades mit Kohlenoxyd die Möglichkeit, im Bade gelöste Gase, wie Stickstoff und Wasserstoff, zu entfernen, ein Vorgang, der anders nur durch Vakuumschmelzen zu erzielen wäre. Bei den Stahlherstellungsverfahren, die auf sog. sauren, d. h. kieselsäurehaltigen Futtern arbeiten, kann der Kohlenstoff bei entsprechenden Temperaturen schließlich auch noch eine Reduktion von Silizium bewirken. Er ermöglicht es auf diese Weise, den Stahl bereits im Ofen so mit Silizium zu legieren, daß in der Pfanne keine Zusätze mehr gemacht zu werden brauchen, die dann wieder zu neuen Reaktionen und damit verbundener Verunreinigung des Stahles führen können. Der Stahl ist vielmehr dann auch mit den sauren Pfannenfuttern und Gießsteinen weitgehend „im Gleichgewicht", zeigt also keine Neigung zur Veränderung mehr. Auch die gute Qualität des im Tiegel erschmolzenen Stahles beruht im wesentlichen auf dieser Wirkung des Kohlenstoffs. Im Elektroofen wird der Kohlenstoff noch unmittelbar, in Form von Holzkohle oder ähnlichem, dazu benutzt, den Eisenoxydulgehalt der Schlacken zu reduzieren, so daß die Schlacken in der Lage sind, weiteren Sauerstoff aus dem Bade herauszulösen, ein Verfahren, das für Herstellung reinsten Stahls besonders wichtig ist, da bei ihm keine Reaktionsprodukte im Stahl entstehen. Als Desoxydationsmittel kann der Kohlenstoff besonders beim Vakuumschmelzen wirken, wo mit steigendem Unterdruck eine immer stärkere Erniedrigung des im Stahl verbleibenden Sauerstoffs eintritt unter Bildung des gasförmigen Kohlenoxyds als Reaktionsprodukt.

Als letztes zur Rolle des Kohlenstoffs bei der Stahlherstellung sei erwähnt, daß der Kohlenstoff bei der Herstellung des „unberuhigten" Stahls noch die Aufgabe erfüllt, durch Gasentwicklung bei der Erstarrung die zuerst erstarrenden und daher sehr reinen Eisenmischkristalle weitgehend von der stärker verunreinigten Restschmelze zu trennen, also sozusagen eine Ausseigerung der reinen Eisenkristalle am Rande der Stahlblöcke zu ermöglichen. So entsteht ein Stahl, der wegen seiner weichen, gut verformbaren Oberfläche in hervorragendem Maße zur Verarbeitung durch Kaltziehen geeignet ist. Außerdem hat die Gasentwicklung hier noch den wirtschaftlichen Vorteil, daß die Blöcke keinen großen Mittellunker haben und daher im Kopf wenig einfallen. Der „verlorene" Kopf wird also eingespart.

Bei der **Stahlverarbeitung** werden die Walz- und Schmiedetemperaturen mit steigendem Kohlenstoffgehalt zu tieferen Temperaturen verschoben. Während es bei weichen Flußeisensorten zur Erzielung guter Oberflächen und Verschweißung vorhandener Blasen in vielen Fällen wichtig ist, die Walz- und Schmiedetemperaturen so hoch wie möglich zu wählen (bis 1300°), würde eine derartige Temperatur bei höher kohlenstoffhaltigen Legierungen zu starken Randentkohlungen und Verbrennungserscheinungen führen. Bei Stählen mit über 0,5% C darf daher die Walztemperatur normalerweise 1200° nicht überschreiten. Auf Seite 125 wurde erwähnt, daß Verbrennungserscheinungen nicht nur auftreten, wenn der Schmelzpunkt des betreffenden Stahles überschritten wird, sondern daß auch bei wesentlich tieferen Temperaturen in sauerstoffreicher Glühatmosphäre verbrennungsähnliche Korngrenzenfixierungen erfolgen können. Derartige Erscheinungen können zwar bei der Weiterverarbeitung von Flußeisen belanglos bleiben, würden aber bei härteren Kohlenstoffstählen mit beispielsweise 1% C von schädlichem Einfluß sein und bei gehärteten Werkzeugen als Fehlstellen im Härtebruch in Erscheinung treten. Da ferner die Diffusionsfähigkeit des Kohlenstoffes in unlegierten Stählen am größten ist, ist hier auch die Gefahr der Entkohlung am stärksten. Infolge dieser Entkohlungsneigung muß die Ofenatmosphäre bei Walzwerks- und Schmiedeöfen, insbesondere beim Erwärmen von kohlenstoffreicherem Halbzeug, entsprechend eingestellt werden, damit schädigende Entkohlungen, die auch nach dem Verwalzen noch auf dem Walzgut vorhanden bleiben, vermieden werden.

Der Formänderungswiderstand in der Wärme wird durch steigenden Kohlenstoffgehalt nicht wesentlich verändert[1]; beim Kaltwalzen und Kaltziehen wächst er entsprechend dem Festigkeitsanstieg mit steigendem Kohlenstoffgehalt. Über die sonstigen Einflüsse des Kohlenstoffgehaltes beim Härten, Glühen usw., ist bereits in den vorigen Abschnitten gesprochen worden.

---

[1] Siehe E. Houdremont u. H. Kallen: Stahl u. Eisen Bd. 47 (1927) S. 826/30.

IV. Legierte Stähle.

A. Systematische Einteilung der Legierungselemente des Eisens.

Versucht man reine Kohlenstoffstähle mit normalem Silizium- und Mangangehalt in Abmessungen von über 200 mm Durchmesser zu härten, so wird man feststellen können, daß jetzt auch bei Anwendung schroffer Ablöschmittel, wie kalten fließenden Wassers oder Salzwassers, nicht immer eine gleichmäßige Härte erzielt werden kann. Infolge des großen Wärmeinhalts derartiger Stücke gelingt es auch in der Randzone nicht mehr mit Sicherheit, die gewünschte kritische Abkühlungsgeschwindigkeit zu erzielen: der Stahl härtet nicht mehr gleichmäßig, fängt an, weiche Flecken aufzuweisen, und bei noch weiterer Erhöhung des Durchmessers hört praktisch die Härtewirkung auf. Da außerdem die Durchhärtung reiner Kohlenstoffstähle sehr schwach ist, wird man z. B. bei Werkzeugen, die höheren Druckbeanspruchungen ausgesetzt sind, nicht mehr mit unlegierten Kohlenstoffstählen auskommen. Es gelten hier bezüglich Beanspruchung und Härtetiefe in etwa die gleichen Überlegungen, wie sie bei der Einsatzhärtung (Einfluß der Einsatztiefe und Kernfestigkeit, S. 179 ff.) besprochen wurden. Um eine weitere Erhöhung der Härtefähigkeit, die einer Verringerung der kritischen Abkühlungsgeschwindigkeit gleichkommt, zu erzielen, ist man gezwungen, den Eisen-Kohlenstoff-Legierungen Zusätze an Legierungselementen zu geben, da man gefunden hat, daß eine große Anzahl Elemente geeignet ist, die kritische Abkühlungsgeschwindigkeit wesentlich zu verringern. Die gleichen Überlegungen gelten für das Vergüten größerer Stahlstücke auf höhere Festigkeit.

Der Einfluß der Legierungselemente auf die Härtefähigkeit und die sonstigen Eigenschaften von Eisenlegierungen ist außerordentlich mannigfaltig, und es hat daher nie an Versuchen gefehlt. eine gewisse Systematik über ihre Wirkung im Eisen einzuführen.

Bereits Osmond[1] hat im Jahre 1890 versucht, einen Zusammenhang in der Einwirkung von verschiedenen Zusätzen auf die Umwandlungen von Eisen zu finden, mit dem Ergebnis. daß die A_3-Umwandlung beschleunigt bzw. verzögert oder mehr oder weniger vollkommen unterdrückt wird, je nachdem, ob das Atomvolumen des Zusatzelementes größer oder kleiner als das des Eisens ist.

Wever[2] hat später nochmals in übersichtlicher Form die Beziehungen zwischen der Stellung der Elemente im periodischen System und ihrer verschiedenen Einwirkung auf die $\alpha\gamma$-Umwandlung zusammengestellt. Bezüglich der Beeinflussung des γ-Gebietes kann man grundsätzlich zwei große Gruppen mit je einer Untergruppe unterscheiden.

1. Gruppe: Legierungen des Eisens mit erweitertem γ-Gebiet.

Die erste Gruppe umfaßt diejenigen Elemente, die beim Hinzutreten zum Eisen die Neigung aufweisen, das γ-Gebiet zu vergrößern, d. h. den A_3-Punkt

---

[1] C. R. Acad. Sci., Paris Bd. 110 (1890) S. 346/48.
[2] Arch. Eisenhüttenwes. Bd. 2 (1928/29) S. 739/46.

herab- und den A_4-Punkt heraufzusetzen. Die Linien der A_4- und A_3-Umwandlung streben auseinander. Ein derartiges Beispiel zeigt die Abb. 196. Man wird hierbei noch unterscheiden müssen, ob das erweiterte γ-Gebiet in ein

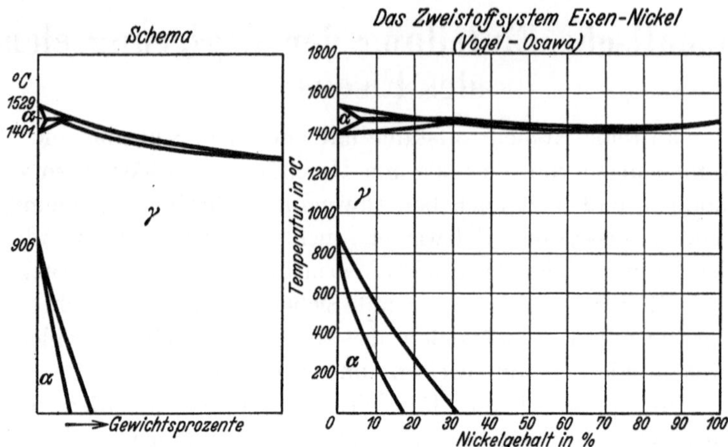

Abb. 196. Typus eines Zustandsdiagrammes mit Erniedrigung des A_3-Punktes bis auf die Konzentrationsachse und Ansteigen der A_4-Umwandlung bis zum Einlaufen in die Schmelzlinie. [Nach Wever: Arch. Eisenhüttenw. Bd. 2 (1928/29) S. 739/48.]

Elemente dieses Typus: Nickel, Mangan, Kobalt, Ruthenium, Rhodium, Palladium, Osmium, Iridium, Platin.

unbeschränktes homogenes Mischkristallgebiet ausläuft oder ob es durch Ausscheidung von Fremdphasen begrenzt wird (Abb. 197). Hieraus ergibt sich die Unterteilung der ersten Hauptgruppe wie folgt:

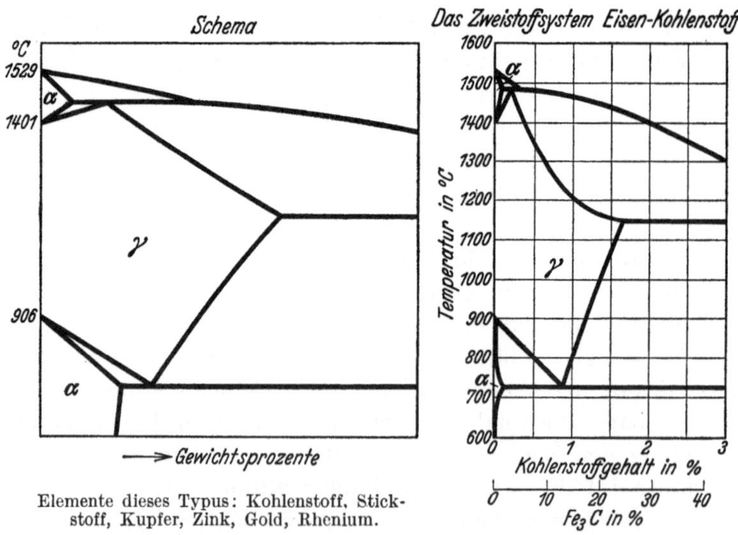

Abb. 197. Typus eines Zustandsdiagrammes mit auseinanderstrebenden Umwandlungslinien, die an den Grenzen heterogener Gebiete enden. [Nach Wever: Arch. Eisenhüttenw. Bd. 2 (1928/29) S. 739/48.]

a) Unbeschränkte Bildung von homogenen Mischkristallen.

b) Begrenzung durch ein heterogenes Gebiet.

Zu den Elementen mit erweitertem γ-Gebiet und unbeschränkter Mischkristallbildung gehören: Nickel, Mangan, Kobalt, Ruthenium, Rhodium, Palladium, Osmium, Iridium, Platin.

Gleichgewichtsdiagramme mit erweitertem γ-Gebiet und Begrenzung durch Fremdphasen ergeben die Elemente: Kohlenstoff, Stickstoff, Kupfer, Zink, Gold, Rhenium.

2. Gruppe: Legierungen des Eisens mit verengtem γ-Gebiet.

Im Gegensatz zu dieser ersten großen Gruppe gibt es wiederum eine ganze Reihe von Elementen, die das Bestreben haben, die A_3-Umwandlung zu erhöhen und die A_4-Umwandlung herabzusetzen, d. h. das γ-Gebiet zu verengen. Diese Verengung des γ-Feldes führt schließlich zu einem vollkommen geschlossenen γ-Feld, wie dies aus Abb. 198 hervorgeht. Auch bei diesen Elementen wird man unterscheiden müssen zwischen denjenigen binären Systemen, bei denen das γ-Feld durch homogene Mischkristallbildung bzw. durch heterogene Ausscheidungen (Abb. 199) begrenzt wird. Hieraus

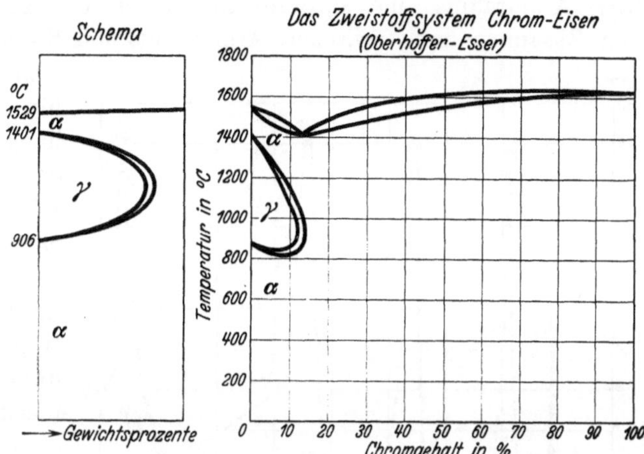

Abb. 198. Typus eines geschlossenen γ-Feldes mit Zusammenlaufen der A_4- und A_3-Umwandlung. [Nach Wever: Arch. Eisenhüttenw. Bd. 2 (1928/29) S. 739/48.]
Elemente dieses Typus: Beryllium, Aluminium, Silizium, Phosphor, Titan, Vanadin, Chrom (Germanium), Arsen, Niob, Molybdän, Zinn, Antimon, Tantal, Wolfram.

ergibt sich die Unterteilung der zweiten großen Gruppe wie folgt:

a) Vollständig geschlossenes γ-Feld mit rückläufiger Gleichgewichtslinie.

b) Verengtes γ-Feld, Begrenzung durch heterogene Gebiete.

Zu der Gruppe a) mit geschlossenem γ-Feld gehören die Elemente: Beryllium, Aluminium, Silizium, Phosphor. Titan, Vanadin, Chrom (Germanium), Arsen, Niob, Molybdän. Zinn, Antimon, Tantal, Wolfram. Zu der Gruppe b) gehören die Elemente: Bor, Zirkon, Cer.

Es liegt nahe, die Ursache für die verschiedenartige Wirkung der Legierungselemente in ihrem eigenen Kristallaufbau zu vermuten. In der Tat gehört der überwiegende Teil der mit dem γ-Eisen isomorphen Elemente der Gruppe 1a und b an, die

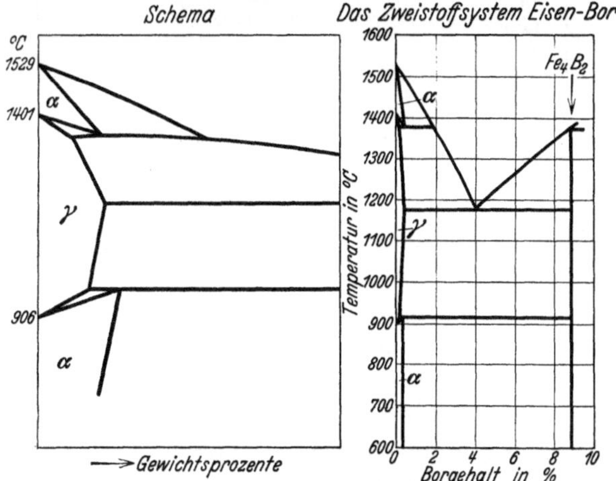

Abb. 199. Typus eines Zustandsdiagrammes mit verengtem γ-Feld. [Nach Wever: Arch. Eisenhüttenw. Bd. 2 (1928/29) S. 739/48.]
Elemente dieses Typus: Bor, Zirkon, Cer, wahrscheinlich Schwefel.

mit dem α-Eisen isomorphen, im Eisen löslichen Elemente ausnahmslos der Gruppe 2a. Bei näherer Kritik vermag diese Erklärung doch nur in Fällen mit vollkommener Mischbarkeit zu befriedigen; vor allem versagt sie vollkommen bei einer großen Anzahl von Elementen, die mit keiner der beiden Eisenmodifikationen isomorph sind.

In Anlehnung an die obenerwähnten Ausführungen von Osmond kommt auch Wever zu dem Schluß, daß sich eine weitgehende Beziehung zwischen den verschiedenen Typen der Eisenlegierungen und dem Atomvolumen entwickeln läßt. Im Gegensatz zu Osmond mißt er aber nicht dem Atomvolumen bzw. Atomradius eine absolute Bedeutung bei, sondern weist vielmehr auf den Zusammenhang zwischen Atomradius und Stellung im periodischen System, d. h. den Atomaufbau, hin. In Abb. 200 ist in Abhängigkeit vom Atomradius und der Ordnungszahl im periodischen System die Wirkung der einzelnen Elemente auf die entsprechenden Eisenlegierungen im vorgenannten Sinne eingetragen. Wie aus dieser Abbildung hervorgeht, zeigen die meisten Elemente mit kleinstem Atomradius im Anstieg der Perioden Mischkristallbildung mit erweitertem γ-Gebiet, die mit größerem Atomradius, insbesondere auf dem abfallenden Ast der einzelnen Periode hingegen eine Verengung der γ-Phase. Vollkommen unlöslich sind vor allem diejenigen Elemente, die die größten Atomradien haben.

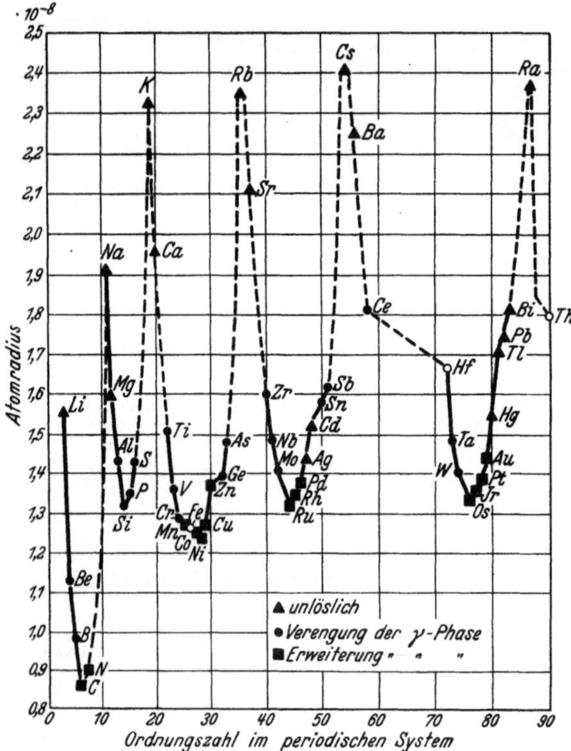

Abb. 200. Typen der verschiedenen Eisenlegierungen in Beziehung zu den Atomradien. [Nach Wever: Arch. Eisenhüttenw. Bd. 2 (1928/29) S. 739/48.]

Daß diese Einteilung nur in der Grundrichtung zutreffen kann, geht schon aus der Tatsache hervor, daß die Elemente Silizium, Phosphor, Mangan, Kobalt, ebenso wie Silber und Kadmium, den ausgesprochenen Gesetzmäßigkeiten nicht folgen; hierbei ist allerdings auch zu berücksichtigen, daß die Unterschiede zwischen den Atomradien im Einzelfalle klein sind und daß es nicht sicher feststeht, ob ihre Bestimmung genau genug erfolgt ist.

Wenn also diese Zusammenhänge mit dem periodischen System der Elemente noch etwas loser Art sind, so deuten sie doch bereits auf gesetzmäßige Verknüpfungen hin, die wahrscheinlich in direktem Zusammenhang mit dem Atomaufbau des einzelnen Elementes stehen. In diesem Sinne wurde von H. Schlechtweg eine mit dem Atomaufbau des einzelnen Elementes in Zusammenhang stehende Legierungssystematik versucht.

Nach den neueren Anschauungen der Metallphysik ist der Begriff des Mischkristalls mit einer Bindung im chemischen Sinne verknüpft, die zu der Auffassung der metallischen Bindung im Gegensatz zur heteropolaren und homöopolaren Bindung (Valenzbindung) bei chemischen Verbindungen geführt hat, wobei Übergänge von der einen Bindungsart zur anderen als möglich anzusehen sind. Es sei hier hervorgehoben, daß infolgedessen die scharfe Trennung zwischen Mischkristall und Verbindung nicht immer angängig ist. Auch für die metallische Bindung ist maßgebend die Besetzung der äußersten Elektronenschalen des Atoms. Es genügt also, seine Aufmerksamkeit diesen zuzuwenden, wenn man entsprechende Gesetzmäßigkeiten, wie sie nun für das Eisen aufgestellt werden sollen, verfolgen will. In der Zahlentafel 43 (S. 250) sind die chemischen Elemente nach dem periodischen System entsprechend der Elektronenbesetzung in den einzelnen Gruppen aufgeführt, wobei jeweils die inneren vollkommen besetzten Schalen durch eine stark ausgezogene Linie getrennt sind von den nicht vollständig besetzten äußeren Schalen. Es interessieren also die rechts von dieser Linie verbleibenden im Aufbau begriffenen Elektronenschalen.

Während die üblichen so aufgestellten Tabellen für den Atomaufbau sich auf den Elektronenzustand im einatomigen Dampf beziehen, muß an dieser Stelle darauf aufmerksam gemacht werden, daß im festen Zustand die Elektronenverteilung infolge der Beeinflussung durch die Nachbaratome eine etwas andere sein kann. Bei Betrachtung verschiedener physikalischer Eigenschaften der Atomgesamtheit (Kristall) kann man dann in bezug auf die betreffenden physikalischen Eigenschaften dem Einzelatom symbolisch gewisse scharf definierte Elektronenzustände zuschreiben. So hat das Eisenatom im Zustand des einatomigen Dampfes die Elektronenkonfiguration $3d^6\,4s^2$, während z. B. die ferromagnetischen Eigenschaften des kristallisierten Eisens die Besetzung $3d^{7,8}$ und $4s^{0,2}$ erfordern. Uns interessiert hier insbesondere die Beeinflussung des A_3-Punktes durch Fremdelemente im Eisen. Die Zahlentafel 43 gibt hierzu diejenigen Elektronenzustände an, die man dann dem zulegierten Fremdatom im Falle der Legierung mit Eisen zuzuordnen hat. Ein Eingehen auf die Begründung hinsichtlich der Art der Besetzung der einzelnen Zustände im speziellen würde hier zu weit führen, es sei hierzu auf die Originalarbeit[1] verwiesen.

In der Zahlentafel sind diejenigen Elemente, die im Eisen unlöslich sind, durch ein Dreieck gekennzeichnet, diejenigen Elemente, die eine Abschnürung des γ-Gebietes herbeiführen, durch einen Kreis, während diejenigen Elemente, die eine Erweiterung des γ-Gebietes bringen, durch ein Viereck angedeutet sind. Man kann die Ergebnisse in folgenden drei Hauptregeln zusammenfassen:

1. Elemente, die in der äußersten Schale nur s-Elektronen enthalten und in der nächstinneren Schale nur s- und p-Elektronen, sind in Eisen unlöslich.

2. Für Elemente mit unabgeschlossener p-Schale gilt: Kleine Anzahl von p-Elektronen führt zu Verengerung des γ-Gebietes, größere Anzahl zu Erweiterung, während fast abgeschlossene p-Schale Unlöslichkeit im Eisen bewirkt.

3. Für Elemente mit im Aufbau begriffener d-Schale gilt: Befindet sich ein oder kein s-Elektron in der nächsthöheren Schale, so tritt Verengerung des γ-Feldes ein, bei zwei s-Elektronen in nächsthöherer Schale jedoch stets Erweiterung, bei p-Elektronen neben nur einem s-Elektron in nächsthöherer Schale aber Unlöslichkeit.

Bei dieser Betrachtungsweise ist im allgemeinen den Elementen die Konfiguration zugewiesen worden, die auch für den Gitteraufbau maßgebend ist; eine Ausnahme bilden jedoch Be, Ag, Cd, Hg. Bei weiteren Elementen müßte eine genauere Klärung des binären Systems mit Eisen herbeigeführt werden. Alle diese Darstellungsversuche haben somit bisher nur richtungweisende Bedeutung.

Bezüglich des Einflusses der einzelnen Legierungselemente auf die Stahleigenschaften ergeben sich aus der Unterteilung in die obengenannten großen Gruppen 1 und 2 schon einige wichtige Hinweise. Die Herabsetzung der A_3-Umwandlung bei allen Elementen, die der Gruppe 1 angehören, deutet darauf hin, daß diese Elemente nach allem, was bei der Besprechung des Eisen-Kohlenstoff-Diagramms und der Härtungsvorgänge hervorgehoben wurde, zu einer Erleichterung der Härtbarkeit, d. h. Verringerung der kritischen Abkühlungsgeschwindigkeit und Erhöhung der Durchhärtung führen müssen.

---

[1] Schlechtweg, H.: Techn. Mitt. Krupp, Forschungsberichte Bd. 3 (1940) S. 45/47; Z. f. Metallkde Bd. 32 (1940) S. 18/20.

Zahlentafel 43. Besetzungszahlen der Elektronenzustände im festen Zustand mit Bezug auf die A_3-Umwandlung. (Nach H. Schlechtweg.)

	A_3-Umwandlung[1]	K 1 s	L 2 s	L 2 p	M 3 s	M 3 p	M 3 d	N 4 s	N 4 p	N 4 d	N 4 f	O 5 s	O 5 p	O 5 d	P 6 s	P 6 p	P 6 d	Q 7 s
1 H		1																
2 He		2																
3 Li	△	2	1															
4 Be	○	2	1	1														
5 B	○	2	2	1														
6 C	□	2	2	2														
7 N	□	2	2	3														
8 O	△	2	2	4														
9 F	△	2	2	5														
10 Ne		2	2	6														
11 Na	△	2	2	6	1													
12 Mg	△	2	2	6	2													
13 Al	○	2	2	6	2	1												
14 Si	○	2	2	6	2	2												
15 P	○	2	2	6	2	3												
16 S	○	2	2	6	2	4												
17 Cl	△	2	2	6	2	5												
18 Ar		2	2	6	2	6												
19 K		2	2	6	2	6		1										
20 Ca		2	2	6	2	6		2										
21 Sc		2	2	6	2	6	1	2										
22 Ti	○	2	2	6	2	6	3	1										
23 V	○	2	2	6	2	6	5											
24 Cr	○	2	2	6	2	6	5	1										
25 Mn	□	2	2	6	2	6	5	2										
26 Fe		2	2	6	2	6	7	1										
27 Co	□	2	2	6	2	6	8	1										
28 Ni	□	2	2	6	2	6	9	1										
29 Cu	□	2	2	6	2	6	9	2										
30 Zn	□	2	2	6	2	6	10	2										
31 Ga		2	2	6	2	6	10	2	1									
32 Ge	○	2	2	6	2	6	10	2	2									
33 As	○	2	2	6	2	6	10	2	3									
34 Se		2	2	6	2	6	10	2	4									
35 Br	△	2	2	6	2	6	10	2	5									
36 Kr		2	2	6	2	6	10	2	6									
37 Rb		2	2	6	2	6	10	2	6			1						
38 Sr		2	2	6	2	6	10	2	6			2						
39 Y		2	2	6	2	6	10	2	6	1		2						
40 Zr	○	2	2	6	2	6	10	2	6	3		1						
41 Nb	○	2	2	6	2	6	10	2	6	5								
42 Mo	○	2	2	6	2	6	10	2	6	5		1						
43 Ma		2	2	6	2	6	10	2	6	6		1						
44 Ru	□	2	2	6	2	6	10	2	6	7		1						
45 Rh	□	2	2	6	2	6	10	2	6	8		1						
46 Pd	□	2	2	6	2	6	10	2	6	9		1						
47 Ag	△	2	2	6	2	6	10	2	6	9		1	1					
48 Cd	△	2	2	6	2	6	10	2	6	10		1	1					

[1] △ im Eisen unlöslich; ○ Abschnürung; □ Erweiterung des γ-Gebietes.

Zahlentafel 43 (Fortsetzung).

		A₃-Umwandlung¹	K 1	L 2		M 3			N 4				O 5			P 6			Q 7
			s	s	p	s	p	d	s	p	d	f	s	p	d	s	p	d	s
49	In		2	2	6	2	6	10	2	6	10		2	1					
50	Sn	○	2	2	6	2	6	10	2	6	10		2	2					
51	Sb	○	2	2	6	2	6	10	2	6	10		2	3					
52	Te		2	2	6	2	6	10	2	6	10		2	4					
53	J	△	2	2	6	2	6	10	2	6	10		2	5					
54	X		2	2	6	2	6	10	2	6	10		2	6					
55	Cs	△	2	2	6	2	6	10	2	6	10		2	6		1			
56	Ba	△	2	2	6	2	6	10	2	6	10		2	6		2			
57	La		2	2	6	2	6	10	2	6	10		2	6	1	2			
58	Ce	○	2	2	6	2	6	10	2	6	10	1	2	6	1	2			
59	Pr		2	2	6	2	6	10	2	6	10	2	2	6	1	2			
60	Nd		2	2	6	2	6	10	2	6	10	3	2	6	1	2			
61	Il		2	2	6	2	6	10	2	6	10	4	2	6	1	2			
62	Sm		2	2	6	2	6	10	2	6	10	5	2	6	1	2			
63	Eu		2	2	6	2	6	10	2	6	10	6	2	6	1	2			
64	Gd		2	2	6	2	6	10	2	6	10	7	2	6	1	2			
65	Tb		2	2	6	2	6	10	2	6	10	8	2	6	1	2			
66	Dy		2	2	6	2	6	10	2	6	10	9	2	6	1	2			
67	Ho		2	2	6	2	6	10	2	6	10	10	2	6	1	2			
68	Er		2	2	6	2	6	10	2	6	10	11	2	6	1	2			
69	Tu		2	2	6	2	6	10	2	6	10	12	2	6	1	2			
70	Yb		2	2	6	2	6	10	2	6	10	13	2	6	1	2			
71	Cp		2	2	6	2	6	10	2	6	10	14	2	6	1	2			
72	Hf	○	2	2	6	2	6	10	2	6	10	14	2	6	2	2			
73	Ta	○	2	2	6	2	6	10	2	6	10	14	2	6	3	2			
74	W	○	2	2	6	2	6	10	2	6	10	14	2	6	5	1			
75	Re		2	2	6	2	6	10	2	6	10	14	2	6	5	2			
76	Os	□	2	2	6	2	6	10	2	6	10	14	2	6	7	1			
77	Ir		2	2	6	2	6	10	2	6	10	14	2	6	8	1			
78	Pt		2	2	6	2	6	10	2	6	10	14	2	6	9	1			
79	Au		2	2	6	2	6	10	2	6	10	14	2	6	9	2			
80	Hg	—	2	2	6	2	6	10	2	6	10	14	2	6	10	1	1		
81	Tl	—	2	2	6	2	6	10	2	6	10	14	2	6	10	2	1		
82	Pb	—	2	2	6	2	6	10	2	6	10	14	2	6	10	2	2		
83	Bi	—	2	2	6	2	6	10	2	6	10	14	2	6	10	2	3		
84	Po		2	2	6	2	6	10	2	6	10	14	2	6	10	2	4		
85	—		2	2	6	2	6	10	2	6	10	14	2	6	10	2	5		
86	Nt		2	2	6	2	6	10	2	6	10	14	2	6	10	2	6		
87	—		2	2	6	2	6	10	2	6	10	14	2	6	10	2	6		1
88	Ra		2	2	6	2	6	10	2	6	10	14	2	6	10	2	6		2
89	Ac		2	2	6	2	6	10	2	6	10	14	2	6	10	2	6	1	2
90	Th		2	2	6	2	6	10	2	6	10	14	2	6	10	2	6	2	2
91	Pa		2	2	6	2	6	10	2	6	10	14	2	6	10	2	6	3	2
92	U		2	2	6	2	6	10	2	6	10	14	2	6	10	2	6	5	1

¹ △ im Eisen unlöslich; ○ Abschnürung; □ Erweiterung des γ-Gebietes.

Die Vorgänge in der Perlitstufe sind ja bekanntlich an Diffusionsvorgänge geknüpft. Abgesehen von der Tatsache, daß Legierungselemente die Diffusionsfähigkeit im Mischkristall selbst behindern können, wird durch Herabsetzen der Umwandlungstemperatur die Umwandlung in Temperaturbereiche verschoben, in denen die Diffusionsgeschwindigkeit und damit auch die Umwandlungsgeschwindigkeit geringer ist- Die Unterdrückung der Perlitstufe durch Elemente, die die Umwandlung zu tieferen Temperaturen verschieben, ist somit verständlich, und so finden wir auch bei entsprechenden Legierungen mit Mangan oder Nickel vielfach das Gefüge der Zwischenstufe stärker ausgeprägt vorliegen, sofern es nicht auch zur Unterdrückung dieser Umwandlungsvorgänge kommt und der Stahl erst in der Martensitstufe umwandelt. Auch die Temperatur der Martensitumwandlung selbst wird vielfach zu tieferen Temperaturen verschoben, so daß es gelingt, den austenitischen Zustand bis zur Raumtemperatur aufrecht zu erhalten. Infolge des starken Absinkens der Umwandlung wird auch das Ausglühen solcher Legierungen erschwert, da die Zusammenballung der Karbide um so günstiger und schneller vor sich geht, je höher die Glühtemperatur unterhalb der Umwandlung gewählt werden kann. Wie aus den oben gewählten Beispielen ferner hervorgeht, kann das γ-Gebiet bis zur Raumtemperatur erweitert werden. Hieraus ergibt sich die Möglichkeit, durch Zusatz von solchen Legierungselementen Stahllegierungen zu erzeugen, die bei Raumtemperatur alle Eigenschaften des γ-Eisens, also des Austenits, aufweisen. An erster Stelle erwähnenswert ist das unmagnetische Verhalten solcher Legierungen und damit die Möglichkeit der Schaffung unmagnetischer Stähle. Infolge der homogenen Mischkristallbildung zeichnen sich alle diese Stähle durch hohe Dehnbarkeit aus. Wegen der dichteren Atombesetzung von γ-Eisen gegenüber α-Eisen verfestigen sie sich bei der Kaltverformung stärker als entsprechende Legierungen des α-Typus. Ebenso liegt die Rekristallisationstemperatur höher als die der entsprechenden α-Legierungen. Durchweg zeigen derartige austenitische Legierungen auch größere Ausdehnungskoeffizienten und ein schlechteres Wärmeleitvermögen. Einzelheiten hierüber werden später, insbesondere bei den Elementen Mangan, Nickel usw. angeführt. Es genügt, in diesem Zusammenhang darauf hinzuweisen, daß in der geschilderten Art eine gruppenweise Zusammenfassung solcher Legierungen hinsichtlich ihrer zu erwartenden Eigenschaften möglich ist.

Das gleiche gilt von Gruppe 2 der Legierungselemente, die das γ-Gebiet abschnüren. Infolge der Erhöhung der A_3-Umwandlung sollte man erwarten, daß die Elemente dieser Gruppe im Gegensatz zu denen der Gruppe 1 die Härtbarkeit verringern. Dieser Einfluß wird jedoch überdeckt durch die Verringerung der Diffusionsgeschwindigkeit des Kohlenstoffes im Mischkristall bzw. durch den später noch zu behandelnden besonderen Einfluß verschiedener dieser Elemente auf die Karbidbildung, so daß überwiegend auch hier eine Verstärkung der Härtbarkeit eintritt[1]. Aus der Abschnürung des γ-Gebietes ergeben sich bei Stählen mit diesen Legierungselementen weiterhin kennzeichnende Unterteilungen je nach der Höhe des Legierungszusatzes.

---

[1] Nur bei Kobalt, das bei kleinen Zusätzen den A_3-Punkt erhöht, sonst aber nicht zur Gruppe der das γ-Gebiet abschnürenden Elemente zuzurechnen ist, tritt infolge fehlender Karbidbildung eine nachweisliche Verminderung der Härtefähigkeit ein.

Man kann je nach dem Legierungsgehalt unterscheiden zwischen solchen Stählen, die die γ/α-Umwandlung erleiden, also bei Raumtemperatur aus Umwandlungsgefüge bestehen, und solchen, die vom Schmelzpunkt bis Raumtemperatur keine Umwandlung mehr durchlaufen, also ihr bei der Erstarrung bzw. durch Rekristallisation gebildetes ferritisches Gefüge dauernd beibehalten. Da das γ-Gebiet, wie bereits in Abb. 198 angedeutet, durch ein heterogenes Gebiet von gewisser Ausdehnung begrenzt ist, innerhalb dessen γ- und α-Mischkristalle im Gleichgewicht stehen, werden Legierungen, die ihrer Zusammensetzung nach gerade in dieses Gebiet fallen, zum Teil ferritisch sein und zum anderen Teil Umwandlungsgefüge zeigen. Die ferritischen Legierungen weisen charakteristisches Verhalten bezüglich Formänderungswiderstand, Rekristallisationsfähigkeit usw. auf. Die Kaltbildsamkeit ist gegenüber den austenitischen Legierungen meist geringer,

ihre Verfestigungsfähigkeit ist kleiner, ihr Rekristallisationsbestreben größer. Aus diesem Grunde neigen diese Legierungen zur grobkörnigen Rekristallisation. Näheres ergibt sich bei der Besprechung der Elemente Chrom, Silizium usw. Wie aus diesen kurzen Andeutungen hervorgeht, kommt also der Unterteilung der Legierungselemente in zwei große Untergruppen eine mehr als rein theoretische Bedeutung zu.

Mehrstoffsysteme. Diese Systematik der Zweistoffsysteme einzelner Legierungselemente überträgt sich naturgemäß auf die Drei- und Mehrstoffsysteme. Die sich daraus ergebenden systematischen Zusammenhänge wurden ausführlich von Köster und Tonn[1] dargestellt.

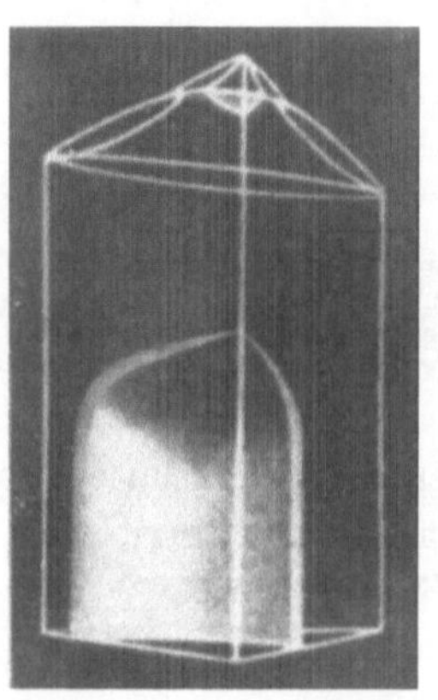

Abb. 201 Erstes ternäres Grundschaubild beim Zusammentreffen von zwei Elementen, die beide das γ-Gebiet erweitern.

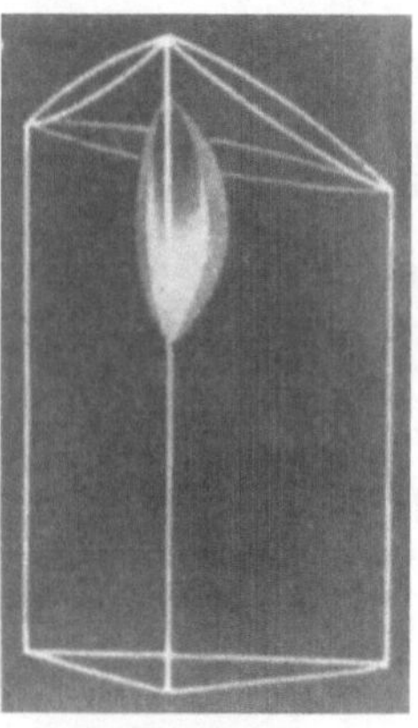

Abb. 202. Zweites ternäres Grundschaubild beim Zusammentreffen von zwei Elementen, die beide das γ-Gebiet abschnüren.

[Nach W. Köster u. W. Tonn: Arch. Eisenhüttenw. Bd. 7 (1933/34) S. 193/200.]

Das erste ternäre Grundschaubild ergibt sich beim Zusammentreffen von zwei Elementen, die jedes für sich mit dem Eisen legiert eine Erweiterung des γ-Gebietes ergeben. In der Abb. 201 ist der heterogene Raum, in dem α- und γ-Eisen nebeneinander beständig sind, als Vollkörper ausgebildet, während die Schmelzkurven nur durch Drähte angedeutet sind. Es ist hierbei vollkommene Mischkristallbildung in beiden Zuständen, α und γ, angenommen. Die Breite des heterogenen Feldes kann sich je nach den Legierungselementen sehr verschieden ausbilden. Diesem Schaubild entsprächen Systeme wie z. B. Fe-Co-Ni oder Fe-Co-Mn bzw. Fe-Ni-Mn[2].

[1] Köster, W., u. W. Tonn: Arch. Eisenhüttenw. Bd. 7 (1933/34) S. 193/200.
[2] Fe-Co-Ni: T. Kasé: Sci. Rep. Tohoku Univ. Bd. 16 (1927) S. 491/513. — H. Kühlewein: Phys. Z. Bd. 31 (1930) S. 626/40. — Fe-Co-Mn: W. Köster u. W. Schmidt: Arch. Eisenhüttenw. Bd. 7 (1933/34) S. 121/26.

Das zweite Grundschaubild gibt Abb. 202 wieder, bei dem zwei Elemente zusammentreffen, die das γ-Gebiet abschnüren. Auch hier ist der heterogene α-γ-Raum als Vollkörper hervorgehoben. Als Beispiel sei genannt das System Fe-Cr-Mo, wenn man von den in diesem System bei höheren Konzentrationen auftretenden intermetallischen Verbindungen absieht.

Das dritte ternäre Grundschaubild zeigt die Abb. 203 für den Fall, daß ein Element, das das γ-Gebiet erweitert, mit einem, das es abschnürt, zu einem Dreistoffsystem zusammentritt (auch hier unter der Annahme vollkommener Mischkristallbildung). Der eingezeichnete Vollkörper hebt wiederum das Gebiet mit heterogener Phasenbildung hervor. Als Beispiel kann das technisch wichtige System Fe-Cr-Ni genannt werden, aus dem auch die in Abb. 204 wiedergegebenen Schnitte jeweils

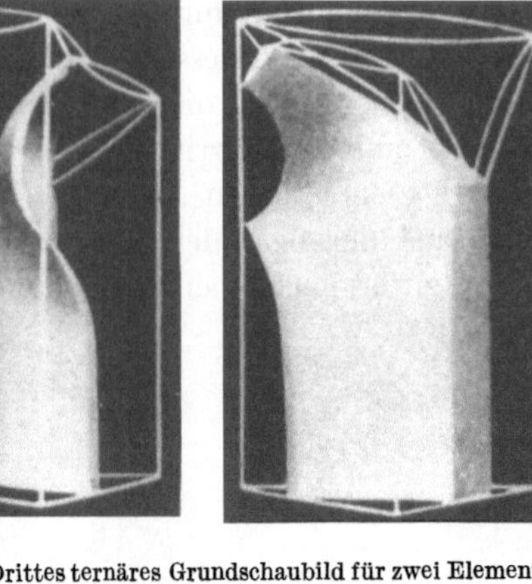

Abb. 203. Drittes ternäres Grundschaubild für zwei Elemente entgegengesetzter Wirkung auf das γ-Gebiet.
[Nach W. Köster u. W. Tonn: Arch. Eisenhüttenw. Bd. 7 (1933/34) S. 193/200.]

parallel zu den Randsystemen mit Eisen entnommen sind. Auch im Dreistoffsystem findet man somit ternäre ferritische und austenitische Legierungen sowie solche mit Mischgefüge wieder.

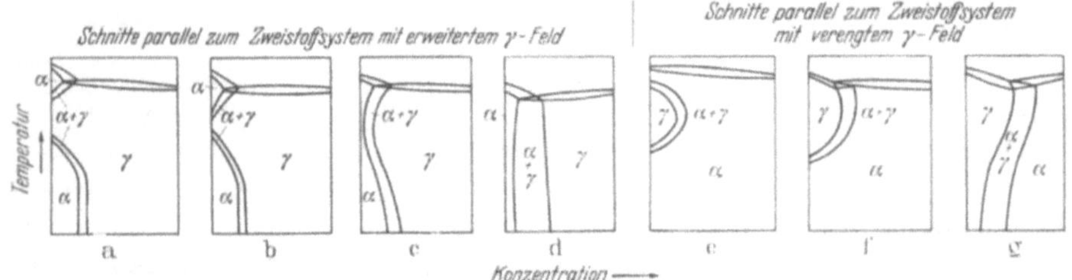

Abb. 204. Schematische Schnitte senkrecht zur Konzentrationsebene durch das dritte ternäre Grundschaubild (Abb. 203) parallel zu den Randsystemen mit Eisen.

Nach dem Vorhergesagten erleichtern solche ternären Schaubilder ebenfalls den systematischen Überblick über die Legierungsreihen und einen großen Teil ihrer Eigenschaften. Auf die verwickelteren Systeme, die entstehen, wenn gleichzeitig der γ- und α-Raum durch das Auftreten von Verbindungen eingeschränkt wird, kann hier nicht näher eingegangen werden.

3. Gruppe: Legierungen des Eisens mit „karbidbildenden" Elementen.

Wenn nun schon das charakteristische Verhalten der einzelnen Legierungselemente zum Eisen zu einer derartigen Unterteilung und Eigenschaftsgliederung führen kann, so ist es selbstverständlich, daß die Einwirkung der Legierungselemente auf Eisen-Kohlenstoff-Legierungen nicht nur von dem Einfluß des betreffenden Legierungselementes auf das Eisen, sondern auch auf den Kohlenstoff abhängig sein muß. Aus dieser Beziehung der einzelnen Legierungselemente zum Kohlenstoff ergibt sich daher eine dritte große Gruppe von Elementen, die ebenfalls besondere Eigenschaftsveränderungen in Eisen-Kohlenstoff-Legierungen hervorrufen; sie umfaßt die sog. karbidbildenden Elemente.

Diese Elemente zeichnen sich, wie aus dem Namen hervorgeht, dadurch aus, daß sie, in größeren Mengen zu Eisen-Kohlenstoff-Legierungen zugesetzt, mit Kohlenstoff besonders stabile Karbidverbindungen bilden. Die Neigung zur Karbidbildung kann verschieden stark sein. Vielfach äußert sich diese Neigung dadurch, daß das betreffende Legierungselement nur in das Eisen-karbid mit eintritt (z. B. Mangan sowie Chrom bei Zusätzen unter 3%), während es in anderen Fällen sofort bei geringsten Zusätzen die Neigung hat, ein Sonder-karbid zu bilden, wie dies bei Titan und Vanadin beobachtet werden kann.

Zu dieser Gruppe der karbidbildenden Elemente gehören als bekannteste Elemente: Chrom, Wolfram, Molybdän, Vanadin, Titan, Zirkon, Tantal, Niob, Uran. Charakteristisch für diese Elemente ist schon die Tatsache, daß sie alle zur vorerwähnten großen Gruppe 2 gehören, die in Eisenlegierungen das γ-Gebiet abschnüren. In der Abb. 200, in der die Gesetzmäßigkeiten bezüglich der Ein-gliederung der einzelnen Elemente in die einzelnen Gruppen des periodischen Systems gezeigt werden, befinden sich die karbidbildenden alle auf dem ab-steigenden Ast der entsprechenden Periode bei verhältnismäßig kleinen Atom-radien. Erwähnenswert ist nun, daß bei den einzelnen Kurven die Stabilität der betreffenden Karbide mit zunehmendem Atomvolumen zunimmt. Als Bei-spiel kann gelten das Verhalten der Elemente Chrom, Vanadin und Titan in der 3. Periode. Chrom neigt noch sehr stark zur Mischkarbidbildung mit Eisenkarbid. Bei Vanadin tritt bereits bei geringem Zusatz ein sehr stabiles Vanadinkarbid auf, das keine oder jedenfalls eine erheblich geringere Löslich-keit als die entsprechenden Chromkarbide besitzt. In verstärktem Maße gilt dies noch für Titan gegenüber Vanadin und Chrom.

Das gleiche gilt in der nächsten Gruppe für Molybdän, Niob und Zirkon sowie für die weitere Gruppe hinsichtlich Wolfram und Tantal.

Die Neigung zur Karbidbildung scheint ebenfalls im Atomaufbau der ein-zelnen Elemente begründet zu sein; es fällt jedenfalls beim Betrachten der Zahlentafel 6 (S. 22) auf, daß die Neigung zur Karbidbildung um so schwächer wird, je stärker die d-Schalen besetzt sind, wie dies aus den Reihen von Titan bis Mangan in der 4. Periode, für Zirkon bis Molybdän in der 5. Periode sowie Tantal bis Rhenium in der 6. Periode zu entnehmen ist. Ob dieselben Gesetz-mäßigkeiten auch für die 7. Gruppe Thorium bis Uran zutreffen, läßt sich mangels Untersuchungen über die Karbidbildung von Thorium und Palladium nicht ohne weiteres sagen.

Auch diese Gruppen karbidbildender Legierungselemente ergeben, wenn die entsprechenden Legierungen außer Eisen und dem betreffenden Legierungs-element noch Kohlenstoff enthalten, manche kennzeichnenden gemeinsamen Eigenschaften, die sich vornehmlich bei der Wärmebehandlung, d. h. beim Härten und Anlassen beobachten lassen. Die Diffusionsfähigkeit des sich in der Perlitstufe ausscheidenden Karbids muß von ausschlaggebendem Einfluß auf die Umwandlungsgeschwindigkeit in diesem Temperaturbereich sein; tatsächlich kann man beobachten, daß die meisten sonderkarbidbildenden Elemente eine verschlechterte Diffusionsfähigkeit haben und daher die Umwandlungsfähigkeit in der Perlitstufe erschweren und so dazu beitragen, diese Stufe bei der Abkühlung zu unterdrücken. Vielfach tritt gerade bei karbidbildenden Legierungselementen die Zwischenstufe als Umwandlungsstufe besonders charakteristisch in Erscheinung (Vanadin, Chrom, Molybdän), wobei sich durch die Untersuchungen von A. Rose und W. Fischer[1] an Chromstählen zu bestätigen scheint, daß die in der Zwischenstufe ausgeschiedenen Karbide eine andere Zusammensetzung haben können als die in der Perlitstufe gebildeten. Auch die Martensitstufe kann durch karbidbildende Elemente so weit herabgedrückt werden, daß es beim Ablöschen entsprechender Stähle, z. B. mit 12% Cr, 1% C, von hoher Temperatur gelingt, den austenitischen Zustand bei Raumtemperatur mehr oder weniger stabil zu erhalten.

Bereits bei der Besprechung des Eisen-Kohlenstoff-Diagramms wurden zwei Möglichkeiten, die zu Härtungserscheinungen führen können, angeführt, nämlich die Umwandlungshärtung, die zur Martensitbildung führt, und die Ausscheidungshärtung, die beim Abschrecken unterhalb A_1 wegen der mit fallender Temperatur abnehmenden Löslichkeit für Kohlenstoff im α-Eisen erfolgt. Die Sonderkarbide zeichnen sich im allgemeinen durch ein trägeres Verhalten gegenüber dem Eisenkarbid aus, d. h. sie gehen beim Erwärmen ins Austenitgebiet schwerer in Lösung, scheiden sich aber auch aus dem Martensit erschwert wieder aus. Sie ergeben daher in einem gewissen Sinne eine Kombination von Umwandlungshärtung und Ausscheidungshärtung. Durch ihr trägeres Ausscheidungsbestreben erhöhen sie, wenn sie einmal im Austenit gelöst sind, beim Abschrecken die Härtefähigkeit und verringern die kritische Abkühlungsgeschwindigkeit. Gleichzeitig erhöhen sie die Anlaßbeständigkeit des Martensits infolge ihrer beim Anlassen erst bei höheren Temperaturen erfolgenden Ausscheidung. Dementsprechend sind also sonderkarbidhaltige Stähle als anlaßbeständige Stähle zu bezeichnen.

4. Gruppe: Ausscheidungshärtende Legierungen.

Letzten Endes könnte man noch eine 4. Gruppe legierter Sonderstähle erwähnen, und zwar diejenige ausscheidungshärtender Legierungen. Diese Gruppe ergibt sich weniger aus einer systematischen Ableitung aus dem periodischen System, als vielmehr aus der Gleichartigkeit der binären oder ternären Konstitutionsdiagramme und aus der großen Ähnlichkeit in der Art der Veränderung ihrer Eigenschaften bei der Wärmebehandlung. Die ausscheidungshärtenden Sonderstähle sind meist kohlenstofffreie Legierungen und verdanken ihre Eigenschaften also nicht den Härtungsvorgängen, wie sie bei dem System Eisen-Kohlenstoff auftreten. Vielmehr bilden die betreffenden Legierungselemente, wie z. B. Wolfram, Molybdän, Titan, Beryllium usw., Systeme mit dem Eisen, in denen die Löslichkeit für intermetallische Verbindungen im Mischkristall mit fallender Temperatur abnimmt und dadurch die Möglichkeit zu Übersättigung und Ausscheidungshärtung ergibt. Wenn auch das Verhalten dieser ausscheidungshärtenden Elemente weitestgehend von der Art der Löslichkeitslinie und der Ausbildung des binären, oder bei mehrfach legierten Stählen des

---

[1] Mitt. Kais.-Wilh.-Inst. Eisenforsch. Bd. 21 (1939) S. 133/45.

ternären Diagramms[1] abhängig ist und somit die Art der Behandlung sowie die erzielbaren Eigenschaftsveränderungen verschieden sind, so ergeben sich dennoch eine große Menge von gruppenmäßig zu erfassenden Eigenschaftsveränderungen.

Bereits in der Höhe der Temperaturen, bei denen die Ausscheidungen vor sich gehen, finden sich gewisse Gesetzmäßigkeiten. Prinzipiell verlaufen die Ausscheidungen im γ-Mischkristall bei höheren Temperaturen als im α-Mischkristall. Auch diese Tatsache dürfte mit der engeren Atombesetzung des γ-Gitters zusammen hängen. Die Ausscheidungstemperatur liegt um so höher, je höher die Temperatur ist, bei der die betreffende Phase in Lösung geht (Zahlentafel 44). Gleichzeitig scheinen auch die Ausscheidungen aus Einlagerungsmischkristallen schneller zu erfolgen als aus Substitutionsmischkristallen[2]. Substitutionsmischkristalle sind Mischkristalle, bei denen ein Atom des Grundmetalls im Gitteraufbau durch ein Fremdatom ersetzt ist. Bei Einlagerungsmischkristallen tritt das Fremdatom in den größten vorhandenen Zwischenraum des Gitters ein, ohne die Grundatome aus ihrer Lage zu verdrängen.

Von weiterer Bedeutung kann es sein, wenn

Zahlentafel 44. Zusammenhang zwischen Ablöschtemperatur und Ausscheidungstemperatur bei verschiedenen durch Ausscheidung härtenden Systemen nach Houdremont, Bennek und Schrader[3].

System	Ablösch-temperatur °C	Ausscheidungs-temperatur °C
Duralumin	$\infty\,500$	20
Eisen-Stickstoff	500—600	20—150
Eisen-Kohlenstoff . . .	680	50—150 (sehr langsam bei Raumtemperatur)
Eisen-Beryllium	} 1000—1200	etwa 450—600
Eisen-Titan		
Eisen-Wolfram . . . . (ähnlich Eisen-Molybdän)	1300—1400	700—900

während der Ablöschung eines zur Ausscheidung geeigneten Systems sich die γ-α-Umwandlung abspielt. Wir erhalten dann ähnliche Verhältnisse wie bei der Sonderkarbidhärtung. Durch die Umwandlung beim Ablöschen bildet sich ein übersättigter martensitähnlicher Zustand, der unter Umständen dem idealen Mischkristall im α-Zustand sehr nahe kommen kann und der dann bei erhöhter Temperatur erst die Verbindung ausscheidet. In solchen Fällen, in denen beim Ablöschen gleichzeitig die α-γ-Umwandlung eintritt, kann durch die hiermit erzeugten Gefügespannungen die Ausscheidungstemperatur zu tieferen Temperaturen verlagert werden, als dies bei Ausscheidungen aus dem reinen α-Mischkristall der Fall ist.

---

[1] Wie Köster u. Tonn zeigten [Arch. Eisenhüttenw. Bd. 7 (1933/34) S. 193/200], bestehen auch bei ternären Systemen des Eisens systematische Zusammenhänge, die von den jeweiligen Zweistoffsystemen, aus denen das ternäre System gebildet wird, abhängig sind. So ergeben sich bestimmte Typen, wenn 1. ein binäres System Eisen-Legierungselement mit erweitertem γ-Gebiet mit einem gleichen binären System zum Dreistoffsystem zusammentritt, oder wenn 2. ein zur Erweiterung des γ-Gebietes neigendes System mit einem System mit abgeschnürtem γ-Feld, oder 3. zwei Systeme mit abgeschnürtem γ-Feld ein Dreistoffsystem bilden. Hinzu kommt noch, ob Mischkristallbildung vorliegt oder ob das eine oder beide Systeme heterogene Ausscheidungen aufweisen usw. (vgl. S. 253).

[2] Scheil, E.: Z. anorg. allg. Chem. Bd. 211 (1933) S. 249/56.

[3] Arch. Eisenhüttenw. Bd. 6 (1932/33) S. 24/32.

Weiterhin kann es für die zu erzielenden Eigenschaften von Bedeutung sein, daß beim Zusammentritt eines Systems mit offenem und eines mit geschlossenem γ-Gebiet zwischen den Bereichen der α- und γ-Mischkristalle Mischungslücken auftreten. Nimmt der Konzentrationsbereich der Mischungslücke mit steigender Temperatur ab, so können sich ebenfalls Ausscheidungshärtungsmöglichkeiten ergeben, wobei die sich ausscheidende Phase z. B. der γ-Mischkristall im α-Mischkristall sein kann (siehe z. B. Ni-Al-Fe-Legierungen im Abschnitt Aluminium).

Bezüglich der Eigenschaftsveränderungen bei Ausscheidungsvorgängen ergibt sich bei den betreffenden Eisenlegierungen eine weitgehende Analogie. Ähnlich wie die Veränderungen der Härte, der Koerzitivkraft, der Leitfähigkeit beim Inlösunggehen und Ausscheiden des Eisenkarbids im α-Eisen vor sich gehen, verlaufen nahezu alle Ausscheidungsvorgänge mit gleichartigen Änderungen. Eine Zusammenfassung dieser Elemente in eine besondere Gruppe erscheint somit angebracht. Es dürfte noch verfrüht sein, eine vollständige Aufzählung aller Elemente vorzunehmen, da die Erforschung dieses Gebietes noch nicht als restlos abgeschlossen gelten kann.

Im vorstehenden ist der Begriff Ausscheidungshärtung zusammenfassend behandelt, als ob es sich um eine einheitliche, gut definierte Erscheinung handelte. In Wirklichkeit hat das Studium der Vorgänge bei Duralumin schon gezeigt, daß die sich dort abspielenden Vorgänge komplizierter sein können und daß man dort zwischen zwei Härtungsvorgängen unterscheiden muß[1,2]. Der eine Härtungsvorgang, der sich bei Raumtemperatur abspielt, ist mit einer Erhöhung des elektrischen Widerstandes verbunden, während die sich nach kurzem Anlassen auf beispielsweise 150° einstellende Aushärtung von einer Widerstandsabnahme begleitet ist. Die Vorgänge beim Duralumin bei Raumtemperatur sind also anderer Natur als die bei höherer Temperatur. Ähnliche Unterschiede können vielfach bei Ausscheidungsvorgängen im allerersten Beginn der Aushärtungserscheinungen beobachtet werden. Zu ihrer Erklärung nimmt man an, daß sich bei der tieferen Temperatur vorbereitende Vorgänge im Mischkristall abspielen, die eine Verspannung ohne wesentliche Konzentrationsänderung herbeiführen. Diese Verspannung gibt Anlaß zur Härtesteigerung und gleichzeitig zur Steigerung des elektrischen Widerstandes. Bei höheren Temperaturen erfolgt die an den Röntgeninterferenzen und vor allem an der Veränderung des Gitterparameters feststellbare Ausscheidung der Verbindung mit gleichfalls eintretenden Verfestigungserscheinungen; diese sind durch die Ausscheidung selbst bedingt, die jetzt aber eine Abnahme des elektrischen Widerstandes bewirkt. Letzteres ist ja auch bei der Ausscheidung von Eisenkarbid aus dem α-Eisen der Fall. Es ist zu erwarten, daß sich ähnliche Unterschiede auch bei den Ausscheidungsvorgängen im Eisen bemerkbar machen werden, z. B. bei der natürlichen und künstlichen Alterung.

Es wird Sache der modernen Forschung sein, noch weitere systematische Zusammenhänge zwischen einzelnen Gruppen von Elementen zu suchen, da diese Zusammenfassung unter größeren Gesichtspunkten wesentlich den Überblick über das komplizierte Gebiet der Sonderstähle der Legierung erleichtert.

[1] Fraenkel, W.: Z. Metallkde. Bd. 12 (1920) S. 427/30.
[2] Wassermann, G.: Arch. Eisenhüttenw. Bd. 9 (1935/36) S. 241/45.

B. Manganstähle.

1. Allgemeines.

a) Das System Eisen-Mangan.

In der Abb. 205 ist das Zweistoffsystem Eisen-Mangan nach der Schrifttums-
besprechung von M. Hansen[1] dargestellt. Ergänzt wurde dieses Zustandsschaubild durch die Ergebnisse der neueren umfangreichen und versuchstechnisch
hervorragenden Arbeiten von J. F. Eckel, M. Gensamer, V. N. Krivobok,

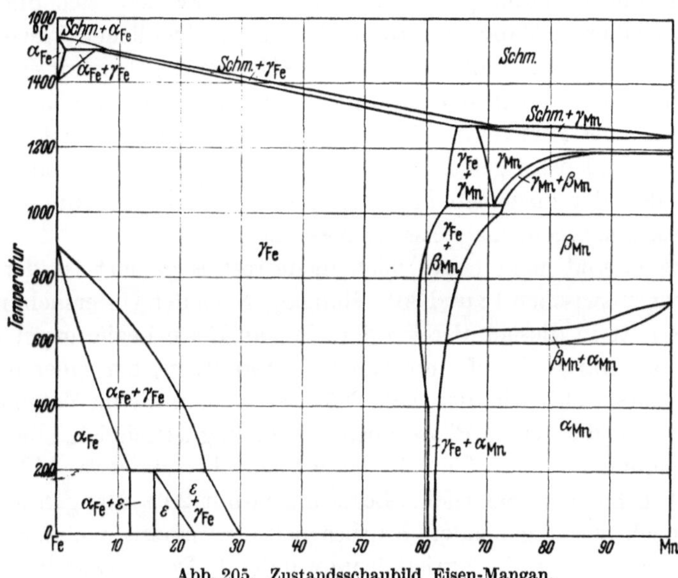

Abb. 205. Zustandsschaubild Eisen-Mangan.

F. M. Walters und C. Wells[2] sowie von M. L. V. Gayler[3], M. L. V. Gayler
und C. Wainwright[4], E. Oehmann[5] und W. Tofaute und K. Linden[6]. Auf
Grund der heutigen Erkenntnisse ergibt sich, daß das Mangan in drei verschiedenen Modifikationen, und zwar als α-, β- und γ-Mangan vorkommt, die alle
ein gewisses Lösungsvermögen für Eisen zeigen, weiterhin, daß die Umwandlungen der manganreichen Legierungen als gesichert angesehen werden können.
Im Gegensatz zu den vor 1930 erschienenen Arbeiten steht es außerdem fest, daß
im Eisen-Mangan-System nach der Erstarrung nicht eine ununterbrochene Reihe
von Mischkristallen besteht, sondern daß γ-Eisen und γ-Mangan zwischen 60
und 70% Mangan nicht mischbar sind. Dieses Ergebnis wird verständlich, wenn
man einerseits bedenkt, daß das γ-Mangan ein flächenzentriert-tetragonales
Gitter hat, während das γ-Eisen dem flächenzentriert-kubischen Kristallsystem
angehört, und andererseits berücksichtigt, daß ein kontinuierlicher Übergang
von einem Kristallsystem in ein anderes bisher nicht bekannt geworden ist.

---

[1] Der Aufbau der Zweistofflegierungen. S. 676/87. Berlin: Springer 1936.
[2] Trans. Amer. Soc. Met. Bd. 24 (1936) S. 359 u. S. 373/74.
[3] J. Iron Steel Inst. Bd. 128 (1933) S. 293/340.
[4] Nach Stahl u. Eisen Bd. 57 (1937) S. 824.
[5] Z. phys. Chem. Abt. B Bd. 8 (1930) S. 81/110.
[6] Arch. Eisenhüttenw. Bd. 10 (1936/37) S. 515/24.

Da bei den Sonderstählen Mangangehalte von mehr als 30% praktisch nicht angewendet werden, interessiert in diesem Rahmen in erster Linie die eisenreiche Seite des Systems Eisen-Mangan, die trotz außerordentlich zahlreicher Untersuchungen als noch nicht endgültig geklärt angesehen werden muß. Experimentell ist übereinstimmend sichergestellt, daß die A_4-Umwandlung eine Erhöhung und die A_3-Umwandlung eine bedeutende Erniedrigung mit steigendem Mangangehalt erfahren, daß also Mangan zu den Elementen gehört, die das γ-Gebiet erweitern.

Gegenüber früheren thermischen Untersuchungen von Dejean[1] sowie Esser und Oberhoffer[2], die bereits bei 14—17% Mangan eine Erniedrigung des A_3-Punktes bis auf Raumtemperatur feststellten, verschiebt sich die entsprechende Linie zu höheren Mangangehalten. Die unterschiedlichen Werte dürften darauf zurückzuführen sein, daß bereits geringe Mengen Kohlenstoff eine wesentliche Veränderung in der Lage der A_3-Umwandlung hervorrufen können und die sich bei den einzelnen Forschern ergebenden Unterschiede vielleicht auf geringe Unterschiede im Kohlenstoffgehalt zurückzuführen sind. Ebenso sind die Untersuchungsmethoden der einzelnen Forscher verschieden (Röntgenuntersuchung, Haltepunktsbestimmungen, magnetische Messungen usw.).

Am unklarsten und auch heute noch nicht restlos geklärt ist der Verlauf der Umwandlungen zwischen 12 und 30% Mangan. Nach den Untersuchungen von W. Schmidt[3] tritt in diesem Bereich der Mangan-Eisen-Legierungen noch ein hexagonaler ε-Mischkristall auf, mit einem Gitteraufbau, der einer dichtesten Kugelpackung entspricht, wie dies Abb. 205 anzeigt. Da die im Vergleich zu γ- und α-Mischkristall dichtere ε-Phase ebenfalls unmagnetisch ist, sind die früheren Unklarheiten, die den Bereich der γ-Phase bis zu etwa 14% Mangan herab verschoben hatten, erklärlich. Legierungen mit 20% Mangan sollen sich insbesondere nach vorhergehender Kaltbearbeitung nahezu vollständig unter Volumenverkleinerung in ε-Mischkristalle umwandeln[4]. Der Umwandlungsmechanismus der zwischen 250° und 100° verlaufenden und mit einer Hysteresis von nur maximal 150° reversiblen Umwandlung der γ-Mischkristalle in die ε-Phase ist nicht restlos geklärt. Während ein Teil der Forscher sich der Ansicht von Oehman[5] anschließt, daß die ε-Phase durch einen Klappvorgang (Schiebungsumwandlung), vielleicht ähnlich wie der Martensit, aus dem γ-Eisen entsteht, d. h. daß die ε-Phase sich ohne Konzentrationsänderung aus dem γ-Mischkristall bildet und als Übergangsgefüge zwischen α- und γ-Phase anzusprechen ist, vertreten T. Ishiwara[6], R. F. Mehl[7] und W. Tofaute und K. Linden[8] die Ansicht, daß die ε-Phase als selbständige Phase durch eine Umsetzung der α- mit den γ-Kristallen unter Konzentrationsänderung entsteht.

---

[1] C. R. Acad. Sci., Paris Bd. 171 (1920) S. 719.

[2] Werkstoffausschußbericht Nr. 69 (1925) des Vereins Deutscher Eisenhüttenleute.

[3] Arch. Eisenhüttenw. Bd. 3 (1929/30) S. 293/300.

[4] Krivobok, V. N., C. Wells, F. M. Walters u. J. F. Eckel: Trans. Amer. Soc. Steel Treat. Bd. 21 (1933) S. 807ff.

[5] Z. phys. Chem. Abt. B Bd. 8 (1930) S. 81/110.

[6] Sci. Rep. Tohoku Univ. Bd. 19 (1930) S. 509/19.

[7] Discussion of the „Progreß Report an Iron-Manganese Carbon-Alloys". Presented at the Fourth Open Meeting of the Mining and Metallurgical Advisory Boards Pittsburgh Oct. 17 (1930).

[8] Arch. Eisenhüttenw. Bd. 10 (1936/37) S. 515/24.

Im ersten Falle hätte man anzunehmen, daß, genau so wie man den Übergang des Austenits zum α-Eisen in Eisen-Kohlenstoff-Legierungen bei schneller Abkühlung über ein tetragonales Gitter sichergestellt hat, bei so gehemmten Umwandlungsbedingungen, wie sie in dem System Eisen-Mangan auftreten, der Übergang vom flächenzentrierten γ- zum raumzentrierten α-Eisen über ein hexagonales Zwischengitter führen würde. Unter Umständen würde bei diesen Eisen-Mangan-Legierungen, insbesondere wenn sie noch Kohlenstoff enthalten, der Übergang vom kubisch flächenzentrierten Austenit über ein hexagonales Gitter und durch eine weitere Schiebungsumwandlung bis zum tetragonalen Martensit führen. Bei Bestätigung dieser Annahme wäre dies ein Beispiel dafür, daß bei gehemmten Umwandlungsvorgängen der Übergang von einer Gitterart zur anderen schrittweise vor sich geht. Die andere Ansicht, daß es sich bei der ε-Phase um eine mit Konzentrationsänderungen durch Umsetzung mit dem ε-Mischkristall bildende Phase handelt, veranschaulicht die Abb. 205. Gegen diese letztere Annahme könnte angeführt werden, daß bei den hier angegebenen

tiefen Temperaturen von 200° ein derartiger Konzentrationsausgleich in den Mangangehalten nur noch schwer erfolgen kann; da ferner nach den röntgenographischen Untersuchungen von W. Schmidt der Gitterparameter der ε-Phase sich stetig ändert und hiernach ε allein nicht auftritt, dürfte die Vorstellung der ε-Phase durch einen Umklappvorgang aus dem Austenit, ähnlich der Martensitbildung, wohl die wahrscheinlichere sein. Da somit hier

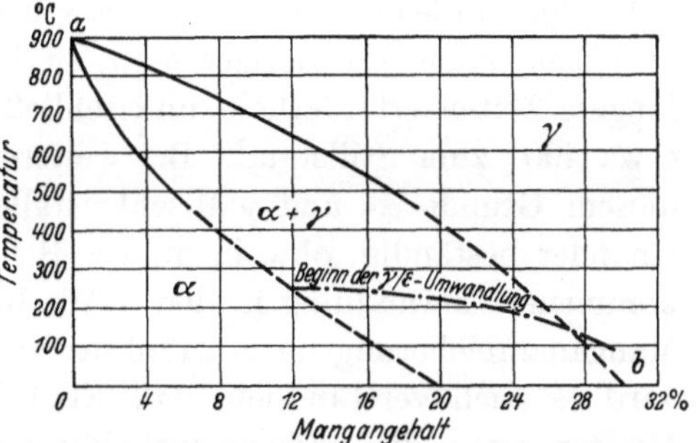

Abb. 206. Schema der γ/ε-Umwandlung im System Eisen-Mangan (Bildung der ε-Phase durch Umklappung).

keine Gleichgewichtsverhältnisse vorliegen, kann die Grenze des Auftretens von α bzw. γ neben ε nicht genau bestimmt sein. Um aber wenigstens einen Anhalt über die in Eisen-Mangan-Legierungen auftretenden Gefügebestandteile zu geben, ist in Abb. 206 die Temperatur des Beginns der γ-ε-Umwandlung strichpunktiert eingezeichnet, wie sie nach den bisher vorliegenden Untersuchungen etwa angenommen werden könnte. Es handelt sich hier also nicht um ein Gleichgewichtsdiagramm. Da röntgenographisch bei Zimmertemperatur zwischen 12 und 16% Mn $\alpha + \varepsilon$, zwischen 16 und 20% Mn $\alpha + \gamma + \varepsilon$ und oberhalb 20% bis $\sim$30% Mn $\gamma + \varepsilon$ gefunden wurde, kann die Entstehung dieser Phasen nach Abb. 206 folgendermaßen verstanden werden:

In Legierungen zwischen 12 und 20% Mn beginnt sich bei der Abkühlung entlang ab aus dem Austenit Ferrit zu bilden. Die Ausscheidung erfolgt nach den Untersuchungen von W. Tofaute und K. Linden im Gegensatz zu Eisen-Nickel-Legierungen bei Temperaturen oberhalb etwa 450° unter Konzentrationsänderungen. Eine Gleichgewichtseinstellung tritt jedoch nur nach sehr langen Glühzeiten ein. Wird die Temperatur der strichpunktierten Linie erreicht, so findet ein Umklappen des kubisch flächenzentrierten Gitters des Austenits in das des hexagonalen ε statt. Die Bildung der ε-Phase erfolgt genau wie die Martensitbildung in einem Temperaturintervall. Bei Raumtemperatur ist der Austenit mehr oder weniger vollständig in ε umgewandelt. Bei den Mangangehalten über 20% scheidet sich kein Ferrit mehr aus dem Austenit aus, sondern es bildet sich bei Unterschreitung der strichpunktierten Kurve sofort ε. Legierungen mit 12—20% Mn bestehen also bei Raumtemperatur aus α, γ und ε, während die mit mehr als 20% Mn nur γ und ε enthalten. Da hier wie gesagt keine Gleichgewichte vorliegen, sind die Linien unterhalb 450° deshalb nur punktiert.

Für die Verwendung von Mangan als Legierungselement ist aber vor allem der Verlauf der γ-α-Umwandlung von Wichtigkeit. Zu der γ-α-Umwandlung ist zunächst folgendes zu bemerken: Früher wurde vielfach das Zustandsschaubild so gezeichnet, als ob der Übergang vom γ-Mischkristall in den α-Mischkristall ohne Konzentrationsänderung erfolgte. Es muß jedoch zwischen beiden Phasenbereichen ein heterogenes Gebiet bestehen. Die Entmischung des γ-Mischkristalls geht in der Weise vor sich, daß der sich ausscheidende α-Mischkristall manganärmer als der γ-Mischkristall ist. Bei weiterer Abkühlung reichern sich infolge der Ausscheidung manganärmerer α-Mischkristalle die verbleibenden γ-Mischkristalle an Mangan an. Da mit abnehmender Temperatur der Diffusionsausgleich immer schwieriger wird, sind für die Einstellung des Gleichgewichtes längere Zeiten erforderlich, und schließlich kommt die Entmischung schon bei etwa 400° zum Stillstand. Bei weiterer Senkung der Temperatur bleiben aus diesem Grunde α- und γ-Mischkristalle verschiedenen Mangangehaltes nebeneinander beständig, obwohl man z. B. bei mittleren Mangangehalten eine vollkommene Umwandlung in den α-Mischkristall erwarten sollte. Auf Grund der Mangananreicherung im γ-Anteil des sich bei der Abkühlung bildenden Gefüges wird es auch verständlich, daß Eisen-Mangan-Legierungen mit mehr als 5% Mangan schon die ε-Phase enthalten können, die sich aus dem manganangereicherten γ-Mischkristall bei etwa 200° bildet. Bei Zimmertemperatur treten dann drei Phasen, und zwar α-, γ und ε-Mischkristalle nebeneinander auf. Erst bei Legierungen mit mehr als 15% Mn wird man erwarten können, daß nach langsamer Abkühlung auf Zimmertemperatur die α-Phase verschwunden ist. Die γ-Phase wird erst bei etwa 30% Mn bei Raumtemperatur beständig. Die bei sehr langsamer Abkühlung auftretenden Konzentrationsänderungen konnten für Eisen-Mangan-Legierungen von W. Tofaute nachgewiesen werden.

Aus vorhergehendem geht schon hervor, daß die Gleichgewichtseinstellungen entsprechend der Abb. 205 auch bei Laboratoriumsversuchen und sehr langsamer Abkühlung (Haltezeiten auf Zwischentemperaturen von mehr als 100 Stunden) nicht vollkommen verlaufen infolge des bei tiefer Temperatur immer mehr behinderten Diffusionsausgleichs. Bei schnelleren Abkühlungen können dann auch Legierungen mit z. B. weniger als 10% Mn eine martensitähnliche Umwandlung des γ-Kristalls bei tiefen Temperaturen ohne Konzentrationsänderung erfahren. Hieraus erklären sich vielfach die Untersuchungsergebnisse älteren Datums.

Bei den gewöhnlichen in der Praxis vorkommenden Abkühlungsbedingungen wird der Konzentrationsausgleich selten erfolgen, und so fiel schon frühzeitig die starke Hysteresis von Eisen-Mangan-Legierungen bei der magnetischen Umwandlung auf (Abb. 207). Hierbei ist die magnetische Umwandlung bei höheren Mangangehalten identisch mit der A_3-Umwandlung γ-α bzw. γ-ε-α. Diese starke Hysteresis weist ebenfalls auf die starke Unterkühlbarkeit und behinderte Umwandlung der Eisen-Mangan-Legierungen hin. Je rascher die Abkühlung erfolgt, um so geringer werden die Konzentrationsänderungen zwischen sich ausbildenden γ-α-Mischkristallen sein können. Unter Umständen tritt dann erst beim Anlassen entsprechend den Gleichgewichtslinien der Abb. 205 Entmischung zwischen α- und γ-Mischkristall ein, die mit steigender Temperatur langsam zurückgeht, bis das gesamte Gefüge wieder im γ-Zustand vorliegt. Insbesondere wird beispielsweise eine Legierung mit 15—20% Mangan, die beim Abkühlen aus γ-Eisen mit mehr oder weniger großen Anteilen von ε-Phase bestanden hat, beim Anlassen in γ-α-Mischkristalle zerfallen. Hierbei bleibt zu erwähnen, daß der Übergang von der γ- zur ε-Phase und umgekehrt mit geringerer Hysteresis erfolgt, als dies bei der γ-α-Umwandlung der Fall ist. Bei einer Legierung mit 13% Mangan erfolgt die γ-ε-Umwandlung (Abkühlung) bei 150°, die ε-γ (Erwärmung) bei 250°, also mit einer Hysteresis von 100°, während Legierungen mit 12% Mangan zwischen γ-α-Umwandlung beim Erwärmen und Abkühlen eine Hysteresis von etwa 500° aufweisen. Da die starke Hysteresis der γ-α-Umwandlung auf den Konzentrationsunterschied der beiden Phasen mit zurückzuführen ist, spricht die geringe Hysteresis der γ-ε-Umwandlung ebenfalls mehr für einen Mechanismus der Schiebungsumwandlung als für eine durch Konzentrationsausgleich erfolgende Umsetzung.

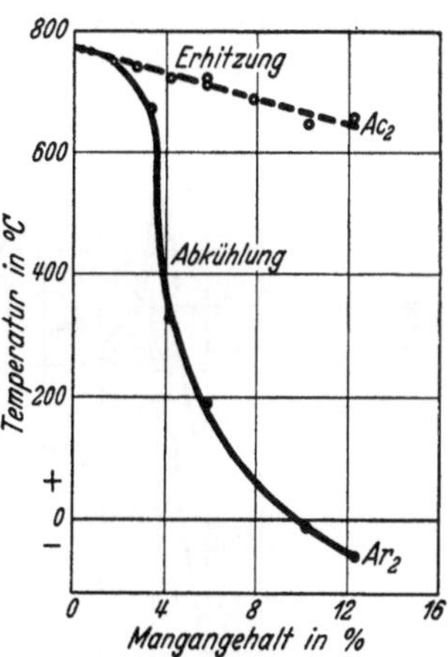

Abb. 207. Magnetische Umwandlung von Manganstählen. (Nach Gumlich: Wiss. Abh. physik.-techn. Reichsanst. Berlin 1918 S. 267/71.)

Wie aus obigem hervorgeht, sind die Verhältnisse bei Eisen-Mangan-Legierungen in der Eisenecke bereits nicht ganz einfach. Für die praktische Anwendung wichtig ist die Tatsache, daß die Gleichgewichtseinstellungen träge verlaufen und somit starke Unterkühlungserscheinungen auftreten, die einen entsprechenden Einfluß auf die kritische Abkühlungsgeschwindigkeit von Manganstählen haben.

b) Kohlenstoffhaltige Eisen-Mangan-Legierungen.

Das ternäre Eisen-Mangan-Kohlenstoff-System ist in bezug auf den Reaktionsablauf aus den Untersuchungen von R. Vogel und W. Döring[1] bekannt, wenn auch die von B. Jacobson und A. Westgren[2] röntgenographisch gefundenen Mangankarbide der Zusammensetzungen Mn_7C_3 und Mn_4C bzw. $Mn_{23}C_6$, deren Existenzbereich nicht genau bestimmt ist, nicht berücksichtigt worden sind. Da jedoch aus den Veröffentlichungen von J. F. Eckel, M. Gensamer, V. N. Krivobok, F. M. Walters und C. Wells[3] sowie Tofaute und Linden[4] über die Umwandlungen von eisenreichen kohlenstoffhaltigen Manganlegierungen im festen Zustand wahrscheinlich gemacht ist, daß Mangansonderkarbide in dem hier interessierenden Legierungsgebiet nicht auftreten, kann man das Dreistoffsystem von Vogel und Döring den folgenden Betrachtungen zugrunde

---

[1] Arch. Eisenhüttenw. Bd. 9 (1935/36) S. 247/52.
[2] Z. phys. Chem. Abt. B Bd. 20 (1933) S. 361/67.
[3] Trans. Amer. Soc. Met. Bd. 24 (1936) S. 373/74.
[4] Arch. Eisenhüttenw. Bd. 10 (1936/37) S. 515/24.

legen. Aus der Analogie im Aufbau zwischen dem Fe_3C und Mn_3C war zu vermuten, und es wurde auch von Vogel und Döring bestätigt, daß in den beiden Karbiden ein weitestgehender Austausch von Eisen und Mangan möglich ist. Dies ergibt aber weiterhin, daß Mangansonderkarbide bei eisenreichen Eisen-Mangan-Kohlenstoff-Legierungen nicht auftreten und daß diese Legierungen sich also ähnlich verhalten müssen wie reine Eisen-Kohlenstoff-Stähle. Das Verhalten der Karbide in Manganstählen bestätigt dies im großen und ganzen.

Das Teilgebiet Eisen-Mangan-Mn_3C-Fe_3C ist in den Abb. 208 und 209 dargestellt. Die Abb. 208 enthält die Gleichgewichte bei der Erstarrung, die

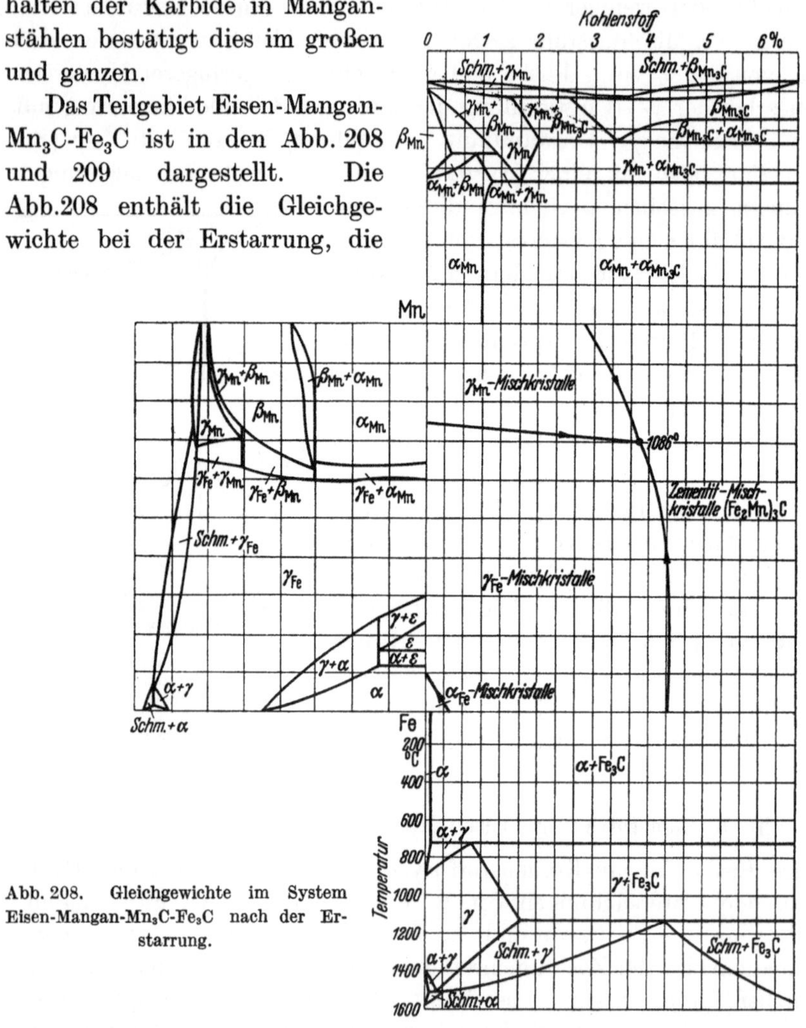

Abb. 208. Gleichgewichte im System Eisen-Mangan-Mn_3C-Fe_3C nach der Erstarrung.

Abb. 209 die Zustandsfelder bei 20°. Auf der interessierenden Fe-reichen Seite findet man als Phasen: α-Mischkristall, γ-Mischkristall, ε-Mischkristall und das Eisen- bzw. Eisen-Mangan-Mischkarbid. Entsprechend dem Zusammentreten von zwei Teilstoffsystemen mit offenem γ-Feld (vgl. auch Sonderfall des ersten ternären Grundschaubildes von W. Köster und W. Tonn[1], S. 253) müssen auch im ternären Zustandsschaubild γ-Mischkristalle bei Zimmertemperatur beständig sein. Aus diesem Grunde überträgt sich die bei Eisen-Mangan-Legierungen mit

---

[1] Arch. Eisenhüttenw. Bd. 7 (1933/34) S. 193/200.

steigendem Mangangehalt eintretende Erniedrigung der A_3-Umwandlung auch auf die entsprechende Umwandlung in den Dreistofflegierungen.

Hervorzuheben ist zunächst, daß **Mangan** im ternären System Eisen-Kohlenstoff-Mangan die Löslichkeitsgrenze für Kohlenstoff im γ-Eisen erhöht. Diese Tatsache wurde schon von F. Wüst und P. Goerens[1] gefunden und durch Vogel und Döring bestätigt. Während bei reinen Kohlenstoffstählen die Löslichkeitsgrenze bei 1,7% C liegt, gelingt es oberhalb 20% Mangan bis fast 2% Kohlenstoff bei schroffer Abkühlung von 1150° im Austenit gelöst zu halten. Dagegen verschiebt Mangan den Perlitpunkt zu geringeren Kohlenstoffgehalten, d. h. die Löslichkeit für Kohlenstoff am eutektoiden Punkt ist bei höheren Legierungsgehalten geringer (vgl. Abb. 210 bis 212). Man hat sich daher bei höheren Mangangehalten in den Schnitten des Dreistoffsystems Eisen-Kohlenstoff-Mangan die von der *ES*-Linie des Eisen-Kohlenstoff-Systems ausgehende Fläche der Karbidausscheidung weniger steil zu denken, als im Zweistoffsystem Eisen-Kohlenstoff. Diese Verschiebung des Perlitpunktes trägt weiterhin zur Verstärkung der Unterkühlungserscheinungen am A_1-Punkt in Manganlegierungen bei. Durch das Fehlen von Sonderkarbiden haben diese Schnitte durch das Dreistoffschaubild bei gleichbleibenden Mangangehalten ein ähnliches Aussehen wie das Zweistoffsystem Eisen-Kohlenstoff. Ein Unterschied tritt nur insofern auf, als die im Eisen-Kohlenstoff-System nur bei 720° nebeneinander vorkommenden drei Phasen $\alpha + \gamma + Fe_3C$ jetzt in einem gewissen Temperaturbereich beständig werden. Bei höheren

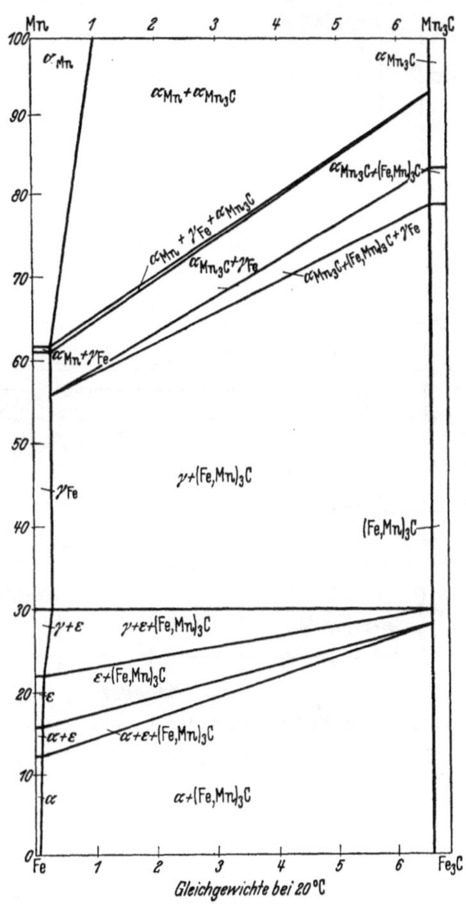

Abb. 209. Zustandsfelder im System Eisen-Mangan-Mn₃C-Fe₃C bei Raumtemperatur.

Mangangehalten kommen dann noch die durch das Auftreten der ε-Phase bedingten Gleichgewichte unterhalb 200° hinzu. Als Beispiele sind in den Abb. 210—212 die Schnitte bei 2,5, 13 und 20% Mangan wiedergegeben. Bei gleichbleibenden Kohlenstoffgehalten ähneln die Schnitte durch das Raumschaubild dem Zweistoffschaubild Eisen-Mangan (vgl. die Abb. 213 und 214 für einen Kohlenstoffgehalt von 0,2 und 1%).

Karbide, die aus Legierungen mit 5—13% Mangan und 1% Kohlenstoff isoliert wurden, zeigten nach Arnold und Read[2] einen Mangangehalt von 22% bei 7% C. Wenn auch bis zur heutigen Zeit die Auswertung der Ergebnisse

[1] Metallurgie Bd. 6 (1909) S. 3/14.
[2] Arnold. J. O., u. A. A. Read: Iron Steel Inst. Bd. 1 (1910) S. 169/84.

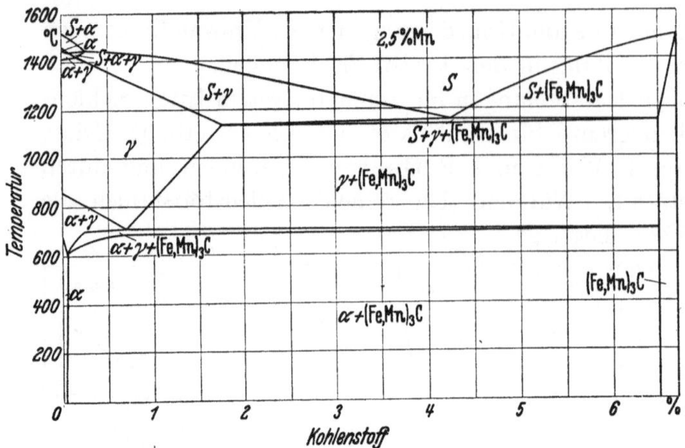

Abb. 210. Schnitt durch das System Eisen-Kohlenstoff-Mangan bei 2,5 % Mn.

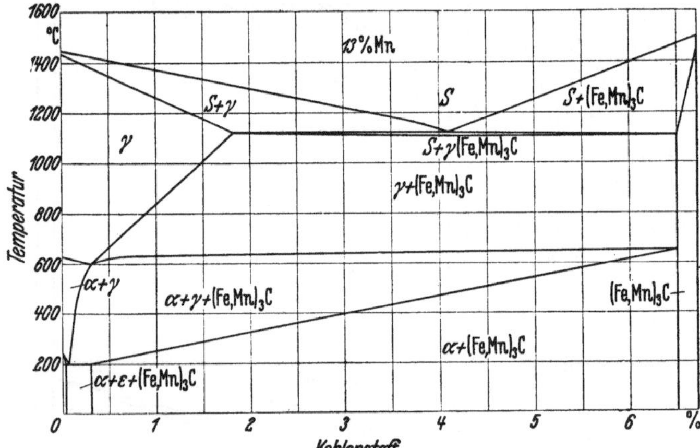

Abb. 211. Schnitt durch das System Eisen-Kohlenstoff-Mangan bei 13 % Mn.

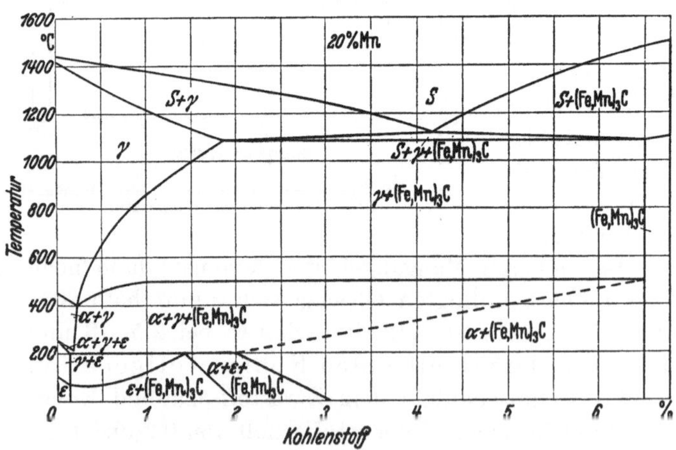

Abb. 212. Schnitt durch das System Eisen-Kohlenstoff-Mangan bei 20 % Mn.

von Karbidisolierungen mit Vorsicht aufzufassen ist, so würde sich aus der Bestätigung derartiger Mangangehalte aber ableiten lassen, daß Karbidausscheidungen aus der festen Lösung mit einer Verarmung der Grundmasse an Mangan verbunden sein müssen. Ausgeglühte hochkohlenstoffhaltige Manganstähle würden in der Grundmasse somit weniger Mangan enthalten als Stähle gleichen Mangangehaltes, aber tieferen Kohlenstoffgehaltes.

Einfluß von Mangan auf die Umwandlungsvorgänge. Der starke Einfluß von Mangan auf die Herabsetzung des A_3-Punktes bei den binären Eisen-Mangan-Legierungen zeigt sich auch bei ternären Eisen-Kohlenstoff-Mangan-Legierungen. Infolge der Erniedrigung der Umwandlungstemperatur und der Erschwerung der für den Ablauf der Umwandlung erforderlichen Diffusionsvorgänge durch den Mangangehalt verlaufen die Umwandlungsvorgänge in der Perlitstufe träger, d. h. die Geschwindigkeit der Perlitumwandlung wird mit steigendem Mangangehalt vermindert und die Unterdrückung der Perlitstufe durch Steigerung der Abkühlungsgeschwindigkeit erleichtert. Bei metallographischen Untersuchungen von Manganstählen mit 1,2 bis 4 % Mn kann man, insbesondere nach einer normalisierenden Wärmebehandlung, das ausgeprägte Auftreten von Zwischenstufengefüge beobachten, und zwar in wesentlich stärkerem Maße als bei Kohlenstoffstählen. Hieraus ist bereits anzunehmen, daß die Zwischenstufe hier ausgeprägter als selbständiges Umwand-

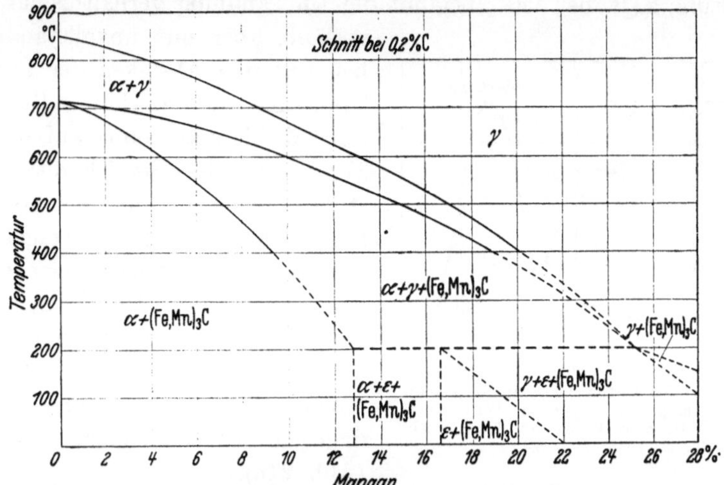

Abb. 213. Schnitt durch das System Eisen-Kohlenstoff-Mangan bei 0,2% C.

lungsgebiet auftritt als bei Kohlenstoffstählen. Tatsächlich konnten F. Wever und K. Mathieu[1] das Auftreten der Zwischenstufe an Manganstählen besonders schön verfolgen. Diese Untersuchungen vermitteln bisher auch den besten Einblick in das Wesen der Zwischenstufe, so daß es zweckmäßig erscheint, hierauf etwas näher einzugehen. Abb. 215 zeigt für einen Stahl mit 3,3% Mn und 0,5% C die verschiedenen Umwandlungsgebiete. Die Schraffur der Martensitstufe soll veranschaulichen, daß sie in diese Darstellung nicht sinngemäß eingezeichnet werden kann. Die Zwischenstufe hebt sich deutlich von der Perlitstufe einerseits und der Martensitstufe andererseits ab.

Die Umwandlungsgeschwindigkeit in der Perlitstufe wird durch Manganzusatz herabgesetzt, z. B. bei einem Kohlenstoffgehalt von

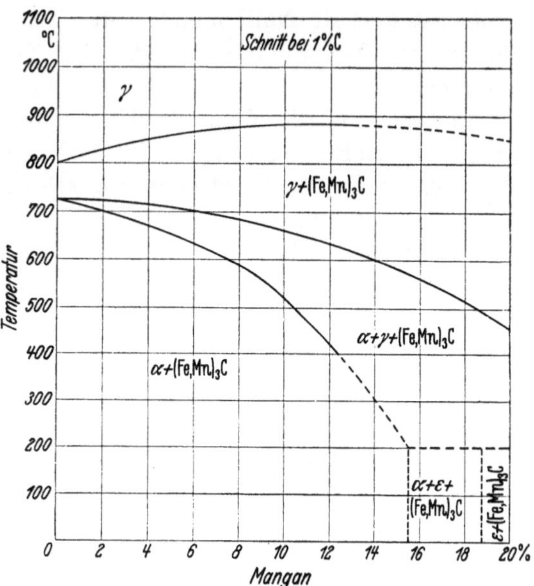

Abb. 214. Schnitt durch das System Eisen-Kohlenstoff-Mangan bei 1% C.

1% durch Zusatz von rund 2% Mn auf etwa den dreißigsten Teil der Umwandlungsgeschwindigkeit des reinen Kohlenstoffstahls. Hierbei bleibt, wie aus Abb. 216 hervorgeht, die Umwandlungsgeschwindigkeit in der Perlitstufe um so größer, je höher der Kohlenstoffgehalt des Stahles ist.

---

[1] Wever, F., u. K. Mathieu: Mitt. K.-Wilh.-Inst. Eisenforschg. Bd. 22 (1940) S. 9/18.

Die Umwandlungsgeschwindigkeit in der Zwischenstufe fällt ebenfalls mit steigendem Mangangehalt. Sie ist, wie Abb. 216 zeigt, bei höherem Kohlenstoffgehalt geringer als bei niedrigem Kohlenstoffgehalt. Im oberen Teil der Zwischenstufe, z. B. bei 450°, beginnt die Umwandlung verhältnismäßig rasch, verläuft aber nur unvollständig. Erst bei weiterem Absinken der Temperatur kann eine weitere Umwandlung eintreten. Kühlt man sofort auf eine tiefere Temperatur im Bereich der Zwischenstufe, z. B. 400° oder darunter, ab, so beginnt die Umwandlung träger, verläuft aber bei entsprechend langer Zeit ziemlich vollständig. Die Temperatur des Maximums der Umwandlungsgeschwindigkeit in der Zwischenstufe ist vom Kohlenstoffgehalt unabhängig, sinkt dagegen mit steigendem Mangangehalt (Abb. 216).

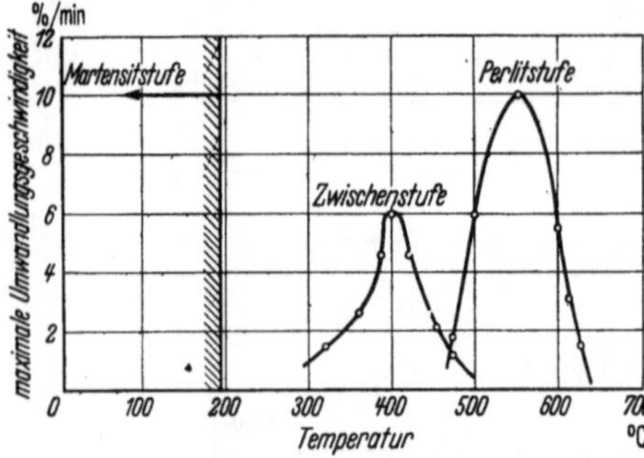

Abb. 215. Maximale Umwandlungsgeschwindigkeit eines Stahles mit 0,5% C und 3,3% Mn in Abhängigkeit von der Temperatur. [Nach F. Wever und K. Mathieu: Mitt. Kais.-Wilh.-Inst. Eisenforsch. Bd. 22 (1940) S. 9/18.]

Die Martensitumwandlung wird mit steigendem Mangangehalt ähnlich wie mit steigendem Kohlenstoffgehalt zu tieferen Temperaturen verschoben. Kohlenstoff und Mangan unterstützen sich somit in der Herabsetzung der Martensitumwandlung. Für den Kohlenstoffgehalt Null mündet die Temperatur der Martensitumwandlung in die der Zwischenstufe ein.

In bezug auf die Natur der Umwandlungsvorgänge können Beobachtungen über die Verlagerung des Beginns der Martensitbildung durch eine teilweise Umwandlung in der Perlitstufe und in der Zwischenstufe einigen Aufschluß geben. Wenn man einen Manganstahl bei der Abkühlung kurzzeitig bei einer Temperatur im Gebiet der Perlitstufe hält, so daß die Umwandlung zu Perlit zwar beginnen, aber

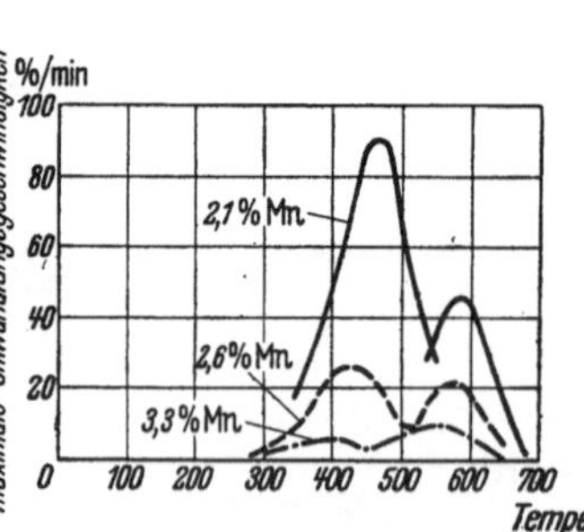

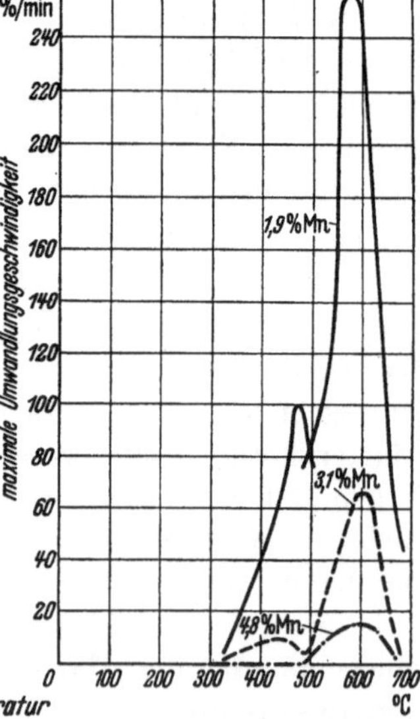

Abb. 216. Einfluß des Mangangehaltes auf die Umwandlungsgeschwindigkeit von Stählen mit 0,5% C (links) und 1% C (rechts). [Nach F. Wever und K. Mathieu: Mitt. Kais.-Wilh.-Inst. Eisenforsch. Bd. 22 (1940) S. 9/18.]

nicht zu Ende verlaufen kann, so stellt man fest, daß durch die beginnende Umwandlung in der Perlitstufe die Martensittemperatur verlagert wird, und zwar wird sie zu etwas höheren Temperaturen verschoben. Dies könnte auf Grund der bei der Umwandlung eingetretenen Verarmung an Kohlenstoff und Mangan (Mangangehalt des Karbids) verständlich sein. Läßt man hingegen den Stahl sich teilweise im Gebiet der Zwischenstufe umwandeln, so sinkt die Temperatur der Martensitumwandlung des Restgefüges. Es könnte nun der

Gedanke aufkommen, daß bei der Umwandlung in der Zwischenstufe Entmischungsvorgänge auftreten, die den Restaustenit legierungsreicher werden lassen. Diese Annahme erscheint jedoch nicht haltbar, weil die Entstehung derartiger Konzentrationsunterschiede in dem Temperaturgebiet und den Zeiten, in denen die Umwandlung sich abspielt, unwahrscheinlich ist. Man muß vielmehr annehmen, daß die Umwandlung in der Zwischenstufe in ähnlicher Weise wie die Martensitumwandlung Widerstände hervorruft, die die weitere Umwandlung hemmen und die dementsprechend auch die Martensitbildung behindern und ihren Beginn zu tieferen Temperaturen verschieben.

Eine gewisse Ähnlichkeit der Umwandlung in der Zwischenstufe mit der Martensitumwandlung zeigt sich auch aus Abb. 217. Wie aus ihr zu entnehmen ist, verläuft die Kurve, die anzeigt, wieweit bei bestimmten Temperaturen die Umwandlung in der Zwischenstufe überhaupt ablaufen kann (Kurve II), etwa parallel zu der Kurve, die das Fortschreiten der Martensitumwandlung in Abhängigkeit von der Temperatur anzeigt (Kurve I). Wenn schon durch das nadelige Gefüge der Zwischenstufe eine gewisse Ähnlichkeit mit der nadeligen Ausbildung bei der Martensitumwandlung angedeutet wird, so wird durch diese Gleichartigkeit des Kurvenverlaufes der Vergleich noch verstärkt. Hierbei muß aber immer im Auge behalten werden, daß der

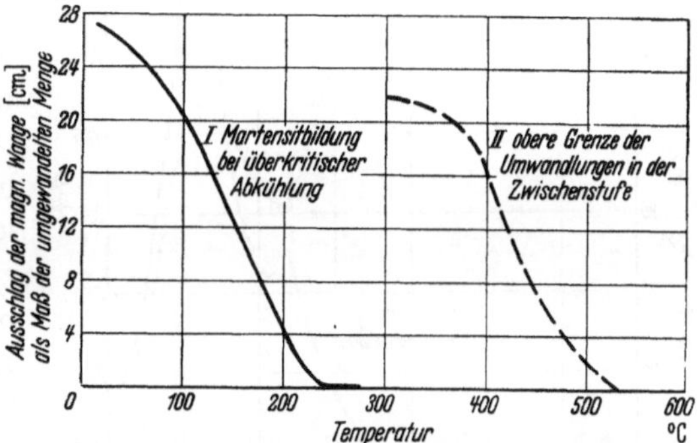

Abb. 217. Obere Grenze der Umwandlung in der Zwischenstufe und Verlauf der Martensitbildung in Abhängigkeit von der Temperatur für einen Stahl mit 0,5% C und 3,3% Mn. [Nach F. Wever und K. Mathieu: Mitt. Kais.-Wilh.-Inst. Eisenforsch. Bd. 22 (1940) S. 9/18.]

wesentliche Unterschied zwischen der Zwischenstufe und der Martensitstufe erhalten bleibt, nämlich daß die Nadeln der Zwischenstufe sich in das Gefüge mit einer bestimmten Zeitabhängigkeit hineinschieben, während die Martensitnadeln plötzlich umklappen. Dieser Zeitverlauf deutet bereits an, daß sich noch irgendein Vorgang vor der Gefügeumlagerung in der Zwischenstufe abspielt, für den wir heute noch keine klare Deutung haben.

Bemerkenswert ist noch die Tatsache, daß die in der Zwischenstufe sich bildenden Karbide, genau wie die beim Anlassen des Martensits entstehenden, nach den magnetometrischen Messungen von F. Wever und K. Mathieu[1] manganärmer — um nicht zu sagen manganfrei — sind, also dem Eisenkarbid entsprechen, während die in der Perlitstufe sich bildenden Karbide manganhaltig sind. Auch hierdurch wird die Ähnlichkeit des Zwischenstufengefüges mit angelassenem Martensit nochmals hervorgehoben.

In dem Abschnitt Eisen-Kohlenstoff-Legierungen war erwähnt worden, daß die im oberen Teil der Zwischenstufe aus dem übersättigten α-Eisen sich ausscheidenden Karbide unter Umständen stärker zusammengeballt sind, als dies im unteren Bereich der Perlitstufe der Fall ist. Auch dies kann bei der Untersuchung der Manganstähle deutlich verfolgt werden. Diese gröbere Zusammenballung

---

[1] Wever. F.. u. K. Mathieu: Mitt. Kais.-Wilh.-Inst. Eisenforsch. Bd. 22 (1940) S. 9/18.

im oberen Gebiet der Zwischenstufe kann nicht nur gefügemäßig beobachtet werden, sondern läßt sich auch an Hand der Härte verfolgen, wie dies Abb. 218 zeigt.

Da bei höheren Mangangehalten, z. B. über 4%, bereits die im Zustandsschaubild gekennzeichneten Entmischungserscheinungen beim Übergang vom flächenzentrierten γ-Kristall in den raumzentrierten α-Kristall auftreten können, bereitet die Untersuchung der Umwandlungsgeschwindigkeiten in dem Temperaturbereich von etwa 500° und darunter Schwierigkeiten, da außer der Karbidausscheidung auch die Entmischung mit dem sie beeinflussenden Zeiteinfluß ablaufen muß, ehe die Umwandlung beendet ist. Hochmanganhaltige Stähle sind daher ausgesprochen umwandlungsträge. Bei geringen Mangangehalten zeigt es sich, daß vor allem die Anlaufzeit verlängert wird, während die eingeleitete Umwandlung noch schnell zu Ende verlaufen kann. Oberhalb 6% Mn gelingt es auch bei langen Haltezeiten kaum mehr, das gesamte Gefüge umzuwandeln. Die Ursache ist die mehr oder weniger unvollkommen eintretende Gleichgewichtseinstellung zwischen dem manganärmeren α-Kristall und dem manganangereicherten γ-Kristall.

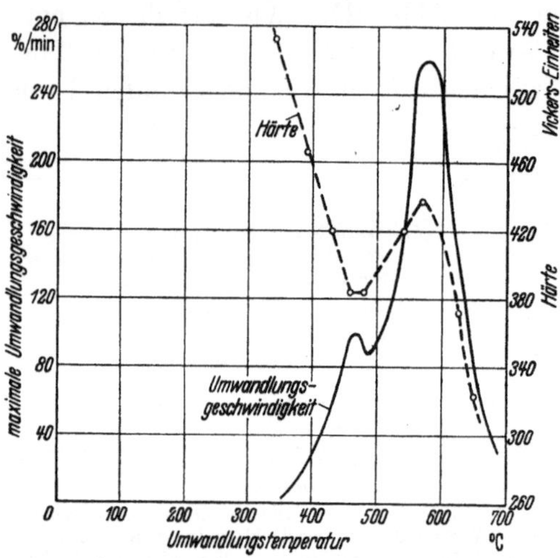

Abb. 218. Härte und Umwandlungsgeschwindigkeit eines Stahles mit 1% C und 1,9% Mn in Abhängigkeit von der Umwandlungstemperatur. [Nach F. Wever und K. Mathieu: Mitt. Kais.-Wilh.-Inst. Eisenforsch. Bd. 22 (1940) S. 9/18.]

Von besonderer Bedeutung für die Härte- und Vergütefähigkeit von manganlegierten Stählen ist der Einfluß dieses Legierungselementes auf die kritische Abkühlungsgeschwindigkeit, der sich deutlich aus den älteren etwas schematischen Darstellungen in Abb. 219 ergibt, die die Zwischenstufe noch gar nicht berücksichtigen. Diese Abbildung zeigt die Lage der Umwandlungspunkte bei gleichbleibender Abkühlungsgeschwindigkeit in Abhängigkeit vom Mangangehalt für zwei verschiedene Kohlenstoffbereiche, 0,3—0,4% C sowie 0,7—1% C. Bei den Legierungen mit 0,3—0,4% C sinkt die hier mit Ar' bezeichnete Umwandlung in der Perlit- bzw. Zwischenstufe mit steigendem Mangangehalt stetig ab, bis sie bei rund 4% Mn sprunghaft unterdrückt wird und nur mehr die Martensitumwandlung Ar'' bei entsprechend tieferen Temperaturen festgestellt werden kann. Weitere Steigerung des Mangangehaltes verschiebt die Lage der Ar''-Umwandlung zu sinkenden Temperaturen, bis bei etwa 12% die Raumtemperatur erreicht wird. Ähnlich wie steigender Kohlenstoffgehalt setzt auch steigender Mangangehalt die Temperatur der Martensitbildung herab. Was die Unterdrückung der Perlitstufe anbelangt, wirkt Mangan im gleichen Sinne wie eine Steigerung der Abkühlungsgeschwindigkeit, was deutlich aus dem Vergleich von Abb. 219 und Abb. 35 zu ersehen ist. Wie gemäß Abb. 35 durch Steigerung der Abkühlungsgeschwindigkeit der Ar'-Punkt zu immer tieferen Temperaturen herabgedrückt wird, bis die sprunghafte Unterdrückung von Ar'

und das Auftreten von Ar'' eintritt, erfolgen (s. Abb. 219) dieselben Vorgänge durch Steigerung des Mangangehaltes. Mit zunehmendem Mangangehalt verändert sich das Gefüge der Stähle von Perlit zu Sorbit, zu Troostit, zu Zwischenstufengefüge und schließlich zu Martensit und Austenit. Ebenso treten in beiden Abbildungen Ar' und Ar'' (Troostit neben Martensit) über einen gewissen Bereich gemeinsam auf. Mangan wirkt also im gleichen Sinne wie eine beschleunigte Abkühlung und verringert somit die kritische Abkühlungsgeschwindigkeit.

Interessant ist der Vergleich der höher gekohlten Reihe mit 0,7—1% C in Abb. 219 mit den tiefer gekohlten Stählen. Auffallend ist der größere Existenzbereich der Ar'-Umwandlung neben Ar'' bei dem höheren Kohlenstoffgehalt. Die höhere Sättigung der festen Lösung an Kohlenstoff vor der Abkühlung bedingt einen höheren Druck der gelösten Phase in der festen Lösung und damit ein stärkeres Ausscheidungsbestreben für Kohlenstoff, d. h. Karbid. Das stärkere Ausscheidungsbestreben des Karbids bedingt eine höhere Lage des Ar'-Punktes und damit den weiteren Existenzbereich der Perlitstufe. Dies ist ein Beispiel dafür, wie die A_1-Umwandlung in stärkstem Maße vom Ausscheidungsbestreben des Karbids beeinflußt wird. (Weitere Beispiele ergeben sich später bei den karbid-

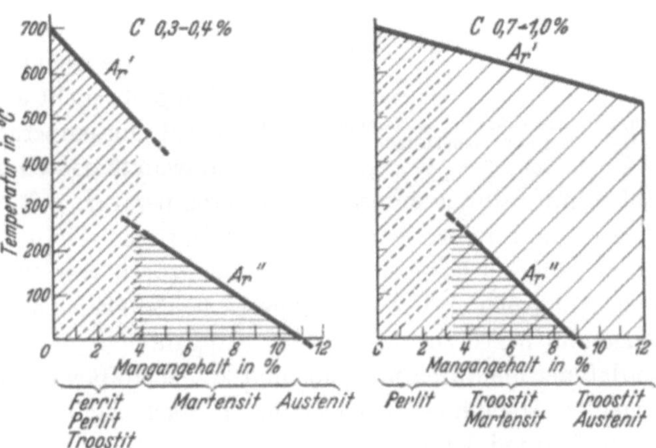

Abb. 219. Einfluß des Mangans auf den Ar_1-Punkt, Verdoppelung in Ar' und Ar''. [Nach Dejean: C. R. Acad. Sci., Paris Bd. 165 (1917) S. 4/7.]

bildenden Elementen Chrom, Wolfram, Vanadin, vor allem auch Molybdän.) Die Ar''-Umwandlung wird infolge des doppelten Einflusses von Mangan und Kohlenstoff bei der höher gekohlten Reihe bereits bei rund 10% Mn auf Raumtemperatur erniedrigt. Bei diesen Legierungen kann man im Gefüge daher Troostit neben Austenit, d. h. Ferrit + Karbid + Austenit, feststellen. Inwieweit hierbei Entmischungen an Mangan auftreten, ist ungeklärt. Neben Austenit ist auch die Existenz der ε-Phase — bei entsprechend hohen Mangangehalten (etwa 7%) — möglich.

Allgemeiner Überblick über die Manganstähle. Für die Verwendung von Manganstählen ist der starke Einfluß von Mangan auf die kritische Abkühlungsgeschwindigkeit, die zur Unterdrückung der Umwandlung Ar' erforderlich ist, sowie die Herabsetzung der Umwandlung Ar'' unter Raumtemperatur von großer Wichtigkeit[1]. Entsprechend der Verringerung der kritischen Abkühlungsgeschwindigkeit gelingt es, schon Stähle mit 2% Mn und etwa 2% C beim Abschrecken weitgehend oder vollständig austenitisch zu erhalten[2] (Abb. 41 u. 220).

---

[1] Stähle mit etwa 0,2% C und 1,5% Mn zeigen nach Luftabkühlung Zwischenstufengefüge mit dem entsprechenden Einfluß auf die Eigenschaften (s. S. 295).

[2] Maurer, E.: Stahl u. Eisen Bd. 49 (1929) S. 1218/20.

Bei höher legierten Mangan-Kohlenstoff-Stählen genügt auch eine mildere Luft- oder Ölablöschung, um vollkommene Austenitbildung zu erzielen. Ein typisches Beispiel für Abschreckaustenit stellt auch der Stahl mit 12% Mangan, 1% Kohlenstoff dar, dessen Gefüge Abb. 41 entspricht. Es war das Verdienst Hadfields[1], auf diesen austenitischen Manganstahl, der gewöhnlich „Mangan-Hartstahl" genannt wird, als ersten bei Raumtemperatur „stabil" austenitischen Stahl hingewiesen zu haben. Nach unseren heutigen Erkenntnissen muß allerdings das austenitische Gefüge dieses Stahles als Abschreckaustenit bezeichnet werden (s. a. später); nur ist bei Raumtemperatur die Umwandlungsgeschwindigkeit dieses Stahles so gering, daß auch nach jahrelanger Beobachtung eine Umwandlung des Austenits nicht eintritt. Er befindet sich also bei Raumtemperatur oberhalb der Martensitumwandlungstemperatur. Durch Abkühlen

V = 500

Abb. 220. Austenitgehalt in einem gehärteten 2proz. Manganstahl.

auf Temperaturen unterhalb Raumtemperatur, z. B. in flüssiger Luft, erleidet dieser Stahl teilweise die Austenit-Martensit-Umwandlung. Auch gelingt es, durch längeres Erwärmen bei Temperaturen von 400—600°, also in einem Gebiet mit größerer Umwandlungsgeschwindigkeit, eine teilweise Umsetzung des Austenits hervorzurufen, indem manganreiche Karbide ausgeschieden werden, so daß der hierdurch mangan- und kohlenstoffärmer gewordene Mischkristall bei erneuter Abkühlung sich leichter zu Martensit umwandelt.

Auf Grund der Veränderung der kritischen Abkühlungsgeschwindigkeit durch Mangan hatte Guillet[2] eine Trennung der Eisen-Kohlenstoff-Mangan-Legierungen nach Abb. 221 in austenitische, martensitische und perlitische Stähle vorgenommen. Diese Einteilung von Guillet gibt wohl eine gewisse prinzipielle Klassifizierung, ohne daß aber die angegebenen Mangan- und Kohlenstoffgehalte genau zutreffend sind. So wie es nicht gelingt, einen reinen Kohlenstoffstahl mit 1,7% C auch bei schärfster Ablöschung rein

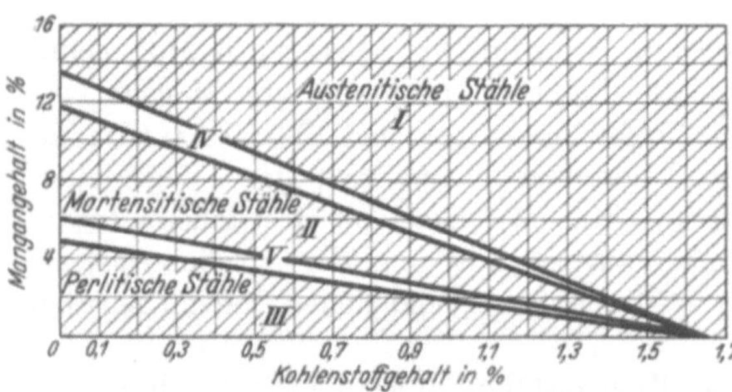

Abb. 221. Gefügediagramm der Manganstähle (Guillet). Zwischengebiete: IV Austenitisch-martensitische Stähle. V Martensitisch-perlitische Stähle.

austenitisch zu machen, so kann ein Stahl mit 5% Mangan und 1,1% Kohlenstoff nicht als austenitischer Stahl angesprochen werden. Man kann das Diagramm von Guillet nur im austenitischen Gebiet als Anhalt für den Gefügezustand abgeschreckter Stähle betrachten.

---

[1] J. Iron Steel Inst. Bd. 34 (1888 II) S. 41.

[2] Les Aciers Spéciaux (Verlag Dunod, Paris 1904) S. 76.

Eine genauere und bessere Einteilung der Kohlenstoff-Mangan-Stähle gibt die Abb. 222. Während bei schroffer Wasserabkühlung von hohen Temperaturen sich eine dem Guilletschen Diagramm ähnliche Klassifizierung ergibt, zeigen die weiteren Abbildungen deutlich die Beeinflussung durch die verschiedene Art der Wärmebehandlung. Bei langsamer Ofenabkühlung wird der Bereich reinen Austenits infolge stärkerer Karbidausscheidungen eingeengt. Unterhalb 8% Mangan hört die Existenz martensitfreien Austenits auf. Ebenso tritt Martensit unterhalb 4% Mn nicht mehr auf. Die noch langsamere Abkühlung von 10° pro Stunde ergibt vor allem eine noch stärkere Karbidausscheidung, wie dies aus der stärkeren Verschiebung der Karbidlinie nach links hervorgeht. Die stärkste Zersetzung, verbunden mit Entmischungserscheinungen, erfährt der Austenit und Martensit durch das lange Glühen bei 600°.

Praktische Anwendung haben bis heute überwiegend die sog. perlitischen und austenitischen Manganstähle gefunden. Die martensitische Gruppe ist bisher nur vereinzelt zur Verwendung gelangt.

2. Mangan in Werkzeugstählen.

Die Verwendung von Mangan in Sonderstählen ergibt sich aus dem geschilderten Einfluß dieses Elementes auf die kritische Abkühlungsgeschwindigkeit. Während reine Kohlenstoffstähle nur Wasserhärter sind und bei niedrigen Mangan- und Siliziumgehalten bei Abmessungen von 30—40 mm Durchmesser auch nur Härtetiefen von 3—4 mm aufweisen, steigt die Härtetiefe dieser Stähle bei Erhöhung des Mangangehaltes sofort an. Bereits im Abschnitt „Kohlenstoffstähle" ist auf diese Wirkung hingewiesen worden, wobei hervorgehoben wurde, daß auch sog. reine Kohlenstoffstähle schon Mangangehalte bis 0,6—0,8% enthalten können, mit dem Zweck, die Tiefenhärtung zu erhöhen. Bei weiterer Steigerung des Mangangehaltes auf 1% und darüber hinaus findet eine derartige Verringerung der kritischen Abkühlungsgeschwindigkeit statt, daß nicht nur durch Wasserhärtung, sondern auch durch die mildere Ölhärtung vollkommene Martensit-

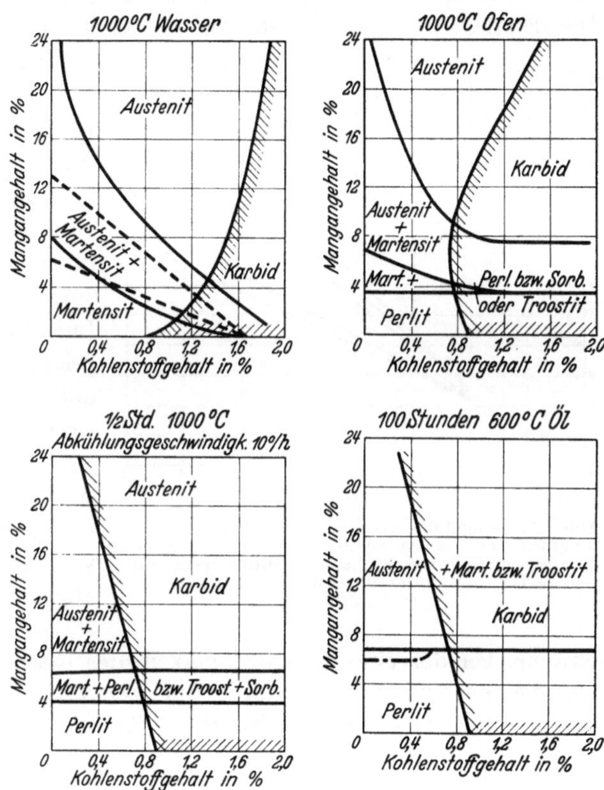

Abb. 222. Einfluß der Abkühlungsart bzw. der Wärmebehandlung auf das Gefügediagramm von Mangan-Kohlenstoff-Stählen. (Nach Linden: Diss. Aachen 1932.) (In das Gefügediagramm für 1000° Wasserablöschung ist die Einteilung von Guillet gestrichelt mit eingezeichnet.)

bildung und Durchhärtung bei kleineren Abmessungen erzielt wird. Den großzahlmäßig ausgewerteten Einfluß von Mangan auf die Härtetiefe von Kohlenstoffstählen mit 0,8—0,9% C zeigt Abb. 223 in Abhängigkeit von der Härtetemperatur.

a) Niedriglegierte Manganstähle (0,3—1⁰/₀ Mn).

Infolge des verschiedenen Mangangehaltes der reinen Kohlenstoffstähle ist der Übergang der sog. unlegierten zu manganlegierten Stählen ein allmählicher. Die tiefstlegierten „Manganstähle" weisen einen Mangangehalt von etwa 1% auf

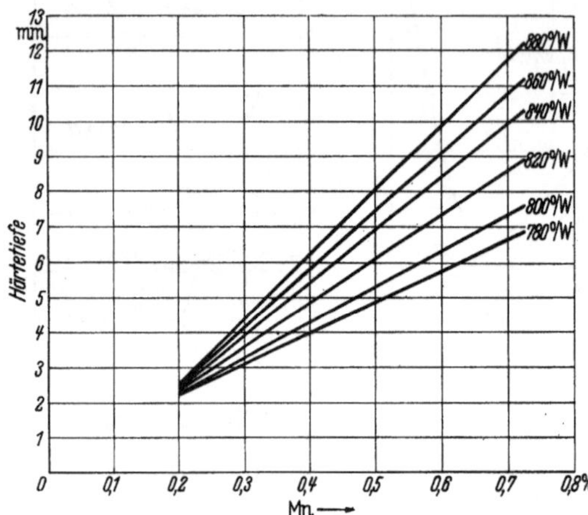

Abb. 223. Einfluß des Mangangehaltes auf die Einhärtungstiefe von Stählen mit 0,8—0,9% C bei Härtung in Querschnitten von 30 mm ⌀. (Mittelkurven aus statistischen Auswertungen laufender Betriebsuntersuchungen.)

bei Kohlenstoffgehalten von 0,45 bis 1%. Stähle mit 0,45—0,60% C und 1% Mn finden Verwendung als Gesenkstähle in schmiedeharter Ausführung mit etwa 240—300 Brinelleinheiten. Unter schmiedeharter Ausführung versteht man den Härtezustand, in den ein Stahlstück durch Luftabkühlung nach dem Schmieden gelangt. Um eine größere Zähigkeit und ein feineres Korn zu erzielen, werden diese Stähle aber auch vergütet oder gehärtet bzw. luftnormalisiert. Bei gehärteten Gesenken wird man je nach der Gravurform die Härte verschieden wählen, und zwar ganz allgemein für Flachgravur höhere Härtezahlen einhalten als für tiefe

Gravur, bei der eine höhere Zähigkeit des Gesenkstahles erforderlich ist. Im allgemeinen finden diese Stähle nur Verwendung für Gesenke geringerer Leistung, d. h. wenn nur Haltbarkeit für kleinere Stückzahlen verlangt wird. Einen Überblick über gebräuchliche Stähle der besprochenen Art und ihre Wärmebehandlung gibt Zahlentafel 45.

Zahlentafel 45. Niedriglegierte Mangan-Werkzeugstähle.

% C	% Mn	Behandlungszustaud	Verwendungszweck
0,45	0,8	Zum Teil brennergehärtet	Koksbrechringe mit gehärteten Spitzen
0,5	1—1,5	Naturhart, normalisiert oder vergütet, Festigkeit etwa 90—100 kg/mm²	Warmgesenke
0,6	1—2	Normalisiert, Festigkeit etwa 90—110 kg/mm², gehärtet (federhart)	Warmsägen, Stammblätter für Kreissägen, Steingabeln u. dgl., Spannpatronen
0,7	0,8—1,5	Normalisiert oder vergütet, Festigkeit etwa 100 bis 120 kg/mm²	Walzenringe (Eierformbrikettpressen), Bandagenringe, Eimermesser, Messer in Mischmaschinen, Schläger, Roststäbe, Pflugscharbleche, Dornstangen[1]

[1] Diese Anwendungsgebiete decken sich zum Teil mit den in Zahlentafel 47 (S. 286) unter „Baustähle und Vergütungsstähle" genannten.

b) Ölhärtende Stähle mit mittlerem Mangangehalt (bis 2,5%).

Stähle mit 0,6—0,9% C und 0,8—1,7% Mangan werden im vergüteten Zustand mit Härten von 300—450 Brinelleinheiten für alle möglichen verschleißfesten Teile gebraucht. Die Vergütung erfolgt infolge der verringerten kritischen Abkühlungsgeschwindigkeit meistens in Öl (Abb. 224).

Da insbesondere die Stähle mit etwa 1,5% Mn und 0,8% C bereits eine gewisse Härtung an Luft erfahren, eignen sie sich auch für die Verwendung im Schmiedezustand. Bei ihrer Verarbeitung ist jedoch auf vorsichtiges Anwärmen und Vermeidung zu hoher Temperaturen (Grobkornbildung, Sprödigkeit) Wert zu legen, um Rißbildungen usw. zu vermeiden.

Stähle mit 0,9—1% C und 2% Mn stellen den wirtschaftlichen Typus des sog. stehenbleibenden Stahles für Ölhärtung dar. Diese Stähle härten bereits vollkommen bei Ölablöschung und verändern beim Abschrecken ihre Form nur sehr wenig. Sie sind somit sehr maßbeständig. Die Stähle finden Verwendung überall dort, wo man beim Härten wenig Verzug haben will, wie z. B. bei Gewindebohrern, komplizierten Schnitten usw. Die Maßbeständigkeit beim Härten dieser Stähle ist allerdings nur in rein praktischem Sinne aufzufassen und nicht im Sinne der Feinmeßtechnik.

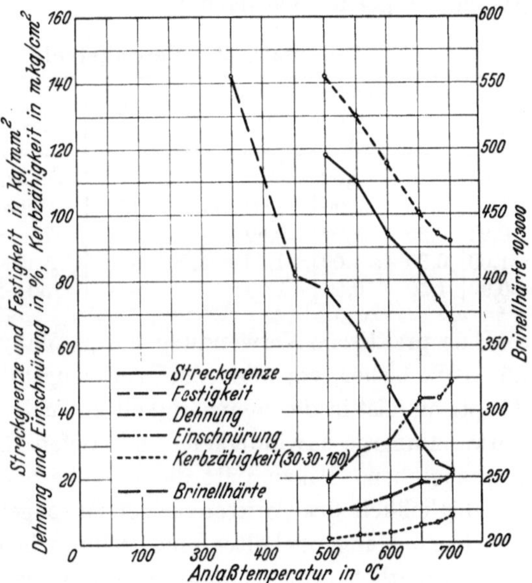

Abb. 224. Anlaßkurve eines hochverschleißfesten Stahles mit 0,86% C, 0,27% Si, 1,65% Mn nach Ölablöschung von 800° in einem Querschnitt von 60 mm Vierkant.

Diese reinen, höher kohlenstoffhaltigen Mangan-Kohlenstoff-Stähle besitzen alle den Nachteil, bei der Härtung überhitzungsempfindlich zu sein. Einen einigermaßen feinkörnigen Härtebruch kann man bei ihnen nur durch Härtung dicht oberhalb $A_{1,3}$ erzielen (760—780°); bereits bei 800° neigen sie zur Grobkornbildung, die mit steigender Temperatur zunimmt. Diese Überhitzungsempfindlichkeit der Manganstähle beruht augenscheinlich auf der erhöhten Auflösungsgeschwindigkeit der Karbide in der austenitischen Grundmasse. Infolgedessen verschwinden die sonst bei diesen Kohlenstoffgehalten dicht oberhalb der Umwandlungstemperatur vorhandenen Karbidkeime mit Erhöhung der Härtetemperatur sehr schnell, und es kann ein entsprechendes Kornwachstum unbehindert von Einlagerungen stattfinden. Ob die Vergrößerung des Gitterparameters durch Mangan im gleichen Sinne wirkt, muß dahingestellt bleiben. Die Annahme, daß die Veränderung der Karbidlöslichkeit von wesentlichem Einfluß ist, erfährt eine Stütze dadurch, daß man durch Zusätze von karbidbildenden Elementen, wie z. B. Vanadin, Chrom, Wolfram, die Härteempfindlichkeit der Manganstähle herabsetzen kann. Diese Karbide gehen nicht so schnell oberhalb des A_3-Punktes in Lösung und behindern infolgedessen das Kornwachstum.

Aus dieser Erkenntnis heraus sind eine ganze Reihe von ölhärtenden, sog. stehenbleibenden Stählen entwickelt worden, die alle einen erhöhten Mangangehalt aufweisen und gleichzeitig durch weitere Zusätze von karbildbildenden Elementen (Vanadin, Chrom, Wolfram) einzeln oder gemischt gekennzeichnet sind. Die Zusätze dieser karbidbildenden Elemente wirken gleichzeitig im Sinne der Erhöhung des Verschleißwiderstandes und somit der Schneidfähigkeit, z. B. bei Gewindebohrern usw. Diese Stahlgruppe ist in Zahlentafel 46 als „verzugsfreie‘‘, ölhärtende Stähle zusammengefaßt. Die beiden ersten manganreichen Stähle zeichnen sich im geglühten Zustande durch besonders gute Bearbeitbarkeit aus (riefenfreie glatte Oberfläche).

Zahlentafel 46. Verzugsfreie Stähle für Ölhärtung.

Zusammensetzung						Wärme-behandlung	Hauptverwendungszweck
C %	Si %	Mn %	Cr %	W %	V %		
∞1,00	0,20	2,00	—	—	—	Ölhärtung	Fräser, Stehbolzenbohrer, Ge-
∞1,00	0,25	2,00	(0,4)	oder	(0,15)	etwa	windesträhler, Schneideisen,
∞0,95	0,25	1,00	0,50	—	—	770—820°,	Reibahlen, Fassonmesser, Schnit-
∞1,00	0,30	∞1,00	∞1,00	∞1,00	—	Anlassen	te, Kaliberbolzen und -ringe,
∞0,90	1,50	0,50	1,00	—	—	150—250°	Lehren, Lineale, Bohrer

Eine praktische Verwendung haben Manganstähle mit Mangangehalten über 2,5—10% bisher, vor allem im Werkzeugstahlgebiet, noch nicht gefunden. Der Hauptgrund ist in der Schwierigkeit zu suchen, diese Stähle wegen ihrer geringen Umwandlungsgeschwindigkeit und tiefen Lage der Umwandlungstemperatur weichzuglühen. Hinzu tritt die Unsicherheit in der Wärmebehandlung infolge der Möglichkeit des Auftretens von Mischgefügen aus γ- und α-Kristallen verschiedenen Mangangehaltes und dadurch bedingten starken Gefügespannungen. Außerordentlich groß ist dagegen die Verwendung der austenitischen Manganstähle geworden.

c) Austenitische Manganwerkzeugstähle.

Den Typus des als Manganhartstahl in der ganzen Welt bekannten Stahles stellt der von Hadfield[1] eingeführte Stahl mit 1,2% C und 12% Mn dar. Durch Erhöhung des Kohlenstoffgehaltes bei gleichzeitiger Erhöhung des Mangangehaltes, so daß das Verhältnis von 1 : 10 gewahrt bleibt, z. B. bei 2% C und 20% Mn, findet keine wesentliche Veränderung der Eigenschaften statt, auch bleibt das Gefüge nach Wasserabschreckung in gleichem Maße karbidfrei wegen der erhöhten Lösungsfähigkeit des Austenits für Karbide mit steigendem Mangangehalt, so daß man diese hochkohlenstoffhaltigen Manganstähle alle zusammenfassend betrachten kann. Diese Stähle mit hohem Kohlenstoff- und Mangan-Gehalt sind nicht von Natur aus rein austenitisch, befinden sich aber nach Ablöschung von hohen Temperaturen doch bei Raumtemperatur in einem sehr stabil austenitischen Zustande. Der 12proz. Manganhartstahl hat somit lange Zeit als der Typus eines austenitischen Stahles gegolten. Auf die spezifischen Eigenschaften des manganhaltigen Austenits sind die Anwendungsmöglichkeiten des austenitischen sog. Manganhartstahles zurückzuführen, und es lohnt sich somit, sie etwas näher kennenzulernen.

---

[1] J. Iron Steel Inst. Bd. 34 (1888 II) S. 41.

Das Gefüge nach Ablöschung von hoher Temperatur ist, ähnlich Abb. 41 (S. 56) rein polyedrisch. Die für Hartstahl übliche Behandlung ist Abschrecken von 1000° in Wasser, bei dünnen Teilen in Luft. Bei milderen Abschreckbedingungen können sich bereits während der Abkühlung Karbide ausscheiden, die Grundmasse bleibt meist noch austenitisch. Bei der mechanischen Prüfung fällt die außerordentlich hohe Dehnbarkeit und Zähigkeit dieses Stahles auf. Er besitzt bei richtiger Wärmebehandlung bei Festigkeiten von 80—110 kg/mm² Dehnungen von über 40%; bei sehr sorgfältiger Durchführung des Zerreißversuches und sorgfältiger Bearbeitung der Proben können Dehnungen bis zu 80% festgestellt werden. Die untere Grenze obigen Festigkeitsbereiches, etwa 80 kg/mm², wird erreicht, wenn aus irgendeinem Grunde ein frühzeitiges Reißen der Zerreißprobe während der Festigkeitsprüfung stattfindet, z. B. infolge schlechter Probenbearbeitung oder auch bei Proben aus Stahlformguß auf Grund kleiner unvermeidlicher Gußporen. Solche Proben ergeben neben der geringen Festig-

keit auch geringere Dehnungswerte, wie dies aus dem Zerreißdiagramm eines 12 proz. Manganstahles (Abb. 225) zu entnehmen ist. Ein frühzeitiges Zerreißen würde z. B. dem Punkt *F* entsprechen. Da eine saubere Bearbeitung der Zerreißproben (s. später) schwierig ist, ist es erklärlich, daß sowohl in der Literatur wie in den Angaben der bedeutendsten Stahlwerke größere Unterschiede in den Festig-

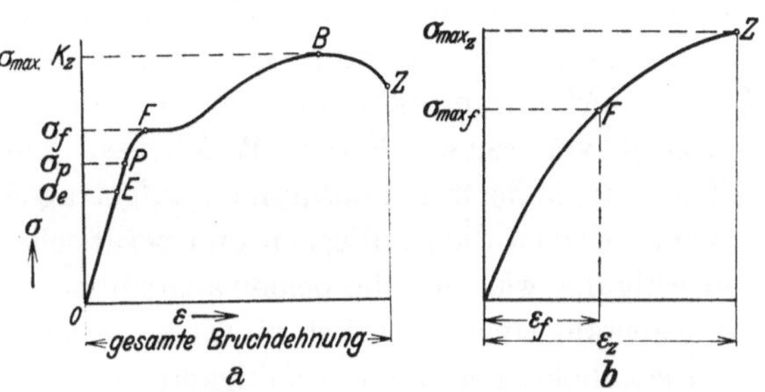

Abb. 225. Spannungsdehnungsverlauf beim Zerreißversuch: a) für perlitischen Stahl; b) für Manganhartstahl. σ_{max} = Bruchgrenze; σ_f = Fließ- oder Streckgrenze; σ_p = Proportionalitätsgrenze; σ_e = Elastizitätsgrenze; ε_z = Dehnung bei σ_{max_z}; ε_f = Dehnung bei σ_{max_f}.

keitswerten für den 12 proz. Manganstahl angetroffen werden. Die Festigkeitswerte rechtfertigen nicht den Namen Manganhartstahl, da es sich, nach den mechanischen Eigenschaften zu urteilen, nicht um einen harten, sondern im Gegenteil um einen verhältnismäßig weichen und zähen Werkstoff handelt. Diese Bezeichnung hat auch öfter Verwirrung angestellt, da der Laie sich unter Hartstahl einen auf hohe Härte gebrachten Stahl vorstellt. Neben der außerordentlich hohen Dehnung fällt auf, daß der 12 proz. Manganhartstahl eine tiefe Brinellhärte besitzt, die nicht im Zusammenhang mit der beim Zerreißversuch ermittelten Festigkeit gebracht werden kann. Während man bei anderen perlitisch-martensitischen Stahlarten bekannterweise Umrechnungsfaktoren zwischen Brinellhärte und Zerreißfestigkeit anwenden kann, versagen diese bei rein austenitischen Stählen, insbesondere bei Manganhartstahl vollkommen. Die Ursache ist in der außerordentlichen Verfestigungsfähigkeit von Manganhartstahl bei Kaltbearbeitung zu suchen, die insbesondere auch den Verlauf des Spannungs-Dehnungs-Diagrammes beeinflußt. Bekannterweise dehnen sich bei Zugbeanspruchung im Zerreißstab alle Stähle zuerst nach dem Hookeschen Gesetz bis zur Proportionalitätsgrenze gleichmäßig. Von der Proportionalitätsgrenze und noch stärker von der Streckgrenze angefangen, steigen die Dehnungen stärker an als die Spannungen, mit anderen Worten, der Stahl „fließt" nach Erreichung eines bestimmten Wertes bei noch immer gleichmäßig verteilter Dehnung über die ganze Stablänge. Erst bei Erreichung einer wiederum bestimmten Höchstspannung fängt nun eine Stelle an, örtlich einzuschnüren, und die Last-Dehnungs-Kurve fällt ab bis zum Eintreten des Bruches, d. h. die Dehnung und Einschnürungserhöhung läuft der Spannungserhöhung voraus (Abb. 225a).

Im Gegensatz hierzu zeigt die Kurve des Manganhartstahles (Abb. 225b) einen dauernden starken Anstieg der Spannungen bis zum Eintreten des Bruches, d. h. der Stab dehnt sich gleichmäßig über seine ganze Länge und reißt dann ohne stärkere örtliche Einschnürung ab. Die Ursache hierfür ist darin zu suchen, daß die Verfestigungsfähigkeit während des Fließens im austenitischen Stahl stärker ist als im ferritischen, infolgedessen steigen die Spannungen im Vergleich zur Dehnung stärker an.

Bekanntlich erhält man ein Maß für die Verfestigungsfähigkeit eines Stahles dadurch, daß man die Spannungssteigerung bei der Verformung in Funktion des je Volumeneinheit verdrängten Volumens aufträgt. Wie aus Arbeiten von Siebel, Houdremont und Kallen[1] hervorgeht, ergibt sich bei Stählen in Abhängigkeit vom Verformungsgrad eine geradlinige Verfestigungslinie als Maß für die Verfestigungsfähigkeit. In Abb. 88 (S. 101) ist bereits die Verfestigungsfähigkeit von reinem Ferrit, Weicheisen, 2 proz. und 25 proz. Nickelstahl und einem Manganhartstahl zusammen aufgetragen. Wie man aus diesem Schaubild ersieht, erleiden die ferritischen und perlitischen Stähle ungefähr eine gleichartige Verfestigung, während die beiden austenitischen Stähle und vor allem der 12 proz. Manganstahl eine wesentlich stärkere Verfestigung erfahren.

Diese hohe Verfestigungsfähigkeit der austenitischen Stähle ist wahrscheinlich darauf zurückzuführen, daß bei dem kubisch-flächenzentrierten Gitter des Austenits infolge der dichteren Besetzung der Atomebenen bei gleich starker Kaltverformung ein höherer Zwangszustand auftritt als bei dem weniger dicht besetzten raumzentrierten α-Eisen. Der Vollständigkeit halber sei hier nochmals darauf hingewiesen, daß bei Kaltreckung austenitischer Stähle Martensitbildung auftreten kann.

Die hohe Zähigkeit und gleichzeitig hohe Verfestigungsfähigkeit des 12 proz. Manganstahles stempeln diesen Werkstoff zu einem verschleißfesten Stahl. Die hohe Zähigkeit bewirkt bei stärkerer Inanspruchnahme nicht ein Abbröckeln, sondern ein Fließen des Werkstoffes, das Fließen seinerseits infolge der starken Verfestigung eine stärkere Kalthärtung. Diese starke Kalthärtung ergibt den guten Verschleißwiderstand der 12—20 proz. Manganstähle.

Diese Stähle haben daher überall dort Verwendung gefunden, wo es auf höchsten Verschleißwiderstand ankommt bei gleichzeitig hoher Zähigkeit, wie z. B. bei Schienen, vor allem Schienenkreuzungen, Weichen, Brikettformpressen, Brechbacken bei Steinzerkleinerungsanlagen, Steinpreßanlagen, Baggerbolzen, Baggereimern, Greiferschneiden usw.

Zur richtigen Kennzeichnung des Manganhartstahles als verschleißfesten Werkstoff muß aber hervorgehoben werden, daß der Begriff verschleißfest kein eindeutiger ist. Man muß beim Verschleiß berücksichtigen, ob es sich um eine rein schmirgelnde Beanspruchung ohne wesentlichen Druck oder eine Verschleißbeanspruchung bei Anwendung höherer Drücke handelt. Bei rein schmirgelnder

[1] Siebel, E. Houdremont u. H. Kallen: Z. Metallkde. Bd. 17 (1925) S. 128/29; Werkstoffausschußbericht 1925 Nr. 71 Ver. d. Eisenhüttenleute.

Beanspruchung ohne Druck muß der Manganhartstahl als verschleißfester Werkstoff versagen, da die Vorbedingung für seine Verschleißfestigkeit die Kalthärtung ist. Bei fehlendem Druck findet eine rein abtragende Wirkung ohne wesentliche Verformung statt, eine Kalthärtung tritt nicht ein. Beim Einbau von Manganhartstahl, z. B. in Düsen von Sandstrahlgebläsen, an denen nur mit hoher Geschwindigkeit scharfer Sand vorbeistreicht, wird man eher einen höheren Verschleiß als bei normalen, höher gekohlten Stählen feststellen, bei denen die harten Karbideinlagerungen unter Umständen eine höhere Lebensdauer bedingen können. Bei dieser Art der Verschleißwirkung werden somit Werkstoffe mit hohem Karbidgehalt und hoher Ausgangshärte, z. B. weißes Gußeisen oder einsatzgehärtete Kohlenstoffstähle oder legierte hochkarbidhaltige Stähle im gehärteten Zustande bzw. Karbidsintermetalle, sich am besten verhalten, der Manganstahl aber weniger gut. Bei Beanspruchung unter Druck und Schlag hingegen wird die hohe Verfestigungsfähigkeit des Manganhartstahles nach eingetretener Kalthärtung höchste Verschleißfestigkeit ergeben, während hochgehärtete karbidhaltige Stähle unter Umständen ausbröckeln und verschleißen.

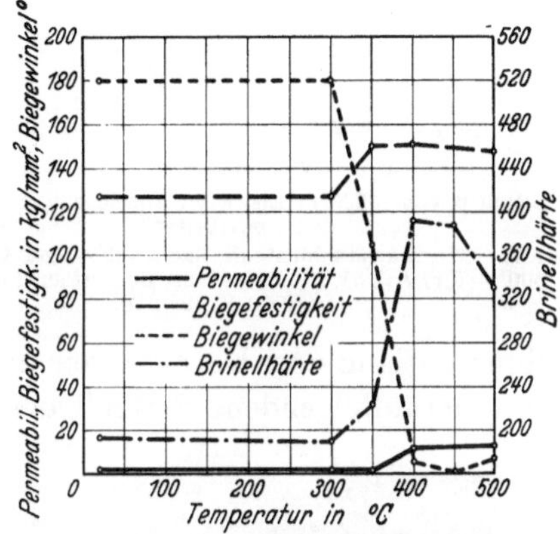

Abb. 226. Veränderung von Härte- und Zähigkeitseigenschaften von Hartstahl mit 1,1 % C und 11,9 % Mn beim Anlassen. (Nach Schottky u. Jungbluth: Unveröffentlichte Untersuchungen.)

Im kaltgereckten Zustande eignen sich Drähte aus Hartstahl auch für Siebe, z. B. zum Sieben von Diamantsand, da hier die Kaltverformung schon bei der Herstellung vorweggenommen ist.

Eine besondere Anwendung haben austenitische Stähle wie Manganhartstahl infolge ihrer hohen Dehnung bei der Herstellung von Hohlbohrstählen gefunden, die mit einem austenitischen Kern verwalzt werden. Hohlgegossene oder hohlgebohrte Blöcke oder Knüppel versieht man vor dem Auswalzen mit einer Seele aus Manganhartstahl. Die gute gleichmäßige Dehnung des Austenitstahles gestattet ein leichtes Herausziehen des Kernes nach der Fertigstellung und gibt glatte Oberflächen in der Bohrung.

Da die austenitischen Manganstähle sich bei Raumtemperatur zwischen Perlitstufe und Martensitstufe befinden, müssen sie bei Erwärmung auf höhere Temperaturen ihren austenitischen Charakter verlieren. Der 12proz. Manganhartstahl mit seiner hohen Dehnungsfähigkeit bei Raumtemperatur erleidet bereits beim Erwärmen auf 400° wesentliche Veränderungen seiner mechanischen und physikalischen Eigenschaften. Ohne daß im Gefüge bei kurzen Erwärmungen wesentliche Veränderungen auftreten, kann man bereits feststellen, daß die Zähigkeit erheblich abfällt. Abb. 226 zeigt auf Grund von Biegeproben, daß der Biegewinkel, der im austenitischen Zustand 180° beträgt, bei Erwärmen oberhalb 400° auf ungefähr 10° C herabgesunken ist.

Die Zersetzung derartiger austenitischer Stähle kann man sich wie folgt vorstellen: Bei der Erwärmung auf höhere Temperaturen gelangt man in das Gebiet der Perlitstufe und der Möglichkeit der Manganentmischung, d. h. der Gleichgewichtseinstellung entsprechend dem Zustandsdiagramm, und es verkürzen sich die Umwandlungszeiten entsprechend; außerdem scheiden sich die durch das Ablöschen in Lösung gehaltenen Karbide aus dem Austenit aus. Infolge dieser Verarmung an Kohlenstoff und Mangan bei der Temperatur der Perlitbildung treten bei der nächstfolgenden Abkühlung evtl. weitere Umlagerungen des Austenits in Martensit ein. Den Vorgang eines derartigen Austenitzerfalls beim Erwärmen zeigt Abb. 227.

a   V=150   b   V=150

a und b von 1000° in Eiswasser abgelöscht, a danach kalt bearbeitet.
Abb. 227. Hartstahlaustenit nach 2 stündiger Glühung bei 600°. [Krivobok: Trans. Amer. Soc. Steel. Treat. Bd. 15 (1929) S. 898/956.]

Die Karbidabscheidungen vollziehen sich mit Vorliebe bei austenitischen Stählen in den Korngrenzen oder nach Kaltverarbeitung an Gleitebenen, d. h. Stellen, an denen kleine Spannungsdifferenzen bestehen, die das Umwandlungsbestreben des Stahles erhöhen. Diese Vorgänge veranschaulichte bereits die Abb. 227. Aus ihr erkennt man deutlich die Abscheidung entlang den Korngrenzen nach einer Ablöschung von 1000° in Eiswasser mit darauffolgendem 2stündigem Glühen bei 600° sowie die Abscheidung in den Korngrenzen und in Gleitlinien bei gleicher Anlaßbehandlung, aber vorheriger Kaltbearbeitung. Hierbei geht dieser Zerfall in den umgewandelten Teilchen so weit, daß tatsächlich Perlitbildung eintreten kann, wie aus Abb. 228 hervorgeht. Diese Untersuchungen bestätigen nochmals, daß in den praktisch zur Anwendung gelangenden Manganstählen noch keine stabil austenitischen Stähle vorliegen. Sie können sowohl durch Erwärmung auf Temperaturen der Perlitstufe (Ar') in den perlitisch-austenitischen Zustand als auch durch Abkühlung in die Martensitstufe (Ar'') — Abküh-

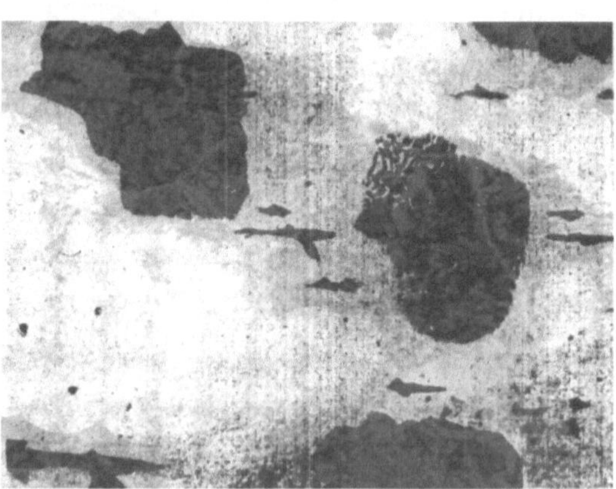

V = 1250

Ausscheidung von Teilchen, die sich zu Troostitflecken zusammengeballt haben, in Richtung der größten Spannung; bei einem ist die Phasenumwandlung so weit fortgeschritten, daß Perlit gebildet wurde.
Abb. 228. Vorgang des Zerfalls von Austenit im kaltbearbeiteten Hartstahl bei Glühung unterhalb 770°. [Krivobok: Trans. Amer. Soc. Steel. Treat. Bd. 15 (1929) S. 898/956.]

lung in flüssiger Luft — in den martensitisch-austenitischen Zustand umgewandelt werden. Mit dem teilweisen Eintreten dieser Umwandlungen verändern sich auch die physikalischen Eigenschaften, wie elektrische Leitfähigkeit, Magnetisierbarkeit usw., in dem beim Übergang von γ- in α-Eisen bekannten Sinne; die Stähle werden also magnetisch usw. Der Vollständigkeit halber sei auch hier nochmals die eintretende Entmischung und damit die Änderung der Mangankonzentration zwischen α- und γ-Mischkristall erwähnt, die beim Anlassen einer solchen Legierung entsprechend dem Zustandsdiagramm auftreten muß und die Ursache für die nicht vollständige Ausbildung des perlitischen Zustandes ist. Ferner kann sich hier noch die ε-Phase bilden.

Die hohe Verschleißfestigkeit der Manganhartstähle wirkt sich sehr ungünstig für die Bearbeitbarkeit aus. Man ersieht hieraus, daß für die Bearbeitung nicht allein die absolute Härte, sondern auch die Verfestigungsfähigkeit von Einfluß ist. Teile aus Manganhartstahl werden daher möglichst weitgehend aus Stahlformguß oder in fertiggeschmiedetem Zustand bezogen, um die hohen Bearbeitungskosten zu ersparen. Erst durch die in neuerer Zeit entwickelten Karbidschneidmetalle ist eine wirtschaftliche Bearbeitung von Manganhartstahl möglich geworden. Eine gewisse Verbesserung der Bearbeitungsfähigkeit von Manganhartstahl liegt dann vor, wenn er im Gefügezustand etwa der Abb. 227 entspricht, da dann trotz der größeren Härte die hohe Zähigkeit verschwunden ist. Hiervon hat man vor Einführung der karbidhaltigen Schneidmetalle gelegentlich Gebrauch gemacht. Man hat sich auch dadurch geholfen, daß man den Manganhartstahl im warmen Zustande bei 400° bearbeitet hat. Gelegentlich findet man die Ansicht vertreten, daß die Verschleißfestigkeit von Manganhartstahl auf eine Martensit- bzw. Troostitbildung infolge von Kaltreckung und Reibungswärme bei der Verschleißbeanspruchung zurückzuführen ist. Daß die Möglichkeit der Martensithärtung vorliegen kann, ist bereits erwähnt, doch konnte eine derartige Gefügeveränderung an gebrauchten Werkzeugen nicht festgestellt werden. Da durch Troostitbildung die Bearbeitbarkeit erleichtert wird, müßte dann der Verschleißwiderstand des Manganhartstahles auch abnehmen. In der Oberflächenschicht gewalzter oder gegossener Manganhartstahlteile kann man allerdings gelegentlich bereits im ungebrauchten Zustande Martensit feststellen, der auf eine Oberflächenentkohlung zurückzuführen ist, die während des Walzens oder der Wärmebehandlung eintrat.

Die schwierige Bearbeitbarkeit und hohe Zähigkeit des 12proz. Manganstahles ließ ihn auch Verwendung finden für Panzerung von Geldschränken, Herstellung von Gefängnisgitterstäben usw. Hierbei kam der Hartstahl nicht immer allein, sondern oft nur als Einlage in andere Stähle zur Verwendung, indem z. B. um Manganhartstahlstäbe anderer Stahl herumgegossen wurde und diese mit Manganhartstahleinlagen versehenen Blöcke zu Stäben usw. ausgewalzt wurden (Verbundstahl).

Die gute Schweißbarkeit von Manganhartstählen hat dazu geführt, daß sie für verschleißfeste Auftragsschweißung — sowohl durch autogene als auch durch elektrische Schweißung — Verwendung finden. Zu beachten ist auch hier, daß durch Schweißen in nicht zu dicken Lagen, durch hinreichende Pausen oder durch zwischenzeitliches Abschrecken für eine schnelle Abführung der Schweißwärme gesorgt wird, um möglichst wenig Karbidausscheidungen, also weitgehend austenitisches, zähes Gefüge zu erhalten. Soweit möglich, empfiehlt sich eine Nachvergütung der ganzen Schweißung. Bei derartigen Ausbesserungen ist eine sorgfältige Entfernung etwaiger Risse im Grundwerkstoff vor dem Schweißen sehr wichtig für die Erzielung einwandfreier Auftragsschweißungen.

3. Mangan in Baustählen.

a) Niedriglegierte Baustähle und Vergütungsstähle.

Da Mangan in starkem Maße die kritische Umwandlungsgeschwindigkeit von Eisen-Kohlenstoff-Legierungen beeinflußt, ist dieses Element auch geeignet, bei Baustählen, vor allem nach zweckmäßiger Wärmebehandlung, erhöhte Festigkeitseigenschaften hervorzurufen. Bezüglich der festigkeitssteigernden Wirkung von Legierungselementen muß man immer streng unterscheiden zwischen dem Einfluß des Legierungselementes in vollkommen ausgeglühtem Zustand einerseits und seinem Einfluß auf die Wärmebehandlung, d. h. Vergütung, andererseits. In der Literatur vorhandene Abbildungen, wie z. B. Abb. 229, werden oft einfachhin als Unterlage für die festigkeitssteigernde Wirkung von Mangan gewertet. Es muß darauf hingewiesen werden, daß derartige Schaubilder weder geeignet sind, den Einfluß von Mangan im geglühten Zustand darzustellen, noch die Wirkung von Mangan auf die Vergütung eindeutig wiederzugeben. Es handelt sich nämlich bei obigen Untersuchungen um Feststellungen des Einflusses von Mangan auf die Festigkeitseigenschaften im walzharten Zustand, d. h. demjenigen Zustand, der sich beim Abkühlen nach dem Walzen an Luft ergibt. Da die Abkühlung nach dem Walzen je nach den Abmessungen der Stahlstücke oder den Abkühlungsbedingungen — Kühlbett, Asche — verschieden sein kann, werden diese Werte für den Walzzustand immer nur für eine ganz bestimmte Art der Abkühlung und genau gleichbleibende Abmessungen gelten können. Die obige Abbildung besagt also lediglich, daß im Walzzustand durch Mangan die Festigkeit und Streckgrenze in verstärktem Maße gesteigert wird, bis der Mangangehalt diejenige Höhe erreicht, wo auch bei Luftabkühlung eine stärkere Austenitbildung und somit ein Weicherwerden des Stahles eintritt.

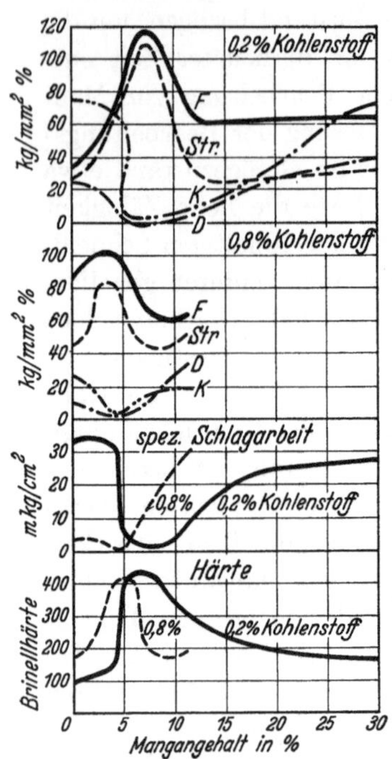

Abb. 229. Festigkeitseigenschaften von Manganstählen im Walzzustand (Wärmebehandlungszustand nicht definiert). (Nach Guillet: All. Mét. S. 318/20.)

α) Einfluß des Mangans im Glüh- und Walzzustand.

Der Einfluß von Mangan auf die Festigkeitseigenschaften im geglühten Zustand macht sich in zweifacher Hinsicht bemerkbar. Durch Manganzusatz wird der Karbidgehalt etwas erhöht, da Mangan den Perlitpunkt nach tieferem Kohlenstoffgehalt verschiebt (Abb. 210—212). Diese Verschiebung des Perlitpunktes nach niedrigeren Kohlenstoffgehalten kann noch infolge der stärkeren Unterkühlungsneigung durch Mangan betont werden, wie dies in dem Abschnitt über die Perlitbildung im Kapitel Eisen-Kohlenstoff auseinandergesetzt wurde. Durch Verschleppung des Perlitpunktes nach tieferen Temperaturen kann eine Mangan-Kohlenstofflegierung mit 0,6% C noch metallographisch ferritfrei sein,

d. h. den Eindruck eines eutektoiden Stahles machen. Durch das Hinzutreten
von Mangan zum Eisenkarbid tritt außerdem eine Erschwerung der Zusammenballungsfähigkeit des Eisenkarbids ein, d. h. glüht man eine reine Eisen-Kohlenstoff-Legierung mit 1% C und einen entsprechenden Manganstahl mit 1% C
und 1% Mn auf körnigen Perlit unter genau gleichen Bedingungen, so wird der
Manganstahl eine etwas feinere Karbidverteilung aufweisen als der Kohlenstoffstahl. Diese Unterschiede sind aber je nach der vorhergehenden Wärmebehandlung, wie z. B. Kaltreckung durch Ziehen, Kaltwalzen usw. — Behandlungen, die
bekanntlich das Zusammenballen erleichtern — gering. Dementsprechend lassen
sich auch Manganstähle bis zu 2% Mn und 1% C auf nahezu gleiche Festigkeit
von etwa 65 kg/mm² ausglühen wie entsprechende Kohlenstoffstähle. Bis zu

diesem Mangangehalt von
2% kann man, wenn man
großzahlmäßig die Glüh-
ergebnisse von solchen Stählen erfaßt, Unterschiede von
4—5 kg/mm² in der Festig-
keit gegenüber manganfreien
Stählen feststellen. Es muß
offen bleiben, ob diese Steigerung der Festigkeit auf
Karbidmenge und Karbid-
verteilung oder auf den Einfluß des Mangans auf die
Grundmasse zurückgeführt
werden muß.

Bei höheren Mangan-
gehalten wird die Glühfestigkeit aber vor allem durch

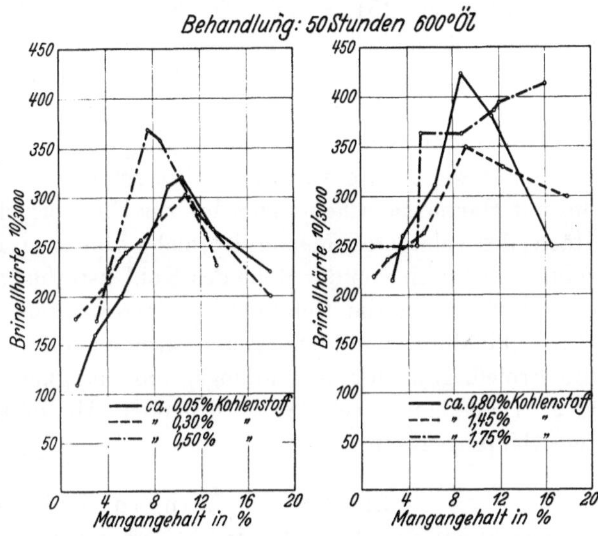

Abb. 230. Wirkung des Mangans auf die Härte von Stählen verschiedenen Kohlenstoffgehaltes nach längerem Ausglühen bei 600°.

die Einwirkung des Mangans auf die Lage der Umwandlungspunkte beeinflußt.
Bereits bei Baustählen mit Mangangehalten von etwa 2% findet eine gewisse
Herabsetzung der Umwandlungspunkte durch Mangan statt. Dies macht sich
schon bei Anlaßglühungen unterhalb A_1 bemerkbar, insbesondere aber bei Um-
wandlungsglühungen. Selbst bei langsamer Ofenabkühlung wird der Ar_1-Punkt
bei tieferen Temperaturen liegen als bei entsprechenden manganfreien Stählen.
Infolge der Verschiebung der Umwandlungstemperatur nach unten wird also
bei einer Umwandlungsglühung eine feinere Perlitausbildung erfolgen
müssen, die sich naturgemäß in einer Steigerung der Festigkeit bemerkbar
macht. Aber auch beim Glühen unterhalb Ac_1 wird man bereits bei einem
Stahl mit 2% Mn und 0,5% C die Glühtemperatur um 15—25° tiefer wählen
als bei entsprechendem reinen Kohlenstoffstahl und hiermit ebenfalls nicht ganz
die gleiche Weichheit und Glühfestigkeit erzielen. Aus dem Gesagten ergibt
sich, daß das Weichglühen von Stählen mit höherem Mangangehalt zwecks Erzielung größter Weichheit am besten durch Glühen unterhalb A_1 erfolgt.

Abb. 230 zeigt den Einfluß von Mangan und Kohlenstoff auf die Brinellhärte nach einem Ausglühen von 50 Stunden bei 600°. Wie diese Zahlen zeigen,
sind Stähle mit über 6% Mangan verhältnismäßig hart. Infolge der schlechten

Bearbeitungsfähigkeit sowie mangels besonderer Eigenschaften haben diese Legierungen praktisch keine Verwendung gefunden.

In der Praxis verwendet man Manganstähle im Walzzustand als sog. Hochbaustähle. Insbesondere hat sich in Deutschland der bekannte Baustahl St 52 entwickelt, der hauptsächlich im Walzzustand, aber auch geglüht oder normalgeglüht Verwendung findet. Die Zusammensetzung dieses Stahles beträgt bis 0,2% C, bis 1,6% Mn, bis 0,5% Si (bisweilen wird ein Austausch von 0,4% Mn gegen 0,2—0,3% Si vorgenommen). Die Bezeichnung St 52 kennzeichnet den Stahl entsprechend seiner Festigkeit von mindestens 52 kg/mm². Die Festigkeitsvorschriften, die insbesondere bezüglich Streckgrenze vom Querschnitt abhängig sind, gibt Zahlentafel 47 (S. 286) wieder (vgl. auch S. 419 und die Zahlentafeln 151, S. 699, 166, S. 772, 184, S. 847, 215, S. 973). Die Höhe des Kohlenstoffgehaltes ist in diesem Stahl mit 0,2% C begrenzt, um eine gute Schweißbarkeit zu gewährleisten. Beim Schweißen von Baustählen werden die neben der Schweißnaht liegenden Teile auf Schweißhitze und dabei bis über den Umwandlungspunkt erwärmt. Infolge der geringen Anteile erwärmten Stahles zur Masse des nichterwärmten Teiles findet eine sehr rasche Abkühlung statt, die mit Härtungserscheinungen bis zur Martensitbildung verbunden ist. Da die Härte des gebildeten Martensits nicht von dem Legierungsgehalt an Mangan, sondern lediglich von der Höhe des Kohlenstoffgehaltes abhängig ist (s. S. 178 u. Abb. 152), steigt die Gefahr von Härtespannungen und damit verbundenen Härterißbildungen mit steigendem Kohlenstoffgehalt. Selbstverständlich trägt die Erniedrigung der Abkühlungsgeschwindigkeit durch Mangan mit dazu bei, daß es überhaupt bei den vorliegenden Abkühlungsbedingungen bis zur Martensitbildung kommt.

β) Einfluß des Mangans auf die Vergütung.

Für die Verwendung der Manganstähle als Baustahl interessiert vor allem der Einfluß von Mangan auf die Eigenschaften im vergüteten Zustand. An jedem hochwertigen Bauteil wird zwecks Erzielung der höchsten Kornverfeinerung nach dem Schmieden oder Walzen eine Wärmebehandlung, sei es Luft-, Öl- oder Wasservergütung, vorgenommen. Die hierbei erzielten Eigenschaftsveränderungen sind, abgesehen von der Kornverfeinerung, maßgebend für die Verwendung von Baustählen im derartig wärmebehandelten Zustand. Den Einfluß von Mangan auf die Vergütung eines Stahles mit 0,46% C zeigt Abb. 231. In dieser Abbildung sind die Kurven für die Festigkeitseigenschaften bei Öl- und Wasservergütung für zwei verschiedene Querschnittsabmessungen eingetragen. Vergleicht man diese Abbildung mit dem früher gebrachten Vergütungsschaubild Abb. 166 eines Kohlenstoffstahles mit praktisch gleichem Kohlenstoffgehalt, aber tieferem Mangangehalt, so zeigt sich deutlich die Erhöhung der Härtbarkeit und somit Erzielbarkeit höherer Festigkeitseigenschaften durch den gesteigerten Mangangehalt. Während es bei dem Kohlenstoffstahl weder bei Wasser- noch bei Ölvergütung gelang, eine besonders energische Vergütung zu erzielen, was z. B. in dem ungünstigen Verhältnis von Streckgrenze zu Festigkeit zum Ausdruck kommt, weist der Manganstahl bereits bei der Ölvergütung in dem geringeren Querschnitt von 35 mm ☐ den durch die Veränderung der kritischen Abkühlungsgeschwindigkeit bedingten Einfluß des Legierungselementes auf. Noch deutlicher tritt dies für die Wasservergütung hervor, wo zwischen dem Querschnitt von 35 mm ⬛ und 70 mm ⬛ kein sehr großer Unterschied in den Festigkeitseigenschaften mehr besteht, d. h. es wird durch Wasservergütung bei 70 mm ⬛ bei dem höher

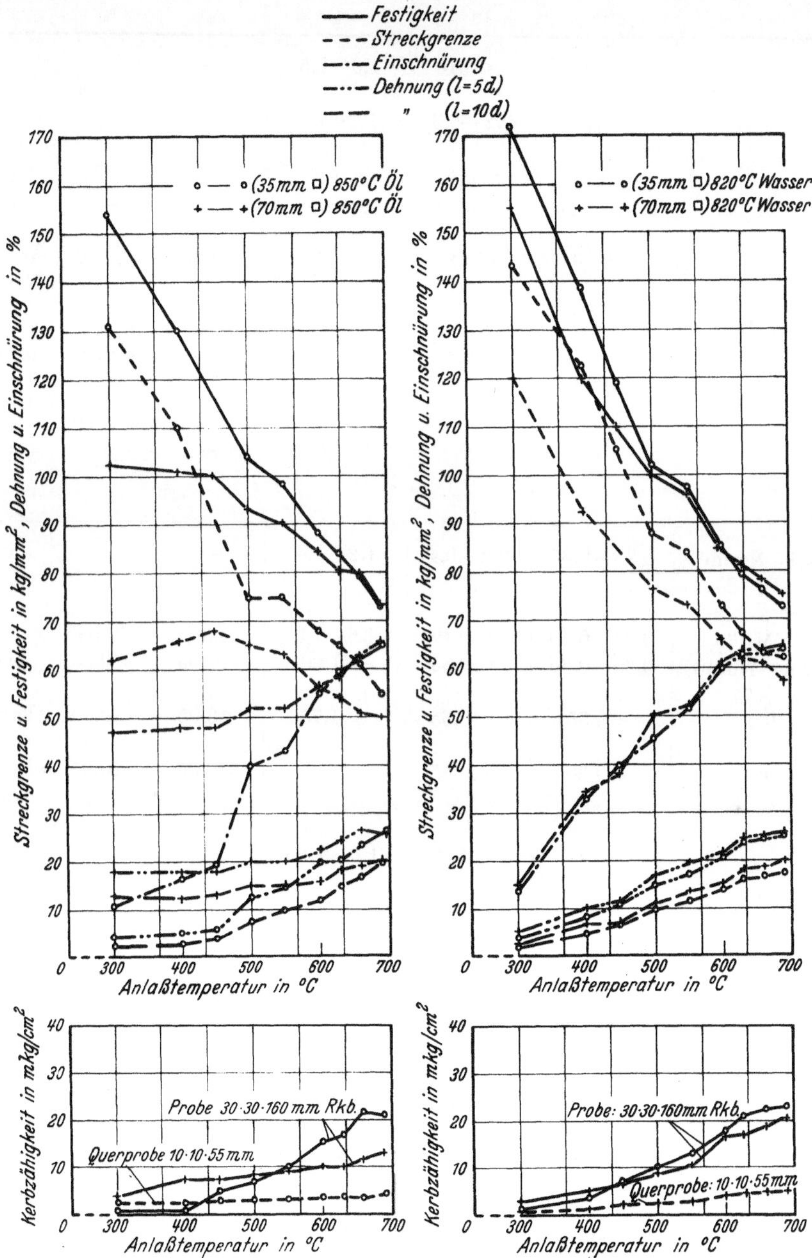

Abb. 231. Festigkeitseigenschaften eines Manganstahles mit 0,46 % C, 0,32 % Si, 1,40 % Mn nach Öl- und Wasserablöschung in zwei verschiedenen Querschnitten.

manganlegierten Stahl bereits weitgehende Durchvergütung erzielt. Während man den reinen Kohlenstoffstahl bei den praktischen Anlaßtemperaturen von 500—630° nur in einem Festigkeitsbereich bis etwa 80 kg/mm² bei Streckgrenzen

	C %	Si %	Mn %	P %	S %	Behandlungszustand
	$\backsim$0,1	<0,10	1,0—1,5	—	—	—
	0,1	0,2—0,3	$\sim$3	—	—	—
	$\backsim$0,15	$\backsim$0,3	$\sim$1,6	—	—	vergütet
	0,15—0,20	$\backsim$0,5	2—2,5	—	—	vergütet
Deutscher Baustahl St 52	<0,20	<0,8	<1,2	<0,06	<0,06	Walzzustand, spannungsfrei oder norm. geglüht
	oder <0,20	<0,6	<1,6	<0,06	<0,06	norm. geglüht
	$\backsim$0,2	$\backsim$0,3	$\backsim$1,00	—	—	vergütet
Deutsche Normbez. VM 125	0,28—0,35	0,2—0,4	1,2—1,4	—	—	vergütet
VM 175	0,32—0,40	<0,40	1,6—1,9	<0,035	<0,035	vergütet
Englische Normbez. S 77	0,25—0,35	<0,35	<1,20	<0,05	<0,05	vergütet
T 35	<0,30	<0,35	<1,75	<0,05	<0,05	kalt gezogen und gebläut
T 45	<0,30	<0,35	<1,75	<0,05	<0,05	kalt gezogen und gebläut
	0,45	$\backsim$0,3	1,0—1,60	—	—	vergütet
Englische Normbez. 2 T 1	<0,40	<0,35	<1,75	<0,05	<0,05	kalt gezogen und gebläut
Amerik. Normbez. SAE 1350	0,45—0,55	—	0,90—1,20	<0,040	<0,050	vergütet
	0,55	$\backsim$0,3	1,0—1,70	—	—	vergütet
Amerik. Normbez. SAE 1360	0,55—0,70	—	0,90—1,20	<0,040	<0,050	vergütet
	0,65	$\backsim$0,3	1,2—2,0	—	—	vergütet
	0,80	$\backsim$0,3	1,0—2,0 {	— —	— —	Schmiedezustand vergütet
	1,0	$\backsim$0,3	0,75—1,00 {	— —	— —	vergütet vergütet

stähle und -vergütungsstähle.
werte, Verwendungszwecke.

Streckgrenze kg/mm²	Festigkeit kg/mm²	Dehnung $l=5d$ %	$l=10d$ %	Ein-schnürung %	Verwendungszweck
—	—	—	—	—	Schweißdraht für St 52 und Manganstahl
—	—		—	—	Schweißdraht für Sonderzwecke
>30	>50	>20	—	—	Flugzeugbleche, Flugzeugbeschlag-
>45	>70	>12	—	—	teile
in Dicken von 18—30 mm >34	52—62		>20	—	Baustahl St 52 für Hoch- und Brückenbau
in Dicken von 30—50 mm >32	52—62 (Reichsbahn- vorschrift)		>20	—	
30	50—60	24	20	60	Eisenbahnachsen, Rahmenbleche, im Einsatz gehärtet für Brikett- formen, Walzenringe
42—52	65—80 (Normvorschrift)	22—16	—	—	Baustahl für kleinere Querschnitte
$\sim$95	$\sim$150	—	—	—	Federringe
>50	70—85	>13	—	—	Baustahl für mittlere Querschnitte
—	47—63 (Normvorschrift)	>25	(auf 2 Zoll	>50	
>47	>55 (Normvorschrift)	—	—	—	Röhren
—	>71 (Normvorschrift)	—	—	—	Röhren
$\sim$50	75—85	19	16	60	Baustahl für kleinere Querschnitte: Achsen, Schrauben, Bolzen, Konstruktionsbleche
$\sim$120	$\sim$140	$\sim$7	—	—	Federn
—	>55 (Normvorschrift)	—	—	—	Röhren
$\sim$55	85—95	$\sim$15	12	45	Zahnräder, Konstruktionsteile ver- schiedener Art
$\sim$120	$\sim$140	$\sim$7	—	—	Federn
—	90—135	—	—	—	Schwalbungen, Seiteneinlagerun- gen, Eimermesser, Aufreibe- messer
$\sim$130	$\sim$150	$\sim$7	—	—	Federn
—	>100	—	—	—	hoch verschleißbeanspr. Teile: Walzenringe, Backen, Schlagteile
—	bis 180	—	—	—	Federn für Höchstbeanspruchung
—	$\sim$150	—	—	—	Schleifschienen
—	$\sim$120	—	—	—	Spindeln für Spinnereimaschinen

bis etwa 50 kg/mm² verwenden kann, ergibt sich für den höher manganlegierten Stahl ein Festigkeitsbereich bis etwa 95 kg/mm² mit Streckgrenzen bis etwa 70 kg/mm², beides für den wasservergüteten Zustand. In besonderen Fällen wird auch von einer Vergütungsfestigkeit bis 120 kg/mm² Gebrauch gemacht. Insbesondere gilt das für den deutschen Normstahl VM 175 (Zahlentafel 47, S. 286). In Abmessungen von 100 mm aufwärts ist der Einfluß von Mangan in der Höhe von 1—1,5% wesentlich geringer, wie dies aus Abb. 174 und den Versuchen von E. Maurer und H. Korschan[1] hervorgeht. Letztere haben einen 1 proz. Manganstahl im Vergleich zu einem Kohlenstoffstahl mit 0,5% Mn in Abmessungen von 920 bis 1450 mm ⌀ untersucht. Hierbei ergab sich nur eine geringfügige Erhöhung der Streckgrenze und eine unwesentliche Verfeinerung des Korns beim 1 proz. Manganstahl gegenüber dem Kohlenstoffstahl. Erst bei Gehalten über 2% macht sich auch bei stärkeren Abmessungen der Einfluß von Mangan bemerkbar, d. h. Legierungsgehalt und Abmessungen müssen miteinander in Einklang gebracht werden.

Einen Überblick über die praktisch erreichbaren Festigkeitseigenschaften an vergüteten Teilen aus niedrig manganlegierten Stählen geben großzahlmäßige Auswertungen an Kurbelwellen mit Zapfen bis zu 60 mm ⌀ (Abb. 232) und an größeren Schmiedestücken mit Vergütegewichten bis zu 3000 kg (Abb. 233). Während hier leicht

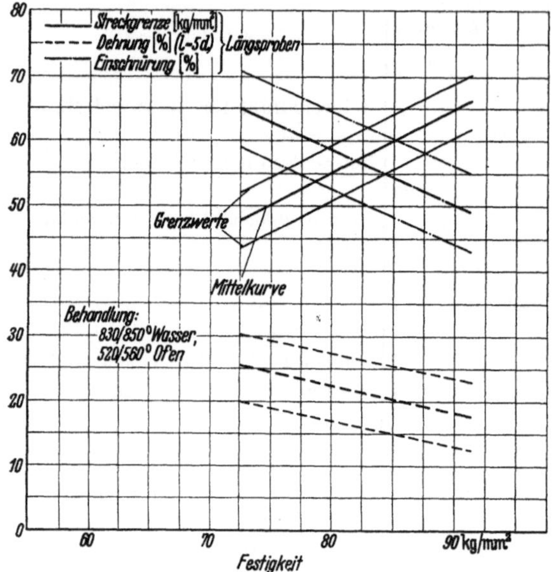

Abb. 232. Großzahlmäßig ermittelte Grenzen der mit einem Manganstahl von 0,43/0,47% C, ∞ 0,35% Si und 0,70/0,90% Mn erreichbaren Festigkeitseigenschaften bei Kurbelwellen mit Zapfen bis 60 mm ⌀. [Nach H. Kallen und F. Meyer: Techn. Mitt. Krupp, Forschungsberichte Bd. 2 (1939) S. 215/22.]

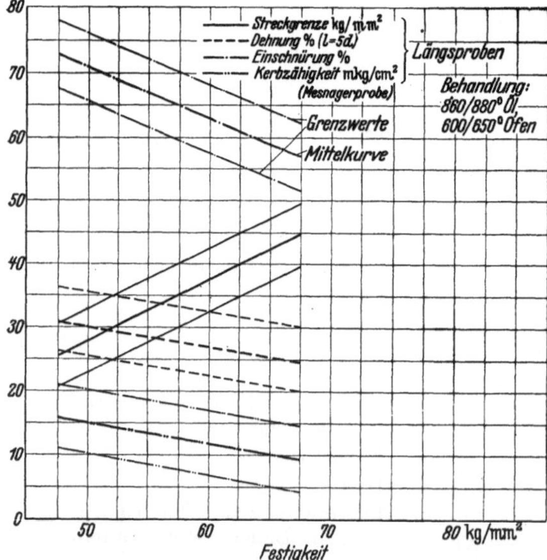

Abb. 233. Großzahlmäßig ermittelte Grenzen der mit einem Manganstahl von 0,24/0,20% C, 0,15/0,40% Si, und 0,90/1,15% Mn erreichbaren Festigkeitseigenschaften bei Treibstangen u. ä. mit einem Vergütegewicht bis 3000 kg. [Nach H. Kallen und F. Meyer: Techn. Mitt. Krupp, Forschungsberichte Bd. 2 (1939) S. 215/22.]

manganlegierte Stähle mit durchschnittlich 0,8% Mn bei den kleineren und mit etwa 1,0% Mn bei den größeren Abmessungen betrachtet sind, gelten

---

[1] Stahl u. Eisen 53 (1933) S. 243/51.

die Abb. 234 und 235 für Manganstähle mit etwas höheren Legierungsgehalten von rund 1,3% Mn bei Stangen bis 100 mm ⌀ und durchschnittlich 1,5% Mn bei Stangen bis zu 150 mm ⌀. Die in Abhängigkeit von der Festigkeit für einen gebräuchlichen Festigkeitsbereich erreichten Zahlenwerte der Streckgrenze, Dehnung und Einschnürung sind sowohl durch Grenzlinien für das Streugebiet als auch durch Kurven für die Mittelwerte angedeutet. Dabei kann die untere Grenze des Streugebietes als Anhalt für die anzunehmenden Mindestwerte dienen.

Den sich steigernden Einfluß von Mangan auf die Vergütungsfestigkeit von Stählen mit verschiedenen Kohlenstoffgehalten gibt Abb. 236 wieder. Erst oberhalb 5% Mn tritt bei tiefen Kohlenstoffgehalten ein Abfall an Zähigkeit ein. Da neuerdings auch Stähle mit über 2% und weniger als 10% Mn praktische Verwendung finden, ist es zweckmäßig, auf die lange Zeit hindurch nicht erkannten Eigenschaften der Manganstähle in diesem Zwischengebiet näher einzugehen. Infolge der Herabsetzung des A_1-Punktes zu tieferen Temperaturen gelingt es auch bei sehr langandauernder Glühung nicht, die Festigkeitseigenschaften der Abb. 236 wesentlich zu unterschreiten (vgl. auch Abb. 237). Wird der Kohlenstoffgehalt nicht über 0,25% gesteigert, so erfahren die Stähle auch bei Abkühlung von hohen Temperaturen keine allzu starke Härtung (s. Abb. 237. Werte für Anlaßzeit Null). Sie bleiben in einem gewissen Maße unempfindlich in ihren Eigenschaften gegenüber der Wärmebehandlung. Hierdurch und wegen ihres guten Verhältnisses von Streckgrenze zu Festigkeit sind diese Stähle

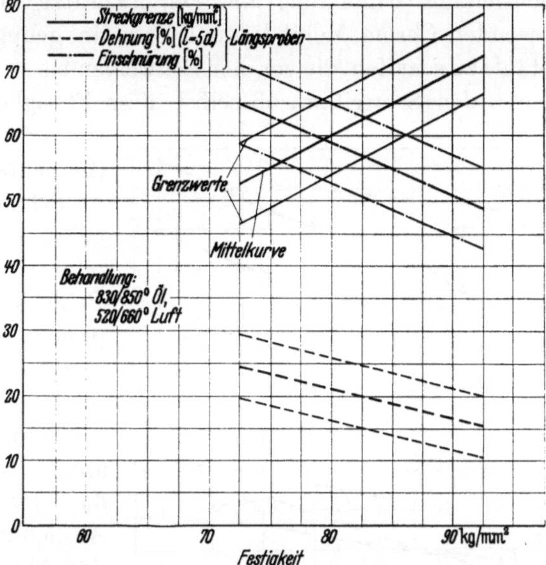

Abb. 234. Großzahlmäßig ermittelte Grenzen der mit einem Manganstahl von 0,39/0,45% C, 0,15/0,40% Si, 1,40/1,70% Mn in Stangen bis 100 mm ⌀ erreichbaren Festigkeitseigenschaften. [Nach H. Kallen und F. Meyer: Techn. Mitt. Krupp, Forschungsberichte Bd. 2 (1939) S. 215/22.]

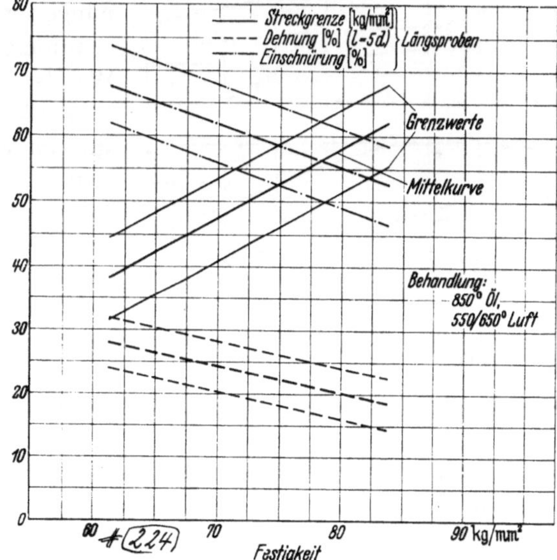

Abb. 235. Großzahlmäßig ermittelte Grenzen der mit einem Manganstahl von 0,32/0,37% C, 0,20/0,35% Si und 1,20/1,40% Mn in Stangen bis 150 mm ⌀ erreichbaren Festigkeitseigenschaften. [Nach H. Kallen und F. Meyer: Techn. Mitt. Krupp, Forschungsberichte Bd. 2 (1939) S. 215/22.]

geeignet, stärkere Verwendung für geschweißte Konstruktionsteile zu finden. Sie zeichnen sich trotz ihrer hohen Festigkeit durch Unempfindlichkeit bei der Schweißung (Rißbildung) aus. Durch Zusätze von karbidbildenden Elementen, insbesondere Chrom, Molybdän und Vanadin, gelingt es, auf dieser Basis (2—4% Mn) Stähle zu schaffen, die vor dem Schweißen bis zu 100 kg/mm² Festigkeit aufweisen, durch den Schweißprozeß selbst diese Festigkeit nicht wesentlich einbüßen und trotzdem schweißrißunempfindlich sind (Zahlentafel 48 [S. 292, s. a. S. 702]).

Schweißempfindlichkeit. Es lohnt sich, bei dieser Gelegenheit etwas auf das Kapitel Schweißempfindlichkeit einzugehen. Beim Schweißen von Bauteilen entstehen praktisch immer Spannungen. Diese Spannungen können reine Wärmespannungen sein, die bei den plötzlich lokalen Erwärmungen in der Schweißnaht und im anliegenden Werkstoff entstehen, weil sich das erwärmte Material, da es an freier Ausdehnung gehindert ist, staucht; bei der Abkühlung wird es dann durch die Umgebung an der entsprechenden Zusammenziehung gehindert. Gleichzeitig können auch noch durch Härtungserscheinungen neben der Schweißnaht Gefügespannungen auftreten. Bei sehr dünnen Wandstärken, wie z. B. beim Zusammenschweißen von Flugzeugteilen mit Blechstärken von 0,3 bis etwa 2 mm, ist die Neigung zu Rißbildung besonders groß. Ähnliches gilt auch für sehr dicke Querschnitte von etwa 30 mm und darüber, wo die großen Massen von kaltem Metall die Wärme sehr schnell abführen. Blechdicken von etwa 5—25 mm sind im allgemeinen weniger gefährdet. Die auftretenden Rißerscheinungen bei der Schweißung von dicken und von dünnen

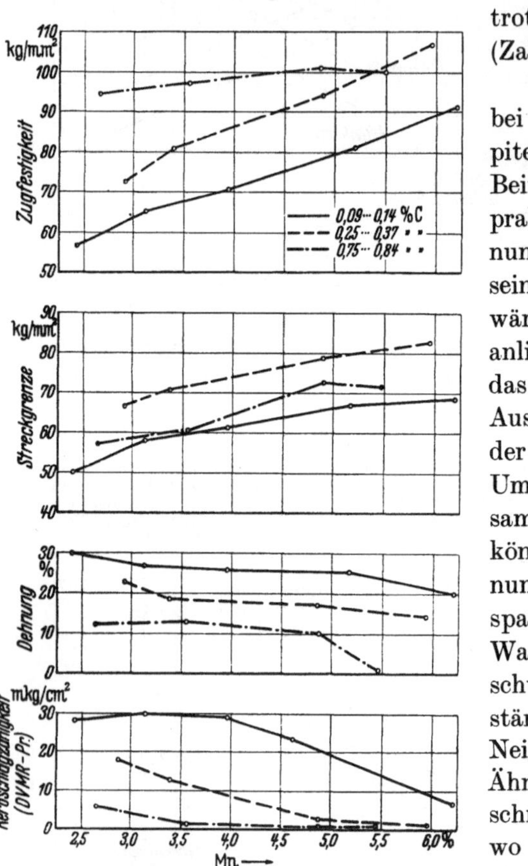

Abb. 236. Änderung der Festigkeitseigenschaften von Stählen mit dem Mangangehalt. (Proben von 900° in Öl abgeschreckt, 8 h unter dem A_1-Punkt angelassen und in Öl abgelöscht.)
[Nach W. Tofaute und K. Linden: Archiv Eisenhüttenw. Bd. 10 (1937) S. 515/27.]

Abmessungen sind schon äußerlich sehr verschiedener Art und wahrscheinlich auch auf verschiedene Ursachen zurückzuführen. Die bei der meist autogen ausgeführten Dünnblechschweißung sich ausbildenden Risse sind metallographisch eindeutig als Warmrisse zu erkennen. Sie treten in der überhitzten Zone in der Nähe des Schweißgutes auf und verlaufen interkristallin (Abb. 238) In ihrem Aussehen weisen sie gewisse Ähnlichkeit mit Rotbrucherscheinungen auf und sind wahrscheinlich auch auf ähnliche Ursachen zurückzuführen[1,2]. Äußerlich ähnlich sind die Rißbildungen bei dickeren Abmessungen,

<hr>

[1] Zeyen, K. L.: Techn. Mitt. Krupp Bd. 4 (1936) S. 115/22 — Z. VDI Bd. 80 (1936) S. 969/73. [2] Müller, J.: Luftf.-Forschg. Bd. 17 (1940) S. 97/105.

die vielfach auch in der überhitzten Zone des Grundwerkstoffes unmittelbar neben dem Schweißgut auftreten (Abb. 239). Im Gegensatz zu den Riß-

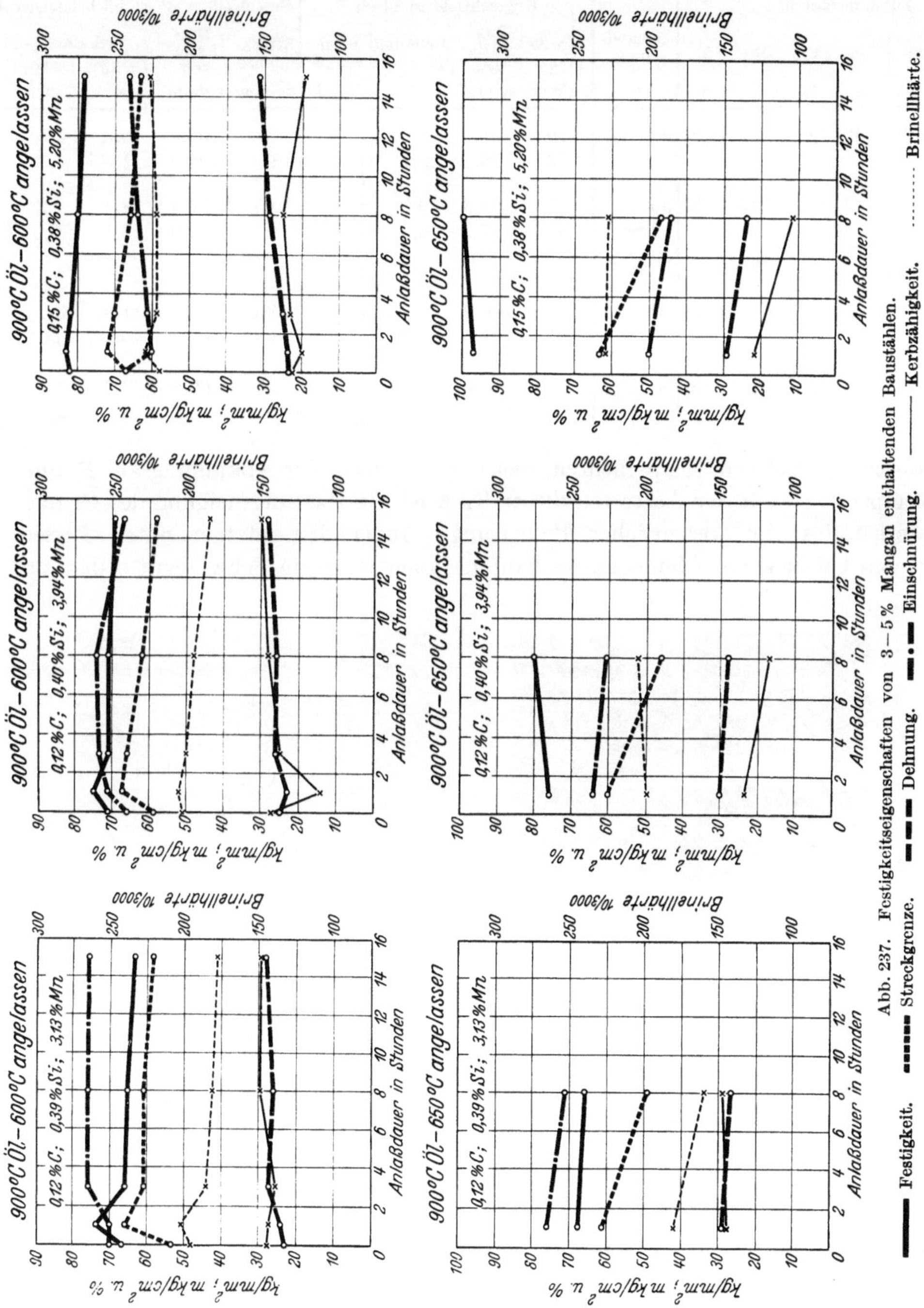

Abb. 237. Festigkeitseigenschaften von 3—5% Mangan enthaltenden Baustählen. —— Festigkeit. ===== Streckgrenze. ==== Dehnung. ■==■ Einschnürung. —— Kerbzähigkeit. ········ Brinellhärte.

bildungen bei der autogenen Schweißung dünner Bleche handelt es sich aber in diesem Falle um Erscheinungen, die ausgesprochene Ähnlichkeit mit Härte-rissen haben. Sie verlaufen intrakristallin und entstehen offensichtlich bei

19*

Zahlentafel 48. Festigkeitseigenschaften von 1 mm starken Blechen aus Flugzeugbaustählen.

Zusammensetzung						Behandlung	Ungeschweißtes Blech				Geschweißtes Blech mit belassener Raupe				
C	Si	Mn	Cr	Mo	V		Streckgrenze	Zugfestigkeit	Dehnung $(d=10)$	Biegewinkel	Streckgrenze	Zugfestigkeit	Dehnung $(l=5d)$	$(l=10d)$	Biegewinkel
%	%	%	%	%	%		kg/mm²	kg/mm²	%	Grad	kg/mm²	kg/mm²	%	%	Grad
0,17	0,32	1,66	1,05	0,47	0,29	900°/L.	76	101,4	8,0		91	103,0	10,5	5,5	58
							76	108,1	8,2		90	102,0	11,0	6,7	62
0,15	0,32	2,13	1,05	0,23	0,30	900°/L.	95	104,3	9,0		85	96,4	8,4	7,2	82
						2 Std. 600°/L.	95	107,5	9,3	180	91	96,9	8,1	7,0	90
0,16	0,49	2,06	1,27	0,16	0,29	900°/L.	76	100,9	6,7		86	104,6	11,8	6,2	145
							88	103,5	6,3		92	107,8	—	5,0	110
0,20	0,47	1,15	1,99	0,20	0,29	900°/L.	94	116,0	8,0		94	109,6	7,2	5,3	31
							88	112,2	8,0		97	110,8	6,5	4,2	34

wesentlich tieferen Temperaturen, meistens erst nach der Abkühlung auf Raumtemperatur. Für das Auftreten dieser Risse ist die Härtungsneigung des Grundwerkstoffes von wesentlicher Bedeutung. Außer den letztgenannten Rissen treten bei dickeren Abmessungen häufiger auch Risse im Schweißgut selbst auf

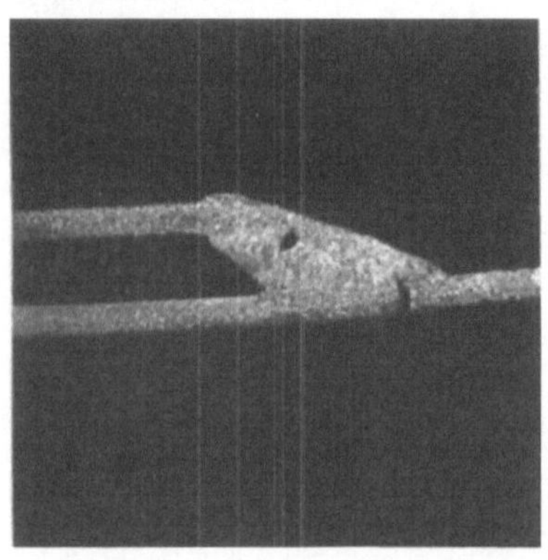

a   V = 3   b   V = 100

Abb. 238. Schweißriß bei der autogenen Schweißung eines 1 mm starken Bleches aus Cr-Mo-Stahl.

(Abb. 240). Diese können auf eine besondere Härtungsneigung des Schweißgutes, aber auch auf ungünstige metallurgische Beschaffenheit zurückzuführen sein. Es empfiehlt sich, diese oft unter dem Begriff „Schweißempfindlichkeit" zusammengefaßten Rißbildungen auseinanderzuhalten, da sie auf verschiedene Ursachen zurückzuführen sind.

Verwendungsgebiete der Manganbaustähle. Der günstige Einfluß von Mangan auf die Vergütbarkeit von Stählen hat dazu geführt, daß dieses wirtschaftlichste aller Legierungselemente eine weitgehende Verwendung gefunden hat. Nachdem heute die Wirkung der verschiedenen Legierungselemente richtig erkannt ist, sind Manganstähle vielfach in der Lage, höherwertige Nickel- und Chromstähle zu ersetzen. Entsprechend sind auch für den Kraftfahrzeug- und

Flugzeugbau in den Deutschen Industrie-Normen (DIN) Manganstähle enthalten. Eine Zusammenstellung der hauptsächlich verwendeten Mangan-Kohlenstoff-Stähle unter Berücksichtigung der in den verschiedenen Ländern genormten Stähle mit Angabe der Verwendungszwecke und Festigkeitsbereiche bringt Zahlentafel 47 (S. 286). Den Stählen mit 0,2—0,5% C und 1,5—2% Mn wird vielfach Chrom bis 0,5% und Molybdän bis 0,5% sowie Vanadin bzw. Titan

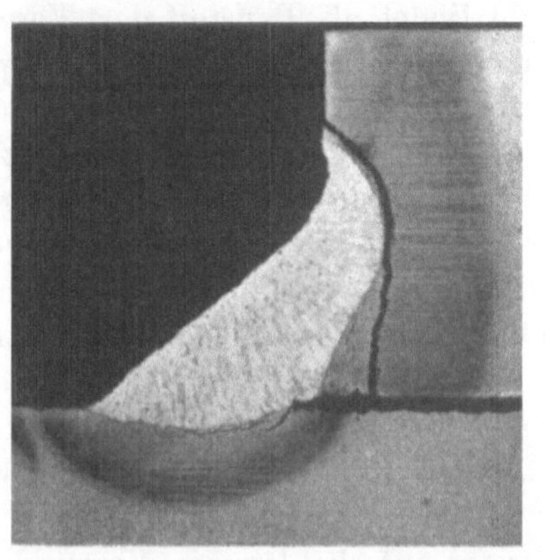
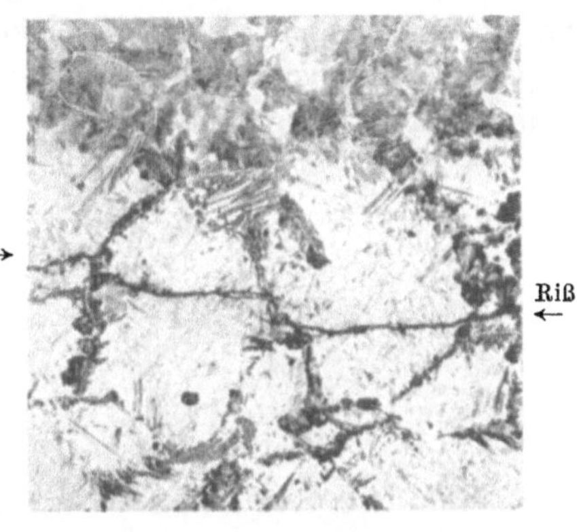

a   Natürl. Gr.   b   V = 200
Abb. 239. Schweißrisse in der Übergangszone bei Dickblechschweißung.

bis 0,15% zugesetzt. Der Zusatz von Chrom und insbesondere Vanadin (Karbidbildner) soll wie bei Werkzeugstählen mit Mangan kornverfeinernd wirken.

Vielfache Verwendung haben manganlegierte Stähle auch für Schweißdrähte gefunden, wobei das Mangan einerseits in der Schweißnaht festigkeitssteigernd wirken, andererseits aber auch beim Schweißen selbst im metallurgischen Sinne reagieren soll, um eine poren- und einschlußfreie Schweißnaht zu erhalten. Die Zusammensetzung derartiger Schweißdrähte gibt ebenfalls Zahlentafel 47 wieder.

Einfluß von Mangan in der Wärme und Kälte. Auf das Verhalten gegen mechanische Beanspruchungen bei erhöhten Temperaturen wirkt sich Mangan im

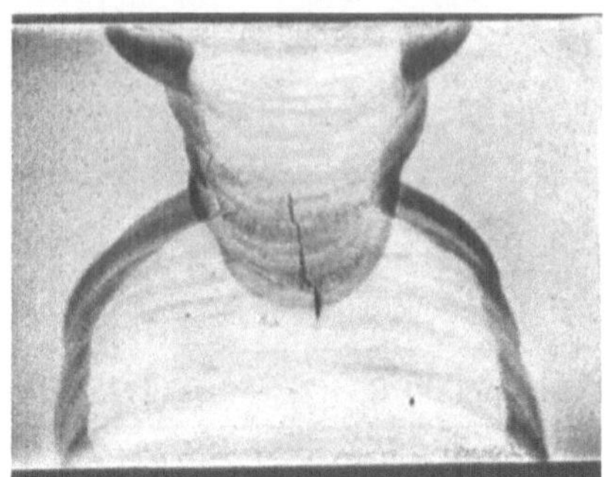

V = 2
Abb. 240. Schweißnahtrisse innerhalb des Schweißgutes.

wesentlichen nur insoweit aus, als es auch zur Verbesserung der Festigkeitseigenschaften bei Raumtemperatur beiträgt. Es wird somit vor allem die Warmstreckgrenze und Warmfestigkeit im Kurzversuch erhöht, während die Dauerstandfestigkeit weniger beeinflußt wird[1]. Indirekt kann Mangan jedoch zur Verbesserung der Dauerstandfestigkeit dadurch beitragen, daß es, wie früher erwähnt, die Bildung des Zwischenstufengefüges in entsprechend legierten Stählen begünstigt (vgl. hierzu Abschnitt „Kohlenstoffstähle"). Bei tieferen Temperaturen kann sich der verbessernde Einfluß des Mangans auf die Durchvergütung

---

[1] Grün, P.: Arch. Eisenhüttenw. Bd. 8 (1934/35) S. 205/11.

bei entsprechender Wärmebehandlung im Sinne einer höheren Zähigkeit bemerkbar machen. Darüber hinaus übt aber Mangan auch in dieser Hinsicht keine
spezifische Wirkung aus. Auf das günstige Verhalten stabil-austenitischer Mangan-Chrom-Stähle bei tiefen Temperaturen wird in dem entsprechenden Abschnitt noch eingegangen (s. S. 452).

b) Austenitische Baustähle.

Der 12proz. austenitische Manganstahl findet als Baustoff dort Verwendung, wo es auf hohe Verschleißfestigkeit ankommt, z. B. bei Ketten für Raupen-
schlepper, Baggerbolzen, Compoundschienen (Abb. 241), für hochbeanspruchte
Eisenbahn- und Straßenbahnweichen usw. Als austenitischer Stahl besitzt er
wegen seiner Weichheit und Zähigkeit schlechte Gleiteigenschaften; er neigt —
wie man sagt — zum Fressen, was je nach dem Verwendungszweck zu berücksichtigen
ist. Auf die Verwendung austenitischer Manganstähle im besonderen Hinblick auf
ihre physikalischen Eigenschaften wird noch später eingegangen. Gerade mit
Rücksicht auf die letztere Verwendung, nämlich für besondere physikalische Anforderungen, wie z. B. unmagnetisches Verhalten in Verbindung mit bestimmten
Festigkeitseigenschaften, wurde in den letzten Jahren ein neuer Typus eines
austenitischen Manganstahles entwickelt mit etwa 0,3% C, 18% Mn und Zusatz
von etwa 1—3% Cr oder anderen karbidbildenden Elementen. Dieser Stahl besitzt
die in der Zahlentafel 49 gekennzeichneten Eigenschaften. Wie aus den Festig-
keitsziffern hervorgeht, handelt es sich

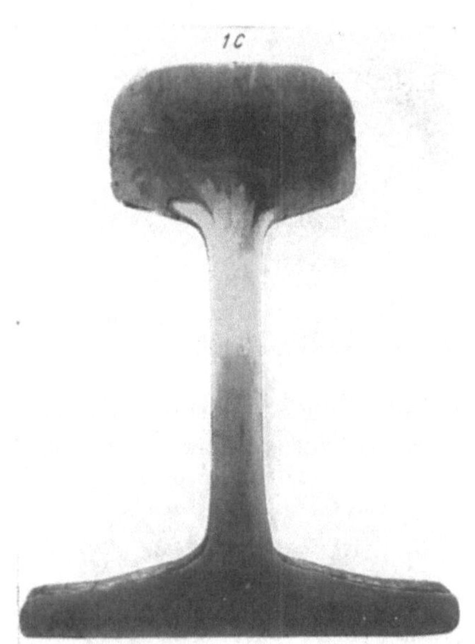

V = ¹/₂

Abb. 241. Compoundschiene mit Hartstahlkopf.

Zahlentafel 49. Festigkeitseigenschaften eines Stahles mit 0,3% C, 18% Mn, 1% Cr.

Behandlungszustand	Prüftemperatur	Streckgrenze kg/mm²	Festigkeit kg/mm²	Dehnung $(l = 5\,d)$ %	Einschnürung %	Kerbzähigkeit (DVMR-Probe) mkg/cm²	Magnetische Sättigung $B - H$ $(H = 10000)$
Schmiedezustand	+ 20°	47	102,5	55	52	6,8	—
Behandelt 1000° Luft	+ 20°	27	87,4	51,0	54	23,2	∾ 20
„ 1000° Wasser	+ 20°	26	88,8	50,2	51	25,6	∾ 20
„ 1000° „ 10% gereckt	+ 20°	69	107,8	36,3	31	13,2	195
„ 1000° „ 18% „	+ 20°	95	110,2	32,0	38	11,5	680
„ 1000° „	− 30°	∾ 26	100,3	∾ 34	28*	29,6	—
„ 1000° „	− 70°	∾ 35	98,8	32	29	14,4	—
„ 1000° „	−180°	∾ 38	105,2	12	13	4,6	—
Mangan-Hartstahl (1% C, 12% Mn) behandelt 1000° Wasser	+ 20°	41	107,0	68	44	20,0	—

* Außerhalb der Teilung gerissen.

ebenfalls um einen sehr zähen Werkstoff hoher Dehnungsfähigkeit auch bei tiefen Temperaturen. Beim Zerreißversuch schnürt dieser Stahl gegenüber dem Manganhartstahl mit 12 % Mn und 1 % C bereits stark ein, was auch in den Einschnürungszahlen der Zahlentafel 49 zum Ausdruck kommt. In der Spannungsdehnungskurve nähert er sich mehr dem Verhalten des 25 proz. Nickelstahls (s. S. 101 und 278), d. h. die Verfestigung ist nicht so stark wie beim Manganhartstahl. Entsprechend dem geringeren Kohlenstoffgehalt und der geringeren Verfestigung ist dieser Stahl auch leichter bearbeitbar. Durch Kaltreckung kann er auf entsprechend höhere Streckgrenze und Festigkeit gebracht werden, wie es für seine Verwendung, z. B. als Kappenringe in elektrischen Maschinen, infolge der hohen Beanspruchung derartiger Bauteile durch Zentrifugalkräfte erforderlich ist. Mangan findet darüber hinaus Verwendung als austenitbildendes Legierungselement in Nickel- und Chromstählen (s. S. 334 und 446).

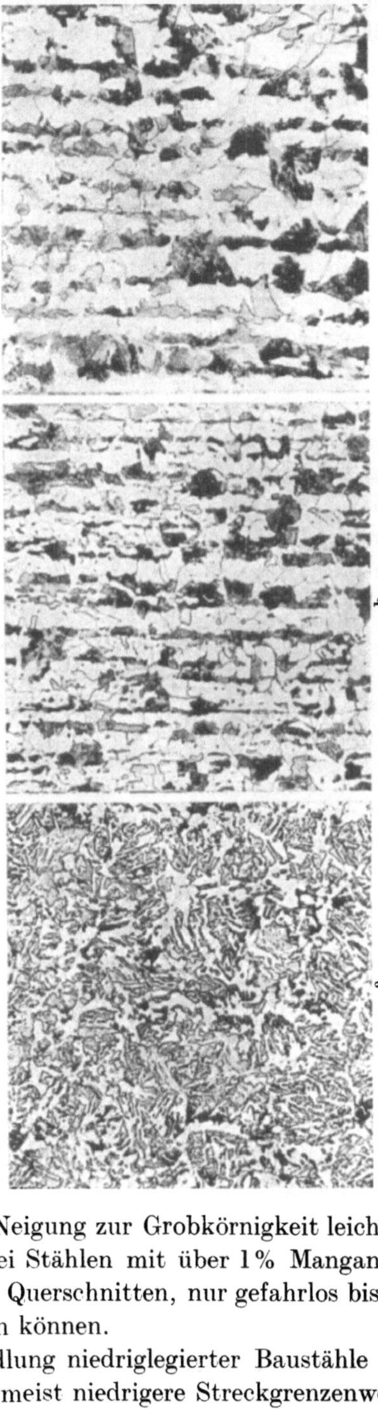

c) Besonderheiten manganlegierter Baustähle.

α) Wärmebehandlung.

Wie bereits oben angedeutet, kann das Ablöschen der Manganstähle, sofern Luftabkühlung nicht ausreicht, in Öl oder Wasser erfolgen. Bei der Wasservergütung hoch kohlenstoff- und manganhaltiger Stähle ergibt sich infolge der stärkeren Martensitbildung

	a	b	c
Behandlung . .	850°/Luft	850° → 600° Salzbad (15 Min.)/Luft (perlitisierende Glühung)	850°/Ofen
Streckgrenze . .	39 kg/mm²	46 kg/mm²	40 kg/mm²
Festigkeit . . .	65,2 kg/mm²	63,3 kg/mm²	60,5 kg/mm²
Streckgrenzenverhältnis . .	60%	73%	66%
Dehnung ($l = 5d$)	29%	31%	29%
Einschnürung .	61%	61%	66%

Abb. 242. Wirkung einer perlitisierenden Glühbehandlung im Vergleich zur Normalisierung (Zwischengefüge) auf die Festigkeitseigenschaften, insbesondere die Streckgrenze eines Hochbaustahles mit 0,20% C, 0,54% Si, 1,63% Mn, 0,11% Cu.

am Rande und der bekannten Neigung zur Grobkörnigkeit leicht die Gefahr der Rißbildung. Man wird daher bei Stählen mit über 1 % Mangan die Wasservergütung, besonders bei kleineren Querschnitten, nur gefahrlos bis zu Kohlenstoffgehalten von 0,4 % durchführen können.

Wenn bei der Wärmebehandlung niedriglegierter Baustähle Zwischenstufengefüge auftritt, so ergeben sich meist niedrigere Streckgrenzenwerte, als dies bei perlitischem Gefüge der Fall ist. Die Zahlen in Abb. 242 bestätigen dies für Baustahl St 52. Beim Normalisieren von dünnen Abmessungen kann man beobachten, daß die Streckgrenze dieser Stähle tiefer liegt als nach einer Umwandlungsglühung mit Ofenabkühlung, während bei der Festigkeit die umgekehrte Tendenz bemerkbar wird. Bei Ofenabkühlung ist das Verhältnis von Streckgrenze zu Festigkeit erheblich höher. Die Ursache der tieferen Streckgrenze ist in der ausgeprägten Ausbildung von Zwischenstufengefüge bei Normalglühung zu suchen, die aus Abb. 242 hervorgeht. Vermeidet man die grobe Perlit-Ferrit-Ausbildung, die bei Ofenabkühlung auftreten kann, z. B. durch schnelle Abkühlung auf 600° und 15 Minuten langes Halten bei dieser Temperatur zur Erzielung der Perlitumwandlung, so lassen sich noch höhere Streckgrenzen erreichen. Es ist dies ein Beispiel für die Zweckmäßigkeit geregelter Abkühlung bei der Wärmebehandlung von Stählen. Ähnliche Verhältnisse treten bei allen Legierungselementen auf, die zur Gefügeausbildung in der Zwischenstufe Veranlassung geben können. Durch nachträgliches Anlassen derartiger Stähle, die in der Zwischenstufe umgewandelt haben, kann ebenfalls eine entsprechende Erhöhung der Streckgrenzenwerte erreicht werden.

Eine charakteristische Eigenschaft von Manganstählen mit über 1,5% Mn bei der Vergütung ist ihre starke Neigung zur Anlaßsprödigkeit, d. h. ihre Kerbzähigkeit fällt bei langsamer Ofenabkühlung nach dem Anlassen oder bei längerem Anlassen bei kritischen Temperaturen sehr stark ab (s. a. Abb. 177). Durch Zusatz von Molybdän bis zu 0,5% (s. später unter Molybdän) gelingt es, die Erscheinung der Anlaßsprödigkeit für die praktischen Anlaßzeiten bei der Vergütung zu beseitigen. Der Einfluß von Mangan auf die Anlaßsprödigkeit ist aber so stark, daß der übliche Molybdänzusatz bei Stählen mit 2,5% Mn nicht mehr ausreicht, um die Anlaßsprödigkeit vollkommen zu beheben, wie dies aus folgenden Zahlen hervorgeht:

Zusammensetzung: 0,26% C, 2,85% Mn, 0,33% Mo.
Behandlung: 800° Wasser, 630° ölabgelöscht, Kerbzähigkeit 16,5 mkg/mm²
            630° Ofenabkühlung,   ,,   7,2   ,,   .

Ob dieser Einfluß auf die Anlaßsprödigkeit wirklich dem Mangan zugeschrieben werden kann, ist zweifelhaft. Nachdem erkannt worden ist, daß hohe Phosphorgehalte einen ungünstigen Einfluß auf die Neigung zur Anlaßsprödigkeit ausüben, könnte ein zufälliger Zusammenhang zwischen Phosphor- und Mangangehalt letzterem Legierungselement zur Last gelegt worden sein. Das zur Legierung verwendete Ferromangan enthält nämlich fast stets hohe Phosphorgehalte (bis zu 1% P bei 80% Mn), so daß auch der Phosphorgehalt beim Legieren mit dem Mangangehalt vielfach ansteigt. Beim Legieren mit Mangan kann fernerhin leicht eine Rückphosphorung aus etwaiger phosphorhaltiger Ofenschlacke eintreten. Bei hohen Mangangehalten muß man aber auch schon damit rechnen, daß beim Anlassen Entmischungserscheinungen auftreten können, die insbesondere bei den 5—6proz. Manganstählen Veranlassung zu ähnlichen Sprödigkeitserscheinungen geben, wie man sie bei der Anlaßsprödigkeit beobachtet, ohne daß hierfür die Ursache dieselbe zu sein braucht.

Außer der hohen Anlaßsprödigkeit sind noch einige Unannehmlichkeiten der Manganstähle hervorzuheben. Eine davon ist die bereits im vorhergehenden

Abschnitt „Mangan-Werkzeugstähle" erwähnte Überhitzungsempfindlichkeit beim Härten und somit auch beim Vergüten. Daß auch Manganbaustähle mit mittlerem Kohlenstoffgehalt hierzu neigen, zeigt Abb. 243 an einem Manganfederstahl. Im angelassenen Zustande tritt der Einfluß der bei der Härtung entstandenen Grobkornbildung infolge der größeren Weichheit und der dadurch bedingten höheren Zähigkeit nicht mehr so schädlich in Erscheinung. Auch hier lassen sich durch Zusatz von karbidbildenden Elementen, wie Chrom, Vanadin, die Härtegrenzen noch erweitern.

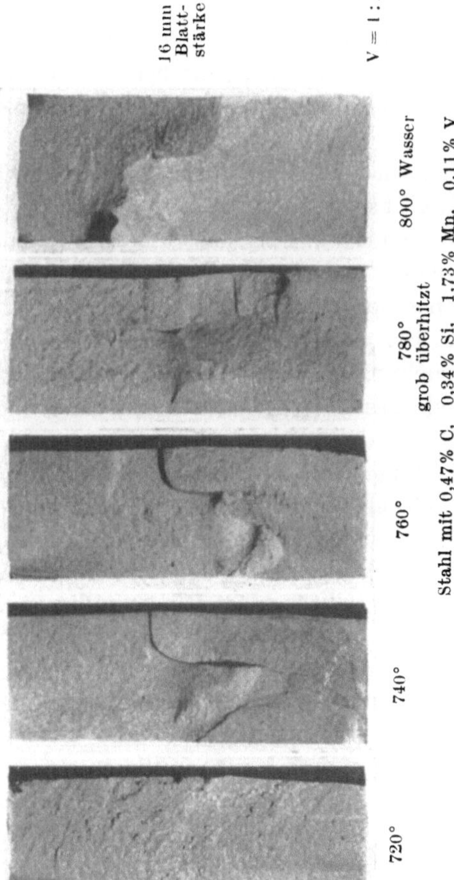

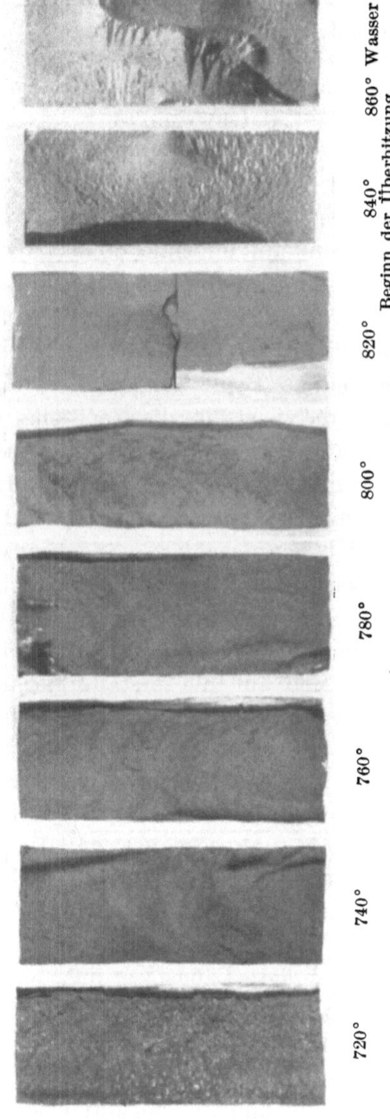

Abb. 243. Härtegrenzen von Manganfederstählen, ohne und mit Vanadinzusatz. [Nach Houdremont und Bennek: Stahl u. Eisen Bd. 52 (1932) S. 653/62.]

β) Metallurgische Eigenarten.

Eine weitere wenig erwünschte Eigenschaft ist die sog. Längsfaserung, zu der Manganstähle nach stärkerer Verarbeitung in einer Richtung neigen. Hand in Hand mit dieser Längsfaser ergibt sich eine wesentliche Verschlechterung der Quereigenschaften, die besonders in der Querkerbzähigkeit zum Ausdruck kommt.

Die unterschiedlichen Quer- und Längseigenschaften von zwei verschiedenen Stahlarten bei gleichem Verschmiedungsgrad und gleichen Festigkeitseigenschaften gehen aus Zahlentafel 50 hervor.

Zahlentafel 50. Geringe Querkerbzähigkeit bei Manganstählen.

	Festig-keit kg/mm²	Streck-grenze kg/mm²	Ein-schnü-rung %	Deh-nung $(l = 5d)$ %	Längskerbzähigkeit bei Probenform $3 \cdot 3 \cdot 16$ cm² mkg/cm²	Querkerbzähigkeit bei Probenform $1 \cdot 1 \cdot 5,5$ cm³ mkg/cm²
Chrom-Molybdän-Vanadin-stahl, 60 ⊡, 850° Öl abge-löscht, 750° angelassen . .	73	64	64	25	27,5	12,5
Stahl mit 0,46% C, 1,40% Mn, 70 ⊡, 820° Wasser abge-löscht, 690° angelassen . .	75	62	64	25	20	5

Während bei dem Chrom-Molybdän-Stahl die Kerbzähigkeit in der Quer-richtung nur auf ungefähr 50% des Längswertes abfällt, geht bei dem entspre-chend verschmiedeten Manganstahl die Kerbzähigkeit auf 25% des Längswertes zurück (vgl. auch Abb. 231).

Gerade dieses Beispiel der Quereigenschaften von Manganstählen ist ge-eignet, einige Bemerkungen über Qualitätsbegriffe im allgemeinen zu machen, da vielerseits die Nachteile, die sich durch Längsfaserung für die Quer-eigenschaften ergeben, für Teile, die nur in der Längsrichtung beansprucht werden, als Vorteil hervorgehoben werden. Insbesondere gilt dies für die Verwendung von Manganstählen als Tragfederstahl. Bei ungelochten Tragfederblättern er-geben sich hauptsächlich Längsbeanspruchungen, und der starke längsfaserige Bruch wird auch heute noch vielfach als besonderes Kennzeichen eines hoch-qualifizierten Federstahles genannt.

Die verschiedenen Eigenschaften von Manganstählen in der Quer- und Längs-richtung sind auf die metallurgische Wirkung von Mangan zurückzuführen. Mangan ist bekanntlich eines der gebräuchlichsten Desoxydationsmittel, gleich-zeitig besitzt es den Vorzug, den Schwefel als Mangansulfid abzubinden. Bei An-wesenheit größerer Mengen Mangan im Stahl ergibt sich somit notwendigerweise eine Abbindung von Sauerstoff und Schwefel an Mangan. Da man vielfach der irrigen Auffassung begegnet, daß Manganstähle durch den hohen Mangangehalt an sich schon desoxydiert sind und keiner allzu scharfen Desoxydation mehr bedürfen, enthalten sie oft wegen der großen Affinität von Mangan zu Sauerstoff und Schwefel größere Mengen von Manganoxydul- und Mangansulfideinschlüssen. Eine ausgeprägte Längsfaserung, wie wir sie in Manganstählen kennen, kann ja nur auf stärker gestreckte Einschlüsse oder auf Seigerungen zurückgeführt werden. Eine besondere Neigung von Mangan, stärkere Seigerung hervor-zurufen, besteht aber nicht; die Faserung wird lediglich dadurch begünstigt, daß Manganoxydul und Mangansulfide bei höheren Temperaturen plastisch verformbar sind und sich ohne weitere Zertrümmerung bei der Verarbeitung mitstrecken.

Bei sorgfältiger Desoxydation und Entschwefelung gelingt es, die Einschlüsse im Manganstahl zu vermindern und hierdurch die Längsfaserung zu verringern. Im Gegensatz zu dem faserigen Bruch ergeben derartige desoxydierte Stähle einen ziemlich glatten Bruch. Den Zusammenhang zwischen Längsfaserung, Schlackengehalt und Kerbzähigkeit im federharten Zustand zeigt Abb. 244.

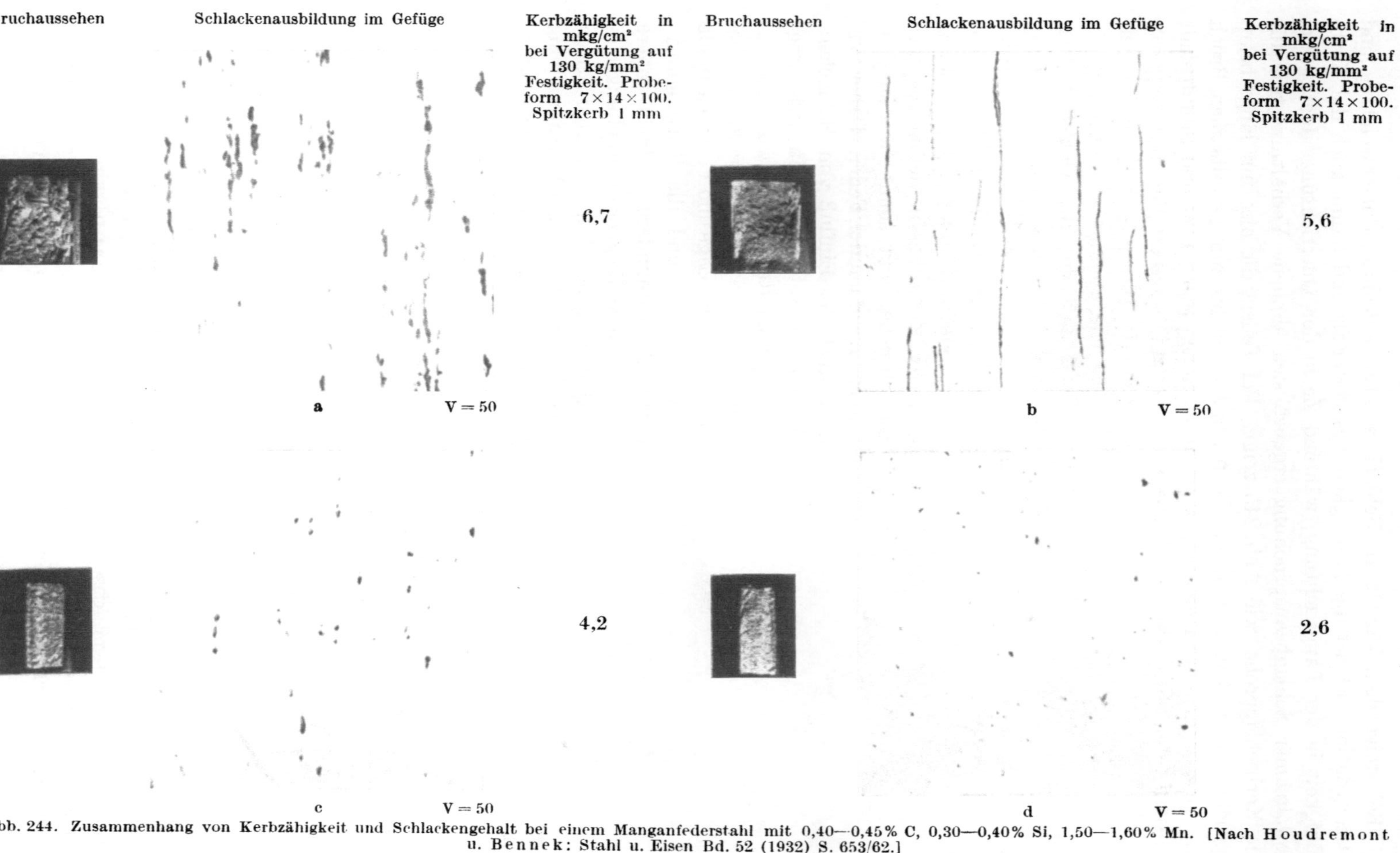

Abb. 244. Zusammenhang von Kerbzähigkeit und Schlackengehalt bei einem Manganfederstahl mit 0,40—0,45% C, 0,30—0,40% Si, 1,50—1,60% Mn. [Nach Houdremont u. Bennek: Stahl u. Eisen Bd. 52 (1932) S. 653/62.]

Bei steigendem Gehalt an Schlacken, also schlechter Entschwefelung und Desoxydation, wächst die Faserigkeit des Materials und damit auch die Kerbzähigkeit in der Längsrichtung, während sie in der Querrichtung abfällt. Bei gewaltsamer Schlagbeanspruchung ergeben sich ähnliche Verhältnisse wie für die Kerbschlagprobe, wie Abb. 245 zeigt. Bei Teilen, die also nur längs beansprucht werden, könnte man bei Beanspruchungen bis zum gewaltsamen Bruch eine gewisse Erhöhung der Sicherheit durch hohen Schlacken- und Sulfidgehalt ableiten. Bei Teilen, die quer beansprucht werden, liegen die Verhältnisse genau umgekehrt. Dies gilt aber nur für den Fall des eintretenden Gewaltbruches.

Sieht man von den Gewaltbrüchen ab, so sind bei normaler Verwendung von Federstählen die Schwingungseigenschaften des verwendeten Stahles von ausschlaggebender Bedeutung für die Bildung eines Dauerbruches und somit für das Unbrauchbarwerden der Feder. Daher verdient auch der Einfluß von Schlackeneinschlüssen auf die Schwingungsfestigkeitseigenschaften eine gewisse Beachtung. Schlackeneinschlüsse können bei entsprechender Lage und Form wie milde Kerben wirken und die Schwingungsfestigkeit vermindern. Insbesondere werden sich bei Biegebeanspruchungen in der Querrichtung infolge der ungünstigen Lage der Einschlüsse zur Beanspruchung Verschlechterungen der Schwingungsfestigkeit ergeben. Bei der Torsionsbeanspruchung können die Schlackeneinschlüsse ebenfalls von schädlichem Einfluß sein. Somit sind vom Standpunkt der Schwingungseigenschaften Einschlüsse im allgemeinen ungünstig zu beurteilen.

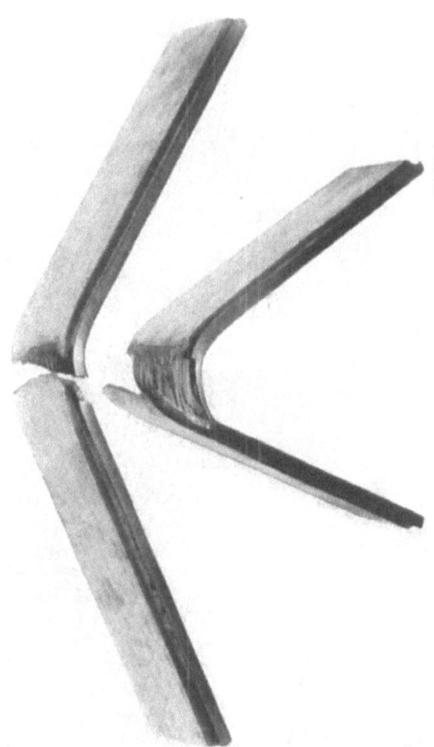

Abb. 245. Schlagbiegeproben von Manganfederstahl verschiedenen Schlackengehaltes bei Vergütung auf gleiche Festigkeit von etwa 130 kg/mm².

Die geschilderten Verhältnisse dürften zur Genüge darlegen, daß auch der sog. Qualitätsbegriff nicht immer einheitliche Gesichtspunkte zusammenfaßt und sich je nach den gewünschten Eigenschaften verändert.

d) Einfluß von Mangan auf die Einsatzhärtung.

Gegenüber Kohlenstoffstählen sind die durch Mangan hervorgerufenen Veränderungen von Randkohlenstoffgehalt und Eindringtiefe bei niedrigen Zementationstemperaturen praktisch unwesentlich. Von Tammann[1] wird bei Zementation in Hexan-Wasserstoff-Gemischen eine geringfügige Vergrößerung der gefügemäßig festgelegten Eindringtiefe des Kohlenstoffes bis zu 10% Mn festgestellt.

---

[1] Werkstoffausschußbericht Nr. 14 (1922) V. d. Eisenhüttenleute.

Über in gleicher Richtung liegende Beobachtungen berichten Guillet[1] und Giesen[2]. Dies trifft jedoch nur für verhältnismäßig geringe Eindringtiefen zu, bei denen ein merklicher Einfluß eines Legierungselementes weniger zum Ausdruck kommen kann. Dagegen wird bei hohen Zementationstemperaturen und längeren Zementationszeiten, die verhältnismäßig hohe Einsatztiefen zur Folge haben, eine Beeinträchtigung der Eindringtiefe durch Manganzusätze bis zu 3% gefunden. Abb. 246 zeigt in Gegenüberstellung die Wirkung eines Mangangehaltes bei niedriger und hoher Zementationstemperatur. Der Randkohlenstoffgehalt wird bei manganhaltigen Stählen gegenüber Kohlenstoffstahl nicht verändert.

Im Gegensatz zu der vom Härten her bekannten Überhitzungsempfindlichkeit höher gekohlter und legierter Manganstähle, zeigen manganlegierte kohlenstoffarme Einsatzstähle nach der Zementation ein feineres Korn als Kohlenstoffstähle. Abb. 247 läßt dies an der Verminderung der Korngröße in der Übergangszone am inneren Rand der Einsatzschicht durch einen Manganzusatz von 1,5% insbesondere bei stark überhöhten Zementationstemperaturen und langen Zeiten erkennen. Ein weiterer bemerkenswerter Einfluß eines Manganzusatzes besteht darin, daß die Ausbildung eines anomalen Zementationsgefüges, wie es bei Zementation von besonders reinen Eisensorten auftritt, durch geringe Mangangehalte (bis zu 0,5%) vollkommen unterdrückt wird. Dies erklärt sich aus der Herabsetzung der Ar_1-Umwandlung zu tieferen Temperaturen und der dadurch sowie durch die Anwesenheit von Mangan im Gitter verringerten Diffusionsgeschwindigkeit des Zementits, die eine Anlagerung des Perlitzementits an den Primärzementit unmöglich macht.

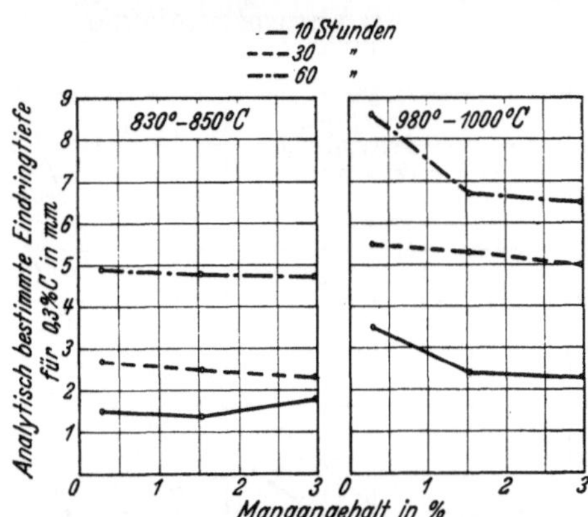

Abb. 246. Einfluß von Mangan auf die Eindringtiefe bei Zementation für hohe und tiefe Zementationstemperaturen bei Verwendung von Holzkohle und Bariumkarbonat (60 : 40) als Zementationsmittel. (Nach Houdremont u. Schrader: Arch. Eisenhüttenw. 8 [1934/35] S. 445—459.)

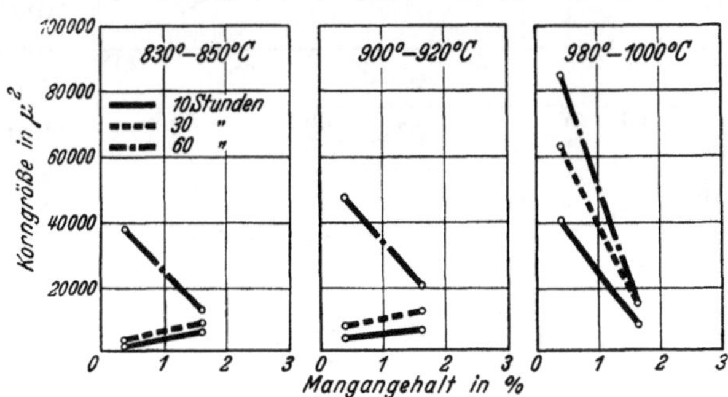

Abb. 247. Einfluß von Mangan auf das Kornwachstum beim Zementieren. (Zementationsmittel: Holzkohle und Bariumkarbonat 60:40.) [Nach Houdremont u. Schrader: Arch. Eisenhüttenw. Bd. 8 (1934/35) S. 445—459.]

Auf die Kerneigenschaften wirkt Mangan nach Härtung im Sinne einer Festigkeitssteigerung. Wie man aus Abb. 248 entnehmen kann, tritt bei der dort gewählten Härtetemperatur eine wesentliche Festigkeitssteigerung bei über 2% Mangan ein, während sie sich bei geringerem Mangangehalt in mäßigen Grenzen hält. Die Ursache hierfür ist im Zusammenhang zwischen der Härte-

---

[1] Mém. C. R. Trav. Soc. Ing. civ. France (1904) S. 177—207.
[2] Die Spezialstähle in Theorie und Praxis. Freiberg: Craz u. Gerlach 1909 S. 19/20.

temperatur und dem A_3-Punkt zu suchen. Bei den niedrigen Mangangehalten unter 2% reicht eine Härtung in Wasser von 820° C noch nicht aus, um eine gleichmäßige Martensitbildung im Gefüge zu erreichen. Erst mit gesteigertem Mangangehalt und Verlagerung des A_3-Punktes zu tieferen Temperaturen sowie entsprechender Verringerung der kritischen Abkühlungsgeschwindigkeit wird vollkommene Härtung erreicht. Bei Härtetemperaturen von 850 bis 860° würde auch schon bei geringeren Mangangehalten eine entsprechend höhere Kernfestigkeit erzielt werden können. So gibt z. B. ein Stahl entsprechend der Zusammensetzung des St 52 (0,18% C, 1,4% Mn) bereits Härten von 360—400 Brinell. Diese höhere Härtetemperatur verbietet sich aber bei reinen Manganstählen wegen der Überhitzungsempfindlichkeit der aufgekohlten Randzonen. Während, wie wir oben gesehen haben, Mangan bei langsamer Abkühlung nach der Zementation wegen der höheren kritischen Abkühlungsgeschwindigkeit das bei der Zementation grob gewordene Korn stärker verfeinert, als es unter gleichen Abkühlungsbedingungen bei Kohlenstoffstahl der Fall ist, bleibt die Überhitzungsempfindlichkeit der aufgekohlten Randschicht bei der Härtung, ähnlich wie bei Werkzeug- und Baustählen, bestehen.

Die Verwendung von manganlegierten Einsatzstählen ist im allgemeinen beschränkt geblieben. Bei größeren Abmessungen von Teilen, die im Einsatz

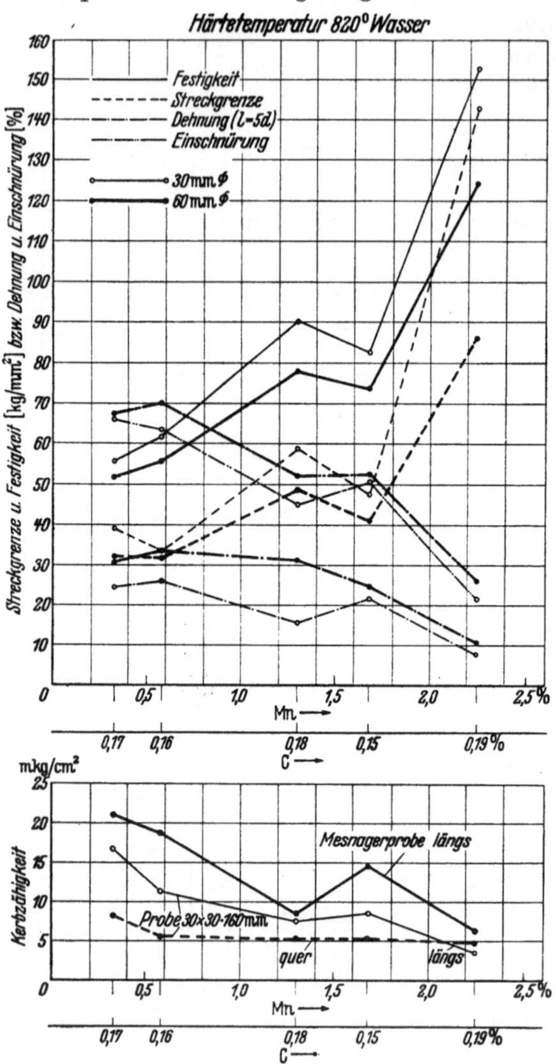

Abb. 248. Einfluß von Mangan auf die Kernfestigkeitseigenschaften eines Einsatzstahles.

gehärtet werden und für die ein reiner Kohlenstoffstahl an sich bezüglich der Kernfestigkeit genügt, verwendet man gelegentlich einen Stahl mit 0,15% C, 1—1,5% Mn, 0,25% Si, um eine einwandfreie Oberflächenhärte auch bei dickeren Abmessungen, z. B. Kurbelzapfen, zu gewährleisten. Die erreichten Eigenschaften im Kern bei Proben von 100 mm Durchmesser sind etwa folgende: 35 kg/mm² Streckgrenze, 60—70 kg/mm² Festigkeit, 20—25% Dehnung (l = 5d), 40—50% Einschnürung. Bei anders legierten Einsatzstählen wird der Mangangehalt möglichst unterhalb 0,6% gehalten, eine Vorschrift, die sich gelegentlich auch im Schrifttum wiederfindet. Nach dem geschilderten Verhalten von Mangan bei der Einsatzhärtung — Verfeinerung des Kerngefüges — ist die übertriebene Ängstlichkeit Mangan gegenüber nicht gerechtfertigt.

Bei höheren Mangangehalten tritt, wie erwähnt, in der Einsatzhärteschicht eine gewisse Überhitzungsempfindlichkeit ein bei Härtetemperaturen oberhalb 820°. Da die normale Härtetemperatur 780—820° beträgt, dürften bei genauer Temperaturüberwachung in der Härterei auch hier keine Schwierigkeiten auftreten.

In neuerer Zeit finden in Deutschland für Einsatzhärtung neben einem Mangan-Chrom-Molybdän-Stahl mit etwa 1,2% Mn auch Mangan-Chrom-Stähle zunehmende erfolgreiche Verwendung. Der Zusatz eines Karbidbildners bewirkt höhere Kernfestigkeit und größere Unempfindlichkeit gegen Überhitzungserscheinungen bei der Härtung. Näheres über die Eigenschaften dieser Stähle siehe in den Abschnitten Chrom und Molybdän.

4. Einfluß von Mangan auf die physikalischen Stahleigenschaften.

Auf dem Gebiete der perlitischen und martensitischen Stähle mit besonderen physikalischen Eigenschaften hat Mangan als Legierungszusatz nur eine untergeordnete Bedeutung. Diese Tatsache ergibt sich aus dem Einfluß des Mangans auf die physikalischen Eigenschaften, wie aus den Abb. 249—252 zu entnehmen ist. Die dort untersuchten Legierungen enthielten außer Mangan noch geringe Kohlenstoff- (0,22—0,08%) und Siliziumzusätze (0,15—0,01%).

Mit zunehmendem Mangangehalt wächst der Ausdehnungskoeffizient von Eisen-Mangan-Legierungen (Abb. 249). Das trifft auch dort zu, wo, wie z. B. beim 25proz. Nickelstahl (vgl. S. 360), die Wärmeausdehnung an sich schon sehr groß ist. Mangan erlangt daher überall dort praktische Bedeutung, wo es auf eine möglichst große Wärmeausdehnung ankommt. So verwendet man z. B. beim Bimetall (vgl. S. 307 und 363) als Seite mit der großen Wärmeausdehnung vielfach eine Eisen-Nickel-Mangan-Legierung (15—25% Ni, 5 bis 10% Mn). Die Wärmeleitfähigkeit nimmt mit wachsendem Mangangehalt sehr stark ab. Nach der Zusammenstellung von Landolt-Börnstein wurde an Manganstählen folgende Wärmeleitfähigkeit (cal/cm · sec · Grad) gemessen (vgl. a. Abb. 250):

Analyse	λ bei 100°
0,5 % Mn, 0,12% C, 0,12% Si, Rest Fe	0,119
1,65% Mn, 0,51% C, 0,24% Si, Rest Fe	0,096
11,57% Mn, 1,15% C, 0,25% Si, Rest Fe	0,04

Eine solche Beeinflussung der Wärmeleitfähigkeit hat zu keiner praktischen Verwendung von Manganstählen geführt. Ähnlich verhält es sich auch bei dem elektrischen Widerstand und seinem Temperaturkoeffizienten (Abb. 250). Die Erhöhung des elektrischen Widerstandes läßt es nur als wünschenswert erscheinen, bei besonders weichen Flußeisensorten, die als Leitschienen usw. verwendet werden, den Mangangehalt ebenso wie die sonstigen Verunreinigungen möglichst niedrig zu halten.

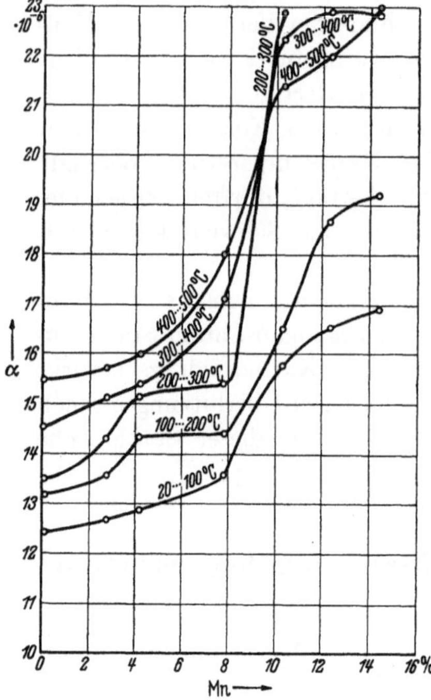

Abb. 249. Linearer Wärmeausdehnungskoeffizient α von Eisen-Mangan-Legierungen nach einer Glühung bei 900° C und langsamer Abkühlung. [Nach A. Schulze: Zeitschrift für techn. Physik Bd. 9 (1928) S. 338/43.]

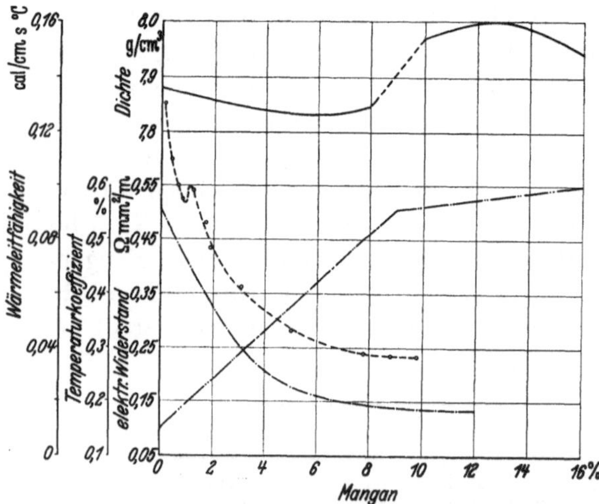

Abb. 250. Dichte, Widerstand, Temperaturkoeffizient und Wärmeleitfähigkeit von Eisen-Mangan-Legierungen.
——— Dichte ohne Glühung im gegossenen Zustand. Nach langsamem Abkühlen von 800°: — — — — Temperaturkoeffizient des Widerstandes, — · — · — Widerstand. (Nach Gumlich: Entnommen aus Mars: „Die Spezialstähle" 1922 S. 900.)
— — — — Wärmeleitfähigkeit. [Nach Matsushita: Sci. Rep. Tôhoku Univ. Bd. 8 (1919) S. 79.]

Von gewissem Interesse ist der Einfluß von Mangan auf die magnetischen Eigenschaften des Eisens. Nachdem bekannt ist, daß von bestimmten Mangangehalten an mit Entmischungserscheinungen gerechnet werden kann, die dazu führen, daß manganarme α-Mischkristalle neben entsprechend manganangereicherten γ-Mischkristallen auftreten können, ist anzunehmen, daß alle Ergebnisse über den Einfluß von Mangan auf physikalische Eigenschaften von der Wärmebehandlung und der dadurch bedingten Entmischung entsprechend abhängig sind. Man wird bis zu 10% Mangan den reinen Einfluß von Mangan auf den α-Mischkristall nur mehr feststellen können, wenn es gelingt, entsprechende Proben auf den gleichen Gefügezustand zu behandeln. Die unregelmäßigen Knicke in den Darstellungen dieses Abschnittes dürften mit derartigen Gefügeerscheinungen in Zusammenhang stehen. Nach den neueren Erkenntnissen über Mischgefüge, die aus α-Eisen und Austenit bei tieferen Temperaturen sich bilden, weiß man, daß solche Gemische zu einem Spannungszustand führen können, der mit einer Erhöhung der Koerzitivkraft verbunden ist. So kann man auch beim Anlassen abgeschreckter 6 bis 7 proz. Mangan-Eisen-Legierungen Erhöhungen der Koerzitivkraft feststellen[1], die auf einen entsprechenden Entmischungsvorgang zurückzuführen sind. Die Höhe der Koerzitivkraft, die hierdurch erreicht werden kann (etwa 70), hat bisher noch zu keiner Anwendung derartiger Legierungen als Magnetstahl geführt, da infolge des Auftretens von unmagnetischen γ-Mischkristallen die magnetische Sättigung und damit die Remanenz entsprechend absinkt.

Über diese Untersuchungen hinaus wurde in neuerer Zeit festgestellt, daß sich auch in kohlenstoffarmen bzw. kohlenstofffreien Eisen-Mangan-Legierungen

[1] Burgess, C. F., u. J. Aston: Electrician Bd. 67 (1911) S. 735/36.

mit etwa 14—15% Mn und gegebenenfalls kleinen Zusätzen von Aluminium oder Titan durch Kaltwalzen und Anlassen hohe Koerzitivkraft bei guten Remanenzwerten erreichen läßt[1]. Diese Legierungen sind bei normaler Abkühlung praktisch rein austenitisch; durch die Kaltverformung tritt eine teilweise Umwandlung des Austenits zu Martensit ein, die mit einer entsprechenden Steigerung der Remanenz verbunden ist. Die Koerzitivkraft wird durch das Kaltwalzen zunächst nur auf unbedeutende Werte erhöht. Bei nachfolgendem Anlassen im Temperaturbereich um 500° fällt die Remanenz etwas ab, während die Koerzitivkraft bedeutend ansteigt. Es können so Werte von 10000 Gauß Remanenz bei etwa 80 Oersted Koerzitivkraft bzw. 6000—5000 Gauß Remanenz bei 160—200 Oersted Koerzitivkraft erreicht werden. Diese Verbesserung der magnetischen Eigenschaften dürfte wie folgt zu erklären sein. Durch das Kaltwalzen tritt eine Teilumwandlung des Austenits zu Martensit ein, die ohne Konzentrationsveränderungen vor sich geht. Beim Anlassen hingegen erfolgt eine Verarmung des martensitischen bzw. ferritischen Gefügeanteiles an Mangan und eine Anreicherung des Restaustenits bzw. des durch Aufzehrung von Martensit neugebildeten Austenits. Beide Konzentrationsverschiebungen lassen sich röntgenographisch am Gitterparameter nachweisen. Der Dichteunterschied der beiden Gefügebestandteile führt im Verlauf des Anlassens zu Spannungen im Werkstoff, die die Erhöhung der Koerzitivkraft zwanglos erklären. Die Abnahme der

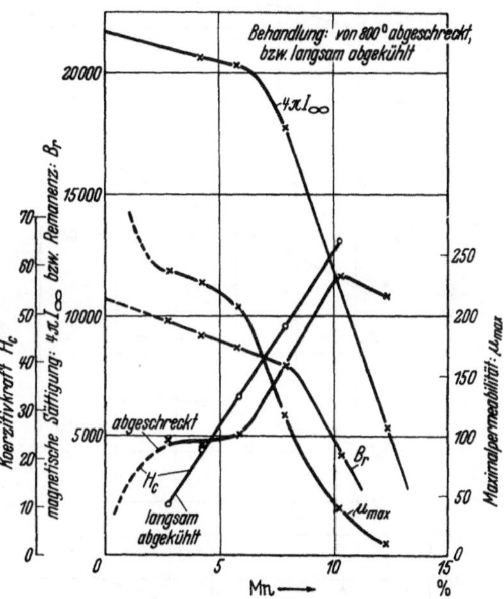

Abb. 251. Einfluß des Mangans auf die magnetischen Eigenschaften von Eisen. [Nach E. Gumlich: Wissenschaftliche Abhandlungen der Physikalisch-Technischen Reichsanstalt Bd. 4 (1918) S. 410.]

Remanenz gegenüber dem nur kalt verformten Zustand ist durch die Zunahme des Austenitanteiles beim Anlassen bedingt. Ähnliche Ergebnisse sind auch mit austenitischen Chrom-Mangan-Stählen z. B. von der Zusammensetzung 15% Cr/12% Mn zu erreichen. Da bei diesen Verformungs- und Anlaßvorgängen ein Abschrecken nicht erforderlich ist und nur niedrige Temperaturen zur Anwendung kommen, so ergibt sich die Möglichkeit, Magnetstähle in Form dünner Bleche herzustellen, was bei martensitischen Magnetstählen mit hohem Kohlenstoffgehalt wegen der Entkohlungs- und Härterißgefahr sehr schwierig ist. Die obengenannten Chrom-Mangan-Stähle finden z. B. als Stahltondraht in Sprechgeräten Verwendung. Die Stähle sind außerdem vor dem Anlassen mechanisch verhältnismäßig weich und infolgedessen spanabhebend gut bearbeitbar.

Die Erhöhung der Koerzitivkraft und der Hysteresisverluste und die Erniedrigung der Permeabilitätswerte durch Mangan (Abb. 251) läßt es im allgemeinen wünschenswert erscheinen, in allen magnetisch weichen Werkstoffen den Mangangehalt so tief wie möglich zu halten (Weicheisen für elektrische

---

[1] Jellinghaus, W.: Techn. Mitt. Krupp, Forschungsber. Bd. 4 (1941) S. 257/60.

Verwendungszwecke, siliziertes Dynamo- oder Transformatoreneisen usw.). Ausnahmen davon bilden die hochnickelhaltigen Werkstoffe mit hoher Anfangspermeabilität, bei denen aus Gründen der Verarbeitungsmöglichkeit gewöhnlich Mangangehalte von etwa 1% und darüber anwesend sind. Vereinzelt wird auch dort zur Erniedrigung der Wirbelstromverluste (Erhöhung des elektrischen Widerstandes) Mangan bis zu 10% zugesetzt. Dieses ist bei den Megapermen von Gumlich (s. Abschnitt Nickelstähle S. 351) der Fall.

Der Gitterparameter des Eisens wird durch Manganzusätze vergrößert (Abb. 252). Der bei zunehmendem Legierungsanteil geradlinige Anstieg ist beim γ-Eisen größer als beim α-Eisen. Bei gleichzeitigem Auftreten beider Phasen, im vorliegenden Behandlungszustand zwischen 16 und 20% Mn, streuen die Ergebnisse etwas stärker. In der ε-Phase ändern sich die Achsen so, daß das Achsenverhältnis konstant bleibt.

Interessanter für die praktische Verwendung sind die Eigenschaften der höherlegierten unmagnetischen austenitischen Manganstähle geworden. Für eine ganze Reihe von Verwendungszwecken sind unmagnetische Legierungen mit gleichzeitig hohem elektrischen Widerstand, so z. B. in der Elektrotechnik, von Nutzen. Hier sind die unmagnetischen austenitischen Manganstähle wegen ihres höheren Leitwiderstandes und der infolgedessen geringeren Wirbelstromverluste günstiger als die unmagnetischen Bronzen oder Rotguß. Sie finden daher Verwendung

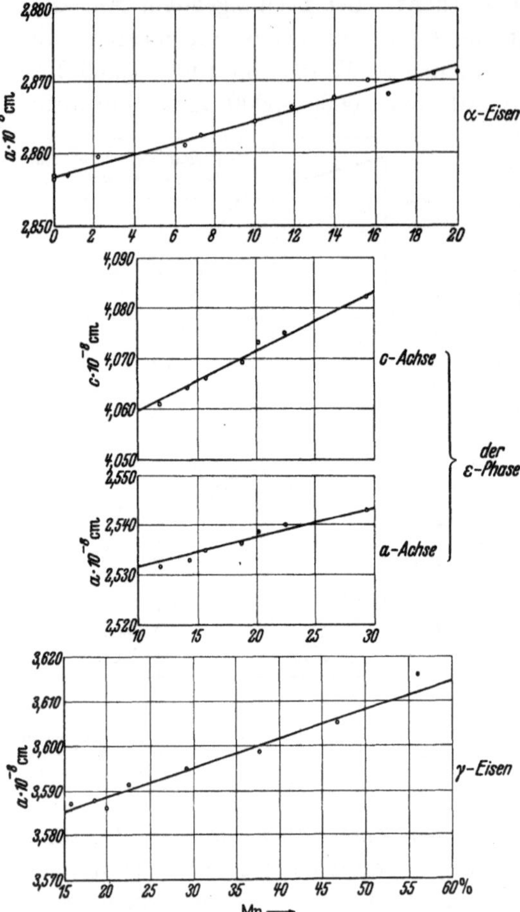

Abb. 252. Veränderung des Gitterparameters von Eisen durch Manganzusatz. [Nach W. Schmidt: Arch. f. Eisenhüttenw. Bd. 3 (1929/30) S. 293/300.]

für unmagnetische Kappenringe in Dynamos oder als Bandagenwicklungsdrähte. Die Bandagenwicklungsdrähte werden auf Festigkeiten von 150 kg/mm² und mehr kalt gezogen, da sie nur bei diesen hohen Festigkeitszahlen der Beanspruchung durch Zentrifugalkräfte genügen können. Auch bei unmagnetischen Kappenringen ist man gezwungen, die an sich niedrigen Streckgrenzen der austenitischen Stähle durch Kaltreckung zu erhöhen. Infolge der schweren Bearbeitbarkeit der hochkohlenstoffhaltigen austenitischen Manganstähle vom Typus des Manganhartstahles sowie dessen Neigung, bei stärkerer Kaltreckung in den martensitischen Zustand überzugehen, verwendet man für derartige Zwecke außer nickelhaltigen austenitischen Stählen mehr die im

Abschnitt Baustähle erwähnte Legierung mit etwa 18% Mangan und etwa 0,3% Kohlenstoff oder Mangan-Chrom-Stickstoff-Legierungen mit $\sim$ 18% Mn, 5% Cr, 0,1% N_2. Die entsprechenden Festigkeitseigenschaften bei verschiedenen Wärmebehandlungen, verschiedenen Temperaturen, mit und ohne Kaltreckung sind dort angeführt (Zahlentafel 49 [S. 294]). Stähle dieser Art sind noch mit spanabhebenden Werkzeugen in zufriedenstellender Art zu bearbeiten. Der hohe Mangangehalt gewährleistet ausreichend stabile unmagnetische Eigenschaften. Noch besser bearbeitbar und ebenfalls bei stärkerer Kaltreckung unmagnetisch sind die austenitischen, später zu erwähnenden Nickel-Mangan- und Nickel-Chrom-Stähle. Für Bandagendrähte haben die letzteren sich in stärkerem Maße als der reine Manganstahl eingeführt.

Die austenitischen Manganstähle zeichnen sich ähnlich wie der flächenzentrierte γ-Eisenkristall gegenüber dem kubisch-raumzentrierten α-Eisenkristall durch einen höheren thermischen Ausdehnungskoeffizienten aus. Während nahezu alle perlitischen Stähle einen Ausdehnungskoeffizienten in der Größenordnung von $12 \cdot 10^{-6}$ haben, bewegen sich die austenitischen Stähle alle zwischen 16—$24 \cdot 10^{-6}$ (abgesehen sei hier von Nickel-Eisen-Legierungen mit besonderen Ausdehnungskoeffizienten, s. später). Aus Zahlentafel 51 läßt sich für den 18proz. austenitischen Manganstahl der höhere Ausdehnungskoeffizient entnehmen. Bei der Verarbeitung, insbesondere beim ungleichmäßigen Anwärmen von Blöcken

Zahlentafel 51. Wärmeausdehnungskoeffizient eines Stahles mit 0,3% C, 18% Mn und 1% Cr.

Temperaturbereich	Wärmeausdehnungskoeffizient α
20—100°	$16 \cdot 10^{-6}$
20—200°	$17 \cdot 10^{-6}$
20—300°	$18,5 \cdot 10^{-6}$
20—400°	$19,5 \cdot 10^{-6}$
20—500°	$20 \cdot 10^{-6}$
20—600°	$20,5 \cdot 10^{-6}$
20—700°	$21 \cdot 10^{-6}$

aus einem derartigen Stahl, übt infolge des hohen Ausdehnungsbestrebens der stärker erwärmte Teil große Spannungen auf den weniger hoch erhitzten Teil aus, die zu Rißbildung führen können. Man hat aber von dieser unterschiedlichen Eigenschaft gegenüber perlitischen Stählen auch technischen Gebrauch für Ventilsitzringe und namentlich in den sog. Bimetallen gemacht. Der hohe Ausdehnungskoeffizient der genannten Manganstähle kommt demjenigen der für Zylinderköpfe verwendeten Leichtmetall-Legierungen sehr nahe; sie können daher als verhältnismäßig verschleißfester Werkstoff an entsprechenden Stellen eingeschrumpft werden, ohne daß bei Betriebstemperatur eine Lockerung eintritt.

Als Bimetall könnte an sich jeder aus zwei aufeinander geschweißten oder gelöteten Metallen hergestellte Werkstoff bezeichnet werden; im technischen Sprachgebrauch gebraucht man jedoch diesen Ausdruck fast nur für die besonders in der Elektrotechnik wichtig gewordenen Thermobimetalle, die aus Metallen verschiedener Ausdehnungskoeffizienten bestehen. Erwärmt man derartige Metallstreifen, so hat die Seite mit dem größeren Ausdehnungskoeffizienten das Bestreben, sich stärker auszudehnen, was zu einer Krümmung des betreffenden Streifens führt. Die meist gebräuchlichen Bimetalle bestehen aus einem 25proz. Nickelstahl mit hohem und einer 36proz. Nickellegierung mit sehr niedrigem Ausdehnungskoeffizienten (s. S. 303 u. 363). Zur Verwendung können jedoch auch zahlreiche andere Paarungen kommen, wie austenitischer mit ferritischem Stahl, Eisen mit Aluminium u. a. m. Voraussetzung ist jedoch, daß die betreffenden Legierungen im Verwendungsbereich reversible Temperatur-Ausdehnungskurven aufweisen; sie dürfen also keine Umwandlungen erleiden und die Temperatur der Rekristallisation bzw. Erholung muß oberhalb der höchsten Verwendungstemperatur liegen. Die Ergebnisse derartiger Erwärmungskurven für ein Bimetall, bestehend aus austenitischem 18 proz. Manganstahl und einem ferritischen Stahl, gibt Zahlentafel 52 wieder. Die Durchbiegung des Metallstreifens steht in direktem Verhältnis zum Unterschied der Ausdehnungskoeffizienten. Das Anwendungsgebiet derartiger Bimetalle liegt hauptsächlich im Apparatebau der Elektrotechnik, wo die Krümmung des Bimetalls, z. B. für Auslösungsvorrichtungen von Schaltgeräten, ausgenutzt wird. Während man früher derartige Legierungen in der Hauptsache aus höher nickelhaltigen Stählen hergestellt hat, verdient dieses auf der Manganaustenitbasis hergestellte Bimetall in rohstofftechnischem Sinne

Zahlentafel 52. Spezifische Krümmung und elektrischer Widerstand von Bimetall, bestehend aus einem austenitischen Stahl mit 0,3% C, 18% Mn und 1% Cr sowie einem Stahl mit 0,1% C, 2,5% Si, 6% Cr, 0,5% Mo.

Temperatur °C	Spezifische Krümmung	Elektrischer Widerstand Ω mm²/m
20	0,0	0,60
100	0,0057	0,67
200	0,00185	0,78
300	0,00353	0,83
400	0,00550	0,90
500	0,00772	0,97
600	0,00992	1,04

besondere Beachtung für diejenigen Länder, die auf Nickelersparnismöglichkeiten angewiesen sind. Da in elektrotechnischen Instrumenten die Erwärmung durch den elektrischen Widerstand hervorgerufen wird, ist auch der Widerstand eines derartigen Bimetalls von Interesse und daher in Zahlentafel 52 mitenthalten.

Die bereits erwähnte Verschlechterung der Wärmeleitfähigkeit von höher manganhaltigen Stählen gilt insbesondere wiederum für die austenitischen Manganstähle, die eine Wärmeleitfähigkeit von 0,04 cal/cm·s·°C haben. Schlechte Wärmeleitfähigkeit in Verbindung mit dem hohen Ausdehnungskoeffizienten begünstigt das Aufreißen von Stahlteilen aus derartigen Stücken, die plötzlichen und schnellen Erwärmungen ausgesetzt sind.

5. Einfluß von Mangan auf die chemischen Eigenschaften.

Mangan ist nicht in der Lage, den chemischen Widerstand von Eisenlegierungen gegenüber Säuren oder Gasen usw. zu erhöhen. Als Legierungselement, das geeignet ist, stabil austenitische Legierungen zu erzeugen, hat es trotzdem in Verbindung mit Chrom Anwendung auf dem nichtrostenden Stahlgebiet gefunden, wie dies aus dem später zu behandelnden Abschnitt Chrom zu entnehmen ist.

Auf die Zunderbeständigkeit bei höheren Temperaturen hat Mangan keinen günstigen Einfluß. Mangan ist leichter oxydierbar als Eisen. Glüht man einen Manganstahl vorsichtig bei Temperaturen von 600—700°, so wird man feststellen können, daß diese leichtere Oxydierbarkeit des Mangans, z. B. bei einem Manganhartstahl, dazu führt, daß der Zunder sich an Mangan anreichert, d. h. also, daß das Mangan auch im Mischkristall früher oxydiert als das Eisen. Die sich bildenden Deckschichten können aber nicht zu einem Zunderschutz führen, da die Mangan-Sauerstoff-Verbindungen an sich nicht feuerfest sind.

Beim Korrosionsverhalten von Eisenlegierungen spielt die Beständigkeit gegen Wasserstoff bei hohen Drücken und Temperaturen eine wichtige Rolle. Unlegierte Eisen-Kohlenstoff-Legierungen zeigen in hochgespanntem Wasserstoff ein eigenartiges Verhalten. Während bei atmosphärischem Druck Wasserstoff

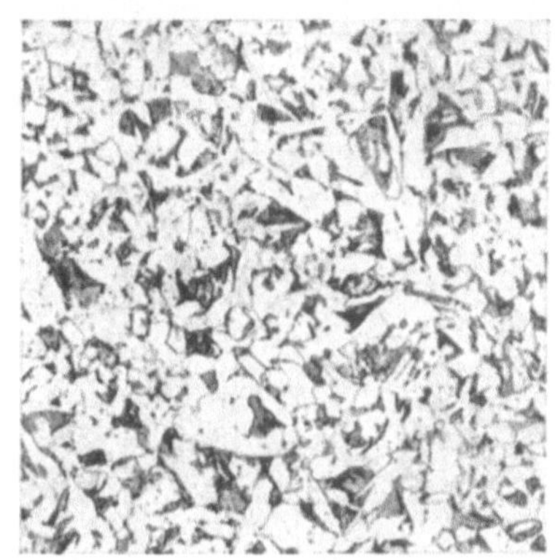

Ausgangszustand   bei 600° in Wasserstoff von 300 atm geglüht

Abb. 253. Gefügeveränderung durch Wasserstoffangriff an einem unlegierten Stahl mit 0,24% C.
[Nach F. K. Naumann: Techn. Mitt. Krupp, Forschungsber. Bd. 1 (1938) S. 207/23.] V = 200.

auf Kohlenstoffstahl unterhalb 700° noch keinen wesentlichen Einfluß ausübt, beobachtet man bei der Einwirkung unter hohen Wasserstoffdrücken, z. B. bei

Anlagen für Ammoniaksynthesen oder Kohlehydrierung, Entkohlungen unter gleichzeitiger Lockerung der Korngrenzen (Abb. 253). Zerreiß- und Kerbschlagproben aus derartigen entkohlten Werkstoffen zeigen Korngrenzenrisse, die die Festigkeit und die Zähigkeitswerte (Dehnung, Einschnürung, Kerbzähigkeit) so verschlechtern, daß sie zur Explosion entsprechender Apparaturen führen können. Daß die Entkohlung und die dabei entstehende Methanbildung für die auftretenden Risse verantwortlich ist, zeigt Abb. 254 an dem starken Abfall der Einschnürung und Dehnung bei Übergang vom reinen, praktisch kohlenstofffreien Eisen auf einen Stahl mit 0,1% C. Eine Verschlechterung der Kerbzähigkeit kann auch durch Versprödung infolge Wasserstoffaufnahme ohne Rißbildung entstehen (s. hierüber unter Wasserstoff). Bei

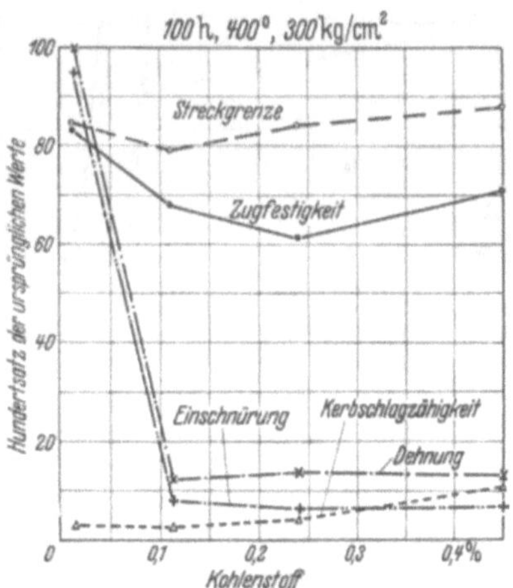

Abb. 254. Wirkung eines Angriffes von Hochdruckwasserstoff auf die Festigkeitseigenschaft unlegierter Stähle mit verschiedenen Kohlenstoffgehalten. [Nach F. K. Naumann: Techn. Mitt. Krupp, Forschungsber. Bd. 1 (1938) S. 207/23.]

höheren Temperaturen kann durch technischen Wasserstoff auch Randentkohlung bei atmosphärischem Druck ohne Bildung von Korngrenzenrissen eintreten; hierbei handelt es sich aber wahrscheinlich ausschließlich um eine Entkohlung infolge des dem Wasserstoff beigemengten Sauerstoffs. Diese beiden Entkohlungsvorgänge sind streng voneinander zu trennen. Die Beständigkeitsgrenzen von

Kohlenstoffstählen gegenüber hochgespanntem Wasserstoff bei entsprechenden Temperaturen gibt Abb. 255 wieder. Durch Zusatz von Legierungselementen,

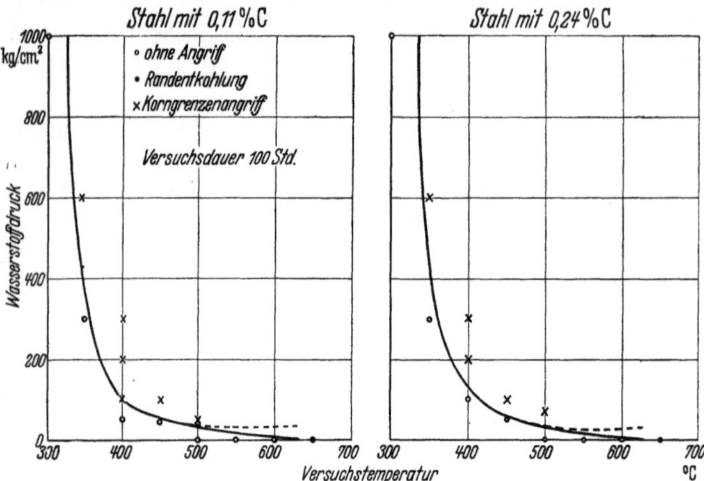

Abb. 255. Beständigkeitsgrenzen von zwei unlegierten Stählen gegen Wasserstoffangriff (Versuchsdauer 100 Std.). [Nach F. K. Naumann: Techn. Mitt. Krupp, Forschungsber. Bd. 1 (1938) S. 207/223.]

die die Beständigkeit der Karbide erhöhen, kann der Wasserstoffangriff, der nach obigem als Einwirkung auf den Kohlenstoff der Eisenlegierungen angesehen werden muß, vermindert werden. Da Mangan kein selbständiges Sonderkarbid bildet, sondern als Mischkarbid mit Eisenkarbid in den entsprechenden Stählen vorliegt, tritt bei manganlegierten Stählen nur eine geringe Verbesserung des Widerstandes gegen Wasserstoff auf. Abb. 256 zeigt dies an Hand der Einschnürungswerte in Abhängigkeit von der Temperatur bei einem Wasserstoffdruck von 300 at. Somit belegen auch diese Untersuchungen den nur schwach karbildbildenden Charakter des Mangans.

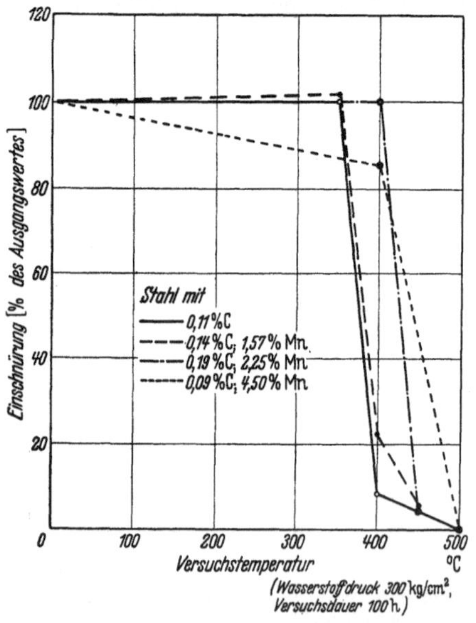

Abb. 256. Einfluß von Mangan auf die Einschnürung bei Wasserstoffglühung. [Nach F. K. Naumann: Techn. Mitt. Krupp, Forschungsber. Bd. 1 (1938) S. 223/243.]

6. Hinweise auf den Einfluß des Mangans bei der Stahlherstellung und -verarbeitung.

Bei der Stahlherstellung findet Mangan eine weitgehende Verwendung als Desoxydationsmittel, sei es allein oder in Verbindung mit Aluminium und Silizium. Wenn man unter Desoxydation die Entfernung von Sauerstoff aus dem Stahlbad versteht, so trägt Mangan in diesem Sinne vielfach die Bezeichnung als Desoxydationsmittel zu unrecht, da der in technischen Eisenschmelzen beim Durchfrischen enthaltene Sauerstoff bei gleichzeitiger Anwesenheit geringer Kohlenstoffmengen 0,1% nicht übersteigt und Manganzusätze bis zu etwa 0,6% aus dem flüssigen Stahlbad bei diesem Sauerstoffgehalt noch kein Oxyd absetzen. Die Löslichkeitsgrenze für Sauerstoff wird also durch Mangan im flüssigen Zustand nicht so stark herabgesetzt, daß es zu einer Entfernung von Sauerstoff kommt. Bei der Erstarrung bzw. im Anschluß an diese wird aber die Natur der sich abscheidenden Oxyde durch Manganzusatz verändert, wodurch der Eisenoxydulgehalt des Eisens in eine solche Form überführt wird, daß z. B. das Eisen nicht mehr rotbrüchig wird. Aus der Vermeidung des Rotbruches durch Mangan dürfte auch die erste Vorstellung über seine desoxydierende Wirkung entstanden sein. Hinzu kommt die Affinität von Mangan zu Schwefel, die zur Bildung von Mangansulfiden führt, die gegenüber dem Eisensulfid einen höheren Schmelzpunkt haben und daher nicht zu ungünstigen Ausscheidungen des Schwefels in eutektischer Form Veranlassung geben. Mangansulfide sowie Mangansilikate, die als Desoxydationsprodukte entstehen, ballen sich verhältnismäßig leicht zusammen und steigen infolge des großen Unterschiedes im spezifischen Gewicht zum Metallbad leicht aus dem Stahl auf. Aus diesem Grunde haben gerade Verbindungen von Silizium und Mangan als Desoxydationslegierungen weitestgehende Verwendung gefunden.

Das Erschmelzen von Manganstählen kann sowohl im S.M.-Ofen als insbesondere im Elektroofen erfolgen, wobei der Elektroofen die Möglichkeit bietet, Stähle höherer Reinheit durch Verminderung des Sauerstoffgehaltes bei der Schmelzführung zu schaffen.

In neuerer Zeit wird in steigendem Maße durch Studium der physikalischen Gesetze eine bessere Erkenntnis und Beherrschung der metallurgischen Prozesse gewonnen. Die Reaktionen zwischen FeO, MnO, Fe und Mn sind in ihrer Abhängigkeit vom Massenwirkungsgesetz sowohl für basische als auch saure Schlacken bereits weitgehend studiert und die Gleichgewichtskonstanten für beide Schlackenarten in Abhängigkeit von der Temperatur ermittelt worden[1]. In Zusammenhang damit sind wertvolle Erkenntnisse über den Einfluß von Mangan in metallurgischer Beziehung gewonnen worden. Die Höhe des Mangangehaltes einer basischen Siemens-Martin-Charge während des gesamten Chargenverlaufes ist in Verbindung mit der Abnahme des Kohlenstoffgehaltes in der Zeiteinheit (Frischgeschwindigkeit) ein wertvoller Indikator für den metallurgischen Zustand der betreffenden Schmelzung. Die leichte und schnelle analytische Bestimmbarkeit von Mangan kommt dieser Auswertung des Chargenverlaufes sehr zustatten.

Von der entschwefelnden Wirkung von Mangan auf Roheisen- und Stahlbäder wird insbesondere bei der Entschweflung von Roheisen zwischen Hochofen und Mischer und im Mischer selbst weitestgehend Gebrauch gemacht. Bei Herstellung manganarmer Roheisensorten höheren Schwefelgehaltes ist man daher vielfach gezwungen, eine sonst unnötige Sonderentschweflung mit Soda-Kalk-Schlacken durchzuführen. Über die nachteilige Wirkung von Mangan-

---

[1] Körber, F., u. W. Oelsen, H. Schenck, E. Maurer, C. H. Herty jun. u. a.; vgl. H. Schenck: Einf. in die phys. Chemie der Eisenhüttenprozesse Bd. II. Berlin: Springer 1934 S. 95 ff.

Zahlentafel 53. Formänderungswiderstand von Stählen verschiedener Zusammen-

Nr.	1a		1b		2		3		4		5		6	
C . . . . %	0,08		0,08		0,48		0,65		0,13		0,38		0,90	
Mn . . . %	—		—		1,10		0,32		—		—		2,11	
Cr . . . . %	—		—		—		—		—		0,85		—	
W . . . . %	—		—		—		—		—		—		—	
Ni . . . . %	—		—		—		—		5,05		4,35		—	
Abmessung mm ▢	10		10		12		12		12		12		12	
	W	k_f	W	k_f	W	k_f	W	k_f	W	k_f	W	k_f	W	k_f
650°	9,30	44,2	4,10	33,5	6,90	39	6,90	41	6,30	50	6,35	52	6,35	56,5
700°	9,40	35,6	4,50	24,2	6,93	35	7,00	39	6,55	45	6,55	46,5	6,05	55,5
750°	9,65	23,8	3,78	19,8	7,70	29	6,84	33	6,85	35	7,10	26,5	6,45	53,5
800°	9,67	18,6	3,98	14,3	7,35	25	7,33	32	7,25	22,5	7,20	27,5	6,80	33,5
850°	9,66	20,4	3,88	17,1	7,35	22	7,35	22,5	7,30	21,5	7,35	25,5	7,30	27,0
900° . . .	9,66	19,6	3,92	16,2	7,40	19	7,32	19	7,40	19	7,50	20	7,45	20
950° . . .	9,67	19,4	3,98	14,6	7,53	16,5	7,47	17	7,40	17,5	7,50	18,5	7,45	19
1000°	9,78	15,2	4,06	13,1	7,55	15	7,50	16	7,55	17,5	7,60	17,5	7,45	17,5
1050°	9,80	13,5	4,1	12,0	7,60	12,5	7,55	15,5	7,65	12,5	7,70	16	7,55	15,5
1100°	—	—	—	—	—	—	—	—	—	—	—	—	—	—

k_f = Widerstand/mm² in kg. W = Formänderungsgeschwindigkeit in $\dfrac{\text{mm}^3}{\text{mm}^3 \cdot \text{sec}}$.

silikat- und -sulfideinschlüssen auf die Längsfaserung und die dadurch verschlechterten Quereigenschaften ist in den vorhergehenden Abschnitten gesprochen worden. Die Herstellung eines Manganstahles gleich hohen Reinheitsgrades wie z. B. eines Nickelstahles wird so lange ein besonderes Problem darstellen, wie die Stahlwerkspfannen saure Zustellungen haben werden. Es gibt
heute noch kein feuerfestes basisches Steinmaterial, das unempfindlich genug
wäre, um als Pfannenauskleidung zu dienen. Mit dem sauren Steinmaterial
wird aber jeder Manganstahl, der in einem basischen Ofen erschmolzen ist, sofort
entsprechend den physikalischen Gesetzmäßigkeiten des Gleichgewichtes zwischen
dem manganhaltigen Eisenbad und dem sauren Steinmaterial reagieren und zur
Bildung von Oxydeinschlüssen im Stahl führen.

Beim Erwärmen zum Schmieden und Walzen und bei der Verarbeitung
selbst zeigen die perlitischen Manganstähle keinerlei unangenehme Eigenschaften.
Der Mangangehalt macht sie im Gegenteil gegen Rotbrucherscheinungen infolge
Ansammlung von Oxyden und Sulfiden in den Korngrenzen sowie gegen Ober-
flächenverbrennungen unempfindlicher (s. Abschnitt „Schwefel"). Der Formänderungswiderstand beim Walzen unterscheidet sich nicht von dem der Kohlenstoffstähle. Nur die austenitischen Manganstähle zeichnen sich durch einen größeren
Formänderungswiderstand beim Walzen aus (Zahlentafel 53). Diese austenitischen
Stähle sind insbesondere in größeren Querschnitten infolge ihrer schlechteren Wärmeleitfähigkeit und ihrer größeren Wärmeausdehnungskoeffizienten
empfindlich gegen schnelles Anwärmen. Zu schnelle Erwärmung bedingt Vor-
eilen der Außenzone in der Erhitzungstemperatur. Infolge der stärkeren Ausdehnung der Außenschicht wird der Kern stark auf Zug beansprucht, was zu
Schrumpfrissen im Kern führen kann.

Bei der Verarbeitung von Manganstählen mit etwa 2% Mangan ist die
stärkere Lufthärtbarkeit bei dünneren Abmessungen wegen der Gefahr von

setzung. [E. Houdremont u. H. Kallen: Stahl u. Eisen Bd. 47 (1927) S. 826/30.]

7	8	9	10	11	12	13	14
0,31	1,19	1,18	0,57	1,10	1,95	0,45	0,71
—	—	—	0,90	12,21	—	—	—
1,04	2,10	—	—	—	12,23	14,42	4,49
—	—	1,05	—	—	—	5,64	21,48
3,36	—	—	26,45	—	—	12,16	—

12		12		12		12		12		12		12		12	
W	k_f	W	k_f	W	k_f	W	k_f	W	k_f	W	k_f	W	k_f	W	k_f
5,65	59	6,50	47,5	6,50	43,5	6,30	35	6,50	47	—	—	6,25	54,5	—	—
6,15	51	6,80	39,5	6,80	37,5	6,45	31	6,55	35	6,40	46	6,50	46	5,70	63
6,80	30	6,70	39,5	6,95	32,5	6,55	31	6,75	38	6,65	42	6,05	51	6,50	60
7,30	25	6,90	37,5	6,70	39,5	6,80	29	6,85	34	6,40	46	6,10	48	6,65	57,3
7,30	25	7,05	32,5	6,90	35,5	7.20	25	7,05	31	7,05	45	6,75	43,5	6,65	47
7,40	20	7,20	26	7,10	30	7.40	25	7,25	28	7,0	39	6,80	40	7,15	43,5
7,50	19,5	7,35	22	7,30	23,5	7,35	23,5	7,35	23,4	7,45	34	6,95	35	7,15	40
7,60	17,5	7,45	17,5	7,45	18,5	7,55	21,5	7,40	20	7,90	24,5	6,96	33	7,25	36
7,65	15,5	7,55	12,5	7,50	15	7,65	18	7,45	18,5	7,90	24,5	7,00	32	7,30	31,5
—	—	—	—	—	—	—	—	—	—	—	—	—	—	7,30	28,5

Spannungsrissen zu beachten. Die leichte Überhitzungsempfindlichkeit verlangt zuverlässige Einhaltung geeigneter Temperaturen und Wärmezeiten bei allen Wärmeoperationen, insbesondere beim Härten und Vergüten. Es ist ebenfalls zweckmäßig, die Endtemperatur beim Walzen und Schmieden tief (rund 850°) zu wählen (s. a. S. 295ff.).

C. Nickelstähle.

1. Allgemeines.

a) Das System Eisen-Nickel.

Abb. 257 gibt das System Eisen-Nickel[1] entsprechend den neueren Untersuchungen wieder. Nach der Erstarrung weisen die Eisen-Nickel-Legierungen eine lückenlose Reihe von Mischkristallen auf. Die A_4-Umwandlung wird durch Nickelzusatz erhöht, die A_3-Umwandlung erniedrigt. Das System Eisen-Nickel gehört also in dieselbe Gruppe wie das System Eisen-Mangan, d. h. zu der Gruppe mit Erweiterung des γ-Gebietes bei unbegrenzter Mischkristallbildung.

Im unteren Teil des Diagramms zeigt auf der nickelreicheren Seite die gestrichelte Linie *CEF* die magnetische Umwandlung der Eisen-Nickel-Legierungen an. Der betreffende Teil des Diagramms ist wie der gesamte Bereich des Systems Eisen-Nickel bei tieferen Temperaturen noch nicht restlos aufgeklärt. Wie die gestrichelte Linie *GHJ* andeuten soll, weisen einzelne Erscheinungen darauf hin, daß auf der nickelreichen Seite des Systems gesetzmäßige Anordnungen der Atome im Gitter stattfinden können, die allerdings, nach der Beeinflussung der Eigenschaften zu urteilen, eher in Form von Überstrukturen (vgl.

---

[1] Über das umfangreiche Schrifttum s. M. Hansen: Der Aufbau der Zweistofflegierungen. Berlin: Springer 1936 S. 696/703.

S. 340 u. 343) als in genau definierten Verbindungen vorliegen[1]. Der Verlauf der magnetischen Umwandlung auf der nickelreichen Seite zeigt eine mannigfaltige Veränderungsmöglichkeit der physikalischen Eigenschaften derartiger Legierungen an. Außer der Lage der magnetischen Umwandlung verändern sich in diesem Gebiet viele physikalische Eigenschaften, was zu einer reichhaltigen Verwendung derartiger Legierungen für besondere physikalische Zwecke geführt hat.

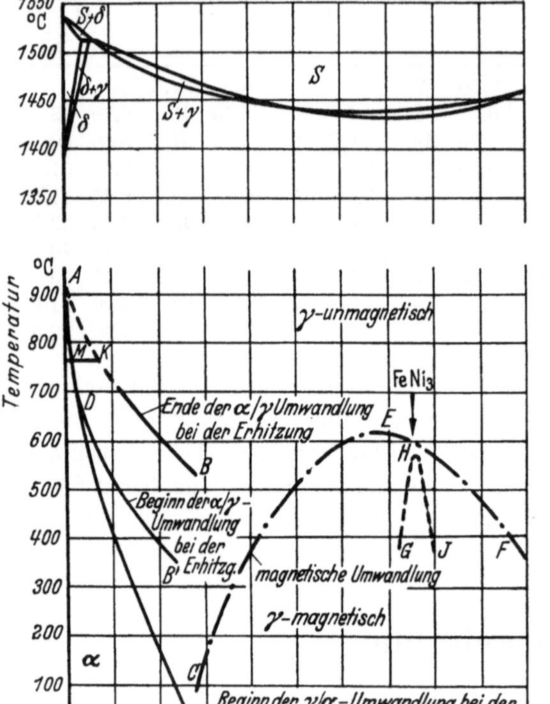

Abb. 257. Zustandsschaubild Eisen-Nickel.

In neuerer Zeit findet man auch Hinweise[2], daß Nickel nach langem Glühen bei 170° in einer hexagonalen unmagnetischen Kristallform auftreten kann, deren Eigenschaften, z. B. bezüglich katalytischer Wirkungen, von denen des kubischen Nickels stark verschieden sind. Die Frage, ob diese Kristallart auch bei nickelreichen Legierungen vorkommen kann, ist ungeklärt.

Auch auf der eisenreichen Seite des Systems Eisen-Nickel, das für die meisten Verwendungszwecke interessiert, dürfte eine restlose Klärung noch nicht erfolgt sein trotz der neueren wertvollen Untersuchungen von Wever und Lange[3] und von Scheil[4]. Die Kurve AB stellt das Absinken des A_3-Punktes dar, der von K ab mit der magnetischen Umwandlung Ac_2 zusammenfällt. Diese Linie gibt den Übergang in das homogene austenitische Gebiet bei der Erwärmung an. Bei der Abkühlung liegen auch bei sehr geringen Abkühlungsgeschwindigkeiten die Umwandlungen auf der Linie AC. Hieraus ergibt sich schon, ähnlich wie beim System Eisen-Mangan, die außerordentlich starke Hysteresis der A_3-Umwandlung bei Eisen-Nickel-Legierungen.

Bei der Abkühlung soll auch bei den bisher untersuchten langsamen Abkühlungsgeschwindigkeiten die Umwandlung der γ-Phase in die α-Phase ohne Konzentrationsänderung verlaufen. Der Vorgang würde in etwa der Martensit-

---

[1] Neuerdings gelang es auch, die Überstruktur röntgenographisch [P. Leech u. C. Sykes: Phil. mag. (7) Bd. 27 (1939) S. 742] sowie mit Verfahren der Kernphysik [F. C. Nix, H. G. Beyer u. J. A. Dunning: Phys. Rev. Bd. 58 (1940) S. 1031/34] nachzuweisen.

[2] Le Clerc, G., u. A. Michel: C. R. Acad. Sci., Paris Bd. 27 (1939) S. 1583/85 sowie G. LeClerc u. H. Lefevre: a. a. O. S. 1650/51.

[3] Wever, F., u. H. Lange: Mitt. Kais.-Wilh.-Inst. Eisenforsch. Bd. 18 (1936) S. 217/25.

[4] Scheil, E.: Arch. Eisenhüttenw. Bd. 9 (1935/36) S. 163/66.

bildung entsprechen, wobei nachweislich sofort auch bei tiefsten Temperaturen, also beispielsweise in Legierungen mit 20% Nickel, kubischer Martensit entsteht (bei der Behandlung der Martensitbildung an Eisen-Kohlenstoff-Legierungen wurde die Bedeutung des Kohlenstoffs als Voraussetzung für die Bildung von tetragonalem Martensit bereits hervorgehoben). Die γ-α-Umwandlung bei der Abkühlung stellt somit einen Unterkühlungsvorgang dar, der auch durch längeres Halten bei verschiedenen Temperaturen bisher nicht wesentlich der Umwandlungstemperatur bei der Erwärmung angenähert werden konnte. Beim Erwärmen derartig abgekühlter Eisen-Nickel-Legierungen beginnt die Umwandlung α-γ entsprechend der Linie AB', wobei sich beträchtliche Konzentrationsänderungen ergeben, die durch den Verlauf der Linien AB und AB' angedeutet sind und deren Verlauf von Wever und Lange für einige Legierungen fest-

gelegt wurde. Die Linien AB und AB' geben also nicht nur den Anfang und das Ende der Umwandlungstemperatur an, sondern auch die Konzentration der sich bildenden Phase und sind entsprechend als Gleichgewichtslinien aufzufassen. Wie man aus der Abbildung ersieht, unterscheiden sich Legierungen mit mehr als 6% Nickel vom Punkt D ab bezüglich der magnetischen Umwandlung von Legierungen mit weniger als 6% Nickel. Legierungen mit weniger als 6% Nickel erleiden den Beginn der magnetischen Umwandlung bei der Abkühlung wie bei der Erwärmung bei etwa gleicher Temperatur entsprechend dem Linienzug MK. Diese Legierungen bezeichnet man daher als reversible Legierungen. Legierungen mit mehr als 6% Nickel erleiden ihre magnetische Umwandlung bei der Abkühlung entsprechend dem Kurvenast

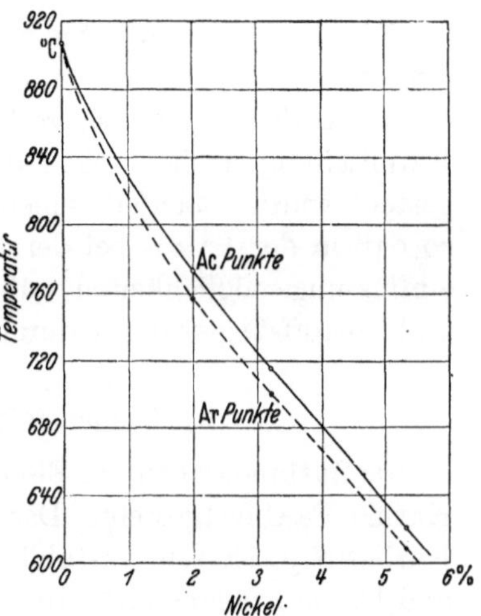

Abb. 258. Lage der Ac₃- und Ar₃-Umwandlungstemperaturen bei Stählen bis zu 5,3% Ni. [Nach S. D. Smith: Trans. Amer. Soc. Met. Bd. 26 (1938) S. 255/62.]

DC, den Beginn und das Ende der magnetischen Umwandlung bei der Erwärmung aber erst entsprechend den Kurvenzügen DB' bzw. KB. Derartige Legierungen, also von 6—30% Nickel, bezeichnet man als Legierungen mit irreversibler Umwandlung. Eine Legierung mit z. B. 20% Nickel wird bei der Abkühlung bei etwa 200° magnetisch, verliert diesen Magnetismus bei einer nachfolgenden Erwärmung aber erst bei Temperaturen von 400—600°. In dem Zwischentemperaturgebiet kann sie, je nachdem ob sie sich im Zustand der Abkühlung oder der Erwärmung befindet, in zwei magnetisch verschiedenen Zuständen vorkommen, d. h. magnetisch oder unmagnetisch sein. Bei den nickelreicheren Legierungen erfolgt die Umwandlung entsprechend der Linie CEF als reversible magnetische Umwandlung ohne Umkristallisation; sie findet sowohl beim Abkühlen wie beim Erwärmen praktisch bei der gleichen Temperatur statt.

Wie bereits angedeutet, ist der Verlauf in dem Bereich bis zu 6% Nickel noch nicht eingehend geklärt. Nach Untersuchungen von Sidney D. Smith[1] liegen bei Legierungen bis zu 5,3% Nickel die Umwandlungen etwa, wie in Abb. 258 gezeigt, in Übereinstimmung mit der von Wever und Lange

---

[1] Smith, Sidney D.: Trans. Amer. Soc. Met. Bd. 26 (1938) S. 255/66.

angegebenen Phasengrenze zwischen der α- und der $\alpha + \gamma$-Fläche dicht beieinander. Die Hysteresis wird dabei sehr klein mit nur etwa 15° gefunden und ein Zweiphasengebiet $\alpha + \gamma$ nicht angegeben. Scheil[1] findet bei einer Legierung mit 0,04% C und 4,8% Ni zwar, daß durch isothermes Glühen bis zu 100 Stunden die Irreversibilität stark eingeengt werden kann, beobachtet aber sowohl beim Erhitzen als auch bei der Abkühlung Konzentrationsänderungen.

Es scheint kein System zu geben, das die Erscheinung der Irreversibilität zeigt und nicht zugleich ferromagnetisch wäre. Diese Bemerkung veranlaßt O. v. Auwers[2], die Irreversibilität geradezu als einen ferromagnetischen Effekt aufzufassen in dem Sinne[3], daß die Temperatur der bei Abkühlung gefundenen γ-α-Umwandlung die wahre, dem paramagnetischen γ-Zustand eigene Phasengrenze darstellen soll und der Ferromagnetismus bei der Erwärmung der ferromagnetischen α-Phase das α-Gitter über die eigentliche, bei der Abkühlung gefundene Phasengrenze hinaus stabilisiert.

Für die Praxis wichtig ergibt sich zusammenfassend, daß der Verlauf der Umsetzungen zwischen γ- und α-Eisen-Mischkristallen stark unterkühlungsfähig ist, zu starken Hysteresiserscheinungen Veranlassung gibt und der Vorgang der Entmischungserscheinungen, der wenigstens für die Erwärmung einwandfrei festgestellt wurde, ebenfalls einen trägen Verlauf der Umwandlung erwarten läßt, so daß in der Praxis bei der Erwärmung und Abkühlung bestimmt starke Beeinflussungsmöglichkeiten auf die Härtbarkeit und Vergütbarkeit von Eisen-Kohlenstoff-Legierungen durch Nickel zu erwarten sind.

b) Kohlenstoffhaltige Eisen-Nickel-Legierungen.

Im Zustandsschaubild Eisen-Kohlenstoff-Nickel[4—7] wurde mit Sicherheit das Karbid Fe_3C festgestellt. Das im binären System Nickel-Kohlenstoff gefundene Karbid Ni_3C ist sehr instabil und zerfällt, wenn es sich bildet, sofort zu Nickel und freiem Kohlenstoff[8]. In ternären Eisen-Nickel-Kohlenstoff-Legierungen wird Nickel vielleicht teilweise im Fe_3C mit gelöst sein. Hierauf ist es dann wahrscheinlich zurückzuführen, daß durch Zusatz von Nickel zu Eisen-Kohlenstoff-Legierungen ebenfalls der Zerfall des Karbids erleichtert wird und die Legierungen nach dem stabilen System Graphit bzw. Temperkohle ausscheiden (Wirkung von Nickel in Gußeisen). Die graphitisierende Wirkung ist um so größer, je höher der Nickel- und Kohlenstoffgehalt ist. Das Eutektikum Nickel-Kohlenstoff liegt bei 2,4% C, so daß auch das ternäre Eutektikum durch Nickel zu entsprechend tieferen Kohlenstoffgehalten verschoben wird (Abb. 259, siehe Linie $e_1' - e_2'$). Die Verschiebung der *ES*-Linie durch Nickel liegt noch nicht genau fest. Der Perlitpunkt wird nach den vorliegenden Untersuchungen entsprechend Abb. 260 nach tieferen Kohlenstoffgehalten verschoben, ähnlich wie

---

[1] Arch. Eisenhüttenw. Bd. 9 (1935/36) S. 163/66.

[2] Ergebn. exakt. Naturw. Bd. 16 (1937) S. 145.

[3] Der Gedanke wurde zuerst von M. Fallot: C. R. Acad. Sci., Paris Bd. 199 (1934) S. 128; Bd. 194 (1932) S. 1801/3 — Diss. Straßburg 1935 an dem Beispiel des Systems Fe-Pt geäußert.

[4] Aall, N. H.: Stahl u. Eisen Bd. 44 (1924) S. 256/59.

[5] Kasé, T.: Sci. Rep. Tôhoku Univ. Bd. 14 (1925) S. 173/217.

[6] Söhnchen, E., u. E. Piwowarsky: Arch. Eisenhüttenw. Bd. 5 (1931/32) S. 111/21.

[7] Schichtel, K., u. E. Piwowarsky: Arch. Eisenhüttenw. Bd. 3 (1929/30) S. 139/47.

[8] Hansen, M.: Der Aufbau der Zweistofflegierungen. Berlin: Springer 1936 S. 378/81.

dies für Mangan beobachtet wurde. Dieses Absinken des eutektoiden Perlitpunktes nach tieferen Kohlenstoffgehalten mit steigendem Nickelgehalt kann teil-

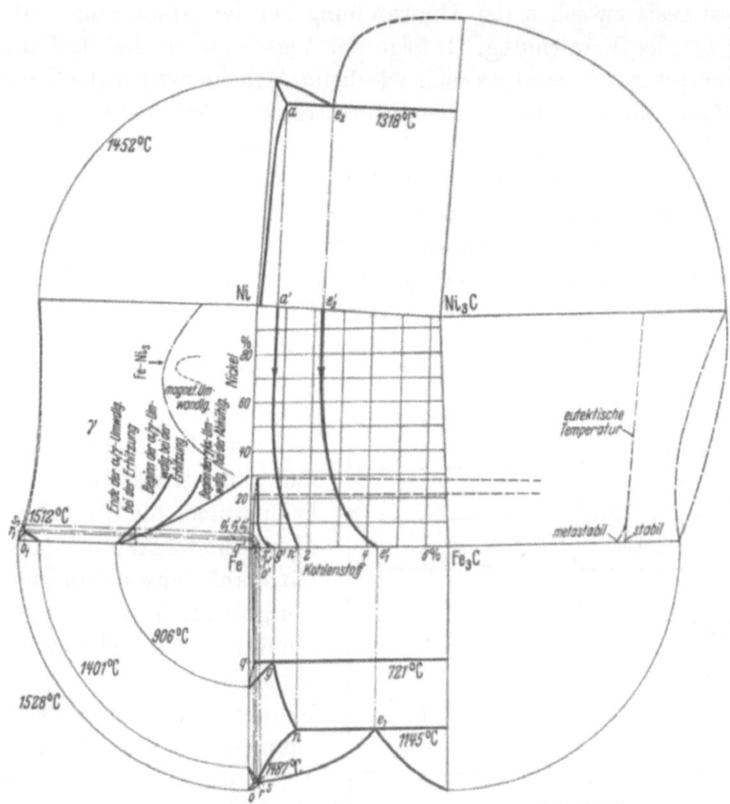

Abb. 259. Das Projektionsdiagramm des Zustandsschaubildes Eisen-Nickel-Kohlenstoff.

weise auch vorgetäuscht werden durch die starke Unterkühlung, die die A_1-Um-
wandlung in Anlehnung an die A_3-Umwandlung im binären System Eisen-Nickel
erfährt. Die Kurve 3 in Abb. 260
zeigt z. B. offenbar eine zu starke
Erniedrigung des Perlitpunktes für
metastabile ternäre Legierungen an.

Es dürfte kein Zweifel bestehen,
daß bei den ternären Eisen-Kohlenstoff-Legierungen das Nickel hauptsächlich in der Grundmasse gelöst
ist und die Beeinflussung durch
Nickel nur durch die Einwirkung
auf die Grundmasse, nicht aber
durch irgendwelche Karbidbildung
erklärt werden kann. Der Ac_1-
Punkt erfährt durch Zusatz von
Nickel eine Herabsetzung um etwa

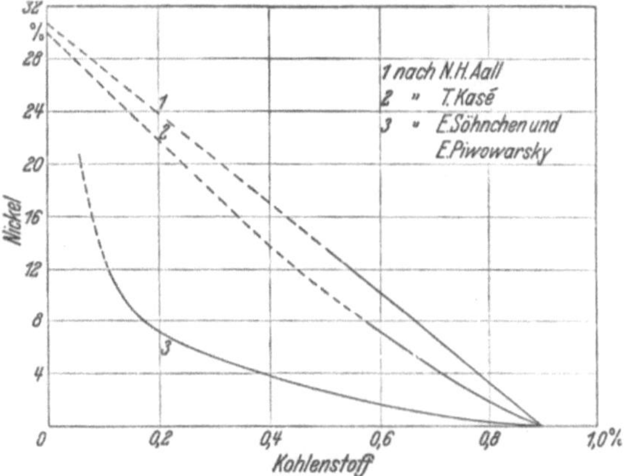

Abb. 260. Der Kohlenstoffgehalt des Perlitpunktes in
Abhängigkeit vom Nickelgehalt.

8° je Prozent Nickel. Er liegt bei einem 5proz. Nickelstahl bei ∞ 690°, bei 15%
Ni und 0,15% C bei 620° gegenüber 735° bei nickelfreiem Kohlenstoffstahl.

Der Nickelzusatz bewirkt aber außer der Herabsetzung der Umwandlungspunkte bei der Erwärmung ähnlich wie in den binären Eisen-Nickel-Legierungen eine starke Hysteresis zwischen der Umwandlung bei der Abkühlung und der Umwandlung bei der Erwärmung. Infolge der Verschiebung des A_1-Punktes nach tieferen Temperaturen wird ähnlich wie beim Mangan wegen der verminderten Diffusionsfähigkeit bei tieferen Temperaturen die Perlitstufe mit steigendem Nickelgehalt immer mehr unterdrückt, so daß auch bei langsamer Abkühlung von Temperaturen in dem Gebiet der festen Lösung das Gefüge von körnigem zu streifigem Perlit, zu Sorbit, Troostit, Zwischenstufengefüge und schließlich Martensit übergeht. Über den Einfluß des Nickels auf die Umwandlungsgeschwindigkeit in den verschiedenen Temperaturstufen liegen bisher nur vereinzelte

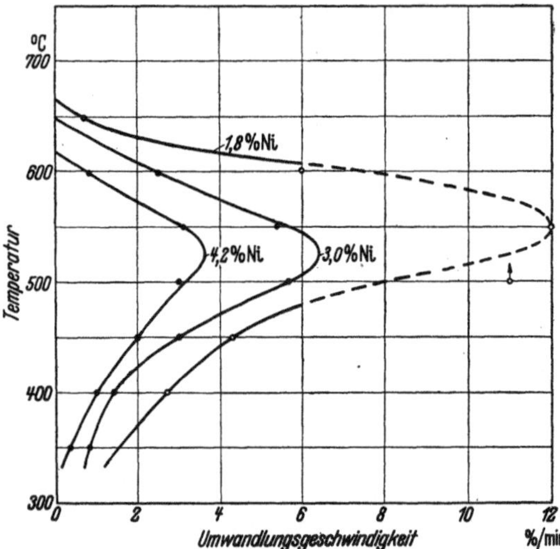

Abb. 261. Einfluß verschiedener Nickelgehalte auf die Umwandlungsgeschwindigkeit eines Stahles mit 0,3% C in der Perlitstufe. [Nach N. P. Allen, L. B. Pfeil und W. T. Griffiths: Stahl u. Eisen Bd. 59 (1939), S. 1121.]

Untersuchungen vor. An Stählen mit 0,3% C konnten H. Döpfer und H. J. Wiester[1] zeigen, wie mit steigendem Nickelgehalt nacheinander die Perlit- und die Zwischenstufe unterdrückt werden, bis schließlich nur noch die Umwandlung in der Martensitstufe durch Umklappen des Gitters als Umwandlungsmöglichkeit übrigbleibt. In den Kurven für die Umwandlungsgeschwindigkeit in Abhängigkeit von der Umwandlungstemperatur ist bei diesen Untersuchungen ebenso wie in den von N. P. Allen, L. B. Pfeil und W. T. Griffiths[2] nur ein für die Perlit- und die Zwischenstufe gemeinsames Maximum ähnlich wie bei Eisen-Kohlenstoff-Legierungen festgestellt worden, das mit steigendem Nickelgehalt erniedrigt wird (Abb. 261). Im Gefüge läßt sich aber, z. B. in luftabgekühlten 3- und 5proz. Nickelstählen mit 0,15 bis 0,30% C, bei größeren Stücken auch bei Ölvergütung, das Auftreten von Zwischenstufengefüge deutlich ausgeprägt erkennen. Es ist anzunehmen, daß sich bei genauerer Untersuchung die Zwischenstufe wegen ihres abweichenden Umwandlungsmechanismus auch in der Kurve der Umwandlungsgeschwindigkeit in ähnlicher Weise abheben würde, wie dies bei den Manganstählen festgestellt worden ist (vgl. Abb. 216, S. 268).

Das Auftreten der Zwischenstufe in Eisen-Nickel-Kohlenstoff-Legierungen läßt sich auch aus Untersuchungen von H. Lange und K. Mathieu[3] entnehmen, die insbesondere an Stählen mit mittlerem und höherem Kohlenstoffgehalt den Verlauf der isothermen Umwandlungen bei verschiedenen Temperaturen und Nickelgehalten beobachteten. Sie stellten dabei einen beträchtlichen

[1] Techn. Mitt. Krupp Bd. 3 (1935) S. 87/99.
[2] Second Report Alloy Steels Research Committee, London 1939 (Spec. Rep. Iron Steel Inst. Nr. 24) S. 369/90; vgl. Stahl u. Eisen Bd. 59 (1939) S. 1121.
[3] Mitt. Kais.-Wilh.-Inst. Eisenforsch. Bd. 20 (1938) S. 125/34.

Einfluß der Vorbehandlung auf den Ablauf und die Geschwindigkeit der Umwandlung im Temperaturbereich der Zwischenstufe fest. Die Ursache dafür dürfte in erster Linie in vorzeitigen, auch versuchsmäßig nachgewiesenen Karbidausscheidungen zu suchen sein, die die Zusammensetzung des restlichen Austenits und damit auch sein Umwandlungsverhalten verändern. Wieweit dabei auch noch andere Einflüsse eine Rolle spielen — man könnte z. B. auch an Entmischungserscheinungen zwischen den sich bildenden α-Mischkristallen und dem verbleibenden Restaustenit denken —, bleibt offen.

Beim Auftreten der Martensitumwandlung mit steigendem Nickelgehalt findet eine sprunghafte Verlagerung der Umwandlungstemperatur in üblicher Art und Weise statt, wie dies in etwa die schematische Abb. 262 zeigt. Dieser plötzliche Übergang der Umwandlung erfolgt für die Legierungen mit 0,2% C bei etwa 9% Ni. Weitere Erhöhung des Nickelgehaltes bringt dann eine stetige Erniedrigung der Umwandlungstemperatur Ar'', bis diese bei 25% Nickel praktisch auf Raumtemperatur herabsinkt; insbesondere gilt dies für Stähle, die außerdem noch gewisse Mengen Mangan und Kohlenstoff enthalten. Bei gesteigerter Abkühlungsgeschwindigkeit (z. B. Abkühlung von 1000° in Luft, vor allem aber in Öl oder Wasser) wird ein vollkommen austenitischer Zustand erhalten, so daß diese Stähle sich dann bei Raumtemperatur zwischen Perlitstufe und Martensitstufe, also im verhältnismäßig stabilen austenitischen

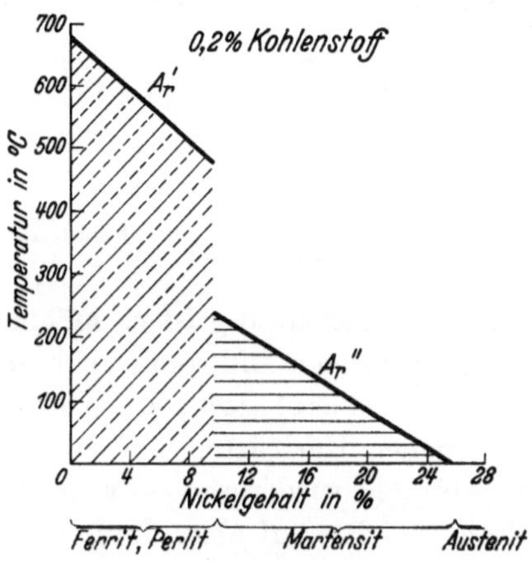

Abb. 262. Einfluß des Nickels auf den Ar_1-Punkt. Verdoppelung in Ar' und Ar''. [Nach Dejean: C. R. Acad. Sci., Paris Bd. 165 (1917) S. 334/37.]

Zustand befinden. Ähnlich wie bei den austenitischen Manganstählen tritt durch längeres Erwärmen in dem Bereich der Perlitstufe bei 500° eine teilweise Umwandlung ein. Unterstützt wird diese durch vorhergehende Kaltreckung. Ebenso kann durch eine Verformung bei Raumtemperatur allein bereits eine teilweise Umwandlung zu Martensit eintreten; man kann deswegen des öfteren beobachten, daß durch Kaltziehen, -walzen usw. die unmagnetischen 25proz. Nickelstähle wieder schwach magnetisch werden. Durch Abkühlung unter Raumtemperatur kann ebenfalls eine teilweise Umwandlung zu Martensit erfolgen. Beobachten läßt sich eine derartige Umwandlung z. B. bei Abkühlung eines 25proz. Nickelstahles in flüssiger Luft.

Auf Grund der Verschiebung der Umwandlungen und somit der Verringerung der kritischen Abkühlungsgeschwindigkeit durch Nickel stellte Guillet[1] ein ähnliches schematisches Diagramm für Nickelstähle wie für Manganstähle auf (Abb. 263). Genau wie bei Mangan gilt dieses Diagramm nur für verhältnismäßig schnelle Abkühlung der Legierungen von hohen Temperaturen. Die Einteilung der Legierungen bei verschiedenen Abkühlungsgeschwindigkeiten sowie langen Glühzeiten bei verschiedenen Temperaturen wird in etwa derjenigen der Manganstähle ähnlich werden. Es wird Aufgabe der weiteren Forschung sein, genauere Unterlagen hierüber zu schaffen.

---

[1] Les Aciers Spéciaux (Verlag Dunod, Paris 1904) S. 44 — All. mét S. 278.

Für den praktischen Gebrauch ergibt sich der Schluß, daß man bei perlitischen, martensitischen und austenitischen Stählen mit entsprechenden Übergangsgruppen und deren Eigenschaften zu rechnen hat und daß Nickelstähle zur Erreichung stabiler Gleichgewichtszustände eines längeren Verweilens auf entsprechenden Glühtemperaturen bedürfen.

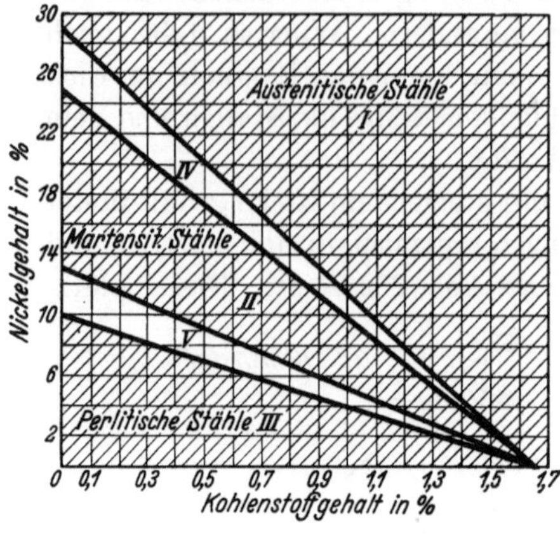

Abb. 263. Gefügediagramm der Nickelstähle. (Nach Guillet.)

2. Nickel in Werkzeugstählen.

Die Anwendung von Nickel bei Sonderstählen ist hauptsächlich in seinem Einfluß auf die kritische Abkühlungsgeschwindigkeit begründet. Infolge der Vergrößerung der Hysteresis und der Herabsetzung der *Ar*-Umwandlung wird unter gleichen Abkühlungsverhältnissen auch bei langsamer Abkühlung schon nach dem Glühen eine größere Kornfeinheit und eine feinere Karbidverteilung erreicht. Gleichzeitig ist es möglich, bei Zusatz von Nickel größere Durchhärtung zu erzielen und somit auch von schrofferen Ablöschmitteln, wie Wasser, zu milderen Ablöscharten, wie Öl und Luft, überzugehen. Der Einfluß der verschiedenen Härtearten auf einen Stahl mit 5% Nickel, 0,5% Kohlenstoff ist in Abb. 114 wiedergegeben worden. Wie hieraus hervorging, werden bei diesem Stahl bei Preßluftabkühlung ungefähr ähnliche Härtezahlen erreicht wie bei Wasserabkühlung. Trotz dieser Beeinflussung der Härtefähigkeit durch Nickel haben reine Eisen-Kohlenstoff-Nickel-Legierungen kaum Verwendung im Werkzeugstahlgebiet gefunden. Ein Stahl mit 1% C und 1% Ni wird gelegentlich zur Herstellung von Wirknadeln verwendet. Das Nickel gibt hier gleichmäßigere Härten und erhöhte Zähigkeit, da diese sehr dünnen Nadeln vielfach im Paket gehärtet werden. Derselbe Stahl eignet sich auch in größeren Abmessungen wegen seiner guten Tiefenhärtung für Kaltschlagwerkzeuge. Ein weiteres Beispiel, in dem Zusätze von Nickel zur Erzielung größerer Zähigkeit im gehärteten Zustande verwendet wurden, ist das Gebiet der Bandsägen. Hierfür finden folgende Legierungen verschiedentlich Verwendung, weil der Nickelzusatz eine milde Ölhärtung zuläßt und somit eine gewisse Unempfindlichkeit des Stahles bei der Härtung gewährleistet:

C %	Si %	Mn %	Ni %	Cr %
0,60—0,70	0,25—0,35	0,25—0,35	2,8—3,0	(bis 0,5)
0,70—0,80	0,25—0,35	0,25—0,35	1,5—2,0	(bis 0,5)
0,65 0,75	0,25 0,35	0,25—0,35	etwa 0,5	(etwa 0,25)

Gerade derartig dünne Querschnitte sind besonders empfindlich in bezug auf Gleichmäßigkeit der Härtung, und bei Bandsägen ist die Gleichmäßigkeit Voraussetzung für die Verhütung vorzeitiger Brüche. Der Grund für die seltene Verwendung von Nickel in Werkzeugstählen dürfte darin zu suchen sein, daß Nickel nicht in der Lage ist, die absolute Härte von wassergehärteten Kohlenstoffstählen zu erhöhen. Da auch keine verstärkte Karbidbildung und somit kein durch eingelagerte Karbide erhöhter Verschleißwiderstand erzielt wird, kommt eine Verwendung für schneidende und auf Verschleiß beanspruchte Werkzeuge nicht in Frage. Die Härte von Nickelstählen entspricht mehr dem Begriff Zähhärte. Die Verwendung von Nickel auf dem Werkzeugstahlgebiet beschränkt sich daher im wesentlichen auf die Verwendung als Zusatzelement zu Stählen, die noch weitere Legierungselemente, wie Wolfram, Chrom, Molybdän usw., enthalten. Auch bei diesen Stählen verwendet man Nickel nur für solche Verwendungszwecke, bei denen es mehr auf Steigerung der Druckfestigkeit und Tragfähigkeit infolge erhöhter Durchhärtung ankommt als

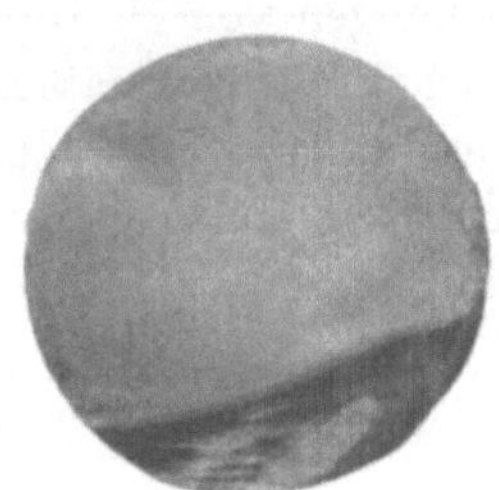

V = 1:1   V = 1:1

1,06% C, 0,25% Si, 0,29% Mn,   0,98% C, 0,28% Si, 0,25% Mn,
0,89% W, 0,1% Ni.   1,08% W, 0,95% Ni.

Abb. 264. Erhöhte Durchhärtung durch Nickelzusatz bei einem Wolframstahl nach Wasserablöschung von 800° in 30 mm ⌀ Abmessung.

auf Schneidfähigkeit. Näheres hierüber bringen die späteren Abschnitte Chrom usw.

Zur Erklärung der Wirksamkeit von Nickel seien nur einige Beispiele angeführt. Für Kaltbearbeitungswerkzeuge, z. B. Schlagmatrizen für Schrauben und Nietenherstellung, Prägewerkzeuge u. dgl., die stärkeren Drücken oder Schlägen unterworfen sind, findet ein Stahl mit 1% C, 1% W, 1% Ni Verwendung. Die erreichte größere Tiefenhärtung durch den Zusatz von Nickel (Abb. 264) sowie die höhere Kernfestigkeit auch im nichtmartensitischen Kern in größeren Querschnitten geben dem Stahl einen höheren Widerstand gegen Druck- und Schlagbeanspruchung. Die kornverfeinernde Wirkung von Nickel, insbesondere im Kern gehärteter Werkzeuge, erhöht die Zähigkeit und somit ebenfalls den Widerstand gegen Schlag und Stoß. Die Härtung eines derartigen Stahles erfolgt von 760—800° in Wasser.

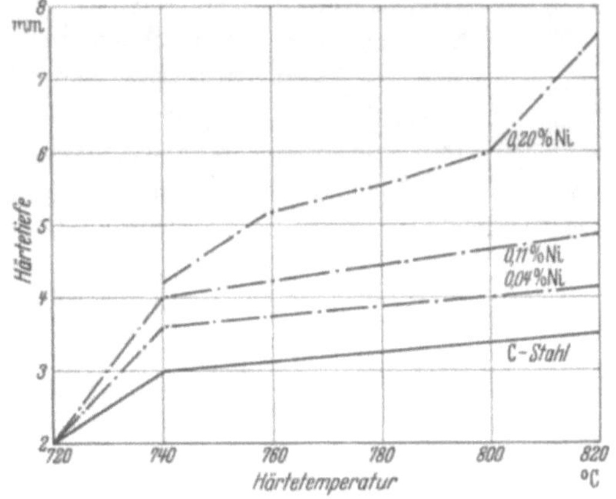

Abb. 265. Erhöhung der Härtetiefe eines Stahles mit 0,9% C durch geringe Verunreinigungen an Nickel. [Nach H. Bennek: Techn. Mitt. Krupp Bd. 2 (1934) S. 129/133.]

Ähnliche Ergebnisse lassen sich mit jedem anderslegierten Stahl durch Zusatz von Nickel erzielen (s. später unter Chromstähle). Die Steigerung der Härtetiefe von Chromstählen durch Nickel wird im Abschnitt Chrom-Nickel-Stähle behandelt.

Infolge der Erhöhung der Durchhärtefähigkeit von Kohlenstoffstählen durch Nickelzusatz muß man bei der Herstellung unlegierter Stähle auch geringen Beimengungen von Nickel besondere Beachtung schenken. Durch die dauernd steigende Herstellung legierter Stähle wird auch der umlaufende Schrott in immer stärkerem Maße an Nickel angereichert. In gleichem Sinne können kleine Gehalte von Nickel in Eisenerzen wirken. Da Nickel bei metallurgischen Schmelzprozessen sich edler als Eisen verhält, kann es nicht durch Oxydation aus dem Eisenbad entfernt werden. Daß schon bei verhältnismäßig kleinen Beimengungen an Nickel die Härtefähigkeit merklich zunimmt, wird durch Untersuchungen von H. Bennek[1] belegt (Abb. 265). Für manche Teile, bei denen mit hoher Gleichmäßigkeit eine dünne Härteschicht verlangt wird, kann es daher erforderlich werden, zur Herstellung geeigneter Stähle besonders legierungsfreie, in diesem Falle also nickelfreie Einsatzstoffe — Schrott, Roheisen usw. — zu wählen.

3. Nickel in Baustählen.

a) Allgemeines.

Die größte Verwendung hat Nickel als Legierungselement in Baustählen gefunden.

Infolge der Verringerung der kritischen Abkühlungsgeschwindigkeit ergibt sich die Möglichkeit, durch Steigerung des Nickelzusatzes die Vergütbarkeit der Stähle, auch bis zu größeren Abmessungen, zu verbessern. Da im Gegensatz zu Mangan Nickel keine große Affinität zu Sauerstoff aufweist, sondern schlechter oxydierbar ist als Eisen, tritt durch Nickel bei der Stahlherstellung keine stärkere Oxydbildung ein. Auch bei größeren Gußblöcken bedingt Nickel infolgedessen keine Verschlechterung der Eigenschaften in der Querrichtung. Gleichzeitig sind die Nickelstähle nicht so überhitzungsempfindlich wie die entsprechenden Manganstähle, so daß bei größeren Schmiedestücken das Nickel in seiner Wirkung bezüglich Durchvergütung und Zähigkeit in Längs- und Querrichtung durch kein anderes Element vollständig ersetzt werden kann.

Einen prinzipiellen Überblick über den Einfluß von Nickel auf die Festigkeitseigenschaften im Walzzustand gibt Abb. 266. Wie bereits bei dem gleichen Bild für Manganstähle hervorgehoben, handelt es sich hierbei nicht nur um den die Festigkeit steigernden Einfluß von Nickel auf die Grundmasse, sondern gleichzeitig um den Einfluß von Nickel auf die kritische Abkühlungsgeschwindigkeit. Im geglühten Zustand bewirkt Nickel, solange man nicht in das Gebiet der martensitischen Nickelstähle hineingelangt, nur eine geringe Steigerung der Festigkeit, wie z.B. aus der Zahlentafel 54 (S. 323) hervorgeht. Reine Nickelbaustähle weisen Kohlenstoffgehalte von 0,10—0,5% auf. Die

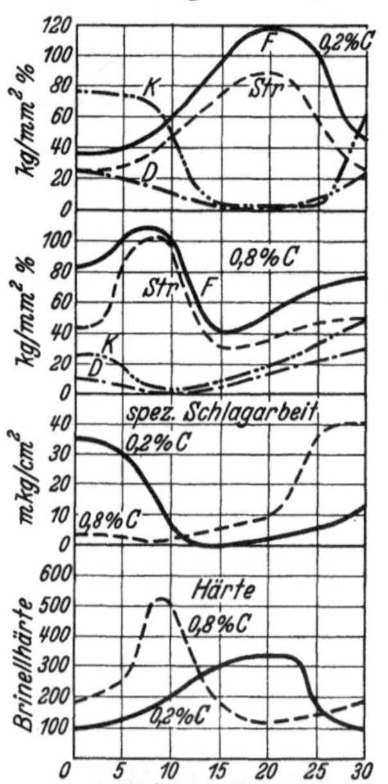

Abb. 266. Einfluß des Nickels auf Festigkeitseigenschaften, Härte und spezifische Schlagarbeit von Stahl mit 0,2 bzw. 0,8% C im unbehandelten Zustand. (Nach Guillet: All. Mét. S. 288/89.)

---

[1] Techn. Mitt. Krupp Bd. 2 (1934) S. 129/33.

niedrig gekohlten mit 0,15% C werden als Vergütungs- und Einsatzstähle, die höher kohlenstoffhaltigen nur im vergüteten Zustande verwendet.

Zahlentafel 54.
Einfluß des Nickelgehaltes auf die Zugfestigkeit geglühter Stähle.

Zusammensetzung				Be-handlungs-art	Festigkeitswerte				
C	Si	Mn	Ni		Streck-grenze	Festigkeit	Dehnung $l = 5d$	Ein-schnürung	Brinell-härte
%	%	%	%		kg/mm²	kg/mm²	%	%	
0,14	0,25	0,48	2,94	geglüht	37	52,2	38,8	65	142
0,11	0,28	0,47	4,84	,.	38	58,4	30,0	63	164
0,14	0,22	0,56	7,04	..	48	73,8	23,2	60	203

Einfluß des Kohlenstoffgehaltes auf die Festigkeit von Nickelstählen.

C	Si	Mn	Ni		Streck-grenze	Festigkeit	Dehnung	Ein-schnürung	Brinell-härte
0,11	0,28	0,47	4,84	geglüht	38	58,4	30,0	63	164
0,28	0,26	0,44	4,84	..	42	63,2	27,3	60	180
0,54	0,33	0,53	5,02	,.	47	78,4	22,5	51	214

Es sei an dieser Stelle auf die Notwendigkeit einer sorgfältigen Glühung bei Nickelstählen hingewiesen, wenn diese in möglichst weichem Zustand vorliegen sollen. Beim Glühen von 5- und 7proz. Nickelstählen ergeben sich hierbei vielfach Schwierigkeiten, die erst durch die neueren Erkenntnisse über das binäre System Eisen-Nickel und das ternäre System Eisen-Nickel-Kohlenstoff als geklärt angesehen werden können. Bei Werkstoffen für Turbinenschaufeln (etwa 0,10—0,20% C, 4,8—5,1% Ni, max. 0,2% Cr), die in Stangen, vielfach aber auch in Blechform Verwendung finden, gelten nebenstehende Festigkeitsvorschriften: Beim normalen kreisrunden Zerreißstab macht es keine Schwierigkeiten, diese

Festigkeit kg/mm²	Streckgrenze kg/mm²	Dehnung %
50 bis max. 65	mind. 38	18

Dehnungszahl auch bei 10facher Meßlänge zu erreichen; dagegen haben sich vielfach Schwierigkeiten ergeben, die Summe dieser Vorschriften bei Blechproben zu erfüllen. Hierbei wird nämlich unabhängig von der Blechdicke vielfach eine Meßlänge von 200 mm vorgeschrieben, wobei die Forderung der Dehnung durch die Gleichmaßdehnung erfüllt werden muß, da die Einschnürungsdehnung beim Zerreißen von Bändern keinen wesentlichen Betrag an der Gesamtdehnung ausmacht. Früher wurde vielfach für 5proz. Nickelstähle eine Glühtemperatur von 560° vorgeschrieben. Glühte man 5proz. Nickelstahl im Walzzustand bei dieser Temperatur, so ergab sich tatsächlich eine Festigkeit von etwa 60 kg/mm². Da der Walzzustand aber bei dieser hohen Legierung bereits in etwa einem vergüteten Zustand entspricht und die Glühtemperatur von 560° verhältnismäßig niedrig ist, liegen die Karbide noch ziemlich feinverteilt vor. Die Streckgrenze liegt entsprechend hoch bei 45—48 kg/mm², die Dehnung von 18% wird vielfach nicht erreicht, sondern liegt in der Höhe von 14—16%. Da die Ac_1-Umwandlung bei 5proz. Nickelstahl bei 690° liegt, sind ohne weiteres höhere Glühtemperaturen denkbar. Glüht man aber zu dicht unterhalb A_1 — etwa 670° —, so wird man feststellen, daß die Streckgrenze auf Werte von 38 kg/mm² und vielleicht sogar darunter abnimmt, während die Festigkeit bis über 70 kg/mm² ansteigen kann und die Dehnung den Wert von 18% erreicht, wie dies ja fast stets der Fall ist, wenn die Streckgrenze weit unter der Festigkeit liegt. Die gewünschte Vorschrift von max. 65 kg/mm² Festigkeit wurde also in diesem

Falle leicht nach oben überschritten. Die Ursache ist darin zu suchen, daß in 5 proz. Nickelstahl bereits Härtungserscheinungen etwas unterhalb des im Dilatometer ermittelten A_1-Punktes wegen der im ternären Diagramm auftretenden Entmischungserscheinungen beim Übergang vom α- in den γ-Zustand auftreten. Löscht man z. B. Proben von 650° aufwärts mit 5° unterschiedlicher Härtetemperatur ab, so zeigen sich schon 15—20° unterhalb des maximalen Ausschlages der Dilatometerkurve Härtungserscheinungen. Man erhält also durch eine solche Glühung infolge Verschleppung der Umwandlung zu tieferen Temperaturen neben einem sehr weichem, nicht umgewandelten Gefügebestandteil härtere Einlagerungen von umgewandelten und teilweise gehärteten Gefügebestandteilen. Die weichen Gefügebestandteile bestimmen maßgebend die Streckgrenze, die harten die Festigkeit. Ähnliche Verhältnisse kann man auch bei anderen Stahllegierungen feststellen, wenn sie von Temperaturen dicht bei A_1 abgeschreckt wurden und aus Ferrit und Martensit bestehen. Die höchste Weichheit und Dehnbarkeit des 5 proz. Nickelstahles läßt sich entweder durch ein Einfachglühen etwas oberhalb 600° erzielen oder durch eine Doppelglühung von 620—650° mit nachfolgender Tiefglühung bei etwa 600°. Durch die Glühung bei höherer Temperatur werden die Karbide weitestgehend zusammengeballt, durch die Nachglühung wird das sich neu bildende Härtungsgefüge durch Anlassen aber weitgehend zerstört. Diese Überlegungen gelten natürlich in verstärktem Maße für die noch höher legierten 7—9 proz. Ni-Stähle. Durch Zusätze von Chrom wird das Ausglühen infolge der erschwerten Zusammenballungsfähigkeit der Karbide wesentlich verschlechtert, weshalb für weichste Turbinenschaufelwerkstoffe möglichst Chromgehalte unter 0,2 % vorgeschrieben werden.

b) Nickel-Vergütungsstähle.

Der Einfluß des Nickels auf die Durchvergütung läßt sich, wie bereits ausgeführt, am besten am Verhältnis von Streckgrenze zu Bruchgrenze beurteilen. In Abb. 174 ist die Abnahme dieses Verhältnisses mit steigendem Querschnitt für Stähle verschiedenen Nickelgehaltes aufgetragen. Wie man aus dieser Abbildung ersieht, ist von 2 % Nickel an aufwärts zwischen einem Querschnitt von 20—200 mm Durchmesser keine Abnahme des Streckgrenzenverhältnisses mehr festzustellen, die Stähle vergüten also auch bei diesen großen Querschnitten durch.

Vergleicht man die Wirkung des Nickels auf die Durchvergütung mit derjenigen des Mangans, so zeigt sich bei beiden Elementen somit die gleiche Tendenz. Auf Grund der Guilletschen Einteilung und der Tatsache, daß ein 12 proz. Manganstahl (mit 1 % C) sowie ein 25 proz. Nickelstahl als austenitische Stähle Verwendung finden, hat sich daher vielfach die Ansicht ergeben, daß Mangan und Nickel gleiche Wirkung im Stahl hervorrufen, wenn man zweimal soviel Nickel wie Mangan zusetzt. Es ist aber bereits darauf hingewiesen worden, daß Mangan nicht nur auf die Grundmasse wirkt, sondern viele Eigenschaften von Manganstählen auf den gegenseitigen Einfluß von Mangan und Kohlenstoff, also Mangankarbidbildung, auf die schnelle Auflösung der Karbide in der festen Lösung usw. zurückzuführen sind. Letzteres ist bei Nickel nicht der Fall. Bereits bezüglich Durchhärtung und Durchvergütung kann man die Wirkung von Nickel nach den heutigen Erkenntnissen nicht durch die halbe Menge Mangan ersetzen. Aus dem später beschriebenen Einfluß von Mangan und Nickel bei den rostfreien Chromstählen geht erst recht hervor, daß die alte Faustregel Nickel : Mangan = 2 : 1 nicht überall angewandt werden kann, sondern jedem Element seine spezifische Wirkung zukommt.

Zahlentafel 55 (S. 326) gibt die Zusammensetzung und die Verwendungszwecke verschiedener Nickelbaustähle an. Abb. 267 zeigt die Vergütungsschaubilder von 3- und 5proz. Nickelbaustählen. Der 5proz. Nickelstahl mit Kohlenstoffgehalten von 0,1—0,2% hat besonders große Verbreitung als Turbinenschaufelwerkstoff für

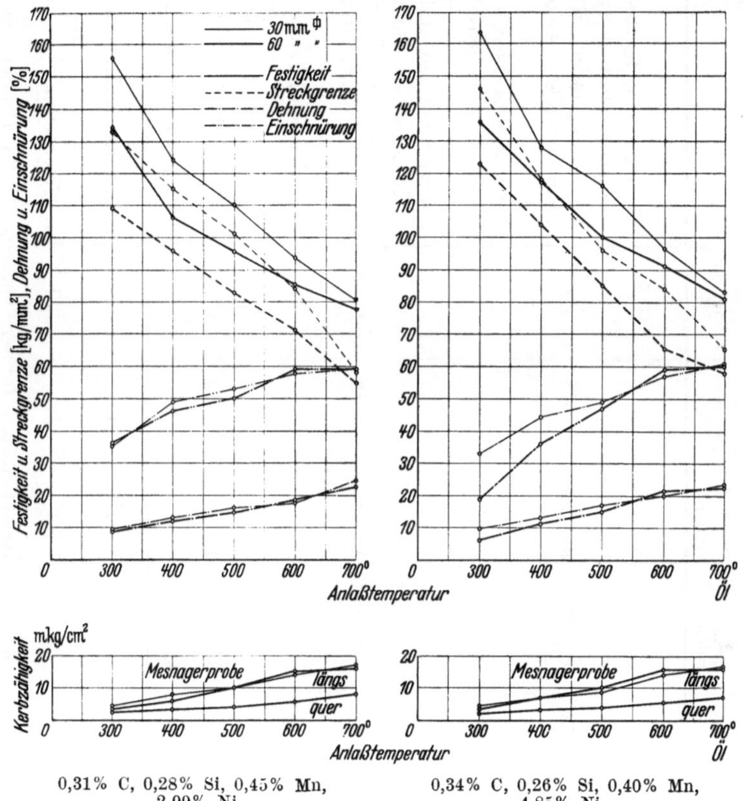

0,31% C, 0,28% Si, 0,45% Mn, 2,99% Ni.

0,34% C, 0,26% Si, 0,40% Mn, 4,85% Ni.

Abb. 267. Vergütungskurven eines 3 und 5% Nickelstahles nach Ölablöschung von 830°.

Dampfturbinen gefunden. Der Nickelzusatz bewirkt eine geringe Erhöhung des Korrosionswiderstandes. Besonderen Vorteil bietet dieser Stahl, weil er unempfindlich gegen Wärmebehandlung ist, d. h. wegen des geringen Kohlenstoffgehaltes nicht stark lufthärtet und somit das Einlöten von Verbindungsdrähten im Schaufelkranz gefahrlos gestattet. Ebenso lassen sich die durch Wassertropfenschlag stark beanspruchten Kanten von Turbinenschaufeln aus 5proz. Nickelstahl im Niederdruckteil der hochtourigen Turbinen mit verschleißfestem Stahl, wie z. B. Manganhartstahl usw., aufschweißen.

Der 7proz. Nickelstahl hat zeitweilig eine gewisse Verwendung als Gewehrlaufstahl mit etwas verbessertem Korrosionswiderstand gefunden (rostträger Gewehrlaufstahl).

Eigenschaften in der Wärme. Besonderes Interesse hatten früher auch die Eigenschaften von Nickelstählen in der Wärme, da sie als Kesselbaustoffe

Zahlentafel 55. Nickelstähle, Zusammensetzung und Verwendung.

Normen-bezeichnung	Ungefähre Zusammensetzung				Festigkeitswerte (Öl- oder Luftvergütung) vergütet					Verwendungszweck
	C %	Si %	Mn %	Ni %	geglüht Brinellhärte	Streck-grenze kg/mm²	Festigkeit kg/mm²	Dehnung $L=10d$ %	Ein-schnürung %	
SAE 2015	0,10/C,20	0,30	0,50	0,5	140—175	32—45	50—70	20—18	60	Kurbelwellen, Kurbelachsen, Hohlwellen Laufräder, Rotorkörper, Deckel Wellen, Zylinder, Flanschteile Propellerwellen, Anker, Kurbelblätter
SAE 2115				1,0						
				1,5						
				2,0						
				3,0						
SAE 2315				3,5						Motorwagenachsen, Kolbenstangen, Kurbel-wellen, Turbinenschaufeln
SAE 2515				5,0						
	~0,30	0,30	0,50	1,0	160—190	35—50	60—80	18—14	55—50	Schraubenbolzen, Mühlenwellen, Kolbenstangen Induktorwellen, Spindeln, Nabenscheiben Exzenterwellen, Trommelwellen, Rotorkörper Turbinenwellen, Antriebsritzel, Kupplungs-stangen
				1,5						
				2,0						
				3,0						
SAE 2330				3,5						
				5,0						Treibkurbeln, Lokomotivkurbelachsen
	~0,40	0,30	0,50	1,0	175—190	38—45	65—80	16—14	50—45	Zahnkränze, Plunger, Kammwalzen Induktorwellen, Hochdruckflaschen
				1,5						
				2,0						
SAE 2340				3,5						Rotorplatten, Querhäupter
SAE 2350	~0,50	0,30	0,60	1,0	190	42	75	14	45	Pilgerdorne, Motorwellen, Kreuzköpfe
				3,5						
	~0,60	0,30	0,60	1,0	200	45	80	12	40	Rezipientenmäntel, Richtachsen, Zahnkränze

Stähle dieser Zusammensetzung mit den entsprechenden Festigkeitswerten fanden vorwiegend im Großmaschinenbau Anwendung. Die Steigerung des Nickelgehaltes erfolgte hauptsächlich zur Erzielung besserer Durchvergütung, nicht zur Erhöhung der Festigkeit; heute werden diese Stähle meist durch Chrom-Nickel- oder Chrom-Nickel-Molybdänstähle ersetzt.

große Verwendung fanden. Die Warmfestigkeit bei rund 60 Minuten Zerreißdauer zeigt Zahlentafel 56 in Gegenüberstellung zu unlegiertem Flußstahl. Die Dauerstandfestigkeit eines 5proz. Nickelstahles nach dem Prüfverfahren

Zahlentafel 56.
Warmfestigkeitswerte von einigen Nickelstählen und von Flußstahl.

3proz. Ni-Stahl				5proz. Ni-Stahl				Flußstahl II		
C %	Si %	Mn %	Ni %	C %	Si %	Mn %	Ni %	C %	Si %	Mn %
0,15	0,27	0,35	3,0	0,14	0,23	0,38	4,9	0,18	0,10	0,42
Behandlungsart: 800° Luft				800° Luft				900° Luft		

Prüftemperatur	Festigkeitswerte				Festigkeitswerte				Festigkeitswerte			
	Streckgrenze kg/mm²	Festigkeit kg/mm²	Dehnung $L=5d$ %	Einschnürung %	Streckgrenze kg/mm²	Festigkeit kg/mm²	Dehnung $L=5d$ %	Einschnürung %	Streckgrenze kg/mm²	Festigkeit kg/mm²	Dehnung $L=5d$ %	Einschnürung %
20°	35	50,4	33,0	62	43	53,6	33,3	63	28	44,2	38,3	63
100°	35	52,0	21,0	54	40	54,0	20,3	59	28	40,6	32,3	61
200°	34	56,0	21,8	52	39	56,3	21,8	59	20	40,6	30,0	63
300°	23	52,3	33,1	61	27	56,9	39,0	66	14	41,2	30,1	61
400°	20	36,2	48,1	75	24	41,8	46,2	79	12	33,1	62,5	79
500°	15	21,5	74,4	85	13	21,5	77,8	89	9	20,9	67,5	78

Die Dauer des Zerreißversuches betrug etwa 60 Minuten.

von Pomp[1] zeigt Zahlentafel 57. Die Dauerstandfestigkeit oberhalb 400° wird durch Nickelzusatz nicht wesentlich gegenüber gewöhnlichem Flußeisen erhöht.

Zahlentafel 57. Dauerstandfestigkeitswerte eines 5proz. Ni-Stahles.

Zusammensetzung				Ausgangsfestigkeit			
C %	Si %	Mn %	Ni %	Streckgrenze kg/mm²	Festigkeit kg/mm²	Dehnung $L=5d$ %	Einschnürung %
0,16	0,30	0.43	4,96	45,7	66,9	28,9	68,3

Belastung in kg/mm² für eine Dehngeschwindigkeit	Prüftemperatur			
	350°	400°	450°	500°
von 0,0005% in der 25. bis 35. Stunde	29	18	7,5	3,5
von 0,0015% in der 25. bis 35. Stunde	37	26	13	5,5

Immerhin dürfte der Vorteil der bei Raumtemperatur vorhandenen höheren Festigkeit und Streckgrenze in der Bewährung dieser Stähle für Kesseltrommeln zum Ausdruck kommen, solange die Temperaturen 400° nicht überschreiten. Die Dauerstandfestigkeit kann durch Nickel bei Temperaturen von 500° nicht wesentlich verbessert werden, weil, wie die Untersuchungen von G. Tammann und V. Caglioti[2] gezeigt haben, Zusätze von Nickel zu Eisen die Kristallerholungstemperatur des Eisen-Mischkristalls nicht wesentlich erhöhen. Eine Erhöhung der Kristallerholungstemperatur wäre aber Vorbedingung für eine Verbesserung der Dauerstandfestigkeit bei Legierungselementen, die Mischkristalle mit Eisen bilden. Da Nickel auch keine Sonderkarbide bildet, die besondere

---

[1] Siehe Abschnitt „Vanadin", S. 705.
[2] Ann. Phys. Bd. 16 (1933) S. 680/84.

Ausscheidungsvorgänge in ternären Eisen-Nickel-Kohlenstoff-Legierungen ergeben können, fehlt die Möglichkeit der Beeinflussung der Warmfestigkeit über 400° hinaus.

Ein Vorteil, der den Nickelstählen nachgerühmt wird, ist die Unempfindlichkeit gegen Alterung. Unter Alterung versteht man in diesem Zusammenhang denjenigen Abfall von Kerbzähigkeit, den ein Material erleidet, wenn es nach erfolgter Kaltreckung oder gleichzeitig während der Reckung einer Temperatur von 200—300° ausgesetzt wird oder längere Zeit nach der Reckung unterhalb dieser Temperaturen, z. B. bei Raumtemperatur, lagert. Bei normalen unruhigen Kessel-Flußeisensorten kann durch eine Reckung und Alterung ein Herabsinken der Kerbzähigkeit von 20 mkg/cm² und mehr auf 2 mkg/cm² und weniger stattfinden. Näheres hierüber siehe später im Abschnitt Stickstoff.

Da an Kesseltrommeln bei der Kesselherstellung durch Einwalzen von Rohren sowie auch durch Betriebsbeanspruchungen Kaltverformungen vorkommen und außerdem Erwärmungen auf 200—300° unvermeidlich sind, treten bei in Betrieb befindlichen Kesseln derartige Alterungserscheinungen ein. Die starke kornverfeinernde Wirkung von Nickel macht die Nickelstähle gegen den Kerbzähigkeitsabfall durch Alterung unempfindlicher. Hierüber soll ebenfalls im allgemeinen Zusammenhang mit dem Problem der Alterung im Abschnitt Stickstoff berichtet werden. Heute werden reine Nickelstähle seltener verwendet, sie sind meist durch entsprechende Cr-Ni-, Cr-Ni-Mo-, Ni-Mo-, Ni-Cu-, Mn-Mo-Stähle ersetzt, insbesondere auch durch die warmfesteren Cr-Mo-Stähle für Hochdruckkesseltrommeln usw.

Eigenschaften in der Kälte. Lange Zeit war insbesondere der 5proz. Nickelstahl mit tiefem Kohlenstoffgehalt der bekannteste Stahltyp mit günstigem Verhalten bei tieferen Temperaturen. Ziemlich frühzeitig fiel auf, daß beim Prüfen der Zähigkeitseigenschaften von Stählen bei Temperaturen bis zu —200° Nickelstähle im Gegensatz zu Flußeisen ein verhältnismäßig geringes Maß an Versprödung erfuhren. Zahlentafel 58 zeigt die Veränderung der Festigkeits-

Zahlentafel 58. Veränderung von Festigkeitseigenschaften[1] und Kerbzähigkeit[2] von Nickelstählen mit absinkender Temperatur.

Temperatur °C	Zugfestigkeit kg/mm²	Dehnung %	Einschnürung %	Kerbzähigkeit DVMR mkg/cm²	VGB mkg/cm²
+ 20	72,6	25,4	74	15,0	24,5
− 70	—	—	—	11,5	19,6
−100	95,5	19,4	61	—	—
−120	97,3	23,7	62	—	—
−152	107,8	25,3	57	—	—
−155	103,8	24,0	59	—	—
−161	107,9	26,3	60	—	—
−170	110,7	26,6	56	—	—
183	112,2	19,0	47	5,7	14,1
−195	123,0	21,4	50	—	—

[1] Stahl mit $\dfrac{\text{C} \quad \text{Si} \quad \text{Mn} \quad \text{Ni}}{0{,}13 \quad 0{,}15 \quad 0{,}41 \quad 5{,}13}$ % nach G. Gruschka: VDI-Forsch.-Heft 364, Bd. 5 (1934) Jan./Febr. S. 1/20.

[2] Stahl mit $\dfrac{\text{C} \quad \text{Si} \quad \text{Mn} \quad \text{Ni}}{0{,}16 \quad 0{,}28 \quad 0{,}48 \quad 5{,}1}$ % (820°/Öl—600°/Öl).

eigenschaften eines 5proz. Nickelstahles mit absinkender Temperatur. Die Ursache für das günstige Verhalten ist in der guten Vergütungswirkung des Nickels auf das Gefüge bei der Umwandlung zu suchen. Da gerade Nickelstähle besonders leicht auf gutes Gefüge vergütet werden können, stellte man zunächst an ihnen dieses günstige Verhalten bei tiefen Temperaturen fest, das man später auch bei anders legierten Stählen, z. B. Chrom-Molybdän-Stählen, die mit grcßer Sorgfalt auf gleich gutes Vergütungsgefüge gebracht wurden, in etwa bestätigt fand. Obwohl allerdings auch bei gleichem Gefügezustand nickelhaltige Stähle eine gewisse Überlegenheit aufweisen, dürfte ihnen also keine ausschließlich bevorzugte Stellung zukommen, wenn man von der Tatsache absieht, daß nach wie vor Nickel das günstigste von metallurgischen Einflüssen unabhängige Element zur Erzielung bester Durchvergütungseigenschaften ist. Entsprechend den mit fallender Temperatur stetig ansteigenden Werten für Festigkeit und Streckgrenze wird auch ⸢die Dauerfestigkeit (Schwingungsfestigkeit) bei Nickelstählen, wie augenscheinlich bei allen Stählen, mit sinkender Temperatur erhöht, und

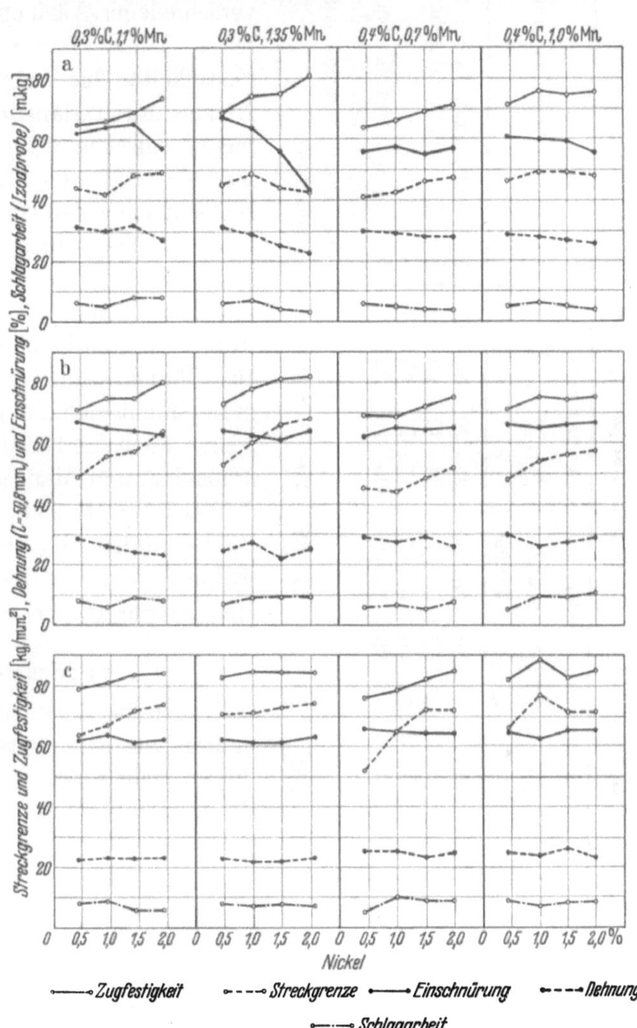

Abb. 268. Festigkeitseigenschaften von Mangan-Nickelstählen. [Nach R. H. Greaves: Stahl u. Eisen Bd. 56 (1936) S. 74/75.] a) nach Normalglühung bei 800°, b) nach Ölvergütung (900° Öl, 600° Luft), c) nach Wasservergütung (850° Wasser, 600° Luft).

zwar gilt dies sowohl für glatte wie für gekerbte Stähle. Auch bei Schwingungsbeanspruchung bei Raumtemperatur liegen die Nickelstähle bezüglich des Verhältnisses von Schwingungsfestigkeit zu Zugfestigkeit an der oberen Grenze des üblichen Streubereiches, da für eine gute Schwingungsfestigkeit eine möglichst gleichmäßige Gefügevergütung wesentlich ist.

Nickel-Mangan-Baustähle. Da Nickel ein verhältnismäßig teures Legierungselement ist im Vergleich zu Mangan, ist man mit Erfolg bestrebt, Nickel-Mangan-

Zahlentafel 59. Nickel-Mangan-Stähle, Zusammensetzung und Verwendung.

C %	Si %	Mn %	Ni %	Brinellhärte geglüht	Festigkeitswerte ölvergütet bzw. luftvergütet in ( )				Verwendungszweck
					Streckgrenze kg/mm²	Festigkeit kg/mm²	Dehnung ($l=5\,d$) %	Einschnürung %	
~0,20	0.30	0,80—0,90	1,5—1,6	160—190	30—40	50—60	25—20	50—40	Mannlochdeckel, Rohre
0,25—0,30	0.30	0,90—1,0	1,0—1,2	160—190	45—50	65—75	24—17	65—50	Kesseltrommeln, Flaschen, Laufräder
					(35—40)	60—70	17—15	60—40)	
0,30—0,37	0 30	1,4—1,6	0,9—1,2	170—200	53—60	75—85	20—16	65—50	Achsen, Spindeln, Kurbelwellen, Kardanwellen, Polschuhe, Polradplatten, Läufer, Ringe, Brückenbauteile
0,40—0,45	0 30	1,4—1,6	0,8—1,2	170—200	59—65	75—85	20—16	60—55	Ritzel, Ringe

Stähle zu schaffen, bei denen ein Teil des Nickels durch Mangan ersetzt wird. Eine Zusammenstellung derartiger Stähle mit entsprechenden Eigenschaften gibt Zahlentafel 59. Den Einfluß von wechselndem Nickel- und Mangangehalt bei verschiedener Wärmebehandlung zeigt Abb. 268. Diese Zahlen bestätigen die Möglichkeit, bei Festigkeiten bis zu 80 kg/mm² einen Teil des Nickels durch Mangan zu ersetzen. Infolge des metallurgischen Einflusses von Mangan wird man bei höheren Gehalten bereits eine Verschlechterung der Quereigenschaften gegenüber reinen Nickelstählen feststellen können. Reine Nickelstähle mit niedrigem Phosphorgehalt sind unempfindlich gegen Anlaßsprödigkeit, während dies, wie schon beim Mangan hervorgehoben ist, für Manganstähle und nickelhaltige Manganstähle nicht mehr im gleichen Maße gilt. (Siehe hierzu auch die bereits erwähnte Kopplung von Phosphor und Mangan in den meisten Fe-Mn-Legierungen, S. 296.) Auf die Verwendung von Nickelstählen mit Zusätzen von Phosphor und Kupfer als Baustähle wird in den entsprechenden Abschnitten noch eingegangen.

c) Nickel-Einsatzstähle.

Über die Wirkung von Nickel auf das Verhalten von Einsatzstählen bei der Zementation liegen recht widersprechende Angaben vor. Von L. Guillet[1], ferner W. Giesen[2] wird dem Nickelzusatz eine Behinderung der Randaufkohlung zugeschrieben, während G. Tammann[3] ebenso wie M. T. Lothrop[4] eine Vergrößerung der Einsatztiefe bei Gehalten bis zu 10% feststellen, bei weiterer Erhöhung des Nickelgehaltes eine Verringerung. Weitere Untersuchungen von H. W. McQuaid und O. W. Mullan[5] an 3- und 5proz. Nickelstählen bestätigen eine Ver-

<hr>

[1] Mém. C. R. Trav. Soc. Ing. civ. France 1904 S. 177—207.

[2] Die Spezialstähle in Theorie und Praxis. Freiberg: Craz & Gerlach 1909.

[3] Werkstoffausschußbericht Nr. 14 (1922). Ver. d. Eisenhüttenleute.

[4] Trans. Amer. Soc. mech. Engr. Bd. 34 (1912) S. 939/1017.

[5] Trans. Amer. Soc. Steel Treat. Bd. 16 (1929) S. 860/92.

zögerung der Randaufkohlung, während bei Zementation in Zyanidschmelzen von W. Herrmann und R. Thews[1] bei 3proz. Nickelstählen eine günstigere Tiefenwirkung gefunden wird. Es liegen hier die Verhältnisse ähnlich wie bei den Manganeinsatzstählen, daß diese Betrachtungen allgemein für verhältnismäßig geringe Eindringtiefen aufgestellt sind. Bei einer weiteren Untersuchung[2] über die Wirkung von Nickel bei größeren Einsatztiefen wurde festgestellt,

daß durch Nickelzusatz eine Herabsetzung des Randkohlenstoffgehaltes hervorgerufen (Abb. 269) und ebenso die Eindringtiefe vermindert wird (Abb. 270). Diese Verminderung der Eindringtiefe tritt allerdings hauptsächlich bei den längeren Zementationszeiten in Erscheinung. Bei Anwendung höherer Zementationstemperaturen liegen im übrigen die Verhältnisse ähnlich. Ein Nickelgehalt im Einsatzstahl

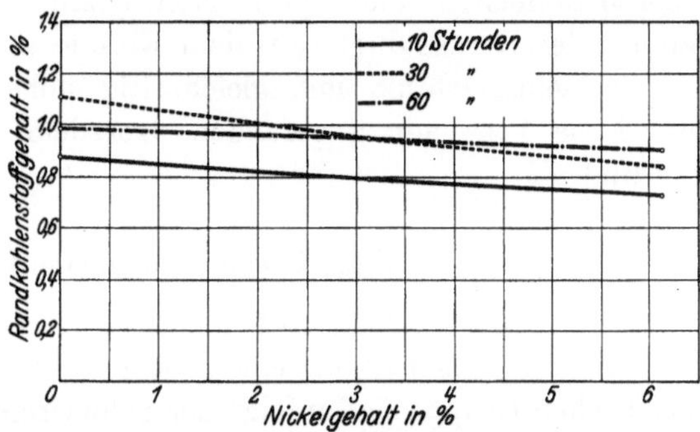

Abb. 269. Veränderung des Randkohlenstoffgehaltes bei Zementation in Holzkohle und Bariumkarbonat durch Nickelzusatz für eine Zementationstemperatur von 830—850°. [Nach Houdremont u. Schrader: Arch. Eisenhüttenw. Bd. 8 (1934/35) S. 445/59.]

verursacht eine beträchtliche Herabsetzung des Kornwachstums bei Zementationsüberhitzung (Abb. 271). Auf diese verhältnismäßig geringe Neigung der Nickelstähle zur Kornvergröberung bei Einsatzbehandlung wird auch von Brearly-Schäfer[3] und Schrader[4] hingewiesen.

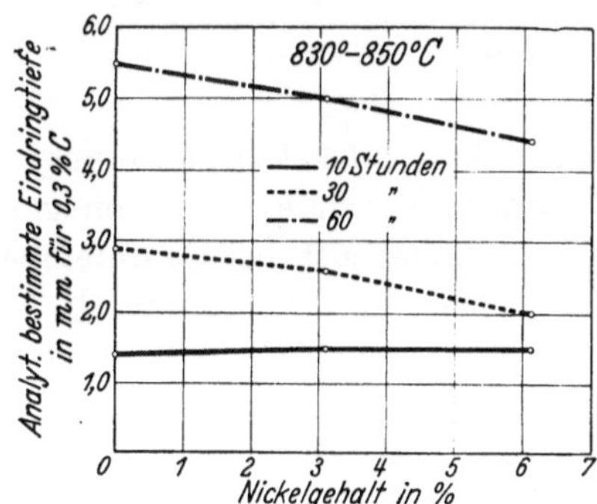

Abb. 270. Wirkung von Nickel auf die Eindringtiefe bei Zementation in Holzkohle und Bariumkarbonat für eine Zementationstemperatur von 830—850°. [Nach Houdremont u. Schrader: Arch. Eisenhüttenw. Bd. 8 (1934/35) S. 445/59.]

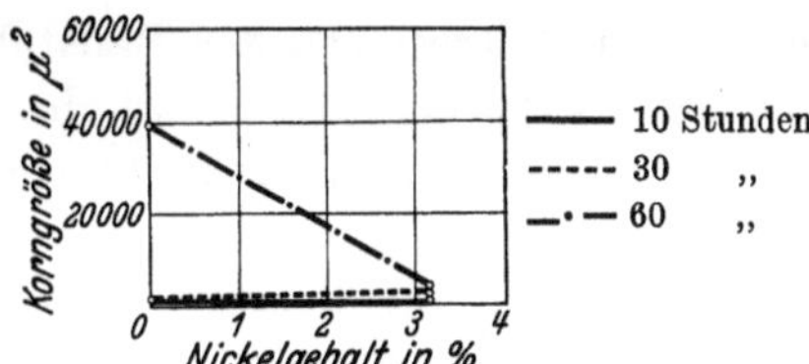

Abb. 271. Kornverfeinerung durch Nickelzusatz bei Überhitzung während der Zementation in Holzkohle und Bariumkarbonat für eine Temperatur von 830—850°. [Nach Houdremont und Schrader: Arch. Eisenhüttenw. Bd. 8 (1934/35) S. 445/59.]

Die gebräuchlichen Nickeleinsatzstähle, ihre Eigenschaften geglüht und gehärtet, sowie einzelne Verwendungszwecke zeigt Zahlentafel 60 (S. 333). Im Vergleich zu den entsprechenden Chrom-Nickel-Stählen lassen sich 5proz. Nickelstähle verhältnismäßig gut ausglühen, wenn die Behandlung ihrer Eigenart ent-

---

[1] Die Einsatzhärtung von Stahlteilen im Cyanidschmelzfluß. Werkst.-Techn. 27 (1933) S. 156/58.

[2] Houdremont, E., u. H. Schrader: Arch. Eisenhüttenw. Bd. 8 (1934/35) S. 445/59.

[3] Die Einsatzhärtung von Eisen und Stahl (Berlin: Springer 1926) S. 102.

[4] Werkstoffhandbuch Stahl und Eisen, 2. Aufl. N 11.

sprechend gewählt wird (s. S. 323) und entsprechend gut bearbeiten. Hierauf ist die Verwendung der 5 proz. Nickelstähle für einsatzgehärtete Zahnräder im amerikanischen Automobilbau zurückzuführen, im Gegensatz zu den in Europa üblicheren Chrom-Nickel-Einsatzstählen. Infolge des hohen Nickelgehaltes kann der Stahl nach dem Einsetzen von verhältnismäßig tiefer Temperatur (750—780°) in Öl abgelöscht werden, so daß nur ein geringer Verzug beim Härten eintritt. Ebenso können 3- und 5 proz. Nickelstähle ohne Berücksichtigung der Rückfeinung des Kernes direkt aus dem Einsatz abgeschreckt werden.

Nickeleinsatzstähle mit gleichzeitig höherem Mangangehalt haben keine praktische Verwendung gefunden, trotzdem brauchbare Eigenschaften erzielbar sind.

d) Martensitische und austenitische Nickelstähle.

Wie aus dem bisher über Nickelstähle Erwähnten hervorgeht, finden nur die sog. perlitischen Stähle eine größere Verwendung. Die Stähle aus der martensitischen Gruppe sind infolge der Schwierigkeit des Ausglühens und somit der Bearbeitbarkeit praktisch nicht verwertet worden. Daß Stähle dieser Gruppe gute Eigenschaften haben können, zeigen folgende Zahlen (an Stangen von 20 mm Durchmesser nach Behandlung 850°/Luft ermittelt):

C %	Si %	Mn %	Ni %	Streckgrenze kg/mm²	Festigkeit kg/mm²	Dehnung $l = 5d$ %	Einschnürung %	Kerbzähigkeit DVMR mkg/cm²
0,19	0,31	0,58	12,1	104	141,5	16	46	6,9

Besonderes Interesse verdienen die austenitischen Nickeleisenlegierungen, wie der 25 proz. Nickelstahl, der ebenfalls längere Zeit Verwendung als unmagnetischer sowie korrosionsfester Baustahl fand. Er befindet sich bei Raumtemperatur gewissermaßen im unterkühlten Zustande und wird sowohl durch Erwärmen wie durch Abkühlen (flüssige Luft) teilweise magnetisch, d. h. martensitisch.

Zwecks leichterer Schmiedbarkeit, insbesondere aber wegen der größeren Unempfindlichkeit gegen Aufschweßlungen (s. S. 373), enthalten diese Legierungen meist 0,6—1% Mangan. Die Stabilität des Austenits bei Raumtemperatur wird durch gesteigerten Kohlenstoffgehalt (bis 0,6%) erhöht. Die Wärmebehandlung nach dem Schmieden, Walzen erfolgt zweckmäßig wie bei dem 12 proz. Manganstahl durch Ablöschen von $\sim 1000°$ in Wasser. Ein solcher Stahl hat im rein austenitischen Zustand etwa 25 kg/mm² Streckgrenze, 65 kg/mm² Zugfestigkeit, 40% Dehnung und 60% Einschnürung.

Wie aus der stärkeren Einschnürung dieses austenitischen Stahles im Vergleich zum 12 proz. Manganstahl hervorgeht (60% gegen 30—40%), ist der Verlauf der Zerreißkurve dieses Stahles verschieden von derjenigen des austenitischen Manganstahles. Während bei diesem eine gleichmäßige Dehnung über die ganze Stablänge stattfindet, tritt beim Nickelstahl eine örtliche Einschnürung auf, und somit nähert sich die Spannungs-Dehnungskurve der bei anderen Stählen üblichen Form. Der Grund hierfür liegt in der weniger starken Verfestigung des austenitischen Nickelstahles gegenüber dem austenitischen Manganstahl (Abb. 88, S. 101).

Da die Verschleißfestigkeit des Manganstahles auf seiner hohen Verfestigungsfähigkeit beruht, ist es erklärlich, daß der Nickelstahl als verschleißfester Baustahl nicht im gleichen Sinne verwendet werden kann; er hat aber dafür den Vorteil leichterer Bearbeitbarkeit.

Ein größeres Anwendungsgebiet fand der 25proz. Nickelstahl im Unterseebootbau. Wegen einer gewissen Korrosionswiderstandsfähigkeit gegen Seewasser, seinem unmagnetischen Verhalten und der damit gegebenen geringen Beeinflussung der Kompaßmagnete sowie seiner hohen Zähigkeit (Verbiegen beim Anstoßen ohne zu brechen) war er lange Jahre der Standardwerkstoff für Periskoprohre, für die er durch nichtrostende Chrom-Nickel-Stähle ersetzt wurde.

Während der niedriggekohlte und niedrigmanganhaltige 25proz. Nickelstahl durch Kaltrecken bereits magnetisch, d. h. martensitisch, wird, kann der höhergekohlte mit 0,8% Mangan starker Kaltreckung ohne Verlust des austenitischen Charakters ausgesetzt werden. Hierdurch ist man in der Lage, durch Kaltreckung diesen Stählen höhere Streckgrenze und höhere Festigkeitseigenschaften zu verleihen, wie sie z. B. für unmagnetische Rotorkappenringe, Bandagendrähte usw. erforderlich sind. Der Zusammenhang zwischen Verfestigungsfähigkeit und Kaltreckung ging schon aus Abb. 88 hervor. Für obige Verwendungszwecke bevorzugt man aber meist die Nickel-Mangan-Stähle der folgenden Gruppe.

Zahlentafel 60. Nickelstähle für Einsatzhärtung.

Bezeichnung	Ungefähre Zusammensetzung					Festigkeitswerte								Verwendungszweck
						geglüht				gehärtet Kern				
	C %	Si %	Mn %	Ni %	Cr %	Streck-grenze kg/mm²	Festig-keit kg/mm²	Deh-nung 10d %	Ein-schnü-rung %	Streck-grenze kg/mm²	Festig-keit kg/mm²	Deh-nung 10d %	Ein-schnü-rung %	
(EN 15)	0,12/0,14	0,30	0,50	1,5	—	30	50	24	70	45	70	14	55	Zahnräder, Schnecken, Steuerungsteile
	0,10/0,17	max 0,35	max 0,50	1,25/1,75	max 0,20									
(SAE 2115)	0,10/0,20	—	0,30/0,60	1,25/1,75	—									Schneckenmuttern, Präzisionsspindeln in Werkzeugmaschinen, Bolzen, Schalt- und Lenkhebel, Zahnräder
(SAE 2315)	0,12/0,14	0,30	0,50	3,0	—	30	55	22	65	50	75	15	60	
	0,10/0,20	—	0,30/0,60	3,25/3,75	—									
(SAE 2515)	0,12/0,14	0,30	0,50	5,0	—	35	60	20	65	55	80 ~ 90	15	60	Achsschenkel, Zapfen, Wellen (vergütet für Turbinenschaufeln), Zahnräder
	max 0,17	—	0,30/0,60	4,75/5,25	—									

Stähle dieser Zusammensetzung mit den entsprechenden Festigkeitswerten finden im Automobil- und Kleinmaschinenbau Verwendung.

e) Austenitische Nickel-Mangan-Stähle.

Auf austenitische Nickel-Mangan- Stähle ist bereits auf S. 294 hingewiesen worden. Nickelhaltige austenitische Manganstähle mit 0,60% C, 0,40% Si, 4 bis 10% Mn, 8—16% Ni haben den Vorteil, in ihrer Verfestigungsfähigkeit zwischen 12proz. Manganstahl und 25proz. Nickelstahl zu liegen. Die Verfestigungsfähigkeit ist vom Verhältnis des Mangans zum Nickel abhängig. Gleichzeitig sind die Stähle stabiler austenitisch und werden nicht so leicht durch die angegebenen Behandlungen, insbesondere nicht durch Kaltrecken oder Abkühlen in flüssiger Luft, magnetisch. Dabei ist die Bearbeitbarkeit noch genügend.

Durch Zusatz von Chrom, insbesondere aber Wolfram, gelingt es, die Streckgrenze dieser Legierungen bereits im ungereckten Zustand zu erhöhen (s. u. Wolfram). Diese Stähle erreichen höchste Weichheit und Zähigkeit nach Glühen bei etwa 1000° mit nachfolgender Abkühlung (je nach Abmessungen) in Wasser, Öl oder an Luft (Zahlentafel 115, S. 585, ferner Zahlentafel 49, S. 294).

Der erhöhte Ausdehnungskoeffizient austenitischer Nickel-Mangan-Stähle — $18—20 \cdot 10^{-6}$ gegenüber $\sim 12 \cdot 10^{-6}$ bei perlitischen Stählen — läßt sie Verwendung finden für Teile wie Ventilsitzringe in Leichtmetallgehäusen (Auto-, Flugzeugmotore), bei denen die Wärmeausdehnung der des Aluminiums möglichst gleichkommen soll.

Die Hauptanwendungsgebiete dieser Stähle sind Bauteile, die unmagnetisch sein sollen. So wurden sie während des Weltkrieges 1914—1918 in Deutschland als Nickel sparende Stähle für Periskoprohre gebraucht. Ein Stahl mit 0,6% C, 6% Mn, 15% Ni fand als erster Verwendung für unmagnetische Bandagendrähte und Kappenringe mit folgenden Eigenschaften:

	Festigkeit kg/mm²	Streckgrenze kg/mm²	Dehnung %
Bandagendrähte (nach Ablöschung von 1000° in Wasser kaltgezogen)	160—172	145—155	2,2 ($L = 10d$)
Kappenringe (bei 550° angelassen)	etwa 75	etwa 45	55—60 ($L = 5d$)

Vielfach wurde aber die Streckgrenze dieser Stähle im abgelöschten Zustand durch Zusatz von Karbidbildnern, wie bis 8% Chrom, bis 3% Wolfram, verbessert (siehe unter Chrom und Wolfram).

f) Einfluß des Austenits auf die Warmfestigkeit.

Eine besondere Bedeutung haben die austenitischen Stähle als warmfeste Stähle bei Temperaturen oberhalb 600°. Während unterhalb 600° die Ausgangsfestigkeit bei Raumtemperatur, insbesondere aber das durch die Wärmebehandlung erzeugte Gefüge (anlaßbeständiger Martensit, Ausscheidungseffekte) von Einfluß auf die Warmfestigkeit sein kann, verschwindet bei Temperaturen von rund 600° aufwärts bei gleichzeitiger Anwesenheit von Spannungen, wie sie bei der Warmzerreißprüfung ja stets vorliegen, der Einfluß dieser Faktoren größtenteils, da die Stähle rasch in den ausgeglühten Zustand übergehen. Da gleichzeitig bei allen ferritischen Stählen bei etwa 600° die Temperatur beginnender Rekristallisation erreicht ist, werden bei Beanspruchung in der Wärme bei dieser Temperatur die Stähle anfangen zu fließen, zu rekristallisieren und weiter zu fließen. Im Gegensatz zu der tiefen Rekristallisationstemperatur des α-Eisens steht die erhöhte Rekristallisationstemperatur des dichter besetzten flächenzentrierten γ-Kristalls. Wie Abb. 272 zeigt, besteht bereits bei weichem Eisen ein erheblicher Unterschied in der Rekristallisationstemperatur zwischen γ- und α-Mischkristall. Bei legierten austenitischen Stählen verschiebt sich der Beginn der Rekristallisation noch zu höheren Temperaturen, wie dies aus der Arbeit von Schottky und Jungbluth[1] hervorgeht, die bei einzelnen austenitischen Stählen den Beginn der Rekristallisation erst bei 900° feststellten. Infolge der an sich niedrigen Fließgrenze bei hohen Temperaturen werden bei Beanspruchung oberhalb 600° derartige austenitische Stähle wohl zum Fließen kommen. Durch das Fließen erleiden sie aber infolge der hochliegenden Rekristallisationstemperatur eine Verfestigung, die bei nichteinsetzender Rekristallisation zum Stillstand des Fließens führen muß. Dieser Einfluß auf die Rekristallisationstemperatur macht sich sowohl beim Zerreißversuch von einhalbstündiger Dauer, als auch bei Dauerstandversuchen bemerkbar. Zahlentafel 61 beweist deutlich die erhöhte Warmfestigkeit bei 800° von durch Nickel- oder Manganzusatz austenitisch gemachten Stählen. Es ist hierbei gleichgültig, ob der austenitische

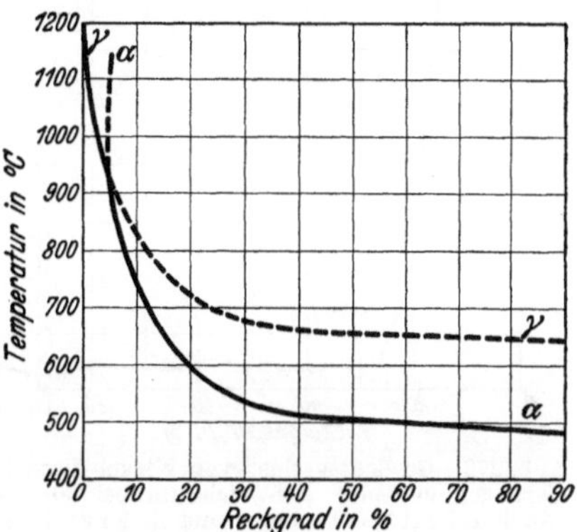

Abb. 272. Rekristallisation von α- und γ-Eisen in Abhängigkeit vom Reckgrad. [Nach Hanemann u. Lucke: Werkstoffausschußbericht Nr. 84 (1926), Ver. d. Eisenhüttenleute.]

Charakter durch Nickel oder Mangan oder beide gemeinsam erzielt wird. Die Dauerstandfestigkeit nichtaustenitischer Stähle dürfte oberhalb 650° praktisch auf etwa 1 kg/mm² abgesunken sein, bei austenitischen Stählen der Basis Nickel oder Mangan unter Zusatz von Chrom und Wolfram werden auch bei höheren

Zahlentafel 61. Erhöhung der Warmfestigkeit eines Chromstahles infolge Austenitbildung durch Nickel- oder Manganzusatz.

Entnommen aus Untersuchungen von Houdremont und Ehmcke[2].

C %	Si %	Mn %	Ni %	Cr %	W %	Stahlart	Warmfestigkeit bei 800° kg/mm²
0,55	3,00	—	—	11,00	1,50	Basis α-Eisen	7,5
0,60	—	—	13,80	14,80	2,00	Basis γ-Eisen	25,0
0,70	—	4,70	—	14,50	—	Basis γ-Eisen	22,0

Temperaturen noch Dauerstandfestigkeiten von 5—25 kg/mm² erreicht. Auf den besonders günstigen Einfluß von Wolfram bzw. Titan in diesen Stählen wird noch in den entsprechenden Kapiteln näher eingegangen werden (siehe hierüber unter Chrom-Nickel, Wolfram, Titan, Niob). Nickel und Mangan bilden somit eine wichtige Grundlage zur Schaffung warmfester austenitischer Stähle.

[1] Kruppsche Mh. 4 (1923) S. 197/204.
[2] Arch. Eisenhüttenw. Bd. 3 (1929/30) S. 49/60.

4. Nickelstähle mit besonderen chemischen Eigenschaften.

Nickel ist korrosionstechnisch ein verhältnismäßig widerstandsfähiges Metall. Viele Agenzien, wie Wasser oder verdünnte wäßrige Salzlösungen, greifen nur langsam oder garnicht an. Auch gegen den Angriff von Säuren verhält sich Nickel träge und zeigt erhöhte Wider-

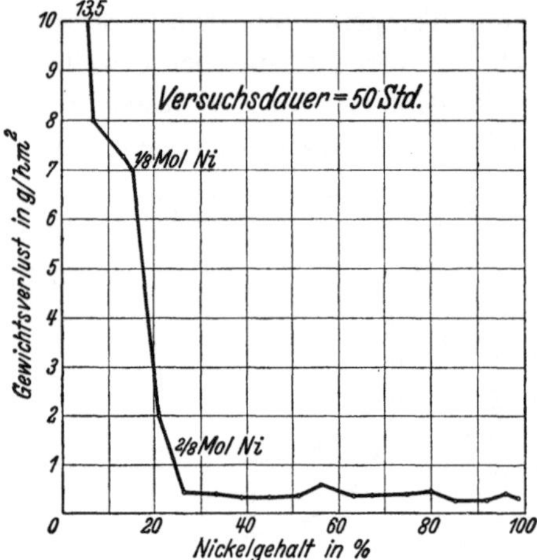

Abb. 273. Gewichtsverlust von Nickel-Eisen-Legierungen in 5proz. Schwefelsäure bei 50—60°. [Nach I. Fritz, entnommen aus A. Fry: Techn. Mitt. Krupp Bd. 1 (1933) S. 1/11.]

Zahlentafel 62. Erhöhung der Beständigkeit gegen Korrosion in Seewasser durch Nickelzusatz.

Versuchsdauer 30 Tage.

Material	Gewichtsabnahme (Relativwerte)
Flußeisen	100
Stahl mit 9% Ni	79
„ „ 25% Ni	55
„ „ 2% Ni, 10% Cr	5,2
„ „ 10%Ni, 20% Cr	0,6

standsfähigkeit. Diese Eigenschaft wirkt sich auch bei Zusatz von Nickel zu Eisen aus. Gegenüber Flußeisen weisen Nickelstähle einen geringeren Angriff durch chemische Agenzien, wie Säure, Seewasser usw., auf (Zahlentafel 62). Unter anderem macht sich insbesondere der erhöhte Widerstand des Nickels gegen den Angriff von Schwefelsäure bemerkbar, wie aus Abb. 273 hervorgeht, während Salz- und besonders Salpetersäure[1]

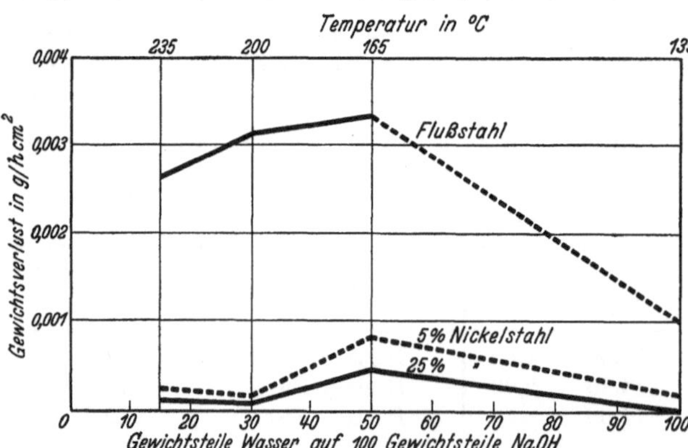

Abb. 274. Erhöhung der Laugenbeständigkeit von Eisen durch Nickel. (Versuchstemperaturen gleich den Siedepunkten der verwendeten Laugen.)

Nickelstähle angreifen. Der Nickelgehalt bewirkt aber auch gegenüber Salzsäure eine erhebliche Reaktionsträgheit; so wird 25proz. Nickelstahl durch kalte 30proz. Salzsäure etwa 10mal so langsam angegriffen wie Flußeisen[2]. Diese Eigenschaft des Nickels ist die Ursache für seine nutzbringende Verwendung in korrosionsfesten Legierungen, von denen vor allem hohe Widerstandsfähigkeit

gegen oxydierende wie reduzierende Säuren verlangt wird. Die technisch verwendeten Legierungen weisen — außer Nickel — Zusätze von Chrom, Kupfer, Vanadin, Titan und Molybdän auf. Sie werden deshalb im Abschnitt: „Einfluß von

---

[1] L. Persoz, Rev. Chem. Ind. 1927 S. 397.

[2] M. L. Hamlin u. F. M. Turner jr., Chemical Resistance of Engineering Materials, New York 1923.

Chrom auf die chemischen Eigenschaften" (S. 465 ff. u. 480) beschrieben. Als chrom- und kupferfreie salzsäurebeständige Legierungen sei hier als Beispiel die Zusammensetzung 60 % Nickel und 20 % Molybdän genannt.

Auf die Verwendung 5—7 proz. Nickelstähle als korrosionsfestere Turbinenschaufelstähle oder rostträge Gewehrlaufstähle wurde vorher unter Baustählen aufmerksam gemacht. Durch Nickelzusatz tritt auch eine Erhöhung der Beständigkeit gegen den allgemeinen abtragenden Angriff durch Laugen ein (Abb. 274); für entsprechende Verwendungszwecke findet 3- und 5 proz. Nickelstahlformguß vielfache Anwendung. Eine größere Bedeutung in korrosionstechnischer Beziehung hatte auch der austenitische 25 proz. Nickelstahl erlangt, der früher als korrosions- und seewasserbeständiger Stahl Verwendung fand. Ob bei diesem Stahl außer dem spezifischen Einfluß des Nickels auch noch das rein austenitische Gefüge eine besondere Wirkung

Abb. 275. Rißkorrosionserscheinungen an Dampfturbinenschaufeln aus 25 proz. Nickelstahl.

auf die chemische Widerstandsfähigkeit ausübt, muß dahingestellt bleiben. Der 25 proz. Nickelstahl wurde als seewasserbeständiger Stahl bei der Kriegsmarine für Torpedohüllen, Periskoprohre bei Unterseebooten usw. gebraucht. Heute ist seine Bedeutung viel geringer geworden, da Nickelstähle, selbst solche mit bis zu 50 % Nickel, auch nicht als völlig rostsicher, sondern nur als rostträge bezeichnet werden können, und Chromstähle mit Zusätzen von Nickel, Kupfer, Molybdän u. a. bessere Ergebnisse ergeben.

Der 25 proz. Nickelstahl hat korrosionstechnisch auch noch einen besondere Nachteil. Bereits vor mehr als 30 Jahren wurden bei dem Versuch, diesen Stahl als Turbinenschaufelwerkstoff zu verwenden, eigentümliche Rißerscheinungen beobachtet, die den Bruch der Schaufeln herbeiführen (Abb. 275). Diese als Riß-

oder Spannungskorrosion bezeichnete Erscheinung wurde später eingehend untersucht, ohne daß es bis heute gelang, ihre wahre Ursache festzustellen (s. auch unter Chrom, S. 497). Sie tritt ähnlich wie bei Messing vor allem dann auf, wenn gleichzeitige Einwirkung von Korrosion und Spannung vorliegt. Die bei dieser Korrosionsart entstehenden Risse ähneln den Spannungsrissen, d. h. sie folgen nicht den Korngrenzen, sondern verlaufen überwiegend intrakristallin. Ihr Auftreten hängt von der Art des Korrosionsmittels und der Legierung ab. Scharfwirkende Säuren, die zu starkem Allgemeinangriff führen, rufen weniger leicht Rißkorrosion hervor. Ebenso zeigt sich dieser Übelstand weniger scharf bei hochchromhaltigen Nickelstählen und auch seltener bei 18proz. und 36proz. Nickelstahl als bei 25proz. Die Tatsache, daß besonders der 25proz. Nickelstahl empfindlich ist, könnte darauf hindeuten, daß dieser an sich noch nicht völlig stabil-austenistische Stahl vielleicht wegen seines labilen Gefügegleichgewichts besonders empfindlich gegen Spannungskorrosion ist. Daß vor allem mild wirkende Reagenzien Spannungskorrosion hervorrufen, könnte in dem Sinne gedeutet werden, daß solche Angriffsmittel infolge von Potentialunterschieden chemisch weniger widerstandsfähige Stellen bevorzugt herauslösen, während bei schärferen Säuren eine solche Differenzierung nicht mehr eintritt (Näheres hierüber s. S. 497 ff.). Praktisch kann man Spannungskorrosion bei Teilen beobachten, die unter Schweißspannung stehen oder die eine Kaltreckung (Bördeln, Drahtziehen usw.) erfahren haben. Außer solchen mechanischen Spannungen, die nachweislich die Spannungskorrosion begünstigen, können aber anscheinend auch schon interatomare Spannungen ihr Auftreten hervorrufen.

Der Widerstand von Eisen- und Stahllegierungen gegen den Angriff von Wasserstoff bei hohen Temperaturen und Drücken wird durch Nickel praktisch nicht verändert. Nickelstähle zeigen die gleichen Angriffe und Zerstörungen wie unlegierte Kohlenstoffstähle (s. S. 309 und Abschnitt Wasserstoff). Hierdurch wird ein weiterer Beweis geliefert, daß Nickel als Legierungselement keine wesentliche Einwirkung auf die Stabilität der Karbide ausübt.

5. Nickelstähle mit besonderen physikalischen Eigenschaften.

Wohl die vielseitigste Verwendung finden Eisen-Nickel-Legierungen für Zwecke, bei denen es auf irgendwelche physikalischen Eigenschaften ankommt. Bei Beschreibung des binären Systems wurde der eigenartige Verlauf der magnetischen Umwandlung in Abhängigkeit vom Nickelgehalt hervorgehoben und auf seine Bedeutung für die Mannigfaltigkeit der Veränderungen der physikalischen Eigenschaften hingewiesen. Das außerordentlich reiche Bild, das die Eisen-Nickel-Legierungen in physikalischer Hinsicht bieten, hat seinen Grund in einer Reihe ferromagnetischer und damit verwandter atomistischer Effekte. Es ist daher zweckmäßig, an erster Stelle die ferromagnetischen Eigenschaften zu besprechen.

a) Magnetische Eigenschaften (Allgemeines).

Magnetische Sättigung. Die magnetische Sättigung der Eisen-Nickel-Legierungen zeigt u. a. Abb. 276, wobei die Sättigung in Bohrschen Magnetonen umgerechnet ist und Geltung hat für den absoluten Nullpunkt der Temperatur.

Beim reinen Eisen ist erwähnt worden, daß die äußere Elektronenschale und deren Besetzung für den Ferromagnetismus verantwortlich sind. Beim Eisen war es die unabgeschlossene $3d$-Schale, die im kristallisierten festen Zustand als nicht vollständig gefülltes $3d$-Band aufzufassen ist. Dem Eisen kam hierbei die Zahl 2,2 Magnetonen zu, bei Nickel beträgt sie 0,6. Aus diesem magnetischen Moment von 0,6 Bohrschen Magnetonen ist abzuleiten, daß der Energiezustand beim Nickel in dem $3d$-Band so ist, als ob 0,6 freie Plätze vorhanden wären. Da im Zustand des einatomigen Dampfes (s. Zahlentafel 6 [S. 22], periodisches System der Elemente) Nickel zwei freie Plätze in der $3d$-Schale enthält und zwei Elektronen in der $4s$-Schale, muß man auf Grund der Tatsache, daß im kristallinen Zustand die Bohrsche Zahl nur 0,6 beträgt, schließen, daß Überschneidungen zwischen dem $4s$- und $3d$-Band vorkommen. Diese Über-

schneidung beider Bänder ist verantwortlich für die im kristallisierten Zustand übrigbleibenden freien Plätze in der äußeren Energieschale (kurz: Löcher) und ist entsprechend von grundlegender Bedeutung für das physikalische Verständnis der Zusammenhänge zwischen Aufbau und Eigenschaften.

Wie aus Abb. 276 hervorgeht, ändert sich das mittlere magnetische Moment des Atoms durch kleine Zusätze von Nickel zu Eisen kaum. Ähnliches beobachtet man bei dem ebenfalls eingetragenen System Eisen-Kobalt, bei dem sogar durch geringe Kobaltzusätze die magnetische Sättigung vermehrt wird, ein Effekt, der bei der Besprechung der physikalischen Eigenschaften der Eisen-Kobalt-Legierungen behandelt wird. Das Gebiet, das die irreversiblen Eisen-Nickel-Legierungen unter etwa 25% Ni (s. S. 315) aufweist, ist von dem Gebiet der reversiblen Eisen-Nickel-Legierungen in Abb. 276 durch Unterbrechung der

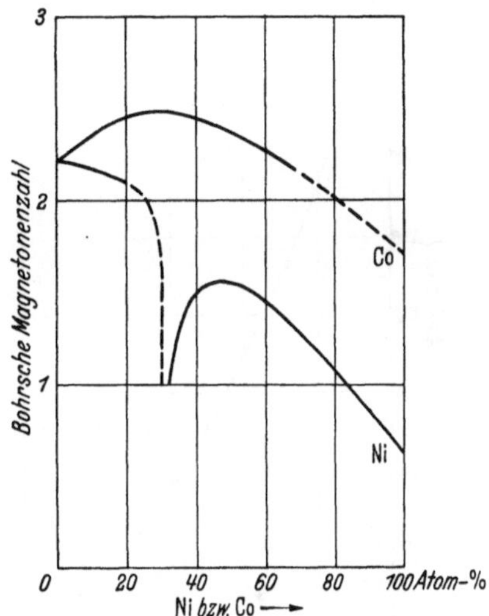

Abb. 276. Bohrsche Magnetonenzahl in Legierungsreihen. [Fe-Co nach U. Dehlinger: Z. Metallkde. Bd. 28 (1936) S. 116; Fe-Ni nach Messungen von F. Stäblein berechnet.]

Sättigungslinie getrennt. Der Grund hierfür ist, daß der Curie-Punkt des hier vorhandenen Austenits sehr tief liegt und über dieses Gebiet noch keine eingehenderen Untersuchungen vorliegen. Es sei hier nochmals darauf aufmerksam gemacht, daß im irreversiblen Gebiet unter 25% Ni der Kristallaufbau im magnetischen Zustand (kubisch raumzentriert) ein anderer ist als bei den nickelreicheren reversiblen Legierungen (kubisch flächenzentriert). Bei den in dem Gebiet zwischen 20 und 30% Ni vorzunehmenden Untersuchungen muß man auch stets mit einem mangelnden Gleichgewicht zwischen beiden Kristallformen rechnen. Die Ursache für das irreversible Verhalten liegt darin begründet, daß hier Phasenumsetzungen zwischen zwei verschiedenen Kristallarten auftreten, die bei den nickelreicheren Legierungen fehlen.

Auf die praktische Bedeutung von Legierungen entsprechend etwa dem 25proz. Nickelstahl, deren Curie-Punkt unter Raumtemperatur liegt, als unmagnetischer Baustahl, z. B. für Kappenringe, Bandagen usw., ist in dem Abschnitt austenitische Baustähle hingewiesen worden; gleichzeitig wurde dort die Bedeutung von Manganzusätzen evtl. bei gleichzeitiger Legierung mit Chrom und Wolfram zwecks Verbesserung der Festigkeitseigenschaften und stärkerer Stabilisierung des Austenits gestreift. Während also bei 25% Ni die magnetische Umwandlung unter Raumtemperatur herabgesunken ist, steigt sie mit steigendem Nickelgehalt wieder zu höheren Temperaturen an, um von nun an reversibel, d. h. sowohl bei der Erwärmung als bei der Abkühlung praktisch bei ein und derselben Temperatur zu verlaufen. Man ist also in der Lage, Legierungen zu schaffen, die in der Nähe der Raumtemperatur ihren Magnetismus verlieren. Praktische Verwendung findet eine derartige Legierung mit etwa 29% Ni, die zwischen 0° bis etwa 100° ihren Magnetismus verliert. Dieser Verlust erfolgt, wie Abb. 277 zeigt, in der Nähe des Curie-Punktes zunächst ziemlich schnell, dann aber allmählich, worauf schon beim Verlust des Magnetismus am Curie-Punkt des reinen Eisens hingewiesen wurde. Die Ursache für dieses allmähliche Verschwinden des Magnetismus ist die Einwirkung der Temperatur auf die Bewegungsenergie der Elektronen, wodurch eine Ordnung der Kräfte, wie sie zur Bildung von Magnetismus erforderlich ist (Ausrichten der Spins usw.), nicht mehr vollständig möglich wird[1] (s. auch Abschnitt „Reines Eisen", S. 30). Daß ein solcher Vorgang nicht plötzlich bei einer bestimmten Temperatur, sondern allmählich erfolgt, ist verständlich.

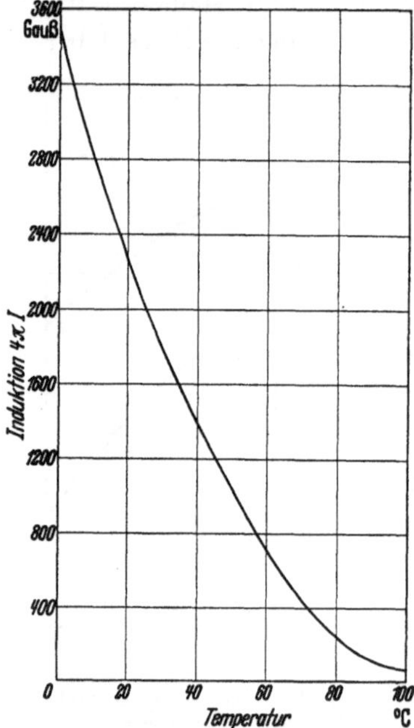

Abb. 277. Änderung der Sättigung einer Eisen-Nickel-Legierung mit 30% Nickel in Abhängigkeit von der Temperatur. [Nach F. Stäblein: Werkstoffhandbuch Stahl u. Eisen, 2. Aufl. O 41 S. 3.]

Die bei allen ferromagnetischen Stoffen beobachtete auffällige Erscheinung, daß der größte Teil der Magnetisierung bei wachsender Temperatur in der Gegend des Curie-Punktes zunächst sehr rasch verschwindet und nur ein kleinerer Teil allmählich, wird von Gerlach[1] in folgender Weise zu deuten versucht.

Es ist bekannt, daß bei bestimmten Metalllegierungen sog. Überstrukturen auftreten, d. h. Strukturen, in denen eine gesetzmäßige Anordnung der Atome im Gitter vorliegt, die man als eine Vorbereitung zur Verbindungsbildung ansprechen könnte. Diese Überstrukturen sind bei tieferen Temperaturen stabil, d. h. sie bilden sich bei langsamer Abkühlung von hohen Temperaturen, während sie bei höheren Temperaturen durch Platzwechsel der Atome in den ungeordneten Zustand des üblichen Kristallaufbaues übergehen. Auch dieser Übergang geht zunächst ziemlich schnell dann aber allmählich vor sich. In ähnlicher Weise kann man bei den magnetischen Vorgängen von einem beschleunigten Aufhören einer weitreichenden magnetischen Ordnung bei einer bestimmten Temperatur sprechen, da die den Ferromagnetismus erzeugenden Austauschkräfte im Kristall nicht in weiten Entfernungen wirken; diesem schnelleren Abfall überlagert sich selbst in homogenen Stoffen noch ein

---

[1] Genau betrachtet liegen die Verhältnisse etwas komplizierter; s. hierzu W. Gerlach: Z. Elektrochem. Bd. 45 (1939) S. 151/66.

allmählicher, wenn in der Gegend des Curie-Punktes noch eine merkliche Wechselwirkung zwischen benachbarten Bereichen auftritt, die zur Ausbildung von Schwärmen[1] gleichgerichteter Spins führt. Man kann sich diese etwa wie Wolken in der Masse regellos verteilter Spins denken; dies läßt das allmähliche Verschwinden der Sättigung am Curie-Punkt verstehen.

Die Sättigungsänderung von Legierungen mit 29% Ni in Abhängigkeit von der Temperatur nutzt man in elektrischen Meßinstrumenten (Tachometer, Galvanometer usw.) für magnetische Nebenschlüsse aus, um Fehler durch Temperaturänderungen zu kompensieren[2].

Permeabilität. Eine der wichtigsten Eigenschaften magnetisch weicher Legierungen ist die sog. Permeabilität, deren Größe angibt, wie groß die magnetische Induktion für eine bestimmte magnetisierende Feldstärke ist. Der Wert der Permeabilität ist somit stets an den Begriff einer bestimmten Feldstärke gebunden. So unterscheidet man zunächst die Anfangspermeabilität, d. h. diejenige Induktion, die sich im Bereich der allerkleinsten Magnetisierungskräfte ergibt. Eine hohe Anfangspermeabilität ist von Bedeutung für das Gebiet des Kabelwesens und des elektrischen Apparatebaues (Kerne für Meßwandler[3], Radiotransformatoren usw.), d. h. überall dort, wo man gezwungen ist, mit kleinsten Feldstärken hohe magnetische Wirkung zu erzielen.

Abb. 278 zeigt die Permeabilität handelsüblicher Legierungen in Abhängigkeit von der Feldstärke. Die meisten sind Eisen-Nickel-Legierungen, teilweise mit weiteren Zusätzen an Legierungselementen, wie Kupfer, Molybdän, Wolfram. Die in der Abbildung gennanten Werte beziehen sich auf Messungen mit fünfzig Perioden Wechselstrom, da Messungen mit Gleichstrom, wie sie in der Literatur vielfach angegeben werden, durch elektrische Schwingungsvorgänge beim Schalten ganz erheblich zu hohe Werte liefern können. Aus diesen Kurven lassen sich die verschieden hohen Werte der Anfangspermeabilität ableiten; sie zeigen aber gleichzeitig, daß die Maximalpermeabilitäten der verschiedenen Legierungen bei verschiedenen Feldstärken auftreten. Diese Werte der Maximalpermea-

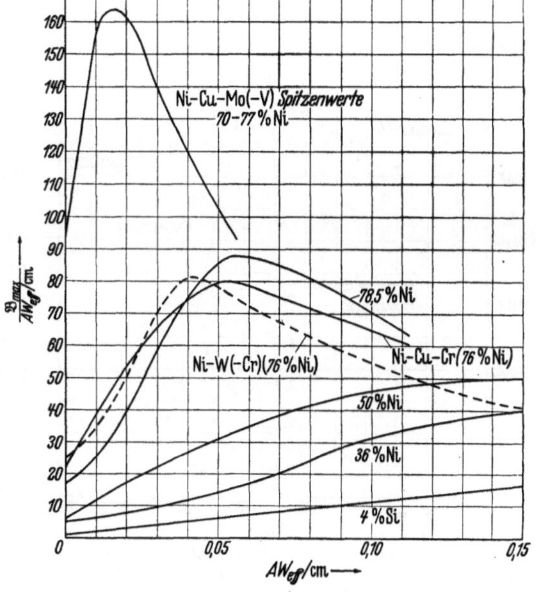

Abb. 278. Permeabilität von handelsüblichen Eisen-Nickel-Legierungen im Vergleich zu Transformatorenblech.

---

[1] R. Becker: Diskussion zu Z. Elektrochem. Bd. 45 (1939) S. 151/66, sowie R. Becker u. W. Döring: Ferromagnetismus. Berlin 1939.

[2] Stäblein, F.: Techn. Mitt. Krupp Bd. 2 (1934) S. 127/28.

[3] Meßwandler dienen zur Transformierung von Starkströmen in eine an Schalttafeln brauchbare Größenordnung; hohe Anfangspermeabilität ist hier erwünscht, um mit erträglichen Abmessungen auszukommen.

bilität sind nun für sich wieder für bestimmte Feldstärkenbereiche von besonderer technischer Bedeutung. Beispielsweise werden Starkstromtransformatoren mit Feldstärken in der Größe von einigen Zehnteln Amperewindungen pro Zentimeter verwendet, während andererseits für Radiotransformatoren nur Felder von etwa $^1/_{10}$ dieses Betrages oder darunter in Frage kommen. Wie Abb. 278 zeigt, fällt die Permeabilität nach Überschreiten eines Höchstwertes bei den meisten Legierungen verhältnismäßig schnell wieder ab; insbesondere zeigen die hochwertigen Legierungen das Maximum ihrer Permeabilität bei verhältnismäßig niedrigen Feldstärken. Aus Gründen der besten Materialausnützung ist es also erwünscht und notwendig, die Werkstoffe nicht oberhalb ihrer Maximalpermeabilität zu verwenden, abgesehen von einigen Sonderfällen, die aber hier ohne Interesse sind. Deshalb waren die Forschungsarbeiten, die auf dem Gebiet der Maximalpermeabilität im System Eisen-Nickel durchgeführt wurden, von großer Bedeutung für alle mit dieser Frage in Zusammenhang stehenden Erkenntnisse.

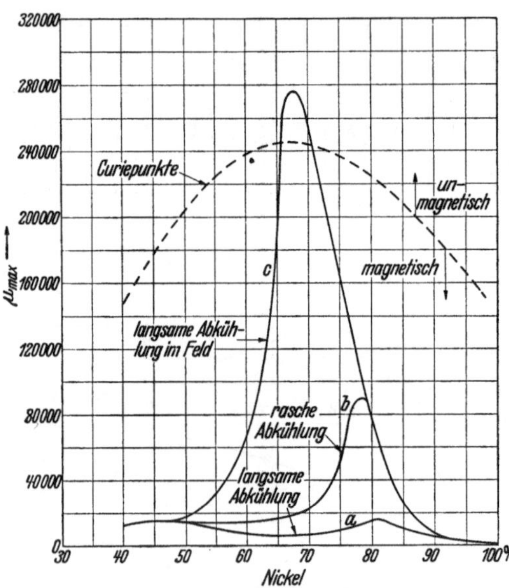

Abb. 279. Das Maximum der Permeabilität von Eisen-Nickel-Legierungen in Abhängigkeit von der Wärmebehandlung.

Abb. 279 gibt einen Überblick über die gefundenen Werte der Maximalpermeabilität in Abhängigkeit vom Nickelgehalt und der Wärmebehandlung bei Eisen-Nickel-Legierungen. Wie aus dieser Abbildung hervorgeht (Kurven a und b^1), ist der Einfluß der Abkühlung von einer Glühtemperatur von etwa 1000° wesentlich für die erzielbaren Werte. Durch längeres Glühen bei 1000° und langsames Abkühlen bis 600° und darauffolgende rasche Abkühlung in Luft ergibt sich bei 78,5% Ni (Permalloy) ein beachtlicher Höchstwert der Maximalpermeabilität. Die in der Abb. 279 angegebene schnelle oder langsame Abkühlung bedeutet also schnelles oder langsames Durchschreiten des Temperaturgebietes unterhalb 600°. Das gefundene Maximum bei 78,5% Ni entspricht dem im binären Diagramm der Eisen-Nickel-Legierungen (Abb. 257) gekennzeichneten Bereich der gestrichelten Linie GHJ. Dieser Bereich wurde eingangs des Abschnittes Eisen-Nickel dem Auftreten einer Überstruktur, d. h. einer geordneten Verteilung von Eisen-Nickel-Atomen im Gitter zugeschrieben. Die höheren Werte der Maximalpermeabilität entsprechen dem von hoher Temperatur rasch abgekühlten Zustand, d. h. der regellosen Atomverteilung im Gitter, während die niedrigeren Werte der langsamen Abkühlung, d. h. dem Eintreten des geordneten Zustandes entsprechen. Der Grund für diese höheren Werte konnte noch nicht endgültig geklärt werden.

Die Wirkung der verschiedenen Wärmebehandlung beruht somit auf dem Vorhandensein der Überstruktur. Die Bildung einer Überstruktur wurde

---

[1] Auf Kurve c wird später eingegangen (S. 350).

vor allem an Gold-Kupfer-Legierungen der Zusammensetzung AuCu oder
AuCu$_3$ festgestellt. Nach langsamer Abkühlung oder Glühen bei bestimmter
Temperatur kann man in der Röntgenstrukturaufnahme (Debye-Scherrer-
Aufnahme) neue Linien feststellen gegenüber dem Zustand, der sich bei rascher
Abkühlung von höherer Glühtemperatur ergibt. Der physikalische Grund für
die Entstehung dieser neuen Linien liegt darin, daß die Atome der verschiedenen
Legierungselemente, die durch Glühen bei hoher Temperatur und rascher Abkühlung regellos auf die Gitterplätze verteilt waren, durch langsame Abkühlung
oder Glühen bei tiefer Temperatur jetzt in wohlgeordneter Weise auf die Gitterplätze verteilt sind. Dadurch, daß dann jede Sorte von Atomen für sich selbst
eine gitterförmige Anordnung bildet, entstehen bei der Beugung neue Interferenzlinien, eben die sogenannten Überstrukturlinien. Sie zeigen somit deutlich die Existenz einer geordneten Atomverteilung an, die übrigens mit einer

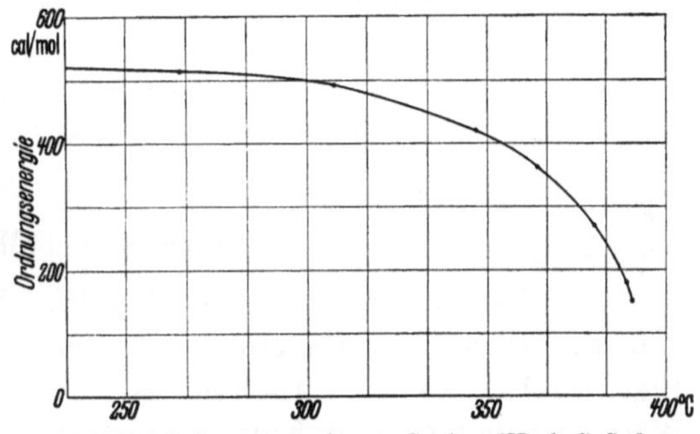

Abb. 280. Ordnungsenergie von Cu$_3$Au. [Nach C. Sykes
und F. W. Jones: Proc. Roy. soc. 157 (1936) S. 213/38.]

äußerst geringen tetragonalen Gitterverzerrung verbunden sein kann.
Solche Überstrukturlinien können natürlich nur zustande kommen,
wenn beide Sorten der in Frage stehenden Atome ein verschiedenes
Streuvermögen für Röntgenstrahlen haben, was bei sehr verschiedenen
Ordnungszahlen der den Mischkristall aufbauenden Elemente im
periodischen System der Fall ist. Im System Eisen-Nickel jedoch, wo
beide Legierungselemente sich nur wenig unterscheiden, ließ sich mit den Röntgenstrahlen die Bildung der Überstruktur lange nicht verfolgen und ist erst
neuerdings mit einem durch die Theorie nahegelegten Verfahren gelungen[1]. Um
hier etwas darüber zu erfahren, ob bei einer bestimmten Legierung geordnete
Atomverteilung vorliegt oder nicht, ist es daher bequemer, auf andere physikalische Eigenschaften zurückzugreifen als das Streuvermögen für Röntgenstrahlen.

An dem obenerwähnten Beispiel der Gold-Kupfer-Legierung stellte man fest,
daß mit dem Entstehen der Überstruktur eine mehr oder weniger kräftige Erniedrigung des elektrischen Widerstandes parallel geht. Eine weitere Veränderung
ist die anomal kräftige Erhöhung der spezifischen Wärme bei der Temperatur, bei der die geordnete Atomverteilung entsteht; sie entspricht derjenigen
Wärmezufuhr, die erforderlich ist, um den bei tiefer Temperatur stabilen, geordneten Zustand in den bei höherer Temperatur stabilen, ungeordneten überzuführen. Aus der Temperaturabhängigkeit der spezifischen Wärme kann man
die Ordnungsenergie ermitteln. Oberhalb einer gewissen kritischen Temperatur
ist sie Null, während sie unterhalb davon mit fallender Temperatur ansteigt
(Abb. 280). Die Ursache für das Auftreten der Ordnung ist das Bestreben der
Atome einer Legierung, jeweils dem Gleichgewichtszustand zuzustreben, d. h.
dem Zustand, in dem die freie Energie ein Minimum ist[2].

---

[1] Vgl. S. 344 Fußnote 1 und S. 340.

[2] Vgl. z. B. die zusammenfassenden Darstellungen von R. Becker: Metallwirtsch.
Bd. 16 (1937) S. 573. — Nix u. Shockley: Rev. mod. Phys. Bd. 10 (1938) S. 1/71. — Mo-
lière, G.: Metallwirtsch. Bd. 17 (1938) S. 650/54.

Beim System Eisen-Nickel wurde in dem Gebiet der Permalloy-Legierungen
die Existenz der Überstruktur zunächst durch die Veränderung der genannten
physikalischen Eigenschaften wahrscheinlich gemacht und später, wie gesagt,
röntgenographisch belegt[1]. In neuerer Zeit ist es auch gelungen, mit Neutronen,
d. h. Elementarteilchen von der Masse des Wasserstoffatomes, jedoch der Kernladung Null[2] Unterschiede in der Durchlässigkeit zu finden, je nachdem, ob
die Legierung geordnet oder ungeordnet war[3]. Es ist bemerkenswert, daß sich
solche Unterschiede im Bereich von 45—90% Nickel nachweisen ließen, so daß
man annehmen könnte, daß die geordnete Atomverteilung nicht nur wie in
Abb. 257 angedeutet, zu der Verbindung $FeNi_3$, sondern möglicherweise auch
zu $FeNi_2$ oder $FeNi_4$ in Beziehung steht. Das Verhalten des spezifischen Widerstandes bei verschiedener Wärmebehandlung und Kaltverformung sowie die
spezifische Wärme zeigen die Entstehung einer geordneten Atomverteilung bei
langsamer Abkühlung[4]; die hohe Permeabilität des Permalloy wird also dem
ungeordneten Zustand zugeschrieben. Ehe auf die Erklärung dieses Verhaltens
weiter eingegangen wird, müssen hierzu zunächst die Vorgänge bei der Magnetisierung behandelt werden (s. dann S. 348).

b) Vorgänge bei der Magnetisierung.

Nach dieser Erläuterung des Begriffes Überstruktur und der Feststellung,
daß bei Eisen-Nickel-Legierungen bei rund 78% Nickel manche physikalischen
Eigenschaften, so das Verhalten des spezifischen Widerstandes bei verschiedener
Wärmebehandlung und Kaltverformung sowie die spezifische Wärme, für die
Entstehung einer geordneten Atomverteilung sprechen, erscheint es lohnend, an
dieser Stelle zusammenfassend auf die Vorgänge bei der technischen Magnetisierung näher einzugehen.

Magnetostriktion. Bekanntlich werden die ferromagnetischen Eigenschaften
durch mechanische Verzerrungen beeinflußt (s. Abschnitt „Reines Eisen“);
umgekehrt entstehen bei Magnetisierungsprozessen von bestimmter Feldstärke
an Verzerrungen im Werkstoff infolge der eintretenden Wandverschiebungs-
und Drehprozesse, die äußerlich in der Magnetostriktion[5], d. h. Verlängerung
bzw. Verkürzung der Probe in dem entsprechenden Magnetfelde zum Ausdruck
kommen. Hierbei ist die Längenänderung im Magnetfeld von der Größe des
magnetischen Feldes und dem Magnetisierungszustand der Probe abhängig.
Wie sind die Zusammenhänge beim Magnetisierungsvorgang?

---

[1] Leech, P., u. C. Sykes: Phil. Mag. (7) Bd. 27 (1939) S. 742/53.

[2] Vgl. z. B. H. Kallmann: Einführung in die Kernphysik, S. 35ff. Leipzig u. Wien
1938.

[3] Nix, F. C., H. G. Beyer u. J. R. Dunning: Phys. Rev. Bd. 58 (1940) S. 1031/34.

[4] Dahl, O.: Z. Metallkde. Bd. 24 (1932) S. 107/11. — Dahl, O., u. J. Pfaffenberger:
Z. Metallkde. Bd. 25 (1933) S. 241/45; Bd. 28 (1936) S. 133/38. — Kußmann, A., B. Schar-
now u. W. Steinhaus: Heraeus-Vakuum-Schmelze. 1933, S. 310/38. — Kaya, S.: J. Fac.
Sci. Hokkaido Univ. (2) Bd. 2 (1938) S. 29/53.

[5] In welcher Weise nach einer von R. Becker stammenden Vorstellung der Einfluß
mechanischer Spannungen auf die Magnetisierungskurve mit der Magnetostriktion verkettet
ist, zeigt z. B. die einführende Darstellung F. Preisach: Elektr. Nachr.-Techn. Bd. 9
(1932) S. 334/40.

180° Wandverschiebungsvorgänge. Im Kapitel „Reines Eisen" wurde erwähnt, daß ein ferromagnetischer Werkstoff aus Elementarbereichen aufgebaut ist, die in verschiedenen kristallographischen Richtungen spontan bis zur Sättigung magnetisiert sind. Diese Richtungen, in denen sich der Kristall also am leichtesten magnetisiert, sind beim Eisen die Würfelkante des Gitters, beim Nickel jedoch die Raumdiagonalen (s. Abb. 12 „Reines Eisen"). Betrachten wir nun einen Eiseneinkristall, der mit der Würfelkante in der zu magnetisierenden Richtung liegt (das gleiche gilt sinngemäß auch für eine Vielkristallprobe, die durch starkes Kaltwalzen und nachheriges rekristallisierendes Glühen eine einheitliche Kristallausrichtung — Rekristallisationstextur[1] — erhalten hat, bei der die Würfelkanten in der Magnetisierungsrichtung liegen). In dieser Richtung leichtester Magnetisierbarkeit liegen, solange keine äußere Kraft einsetzt, nebeneinander Elementarbereiche, deren Magnetisierung um 180° voneinander verschieden ist (Abb. 281). Zwischen zwei solchen antiparallel gerichteten magnetischen Elementarbereichen befindet sich eine Wand (Dicke in

der Größenordnung von 50 Atomschichten), in der, wie in Abb. 281 schematisch gezeichnet, der Übergang von einem Bereich in den anderen Bereich entgegengesetzter Magnetisierung erfolgt. Hierbei ist die Richtung des magnetischen Momentes von Atom zu Atom

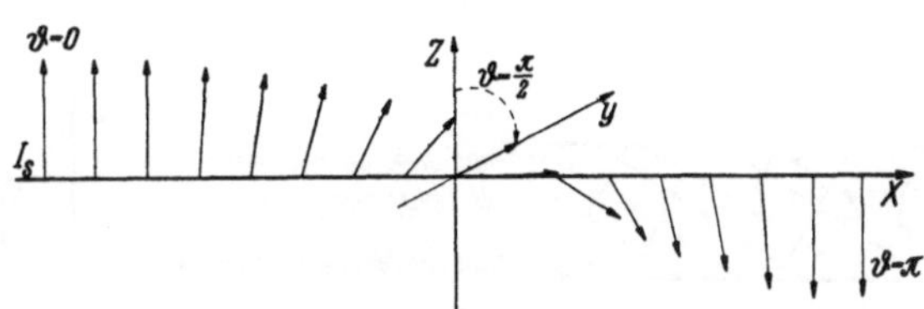

Abb. 281. Die Spin-Orientierung in der Wand zwischen zwei antiparallel magnetischen Elementarbereichen. (Nach M. Kersten in R. Becker, Probleme der technischen Magnetisierungskurve, Berlin 1938 S. 49.)

um einen Winkel verdreht. Läßt man jetzt eine äußere magnetische Kraft parallel zu einer dieser Richtungen wirken, so verändert sich die Energieverteilung derart, daß die in der Magnetisierungsrichtung liegenden Bereiche die antiparallelen Bereiche aufzehren, indem die Wand sich über dieselben hinwegschiebt. Hierbei muß innerhalb der Wand eine doppelte Arbeit geleistet werden: erstens muß das magnetische Moment aus der kristallographischen Vorzugslage gedreht werden, zweitens müssen zwei benachbarte Spins, die nach der Grundvorstellung vom Ferromagnetismus zueinander parallel stehen wollen, schräg gegeneinander gestellt werden. In jedem Punkt des Wandinneren ist somit eine gewisse innere Energie vorhanden, deren Größe davon abhängt, wie fest die spontane Magnetisierung an die Vorzugsrichtung gebunden ist und wie schwer zwei Nachbarspins aus der parallelen Lage zu drehen sind[2]. Dieser letztere Betrag hängt, wie das Entstehen des Ferromagnetismus überhaupt, mit dem Wert des Austauschintegrals (s. „Reines Eisen") zusammen. Der Wert des Austauschintegrals zweier Nachbaratome hängt von deren Abstand ab. Wenn Gitterverzerrungen oder Gitterfehlstellen im Werkstoff vorhanden sind, ist er von Ort zu Ort verschieden. Letzteres ist bei allen technisch hergestellten Legierungen und Metallen in gewissem Umfang der Fall. Die Arbeit, die in Form eines äußeren Magnetfeldes aufzuwenden ist, um eine Wand ein kleines Stück zu verschieben, ist gleich der Differenz der eben besprochenen inneren Wandenergie

---

[1] Siehe auch S. 110.

[2] Vgl. z. B. die zusammenfassende Darstellung von H. Schlechtweg: Forschungsber. Krupp Bd. 2 (1939) S. 163/66 — Metallwirtsch. Bd. 18 (1939) S. 900/05.

in der Anfangs- und Endlage; die Feldstärke, die man zur Wandverschiebung braucht, und damit auch die Permeabilität und Koerzitivkraft hängen somit ab von Gitterfehlern im Werkstoff, die von Ort zu Ort verschiedene Zerrungen im Kristallgitter zur Folge haben und dadurch verschieden feste Vorzugslagen der Magnetisierung[1] und verschieden feste Parallelität der Spins[2] erzeugen. Dieser größere Energieverbrauch an Gitterstörstellen kann dazu führen, daß insbesondere bei schwachen magnetischen Feldern der Vorgang der Umklappung bzw. Wandverschiebung zum Stillstand kommt. Infolge der durch Temperaturbewegung der Atome bzw. Elektronen bedingten thermischen Energieschwankung

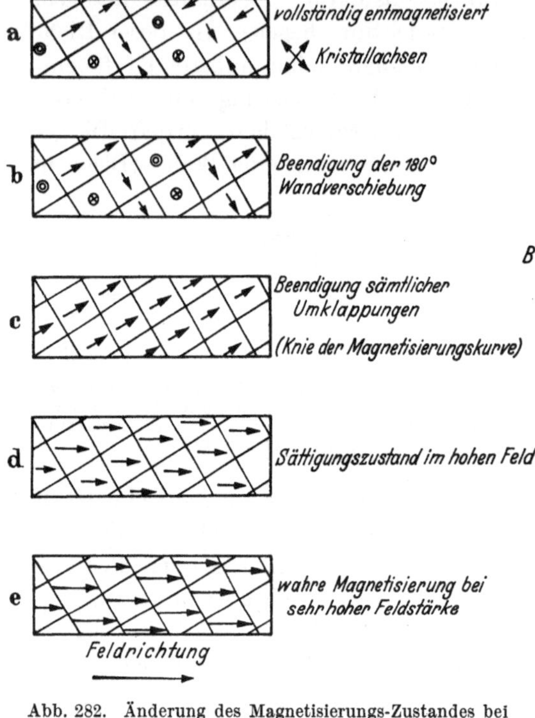

Abb. 282. Änderung des Magnetisierungs-Zustandes bei wachsendem Feld.

kann aber nach einer gewissen Zeit die Störstelle doch überwunden werden, und der Vorgang läuft weiter. Diese letztere Erscheinung bezeichnet man mit magnetischer Nachwirkung[3], sie tritt naturgemäß bei schwachen Feldern am stärksten auf. Technisch ist es meistens erwünscht, dieselbe Permeabilität zu behalten, auch wenn vorübergehend höhere Feldstärken zur Anwendung kommen. So bewirkt beispielsweise in einem Fernsprechapparat der Rufstrom eine stärkere Magnetisierung eines in dem Kreis vorhandenen Wandlers als der den eigentlichen Fernsprechzwecken dienende Sprechstrom. Würde der Kernwerkstoff des Wandlers nicht nachwirkungsfrei sein, dann würde nach jeder Betätigung des Rufstromes zunächst keine

gleichmäßige Übertragung des Ferngespräches gewährleistet sein, bis die Nachwirkung wieder abgeklungen ist.

Diese erste Magnetisierung im Bereich schwächster Magnetisierungsfelder bewirkt gemäß Vorhergehendem eine 180°-Wandverschiebung. Diese nur in einer Richtung vorgenommene Ausrichtung antiparalleler Bereiche bewirkt keine Magnetostriktion, da man annehmen kann, daß infolge mangelnder Wirkung in der Querrichtung eine an mehrere Richtungen geknüpfte Veränderung ausbleibt.

Die bisherigen Betrachtungen waren geknüpft an den Einkristall oder den texturbehafteten Vielkristall mit Vorzugslage in Magnetisierungsrichtung. Liegt die Magnetisierungsrichtung nicht in der Vorzugslage, so erfolgt die 180°-

[1] Becker, R., u. W. Döring: Ferromagnetismus. Berlin 1939.
[2] Schlechtweg, H.: Forschungsber. Krupp Bd. 2 (1939) S. 167/70 — Ann. Phys., Lpz. Bd. 35 (1939) S. 657/64.
[3] Richter, G.: Ann. Phys., Lpz. Bd. 32 (1938) S. 683/700.

Wandverschiebung in die Lage, die der Magnetisierungsrichtung am nächsten kommt, also am günstigsten liegt (Abb. 282a und b). Dieser **ohne Magneto-striktion** im Beginn der Magnetisierung sich abspielende Vorgang im Bereich schwächster magnetisierender Felder entspricht dem Begriff der **Anfangs-permeabilität.**

90°-Wandverschiebungsvorgang. Im geschilderten Fall des Eisenkristalls befinden sich weitere Vorzugslagen auf den Würfelkanten, die um 90° zu den bisher betrachteten stehen. Steigert man die Feldstärke über die bisher im Rahmen der Anfangspermeabilität betrachtete Größe, so setzen auch 90°-Wandverschiebungen ein. Diese Bereiche spontaner Magnetisierung werden von den günstiger zur Magnetisierungsrichtung liegenden aufgezehrt (Abb. 282c).

Man spricht auch von einer 90°-Umklappung im Vergleich zu dem obenerwähnten oft mit 180°-Umklappung bezeichneten Vorgang. Dieser Vorgang wirkt entsprechend in den verschiedenen Raumrichtungen und ist mit einer **deutlichen Magnetostriktion** verknüpft. Man befindet sich im Bereich der Maximalpermeabilitäten (Bereich bis zum Knie der Magnetisierungskurve Abb. 282 rechts, Punkt A).

Drehprozesse. Wird das Feld noch über diesen Punkt, in dem entsprechend Abb. 282c alle Bereiche die günstigste Vorzugslage zur Feldrichtung angenommen haben, hinaus gesteigert, so wird die magnetisierte Richtung allmählich in die Feldrichtung hineingedreht (Drehprozeß[1], Abb. 282d). Dieser Vorgang ist verständlicherweise wiederum mit Magnetostriktion verknüpft. Der durch die Drehung erzeugte Verzerrungszustand[2] und somit der Wert der Magnetostriktion wird verschieden sein, je nachdem wie das Feld kristallographisch zur magnetischen Vorzugsrichtung liegt[3]. Die Magnetostriktion muß entsprechend bei Magnetisierung in den verschiedenen kristallographischen Richtungen verschieden sein, wie dies in Abb. 283 näher verfolgt werden kann[1].

Wahre Magnetisierung. Die bisherigen Vorgänge bei der Magnetisierung haben nur zu einer Ausrichtung der im Werkstoff enthaltenen spontanen Magnetisierung geführt. Steigert man das Feld zu sehr hohen Feldstärken (bei Nickel etwa mehr als 3000 Oersted), so findet schließlich auch noch eine Vergrößerung

---

[1] Akulow, N. S.: Z. Phys. Bd. 57 (1929) S. 249/56; Bd. 69 (1931) S. 822/31. — Becker, R.: Wiss. Veröff. Siemens-Konz. Bd. 11 (1932) S. 1/11. — Schlechtweg, H.: Ann. Phys. Bd. 27 (1936) S. 573/96. — Schlechtweg, H., u. H. Mußmann: Ann. Phys. Bd. 32 (1938) S. 290/300. — Dahl, O., u. J. Pfaffenberger: Z. Phys. Bd. 71 (1931) S. 93/105.

[2] Dieser Verzerrungszustand ist nicht gleichzusetzen mit makroskopischen Spannungen. Unter Spannungen versteht man bekanntlich folgendes: Wird ein Körper durch äußere Kräfte beansprucht, so bezeichnet man als Spannung diejenige Kraftdichte, die man auf einer gedachten Schnittfläche anbringen müßte, um längs ihr den Materialzusammenhang aufrechtzuerhalten und damit der äußeren Beanspruchung das Gleichgewicht zu halten; wird die Verzerrung jedoch durch ein Magnetfeld bewirkt, so ist eine Anbringung von Kräften an der Schnittfläche nicht erforderlich, um den Materialzusammenhang zu wahren, also das Gleichgewicht aufrechtzuerhalten. Beim Zerschneiden einer magnetostriktiv gedehnten Probe würde man aber keine Längenveränderung der Einzelteile messen können, solange das gleiche Magnetfeld wirksam ist.

[3] Becker, R.: Z. Phys. Bd. 62 (1930) S. 253/69. — Gans, R., u. J. v. Harlem: Ann. Phys., Bd. 16 (1933) S. 162/73. — Rüdiger, O., u. H. Schlechtweg: Ann. Phys., Bd. 39 (1941) S. 1; Techn. Mitt. Krupp, Forschungsber. Bd. 4 (1941) S. 1.

der spontanen Magnetisierung statt, wie dies durch die größeren Pfeile in Abb. 282e angedeutet wird. Auch dieser Vorgang ist mit Magnetostriktion verknüpft[1]. Jede Vergrößerung der spontanen Magnetisierung bezeichnet man als „wahre Magnetisierung". Da beim Curie-Punkt die spontane Magnetisierung verschwindet, bleibt im paramagnetischen Zustand, z. B. beim Eisen oberhalb A_2, in diesem Sinne nur wahre Magnetisierung übrig.

Zusammenfassend ergibt sich, daß im Bereich der Anfangspermeabilität bei kleinsten Feldstärken nur 180°-Wandverschiebungsprozesse stattfinden ohne Magnetostriktion, bei gesteigerten Feldstärken auch 90°-Wandverschiebungsprozesse etwa bis über das Knie der Magnetisierungskurve, darüber hinaus noch Drehprozesse, die die Magnetisierung aus der kristallographischen Vorzugsrichtung in die Magnetisierungsrichtung drehen, während schließlich bei sehr hohen Feldern wahre Magnetisierung eintritt. 90°-Wandverschiebungsprozesse, Drehprozesse und wahre Magnetisierung sind mit Magnetostriktion gekoppelt.

Das Permalloy-Problem. Nach vorstehendem ergeben sich eindeutige Beziehungen zwischen Magnetisierung und Spannungen, die nach Vorstellungen von Becker[2] an das Vorhandensein einer Magnetostriktion geknüpft sind. Spannungen, die eine gleiche Verlängerung oder Verkürzung der Probe bewirken, wie die Magnetostriktion, können die Magnetisierung (bei isotroper Magnetostriktion) erleichtern (s. Abb. 20), wobei vor allem die Umklappung der 90°-Wände begünstigt wird. Entgegengesetzte Spannungen erschweren naturgemäß die Magnetisierung. Die Magnetostriktion ist von der Größe des Feldes und von der Kristallrichtung abhängig. In Abb. 283 sind die entsprechenden Werte für reversible Eisen-Nickel-Legierungen bei der Sättigungsmagnetisierung in drei Kristallrichtungen angegeben. Da die Magnetostriktion des Eisens positiv, diejenige des Nickels negativ ist, gibt es bei rd. 81% Nickel einen Wert, bei dem die Magnetostriktion nach allen Kristallrichtungen ungefähr gleich Null ist.

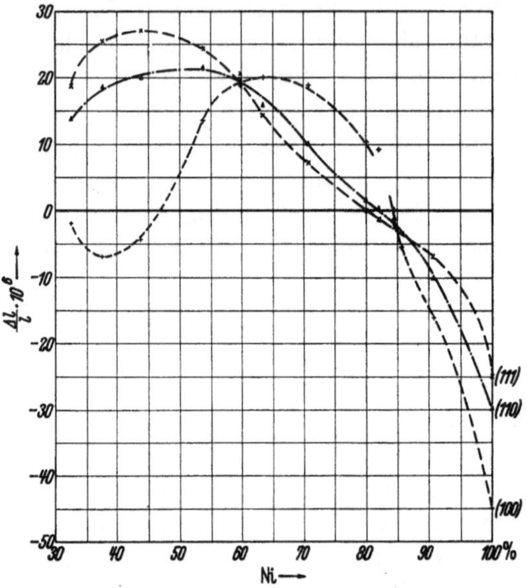

Abb. 283. Veränderung der Magnetostriktion von Eisen-Nickel-Legierungen mit dem Nickelgehalt nach F. Lichtenberger. Ann. Phys. Bd. 15 (1932) S. 45/71.

---

[1] Becker, R.: Z. Phys. Bd. 87 (1934) S. 547/59. — Kornetzki: Z. Phys. Bd. 87 (1934) S. 560/79; Bd. 97 (1935) S. 662/66 — Rüdiger, O., u. H. Schlechtweg: Ann. Phys. Bd. 41 (1942) S. 151 — Techn. Mitt. Krupp, Forschungsber. Bd. 5 (1942) S. 87/97.

[2] Becker, R.: Z. Phys. Bd. 62 (1930) S. 253/69 — Wiss. Veröff. Siemens-Konz. Bd. 11 (1932) S. 1/11 — Phys. Z. Bd. 53 (1932) S. 905/13. — Becker, R., u. M. Kersten: Z. Phys. Bd. 64 (1930) S. 660/81. — Kersten, M.: Z. Phys. Bd. 71 (1931) S. 553/92; Bd. 76 (1932) S. 505/12 — Z. techn. Phys. Bd. 12 (1931) S. 665/69. — Preisach, F.: Elektr. Nachr.-Techn. Bd. 9 (1932) S. 334/40. — Scharff, G.: Z. Phys. Bd. 97 (1935) S. 73/82. — Schlechtweg, H.: Ann. Phys. Bd. 28 (1937) S. 701/20. — Gans, R.: Ann. Phys. Bd. 24 (1935) S. 680/91; Bd. 25 (1936) S. 77/91.

Die Magnetostriktion verschiedener Eisen-Nickel-Legierungen hat eine gewisse Bedeutung für die Hochfrequenztechnik, z. B. für Schallsender[1].

Der ausgezeichnete Wert Null bei 81% Nickel deutet aber auch auf eine große Unempfindlichkeit derartiger Legierungen gegenüber Spannungen bei der Magnetisierung hin. Abb. 284 bestätigt dies an der Legierung mit etwa 80% Ni. Letzteres kann z. B. beim Verlegen von langen Kabeln von Bedeutung sein.

Man sollte nun annehmen, daß die Legierung mit der geringsten Magnetostriktion auch gleichzeitig die Legierung mit der höchsten Anfangspermeabilität sein würde. Dies ist aber nicht der Fall, da das Maximum der Anfangspermeabilität bei 78% Ni

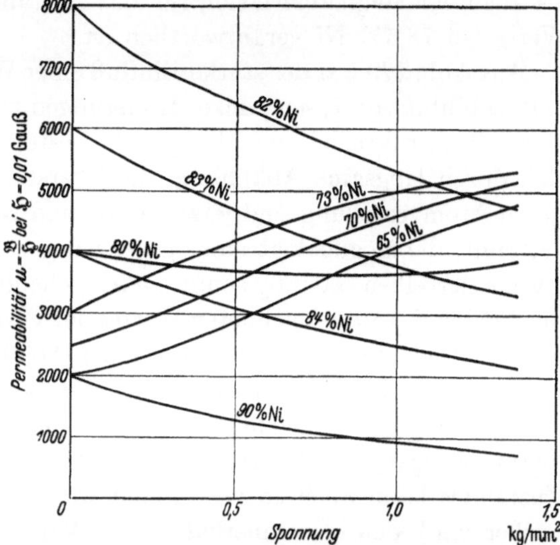

Abb. 284. Abhängigkeit der Anfangspermeabilität der hochlegierten Eisen-Nickel-Legierungen von der Spannung.

liegt. Hiernach müssen noch weitere Einflüsse maßgebend sein für die Erzielung der höchsten Anfangspermeabilität. Einen Hinweis gibt in gewisser Beziehung der Verfolg der Magnetisierungseigenschaften in Abhängigkeit von der Kristallrichtung. Beim Eisen ist, wie schon erwähnt, die Würfelkante des Kristallgitters die Vorzugsrichtung, während es beim Nickel die Raumdiagonale ist. Es bedeutet dies, daß die innere magnetische Energie beim Eisen positiv, beim Nickel jedoch negativ ist[2]. Entsprechend geht die innere magnetische Energie im System der Eisen-Nickel-Legierungen bei einer bestimmten Konzentration (76% Ni) durch Null (Abb. 285). Hiernach verhält sich die Legierung mit 76% Ni also bei Raumtemperatur praktisch isotrop. Auch diese Legierungsgrenze ist eine magnetisch bevorzugte, da jedes äußere magnetische Feld wegen Fehlens einer bestimmten kristallographischen Vorzugslage mit der Richtung leichtester Magnetisierbarkeit zusammenfällt. Man könnte annehmen,

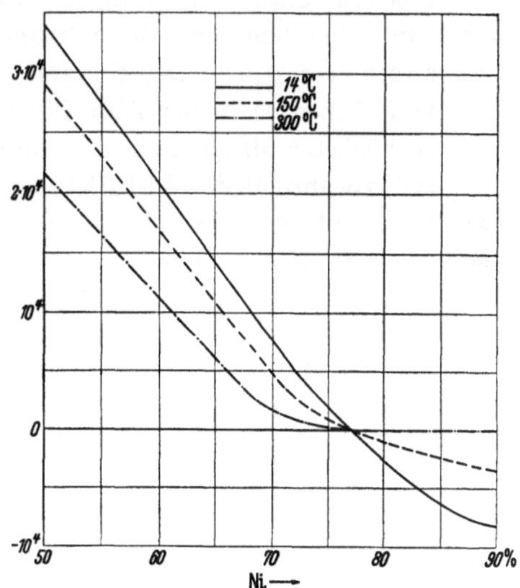

Abb. 285. Anisotropiekonstanten (Maß für den Energieunterschied zwischen zwei verschiedenen kristallographischen Richtungen) im System Fe-Ni bei verschiedenen Temperaturen. (Vgl. hierzu H. Schlechtweg, Handbuch der Experimentalphysik. demnächst.)

daß die Legierung mit etwa 78,5% Ni die höchste Permeabilität ergibt, weil

---

[1] Hiedemann, E.: Ultraschallforschung. Berlin 1939.

[2] Vgl. hierzu z. B. die einführende Darstellung von H. Schlechtweg: Techn. Mitt. Krupp Bd. 5 (1937) S. 1/8.

diese Legierung sich mitten zwischen den beiden bevorzugten Legierungen bewegt und somit vielleicht ein Einfluß sowohl der inneren magnetischen Energie als auch der Magnetostriktion für das Zustandekommen dieser ausgezeichneten Werte bei 78,5% Ni verantwortlich ist[1].

Aus Abb. 279 war der starke Einfluß einer Wärmebehandlung auf die Maximalpermeabilität von Eisen-Nickel-Legierungen zu ersehen. Nimmt man die Theorie einer Überstrukturbildung als zu recht bestehend an, so muß man erwarten, daß sich durch langsame Abkühlung die Überstruktur ausbildet. Infolge der geordneten Atomverteilung sind jetzt Eisen- und Nickelatome möglichst voneinander getrennt, die Möglichkeit einer gegenseitigen Beeinflussung zweier benachbarter Atome derselben Gattung somit weitestgehend aufgehoben. Dieser Zustand kann das Fehlen des ausgezeichneten Wertes der Permeabilität erklären. Man kann sich aber auch vorstellen, daß bei langsamer Abkühlung eine Atomänderung beginnt, ohne daß ein Idealgitterzustand zustande kommt; es würden so vor allem entsprechende Gitterfehlstellen entstehen, die, wie gesagt, ebenfalls den Magnetisierungsvorgang erschweren können. Die tiefere Permeabilität des geordneten Zustandes kann auch so verstanden werden[2], daß derjenige Anteil an Energie größer wird, den man innerhalb einer Wand bei ihrer Verschiebung zum Drehen zweier benachbarter Spins aus der Parallellage braucht (s. Abb. 281). Da nämlich im ungeordneten Zustand Ansammlungen von Atomen gleicher Art vorhanden sind, also Eisen- neben Eisenatomen, Nickel- neben Nickelatomen, in denen das Austauschintegral nicht schwankt, ist eine starke Schwankung des Austauschintegrals von Atom zu Atom im geordneten Zustand naheliegend; so erscheint eine leichtere Beweglichkeit der Wände im ungeordneten Zustand gegenüber dem geordneten Zustand verständlich.

Bemerkenswert in der Abb. 279 ist aber vor allem noch die Kurve c. Diese Kurve höchster Maximalpermeabilität kommt dadurch zustande, daß man die Legierung während der Abkühlung in der Nähe des Curie-Punktes einem Magnetfeld unterwirft. Infolge der Zusammenhänge zwischen Magnetostriktion und Magnetisierung (s. S. 16 u. 18, ferner auch S. 344 ff.) muß bei solchen Legierungen im Magnetfeld bei hoher Temperatur die Magnetostriktion eintreten. Liegt der Curie-Punkt aber hoch genug, so können die bei der Magnetostriktion zwischen verschieden orientierten Körnern entstehenden Spannungen durch plastisches Fließen zum Teil wieder ausgeglichen werden. Hierdurch kann nach der Abkühlung auf Raumtemperatur eine bevorzugte Richtung für die Magnetisierung in der Richtung des während der Abkühlung aufgebrachten Feldes entstehen, die die in der Abb. 279 (c) gekennzeichneten hohen Effekte ergibt. Die Magnetisierungsrichtung während der Abkühlung ist also zu einer Vorzugsrichtung der spontanen Magnetisierung geworden[3]. Man kann sich das so vorstellen, daß durch das plastische Fließen und den Ausgleich der Spannungen bei hoher Temperatur die Zahl der

---

[1] Schlechtweg, H.: Ann. Phys. Bd. 35 (1939) S. 657 — Forschungsber. Krupp Bd. 2 (1939) S. 167/70 Formel (8).

[2] Schlechtweg, H.: Forschungsber. Krupp Bd. 3 (1940) S. 73/85. — Snoek, J. L.: Nature, Lond. Bd. 137 (1936) S. 493/94.

[3] Bozorth, R. M., J. F. Dillinger u. G. A. Kelsall: Phys. Rev. Bd. 45 (1934) S. 742/43. — Dillinger, J. F., u. R. M. Bozorth: Physics Bd. 6 (1935) S. 279/84. — Bozorth, R. M.: Phys. Rev. Bd. 46 (1934) S. 232/33. — Snoek, J. L.: Nature, Lond. Bd. 137 (1936) S. 493/94. — Kaya, S.: J. Fac. Sci. Hokkaido Univ. (2) Bd. 2 (1938) S. 29.

90°-Wände verringert wird und die Permeabilität durch die im allgemeinen leichtere Beweglichkeit der 180°-Wände größer wird.

Die hohe Anfangspermeabilität verschiedener Eisen-Nickel-Legierungen ist von **praktischer Bedeutung** für das Gebiet des Kabelwesens und des elektrischen Apparatebaues (Meßwandler, s. S. 341), wo man gezwungen ist, mit kleinen Feldstärken hohe magnetische Wirkungen zu erzielen. Nickel-Eisen-Legierungen übertreffen in dieser Beziehung bei weitem die früher gebräuchlichen Weicheisen und 4proz. Siliziumstähle (Abb. 278). Die höchste Anfangspermeabilität weisen z. Z. Nickellegierungen mit 70—77% Ni sowie Zusätzen von Kupfer, Molybdän und Vanadin auf, wobei man in Einzelfällen Werte über 50000 erreicht hat[1]. Aus Gründen der besseren Verarbeitungsfähigkeit enthalten diese Legierungen oft Manganzusätze von 1% und darüber (S. 306); vereinzelt wird auch der Mangangehalt zur Erniedrigung der Wirbelstromverluste bis auf etwa 10% erhöht (Megaperme).

Zahlentafel 63.

Magnetische Eigenschaften von Eisen-Nickel-Legierungen, verglichen mit denen von Reineisen und Siliziumeisen. (Nach Meyer-Fahlenbrach[1], ergänzt.)

Legierung	78,5% Ni	50% Ni	3% Si-Eisen	Reineisen	77% Ni + W, Cr	73% Ni + Cu, Mo, V
Dicke in mm	0,35	0,35	0,35	3	0,35	0,35
Anfangspermeabilität in Gauß/Oersted	5850	3000	440	280	14000	28000
Höchstpermeabilität in Gauß/Oersted	74000	30000	20000	6000	45000	56000
Sättigung in Gauß*	10500	16700	20000	22600	8000	4500
Remanenz in Gauß	5500	7300	15000	$\sim$11000	$\sim$4000	$\sim$2300
Hysteresisverlust für $B=10000$ (Erg/cm³ Schl.)	200	220	1200	600	—	—
Koerzitivkraft in Oersted	0,05	0,05	0,5	0,2	0,04	0,01
Spez. elektr. Widerstand bei 20° C in Ohm·mm²/m	0,21	0,46	0,50	0,10	0,60	0,65
Spez. Gewicht in g/cm³	8,6	8,3	7,7	7,9	8,9	8,7

Die magnetischen Eigenschaften derartiger Legierungen, verglichen mit Armcoeisen und Siliziumeisen, sind in Zahlentafel 63 zusammengefaßt. Von ausschlaggebender Bedeutung hierfür ist die Verarbeitung und Wärmebehandlung (s. S. 353). Kaltreckung erhöht infolge des hierdurch erzielten Spannungszustandes sowie der Gitterverzerrungen die Koerzitivkraft und verbreitet somit die Hysteresisschleife. Den Einbau derartiger Legierungen in Kabel zeigt Abb. 286. Weitere Anwendungsgebiete sind Stromwandler, Transformatorenkerne bei Radioverstärkern, elektrische Meßinstrumente usw.

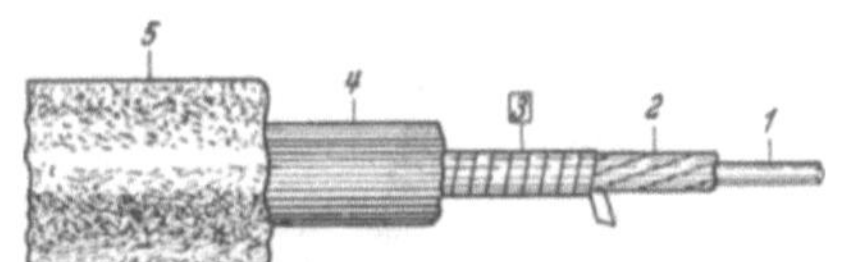

Abb. 286. Anwendung der hochlegierten Eisen-Nickel-Legierungen für Kabel.
1 Kupferleiter, *2* Kupferlitze, *3* Band aus einer Legierung mit hoher Anfangspermeabilität, *4* Guttaperchaisolierung, *5* Schutzschicht.

---

[1] **Meyer**, H. H., u. H. **Fahlenbrach**: Techn. Mitt. Krupp, techn. Ber. Bd. 7 (1939) S. 123/32.

* Die Sättigungswerte der Spalten 1—4 sind nach Messungen der Phys.-Techn. Reichsanstalt sämtlich fast 5% zu hoch [vgl. E. **Gumlich**: Z. techn. Phys. Bd. 6 (1925) S. 670/82].

Die niedrigen Hysteresisverluste dieser Eisen-Nickel-Legierungen bei Gehalten von 36—80% Ni nutzt man in Kernen von Präzisionsstromwandlern sowie von Relais usw. aus.

c) Texturbehaftete Eisen-Nickel-Legierungen.

Die Tatsache, daß in den verschiedenen Richtungen des Kristallgitters die ferromagnetischen Eigenschaften sehr verschieden sind, hat in den letzten Jahren dazu geführt, die Werkstoffe mit einer für den betreffenden Verwendungszweck günstigen Textur zu entwickeln, d. h. durch Kaltwalzen mit oder ohne nachfolgende Glühung die Kristalle in einer passenden Weise kristallographisch zur Richtung des magnetischen Flusses auszurichten.

Walztextur. Beim Walzen von Eisen-Nickel-Legierungen stellt sich qualitativ dieselbe Art der Orientierung des Kristallgitters relativ zur Walzrichtung und Walzebene[1,2] ein wie bei den meisten flächenzentrierten Metallen; man kann sie entweder beschreiben durch eine Überlagerung zweier Texturen, von denen bei der einen eine [110]-Ebene in der Walzebene und eine [112]-Richtung parallel zur Walzrichtung liegt und bei der anderen eine [112]-Ebene mit einer [111]-Richtung; die andere Beschreibungsmöglichkeit liefert eine [135]-Ebene parallel zur Walzebene mit einer [335]-Richtung parallel zur Walzrichtung; daß diese zwei verschiedenen Beschreibungsarten möglich sind, liegt daran, daß die Streuung um alle diese Lagen so groß ist, daß die obige Beschreibungsart nur näherungsweise aufzufassen ist, der genaue Tatbestand jedoch aus einer Polfigur abgelesen werden muß[3] (s. Abb. 688 u. 689).

Rekristallisationstextur. Wird nach niedrigen oder mittleren Walzgraden rekristallisiert, so entsteht ein regellos orientiertes Gefüge. Von besonders großem technischem Interesse ist jedoch die Tatsache, daß nach mehr als etwa 95proz. Walzen bei der Rekristallisation die Würfellage entstehen kann, besonders bei passender Korngröße und Reinheit des Ausgangszustandes; d. h. es liegt eine Würfelfläche des Kristallgitters parallel zur Walzebene und eine Würfelkante parallel zur Walzrichtung. Die Würfellage tritt um so reiner auf, je höher die Glühtemperatur und auch je kürzer die Glühdauer ist. Bei zu langem und zu hohem Glühen hat man darüber hinaus noch eine neue Art von Rekristallisation nach starken Walzgraden festgestellt. Es tritt eine erhebliche Grobkornbildung auf, die man als Sammelkristallisation (s. S. 110) bezeichnet. Dabei gibt es bei Eisen-Nickel-Legierungen zwei Arten[4] von Sammelkristallisation, von denen die eine im Gebiet von 30—40% sowie 90—100% Nickel erfolgt und in einer um etwa 30° verdrehten Lage besteht, während im Gebiet um etwa 60—80% Nickel Spinellzwillinge sich bilden, von denen aus die Sammelkristallisation erfolgt. Die unterhalb der Temperatur der Sammelkristallisation sich herausbildende Würfellage bietet für die magnetischen Eigenschaften insofern einen technischen Vorteil, als die bei ihr in Walzrichtung liegende Würfelkante des Kristallgitters für die häufig benutzten Legierungen mit etwa 50% Ni die magnetische Vorzugsrichtung

---

[1] Burgers, W. G., u. J. L. Snoek: Z. Metallkde. Bd. 27 (1935) S. 158/60.
[2] Pawlek, F.: Z. Metallkde. Bd. 27 (1935) S. 160/65.
[3] Vgl. z. B. G. Wassermann: Texturen metallischer Werkstoffe. Berlin 1939 S. 24/31.
[4] Wassermann, G.: Z. Metallkde. Bd. 28 (1936) S. 262/71.

ist; sie führt insbesondere zu interessanten und noch keineswegs abschließend geklärten Vorgängen bei Wärmebehandlung im Magnetfeld[1].

Anwendung von texturbehafteten Legierungen (Isoperme). Zu neuen technischen Verwendungszwecken gelangt man durch Kaltwalzen von Blech, dessen Textur vor der letzten Kaltwalzung durch eine Würfellage beschrieben wird[2, 3, 4, 5], also bereits Rekristallisationstextur aufweist. Infolge der zur Walzrichtung hochsymmetrischen Lage sind vier Oktaedertranslationsflächen mit je zwei Gleitrichtungen geometrisch gleichberechtigt, so daß bis zu ziemlich hohen Verformungsgraden die Würfelkante erhalten bleibt und erst durch die sich dabei allmählich vergrößernde Streuung nach etwa 90% Walzgrad wieder die normale Walztextur auftritt. Von besonderer praktischer Bedeutung ist nun die Beobachtung, daß bei Walzgraden unter 90% die magnetischen Eigenschaften nicht nur völlig andere sind, als dies der hierbei noch erhaltenen Würfellage entspricht, sondern daß sogar in der Walzrichtung die Remanenz auf etwa 2—3% der

Sättigung absinkt und die Hysteresisschleife eine praktisch von der Feldstärke unabhängige Permeabilität anzeigt (Abb. 287). Man bezeichnet derartige Werkstoffe als Isoperme, insbesondere als Texturisoperme, da noch die Möglichkeit besteht, Isoperme durch Ausscheidung zu erzeugen (siehe S. 861 u. 986). Die Iso-

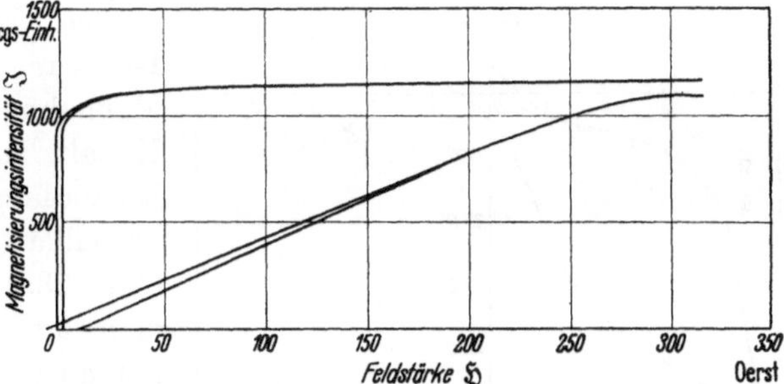

Abb. 287. Magnetisierungskurven eines gewalzten Eisen-Nickel-Bleches mit Würfellage in der Walzrichtung (untere Kurve) und Querrichtung (obere Kurve). [Nach J. L. Snoek: Physica (Haag) Bd. 2 (1935) S. 403/12.]

perme sind diejenigen Werkstoffe, die man in der Fernmeldetechnik infolge der dort extrem hochgeschraubten Anforderungen in bezug auf Feinheit der Abstimmung und Unabhängigkeit gegenüber äußeren magnetischen Störungen braucht[6]; sie sollen eine von der Feldstärke unabhängige Permeabilität μ_0 haben, was soeben gerade als eine Eigenschaft von gewalzten Eisen-Nickel-Legierungen, deren Ausgangsgefüge in Würfellage liegt, geschildert wurde; sie sollen weiterhin nach kräftiger Magnetisierung durch äußere störende Felder wieder die alte Permeabilität annehmen, d. h. kleine Instabilität s haben, was durch die kleine Remanenz erreicht wird, sowie einen geringen, durch die Konstante h beschriebenen Hysteresisverlust, der sich durch

---

[1] Dahl, O., u. F. Pawlek: Z. Phys. Bd. 94 (1935) S. 504/22.

[2] Pawlek, F.: Z. Metallkde. Bd. 27 (1935) S. 160/65.

[3] Wassermann, G.: Texturen metallischer Werkstoffe. Berlin 1939.

[4] Wassermann, G.: Z. Metallkde. Bd. 28 (1936) S. 262/71.

[5] Six, S., J. L. Snoek u. W. G. Burgers: Ingenieur, Haag Bd. 49 (1934) S. 195/200. — Snoek, J. L.: Physica. Haag Bd. 2 (1935) S. 403/12; Bd. 3 (1936) S. 118/24. — Snoek, J. L., u. M. W. Louwerse: Physica, Haag Bd. 4 (1937) S. 257/66. — Dahl, O., u. F. Pawlek: Z. Metallkde. Bd. 28 (1936) S. 230/33. — Dahl, O., u. J. Pfaffenberger: Metallwirtsch. Bd. 14 (1935) S. 25/28.

[6] Goldschmidt, R.: Z. techn. Phys. Bd. 15 (1934) S. 95/99. — Dahl, O., u. J. Pfaffenberger: Z. techn. Phys. Bd. 15 (1934) S. 99/106. — Kießling, G., u. W. Wolff: AEG-Mitt. 1938 S. 221/26. — Snoek, J. L.: Philips techn. Rdsch. Bd. 2 (1937) S. 77/83. — Six, W.: Philips techn. Rdsch. Bd. 1 (1936) S. 357/61.

genügend geringen Permeabilitätsanstieg bei wachsendem Feld erreichen läßt[1]. Zur Erzielung von Isopermen werden entsprechende Eisen-Nickel-Legierungen zuerst stark kaltgewalzt, worauf durch hohes Glühen Rekristallisationstextur erzeugt wird. Hierauf folgt die weitere Kaltwalzung. Durch passendes Abstimmen der beiden Walzgrade, der Temperatur der zwischen beiden Walzungen liegenden Glühung und gegebenenfalls einer Schlußglühung lassen sich heute mit dem Texturisoperm etwa folgende Werte erzielen: $\mu_0 = 80$ bis 100, $h < 30 \dfrac{\Omega \, \text{Henry}}{A\,W/\text{cm}}$, $s < 1\%$. Der metallphysikalische Grund für dieses anomale Verhalten der gewalzten Würfellage ist noch nicht völlig sicher erkannt.

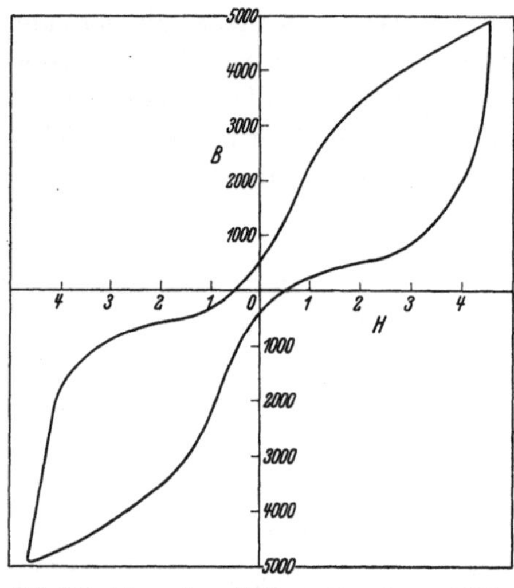

Abb. 288. Krawattenschleife des Perminvars (45% Ni, 25% Co.)

Eine andere Möglichkeit, einen Werkstoff mit von der Feldstärke unabhängiger Permeabilität herzustellen, besteht für einen allerdings bei weitem nicht so großen Feldstärkenbereich wie beim Isoperm durch eine legierungsmäßige Maßnahme, nämlich durch Zusatz von Kobalt zu Eisen-Nickel; als Wärmebehandlung ist eine Alterung bei 450° vorteilhaft. Die Hysteresisschleife[2] (Abb. 288), die man bei diesen als Perminvar bekannten Legierungen bekommt (eine typische Zusammensetzung ist z. B. 45% Ni, 25% Co, 30% Fe), sprechen dafür, daß der Werkstoff aus Teilchen verschiedener magnetischer Eigenschaften besteht[3], ohne daß hierzu das Eintreten von Entmischungs- oder Ordnungsvorgängen angenommen zu werden braucht[4].

d) Magnetische Eigenschaften niedriglegierter Nickelstähle.

Auch die magnetischen Eigenschaften niedriglegierter Nickelstähle sind von Bedeutung bei Teilen für große elektrische Maschinen, wie Rotorwellen, Rotorkörper, Jochringe usw. Neben den guten mechanischen Eigenschaften, die diese Stähle aufweisen müssen, sollen sie auch möglichst hohe Induktion bei

---

[1] Jordan, H.: Elektr. Nachr.-Techn. Bd. 1 (1924) S. 7/29.

[2] Elmen, G. W.: J. Franklin Inst. Bd. 207 (1929) S. 583/617.

[3] Auwers, O. v., u. H. Kühlewein: Ann. Phys., Lpz. Bd. 17 (1933) S. 121/45.

[4] L. W. Mc Keehan [Phys. Rev. Bd. 51 (1937) S. 136/39] gibt hierfür eine qualitative Erklärung. Die Behandlung des Materials erfolgt so, daß nach einer Glühung bei hoher Temperatur — etwa 1100° — und eine nachfolgende bei tiefer Temperatur unterhalb des Curie-Punktes, die als Alterungstemperatur bezeichnet wird, die kristallographische Anisotropie, wie die Messung zeigte, praktisch zum Verschwinden gebracht wird. Es wird nun angenommen, daß im Vielkristallwerkstoff noch Eigenspannungen vorhanden sind, evtl. durch die verschiedene Kristallorientierung der einzelnen Körner, so daß die durch diese mechanischen Spannungen gezogenen und gedrückten Bereiche verschiedene Arten von Vorzugsrichtungen magnetischer Art aufgeprägt bekommen. Hierdurch würden die zwei Sorten von Bereichen verschiedener magnetischer Eigenschaften entstehen bei gleichzeitigem Verschwinden der oben angedeuteten kristallographischen Anisotropie.

bestimmter Feldstärke und niedrige Koerzitivkraft aufweisen. Einen Überblick über verschiedene Legierungen, deren Festigkeitseigenschaften und magnetische Eigenschaften gibt Zahlentafel 64. Den günstigen Verlauf der Hysteresisschleife eines 5proz. Nickelstahls gegenüber der eines entsprechenden Chrom-Nickel-Stahls zeigt Abb. 289.

Aus all dem vorher Gesagten geht hervor, daß zwischen Spannungen und den magnetischen Eigenschaften, insbesondere auch der Koerzitivkraft und damit der Breite der Hysteresiskurve, bestimmte Beziehungen bestehen. Dementsprechend ist es schwierig, Stähle höherer Streckgrenze und Festigkeit zu erzeugen bei gleichzeitiger magnetischer Weichheit. Daß es durch geschickte Auswahl der Legierung bei Eisen-Nickel-Legierungen trotzdem gelingt, gute magnetische Eigenschaften bei entsprechend hohen Festigkeitseigenschaften zu erzielen, zeigt Zahlentafel 64. Die Streckgrenzen

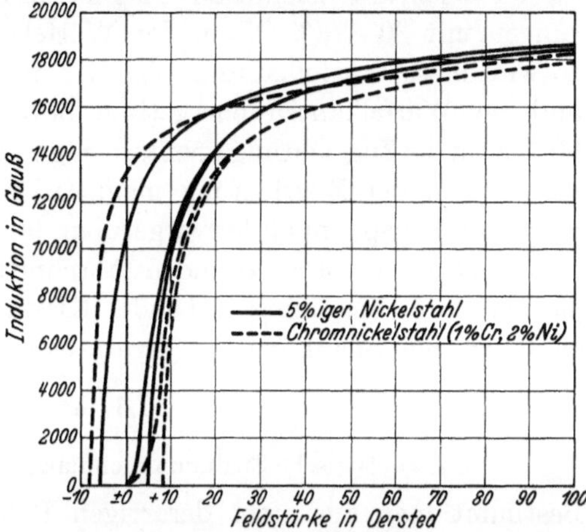

Abb. 289. Hysteresisschleife eines 5proz. Nickelstahles im Vergleich zu einem Chrom-Nickel-Stahl. [Nach Goerens: Stahl u. Eisen Bd. 44 (1924) S. 1645/59.]

bis zu 70 kg/mm² sind als hoch anzusprechen, wenn man bedenkt, daß es sich hier um Stücke von teilweise sehr großen Abmessungen handelt.

Über die Verwendung von Nickel in Dauermagnetlegierungen s. Abschnitte „Aluminium" und „Kupfer".

Zahlentafel 64. Magnetische Induktion einiger Nickel- und Chrom-Nickel-Stähle bei verschiedenen Feldstärken (nach Goerens)[1].

Chemische Zusammensetzung in Proz.			Festigkeitswerte in kg/mm²		Bei Feldstärke in Amperewindungen/cm			
					7,7	50	100	300
C	Ni	Cr	Zugfestigkeit	Streckgrenze		Induktion B in Gauß		
0,3	1	—	53	35	12000	16300	17700	19800
0,3	2	—	65	34	8100	16200	17800	19900
0,2	5	—	64²	51	8300	16800	18700	—
0,4	2	1	83	69	1800	16300	17800	19800
0,4	2,5	1	68	53	5600—7400	16300	17900	19700
0,4	3	1	71	52	8200	16500	17800	19600
0,4	3	1,5	87	72	3000	16200	17400	18900
Kohlenstoffstahl			50—60	27	—	14500	—	—

e) Elastizitätsmodul und Dämpfung.

(Zusammenhänge zwischen magnetischen und mechanischen Eigenschaften ferromagnetischer Stoffe.)

Es gibt einige weitere charakteristische Eigenschaften von Eisen-Nickel-Legierungen, die in gewissen Beziehungen zu ihrem ferromagnetischen Verhalten

[1] Stahl u. Eisen Bd. 44 (1924) S. 1645/59.
[2] Dieser Stahl kam geglüht zur Untersuchung, alle anderen vergütet.

stehen. Es ist schon mehrfach der Zusammenhang erwähnt worden, der zwischen den magnetischen und mechanischen Eigenschaften ferromagnetischer Werkstoffe besteht. Erinnert sei an folgenden Versuch: Wird ein Einkristall eines ferromagnetischen Werkstoffes mit positiver Magnetostriktion elastisch durch Zug in der Richtung leichtester Magnetisierbarkeit (z. B. bei Eisen-Nickel-Legierungen mit 30—76% Ni in der Würfelkante des Kristallgitters) beansprucht, so wird diese Würfelkante infolge der in ihr wirkenden Zugspannung gegenüber anderen Würfelkanten energetisch bevorzugt, so daß die Bereiche, die um 90° gegen die Zugrichtung spontan magnetisiert sind, zum Teil aufgezehrt werden von den in der Zugrichtung magnetisierten; mit anderen Worten, es finden, durch die Zugspannung hervorgerufen, 90°-Wandverschiebungen statt. Letztere sind nach dem vorhergehenden Abschnitt mit Magnetostriktion verknüpft, so daß ein unter Spannung stehender Kristall zu der elastischen Dehnung, die die entsprechende Spannung hervorruft, eine zusätzliche magnetostriktive Dehnung[1] erfährt[2].

$$\Delta l = \Delta l_e + \Delta l_s$$

l_e = elastische Spannungsdehnung, l_s = magnetostriktive Dehnung.

Bestimmt man aus einer derartigen Dehnungsmessung den Elastizitätsmodul als den reziproken Wert der Dehnungszahl $\left(E = \dfrac{1}{\alpha}\right)$, findet man einen Wert für E, der um den magnetostriktiven Wert der Dehnung zu tief liegt. Es tritt also ein Betrag ΔE auf, der der Magnetostriktion zuzuschreiben ist. Um den wahren Wert des E-Moduls zu finden, kann man so vorgehen, daß man die Probe in ein so kräftiges magnetisches Feld bringt, daß alle 90°-Wandverschiebungen erfolgt sind und nun diese verhältnismäßig stark magnetisierte Probe elastisch unter Spannungen setzt und die unter diesen Spannungen eintretende elastische Dehnung mißt. Man hält damit die spontane Magnetisierung in ihrer Richtung durch stärkere Magnetfelder fest, um zusätzlich den reinen Einfluß der mechanischen Spannung ermitteln zu können. Steht andererseits ein ferromagnetischer Werkstoff unter starken inneren Spannungen, wie dies z. B. bei stark kaltverformtem, gezogenem Eisen[3], Nickel[4] oder Eisen-Nickel-Legierungen[5] der Fall ist, so kann der innere Spannungszustand bereits die 90°-Wandverschiebungen zur Folge gehabt und den ΔE-Effekt ebenfalls schon vorweggenommen haben. Eine Messung eines Werkstoffes in diesem Zustand würde einen kleineren ΔE-Effekt ergeben als bei Messungen am gleichen Werkstoff im geglühten Zustand.

Entlastet man einen Werkstoff, an dem man z. B. durch Verdrehen den Spannungsdehnungs- + Magnetostriktionsdehnungseffekt hervorgerufen hat, so bleibt der magnetostriktive Teil als bleibende — nicht plastische — Verdrehung

---

[1] Kersten, M.: Z. Phys. Bd. 85 (1933) S. 708/16 — Z. Metallkde. Bd. 27 (1935) S. 97/101.

[2] Ähnliches gilt auch für Vielkristallproben unter schwachen Spannungen mit entsprechenden Korrekturen für die unter anderen Winkeln liegenden Vorzugsrichtungen der einzelnen Kristalle.

[3] Cooke, W. T.: Phys. Rev. Bd. 50 (1936) S. 1158/64.

[4] Giebe, E., u. E. Blechschmidt: Ann. Phys., Lpz. Bd. 11 (1931) S. 905/36. — Auwers, O. v.: Ann. Phys., Lpz. Bd. 17 (1933) S. 83/106.

[5] Siegel, S., u. S. Rosin: Phys. Rev. Bd. 49 (1936) S. 863. — Nakamura, K.: Z. Phys. Bd. 94 (1935) S. 707/16.

übrig[1], da bei Entlastung die 90°-Wandverschiebungen nicht rückgängig gemacht werden. Bei schwingender Beanspruchung führt dies zu einer Hysteresis, die einer elastischen Hysteresisdämpfung gleichkommt. Da bei der Schwingung (von + nach −) auch stets die Richtung der spontanen Magnetisierung sich ändert, entstehen hierdurch Wirbelströme, die zu einem zusätzlichen Dämpfungsbetrag, der Wirbelstromdämpfung[2], führen. Man ersieht hieraus, welche Zusammenhänge zwischen den zusätzlichen Anteilen von Dämpfung und Elastizitätsmodul[3] sowie dem magnetischen Verhalten (Magnetostriktion) bestehen. Außerdem ist es klar, daß bei Schwingungen in hohen magnetischen Feldern, in denen diese zusätzlichen ferromagnetischen Anteile durch die mechanischen Spannungen nicht mehr erzeugt werden können, die Dämpfung einem Kleinstwert zustrebt[4], es bleibt nur mehr das mechanisch elastische Verhalten des Werkstoffes übrig. So ist z. B. bei der Beschallung von Gasen, insbesondere Aerosolen (Nebel, Rauch, Staub) mit Ultraschall die Wahl eines Werkstoffes niedriger Dämpfung erforderlich, damit die Werkstoffdämpfung hinreichend klein ist gegenüber der durch die Abstrahlung der Energie zustande kommenden Strahlungsdämpfung (vgl. E. Hiedemann[5]).

Die Messung des ΔE-Effektes ist also von den inneren Spannungen[6] und der Magnetostriktion abhängig. Innere Spannungen und Magnetostriktion sind temperaturabhängig. (Erstere können durch Wärmebehandlung für den bei Raumtemperatur zu messenden ΔE-Anteil beeinflußt werden, wodurch auch diese Zusammenhänge mit der Art der Wärmebehandlung angedeutet sein sollen.) Damit ist eine Veränderlichkeit des ΔE-Anteils mit steigender Temperatur zu erwarten. Abb. 290 zeigt die Temperaturabhängigkeit des Elastizitätsmoduls an reinem

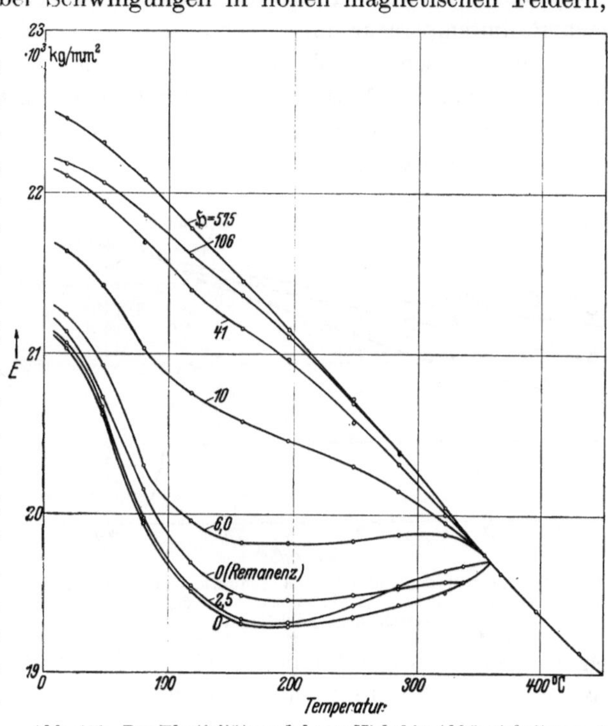

Abb. 290. Der Elastizitätsmodul von Nickel in Abhängigkeit von der Temperatur und vom Magnetfeld.

[1] Becker, R., u. M. Kornetzki: Z. Phys. Bd. 88 (1934) S. 634/46.

[2] Kersten, M.: Z. techn. Phys. Bd. 15 (1934) S. 463/67. — Brown, W. F.: Phys. Rev. Bd. 50 (1936) S. 1165/72. — Rusche, G.: Diss. Göttingen 1938.

[3] Kornetzki, M.: Wiss. Veröff. Siemens-Konz. Bd. 17 (1938) S. 48/62.

[4] Esau, A., u. H. Kortum: Z. Phys. Bd. 73 (1932) S. 602/19. — Siegel, S., u. S. L. Quimby: Phys. Rev. Bd. 49 (1936) S. 663/70.

[5] Ultraschallforschung. Berlin 1939.

[6] Kersten, M.: Z. Phys. Bd. 85 (1933) S. 708/16 — Z. Metallkde. Bd. 27 (1935) S. 97/101.

Nickel[1], gemessen in verschieden starken magnetischen Feldern. Bei starken Feldern entsprechend der Sättigungsmagnetisierung ergibt sich die bekannte Erniedrigung des Elastizitätsmoduls mit steigender Temperatur; infolge des starken Feldes tritt kein ΔE-Effekt, d. h. keine zusätzliche Verminderung des Elastizitätsmoduls durch magnetostriktive Dehnung, auf. Bei schwachen Feldern oder dem Feld Null zeigt sich hingegen deutlich die Verminderung des Elastizitätsmoduls durch die genannten Vorgänge ferromagnetischer Natur. Hierdurch zeigt Nickel im Feld Null z. B. eine Temperaturunabhängigkeit des E-Moduls im Bereich von etwa 100—350°, eine Eigenschaft, die — durch Legierung nach Raumtemperatur hin verschoben — von technischer Wichtigkeit ist. Am Curie-Punkt fallen alle Messungen naturgemäß in einen Wert zusammen, was die ferromagnetische Natur des ΔE-Effektes nochmals deutlich macht. Diese weitgehende Temperaturunabhängigkeit des Elastizitätsmoduls zeigt noch in stärkerem Maße eine Eisen-Nickel-Legierung mit etwa 42% Ni (Abb. 291), und zwar bereits bei Raumtemperatur[1].

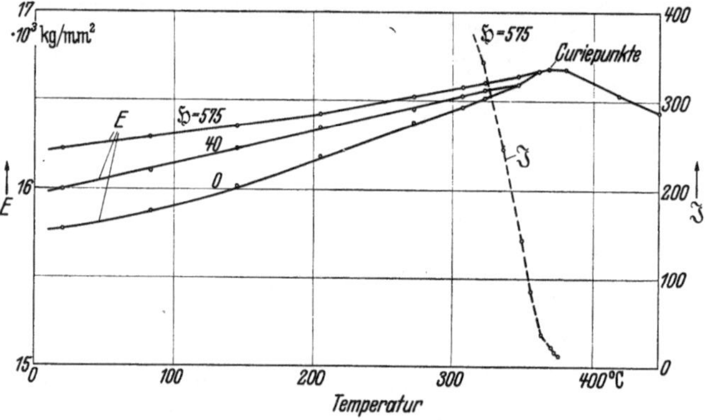

Abb. 291. Elastizitätsmodul (E) und Induktion (J) einer Eisen-Nickellegierung mit 42% Ni in Abhängigkeit von der Temperatur für verschiedene Feldstärken.

Hierbei ist eine Tatsache erwähnenswert. Bei dieser 42 proz. Eisen-Nickel-Legierung bleibt der ΔE-Effekt, der zur Temperaturkonstanz des E-Moduls führt, auch bei Steigerung der Feldstärke noch ziemlich lange erhalten. Die Ursache ist darin zu suchen, daß diese Legierung in erheblich stärkerem Maße als reines Nickel mit steigender Temperatur wahre Magnetisierung (s. Abb. 282) erfährt. Da wahre Magnetisierung mit der Vergrößerung des magnetischen Momentes ebenfalls eine starke Magnetostriktion[2], d. h. magnetische Dehnung des Werkstoffes, hervorruft, muß diese, ebenso wie bei der Verschiebung der 90°-Wände, den ΔE-Effekt[3] ergeben. Dieser im Bereich der wahren Magnetisierung auftretende zusätzliche Effekt läßt nochmals deutlich seine ferromagnetische Natur erkennen. Bei diesen Legierungen mit starker wahrer Magnetisierung muß das äußere Feld zu extrem hohen Werten gesteigert werden, um den wahren E-Modul bestimmen zu können. Den linearen Anstieg der Magnetostriktion bei wahrer Magnetisierung zeigt Abb. 292.

Erwähnt sei noch, daß parallel zu dem linearen Anstieg der Magnetostriktion die wahre Magnetisierung einen linearen Abfall des elektrischen Widerstandes[4] bewirkt. Starke wahre Magnetisierung zeigen alle Legierungen in der Nähe des Curie-Punktes, oberhalb dessen es nur mehr wahre Magnetisierung (paramagnetisches Eisen usw.) bei entsprechend starken Feldern gibt (s. S. 348).

---

[1] Engler, O.: Ann. Phys., Lpz. Bd. 31 (1938) S. 145/63.
[2] Becker, R.: Z. Phys. Bd. 87 (1934) S. 547/59. — Kornetzki, M.: Z. Phys. Bd. 87 (1934) S. 560/79; Bd. 97 (1935) S. 662/66.
[3] Döring, W.: Ann. Phys., Lpz. Bd. 32 (1938) S. 465/70.
[4] Vgl. z. B. W. Gerlach: Z. Elektrochem. Bd. 45 (1939) S. 151/70.

Kehrt man zur Betrachtung des ΔE-Effektes zurück, so wird die Verminderung des Elastizitätsmoduls um so größer, je höher der magnetostriktive Dehnungsanteil an der Gesamtdehnung bei der Messung ist, bei starker wahrer Magnetisierung also größer als bei ihrem Fehlen, besonders groß also in der Nähe des Curie-Punktes. Die Verminderung des E-Moduls bei Raumtemperatur kann daher bei Legierungen, deren Curie-Punkt nur wenig über Raumtemperatur liegt, so stark werden, daß der E-Modul bei Raumtemperatur schon unterhalb seines Wertes beim Curie-Punkt liegen kann. Der Temperaturkoeffizient des E-Moduls wird dann positiv (wie dies auch Abb. 290 schon andeutet). So ergeben sich bei den Eisen-Nickel-Legierungen Verhältnisse, wie sie Abb. 293 zeigt. Der Temperaturkoeffizient wechselt mit steigendem Nickelgehalt (bei etwa 29% Ni Curie-Punkt unter 100° C) aus dem üblichen negativen Feld ins positive. Bei 36% Ni ergibt sich aus den

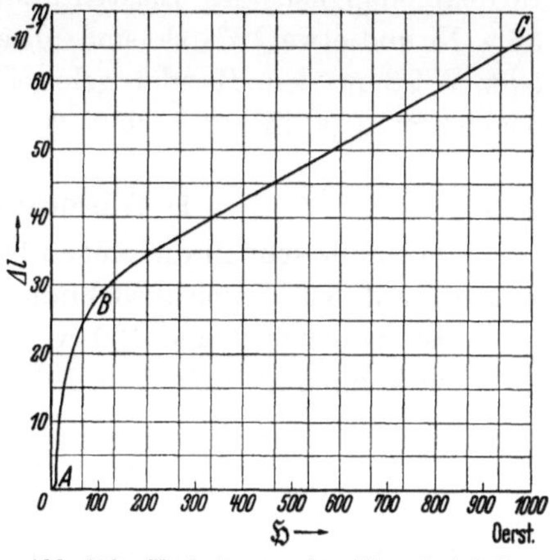

Abb. 292. Veränderung der Magnetostriktion mit der Feldstärke bei einer Legierung mit 36% Ni und 10% Cr.

geschilderten Zusammenhängen ein Maximum, das wieder zum negativen Feld abfällt. Bei etwa 29% und 45% Ni nähern wir uns dem Wert Null (Legierungen, wo nach W. Döring[1] Magnetostriktion und Temperaturabhängigkeit der wahren Magnetisierung passend aufeinander abgestimmt sind).

Ein derartiger Bestwert der **Temperaturabhängigkeit** des **Elastizitätsmoduls** ist von Wichtigkeit für Stimmgabeln, Uhrfedern, Unruhen von Chronometern, Federn von Schweremessern sowie sonstige physikalische Instrumente, bei denen möglichst weitgehende Temperaturunabhängigkeit ihrer elastischen Eigenschaften vorhanden sein muß. Da der Kurvenverlauf in Abb. 293 in der Gegend der Nullpunkte sehr steil ist und infolgedessen kleine Änderungen im Nickelgehalt wesentliche Veränderungen in den Eigenschaften der Legierungen hervorrufen können, hat man versucht, durch Hinzulegieren von anderen Elementen den Kurvenverlauf weniger schroff

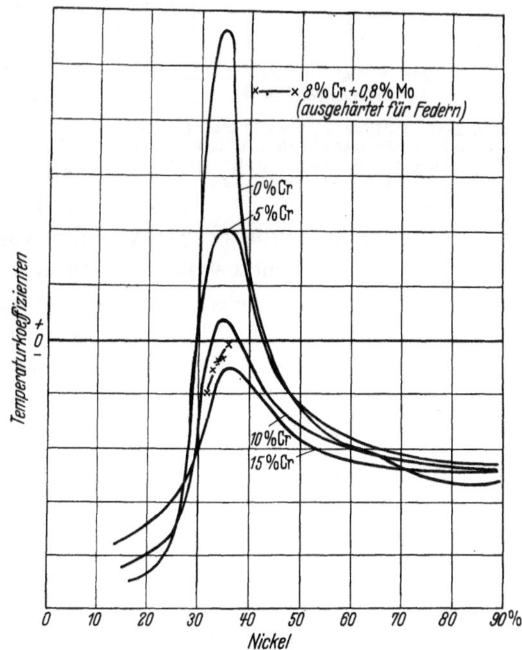

Abb. 293. Temperaturkoeffizient des E-Moduls bei 0°C von Eisen-Nickel-Legierungen mit verschiedenen Chromgehalten. [Nach P. Chevenard: Travaux et Mémoires du Bureau International des Poids et Mesures Bd. 17 (1927) S. 124, 128 u. 129.]

---

[1] Döring, W.: Ann. Phys., Lpz. Bd. 32 (1938) S. 465/70.

zu gestalten. Wie Abb. 293 zeigt, ist es durch Zusatz von 10—15%, am besten 12% Cr[1], möglich, in dem ganzen Bereich von 34—37% Ni praktisch Temperaturunabhängigkeit des Elastizitätsmoduls zu erzielen. Legierungen mit etwa 36% Ni und etwa 12% Cr sind unter den Namen Elinvar, WT 10 und WT 11 oder WT 8 in den Handel gebracht worden, wobei letztere für Federn verwendet wird (s. hierzu auch S. 986).

f) Wärmeausdehnungskoeffizient.

In ebenfalls sehr in die Augen fallender Weise wirkt sich der Ferromagnetismus aus auf den Wärmeausdehnungskoeffizienten der Eisen-Nickel-Legierungen. Er weist zwischen 0 und 100° C (Abb. 294) bei einem Nickelgehalt von etwa 36% ein Minimum[2] auf; Abb. 295 nach Chevenard[3] zeigt, wie jeder Temperatur bei einer bestimmten Nickelkonzentration ein solcher Tiefstwert entspricht. Daß alle diese Tiefstwerte gerade in der Gegend des Curie-Punktes der betreffenden Legierung liegen, legt die Vermutung nach einem von dem Ferromagnetismus stammenden Grund nahe. Kühlt man die Eisen-Nickel-Legierung mit 36% Ni von hohen Temperaturen ab, so zeigt die Beobachtung (Abb. 296), daß beim Unterschreiten des Curie-Punktes bei positiver Magnetostriktion eine der normalen Kontraktion überlagerte zusätzliche Volumenvergrößerung eintritt; letztere hängt mit dem Entstehen und Anwachsen der spontanen Magnetisierung zusammen, die ebenso wie die Ausrichtung der Elementarbereiche im Magnetfeld mit Magnetostriktion verknüpft ist (s. S. 344 ff). Wie Überlegungen von Dehlinger[4] nahelegen, ist sie mit einer aus Gleichgewichtsgründen eintretenden Vergrößerung des Austauschintegrals verbunden.

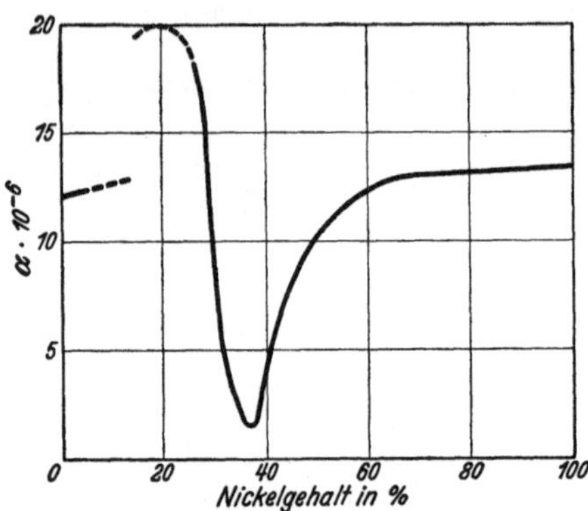

Abb. 294. Mittlere Ausdehnungskoeffizienten der Fe-Ni-Legierungen zwischen 0 und 100°. [Entnommen von F. Stäblein: Kruppsche Mh. Bd. 9 (1928) S. 181/89.]

Im Rahmen dieser Vorstellung kommt Dehlinger zu der Aussage, daß flächenzentriertes γ-Eisen, wenn es ferromagnetisch wäre, eine stärkere zusätzliche Volumenvergrößerung liefern würde als die übrigen Metalle. Wird also γ-Eisen durch Zusatz von Nickel ferromagnetisch, wie dies bei der 36proz. Nickellegierung der Fall ist, so tritt für die niedrigste Nickelkonzentration der Effekt am stärksten auf und wird mit wachsendem Nickelgehalt allmählich immer kleiner. Es ist weiterhin klar, daß die gesamte Arbeit, die zur Vernichtung des Ferromagnetismus nötig ist, im Fall der 36% Ni enthaltenden Legierung bei Raumtemperatur geleistet wird. Als Maß für diese Arbeit kann die

---

[1] Chevenard, P.: Centre d'information du Nickel, Serie B, Nr. 3 — Stahl u. Eisen Bd. 48 (1928) S. 1045/49 — Rev. Métall. Bd. 25 (1928) S. 14. — Ide, Mc Donald: Proc. Inst. Radio Eng., Menaska, Wisc. Bd. 22 (1934) S. 177.

[2] Chevenard, P.: C. R. Acad. Sci., Paris Bd. 172 (1921) S. 594/96.

[3] Travaux et Mémoires du Bureau International des Poids et Mesures, Paris Bd. 17 (1927) S. 83.

[4] Dehlinger, U.: Z. Metallkde. Bd. 28 (1936) S. 194/96.

spezifische Wärme herangezogen werden. Mißt man diese bei Raumtemperatur, so muß sie in Übereinstimmung mit der Erfahrung (Abb. 297) bei 36% Ni ein scharfes Maximum aufweisen.

Die starke Verschiedenheit des Wärmeausdehnungskoeffizienten im System der Eisen-Nickel-Legierungen ermöglicht es, durch Verwendung verschiedener

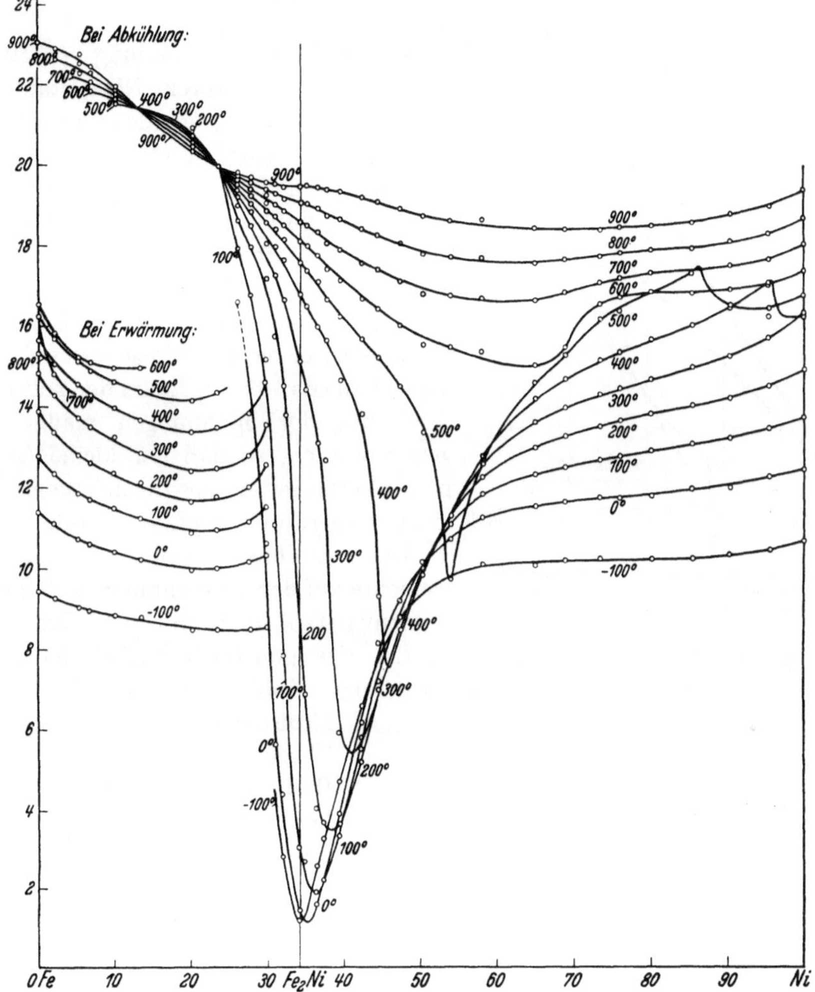

Abb. 295. Isothermen des Ausdehnungskoeffizienten bei reinen Eisen-Nickel-Legierungen. [Nach Chevenard: Traveaux et Mémoires du Bureau International des Poids et Mesures, Paris, Bd. 17 (1927) S. 83.]

Nickellegierungen Stähle mit verschiedenen Wärmeausdehnungskoeffizienten herzustellen, die für die Meßindustrie von großem Interesse sein können. Der Ausdehnungskoeffizient kann z. B. demjenigen des zu messenden Materials angepaßt werden. Infolgedessen ergibt sich die Möglichkeit, unabhängig von den Temperaturverhältnissen des Meßraumes genaue Messungen vorzunehmen. Praktische Verwendung hat in dieser Beziehung vor allem der 36proz. Nickelstahl gefunden, der als Invar- oder Indilatansstahl für Meßwerkzeuge auf dem Markt ist, die bei geringen Temperaturschwankungen ihre absolute Meßlänge nicht verändern sollen. Den Unterschied dieses Stahles gegenüber einem Kohlenstoffstahl in der Ausdehnung zeigt Abb. 296. Bis zu Temperaturen von 100° ist die Ausdehnung praktisch sehr gering, oberhalb 200° besteht aber kein wesentlicher Unterschied zwischen dem Ausdehnungskoeffizienten dieser Legierungen und derjenigen des Kohlenstoffstahles. In der Abb. 296 sind außerdem die Wärmeausdehnungen von Stählen mit $\infty 50\%$ Ni eingetragen.

Durch schnelle Abkühlung von 800 bis 1000° tritt beim 36proz. Nickelstahl noch eine leichte Verringerung des Ausdehnungskoeffizienten ein; durch nachfolgendes Kaltziehen gelingt es sogar, praktisch den Wert Null zu erreichen. Man muß allerdings hierbei berücksichtigen, daß Werkzeuge im kaltgereckten Zustand auch nach erfolgtem Auskochen bei 100° nicht spannungsfrei sind. Infolgedessen besteht die Gefahr, daß sie im Laufe der Zeit durch Auslösung der Spannungen maßlich ungenau werden, so daß der kleine Gewinn in der Verbesserung des Ausdehnungskoeffizienten hierdurch hinfällig werden kann.

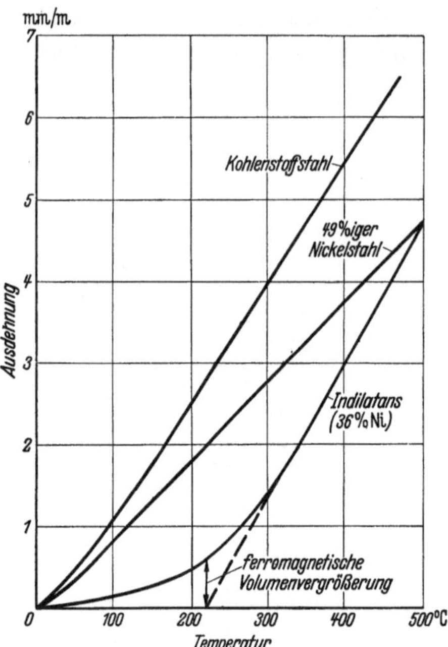

Abb. 296. Ausdehnungskurven von Kohlenstoffstahl im Vergleich zu 36proz. und 49proz. Nickelstahl zwischen 0° und 500°.

Den Einfluß verschiedener Begleitelemente auf den Ausdehnungskoeffizienten von Invarstahl zeigt Abb. 298. Bei Gegenwart von Begleitelementen verschiebt sich der günstigste Nickelgehalt; z. B. machen Mangan und Chrom eine Erhöhung, Kohlenstoff und Kupfer eine Erniedrigung notwendig. Bei Chrom ist ein geringerer Einfluß auf den günstigsten Nikkelgehalt vorhanden, wodurch die Möglichkeit besteht, durch Chromzusatz einen korrosionsfesteren Invarstahl zu schaffen, der allerdings bei 12% Cr schon ungünstigere Wärmeausdehnungskoeffizienten aufweist als der reine Invarstahl. Ein Zusatz von Kobalt wirkt im günstigen Sinn auf die Invareigenschaft[1]. Durch Zusatz von Beryllium hat man

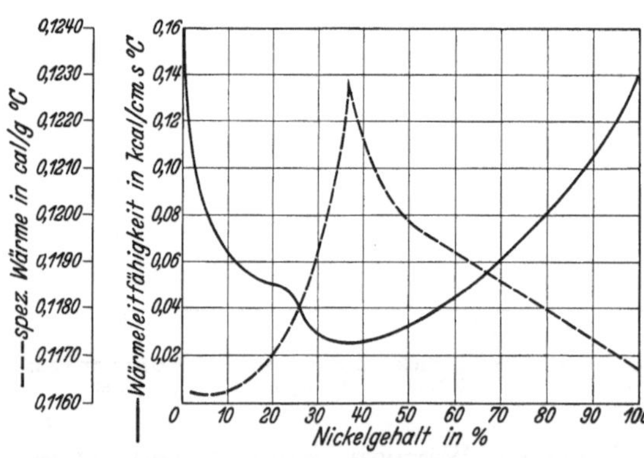

Abb. 297. Veränderung von Wärmeleitfähigkeit und spezifischer Wärme von Eisen durch Nickelzusätze. (Nach F. L. R. Ingersoll: Physic. Rev. 1920 S. 126.)

ferner eine Verbesserung der mechanischen Eigenschaften des Invarstahles zu erreichen versucht (s. Abschnitt Beryllium, S. 986).

Kohlenstoff bewirkt nach Untersuchungen von Guillaume[2] auch noch eine zeitliche Veränderung, also eine Alterung des 36proz. Nickelstahles. Zur

---

[1] Scott, H.: Trans. Amer. Inst. min. metallurg. Engrs. Techn. Publ. Nr. 318 (1930) S. 506/37.   [2] Rev. Métall. Bd. 25 (1928) S. 35.

Beseitigung dieser Alterung wird, ähnlich wie bei Feinmeßwerkzeugen, ein längeres Anlassen bei 100° vorgeschrieben. Am günstigsten ist es, den Kohlenstoffgehalt so tief wie möglich zu halten oder aber in Form eines stabilen Karbides (Titankarbid) abzubinden.

Die praktische Verwendbarkeit von Invarstahl beschränkt sich auf Temperaturgebiete von 0—50°, bei der ein Minimum des Ausdehnungskoeffizienten vorhanden ist. Die Verwendung ist überall dort am Platze, wo durch einen Einfluß der Temperatur Längenänderungen in diesem Bereich vermieden werden sollen, so z. B. bei Meßdrähten, Meßbändern, Uhrpendeln usw. Infolge der günstigen Festigkeitseigenschaften — Zugfestigkeit etwa 60 kg/mm², Streckgrenze etwa 25 kg/mm², Dehnung etwa 30%, Kerbzähigkeit etwa 30 mkg/cm²

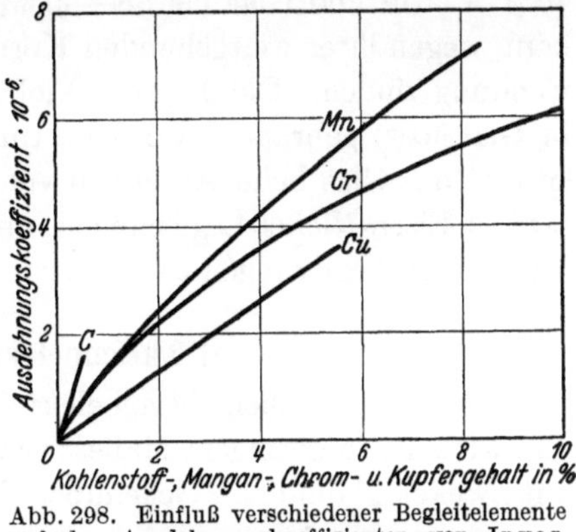

Abb. 298. Einfluß verschiedener Begleitelemente auf den Ausdehnungskoeffizienten von Invar. (Nach L. Guillaume: Rev. Métall. 1928 S. 35/43.)

— stehen seiner Verwendung als Baustoff keine Bedenken entgegen.

Eine besondere Verwendung hat der 36proz. Nickelstahl auch in dem sog. Bimetall gefunden („Thermobimetall", s. S. 303 u. 307). Das am häufigsten verwendete Bimetall besteht aus zwei aufeinandergeschweißten Metallstreifen von 25 und 36% Nickeleisen, unter Umständen mit geringen Gehalten von Chrom oder Molybdän zur Erhöhung der Streckgrenze. In Fällen, wo über 300° eine möglichst hohe Elastizitätsgrenze wegen der bei Regelung von Schaltvorgängen auftretenden mechanischen Kräfte wünschenswert ist, fügt man zuweilen außer den genannten Elementen auch Wolfram, Molybdän und Aluminium zu. Infolge der verschiedenen Ausdehnungskoeffizienten der beiden Metalle dehnen sie sich bei der Erwärmung verschieden aus, und es findet eine Durchbiegung des Metallstreifens statt, die gesetzmäßig in direktem Verhältnis zum Unterschied der Ausdehnungs-

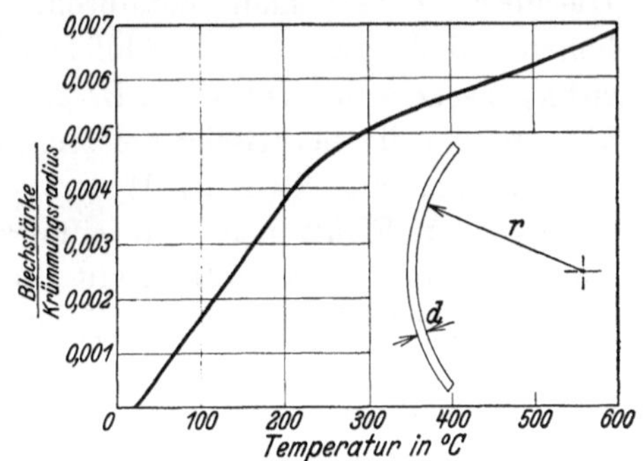

Abb. 299. Krümmung von Bimetall. [Entnommen von F. Stäblein: Kruppsche Mh. Bd. 9 (1928) S. 181/88.]

koeffizienten steht. Die Krümmung eines derartigen Bimetallstreifens geht aus Abb. 299 hervor. An Stelle des 25proz. Nickelstahles kann als zweites Metall Kupfer, Konstantan, Reinnickel, austenitischer Manganstahl usw. Verwendung finden, wodurch gleichfalls noch weitere Veränderungen des Durchbiegungsradius erzielt werden können. Für die Verwendung im Temperaturbereich von +160 bis —60°C weist auch ein Bimetall aus Eisen und Aluminium genügend Reversibilität des Krümmungsverhaltens auf, so daß es innerhalb dieser Grenzen als Ersatz der teuren Nickellegierungen verwendet werden kann.

Das Anwendungsgebiet dieses Bimetalls liegt in der Hauptsache im Apparatebau der Elektrotechnik, wo die Krümmung des Bimetalls z. B. für Auslösungsvorrichtungen für Schaltgeräte benutzt wird.

Infolge der Vergrößerung des Ausdehnungskoeffizienten bei über 36% Nickel ist es möglich, Legierungen zu schaffen, die sich in ihrem Ausdehnungskoeffizienten den verschiedenen Stoffen anpassen, wie z. B. Porzellan bei 40%, Platin und Glas bei 48—50%, Eisen bei 56% Nickel. Letztere Legierung kann wegen ihrer weitgehenden Korrosionsbeständigkeit für Meßwerkzeuge Verwendung finden. Die 48proz. Nickellegierung kann z. B. zum Einschmelzen in Glas usw. gebraucht werden. Infolge des gleichen Ausdehnungskoeffizienten springt das Glas beim Abkühlen von solchen Drähten nicht ab. Über Kobaltzusatz zu Eisen-Nickel-Legierungen, um bestimmte, ebenfalls für Einschmelzungen brauchbare Legierungen zu erhalten, vgl. das Kapitel „Kobaltstähle" (s. S. 747).

g) Thermoelektrische Eigenschaften.

Infolge ihrer hohen thermoelektrischen Kraft haben Legierungen mit 66% Ni und 34% Fe in geringem Maße Verwendung für Thermoelemente in Verbindung mit Nickel gefunden. Gegenüber Nickel-Chrom- und Nickel-Molybdän-Legierungen ist der Anwendungskreis aber beschränkt geblieben, schon deswegen, weil sie eine geringere Zunderbeständigkeit als die letztgenannten aufweisen. Die Veränderung der Thermokraft und des elektrischen Widerstandes ternärer Eisen-Chrom-Nickel-Legierungen wurde ausführlich von P. Chevenard[1] untersucht.

h) Nickel in Widerstandslegierungen.

Eine große Verwendung findet Nickel in den sog. Widerstandslegierungen. Hierüber versteht man metallische Werkstoffe, die dem elektrischen Strom höheren Widerstand als die üblichen Leiter, wie etwa Kupfer oder Weicheisen, entgegensetzen, so daß sie z. B. zur Regelung des Stromes verwendet werden können. Da die elektrische Leitung in Metallen durch Elektronen erfolgt, kann ein bestimmter elektrischer Widerstand nur erzeugt werden, wenn dem Platzwechsel der Elektronen sich entsprechende Schwierigkeiten entgegenstellen. Auch hier ergeben sich interessante Zusammenhänge zwischen den verschiedenen physikalischen Eigenschaften, die sich durch die neuere physikalische Forschung herauszuschälen beginnen. Es ist möglich, auf verschiedensten Wegen Veränderungen des elektrischen Widerstandes herbeizuführen. Hierzu gehören die Veränderungen des elektrischen Widerstandes mit der Temperatur und durch den Magnetismus (wodurch der Knick der Temperaturwiderstandskurve am Curie-Punkt erklärt wird) sowie innerhalb bestimmter Legierungsreihen.

Im folgenden Teil wird für denjenigen, der sich mit diesen Dingen etwas näher befassen will, ein gewisser Überblick über diese Zusammenhänge gegeben.

Die Leitung des elektrischen Stromes erfolgt bekanntlich durch Elektronen. Dabei spielen naturgemäß wiederum die Außenelektronen der Atome eine besondere Rolle, da sie energetisch am meisten zum Platzwechsel befähigt sind. Eine Abbindung der Außenelektronen, die ja auch beim Entstehen von Verbindungen die valenzmäßige Bindung ergeben, erschwert die Leitung des elektrischen Stromes und erklärt, warum chemische Verbindungen durchweg schlechte Leiter sind. Die Leitfähigkeit wird um so größer sein, je leichter der Elektronenwechsel vor sich geht.

---

[1] Revue du Nickel Nr. 2, 3ᵉ année; Travaux et Mémoires du Bureau International des Poids et Mesures Bd. 17 (1927) — Stahl u. Eisen Bd. 48 (1928) S. 1045/49 (Werkstoffausschuß Nr. 128).

Einfluß der Bindung der Atome im festen Zustand und des Atomaufbaues.
Am leichtesten könnte der Elektronentransport erfolgen, wenn die Elektronen
frei wären, d. h. sie jede beliebige Energie annehmen könnten. Es ist selbstverständlich, daß es in festen Körpern, die hier betrachtet werden, freie Elektronen nicht gibt, da von Atom zu Atom Kräfte ausgeübt werden. Diese Kräfte

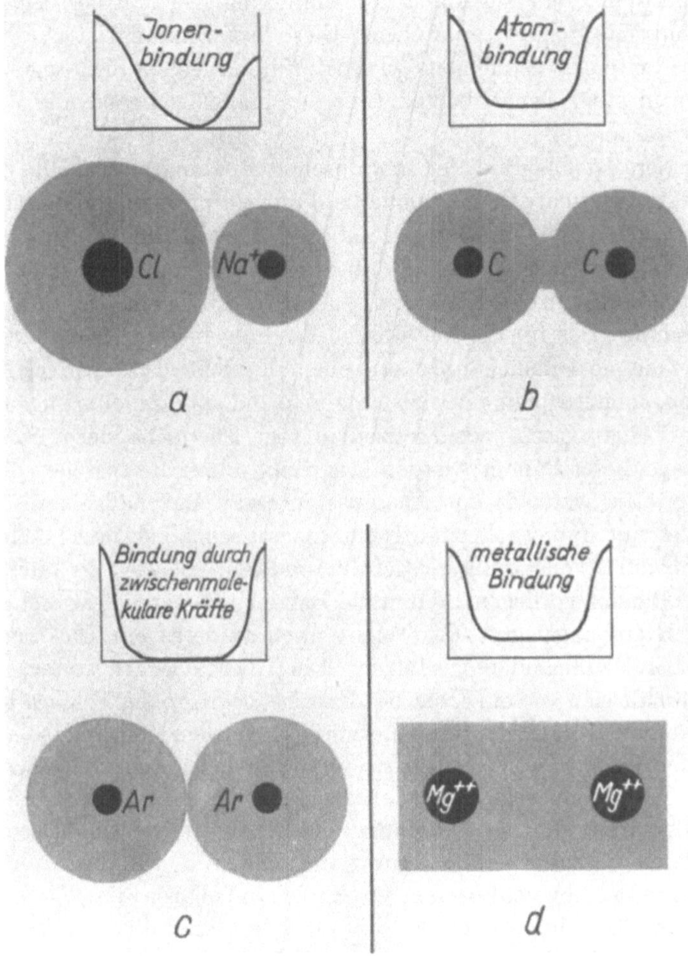

Abb. 300. Schematische Darstellung der Elektronendichteverteilung bei den vier Bindungsarten.
[Nach H. G. Grimm: Angew. Chem. Bd. 53 (1940) S. 288/92.]

bestimmen die Kohäsion des festen Körpers und sind mitbestimmend für den
Energiezustand, in dem sich die Elektronen zwischen den Atomen befinden.
Insbesondere gilt dies wieder für die Außenelektronen, die als energetisch günstigste für den Stromtransport in Frage kommen. Der Energiezustand dieser
Elektronen wird insbesondere mit beeinflußt von der Bindungsart der Atome.
Einen tieferen Einblick in die verschiedenen Arten der Bindungsmöglichkeiten
zwischen Atomen geben die Arbeiten von Grimm und seinen Mitarbeitern[1].
Abb. 300 zeigt die räumliche Elektronenverteilung bei verschiedener Bindungsart

____

[1] Siehe H. G. Grimm: Angew. Chem. Bd. 53 (1940) S. 288/92.

Die stärksten Unterschiede zeigt die heteropolare (Ionen-) Bindung Abb. 300a
im Vergleich zur metallischen Bindung Abb. 300d. Bei der heteropolaren Bindung fällt die Elektronenverteilung (angedeutet durch die grauen Flächen bzw.
die schematischen Kurven) zwischen den Atomen auf den Wert Null ab, was ein
Ausdruck für abgeschlossene Elektronenschalen ist. Eine solche Bindung weist
bekanntlich das Kochsalz auf; es wird dem Natrium hierbei ein Elektron
entrissen und dem Chlor zugeführt (Ionenbindung), so daß bei beiden Atomen
fest abgeschlossene Schalen entstehen. Diese Art Bindung ist charakteristisch
für schlechte Leiter, da es nicht möglich ist, durch kleine außen angelegte Felder
ein Elektron in einen benachbarten Energiezustand zu heben und damit einen
Elektronentransport einzuleiten.

Völlig anders ist das Bild der metallischen Bindung. Wie Abb. 300d zeigt,
fällt die Elektronendichte in Kernnähe bald auf ein praktisch konstantes Niveau
ab. Diese gleichmäßige Verteilung veranschaulicht nochmals die im Abschnitt
„Reines Eisen" erwähnte Tatsache, daß es nicht möglich ist zu entscheiden, zu
welchem Atomkern einzelne Elektronen gehören, und hebt den Sinn der Größe
des Austauschintegrals für die metallische Bindung hervor. Diese Zwischenelek-
tronen, wie man sie nennen könnte, sind ebenfalls nicht als völlig freie Elektronen
anzusprechen, sondern befinden sich entsprechend den Ausführungen auf S. 26
(Abschnitt „Reines Eisen") energetisch in sog. Energiebändern. Die Energiezustände (Lage dieser Bänder) werden beeinflußt durch die zwischen den Atomen
wirkenden Kräfte, wofür ja das Austauschintegral eine maßgebende Größe ist.
Hierbei ist es nun für die Leitfähigkeit von ausschlaggebender Bedeutung, ob
die Energiebänder vollständig ausgefüllt sind mit Elektronen oder ob unabgeschlossene Bänder vorliegen. Wenn die Bänder vollständig abgeschlossen sind,
könnte durch ein angelegtes Feld nicht ohne weiteres ein Elektronenwechsel
von einem Band zum anderen erfolgen. Der Energiebedarf ist hierzu zu groß.
Der Stoff verhält sich wie ein Isolator. Erst bei sehr großen Feldern kann dieser
Energiezustand von Band zu Band überbrückt werden, und der Isolator schlägt
durch. Anders liegen die Verhältnisse, wenn ein Übergang von einem Energiezustand zu einem unbesetzten Nachbarzustand im gleichen Band möglich ist.
Sehr interessant ist in dieser Beziehung das Eisen. Würde das Eisen im festen
Zustand dieselbe Elektronenkonfiguration aufweisen wie im Dampfzustand,
würde es wegen der abgeschlossenen $4s$-Schale ein Isolator sein. Wegen der Überschneidung des $3d$- und $4s$-Bandes weist das fest kristallisierte Eisen aber ein
unabgeschlossenes $4s$-Band auf; das Eisen ist deshalb ein metallischer Leiter.

Wenn die Übergänge von einem Energiezustand der äußeren Elektronen in
den anderen maßgeblich sind für den elektrischen Widerstand bzw. für die Leitfähigkeit eines Metalles, muß der Atomaufbau des einzelnen Metalles an sich
auch bereits einen Maßstab für den elektrischen Widerstand ergeben. Es sei
nochmals daran erinnert, daß die einzelnen chemischen Elemente sich aus dem
Atomkern mit je nach der Schwere des betreffenden Elementes zahlreichen ihn
umgebenden Elektronenschalen zusammensetzen. In dem Abschnitt „Reines
Eisen" wurde erwähnt, daß man im festen Kristallzustand nicht an scharfe
(diskrete) Energieniveaus, sondern vielmehr an Energiebänder zu denken hat,
deren Energiebereiche teilweise ineinandergreifen können. Wenn der elektrische
Strom von den Außenelektronen getragen wird, so muß der Energiezustand der

äußeren Elektronenschalen bzw. -bänder maßgeblich die Leitfähigkeit bestimmen. Am einfachsten werden die Vorgänge liegen, wenn hierbei nur die äußerste Elektronenschale, die dem Kern am entferntesten liegt und energetisch für den Platzwechsel von Elektronen am günstigsten ist, allein beteiligt ist. Die äußeren Elektronen werden aber dann am leichtesten einen Platzwechsel vornehmen können, wenn die nächstfolgende Schale zum Kern hin vollkommen mit Elektronen besetzt ist und gleichzeitig nur wenige Elektronen in der äußersten Schale vorhanden sind. Betrachtet man daraufhin die in Zahlentafel 6 (S. 22) gegebene Tabelle der Elektronenanordnung der Elemente, so wird man entsprechend oben Gesagtem feststellen können, daß die Elemente mit der größten Leitfähigkeit, wie z. B. Kupfer, Gold, Silber, jeweils nur ein s-Elektron in der äußeren Schale haben, während alle darunterliegenden Schalen vollkommen besetzt sind. Das gleiche gilt auch für das gut leitende Metall Aluminium, bei dem es sich in der äußeren Schale nicht um ein s-, sondern um ein $3p$-Elektron handelt, während wiederum alle inneren Schalen voll besetzt sind. Solche sozusagen alleinstehende äußere Elektronen sind also verhältnismäßig schwach gebunden und können im elektrischen Sinne leicht einen Platzwechsel eingehen. Anders und etwas schwieriger liegen die Verhältnisse bei denjenigen Metallen, bei denen die darunterliegenden Schalen nicht vollkommen besetzt sind, wie dies bei den Übergangsmetallen, z. B. Eisen, Nickel usw., der Fall ist, die eine unabgeschlossene d-Schale aufweisen und außerdem Elektronen in der darauffolgenden äußeren s-Schale haben. Wie bereits früher hervorgehoben, muß man sich vorstellen, daß im kristallinen Zustande die verschiedenen Energiebänder der d- und s-Zustände in diesem Falle übereinandergreifen, und es kann daher bei der Stromleitung ein Übergang des Elektrons von einem s-Zustand in einen d-Zustand[1] erfolgen. Wenn man bedenkt, daß das d-Band energetisch ungünstig liegt gegenüber dem s-Band, wird man verstehen können, daß sich durch diese Übergänge in und aus dem d-Band, wie die exakte Theorie zeigt, ein zusätzlicher Widerstand ergibt, der diese Metalle zu schlechteren Leitern des elektrischen Stromes stempelt als die oben erwähnten guten Leiter, die durch anderen Atomaufbau gekennzeichnet sind. Auch der Nichtphysiker wird sich in etwa vorstellen können, daß derartige Veränderungen schwieriger vor sich gehen und daher einen entsprechenden Widerstandsanteil bedingen.

Einfluß der Temperatur. Der Strom je Volumeneinheit wird physikalisch definiert durch das Produkt der Ladung e des Elektrons und der Geschwindigkeit in der Stromrichtung, wie in einer Wasserleitung der Wasserstrom sich aus dem Rohrquerschnitt und der Wassergeschwindigkeit ergibt. Im idealen absolut störungsfreien Kristall würde, wie tiefgehende quantentheoretische Überlegungen zeigen[2], beim absoluten Nullpunkt der Wechsel der Elektronen praktisch widerstandslos vor sich gehen, d. h. legte man an derartige fehlerfreie Kristalle eine Spannung an, so würde die Stromstärke, die nach oben gegebener Definition des Stromes nur von der Geschwindigkeit des Elektrons bestimmt wird, linear mit der vom Einschalten aus gerechneten Zeit anwachsen. Ähnlich würde ja auch in einer Wasserleitung, in der alle Reibungswiderstände Null sind, die Wassermenge, d. h. die Wassergeschwindigkeit mit der Zeit entsprechend dem

---

[1] Mott, N. F.: Proc. roy. Soc., Lond. Bd. 153 (1936) S. 699/717.
[2] Mott, N. F.: Proc. roy. Soc., Lond. Bd. 156 (1936) S. 368/82.

Beschleunigungsgesetz dauernd ansteigen, vorausgesetzt natürlich, daß das gegebene Wasserreservoir in seiner Größe konstant gehalten wird. Der im Gegensatz hierzu beobachtete stationäre Wert des Stromes kann seinen Grund nur in Fehlstellen des Kristallgitters haben. Man muß sich entsprechend den von der Quantenmechanik gelieferten Aussagen[1] vorstellen, daß die Wärmeschwingungen der Atome den Platzwechsel der Elektronen erschweren. Es muß somit mit steigender Temperatur normalerweise ein dauernder Anstieg des elektrischen Widerstandes erfolgen. Man spricht von einem Temperaturkoeffizienten des elektrischen Widerstandes, der entsprechend oben Gesagtem meist positiv sein wird[2].

Physikalisch ist der Grund hierfür zu suchen in der Wechselwirkung zwischen der Elektronenbewegung und den Wärmewellen im Gitter. Man hat gefunden, daß sich diese Wechselwirkung u. a. in der Weise äußert, daß ein Elektron den Wärmeschwingungen Energie entnehmen und dafür seine Geschwindigkeit vergrößern kann, umgekehrt auch Energie an das Gitter abgeben und dafür seine Geschwindigkeit vermindern kann. Diese Energieabgabe erfolgt quantenmäßig. Da es bei der Leitung des elektrischen Stromes auf den Energiezustand der Elektronen ankommt und die Leitfähigkeit um so größer wird, je leichter der Übergang von einem Energiezustand in den anderen erfolgen kann, ist die durch die Theorie gefundene Widerstandserhöhung durch Wärmeschwingungen auch anschaulich gut vorzustellen. Insbesondere ist aber die Widerstandserhöhung durch Gitterfehlstellen, die den Übergang in einen anderen Energiezustand erschweren muß, verständlich.

Einfluß der Legierung. Wenn aus dem vorher Gesagten schon hervorgeht, daß der Atomaufbau, selbst des einzelnen Elementes, schon von Einfluß auf den elektrischen Widerstand ist, so müssen Einlagerungen von Fremdatomen erst recht zu einer Widerstandserhöhung führen. Eine Einlagerung von Atomen mit fremdem Atomaufbau muß den Elektronenübergang erschweren, und so sehen wir auch bei allen Legierungsreihen einen regelmäßigen Anstieg des elektrischen Widerstandes mit steigenden Legierungszusätzen. Das Prinzipielle einer solchen Kurve zeigt Abb. 301. Der elektrische Widerstand ist bei den reinen Legierungselementen am geringsten, beim Mischen der beiden Legierungselemente entsteht die gewölbte Kurve, die die Widerstandserhöhung andeutet. Bei Eisen-Nickel-Legierungen (Abb. 302) läßt sich diese Gesetzmäßigkeit ebenfalls verfolgen. Man sieht den außerordentlich starken Anstieg, den Zusätze von Eisen zu Nickel auf den elektrischen Widerstand hervorrufen. Wenn hier die Kurven nur bis zu einem Nickelgehalt von 30% gezogen sind, so hat dies seinen Grund in den unterhalb 30% auftretenden Änderungen des Kristallgitters, die aus diesen Betrachtungen ausgeschaltet sein sollen.

---

[1] Vgl. z. B. A. Sommerfeld u. H. Bethe: Handb. d. Phys. Bd. 24 II, S. 499.

[2] Diese Überlegungen gelten nur, wenn man sich in ziemlicher Entfernung von der Entartungstemperatur [Genaueres bei N. F. Mott: Proc. roy. Soc., Lond. Bd. 156 (1936) S. 368 bis 382] befindet. Unter Entartungstemperatur versteht man diejenige Temperatur, bei der die Elektronenbewegung durch die Temperatur so groß wird, daß sich die Elektronenverteilung im Atom selbst ändert. Meist erfolgt dies erst bei sehr hohen Temperaturen von einigen tausend Grad, also im Dampfzustand. Gelegentlich kann man aber auch im festen Zustand bei bestimmten Legierungen (Beispiel: ~29% Ni) in die Nähe der Entartungstemperatur gelangen.

Auf eine Eigentümlichkeit dieses Einflusses der Legierung auf den elektrischen Widerstand sei hingewiesen. Es ist oben erwähnt worden, daß, wenn bei reinen Metallen bereits die äußeren Elektronenbänder übereinandergreifen und Übergänge in das energetisch ungünstigere Band erfolgen, eine entsprechende Erhöhung des Widerstandes eintritt. Da beim Legieren das Atom des Legierungselementes ebenfalls einen Einfluß auf den energetischen Zustand der äußeren Schale der ihn umgebenden Atome des Muttermetalles ausübt, kann auch durch Legieren die Störung in bestimmten Legierungsbereichen so groß werden, daß sie bis in das zweite Band, d. h. das d-Band, durchgreift[1]. Da eine solche Störung mithin an bestimmte Prozentsätze des Legierungselementes gebunden ist, muß in solchen Fällen der regelmäßige Kurvenverlauf, wie er in Abb. 301 gezeigt wurde, eine Störung durch eine zusätzliche Widerstandserhöhung erfahren. Man findet eine solche auch beispielsweise in der Abb. 303 bei Palladiumlegierungen, wo sie eine Abweichung des normalen Verlaufs der von der Legierung abhängigen Widerstandskurve bedingt. Auch bei Eisen-Nickel-Legierungen hat man einen derartigen Effekt bei Widerstandsmessungen, vor allem bei tiefen Temperaturen, feststellen können, wie dies aus Abb. 302 hervorgeht. Diese unregelmäßigen Änderungen des elektrischen Widerstandes kommen bei Eisen-Nickel-Legierungen allerdings nur schwach zum Ausdruck.

Einfluß der Magnetisierung. Die Ursache für diese verhältnismäßig schwache Unregelmäßigkeit in der Widerstandskurve der hochprozentigen Eisen-Nickel-Legierungen ist nun darauf zurückzuführen, daß ihr Curie-Punkt bei verhältnismäßig tiefer Temperatur liegt. Bereits im Abschnitt „Reines Eisen" wurde erwähnt, daß beim Auftreten von Ferromagnetismus, dessen Existenz ja auch an Vorgänge in den äußeren Elektronenschalen gekoppelt ist, eine Widerstandserniedrigung eintritt. Diese bedingt in der Gegend des Curie-Punktes einen

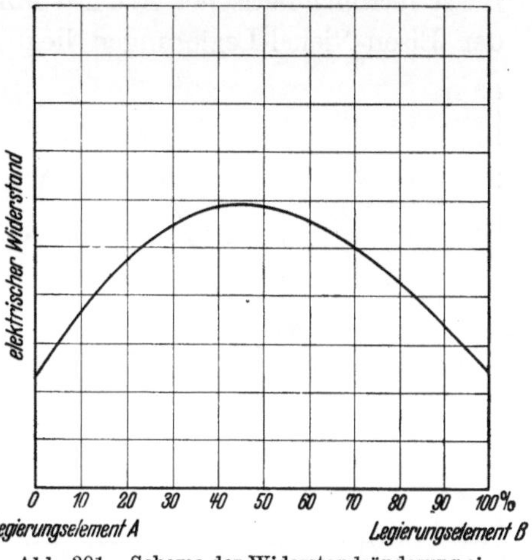

Abb. 301. Schema der Widerstandsänderung einer binären Legierung mit dem Legierungsgehalt.

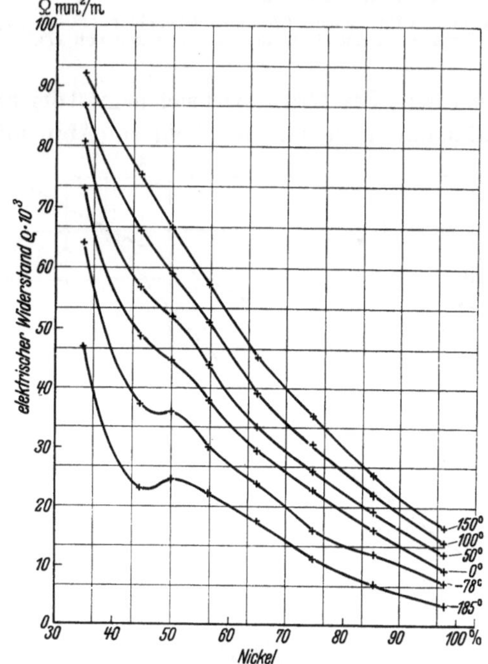

Abb. 302. Abhängigkeit des elektrischen Widerstandes bei Eisen-Nickel-Legierungen vom Nickelgehalt. [Nach F. Ribbeck: Z. Phys. Bd. 93 (1926) 787/812.] Elektrischer Widerstand $\varrho \cdot 10^3$ in Ω mm²/m.

---

[1] Mott, N. F.: Proc. Phys. Soc., Lond. Bd. 47 (1935) S. 571/88.

mehr oder weniger ausgeprägten Knick in der elektrischen Widerstandskurve
(Abb. 304). Vom Curie-Punkt an fällt der elektrische Widerstand durch Einflüsse ferromagnetischer Art mit fallender Temperatur stärker ab. In der Reihe
der Eisen-Nickel-Legierungen liegt also neben dem rein legierungstechnischen

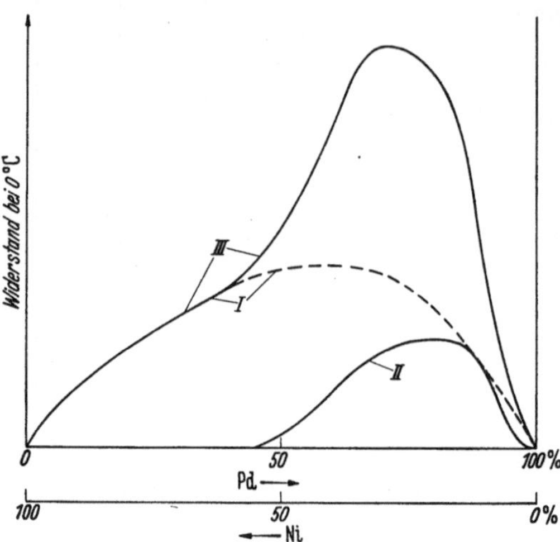

Abb. 303. Theoretische Kurve des Widerstandes bei 0°
von Silber-Palladium-Legierungen. [Nach N. F. Mott:
Proc. Phys. Soc. Bd. 47 (1935) S. 571/88.]

I für *s — s* Übergänge. *II* für *s — d* Übergänge. *III* beide
Vorgänge (*I* mit einem mehrfachen Anteil von *II*).

Effekt eine ferromagnetische Ursache
vor, da sich die Lage des Curie-Punktes mit dem Legierungsgehalt wie
gezeigt ändert. Dies ist ein weiteres
Beispiel für die engen Zusammenhänge, wie sie sich auf Grund der modernen Physik zwischen den verschiedenen Eigenschaften herauszuschälen
beginnen. Diese durch den Ferromagnetismus bedingte Widerstandserniedrigung[1] ist die Folge des Auftretens spontaner Magnetisierung; sie
ist, wie bereits in diesem Abschnitt
unter „Magnetische Eigenschaften“
und beim „Reinen Eisen“ erwähnt,
infolgedessen auch zu beobachten bei
künstlicher Erhöhung der spontanen
Magnetisierung durch ein magnetisches Feld, d. h. bei wahrer Magneti

sierung. Letztere äußert sich gemäß der Erwartung in einer linearen Widerstandsabnahme in sehr hohen Feldern (Abb. 305), die wiederum besonders ausgeprägt

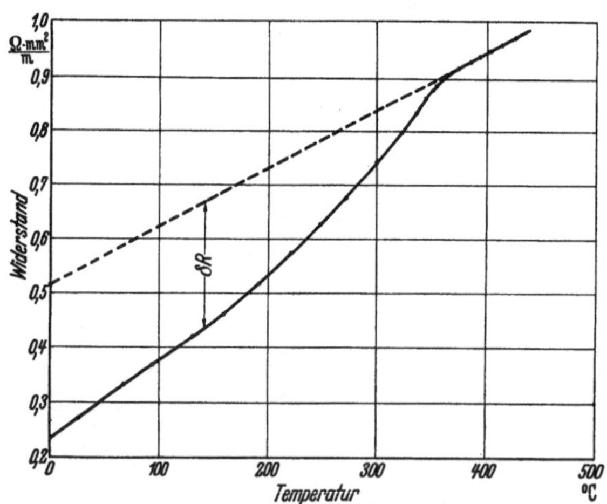

Abb. 304. Widerstandstemperaturkurve des Nickels zwischen
20° und 450° C.

in der Gegend der Curie-Temperatur ist, weil es dann am leichtesten ist, einem Körper wahre
Magnetisierung aufzubringen (vgl.
S. 348). Interessant ist es nun,
daß der elektrische Widerstand
auch eng mit den sonstigen Vorgängen bei der Magnetisierung
verknüpft ist in dem Sinne, daß
abgesehen von dem Einfluß der
spontanen Magnetisierung und
wahren Magnetisierung nun auch
die Drehprozesse[2] von Einfluß
sind, wie dies die Abb. 305 zeigt.
Hierbei kann diese letztere Einwirkung widerstandsvermindernd
oder widerstandserhöhend wir

ken, je nach der Lage der Stromrichtung und der magnetisierenden Richtung
im Gitter. Da mechanische Spannungen, wie geschildert, ebenfalls je nach ihrer

[1] Mott, N. F.: Proc. roy. Soc., Lond. Bd. 156 (1936) S. 368/82.
[2] Englert, E.: Ann. Phys., Lpz. Bd. 14 (1932) S. 589/612 — Z. Phys. Bd. 74 (1932)
S. 748/56. — Gans, R., u. v. J. Harlem: Ann. Phys., Lpz. Bd. 15 (1932) S. 516/26.

Lage zur Magnetisierungsrichtung wirken können, ergeben sich auch Einflüsse mechanischer Spannungen, die sich beispielsweise bei Erholungsvorgängen (Beseitigung von Spannungen durch Anlassen) äußern[1].

Diese Zusammenhänge zwischen elektrischem Widerstand und Ferromagnetismus erscheinen verständlich, wenn man sich immer wieder in die Erinnerung zurückruft, daß alle diese Vorgänge mit den Elektronen in der äußersten Schale verbunden sind.

Gleichzeitiger Einfluß von Legierung und Temperatur. Es bleibt nun noch ein Wort zu sagen über den gleichzeitigen Einfluß von Legierung und Temperaturerhöhung auf den elektrischen Widerstand. Da durch Legieren beim absoluten Nullpunkt der Temperatur bereits eine Erhöhung des Widerstandes eintritt, andererseits auch bei reinen Metallen durch den Anstieg der Temperatur ein gleicher Effekt erzielt wird, müßten beide Effekte sich entsprechend addieren. Dies ist nun nicht immer der Fall. Man kann bereits am

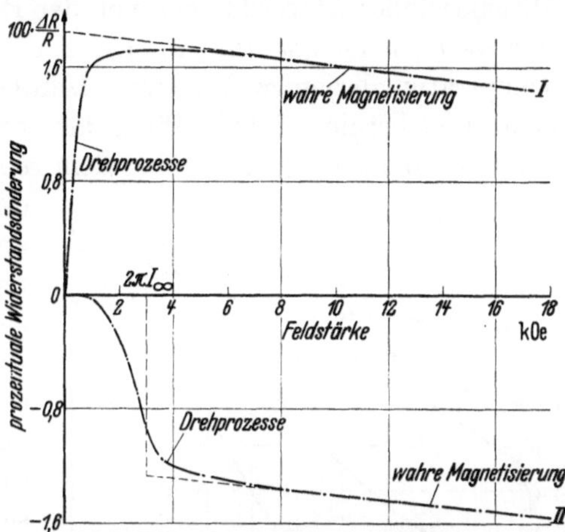

Abb. 305. Magnetische Widerstandsänderung von Nickel bei Raumtemperatur (*I* longitudinal, *II* transversal). [Nach Englert: Ann. Phys. Bd. 14 (1932) S. 589/642.]

reinen Metall beobachten, daß der Anstieg des elektrischen Widerstandes mit der Temperatur bei denjenigen Elementen, die, wie z. B. Nickel, Eisen oder Palladium, eine unabgeschlossene *d*-Schale aufweisen, langsamer erfolgt als bei den Elementen mit besonders guter Leitfähigkeit, wie Gold, Kupfer, Silber, bei denen die dem Kern näher liegende Schale vollkommen abgeschlossen und nur die äußere *s*-Schale schwach besetzt ist (Abb. 306). Die Ursache für diesen geringen Einfluß der Temperatur auf den elektrischen Widerstand bei den Elementen mit unabgeschlossener *d*-Schale ist wiederum auf die Möglichkeit zurückzuführen, daß Übergänge vom *s*- in den *d*-Zustand erfolgen können und derartige Übergänge mit steigender Temperatur erleichtert werden. Der Widerstandsanteil, der durch Übergänge vom *s*- in den *d*-Zustand bedingt ist, erfährt durch Temperatursteigerung eine entsprechende Verminderung.

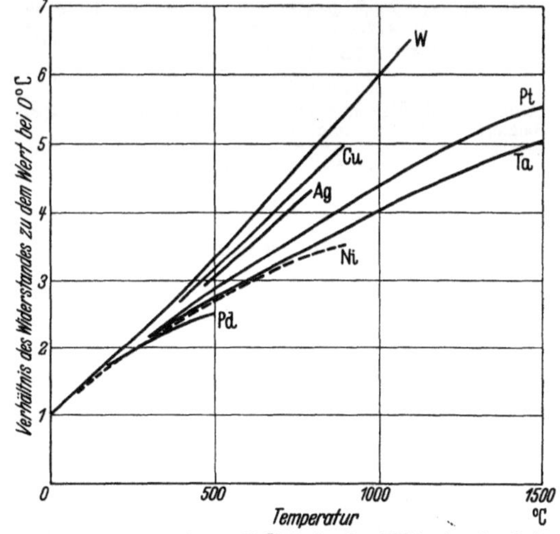

Abb. 306. Experimentelle Werte des Widerstandes bei verschiedenen Temperaturen im Verhältnis zu dem Wert bei 0° C für verschiedene Metalle. [Nach N. F. Mott (Ni nach Messungen von Schlechtweg): Proc. Phys. Soc. Bd. 153 (1936) S. 699/717.]

---

[1] Bittel, H.: Ann. Phys., Lpz. Bd. 31 (1938) S. 219/44; Bd. 32 (1938) S. 608/24. — Gerlach, W., u. W. Hartnagel: Sitz.-Ber. Bayr. Akad. Wiss. 1939 S. 97/128.

Bei Legierungen mit Fremdatomen tritt ebenfalls, wie bereits oben dargestellt, eine Erhöhung des Widerstandes ein. Diese letztere Art einer Widerstandserhöhung hat mit der eben besprochenen, durch Gitterschwingungen bedingten unmittelbar nichts zu tun; sie sollte daher von der Temperatur unabhängig sein. Sie ist es auch bei der großen Mehrzahl der bis jetzt untersuchten Mischkristalle; Abweichungen von der Regel treten jedoch auf, wenn Übergänge von $4s$ nach $3d$ stattfinden. Diese Übergänge bewirken, daß mit wachsender Temperatur derjenige Widerstandsanteil, der auf der Wirkung von Fremdelementen beruht, sinkt[1]. Wenn also durch Fremdatome zwar der Widerstand bei Raumtemperatur gegenüber dem reinen Metall erhöht wird, so wirken diese doch verlangsamend auf den Temperaturanstieg des Widerstandes. Es ist somit möglich, daß Legierungen, denen schon ein hoher Widerstand bei Raumtemperatur zu eigen ist, durch weitere Temperaturerhöhung keinen Anstieg des Widerstandes mehr erfahren (vgl. Eisen-Nickel-Chrom-Legierungen, S. 459), vorausgesetzt, daß diese Legierungen sich oberhalb ihres Curie-Punktes befinden und nicht infolge der magnetischen Vorgänge noch Änderungen im elektrischen Widerstand eintreten. Man kann sogar erwarten, daß es Legierungen gibt, bei denen der von dem Einfluß der Fremdatome herrührende Widerstandsabfall bei Temperaturanstieg den von den Gitterschwingungen bewirkten Anstieg überwiegt, so daß an dem experimentell feststellbaren Gesamtwiderstand mit steigender Temperatur eine Widerstandserniedrigung festzustellen ist.

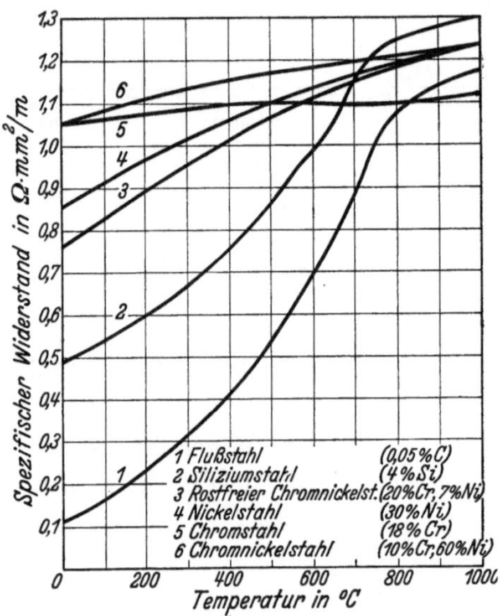

Abb. 307. Elektrischer Widerstand verschiedener Legierungen in Abhängigkeit von der Temperatur. [Entnommen von F. Stäblein: Kruppsche Mh. Bd. 9 (1928) S. 181/89.]

Technische Widerstandslegierungen. Der Höchstwert des elektrischen Widerstandes der Eisen-Nickel-Legierungen liegt aus den genannten Gründen ferromagnetischer Art bei etwa 30 % Ni. Eine Unabhängigkeit des Widerstandes von der Temperatur, die man bei den sog. Widerstandsmaterialien sehr schätzt, zeigen reine Eisen-Nickel-Legierungen nicht. Dieser Vorteil wird erst durch den allerdings in erster Linie zur Erhöhung der Zunderbeständigkeit verwendeten Zusatz von Chrom, bisweilen auch durch Molybdän, hergestellt (Abb. 307, s. auch S. 459 u. 460). Nickel selbst erhöht zwar etwas die Widerstandsfähigkeit gegen oxydierende Angriffe bei höherer Temperatur; durch Zusätze von Chrom wird diese aber erst weitgehend gesteigert, so daß solche Legierungen bis zu der sehr hohen Temperatur von 1200° als zunderbeständig angesprochen werden können. Wegen der Erhöhung der Zunderbeständigkeit, insbesondere aber auch der Warmfestigkeit infolge Austenitbildung, findet Nickel weitgehende Verwendung in zunderbeständigen Stählen. Ein Ersatz durch Mangan kommt wegen der schlechten Zunderbeständigkeit

[1] Mott, N. F.: Proc. roy. Soc., Lond. Bd. 153 (1936) S. 699/717.

hoch manganhaltiger Legierungen für die höchsten Temperaturen nur in beschränktem Umfange in Frage. Auf die ungünstige Wirkung von Schwefel und schwefelhaltigen Gasen auf die Verzunderung stark nickelhaltiger Legierungen wird noch des öfteren eingegangen werden (s. z. B. S. 373 unten).

i) Wärmeleitfähigkeit.

Die Wärmeleitung ist im Grunde durch die gleichen atomistischen Vorgänge wie die elektrische Leitung bestimmt[1]. Wie Abb. 297 zeigt, weist die Wärmeleitfähigkeit, ebenso wie die elektrische Leitfähigkeit, einen Mindestwert bei dem 36proz. Nickelstahl auf. Infolge dieser niedrigen Wärmeleitfähigkeit werden derartige Legierungen, z. B. zu Griffen von Kochgeschirren, verwendet. Der hohe Nickelgehalt verleiht ihnen eine gewisse Korrosionsbeständigkeit, die durch geringe Zusätze von Chrom bis 12% (s. später unter „Rostfreie Chromstähle") verbessert werden kann, ohne daß die physikalischen Eigenschaften hierdurch wesentlich verändert werden.

6. Hinweise auf den Einfluß des Nickels bei der Stahlherstellung und -verarbeitung.

In metallurgischer Beziehung bereitet das Legieren mit Nickel keine Schwierigkeiten, da es gegenüber Sauerstoff edler als Eisen ist und somit bei jedem metallurgischen Schmelzverfahren im Stahlbad erhalten bleibt. Dieser metallurgische Einfluß von Nickel kommt in den günstigen Quereigenschaften nickelhaltiger Stähle zum Ausdruck. Die Herstellung nickelhaltigen Stahles kann sowohl im S.M.-Ofen als auch im Elektroofen erfolgen.

Wenn Nickel auch keine besonders günstige oder ungünstige Wirkung bei Oxydations- und Reduktionsvorgängen hat, so spielt aber sein Verhalten anderen Elementen gegenüber eine gewisse Rolle. Erwähnenswert ist vor allem der Einfluß von Schwefel auf nickelhaltige Stähle. Nickel bildet bekanntlich mit Schwefel ein niedrig schmelzendes Eutektikum (Schmelzpunkt 645°). Ein höherer Schwefelgehalt führt daher bei nickelhaltigen Stählen infolge Festsetzung von Nickelsulfid in den Korngrenzen leichter zu Rotbruch bzw. zu Schwierigkeiten beim Schmieden. Die ungünstige Form des Nickelsulfids im gegossenen Zustand zeigt später Abb. 828b (Abschnitt Schwefel). Da Nickelsulfid bei höheren Temperaturen in den Mischkristall hinein diffundiert, kann man durch vorsichtiges Erwärmen zum Schmieden diesen Nachteil weitgehend beseitigen (s. Abschnitt Schwefel).

Zu erwähnen ist vom metallurgischen Gesichtspunkt die hohe Aufnahmefähigkeit von Nickel für Gase. Nickel besitzt eine große Lösungsfähigkeit für Wasserstoff im festen Zustande. Der Gehalt von Reinnickel an Wasserstoff ist verschieden, je nach dem Herstellungsverfahren (Elektrolytnickel, Carbonylnickel, Mondnickel). Je nach der Art der metallurgischen Verwendung kann ein höherer Gasgehalt des Nickels unvorteilhaft sein. Vor allem sind gashaltige Nickellegierungen schädlich, wenn sie nach erfolgter Desoxydation dem Stahlbad zugesetzt werden, da in einem gut desoxydierten und beruhigten Stahlbad die Gase, wie Wasserstoff, leicht gelöst werden und nicht mehr zur Abscheidung

---

[1] Vgl. z. B. A. Sommerfeld u. H. Bethe: Handb. d. Phys. Bd. 24 II S. 532.

gelangen. Bei der Erstarrung kann der hohe Gasgehalt zu Störungen — Gasblasen, Korngrenzenrissen u. dgl. — führen. Wird dagegen der Nickelzusatz vor oder während der Kochperiode gegeben, so findet durch die Entwicklung von CO ein Verdrängen des Wasserstoffgases statt.

Erwähnenswert ist hier, daß steigender Nickelzusatz außer erhöhter Löslichkeit für Wasserstoff auch die bekannte Verschleppung der Umwandlung zu

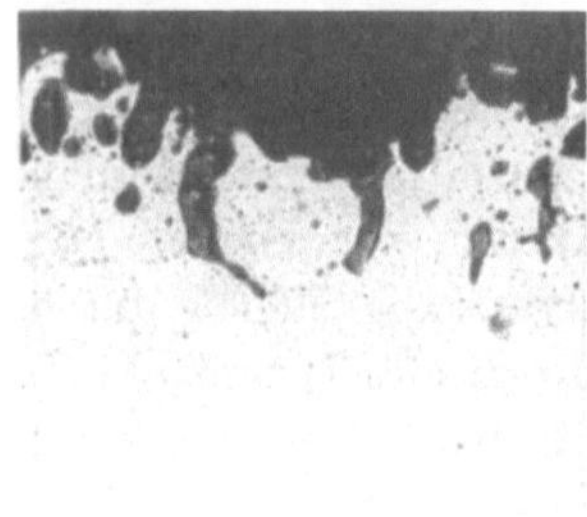

V = 35
Kohlenstoffstahl 0,15% C

Abb. 308. Einfluß von Nickel auf das Auftreten von Verbrennungserscheinungen in den Stahlrandschichten. [Nach Schrader: Techn. Mitt. Krupp. Bd. 2 (1934) S. 136/42.]

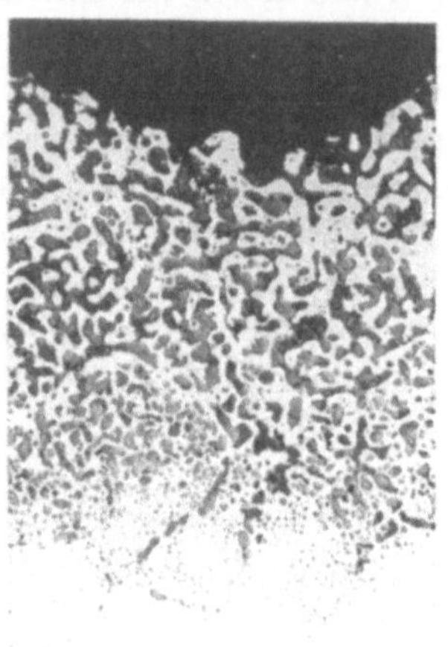

V = 35
3 proz. Ni-Stahl 0,15% C

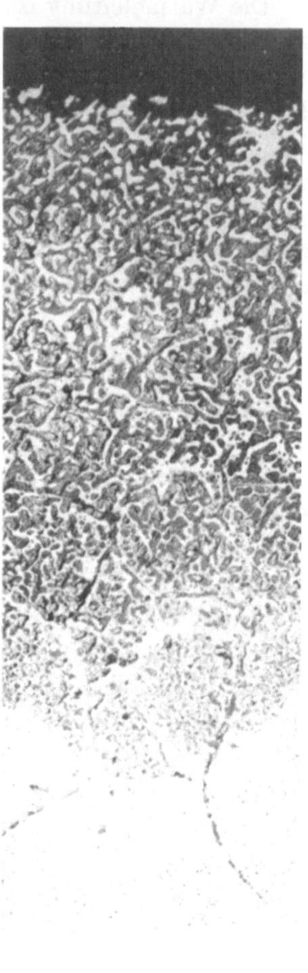

V = 35
6 proz. Ni-Stahl 0,15% C

tieferen Temperaturen bewirkt; die Wasserstoffabscheidung, die sonst mit der γ-α-Umwandlung gleichzeitig verbunden ist, kann daher erst bei entsprechend tiefen Temperaturen und infolgedessen nur unvollständig vor sich gehen, so daß sich außer durch Härtung auch hierdurch noch ungünstige Spannungszustände ausbilden können. Im Gußzustand soll daher die Abkühlung höher nickelhaltiger Stahllegierungen zwecks Vermeidung von Spannungsrissen vorsichtig erfolgen. Infolge der verringerten kritischen Abkühlungsgeschwindigkeit von Stählen mit 3—7% Nickel, insbesondere wenn diese noch Beimengungen von Chrom oder Molybdän enthalten, können bei der Abkühlung Spannungen entstehen, die zur Rißbildung führen. Besonders empfindlich gegen Rißbildung sind Gußblöcke, deren Primär- (Erstarrungs-) Kristallisation auf Grund der gewählten Gießbedingungen (Temperatur, Zeit und Gußgröße) grobkörnig ist. Abgesehen von Außenrissen in der Gußhaut beobachtet man bei tiefgekohlten 3,5—7 proz. Nickel- und Nickel-Chrom-Stählen oft innere Risse, über die im Abschnitt „Wasserstoff" berichtet wird (Primärkorngrenzenrisse, Flocken).

Bei Untersuchungen von Nickel- und auch von Chrom-Nickel-Stählen im Gußzustand findet man vielfach die in Abb. 67 gekennzeichneten groben Brüche in den Korngrenzen. Mit steigendem Nickelgehalt wird die Neigung zu derartigen Brucherscheinungen stärker. Man hat den Eindruck, als ob es sich um eine Vergröberung des Primärgefüges durch Nickelzusatz handele. Tatsächlich sind die Korngrenzenbrüche aber auf Nebenerscheinungen zurückzuführen.

Die hochlegierten und vor allem die austenitischen Nickelstähle erfordern wegen ihrer schlechteren Wärmeleitfähigkeit größere Sorgfalt beim Erwärmen auf Walz-, Schmiede-, Vergütungstemperatur usw.

Eine weitere Besonderheit von Nickelstählen, die vor allem dem aufmerksamen Walzwerker bekannt ist, ist das verschiedene Oberflächenaussehen gewalzter Nickelstähle mit über 5% Nickel. Am deutlichsten ist es bei 18%, 25%, 36% Nickel zu beobachten. Diese Stähle haben nach dem Walzen eine rauhe, schuppige bis rissige Oberfläche, und zwar in um so ausgeprägterem Maße, je höher der Nickelgehalt ist. Dieser Umstand ist nicht auf den Einfluß von Nickel auf die Formänderungsfähigkeit zurückzuführen, sondern steht mit der Eigenart des Verzunderungsvorganges bei Nickelstählen in Zusammenhang. Abb. 308 zeigt deutlich, wie unter gleichen Oxydationsbedingungen mit steigendem Nickelgehalt eine starke Veränderung der Oxyde in den Randschichten und vor allem eine Verbreiterung der durch Oxyde verunreinigten Randschicht eintritt. Gleichzeitig haben die Einschlüsse das Bestreben, sich in den Korngrenzen festzusetzen. Die schuppige Oberfläche ist auf Rotbrucherscheinungen in der äußersten Randschicht zurückzuführen. Es wurde weiter oben erwähnt,

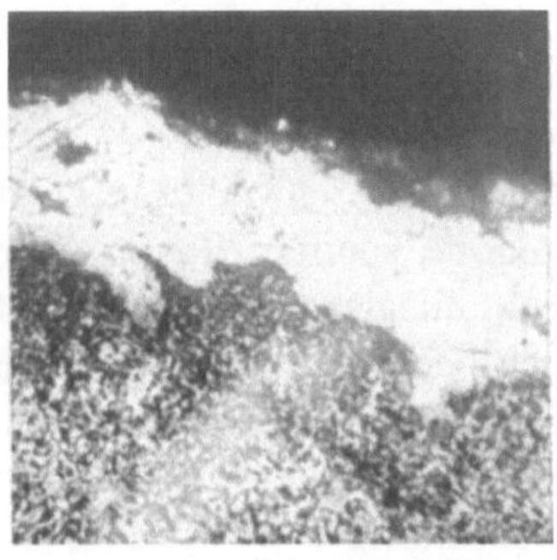

V = 200

Abb. 309. Nickelschicht auf verzundertem und gebeiztem Schmiedestück. [Nach Houdremont: Stahl u. Eisen Bd. 46 (1926) S. 1687/88.]

daß Nickel schwerer oxydierbar ist als Eisen und daher auch etwas beständiger gegen Verzunderung ist; bei der Verzunderung von Nickel-Eisen-Legierungen hat das Eisen im Mischkristall die Neigung, zuerst zu oxydieren, und es kann, sofern die Temperatur hoch genug ist, um durch Diffusion die entsprechende Gleichgewichtseinstellung zu ermöglichen, eine Verzunderung des Eisens unter entsprechender Anreicherung von Nickel unter der Zunderschicht eintreten. Abb. 309 zeigt derartige Schichten von nahezu reinem Nickel bei einem heißgeschmiedeten Stück aus 3,5proz. Chrom-Nickel-Stahl. Da Reinnickel aber ebenfalls bei den Warmformgebungstemperaturen der Nickelstähle oxydiert, können die hierbei gebildeten nickelreicheren Oxydationsprodukte schuld an der veränderten Ausbildung der Oxydschichten sein. Der Vorgang wäre folgender:

1. Oxydation des Eisens mit Nickelanreicherung unter der zuerst gebildeten Oxydschicht.

2. Eindringen von Oxydationsprodukten des Nickels in die Stahloberfläche.

Vor allem wirkt Schwefel in Heizgasen sehr ungünstig, da sich bildendes Nickelsulfid leicht in die Korngrenzen eindringen kann. Bei Verwendung schwefelhaltiger Gase zum Erwärmen von z. B. 25proz. Nickelstahl mit 0,01% S kann man oft Oberflächenfehler beobachten, in denen starke Schwefelanreicherungen bis 0,2% und darüber einwandfrei festzustellen sind.

Die **Warmverformbarkeit** beim Walzen und Schmieden perlitischer Nickelstähle ist dieselbe wie von Kohlenstoffstählen. Nickel erhöht somit nicht den Warmformänderungswiderstand. Austenitische Stähle zeichnen sich durch einen erhöhten Formänderungswiderstand aus, wobei aber auch der 25proz. Nickelstahl verhältnismäßig leicht verformbar ist gegenüber chromhaltigen oder molybdänhaltigen austenitischen Stählen (Zahlentafel 53 [S. 312])[1]. Bezüglich Kaltrecken und Kaltziehen ist für den Formänderungswiderstand die durch Ausglühen erreichte Festigkeit ähnlich wie bei Kohlenstoffstählen maßgeblich. Eine stärkere Verfestigung perlitischer Stähle durch Nickelzusatz tritt nicht ein. Erst die austenitischen Stähle zeichnen sich in bekannter Weise durch die stärkere Kaltverfestigung aus (s. Abb. 88, S. 101).

Bei der Verwendung von Nickel in **Schweißdrähten** und beim **Schweißen** nickelhaltiger Stähle ist zu beachten, daß je nach der Höhe des Nickelgehaltes leicht eine Neigung zur Warmrißbildung im Schweißgut beobachtet wird. In niedrigen Gehalten bis zu etwa 2,5% verbessert Nickel in bekannter Weise die Festigkeits- und Zähigkeitseigenschaften; es wird daher nicht nur als Zusatz zu Schweißdrähten für artgleiche Schweißung an legierten Stählen verwendet, sondern häufig auch zur Verbesserung der Festigkeitseigenschaften an sich unlegierter Schweißzusatzwerkstoffe. Irgendwelche Schwierigkeiten ergeben sich bei diesen Nickelgehalten beim Schweißen im allgemeinen nicht, wenn auch natürlich der erhöhten Härtbarkeit bei höheren Nickel- und Kohlenstoffgehalten eine gewisse Aufmerksamkeit geschenkt werden muß. Die Schweißung höher nickelhaltiger perlitischer oder martensitischer Stähle mit artgleichem Zusatzwerkstoff bereitet dagegen wegen starker Warmrißneigung in den Schweißnähten bereits erhebliche Schwierigkeiten. Zur Schweißung der bekannten 5proz. Nickelstähle verwendet man daher häufig entweder einen niedriger mit Nickel legierten oder einen austenitischen Schweißdraht. Bei hochlegierten austenitischen Schweißzusatzwerkstoffen, wie z. B. der Zusammensetzung 18% Cr/8% Ni oder 25% Cr/20% Ni, lassen sich nämlich wieder einwandfreie Schweißungen erzielen. Erst wenn der Nickelgehalt wesentlich höher, etwa über 30% steigt, macht sich wieder eine verstärkte Rißanfälligkeit im Schweißgut bemerkbar. Die Ursachen für dieses eigenartige Verhalten sind noch nicht völlig geklärt, und es liegt nahe, hier an eine Mitwirkung des Schwefels oder anderer Korngrenzenausscheidungen zu denken.

D. Chromstähle.

1. Allgemeines.

a) Das System Eisen-Chrom.

Während Mangan und Nickel, wenn man von dem Unterschied in der Karbidbildung bei Mangan und deren Einfluß absieht, gewisse gleichartige Wirkungen als Legierungselemente im Stahl hervorrufen, gehört das Chrom einer Gruppe von Elementen — Wolfram, Molybdän, Vanadin usw. — an, deren Einwirkungen auf die Stahleigenschaften wesentlich andere sind, wobei sich gruppenmäßig zusammenhängende Gesetzmäßigkeiten (Abschnürung des γ-Gebietes, Karbidbildung) ergeben.

---

[1] Houdremont, E., u. H. Kallen: Stahl u. Eisen Bd. 47 (1927) S. 826/30.

Das System Eisen-Chrom gehört im Gegensatz zu Eisen-Mangan, Eisen-Nickel zu den Systemen der zweiten Gruppe, d. h. der Gruppe derjenigen Elemente, die das γ-Gebiet abschnüren, wobei nach dem Erstarren eine lückenlose Reihe von Mischkristallen vorhanden ist (Abb. 310). Nach einer anfänglichen Erniedrigung des A_3-Punktes findet bei steigendem Chromzusatz wieder eine Erhöhung statt. Ebenso senkt sich der A_4-Punkt, so daß bei einem Gehalt von etwa 13% Chrom das γ-Gebiet geschlossen ist und darüber hinaus vom Schmelzpunkt bis zu Raumtemperatur nur eine einheitliche Kristallart, nämlich der Ferrit, im Schrifttum als α- oder auch als δ-Mischkristall bezeichnet, auftritt. Die A_2-Umwandlung wird durch Chromzusatz nach anfänglich schwachem Anstieg erniedrigt.

Das Gebiet der homogenen α-Mischkristalle wird unterbrochen durch das Auftreten einer weiteren Phase in dem durch den Kurvenzug ABC begrenzten Gebiet. Es handelt sich dabei um eine unmagnetische, sehr harte und spröde Phase, die sich in Legierungen dieses Bereiches bei sehr langsamer Abkühlung oder bei langzeitigem Glühen bei Temperaturen zwischen 600 und 950° unter starker Volumenabnahme bildet und oberhalb 950° unter entsprechender Volumenzunahme wieder in Lösung geht. Im Gefügebild erscheint dieser Gefügebestandteil weiß bis

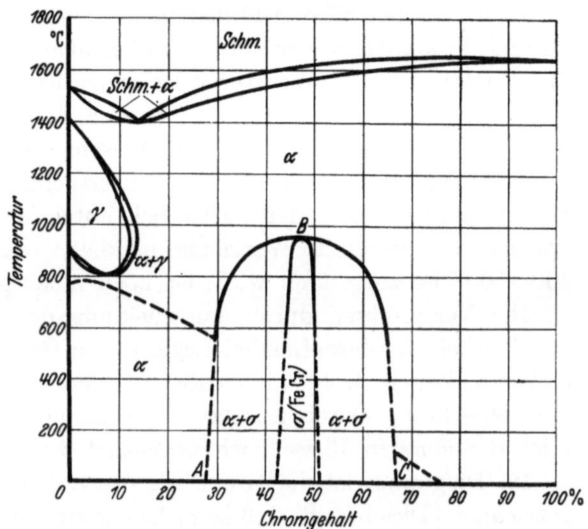

Abb. 310. System Eisen-Chrom. [Nach P. Oberhoffer u. H. Esser: Stahl u. Eisen Bd. 47 (1927) S. 20/21. σ-Bereich in Anlehnung an die Untersuchungen von W. Tofaute, C. Küttner u. A. Büttinghaus: Arch. Eisenhüttenw. Bd. 9 (1935/36) S. 607/17.]

gelblich und ist nur schwer von Karbiden zu unterscheiden. Seine Sprödigkeit ist so groß, daß er bei der Herstellung von Schliffen sehr leicht aufreißt und ausbröckelt. Das Auftreten dieses Gefügebestandteils im Gefüge führt zu einer starken Versprödung und einer hohen Spannungsrißempfindlichkeit der betreffenden Legierung. Wegen dieser Sprödigkeit haben E. C. Bain und W. E. Griffiths[1] diese Phase als „brittle constituent" — „B-Bestandteil" — bezeichnet. F. Wever und W. Jellinghaus[2] konnten nachweisen, daß es sich um die Verbindung FeCr mit 48,2% Cr handelt. Diese Verbindung vermag einen gewissen Überschuß von Eisen und Chrom zu lösen, wie dies in den in Abb. 310 eingetragenen Gleichgewichtslinien zum Ausdruck kommt. Entsprechend dem Brauch, intermetallische Verbindungen mit griechischen Buchstaben zu benennen, wird die Verbindung neuerdings im Schrifttum[3] auch als σ-Phase

---

[1] Trans. Amer. Inst. min. metallurg. Engrs. Bd. 75 (1927) S. 166/213.

[2] Mitt. Kais.-Wilh.-Inst. Eisenforsch. Bd. 13 (1931) S. 143/47.

[3] Burgess, C. O., u. W. D. Forgeng: Techn. Publ. amer. min. metallurg. Engrs. Nr. 911, Metals Techn. Bd. 5 (1938). — Schafmeister, P., u. R. Ergang: Arch. Eisenhüttenw. Bd. 12 (1938/39) S. 459/64 — Techn. Mitt. Krupp, Forschungsber. Bd. 2 (1939) S. 15/21.

bezeichnet. Die Bildung der chromreichen Verbindung erfordert sehr lange Glühzeiten für die Einstellung des Gleichgewichts. Gegenüber den von Wever und
Jellinghaus[1] auf Grund von kurzzeitigen Glühungen angegebenen Grenzen,
die zwischen 38 und 60% Cr liegen, konnten daher W. Tofaute, C. Küttner
und A. Büttinghaus[2] durch langzeitige Glühungen feststellen, daß das Gebiet
der Verbindung wesentlich breiter ist und, wie auch in Abb. 310 eingezeichnet,
sich von (mindestens) 30—65% Cr erstreckt. Unterhalb 550—600° ist die Bildung
der Verbindung überhaupt nicht mehr zu verwirklichen. Der Verlauf der Gleichgewichtslinien unterhalb dieses Bereiches ist demnach hypothetisch und deshalb
gestrichelt eingezeichnet.

In ferritischen Chromstählen mit Chromgehalten im Gebiet zwischen etwa
16 und 60% tritt, wie später noch eingehender besprochen werden soll (S. 426),
durch Glühen bei Temperaturen zwischen 400 und 550° eine Versprödung ein,
die durch Glühen bei 550—600° wieder beseitigt wird. Man könnte geneigt
sein, diese Erscheinung mit der Ausscheidung der Verbindung FeCr in Zusammenhang zu bringen. Neuere Untersuchungen[3] haben jedoch gezeigt, daß
es sich, mindestens in den bisher bekannten Erscheinungsformen, um deutlich
voneinander getrennte Vorgänge handelt. Wodurch diese Versprödung bei
400—500° hervorgerufen wird, ist noch nicht geklärt.

Die Versprödung durch Ausscheidung der Verbindung schränkt die Verwendbarkeit der betreffenden Legierungen stark ein. Man steigert daher — in
früheren Zeiten wohl unbewußt — den Chromgehalt normalerweise nicht
über 30—35%. Durch Zusatz von Silizium, Nickel und Mangan wird der Bereich der spröden Phase noch wesentlich zu tieferen Chromgehalten erweitert.

Im Diagramm ist die Grenzlinie des abgeschnürten γ-Gebietes doppelt eingezeichnet. Dies besagt, daß beim Übergang vom γ- zum α-Eisen Entmischungserscheinungen auftreten und daß bei bestimmten Chromgehalten, die sich genau
zwischen beiden Linien befinden, Legierungen bestehen, deren Gefüge teilweise
noch umgewandelt wird, während ein Teil bereits umwandlungsfrei ist. Man
kann danach 3 Gruppen von Eisen-Chrom-Legierungen unterscheiden:

1. solche mit γ-α-Umwandlung;

2. solche ohne γ-α-Umwandlung (gegebenenfalls mit Ausscheidung der σ-
Phase);

3. solche, deren Gefüge nur teilweise eine Umwandlung erleidet.
Das Gefüge der Legierungen ohne Umwandlung bezeichnet man als ferritisch
und somit die betreffenden Legierungen als „ferritische" Legierungen. Die
Legierungen, die teilweise eine Umwandlung erleiden, werden „halbferritische"
Legierungen genannt. Das Gefüge der Legierungen mit Umwandlung richtet
sich nach dem Verlauf der Umwandlung des Austenits, die je nach dem Chrom-
und Kohlenstoffgehalt und der Abkühlungsgeschwindigkeit verschieden sein kann
und zu Perlit, Zwischenstufengefüge oder Martensit führen kann. Diese Gruppe
wird daher meist als „perlitische bis martensitische" Gruppe bezeichnet.

---

[1] Mitt. Kais.-Wilh.-Inst. Eisenforsch. Bd. 13 (1931) S. 143/47.

[2] Arch. Eisenhüttenw. Bd. 9 (1935/36) S. 607/17.

[3] Bandel, G., u. W. Tofaute: Techn. Mitt. Krupp, Forschungsber. Bd. 4 (1941)
S. 217/36. — Arch. Eisenhüttenw. Bd. 15 (1941/42) S. 307/20. — Riedrich, G., u.
F. Loib: Arch. Eisenhüttenw. Bd. 15 (1941/42) S. 175/82.

b) Kohlenstoffhaltige Eisen-Chrom-Legierungen.

Bereits auf S. 254 ist darauf hingewiesen worden, daß, abgesehen von der systematischen Einteilung der Legierungselemente in solche, die das γ-Gebiet erweitern, und solche, die das γ-Gebiet abschnüren, eine Gruppe von Elementen noch die Eigentümlichkeit aufweist, bei Hinzutritt von Kohlenstoff stabile Karbide zu bilden. Zu dieser Gruppe der karbidbildenden Elemente gehört auch das Chrom.

Über die Zusammensetzung der in den Eisen-Chrom-Kohlenstoff-Legierungen auftretenden Sonderkarbide besteht noch keine volle Übereinstimmung, da die bisher angewandten Verfahren der Karbidisolierung auf chemischem Wege noch unvollkommen sind und röntgenographische Untersuchungen nur mittelbar Schlüsse auf die Zusammensetzung zulassen. Nach den Untersuchungen von A. Westgren, G. Phragmen und T. Negresco[1] und von W. Tofaute, C. Küttner und A. Büttinghaus[2] tritt bei niedrigen Chromgehalten zunächst nur das Eisenkarbid Fe_3C auf, das bis zu etwa 10% Cr zu lösen vermag. Es bildet sich ein Mischkristallkarbid $(FeCr)_3C$, bei dem die Eisenatome zum Teil durch Chromatome ersetzt sind, ohne daß der Gitteraufbau als solcher sich ändert. Die Gitterkonstante und die Eigenschaften des Karbides ändern sich in diesem Bereich kontinuierlich mit steigendem Chromgehalt. Es ist dabei anzunehmen, daß das Chrom der Legierung sich bevorzugt in dem Eisenkarbid löst und nur der nach dessen Absättigung verbleibende restliche Chromgehalt im α-Mischkristall gelöst ist.

In Legierungen mit höheren Chromgehalten dagegen treten chromreiche Sonderkarbide auf; die Grenze hierfür liegt bei kohlenstoffarmen Legierungen bei etwa 3% Cr und steigt mit zunehmendem Kohlenstoffgehalt bis auf etwa 10% Cr an. Im Bereich der praktisch verwendeten Chromstähle treten nach den erwähnten Untersuchungen[1,2], deren Auffassung auch im folgenden zugrunde gelegt werden soll, das trigonale kohlenstoffreiche Karbid Cr_7C_3 und das kubisch flächenzentrierte kohlenstoffärmere Karbid Cr_4C[3] auf. Beide Karbide besitzen, wie sich röntgenographisch nachweisen läßt, eine gewisse Löslichkeit für Eisen, dessen Atome im Gitter in bestimmtem Umfang an die Stelle der Chromatome treten können. Diesem Umstande wird durch die Schreibweise $(Cr, Fe)_7C_3$ und $(Cr, Fe)_4C$ Rechnung getragen. Doppelkarbide, d. h. Verbindungen von Eisen- und Chromkarbiden in bestimmten stöchiometrischen Verhältnissen, wie sie früher zum Teil angenommen wurden[4], treten nicht auf. Außerhalb des Teildiagrammes[2] Fe-$Fe_3Cr_7C_3$-Cr fanden A. Westgren, G. Phragmen und T. Negresco[1] außerdem noch ein orthorhombisches Karbid Cr_3C_2. Einen abweichenden Standpunkt in der Frage der Chromkarbide vertreten E. Maurer, Th. Döring und H. Buttig[5], die auf

---

[1] J. Iron Steel Inst. Bd. 117 (1928) S. 383/400.

[2] Arch. Eisenhüttenw. Bd. 9 (1935/36) S. 607/17.

[3] A. Westgren (Jernkont. Ann. 1933 S. 501/12) gibt hierfür später die Formel $Cr_{23}C_6$ an; im folgenden wird die Bezeichnung Cr_4C weiter verwendet werden.

[4] Carnot, A., u. E. Goutal: C. R. Acad. Sci., Paris Bd. 126 (1898) S. 1240/45. — Arnold, I. O., u. A. A. Read: J. Iron Steel Inst. Bd. 83 (1911) S. 249/60. — Williams, P.: C. R. Acad. Sci., Paris Bd. 127 (1898) S. 410/12. — Sauerwald, F., H. Neudecker u. J. Rudolph: Z. anorg. allg. Chem. Bd. 161 (1927) S. 316/20.

[5] Arch. Eisenhüttenw. Bd. 7 (1933/34) S. 247/56.

Grund von Rückstandsanalysen auch im Bereich des obenerwähnten Teildiagramms Chromkarbide der Formel Cr_3C_2 und Cr_4C_2 mit wachsendem Gehalt an
Fe_3C annehmen und das Bestehen von Karbiden der Zusammensetzung Cr_7C_3
und Cr_4C überhaupt abstreiten. Der Widerspruch ist begründet in Unterschieden
der Auswertung der Ergebnisse von Rückstandsanalysen, auf deren Unsicherheit
und Unvollkommenheit bereits hingewiesen wurde.

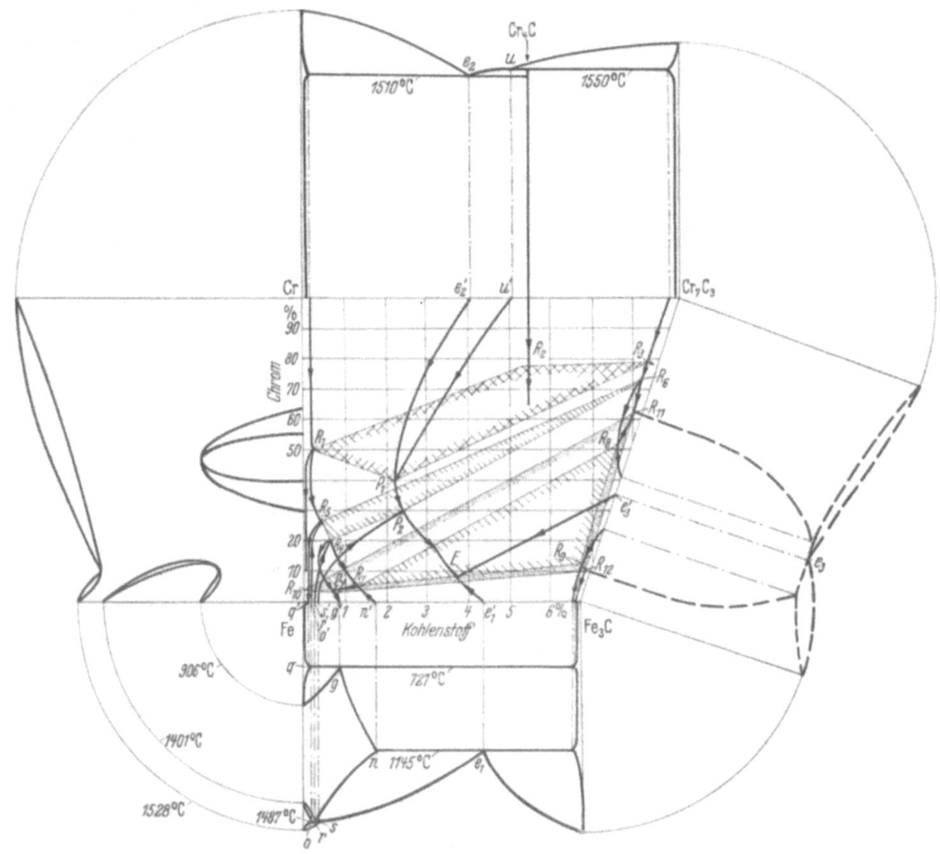

Abb. 311. Projektion des Raumdiagramms Eisen-Eisenkarbid-Chromcarbid-Chrom auf die Konzentrationsebene.

Durch das unter Annahme des Bestehens eines quasibinären Schnittes
Fe_3C-Cr_7C_3 aufgestellte Zustandsschaubild Fe-Fe_3C-Cr_7C_3-Cr [1] können die Gleichgewichtsverhältnisse für die technisch wichtigen Fe-Cr-C-Legierungen, einschließlich der für die spröde σ-Phase gültigen, als weitgehend geklärt angesehen werden.
In Abb. 311 ist eine Projektion dieses Zustandsschaubildes wiedergegeben. Die
Verteilung der Phasen bei Raumtemperatur zeigt der horizontale Schnitt in
Abb. 312. Vertikale Schnitte durch das System bei 15% und 20% Cr sind in
Abb. 313 und 314 wiedergegeben. Gegenüber dem binären Eisen-Kohlenstoff
System ergeben sich im Dreistoffsystem folgende technisch bedeutsamen Ver-

---

[1] Tofaute, W., C. Küttner u. A. Büttinghaus: Arch. Eisenhüttenw. Bd. 9
(1935/36) S. 607/17.

änderungen: Das Ledeburit-Eutektikum verschiebt sich mit steigendem Chromgehalt zu tieferen Kohlenstoffgehalten ($e_1' - E$ in Abb. 311). Ein ternäres Eutektikum ($\gamma + Fe_3C + Cr_7C_3$) mit 8% Cr und 3,6% C, entsprechend dem Punkt E in Abb. 311, bildet bei den höher chromhaltigen Legierungen den Endpunkt der Erstarrung. Im Gegensatz zu Eisen-Kohlenstoff-Legierungen, bei denen das Auftreten des Ledeburit-Eutektikums praktisch die Grenze der Schmiedbarkeit und damit auch die

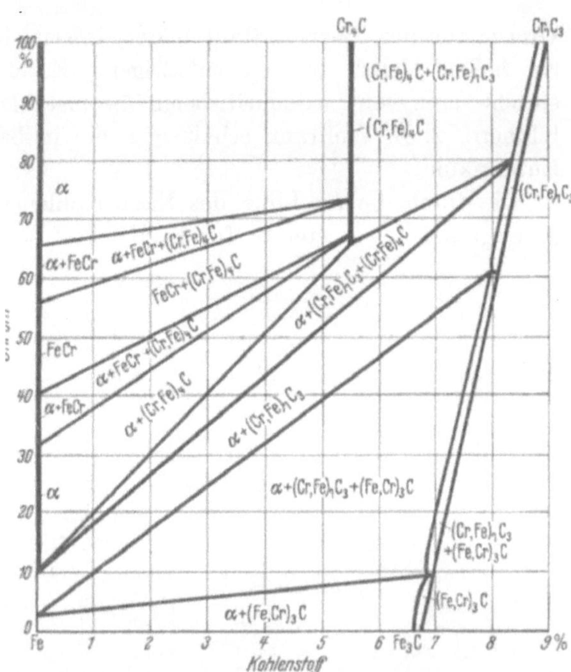

Abb. 312. Schnitt bei 20° durch das Raumschaubild Eisen-Eisenkarbid-Chromkarbid-Chrom.

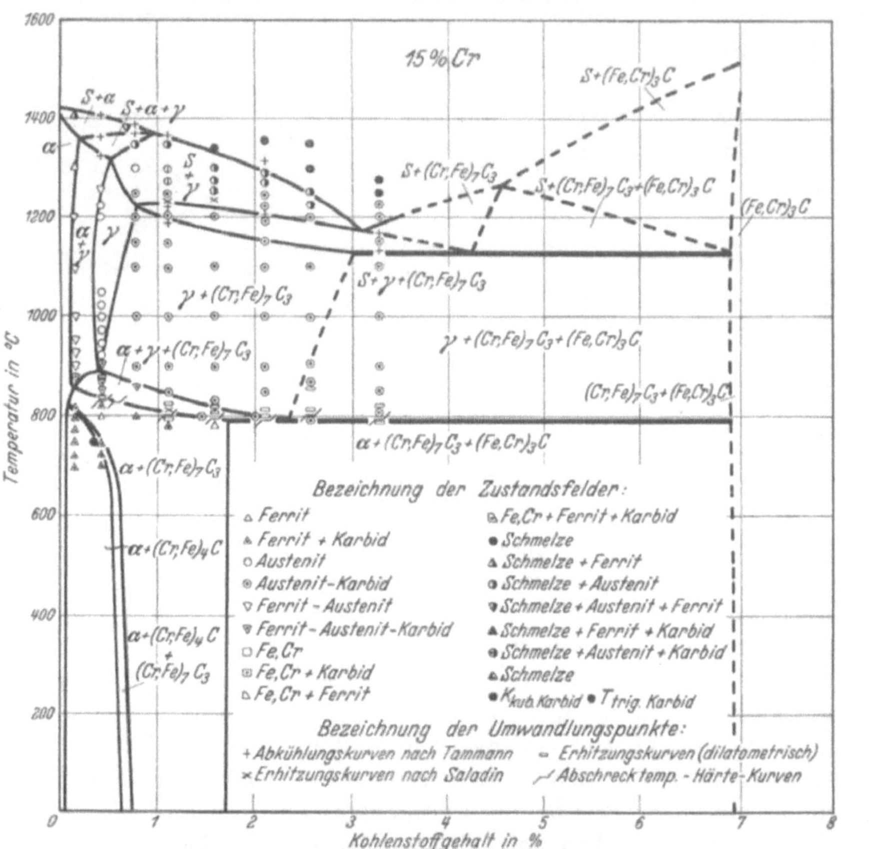

Abb. 313. Schnitt durch das Eisen-Chrom-Kohlenstoff-System bei 15% Cr. [Nach Tofaute, Küttner u. Büttinghaus: Arch. Eisenhüttenw. Bd. 9 (1935/36) S. 607/17.]

Grenze für den Begriff Stahl bildet, lassen sich Legierungen mit einem nicht zu hohen Gehalt an chromhaltigem Eutektikum noch schmieden. Man spricht dann von „ledeburitischen Chromstählen". Auch bei anderen Karbidbildnern, z. B. Wolfram, erhält man ein in begrenztem Umfang schmiedbares Eutektikum.

Die durch die *ES*-Linie des Eisen-Kohlenstoff-Schaubildes gegebene Sättigungsgrenze des Austenits für Kohlenstoff wird mit steigendem Chromgehalt

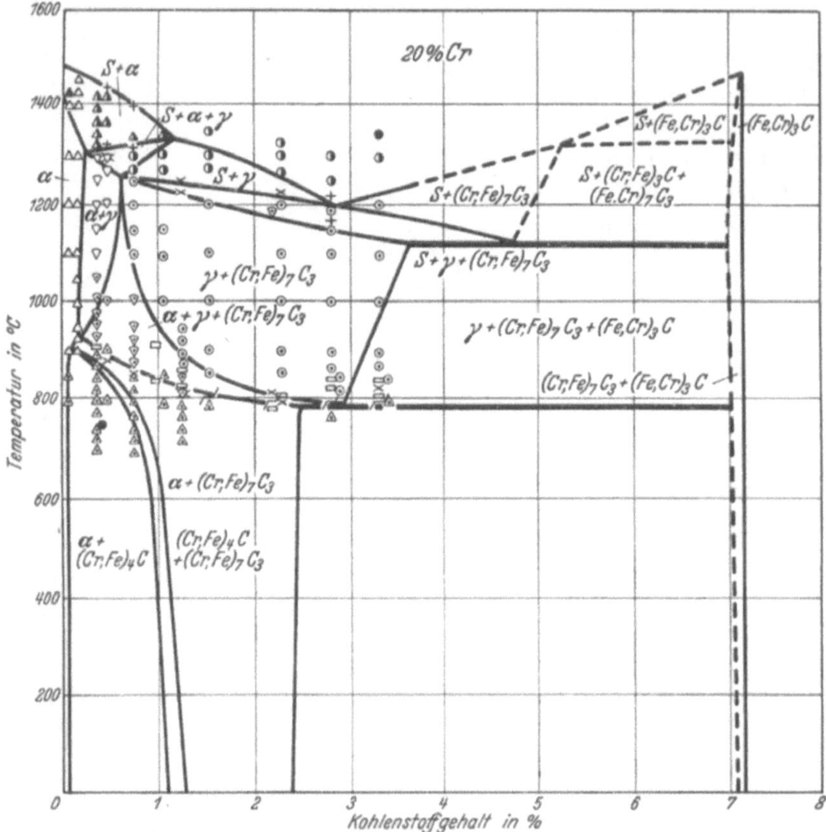

Abb. 314. Schnitt durch das Eisen-Chrom-Kohlenstoff-System bei 20% Cr. [Nach Tofaute, Küttner u. Büttinghaus: Arch. Eisenhüttenw. Bd. 9 (1935/36) S. 607/17.]

ebenfalls zu tieferen Kohlenstoffgehalten verschoben. In Abb. 311 gibt die Linie $n' R_7 R_4$ den Verlauf dieser Grenze wieder. Dabei entspricht die Linie $n' R_7$ der Sättigungsgrenze für das chromhaltige Eisenkarbid $(Fe, Cr)_3C$, die Linie $R_7 R_4$ der Sättigungsgrenze für das Sonderkarbid $(Cr, Fe)_7C_3$. Durch Zusatz von Chrom gelangt man demnach schon bei niedrigeren Kohlenstoffgehalten als 0,9% zu übereutektoiden Stählen, die auch als „karbidische Stähle" bezeichnet werden.

Auch der Perlitpunkt wird entsprechend der Linie $g' P_\gamma R_4$ in Abb. 311 mit steigendem Chromgehalt zu tieferen Kohlenstoffgehalten hin verschoben. Unter Perlit versteht man dabei das bei der Umwandlung aus dem Austenit gebildete eutektoide Gemisch von α-Mischkristallen und Karbiden, wobei man mit Rücksicht auf die Gleichheit des metallographischen Bildes keinen Unterschied macht, ob es sich bei dem letzteren um das Eisenkarbid $(Fe, Cr)_3C$ oder das Chromkarbid $(Cr, Fe)_7C_3$ handelt. Tatsächlich bildet sich entlang der Kurve $g'P_\gamma$ Ferrit und Eisenkarbid, entlang $P_\gamma^{..}R_4$ Ferrit und Chromkarbid.

Die Temperatur für die Bildung des Eutektoids erhöht sich, wie Abb. 315 zeigt, mit steigendem Chromgehalt. Dabei ist jedoch zu berücksichtigen, daß im ternären System die Perlitumwandlung A_1 nicht mehr bei einer bestimmten Temperatur erfolgt, sondern sich über ein Temperaturintervall erstreckt. Beginn und Ende der A_1-Umwandlung fallen also nicht mehr zusammen. Das A_1-Intervall beginnt im Gleichgewichtszustand — also abgesehen von Unterkühlung und Überhitzung — bei der Temperatur des ersten Auftretens von Ferrit und Karbid neben Austenit und endet nach tieferen Temperaturen hin mit dem Verschwinden des Austenits. Dabei kann das Karbid, wie schon erwähnt, sowohl das Eisenkarbid als auch das Chromkarbid $(Cr, Fe)_7C_3$ sein.

Bei Legierungen mit hohen Chromgehalten geht, wie aus den Schnitten für 15 und 20% Cr (Abb. 313 und 314) erkennbar ist, das Karbid $(Cr, Fe)_7C_3$ bei der Abkühlung in das Karbid $(Cr, Fe)_4C$ über. Diese Umwandlung verläuft sehr träge und setzt zu ihrem vollständigen Ablauf langzeitige Glühung voraus. Eine Wirkung dieser Umwandlung auf die Eigenschaften der Legierungen hat sich bisher nicht mit Sicherheit nachweisen lassen, wobei allerdings zu berücksichtigen ist, daß der Nachweis der beiden Karbidformen auf die bereits erwähnten Schwierigkeiten stößt und daher etwas unsicher ist.

Mit Berücksichtigung der Veränderungen, die im ternären Gebiet gegenüber dem binären System eintreten, können die Chromstähle entsprechend Abb. 316 nach ihrem Gefügeaufbau in untereutektoide, übereutektoide und ledeburitische Stähle sowie in solche mit ferritischem bzw. halbferritischem und karbidischem Gefüge etwas schematisch eingeteilt werden.

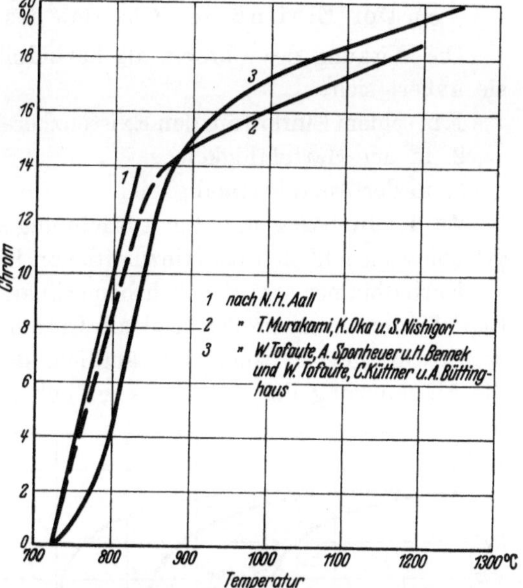

Abb. 315. Erhöhung der Temperatur des Eutektoides durch Chrom.

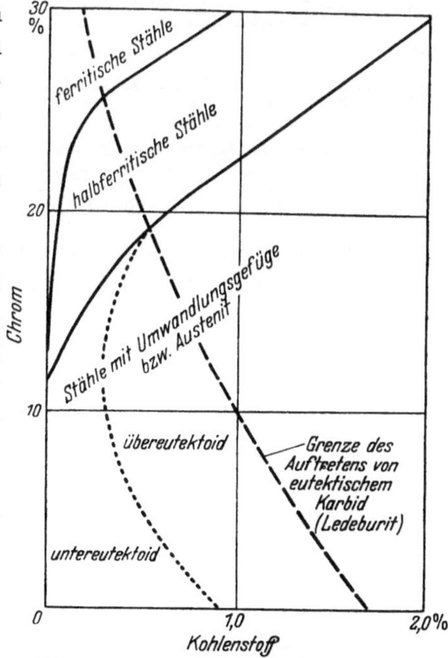

Abb. 316. Schematisches Gefügediagramm der Chromstähle abgeleitet aus dem Dreistoffsystem Eisen-Chrom-Kohlenstoff. [Von W. Tofaute, C. Küttner u. A. Büttinghaus: Arch. Eisenhüttenw. Bd. 9 (1935/36) S. 607/17.]

α) Der Einfluß des Chroms als karbidbildendes Element.

Die Wirkung des Chroms als karbidbildendes Element ist eine mehrfache;
sie äußert sich:

1. in seinem Einfluß auf den Existenzbereich der ferritischen Chromstahlgruppe;
2. in der Härtefähigkeit;
3. in der Anlaßbeständigkeit.

Zu 1. In bezug auf die Ausdehnung des im System Fe-Cr abgeschnürten
γ-Gebietes macht sich bei Hinzutritt von Kohlenstoff die Eigenschaft des Chroms
als Karbidbildner sehr deutlich bemerkbar. Die Karbide Cr_7C_3 und insbesondere
Cr_4C binden einen großen Teil als Chrom ab, der damit der Grundmasse entzogen wird. Es ist somit verständlich, daß sich durch Zusatz von Kohlenstoff
die Abschnürung des γ-Gebietes zu höheren Chromgehalten verschiebt, wie dies

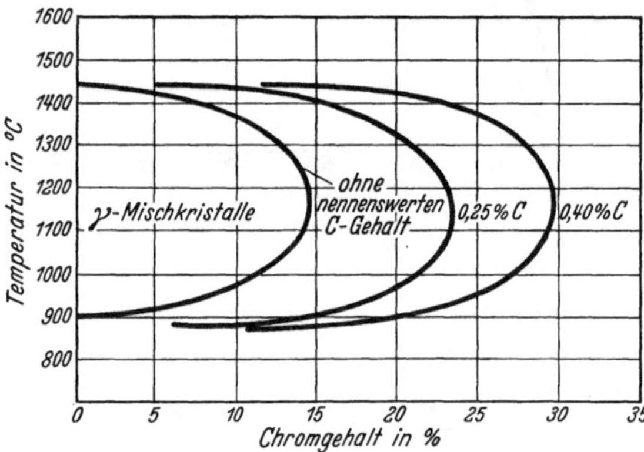

Abb. 317. Schematische Darstellung des Einflusses des Kohlen-
stoffgehaltes auf die Ausdehnung des γ-Gebietes im System
Eisen-Chrom. [Nach E. C. Bain: Trans. Amer. Soc. Steel
Treat. Bd. 9 (1926) S. 9/32.]

aus der schematischen Abb. 317
hervorgeht. Hierbei sind die
Linien ebenfalls als Doppellinien
zu denken. Am deutlichsten zeigt
sich dies an den Schnitten bei
15 und 20% Cr (Abb. 313 und
314). Bei sehr geringem Kohlenstoffgehalt sind diese Legierungen
vom Schmelzpunkt an bis Raumtemperatur rein ferritisch (α-Be-
reich). Bei erhöhtem Kohlenstoffgehalt tritt neben dem Ferrit bei
hohen Temperaturen Austenit auf
(halb ferritische Stähle = $\alpha + \gamma$-
Bereich). Bei noch weiter gestei-
gertem Kohlenstoffgehalt entsteht bei hoher Temperatur reiner Austenit oder
Austenit + Karbid. Bei der Abkühlung wandelt sich der Austenit ganz oder teilweise um, wobei je nach dem Chrom- und Kohlenstoffgehalt Perlit, Zwischenstufengefüge oder Martensit entsteht.

Zu 2. Aus der Tatsache, daß Chrom nach anfänglicher Erniedrigung der
A_3-Umwandlung diese bei höheren Chromgehalten bis zur vollkommenen Abschnürung des γ-Gebietes erhöht sowie keine wesentliche Hysteresis zwischen
der Umwandlungstemperatur bei der Erwärmung und Abkühlung besteht, ergibt sich die Folgerung, daß das im Mischkristall (Grundmasse) gelöste Chrom
für sich allein also auch bei gesteigerter Abkühlgeschwindigkeit die Umwandlung
nicht wesentlich zu tieferen Temperaturen verschieben dürfte. Von seiner Wirkung auf die Grundmasse könnte man daher keine Verringerung der kritischen
Abkühlungsgeschwindigkeit erwarten. In Übereinstimmung hiermit steht die
Tatsache, daß bei stark untereutektoiden Chromstählen die voreutektoide
Ferritausscheidung verhältnismäßig schwer unterdrückt wird (s. a. Abb. 344).
Anders werden aber die Verhältnisse, wenn neben Chrom gleichzeitig Kohlen-
stoff im Austenit gelöst ist. Der Chromzusatz wirkt infolge der Karbidbildung
und der Verschiebung des Perlitpunktes zu niedrigeren Kohlenstoffgehalten im
Vergleich zu Eisen-Kohlenstoff-Legierungen im Sinne einer Kohlenstofferhöhung.
Nachgewiesenermaßen erschwert bereits das in $(Fe\,Cr)_3C$ gelöste Chrom die

Diffusionsgeschwindigkeit des Karbids und vermindert somit die Geschwindigkeit seiner Ausscheidung und seiner Zusammenballungsfähigkeit. In verstärktem Maße gilt dies für die Stähle mit Sonderkarbid $(Cr,Fe)_7C_3$ und $(Cr,Fe)_4C$. Da die Umwandlungsgeschwindigkeit der Perlitstufe weitestgehend von der Keimbildung und der Diffusionsgeschwindigkeit der sich ausscheidenden Karbide beeinflußt wird, wird mit steigendem Chromgehalt die Umwandlungsfähigkeit in der Perlitstufe in zunehmendem Maße träger, d. h. die Umwandlungsgeschwindigkeit nimmt ab und der Ausdehnungsbereich der Perlitstufe wird kleiner. Wie in dem einleitenden Abschnitt über die Umwandlung der Eisen-Kohlenstoff-Legierungen auseinandergelegt wurde, kann die Umwandlung von kohlenstoffhaltigem Austenit beim Abkühlen durch das Ausscheidungsbestreben der Karbide beeinflußt werden (Perlitstufe), es kann aber auch das Umwandlungsbestreben des γ-Eisens in α-Eisen die maßgebende Einflußgröße sein. Letztere scheint insbesondere nach den Untersuchungen bei den Eisen-Mangan-Legierungen die Umwandlungsgeschwindigkeit der Zwischenstufe zu beeinflussen. Beide Umwandlungsstufen können sich, wie bei den Eisen-Kohlenstoff-Legierungen, überdecken. Wird aber die Perlitstufe in ihrem Bereich durch die Diffusionsträgheit der Karbide eingeengt, so hebt sich die Zwischenstufe entsprechend deutlich in ihrer Umwandlungsgeschwindigkeit gegenüber der Perlitstufe ab. Dies ist auch bei den Chromstählen der Fall.

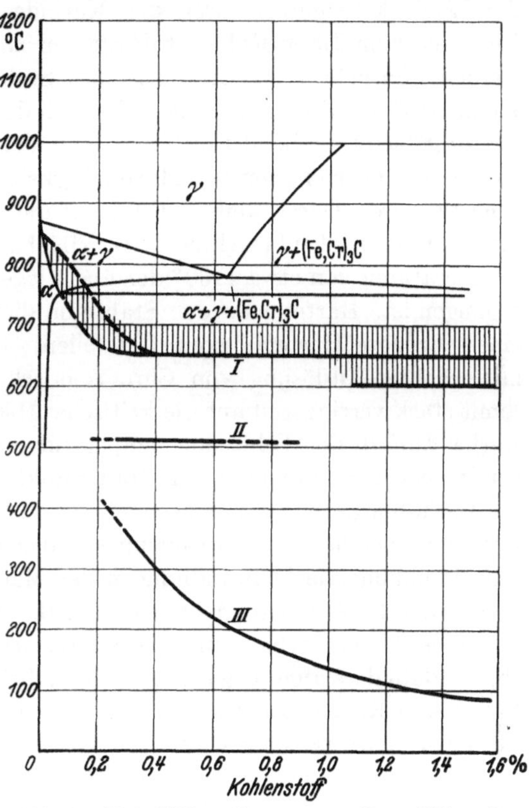

Abb. 318. Unterkühlungsdiagramm von Chromstählen mit 2% Cr. [Nach A. Rose u. W. Fischer: Mitt. Kais.-Wilh.-Inst. Eisenforsch. Bd. 21 (1939) Lfg. 8, Abh. 373 S. 133/45.]

Bei kohlenstoffarmen chromhaltigen Stählen beobachtet man, wie Abb. 318 zeigt[1], das Auftreten der Perlitstufe (I), der Zwischenstufe (II) und schließlich bei weiter gesteigerter Abkühlungsgeschwindigkeit das Gebiet der Martensitumwandlung (III). Bis zu welchen Chrom- und Kohlenstoffgehalten die Zwischenstufe als getrennte Umwandlungsstufe auftritt, dürfte noch nicht restlos klar sein. Magnetische Untersuchungen[1] über die Lage des Curie-Punktes der im Stahl vorhandenen Karbide deuten ähnlich wie bei den Untersuchungen an Manganstählen (S. 269) an, daß die in der Zwischenstufe gebildeten Karbide chromärmer als die in der Perlitstufe gebildeten sind. Die gleichen Unterschiede in der Karbidzusammensetzung sollen entstehen, wenn man Martensit bei den Umwandlungstemperaturen der Zwischenstufe, also bei 450°, bzw. der Perlitstufe,

---

[1] Rose, A., u. W. Fischer: Kais.-Wilh.-Inst. Eisenforsch., Bd. 21 (1939) S. 133/45.

also etwa 650° anläßt. Hiernach würden also auch schon bei Karbiden, die im Aufbau dem Eisenkarbid entsprechen, aber Chrom gelöst enthalten, ähnliche Umsetzungen erfolgen, wie sie W. Tofaute[1] zwischen Cr_4C und Cr_7C_3 annimmt.

Die Erschwerung der Diffusionsgeschwindigkeit des Kohlenstoffes durch das im Karbid gelöste Chrom, die schon bei dem Mischkristallkarbid $(FeCr)_3C$ und in besonderem Maße bei den Chromsonderkarbiden $(Cr,Fe)_7C_3$ und $(Cr,Fe)_4C$ in Erscheinung tritt, dürfte schließlich auch die tiefere Ursache dafür sein, daß die Löslichkeitstemperaturen der Karbide im Austenit bei Chromstählen im Vergleich zum Eisen-Kohlenstoff-System zu höheren Temperaturen verschoben werden. So geht beim Erhitzen eines Stahles mit 14—15% Chrom und 0,6% Kohlenstoff bei 900° nur ein geringer Teil des Kohlenstoffs in Lösung (Abb. 313), der Rest bleibt als Sonderkarbid abgebunden und ungelöst. Der Stahl weist nur eine verhältnismäßig geringe Härtefähigkeit auf, wenn er von dieser Temperatur gehärtet wird. Durch weitere Temperatursteigerung lösen sich die Karbide längs der Karbidausscheidungslinie bzw. -fläche in steigendem Maße auf, bis bei Temperaturen von etwa 1100° der überwiegende Teil des Kohlenstoffs in Lösung gegangen ist. Härtet man den Stahl von dieser hohen Temperatur, so wird man eine sehr gute Härtefähigkeit feststellen. Erst gesteigerte Härtetemperaturen mit erhöhter Auflösung von Chromsonderkarbiden im γ-Mischkristall wirkten somit stark verringernd auf die kritische Abkühlungsgeschwindigkeit ein. Dieser starke Einfluß der Erhitzungstemperatur auf die Lage der Umwandlung kann bereits bei der Aufnahme von Haltepunktskurven beobachtet werden.

An Stahllegierungen mit beispielsweise 12—14% Chrom und 0,5—1% Kohlenstoff wird bei höheren Erwärmungstemperaturen von 950—1000° bereits bei Luftabkühlung die Umwandlung in der Martensitstufe verlaufen. Bei weiterer Steigerung der Ablöschtemperatur — z. B. auf 1100° — und entsprechender Auflösung der Chromkarbide sinkt die Martensitumwandlung unter Raumtemperatur ab, so daß derartige Legierungen auch bei Raumtemperatur ein Gefüge aus Austenit + Karbid aufweisen können. Steigender Chrom- und Kohlenstoffgehalt im Austenit verschieben die Martensitumwandlung demnach zu tieferen Temperaturen; beim Härten von Chromstählen dieser Art tritt daher neben Martensit bereits meist ein größerer Anteil von Restaustenit auf.

Diese vergrößerte Härtefähigkeit mit steigendem Anteil gelösten Sonderkarbids ist eine gemeinsame Eigenschaft der mit karbidbildenden Elementen legierten Stähle. Gleichzeitig sind die karbidhaltigen Stähle, also auch die karbidhaltigen Chromstähle, überhitzungsunempfindlich, d. h. trotz einer bis 1000° gesteigerten Härtetemperatur zeigt ein Chromstahl mit 1% C, 14% Cr, dessen Haltepunkt bei $\sim$800° liegt, noch ein feines Härtekorn. Die Ursache sind die in der Grundmasse verteilten Karbide, die ein Kornwachstum verhindern, solange die Härtetemperatur nicht so hoch ist, daß völlige Lösung erreicht wird. Auch in anderen Fällen, z. B. bei rein austenitischen Stählen, etwa dem 12proz. Manganhartstahl mit 1,2% C, kann man beobachten, daß ein wesentliches Kornwachstum des Austenits erst dann eintritt, wenn die Karbide in Lösung gegangen sind. Dies spricht ebenfalls für die Hemmung des Kornwachstums, also Verringerung der Überhitzungsempfindlichkeit durch eingelagerte

---

[1] Tofaute, W., C. Küttner u. A. Büttinghaus: Arch. Eisenhüttenw. Bd. 9 (1935/36) S. 607/17.

Karbide. (Weiteres über die spezielle Wirkung von Sonderkarbiden s. a. im Kapitel Wolfram und Vanadin.)

Bei Chrom-Kohlenstoff-Stählen mit z. B. 1% C gelangt man in praktischer Anwendung des Gesagten durch steigenden Zusatz von Chrom und Steigerung der Härtetemperatur von wasserhärtenden zu ölhärtenden und zu lufthärtenden Stählen. Typische Vertreter lufthärtender Chrom-Kohlenstoff-Stähle sind z. B. Stähle mit mehr als 1% C und 10% Cr. Steigert man die Härtetemperatur dieser Stähle über die Besttemperatur (erreichbare Höchsthärte) hinaus, so werden sie wieder weicher und verlieren ihren Magnetismus. Nach einer Ablöschung von 1150—1200° bestehen sie aus Austenit mit Resten unaufgelösten Karbids.

Auf Grund der Tatsache, daß die Veränderung der kritischen Abkühlungsgeschwindigkeit durch Chrom bei höheren Chromgehalten zu lufthärtenden Stählen führt, hatte Guillet eine Einteilung der Chromstähle in perlitische Stähle (bis 8% Chrom, 1,6% Kohlenstoff), martensitische Stähle (8—18% Chrom, bis zu 1,6% Kohlenstoff) und doppelkarbidische Stähle (über 18% Chrom) gegeben. Diese Art der Einteilung erinnert an die Gruppierung bei den Mangan- und Nickelstählen und würde auf den ersten Blick auf eine gewisse Ähnlichkeit der Chromstähle mit den Mangan- und Nickelstählen hinweisen. Mit gleichem Rechte, wie man eine durch Ablöschen erzeugte martensitische Gruppe einträgt, könnte man allerdings auch eine austenitische Gruppe einfügen, die, wie erwähnt, schon durch Luftabkühlung erzeugt werden kann. Aus diesem Grunde erscheint diese Art der Darstellung, wenn ihr auch ein Wert als erster Versuch einer systematischen Einteilung nicht abgesprochen werden soll, doch unzweckmäßig, denn aus dem Vorhergesagten geht deutlich hervor, daß der Einfluß von Chrom merklich verschieden von demjenigen von Mangan und Nickel ist. Während Nickel nur auf die Grundmasse, Mangan ebenso hauptsächlich auf die Grundmasse und nebenbei auch auf die Karbidlöslichkeit und Karbidbildung wirkt, beruht der Einfluß von Chrom in der Hauptsache auf der Karbidbildung. Es ist somit richtiger, die Einteilung der Chromstähle in der Art der Abb. 316 zu treffen.

Den Unterschied zwischen den Legierungselementen Chrom und Nickel bei der Härtung zeigt deutlich Abb. 319. Bei Anwesenheit von Nickel im Stahl tritt nach Ablöschen dicht über der Bildungstemperatur des Austenits praktisch sofort höchste Tiefenhärtung ein. Der nickelhaltige Stahl ist von 750° (30° über Ac_1) abgelöscht durchgehärtet. Durch Erhöhung der Härtetemperatur findet bei Nickelstählen im allgemeinen nur eine geringe Verminderung der kritischen Abkühlungsgeschwindigkeit und somit Erhöhung der Durchhärtefähigkeit statt, entsprechend der Kornvergröberung mit steigender Temperatur. Ähnlich liegen die Verhältnisse bei Manganstählen. Beim reinen Chromstahl tritt dagegen nach Ablöschen von 790° (50—60° über Ac_1) knappe Härtung ein; erst bei gesteigerter Härtetemperatur erfolgt stärkere Beeinflussung der kritischen Abkühlungsgeschwindigkeit und der Durchhärtung.

Zu 3: Charakteristisch ist auch das Verhalten sonderkarbidhaltiger Chromstähle beim Anlassen. Im Gegensatz zu Kohlenstoffstählen zeichnen sich diese Legierungen durch große Anlaßbeständigkeit aus, d. h. sie verlieren nur wenig an Härte bis zu Anlaßtemperaturen von 500° (s. Abb. 320). Nach anfänglich geringem Härteabfall bei Temperaturen von 300—400° kann man meist sogar nach Anlassen auf 500° wieder einen Härteanstieg feststellen. Für diesen Härteanstieg können zwei Gründe vorliegen:

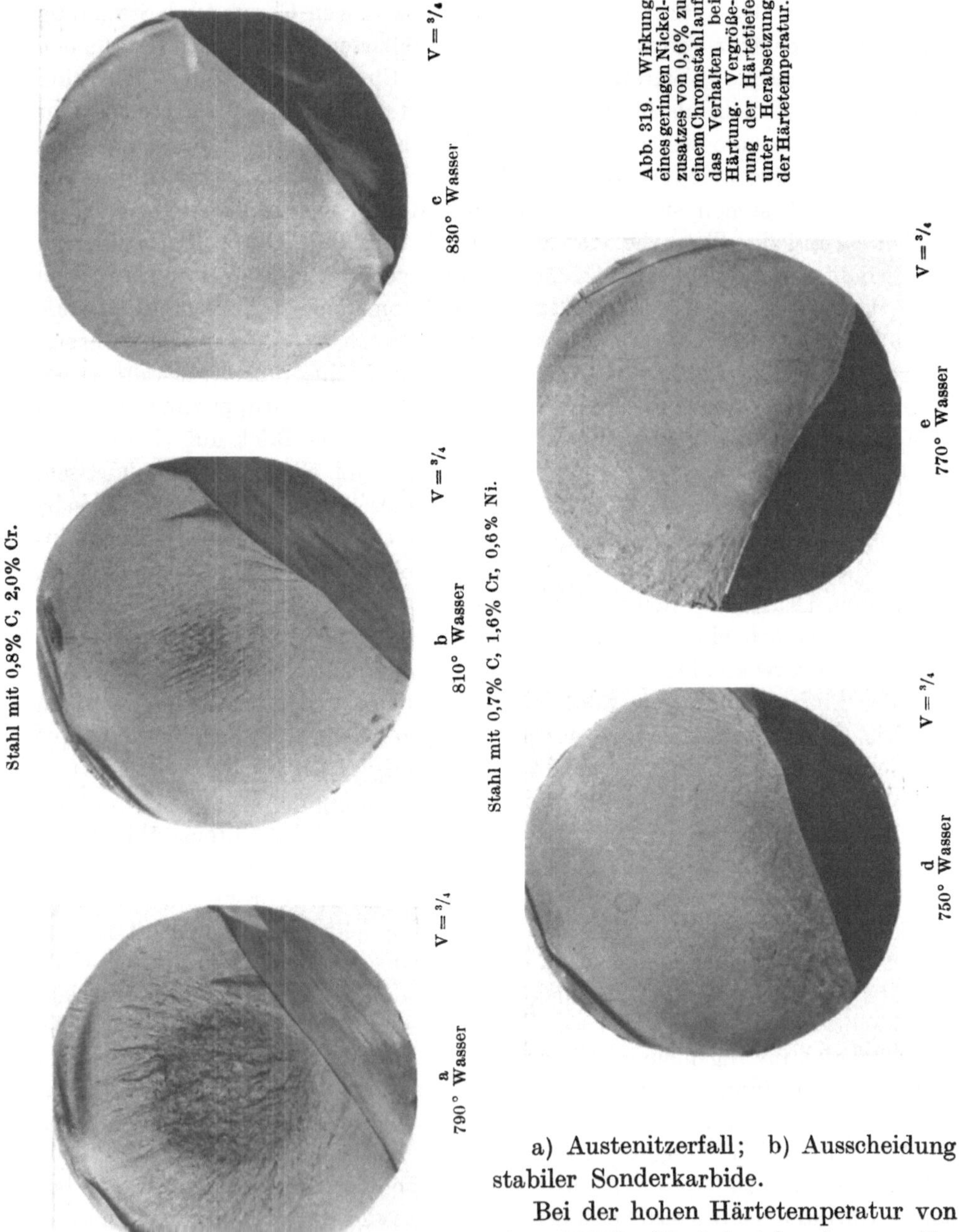

Abb. 319. Wirkung eines geringen Nickelzusatzes von 0,6% zu einem Chromstahl auf das Verhalten bei Härtung. Vergrößerung der Härtetiefe unter Herabsetzung der Härtetemperatur.

a) Austenitzerfall; b) Ausscheidung stabiler Sonderkarbide.

Bei der hohen Härtetemperatur von etwa 1000°, die beispielsweise zur Erzielung der Besthärte bei einem Stahl mit 1,5% C, ∽13% Cr angewandt wird, tritt neben Martensit bereits ein gewisser Anteil Austenit im Gefüge auf. Dieser Austenit zerfällt nicht, wie bei Kohlenstoffstählen, bei dem Erwärmen auf niedrige Anlaßtemperatur, sondern bleibt vorab als ziemlich stabiler Austenit erhalten. Erst bei Anlaßtemperaturen von 450—600° scheiden sich dann aus dem Austenit Karbide aus, und der so an Kohlenstoff verarmte Austenit wandelt sich bei der Abkühlung (Durchschreiten der Martensitstufe) bei etwa 200° in Martensit um[1] (ähnlich Abb. 334). Auch bei niedriger legierten Chromstählen (1,5% C, 2,5% Cr) konnten Portevin und Chevenard[2] nachweisen, daß die Karbidausscheidung der Austenit-Martensit-Umwandlung vorausgeht und letztere erst bei der Abkühlung auftritt.

Diese Art der Austenitzersetzung ist des öfteren für die Anlaßbeständigkeit von sonderkarbidhaltigen Stählen verantwortlich gemacht worden. Da aber nach ein- oder mehrmaligem Anlassen der Restaustenit restlos umgewandelt ist und auch bei dann erfolgendem nochmaligen Anlassen auf gleiche Temperaturen die Härte der betreffenden Stähle erhalten bleibt, kann diese nicht auf die Neubildung von Martensit aus Restaustenit zurückgeführt werden. Die Ursache der Anlaßbeständigkeit ist vielmehr im umgewandelten α-Mischkristall zu suchen, wie dies später auch bei Vanadinstählen gezeigt wird. Sie ist darauf zurückzuführen, daß die Sonderkarbide sich im α-Eisen erst bei höheren Temperaturen ausscheiden bzw. zusammenballen als der Zementit und somit eine Art Ausscheidungshärtung hervorrufen, die sich im Verlauf der Härteveränderung beim Anlassen auswirkt.

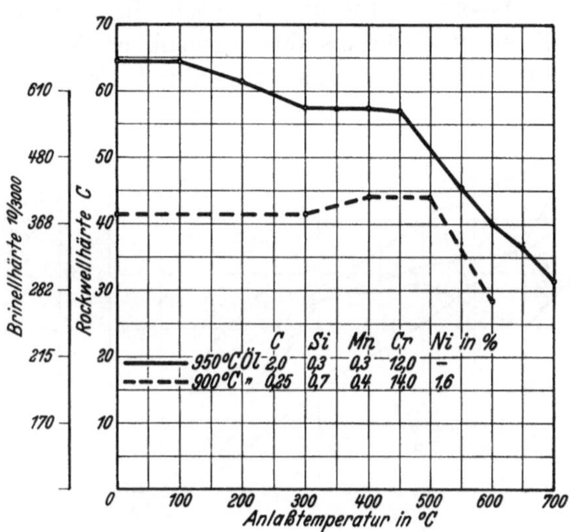

Abb. 320. Härteveränderung von hochlegierten Chromstählen beim Anlassen.

Die Erhöhung der Anlaßbeständigkeit bei Chrom-Eisen-Kohlenstoff-Legierungen kann selbstverständlich erst dann eintreten, wenn die entsprechenden Sonderkarbide vorhanden sind. Solange das Chrom sich nur im normalen Eisenkarbid gelöst befindet, wird man infolge der Verringerung der Diffusionsgeschwindigkeit und der damit zusammenhängenden verminderten Zusammenballungsfähigkeit der Karbide höchstens einen kleineren Härteabfall feststellen können. Sehr deutlich belegt wird das Verhalten der Chromstähle durch eine Arbeit von Tofaute, Sponheuer und Bennek[3]. In Abb. 321 sind Härteanlaßkurven von Stählen mit 1% C und verschiedenen Chromgehalten bei Härtetemperaturen von 850° und 1050° aufgetragen. Der unlegierte Kohlenstoffstahl verhält sich nach dem Ablöschen von beiden Temperaturen in der Anlaßbeständigkeit nicht sehr verschieden. Die chromlegierten Stähle haben bei der tiefen Härtetemperatur nur eine etwas erhöhte Anlaßbeständigkeit. Erst beim Abschrecken von höheren Temperaturen und stärkerem Inlösunggehen von

[1] Ehmcke, V.: Arch. Eisenhüttenw. Bd. 4 (1930/31) S. 23/35 — Kruppsche Mh. Bd. 11 (1930) S. 295/315.

[2] Arch. Eisenhüttenw. Bd. 1 (1927/28) S. 535/36.

[3] Arch. Eisenhüttenw. Bd. 8 (1934/35) S. 499/506 — Dissertation Sponheuer. Aachen 1933.

Chromkarbid tritt deutlich die hohe Anlaßbeständigkeit der höher legierten Chromstähle auf. Es zeigt sich hierbei ferner, daß der Stahl mit 1,6% Cr, bei dem das Chrom nach den Untersuchungen im Eisenkarbid gelöst ist, keine ausgesprochen hohe Anlaßbeständigkeit aufweist, sondern nur einen geringeren Abfall der Härte infolge der verzögerten Diffusionsgeschwindigkeit der Karbide. Beim 3proz. Chromstahl, bei dem bereits das Chromkarbid Cr_7C_3 auftritt, macht sich aber die erhöhte Anlaßbeständigkeit bereits bis zu Temperaturen von 500° bemerkbar. Besonders gilt das für die noch höher legierten Stähle. Auf das Zustandekommen der Anlaßkurve eines derart anlaßbeständigen sonderkarbidhaltigen Stahles ist bereits in Abb. 65 hingewiesen worden.

Wesentlich für das unterschiedliche Verhalten beim Anlassen und Weichglühen von Chromstählen gegenüber Nickel- und Manganstählen ist die Erhöhung der *Ac*-Umwandlung durch Chrom.

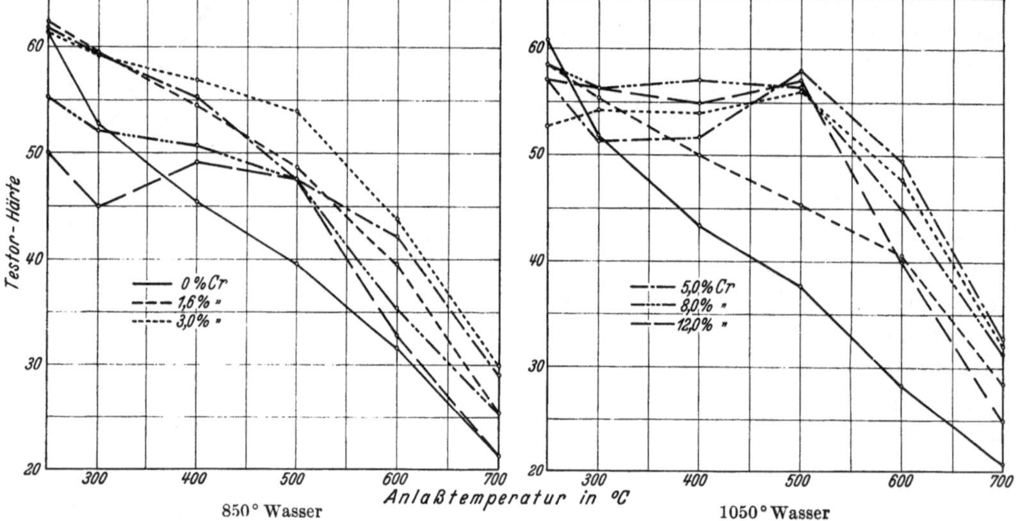

Abb. 321. Härteanlaßkurven von Stählen verschiedener Chromgehalte mit 1,0% C. (Nach W. Tofaute, A. Sponheuer u. H. Bennek: Arch. Eisenhüttenw. Bd. 8 [1934/35] S. 499/506.)

Während durch die Erniedrigung der Umwandlung bei Mangan und Nickel die Perlitstufe sehr stark unterdrückt wird und bei den hochlegierten Stählen sogar beim Anlassen nach dem Härten der Zerfall des Martensits nur schwer vonstatten geht, gelingt es bei den Chromstählen und ähnlichen karbidbildenden Stählen immer, beim Erwärmen infolge der hohen Lage des Ac_1-Punktes wieder eine vollkommene Absonderung der Karbide aus dem Martensit, also vollkommene Perlitbildung, zu bewirken. Die Chromstähle können deswegen, ähnlich wie reine Kohlenstoffstähle, durch Abschrecken martensitisch und darüber hinaus austenitisch gemacht werden; sie lassen sich aber stets bis zur vollkommenen Ausscheidung der Karbide ausglühen, dementsprechend auch weich und bearbeitbar machen. Hierin unterscheiden sich die kohlenstoffhaltigen Chrom-Eisen-Legierungen ebenfalls von den Mangan- und Nickel-Stählen.

Zusammenfassend ergibt sich auf Grund des Einflusses von Chrom und Kohlenstoff auf Eisenlegierungen eine Einteilung der Chromstähle in ferritische, halbferritische, perlitische Stähle, wobei die einzelnen Gruppen sich noch in karbidische oder ledeburitische Stähle unterteilen lassen. Bei der Härtung gehen bei höherem Chrom- und Kohlenstoffgehalt und somit höheren Karbidgehalten mit steigender Temperatur größere Anteile von Karbid in Lösung. Hierdurch tritt eine Verringerung der kritischen Abkühlungsgeschwindigkeit und somit erhöhte Härtefähigkeit ein, so daß man zu Zwischenstufengefüge, zu martensitischem und sogar austenitischem Abschreckgefüge und damit zu öl- bzw. lufthärtenden Stählen gelangen kann. Beim Anlassen zeichnen sich die hoch chromkohlenstoffhaltigen Stähle infolge der Ausscheidung von Chromkarbid bei

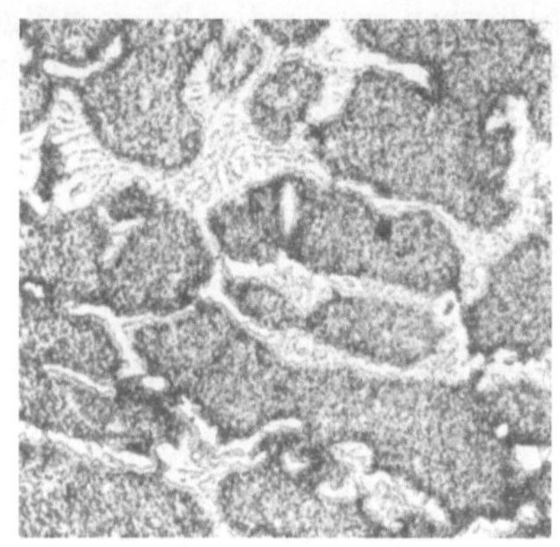

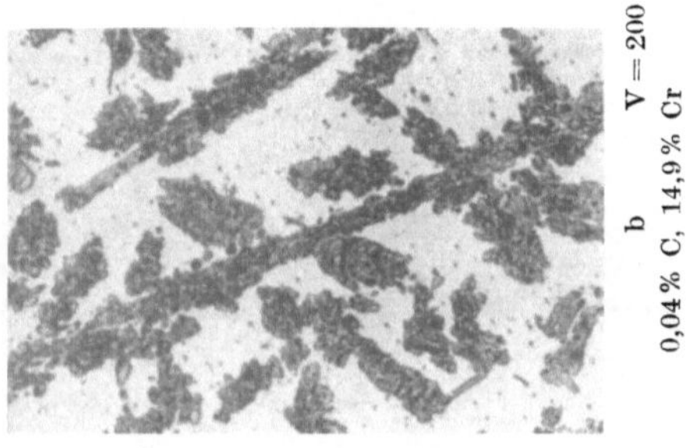

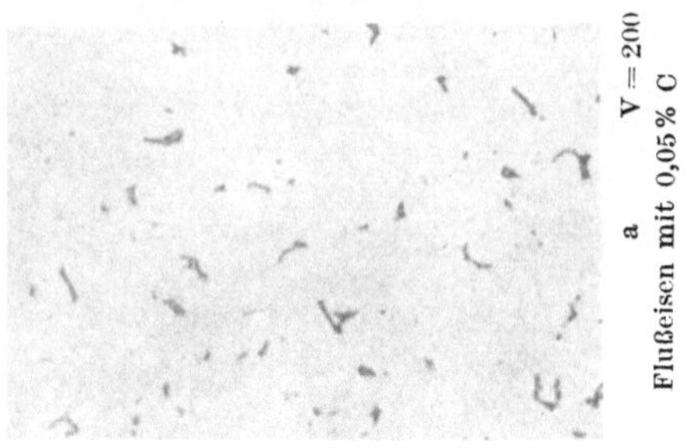

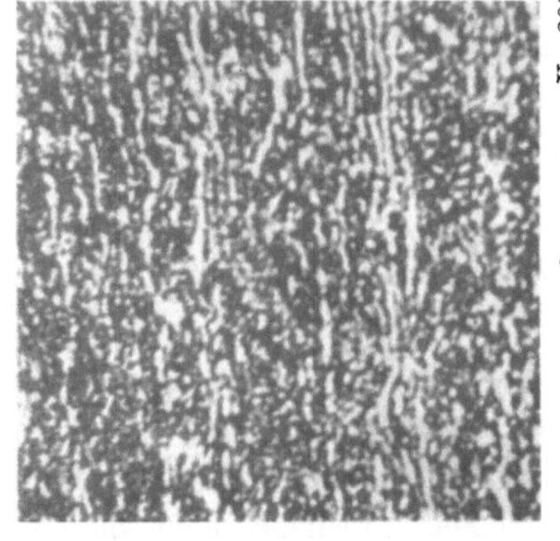

Abb. 322. Gefüge von Chromstählen mit 13 bis 15% Cr. [c und d entnommen aus Kruppsche Mh. 6. Jg. (1925) S. 149.]

etwa 500° durch ihre Anlaßbeständigkeit bis zu diesen Temperaturen aus.

β) Das Gefüge der Kohlenstoff-Eisen-Chrom-Legierungen.

Die Gefügebilder der Eisen-Chrom-Kohlenstoff-Legierungen entsprechen ihrer Lage im System Eisen-Chrom-Kohlenstoff. Wie Abb. 322a und b zeigt, wird bei geringen Kohlenstoffgehalten von 0,04—0,05% der perlitische Gefügeanteil durch Chromzusatz außerordentlich erhöht. Bei 0,08% Kohlenstoff und 13% Chrom (Abb 322 c) ist der Stahl bereits überwiegend perlitisch und weist nur noch geringe Ferritreste auf; bei 0,22% Kohlenstoff und 13,8% Chrom (Abb. 322d) besteht das

Gefüge vollkommen aus Perlit. Bei weiterer Steigerung von Chrom und Kohlenstoff tritt Sonderkarbid und bei höheren Gehalten das Karbideutektikum auf, wie dies aus Abb. 322e für einen Stahl mit 1,6% Kohlenstoff und 15% Chrom hervorgeht. Durch Ablöschen werden die Gefüge weitgehend verändert. Abb. 323 zeigt das Gefüge eines Stahles mit 0,43% Kohlenstoff und 13,7% Chrom nach der Behandlung von verschiedenen Ablöschtemperaturen. Nach dem Härten bei 1000° und 1100° ist

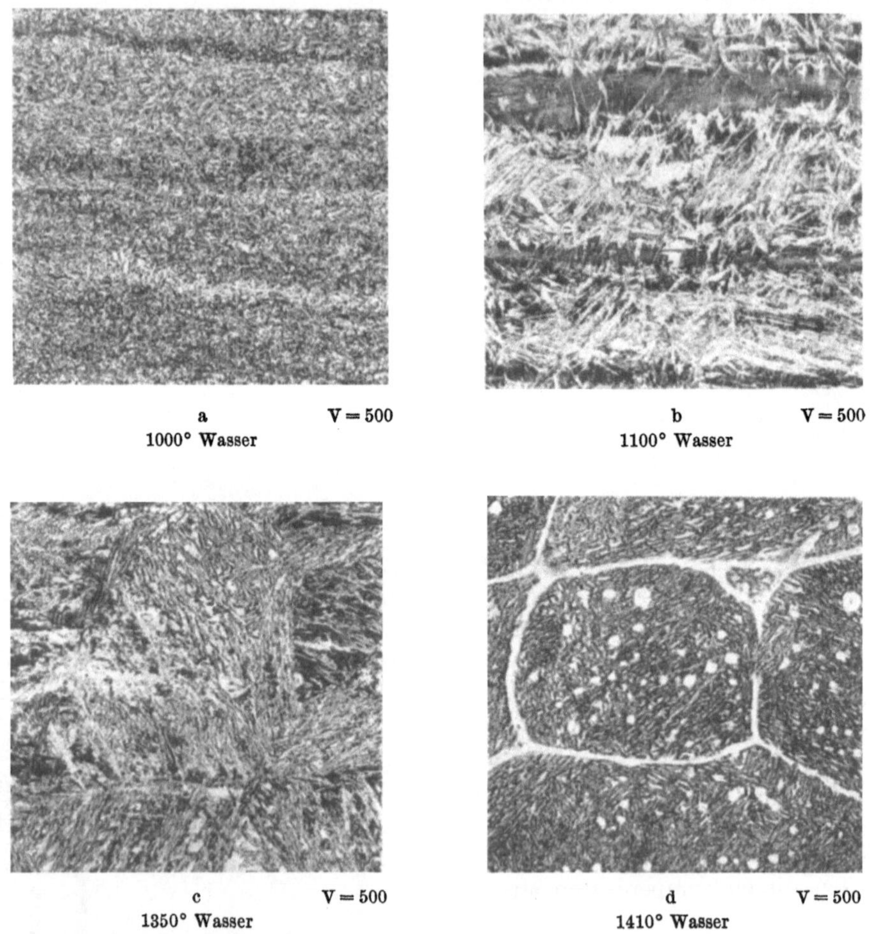

Abb. 323. Gefüge eines Chromstahles mit 0,43% C, 13,7% Cr nach Wasserablöschung von verschiedenen Temperaturen.

der Stahl praktisch rein martensitisch; bei 1350° bleibt neben Martensit bereits eine wesentliche Menge Restaustenit zurück. Bei 1350°, besonders aber bei 1410°, liegen diese Stähle infolge der Herabsetzung der A_4-Umwandlung bereits im δ-Gebiet, dementsprechend sieht man wieder einen gewissen Anteil Ferrit im Gefüge auftreten. Dieses Beispiel zeigt das Verhalten eines rein perlitischen Chromstahles, dessen ganzes Gefüge bei der Erwärmung noch die Austenitumwandlung erleidet. Bei Stählen mit 15% Chrom und 0,14% Kohlenstoff gelingt es aber schon nicht mehr, das Gefüge vollkommen umzuwandeln. Auch bei langsamer Erkaltung aus dem δ-Gebiet bleiben Ferritteilchen in den Korngrenzen

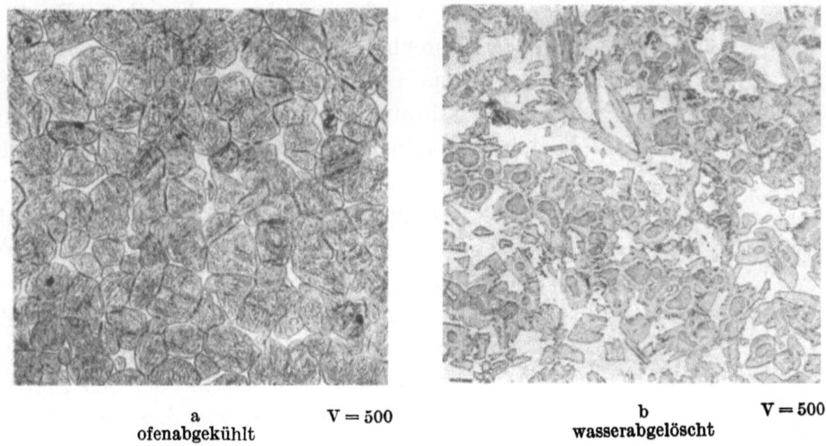

a   V = 500   b   V = 500
ofenabgekühlt   wasserabgelöscht

Abb. 324. Gefügeaussehen eines Stahles mit 0,14 % C, 15,3 % Cr nach Erwärmung auf 1400°.

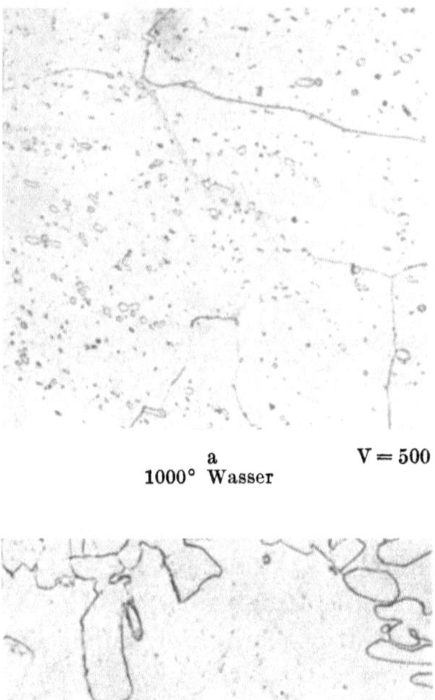

a   V = 500   b   V = 500
1000° Wasser   1170° Wasser

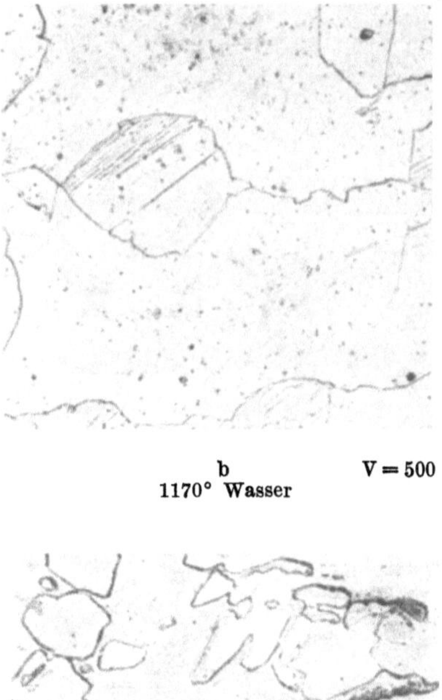

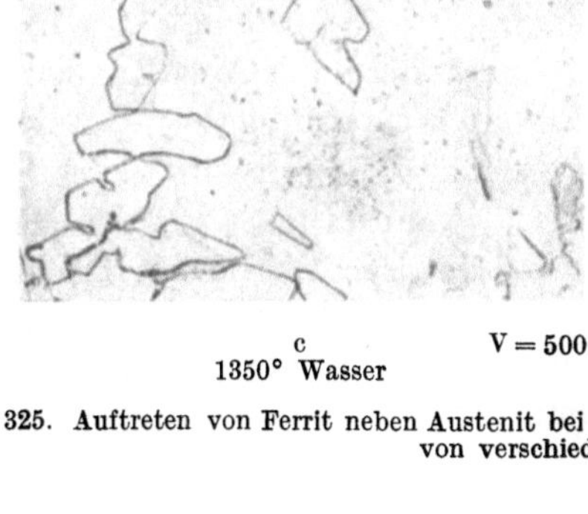

c   V = 500   d   V = 500
1350° Wasser   1410° Wasser

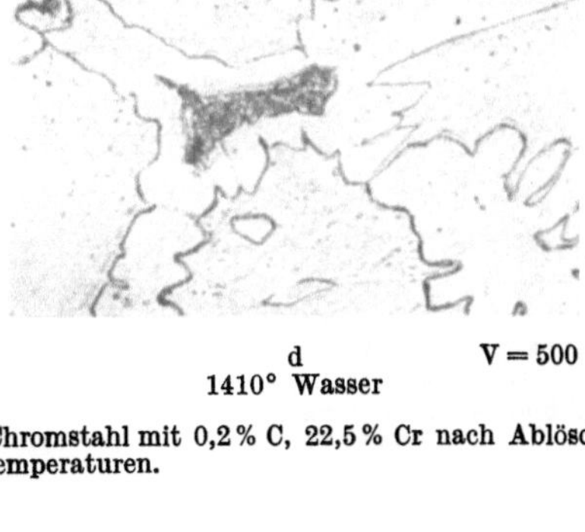

Abb. 325. Auftreten von Ferrit neben Austenit bei einem Chromstahl mit 0,2 % C, 22,5 % Cr nach Ablöschung von verschiedenen Temperaturen.

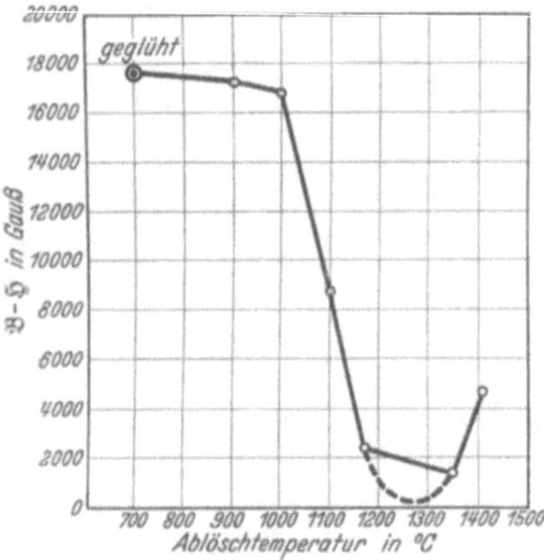

Abb. 326. Veränderung der Sättigung bei einem
Stahl mit 0,52 % C und 15,2 % Cr.

erhalten (Abb. 324 a). Beim Ablöschen
von 1400° ist dieser Anteil an Ferrit entsprechend g:ößer, zum Teil wandelt sich
das Gefüge aber trotz der schnellen Abkühlung um und bildet ein Gemisch von
Martensit und Austenit. Bei höheren
Chromgehalten von 20—22% und höherem
Kohlenstoffgehalt (Abb. 325) gelingt es
beim Ablöschen von 1350—1400°, Ferrit
neben reinem Austenit zu erhalten.

Die Anteile an Martensit und Austenit
nach verschiedener Behandlung kann man
am besten an Hand der magnetischen
Sättigung prüfen, wie dies Abb. 326 zeigt.
Die Sättigung dieses 15 proz. Chrom-

a   V = 500
850° Öl

Brinellhärte: 415

b   V = 500
1050° Öl
550

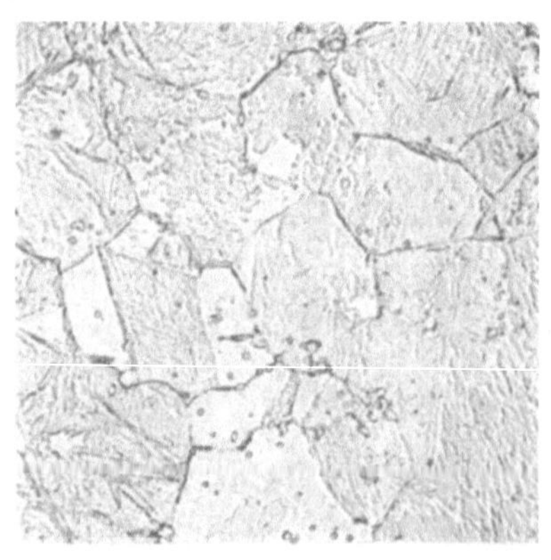

c   V = 500
1150° Öl
Brinellhärte: 280

Abb. 327. Einfluß der Ablöschtemperatur auf die
Austenitbildung eines Chromstahles mit 0,73 % C,
13,3 % Cr.

stahles mit 0,5 % Kohlenstoff fällt nach
dem Ablöschen von Temperaturen oberhalb
1100° infolge Austenitbildung stärker ab,
um bei Temperaturen oberhalb 1350° (Ablöschtemperatur oberhalb A_4) infolge Ferritbildung wieder anzusteigen. Zur Vervollständigung ist in Abb. 327 noch für einen
Chromstahl mit 0,73 % C und 13,3 % Chrom
die Gefügeveränderung in Abhängigkeit von
der Ablöschtemperatur gezeigt. Bei Ablöschung von 1150° in Öl wird dieser Stahl
austenitisch, wie dies auch aus den Härtemessungen hervorgeht. Gleichzeitig belegt
diese Abbildung die Abnahme des Gehaltes
an unaufgelöstem Karbid mit steigender Ablöschtemperatur.

c) Einfluß von Nickel und Mangan auf Chromstähle.

Da Chrom in vielen Fällen mit Nickel und Mangan zusammen als Legierungselement Verwendung findet, ist es zweckmäßig, einen Überblick über den Einfluß von Nickel und Mangan auf Chromstähle zu geben.

α) Chrom-Nickel-Stähle.

Der Einfluß von Nickel als Zusatz zu Eisen-Chrom-Kohlenstoff-Legierungen
macht sich je nach dem Charakter der betreffenden Legierungen verschieden
bemerkbar. Handelt es sich bei der Grundlegierung Chrom-Eisen-Kohlenstoff
um eine solche, die vollkommenes Umwandlungsgefüge aufweist, also perlitisch-
martensitisch ist, so wird durch Zusatz von Nickel hauptsächlich die kritische
Abkühlungsgeschwindigkeit vermindert. Es findet somit eine Erleichterung der
Härtbarkeit, Erhöhung der Durchhärtung usw. statt, bis schließlich bei höherem
Nickelzusatz die Legierungen auch bei Raumtemperatur stabil austenitisch werden.

Der Hinweis, daß manche Legierungen aus dem System Eisen-Chrom-Nickel
durch Abschrecken noch austenitisch gemacht werden können, die im idealen
Gleichgewichtszustand nicht rein austenitisch sind, zeigt auch hier deutlich den
bereits bekannten Einfluß von Nickel auf die Erniedrigung der Umwandlungspunkte und deren Abhängigkeit von der Abkühlungsgeschwindigkeit. Dieser
Einfluß des Nickels auf die Erniedrigung der Umwandlungspunkte spielt eine
große Rolle bei den niedrig legierten Chrom-Nickel-Stählen der perlitischen
Gruppe. Die Herabsetzung der Umwandlungspunkte durch Nickel führt bei
gleichzeitiger Anwesenheit von Chrom von wasser- zu öl- und zu lufthärtenden
Stählen. Beide Elemente wirken gemeinsam im Sinne der Verringerung der
kritischen Abkühlungsgeschwindigkeit. Wie noch später zu ersehen sein wird,
wirkt hierbei Nickel in der Hauptsache nur im Sinne der Haltepunkterniedrigung,
während Chrom infolge der Karbidbildung gleichzeitig auch noch härtesteigernd
wirkt[1]. Gerade die Kombination von Chrom und Nickel ist geeignet, gut härtbare
und gut durchvergütbare Stähle von hohen Festigkeitseigenschaften zu erzeugen.

Bei halbferritischen Chrom-Eisen-Kohlenstoff-Legierungen tritt durch Zusatz von Nickel eine Doppelwirkung ein. Nickel wirkt auf die Herabsetzung
der kritischen Abkühlungsgeschwindigkeit, somit auf die Ausbildung des Um-
wandlungsgefüges, ein, das vom perlitischen in den martensitischen bzw. sogar
austenitischen Zustand übergeht. Die Legierungen können also martensitisch-
ferritisch bzw. austenitisch-ferritisch werden. Außerdem engt aber Nickel den
Existenzbereich der ferritischen Phase ein, weil es bekannterweise im Gegensatz zu Chrom das γ-Gebiet erweitert.

Die Abb. 328 und 329 geben einen Überblick über die Phasenverteilung im
System Eisen-Chrom-Nickel, und zwar sind in der Abb. 328 die Projektion der
Gleichgewichtslinien nach der Erstarrung auf die Dreiecksebene und in Abb. 329
isotherme Schnitte bei 650 und 800° mit den entsprechenden Zustandsfeldern

---

[1] Die Verkleinerung des Umwandlungsbereiches in der Perlitstufe hat auch dazu geführt,
daß bei einem Chrom-Nickel-Stahl mit 4,5% Ni, 1% Cr, 0,3% C erstmalig die von der Perlitstufe getrennte Umwandlungsgeschwindigkeit in der Zwischenstufe beobachtet wurde. Im
normalgeglühten Zustande weisen nahezu alle Chrom-Nickel-Vergütungs- und -Einsatzstähle
Anzeichen von Zwischenstufengefüge auf.

wiedergegeben. Bei der Aufstellung des Dreistoffschaubildes wurden die Ergebnisse der Arbeiten von R. H. Aborn und E. C. Bain[1], von Fr. Wever und W. Jellinghaus[2] sowie von C. H. M. Jenkins, E. H. Bucknall, C. R. Austin und G. A. Mellor[3] und P. Schafmeister und R. Ergang[4] berücksichtigt. Wie aus dem binären Zustandsschaubild Nickel-Chrom (vgl. Abb. 328) hervorgeht, besteht hier eine Mischungslücke im festen Zustand zwischen dem kubisch-raumzentrierten chromreichen α- und dem kubisch-flächenzentrierten nickelreichen γ-Mischkristall. Diese Mischungslücke erweitert sich von Temperaturen unterhalb des Schmelzbereiches bis auf Raumtemperatur ziemlich erheblich.

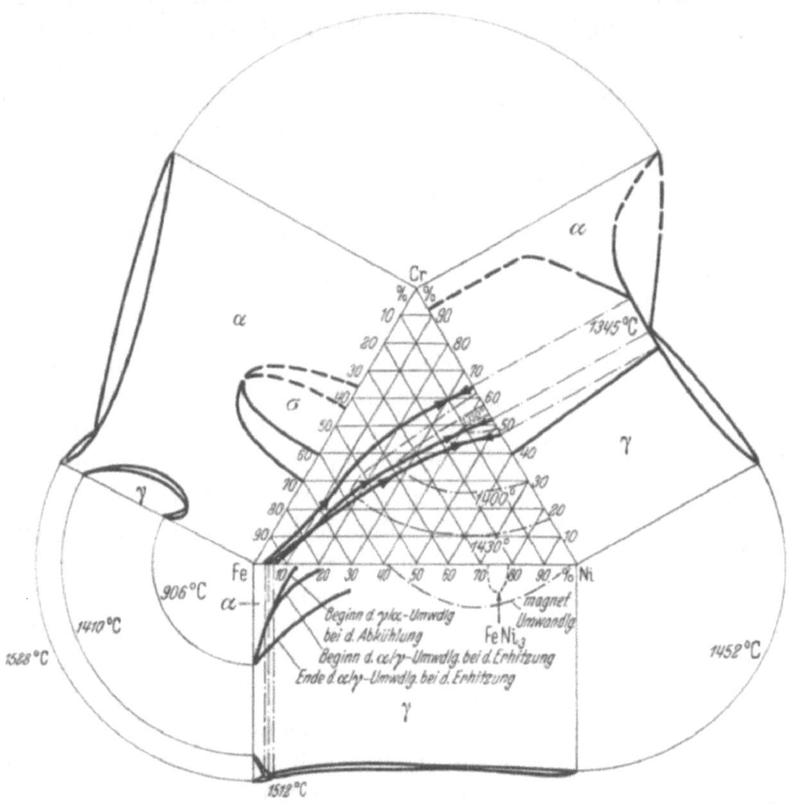

Abb. 328. Das Projektionsdiagramm Eisen-Chrom-Nickel nach dem Schrifttum entworfen von P. Schafmeister und R. Ergang.

Die ternären Eisen-Chrom-Nickel-Legierungen weisen von der Erstarrungstemperatur bis auf Raumtemperatur drei große Phasengebiete auf, und zwar 1. den Bereich der α-Phase, 2. den Bereich der γ-Phase und 3. ein heterogenes Gebiet, in dem α- und γ-Mischkristalle nebeneinander beständig sind. Entsprechend der Verkleinerung der Mischungslücke im Schaubild Chrom-Nickel bei höheren Temperaturen muß sowohl der Bereich der α-Phase als auch der der γ-Phase bei höheren

---

[1] Trans. Amer. Soc. Steel Treat. Bd. 18 (1930) S. 837/93.
[2] Mitt. Kais.-Wilh.-Inst. Eisenforsch. Bd. 13 (1931) S. 93/108.
[3] Stahl u. Eisen Bd. 37 (1937) S. 1456/57 — J. Iron Steel Inst. Bd. 136 (1937) S. 187/222.
[4] Arch. Eisenhüttenw. Bd. 12 (1938/39) S. 459/64 — Techn. Mitt. Krupp, Forschungsber. Bd. 2 (1939) S. 5/14.

Temperaturen zunehmen (vgl. Abb. 328 und 329). In den praktisch interessierenden Eisen-Chrom-Nickel-Legierungen ist jedoch die Temperaturabhängigkeit der
Ausdehnung der einzelnen Phasengebiete im Vergleich zu dem nachher noch zu
besprechenden Eisen-Chrom-Mangan-Schaubild verhältnismäßig gering. Die
genaue Festlegung der Phasengrenzen im Temperaturgebiet von Raumtemperatur bis etwa 700° (vgl. Abb. 329) ist wegen der Unvollständigkeit der Gleichgewichtseinstellung bei diesen niedrigen Temperaturen außerordentlich schwierig.
Die Gleichgewichtslinien in der Abb. 329 sind auf Grund von Dauerglühungen
ermittelt und geben wenigstens einen Anhalt über die praktisch erreichbaren
Gleichgewichte.

Neben den beiden genannten Phasen α und γ tritt im festen Zustande in
den Dreistofflegierungen auch die im Zweistoffschaubild Eisen-Chrom zunächst
von E. C. Bain und W. Griffith[1]
gefundene, dann von Fr. Wever und
W. Jellinghaus[2] sowie von W. Tofaute, C. Küttner und A. Büttinghaus[3] genauer festgelegte intermetallische Eisen-Chrom-Verbindung
FeCr (σ-Phase) auf. In der Abb. 329
sind die durch das Auftreten dieser
Verbindung bedingten
Gleichgewichte in den
Horizontalschnitt mit
eingetragen worden. Die
Verbindung vermag also
bis zu einem gewissen
Grad Nickel zu lösen.
Es ist zu erkennen, daß
ein großer Teil der Eisen-
Chrom-Nickel-Legierun-
gen durch das Auftreten
dieses spröden Bestand-
teils in seinen Eigen-

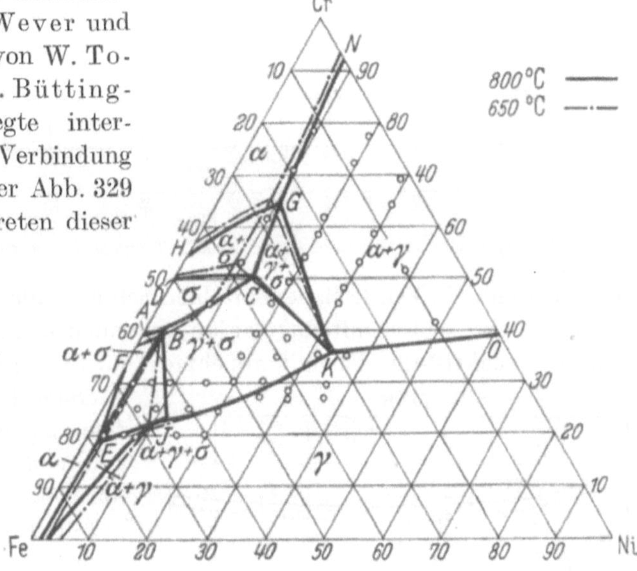

Abb. 329. Zustandsschaubild Eisen-Chrom-Nickel. Isotherme Schnitte bei
650 und 800° C. [Nach P. Schafmeister u. R. Ergang: Techn. Mitt.
Krupp, Forschungsberichte Bd. 2 (1931) S. 5/14.

schaften verschlechtert wird. Bei Legierungen mit 30% Cr genügen schon geringe
Nickelzusätze von 2—3%, bei 25proz. Chromstählen mittlere Nickelgehalte
von 5—6%, um eine Versprödung im Temperaturgebiet von 500—900°,
z. B. bei hitzebeständigen Legierungen, herbeizuführen.

Die Veränderung der Phasen und ihrer Existenzbereiche mit der Temperatur
läßt sich durch Parallelschnitte zu einer der Dreieckseiten, z. B. Nickel-Chrom,
noch besser als durch solche bei gleichbleibender Temperatur veranschaulichen.
In den Abb. 330—332 sind deshalb für die Eisengehalte von 30, 50 und 75%
Schnitte wiedergegeben. Bei der Diskussion der Gefügeänderungen der in dieses
Gebiet fallenden Legierungen wird vor allem auf den Kohlenstoffgehalt der untersuchten Stähle besonders zu achten sein. Wie schon beim ternären Raumschau-

---

[1] Trans. Amer. Inst. min. metallurg. Engrs. Bd. 75 (1927) S. 166/213.
[2] Mitt. Kais.-Wilh.-Inst. Eisenforsch. Bd. 13 (1931) S. 93/108.
[3] Arch. Eisenhüttenw. Bd. 9 (1935/36) S. 607/17.

bild Eisen-Chrom-Kohlenstoff gezeigt wurde, spielen bei höheren Chromgehalten auch verhältnismäßig geringe Kohlenstoffmengen von einigen hundertstel Prozent eine wesentliche Rolle für den Existenzbereich der α- und γ-Phase bei höheren

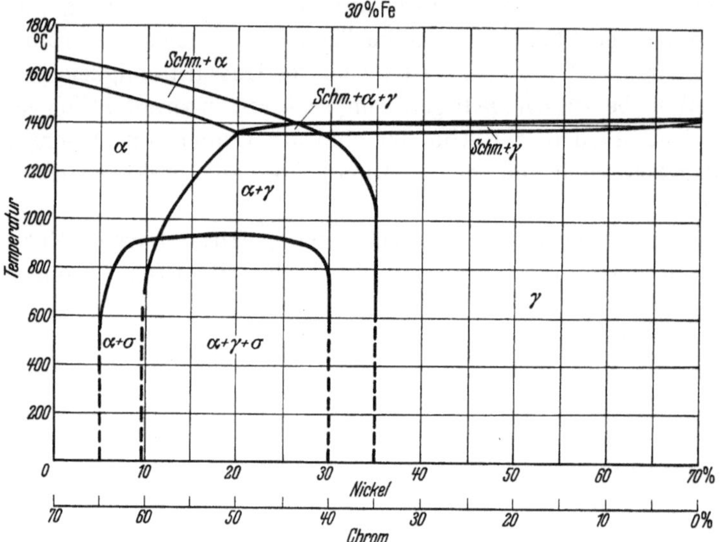

Abb. 330. Zustandsschaubild Eisen-Chrom-Nickel. Temperatur-Konzentrationsschnitt mit 30% Fe.

Temperaturen. Ein Vergleich der einzelnen Schnitte, die für praktisch kohlenstofffreie Legierungen gelten, miteinander läßt erkennen, daß das heterogene Gebiet der α- und γ-Mischkristalle sich mit abnehmendem Eisengehalt erweitert, und zwar

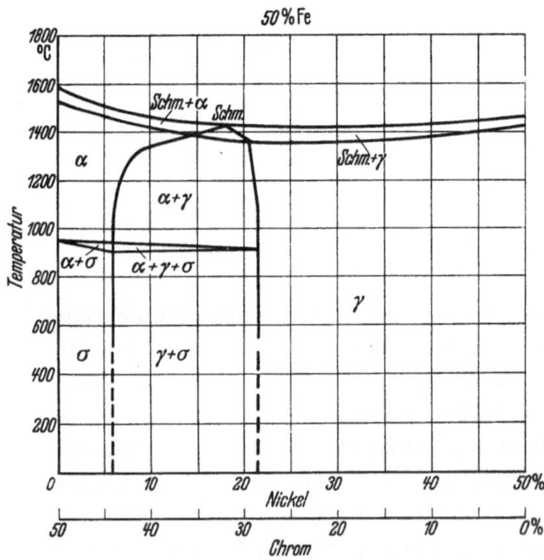

Abb. 331. Zustandsschaubild Eisen-Chrom-Nickel. Temperatur-Konzentrationsschnitt mit 50% Fe.

in erster Linie auf Kosten der Ausdehnung des γ-Einphasengebietes. Während in dem Temperaturbereich von 300—1000° in dem Schnitt mit 75% Eisen stabil austenitische Legierungen schon bei Ni-Gehalten von mehr als 8% erreicht werden, tritt bei Legierungen mit 50% Eisen infolge der zwangsläufig vorhandenen höheren Chromgehalte rein austenitisches Gefüge erst oberhalb von 22% Ni auf. Weiterhin ist die Entstehung der nickelhaltigen intermetallischen Verbindung FeCr, die sich fast ausschließlich aus dem α-Mischkristall ausscheidet, besonders zu beachten. In dem Schnitt mit 75% Fe (vgl. Abb. 332) tritt sie nur zwischen Nickelgehalten von 2 bis etwa 10% auf; dagegen reicht das Ausscheidungsgebiet in den Stählen mit 50% Fe schon von 0—22% Ni.

Da die praktisch verwendeten Legierungen zur Verbesserung des Korrosionswiderstandes bzw. zur Erhöhung der Hitzebeständigkeit sehr oft noch Zusätze von ferritbildenden Elementen, wie Molybdän, Titan, Tantal, Niob, Silizium oder Aluminium, enthalten, muß man bei der Festlegung der Nickel- und Chromgehalte besonders auf die intermetallische Verbindung achten. Stähle, die ohne diese Zusätze an der Grenze des reinen Austenitgebietes liegen, werden durch die Ferritbildner heterogen, und dementsprechend wird die Gefahr der σ-Ausscheidung größer, sofern während der Verwendung auf Temperaturen zwischen 500—900° längere Zeit erhitzt wird.

Die ersten Erforscher des Systems Eisen-Chrom-Nickel-Kohlenstoff, B. Strauß und E. Maurer[1], haben sich damit begnügt, den Gefügezustand in Abhängigkeit vom Nickel- und Chromgehalt für etwa 0,2% C bei Raumtemperatur festzuhalten (Abb. 333). Wenn auch bei dieser Darstellung die ferritischen und halbferritischen Legierungen vollkommen unberücksichtigt gelassen worden sind, so hat sie doch neben der geschichtlichen auch heute noch ihre prinzipielle Bedeutung für die Einteilung der Chrom-Nickel-Stähle.

Die angegebene Einteilung gilt für von hoher Temperatur — etwa 1000° — abgelöschte Stähle; sie hat sich aus den verdienstvollen Arbeiten der vorgenannten Forscher über die zweckmäßige Wärmebehandlung der Chrom-Nickel-Eisenlegierungen ergeben. Bei langsamer Abkühlung oder bei längerem Glühen bei tieferen Temperaturen bleibt die Einteilung nicht im gleichen Sinne

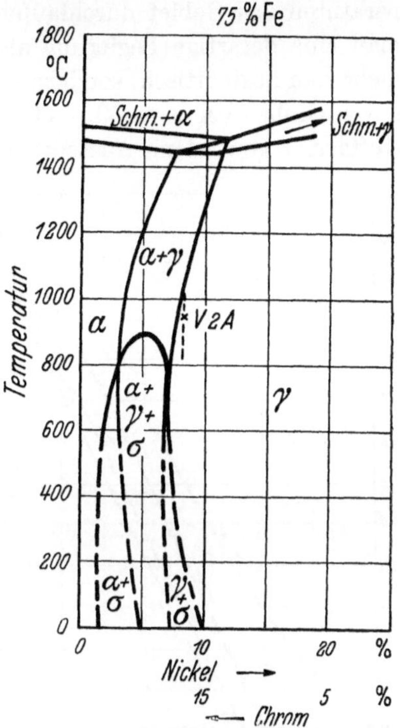

Abb. 332. Zustandsschaubild Eisen-Chrom-Nickel. Temperatur-Konzentrationsschnitt mit 75% Fe.

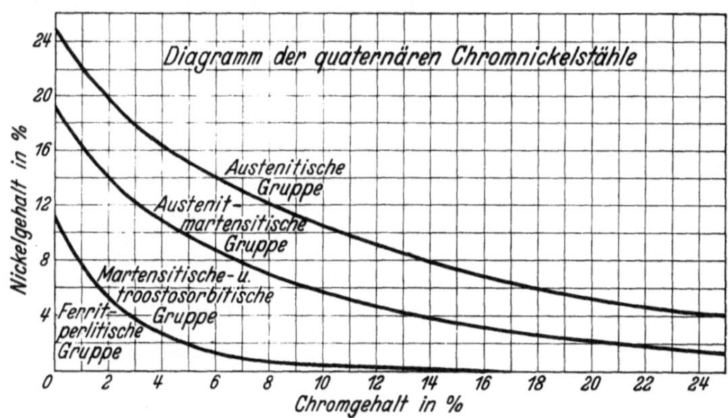

Abb. 333. Gefügeaufbau quaternärer Chrom-Nickel-Stähle mit etwa 0,20% C. [Nach B. Strauß u. E. Maurer: Kruppsche Mh. Bd 1 (1920) S. 129/46.]

erhalten. Nimmt man z. B. eine Legierung mit 18% Chrom und 8% Nickel, die abgesehen vom Kohlenstoffgehalt dem sehr bekannten Typus des rostfreien

---

[1] Kruppsche Mh. Bd. 1 (1920) S. 129/46.

V 2 A-Stahles von Krupp entspricht, so liegt sie nach der Abb. 333 innerhalb des vollkommen austenitischen Gebietes. Wie jedoch aus Abb. 332 hervorgeht, wird bei der Konzentration dieser Legierung bei höheren und tieferen Temperaturen das Gebiet durchlaufen, in dem γ neben α beständig ist. Schreckt man eine derartige Legierung also von etwa 1200° ab, so ist ihr Gefüge nicht mehr rein austenitisch, sondern enthält etwa 10—15% Ferrit. Andererseits wird durch Glühen bei etwa 500—800° Karbid ausgeschieden. Der hierdurch kohlenstoffärmer gewordene Austenit ist weniger stabil und kann bei der Abkühlung zum Teil in α-Eisen übergehen. Auch die Chromverarmung infolge der Karbidausscheidung verringert die Stabilität des Austenits. Eine Kaltverformung vor dem Anlassen beschleunigt die Karbidausscheidung und erleichtert infolgedessen die γ-α-Umwandlung beim Abkühlen. Auch durch Kaltverformung (unter etwa 200°) allein wird 18/8-Stahl teilweise in den α-Zustand überführt, d. h. dem Gleichgewichtszustand nach Abb. 332 angenähert. Die Grenzlinie des stabilen Austenits müßte in der schematischen Darstellung von Strauß und Maurer also weiter nach rechts oben verlegt sein. Bei dem angegebenen Chromgehalt von 18% und einem Kohlenstoffgehalt von 0,2% würde stabiler Austenit erst bei einem Nickelgehalt von ungefähr 11-—12% erreicht werden.

Wie sich die Martensitbildung bei zwischen Martensit und Austenit liegenden Legierungen abspielt, zeigt auch Abb. 334. Erhitzt man solche von hoher Temperatur abgeschreckten Legierungen im Dilatometer, so beobachtet man bei der ersten Erwärmung erst bei Temperaturen von 600—800° kleine Störungen, die mit Volumverkürzungen verbunden und auf Karbidausscheidungen zurückzuführen sind. Infolge der Verarmung an Kohlenstoff und Chrom (in Abb. 334 auch an Wolfram) durch die Karbidbildung tritt bei der Abkühlung jetzt bei Temperaturen von etwa 100° die α-γ-Umwandlung, also Martensitbildung mit entsprechender Volumenvergrößerung ein. Die nächstfolgende Erwärmung zeigt dann bei Temperaturen von etwa 600° wieder die Umwandlung der α-Phase in Austenit (γ-Phase).

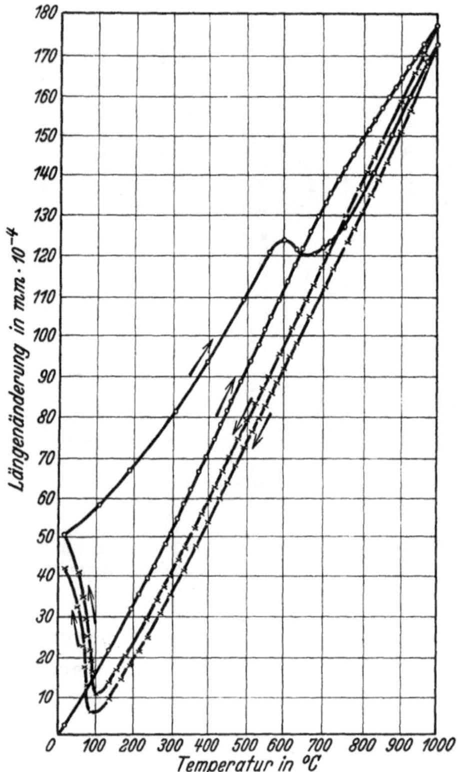

Abb. 334. Beobachtung des Austenitzerfalles bei einem sonderkarbidhaltigen, durch Ablöschen von 1200° austenitisch gemachten Stahl mit 9% Ni, 5% Cr, 15% W, 0,3% C. [Nach V. Ehmcke: Kruppsche Mh. Bd. 11 (1930) S. 295/315.]

β) Chrom-Mangan-Stähle.

Nachdem in den letzten Jahren eine Reihe von Arbeiten über Eisen-Chrom-Mangan-Legierungen bzw. über das Dreistoffsystem Eisen-Chrom-Mangan bekannt geworden sind[1—6], steht es fest, daß der Aufbau der eisenreichen Chrom-Mangan-Legierungen und der entsprechenden Chrom-Nickel-Legierungen grundsätzlich der gleiche ist. Diese grundsätzliche Übereinstimmung darf jedoch nicht zu der früher in der Literatur vielfach vertretenen Ansicht führen, daß das Nickel in Eisen-Chrom- bzw. Eisen-Chrom-Kohlenstoff-Legierungen nach einer einfachen Faustregel (1% Mn = 2% Ni) ersetzt werden könne, um zu gleichwertigen Gefügeänderungen (z. B. Austenitmengen) sowie Verbesserungen der mechanischen Eigenschaften zu gelangen. Wie schon durch die Arbeit von W. Köster[1] wahrscheinlich gemacht war und von F. Brühl[2] eingehend belegt und bestätigt wurde, bewirkt ein Manganzusatz zu Eisen-Chrom-Kohlenstoff-Legierungen nicht eine Erweiterung des Beständigkeitsbereiches der γ-Mischkristalle. Mangan wirkt vielmehr nur auf die kritische Abkühlungsgeschwindigkeit, und zwar insofern, als der an sich nur bei höheren Temperaturen beständige Austenit sich auf Zimmertemperatur unterkühlen läßt. Als Beispiel der unterschiedlichen Wirkung von Mangan und Nickel sei auf einen halbferritischen Chromstahl mit 18% Cr und 0,12% C hingewiesen, der nahezu zur Hälfte aus Umwandlungsgefüge, zur anderen Hälfte aus Ferrit besteht. Setzt man dieser Legierung 3% Ni zu, so wird durch diesen Zusatz das γ-Gebiet derartig erweitert, daß der Ferrit verschwindet

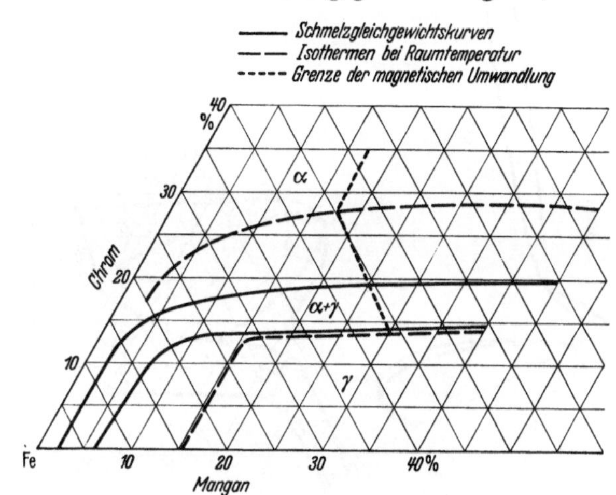

Abb. 335. Der $\alpha + \gamma$-Raum im System Eisen-Chrom-Mangan. Nach W. Köster.

und das Gefüge ganz aus Umwandlungsgefüge besteht. Beim Ablöschen von höheren Temperaturen kann das Gefüge, insbesondere bei etwas höherem Kohlenstoff, sogar fast rein austenitisch werden. Durch Zusatz von 2—3% Mn wird dagegen der Anteil an Ferrit nur wenig verringert. Auch bei höheren Mangangehalten gelingt es nicht, den Ferrit vollkommen zum Verschwinden zu bringen, während ein Stahl mit 18% Cr, 8% Ni, 0,1% C schon nach Luftabkühlung von hoher Temperatur völlig homogenen Austenit ergibt.

In den Abb. 335 und 336 ist zur besseren Veranschaulichung der Gefügezustand der Eisenecke des Dreistoffsystems Eisen-Chrom-Mangan dargestellt, und

[1] Köster, W.: Arch. Eisenhüttenw. Bd. 7 (1933/34) S. 687/88.

[2] Brühl, F.: Arch. Eisenhüttenw. Bd. 10 (1936/37) S. 243/55.

[3] Schmidt, M., u. H. Legat: Arch. Eisenhüttenw. Bd. 10 (1936/37) S. 297/306.

[4] Kluke, R.: Dr.-Ing. Diss. Techn. Hochschule Berlin 1937.

[5] Burgess, C. O., u. W. D. Forgeng: Amer. Inst. min. metallurg. Engrs. Techn. Publ. Nr. 911 Met. Techn. 5 (1938).

[6] Schafmeister, P., u. R. Ergang: Arch. Eisenhüttenw. Bd. 12 (1938/39) S. 507/10 — Techn. Mitt. Krupp, Forschungsber. Bd. 2 (1939) S. 15/21.

zwar sind in der Abb. 335 die Schmelzgleichgewichtskurven sowie die Gleichgewichtskurven bei Raumtemperatur und in Abb. 336 die Zustandsfelder bei 700° wiedergegeben. Bei der Aufstellung des Dreistoffschaubildes wurden in erster Linie die Ergebnisse der Arbeiten von W. Köster, F. Brühl, C. O. Burgess und W. D. Forgeng sowie von P. Schafmeister und R. Ergang berücksichtigt. Aus Abb. 335 geht hervor, daß die Mischungslücke zwischen dem α-Eisen und dem γ-Eisen-Mischkristall zunächst parallel zur Eisen-Chrom-Seite verläuft, bei etwa 10—13% Cr parallel zum Zweistoffsystem Eisen-Mangan abbiegt und in Richtung auf die voraussichtlich im Chrom-Mangan-System vorhandene Mischungslücke zuläuft. Bei 700° (vgl. Abb. 336) hat sich die Form der Mischungslücke kaum verändert. Der einzige Unterschied besteht nur darin, daß sie breiter geworden ist, d. h. einen größeren Konzentrationsbereich umfaßt, wobei zu beachten ist, daß die Aufnahme der Kurven in Abb. 336 nach Dauerglühung, in Abb. 335 nach langsamer Abkühlung erfolgte.

Die im Zweistoffsystem Eisen-Chrom zwischen 30 und 70% Cr erfolgende Bildung der intermetallischen Verbindung σ (FeCr)[1] aus dem α-Mischkristall spielt auch im Dreistoffsystem Eisen-Chrom-Mangan eine erhebliche Rolle. Nach den vorliegenden Untersuchungen von F. Brühl, C. O. Burgess und W. D. For

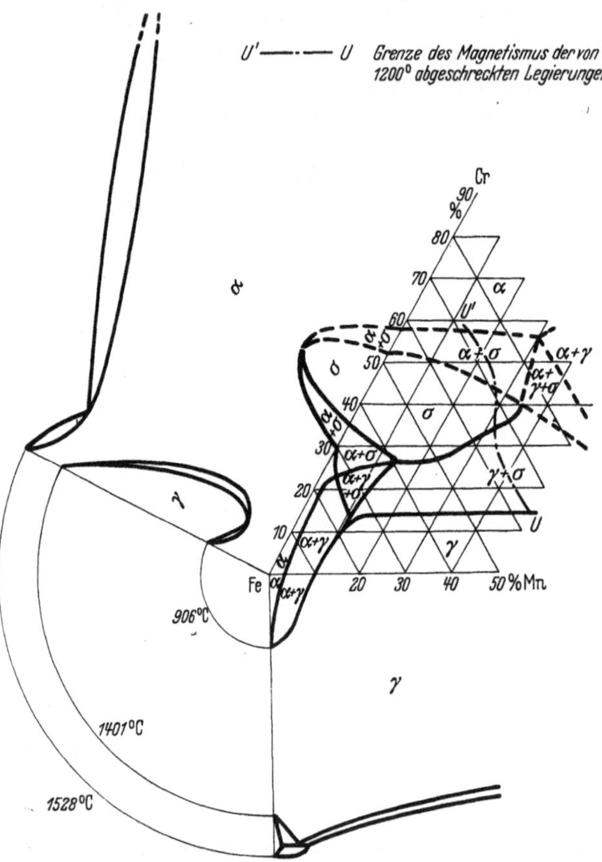

Abb. 336. System Eisen-Chrom-Mangan. Isothermer Schnitt bei 700°. Nach P. Schafmeister u. R. Ergang.

geng und P. Schafmeister und R. Ergang vermag die intermetallische Verbindung FeCr in einem gewissen Grad Mangan zu lösen ([Fe, Mn]Cr), und zwar können bis zu 35% Mn gelöst werden gegenüber 10% Ni. Die durch das Auftreten dieser Verbindung bedingten Gleichgewichte sind in Abb. 336 mit eingetragen worden. Sie lassen erkennen, daß die Eigenschaften vieler Eisen-Chrom-Mangan-Legierungen durch das Auftreten dieser sehr spröden intermetallischen Verbindung außerordentlich ungünstig beeinflußt werden. Legierungen mit 0 bis

[1] Bain, E. C., u. W. E. Griffiths: Trans. Amer. Inst. min. metallurg. Engrs. Bd. 75 (1927) S. 166/213. — Wever, Fr., u. W. Jellinghaus: Mitt. Kais.-Wilh.-Inst. Eisenforsch. Bd. 13 (1931) S. 93/108. — Tofaute, W., C. Küttner u. A. Büttinghaus: Arch. Eisenhüttenw. Bd. 9 (1935/36) S. 607/17.

12% Mn sind nur dann frei von der Versprödung, wenn die Chromzusätze 30 bzw. 23% nicht übersteigen, und zwar kann der Chromgehalt um so höher sein, je niedriger der Mangangehalt liegt. Oberhalb von 12% Mn soll der Chromgehalt, sofern man das Auf·treten der intermetallischen Ver-bindung unterbinden will, nicht über 13% betragen. Wie Abb. 337

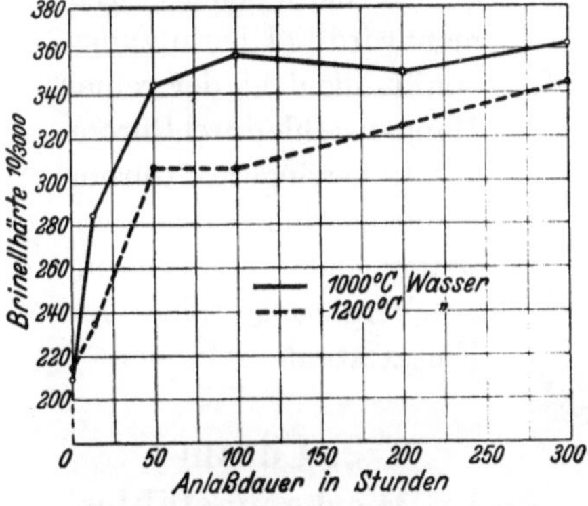

Abb. 337. Härteveränderung eines Chrom-Mangan-Stahles mit 0,13% C, 9,2% Mn und 20,5% Cr beim längeren Anlassen auf 700°.

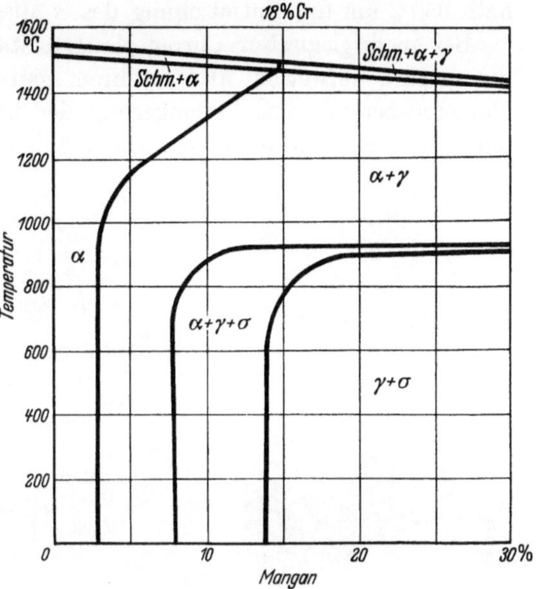

Abb. 338. System Eisen-Chrom-Mangan. Temperatur-Konzentrationsschnitt mit 18% Cr.

zeigt, tritt beim Anlassen bei 700° mit der Versprödung eine wesentliche Härte-steigerung auf. Diese Härtesteigerung kann bei hochchromhaltigen Legierungen so weit gehen, daß man mit derarti-gen Legierungen Glas ritzen kann.

In den folgenden Abb. 338 und 339 sind Schnitte durch das Drei-stoffsystem Eisen-Chrom-Mangan wiedergegeben, und zwar einmal für gleichbleibende Chromgehalte von 18%, andererseits für gleichblei-bende Mangangehalte von 12%.

Die Legierungen mit 18% Cr (vgl. Abb. 338) sind oberhalb 3% Mn halbferritisch. Der Mengenanteil der γ-Phase ist zunächst sehr gering und nimmt mit steigendem Mangangehalt zu, so daß er schließlich überwiegt. Wie aus Abb. 337 und 338 hervor-geht, tritt nach längerem Glühen unterhalb 950°C in Legierungen mit 18% Cr mit mehr als 8% Mn der spröde σ-Bestandteil und eine ent-sprechende Härtesteigerung auf. Die

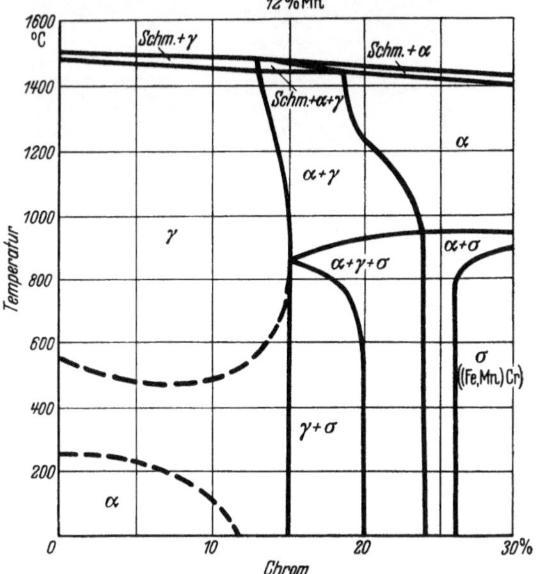

Abb. 339. System Eisen-Chrom-Mangan. Temperatur-Konzentrationsschnitt mit 12% Mn.

σ-Bestandteil enthaltenden Zustandsfelder sind auch aus dem Schnitt mit 12% Mn ersichtlich (Abb. 339). Im Gegensatz zu den Eisen-Chrom- und Eisen-Chrom-Nickel-Legierungen ist die Ausscheidungsgeschwindigkeit der Verbindung bei Eisen-Chrom-Mangan-Legierungen wesentlich größer. Unter Umständen genügt schon eine langsame Abkühlung unterhalb 950°, um die Entmischung des α-Mischkristalls einzuleiten.

Bei niedriglegierten Chrom-Mangan-Stählen, die vollkommenes Umwandlungsgefüge aufweisen, also in ihrem ganzen Gefüge vergütbar sind, bewirkt Mangan ebenfalls eine Verringerung der kritischen Abkühlungsgeschwindigkeit und damit eine Erhöhung der Härtefähigkeit und Durchvergütbarkeit. Infolge der Wirkung von Chrom als karbidbildendes Element wird die Überhitzungsempfindlichkeit der reinen Manganstähle durch Chromzusatz verringert. Chrommanganstähle haben eine weitgehende Verwendung als Vergütungsstähle und Einsatzstähle gefunden.

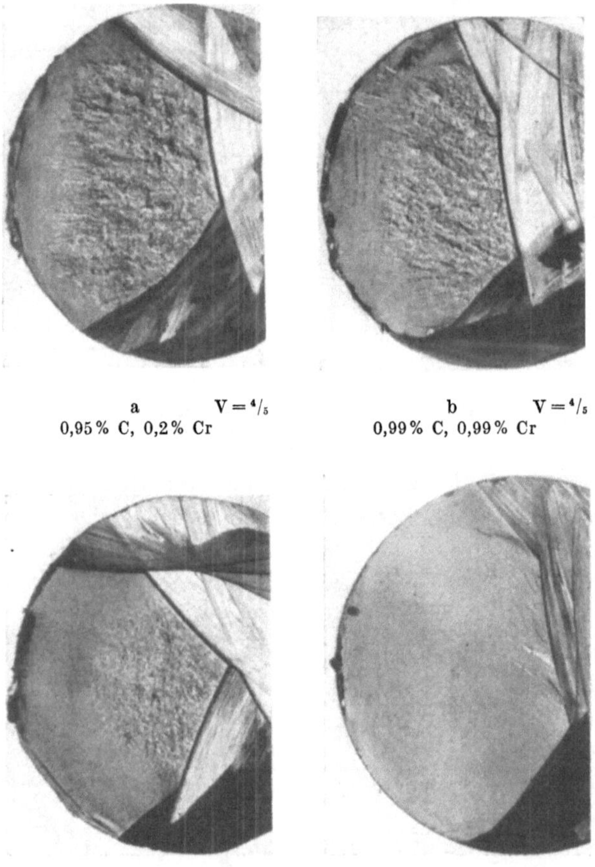

a $V = {}^4/_5$
0,95% C, 0,2% Cr

b $V = {}^4/_5$
0,99% C, 0,99% Cr

c $V = {}^4/_5$
0,97% C, 2,0% Cr

d $V = {}^4/_5$
1,0% C, 3,1% Cr

Abb. 340. Erhöhung der Durchhärtung eines 1 proz. Kohlenstoffstahles bei Chromzusatz. [Nach W. Tofaute, A. Sponheuer u. H. Bennek: Arch. Eisenhüttenw. Bd. 8 (1934/35) S. 499/506.] (Härtung 800° Wasser.)

2. Chrom in Werkzeugstählen.

Die Verwendung von Chrom im Werkzeugstahl beruht auf der starken karbidbildenden Wirkung dieses Elementes, der damit im Zusammenhang stehenden Erhöhung der Härte und Verbesserung der Härtefähigkeit sowie der bei höheren Chrom- und Kohlenstoffgehalten infolge Karbidausscheidung auftretenden Anlaßbeständigkeit.

a) Werkzeugstähle mit niedrigen Chromgehalten.

Die Erhöhung der Tiefenhärtung durch Chromzusatz bei einem eutektoiden Werkzeugstahl mit etwa 1% C zeigt Abb. 340. Chrom findet deswegen Verwendung als Zusatz zu 1 proz. Kohlenstoffstählen zur Erhöhung der Härtetiefe für Kaltschlagmatrizen, Besteckstanzen, Kaltwalzen unter 100 mm ⌀ usw., bei denen man durch Erhöhung der Härtetiefe eine erhöhte Lebensdauer und größere zulässige Druckbeanspruchung erzielen will. Das Härten erfolgt von 760—800° in Wasser. Infolge der karbidbildenden Wirkung des Chroms sind diese Stähle auch in der Härtung verhältnismäßig unempfindlich, gleichzeitig wird der Verzug gegenüber reinen Kohlenstoffstählen etwas geringer. Der Einfluß der Legierung auf den Verzug beim Härten und die Härteunempfindlichkeit eines Chromstahles ging aus Abb. 122, S. 140 hervor. Nach 34 maliger Härtung hatte der Chromstahl trotz des höheren Kohlenstoffgehaltes keine Anrisse, während der Manganstahl bereits gerissen war. Gleichzeitig ist die stärkere Volumenveränderung des Manganstahles gegenüber dem Chromstahl hervorzuheben.

Vielfach verwendet man Chromzusätze von 0,2—1% in Stählen, die im weitgehend verfeinerten Zustande Anwendung finden, wie z. B. Bandstähle für Rasierklingen, Holzbandsägen, Uhrfedern (unter gleichzeitigem Zusatz von Silizium bis etwa 1%), Spiralbohrer aus kaltgezogenem Stahl. Besonders bekannt für letzteren Verwendungszweck ist der sog. chromlegierte Silberstahl mit etwa 1% C und 0,5—1% Cr. In diesen dünnen Abmessungen gestattet der Chromzusatz bereits eine Anwendung der milderen Ölhärtung (s. a. Zahlentafel 65 [S. 408]).

b) Werkzeugstähle mit mittleren Chromgehalten.

Stähle mit etwas erhöhtem Chromgehalt, beispielsweise mit 2% Cr und rund 1% C, lassen sich auch bereits in stärkeren Abmessungen in Öl härten. Die Ablöschtemperatur für Ölhärtung steigert sich gegenüber Wasserhärtung von ca. 780° auf ca. 830°, wobei bereits größere Anteile Karbid in Lösung gehen. Hierdurch gelingt es, derartige Stähle selbst in größeren Abmessungen (60—70 mm ⌀ oder ▯) auch einwandfrei in Öl zu härten. Kleinere Abmessungen löscht man von 800—830°, größere von 840—860° in Öl ab. Diese Stähle besitzen ebenso wie der 2 proz. Manganstahl mit 0,9—1% Kohlenstoff den Vorzug, daß sie sich in Öl gehärtet nur wenig verziehen, insbesondere bei kleineren Abmessungen, wo vollkommene Durchhärtung eintritt. Ein solcher Stahl kann also dem 2 proz. Manganstahl für Gewindebohrer, Fräser, Schnittwerkzeuge an die Seite gestellt werden, wobei er den Vorzug besitzt, wegen der geschilderten Wirkung der Karbide viel weniger überhitzungsempfindlich zu sein. Da Mangan etwas wirtschaftlicher ist als Chrom, haben sich für derartige Verwendungszwecke als sog. stehenbleibende ölhärtende Stähle Legierungen von Mangan und Chrom herausgebildet. Hierbei wird, wie aus Zahlentafel 46 (S. 276) ersichtlich, zum Teil außer Chrom auch noch Wolfram zugesetzt. Für schneidende Werkzeuge, wie Gewindeschneideisen, Fräser usw., bietet der Zusatz von karbidbildenden Elementen den Vorteil, daß die Stähle nach der Härtung eine größere Anzahl feinverteilter Karbide im Gefüge aufweisen, die den Verschleißwiderstand erhöhen und somit die Lebensdauer verlängern. Große Verwendung finden Stähle mit ca. 0,85% C und 1,5 bis 2,3% Cr im wassergehärteten Zustande für Kaltwalzen bis zu den größten Abmessungen.

c) Werkzeugstähle mit höheren Chromgehalten.

Wie aus dem einleitenden Abschnitt hervorgeht, steigt die Anlaßbeständigkeit der Chromstähle erst von etwa 3% Cr ab infolge des Auftretens von Sonderkarbiden. Als verhältnismäßig anlaßbeständiger Warmarbeitsstahl findet entsprechend ein Stahl mit 0,5% C, ∿3% Cr Verwendung für Schmiedegesenke, Teile von Schmiedemaschinen usw.; gelegentlich wird er auch zu Besteckstanzen verarbeitet, die sich wegen der in den gebräuchlichen Abmessungen vollständigen Durchhärtung zur Aufnahme hoher Druckbeanspruchungen eignen. Neben der Anlaßbeständigkeit spielt auch die Erhöhung der Verschleißfestigkeit durch

Karbide für die Verwendung eine ausschlaggebende Rolle. Als Beispiel sei genannt eine Legierung mit 2% C, 3% Cr, die als verschleißfester Stahl für Schwalbungen in Brikettpressen und Ziehsteinen sowie als Stahlformguß für Teile von Wasserturbinen wegen seines hohen Widerstandes gegen Kavitation (Hohlsog)[1] verwendet wird. Die Härtung der Schwalbungen erfolgt wegen des höheren Karbidgehaltes bei Temperaturen von 900° mit darauffolgender Ölablöschung. Ein Anlassen ist nicht unbedingt erforderlich, doch kann zweckmäßigerweise ein Anlassen bei 100—200° stattfinden, da die Schwalbungen im Betrieb auch derartigen Erwärmungen ausgesetzt werden.

Die Erhöhung der Verschleißfestigkeit tritt vor allem bei noch höher legierten Chromstählen mit 12—15% Chrom und Kohlenstoffgehalten von 0,4—2,2% infolge der Einlagerung harter Chromkarbide in Erscheinung. Wegen des hohen Chromgehaltes sind diese Stähle bei Anwendung genügend hoher Ablöschtemperaturen (Inlösunggehen von Chromkarbiden, 950—1000°) bereits lufthärtend und zeichnen sich durch geringen Verzug bei der Härtung aus. Die tiefer gekohlten Stähle dieser Art mit 0,4—0,5% C und etwa 14% Cr finden Verwendung für die Herstellung von rostsicheren Messern, die bei einwandfreier Härtung gute Schneidhaltigkeit aufweisen. Die ungenügende Schneidhaltigkeit rostfreier Messer, die in der ersten Zeit der Herstellung des öfteren bemängelt wurde, war in der Hauptsache auf Unkenntnis der Behandlung dieser neuen Stähle zurückzuführen. Zu tiefe Härtetemperatur, z. B. 850/900° C, ergibt ungenügende Härte; zu hohe Ablöschtemperatur führt zu gleichem Ergebnis, weil sich dann in den für Messer in Frage kommenden dünnen Abmessungen stärkere Austenitbildung bemerkbar macht. Bei Legierungsgehalten von 0,4—0,5% C und 14% Cr läßt sich zwar keine Glashärte mehr erzielen, doch ist dies für Messer wegen der damit verbundenen hohen Sprödigkeit auch nicht erwünscht. Die erreichbare Höchsthärte beträgt etwa 58—60 Rockwell-C-Einheiten. Erhöhte Schnittfähigkeit bei gleichzeitig noch genügender Rostsicherheit weisen Stähle mit 0,8—0,9% C, 16% Cr unter Zusatz von Nickel, Molybdän oder Kobalt auf.

Chromstähle mit 1,4% Kohlenstoff und 12—15% Cr können infolge der weiteren Erhöhung der Verschleißfestigkeit durch den größeren Gehalt an Chromkarbiden bereits für Metallsägen, Fräser usw. verwandt werden. Ein Zusatz von etwa 3% Kobalt bewirkt eine Verbesserung der Schneidhaltigkeit.

Stähle mit bis zu 2,2% C und 12—18% Cr unter Zusatz von geringen Gehalten an Wolfram, Molybdän, Kobalt finden als lufthärtende verschleißfeste Stähle für Prägewerkzeuge, Verschleißplatten, Schnitte, Zieheisen, Räumnadeln usw. häufig Verwendung.

Die erhöhte Anlaßbeständigkeit hoch chrom- und kohlenstoffhaltiger Stähle infolge der Karbidausscheidung bei etwa 500° (Abb. 320, S. 389) hat auch dazu geführt, daß diese Stähle auf dem Warmarbeitsgebiet für Breitsättel, kleinere Walzen usw. verwendet werden. Gute Leistungen ergibt als Warmlochdorn beim Pressen von Granaten z. B. ein Stahl mit 0,2% C, 14% Cr.

---

[1] Vgl. z. B. H. Schröter: Mitt. Forsch.-Inst. Wasserbau u. Wasserkraft München 1935 Nr. 3 S. 30/52. Ähnlich wie bei Verschleißversuchen, ist auch das Ergebnis von Kavitationsversuchen sehr stark von der Art der Versuchsdurchführung abhängig; die im Schrifttum vorhandenen Zahlenwerte sind daher meist nicht untereinander vergleichbar; s. auch Stahl u. Eisen Bd. 58 (1938) S. 735/37.

Im allgemeinen wird Chrom zu allen hochwertigen spanabhebenden Bearbeitungswerkzeugen zugesetzt. Da die Anlaßbeständigkeit, die durch Chromkarbide hervorgerufen wird, nur bis zu etwa 500° reicht, während durch andere karbidbildende Elemente höhere Anlaßbeständigkeit erzielt wird, kann Chrom hier nur als härtungsverstärkender und den Karbidgehalt vermehrender zusätzlicher Legierungsbestandteil angesprochen werden. So enthalten die meisten Schnellstahllegierungen etwa 4—5% Cr; es hat aber auch nicht an Versuchen gefehlt, Stähle mit 8—12% Cr unter Zusätzen von bis zu 5% W und 2,5% V, evtl. auch Mo, als wolfram- und molybdänsparende Schnellstähle zu verwenden (siehe hierüber auch bei Schnellstahl S. 661).

In Abb. 341 sind die Hauptanwendungsgebiete der chromlegierten Werkzeugstähle, unterteilt in perlitische, karbidische und ledeburitische Stähle, dargestellt[1].

Zahlentafel 65 (S. 408) gibt einen Überblick über die Verwendung und Zusammensetzung der einzelnen Gruppen. Wie man aus dieser Zusammenstellung ersieht, findet Chrom bei tieferem Kohlenstoffgehalt Verwendung zur Erhöhung der Härte- und Durchhärtefähigkeit bei gleichzeitig noch hohen Ansprüchen an Zähigkeit. Das Verwendungsgebiet für Preßluftmeißel und Handmeißel ist z. B. ein Anwendungsgebiet, bei dem es vor allem neben einer genügenden Härte und Widerstandsfähigkeit gegen Dauerbeanspruchung auf hohe Zähigkeit ankommt. Bei unlegierten Werkzeugstählen würde man hierfür einen Kohlenstoffstahl der Härte 5 mit 0,7% C verwenden; infolge des Zusatzes von

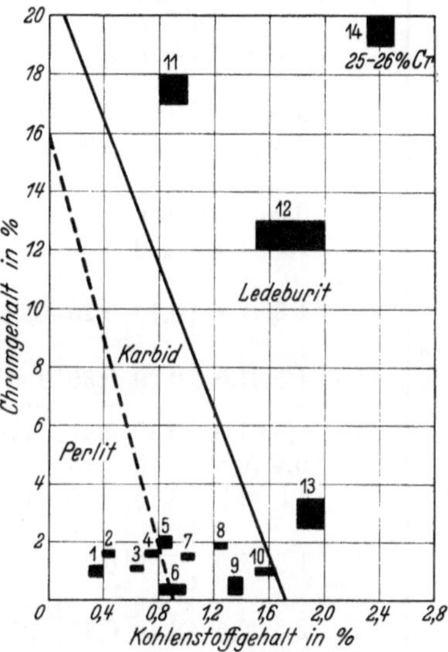

Abb. 341. Hauptanwendungsgebiete der chromlegierten Werkzeugstähle (Verwendungszweck der verschiedenen Stahlgruppen siehe Zahlentafel 65.)

Chrom kann der Kohlenstoffgehalt entsprechend herabgesetzt werden. Diese Herabsetzung des Kohlenstoffgehaltes bei Hinzusetzen eines karbidbildenden Legierungselementes ist des öfteren bei Verwendung legierter Stähle angebracht.

Die Stähle der karbidischen Gruppe eignen sich für Verwendungszwecke, die hohe Härte und großen Verschleißwiderstand erfordern, wobei gleichzeitig bei den ölhärtenden Stählen die Forderung einer möglichst ungefährlichen Härtung (komplizierte Teile) erfüllt wird.

Das bezüglich Verschleiß und Einfachheit der Härtung bei der karbidischen Gruppe Gesagte gilt in verstärktem Maße für die ledeburitische Gruppe (Lufthärtung), die außerdem noch eine weiter erhöhte Anlaßbeständigkeit aufweist, also z. B. für Warmarbeitswerkzeuge verwendet werden kann. Will man bei der ledeburitischen Chromstahlgruppe bei der Härtung einen möglichst geringen Verzug haben, so empfiehlt es sich, auf eine Temperatur von etwa 950—1000° zu erwärmen, um eine möglichst große Karbidmenge in Lösung zu bringen, die Stähle dann aber langsam auf 850° im Ofen zurückgehen zu lassen und hierauf in

---

[1] Diese Art der Einteilung wurde zuerst von P. Goerens [Stahl u. Eisen Bd. 44 (1924) S. 1645/59] benutzt.

Zahlentafel 65. Zusammensetzung und Verwendungszweck von Chromstählen.

Gruppe	Nr. in Abb. 341	Zusammensetzung				Verwendungszweck	Behandlung
		C %	Si %	Mn %	Cr %		
I perlitisch	1	0,30/0,40	0,25	0,50	0,80/1,2	Handmeißel, Schraubenschlüssel, Zangen usw.	Härtung in Öl oder Wasser, evtl. kombiniert, je nach Form des Stückes u. verlangter Härte. Anlassen: 150—500°
	2	0,40/0,50	0,25	0,50	1,5 /1,7	Warmwerkzeuge, Stempel, Büchsen, Scherenmesser, Steinbohrer	
	3	0,60/0,70	0,25	0,50	1,0 /1,2	Reifen, Walzen	
	4	0,70/0,80	0,25	0,60	1,5 /1,7	Warmwalzen, Stempel, Büchsen, Prägewerkzeuge usw.	
	5	0,20	0,70	0,40	13—14	Warmlochdorne	
II karbidisch	6	0,80/0,90	0,20	0,30	1,8 /2,2	Kaltwalzen, Richtwalzen	Härtung in Öl oder Wasser, evtl. kombiniert, je nach Form des Stückes u. verlangter Härte. Anlassen: 150—300°
	7	0,80/1,0	0,20	0,30	0,20/0,50	Besteckstanzen, Münzstempel, Matrizen, Prägewerkzeuge	
	8	0,95/1,05	0,20	0,30	1,4 /1,6	Nietrollen, Bördelwalzen usw.	
	9	1,2 /1,3	0,20	0,30	1,8 /2,0	Bohrer, Stanzen, Scherenmesser, Kaliber	
	10	1,3 /1,4	0,15	0,25	0,25/0,75	Rasiermesser, Rasierklingen, Sägefeilen, Stichel	
	11	1,5 /1,6	0,20	0,30	1,4 /1,6	Sägefeilen, Ziehringe	
III ledeburitisch	12	0,80/1,0	0,40	0,40	17—18	Rostfreie Messer, Preßformen, Preßplatten	Härtung in Öl oder an Luft, je nach Form u. verlangter Härte. Anlassen: bis zu 450°
		0,4 /0,5	0,40	0,80	14—15		
	13	1,5 /2,0	0,25	0,50	12—13	Zieheisen, Ziehringe, Schermesser, Schnitte, Stanzen	
	14	1,8 /2,0	0,25	0,50	2,5 /3,5	Zieheisen, Ziehringe, Scherenmesser, Schwalbungen	
	15	2,3 /2,5	0,40	0,40	25—26	Ziehringe	

Zahlentafel 66.
Ofenhärtende Chrom-Mangan-Stähle.

Zusammensetzung			Behandlung	Erzielte Härte in Brinell
C %	Mn %	Cr %		
0,5	2,4	14,2	900°/Ofen	450—460
0,9	2,5	14,2	900°/ ,,	470—480
1,7	2,6	14,2	900°/ ,,	465—475
0,2	4,0	14,7	900°/ ,,	400—430
0,5	4,3	14,7	950°/ ,,	465—480
1,1	4,4	14,5	950°/ ,,	485—500
1,7	4,2	14,5	950°/ ,,	485
2,1	4,4	14,5	950°/ ,,	530—540

Bei höherem Mangangehalt tritt eine Verringerung der Härte wegen erhöhten Restaustenitgehalten ein.

Öl- oder Preßluft zu härten. Auf diese Weise läßt sich größtmögliche Härte mit geringstem Verzug vereinigen.

d) Chrom-Mangan-Werkzeugstähle.

Außer dem geschilderten Zusatz von Mangan und Chrom bei ölhärtenden Stählen haben sich bis heute in der Praxis keine weiteren Chrom-Mangan-Stähle eingeführt, trotzdem es möglich ist, bei Stählen mit 1,5 % C, 6 % Cr und 2 % Mn ähnliche lufthärtende Eigenschaften zu erzielen wie bei 12 proz. Chromstählen. Bei höheren Chrom- und Mangangehalten gelingt es sogar, die kritische Abkühlungsgeschwindigkeit so weit herabzusetzen, daß selbst bei Ofenabkühlung Härtung eintritt (Zahlentafel 66). Beim rostfreien Messerstahl mit etwa 0,4 % C und 14 % Chrom erleichtert ein Zusatz von ungefähr 1 % Mangan die Härtefähigkeit. Chrom-Mangan-Stähle finden auch

Verwendung mit Zusätzen von Molybdän. Als Beispiel sei ein Warmarbeitsgesenkstahl mit 0,5% C, 1,5% Mn, 2,5% Cr und 0,3% Mo (evtl. 0,3% V) erwähnt. Statt des erwähnten Stahles mit 2% C, 3% Cr wird für Brikettschwalbungen auch ein Stahl mit 2% C, 1% Mn und 2,2% Cr gebraucht, ohne daß sich dadurch die Eigenart des Stahles wesentlich ändert.

e) Chrom-Nickel-Werkzeugstähle.

Eine sehr große Verwendung auf dem Werkzeugstahlgebiet finden chromnickel-legierte Stähle. Nickel wirkt sich vor allem auf die Herabsetzung der kritischen Umwandlungsgeschwindigkeit, also in erhöhter Durchhärtefähigkeit, aus, während Chrom als karbidbildendes Element die Absoluthärte derartiger Legierungen erhöht. Infolgedessen gelingt es bei Chromnickelstählen, sehr günstige Eigenschaften bei erhöhter Durchhärtung zu erzielen. Durch den Einfluß von Nickel besitzen diese Stähle trotz hoher Härte noch gute Zähigkeit. Sie finden daher Verwendung bei schlagartiger Beanspruchung, z. B. für Besteckstanzen, Preßstempel aller Art usw. (Zahlentafel 67).

Zahlentafel 67. Chrom-Nickel-Werkzeugstähle.

Zusammensetzung						Härtungsart	Hauptverwendungszweck
C %	Si %	Mn %	Cr %	Ni %	W [1] %		
0,15	0,30	0,50	1,0	4,0	evtl. 0,80	Zementieren, etwa 800° Öl härten, auskochen	Warmpreßgesenke für Metalle, Formen für Bakelit
0,35	0,30	0,50	1,5	4,0	evtl. 0,80	Öl- oder Lufthärtung, auf Festigkeit etwa 130—170 kg/mm² entsprechend anlassen	Gesenke, Sättel, Dorne, Walzbacken, Hämmer
0,50	0,30	0,50	1,5	4,0	—	Öl- oder Lufthärtung, auf 160 bis 180 kg/mm² Festigkeit anlassen	Scherenmesser, Stempel, Matrizen
0,30	0,25	0,50	1,0	3,5	—	Ölhärtung, auf 120—150 kg/mm² Festigkeit anlassen	Druckscheiben, Warmgesenke
0,55	0,30	0,50	1,0	3,5	—	Öl- oder Lufthärtung, auf 170 bis 190 kg/mm² Festigkeit anlassen	Pfaffen, Besteckstanzen, Massivprägematrizen
0,55	0,25	0,30	1,5	1,0	—	Öl/Wasser-Härtung, Anlassen je nach gewünschter Härte	Sprenggranaten
0,65	0,25	0,30	{2,0 / 3,0	2,0 / 3,0	0,3 / Mo	Öl/Wasser-Härtung, Anlassen je nach gewünschter Härte	Panzergranaten
0,75	0,30	0,30	1,0	0,70	—	Öl- und Wasserhärtung, Glashärte	Werkzeuge für höchste Druckbeanspruchung

Für Schlagarbeit, z. B. Pfaffen, Besteckstanzen, verwendet man zwei grundsätzlich verschiedene Arten von Werkzeugstählen, und zwar einmal die bekannten, nicht durchhärtenden eutektoiden Kohlenstoffstähle mit geringen Zusätzen von Chrom, Mangan oder Nickel zur Erhöhung der Tiefenhärtung. Bei schlagähnlicher Beanspruchung hat hier die glasharte Oberfläche den Vorteil, durch den zähen Kern gehalten zu werden. Würde man derartige Werkzeugstähle in vollkommen durchgehärtetem glashartem Zustande verwenden, so würden sie bei schlagähnlicher Beanspruchung sofort

---

[1] Wolfram kann auch durch Molybdän im Verhältnis 2 : 1 ersetzt werden.

durchbrechen. Andererseits findet man als zweite Gruppe durchhärtende Stähle mit etwas geringerer Absoluthärte. Diese durchhärtenden Stähle, die nach der Härtung keine Glashärte annehmen, verdichten sich bei der ersten Beanspruchung an der Oberfläche von selbst und haben meist gegenüber den nicht durchhärtenden Stählen eine erhöhte Lebensdauer, wie ja auch aus den Überlegungen über Ermüdungsfestigkeit auf S. 183 geschlossen werden kann. Infolge der guten Durchvergütbarkeit und hohen Zähigkeit derartiger Legierungen haben sie auch für Warmarbeitswerkzeuge, insbesondere Gesenke, häufiger Verwendung gefunden. Die hohe Durchvergütbarkeit von Stählen mit beispielsweise 0,45% C, 4,5% Ni, 1,5% Cr und 0,8% W oder Mo gestattet, diese Stähle bis zu den größten Abmessungen in sehr hartem, verschleißfestem Zustande zu verwenden.

f) Chrom in austenitischen und ledeburitischen Werkzeugstählen.

Auf dem Gebiet der Werkzeugstähle finden naturgemäß fast ausschließlich die Chrom-, Chrom-Nickel- und Chrom-Mangan-Legierungen der perlitisch-martensitischen Gruppe Verwendung. Aber auch bei austenitischen Legierungen werden Zusätze von Chrom angewandt. Zeitweilig hat man z. B. dem 12proz. Mangan-Hartstahl Chrom zugesetzt, ohne indessen hierdurch wesentliche Verbesserungen in der Verschleißfestigkeit erzielen zu können. Chrom verbessert die Beständigkeit des Austenits, scheint aber gleichzeitig die Verfestigungsfähigkeit des Manganstahles eher zu vermindern als zu erhöhen. Zusätze von Chrom zum austenitischen Mangan-Hartstahl vergrößern seinen Karbidgehalt, was vor allem im geglühten bzw. Walzzustand zu erkennen ist. Dadurch werden bei größeren Chromgehalten, z. B. 4%, die notwendigen Ablöschtemperaturen zur Erwirkung eines karbidfreien Gefüges zu höheren Temperaturen, also beispielsweise von 1000° auf 1050° bis 1100°, verlegt. Löscht man derartige Stähle nur von Temperaturen von 950—1000° ab, so weisen sie einen gewissen, oft in Form von Korngrenzenkarbid angeordneten Karbidanteil auf. Diese Karbideinlagerungen können etwas zur Erhöhung der Verschleißfestigkeit beitragen.

Austenitische Chrom-Nickel-Stahl-Legierungen finden viel Verwendung als warmfeste Stähle (s. a. Nickelstähle, S. 334); allerdings gehören diese Verwendungszwecke meist in das Gebiet der Baustähle. Bekanntlich verlieren alle martensitischen Chromstähle bei Temperaturen oberhalb etwa 600° schnell ihre Härte, auch wenn sie vorher in sehr hartem Zustande vorlagen. Werkzeuge, die bei Temperaturen von 600—700° arbeiten müssen, können vorteilhaft in einzelnen Fällen aus derartigen austenitischen Legierungen gemacht werden. Zum Teil sind letztere schon für Strangpressen zum Pressen von Kupfer, Messing und anderen Metallen verwendet worden. Die Härtung dieser Stähle erfolgt durch Kaltverfestigung, die auch bei Gebrauchstemperaturen noch erhalten bleibt, wenn diese tiefer liegen als die Rekristallisationstemperatur (ca. 750 bis 800°). Für solche Zwecke werden beispielsweise Stähle mit 0,5% C, 15% Cr, 15% Ni, 3% W durch Kaltschmieden auf 300—350 Brinell verfestigt. Bei einem derartigen Stahl ist ein Teil des Nickels ohne weiteres durch Mangan ersetzbar. Eine entsprechende Legierung enthält z. B. bei gleichem Chrom- und Wolframgehalt 6% Ni und 6% Mn. Ähnliche Eigenschaften würden sich auch mit einer nickelfreien aber 12—15% Mn enthaltenden Legierung schaffen lassen. Diese Legierung verfestigt sich durch Kaltbearbeitung etwas stärker

als die entsprechenden Nickellegierungen, ist aber auch entsprechend schwerer
durch spanabhebende Werkzeuge zu bearbeiten.

Es ist bereits darauf verwiesen worden, daß auch Chrom-Kohlenstoff-Stähle
mit 12—18% Cr und 1—2% C durch Ablöschen von hohen Temperaturen —
etwa 1100—1200° — austenitisch gemacht werden können. Diese Stähle sind
außerordentlich verschleißfest, weil in dem Austenit große Mengen Karbid eingelagert sind. Sie können Verwendung finden für besonders verschleißbeanspruchte Teile, wie zum Beispiel Einlageleisten in Steinformkästen usw. Infolge
des verbleibenden Karbidgehalts weisen sie allerdings meistens eine gewisse
Sprödigkeit auf. Ein Anlassen dieser Stähle oder eine Verwendung bei höheren
Temperaturen muß wegen der damit verbundenen Umwandlung in Martensit
vermieden werden. — Zum Teil findet man auch rostfreie Gabeln und Löffel
aus derartigen austenitischen Legierungen mit 16—18% Cr und 0,6—0,8% C.
Sie besitzen im austenitischen Zustand infolge des geringeren Kohlenstoffgehalts
zwar noch eine gewisse Zähigkeit, brechen aber doch verhältnismäßig leicht.
Diese Stähle eignen sich dagegen auf Martensit gehärtet zur Herstellung von
rostfreien Messern.

Bei hoch karbidhaltigen Chromstählen hat sich vielfach gezeigt, daß für eine
verschleißende Beanspruchung das Vorliegen grober Karbidnetze, wie im Gußzustand, günstiger sein kann als sehr fein verteilte oder zeilenartig auftretende
Karbideinlagerungen, wie sie im geschmiedeten Stahl vorhanden sind. Es haben
deshalb für manche Zwecke gegossene Werkzeuge aus diesen Stählen überragende
Leistungen erbracht. Im Gußzustand ist der Werkstoff allerdings etwas spröder.
Gegossene Stähle sind deshalb für stoßartige Beanspruchung oder sehr unregelmäßig geformte Werkzeuge weniger geeignet. Bei einfachen Formen mit überwiegend verschleißender Beanspruchung, z. B. in Ziehwerkzeugen, Walzstopfen
und Schwalbungen, kann der gegossene Stahl aus den obengenannten Gründen
den geschmiedeten Stahl übertreffen. Es werden deshalb die auf S. 406 erwähnten Stähle mit etwa 1,5% C und 12—18% Cr auch häufig für gegossene Zieheisen verwendet. Bei geringen Zusätzen von Wolfram, Molybdän, Kobalt und
Nickel sind diese Stähle im gegossenen Zustand gebräuchlich für Walzstopfen
sowie Führungen an Walzenstraßen. Gegossene Fräser sind ebenfalls aus diesen
Stählen hergestellt worden, aber heute wegen ihrer unzureichenden Zähigkeit
weniger im Gebrauch. Gegossene Schwalbungen werden sowohl aus einem Stahl
mit 2% C und etwa 3% Cr (Zahlentafel 65 [S. 408], Stahl 14) als auch aus einem
wolframhaltigen Stahl mit 1% C, 9% W und 3% Cr (Zahlentafel 112 [S. 578])
angefertigt. Beim Warmziehen von Rohren haben sich gegossene Ziehringe aus
einem Werkstoff mit 2,5% C und 25% Cr (Zahlentafel 65, Stahl 15) evtl. noch mit
Wolframzusätzen bis zu 5% eingeführt und bestens bewährt. Ein ähnliches
günstiges Verschleißverhalten infolge grober Karbidnetze wie Gußlegierungen
haben auch Aufschweißungen von Stellitlegierungen (s. S. 684), an deren Stelle
bei geringeren Anforderungen auch reine Chromstähle mit 12 bzw. 30% Cr
(Zahlentafel 145 [S. 686]) treten können.

g) Eigenarten in der Wärmebehandlung von Chrom-Werkzeugstählen.

Eine Besonderheit, die man bei den meisten karbidhaltigen Stählen, vor
allem, wie noch später dargelegt werden wird, bei Wolframstählen, vorfindet,

kann man in geringerem Maße auch schon bei Chromstählen beobachten. Die Sonderkarbide dieser Elemente und auch ihre etwaigen Mischkristalle mit dem Eisenkarbid lösen sich verhältnismäßig schwer im Austenit. Zum Teil scheinen bei langem Ausglühen, also z. B. Glühen auf höchste Weichheit, noch Veränderungen in der Karbidzusammensetzung oder Zusammenballungen aufzutreten, die das Inlösunggehen noch mehr erschweren und somit die Härtefähigkeit bei normalen Erwärmungsgeschwindigkeiten und Erwärmungszeiten beeinträchtigen. Ein Stahl mit 0,9% C und 1% Cr, der im grobkörnigen geglühten Zustand vorlag, wies beim Härten ungenügende Härteeigenschaften auf und genügte den an ihn gestellten Anforderungen nicht. Erst durch längeres Halten auf Härtetemperatur — 1 Stunde bei etwa 800° — konnten die normalen Härteeigenschaften wieder erzielt werden. Dieser Versuch beweist aber auch bereits, daß die Karbide bei Chromstählen selbst nach solchen kritischen Glühungen noch verhältnismäßig leicht in Lösung gebracht werden können. Infolgedessen kann man bei Chromstählen an Stelle des geschilderten längeren Haltens auf Härtetemperatur vorteilhaft eine Doppelhärtung anwenden. Die Doppelhärtung besteht in einem erstmaligen Abschrecken von höherer Temperatur, wie z. B. 850—860°, beim obengenannten Stahl in Öl, und nachfolgender normaler Härtung bei 780—800° in Wasser. Durch diese Wärmebehandlung werden die bei der höher gewählten ersten Härtetemperatur in Lösung gegangenen Karbide beim zweiten Erwärmen zunächst gleichmäßig auf die Grundmasse verteilt und gehen dann bei 780° leichter in Lösung. Man erzielt dadurch eine ausgezeichnete Härtefähigkeit bei feinkörnigem Härtebruch.

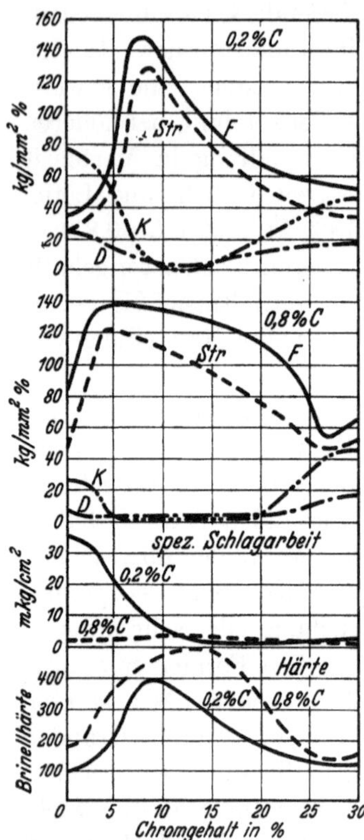

Abb. 342. Einfluß des Chroms auf Festigkeitseigenschaften, Härte und spezifische Schlagarbeit von Stahl mit 0,2 bzw. 0,8% C im Walzzustand. [Nach L. Guillet: Rev. Métallurg. Bd. 1 (1904) S. 155/83.]

3. Chrom in Baustählen.

a) Vergütungsstähle.

α) Chrom- und Chrom-Mangan-Vergütungsstähle.

Die in der Literatur am meisten veröffentlichte Darstellung über den Einfluß von Chrom auf die Festigkeitseigenschaften der Stähle zeigt Abb. 342. Wie bei vielen dieser Darstellungen handelt es sich auch hier um Untersuchungen im Walzzustand unter nicht genau festgelegten Bedingungen, d. h. nach Luftabkühlung von einer unbestimmten Walzendtemperatur.

Im geglühten Zustand übt Chrom einen außerordentlich geringen Einfluß auf die Festigkeitseigenschaften der Stähle aus. Durch die karbidbildende Wirkung und Erhöhung des Perlitgehalts wächst mit steigendem Chromgehalt die Festigkeit langsam an; ein Chromstahl mit 15% Chrom, 0,15% Kohlenstoff hat im geglühten Zustand annähernd gleiche Festigkeitseigenschaften von etwa 65—70 kg/mm² wie ein eutektoider Kohlenstoffstahl. Eine geringe Erhöhung der Festigkeit und auch der Streckgrenze ergibt sich auch aus der feineren Karbidverteilung, die durch die geringere Zusammenballungsfähigkeit des chromhaltigen Zementits und der Chromsonderkarbide bedingt ist. Im Vergütungszustand wirken geringe Chromgehalte (unter 2%) bei niedrigen Kohlenstoffgehalten (bis zu etwa 0,3%) nur wenig auf die Durchvergütung und Erhöhung der Festigkeitseigenschaften ein, wie aus dem gesamten Verhalten von Chrom und dessen Einfluß auf Eisen-Kohlenstoff-Legierungen kaum anders zu erwarten war. Die auch im Walzzustand beobachtete Erhöhung von Streckgrenze und Festigkeit hat dazu geführt, daß manche Hochbaustähle unter den zahlreichen Abarten des deutschen Stahles St 52 (vgl. auch S. 284) mit Chromzusatz hergestellt werden. Einige derartige Zusammensetzungen sind folgende:

	C %	Si %	Mn %	Cu %	Cr %
St 52 (Mn-Cr-Cu-Typ)	0,10 / 0,20	0,3 / 0 5	0,7 / 1,0	0,6 / 1,0	0,4 / 0,6
Desgl.	0,10 / 0,20	0,2 / 0,4	0,8 / 1,1	0,5 / 0,8	0,3 / 0,4
Amerikanischer Cromansil . . .	0,10 / 0,20	0,6 / 0,9	1,0 / 1,4	0,01 / 0,50	0,4 / 0,6

I. Baustähle mit niedrigen Chromgehalten (bis zu etwa 2,5% Cr und 1,5% Mn).

Abb. 343 zeigt die Vergütungsschaubilder eines Kohlenstoffstahles im Vergleich zu einem Chromstahl. Wie aus dem Vergleich dieser beiden Schau-

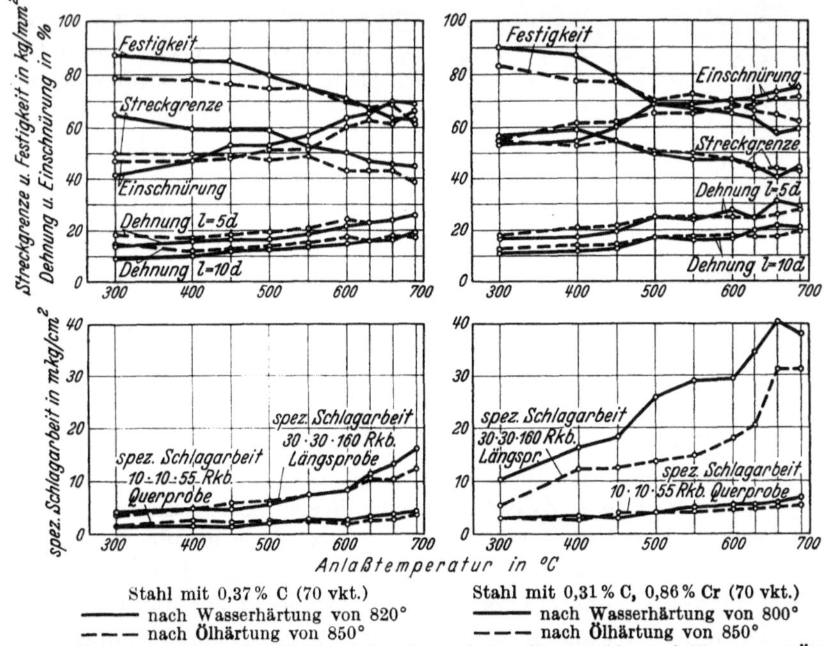

Abb. 343. Vergütungsschaubilder eines Kohlenstoffstahles und eines Chromstahles nach Wasser- und Ölhärtung.

bilder hervorgeht, werden Festigkeit, Streckgrenze, Dehnung, Einschnürung durch Chrom im Vergütungszustand nur unwesentlich beeinflußt. Allerdings macht sich der Chromgehalt in einem merklich verfeinerten Korn bemerkbar, was gegenüber dem Kohlenstoffstahl besonders in der Kerbzähigkeit zum Ausdruck kommt. Um bei Chrom-Kohlenstoff-Stählen höhere Vergütungszahlen, was Festigkeit und Streckgrenze anbelangt, zu erhalten, ist es daher notwendig,

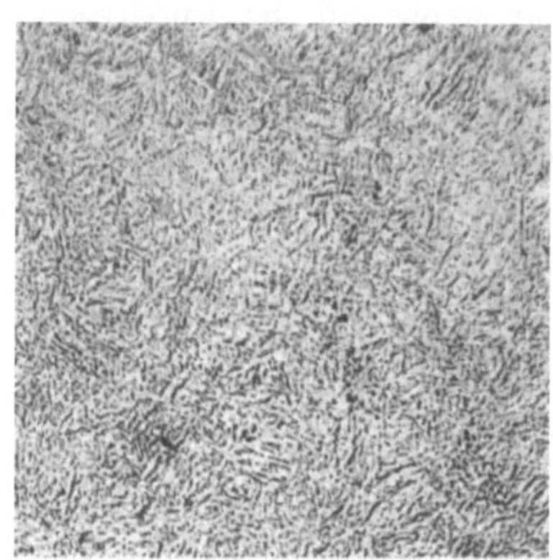

a   V = 300
Äußerster Rand

b   V = 300
Übergangszone nach dem Kern zu.   Beginn des
Auftretens von Ferrit und Zwischenstufengefüge

Abb. 344. Ferrit und Zwischenstufengefüge neben Martensit bei einem Chromstahl mit 0,36 % C, 0,6 % Mn, 1,0 % Cr nach Wasserablöschung von 820° in einem Querschnitt von 60 mm $\varnothing$.

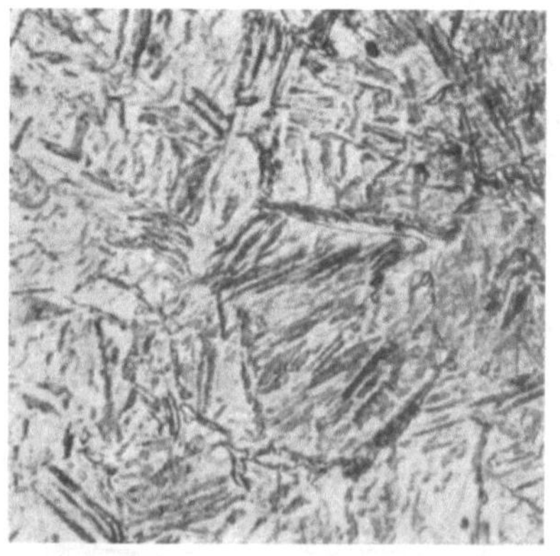

c   V = 1000
Wie b, vergrößert

diesen Stählen zumindest einen erhöhten Mangangehalt von 0,6—0,9 % zu geben und sie möglichst einer Wasservergütung zu unterwerfen (vgl. Zahlentafel 68 [S. 415]). Bei Kohlenstoffgehalten über 0,4 % verbietet sich allerdings für kompliziert geformte Stücke die schroffe Wasservergütung wegen der Rißgefahr. Bis zu Kohlenstoffgehalten von 0,5 % kann die Vergütung allenfalls noch in natronlaugehaltigem Wasser vorgenommen werden. Der höhere Kohlenstoffgehalt von 0,5 % gestattet jedoch infolge der für Chromstähle kennzeichnenden erhöhten Karbidbildung schon eine Ölvergütung.

Bei niedriggekohlten 1 proz. Chromstählen mit 0,35 % C läßt sich die Ferritbildung nur schwer unterdrücken, so daß bei Querschnitten von 60 mm Durchmesser nach dem Ablöschen das in Abb. 344 wiedergegebene Gefüge auftritt. Dieses Gefüge: Ferrit bzw. Zwischenstufengefüge + Martensit, bzw. nach dem Anlassen Ferrit + Vergütungsgefüge kann man vielfach gerade im untereutektoiden Chromstahl beobachten. Dies zeigt ebenfalls, daß Chrom vornehmlich auf die Karbidausscheidungsgeschwindigkeit, aber nicht auf die Ausscheidungsfähigkeit des untereutektoiden Ferrits, d. h. den Ar_3-Punkt, einwirkt. Der

Ferrit gelangt zur Ausscheidung, während die durch die Karbidausscheidung beeinflußte Perlitbildung (A_1) bis zur Martensittemperatur unterdrückt wird. Eine ähnliche unterschiedliche Wirkung auf A_3 und A_1 zeigt Molybdän (s. S. 597).

Zahlentafel 68 gibt bei gleicher Vergütungsbehandlung den Unterschied eines Chrom-Stahles mit etwas erhöhtem Mangangehalt gegenüber einem manganärmeren in der Festigkeit und Streckgrenze wieder; die Härtung des manganarmen Chromstahles erfolgte zwecks Erzielung einer energischeren Vergütung sogar von etwas höherer Temperatur.

Die günstige Wirkung des gleichzeitigen Zusatzes von Mangan und Chrom hat zur Entwicklung von Baustählen geführt, die in vielen Fällen in der Lage sind, Chrom-Nickel- und Chrom-Molybdän-Stähle mit Erfolg zu ersetzen. Die mit derartigen Stählen erreichbaren Festigkeitseigenschaften sind aus den Vergütungsschaubildern Abb. 345 und 346 zu entnehmen. Die Stähle haben eine verhältnismäßig gute Durchvergütung, die z. B. bei Behandlung auf eine Festigkeit von 120 bis 130 kg/mm² bei dem niedriger legierten Stahl mit 1,2% Mn und 1,2% Cr bis zu Querschnitten von

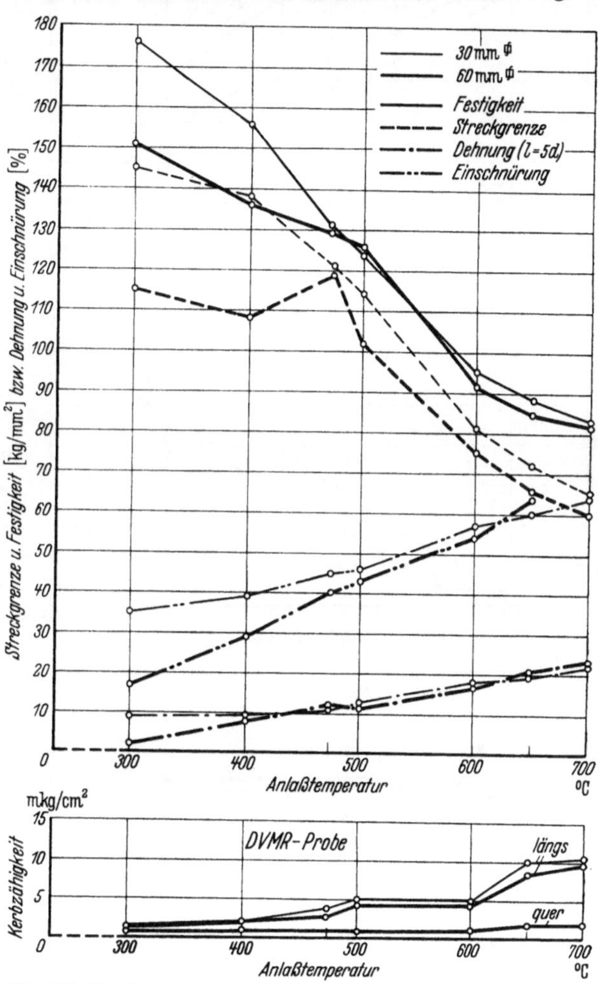

Abb. 345. Vergütungsschaubild eines Chrommanganstahles mit 0,36% C, 1,2% Mn, 1,2% Cr (gehärtet 850° Ö).

Zahlentafel 68.

Festigkeitswerte von Chromstählen mit verschiedenen Mangangehalten.

Zusammensetzung				Festigkeitswerte				Behandlung	Abmessung
C %	Si %	Mn %	Cr %	Streckgrenze kg/mm²	Festigkeit kg/mm²	Dehnung $L = 5d$ %	Einschnürung %		
0,26	0,12	0,14	1,04	43	59,2	24,3	67	900° Öl, 600° angelassen	40 mm vkt.
				42	57,5	29,0	69	900° ,, , 650° ,,	
				40	56,2	28,0	70	900° ,, , 700° ,,	
0,31	0,20	0,66	0,86	55	71,0	25,0	70	850° Öl, 600° angelassen	40 mm vkt.
				50	68,0	26,0	71	850° ,, , 650° ,,	
				46	64,0	30,0	74	850° ,, , 700° ,,	

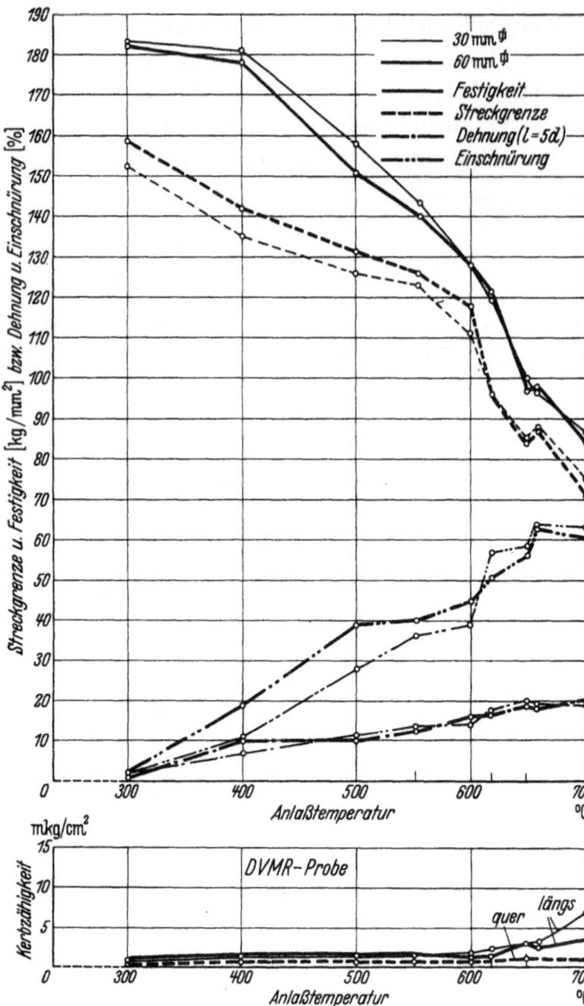

Abb. 346. Vergütungsschaubild eines Chrommanganstahles mit 0,46% C, 1,3% Mn, 2,5% Cr (gehärtet 850° Öl).

100 mm ⌀ reicht. Der höher legierte Stahl mit 1,3% Mn und 2,5% Cr ergibt sogar, wie aus Abb. 347 ersichtlich, bis zu Querschnitten von 150 mm ⌀ vollkommen gleichmäßige Werte von Streckgrenze und Festigkeit. Damit lassen sich diese Stähle auch für größere Schmiedestücke bis zu den angegebenen Abmessungen verwenden. Ein Nachteil der Chrom-Mangan-Stähle ist die verhältnismäßig niedrige Kerbzähigkeit vor allem in der Querrichtung. Außerdem sind die Stähle ziemlich anfällig gegen Anlaßsprödigkeit. Sie werden deshalb nur für solche Teile in Frage kommen, die, in größeren Querschnitten vergütet, überwiegend Wechselbeanspruchungen aufzunehmen haben und bei denen nur geringe schlagartige Beanspruchungen auftreten.

Die hauptsächlich vorkommenden Zusammensetzungen, Wärmebehandlungen und Verwendungszwecke mit den

Zahlentafel 69. Chromlegierte Baustähle.

Be-zeichnung	Zusammensetzung				Behandlungsart	Verwendungsgebiet
	C %	Si %	Mn %	Cr %		
VC 135 nach DIN E 1665	0,30/0,37	<0,35	0,5/0,8	0,9/1,2	Wasser- oder Öl-vergüt. auf 75 bis 90 kg/mm² Fest.	Kurbelwellen, Vorderachsen, Wellen, Achsschenkel
	0,45	0,50	0,90	1,00	Wasservergüt. auf etwa 150 kg/mm² Fest.	Federn
	0,45	0,30	0,60	1,50	Ölvergütung auf 90 bis 100 kg/mm² Fest.	Zylinder von Verbrennungsmotoren, verschleißfeste Konstruktionsteile
	0,75	0,30	0,40	1,50	Ölvergütung auf etwa 140 kg/mm² Fest.	Hoch verschleißbeanspruchte Konstruktionsteile

entsprechenden Festigkeitsbereichen praktisch verwendeter Chrom- bzw. Chrom-Mangan-Stähle gibt Zahlentafel 69 (S. 416) wieder[1]. Auf die Verwendung von Chrom-Mangan-Stählen als gut schweißbare Stähle hoher Festigkeit wurde bereits in Zahlentafel 48 (S. 292), Abschnitt Manganstähle, hingewiesen.

Die größte Verwendung haben Stähle mit 0,35% C und 1% Cr gefunden; ferner werden höher gekohlte Chrom-Mangan-Stähle viel für Federn gebraucht, wobei für diesen Zweck auch noch des öfteren erhöhte Siliziumgehalte bis zu 1% zugesetzt werden. Die Vergütungsschaubilder eines derartigen Chrom-Mangan- bzw. Chrom-Mangan-Silizium-Stahles zeigen Abb. 348 und 349. An Stelle niedriglegierter Chromstähle werden wegen ihrer besseren Härtefähigkeit und erhöhten Anlaßbeständigkeit auch Chrom-Molybdän-Stähle verwendet.

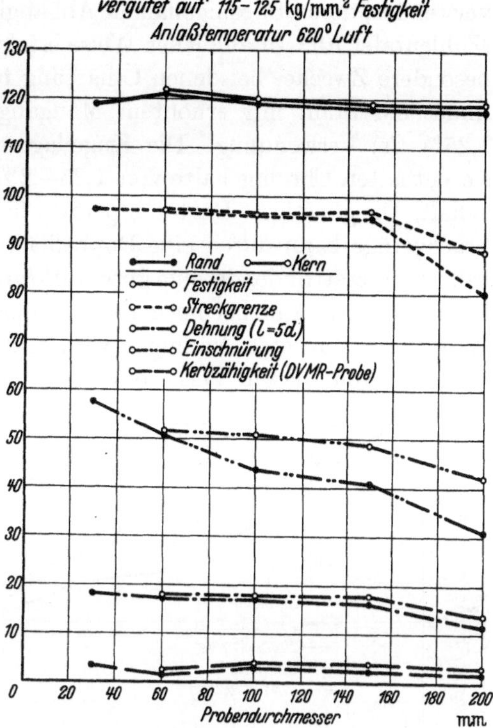

Abb. 347. Abhängigkeit der Festigkeitseigenschaften eines Stahles mit 0,46% C, 1,3% Mn, 2,5% Cr vom Vergütungsquerschnitt (Härtetemperatur 850° Öl).

Vielfach findet man auch Chromzusätze von ungefähr 0,5% bei Manganstählen mit etwa 0,3% Kohlenstoff und 1,2—1,8% Mangan. Der Chromzusatz vermindert die Überhitzungsempfindlichkeit der reinen Manganstähle, verfeinert das Korn und erhöht somit die Zähigkeit.

II. Kugellagerstähle.

Eine besondere Klasse von Baustählen, die ihrer Zusammensetzung nach eigentlich mehr in das Gebiet der Werkzeugstähle gehören, bilden die chromlegierten Kugellager-, Kugel- und Rollenstähle. Bei einem Kohlenstoffgehalt von 0,9—1,1% und Chromgehalten von 0,5—2,0% haben sie in der ganzen Welt für die obengenannten Verwendungszwecke Eingang gefunden.

Für Kugeln werden in der Hauptsache wasserhärtende Stähle

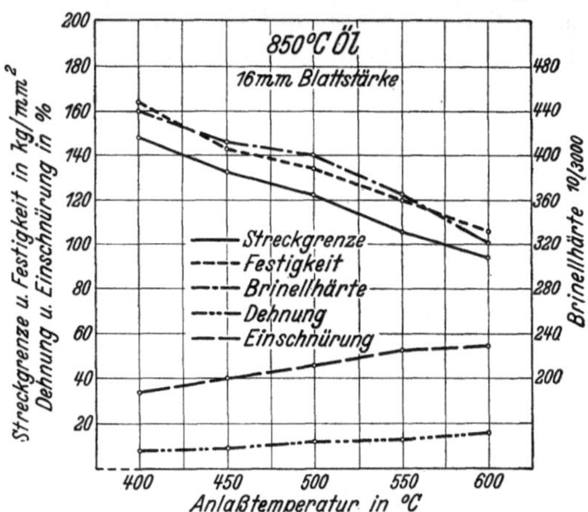

Abb. 348. Vergütungsschaubild eines Chrom-Mangan-Federstahles mit 0,54% C, 0,84% Mn und 0,97% Cr.

---

[1] Die in den Vergütungsschaubildern 345—349 und Zahlentafel 69 (S. 416) wiedergegebenen Werte beschränken sich wie immer auf wenige, meist kleinere Abmessungen. Bei größeren Schmiedestücken wird man der entsprechend geringeren Durchvergütung Rechnung tragen müssen.

verwendet, deren Chromgehalt in Abhängigkeit von der Dicke der Kugel wächst (Zahlentafel 70). In ähnlicher Weise erfolgt die Staffelung der Rollenstähle. Für besondere Zwecke, bei denen Ölhärtung für Rollen oder Kugeln vorgesehen ist, findet ein Stahl mit erhöhtem Mangangehalt (1% C, 0,30% Si, 0,50% Mn, 1,25% Cr) Verwendung. Die Kugellagerringe werden meistens in Öl gehärtet; sie enthalten Chromgehalte von 1,25—2% bei normalem Silizium- und Mangangehalt. Die günstigste Härtetemperatur liegt bei 830°; ein besonders feines Härtebruchgefüge kann durch eine Doppelhärtung erzielt werden, wobei die erste, bei 840—850° stattfindende, eine gute Auflösung der Karbide zum Ziel hat. Die zweite Härtung wird dann bei normalen Temperaturen von 820—830° vorgenommen. Wegen des stärkeren Verzuges wird trotz des augenfälligen gefügetechnischen Vorteiles von diesem Verfahren aber nur selten Gebrauch gemacht. Für besonders große Abmessungen von Kugellagerringen wird die gleichzeitige Wirkung von Mangan und Silizium auf die Härtefähigkeit ausgenutzt. Um bei Ölhärtung (kleinerer Verzug und geringere Spannungen) einwandfreie Härte zu erzielen, verwendet man Legierungen mit ∼1% C, bis 1,5% Si, bis 1,1% Mn bei 1—1,5% Cr (Zahlentafel 70).

Die Anforderungen, die an die metallurgische Reinheit von Kugellagerstahl gestellt werden, sind mit die höchsten,

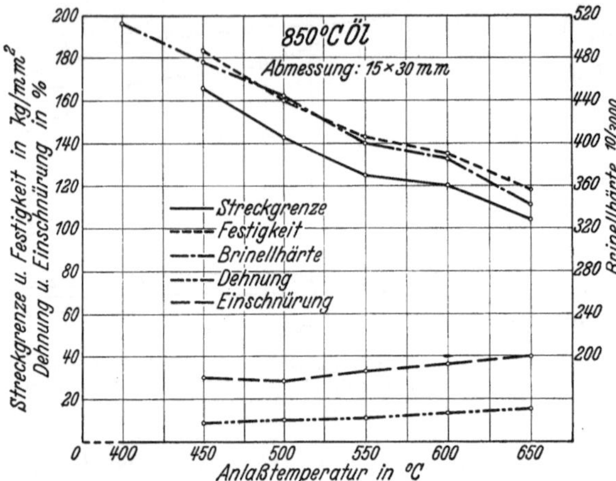

Abb. 349. Vergütungsschaubild eines Chrom-Mangan-Silizium-Federstahles mit 0,63% C, 1,16% Si, 0,90% Mn und 0,57% Cr.

die auf dem gesamten Gebiet der Sonderstähle angetroffen werden. Höchster Reinheitsgrad bezüglich oxydischer und sulfidischer Einschlüsse sowie Karbidseigerungen sind die Hauptforderungen. Sowohl Schlackenadern als insbesondere

Zahlentafel 70. Chromstähle für Ringe in Kugel- und Rollenlagern sowie Kugeln und Rollen.

Zusammensetzung				Verwendungszweck	Festigkeit im geglühten Zustande	Haupt-anforderungen
C %	Si %	Mn %	Cr %			
1,0/1,2	0,25/0,35	0,25/0,40	0,4/0,6	kleine Kugeln und Rollen bis etwa 10 mm ⌀	<210 Brin.	
0,95/1,15	0,25/0,35	0,25/0,40	0,8/1,2	mittl. Kugeln und Rollen bis etwa 20 mm ⌀	<210 Brin.	Größte Reinheit mit Bezug auf Schlacken und Karbid-zeilen
0,00/1,10	0,25/0,35	0,25/0,40	1,3/1,6	größere Kugeln und Rollen über 20 mm ⌀	<210 Brin.	
0,9/1,10	0,25/0,35	0,25/0,40	1,3/1,6	normale Ringe	<210 Brin.	
0,9/1,05	0,25/0,35	0,25/0,40	1,5/2,0	Ringe von größeren Querschnitten über 30×50 mm	<210 Brin.	
0,9	1,5	0,5	1,1	Ringe größter Querschnitte	<210 Brin.	
1,0	0,6	1,1	1,5			

auch stärkere Karbidzeilen sollen zu feinen Ausbröckelungen und damit frühzeitiger Zerstörung der Lager führen. Von den zahlreichen Sonderstählen sind die Kugellagerstähle die einzigen, bei denen eine zahlenmäßige Bewertung von Schlackeneinschlüssen vorgenommen wird. Eine derartige Bewertungsskala zeigt Abb. 350.

Um mit einer solchen Schlackenskala eine dem Durchschnitt entsprechende Übersicht und einheitliche Bewertung zu erhalten, ist es erforderlich, eine größere Anzahl von Schliffen, und zwar mindestens 10 zu bewerten. Bei gleichmäßiger Verteilung der Einschlüsse genügt eine kurze Überprüfung, um das Urteil abzugeben. Liegen größere vereinzelte Einschlüsse vor, was vielfach durc*h* oberflächliche Betrachtung der Schliffffläche zu erkennen ist, so steigt mit der Länge der Untersuchungszeit die Wahrscheinlichkeit, größere Einschlüsse aufzufinden. Es sind deshalb für bestimmte Schliffgrößen entsprechende Untersuchungszeiten entsprechend nachstehender Tabelle festgesetzt worden:

Bei der Auswertung wird weiter unterschieden, ob der zu bewertende Stahl ein Siemens-Martin-Stahl oder ein Elektrostahl ist. Bei Siemens-Martin-Stählen werden die gefundenen

Schlifflänge in mm bei 10 mm Schliffbreite	Untersuchungszeit in Minuten	
	bei gleichmäßig verteilten Einschlüssen	bei vereinzelten gröberen Einschlüssen
bis 40 mm	1,0	1,0
bis 80 mm	1,5	2,0
bis 120 mm	2,0	3,0

größten Wertzahlen für Sulfide, Oxyde und Karbide (siehe Abb. 350) zusammengezählt. Nach H. Diergarten[1] soll die Güte I bis zum Summenwert 4,5 reichen, die Güte II zwischen 4,5 und 7 liegen und die nur für minderwertige Zwecke brauchbare Güte III Werte über 7 aufweisen.

Bei Elektrostahl glaubt man mit diesen Schlackenvorbildern sowie dieser einfachen Summenbildung nicht auszukommen, da diese Stähle vielfach frei von Sulfideinschlüssen sind, während stellenweise gröbere Oxydeinschlüsse mit größeren Wertzahlen als 4 angetroffen werden. Die Schlackenvorbilder der Abb. 350 wurden deshalb durch Aufnahme größerer Einschlüsse erweitert, wobei gleichzeitig auch eine Berücksichtigung der Einschlußformen vorgenommen wurde. Es wurde unterschieden zwischen einer zusammenhängenden Strichform, einer Kugelform und einer aufgelösten Kettenform der oxydischen Einschlüsse. Einen Anhalt über die Größe der Einschlüsse bei 100facher Vergrößerung geben die folgenden Zahlen:

Wertzahl	Strichform	Kugelform
1	0,06 mm lang, 0,05 mm breit	0,015 mm ⌀
2	0,08 ,, ,, 0,01 ,, ,,	0,025 ,, ,,
3	0,11 ,, ,, 0,01 ,, ,,	0,035 ,, ,,
4	0,13 ,, ,, 0,02 ,, ,,	0,045 ,, ,,
5	0,22 ,, ,, 0,02 ,, ,,	0,06 ,, ,,
6	0,24 ,, ,, 0,03 ,, ,,	0,09 ,, ,,

Die Ketten von nicht zusammenhängenden und zeilenartig angeordneten Einschlüssen können etwas größer sein als die Strichform. Sie sind zahlenmäßig

---

[1] Gefügerichtreihen im Dienste der Werkstoffprüfung. VDI-Verlag, Berichte über wissenschaftliche Arbeiten Bd. 13 (1940) S. 19.

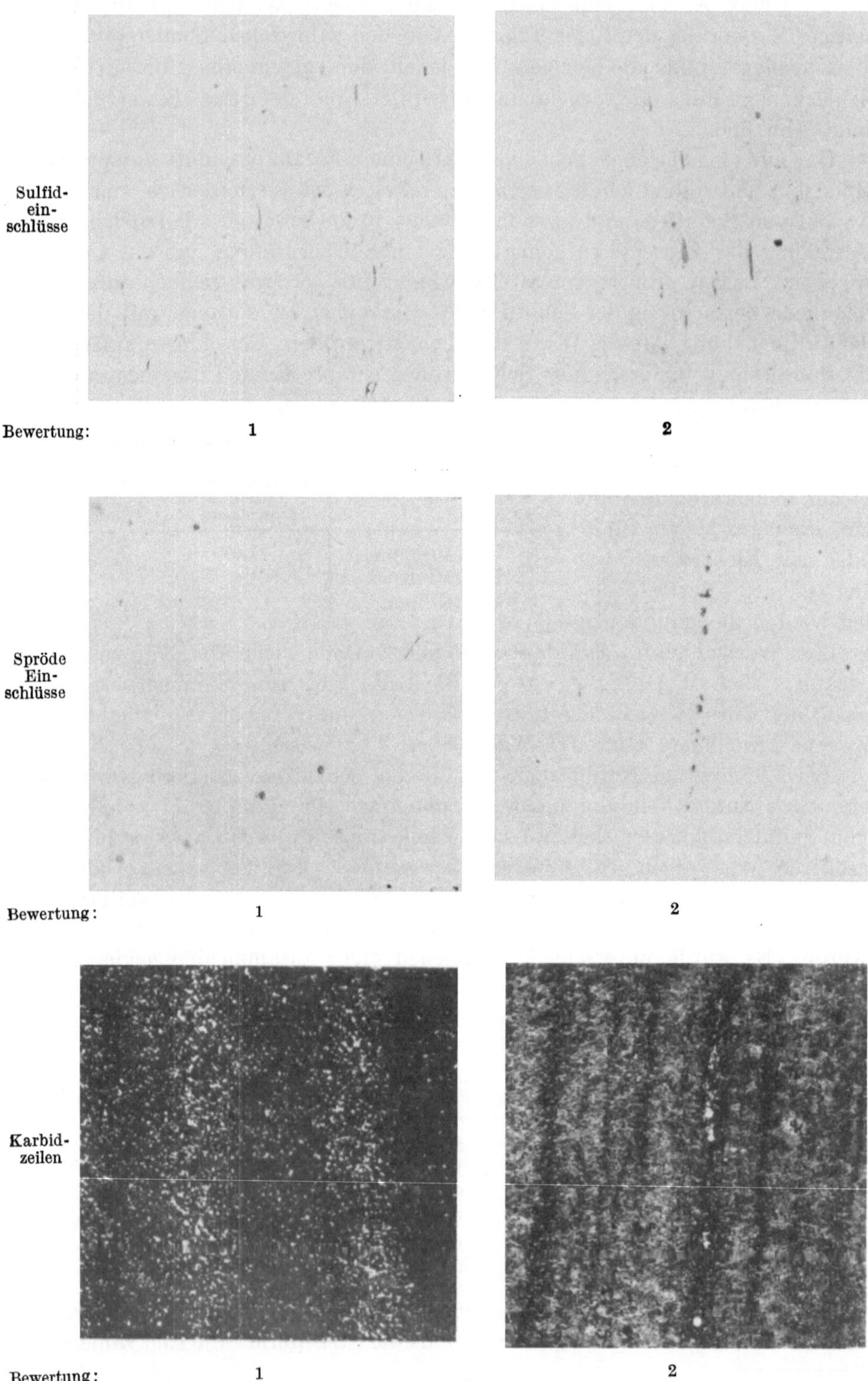

Abb. 350. Bewertungsbeispiele für den

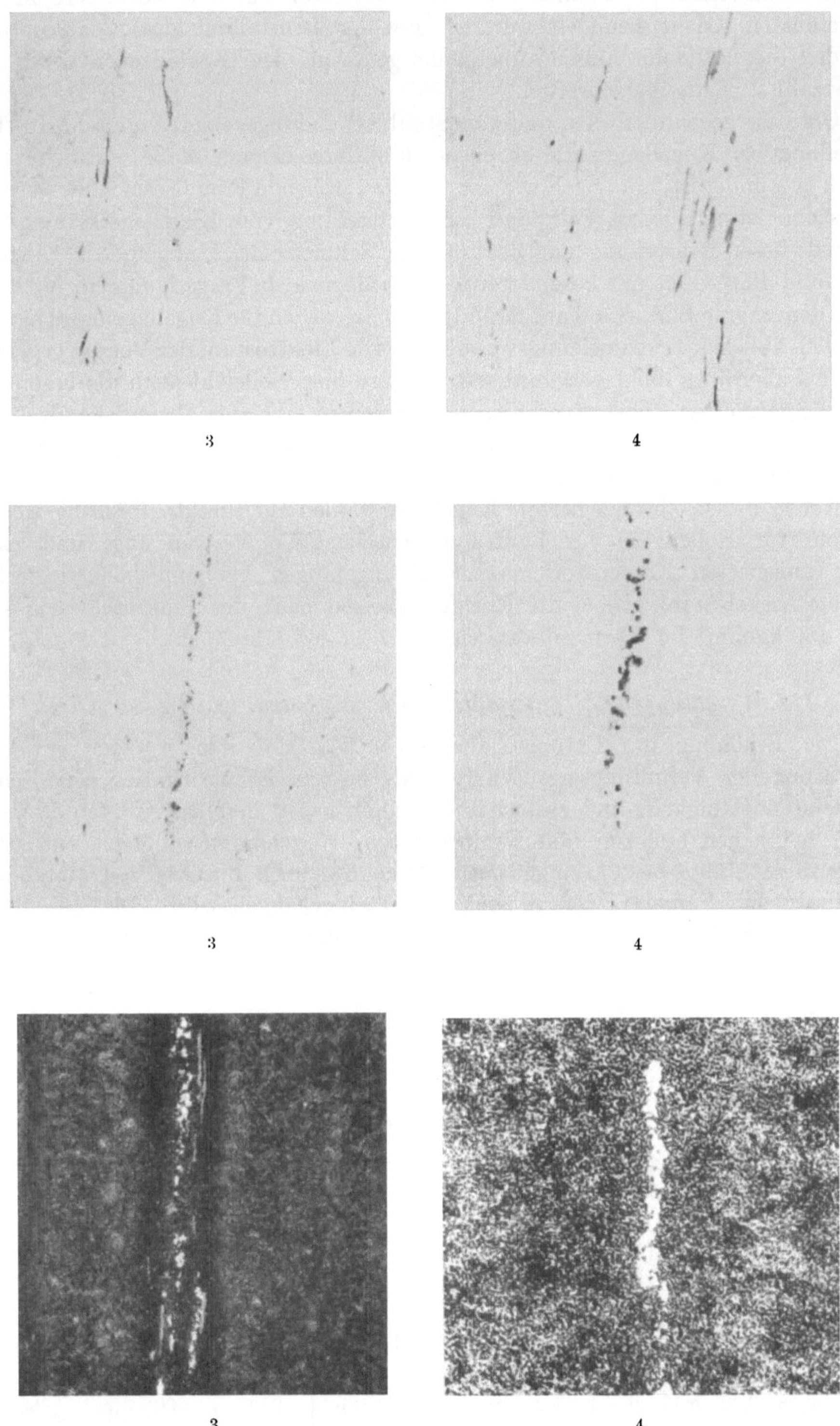

Reinheitsgrad von Kugellagerstahl $(V = 125 \times)$.

nicht darzustellen und können nur durch Vergleich mit den Vorbildern in der angeführten Arbeit ermittelt werden. Bei der Beurteilung des Elektrostahles werden die Sulfideinschlüsse außer acht gelassen. Die Karbidzeilen sollen die Wertzahl 2 nicht überschreiten.

Ob diese gegenüber allen anderen Stahlverwendungsgebieten verschärfte Beurteilung bei Kugellagerstahl in so stark differenziertem Maße wirklich technisch begründet ist, muß nach wie vor als offen stehende Frage bezeichnet werden. Tatsache ist auf jeden Fall, daß zur Herstellung von Kugellagerstählen auf Grund dieser Beurteilung nur hochwertige Schmelzeinrichtungen, wie Elektroöfen und S.M.-Öfen mit besonderer Schmelzführung, in Frage kommen. Vielfach wird dem sauren S.M.-Stahl auf Grund der in Schweden für Kugellagerstahl hauptsächlich üblichen Erschmelzungsweise sogar vor Elektrostahl der Vorzug gegeben. Es darf allerdings nicht verkannt werden, daß hier vielleicht auch die besonders günstig gelagerten Rohstoffverhältnisse Schwedens eine gute Grundlage für dieses Verfahren ergeben, während in anderen Ländern der gleiche Erfolg mit anderen Verfahren ebenfalls erzielt werden kann.

Neben diesen chromlegierten Kugellagerstählen für direkte Härtung finden sowohl für Rollen als für Laufringe Einsatzstähle Verwendung, und zwar vom unlegierten Kohlenstoffeinsatzstahl angefangen bis zum höchstlegierten Chrom-Nickel-Stahl, wobei die Kernfestigkeiten nach der Einsatzhärtung von 60—180 kg/mm² im Kern schwanken.

III. Vergütungsstähle mit mittleren Chromgehalten (etwa 2—6% Cr).

Die Erhöhung des Chromgehaltes über 3% hat man weniger zur Verbesserung der Vergütungseigenschaften als zwecks Erhöhung der chemischen Widerstandsfähigkeit, und zwar hauptsächlich gegen den Angriff von Wasserstoff bei hohen Drücken und Temperaturen, vorgenommen. Meist enthalten auch diese Stähle bei Chromgehalten bis zu 6% noch Zusätze von Molybdän, Wolfram und Vanadin, worauf noch später eingegangen wird. Die Vergütung bei diesen Stählen, wenn überhaupt eine vorgenommen wird, hat weniger den

Zahlentafel 71.

Festigkeitseigenschaften von verschieden legierten Chromstählen (3 und 6%).

Zusammensetzung					Festigkeitswerte				Behandlung	Abmessung
C	Si	Mn	Cr	Mo	Streckgrenze	Festigkeit	Dehnung $L=5\,d$	Einschnürung		
%	%	%	%	%	kg/mm²	kg/mm²	%	%		
0,18	0,26	0,37	3,17	0,39	61,9	76,9	21,7	75	900° Öl, 630—640° Luft	40 ⌀
0,17	0,29	0,38	6,21	0,44	68,1	79,6	21,0	75	900° ,,, 630—640° ,,	40 ⌀
0,18	0,26	0,37	3,17	0,39	67,2	79,6	20,0	75	900° ,,, 630—640° ,,	80 ⌀
0,17	0,29	0,38	6,21	0,44	71,6	84,5	18,3	73	900° ,,, 630—640° ,,	80 ⌀
0,18	0,26	0,37	3,17	0,39	64,5	76,9	19,3	75	900° ,,, 630—640° ,,	120 ⌀
0,17	0,29	0,38	6,21	0,44	70,7	81,3	19,2	73	900° ,,, 630—640° ,,	120 ⌀
0,35	0,18	0,13	3,05	—	54,0	82,2	17,2	66	900° Öl, 630° Luft	60 vkt.
0,34	0,18	0,10	6,17	—	63,0	86,7	16,8	66	950° ,,, 600° ,,	60 vkt.
0,50	0,26	0,17	3,10	—	71,0	85,8	21,3	61	850° Öl, 650° Luft	60 vkt.
0,57	0,28	0,15	6,39	—	66,2	88,4	18,9	59	850° ,,, 650° ,,	60 vkt.

Zweck, die Festigkeitseigenschaften wesentlich zu beeinflussen, als vielmehr das gewünschte Gefüge zu erzielen. Die Festigkeitseigenschaften derartiger Stähle gibt Zahlentafel 71 (S. 422) wieder. Wie die Werte in dieser Zahlentafel zeigen, tritt durch die Erhöhung des Chromgehaltes auch hier eine gewisse Verbesserung der Festigkeitseigenschaften ein.

IV. Baustähle mit hohen Chromgehalten (über 6% Cr).

Stähle mit über 12% Chrom haben größere Verwendung als korrosionsfeste Baustoffe gefunden. Je nach der Legierung muß man unterscheiden zwischen ferritischen, halbferritischen und vergütbaren Stählen mit Umwandlungsgefüge. Zahlentafel 72 gibt einige der wesentlichsten Legierungen wieder.

Zahlentafel 72.
Analysen und Festigkeitswerte von nichtrostenden Chromstählen.

Gefüge-gruppe	Nr.	Zusammensetzung					Ungefähre Festigkeitswerte				Wärme-behandlung
		C %	Si %	Mn %	Cr %	Ni %	Brinell-härte	Streck-grenze kg/mm²	Zug-festig-keit kg/mm²	Deh-nung $L = 5d$ %	
Ferritische	I	0,30/0,40	0,35	0,40	24,0/26,0	—	200	40	60	15	geglüht
Legierungen	II	0,10/0,40	0,35	0,40	30,0/33,0	—	200	40	60	15	geglüht
Halb-ferritische	III	0,10	0,35	0,40	13,0/15,0	—	170	30	55	24	geglüht
							200	35	60	22	vergütet
Legierungen	IV	0,12	0,35	0,40	18,0	(1,0)	200	38	65	20	geglüht
Vergütungs-legierungen	V	0,15/0,24	0,35	0,40	14,0/15,0	(0,5/1,0)	190	38	68	20	geglüht
							230	45	70	18	vergütet
	VI	0,15/0,24	0,35	0,40	18,0	(1,0)	210	42	70	18	geglüht
							260	55	90	16	vergütet
	VII	0,35/0,50	0,35	0,40	14,0	(0,5)	200	50	75	16	geglüht
							500	140	170	6	gehärtet

Die Stähle der ferritischen und halbferritischen Gruppe finden im geglühten Zustande Verwendung. Die in Zahlentafel 72 angeführte Legierung mit 18% Cr zeichnet sich bereits durch sehr gute Korrosionsbeständigkeit beispielsweise gegen Salpetersäure aus und hat als Baustoff in der chemischen Industrie weitgehende Verbreitung gefunden. Alle Legierungen mit etwa 18% Cr zeigen beim Erwärmen auf 500° oder bei langsamer Abkühlung durch dieses Temperaturgebiet Versprödungserscheinungen (s. S. 426). Die Feinkörnigkeit und Zähigkeit ferritischer Legierungen kann nur durch Verformung und Glühung gleichzeitig beeinflußt werden (Rekristallisationsvorgänge, siehe S. 104 und 554).

Das gleiche gilt für die halbferritischen Legierungen (tiefgekohltes rostfreies Eisen). Wenn auch der umwandlungsfähige Teil des Gefüges durch Wärmebehandlung — Erwärmen ins Umwandlungsgebiet mit darauffolgender Abkühlung — in der Feinkörnigkeit und Festigkeit beeinflußt werden kann, so erfordert der ferritische Gefügeanteil, daß die Behandlung auch ihm weitgehend angepaßt wird. Je nach dem mengenmäßigen Anteil von Ferrit und Umwandlungsgefüge sind solche Legierungen somit als vergütbar oder nichtvergütbar anzusprechen.

Die vergütbaren Legierungen unterscheiden sich von den halbferritischen vornehmlich durch einen etwas höheren Kohlenstoffgehalt (über 0,15%). Liegt der Kohlenstoffgehalt an der unteren Grenze, der Chrom- und Siliziumgehalt dagegen sehr hoch, so können auch diese Legierungen, insbesondere der 18 proz. Chromstahl, noch geringe Mengen Ferrit enthalten. Der 14—15 proz. Chromstahl mit 0,35% C und mehr weist reines Vergütungsgefüge ohne überschüssigen Ferrit auf.

Die 18 proz. und 15 proz. Chromstähle mit niedrigem Kohlenstoffgehalt (etwa 0,10—0,2%) finden meistens im weichvergüteten Zustande mit den in Zahlentafel 72 (S. 423) angegebenen Festigkeitseigenschaften Verwendung. Beide Stähle lassen sich sowohl an Luft wie in Öl vergüten, wobei Festigkeiten von 70—140 kg/mm² erzielt werden können. Das Vergütungsschaubild eines derartigen Stahles gibt Abb. 351. Wenn auch der Festigkeitsbereich von 70 bis 140 kg/mm², wie aus dem Vergütungsschaubild hervorgeht, durch diese Zusammensetzung gedeckt wird, so zeigt sich doch, daß die Festigkeiten von 90—120 kg/mm² verhältnismäßig schwer einzuhalten sind, da die Anlaßkurve in diesem Bereich sehr steil abfällt und infolgedessen bei betriebsmäßiger Vergütebehandlung eine genaue Einhaltung der verlangten Festigkeit erschwert wird. Geringe Temperaturschwankungen, kleine Veränderungen in der Zusammensetzung bringen infolge

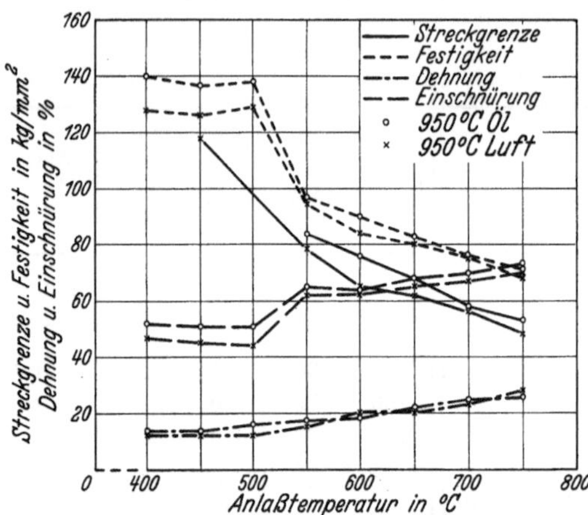

Abb. 351. Vergütungsschaubild eines Chromstahles mit 0,20% C, 14,2% Cr und 0,57% Ni.

des steilen Verlaufs der Kurve erhebliche Schwankungen in den Festigkeitseigenschaften; man nützt daher praktisch nur zwei Bereiche mit derartigen Stählen aus, und zwar die Festigkeitsstufen von 70—90 kg/mm² und von 120 bis 140 kg/mm². Ein anderer Grund, den Bereich von 90—120 kg/mm² zu vermeiden, ist die verminderte Korrosionsbeständigkeit infolge Ausscheidung des Chromkarbids $(Cr, Fe)_4C$, das sich erst bei höheren Anlaßtemperaturen wieder in das chromärmere Karbid $(Cr, Fe)_7C_3$ umwandelt[1].

Bei höherem Kohlenstoffgehalt lassen sich solche Stähle auf höhere Festigkeit härten bzw. vergüten, wobei sie sich gleichzeitig infolge der zahlreichen Karbideinlagerungen besonders durch erhöhte Verschleißfestigkeit auszeichnen. Ein Vergütungsschaubild mit den entsprechenden Festigkeitseigenschaften zeigt Abb. 352. Auch hier sieht man, wie bei allen Chromstählen, die hohe Anlaßbeständigkeit infolge der Karbidausscheidung mit dem darauffolgenden steilen Festigkeitsabfall. Die starke Verminderung der Einschnürung nach dem Anlassen bei 500° deutet ebenfalls die Karbidausscheidung an. Wegen der geschilderten Schwierigkeiten beim Vergüten und der verminderten Korrosionseigenschaften wird man auch bei diesen Stählen möglichst auf den Bereich der Festigkeitseigenschaften im Gebiete des Steilabfalles der Festigkeit verzichten.

---

[1] Tofaute, W., C. Küttner u. A. Büttinghaus: Arch. Eisenhüttenw. Bd. 9 (1935/36) S. 607/17.

Die hoch chromhaltigen Stähle mit über 12% Chrom finden hauptsächlich wegen ihrer Rostbeständigkeit Verwendung. Die einzelnen Verwendungszwecke werden später noch unter dem Kapitel „Chromstähle mit besonderen chemischen Eigenschaften" erwähnt. Einer der Hauptverwendungszwecke sind Turbinenschaufeln für Dampfturbinen, bei denen es vor allem auf Korrosionsbeständigkeit und gleichzeitigen Verschleißwiderstand gegen Wassertröpfchen, insbesondere im Niederdruckteil der Turbine, ankommt. Infolge der lufthärtenden Eigenschaft dieser Stähle ist es möglich, die Eintrittskante, die dem Verschleiß am meisten ausgesetzt ist, partiell zu erwärmen und durch nachfolgende Luftabkühlung zu härten. Zur genauen Temperaturüberwachung kann man die betreffenden Stellen mit Salz von bestimmtem Schmelzpunkt bestreuen und mit einem Schweißbrenner erwärmen. Es gelingt auf diese Art und Weise, gehärtete Kanten unter Vermeidung von Über- oder Unterhärtung zu erzielen, die im praktischen Betriebe gegen die Erosion durch Wassertröpfchen eine vielfache Lebensdauer aufweisen. Zur Erhöhung der Korrosionsbeständigkeit und insbesondere zur Verbesserung der Warmfestigkeit bis zu 500° C wird solchen Stählen auch bis zu 3% Molybdän zugesetzt.

Außer den erwähnten reinen Chromstählen mit 14—15% Cr haben sich eine Reihe von Chrom-Nickel-Stählen entwickelt, die bei Chromgehalten von 14—18% noch Zusätze von Nickel bis zu 3% aufweisen. Der

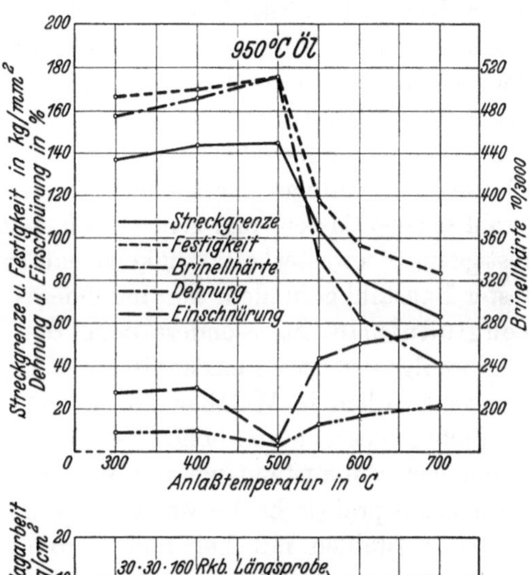

Abb. 352. Vergütungsschaubild eines Chromstahles mit 0,34% C, 13,9% Cr und 0,77% Ni.

Zusatz von Nickel zu 14—15proz. Chromstählen in diesen Mengen bringt keine prinzipiellen Unterchiede im Verhalten gegenüber den entsprechenden reinen Chromstählen, nur wird durch Nickel das Ausglühen erschwert. Nickel erniedrigt die Temperatur der Umwandlung; es ist daher notwendig, die Glühtemperatur herabzusetzen, weil bei diesen stark lufthärtenden Stählen zweckmäßig unterhalb der Umwandlung geglüht wird. Je niedriger die Glühtemperatur ist, um so feiner bleibt die Karbidverteilung, und die Härte ist entsprechend höher. Während ein Chromstahl mit 0,2% C, 15% Cr noch bei Temperaturen von 780—800° ohne besondere Sorgfalt nach dem Glühen abgekühlt werden kann, weil er sich bei dieser Temperatur noch unterhalb seines Umwandlungspunktes befindet, härten entsprechende Stähle mit 2,5% Ni schon beim Abkühlen von 800° an Luft erheblich und werden bereits bei 850° sehr hart. Während Nickel also die unterste Härtetemperatur durch Herabsetzung des Umwandlungspunktes wesentlich erniedrigt, wird die Höchsthärte doch erst nach Erreichung der notwendigen Temperatur für das Inlösunggehen der gesamten Chromkarbide, bei diesem Stahl etwa bei 950°, erzielt. Durch Zusätze von anderen Elementen, die die Umwandlung A_3

erhöhen, wie z. B. Silizium, gelingt es dagegen, auch bei den 15 proz. Chromstählen eine weitere Erhöhung der Umwandlungstemperatur und damit der beginnenden Härtung zu erzielen. Gebrauch macht man hiervon bei den Vergütungsstählen für Turbinenschaufeln, weil hier vielfach Bindedrähte eingelötet werden, wobei man Wert darauf legt, daß beim Löten keine zur Rißbildung führenden Härtungserscheinungen auftreten. Die Umwandlungstemperatur soll höher liegen als die Löttemperatur.

Bei 18 proz. Chromstahl mit max. 0,12 % C wird durch den Zusatz von 2,5 % Nickel das halbferritische Gefüge des reinen Chromstahles zu homogenem Umwandlungsgefüge verändert. Infolge des hohen Chromgehaltes und der guten Vergütbarkeit ist dieser Stahl besonders als korrosionsfeste vergütbare Legierung geschätzt. Sein Vergütungsschaubild unterscheidet sich nicht wesentlich von dem in Abb. 352 dargestellten. Auch hier zeigt sich der steile Abfall beim Anlassen bei Temperaturen von etwa 550°. Die Anwesenheit des Nickels bedingt nur höhere Glühfestigkeit von etwa 80 kg/mm² gegen 70 kg/mm² beim reinen Chromstahl. Infolge der hohen Festigkeitseigenschaften, die sich mit diesem Stahl erzielen lassen, und seiner noch später zu behandelnden guten Korrosionsfestigkeit (Seewasserbeständigkeit) hat er vielfache Anwendung als korrosionsfester Baustahl gefunden. Ein besonderes Anwendungsgebiet liegt in der Flugzeugindustrie, insbesondere beim Bau von Wasserflugzeugen, wo er in England infolge der hohen mechanischen Festigkeitseigenschaften für die Verstrebungen gelegentlich in Wettbewerb zu Duralumin getreten ist.

Beim Ablöschen von hohen Temperaturen, 1100—1200°, können diese Stähle schon fast rein austenitisch werden. Sie haben aber im austenitischen Zustand noch keine praktische Verwendung gefunden, da sie hier von den stabil austenitischen Stählen mit höherem Chrom- und Nickelgehalt (z. B. 18 % Chrom, 8 % Nickel) in den Verarbeitungsmöglichkeiten und chemischen Eigenschaften erheblich übertroffen werden. Durch Zusatz von etwa 0,15—0,3 % Stickstoff werden auch niedriggekohlte Legierungen mit 18—25 % Cr und 3—5 % Ni rein austenitisch (s. S. 449).

V. Versprödungserscheinungen bei Chromstählen.

Abgesehen von der bei vergütbaren Chromstahllegierungen auftretenden Anlaßsprödigkeit (s. S. 202 und 416) zeichnen sich höherlegierte Chromstähle durch Eigentümlichkeiten aus, die hier näher besprochen werden sollen. In dem einleitenden Abschnitt über die Systeme Eisen-Chrom, Eisen-Chrom-Mangan und Eisen-Chrom-Nickel wurde das Auftreten einer intermetallischen Verbindung vom Typus FeCr und deren Mischkristalle erwähnt. Der Existenzbereich dieser Verbindung erweitert sich mit fallender Temperatur zu höheren und niedrigeren Konzentrationen. Infolgedessen tritt sie außer bei Chrom-Stählen mit über 30 % Chrom auch bei entsprechenden Chrom-Mangan- und Chrom-Nickel-Legierungen auf. Als Folge ihrer Ausscheidung entstehen Härtungseffekte mit entsprechender Versprödung. Nach Ablöschen von hohen Temperaturen dicht unterhalb des Schmelzpunktes ist eine Legierung mit beispielsweise 35—40 % Chrom bei Raumtemperatur noch gut verformungsfähig. Durch Anlassen auf 700—800° findet dagegen ein starker Härteanstieg statt bei gleichzeitiger starker Versprödung. Außer dieser Versprödungserscheinung zeigen Legierungen mit

mehr als 12 % Chrom, z. B. 18 % Cr, auch noch eine Versprödung nach einer
Glühung (oder langsamen Abkühlung) im Temperaturgebiet von etwa 500°.
Diese Versprödung ist also in ihrem Temperaturbereich verschieden von der
Ausscheidung der obengenannten inter-
metallischen Verbindung. Es liegt zunächst nahe anzunehmen, daß diese insbesondere bei 18proz. Chromstählen
erstmalig beobachtete Versprödung bei
500° ebenfalls in Zusammenhang mit
der Ausscheidung der intermetallischen
Verbindung FeCr steht, wobei man sich
vorzustellen hätte, daß sich der Bereich
der Verbindung bei tiefen Temperaturen
noch weit über den in Abb. 310 (S. 377)
angedeuteten hinaus erstreckt. Bei näherer Untersuchung zeigte sich indessen,
daß die Verhältnisse nicht so einfach
liegen. In Abb. 353 ist der Verlauf der
Brinellhärte bei Legierungen verschiedenen Chromgehaltes über der Anlaßtemperatur aufgetragen, und zwar für
zwei verschiedene Glühzeiten. Man sieht
deutlich, daß sich zwei Ausscheidungs-
bereiche gegeneinander abheben. Es
tritt ein Härtemaximum bei 500° Glühtemperatur auf, ein anderes zwischen
700—800°. Zwischen den beiden Höchstwerten liegt ein Härteminimum, das
schon darauf hindeutet, daß die beiden
Erscheinungen voneinander getrennt
werden müssen. Bei einer Anlaßdauer
von 100 Stunden verspröden alle Legierungen deutlich bei 500°. Die Versprödung bei 800° tritt hingegen nur bei
Legierungen mit über etwa 40 % Chrom
in Erscheinung. Aber auch die Legierungen mit 40—50 % Chrom zeigen zuerst den Ausscheidungsbereich von 500°,
gehen dann bei einer Glühtemperatur
von 550—600° praktisch auf die Ausgangshärte zurück, und erst bei den
Anlaßtemperaturen von 700—800° erfolgt der erneute Härteanstieg. Das

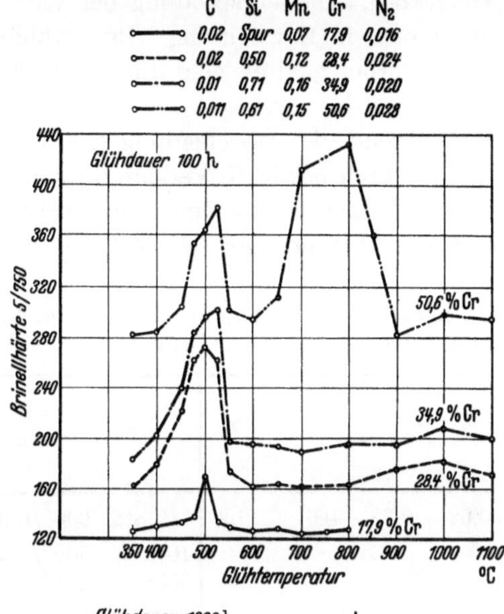

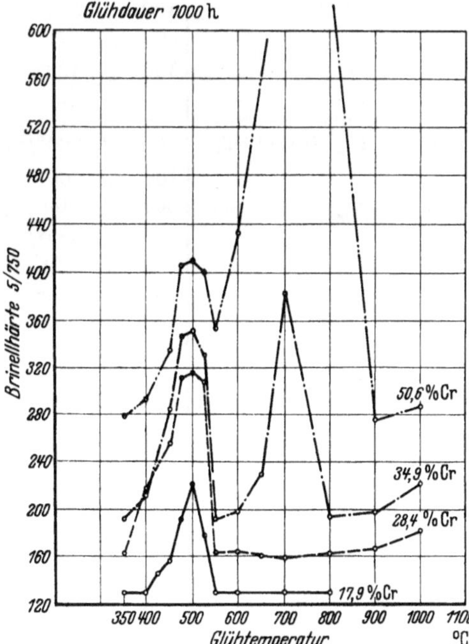

Abb. 353. Wirkung einer Dauerglühung bei verschiedenen Glühtemperaturen auf die Härte von Chromstählen mit 18—50 % Cr.

gleiche zeigt sich auch bei einer Glühdauer von 1000 Stunden, nur tritt hier die
Versprödung durch Ausscheidung der intermetallischen Chromverbindung bei 700°
auch schon bei der Legierung mit 35 % Chrom auf. Bei den höher chromhaltigen
Legierungen verschiebt sich der Beginn dieser Ausscheidung zu etwas tieferen

Temperaturen. Trotzdem bleiben auch hier die beiden Anstiege der Härte durch ein Tal tiefer Härtewerte getrennt. In den Festigkeits- und Zähigkeitseigenschaften macht sich eine derartige Versprödung im Sinne der Zahlentafel 73 bemerkbar. Die Versprödung bei 500° tritt schon bei verhältnismäßig kurzer Glühdauer in Erscheinung. Ihre Abhängigkeit von der Glühzeit bei verschiedenen Chromgehalten geht für die beiden Temperaturbereiche aus der gleichen Zahlentafel hervor.

Während die Ausscheidung der intermetallischen Verbindung bei 700° und die hierdurch bewirkte Versprödung auch bei austenitischen Chrom-Nickel- und Chrom-Mangan-Stählen mit entsprechendem Chromgehalt vorkommen können[1], wurde die Versprödung bei 500° bisher nur bei ferritischen Legierungen sowie

Zahlentafel 73. Wirkung der Glühdauer bei 500, 550 und 700° die auf Versprödung (beurteilt an den Zerreißproben) von Stählen mit steigenden Chromgehalten.

C	Si	Mn	Cr		Zerreißversuch bei 20° C			
				Glühbehandlung	Streck-grenze	Zug-festigkeit	Dehnung $5 \cdot d$	Ein-schnürung
%	%	%	%		kg/mm²	kg/mm²	%	%
0,02	0,32	0,07	17,2	½ Std. 900°/Luft	29	48,4	29,8	68
				100 „ 500°/ „	33	48,4	26,8	65
				500 „ 500°/ „	51	64,2	21,0	60
				100 „ 550°/ „	23	44,4	28,0	71
				500 „ 550°/ „	27	46,3	30,4	69
				100 „ 700°/ „	30	47,4	27,4	66
				500 „ 700°/ „	29	47,3	37,6	64
0,02	0,43	0,12	22,1	½ Std. 900°/Luft	31	44,8	24,8	67
				100 „ 500°/ „	—	—	—	—
				500 „ 500°/ „	70	73,5	2,5	2
				100 „ 550°/ „	30	43,7	33,0	70
				500 „ 550°/ „	29	44,3	32,8	74
				100 „ 700°/ „	29	44,4	32,8	64
				500 „ 700°/ „	30	43,1	15,9	17
0,07	0,61	0,66	27,8	½ Std. 900°/Luft	38	55,1	30,4	60
				100 „ 500°/ „	—	87,1	0	0
				500 „ 500°/ „	—	65,8	0	0
				100 „ 550°/ „	37	51,4	7,0	6
				500 „ 550°/ „	42	55,8	30,0	64
				100 „ 700°/ „	35	53,8	15,0	16
				500 „ 700°/ „	36	53,9	17,8	19
0,013	0,39	0,05	37,2	½ Std. 900°/Luft	45	60,8	10,0	8
				100 „ 500°/ „	—	73,0	0	0
				500 „ 500°/ „	—	67,5	0	0
				100 „ 550°/ „	49	61,0	5,0	4
				500 „ 550°/ „	49	61,1	5,4	2
				100 „ 700°/ „	50	60,8	4,4	4
				500 „ 700°/ „	—	30,6	0	0

[1] Siehe hierzu Abb. 329 (S. 307) und 336 (S. 402); nach den Diagrammen wird allerdings angenommen, daß sich die σ-Phase über eine Umsetzung γ/α bildet.

bei Legierungen mit Mischgefüge im ferritischen Gefügeanteil beobachtet. Metallographisch lassen sich beide Erscheinungen ebenfalls verfolgen. Abb. 354 zeigt die durch langzeitiges Glühen bei 500—800° eintretenden Gefügeveränderungen. Bemerkenswert ist, daß die bei 500° auftretende Schwärzung durch Glühen bei 600° verschwindet, während die Ausscheidung der intermetallischen Verbindung bei Legierungen entsprechenden Chromgehaltes erst oberhalb 600° sichtbar wird. Die Natur der Versprödungserscheinungen bei 500° ist heute noch nicht geklärt. Man könnte mutmaßen, daß sich hier vielleicht eisenreichere Chromverbindungen ausscheiden, es ist aber demgegenüber zu beachten, daß diese Ausscheidung bei 500° über den gesamten Bereich der Chromlegierungen bis etwa 70% Cr beobachtet werden kann[1].

β) Chrom-Nickel-Vergütungsstähle.

Der Einfluß von Nickel auf die kritische Abkühlungsgeschwindigkeit und Zähigkeit sowie die Steigerung der Absoluthärte durch Chrom sind die Ursache dafür, daß unsere hochwertigsten Baustähle alle auf der Basis Chrom-Nickel aufgebaut sind. Obwohl die Nickelstähle infolge des metallurgischen Einflusses des Nickels außerordentlich günstige Eigenschaften aufweisen, können sie, da Nickel selbst nicht härtesteigernd wirkt, ohne allzu starke Steigerung des Kohlenstoffgehaltes nicht für hohe Festigkeitsbereiche Anwendung finden. In dieser Hinsicht bietet das Chrom eine willkommene Ergänzung. Wenn auch Chrom schon leichter oxydierbar als Eisen ist, so wirkt es doch nicht so stark, daß etwaige Oxydationsprodukte des Chroms nicht durch Verwendung noch stärkerer Desoxydationsmittel, wie Silizium, Aluminium usw., beseitigt werden könnten. Infolgedessen sind bei Chrom-Nickel-Stählen sehr gute Querkerbzähigkeitseigenschaften zu erzielen. Durch die Anpassung von Nickel, Chrom und Kohlenstoff an die gewünschten

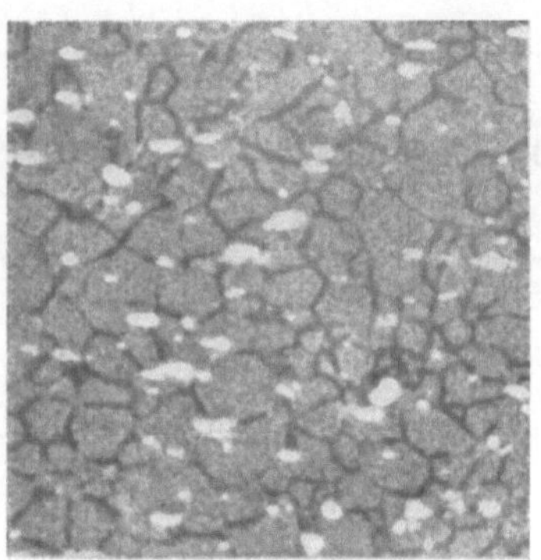

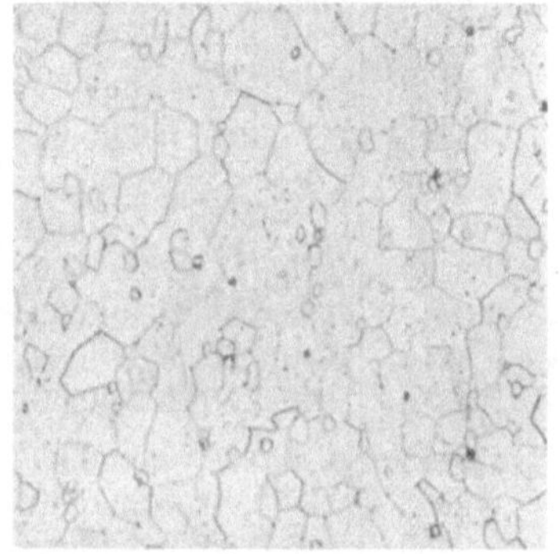

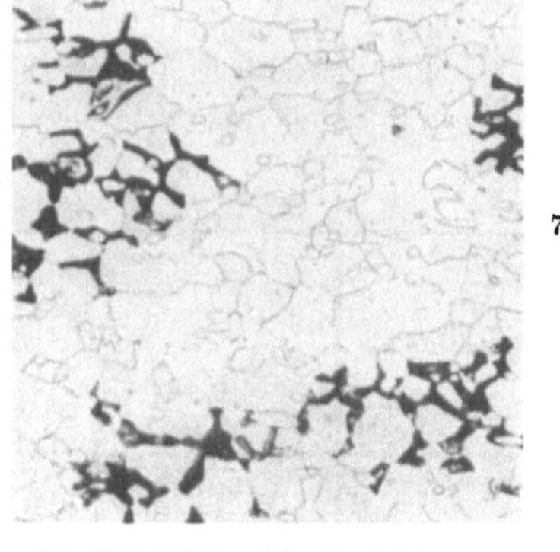

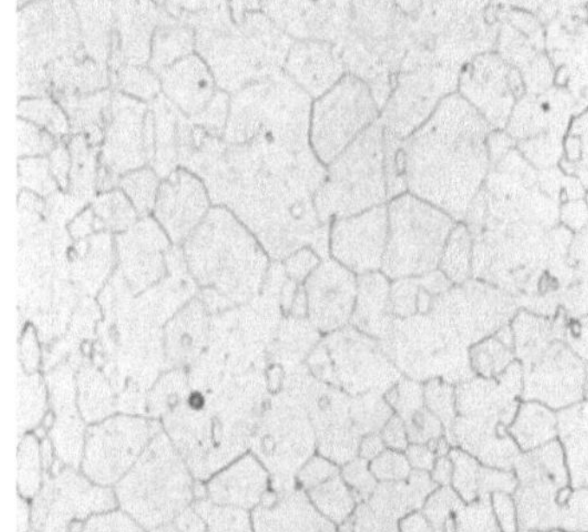

Abb. 354. Gefügebild der Ausscheidungen bei 500 und 700° an einem 30proz. Chromstahl mit 0,25% C und 1,5% Si nach 500stündiger Glühung. V = 200×.

---

[1] Bandel, G., u. W. Tofaute: Techn. Mitt. Krupp, Forschungsberichte Bd. 4 (1941) S. 217/36. — Arch. Eisenhüttenw. Bd. 15 (1941/41) S. 307/20. — Riedrich, G., u. F. Loib: Arch. Eisenhüttenw. Bd. 15 (1941/42) S. 175/82.

Zahlentafel 74. Chrom-Nickel-

Bezeichnung	Analyse						Stahlart
	C %	Mn %	P %	S %	Ni %	Cr %	
SAE 3115	0,10/0,20	0,30/0,60	0,04	0,05	1,0/1,5	0,45/0,75	Einsatzstahl
3120	0,15/0,25	0,30/0,60	0,04	0,05	1,0/1,5	0,45/0,75	{ Einsatz- und Vergütungsstahl
3125	0,20/0,30	0,50/0,80	0,04	0,05	1,0/1,5	0,45/0,75	Vergütungsstahl
3130	0,25/0,35	0,50/0,80	0,04	0,05	1,0/1,5	0,45/0,75	{ „
3135	0,30/0,40	0,50/0,80	0,04	0,05	1,0/1,5	0,45/0,75	„
3140	0,35/0,45	0,50/0,80	0,04	0,05	1,0/1,5	0,45/0,75	„
3145	0,40/0,50	0,50/0,80	0,04	0,05	1,0/1,5	0,45/0,75	„
3150	0,45/0,55	0,50/0,80	0,04	0,05	1,0/1,5	0,45/0,75	„
3215	0,10/0,20	0,30/0,60	0,04	0,045	1,5/2,0	0,90/1,25	Einsatzstahl
3220	0,15/0,25	0,30/0,60	0,04	0,045	1,5/2,0	0,90/1,25	{ Einsatz- und Vergütungsstahl
3230	0,25/0,35	0,30/0,60	0,04	0,045	1,5/2,0	0,90/1,25	Vergütungsstahl
3240	0,35/0,45	0,30/0,60	0,04	0,045	1,5/2,0	0,90/1,25	„
3245	0,40/0,50	0,30/0,60	0,04	0,045	1,5/2,0	0,90/1,25	„
3250	0,45/0,55	0,30/0,60	0,04	0,045	1,5/2,0	0,90/1,25	„
3415	0,10/0,20	0,30/0,60	0,04	0,045	2,75/3,25	0,60/0,95	Einsatzstahl
3435	0,30/0,40	0,30/0,60	0,04	0,045	2,75/3,25	0,60/0,95	Vergütungsstahl
3450	0,45/0,55	0,30/0,60	0,04	0,045	2,75/3,25	0,60/0,95	„
3312	max 0,17	0,30/0,60	0,04	0,045	3,25/3,75	1,25/1,75	Einsatzstahl
3325	0,20/0,30	0,30/0,60	0,04	0,045	3,25/3,75	1,25/1,75	Vergütungsstahl
3335	0,30/0,40	0,30/0,60	0,04	0,045	3,25/3,75	1,25/1,75	„
3340	0,35/0,45	0,30/0,60	0,04	0,045	3,25/3,75	1,25/1,75	„

Zahlentafel 75. Chrom-Nickel-

Bezeichnung	Analyse					Stahlart
	C %	Si %	Mn %	Ni %	Cr %	
EN 15	0,10/0,17	0,35	höchst. 0,50	1,25/1,75	höchst. 0,20	Einsatzstahl
VCN 15w	0,25/0,32	0,35	0,40/0,80	1,25/1,75	0,30/0,70	Vergütungsstahl
VCN 15h	über 0,32/0,40	0,35	0,40/0,80	1,25/1,75	0,30/0,70	„
ECN 25	0,10/0,17	0,35	höchst. 0,50	2,25/2,75	0,75/0,95	Einsatzstahl
VCN 25w	0,25/0,32	0,35	0,40/0,80	2,25/2,75	0,75/0,95	Vergütungsstahl
VCN 25h	über 0,32/0,40	0,35	0,40/0,80	2,25/2,75	0,75/0,95	„
ECN 35	0,10/0,17	0,35	höchst. 0,50	3,25/3,75	0,75/0,95	Einsatzstahl
VCN 35w	0,20/0,27	0,35	0,40/0,80	3,25/3,75	0,75/0,95	Vergütungsstahl
VCN 35h	über 0,27/0,35	0,35	0,40/0,80	3,25/3,75	0,75/0,95	„
ECN 45	0,10/0,17	0,35	höchst. 0,50	4,25/4,75	0,90/1,3	Einsatzstahl
VCN 45	0,30/0,40	0,35	0,40/0,80	4,25/4,75	1,1/1,5	Vergütungsstahl

[1] Werte dem SAE-Handbuch entnommen (Society of Automotive Engineers Inc. 29 West

Stähle nach SAE-Norm[1].

Zugfestigkeit kg/mm²	Streckgrenze kg/mm²	Dehnung $L = 3{,}96\,d$ U.S.A. Navy, Kellog %	Einschnürung %	Behandlungstemperaturen Vergüten	
				Ablöschen	Anlassen
—	—	—	—	—	—
65/60	45/39	25/29	72	855—885° Öl	550—650°
72/63	52/43	23/31	72/77	855—885° Wasser	550—650°
—	—	—	—	—	—
75/65	58/47	22/25	67/70	815—855° Öl	550—650°
80/70	65/54	24/28	68/71	815—855° Wasser	550—650°
—	—	—	—	—	—
89/79	72/60	19/20	58/62	800—830° Öl	550—650°
—	—	—	—	—	—
—	—	—	—	—	—
77/65	59/47	28/30	64/68	815—870° Öl	550—650°
81/68	64/49	29/31	66/70	845—870° Wasser	550—650°
87/73	71/56	22/25	61/66	815—845° Öl	550—650°
100/86	84/70	20/22	59/62	800—830° Öl	550—650°
—	—	—	—	—	—
107/92	92/78	19/20	55/59	775—800° Öl	550—650°
—	—	—	—	—	—
94/83	79/67	20/23	62/66	775—800° Öl	550—650°
101/87	86/75	19/21	58/61	760—775° Öl	550—650°
—	—	—	—	—	—
84/75	71/64	24/25	64/67	800—830° Öl	550—650°
96/82	80/70	21/23	61/64	775—800° Öl	550—650°
—	—	—	—	—	—

Stähle nach DIN 1662.

geglüht Zugfestigkeit höchstens kg/mm²	Festigkeitswerte gehärtet bzw. vergütet Zugfestigkeit kg/mm²	Streckgrenze der Zugfestigkeit mindestens %	Dehnung $L = 5\,d$ %	Dehnung $L = 10\,d$ %	Behandlungstemperaturen Zementieren	Behandlungstemperaturen Härten	Behandlungstemperaturen Vergüten
55	60/80	65	20/10	15/8	850—880°	760—780°Wass.	—
70	65/75	65	24/18	16/13	—	—	800—850° Öl, Anlassen 550—630°
70	75/85	70	22/16	15/12	—	—	
70	80/100	70	20/14	14/10	850—880°	780—800° Öl	—
	90/110	75	16/10	12/7		760—780°Wass.	
75	70/85	70	20/14	14/10	—	—	800—850° Öl, Anlassen 550—630°
75	80/95	70	16/10	12/8	—	—	
75	90/120	75	16/9	12/6	830—850°	780—800° Öl	—
80	75/90	75	20/14	14/10	—	—	800—850° Öl, Anlassen 550—630°
80	90/105	75	16/10	12/8	—	—	
83	120/140	75	14/7	10/5	830—850°	780—800° Öl	—
90	100/115[2]	80	15/9	10/6	—	—	800—830°Öl[2], Anlassen 500—580°

39 Street, New York City).   [2] Siehe hierzu S. 432.

Festigkeits- und Streckgrenzenzahlen sowie insbesondere durch Anpassung des Nickelgehaltes an die zu vergütenden Abmessungen gelingt es, fast alle bei Stahllegierungen technisch denkbaren Festigkeitsansprüche auf der Basis Chrom-Nickel zu befriedigen. Die Chrom-Nickel-Vergütungsstähle umfassen bei Kohlenstoffgehalten bis zu 0,6% den Legierungsbereich bis zu 6% Ni und bis zu 3% Cr. Über den Bereich von 6% Nickel hinaus finden Chrom-Nickel-Stähle, abgesehen von den hochlegierten austenitischen Stählen, infolge der durch die tiefe Lage der Umwandlung bedingten Schwierigkeit, sie für die Bearbeitung weich zu glühen, wenig Verwendung. Einen sehr guten Überblick über die heute noch gebräuchlichen Stähle ergeben die Tabellen der amerikanischen und deutschen Chrom-Nickel-Stahl-Normen (Zahlentafel 74 und 75 [S. 430]).

Bereits im geglühten Zustand zeichnen sich die Chrom-Nickel-Stähle durch erhöhte Härte gegenüber reinen Nickelstählen aus. Die höhere Glühfestigkeit bedingt eine schwerere Bearbeitbarkeit der Chrom-Nickel-Stähle als bei reinen Nickelstählen (zum Teil wird diese Erschwerung der Bearbeitbarkeit auch noch durch die bei Chrom-Nickel-Stählen besonders starke Kristallseigerung hervorgerufen). Dies führte dazu, daß in einzelnen Ländern, vor allem Amerika, in der Automobilindustrie von der Verwendung der Chrom-Nickel-Stähle trotz ihrer besonders guten Eigenschaften aus wirtschaftlichen, bearbeitungstechnischen Gründen oft abgesehen wurde. Wie aus der Zahlentafel 75 (S. 430) hervorgeht, sind die Legierungsgehalte der Chrom-Nickel-Stähle in einem gewissen Sinne systematisch aufgebaut, indem der Nickelgehalt von 1,5% zu 2,5%, 3,5%, 4,5% ansteigt, wobei der Chromgehalt zwischen 0,7—1,5% liegt. In einzelnen Fällen (z. B. bei Panzerplatten- und Granatstählen), sind noch Chromgehalte bis ca. 2,5% zu finden. Die Bestrebungen, in Deutschland sparstoffärmere Stähle mit geringem Nickelgehalt einzuführen, haben in den letzten Jahren Stählen mit 1—2% Cr und nur 1—2% Ni erhöhte Bedeutung als hochwertige Baustähle zukommen lassen. Meist wird ihnen noch etwa 0,2% Mo zugesetzt. Als Einsatzstähle, bei denen die Frage der Anlaßsprödigkeit kaum eine Rolle spielt, verwendet man auch molybdänfreie Legierungen mit z. B. 0,17% C, 1,8% Ni und 1,8% Cr. Die Vorteile des Chrom- und Nickelzusatzes kommen besonders im vergüteten Zustand zum Ausdruck. Wie aus den verschiedenen Vergütungsschaubildern (Abb. 355) hervorgeht, kann man mit Chrom-Nickel-Stählen Festigkeiten bis zu 180 kg/mm² und sogar darüber erzielen. Angewandt wird diese hohe Festigkeit z. B. bei Zahnrädern, die nicht im Einsatz gehärtet werden sollen. Für diese Zwecke gelangt ein Stahl mit 0,30—0,35% C, 4,5% Ni, 1,5% Cr zur Verwendung, der nicht in Flüssigkeiten abgeschreckt, sondern nur an Luft gehärtet zu werden braucht. Der lufthärtende Stahl hat den Vorteil geringen Verzuges beim Härten, so daß unter Umständen auf ein Nacharbeiten der Zahnräder nach dem Härten verzichtet werden kann. Zu dem gleichen Zweck verwendet man einen Stahl mit 0,3% C, 3% Ni, 1,3% Cr im ölgehärteten Zustande. Dieser erhält ölgehärtet und bei 250—300° zwecks Spannungsverminderung angelassen ebenfalls Festigkeiten bis 180 kg/mm². Man sieht hier deutlich, wie die Steigerung des Nickelgehaltes von 3 auf 4,5% den Übergang von Öl- zu Lufthärtung ermöglicht. Für die meisten Gebrauchszwecke wird die Festigkeit nicht wesentlich über 140 kg/mm² gesteigert, da sich sonst die nach der Vergütung noch vorzunehmenden Bearbeitungsoperationen zu schwierig gestalten; außerdem können bei den für diese hohen Festigkeiten sich ergebenden tiefen Anlaßtemperaturen noch erhebliche Spannungen von der Ablöschung her zurückbleiben. Festigkeiten von 130 bis 140 kg/mm² lassen sich bei den angeführten hochlegierten Chrom-Nickel-Stählen

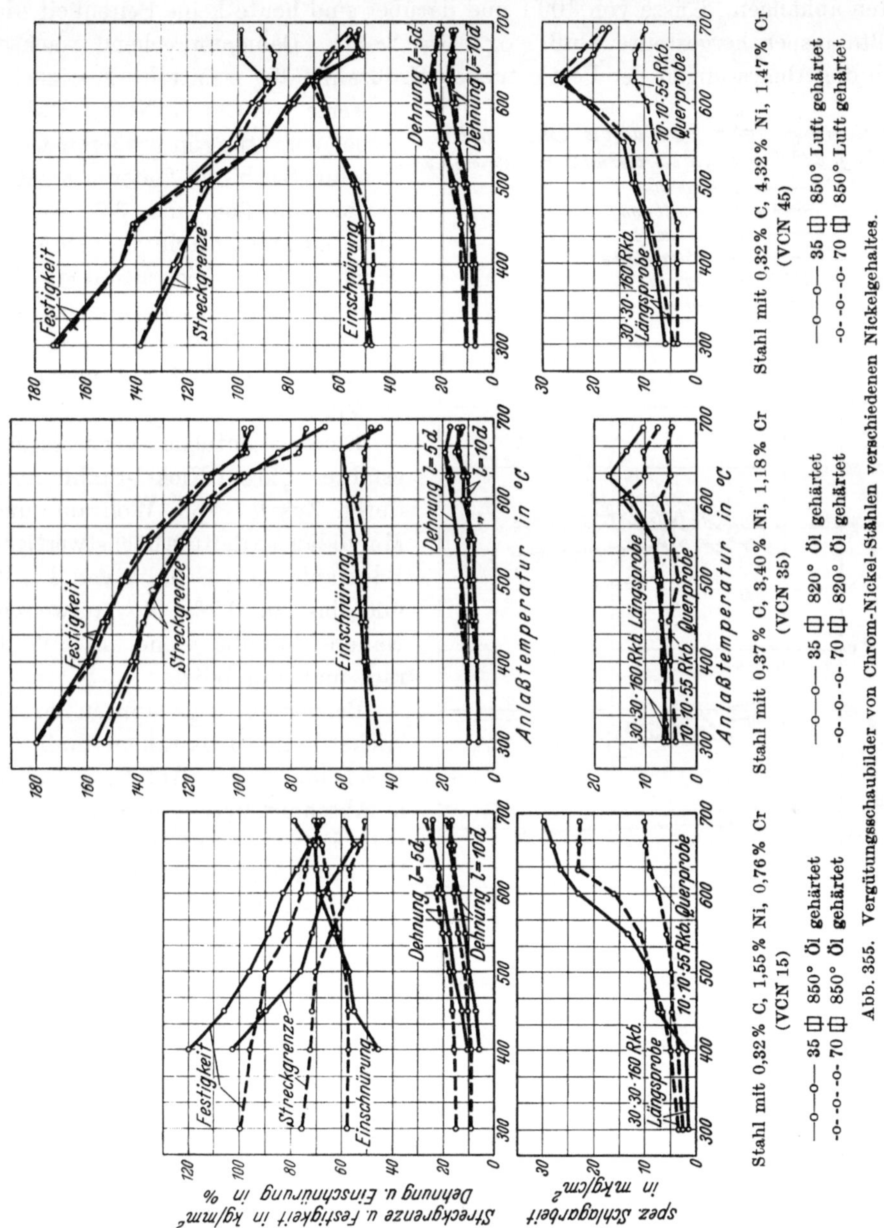

Abb. 355. Vergütungsschaubilder von Chrom-Nickel-Stählen verschiedenen Nickelgehaltes.

auf der Basis 3,5—4% Nickel mit genügenden Zähigkeitseigenschaften ohne weiteres erzielen.

Es wird ausdrücklich nochmals hervorgehoben, daß die gesamten bisher gezeigten Vergütungsschaubilder sich nur auf Durchmesser von höchstens 70 mm ⌀ oder ⊡ beziehen. Diese Ergebnisse lassen sich nicht ohne weiteres auf noch größere Dimensionen übertragen. Bei größeren Querschnitten lassen sich Normen für

Festigkeitszahlen und Zusammensetzungen heute noch nicht festlegen, da dieses gesamte Gebiet noch in einer stetigen Entwicklung begriffen ist und die erzielbaren Eigenschaften auch von den vorhandenen technischen Vergütungsmöglichkeiten abhängen. Güsse von 100 t und darüber sind heute keine Seltenheit (der größte bisher hergestellte Guß wog etwa 280 t). Dementsprechend wachsen auch die Abmessungen der Fertigstücke. Großzahlmäßig ermittelte Festigkeitswerte von Chrom-Nickel-Stählen bei Vergütung in größeren Querschnitten bis zu 250 mm ⌀ geben die Abb. 356 und 357 wieder. Eine Zusammenstellung gebräuchlicher Chrom-Nickel-Stähle für große Schmiedestücke mit bei diesen Querschnitten erzielbaren Eigenschaften enthält Zahlentafel 76 (S. 436).

Eine wesentliche Verbesserung erfahren Chrom-Nickel-Stähle noch durch Zusatz von Wolfram und Molybdän, so daß die höchstwertigen Baustähle noch Gehalte von 1 % W und bis zu 0,7 % Mo aufweisen. Näheres hierüber siehe unter Wolfram und Molybdän.

Bei den bisher genannten Chrom-Nickel-Vergütungsstählen muß die Erscheinung der Anlaßsprödigkeit (s. Abschnitt Vergüten, S. 202) nochmals kurz gestreift werden, da sie historisch mit diesen Stählen verknüpft ist. Bei den an erster Stelle von Krupp entwickelten Chrom-Nickel-Stählen fiel auf, daß sie je nach dem metallurgischen Herstellungsverfahren sehr verschiedene Zähigkeitseigenschaften nach dem Ablöschen und Anlassen aufwiesen. Es entstand daher der

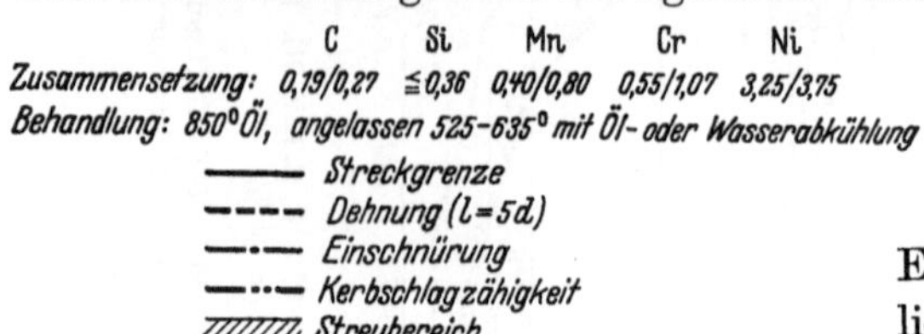

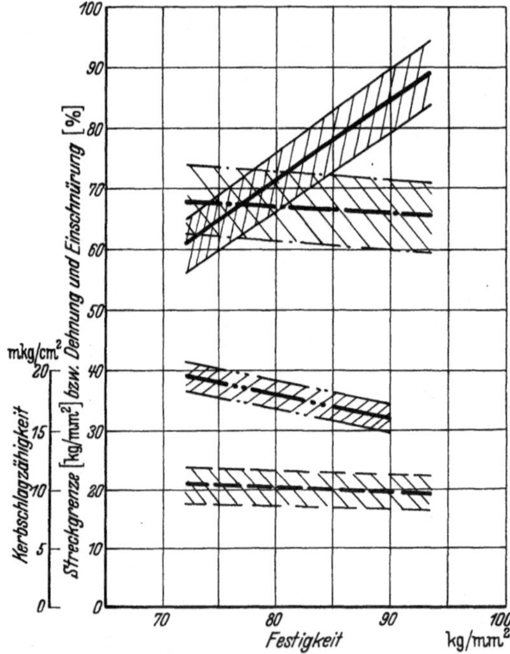

Abb. 356. Großzahlmäßig ermitteltes Verhältnis von Streckgrenze, Dehnung, Einschnürung und Kerbzähigkeit[1] zur Zugfestigkeit an einem Chrom-Nickel-Stahl (VCN 35) bei Vergütung von Stangen in Querschnitten von 50—250 mm ⌀.

[1] DVMR-Probe; Streubereich der Kerbzähigkeit gilt nur für Querschnitte von 50—100 mm ⌀.

Name „Kruppkrankheit" für Anlaßsprödigkeit. Bei näherer Untersuchung stellte sich heraus, daß die Kerbzähigkeit bei sonst unveränderter Festigkeit, Dehnung und Einschnürung, vor allem von der Abkühlungsgeschwindigkeit nach dem Anlassen beeinflußt wurde. Abb. 178 zeigte den typischen Einfluß einer geringen Abkühlungsgeschwindigkeit auf die Zähigkeitseigenschaften eines Chrom-Nickel-Stahles. Infolgedessen ist es üblich, Chrom-Nickel-Vergütungsstähle nach dem Anlassen in Wasser, Öl oder zumindest an Luft abzukühlen, um eine möglichst hohe Zähigkeit zu erzielen. Die heutigen Erkenntnisse über Anlaßsprödigkeit werden im Zusammenhang mit den Elementen

Wolfram, Molybdän und Phosphor noch weiter behandelt werden, soweit dies nicht bereits einleitend im Abschnitt „Vergüten" geschehen ist. Es sei hier noch darauf hingewiesen, daß bei großen Stücken infolge der Anlaßsprödigkeit im Kern stets schlechtere Kerbzähigkeit erzielt wird als am äußeren Rand, insbesondere wenn die Stücke nach dem Anlassen nur verhältnismäßig langsam an Luft abkühlen. Das Ablöschen in Wasser von Anlaßtemperatur wird in vielen Fällen, je nach der Art der Konstruktionsteile, vermieden, weil es erhebliche Spannungen bewirken kann.

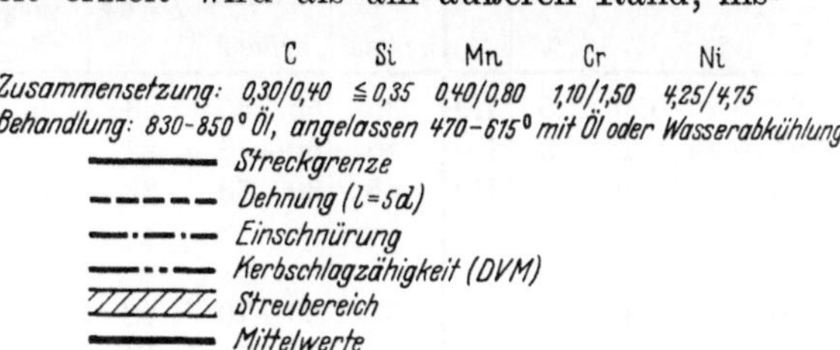

γ) Eigenschaften von vergütbaren Chrom-, Chrom-Nickel- und Chrom-Mangan-Baustählen in der Kälte und Wärme.

Der Zusatz von Chrom, insbesondere in Verbindung mit weiteren Zusätzen, wie Mangan und Nickel, gestattet es, eine gute durchgreifende Vergütung auch größerer Bauteile herbeizuführen. Bezüglich Festigkeit und Streckgrenze bei tieferen Temperaturen ergeben sich durch die Vergütung und Legierungswirkung keine wesentlichen Veränderungen gegenüber Kohlenstoffstählen, d. h. die Streckgrenze und Festigkeit steigen mit fallender Temperatur an. Viel wesentlicher ist der Einfluß der Legierung und Vergütung auf die Zähigkeitseigenschaften, Dehnung, Einschnürung und Kerbzähigkeit. Der bei Flußeisen beobachtete starke Abfall der Kerbzähigkeit in der Nähe der Raumtemperatur wird durch Vergütung

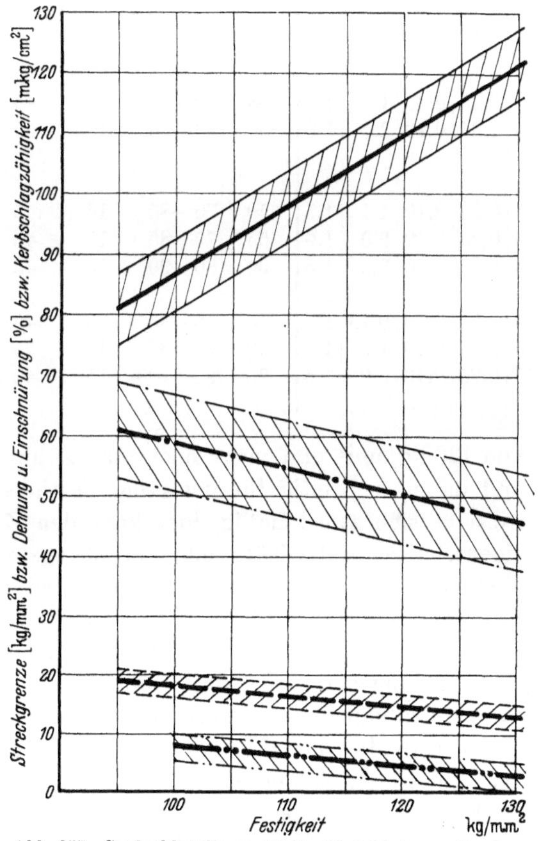

Abb. 357. Großzahlmäßig ermitteltes Verhältnis von Streckgrenze, Dehnung, Einschnürung und DVMR-Kerbzähigkeit zur Zugfestigkeit an einem Chrom-Nickel-Stahl (VCN 45) bei Vergütung von Stangen in Querschnitten von 50—250 mm ∅.

bereits bei Kohlenstoffstählen wesentlich nach tieferen Temperaturen verschoben. In noch stärkerem Maße machte sich diese Verbesserung bei legierten Stählen bemerkbar (s. S. 197 u. 329). Das gilt auch für Chromstähle, sofern der Chromgehalt gegebenenfalls in Verbindung mit anderen Legierungselementen hoch genug ist, um eine entsprechende Vergütungswirkung herbeizuführen. Besonders günstig in dieser Beziehung sind Chrom-Nickel-Vergütungsstähle (s. Zahlentafel 77 [S. 437]). Da Chrom-Nickel-Stähle auch beim Vergüten auf hohe Festigkeiten

Zahlentafel 76. Gebräuchliche Chrom-Nickel-Stähle für große Schmiedestücke.

Zusammensetzung					Festigkeitswerte				Behandlung	Verwendungszweck
C	Si	Mn	Ni	Cr	Streck-grenze	Festig-keit	Deh-nung $L=5d$	Ein-schnü-rung		
%	%	%	%	%	kg/mm²	kg/mm²	%	%		
0,25	0,25	0,40	1,5	1,0	35	55—65	23	60	840—870° Öl,	Zylinder, Deckel, Kurbel-
0,25	0,25	0,40	2,5	1,0	40	60—70	22	60	Anlassen:	achsen, Induktorwellen,
0,25	0,25	0,40	3,0	1,0	45	60—70	22	60	630—660°	Preßzylinder, Kupplungs-
									Luft oder Öl	bolzen, Lauf räder, Treib-stangen
0,30	0,25	0,40	1,0	1,0	38	60—70	22	45	840—870° Öl,	Radwellen, Trommeln,
0,30	0,25	0,40	1,5	1,0	42	65—75	19	50	Anlassen:	Trommelenden, Nieder-
0,30	0,25	0,40	3,0	1,0	50	70—80	18	50	630—670°	drucktrommeln, Wagen-
									Luft oder Öl	achsen, Radkränze, Ventil-teller, Rotorkörper, Induk-torwellen, Achsen
0,35	0,25	0,40	1,0	1,0	48	70—80	16	45	820—850° Öl,	Läufer, Ventilteller,
0,35	0,25	0,40	2,0	1,0	50	70—80	18	50	Anlassen:	Aktionsräder, Induktor-
									630—670°	wellen, Rotorringe
									Luft oder Öl	
0,40	0,25	0,40	1,1	1,5	50	70—80	16	45	820—850° Öl,	Zahnsegmente, Kuppel-
0,40	0,25	0,40	2,0	1,0	55	75—85	15	45	Anlassen:	zapfen, Kreuzkopfzapfen,
0,40	0,25	0,40	3,0	1,5	60	80—90	15	45	620—670°	Bolzen
									Luft oder Öl	
0,45	0,25	0,40	0,75	1,0	45	70—80	16	45	800—840° Öl,	Walzen, Sättel, Hammer-
0,45	0,25	0,40	1,0	1,5	50	75—85	14	45	Anlassen:	bären, Ritzelwellen,
0,45	0,25	0,40	3,0	1,5	70	90—100	15	40	600—650°	Kuppelzapfen, Zahn-
									Luft oder Öl	segmente

von 120 kg/mm² und mehr noch gute Zähigkeitseigenschaften aufweisen können und daher frühzeitig für derartige Festigkeitsbereiche Anwendung fanden, erweist es sich zweckmäßig, hier kurz den Zusammenhang zwischen Zähigkeitseigenschaften in der Kälte und Vergütungsfestigkeit zu erwähnen. Mit steigender Festigkeit und Streckgrenze nehmen bei ein und demselben Stahl auch bei Raumtemperatur die Zähigkeitseigenschaften ab. Diese Koppelung der Zähigkeit mit der Festigkeit wirkt sich nun auch auf das Verhalten bei tiefen Temperaturen dahingehend aus, daß Stähle hoher Festigkeit frühzeitiger einen Kerbzähigkeitsabfall und entsprechende Einbuße an Dehnung und Einschnürung erleiden als dies bei Behandlung auf geringere Festigkeit und höhere Zähigkeit der Fall ist (s. Zahlentafel 77 [S. 437]).

Für Teile, die bei tiefen Temperaturen schlagartig über die Streckgrenze beansprucht werden, also ein bestimmtes Formänderungsvermögen besitzen müssen, wenn sie nicht bei dieser Beanspruchungsart zu Bruch gehen sollen, sind diese Gesichtspunkte zu beachten. Bauteile, bei denen plötzliche stoßartige Beanspruchungen bis über die Streckgrenze in der Kälte erfolgen können, sind z. B. in kalten Wintermonaten Teile von Kraftwagen oder beispielsweise auch von Geschützen. Wenn in solchen Fällen der Ausgleich durch kleine plastische Verformungen infolge mangelnder Zähigkeit (Verformungsfähigkeit) nicht stattfindet, so können Brüche auftreten; es ist keine Seltenheit, daß Konstruktionsteile, die anstandslos eine normale Lebensdauer ausgehalten haben, plötzlich in kalten Wintermonaten zu Versagern Veranlassung gaben.

Zahlentafel 77. Einfluß der Festigkeit und des Kohlenstoffgehaltes auf das Verhalten von Chrom-Nickel-Wolfram-Stählen bei tiefen Temperaturen.

Stahl A: 0,13% C, 0,30% Si, 0,40% Mn, 4,11% Ni, 1,52% Cr, 1,03% W.
Stahl B: 0,31% C, 0,31% Si, 0,57% Mn, 4,20% Ni, 1,22% Cr, 0,92% W.

Vergütungsquerschnitt: 40 mm vkt.

Stahl	Wärmebehandlung	Prüf-tempe-ratur °C	Streck-grenze kg/mm²	Zug-festig-keit kg/mm²	Dehnung $L = 5 \cdot d$ %	Ein-schnü-rung %	Kerbzähigkeit[1] nach		
							DVMR mkg/cm²	VGB mkg/cm²	Bennek mkg/cm²
A	850°/Öl, 2 Std. 620°/Öl	+ 20	75	85,6	22,2	75	22,4	38,1	32,3
		− 70	80	90,3	21,6	73	16,4	26,8	28,9
		− 180	108	122,4	26,2	59	2,5	6,4	24,7
	850°/Öl, 2 Std. 550°/Öl	+ 20	96	105,8	17,4	68	18,9	30,2	29,0
		− 70	102	110,4	18,0	67	9,8	20,6	26,6
		−180	129	139,0	14,6	55	1,9	3,7	18,4
B	850°/Öl, 2 Std. 620°/Öl	+ 20	88	100,5	18,6	58	10,2	19,1	20,4
		− 70	92	107,2	18,8	57	6,8	14,4	17,9
		−180	120	137,0	22,0	49	3,3	6,0	15,3
	850°/Öl, 2 Std. 450°/Öl	+ 20	121	141,7	13,2	49	5,8	11,2	16,2
		− 70	123	147,1	14,0	49	4,7	10,0	12,1
		− 180	152	177,9	15,1	42	3,2	6,0	10,1

Im allgemeinen wird die Kerbschlagprobe als Maßstab für die Entwicklung und Auswahl der Stähle für tiefe Temperaturen verwendet. Die üblichen Formen der Kerbschlagprobe geben aber z. B. bei Temperaturen von − 180° C für fast alle Stähle, mit Ausnahme der austenitischen, Kerbzähigkeitswerte von meistens unter 1—2 mkg/cm²; auf Grund der üblichen Kerbschlagprobenformen könnte man also zu der Ansicht neigen, daß zwischen den verschiedenen nichtaustenitischen Stahllegierungen bei derartig tiefen Temperaturen kaum ein Unterschied besteht. Es dürften aber wohl kaum Zweifel darüber bestehen, daß die Ergebnisse einer beliebigen Kerbschlagprobenform nur dann einen Maßstab für die Bewährung eines stoßartig beanspruchten Bauteiles geben, wenn die in den seltensten Fällen zutreffende Voraussetzung erfüllt ist, daß die Kerbausbildung und die Beanspruchung der vorhandenen Bauteile den Verhältnissen bei der entsprechenden Kerbschlagprobe sehr nahekommt. Zahlentafel 77 (S. 437) zeigt nun aber schon, daß die Unterscheidbarkeit der einzelnen Stähle durch die Kerbschlagprobenform sehr erheblich beeinflußt werden kann. So ergibt die DVMR- und VGB-Probe zwischen den beiden Vergütungszuständen des Stahles B bei −180° keinen Unterschied, während die milder gekerbte Probe nach Bennek[2]

---

[1] Probeabmessungen:

	DVMR	VGB	Bennek
Länge	55	160	55
Höhe	10	30	10
Breite in Kerbrichtung . . .	10	15	8
Kerbform	rund	rund	rund
Kerbdurchmesser	2	4	8
Kerbtiefe	3	15	4

[2] Vgl. E. Houdremont: Stahl u. Eisen Bd. 59 (1939) S. 1/8 u. 33/39.

erkennen läßt, daß der bei Raumtemperatur weichere und zähere Vergütungszustand auch bei −180° sich noch durch bessere Kerbzähigkeit auszeichnet.
Auch viele Flugzeugteile werden in großen Flughöhen Beanspruchungen bei
tiefen Temperaturen ausgesetzt; doch handelt es sich hierbei meistens weniger
um stoßartige Beanspruchungen mit plastischer Verformung als um Dauerbeanspruchung wechselnder Art. Die Dauerfestigkeit gegenüber Wechselbeanspruchung wird aber durch tiefe Temperaturen wegen der dabei ansteigenden Streck-
grenzen- und Festigkeitswerte nicht vermindert, sondern entsprechend der Zugfestigkeit heraufgesetzt. Auch im gekerbten Zustand werden höhere Dauerfestigkeiten mit fallender Temperatur festgestellt; allerdings ist die Zunahme
nicht so groß wie bei glatten Stäben. Der Verlust an Zähigkeit tritt also in
dieser Hinsicht nicht in Erscheinung [1].

Das Verhalten der Werkstoffe in der Wärme wird bei den vergütbaren
Chrom-, Chrom-Nickel- und Chrom-Mangan-Stählen durch den Chromgehalt
nicht wesentlich beeinflußt. Da der Einfluß der Kaltstreckgrenze bis zu
Temperaturen von 400° maßgebend ist für die Festigkeitseigenschaften in
der Wärme, gelingt es, durch Vergüten auf hohe Festigkeit auch die Warmfestigkeit bis zu diesem Bereich zu steigern. Für die bei Temperaturen über
400° immer im Vordergrund stehende Dauerstandfestigkeit ergibt Chrom keine
bedeutende Verbesserung, solange es nicht in Verbindung mit weiteren karbidbildenden Elemente, wie Molybdän und Vanadin, angewandt wird. Ein gewisser
Einfluß des Chroms ist nur insofern vorhanden, als es die Zwischenstufenumwandlung begünstigen kann und somit die Ausbildung eines für hohe Dauerstandfestigkeit besonders geeigneten Gefügezustandes erleichtert (s. S. 198).
Chrom-Mangan- und Chrom-Nickel-Stähle bieten also im allgemeinen keinen
wesentlichen Vorteil als dauerstandfeste Legierungen bei 500° und darüber, sofern es sich nicht um austenitische Legierungen handelt. Dieser geringe Einfluß
von Chrom auf die Dauerstandfestigkeit ist erklärlich, wenn man bedenkt, daß
ein Einfluß der Chromsonderkarbide auf die Anlaßbeständigkeit erst bei höheren
Chrom- und Kohlenstoffgehalten auftritt und die Ausscheidung der Chromkarbide
nach dem Härten und Anlassen bereits oberhalb 500° verhältnismäßig schnell
erfolgt; die durch Chromkarbide bewirkte Erhöhung der Anlaßbeständigkeit,
die bis zu diesen Temperaturen auch eine Erhöhung der Dauerstandfestigkeit
infolge der Kristallverspannung durch Chromkarbidausscheidung ergeben kann,
wird somit oberhalb 500° verhältnismäßig schnell wirkungslos werden. Da
andere karbidbildende Legierungselemente schon bei geringeren Zusätzen wirk-
samer sind, haben reine Chrom- bzw. Chrom-Nickel- oder Chrom-Mangan-Stähle
als dauerstandfeste Legierungen bis heute keine größere Verwendung gefunden.

b) Einfluß von Chrom auf die Einsatzhärtung.

$\varkappa$) Chrom-Einsatzstähle.

Über die Wirkung des Chroms auf das Verhalten von Einsatzstählen bei der
Zementation sind recht verschiedene Ansichten anzutreffen. So fördert nach

---

[1] Siehe a. M. Hempel, u. J. Luce: Arch. Eisenhüttenw. Bd. 15 (1941/42) S. 423/30
und Mitt. Kais.-Wilh.-Inst. Eisenforsch. Bd. 23 (1941) S. 53/79.

Brearley-Schäfer[1] Chrom die Diffusion von Kohlenstoff, während W. Oertel[2] auf eine Behinderung der Diffusionsgeschwindigkeit trotz einer Erhöhung des Randkohlenstoffgehaltes aufmerksam macht. Bei Zementation von niedriglegierten Chromstählen wird von Guillet[3] und Giesen[4] eine geringe Erhöhung der Eindringtiefe beobachtet. Nach Untersuchungen an verhältnismäßig tief zementierten Stählen hat der Chromzusatz eine außerordentlich starke Erhöhung des Randkohlenstoffgehaltes zur Folge, wie Abb. 358 zeigt. Die Anhäufung von Kohlenstoff bedingt einen sehr hohen Gehalt an Randkarbiden, wie aus Abb. 359 zu ersehen ist. Die zahlreichen Einlagerungen von Karbiden rufen naturgemäß eine hohe Sprödigkeit der Einsatzschicht hervor. Bei niedrigen Zementationstemperaturen sind die Kohlenstoffgehalte in den äußersten Randzonen noch höher als bei hohen Zementationstemperaturen, obwohl auch hier Gehalte bis zu 2,6% erreicht werden können (Abb. 358). Die Eindringtiefe wird dagegen durch einen Chromzusatz bis zu 3% nicht vergrößert. Bei sehr großen Einsatztiefen von 9—10 mm wird sogar eine Beeinträchtigung der Eindringtiefe festgestellt (Abb. 360). Da der Randkohlenstoffgehalt beträchtlich erhöht ist und damit ein größeres Konzentrationsgefälle vorliegt, ist aus der Verringerung der Eindringtiefe zu schließen, daß Chrom in hohem Maße die Kohlenstoffdiffusion verzögert. Gegen eine Zementationsüberhitzung sind Chromeinsatzstähle empfindlich, da sie, wie aus Abb. 361 zu ersehen ist, eine starke Kornvergröberung erfahren. Es kann also bei Chromstählen wegen der starken Anhäufung von Randkarbiden und der Überhitzungsempfindlichkeit leicht eine unzulässige Sprödigkeit auftreten, sofern diese nicht durch anschließende Wärmebehandlung beseitigt wird.

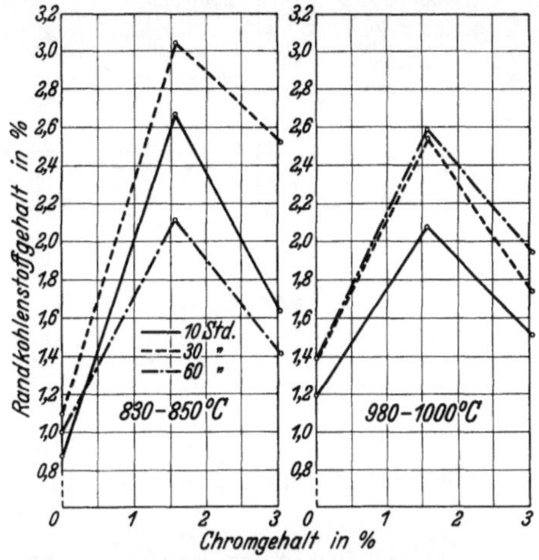

Praktische Verwendung als Einsatzstahl haben zwei Chromstähle gefunden, deren Festigkeitsgrenzen nach Wasser- bzw.

Abb. 358. Erhöhung des Randkohlenstoffgehaltes durch Chromzusatz bei Zementation (Zementationsmittel Holzkohle und Bariumkarbonat 60:40). [Nach E. Houdremont u. H. Schrader: Arch. Eisenhüttenw. Bd. 8 (1934/35) S. 445/459.] Die Umkehrung der Kurven oberhalb 1,5% Cr dürfte mit der Bildung unterschiedlicher Sonderkarbidformen zuzammenhängen.

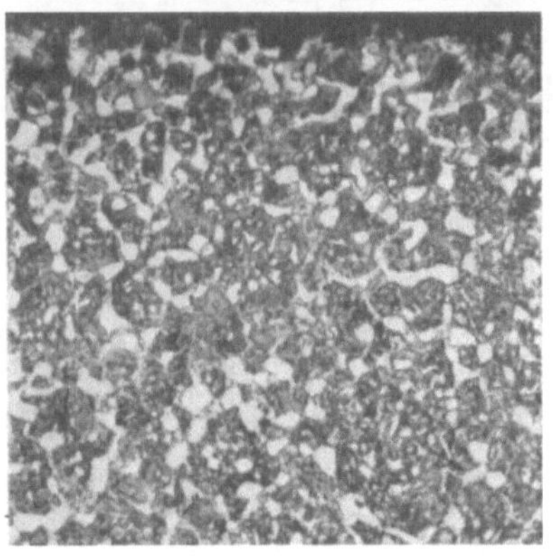

V = 500

Abb. 359. Anhäufung von Chromkarbiden in der Randzone eines zementierten Chromstahles mit 3% Cr.

[1] Die Einsatzhärtung von Eisen und Stahl. Berlin: Julius Springer 1926 S. 108.
[2] Einsatzstähle. Werkstoffhandbuch Stahl u. Eisen 1. Aufl. N 11.
[3] Mém. C. R. Trav. Soc. Ing. civ. France 1904 I S. 177—207.
[4] Die Spezialstähle in Theorie und Praxis. Freiberg: Craz & Gerlach 1909 S. 20/21.

Ölablöschung aus Zahlentafel 78 (S. 441) zu entnehmen sind. Infolge des Chromzusatzes wird bei solchen Einsatzstählen die Gefahr ungenügender Härtefähigkeit (Weichfleckigkeit) vermieden. Sie besitzen außerdem einen erhöhten Karbidgehalt in der gehärteten Randzone. Die Einlagerung der harten und verschleißfesten Karbide bewirkt eine gewisse Erhöhung der Verschleißfestigkeit gegenüber reinem Kohlenstoffstahl; die Festigkeit der Kernzone ist dagegen kaum höher als bei diesem. Infolge des Chrom

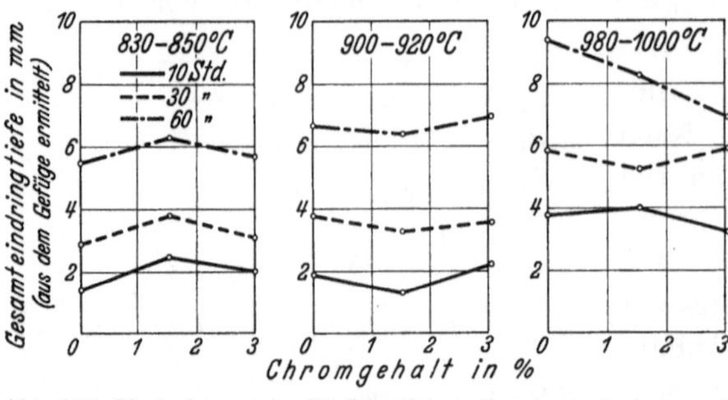

Abb. 360. Veränderung der Eindringtiefe (mikroskopisch gemessen) bei Zementation durch Chrom. [Nach E. Houdremont u. H. Schrader: Arch. Eisenhüttenw. Bd. 8 (1934/35) S. 445/59.]

gehaltes ist aber eine bessere Vergütewirkung zu erzielen, die sich sowohl in einer Kornverfeinerung als auch in erhöhten Zähigkeitswerten nach der Wärmebehandlung äußert. Die Hauptanwendungsgebiete dieser Stähle sind solche, bei denen es hauptsächlich auf Verschleißfestigkeit der Randzone ankommt und weniger auf starke Druckübertragungen.

β) Chrom-Mangan-Einsatzstähle.

Nach den vorliegenden Erkenntnissen über die Wirkung von Mangan und Chrom auf die Härtefähigkeit von Stahllegierungen hätte man erwarten sollen, daß schon verhältnismäßig frühzeitig Chrom-Mangan-Einsatzstähle größere Anwendung gefunden hätten. In Wirklichkeit sind aber erst in den letzten Jahren entsprechende Stähle entwickelt worden mit dem Ziel, überall, wo es angängig ist, die kostspieligeren Chrom-Nickel-Stähle zu ersetzen. Die Ursache für diese Zurückhaltung dürfte in dem metallurgischen Verhalten des Mangans und der damit verbundenen Gefahr schlechter Quereigenschaften zu suchen sein. Diese gegenüber Chrom-Nickel-Stählen schlechtere Querzähigkeit beeinträchtigt ihre Verwendbarkeit jedoch nicht für alle diejenigen Teile, bei denen es hauptsächlich auf Dauerfestigkeit ankommt. In dieser Beziehung konnten gegenüber Chrom-Nickel-Stählen keine Unterschiede festgestellt werden. Bei starken schlagartigen

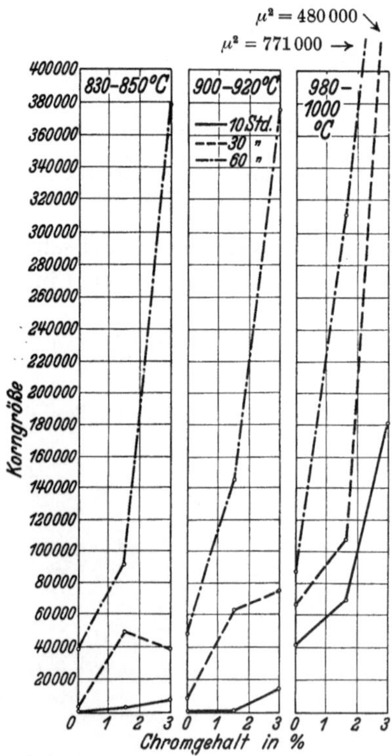

Abb. 361. Wirkung des Chroms auf die Kornvergröberung durch Zementationsüberhitzung (beurteilt an der Korngröße in μ^2 im untereutektoiden Gebiet der Einsatzschicht). [Nach E. Houdremont und H. Schrader: Arch. Eisenhüttenw. Bd. 8 (1934/35) S. 445/59.]

Beanspruchungen werden Chrom-Nickel-Stähle im Augenblick des auftretenden Bruchs entsprechend günstigeres Zähigkeitsverhalten zeigen. Da diese Fälle aber im Verhältnis zu den meist vorkommenden Beanspruchungsbedingungen

Zahlentafel 78. Zusammensetzung und Festigkeitseigenschaften von Chrom-Einsatzstählen.

Bezeichnung	Zusammensetzung				Festigkeitsvorschrift gehärtet		
	C	Si	Mn	Cr	Zug-festigkeit	Streckgrenze	Dehnung $l = 5\,d$
	%	%	%	%	kg/mm²	kg/mm²	%
Nach DIN 1664							
E C 30	0,10—0,16	<0,35	0,4—0,6	0,3—0,5	55—70	35—45	20—14
E C 60	0,12—0,18	<0,35	0,4—0,6	0,6—0,9	70—90	49—63	18—12

Beispiele:

Zusammensetzung				An 30 mm vkt. erreichte Festigkeitswerte				Kerb-zähigkeit (DVMR)	Wärme-behandlung
C	Si	Mn	Cr	Festig-keit	Streck-grenze	Dehnung $l = 5\,d$	Ein-schnürung		
%	%	%	%	kg/mm²	kg/mm²	%	%	mkg/cm²	
0,13	0,31	0,49	0,46	68,1	41	26,5	62	8,4	810° Wasser
0,16	0,30	0,48	0,86	81,8	52	17,0	46	6,7	810° Wasser

einsatzgehärteter Bauteile seltener sind, dürfte den Chrom-Mangan-Stählen wegen ihrer Wirtschaftlichkeit ein weites Anwendungsgebiet zukommen. Entsprechende Stähle und ihre Eigenschaften gibt Zahlentafel 79 (S. 442) wieder.

Diese verhältnismäßig niedriglegierten aber höher kohlenstoffhaltigen Stähle sind hauptsächlich bezüglich der erreichbaren Kernfestigkeiten bei der Härtung stärkerer Querschnitte empfindlicher als entsprechend höherlegierte Chrom-Nickel-Einsatzstähle. Näheres hierüber ist zusammenfassend dem Abschnitt „Molybdän in Einsatzstählen" zu entnehmen. In kleinen Querschnitten wird man daher unter Umständen verhältnismäßig hohe Kernfestigkeiten erreichen, wie dies z. B. aus Abb. 362 hervorgeht. Da der Träger der erreichbaren Kernhärte hier vor allem der Kohlenstoffgehalt ist, muß bei diesen Stählen auf eine gute Einhaltung und zweckmäßige Abstufung des Kohlenstoffgehaltes nach dem zu härtenden Querschnitt geachtet werden. Den Einfluß des Kohlenstoffgehaltes auf die erzielbaren Festigkeitseigenschaften in Querschnitten von 30 und 60 mm vkt. bei verschiedenen Wärmebehandlungen zeigen Zahlentafel 80 und 81 (S. 442).

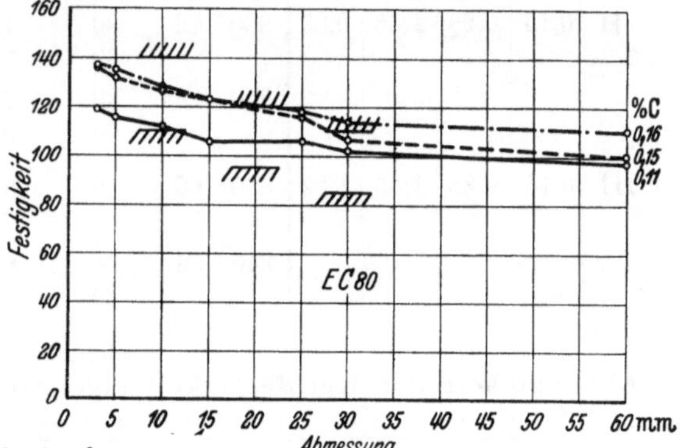

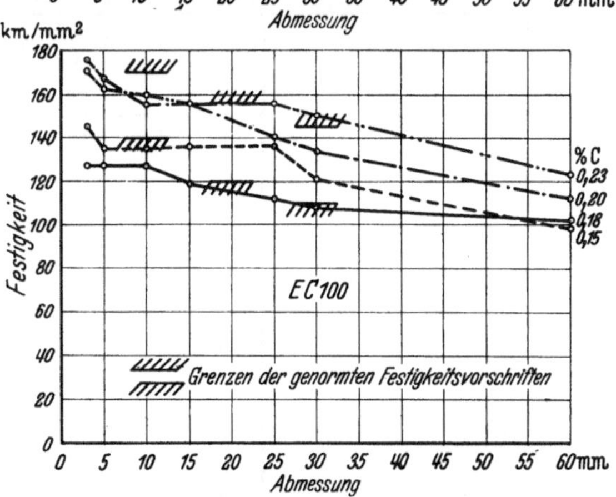

Abb. 362. Abhängigkeit der Kernfestigkeit vom Querschnitt und Kohlenstoffgehalt bei Chrom-Mangan-Einsatzstählen (Härtung 820° Öl).

Zahlentafel 79. Zusammensetzung und Festigkeitseigenschaften von Chrom-Mangan-Einsatzstählen.

Bezeichnung	Zusammensetzung				Festigkeitsvorschrift gehärtet		
	C	Si	Mn	Cr	Zug-festigkeit	Streckgrenze	Dehnung $l = 5\,d$
	%	%	%	%	kg/mm²	kg/mm²	%
Nach DIN 1664							
E C 80	0,12—0,17	<0,35	1,3—1,5	0,8—1,0	58—100	40—70	16—10
E C 100	0,18—0,23	<0,35	1,3—1,5	1,3—1,5	110—145	77—100	12— 7

Zahlentafel 80.
Abhängigkeit der Kernfestigkeitseigenschaften des Chrom-Mangan-Stahles EC 80 von der Zusammensetzung, insbesondere dem Kohlenstoffgehalt.

Stahl	C %	Si %	Mn %	Cr %	Härtungs-behandlung	Ab-messung mm ⊡	Streck-grenze kg/mm²	Festig-keit kg/mm²	Dehnung ($l = 5\,d$) %	Ein-schnü-rung %	Kerbzähigkeit (DVMR-Probe) mkg/cm²
I	0,11	0,28	1,34	0,87	800° Öl	30	69	104,6	23,0	53	11,2
						60	62	98,2	24,2	47	11,6
					840° Öl	30	79	112,9	24,5	54	14,1
						60	74	106,0	21,7	49	16,7
II	0,15	0,28	1,46	0,89	800° Öl	30	78	104,7	18,0	52	10,0
						60	70	98,4	17,5	53	9,3
					840° Öl	30	78	110,4	15,5	43	9,9
						60	69	102,8	19,0	53	12,3
III	0,16	0,38	1,45	1,02	800° Öl	30	81	112,9	15,0	53	10,6
						60	72	109,6	16,4	51	9,5
					840° Öl	30	82	114,5	15,0	53	10,5
						60	70	110,5	16,8	51	9,9

Zahlentafel 81.
Abhängigkeit der Kernfestigkeitseigenschaften des Chrom-Mangan-Stahles EC 100 von der Zusammensetzung, insbesondere dem Kohlenstoffgehalt.

Stahl	C %	Si %	Mn %	Cr %	Härtungs-behandlung	Ab-messung mm ⊡	Streck-grenze kg/mm²	Festig-keit kg/mm²	Dehnung ($l = 5\,d$) %	Ein-schnü-rung %	Kerbzähigkeit (DVMR-Probe) mkg/cm²
I	0,15	0,35	1,53	1,41	800° Öl	30	75	100,8	12,0	41	10,5
						60	69	94,3	12,7	31	9,6
					840° Öl	30	74	105,8	15,2	45	10,7
						60	68	100,8	11,8	32	9,4
II	0,18	0,36	1,36	1,13	800° Öl	30	89	121,1	14,0	57	7,6
						60	57	98,1	13,8	44	10,0
					840° Öl	30	84	121,9	15,0	53	7,1
						60	60	99,3	13,7	40	8,9
III	0,20	0,30	1,36	1,53	800° Öl	30	96	131,3	13,0	56	6,1
						60	78	116,7	12,8	49	9,0
					840° Öl	30	98	134,6	12,5	57	7,4
						60	75	117,9	13,7	41	8,8
IV	0,23	0,29	1,46	1,42	800° Öl	30	117	150,3	9,7	33	7,0
						60	88	121,5	12,2	39	4,9
					840° Öl	30	115	149,5	10,0	36	6,1
						60	92	125,4	13,7	39	5,7

Bei einer derartigen auf höheren Kohlenstoffgehalten beruhenden Überhärtung der Kernzone kann man insbesondere bei dünnen Querschnittsabmessungen
geringere Kernfestigkeit durch eine besondere Art der Wärmebehandlung erzielen.
Löscht man z. B. diese leicht legierten Stähle in einem Salzbad von 200° ab, so
wird die Kernzone nicht mehr auf volle Martensithärte gebracht, weil die Umwandlung hier bereits mehr oder weniger in der Zwischenstufe erfolgt. Die Einsatzschicht nimmt dagegen mit 63—65 Rockwell-C durchaus normale Oberflächenhärten an.

In der Randschicht sind diese Stähle entsprechend dem hohen Chromgehalt
etwas stärker karbildbildend als die oben erwähnten reinen Chromstähle und
infolge ihrer Zusammensetzung etwas überhitzungsempfindlicher als entsprechende Chrom-Nickel-Stähle. Durch Anwendung geeigneter mild wirkender
Zementationsmittel und Einhaltung der üblichen Härtetemperaturen (etwa 800
bis 850°) ergeben sich aber einwandfreie Eigenschaften in Rand- und Kernzone.

γ) Chrom-Nickel-Einsatzstähle.

Entsprechend dem Verhalten von Chrom bei der Zementation werden auch
die Chrom-Nickel-Stähle gegenüber den reinen Nickelstählen beim Zementieren
eine Erhöhung des Randkohlenstoff- und Karbidgehaltes erfahren. Auch bei
Chrom-Nickel-Stählen bringt eine weitere Erhöhung des Chromgehaltes, z. B.
von 1% auf 2,5%, noch eine Steigerung des Randkohlenstoffgehaltes hervor
(Abb. 363). Bei großen Zementationstiefen werden daher hoch chromhaltige
Chrom-Nickel-Stähle sehr leicht ein sprödes Zementitnetzwerk in der Randzone aufweisen, das nur schwer zu beseitigen ist (vgl. Abb. 145, S. 167).
Sehr deutlich ist vor allem der Einfluß des Chromgehaltes auf die Festigkeitseigenschaften im Kern einsatzgehärteter Stücke, wie dies aus dem Vergleich
einsatzgehärteter Nickel- mit einsatzgehärteten Chrom-Nickel-Stählen hervorgeht. Zahlentafel 82 zeigt eine entsprechende Gegenüberstellung vergleichbarer
Chrom-Nickel- und Nickelstähle. Während die Kernhärte bei reinen Nickelstählen nach der Härtung nicht sehr stark ansteigt (bis auf etwa 85 kg/mm² bei
5proz. Nickelstahl), wird bei 4—4,5% Nickel und Zusatz von 1—1,5% Chrom
die Kernhärte infolge der besseren Durchhärtung bis auf etwa 140 kg/mm² erhöht.
Bei gleichzeitiger geringer Erhöhung des Kohlenstoffgehaltes bis auf 0,25%
gelingt es, bei diesen Chrom-Nickel-Stählen Kernfestigkeiten von 160—180 kg/mm²
zu erzielen.

Zahlentafel 82.
Festigkeitszahlen von Nickel- und Chrom-Nickel-Einsatzstählen.

Zusammensetzung					Festigkeitswerte				Härtetemperatur nach der Einsatzbehandlung	Abmessung
C %	Si %	Mn %	Ni %	Cr %	Streck-grenze kg/mm²	Festig-keit kg/mm²	Dehnung $L=5d$ %	Ein-schnü-rung %		
0,12	0,13	0,60	3,04	—	44	69	25	69		
0,11	0,14	0,45	2,88	0,80	60	85	20	64	800° Öl	35 vkt.
0,15	0,23	0,36	4,96	—	58	80	18,6	59		
0,14	0,25	0,42	4,52	1,09	96	132,3	14	64		

Die gleichzeitige Wirkung von Chrom und Nickel auf den Härtungsvorgang
bei den für die Einsatzhärtung üblichen Kohlenstoffgehalten hat zu einer weit-

gehenden Verwendung von Chrom-Nickel-Einsatzstählen geführt. Chrom-Nickel-Einsatzstähle sind geeignet, bis zu den größten Abmessungen gleichmäßig hohe Festigkeitseigenschaften im Kern in nahezu allen gewünschten Härtegraden zu ergeben bei gleichzeitig sehr günstigen Zähigkeitseigenschaften. Die Zusammensetzung solcher Chrom-Nickel-Stähle ist aus Zahlentafel 74 und 75 (S. 430) ersichtlich. Die erforderliche Kernhärte ist bei Chrom-Nickel-Einsatzstählen mit geringeren Kohlenstoffgehalten zu erzielen als bei entsprechenden Chrom-Mangan-Stählen, weil die Umwandlung bei der Härtung in den üblichen Querschnitten

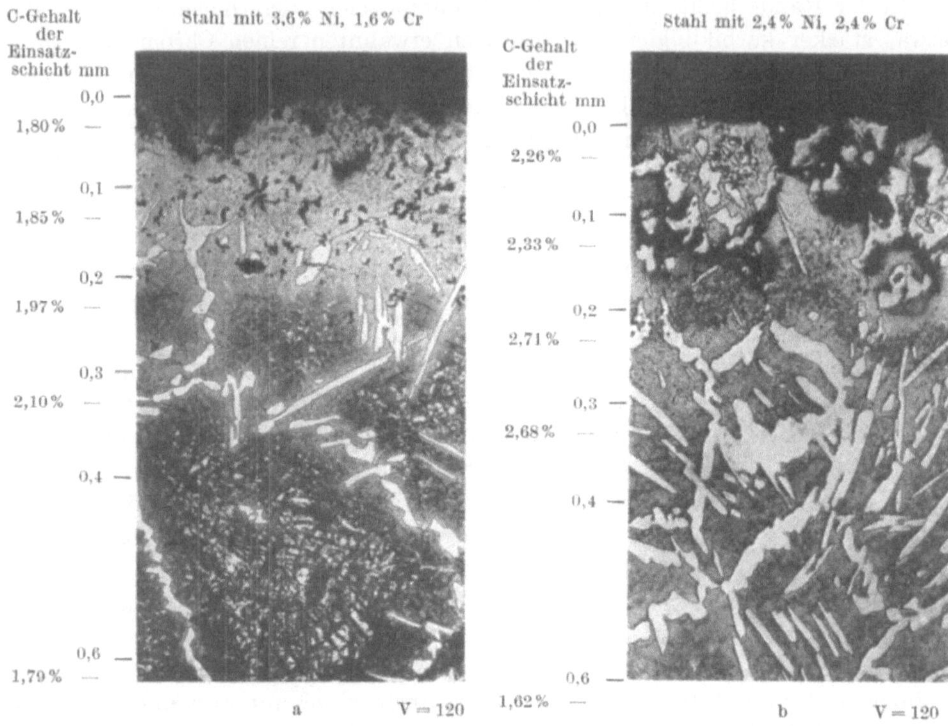

Abb. 363. Steigerung des Randkohlenstoffgehaltes bei Erhöhung des Chromzusatzes in Chrom-Nickel-Stählen. (Gemeinsame Zementationsbehandlung bei 980—1000° 120 Stunden in Leuchtgas.)

bis 60 mm ⌀ infolge der gleichzeitigen Wirkung von Chrom und Nickel auch im Kern in der Martensitstufe erfolgt. Die Festigkeitsunterschiede zwischen kleinen und mittleren Abmessungen sind daher bei Chrom-Nickel-Einsatzstählen geringer als bei den Chrom-Mangan-Stählen, bei denen der Kohlenstoffgehalt höher gewählt werden muß, um auch im Kern dickerer Querschnitte trotz der dort unvollständigen Härtung noch ausreichende Festigkeit zu erzielen. Auch bei Einsatzstählen findet man solche mit höherem Chrom- als Nickelgehalt, z. B. 0,20% C, 2,0% Ni, 2,2% Cr mit folgenden Kernfestigkeitseigenschaften:

Querschnitt	Härtungs-behandlung	Brinell-härte	Streck-grenze kg/mm²	Festigkeit kg/mm²	Dehnung $(l = 5\,d)$ %	Ein-schnürung %	Kerbzähigkeit (DVMR-Probe) mkg/cm²
30 ⌗	820° Öl	444	113	152,1	13,0	51	10,3—11,1
60 ⌗	820° Öl	429	108	145,0	12,5	50	8,7— 9,1

In dem Kapitel über Einsatzhärtung (s. S. 180ff.) ist bezüglich der Schwingungsfestigkeit auf die Wechselwirkung zwischen einsatzgehärteter Schicht und Kernhärte hingewiesen worden; insbesondere wurde der günstige Einfluß hoher Kernfestigkeit bei geringer Zementationstiefe hervorgehoben. Es kann somit mit Recht behauptet werden, daß mit der Kombination Chrom-Nickel alle gewünschten Kerneigenschaften bei Einsatzstählen erzielt und damit auch die höchsten Ansprüche erfüllt werden können.

Die Einsatzhärtung wird bekanntlich bei solchen Teilen angewandt, bei denen es entweder auf erhöhte Verschleißfestigkeit oder erhöhte Wechselfestigkeit ankommt. Bei den Teilen, die hauptsächlich auf Verschleiß beansprucht werden, muß man zwischen solchen unterscheiden, die ausschließlich auf Verschleiß unter schwachem Druck, und solchen, die gleichzeitig auf höhere Drücke oder auf Schlag beansprucht werden. Teile, die nur auf starken Verschleiß und geringen Druck beansprucht werden, wie z. B. Laufspindeln, Ölpumpen-Zahnräder bei Kraftwagen usw., bedürfen nur einer außerordentlich verschleißfesten Oberfläche, während die Kerneigenschaften von geringerer Wichtigkeit sind. Man wird in den meisten Fällen mit unlegierten Kohlenstoffstählen oder chromlegierten Einsatzstählen auskommen, die Kernfestigkeiten bis zu 70—90 kg/mm² ergeben, aber infolge der Wasserhärtung an der äußersten Randschicht höchste Härte und somit Verschleißfestigkeit erzielen lassen. Hier kommen auch direkt härtbare Stähle mit höherem Kohlenstoffgehalt in Frage, die entsprechend den Ausführungen auf S. 188 nur an der Oberfläche gehärtet werden. Bei gleichzeitigem Auftreten höheren Druckes wird man daran denken können, zuerst die Einsatztiefe der vorerwähnten Stähle zu erhöhen (s. S. 184). Als Beispiel können z. B. Lokomotivgleitbahnen und Kurbelzapfen, die aus unlegierten oder schwachlegierten Stählen bis zu 4 mm Tiefe und darüber einsatzgehärtet werden, sowie Verschleißstücke in Steinformkästen usw. genannt werden. In vielen Fällen ist aber die tiefere Einsatzhärtung schon deswegen nicht am Platze, weil die Querschnitte eine derartig tiefe Einsatzhärtung nicht gestatten. Ein Beispiel hierfür sind hochbeanspruchte Zahnräder mit feiner Verzahnung. Bei dem oftmals geringen zur Verfügung stehenden Zahnquerschnitt, 4—5 mm und weniger, verbietet sich eine zu tiefe Einsatzhärtung wegen der großen Gefahr der Durchhärtung und der dadurch eintretenden Sprödigkeit. In diesen Fällen ist man daher gezwungen, bei geringen Zementationstiefen zu Einsatzstählen mit höheren Kernfestigkeiten, wie sie z. B. in Zahlentafel 82 (S. 443) enthalten sind, überzugehen. Beispielsweise werden hochwertige Zahnräder daher aus Stählen mit 3,5 oder 4,5% Nickel und 0,8—1,5% Chrom hergestellt. Die Einsatztiefe beträgt je nach der Zahndicke 0,8—2 mm.

Als weiterer Vorteil dieser Stähle ergibt sich die Möglichkeit, in Öl statt in Wasser zu härten. Wenn auch die Einsatzschicht selbst bei der Ölhärtung nicht Glashärte, wie bei der Wasserhärtung, annimmt, so genügt die erreichte Härte für die genannten Zwecke dennoch. Die Ölhärtung gewährleistet geringeren Verzug bei der Härtung und geringere Spannungen im gehärteten Stück. Verbleibende Restspannungen, z. B. in Zahnrädern, sind von Wichtigkeit, weil sie sich im Betrieb auslösen können und durch den dann eintretenden Verzug zu Unannehmlichkeiten führen. Insbesondere gilt dies z. B. für Kraftwagengetriebe, bei denen man öfters nach monatelangem ruhigen Lauf auf einmal ein merkwürdiges Heulen der Zahnradgetriebe feststellen kann, das meistens auf später einsetzenden Verzug zurückzuführen ist.

In der Zahnradbeanspruchung ist ebenfalls zu unterscheiden zwischen Rädern, die hauptsächlich auf Verschleiß beansprucht sind, und solchen, die vorwiegend starke Druckbeanspruchungen aufzunehmen haben, bei denen der Verschleiß jedoch durch gute Schmierung weitgehend verringert wird. Für diese letztere Art von Zahnrädern hat man in den letzten Jahren vielfach versucht, die umständliche und zeitraubende Arbeit der Einsatzhärtung zu umgehen, indem man, wie auf S. 188 erwähnt, luft- oder ölgehärtete Chrom-Nickel-Stähle mit sehr hoher Festigkeit (bis 180 kg/mm²) verwendet. Die Zahnräder sind geeignet, verhältnismäßig hohe Drücke aufzunehmen bei noch genügender Zähigkeit, besitzen aber weniger günstige Verschleißeigenschaften.

Von dem Gedanken ausgehend, daß ein Kern hoher Festigkeit in der Lage ist, auch dünne Zementationsschichten genügend zu tragen, werden derartige Stähle — s. a. später im Abschnitt Chrom-Molybdän-Stähle — heute vielfach nach dem Bearbeiten in einem Zyanbad auf Härtetemperatur erwärmt (Durferritbäder usw.) und nach verhältnismäßig kurzem Verweilen (20 Minuten) ebenfalls direkt in Öl gehärtet. Die hierbei entstehenden, 0,3—0,4 mm starken Zementationsschichten genügen bei der hohen Kernfestigkeit vollkommen, um diese Räder auch für hohe Beanspruchungen geeignet zu machen. Sie haben besonders im Automobilbau in großem Maße Eingang gefunden (s. a. S. 632).

Wie bereits aus diesem Beispiel hervorgeht, wird man sinngemäß unter Einsatzstählen nicht immer nur Stähle mit tiefem Kohlenstoffgehalt (unter 0,15% C) verstehen dürfen; man verwendet im Gegenteil sehr oft Stähle mit höherem Kohlenstoffgehalt, um besondere Eigenschaften zu erzielen.

Eine besondere Art von einsatzgehärteten Chrom-Nickel-Stählen stellen auch die sog. Panzerplattenstähle dar. Die einseitig zementierte und gehärtete Panzerplatte, wie sie von der Fried. Krupp A.G., Essen, entwickelt wurde[1], besteht z. B. aus einem Chrom-Nickel-Stahl mit 3,5—4,5% Ni, 1—2% Cr, 0,10—0,30% C und evtl. bis 0,4% Mo. Sie wird einseitig bis zu Tiefen von 20 mm zementiert und gehärtet. Die harte Zementationsschicht hat den Zweck, die Geschoßspitze zu zerstören, während die zähere Rückwand das Zerspringen der Platte und das weitere Eindringen des Geschosses in den Schiffsraum verhüten soll. Die Zementation dieser Platten erfolgt in sog. Paketen, d. h. es werden je zwei gleich große Platten mit der zu zementierenden Vorderseite gegeneinander auf einen eisernen Trägerrahmen gelegt und der so gebildete Hohlraum mit Lehm usw. abgedichtet. In das Paket wird Leuchtgas geleitet oder der Zwischenraum mit einem Zementationspulver ausgefüllt. In letzterem Falle ist jedoch die Möglichkeit eines Nachlassens der Zementationswertung gegeben, wenn sehr große Zementationstiefen angestrebt werden. Die Härtung der Platten erfolgt einseitig unter einer Brause.

Aus diesen Beispielen dürfte zur Genüge die Vielseitigkeit der Anwendbarkeit einsatzgehärteter Chrom-Nickel-Stähle hervorgehen.

c) Austenitische Chrom-Nickel- und Chrom-Mangan-Baustähle.

Für die Eigenschaften der austenitischen Chrom-Nickel- und Chrom-Mangan-Stähle gelten im allgemeinen die Ausführungen, die bei den austenitischen

---

[1] Ehrenberger, E.: Stahl u. Eisen Bd. 42 (1922) S. 1229/36, 1276/82, 1320/30.

Nickel- und Manganstählen gemacht wurden (vgl. S. 294 u. 332ff.). Die erstgenannten Stähle verdanken ihre Verwendung in der Technik hauptsächlich der hohen chemischen Widerstandsfähigkeit sowohl bei Raumtemperatur als bei höheren Temperaturen. Sie spielen daher als Baustähle eine große Rolle in der chemischen Industrie und auf anderen Verwendungsgebieten, bei denen es auf Hitzebeständigkeit ankommt. Die gebräuchlichsten austenitischen Chrom-Nickel- und Chrom-Mangan-Stähle für die verschiedensten Verwendungszwecke mit ihren entsprechenden Eigenschaften bei Raumtemperatur gibt Zahlentafel 93 (S. 482) wieder (s. a. S. 410 Chrom in austenitischen und ledeburitischen Werkzeugstählen). Wie aus dieser Zahlentafel hervorgeht, haben diese Legierungen alle eine verhältnismäßig tiefe Streckgrenze und verhältnismäßig hohe Festigkeit (ein Charakteristikum der meisten austenitischen Stähle) bei entsprechend guten Zähigkeitseigenschaften. Vielfach wird den austenitischen Stählen auch eine

besonders niedrige Kerbempfindlichkeit bei Wechselbeanspruchung zugeschrieben, die aber größtenteils nur durch ihre nachstehend beschriebene hohe Verfestigungsfähigkeit vorgetäuscht wird (s. hierzu S. 585 und Zahlentafel 116, S. 586).

Die Chrom - Mangan-Stähle zeigen gegenüber den Chrom-Nickel-Stählen keinen wesentlichen Unterschied. Gelegentlich läßt sich

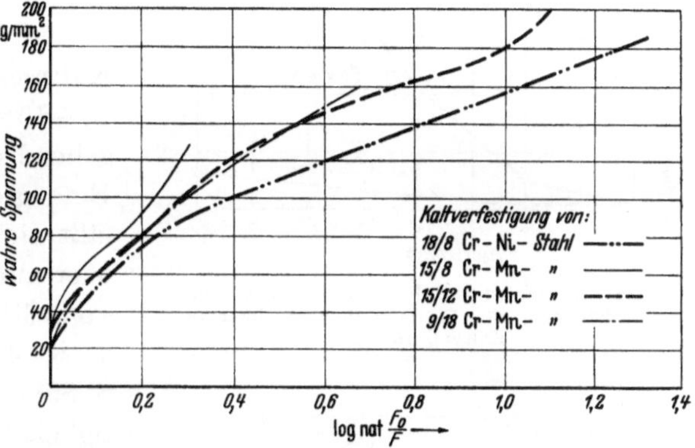

Abb. 364. Verlauf der Verfestigung bei Kaltverformung von austenitischen Chrom-Nickel- und Chrom-Mangan-Stählen.

bei einzelnen Typen von Chrom-Mangan-Stählen beim Zerreißversuch eine stärkere Verfestigung feststellen, entsprechend dem Verhalten eines austenitischen Manganstahles gegenüber einem austenitischen Nickelstahl (Abb. 364, vgl. Abb. 88, S. 101 u. 557). Diese unterschiedliche Verfestigungsfähigkeit kann ihren Grund in dem verschiedenen Legierungsgehalt haben, sie kann aber auch vorgetäuscht werden durch Veränderungen des Austenits bei der Kaltreckung im Zerreißversuch. Von den angeführten Legierungen liegen manche an der Grenze des stabilen Austenitgebietes. Durch Eintauchen in flüssige Luft können derartige Stähle eine teilweise Umwandlung in Martensit erfahren; ebenso erfolgt eine solche Umwandlung durch Kaltverformung bei Raumtemperatur. Wird dagegen die Verformung bei etwas erhöhter Temperatur, d. h. in größerer Entfernung vom Martensitpunkt vorgenommen, beispielsweise für Stahl mit 18% Cr/8% Ni bei etwa 200°, so bleibt der Austenit unverändert. Den Einfluß der Kaltbearbeitung auf die Festigkeit verschiedener mehr oder weniger stabil austenitischer Legierungen zeigt Abb. 364, die gleichzeitige Veränderung der magnetischen Sättigung für einige Beispiele Abb. 365 und 366. Bemerkenswert ist vor allem die unterschiedliche Verfestigung derartiger Stähle. Durch die bei der Verformung eintretende Martensitbildung erfolgt eine zusätzliche Härtesteigerung; den Anteil an gebildetem Martensit kann man an dem Verlauf der magnetischen Sättigung feststellen. Man ersieht aus Abb. 366 deutlich, daß der bekannteste Vertreter der nichtrostenden korrosionsfesten Stähle, der Stahl mit 18% Cr und 8% Ni, durch Kaltbearbeitung noch eine Umwandlung in Martensit mit entsprechendem Anstieg der magnetischen Sättigung erleidet, während ein Stahl mit > 12% Cr und > 12% Ni stabil austenitisch ist. Ähnlich würde sich eine Legierung mit 18% Cr und 10% Ni verhalten, die ebenfalls bereits vollkommen stabil austenitisch ist und keinerlei Gefügeumwandlung durch Kaltreckung erleidet. Das gleiche gilt für die entsprechenden Chrom-Mangan-Stähle. Wie Abb. 365 zeigt, erreichen Stähle mit 15—18% Cr, 8—10% Mn noch eine wesentliche Gefügeumwandlung durch Kaltreckung, während ein Stahl mit 13—15% Cr und 12% Mn bereits weitgehend stabil austenitisch geworden ist. Eine größere Stabilität des Austenits läßt sich auch bei niedrigeren Nickel- oder Mangangehalten durch Zusätze von Stickstoff erzielen (Abb. 366) (s. a. S. 449 und Abschnitt Stickstoff S. 898). Diese Tatsache ist von Wichtigkeit für die Verarbeitung von nichtrostenden Stählen durch Tiefziehen und ähnliche Verarbeitungsvorgänge, die durch die Martensitbildung und die dadurch eintretende starke Festigkeitssteigerung entsprechend erschwert werden. Erfahrungsgemäß lassen sich Stähle, die durch eine z. B. 20proz. Kaltverformung einen Sättigungsanstieg von nicht mehr als 3000 Linien erfahren, noch einwandfrei tiefziehen; bei einem Sättigungsanstieg über 5000 Linien wird dagegen das Tiefziehen praktisch unmöglich.

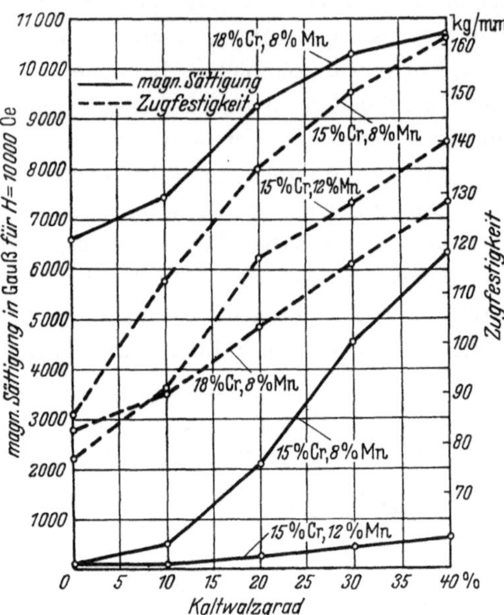

Abb. 365. Veränderungen der Festigkeit und magnetischen Sättigung von Chrom-Mangan-Stählen durch Kaltverformung.

In einzelnen Fällen kann auch das Magnetischwerden der Legierungen ungünstig für den Verwendungszweck sein. Man hat vielfach die nichtrostenden Stähle wegen ihrer Korrosionsbeständigkeit in der Schmuckindustrie zur

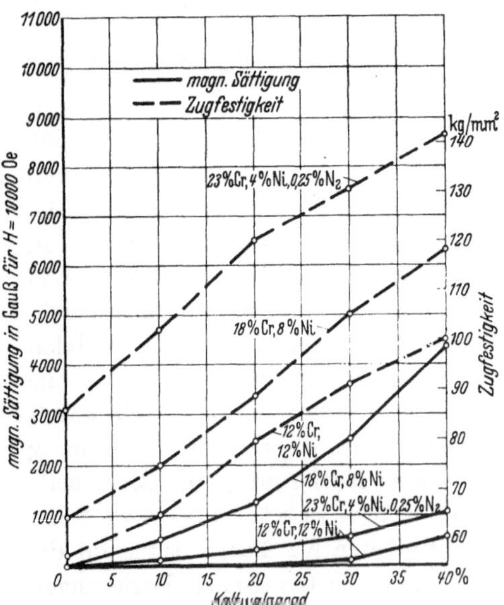

Abb. 366. Veränderung der Festigkeit und magnetischen Sättigung von Chrom-Nickel-Stählen durch Kaltverformung.

Herstellung von Uhrgehäusen verwendet. Wenn solche Uhrgehäuse magnetisch werden, und zwar wegen ihres Martensitgehaltes verhältnismäßig hart magnetisch, besteht die Gefahr, daß der Gang des Uhrwerks durch Beeinflussung der Unruhefeder gestört wird. Man wird daher je nach dem Verwendungszweck dieser Möglichkeit einer teilweisen Umwandlung von an sich bei Raumtemperatur austenitischen Stählen in Martensit seine Aufmerksamkeit zuwenden müssen. Austenitische Chrom-Nickel- und Chrom-Mangan-Stähle, die bei der Kaltreckung keine Umwandlung zu Martensit erleiden, liegen in der Verfestigungskurve etwa zwischen dem 25proz. Nickel- und dem austenitischen Mangan-Hartstahl (Abb. 88, S. 101), nähern sich aber mehr der Verfestigungskurve des Nickelstahls, wie dies bereits auch aus den hohen Einschnürungswerten beim Zerreißversuch gegenüber dem austenitischen Mangan-Hartstahl mit 12% Mn hervorgeht.

Im Gegensatz zu den meisten austenitischen Stählen zeichnen sich die auf S. 448 bereits kurz erwähnten Legierungen mit etwa 18—25% Cr, 3—5% Ni und 0,15—0,3% N_2 durch eine hohe Streckgrenze aus, obwohl sie sonst, vor allem in ihren guten Zähigkeitseigenschaften, alle Kennzeichen des Austenits aufweisen (Zahlentafel 83, s. a. Zahlentafel 196, S. 900). In ihrer Verfestigungsfähigkeit entsprechen sie dem Chrom-Nickel-Stahl mit 18% Cr und 8% Ni, sind aber im Gegensatz zu diesem, besonders wenn der Chromgehalt etwa 23% beträgt, weitgehend stabil austenitisch. Diese Legierungen dürften wegen ihrer hervorragenden mechanischen Eigenschaften gerade für Konstruktionszwecke besonders geeignet sein[1]. Auch bei den Chrom-Mangan-Stählen läßt sich durch Stickstoffzusatz eine Stabilisierung des Austenits erreichen.

Zahlentafel 83. Mechanische Eigenschaften und magnetische Sättigung von hoch stickstoffhaltigen Chrom-Nickel-Stählen (von 1100° in Wasser abgelöscht).

Zusammensetzung						Streck-grenze	Zug-festigkeit	Dehnung $l = 5,65 \sqrt{f}$	Dehnung $l = 11,3 \sqrt{f}$	Magn. Sättigung (für $H = 10\,000$ Oersted)
C %	Si %	Mn %	Cr %	Ni %	N_2 %	kg/mm²	kg/mm²	%	%	Gauß
0,04	0,35	0,49	21,7	3,20	0,29	58,0	88,5	48,2	43,6	1100
0,04	0,33	0,51	22,7	4,20	0,27	60,0	86,5	41,9	36,3	850
0,05	0,48	0,53	23,1	5,20	0,28	55,5	83,8	47,9	41,2	100

Die guten Verformungseigenschaften, die derartige austenitische Legierungen auch dann noch aufweisen, wenn sie durch Kaltwalzen auf sehr hohe Festigkeit (120—150 kg/mm²) gebracht sind, haben dazu geführt, daß kaltgewalzte Werkstoffe dieser Art hauptsächlich in Form von Bändern für den Leichtbau, insbesondere Flugzeugbau, Schnelltriebwagen u. dgl., Verwendung finden[2]. Die erreichbaren Festigkeitseigenschaften sind für einige charakteristische Stahltypen in Zahlentafel 84 (S. 450) wiedergegeben.

Es ist auch möglich, das Kaltwalzen mit der nachstehend beschriebenen Ausscheidungshärtung durch Karbide gemeinsam anzuwenden und so besonders hohe Festigkeitseigenschaften bei noch guten Dehnungswerten zu erzielen[3].

---

[1] Tofaute, W., u. H. Schottky: Techn. Mitt. Krupp, Forschungsber. Bd. 3 (1940) S. 103/10.

[2] Knerr, H. C.: Metal Progr. Bd. 31 (1937) S. 37/41. — Ganahl, C. de, u. W. L. Sutton: Aero Dig. Bd. 33 (1938) S. 44/45 und Chem. Zbl. 1938 II S. 2832. — Krivobock, V. N., u. R. A. Lincoln: Trans. Amer. Soc. Metals Bd. 25 (1937) S. 637/89. — Mitchell, W. M.: Metals & Alloys Bd. 11 (1940) S. 14/18.

[3] Mitschell, W. M.: Metals & Alloys Bd. 11 (1940) S. 14/18, 60/64, 88/93, 118/22. — Hori, S., u. H. Ohasi: Tetsu to Hagane Bd. 25 (1939) Nr. 10 S. 45/50.

Zahlentafel 84. Mechanische Eigenschaften einiger austenitischer Legierungen nach 50proz. Kaltverformung.

| Legierung | Zusammensetzung | | | | Streckgrenze | Zugfestigkeit | Dehnung $L = 5 \cdot d$ |
	Cr %	Mn %	Ni %	N_2 %	kg/mm²	kg/mm²	%
A	18	—	8	—	125	135	7,5
B	18	3	6	—	140	150	10
C	20	—	45	0,25	150	160	12,5

Abgesehen von der Beeinflussung der Festigkeitseigenschaften bei Raumtemperatur durch Kaltbearbeitung sind die austenitischen Stähle auf der Basis Chrom in ihren Festigkeitseigenschaften nämlich auch durch Wärmebehandlung in gewisser Beziehung beeinflußbar. Infolge des hohen Chromgehaltes enthalten diese Stähle bereits bei geringen Kohlenstoffgehalten, z. B. etwa 0,1%, im ausgeglühten Zustand Karbid im Gefüge. Daher müssen sie, um einen rein austenitischen, karbidfreien Zustand zu erhalten, einer Wärmebehandlung von hohen Temperaturen unterworfen werden, d. h. diese Stähle müssen oberhalb der Karbidlöslichkeitslinie geglüht und schnell abgekühlt werden. Bei etwaigem Erwärmen nach dem Ablöschen scheiden sich die Karbide wieder aus, wobei die Ausscheidungen bevorzugt an den Korngrenzen erfolgen. Diese Karbidausscheidung spielt unter anderem auch hinsichtlich der zu erzielenden Festigkeitseigenschaften eine Rolle. Den weichsten Zustand erreicht man durch Ablöschen von hohen Temperaturen, d. h. wenn der Stahl im rein austenitischen Zustand vorliegt. Löscht man nur von tiefer Temperatur ab, so daß die Karbide nicht vollkommen in Lösung gehen, so liegt die Härte, Festigkeit und

Zahlentafel 85. Festigkeitswerte eines austenitischen Chrom-Nickel-Stahles in Abhängigkeit von der Ablöschtemperatur.

| Zusammensetzung | | | | | Festigkeitswerte | | | | | Behandlung | Blechstärke |
C %	Si %	Mn %	Ni %	Cr %	Streckgrenze kg/mm²	Festigkeit kg/mm²	Dehnung $l = 10\,d$ %	Brinellhärte 2,5/187,5	Tiefung n. Erichsen mm		
0,14	0,69	0,45	8,7	18,1	52	78,8	39,5	184	12,1	850° Wasser	2 mm
					53	75,9	37,8	191	12,0		
					31	65,1	51,3	170	14,0	950° „	2 mm
					33	67,5	52,5	170	13,7		
					31	64,3	57,8	153	14,0	1050° „	2 mm
					34	65,8	50,3	156	14,0		
					31	62,3	54,5	153	14,1	1150° „	2 mm
						61,9	56,0	145			

vor allem die Streckgrenze entsprechend höher (Zahlentafel 85). Je höher der Nickel- bzw. Mangangehalt, um so weicher und bildsamer sind im allgemeinen die Stähle nach dem Ablöschen und zeigen auch eine etwas geringere Verfestigungsfähigkeit beim Kaltverarbeiten.

Die Ausscheidung der durch Ablöschen von hohen Temperaturen in Lösung gebrachten Karbide bewirkt eine Ausscheidungshärtung, die sich zu einer Erhöhung der Festigkeitseigenschaften der austenitischen Chrom-Nickel- und Chrom-Mangan-Stählen ausnützen läßt[1]. Die Karbidausscheidung mit der höchsten

[1] Greulich, E.: Arch. Eisenhüttenw. Bd. 5 (1931/32) S. 323/30.

Härtesteigerung erfolgt im Bereich von 700—800°. Die dabei erzielbaren Festigkeitseigenschaften zeigt Abb. 367. Die Steigerung der Festigkeit ist mit einem

Zahlentafel 86. Festigkeitsänderungen eines austenitischen Chrom-Nickel-Stahles (18/8) nach einer Glühung bei 700—800°.

Behandlung	Festigkeitswerte			
	Streck-grenze[1]	Zerreiß-festigkeit[1]	Dehnung[2] $l = 5\,d$	Kerbzähig-keit[2]
	kg/mm²	kg/mm²	%	mkg/cm²
1150° Wasser	28	65,0	60,0	24,2
1150° Wasser, 50 Stunden 700° angelassen . . .	33	68,6	57,0	19,2
1150° Wasser, 50 Stunden 800° angelassen . . .	36	69,0	49,5	11,7

Abfall der Formänderungseigenschaften — Dehnung, Einschnürung, Kerbzähigkeit — verbunden, wie dies aus der Abbildung sowie aus Zahlentafel 86 hervorgeht. Die Abb. 399 (S. 500) gibt das Gefüge eines derart behandelten Stahles wieder; in ihr sind deutlich die Karbidausscheidungen in den Korngrenzen der austenitischen Grundmasse zu erkennen. Die Verminderung der Dehnung und Einschnürung ist unter Umständen sehr stark. Sehr deutlich prägt sich die

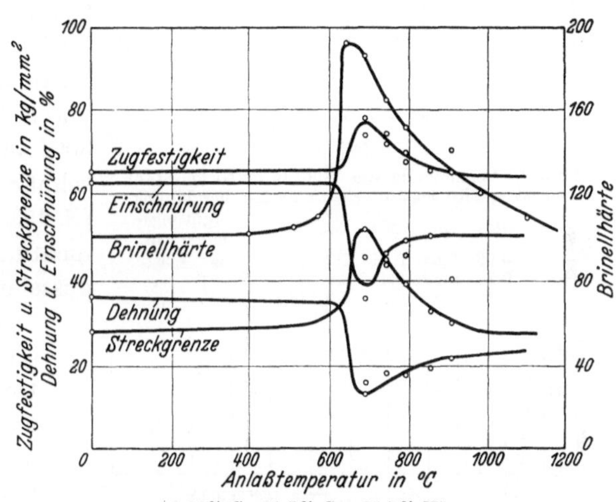

0,36% C, 11,5% Cr, 35,7% Ni

Abb. 367. Einfluß der Anlaßtemperatur auf die mechanischen Eigenschaften eines austenitischen Chrom-Nickel-Stahles nach Ablöschung von 1200°. [Nach E. Greulich: Arch. Eisenhüttenw. Bd. 5 (1931/32) S. 323/30.]

Ausscheidung von Karbiden auch auf die Höhe der Streckgrenze aus.

Bei dem in Abb. 367 gezeigten Beispiel handelt es sich um einen stabil austenitischen Stahl höheren Kohlenstoffgehaltes. Der hier beobachtete Härteanstieg und Festigkeitszuwachs in Verbindung mit einer gewissen Versprödung ist nur auf eine Karbidausscheidung zurückzuführen. Die Abhängigkeit eines solchen Versprödungsvorganges von Temperatur und Zeit gibt Abb. 368 wieder. Bei denjenigen Legierungen, die sich an der Grenze des stabil austenitischen Gebietes befinden, kann aber wiederum neben dem Festigkeitsanstieg durch Karbidausscheidung auch noch eine Härtesteigerung auftreten, die einer der Karbidausscheidung folgenden Martensitumwandlung zuzuschreiben ist. Durch das Glühen bei beispielsweise 700° scheiden sich Chromkarbide aus; die Grundmasse des Stahles verarmt an Chrom und Kohlenstoff. Hierdurch wird die Lage der Martensittemperatur bis zu Raumtemperatur oder darüber hinaufgesetzt. Bei der Abkühlung von der Glühtemperatur wandelt sich dann ein entsprechender Anteil des Gefüges in Martensit um, ein Vorgang, wie er in Abb. 334 (S. 400) an Hand von Ausdehnungskurven veranschaulicht ist.

[1] Zusammensetzung: 0,13% C, 9,0% Ni, 18,1% Cr.
[2] Zusammensetzung: 0,12% C, 8,32% Ni, 17,8% Cr.

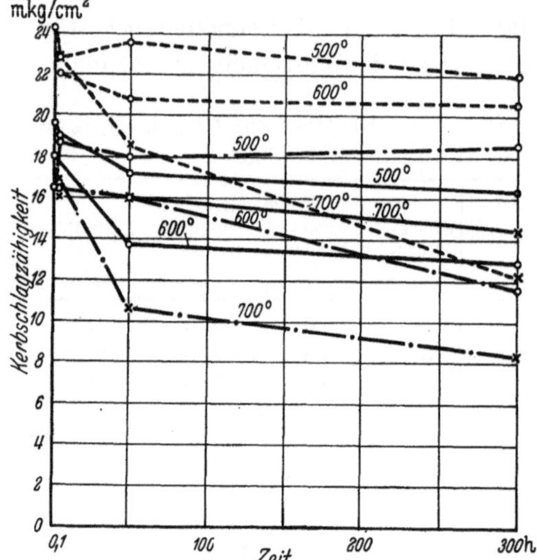

Abb. 368. Versprödung von 18/8-Chrom-Nickel-Stahl verschiedenen Kohlenstoffgehaltes nach Dauerglühung.

C	Si	Mn	Ni	Cr	Vergütungstemperatur	
0,06	0,68	0,41	9,2	18,0	985°	Wasser
0,13	0,58	0,41	9,0	18,2	1150°	„
0,18	0,50	0,28	8,9	17,8	1150°	„

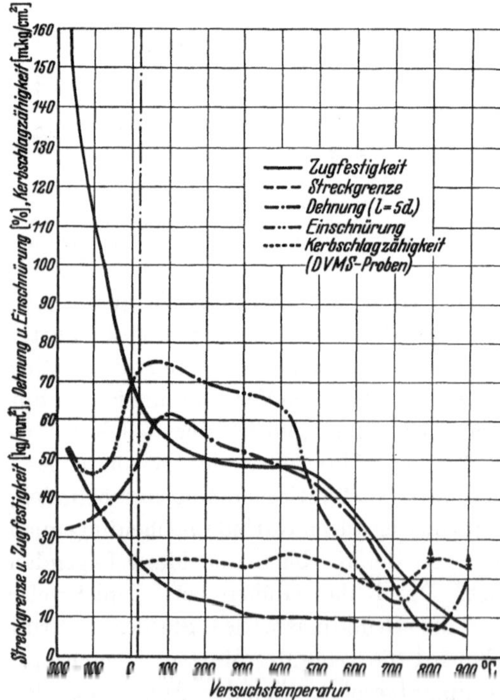

Abb. 369. Mechanische Eigenschaften eines Stahles mit 0,11% C, 0,59% Si, 0,49% Mn, 9,0% Ni, 18,1% Cr in Abhängigkeit von der Temperatur. (Zerreißversuche von 20 Min. Dauer.)

Die Eigenschaften der austenitischen Legierungen bei Raumtemperatur können ebenso wie diejenigen der ferritischen Chromstähle beeinflußt werden durch die Ausscheidung der spröden σ-Phase (FeCr- bzw. (Fe, Ni)Cr- und (Fe,Mn)Cr-Verbindung; B-Bestandteil). Diese Versprödung kann nur bei solchen Legierungen auftreten, die entsprechend dem Gefügediagramm (Abb. 329 und 336) im Bereich der Chromverbindungsausscheidung liegen. So wird z. B. die Streckgrenze und Festigkeit einer Legierung mit 25% Cr und 20% Ni nach längerem Glühen bei 800° erhöht, die Dehnung und Einschnürung erniedrigt (Zahlentafel 87 [S. 453]). Diese Versprödung hängt nun nicht mehr allein mit der Chromkarbidausscheidung zusammen, sondern in viel stärkerem Maße mit der Ausscheidung der spröden σ-Phase. Durch Glühen bei Temperaturen von etwa 1000° mit nachfolgender schneller Abkühlung läßt sich diese Versprödung aber beseitigen.

Zusammenfassend ergibt sich, daß die Eigenschaften der austenitischen Stähle je nach ihrer Zusammensetzung und Wärmebehandlung durch Karbidausscheidungen, Martensitbildung und Ausscheidung der FeCr-Verbindung beeinflußt werden können.

Verhalten austenitischer Chrom-Nickel- bzw. Chrom-Nickel-Mangan-Stähle bei tiefen und hohen Temperaturen: Die austenitischen Stähle zeichnen sich bei Raumtemperatur durch hohe Zähigkeitseigenschaften aus. Sofern es sich nicht um Legierungen handelt, deren Austenit an der Grenze der Stabilität liegt und bei Abkühlung unter

Raumtemperatur eine Umwandlung zum Martensit erfährt, bleiben diese Zähigkeitseigenschaften auch bis zu den tiefsten Temperaturen weitgehend erhalten

(Abb. 369—371). Die entsprechenden Legierungen sind also ausgezeichnet bei tiefen Temperaturen zu verwenden, wenn es auf besonders hohe Zähigkeitseigenschaften ankommt. Derartige Legierungen sind sowohl unter den Chrom-Nickel- als auch unter den Chrom-Mangan-Stählen zu finden.

In der Wärme zeichnen sich alle diese austenitischen Legierungen entsprechend dem bei Nickel über den Austenit Gesagten (s. S. 334) durch höhere Warmfestigkeit aus. Die geringere Rekristallisationsgeschwindigkeit des Austenits macht sich also auch hier im günstigen Sinne bemerkbar. So sind diese Legierungen wegen ihrer hohen Warmfestigkeitseigenschaften die Grundlage für alle hochwarmfesten, zunderbeständigen Stähle geworden. Die Warmfestigkeitseigenschaften einiger austenitischer Stahllegierungen zeigen Abb. 369—371 und 372—374. Zur Erhöhung der Warmfestigkeit legiert man diese Stähle noch vielfach mit weiteren karbidbildenden Zusätzen, vor allem Titan (Abb. 374), Tantal, Niob usw. Hierdurch wird insbesondere auch die Dauerstandfestigkeit bei Temperaturen von 600—800° noch wesentlich erhöht; infolgedessen weisen die praktisch für diesen Temperaturbereich verwendeten Legierungen mit höchster Dauerstandfestigkeit durchweg Zusätze derartiger Karbidbildner auf. Diese Legierungen werden daher erst in den entsprechenden Kapiteln eingehender behandelt werden (s. die Abschnitte

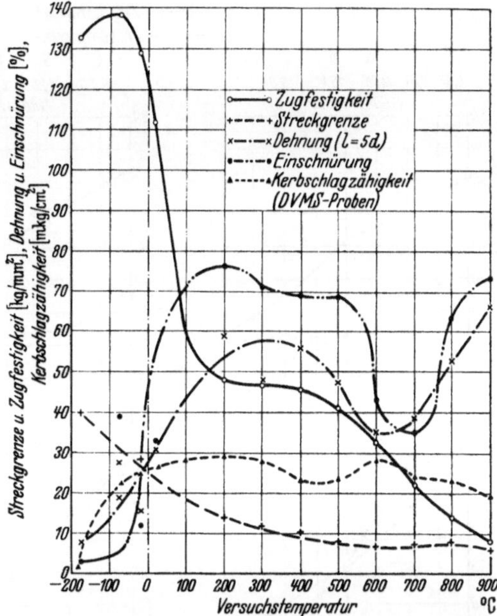

Abb. 370. Mechanische Eigenschaften eines Stahles mit 0,08% C, 0,31% Si, 8,4% Mn, 1,32% Ni, 14,4% Cr 0,082% N$_2$ in Abhängigkeit von der Temperatur. (Zerreißversuche von 20 Min. Dauer.)

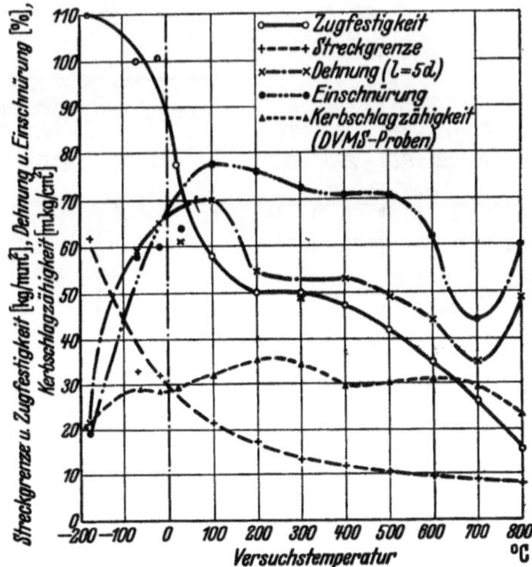

Abb. 371. Mechanische Eigenschaften eines Stahles mit 0,07% C, 0,45% Si, 13,6% Mn, 1,54% Ni, 14,8% Cr, 0,11% N$_2$ in Abhängigkeit von der Temperatur. (Zerreißversuche von 20 Min. Dauer.)

Zahlentafel 87. Veränderung der Festigkeitseigenschaften eines Stahles mit 0,14% C, 2% Si, 25,7% Cr, 21,1% Ni durch Glühen bei 700 bzw. 800°.

Wärmebehandlung	Streckgrenze	Zugfestigkeit	Dehnung ($l = 5d$)	Einschnürung
	kg/mm²	kg/mm²	%	%
1150° C/Wasser	∼29	63,9	51,8	72
1150° C/Wasser 500 Std. 700° C/Luft .	42	70,8	21,4	24
1150° C/Wasser 500 Std. 800° C/Luft .	42	71,8	21,2	19

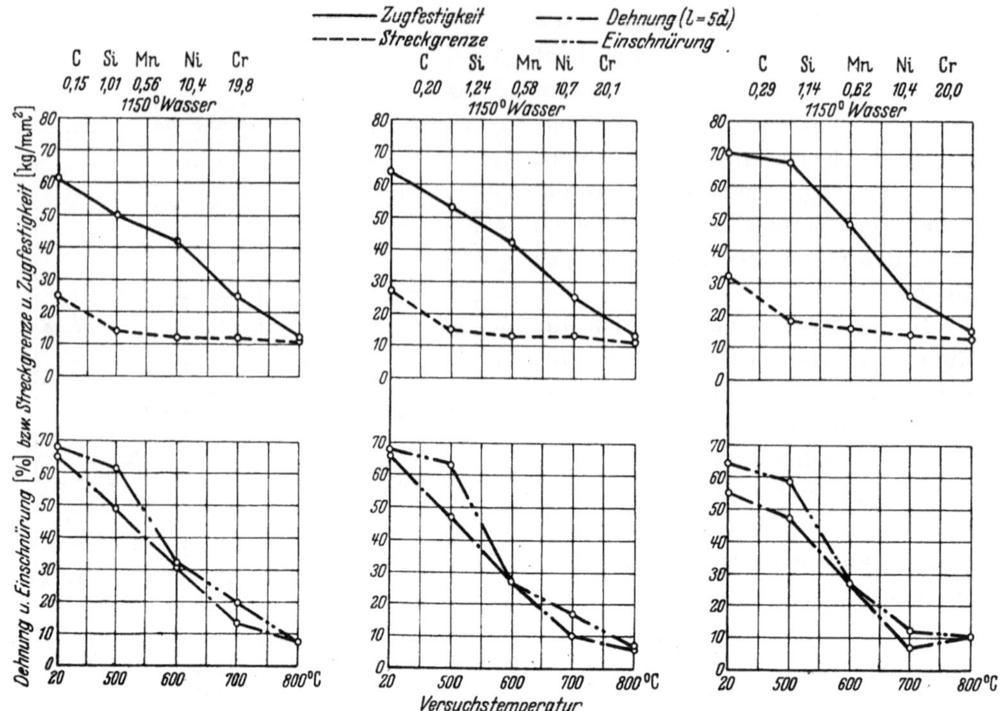

Abb. 372. Warmfestigkeitseigenschaften von Chrom-Nickel-Stählen in Abhängigkeit vom Kohlenstoffgehalt. (Zerreißversuche von 20 Min. Dauer.)

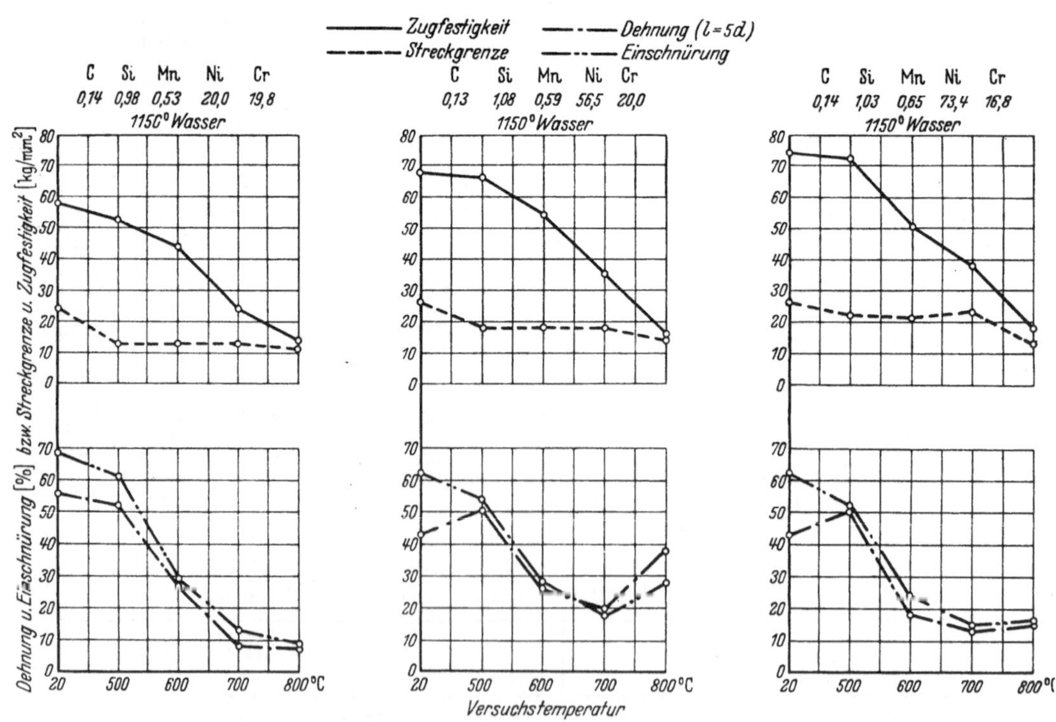

Abb. 373. Warmfestigkeitseigenschaften von austenitischen Chrom-Nickel-Stählen in Abhängigkeit vom Nickelgehalt. (Zerreißversuche von 20 Min. Dauer.)

Wolfram, Titan, Tantal und Niob, insbesondere S. 584, 587, 979 und 997). Der Einfluß der Karbidausscheidung — Glühen bei 600—700° — kann sich ebenfalls auf die Festigkeitseigenschaften bei höheren Temperaturen auswirken (s. a. S. 539). Bereits beim normalen Zerreißversuch bei höheren Temperaturen kommt die Karbidausscheidung in einer starken Verminderung der Dehnung im Temperaturbereich von 600—900° zum Ausdruck (Abb. 374). Den metallographischen Zustand eines derartigen Materials gibt die Abb. 399 (S. 500) wieder. Der starke Abfall des Formänderungsvermögens im Temperaturgebiet von 600 bis 800°, vor allem nach Dauerglühungen, hat oft die Verwendung solcher Stähle für diesen Temperaturbereich bedenklich erscheinen lassen. Durch Zusatz von stark karbidbildenden Elementen, wie Tantal, Titan und Niob, gelingt es,

den Kohlenstoff so stark an diese Karbidbildner abzubinden, daß eine Chromkarbidausscheidung in diesem Temperaturgebiet nicht mehr auftritt. Die Sonderkarbide von Titan und Tantal lösen sich schwerer in der Grundmasse des Stahles auf, so daß sie bei den normalen Wärmebehandlungstemperaturen von etwa 1050° noch nicht gelöst sind und infolgedessen auch keine Veranlassung zu späteren Ausscheidungen ergeben können. Der entsprechende Einfluß auf die Zähigkeitseigenschaften beim Warmzerreißversuch ist aus Abb. 374 zu ersehen.

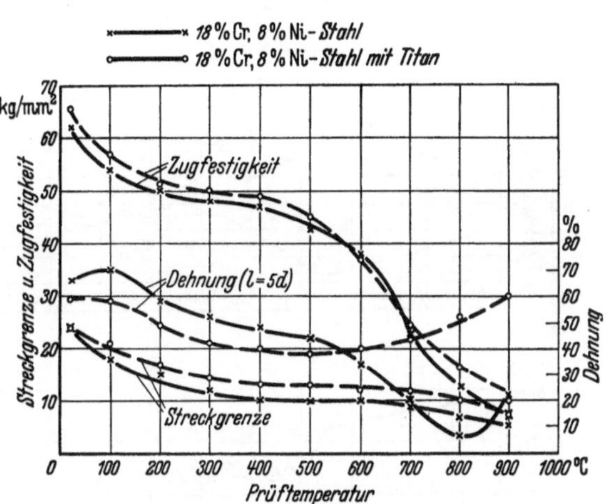

Abb. 374. Warmfestigkeit von austenitischem Chrom-Nickel-Stahl mit und ohne Titanzusatz. (Zerreißversuche von 20 Min. Dauer.)

Eine weitere Verbesserung der Eigenschaften in der Wärme, insbesondere der Dauerstandfestigkeit, läßt sich bei austenitischen Legierungen durch Kaltverformung erzielen, sofern die Gebrauchstemperatur unter der Temperatur der Kristallerholung und Rekristallisation liegt[1]. Wird diese Temperatur jedoch im Gebrauch überschritten, so führt vorangegangene Kaltverformung unter Umständen zu verstärktem Fließen. Bei sehr hohen Gebrauchstemperaturen, wie sie beispielsweise für Widerstandsdrähte in Frage kommen, führt auch eine vorangegangene Kornvergröberung, z. B. durch Glühen bei sehr hoher Temperatur oberhalb der Gebrauchstemperatur, zu einer Verbesserung der Dauerstandfestigkeit. Der Einfluß der Korngröße macht sich jedoch bei diesen Legierungen bei Temperaturen unter etwa 700° noch nicht bemerkbar[2, 3].

d) Austenitisch-ferritische Chrom-Nickel- und Chrom-Mangan-Baustähle.

Neben den austenitischen Chrom-Nickel- und Chrom-Mangan-Stählen sowie den rein bzw. überwiegend ferritischen Stählen der gleichen Legierungsbasis

---

[1] Siehe z. B. H. Cornelius: Metallwirtsch. Bd. 18 (1939) S. 19 u. 20.

[2] Austin, C. R., u. C. H. Samans: Amer. Inst. min. met. Engrs. T.P. 1181, Met. Techn. Bd. 7 (1940) Nr. 4.

[3] Über den Einfluß der Korngröße auf die Dauerstandfestigkeit s. a. S. 198.

haben sich in der Praxis weiterhin Legierungen mit Mischgefüge, d. h. Stähle, die stabilen Austenit und Ferrit zu etwa gleichen Teilen enthalten, eingeführt. Wie aus der Abb. 375 hervorgeht, erreicht man, ausgehend z. B. von einem 20proz. Chromstahl, durch steigende Nickelzusätze ein verschiedenes Gefüge. Während Legierungen mit 20% Cr und 2,5% Ni noch rein ferritisch sind und dementsprechend neben einer geringen Zugfestigkeit und einer Dehnung von 25—30% ein gutes Streckgrenzenverhältnis aufweisen, wird durch Erhöhung des Nickelzusatzes auf 5—6% ein Stahl mit überwiegend martensitischem Gefüge erhalten. Die Streckgrenze und Zugfestigkeit nehmen deshalb erheblich zu, während die Dehnung stark gesenkt wird. Durch Steigerung des Nickelgehaltes

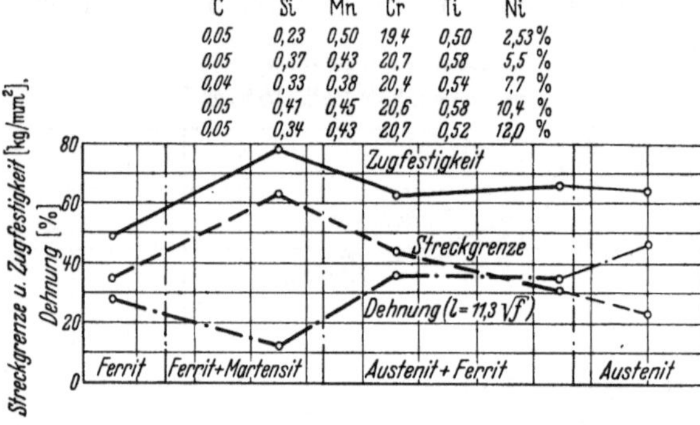

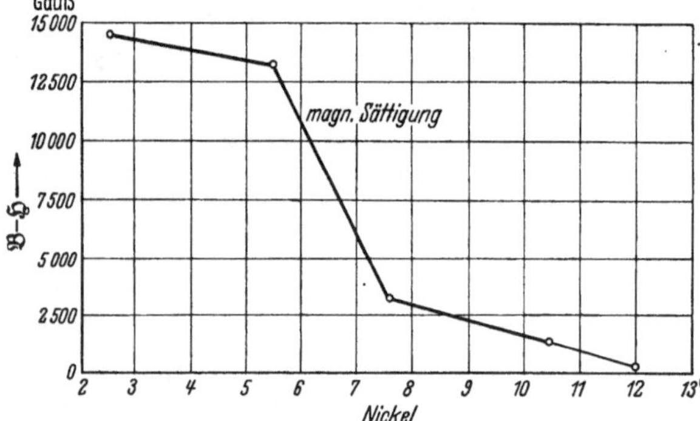

Abb. 375. Mechanische Eigenschaften von Eisen-Chrom-Nickel-Legierungen mit Mischgefüge.

auf 6,5—10,5% erhält man Stähle, die ferritisch-austenitisches Mischgefüge aufweisen. Der Anteil an stabilem Austenit macht je nach dem Nickelgehalt etwa ein Drittel bis die Hälfte aus, der Rest ist Ferrit. Diese Mischgefügelegierungen zeichnen sich gegenüber den rein ferritischen Legierungen neben einer nur mäßig erhöhten Zugfestigkeit durch gute Streckgrenzenwerte aus, besitzen damit ein günstiges Streckgrenzenverhältnis und haben Dehnungswerte von über 30%. Rein austenitisch werden die 20proz. Chromstähle durch Erhöhung des Nickelgehaltes auf über 10,5%. Das Kennzeichen dieser Legierungsgruppe gegenüber den Mischgefügelegierungen sind niedrige Streckgrenzen und hoch liegende Dehnungswerte.

Aus diesen Betrachtungen geht also hervor, daß die Mischgefügelegierungen sich gegenüber den rein austenitischen Stählen durch eine erhöhte Streckgrenze bei noch guter Dehnung auszeichnen und daher als Konstruktionsstähle Berücksichtigung verdienen. Ihre Eigenschaften, z. B. Zugfestigkeit, Dehnung, Kerbschlagzähigkeit, Warmfestigkeit und Dauerstandfestigkeit, sind im allgemeinen Zwischenwerte aus den Eigenschaften ihrer beiden Bestandteile Ferrit und Austenit. Ein weiterer Vorteil dieser Legierungen besteht, wie später noch erwähnt wird, darin, daß diese Stähle bei Kohlenstoffgehalten von 0,07—0,12% praktisch keine Anfälligkeit gegen interkristalline Korrosion aufweisen und aus diesem Grunde ohne Nachvergütung geschweißt werden können.

Diesen Vorteilen stehen eine Reihe ungünstigerer Eigenschaften gegenüber, die eine Verwendung dieser Stähle insbesondere in der Wärme verbieten. Wie

z. B. aus der Abb. 376 hervorgeht, tritt gegenüber austenitischen Legierungen schon nach Glühungen bei 500°, vor allen Dingen aber nach Anlaßbehandlung bei 600 und 700°, eine starke Versprödung ein (vgl. Abb. 368). Die Versprö-

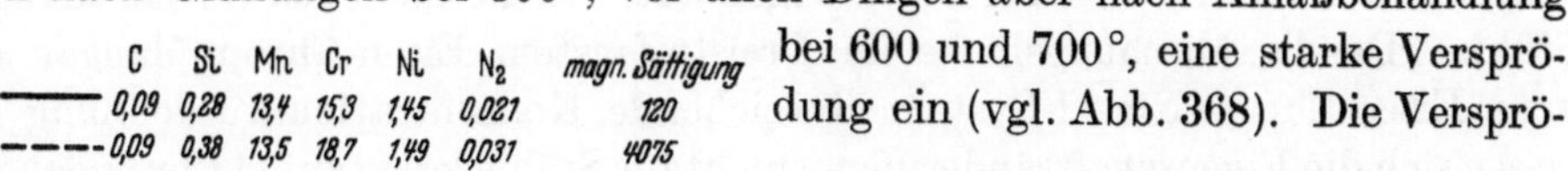

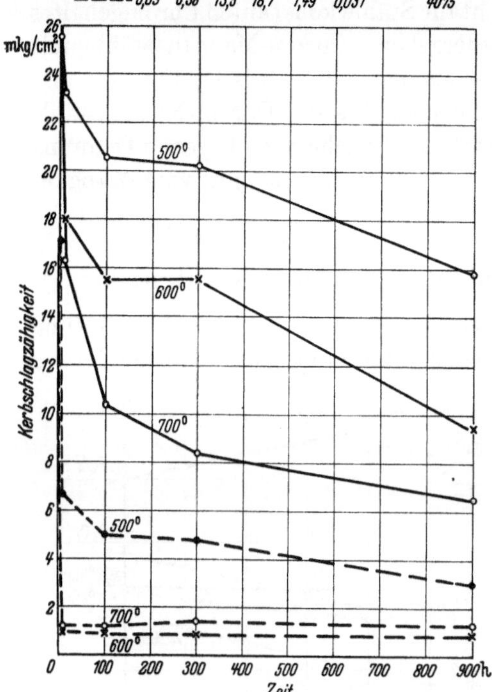

Abb. 376. Versprödung nach Dauerglühungen bei einem austenitischen und einem austenitisch-ferritischen Chrom-Mangan-Stahl.

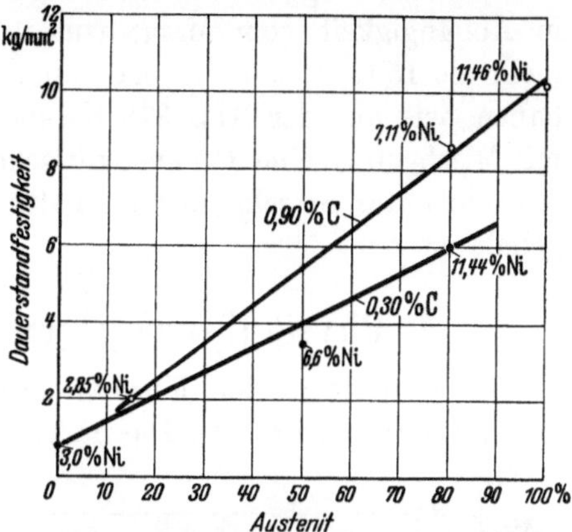

Abb. 377. Dauerstandfestigkeit (nach V. d. Eh.) eines 28proz. Chromstahles mit verschiedenen Nickel- und Kohlenstoffgehalten in Abhängigkeit von der Austenitmenge der Legierung. Prüftemperatur 600° C.

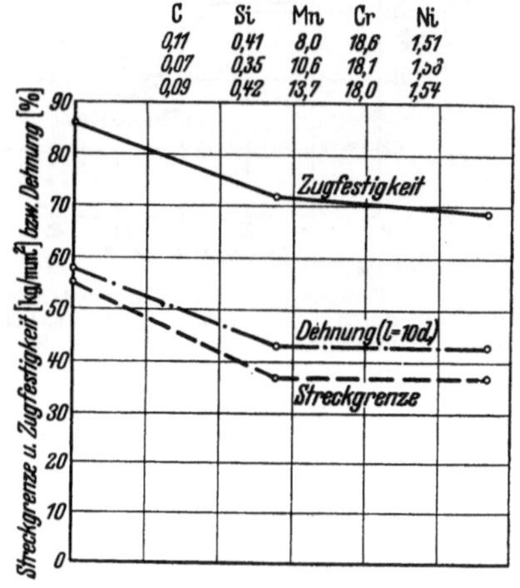

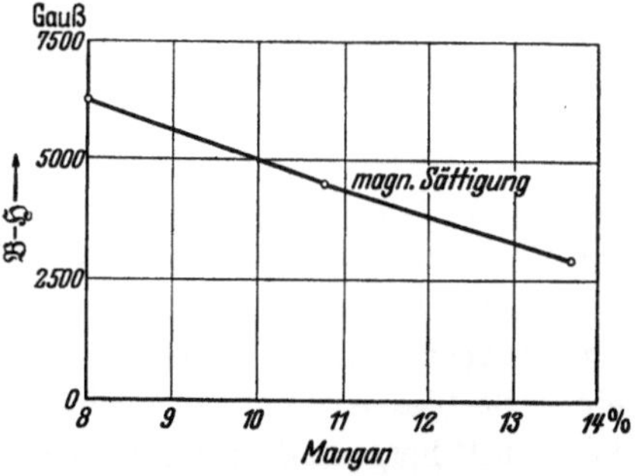

Abb. 378. Abhängigkeit der mechanischen Eigenschaften vom Mangangehalt bei 18proz. Chromstählen. (Alle Stähle haben Mischgefüge.)

dungsursachen sind bei 500° die im Ferrit in Legierungen mit mehr als etwa 15% Cr eintretende sog. Chromstahlversprödung, bei 600—700° die bei entsprechend höherem Chromgehalt ebenfalls im Ferrit vor sich gehende Ausscheidung der nickelhaltigen intermetallischen Verbindung FeCr. Nicht so günstig wie bei austenitischen Legierungen ist auch die Dauerstandfestigkeit dieser Stähle mit Mischgefüge, wie aus der Abb. 377 für Legierungen mit 28% Cr und Kohlenstoffgehalten von 0,30 und 0,90% in Abhängigkeit vom Nickelgehalt, der zugleich maßgebend für den Austenitgehalt ist, ersehen werden kann. Schließlich sei schon hier darauf hingewiesen, daß auch die Korrosionsbeständigkeit dieser Legierungen im Vergleich zu den rein austenitischen Stählen gleichen Chromgehaltes etwas verringert ist.

Das gleiche Verhalten und ähnliche Eigenschaften wie die Mischgefügelegierungen auf der Chrom-Nickel-Basis zeigen auch die heterogenen Chrom-Mangan-Stähle. Da die Mischungslücke im Dreistoffsystem Eisen-Chrom-Mangan eine vom Eisen-Chrom-Nickel-System abweichende Konzentrationsausdehnung hat, lassen sich die Eigenschaftsänderungen nicht für Stähle konstanten Chromgehaltes in Abhängigkeit vom Manganzusatz wiedergeben. Chrom-Mangan-Stähle mit mehr als 15% Cr weisen, unabhängig vom Mangangehalt, Mischgefüge auf und haben, wie aus der Abb. 378 hervorgeht, ebenso wie die Chrom-Nickel-Stähle mit Mischgefüge eine den austenitischen Stählen ähnliche hoch liegende Dehnung und ein gutes Streckgrenzenverhältnis, das ziemlich unabhängig vom Mangangehalt ist.

4. Physikalische Eigenschaften von Chromstählen.

Bei Eintritt in den Mischkristall bewirkt Chrom eine kleine Erweiterung des Gitterparameters. Die im Zusammenhang hiermit stehende Verminderung

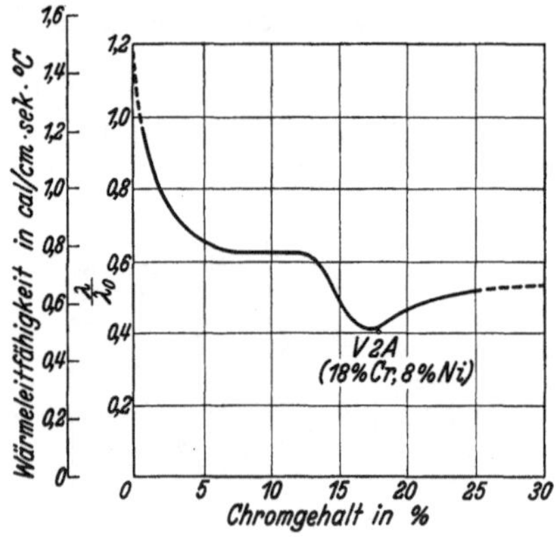

Abb. 379. Veränderung der Wärmeleitfähigkeit von Eisen durch Chromzusatz. [Nach Stäblein: Arch. Eisenhüttenw. Bd. 3 (1929/30) S. 301/05.]

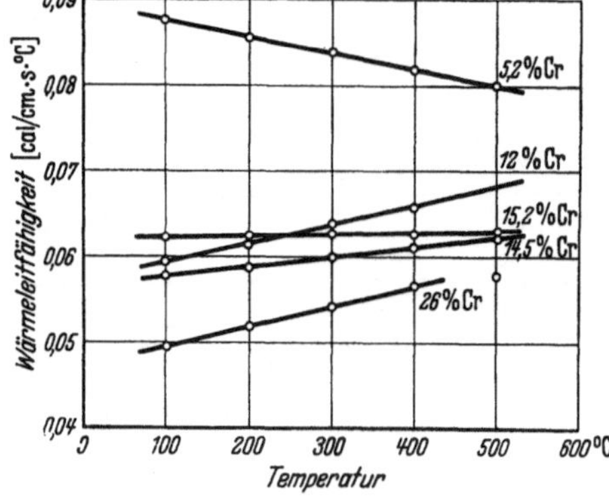

Abb. 380. Einfluß der Temperatur auf die Wärmeleitfähigkeit von Chromstahl mit rd. 0,1% C. [Nach S. M. Shelton u. W. H. Swanger: Trans. Amer. Soc. Steel Treat. Bd. 21 (1933) S. 1061/78.]

des spezifischen Gewichts ist allerdings etwas stärker als dies aus der Gitterparametermessung allein abzuleiten wäre.

Die in Abb. 379 gekennzeichnete Verminderung der Wärmeleitfähigkeit durch Chrom spielt eine Rolle bei der Verwendung dieser Stähle für höhere Temperaturen als hitzebeständige Gegenstände. Die Wärmeleitfähigkeit verschlechtert sich normalerweise mit ansteigender Temperatur. Bei höheren Chromgehalten ist dies jedoch nicht der Fall; wie Abb. 380 zeigt, tritt anscheinend eher eine Erhöhung ein (s. a. die folgenden Ausführungen über die elektrische Leitfähigkeit). Einige Zahlen über die Wärmeleitfähigkeit von austenitischen Chrom-Nickel- und Chrom-Nickel-Mangan-Stählen enthält Abb. 381. Die Wärmeleitfähigkeit warmfester austenitischer Stähle kann für verschiedene Verwendungszwecke von erhöhter Bedeutung sein; je besser die Wärmeleitfähigkeit eines Stahles ist, um so geringer wird z. B. die Erwärmung eines aus diesem Werkstoff hergestellten Ventilkegels in Verbrennungsmotoren sein, um so geringer also auch die Temperaturbeanspruchung. Wie aber die Abb. 381 entnehmen läßt, sind die Unterschiede in den warmfesten Legierungen, soweit sie austenitisch sind, vor allem bei den Beanspruchungstemperaturen von 600—800° unbedeutend, so daß praktisch keine wesentliche Beeinflussungsmöglichkeit in dem angedeuteten Sinne besteht.

Hand in Hand mit der Verminderung der Wärmeleitfähigkeit geht eine Erhöhung des **elektrischen Widerstandes**, wie Abb. 382 zeigt. Diese Erhöhung des elektrischen Widerstandes steht in Übereinstimmung mit den Ausführungen, die im Abschnitt Eisen-Nickel über die Widerstandserhöhung durch Legieren gemacht wurden. Sie ist begründet auf der durch Legierung bedingten Störung im Gitteraufbau, die ähnlich wie Wärmeschwingungen einen Widerstandsanstieg bedingt. Abb. 307 (S. 372) zeigte, wie durch Chromzusatz zu Eisen-Nickel-Legierungen neben der Widerstandserhöhung bei Raumtemperatur der Temperaturkoeffizient des Widerstandes stark herabgesetzt wird, so daß man praktisch einen Widerstand erhalten kann, der von der Temperatur ziemlich unabhängig ist.

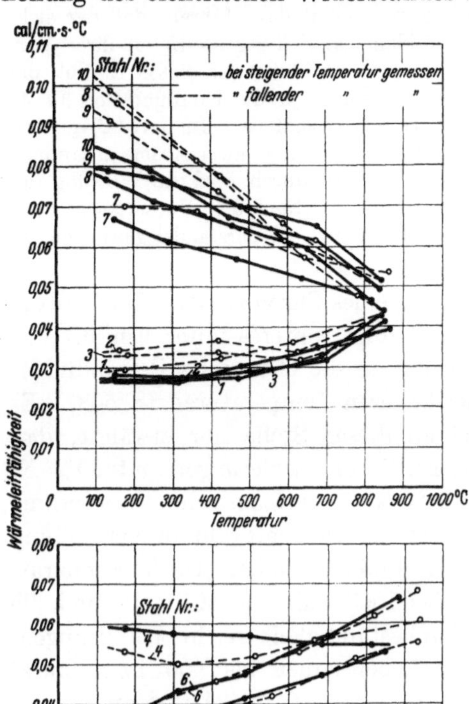

Abb. 381. Einfluß der Temperatur auf die Wärmeleitfähigkeit von warmfesten Stählen. [Nach F. Raisch, s. Bollenrath, F., u. W. Bungardt: Arch. Eisenhüttenw. Bd. 9 (1935) S. 253/62.]

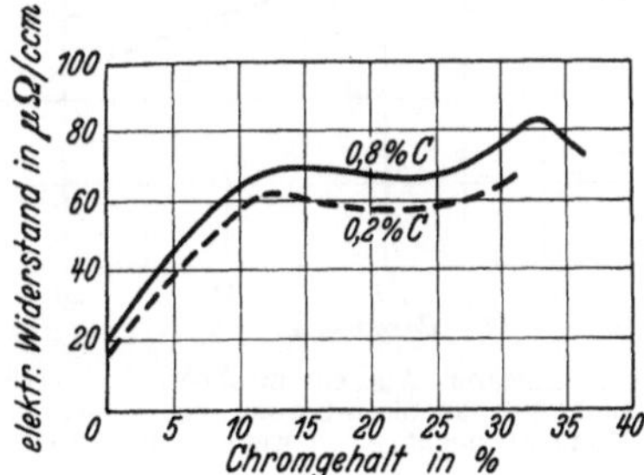

Abb. 382. Einfluß des Chroms auf den elektrischen Leitwiderstand von Stahl mit 0,2 und 0.8% C. [Nach Boudouard: Rev. Métallurg. 9 (1912) S. 294/303.]

Stahl Nr.	C %	Si %	Mn %	P %	S %	Ni %	Cr %	Mo %	W %	Co %	Sonstiges %
1	0,47	1,49	0,80	0,016	0,004	12,95	14,8	—	2,2	—	—
2	0,67	2,05	5,16	0,022	0,012	0,35	15,9	—	5,3	—	—
3	0,46	0,52	1,31	0,025	0,006	12,86	12,7	—	9,7	—	—
4	0,93	0,54	0,37	—	—	0,16	16,2	0,7	—	1,8	0,4 V
5	1,00	1,56	0,75	—	—	12,86	15,8	0,11	2,0	0,16	0,11 V
6	0,14	0,58	0,69	—	—	8,4	17,4	0,22	0,96	0,16	0,57 Ti
7	1,31	0,44	0,42	—	—	—	14,0	1,40	—	1,76	—
8	0,45	0,25	0,70	—	—	—	1,4	—	—	—	—
9	0,45	0,25	0,70	—	—	—	1,0	0,2	—	—	—
10	0,20	0,15	0,40	—	—	—	0,8	0,15	—	—	—

Eine Erklärung für diesen Einfluß einer Legierung auf den Temperaturkoeffizienten des Widerstandes ist bereits durch Hinweis auf Chrom im Abschnitt „Eisen-Nickel" gegeben worden. Es sei nochmals daran erinnert, daß Metalle mit abgeschlossener Zwischenschale und nicht voll mit Elektronen besetzter Außenschale die besten elektrischen Leiter sind. Metalle mit nicht voll besetzter Zwischenschale haben einen erhöhten elektrischen Widerstand wegen der Möglichkeit des Überganges der Elektronen von Außenschalen in die nicht besetzten Zwischenschalen, z. B. beim Eisen Übergänge vom $4s$- in den $3d$-Zustand. Ihr Einfluß auf den elektrischen Widerstand nimmt mit steigender Temperatur ab. Würde sonst kein Temperatureinfluß vorhanden sein, so würde der Temperaturkoeffizient des Widerstandes bei derartigen Metallen oder Legierungen negativ werden, d. h. der Widerstand würde mit steigender Temperatur abnehmen. Infolge der Wärmeschwingungen der Atome nimmt der Widerstand aber andererseits mit steigender Temperatur zu. Beide Einflußgrößen können bei entsprechenden Legierungen somit dazu führen, daß der elektrische Widerstand temperaturunabhängig wird, indem sie sich gegenseitig in ihrer Wirkung praktisch aufheben. Bei Legierungen des Eisens mit Chrom ist dieser Einfluß der Übergänge von $4s$ in $3d$ besonders stark, weil das Chromatom die Konfiguration $3d^5\,4s$ besitzt, die $3d$-Schale also nur zur Hälfte mit Elektronen besetzt ist. Im Kristallverband neigt das Chrom zu einer Paarbildung, d. h. es lagern sich immer zwei Atome zusammen und bilden dadurch fast abgeschlossene Zwischenschalen. Hierdurch wird die Wirkung der Übergänge vom $4s$- in den $3d$-Zustand besonders vergrößert. Nach dem Vorhergegangenen ist also Chrom besonders geeignet, temperaturunabhängige Widerstandslegierungen zu schaffen.

Bezüglich der besonders günstigen Wirkung eines Chromzusatzes bei **Wider-standsdrähten** auf die Zunderbeständigkeit folgt weiteres unter Einfluß von Chrom auf die chemische Beständigkeit bei höheren Temperaturen (S. 508). Es sei an dieser Stelle nur erwähnt, daß Nickel-Chrom-Legierungen mit 80% Ni und 20% Cr umfangreiche Verwendung als Thermoelementdraht in Verbindung mit Reinnickel finden. Die Thermokraft ist bei 1000° über 40 Millivolt, und die Hitzebeständigkeit reicht bei genügender Lebensdauer bis 900 bzw. kurzzeitig auch 1000 und 1100° aus[1].

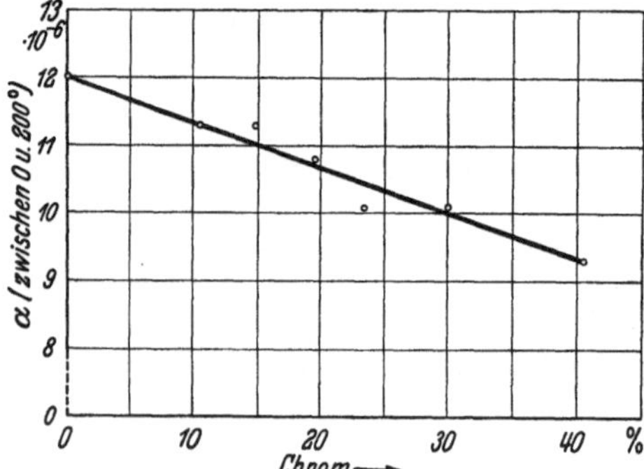

Abb. 383. Linearer Ausdehnungskoeffizient zwischen 0 und 200° von Eisen-Chrom-Legierungen mit einem Kohlenstoffgehalt von weniger als 0,10%.

Die **Wärmeausdehnung** der Eisen-Chrom-Legierungen zeigt Abb. 383; dadurch, daß sie mit wachsendem Chromgehalt abnimmt und in der Gegend der bei etwa 10% Cr erreichten Werte auch die Ausdehnungskoeffizienten gewisser Weichglassorten liegen, ist es möglich, die Ausdehnung von Glas und Metall durch den Chromgehalt so aufeinander abzustimmen, daß die betreffenden Eisen-Chrom-Legierungen als **Glaseinschmelz-drähte** verwendet werden können (beispielsweise 8% Cr, 0,5% Ti).

Für Verwendungszwecke mit besonderen **magnetischen Eigenschaften** haben Eisen-Chrom-Legierungen lange Zeit nur Anwendung als magnetisch harte Legierungen für Dauermagnete gefunden, wobei es sich um härtbare Eisen-Chrom-Kohlenstofflegierungen handelt. Erst in jüngster Zeit brachte das Studium der kohlenstoffarmen Eisen-Chrom-Legierungen Aussicht, derartige Werkstoffe als magnetisch weiche Legierungen für gewisse Zwecke der Schwachstromtechnik zu verwenden. So läßt sich mit einem Legierungsgehalt von 10—30% Chrom eine Anfangspermeabilität von etwa 1000 erzielen (gemessen als Quotient der Amplitude der magnetischen Flußdichte und dem Effektivwert der pro

---

[1] Siehe z. B. W. Hessenbruch: Metalle und Legierungen für hohe Temperaturen I. Berlin, Springer-Verlag 1940 S. 230 ff.

Längeneinheit aufgewandten Amperewindungen), die in kleinen Feldern nur
äußerst schwach anwächst (Abb. 384). Derartige Legierungen verwendet man bei
gewissen empfindlichen Spezialwandlern der Fernmeldetechnik. Die genannten
Eisen-Chrom-Legierungen leisten in dieser Beziehung etwa dieselben Dienste
wie die 35—50 proz. Eisen-Nickel-
Legierungen. Über die Verwendung in der Hochfrequenztechnik,
wo man zur Erhöhung des spezifischen elektrischen Widerstandes
noch Aluminium zusetzt, vgl.
Abschnitt Aluminium (S. 823).

Die magnetische Sättigung
nimmt mit wachsendem Chromgehalt nach Abb. 385 ab. Die
gestrichelte Kurve wurde errech-
net unter der Annahme, daß die
Sättigung anteilmäßig herabge-

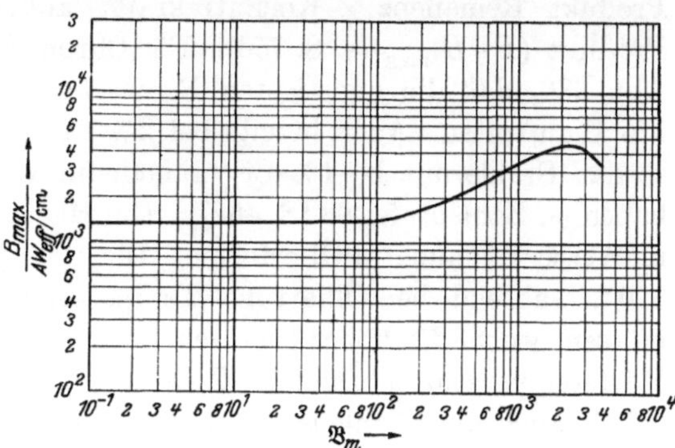

Abb. 384. Permeabilitätskurve einer Eisen-Chrom-Legierung.

setzt wird, wenn Eisenatome durch Chromatome ersetzt werden.

Daß der Versuch tiefere Werte liefert als die so errechnete Kurve, zeigt, daß die, wie
schon erwähnt, als Paare ins Gitter eingehenden Chromatome nicht vollkommen abgeschlossene Schalen bilden und mit den zum Abschluß dieser Schalen nicht verwendeten
Elektronen die $3d$-Schalen der Eisenatome etwas
mehr auffüllen. Da die Zahl der in den $3d$-Schalen
der Eisenatome fehlenden Elektronen aber gleich der
Anzahl Bohrscher Magnetonen ist, muß durch Auffüllung der $3d$-Schalen und Abnahme der fehlenden
Elektronen auch eine entsprechende Abnahme der
magnetischen Sättigung erfolgen. Wie diese Auffüllung der $3d$-Schalen des Eisens gleichzeitig auf
den Temperaturkoeffizienten des elektrischen Widerstandes einwirkt, wurde schon behandelt.

Eine große Verwendung haben Chromstähle
für Dauermagnete gefunden. Die Verwendung chromlegierter Stähle für Dauermagnete
hängt nicht unmittelbar mit den magnetischen
Eigenschaften reiner Eisen-Chrom-Legierungen
zusammen, da man mit letzteren nur sehr
niedrige Koerzitivkräfte erreicht (Abb. 385);
vielmehr ist hierfür der Einfluß des Chroms
auf das Karbid und die damit zusammen-

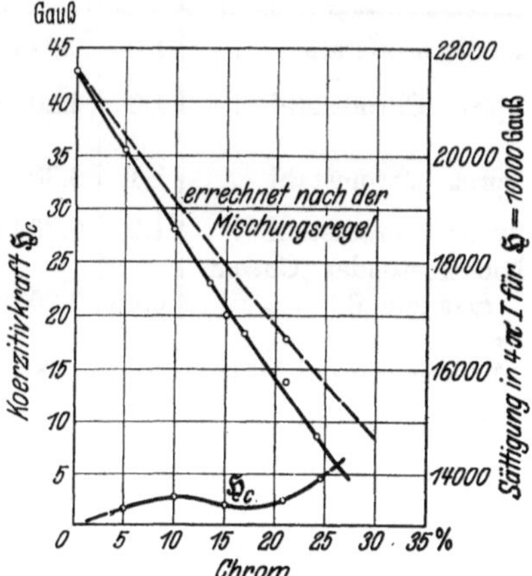

Abb. 385. Magnetische Eigenschaften von
reinen Chromstählen nach mehrstündiger
Glühung bei 800° und langsamer Abkühlung. [Nach F. Stäblein: Arch. Eisenhüttenw. Bd. 3 (1929/30) S. 301/05.]

hängende erhöhte Härtefähigkeit dieser Stähle maßgeblich. Der chromhaltige
Martensit ergibt eine heute noch in ihren Gründen nicht erkannte erschwerte
Beweglichkeit der Wände zwischen den einzelnen magnetischen Elementar-
bereichen, deren Verschiebung der Magnetisierungsprozeß darstellt; diese schwerere
Verschiebbarkeit der Wände ist der Grund für die höhere Koerzitivkraft, die
man mit den Chromstählen erreichen kann.

Man spricht auch vielfach von einem höheren Zwangszustand des chromhaltigen Martensits gegenüber nur kohlenstoffhaltigem, womit gemeint ist, daß
hier vielleicht die Kohlenstoffverteilung im Martensit durch den Einfluß von

Chrom eine Rolle spielt. Außerdem werden Chromstähle bei der Härtung leichter einen gewissen Anteil Restaustenit enthalten, der ebenfalls eine Erhöhung der Koerzitivkraft bewirken kann.

E. Gumlich kennzeichnet den Gütegrad von Magnetstahl durch das Produkt Remanenz $\times$ Koerzitivkraft; außerdem benutzt man vielfach das Produkt $(B \cdot H)_{max}$ (s. S. 750). Für Chrom-Eisen-Kohlenstoff-Legierungen zeigt Abb. 386, daß die günstigsten Eigenschaften bei Legierungen mit 3% Cr und 1% C auftreten. Auch bereits bei 2% Cr ergeben sich gute magnetische Werte, so daß Stähle mit 1—4% Cr vielfach für Dauermagnete Verwendung gefunden haben (s. Zahlentafel 88 [S. 462]). Die Härtung dieser Chromstähle kann sowohl in Wasser als auch in Öl erfolgen. Die Härtung in Wasser geschieht bei 800 bis 820°, während bei Ölhärtung Temperaturen von 830—850° gewählt werden müssen, wobei die höher legierten Chromstähle (3% Cr und mehr) etwas höhere Härtetemperaturen erhalten. Zweckentsprechend steigert man mit dem Chromgehalt auch den Kohlenstoffgehalt. Während z. B. bei 2% Cr der Kohlenstoffgehalt 0,9—1% beträgt, wird man bei 3% Cr die Grenze bis 1,1% C verschieben.

Zahlentafel 88. **Magnetische Werte eines Kohlenstoffstahles und verschieden legierter Chromstähle.**

| Stahlart | Zusammensetzung | | | | | Behandlung | Remanenz | Koerzitivkraft |
	C %	Si %	Mn %	Cr %	Mo %		Gauß	Oersted
Kohlenstoffstahl . . .	1,0	0,20	0,30	—	—	780—820° Wasser	6500	50
2proz. Chromstahl . .	1,0	0,20	0,35	2,0	—	800—820° Wasser	10000	60
						830—850° Öl	8000	70
3proz. Chromstahl . .	1,1	0,30	0,35	3,0	—	800—820° Wasser	10000	65
						830—850° Öl	9000	75
9proz. Chromstahl . .	1,0	0,25	0,20	9,0	1,5	1000° Luft	7500	100
Nichtrostender Chrommagnetstahl	0,65	0,30	0,40	15,0	—	950° Öl	7000	70

Wie aus Zahlentafel 88 und 89 (S. 463) hervorgeht, ergeben die verschiedenen Härtungsarten verschiedene magnetische Werte. Während nach Wasserhärtung, die übrigens bei diesen hoch chromhaltigen Stählen am besten in warmem oder glyzerinhaltigem Wasser durchgeführt wird, um nicht einen allzu großen Ausschuß durch Härterisse zu zeitigen, vor allem hohe Remanenzwerte bei etwas tieferer Koerzitivkraft erzielt werden, sind nach der Ölhärtung höhere Koerzitivkräfte und etwas geringere Remanenzwerte zu verzeichnen. Wie bereits früher erwähnt, weisen solche Stähle nach der Ölhärtung einen höheren Austenitgehalt auf als wassergehärtete Stähle. Außerdem besteht bei der Ölhärtung das Gefüge zum Teil bereits nicht mehr aus tetragonalem, sondern aus kubisch-raumzentriertem Martensit. Aus der Anwesenheit des Austenits erklärt sich die niedrige Remanenz, und es scheint so, als ob durch die eingelagerten Austenitreste ebenfalls der Spannungszustand eine Veränderung erfahren hat, die in der höheren Koerzitivkraft zum Ausdruck kommt. Nach dem Härten werden die Magnetstähle zweckentsprechend bei Temperaturen von etwa 100° ausgekocht. Hierdurch strebt man eine größere Alterungsbeständigkeit der Magnete an, d. h. man nimmt die sonst im Laufe der Zeit eintretenden Veränderungen der magnetischen Eigenschaften vorweg (vgl. S. 140). Gleichzeitig geht hierbei, wie aus der Veränderung

Zahlentafel 89. Magnetische Werte eines Kohlenstoffstahles und verschieden legierter Chromstähle in Abhängigkeit von der Härtetemperatur.

Zusammensetzung				Wärme-behandlung	Remanenz Gauß	Koerzitiv-kraft Oersted	
C %	Si %	Mn %	Cr %				
1,0	normal	normal	—	800° Wasser	8100	57	Werte entnom-
				850° ,,	6600	48	men: Gumlich:
				900° ,,	6800	46	Stahl u. Eisen 1919
				1000° ,,	6800	43	S. 843
1,03	0,21	0,28	1,97	800° Wasser	10200	65,1	
				820° ,,	10200	66,6	
				840° ,,	10050	68,0	
				860° ,,	9400	67,7	Vorzustand:
				820° Öl	8700	58,5	gewalzt
				840° ,,	8000	73,6	
				860° ,,	7650	73,7	
				880° ,	7550	74,2	
0,99	0,30	0,45	3,26	800° Wasser	10550	59,5	
				820° ,,	10400	59,4	
				840° ,,	9850	69,1	
				860° ,,	9450	71,0	Vorzustand:
				820° Öl	9100	71,4	gewalzt
				840° ,,	7950	76,5	
				860° ,,	8150	78,7	
				880° ,,	8250	76,5	

des Gitterparameters zu schließen ist, der nach der Härtung noch vorhandene tetragonale Martensit in kubisch-raumzentrierten über.

Die Alterungsbeständigkeit wird durch Zusatz von 1% Silizium verbessert. Vielfach wird gleichzeitig mit der Erhöhung des Siliziumgehaltes der Chromgehalt von 3 auf 4 oder 4,5% gesteigert. Dies ergibt, verglichen mit dem üblichen 3proz. Chrom-Magnet-Stahl niedrigen Siliziumgehalts, eine Verbesserung der Härtbarkeit und damit eine Erhöhung der Koerzitivkraft und Remanenz (Zahlentafel 90). Bisweilen wird der Chrom-Magnet-Stahl auch mit erhöhtem Mangangehalt von etwa 1—1,5% hergestellt. Hierdurch wird im wesentlichen die Koerzitivkraft etwas verbessert.

Zahlentafel 90. Magnetische Eigenschaften von Chrom-Silizium-Magnetstählen im Vergleich zu Chrom-Magnetstählen.

Zusammensetzung				Härtung	Remanenz B_r Gauß	Koerzitivkraft H_c Oersted	Leistungs-produkt
C %	Si %	Mn %	Cr %				
1,03	0,38	0,42	3,23	840° Öl	7900	76	$600 \cdot 10^3$
1,12	1,0	0,48	3,30	840° Öl	7950	80	$636 \cdot 10^3$
1,06	0,42	0,48	4,28	840° Öl	8320	78	$648 \cdot 10^3$
1,13	1,06	0,50	4,28	840° Öl	8480	80	$679 \cdot 10^3$

Wenn es nach den Untersuchungen von E. Gumlich (Abb. 386) so scheint, als ob bei 3% Chrom ein Maximum an magnetischen Eigenschaften erzielt würde, so stimmt dies nur insofern, als diese Untersuchungen sich auf Härtetemperaturen von 850° beziehen. Nach dem vorher über Chrom und Kohlenstoff Gesagten ist es verständlich geworden, daß man mit steigendem Chrombei gleichbleibendem Kohlenstoffgehalt eine steigende Härtetemperatur anwenden muß, wenn man gleiche Anteile Kohlenstoff in Lösung bringen will. Härtet man z. B. einen Stahl mit 9% Cr, 1% C und etwa 1% Mo von 850° in Öl, so wird sich nur die Hälfte des Kohlenstoffs an der Härtung beteiligen, da die andere Hälfte durch Bildung von Sonderkarbiden, die bei dieser Temperatur noch nicht in Lösung gehen, abgebunden ist. Erhöht man aber die Härtetemperatur, so gelingt es, auch diesen Anteil in Lösung zu bringen; damit ist auch eine weitere Erhöhung des Zwangszustandes und eine weitere Verbesserung der magnetischen Eigenschaften durch die Steigerung der Koerzitivkraft verbunden. Der

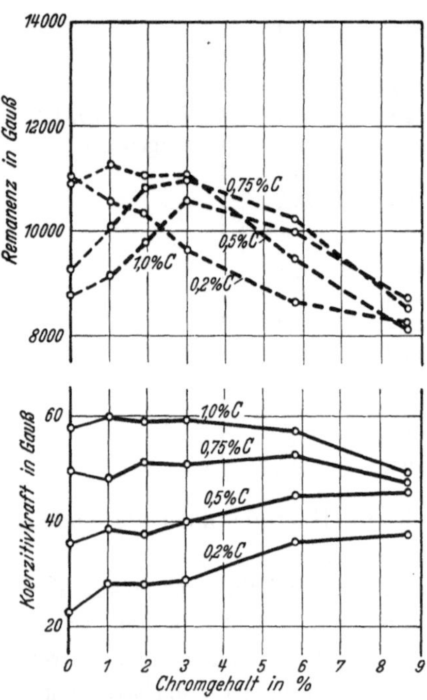

Abb. 386. Koerzitivkraft und Remanenz von bei 850° gehärteten Chromstählen mit verschiedenen Kohlenstoffgehalten. [Nach E. Gumlich: Stahl u. Eisen Bd. 42 (1922) S. 41/46.]

9proz. Chromstahl, der nach einer Ablöschung von 850° in Öl nur eine Koerzitivkraft von etwa 50 Oersted aufweist, wird durch eine Härtung von 950—1000° auf eine Koerzitivkraft von etwa 100 Oersted gebracht. Die entsprechenden Vergleichszahlen für Kohlenstoffstahl, 2- und 3proz. Chromstahl zeigt die Zahlentafel 88 (S. 462).

Von Einfluß auf die magnetischen Eigenschaften ist die Glühbehandlung vor dem Härten. Da die Karbide beim Erwärmen auf Härtetemperatur um so leichter und vollkommener gelöst werden, je feiner sie verteilt sind, ergibt der Ausgangszustand mit dem feinkörnigsten Gefüge nach dem Härten die besten magnetischen Eigenschaften, insbesondere was das Maß der den Zwangszustand charakterisierenden Koerzitivkraft anbelangt. Da der Walzzustand meist einen Zustand feiner Karbidverteilung darstellt, wird durch eine Glühung um den A_1-Punkt herum infolge der Zusammenballung der Karbide eine Verschlechterung bewirkt. Auf die geringere Härtbarkeit nach solchen Glühungen ist schon hingewiesen worden (s. S. 412). Ob bei Chromstählen, wie später unter Wolframstählen beschrieben, auch noch eine Umlagerung in der Zusammensetzung der Karbide erfolgt, kann noch nicht mit Bestimmtheit gesagt werden.

Wenn durch Glühung in der Nähe des unteren Umwandlungspunktes eine Verschlechterung der magnetischen Eigenschaften eintritt, so muß es auch möglich sein, durch eine Wärmebehandlung, die eine feine Karbidverteilung bewirkt, eine Verbesserung zu erreichen. Tatsächlich gelingt es auch, „verglühte" Chromstähle durch eine Luftabkühlung von hohen Temperaturen (950—1000°) und die dadurch erzielte außerordentlich feine Karbidverteilung vor der Härtung in ihren magnetischen Werten völlig zu regenerieren (Zahlentafel 91 [S. 465]).

Ähnlich wie es bei den austenitischen Manganstählen erwähnt wurde, lassen sich auch bei austenitischen Chrom-Nickel-Stählen geeigneter Zusammensetzung durch Kaltwalzen und Anlassen relativ hohe Koerzitivkräfte erreichen; die Ursache hierfür ist die gleiche wie bei Manganstählen angegeben (s. S. 305).

Zahlentafel 91. Einfluß verschiedener Behandlung auf die magnetischen Eigenschaften eines 3proz. Chromstahles.

Zusammensetzung				Behandlung nach der Warmverarbeitung	Remanenz	Koerzitiv-kraft	Leistung R.K. 10^{-3}
C %	Si %	Mn %	Cr %				
1,0	0,55	0,55	3,12	gehärtet 820° Wasser	10230	65	665
				1 Stunde geglüht 700° Luft, 820° Wasser	9850	58,5	576
				1 Stunde geglüht 700° Luft, 1 Stunde 900° Luft, 820° Wasser	9450	58	548
				1 Stunde geglüht 700° Luft, 1 Stunde 975° Luft, 820° Wasser	10150	65	660
				1 Stunde geglüht 700° Luft, $\frac{1}{2}$ Stunde 1025° Luft, 820° Wasser. . . .	9900	70,3	696

Über den Einfluß von Chrom auf die physikalischen Eigenschaften von Nickelstählen (Elinvar) s. das Kapitel Nickelstähle mit besonderen physikalischen Eigenschaften (Abb. 293, S. 359).

5. Einfluß von Chrom auf die chemischen Eigenschaften (Korrosionswiderstand) von verschieden legierten Stählen.

a) Rostfreie und säurefeste Stahllegierungen.

Für die Schaffung korrosionsfester Legierungen[1] gibt es verschiedene Möglichkeiten. Bekannterweise sind einzelne Metalle von Natur aus korrosionsbeständig. In stärkstem Maße gilt dieses für die Metalle Gold und Platin. Zweifellos steht der hohe Korrosionswiderstand dieser Legierungen in Zusammenhang mit ihrem Atomaufbau. Betrachtet man die in Zahlentafel 6 (S. 22) gegebene Zusammenstellung über den Atomaufbau der einzelnen Metalle im periodischen System der Elemente, so findet man, daß Platin und Gold mit zu denjenigen Elementen gehören, die die größte Anzahl von Elektronenschalen um den Kern aufweisen, wobei gleichzeitig die vorhandenen Elektronenschalen möglichst weitgehend in sich abgeschlossen sind. Weniger edel sind schon die Elemente Palladium und Silber, die ebenfalls ziemlich abgeschlossene Schalen um den Kern aufweisen, aber in geringerer Anzahl als dieses für Platin und Gold der Fall ist. Die Eigenschaften derartig hochwertiger Edelmetalle wie Gold können auch zum Teil Legierungen mit unedleren Metallen verliehen werden, selbst wenn der Anteil an Edelmetallen weniger als die Hälfte der Legierungen beträgt. Bei der Untersuchung von Legierungen mit lückenloser Mischkristallbildung, z. B. Gold-Kupfer-Legierungen, kann man ferner feststellen, daß mit steigendem Anteil der edleren Komponente die Korrosionsbeständigkeit der Legierungen nicht allmählich zunimmt, sondern daß bei bestimmten Molverhältnissen eine sprunghafte Veränderung der Korrosionseigenschaften eintritt (es genügt hierzu bei

---

[1] Als Sammelwerke seien hier genannt: Monypenny, J. H. G.: Stainles Iron and Steel. London: (Chapman u. Hall Ltd. 1931; Deutsche Bearbeitung (von R. Schäfer): Rostfreie Stähle, Springer-Verlag Berlin 1928. — The Book of Stainless-Steels, hrsg. von E. E. Thum. Cleveland, Ohio, USA.: The Americ. Soc. f. Steel Treating 1933. — Houdremont, E., u. H. Schottky: Säure- und zunderbeständige Eisenlegierungen. In O. Bauer, O. Kröhnke, G. Masing: Die Korrosion metallischer Werkstoffe, Bd. 1. Leipzig: S. Hirzel 1936.

Gold-Kupfer z. B. $^1/_8$ Mol des Edelmetalls). Man spricht daher von sog. Resistenzgrenzen[1]. Es genügt somit, daß eine genau bestimmte Mindestzahl von Atomen des Edelmetalls im Verhältnis zu den Atomen des unedlen Metalls in der Legierung vorhanden ist.

Abgesehen von dieser rein legierungstechnischen Möglichkeit, auch an Edelmetallen verhältnismäßig arme Legierungen korrosionsbeständig zu machen, besteht noch die Möglichkeit, das Korrosionsverhalten durch den chemischen Angriff selbst in günstigem Sinne zu beeinflussen. Es bilden sich durch den chemischen Angriff Schutzschichten, die die weitere Auflösung des darunter liegenden Metalles unterbinden. Diese Schutzschichten können metallischen Charakter haben oder auch aus einer chemischen Verbindung bestehen.

Schutzschichtbildung. Eine metallische Schutzschichtbildung tritt z. B. bei Eisen-Kupfer-Legierungen auf. Wie in dem später zu behandelnden Abschnitt Kupfer noch weiter hervorgehoben wird, genügen geringe Zusätze von einigen Zehnteln Prozent Kupfer, um eine Verbesserung des Korrosionsverhaltens von Eisen an der Atmosphäre hervorzurufen. Die Ursache ist auf eine elektrochemische Wirkung beim chemischen Angriff selbst zurückzuführen. Durch den Lösungsprozeß geht zwar zunächst sowohl Eisen als auch Kupfer in Lösung, das Kupfer schlägt sich aber bei entsprechenden chemischen Bedingungen wieder auf dem unedleren Eisen nieder und bildet somit eine Schutzschicht. Durch weitere Oxydation des so gebildeten Kupferniederschlages zu Kupferoxyd entstehen, vermengt mit dem Rost, besonders dichte Schutzschichten. Diese Art der Schutzschichtbildung ist nicht an eine bestimmte Höhe des Legierungsgehaltes gebunden, sondern fängt schon bei sehr geringen Zusätzen an, sich auszuwirken, und kann auch durch Steigerung des Legierungselementes über eine bestimmte Höhe hinaus nicht mehr an Wirksamkeit gewinnen. Etwas anders liegen die Verhältnisse, wenn die Schutzschichten aus Verbindungen bestehen, z. B. bei Eisen-Silizium-Legierungen. Letztere sind in der Lage, beim Angriff von Salz- oder Schwefelsäure Schutzschichten zu erzeugen. Bekannterweise scheidet sich in Salzsäure die Kieselsäure gallertartig ab. Dieser Vorgang spielt sich auch beim Angriff von Eisen-Silizium-Legierungen ab. Damit es zur Schutzschichtbildung kommt, ist es allerdings erforderlich, daß eine genügende Menge Silizium von vornherein im Metall enthalten ist, so daß die entsprechende Schutzschicht sofort an Ort und Stelle entsteht. Das Reaktionsprodukt selbst muß einen dichten Belag ergeben. Auch hierfür ist eine bestimmte Höhe des Legierungselementes erforderlich. Bei Eisen-Silizium-Legierungen liegt die Grenze oberhalb 12—13% Silizium. Man wäre versucht, auch hier von einer Art Resistenzgrenze zu sprechen, was aber in Anbetracht des vollkommen verschiedenartigen Vorganges nicht angängig ist.

Auch die im Schrifttum sehr umfassend behandelte Passivität des reinen Eisens[2] sowie des noch unedleren Metalles Chrom wird vielfach mit einer Schutzschichtbildung (Oxydfilm) außerordentlich dünnen Ausmaßes in Verbindung gebracht. Reines Eisen wird unter sehr stark oxydierenden Einflüssen, wie z. B.

---

[1] Tamann, G.: Lehrbuch der Metallkunde. 4. erweiterte Aufl. S. 428/433. Leipzig: Leopold Voß 1932 — Graf, L.: Metallwirtsch. Bd. 11 (1932) S. 77/82 u. 91/96.

[2] Vgl. Gmelin: Handbuch d. anorg. Chemie, 8. Aufl. Bd. „Eisen" (1929/33) Teil A S. 313 ff.

in konzentrierter rauchender Salpetersäure, passiv. Diese Passivität äußert sich darin, daß infolge der Entwicklung hoher Sauerstoffkonzentration an der Metalloberfläche das Eisen entweder sofort oder nach kurzer Zeit von der Säure nicht mehr angegriffen wird. Als Ursache wird ein bei hoher Sauerstoffkonzentration sich bildendes, unlösliches Hydroxyd des dreiwertigen Eisens angesprochen, während bei schwächerer Sauerstoffkonzentration des Angriffsmittels sich das lösliche Hydroxyd des zweiwertigen Eisens ausbildet. Während man einerseits an die Entstehung des betreffenden Oxydfilmes als die notwendige Voraussetzung zur Schutzwirkung glaubt, wird auch vielfach die Ansicht vertreten, daß die Lösung selbst den Zustand des Eisenatoms an der Oberfläche so beeinflußt, daß es im passiven Zustand dreiwertig, im aktiven zweiwertig reagiert. Für den allgemeinen Gebrauch spielt diese Eigenschaft des Eisens keine größere Rolle, da die Oxydation bei atmosphärischen Einflüssen, Luft, Feuchtigkeit, Wasser usw., nicht scharf genug ist, um die Passivität herbeizuführen. Wenn auch je nach dem Reinheitsgrad des Eisens — Schweißeisen, Armcoeisen, Carbonyleisen — (Beispiel: Säule von Delhi) kleine Unterschiede in der Rostgeschwindigkeit vorhanden sind, so sind diese doch praktisch ohne größere Bedeutung.

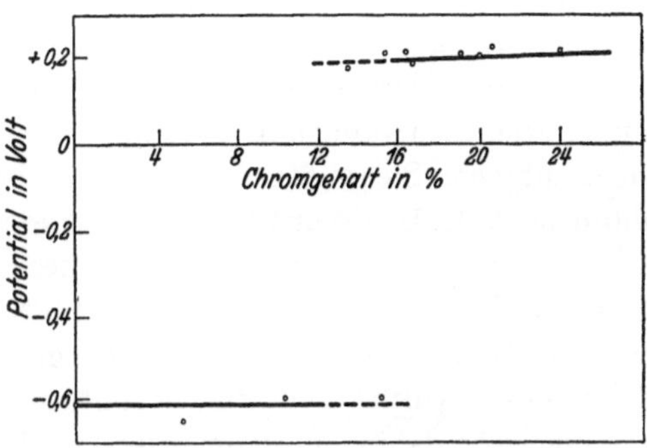

Abb. 387. Potential von Chromstählen gegen die n-Kalomelektrode in einem Elektrolyt von normaler Eisensulfatlösung. [Nach B. Strauß: Stahl u. Eisen Bd. 45 (1925) S. 1198/1202.]

Wie die Untersuchungen an Eisen-Chrom-Legierungen gezeigt haben, läßt sich auch die Eigenschaft der Passivität eines Elementes auf Legierungen übertragen. Chrom ist, obwohl es an sich unedler ist als Eisen, ein ausgesprochen zur Passivität neigendes Element, was jedem bekannt ist, der sich mit der Auflösung von Chrom in Säuren beschäftigt hat. Beim Legieren von Chrom und Eisen gelingt es, den Eisen-Chrom-Legierungen schon bei verhältnismäßig geringen Chromzusätzen von etwa 13% die starke Passivität des reinen Chroms zu verleihen[1]. Da der Chromgehalt von 13% ebenfalls in der Nähe von $^1/_8$ Mol liegt, drängt sich auch hier der Vergleich mit den aus der Edelmetallkunde bekannten Resistenzgrenzen auf, d. h. auch die Passivität kann sprungartig bei einem bestimmten Legierungsgehalt den Korrosionswiderstand erhöhen, wie dieses auch aus Abb. 387 entnommen werden kann. Man wird aber von der Passivitätsgrenze nicht in gleichem Sinne wie von Resistenzgrenzen sprechen können, da die Passivität eine Oberflächenerscheinung darstellt, während die Resistenzgrenze nach Tammann auf die veränderte Verteilung der edlen und unedlen Atome im Gitter zurückzuführen ist und bei Veränderung des Angriffsmittels unstetig zu anderen ganzzahligen Vielfachen von $^1/_8$ Mol springt. Bei der Passivität dagegen wird die Grenze nicht sprunghaft verschoben, sondern paßt sich der Stärke des Oxydationsmittels in stetiger Veränderlichkeit an. Die Stärke der Oxydationswirkung des Angriffsmittels spielt also für die Zusammensetzung und das Zustandekommen der Oxydhaut eine wesentliche Rolle. Ebenso

[1] Strauß, B.: Stahl u. Eisen Bd. 45 (1925) S. 1198/1202.

wird der Faktor Zeit für die Möglichkeit der Ausbildung von Passivitätserscheinungen mitwirken. Es wird daher auch die Höhe der Legierung der jeweiligen Stärke des Angriffs angepaßt sein müssen, da mit steigendem Legierungsgehalt die sich bildende Schutzschicht leichter zustande kommt.

Bisher ist als Ursache für die Passivität die Oxydfilmtheorie erwähnt worden. Daneben wurde beim dreiwertigen Eisen auch schon auf die Bedeutung der Wertigkeit des Metalls hingewiesen. Da die Wertigkeit des chemischen Elementes bekannterweise wieder mit den äußeren Elektronenfigurationen in Verbindung steht, sind in neuerer Zeit auch Versuche gemacht worden, die Passivitätserscheinungen direkt mit dem Atomaufbau, d. h. insbesondere wiederum dem Aufbau der äußeren Elektronenschalen in Zusammenhang zu bringen. Die Ursache für das Aufsuchen neuerer Theorien[1] ist darin begründet, daß manche Gesichtspunkte gegen die Existenz einer Oxydfilmschicht sprechen. Auch konnte an Metallen, die im passiven Zustande untersucht wurden (z. B. mittels Elektronenbeugung), kein eindeutiger Beweis[2] für die Existenz einer Oberflächenoxydschicht erbracht werden; es ist allerdings denkbar, daß diese infolge ihrer außerordentlich dünnen Ausbildung den heute möglichen Untersuchungsmethoden noch entgeht. Sie müßte also dünner als beispielsweise 10 Ångström sein und wäre dann nicht als Oxydschicht, sondern als adsorbierte Gasschicht anzusprechen. Auch wäre es nach der Schutzfilmtheorie unerklärlich, warum manche korrosionsfesten Stähle auf der Basis 18% Chrom und 8% Nickel leichter von Bromiden aktiviert werden als von Chloriden, obwohl das größere Bromion eigentlich schwerer in die Poren des Oxydfilmes eindringen sollte als das leichtere Chlorion. Die neueste Auffassung geht dahin, im Atomaufbau, d. h. in der Elektronenkonfiguration, selbst die Ursache für die Wirkungsweise des Legierungselementes zu suchen. Es wurde schon erwähnt, daß Chrom infolge der nur zur Hälfte aufgefüllten d-Schale im festen kristallinischen Zustande zur Paarbildung neigt, indem sich zwei Chromatome vereinigen und somit zu einer nahezu abgeschlossenen d-Schale führen. Auf dieser gegenseitigen Beeinflussung von Chromatomen könnte man schon eine Passivitätstheorie für Chrom selbst aufbauen. Bei Legierung von Chrom und Eisen nehmen nun Uhlig und Wulff an, daß die Passivität der Legierungen durch Verschiebung eines Elektrons von einem Legierungselement auf das andere zustande kommt. Beim Legieren von Chrom und Eisen würde der Zustand an der Oberfläche dadurch charakterisiert sein, daß ein Elektron des Eisens zum Chrom übergeht und dort die $3d$-Schale auffüllt. Da beim Chrom, wie bereits erwähnt, die $3d$-Schale nur mit fünf Elektronen besetzt ist, fehlen zum vollständigen Aufbau noch weitere fünf Elektronen. Zur vollständigen Absättigung müßten also ungefähr fünf Eisenatome auf ein Chromatom kommen, was in etwa der Legierungsgrenze von 13—15% Chrom entspricht, d. h. demjenigen Bereich, in dem die Legierungen passiv werden. Der Elektronenübergang von Eisen zum Chrom erscheint verständlich, wenn man die größere Elektronenaffinität des Chroms gegenüber Eisen berücksichtigt. Man kann sich nun vorstellen, daß ein Eisenatom

---

[1] Uhlig, H. H., u. J. Wulff: Amer. Inst. min. metallurg. Engrs. Techn. Publication Nr. 1050 — Metals Techn. Bd. 6 (1939) Nr. 4.

[2] Thomson, G. P.: Proc. Roy. Soc. (A) Bd. 128 (1930) S. 657; vgl. jedoch auch I. Jimori: Bull. Chem. Soc. Japan Bd. 13 (1938) S. 152 und P. D. Dankow u. N. A. Shishakow: C. R. USSR Bd. 24 (1939) S. 553.

dann passiv wird, wenn ein Elektron von ihm zum Chromatom übergeht. Fehlt dieser Übergang, so wäre das Atom aktiv. Hier berührt sich die neuere Theorie mit der schon obenerwähnten Tatsache, daß Eisen in aktivem Zustande in zweiwertiger Form in Lösung geht, was auch für Eisen-Chrom-Legierungen zutrifft, während es im passiven Zustande als dreiwertiges Eisen vorliegt. (Das Metall geht an der Oberfläche vom zweiwertigen in den dreiwertigen Zustand über, wenn ein s-Elektron in die d-Schale des Chroms übergeht.) Auch die Wirkung des Lösungsmittels wird in der neueren Theorie erklärt. Stark oxydierende Lösungen absorbieren selbst Elektronen und unterstützen die passivierende Wirkung. Reduzierende Mittel beseitigen die Passivität, weil sie Elektronen abgeben. Hierbei wird angenommen, daß der bei Umsetzungen von z. B. rostfreiem Stahl mit Säuren sich entwickelnde Wasserstoff an der Oberfläche adsorbiert und in den obersten Metallschichten noch etwas gelöst wird. Der Wasserstoff ist hierbei nicht atomar, sondern als Proton und Elektron aufzufassen. Dieses letztere, also das Elektron des Wasserstoffs, wird die unbesetzten Energiestellen des $3d$-Bandes im Chrom auffüllen und damit dem Eisen sozusagen sein Elektron zurückgeben und es aktivieren. Es wird nun auch leicht verständlich, warum eine einmal aktivierte Legierung durch Zutritt von Sauerstoff infolge der eintretenden Oxydation des anhaftenden Wasserstoffes wieder passiv werden kann. Von Uhlig und Wulff[1] wird auch die Wirkung von Nickel in Eisenlegierungen im Sinne einer Erhöhung des Korrosionswiderstandes durch diese Theorie erklärt. Bei Nickel (s. Atomtabelle Zahlentafel 6 [S. 22]) fehlen im Zustand des einatomigen Dampfes, der als Näherung für den Zustand an der Metalloberfläche angesehen werden kann, zwei Elektronen in der $3d$-Schale. Dementsprechend würde ein Nickelatom zwei Eisenatome passivieren können. Den höchsten Korrosionswiderstand müßten dann in etwa Legierungen haben, die ein Verhältnis von Eisen zu Nickel im Verhältnis von 2:1 aufweisen, d. h. der Korrosionswiderstand müßte bei 30—35% Nickel am besten sein. Auch für die Wirkung von Molybdän, das ja bekanntlich in nichtrostenden Stählen gegenüber manchen Chemikalien, insbesondere Chloriden, die Beständigkeit erhöht, werden durch die neuere Theorie Erklärungen gegeben[1]. Man sieht hier wieder eindeutig, daß die modernen Anschauungen über den Aufbau der Atome Aussichten bieten, das verschiedenartigste Verhalten von Metallen und Metallegierungen zu erklären.

Da bei Eintritt der Passivität die Angreifbarkeit des Metalls aufhört, kann man die hierfür erforderliche Konzentration an Zusatzelementen durch Bestimmung des elektro-chemischen Potentials in geeigneten Elektrolyten zahlenmäßig ausdrücken. Beim Eintritt der Passivität verhält sich die Legierung wie eine unangreifbare Elektrode, d. h., sie spricht alsdann auf das Oxydationspotential der passivierenden Lösung an. Da dieses stets höher liegt als das Potential der Legierung im aktiven Zustand, tritt eine sprunghafte Potentialveredlung ein. Potentialmessungen bei Eisen-Chrom-Legierungen sind von Benedicks und Sundberg[2] sowie Strauß und

---

[1] Uhlig, H. H., u. J. Wulff: Amer. Inst. min. metallurg. Engrs. Techn. Publication Nr. 1050 — Metals Techn. Bd. 6 (1939) Nr. 4.

[2] J. Iron Steel Inst. Bd. 114 (1926, II) S. 177/223 [s. a. Stahl u. Eisen Bd. 47 (1927) S. 278/80].

Mitarbeitern[1] veröffentlicht worden.   Abb. 387 zeigt das Potential der Eisen-Chrom-Legierungen in normaler Eisensulfatlösung in Abhängigkeit vom Chromgehalt. Es geht daraus hervor, daß das Potential bis etwa 12% Cr demjenigen des reinen Eisens entspricht, bei etwa 13% Cr aber in sprunghafter Veränderung auf ein über dem Wasserstoffpotential liegendes edles Potential ansteigt. Die Passivierung erfolgt dabei durch die in der Ferrosulfatlösung als kaum vermeidliche Beimengung enthaltenen Ferriionen. Bei noch weiterer Steigerung des Chromgehalts tritt keine wesentliche Veränderung des Potentials mehr ein. Zwischen 12 und 16% Chrom kann sowohl der edle als auch unedle Potentialwert auftreten. In diesem Bereich ist die Passivität noch labil.

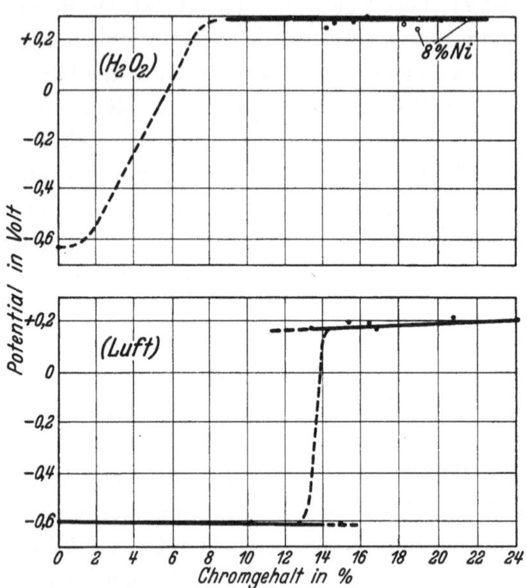

Abb. 388. Potential von Eisen-Chrom-Legierungen in Luft und bei Anwesenheit von Wasserstoffsuperoxyd. [Nach B. Strauß: Z. Elektrochem. Bd. 33 (1927) S. 317/21.]

Nach den Theorien über die Ursache der Passivität kommt sowohl bei der Oxydfilmtheorie wie bei der Anschauung über Elektronenbesetzung der äußeren Schalen des Atoms der Sauerstoffkonzentration des Angriffsmittels eine erhöhte Bedeutung zu. Dies erklärt auch, warum reines Eisen nur beim Angriff von rauchender Salpetersäure Passivitätserscheinungen aufweisen kann. Wenn schon bei reinem Eisen die Natur des Angriffsmittels eine so ausschlaggebende Rolle bezüglich der Passivitätserscheinungen spielt, so ist es verständlich, daß auch bei Eisen-Chrom-Legierungen die Natur des Angriffsmittels von bestimmender Bedeutung ist und daß sich die sprunghaften Veränderungen des Potentials je nach dem Angriffsmittel zu verschiedenen Chromgehalten verschieben. Es wird auch bei den Eisen-Chrom-Legierungen die Frage, ob ein oxydierendes, d. h. Elektronen aufnehmendes, oder ein reduzierendes, d. h. solche abgebendes Angriffsmittel vorliegt, von entscheidender Wichtigkeit sein.

Abb. 388 zeigt den Unterschied in der Veränderung des Potentials in Abhängigkeit von der Legierung in Anwesenheit von Luft bzw. Wasserstoffsuperoxyd. Bei Wasserstoffsuperoxyd stellt sich sinngemäß das edle Potential, also Passivität, bei niedrigerem Chromgehalt als bei dem weniger oxydierenden Angriffsmittel Luft ein. Bei nicht oxydierenden Agentien, also z. B. Halogen-Wasserstoffsäuren, stellt sich das edle passive Potential überhaupt nicht ein (s. a. Abb. 389); das Chrom wird als aktives Element mit dem Eisen aufgelöst. Da, wie früher gezeigt (S. 336) und bei der Besprechung der Passivitäts-

    [1] Strauß, B.: Stahl u. Eisen Bd. 45 (1925) S. 1198/1202 — Z. Elektrochem. Bd. 33 (1927) S. 317/21. — B. Strauß u. E. Maurer: Kruppsche Mh. Bd. 1 (1920) S. 129/46, — B. Strauß u. J. Hinnüber: Z. Elektrochem. Bd. 34 (1928) S. 407/15. — B. Strauß, H. Schottky u. H. Hinnüber: Z. anorg. allg. Chem. Bd. 188 (1930) S. 309/24.

theorien erwähnt, Nickel gegen nicht oxydierende Säuren beständiger ist als Eisen, erfahren Chromlegierungen durch Zusatz von Nickel eine wesentliche Verbesserung. Beispielsweise verhält sich die bekannte Legierung 18% Cr, 8% Ni bei Raumtemperatur gegen Schwefelsäure passiv. Erst bei erhöhten Temperaturen findet ein Angriff statt.

Aus den bisherigen Ausführungen, insbesondere z. B. der erwähnten Wirkung des Wasserstoffsuperoxyds, geht hervor, daß man durch oxydierende Zusatzstoffe beim Angriff von aktivierenden Säuren Schutzwirkungen hervorrufen kann. Als Beispiel eines derartigen Zusatzes kann z. B. die Gegenwart von Persulfat bei Gegenwart von Schwefelsäure hervorgehoben werden. Für die Leitung von chemischen Prozessen, bei denen sonst Apparaturen aus korrosionsfesten Stoffen angegriffen würden, kann dies nutzbringende Anwendung finden.

In folgendem sei kurz auf neuere Methoden der Korrosionsforschung eingegangen, da sie geeignet sind, ein Licht auf die vielfachen Variationsmöglichkeiten bei Korrosionsangriffen zu werfen und eine Erklärung für die Eigenart des Verhaltens von passivierbaren Legierungen des Eisens mit Chrom, Nickel usw. zu geben.

Die passivierende Wirkung von Säuren beruht auf deren Oxydationsvermögen, dessen Stärke durch das Oxydationspotential ausgedrückt wird. Um einen Stahl zu passivieren, muß dieses Oxydationspotential einen bestimmten Mindestwert überschreiten, der außer von der Zusammensetzung des Stahles

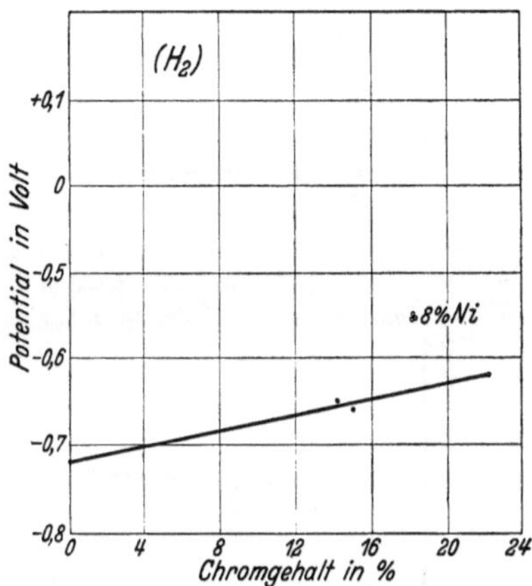

Abb. 389. Potential von Eisen-Chrom-Legierungen in Ferrosulfatlösungen bei Gegenwart von Wasserstoff. [Nach B. Strauß: Z. Elektrochem. Bd. 33 (1927) S. 317/21.]

von der Wasserstoffionenkonzentration, von der Art der Anionen und der Temperatur abhängig ist. Man kann entsprechend von einem Passivierungspotential des betreffenden Stahles oder einer entsprechenden Säure einem bestimmten Stahl gegenüber sprechen. Salpetersäure und Chromsäure besitzen beispielsweise dieses Oxydationspotential einem 18/8-Stahl gegenüber von sich aus, während in vielen anderen Säuren, wie Schwefelsäure, Phosphorsäure und organischen Säuren, schon der in ihnen gelöste Luftsauerstoff die Funktion des Oxydationsmittels bei geringen Säurekonzentrationen und niedrigeren Temperaturen übernehmen kann. Reicht das Oxydationspotential der Säure nicht aus, so wird der Stahl in ihr auch dann nach mehr oder minder langer Zeit wieder aktiv, wenn er ursprünglich mit passiver Oberfläche in Benutzung genommen wurde.

Das Oxydationspotential einer Lösung kann aber auch zu hoch für eine Passivierung sein. Ist das Sauerstoffangebot zu groß, so wird die passive Schicht durchschlagen und es tritt Angriff unter direkter Oxydation des Stahles, also ohne Wasserstoffentwicklung ein. Das Potential, bei dem dieses geschieht — das Durchschlagspotential —, hängt ebenfalls von der Stahlzusammensetzung, der Wasserstoff- und vor allem der Chlorionenkonzentration der Lösung ab. Der Fall eines Angriffs „über dem Durchbruch" liegt z. B. bei heißer konzentrierter

Salpetersäure vor. Da in diesem Falle die Oxydationsprodukte des Stahles
als blaue Schicht an der Oberfläche haften, erfolgt der Angriff verhältnismäßig
langsam und vor allem gleichmäßig. Auf dieser Tatsache beruht die starke
Verwendung der Chrom- und Chrom-Nickel-Stähle in der Salpetersäureindustrie.
Auch der Rostangriff in Kochsalzlösungen ist eine Korrosion über dem Durchbruch. Durch den Gehalt an Chlorionen wird das Durchschlagspotential gegenüber chloridfreien Lösungen so tief zu unedleren Werten verschoben, daß das
von dem Luftgehalt der Lösung herrührende Oxydationspotential unterschritten
wird. Der Angriff erfolgt dann aber nicht wie bei der Salpetersäure gleichmäßig,

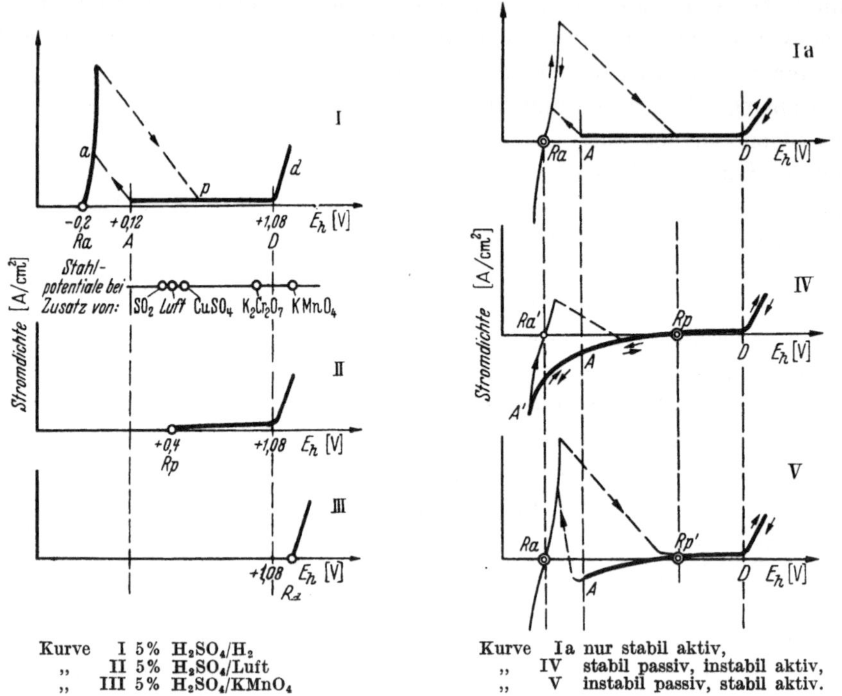

Kurve   I 5% H_2SO_4/H_2
  ,,   II 5% H_2SO_4/Luft
  ,, III 5% $H_2SO_4/KMnO_4$

Kurve Ia nur stabil aktiv,
  ,, IV stabil passiv, instabil aktiv,
  ,, V instabil passiv, stabil aktiv.

Abb. 390. Stromdichte-Potentialkurven eines 18/8 Chrom-Nickel-Stahles in 5proz. Schwefelsäure mit Zusätzen
(links) und beim Auftreten instabiler aktiver und passiver Zustände (rechts).

sondern lokal, und da der entstehende Rost keine Schutzwirkung ausübt, entstehen an den Durchbruchstellen tiefe Löcher.

Statt den Stahl in verschiedenen Lösungen unter Bestimmung der sich ein-
stellenden Potentiale zu messen, kann man die Wirkung verschieden hoher
Oxydationspotentiale auch an Hand einer Stromdichte-Potentialkurve (Abb. 390)
überblicken. Durch Anlegen äußerer Spannungen können hierbei die verschiedensten Potentialbedingungen an einem Stahl in ein- und derselben Lösung
verfolgt werden. Geht man von einerSäure aus, die keine oxydierenden Eigenschaften besitzt, beispielsweise von luftfreier 5proz. Schwefelsäure, in der
ein 18/8-Chrom-Nickel-Stahl unter Wasserstoffentwicklung angegriffen wird,
so kann man dieser Säure dadurch ein kontinuierlich steigendes Oxydationspotential an der Stahloberfläche verleihen, daß man dem Stahl unter Benutzung
einer Hilfselektrode und einer äußeren Spannungsquelle einen Strom zuführt,
und zwar so, daß der Stahl die Anode der elektrolytischen Zelle bildet

(anodische Polarisation). Mit steigender äußerer Spannung steigt das Sauerstoffangebot an der Anode, und es werden dabei nacheinander die drei möglichen Zustände: aktiver Zustand, passiver Zustand und oxydierender Angriff nach Überschreiten des Durchbruchpotentiales durchschritten. Diese drei verschiedenen elektrochemischen Vorgänge kommen bei diesem Versuch dann am ausgeprägtesten zum Ausdruck, wenn man die Stromdichte gegen das angelegte Potential aufträgt (elektrochemische Charakteristik). In dem Potentialbereich von R_a, dem aktiven Ruhepotential[1] des nicht strombelasteten Stahles, bis zum Potential A ist der Stahl aktiv, die Polarisationskurve a verläuft sehr steil. Die Stromdichte steigt entsprechend Kurve a Abb. 390 I steil an. Der Stahl geht unter Wasserstoffentwicklung in Lösung. Bei Erreichung des Passivierungspotentials A klingt die Stromdichte infolge der ausgelösten Passivierungskräfte ab, bis der zwischen den Potentialen A und D verschwindend gering fließende Diffusionsstrom, das Kennzeichen des passiven Zustandes erreicht ist. Der Übergang vom Kurvenast a zu dem Ast p erfolgt nicht plötzlich, sondern allmählich. Bei Potentialverminderung würde die Kurve daher nicht reversibel durchlaufen, sondern mit einer Hysterese. Das Potential A ist als Grenzpotential zwischen aktivem und passivem Zustand anzusehen. In Punkt D ist das Durchschlagspotential des Stahles erreicht, nach seinem Überschreiten erfolgt wieder Stromanstieg unter „in Lösung gehen" höherwertiger Eisen- und Nickel-Ionen sowie von Chromionen. Bei entsprechendem Abschalten der polarisierenden Spannung ist die Kurve reversibel bis auf den Übergang vom passiven in den aktiven Zustand. Bei gänzlichem Abschalten der Spannung geht das Potential von selbst auf das ursprüngliche Ruhepotential R_a zurück.

Anstatt nun, wie in dem geschilderten Beispiel, das Oxydationspotential der Säure durch einen elektrischen Strom und anodisches Schalten der Stahlprobe zu erhöhen, kann man dieses durch Zusatz geringer Mengen von Stoffen mit steigendem Oxydationspotential bewirken. Eine solche Skala von Zusätzen zur Schwefelsäure, nach steigendem Oxydationspotential geordnet, bilden die Stoffe: SO_2, Luft, $CuSO_4$, $K_2Cr_2O_7$ und $KMnO_4$. Auf der Linie unter der Kurve I in Abb. 390 sind die Potentiale angegeben, bis zu denen diese Zusätze den Stahl in Schwefelsäure polarisieren. Die ersten vier Zusätze müssen den Stahl passivieren, während bei Zusatz von Kaliumpermanganat infolge seines über dem Durchbruchpotential gelegenen Oxydationspotentials Angriff zu erwarten ist. Daß dieses tatsächlich der Fall ist, geht aus den Polarisationskurven hervor, die von diesen bereits vorgeschobenen Ruhepotentialen aus aufgenommen werden. In Luft enthaltender Säure erhält man die Kurve II, deren zunächst waagerechter Verlauf beweist, daß das Ruhepotential R_p tatsächlich ein Passivpotential ist. In Säure mit Zusatz von etwas Kaliumpermanganat (Kurve III) liegt das Ruhepotential R_d über dem Durchbruch, und die anodische Polarisationskurve steigt sofort steil an.

Die Tatsache, daß schweflige Säure, die man gewöhnlich als Reduktionsmittel bezeichnet, die chromhaltigen Stähle unter Umständen zu passivieren vermag, ließ sich bisher schlecht in die Vorstellung des Zustandekommens der Passivität einordnen. Die geschilderte Betrachtungsweise dagegen sieht in diesem

---

[1] Mit „Ruhepotential" sei jeweils das Potential bezeichnet, das der Stahl ohne zusätzlichen Strom in der betreffenden Lösung annimmt.

Falle keinerlei Schwierigkeit, denn der Begriff Oxydationspotential ist ein relativer. Liegt dieses Potential bei edleren Werten als das Mindestpotential A, das zur Passivierung des Stahles erforderlich ist, so ist die schweflige Säure auch im strengen Sinne als Oxydationsmittel zu bezeichnen. Auch die Cupriionen sind elektrochemisch als Oxydationsmittel zu betrachten, da sie bei Anwesenheit geeigneter Akzeptoren die Tendenz haben, in niedrigere Oxydationsstufen (Cuproionen oder metallisches Kupfer) überzugehen.

Die bisherige Betrachtungsweise ging stets von dem Gedanken aus, die auf den Stahl einwirkende Säurelösung in zwei Komponenten zu zerlegen, nämlich in die nicht oxydierend wirkende Grundlösung, die den Potentialbereich des passiven Zustandes durch die beiden Grenzpotentiale A und D festlegt, und in einen oxydierenden Zusatz, der darüber entscheidet, ob der Stahl auch tatsächlich in diesen Potentialbereich hineinpolarisiert wird. Es ist verständlich, daß solche aus zwei verschiedenen Komponenten zusammengesetzte Lösungen auch als Modell für die Salpetersäure dienen können, in der diese Komponenten in einem chemischen Stoffe vereint sind und das Oxydationsvermögen von der Säurekonzentration bestimmt wird. In verdünnter Salpetersäure erhält man anodische Polarisationskurven von Typ der Kurve II in Abb. 390 (Passivität), in konzentrierter Salpetersäure, besonders bei erhöhten Temperaturen, den Typ der Kurve III (Angriff durch Oxydation).

Die Stromdichte-Potentialkurven tragen nicht nur zur einheitlichen Beschreibung der verschiedenartigen Korrosionserscheinungen bei, sondern können auch zur Lösung spezieller Fragen der Korrosionsprüfung herangezogen werden. Eine die Korrosionsprüfung in Schwefelsäure, Phosphorsäure und vielen organischen Säuren sehr erschwerende Erscheinung besteht in dem Auftreten instabiler passiver oder aktiver Zustände. Setzt man beispielsweise in eine solche Lösung, die ihrer Konzentration und Temperatur entsprechend an sich nicht fähig ist, den Stahl zu passivieren, eine Stahlprobe mit der nach dem Beizen beim Lagern an der Luft passiv gewordenen Oberfläche ein, so kann sich der passive Zustand bisweilen mehrere Monate halten, ohne daß langsame oder spontane Aktivierung eintritt. Oft beobachtet man auch den umgekehrten Fall, daß eine Stahlprobe, die in eine an sich zur Passivierung befähigte Lösung taucht, aber durch kurzes Berühren mit einem Zinkstab künstlich aktiviert wurde, nicht, wie zu erwarten, mit der Zeit von selbst passiv wird, sondern bis zur vollständigen Auflösung aktiv bleibt. Angedeutet werden diese Möglichkeiten schon durch die Hysteresis der Kurven um den Punkt A, Abb. 390, I. Diese mitunter zu schweren Fehlurteilen über Bewährung oder Nichtbewährung eines Stahles führenden Verhältnisse ließen sich durch Aufnahme der Stromdichte-Potentialkurven in anodischer und kathodischer Richtung klären. Die hier in Betracht kommenden Fälle sind ebenfalls in Abb. 390 wiedergegeben; die Bedeutung der Kurven ist folgende:

Kurve 1a: Polarisationskurve in einer aktivierenden Säure. Auch beim Einsetzen einer passivierten Probe wird sich diese schon ohne Zuhilfenahme von Strom auf das Potential R_a einstellen. Die Polarisationskurve (Abb. 390 Ia) entspricht von hier ab dem Verlauf der der Kurve I. Wird beim Abschalten des Stromes vom Ruhepotential R_a aus jetzt kathodisch (nach links) polarisiert, so verläuft die Kurve wie links von R_a nach unten. Auf diesem kathodischen

Teil setzt zusätzlich Wasserstoffentwicklung durch Säurezersetzung ein, die Auflösungsgeschwindigkeit der Probe wird infolge kathodischem Schutzes etwas gehemmt.

Kurve IV: Polarisationskurve in einer passivierenden Säure. Die Säure hat passivierende Wirkung, das stabile Ruhepotential, das der Stahl in der Lösung annimmt, ist das passive (R_p). Daneben kann der Stahl, einmal aktiviert, sich auch längere Zeit beim instabilen Aktivpotential $R_a{}'$ aufhalten. Setzt man die Stahlprobe in eine solche Lösung im luftpassiven Zustande ein, so kann man ihn entlang der stark ausgezogenen Kurve von R_p sowohl nach der anodischen wie auch der kathodischen Seite hin reversibel polarisieren, ohne daß zwischen den Punkten A' und D irgendeine Veränderung sichtbar wird. Bei sehr sorgfältiger Aufnahme der Kurve stellt man einen schwachen Knick beim Potential A fest, der dem Grenzpotential A der Kurve Ia entspricht. Während aber im Falle der Kurve Ia nach Unterschreiten des Potentials A spontane Wasserstoffentwicklung unter Überspringen der Kurve auf den die Aktivität anzeigenden Ast stattfindet, wird im Falle der Kurve IV zwischen A und A' keine Wasserstoffentwicklung beobachtet. Es scheint in diesem Potentialbereich ein Zwischenzustand zwischen passiv und aktiv vorzuliegen. Eine Wasserstoffentwicklung ist hier schon aus dem Grunde nicht möglich, da das Stahlpotential edler als das Wasserstoffpotential ist. Eine Aktivierung im korrosionschemischen Sinne erfährt der Stahl erst bei Erreichen des Potentials A', d. h. wenn die zu R_p gehörende Polarisationskurve die zu dem instabilen Ruhepotential $R_a{}'$ gehörende Aktivkurve schneidet. Polarisiert man nach Beobachtung der Wasserstoffentwicklung wieder nach der anodischen Richtung, so genügt nach Durchschreitung des Punktes $R_a{}'$ eine verhältnismäßig geringe anodische Stromdichte, um den instabilen aktiven Zustand wieder aufzuheben, und die Polarisationskurve springt dann wieder irreversibel auf irgendeinen Punkt der zum stabilen Ruhepotential gehörenden Kurve.

Kurve V: Polarisationskurve einer passivierten Probe in einer schwach aktivierenden Lösung. Die Säure besitzt ein Oxydationspotential, das an sich nicht ausreicht, den Stahl zu passivieren, das stabile Ruhepotential R_a ist also ein Aktivpotential. Daneben kann aber eine passiv eingesetzte Probe sich lange Zeit in einem instabilen passiven Zustande mit dem Ruhepotential $R_p{}'$ halten. Das wesentliche Merkmal dieser Kurve ist, daß, ausgehend von $R_p{}'$ bei kathodischer Polarisation schon bei dem Potential A die Aktivierung eintritt. Dabei beginnt die Wasserstoffentwicklung durch Umsatz des Stahles mit der Säure, und die zwischen $R_p{}'$ und A reversible Polarisationskurve springt unter Umkehr der Stromrichtung auf den Aktivzweig des stabilaktiven Zustandes über. Um die stabil-aktive Probe passiv zu machen, muß man wie im Falle Ia verhältnismäßig hohe anodische Stromdichten aufwenden. Die Stromumkehr in Punkte A ist das wesentliche Unterscheidungsmerkmal für den instabilen von dem stabilen passiven Zustand. Diese Tatsache wurde zur Ausarbeitung von Verfahren herangezogen, um die Temperatur- und Konzentrationsgrenzen bestimmter Säuren festzulegen, unterhalb derer ein Stahl stets passiv ist[1]. Mit dem Verfahren kann

---

[1] Zur Bewertung der Potentialmessung als Maßstab für das Korrosionsverhalten von Stählen siehe z. B. Rocha, H. J.: Chem. Fabrik Bd. 13 (1940) S. 379/84; desgl. Techn. Mitt. Krupp, Forschungsberichte Bd. 3 (1940) S. 191/98.

man das Verhalten eines Stahles in bestimmten Lösungen genauer studieren und aus den Stromdichtepotentialkurven die Erklärung finden für manche gelegentlich im Korrosionsverhalten der Stähle in der Praxis gemachten Beobachtungen, z. B. für vorher unerwartete Bewährung oder Nichtbewährung einzelner Legierungen in bestimmten Lösungen. Insbesondere wird das Verhalten passivierter Proben in schwach aktivierenden Lösungen und künstlich aktivierter Proben in schwach passivierenden Lösungen sowie die Wirkung kleiner oft zufälliger Beimengungen bei chemischen Prozessen verständlich.

α) Einfluß verschiedener Gefüge.

Die Passivierung und somit der Widerstand gegen chemischen Angriff kann nur dann vollkommen sein, wenn die Schutzwirkung sich vollkommen homogen auf der ganzen Oberfläche ununterbrochen ausbilden kann. Weist eine Chrom-Eisen-Legierung aber z. B. nichtmetallische Einschlüsse grober Natur auf, die an der Oberfläche des Fertigstückes zutage treten, so kann es vorkommen, daß sie an dieser Stelle nicht passiv, d. h. nicht edel wird. Vielmehr wird hier oft ein lokaler Angriff erfolgen. Diese Einlagerungen wirken um so stärker, je größer ihre Potentialdifferenz gegenüber dem übrigen Gefüge ist, da mit der Stärke des elektrischen Lokalelementes die Stärke des Angriffs zunehmen muß. Es ist also nicht notwendig, daß jede Einlagerung eine Entpassivierung herbeiführt. Die gleiche Betrachtung, die für Einlagerungen und Einschlüsse gilt, ist auch auf sonst verschiedenartiges Gefüge anzuwenden.

In diesem Zusammenhang interessiert es also, wie die verschiedenen Chrom-, Chrom-Mangan- und Chrom-Nickel-Stähle infolge ihres Gefügeaufbaues — austenitisch, ferritisch, halbferritisch, perlitisch, martensitisch — reagieren. Das günstigste Gefüge für die Ausbildung und Aufrechterhaltung der Passivität und Korrosionsfestigkeit muß nach dem vorher Gesagten der homogene Mischkristall sein, da infolge seiner Gleichmäßigkeit irgendwelche Ursache für Lokalelementbildung überhaupt fehlt. In diesem Sinne dürften die homogen austenitischen und homogen ferritischen Stähle das Höchstmaß an Korrosionswiderstand besitzen, wobei vielleicht die austenitischen Legierungen noch infolge der dichteren Atombesetzung der Netzebene den Vorzug verdienen. Infolge der geringen Lösungsfähigkeit des Ferrits für Kohlenstoff besitzen die ferritischen Legierungen meist auch nach dem Ablöschen von hohen Temperaturen in der ferritischen Grundmasse noch kleine Einlagerungen von Chrom-Sonderkarbiden. So besteht z. B. eine Legierung mit 30% Cr, 0,10% C auch nach dem Ablöschen von 1100° noch aus Chromferrit + Chromkarbid. Das homogene ferritische Gefüge wird sich daher nur bei praktisch kohlenstofffreien Legierungen erzielen lassen.

Bei austenitischen Stählen wächst mit steigenden Temperaturen das Lösungsvermögen für Karbid in stärkerem Maße als bei ferritischen Stählen. Das Gefüge eines homogenen Mischkristallzustandes kann daher bei einer austenitischen Legierung mit 18% Cr, 8% Ni bis zu etwa 0,2% C durch Ablöschen von hohen Temperaturen hervorgerufen werden. Bei diesen Legierungen ist also die Herstellung eines höchstmöglich homogenen Mischkristalls Grund für eine Wärmebehandlung geworden; sie befinden sich im Zustand höchster Korrosionsfestigkeit nach dem Ablöschen oberhalb der Karbidlöslichkeitslinie.

Die Verminderung der Korrosionsbeständigkeit infolge der Karbidausscheidung kann aber nicht nur vom Gesichtspunkt des heterogenen Gefüges betrachtet werden. Das Chromkarbid widersteht, wie die meisten Verbindungen, dem chemischen Angriff ziemlich gut, überdies ist die Potentialdifferenz zwischen Chromkarbid einerseits und der chromhaltigen Grundmasse andererseits nicht sehr erheblich. Von vielleicht größerer Bedeutung für die Beeinflussung der Korrosionseigenschaften dürfte die Tatsache sein, daß durch die Ausscheidung bzw. Auflösung von Chromkarbid eine Veränderung des Chromgehalts der Grundmasse eintritt. Nimmt man an, daß in diesen hochlegierten Chrom- bzw. Chrom-Nickel-Stählen das Karbid in der Zusammensetzung Cr_4C vorliegt, so würde durch 1% Kohlenstoff stets der 16fache Betrag an Chrom in Karbidform abgebunden und bei der Ausscheidung der Grundmasse entzogen werden. Ein Stahl der Zusammensetzung 14% Cr, 0,3% C würde somit in der Grundmasse nur 9,2% Cr enthalten, wenn der ganze Kohlenstoff in Form dieser Verbindung zur Ausscheidung gelangt ist. Entsprechend Abb. 387 besitzt ein Stahl mit 9,2% Cr kein edles Potential mehr. Den Einfluß von Kohlenstoff kennzeichnen in diesem Sinne deutlich die Abb. 391 und 392. Auch bei diesen Abbildungen zeigt sich, daß der Einfluß von Karbiden, also der Entzug von Chrom aus der Grundmasse, eine weniger große Rolle bei Anwesenheit von Wasserstoffsuperoxyd als bei Luft spielt. Wenn es richtig ist, daß weniger die Lokalelementbildung durch Chromkarbid als der Entzug von Chrom aus der

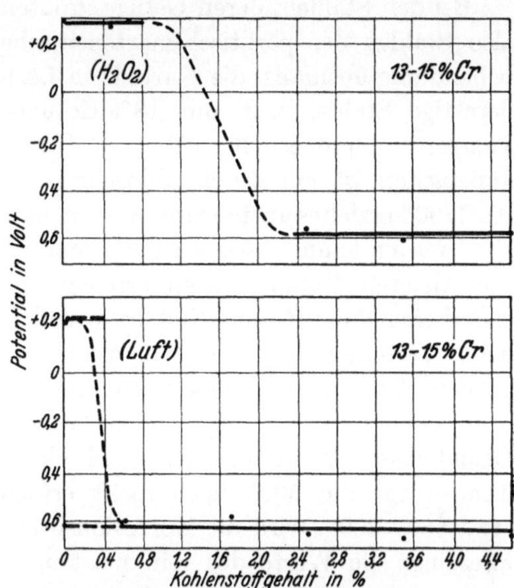

Abb. 391. Einfluß des Kohlenstoffgehaltes auf das Potential eines 13—15proz. Chromstahles bei Gegenwart von Wasserstoffsuperoxyd und Luft. [Nach B. Strauß: Z. Elektrochem. Bd. 33 (1927) S. 317/21.]

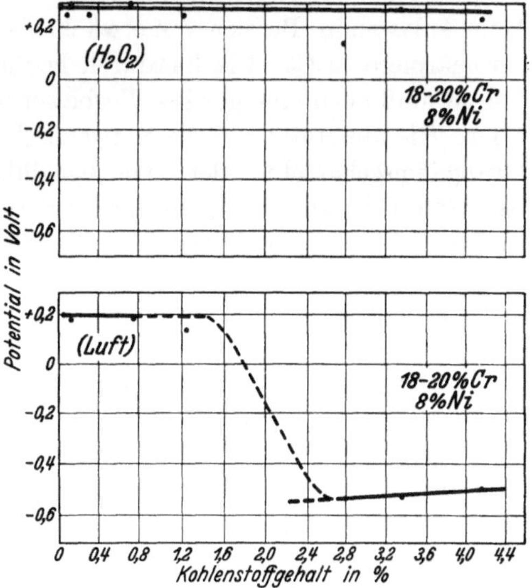

Abb. 392. Einfluß des Kohlenstoffgehaltes auf das Potential eines Chrom-Nickel-Stahles mit 18—20% Cr und 8% Ni bei Gegenwart von Wasserstoffsuperoxyd und Luft. [Nach B. Strauß: Z, Elektrochem. Bd. 33 (1927) S. 317/21.]

Grundmasse von Bedeutung ist, muß bei gleichbleibendem Kohlenstoffgehalt durch Erhöhung des Chromgehalts wiederum eine entsprechende Verbesserung der Korrosionseigenschaften eintreten. Dies stimmt auch mit den tatsächlichen Verhältnissen überein. Legierungen mit 30% Cr weisen auch noch bei

Kohlenstoffgehalten von 1—1,5% wertvolle korrosionstechnische Eigenschaften auf, trotz der außerordentlich hohen Menge ausgeschiedener Karbide.

Bei den Stählen, deren Gefüge größtenteils aus Umwandlungsgefüge besteht, also Stählen der perlitisch-martensitischen Gruppe, gelingt es durch Wärmebehandlung ebenfalls, die Karbide in Lösung zu bringen. Infolgedessen besitzen derartige Stähle, z. B. mit 18% Cr und bis zu 1% C, nach Ablöschung von Temperaturen oberhalb 950° das Höchstmaß an Korrosionswiderstand. Am günstigsten ist ein durch Ablöschen von sehr hohen Temperaturen z. B. 1150 bis 1200° erzieltes austenitisches Gefüge, wie es z. B. bei 18% Cr, 1% C erhalten zielt werden kann. Aber auch der martensitische Zustand, der durch Ablöschen von tieferen Temperaturen erreicht wird, weist hohe Beständigkeit gegen chemischen Angriff auf. Erst beim Anlassen auf 500° ergibt sich eine wesentliche Verminderung des Korrosionswiderstandes infolge der hierbei erfolgenden Ausscheidung des Chromkarbids Cr_4C. Die Ursache hierfür dürfte nach dem Vorhergesagten darin liegen, daß dieses chromreiche Karbid der Grundmasse Chrom entzieht und ein Diffusionsausgleich bei der niedrigen Temperatur um 500° noch nicht erfolgt. Bei höheren Anlaßtemperaturen, etwa 650—800°, wird die Korrosionsbeständigkeit wieder etwas besser, erreicht allerdings die Werte des rein martensitischen Zustandes nicht wieder. Diese Verbesserung ist sowohl durch die stärkere Zusammenballung der Karbide als auch durch Umsetzungen zwischen Karbid und Grundmasse und wohl auch durch einen gewissen Diffusionsausgleich innerhalb der Grundmasse zu erklären. Wie aus Abb. 314 ersichtlich, erfolgt z. B. für einen Stahl mit 1% C und 20% Cr beim Anlassen im Bereich von etwa 600° eine Umsetzung des Karbids Cr_4C in das chromärmere Cr_7C_3. Die hierdurch bedingte Anreicherung der Grundmasse an Chrom muß auch eine gewisse Verbesserung des Korrosionswiderstandes hervorrufen. Hieraus ergibt sich die Notwendigkeit, die rostfreien Stähle der perlitischen Gruppe im gehärteten oder im hochgeglühten Zustand, aber möglichst nicht nach Anlassen bei 450—500°, zu verwenden.

Für die rostfreien Messerstähle (S. 423 u. 482) bieten die geschilderten Verhältnisse den Vorteil, daß die Steigerung der Härte und der Schneidfähigkeit durch Wärmebehandlung mit derjenigen der Rostbeständigkeit Hand in Hand geht.

Ein Wort noch über den Einfluß der verschiedenen Gefüge in Stählen mit Mischgefüge. In halbferritischen Stählen liegen zwei Gefügebestandteile nebeneinander, die beide einen Mischkristall, jedoch mit verschiedener Atombesetzung, darstellen. Unabhängig von der dichteren Atombesetzung des Austenits gegenüber dem Ferrit sind aber auch Konzentrationsunterschiede zwischen beiden Mischkristallen vorhanden, wie dies bereits im Schaubild Eisen-Chrom (Abb. 310) deutlich gemacht ist. Die Trennung des γ-Raumes vom α-Raum erfolgt durch eine Doppellinie, die andeutet, daß die ferritischen α-Kristalle, die mit γ-Kristallen im Gleichgewicht stehen, entsprechend chromreicher sind. Würde man von der verschiedenen Besetzung des Gitters absehen, müßten also die ferritischen Kristalle in Stählen mit Mischgefüge gegenüber dem Austenit beständiger sein. Inwiefern dies durch die erwähnte andersartige Atombesetzung mit ausgeglichen werden kann, bleibt offen. Immerhin sind die Unterschiede in der Korrosionsbeständigkeit zwischen diesen beiden Gefügebestandteilen nicht so groß, daß sie sich praktisch auswirken, solange man den Korrosionsangriff als allgemein über die ganze Oberfläche abtragenden Angriff betrachtet. Anders ist es schon, wenn es sich um Sonderfälle von Korrosion handelt, in denen kleine Potentialunterschiede im Gefüge von ausschlaggebender Bedeutung sein können. Hierauf wird unter den Abschnitten der interkristallinen Korrosion und Rißkorrosion noch näher einzugehen sein.

β) Einfluß der Legierung.

Wenn auch, wie aus dem vorher über Passivierung Gesagten und aus der Abb. 387 hervorgeht, bei Chrom-Eisen-Legierungen erst bei Gehalten über 13% Cr ein edles Potential auftritt, so sind infolge des hohen Preises dieser hochlegierten Chromstähle heute auch niedriger legierte Stähle mit Chromgehalten von 3—8%, zum Teil mit Zusatz anderer Legierungselemente, wie Silizium, Molybdän, entwickelt worden. Diese Stähle sind gegenüber Leitungswasser, Luft, schwefliger Säure usw. nicht unbedingt korrosionsbeständig, sie besitzen aber gegenüber reinen Flußeisensorten den Vorteil einer verlangsamten Korrosion, sind also korrosionsträge. Auch gegenüber 5proz. Salpetersäure wirkt der Zusatz von 8% Chrom angriffvermindernd, um bei 12% Cr nahezu dem Nullwert zuzustreben (Abb. 393). Gelegentlich fanden auf Grund dieser mehr auf Laboratoriumsversuchen aufgebauten Ergebnisse Legierungen mit bis zu 5% Chrom, evtl. unter Zusatz von 1—2% Silizium bzw. Aluminium als rostträge Stähle in Überlandrohrleitungen Verwendung.

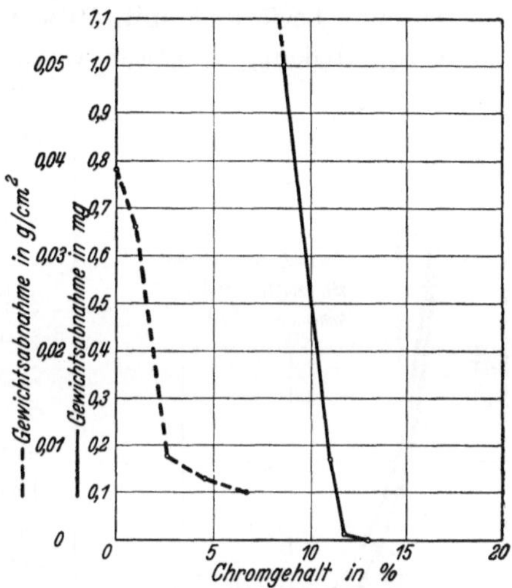

Abb. 393. Verbesserung der Korrosionsbeständigkeit durch kleine Chromzusätze bei Angriff in schwefliger Säure und 5proz. Salpetersäure. (Nach E. C. Wright u. P. F. Mumma: Amer. Inst. min. metallurg. Engrs. Techn. Publ. 1933 Nr. 496 10 S.)
‒ ‒ ‒ Angriff in schwefliger Säure von 21° C bei 30tägiger Dauer.
——— Löslichkeit von Eisen-Chrom-Legierungen in 5proz. Salpetersäure.

Eine günstige Schlußfolgerung aus diesen Versuchen und damit breitere Anwendung der Legierungen für Korrosionsangriffe bei Raumtemperatur hat sich hierbei nicht ergeben, weil sie gewisse Nachteile in sich bergen, die mit ihrer Rostträgheit verknüpft sind. Die Legierungsmenge reicht nicht aus, um den Stahl stabil passiv zu machen; er wird eben nur etwas rostträger. Damit ist die Gefahr gegeben, daß eine Schutzwirkung an der Oberfläche nicht allgemein auftritt. Es entstehen lokale Korrosionserscheinungen, die um so schneller fortschreiten, als diese unedleren Stellen gegenüber dem rostträgeren Verhalten der übrigen besonders aktiviert werden. So neigen derartige Stähle unter bestimmten Bedingungen sehr stark zum Lochfraß, der eine schnelle Zerstörung herbeiführt, auch wenn die allgemein abtragende Korrosion gering ist (s. S. 493). Große Bedeutung haben diese Stähle dagegen wegen ihrer Beständigkeit gegen Wasserstoff bei hohen Drücken und Temperaturen in der Ammoniak- und Benzinsynthese erlangt (s. S. 532). Von 12% Chrom aufwärts bis zu reinem Chrom sind die Legierungen widerstandsfähig gegen eine sehr große Anzahl von chemischen Einflüssen. Nicht beständig hingegen sind sämtliche Chrom-Eisen-Legierungen, ebenso das reine

Chrom gegen Salzsäure, Flußsäure, überhaupt Halogen-Wasserstoffsäuren
(sogar deren Salze, Chloride usw. sind besonders gefährlich), Schwefelsäure und
andere starke, nicht oxydierende Säuren. In verstärktem Maße gilt dies für
alle diese Angriffsmittel, insbesondere aber Schwefelsäure, bei erhöhter Temperatur. In vielen Fällen, wo niedrigprozentige Chromstähle versagen, erreichen
solche mit erhöhtem Chromgehalt noch eine beachtenswerte Beständigkeit.
Zum Beispiel wird eine Chrom-Eisen-Legierung mit etwa 50% Cr von Königswasser nicht angegriffen, während 30proz. Chrom-Eisen-Legierungen ohne
weiteres von dieser Säure aufgelöst werden.

Da eine Legierung mit 50% Chrom wegen schwieriger Verarbeitbarkeit
(hohe Sprödigkeit) praktisch wenig Anwendung finden kann, interessiert der
Einfluß von Chrom auf die chemische Wider-
standsfähigkeit mehr in denjenigen Bereichen,
in denen es noch gelingt, einigermaßen leicht
verarbeitbare Legierungen herzustellen. Den
entsprechenden Einfluß steigenden Chromgehaltes auf das Verhalten gegenüber Salpetersäure gibt Abb. 394 wieder.

Gegen starke Eisenchloridlösungen beginnt
die Beständigkeit bei Raumtemperatur bei
etwa 30% Chrom. Gegen Seewasser genügen
13proz. Chromstähle noch nicht, während 18
bis 20proz. Chromstähle als genügend beständig bezeichnet werden können. Die vielseitige Anwendungsmöglichkeit dieser Legierungen geht hieraus schon zur Genüge hervor.

Erweitert wird der Anwendungsbereich der
Chromstähle durch Zulegieren von Nickel.
Auf S. 336 ist bereits der Einfluß von Nickel
gegen den Angriff 5proz. Schwefelsäure gezeigt

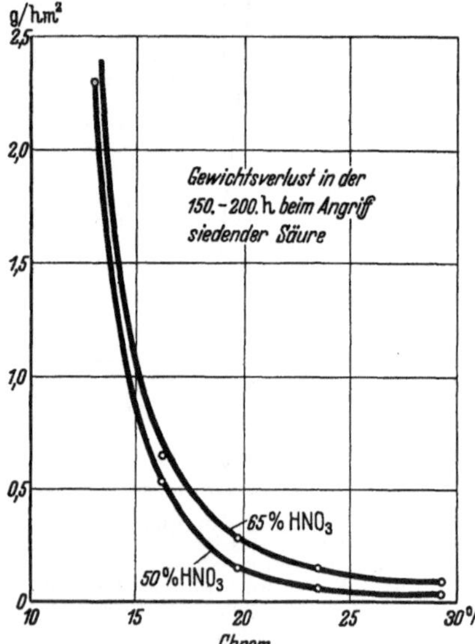

Abb. 394. Abhängigkeit der Salpetersäure-
beständigkeit vom Chromgehalt.

worden. Nickel verhält sich gegen nichtoxydierende Säuren wesentlich günstiger
als Eisen und Chrom. Es verleiht daher den Eisen-Chrom-Legierungen durch
sein Eintreten in die Legierung auch eine erhöhte Beständigkeit gegen nichtoxydierende Säuren sowie auch allgemein erhöhte Korrosionsbeständigkeit.
Abb. 395 veranschaulicht nach Pilling und Ackermann[1] den grundsätzlichen
Einfluß von Nickel auf das Verhalten von Eisen-Chrom-Legierungen in starken
nichtoxydierenden Säuren. Die Kurven zeigen ziemlich unabhängig vom Chromgehalt, daß bei etwa 10% Nickel eine außerordentliche Verbesserung im Verhalten gegen verdünnte Schwefelsäure eintritt. Bei Nickelgehalten unter 10%
verhalten sich die Eisen-Chrom-Legierungen entsprechend dem unedleren Verhalten von Chrom zu Eisen bedeutend schlechter als chromfreies Eisen, oberhalb
10% zeigen sie ein etwas günstigeres Verhalten gegen Säureangriff als die chrom-
freien Legierungen.

Weitere Verbesserungen gerade gegen Angriffe wasserstoffionisierender Angriffsmittel ergeben sich durch Zusätze von Kupfer, Molybdän und Antimon,

---

[1] Trans. Amer. Inst. min. metallurg. Engrs. Met. Div. (1929) S. 248/79; vgl. Stahl
u. Eisen Bd. 49 (1929) S. 1094/95.

Zahlentafel 92. Chemischer Angriff von Luft, Seewasser und 10proz. Salpetersäure auf einige Nickel- und Chrom-Nickel-Stähle im Vergleich zu Flußeisen[1].

Rostung an der Luft	Ge- wichts- abnahme	Korrosion in Seewasser	Ge- wichts- abnahme	Korrosion in Salpetersäure 10% kalt	Ge- wichts- abnahme
Flußeisen	100	Flußeisen	100	Flußeisen	100
9proz. Nickelstahl .	70	9proz. Nickelstahl .	79	5proz. Nickelstahl .	97
25proz. Nickelstahl	11	25proz. Nickelstahl	55	25proz. Nickelstahl	69
Stahl mit 15% Cr .	0,4	Stahl mit 15% Cr .	5,2	Stahl mit 15% Cr .	0
Stahl mit 18% Cr,		Stahl mit 18% Cr,		Stahl mit 18% Cr,	
8% Ni	0	8% Ni	0	8% Ni	0
Stahl mit 18% Cr .	0	Stahl mit 18% Cr .	0—0,6	Stahl mit 18% Cr .	0

wobei wiederum diejenigen Legierungen am besten abschneiden, die außer
Kupfer und Molybdän auch noch Nickelzusätze besitzen (s. hierüber später
unter Molybdän und Kupfer). Die Größe des chemischen Angriffs durch Luft, durch Seewasser und 10proz. Salpetersäure bei einigen Nickel- und Nickel-Chrom-Legierungen gegenüber Flußeisen zeigt Zahlentafel 92.

Über den Einfluß von Mangan auf die Korrosionsbeständigkeit von Chromlegierungen liegen hauptsächlich praktische Erfahrungen vor. Mangan ist nicht in der Lage, von sich aus die Korrosionseigenschaften solcher Stähle günstig zu beeinflussen. Man kann sogar

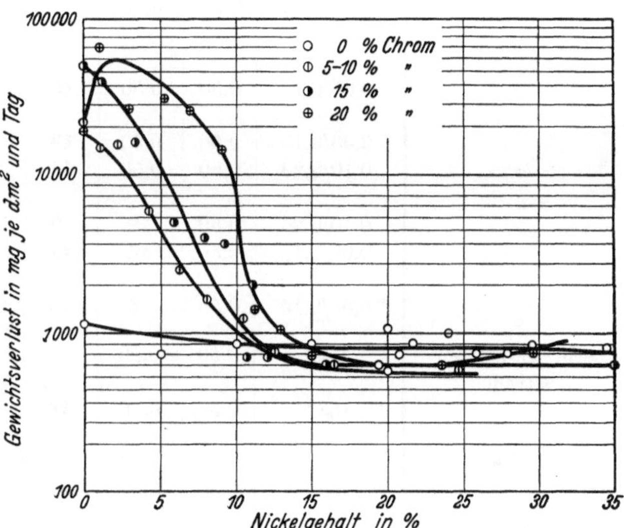

Abb. 395. Löslichkeit von Eisen-Chrom-Nickel-Legierungen in 5proz.
Schwefelsäure von 30° in Abhängigkeit vom Nickelgehalt. [Nach N. B.
Pilling u. D. E. Ackermann: Trans. Amer. Inst. min. metallurg.
Engrs. Met. Div. (1929) S. 248/79; vgl. Stahl u. Eisen Bd. 49 (1929)
S. 1094/95.]

feststellen, daß beim Hinzutreten von Mangan zu Eisen-Chrom-Legierungen
vielfach eine Verschlechterung der Korrosionsbeständigkeit einsetzt, wie dies
Abb. 396 belegt. So wirkt sich ein erhöhter Manganzusatz bei niedrigen Chromgehalten in der Nähe von 13% nachteilig auf die Rostbeständigkeit aus; ins-
beosndere scheint dies der Fall zu sein, wenn nicht rein austenitisches Gefüge,
z. B. halbferritische Stähle, vorliegen. Trotzdem können solche Legierungen bei
mild wirkenden Angriffsmitteln als rostträge Legierungen Anwendung finden
(z. B. Legierungen mit 9—10% Cr und 18% Mn). Durch höhere Chromzusätze
bis zu 17% kann dieser Nachteil aufgehoben werden, so daß Chrom-Mangan-
Stähle mit 15—17% Cr als rostsicher angesprochen werden können. Wegen
ihres ähnlichen Korrosionsverhaltes ist ein Beispiel der Chrom-Mangan-Stähle
mit in die Beständigkeitstabelle der Chromstähle auf S. 485 aufgenommen.

---

[1] Nach F. Rittershausen: Z. angew. Chem. Bd. 34 (1921) S. 413.

Da die austenitbildende Wirkung von Mangan mit dem Kohlenstoffgehalt zusammenhängt, bedürfen die Chrom-Mangan-Stähle stets einer Abschreckung oberhalb ihrer Karbidlöslichkeitslinie, um die günstigsten Eigenschaften zu erreichen. Wenn Chrom-Mangan-Stähle auch in einzelnen Fällen, z. B. gegen organische Säuren, gleich gutes, vielleicht sogar besseres Verhalten als Chrom-

Zahlentafel 93. Gebräuchliche korrosionsbeständige

Gefüge	C %	Si %	Mn %	Cr %	Ni %	Mo %	Cu %	Ti, Ta, Nb %
								a) Schmiedbare Legierungen (auch
austenitisch	0,05/0,15	0,50	0,50	18	8	—	—	(0,5/2,0)
	0,05/0,15	0,50	0,50	18	9,5	1—3	—	(0,5/2,0)
	0,05/0,15	0,50	0,50	18	8	—	1—3	(0,5/2,0)
	0,05/0,15	0,50	0,50	18	18	1—3	1—3	(0,5/2,0)
	0,10/0,20	0,50	0,50	13	13	—	—	—
	0,10/0,20	0,50	18	9	0/1,5	(0—1)	—	(0,5/2,0)
	0,05/0,15	0,50	12	15	0/1,5	—	—	—
	* 0,05/0,15	0,50	8	15	0/1,5	—	—	—
perlitisch-marten-sitisch	* 0,20	0,50	0,50	17	0/2,0	—	—	—
	* 0,20	0,50	0,50	14	0,5	(0—2)	—	—
	* 0,40	0,50	0,50	13,5	—	—	—	—
	* 0,90	0,50	0,50	17,5	0,5	ggf. Co u. V		
halb bzw. ganz ferritisch	0,10	0,50	0,50	13	—	(0—1)	—	—
	0,05/0,15	0,50	0,50	18	—	(0—2)	—	(0,5/2,0)
	0,05/0,30	0,50	0,50	30	—	(0—2)	—	—
austenitisch-ferrit.	0,05/0,15	0,50	0,50	22	7	(0—2)	—	(0,5/2,0)
	0,10/0,15	0,50	8	18	0/1,5		—	(0,5/2,0)
								b) Guß-
ferritisch	0,50/1,0	1,0	0,50	28	—	(0—2)	—	—
austenit.-ferrit.	0,10/0,15	1,0	0,50	22	7	—	—	(0,5/2,0)
	0,60/1,0	1,0	0,50	23	5	—	—	—

* nicht tiefziehfähig.

Nickel-Stähle zeigen, so sind sie doch nicht so vielseitig beständig gegen die verschiedensten Arten von Chemikalien; es sei denn, daß man den Chromgehalt gegenüber den Chrom-Nickel-Stählen wesentlich erhöht. Für ihre Verwendung im Falle des Korrosionsangriffes bei Raumtemperatur sprechen hauptsächlich wirtschaftliche Gesichtspunkte. Da aber Chrom-Mangan-Stähle nicht

Chrom-, Chrom-Nickel- und Chrom-Mangan-Legierungen.

Streck-grenze kg/mm²	Zug-festigkeit kg/mm²	Dehnung $l = 10\,d$ %	Brinellhärte	Verwendungszweck
als Gußlegierungen verwendbar).				
>22	55/70	>40	140/190	Seewasser, Architektur, Milchwirtschaft, chirurgische Instrumente, Absorptionstürme für HNO_3, Pumpen, Ventile, Textilindustrie, CH_3COOH
>22	55/70	>40	140/190	Geringere Gefahr gegen Lochfraß, Fixierbäder, Zellstoffindustrie, Mischsäuren, Textilindustrie, Fällbäder, H_2SO_4 kalt bis 20%, H_3PO_4
>22	55/70	>40	140/175	Spannungskorrosionsbeständig, Bandagendrähte, H_2SO_4 kalt alle Konz.
>22	55/70	>40	140/175	H_2SO_4 warm, HCl bis 15% kalt, verdünnt warm
>22	55/70	>50	140/175	Tiefziehmaterial, unmagnetische Uhrfedern, Bestecke
>25	65/80	>40	∿ 180	Bestecke, Beschläge, keine Säuren
>25	65/85	>40	∿ 190	Salpetersäure kalt, Milch- und Bierindustrie, Haushaltgeräte, organische Säuren, tiefziehfähig
>30	80/95	>30	∿220	desgl., nicht tiefziehfähig
60	80/95	15	∞260/450	Seewasser, Waschmaschinen, Molkereigeräte, HNO_3-Industrie (Wellen, Pumpen, Stopfbüchsen)
45/55	65/90	16/19	220/250	Mech. beanspr. Teile des Maschinenbaues, Wellen, Schrauben und Muttern, Turbinenschaufeln, Schiffsschrauben
—	170/180	—	200/530	Tisch-, Maschinenmesser, Kolbenstangen, Plunger, Pumpenteile, Ventilsitze, Schieblehren, Bandmaße
—	—	—	240/600	desgl., außerdem Kugeln, Rollen, Schlachtmesser
30/35	50/65	20	160/190	Rostbeständig, keine Säuren, Teile für Wasser- und Dampfturbinen
30/35	50/70	20	170/190	Salpetersäureindustrie, Öle und Fette, Benzin, Benzol, Molkerei und Brauerei, (Mo-Qualität auch Essigsäure)
>35	50/70	>12	160/210	Hohe HNO_3-Beständigkeit (Verdampfer), hitzebeständiger Werkstoff
>40	65/80	>25	200	Hohe Streckgrenze, gute Dehnung, sonst wie 18/8 Cr-Ni-Stahl
65/80	>35	>30	150/190	Höhere Streckgrenze, sonst wie 15/8- und 15/12-Cr-Mn-Stähle
legierungen.				
—	∿45	—	250/300	HNO_3-Industrie, Sprengstoffindustrie, Kunstdünger, Fettsäure, Kunststoffindustrie, Textilindustrie
>25	>55	>14	∿ 186/230	desgl., Schiffspropeller
—	∿ 60	2,4	250/300	desgl., Papierzylinder

so leicht austenitisch werden wie Chrom-Nickel-Stähle, sind sie auch in ihren mechanischen Eigenschaften, beispielsweise in der Tiefziehfähigkeit usw., nicht immer gleichartig. Hinzu kommt noch, daß sich in den Dreistofflegierungen Eisen-Mangan-Chrom der Existenzbereich der spröden intermetallischen Verbindung (Abb. 336) wesentlich weiter ausdehnt, als dies bei Nickel der Fall ist, so daß sich hierdurch für viele Zwecke Beschränkungen ergeben. Um einen bei Raumtemperatur stabilen Austenit zu erhalten, sind schon höhere Mangan- als Nickelgehalte erforderlich, wie dies aus den Beispielen auf S. 401ff. hervorging. Vielfach setzt man daher derartigen Stählen auch noch geringe Nickelgehalte zu. Ebenso läßt sich durch Zusatz von Stickstoff sowohl bei Chrom-Mangan- als auch bei Chrom-Nickel-Stählen die Stabilität des Austenits erhöhen (s. S. 448 und Abschnitt Stickstoff, S. 898).

Alle Legierungen rostfreier Stähle werden sowohl im Schmiede- bzw. Walzzustand als auch als Gußlegierungen verwendet. Besondere Anwendung nur als

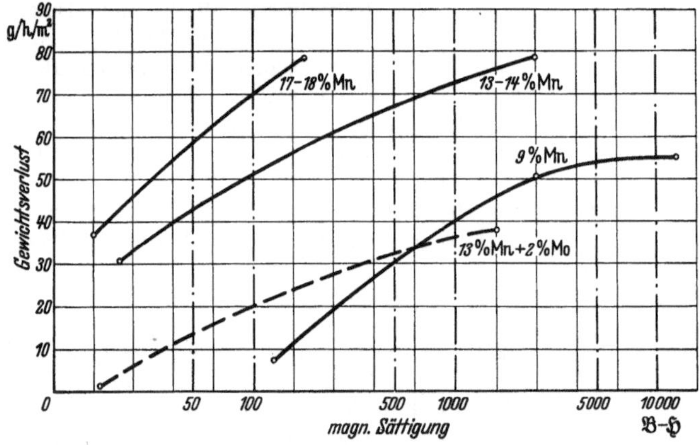

Abb. 396. Einfluß des Mangangehaltes und des Ferritanteiles im Gefüge auf die Gewichtsverluste von Chrom-Mangan-Stählen mit 13% Cr beim Angriff von siedender 5proz. Ameisensäure (Ferritanteil — gemessen durch die magnetische Sättigung — in den einzelnen Legierungen durch verschieden hohen Stickstoffgehalt verändert).

Gußlegierung haben Stähle mit etwa 30% Cr und 1—3% C gefunden. Infolge des hohen Kohlenstoffgehaltes schmelzen diese Legierungen bei verhältnismäßig tiefen Temperaturen und können daher zum Gießen von dünnwandigen Stücken Verwendung finden. Der hohe Chromgehalt von etwa 30% ist notwendig, um bei dem genannten Kohlenstoffgehalt die Korrosionsbeständigkeit zu gewährleisten. Entsprechend dem hohen Karbidgehalt sind sie verhältnismäßig spröde, was bei ihrer Anwendung berücksichtigt werden muß.

Einen Überblick über die technisch wichtigsten korrosionsfesten Stähle und Legierungen auf der Basis Chrom, Chrom-Nickel, Chrom-Mangan gibt Zahlentafel 93 (S. 482). In ihr ist jeweils angegeben, zu welcher Gefügegruppe die betreffenden Zusammensetzungen gehören. Über die Festigkeitseigenschaften dieser Legierungen und deren Veränderung durch Wärmebehandlung sind Angaben in dem Abschnitt über Baustähle enthalten. Es ist nicht möglich, im Rahmen dieses Buches einen Überblick über alle Anwendungsmöglichkeiten der verschiedenen Stähle zu geben. Als Beispiele der Beständigkeit gegen einige wichtige Angriffsmittel sind Beständigkeitstabellen korrosionsbeständiger Legierungen in Zahlentafeln 94—98 (S. 485ff.) wiedergegeben. Als Maßstab für

Zahlentafel 94. Beständigkeit der Chromstähle[1].

Chemische Angriffsmittel	Versuchstemperatur ° C	Prüfungsergebnis für Legierungen mit					
		0,10% C 13% Cr	0,10% C 15% Cr	0,10% C 17% Cr	0,3% C 30% Cr	0,10%C 17% Cr 2% Mo	0,10% C 15% Cr 8% Mn 1,5% Ni
Anorganische Säuren.							
Salzsäure HCl							
0,5proz., spez. Gew. 1,002	20°	2	2	2	—	2	4
desgl.	kochend	5	5	5	—	5	5
3,6proz., spez. Gew. 1.017	20°	3	3	3	—	2	5
desgl.	kochend	5	5	5	—	5	5
Salpetersäure HNO₃							
7proz., spez. Gew. 1,04	20°	2	1	1	1	1	1
desgl.	kochend	5	4	3	1	2	1
37proz., spez. Gew. 1,23	20°	1	1	1	1	1	1
desgl.	kochend	4	2	2	2	2	2
66proz., spez. Gew. 1,40	20°	1	1	1	1	1	1
desgl.	kochend	4	3	2	2	3	3
konz. rauch., spez. Gew. 1,52 . .	20°	1	1	1	1	1	1
desgl.	kochend	4	4	3	2	3	4
Schwefelsäure H₂SO₄							
10proz., spez. Gew. 1,07	20°	5	5	5	5	5	5
Mischsäuren							
50 Gew.-% Schwefelsäure konz.							
+ 50 Gew.-% Salpetersäure konz.	50—60°	3	2	2	—	3	2
75 Gew.-% Schwefelsäure konz.							
+ 25 Gew.-% Salpetersäure konz.	50—60°	3	2	2	—	3	2
Säure-Salz-Mischungen							
Salpetersäure rauch., spez. Gew. 1,52							
+ 10% Kaliumnitrat	kochend	2	2	2	—	2	4
Salpetersäure rauch., spez. Gew. 1,52							
+ 10% Aluminiumnitrat	kochend	2	2	2	—	2	3
Schwefelsäure 10proz., spez.Gew.1,07							
+ 10% Kupfersulfat.	kochend	3	2	2	—	2	2
Schwefelsäure 10proz., spez.Gew.1,07							
+ 2% Ferrisulfat	kochend	5	5	2	—	2	2
Schweflige Säure SO₂							
gesättigte wässerige Lösung . . .	20°	5	5	3	2	1	1
Phosphorsäure H₃PO₄, chemisch rein							
10proz., spez. Gew. 1,05	20°	1	1	1	1	1	1
desgl.	kochend	2	2	2	1	1	1
45proz., spez. Gew. 1,30	20°	5	2	2	1	1	1
desgl.	kochend	5	3	2	1	2	4
80proz., spez. Gew. 1,64.	20°	2	2	2	1	1	1
desgl.	kochend	5	5	5	5	5	5
Phosphorsäureanhydrid P₂O₅							
trocken oder feucht	20°	1	1	1	1	1	1
Borsäure H₃BO₃							
kalt gesättigte wässerige Lösung .	kochend	1	1	1	1	1	1

[1] Zum Vergleich ist ein austenitischer Chrom-Mangan-Stahl mit aufgenommen.

Zahlentafel 94. Beständigkeit der Chromstähle (Fortsetzung).

Chemische Angriffsmittel	Versuchs-temperatur °C	Prüfungsergebnis für Legierungen mit					
		0,10% C 13% Cr	0,10% C 15% Cr	0,10% C 17% Cr	0,3% C 30% Cr	0,10% C 17% Cr 2% Mo	0,10% C 15% Cr 8% Mn 1,5% Ni
Organische Säuren.							
Ameisensäure CH_2O_2							
10 proz., spez. Gew. 1,02	20°	1	1	1	1	1	1
desgl.	kochend	5	5	5	5	4	2
50 proz., spez. Gew. 1,12	20°	2	1	1	1	1	1
desgl.	kochend	5	5	5	5	5	5
Essigsäure $C_2H_4O_2$							
10 proz., spez. Gew. 1,01	20°	1	1	1	1	1	1
desgl.	kochend	2	2	2	2	1	1
50 proz., spez. Gew. 1,06	20°	1	1	1	1	1	1
desgl.	kochend	5	5	5	5	1	2
Essigsäureanhydrid $C_4H_6O_3$	20°	1	1	1	—	1	1
desgl.	kochend	4	3	3	—	1	2
Fettsäure (Oleinsäure) $C_{18}H_{34}O_2$							
technische	150°	1	1	1	—	1	1
desgl., etwa 15 at Druck	180°	4	3	3	—	2	2
Gerbsäure (Tannin)							
wässerige Lösung 10 proz.	kochend	2	1	1	1	1	1
Karbolsäure (Phenol) C_6H_5OH							
rein + 10% Wasser	kochend	1	1	1	1	1	1
Milchsäure $C_3H_6O_3$							
1,5 proz.	20°	2	1	1	—	1	1
desgl.	kochend	2	2	2	—	1	1
10 proz., spez. Gew. 1,02	20°	2	2	1	1	1	1
desgl.	kochend	5	5	5	5	1	2
Oxalsäure $C_2H_2O_4$							
wässerige Lösung, 10 proz.	20°	2	2	2	—	1	1
desgl.	kochend	5	5	5	—	5	3
Weinsäure $C_4H_6O_6$							
wässerige Lösung, 10 proz.	20°	2	1	1	—	1	1
desgl.	kochend	2	2	2	—	1	1
Zitronensäure $C_6H_8O_7 + H_2O$							
wässerige Lösung, 10 proz.	20°	2	1	1	—	1	1
desgl.	kochend	5	2	2	—	1	1
Alkalisch wirkende Stoffe und Salzlösungen.							
Ammoniak NH_3							
wässerige Lösung (Salmiakgeist), spez. Gew. 0,91	20°	1	1	1	1	1	1
Natriumhydroxyd (Ätznatron) NaOH							
wässerige Lösung (Natronlauge) 20 proz., spez. Gew. 1,23	20°	1	1	1	1	1	1
Natriumkarbonat Na_2CO_3							
wässerige Lösung, 10 proz.	kochend	1	1	1	1	1	1
kalt gesättigt	kochend	1	1	1	1	1	1

Zahlentafel 94. Beständigkeit der Chromstähle (Fortsetzung).

Chemische Angriffsmittel	Versuchs-temperatur °C	Prüfungsergebnis für Legierungen mit					
		0,10% C 13% Cr	0,10% C 15% Cr	0,10% C 17% Cr	0,3% C 30% Cr	0,10% C 17% Cr 2% Mo	0,10% C 15% Cr 8% Mn 1,5% Ni
Alkalisch wirkende Stoffe und Salzlösungen (Fortsetzung).							
Alaun $KAl(SO_4)_2 + 12H_2O$							
wässerige Lösung, 10proz.	20°	2	2	2	2	1	1
desgl.	kochend	5	5	5	5	1	3
Ammoniumnitrat NH_4NO_3							
wässerige Lösung bei 100° gesättigt	kochend	2	1	1	1	1	1
Bleiazetat (Bleizucker) $Pb(C_2H_3O_2)_2 + 3H_2O$							
wässerige Lösung, 25proz.	kochend	1	1	1	1	1	1
Eisenchlorid $FeCl_3$							
wässerige Lösung, 30proz.	20°	5	5	5	3	5	5
Kaliumnitrat KNO_3 (Kalisalpeter)							
wässerige Lösung, 50proz.	kochend	1	1	1	1	1	1
Kupfersulfat $CuSO_4 + 5H_2O$ (Kupfervitriol)							
bei 100° gesättigte wässerige Lösung	kochend	1	1	1	1	1	1
Natriumsulfid $Na_2S + 9H_2O$							
wässerige Lösung, 50proz.	kochend	5	5	5	1	1	1
Natriumsulfit $Na_2SO_3 + 7H_2O$							
wässerige Lösung, 25proz.	kochend	1	1	1	1	1	1
Natriumthiosulfat $Na_2S_2O_3$							
wässerige Lösung, 25proz.	kochend	1	1	1	1	1	1
Zinkchlorid $ZnCl_2$							
wässerige Lösung, spez. Gew. 1,20	20°	2	2	2	1	1	2
desgl.	kochend	5	5	5	2	2	2

die Korrosionswirkungen wurden folgende Beständigkeitsgrade festgelegt. Es bedeutet:

Gewichtsabnahme/h von weniger als	0,1 g/m²	= vollk. beständig	Bezeichnung	1
,,	,,	0,1— 1,0 ,,	= genügend beständig	,.	2
,,	,.	1,0— 3,0 ,,	= zieml. beständig	,,	3
,.	..	3,0—10,0 ,,	= wenig beständig	,,	4
,,	,,	über 10,0 ,,	= unbeständig	,,	5

Infolge der unvermeidlichen Streuung der Ergebnisse bei Korrosionsversuchen ist die Angabe z. B. 0,1—1 Gramm = „genügend beständig" geeigneter als die Angabe eines bestimmten Gewichtsverlustes. Eine Gewichtsabnahme von 0,1 g/h m² entspricht im Jahr (= 8760 Stunden) einer Gewichtsabnahme von 876 g. Da 1 m² eines 1-mm-V2A-Bleches 7,9 kg wiegt, entspricht die Gewichtsabnahme von 0,1 g/h m² einer Verminderung der Blechdicke um etwa 0,11 mm im Jahr. Die Angaben der Beständigkeitstabellen wurden in Laboratoriumsversuchen mit reinen Agenzien gewonnen, sind also nicht ohne weiteres auf die Praxis übertragbar. Immerhin geben sie einen Überblick über die Anwendungsmöglichkeiten der verschiedenen Stähle.

Zahlentafel 95. Beständigkeit der Eisen-Chrom-Kohlenstoff-Guß-Legierungen.

Chemische Angriffsmittel	Versuchstemperatur °C	Prüfungsergebnis für Legierungen mit				
		1% C 33% Cr	2% C 34% Cr	2,5% C 40% Cr	2,5% C 50% Cr	0,9% C 60% Cr
Salpetersäure NHO$_3$						
7 proz., spez. Gew. 1,04	kochend	1	1	1	1	1
37 proz., spez. Gew. 1,23	20°	1	1	1	1	1
desgl.	kochend	2	2	2	2	1
66 proz., spez. Gew. 1,40	20°	1	1	1	1	1
desgl.	kochend	2	3	3	2	2
konz. rauchend, spez. Gew. 1,52 .	20°	1	2	2	1	1
desgl.	40°	5	5	4	3	3
desgl.	kochend	—	—	4	3	3
Schwefelsäure H$_2$SO$_4$						
15 proz., spez. Gew. 1,10	20°	5	5	5	5	5
Mischsäure						
30 Gew.-% H$_2$SO$_4$ konz.						
+ 5 Gew.-% HNO$_3$ konz.						
+ 65 Gew.-% H$_2$O	50°	1	1	1	1	1
Schweflige Säure SO$_2$						
gesättigte wässerige Lösung . . .	20°	1	2	1	1	1
Phosphorsäure H$_3$PO$_4$, chemisch rein						
bis 45 proz., spez. Gew. 1,30 . . .	kochend	1	1	1	1	1
80 proz., spez. Gew. 1,64	kochend	4	5	5	5	4
Essigsäure C$_2$H$_4$O$_2$ [1]						
100 proz., spez. Gew. 1,05	kochend	1	1	1	1	1
Milchsäure C$_3$H$_6$O$_3$						
1,5 proz.	kochend	1	1	1	1	1
Natriumhydroxyd NaOH (Ätznatron), wässerige Lösung						
(Natronlauge) 15 proz., spez. G. 1,16	kochend	1	1	1	1	1
50 proz., spez. Gew. 1,53	kochend	5	5	1	1	1
Natriumsulfid Na$_2$S + 9 H$_2$O						
wässerige Lösung, 50 proz.	kochend	1	1	1	1	1
Ammoniumnitrat NH$_4$NO$_3$						
wässerige Lösung, 50 proz.	kochend	1	1	1	1	1
Kaliumnitrat KNO$_3$ (Kalisalpeter)						
wässerige Lösung, 25 proz.	kochend	1	1	1	1	1
Ammoniumsulfat (NH$_4$)$_2$SO$_4$						
wässerige Lösung, 50 proz.	kochend	1	1	1	1	1
Kalziumhypochlorit Ca(OCl)$_2$						
wässerige Lösung, kalt gesättigt .	40°	2	2	2	1	1
Eisenchlorid FeCl$_2$						
wässerige Lösung, 30 proz.	20°	5	5	5	1	1
Zinkchlorid ZnCl$_2$						
wässerige Lösung, spez. Gew. 1,20	kochend	1	1	1	1	1
desgl., spez. Gew. 1,90	kochend	5	5	5	5	5

[1] In der ersten Stunde findet ein Angriff statt, beim Kochen während 8 Stunden dagegen vollkommen beständig.

Zahlentafel 96. Beständigkeit der 18/8 Legierung (etwa 18% Cr, 8—9% Ni, etwa 0,1% C).

A. Anorganische Säuren.

Chemische Angriffsmittel	Versuchstemperatur °C	Prüfungsergebnis
Salzsäure HCl		
0,5proz., spez. Gew. 1,002 . .	20°	2
desgl.	kochend	5
3,6proz., spez. Gew. 1,017 . .	20°	3
desgl.	kochend	5
37proz., konz., spez. Gew. 1,19	20°	5
Fluorwasserstoffsäure HF (Flußsäure)		
40proz., spez. Gew. 1,13 . . .	20°	5
Salpetersäure HNO$_3$		
7proz., spez. Gew. 1,04 . . .	kochend	1
37proz., spez. Gew. 1,23 . . .	kochend (110°)	1
50proz., spez. Gew. 1,32 . . .	20°	1
desgl.	kochend (115°)	2
66proz., konz., spez. Gew. 1,40	20°	1
desgl.	kochend (123°)	2
99proz., konz., rauchend, spez. Gew. 1,52 . . .	20°	1
desgl.	kochend (70/80°)	4
Schwefelsäure H$_2$SO$_4$		
5proz., spez. Gew. 1,03 . . .	20°	1
desgl.	kochend	5
15proz., spez. Gew. 1,10 . . .	20°	3
desgl.	kochend	5
62proz., spez. Gew. 1,52 . . .	20°	5
desgl.	kochend	5
98proz., konz., spez. Gew. 1,84	20°	1
desgl.	100°	4
desgl.	150°	5
rauchende (11% freies SO$_3$), spez. Gew. 1,91	100°	2
desgl. (60% freies SO$_3$), spez. Gew. 2,00	20°	1
desgl.	70°	1
Mischsäuren		
50 Gew.-% Schwefelsäure konz. +50 Gew.-% Salpetersäure konz.	50—60°	1
desgl.	90—95°	2
desgl.	kochend (120°)	3
75 Gew.-% Schwefelsäure konz. +25 Gew.-% Salpetersäure konz.	50—60°	1
desgl.	90—95°	2
desgl.	kochend (157°)	4
70 Gew.-% Schwefelsäure konz. +10 Gew.-% Salpetersäure konz. +20 Gew.-% Wasser	50—60°	1

Chemische Angriffsmittel	Versuchstemperatur °C	Prüfungsergebnis
Mischsäuren		
70 Gew.-% Schwefelsäure konz. +10 Gew.-% Salpetersäure konz. +20 Gew.-% Wasser	90—95°	2
desgl.	kochend (168°)	5
30 Gew.-% Schwefelsäure konz. + 5 Gew.-% Salpetersäure konz. +65 Gew.-% Wasser	90—95°	1
desgl.	kochend (110°)	2
15 Gew.-% Schwefelsäure konz. + 5 Gew.-% Salpetersäure konz. +80 Gew.-% Wasser	kochend (104°)	2
Schweflige Säure SO$_2$		
gesättigte wässerige Lösung . .	20°	1
desgl. bei 4 at Druck	135°	2
desgl. bei 5—8 at Druck . . .	160°	3
desgl. bei 20 at Druck	200°	3
Phosphorsäure H$_3$PO$_4$, chemisch rein		
1proz., spez. Gew. 1,00	kochend	1
desgl. bei 3 at Druck	140°	2
45proz., spez. Gew. 1,30 . . .	kochend	2
80proz., spez. Gew. 1,64 . . .	60°	1
desgl.	110°	5
Chromsäure CrO$_3$		
50proz. wässerige Lösg., technisch, SO$_3$-haltig, spez. Gew. 1,51	20°	1
desgl.	kochend	5
10proz., rein, SO$_3$-frei, spez. Gew. 1,07	20°	1
desgl.	kochend	2
50proz., rein, SO$_3$-frei, spez. Gew. 1,51	20°	2
desgl.	kochend	3
Chromelektrolyt nach Grube .	20°	1
Borsäure H$_3$BO$_3$		
kalt gesättigte, wässerige Lösg.	kochend	1
Säure-Salz-Mischungen		
Salpetersäure, rauchend, spez. Gew. 1,52 + 10% Kaliumnitrat	kochend	2
Salpetersäure, rauchend, spez. Gew. 1,52 + 10% Aluminiumnitrat	kochend	2
Schwefelsäure, 10proz., spez. Gew. 1,07 + 10% Kupfersulfat	kochend	1

Zahlentafel 96. Beständigkeit der 18/8 Legierung (Fortsetzung).

Chemische Angriffsmittel	Versuchstemperatur °C	Prüfungsergebnis	Chemische Angriffsmittel	Versuchstemperatur °C	Prüfungsergebnis

A. Anorganische Säuren (Fortsetzung).

Chemische Angriffsmittel	Versuchstemp. °C	Prüfungsergebnis
Säure-Salz-Mischungen		
Schwefelsäure, 10proz., spez. Gew. 10,7 + 2% Ferrisulfat	kochend	1
Manganchlorür $MnCl_2 + 4H_2O$		
wässerige Lösung, 50proz.	kochend	1
Natriumbisulfat $NaHSO_4$		
wässerige Lösung, 10proz.	kochend	1
Natriumbisulfit $NaHSO_3$		
wässerige Lösg., spez. Gew. 1,38	20°	1
Natriumchlorid $NaCl$ (Kochsalz)		
kalt gesättigte, wässerige Lösg.	20°	2
bei 100° gesättigte, wässerige Lösung	kochend	2
Natriumhypochlorit $NaClO$		
wässerige Lösung	20°	2
Natriumperchlorat $NaClO_4$		
wässerige Lösung, 10proz.	kochend	1
Natriumsulfat $Na_2SO_4 + 10H_2O$ (Glaubersalz)		
kalt gesättigt, wässerige Lösung	kochend	1
Natriumsulfit $Na_2S + 9H_2O$		
wässerige Lösung, 50proz.	kochend	1
Natriumsulfit $Na_2SO_3 + 7H_2O$		
wässerige Lösung, 50proz.	kochend	1
Natriumthiosulfat $Na_2S_2O_3$		
wässerige Lösung, 25proz.	kochend	1
Quecksilberchlorid $HgCl_2$ (Sublimat)		
wässerige Lösung, 0,1proz.	kochend	2
desgl., 0,7proz.	20°	2
desgl.	kochend	4
Silbernitrat $AgNO_3$		
wässerige Lösung, 10proz.	kochend	1
Schmelzfluß	250°	1
Zinkchlorid $ZnCl_2$		
wässerige Lösung, spez. Gew. 2,05	20°	1
desgl., spez. Gew. 1,90	kochend	4
Zinksulfat $ZnSO_4$		
wässerige Lösung, 25proz.	kochend	1
desgl., heiß gesättigt	„	1
Zinnchlorid $SnCl_4$		
wässerige Lösg., spez. Gew. 1,21	20°	2
desgl.	kochend	5
Zinnchlorür $SnCl_2 — 2H_2O$		
kalt gesättigte, wässerige Lösg.	50°	2
desgl.	kochend	5
Phosphorsäureanhydrid P_2O_5		
trocken oder feucht	20°	1

B. Organische Säuren.

Chemische Angriffsmittel	Versuchstemp. °C	Prüfungsergebnis
Ameisensäure CH_2O_2		
10proz., spez. Gew. 1,02	70°	3
desgl.	kochend	4
50proz., spez. Gew. 1,12	70°	3
desgl.	kochend	5
80proz., spez. Gew. 1,18	kochend	3
100proz., spez. Gew. 1,22	20°	1
desgl.	kochend	2
Buttersäure $C_4H_8O_2$		
spez. Gew. 0,96	kochend	1
Essigsäure $C_2H_4O_2$		
10proz., spez. Gew. 1,01	kochend	1
50proz., spez. Gew. 1,06	kochend	2
80proz., spez. Gew. 1,07	kochend	3
100proz., spez. Gew. 1,05	20°	1
desgl.	kochend	2
desgl. bei 10 at Druck	200°	5
Essigsäureanhydrid $C_4H_6O_3$	kochend	1
Fettsäure (Oleinsäure) $C_{18}H_{34}O_2$		
technische bei 2—3 at Druck	200°	1
Gallussäure $C_6H_2(OH)_3CO_2H$		
bei 100° gesättigte Lösung	kochend	1
Gerbsäure (Tannin)		
wässerige Lösung, 10proz.	kochend	1
desgl., 50proz.	kochend	1
Karbolsäure (Phenol) C_6H_5OH		
rein	kochend	1
roh	100°	1
roh	kochend	1
Milchsäure $C_3H_6O_3$		
1,5proz.	kochend	1
10proz., spez. Gew. 1,02	20°	1
desgl.	kochend	2
konz., spez. Gew. 1,22	kalt	1
desgl.	kochend	3
Oxalsäure $C_2H_2O_4$		
wässerige Lösung, 10proz.	20°	1
desgl.	kochend	4
desgl., 25proz.	kochend	4
desgl., 50proz.	kochend	4

Zahlentafel 96. Beständigkeit der 18/8 Legierung (Fortsetzung).

Chemische Angriffsmittel	Versuchs-temperatur °C	Prüfungs-ergebnis	Chemische Angriffsmittel	Versuchs-temperatur °C	Prüfungs-ergebnis
B. Organische Säuren (Fortsetzung).					
Weinsäure $C_4H_6O_6$			**Zitronensäure $C_6H_8O_7 + H_2O$**		
wässerige Lösung, 50 proz. . .	kochend	1	wässerige Lösung, 25 proz. . .	kochend	4
bei 100° gesättigte Lösung . .	kochend	2	desgl., 50 proz.	20°	1
Zitronensäure $C_6H_8O_7 + H_2O$			desgl.	kochend	4
wässerige Lösung, 10 proz. . .	kochend	1	desgl., 5 proz. bei 3 at Druck .	140°	2
C. Alkalisch wirkende Stoffe (Basen und Laugen).					
Ammoniak NH_3			**Natriumhydroxyd NaOH**		
wässerige Lösung (Salmiakgeist)			(Ätznatron)		
spez. Gew. 0,91	20°	1	wässerige Lösg. (Natronlauge)		
Kaliumkarbonat K_2CO_3			34 proz., spez. Gew. 1,37 . .	100°	1
wässerige Lösung, 50 proz. . .	kochend	1	desgl.	kochend	2
Kaliumhydroxyd KOH			Schmelzfluß	318°	2
(Ätzkali)					
wässerige Lösung (Kalilauge)			**Natriumkarbonat Na_2CO_3**		
27 proz., spez. Gew. 1,25 . .	kochend	1	(Soda)		
desgl., 50 proz., spez. Gew. 1,54	kochend	2	wässerige Lösung (Sodalauge)		
Schmelzfluß	360°	5	10 proz.	kochend	1
Natriumhydroxyd NaOH			kalt gesättigt	kochend	1
(Ätznatron)			Schmelzfluß	900°	5
wässerige Lösg. (Natronlauge)					
20 proz., spez. Gew. 1,23 . .	kochend	1	**Natriumsuperoxyd Na_2O_2**		
			wässerige Lösung, 10 proz. . .	95°	1
D. Salzlösungen und geschmolzene Salze.					
Alaun $KAl(SO_4)_2 + 12 H_2O$			**Ammoniumsulfat $(NH_4)_2SO_4$**		
wässerige Lösung, 10 proz. . .	20°	1	wässerige Lösg., kalt gesättigt .	kochend	1
desgl.	kochend	2	**Ammoniumsulfit $(NH_4)_2SO_3$**		
desgl., heiß gesättigt	kochend	3	wässerige Lösung, konzentriert	kochend	1
Aluminiumazetat $Al_2(C_2H_3O_2)_6$			**Bleiazetat $Pb(C_2H_3O_2) + H_2O$**		
wässerige Lösg., kalt gesättigt .	kochend	1	(Bleizucker)		
Aluminiumsulfat $Al_2(SO_4)_3$			wässerige Lösung, 25 proz. . .	kochend	1
wässerige Lösung, 10 proz. . .	20°	1	**Kalziumbisulfit $Ca(HSO_3)_2$**		
desgl.	kochend	2	wässerige Lösg., spez. Gew. 1,04	kochend	1
wässerige Lösg., kalt gesättigt	20°	1	desgl. bei 20 at Druck	200°	5
desgl.	kochend	3	**Kalziumchlorid $CaCl_2$**		
Ammoniumchlorid NH_4Cl			wässerige Lösg., kalt gesättigt .	100°	2
(Salmiak)			**Kalziumhypochlorit $Ca(OCl)_2$**		
wässerige Lösung, 10 proz. . .	kochend	2	wässerige Lösg., spez. Gew. 1,04	40°	3
desgl., 50 proz.	kochend	2	**Chlorkalk**		
Ammonium(sesqui-)karbonat			trocken	20°	1
$(NH_4)_2CO_3 + 2 NH_4HCO_3$			feucht	20°	2
wässerige Lösg., kalt gesättigt .	kochend	1	**Zyankupfer $Cu(CN)_2$**		
Ammoniumnitrat NH_4NO_3			bei 100° gesättigte, wässerige		
wässerige Lösung, bei 100° ge-			Lösung	kochend	1
sättigt	kochend	1	**Zyanzink $Zn(CN)_2$**		
Ammoniumperchlorat			mit Wasser angefeuchtet . . .	20°	1
NH_4ClO_4			**Eisenchlorid $FeCl_3$**		
wässerige Lösung, 10 proz. . .	kochend	1	wässerige Lösung, 30 proz. . .	20°	5

Zahlentafel 96. Beständigkeit der 18/8 Legierung (Fortsetzung).

Chemische Angriffsmittel	Versuchstemperatur °C	Prüfungsergebnis	Chemische Angriffsmittel	Versuchstemperatur °C	Prüfungsergebnis
D. Salzlösungen und geschmolzene Salze (Fortsetzung).					
Eisensulfat $FeSO_4$ u. $Fe_2(SO_4)_3$ wässerige Lösung, 10proz. . .	kochend	1	Kaliumhypochlorit KClO wässerige, konzentr. Lösung .	20°	2
Kaliumbichromat $K_2Cr_2O_7$ wässerige Lösung, 25proz. . .	kochend	1	Kaliumnitrat KNO_3 (Kalisalpeter) wässerige Lösung, 50proz. . .	kochend	1
Kaliumbitartrat $C_4H_5KO_6$ (Weinstein) bei 100° gesättigte, wässerige Lösung	kochend	2	Schmelzfluß	550°	1
Kaliumchlorat $KClO_3$ bei 100° gesättigte, wässerige Lösung	kochend	1	Kaliumpermanganat $KMnO_4$ wässerige Lösung, 10proz. . .	kochend	1
Kaliumchlorid KCl bei 100° gesättigte, wässerige Lösung	kochend	2	Kupferazetat $Cu(C_2H_3O_2)_2 + H_2O$ mit Wasser angefeuchtet . . .	20°	1
			Kupferchlorid $CuCl_2 + 2\,H_2O$ wässerige Lösung, 10proz. . .	kochend	5
Kaliumferrizyanid $Fe(CN)_6K_3$ (rotes Blutlaugensalz) wässerige Lösung, 25proz. . .	20°	1	Kupfernitrat $Cu(NO_3)_2 + 3\,H_2O$ wässerige Lösung, 50proz. . .	kochend	1
desgl.	kochend	1	Kupfersulfat $CuSO_4 + 5\,H_2O$ (Kupfervitriol) bei 100° gesättigte, wässerige Lösung	kochend	1

E. Sonstige Angriffsstoffe.
(Nichtmetalle, Metalle, organische Stoffe, Gase bzw. Dämpfe, verschiedene Stoffe.)

Nichtmetalle.			Gase und Dämpfe.		
Brom	20°	5	Chlorwasserstoffdämpfe . .	20°	2
Chlor			desgl.	100°	4
Gas in trockenem Zustande .	20°	1	desgl.	500°	4
desgl. in feuchtem Zustande .	20°	4	Fluorwasserstoffdämpfe (Flußsäuredämpfe)	100°	2
desgl.	100°	5			
kalt mit Chlor gesättigtes Wasser = Chlorwasser	20°	2	Kieselfluorwasserstoffdämpfe (Kieselflußsäuredämpfe)	100°	2
Chlorschwefel S_2Cl_2	20°	1			
Jod			Schwefelwasserstoff	20°	1
trocken	20°	1	Schweflige Säure SO_2		
feucht	20°	5	Gas (feucht), frei von SO_3 . .	20°	2
Jodoform CHJ_3			desgl.	300°	1
Dämpfe	50°	1	desgl.	500°	2
Schwefel			desgl.	900°	4
geschmolzen	etwa 130°	1			
desgl. siedend	445°	3	**Verschiedene Stoffe, insbesondere technische Flüssigkeiten.**		
Metalle			Bier	20°	1
Aluminium			desgl.	70°	1
geschmolzen	750°	5	Eisengallustinte	kochend	1
Antimon			Karnallit $(MgCl_2 + KCl)$ kalt gesättigte Lösung	kochend	2
geschmolzen	650°	5			
Blei			Milch	20°	1
geschmolzen	400°	2	desgl.	kochend	1
Quecksilber	50°	1			

Zahlentafel 96. Beständigkeit der 18/8 Legierung (Fortsetzung).

Chemische Angriffsmittel	Versuchs-temperatur °C	Prüfungs-ergebnis	Chemische Angriffsmittel	Versuchs-temperatur °C	Prüfungs-ergebnis

E. Sonstige Angriffsstoffe (Fortsetzung).
(Nichtmetalle, Metalle, organische Stoffe, Gase bzw. Dämpfe, verschiedene Stoffe.)

Chemische Angriffsmittel	Versuchs-temperatur °C	Prüfungs-ergebnis	Chemische Angriffsmittel	Versuchs-temperatur °C	Prüfungs-ergebnis
Photograph. Entwickler . .	20°	1	Dichloräthylen $C_2H_2Cl_2$ . . .	kochend	1
desgl.	kochend	1	Methylaldehyd CH_2O		
Zink			(Formaldehyd, Formalin)		
geschmolzen	500°	5	wässerige Lösung, 40 proz. . .	kochend	1
Zinn			Methylenchlorid CH_2Cl_2 . . .	kochend	1
geschmolzen	300°	1	Mischung von Leinöl und 3%		
desgl.	400°	2	Schwefelsäure	200°	1
desgl.	600°	5	Tetrachlorkohlenstoff CCl_4 .	kochend	2
Organische Stoffe.			Trichloräthylen C_2HCl_3 . . .	kochend	2
Azetylchlorid CH_3COCl . . .	kochend	2	Schweinfurtergrün		
Äthylalkohol C_2H/OH			$Cu(AsO_2)_2 - Cu(C_2H_3O_2)_2$		
(Weingeist)			Kupriazetoarsenit, feucht . . .	20°	1
10 proz., sp. G. bei 20°: 0,98	20°	1	Seewasser	20°	1
50 proz., sp. Gew. bei 20°: 0,91	20°	1	Terpentinöl	35°	1
95 proz., sp. Gew. bei 20°: 0,80	20°	1	Wasserstoffsuperoxyd H_2O_2		
100 proz., sp. Gew. bei 20°: 0,79	20°	1	(Perhydrol)		
Benzol $C/H/$	20°	1	kein zersetzend. katalyt. Einfluß	20°	1
desgl.	kochend	1	Wein	20°	1
Chlorbenzol $C/H/Cl$	kochend	1			

γ) Besondere Arten von Korrosionsangriff.

Die Bewertung verschiedener Stähle in verschiedenen Angriffsmitteln erfolgt meist durch Bestimmung des Gewichtsverlustes je Zeiteinheit und Oberflächeneinheit. Diese Einteilung der verschiedenen Stähle gegenüber den chemischen Angriffsmitteln setzt voraus, daß der Angriff auf die ganze Oberfläche der Probe gleichmäßig verteilt erfolgt. Neben der rein abtragenden Korrosion ist aber noch die Wirkung lokaler Korrosionserscheinungen für die Verwendungsbereiche von Bedeutung.

Lochkorrosion. In diesem Zusammenhang sei eine typische Art der Korrossion, die sog. Lochkorrosion, auch Lochfraß genannt, erwähnt. Sie ist dadurch gekennzeichnet, daß nicht die gesamte Oberfläche der Legierung gleichmäßig angegriffen wird, sondern an einigen Stellen sich lochartige Anfressungen ausbilden. Für die praktische Verwendung ist es natürlich belanglos, ob ein Apparat durch abtragende Korrosion oder Lochkorrosion undicht wird. Die Lochkorrosion dürfte sogar um vieles gefährlicher sein, da sie sich schneller ausbildet und nicht zeitmäßig vorausgesehen werden kann, während bei der abtragenden Korrosion aus bekannten Zahlen über den Gewichtsverlust je Zeit- und Oberflächeneinheit entsprechende Vorausberechnungen getroffen werden können. Vielfach wird diese Art der Korrosionswirkung auf Ungleichmäßigkeiten, insbesondere Einschlüsse im homogenen Gefüge zurückgeführt, die an der Oberfläche solcher korrosionsfesten Legierungen vorhanden sein und zu Potentialdifferenzen sowie damit

Zahlentafel 97. Verbesserung der Beständigkeit der 18/8-Legierung gegen nicht oxydierende Angriffsmittel durch Zusatz von 2% Molybdän.

Chemische Angriffsmittel	Versuchs-temperatur °C	Prüfungsergebnis für	
		8% Ni; 18% Cr	9% Ni; 17% Cr 2% Mo
Schweflige Säure SO_2			
gesättigte wässerige Lösung	20°	1	1
desgl. bei 4 at Druck	135°	2	1
desgl. bei 5—8 at Druck	160°	3	2
desgl. bei 10 at Druck	180°	3	2
desgl. bei 15 at Druck	200°	3	2
desgl. bei 20 at Druck	200°	3	2
Phosphorsäure H_3PO_4, chemisch rein			
80 proz., spez. Gew. 1,64	60°	1	1
desgl.	110°	5	2
Ameisensäure CH_2O_2			
50 proz., spez. Gew. 1,12	20°	1	1
desgl.	70°	3	1
desgl.	kochend	5	2
80 proz., spez. Gew. 1,18	20°	1	1
desgl.	kochend	3	2
100 proz., spez. Gew. 1,22	20°	1	1
desgl.	kochend	2	2
Essigsäure $C_2H_4O_2$			
50 proz., spez. Gew. 1,06	20°	1	1
desgl.	kochend	2	1
80 proz., spez. Gew. 1,07	20°	1	1
desgl.	kochend	3	1
100 proz., spez. Gew. 1,05	20°	1	1
desgl.	kochend	'2	1
desgl. bei 10 at Druck	200°	5	2
Milchsäure $C_3H_6O_3$			
10 proz., spez. Gew. 1,02	20°	1	1
desgl.	kochend	2	1
konz., spez. Gew. 1,22	kalt	1	1
desgl.	kochend	3	2
Oxalsäure $C_2H_2O_4$			
wässerige Lösung, 10 proz.	20°	1	1
desgl.	kochend	4	2
desgl., 25 proz.	kochend	4	2
desgl., 50 proz.	kochend	4	2
Zitronensäure $C_6H_8O_7 + H_2O$			
desgl., 25 proz.	20°	1	1
desgl.	kochend	4	1
desgl., 50 proz.	20°	1	1
desgl.	kochend	4	1
desgl., 5 proz. bei 3 at Druck	140°	2	1
Aluminiumsulfat $Al_2(SO_4)_3$			
wässerige Lösung, 10 proz.	20°	1	1
desgl.	kochend	2	1
wässerige Lösung, kalt gesättigt	20°	1	1
desgl.	kochend	3	2
Kalziumbisulfit $Ca(HSO_3)_2$			
wässerige Lösung, spez. Gew. 1,04 bei 20 at Druck	200°	5	1

Zahlentafel 97. Verbesserung der Beständigkeit der 18/8-Legierung gegen nicht oxydierende Angriffsmittel durch Zusatz von 2% Molybdän (Fortsetzung).

Chemische Angriffsmittel	Versuchs-temperatur °C	Prüfungsergebnis für 8% Ni; 18% Cr	Prüfungsergebnis für 9% Ni; 17% Cr 2% Mo
Zinkchlorid ZnCl₂			
wässerige Lösung, spez. Gew. 2,05	20°	1	1
desgl., spez. Gew. 1,90	kochend	4	1
Schweflige Säure SO₂			
Gas (feucht), frei von SO₃	20°	2	1
desgl.	300°	1	1
desgl.	500°	2	2
desgl.	900°	4	3

Zahlentafel 98.

Beständigkeit von hochprozentigen Chrom-Nickel-Eisen-Legierungen.

Legierung Nr.	C %	Si %	Mn %	Ni %	Cr %	W %	Ti %
1	0,50	1,70	0,80	13,0	15,0	2,0	—
2	0,31	1,64	0,47	14,4	19,8	—	—
3	0,15	2,5	0,7	20,0	25,0	—	—
4	0,35	0,59	0,73	35,5	13,0	—	—
5	0,15	0,91	0,91	56,1	15,9	—	—
6	0,10	0,65	0,83	78,2	18,2	—	—

Chemische Angriffsmittel	Versuchs-temperatur °C	Nr. 1	Nr. 2	Nr. 3	Nr. 4	Nr. 5	Nr. 6
Salzsäure HCl							
3,6 proz., spez. Gew. 1,017	20°	2	2	2	2	2	2
18,5 proz., spez. Gew. 1,092	20°	4	4	4	2	2	2
37 proz., spez. Gew. 1,19	20°	5	5	5	5	5	5
Salpetersäure HNO₃							
7 proz., spez. Gew. 1,04	20°	1	1	1	1	1	1
desgl.	kochend	2	2	1	2	5	2
37 proz., spez. Gew. 1,23	20°	1	1	1	1	1	1
desgl.	kochend	4	2	1	2	4	2
66 proz., spez. Gew. 1,40	20°	1	1	1	1	1	1
desgl.	kochend	5	5	2	2	5	5
Schwefelsäure H₂SO₄							
15 proz., spez. Gew. 1,10	20°	2	2	2	2	2	2
Phosphorsäure H₃PO₄, chemisch rein							
10 proz., spez. Gew. 1,05	20°	2	1	1	1	1	1
desgl.	kochend	5	2	2	2	2	2
Essigsäure C₂H₄O₂							
10 proz., spez. Gew. 1,01	20°	1	1	1	1	1	1
desgl.	kochend	3	2	2	2	2	2
80 proz., spez. Gew. 1,07	20°	1	1	1	1	2	1
desgl.	kochend	2	2	2	2	2	2
100 proz., spez. Gew. 1,05	20°	1	1	1	1	1	1
desgl.	kochend	2	2	2	2	2	2

zum verstärkten Angriff führen sollen (S. 476 u. 479). In wenigen Ausnahmefällen
mag diese Ansicht zutreffen, in durchaus den meisten Fällen ist der örtlich verstärkte Angriff aber nicht durch Materialfehler, sondern durch äußere, der Angriffs-
art eigene Einwirkungen bedingt. Insbesondere wirken in diesem Sinne Chloride,
vor allem Rückstände, die beim Verdampfen chloridhaltiger Lösungen entstehen.
Diese Rückstände bewirken eine lokale Störung im passiven Verhalten des Stahles
und führen zu der angegebenen Art von Lochkorrosion. Durch den lokalen Angriff
entstehen im Material selbst Potentialdifferenzen zwischen nicht angegriffenen und
angegriffenen Teilen, die eine Beschleunigung des Angriffs bewirken. Ähnliche Erscheinungen können durch Ablagerung von Fremdrost, Staub u. dgl. auftreten.

Vielfach werden rostanfällige Stähle in
Verbindung mit nichtrostenden in
Konstruktionen angewandt, z. B.
nichtrostende Turbinenschaufeln in
einem Turbinenläufer aus vergütbarem
nicht rostbeständigem Chrom-Nickel-
Stahl. Der vom Läufer insbesondere in
Stillständen herkommende Rost kann
sich auf den Turbinenschaufeln abla-
gern und den Korrosionsvorgang einleiten. Entsprechende Fälle von Lochkorrosion zeigen die Abb. 397 und 410.
Bei Turbinenschaufeln können auch al-
kalische Enthärtungsmittel, die dem
Kesselspeisewasser zugesetzt werden,
ähnliche Wirkungen zur Folge haben.
Besonders gefährlich sind vielfach zeit-
weise Stillstände der Turbinen, in

$V = {}^9/_{10}$

Abb. 397. Lochkorrosion an Turbinenschaufeln.

denen kondensierender Naßdampf zusammen mit zutretender Luft die Korrosion
begünstigende Bedingungen schafft. Bei den säurebeständigen, nichtrostenden
Stählen kann man die Beständigkeit gegen Lochkorrosionserscheinungen allgemein durch Molybdän- und Stickstoffzusätze verbessern[1]; in Einzelfällen haben
sich auch Zusätze von Silizium bewährt[2].

Berührungskorrosion. Eine weitere Form der lokalen Korrosion ist die Berührungskorrosion. Sie tritt an Stellen auf, an denen sich zwischen nicht vollkommen aufeinander sitzenden Teilen dünne Flüssigkeitshäute bilden, beispielsweise zwischen Welle und Stopfbüchse nach längerem Stillstand oder an den
Auflagestellen von Dichtungsringen und an Gummizwischenlagen, z. B. von Milch-
erhitzerplatten. Die Anfressungen sind nicht immer auf Abgabe von aggressiven
Stoffen der berührenden Teile (z. B. von Schwefel aus Gummi) oder auf gal-
vanische Beeinflussung verschiedener Metalle zurückzuführen, denn sie treten
oft bei Berührung von Teilen aus demselben Werkstoff ein. C. Carius[3] hat

---

[1] Tofaute, W. u. H. Schottky: Techn. Mitt. Krupp, Forschungsber. Bd. 3 (1940)
S. 103/110.
[2] Vgl. z. B. Smith, H. A.: Metal Progr. Bd. 33 (1938) S. 596/600 — Franks, R.,
Trans. Amer. Soc. Met. Bd. 27 (1939) S. 505/29 — Stahl u. Eisen Bd. 59 (1939) S. 1137/38.
[3] Ber. über d. Korrosionstagung 1935 (V. d. I. Verlag) Bd. 5 (1936) S. 61/72.

experimentell nachgewiesen, daß in solchen engen Kapillarräumen eine Verunedlung von Eisen und Eisenlegierungen eintritt, die bei rostfreien Stählen bis zur lokalen Aktivierung führen kann. Durch Belüftungs- und Konzentrationsunterschiede zwischen der Flüssigkeit im Spalt und der außerhalb des Spalts können Konzentrationsketten entstehen, deren Tätigkeit zur Zerstörung des Werkstoffs führt.

Lokale Korrosionserscheinungen können ebenfalls gelegentlich durch mechanische Verletzungen auftreten. Insbesondere können hierbei Spuren gewöhnlichen Eisens an Stellen mechanischer Verletzung verbleiben und den Beginn der Rostung einleiten.

Spannungskorrosion. In manchen Fällen, in denen die Legierungen gegenüber bestimmten Lösungen vollkommen beständig sind, tritt eine Korrosionserscheinung auf, die ebenfalls zum Unbrauchbarwerden des betreffenden Teiles führen kann und die unter dem Namen Spannungs- oder Rißkorrosion bekannt ist. Sie wurde bereits bei den austenitischen Nickelstahllegierungen erwähnt, ist aber nicht nur den austenitischen Nickelstählen, Nickel-Mangan-Stählen und Manganstählen eigentümlich, sondern kann auch bei den korrosionsbeständigen Chrom-Nickel-, Chrom-Nickel-Mangan- bzw. Chrom-Mangan-Stählen beobachtet werden. Diese Art der Korrosion tritt nur dann auf, wenn beim Korrosionsangriff gleichzeitig Spannungen vorliegen. Sie wird daher vornehmlich beobachtet an Teilen, die örtlichen Kaltverformungen z. B. durch Bördeln, Tiefziehen usw., unterworfen oder geschweißt wurden und infolgedessen unter starken Spannungen stehen. Die Bezeichnung „Spannungskorrosion" kennzeichnet diese Voraussetzung ihrer Entstehung. Gleichfalls charakteristisch ist es, daß Spannungskorrosionen vielfach bei chemischen Angriffsmitteln auftreten, gegenüber denen der Stahl an sich beständig ist. Bei solchen lokalen Angriffen ist die Mildheit des chemischen Angriffes vielfach Voraussetzung für das Auftreten der Spannungskorrossion, da bei stärkeren Angriffsmitteln die schnellere allgemeine Abtragung den lokalen Schaden nicht zur Entstehung kommen läßt. Ein typisches Beispiel hierfür ist die Spannungskorrosion der Bandagendrähte aus austenitischen Mangan- oder Mangan-Nickel-Stählen; sie tritt beim Rosten an der Atmosphäre ein, während ein Angriff von Säuren bei diesen an sich nicht säurebeständigen Stählen zur Auflösung ohne Rißbildung führt. Ähnlich liegen die Verhältnisse bei Kochkesseln aus 18/8-Chrom-Nickel-Stahl, wo Wasserdampf- oder Chloridlösungen die Rißbildung auslösen.

Die Ursache für die Rißkorrosion und das Auftreten derart scharfer Risse, die allgemein intrakristallin verlaufen, ist noch nicht geklärt. Am stärksten anfällig sind die austenitischen Legierungen. Wie aus neueren Untersuchungen hervorgeht, nimmt die Anfälligkeit mit der Instabilität des Austenits zu[1]. Legierungen mit 18% Chrom und knapp 8% Nickel liegen an der Grenze des austenitischen Gebietes. Geringe Kaltverformungen genügen bereits, einen Teil des Gefüges zu Martensit umzuwandeln. Mit steigendem Nickelgehalt wird die Stabilität des Austenits besser. Es zeigt sich, daß die Legierungen mit niedrigerem Nickelgehalt empfindlicher sind als die stabilen mit höherem Nickelgehalt, ohne daß hierbei aber der Höhe des Nickelgehaltes an sich eine ausschlaggebende Rolle zuzuschreiben wäre. Wenig empfindlich gegenüber Spannungskorrosion sind ferner sog. halb ferritische Legierungen, wenn das Korro-

---

[1] Rocha, H. J.: Techn. Mitt. Krupp, Forschungsber. Bd. 5 (1942) S. 1/14.

sionsmittel den Ferrit anzugreifen vermag. Die Ursache hierfür ist darin zu
suchen, daß diese Legierungen ein heterogenes Gefüge aufweisen. Wenn auch
der Unterschied im Korrosionswiderstand des ferritischen Anteils gegenüber dem
Austenit nicht sehr groß ist und bei allgemein abtragenden Korrosionsprüfungen
nicht zum Ausdruck kommt, so genügen aber derartige lokale Differenzen im
Korrosionsverhalten, d. h. Potentialunterschiede zwischen verschiedenen eng miteinander vermengten Gefügebestandteilen, um den gefährdeteren, in diesem Falle
also den Austenit, vor dem Auftreten der Spannungskorrosion zu schützen.

Die Anfälligkeit gegen Spannungskorrosion kann durch Kaltverformung
beeinflußt werden. Dieser Einfluß der Kaltverformung ist verschieden, und
zwar je nach der Art der Legierung. Bei einer stabil austenitischen Legierung
wird durch Kaltverformung die Stabilität ihres Austenits herabgesetzt; sie muß
nach dem Vorhergesag-
ten dann mit zunehmen-
dem Kaltverformungs-
grad gegen Spannungs-
korrosion empfindlicher
werden. Eine wenig sta-
bile austenitische Legie-
rung wird bei Kaltver-
formung dagegen teil-
weise martensitisch wer-
den. Durch den Anteil
an Martensit im Gefüge
kann eine ähnliche
Schutzwirkung wie bei
halbferritischen Legie-
rungen auftreten, da
auch hier zwei Gefüge
verschiedener Korro-

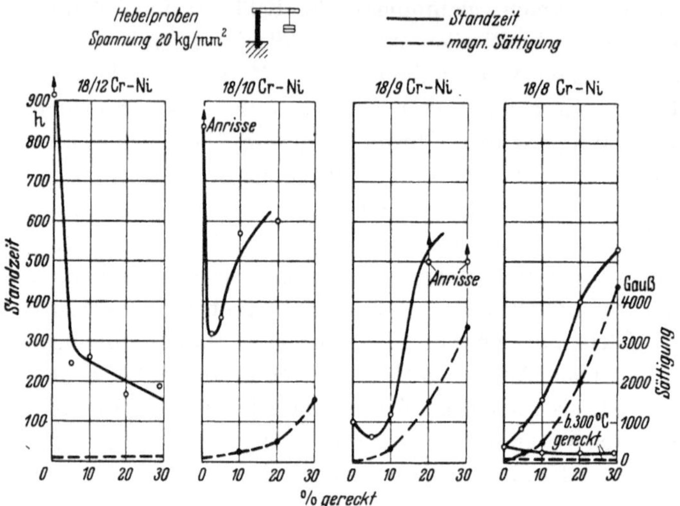

Abb. 398. Einfluß von Kaltverformung und Martensitbildung auf die
Spannungskorrosion von austenitischen Chrom-Nickel-Stählen.

sionsbeständigkeit — Martensit und Austenit — dicht nebeneinander verteilt
sind. Kaltverformung kann also instabile austenitische Legierungen bezüglich Spannungskorrosion verbessern. Bei halb ferritischen Legierungen tritt
ebenfalls ein Einfluß der Kaltverformung auf. Die geschilderten Verhältnisse
veranschaulicht die Abb. 398. Die dort wiedergegebenen Ergebnisse wurden an
Blechstreifen aus austenitischen Chrom-Nickel-Legierungen gewonnen, deren
Austenitstabilität durch die Höhe des Nickelgehaltes verändert wurde. Die
Proben wurden in der in der Abbildung skizzierten Weise elastisch verspannt
und in einer Lösung von 60% $CaCl_2$ + 0,1% $HgCl_2$ bei 98° bis zum Bruch geprüft. Der Bruch erfolgt bei derartigen dünnen Proben sehr bald nach dem
Auftreten der ersten Spannungskorrosionsrisse, weil dann die spezifische Belastung durch den Hebel stark zunimmt. Die in Stunden angegebene Standzeit
fällt also praktisch mit dem Beginn der Spannungskorrosion zusammen. Der
Martensitanteil der Proben wurde durch Kaltverformung verändert; die magnetische Sättigung bildet ein Maß für die Menge des entstandenen Martensits.
Vergleichsweise wurde ein Teil der Stähle auch bei 300° gereckt, wobei Martensitbildung nicht auftritt. Aus dem Vergleich der entsprechenden Kurven

geht hervor, daß somit nicht die Reckung als solche, sondern tatsächlich der auftretende Martensit für die Verbesserung der Standzeit verantwortlich ist. Bei rein ferritischen Legierungen wurde Spannungskorrosion in der Praxis bisher nicht beobachtet. Außerordentlich anfällig sind dagegen auf Martensit gehärtete oder nur niedrig angelassene Stähle. Es ist zu vermuten, daß die sehr hohen Mikrospannungen in derartigen Werkstoffen den schnellen Eintritt der Rißbildung in geeigneten Korrosionsmitteln begünstigen.

Über die Theorie der Spannungskorrosion besagen die angestellten Untersuchungen noch nicht viel. Es ist vom metallkundlichen Standpunkt interessant, daß die Instabilität eines Gefüges auch korrosionstechnisch bestimmte Gefahren in sich birgt. Als Beispiel intrakristalliner Spannungskorrosion sind bei anderen Werkstoffen nur die Leichtmetallegierungen auf Magnesiumbasis mit hexagonalem Gitter bekannt[1]. Dieses Gitter besitzt ebenso wie das kubisch-flächenzentrierte Gitter dichteste Kugelpackung. Beim Messing, den Aluminiumlegierungen und den Edelmetallegierungen (Au-Ag-Cu, Pd-Ag), die kubisch flächenzentriertes Gitter besitzen, verlaufen die Risse interkristallin. Der Korrosionsangriff muß in einzelnen Atomschichten vor sich gehen. Man müßte annehmen, daß Gitterstellen, die durch die Spannungen eine besondere Zerrung erfahren, dem Korrosionsangriff Vorschub leisten. Da die Spannungskorrosion aber mit außerordentlich großer Geschwindigkeit auch durch verhältnismäßig große Wandstärken hindurch verläuft, genügt es nicht, den ersten Anriß auf Korrosionswirkung zurückzuführen, da es niemals gelingt, bei noch so scharfen mechanischen Anrissen auch nur annähernd gleiche Rißbedingungen zu erzeugen. Es muß also eine Mitwirkung der Korrosion während des gesamten Verlaufs angenommen werden, wobei man geneigt sein könnte, an eine Mitwirkung von Wasserstoff im Sinne der neueren Korrosionstheorie bei passiven Legierungen zu denken; die Aufnahmefähigkeit der betreffenden Legierung für Wasserstoff und die auch sonst bekannte Möglichkeit der Sprengwirkung durch Wasserstoff könnten dabei eine Rolle spielen (s. später unter „Flocken" im Abschnitt Wasserstoff).

Interkristalline Korrosion (Kornzerfall). Eine besondere Art des chemischen Angriffes stellt die interkristalline Korrosion bei kohlenstoffhaltigen Chrom- und Chrom-Nickel-Stählen dar. Wenn sie auch infolge der gewonnenen Erkenntnisse und gefundenen Gegenmaßnahmen heute kein technisches Problem mehr bedeutet, soll des allgemeinen metallkundlichen Interesses wegen doch näher darauf eingegangen werden.

---

[1] Verschiedentlich wurde allerdings auch bei Druckgasflaschen aus unlegiertem Stahl, die mit Leuchtgas längere Zeit gefüllt waren, intrakristalline Rißbildung gefunden; die dunkelblaue Färbung des Rostbelages auf der Innenseite dieser Flaschen ließ dabei die Vermutung aufkommen, daß der im Leuchtgas enthaltene Cyanwasserstoff an der Rißbildung beteiligt ist, da mit reinem Wasserstoff gefüllte Flaschen dieser Art immer nur einen dünnen rotbraunen Rostbelag und keine Risse aufwiesen (unveröffentlichte Untersuchungen der Versuchsanstalt der Fried. Krupp A.-G., Essen aus dem Jahre 1937). Diese Annahme wurde durch neuere Untersuchungen von H. Buchholtz und R. Pusch [Stahl u. Eisen Bd. 62 (1942) S. 21/30] bestätigt, die gleichartige Erscheinungen bei legierten Hochdruckflaschen aus Chrom-Nickel-Molybdän-Stahl hoher Festigkeit feststellten und nachwiesen, daß in blausäurehaltigem Leuchtgas bei unlegierten und niedriglegierten Stählen verschiedener Festigkeit unter entsprechender Spannung gleichartige Rißbildungen laboratoriumsmäßig zu erzeugen waren.

Bei allen Metallen und homogenen Metallegierungen stellen die Korngrenzen korrosionstechnisch betrachtet einen Schwächezustand dar. Der an den Korngrenzen bestehende Spannungszustand, der durch das Zusammenstoßen zweier Kristalle verschiedener Kristallisationsrichtung sowie gegebenenfalls durch feine Ausscheidungen zustande kommt, könnte genügen, um unter bestimmten Korrosionseinwirkungen einen stärkeren Angriff herbeizuführen. Durch zusätzlich

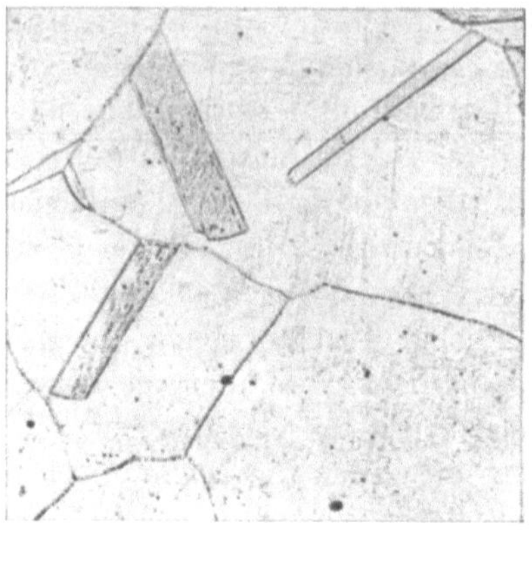

<table>
<tr><td align="center">a   V = 200
1100° Wasser</td><td align="center">b   V = 200
1100° Wasser
1 Std. bei 700° Wasser angelassen</td></tr>
</table>

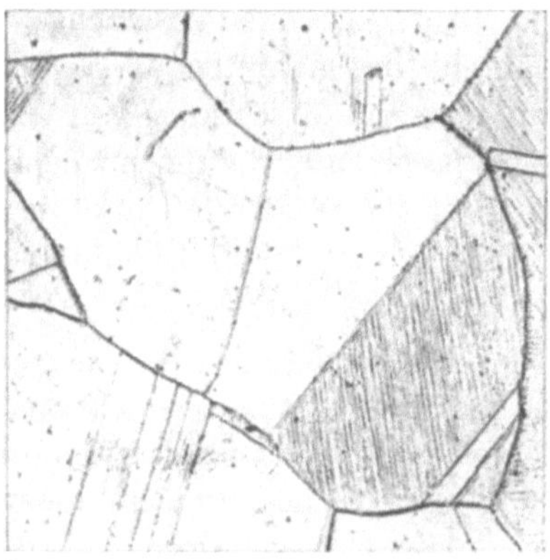

c   V = 200
1100° Wasser
1 Std. bei 900° Wasser angelassen

Abb. 399. Karbidausscheidungen in den Korngrenzen des Austenits mit steigender Anlaßtemperatur bei einem Cr-Ni-Stahl mit 0,16% C, 8,1% Ni und 18,1% Cr.

hinzukommende Spannungen, wie sie insbesondere durch Gefügeinhomogenitäten an der Korngrenze herbeigeführt werden können, wird dieser lokale Angriff an den Korngrenzen eine entsprechende Verstärkung erfahren können. Bei nichtrostenden Stählen wurde die interkristalline Korrosion zuerst an austenitischen Chrom-Nickel-Stählen beobachtet. Während das homogene Mischkristallgefüge, wie es nach Ablöschen von 1000—1200° vorliegt (Abb. 399a), bei Stählen mit 18% Cr, 8% Ni und bis zu 0,2% C keine Veranlassung zu interkristalliner Korrosion gibt, zeigte sich, daß der Zustand beginnender Karbidausscheidung, der entweder durch langsame Abkühlung von Temperaturen oberhalb der Karbidlöslichkeitslinie oder durch Anlassen der abgelöschten Stähle erzeugt wird, in hohem Grade ihr Auftreten begünstigt. Die interkristalline Korrosion steht also in engem Zusammenhang mit dem Wärmebehandlungszustand der Legierung. Läßt man z. B. einen Stahl mit 18% Cr, 8% Ni und den üblichen Mengen an Kohlenstoff (bis 0,20%) nach dem Ablöschen von etwa 1150° auf 600° an, so kann der geübte Metallograph mikroskopisch beginnende Karbidausscheidungen in den Korngrenzen — Verdickung der Korngrenzen — feststellen. Bei 700° und höheren Anlaßtemperaturen sind die Ausscheidungen schon deutlicher er-

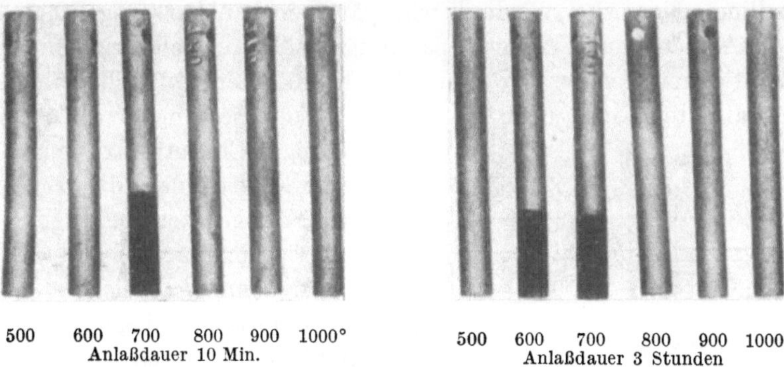

Abb. 400. Chemischer Angriff an Proben eines Stahles mit 0,12% C, 8,4% Ni und 18,5% Cr nach Wasserablöschung von 1100° und Anlassen auf verschiedene Temperaturen. [Nach B. Strauß, H. Schottky u. J. Hinnüber: Z. anorg. allg. Chem. Bd. 188 (1930) S. 309/24.]

kennbar (Abb. 399b und c). Der Korrosionswiderstand derartig behandelter Proben ist gegenüber dem abgelöschten Zustand deutlich verschlechtert. Abb. 400 zeigt als Beispiel Proben mit verschiedener Anlaßbehandlung, die mit ihren unteren Enden in ein Korrosionsmittel eingetaucht waren. Die Dunkelfärbung deutet den Korrosionsangriff an, ohne daß eine merklich abtragende Korrosion die Gestalt der Probe verändert hätte. Aus dieser Abbildung geht bereits ein Einfluß der Anlaßzeit hervor, in dem Sinne, daß die verlängerte Anlaßzeit von 3 Stunden gegenüber 10 Minuten den Angriff auch bereits bei der Temperatur von 600° erkennen läßt. Am deutlichsten kann man die Abnahme des Korrosionswiderstandes durch Potentialmessungen bei entsprechend gewählten Bedingungen verfolgen. Den Einfluß von Kohlenstoffgehalt, Anlaßtemperatur und Anlaßzeit belegt Abb. 401. Bei einem Kohlenstoffgehalt von 0,04% ist kein Einfluß der Anlaßzeit im Sinne einer Verschlechterung des elektrischen Potentials zu bemerken. Bei 0,12% C genügen bereits sehr kurze Erwärmungen von wenigen Sekunden, um die Legierung unedel zu machen. Bei Kohlenstoffgehalten von 0,06% ist noch eine verlängerte Anlaßdauer bei 600° erforderlich, um die Verschlechterung des Potentials herbeizuführen.

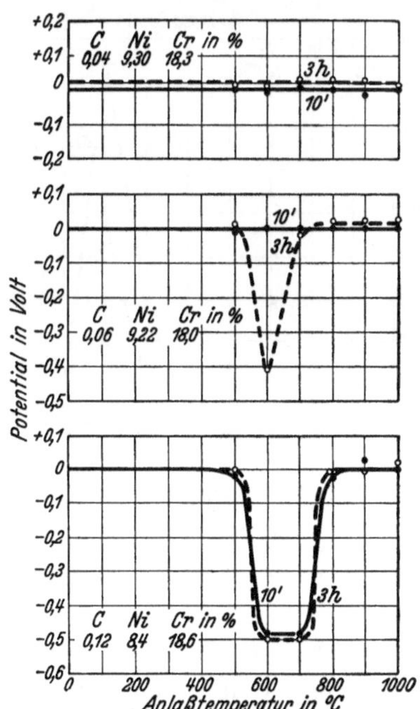

Abb. 401. Potential eines hochlegierten Chrom-Nickel-Stahles mit verschiedenem C-Gehalt in Abhängigkeit von der Anlaßtemperatur bei verschiedener Anlaßdauer. [Nach B. Strauß, H. Schottky u. J. Hinnüber: Z. anorg. allg. Chem. Bd. 188 (1930) S. 309/24.]

Charakteristisch ist, daß die kritische Temperatur nicht mit der Temperatur der metallographisch zu beobachtenden maximalen Karbidausscheidung zusammenfällt, die ihrerseits bei ungefähr 800° erfolgt. Das besagt, daß nicht so sehr die

Menge des sich ausscheidenden Karbids als der Verteilungsgrad für den interkristallinen Korrosionsangriff von Bedeutung ist. Das unterschiedliche Potential von Karbid zu Grundmasse ist also nicht die Ursache für das Auftreten der interkristallinen Korrosion, sondern, wie später noch näher ausgeführt, der bei beginnender Ausscheidung erzeugte Spannungszustand; gleichzeitig können wegen der bei der tieferen Temperatur von 600° behinderten Diffusionsfähigkeit bei kurzen Anlaßzeiten auch noch in der Nähe der beginnenden Korngrenzenausscheidungen Chromverarmungen an den Korngrenzen stattfinden, die zur Verunedlung der Korngrenzen beitragen[1]. Eine derartige Chromverarmung wurde auch durch Untersuchungen belegt[2].

Bei austenitischen Legierungen, deren Austenit nicht sehr stabil ist, können diese Karbidausscheidungen zu einer Bildung von Martensit (α-Eisen) führen, wie dies bei Untersuchungen der Legierungen nach Abb. 401 in der magnetischen Sättigung (Abb. 402) zum Ausdruck kommt. Je höher der Kohlenstoffgehalt ist, um so stärker ist die Chromverarmung des Mischkristalls und um so stärker die Martensitbildung. Der Mechanismus der Martensitbildung wurde an Hand der Dilatometerkurve in Abb. 334 (S. 400) erläutert. Da interkristalline Korrosion aber auch bei stabilen austenitischen Legierungen mit höherem Nickelgehalt, beispielsweise 20% Ni, ohne Martensitbildung auftritt, kann die letztere nicht als Ursache für den interkristallinen Angriff angesehen werden.

Am empfindlichsten zeigt sich die Veranlagung eines Materials zu interkristalliner Korrosion beim chemischen Angriff. Das Korrosionsmittel muß derart gewählt sein, daß der Mischkristall passiv bleibt und nur die Korngrenzen oder die

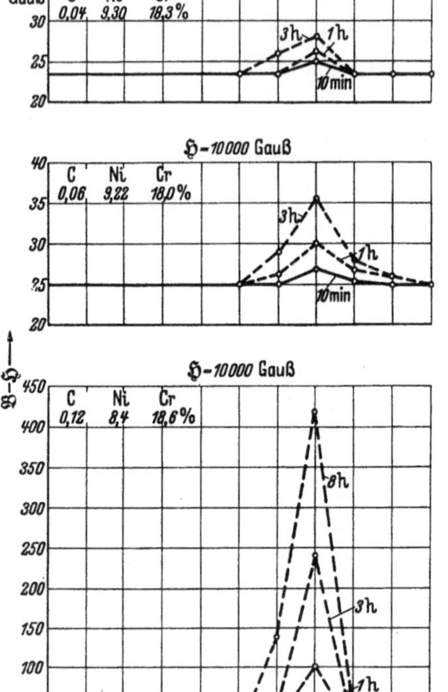

Abb. 402. Magnetische Sättigung eines hochlegierten Chrom-Nickel-Stahles mit verschiedenem Kohlenstoffgehalt in Abhängigkeit von der Anlaßtemperatur und -dauer. [Nach Strauß, Schottky u. Hinnüber: Z. anorg. allg. Chem. Bd. 188 (1930) S. 322.]

benachbarten (chromverarmten) Zonen angegriffen werden. Hieraus geht schon die große Gefahr der interkristallinen Korrosion für chemische Apparaturen hervor, da man die Stahllegierungen ja stets so wählen wird, daß der Mischkristall gegen das Angriffsmittel beständig ist. Würde der Mischkristall selbst angegriffen, so könnte sich kein Potentialunterschied zwischen Korngrenze und Korn herausbilden und kein bevorzugter interkristalliner Angriff erfolgen. Die

---

[1] Strauß, B., H. Schottky, J. Hinnüber: Z. anorg. allg. Chem. Bd. 188 (1930) S. 309/24.

[2] Schafmeister, P.: Arch. Eisenhüttenw. Bd. 10 (1936/37) S. 405/13. — Chevenard, P.: Métaux Bd. 9 (1934) S. 340/48 — Métaux et Corros. Bd. 12 (1937) S. 23/31.

Prüfung auf interkristalline Korrosion führt man daher mit Hilfe von Säuren, denen man passivierende Zusätze zufügt, durch, wodurch der allgemeine abtragende Angriff auf das betreffende Stahlstück vermieden wird. Für 18/8-Legierungen hat sich eine kochende Kupfersulfat-Schwefelsäure-Lösung als besonders geeignet erwiesen.

Die Wirkung dieser sog. Kornzerfallslösung (15% Schwefelsäure + 10% Kupfervitriol) kann nach C. Carius ebenfalls mit Hilfe der Stromdichte-Potentialkurven gedeutet werden. In zusatzfreier Schwefelsäure haben Korn und Korngrenze verschiedene Stromdichte-Potentialkurven. Der Übergang vom aktiven zum passiven Potentialbereich liegt für das

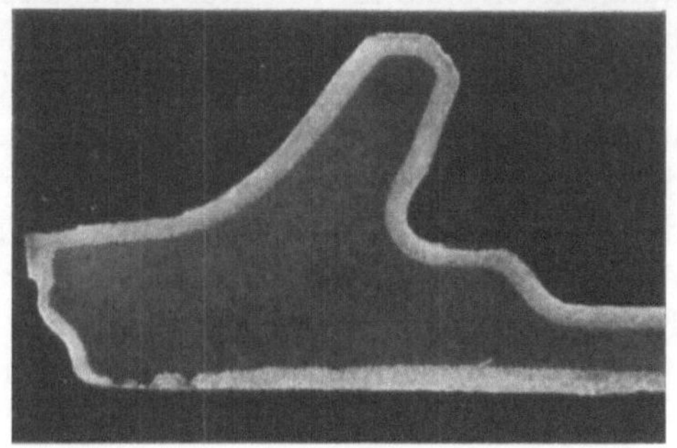

$V = {}^2/_3$

Abb. 403. Interkristalline Korrosion, makroskopisch. (Nach Strauß, Schottky u. Hinnüber.)

leichter passivierbare Korn bei niedrigeren Potentialen als für die Korngrenze. Es läßt sich nun der Nachweis dafür erbringen, daß das Oxydationspotential der Kupferionen enthaltenden Lösung zwischen diesen beiden Potentialen liegt, so daß nur das Korn, nicht aber die Korngrenze passiviert werden kann.

Die Erscheinung der interkristallinen Korrosion ist makroskopisch aus Abb. 403, mikroskopisch aus Abb. 404 zu ersehen. Wie diese Bilder zeigen, findet ein Eindringen der Säure in die Korngrenzen statt, ohne eine allgemein abtragende Wirkung an der Oberfläche hervorzurufen. Die Stücke werden durch den Säureangriff äußerlich wenig verändert, so daß bei oberflächlicher Beobachtung das Auftreten der interkristallinen Korrosion kaum bemerkt wird. Erst beim Biegeversuch zeigt sich ein Abplatzen oder Aufreißen der zerfallenen Schicht; außerdem haben die Proben infolge der Zerstörung des metallischen Zusammenhangs auch ihren metallischen Klang verloren. Schreitet die interkristalline Korrosion vollends durch den ganzen Gegenstand hindurch, was besonders bei Blechen geringer Stärke vorkommen kann, so kann man das betreffende Stück zwischen den Fingern zu Pulver zerreiben.

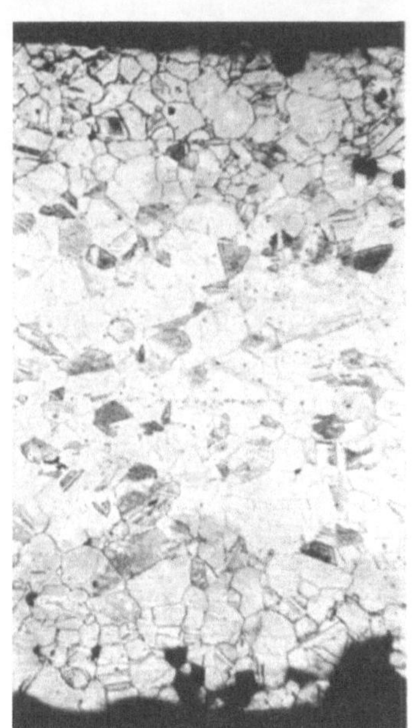

$V = 40$

Abb. 404. Interkristalline Korrosion im Feingefüge. (Nach Strauß, Schottky u. Hinnüber.)

Interkristalline Korrosionserscheinungen sind nicht nur bei austenitischen Chrom-Nickel- bzw. Chrom-Mangan-Stählen zu beobachten, sondern ebenso bei allen Arten von chromhaltigen Stählen, also sowohl ferritischen als auch martensitischen Legierungen. Bei den vergütbaren martensitischen nichtrostenden Legierungen treten sie nie im normal abgeschreckten und angelassenen Zustand, also im vergüteten Gebrauchszustand der verschiedenen Legierungen auf. Interkristalliner Angriff wird dann beobachtet, wenn solche Legierungen von verhältnismäßig hohen Temperaturen abgelöscht werden und beginnende Austenitbildung auftritt[1]. Für die praktische Verwendung dieser stets im vergüteten Zustand verwendeten vergütbaren Chromstähle hat interkristalline Korrosion daher bis heute keine technische Bedeutung gehabt.

Anders ist es bei den ferritischen Chromstählen. Diese können ebenfalls interkristalline Korrosionserscheinungen aufweisen. Zum Unterschied von den austenitischen Legierungen ist hier das Abkühlen von hoher Temperatur die gefährliche Wärmebehandlung, während durch Anlassen keine schädlichen Ausscheidungen erfolgen. Infolge der geringen Löslichkeit des Ferrits für Kohlenstoff gehen nur beim Erwärmen auf hohe Temperaturen, beispielsweise über 900°, gewisse Anteile von Karbid in Lösung, die sich dann bei der nachfolgenden Abkühlung von hoher Temperatur wieder auf den Korngrenzen abscheiden. Beim Anlassen ballen sich diese Karbide leicht in globularer Form zusammen.

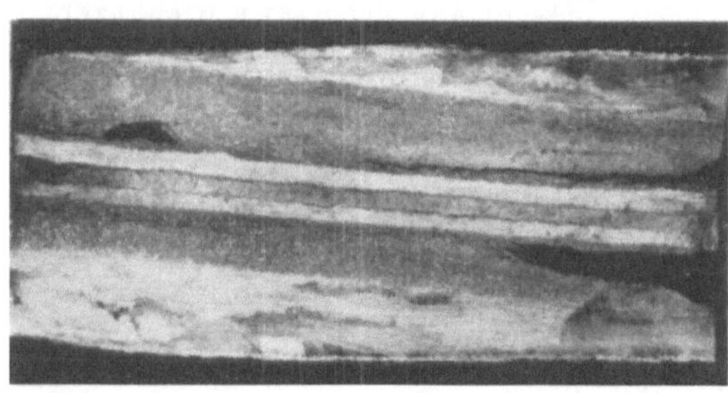

$V = {}^4/_5$

Abb. 405. Interkristalline Korrosion neben der Schweißnaht.

Überdies tritt bei ferritischem Gefüge leichter eine Entspannung ein, als es beim Austenit der Fall ist.

Aus dem bisher Geschilderten geht hervor, daß der Anlaß für das Auftreten interkristalliner Korrosion bei nichtrostendem Stahl stets in einer ungeeigneten Wärmebehandlung gesucht werden muß. Besondere Beachtung muß daher der interkristallinen Korrosion beim Schweißen nichtrostender Stähle geschenkt werden, weil der durch Abschrecken von hoher Temperatur vorher auf einen einwandfreien Gefügezustand gebrachte Stahl beim Schweißen eine Ausglühbehandlung erleidet, bei der neben der Schweißnaht alle Temperaturen, von der Schmelztemperatur bis zur Raumtemperatur, auftreten. Bei Kohlenstoffgehalten von etwa 0,1% genügt bereits die kurze Anlaßdauer, die beim Schmelzschweißen auftritt, um bei 18/8-Stahl Neigung zur interkristallinen Korrosion hervorzurufen, und zwar kommen hierfür diejenigen Zonen beiderseits der Schweißnaht in Frage, die Anlaßtemperaturen von 600—700° erhalten haben (Abb. 405). Bei ferritischen Legierungen wird hingegen nicht die Anlaßzone (600—700°) durch interkristalline Korrosion nach dem Schweißen gefährdet sein, sondern diejenige Zone, die dem Schweißgut am nächsten liegt, also von hoher Temperatur abkühlt. Es ist also weniger die Schweißnaht selbst als ihre nähere Umgebung durch interkristalline Korrosion bedroht. Durch die Gefahr der interkristallinen Korrosion war die Verwendung der nichtrostenden Stähle für geschweißte chemische Großapparaturen u. dgl. zunächst vielfach in Frage gestellt.

Als Ursache der interkristallinen Korrosion können bei den rostfreien Stählen in ziemlich eindeutiger Weise die Karbidausscheidungen angesehen werden. Da die Karbide gegenüber der Grundmasse nicht unedler sind, können sie aber nur als sekundäre Ursachen für die interkristalline Korrosion

---

[1] Houdremont, E., H. Schottky u. W. Tofaute: Demnächst.

verantwortlich sein. Eine erste Theorie, die der Chromverarmung, wurde bereits erwähnt. Wenn auch eine solche Möglichkeit vorliegt, so muß aber doch hervorgehoben werden, daß die Chromverarmung nicht unbedingt Voraussetzung für die interkristalline Korrosion zu sein braucht; es genügen auch die durch die Karbidausscheidung erzeugten Spannungen, um ein entsprechendes Verhalten hervorzurufen. Einen gewissen Beweis hierfür scheinen Untersuchungen zu bilden, die bei titanhaltigen 18/8-Legierungen gemacht wurden. Durch Ablöschen derartiger Legierungen von sehr hohen Temperaturen gelingt es, den an Titan gebundenen Kohlenstoff, d. h. die Titankarbide, dicht unterhalb des Schmelzpunktes ebenfalls noch in Lösung zu bringen. Durch Anlassen erleiden auch solche Legierungen interkristalline Korrosion, trotzdem, wie durch Rückstandsanalysen gezeigt werden konnte, nur Titankarbide in den Korngrenzen zur Ausscheidung gelangen und somit eine Chromverarmung mit der Karbidausscheidung nicht verbunden ist.

In Anbetracht der Wichtigkeit der interkristallinen Korrosion für chemische Großapparaturen ist es erforderlich, die Maßnahmen, die zur Vermeidung führen, zu kennen. Die elementarste Maßnahme ist die Nachbehandlung sämtlicher geschweißten Teile, d. h. Erwärmen auf Temperaturen von etwa 1100° mit möglichst rascher Abschreckung. Bei ferritischen Stählen genügt ein Ausglühen bei etwa 700°. Derartige Wärmebehandlungen sind aber mit großen Apparaturen nicht immer durchzuführen. Aus der Abb. 401 geht ferner hervor, daß man durch Erniedrigung des Kohlenstoffgehaltes einen Schutz gegen interkristalline Korrosion schaffen kann, wobei die Höhe des Kohlenstoffgehaltes bei austenitischen Legierungen der Anlaßdauer im gefährlichen Temperaturbereich angepaßt werden muß. Für geschweißte Gegenstände genügen hier Kohlenstoffgehalte unter 0,07%, während man für Dauererwärmungen über mehrere Stunden und Tage hinweg den Kohlenstoffgehalt unter 0,04% senken wird. Bei ferritischen Legierungen, die eine geringere Löslichkeit für Kohlenstoff aufweisen, gelingt es auf diese Art und Weise nur bei vollkommen kohlenstofffreien Legierungen, Sicherheit gegen interkristalline Korrosion zu erreichen, eine Lösung, die an der Unwirtschaftlichkeit der Herstellung derartiger vollkommen kohlenstofffreier Legierungen im Großbetrieb scheitert.

Des weiteren gelingt es, die Erscheinungen der interkristallinen Korrosion der Stähle mit 18% Cr und 8% Ni beim Schweißen zu verhindern, wenn man den Kohlenstoff des Stahles durch entsprechende Legierungszusätze — Titan, Tantal, Niob — in Form eines stabilen Karbides abbindet. Die Löslichkeit solcher Karbide im Austenit ist derart gering, daß bei der üblichen Wärmebehandlungstemperatur von 1050—1100° kein wesentlicher Anteil von Kohlenstoff im Austenit aufgelöst werden kann, infolgedessen auch keine schädlichen Erscheinungen bei der nachfolgenden Anlaß- und Ausglühoperation sich ergeben können. Aus Abb. 406 ist dieses an der Unveränderlichkeit des Potentials und der magnetischen Sättigung in Abhängigkeit von der Anlaßtemperatur (im Gegensatz zu Abb. 401) zu erkennen.

Ähnlich wie durch Anlaßglühen und Zusammenballung der Karbide bei ferritischen Stählen die Gefahr der interkristallinen Korrosion beseitigt werden kann, gelingt es auch in austenitischen 18/8-Legierungen, durch Dauerglühung bei etwas höheren Temperaturen, z. B. 800°, vor allem in Verbindung mit Kaltbearbeitung und Rekristallisation, die Karbide in ungefährlicher Form zusammenzuballen[1].

Ein weiterer Weg, die Beständigkeit gegen interkristalline Korrosion zu beeinflussen, liegt noch in der Veränderung des austenitischen Gefüges an sich. Tritt durch Veränderung des Nickel- und Chrom-Verhältnisses bzw. durch Zusatz von Silizium oder Molybdän Ferrit neben Austenit im Gefüge auf, so zeigt sich eine merkliche Verbesserung der Kornzerfallsbeständigkeit. Da die Löslichkeit von Ferrit und Austenit für Karbide verschieden ist, kann man annehmen, daß infolge dieser Löslichkeitsunterschiede die Korngrenzen der Ferritkörner und der Austenitkörner nach dem Anlassen verschiedene Ausscheidungen von Korngrenzenkarbid aufweisen. In diesem Falle könnte dann zwar an einzelnen Körnern ein Beginn der interkristallinen Korrosion stattfinden, es würde aber verhindert, daß der ganze Werkstoff durch und durch zerfällt. Gleichzeitig hat der Ferrit die bereits erwähnte Eigentümlichkeit, ein leichteres Zusammenballen der Karbide, und zwar im Innern der Körner und weniger in den Korngrenzen zu bewirken, so daß schon nach verhältnismäßig kurzzeitigen Glühungen eine Zusammenballung in ungefährlicher Form stattfindet[1].

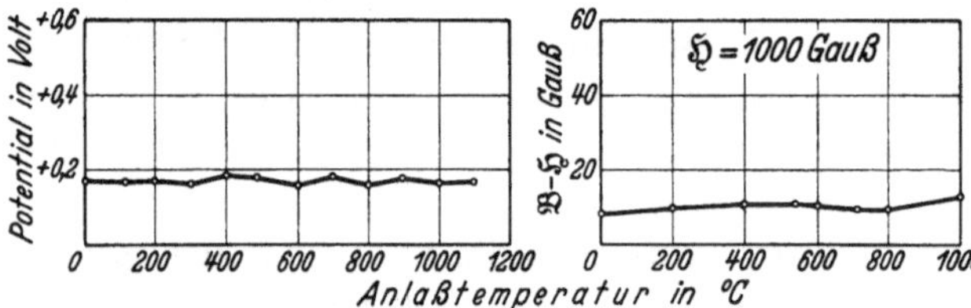

Abb. 406. Potential und magnetische Sättigung eines titanhaltigen Chrom-Nickel-Stahles mit 18—20% Cr und 8% Ni nach dem Anlassen. [Nach E. Houdremont: Stahl u. Eisen Bd. 50 (1930) S. 1517/28.]

In Sonderfällen können auch Spannungskorrosion und interkristalline Korrosionserscheinungen gemeinsam auftreten. Ist ein austenitischer Chrom-Nickel-Stahl durch schlechte Wärmebehandlung gegen interkristalline Korrosion gefährdet und ist er hierbei gleichzeitig Spannungen ausgesetzt, so kann die auftretende Rißkorrosion teilweise interkristallin, teilweise intrakristallin verlaufen.

δ) Korrosionswechselbeanspruchungen.

Von besonderer Wichtigkeit für den Maschinenbau ist der Einfluß der Korrosion auf die Dauerfestigkeit bei Wechselbeanspruchung. Besitzt ein fertig bearbeitetes Teil infolge der letzten Bearbeitung an der Oberfläche sehr scharfe Kerben, Feilstriche usw., so kann deren Schärfe durch einen kurz dauernden Korrosionsangriff, z. B. Beizen vor der Beanspruchung, vermindert und damit die Wechselfestigkeit erhöht werden[2]. Meist tritt allerdings der umgekehrte Fall ein, daß durch lokale Korrosionsangriffe eine an sich glatte Oberfläche gekerbt und durch örtliche Spannungserhöhung die Ermüdungs- bzw. Wechselfestigkeit herabgesetzt wird. Da örtliche Spannungserhöhungen auch die Potentialunterschiede auf der Oberfläche verstärken und damit das Fortschreiten des Angriffs beschleunigen, bedeutet gleichzeitige Beanspruchung durch Korrosion und mechanische Spannungen eine große Gefahr für Konstruktionsteile. Auf Dauerschwingungsmaschinen sind größere Reihen von Untersuchungen über die

---

[1] Houdremont, E., u. P. Schafmeister: Arch. Eisenhüttenw. Bd. 7 (1933/34) S. 187 bis 191.

[2] Kändler, H. u. E. H. Schulz: Stahl u. Eisen Bd. 45 (1925) S. 1589/96.

Dauerfestigkeit bei gleichzeitigem Korrosionsangriff durch gewöhnliches Leitungswasser, Seewasser usw. gemacht worden (B. P. Haigh, D. J. McAdam, R. Mailänder[1, 2, 3]). Da sowohl die mechanische Beanspruchung als auch der Korrosionsangriff willkürlich verändert werden können, sind die Ergebnisse von den jeweils gewählten Bedingungen stark abhängig und haben nur für den speziellen Fall Geltung. Bei sehr schwacher mechanischer Beanspruchung, aber dauernd fortschreitendem Korrosionsangriff würde man z. B. letzten Endes auf eine Wechselfestigkeit von Null kommen können, da nur durch Korrosion bereits eine Zerstörung des Werkstückes stattfinden würde[4]. Versuche mit polierten Rundstäben haben gezeigt, daß gewöhnliche Stähle, die keine besondere Korrosionsbeständigkeit besitzen, durch Benetzen mit Leitungswasser bereits eine Verminderung ihrer Schwingungsfestigkeit um 50—70% erfahren können. Unabhängig von Zusammensetzung und Behandlung, also auch unabhängig von der Ausgangszugfestigkeit und Ausgangsschwingungsfestigkeit, hat sich ergeben, daß derartige

[1] Literaturübersicht s. Herold: Wechselfestigkeit metallischer Werkstoffe S. 131 ff. Berlin: Springer 1934; ferner A. Thum u. H. Ochs: Korrosion und Dauerfestigkeit. Mitt. Mat.-Prüf.-Anst. a. d. T.H. Darmstadt Heft 9 (1937). VDI-Verlag.

[2] Mailänder, R.: Z. VDI 1933 S. 271/74. Der Betrieb (Maschinenbau) 1935 S. 73/77.

[3] Jünger, A.: Forsch.-Anst. d. G.H.H. Konzerns Bd. 5 (1937) S. 1/12.

[4] Vgl. hierzu die Anmerkung zu Zahlentafel 99.

Zahlentafel 99. Dauerfestigkeit korrosionsbeständiger Chrom- und Chrom-Nickel-Stähle.

| Zusammensetzung | | | | | Zustand | Streck-grenze | Zug-festigkeit | Biege-Wechselfestigkeit* polierter Proben in kg/mm² bei Benetzung mit | | | | | n = Umdrehungszahl der Maschine/min |
C %	Si %	Mn %	Cr %	Ni %		kg/mm²	kg/mm²	Öl für 10^7 Wechsel	Leitungswasser für 10^7 Wechsel	Leitungswasser für 10^8 Wechsel	Seewasser für 10^7 Wechsel	Seewasser für 10^8 Wechsel	
0,18	0,40	0,55	17,3	2,2	vergütet auf	64	85	48—49	—	—	39	36—37	5000
0,17	0,55	0,35	14,2	0,53	„ „	54	74	42—44	35—37	—	—	—	3000
					„ „	54	72	42	32	30—31	20	17	5000
0,32	0,35	0,37	20,3	7,2	1150° Wasser	38	76	35	34—35	—	—	—	3000
					abgeschreckt	38	72	34	∼34	∼33	25—26	24—25	5000
0,12	0,71	0,38	17,3	9,15	1100° Wasser	28	62	≧26	—	≧30	20	18—19	5000
					abgeschreckt	25	65	28—29	>28	—	19—20	12	5000

* Wenn keine Korrosion vorliegt (Benetzung mit Öl), so ist die auf 10^7 Lastwechsel bezogene Dauerfestigkeit die Beanspruchung, bei der auch noch höhere Lastwechselzahlen eben ohne Bruch ertragen werden. Erfolgt die Wechselbeanspruchung unter gleichzeitigem Korrosionsangriff, so findet man keine bestimmte Dauerfestigkeit mehr. Die angegebenen Werte sind sogenannte „Zeitfestigkeiten", d. h. die Beanspruchungen, bei denen die Probe eine bestimmte Grenz-Zahl (10^7, 10^8 usf.) von Lastwechseln bis zum Bruch erträgt. Die Höhe dieser Zeitfestigkeiten sinkt mit abnehmender Lastwechselgeschwindigkeit n (d. h. zunehmender Dauer der Korrosionseinwirkung). Die Abnahme der Korrosions-Zeitfestigkeit mit steigender Grenz-Wechselzahl ist, wie die Zahlenwerte zeigen, bei den korrosionsbeständigen Stählen gering im Gegensatz zu anderen Stählen.

Proben nur Schwingungsfestigkeiten von 12—18 kg/mm² aufweisen. Bei diesem Korrosionsangriff durch Leitungswasser zeigen dagegen die rostfreien Chromstähle, insbesondere aber die rostfreien Chrom-Nickel-Stähle, wie das aus Untersuchungen von Mailänder hervorgeht, eine wesentlich geringere Abnahme der Ermüdungsfestigkeit (Zahlentafel 99 [S. 507]). Wenn auch austenitische Chrom-Nickel-Stähle im allgemeinen infolge ihrer niedrigeren Streckgrenze an sich eine geringere Schwingungsfestigkeit aufweisen, gewinnen sie doch von diesem Standpunkt aus gesehen auch für schwingende Maschinenteile an Bedeutung, besonders weil sie außerdem, wie alle austenitischen Stähle, auch eine hohe Dämpfungsfähigkeit besitzen. Bei Versuchen in Salzwasser erfuhren gewöhnliche Stähle eine noch stärkere Verminderung ihrer Schwingungsfestigkeit als in Leitungswasser. Auch bei den korrosionsfesten austenitischen Chrom-Nickel-Stählen tritt unter diesen Bedingungen eine stärkere Herabsetzung der Ermüdungsfestigkeit ein. Nach dem vorher über den ungünstigen Einfluß von Chloriden auf die Korrosionsbeständigkeit Gesagten ist dies verständlich, denn es ist nicht einzusehen, warum ein auch diese Stähle angreifendes Mittel andere Verhältnisse schaffen sollte als bei gewöhnlichen Stählen.

Im allgemeinen ist zu bemerken, daß infolge der Unsicherheiten, die sich bei derartigen Korrosionswechselfestigkeitsuntersuchungen einstellen, die gefundenen Werte stark schwanken und daß im besonderen die Wöhler-Kurve in Abhängigkeit von der Lastwechselzahl keinem konstanten Endwert zustrebt (Abb. 407). Zu beachten ist des weiteren, daß der Korrosionsangriff wie ein schärfster Kerb wirkt; Bauteile, die der Korrosion ausgesetzt sind, werden somit durch mechanische Kerben keine weitere Herabsetzung der Dauerfestigkeit erfahren.

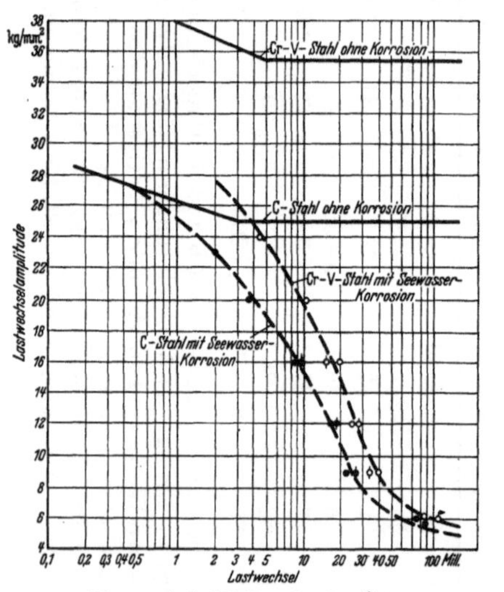

Abb. 407. Biegewechselfestigkeitskurven mit und ohne Korrosion. [Nach A. Jünger: Forsch. Inst. d. G.H.H. Konzerns Bd. 5 (1937) S. 1/12.

b) Hitzebeständige Stahllegierungen.

α) Korrosionswiderstand bei höheren Temperaturen.
(Hitzebeständigkeit, Zunderbeständigkeit.)

Chrom ist das Hauptelement aller zunder- und hitzebeständigen Legierungen. Es sollen daher im folgenden alle zunderbeständigen Legierungen besprochen werden, auch wenn eine Verbesserung der chemischen Widerstandsfähigkeit durch weitere Zusatzelemente, wie Silizium oder Aluminium, erzielt wird.

Die Legierungselemente des Eisens sind gegenüber Sauerstoff edler oder unedler als Eisen. Im schmelzflüssigen Zustande oxydieren schwerer als Eisen die Elemente: Nickel, Kupfer, Kobalt, Molybdän, leichter als Eisen die Elemente:

Aluminium, Silizium, Chrom, Wolfram usw. Bei der Einwirkung von Sauerstoff auf ein Schmelzbad reichern sich die Gruppen der erstgenannten Elemente im Schmelzbad an, während das Eisen oxydiert, hingegen werden bei Anwesenheit der an zweiter Stelle genannten Elemente diese infolge ihrer größeren Affinität zu Sauerstoff das Eisen vor Oxydation schützen, indem sie selbst bevorzugt oxydiert werden. Auch im festen Zustande bleibt diese Wirkung der Legierungselemente erhalten. Der Unterschied besteht in dem mangelnden vollkommenen Diffusionsausgleich im festen Zustand, der nur zu entsprechenden Vorgängen an der Oberfläche des Metalls führen kann (Legierungsanreicherung an der Oberfläche; Ausbildung metallischer oder oxydischer Deckschichten).

Oxydiert man beispielsweise nickel- oder kupferhaltige Eisenlegierungen, so kann man beobachten, daß sich unter der Zunderschicht Anreicherungen an Nickel bzw. Kupfer in metallischer Form bilden (s. Abb. 309 Abschnitt Nickel, und Abb. 737 Abschnitt Kupfer). Diese Elemente, die edler als das Eisen sind, erweisen sich aber gegenüber dem Angriff von Sauerstoff als nicht so widerstandsfähig, daß sie in der Lage wären, zunderbeständige Legierungen zu bilden. Nickel vermag den Widerstand gegen den Beginn der Oxydation bei tieferen Temperaturen auf Grund des etwas edleren Verhaltens in geringem Maße zu verbessern. Da es selbst aber bei hohen Temperaturen oxydiert und das Nickeloxyd keineswegs ein feuerfestes Material ist, wird der chemische Widerstand bei höheren Temperaturen nur unwesentlich verbessert. Auf die Gefahr niedrig schmelzender Verbindungen, z. B. der Nickelsulfide, wird später unter „Einfluß von Schwefel" eingegangen (S. 525). Das gleiche gilt für Kobalt, Kupfer und Molybdän.

Zahlentafel 100.
Zusammensetzung der Zunderschicht bei zunderbeständigen Stählen.

| Legierung | | | Glüh-temperatur | Zunderanalyse |
Cr %	Al %	Ni %		
23,7	7,5		1200°	94,5% Al_2O_3, 3,4% Cr_2O_3, 2% Fe_2O_3[1]
10		90	1000°	∼10% Cr_2O_3, ∼90% NiO, wenig $NiO \cdot Cr_2O_3$
20		80	1000°	∼80% Cr_2O_3, ∼20% NiO, desgl.
30—40		70—60	1000°	<90% Cr_2O_3, >10% NiO, desgl.

(Die letzten drei Zeilen der Zunderanalyse sind mit [2] bezeichnet.)

Bei der Oxydation von Eisenmischkristallen, die leichter oxydierbare Elemente als Eisen enthalten, werden diese bevorzugt oxydiert und, falls genügend Zeit zur Diffusion bei der betreffenden Temperatur zur Verfügung steht, kann man beobachten, daß der sich bildende Zunder an dem betreffenden Legierungselement angereichert ist. Glüht man Eisen-Chrom, -Silizium oder -Aluminium-Legierungen bei höheren Temperaturen, insbesondere in schwach oxydierenden Atmosphären, so daß die Oxydation nicht zu rasch vor sich geht, so gelingt es z. B. die in Zahlentafel 100 gekennzeichneten Anreicherungen festzustellen. Es wird, wie aus obigem hervorgeht, eine Frage der Oxydations- gegenüber der Diffusionsgeschwindigkeit sein, ob bei der Zunderbildung derartige Anreicherungen eintreten können oder nicht.

---

[1] Nach E. Houdremont u. G. Bandel: Arch. Eisenhüttenw. Bd. 11 (1937) S. 131/38.

[2] Röntgenographisch geschätzt nach C. J. Smithells, S. V. Williams u. J. W. Avery: J. Inst. Met. Bd. 40 (1928) S. 269/96.

Bei der Oxydation des reinen Eisens (Abb. 408) kann man drei Zunder-schichten unterscheiden: die äußere aus Eisenoxyd gebildete Schicht, eine zweite aus Eisenoxyduloxyd bestehende und eine dritte aus Eisenoxydul (Wüstit, Lösung von Fe_3O_4 in FeO). Bei starker Oxydationswirkung, z. B. bei Tempera-turen, bei denen die betreffenden Legierungen nicht mehr beständig sind, spielt

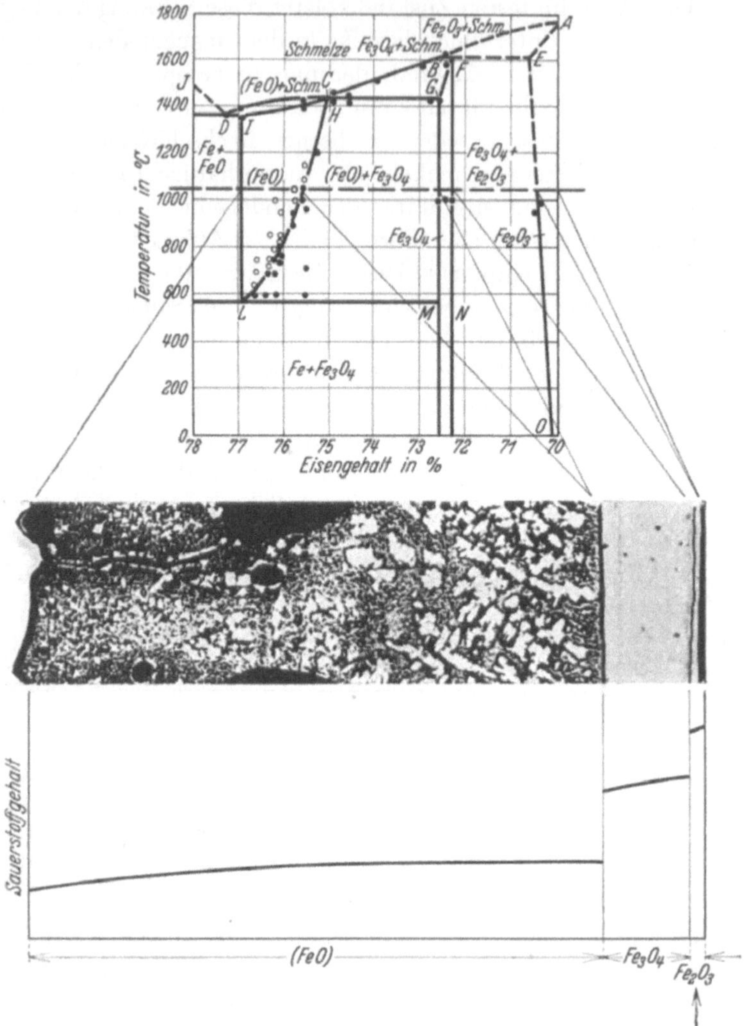

Abb. 408. Zusammenhang der Oxydbildung mit dem Eisen-Sauerstoff-Diagramm. [Nach Pfeil: J. Iron Steel Inst. Bd. 119 (1929 II) S. 501/560. Entnommen von Heindlhofer u. Larsen: Trans. Amer. Soc. Stl. Treat. Bd. 21 (1933) S. 865/95.]

sich auch bei legierten Stählen die Ausbildung der Zunderschicht in etwa gleicher Weise ab, nur beobachtet man schon hierbei, daß die beiden äußeren sauerstoff-reichen Schichten, wenn überhaupt, nur geringe Mengen des Legierungselementes enthalten, während in der Wüstitschicht das leichter oxydierbare Legierungs-element als Oxyd[1] stärker angereichert ist (Zahlentafel 101 [S. 511]). Dies beruht darauf, daß bei einem Überschuß an Sauerstoff die Diffusionsgeschwindigkeit

---

[1] Bei Metallen mit geringerer Bildungswärme als Eisen erfolgt die Anreicherung in metallischer Form (s. u. Kupfer u. Nickel, S. 509).

des Eisens und des Sauerstoffs in den Oxyden des Eisens sehr hoch ist, während in den hochschmelzenden Oxyden, z. B. des Chroms, nur geringe Diffusion stattfindet. Aus diesem Grunde bleiben die Oxyde der Legierungselemente mit höherem Schmelzpunkt in der untersten Zunderschicht an ihrem Platz, den sie vorher in der Legierung hatten, nahezu liegen, während das Eisen nach außen dem Sauerstoff entgegenwandert, also Eisenzunder aufwächst. Dadurch entsteht die scheinbare Anreicherung des Legierungselementes in der Wüstitschicht, die man auch als eine Verarmung an Eisen bezeichnen kann. Bei günstigen Oxydationsbedingungen, also z. B. bei Temperaturen, bei denen eine Legierung „ausreichend hitzebeständig" ist, geht der Zundervorgang in derselben Weise vor sich, jedoch tritt die Anreicherung des Oxydes des Legierungselementes so

Zahlentafel 101.

Anreicherung des Legierungselementes in der untersten Zunderschicht bei der Zunderung an Luft bei 1000°. (Nach L. B. Pfeil[1].)

Legierungs-element	Gehalt des Stahles %	Gehalt der Zunderschicht			
		äußere %	mittlere %	innere %	
Ni	2,75	—	0,16	7,1	metallisch
Ni	36,0	1,46	2,29	52,1	metallisch
Cr	12,2	0,6	1,1	23,3	oxydisch
Si	2,0	Spur	Spur	4,4	oxydisch
Mn	3,1	1,5	2,6	2,5	oxydisch

schnell ein, daß die weitere Eiseneinwanderung unterbunden wird und eine merkliche Ausbildung des Dreischichtenzunders unterbleibt. Zur Aufrechterhaltung dieser Schutzwirkung des Deckoxydes ist dann lediglich ausreichende Nachlieferung des Legierungselementes durch Diffusion aus dem Grundmetall erforderlich. Eine restlose Abbindung des durch die Deckschicht an den Stahl gelangenden Sauerstoffs an das Legierungselement ergibt somit die höchste Zunderbeständigkeit. Je höher der Legierungsgehalt, um so leichter die Nachlieferung. Mit steigendem Legierungsgehalt wird somit die Ausbildung der Deckschicht erleichtert und so von vornherein die Möglichkeit ihrer Schaffung auch für Legierungen, die bei höheren Temperaturen beständig sein sollen, gewährleistet. Beobachten kann man derartige Ausbildungen dann, wenn der Oxydationsvorgang im Vergleich zur gewählten Legierung milde genug ist. Zum Beispiel fällt bei einem 18proz. Chromstahl, der bei Temperaturen von 700° geglüht wird, die grüngelbe Farbe der sich bildenden chromoxydhaltigen Schicht auf. Ebenso deutlich zeigt sich bei der in Zahlentafel 100 (S. 509) erwähnten aluminiumhaltigen Legierung die praktisch nur aus Tonerde bestehende weiße Deckschicht.

Man kann sich leicht vorstellen, daß bei mehrfach sich wiederholenden Zundervorgängen, bei denen zuweilen die Zunderschicht durch Abplatzen oder Abklopfen entfernt wird, allmählich eine Legierungsverarmung in der Stahloberfläche eintritt. Aus diesem Grunde kann die Zunderbeständigkeit dann nachlassen. Wenn der Abbrand des Legierungselementes sehr stark wird, kann es vorkommen, daß der Sauerstoff, der durch die Deckoxydschicht dringt, nicht mehr ganz vom Legierungselement abgebunden wird, sondern auch das Eisen oxydiert. Hierdurch ist nicht nur eine Verschlechterung der Feuerbeständigkeit der Deckschicht selbst eingetreten, sondern gleichzeitig wird infolge lockerer Ausbildung des eisenoxydhaltigen Zunders und der hohen Diffusionsfähigkeit von Sauerstoff in Eisen-Sauerstoff-Verbindungen die Diffusionsfähigkeit von

---

[1] J. Iron Steel Inst. Bd. 119 (1929 I) S. 501/560; ref. Stahl u. Eisen Bd. 49 (1929) S. 1238/39.

Sauerstoff durch die Deckschicht erhöht; d. h. der Sauerstoff wird rascher an das Metall herangetragen, wodurch wiederum eine Beschleunigung des Zundervorganges und eine Erschwerung des Ausgleichs durch Diffusion des Legierungselementes herbeigeführt wird.

Aus den vorhergehenden Ausführungen geht als selbstverständlich hervor, daß die Natur des sich bildenden Oxyds ganz wesentlich für die Frage der Zunderbeständigkeit ist. Durch vorsichtige Glühung von Manganstählen gelingt es z. B., eine Anreicherung von Mangan im Zunder zu erzielen. Im Sinne der Zunderbeständigkeit sind Manganoxyde jedoch nicht hoch zu bewerten, da sie mit dem Eisenoxyd Mischkristalle eingehen und die entstehenden Produkte der Sauerstoffdiffusion an das Metall keine größeren Hemmungen entgegenstellen. Besonders wirkungsvoll sind dagegen diejenigen Elemente, die, wie Chrom, Silizium und Aluminium, sehr feuerfeste Oxyde bilden und deren Oxyde keine mit Eisen angereicherten Mischkristalle bilden. Es können aber auch durch Verbindungen zwischen dem Oxyd des Legierungselementes und Eisenoxyd beständige Deckschichten entstehen; dies trifft z. B. für die Silikate oder für spinellähnliche Verbindungen zu ($FeO \cdot Cr_2O_3$ bei hoch nickelhaltigen Legierungen — z. B. 80% Ni, 20% Cr — $NiO \cdot Cr_2O_3$).

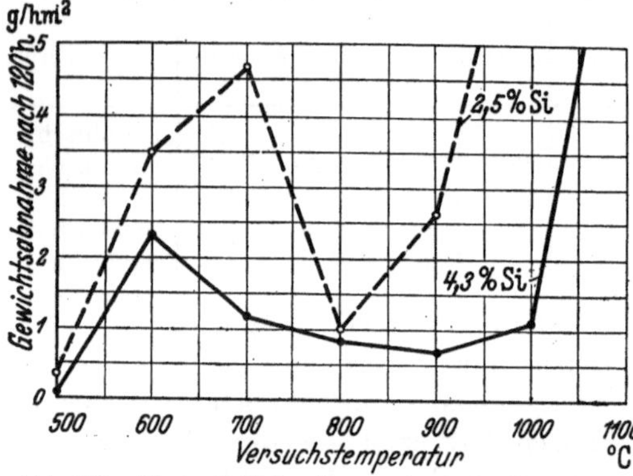

Abb. 409. Ungewöhnliche Temperaturabhängigkeit bei der Zunderung von siliziumhaltigen Stählen an Luft. [Nach E. Houdremont u. G. Bandel: Arch. Eisenhüttenw. Bd. 11 (1937/38) S. 131/38.

Von der praktischen Seite werden nun an die entsprechenden Deckschichten auch noch bestimmte Anforderungen gestellt; sie dürfen nicht gleich bei der Ausbildung vom Untergrund abplatzen oder allzu leicht mechanisch entfernt werden können und dadurch an Wirksamkeit verlieren. Da die Oberflächenschichten, die sich beim Angriff von heißen Gasen an der Oberfläche von Stahl ausbilden, von Natur aus meist ziemlich spröde sind, ist es notwendig, daß die Unterschiede in den Ausdehnungsbeiwerten zwischen Deckschicht und Metall möglichst klein sind und daß in beiden möglichst keine Umwandlungen mit Volumenänderungen erfolgen; beides könnte beim wiederholten Erwärmen und Abkühlen zum Abplatzen der Zunderschichten führen. Desgleichen spielt die Porenfreiheit der Deckschicht für die Möglichkeit der Sauerstoffnachlieferung an das Metall eine wesentliche Rolle. Vielfach kann beobachtet werden (Abb. 409), daß die Deckschichten bei höheren Temperaturen auffälligerweise dichter werden und dann auch starke Schutzwirkungen ausüben. Wie besonders die in Abb. 409 enthaltene Legierung mit 2,5% Si zeigt, ergibt sich eine besondere Zunderbeständigkeit bei 800°, während diese bei Temperaturen darunter und darüber schlechter ist. Die Verbesserung der Zunderbeständigkeit ist hier vielleicht auf Bildung von Verbindungen, z. B. Silikaten, zurückzuführen deren Bildungsgeschwindigkeit von der Temperatur abhängig ist[1].

<hr>

[1] Bandel, G.: Arch. Eisenhüttenw. Bd. 15 (1941/42) S. 271/84. — Techn. Mitt. Krupp, Forschungsber. Bd. 4 (1941) S. 193/215.

Die Gefahr niedrig schmelzender eutektischer Reaktionsprodukte, z. B. Sulfide, und insbesondere gasförmiger Reaktionsprodukte für den Zundervorgang dürfte hiermit genügend gekennzeichnet sein. Desgleichen kann eine Schädigung von zunderbeständigen Legierungen durch Fremdoxyde auftreten, also z. B. Teile

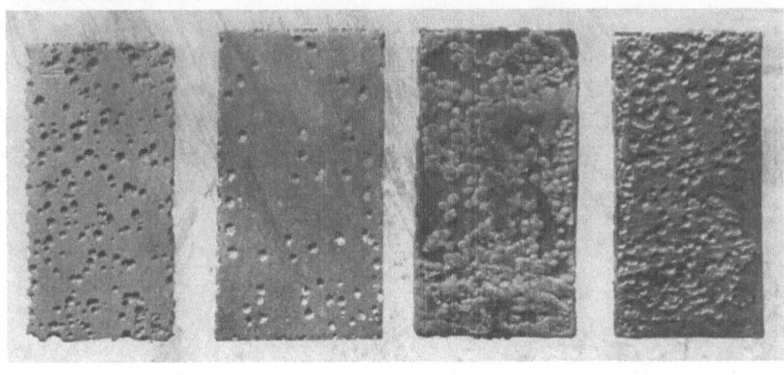

Abb. 410. Lochkorrosion bei Raumtemperatur im Vergleich zu lokalen Anfressungen bei Glühung in höheren Temperaturen.

von feuerfesten Steinen sowie sonstige Oxyde, die von außerhalb auf zunderbeständige Legierungen fallen. Sind diese Oxyde in der Lage, Verbindungen, insbesondere niedrig schmelzende, mit den betreffenden Deckschichten zu ergeben oder irgendwelche Anreicherungen aus den Ofengasen herbeizuführen (s. später unter Schwefelangriff, S. 528), so können sie starke lokale Angriffe zur Folge haben. Man kann dann auch bei zunderbeständigen Legierungen von einer Art Lochkorrosion sprechen, die gewissermaßen in Vergleich gestellt werden kann mit dem entsprechenden Vorgang an säurefesten Legierungen bei Raumtemperatur (Abb. 410).

Aus diesen einleitenden Bemerkungen geht zur Genüge hervor, daß bei Laboratoriumsprüfungen den Prüfbedingungen Zeit, Temperatur, mehrfaches Abkühlen, Entfernen oder Nichtentfernen von Zunder, die größte Aufmerksamkeit geschenkt werden muß und Vergleiche nur unter genau reproduzierbaren Bedingungen möglich sind. Infolgedessen sind die im Schrifttum vorhandenen Ergebnisse über verschiedene Legierungen meist nicht vergleichbar.

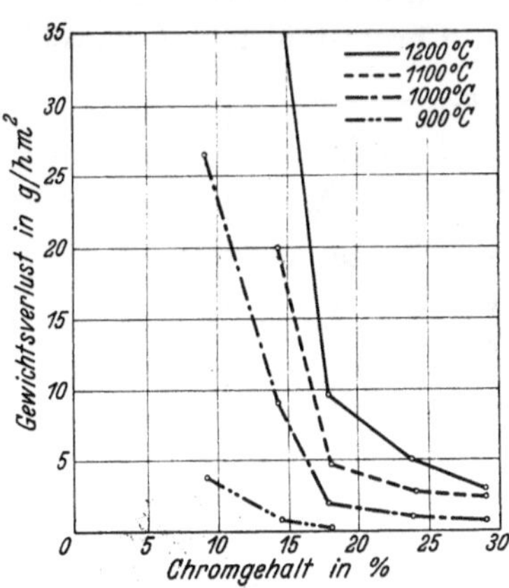

Abb. 411. Einfluß des Chroms auf die Verzunderung von Stählen mit 0,5% C bei Temperaturen von 900—1200° an Luft (Glühdauer 220 Stunden).

I. Verhalten in Luft und sauerstoffhaltigen Gasen.

Einen Überblick über das charakteristische Verhalten von Chromstählen bei verschiedenen Temperaturen gibt Abb. 411. Der Gewichtsverlust in g/h m² ist hier für eine Glühdauer von 220 Stunden aufgetragen. Wie zu ersehen ist, erreicht man durch Zusatz von 30% Chrom bei 1200° ähnliche Zunderbeständigkeit wie durch 9—10% Chrom bei 900°. Für die dazwischenliegenden Temperaturen genügen entsprechende Chromgehalte. Diese Zusammenhänge zwischen Temperatur und Chromgehalt gelten für ein bestimmtes Angriffsmittel; bei schwächeren Angriffsmitteln werden selbstverständlich unter Umständen niedrigere Chromgehalte zur völligen Korrosionsbeständigkeit ausreichen. Diese feinere Abstufung bei geringem Angriff kann man am besten bei einem Zunderversuch bei niedrigen Temperaturen, von etwa 700°, verfolgen (Abb. 412).

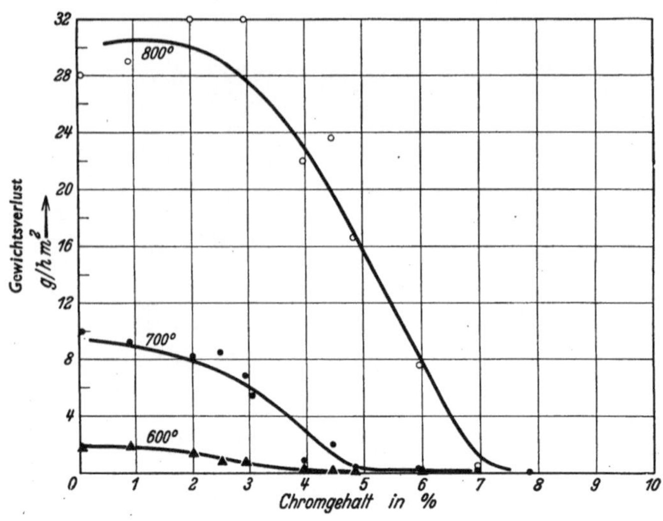

Abb. 412. Einfluß des Chroms auf die Verzunderung von Stählen mit 0,15% C und 0,7—0,9% Si bei niedriger Glühtemperatur an Luft.

Einfluß des Kohlenstoffes. Über den Einfluß des Kohlenstoffgehaltes in Chromstählen hinsichtlich Zunderbeständigkeit liegen noch keine Untersuchungen für das gesamte Gebiet der verschiedenen Chromgehalte, Kohlenstoffgehalte und Temperaturen vor. Einige Untersuchungen gibt Abb. 413 wieder. Der Gewichtsverlust ist hier im logarithmischen Maßstabe wegen der starken Größenunterschiede aufgetragen. Wie aus dieser Abbildung hervorgeht, scheint bei den untersuchten Chromstählen, wenigstens bei den hier gewählten hohen Verzunderungstemperaturen von 1000—1100°, bei 1% C ein Maximum an Zunderbeständigkeit vorzuliegen, was auch bei späteren Untersuchungen bestätigt wurde. Im Gegensatz zu der bei Raumtemperatur festgestellten Korrosionsverminderung durch Zusatz von Kohlenstoff infolge Chromentzuges durch Karbidbildung muß man bedenken, daß bei diesen hohen Prüftemperaturen die Karbide

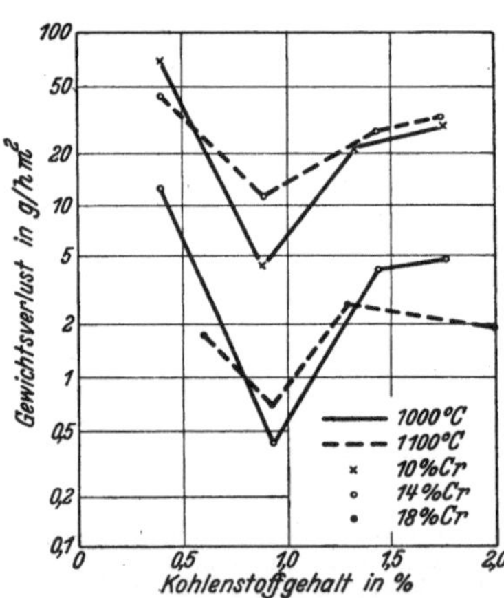

Abb. 413. Einfluß des Kohlenstoffgehaltes auf die Zunderbeständigkeit von Chromstählen.

zum großen Teil im Austenit gelöst sind — die Löslichkeitsgrenze wird bei etwa 1% C liegen — und vielleicht eine besondere Widerstandsfähigkeit des kohlenstoffgesättigten Chromaustenits vorliegt. Tatsache ist, daß bei ferritischen Legierungen mit hohem Kohlenstoffgehalt dieses Minimum des Gewichtsverlustes bei den Verzunderungskurven jedenfalls nicht mehr in Erscheinung tritt.

Höhere Kohlenstoffgehalte wirken aber schmelzpunkterniedrigend und schränken somit den Existenzbereich der Legierungen auch bei noch so hohen Chromgehalten trotz der dadurch bewirkten Zunderbeständigkeit nach oben hin ein. In diesem Zusammenhang ist noch erwähnenswert, daß bei Chromstählen Randentkohlungen weniger leicht auftreten als bei reinen Kohlenstoffstählen.

Einfluß des Nickels. Der Einfluß von Nickel ist, wie bereits einleitend erwähnt, in zunderbeständigen Legierungen gering. Wie alle Metalle, die edler als Eisen sind, oxydiert auch das Nickel bei höheren Temperaturen in geringerem Maße als Eisen. Versuchsmäßig würde dies nur zum Ausdruck kommen bei Prüfung von außerordentlich feinverteilten Metallpulvern, in denen der Einfluß der sich ausbildenden Deckschichten für das zu messende Ergebnis des Zundervorganges keine wesentliche Rolle spielen würde. Bei Stahlstücken größerer Abmessungen spielt die Wechselwirkung zwischen Deckschicht, Durchlässigkeit derselben usw. die größere Rolle. Der Oxydationswiderstand chromreicher Stähle wird daher durch Nickelzusatz nur wenig verbessert. Sehr deutlich ist aber die Verbesserung, wenn beispielsweise bei einer 20 proz. Chromlegierung das Eisen vollkommen durch Nickel ersetzt ist, was unter Umständen auf die einleitend erwähnten nickeloxydhaltigen Zunderschichten (Spinellbildung $NiO \cdot Cr_2O_3$) zurückzuführen ist, deren Existenz bei den Untersuchungen der Abb. 414 erstmalig nachgewiesen wurde.

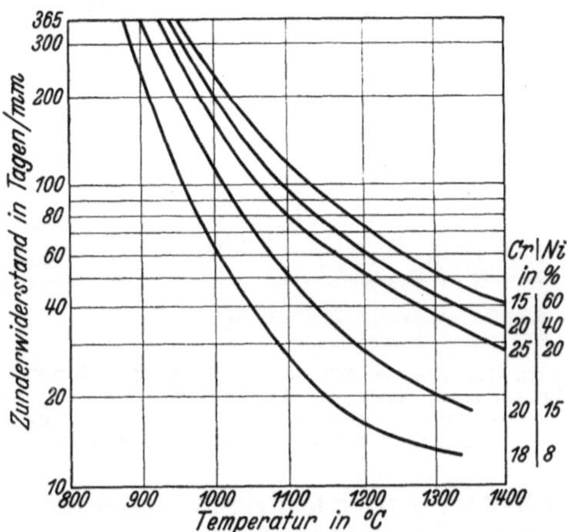

Abb. 414. Abhängigkeit der Zunderbeständigkeit hitzebeständiger Chrom-Nickel-Legierungen vom Nickelgehalt und von der Temperatur. [Nach C. J. Smithells, S. V. Williams u. J. W. Avery: J. Inst. Metals Bd. 40 (1928) S. 269/96.]

Bei chromreichen Eisen-Nickel-Legierungen kann eine metallische Nickelanreicherung unter der Oxydschicht erst dann stattfinden, wenn entsprechende

Zahlentafel 102. Zusammensetzung und Festigkeitseigenschaften der gebräuchlichen Ventilstähle (vgl. auch Zahlentafel 159, S. 740).

	Zusammensetzung						Wärmebehandlung	Streckgrenze kg/qmm	Zugfestigkeit kg/qmm	Dehnung %	Einschnürung %	Verwendungszweck
	C	Si	Mn	Cr	Ni	W						
1.	0,4	4	0,4	2,8			vergütet	ca. 60	85—110	22—16	45	für schwach beanspruchte Ventile bis etwa 650°
2.	1,5	0,4	0,3	12			vergütet	ca. 55	80— 90	18—10	25	für normal beanspruchte Ventile bis zu einer Höchsttemperatur v. 700°
3.	0,45	3,5	0,4	8,5			vergütet	ca. 65	85—110	22—16	45	
4.	0,45	1,5	1,0	15	13	2,5	vergütet	ca. 65	ca. 90	ca. 20	40	für höchst beanspruchte Ventile bis zu einer Höchsttemperatur von 800°
5.	0,45	2,5	1,2	20	10	1,3						
6.	0,6	1,0	5,0	14	—	5,0						
7.	1,0	1,8	0,8	15	13	2,5						

Mengen Metall an der Oberfläche oxydiert worden sind. Nur bei scharfen Oxydationsbedingungen wird auch bei Chrom-Nickel-Legierungen eine Nickelanreicherung

in entsprechendem Sinne auftreten können. Die vorliegenden Verhältnisse hinsichtlich Zunderbeständigkeit gibt Abb. 414 wieder.

Einfluß des Siliziums. Über die Wirkung von Silizium in nur siliziumlegierten Stählen sei auf den Abschnitt Silizium hingewiesen. Silizium ist in der Lage, ebenfalls zunderbeständige Kieselsäurebzw. Eisensilikatschichten zu bilden. Zu Chromstählen zugesetzt bewirkt es daher eine wesentliche Verbesserung der Zunderbeständigkeit. Abb. 415 zeigt die Zusammenhänge zwischen Silizium- und Chrom-

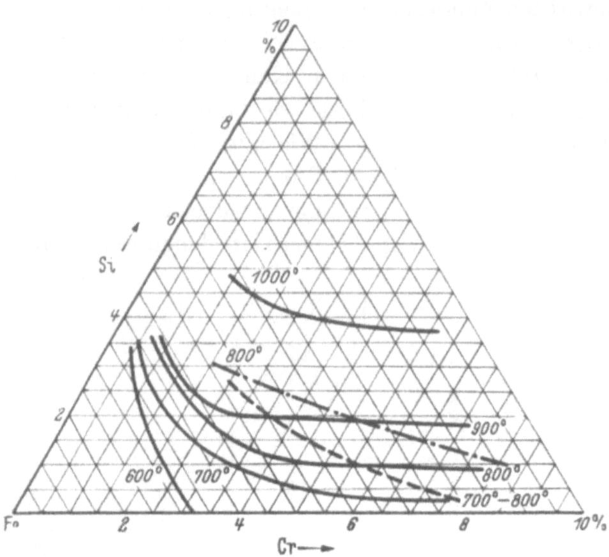

Abb. 415. Zusammenwirken von Chrom- und Siliziumzusätzen auf die Zunderbeständigkeit von Eisen in verschiedenen Gasatmosphären. ——— Luft, — — — Gichtgas, — · — Leuchtgas Linien gleicher Zunderbeständigkeit, d. h. für 1 $g/h \cdot m^2$ nach 120 Std.

gehalt im Bereich niedrig chromhaltiger Stähle, Abb. 416 bei hohen Chromgehalten. Siliziumgehalte über 3,5% werden praktisch selten angewendet, da Stähle mit

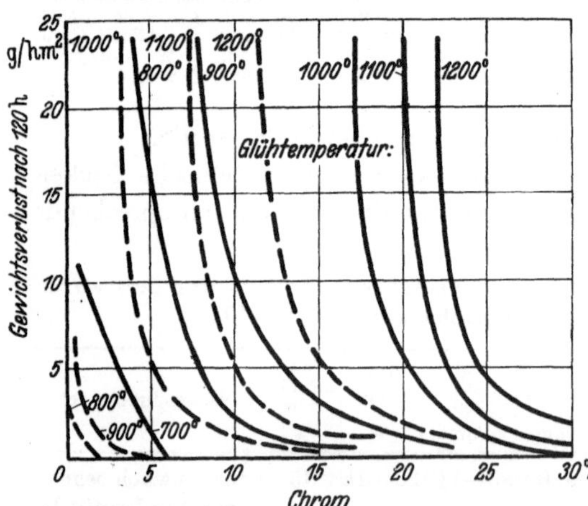

derartig hohen Siliziumgehalten bei der Verarbeitung, insbesondere beim Kaltpressen und -ziehen Schwierigkeiten bereiten. Bei Chromstählen bis zu 6% Chrom steigert man den Siliziumgehalt nicht über 2,5%. Durch höheren Siliziumzusatz würden diese Legierungen bereits ferritisch werden. Man legt Wert darauf, solche Legierungen möglichst vergütbar zu erhalten und ist hierfür gezwungen, den Legierungsgehalt entsprechend zu beschränken, es sei denn, daß der Kohlenstoffgehalt, wie dies bei Ventilkegelwerkstoffen der Fall ist, entsprechend hoch ist (bis zu 1,0%, Zahlentafel 102 [S. 515]; vgl. auch Zahlentafel 159.

Abb. 416. Einfluß des Silizium- und Chromgehaltes auf die Zunderbeständigkeit von Stahl beim Glühen in Luft. [Nach E. Houdremont und G. Bandel: Arch. Eisenhüttenw. Bd. 11 (1907/08) S. 131/39.] ——— 0,5 bis 1% Si, — — — 2 bis 3% Si.

[S. 740] bei „Kobalt"). Auch bei höheren Chromgehalten macht sich ein günstiger Einfluß steigenden Siliziumgehaltes bemerkbar (Abb. 416, vgl. auch Zahlentafel 173 [S. 789] bei „Silizium). Desgleichen ist es üblich, den austenitischen Chrom-Nickel- und Chrom-Mangan-Stählen Siliziumgehalte bis zu 3% zuzusetzen.

Einfluß des Aluminiums. Im gleichen Sinne wie Silizium wirkt Aluminium stark verbessernd auf die Zunderbeständigkeit von Chromstählen ein, wie dies aus Abb. 417 entnommen werden kann. Bei der Einführung der Chrom-Aluminium-Legierungen hat sich gezeigt, daß Zunderversuche im Laboratorium nicht immer einen richtigen Maßstab für das Verhalten der betreffenden Legierungen in der Praxis ergeben. Obwohl Chrom-Aluminium-Stähle mit beispielsweise 20% Chrom und bis zu 5% Aluminium bezüglich ihres Zunderverlustes, gemessen am Gewichtsverlust je Oberflächeneinheit, gute Beständigkeiten bis zu 1300° ergeben, lassen sie gelegentlich bei der praktischen Verwendung Erscheinungen beobachten, die ihren Anwendungsbereich auf tiefere Temperaturen beschränken. Insbesondere schafft der Einfluß der Ofenatmosphäre bei Chrom-Aluminium-Stählen unter Umständen andere Bedingungen als dies beim Zundern an Luft der Fall ist. Abb. 418 zeigt deutlich den Unterschied zwischen dem Verhalten eines Chromstahles und eines Chrom-Aluminium-Stahles in zwei verschiedenen Ofenatmosphären. Die Verzunderung, die z. B. in reduzierender Atmosphäre eintritt, zeigt sich nicht immer gleichmäßig auf der ganzen Oberfläche, sondern vielfach in Form von örtlichem Angriff, wie dies Abb. 419 wiedergibt. Mitten in dem weißen Aluminiumzunder sieht man schwarze Ausblühungen; die abgebeizte Probe zeigt die örtlichen Anfressungen. Eine Rolle spielt hierbei bei langen Gebrauchszeiten der Aluminiumabbrand. Unterhalb der Zunderschicht scheint auch eine Mitwirkung von Stickstoff vorzuliegen, auf die später noch zurückgekommen wird (s. Abschnitt „Verhalten gegen Stickstoff"). Dies verhindert nicht, daß bei oxydierenden Bedingungen derartige Legierungen mit 5% Al und 20—30% Cr als Heizleiterwerkstoffe bis zu höchsten Temperaturen (1300°) Anwendung finden können.

Weitere Legierungseinflüsse. Betreffs der Einwirkung weiterer Legierungselemente sei hier erwähnt, daß ebenfalls Verbesserungen erzielt werden können

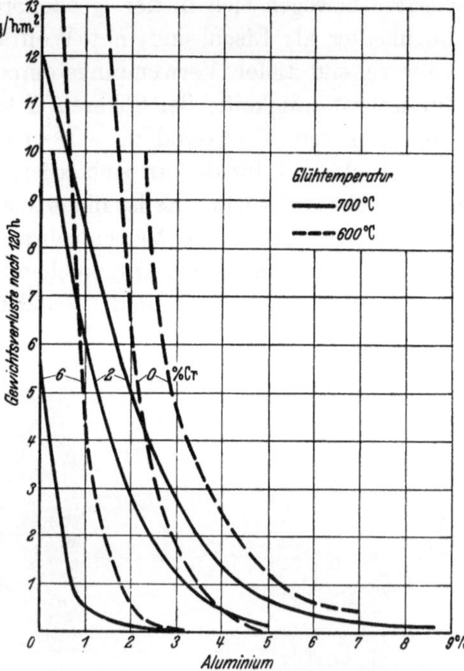

Abb. 417. Einfluß des Aluminium- und Chromgehaltes auf die Zunderbeständigkeit von **Stahl** beim Glühen in Luft. [Nach E. Houdremont und G. Bandel: Arch. Eisenhüttenw. Bd. 11 (1937/38) S. 131/38.]

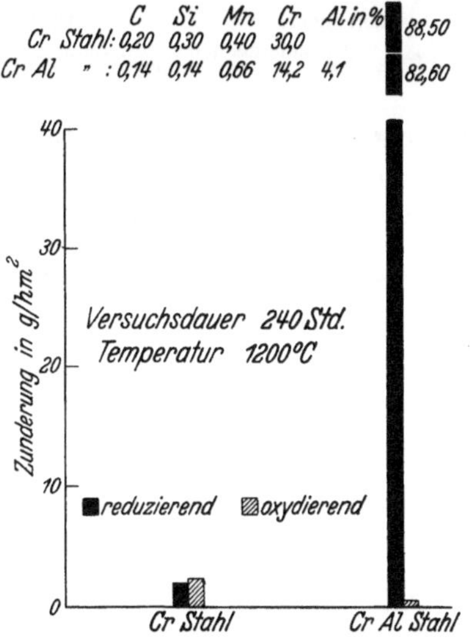

Abb. 418. Unterschiedliches Verhalten der Stähle in oxydierender oder reduzierender Ofenatmosphäre.

durch Titan, Zirkon, Niob und Tantal. Diese Legierungselemente haben aber hauptsächlich zur Steigerung der Dauerstandfestigkeit Verwendung gefunden. Die Zusätze bewegen sich in der Größenordnung bis zu 2%. Von den Elementen, die unedler als Eisen sind, hat Wolfram in geringen Prozentzusätzen und bei entsprechend tiefer Verwendungstemperatur praktisch keinen Einfluß auf die Zunderbeständigkeit. Bei höheren Gehalten in hochbeanspruchten Legierungen scheint es verschlechternd zu wirken (s. Abb. 488, Abschnitt Wolfram, S. 587). Das gleiche gilt für das an sich edlere Molybdän, das bei Gehalten oberhalb 5% verschlechternd wirkt. Es ist nicht ausgeschlossen, daß hier die leicht flüchtigen Molybdänoxyde für die Verschlechterung maßgebend sind, da sich Molybdän unter der Zunderschicht entsprechend anreichern und beim Hinzutreten von Sauerstoff zu dieser Schicht verhältnismäßig reines Molybdänoxyd gebildet werden kann.

Die im vorhergehenden genannten Zusätze werden praktisch erst wirksam bei Gehalten von etwa 0,5—3%. In manchen Fällen wurden aber auch Verbesserungen durch geringe Zusätze von einigen Sonderelementen erzielt. Auf den Einfluß geringster Beimengungen hinsichtlich der Zunderbeständigkeit weisen schon die großen Unterschiede hin, die bei der Prüfung von Heizleiterlegierungen im Drahtglühversuch je nach den bei der metallurgischen Herstellung eingesetzten Rohstoffe festgestellt wurden[1] (Zahlentafel 103).

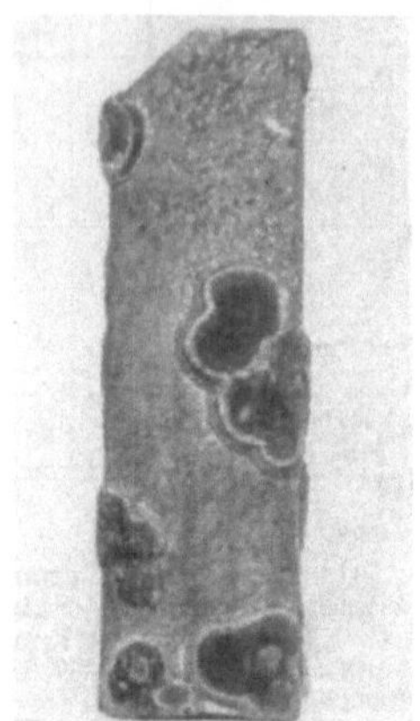 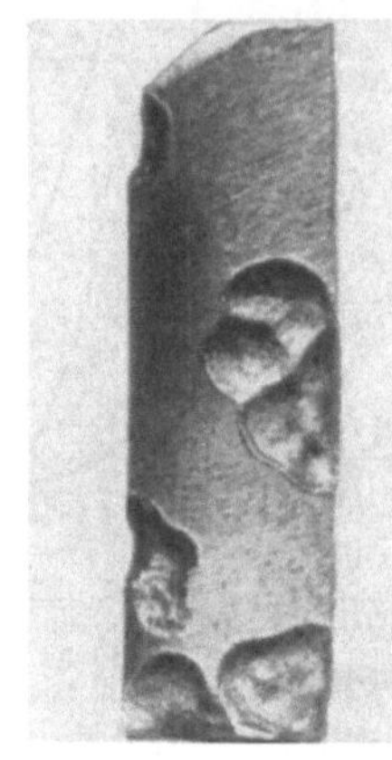

Verzundert. Desgl., Zunder entfernt.

Abb. 419. Ausblühungen bei Verzunderung aluminiumhaltiger Stähle.

Besonders überraschende Verbesserungen ließen sich erzielen durch sehr geringe Zusätze von Metallen der seltenen Erden, der Erdalkalimetalle und von

Zahlentafel 103. **Einfluß des Einsatzmaterials auf die Lebensdauer von Heizleiterlegierungen.**

Legierung %	Nickel eingesetzt als	Chrom eingesetzt als	Lebensdauer bei 1050° (Mittel aus 5 Proben)
80 Ni 20 Cr	Thermit-Nickel	Thermit-Chrom	92
80 Ni 20 Cr	Elektrolyt-Nickel	,,	83
80 Ni 20 Cr	Mond-Nickel	Elektrolyt-Chrom	55
80 Ni 20 Cr	Elektrolyt-Nickel	,,	44
70 Ni 20 Cr 10 Mo	Mond Nickel	Thermit-Chrom	182
70 Ni 20 Cr 10 Mo	,,	Elektrolyt-Chrom	115

---

[1] Smithells, C. J., S. V. Williams u. E. J. Grimwood: J. Inst. Met. Bd. 46 (1931) S. 443/54.

Thorium. Derartige Zusätze bewirkten bereits in der Höhe von etwa 0,05—0,2% eine Erhöhung der Lebensdauerkennziffer im Drahtglühversuch um das 5- bis 10fache, wie aus Abb. 420 zu entnehmen ist. Die verbessernde Wirkung wurde an eisenfreien und eisenhaltigen Chromnickellegierungen sowie an hochlegierten Chrom- und Chrom-Aluminium-Stählen festgestellt.

Die Ursache dieser Verbesserung der Zunderbeständigkeit durch derartig geringe Beimengungen ist noch nicht endgültig geklärt, zumal eine Verbesserung

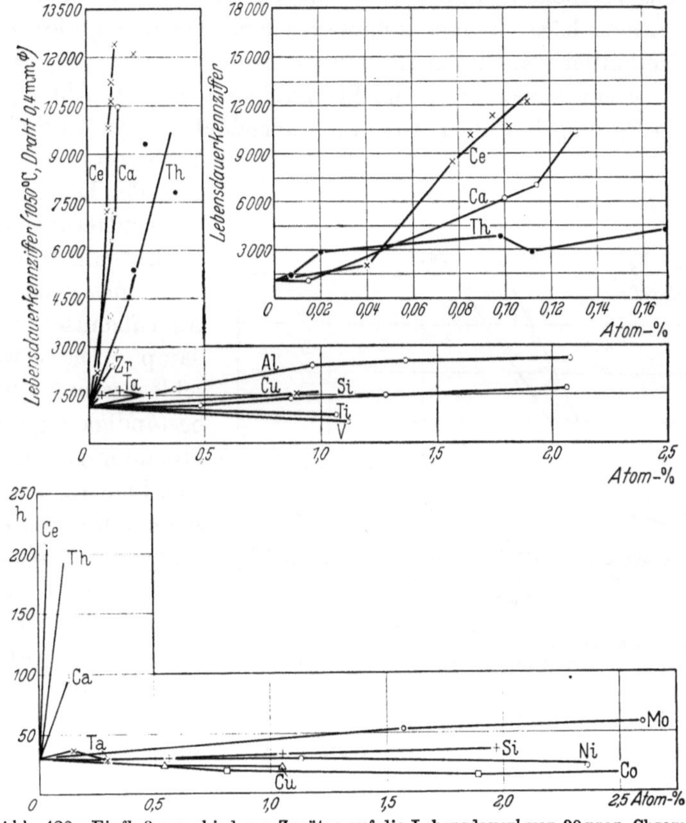

Abb. 420. Einfluß verschiedener Zusätze auf die Lebensdauer[1] von 30 proz. Chrom-Eisen ohne (oben) und mit 5% Al (unten) [nach W. Hessenbruch[2]].

auch noch beobachtet werden konnte, wenn im fertigen Draht analytisch nur Spuren des Zusatzmetalles nachweisbar waren. Ein hoher Schmelzpunkt der betreffenden Oxyde, z. B. des Thoriumoxyds (3050° C), wird sicherlich von Bedeutung sein. W. Hessenbruch[2] fand, daß alle in Chrom-Nickel-Legierungen wirksamen Zusatzelemente ein größeres Atomvolumen als das Molekularvolumen des Nickeloxyds besitzen. Da die Zunderbeständigkeit wesentlich durch Diffusionsvorgänge im Grundmetall und in der Oxydschutzschicht bestimmt wird, nimmt Hessenbruch an, daß diese beeinflußt werden durch Bildung bzw. Blockierung von Locker- und Fehlstellen im Gitter der Legierung oder des Oxyds, wofür die Größe der Atom- bzw. Ionenradien der Zusatzelemente

---

[1] Lebensdauerkennziffer = Anzahl der Schaltungen bis zum Durchbrennen des Drahtes bei je 2 Minuten Ein- und Ausschaltdauer.

[2] Metalle und Legierungen bei hohen Temperaturen. I. Teil. Berlin: Springer 1940, S. 117.

im Verhältnis zum Atom bzw. Molekularvolumen des Metalls bzw. des Oxyds von Bedeutung sein müßte. Da jedoch die Verbesserung der Lebensdauer auch bei Chrom-Aluminium-Heizleitern eintritt, in deren Schutzschicht das Al_2O_3 vorherrscht, kann obige Annahme nicht allgemeingültig sein, da hier das obengenannte Verhältnis der Atomvolumina nicht zutrifft.

Verschiedene sauerstoffhaltige Angriffsmittel. Die bisherigen Ausführungen betreffen im allgemeinen den Angriff oxydierender sauerstoffhaltiger Atmosphären, wobei meistens Versuche in Luft gemeint waren. Der Begriff oxydierende sauerstoffhaltige Atmosphäre ist aber keineswegs einheitlich, wie dies aus dem geschilderten Verhalten von Chrom-Aluminium-Stählen hervorgeht. Auch aus der Abb. 415 ist zu entnehmen, daß die Beständigkeitslinie in Abhängigkeit vom Silizium- und Chromgehalt sich wesentlich verschiebt, wenn an Stelle der Luft Verbrennungsgas, wie Gichtgas oder Leuchtgas, als Angriffsmittel angewendet wird.

Ein ganz besonders scharf wirkendes sauerstoffhaltiges Angriffsmittel ist Wasserdampf. Die erwähnte Verschlechterung der Zunderbeständigkeit gegenüber Verbrennungsgasen, wie Gichtgas, Leuchtgas usw., könnte schon auf die größere Menge vorhandenen Wasserdampfes zurückgeführt werden. Dieser Angriff des Wasserdampfes hat Bedeutung für die Verwendung niedriglegierter Stähle im Dampfkesselbau. Den Unterschied in der Angriffsfähigkeit bei derartigen Legierungen zwischen Luft und Wasserdampf zeigt Abb. 421.

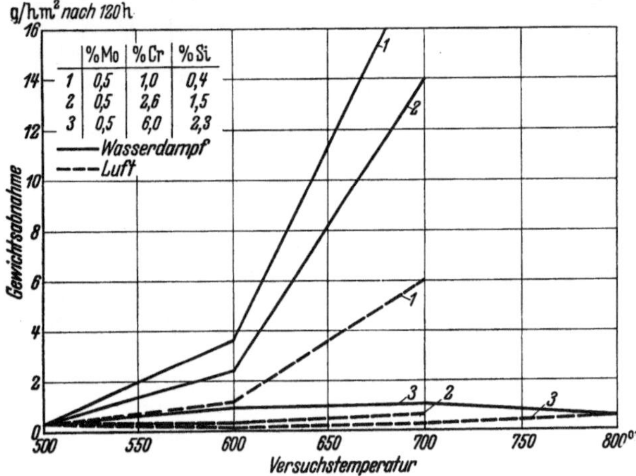

Abb. 421. Vergleich der Zunderbeständigkeit in Wasserdampf gegenüber der in Luft bei Chrom-Silizium-Stählen. [Nach Houdremont u. Bandel: Arch. Eisenhüttenw. Bd. 11 (1937/38) S. 131/38.]

II. Verhalten gegen Stickstoff.

Für das Verhalten der hitzebeständigen Legierungen gegen elementaren und gebundenen Stickstoff bei hohen Temperaturen kann als Anhaltspunkt die Tatsache dienen, daß die Affinität zum Stickstoff und die Stabilität der Nitride in der Reihenfolge Nickel, Eisen, Mangan und Chrom zunimmt und daß Aluminium, Titan und Zirkon Nitride von hoher Beständigkeit bilden. Es braucht an dieser Stelle nur darauf hingewiesen werden, daß Chrom und Aluminium die wirksamsten Legierungsbestandteile nitriergehärteter Stähle bilden. Es sei bereits hier erwähnt, daß Eisennitride schon oberhalb 500° zerfallen und oberhalb dieser Temperatur nur noch geringe Mengen von Stickstoff im Eisen in fester Lösung aufgenommen werden.

Dagegen können infolge der höheren Affinität des Stickstoffs zu den genannten Legierungselementen in hitzebeständigen Stählen durch Aufnahme von Stickstoff aus der Luft, aus Ammoniak und aus stickstoffreichen Verbrennungs- und Blankglühgasen wesentliche Veränderungen des Gefüges und der Eigenschaften, zum Teil auch der Zunderbeständigkeit bei hohen Temperaturen bewirkt werden. Ein praktisches Beispiel hierfür ist die Stickstoffaufnahme von Ferrochrom (bis 0,5% N_2) bei langsamem Einschmelzen auf der Feuerbrücke des Siemens-

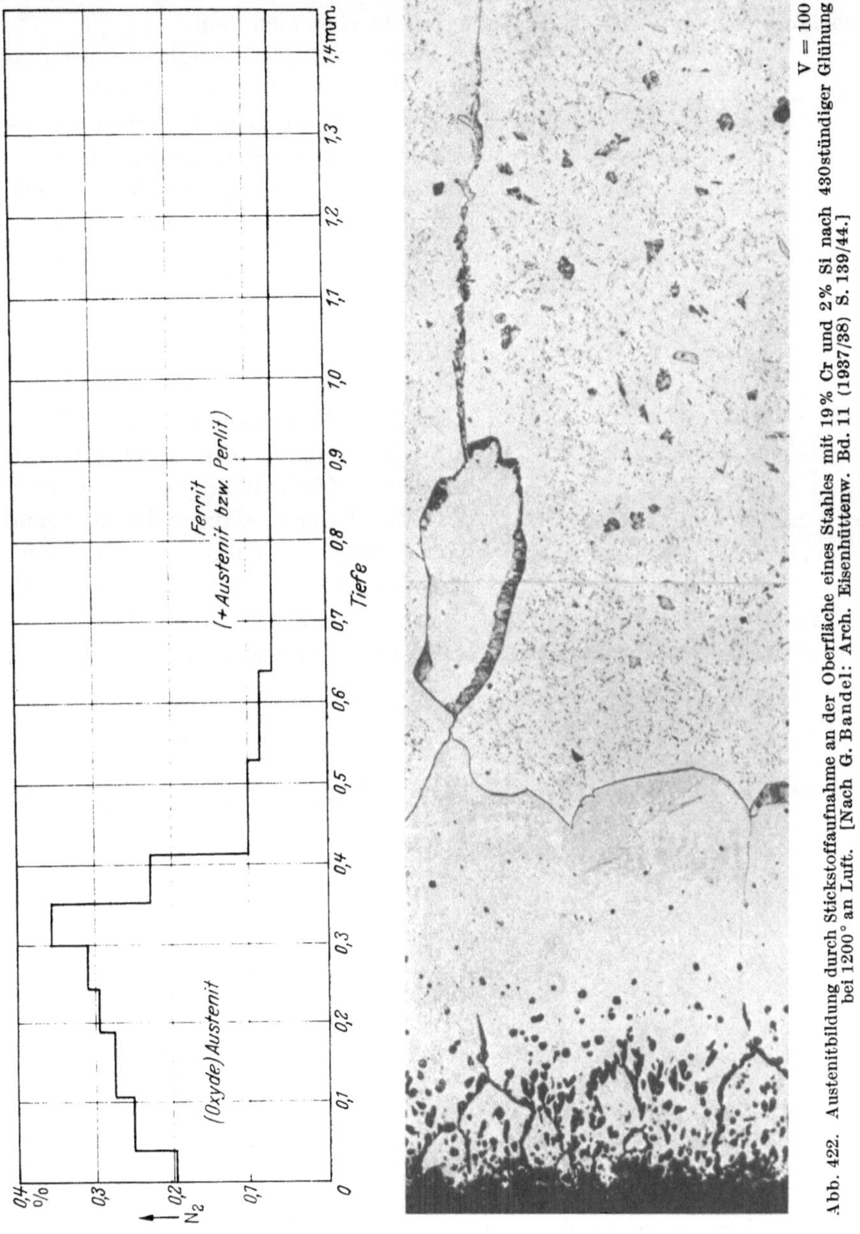

Abb. 422. Austenitbildung durch Stickstoffaufnahme an der Oberfläche eines Stahles mit 19% Cr und 2% Si nach 430stündiger Glühung bei 1200° an Luft. [Nach G. Bandel: Arch. Eisenhüttenw. Bd. 11 (1937/38) S. 139/44.]

Martin-Ofens. Wie Versuche von H. Schenck[1] zeigen, gelingt es, bei 1150° in 8 Stunden ein 62%-Ferrochrom auf 8—9% N_2 aufzunitrieren, wenn es in feingepulverter Form vorliegt. An technischen hitzebeständigen Stählen mit 19% Cr und 2,3% Si sowie mit 30% Cr und 0,5% Si wurde nach 200—1000stündiger

[1] Unveröffentlichte Untersuchungen.

Glühung an Luft bei 1100 und 1200° eine Stickstoffaufnahme bis zu 0,5% beobachtet. Die vorher rein ferritisch-karbidischen Stähle zeigten nach der Glühung eine austenitische Diffusionsschicht und auch im Inneren austenitische oder perlitische bis martensitische Gefügebestandteile (Abb. 422)[1]. Eine Beeinträchtigung der Zunderbeständigkeit tritt hierbei nicht ein.

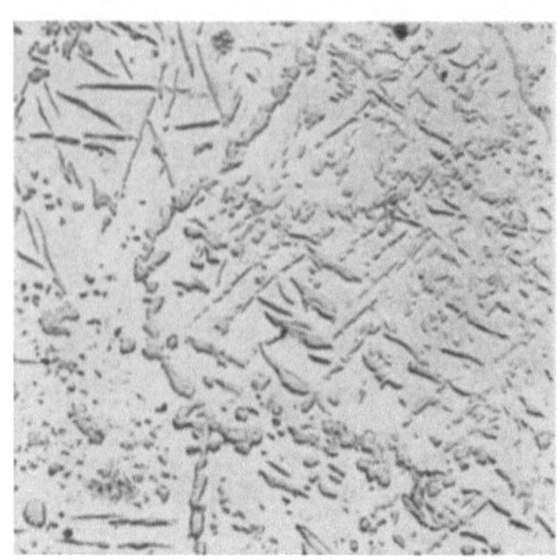

Abb. 423. Randgefüge einer gebrauchten Glasmacherpfeife aus einem Stahl mit 25% Cr und 20% Ni (0,14% N₂ im Gesamtquerschnitt).

V = 200

Auch bei austenitischen Chrom-Nickel-Stählen konnten Stickstoffaufnahmen an längere Zeit in Betrieb gewesenen Gegenständen beobachtet werden (Abb. 423). Das Austenitgefüge erfährt durch die Stickstoffaufnahme eine Veränderung entweder durch Auftreten von oft nadelförmig ausgebildeten Nitriden (Abb. 423) oder nach dem Abkühlen von höheren Temperaturen mit geeigneter Abkühlungsgeschwindigkeit durch einen teilweisen perlitähnlichen Zerfall (Abb. 424). Mit steigenden Nickelgehalten, besonders über 30% Ni, nimmt die Stickstoffaufnahme deutlich ab (Abb. 425). Dagegen wirkt Ersatz des Nickel durch Mangan begünstigend auf die Stickstoffaufnahme, gemäß der eingangs angeführten Reihenfolge der Affinität der Metalle zu Stickstoff. An Kohlenstoff gebundener Stickstoff (Zyanverbindungen) wird von chromhaltigen Legierungen besonders leicht aufgenommen,

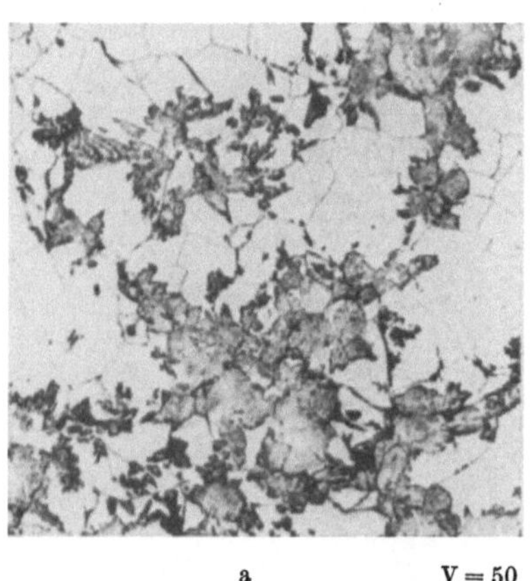
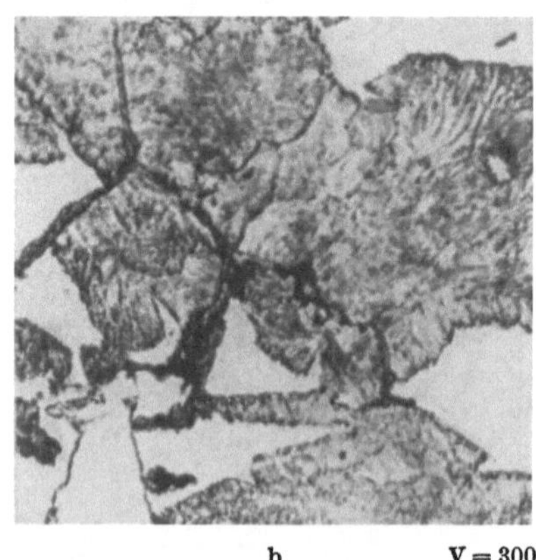

a   V = 50   b   V = 300

Abb. 424. Stickstoffperlit in der Randschicht eines beim Walzen gerissenen Vorblockes aus austenitischem Chrom-Nickel-Stahl. (Nach E. Houdremont und H. Schottky: in O. Bauer, O. Kröhnke und G. Maring: „Die Korrosion metallischer Werkstoffe" Bd. 1 S. 430/529, S. Hirzel, Leipzig 1936.)

was für die Verwendung dieser Stähle bei zyanhaltigen Härtebädern Berücksichtigung finden muß. Stickstoffaufnahmen bei nichtrostenden Chrom- und Chrom-Nickel-Stählen werden auch beim Blankglühen in stickstoffhaltigen Atmosphären beobachtet[2].

---

[1] Bandel, G.: Arch. Eisenhüttenw. Bd. 11 (1937/38) S. 139/44.
[2] Dahl, O., u. F. Pawlek: Stahl u. Eisen Bd. 60 (1940) S. 137/42.

Auf die Verbesserung der mechanischen und chemischen Eigenschaften von hochlegierten Chrom- und Chrom-Nickel-Stählen infolge der austenitfördernden Wirkung von Stickstoff als Legierungselement (vgl. auch S. 448) wird im Abschnitt Stickstoff (S. 898) eingegangen werden.

Während bei den Chrom- und Chrom-Nickel-Stählen durch die Stickstoffaufnahme keine Beeinträchtigung der Zunderbeständigkeit und eher eine Verbesserung der sonstigen Eigenschaften bewirkt wird, liegen die Verhältnisse bei den aluminiumenthaltenden hitzebeständigen Stählen ungünstiger. Bei ihnen wird der eindringende Stickstoff zunächst vom Aluminium abgebunden und als nichtmetallisches Aluminiumnitrid ausgeschieden (Abb. 426). Das gilt sowohl für aluminiumhaltige Legierungen mit als auch ohne zusätzlichen Chromgehalt. Erst nach der Ausscheidung des größten Teils des Aluminiums als Nitrid aus der Grundlegierung kann bei Chrom-Aluminium-Stählen ebenso wie bei Chromstählen Austenitbildung eintreten (Abb. 427)[1]. Durch diese Vorgänge wird eine Verringerung der zur Schutzoxydschichtbildung

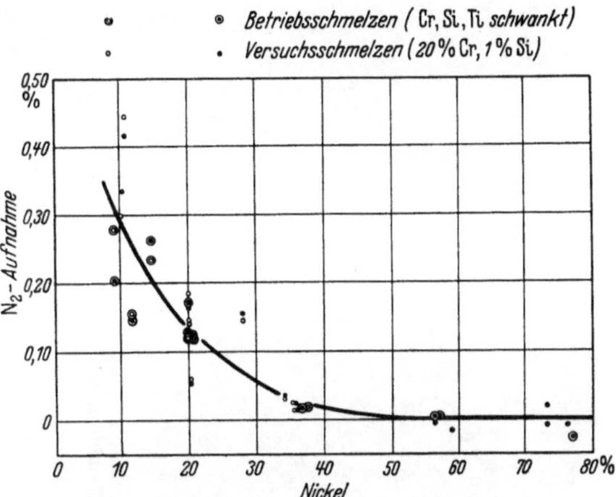

Abb. 425. Stickstoffaufnahme beim Zundern an Luft (500 Stunden 1200° C) bei hitzebeständigen Chrom-Nickel-Stählen in Abhängigkeit vom Nickelgehalt.

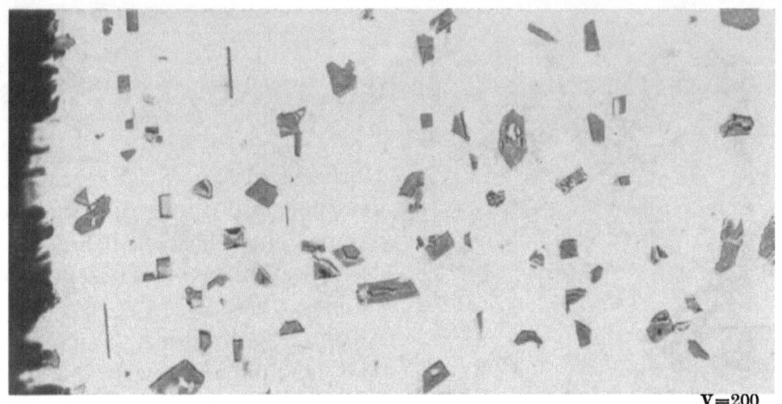

Abb. 426. Aluminiumnitride im hitzebeständigen Stahl.

notwendigen, an die Oberfläche diffundierenden Aluminiummenge bewirkt, die zusammen mit dem früher erwähnten Aluminiumabbrand eine Herabsetzung der Zunderbeständigkeit bedingt[2]. Die Senkung der Zunderbeständigkeit äußert sich häufig durch Auftreten der in Abb. 419 wiedergegebenen örtlichen Zunderausblühungen von Eisenoxyd, bei deren Entstehung wahrscheinlich die örtliche Hemmung der Diffusion des Aluminiums und des Chroms an die Oberfläche

[1] Houdremont, E., u. G. Bandel: Arch. Eisenhüttenw. Bd. 11 (1937/38) S. 131/38.
[2] Bandel, G.: Arch. Eisenhüttenw. Bd. 11 (1937/38) S. 139/44.

durch die Aluminium-Nitrid-Ausscheidungen mitspielt. Interessant ist in diesem Zusammenhang, daß beim Glühen in Ammoniakstrom bei einer tieferen Temperatur eine Erscheinung in ähnlicher Form auftritt (Abb. 428). Die bereits gestreifte wesentlich geringere Zunderbeständigkeit der Chrom-Aluminium-(Silizium-)Stähle in Verbrennungsgasen, besonders bei Gasüberschuß, als an Luft kann also auch mit dem höheren Stickstoffgehalt der Gase in Zusammenhang stehen. Für die Verwendung von Chrom-Aluminium-Stählen als

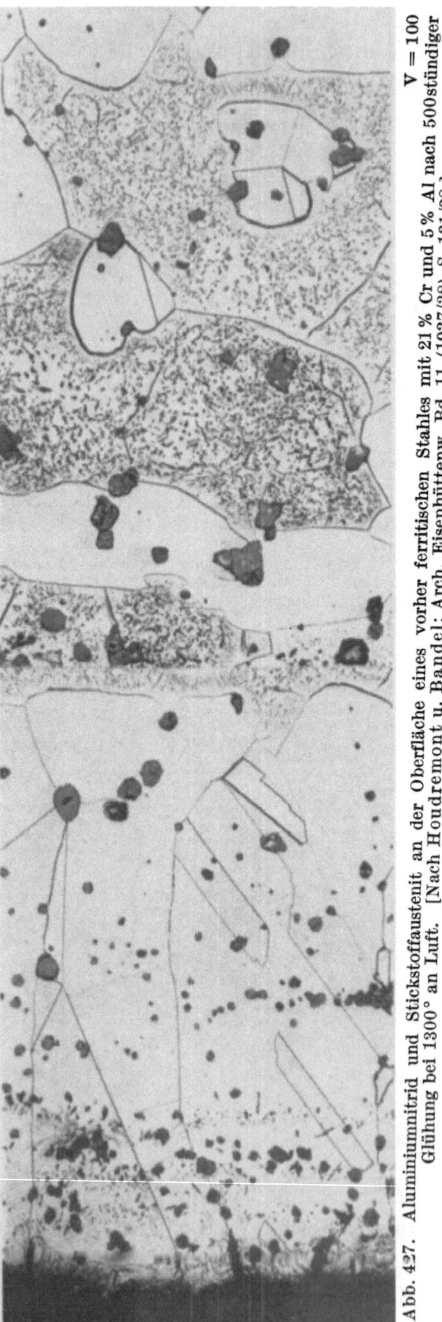

Abb. 427. Aluminiumnitrid und Stickstoffaustenit an der Oberfläche eines vorher ferritischen Stahles mit 21 % Cr und 5 % Al nach 500stündiger Glühung bei 1300° an Luft. [Nach Houdremont u. Bandel: Arch. Eisenhüttenw. Bd. 11 (1937/38) S. 131/38.] V = 100

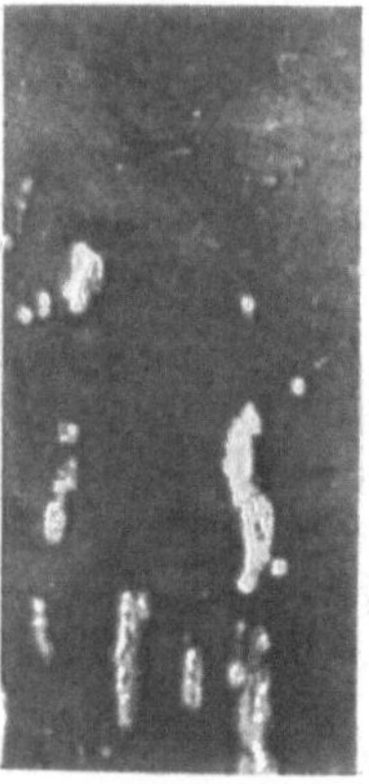

Natürl. Gr.

Abb. 428. Ausblühungen an einer Stahlprobe mit 13 % Cr, 1 % Si und 2 % Al nach 4 tägigem Glühen bei 500° im Ammoniakstrom.

Heizleiterwerkstoff ist ferner von Bedeutung, daß durch die Stickstoffaufnahme eine beträchtliche Abnahme des spezifischen elektrischen Widerstandes (bei 20 % Cr, 5 % Al durch 2,8 % N_2-Aufnahme von 1,42 auf 0,95 $\Omega \cdot mm^2/m$) sowie eine Abnahme des spezifischen Gewichts (von 7,11 auf 6,76) eintreten kann. Letztere kann durch gleichzeitigen Aluminiumabbrand ausgeglichen, die Abnahme des spezifischen Widerstandes jedoch noch verstärkt werden.

Bei titan- und zirkonenthaltenden hitzebeständigen Stählen gilt das gleiche hinsichtlich der Ausscheidung von nichtmetallischen Nitriden durch Stickstoffaufnahme wie beim Aluminium.

III. Verhalten gegen Schwefel.

In oxydierender Atmosphäre, in der Schwefel hauptsächlich als Schwefeldioxyd vorkommt, sollten sich auf hitzebeständigen Legierungen ähnlich wie in Wasserdampf und Kohlendioxyd Oxydschutzschichten bilden, da für die Zunderung in Schwefeldioxyd in erster Linie wiederum sein Gehalt an Sauerstoff maßgebend ist, zu dem das Eisen und die meisten Legierungselemente höhere Affinität besitzen als zum Schwefel. Die Notwendigkeit, den Angriff durch schwefelhaltige Gase gesondert zu behandeln, ergibt sich jedoch daraus, daß die Verhältnisse beim Angriff in schwefelhaltigen Gasen (besonders bei hohen Nickelgehalten) insofern anders liegen, als der bei der Umsetzung des Schwefeldioxyds mit dem hitzebeständigen Stahl entstehende Schwefel nicht die gleiche Unschädlichkeit besitzt wie der Wasserstoff oder das Kohlenoxyd, die bei der entsprechenden Umsetzung mit Wasserdampf bzw. Kohlendioxyd entstehen. Aus Abb. 429 ist zu ersehen, daß die für die Zunderbeständigkeit an Luft günstigen Legierungselemente auch den Widerstand gegen Schwefeldioxyd erhöhen[1]. Wie das Beispiel des Stahls mit 20% Cr und 80% Ni zeigt , tritt jedoch bei sehr hohen Nickelgehalten stärkerer Angriff ein, der auf den Schwefel zurückzuführen ist. Die Gefährlichkeit des Schwefelangriffs beruht auf dem niedrigen Schmelzpunkt der unter Umständen sich bildenden Sulfide. Das Eisensulfid-Eisen-Eutektikum, das bei 935° schmilzt, wird bei Anwesenheit von Nickel, dessen Eutektikum mit Nickelsulfid schon bei 645° schmilzt, noch eine Erniedrigung seines Schmelzpunktes erfahren. Bei Nickelanreicherungen unter der Oxydschicht sind die Bedingungen für das Auftreten von Nickelsulfid besonders günstig. Auf S. 373 ist gezeigt worden, daß bereits bei niedriglegierten Nickelstählen ein Sulfideutektikum in den Korngrenzen entstehen kann, das den Zusammenhang zwischen den einzelnen Körnern aufhebt. Anch beim Angriff hitzebeständiger Chrom-Nickel-Stähle kann man bemerken, daß der Schwefelangriff gern an den Korngrenzen entlang wandert (Abb. 430). Diese flüssigen Reaktionserzeugnisse beeinträchtigen. wie bereits erwähnt, die Ausbildung einer wirksamen Oxydschutzschicht. Am stärksten ist naturgemäß der Angriff in Schwefelwasserstoff, wenn gar keine Oxydschichten entstehen. Dabei muß man die Feststellung machen, daß auch bei tieferen Temperaturen unterhalb des niedrigsten Schmelzpunktes der Sulfideutektika ein starker Angriff auf Eisen und niedriglegierte Stähle eintritt, selbst noch bei etwa 300°. Die in Schwefelwasserstoff bei 200—600° sich bildende feste Schicht von einem oder mehreren Sulfiden übt nämlich kaum eine Schutzwirkung aus, da in ihr die Diffusion der Schwefel- und Metallatome bzw. -ionen infolge der geringen Temperaturspanne bis zum Schmelzpunkt sehr

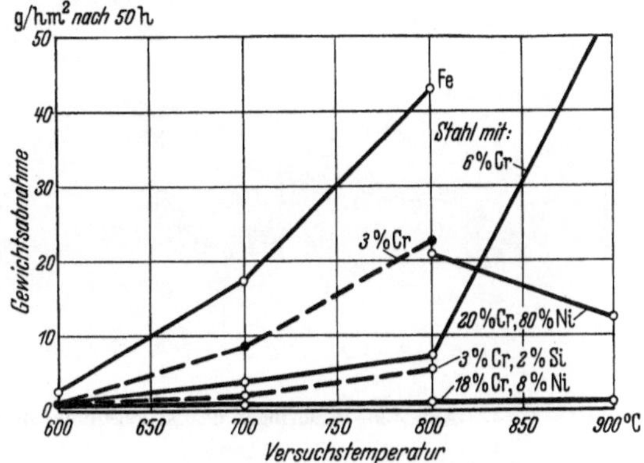

Abb. 429. Zunderbeständigkeit einiger Stähle in reinem Schwefeldioxyd. [Nach Houdremont u. Bandel: Arch. Eisenhüttenw. Bd. 11 (1937) S. 131/38.]

---

[1] Houdremont, E., u. G. Bandel: Arch. Eisenhüttenw. Bd. 11 (1937/38) S. 131/38.

lebhaft ist. Eine stark verbessernde Wirkung übt das Chrom aus (Abb. 431), woraus man schließen muß, daß die Diffusionsfähigkeit des Schwefels in der

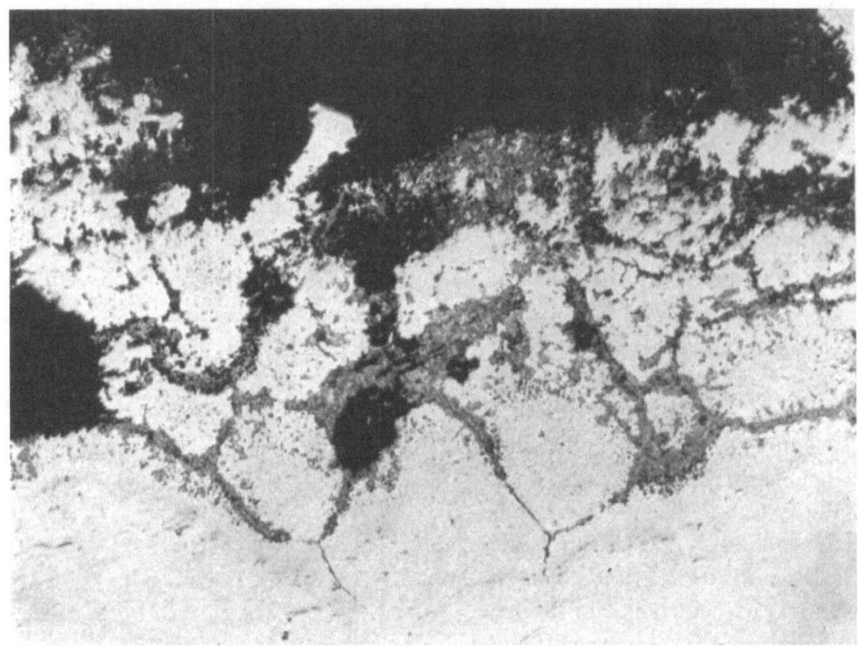

V=100

Abb. 430. Eindringen des Nickelsulfides in austenitischen Chrom-Nickelstahl.

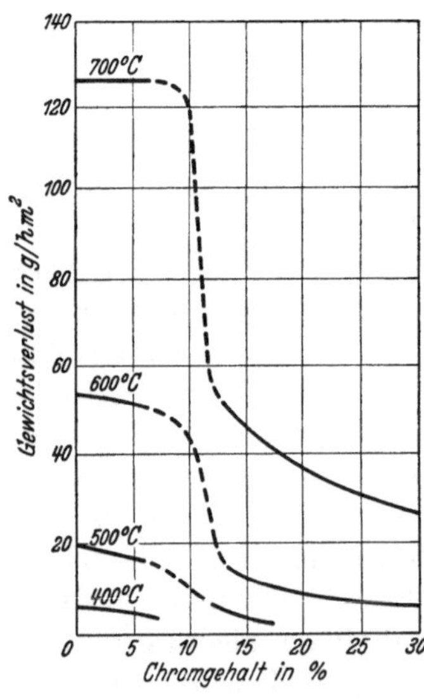

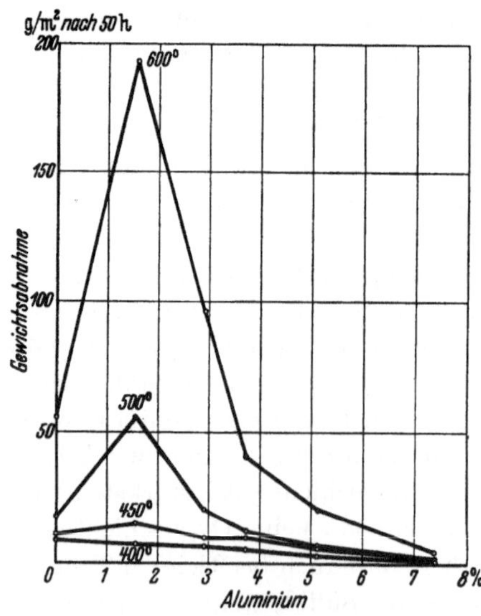

Abb. 431. Verhalten von Chromstählen verschiedenen Legierungsgehaltes bei Schwefelwasserstoff-Angriff.

Abb. 432. Einfluß des Aluminiumgehaltes auf die Beständigkeit von Stahl beim Glühen in Schwefelwasserstoff von Atmosphärendruck. [Nach Naumann: Techn. Mitt. Krupp Bd. 6 (1938) S. 77/87.]

gebildeten festen Sulfidschicht stark herabgesetzt ist. Aluminium wirkt in geringen Gehalten auffälligerweise verschlechternd und erst in höheren Gehalten über 4% verbessernd (Abb. 432)[1]. Das gleiche scheint für den Angriff flüssigen Schwefels bei tieferen Temperaturen zu gelten (Abb. 433). Bei Silizium sind ähnliche Gehalte zur Erzielung einer merkbaren Verbesserung notwendig. Handelt es sich um Temperaturen, bei denen das Auftreten eines flüssigen Eutektikums nicht zu erwarten ist, so wirkt ein Nickelgehalt nicht wesentlich verschlechternd, sofern der Chromgehalt entsprechend hoch ist. Oberhalb 600° sind auch nickelfreie Chromstähle mit Gehalten bis 30% Cr in reinem Schwefelwasserstoff nicht beständig. Auf der Eisenbasis sind daher wegen der Bildung der flüssigen Sulfide bzw. der lebhaften Diffusion im Sulfidzunder kurz unterhalb des Sulfidschmelzpunktes die Aussichten für die Entwicklung schwefelwasserstoffbeständiger Werkstoffe ungünstig. Ähnliches gilt für den Angriff in flüssigem Schwefel oder in Schwefeldämpfen.

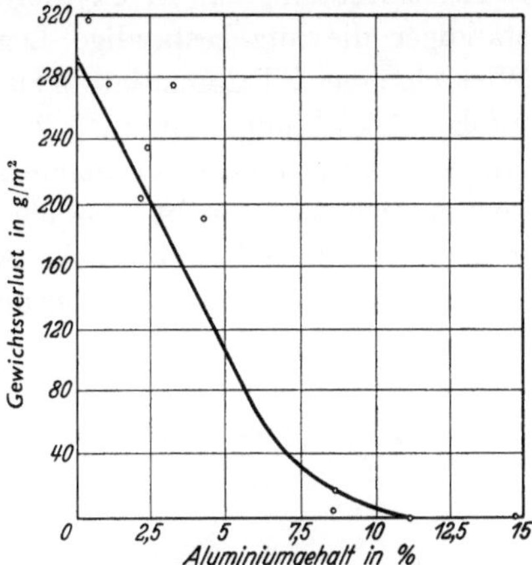

Abb. 433. Wirkung eines Aluminiumzusatzes auf den Gewichtsverlust in g/m² von Flußeisen durch Angriff von geschmolzenem Schwefel bei 290—310°; Versuchsdauer 240 Stdn. [Nach O. V. Ver, V. V. Skortcheletti u. A. Y. Choultine: Rev. Mét. Bd. 30 (1933) Auszüge S. 66/67.]

Zahlentafel 104. Aufkohlung und Aufschwefelung von Chrom-Nickel-Eisen-Legierungen im praktischen Gebrauch.

Gegenstand	Werkstoff	Betriebs-temperatur °C	Betriebszeit bis zur Untersuchung	Gehalte in Proz. an (in Klammern: Ausgangswert) C	S	Wahrscheinliche Herkunft des Schwefels
Zementationskasten	25 Cr; 20 Ni; Blech	etwa 950	etwa 1200 Stdn.	0,98 (0,15)	0,67 (0,01)	aus d. Härtepulver
Emaillierofenboden	25 Cr; 20 Ni; Blech	etwa 1000	mehrere 1000 Stdn.	1,10 (0,25)	0,38 (0,01)	aus d. Koksheizgasen
Schwelofenring	25 Cr; 20 Ni; Guß	? (vielleicht 800/900°)	über 10000 Stdn.	1,28 (0,20)	5,1 (0,01)	aus d. Braunkohlenschwelgasen
Roststäbe aus einem kontinuierlichen Glühofen	25 Cr; 20 Ni; Schmiedematerial	etwa 950	etwa 1500 Stdn.	0,37 (0,20)	0,22 (0,01)	aus d. Kohleheizgasen

Für den Angriff in technischen Gasen, in denen Schwefel durchweg und vielfach in beträchtlichen Gehalten vorkommt, ist für die Art und Stärke des Angriffs und damit für die Beständigkeit entscheidend, ob der Sauerstoffgehalt des Gases gering oder ausreichend groß ist. In einem Falle werden die Verhältnisse mehr dem Angriff in Schwefelwasserstoff, im andern mehr dem in Schwefeldioxyd ähneln. Eine Vermeidung von Gasüberschuß in den Verbrennungsgasen ist daher auf jeden Fall ratsam, besonders bei Chrom-Nickel-Stählen mit hohem Nickelgehalt. So kann man auch häufig beobachten, daß gerade der schädliche

[1] Nach F. K. Naumann: Techn. Mitt. Krupp Bd. 6 (1938) S. 77/87.

Einfluß von Aufkohlungen mit Schwefelwirkungen gemeinsam auftritt, wie dies beispielsweise aus Zahlentafel 104 (S. 527) hervorgeht. Andererseits ist die Schwefelbeständigkeit in oxydierenden Gasen um so höher, je oxydationsbeständiger die hitzebeständige Legierung ist. In dieser Hinsicht ist z. B. die Wirkung eines Siliziumzusatzes zu Chrom-Nickel-Stählen bemerkenswert günstig infolge Ausbildung von auch für Schwefel undurchlässigeren Oxydschichten. Hingegen wirkt Schwefel besonders gefährlich in Fällen, wo die Zunderbeständigkeit an sich schon nicht ausreichend ist. Hier kommt erschwerend hinzu, daß manche Oxyde selbst eine hohe Aufnahmefähigkeit für Schwefel besitzen und daß besonders durch Anreicherung von Schwefel in kalk- und alkalihaltigen

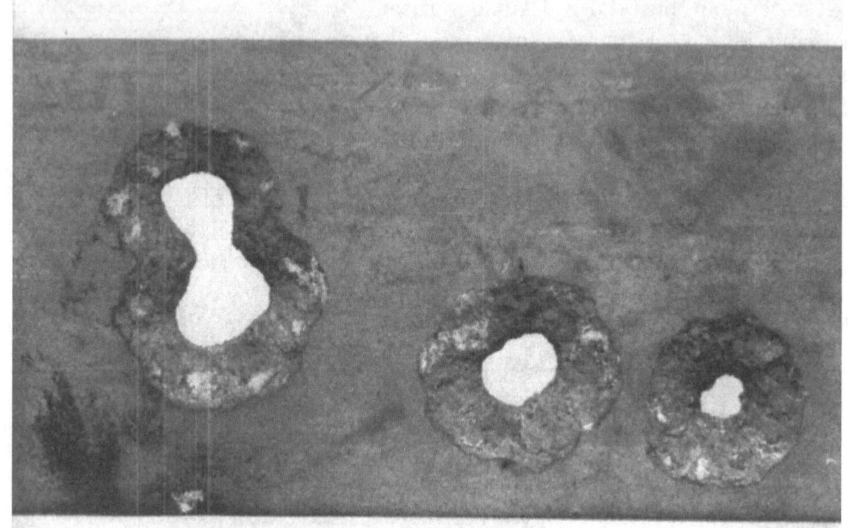

Natürl. Gr.

Abb. 434. Örtlicher Schwefelangriff auf Stahl mit 20 % Ni und 25 % Cr bei Berührung mit Kalk. [Nach Houdremont u. Bandel: Arch. Eisenhüttenw. Bd. 11 (1937/38) S. 131/38.]

Ankrustungen (Flugstaub, Gichtstaub usw.) örtlicher verstärkter Schwefelangriff hervorgerufen werden kann. Ein Beispiel hierfür zeigt Abb. 434[1]. Man wird daher im allgemeinen bei höheren Schwefelgehalten auch in oxydierenden Verbrennungsgasen die zulässige Höchsttemperatur um 100—200° niedriger ansetzen als die erfahrungsgemäß in Luft zulässige Temperatur.

IV. Verhalten gegen Kohlenstoff.

In vielen Ofenatmosphären spielt die Aufkohlung hitzebeständiger Legierungen eine wichtige Rolle (Zementationstöpfe, Heizleiterspiralen usw.). Kohlenstoff wirkt im Sinne einer Schmelzpunktserniedrigung und somit einer Einschränkung des Verwendungsbereichs zu tieferen Temperaturen.

Wie aus dem Einfluß der einzelnen Legierungselemente auf die Zementation hervorgeht, besitzt Nickel in zunderbeständigen Legierungen keine ausschlaggebende Bedeutung für das Aufkohlungsvermögen, dagegen wurde bereits bei

---

[1] Houdremont, E., u. G. Bandel: Arch. Eisenhüttenw. Bd. 11 (1937/38) S. 131/38.

der Einsatzhärtung chromhaltiger Stähle auf die starke Karbidbildung und deren Einfluß hingewiesen. Eine entsprechende Wirkung des Chroms auf die Aufnahmefähigkeit von Kohlenstoff ist auch bei den zunderbeständigen Legierungen deutlich zu bemerken (Zahlentafel 105). Daß auch bei den zunderbeständigen Chrom-Nickel-Stahl-Legierungen die Aufkohlung verschieden stark ist, zeigt Abb. 435. Die Eindringtiefe des Kohlenstoffs ist bei allen Legierungen kleiner als beim Flußeisen, jedoch sind die Randkohlenstoffgehalte zum Teil erheblich höher. Auffallend ist die geringe Aufkohlungsfähigkeit des ferritischen 30proz. Chromstahls, die wohl darauf zurückzuführen ist, daß die Löslichkeit für Kohlenstoff im Ferrit, dem Grundgefüge dieses Stahls, erheblich geringer ist als im γ-Mischkristall. Hierauf weist auch die sprunghafte Zunahme des Randkohlenstoffgehaltes bei

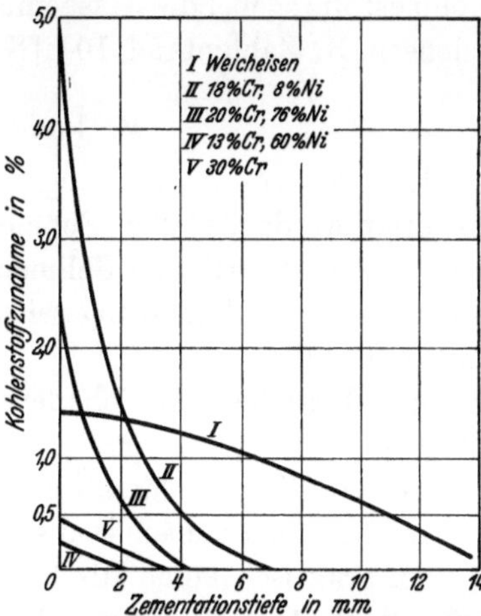

Abb. 435. Wirkung einer Zementation bei hoch chrom- und nickelhaltigen Stählen (200 Std., 1000°, Leuchtgas).

Zahlentafel 105. Randaufkohlung bei zunderbeständigen Stählen.

Analyse		Zementationstiefe in mm (a) und C-Gehalt der äußersten Randschicht (b) nach 200-stündiger Glühung in Leuchtgas					
		bei 900		bei 1000°		bei 1100°	
C	Cr	a	b	a	b	a	b
0,11	0,06	12	1,0	14	1,3	nicht best.	1,6
0,53	25,0	2	0,1	3,5	0,6	7,5	5,0
0,11	31,0	nicht bestimmt		4	0,4	8,5	0,8

Stahl 2 in Zahlentafel 105 hin, da dieser Stahl oberhalb 1000° wenigstens teilweise austenitisch ist, während Stahl 3 überwiegend ferritisch bleibt.

Wenn auch die Zunderbeständigkeit bei Chrom-Eisen-Legierungen durch Zusatz von Kohlenstoff bis zu 1% nicht verschlechtert wird, so können doch infolge Herabsetzung des Schmelzpunktes bei Temperaturen oberhalb 1100° sehr bald Zerstörungen durch beginnendes Schmelzen eintreten. Außerdem wird in allen Fällen durch starke Zementation Sprödigkeit, erhöhte Empfindlichkeit gegen Wärmespannungen und zum Teil Gefahr des Verziehens hervorgerufen.

Im Gegensatz zu Chrom, das bei der Zementation infolge seiner karbidbildenden Eigenschaften hohe Randkohlenstoffgehalte erzeugt, vermindern Silizium und Aluminium in hitzebeständigen Legierungen die Kohlenstoffaufnahme beträchtlich, wie dies für Silizium aus Abb. 436 zu entnehmen ist. Hierbei kann es auch eine Rolle spielen, daß bei siliziumhaltigen Legierungen die stärkere Bildung von Schutzoxydschichten infolge

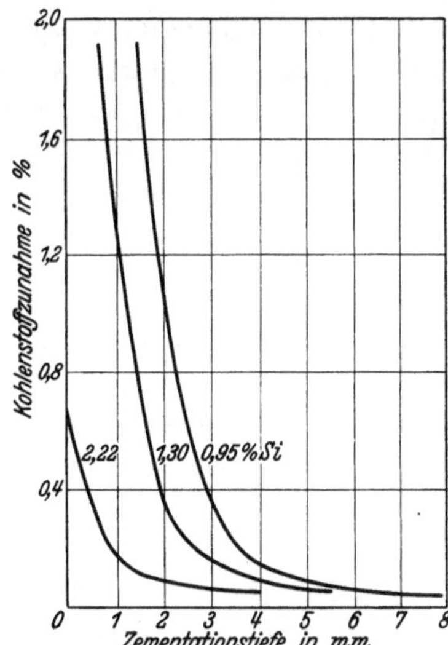

Abb. 436. Einfluß des Siliziumgehaltes auf die Kohlenstoffaufnahme einer Legierung mit 25% Cr und 20% Ni (200 Stunden bei 1000° in Leuchtgas).

der in den aufkohlenden Gasen immer vorhandenen Sauerstoff- oder Feuchtig-
keitsspuren hemmend auf die Kohlenstoffaufnahme wirkt. Weiterhin können
kohlenstoffabgebende Gasgemische die Aufnahme von Schwefel begünstigen
(siehe z. B. Zahlentafel 104 [S. 527]).

V. Verhalten gegen Metallschmelzen.

Ein weiteres Anwendungsgebiet, auf dem zum Teil hitzebeständige Stähle
benötigt werden, stellen Schmelztiegel und Behälter für Salz- und Metallbäder
dar, wo der Angriff der Schmelzen auf den Behälterwerkstoff oder der Zunder-
angriff von der Beheizungsseite her verhütet werden soll. Daneben bilden zufällige Berührungen oder Spritzer von Metall- oder Salzschmelzen u. dgl. eine
häufige Ursache von Schadensfällen bei Geräten aus hitzebeständigen Werkstoffen.

Der Angriff von Metallschmelzen auf Behälter aus Eisen oder seinen Legie-
rungen läßt sich zunächst aus den entsprechenden Zustandsdiagrammen ableiten.
Sofern praktisch keine Mischbarkeit im flüssigen und festen Zustande vorliegt,
sollte kein Angriff zu erwarten sein, z. B. auf Eisen und seine Legierungen in
Blei und Magnesium. Wenn dagegen teilweise Löslichkeit im festen und flüssigen
Zustand vorhanden ist, wird einerseits ein Inlösunggehen des Behälterwerk-
stoffes in dem Metallbad und damit eine oft unerwünschte Verunreinigung der
Schmelze eintreten. Andererseits kann durch Eindiffusion des geschmolzenen
Metalls in das Tiegelmaterial eine Zerstörung, mindestens eine Versprödung
und sonstige Verschlechterung der mechanischen und chemischen Eigenschaften
hervorgerufen werden.

Bei eisernen Verzinkungswannen geht z. B. Eisen in die Zinkschmelze über,
weiter bildet sich auf der Oberfläche des Eisens eine eisenhaltige, zinkreiche
Schicht, die infolge ihres gegenüber dem reinen Zink erhöhten Schmelzpunktes
fest ist, das sog. Hartzink. Es besteht aus verschiedenen intermetallischen
Eisen-Zink-Verbindungen und Mischkristallen und ist, weil es Fehlstellen auf dem
verzinkten Gut infolge Loslösens von der Wannenoberfläche und frühzeitige
Zerstörung des Wannenwerkstoffs (z. T. auch durch örtliche Überhitzung infolge
Wärmestauungen) hervorruft, unerwünscht. Ein Zusatz von Legierungselementen
zum Eisen hat nur geringe Verbesserungen gebracht; als günstig hat sich ein
niedriger Silizium- und Kohlenstoffgehalt des Zinkwannenwerkstoffs erwiesen.

Bei Bleibädern ist zu beachten, daß zwar das metallische flüssige Blei den
eisenhaltigen Behälterwerkstoff selbst nicht angreift, daß aber die Bleioxyd-
schicht an der Badoberfläche in Höhe des Badspiegels starken Angriff bewirkt,
dem man durch Abdeckung des Bleibades mit Kohlepulver oder mit die Luft
abhaltenden Salzschichten begegnet; letztere können allerdings gelegentlich auch
Ursache eines Korrosionsangriffes sein.

Bei der Benetzung mit flüssigen Metallen tritt bei Eisen und legierten Stählen,
wenn sie unter Zugspannungen stehen, eine Korrosionserscheinung auf, die große
Ähnlichkeit mit der Spannungsrißkorrosion bei säurebeständigen Stählen (s. S. 497)
aufweist und auch im Zusammenhang mit der Rotbrüchigkeit, z. B. kupferhaltiger
Stähle, steht. Sie wird „Lötbrüchigkeit" oder Lötrissigkeit genannt, weil sie
oft beim Löten auftritt. Auch bei Nichteisenmetallen ist sie bereits länger bekannt, z. B. als „Legierungsbrüchigkeit" beim Löten von Messing. Sie tritt

nur auf bei den Metallen, die im flüssigen Zustand wenigstens begrenzt mischbar sind, was ja an sich schon eine Voraussetzung für eine richtige Benetzung ist. Wenn der unter äußeren oder inneren Zugspannungen stehende Stahl mit dem flüssigen Metall oder Lot in Berührung kommt, dringt das Lot in die Korngrenzen ein und es entstehen interkristalline Risse, die mit dem Lot angefüllt sind (Abb. 437). Die Erscheinung tritt auf sowohl bei hohen Temperaturen durch flüssiges Silber, Kupfer oder Messing, z. B. beim Hartlöten als auch bei tiefen Temperaturen beim Weichlöten, also in flüssigem Zinn, Blei, Zink, Kadmium und sonstigen Weichlotlegierungen[1].

VI. Verhalten gegen Salzschmelzen.

Die Vorgänge beim Angriff von Eisen und legierten Stählen durch Salzschmelzen sind je nach der chemischen Natur der Salze und der auftretenden Umsetzungen sehr mannigfaltiger Natur. Bei Tiegelwerkstoffen für Salpeterbäder spielt die Zunderbeständigkeit auf der Beheizungsseite keine wesentliche Rolle, da Salpeterbäder nur für Temperaturen bis max. 600° in Frage kommen. Gegen den Angriff der Schmelze haben sich sowohl für die üblichen Alkali-Nitrate als auch für die Nitrat-Nitrit-Gemische chromhaltige Stähle als besonders beständig erwiesen, was offenbar auf die Unlöslichkeit der bei der Umsetzung mit dem Salz entstehenden chromoxydhaltigen Schutzschichten zurückzuführen ist. Bei der Umsetzung von Eisen und niedriglegierten Stählen mit Alkali-Nitraten und -Nitriten ist neben der Oxydation auch eine Nitrierung des Stahls zu beobachten.

Die für mittlere und höhere Temperaturen von 600—1000° in Frage kommenden Salzglühbäder bestehen meist aus Alkali- und Erdalkali-Chlorid-Gemischen. Am besten bewährt haben sich als Tiegelmaterial entweder alitiertes Flußeisen oder dickwandiger hochlegierter

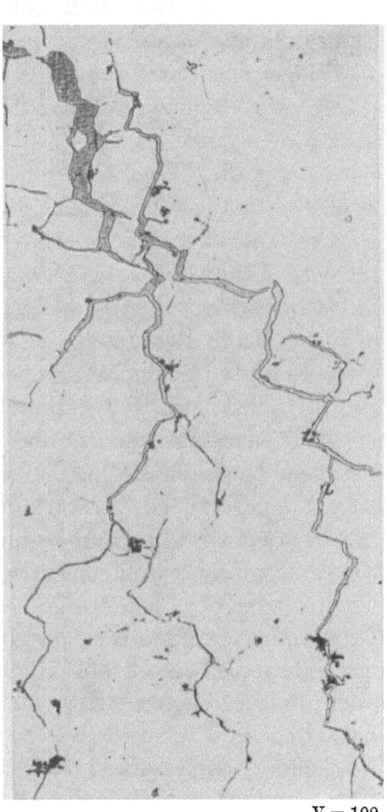

V = 100

Abb. 437. Ausfüllung von Rissen durch Kupfer bei lotbrüchigem Werkstoff. [Nach H. Schottky, K. Schichtel u. H. Stolle: Arch. Eisenhüttenw. Bd. 4 (1930/31) S. 541 bis 547.]

Chromguß. Bei höheren Temperaturen ist aber auch bei letzterem nicht zu vermeiden, daß ein Angriff durch die Salzschmelze eintritt, der sich in einer interkristallinen Auflockerung und Zermürbung der Innenoberfläche des Tiegels bemerkbar macht. Ebenso tritt ein derartiger Angriff in Chlor und Chlorwasserstoff auf, wenn auch höhere Chromgehalte eine Verbesserung bringen. Das ist darauf zurückzuführen, daß die gebildeten Metallchloride, besonders Eisen- und Nickelchlorid einen sehr niedrigen Siedepunkt haben und daher eine Schutzwirkung durch die Reaktionsprodukte nicht eintritt.

---

[1] Literatur s. bei P. Schafmeister u. H. Schottky: Metallwirtsch. Bd. 17 (1939) S. 43/47.

Für die bei sehr hohen Glühtemperaturen benutzten Barium- und Kalium-chloridschmelzen sind zwar hochlegierte austenitische Chrom-Nickel-Stähle vielleicht etwas beständiger als Flußeisen; der Unterschied ist aber so gering, daß es sich als wirtschaftlicher erwiesen hat, diese Tiegel mit etwas größerer Wandstärke aus Flußeisen herzustellen und sie außen gegen die Einwirkung der Heizgase durch Schweißberaupung mit hochlegierten Chrom- oder Chrom-Nickel-Stählen zu schützen, wobei wiederum die Berührung der Beraupung mit der Salzschmelze durch Umbördelungen des Tiegelrandes verhindert wird. F. Roll[1] stellte fernerhin fest, daß bei hochprozentigem Chromstahlguß (30% Cr) in Chloridschmelzen ein netzförmiges Herauslösen der Chromkarbide eintritt, das zu frühzeitiger Zerstörung führt.

Auf die Vorgänge beim Angriff in zyanhaltigen Zementationsbädern ist schon kurz hingewiesen worden. Aufkohlung und Nitrierung können Versprödung und Zerstörung des Tiegelwerkstoffs hervorrufen. Am besten bewährt haben sich zunderbeständige Chrom-Nickel-Stähle, evtl. mit Silizium und Aluminium legiert[2].

Der Angriff in Schmelzen von Borax, Phosphaten, Silikaten u. ä., die zwar nicht als Glühbäder benutzt werden, hat Bedeutung in der Glas- und Emaillier-industrie sowie bei gelegentlichen Verunreinigungen durch diese Salze, wie sie z. B. bei deren Benutzung als Flußmittel beim Schweißen vorkommen können. Den genannten Schmelzen ist gemeinsam, daß sie blankes Eisen und seine Legierungen selbst zum Teil gar nicht sehr stark angreifen. Da sie aber eine sehr große Lösungsfähigkeit für die Schutzoxyde auf hitzebeständigen Legierungen besitzen, bewirken sie an den Berührungsstellen bei gleichzeitigem Sauerstoffzutritt eine örtliche Verstärkung der Verzunderung. Das gilt z. B. für hochhitzebeständige Chrom-Aluminium-Stähle, die mit Borax als Flußmittel geschweißt wurden, wohingegen Reste von Flußspat als Flußmittel kaum örtliche Verstärkung der Zunderung hervorrufen. Abgesehen von der Zerstörung der Oxydschutzschicht führen derartige Flußmittel selbst oft Schwefel mit sich oder erleichtern die Schwefelaufnahme. An den angegriffenen Stellen findet man daher auch oft zusätzlichen Schwefelangriff ähnlicher Art, wie er bei Kalk und Alkali enthaltenden Ankrustungen zu beobachten ist. Gegen reine Sulfatschmelzen bei hohen Temperaturen gibt es kaum ausreichend beständige legierte Stähle. Schon geringe Gehalte von Sulfaten in allen Salzschmelzen (z. B. Chloridschmelzen) üben allgemein eine Verstärkung des Angriffs aus.

Es muß hier abschließend bemerkt werden, daß Zerstörungen von Salzbadtiegeln häufig nicht auf ungenügende Beständigkeit des Werkstoffes bei normaler Betriebstemperatur, sondern auf Überhitzungen infolge Wärmestau durch Ansammlungen von Schlamm auf dem Boden des Tiegels zurückgeführt werden können; dieser Schlamm kann entweder aus den Zersetzungsprodukten der Schmelze oder dem durch das Glühgut eingebrachten Zunder bestehen.

VII. Verhalten gegen den Angriff von Gasen unter hohem Druck

A. Verhalten gegen Wasserstoff. Eine besondere Art des Korrosionsangriffes stellt der Angriff von Wasserstoff bei höheren Temperaturen und höheren Drücken dar. Dieser Angriff hat nichts mehr mit dem üblichen Begriff der Hitze-

---

[1] Roll, F.: Korr. u. Metallschutz Bd. 17 (1941) S. 331/33.
[2] Albrecht, C.: Durferrit Mitt. Bd. 4 (1935) S. 81/88.

beständigkeit zu tun. Ebensowenig lassen sich Vergleiche mit dem Angriff von Säuren bei niedriger Temperatur anstellen, es sei denn, daß man gewisse Analogien mit der interkristallinen Korrosion bezüglich der Art der Gefügeauflockerung feststellen will. Wie im Abschnitt „Manganstähle" erwähnt ist und bei „Wasserstoff" noch näher erläutert wird, beobachtet man bei der Einwirkung von Wasserstoff unter höheren Drücken bei kohlenstoffhaltigen Stählen eine Entkohlung unter gleichzeitiger Lockerung der Korngrenzen (vgl. Abb. 253), während Wasserstoff bei atmosphärischem Druck unterhalb 700° keinen wesentlichen Einfluß ausübt und bei Raumtemperatur auch bei höheren Drücken kein Angriff feststellbar ist. Durch die Gefügeauflockerung tritt ein entsprechender Verlust an Festigkeit und insbesondere an Zähigkeit, gemessen an Kerbschlagzähigkeit und Einschnürung, auf, so daß man letztere Kenngrößen als Maß für den Angriff wählen kann. Als Reaktionserzeugnis des Korrosionsangriffes wird das bei diesen Temperaturen nicht diffusionsfähige Methan gebildet, wie dies bei der chemischen Untersuchung des Inhalts von Blasen, die sich unter derartigen Verhältnissen vielfach an der Oberfläche von Stahlstücken bilden, gefunden wurde[1].

Für die chemische Großindustrie war die Schaffung von bei hohen Temperaturen und hohen Drücken wasserstoffbeständigen Stählen für die Synthese des Ammoniaks und weitere neue Druckverfahren, wie Hydrierung oder Spaltung von Kohle, Teer, Erdöl zur Benzinherstellung, sowie die Synthese von

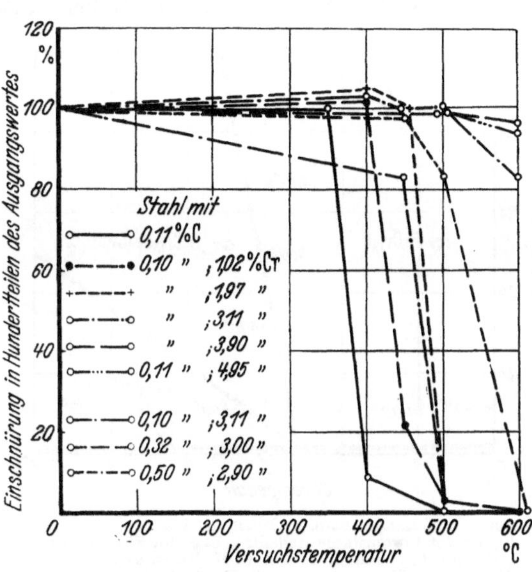

Abb. 438. Einfluß von Chrom auf die Einschnürung nach Wasserstoffglühung (300 kg/cm², 100 Stunden). [Nach F. K. Naumann: Techn. Mitt. Krupp, Forschungsberichte Bd. 1 (1938) S. 223/43.]

Methylalkohol von großer Bedeutung. Es handelt sich hierbei um Beanspruchung durch Druckwasserstoff zwischen 100 und 1000 Atmosphären bei Temperaturen von 300 bis etwa 600°. Aus der Tatsache, daß das Reaktionserzeugnis Methan ist und eine Entkohlung der betreffenden Stücke beobachtet wird, kann man bereits darauf schließen, daß alle Maßnahmen, die geeignet sind, die Stabilität der Karbide zu erhöhen, auch in der Lage sein müssen, die Wasserstoffbeständigkeit des Stahles zu verbessern. Entsprechend zeigte auch das Element Nickel keinen Einfluß auf die Wasserstoffbeständigkeit, während Mangan nur eine leichte Verbesserung ergab. Anders ist es mit Chrom, das von bestimmten Chromgehalten an in der Lage ist, stabile Karbide zu bilden, die sich dem Wasserstoffangriff gegenüber beständiger als das Eisenkarbid erwiesen haben. Wie Abb. 438 zeigt, tritt mit steigendem Chromgehalt eine fortlaufende Verbesserung der Beständigkeit gegen Wasserstoff ein, die insbesondere oberhalb 3% Chrom bei den hier gewählten Bedingungen bis zu Temperaturen von 600° ausreicht. Eine

---

[1] Naumann, F. K.: Stahl u. Eisen Bd. 57 (1937) S. 889/99.

Erhöhung des Kohlenstoffgehaltes (Abb. 438) führt wieder zu einer entsprechenden Verschlechterung, da mit steigendem Kohlenstoffgehalt bei nicht gleichzeitig gesteigertem Chromgehalt ein erhöhter Anteil an Eisenkarbid auftritt. Die Zusammenhänge zwischen dem Aufbau der Eisen-Chrom-Legierungen und der Wasserstoffbeständigkeit gibt Abb. 439. In dem ersten Feld, in dem nur das Eisenkarbid vorhanden ist, das mit steigendem Chromgehalt zunehmende Mengen Chrom in Lösung aufnimmt, tritt nur eine mäßige Verbesserung der Wasserstoffbeständigkeit auf. In dem zweiten Feld kommt zu dem Eisenkarbid das Chromkarbid Cr_7C_3 hinzu; die Beständigkeit wächst etwas. Die hochwasserstoffbeständigen Legierungen liegen in dem dritten Feld, in dem nur noch das Sonderkarbid Cr_7C_3, das etwas Eisen gelöst enthält, vorkommt. Die sprunghafte Erhöhung der Wasserstoffbeständigkeit unter den hier gewählten Bedingungen von 300 Atmosphären Druck zwischen 2 und 3,1% Chrom fällt also mit dem Auftreten des Sonderkarbids oder richtiger mit dem Verschwinden des Eisenkarbids zusammen. Die größere Unbeständigkeit der kohlenstoffreicheren 3 proz. Chromstähle wird ebenfalls verständlich durch das Wiederauftreten des Eisenkarbids in diesen Legierungen. Da Chromstähle mit derartigen Zusammensetzungen auch noch gut vergütbar sind, ist Chrom das Legierungselement geworden, das praktisch allen wasserstoffbeständigen Stählen heute zugrunde liegt. Zwecks Verbesserung der mechanischen Eigenschaften enthalten diese Stähle

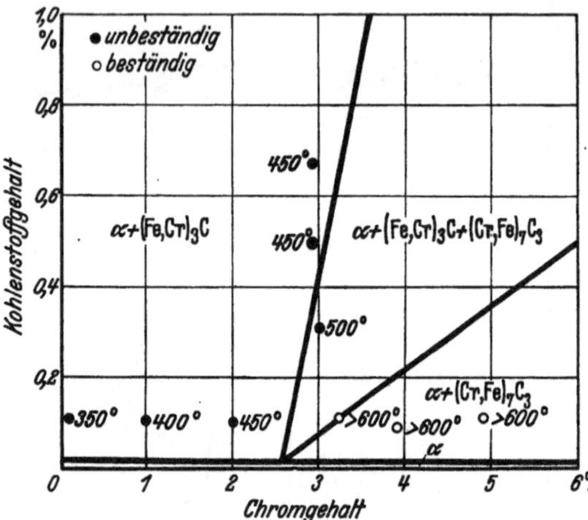

Abb. 439. Zusammenhang zwischen der Wasserstoffbeständigkeit der Chromstähle und ihrer Lage im Eisen-Chrom-Kohlenstoff-Schaubild. [Nach F. K. Naumann: Techn. Mitt. Krupp, Forschungsberichte Bd. 1 (1938) S. 223/43.]

neben 0,1—0,3% C und 3 oder 6% Cr (gelegentlich auch 1,5% Cr) meistens noch Zusätze von bis 0,5% Mo oder W und 0,1—0,6% V. Diese Legierungselemente sind auf Grund ihres karbidbildenden Charakters ebenfalls in der Lage, die Wasserstoffbeständigkeit zu verbessern (s. hierüber unter dem entsprechenden Abschnitt). Festigkeitseigenschaften und Zusammensetzung einiger derartiger wasserstoffbeständiger Stähle zeigen die Zahlentafeln 71 (S. 422) und 155 (S. 710).

Das Gefüge derartiger sonderkarbidhaltiger Stähle kann ebenfalls von Einfluß auf die Wasserstoffbeständigkeit sein. Der Widerstand gegen Druckwasserstoff ist am größten im geglühten bzw. vergüteten (hochangelassenen) Zustande, d. h. wenn die Sonderkarbide als solche mehr oder weniger regelmäßig über das Gefüge verteilt sind. Im martensitischen Zustande, in dem der Kohlenstoff nicht in Form von Sonderkarbiden gebunden ist, werden auch derartige Stähle durch Druckwasserstoff angegriffen, eine Tatsache, die insbesondere von Bedeutung ist für ihre Benutzung im geschweißten Zustand ohne nachträgliches Anlassen. Falls es gelingt, auch nach dem Abschrecken den Kohlenstoff in Form von unlöslichen Karbiden zu binden (Titan, Tantal usw.), sind solche

Stähle auch im abgeschreckten bzw. geschweißten Zustand ohne Nachbehandlung wasserstoffbeständig.

Wenn ein Chromgehalt bis 6% bereits bis zu 600° einen wirksamen Schutz gegen Wasserstoff bewirkt, so gilt dies in verstärktem Maße für die Legierungen mit 13 und 18% Cr. Diese Stähle haben wegen des erwähnten Vorteils erhöhter Beständigkeit gegen den oft gleichzeitig vorhandenen Angriff von Schwefelwasserstoff zum Beispiel in Krackanlagen weite Verbreitung gefunden. Die hochlegierten austenitischen Chrom-Nickel- oder Chrom-Mangan-Stähle weisen ebenfalls eine hohe Beständigkeit gegen Druckwasserstoff auf. Auf Grund des austenitischen Charakters sind sie in der Lage, Wasserstoff in größeren Mengen zu absorbieren, wodurch zwar eine Verminderung ihrer Zähigkeit eintritt, die aber nichts mit den erwähnten Gefügeauflockerungen durch Methan zu tun hat, sondern rein auf die versprödende Wirkung des aufgenommenen Wasserstoffs zurückzuführen ist. Durch Ausglühen bei atmosphärischem Druck läßt sich der aufgenommene Wasserstoff entfernen, so daß die normalen Zähigkeitseigenschaften wieder erreicht werden, was bei Wasserstoffangriff nicht der Fall ist.

Es muß erwähnt werden, daß die zerstörende Wirkung von feuchtem Wasserstoff etwas stärker ist als von trockenem Wasserstoff. Man muß hierbei allerdings unterscheiden zwischen der Entkohlung, die durch Wasserstoff hervorgerufen wird und mit der erwähnten Methanbildung zusammenhängt, und derjenigen, die durch den Einfluß der Feuchtigkeit, d. h. des Sauerstoffs,

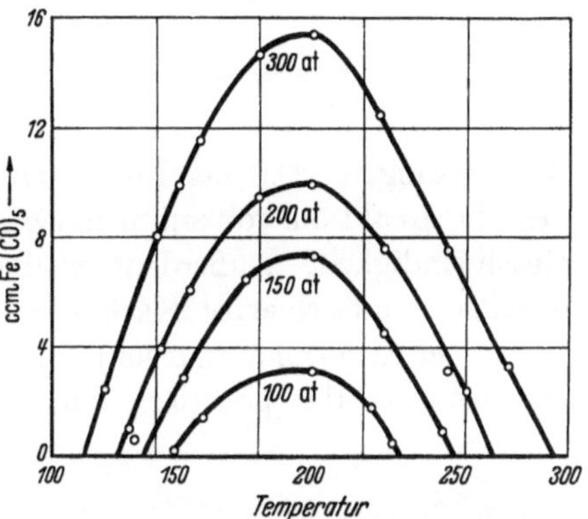

Abb. 440. Einfluß des Druckes auf die Bildungsgeschwindigkeit von Eisenkarbonyl Fe(CO)₅. [Nach H. Pichler u. H. Walenda: Brennstoff-Chemie Essen Bd. 21 (1940) S. 133/41.]

entsteht. Insbesondere bei höheren Temperaturen könnten beide Arten der Entkohlung leicht miteinander verwechselt werden. Die Sauerstoffentkohlung bei höheren Temperaturen ist aber nur eine Randentkohlung, die keine Versprödungserscheinungen im Gefolge hat. Ein derartig vollkommen entkohltes Stück Eisen behält gute Zähigkeit im Gegensatz zu der Wasserstoffschädigung mit den entsprechenden Korngrenzenauflockerungen. Die Randentkohlung durch Sauerstoff unterscheidet sich auch noch insofern vom Wasserstoffangriff, als dieser nach Überschreitung einer bestimmten Grenztemperatur oder eines bestimmten Grenzdruckes gleich sehr tief in das Innere der Probe eindringt, während die Tiefe der Sauerstoffrandentkohlung mit steigender Temperatur und steigendem Druck verhältnismäßig langsam und stetig zunimmt.

B. Verhalten gegen Kohlenoxyd. Kohlenoxyd kann auf Eisen und Nickel und ihre Legierungen bereits bei verhältnismäßig tiefen Temperaturen unter bestimmten Bedingungen einen Angriff unter Karbonylbildung ausüben. Die Bildungsgeschwindigkeit der Karbonylverbindungen ist stark temperatur- und druckabhängig. Diese Abhängigkeit ist für die Eisenkarbonylbildung aus Abb. 440 zu entnehmen[1]. Aus den Angaben der Abbildung ist allerdings keine

---

[1] Siehe E. Houdremont u. G. Bandel: Arch. Eisenhüttenw. Bd. 11 (1937/38) S. 131/38.

quantitative Berechnung der Abtragung einer massiven Eisenoberfläche möglich, da die außerordentlich große Oberfläche des für die Versuche benutzten pyrophoren Eisens nicht bekannt ist. Eine eingehende Darstellung der Gleichgewichtsverhältnisse der Reaktion geben H. Pichler und H. Walenda[1], die auch eine ausführliche Literaturübersicht[2] sowie Angaben über die Gewichtsverluste von Proben aus Kohlenstoffstahl und legierten Stählen mit bekannter Ober-

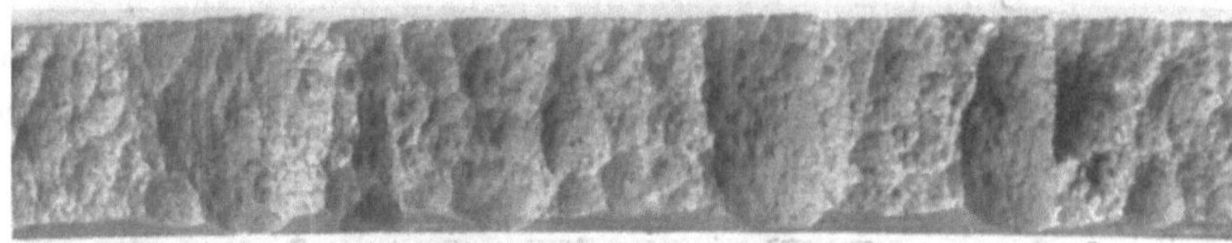

Natürl. Gr.

Abb. 441. Mantel eines Methanolkonverters aus Cr-Ni-Stahl mit 0,44% C, 0,23% Si, 0,54% Mn, 2,79% Ni, 0,27% Cr. Ansicht der Innenwand.

fläche bringen. Da das Eisenkarbonyl bei tiefer Temperatur flüssig ist, kann hier die Reaktion vollkommen verlaufen, sie erfolgt aber nur mit sehr geringer Geschwindigkeit. Außerdem wird der Angriff gehemmt durch an der Metalloberfläche adsorbiertes Karbonyl. Es tritt bereits bei 20° in Druckflaschen (sogar bei Atmosphärendruck)[2] eine schwache Bildung von flüssigem Eisenkarbonyl auf, die aber praktisch keine Gefahr für den Behälter darstellt. Bei höheren Temperaturen ist das Eisenkarbonyl flüchtig, so daß die Strömungsgeschwindigkeit des Kohlenoxyds für den Umsatz Bedeutung gewinnt. Bei 200° liegt etwa das Maximum der Eisenkarbonylbildung. Bei höheren Temperaturen hört der Angriff auf das Eisen infolge des hohen Zersetzungsdruckes des Karbonyls auf. Geringe Beimengungen von Wasserstoff, Ammoniak und Schwefelverbindungen sol-

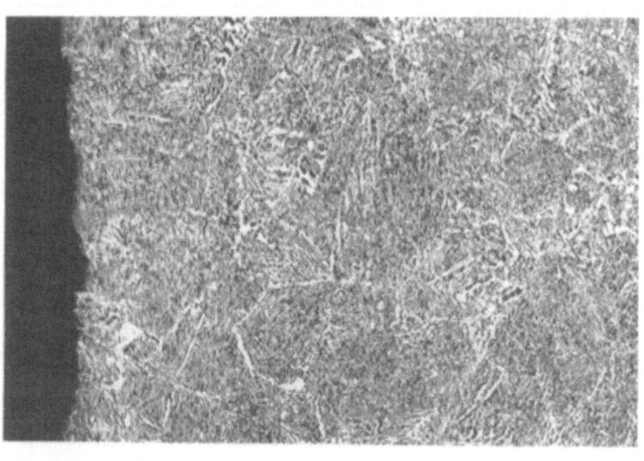

V = 200

Abb. 442. Wie Abb. 441, Gefüge des Innenrandes, Ätzung: Pikrinsäure.

len nach A. Mittasch[2] die Bildungsgeschwindigkeit des Eisenkarbonyls erhöhen, von Sauerstoff sie dagegen infolge Bildung von Oxydschichten erniedrigen.

Die Karbonylbildung geht unter einfacher Abtragung der Eisenoberfläche vonstatten. Eine Gefügeänderung unter der Oberfläche wie beim Angriff in heißem Druckwasserstoff tritt nicht ein (Abb. 441—442). Es kann lediglich eine Aufrauhung der Oberfläche stattfinden, die z. B. in der Wandung eines Methanolkonverters gemäß Abb. 441 bis zu 5 mm Tiefe erreicht hatte. Bei porösem

---

[1] Pichler, H., u. H. Walenda: Brennst.-Chemie Essen Bd. 21 (1940) S. 133/41.
[2] Siehe auch Abeggs Handbuch der anorganischen Chemie Bd. 4, 3. Abt. S. 437 ff.

Material und Gußeisen ist der Angriff stärker, da das Kohlenoxyd in den Poren (z. B. entlang den Graphitadern) eindringt und daher die dem Angriff ausgesetzte Oberfläche größer ist. Beobachtungen von H. Pichler[1] sprechen dafür, daß gleichzeitig eine Zersetzung des Kohlenoxyds in den Poren unter Graphitbildung eintritt, ähnlich wie sie von W. Baukloh an Gußeisen und Eisenerz in Kohlenoxyd bei $\sim 500°$ und gewöhnlichem Druck beobachtet wurde[2].

Zur Verhütung der Karbonylbildung hat man sich mit einer Auskleidung der Druckbehälter mit Kupfer- und Kupfer-Mangan-Legierungen geholfen[3]. Auch Aluminium-, Chrom-, Zink- oder Kadmiumüberzüge wirken schützend. Ferner haben sich Stähle mit $>12\%$ Cr als beständig erwiesen[4]. H. Pichler konnte die günstige Wirkung des Chromgehaltes über 12% bestätigen. Weiter fand er, daß Zusätze von Silizium, Mangan, Niob, Molybdän, Wolfram, Vanadin, Aluminium, Nickel zum Stahl in Höhe von 1 bis zum Teil 10% nur eine geringe Verbesserung bringen.

Bei hohen Temperaturen oberhalb 650° kann Kohlenoxyd selbstverständlich aufkohlend wirken. Dieser Fall wird jedoch nur sehr selten auftreten. Kohlenoxyd tritt in unvollkommen verbrannten Gasen auf, wie sie z. B. als Schutzgas bei Blankglühverfahren Anwendung finden. Es handelt sich dann aber meist um Temperaturen oberhalb 700° und immer um gewöhnlichen Druck. Eine spezifische Wirkung des Kohlenoxyds ist jedoch nur selten zu bemerken oder kann vernachlässigt werden, da in Verbrennungsgasen meistenteils gleichzeitig vorhandener Sauerstoff, Wasserdampf und Kohlendioxyd, in Blankglühgasen evtl. noch im Überschuß vorhandene Kohlenwasserstoffe den Ablauf der Reaktionen mit dem Stahl (Ent- und Aufkohlung, Zunderung) bestimmen.

β) Mechanische Eigenschaften
der zunderbeständigen Legierungen.

Für das mechanische Verhalten zunder- und hitzebeständiger Legierungen sind sowohl die mechanischen Eigenschaften bei Raumtemperatur als auch besonders diejenigen bei der Gebrauchstemperatur, also die Warmfestigkeitseigenschaften, von Bedeutung.

Für die Erzielung einwandfreier mechanischer Eigenschaften bei Raumtemperatur ist die Vorbehandlung (Formgebung, Wärmebehandlung) der betreffenden Legierungen von Wichtigkeit. Für die Art dieser Vorbehandlung ist an erster Stelle die Zusammensetzung von ausschlaggebender Bedeutung. Die Einwirkung aller die Zunderbeständigkeit erhöhenden Elemente, wie Chrom, Silizium, Aluminium, auf die Abschnürung des γ-Gebietes sowie seine Erweiterung durch die Elemente Nickel und Mangan führen dazu, daß man auch hier je nach ihrer Zusammensetzung rein austenitische, rein ferritische, halbferritische und aus Umwandlungsgefüge bestehende Legierungen vorfindet. Am einfachsten lassen sich alle gewünschten Eigenschaften bei denjenigen Legierungen erzielen, die noch reines Umwandlungsgefüge aufweisen. Die Formänderungsbedingungen beim Schmieden und Walzen brauchen nur der günstigsten Formänderungs-

---

[1] Pichler, H., u. H. Walenda: Brennst.-Chemie Essen Bd. 21 (1940) S. 133/41.
[2] Baukloh, W.: Metallwirtsch. Bd. 18 (1939) S. 57/59.
[3] Siehe C. Bosch: Chem. Fabrik Bd. 7 (1934) S. 1/10.
[4] Unveröffentlichte Untersuchungen von F. K. Naumann.

fähigkeit angepaßt zu werden, ohne Rücksicht auf das dabei erzielbare Gefüge, da durch die Wärmebehandlung — einfaches oder mehrfaches Ausglühen oder Abkühlen von Temperaturen oberhalb der Umwandlung und Anlassen — jede gewünschte Veränderung des Gefüges und der Eigenschaften erzielt werden kann. Zunderbeständige Legierungen mit Umwandlung erleiden aber bei der praktischen Verwendung beim Durchschreiten des Umwandlungsgebietes entsprechende Volumenveränderungen, die zu stärkerem Verzug, zu Spannungen, Abspringen der Schutzschicht usw. führen können.

Da das Umwandlungsgefüge an verhältnismäßig niedrige Legierungsgehalte von Chrom, Silizium, Aluminium, wenigstens bei den hier meistens in Frage kommenden tiefen Kohlenstoffgehalten, gebunden ist, fallen von den zunderbeständigen Legierungen nur die allerwenigsten in dieses Gebiet hinein. Die meisten Legierungen liegen vielmehr zumindest im Gebiet halbferritischer Gefüge, bei denen auf die Rekristallisationserscheinungen Rücksicht genommen werden muß. Sowohl bei diesen Legierungen als auch bei den rein ferritischen ist man gezwungen, die letzten Warmformänderungsbedingungen derart zu wählen, daß die Verformungstemperaturen entsprechend tief liegen, um allzu starkes Kristallwachstum während der Verformung zu verhindern; andererseits muß man die letzten Querschnittsabnahmen oberhalb der kritischen Reckgrade legen, so daß beim nachträglichen Ausglühen keine kritische Rekristallisation entstehen kann. Daß auch unter diesen schwierigen Bedingungen einwandfreie mechanische Eigenschaften bezüglich Festigkeit, Dehnung, Tiefziehfähigkeit usw. erzielt werden können, wird später in Abb. 460 gezeigt. Hingegen sind die rein austenitischen Legierungen infolge der Rekristallisationsträgheit des Austenits wieder weitgehend unempfindlich gegen die Formänderungsbedingungen. Ebenso ist bei ihnen die nachfolgende Wärmebehandlung zur Erzielung höchster Weichheit, Kaltbiegsamkeit usw. verhältnismäßig einfach durchzuführen.

Beurteilt man die hitzebeständigen Legierungen von diesem Gesichtspunkt aus, so dürften die hochprozentigen austenitischen Chrom-Nickel- und Chrom-Mangan-Stähle als verhältnismäßig unempfindlich zu bezeichnen sein, solange sie nicht in das Gebiet der σ-Phase (Verbindung FeCr) fallen und die hierbei auftretenden Ausscheidungen und Sprödigkeitserscheinungen unangenehm in Erscheinung treten. Besonders empfindlich hiergegen sind die ferritischen hochprozentigen Chromstähle, vor allem die ferritischen Chrom-Silizium- und Chrom-Aluminium-Stähle. Dies gilt vor allem für den Gußzustand (Stahlformguß). Abgesehen von Sonderverfahren, wie z. B. Schleudern, Rütteln usw., fehlt hier jede Möglichkeit, die rein ferritischen Legierungen in ihrer Kristallbildung zu beeinflussen. Sie werden daher meistens bei Raumtemperatur ziemlich kaltspröde sein, während bei den austenitischen Legierungen durch Wärmebehandlung auch im Gußzustand das zähe Verhalten geschmiedeter Legierungen annähernd erreicht werden kann. Letzterer Umstand verdient bereits vom konstruktiven Standpunkt aus Beachtung für Teile, bei denen wohl Verformungen, aber niemals Brüche auftreten dürften, z. B. für die Teile, die starken Druck- und unter Umständen Schlagbeanspruchungen unterworfen sind.

Gelegentlich verwendet man zur Herstellung hochchromhaltiger ferritischer Gußlegierungen hochstickstoffhaltiges Ferrochrom (2% N_2) zwecks Kornverfeinerung des Gußgefüges; der Erfolg ist jedoch zweifelhaft, solange die Legierungen rein ferritisch bleiben. Ob die Nitride, insbesondere wenn gleichzeitig kleine Mengen Titan zugesetzt werden, eine Impfwirkung während der Erstarrung hervorrufen und somit auf die Feinkörnigkeit einwirken, ist noch nicht sichergestellt; vor allem erweitert Stickstoff jedenfalls das γ-Gebiet, so daß bei entsprechender Grundzusammensetzung auch hierdurch die mechanischen Eigenschaften verbessert werden (s. Abschnitt „Stickstoff").

Von mindestens gleicher Wichtigkeit wie die Eigenschaften bei Raumtemperatur sind aber auch die erzielbaren mechanischen Eigenschaften bei Betriebstemperatur. Alle Teile, die erhöhten Temperaturen ausgesetzt werden, sind zwangsweise auch mechanischen Beanspruchungen bei diesen Temperaturen unterworfen. In vielen Fällen ist für die Höhe der mechanischen Beanspruchungen nur das Eigengewicht der betreffenden Konstruktion maßgebend. Sehr oft kommen aber zu dieser Beanspruchung noch zusätzliche Belastungen durch Betriebsdrücke, durch äußere Kräfte, sowie durch thermische Spannungen, z. B. bei Überhitzerrohren in Dampfkesseln, bei Behältern für Hydrierungsanlagen, Roststäben, Autoklaven, Salzbädern usw. Möglichst hohe Warmfestigkeit wird somit in vielen Fällen eine gleichzeitige Forderung neben hoher Zunderbeständigkeit sein.

Nach dem bisher Gesagten ruft bei hohen Temperaturen das dichter besetzte austenitische Raumgitter die höchsten Warmfestigkeitseigenschaften hervor (s. S. 334 u. 453). Ausscheidung von Bestandteilen, die sich in nicht allzu schneller Zeit zusammenballen, wie z. B. Karbiden, bewirken eine weitere Erhöhung des Widerstandes gegen Fließen bei erhöhter Temperatur. Insbesondere ist dies bei hohen Kohlenstoffgehalten und netzförmiger Anordnung (im Gußzustand) der Fall. Dieser Einfluß zeigt sich z. B. in Untersuchungen von W. Rosenhain und Mitarbeitern[1], deren Ergebnisse aus Zahlentafel 106 hervorgehen. Man sieht den erhöhten Widerstand der höher kohlenstoffhaltigen Legierungen. Ähnlich wirken sich Ausscheidungen anderer Bestandteile aus, die bekanntlich in austenitischem Grundgefüge bei höheren Temperaturen als in ferritischem verlaufen (s. S. 257). Dies wird z. B. durch Untersuchungen an ausscheidungshärtbaren titanhaltigen Legierungen bewiesen.

Zahlentafel 106. Wirkung eines erhöhten Kohlenstoffgehaltes auf die Warmfestigkeit austenitischer Chrom-Nickel-Stähle im Gußzustand nach Rosenhain und Mitarbeitern[1] (Kurzzerreißversuche).

Zusammensetzung			Zerreißfestigkeit bei Raumtemperatur	Warmfestigkeit im Kurzzerreißversuch für	
C %	Cr %	Ni %	kg/mm²	650° kg/mm²	800° kg/mm²
0,05	20	10	63,6	30,2	19,2
0,05	30	30	86,2	50,4	35,3
0,05	30	50	103,9	67,4	32,4
0,05	30	70	100,5	68,8	33,4
0,5	20	10	92,1	46,9	27,7
0,5	30	30	91,5	54,2	37,8
0,5	30	50	95,4	65,2	36,9
0,5	30	70	86,0	85,8	36,7

Allerdings muß hervorgehoben werden, daß viele dieser ausscheidungshärtbaren Legierungen bei Dauerstandbelastungen bei 700° und höheren Temperaturen sich infolge der mit der Zeit abklingenden Aushärtungserscheinungen den Werten normaler Legierungen wieder annähern. Immerhin kann als feststehend gelten, daß hohe

---

[1] J. Iron Steel Inst. Bd. 121 (1930 I) S. 237/304; s. a. Stahl u. Eisen Bd. 50 (1930) S. 1339/42.

Warmfestigkeit an austenitisches Gefüge gebunden ist, wobei Ausscheidungen günstig wirken, insbesondere netzartige karbidische Ausscheidungen, die auch durch lange Dauererwärmungen bei den erhöhten Gebrauchstemperaturen keine wesentlichen Veränderungen erleiden. Im Gegensatz hierzu weisen alle ferritischen Legierungen oberhalb etwa 600° geringe Warmfestigkeitswerte auf.

Der günstige Einfluß von Molybdän in ferritischen Legierungen und solchen mit Umwandlungsgefüge zur Erhöhung der Dauerstandfestigkeit hat es ratsam erscheinen lassen, nahezu allen diesen Legierungen Molybdän zuzusetzen. Von etwa 650° an aufwärts ertragen aber auch diese Legierungen auf die Dauer nur sehr geringe Belastungen.

Zahlentafel 107. Eigenschaften

Legierungsbasis	C %	Si %	Mn %	Cr %	Ni %	Al %	Weitere Zusätze %	Verarbeitbarkeit	schweißbar	Streckgrenze kg/mm²	Festigkeit kg/mm²	Dehnung %	Zähigkeit	Warm- und Dauerstandfestigkeit
Chrom (-Silizium)	0,12/0,18	0,4	0,5	~1	—	—	0,5 Mo	schmiedbar (Rohr)	ja	>30	45/55	>24	gut	
	0,10/0,13	1,0/1,5	0,5	~1	—	—	0,5 Mo		„	>34	50/60	>22	„	−550° gut
	0,07/0,12	1,0/1,5	0,5	2/3	—	—	0,5 Mo (V)		„	>35	50/60	>22	„	
	~0,10	2,0/2,5	0,5	3	—	—	(Mo)		(ja)	>35	50/65	>20	„	gering
	~0,10	0,5/1,5	0,5	~6	—	—	}(Mo, V, W,		„	>35	50/65	>20	„	„
	~0,10	2,0/2,5	0,5	~6	—	—	} Nb, Ti)		„	>40	60/75	>18	„	„
	~0,50	2/4	0,5	8/10	—	—	(Mo)		nein		90/100	>12	gering	„
	~0,50	2/4	0,5	~3	—	—	(Mo)	schmiedbar	„				„	„
	0,10	0,5	0,5	~13	—	—	(Mo)		ja	<30	50/65	>20	gut	>550° gering
	0,20	0,5	0,5	~14	0,5	—	(Mo)		(ja)	>45	6 5/90	>16	„	
	~0,10/0,15	2,0/2,5	0,5	~18	—	—	—	schmiedb. (Rohr)	„	>35	55/70	>15	etwas kaltspröde	
	~0,10/0,15	3,0/3,5	~1	~18	—	—	—	schmiedb. (Draht)	„					
	~0,10/0,15	1,0/1,5	0,5	~25	—	—	(0,10/20 N₂)	schmiedbar	ja	>35	50/65	>15		
	0,10/0,30	0,5/1,5	0,5	~30	—	—	(0,10/20 N₂)		(ja)	>40	55/70	>15		
	~1,00	1,0/1,5	0,5	12	—	—	—	Guß	—	>30	60-70	—	spröde	
	~1,00	1,0/1,5	0,5	~18	—	—	—		—	>30	60-70	—	„	
	~1,00	1,0/1,5	0,5	~30	—	—	(Mo)		—	>35	60-70	—	„	
	~2,00	1,0/1,5	0,5	~30	—	—	(Mo)		—	>35	60/80	—	„	
Chrom-Aluminium	0,10	0,5	0,5	~6	—	0,5/8		schmiedbar (Rohr)	(ja)	>25	45/60	>15	gut	gering
	0,10	0,5/1,0	0,5	7-9	—	1/2			„	>30	55/65	>15	„	„
	0,10	0.5/1,0	0,5	10-15	—	2/3		schmiedbar	„	>30	60/70	>12	kaltspr.	„
	0,10	0,5/1,5	0,5	18-23	—	2			„	>35	55/70	>12	„	„
	<0,10	~0,5	0,5	20-30	—	~5	(2 Co)	schmiedbar (Draht)	„	>40	70/85	>12	„	„
Chrom-Nickel	0,10/0,20	~1	0,5	25/28	4/5	—	—	schmiedb.	ja	>50	65/80	>18	gut*	mittel
	0,10/0/50	1,0/1,5	0,5	25/28	9/11	—	—	schmiedbar Guß	„	>45	65/80	>25	„ *	gut
	<0,15	0,5	0,5	~18	~8	—	(Ti, Nb)		„	>27	60/75	>45	„	„
	<0,15	0,5	0,5	~18	~8		(Ti, Nb, W)	schmiedbar	„	>35	65/80	>20	„	sehr gut
	~0,15	1,5/2,0	0,5	~21	~10		(Ti)		„	>30	60/75	>45	„	gut
	~0,15	1,5/2,0	0,5	~21	~15		(Ti)		„	>30	60/75	>45	„	„
	~0,15	2,0/2,5	0,5	~25	~20				„	>27	60/75	>40	„ *	„
	~0,15	3,0/3,5	0,5	20/23	27/35			schmiedb. (Draht)	„	>25	65/75	>30	„ *	„
	~0,15	~1	0,5	~16	~36				„	>27	65/80	>38	„	„
	~0,15	~1	0,5	~15	~30		(Ti, Co, Mo, W)	schmiedbar	(ja)	>50	65/100	>15	(gut)	sehr gut
	~0,15	0,5	0,5	~15	~58			schmiedbar Dr.	ja	>27	60/70	>30	gut	gut
	~0,15	0,5	0,5	~19	~78				„	>27	60/70	>30	„	„
	~0,50	~1,5	0,5	~15	~14		(W, Mo)	schmiedbar	„	>37	>78	>26	(gut)	sehr gut
	~1,00	~1,5	0,5	~15	~14		(W, Mo)		—	>36	>75	>16	(gering)	„ „
Chrom-Mangan	0,12	1,5	6-9	17/18	(2)	—	(N₂, Ti)	schmied.	ja	>35	75/95	>40	gut	gut
	0,12	2,5/3,5	15/20	8/12	(2)		(Ti, N)	bar	„	>30	65/80	>30	„	„

* Nach Dauerglühung

Legierungen mit Umwandlungsgefüge kommen bei höheren Temperaturen ins austenitische Gebiet und erfahren eine entsprechende Verbesserung ihrer Warmfestigkeitseigenschaften. Dieser Übergang ist aber mit Volumenveränderungen verbunden, die zu verstärktem Verzug führen müssen; außerdem sind derartig niedriglegierte Stähle mit Umwandlungsgefüge bei diesen hohen Temperaturen kaum noch zunderbeständig und müssen daher aus den hier angestellten Betrachtungen ausscheiden. Man wird also im Sinne hoher Warmfestigkeit wiederum den austenitischen Chrom-Nickel-Stählen an erster Stelle Bedeutung beimessen müssen. Hierbei erhöhen insbesondere Zusätze von Karbidbildnern, wie Titan, Tantal, Niob, wesentlich die Dauerstandfestigkeit.

h i t z e b e s t ä n d i g e r   S t a h l l e g i e r u n g e n.

Zunderbeständig bis °			g/cm spez. Gew.	cal./g·Cels. 0—800° spez. Wärme	Ω·mm²/m spez. elektr. Widerstand	0—600° Wärmeausd.	cal./cm·sek·C° Wärmeleitfähigkeit	Schmp. °Cels.	Gefüge	Magnetismus	Verwendungszweck
Luft	Verbrenn.-Gase (H₂O)	S-haltige Gase									
550	520	—	7,84	0,170		$\sim 14 \times 10^{-6}$			vergütbar	magn.	Kesselbau, Überhitzerrohre
600	550	—	7,84	0,170		~ 14			,,	,,	,, ,,
650	550	—	7,80	0,170		~ 13			,,	,,	,, ,,
750		—	7,70	0,168	0,65	~ 13	0,045	1440/1475	,,	,,	Kesselbau, zunderbestg. Bleche
700/800		(ja)	7,70	0,170	0,65	~ 13	0,045	1450/1480	,,	,,	Krackrohre, H₂-bestg., Ofenbau
900		,,	7,70	0,167	0,75	~ 13	0,042	1450/1475	,,	,,	,, ,, ,,
900		,,	7,70	0,165	0,80	~ 13	0,05	1380/1410	,,	,,	Auspuffventile
850		,,							,,	,,	,,
750		ja	7,70	0,160	0,65	~ 12	0,06	1420/1500	,,	,,	Turbinenschaufeln
750		,,	7,70		0,65	~ 12	0,06	1420/1500	,,	,,	,,
1050		,,	7,70	0,160	0,95	~ 12	0,040	1425/1440	ferritisch	,,	Ofenbau, Rekuperaturrohre
1050		,,	7,60	0,160	1,10	~ 12	0,040	1415/1450	,,	,,	Heizleiter
1100		,,	7,60	0,161	0,75	~ 12	0,039	1450/1470	,,	,,	Ofenbau
1200		,,	7,60	0,160	0,80	~ 11	0,040	1380/1470	,,	,,	,,
850		,,	7,30			~ 12	0,039	1230/1400	ferri-	,,	Ofenbau, Roste
1000		,,	7,60			~ 12	0,040	1230/1400	tisch	,,	,,
1100		,,	7,50			~ 13	0,039	1250/1400	(kar-	,,	Ofenbau, Herdpl., Schmelztiegel
1100		,,	7,40			~ 14	0,038	1250/1320	bid)	,,	,, ,, ,,
800		(ja)	7,70	$\sim$0,167	0,63	~ 13	0,05	1480	vergütbar	magn.	Rohre, Ofenbau
900		,,	7,70	0,165	0,79	~ 13	0,05	1490	(vergütb.)	,,	,, ,,
950		,,	7,50	0,160	0,88	~ 12	0,045	1455	ferritisch	,,	,, ,,
1200		ja	7,40	0,160	1,10	~ 13	0,040	1475	,,	,,	Rohre, Ofenbau, Heizleiter
1300		,,	7,10	0,155	1,40	~ 13	0,03	1500/1510	,,	,,	Heizleiter
1150		ja	7,70	0,155	0,86	$\sim 13,5$	0,030	1420/1455	ferr.-aust.	magn.	Ofenb., Apparatet. b. hoh. Temp.
1200		,,	7,90	0,159	0,94	$\sim 15,5$	0,029	1440/1470	(ferrit.)-	schw. oder	Ofenbau, Apparatet., Herdplatt.
									austenisch	unmagn.	Ofenbau, Apparatet.
800		,,	7,86	0,143	0,73	~ 19	0,040	1380/1410	austenisch	unmagn.	Ofenbau, Apparatet., Turbinenb.
800		,,	7,90						,,	,,	Ofenbau, Apparatet.
950/1050		,,	7,80	0,150	0,82	$\sim 18,5$	0,040	1375/1420	,,	,,	,, ,,
1050		(ja)	7,80	0,141	0,95	$\sim 18,5$	0,031	1390/1410	,,	,,	,, ,,
1200		(nein)	7,85	0,140	0,90	~ 17	0,031	1340/1370	,,	,,	,, ,, (Heizleiter)
1100		,,	7,70	0,140	1,05	~ 18	0,03	~ 1360	,,	,,	Heizleiter
1200		nein	8,00	0,139	1,00	~ 17	0,027	1385/1395	,,	,,	Ofenb., Apparatet. b. hoh. Temp.
1200		,,	8,00	0,139	1,10	~ 17	0,028	1320/1368	,,	,,	Abgasturbinen bei hoher Temp.
1200		,,	8,20	0,136	1,10	$\sim 15,5$	0,040	1350/1410	,,	schw.mag.	Heizleiter
1250		,,	8,40	0,135	1,10	$\sim 15,5$	0,041	1360/1380	,,	unmagn.	,,
950		(ja)	8,00	0,110	0,78	~ 18	0,036	1280/1370	,,	,,	Turbinenbau, Auspuffventile
950		,,	7,90			~ 17			,,	,,	Turbinenbau
950		ja	7,70	0,139	0,75	~ 20	0,031	1400/1423	austenisch	unmagn.	Ofenb., Apparatet. b. hoh. Temp.
950		(ja)	7,65		0,85	$\sim 20,5$	0,030	~ 1375	,,	,,	Ofenbau

unter 900° kaltspröde.

Ähnlich liegen die Verhältnisse bei austenitischen Chrom-Mangan- oder Chrom-Nickel-Mangan-Stählen. Schlechter liegen im Gegensatz hierzu Chrom-Silizium- und Chrom-Silizium-Aluminium-Legierungen (s. a. S. 979 und 997).

Neben guten mechanischen Eigenschaften bei Raum- und Betriebstemperatur ist die Forderung nach Unveränderlichkeit der mechanischen Eigenschaften sowohl bei Betriebs- als auch bei Raumtemperatur nach langer Dauererwärmung sehr wichtig. Diese letztere tritt vor allem in den Vordergrund bei Teilen, die nur intermittierend in Betrieb genommen werden, wie z. B. bei Ventilkegeln von Verbrennungsmotoren, bei Transportkettengliedern von kontinuierlichen Glüh- und Vergüteöfen usw. Erfahren die Eigenschaften durch die Erwärmung selbst wesentliche Veränderungen, so kann sich das bei der nächsten Ingebrauchnahme der betreffenden Konstruktion unliebsam bemerkbar machen. Bei Legierungen, die eine Umwandlung aufweisen, wird man somit darauf achten müssen, mit den Betriebstemperaturen möglichst unterhalb der Umwandlungstemperatur zu bleiben, um eine Veränderung der mechanischen Eigenschaften, insbesondere Lufthärtung, beim Durchschreiten des Umwandlungsgebietes zu vermeiden. Die Erhöhung der Umwandlungspunkte durch Elemente wie Silizium, Aluminium und Chrom kann sich in diesem Zusammenhang günstig auswirken.

Weitere Veränderungen der mechanischen Eigenschaften bei Erwärmung auf höhere Temperaturen können durch Kristallisations- bzw. Rekristallisationserscheinungen hervorgerufen werden. Da bei sehr vielen bei höheren Temperaturen beanspruchten Gegenständen angenommen werden muß, daß sie bei Dauerbeanspruchung stets langsam fließen, gewinnt die Frage kritischer Rekristallisation an Bedeutung, da diese grade an kleine Reckgrade gebunden ist. Derartige örtliche Rekristallisationserscheinungen sind z. B. an rein ferritischen Chrom-Silizium- oder Chrom-Aluminium-Legierungen auch schon beobachtet worden; bei rein austenitischen Legierungen dürften sie nicht oder in viel weniger starkem Maße auftreten. Auch ohne Verformung zeichnen sich die ferritischen Legierungen durch stärkeres Kornwachstum aus.

Besondere Bedeutung haben die Veränderungen der Eigenschaften bei Dauererwärmung, die durch mikroskopisch sichtbare oder durch submikroskopisch feine Ausscheidungen im Gefügeaufbau hervorgerufen werden können. Nahezu alle hitzebeständigen Legierungen leiden mehr oder weniger unter diesen Erscheinungen. Bei den rein austenitischen Chrom-Nickel-Stahllegierungen ist schon auf die Veränderung der Eigenschaften durch Karbidausscheidungen (interkristalline Korrosion, Verminderung der Dehnung bei hoher Temperatur) hingewiesen worden. Ebenso können Ausscheidungen nitridischer, sulfidischer Art oder intermetallischer Verbindungen auftreten. Größere Härtesteigerungen sind z. B. durch Ausscheidung intermetallischer Chromverbindungen bedingt; auch die bei 18proz. Chromstählen nach längerem Glühen bei 500° sich einstellende Sprödigkeit ist hier zu erwähnen (s. S. 426). Ähnliche Beobachtungen sind bei allen ferritischen Stählen auf der Chrom-Eisen-Basis mit und ohne Zusatz von Silizium und Aluminium in diesem Temperaturbereich zu machen. Durch Glühen bei höheren Temperaturen mit nachfolgender rascher Abkühlung, mindestens Luftabkühlung, lassen sich die Sprödigkeitserscheinungen wieder beseitigen.

Es zeigt sich also, daß die ideale Forderung nach Unveränderlichkeit der Eigenschaften bei Dauererwärmung von nahezu keiner hitzebeständigen Legierung erfüllt wird. Man wird je nach der betreffenden Betriebstemperatur die bei dieser Temperatur zu geringsten Veränderungen neigende Legierung verwenden müssen. Mit am günstigsten schneiden auch hier wiederum die austenitischen Legierungen, insbesondere die Chrom-Nickel-Stähle, hinsichtlich Rekristallisation, Ausscheidungen usw. ab. Die Karbidausscheidungen können durch die bei den austenitischen Chrom-Nickel-Stählen erwähnten Maßnahmen — niedriger Gehalt an Kohlenstoff, Bildung von Sonderkarbiden, wie Titankarbid usw. — in ihren Folgerungen in praktisch bedeutungslosen Grenzen gehalten werden.

Die für die hitzebeständigen Legierungen sehr wichtigen physikalischen Eigenschaften, wie Wärmeleitfähigkeit, -ausdehnung usw. sind bereits auf S. 458ff. behandelt worden. Auf die Frage der für den Zusammenbau von Apparaturen notwendigen Schweißbarkeit derartiger Legierungen wird im nächsten Abschnitt eingegangen. Auch in dieser Richtung dürften die austenitischen Legierungen infolge des geringen Kornwachstums beim Schweißen den Vorzug verdienen. Im übrigen kann hervorgehoben werden, daß die meisten Legierungen bei Anwendung entsprechender Elektroden schweißbar sind. Eine Gegenüberstellung der hauptsächlichsten Eigenschaften hitzebeständiger Stahllegierungen bringt Zahlentafel 107 (S. 540).

6. Herstellung und Verarbeitung von Chrom-, Chrom-Nickel- und Chrom-Mangan-Stählen.

a) Besonderheiten bei der Stahlherstellung.

Die Unterschiede in den verschiedenen Gruppen der Chrom-, Chrom-Nickel- und Chrom-Mangan-Stähle treten in charakteristischer Weise auch bei der Herstellung und Verarbeitung in Erscheinung, so daß es sich lohnt, näher hierauf einzugehen, um gleichzeitig auch den Zusammenhang zwischen Herstellungsvorgang und Eigenschaften des Endprodukts an Beispielen zu zeigen.

Die Herstellung von Chrom-, Chrom-Nickel- und Chrom-Mangan-Stählen kann sowohl im Siemens-Martin-Ofen als auch im Elektroofen vorgenommen werden; weniger geeignet sind hierfür das Bessemer- und Thomasverfahren. Chrom ist leichter oxydierbar als Eisen; bei allen Frischoperationen wird es daher das Bestreben haben, vor dem Eisen zu oxydieren und aus dem Stahl auszubrennen. Der Zusatz von Chrom erfolgt daher zweckentsprechend nach einer Vordesoxydation durch andere Desoxydationsmittel, um unnötigen Chromverlust zu vermeiden. Bei hohen Chromgehalten ist demnach der Elektroofen am günstigsten, da hier nach vollendeter Desoxydation der Chromzusatz in das desoxydierte Bad erfolgen kann. Die bei einer Oxydation von Chromstählen sich bildenden Chromoxyde scheinen verhältnismäßig schwer aus dem Stahl entfernt werden zu können: wenigstens ergeben sich mitunter bei Chargen, die mit hohen Sätzen an Chromschrott erschmolzen werden, insbesondere im sauren Martinofen, Schwierigkeiten. Im basischen Herdofen gelingt es bereits leichter, das Chrom vollständig zu verschlacken; durch Abziehen der chromhaltigen Schlacke kann man praktisch chromfreie Stähle auch bei Verwendung chromhaltigen Schrotts erzeugen. Im Elektroofen lassen sich andererseits unter Schlackenreduktion auch hochchromhaltige Schrotte am einfachsten ohne erheblichen Verlust an Legierungsmetall einschmelzen. Der Elektroofen ist daher am geeignetsten zum Umschmelzen hochchrom- oder chrom-nickel-haltiger Schrottmengen. Auch im Martinofen gelingt es bei Einhaltung möglichst kleiner Schlackenmengen, bis zu 90% Cr aus Schrott wieder zu gewinnen, doch sind derartige Verfahren zeitraubend und daher nicht immer wirtschaftlich anwendbar[1]. Wenn zwar der Einsatz von Chrom meist in metallischer Form erfolgt, so ist es aber auch möglich, durch Aufgabe von Chromerz, das mit reduzierenden Mitteln, wie Aluminium, Silizium, gemischt ist, aus dem betreffenden Erz Chrom ins Bad zu reduzieren. Es gelingt bei diesen Reduktionsverfahren jedoch schwer, Legierungen mit mehr als 12—13% Cr zu gewinnen. Der Nachteil ist die Bewältigung großer Erz- und somit Schlackenmengen bei entsprechend starkem Angriff der Ofenausmauerung.

Abgesehen von den Wechselbeziehungen zwischen Chrom und Sauerstoff verdienen diejenigen zwischen Chrom und Stickstoff Beachtung. Sowohl beim Umschmelzen chromhaltigen Schrotts als auch beim Einschmelzen von Ferrochrom können erhebliche Mengen von Stickstoff aufgenommen werden. Im allgemeinen erschwert ein höherer Stickstoffgehalt die Formänderung beim Walzen und Schmieden, doch lassen sich z. B. Chrom-, Chrom-Mangan- und Chrom-Nickel-Stähle mit 0,3% N_2 bei entsprechender Vorsicht noch einwandfrei verarbeiten. Man wird ferner dafür Sorge tragen müssen, daß nach der Reduktion der Stahlschmelze nicht Gase, insbesondere Wasserstoff, vom Stahl aufgenommen werden, die beim Vergießen die bekannten Schwierigkeiten durch Blasenbildung im Augenblick des Erstarrens ergeben. Unter anderem kann auch im kohlenstoffarmen Chrom oder Ferrochrom Wasserstoff enthalten sein; eine entgasende Glühung der Ferrolegierungen vor dem Einsatz ist daher ratsam. Die Beschaffenheit des Einsatzmaterials und die Schmelzbehandlung sind von besonderer Wichtigkeit für die Lebensdauer von Heizleiterwerkstoffen. Hierauf wie auf den Einfluß sehr geringer Zusätze von Erdalkalien und seltenen Erden wurde bereits auf S. 518 hingewiesen.

b) Eigenarten des unverarbeiteten Gußmaterials.

Schon im Gußzustand verhalten sich die verschiedenen Gruppen der Chrom- und Chrom-Nickel-Stähle verschieden, gemeinsam haben sie nur die allgemeinen Beziehungen zwischen der Korngröße nach der Erstarrung und der Gießtemperatur, Gießgeschwindigkeit usw. (Abb. 443). Für die Ausbildung des Gußgefüges scheint vor allem der Umstand entscheidend zu sein, ob eine Legierung bei

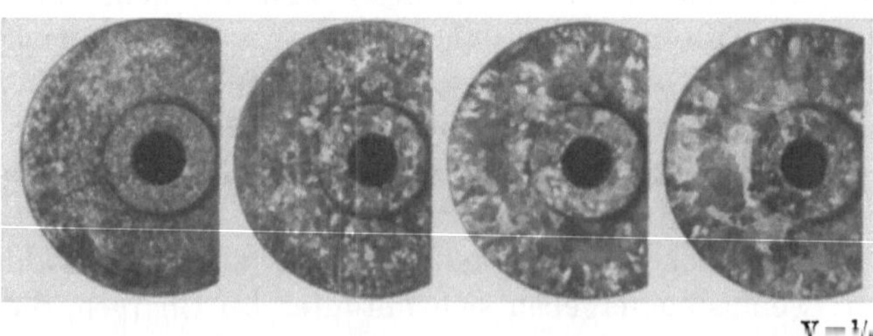

Abb. 443. Einfluß der Gießtemperatur auf die Korngröße bei einer 18% Cr, 8% Ni-Legierung. [Nach A.Rys: Kruppsche Mh. Bd. 11 (1930) S. 47/74.]

der Erstarrung direkt vom Schmelzfluß ins austenitische Gebiet übergeht oder ferritisch erstarrt. Die Abb. 444 zeigt eine austenitisch erstarrende Legierung; sie

---

[1] Nach unveröffentlichten Versuchen von F. Badenheuer.

hat eine außerordentlich starke Neigung zur Transkristallisation, so daß sogar schon bei mäßig hoher Gießtemperatur bei Blöcken bis 45 cm durchgehende Transkristallisation auftritt. Nur bei Erniedrigung der Gießtemperatur gelingt es, im Kern eine feinkörnige Zone und regellos orientiertes Kristallkorn zu erzeugen. In gleicher Weise wie die in Abb. 444 gezeigten, auch nach der Abkühlung austenitisch bleibenden Chrom-Nickel-Stähle verhalten sich die Stähle der martensitisch-perlitischen Gruppe, die infolge ihres hohen Chrom- und Kohlenstoffgehaltes nach der Erstarrung ebenfalls ins γ-Gebiet übergehen (Abb. 445). Stärker verschieden hiervon sind die sog. halbferritischen und ferritischen Chromstähle. Diese weisen nur

V = 1 : 1

Abb. 444. Transkristallisationserscheinungen bei V 2 A - Gußblöcken.

geringe Transkristallisation auf. Nach dem Erstarren sind sie verhältnismäßig feinkörnig; es fehlt ihnen das strahlige Aussehen der im austenitischen Gebiet erstarrenden Legierungen (Abb. 446).

Wahrscheinlich wird dieser Unterschied in der Kristallisation außer vielleicht auf den unterschiedlichen Kristallaufbau des γ- bzw. α-Mischkristalls auf Unterschiede in der Wärmeleitfähigkeit oder im Gehalt an Keimen oder sonstigen Beimengungen, wie z. B. im Gasgehalt, zurückzuführen sein[1] (s. a. S. 944). Diese bei ferritischen Chromstählen meistens beobachtete körnige Kristallisation tritt nicht bei allen ferritischen Stählen auf. Gelegentlich beobachtet man z. B. bei Chrom-Aluminium-Stählen mit 20—30 % Cr und 5 % Al sowie bei 4 proz. Siliziumstählen starke Transkristallisation, was ebenfalls auf einen größeren Einfluß der Beimengungen als des Kristallaufbaues hindeutet.

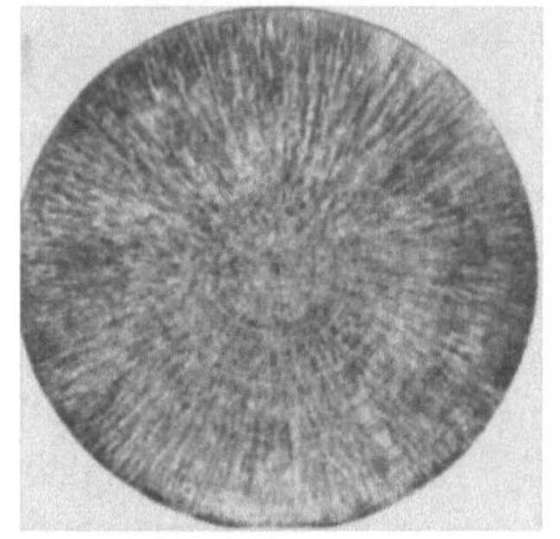

V = ¹/₅

Abb. 445. Gußscheibe eines martensitischen Chromstahles. [Nach E. Houdremont: Stahl u. Eisen Bd. 50 (1930) S. 1517/28.]

Besonders hervorzuheben ist der Einfluß steigenden Legierungsgrades auf die Kristallseigerungen und die damit zusammenhängende Dendritbildung, der besonders bei Stählen mit hohem Chrom-, vor allem aber auch Chrom-Nickel-

---

[1] Hohage, R., u. R. Schäfer: Arch. Eisenhüttenw. Bd. 13 (1939/40) Nr 3 S. 123/25.

Gehalten in Erscheinung tritt. Abb. 447 zeigt gebeizte Gußscheiben von verschieden legierten Stählen. Man sieht deutlich, wie im Gegensatz zu den reinen Nickel- bzw. niedrig mit Chrom legierten Stählen bei der Kombination Chrom-Nickel starke Dendritenbildung auftritt. Durch ein Diffusionsglühen, d. h. längeres Glühen dicht unterhalb des Schmelzpunktes gelingt es, diese Dendritenbildung etwas abzuschwächen, ohne sie indessen ganz zum Verschwinden zu bringen. Die Dendriten lassen sich bei der Warmverarbeitung — Walzen, Schmieden usw. — plastisch verformen, werden daher nicht zerstört, sondern erfahren nur eine Zusammendrängung in der Faserrichtung. Man kann sie daher auch an fertiggewalzten und -geschmiedeten Stücken noch beobachten (Abb. 448). Fälschlicherweise wird dieses Gefüge oft als Gußgefüge bezeichnet und sein Auftreten in geschmiedeten Stücken als Folge ungenügender Verschmiedung angesehen. Auch bei einer Verschmiedung von 1:60 gelingt es aber nur, die Seigerung infolge der starken Streckung eng zusammenzudrängen, ohne sie zu beseitigen. Bei dazwischenliegenden, zur Erzielung guter Festigkeitswerte vollkommen

V=1:1

Abb. 446. Kristallisation eines Gußblockes von ferritischem Stahl mit 30% Cr.

ausreichenden Verschmiedungsgraden werden Zwischenzustände in der Dendritenausbildung zu beobachten sein. Bei ungenügendem Anlassen, z. B. mangelnder Anlaßzeit, zu tiefer Anlaßtemperatur, können die Dendriten bzw. die dadurch bedingten Kristallseigerungen bei der Wärmebehandlung dazu führen, daß die geseigerten Stellen härter bleiben als die nicht geseigerten (Unterschiede in der Zerfallsgeschwindigkeit des verschieden legierten Martensits). Bei auf hohe Festigkeit gehärteten oder vergüteten, d. h. auf niedrige Anlaßtemperaturen angelassenen Stahlteilen können diese Unterschiede zu schlechten Dehnungs- und Einschnürungswerten, besonders in der Querrichtung, führen (s. Zahlentafel 12 [S. 88]).

Besondere Bedeutung hat die Ausbildung der Erstarrungsstruktur naturgemäß bei Stahlformguß, weil hier eine spätere Veränderung durch Wärmebehandlung nur bei der perlitisch-martensitischen Stahlgruppe möglich ist. Die Wärmebehandlung von Stahlformgußstücken der perlitisch-martensitischen Gruppe entspricht der von normalem Stahlformguß: Glühen oberhalb des Umwandlungspunktes mit mehr oder weniger rascher Abkühlung je nach den gewünschten Festigkeitseigenschaften. Die ferritischen Stähle können dagegen nur spannungsfrei geglüht werden. Irgendwelche Beeinflussung des Gußgefüges durch Wärmebehandlung kann nicht mehr erfolgen. Bei der austenitischen Gruppe kann man durch Erwärmen auf höhere Temperaturen mit nachfolgen-

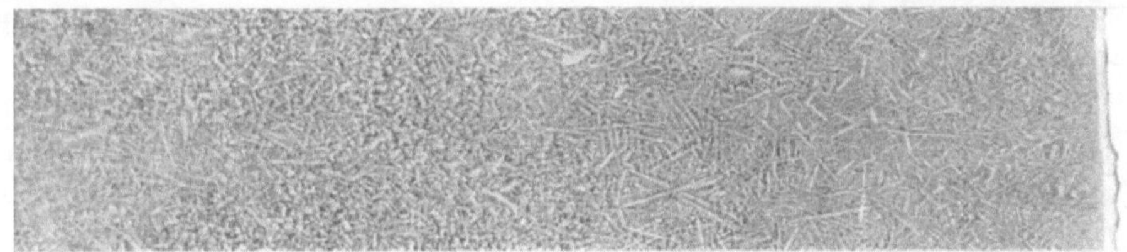

a $V = {}^9\!/_{10}$

Nickelstahl mit 0,20% C, 4,6% Ni.

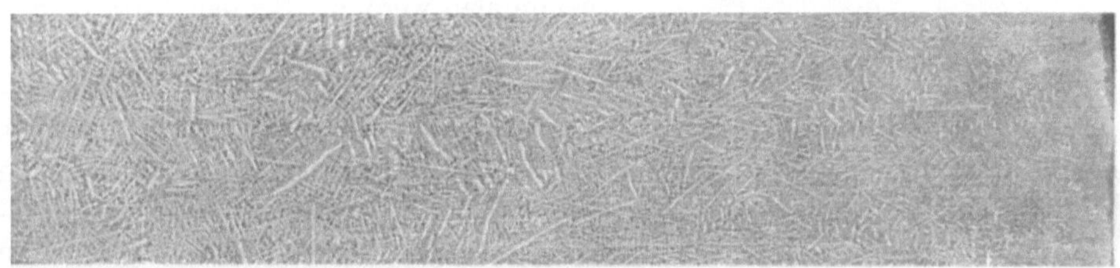

b $V = {}^9\!/_{10}$

Chrom-Nickel-Wolfram-Stahl mit 0,33% C, 4,26% Ni, 1,16% Cr, 0,97% W.

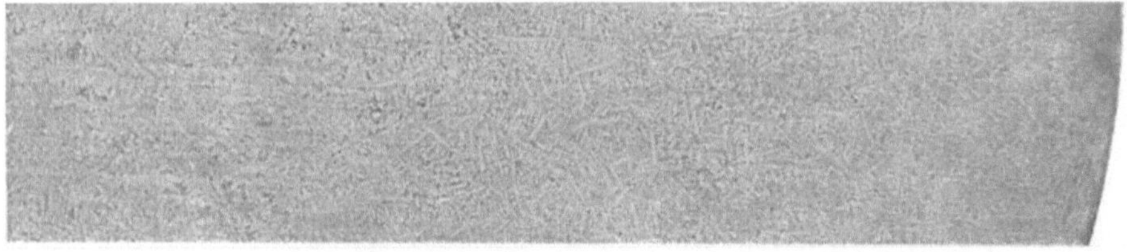

c $V = {}^9\!/_{10}$

Chrom-Molybdän-Vanadin-Stahl mit 0,28% C, 2,63% Cr, 0,29% Mo, 0,32% V.

d $V = {}^9\!/_{10}$

Chrom-Molybdän-Stahl mit 0,44% C, 0,96% Cr, 0,21% Mo.

Abb. 447. Dendritenausbildung im Gußblock bei verschieden legierten Stählen.

dem Ablöschen die in den Korngrenzen sitzenden Karbide auflösen und homogenen Austenit erzeugen. Hierdurch findet auch eine Veränderung der Festigkeitseigenschaften, insbesondere ·der Dehnung statt (Abb. 449). Eine Beeinflussung der Korngröße ist jedoch auch hier nicht möglich. Man 'muß also bei dieser wie bei der ferritischen Gruppe durch Einhaltung günstigster Gießbedingungen von vornherein auf ein feines Korn hinarbeiten, wobei auch mechanische Hilfsmittel, wie Schleudern, Rütteln, angewandt werden können.

Die Abhängigkeit von Gießtemperatur und Korngröße bei V 2 A-ähnlichen Legierungen zeigte schon Abb. 443; über die Verfeinerung der Gußstruktur durch stickstoffhaltiges Ferrochrom siehe S. 897.

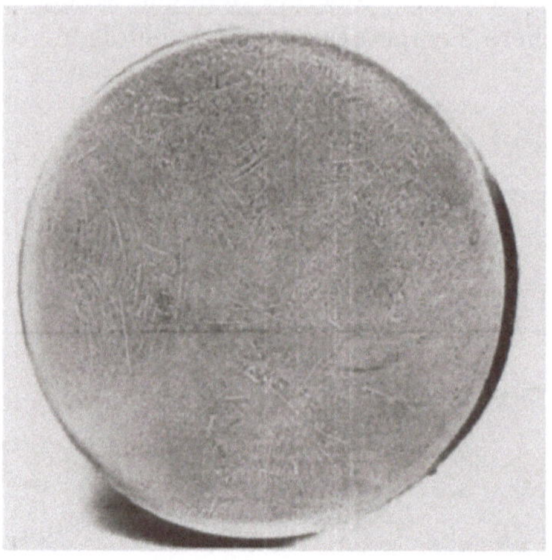

V = 1:1

Abb. 448. Dendriten in verschmiedetem Material. (Chrom-Nickel-Wolfram-Stahl in 35 cm ⌀ Güssen abgegossen, 40 fach verschmiedet.)

Die hochkohlenstoffhaltigen Stähle mit 13—15% Cr oder auch beispielsweise Chrom-Nickel-Stähle mit 3—4% Ni und 1—1,5% Cr sind infolge ihres Legierungsgehaltes sog. selbsthärtende oder lufthärtende Stähle. Bei der Abkühlung der Blöcke besteht daher die Gefahr, daß sie infolge von Spannungsrissen unbrauchbar werden. Die Abkühlung der Blöcke muß entsprechend vorsichtig vorgenommen werden. Bei den auftretenden Spannungsrissen kann man zwischen Spannungsrissen gewöhnlicher Art, die sich besonders bei hochgekohlten Stählen als größere Risse an der Außenseite oder im Inneren der Blöcke quer durch die Kristallkörner hindurch ausbilden, und feineren interkristallinen Rissen im Blockinnern unterscheiden.

Bei tiefgekohlten Stählen treten Härtungserscheinungen und daher Spannungsunterschiede zwischen Außen- und Innenzone des Blockes nicht mehr so stark auf,

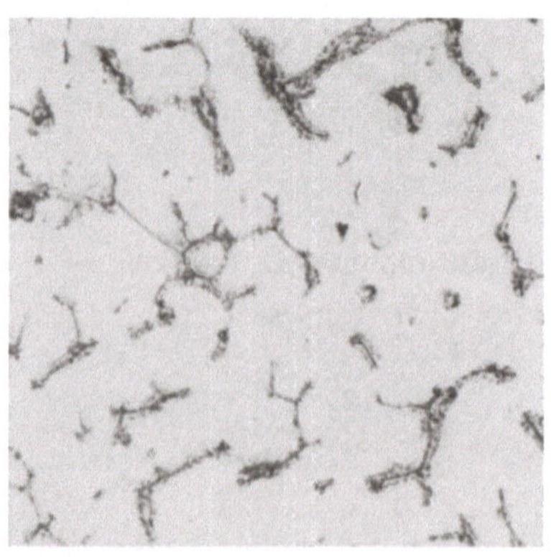 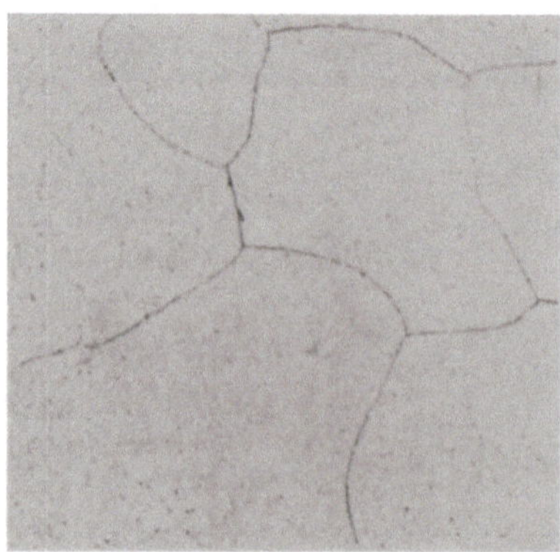

	a unvergütet	b 1150°/Wasser behandelt
Streckgrenze:	33 kg/mm²	30 kg/mm²
Bruchgrenze:	61 kg/mm²	59,2 kg/mm²
Dehnung ($l = 5d$):	30,5 %	35,5 %
Einschnürung:	29 %	28 %

Abb. 449. Gefüge und Festigkeitseigenschaften eines Stahles mit 0,17% C, 10% Ni und 18% Cr im Gußzustand. (Abmessung: 50 mm vkt.) V = 100.

daß hier die erstgenannten großen Spannungsrisse entstehen könnten. Um so eher bilden sich hier die feineren, längs der Korngrenzen verlaufenden Rißchen im Blockinnern, die man zur Unterscheidung von anderen Rißerscheinungen im verarbeiteten Stahl zweckmäßig als „Primärkorngrenzenrisse" bezeichnet. Abb. 450

zeigt derartige interkristalline Risse in einem Gußblock. Es scheint manchmal, als ob der Kristallverband bei den niedriggekohlten Stählen infolge des Vorhanden-

seins von Zwischensubstanzen stärker gelockert sei als bei den höher kohlenstoffhaltigen Stählen, bei denen infolge des hohen Kohlenstoffgehaltes allein bereits eine wirksame Desoxydation erfolgt, die überdies gasförmige Desoxydationsprodukte ergibt. Wenn man Stücke aus solchen Güssen aufbricht, so tritt der Bruch mehr oder weniger vollständig auf den Primärkorngrenzen ein (Abb. 451). Man bezeichnet diese Bruchform nach ihrem Aussehen vielfach als „muscheligen Bruch", ihr Wesen wird aber besser durch die Bezeichnung „Primärkorngrenzenbruch" erfaßt. Als wahrscheinliche Ursache für diese Erscheinung kann man des öfteren in den

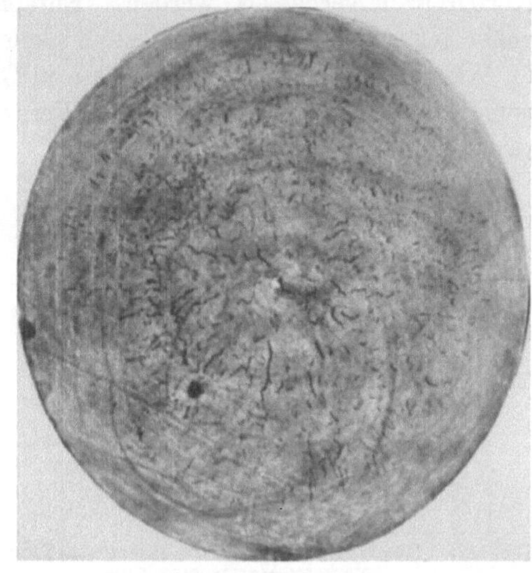

Abb. 450. Primärkorngrenzenrisse in Gußscheiben.

Korngrenzen, auch ohne daß bereits Risse aufgetreten sind, z. B. nach vorsichtiger Abkühlung, entsprechend fein verteilte Einschlüsse feststellen (Abb. 451). Bei nickelhaltigen Stählen dürften vor allem auch geringe Erhöhungen im Schwefelgehalt dazu beitragen, entsprechende Zwischensubstanzen zwischen den einzelnen Körnern zu erzeugen und das Auftreten derartiger Risse zu fördern. Von besonders starkem Einfluß scheint ferner der Wasserstoffgehalt des Stahls auf die Ausbildung dieser

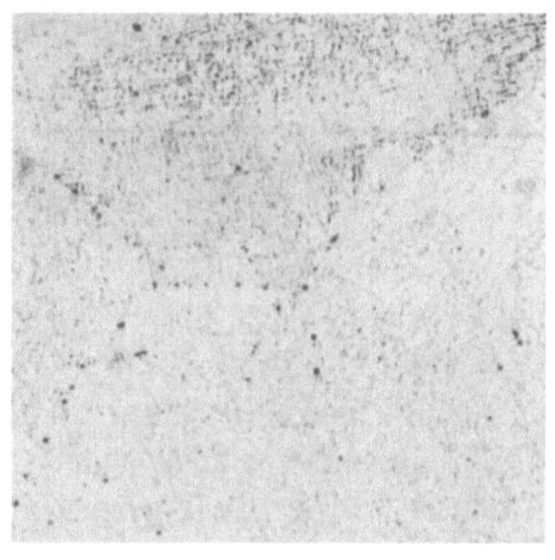

Abb. 451. Bruchaussehen eines Stückes mit Primärkorngrenzenrissen („Primärkorngrenzenbruch, muscheliger Bruch") sowie dünne Oxydhäutchen im Gefüge als wahrscheinliche Ursache für diese Bruchausbildung.

zeugen und das Auftreten derartiger Risse zu fördern. Von besonders starkem Einfluß scheint ferner der Wasserstoffgehalt des Stahls auf die Ausbildung dieser

Risse zu sein. (Siehe Abschnitt Wasserstoff im Stahl.) Durch besonders langsame Abkühlung oder durch sofortige Glühung des Gusses kann der Verband in den Korngrenzen verbessert werden. Entsprechende Rißbildungen treten auch in höher legierten, niedriggekohlten Nickelstählen (5—7% Ni) auf.

Während größere Spannungsrisse in Gußblöcken schon vor der Verarbeitung bemerkt werden oder während der Verarbeitung beim Walzen bzw. Schmieden zu Ausschuß führen, braucht dies bei den Primärkorngrenzenrissen nicht der Fall zu sein. Hier wird es darauf ankommen, ob Sauerstoff in die feinen Risse eindringen kann. Geschieht dies nicht, so kann sowohl beim Walzen als beim Schmieden das Material wieder einwandfrei verschweißen, ohne weitere Nachteile zu zeigen. Ist nur an vereinzelten Stellen Sauerstoff eingedrungen oder waren die Korngrenzen in erhöhtem Maße mit Schlacken besetzt, so können auch im gewalzten bzw. geschmiedeten Zustande die Primärkorngrenzen noch immer im Bruch in Erscheinung treten (Abb. 452). Die

V = 1:1

Abb. 452. „Muscheliger" Bruch (Primärkorngrenzenbruch) nach stärkerer Warmverarbeitung.

a   V = 1:1   b   V = 1:1

Abb. 453. Muscheliges Bruchaussehen (Austenitkorngrenzenbruch) bei grober Überhitzung im Vergleich zu normaler Bruchbeschaffenheit bei einem Chrom-Nickel-Stahl.

Bruchflächen sind dann an den Fehlstellen meist silbergrau oder blank, ohne sichtbares Bruchkorn oder Sehne; man spricht auch hier von „muscheligen Bruch[1]" oder „Primärkorngrenzenbruch". In stärker verwalztem und verschmiedetem treten im vergüteten Zustand häufig nur noch vereinzelte Korngrenzen im Bruch in Erscheinung (s. Abb. 452). Derartige Fehlstellen in Zerreiß- und Kerbschlagproben werden oft irrtümlicherweise mit „Flocken" (s. S. 557 u. 929) verwechselt[2]. Sehr oft machen sich diese Erscheinungen auch noch nach

---

[1] Maurer, E., u. H. Korschan: Stahl u. Eisen Bd. 53 (1933) S. 271/81.
[2] Vgl. E. Houdremont u. H. Korschan: Stahl u. Eisen Bd. 55 (1935) S. 297/304.

starker Verformung bemerkbar, und zwar in Form von Stellen örtlichen „Holzfaser-" oder „Schieferbruches".

Man kann nun aber nicht alle Fehlstellen, die ein muscheliges Aussehen zeigen, auf Fehler im Gußblock zurückführen. Ähnliche Fehler lassen sich vielmehr auch auf andere Art erzeugen. Typisch treten sie z. B. auch bei Stählen auf, die zu hoher Schmiedetemperatur ausgesetzt waren. Das muschelige Bruchaussehen eines so verdorbenen Chrom-Nickel-Stahles zeigt Abb. 453. Der Bruch tritt hier auf den ehemaligen Austenitkorngrenzen ein, so daß man diese Erscheinung zum Unterschied vom Primärkorngrenzenbruch zweckmäßig als „Austenitkorngrenzenbruch" bezeichnet. Durch nur schwache Nachschmiedung so verdorbener Stähle ergeben sich noch örtliche muschelige Brüche, wie sie Abb. 454 zeigt. Der Verschmiedungsgrad

war nicht ausreichend, um alle Korngrenzen zu regenerieren. Hochgekohlte Stähle mit tieferem Schmelzpunkt neigen leichter zu solchen Folgeerscheinungen von Überhitzung. Ebenso können Seigerungen, beispielsweise Sulfidanreicherungen, Kohlenstoffanreicherungen, wie sie in sehr großen Güssen oft unvermeidlich sind, schmelzpunkterniedrigend wirken und in Verbindung mit entsprechender Temperatur beim Wärmen zu solchen Fehlern führen.

V = 1:1

Abb. 454. Unvollkommene Beseitigung von durch grobe Überhitzung erzeugtem muscheligem Bruchaussehen (Austenitkorngrenzenbruch) bei nicht ausreichender Nachschmiedung.

c) Warmformgebung.

Die verschiedenen Gruppen der Chrom- und Chrom-Nickel-Stähle unterscheiden sich auch bei der Warmverarbeitung der gegossenen Blöcke. Bereits beim Anwärmen hochchromhaltiger und insbesondere hochchromnickelhaltiger Stähle muß der infolge des Chromzusatzes verminderten Wärmeleitfähigkeit Rechnung getragen werden. In Abb. 379 ist die Wärmeleitfähigkeit in Abhängigkeit vom Chromgehalt eingetragen, gleichzeitig ist der Wert für den Stahl mit 18% Cr, 8% Ni angegeben. Sowohl die Anwärmgeschwindigkeit als auch die Anwärmdauer muß dieser veränderten Wärmeleitfähigkeit angepaßt werden. Eine zu schnelle Aufheizung würde zu Spannungsrissen im Kern der betreffenden Blöcke infolge der schroffen Ausdehnung der Außenhaut führen. Bei ungenügender Wärmzeit könnte der Kern so in der Temperatur zurückbleiben, daß bei der nachfolgenden Verformung die Streckung im Innern und Äußern derartig unterschiedlich wäre, daß Risse und Zerreißungen auftreten müßten.

Für den Kraftbedarf beim Walzen maßgebend ist der Formänderungswiderstand der verschiedenen Legierungen. Auch hier unterscheiden sich die ferritischen und halbferritischen Legierungen erheblich von den bei der Verformungstemperatur austenitischen Legierungen. Wie aus Zahlentafel 108 (S. 552) hervorgeht, ist der Formänderungswiderstand bei einer Prüfgeschwindigkeit, die ungefähr der Walzgeschwindigkeit entspricht, bei ferritischen Legierungen etwa so groß wie bei weichem Flußeisen, während höher legierte

Chrom-Kohlenstoff-Legierungen, insbesondere aber die austenitischen Chrom-Nickel-Legierungen, einen außerordentlich erhöhten Formänderungswiderstand aufweisen. Dieser erhöhte Formänderungswiderstand steht in Übereinstimmung mit der erhöhten Warmfestigkeit der austenitischen Stähle. Aus diesem Grunde wird man bei sehr warmfesten hochnickel- und chromhaltigen Legierungen von über 20% Cr und 20%

Zahlentafel 108. Dynamischer Schlagwiderstand bei der Warmverformung in kg/cm² bei 1050° nach E. Houdremont[1].

Flußeisen	Ferritischer Stahl 0,3% C 30 % Cr	Martensitischer Stahl 1% C 18% Cr	Austenitischer Stahl 14% Ni 14% Cr
13,2	14	22	32

Prüfgeschwindigkeit ungefähr gleich der Walzgeschwindigkeit.

Ni aufwärts möglichst kleine Gußblöcke gießen, bzw. entsprechend starke Schmiedeaggregate verwenden, da sonst infolge des hohen Formänderungswiderstandes die Gefahr besteht, daß sowohl beim Walzen als beim Schmieden die Drücke nicht mehr genügen, um eine Formänderung bis zum Kern der betreffenden Gußstücke durchzuführen. Die Folge hiervon wären Innenzerreißungen und Aufreißungen, wie sie Abb. 455 zeigt. Hierbei spielt natürlich bei großen Güssen auch die stärkere Kernseigerung eine beachtliche Rolle. Der hohe Formänderungswiderstand der austenitischen Chrom-Nickel-Legierungen dürfte vor allem auch darauf zurückzuführen sein, daß die Rekristallisationsgeschwindigkeit dieser Legierungen auch bei hohen Temperaturen noch verhältnismäßig gering ist, so daß während des Walzens keine spontane Rekristallisation erfolgt. Die Rekristallisationsgeschwindigkeit der austenitischen Stähle ist kleiner als normale Walzgeschwindigkeiten. Infolgedessen verfestigen sich diese Legierungen bei den einzelnen Walzstichen während der Verformung entsprechend stark. Erst oberhalb 1200° kann man bei diesen Stählen beschleunigte, bereits während des Walzvorganges eintretende Rekristallisationserscheinungen feststellen, während dies bei ferritischen Stählen schon bei Temperaturen von 800—900° der Fall ist. Dieses größere Kristallisationsbestreben ferritischer Stähle äußert sich aber auch in einer entsprechend leichteren Kornvergröberung bei längerem Erwärmen auf hohe Temperaturen oder beim Fertigverarbeiten bei zu hohen Temperaturen.

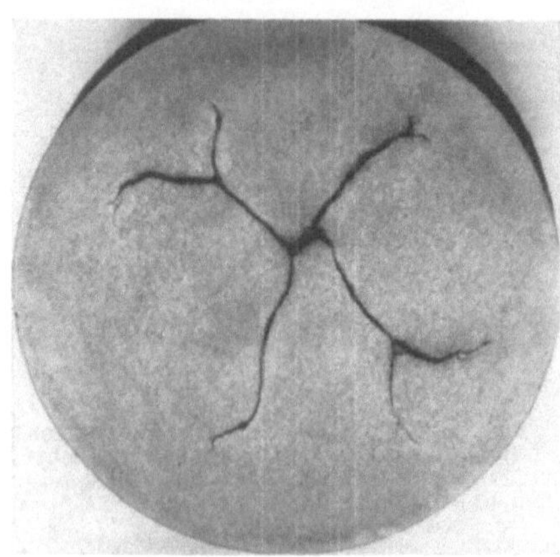

Abb. 455. Innenzerreißung.   V = ²/₃

Abb. 456 gibt den charakteristischen Unterschied des Kristallwachstums eines ferritischen 30proz. Chromstahles gegenüber dem austenitischen V2A-Stahl wieder. Da beim Walzen, vor allem dünnerer Abmessungen, die Endtemperaturen ziemlich tief sein können (900° und weniger), spielen die geschilderten Rekristallisationsverhältnisse hier bereits eine Rolle. Bei den austenitischen Legierungen berührt sich hier das Gebiet von Warm- und Kaltverformung insoweit, als

<hr>

[1] Stahl u. Eisen Bd. 50 (1930) S. 1517/28.

bei einer Warmverformung bei diesen tiefen Temperaturen die austenitischen Legierungen sich ähnlich verfestigen und nichtrekristallisiertes Gefüge bekommen wie bei Kaltverformung. Dementsprechend haben die bei tiefer Temperatur fertiggewalzten Legierungen die Eigenschaften des verfestigten Zustandes, d. h. der Walzzustand ist durch höhere Festigkeit und Streckgrenze ausgezeichnet.

Von Wichtigkeit für den Walzwerker ist vor allem noch das Verhalten der verschiedenen Legierungen bezüglich Breitung und Längung. Auch in dieser Beziehung lassen sich deutlich Unterschiede zwischen Flußeisen, austenitischen, martensitischen und ferritischen Legierungen feststellen, wie dies Abb. 457 zeigt. Die stärkere Breitung der ferritischen sowie martensitisch-austenitischen

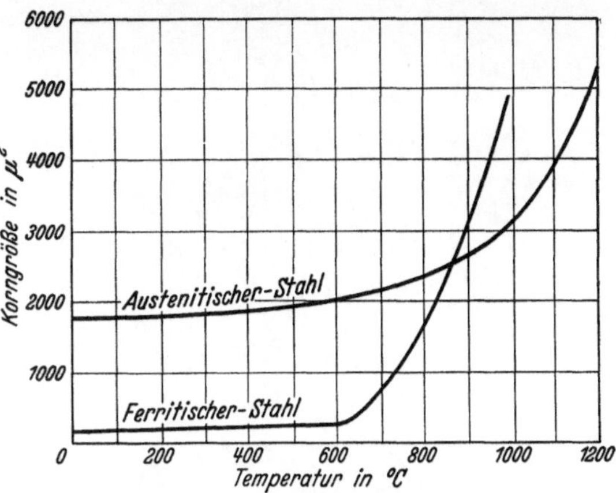

Abb. 456. Schematische Darstellung der Kornvergröberung beim Glühen für einen austenitischen im Vergleich zu einem ferritischen Stahl. [Nach E. Houdremont: Stahl u. Eisen Bd. 50 (1930) S. 1517/28.]

Legierungen muß bei der Kalibrierung von Walzen usw. für derartige Stähle Berücksichtigung finden. Die stärkere Breitung einzelner Stähle kann mit dem Formänderungswiderstand und der Verfestigung bei den entsprechenden Walztemperaturen zusammenhängen. Ebenso kann die am Walzgut haftende Oxydschicht von Einfluß sein, da sie die Reibungsverhältnisse zwischen Walzgut und Walze beeinflußt. Erhöhte Reibung[1] führt zu stärkerer Breitung. Da gerade Chromstähle als zunderfeste Stähle zu festanhaftenden Oxydschichten neigen, ist dieser Einfluß in diesem Falle von Bedeutung.

Die Walz- oder Schmiede-Endtemperatur und die hier-

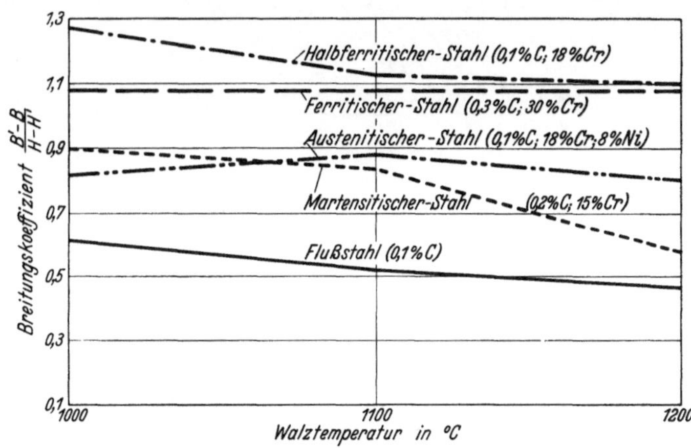

Abb. 457. Veränderung des Breitungskoeffizienten mit der Legierung bei Walzung von 50 mm Vierkantknüppeln auf Platinen von 24 mm Stärke. [Nach E. Houdremont: Stahl u. Eisen Bd. 50 (1930) S. 1517/28.]

bei erfolgten Querschnittsverminderungen sind maßgebend für die Feinkörnigkeit des Gefüges sowohl austenitischer als ferritischer Legierungen, das durch keinerlei Wärmebehandlung nachher mehr verfeinert werden kann. Die Korngröße derartiger Materialien ohne Umwandlung kann nur durch Zusammenwirken von Verformung und Nachglühung entsprechend den Rekristallisations-

[1] Lueg, W.: Stahl u. Eisen Bd. 53 (1933) S. 346/52.

gesetzen (s. S. 104) beeinflußt werden. Beim Warmwalzen ist somit die letzte Stichabnahme mit der hierbei vorhandenen Temperatur von Einfluß.

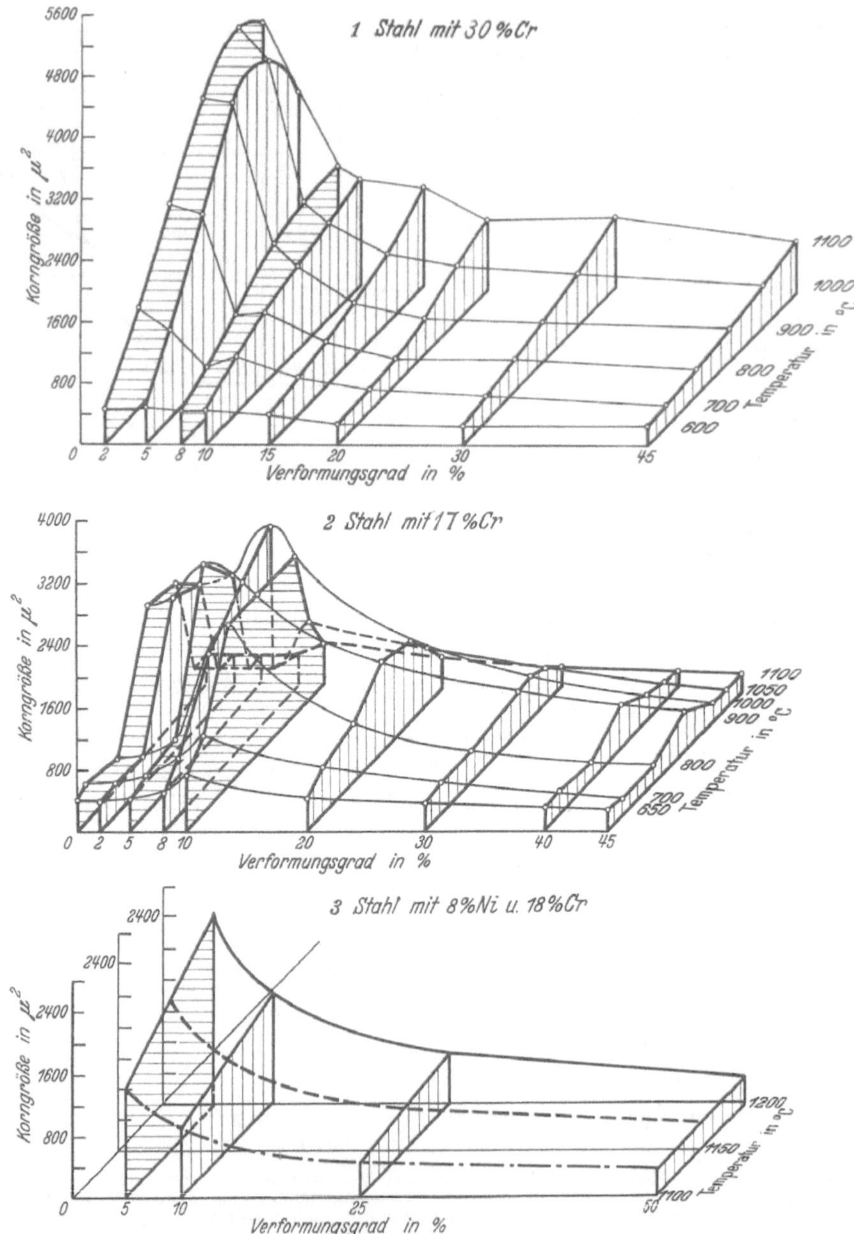

Abb. 458. Rekristallisationsdiagramme von halbferritischen, ferritischen und austenitischen Stählen. [Für Stahl *1* und *2* nach E. Houdremont: Stahl u. Eisen Bd. 50 (1930) S. 1517/28; für Stahl *3* nach H. Schottky u. H. Jungbluth: Kruppsche Mh. Bd. 4 (1923) S. 197/204.]

Die Abb. 458 gibt die Rekristallisationsdiagramme halbferritischer, ferritischer und austenitischer Stähle wieder. Bei den halbferritischen Stählen ist noch eine Kornverfeinerung infolge der teilweisen Umwandlung zu bemerken. Das Schau-

bild rein ferritischer Legierungen entspricht dem Rekristallisationsschaubild eines
Metalles ohne Umwandlung, das bei schwächster Verformung und höchster

a   b $V = {}^1\!/_3$

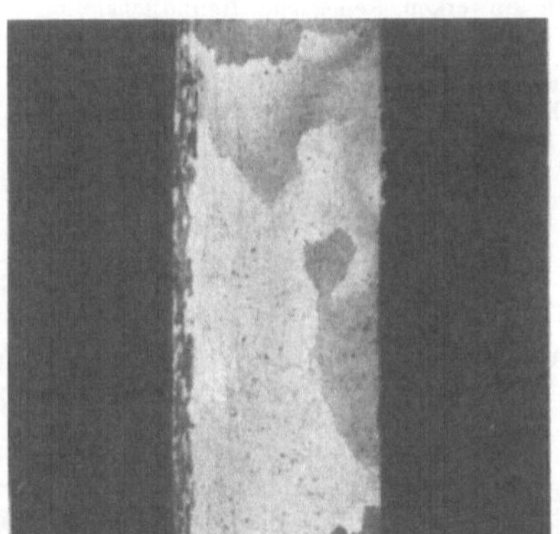

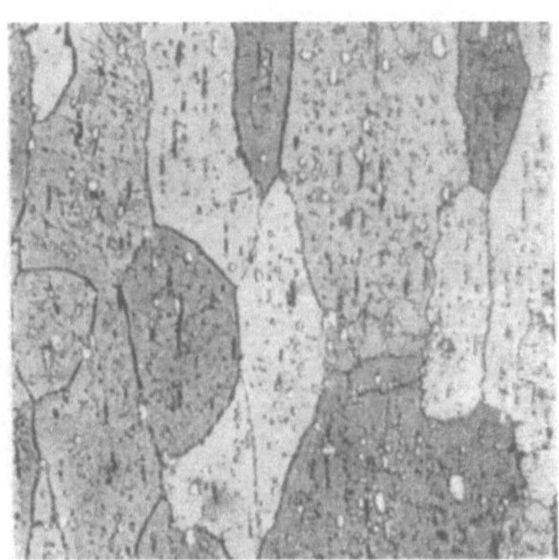

c $V = 2{,}5$ d $V = 50$

Abb. 459. Rohre aus 30 proz. Chromstahl durch falsche
Wärmebehandlung verdorben (a—d), im Vergleich
mit normalem Gefüge (e). [Nach E. Houdremont:
Stahl u. Eisen Bd. 50 (1930) S. 1517/28.]

e $V = 200$

Temperatur die größte Grobkornbildung
ergibt. Unter Berücksichtigung dieser
Rekristallisationsgesetze ist es möglich,
die verschiedenartigsten Ergebnisse beim
Warm- und nachfolgenden Kaltverarbeiten zu erzielen.

Abb. 459a und b zeigen Faltproben
eines ferritischen 30 proz. Chromstahls,
die ungenügende Zähigkeitseigenschaften
ergaben. Die Ursache hierfür ist das
in Abb. 459c und d wiedergegebene
grobkörnig rekristallisierte Gefüge, das eine Folge falscher Walzendtemperatur
ist. Als Vergleich hierzu ist in Abb. 459e das normale Gefüge eines sachgemäß
behandelten Rohres aus demselben Stahl wiedergegeben, das sich bei Berücksichtigung des Rekristallisations-Schaubildes ohne weiteres erhalten läßt. Bei

dieser Gefügeausbildung erhält man, wie Abb. 460 zeigt, gute Zähigkeit und infolgedessen bei der Stauch- und Faltprobe einwandfreie Ergebnisse.

Diese Fälle belegen deutlich, wie Walzendtemperatur und Verformungsgrad die Eigenschaften des Endproduktes beeinflussen können. Bei austenitischen

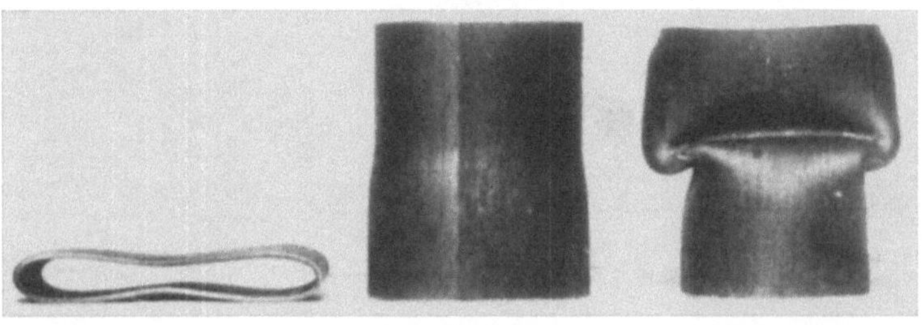

V = ³/₅

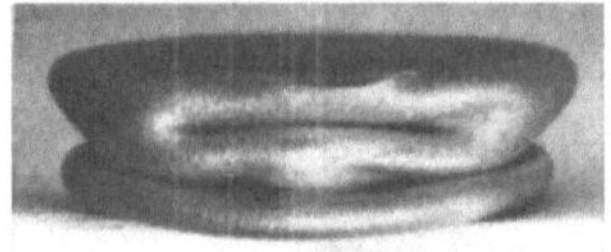

Rohr 40 mm ⌀ 1 mm stark   V = ³/₅

Abb. 460. Stauch- und Faltproben (von den Mannesmannwerken Remscheid freundlichst zur Verfügung gestellt) von Rohren aus 30 proz. Chromstahl nach einwandfreier Wärmebehandlung (Gefüge e in Abb. 459). [Nach E. Houdremont: Stahl u. Eisen Bd. 50 (1930) S. 1517/28.]

Legierungen ist die Gefahr einer Grobkornbildung infolge des trägeren Kristallwachstumes (Abb. 456) praktisch kaum vorhanden.

Auch bei halbferritischen Stählen können, insbesondere durch auftretende Entkohlung und demzufolge stärkeres Hinübergleiten in rein ferritisches Gebiet, ähnliche schädliche Rekristallisationserscheinungen entstehen, wie sie Abb. 461 wiedergibt. Daß schließlich

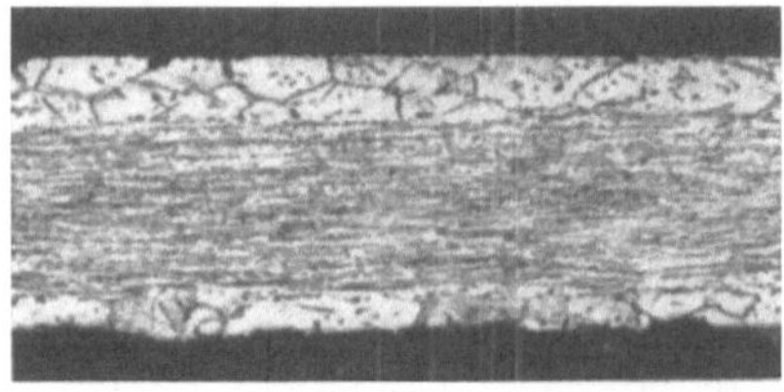

V = 50

Abb. 461. Kornvergröberung infolge Randentkohlung bei einem halbferritischen Stahl. [Nach E. Houdremont: Stahl u. Eisen Bd. 50 (1930) S. 1517/28.]

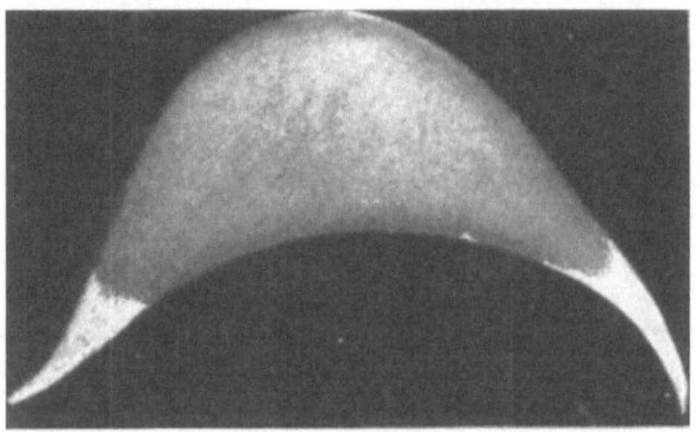

V = ⁴/₅

Abb. 462. Turbinenschaufel aus 15 proz. Chromstahl mit kritischer Rekristallisationserscheinung in den dünnwandigen Kanten. [Nach E. Houdremont: Stahl u. Eisen Bd. 50 (1930) S. 1517/28.

auch bei rein martensitischen Stählen unter Umständen kritische Rekristallisationen infolge bestimmter Formänderungsbedingungen eintreten können, veranschaulicht Abb. 462. Diese Fälle beweisen zur Genüge, wie Warmverformung und Wärmebehandlung gemeinsam verantwortlich sind für die Ausbildung der Feinkörnigkeit des Gefüges.

Beim Abkühlen nach der Warmverformung müssen alle leicht härtbaren Chrom- und Chrom-Nickel-Stähle, vor allem der martensitischen Gruppe, zwecks Vermeidung von Spannungsrissen langsam abkühlen.

Eine in warmverformten Stählen zu beobachtende besonders eigenartige und in ihrem Wesen heute geklärte Erscheinung von Spannungsrissen stellen die sog. Flocken, auch Kristallrisse genannt, dar, die besonders bei Chrom-, Chrom-Nickel-, Chrom-Mangan-Stählen usw. auftreten, aber auch in reinen Kohlenstoffstählen beobachtet werden können[1]. Flocken sind Risse, die sich meist bei der Abkühlung nach der Warmformgebung bilden. Durch besonders langsame Abkühlung nach dem Schmieden bzw. Walzen können sie vermieden werden. Näheres über Ausbildung, Ursache und Vermeidung siehe unter „Wasserstoff" S. 929.

d) Kaltformgebung.

Für die Kaltverarbeitung: Kaltziehen, Tiefziehen u. a. m., der verschiedenen Chromstähle sind bestimmend ihr Formänderungswiderstand, d. h. die Streckgrenze, die beim Kaltrecken eintretende Verfestigung und das Verformungsvermögen. Die Festigkeitseigenschaften der verschiedenen Chrom- und Chrom-Nickel-Stähle im geglühten Zustand sind bereits im Abschnitt Baustähle aufgeführt. Man kann sagen, daß keine von den verschiedenen Gruppen derartig hohe Festigkeitseigenschaften aufweist, daß der Stahl nicht wenigstens in begrenztem Maße kaltgereckt, -gezogen oder -gewalzt werden könnte; nur die höher kohlenstoffhaltigen Stähle eignen sich nicht mehr für Tiefziehzwecke. Abb. 463 gibt die Tiefziehwerte für die entsprechenden Legierungen im Vergleich zu weichem Flußeisen wieder. Hervorzuheben ist vor allem die hohe Tiefziehfähigkeit der austenitischen Stähle vom Typus des V2A, während halbferritische Legierungen praktisch die Tiefung von Flußeisen aufzeigen.

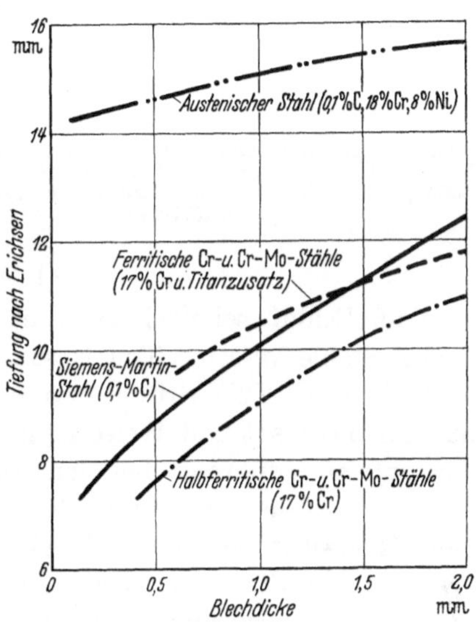

Abb. 463. Tiefziehfähigkeit von nichtrostenden Stählen [zum Teil entnommen von Strauß: Gesammelte Vorträge der Werkstofftagung Berlin Bd. 2 (1927) S. 73].

Für den Verschleiß der Werkzeuge und auch für das praktische Ziehverhalten spielt nun noch vor allem die Verfestigungsfähigkeit während des Ziehvorganges eine Rolle. Wie bereits früher gezeigt (s. S. 100 u. Abb. 88), kann man in dieser Beziehung prinzipiell zwei Gruppen unterscheiden: Auf der einen Seite die perlitischen und ferritischen Stähle, die alle eine ähnliche Verfestigungskurve aufweisen, und andererseits die austenitische Gruppe, die sich erheblich stärker verfestigt. Wie die Verhältnisse bei den rostfreien Stählen liegen, zeigt Abb. 464 (s. a. Abb. 364, S. 447). Bei nicht stabil austenitischen Legierungen kann eine hohe Verfestigungsfähigkeit während der Kaltverformung auch durch beginnende Martensitbildung vorgetäuscht werden, wobei diese dann nicht dem kaltgereckten, flächenzentrierten Mischkristall, sondern dem Einfluß der Umwandlung zuzuschreiben ist. An Hand der magnetischen Sättigung lassen sich die bei Kaltverformung auftretenden Anteile an Martensit in etwa verfolgen

---

[1] Houdremont, E., u. H. Korschan: Stahl u. Eisen Bd. 55 (1935) S. 297/304.

(vgl. Abb. 365 u. 366). Bereits der Stahl vom Typus V 2 A mit 18% Cr und 8% Ni liegt bei Einhaltung der unteren Analysengrenze sehr nach der instabilen Seite. Aus diesem Grunde wird zur Herstellung von Teilen, die besonders leicht durch Kaltverformung herstellbar sein müssen und geringe Werkzeugkosten bei Verformung ergeben sollen, vielfach auf Legierungen mit 12% Cr und 12% Ni zurückgegriffen. Dies geschieht besonders bei Teilen, die verhältnismäßig geringen chemischen Beanspruchungen ausgesetzt werden, wie z. B. Eßgeschirren, Uhrengehäusen, bei denen es also mehr auf die leichte Verarbeitbarkeit als auf den Korrosionswiderstand gegen starke Angriffsmittel ankommt.

Über den Einfluß von Schwefel-, Selen- und Bleizusätzen auf die spanabhebende Bearbeitbarkeit von Chrom- und Chrom-Nickel-Stählen (nichtrostende Automatenstähle) siehe S. 956 und 959.

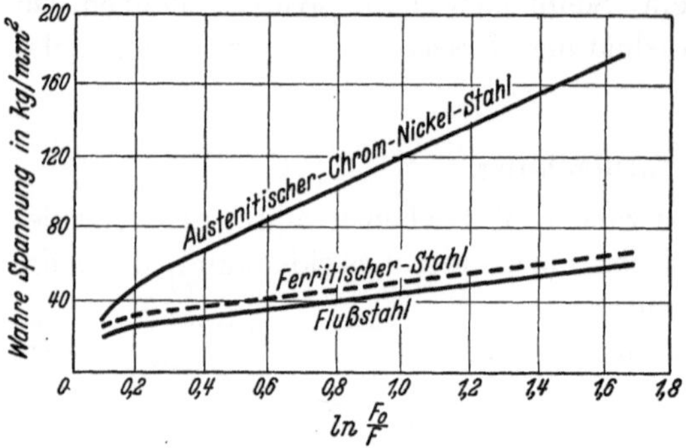

Abb. 464. Kaltverfestigung eines austenitischen Chrom-Nickel-Stahles im Vergleich zu Flußeisen und ferritischem Stahl. [Nach E. Houdremont: Stahl u. Eisen Bd. 50 (1930) S. 1517/28.]

e) Schweißbarkeit.

Zum Schluß sei noch erwähnt, daß sich nahezu alle Chrom- und Chrom-Nickel-Stähle verschweißen lassen. Insbesondere für die rostfreien Stähle der austenitischen V 2 A-Gruppe war dies von außerordentlicher Wichtigkeit, da es nur auf diese Art und Weise möglich wurde, chemische Apparaturen jeder Abmessung auszuführen. Bei dem Schweißen dieser austenitischen Legierungen muß man auf die Erscheinung der interkristallinen Korrosion neben der Schweißnaht Rücksicht nehmen, d. h. geschweißte Gegenstände nach dem Schweißen vergüten oder Stähle verwenden, die nicht zur interkristallinen Korrosion neigen.

Die korrosionsfesten Chromstähle der martensitisch-perlitischen Gruppe neigen infolge ihrer Lufthärtbarkeit zu Spannungsrissen neben der Schweißnaht. Die Gefahr der Rißbildung steigt mit zunehmendem Kohlenstoffgehalt.

Die Stähle der halbferritischen Gruppe lassen sich an sich gut elektrisch verschweißen, neigen aber bereits im ferritischen Gefügeteil zu einer gewissen Kornvergrößerung und Versprödung neben der Schweißnaht. Zusätze von Stickstoff und bis zu einem gewissen Grade auch Titan vermindern diese Grobkornbildung etwas.

Ferritische Legierungen werden stets infolge der stärkeren Neigung zum Kristallwachstum neben der Schweißnaht grobkörnig und spröde. Meist verschweißt man die Stähle der ferritischen, halbferritischen und martensitischen Gruppe mit austenitischen Chrom-Nickel-Schweißdrähten.

Austenitische Schweißdrähte auf der Basis Chrom-Nickel und Chrom-Mangan haben auch eine große Anwendung als Werkstoff zum Schweißen von nichtaustenitischen Stählen höherer Festigkeit gefunden. Sie sind hierfür besonders geeignet, weil das hohe plastische Formänderungsvermögen dieser Legierungen gestattet, Spannungsspitzen durch Fließen gefahrlos abzubauen. Bei allen Schweißungen, insbesondere in dickeren Blechstärken, treten erhebliche

Spannungen auf, weil der Grundwerkstoff durch die Berührung mit dem schmelzflüssigen Schweißgut in eng begrenzten Bereichen hoch erwärmt und mangels
freier Ausdehnungsmöglichkeit gestaucht wird. Beim Abkühlen der ungleich-
mäßig erwärmten Zone entstehen dann entsprechende Schrumpfspannungen.
Außerdem können je nach der Art des Grundwerkstoffs erhebliche Härtungserscheinungen neben der Schweißnaht auftreten, weil die Abkühlung von hoher
Temperatur infolge der guten Wärmeableitung durch das Metall verhältnismäßig
rasch erfolgt. Hieraus ergibt sich die Gefahr von Spannungsrissen in und neben
der Schweißnaht. Diese Rißgefahr wird noch erhöht, wenn auch das Schweißgut selbst infolge seiner Zusammensetzung zu Härtung neigt. Da die
austenitischen Legierungen entsprechend ihrem Gefügeaufbau keine Härtungserscheinungen während der Abkühlung aufweisen, sind sie auch aus diesem
Grunde besonders als Schweißzusatzwerkstoff geeignet. Sie haben sich daher
vielfach in der Praxis eingeführt und werden hauptsächlich dort angewendet,
wo Schwierigkeiten bestehen, Werkstoffe hoher Festigkeit mit sich selbst zu
verschweißen. Die Festigkeit des Austenits mit etwa 60 kg/qmm reicht für die
meisten derartigen Zwecke aus; allerdings muß man die verhältnismäßig geringe
Streckgrenze von 25—40 kg/qmm in Kauf nehmen. Die Schweißung mit austenitischen Zusatzwerkstoffen ist ferner überall dort am Platze, wo es auf besonders hohe Zähigkeit in der Schweißnaht ankommt. Es muß allerdings damit gerechnet werden, daß im Übergang zwischen dem nichtaustenitischen Grundwerkstoff und dem austenitischen Schweißgut eine Mischungszone auftritt, die
entsprechend ihrer Zusammensetzung in einer, wenn auch dünnen Schicht selbst-
härtend, also bei jeder Abkühlungsgeschwindigkeit martensitisch ist. Wenn der

Zahlentafel 109. Austenitische Chrom-Nickel- und Chrom-Mangan-Stähle für
Schweißdrähte.

| | Zusammensetzung | | | | | | | Verwendungszweck |
	C	Si	Mn	Ni	Cr	Mo	Ti	
1.	<0,07	0,9	0,9	8,5	18,5	—	0,15	Zum Schweißen von nichtrostenden Stählen der V 2 A-Basis sowie von nichtrostenden Chromstählen.
2.	<0,06	1,5	1,3	8,5	18,5	—	Nb+Ta 2	Zum Schweißen von Stählen der V 2 A-Basis mit kohlenstoffabbindenden Sonderbestandteilen.
3.	<0,06	0,9	0,8	8,5	18,5	2,5	Ti 0,20	Für nichtrostende austenitische Stähle mit Molybdängehalten.
4.	0,15	1,3	5,8	8,0	19,0	—	0,60	Austenitische Elektroden zur Herstellung hochwertiger Schweißungen an unlegierten und legierten Stählen aller Art, die als schlecht schweißbar gelten und zum Schweißen von hitzebeständigen Chrom-Mangan-Stählen.
5.	<0,12	0,8	18	—	10,0	—	0,40	Für dieselben Zwecke wie Stahl 4.
6.	0,13	1,3	1,8	20,0	25,0	—	0,20	Zum Schweißen von hoch hitzebeständigen Chrom-Nickel- und Chrom-Stählen und für dieselben Zwecke wie Stahl 4.
7.	0,12	1,4	0,5	9,0	21,0	—	0,15	Zum Schweißen von Chromstählen mit 3—6% Cr und Chrom-Nickel-Stählen.

Kohlenstoffgehalt des Grundwerkstoffs nicht zu hoch ist, braucht diese martensitische Zwischenschicht aber keine Gefahr darzustellen, da der Martensit erst bei entsprechend hohem Kohlenstoffgehalt eine gefährliche Härte und damit mangelhaftes Formänderungsvermögen annimmt. Die martensitische Zwischenschicht ist bei Verwendung von Chrom-Nickel-Schweißdrähten zäher als bei den entsprechenden Chrom-Mangan-Drähten, daher werden bei höchsten Anforderungen an Zähigkeit bisher stets Chromnickeldrähte verwendet. Da Mangan andererseits beim Schweißen, das ja einen Schmelzvorgang darstellt, metallurgisch günstig wirkt, enthalten die hierzu verwendeten Chrom-Nickel-Legierungen häufig einen erhöhten Mangangehalt. Einige typische Zusammensetzungen für Schweißdrähte gibt Zahlentafel 109 (S. 559) an.

Bei der Verwendung austenischer Schweißelektroden muß dem Korrosionsverhalten der Schweißverbindung in manchen Fällen Beachtung geschenkt werden. Da der Grundwerkstoff in den zuletzt behandelten Fällen eine andere Zusammensetzung als der austenitische Schweißdraht hat, besteht die Möglichkeit einer Lokalelementbildung, die zur Abtragung des weniger korrosionsbeständigen Grundwerkstoffs führen kann. Bei lang andauernder Korrosionsbeanspruchung kann sich dann die Schweißnaht, wie Abb. 465 zeigt, scharf vom Grundwerkstoff abheben. Die hierdurch entstehenden Kerben im Übergang

Natürl. Gr.

Abb. 465. Hervortreten einer austenitischen Schweißnaht bei starkem Korrosionsangriff des nichtaustenitischen Blechwerkstoffes.

führen zu Spannungsspitzen, die bei Wechselbeanspruchung und auch in den nachstehend angeführten Fällen besonderer Korrosionsbedingungen gefährlich sind.

Es ist bereits erwähnt worden, daß austenitische Werkstoffe auch empfindlich gegen Spannungskorrosion sind (s. S. 497); da nicht wärmebehandelte Schweißungen, wie oben erwähnt, stets unter verhältnismäßig hohen Spannungen stehen, können somit bei geeigneten Korrosionsbedingungen Rißbildungen auftreten. Auffälligerweise verlaufen diese Spannungsrisse im Schweißgut jedoch im Gegensatz zu dem üblichen Bild sehr oft interkristallin. Besonders gefährdet durch Spannungskorrosion scheinen die Übergangszonen zu sein, wofür entweder die besondere Empfindlichkeit des Martensits oder die infolge des Aneinanderstoßens verschiedener Werkstoffe hier auftretenden Spannungsspitzen verantwortlich sein dürften. Derartige Rißbildungen in der Übergangszone zeigt Abb. 466. Erscheinungen der genannten Art sind beispielshalber bei der Verwendung austenitischer Schweißelektroden zur Herstellung von Kesseltrommeln aus Flußstahl beobachtet worden. Die Anwendung der austenitischen Schweißung ohne Wärmebehandlung lag gerade in diesem Falle besonders nahe, weil sich dünnwandige Kessel beim Glühen sehr leicht verziehen. Die verhältnismäßig milden Korrosionsbedingungen des Kesselwassers sind aber offenbar im Zusammenhang mit den hier auftretenden verhältnismäßig hohen Temperaturen entsprechend dem früher Gesagten besonders gefährlich für das Auftreten von

Spannungskorrosion. Durch Hämmern der austenitischen Schweißnaht kann der gefährliche Spannungszustand in der Oberfläche abgebaut bzw. in ungefährliche Form (Druckspannungen) umgewandelt werden. Hierdurch gelingt es in solchen Fällen, die Gefahr der Spannungskorrosion zu beseitigen.

Die Spannungskorrosion der austenitischen Schweißnaht ist trotz des vielfach interkristallinen Rißverlaufs mit der auf S. 499 beschriebenen interkristallinen Korrosion (Kornzerfall) der austenitischen Stähle nicht wesensgleich. An sich sind zwar bei der Ausführung von Schweißungen die Bedingungen zur interkristallinen Korrosion häufig gegeben, weil man das Schweißgut bei dickwandigen Stücken nicht schnell genug abkühlen kann, um mit Sicherheit die Ausscheidung von Karbiden in den Korngrenzen zu verhindern. Da die Schweißnaht selbst aber edler als der Grundwerkstoff ist, bietet diese Kopplung verschiedener Werkstoffe schon einen gewissen Schutz gegen interkristalline Korrosion, weil die durch die Karbidausscheidung verunedelten Korngrenzen immer noch edler sind als der nichtaustenitische Grundwerkstoff. Es gelingt kaum, derartige Schweißverbindungen an niedrig legiertem Stahl im Laboratoriumsversuch mit den zur Prüfung der interkristallinen Korrosion gebräuchlichen Prüflösungen zum Kornzerfall zu bringen, solange der Grundwerkstoff mit in die Prüflösung eingebracht wird. Im Gegensatz hierzu läßt sich die vorher erwähnte Spannungskorrosion sehr leicht laboratoriumsmäßig erzeugen, wenn die Proben unter mechanischer Spannung geprüft werden.

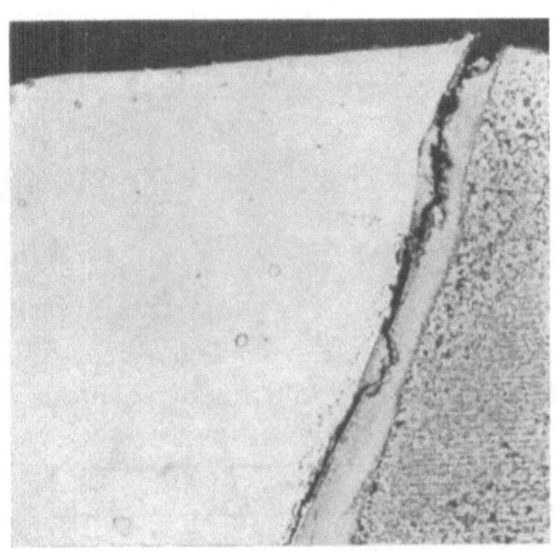

V = 50

Abb. 466. Durch Korrosion ausgelöster Spannungsriß in der Übergangszone einer austenitischen Schweißnaht.

Die Gefahr des Kornzerfalls durch interkristalline Korrosion läßt sich durch Zusatz karbidbildender Elemente verhindern. Für Schweißdrähte müssen hierzu solche Elemente verwendet werden, die wie Tantal und insbesondere Niob beim Schweißen im Gegensatz zu Titan nicht übermäßig stark abbrennen, so daß noch ein zur Kohlenstoffabbindung genügender Gehalt im Schweißgut selbst erhalten bleibt. Derartige Schweißverbindungen können dann auch nachträglich zur völligen Beseitigung der Schweißspannungen in dem für Karbidausscheidungen kritischen Gebiet von 500—700° ausgeglüht werden ohne die Gefahr des interkristallinen Zerfalls. Insbesondere sind derartige Schweißdrähte von Wichtigkeit für das Schweißen korrosionsfester Chrom-Nickel- oder Chrom-Mangan-Stähle untereinander, weil diese Legierungen häufig Korrosionsangriffen ausgesetzt sind, die sehr schnell zum interkristallinen Zerfall führen. Auch für Fälle, in denen Schweißungen im Betrieb höheren Temperaturen ausgesetzt sind, verwendet man vorteilhaft derartige Schweißelektroden mit Niobzusätzen, weil hier auch die Versprödung bei höheren Temperaturen in geringerem Umfange auftritt.

Erwähnt sei an dieser Stelle, daß bei der Herstellung von Apparaturen u. dgl. aus korrosions- und hitzebeständigen Stählen vielfach die Plattierung

Anwendung findet. Dieses Verfahren, bei dem nur eine dünne Oberflächenschicht einer hochwertigen Legierung ein- oder doppelseitig auf einen unlegierten Grundwerkstoff aufgetragen wird, bietet oft die Möglichkeit zur Werkstoffeinsparung, wenn es nur auf die Ausnutzung der chemischen Eigenschaften der Plattierungslegierung ankommt und die mechanischen Eigenschaften, z. B. die Dauerstandfestigkeit, demgegenüber keine Rolle spielen. Aus diesem Grunde hat insbesondere die Plattierung mit austenitischen Chromnickellegierungen zwecks Einsparung an Nickel vielfach Anwendung gefunden. Die Herstellung derartiger Werkstoffe erfolgt entweder als Verbundguß (Gießplattierung) oder durch Aufeinanderwalzen der beiden Werkstoffarten (Walzplattierung). Auf beiden Wegen lassen sich durch Diffusion gut haftende Verbindungen erzielen. Die korrosionschemischen Eigenschaften der Plattierungsschicht entsprechen grundsätzlich denjenigen des entsprechend legierten Vollwerkstoffes. Gelegentlich findet zu gleichen Zwecken auch eine Auftragsschweißung mit korrosionsbeständigem Schweißgut auf unlegiertes Grundmaterial Anwendung (z. B. bei Salzbadtiegeln u. dgl.).

E. Wolframstähle.

1. Allgemeines.

a) Das System Eisen-Wolfram.

Wolfram hat bezüglich seiner Wirkung in Sonderstählen manche Ähnlichkeit mit Chrom und findet ebenfalls eine ausgedehnte Verwendung in legierten Stählen. Das Zustandsdiagramm Eisen-Wolfram (Abb. 467) zeigt, daß Wolfram das γ-Gebiet abschnürt, so daß die Eisen-Wolfram-Legierungen mit mehr als 8% Wolfram keine Umwandlung mehr erleiden, sondern vom Schmelzpunkt bis zur Raumtemperatur aus Ferrit bestehen. Das ferritische Gebiet seinerseits wird begrenzt durch die Löslichkeitslinie für Eisen-Wolframid, das mit steigender Temperatur eine wachsende Löslichkeit im Ferrit aufweist. Man kann Wolfram-Eisen-Legierungen ebenfalls in solche mit und ohne Umwandlungen (perlitische, halbferritische und ferritische) unterteilen.

Wie bei den ferritischen Chromlegierungen ausgeführt wurde, besitzen diese nur dann günstige Eigenschaften, wenn Verformungsgrad und Glühtemperatur in Einklang gebracht werden. Eine weitergehende Beeinflussung der mechanischen Eigenschaften durch Wärmebehandlung ist nicht möglich, wenn man von der Versprödung durch Bildung der intermetallischen Verbindung absieht. Maßgebend für die Verwendung der ferritischen

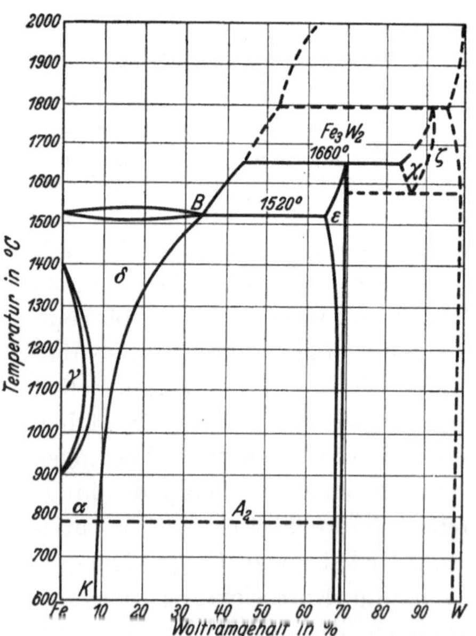

Abb. 467. Zustandsdiagramm Eisen-Wolfram. [Nach S. Takeda: Technol. Rep. Tôhoku Univ. Bd. 9 (1930) S. 101—115.]

Chromlegierungen sind auch nicht die mechanischen, sondern die korrosionstechnischen Eigenschaften. Da die halbferritischen und ferritischen Wolframlegierungen keine entsprechenden Eigenschaften aufweisen, finden sie praktisch keine Verwendung.

Interessant sind aber Legierungen, deren Konzentrationslinie die Linie *BK* des Systems (Abb. 467) schneidet und die somit bei langsamer Abkühlung aus ferritischen Mischkristallen + Wolframid bestehen. Da die Linie *BK* die mit steigender Temperatur anwachsende Löslichkeit für die Verbindung Fe_3W_2 veranschaulicht, ist gleichzeitig hiedurch die Möglichkeit für Ausscheidungshärtungsvorgänge gekennzeichnet. Durch Ablöschen von Legierungen mit 10 bis 30% Wolfram von Temperaturen oberhalb dieser Löslichkeitslinie gelingt es, die feste Lösung von Eisen-Wolframid im Eisen-Wolfram-Mischkristall auf Raumtemperatur zu unterkühlen. Beim

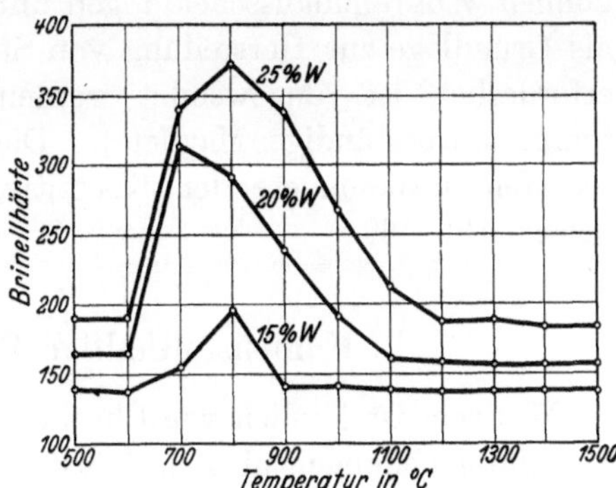

Abb. 468. Einfluß der Anlaßtemperatur auf die Härte von reinen Eisen-Wolfram-Legierungen nach Ablöschen von 1400°. [Nach W. P. Sykes: Trans. Amer. Inst. min. metallurg. Engr. Bd. 73 (1926) S. 968/1008; Stahl u. Eisen Bd. 46 (1926) S. 1833/36.]

Anlassen auf höhere Temperaturen scheiden sich die Wolframide in mehr oder weniger fein verteilter Weise aus, wobei alle bei Ausscheidungshärtung bekannten Eigenschaftsänderungen, Erhöhung der Härte, Veränderung der magnetischen Eigenschaften usw., beobachtet werden können. Den Einfluß der Anlaßtemperatur bei von 1400° abgelöschten Legierungen mit verschiedenen Wolframgehalten zeigt Abb. 468, die den typischen Härteverlauf ausscheidungshärtender Legierungen wiedergibt[1]. Die Temperatur des maximalen Härteanstiegs liegt je nach der Konzentration und Anlaßzeit bei 700—800°. Infolge dieser hohen Anlaßtemperaturen

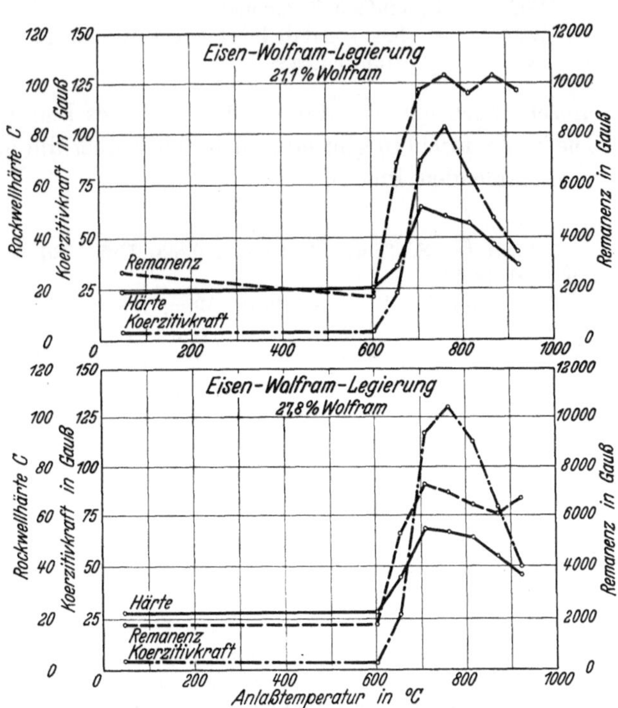

Abb. 469. Verbesserung der magnetischen Eigenschaften durch Wolframidausscheidung bei Eisen-Wolfram-Legierungen, abgeschreckt von 1430° C. [Nach K. S. Seljesater u. B. A. Rogers: Trans. Amer. Soc. Stl. Treat. Bd. 19 (1932) S. 553/76.]

---

[1] Sykes, W. P.: Trans. Amer. Inst. min. metallurg. Engr. Bd. 73 (1926) S. 968/1008; s. a. Stahl u. Eisen Bd. 46 (1926) S. 1833/36.

sind derartige Legierungen sehr anlaßbeständig, d. h. sie verlieren ihre Härte erst durch Ausglühen bei verhältnismäßig hoher Temperatur. Dementsprechend können Wolframidausscheidungen unter Umständen (s. a. später unter Kobalt) als Grundlage zur Herstellung von Stählen, bei denen hohe Anlaßbeständigkeit erforderlich ist, angewendet werden (Schneidstähle, Warmarbeitswerkzeuge, temperaturbeständige Magnete). Die Verbesserung der magnetischen Eigenschaften, insbesondere der Koerzitivkraft, durch die Wolframidausscheidung belegt Abb. 469.

b) Kohlenstoffhaltige Eisen-Wolfram-Legierungen.

Wolfram ist ähnlich wie Chrom als karbidbildendes Element anzusprechen. Die Untersuchungen über das System Eisen-Wolfram-Kohlenstoff[1—17] sind zum Teil widersprechend. Einigkeit besteht über das Auftreten von Sonderkarbiden und Mischkarbiden neben dem Eisenwolframid. Die Verhältnisse sind auch noch durch das Auftreten eines stabilen und metastabilen Systems erschwert, d. h. durch Glühen oder langsame Abkühlung treten noch Karbidumsetzungen ein, die die Aufstellung eines klaren Dreistoffsystems erschweren. Die Zahlentafel 110 gibt einen Überblick über die mit größter Wahrscheinlichkeit vorkommenden Phasen.

Zahlentafel 110. Die Verbindungen im Fe-C-W-System.

Phasen	Gitterstruktur
$\varepsilon(Fe_3W_2)$	trigonal (a = 4,745 c = 25,81 A°)
$\eta(Fe_3W_3C)$	kubisch flächenzentriert (a = 11,04 A°)
$\Theta(Fe_3C)$	rhombisch
WC	einfach hexagonal
W_2C	hexagonal dichtester Kugelpackung
W	raumzentriert kubisch

---

[1] Takeda, S.: Technol. Rep. Tôhoku Univ. Bd. 9 (1930) S. 21/52, 165/202; Bd. 10 (1931) S. 42/92.

[2] Guillet, L.: Rev. métallurg. Mém. Bd. 1 (1904) S. 263/83.

[3] Honda, K., u. T. Murakami: Sci. Rep. Tôhoku Univ. Bd 6 (1917), S. 23/29; 53/70; 235/83. Siehe auch K. Honda: J. Iron Steel Inst. Bd. 98 (1918 II) S. 375/419.

[4] Hultgren, A.: A metallographic Study on Tungsten Steels. J. Wiley u. sons. Inc. New York (1920), 95 S. (Referat in Stahl u. Eisen Bd. 41 (1921) S. 1775/80 und 1824/28.

[5] Ozawa, S.: Sci. Rep. Tôhoku Univ. Bd. 11 (1922) S. 333/50.

[6] Westgren, A., u. G. Phragmen: Trans. Amer. Soc. Steel Treat. Bd. 13 (1928) S. 539/54.

[7] Westgren, A., s. a. V. Adelsköld, A. Sundelin u. A. Westgren: Jernkont. Ann. Bd. 117 (88) (1933) S. 1/14 — Z. anorg. allg. Chem. Bd. 212 (1933) S. 401/09.

[8] Morral, F. R., G. Phragmen u. A. Westgren: Nature, Lond. Bd. 132 (1933) S. 61/62.

[9] Ishiwara, T.: Sci. Rep. Tôhoku Univ. Bd. 6 (1917) S. 285/94.

[10] Westgren, A., u. G. Phragmen: Z. anorg. allg. Chem. Bd. 156 (1926) S. 27/36.

[11] Becker, K.: Z. Metallkde Bd. 20 (1928) S. 437/41.

[12] Hansen, M.: Der Aufbau der Zweistofflegierungen. Berlin: Springer 1936.

[13] Oberhoffer, P., u. K. Daeves: Stahl u. Eisen Bd. 40 (1920) S. 1515/16.

[14] Daeves, K.: Z. anorg. allg. Chem. Bd. 118 (1921) S. 67/74.

[15] Oberhoffer, P., K. Daeves u. F. Rapatz: Stahl u. Eisen Bd. 44 (1924) S. 432/35.

[16] Zieler, W.: Arch. Eisenhüttenw. Bd. 3 (1929) S. 61/78.

[17] Gregg, J. L.: The alloys of iron and tungsten. McGraw-Hill Book Company, Inc. New York u. London 1934.

Neben dem Eisenkarbid, das Wolfram gelöst enthalten kann, kommt ein Doppelkarbid Fe_3W_3C vor, das beim Glühen in das schwer lösliche Wolframkarbid WC zerfällt, wobei Eisen und Wolfram frei werden würden (s. a. S. 568 Einfluß des Glühens auf die Härtefähigkeit wolframhaltiger Stähle). Ob in Stählen auch das Karbid W_2C vorkommt, ist fraglich. Abb. 470 und 471 geben die Verteilung der im metastabilen System vorkommenden Phasen bei 900° und bei Raumtemperatur, Abb. 472 und 473 Temperaturkonzentrationsschnitte für 4 und 12% W.

Kohlenstoff vergrößert in Eisen-Wolfram-Legierungen den Existenzbereich der γ-Phase (Entzug von Wolfram aus der Grundmasse durch Karbidbildung), so daß Legierungen mit etwa 15% W, die nach dem binären System rein ferritisch sind, bei Zusatz von 0,6% C bereits wieder vollkommen aus Umwandlungsgefüge bestehen. Die Löslichkeit von Karbid im Austenit wird durch Wolfram herabgesetzt, so daß das Auftreten von überschüssigem Karbid bzw. Ledeburit mit steigendem Wolframgehalt zu tieferem Kohlenstoffgehalt verschoben wird. Abb. 474 zeigt die diesbezüglichen nicht sehr einheitlichen Ergebnisse der verschiedenen Untersuchungen. Ebenso ergibt sich gefügemäßig eine Erniedrigung des Perlitpunktes zu tieferen Kohlenstoffgehalten, wobei es sich im ternären System

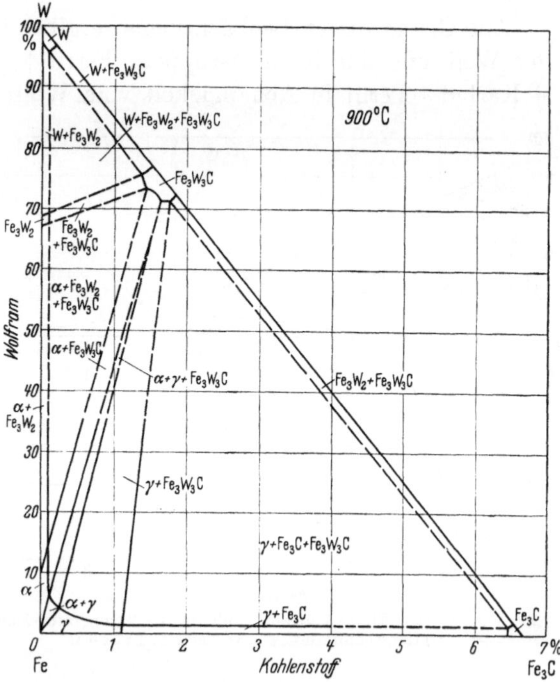

Abb. 470. System Eisen-Wolfram-Kohlenstoff; isothermer Schnitt bei 900° C.

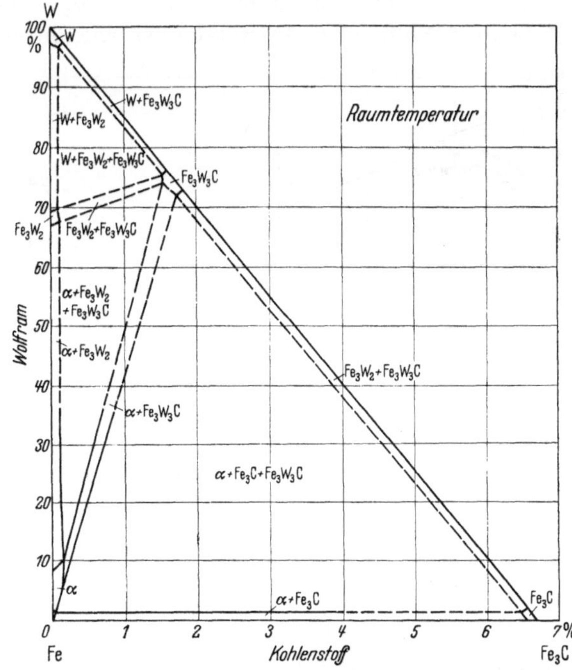

Abb. 471. System Eisen-Wolfram-Kohlenstoff; isothermer Schnitt bei Raumtemperatur.

um die Linie handelt, längs der sich aus Austenit Ferrit und Doppelkarbid ausscheiden. Eine Verlängerung auf den Perlitpunkt entsprechend Kurve 5, Abb. 474 ist somit nicht statthaft.

Auf Grund dieser Beobachtungen ergibt sich eine Unterteilungsmöglichkeit der Wolframstähle in die Gruppen: Ferrit + Perlit, Perlit + Karbid, Ledeburit + Karbid + Perlit in Abhängigkeit vom Wolfram- und Kohlenstoffgehalt, ähnlich wie es bei Chromstählen der Fall ist.

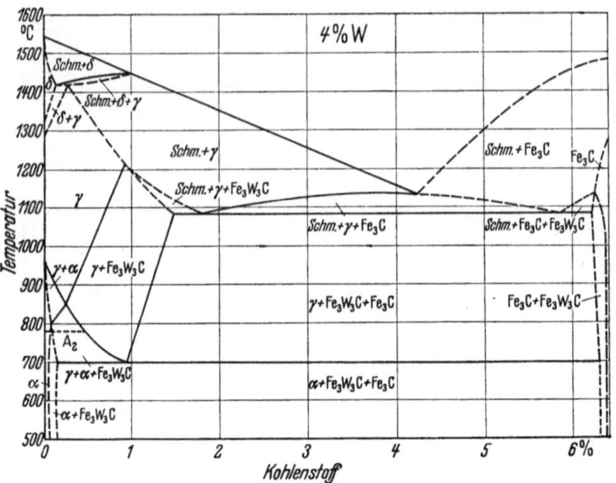

Abb. 472. System Eisen-Wolfram-Kohlenstoff. Temperatur-Konzentrationsschnitt mit 4 % W nach S. Takeda.

Die Umwandlungspunkte werden durch Zusatz von Wolfram entsprechend Abb. 475 verändert. Die starke Erhöhung des Ac_3-Punktes wird auch durch diese Untersuchungen bestätigt; ferner findet ein leichter Anstieg des Ac_1-Punktes statt, während der A_2-Punkt unverändert bleibt. Die Ar-Umwandlungen erfahren verhältnismäßig geringe Veränderungen. Die Hysteresis der A_3-Umwandlungen ist infolgedessen etwas vergrößert, die der A_1-Umwandlung nicht nennenswert beeinflußt. Eine Einwirkung von Wolframzusätzen auf die Härtefähigkeit ist somit aus diesen Untersuchungen nicht abzuleiten. Trotzdem beeinflußt auch Wolfram die Härtefähigkeit wie Chrom im Sinne eines karbidbildenden Legierungselementes. Bei den in Abb. 475 untersuchten Legierungen mit verhältnismäßig niedrigen Gehalten an Wolfram (3 %) bestehen die vorhandenen Karbide hauptsächlich aus Eisenkarbid, das bestimmte Anteile Wolfram gelöst enthält. Eine stärkere Einwirkung auf die Ar-Punkte liegt hierbei noch nicht vor. Anders liegen die Verhältnisse bei höheren Wolfram- und Kohlenstoff-Gehalten, bei denen das stabile Wolframkarbid WC auftritt. Mit steigender Erwärmungstemperatur gehen in Analogie zu dem bei

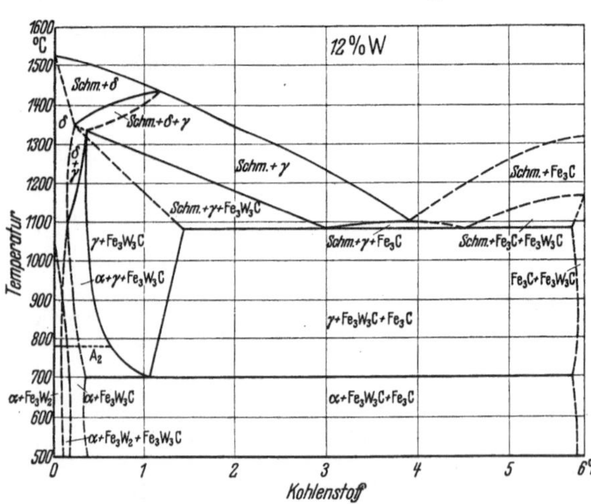

Abb. 473. System Eisen-Wolfram-Kohlenstoff. Temperatur-Konzentrationsschnitt mit 12 % W nach S. Takeda.

chrom-sonderkarbidhaltigen Stählen Gesagten steigende Anteile dieses Karbids in Lösung und beeinflussen bei der Abkühlung die Lage des Ar_1-Punktes. Das Wolfram wirkt also wie das Chrom hauptsächlich auf die Karbidbildung ein. Die Umwandlung in der Perlitstufe wird entsprechend durch steigenden Wolframzusatz, insbesondere im Bereich der Existenz der Doppelkarbide, eingeschränkt.

Eingehendere Untersuchungen über die Zwischenstufe liegen noch nicht vor. An einem Stahl mit 0,6% C und 2% W stellen H. Döpfer und H. J. Wiester[1] eine hohe Umwandlungsgeschwindigkeit in der Zwischenstufe fest, wobei sich die Zwischenstufe von der Perlitstufe nur durch ein flaches Minimum der Umwandlungsgeschwindigkeit getrennt zeigt. Das Gebiet hoher Beständigkeit des Austenits bei etwa 500°, wie es bei entsprechenden in gleicher Höhe mit anderen karbidbildenden Elementen wie Chrom, Molybdän oder Vanadin legierten Stählen gefunden wird, fehlt bei dem Wolframstahl, der in diesem Temperaturbereich noch eine starke Neigung zur Ausscheidung von voreutek-

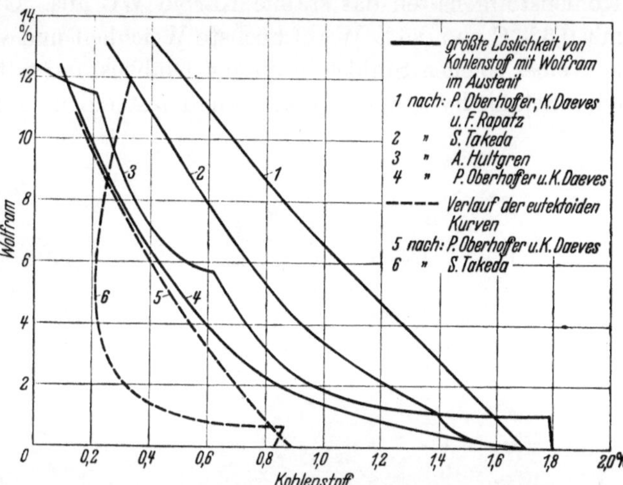

Abb. 474. System Eisen-Wolfram-Kohlenstoff; maximale Kohlenstoff- und Wolfram-Löslichkeit im Austenit und eutektoide Kurven (nach verschiedenen Bearbeitern).

toidem Ferrit aufweist. Das Bestreben der Wolframstähle, sich bei Unterkühlung der Umwandlung in der Zwischenstufe umzuwandeln, läßt sich auch aus den von T. Murakami und S. Takeda[2] wiedergegebenen Dilatometerkurven und Gefügebildern deutlich erkennen. An Wolframstählen dürfte überdies erstmalig von A. Portevin[3] das Gefüge der Zwischenstufe, wenn auch damals noch ohne Kenntnis dieser Umwandlungsstufe, beschrieben worden sein. Es ist interessant, die Ausführungen von A. Hultgren zu dieser Arbeit[4] sowie zu einer späteren von W. T. Griffiths[5] zu lesen, weil hier bereits anschaulich ein Bild des Zwischenstufengefüges und seines Auftretens in Abhängigkeit von verschiedenen Wärmebehandlungen sowie der Zusammenhänge mit voreutektoiden Ferritbildungen usw. gegeben wird.

Über den Einfluß von Wolfram auf die Lage des Martensitpunktes ist nichts Genaueres bekannt. Wolfram dürfte die Temperatur der Martensitumwandlung voraussichtlich nur geringfügig herabsetzen, da auch Stähle mit 15 bis

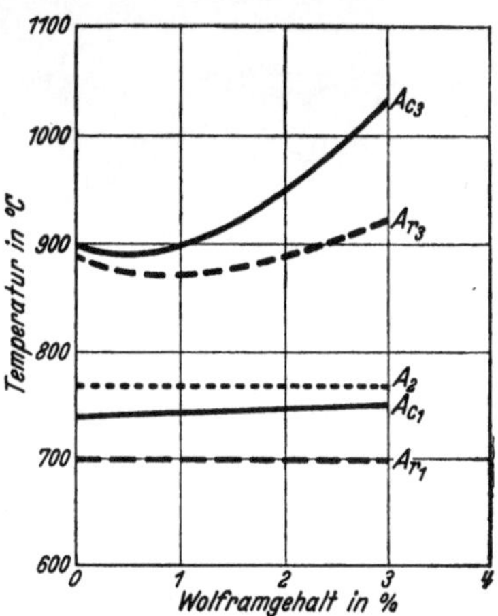

Abb. 475. Einfluß des Wolframs auf die kritischen Punkte. [Nach E. Maurer: Unveröffentlichte Untersuchungen.]

[1] Techn. Mitt. Krupp Bd. 3 (1935) S. 87/99.

[2] Technol. Rep. Tôhoku Univ. Bd. 10 (1931) S. 267/94.

[3] J. Iron Steel Inst. Bd. 104 (1921, II) S. 141/44. Referat Stahl u. Eisen Bd. 42 (1922) S. 230.

[4] J. Iron Steel Inst. Bd 104 (1921, II) S. 139/40.

[5] J. Iron Steel Inst. Bd. 108 (1923, II) S. 133/65, Diskussionsbeitrag A. Hultgren hierzu S. 169.

18% W und Kohlenstoffgehalten von 1,5% nach Ablöschen von 1150—1200°
noch nicht rein austenitisch sind.

Nach längerer Glühdauer scheidet sich auch bei tieferen Wolfram- und
Kohlenstoffgehalten das stabile Karbid WC aus. Glüht man z. B. einen Stahl
mit 0,6% C und 0,6% W auf höchste Weichheit und vergleicht man die Härtbarkeit eines solchen Stahles in diesem Glühzustand mit der Härtbarkeit im Walz-
oder Schmiedezustand, so wird man feststellen, daß der geglühte Stahl seine

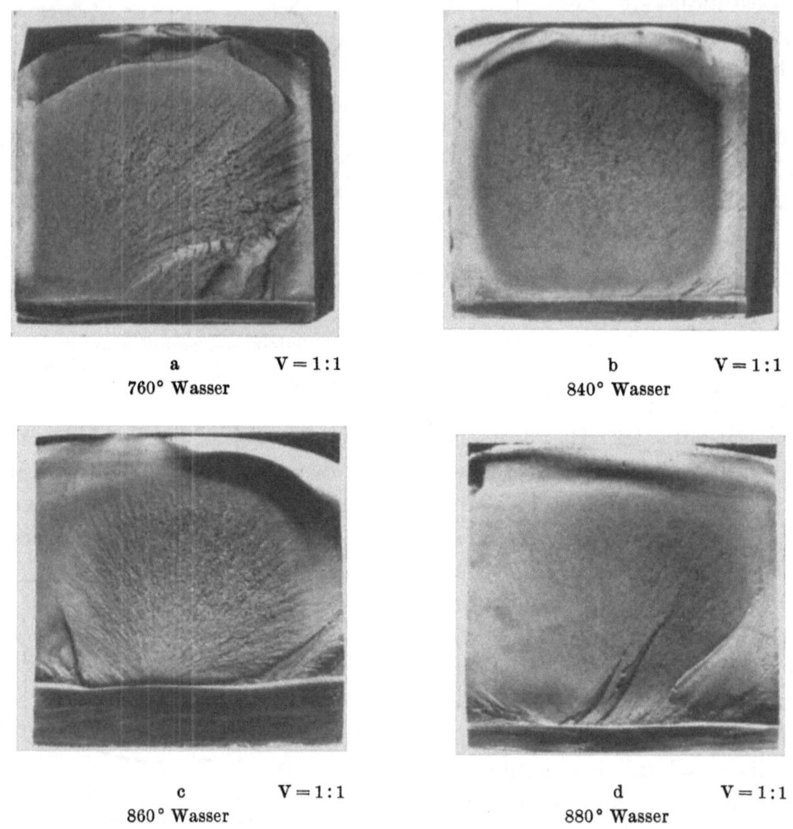

<table>
<tr><td align="center">a   V = 1:1
760° Wasser</td><td align="center">b   V = 1:1
840° Wasser</td></tr>
<tr><td align="center">c   V = 1:1
860° Wasser</td><td align="center">d   V = 1:1
880° Wasser</td></tr>
</table>

Abb. 476. Veränderung des Durchhärtungsvermögens eines Wolframstahles mit 1,5% C und 8% W mit der
Härtetemperatur. [Nach E. Houdremont, H. Bennek u. H. Schrader: Arch. Eisenhüttenwes. Bd. 6
(1932/33) S. 24/34].

Härtbarkeit nahezu vollkommen eingebüßt hat; er ist weit weniger härtefähig
als ein entsprechender Kohlenstoffstahl mit 0,6% C ohne Wolfram. Dagegen
ergibt die Abschreckung direkt aus dem Walzzustand, d. h. ungeglüht, eine
deutlich stärkere Tiefenhärtung, also größeres Härtevermögen als beim reinen
Kohlenstoffstahl. Die Ursache hierfür ist darin zu suchen, daß sich beim Weichglühen aus diesen in das rein perlitische Gebiet fallenden Stahlen ein stabileres
Karbid ausscheidet, während im ungeglühten Zustande ein wolframhaltiger
Zementit vorliegt. Durch die Bildung des stabilen Karbids werden entsprechende
Mengen Kohlenstoff abgebunden, die sich an der Härtung bei der für diese Stähle
üblichen Härtetemperatur von etwa 780° nicht mehr beteiligen, da sie bei dieser
Temperatur nicht im Austenit gelöst werden. Erst nach dem Ablöschen eines

derartig verglühten Wolframstahles von 1050° in Wasser stellt sich die normale Härtetiefe wieder ein, auch wenn man nach dieser Wärmebehandlung von hoher Temperatur eine zweite Härtebehandlung bei normaler Temperatur, also 780°, vornimmt. Dieses Verhalten bestätigt ebenfalls, daß bei Wolframstählen ein gewisser metastabiler Zustand vorliegen kann, in dem das Wolframkarbid (WC) nicht ausgeschieden ist, daß aber dieser metastabile Zustand durch Glühen in den stabilen übergeführt wird, bei dem das stabile Wolframkarbid im Gefüge eingelagert ist. Charakteristisch ist ferherhin, daß dieses „Verglühen" von Wolframstählen (also Glühen mit Ausscheidung von Wolframkarbid) nicht bei allen Schmelzungen gleicher Zusammensetzung gleichartig auftritt, sondern daß einzelne Schmelzungen gegen diese Erscheinungen empfindlicher sind als andere. Auf die hierfür mögliche Ursache wird noch später bei der Besprechung der Wolfram-Magnetstähle eingegangen.

An Wolfram-Eisen-Kohlenstoff-Legierungen läßt sich die Wirkung stabiler Karbide im Stahl sehr deutlich veranschaulichen. Nimmt man z. B. einen Stahl mit 1,5% C, 8% W und härtet ihn entsprechend einem reinen Kohlenstoffstahl oberhalb Ac_1 von 760—780°, so weist er infolge des Entzuges von Kohlenstoff durch die Karbidbildung nur ein außerordentlich geringes Härtevermögen auf (Abb. 476). Man sieht hieraus, daß man auch durch Legierung Stähle mit besonders geringem Härtevermögen und geringer Durchhärtung, wie sie für Werkzeuge mit feinen Schneiden oft erwünscht sind, herausbilden kann. Steigert man aber die Härtetemperatur ent-

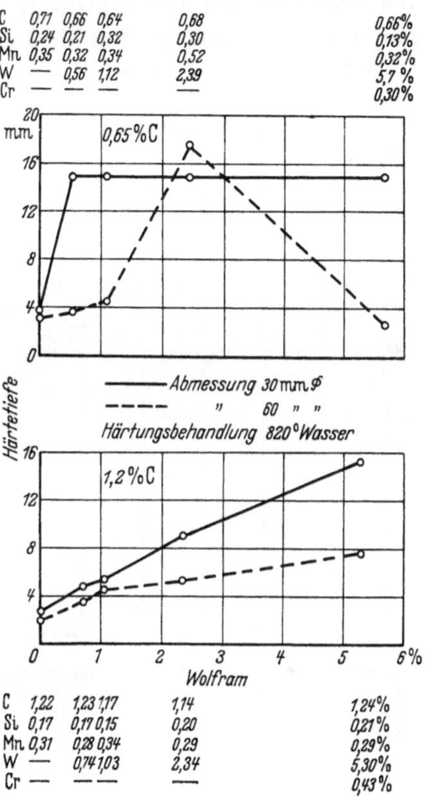

Abb. 477. Veränderung der Härtefähigkeit von Stählen verschiedenen Kohlenstoffgehaltes durch Wolfram. [Houdremont u. Schrader: Techn. Mitt. Krupp, Forschungsber. Bd. 2 (1939) S. 23 bis 46.]

sprechend, so gehen jetzt größere Anteile des Sonderkarbids, in diesem Falle Wolframkarbids, in Lösung, die Härtetiefe nimmt zu und übersteigt bald diejenige des reinen Kohlenstoffstahles, je nachdem wie die Erwärmungstemperatur bzw. die gelöste Menge Sonderkarbid war. Die Sonderkarbid enthaltenden Wolframstähle zeichnen sich ebenfalls infolge der das Kornwachstum hemmenden Wirkung der Karbideinlagerung im γ-Kristall durch geringe Überhitzungsempfindlichkeit aus, wie bereits der feinkörnige Härtebruch der von 880° abgelöschten Probe in Abb. 476 zeigt. Die kritische Abkühlungsgeschwindigkeit verändert sich also stetig mit steigender Härtetemperatur, und zwar mit dem Inlösunggehen des Sonderkarbids. So wird es auch erklärlich, daß Sonderkarbide enthaltende Stähle bei Aufnahme von Saladinkurven verschieden starke Herabsetzung oder sogar eine Verdoppelung des Umwandlungspunktes (Ar', Ar'') ergeben, wobei allerdings öfter der in früheren

Arbeiten festgestellte angebliche *Ar''*-Punkt nach heutigen Erkenntnissen der Umwandlung in der Zwischenstufe entspricht. Der Einfluß von Wolfram auf die Härtefähigkeit ist je nach dem Kohlenstoffgehalt verschieden. Die Verhältnisse gehen für eine Härtetemperatur von 820° aus Abb. 477 hervor. Bei Stählen mit einem Kohlenstoffgehalt von 0,65% ist bei dieser Temperatur eine vollständige Auflösung der gesamten Mischkarbide anzunehmen. Infolgedessen steigt die Härtetiefe mit zunehmendem Wolframgehalt zunächst stark an. Bei dem höchsten Wolframzusatz von 5,7% tritt eine Umkehr im Härtevermögen in Erscheinung. Bei diesem Gehalt werden bereits größere Mengen von Mischkarbiden gebildet, die bei der gewählten Härtetemperatur nicht mehr voll-

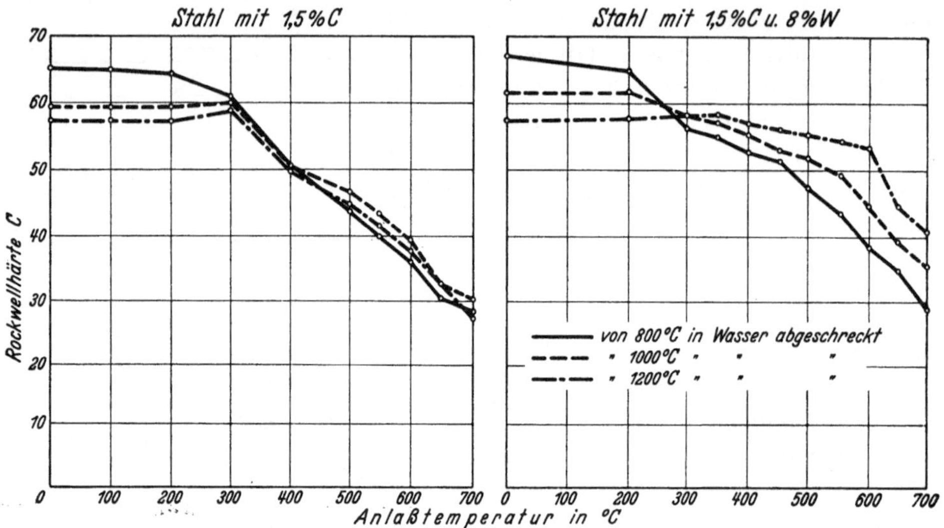

Abb. 478. Vergleich der Anlaßbeständigkeit eines unlegierten und eines Wolframstahles nach Abschreckung von verschieden hohen Temperaturen. [Nach E. Houdremont, H. Bennek u. H. Schrader: Arch. Eisenhüttenwes. Bd. 6 (1932/33) S. 24/34.]

kommen in Lösung gehen, was zu einem Abfall in der Härtetiefe führt. Bei den Stählen mit höherem Kohlenstoffgehalt von 1,2% ist der Anstieg in der Härtefähigkeit von Anfang an geringer. Diese geringere Zunahme der Tiefenhärtung mit dem Wolframgehalt erklärt sich daraus, daß bei der Härtetemperatur von 820° Reste von nicht aufgelösten Mischkarbiden vorhanden sind, so daß der wirksame Wolframgehalt zum Teil in den Karbiden abgebunden verbleibt. Hinzu kommt noch eine umwandlungsfördernde Impfwirkung der eingelagerten Karbidreste.

Ähnlich wie das Chromkarbid scheiden sich auch die bei erhöhten Temperaturen in Lösung gehenden Wolframkarbide erst wieder bei höheren Anlaßtemperaturen aus, so daß der Einfluß der erhöhten Härte- oder Ablöschtemperatur sich auch beim Anlassen in einer erhöhten Anlaßbeständigkeit bemerkbar macht. Abb. 478 zeigt diese erhöhte Anlaßbeständigkeit des von hoher Temperatur abgelöschten Stahles gegenüber dem von niedriger Temperatur abgelöschten.

Man könnte auch hier einwenden, daß diese Erhöhung der Anlaßbeständigkeit durch Zersetzung von Restaustenit vorgetäuscht werden kann. Aber bei der Nachprüfung hierauf ergab sich bei diesen Wolframstählen, daß nach mehrfachem Anlassen der gesamte Restaustenit zersetzt war und trotzdem die Anlaßbeständigkeit auch bei dem vollkommen umgewandelten Stahl erhalten blieb. Ähnlich wie bei Chromstählen kann also wohl eine beim Härten entstehende Menge Restaustenit einen sekundären Härteanstieg beim ersten oder zweiten Anlassen hervorrufen; sie erklärt aber nicht die Anlaßbeständigkeit des einmal restlos umgewandelten Stahles, die allein auf die Art der Sonderkarbidausscheidung zurückgeführt werden muß.

Die Tatsache, daß die bei erhöhten Temperaturen in Lösung gehenden Sonderkarbide sich auch erst wieder bei höheren Temperaturen ausscheiden, scheint mit einer gewissen Gesetzmäßigkeit, die man bei Ausscheidungsvorgängen beobachten kann, zusammenzuhängen. Im allgemeinen fällt, wie bereits erwähnt, auf, daß bei ausscheidungshärtenden Legierungen die Ausscheidungstemperatur um so höher liegt, je höher die erforderliche Abschrecktemperatur ist, d. h. je höher diejenige Temperatur ist, die zum Inlösunggehen der sich ausscheidenden Komponente gewählt werden muß (Zahlentafel 44 [S. 257]).

Zusammengefaßt ergibt sich schon aus dem geschilderten Verhalten der Wolframstähle, daß man durch Zusatz von Wolfram Stähle mit außerordentlich geringer Durchhärtung und hohen Gehalten an eingelagertem Karbid entwickeln kann, die aber durch Erwärmung auf höhere Härtetemperaturen eine starke Verringerung ihrer kritischen Abkühlungsgeschwindigkeit und somit Steigerung der Durchhärtefähigkeit unter gleichzeitiger Erhöhung der Anlaßbeständigkeit erfahren. Gleichzeitig sind sonderkarbidhaltige Wolframstähle unempfindlich gegen Überhitzungserscheinungen.

2. Wolfram in Werkzeugstählen.

a) Reine Wolframstähle.

Aus dem oben geschilderten Verhalten von Eisen-Wolfram-Kohlenstoff-Legierungen ergibt sich zwanglos die Verwendung von Wolfram in Werkzeugstählen. Bei geringen Zusätzen von Wolfram wird der Karbidgehalt der betreffenden Stähle erhöht und dementsprechend schon bei mäßiger Härtetemperatur eine gewisse Erhöhung der Tiefenhärtung erzielt, wenigstens solange nicht durch eine Glühung das stabile Wolframkarbid (WC) ausgeschieden wurde. Bei tiefer Härtetemperatur dicht oberhalb Ac_1 tritt meist keine wesentliche Erhöhung der Härtetiefe ein, es bleibt aber ein erhöhter Anteil an Karbid in feinverteilter Form in der Grundmasse zurück. Derartig gehärtete, feinverteiltes Sonderkarbid enthaltende Stähle sind als verschleißfeste Stähle bekannt. Dies gilt vor allem für Stähle mit höherem Kohlenstoffgehalt und höheren Wolframgehalten, bei denen erst recht bei niedrigen Härtetemperaturen eine zwar geringe Härtetiefe, aber besonders hohe Verschleißfestigkeit infolge der vielen eingelagerten Karbide erzielt werden kann. Werden derartige Stähle von hohen Temperaturen abgelöscht, so ergibt sich tiefere Einhärtung und stärkere Anlaßbeständigkeit. Enthalten letzten Endes die Stähle einen so hohen Gehalt an Kohlenstoff und Wolfram, daß auch nach dem Härten von hohen Temperaturen nicht alle Karbide in Lösung gehen, sondern noch immer überschüssige Karbide sehr feinverteilt in der Grundmasse zurückbleiben, so erzielt man anlaßbeständige und verschleißfeste Stähle.

Diese letztere Wirkung nutzt man allerdings meist nur bei mehrfach legierten Stählen, die außer Wolfram noch Chrom usw. enthalten, aus, während reine Wolframstähle praktisch nur bis 3% W enthalten (Zahlentafel 111).

Zahlentafel 111. Zusammensetzung, Behandlung, Verwendungszweck einiger wolframhaltiger Werkzeugstähle[1].

Zusammensetzung				Behandlung	Verwendungszwecke
C %	Si %	Mn %	W %		
0,60	0,20	0,40	0,50		Preßluftkolben
0,70	0,30	0,35	0,75		Scherenmesser, Stempel, Stanzen, Klinkmatrizen für U-, T- und Winkeleisen
0,80	0,25	0,35	1,0		Scherenmesser, Beitel, Hobelstähle.
1,0	0,25	0,35	1,0	770—800° Wasser, Anlassen: 100—180° in Öl	Spiralbohrer
1,20	0,20	0,30	0,30		Ziehscheiben für Stahl, Messing, Kupfer, Leichtmetall; Ziehmatrizen für Messinghülsen und Patronenzug; Matrizen zum Pressen von Zündhütchen
1,20	0,25	0,35	0,50		Spiralbohrer, Spitzbohrer, Gewindeschneidwerkzeuge wie Bohrer, Schneideisen usw., Fräser, Reibahlen, Messer für Fräs- und Bohrköpfe, Werkzeuge zum Bearbeiten nichtmetall. Werkstoffe, wie Horn, Elfenbein, Kunstharz, harte Hölzer, Dorne, Zahnbohrer, Kaliberringe, Breitsättel, Schlagsäume, Eindruckmatrizen
1,20	0,25	0,35	1,0		
1,20	0,25	0,35	1,50	760—800° Wasser, 800—820° Öl (für Sägen) Anlassen: 100—180°	Metallsägen, Räumnadeln, Gewindeschneidwerkzeuge, Dreh- und Hobelmesser für Metallbearbeitung, Ziehscheiben zum Ziehen von Eisen, Messing, Kupfer, Leichtmetall und sonstigen Legierungen, Ziehmatrizen für Messinghülsen und Patronenzug, Rössel- und Schloßteile in Textilmaschinen
1,20	0,25	0,35	2,0		
1,25	0,25	0,35	3,0		

(teilweise mit V-Zusatz von 0,1—0,3%)

Abb. 479 bringt die Einteilung der Wolframstähle nach der von P. Goerens[2] gewählten Art, wobei die Gruppen I—III den Stählen der Zahlentafel 111 entsprechen, während die Gruppen IV—VI Stähle darstellen, die außer Wolfram meist noch 0,5—1% Cr enthalten (s. Zahlentafel 112 [S. 578]).

Die Gruppe I innerhalb des perlitischen Gebietes umfaßt Stähle mit 0,5 bis 0,7% C, 0,6—1% W. Der Wolframzusatz hat bei diesen Stählen den Zweck, die Tiefenhärtung etwas zu erhöhen, gleichzeitig wird gegenüber Kohlenstoffstählen eine Verfeinerung des nichthärtenden Kerns erzielt. Diese Stähle wurden hauptsächlich für Werkzeuge mit schlagähnlichen Beanspruchungen verwendet, wie z. B. Kolben von Preßluftwerkzeugen, weniger beanspruchte Matrizen,

---

[1] Wolframstähle mit geringen Zusätzen anderer Elemente s. Zahlentafel 106.
[2] Goerens, P.: Stahl u. Eisen Bd. 44 (1924) S. 1645/59.

Lochstempel usw. (s. hierzu auch S. 321). Sie sind heute größtenteils durch anderslegierte Stähle ersetzt, da sich gerade bei ihnen beim Ausglühen auf höchste Weichheit und beste Bearbeitbarkeit das unliebsame Totglühen (Ausscheidung des stabilen Karbides WC) störend bemerkbar machte.

Die Gruppe II im Gebiet der karbidischen Stähle mit etwa 1,0—1,2% C und 0,5% bis annähernd 2% W hat Anwendungsgebiete, bei denen es vor allem auf hohe Härte bei gleichzeitig hoher Verschleißfestigkeit ankommt, wie z. B. Schneidwerkzeuge, Spiralbohrer, Gewindebohrer, Fräser, Sägeblätter usw. Für Sägeblätter werden meistens Stähle mit 2% W gewählt, wobei die Här-tung wegen der dünnen Abmessungen in Öl er-folgt. Bei den übrigen Verwendungszwecken wird der Wolframgehalt zwischen 1—1,5% gehalten und durchgängig Wasserhärtung von 760—800° je nach den Abmessungen (tiefe Temperaturen bei dünnen Abmessungen, höhere Temperaturen bei dicken Abmessungen) angewandt. In diese Gruppe fällt auch der sog. Silberstahl mit 1,2% C, 1% W, der seinen Namen dem Umstand verdankt, daß er, z. B. für Spiralbohrer, in blankgezogener Ausführung geliefert wird. (Als „Silberstahl" wird auch vielfach ein leicht legier-ter Chromstahl mit 1—1,2% C. 0,3—0,75% Cr, je nach Abmessung öl- oder wassergehärtet, ver-wendet.) Für verschleißfestere Lochstempel wer-den auch Stähle mit 1% C und 0,5% W gebraucht. Infolge des höheren Kohlenstoffgehaltes sind diese Stähle nicht mehr im gleichen Maße glühempfind-lich wie die Stähle der perlitischen Gruppe. Es bleibt auch nach einer Totglühung noch genügend Härtungskohlenstoff in Form von Eisenkarbid erhalten.

Die Gruppe III, die an der Grenze der kar-bidischen und ledeburitischen Stähle liegt, sowie die Gruppe IV, die vollkommen im ledeburitischen

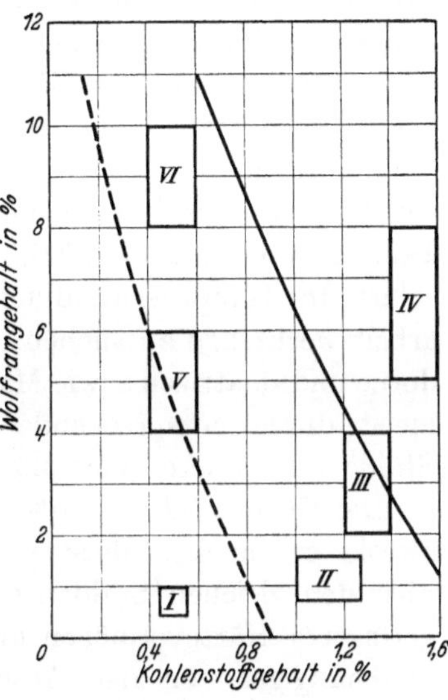

Abb. 479.   Hauptanwendungsgebiete wolframhaltiger Werkzeugstähle. [Nach Goerens.]

I. Kolben von Preßluftwerkzeugen, weniger beanspruchte Matrizen, Loch-stempel. II. Schneidwerkzeuge, Spiral-bohrer, Gewindebohrer, Fräser, Säge-blätter. III. Schneidhaltige Formstähle an Revolverbänken und Automaten, Meißel und Stempel. IV. Schneidstähle für sehr harte Arbeitsstücke. V. und VI. Warmpreß- und Ziehmatrizen.

Bereich liegt, dienen in der Hauptsache nach Härtung von tiefen Temperaturen — 780—820° Wasser — als Schneidstähle für sehr harte Arbeitsstücke. Auf Grund des hohen eingelagerten Karbidgehaltes zeichnen sie sich durch außerordent-lich hohe Verschleißfestigkeit aus, daher werden sie oft unter dem Namen „Diamant"-Stähle in den Handel gebracht. Die Stähle finden Verwendung als Riffelstahl zum Riffeln von Hartgußwalzen und Bearbeiten von Hart-gummi sowie harten Gesteinen, als schneidhaltige Formstähle an Revolverbänken und Automaten usw. Für Riffelstähle wurden gelegentlich sogar Stähle mit 20% W und 1,5% C empfohlen, die von hohen Temperaturen abgelöscht werden. Sie weisen entsprechend hohe Karbidgehalte auf und besitzen infolge der Härtung von hohen Temperaturen gleichzeitig noch den Vorteil erhöher Anlaßbeständig-keit. Stähle mit 1,2—1,5% C, 3—8% W unter evtl. Zusatz von 0,5% Cr fanden vor allem auch Verwendung für verschleißfeste Ziehmatrizen, wie sie z. B. zum

Ziehen von Patronenhülsen gebraucht werden. Die Härtung derartiger Matrizen erfolgt nach Einarbeitung des Ziehkanales meistens im durchfallenden Wasserstrahl, so daß nur die Bohrung gehärtet wird.

Diese Stähle sind empfindlich gegen eine Glühbehandlung; sie werden deshalb nur schwach geglüht, so daß die Festigkeit des geglühten Zustandes etwa 100 bis 110 kg/qmm beträgt. Es besteht zwar die Möglichkeit, durch Anwendung höherer Glühtemperaturen eine größere Weichheit zu erzielen. Dabei kann aber der Stahl, wie früher erwähnt, durch Totglühen (Ausscheidung des stabilen Karbides WC) verdorben werden. Wenn die dabei eingetretene Schädigung nicht so weit geht, daß die Härteannahme verschlechtert ist, so wirkt sich dies doch bei noch ausreichenden Härten in einer Verminderung des Verschleißwiderstandes aus. Infolge ihrer sehr hohen Härte und Verschleißfestigkeit erfordern diese Stähle besondere Sorgfalt beim Schleifen.

Die Gruppe V mit hohem Wolframgehalt (4—7% W) und tieferem Kohlenstoffgehalt (0,45—0,60% C) gehört zu den Stählen, die nach Ablöschen von hohen Temperaturen (1050—1200°) vor allem hohe Anlaßbeständigkeiten aufweisen sollen. Ihr Hauptverwendungszweck ist demzufolge auf dem Gebiet der Warmarbeitswerkzeuge zu suchen, wie z. B. für Schrauben- und Nietmatrizen, Warmdorne und -matrizen sowie Matrizengesenke jeder Art. Diese Stähle werden heute meist durch entsprechende Chrom-Wolfram- bzw. Chrom-Wolfram-Vanadin-Stähle mit höherer Leistung ersetzt.

Die Gruppe VI (9—10% W und 0,45% C) wird für dieselben Verwendungszwecke gebraucht. Meist enthalten diese Stähle noch bis zu 0,5% Cr. Gegenüber den gleichen Stählen mit höherem Chromgehalt (bis 3%) besitzen sie ein geringeres Härtevermögen und sind, was die erzielbare Höchsthärte anbelangt, unabhängiger von der Abschrecktemperatur. Die Härtung dieser Stähle erfolgt von sehr hohen Temperaturen, 1050—1200° in Öl oder Luft, wobei die Anlaßbeständigkeit mit steigender Abschrecktemperatur zunimmt.

b) Wolfram-Chrom-Stähle.

In den letzten Jahren ist man immer mehr dazu übergegangen, den reinen Wolframstählen Zusätze von Chrom hinzuzulegieren. Für diese Stähle ergeben sich ähnliche Gesetzmäßigkeiten wie für die reinen Wolframstähle, nämlich Gruppen mit tiefem Kohlenstoffgehalt und mäßigen Gehalten an Wolfram und Chrom für Verwendungszwecke, bei denen es auf eine gewisse Härtefähigkeit bei entsprechender Zähigkeit ankommt, und Gruppen mit höherem Kohlenstoffgehalt und entsprechend erhöhten Gehalten an Wolfram, die sich durch hohe Verschleißfestigkeit und Anlaßbeständigkeit auszeichnen. Beispiele zeigt Abb. 480.

Die Stähle der Gruppe 9 (0,5 C, ∾2,5 W, 1—2 Cr) finden hauptsächlich für Schrottmeißel, Kaltlochstempel, Döpper usw. Verwendung. Die Härtung kann von Temperaturen von etwa 820° in Wasser oder 850° in Öl erfolgen. Durch Steigerung des Kohlenstoffgehaltes bis zu 0,6% kann diese Gruppe sehr hohe Härte, verbunden mit guter Zähigkeit, annehmen (bis zu 64 Rockwell-C). Die Stähle finden dann Verwendung für Werkzeuge mit hoher spezifischer Flächenbelastung (Kaltlochwerkzeuge, Matrizen, Stempel, Besteckstanzen).

Stähle mit etwa 10% W, 3% Cr (Gruppe 8) unter Zusatz von evtl. 0,3% V, 0,3 bis 0,6% C werden in der Hauptsache für Warmwerkzeuge in der Metallindustrie gebraucht (Matrizen, Dorne, Preßscheiben in Metallstrang- und Rohrpressen, Niet- und Muttermatrizen, Spritz- und Preßgußformen für Messing und Leichtmetalle). Die Stähle werden von hohen Temperaturen abgelöscht, da sie typische Vertreter derjenigen Gruppen darstellen, bei denen nach der Härtung nicht allzu viele Karbide in der Grundmasse übrigbleiben sollen. Man fordert von diesen Stählen im gehärteten Zustand noch eine gewisse Zähigkeit, aber gleicherweise eine hohe Anlaßbeständigkeit. Den Zusammenhang zwischen Härtetemperatur und Anlaßbeständigkeit (Karbidausscheidung) bei derart legierten Stählen zeigt Abb. 481. Das Härten an Luft statt in Öl bedingt wegen der spannungsfreieren Abkühlung einen höheren Austenitgehalt nach der Härtung. Hieraus ergibt sich der starke Anstieg der Härte beim Anlassen.

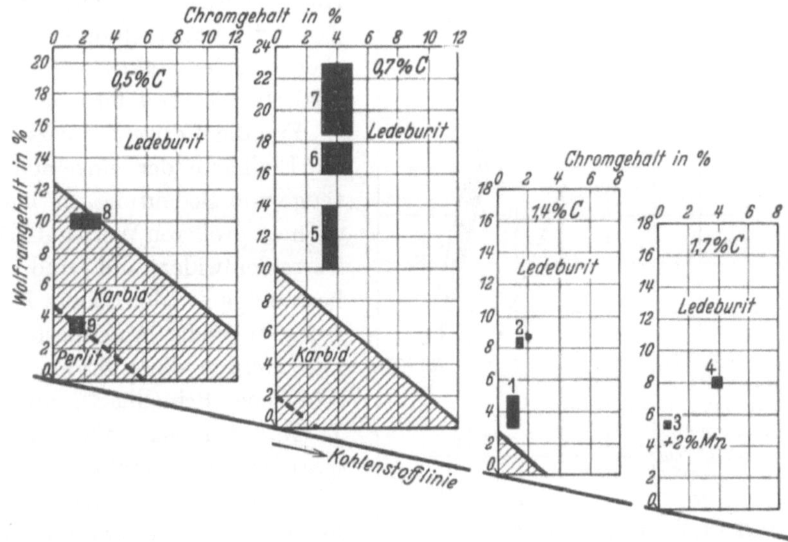

Abb. 480. Hauptanwendungsgebiete der chrom-wolfram-legierten Werkzeugstähle.
1. Riffelstähle. 2. Midvalstahl (1898). 3. Mushet (1898). 4. Taylor-White (1901). 5. Niedriglegierter Schnelldrehstahl. 6. Mittellegierter Schnelldrehstahl. 7. Hochlegierter Schnelldrehstahl. 8. Warmpreßwerkzeuge für sehr hohe Beanspruchung. 9. Schrottmeißel, Kaltlochstempel, Warmpreßmatrizen.

Die letztgenannte Art von Stählen eignet sich besonders gut zu einer Art von Stufenhärtung. Diese Behandlung besteht in einem Ablöschen von den üblichen hohen Ablöschtemperaturen, beispielsweise 1150—1200° in einem Bleibad von 400—500°. Man läßt hierbei die Stähle, je nach dem gewünschten Endeffekt, mehr oder weniger lange im Bleibad verweilen, normalerweise $1/_2$ Stunde. Hierdurch beginnt eine Karbidausscheidung, ohne daß wesentliche Mengen des austenitischen Grundgefüges umgewandelt werden. Erst bei dem darauffolgenden Herausnehmen aus dem Bleibad und Abkühlen auf Raumtemperatur setzt sich der Austenit in Martensit um. Die Martensitumwandlung erfolgt wegen der vorausgegangenen Karbidausscheidung vollkommener als bei einer direkten Härtung. Je nach der Höhe der Bleibadtemperatur lassen sich verschieden hohe Härten erzielen. Bei Bleibadtemperaturen von 600° und darüber kann im Bleibad auch schon die Austenitumwandlung beginnen, weswegen die Bleibadtemperatur praktisch auf maximal 550° beschränkt bleibt. Das Verfahren gestattet vor allem bei komplizierten Werkzeugen (s. auch später unter

„Schnelldrehstahl") wegen des geringen Temperaturgefälles eine verhältnismäßig spannungs- und verzugsfreie Härtung.

Ein Beispiel für die Einschränkung des Härteverzuges bei größeren Spritzgußformen gibt Abb. 482. Bei Herstellung von Werkzeugen dieser Größe aus einem niedriger legierten 4,5proz. Wolframstahl müßte von der bei 9proz. Wolframstählen üblichen Lufthärtung zu einer Ölhärtung übergegangen werden. Diese führt zu übermäßigem Verzug. Wird statt der Ölhärtung eine Härtung in Blei von 400° vorgenommen, so ist der Härteverzug kaum größer als bei dem luftgehärteten 9proz. Wolframstahl. Der geringere Verzug bei Härtung in Stufenbädern ermöglicht damit die Verwendung eines schwächer legierten Stahles auch für komplizierte Werkzeugformen.

Für die Verwendungszwecke ist die Endhärte der einzelnen Werkzeuge von Bedeutung. Je nachdem, ob man größeren Wert auf höchsten Verschleißwiderstand und Anlaßbeständigkeit oder höhere Zähigkeit bei genügender Anlaßbeständigkeit legt, werden diese Stähle auf verschiedene Brinellhärte angelassen. Z. B. wird man für Schraubenmatrizen mit einfachen Formen Brinellhärten von max. 460 Einheiten anstreben, während bei sehr komplizierten Formen zweckentsprechend die Brinellhärte bei etwa 370—400 gehalten wird. Infolge des steilen Abfalles beim Anlassen dieser Stähle im Temperaturgebiet von 600—700° bedingt die Einhaltung der gewünschten Brinellhärte bei

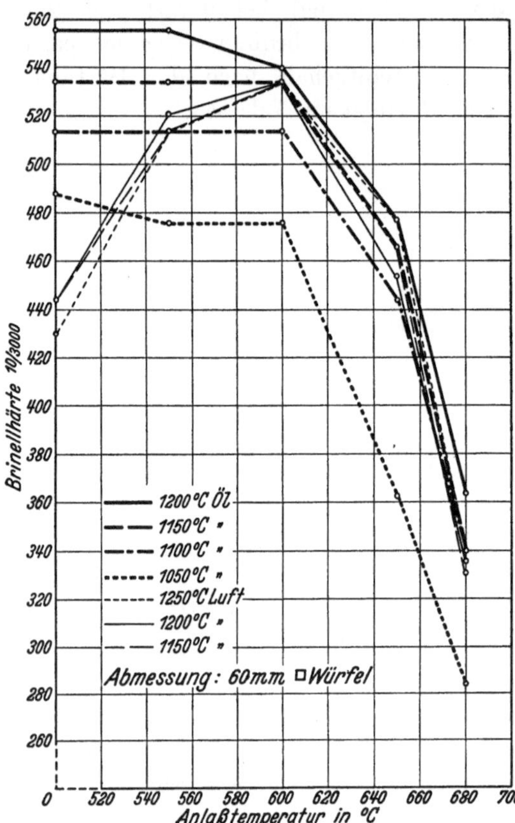

Abb. 481. Veränderung der Anlaßbeständigkeit mit der Härtetemperatur bei einem Stahl mit 0,3 % C, 3,0 % Cr, 9 % W.

Werkzeugen eine gewisse Schwierigkeit und erfordert große Sorgfalt. Bei mangelnden Härteeinrichtungen empfiehlt es sich daher, unter Umständen die chromärmeren, vorher erwähnten Wolframstähle zu verwenden, die beim Härten, insbesondere nach der milderen Lufthärtung, evtl. gleich die gewünschte Endbrinellhärte erzielen lassen.

Ein besonderer Vorzug dieser 10proz. Wolframstähle scheint ihre große Unempfindlichkeit gegen die Ausbildung von netzförmigen Warmrissen zu sein. Bei Werkzeugen, die infolge häufiger Berührung mit heißen Werkstoffen wechselnden Erwärmungen und Abkühlungen unterworfen werden, also z. B. bei Spritzgußformen und bei Preßwerkzeugen an Metallstrangpressen usw., entstehen oberflächliche Netzrisse infolge des dauernden Spannungswechsels (Wärmeausdehnung und Schrumpfung). Diese Netzrisse vertiefen sich im Laufe der Zeit, setzen sich auch mit Fremdmetall voll und führen so zum Unbrauchbarwerden der betreffenden Werkzeuge. Sowohl bei entsprechenden Laboratoriumsversuchen mit mehreren tausend Abschreckungen von etwa 700° wie in der Praxis zeichnen sich die hochwolframhaltigen Stähle durch besondere Rißunempfindlichkeit aus. Eine Erklärung hierfür kann vorerst noch nicht gegeben werden.

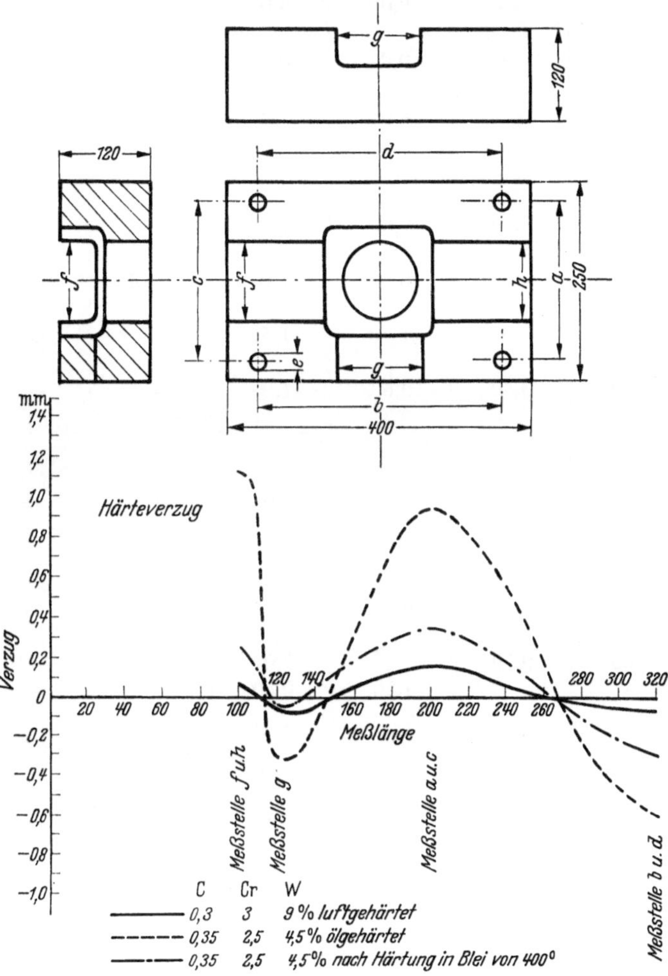

C	Cr	W	
0,3	3	9 %	luftgehärtet
0,35	2,5	4,5 %	ölgehärtet
0,35	2,5	4,5 %	nach Härtung in Blei von 400°

Abb. 482. Verbesserung des Härteverzuges durch Stufenhärtung. [Nach unveröffentlichten Untersuchungen der Fa. Mahle K.G., Bad Cannstatt.]

An Stelle der Stähle mit 9 % W, 3 % Cr sind in den letzten Jahren für viele Verwendungszwecke, z. B. Schraubenmatrizen und Dorne, Stähle mit niedrigeren Kohlenstoff- und Wolframgehalten, wie 0,25 % C, 4 % W, 1 % Cr, in den Vordergrund getreten. Diese Stähle sind durchweg so zusammengesetzt, daß sie bei der Härtung nur Festigkeit von 130—150 kg/qmm annehmen, wie sie für Warmwerkzeuge geeignet sind und somit die Gefahr zu hoher Härte und Sprödigkeit vermeiden. Es genügt bei diesen Stählen ein Anlassen auf etwa 500° lediglich zum Ausgleich der Härtespannungen oder sogar auch ein langsames Anwärmen vor Gebrauch. Die genaue Einstellung auf einen engen Temperaturbereich zur Erzielung bestimmter Vergütungsfestigkeiten, die bei den höher legierten Stählen

Zahlentafel 112. Zusammensetzung, Behandlung und Verwendungs-

C %	Si %	Mn %	W %	Cr %	Ni %	Mo %	V %
				Zusammensetzung			
0,25	—	—	9,0	2,5	2,5	—	0,20
0,30	—	—	9,0	3,0	—	—	0,30
0,35	—	—	9,0	0,40	—	—	—
0,25	0,50	0,30	4,0	1,2	—	—	—
0,35	0,70	0,30	4,0	1,0]	—	—	—
0,3	—	—	5	1,2	2—4	0,6	—
0,4	1,0	—	2—3	1,5	—	0,6	(0,4)
0,45	0,70	0,30	2,5	1,0	—	—	—
0,65	0,50	0,30	2,50	1,0	—	—	—
0,60	—	—	6,0	0,45	—	—	—
0,85	0,35	0,70	1,0]	2,0	—	—	—
1,0	—	—	1,20	0,50	—	—	—
1,0	—	—	1,0	1,0	—	—	—
1,0	—	1,0	0,80	1,2	—	—	—
1,0	0,20	0,35	0,30	0,50	—	—	—
1,10	0,15	0,25	0,50	0,50	—	—	—
1,20	0,20	0,35	1,20	0,75	—	—	—
1,20	0,20	0,40	1,50	1,25	—	—	—
1,25	—	—	2,0	1,0	—	—	—
1,25	—	—	3,0	0,60	—	—	—
1,25	—	—	5,0	1,0	—	—	—
1,50	—	—	5—8	0,50	—	—	—
1,0	—	—	3	9	(3)	—	(1,5% Al)

zwecke einiger wolframlegierter Werkzeugstähle mit Chromzusatz.

Behandlung	Verwendungszweck
1150—1250° in Öl oder Bleibad Anl.: 550—650° Luftabk.	Warmwerkzeuge in Metallstrang- und Rohrpressen, wie Matrizen, Dorne, Druckscheiben, Werkzeuge für die Herstellung von Schrauben, Nieten und Muttern, Loch- und Ziehdorne, Spritz- und Preßgutformen für Messing und Leichtmetall
1100—1200° in Öl, Anl.: 600° Luftabkühlg.	Warmmatrizen
1050—1100° Öl, Anl.: 550—600° Luftabk.	Wassergekühlte Dorne von Rohrpressen, Druckscheiben von Metallstrangpressen, Matrizen, Kopfstempel, Auswerferdorne für Friktionspressen, Matrizen, Preßstempel und Lochdorne von Mutterschmiedematrizen, Spritzgußkokillen
930° Öl, Anl.: 500—520° Luftabk.	Warmwerkzeuge
1000° Öl bzw. Preßluft Anl.: 600—650° Luftabk.	Pilgerdorne, Dorne für Rohrpressen
900° Öl, Anl.: 550°	Hohlpreßstempel und Rezipientenbüchsen mittlerer Beanspruchung
850—870° Öl, Anl.: 180—200° in Öl 820—830° Wasser, Anl.: 180—200° in Öl	Kaltschlagwerkzeuge, Warmlochstempel, Schrottmeißel, Preßluftmeißel, Döpper
820—830° Öl, Anl.: 180—200° in Öl	Ziehwerkzeuge
850—870° Öl, Anl.: 180—200° in Öl	Kaltlochstempel
780—820° Wasser, Anl.: 180° in Öl	Prägewerkzeuge
850° Öl, Anl.: 500°	Pilgerwalzen (Guß)
800—830° Öl, Anl.: bis 180° in Öl	Stehbolzen-Gewindebohrer, Reibahlen, Schnitte, Messer, Kaliberbolzen, Gewindebohrer (Werkzeuge, die sich beim Härten nicht verziehen dürfen)
820—840° Öl, Anl.: bis 180° in Öl	Gewindebacken, Drahtstiftbacken
810—830° Öl, Anl.: bis 180° in Öl	Stehbolzen-Gewindebohrer, Reibahlen, Schnitte, Messer, Kaliberbolzen, Gewindebohrer (Werkzeuge, die sich beim Härten nicht verziehen dürfen)
820° Öl, Anl.: bis 180° in Öl	Zahnbohrer
780° Wasser, Anl.: bis 150° in Öl	Werkzeuge für die Nagelfabrikation
820—840° Öl, Anl.: bis 180° in Öl	Schneideisen
820° Öl, Anl.: bis 180° in Öl	Streifenhobelmesser
820° Öl, Anl.: bis 180° in Öl	Laubsägen, Feilen
760—780° Wasser, Anl.: bis 120° in Öl 760—780° Wasser, Anl.: bis 120° in Öl	Gravierstichel, Werkzeuge für Patronenzug, Kaltziehmatrizen für Eisen und Metall
760—780° Wasser, Anl.: bis 180° in Öl	Riffelstahl für Hartgußwalzen, Werkzeuge zum Bearbeiten von Horn und Kunstharz, Schlichtmeißel, Hinterdrehwerkzeuge, Ziehmesser, Schaber, Gravierstichel
Gußzustand	Geldschrankplatten, Brikettschwalbungen

erforderlich ist, kann infolgedessen in Fortfall kommen. Da die Härtetemperaturen mit 1050° auch entsprechend niedriger liegen, ergibt sich eine vielfach erwünschte Vereinfachung in der Wärmebehandlung.

Gelegentlich werden den Stählen mit rund 9% W, 3% Cr auch noch Nickelgehalte bis zu 3% zugesetzt. Der Nickelgehalt erleichtert die Lufthärtbarkeit bei allerdings stärkerer Austenitbildung und verbessert gleichzeitig noch etwas die Zähigkeit des Grundgefüges. Zusammensetzung und Verwendungszweck einiger wichtiger Chrom-Wolfram-Stähle zeigt Zahlentafel 112 (S. 578).

Eine stärkere Verwendung als verschleißfester Stahl findet eine Legierung mit rund 1% C, 9% Cr, 3% W mit Zusätzen bis zu 3% Ni und 1,5% Al. Diese Legierung findet in gegossenem Zustand vielfach Verwendung für Tresorplatten in Geldschränken, da sie schwer mit spanabhebenden Werkzeugen zu bearbeiten ist und auch dem Schneidbrenner erhöhten Widerstand leistet. Vielfach gießt man die Legierung in Verbundguß mit weichem zähen Flußeisen, um auch ein leichtes Zertrümmern zu verhüten. Diese Legierung ist bei sorgfältiger Behandlung noch eben schmiedbar und fand gelegentlich im geschmiedeten und auch gegossenen Zustand Verwendung für verschleißfeste Werkzeuge, wie Brikettschwalbungen usw.

Mit steigendem Kohlenstoffgehalt (0,7—1%) und entsprechend hohen Wolframgehalten kommt man in diejenige Gruppe von Chrom-Wolfram-Stählen, die nach Ablöschung von hohen Temperaturen noch außerordentlich viele, mehr oder weniger feinverteilte Karbide enthalten kann und deren Grundgefüge außerdem eine hohe Anlaßbeständigkeit (Rotgluthärte) aufweist. Diese ledeburitischen Stähle vereinigen somit hohe Anlaßbeständigkeit mit hoher Verschleißfestigkeit. Sie haben sich zu den unter dem Namen „Schnellarbeitsstahl" bekannten Werkzeugstählen entwickelt. Ihre Vorläufer waren die Gruppen 1, 2, 3 und 4 der Abb. 479. Die Schnellarbeitsstähle oder Schnelldrehstähle (Gruppen 5—7 in Abb. 480) haben eine große Bedeutung auf dem Gebiete der Werkzeugstähle erhalten.

Diese Gruppe von Stählen verdankt ihren Namen dem Umstand, daß mit ihnen gegenüber gehärteten Kohlenstoffstählen höhere Schnittgeschwindigkeiten beim Zerspanungsvorgang erzielt werden können. Im Vergleich zu den unlegierten oder schwachlegierten Schneidstählen, die schon eine hohe Härte und Verschleißfestigkeit aufweisen, besitzen sie den Vorteil, diese hohe Härte und Verschleißfestigkeit auch beim Erwärmen auf Temperaturen von 500° bis sogar 600° (Rotglut) nicht oder doch nur sehr langsam zu verlieren. Die Grundlegierungselemente der meisten Schnellstähle sind Wolfram und Chrom. Reine Chrom-Wolfram-Stähle finden wegen ihrer ungenügenden Anlaßbeständigkeit und Rotgluthärte heute aber kaum mehr Verwendung. Durch Zusätze von Molybdän, insbesondere Vanadin und Kobalt ließen sich erhebliche Leistungssteigerungen erzielen. Der Überblick über Schnelldrehstähle und Schneidmetalle erfolgt daher im Abschnitt „Vanadin".

3. Wolfram in Baustählen.
a) Vergütungsstähle.

Bis zum heutigen Tage haben Stähle, in denen nur Wolfram als Legierungselement vorkommt, geringe Verwendung als Baustahl gefunden. Der Grund hierfür dürfte darin zu suchen sein, daß Wolfram auf die Festigkeitseigenschaften von Baustählen sowohl im geglühten als im wärmebehandelten Zustand keinen besonders großen Einfluß ausübt, solange nicht höhere Prozentgehalte anwesend sind. Infolge des hohen Preises von Wolfram bevorzugt man andere Legierungselemente, die die Härtbarkeit und Vergütbarkeit stärker beeinflussen. Im geglühten Zustand erklärt sich die Festigkeitssteigerung durch Wolfram in der Hauptsache durch die Erhöhung des Karbidanteils; Wolframstähle mit z. B. 18% W und 1—1,5% C erreichen aber im geglühten Zustand nur Festigkeiten von 75—80 kg/mm². Die in der Literatur hierüber vorhandenen Angaben von Guillet (Abb. 483) sind auf den Walzzustand bezogen und ergeben kein eindeutiges Bild über den Einfluß von Wolfram bei ausgeglühten Stählen.

Eine besondere Verwendung hatte Wolfram als Legierungszusatz zu Gewehrlaufstählen gefunden. Diese Stähle weisen folgende Zusammensetzung auf: 0,60% C, 0,45% Si, 0,70% Mn, 2% W. Gegenüber gewöhnlichem Gewehrlaufstahl zeigen sie höhere Verschleißfestigkeit (Karbidgehalt), bessere Anlaßbeständigkeit und Warmfestigkeit. Sie hatten sich vor allem für hochwertige Maschinengewehrläufe eingeführt. In neuerer Zeit werden sie aber durch andere Stähle, die vor allem Chrom, Molybdän, Vanadin oder andere Elemente als Karbidbildner enthalten und noch anlaßbeständiger sind, ersetzt. Die Eigenschaften dieser Gewehrlaufstähle zeigt Abb. 484. Auffallend ist die auf feine Karbidverteilung zurückzuführende hohe Streckgrenze.

Eine gewisse Verwendung findet Wolfram in chrom- und chrom-nickellegierten Baustählen. Bei der Vergütung wird durch Zusatz von Wolfram eine Erhöhung der Härtefähigkeit und der

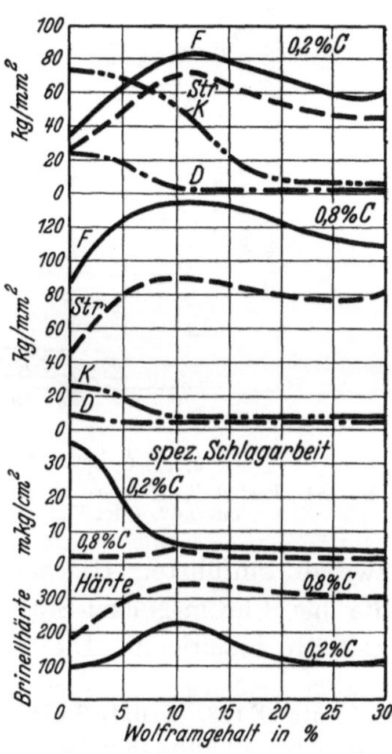

Abb. 483. Einfluß des Wolframs auf die Festigkeitseigenschaften, Härte und spezifische Schlagarbeit von Stahl mit 0,2 bzw. 0,8% C im Walzzustand. [Nach L. Guillet: Rev. Métallurg. Bd. 1 1904) S. 263/83]

Durchvergütung erhalten, die aber geringer ist als bei Chrom. Im Vergütungsschaubild (Abb. 485) zeigt sich deutlich der härtesteigernde Einfluß von Wolfram. Die Härtesteigerung und Erhöhung der Anlaßbeständigkeit zeigt ferner Abb. 486. Trotz des niedrigeren Chromgehalts des wolframhaltigen Stahles liegen die Festigkeitszahlen höher als bei entsprechendem Chrom-Nickel-Stahl. Auffallend sind außerdem die außerordentlich günstigen Kerbzähigkeitswerte. Derartige Chrom-Nickel-Wolfram-Stähle zählen zu den hochwertigsten bekannten Konstruktionsstählen, z. B. für Flugzeugkurbelwellen usw. Infolge der stark lufthärtenden Eigenschaften müssen sie beim Schmieden entsprechend sorgfältig behandelt werden.

Die mit solchen Stählen in der Praxis erzielten Eigenschaften gibt Abb. 487 wieder. Man kann mit ihnen aber auch Konstruktionsteile mit Festigkeiten bis zu 160 kg/mm² und mehr mit einwandfreier Zähigkeit herstellen (s. später unter Molybdän, S. 622).

Das Verdienst, diese durch ihre Zähigkeitseigenschaften besonders ausgezeichneten Legierungen entwickelt zu haben, gebührt F. Rittershausen, der bereits im Jahre 1911—1912 diese Stähle für die obengenannten Verwendungs-

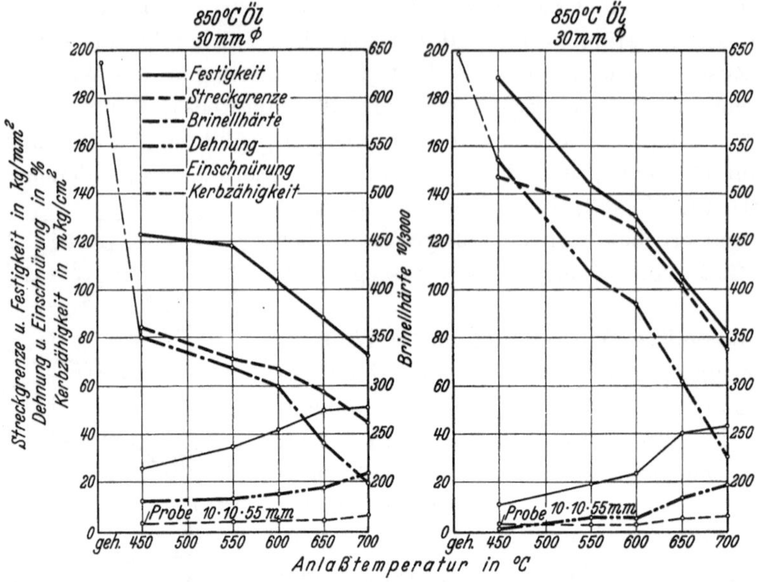

Abb. 484. Festigkeitseigenschaften eines 2% Wolfram enthaltenden Gewehrlaufstahles im vergüteten Zustand mit 0,6% C im Vergleich zu einem Kohlenstoffstahl gleicher Zusammensetzung.

zwecke einführte. Hierbei wurde in der Hauptsache der Zweck verfolgt, die bei Chrom-Nickel-Stählen in starkem Maße auftretende Anlaßsprödigkeit zu beseitigen. Die von Rittershausen untersuchten wolframhaltigen Stähle waren beim Anlassen nach dem Vergüten unempfindlich gegen die Art der nachfolgenden Abkühlung. Auch bei langsamer Abkühlung, z. B. Asche- oder Ofenabkühlung (Zahlentafel 113) behielten sie ihre hohe Kerbzähigkeit bei, während entsprechende Chrom-Nickel-Stähle zur Erhaltung hoher Kerbzähigkeit bekanntlich nach dem Anlassen schnell abgekühlt werden müssen.

Zahlentafel 113. Einfluß eines Wolframzusatzes auf die mechanischen Eigenschaften eines anlaßspröden Stahles mit 0,3% C, 4,1% Ni, 1,2% Cr (Rittershausen)[1].

Wärmebehandlung: von 870° in Öl abgelöscht, auf 630° angelassen in Öl abgelöscht, auf 580° angelassen in Asche erkaltet.

		Stahl ohne Wolfram	Stahl mit 1% Wolfram
Streckgrenze	kg/mm²	82	92
Festigkeit	„	91,1	102,1
Dehnung	%	19,2	19,5
Einschnürung	%	61	61
Kerbzähigkeit	mkg/cm²	10,2	20,4

In Verbindung mit den auf S. 137ff. u. 209 erwähnten Zusammenhängen zwischen Ablöschen, Anlassen und den dabei auftretenden Spannungen geht die Bedeutung der Schaffung dieser Stähle für solche Teile, die nach dem Anlassen hohe Zähigkeit bei großer Spannungsfreiheit aufweisen müssen, eindeutig hervor. Wenn nun zwar diese wolframhaltigen Stähle bei den Vergüteoperationen in der

---

[1] Unveröffentlichte Untersuchungen aus dem Jahre 1913.

Praxis, d. h. bei den üblichen Anlaßzeiten usw., frei von Anlaßsprödigkeit sind, so ist doch zu bemerken, daß auch sie bei längeren Anlaßzeiten Anlaß-

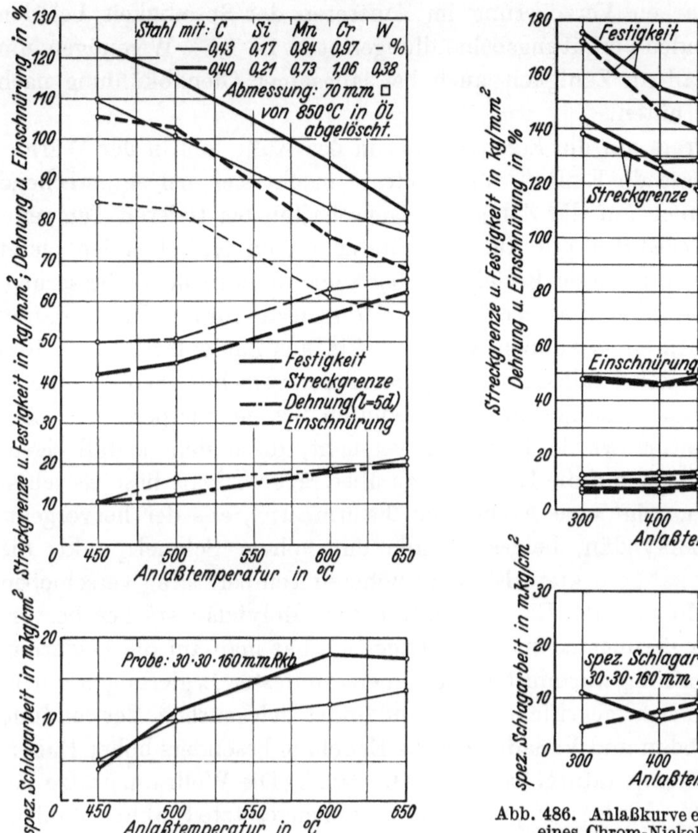

Abb. 485. Wirkung des Wolframs auf die Festigkeitseigenschaften eines vergüteten Chromstahles.

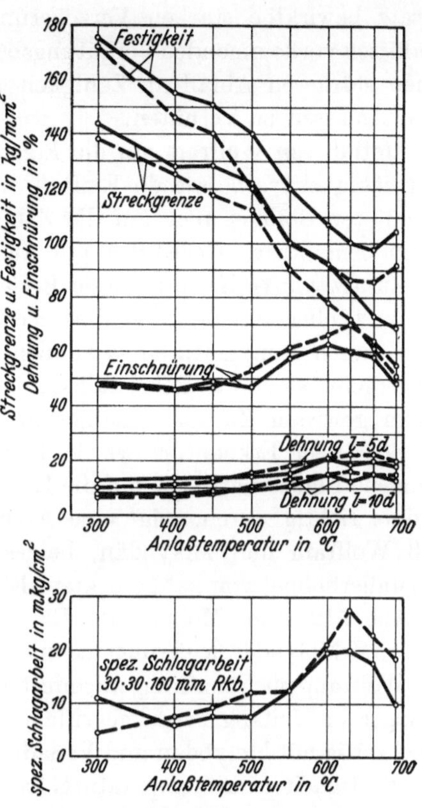

Abb. 486. Anlaßkurve eines Chrom-Nickel- und eines Chrom-Nickel-Wolfram-Stahles.

Stahl mit 0,32% C, 4,32% Ni, 1,47% Cr.
– – – 70 vkt. von 850° an Luft gehärtet.

Stahl mit 0,36% C, 4,26% Ni, 1,19% Cr, 0,83% W.
——— 70 vkt. von 850° an Luft gehärtet.

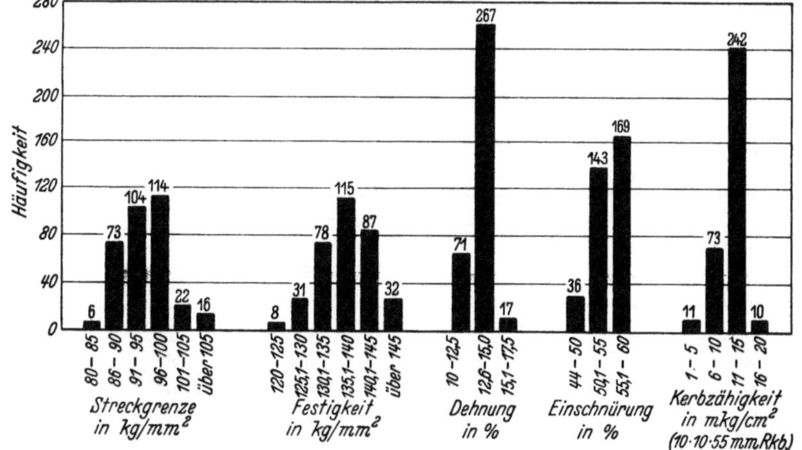

0,15—0,18% C, 0,25—0,35% Si, 0,35—0,45% Mn, 4,0—4,5% Ni, 1,4—1,6% Cr, 0,8—1,0% W

Abb. 487. Festigkeitseigenschaften von einsatzgehärteten Flugzeugkurbelwellen aus Chrom-Nickel-Wolfram-Stahl nach Großzahlforschungen. [Entnommen von H. Kallen u. H. Schrader: Techn. Mitt. Krupp Bd. 1 (1933) S. 58/65.]

sprödigkeitserscheinungen aufweisen können (s. Abschnitt „Anlaßsprödigkeit", S. 206). Es muß aber ausdrücklich betont werden, daß infolge der durch Wolframzusatz bewirkten starken Verzögerung im Auftreten der Sprödigkeit bei den praktisch vorkommenden Vergütungsbehandlungen etwa 1—1,5% W genügen, um einen stärkeren Abfall an Zähigkeit auch bei langsamer Ofenabkühlung nach dem Anlassen zu verhüten.

Einfluß von Wolfram auf die Eigenschaften in der Kälte und in der Wärme. Der zähigkeitsverbessernde Einfluß von Wolfram macht sich bei entsprechend vergüteten Stählen auch auf die Zähigkeitseigenschaften bei tieferen Temperaturen bemerkbar. Gegenüber gut durchvergüteten reinen Nickelstählen bietet der Zusatz von Wolfram in dieser Beziehung aber keine wesentliche Verbesserung.

Wertvoller sind die Ergebnisse, die durch Wolframzusatz für die Eigenschaften bei höheren Temperaturen gewonnen werden. Wie aus Zahlentafel 13 (S. 108) hervorgeht, steht die Rekristallisationstemperatur der verschiedenen Metalle in einem gewissen Zusammenhang mit der absoluten Schmelztemperatur.[1] Auf Grund dieser Erkenntnis wurde frühzeitig versucht, diese dem Metall eigentümliche Eigenschaft auch auf die Legierung zu übertragen[2]. Daß diese Gesichtspunkte richtig waren, zeigt eine Arbeit von Tammann[3], aus der hervorgeht, daß Wolfram und Molybdän, beides Metalle mit hohem Schmelzpunkt, die Kristallerholung von kaltgerecktem Eisen zu höheren Temperaturen verschieben (s. Abb. 512 unter Molybdän). Da der Einfluß von Molybdän stärker hervortritt und Molybdän legierungstechnisch günstiger ist, hat man auf die Legierung mit Wolfram zur Schaffung warmfester und dauerstandfester Legierungen nur in geringerem Umfang zurückgegriffen. Wolfram findet gelegentlich Verwendung gleichzeitig mit Molybdän und Vanadin zwecks Erzielung besonders hoher Dauerstandfestigkeiten im Temperaturgebiet von 500—600°. Die Wolframzusätze betragen hier bis zu 1%. Einige entsprechend zusammengesetzte Stähle s. Zahlentafel 155, S. 710.

Wolfram in austenitischen Baustählen. Eine gewisse Bedeutung hat noch der Zusatz von Wolfram zu austenitischen Chrom-Nickel-Stählen erlangt. Setzt man einem Chrom-Nickel-Stahl mit 15% Cr, 15% Ni Wolfram bis zu 3% und mehr zu, so wird man feststellen, daß dieser Stahl bei gleicher Wärmebehandlung erhöhte Streckgrenzenwerte aufweist. Das gleiche gilt für austenitische Nickel-Mangan-Stähle (vgl. S. 294 u. 332ff.). Zahlentafel 114 zeigt auch bei einem

Zahlentafel 114. Erhöhung der Streckgrenze eines austenitischen Stahles mit 18% Cr und 8% Ni durch Wolframzusatz.

	Austenitischer Chrom-Nickel-Stahl mit 0,6% Wolfram		Austenitischer Chrom-Nickel-Stahl gleicher Zusammensetzung ohne Wolfram	
	1150° abgelöscht	950° abgelöscht	1150° abgelöscht	950° abgelöscht
Streckgrenze . . . . . kg/mm²	28	44	25	38
Festigkeit . . . . „	63	73	63	72
Dehnung . . . . %	62	46	64	45
Einschnürung . . . . . . %	69	62	70	60

[1] Botschwar, A. A.: Z. anorg. Chem. Bd. 157 (1926) S. 319/20.
[2] Houdremont, E., u. V. Ehmcke: Arch. Eisenhüttenw. Bd. 3 (1929/30) S. 49/60.
[3] Z. Metallkde. Bd. 26 (1934) S. 97/105.

tiefgekohlten Stahl des Typus 18% Cr, 8% Ni eine gewisse Erhöhung der Streckgrenze durch Wolframzusatz. Zahlentafel 115 gibt die Zusammensetzung, Wärmebehandlung, Festigkeit und Schwingungsfestigkeit von 18/8-Chrom-Nickel-, Chrom-Nickel-Wolfram- und Mangan-Chrom-Wolfram-Stahl. Die Erhöhung des Kohlenstoffgehaltes und Wolframgehaltes bewirkt eine Steigerung der Streckgrenzenwerte. Die Wirkung des Wolframs ist vielleicht in einer stärkeren Karbidbildung begründet. Entsprechend den höheren Festigkeitseigenschaften ist auch die Schwingungsfestigkeit dieser Stähle erhöht. Im Schrifttum findet man vielfach Hinweise, daß bei Schwingungsversuchen die austenitischen Werkstoffe sich durch geringe Kerbempfindlichkeit und hohe Dämpfungsfähigkeit auszeichnen. Die hohe Dämpfungsfähigkeit austenitischer Werkstoffe besteht zweifelsohne, die geringe Kerbempfindlichkeit wird aber vielfach dadurch vorgetäuscht, daß sich bei der Herstellung der Kerben der Kerbgrund bei austenitischen Stählen infolge Kaltbearbeitung stärker verfestigt, als dies bei nichtaustenitischen Stählen der Fall ist. Bei sehr sorgfältig hergestellten gekerbten Schwingungsproben, bei denen jedes Kaltdrücken des Kerbgrundes vermieden wurde, zeigten auch austenitische Baustähle eine den normalen perlitischen oder aus Vergütungsgefüge bestehenden Stählen gleiche Kerbempfindlichkeit[1] (Zahlentafel 116 [S. 586]).

Die Erhöhung der Streckgrenze und Schwingungsfestigkeit hatte gelegentlich dazu geführt, daß die an sich korrosionsfesten und gleichzeitig wegen ihres austenitischen Charakters verschleißfesten Stähle mit 15% Cr, 15% Ni, 3% W und 0,4% C bzw. 30% Ni, 12% Cr und 3% W Verwendung als höchstwertige Turbinenschaufelwerkstoffe fanden. Die Eignung dieser Stähle zu Turbinenschaufeln ergab sich einmal auf Grund ihrer Korrosions- und Erosionsfestigkeit, zum anderen wegen ihrer Warmfestigkeit. Bekanntlich gelangt man im Niederdruckteil von Dampfturbinen bereits in das Naßdampfgebiet. Die

---

[1] McAdam jr., D. J., u. R. W. Clyne: Bur. Stand. J. Res., Bd. 13 (1934) S. 527/72.

Zahlentafel 115. Zusammensetzung, Behandlung und Festigkeitswerte eines Chrom-Nickel- und Chrom-Nickel-Wolfram-Stahles sowie eines Mangan-Chrom-Stahles bei verschiedenen Wolframgehalten.

| Zusammensetzung | | | | | | | Festigkeitseigenschaften | | | | | | |
C %	Si %	Mn %	Ni %	Cr %	W %	Behandlung	Streckgrenze kg/mm²	Festigkeit kg/mm²	Dehnung $L=5d$ %	Einschnürung %	Kerbzähigkeit (DVMR) mkg/cm²	Schwingungsfestigkeit an der polierten Probe kg/mm²	Magnetische Sättigung $\mathfrak{B}-\mathfrak{H}$ für $\mathfrak{H}=10\,000$
0,16	0,63	0,45	8,58	17,6	—	1200° Wasser	25	64	61	73	—	26	—
0,58	1,38	0,80	13,2	15,6	2,07	1050° Wasser, 700° Luft	40	84	30	37	—	38	—
0,35	0,53	18,1	—	1,1	—	1000° Wasser	26	88,0	48	47	25	—	20
0,45	0,55	17,8	—	1,1	1,0	1000° Wasser	33	89,4	64	59	22,9	—	16
0,46	—	18,0	—	1,0	5,3	1000° Wasser	45	100,2	47	41	12,6	—	16

sich bildenden kleinen Tröpfchen üben bei den hier vorherrschenden hohen Dampfgeschwindigkeiten außerordentlich starke Verschleißwirkungen auf das Schaufelmaterial aus. Korrosions- und Erosionswirkung unterstützen sich gegenseitig. Es ist somit verständlich, daß die Verschleiß- und Korrosionsfestigkeit austenitischer Stähle hier Vorteile ergeben. Heute bekämpft man die Erosion im Niederdruckteil vielfach durch Auftragsschweißung an den Kanten mit verschleißfesten Werkstoffen oder aber durch Härten der beanspruchten Kanten, indem man z. B. einen korrosionsfesten rostfreien Stahl mit 15% Cr und entsprechendem Kohlenstoffgehalt wählt, der durch einfache Lufthärtung an den Kanten verschleißfest gemacht werden kann.

Zahlentafel 116. Biegewechselfestigkeit eines austenitischen Chrom-Nickel-Stahles mit 18% Chrom und 8% Nickel bei verschiedener Kerbherstellung (Wärmebehandlung: 1100° Wasser, $\sigma_s = 26$, $\sigma_B = 65$ kg/mm², $\delta_5 = 65\%$, $\psi = 65\%$).

	Biegewechsel-festigkeit kg/mm²
Oberfläche poliert	28—29
„ geschliffen	27
„ gekerbt, 9/7,5 mm⌀ { Kerb eingedrückt $\varrho \sim 0,2$ . . .	46
„ eingedreht $\varrho \sim 0,1$ . . .	31
„ eingedreht $\varrho \sim 0,75$ . . .	24
„ eingeschliffen $\varrho \sim 0,2$ . . .	13

Die Warmfestigkeit eines Werkstoffes für Turbinenschaufeln erweist sich im Hochdruckteil als nötig, bei dem die Dampftemperaturen die Temperaturgrenze von 500° zu überschreiten beginnen. Das gleiche gilt hinsichtlich des Anwendungsgebietes für Gasturbinenschaufeln, bei denen noch höhere Temperaturen auftreten. Abgesehen von der Korrosionsfestigkeit, d. h. Zunderbeständigkeit bei höheren Temperaturen, spielen in diesem Falle die Warmfestigkeits-, insbesondere Dauerstandsfestigkeitseigenschaften der Werkstoffe eine ausschlaggebende Rolle. Auf die Möglichkeit des Auftretens von Spannungskorrosion bei der Verwendung solcher austenitischer Stähle für Dampfturbinenschaufeln wurde bereits auf S. 337 und 497 hingewiesen.

Den Einfluß eines steigenden Wolframzusatzes bei austenitischen Chrom-Mangan- und Chrom-Nickel-Stählen auf die Festigkeitseigenschaften bei höheren Temperaturen zeigt Zahlentafel 117 (S. 587). Diese Werte stammen aus Zerreißversuchen von nur $^1/_2$stündiger Zerreißdauer und geben somit noch keinen Einblick in das Verhalten bei dauernder Belastung. Immerhin hat diese Erhöhung des Warmformänderungswiderstandes eines Stahles mit etwa 0,4% C, 14% Cr, 14% Ni durch 2—3% W dazu geführt, daß dieser Stahl als warmfester Ventilkegelwerkstoff für Flugzeugmotoren in der ganzen Welt Verbreitung gefunden hat. An den mechanischen Eigenschaften verändert sich auch nicht viel, wenn der Chromgehalt auf 18—20% erhöht und gegebenenfalls auch der Nickelgehalt auf etwa 10% gesenkt wird. Diese Veränderung bewirkt unter Umständen sogar eine Verbesserung des Werkstoffes gegenüber dem in den Abgasen von Flugzeugmotoren stets eintretenden Angriff von Schwefel, der besonders dann stärker wirken kann, wenn dem Brennstoff der Motoren

bleihaltige Antiklopfmittel (Bleitetraäthyl) bei-
gegeben werden, wobei das Zusammenwirken von
Blei und Schwefel besonders gefährliche Angriffe
ergibt. Ähnliche Eigenschaften lassen sich auch
erreichen, wenn der Nickelgehalt ganz oder teilweise durch Mangan ersetzt wird (vgl. Zahlentafel 117).

Auch zur Erzielung höherer Dauerstandfestigkeit setzt man austenitischen Stählen für Dampf-
und Abgasturbinenschaufeln neben Zusätzen von
sonstigen karbidbildenden Elementen, wie Titan,
Tantal oder Niob, Gehalte an Wolfram in der Höhe

Glühung: 50 Stunden bei 1300° in oxydierenden Ofengasen.

Abb. 488. Wirkung eines Zusatzes von 2,5% Wolfram auf die Zunderbeständigkeit von austenitischem Chrom-Nickel-Stahl. [Nach A. Fry:
Techn. Mitt. Krupp Bd. 1 (1933) S. 1/11.]

von 1—3% zu. Entsprechende Stahlzusammen-
setzungen gibt Zahlentafel 118 (S. 588). Die hohe
Warmfestigkeit erfordert, daß diese Legierungen
auch bis zu den angewandten Temperaturen
zunderbeständig sind. Bis zu Temperaturen von 900°
macht sich der Einfluß von Wolfram auf die
Zunderbeständigkeit praktisch nicht bemerkbar,
bei höheren Temperaturen hingegen können erhebliche Verschlechterungen festgestellt werden,
da Wolfram nicht in der Lage ist, festhaftende,
dichte Zunderschichten zu bilden. Abb. 488 zeigt
den Einfluß von Wolfram auf die Zunderbeständigkeit bei Temperaturen von 1000° und darüber.
Bei 1000° sind allerdings auch die Warmfestigkeit
und Dauerstandfestigkeit schon auf niedrige Werte
abgefallen.

Zahlentafel 117. Kalt- und Warmzerreißwerte austenitischer wolframhaltiger Chrom-Nickel-(Mangan)Stähle.

C	Si	Mn	Cr	Ni	W	Zerreißversuch 20°				Zerreißversuch 700°				Z erreißversuch 800°			
						Streck-grenze	Zug-festigkeit	Dehnung $5 \times d$	Einschnü-rung	Streck-grenze	Zug-festigkeit	Dehnung $5 \times d$	Einschnü-rung	Streck-grenze	Zug-festigkeit	Dehnung $5 \times d$	Einschnü-rung
%	%	%	%	%	%	kg/mm²	kg/mm²	%	%	kg/mm²	kg/mm²	%	%	kg/mm²	kg/mm²	%	%
0,55	1,85	0,78	15,7	13,1	0,73	42	87,3	32	40	23	32,0	21	19	20	22,8	19	22
0,47	1,65	0,92	15,6	14,2	2,23	57,5	99,0	23	28	27,5	45,5	15,5	16,5	23,5	27,5	20	38,5
0,52	2,51	1,15	18,7	9,4	1,19	49	85,5	35	44	22	34,2	32	31	19	24,7	32	48
0,47	1,38	6,2	18,1	5,9	1,06	64	96,2	29,4	34	28	40,9	21,6	26	23	27,4	22,4	39
0,55	1,48	12,8	16,4	—	1,12	65	102,3	14,2	14	31	37,8	20	28	17	18,6	35,4	72

Zahlentafel 118. Dauerstandfestigkeit von titan- oder niobhaltigen austenitischen Stählen mit Wolframzusätzen.

C	Si	Mn	Ni	Cr	Ti	Nb	W	Dauerstandfestigkeit in kg/mm² nach DVM		
%	%	%	%	%	%	%	%	bei 500°	bei 550°	bei 600°
0,12	0,8	0,5	8	18	0,5	—	1	$\sim$34	$\sim$20	$\sim$18
0,12	0,8	0,5	8	18	—	1,1	1	$\sim$40	$\sim$28	$\sim$21

b) Wolfram in Einsatzstählen.

Während bei Betrachtung verhältnismäßig geringer Eindringtiefen von
Guillet[1], Giesen[2] und Tammann[3] eine vergrößernde Wirkung des Wolframs
auf die Eindringtiefe des Kohlenstoffes bei der Zementation beobachtet wird, ergibt sich bei stärkerer Zementation eine Verminderung der Eindringtiefe, wie
aus Abb. 489 ersichtlich. Ähnlich wie bei allen karbidbildenden Elementen wird
auch durch Wolfram der Randkohlenstoffgehalt erhöht (Abb. 490). Diese Veränderung
durch die Legierung wirkt sich allerdings nicht in gleichem Maße aus wie bei Chrom und
dem später beschriebenen Molybdän. Im Gefüge der Einsatzschicht wird bei Wolframstählen eine ziemlich weitgehende Koagulation der Randkarbide angetroffen. Außerdem neigen
die Wolframstähle zu einer Ge-

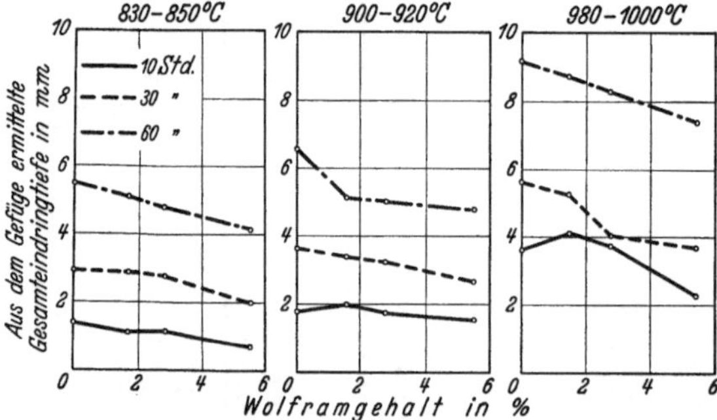

Abb. 489. Wirkung von Wolfram auf die Eindringtiefe bei Zementation in Holzkohle und Bariumkarbonat. [Nach E. Houdremont u. H. Schrader: Arch. Eisenhüttenw. Bd. 8 (1934/35)
S. 445/59.]

fügetrennung im Sinne von anomalen Stählen, wie Abb. 491 zeigt. Während
die Erhöhung des Randkohlenstoffgehaltes und die Herabsetzung der Eindringtiefe bei der Verwendung von Wolfram in Einsatzstählen als ungünstig anzusehen
ist, bietet ein derartiger Legierungszusatz auf der anderen Seite den Vorteil
einer geringeren Empfindlichkeit gegen Zementationsüberhitzung. Wie aus
Abb. 492 hervorgeht, wird, allerdings erst bei Wolframgehalten von mehr als
1,5%, eine ganz beträchtliche Verringerung des Kornwachstums beobachtet.
Ebenso könnte die erwähnte Neigung zur Karbidzusammenballung vorteilhaft
sein, da dadurch die Bildung von groben Zementitnetzen, die eine spröde Beschaffenheit der Randschicht zur Folge haben, behindert wird.

Eine praktische Anwendung als Legierungszusatz für Einsatzstähle hat
Wolfram nur im Chrom-Nickel-Stahl gefunden. Die Zusammensetzung und
Festigkeitseigenschaften eines derartigen Chrom-Nickel-Wolfram-Einsatzstahles
wurde bereits in Abb. 487 (S. 583) angegeben. Ähnlich wie bei Vergütungsstählen
wird auch bei Einsatzstählen durch den Wolframzusatz gegenüber den gleichlegierten Chrom-Nickel-Stählen eine Erhöhung der Festigkeits- und Zähigkeitseigenschaften hervorgerufen.

---

[1] La Cémentation des aciers au carbon et des aciers spéciaux. Mém. C. R. Trav. Soc.
Ing. civ. France 1904 I, S. 177—207.
[2] Die Spezialstähle in Theorie und Praxis. Freiberg: Craz u. Gerlach 1909 S. 21/22.
[3] Werkstoffausschußbericht 1922 Nr. 14 Ver. d. Eisenhüttenleute.

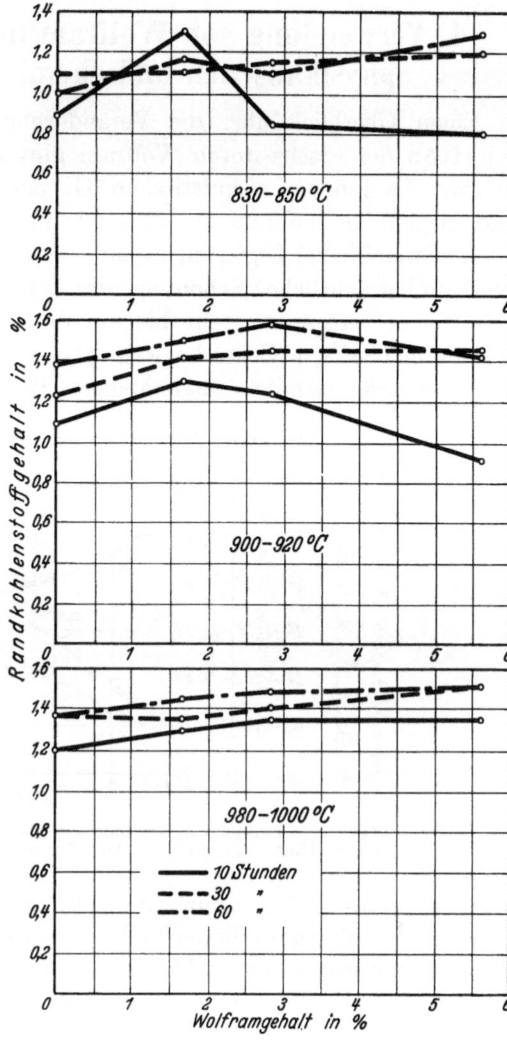

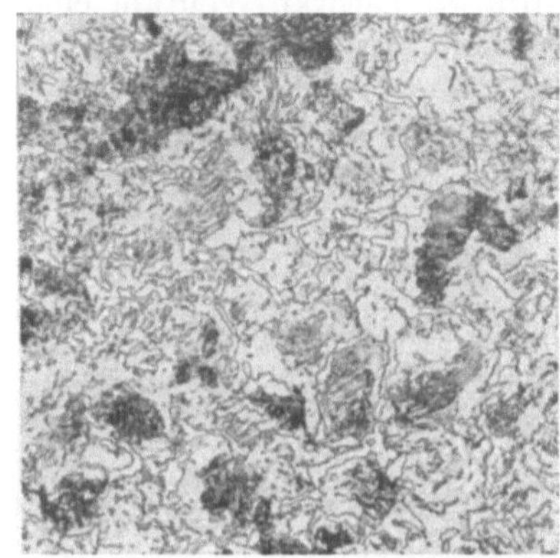

V = 300

Abb. 491. Gefügeanomalität in der Zementationsschicht eines 1,5 proz. Wolframstahles nach 30 stündiger Zementation in Holzkohle und Bariumkarbonat bei 980—1000°. [Nach E. Houdremont und H. Schrader: Arch. Eisenhüttenw. Bd. 8 (1934/35) S. 445/59.]

Abb. 490. Einfluß des Wolframs auf den Randkohlenstoffgehalt. [Nach E. Houdremont u. H. Schrader: Arch. Eisenhüttenw. Bd. 8 (1934 bis 1935) S. 445/59.]

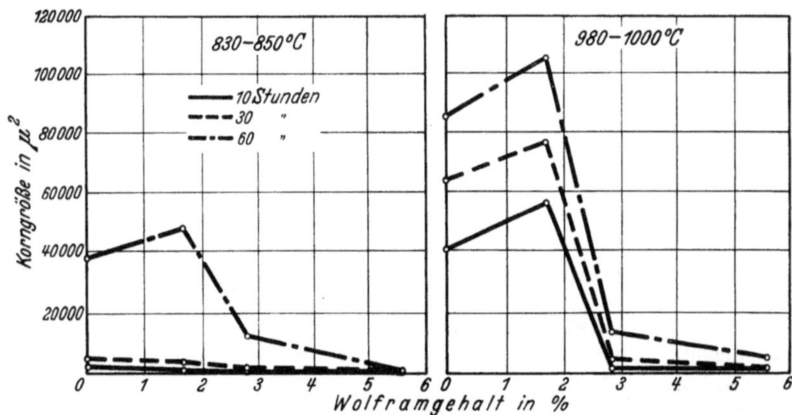

Abb. 492. Wirkung von Wolfram auf die Kornvergröberung infolge Zementationsüberhitzung bei Zementation in Holzkohle und Bariumkarbonat. [Nach E. Houdremont u. H. Schrader: Arch. Eisenhüttenw. Bd. 8 (1934/35) S. 445/59.]

4. Verwendung von Wolfram in Stählen mit besonderen physikalischen und chemischen Eigenschaften.

Einen Überblick über die Veränderung einiger physikalischer Eigenschaften des Eisens durch Wolfram gibt Abb. 493. Untersuchungen darüber, welches die inneren atomistischen Gründe für die beobachteten Änderungen sind, liegen für Wolfram zur Zeit nur in sehr spärlichem Maße vor[1].

In Eisen-Nickel-Legierungen mit mehr als 70% Ni bewirkt Wolfram eine nicht unbeträchtliche Erhöhung der Anfangspermeabilität (s. Abb. 278, S. 341); die Steigerung geht bis auf das 4- bis 5fache. Lenkt man die Verarbeitung einer Eisen-Nickel-Legierung so, daß man einen Werkstoff mit einer von der Feldstärke ziemlich unabhängigen Permeabilität erhält (Isoperm), S. 353,

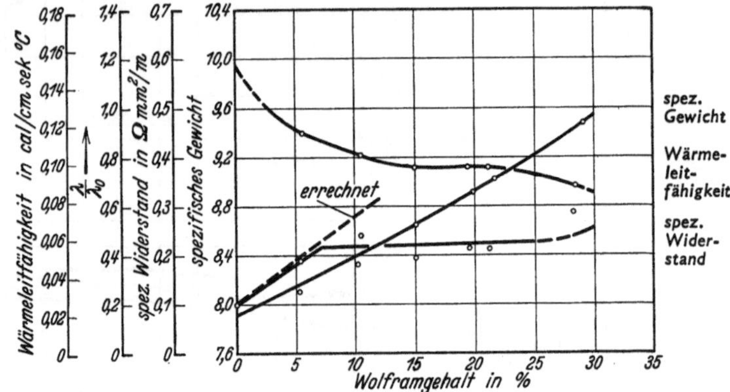

Abb. 493. Einfluß von Wolfram auf die physikalischen Eigenschaften von Eisen. [Nach F. Stäblein: Arch. Eisenhüttenw. Bd. 3 (1929/30) S. 301/05.]

so soll ebenfalls ein Wolframzusatz eine Permeabilitätserhöhung bewirken. Außerdem ergibt Wolfram in diesen Fällen eine zwecks Herabsetzung der Wirbelstromverluste sehr erwünschte Erhöhung des spez. elektrischen Widerstandes, ähnlich wie auch bei reinen Eisen-Wolfram-Legierungen. Auch bei Chromeisenlegierungen, die als Isoperme geeignet sind, wirkt Wolfram im günstigen Sinne.

In Eisen-Kohlenstoff-Legierungen eignet sich Wolfram wie erfahrungsmäßig jedes karbidbildende Element dazu, im abgeschreckten Zustande den betreffenden Legierungen nicht nur mechanische Härte, sondern auch hohe Koerzitivkraft zu verleihen. Eine größere Verwendung haben daher Wolfram-Kohlenstoff-Legierungen für permanente Magnete gefunden. Hierfür hat sich eine Standardlegierung herausgebildet, die in folgenden Analysengrenzen liegt:

C %	Si %	Mn %	Cr %	W %
0,6—0,75	0,20	0,30	0—1	5,5—6,5

Es handelt sich also im wesentlichen um einen 6proz. Wolframstahl. Der Chromzusatz zu diesen Stählen übt einen günstigen Einfluß auf die Härtefähigkeit aus, die durch Chrom stärker erhöht wird als durch Wolfram. Während Chrommagnetstähle in der Hauptsache als ölhärtende Stähle Verwendung finden, ist

---

[1] Dehlinger, U.: Z. Metallkde. Bd. 29 (1937) S. 388/95.

man bei reinen Wolframstählen gezwungen, Wasserhärtung zwecks Erzielung günstigster Eigenschaften anzuwenden. Da die Wasserhärtung aber stets mit stärkerem Verzug und unter Umständen bei komplizierten Magneten mit Härteausschuß verbunden ist, setzt man den Wolframstählen bis zu 1% Chrom zu, um auch bei dickeren Abmessungen einwandfrei ölhärtende Stähle zu erhalten. Gleichzeitig liegt bei diesen ölhärtenden Stählen der Kohlenstoffgehalt an der oberen Grenze, also bei etwa 0,75%. Mit steigendem Kohlenstoffgehalt und insbesondere Übergang von Wasser- zu Ölhärtung steigt die Koerzitivkraft (Einfluß größerer Mengen Restaustenit nach Ölablöschung) auf Kosten der Remanenz an (Abb. 494).

Die Remanenz eines Wolfram-Magnet-Stahles mit 0,7% C und 6% W liegt bei etwa 8000—9000 Gauß, während Koerzitivkräfte von 70—75 Oersted erreicht werden. Gegenüber einem Kohlenstoffstahl mit 1% C, der etwa 7000 Gauß und 50 Oersted ergibt, ergibt sich also eine beträchtliche Verbesserung; wie aus einem Vergleich mit Abb. 386, S. 464 hervorgeht, weisen die Wolframstähle aber auch günstigere Koerzitivkraft als die Chromstähle auf.

Wenn bei Chrommagnetstählen erwähnt wurde, daß die Verarbeitung des Stahles, insbesondere aber die Wärmebehandlung (Einfluß des Glühens), von ausschlaggebender Bedeutung für die erzielbaren magnetischen Eigenschaften, vor allem die Koerzitivkraft, sein kann, so gilt das in noch verstärktem Maße für die Wolframstähle. Sie neigen beim

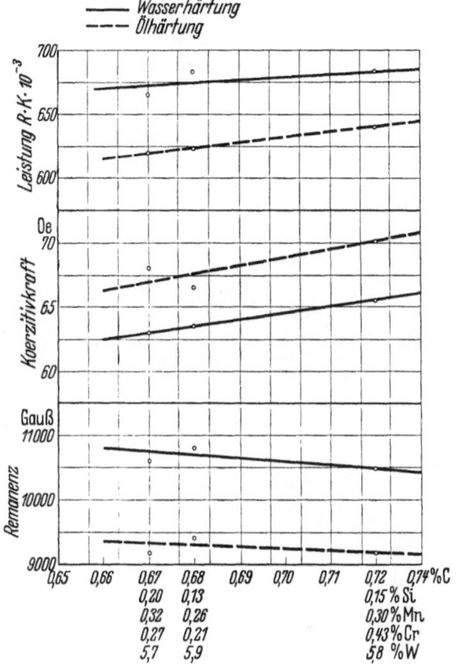

Abb. 494. Einfluß des Kohlenstoffgehaltes auf die magnetischen Eigenschaften eines Wolframmagnetstahles bei Wasser- und Ölhärtung.

Ausglühen außerordentlich leicht zur Ausscheidung des stabilen Wolframkarbides, das bei der für die Magnete üblichen Härtetemperatur von 820° nicht mehr in Lösung geht. Das gleiche tritt ein, wenn Wolframmagnetstähle bei zu tiefer Walztemperatur fertiggewalzt werden. Die magnetischen Eigenschaften eines derartigen verglühten Wolframmagnetstahles gibt Zahlentafel 119 wieder.

Zahlentafel 119. Verschlechterung der magnetischen Eigenschaften eines Wolframmagnetstahles durch Verglühen.

Behandlung	Koerzitivkraft	Remanenz	Magnetische Leistung $R \cdot K \cdot 10^{-3}$
Walzzustand . . . . . } dann gehärtet	63—66	11200—10900	700—720
750° 1 Stunde geglüht } 820° Wasser	37—44	11100—11200	400—500

Gekennzeichnet ist verglühter Wolframmagnetstahl schon dadurch, daß er im gehärteten Zustand keine Glashärte annimmt. Bei der Herstellung metallographischer Schliffe erkennt man die feine Ausscheidung von Wolframkarbid bereits am unpolierten Schliff (Abb. 495). Es gelingt nicht, derartige mit Karbidausscheidung versehene Schliffe hochglanz zu polieren; sie weisen stets eine milchige Trübung auf.

Bereits in der Führung der Schmelzung bei der Herstellung von Wolframstählen kann der Grund zur Glühempfindlichkeit gelegt werden, und infolgedessen sind, je nach der Schmelzführung, die verschiedenen Chargen mehr oder weniger stark gegen die Glühung empfindlich. Wenn Wolframmagnetstähle gleicher Zusammensetzung einmal aus niedriggekohltem Ferrowolfram und einmal durch Zusatz von Wolframkarbid erschmolzen werden, so zeigt häufig trotz sorgfältig durchgeführter Schmelzung im Hochfrequenzofen, bei der eine vollkommene Verflüssigung mit Sicherheit erreicht sein sollte, der mit Wolframkarbid hergestellte Stahl ungenügende Eigenschaften, wie dies die in Zahlentafel 120 (S. 593) enthaltenen Werte wiedergeben. Hieraus geht hervor, daß die Anwesenheit schwerlöslicher Karbide (WC) im Einsatz augenscheinlich eine Impfung hervorrufen kann, die zu einer Ausscheidung von stabilem Wolframkarbid führt.

Aus Gründen der guten Bearbeitbarkeit wird des öfteren Wert darauf gelegt, die Magnetstähle in irgendeinem Stadium der Fabrikation zu glühen. Es ist auf Grund des Gesagten empfehlenswert, wenn irgendwie angängig, sich lieber mit etwas höherer Härte und daher erschwerter Bearbeitung abzufinden, als diese gefährliche Glühoperation vorzunehmen. Ist eine Glühung aber unumgänglich notwendig, so ist es zweckmäßig, die Glühdauer möglichst kurzzuhalten. Sind Wolframstähle nach dem Warmformgebungsprozeß infolge der Luftabkühlung nach dem Walzen verhältnismäßig hart geworden, so verlieren sie ihre Härte bis zu 600° praktisch nicht. Auch hier macht sich der Einfluß der verzögerten Karbidausscheidung bei höheren Temperaturen bemerkbar. Erst oberhalb 600° tritt eine merkliche Erweichung der Wolframmagnetstähle ein. Für die Wahl der Glühtemperatur muß darauf hingewiesen werden, daß die Temperatur von 700—750° für die Ausscheidung des stabilen Wolframkarbids besonders gefährlich ist.

a $V = ^1/_2$ b
Blankpolierter Schliff
Wolfram-Magnetstahl   Flußeisen

c $V = 200$
Mikroskopisches Aussehen des Stahles mit ausgeschiedenen Wolframkarbiden in ungeätztem Zustand.

Abb. 495. Trübung des blankpolierten Schliffes bei Anwesenheit ausgeschiedener Wolframkarbide.

Einige Zehntel Prozent Kobalt werden gelegentlich zu einer gewissen Verringerung der Alterung von Wolframmagnetstählen verwendet. Auch den üblichen Chrom-Magnet-Stählen wird gelegentlich Wolfram zwecks Verbesserung der Eigenschaften zugesetzt, wie auch umgekehrt geringe Chromzusätze zu Wolfram-Magnet-Stählen erfolgen. Chromzusätze bis 1% verringern gleichfalls etwas die Glühempfindlichkeit der reinen Wolframstähle. Der 6proz. Wolfram-Magnetstahl hat infolge der praktisch in der ganzen Welt zunehmenden Sparmaßnahmen zugunsten der Chrom- und Chrom-Silizium-Stähle an Bedeutung verloren.

In Werkstoffen für Glaseinschmelzzwecke wurde Wolfram als Zusatzbestandteil von Eisen-Nickel- oder Eisen-Chrom-Legierungen verwendet mit dem Ziele, daß sich weniger Blasen beim Einschmelzen bilden; ähnlich soll auch ein Zusatz von Kobalt oder Molybdän wirken.

In korrosionstechnischer Hinsicht hat Wolfram bisher keinerlei günstigen Einfluß auf Stahllegierungen ergeben. Es ist in Abb. 488 gezeigt worden, daß der Korrosionswiderstand bei höheren Temperaturen, also die Hitzebeständigkeit und Zunderbeständigkeit durch Zusatz von Wolfram sogar verschlechtert wird. Diese Wirkung von Wolfram ist verständlich, da Wolfram leichter oxydierbar ist als Chrom und infolgedessen bei wolframhaltigen Stählen die Ausbildung einer wolframoxydhaltigen Schicht bei Glühprozessen möglich wird. Da Wolframoxyd nicht in der Lage ist, ähnlich dichte und feuerfeste Oxydüberzüge zu bilden wie Chromoxyd, ergibt sich eine Verschlechterung der Beständigkeit bei hoher Temperatur (s. a. S. 677).

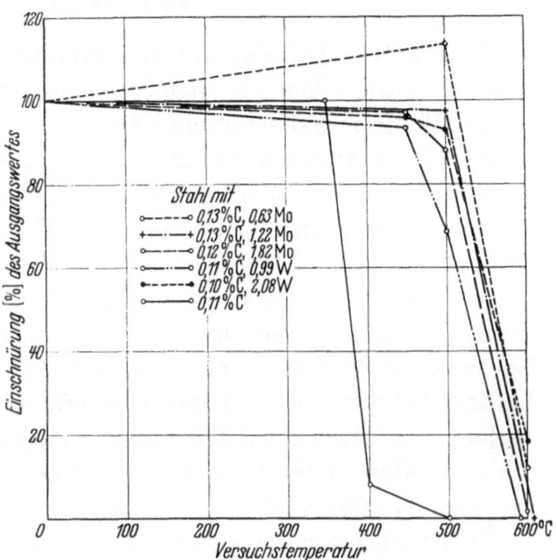

Abb. 496. Einfluß von Molybdän und Wolfram auf die Einschnürung nach Wasserstoffglühung (300 kg/cm², 100 Stunden). [Naumann: Techn. Mitt. Krupp, Forschungsber. Bd. 1 (1938) S. 223/43.]

Wasserstoffbeständigkeit: Der Angriff von Hochdruckwasserstoff bei höheren Temperaturen wurde auf S. 309 (Abschnitt Mangan) beschrieben. Sowohl dort wie in dem Abschnitt Chrom (S. 352) wurde die Bedeutung der Stabilität der Karbide, wie sie in karbidbildenden Stählen vorhanden sind, für die Wasserstoffbeständigkeit bei hohen Temperaturen und hohen Drücken hervorgehoben. Abb. 496 zeigt deutlich den starken Einfluß von Wolfram auf die Wasserstoffbeständigkeit und damit auf die Beständigkeit der Karbide.

Zahlentafel 120. Auswirkung der Schwerlöslichkeit von Wolframkarbid auf die magnetischen Eigenschaften eines mit Wolframkarbidzusatz erschmolzenen Wolframmagnetstahles.

	Wolframmagnetstahl mit Wolframkarbidzusatz erschmolzen 0,72% C, 5,76% W von 820° in Wasser gehärtet	Wolframmagnetstahl normal erschmolzen 0,71% C, 5,44% W von 820° in Wasser gehärtet
Koerzitivkraft K	38,0	64,5
Remanenz R	11250	10900
Leistung RK	427000	703000

Bereits ein Zusatz von 1% Wolfram genügt, um bei den hier gewählten Bedingungen von 300 atü die Beständigkeit wesentlich zu höheren Temperaturen zu verschieben. In verstärktem Maße gilt dies für einen Wolframgehalt von 2%. In Übereinstimmung hiermit wird das reine pulverförmige Wolframkarbid WC, wie es in der Hartmetallherstellung Verwendung findet, auch bei 100stündigem Glühen unter 300 atü Druck bei 600° nicht zersetzt. Da Wolfram die Warmfestigkeit und Dauerstandfestigkeit der Legierungen zu erhöhen vermag, kann sein Zusatz zu wasserstoffbeständigen Stählen sowohl wegen der Verbesserung der mechanischen Eigenschaften wie auch der chemischen Beständigkeit gegen Wasserstoff erfolgen (bezgl. Dauerstandfestigkeit s. Abschnitt Vanadin, S. 703).

5. Hinweise auf den Einfluß des Wolframs bei der Stahlherstellung und -verarbeitung.

Für die Herstellung von Wolframstählen kommen sowohl saure wie basische Siemens-Martin-Öfen als auch besonders elektrische Öfen in Betracht.

Da Wolfram ein schwaches Desoxydationsmittel ist, daher leichter oxydiert wird als Eisen, treten beim Zusatz von Ferrowolfram mehr oder weniger große Verluste an Legierungsmetall ein, die den wirtschaftlichen Vorteil der Erschmelzung dieser Stähle in Siemens-Martin-Öfen in Frage stellen können. Insbesondere ist der Abbrand in basischen Siemens-Martin-Öfen größer als in sauren. Dieses Verhalten weist auf die schwächere Oxydationswirkung der sauren Herdverfahren hin, wobei der Unterschied in der Abbindungsfähigkeit einer basischen und sauren Schlacke für Wolframsäure in Betracht zu ziehen ist. Bei Verwendung wolframhaltigen Schrotts in den Herdfrischverfahren geht das wertvolle Metall vielfach verloren. Hochwertige Abfälle schmilzt man daher normalerweise in Elektroöfen um und reduziert die beim Einschmelzen sich bildende Schlacke, um auch hier unnötige Wolframverluste zu vermeiden.

Es ist aber auch möglich, in Siemens-Martin-Öfen Wolfram bis zu 90% Legierungsinhalt wiederzugewinnen, wenn die entsprechenden physikalisch-chemischen Grundlagen der Schlackenführung (kleine Schlackenmengen) berücksichtigt werden. Bei entsprechender Vorsicht ist es unter Berücksichtigung der Massenwirkungsgesetze daher auch möglich, Wolfram aus Wolframerz in das Stahlbad zu reduzieren[1].

Von den Elektroöfen bieten die Induktionsöfen gewisse Vorteile gegenüber den Lichtbogenöfen. Infolge des hohen spezifischen Gewichts von Ferrowolfram und Wolframmetall setzen sich die Legierungszusätze bei der geringen Bewegung des Lichtbogenofens auf dem Boden des Schmelzbades fest und können nur durch energische Rührarbeit zur vollkommenen Lösung gebracht werden. Die gute Durchwirbelung und Mischung des Stahles bei Induktionsöfen bewirkt dagegen in kürzester Zeit auch bei verhältnismäßig großen Wolframmengen eine vollkommen homogene Auflösung der Legierung. Auf die gelegentlich auftretenden Schwierigkeiten bei der Verwendung von hochgekohlten Wolframlegierungen zur Herstellung von Magnetstählen wurde auf S. 592 hingewiesen.

Die verschlechterte Wärmeleitfähigkeit hochprozentiger Wolframstähle, wie z. B. der Schnellstähle, bedingt eine große Sorgfalt beim Erwärmen zum Schmieden, Glühen usw. Auf die erschwerte Formänderungsfähigkeit der schnellstahlähnlichen Legierungen mit hohem Gehalt an eutektischen Karbiden und die dadurch bedingten Fehlermöglichkeiten beim Schmieden und Walzen wird im Abschnitt „Schnelldrehstähle" hingewiesen. Infolge dieses erhöhten Formänderungswiderstandes wird man Schnellstahl so dicht wie möglich unterhalb seines Schmelzpunktes schmieden. Die Schmiedetemperatur

---

[1] Nach unveröffentlichten Versuchen von F. Badenheuer.

für Gußmaterial wird mit Rücksicht auf die im Gußzustand stärker ausgebildeten und tieferschmelzenden Seigerungen zweckentsprechend etwa 30 bis 40° tiefer gewählt als für ein Material im vorgewalzten oder vorgeschmiedeten Zustand. Ähnlich wie beim Schwarzbruch die Ausscheidung des Graphits durch Kaltfertigschmieden begünstigt werden kann, so wird auch die Ausscheidung der stabilen Wolframkarbide im allgemeinen durch Fertigschmieden bei tiefen Temperaturen in der Nähe der Umwandlungspunkte erleichtert. Allerdings lassen sich diese Wolframkarbide in den sog. Riffelstählen mit 1,5—1,8% C und 5—8% W schon allein durch Weichglühen bei A_1 erzeugen, ohne Rücksicht darauf, ob diese Stähle oberhalb 900° oder bei tieferer Temperatur fertiggeschmiedet werden. Neben der Wolframkarbidausscheidung kann man auch öfters noch eine Graphitausscheidung beobachten, d. h. diese Stähle neigen auch zum Schwarzbruch. Dieser Umstand verdient deswegen besondere Beachtung, weil die normale Anschauung dahin ging, daß Elemente, die stabile Karbide bilden, zur Vermeidung von Schwarzbrucherscheinungen beitragen. Wenn dies auch vielleicht für einige Karbidbildner, wie Chrom, Molybdän, Vanadin, zutreffend sein mag, so beweist aber dieser Fall, daß hieraus keine allgemeingültige Gesetzmäßigkeit abgeleitet werden darf.

Ein weiteres Merkmal von Wolframstählen ist die starke Neigung zur Randentkohlung beim Glühen. Wolframlegierte Stähle, wie z. B. der bekannte Silberstahl mit 1% C und 1% W, entkohlen erheblich leichter und rascher als die gleichen Stähle ohne Wolframzusatz. Das Glühen dieser Stähle ist daher mit besonderer Sorgfalt vorzunehmen, insbesondere dann, wenn sie im blankgezogenen Zustand Verwendung finden sollen, d. h. eine wesentliche Abarbeitung der Oberfläche nicht mehr stattfindet. Die Rohglühung von Walzdraht vor dem Ziehen erfolgt daher zweckmäßig in offenen Öfen, damit infolge des starken Luftzutritts eher eine Verzunderung als eine Entkohlung eintritt (s. a. Entkohlung im Abschnitt „Glühen", S. 127). Die Empfindlichkeit der Wolframstähle gegen Verbrennungserscheinungen beim Anwärmen zur Warmverformung ist, soweit sie das Eindringen der Oxyde betrifft, nicht größer als die unlegierter Stähle.

F. Molybdänstähle.

1. Allgemeines.

a) Das System Eisen-Molybdän.

Das Zustandsschaubild der Eisen-Molybdän-Legierungen (Abb. 497) weist eine starke Ähnlichkeit mit dem der Eisen-Wolfram-Legierungen auf. Eisen-Molybdän-Legierungen gehören ebenfalls in die Gruppe der Systeme mit abgeschnürtem γ-Gebiet; Legierungen mit 3% Mo sind bereits rein ferritisch. Die Grenze des γ-Gebietes liegt zwischen 2,5 und 3% Mo. Die genaue Lage der einzelnen Umwandlungspunkte (A_4-, A_3-, A_2-Punkt) zeigt Abb. 498. Der Bereich der ferritischen Mischkristalle wird, wie bei den entsprechenden Eisen-Wolfram-Legierungen, durch die Ausscheidungslinie der Eisen-Molybdän-Verbindung (Fe_3Mo_2) begrenzt. Die Löslichkeit der Eisen-Molybdän-Verbindung im α-Eisen nimmt mit steigender Temperatur zu. Nach Untersuchungen von W. P. Sykes[1] sollte die Löslichkeit für Fe_3Mo_2 bei Raumtemperatur rund 8% betragen, während nach neueren Untersuchungen[2] bereits bei etwa 3% Mo beginnende Ausscheidungen beobachtet werden konnten. Legierungen mit $\sim$ 4% bis 25% Mo

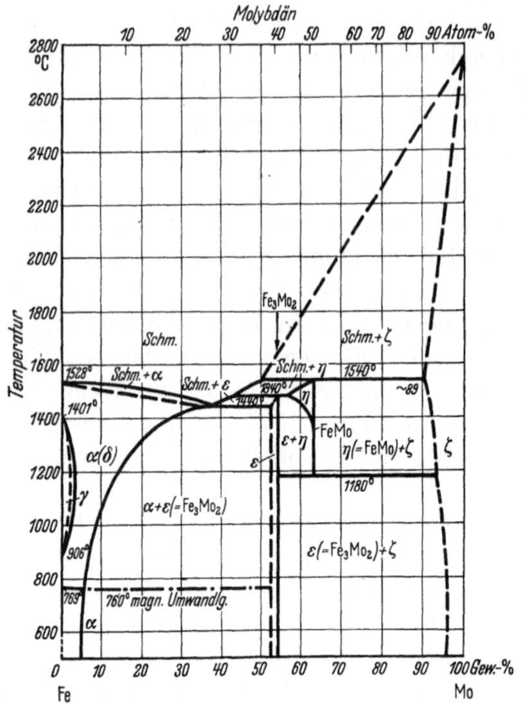

Abb. 497. Zustandsschaubild Eisen-Molybdän. [Nach M. Hansen: Der Aufbau der Zweistofflegierungen (Berlin: Springer 1936), S. 689, mit korrigierter Löslichkeitsgrenze für ε.]

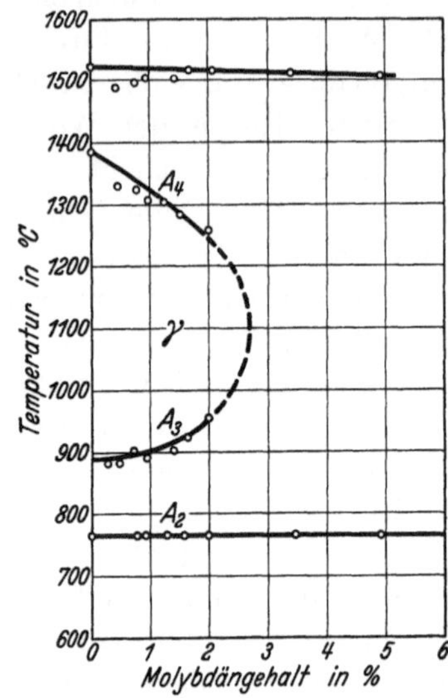

Abb. 498. Das γ-Gebiet des Eisen-Molybdän-Systems. [Nach W. P. Sykes: Trans. Amer. Soc. Steel. Treat. Bd. 10 (1926) S. 839/71 — Stahl u. Eisen Bd. 47 (1927) S. 1341/42.]

lassen sich daher in vollkommener Analogie mit entsprechenden Eisen-Wolfram-Legierungen durch Ablöschen von hohen Temperaturen mit darauffolgendem Anlassen auf verschieden hohe Festigkeitseigenschaften vergüten (Ausscheidungshärtung). Der maximale Ausscheidungseffekt erfolgt bei Anlaßtemperaturen von etwa 700°.

Die Veränderung der Rockwellhärte, Remanenz und Koerzitivkraft mit der Anlaßtemperatur zeigt Abb. 499. Wie hieraus hervorgeht, lassen sich mit diesen Legierungen Härten

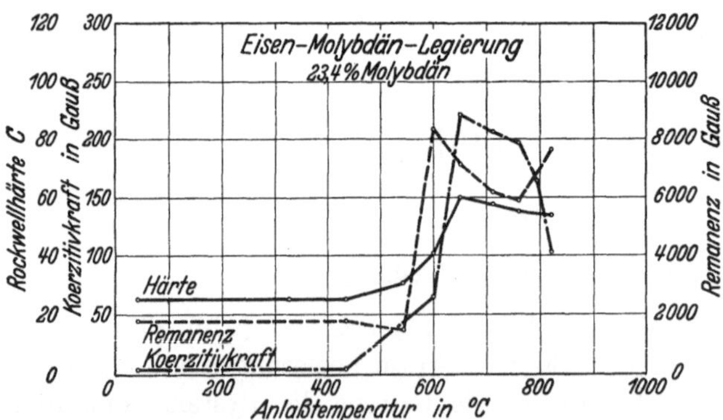

Abb. 499. Veränderung der Härte und magnetischen Eigenschaften einer von 1200° abgelöschten Eisen-Molybdän-Legierung durch Ausscheidung. [Nach K. S. Seljesater und B. S. Rogers: Trans. Amer. Soc. Steel Treat. Bd. 19 (1932) S. 553/76.]

---

[1] Sykes, W. P.: Trans. Amer. Soc. Steel Treat. Bd. 10 (1926) S. 839/71.

[2] Houdremont, E., u. H. Schrader: Techn. Mitt. Krupp, Forschungsberichte Bd. 2 (1939) S. 23/46.

von 60 Rockwell-C und eine Koerzitivkraft von etwa 200 Oersted bei Remanenzwerten von 8000 und Leistungswerten $(B \cdot H)_{max}$ von etwa 260000 erreichen.

Die Werte übertreffen die der Koerzitivkraft eines 6proz. Wolframmagnetstahles um ein erhebliches. Wie später zu sehen sein wird, lassen sich diese Werte
durch Zusatz von Kobalt noch weiter steigern, so daß Eisen-Kobalt-Molybdän-
Legierungen (s. u. Kobalt) praktische Verwendung als Magnete finden können.
Die magnetischen Eigenschaften sind besser als bei den entsprechenden wolframhaltigen Legierungen. Die höhere Koerzitivkraft bei molybdänhaltigen aushärtenden Stählen kann vielleicht darauf zurückzuführen sein, daß das Atomvolumen von Molybdän bzw. das Molekularvolumen seiner Eisenverbindungen
größer ist als von Wolfram und dementsprechend der Zwangszustand bei der
Ausscheidung auch stärker sein wird.

b) Kohlenstoffhaltige Eisen-Molybdän-Legierungen.

Das ternäre System Eisen-Molybdän-Kohlenstoff ist noch verhältnismäßig
wenig erforscht. Aus dem gesamten Verhalten des Molybdäns geht hervor, daß
es ebenfalls zu den karbidbildenden Elementen zu gehören scheint, wie Chrom,
Wolfram, Vanadin. Die größte Ähnlichkeit hat Molybdän allerdings mit Chrom,
da es augenscheinlich nicht sofort zur Bildung von selbständigen Karbiden führt,
wie Wolfram und Vanadin. Vielmehr scheinen die molybdänhaltigen Stähle, ähnlich wie die Chromstähle bis zu 3% Cr, sowie vor allem auch die Manganstähle,
stärkere Mischkarbidbildung aufzuweisen. Von stabilen Molybdänkarbiden ist
das Mo_2C bekannt. In einer Eisenlegierung mit 10% Mo, 0,5% C fanden
V. Adelsköld, A. Sundelin und A. Westgren[1] dieses hexagonale Molybdänkarbid. Irgendwelche genaueren Festlegungen, bei welchen Grenzgehalten von
Molybdän und Kohlenstoff dieses Karbid in Stahllegierungen auftritt, sowie Untersuchungen über die Existenzbereiche etwaiger Mischkarbide liegen noch nicht vor.
Einen Anhalt über den Einfluß von Molybdän auf die Umwandlungspunkte gibt
Abb. 500. Das Dreistoffsystem Eisen-Kohlenstoff-Molybdän ist in diesen Bereichen
noch nicht genau untersucht. Immerhin zeigen die Abbildungen die starke Aufweitung des γ-Feldes mit steigendem Kohlenstoffgehalt. Hieraus kann man
bereits annehmen, daß ein Teil des Molybdäns zu Karbid abgebunden wird.

Daß Molybdän besonders durch seine Beteiligung an der Karbidbildung auf
Stahllegierungen zu wirken scheint, zeigt sich besonders in dem unterschiedlichen
Einfluß auf die A_3- und A_1-Umwandlung bei der Erwärmung und Abkühlung.
Bei dem Stahl mit 0,15% C (Abb. 500) weist die Hysteresis zwischen der Ac_3-
und Ar_3-Umwandlung nur eine geringfügige Vergrößerung mit steigendem Molybdängehalt auf. Der Ar_3-Punkt zeigt noch die Tendenz, sich mit steigendem
Molybdängehalt zu höheren Temperaturen zu verschieben. Hingegen fällt die
starke Hysteresis zwischen Ac_1 und Ar_1 (bzw. Ar_z, s. S. 68 u. 598 unten) auf;
steigender Molybdängehalt setzt die Ar_1-Umwandlung stark herab, die Ac_1-Um-
wandlung herauf.

Während ein molybdänhaltiger Mischkristall mit geringem Kohlenstoffgehalt
keine verstärkte Hysteresis aufweist (A_3-Umwandlung), ist der am Perlitpunkt
mit Kohlenstoff angereicherte Mischkristall einer starken Herabsetzung des
Umwandlungspunktes A_1 unterworfen. Molybdän wirkt also erst bei stärkerer

---

[1] Z. anorg. Chem. Bd. 212 (1933) S. 401/09.

Kohlenstoffanreicherung auf die Umwandlungsfähigkeit des Mischkristalls, was zwanglos durch Bindungen zwischen dem Legierungselement und dem Kohlenstoff erklärt wird. Wahrscheinlich scheidet sich bei der A_3-Umwandlung ein kohlenstoff- und verhältnismäßig molybdänarmer Mischkristall aus; bei der weiteren Abkühlung reichert sich der verbleibende Austenit an Molybdän und Kohlenstoff an, so daß der Ar_1-Punkt eine im Hinblick auf den gesamten Legierungsgehalt unverhältnismäßig starke Unterkühlung erfährt und in den Temperaturbereich der Zwischenstufe (Ar_z) absinkt, worauf später noch eingegangen wird.

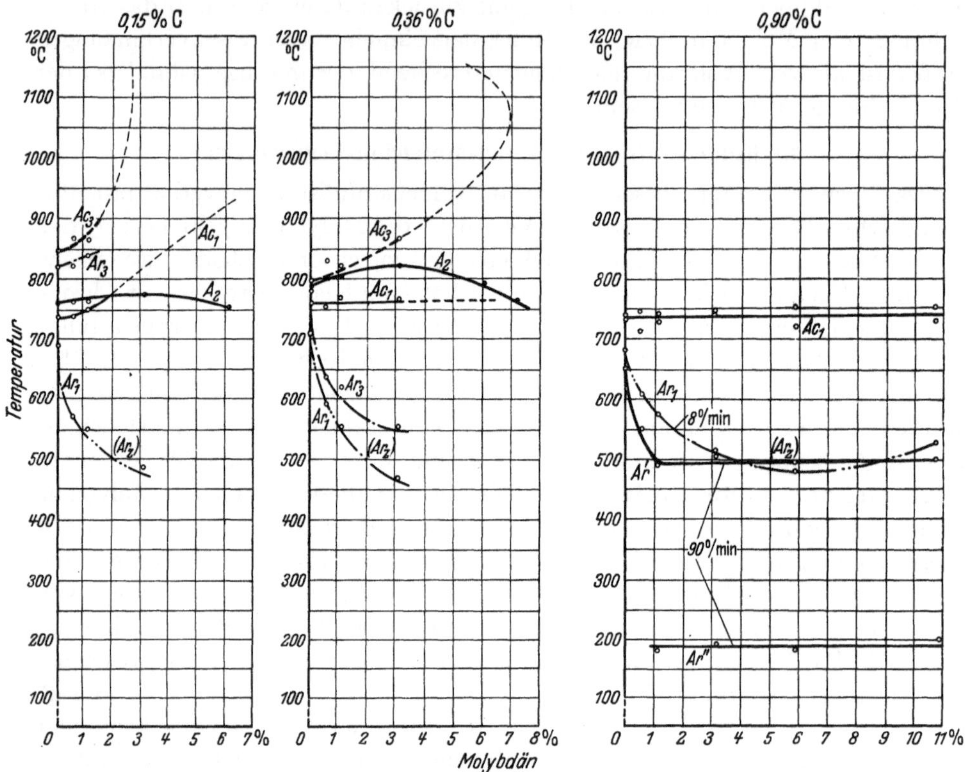

Abb. 500. Verschiebung der Haltepunkte von Stählen verschiedenen Kohlenstoffgehaltes durch Molybdän. [Houdremont, E., u. H. Schrader: Techn. Mitt. Krupp, Forschungsber. Bd. 2 (1939) S. 23/46.]

Bei höherem Kohlenstoffgehalt (0,35% C) macht sich, weil jetzt der Austenit beim Erreichen des A_3-Punktes während der Abkühlung höheren Gehalt an Molybdän und Kohlenstoff aufweist, der Einfluß des Molybdäns naturgemäß etwa gleich stark auf die Ar_3- und Ar_1-Umwandlung bemerkbar, d. h. die Hysteresis beider Umwandlungen wird nahezu gleichmäßig stark vergrößert.

Bei Legierungen mit 0,9% C zeigt sich in gleicher Weise der starke Einfluß von Molybdän auf die Ar_1-Umwandlung, während die Ac_1-Umwandlung praktisch unverändert bleibt. Bemerkenswert ist es, daß der Ar_1-Punkt in allen Fällen schnell auf Temperaturen von 500—450° absinkt, was mit dem Ablauf der Umwandlung in der Zwischenstufe zusammenhängt; in Abb. 500 wurde daher die Bezeichnung (Ar_z) beigefügt.

Die Analogie im Verhalten der Molybdänstähle zum Verhalten anderer karbidhaltiger Stähle bestätigt auch die Arbeit von T. Murakami und T. Takei[1]. Diese

Verfasser haben Legierungen bis zu 70% Mo und bis zu 6% C untersucht. Hierbei finden sie eine starke Abhängigkeit der Lage der Umwandlungspunkte bei der Abkühlung von der vorhergehenden Erwärmungstemperatur, d. h. von der für die Karbide maßgeblichen Lösungstemperatur. Dieser Einfluß ist auch nur bemerkbar bei Stählen, die einen gewissen Mindestkohlenstoff- und Molybdängehalt aufweisen, so daß es sich nicht nur um die Folge einer Kornvergröberung handeln kann. Sehr deutlich geht der Einfluß der der Abkühlung vorhergehenden Erwärmungstemperatur auf die Lage der Umwandlungspunkte aus Abb. 501 hervor. Sie zeigt Temperatur-Magnetisierungskurven eines Stahles mit 3,9% Mo und 0,5% C. Bei der Abkühlung von 800° erfolgen die Umwandlungen normal, wenn auch mit etwas größerer Hysteresis. Bei 900° tritt bereits deutlich eine Spaltung der Umwandlungspunkte auf. Mit steigender Erwärmungstemperatur nimmt der erste Teil der Umwandlung, den man als der Perlitstufe zugehörig betrachten kann, ab, bis er nach dem Abkühlen von 1100° ganz verschwindet; der zweite, der als der Zwischenstufe zugehörig anzusehen ist, hat sich dagegen zu tieferen Temperaturen verlagert. Bezeichnend ist in den Untersuchungen, daß nach einem Erwärmen auf 1000° oder 1100° es belanglos ist, ob man den Stahl beim Abkühlen auf 800° einige Zeit hält oder ihn direkt abkühlt. Erst nach vollkommenem Erkalten und Wiedererwärmen auf 800° ergeben sich Kurven wie die zuerst bei 800° gezeigten (s. hierzu auch Abb. 115 [S. 134]).

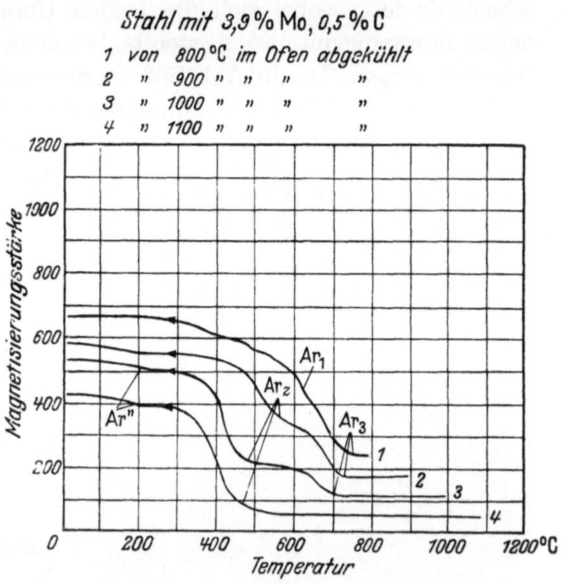

Abb. 501. Einfluß der Glühtemperatur auf die Temperatur-Magnetisierungskurven eines Molybdänstahls. [Nach T. Murakami u. T. Takei: Sci. Rep. Tôhoku Univ. Bd. 19 (1930) S. 175/207.]

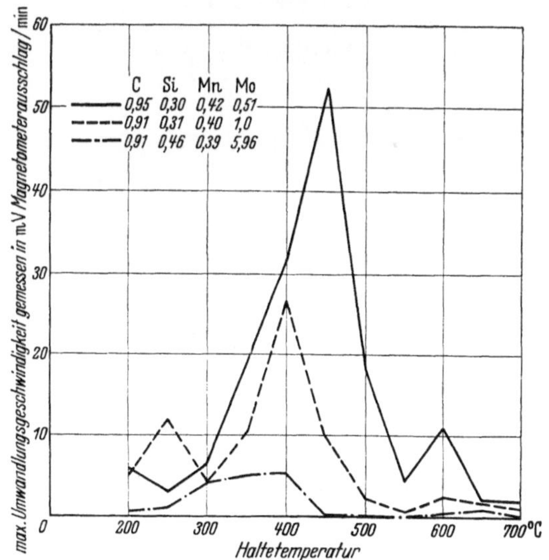

Abb. 502. Einfluß des Molybdäns auf die Umwandlungsgeschwindigkeit in der Perlit- und Zwischenstufe von Stählen mit 1% C. [Nach unveröffentlichten Untersuchungen von H. J. Wiester.]

Über den Einfluß des Molybdäns auf die Umwandlungsgeschwindigkeit in den verschiedenen Umwandlungsstufen liegen eingehendere Untersuchungen noch nicht vor. An einem Stahl mit 0,6% C und 2% Mo stellen H. Döpfer und

---

[1] Sci. Rep. Tôhoku Univ. Bd. 19 (1930) S. 175/207.

H. J. Wiester[1] eine sehr geringe Umwandlungsgeschwindigkeit in der Perlitstufe und eine verhältnismäßig hohe Umwandlungsgeschwindigkeit in der Zwischenstufe fest, wobei sich die beiden Umwandlungsstufen durch ein Gebiet
hoher Beständigkeit des Austenits bei etwa 550° deutlich gegeneinander abgegrenzt zeigen. Die in Abb. 502 wiedergegebenen Kurven zeigen den Einfluß
des Molybdäns auf die Umwandlungsgeschwindigkeit von Stählen mit etwa 1% C.

Danach wird bereits durch geringe
Molybdängehalte die Umwandlungsgeschwindigkeit in der Perlitstufe stark
erniedrigt. Die Erschwerung der Perlitbildung durch das Molybdän äußert
sich dabei insbesondere auch in einer
starken Verlängerung der Anlaufzeiten,
die allerdings in diesen Kurven nicht
zum Ausdruck kommt. Die Umwandlungsgeschwindigkeit in der Zwischenstufe ist bei den untersuchten Stählen
durchweg wesentlich höher als in der
Perlitstufe, wird aber mit zunehmendem
Molybdängehalt ebenfalls stark herab-

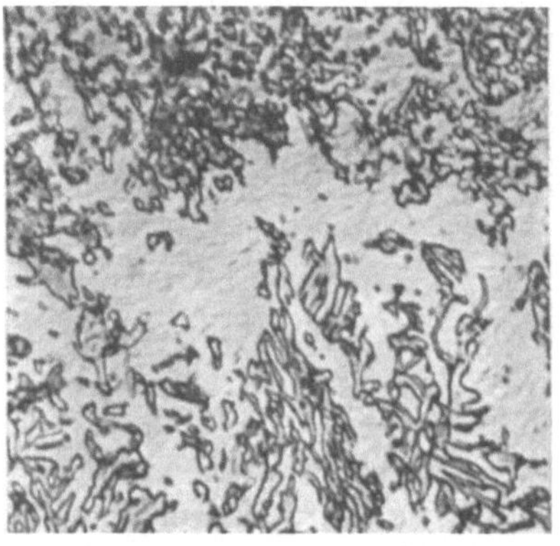

a　　　　　　　V = 100　　　　　　　　　　　b　　　　　　V = 1000
Abb. 503. Strahlige Gefügeausbildung („Molybdängefüge") bei Molybdänstählen (0,17% C und 0,7% Mo).

gesetzt. Die beiden Umwandlungsgebiete erscheinen auch hier durch ein Gebiet
erhöhter Beständigkeit des Austenits klar voneinander abgesetzt. Der Einfluß
des Molybdäns auf die Temperatur des Beginns der Martensitbildung bei über-
kritischer Abkühlung dürfte, wie aus Abb. 500 für die Stähle mit 0,9% Kohlenstoff hervorgeht, gering sein.

Die starke Erschwerung der Perlitbildung zugunsten der Umwandlung in
der Zwischenstufe durch das Molybdän bewirkt, daß molybdänhaltige Stähle
bei mittlerer und langsamer Abkühlung sehr stark zur Bildung von Zwischenstufengefüge neigen, wobei diese Gefügeausbildung häufig durch ein überhitztes grobes Korn, das ja allgemein die kritische Abkühlungsgeschwindigkeit

---

[1] Techn. Mitt. Krupp Bd. 3 (1935) S. 87/99.

herabsetzt, stark begünstigt wird. Das Auftreten der Zwischenstufe ist daher gerade in derartigen Stählen frühzeitig beobachtet und zunächst als eine be-

0,0% Mo

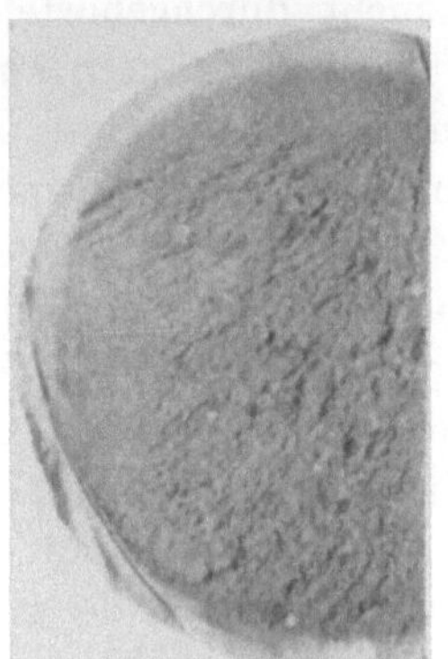

0,5% Mo

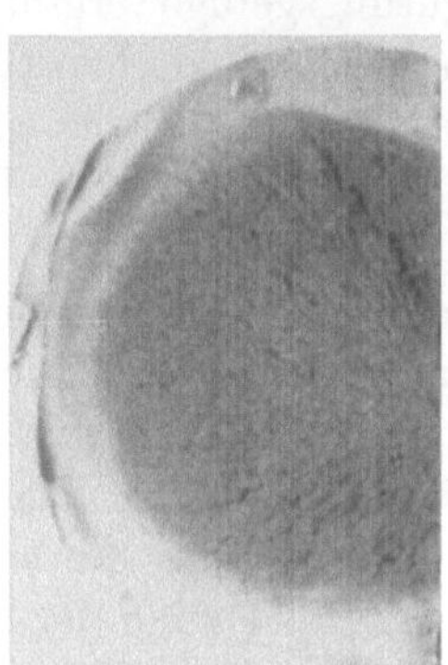

1,0% Mo

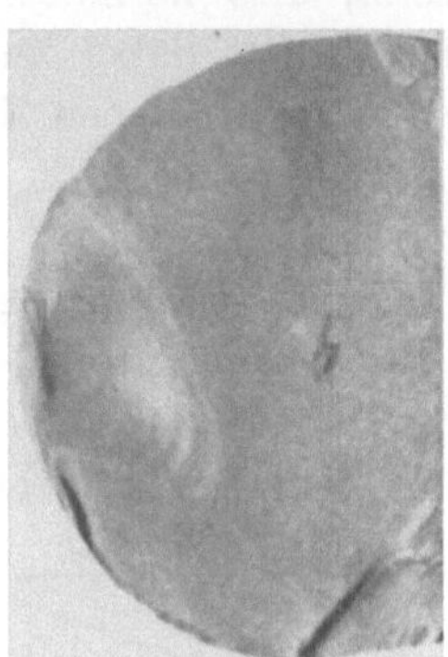

740° Wasser

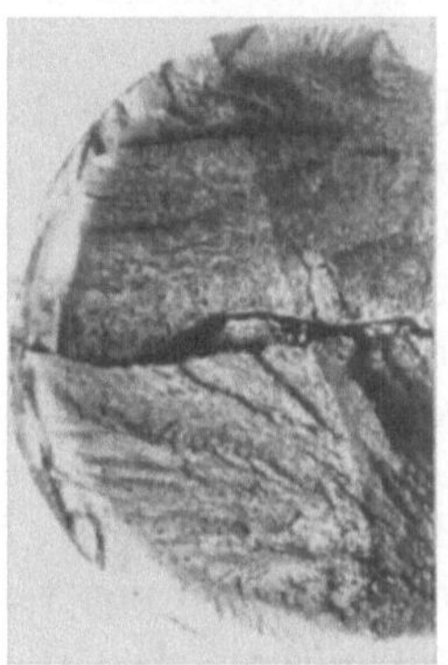

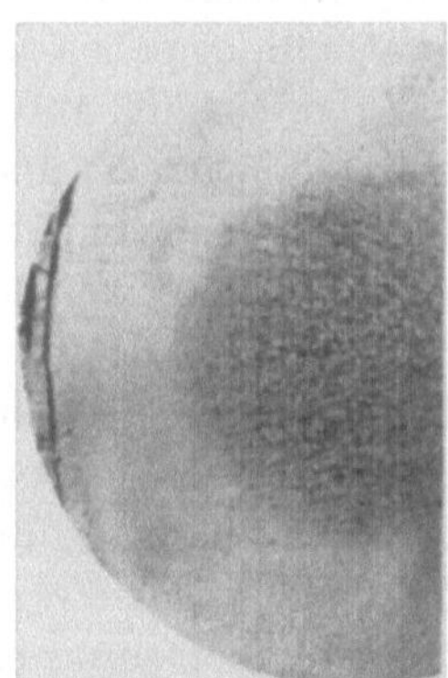

780° Wasser

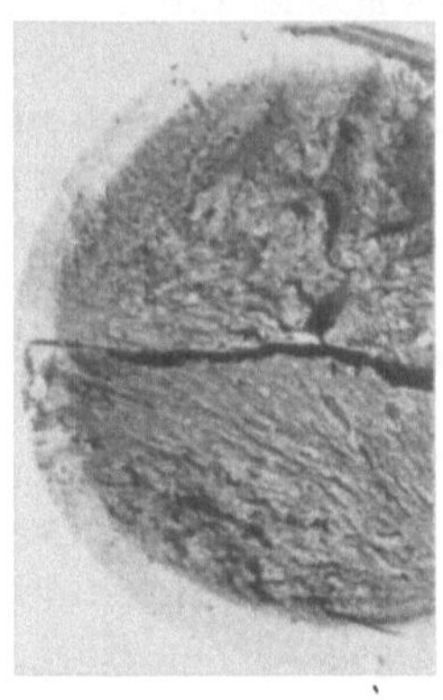

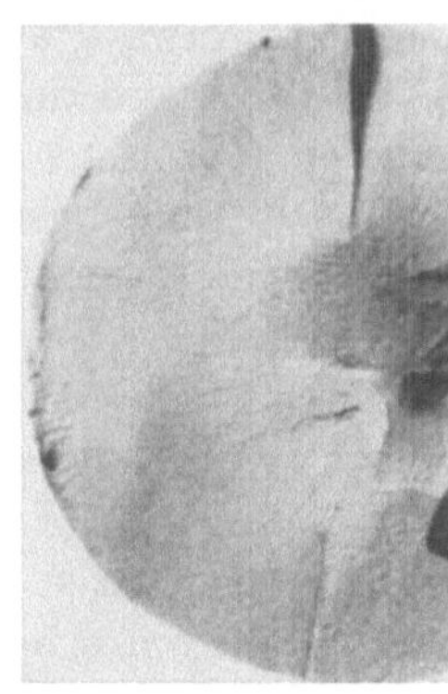

820° Wasser

Abb. 504. Wirkung von Molybdän auf die Durchhärtung bei Stählen mit 0,9% C. [Nach E. Houdremont u. H. Schrader: Techn. Mitt. Krupp, Forschungsber. Bd. 2 (1939) S. 23/46.]

sondere Gefügeausbildung molybdän- (und wolfram-) haltiger Stähle angesehen worden[1]. Abb. 503 zeigt die nadelige Ausbildung des Zwischenstufengefüges in einem Molybdänstahl neben dichtstreifigem Perlit und voreutektoiden Ferritausscheidungen.

Die Begünstigung der Bildung von Zwischenstufengefüge durch ein gröberes Korn äußert sich z. B. auch in größeren Schmiedestücken aus molybdänhaltigen Stählen, bei denen wegen der langsamen Abkühlung nach dem Schmieden, insbesondere in dem infolge der höheren Temperaturen und der geringeren Warmverformung grobkörnigeren Kern, das Zwischenstufengefüge in charakteristischer Ausbildung auftritt[2]. Durch ein einfaches Glühen bei 600° nach dem

[1] Portevin, A.: J. Iron Steel Inst. Bd. 104 (1921 II) S. 141/144 — Stahl u. Eisen Bd. 42 (1922) S. 230. — Hultgren, A.: J. Iron Steel Inst. Bd. 104 (1921 II) S. 139/140.
[2] Maurer, E., u. H. Korschan: Stahl u. Eisen Bd. 53 (1933) S. 271/81.

Schmieden kann diese Gefügeausbildung nicht beseitigt werden. Bei der Vergütung solcher Stücke kann bei genügend schroffer Abkühlung zumindest in der Randzone Martensit entstehen, der beim Anlassen sich unter Ausscheidung von Karbiden zersetzt, also normales Vergütungsgefüge ergibt. Bei nicht durchgehärteten Stücken tritt dabei im Kern erneut Zwischenstufengefüge auf, das sich auch noch im angelassenen Zustand an seiner etwas gröberen Karbidausbildung als solches erkennen läßt und sich deutlich vom Vergütungsgefüge des Randes unterscheidet.

In Übereinstimmung mit allen diesen Untersuchungen wirkt sich Molybdän in Eisen-Kohlenstoff-Legierungen in einer Erniedrigung der kritischen Abkühlungsgeschwindigkeit aus. Die Wirkung ist entsprechend dem oben Gesagten erheblich stärker als bei den entsprechenden Eisen-Chrom-Kohlenstoff-Legierungen. Sie erstreckt sich nicht nur auf die Unterdrückung der Perlitstufe zugunsten der Zwischenstufe, sondern auch auf das frühzeitige Auftreten der Martensitumwandlung, wie dies Abb. 500 für den Stahl mit 0,9% C zeigt, wo die Martensitumwandlung neben der Zwischenstufenumwandlung (Ar_z bei $\sim450°$) auftritt. Infolgedessen tritt durch Molybdänzusatz eine **starke Erhöhung der Durchhärtbarkeit** der betreffenden Stähle ein.

In Abb. 504 sind Härtungsbruchproben von Stählen mit 0,8% C und Molybdängehalten bis zu 1% gegenübergestellt. Der molybdänfreie Stahl zeigt unabhängig von der Ablöschtemperatur eine verhältnismäßig dünne Härteschicht. Bei den Molybdänstählen ergibt sich schon bei den tiefen Härtetemperaturen eine Erhöhung der Härtezone, die aber erst bei Erhöhung der Härtetemperatur stärker in Erscheinung tritt. Eine ähnlich starke Wirkung wie durch 1% Mo würde man durch Chromzusatz erst bei etwa 2% Cr erreichen.

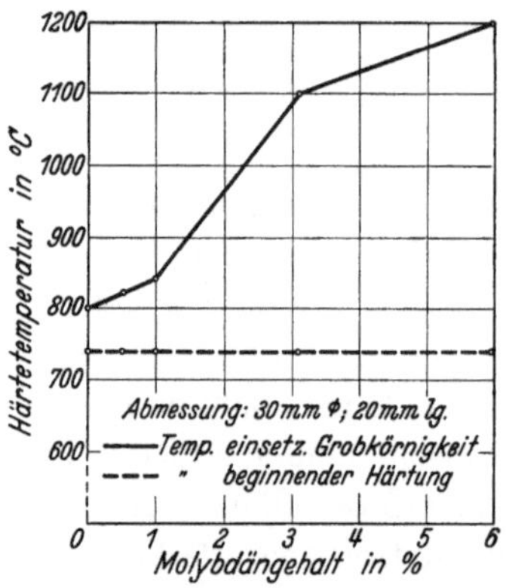

Abb. 505. Wirkung von Molybdän auf die Überhitzungsempfindlichkeit beim Härten. [Nach E. Houdremont u. H. Schrader: Techn. Mitt. Krupp, Forschungsber. Bd. 2 (1939) S. 23/46.]

Die Temperatur beginnender Härtung wird durch Molybdän praktisch nicht beeinflußt, wie dies aus den Untersuchungen über den Ac_1-Punkt bereits hervorgeht (Abb. 500). Hingegen wird die Überhitzungsempfindlichkeit durch Molybdänzusatz wie bei anderen karbidbildenden Elementen stark verringert (Abb. 505).

Das gesamte Verhalten molybdänhaltiger Eisen-Kohlenstoff-Legierungen bei der Härtung entspricht also typisch dem von karbidbildenden Elementen. Eine weitere Analogie ergibt sich aus der Verfolgung der Härteveränderung beim Anlassen, und zwar läßt Abb. 506 für einen Werkzeugstahl mit 0,9% C entnehmen, daß bei niedrigen Ablöschtemperaturen von 800° durch zunehmende Molybdängehalte wegen der geringen Menge des in Lösung gegangenen Karbides nur eine geringe Erhöhung der Anlaßbeständigkeit hervorgerufen wird, daß dagegen eine Steigerung der Härtetemperatur auf 1300° bei den höher molybdänhaltigen Stählen eine ganz beträchtliche Verbesserung der Anlaßbeständigkeit zur Folge hat. Wie bei den Vanadinstählen (s. a. Abschnitt Vanadin) ist auch hier einwandfrei festgestellt, daß die erhöhte Anlaßbeständigkeit nicht durch Restaustenitumwandlung beim Anlassen vorgetäuscht wird, sondern auch im vollständig umgewandelten austenitfreien Gefüge erhalten bleibt. Es scheint im übrigen, als ob Molybdän den Gehalt an Restaustenit im gehärteten Zustand herabsetzt. Die steigende Härte mit steigendem Molybdängehalt nach Abschreckung von hohen Temperaturen (1300°) spricht für eine Verminderung des Restaustenitsgehaltes (vgl. Abb. 506 und 507). Die Temperatur des Be-

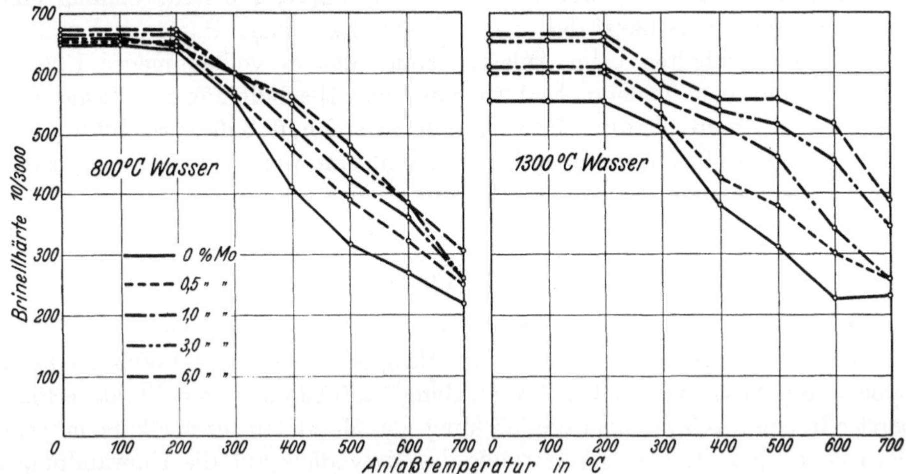

Abb. 506. Härteveränderung von Werkzeugstahl mit 0,9 % C und verschiedenem Molybdängehalt beim Anlassen für verschiedene Härtetemperaturen. [Nach E. Houdremont u. H. Schrader: Techn. Mitt. Krupp, Forschungsber. Bd. 2 (1939) S. 23/46.]

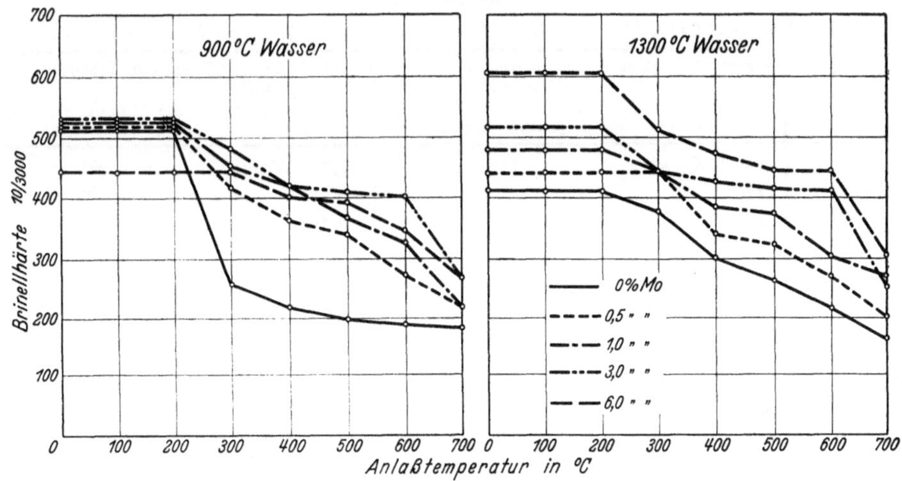

Abb. 507. Härteveränderung von Baustahl mit 0,4 % C und verschiedenem Molybdängehalt beim Anlassen für verschiedene Härtetemperaturen.

ginns der Martensitumwandlung wird nach Abb. 500 durch Molybdänzusatz nicht gesenkt, die Umwandlung läuft aber bei der Abkühlung von dieser Temperatur bis zu Raumtemperatur vollständiger ab. Ähnlich liegen auch die Verhältnisse bei Molybdänstählen, die einen bei Baustählen üblichen geringen Kohlenstoffgehalt von nur 0,4 % besitzen (Abb. 507). Wegen des geringeren Kohlenstoffgehaltes mußte als niedrigste Abschrecktemperatur im Gegensatz zu Abb. 506 die von 900° mit der von 1300° verglichen werden.

Schon nach dem Abschrecken von 900° tritt aber die erhöhte Anlaßbeständigkeit der molybdänhaltigen Stähle hervor. In Abb. 507 ist außerdem noch bemerkenswert, daß bei 6% Mo infolge der Abbindung des Kohlenstoffs als Molybdänkarbid und der hohen Lage der Ac_3-Umwandlung bei tiefer Härtetemperatur eine geringere Härte erzielt wird, als es bei den niedriger molybdänhaltigen bzw. unlegierten Stählen der Fall ist, während bei Anwendung einer Härtetemperatur von 1300° der gleiche Stahl eine höhere Härte annimmt.

Auch das Verhalten beim Anlassen steht also in vollkommener Übereinstimmung mit dem anderer Stählen mit sonderkarbidbildenden Legierungselementen. Es muß allerdings hervorgehoben werden, daß diese Schlußfolgerungen nur auf Einzelbeobachtungen beruhen und erst weitere Forschung restlose Klärung bringen kann.

2. Molybdän in Werkzeugstählen.

Reine Eisen-Kohlenstoff-Molybdän-Legierungen haben bisher keine Verwendung als Werkzeugstähle gefunden. Hingegen setzt man Molybdän mehrfachlegierten Stählen zu. Die Entwicklung molybdänhaltiger Stähle erfolgte zuerst rein empirisch, da über die Wirkung von Molybdän bis vor kurzem wenig Klarheit bestand. Infolge der Wirkung des Molybdäns auf die Umwandlungen und die Karbidbildung kann man von ihm eine Erhöhung der Härtefähigkeit, der Verschleißfestigkeit, vor allem aber der Anlaßbeständigkeit erwarten.

Zahlentafel 121.
Einfluß von Molybdän auf die Schnittleistung von Kohlenstoffstahl.

Mo-Gehalt der Stähle bei 0,9% C	Standzeit in Minuten bei Bearbeitung von Kohlenstoffstahl mit 55 kg/mm² Festigkeit mit 1,4 mm Vorschub und 5 mm Spantiefe			
	niedrig gehärtet von:	bei 7 m/min Schnittgeschwindigkeit	hoch gehärtet von:	bei 9 m/min Schnittgeschwindigkeit
0	780° Wasser	17^{30}	(780° Wasser)	0^{55}
0,5%	780°　,,	14^{00}	800°　,,	0^{50}
1,0%	780°　,,	27^{20}	860°　,,	5^{10}
3,0%	780°　,,	29^{10}	1000°　,,	nach 2 Stunden noch nicht stumpf
6,0%	780°　,,	41^{50}	1100°　,,	nach 2 Stunden noch nicht stumpf

Den Einfluß von Molybdän auf die Schnittleistung von Werkzeugstählen zeigt Zahlentafel 121. Es zeigt sich hier eine große Ähnlichkeit mit entsprechenden Vanadin-Eisen-Kohlenstoff-Legierungen, insbesondere tritt der Einfluß erhöhter Härtetemperatur deutlich hervor (s. S. 646 u. 667). Während beim Härten von normaler Temperatur (800°) kaum eine bessere Schnittleistung erzielt werden kann, tritt beim Ablöschen von hohen Temperaturen eine deutliche Zunahme der Schnittleistung auf, die zweifellos mit der erhöhten Anlaßbeständigkeit nach erfolgter stärkerer Karbidauflösung (Abb. 506) in Zusammenhang steht.

In niedriglegierten wasserhärtenden Stählen wird Molybdän wenig verwendet. Ein bekannter Stahl dieser Art hat folgende Zusammensetzung: 1,25% C, 0,15% V, 0,30% Mo. Dieser Stahl hat ähnliche Eigenschaften wie wolframlegierte Stähle mit 1,2% C, 1% W. Derartige molybdänlegierte Stähle zeigen nicht die Glühempfindlichkeit (Karbidausscheidung) der Wolframstähle.

Infolgedessen ist dieser Stahl, der für Gewindeschneidwerkzeuge, wie Stehbolzengewindebohrer und ähnliche Werkzeuge, Verwendung findet, hinsichtlich Härtbarkeit und Leistung weitgehend von der thermischen Vorbehandlung unabhängig. Die Härtung erfolgt in Wasser oder in Öl je nach Abmessungen.

Vielfach hat sich, insbesondere in Ländern, in denen Chromerze im Gegensatz zu Molybdänerzen nicht vorhanden sind, das Bestreben gezeigt, Chrom durch Molybdän zu ersetzen, beispielsweise in Amerika bei Kugel- und Rollenstählen, die bekanntlich normalerweise etwa 1% C, 0,5—1,5% Cr enthalten. Diesen Legierungen kann bei entsprechender Herabsetzung des Chromgehaltes Molybdän bis zu 0,3% zugesetzt werden. Stähle mit etwa 1% C, 1% Cr, 0,3% Mo finden auch Verwendung für Schneidwerkzeuge, wie z. B. Gesteinsbohrer usw. Infolge der erhöhten Härtefähigkeit lassen sie sich in Öl einwandfrei härten.

Die Erhöhung der Anlaßbeständigkeit durch Molybdän und die Vermeidung der Anlaßsprödigkeit (s. „Molybdän in Baustählen“) hat vor allem zu Molybdänzusätzen bei niedriglegierten Warmarbeitsstählen geführt. Die Zusammensetzung einiger derartiger Warmgesenkstähle ist in Zahlentafel 122 (S. 606) enthalten.

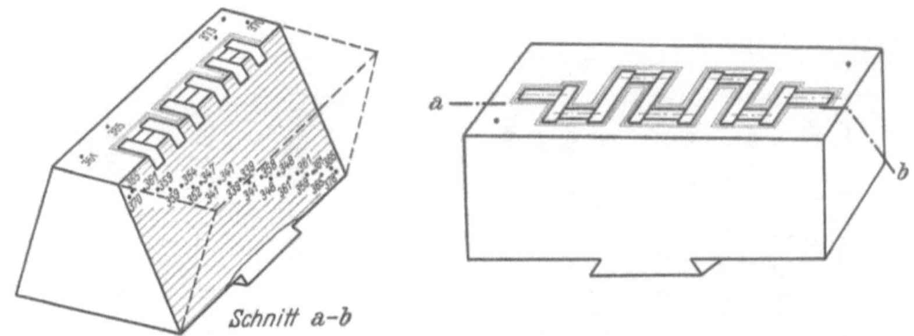

Abb. 508. Härteverlauf in einem Gesenkblock aus Cr-Ni-Mo-Stahl.

Während man früher mehr Stähle mit höherem Nickelgehalt (3,5—4,5%) verwendet hat, sind diese heute praktisch durch die wirtschaftlicheren nickelarmen, genau so gut härtbaren und anlaßbeständigen molybdänhaltigen Stähle 8 und 9 ersetzt worden. Infolge des verhältnismäßig hohen Kohlenstoffgehaltes sind diese Stähle gleichzeitig sehr verschleißfest. Die Härtung des Stahles 8 kann bis zu den größten Abmessungen sowohl in Öl als auch in Preßluft erfolgen. Bei Gesenken wird vorzugsweise die Arbeitsfläche durch Abblasen mit Preßluft etwas schärfer gehärtet als die Rückseite.

Die Gleichmäßigkeit, mit der auch bei größeren Abmessungen bei diesen Stählen Durchvergütung und Durchhärtbarkeit erreicht werden, zeigt Abb. 508, bei der in einen in der Mitte durchgeschnittenen Block die Härtezahlen in den Diagonalen eingetragen sind. Durch gleichzeitigen Zusatz von Vanadin (s. später) läßt sich die Anlaßbeständigkeit molybdänhaltiger Stähle noch weiter verbessern, wie dies später aus Abb. 555 hervorgeht. So findet man die genannten Chrom-Nickel-Molybdän-Stähle auch mit Zusätzen von etwa 0,2% Vanadin als besonders unempfindliche Stähle für warmfeste Werkzeuge.

Das gleiche gilt für die nickelfreien Gesenkstähle 4, 5 und 7 der Zahlentafel 122. Auch diese Stähle mit 0,7—2,0% Mn, 1,8—3,5% Cr, 0,3—0,5% Mo und evtl. 0,2% V eignen sich für große Gesenkabmessungen, wobei vielfach auch bereits Preßluftabkühlung von 900—950° ausreichend ist.

Zahlentafel 122. Zusammensetzung von molybdänhaltigen Werkzeugstählen.

	C %	Si %	Mn %	Cr %	Ni %	W %	Mo %	V %	Härtungsbehandlung	Gebrauchshärte	Verwendungszweck
1	0,30	0,25	0,4	2/3	—	—	1,2	0,6	1100° Öl, Anl. 650/680°	vergütet auf 120—150 kg/mm² Festigkeit	Warmwerkzeuge, Matrizen, Loch- u. Ziehdorne
2	0,30	0,25	0,4	—	—	3	3	0,4	1150° Öl, Anl. 620/670°	„	„
3	0,3/4	0,25	0,4	1,2	3/4,5	—	0,4	—	850° Öl, Anl. 500/600°	„	Gesenke
4	0,40	0,25	2	1,8	—	—	0,3	—	850° Öl o. Preßluft, Anl. 500/600°	„	„
5	0,45	0,25	1,2	2,5	—	—	0,3	—	880° Öl o. Preßluft, Anl. 500/600°	„	„
6	0,45	0,7	0,4	1,6	—	0,5	0,4	0,8	1100° Öl, Anl. 650/700°	„	Warmwerkzeuge, Matrizen, Loch- u. Ziehdorne
7	0,5	0,25	0,7	3	—	—	0,5	—	900° Öl o. Preßluft, Anl. 500/600°	„	Gesenke
8	0,6	0,25	0,6	0,7	1,8/2,0	—	0,3	—	880° Öl o. Preßluft, Anl. 500/600°	„	Gesenke hoher Leistung, Kalt- u. Warmscherenmesser, Warmschnitte, Stauchwerkzeuge, Mäntel für Strangpressen, Preßstempel, Kunstharzmatrizen
9	0,6	0,25	0,5	0,7	1,8	—	0,7	—	„	„	Gesenke höchster Leistung, Kunstharzpreßformen, Kalt- u. Warmscherenmesser
10	0,45	0,7	0,7	1,6	—	—	0,3	0,15	900° Öl, Anl. 600/650°	„	Hochbeanspr. Warmwalzen, Zwischenbüchsen in Metallstrang- u. Rohrpressen
11	0,45	0,7	0,7	1,8	—	—	0,7	0,15	900° Öl, Anl. 600/650°	„	Innenbüchsen v. Metallstrang- u. Rohrpressen, Kunstharzmatrizen
12	0,4	0,25	0,4	1,3	2,5	—	0,4/8	0,5	880° Öl o. Preßluft, Anl. 600/650°	gehärtet auf 62— 65 R_C	Spitzen für Lochdorne, Pilgerdorne
13	0,4	0,25	0,4	1,8	1,5	—	0,5	0,5	„	„	„
14	0,45	0,9	0,4	1,3	—	2,0	0,8	—	880° Öl, Anl. 500/600°	„	Rezipientenbüchsen
15	1,0	0,25	0,4	1	—	—	0,3	—	820° Wasser, Ausk. b. 100°	gehärtet auf 64—66 R_C	Gesteinsbohrer
16	1,25	0,25	0,4	—	—	—	0,3	0,15	820° Wasser od. Öl, Anl. 100/200°	gehärtet auf 62—65 R_C	Bohrer, Sägeblätter, Gewindeschneidwerkzeuge

Die Erhöhung der Anlaßbeständigkeit hat überall dort zur Anwendung von Molybdän geführt, wo es auf Warmbeständigkeit (Rotgluthärte) besonders ankommt. So kann ein weitgehender Austausch von Wolfram durch Molybdän in den hochbeanspruchten Warmarbeitswerkzeugen stattfinden. Hierbei wird fast stets Vanadin gleichzeitig zur Erhöhung der Anlaßbeständigkeit zugesetzt. Die Anlaßbeständigkeit solcher Legierungen auf Basis Wolfram oder Molybdän und mit Zusätzen von Vanadin zeigt Abb. 509.

Große Verwendung findet Molybdän schließlich als Zusatz zu Schnelldrehstählen. Lange Zeit war der Wert eines solchen Zusatzes sehr umstritten. Heute dürfte Molybdän auf Grund der Erkenntnis seines Einflusses auf Härtung und Anlaßbeständigkeit in Analogie zu Vanadin, Wolfram usw. als wertvoller Bestandteil zu Schnellstählen anerkannt sein (s. Abschnitt Schnellstähle unter Vanadin), wobei der Wirkungsgrad des Molybdäns in etwa abhängig ist von der Höhe des gleichzeitig vorhandenen Wolframgehaltes.

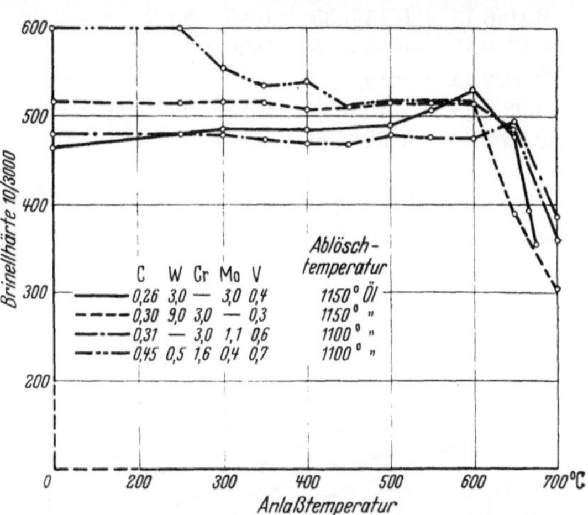

Abb. 509. Anlaßbeständigkeit von verschiedenen Warmarbeitsstählen.

3. Molybdän in Baustählen.

Baustählen, die im gewalzten oder nur geglühten Zustand Verwendung finden, setzt man normalerweise kein Molybdän zwecks Verbesserung der Festigkeitseigenschaften bei Raumtemperatur zu. Gelegentlich findet man allerdings Hinweise auf die verbessernde Wirkung von Molybdänzusätzen von 0,1 % bei Stählen etwas höherer Festigkeit, wie z. B. dem Hochbaustahl St 52. Die wirtschaftliche Verwendung eines so kostspieligen Legierungselementes bedingt schon, daß man durch gleichzeitige Anwendung besonderer Wärmebehandlungen — Normalglühen oder Vergüten — das Maximum an Eigenschaftsverbesserungen zu erzielen bestrebt ist. Da Molybdän aber nicht nur auf die Vergütefähigkeit einwirkt, sondern auch im Ferrit gelöst die Festigkeit bei höheren Temperaturen verbessert, findet es in warmfesten Baustählen in verstärktem Maße Verwendung.

a) Vergütungsstähle.

Warmfeste Baustähle. Eine wesentliche Verwendung verdankt Molybdän dem Umstande, daß es in der Lage ist, die Warmfestigkeit gewöhnlichen Flußeisens bis zu Temperaturen von 500—600° zu erhöhen. Abb. 510 zeigt den Unterschied in der im Kurzzerreißversuch ermittelten Warmstreckgrenze gewöhnlichen unlegierten gegenüber molybdän- und vanadinhaltigem Flußeisen. Auch bei Dauerstandversuchen (s. Kapitel Vanadin S. 704) von langer Zeitdauer — mehrere 1000 Stunden — bleibt diese Überlegenheit der Molybdänflußeisensorten erhalten. Für die Zusammensetzung warmfester und dauerstandfester molybdänhaltiger Stähle gibt die folgende Übersicht einige Beispiele:

C %	Si %	Mn %	Cr %	Mo %	
0,10/0,17	0,15/0,35	0,40/0,50	—	0,40/0,60	—
0,07/0,17	0,15/0,45	0,30/1,5	—	0,10/0,20	(gegebenenfalls V oder Ti)
0,07/0,14	0,15/0,45	0,30/0,80	—	0,25/0,30	0,15/0,40% Cu
0,08/0,14	0,15/0,35	0,25/0,50	0,7/1,0	0,4/0,6	—
0,08/0,14	0,20/0,40	0,45/0,55	0,7/0,9	0,9/1,0	(1,4/1,6% Ni)

Während die angeführten, nur mit Molybdän legierten Flußeisensorten vielfach im nur geglühten Zustand Verwendung finden, werden die sonstigen, meist
mehrfach legierten dauerstandfesten Stähle durchweg einer Vergütung (Luft-
oder Ölabschreckung mit nachfolgendem Anlassen) unterworfen. Den Einfluß
von Molybdän auf die Dauerstandfestigkeit eines 5 proz. Chromstahles im
Prüfbereich von 10000 Stunden zeigt
Abb. 511. Im Gegensatz zu den mo-

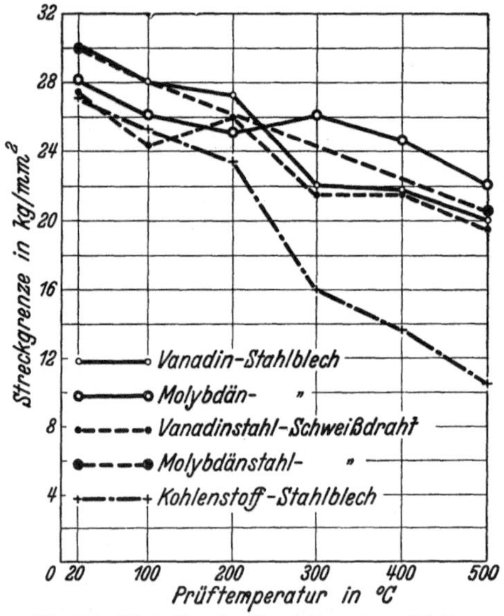

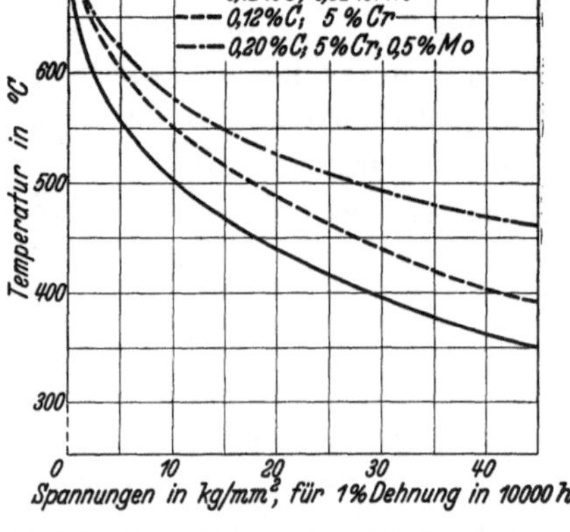

Abb. 510. Verhalten der Streckgrenze verschiedener Kesselblechsorten bei Temperaturen von 20—500° (Belastungsgeschwindigkeit 0,05 kg/mm² je sek). [Nach P. Prömper u. E. Pohl: Arch. Eisenhüttenw. Bd. 1 (1927/28) S. 785/93.]

Abb. 511. Veränderung der Kriechgrenze eines 5 proz. Chromstahles durch einen Molybdänzusatz von 0,5% mit der Prüftemperatur beim Vergleich mit unlegiertem Kohlenstoffstahl. (Nach E. C. Wright: The Book of Stainless Steels September 1933 S. 212/22.)

lybdänhaltigen Flußeisensorten, die durchweg höchstens etwa 0,5% Mo enthalten,
finden für Stähle mit besonders hoher Dauerstandfestigkeit auch Molybdängehalte
bis etwa 2% Verwendung. So findet man auch bei rostfreien Stählen mit 14% Cr
eine Verbesserung der Dauerstandfestigkeit bei gleichzeitigem Zusatz von 2% Mo,
wie dies aus folgender Zusammenstellung hervorgeht:

C %	Si %	Mn %	Cr %	Ni %	Mo %	Prüftemperatur	Dauerstandfestigkeit für eine Dehngeschwindigkeit von 5·10⁻¹ %/st zwischen 25. und 35. Belastungsstunde
0,16/0,22	0,8	0,50/0,30	14,0/14,5	0,5/0,7	—	500°	8 kg/mm²
0,16/0,22	0,8	0,90	14,0/14,5	0,5/0,7	2,0	500°	20 ,,

Die Ursache für die Wirkung von Molybdän auf die Dauerstandfestigkeit
kann, ähnlich wie dies bei Wolfram betont wurde, auf die spezifische Wirkung

von Molybdän als hochschmelzendes Legierungsmetall im Ferrit-Mischkristall zurückgeführt werden, die sich in der hohen Lage der Rekristallisationstemperatur[1] von Molybdän-Eisen-Legierungen entsprechend Abb. 512 äußert. Wie hieraus ersichtlich, sind nahezu alle Legierungselemente in der Lage, die Kristallerholungstemperatur des reinen Eisens hinaufzusetzen. Am ausgeprägtesten ist diese Neigung aber bei den Elementen Molybdän und Wolfram, was in guter Übereinstimmung mit dem günstigen Einfluß dieser beiden Elemente auf die Dauerstandfestigkeit steht. Aus dieser Tatsache müßte man entnehmen, daß

die Dauerstandfestigkeit um so höher wird, je mehr Wolfram oder Molybdän im Mischkristall gelöst ist, während die Abbindung dieser Legierungsmetalle im Karbid zu einer Verminderung der Dauerstandfestigkeit führen sollte, insofern nicht durch Ausscheidung der Karbide selbst in geeigneter Verteilung wiederum entgegengesetzte Wirkungen hervorgerufen werden[2]. Eine gewisse Bestätigung ergeben Versuche, molybdän- oder wolframhaltige Stähle mit stärker karbidbildenden Elementen zu legieren, die in der Lage sind, den Kohlenstoff an sich abzubinden, wie z. B. Titan, Tantal oder Niob. Hierdurch kann man auch bei molybdänhaltigen Stählen eine weitere Erhöhung der Dauerstandfestigkeit, und zwar auch im ausgeglühten Zustande, beobachten (vgl. Zahlentafel 217, S. 976). Trotzdem ist die Art der Wärmebehandlung von großem Einfluß auf die Warm-

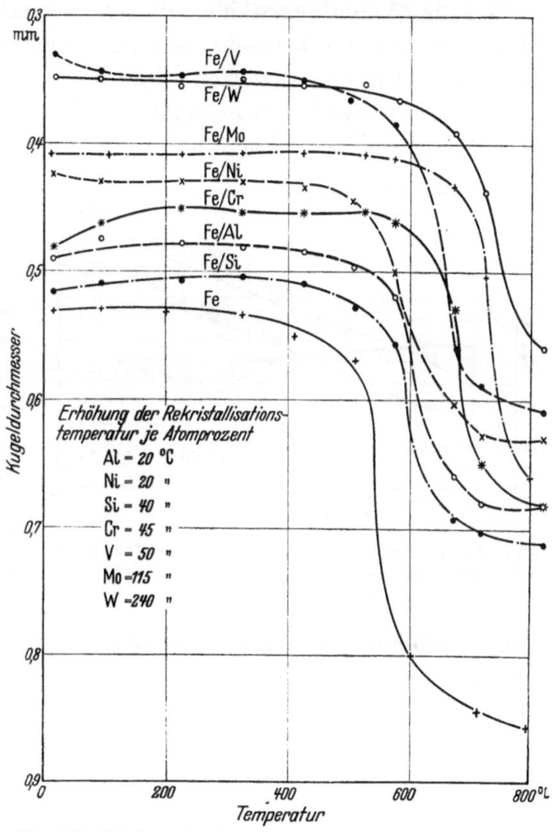

Abb. 512. Erholung der Härte (90% gewalzt). [Nach G. Tammann u. V. Caglioti: Ann. Physik, Bd. 16 (1933) S. 680/84.]

festigkeit und Dauerstandfestigkeit von molybdänhaltigen Stählen; vor allem weisen bestimmte Vergütungsgefüge besonders günstige Dauerstandfestigkeitseigenschaften auf. Im besonderen gilt dies für diejenigen Gefüge, die sich beim Vergüten in der Zwischenstufe ausbilden und wenig voreutektoiden Ferrit enthalten. Der Grund hierfür kann sowohl in der Verteilung des Legierungselementes zwischen Ferrit und Karbid als auch in der Karbidausbildung selbst gesucht werden. Sowohl bei Mangan als bei Chrom wurde schon darauf hingewiesen, daß die Zusammensetzung der Karbide, die in der Zwischenstufe entstehen, anders sein kann und damit auch die Natur der Mischkristalle, als dies

---

[1] G. Tammann: Z. Metallkde. Bd. 26 (1934) S. 97/105.

[2] S. hierzu auch Holtmann, W.: Mitt. Kohle- u. Eisenforschg. Bd. 3 (1941) S. 1/46, ferner Abschnitt Vanadinstähle, S. 709 ff.

beim normalen Vergüten der Fall ist. Nimmt man ähnliche Verhältnisse auch
für molybdänhaltige Stähle an, so wäre in Einklang mit dem eingangs Gesagten
denkbar, daß die Erhöhung der Dauerstandfestigkeit in der Zwischenstufe durch
Bildung eines molybdänreicheren Ferritmischkristalles infolge Ausscheidung
molybdänarmer Karbide zustande kommt. Ein Überblick über die gebräuchlichen dauerstandfesten Legierungen und die erreichbaren Dauerstandfestigkeitseigenschaften wird, trotzdem das Legierungselement Molybdän mit das wichtigste
in dieser Beziehung ist, zusammenfassend bei Vanadinstählen gegeben.

　　Sonstige Vergütungsstähle. Wegen der einleitend geschilderten Wirkung von
Molybdän auf die kritische Abkühlungsgeschwindigkeit müssen Molybdänzusätze vor allem einen starken Einfluß auf die Wärmebehandlungsfähigkeit und
die dadurch erreichbaren Festigkeitszahlen der so legierten Stähle ausüben. Die
in Abb. 513 gekennzeichnete und in der Literatur vielfach veröffentlichte Beein-

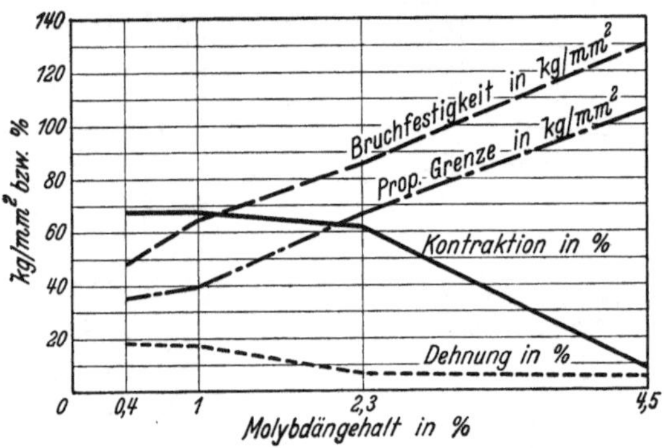

Abb. 513. Festigkeitseigenschaften von Molybdänstählen
mit 0,20% C im Walzzustand. (Nach L. Guillet: All.
mét. 1906 S. 342.)

flussung der Festigkeitseigenschaften
durch Molybdän nach Guillet bezieht sich wiederum auf den Walzzustand. Im Glühzustand ergeben
sich, genau wie bei Chrom, Wolfram
usw., durch Molybdänzusatz viel geringere Veränderungen der Festigkeit und Streckgrenze. Der Anstieg
der Festigkeit im Walzzustand beruht auf der stärkeren Lufthärtbarkeit hochmolybdänhaltiger Stähle.
Molybdän wirkt in dieser Beziehung
wesentlich stärker als Chrom. Charakteristisch ist ebenfalls der in
obiger Abbildung gezeigte Abfall der Kontraktion zwischen 2,3% und 4,5% Mo.
Dieser starke Abfall kann nur zum Teil durch die Lufthärtbarkeit erklärt werden;
eine Legierung mit 4,5% Mo hat bei dem hier angegebenen Kohlenstoffgehalt
von 0,2% bereits halbferritischen Charakter, und bei derartigen halbferritischen
Stählen ist wie bei ferritischen die Feinheit des Kristallkornes für die Zähigkeit
von ausschlaggebender 'Bedeutung. Außerdem wäre hier auch bereits die Ausscheidung von Molybdänverbindungen denkbar.

　　Am deutlichsten erkennt man die Wirkung von Molybdän in Baustählen
an Hand vergleichbarer Vergütungsschaubilder. Abb. 514 zeigt z. B. Vergütungskurven eines Chrom- und Chrom-Molybdän-Stahles. Wenn auch der Chromgehalt beim Chrom-Molybdän-Stahl um 0,16% höher ist, so hat dieser Unterschied
keine prinzipielle Veränderung der Festigkeitseigenschaften zur Folge. Die
erhöhte Härtbarkeit, die sowohl in der absoluten Härte als auch in der
Durchvergütbarkeit zum Ausdruck kommt, sowie die Erhöhung der Anlaßbeständigkeit, die sich in dem geringen Abfall der Festigkeit bis zu 500° ausdrückt, sind typisch für den Einfluß von Molybdän bei der Vergütung. Wegen
der erhöhten Anlaßbeständigkeit können molybdänhaltige Stähle bei höheren
Temperaturen angelassen werden, um gleiche Festigkeitseigenschaften wie die
entsprechenden Chromstähle zu erlangen. Infolge der höheren Anlaßtemperatur
erzielt man also bei molybdänhaltigen Stählen spannungsfreiere Teile; gleich-

zeitig zeichnen sie sich durch gute Zähigkeitseigenschaften aus. Weil Molybdän in geringen Zusätzen stärker die erreichbare Absoluthärte, Festigkeit und die Anlaßbeständigkeit von Baustählen als die Durchvergütbarkeit beeinflußt, so ist es erforderlich, daß zwecks Erzielung guter Durchvergütung entweder der Molybdängehalt erhöht wird oder höhere Mangan- oder Nickelzusätze Anwendung finden. Zweckentsprechend enthalten die nickelfreien Chrom-Molybdän-Stähle Mangangehalte von etwa 0,8%.

Bezüglich Erhöhung der Anlaßbeständigkeit wirkt Molybdän stärker als Wolfram. Um mit Wolfram gleiche Wirkungen zu erzielen, muß man zu einem Wolframgehalt übergehen, der der dreifachen Höhe des Molybdängehaltes entspricht. Sehr deutlich tritt dies z. B. aus dem Vergleich der Werte eines Chrom-Nickel-Wolfram-Stahles und des entsprechenden Chrom-Nickel-Molybdän-Stahles hervor (Abb. 515). Für die mit derartigen Stählen in größten Querschnitten erreichbaren Festigkeitseigenschaften gibt Abb. 516 einen Anhalt.

Wie Wolfram wirkt auch Molybdän im Sinne der Vermeidung der Anlaßsprödigkeit (s. Abschnitt Anlaßsprödigkeit S. 202). Bereits bei Gehalten von 0,2% Molybdän macht sich bei nicht zu langen Anlaßzeiten dieser günstige Einfluß bemerkbar. Für längere Anlaßzeiten in dem für Anlaßsprödigkeit

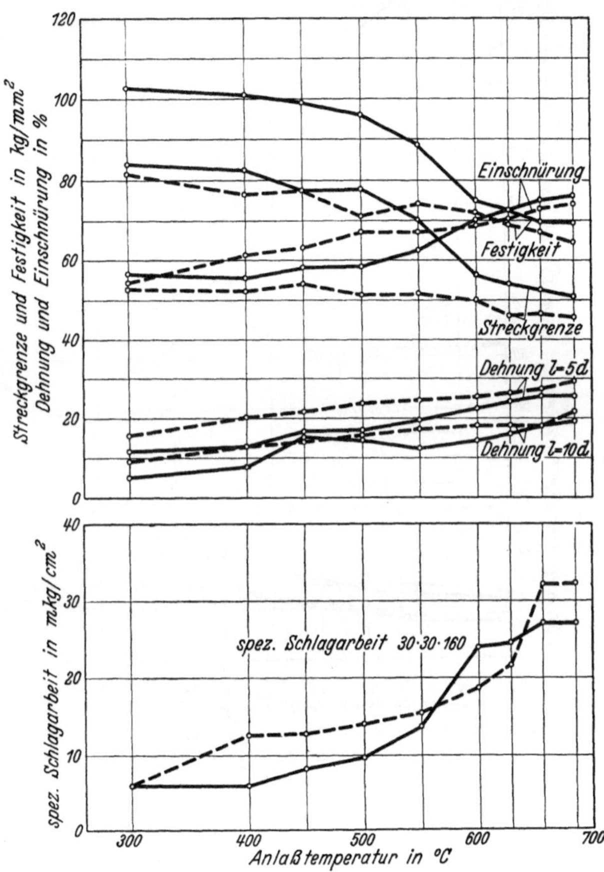

Chromstahl mit 0,32% C, 0,86% Cr
– – – 70 vkt. von 850° in Öl abgelöscht.
Chrom-Molybdän-Stahl mit 0,32% C, 1,02% Cr, 0,35% Mo
——— 70 vkt. von 860° in Öl abgelöscht.

Abb. 514. Anlaßkurve eines Chromstahles und eines Chrom-Molybdän-Stahles.

kritischen Temperaturbereich sind Molybdängehalte von 0,35% und darüber erforderlich. Die Unempfindlichkeit wächst aber nicht stetig mit steigendem Molybdängehalt[1], sondern erreicht einen Bestwert zwischen etwa 0,4—0,6%, je nach der metallurgischen Vorgeschichte des Stahles. Für Konstruktionsstähle, bei denen keine besonderen Anforderungen an die Warmfestigkeit gestellt werden, sind daher zur Vermeidung der Anlaßsprödigkeit Molybdänzusätze bis etwa 0,5% üblich. Dagegen setzt man bei Stählen, die lange Zeiten bei höheren

---

[1] Maurer, E., O. H. Wilms u. H. Kiessler: Stahl u. Eisen Bd. 62 (1942) S. 81/89 u. 115/21.

Temperaturen, also etwa 500°, z. B. für Heißdampfschrauben, erwärmt werden, bis zu 1,5% Mo zu mit dem Ziel, höhere Dauerstandfestigkeit und auch bei

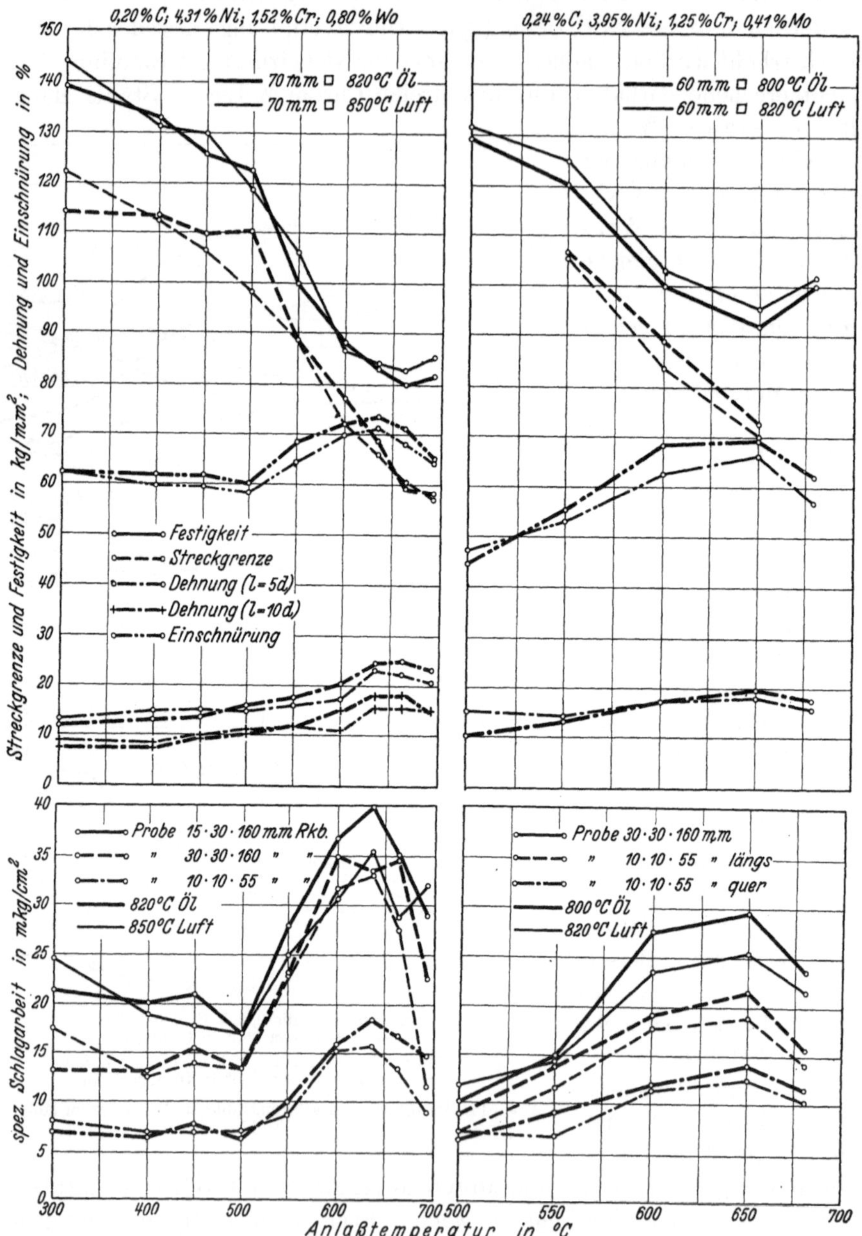

Abb. 515. Vergütungsschaubilder eines molybdänhaltigen Chrom-Nickel-Stahles im Vergleich zu einem wolfram-haltigen sonst gleicher Zusammensetzung (verschiedener Temperaturmaßstab!).

langzeitiger Benutzung im Betrieb keine „Verformungslosen" (Trenn-) Brüche zu erhalten (s. S. 707). Da bisher noch nicht klar steht, ob die Trennbrüche bei langzeitig auf höheren Temperaturen beanspruchten Stählen mit der Anlaß-sprödigkeit im üblichen Sinne zusammenhängen, läßt sich auch nicht entscheiden,

ob der günstige Einfluß höherer Molybdängehalte in diesem Falle auf der Verminderung der Versprödungsneigung oder der Verbesserung der Dauerstandfestigkeit beruht. Näheres über die verschiedenen Arten von Versprödungen
bei Dauerbeanspruchung in der Wärme siehe im zusammenfassenden Abschnitt
Vanadin. Bei Öl-, Luft- und Ofenabkühlung nach dem Anlassen ergeben sich hin-

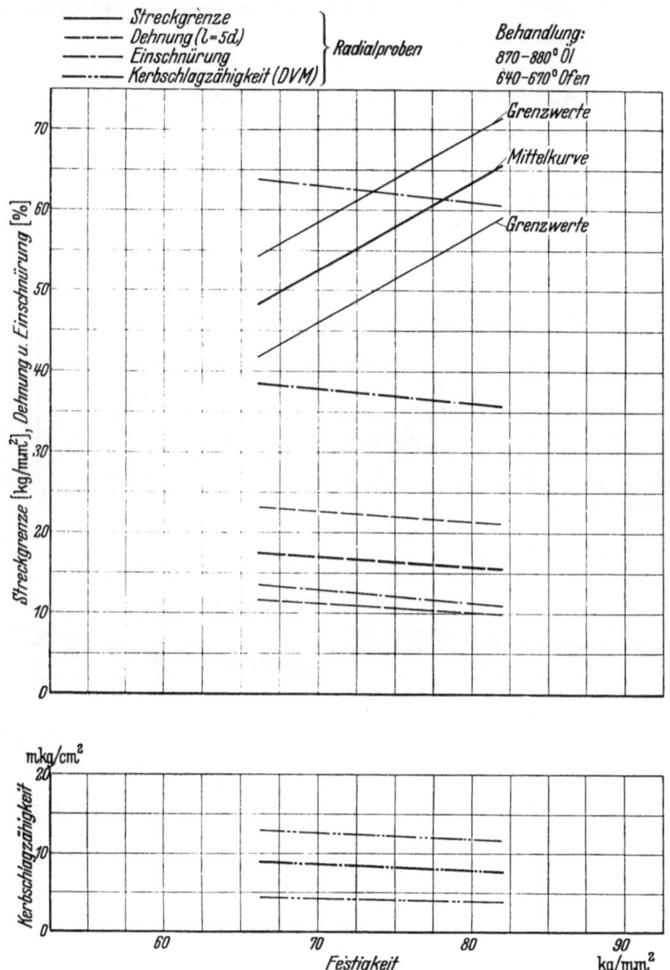

Abb. 516. Großzahlmäßig ermittelte Grenzen der mit einem Chrom-Nickel-Molybdän-Stahl von 0,24—0,29% C,
0,24—0,38% Si, 0,30—0,45% Mn, 1,71—2,09% Ni, 1,10—1,45% Cr, 0,27—0,44% Mo erreichbaren Festigkeitseigenschaften an Rotorkörpern von 900—1000 mm ⌀ und 1300—5000 mm Länge.

sichtlich der Kerbzähigkeit beim Vergleich eines Chrom-Nickel-Molybdän-Stahles
mit einem Chrom-Nickel-Stahl die in Zahlentafel 123 (S. 614) angegebenen Werte.

Bei normaler Anlaßbehandlung bietet somit Molybdän den Vorteil der
stärkeren Härtbarkeit, der höheren Anlaßbeständigkeit und der Möglichkeit,
nach dem Anlassen die vergüteten Stücke langsam abkühlen zu lassen. Höhe
der Anlaßtemperatur und Geschwindigkeit der darauffolgenden Abkühlung sind
maßgebend für die in vergüteten Bauteilen zurückbleibenden Spannungen. Auf
Grund dieser Erkenntnisse werden vielen Baustählen, wie Chrom- und Chrom-
Nickel-Stählen, Molybdängehalte von 0,2—0,5% zulegiert.

Zahlentafel 123. Vergleich der Kerbzähigkeit eines Chrom-Nickel-Stahles mit einem Stahl gleicher Zusammensetzung mit Molybdänzusatz bei verschiedenartiger Abkühlung nach dem Anlassen.

Stahlzusammensetzung						Behandlung	Aus Brinellhärte ermittelte Festigkeit kg/mm²	Kerbzähigkeit in mkg/cm² (Mesnagerprobe) bei Abkühlung nach dem Anlassen in		
C %	Si %	Mn %	Cr %	Ni %	Mo %			Öl	Luft	Ofen
0,32	0,30	0,47	1,44	4,34	—	820° Öl 640° 1 Std.	97	14,7	14,0	7,5
0,36	0,26	0,50	1,30	4,28	0,43	820° Öl 640° 1 Std.	104	15,7	15,2	14,5

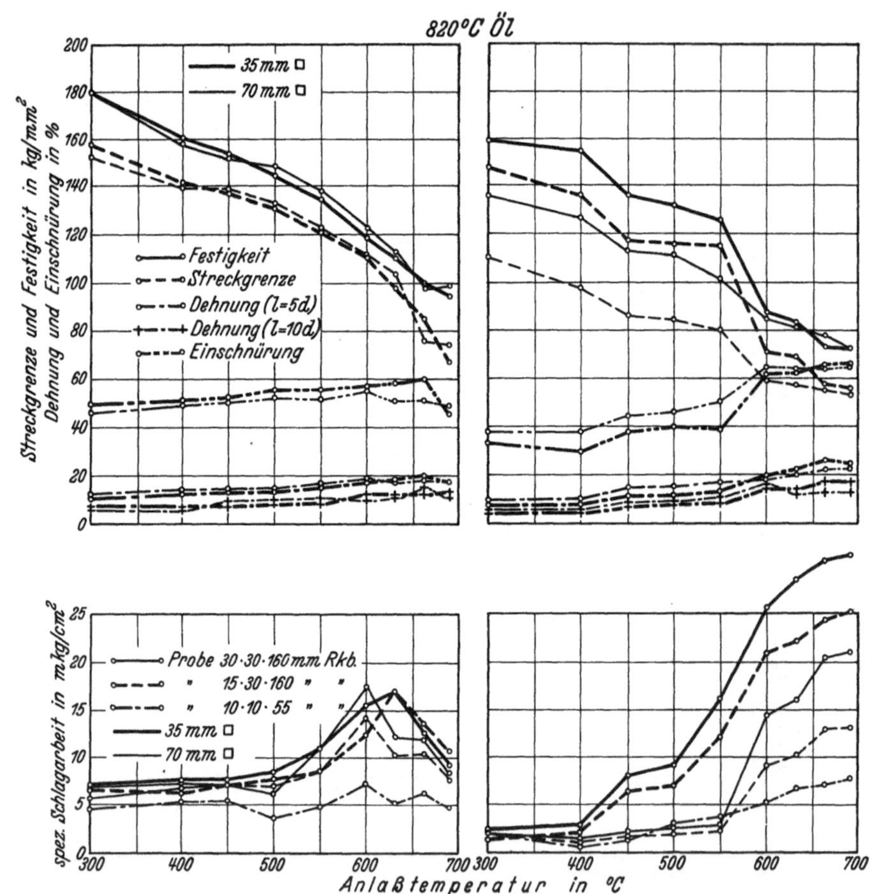

0,37% C, 0,59% Mn, 3,40% Ni, 1,18% Cr.   0,42% C, 0,68% Mn, 1,05% Cr, 0,28% Mo.

Abb. 517. Vergleich der Festigkeitseigenschaften eines Chrom-Molybdän- mit einem Chrom-Nickel-Stah im vergüteten Zustand.

Die geschilderten Wirkungen von Molybdän haben dazu geführt, daß molybdänhaltige Baustähle sehr weitgehende Verwendung finden. Im Kraftwagenbau, Flugzeugbau u. a., wo die Abmessungen nicht derart groß sind, daß unbedingt wegen der Durchvergütbarkeit auf Nickelzusätze zurückgegriffen werden muß, haben sich in großem Maße Chrom-Molybdän-Stähle als Ersatz für Chrom-Nickel-Stähle eingebürgert. Für Abmessungen von 30—40 mm ⌀ oder □ kann man, wie aus Abb. 517 ersichtlich ist, einen Chrom-Molybdän-Stahl in ähnlichen Festigkeitsbereichen verwenden wie die 2—3,5% Ni enthaltenden Chrom-Nickel-Stähle.

Besondere Vorteile bieten Chrom-Molybdän-Stähle auch in bezug auf die Bearbeitung und den dabei eintretenden Werkzeugverschleiß in Vergleich zu Chrom-Nickel-Stählen. Da die Chrom-Molybdän-Stähle infolge der hohen Lage der Umwandlungspunkte bei der Erwärmung (Ac) sich weicher ausglühen lassen als die entsprechenden Chrom-Nickel-Stähle, kann auch die Bearbeitung derartiger Teile im geglühten Zustand vorteilhafter vorgenommen werden, als dies bei den Chrom-Nickel-Stählen der Fall ist. Anders ist es dagegen im vergüteten Zustand, in dem ein wesentlicher Einfluß der Legierung auf die Bearbeitungsfähigkeit bei normalen Schnittbedingungen nicht mehr zu erkennen ist, falls die Stähle auf annähernd gleiche Festigkeitseigenschaften vergütet wurden, wie dies aus Abb. 518 (oben) zu ersehen ist. Auch bei stark vergrößertem Vorschub (Abb. 518 unten) sind die Unterschiede praktisch bedeutungslos.

Zahlentafel 124 (S. 616) zeigt die Gegenüberstellung von Chrom-Molybdän-Stählen in Vergleich zu den entsprechenden Chrom-Nickel-Stählen. Auch für Zahnräder, die nicht aus Einsatzstahl, sondern aus Vergütungsstahl hergestellt werden, eignen sich vor allem Chrom-Molybdän-Stähle, wobei die Festigkeit auf 155—180 kg/mm² gesteigert werden kann. Zweckmäßig erfolgt die Härtung derartiger Stähle aus dem Zyanbad so daß eine dünne zementierte harte Randschicht entsteht. Infolge der hohen Kernhärte wird auch

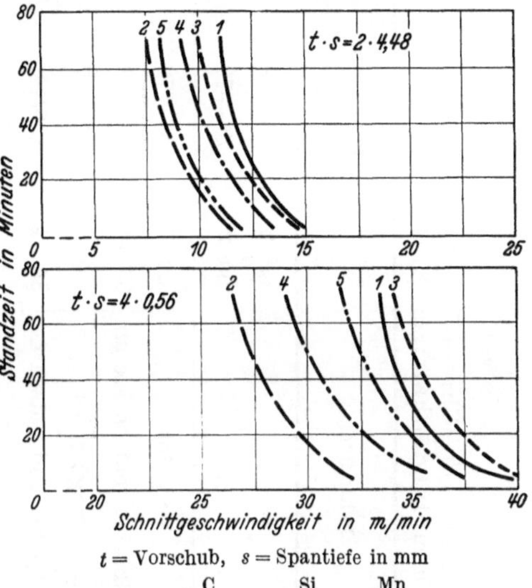

t = Vorschub, s = Spantiefe in mm

		C	Si	Mn
1 = StC 4561		∼0,45	>0,35	>0,8
2 = Manganstahl				
3 = VCN 15		0,32/0,40	>0,35	0,4/0,8
4 = VCN 35		0,20/0,27	>0,35	0,4/0,8
5 = SAE 4140		0,38/0,43	0,15/0,30	0,5/0,8

	Ni	Cr	Mo	Zugfestigkeit kg/mm²
1 = StC 4561	—	—	—	82
2 = Manganstahl				85
3 = VCN 15	1,25/1,75	0,3/0,7	—	84
4 = VCN 35	3,25/3,75	0,55/0,95	—	85
5 = SAE 4140	—	0,8/1,1	0,15/0,25	88

Abb. 518. Bearbeitbarkeit von Chrom-Molybdän-Stahl im Vergleich mit andern unlegierten bzw. niedriglegierten Vergütungsstählen. [Nach A. Wallichs u. H. Dabringhaus: Masch.-Bau, Der Betrieb Bd. 9 (1930) S. 257/62.]

die dünne aufgekohlte Schicht gut getragen und blättert nicht ab, verleiht aber der Oberfläche einen höheren, für diese Beanspruchung günstigeren Verschleißwiderstand.

Der Zusatz von Molybdän zu Chrom- und Chrom-Nickel-Stählen ist so allgemein, insbesondere wegen der Vermeidung der Anlaßsprödigkeit, daß eine allgemeine Aufzählung derartiger Stähle zu weit führen würde. In Zahlentafel 125 (S. 617) sind die in Amerika genormten Chrom-Molybdän- und Nickel-Molybdän-Stähle angeführt. Als hochwertige Baustähle haben sich Chrom-Nickel-Molybdän-Stähle in einer Zusammensetzung, wie sie in Zahlentafel 76 (S. 436) angegeben wurde, mit Zusätzen von 0,3 Mo eingeführt. 1,5—3,5% Ni enthaltende Chrom-Nickel-Molybdän-Stähle finden auch Verwendung zur Herstellung von großen Schmiedestücken, wie Rotorkörpern, Kanonenrohren, Druckkammern, bei denen Höchst-

Zahlentafel 124. Zusammensetzung und Festigkeitseigenschaften von Chrom-Molybdän-Stählen im Vergleich zu Chrom-Nickel-Stählen sowie von einigen molybdänhaltigen Einsatzstählen.

| Deutsche Normbezeichnung | Durchschnittsanalyse | | | | | | Behandlung | Abmessungen mm | Streckgrenze kg/mm² | Festigkeit kg/mm² | Dehnung ($l=5d$) % | Einschnürung % |
	C %	Si %	Mn %	Cr %	Ni %	Mo %						
VCN 25 h	0,35	<0,35	0,6	0,75	2,5	—	vergütet	60 ∅	63—73	80/95	16/10	55
VCMo 135	0,35	<0,35	0,7	1,1	—	0,2	,,	60 ∅	56—70	80/100	,,	,,
VCN 35 h	0,30	<0,35	0,6	0,75	3,5	—	vergütet	60 ∅	56—70	90/105	16/10	55
							ölgehärtet und entspannt	35 vkt.	130/145	160/180	10/8	40
VCMo 140	0,40	<0,35	0,7	1,1	—	0,2	vergütet	60 ∅	67—77	95/110	15/9	50
							ölgehärtet und entspannt	35 vkt.	120/145	140/160	11/8	30
ECN 25	0,14	<0,35	<0,5	0,75	2,5	—	einsatzgehärtet im Kern (800° Öl)	30 ∅	56—70	80/100	20/14	50
ECMo 80	0,15	<0,35	0,8	1,0	—	0,25	einsatzgehärtet im Kern (820° Öl)	30 ∅	63—77	90/110	16/10	50
Nicht genormter Nickel-Molybdän-Stahl	0,12	—	0,6	—	1,8	0,25	einsatzgehärtet im Kern (800° Öl)	30 ∅	46—60	65/85	18/14	60
ECN 45	0,13	<0,35	<0,5	1,1	4,5	—	einsatzgehärtet im Kern (800° Öl)	30 ∅	90—105	120/140	14/7	50
ECMo 100	0,20	<0,35	0,9	1,2	—	0,25	einsatzgehärtet im Kern (820° Öl)	30 ∅	82—101	110/135	13/7	50
Nicht genormter Chrom-Nickel-Molybdän-Stahl	0,18	<0,35	0,5	2,0	2,0	0,25	einsatzgehärtet im Kern (820° Öl)	30 ∅	97—116	130/155	14/7	50

Zahlentafel 125. Zusammensetzung von Chrom-Molybdän- und Nickel-Molybdän-Stählen nach dem SAE-Handbuch.

SAE Stahl Nr.	C %	Mn %	P max %	S max %	Cr %	Ni %	Mo %
4130	0,25/0,35	0,50/0,80	0,04	0,05	0,50/0,80	—	0,15/0,25
4140	0,35/0,45	0,50/0,80	0,04	0,05	0,80/1,10	—	0,15/0,25
4150	0,45/0,55	0,50/0,80	0,04	0,05	0,80/1,10	—	0,15/0,25
4615	0,10/0,20	0,30/0,60	0,04	0,05	—	1,5/2,0	0,20/0,30

werte an mechanischen Eigenschaften, Streckgrenze, Festigkeit, Zähigkeit, Homogenität des Gefüges verlangt werden (siehe auch E. Maurer und H. Korschan[1],

von denen Zahlentafel 126 (S. 618) über vergleichende Festigkeitszahlen von Mangan-, Nickel- und Chrom-Nickel-Molybdän-Stählen entnommen ist).

Der Einfluß von Molybdän auf die Eigenschaften der vergüteten Baustähle in der Kälte liegt im Sinne der allgemeinen Zähigkeitserhöhung der Vergütungsstähle durch Molybdänzusatz. Mit fallender Temperatur steigt die Festigkeit auch bei Chrom-Molybdän-, Chrom-Molybdän-Vanadin-Stählen wie bei allen Stählen an. Die Kerbzähigkeit fällt mit der Temperatur ab, jedoch ist die Geschwindig-

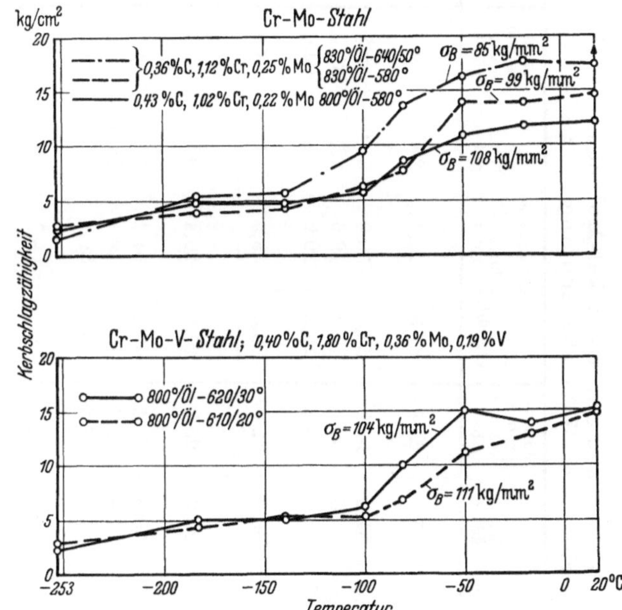

Abb. 519. Veränderung der Kerbzähigkeit von Chrom-Molybdän- und Chrom-Molybdän-Vanadin-Stahl bei tiefen Temperaturen. [Nach A. Pomp, A. Krisch u. G. Haupt: Mitt. Kais.-Wilh.-Inst. Eisenforsch. Bd. 21 (1939) S. 219/30.]

keit des Abfalles je nach dem Vergütungszustand verschieden groß wie dies aus Abb. 519 hervorgeht. Der Zähigkeitsabfall mit fallender Temperatur kann bereits in der Nähe der Raumtemperatur von Bedeutung sein. Man muß damit rechnen, daß viele Bauteile in Zeiten strenger Winter Temperaturen bis zu minus 30° ausgesetzt werden. Desgleichen kommen Flugzeugteile in großen Höhen auf entsprechend tiefe Temperaturen. Für die reine Dauerbeanspruchung durch Schwingungen u. dgl. spielt dies keine Rolle, da tiefe Temperaturen auf die Schwingungsfestigkeit, wie auf S. 438 erwähnt, sowohl bei glatten als auch bei gekerbten Stäben erhöhend wirken[2]. Lediglich die Zähigkeitseigenschaften bei schlagartiger Beanspruchung, also wenn plastische Verformung eintritt, interessieren in diesem Zusammenhang. Während ein auf hohe Zähigkeit vergüteter homogener Chrom-Nickel- oder Chrom-Molybdän-Stahl bis zu Tempe-

---

[1] Stahl u. Eisen 53. Jg. (1933) S. 271/81.
[2] Hempel, M., u. J. Luce: Arch. Eisenhüttenw. Bd. 15 (1941/42) S. 423/30.

Zahlentafel 126. Festigkeitszahlen von Mangan-, Nickel- und Chrom-Nickel-Molybdän-Stählen[1] bei großen Schmiedestücken verschiedener Wärmebehandlung.

Durchmesser und Verschmiedung	Eigenschaften		Querproben			Längsproben ölvergütet		Querproben			Längsproben ölvergütet		Querproben			Längsproben ölvergütet
		unbehandelt	geglüht	luftvergütet	ölvergütet		geglüht	luftvergütet	ölvergütet		geglüht	luftvergütet	ölvergütet				
920 mm 5 fach	Streckgrenze kg/mm²	25,9	23,2	23,6	25,5	25,8	27,3	28,4	29,1	29,4	42,5	58,3	59,0	59,8
	Zugfestigkeit kg/mm²	49,5	49,8	46,4	51,2	53,1	52,4	50,0	51,0	52,3	74,1	80,3	80,1	81,1
	Dehnung %	13,5	24,0	17,9	21,6	30,6	17,2	19,5	20,8	30,4	14,3	13,5	13,7	19,7
	Einschnürung %	15,5	36,6	25,2	28,0	56,7	24,2	20,0	36,1	60,0	23,5	24,5	25,5	49,4
	Kerbzähigkeit mkg/cm²	1,6	2,8	4,4	6,0	12,0	6,0	8,5	8,8	13,6	4,0	4,7	4,9	12,8
1180 mm 3 fach	Streckgrenze kg/mm²	—	23,6	24,1	25,0	25,3	27,6	29,4	30,7	31,0	44,5	59,7	59,2	59,4
	Zugfestigkeit kg/mm²	—	50,1	48,3	50,6	51,5	49,4	51,4	52,1	54,4	77,9	80,0	79,9	80,2
	Dehnung %	—	27,9	16,5	17,9	29,8	14,2	18,1	18,6	28,5	11,3	14,2	16,2	20,1
	Einschnürung %	—	46,0	19,4	23,8	50,6	23,9	26,2	32,7	58,8	14,8	18,1	21,6	48,2
	Kerbzähigkeit kg/cm²	—	3,2	4,8	5,1	12,1	5,1	9,1	9,5	11,9	3,0	3,6	5,3	9,9
1450 mm 2 fach	Streckgrenze kg/mm²	—	23,8	25,7	25,3	25,7	28,7	30,6	28,3	29,4	43,4	58,8	59,0	58,9
	Zugfestigkeit kg/mm²	—	50,0	52,4	52,4	53,4	48,7	52,3	52,4	55,2	76,0	79,4	80,0	80,8
	Dehnung %	—	26,8	18,8	21,7	29,0	10,1	15,3	21,3	26,5	11,1	12,6	12,8	17,3
	Einschnürung %	—	46,9	28,0	30,4	55,6	15,3	20,1	39,0	48,9	15,1	20,9	21,5	38,6
	Kerbzähigkeit kg/cm²	—	3,2	4,2	8,1	11,9	4,2	6,8	8,9	11,0	2,8	3,6	5,4	7,9
			Analyse				Analyse				Analyse					
			C %	Si %	Mn %		C %	Si %	Mn %	Ni %	C %	Si %	Mn %	Ni %	Cr %	Mo %
			0,26	0,30	1,20		0,23	0,25	0,50	1,90	0,35	0,30	0,40	2,5	1,4	0,50

[1] Nach E. Maurer u. H. Korschan: Stahl u. Eisen Bd. 53 (1933) S. 271/81.

raturen von minus 40—50° keine Verschlechterung seiner Kerbzähigkeit erfährt, tritt bereits bei höheren Temperaturen eine Herabsetzung der Zähigkeit ein, wenn der Stahl nur im gehärteten Zustand vorliegt oder auf sehr hohe Festigkeit vergütet wurde. Außerdem spielen Seigerungen eine Rolle, d. h. ein Werkstoff aus großen Güssen, wie sie zur Herstellung größter Schmiedestücke verwendet werden und der entsprechende Seigerungen enthält, wird schon einen Kerbzähigkeitsabfall bei geringerer Temperaturerniedrigung aufweisen. Das gleiche gilt, wenn irgendwelche die Zähigkeit bei Raumtemperatur verschlechternde Einflüsse, wie Anlaßsprödigkeit usw., hinzukommen. Jeder Einfluß, der in der Lage ist, bei Raumtemperatur die Kerbzähigkeit herabzusetzen, wird Veranlassung geben, daß auch bei tiefen Temperaturen frühzeitiger ein Abfall an Kerbzähigkeit eintritt.

b) Allgemeine Gesichtspunkte für die Legierungsauswahl bei Vergütungsstählen.

Nachdem in den Abschnitten Mangan, Chrom, Nickel und Molybdän die Wirkungsweise derjenigen Legierungselemente besprochen worden ist, die besonders geeignet sind, die Festigkeitseigenschaften von Baustählen in größeren und kleineren Querschnitten zu beeinflussen, erscheint es zweckmäßig, einige Hinweise zu geben, die mit der Legierungsauswahl für bestimmte Vergütungsbaustähle in Zusammenhang stehen. Grundsatz bei der Verwendung von Legierungen in den verschiedenen Stählen sollte sein, entsprechend der auf S. 1 gegebenen Begriffsbestimmung des legierten Stahles Legierungselemente nur dort zu verwenden, wo bestimmte besondere Eigenschaften hierdurch erzielt werden können. In der Entwicklungsgeschichte der Baustähle war die Frage, welche Eigenschaften für die Bewährung eines Bauteiles von ausschlaggebender Bedeutung sind, nicht immer eindeutig zu beantworten und dürfte es auch heute noch nicht restlos sein. Die Entwicklung der Baustähle ist aufgebaut auf dem Zerreißversuch, der es gestattet, einerseits die Elastizitätsgrenze, Streckgrenze, Festigkeit sowie andererseits die Dehnung und Einschnürung zu bestimmen. Jahre hindurch galt derjenige Stahl als der beste, der bei höchster Streckgrenze und Festigkeit möglichst hohe Dehnung und Einschnürung aufwies, wobei die Beurteilung der Zähigkeit unterstützt wurde durch Kerbschlagversuche, also durch die Kerbzähigkeit. Man strebte im allgemeinen wahllos die Hochzüchtung aller Eigenschaften an, ohne sich im klaren zu sein, welche Eigenschaften für die Bewährung ausschlaggebend sind. In den letzten Jahrzehnten hat man erkannt, daß die Streckgrenze und damit in gewissem Sinne die Festigkeit für die Betriebsbewährung von grundsätzlicher Bedeutung nur dort sind, wo die Beanspruchung des Werkstoffes im Betriebe der Beanspruchung im Zerreißversuch weitgehend ähnlich ist. Dies ist verhältnismäßig selten der Fall, da wir nur wenige Bauteile haben, die unter einer bestimmten Last gleichförmig beansprucht sind. Zum Teil trifft aber diese Betrachtungsweise zu bei allen rotierenden Bauteilen, wie z. B. Rotorkörpern und Polrädern für elektrische Maschinen, deren Hauptbeanspruchung durch die Fliehkraft der mit hoher Umdrehungszahl laufenden Teile mehr oder weniger im statischen Sinne bestimmt ist. Mit zunehmender Tourenzahl der elektrischen Maschinen ist somit das Bestreben verständlich, Stähle höherer Festigkeit und Streckgrenze zu verwenden. Da gleichzeitig die Teile für elektrische Maschinen infolge der gesteigerten Leistung des Einzelaggregates in den Abmessungen zunahmen, mußte man diese erhöhten Anforderungen an Streckgrenze und Festigkeit auf Bauteile verhältnismäßig großer Querschnitte übertragen. Rotorkörper von 1 m ∅ und einigen Metern Ballenlänge dürften hierfür ein kennzeichnendes Beispiel sein. Einen Überblick über die hierfür verwendeten Legierungen in Zusammenhang mit den geforderten Streckgrenzen gibt Zahlentafel 127. Für tiefe Streckgrenzenanforderungen genügen auch bei größeren Abmessungen un-

Zahlentafel 127. Geforderte mechanische und magnetische Werte[1] bei Rotorkörpern für elektrische Maschinen.

Stahlart	Streckgrenze kg/mm²	Zugfestigkeit kg/mm²	Dehnung $(l = 5\,d)$ %	Induktion bei AW/cm	Gauß
Unlegiert	27	50—60	20	25	13800
Nickelstahl (1—2% Ni) . .	35	60—70	18	50	15800
Chrom-Nickel- bzw. ab 1928	45[2]	65—75	16	100	17300
Chrom-Nickel-Molybdän-	50[3]	65—80	15	200	18800
Stahl	60[4]	75—90	13	300	19600

legierte Kohlenstoffstähle. Mit steigenden Streckgrenzen, die man hauptsächlich durch bessere Durchvergütung erzielen will, wird auch die Legierungsanforderung wachsen. Eine Weiterentwicklung bis zu 70 bzw. 80 kg/mm² Streckgrenze erscheint nicht ausgeschlossen. Abgesehen von der Durchvergütung und der Erzielung einer gleichmäßig hohen Streckgrenze durch den ganzen Querschnitt eines derartigen großen Schmiedestückes hindurch muß berücksichtigt werden, daß solche Schmiedestücke in möglichst spannungsfreiem Zustand in die Maschinen eingebaut werden sollen. Ist dies nicht der Fall, so können durch nachträgliche Spannungsauslösungen Unbalancen entstehen, die mit entsprechenden Betriebsstörungen verbunden sind. Hieraus ergibt sich die Forderung, derartige Stücke möglichst hoch anzulassen, um jede Anhäufung von Spannungen, wie sie beim Ablöschen entstehen können, wieder zu beseitigen. Vielfach wird sogar verlangt, die hohen Festigkeits- und Streckgrenzenwerte nur mit Luftvergütung zu erzielen, um starke Ablöschspannungen von vornherein zu vermeiden. Bei Wahl einer genügend hohen Anlaßtemperatur von 630—700° dürften aber auch einer schärferen Vergütung keine Bedenken entgegen stehen. Diese Höhe der Anlaßtemperatur erfordert wiederum eine Legierung, die es gestattet, auch bei diesen Anlaßtemperaturen noch die gewünschten Streckgrenzen und Festigkeiten einzuhalten. In diesem Sinne verdient im Zusammenhang mit Nickel, Chrom und Molybdän auch das Legierungselement Vanadin Erwähnung, das, wie in dem entsprechenden Abschnitt gezeigt wird, in besonderem Maße in der Lage ist, anlaßbeständige Stähle zu schaffen, und das als weiterer Zusatz zu Chrom-Nickel-Molybdän-Stählen wertvolle Dienste leisten kann.

---

[1] An Tangentialproben vom Ballenende.
[2] In größerem Umfang verlangt von 1926 an.
[3] Erstmalig im Jahre 1935 hergestellt.
[4] Erstmalig im Jahre 1937 Stahl mit 70 kg/mm² Streckgrenze angefragt.

Will man in diesen Stücken auch möglichst hohe Zähigkeit haben, so darf der Stahl nicht anlaßspröde sein, da man nach dem Anlassen zwecks Vermeidung von Spannungen die Stücke möglichst langsam im Ofen abkühlen lassen will. Der Wert der Zähigkeit, die bei diesen Stücken vielfach gefordert wird, ist bei der hier vorliegenden Art der Beanspruchung zwar problematischer Natur. Die Kerbschlagprobe gibt hier im wesentlichen nur Hinweise auf die metallurgische Gleichmäßigkeit des hergestellten Erzeugnisses.

Verhältnismäßig wenige Teile des Maschinenbaues werden aber Beanspruchungen mit gleichmäßig ruhender Belastung unterworfen. Viel zahlreicher sind die Fälle, in denen wechselnde oder statische und wechselnde Beanspruchung gleichzeitig auftreten. Während die Entwicklung auch hier zuerst den Weg ging, mit steigender Beanspruchung oder bei eintretenden Versagern den Stahl nächsthöherer Festigkeit zu wählen, führte die Einführung der Prüfungen auf Wechselfestigkeit bald zur Erkenntnis, daß nicht immer mit einer Steigerung der Zugfestigkeit ein meßbarer Gewinn an Wechselfestigkeit verbunden war. Wie bereits Abb. 153 (S. 183) zeigte, nimmt die Schwingungsfestigkeit mit

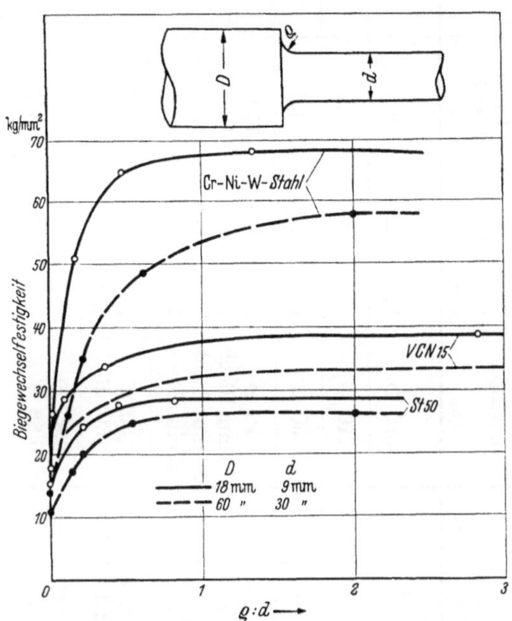

Stahl	Chemische Zusammensetzung	Streck-grenze kg/mm²	Zug-festigkeit kg/mm²
St 50	0,28% C, 0,23% Si, 0,79% Mn . . .	28	59
Cr-Ni-W	0,32% C, 4,1% Ni, 1,2% Cr, 1,0% W	102	121

Abb. 520. Beeinflussung der Biegewechselfestigkeit von Wellen durch die Ausbildung der Hohlkehlen (gebräuchliche Werte für ϱ:d bei Kurbelwellen 0,09—0,03, meist 0,04—0,06). [Houdremont: Techn. Mitt. Krupp, Techn. Ber. Bd. 7 (1939) S. 45/60.]

steigender Zugfestigkeit bei gekerbten Prüfstäben viel weniger zu als bei glatten. Da bei Bauteilen jeder Querschnittsübergang eine Spannungsanhäufung bedingt, und somit als Kerb wirkt, gibt es kaum Bauteile, die nicht in irgendeiner Form als gekerbt anzusehen sind. Insbesondere gilt dies z. B. bei Kurbelwellen für die Übergänge zwischen Lagerlaufflächen und Wangen, Keilnuten, Ölschmierlöcher u. dgl. m. Immerhin geben die Werte für einen Stahl, der bei etwa 180 kg/mm² Zugfestigkeit eine Biegewechselfestigkeit am glatten Stab von 97 kg/mm² und am gekerbten Stab von 57 kg/mm² aufwies (vgl. Zahlentafel 129, S. 624), zu erkennen, daß eine solche Erhöhung der Zugfestigkeit auch im gekerbten Zustand noch eine Verbesserung des Verhaltens bei Wechselbeanspruchung bringen kann. Wie stark jedoch auch höher legierte Stähle hoher Festigkeit bei sehr scharfen Kerbwirkungen durch scharfe Querschnittsübergänge abfallen können, zeigt Abb. 520. Je schärfer der Übergangsradius von kleinen zu größeren Querschnitten der betreffenden Teile wird, um so mehr nähern sich die Schwingungsfestigkeiten aller Vergütungsstähle einander an. Diese Abbildung beweist gleich-

Zahlentafel 128. Bei Baustählen erreichbare Festigkeitseigenschaften.

Stahlart	Zusammensetzung								Abmessung	Streckgrenze	Zugfestigkeit	Dehnung ($l = 5d$)	Einschnürung	Kerbzähigkeit mgk/cm²	
	C %	Si %	Mn %	Ni %	Cr %	W %	Mo %	V %	mm	kg/mm²	kg/mm²	%	%	DVMR	VGB
UnlegierterKohlenstoff-stahl	0,48	0,31	0,62	(0,34)	—	—	—	—	10 ⌀	170	220	9,6	32	0,9	—
Manganstahl.	0,42	0,30	1,50	—	—	—	—	—	10 ⌀	175	228	7,5	23	—	—
Chrom-Nickel-Stahl .	0,37	0,08	0,48	4,06	1,50	—	—	—	30 ⌀	116	200	9,5	20	—	—
Chrom-Nickel-Wolf-ram-Stahl	0,37	0,30	0,55	4,26	1,22	0,86	—	—	10 ⌀	149	218	11,2	34	6,3	—
	0,32			4,30	1,14	0,96	—	—	10 mm Blech	136	201	12	—	—	13
							—	—	20 mm Blech	128	200	12	—	—	10,5
	0,32			4,14	1,33	1,10	—	—	40 mm Blech	113	197	8,3	—	—	9,6
Chrom-Nickel-Molyb-dän-Vanadin-Stahl	0,42	0,22	0,46	4,46	1,50	—	0,44	0,41	30 ⌀	135	242	9,5	21	4,5	—
	0,35	0,24	0,48	2,99	1,83	—	1,14	0,30	60 ⊡	118	221	9,3	26	—	—
Gezogener Draht . .	0,60	0,24	0,50	—	—	ölvergütet*	—		0,97 ⌀	—	275	—	—	—	—
	0,82			—	—	patentiert**	—		0,88 ⌀		~235	~3,5 ($l = 35d$)	—	—	—

* Pomp, A., u. A. Lindenberg: Mitt. Kais.-Wilh.-Inst. Eisenforsch. Bd. 12 (1930) S. 39/54; insbes. S. 49 Zahlentafel 5.
** Pomp, A.: Stahl u. Eisen Bd. 45 (1925) S. 777/86; insbes. S. 784 Abb. 25.

zeitig, daß zur vollen Ausnutzung eines auf hohe Festigkeit vergüteten Stahles hochwertige, d. h. von scharfen Kerben freie Konstruktion erforderlich ist.

Die Frage, wie hoch die Festigkeiten sind, die man an Bauteilen bestenfalls erreichen kann, beantwortet in etwa Zahlentafel 128. Wie man aus ihr ersieht, ist es möglich, Festigkeiten bis zu etwa 250 kg/mm² bei noch einwandfreien Dehnungs- und Einschnürungswerten zu erzielen[1]. Auch bei Einsatzstählen hat man die Kernfestigkeit vielfach über 200 kg/mm² gesteigert. Erstmalig wurde diese Steigerung der Kernfestigkeit in Verbindung mit Einsatzhärtung zwecks Erhöhung der Dauerfestigkeit bei Teilen der Maybach-Motoren des Luftschiffes „Graf Zeppelin" angewandt.

Bei unlegiertem Kohlenstoffstahl und manganlegierten Stählen gelingt die Vergütung auf derartige Höchstwerte nur für den Durchmesser von etwa 10 mm;

---

[1] Bei kaltgezogenen patentierten Drähten werden nach Werkstoffhandbuch Stahl u. Eisen II. Aufl. Q 21, S. 3 Festigkeiten bis zu etwa 360 kg/mm² erreicht.

für größere Querschnitte ist es erforderlich, entsprechend legierte Stähle — Chrom-Nickel, Chrom-Nickel-Wolfram, Chrom-Nickel-Molybdän, Chrom-Nickel-Vanadin — zu verwenden. Im allgemeinen wird man sagen können, je größer der Querschnitt und je höher die Festigkeit, um so höher wird der Legierungsgehalt des betreffenden Stahles zu wählen sein. Daß bei Stählen hoher Festigkeit die Querwerte bereits erheblich ungünstiger ausfallen können, insbesondere was Dehnung und Einschnürung anbelangt, zeigte bereits Zahlentafel 12 (S. 88). Für die Festigkeit und Streckgrenze ist es somit nach Zahlentafel 128 (S. 622) ziemlich belanglos, wie die Legierung des Stahles zusammengesetzt ist, vorausgesetzt, daß sie ausreicht, um entsprechende Durchhärtung zu ergeben. Vielfach wird die Auswahl der Legierung mitbeeinflußt durch die Fragen der metallurgischen Herstellung, worauf bereits bei Mangan und Chrom hingewiesen wurde, deren Nachteile wegen der Neigung zur Bildung von Desoxydationsprodukten gegenüber Nickel und Molybdän zu beachten sind.

Nur gehärtete Stähle weisen meist Eigenspannungen auf, die sich der Betriebsbeanspruchung überlagern können; je größer die Abmessungen und je komplizierter die Werkstücke sind, um so größer ist die Gefahr der Ausbildung unübersichtlicher Spannungszustände, die die Wechselfestigkeit herabsetzen können. Aus diesem Grunde und auch wegen der bei hoher Festigkeit erschwerten Bearbeitbarkeit wird man nur in seltenen Fällen von Festigkeiten über 150 kg/mm² Gebrauch machen. Wenn man Stähle solch hoher Festigkeit verwendet, erscheint es angebracht, durch Einsatzhärtung oder Nitrierung an der Oberfläche einen für Wechselbeanspruchung günstigen Spannungszustand hervorzurufen. Nitrierstähle dieser Festigkeitsstufe erfordern allerdings eine besondere Legierungsauswahl; man muß hier nicht nur durch geeignete Wahl der Legierung dafür sorgen, daß eine einwandfreie Nitrierschicht entsteht, sondern es muß auch eine hohe Anlaßbeständigkeit gewährleistet sein. Da die Nitrierung im allgemeinen bei etwa 500° erfolgt, müssen diese Stähle vorher auf mindestens 550° angelassen werden, damit bei der Nitrierung selbst keine Veränderung der Kernfestigkeitseigenschaften mehr eintritt. Die genannten Forderungen sind mit einem Chrom-Molybdän-Vanadin-Stahl zu erreichen, wie ihn Zahlentafel 129 (S. 624) wiedergibt. Bei Stählen niedrigerer Festigkeit wird man sich darauf beschränken können, die Legierung so zu wählen, daß günstige Eigenschaften der Nitrierschicht erreicht werden.

Vielfach treten zu bestimmten Festigkeitsanforderungen noch Wünsche nach bestimmter Kerbzähigkeit. Die Erzielung hoher Kerbzähigkeitseigenschaften in Längs- und Querrichtung bei gegebenen Festigkeitseigenschaften wird am leichtesten durch Verwendung der nicht als Desoxydationsmittel wirkenden Elemente Nickel und Molybdän in Verbindung mit Chrom erreicht. Auf die Bedeutung der Kerbzähigkeit als Gütemaßstab ist in dem Abschnitt Mangan bei der Betrachtung des Mangan-Federstahles eingegangen worden. Es wurde gezeigt, daß es manchmal schwierig ist, eindeutige Qualitätsbegriffe zu prägen. Tatsache ist, daß man bei der Vorderachse eines Kraftwagens, solange diese Bauweise bei Kraftwagen üblich war, aus Sicherheitsgründen für die Insassen Wert darauf legen mußte, daß beim Anfahren eines Hindernisses diese Vorderachse nicht brach, sondern durch starke Verformung mit dazu beitrug, den Stoß abzufangen. Der Wunsch nach hoher Kerbzähigkeit erschien hier also

Zahlentafel 129. Eigenschaften eines Nitrierstahles höchster Festigkeit.

Zusammensetzung: 0,5% C   3% Cr   1% Mo   1% V

Behandlung: 1000°/Öl, 2 Std. 550°/Luft, anschließend bei 500° nitriert.

Festigkeitseigenschaften im Kern nach der Nitrierung (Abmessung 20 m m $\varnothing$):

a) Streckgrenze: 145—155 kg/mm²
   Zugfestigkeit: 175—185 kg/mm²
   Dehnung 5 × d: 10—12%
         10 × d: 7—8 %
   Einschnürung: 40—45%

b) Kerbzähigkeit DVMR: 3—4 mkg/cm².

c) Biegewechselfestigkeit in kg/mm²:

| | Nicht nitriert | | | Nitriert | |
glatt[1]	gekerbt[2]	Verhältnis glatt : gekerbt	glatt	gekerbt	Verhältnis glatt : gekerbt
84—97	57—59	0,59—0,70	87—105	70—79	0,67—0,88

Verhältnis Wechselfestigkeit: Zugfestigkeit

| Nicht nitriert | | Nitriert | |
glatt	gekerbt	glatt	gekerbt
0,48—0,53	0,31—0,34	0,50—0,57	0,38—0,45

gerechtfertigt. Hingegen kann man bei einer Kurbelwelle, die, abgesehen von gewissen Stößen bei ungeschicktem Anfahren, hauptsächlich auf Wechselfestigkeit beansprucht wird, keine Rechtfertigung für die Forderung nach hoher Kerbzähigkeit finden; so hat sich ja auch gezeigt, daß verhältnismäßig spröde Werkstoffe, wie Mangan- oder Mangan-Silizium-Stähle mit 90 bis 100 kg/mm² Festigkeit, ja sogar Gußeisen sich für derartige Teile tadellos bewährt haben, sobald die Dauerbeanspruchung nicht den zulässigen Wert überstieg. Daß Gußeisen praktisch keine Kerbzähigkeit hat, ist bekannt. Bei Zahnrädern wiederum, und dies gilt sowohl für Vergütungs- wie für Einsatzstähle, kann die Zähigkeit in Schaltgetrieben eine Rolle spielen, und zwar bei denjenigen Zahnrädern, die beim Anfahren, also im ersten Gang, benutzt werden und je nach der Geschicklichkeit des Fahrers Stößen ausgesetzt sind. Mangelnde Zähigkeit kann hier zu frühzeitigem Ausbrechen der Zähne führen. Bei Zahnrädern, die dauernd im Eingriff stehen und derartigen Stößen weniger ausgesetzt sind, wird dagegen wieder die Dauerfestigkeit allein entscheidend sein.

Eine ganz besondere Bedeutung erlangt die Kerbzähigkeit in der Waffentechnik bei Panzerplatten und Geschützrohren. Das Geschützrohr, in das bekanntlich die Geschoßführungszüge eingearbeitet sind, erfährt beim Beschuß plötzlich stoßartige Beanspruchung. Will man verhindern, daß die Bedienungsmannschaft bei vorzeitigen Zündungen, sog. Rohrkrepierern, in Mitleidenschaft gezogen wird, wird man den Rohrwerkstoff so zäh wie möglich wählen. Je höher die Streckgrenze, d. h. der Verformungswiderstand, und je höher die Zähigkeit, d. h. die Verformungsfähigkeit, sind, um so günstiger wird das Verhalten der entsprechenden Werkstoffe sein. Bedenkt man, daß bei Geschützrohren in Panzertürmen von Kriegsschiffen durch mangelnde Sprengzähigkeit auch die wichtigen Inneneinrichtungen derartiger Anlagen zerstört und gleichzeitig mehrere Rohre außer Gefecht gesetzt werden können, so wird man den

---

[1] Umlaufbiegeprobe 6 mm $\varnothing$.

[2] Rundkerb: 7,5 auf 6,0 mm $\varnothing$, $\varrho = 0,75$ mm.

Wunsch nach möglichst hoher Zähigkeit dieser Werkstoffe verstehen. Da es sich hierbei teilweise um Schmiedestücke größter Abmessungen handelt, wird hier bei der Legierungsauswahl die Aufmerksamkeit vor allem auf die Legierungselemente Chrom, Nickel und Molybdän gelenkt.

In verstärktem Maße gilt die Anforderung erhöhter Zähigkeit bei Panzerplatten, die, abgesehen von der Aufgabe, das Geschoß selbst zu zerbrechen, die Forderung zu erfüllen haben, der kinetischen Energie des Geschosses durch Verformungsfähigkeit entgegenzuwirken. Daß man hierbei die Vorderseite von derartigen Panzerplatten zur Erhöhung der geschoßbrechenden Kraft hart hält, während die Rückseite weich gehalten wird, ist bereits auf S. 446 erwähnt.

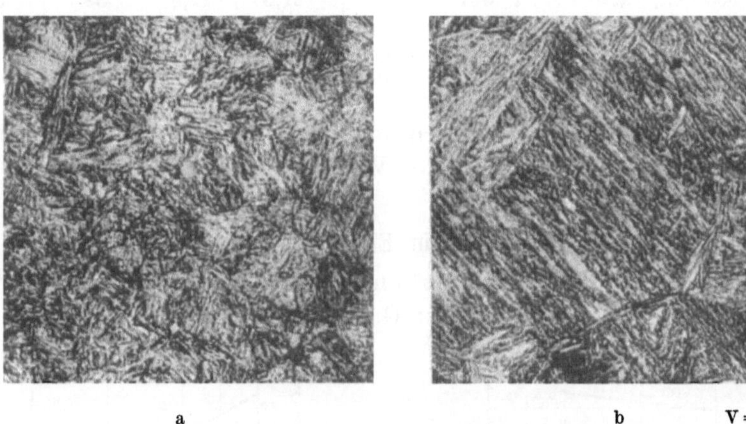

a   b   V = 500

Abb. 521. Kornvergröberung durch hohe Härtetemperaturen bei einem Stahl mit 0,13% C, 0,3% Si, 0,5% Mn, 4,2% Ni, 1,2% Cr (a = 850°/Öl, b = 1200°/Öl).

An dieser Stelle erscheint es zweckmäßig, auf die Vergütetemperatur in Zusammenhang mit den erreichten Zähigkeitseigenschaften einzugehen. Bei reinen Kohlenstoff-Vergütungsstählen nimmt mit steigender Ablöschtemperatur beim Vergüten die Korngröße des Stahles zu. Bei entsprechender Kornvergröberung tritt bei diesen an sich nicht sehr zähen Stählen — beispielsweise einem Stahl mit 0,30/0,40% C, 0,60/0,80% Mn — durch die Kornvergröberung ein entsprechender Zähigkeitsabfall ein. Anders ist dies bei höher legierten Stählen, z. B. Chrom-Nickel-, Chrom-Nickel-Wolfram- und Chrom-Nickel-Molybdän-Stählen. Wie aus Zahlentafel 130 (S. 626) hervorgeht, tritt mit steigender Ablöschtemperatur kaum eine Veränderung der Festigkeitseigenschaften ein. Auch die Zähigkeitseigenschaften werden nur geringfügig beeinflußt. Es scheint, daß hier zwei Faktoren gleichzeitig einwirken; wenn auch mit steigender Ablöschtemperatur das Korn gröber wird, wie dies Abb. 521b gegenüber a zeigt, tritt gleichzeitig infolge der erhöhten Korngröße eine Verbesserung der Vergütungswirkung ein, die die Kornvergröberung weitgehend auszugleichen vermag. Bei diesen Stählen bedeutet also ein vergröbertes Korn nicht immer eine Verminderung der Zähigkeit. Auch dies ist ein Beweis dafür, daß man die Frage Grob- oder Feinkörnigkeit von Stählen an Hand von metallographischen Gefügebildern nicht allein zur Grundlage der Beurteilung des Stahles selbst machen soll.

Zahlentafel 130. Einfluß der Härtetemperatur auf die Festigkeitseigenschaften eines Stahles mit 0,13% C, 0,3% Si, 0,5% Mn, 1,2% Cr, 4,2% Ni, 0,4% Mo im gehärteten und angelassenen Zustand.

Stahl-legierung	Behandlung		Brinell-härte	Streck-grenze kg/mm²	Festigkeit kg/mm²	Dehnung $(l = 5d)$ %	Ein-schnürung %	Kerb-zähigkeit mkg/cm²
C 0,13%	850°	Öl	401	119	137,1	11,8	58	12,0
Si 0,26%	900°	Öl	401	115	136,6	11,0	56	12,2
Mn 0,47%	1000°	Öl	401	113	134,4	11,3	56	12,6
Cr 1,2 %	1100°	Öl	401	112	137,5	12,7	56	11,3
Ni 4,2 %	1200°	Öl	398	116	135,3	11,7	53	11,0
Mo 0,4 %								
	850° Öl, 400° angel.		361	106	122,9	13,2	61	10,3
	900° Öl, ,, ,,		361	105	121,6	12,5	59	11,0
	1000° Öl, ,, ,,		361	106	122,9	12,5	59	10,7
	1100° Öl, ,, ,,		359	103	122,0	12,5	58	9,9
	1200° Öl, ,, ,,		356	104	122,0	12,5	58	9,5

Diese wenigen Beispiele mögen genügen, um wenigstens einen Anhalt für das Vorgehen bei der Auswahl legierter Vergütungsbaustähle zu geben.

c) Molybdän in Einsatzstählen.

Molybdän bedingt nach L. Guillet[1] und W. Giesen[2] eine geringe Erhöhung der Eindringtiefe des Kohlenstoffes. Von G. Tammann[3] wird diese Veränderung

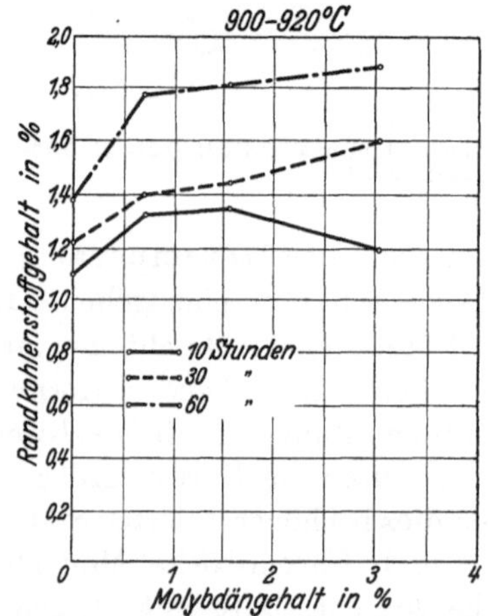

Abb. 522. Einfluß von Molybdän auf den Randkohlen-stoffgehalt bei Zementation in Holzkohle und Bariumkarbonat.
[Nach E. Houdremont u. H. Schrader: Arch. Eisenhüttenw. Bd. 8 (1934/35) S. 445/59.]

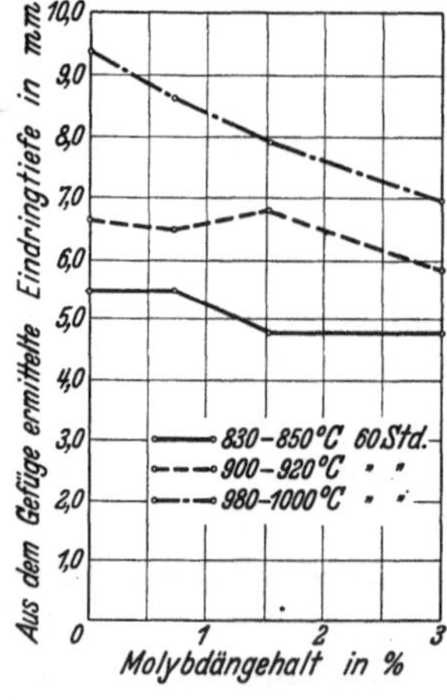

Abb. 523. Einfluß von Molybdän auf die Ein-dringtiefe bei Zementation in Holzkohle und Bariumkarbonat. [Nach E. Houdremont u. H. Schrader: Arch. Eisenhüttenw. Bd. 8 (1934 bis 1935) S. 445/59.]

für eine Zementation in Hexan-Wasserstoff-Gemischen bis zu 3% Mo bestätigt, während bei weiterer Erhöhung des Molybdängehaltes eine Verminderung erhalten wird. Diese Beurteilung der Wirkung des Molybdäns bei Zementation gilt nur

[1] Guillet, L.: Mém. C. R. Trav. Soc. Ing. civ. France 1904 S. 177—207.
[2] Giesen, W.: Die Spezialstähle in Theorie und Praxis. Freiberg: Craz u. Gerlach 1909 S. 22/23.
[3] Tammann, G.: Ber. Werkstoffaussch. Ver. d. Eisenhüttenleute. Nr. 14 (1922).

für verhältnismäßig geringe Eindringtiefen. Bei größeren Zementationstiefen zeigt sich, daß durch Molybdän, ähnlich wie durch Chrom, eine beträchtliche Steigerung des Randkohlenstoffgehaltes hervorgerufen wird (Abb. 522). Die ermittelten Höchstgehalte sind nicht ganz so hoch wie bei Chromstählen, erreichen jedoch bei einem 3proz. Molybdänstahl bis zu 1,9% C. Die Veränderung der Eindringtiefe durch Molybdän ist abhängig von der Zementationstemperatur. Bei tiefen Zementationstemperaturen von 830—850° wird, wie aus Abb. 523 ersichtlich, ein Abfall der Eindringtiefe bis zu 1,5% Mo, bei weiterer Steigerung des Molybdängehaltes ein Gleichbleiben festgestellt. Stähle mit über 1,5% Mo haben den Ac_3-Punkt oberhalb der Zementationstemperatur von 850°. Bei höheren Zementationstemperaturen von 980—1000° ist bis zu 3% Mo eine fortschreitende Beeinträchtigung der Eindringtiefe zu bemerken. Im Gefüge neigen die Molybdänstähle in noch stärkerem Maße als die Wolframstähle zu einer anomalen Gefügeausbildung, wie aus Abb. 524 ersichtlich. Molybdängehalte bis 0,7% verursachen eine Kornvergröberung bei Zementationsüberhitzung, die stärker ist als bei unlegierten Kohlenstoffstählen (Abb. 525). Erst bei weiterer Erhöhung des Legierungszusatzes ist eine Kornverfeinerung und Verringerung der Überhitzungsempfindlichkeit zu beobachten.

Wenn auch die vorher allgemein geschilderte Wirkung von Molybdän in bezug auf Randkohlenstoffgehalt und Korngröße bei der Zementation nicht als besonders günstig zu werten

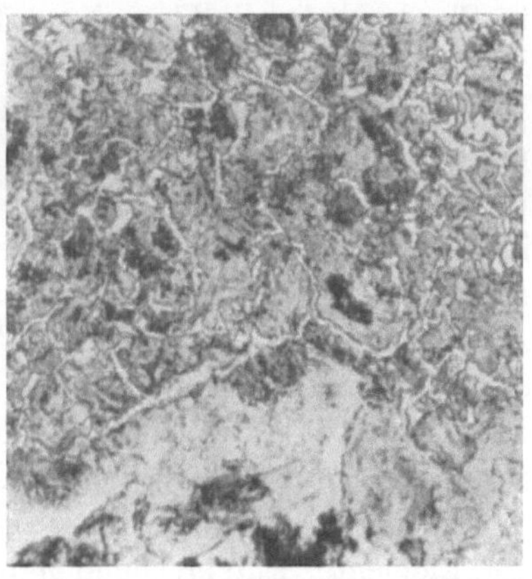

V = 300

Abb. 524. Gefügeanomalität in der Einsatzschicht eines 1,5 proz. molybdänhaltigen Stahles nach 30 stündiger Zementation in Holzkohle und Bariumkarbonat bei 980 bis 1000°. [Nach E. Houdremont u. H. Schrader: Arch. Eisenhüttenw. Bd. 8, (1934/35) S. 445/59.]

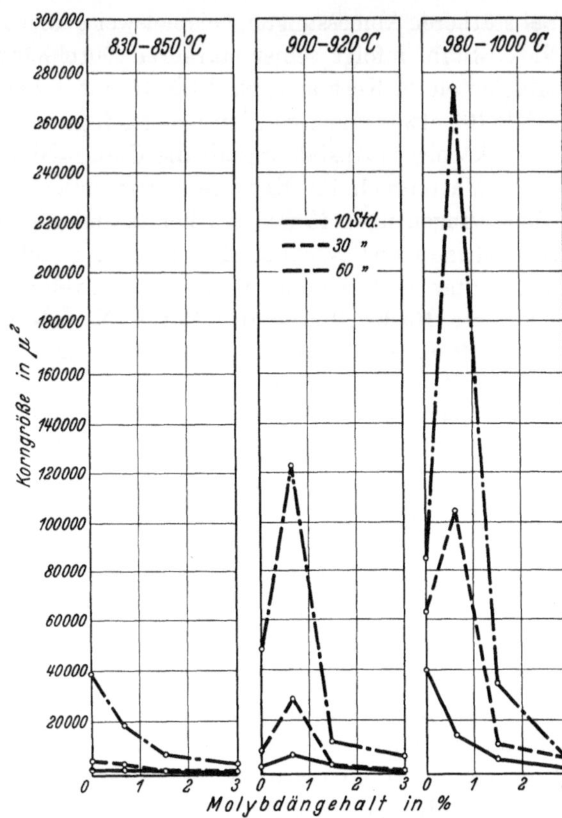

Abb. 525. Einfluß von Molybdän auf die Korngröße bei der Zementation. [Nach E. Houdremont u. H. Schrader: Arch. Eisenhüttenw. Bd. 8 (1934/35) S. 445/59.]

ist, so hat doch seine härtesteigernde Wirkung in vielen Fällen zur Verwendung in Einsatzstählen geführt. Man hat hierbei versucht, sowohl das Nickel in Chrom-Nickel-Stählen als auch das Chrom in entsprechenden Stählen durch Molybdän zu ersetzen.

Die Eigenschaften einiger molybdänhaltiger Einsatzstähle zeigten Zahlentafel 124 u. 125 (S. 616 u. 617). Wie hieraus hervorgeht, unterscheiden sie sich praktisch von einem ähnlich legierten Chrom-Nickel-Stahl nicht. Im Schrifttum, insbesondere dem amerikanischen, fand man des öfteren die Ansicht vertreten, daß Molybdän in der Lage sei, Nickel in Stählen zu ersetzen. Aus der geschilderten spezifischen Wirkung von Molybdän ist der Ersatz von Chrom durch Molybdän ohne weiteres verständlich, der Ersatz von Nickel hingegen nicht. Trotzdem kann man bei Anwesenheit genügender Mengen Kohlenstoff durch Molybdänzusatz eine gewisse Verbesserung der Härtefähigkeit und Durchvergütung erzielen, da Molybdän stärker auf diese Eigenschaften wirkt als alle anderen karbidbildenden Elemente. Entsprechend haben sich in Deutschland demnach auch Chrom-Molybdän-Einsatzstähle entwickelt, deren Zusammensetzung und Eigenschaften aus obiger Zahlentafel 124 (S. 616) hervorgehen.

Nach der Härtung sind die erreichten Festigkeitswerte des Chrom-Molybdän-Stahles ECMo 100 im Kern bei Abmessungen bis zu 40 mm ☐ denjenigen eines 4,5% Nickel enthaltenden Chrom-Nickel-Einsatzstahles (ECN 45) praktisch gleich. Bei stärkeren Abmessungen, beispielsweise über 100 mm ☐, ist dagegen der Chrom-Nickel-Stahl infolge seiner stärkeren Durchhärtung etwas überlegen. Die Kerbzähigkeiten im Kern sind bei ECN 45 mit ∞ 18 mkg/cm^2 gegen ∞ 14 mkg/cm^2 bei ECMo 100 etwas günstiger. Im Bruchgefüge zeigt der Chrom-Molybdän-Stahl eine etwas körnigere Ausbildung als die Chrom-Nickel-Stähle (ECN 35 und ECN 45), deren Härtebruch im Kern rein sammetartig ist. Dieser Unterschied ist bei Abmessungen über 15 mm stärker betont als bei dünneren Abmessungen. Die Einsatzschicht zeichnet sich nach der Ablöschung in Öl gegenüber Chrom-Nickel-Stählen durch eine um 2—3 Rockwell-C-Einheiten höhere Härte aus. Die niedrigere Rockwellhärte der Chrom-Nickel-Stähle beruht auf einer größeren Menge Restaustenit im Härtungsgefüge. Die hohe Härte des Chrom-Molybdän-Stahles ist für viele Verwendungszwecke, wo es besonders auf Verschleißwiderstand ankommt, ein Vorteil. Nachteilig kann sie sich bei sehr dünnen Teilen (2—3 mm ⌀) bemerkbar machen, die im Einsatz gehärtet werden sollen. Bei derartigen Stücken ist der prozentuale Anteil der Einsatzschicht am Gesamtquerschnitt des Werkstückes sehr groß. Infolge der hohen Härte wird ein derartiges einsatzgehärtetes Stück entsprechend spröder sein. Bei der Zementation selbst ist es vorteilhaft, eine tiefe Einsatztemperatur (850—880° C) und mildwirkende Einsatzmittel zu wählen. Zu hohe Einsatztemperaturen und schroff wirkende Zementationspulver führen zu einer stärkeren Anreicherung an Kohlenstoff in den Randzonen, da die Legierung dieser Stähle hauptsächlich auf den beiden karbidbildenden Elementen Chrom und Molybdän aufgebaut ist. Bei Einhaltung der geeigneten Einsatztemperatur und bei Zementationstiefen bis zu 2 mm gelingt es ohne weiteres, einwandfreies Zementationsgefüge, frei von überschüssigem Korngrenzenkarbid, zu erzielen. Die Härtetemperatur für die Schlußhärtung ist etwas höher als bei einem entsprechenden Chrom-Nickel-Stahl (820 bis 840° gegenüber 790—810° C). Die erhöhte Härtetemperatur bedingt unter Umständen für sehr komplizierte Teile eine gewisse Verstärkung des Verzuges bei der Härtung.

Da die Chrom-Molybdän-Einsatzstähle sich weicher ausglühen lassen als die entsprechenden Chrom-Nickel-Stähle und besonders bei der Herstellung von Zahnrädern die Bearbeitungszeit von ausschlaggebender Bedeutung für die Wirtschaftlichkeit ist, sind diese Stähle in steigendem Maße zum Austausch von Chrom-Nickel-Stählen eingesetzt worden.

d) Allgemeine Gesichtspunkte für die Legierungsauswahl bei Einsatzstählen.

Nachdem mit den Legierungselementen Mangan, Nickel, Chrom, Molybdän die wichtigsten Legierungselemente der Einsatzstähle besprochen wurden, sei hier auch ein kleiner Überblick über die Auswahl eines zweckmäßig legierten Stahles für Einsatzhärtung gegeben. Auf die Frage der Oberflächenhärte und der Kernfestigkeit in Zusammenhang mit erhöhtem Verschleiß oder erhöhter Druckbeanspruchung bei Zahnrädern ist schon im Abschnitt Chrom-Nickel-Einsatzstahl (S. 445) eingegangen worden. Was die Festigkeit, Streckgrenze und Zähigkeit von Einsatzstählen anbelangt, so gelten durchweg die gleichen Überlegungen, die bei Vergütungsbaustählen angestellt wurden. Der Einfluß der Kernfestigkeit auf das Verhalten eines Stahles bei Wechselbeanspruchung ist für Einsatzstähle vielfach von besonderer Bedeutung, weil durch die Einsatzhärtung, ebenso, wie später erwähnt, durch die Nitrierung, die Oberflächenkerbempfindlichkeit wesentlich herabgesetzt wird und dadurch die volle Schwingungsfestigkeit des Grundwerkstoffes in weit größerem Maße zur Auswirkung gelangen kann. Die entsprechenden Überlegungen allgemeiner Natur sind auf S. 180ff. (Kapitel Einsatzhärtung) angestellt worden. Es wird also bezüglich der Auswahl für einen bestimmten Verwendungszweck wiederum zunächst der Querschnitt und die gewünschte Festigkeit ausschlaggebend sein. Da man die Festigkeit bei einsatzgehärteten Teilen nicht durch Anlassen wie bei Vergütungsstählen beeinflussen kann, ist die Zusammensetzung wesentlich für die erreichbare Härte und Festigkeit in den betreffenden Querschnitten. Bei Teilen, die überwiegend oder ausschließlich einer Dauerbeanspruchung ausgesetzt sind, ist in bekannter Weise die Höhe der Festigkeit ausschlaggebend für die Höhe der Dauerfestigkeit. Jeder Stahl, der in der Lage ist, für den betreffenden Querschnitt gleiche Kernfestigkeit nach der Einsatzhärtung zu ergeben, hat somit Aussicht, sich bei der Dauerbeanspruchung im Betriebe gleich gut zu verhalten. Dementsprechend können Stähle, wie sie beispielsweise in der Deutschen Norm enthalten und in der Zahlentafel 131 nochmals für den Festigkeitsbereich von 110—140 kg/mm² zusammengestellt sind, bei einwandfreier Wärmebehandlung gleich gute Ergebnisse zeitigen. Es würde in einem derartigen Falle auch noch ein Kohlenstoff-Mangan-Einsatzstahl ausreichen, der bei entsprechend kleinem Querschnitt durch erhöhten Kohlenstoffgehalt — 0,25—0,30% C, 1% Mn —

Zahlentafel 131. Legierung der für Kernfestigkeiten über 110 kg/mm² (bezogen auf 30 mm vkt.) genormten Einsatzstähle.

	C	Si	Mn	Cr	Ni	Mo	Zugfestigkeit nach Härtung kg/mm²
ECN 45	0,10/0,17	< 0,35	< 0,5	0,9/1,3	4,25/4,75	—	120—140
ECMo 100	0,17/0,22	< 0,35	0,8/1,1	1,0/1,3	—	0,20/0,30	110—135
EC 100	0,18/0,23	< 0,35	1,3/1,5	1,3/1,5	—	—	110—145

ebenfalls hohe Kernfestigkeit ergeben würde. Die einzelnen Legierungen unterscheiden sich nun aber, abgesehen von ihrer unterschiedlichen Durchhärtefähigkeit in verschiedenen Querschnitten (Abb. 526), auch in ihrer Zähigkeit. Die unterschiedliche Durchhärtung ist eine Frage der Legierung und des Kohlenstoffgehaltes. Die geringere Durchhärtefähigkeit des Stahles ECN 45 in Abb. 526 ist im wesentlichen durch den tiefen Kohlenstoffgehalt (0,11%) bedingt. Wird bei einem Stahl dieser Legierung der Kohlenstoffgehalt auf ähnliche Gehalte (0,22%) wie bei den Chrom-Mangan- und Chrom-Molybdän-Stählen erhöht, so übertrifft dieser Stahl in den bei größeren Querschnitten erreichbaren Kernfestigkeiten alle Vergleichsstähle. Die Kernfestigkeit bei größeren Abmessungen und damit die Durchhärtefähigkeit ist also durch kleine Veränderungen im Kohlenstoffgehalt stark zu beeinflussen. Da die Härte des martensitischen Gefüges im wesentlichen durch den Kohlenstoffgehalt bedingt und ziemlich unabhängig von der sonstigen Legierung ist, ergibt der höhere Kohlenstoffgehalt der verhältnismäßig niedriglegierten Einsatzstähle ECMo 100 und EC 100 in kleinen Abmessungen, bei denen auch im Kern martensitisches Gefüge gebildet wird, verhältnismäßig hohe Kernfestigkeiten.

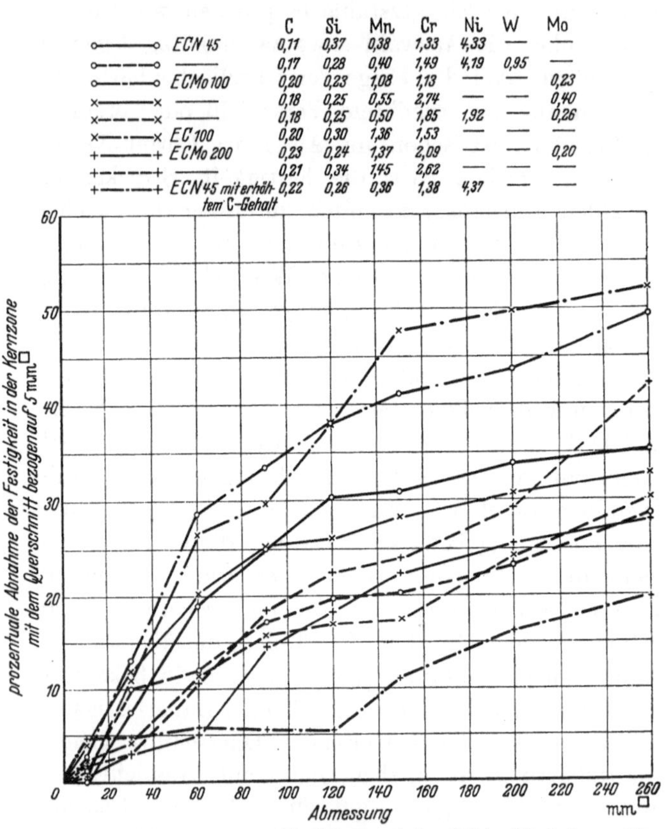

Abb. 526. Absinken der Kernfestigkeit mit der Stückgröße bei verschieden legierten Einsatzstählen.

mäßig hohe Kernfestigkeiten. Bei größeren Querschnitten verläuft die Umwandlung dieser Stähle infolge ihres geringen Legierungsgehaltes hingegen in der Zwischenstufe oder Perlitstufe, gegebenenfalls mit voreutektoider Ferritausscheidung, wodurch die Kernfestigkeit wesentlich geringer wird. Daher ist es verständlich, daß bei diesen Stählen die Unterschiede in der Kernhärte zwischen kleinen und großen Querschnitten besonders groß ausfallen. Bei kleinen Querschnitten unterhalb etwa 10 mm ergeben sich leicht Kernfestigkeiten bis 170 kg/mm². Diesem Übelstand kann man durch Wahl milderer Abschreckmittel begegnen (warme Ölbäder oder Salzbäder). Der Kern wandelt sich in derartigen Bädern infolge ihrer geringen Abschreckfähigkeit auch bei dünnen Querschnitten noch in der Zwischenstufe um, während der höher gekohlte

Rand martensitisch wird. Gerade bei dünnsten Abmessungen, bei denen ein verhältnismäßig großer Anteil des Querschnittes zementiert wird, ist eine solche zähe Kernzone mit niedriger Festigkeit erwünscht.

Für Teile, die außer der Dauerbeanspruchung gleichzeitig starker Stoßbeanspruchung, die bis zu plastischen Verformungen führen kann, ausgesetzt sind, ist die Frage der Zähigkeit von Kernzone und Einsatzschicht nicht mehr zu vernachlässigen. Dies gilt für eine ganze Anzahl von Teilen, beispielsweise im Kraftwagenbau, vor allem im Lastkraftwagenbau und bei geländegängigen Wagen, bei denen besonders häufige Stoßbeanspruchungen in Frage kommen. Bereits am Bruchgefüge einsatzgehärteter Proben kann man einen Überblick über die Zähigkeit der verschiedenen Werkstoffe erhalten. Die Chrom-Mangan-Stähle sind den Chrom-Molybdän-Stählen, letztere den Chrom-Nickel-Stählen in bezug auf Kerbzähigkeit unterlegen, wie dies z. B. auch die großzahlmäßigen Auswertungen in Abb. 527 zeigen[1]. Bezüglich der Querkerbzähigkeit verschlechtert sich das Bild noch etwas zuungunsten der Chrom-Mangan-Stähle. Am wenigsten zähe würde, wie oben erwähnt, ein reiner Kohlenstoff-Mangan-Stahl

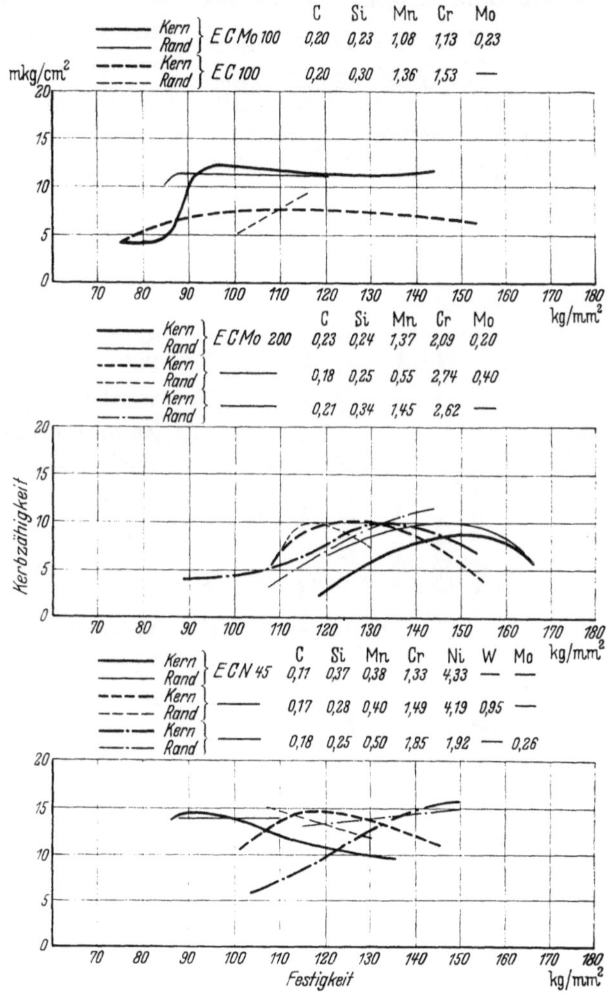

Abb. 527. Vergleich der Kerbzähigkeit von verschieden legierten Einsatzstählen bei verschiedenen Festigkeiten (Festigkeit durch Stückgröße verändert). [Nach H. Schrader u. F. Brühl: Techn. Mitt. Krupp, Forschungsber. Bd. 3 (1940) S. 243/53.]

mit entsprechend erhöhtem Kohlenstoffgehalt sein, jedoch könnte man zwecks Erzielung besonderer Feinkörnigkeit und damit erhöhter Zähigkeit einem derartigen Stahl noch einen Vanadinzusatz von 0,05—0,1 % geben, ohne an der Festigkeit praktisch etwas zu ändern.

Die erzielbare Zähigkeit, insbesondere was die Randschicht anbelangt, ist aber nicht nur eine Frage der Legierung, sondern des Zusammenwirkens von

---

[1] Die Abnahme der Kerbzähigkeit bei niedrigeren Festigkeiten in Abb. 527 erklärt sich aus der Zunahme des Ferritgehaltes bei größeren Querschnitten.

Einsatzbehandlung und Legierung. Die Zähigkeit der Einsatzschicht hängt im wesentlichen vom Randkohlenstoff und von der Karbidverteilung ab. Hier unterscheiden sich die einzelnen Stahlarten ebenfalls voneinander in dem Sinne, daß diejenigen Legierungen, die allein auf stark karbidbildenden Elementen, wie Chrom und Molybdän, aufgebaut sind, entsprechend stärker zu Randkarbidbildung neigen, als dies bei Chrom-Nickel- oder Chrom-Mangan-Stählen

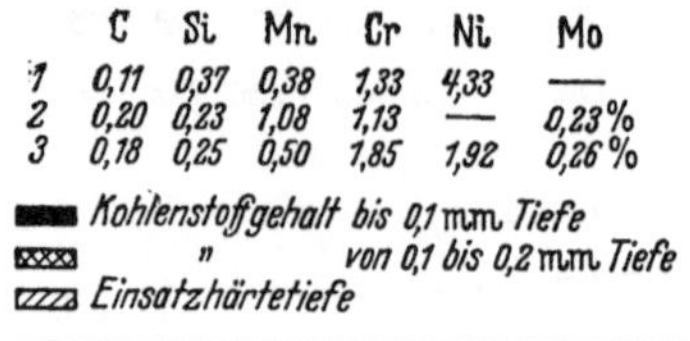

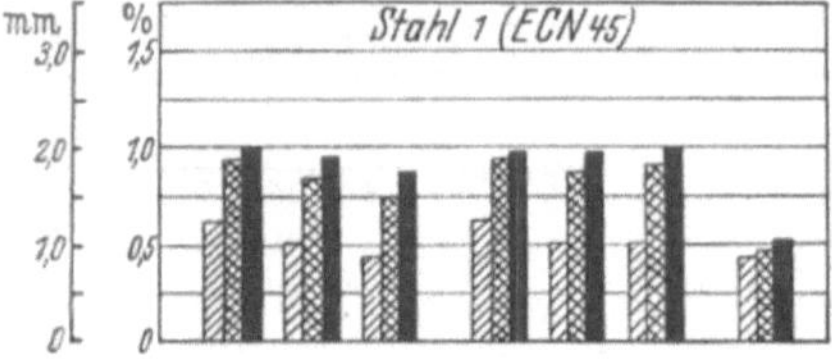

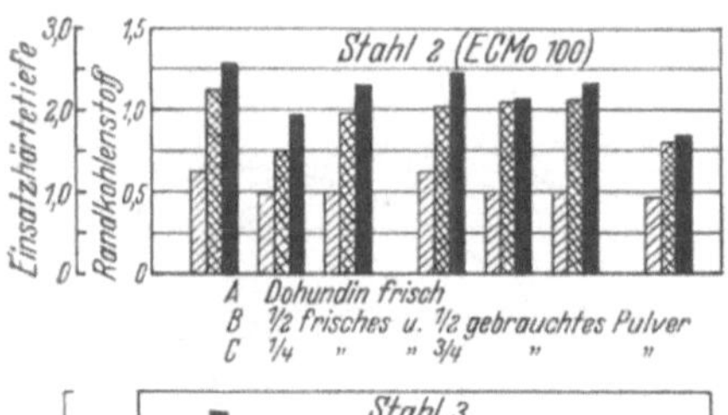

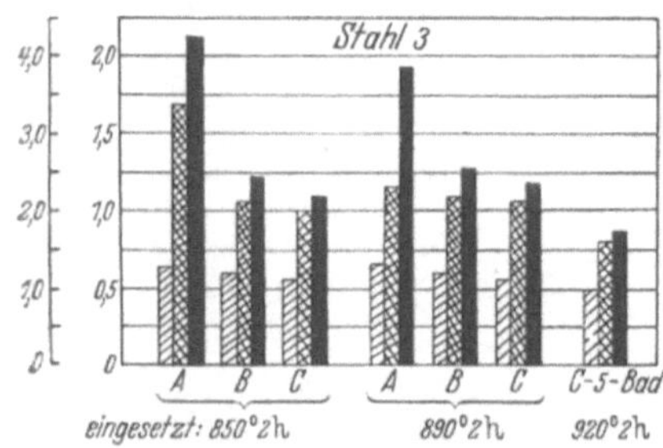

Abb. 528. Wirkung von Einsatztemperatur und Einsatzmittel auf den Randkohlenstoffgehalt verschieden legierter Einsatzstähle. [H. Schrader u. F. Brühl: Stahl u. Eisen Bd. 60 (1940) S. 1051/58.

der Fall ist. Durch Wahl geeigneter Einsatzmittel lassen sich aber auch hier wesentliche Veränderungen der Einsatzschicht erreichen, wie dies Abb. 528 wiedergibt. Bei der Härtung erfordern die Chrom-Molybdän-Stähle etwas höhere Härtetemperaturen von 820—840°, während die der Chrom-Nickel-Stähle bei 790—810° liegen. Für die Chrom-Mangan-Stähle kann die Härtetemperatur mit 800—820° wieder etwas niedriger angesetzt werden. Bei komplizierten Formen, z. B. Zahnrädern, sind möglichst niedrige Härtetemperaturen erwünscht, um den Härteverzug einzuschränken. Hierbei kann infolge der Unterschiede in der Härtetemperatur von 790 gegenüber 840° schon eine stärkere Abzunderung mit steigender Wärmetemperatur eintreten, während der Zunderverlust durch die Art der Legierung in den hier vorliegenden Grenzen kaum wesentlich beeinflußt wird. Die gehärtete Einsatzschicht ist bei Chrom-Molybdän- und Chrom-Mangan-Stählen mit 65—66 R.C. etwas härter als bei den Chrom-Nickel-Stählen mit 63—64 R.C. Um einen entsprechenden Widerstand gegen stoßartige Beanspruchung zu erhalten und die Empfindlichkeit beim Schleifen herabzusetzen, werden deshalb die letzteren Stähle zweckmäßig nach der Härtung bei 180—200° angelassen, wodurch die Härte an die Oberflächenhärte der Chrom-Nickel-Stähle angeglichen wird.

In manchen Fällen ist es möglich, Einsatzstähle durch Stähle für direkte Härtung zu ersetzen, wobei an Zahnrädern nur die Zähne gehärtet werden. Hierbei kann direkte oder Stufenhärtung angewandt werden (s. S. 188 u. 446). Die Verwendung von Vergütungsstählen entsprechend VCN 35, VCMo 135, VCMo 140 für Zahnräder, die aus dem Zyanbad gehärtet werden, um eine geringe Einsatzschicht bei hoher Kernfestigkeit zu erzielen, wurde ebenfalls bereits auf S. 446 erwähnt.

Die Vielheit an Legierungen entsteht zum größten Teil aus wirtschaftlichen Überlegungen, wobei diese teilweise auch vom nationalen Standpunkt ausgehen in der Hinsicht, daß die Länder, in denen bestimmte Legierungselemente nur in geringem Umfang vorkommen, vielfach Wert darauf legen, ihre Stähle nach einer Richtung hin zu entwickeln, die sie bezüglich des Legierungsbezuges möglichst unabhängig vom Ausland macht.

Diese allgemeinen Ausführungen über Einsatzstähle lassen im Vergleich mit dem Abschnitt „Legierungsauswahl bei Vergütungsstählen" (S. 622) erkennen, daß grundsätzlich eine scharfe Grenze zwischen Einsatz- und Vergütungsstählen nicht gezogen werden kann. Während auf der einen Seite gelegentlich hochgekohlte Stähle mit Kohlenstoffgehalten bis zu etwa 0,5% auch noch im Einsatz gehärtet worden und sogar Werkzeugstähle zur Erhöhung der Verschleißfestigkeit eine Oberflächenhärtung durch Kohlenstoff und Stickstoff unterzogen werden, verwendet man andererseits vielfach Stähle mit geringeren Kohlenstoffgehalten (unter 0,25%) auch als Vergütungsstähle. Der tiefe Kohlenstoffgehalt gestattet eine energische Wasservergütung. Ferner ist der Abfall der Härte beim Anlassen weniger steil und die Zähigkeit gelegentlich höher als bei entsprechend höher gekohlten Stählen. Die Durchvergütbarkeit ist aber naturgemäß, insbesondere wenn derartig tiefgekohlte Stähle noch mit karbidbildenden Elementen legiert sind, geringer als bei sonst gleichlegierten Stählen höheren Kohlenstoffgehaltes.

Auf eine Eigentümlichkeit ist bei der Verwendung derartiger Stähle hinzuweisen, die einmal als Einsatz-, einmal als Vergütungsstähle gebraucht werden. Es liegt nahe daran zu denken, alle Zwischenstufen der Festigkeit zwischen dem nur gehärteten und dem auf höchstmögliche Temperatur angelassenen Zustand auszunutzen und die gewünschten Festigkeitswerte durch Änderung der Anlaßtemperatur zu erzielen. Bei genauer Untersuchung derartiger Stähle hat sich aber gezeigt, daß sie im gehärteten Zustand gute Zähigkeitseigenschaften (8 bis 12 mkg/cm^2 Kerbzähigkeit) besitzen, die in einem gewissen Anlaßintervall oberhalb 200° jedoch häufig schlechter werden. Diese Versprödung, die insbesondere in einem Abfall der Kerbzähigkeit, unter Umständen auf 1—2 mkg/cm^2, zum Ausdruck kommt, verschwindet dann meist bei höheren Anlaßtemperaturen oberhalb 450° wieder.

Ob die Versprödungsneigung in diesem Anlaßbereich mit einer Ausscheidung des Kohlenstoffs aus dem Martensit in besonderer Form zusammenhängt oder sonstige Beimengungen hierfür verantwortlich zu machen sind, bedarf noch näherer Klärung. Erwähnt sei nur in diesem Zusammenhang, daß man auch bei Werkzeugstählen bei bestimmten tiefen Anlaßtemperaturen gelegentlich ein ähnliches Zähigkeitsminimum festgestellt hat (s. a. Abb. 168 S. 194). ·

4. Molybdänstähle mit besonderen physikalischen Eigenschaften.

Auf dem Gebiet von Stählen mit besonderen physikalischen Eigenschaften hat Molybdän bisher keine so ausgezeichnete Bedeutung erlangt, daß Legierungen mit Molybdän allein als charakteristischem Bestandteil entwickelt wurden.

Der Gitterparameter von α-Eisen wird durch Molybdän erweitert[1]. Von den Veränderungen der physikalischen Eigenschaften ist die Erhöhung des elektrischen Leitwiderstandes durch Molybdänzusatz erwähnenswert (Abb. 529).

[1] Chartkoff, E. P., u. W. P. Sykes: Bericht vor dem Amer. Inst. min. met. Engrs., Febr. 1930; refer. Stahl u. Eisen Bd. 50 (1930) S. 1004.

Da Molybdän in geringen Prozentsätzen keine Verminderung der Zunderungsbeständigkeit herbeiführt, den elektrischen Widerstand erhöht und gleichzeitig eine gewisse Erhöhung der Warmfestigkeit bewirkt, findet man Zusätze von Molybdän bis zu 10% bei hitzebeständigen chrom-nickel-haltigen Legierungen für **Widerstandsdrähte**. So sind für diesen Zweck z. B. Legierungen folgender Analyse in Gebrauch:

C %	Si %	Mn %	Ni %	Cr %	Mo %
<0,10	1,0	2,5/3,5	60,0	15,0	1,0/1,5
<0,10	0,4/0,6	2,5/3,0	73,0	19,0	2,0
<0,10	0,6/1,0	2,0	60,0	15,0	7,0

Im Temperaturbereich oberhalb 900° konnte allerdings bisher ein Vorteil von Legierungen mit Molybdän gegenüber den nur nickel-chrom-haltigen Legierungen nicht nachgewiesen werden. Gegenüber schwefelhaltigen Ofenatmosphären dürfte Molybdän unter Umständen sogar schädlich sein.

Die Erhöhung der Warmfestigkeit durch Molybdän benutzt man auch in **Thermobimetallen**, wenn sie als

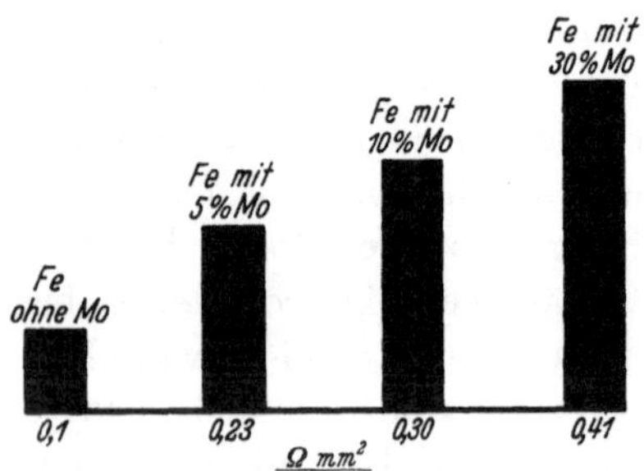

Abb. 529. Steigerung des elektrischen Widerstandes von Eisen durch Molybdänzusatz.

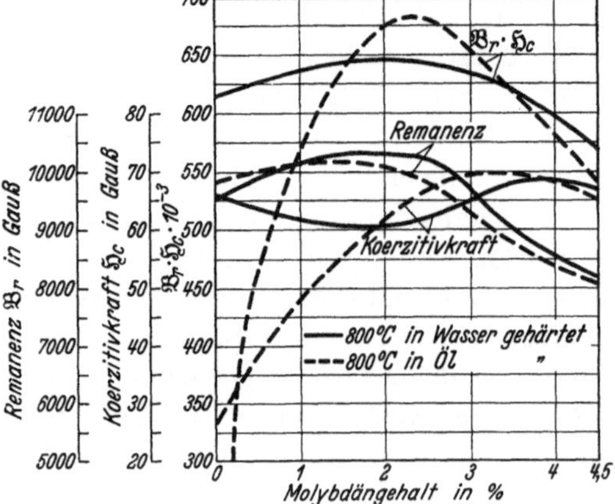

Abb. 530. Einfluß des Molybdäns auf Koerzitivkraft, Remanenz und das Produkt $\mathfrak{B}_r \cdot \mathfrak{H}_c$ (C = 1,5%). [Nach A. F. Stogoff u. W. S. Messkin: Arch. Eisenhüttenw. Bd. 2 (1928/29) S. 595/600.

Schalter etwas stärkeren mechanischen Beanspruchungen unterliegen; man verwendet hierzu Eisen-Nickel-Legierungen, denen wenige Prozent Molybdän zugesetzt sind.

Auf dem Gebiete der **magnetischen Eigenschaften** zeigt sich die Analogie zwischen Molybdän, Chrom und Wolfram. Wie Abb. 530 zeigt, weisen Stähle mit etwa 2—3% Molybdän günstige Werte der Remanenz und Koerzitivkraft auf. Es muß noch dahingestellt bleiben, ob nicht bei noch höheren Molybdängehalten und entsprechender Erhöhung der Härtetemperatur noch bessere Eigenschaften erhalten werden können. Aus der Analogie mit Chrom und Wolfram dürfte auch hier wiederum hervorgehen, daß die Karbidbildung den wesentlichsten Einfluß in dieser Hinsicht ausübt. Die günstige Wirkung von Molybdän auf die magnetischen Eigenschaften hat dazu geführt, daß Molybdän auch zu den Wolfram- und Chrom-Magnet-Stählen zwecks weiterer Verbesserung, insbesondere der Koerzitivkraft, zugesetzt wurde. Ein Beispiel ist ein Stahl mit 1% C, 3,5% Cr, 0,5% Mo. Dies gilt auch für die später unter Kobalt erwähnten Chrom-Kobalt-Magnet-Stähle, die durchweg 1—2% Molybdän enthalten.

Die guten magnetischen Eigenschaften kohlenstofffreier Molybdän-Eisen-Legierungen mit Molybdängehalten von 14—24% sind auf S. 596 erwähnt worden. Hohe Remanenz bei hoher Koerzitivkraft zeichnen diese rein ferritischen ausscheidungsgehärteten Legierungen aus; durch Zusatz von Kobalt werden weitere Verbesserungen erzielt. Zur endgültigen Festlegung von Standardlegierungen, die die höchsten wirtschaftlichen und qualitativen Vorteile bieten, ist es noch nicht gekommen (s. a. Kobalt), da inzwischen die Aluminium-Nickel-Legierungen als wirtschaftlichste Legierungen mit viel höheren magnetischen Eigenschaften entwickelt worden sind.

Durch Molybdänzusatz läßt sich der Permeabilitätsanstieg hochnickelhaltiger Eisenlegierungen etwas verlangsamen, was für gewisse Zwecke der Schwachstromtechnik von Interesse ist; daß die Anfangspermeabilität durch wenige Prozent Molybdän bei Eisen-Nickel-Legierungen mit etwa 78% Ni erhöht wird, wurde schon im Kapitel Nickel (S. 341 u. 351) besprochen. Nach W. S. Messkin und J. M. Margolin[1] soll die Remanenz einer Eisenlegierung mit 12% Mo mit wachsender Abschrecktemperatur, d. h. zunehmender Auflösung der Verbindung kleiner werden; hierdurch wird im allgemeinen der Werkstoff geeigneter für eine Verwendung als Isoperm, d. h. als Werkstoff mit einer von der Feldstärke praktisch nicht abhängenden Permeabilität. Die kleine Remanenz bewirkt, daß nach vorübergehender Magnetisierung mit hohen Feldern nachher die Permeabilität wieder praktisch dieselbe ist, d. h. daß die magnetische Instabilität kleiner wird. Ob bei den obengenannten Eisen-Molybdän-Legierungen die Instabilität und der Hysteresisverlust tatsächlich so klein wird, daß eine technische Verwendung in Frage kommt, muß erst die weitere Erfahrung zeigen.

5. Molybdän in korrosionsfesten Werkstoffen.

In ähnlicher Weise wie die Elemente Chrom und Nickel neigt auch Molybdän zur Passivität. Ein Unterschied besteht jedoch insofern, als der Eintritt der Passivität weniger leicht als bei diesen Metallen erfolgt. Andererseits wieder zeichnet sich Molybdän gegenüber Chrom und Nickel dadurch aus, daß es im Gegensatz zu dem Verhalten des Chroms in reduzierenden Säuren, wie Salzsäure, Schwefel- und schwefliger Säure sowie in stark oxydierend wirkenden Salzlösungen, insbesondere auch bei Gegenwart von Chlorionen und elementarem Chlor, passiv wird. Aus diesem Verhalten ergibt sich die Möglichkeit, durch Zulegieren von Molybdän die Beständigkeit korrosionsfester Stähle zu erhöhen[2].

In der Zahlentafel 132 (S. 636) ist das Verhalten molybdänlegierter Chrom-Nickel-Stähle gegen einige Säuren und oxydierend wirkende Salzlösungen unter Angabe der Gewichtsverluste in g/h m² wiedergegeben, wobei die gleichfalls verzeichneten Gewichtsabnahmen eines molybdänfreien Chrom-Nickel-Stahles die Überlegenheit der molybdänhaltigen Stähle deutlich werden lassen (s. a. Zahlentafel 97 [S. 494]). Was das Verhalten gegen Salpetersäure betrifft, ist

---

[1] Z. Phys. Bd. 101 (1936) S. 456.

[2] Auch für Molybdän können ähnlich wie für Chrom und Nickel elektronentheoretische Betrachtungen, die zu einer stärkeren Passivierung, d. h. im elektronentheoretischen Sinne Aufladen der $3d$-Schalen des Eisens führen, gegeben werden, s. Abschnitt Chrom. — Uhlig, H. H., u. J. Wulff: Amer. Inst. min. met. Engrs., Techn. Publ. Nr. 1050; Metals Techn. Bd. 6 (1939) Nr. 4.

Zahlentafel 132. Einfluß von Molybdän auf den Widerstand von rostfreien Stählen gegen Säuren und stark oxydierende Salzlösungen.

Stahl	Kohlenstoff %	Chrom %	Nickel %	Molybdän %
A	0,06	18	8	—
B	0,06	18	9	2,5
C	0,06	18	9	5,0

Säure bzw. Salzlösung	Konzentration %	Dauer des Versuches Stdn.	Gewichtsverlust in g/h m² bei 20°			bei 100°		
			A	B	C	A	B	C
Salpetersäure . . .	45	50	< 0,01	< 0,01	—	< 0,1	0,1	0,1
	67	50	< 0,01	< 0,01	—	0,2	0,2	0,2
Salzsäure	10	50	4,0	0,35	0,25	150,0	70,0	70,0
Schwefelsäure . . .	10	50	5,0	< 0,1	< 0,1	30,0	5,5	4,0
	80	50	—	< 0,1	< 0,1	160,0	75,0	60,0
Eisenchlorid . . .	30	200	> 20,0	< 0,01	< 0,01	—	—	—
Kalziumhypochlorit { 150 g Cl₂/l	150 g Cl₂/l	500	> 50,0	< 0,1	< 0,1	—	—	—
{ 70 g Cl₂/l	70 g Cl₂/l	500	> 50,0	< 0,1	< 0,1	—	—	—
Essigsäure	50	100	> 0,1	< 0,01	< 0,01	0,8	0,01	0,01
Oxalsäure.	50	100	> 0,1	0,01	0,01	2,0	0,2	0,2
Weinsäure	50	100	> 0,1	0,01	0,01	0	0	0
Schweflige Säure (Sulfitlauge) . .	kalt gesättigt	109	Temperatur 250°; Druck 40 atü unbeständig	0,1	< 0,1			

zu sagen, daß die Beständigkeit der Chrom-Nickel-Stähle durch Molybdänzusatz nicht verbessert wird. Besonders deutlich tritt die Überlegenheit beim Angriff von schwefliger Säure und Schwefelsäure in Erscheinung. Molybdänlegierte Stähle sind gegen den Angriff schwefliger Säure bis zu Temperaturen von 250° C und bis zu Drücken von rd. 40 atü beständig.

Abb. 531 zeigt deutlich den verbessernden Einfluß eines steigenden Molybdänzusatzes auf die Beständigkeit entsprechender Legierungen gegen Schwefelsäure verschiedener Konzentrationen und Temperaturen. Die Kurven in Abb. 531 kennzeichnen die sog. Umschlagstemperaturen in Schwefelsäure. Unterhalb dieser Temperaturen vermögen Proben der Stähle in lufthaltiger Schwefelsäure (bei starkem Rühren) nach künstlicher Aktivierung wieder in den passiven Zustand überzugehen, während oberhalb eine Selbstpassivierung nicht mehr möglich ist[1]. Die durch diese Kurven umschlossenen Konzentrations-

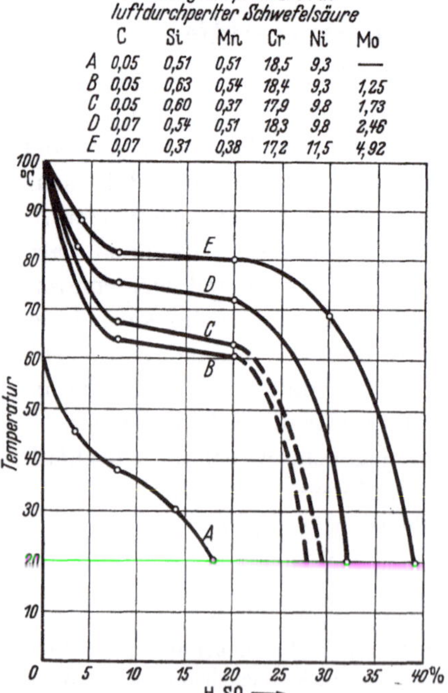

Abb. 531. Verschiebung der Umschlagstemperaturen von austenitischem Chrom-Nickel-Stahl in Schwefelsäure durch Zusatz von Molybdän.

[1] Rocha, H. J.: Chem. Fabrik Bd. 13 (1940) S. 379/84 — Techn. Mitt. Krupp, Forschungsber. Bd. 3 (1940) S. 191/98.

und Temperaturbereiche der Schwefelsäure sind größer als die Stabilitätsbereiche des passiven Zustandes unter Bedingungen, die den Luftzutritt behindern, aber sie geben dennoch ein klares Bild über die relative Vergrößerung der Beständigkeitsgebiete der 18/8-Chrom-Nickel-Stähle durch Zusatz von Molybdän.

Dieser günstige Einfluß des Molybdäns hat zu einer in den letzten Jahren zunehmend stärker werdenden Verbreitung molybdänhaltiger Chrom-Nickel-Stähle geführt. Dementsprechend haben Stähle, wie z. B. der V 4 A- und V 14 A-Stahl von Krupp, starke Verbreitung unter anderem in der Färberei- und Bleichereiindustrie und infolge ihrer ausgezeichneten Beständigkeit in überhitzten Sulfitlaugen insbesondere auch in der Zelluloseindustrie gefunden.

Darüber hinaus ist Molybdän solchen Legierungen zugesetzt worden, die erhöhten Widerstand gegen Salzsäure bieten sollen, wobei außer Chrom, Nickel, Molybdän auch Kupfer zulegiert wird (s. auch S.856). Das Verhalten einiger Legierungen, die eine gewisse Beständigkeit gegen

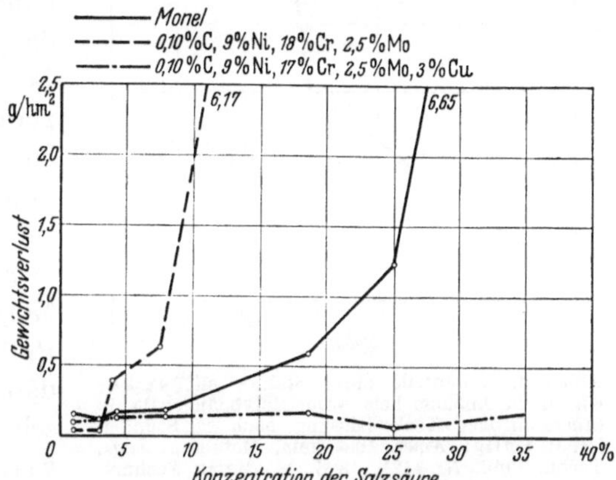

Abb. 532. Beständigkeit eines kupferhaltigen Chrom-Nickel-Molybdän-Stahles im Vergleich zu einem kupferfreien Stahl entsprechender Zusammensetzung sowie Monel-Metall gegen Salzsäureangriff bei Raumtemperatur.

Salz- und Schwefelsäure auf Grund des Zusatzes von Molybdän bei gleichzeitiger Gegenwart von Kupfer aufweisen, ist in den Abb. 532 und 533 wiedergegeben. Die V 16 A-Legierung von Krupp, die Molybdän und Kupfer enthält, weist bessere Korrosionsbeständigkeit in Schwefel- und Salzsäurelösungen auf als höher molybdänlegierte Nickellegierungen mit z. B. 60% Ni, 20% Mo und 20% Fe oder Monel-Metall (60—70% Cu, 25—35% Ni). Da der Stahl in seinem sonstigen Verhalten und Eigenschaften weitgehend dem austenitischen V 2 A-Stahl entspricht, infolge guter Schweißbarkeit zu jeder Apparatur verarbeitet werden kann, zudem bei ausgezeichneter Beständigkeit bessere Wirtschaftlichkeit aufweist als die genannte hochmolybdänhaltige Legierung, hat er letztere in weitem Umfange verdrängt (s. a. S. 856).

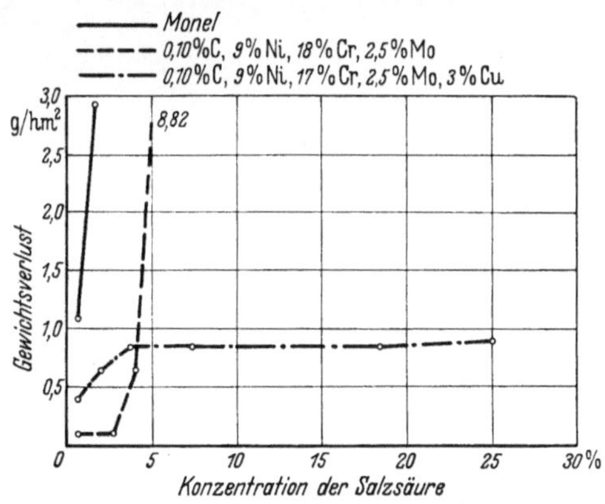

Abb. 533. Beständigkeit eines kupferhaltigen Chrom-Nickel-Molybdän-Stahles im Vergleich zu einem kupferfreien Stahl entsprechender Zusammensetzung, sowie Monel-Metall bei intermittierendem Angriff von Salzsäure und Luft bei Raumtemperatur.

Besonders auffällig ist die Verbesserung molybdänhaltiger Stähle im Verhalten gegenüber Chloriden (Zahlentafel 132 [S. 636] und 97 [S. 494]). Wie auf S. 493 erwähnt, findet bei chloridhaltigen Lösungen vielfach ein lochfraßähnlicher lokaler Korrosionsangriff statt, der durch Zusatz von Molybdän weitgehend unterbunden wird. Diese Verbesserung läßt sich auch durch Potentialmessungen in chloridhaltigen Lösungen verfolgen (Abb. 534). Auch der Korrosionswiderstand säurebeständiger Chromstähle und von entsprechendem Chromguß in chloridhaltigen Angriffsmitteln wird durch Molybdän verbessert.

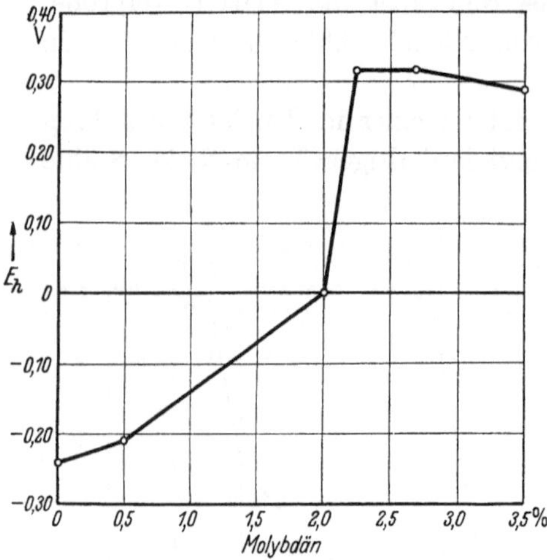

Abb. 534. Potentiale eines Stahles mit 18% Cr 8% Ni in Abhängigkeit vom Molybdängehalt in sauerstofffreier Kochsalzlösung nach 20 Stunden [H. H. Uhlig: Amer. Inst. min. Metallurg. Engs. Techn. Publ. Nr. 1121, 18 S. — Metals Technol. Bd. 6 (1939) Nr. 7.]

Die Zunderbeständigkeit chromhaltiger Stähle wird bei niedrigen Molybdängehalten praktisch nicht verändert. Bei mehr als 5% Mo können bei Temperaturen oberhalb 1000° ähnlich wie bei Wolframstählen Aufblähungen und infolgedessen teilweise Verschlechterungen beobachtet werden (Abb. 535). Ob hierbei die Verdampfung des gebildeten Molybdänoxydes (Molybdänrauch) eine Rolle spielt, ist noch nicht geklärt. Molybdänanreicherungen unter der Zunderschicht können bisweilen beobachtet werden und sind besonders bei schwefelhaltigen Gasen ungünstig (s. a. S. 677).

Gegenüber Wasserstoffangriff bei höheren Drücken und Temperaturen bringen Zusätze von Molybdän Verbesserungen, wie Abb. 496 (S. 593) zeigte. Dieses Verhalten bestätigt den starken Einfluß von Molybdän auf die Karbide, da

Abb. 535. Zunderaufblähung infolge von hohen Molybdängehalten an Chrom-Aluminium-Stählen (500 Std. bei 1300° an Luft geglüht).

Wasserstoffbeständigkeit entsprechend den Ausführungen auf S. 310 an das Vorhandensein stabiler Karbide gebunden ist. Wenn der direkte Nachweis von Sonderkarbiden in molybdänhaltigen Stählen auch noch aussteht, so weisen viele Analogien, darunter eben auch die Wasserstoffbeständigkeit, auf das Vorliegen eines karbidbildenden oder im Karbid gelösten Legierungselementes hin. Für Anlagen der chemischen Industrie, die durch Wasserstoff unter hohen Drücken und Temperaturen beansprucht sind, erweisen sich molybdänhaltige Stähle fernerhin noch deswegen als besonders wertvoll und in vielen Fällen unentbehrlich, weil sie hier außer durch Wasserstoffangriff stets auch auf Dauerstandfestigkeit beansprucht werden. Die besonderen Vorzüge des Molybdäns in dieser Hinsicht sind bereits beschrieben worden.

6. Hinweise auf den Einfluß des Molybdäns bei der Stahlherstellung und -verarbeitung.

Man konnte früher in verschiedenen Handbüchern den Hinweis finden, daß Molybdän im Stahl eine reinigende und desoxydierende Wirkung ausübt. Diese Angaben bestehen zu Unrecht, da Molybdän, ähnlich wie Nickel, edler, d. h. schwerer oxydierbar als Eisen, ist. Bei Zugabe von molybdänhaltigem Schrott im Siemens-Martin-Ofen findet kein wesentlicher Abbrand von Molybdän statt. Gibt man bei der Herstellung von Stahl Molybdän in Form eines Erzes, z. B. Kalziummolybdat, zu, so gelingt es, ohne besondere Schwierigkeiten über 90% Ausbringen im Stahl nachzuweisen, auch wenn oxydierende Schmelzbedingungen, wie z. B. im Siemens-Martin-Ofen, vorliegen. Molybdän wird also von Eisen aus seinen Sauerstoffverbindungen reduziert und kann bei den normalen metallurgischen Prozessen — Herdfrischverfahren, Elektrostahlverfahren — nicht aus dem Stahl entfernt werden. Aus demselben Grunde treten bei Wiedereinschmelzen molybdänhaltigen Stahles praktisch keine Verluste an diesem Legierungselement ein. Der Zusatz von Molybdän erfolgt daher sowohl in Form von Ferrolegierungen oder auch, wie oben geschildert, als Kalziummolybdat. Diese Eigenart des Molybdäns macht es auch für die Verwendung als Legierungselement in Schweißdrähten wertvoll, wo es auch im elektrischen Lichtbogen nur wenig abbrennt. Es dient hier entsprechend seiner sonstigen Wirkungsweise zur Erzielung von Schweißverbindungen hoher Festigkeit, insbesondere bei Teilen, die in der Wärme beansprucht werden.

Ähnlich wie die Molybdän-Sauerstoff-Verbindungen verhalten sich in metallurgischer Hinsicht auch die Molybdän-Schwefel-Verbindungen. Setzt man einem Stahlbad Molybdänsulfid (Molybdänglanz) zu, so wird auch hier Molybdän in das Eisen reduziert, gleichzeitig findet eine starke Schwefelanreicherung statt. Dieses Verfahren benutzt man z. B. zur Herstellung rostfreier Chrom-Molybdän-Legierungen mit 13—15% Cr für die Herstellung von Schrauben usw., die infolge ihres hohen Schwefelgehaltes auf Automaten bearbeitet werden können (s. a. später unter Schwefel).

Auch bezüglich des Verhaltens von Molybdän zu Schwefel scheint eine gewisse Analogie zum Nickel zu bestehen, insofern, als auch die Molybdänsulfide sich infolge des tiefen Schmelzpunktes des entsprechenden Eutektikums in schädlicher Form, nämlich in netzartiger Ausbildung in den Korngrenzen abscheiden. Dieses Verhalten ist von Wichtigkeit bei der Herstellung größerer Schmiedestücke, da bei den Anreicherungen an Schwefel, die im Kern derartiger Stücke auftreten können, Schwächungen infolge von vorhandenen Sulfidhäutchen vorkommen, die später zu Zerreißungen führen können (ähnlich Abb. 828b, S. 954). Bei der Verwendung höherer Molybdängehalte in zunderbeständigen Legierungen kann dieses Verhalten von Molybdän gegen Schwefel je nach dem Schwefelgehalt der Feuerungsgase von Nachteil sein.

Molybdän bewirkt ferner eine stark verästelte Zunderausbildung[1], die zu einer verhältnismäßig breiten Übergangsschicht zwischen dem unbeeinflußten Grundmetall und der äußeren reinen Zunderhaut führt. Diese Erscheinung kann bei der Warmverformung leicht Rißbildungen verursachen. Insbesondere bei hohen Beanspruchungen, wie z. B. beim Rohrwalzen, beim Lochen auf Schrägwalzen usw., läßt sich diese Empfindlichkeit molybdänhaltiger Stähle im Vergleich zu molybdänfreien feststellen.

Da durch den Zusatz von Molybdän zu Chrom- und Chrom-Nickel-Stählen weitgehende Veränderungen der kritischen Abkühlungsgeschwindigkeit und der Härtbarkeit im geschilderten Sinne erzielt werden, kann gerade bei molybdänhaltigen Chrom- und Chrom-Nickel-Stählen das Auftreten von Spannungsrissen beobachtet werden. Molybdän erhöht ferner den Formänderungswiderstand infolge der größeren Warmfestigkeit bei höheren Temperaturen, wie dies z. B. aus der schweren Warmverformbarkeit austenitischer chrom-nickel-molybdän-haltiger Legierungen gegenüber molybdänfreien hervorgeht.

Das Auftreten des Molybdänrauches beim Walzen und Schmieden von Stählen mit höheren Molybdängehalten ist bereits erwähnt worden.

Über den Einfluß hohen Molybdängehaltes in Schnellstählen s. S. 677ff.

G. Vanadinstähle.

1. Allgemeines.

a) Das System Eisen-Vanadin.

Betrachtet man das Zustandsschaubild Eisen-Vanadin (Abb. 536—537), so fällt die unverkennbare Ähnlichkeit mit dem System Eisen-Chrom auf. Hier wie dort haben wir vollkommene Mischkristallbildung nach der Erstarrung, Abschnürung des γ-Gebietes und Ausscheidung einer intermetallischen Verbindung (FeV) bei etwa 1200° und entsprechenden Vanadingehalten. Die Abschnürung des γ-Gebietes ist zwischen 1—1,5% V bereits beendet (Abb. 537). Man könnte daher die Eisen-Vanadin-Legierungen in ähnliche Gruppen unterteilen wie die Eisen-Chrom-Legierungen. Da aber ferritische Vanadinlegierungen bis heute noch keine größere praktische Anwendung gefunden haben, erübrigt es sich, auf diese Gruppierungen einzugehen.

b) Kohlenstoffhaltige Eisen-Vanadin-Legierungen.

Besonders interessant und für das Verhalten der Stähle charakteristisch werden die Verhältnisse beim Hinzutritt von Kohlenstoff zu Eisen-Vanadin-

---

[1] Schrader, H.: Techn. Mitt. Krupp 2 (1934) S. 136/42.

Legierungen bzw. von Vanadin zu Eisen-Kohlenstoff-Legierungen. Durch Zusatz von Kohlenstoff wird das γ-Gebiet erweitert. Vanadin bildet mit Kohlenstoff sehr stabile Karbide, von denen in der Literatur die Verbindungen V_2C, V_3C_2, V_4C_3, V_3C_4 und VC erwähnt sind. Nach den Untersuchungen von E. Maurer[1], bestätigt durch die neueren Untersuchungen von R. Vogel und E. Martin[2], findet man in technischen Stählen nur das Vanadinkarbid V_4C_3.

Das System Eisen-Vanadin-Kohlenstoff ist durch die Untersuchungen von Vogel und Martin[2] und insbesondere durch die Arbeit von F. Wever,

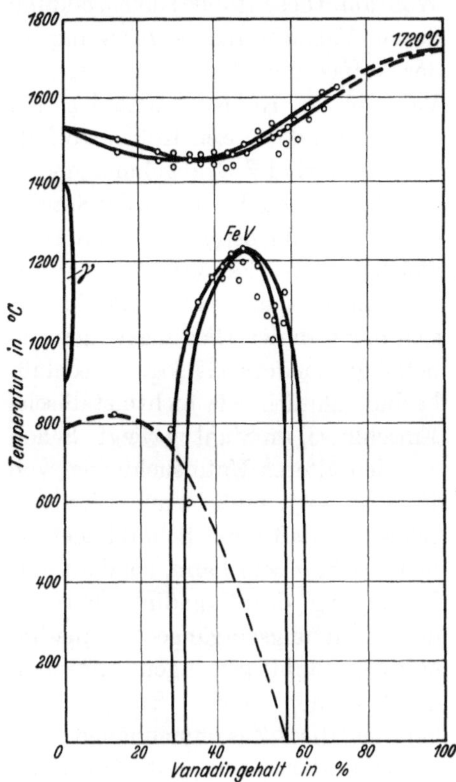

Abb. 536. Das Zustandsschaubild Eisen-Vanadin. [Nach F. Wever u. W. Jellinghaus: Mitt. Kais.-Wilh.-Inst. Eisenforschg., Bd. 12 (1930) S. 317/23.]

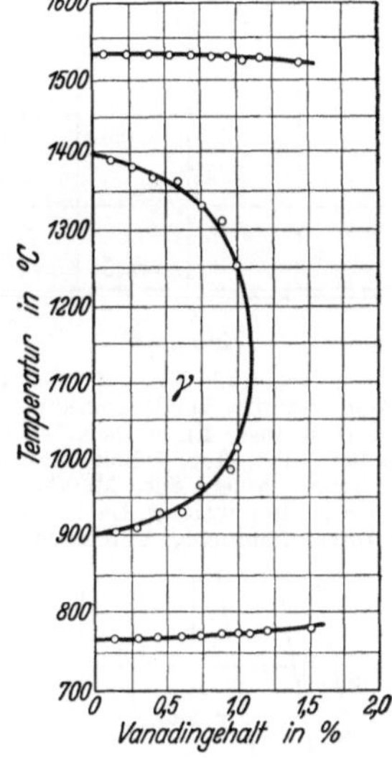

Abb. 537. Das Zustandsfeld der γ-Phase im Zweistoffsystem Eisen-Vanadin. [Nach F. Wever u. W. Jellinghaus: Mitt. Kais.-Wilh.-Inst. Eisenforsch., Bd. 12 (1930) S. 317/23.]

A. Rose und H. Eggers[3] geklärt worden. Entsprechende isotherme Schnitte durch das Zustandsschaubild geben Abb. 538—541. Wie hieraus hervorgeht, tritt beim Hinzulegieren von Vanadin zu Eisen-Kohlenstoff-Legierungen praktisch sofort das Vanadinkarbid V_4C_3 auf. Nur in einem engen Bereich auf der Eisen-Kohlenstoff-Seite soll auch bei geringen Zusätzen von Vanadin unter 0,1% nur Fe_3C neben α-Eisen beständig sein. Die genaue Grenze, bis zu welchem Vanadingehalt dies der Fall ist, ist noch nicht festgelegt. Tatsache ist, daß schon bei 0,1% V typische Ausscheidungseffekte bei der Wärmebehandlung auftreten, wie sie dem Vanadinkarbid eigentümlich sind; dementsprechend ist in Abb. 538 die Phasengrenze $\alpha + Fe_3C$ gegenüber früheren Untersuchungen[2, 3] bei niedrigeren Vanadingehalten gezeichnet worden. Bei höheren Kohlenstoff- und relativ niedrigen Vanadingehalten tritt neben dem Vanadinkarbid auch das Eisenkarbid im Gleich-

---

[1] Stahl u. Eisen Bd. 45 (1925) S. 1629/32.

[2] Arch. Eisenhüttenw. Bd. 4 (1930/31) S. 487/95.

[3] Mitt. K.-Wilh.-Inst. Eisenforschg. Bd. 18 (1936) S. 239/46.

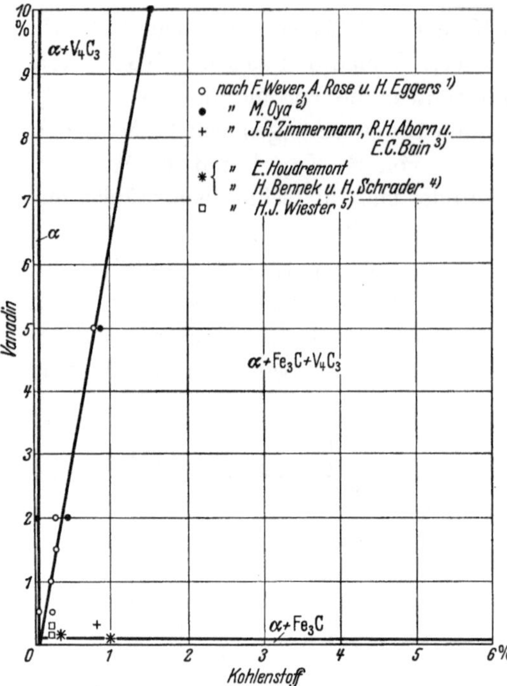

Abb. 538. Zustandsschaubild Eisen-Kohlenstoff-Vanadin; Horizontalschnitt bei Raumtemperatur.
[1] Mitt. Kais.-Wilh.-Inst. Eisenforsch. Düsseld. Bd. 18 (1936) S. 239/46. [2] Sci. Rep. Tôhoku Imp. Univ. (1930) S. 449/72. [3] Trans. Amer. Soc. Metals Bd. 25 (1937) S. 755/87. [4] Arch. Eisenhüttenw. Bd. 6 (1932/33) S. 24/39. [5] Unveröffentlichte Untersuchung.

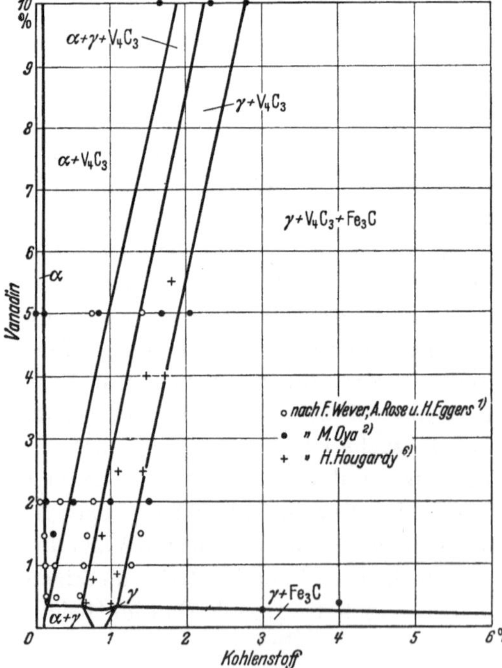

Abb. 539. Zustandsschaubild Eisen-Kohlenstoff-Vanadin; Horizontalschnitt bei 750° C.
[1] u. [2] wie oben. [6] Arch. Eisenhüttenw. Bd. 4 (1930/31) S. 497/503.

gewicht mit α- oder je nach der Temperatur auch mit γ-Eisen auf. Hieraus geht hervor, daß die karbidbildende Wirkung von Vanadin stärker ist als diejenige von Chrom oder Wolfram. Diese stabile Karbidbildung durch Vanadin führte zeitweilig zu der Auffassung, daß bei Zusatz von Vanadin zu Kohlenstoffstählen ein entsprechender Anteil Kohlenstoff als Vanadinkarbid V_4C_3 abgebunden wird und das gesamte Verhalten des Stahles dem eines kohlenstoffärmeren Stahles gleichkommt. Es wurde hier angenommen, daß das Vanadinkarbid sich nicht an den Härtungsvorgängen beteiligt, sondern als sog. Einschlußkarbid, ähnlich wie nichtmetallische Einschlüsse, im Stahl vorliegt. Schon aus den älteren Untersuchungen von E. Maurer[1] muß man allerdings schließen, daß diese Schlußfolgerung nicht richtig sein kann, sondern eine Beteiligung des Vanadinkarbids an den Härtungsvorgängen vanadinhaltiger Stahllegierungen angenommen werden muß. Entsprechend konnten diese Zusammenhänge auch näher geklärt[2] und mit den kennzeichnenden Eigenschaften der Vanadinstähle in Übereinstimmung gebracht werden.

Die als sicher anzunehmende Feststellung, daß in dem technisch interessierenden Legierungsbereich nur das Vanadinkarbid V_4C_3[3] auftritt, ergab die Möglichkeit, das Verhalten dieses typischen Vertreters der sonderkarbidhaltigen Stähle besonders genau zu verfolgen, ohne Überdeckungen ver-

---

[1] Stahl u. Eisen Bd. 45 (1925) S. 1629/32.

[2] Houdremont, E., H. Bennek u. H. Schrader: Arch. Eisenhüttenw. Bd. 6 (1932/33) S. 24/34.

[3] Nach W. Bischof: Arch. Eisenhüttenw. Bd. 8 (1934/35) S. 255/258; soll bei höheren Kohlenstoffgehalten auch das Karbid VC vorkommen.

schiedener Vorgänge durch Karbidumsetzungen u. dgl. befürchten zu müssen. Setzt man Stählen mit verschiedenen Kohlenstoffgehalten Vanadin zu, so kann man im luftabgekühlten (normalisierten) und ebenso im ausgeglühten Zustand eine Verminderung der Brinellhärte feststellen. Dies zeigt sich besonders deutlich im normalisierten Zustand, weil hierbei nur das Vanadinkarbid körnig, das Eisenkarbid lamellar ausgebildet ist (Abb. 542). Die Stähle verhalten sich in dieser Beziehung tatsächlich infolge des Entzuges von Kohlenstoff zur Vanadinkarbidbildung wie Stähle mit geringerem Kohlenstoffgehalt, besser gesagt mit geringerem Gehalt an lamellarem Perlit.

Löscht man die gleichen Eisen-Kohlenstoff-Vanadin-Legierungen in Wasser ab, so wird man feststellen, daß bei Anwendung normaler Härtetemperaturen, d. h. 30—40° oberhalb der Umwandlungstemperatur, durch Vanadinzusatz eine Verminderung der Härtefähigkeit eintritt. Diese Verminderung der Härtefähigkeit äußert sich sowohl in der absoluten Höchsthärte als auch vor allem in der erzielbaren Härtetiefe bei gegebenen Abmessungen. Die erzielbare Höchsthärte ist von dem Verhältnis von Vanadin zu Kohlenstoff abhängig. Je höher der Vanadingehalt im Vergleich zum Kohlenstoffgehalt ist, in um so größerer Menge wird sich das stabile Vanadinkarbid ausbilden, um so kleiner also der Anteil an Restkohlenstoff werden, der als Eisenkarbid bei der betreffenden Härtetemperatur in Lösung geht und Härtungserscheinungen beim Ablöschen hervorruft. Sehr deutlich veranschaulicht werden diese Verhältnisse durch die Härtekurven der Abb. 543 für die Stähle mit 1% C. Bis zu Vanadingehalten

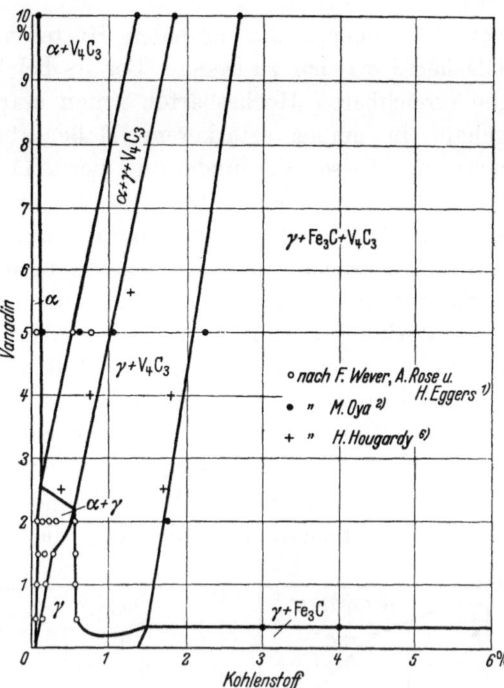

Abb. 540. Zustandsschaubild Eisen-Kohlenstoff-Vanadin; Horizontalschnitt bei 900° C.
[1] Mitt. Kais.-Wilh.-Inst. Eisenforsch. Düsseld. Bd. 18 (1936) S. 239/46. [2] Sci. Rep. Tôhoku Imp. Univ. Bd. 19 (1930) S. 449/72. [6] Arch. Eisenhüttenw. Bd. 4 (1930/31) S. 497/503.

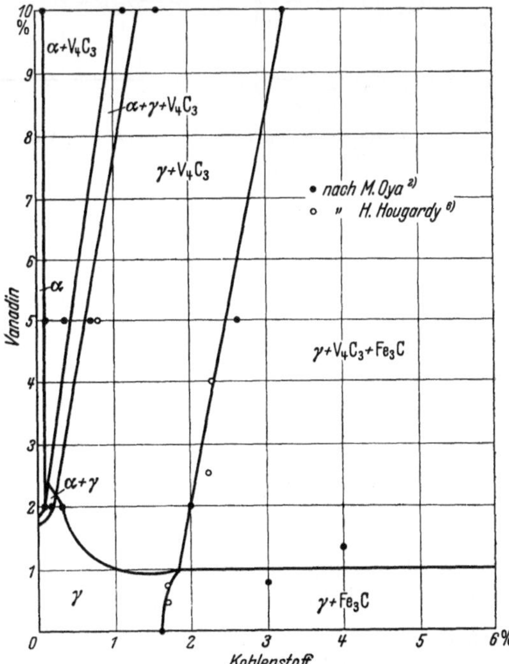

Abb. 5.41. Zustandsschaubild Eisen-Kohlenstoff-Vanadin; Horizontalschnitt bei 1100° C.
[2] Sci. Rep. Tôhoku Imp. Univ. Bd. 19 (1930) S. 449/72. [6] Arch. Eisenhüttenw. Bd. 4 (1930/31) S. 497/503.

von 1% genügen die normalen Härtetemperaturen von 800°, um praktisch
Glashärte erzielen zu lassen. Bereits bei Vanadingehalten von 2% fallen aber
die erreichbaren Höchsthärten schon stark ab, um mit steigendem Vanadingehalt in immer stärkerem Maße abzu-
nehmen. Diese Verminderung der Härtefähigkeit durch Vanadinzusatz zu 1proz.
Kohlenstoffstahl ist nicht nur auf die erwähnte Tatsache des Kohlenstoffentzuges
zurückzuführen, sondern auch auf die impfende Wirkung, die die nicht gelösten, in der
Grundmasse fein verteilten Vanadinkarbide
auf das Umwandlungsbestreben bei der Härtung des Stahles ausüben. Man beobachtet
daher in hochvanadinhaltigen Kohlenstoffstählen leicht infolge der Karbidkeime eine
starke Troostitbildung (Abb. 544), die sich

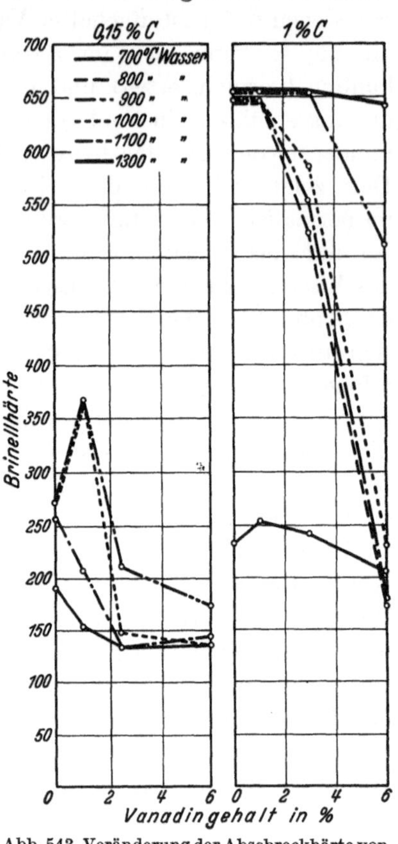

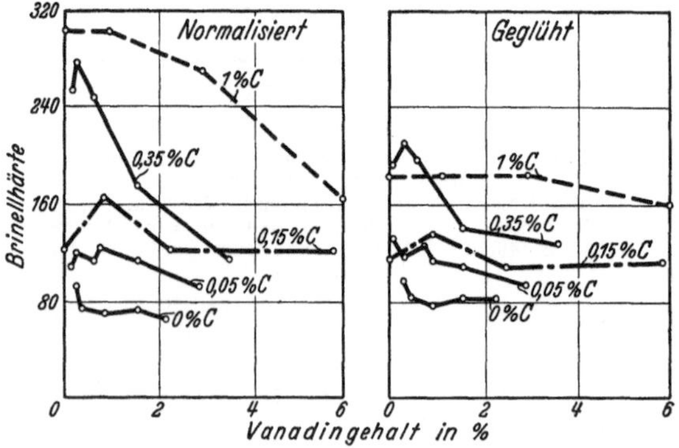

Abb. 542. Härte von geglühten und normalisierten Vanadinstählen. [Nach Houdremont, Bennek u. Schrader: Arch.
Eisenhüttenw. Bd. 6 (1932/33) S. 27/34.]

Abb. 543. Veränderung der Abschreckhärte von
Kohlenstoffstahl durch Vanadinzusatz. [Nach
Houdremont, Bennek u. Schrader: Arch.
Eisenhüttenw. Bd. 6 (1932/33) S. 27/34.]

auch bei Ablöschen von höheren Temperaturen nicht ganz vermeiden läßt
und vor allem in der Nähe starker Karbidnester besonders deutlich wird.

Falls das Vanadinkarbid im Austenit bis zum Schmelzpunkt vollkommen
unlöslich wäre, dürfte sich an den geschilderten Verhältnissen mit Steigerung
der Härtetemperatur nichts wesentliches ändern. Härtet man aber die entsprechenden Legierungen mit beispielsweise 1% C und zunehmendem Vanadingehalt von steigenden Temperaturen, so kann man beobachten, daß auch bei
einem Stahl mit 6% V und 1% C bei Abschrecktemperaturen von 1300° wieder
Maximalhärte erzielt werden kann. Bei geringerem Vanadingehalt, z. B. 3% V,
ergibt sich diese Härte schon bei Ablöschtemperaturen von 1100° (Abb. 543).
Diese Steigerung der Härtefähigkeit mit steigender Härtetemperatur beweist
bereits das Inlösunggehen des Vanadinkarbids und seine Beteiligung an der
Härtung.

Sehr charakteristisch ist in dieser Beziehung der Einfluß des Vanadins
bei dem Stahl mit 0,15% C (Abb. 543), bei dem sogar mit steigendem
Vanadingehalt und Erhöhung der Härtetemperatur durch das Inlösunggehen

des Vanadinkarbids eine höhere Härte als beim vanadinfreien Stahl erzielt werden kann (z. B. die Legierung mit 0,15% C, 1% V).

Bestätigt wird das Inlösunggehen des Vanadinkarbids bei höheren Temperaturen und die dadurch verminderte Troostitbildung auch durch die Abb. 544c. Die Abnahme des ungelösten Vanadinkarbids einerseits sowie die Verringerung der Troostitbildung andererseits ist aus ihr deutlich zu ersehen.

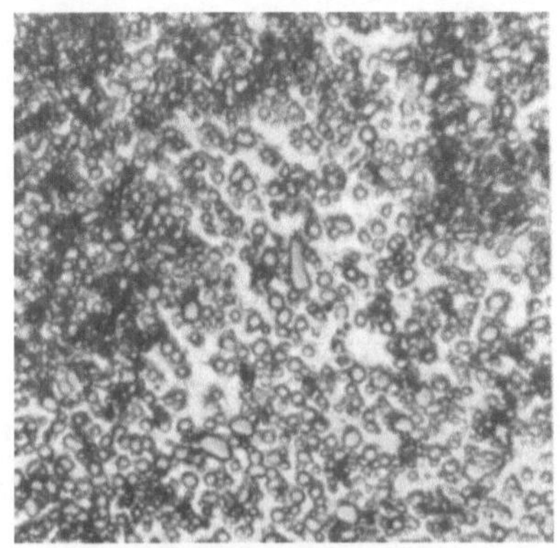

a   V = 300
Abgeschreckt von 900°

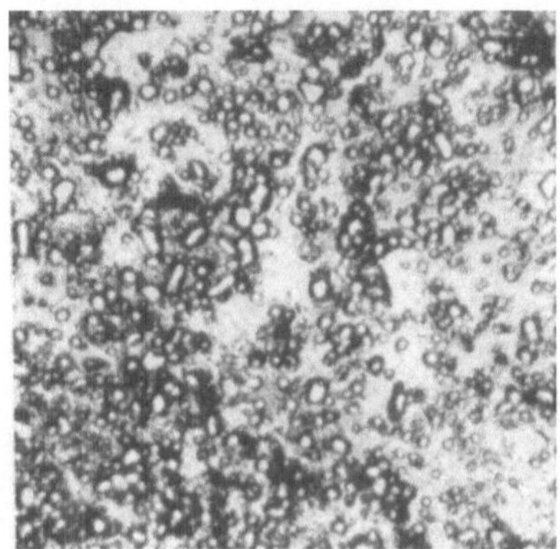

b   V = 300
Abgeschreckt von 1100°

Abb. 544. Einfluß der Abschrecktemperatur auf die im Gefüge beobachtete Menge von Vanadinkarbiden bei einem Stahl mit 1% C und 6% V. [Nach H o u d r e - m o n t, B e n n e k u. S c h r a d e r: Arch. Eisenhüttenw. Bd. 6 (1932/33) S. 24/34.]

Bewiesen wird dieses Inlösunggehen des Vanadinkarbids ferner durch physikalische Untersuchungen, z. B. Messung des elektrischen Widerstandes.

Die Zusammenhänge zwischen dem Umwandlungspunkt Ac_3 und den Abschrecktemperaturen für beginnende Härtung und erzielbare Höchsthärte mit steigendem Vanadingehalt zeigt Abb. 545. Wie bereits erwähnt, zeichnen sich alle Stähle mit karbidbildenden Elementen durch eine gewisse Überhitzungsunempfindlichkeit bei der Härtung aus,

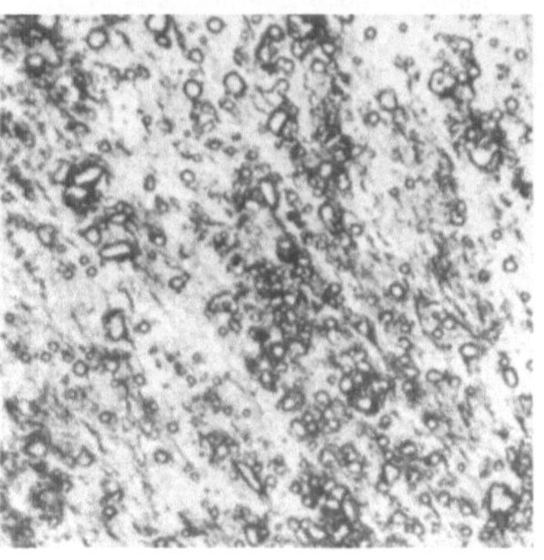

c   V = 300
Abgeschreckt von 1300°

da das Kornwachstumsbestreben des Austenits bei höheren Temperaturen durch die eingelagerten Karbide behindert wird. Bei Vanadinstählen liegen die Verhältnisse ganz ähnlich (Abb. 546). Bei Stählen mit 1% C, 1% V können Abschrecktemperaturen von 1100° ohne Überhitzungserscheinungen angewendet werden. Bei eutektoiden Stählen mit etwa 1% C genügen schon Zusätze von 0,15% V, um den Härtungsbereich auf etwa 900° zu erweitern.

Aus den geschilderten Ursachen bewirkt Vanadin bei normalen Härtetemperaturen eine geringere Durchhärtung. Da das Vanadinkarbid selbst erst bei höheren Temperaturen in Lösung geht, kann die spezifische Wirkung, die

das Vanadin als Karbid ausübt, erst bei höheren Ablöschtemperaturen zur
Geltung kommen. Es zeigt sich dann auch — ähnlich dem auf S. 569 geschilderten Verhalten bei Wolfram —, daß Vanadinstähle, von hohen Temperaturen abgelöscht, eine höhere Härtetiefe aufweisen als entsprechende vanadinfreie

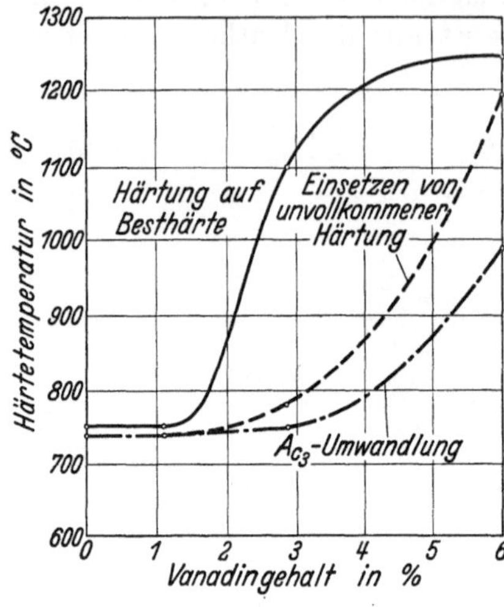

Abb. 545. Temperaturgebiete verschiedener Härtungszustände fürVanadinstähle mit 1 % C. (Festgelegt durch
Härtebruchbeurteilung und Härteprüfung.) [Nach
Houdremont, Bennek u. Schrader: Arch. Eisenhüttenw. Bd. 6 (1932/33) S. 24/34.]

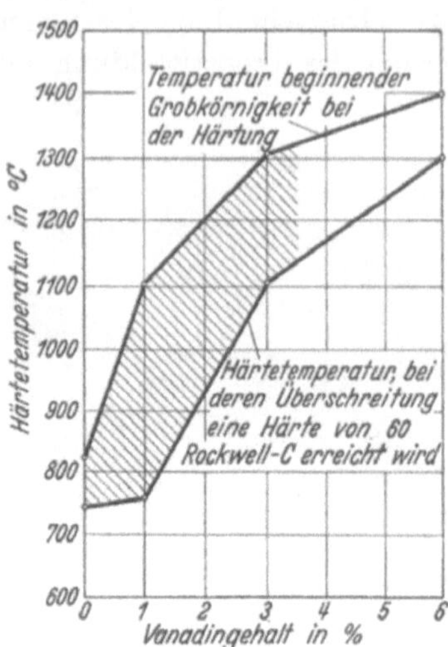

Abb. 546. Härtebereich von Vanadinstählen mit
1 % C. [Nach Houdremont, Bennek u. Schrader: Arch. Eisenhüttenw. Bd. 6 (1932/33) S. 24/34.]

Stähle. Es bestätigt sich hier wiederum, daß es möglich ist, durch Zusatz von
karbidbildenden Elementen beim Ablöschen von niedrigen Temperaturen Stähle
mit außerordentlich geringer Härtetiefe zu erzeugen und sie durch Steigerung

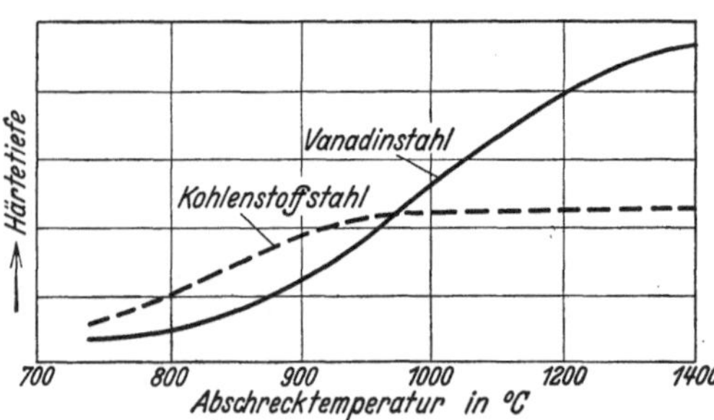

Abb. 547. Darstellung der Durchhärtung eines Stahles
mit 1% C und 1% V im Vergleich zu einem unlegierten
Stahl. [Nach Houdremont, Bennek u. Schrader:
Arch. Eisenhüttenw. Bd. 6 (1932/33) S. 24/34.]

der Ablöschtemperatur in tiefer härtende Stähle umzuwandeln. Den Einfluß von Vanadin auf die Härtetiefe
in Abhängigkeit von der Abschrecktemperatur zeigt Abb. 547. Es ist
somit festzuhalten, daß Vanadin,
wenn es als Vanadinkarbid in Lösung
geht, eine Verringerung der kritischen
Abkühlungsgeschwindigkeit in Eisen-
Kohlenstoff-Legierungen herbeiführt.

Tritt bereits bei der Härtung
von Vanadinstählen die typische Wirkung des Vanadins als karbidbildendes

Element in Erscheinung, so steht zu erwarten, daß erst recht beim Anlassen
derartig gehärteter Stähle der kennzeichnende Einfluß der Karbidausscheidung
auf die Anlaßbeständigkeit usw. zum Ausdruck kommt. Beim Abschrecken
dicht oberhalb Ac_3, z. B. bei Stählen mit 1% C, 1% V, von 800°, bei welcher
Temperatur praktisch noch kein Vanadinkarbid gelöst wird, verläuft die Anlaßkurve des vanadinhaltigen Stahles nicht anders als die eines Kohlenstoffstahles. Bereits beim Ablöschen von 900° und bei höheren Vanadin- und Kohlenstoffgehalten von entsprechend höheren Temperaturen tritt bei Anlaßtemperaturen
von etwa 600° eine kleine Unstetigkeit im Verlauf der Anlaßkurve auf, die

besonders bei Abschrecktemperaturen von 1000° und darüber deutlich zutage
tritt (Abb. 548). Daß es sich hierbei nicht um eine Wirkung in der Grundmasse, sondern lediglich um einen Einfluß des Sonderkarbids handeln kann, wird
dadurch bewiesen, daß kohlenstofffreie Legierungen diese Erscheinung nicht
zeigen. Abb. 549 belegt, daß kohlenstofffreie Vanadinlegierungen keinerlei Veränderung ihrer Härte durch Anlassen erleiden, daß aber 0,05% C genügen, um
eine derartige Wirkung beim Anlassen hervorzubringen. Daß die Erhöhung der
Anlaßbeständigkeit durch Vanadin bei höher kohlenstoff- und vanadinhaltigen

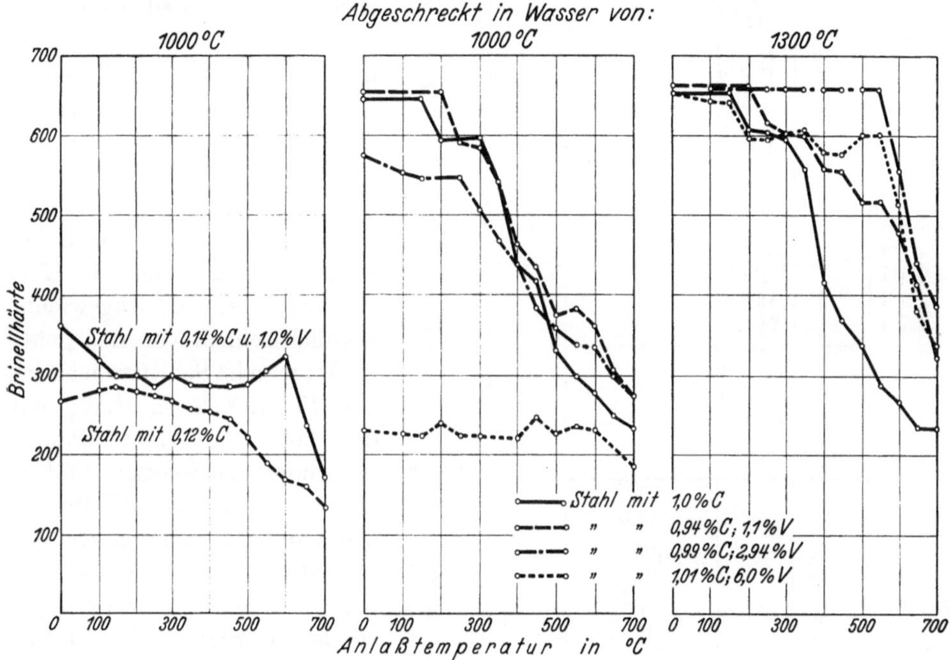

Abb. 548. Härteveränderung von Vanadinstählen beim Anlassen. [Nach Houdremont, Bennek u.
Schrader: Arch. Eisenhüttenw. Bd. 6 (1932/33) S. 24/34.]

Legierungen erst nach Abschrecken von 1300° voll in Erscheinung tritt, ist
sinngemäß auf die Erhöhung des gelösten Anteils an Vanadinkarbid mit steigender
Härtetemperatur zurückzuführen. Wie sich schon geringe Mengen Vanadin auswirken, zeigt Zahlentafel 133 (S. 647) für einen eutektoiden Kohlenstoffstahl

Zahlentafel 133. Verbesserung der Anlaßbeständigkeit durch Erhöhung der Härtetemperatur bei einem Stahl mit 1% C und 0,1% V nach Houdremont, Bennek
und Schrader[1].

Zusammensetzung des Stahles %	Abgelöscht in Wasser von °C	Härte nach dem Abschrecken	Härte nach Anlassen auf Temperaturen von				700° Brinell-Einheiten
			300°	400°	500°	600°	
			Rockwell-C-Einheiten				
0,99 C	800	68—70	54—55	47—48	35—37	27—28	172
0,10 Si	900	68—69	53—54	47—48	35—36	26—28	170
0,20 Mn	1000	68—69	53	46—47	35—36	27—28	175
1,02 C	800	69—70	55—54	46—47	37—38	29—30	190
0,11 Si	900	67—69	54	45—46	39—40	33—34	209
0,20 Mn 0,10 V	1000	67—69	54	46—47	39—40	32—34	211

[1] Arch. Eisenhüttenw. Bd 6 (1932/33) S. 24/34.

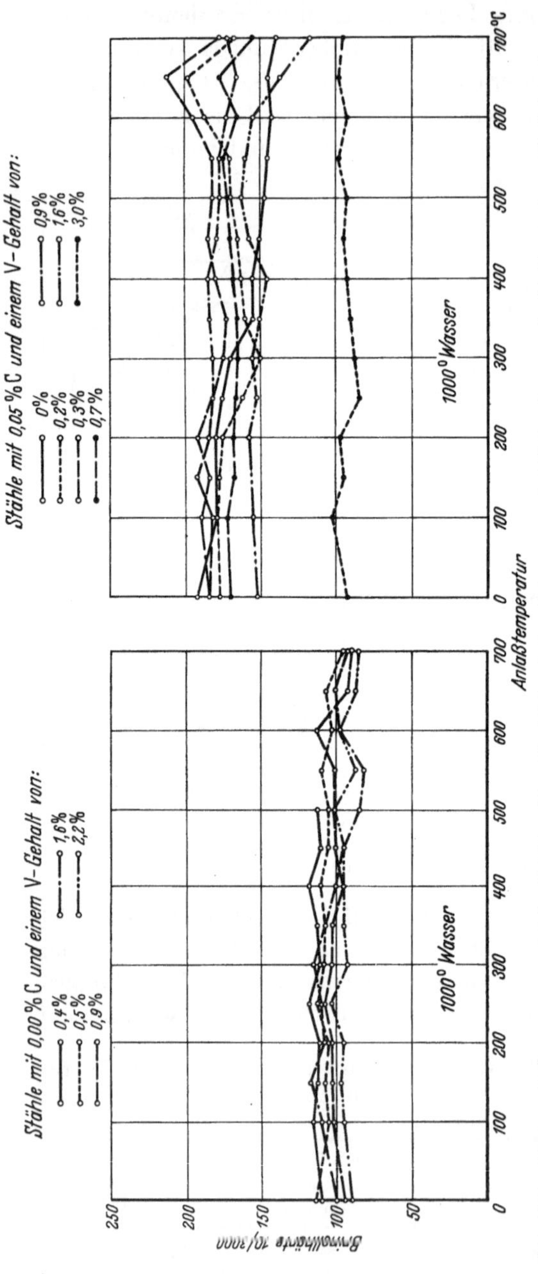

Abb. 549. Härteveränderung von niedriggekohlten Vanadinstählen beim Anlassen nach E. Houdremont, H. Bennek u. H. Schrader. [Arch. Eisenhüttenw. Bd. 6 (1932/33) S. 24/34.]

ohne und mit 0,10% V. Im tief abgeschreckten Zustande (800°) unterscheiden sich die beiden Stähle praktisch nicht in ihrer Härte beim Anlassen. Bei Ablöschen von Temperaturen von 900—1000° hingegen tritt die erhöhte Anlaßbeständigkeit bei 600° beim vanadinhaltigen Stahl deutlich hervor.

Der Einfluß der Erwärmungszeit auf Härtetemperatur vor der Abschreckung scheint ziemlich ohne Bedeutung zu sein, da bei Untersuchungen mit verlängerten Haltezeiten sich keine Unterschiede herausstellten. Man muß also annehmen, daß das Inlösunggehen des Vanadinkarbids bei erhöhten Temperaturen entsprechend der Löslichkeitsfläche und die Einstellung des Gleichgewichts ziemlich schnell vor sich geht.

Da man im Schrifttum öfters auf die Auffassung stieß, daß die hohe Anlaßbeständigkeit der sonderkarbidhaltigen Stähle, also der Chrom-, Wolfram-, Vanadinstähle und auch der Schnellstähle, auf Zersetzung von Restaustenit zurückzuführen ist, wurde gerade bei Vanadinstählen diesem Gesichtspunkt besondere Aufmerksamkeit geschenkt und die Unhaltbarkeit dieser Theorie nachgewiesen. Um festzustellen, ob in Vanadinstählen die beobachtete Anlaßwirkung durch eine Umwandlung von Restaustenit erklärt werden könnte, wie man sie beim Schnellarbeitsstahl nach dem erstmaligen Anlassen auf 600° findet, wurden eine Reihe von Vanadinstählen durch Messung ihrer magnetischen Sättigung auf ihren Restaustenitgehalt nach Abschrecken und Anlassen untersucht. Die Sättigungskurven in Abb. 550 zeigen, daß schon nach dem Abschrecken der Restaustenitgehalt der Vanadinstähle geringer ist als der entsprechender Kohlenstoffstähle, eine Feststellung, die ja dem ganzen Härtungsverhalten vollkommen entspricht. Der auf den Restaustenitzerfall zurückzuführende

Sättigungsanstieg tritt nun, genau wie beim Kohlenstoffstahl, schon nach einmaligem Anlassen auf 200—300° ein. Von dieser Anlaßtemperatur ab haben die Stähle die volle Sättigung des ausgeglühten Zustandes. Es ist also gänzlich unmöglich, daß der erst bei viel höherer Anlaßtemperatur, 500 bis 600°, sich ausprägende Unterschied in der Anlaßbeständigkeit zwischen Eisenkarbid- und sonderkarbidhaltigen Stählen in irgendeinem Zusammenhang mit der Restaustenitumwandlung stehen kann.

Aus all diesem kann nochmals die eindeutige Schlußfolgerung gezogen werden, daß ein Austenitzerfall wohl einen erneuten Härteanstieg beim Anlassen verursachen kann, ohne indessen eine Erklärung für die Anlaßbeständigkeit von sonderkarbidhaltigen Stählen bei längerem oder mehrfachem Anlassen zu geben.

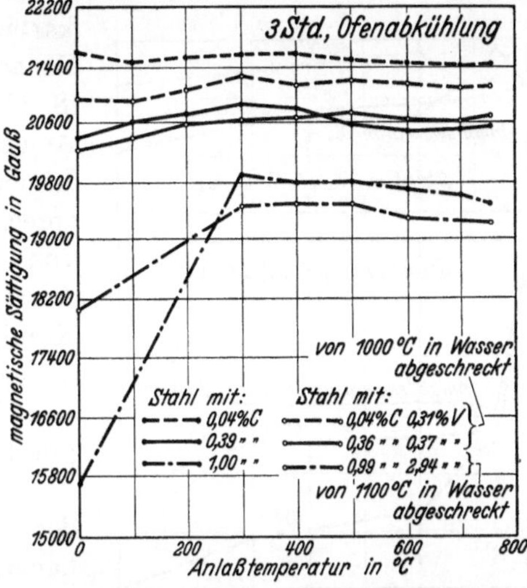

Abb. 550. Veränderung der magnetischen Sättigung von Vanadinstahl durch Abschrecken und Anlassen. [Nach Houdremont, Bennek u. Schrader: Arch. Eisenhüttenw. Bd. 6 (1932/33) S. 24/34.]

Die Erscheinung der Anlaßbeständigkeit kann somit nur auf eine Ausscheidung (in diesem Falle von Vanadinkarbid) zurückgeführt werden. Auch metallographisch

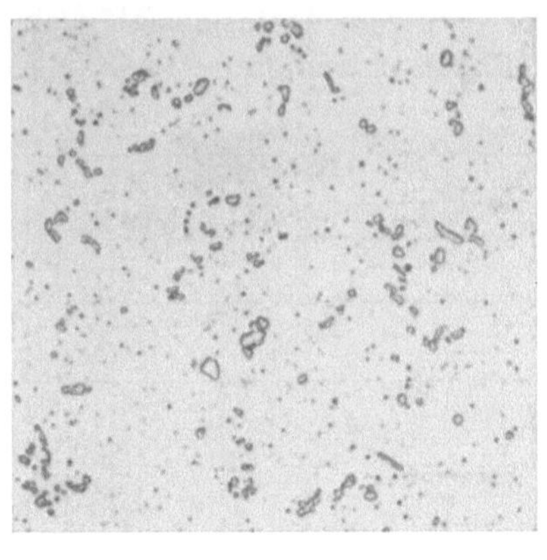

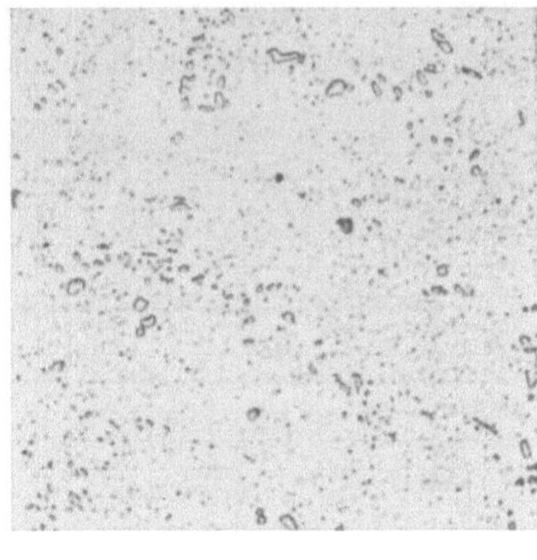

a   V = 250   b   V = 250

Abgelöscht von 1100° in Wasser.   In gleicher Weise abgelöscht. Nach Ablöschung 3 Std. bei 750° angelassen.

Abb. 551. Karbidausscheidungen bei einem Stahl mit 1% C und 3% V. [Nach Houdremont, Bennek und Schrader: Arch. Eisenhüttenw. Bd. 6 (1932/33) S. 24/34.]

(Abb. 551) kann man einen Ausscheidungsvorgang bei entsprechend behandelten Stählen beobachten, wobei der Beginn der mikroskopischen Sichtbarkeit der Ausscheidung um etwa 100° höher liegt als das Maximum des Härteanstiegs. Desgleichen geht der Charakter der Ausscheidungshärtung deutlich aus den Anlaßisothermen (Abb. 552) hervor. Je kürzer die Anlaßzeit, um so höher muß die entsprechende Temperatur zur Erreichung des höchsten Härteanstiegs sein. Bei tiefer

Temperatur (500°) ergibt sich z. B. bei einem Stahl mit 0,36% V nach 100 Stunden noch ein weiterer Anstieg der Härte, während bei 600—650° bereits ein verstärkter Abfall eintritt. Die schematische Darstellung der Anlaßvorgänge bei karbidhaltigen Stählen, insbesondere bei Vanadinstählen, brachte bereits Abb. 65 (S. 81). Der Martensitzerfall ergibt beim Anlassen zuerst, wie bei Eisen-Kohlenstoff-Legierungen, den normalen Härteabfall, entsprechend der Kurve *1*; die Ausscheidung von Sonderkarbiden gibt die bekannte Ausscheidungshärtungskurve *2*; durch die Kombination dieser beiden verschiedenen Vorgänge ergibt sich die Anlaßkurve *3*, wie sie bei Vanadinstahl, Schnellarbeitsstahl usw. praktisch gefunden wird.

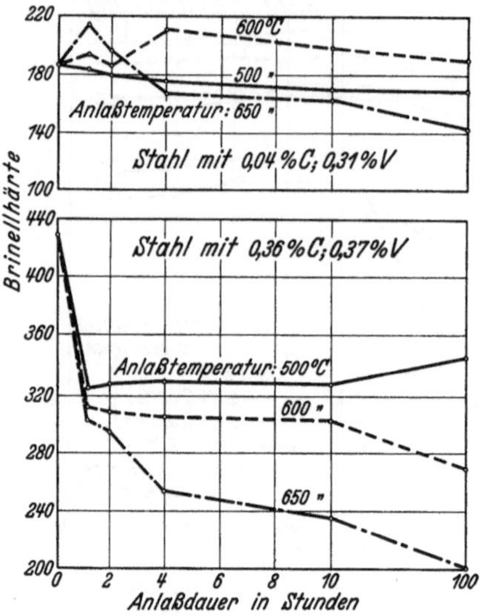

Abb. 552. Einfluß der Anlaßdauer auf die Härte von niedriglegierten Vanadinstählen. [Nach Houdremont, Benneku. Schrader: Arch. Eisenhüttenw. Bd. 6 (1932/33) S. 24/34.]

Einen guten Einblick in die Vorgänge bei der Umwandlung von Vanadinstählen in Abhängigkeit von der Abkühlungsgeschwindigkeit geben die Untersuchungen von F. Wever und A. Rose[1], die an Stählen mit 0,5 und 1% V und Kohlenstoffgehalten bis zu 1,7% durchgeführt wurden. Das Vanadin verringert, soweit es durch Wahl einer genügend hohen Abschrecktemperatur in Lösung gebracht wird, die Umwandlungsgeschwindigkeit in der Perlitstufe beträchtlich. Die geringere Diffusionsfähigkeit der Vanadinkarbide bewirkt dabei schon bei mäßig beschleunigter Abkühlung eine

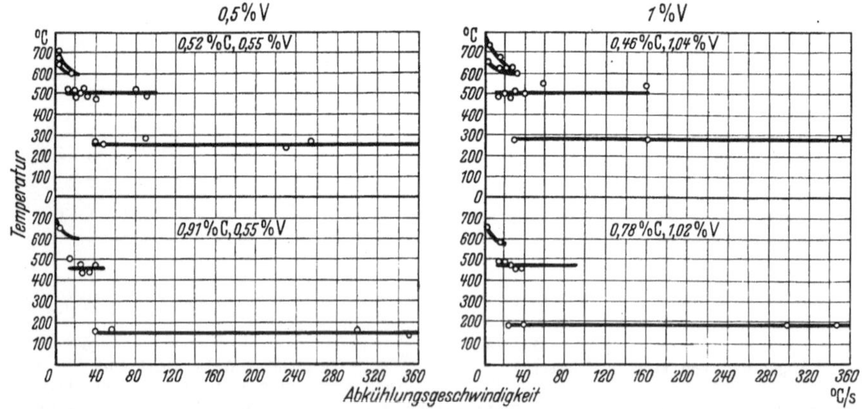

Abb. 553. Einfluß der Abkühlungsgeschwindigkeit auf die Umwandlung von Vanadinstählen mit 0,5 und 1% V. [Nach F. Wever u. A. Rose: Mitt. Kais.-Wilh.-Inst. Eisenforsch. Düsseld. Bd. 20 (1938) S. 213/27.]

außerordentlich feine Karbidverteilung im Perlit, die zu ungewöhnlich hohen Härten führt. So ergibt z. B. ein Stahl mit 1% C und 0,5% V bei einer Abkühlungsgeschwindigkeit von 1°/sec eine Härte von fast 500 Brinell-Einheiten. Wie Abb. 553 zeigt, wird die Perlitstufe mit zunehmender Abkühlungsgeschwindig-

---

[1] Mitt. K.-Wilh.-Inst. Eisenforschg. Bd. 20 (1938) S. 213/27.

keit frühzeitig unterdrückt, und es tritt eine ausgeprägte Zwischenstufe auf. Die bei der Umwandlung im oberen Bereich der Zwischenstufe erreichten Härten sind trotz der höheren Abkühlungsgeschwindigkeit geringer als bei der Umwandlung im unteren Bereich der Perlitstufe. Diese bereits bei den Kohlenstoffstählen (Abb. 51 S. 71) und bei den Manganstählen (Abb. 218 S. 270) erwähnte Erscheinung ist bei den Vanadinstählen besonders deutlich festzustellen. Die

Ursache für die geringere Härte bei der Umwandlung in der Zwischenstufe liegt, wie erwähnt, darin, daß diese infolge ihres besonderen Mechanismus zu einer gröberen Karbidausbildung führt als dies bei einer unterkühlten Perlitumwandlung der Fall ist.

Bei weiter gesteigerter Abkühlungsgeschwindigkeit wird auch die Zwischenstufe unterdrückt, und es tritt die Umwandlung in der Martensitstufe ein. Die Martensitumwandlungstemperatur wird durch Vanadin praktisch nicht verändert (vgl. Abb. 553), wie dies auch bereits der geringe Restaustenitgehalt der gehärteten Vanadinstähle erwarten läßt. Bei isothermer Umwandlung von Vanadinstählen[1] zeigt sich die Zwischenstufe, wie auch schon von H. Döpfer und H. J. Wiester[2] festgestellt, von der Perlitstufe durch ein Gebiet geringer Umwandlungsgeschwindigkeit bei etwa 500° deutlich getrennt.

Bezüglich der Härteveränderungen beim Anlassen kommen F. Wever und A. Rose zu dem Schluß, daß hauptsächlich die in der Perlitstufe oder Martensitstufe umgewandelten Stähle bei 400° einen typischen Anlaßeffekt entsprechend dem Vanadinkarbid aufweisen, während bei in der Zwischenstufe umgewandelten derartige Ausscheidungshärtungen fehlen. Wenn man auch bezüglich der Natur der sich in der

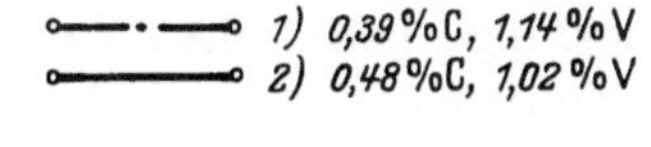

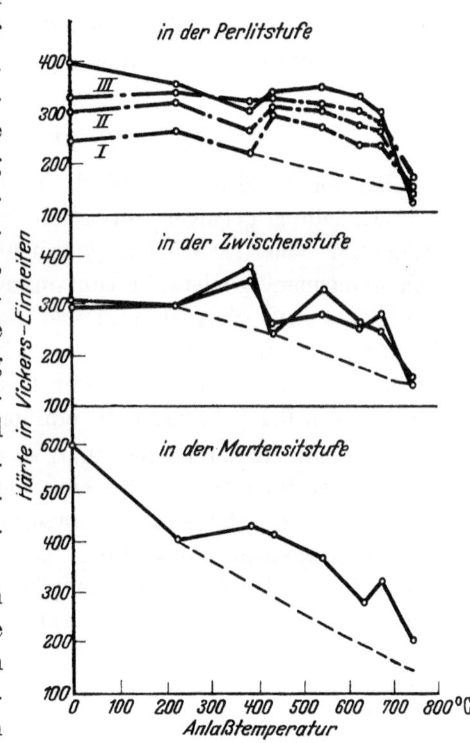

Abb. 554. Härteänderungen beim Anlassen von Vanadinstählen nach Umwandlung in verschiedenen Unterkühlungsstufen. [Nach F. Wever u. A. Rose: Mitt. Kais.-Wilh.-Inst. Eisenforsch. Düsseld. Bd. 20 (1938) S. 213/27]. Kurve I—III: Mit zunehmender Abkühlungsgeschwindigkeit abgekühlt. Anlaßdauer: ½ Stunde.

Zwischenstufe und in der Perlitstufe ausscheidenden Karbide noch keine restlose Klarheit hat, so dürfte diese Deutung aber doch nicht zutreffend sein. Betrachtet man nämlich die Kurven in Abb. 554 näher, so sieht man, daß im Temperaturbereich von 400° bei allen Umwandlungsstufen gewisse Unregelmäßigkeiten in der Härte auftreten bzw. Härtesteigerungen vorhanden sind. In der Zwischenstufe findet nach diesem Anstieg zwar ein Abfall bei 450° statt, dem dann aber wieder ein leichter Anstieg, zum mindesten aber ein

---

[1] Siehe dazu auch F. Wever u. H. Lange: Mitt. K.-Wilh.-Inst. Eisenforschg. Bd. 21 (1939) S. 57/64.

[2] Techn. Mitt. Krupp Bd. 3 (1935) S. 87/99.

Gleichbleiben der Härte bis zu Temperaturen von nahezu 700° folgt. Erst von 680—750° an fällt dann die Härte bei allen Umwandlungsstufen stärker ab. Ein von Sonderkarbidausscheidungen freier, unlegierter Stahl würde beim Anlassen etwa den nachträglich in Abb. 554 eingefügten gestrichelten Kurven folgen. Ein solcher Vergleich hätte deutlicher gezeigt, daß die Vanadinstähle in allen Umwandlungsstufen erhöhte Anlaßbeständigkeit aufweisen. Diese hohe Anlaßbeständigkeit aller Umwandlungsstufen muß also dem Einfluß der Ausscheidung feinverteilten Vanadinkarbides zugeschrieben werden. Die Absoluthärte, die erreicht wird, kann allerdings durch andere Umstände beeinflußt werden, wie z. B. durch die in der Zwischenstufe auftretende gröbere Karbidverteilung im Gefüge. Die Schlüsse bezüglich der Anlaßbeständigkeit in Abhängigkeit von der Stufe, in der die Umwandlung verläuft, erfordern daher noch eine Nachprüfung.

2. Vanadin in Werkzeugstählen.

Bei sonst unlegierten Werkzeugstählen hat Vanadin Verwendung gefunden zur Erzielung geringer Härtetiefe und geringer Überhitzungsempfindlichkeit. Während früher für Werkzeuge mit feinsten Schneiden ein besonders silizium- und manganarmer Tiegelstahl (Huntsman-Stahl) verwendet wurde, dessen Herstellung im Tiegel große Sorgfalt und eine besondere Tiegelmasse, in der Hauptsache aus Tonerde bestehend, erforderte (zwecks Vermeidung der Siliziumreduktion), kann man heute die ganze Skala der Kohlenstoffstähle — Härte 1 bis 6 — durch Zusatz von 0,1% Vanadin in einfacher Weise zu gleichem Verhalten bringen.

Bei Vanadinstählen hat man es außerdem noch in der Hand, durch Regulierung der Härtetemperatur eine Veränderung der Härtetiefe zu erhalten, ohne daß selbst bei Ablöschtemperaturen von 900° bei eutektoidem Kohlenstoffgehalt Grobkornbildung durch Überhitzung eintritt. Den großen Einfluß von Vanadin auf die Überhitzungsempfindlichkeit gab Abb. 243 (S. 297) wieder, aus der hervorgeht, daß es auch gelingt, einen 2proz. Manganstahl, der bekanntlich sehr empfindlich gegen Überhitzung ist, durch einen Zusatz von 0,10% Vanadin weitgehend überhitzungsunempfindlich zu machen. Man hat also in Vanadin ein Mittel, um jeden beliebigen Stahl bei der Härtung und Vergütung gegen Folgen einer Überhitzung zu schützen. Naturgemäß verwendet man in diesem Sinne Zusätze von Vanadin bei denjenigen Stählen, die besonders zu Überhitzungsempfindlichkeit neigen, also wie oben erwähnt z. B. bei Manganstählen. Dementsprechend setzt man den ölhärtenden sog. stehenbleibenden Manganstählen mit 1% C, 2% Mn meist 0,1% Vanadin zu. In diesem Sinne findet Vanadin als Zusatzelement zu einer ganzen Reihe bekannter Legierungen Verwendung, von denen einige Beispiele mit ihren Anwendungszwecken in Zahlentafel 134 (S. 653) angegeben sind.

Geringe Vanadinzusätze empfehlen sich auch in solchen Fällen, in denen man damit rechnen muß, daß die in Frage kommenden Stähle nur mehr oder weniger behelfsmäßig gehärtet werden können. Als Beispiel kann der sog. Hohlbohrstahl genannt werden, der in Gruben oder bei Tunnelbauten an Ort und Stelle manchmal nur aus dem Schmiedefeuer ohne genaue Temperaturüberwachung gehärtet wird und eine entsprechende Unempfindlichkeit gegen Sprödewerden durch Überhitzung aufweisen muß.

Zahlentafel 134. Zusammensetzung und Verwendungszwecke vanadinlegierter Werkzeugstähle.

% C	% Si	% Mn	% Cr	% W	% Mo	% V	Härtungsbehandlung	Verwendungszwecke
0,6/1,2	0,20	0,25	—	—	—	0,1/0,2	780/820° Wasser, Anl. 100/200° in Öl	Alle Anwendungsgebiete der Kohlenstoffstähle 1—6
1	0,25	1,6/2	(0,3)	—	—	0,15	800/820° Öl, „ 100/200° „ „	Schnitte, Gewindesträhler, Stehbolzenbohrer, Schneidbacken.
0,5	0,25	0,8	1	—	—	0,15	850° Öl, „ 100/200° „ „	Dorne, Schraubenschlüssel.
0,9	0,25	0,3	0,3	—	—	0,15	800/820° Wasser, „ 100/200° „ „	Preßluftkolben, Kugeln.
0,8/1	0,35	0,3	1,2/1,6	—	—	0,10	830/850° Wasser, „ 100/200° „ „ oder Öl,	Kaltwalzen, Kugellager, Rollen, Prägewerkzeuge, Spritzbüchsen und -zapfen
1,2	0,35	0,3	1,1	—	—	0,2	800° Wasser, „ 100/200° „ „ 840° Öl,	Spiralbohrer, Sägeblätter
1/1,3	0,25	0,35	—	1	—	0,1/025	780/800° Wasser, „ 100/200° „ „	Spiralbohrer, Sägeblätter
1,2			—		0,3	0,15	820° Wasser od. Öl „ 100/200° „ „	Spiralbohrer, Gewindeschneidwerkzeuge, Sägeblätter
0,3	0,25	0,4	2/3		0,5/1,2	0,6	1100° Öl, Anl. 600/680°	Warmwerkzeuge aller Art, Einzelheiten s. Zahlentafel 112, S. 578 und 122, S. 606.
0,3	0,25	0,4	—	3	3	0,4	1150° Öl, Anl. 620/670°	
0,3	0,3	0,4	3	9	—	0,3	1150/1250° Öl, Blei, Anl. 650/680°	
0,45	0,7	0,7	1,6/1,8	—	0,3/0,6	0,15/0,3	900° Öl, Anl. 600/650°	
0,3	0,4	0,7	2,0/2,6	—	—	0,25/10,5	900° Öl, Anl. 600/650°	Gesenke, Spritzguß- und Preßgußformen.
0,6	0,25	0,6	1,5	$\frac{Ni}{1,8}$	—	0,25	900° Öl, Anl. 600/650°	Kaltschermesser, Warmwalzen, Lochdorne, Dornspitzen, Warmschnitte, Kunstharzmatrizen, Scherenmesser.

Besondere Beachtung verdient Vanadin wegen seiner Wirkung auf die Anlaßbeständigkeit bei **Warmarbeitswerkzeugen**. Den Einfluß von Vanadin auf Chrom-Molybdän-Stähle bezüglich Anlaßbeständigkeit zeigt Abb. 555. Wie aus der allgemeinen Einleitung hervorgeht und auch noch in dem später beschriebenen speziellen Verhalten des Vanadins in Konstruktionsstählen gezeigt werden wird, kann sich der Einfluß von Vanadin nur dann auswirken, wenn gleichzeitig eine erhöhte Härtetemperatur, die das Inlösunggehen des Vanadin-

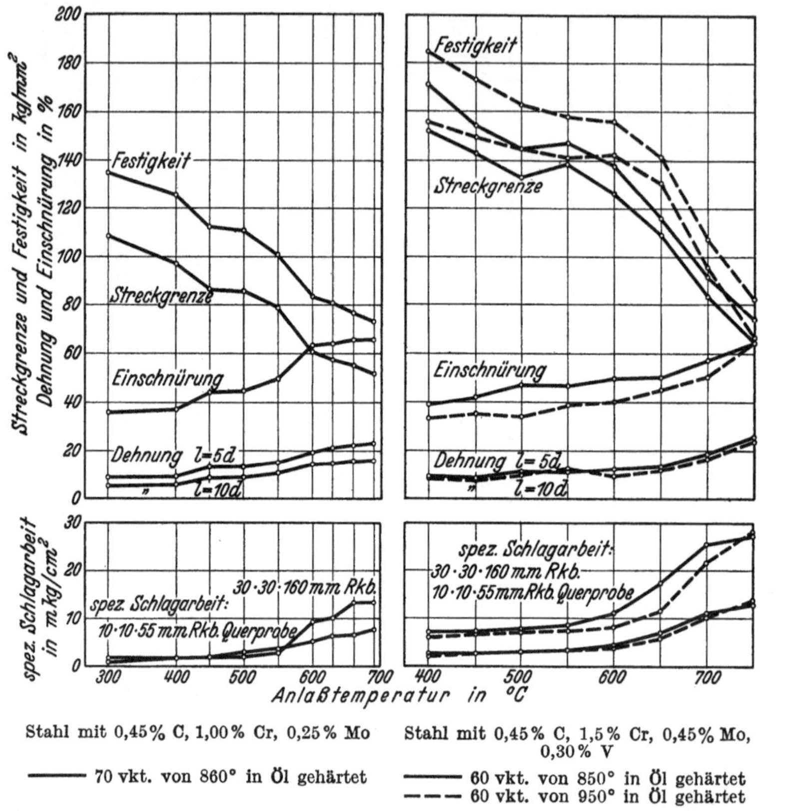

Stahl mit 0,45% C, 1,00% Cr, 0,25% Mo   Stahl mit 0,45% C, 1,5% Cr, 0,45% Mo, 0,30% V

———— 70 vkt. von 860° in Öl gehärtet   ———— 60 vkt. von 850° in Öl gehärtet
                                               – – – 60 vkt. von 950° in Öl gehärtet

Abb. 555. Anlaßkurve eines Chrom-Molybdän-Stahles und eines Chrom-Molybdän-Vanadin-Stahles.

karbides bewirkt, eingehalten wird. Der Zusatz von 0,2—0,3% V zu Chrom-Nickel-Molybdän-Gesenkstählen wurde auf S. 605 erwähnt.

Die Erhöhung der Anlaßbeständigkeit durch die Ausscheidung der Sonderkarbide und die weitgehende Analogie mit dem Verhalten von Schnellstählen weisen darauf hin, daß Vanadin auch bei Schneidwerkzeugen einen wesentlichen Einfluß auf die Schnittleistung haben muß. Abb. 556 zeigt die Wirkung von Vanadin auf die Standzeit bei verschiedenen Schnittgeschwindigkeiten. Wenn auch die bei Stählen mit 6% V erreichten Standzeiten hinter denen bekannter Schnellstähle zurückbleiben, so kann man doch deutlich den überragenden Einfluß eines Vanadinzusatzes erkennen. Bei 6% V ist noch kein Abfall der Schnittleistung zu sehen; dabei ist es nicht einmal klar, ob in dieser Versuchsreihe das Verhältnis von Kohlenstoff zu Vanadin am günstigsten gewählt war. Sicher ist auf jeden Fall, daß solche vanadinhaltigen Stähle zur

Herstellung von Schneidwerkzeugen geeignet sind,
insbesondere wenn ihnen noch weitere Zusätze
von Elementen, wie Molybdän, Chrom oder
Kobalt, gegeben werden.

In Übereinstimmung mit diesen Schnittversuchen bei reinen Kohlenstoff-Vanadin-Stählen steht der Einfluß von Vanadin auf Schnellstähle und Warmarbeitsstähle. In Höchstleistungswerkzeugstählen für Warmarbeit ist Vanadin stets in Zusätzen bis zu 1% enthalten, wobei die meist gebräuchliche Höhe des Vanadingehaltes 0,15 bis 0,3% beträgt. Einige typische Beispiele derartiger Warmarbeitsstähle zeigt Zahlentafel 134 (S. 653). Durch geschickte Ausnutzung der Wirkung von Vanadin ist es möglich gewesen, die früheren Warmarbeitsstähle auf der Basis von 9% W, 3% Cr auf erheblich wolframärmere, teilweise Molybdän enthaltende Stähle umzustellen. Die Anlaßbeständigkeit derartiger Stähle im Vergleich zu dem 9 proz. Wolframstahl zeigte Abb. 509.

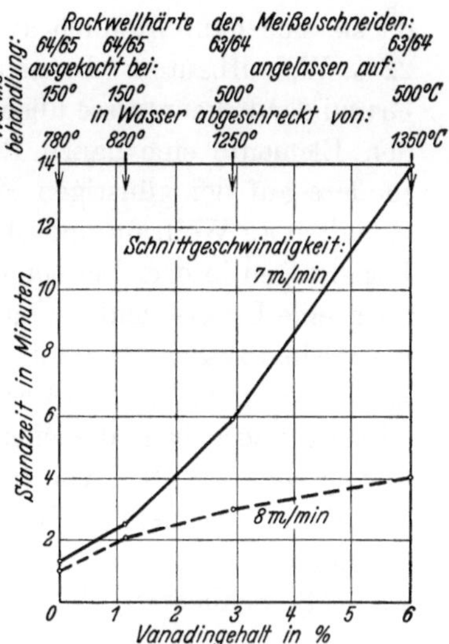

Abb. 556. Einfluß von Vanadin auf die Schnittleistung von Kohlenstoffstahl. [Nach Houdremont, Bennek und Schrader: Arch. Eisenhüttenw. Bd. 6 (1932/33) S. 24/34.] (Bearbeitet wurde Stahl VCN 35, auf 100 kg/mm² Festigkeit vergütet, mit einem Vorschub von 1,4 mm und einer Spantiefe von 5 mm.)

3. Schnellarbeitsstähle.

Nachdem in den vorangegangenen Abschnitten Chrom, Wolfram, Molybdän, Vanadin auf die Fähigkeit der sonderkarbidbildenden Elemente, einen anlaßbeständigen Martensit zu bilden, eingegangen worden ist, soll in folgendem zusammenfassend das Gebiet der Schnellarbeitsstähle behandelt werden, da sich diese Stahlgruppe auf dem geschilderten Verhalten der karbidbildenden Legierungsmetalle in Eisen-Kohlenstoff-Legierungen aufbaut. Im Vergleich zu unlegierten oder schwach legierten Schneidstählen, die bei entsprechendem Karbidgehalt auch schon eine hohe Härte und Verschleißfestigkeit aufweisen, besitzen Schnellarbeitsstähle den Vorteil, diese hohe Härte und Verschleißfestigkeit auch beim Erwärmen auf Temperaturen von 500° bis sogar 600° nicht oder nur sehr langsam zu verlieren. In der Wärme selbst weisen sie ebenfalls entsprechend höhere Härtebeständigkeit (Rotgluthärte) auf. Da beim Zerspanen an der Schneide infolge der Reibungs- und Trennungsarbeit Wärme erzeugt wird, bietet diese Gruppe anlaßbeständiger sonderkarbidhaltiger Stähle hierfür außerordentliche Vorteile. Ihren Namen verdanken die Schnellarbeitsstähle der mit ihnen zu erzielenden Leistungssteigerung, die möglich ist, weil derartige Legierungen höhere Schnittgeschwindigkeiten beim Zerspanungsvorgang erlauben, als dies vor ihrer Erfindung mit anderen Werkzeugstählen möglich war.

a) Einteilung der Schnellarbeitsstähle.

Vor einem Jahrzehnt schien die Entwicklung auf dem Gebiet der Schnellstähle abgeschlossen zu sein, und es hatten sich schon gewisse klassische Legierungstypen herausgebildet, die in der ganzen Welt verbreitet waren. Es war daher verhältnismäßig einfach, einen Überblick über diese Stähle zu geben, da sie sich hauptsächlich auf Legierungen mit 14—18% W, in seltenen Fällen 22% W, aufbauten. In neuerer Zeit sind zu diesen Standardlegierungen auf Grund der Erkenntnisse über die Wirkung der verschiedenen sonderkarbidbildenden Elemente eine ganze Reihe von Legierungen hinzugekommen, die insbesondere auf der günstigen Wirkung des Vanadins bei entsprechend geringeren Gehalten an Wolfram und Molybdän beruhen. In folgendem sollen die gesamten Legierungen in drei Leistungsgruppen unterteilt werden, innerhalb derer jeweils noch eine Unterscheidung in zwei Untergruppen erfolgt, wobei a) die sozusagen klassischen Legierungen mit über 14% Wolfram, b) die neueren wolframärmeren Legierungen umfaßt. Als Merkmal für die Schnitthaltigkeit ist jeweils die Schnittleistung angegeben, die sich bei einem Schruppversuch beim Bearbeiten eines Chrom-Nickel-Stahles von 100 kg/mm² Festigkeit mit einem Vorschub von 1,4 mm und 5 mm Spantiefe ergibt. Wenn auch diese Ergebnisse von Schruppversuchen auf einer bestimmten Stahlart nicht grundsätzlich auf jede Art der Zerspanung, wie z. B. Schlichten, Fräsen, Bohren usw., übertragen werden können, so geben

Zahlentafel 135. Zusammensetzung, Behandlung und Schnittleistung gebräuchlicher Schnelldrehstähle.

		C	Cr	W	Mo	V	Co	Behandlung		Durchschnittliche Standzeit[1] in mm bei einer Schnittgeschwindigkeit von m/min			
								Härtung	Anlassen				
		%	%	%	%	%	%			10	12	14	16
Hohe Leistung	a	0,85/1,0	4,5	18	0,5/1,5	1,5	3	1250/1280°	550/570°			34	18
		0,85/1,0	4,5	18	0,5/1,5	1,5	5	1250/1280°	550/570°			52	23
		0,85/1,0	4,5	18	0,5/1,5	1,5	10	1280/1320°	560/580°			64	31
		0,85/1,0	4,5	18	0,5/1,5	1,5	17	1300/1320°	560/580°			85	52
		0,85	4,5	14		2,5	10	1280/1320°	560/580°			62	32
		0,85	4,5	14		2,5	15	1300/1320°	560/580°			80	53
	b	1,2	4,5	10/14		3		1250/1280°	550/570°			46	24
		1,4	4,5	10/14		5		1250/1280°	550/570°			49	26
		1,2	4,5	12	2	3	5	1250/1280°	550/570°			62	31
		1,3	4,5	12	2	5	5	1250/1280°	550/570°			66	35
Mittlere Leistung	a	0,85	4,5	22	0,8	1,5		1280/1300°	550/570°	44	22		
		0,85	4,5	18	(0,5)	1		1280/1300°	550/570°	38	20		
		0,85	4,5	14		2,5		1260/1280°	550/570°	51	25		
	b	0,85	4,5	7/12	(0,5)	2,5		1250/1260°	550/570°	63	37		
		0,85	4,5	7/12	(0,7)	2		1250/1260°	550/570°	60	32		
		0,85	4,5	7/10	(0,5)	1,6		1240/1260°	550/570°	58	30		
		0,80	4,5	5/6	4	2,5		1240/1270°	530/550°	66	37		
		0,95	4,5	2,5	2,5	2,5		1220/1240°	530/550°	64	38		
		0,85	4,5	2	8	1,2		1230/1250°	550/570°	48	23		
		0,85	4,5		8	2,5		1230/1250°	550/570°	52	30		
		0,85	4,5		3,2	2,5		1220/1240°	550/570°	52	24		
Geringe Leistung	a	0,75	4,0	18	(0,6)	0,3/0,5		1260/1280°	200/250°	40	14		
		0,70	4,0	16		0,15		1260/1280°	200/250°	25			
		0,70	3,5	14				1230/1250°	200/250°	10			
	b	0,75	4,5	8/10	0,5	1,0		1250/1260°	550/570°	73	31		

[1] Gilt bei Schruppbearbeitung mit Drehmeißeln auf vergütetem Chrom-Nickel-Stahl von 100 kg/mm² Festigkeit bei 1,4 mm Vorschub und 5 mm Spantiefe.

sie doch einen Anhalt für die Bewertung der betreffenden Legierung[1]. Auf die Bedeutung der Beanspruchung des Meißels durch die Art der Bearbeitung wird später noch eingegangen. Die typischen Vertreter der drei verschiedenen Klassen von Schnellarbeitsstählen gibt Zahlentafel 135 (S. 656) wieder.

α. Stähle hoher Leistung.

Die Gruppe a) der Hochleistungsschnellstähle umfaßt Legierungen mit etwa 0,8% C, 14—18% W, etwa 4,5% Cr, bis zu 2% Mo und Zusätzen von mindestens 1,5% V sowie 3—20% Co.

Die Gruppe b) der neueren Legierungen zeichnet sich durch einen tieferen Wolframgehalt von 10—14% bei entsprechend erhöhtem Vanadingehalt aus; die Möglichkeit einer weiteren Leistungssteigerung durch Kobaltzusätze ist hierbei aus Ersparnisgründen nur bis 5% Co ausgenützt worden.

Die Ursache für die mit diesen Schnellarbeitsstählen erreichbare höchste Schnittleistung liegt im Zusammenwirken der stark karbidbildenden Elemente Vanadin, Molybdän, Wolfram, Chrom einerseits und dem mehr auf die Grundmasse wirkenden Element Kobalt (s. S. 662) andererseits. Hervorzuheben ist in diesem Zusammenhang vor allem der Einfluß des Vanadins, das, wie gezeigt, besonders geeignet ist, Legierungen hoher Anlaßbeständigkeit (etwa 600°) zu geben. Durch Steigerung des Vanadingehaltes war es möglich, den Wolframgehalt zu senken, eine Tatsache, die nicht nur in dieser Gruppe, sondern vor allem auch bei den Stählen mittlerer Leistung ausgenützt ist.

β. Stähle mittlerer Leistung.

Die Gruppe a) der Stähle mit mittleren Leistungen umfaßt wiederum die Legierungen mit 14—22% Wolfram und entsprechend geringen Zusätzen an Molybdän sowie Zusätzen von Vanadin bis zu 2,5%.

Die neuere Entwicklung, wie sie durch die Gruppe b) gekennzeichnet wird, zeigt vor allem erstens eine starke Herabsetzung des Wolframgehaltes auf 7—12%, zweitens einen teilweisen Ersatz des Wolframs durch Molybdän und schließlich eine sehr weitgehende gemeinsame Senkung dieser beiden Legierungsbestandteile bei hohen Vanadingehalten. Die Zukunft wird alle Länder der Welt zu einer rationelleren Ausnutzung der Legierungselemente zwingen und diese legierungsärmeren Stähle werden entsprechend an Bedeutung gewinnen. In Deutschland haben insbesondere die Stähle mit 9% W sowie ein Stahl mit je 2,5% Mo, W und V in stärkerem Maße Eingang gefunden.

Die Leistung dieser mittleren Klasse beruht hauptsächlich auf den karbidbildenden Elementen, von denen in der neueren Entwicklung dem Vanadin ausschlaggebende Bedeutung zukommt, während man auf das die Grundmasse beeinflussende Element Kobalt verzichtet.

---

[1] Bei anderer Festigkeit des bearbeiteten Werkstoffes kann sich das Verhältnis der Leistungszahlen besonders bezüglich der niedriglegierten Stähle mit 2—3% Mo etwas ändern. Bei der Bearbeitung von Werkstoffen mit über 120 kg/mm² Festigkeit fallen diese Schnellstahllegierungen gegenüber anderen etwas ab. Für die Schnittleistung bei der Bearbeitung von solchen Werkstoffen sehr hoher Festigkeit scheint die Größe des Gehaltes an Sonderkarbiden in der Schneidlegierung von besonderer Bedeutung zu sein.

γ. Stähle geringerer Leistung.

Auch bei dieser Gruppe kann man unterscheiden zwischen Stählen mit 14—18% Wolfram und entsprechenden neu entwickelten Legierungen mit 8 bis 10% Wolfram. Es muß allerdings hervorgehoben werden, daß man in dieser Klasse auf einen weitergehenden Ausbau der Gruppe b) wegen der geringen Leistung verzichtet hat. Die angeführten Legierungen sollen nur als Musterbeispiel gelten. Es ließen sich z. B. ohne weiteres auch hier Stähle mit 2% W, 2% Mo und 1—1,5% V anführen, die aber keine größere Anwendung gefunden haben.

Die Unterschiede in der Legierung der drei Gruppen machen sich vor allem beim Härten und Anlassen bemerkbar in dem Sinne, daß die höchstwertige Gruppe auch das höchste Maß an Anlaßbeständigkeit und somit Rotgluthärte besitzt, die zweite Gruppe ebenfalls noch anlaßbeständig bis 570° ist, während die dritte Gruppe beim Anlassen auf 550 keine genügend hohe Härte (über 60 Rockwell-C) mehr behält, sondern nur einer tieferen Anlaßbehandlung (250°) unterworfen werden kann. Wenn später auf den günstigen Einfluß des Anlassens von Schnellstählen dicht unterhalb 600° nach der Härtung hingewiesen wird, so gilt dieser Hinweis immer nur für die beiden hochwertigen Gruppen, während die niedriger legierte Gruppe durch eine derartige Anlaßbehandlung einen erheblichen Abfall an Härte und somit Leistungsfähigkeit erleiden kann.

b) Wirkungsweise der Legierungselemente in Schnellarbeitsstählen.

Eine grundsätzliche Regel ergibt sich bereits betreffs Höhe des Kohlenstoffgehaltes in dem Sinne, daß der Prozentgehalt an karbidbildenden Legieelementen in einem bestimmten Verhältnis zum Kohlenstoffgehalt stehen muß. Wählt man z. B. bei einem Kohlenstoffgehalt von 0,7% einen zu hohen Legierungsgehalt an stark karbidbildenden Elementen, z. B. über 22% Wolfram oder über 2% Vanadin, so kann so viel Kohlenstoff in unlöslichen Karbiden gebunden werden, daß nicht mehr genügend Kohlenstoff bei der Härtung gelöst und entsprechend auf die Grundmasse verteilt wird. Hierdurch wird sowohl die erreichbare Höchsthärte als auch die Schnittleistung derartiger Legierungen beeinträchtigt. Man wird daher zweckentsprechend bei Erhöhung der karbidbildenden Legierungselemente auch eine entsprechende Erhöhung des Kohlenstoffgehaltes auf beispielsweise 0,8—0,9% vornehmen müssen. Dies geht auch aus der Zahlentafel 135 (S. 656) hervor, in der für die hochvanadinhaltigen Stähle entsprechend hohe Kohlenstoffgehalte angeführt werden. Dem Wechselspiel zwischen Legierung und Kohlenstoffgehalt wird nach obenhin eine Grenze durch die Menge der auftretenden Karbide gesetzt. Steigert man den Kohlenstoffgehalt wesentlich über 1,4%, so treten derart zahlreiche Karbide auf, daß infolge von stärkeren Karbidzeilen und des dadurch bedingten Zähigkeitsverlustes leicht Ausbröckelungen und Beschädigungen der Werkzeuge eintreten können.

Den Einfluß von Wolfram auf die Schnittleistung von Schnelldrehstahl bei sonst gleichbleibenden Bedingungen zeigen die Abb. 557 und 558. Von diesen entspricht Abb. 557 älteren Untersuchungen an Stählen niedrigen Vanadingehaltes. Bei diesen Stählen wird die Schnitthaltigkeit durch Steigerung des Wolframgehaltes über 18% hinaus bis zu 26% verbessert. Anders liegen die Verhältnisse bei höheren Vanadingehalten von 1,6 bis 1,9%, wie dies aus neueren Untersuchungen in Abb. 558 hervorgeht. Bei diesen erhöhten Vanadingehalten ist die Höhe des Wolframzusatzes in einem Bereich von 6 bis 25% für die Schnittleistung kaum von Einfluß. Ein Abfall tritt erst bei Senkung des Wolframgehaltes auf 5% ein. Mit zunehmendem Wolframgehalt erhöhen sich allerdings die anwendbaren Härtetemperaturen etwas. Schnelldrehstahllegierungen, die nur Wolframgehalte von 20—22% und darüber haben, besitzen noch keine sehr hohe Anlaßbeständigkeit. Hierzu ist es vielmehr erforderlich, daß sie außer Wolfram noch Molybdän, insbesondere aber Vanadin enthalten. So z. B. kann ein Schnelldrehstahl mit 13—14% W bereits bei 2,5% V, infolge des hohen Vanadingehaltes, unbedingt zu den Schnelldrehstählen mittlerer Leistung gerechnet werden.

Zeitweilig wurde die Höhe des Wolframgehaltes eines Schnelldrehstahles als maßgebend für seine Leistung betrachtet und entsprechend beim Einkauf bewertet. Bereits im Anfang der 20er Jahre war erkannt worden, daß Schnellstähle, die 1% oder 1,5% V enthalten, genau gleich gute Schnittleistungen ergaben, wenn sie dabei nur etwa 12—14% W enthielten. Die Einführung dieser Schnellstähle scheiterte aber ein Jahrzehnt hindurch an einer mehr kaufmännischen Beurteilung der Legierungshöhe eines Schnellstahles. Der Hauptgrund für die mögliche Herabsetzung der Wolframgehalte war die wertvolle Erkenntnis, die über die Wirkung der karbidbildenden Elemente in Zusammenhang mit Vanadin gewonnen wurde. Es hat von jeher nicht an Versuchen gefehlt, die Wirkung von Legierungselementen gegeneinander durch Zahlenverhältnisse anzugeben. So fand man vielfach die Angabe, daß man mittels 1% Vanadin den Wolframgehalt um 4% herabsetzen dürfte. Alle diese Versuche, Legierungselemente durch einfache zahlenmäßige Relationen festzulegen, sind, wie dies ja auch bereits die Zahlentafel 135 (S. 656) belegt, unfruchtbar, da trotz weitgehender Analogie

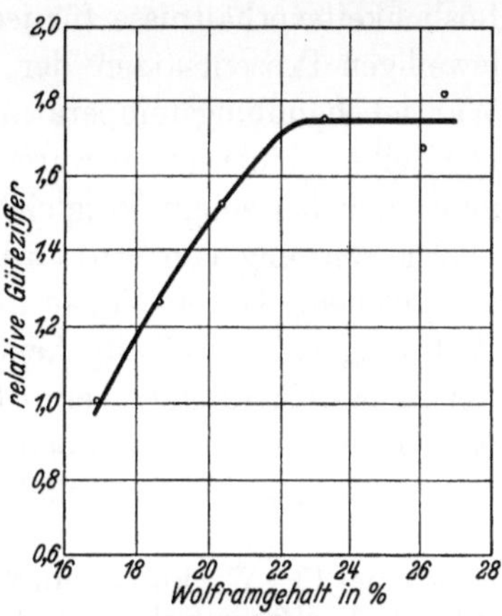

Abb. 557. Abhängigkeit der Schnittleistung vom Wolframgehalt bei Schnellstahl mit niedrigem Vanadingehalt. [Nach R. Hohage u. A. Grützner: Stahl u. Eisen. Bd. 45 (1925) S. 1126/30.]

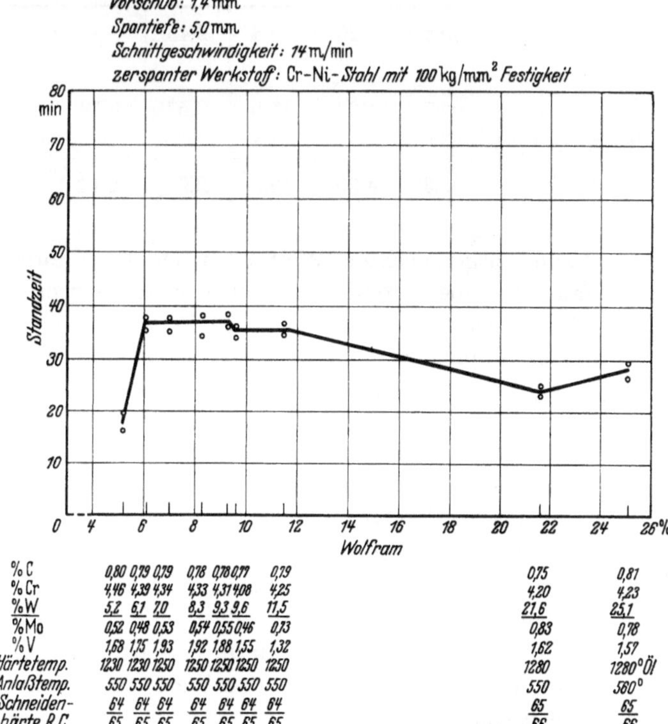

% C	0,80	0,79	0,79	0,78	0,78	0,77	0,79	0,75	0,81
% Cr	4,46	4,39	4,34	4,33	4,31	4,08	4,25	4,20	4,23
% W	5,2	6,1	7,0	8,3	9,3	9,6	11,5	21,6	25,1
% Mo	0,52	0,48	0,53	0,54	0,55	0,46	0,73	0,83	0,78
% V	1,68	1,75	1,93	1,92	1,88	1,55	1,32	1,62	1,57
Härtetemp.	1230	1230	1250	1250	1250	1250	1250	1280	1280°Öl
Anlaßtemp.	550	550	550	550	550	550	550	550	560°
Schneidenhärte R.C.	64/65	64/65	64/65	64/65	64/65	64/65	64/65	65/66	65/66

Abb. 558. Abhängigkeit der Schnittleistung vom Wolframgehalt bei Schnellstählen mit höheren Vanadingehalten (1,6—1,9% V).

doch jedes Element für sich eine spezifische Wirkung ausüben wird. Abgesehen von der Art des ausgeschiedenen Karbides darf man nicht vergessen, daß die Löslichkeitsverhältnisse für jedes Karbid verschieden sind und somit außer den jeweiligen Prozentsätzen der Legierungselemente auch noch der Einfluß der Wärmebehandlungstemperatur, also mindestens noch ein weiterer Faktor in die Darstellung einzusetzen wären. Die Gefährlichkeit solcher Faustregeln erkennt man auch bei einem Vergleich der Abb. 557 und 558.

Die Wirkung von Molybdän dürfte eher der von Wolfram als von Vanadin entsprechen. Durch Vanadinzusätze ist es nämlich nicht nur gelungen, die Wolframgehalte weitestgehend herabzusetzen, sondern gleichzeitig erhebliche Leistungssteigerungen beim Schnittversuch zu erzielen. Durch Zusatz von Molybdän können zwar ebenfalls gewisse Leistungssteigerungen erreicht werden, doch ist es jeweils erforderlich, neben dem durch Molybdän bis zu einem gewissen

Zahlentafel 136. Wirkung von Molybdänzusätzen auf die Schnitthaltigkeit eines 10proz. Wolfram-Schnelldrehstahles (gehärtet 1260°/Öl, 560° 1 Std. angelassen, Bearbeitung auf vergütetem Chrom-Nickel-Stahl von 100 kg/mm² Festigkeit mit einem Vorschub von 1,4 mm und einer Spantiefe von 5 mm).

C %	Cr %	W %	V %	Mo %	Schnitt-geschwindigkeit m/min	Standzeit min
0,82	4,20	10,8	2,43	—	12 14	53 28
0,87	4,28	11,6	2,57	0,79	12 14	65 37
0,83	4,30	10,8	2,6	2,14	12 14	75 39

Grade ausgetauschten Wolfram noch bestimmte Vanadingehalte im Schnellstahl zu haben, wenn man einen Stahl entsprechend hoher Leistung erzielen will. Allgemein kann man bei der Verwendung von Molybdän in Schnellarbeitsstählen unterteilen in Fälle, wo zu den üblichen, hochwolframhaltigen Stählen geringe Molybdänzusätze von 0,6—1 evtl. bis 2% vorgenommen werden, um die Schnittleistung zu verbessern (Zahlentafel 136), in solche, wo ein Teil des Wolframs durch Molybdän ersetzt wird (z. B. 6% W, 4% Mo, 2,5% V), und schließlich in die wolframärmeren Legierungen, in denen Molybdän zusammen mit Vanadin den größten Teil des Wolframs verdrängt (z. B. 8% Mo, 2% W, 1% V oder 2,5% Mo, 2,5% W, 2,5% V; s. a. Zahlentafel 135, S. 656). Letztere Legierung ist eine der wichtigsten deutschen Austauschlegierungen auf dem Schnellstahlgebiete geworden. Man findet gelegentlich im Schrifttum die Ansicht, daß Wolfram durch Molybdän im Verhältnis von 2:1 ersetzt werden kann. Auch dieses Verhältnis dürfte nur den Wert einer nicht allgemein gültigen Faustregel beanspruchen.

Während des Weltkrieges 1914/18 war man wegen des Mangels an Wolfram dazu übergegangen, auch wolframfreie Stähle mit Molybdän herzustellen, die Zusammensetzungen, wie sie die Zahlentafel 137 (S. 661) zeigt, hatten. Diese Schnellarbeitsstähle ergaben ähnliche Schnittleistungen wie entsprechende Stähle auf Wolframbasis. Die Nichtweiterverwendung nach Beendigung des Krieges dürfte in Schwierigkeiten bei der Verarbeitung und Wärmebehandlung, insbesondere aber in der fehlenden Erkenntnis über den Wert weiterer Zusätze von Vanadin und ggf. Kobalt begründet gewesen sein.

Der Chromgehalt von Schnellstählen wird durchweg zwischen 3—5% gehalten. Untersuchungen, den Chromgehalt durch irgendein anderes Legierungselement zu ersetzen, sind auch vorgenommen worden, brachten jedoch keinen Vorteil, da von allen karbidbildenden Elementen Chrom das wirtschaftlichste ist.

Die Wirkung von Chrom in Schnellstählen dürfte heute noch nicht restlos geklärt sein. Die Anlaßbeständigkeit der Chromstähle ist erheblich geringer als die der Vanadinstähle, und man ist daher geneigt, den Zweck des Chromzusatzes in erster Linie in der Erzielung einer guten Härtbarkeit und damit eines gleichmäßigen martensitischen Zustandes zu setzen. Hierfür spricht der Umstand, daß es bei einem Stahl mit 18% W, 4% Cr, 1% V möglich ist, den Chromgehalt bis auf 0,5% zu senken, ohne daß eine wesentliche Leistungeinbuße eintritt, wenn man statt der Ölhärtung die schroffere Wasserhärtung anwendet. Man muß aber berücksichtigen, daß Chrom ebenfalls die Menge der vorhandenen Karbide steigert und darüber hinaus vor allem ihre Löslichkeit bei Härtetemperatur beeinflußt. Es ist somit verständlich, wenn bei manchen Untersuchungen mit fallendem Chromgehalt unter den normalen Gehalt von 4,5% Cr fallende Leistungen festgestellt werden[1]. Es hat aber auch nicht an Versuchen gefehlt, durch Steigerung des Chromgehaltes über den normalen Gehalt hinaus eine weitere Leistungssteigerung zu erzielen und insbesondere eine Ersparnis an wertvolleren Legierungselementen, vor allem z. B. Wolfram, herbeizuführen. Bei den gebräuchlichen Wolfram-Schnelldrehstählen mit über 8% W und Molybdän-Schnelldrehstählen wird durch eine Erhöhung des Chromgehaltes über den üblichen Gehalt von etwa 4% hinaus die Leistung praktisch nicht verbessert. Ebenso ergeben Stähle, die neben 10—12% Cr 2—6% V mit oder ohne Molybdänzusätze enthalten, nicht einem Schnellstahl gleichwertige Schnittleistungen. Dagegen führt eine Erhöhung des Chromgehaltes auf 8—12% bei Stählen mit niedrigem Wolframgehalt von 3—5% zu brauchbaren Schnellstählen. Liegt bei diesen Stählen der Vanadingehalt bei 1—2,5%, so darf der Wolframgehalt nicht unter 5% gesenkt werden, wenn eine den üblichen Wolfram-Schnelldrehstählen entsprechende Schnitthaltigkeit beibehalten werden soll. Bei niedrigeren Wolframgehalten von 3% oder, wie schon oben angedeutet, bei völliger Abwesenheit von Wolfram ist die Schnittleistung solcher Stähle, wie aus Zahlentafel 138 (S. 662) hervorgeht, sehr mäßig. Wird dagegen der Vanadinzusatz bis auf 4,5% gesteigert, so läßt sich bei diesen Stählen der Wolframgehalt bis auf 3,5% herabsetzen, ohne daß die Schnittleistungswerte unter die von hochwolframhaltigen Vergleichsstählen absinken. Die hochchromhaltigen Schnellstähle bilden

Zahlentafel 137. Zusammensetzung einiger molybdänlegierter Schnelldrehstähle.

C %	Si %	Mn %	Mo %	W %	Cr %
0,70/0,90	∞0,30	∞0,35	∞ 5,0	—	evtl. 3,0
0,70/0,90	∞0,30	∞0,35	∞10,0	—	evtl. 3,0
0,70/0,90	∞0,30	∞0,35	∞ 5,0	∞2,5	—
0,70/0,90	∞0,30	∞0,35	∞ 7,5	∞2,5	4,0
0,70/0,90	∞0,30	∞0,35	∞ 3,0	∞5,0	∞3,0
0,70/0,90	∞0,30	∞0,35	∞ 3,0	∞7,5	—
0,70/0,90	∞0,30	∞0,35	∞ 5,0	∞5,0	∞3,0

---

[1] Houdremont, E., u. H. Schrader: Techn. Mitt. Krupp Bd. 5 (1937) S. 227/39.

Zahlentafel 138. Schnitthaltigkeit hochchromhaltiger Schnelldrehstähle im Vergleich zu gebräuchlichen Wolfram-Schnelldrehstählen.

C	Cr	W	V	Mo	Behandlung		Standzeit[1] in mm für eine Schnittgeschw. von m/min			Schneidenhärte Rockwell C
%	%	%	%	%	Härten	Anlassen	10	12	14	
0,78	8,3	3,3	1,3	—	1230° Öl	2 × 550°	35	13		63—64
1,02	10,0	3,2	2,5	—	1260° Öl	2 × 550°	50	15		63—64
1,34	10,1	3,5	4,4	—	1250° Öl	2 × 550°		63	35	64—65
0,83	9,3	5,3	1,2	—	1210° Öl	6 × 550°		43	22	65
1,02	9,8	5,3	2,4	—	1280° Öl	2 × 550°		58	32	64—65
0,71	4,5	18,4	1,1	—	1280° Öl	560°		42	19	64—65
0,85	4,5	11	2,5	0,5	1250° Öl	560°		60	32	64—65

bei der Härtung größerer Mengen von Restaustenit. Die große Beständigkeit dieses Restaustenits, der erst durch mehrfaches Anlassen zerstört wird, kann als unangenehme Folgeerscheinung gewertet werden. Wie aus Zahlentafel 138 ersichtlich, müssen solche hochchromhaltigen Stähle zur Zersetzung des Restaustenits manchmal bis zu 6mal angelassen werden. Dieses entspricht dem Einfluß von Chrom, das als karbidbildendes Element die Martensittemperatur im Gegensatz zu Vanadin, Molybdän und Wolfram stärker herabsetzt.

Über die Wirkung von Vanadin im Schnellstahl braucht nach den vorherigen Ausführungen praktisch nichts mehr hinzugefügt zu werden. Die Höhe des Vanadingehaltes bestimmt neben der Höhe des Kobalts die Leistung eines modernen Schnellstahles. Die vielen Möglichkeiten, die Legierungselemente gegeneinander auszutauschen, beruhen auf der sehr starken und durchschlagenden Wirkung eines entsprechenden Vanadingehaltes. Daß gerade bei Vanadin die Höhe des Legierungsgehaltes mit der Höhe des Kohlenstoffgehaltes (s. a. Zahlentafel 135 [S. 656]) genau abgestimmt sein muß, erscheint nach allem, was über die stabile Karbidbildung bei Vanadin gesagt wurde, als selbstverständlich.

Von besonderem Einfluß auf die Leistungsfähigkeit ist das Legierungselement Kobalt. Seine Wirkungsweise ist von dem der bisher erwähnten Legierungselemente verschieden, da es nicht zu den karbidbildenden Elementen gehört und die Beeinflussung der Leistung nur durch die Wirkung auf die Grundmasse erklärt werden kann. Kobalt wirkt in Eisenlegierungen in dem Sinne, daß Ausscheidungsvorgänge sich träger abspielen, und gibt somit auch bei Schnellstahllegierungen Veranlassung zu einer entsprechend verzögerten Karbidausscheidung, die einer etwas erhöhten Anlaßbeständigkeit gleichkommt. Hierauf dürfte vornehmlich die Wirkung von Kobalt in Schnellstählen zurückzuführen sein; allerdings wird sie teilweise im Schrifttum auch einer Verbesserung der Wärmeleitfähigkeit zugeschrieben, ohne daß aber hierfür Belege gefunden werden konnten. Eine bessere Ableitung der Wärme infolge Erhöhung der Wärmeleitfähigkeit könnte an sich wohl eine Steigerung der Leistung erklären. Nicht ohne Bedeutung ist aber auch die Tatsache, daß Kobalt in Eisenlegierungen grundsätzlich eine Verbesserung der Festigkeitseigenschaften in der Wärme ergibt. Näheres hierüber s. Abschnitt Kobalt, S. 735 ff.

---

[1] Durchschnittszahlen; sie gelten für Schruppbeanspruchung von Drehmeißeln bei Bearbeitung von vergütetem Chrom-Nickel-Stahl mit 100 kg/mm² Festigkeit bei 1,4 mm Vorschub und 5 mm Spantiefe.

c) Gefüge der Schnellarbeitsstähle.

Wie bereits aus dem Legierungsgehalt der Schnellstähle ersichtlich, gehören sie in die Gruppe der ledeburitischen Stähle. Im Gußzustand (Abb. 559) weisen sie ein heterogenes Gefüge auf. Das deutlich ausgeprägte ledeburitische Eutektikum wird von einer Art Mischkristall umschlossen, innerhalb desselben liegen Inseln, die ein mehr oder weniger sorbitisches Gefüge zeigen.

Man geht wohl nicht fehl in der Annahme, daß die Ursache für diese unterschiedliche Gefügeausbildung der Grundmasse — Mischkristalle und sorbitähnliches Gefüge — in einem verhinderten Diffusionsausgleich bei der Erstarrung zu suchen ist. Die dem Eutektikum zunächstliegenden Gefügeteile verdanken das Bestehenbleiben des Mischkristalls bei der Abkühlung dem etwas erhöhten Kohlenstoff- bzw. Karbidgehalt. Daß es sich tatsächlich um Gefügeunterschiede

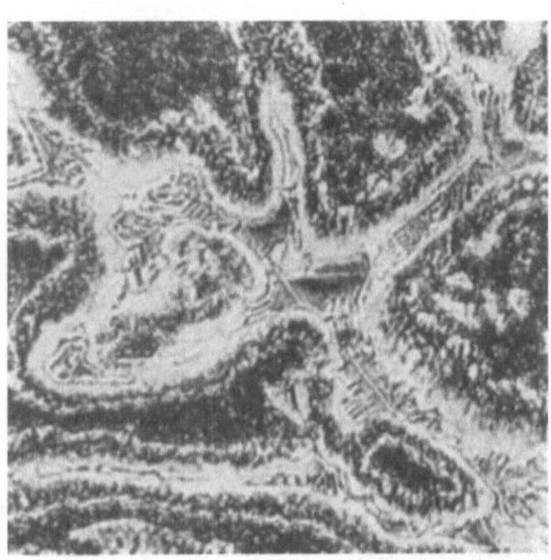

V = 500

Abb. 559. Gefüge von Schnellstahl im Gußzustand.

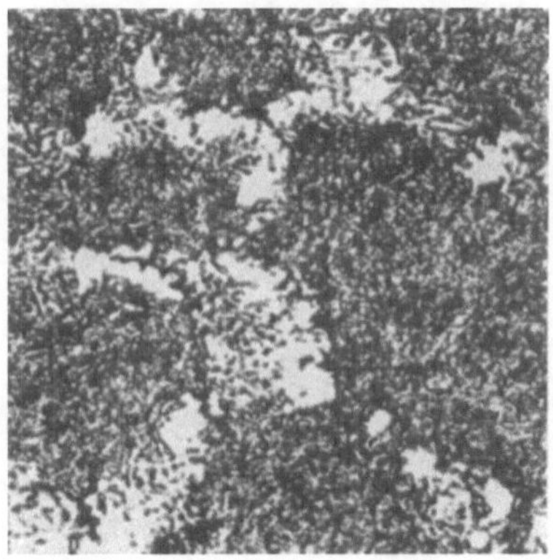

V = 500

Abb. 560. Gefüge von Schnellstahl im Gußzustand bei Nachglühung auf 800°.

handelt, die auf mangelndem Diffusionsausgleich unter den üblichen Abkühlungsbedingungen nach dem Gießen beruhen, geht aus dem Verhalten des Gefüges beim Ausglühen bzw. Anlassen des Gußzustandes hervor. Durch Anlassen bzw. Ausglühen bei 750/850° gelingt es nämlich, auch die Mischkristalle zum Zerfall zu bringen. Ihre Lage läßt sich dann nur noch andeutungsweise im Schliffbild feststellen, und sie haben im übrigen ein ähnliches Gefüge wie der sorbitische Bestandteil angenommen (Abb. 560).

Diese Heterogenität des Gefüges könnte bei Aufnahme von Haltepunktskurven zu einer wirklichen Verdopplung des Martensitpunktes Veranlassung geben. Der den höheren Legierungsgehalt aufweisende Bestandteil müßte seinen Martensitpunkt bei entsprechend tieferer Temperatur haben. Nimmt man noch die Möglichkeit von Umwandlungen in der Zwischenstufe hinzu, wie sie z. B. auch von S. Steinberg und V. Susin[1] für einen Stahl mit 2% C und 12% Cr festgestellt wurden, so wird man die vielfach unregelmäßigen Abkühlungskurven von Schnellstählen verstehen, bei denen auch die Verdopplung in Ar″ und Ar‴ mit am frühesten beobachtet wurde (s. S. 68).

---

[1] Rev. Métall. Bd. 31 (1934) S. 554/59.

Nach dem Schmieden, das infolge des hohen Karbidgehaltes und des dadurch bewirkten hohen Formänderungswiderstandes dieser Legierungen bei
möglichst hoher Temperatur erfolgen muß, ist die Gefügeheterogenität praktisch verschwunden. Das Gefüge besteht im geschmiedeten ausgeglühten Zustand
aus einer mehr oder weniger sorbitischen Grundmasse, in welcher die beim
Schmieden zertrümmerten ledeburitischen Karbide eingelagert sind (Abb. 561a).

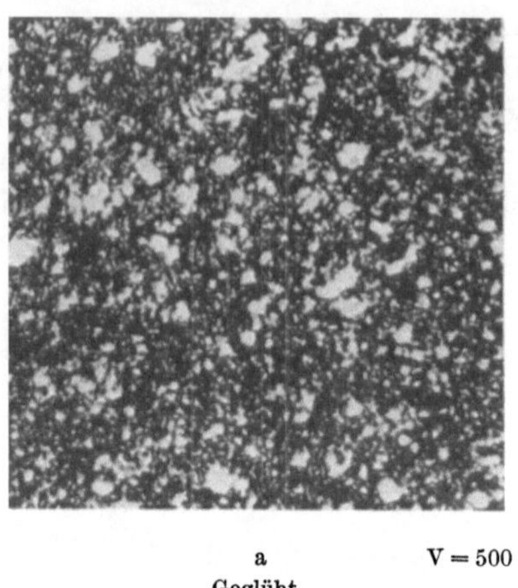

a					V = 500

Geglüht

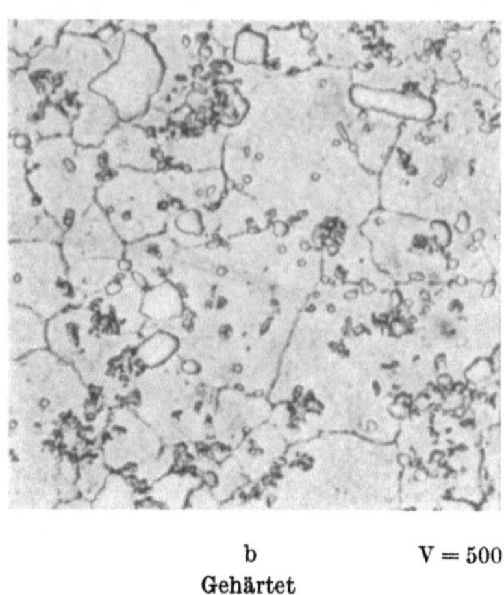

b					V = 500

Gehärtet

Abb. 561. Gefüge von geschmiedetem Schnellstahl in
verschiedenen Behandlungszuständen.

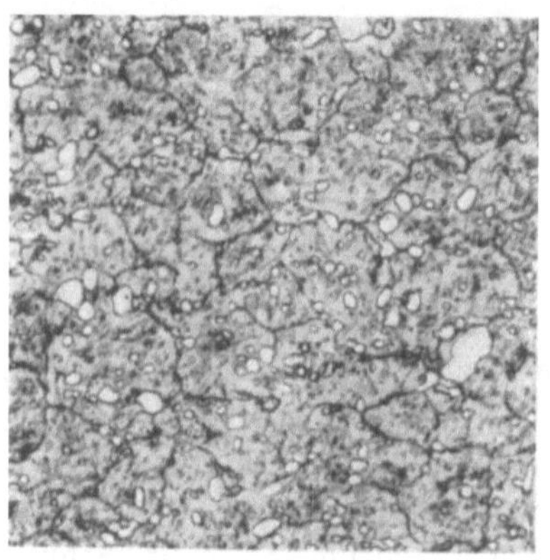

c					V = 500

Gehärtet und angelassen

Veränderung des Gefüges durch Wärmebehandlung:

Für die Härte von Schnellstahl ist
es von großer Wichtigkeit, den größtmöglichen Anteil an Karbid bei der Härtung in Lösung zu bringen. Das Inlösung-
bringen der Karbide bei der Härtung
ist abhängig von dem Grad der Karbidverteilung und der für die Härtung
gewählten Temperatur. Je feiner die
Karbidverteilung ist, um so schneller
wird sich eine gleichmäßige maximale
Auflösung bei bestimmter Härtetempe-
ratur erzielen lassen. Da die Karbidlöslichkeit mit steigender Temperatur
zunimmt, spielt auch die Erwärmungstemperatur eine große Rolle. Sie wird
so hoch wie möglich, d. h. dicht unterhalb des Schmelzpunktes, gewählt (etwa
1300°). Die Ablöschung erfolgt in Öl, Petroleum, Preßluft oder im Blei- bzw.
Salzbad. Nach der Abkühlung besteht das Gefüge aus einem fast strukturlosen
Hardenit mit eingelagerten Karbiden (Abb. 561b), wobei die Korngrenzen den
ehemaligen Austenitkorngrenzen entsprechen.

Das hardenitähnliche Gefüge wird meist bei hochsonderkarbidhaltigen Stählen
an Stelle des nadeligen Martensits beobachtet. Auch bei reinen Kohlenstoffstählen
findet man Hardenit beim Härten dicht oberhalb A_1, d. h. dann, wenn noch

keine vollständige Karbidauflösung vor dem Ablöschen stattgefunden hat. Nach unveröffentlichten Untersuchungen von H. J. Wiester ist die scheinbare Strukturlosigkeit des Hardenits aber kein besonderes Gefügekennzeichen, sondern nur dadurch bedingt, daß die eingelagerten, sehr harten Karbide das einwandfreie Polieren der martensitischen Grundmasse außerordentlich erschweren. Bei sorgfältigster Politur und Ätzung zeigen auch diese Stähle nadligen Martensit. Die niedriger legierten Schnellstähle der Zahlentafel 135 (S. 656) lassen ebenfalls bereits deutlicher die üblichen Martensitnadeln erkennen.

Je nach der Höhe des Legierungsgehaltes weist der Schnellstahl in diesem abgelöschten Zustande einen merklichen Anteil an Austenit auf. Wenn es auch nicht, wie bei den hochprozentigen Chromstählen, mit 1% C und 12% Cr, gelingt, das gesamte Grundgefüge autenitisch zu machen, so wird immerhin auch hier schon das austenitische Gefüge doch zum Teil bis zur Raumtemperatur stabilisiert. Beim Anlassen zersetzt sich dieser Restaustenit nicht sofort wie bei Kohlenstoffstahl, er bleibt im Gegenteil, ähnlich wie bei Chromstählen, bis zu Temperaturen oberhalb 500° beständig. Erst nach erfolgter Karbidausscheidung im Temperaturbereich von 600—500° erfolgt bei der nachfolgenden Abkühlung die Umwandlung von Austenit in Martensit

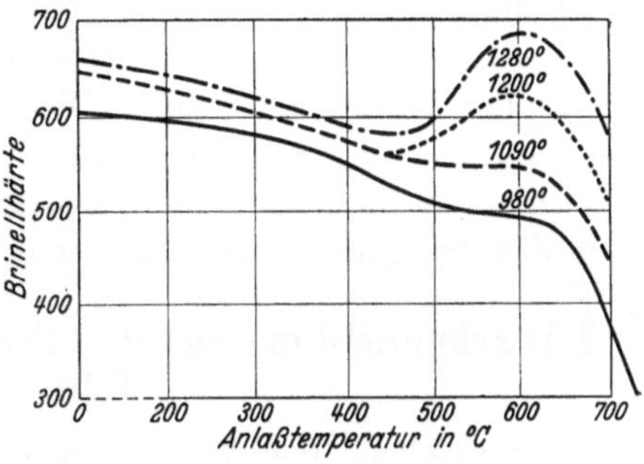

Abb. 562. Einfluß der Härtetemperatur auf die Härteveränderung von Schnellstahl beim Anlassen. [Nach M. A. Grossmann: Stahl u. Eisen Bd. 43 (1923) S. 764/65.]

(bei etwa 200°) (Abb. 561 c; vgl. auch Abb. 334, S. 400). Die Ursache hierfür ist die nach der Karbidausscheidung eintretende Verarmung des Austenits an Kohlenstoff, d. h. Sonderkarbid.

Diese Restaustenitumwandlung erfolgt, mit Ausnahme höher chrom- und kobalthaltiger Schnellstähle, praktisch vollkommen nach einem einmaligen halbstündigen Anlassen bei 550—580°. Da die gebildete Menge Restaustenit um so größer ist, je höher die Ablöschtemperatur war, muß auch die Menge des sich neubildenden Martensits entsprechend größer werden. Ebenso steigt mit der erhöhten Ablöschtemperatur der Gehalt an gelöstem Sonderkarbid, und dementsprechend muß auch die Härte des umgewandelten Gefüges schon allein durch diesen Umstand steigen. Infolgedessen kann man beobachten, daß mit steigender Ablöschtemperatur die Härte nach dem Anlassen von 560 bis 580° zu immer höheren Werten ansteigt. Abb. 562 zeigt Härte-Anlaßtemperatur-Kurven von bei verschiedenen Temperaturen gehärtetem Schnellstahl. Den erneuten Härteanstieg bei etwa 550° bezeichnet man als sekundäre Härte. Man sieht aus der Abbildung deutlich, daß der von 1280° gehärtete Stahl nach dem Anlassen in dem betreffenden Temperaturgebiet den größten Härteanstieg aufweist. Vorbedingung für einen Härteanstieg durch erneute Martensitbildung muß sein, daß der bei der ersten Ablöschung gebildete martensitische Zustand sich nicht beim Anlassen bereits weitgehend zersetzt hat. Wie aus den Überlegungen über den Einfluß der bei hohen Temperaturen in Lösung gehenden Karbiden hervorging, tritt aber durch das Anlassen bei Temperaturen von 560—580° nicht nur eine Zerlegung des Restaustenits, sondern auch eine

Ausscheidung der Karbide in der umgewandelten Grundmasse auf, so daß die Grundmasse eher eine Härtesteigerung als eine Härteverminderung erleidet. Das Auftreten der Sekundärhärte muß also sowohl auf den Zerfall des Restaustenits als auch auf die Ausscheidung von Sonderkarbid zurückgeführt werden. Der Umstand, daß die gleiche Härte aber auch bei mehrfachem Anlassen erhalten bleibt, obgleich nach dem ersten Anlassen der gesamte Restaustenit zerfallen ist, muß der bei Temperaturen von 550° verhältnismäßig langsam verlaufenden Sonderkarbidausscheidung zugeschrieben werden. Diese Eigenschaft, auch in der Wärme die Härte beizubehalten, bezeichnet man, zum Unterschied von dem Sekundärhärteanstieg, mit Rotgluthärte.

Zusammenfassend ergibt sich, daß wohl die Sekundärhärte eine Folge des Zusammenwirkens von Restaustenitzerlegung und Karbidausscheidung ist, die Rotgluthärte aber allein eine Folge verlangsamter Sonderkarbidausscheidung und -zusammenballung. Die Feinheit der ausgeschiedenen Karbide in der Grundmasse geht bereits aus dem Gefüge des angelassenen Schnellstahles hervor. Die hardenitähnliche Grundmasse des Härtezustandes hat sich dunkel gefärbt, wie dies bei ganz feinen Ausscheidungen der Fall zu sein pflegt (Abb. 561 c).

d) Schnittleistung und ihre Beeinflussung durch Wärmebehandlung, Härte und Zähigkeit.

Entsprechend den Überlegungen, die über Karbidausscheidungen, Anlaßbeständigkeit usw. angestellt worden sind, weisen die Schnellstähle höhere Warmhärte auf als weniger anlaßbeständige Stähle. Abb. 563 zeigt die Überlegenheit von Schnellarbeitsstahl gegenüber Kohlenstoffstahl bei der Prüfung der Härte in der Wärme mit einem Fallhärteprüfer. Auf die hohe Warmhärte der ebenfalls in die Kurve eingetragenen Schneidmetalle sei nur nebenbei hingewiesen.

Da die Warmhärte und Verschleißfestigkeit in der Wärme von Bedeutung sein muß für die Schnittleistung von Meißeln beim Drehen, müssen sich zwischen Beeinflussung der Anlaßbeständigkeit durch Wärmebehandlung einerseits sowie der Schnittleistung andererseits entsprechende Zusammenhänge ergeben. Von besonderem Einfluß auf die Schnittleistung muß nach dem Vorhergesagten die richtige Art des Anlassens sein.

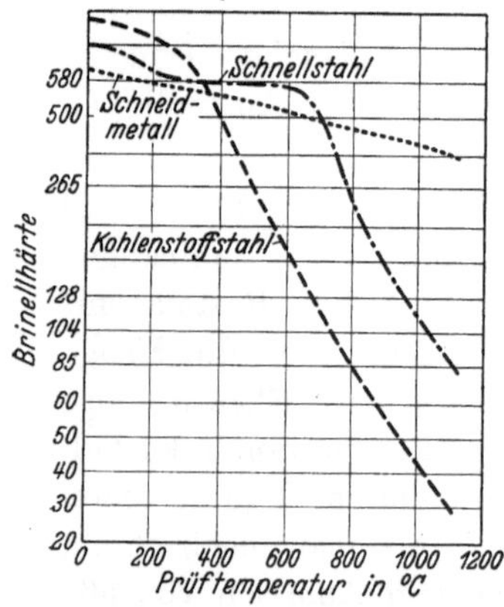

Abb. 563. Warmhärte verschiedener Werkstoffe für Schneidwerkzeuge. [Nach W. Oertel u. F. Pölzguter: Stahl u. Eisen Bd. 44 (1924) S. 1709/13.]

Der Einfluß eines einmaligen Anlassens bei 550—580° ergab sich aus der praktischen Beobachtung, daß ein gehärteter Schnellarbeitsstahl, der nicht angelassen war, seine beste Schnittleistung immer dann ergab, nachdem er einmal stumpf gewesen war und nachgeschliffen wurde. Der Grund hierfür war das während des Schneidvorganges automatisch erfolgende Anlassen der Meißelschneide beim Drehvorgang.

Verfolgt man den Härteverlauf eines hochwertigen Schnelldrehstahles beim Anlassen, so ergibt sich eine Kurve entsprechend Abb. 564. Wie hieraus zu ersehen ist, verändert sich die Härte bei sehr tiefen Temperaturen bis zu Tem-

peraturen von 200° kaum, um dann etwas abzufallen. Dieser Abfall dürfte auf
einen Spannungsausgleich und Zerfallsbeginn im Martensit zurückzuführen sein.
Bis zu Temperaturen von 450° bleibt diese niedrigere Härte erhalten. Erst bei
Temperaturen oberhalb 500° beginnt ein erneuter Härteanstieg, der eine Folge
der Karbidausscheidung sowie der Restaustenitumwandlung ist. Hieraus ergibt
sich eindeutig, daß zur Erzielung bester Härteeigenschaften ein Anlassen in
dem Bereich zwischen 200 und 500° von schädlichem Einfluß sein muß. Es
läßt sich somit die Regel ableiten, daß das „Spannungsfreikochen" niedriglegierter Schnelldrehstähle möglichst unterhalb 200° vorzunehmen ist und nicht,
wie es manchmal geschieht, bei 250 bis
300°; hochwertige Schnelldrehstähle sind
ebenfalls nicht über 200° auszukochen,
sondern oberhalb 500° anzulassen.

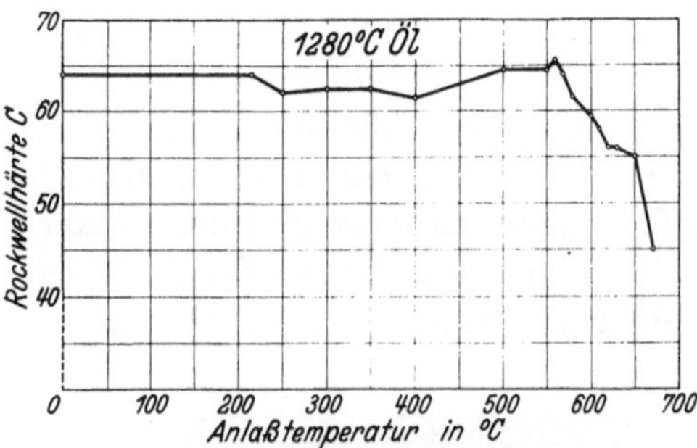

Abb. 564. Verlauf der Härteveränderung von Schnelldrehstahl beim Anlassen.

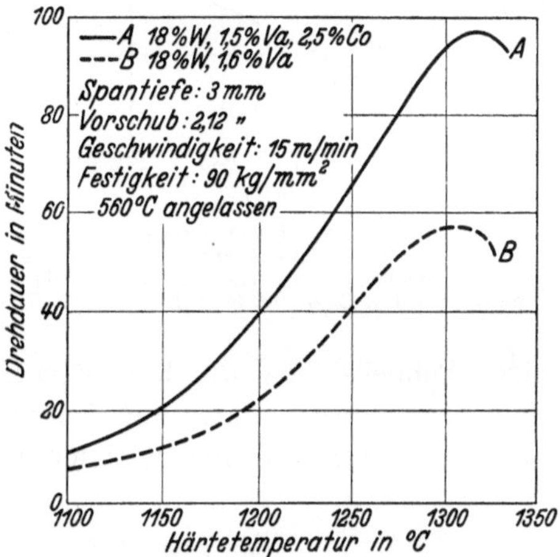

Abb. 565. Einfluß der Härtetemperatur auf die Standzeit von Schnellstahl. [Nach F. Rapatz: Stahl u. Eisen
Bd. 46 (1926) S. 1109/17.]

Den Einfluß der Härtetemperatur auf die Schnittleistung zeigen die Abb. 565,
566 und 583. Für die Beurteilung der Leistung eines Schnelldrehstahles kann man
zwei Verfahren wählen, und zwar den Schnittgeschwindigkeits- oder den Drehdauerversuch[1]. Beim Schnittgeschwindigkeitsversuch wird für eine bestimmte
Standzeit von z. B. 20 Minuten oder 1 Stunde die zulässige Höchstschnitt-
geschwindigkeit ermittelt. Beim Drehdauerversuch hingegen erfolgt für eine
gleichbleibende Schnittgeschwindigkeit die Beurteilung der Leistung durch

---

[1] Weitere Möglichkeiten der Schnitthaltigkeitsbeurteilung gibt z. B. der Plandrehver-
such nach W. F. Brandsma [Metaalbewerking Bd. 2 (1936) S. 541/45], bei dem eine gleichmäßig umlaufende Scheibe von innen nach außen abgedreht wird, wodurch sich die Schnittgeschwindigkeit im Laufe der Drehzeit fortlaufend erhöht und dadurch die Versuchsdauer
abgekürzt wird. Bei vorwiegend verschleißender Beanspruchung kann auch die Abnutzung
des Meißels, und zwar durch die Verkürzung der Meißelschneide oder auch die fortschreitende
Vergrößerung der Auskolkung [H. Opitz u. E. Printz: Techn. Zbl. prakt. Metallb. Bd. 48 (1938)
S. 773/79] ausgemessen und für eine Bewertung zugrunde gelegt werden. Für die Prüfung
der Zerspanbarkeit von Werkstoffen gibt es ferner mehrere Kurzprüfverfahren. Es ist auch
schon vorgeschlagen worden, diese für eine abgekürzte Bestimmung der Schneidhaltigkeit
von Werkzeugstählen anzuwenden [W. Reichel: Sonderdruck aus Techn. Zbl. prakt. Metall-
bearb. Bd. 48 (1938) S. 291/95 u. 359/62]. Diese Verfahren gründen sich auf einer Beobachtung des
Schnittdruckes nach A. Wallichs oder der Schneidentemperatur nach K. Gottwein und
E. G. Herbert (Einmeißelverfahren) bzw. K. Gottwein und W. Reichel (Zweistahl-
verfahren) sowie einer Ermittlung der Schneidenabstumpfung in einem Pendelgerät nach
W. Leyensetter. Eine ausführlichere Beschreibung dieser Kurzverfahren ist von F. Rapatz
[AWF.-Mitt. Bd. 18 (1936) S. 29/31, 39/46, 60/67 u. 69/71] gegeben.

Vergleich der Standzeiten. Alle übrigen Schnittbedingungen, wie Spantiefe, Vorschub usw., sind selbstverständlich gleichzuhalten. Sowohl beim Drehdauer- als auch beim Schnittgeschwindigkeitsversuch belegen die genannten Abbildungen den Einfluß der Härtetemperatursteigerung bis nahezu zum Schmelzpunkt, der für die untersuchten Legierungen bei Temperaturen von etwa 1300° liegen dürfte. Der Drehdauerversuch zeigt deutlich das beginnende Schmelzen an und die dadurch bedingte Leistungsverschlechterung. Diese Leistungsverschlechterung ist darauf zurückzuführen, daß bei überhitzter Härtung bereits eine Verflüssigung in den Korngrenzen vor sich geht und dementsprechend wieder ein sprödes ledeburitisches Eutektikum zur Ausbildung gelangt, wie dies Abb. 567 zeigt. Auf gleiche Art und Weise kann man auch

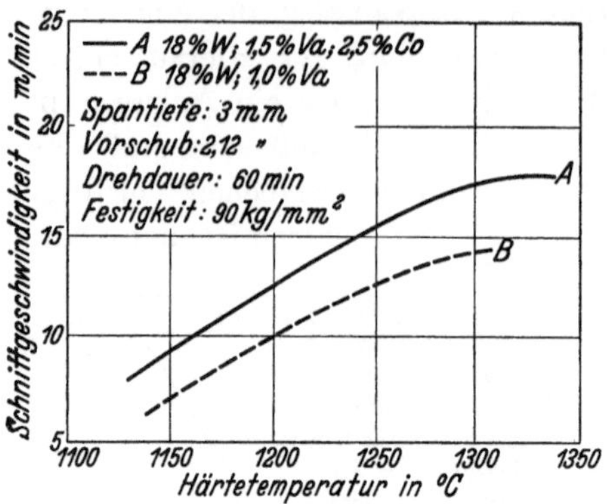

Abb. 566. Einfluß der Härtetemperatur auf die erreichbare Schnittgeschwindigkeit bei gleichbleibender Drehdauer für Schnellstahl. [Nach F. Rapatz: Stahl u. Eisen Bd. 49 (1929) S. 250/55.]

einen Schnellstahl dadurch verderben, daß man ihn zu lange Zeit dicht unterhalb des Schmelzpunktes auf Temperatur hält. Bei sehr kurzen Erwärmungen kann man dagegen ohne Schaden beim Härten nahezu den Schmelzpunkt er-

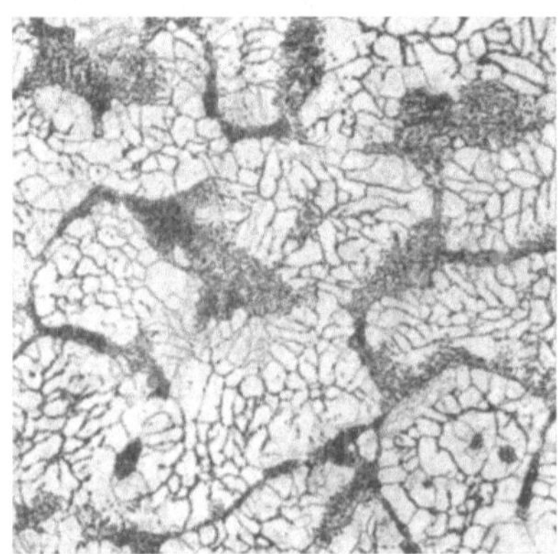

V = 100

Abb. 567. Gefüge von überhitzt gehärtetem Schnellstahl.

V = ⁴/₅

Abb. 568. Bruchgefüge eines überhitzt bzw. überzeitet gehärteten Schnellstahlwerkzeuges.

reichen und damit höchste Schnittleistungen erzielen; beim längeren Halten auf hohen Temperaturen muß man aber 30—50° unterhalb des Schmelzpunktes bleiben. Zu langes Erwärmen führt zu starker Grobkörnigkeit im gehärteten Zustand, eine Erscheinung, die man besonders im Bruchgefüge eines derartig behandelten Schnellstahles an einer blättrig-strahligen Grobkristallisation (perlmutterartiges Bruchgefüge oder Naphthalinbruch) feststellen kann (Abb. 568). Eine derartige Grobkornbildung ergibt sich auch vielfach durch Rekristallisation infolge verbleibender Spannungen nach schwachen Verformungen beim Schmieden usw. Alle diese Fehler — zu hohe Behandlungstemperatur, zu lange Wärmezeit oder unsachgemäße Vorbehandlung — führen zu einem spröden Gefüge, das beim Schnittversuch zu Ausbröckelungen führen kann und deshalb ein schnelles Versagen bedingt.

Die Härtung von Schnelldrehstahl erfolgt normalerweise in Öl. Gelegentlich wird aber auch, entweder bei kompliziert geformten Werkzeugen wie Fräsern oder z. B. beim Aufschweißen von Plättchen, eine Preßluftabkühlung zur Vermeidung von Spannungsrissen angewandt. Die Wirkung verschiedener Abschreckmittel auf die Schnittleistung von Schnellstahl geht aus Abb. 569 hervor. Danach bringt selbst bei Schnellstählen mit sehr unterschiedlicher Zusammensetzung eine Verschärfung der Abschreckwirkung durch Wasserabkühlung kaum eine Veränderung. Bei Milderung der Abschreckwirkung geht die Schnitthaltigkeit schon bei Preßluftabkühlung, wenn auch nur mäßig, zurück. Bei weiterer Verringerung der Abkühlungsgeschwindigkeit durch Luftabkühlung fällt die Schnittleistung stark ab.

Wenn Schnellstahl im Stufenbad abgehärtet wird, so kann im allgemeinen die Regel gelten, daß die Stufenbadtemperatur nicht höher liegen soll als die Anlaßtemperatur. Wie die Verhältnisse genauer liegen, zeigt Abb. 570. Bei Veränderung der Temperatur des Abschreckbades zwischen 250—550° bleibt danach auch bei Stählen verschiedener Legierung die Schnitthaltigkeit weitgehend unbeeinflußt. Dagegen fällt sie bei höheren Temperaturen des Abschreckbades von 600 bzw. 650° fortschreitend ab.

Da die zur Erzielung von Rotgluthärte erforderlichen Karbide sich beim Anlassen nur ausscheiden können, wenn sie in genügender Anzahl in Lösung gegangen sind, ergibt sich von selbst, daß nur beim

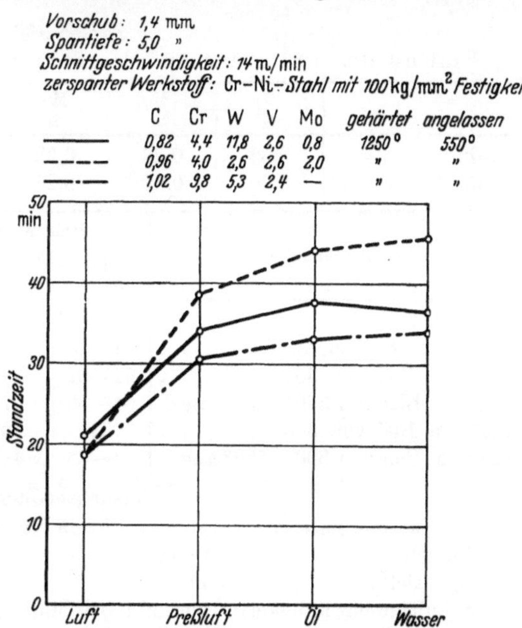

Abb. 569. Einfluß der Abkühlungsgeschwindigkeit beim Härten auf die Schnittleistung von Schnelldrehstahl.

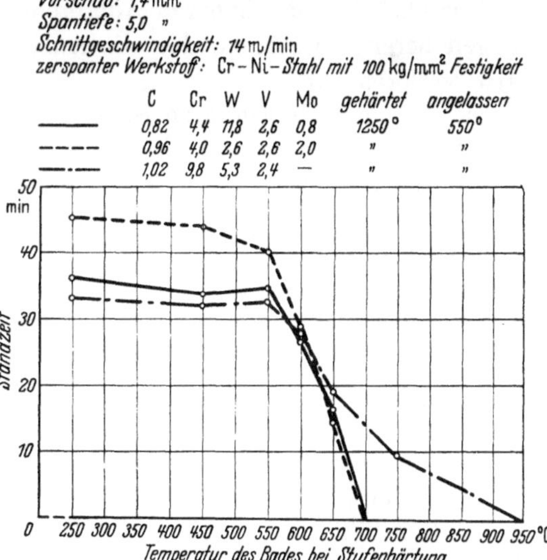

Abb. 570. Schnittleistung von stufengehärtetem Schnelldrehstahl in Abhängigkeit von der Stufenbadtemperatur.

Härten von sehr hoher Temperatur das Anlassen bei 550—580° eine Verbesserung der Schnittleistung hervorbringen kann und ebenso nur bei Stählen mit hohem Sonderkarbidgehalt. Niedriglegierte Schnellarbeitsstähle mit unter 18% Wolfram

ohne entsprechenden Vanadin- oder Molybdängehalt erfahren durch eine Anlaßbehandlung bei 560—600° eher eine Verschlechterung als eine Verbesserung;
dasselbe gilt für hochlegierte, aber von zu niedriger Temperatur abgelöschte
Stähle. Den Einfluß des Anlassens auf die Schnittdauer zeigt Zahlentafel 139.

Zahlentafel 139.
Einfluß des Anlassens auf die Schnittleistung von Schnelldrehstahl[1].

	C %	Si %	Mn %	Cr %	W %	V %	Co %
Stahl A	0,82	0,28	0,33	4,32	14,6	2,38	—
Stahl B	0,96	0,32	0,28	4,47	13,9	2,35	17,0

Wärmebehandlung	Stahl A (12 m/min)			Stahl B (16 m/min)		
	Rockwell-härte	Standzeit in Minuten 1. Versuch	2. Versuch	Rockwell-härte	Standzeit in Minuten 1. Versuch	2. Versuch
1280° Öl	64	28^{55}	32^{15}	61—62	7^{00}	10^{50}
1280° Öl, 560° angel.	64—65	49^{05}	54^{15}	65—66	24^{20}	28^{50}
1280° in Blei von 350°	61—62	38^{30}	36^{55}	62—63	19^{40}	21^{25}
1280° in Blei von 350°, 560° angel.	64—65	67^{40}	69^{50}	66—67	28^{30}	29^{40}
1280° in Blei von 500°	64	38^{00}	39^{10}	64—65	25^{45}	33^{40}
1280° in Blei von 500°, 560° angel.	64—65	48^{21}	55^{15}	66—67	29^{10}	38^{55}

Versuchsbedingungen:

Zerspanungsmaterial: Vergüteter Chrom-Nickel-Stahl von 100 kg/mm² Festigkeit
Vorschub: 1,4 mm
Spantiefe: 5 mm
Schnittgeschwindigkeit: 12 m/min bei Stahl A
               16 m/min „   „   B

Die Anlaßbeständigkeit der Schnellstähle ist auf Temperaturen von etwa
600° beschränkt. Bei höheren Anlaßtemperaturen erfolgen die Karbidausscheidungen bereits so schnell, daß die Anlaßbeständigkeit und damit die Rotgluthärte verlorengeht.

Die bei einem bestimmten Schnittvorgang sich ergebende Meißelerwärmung
kann man dadurch messen, daß man die Spitze des Meißels als Lötstelle eines
Thermoelementes benützt[2]. Den Einfluß verschiedener Kühlmittel auf die Erwärmung der Meißelschneide und somit die Leistungssteigerung bei verschiedener
Schnittgeschwindigkeit zeigt Abb. 571. Nimmt man z. B. an, daß der Meißel
bis zu einer Temperatur der Schneide von 500° einwandfrei arbeitet, so sieht
man aus der Abb. 571, wie durch Anwendung verschiedener Kühlmittel bei
Ausscheidung sonstiger Faktoren eine wesentliche Erhöhung der Schnittgeschwindigkeit und somit auch der Schnittleistung erreicht werden kann.

Die bei gehärteten Schnellarbeitsstählen im angelassenen Zustand erreichbare
Höchsthärte schwankt zwischen 64—67 R_C. Innerhalb dieser Grenzen ergibt sich eine gewisse Abstufung je nach dem Legierungsgehalt. Die Kobalt-
Schnelldrehstähle sind durchweg verhältnismäßig hart und erreichen die höchsten
Härten von 66—67 R_C, während die Stähle mit $> 2\%$ V im allgemeinen an
der unteren Grenze der Härte mit 64—65 R_C liegen. Bei diesen letzteren Stählen
ist die erreichbare Härte eine Frage des Verhältnisses von Kohlenstoffgehalt

---

[1] Nach K. Gebhard u. H. Schrader: Techn. Zbl. prakt. Metallbearbeit. Bd. 44 (1934)
S. 462/66.

[2] Gottwein, K: Masch.-Bau Betrieb 1925 S. 1129/35.

zum Vanadingehalt. Wie aus der Zahlentafel 140 für einen 4proz. Vanadinstahl zu ersehen ist, liegt bei niedrigerem Kohlenstoffgehalt die erzielte Härte an der unteren Grenze des oben angegebenen Bereiches, während durch Erhöhung des Kohlenstoffgehaltes die Härte bis auf 66 R_C gesteigert werden kann.

Eine sehr hohe Härte ist in manchen Fällen unerwünscht, und zwar dann, wenn scharfkantige oder feinzahnige Werkzeuge, z. B. Schneidräder, vorliegen, die bei stoßartiger Beanspruchung ausbrechen können, da mit der hohen Härte meist auch eine geringe Zähigkeit verbunden ist. Die hohe Härte kann aber auch von

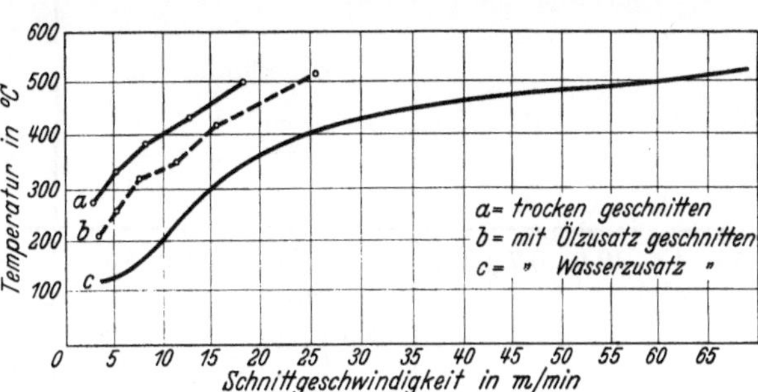

Abb. 571. Beim Schnitt an der Meißelschneide auftretende Temperaturen sowie Wirkung verschiedener Kühlmittel.

Vorteil sein, wenn die Beanspruchung mit geringen, gleichmäßigen Spanabnahmen überwiegend verschleißend ist, wie z. B. beim Schlichten oder Gewindeschneiden. Die in der Zahlentafel 140 angegebenen Leistungszahlen lassen entnehmen, daß für eine Schruppbeanspruchung kleine Härteunterschiede nicht so sehr von Bedeutung sind, während beim Schlichten durch eine höhere Härte die Haltbarkeit des Bearbeitungswerkzeuges beträchtlich heraufgesetzt werden kann.

Zahlentafel 140. Einfluß der Härte eines Schnellstahles auf die Schnitthaltigkeit bei Schrupp- und Schlichtbearbeitung.

Zusammensetzung in %				R_C-Härte gehärtet	Standzeit in Minuten bei Bearbeitung von vergütetem Cr-Ni-Stahl mit 100 kg/mm² Festigkeit für	
C	Cr	W	V		Schruppbeanspr. (1,4 mm Vorschub, 5,0 mm Spantiefe, 14 m/min Schnittg.)	Schlichtbeanspr. (0,23 mm Vorschub, 1,0 mm Spantiefe, 45 m/min Schnittg.)
1,14	4,2	12,3	4,3	64—65	57	63
1,32	4,5	13,2	4,3	66	56	97

Eine Verbindung dieser beiden Vorteile, nämlich der besseren Zähigkeit bei etwas niedrigerer Härte und des größeren Verschleißwiderstandes bei hoher Härte, läßt sich bei manchen Werkzeugarten, z. B. Gewindeschneidern, durch eine Oberflächenbehandlung, entweder durch Aufkohlung oder durch Verstickung erreichen. Eine hohe Stickstoffanreicherung der Oberfläche durch Nitrierung im Ammoniakstrom ist ungeeignet, da diese zu stark versprödet. Dagegen ist eine schwächere Stickstoffaufnahme durch eine Behandlung in cyanhaltigen Salzbädern zu erhalten, die entweder bei einer Anlaßbehandlung auf 550—560° selbst oder im Anschluß an dieses Anlassen bei Temperaturen von etwa 500° vorgenommen wird. Durch dieses Verfahren wird nur eine Härtesteigerung an der Oberfläche erzielt; die Schnitthaltigkeit bei einer Schruppbeanspruchung wird hierdurch, wie aus Zahlentafel 141 (S. 672) ersichtlich, nicht wesentlich beeinflußt, während die Standzeit beim Schlichten beträchtlich heraufgesetzt wird. Da die in dieser Weise erzeugte Nitrierschicht mit kaum 0,1 mm sehr dünn ist, kann die Steigerung der Oberflächenhärte nur durch Härteprüfverfahren mit geringer Eindringtiefe (z. B. Vickers-Härteprüfung mit niedriger Belastung) erfaßt werden.

Zahlentafel 141. Wirkung einer Anlaßbehandlung im Zyanbad auf die Schnittleistung von Schnelldrehstahl.

Zusammensetzung					Wärmebehandlung	Oberflächenhärte	Standzeit in Minuten bei Bearb. von vergüt. Cr-Ni-Stahl von 100 kg/mm² Festigkeit für	
							Schrupp-beanspruch. (1,4 mm Vorschub 5,0 mm Spantiefe 14 m/min Schnittg.)	Schlicht-beanspruch. (0,23 mm Vorschub, 5,0 mm Spantiefe 45 m/min Schnittg.)
C %	Cr %	W %	Mo %	V %		Vickers (5 kg Belast.)		
0,75	4,5	10,5	0,7	1,5	normal gehärtet und an-gelassen	810—825	32	52
					nach normaler Härtungs-beh. bei 500° 10 Std. im Zyanbad angelass.	1197—1225	35	78
1,0	4,5	2,5	2,5	2,5	normal gehärtet und an-gelassen	810—825	47	46
					nach normaler Härtungs-beh. bei 500° 10 Std. im Zyanbad angelass.	1197—1225	51	77
0,75	4,5	2,2	8,1	1,2	normal gehärtet und an-gelassen	891—908	30	47
					nach normaler Härtungs-beh. bei 500° 10 Std. im Zyanbad angelass.	1225—1253	32	80

Für die Bewährung bestimmter Werkzeugarten kann in manchen Fällen auch die Zähigkeit bestimmend sein. Wie schon früher angedeutet, ist diese zum Teil von der Härte ab-hängig. Aber auch durch die Legierung wird die Zähigkeit des gehärteten Schnelldreh-stahles beeinflußt. Als besonders zäh gelten hochwolframhaltige Stähle mit etwa 22% W, die wegen dieser Eigenschaft für Werkzeuge, bei denen es auf hohe Zähigkeit ankommt, wie z. B. Stehbolzenbohrer, mit Vor-liebe verarbeitet werden. Ein Anhalt über das Verhalten eines Schneidstahles bei stoßartiger Beanspruchung und damit über die Zähigkeit ergibt sich bei Bearbeitung genuteter Wellen mit hohen Schnittgeschwindig-keiten. Bei diesem Prüfverfahren (Abb. 572) zeigt sich, daß ein 18proz. Wolframstahl sich von

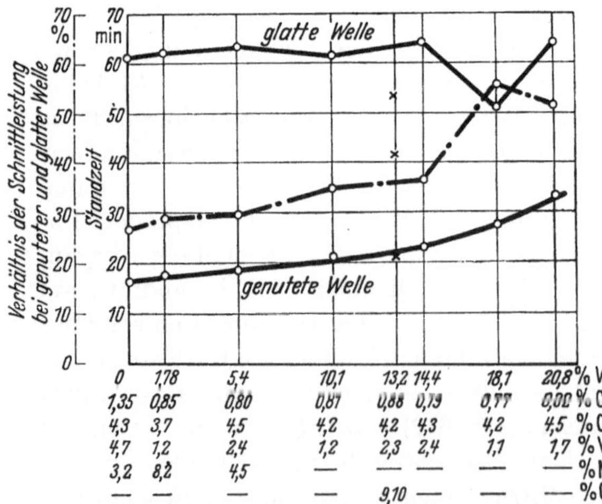

Abb. 572. Vergleich der Empfindlichkeit verschieden legierter Schnellstähle gegen stoßartige Beanspruchungen durch Unter-brechungen im Schnitt. [Nach E. Houdremont u. H. Schra-der: Techn. Mitt. Krupp Bd. 5 (1937) S. 227/39.]

einem 21% W enthaltenden nicht wesentlich unterscheidet, während ein Stahl mit 14% W und 2,4% V erheblich abfällt. Bei weiterer Erniedrigung des Wolframgehaltes auf 10% geht die Zähigkeit noch mehr zurück. Die größte Empfindlichkeit gegen eine stoßartige Unterbrechung im

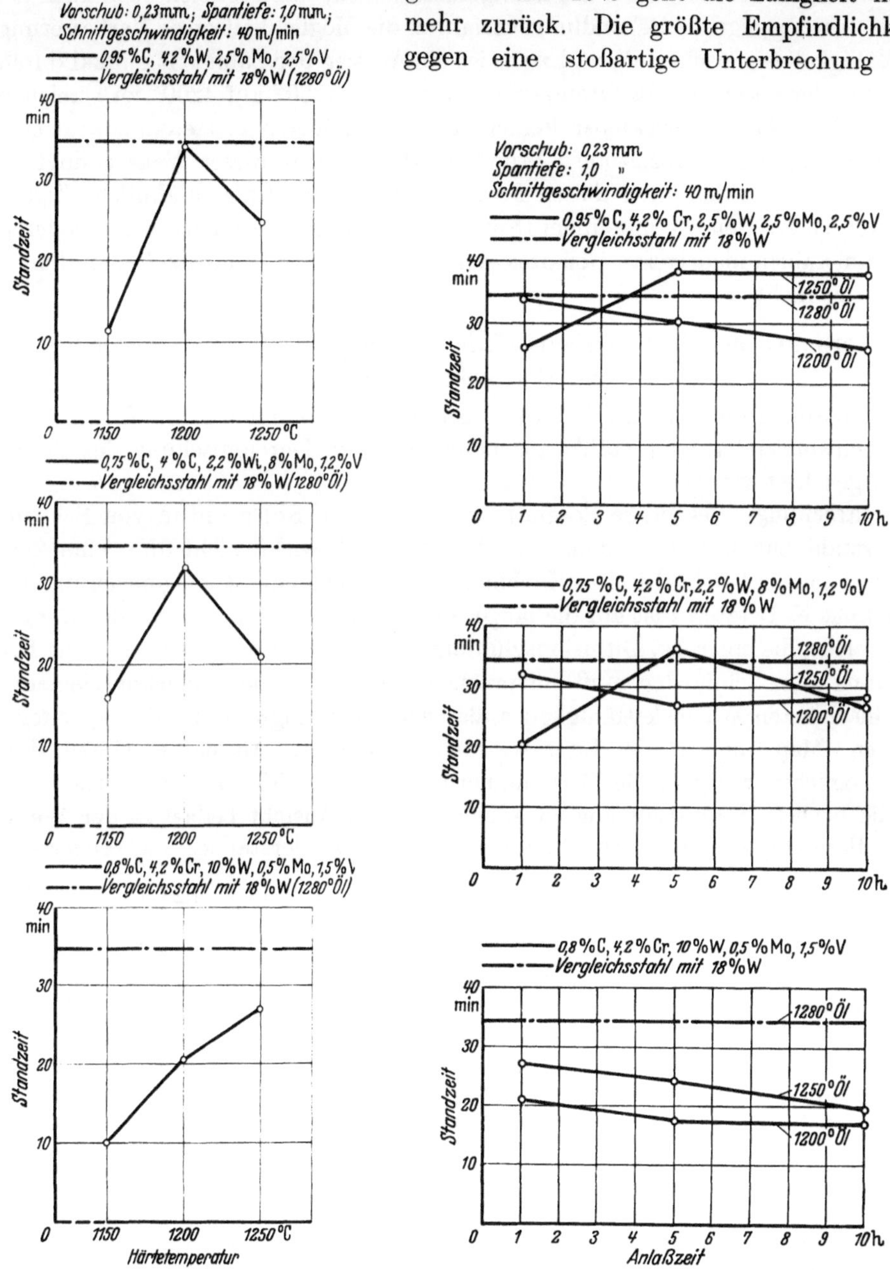

Abb. 573. Einfluß der Härtetemperatur auf die Schnitthaltigkeit sparstoffarmer Schnelldrehstähle bei stoßartiger Beanspruchung nach normalem 1stündigen Anlassen bei 550°.

Abb. 574. Einfluß der Anlaßzeit bei einer Anlaßtemperatur von 550° auf die Schnitthaltigkeit sparstoffarmer Schnelldrehstähle bei stoßartiger Beanspruchung.

Schnitt besitzen die molybdänhaltigen Stähle ohne Wolfram oder mit Wolframgehalten von 2 bzw. 5%. Ein 10% Co enthaltender Schnelldrehstahl ist etwas zäher als der entsprechende Stahl ohne Kobalt[1]. Wenn auch die Molybdän-Schnelldrehstähle bei dieser Art der Prüfung nach einer normalen Wärmebehandlung verhältnismäßig ungünstig abschneiden, so bietet sich doch auch bei ihnen durch geeignete Behandlungsverfahren die Möglichkeit einer Verbesserung der Zähigkeitseigenschaften, und zwar ist ein Anstieg der Zähigkeit einmal durch Senkung der normalen Härtetemperatur von etwa $1250°$ auf $1200°$ zu erreichen (Abb. 573)[2]. Ähnlich wirkt bei Beibehaltung der höheren Härtetemperatur eine Verlängerung der Anlaßzeit auf 5 Stunden (Abb. 574). In dieser Weise gelingt es, mit Molybdänstählen unter diesen Beanspruchungsverhältnissen ähnliche Eigenschaften zu erzielen wie mit einem 18proz. Wolframstahl. Bei den etwas spröderen Wolframstählen niedrigeren Gehaltes von etwa 10% sprechen diese Behandlungsverfahren nicht an.

e) Verhalten der Schnellarbeitsstähle bei der Herstellung, Verarbeitung und Wärmebehandlung.

Infolge des großen spezifischen Gewichtes von Wolfram muß beim Erschmelzen der hochwolframhaltigen Stähle auf besonders gute Durchmischung des Stahlbades geachtet werden.

Verarbeitung. Besondere Sorgfalt muß auch dem Schmieden von Schnellarbeitsstahl zugewandt werden. Das Schmieden bewirkt nicht nur eine Zertrümmerung der ledeburitischen Karbide, sondern auch eine Homogenisierung der Grundmasse. Letzteres ist auf die längere Erwärmung auf die Schmiedeanfangstemperatur, die einer Art Diffusionsglühung entspricht, zurückzuführen. Die Erwärmung zum Schmieden muß entsprechend der durch die Legierungselemente verschlechterten Wärmeleitfähigkeit außerordentlich langsam und durchgreifend erfolgen. Man findet in der Literatur noch vielfach die Ansicht vertreten, daß eine möglichst weitgehende Zertrümmerung der Karbidnetze erforderlich ist, um die höchste Schnittleistung zu erzielen. Diese Ansicht bedarf in der Weise einer Berichtigung, daß bezüglich des Verschleißwiderstandes das gegossene

Zahlentafel 142. Schnittleistung von Schnellstahl mit 0,75% C, 4,2% Cr, 14,3% W, 2,3% V bei verschiedenem Verschmiedungsgrad.

Abmessung	Ver-schmiedungs-grad	Standzeit in Minuten bis zum Stumpfschnitt beim Drehen auf vergütetem Chrom-Nickel-Stahl von 100 kg/mm² Festigkeit mit 1,4 mm Vorschub, 5 mm Spantiefe und 14 m/min Schnittgeschwindigkeit	
		Grenzwerte	Mittel aus 4 Schneidversuchen
210 mm Durchm.	Gußzustand	7^{55}—10^{20}	9^{30}
105 „ vkt.	3fach	9^{00}—12^{10}	11^{00}
59 „ „	10 „	9^{45}—14^{05}	12^{00}
42 „ „	20 „	8^{40}—12^{05}	10^{20}
29 „ „	41 „	9^{55}—15^{15}	12^{35}

[1] Für den Vergleich der Zähigkeit eignet sich das Verhältnis der Schnittleistung bei genuteter und glatter Welle am besten. Die Standzeit an der genuteten Welle allein würde nur einen Maßstab geben, wenn es gelänge, die Schnittgeschwindigkeit so einzustellen, daß alle Stähle an der glatten Welle die gleiche Standzeit ergeben. Versuchstechnisch ist das aber sehr schwierig.

[2] In Abb. 573 und 574 ist zu beachten, daß die Standzeit des nur von einer Temperatur ($1280°$ Öl) gehärteten und mit einer Anlaßzeit (1 Std. $550°$) geprüften Vergleichsstahles des besseren Vergleiches wegen als strichpunktierte Linie über die ganze Abszissenbreite eingezeichnet ist.

Ledeburitnetzwerk an sich am günstigsten ist und infolgedessen der Gußzustand den Anspruch auf den höchsten Verschleißwiderstand erheben darf. Infolge der etwas ungleichmäßigen Karbidverteilung ergibt der Gußzustand aber keine absolut homogene Härtung der Grundmasse. Sein Hauptnachteil ist die zu große Sprödigkeit. Durch verschiedene Versuche konnte nachgewiesen werden, daß sich die Schnittleistung mit dem Verschmiedungsgrad und dem Grade der Karbidzertrümmerung nicht stark verändert (Zahlentafel 142 [S. 674]), daß aber für feingliedrige Werkzeuge eine grobe Karbidausbildung eine gewisse Gefahr infolge der mangelnden Zähigkeit bildet. Darüber hinaus können Schnellstähle mit groben Ledeburitresten ungleichmäßiges Härtegefüge annehmen. Ähnlich wie Abb. 559 im Gußstand die Kristallseigerung um den Ledeburitbestandteil wiedergab, zeigt Abb. 575 Unterschiede im Härtungsgefüge bei starken Karbidseigerungen. Auf das Verschwin-

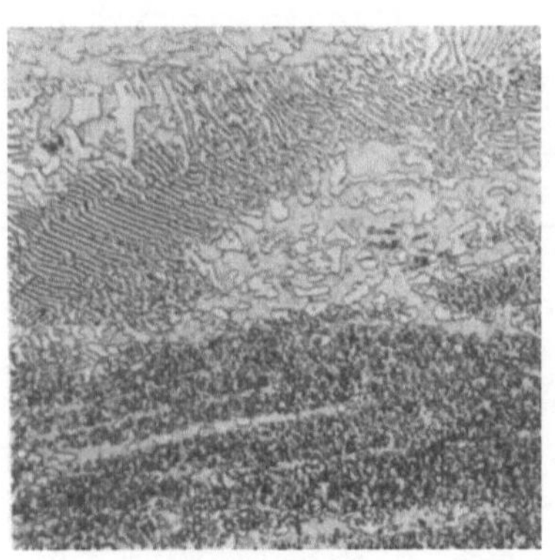

V = 100

Abb. 575. Ungleichmäßigkeiten im Härtungsgefüge von Schnelldrehstahl in der Nähe von Karbidseigerungen.

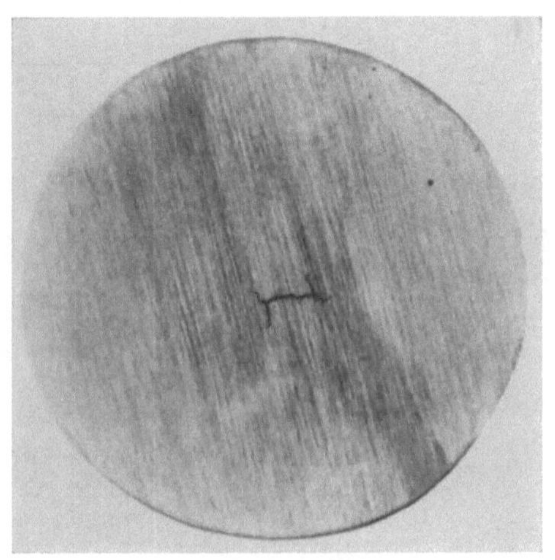

V = ¹/₂

Abb. 576. Innenzerschmiedung bei Schnelldrehstahl.

den dieser Ungleichmäßigkeiten dürften die im Schrifttum gelegentlich wiederkehrenden Hinweise auf steigende Schnittleistung mit zunehmendem Verschmiedungsgrad zurückzuführen sein.

Von diesem Gesichtspunkt aus ist es erforderlich, Schnellstahl in größeren Dimensionen, z. B. für Fräser in den Abmessungen von 200—250 mm Durchmesser, möglichst nicht in langen Stangen, sondern in Einzellängen abzuschmieden. Das Abschmieden in langen Stangen ist für die werkstattmäßige Verarbeitung von Vorteil, weil verschiedene Stücke in passenden Längen abgeschnitten werden können, bringt aber den Nachteil, daß zur Erzielung eines genügenden Verformungsgrades große Gußblöcke mit entsprechenden Seigerungen und Karbidanreicherungen verschmiedet werden müssen. Ein allseitiges Schmieden, Stauchen und Recken ist dann ferner wegen der Länge der Stangen praktisch ausgeschlossen.

Unangenehm macht sich beim Schmieden auch der hohe Formänderungswiderstand von Schnellstahllegierungen bemerkbar. Infolge dieses hohen Formänderungswiderstandes kann es vorkommen, daß die Verformung bei etwas größeren Blockquerschnitten nicht bis zum Kern vordringt, der Kern fließt nicht entsprechend der Außenzone des Blockes mit und läuft Gefahr, zerschmiedet zu werden. Eine derartige Zerschmiedung zeigt Abb. 576. In dieser Beziehung haben Vierkantblöcke einen Vorteil vor Rundblöcken, da sie gleich beim Beginn der Verschmiedung die Möglichkeit geben, den Formänderungsvorgang auf eine größere Fläche wirken zu lassen und eine entsprechend tiefere Schmiedewirkung

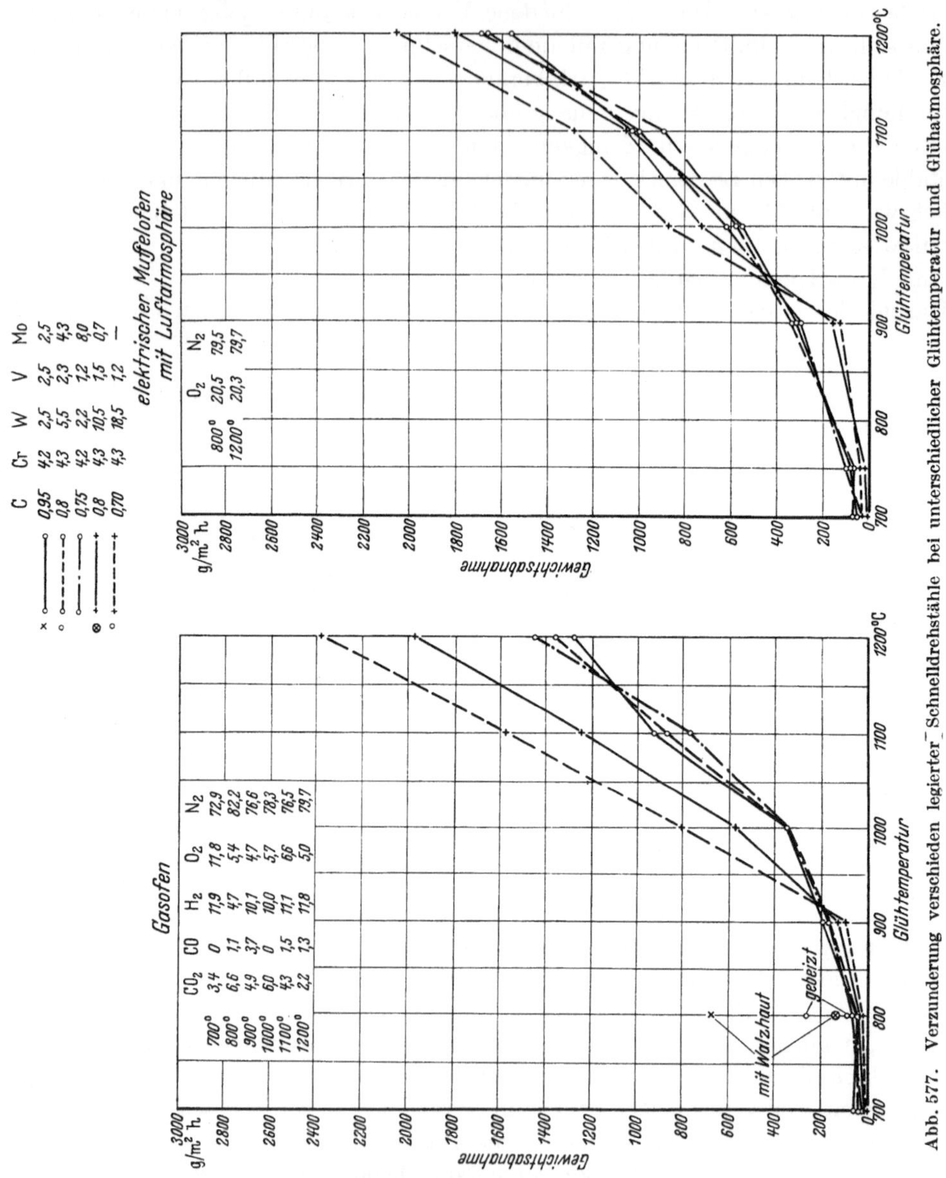

Abb. 577. Verzunderung verschieden legierter Schnelldrehstähle bei unterschiedlicher Glühtemperatur und Glühatmosphäre.

zu erzielen. Gerade beim Schmieden kleiner Flächen mit leichten Hammerschlägen (Randschmiedung) kommen derartige Zerschmiedungen leicht vor.

Bei der Verarbeitung (Schmieden, Walzen) kann eine Erleichterung der Verformbarkeit mit abnehmendem Legierungsgehalt festgestellt werden. Die Schmiedetemperatur muß im Gußzustand entsprechend den Seigerungen mit tieferem Schmelzpunkt etwas niedriger, etwa 1100°, gehalten werden als im bereits einmal vorgeschmiedeten Zustand, in dem Temperaturen bis 1150° zu-

lässig sind. Insbesondere müssen die
hochkohlenstoff- und hochvanadinhaltigen Legierungen sorgfältig in der
Temperatur überwacht werden (großer
Anteil an tiefschmelzendem Eutektikum).

Besonderheiten bei der Wärmebehandlung. Die Tatsache, daß Schnellstähle erst dicht unterhalb des Schmelzpunktes ihre beste Härtetemperatur
haben, hat die einwandfreie Härtung
von Schnellstahl zu einem schwierigen
härtetechnischen Problem gemacht. Infolge der bei diesen hohen Temperaturen
sich sehr rasch abspielenden Diffusionsvorgänge ist es selbstverständlich, daß
bei Zutritt von Sauerstoff sehr leicht
erhebliche Entkohlungserscheinungen
auftreten können. Da sich die einzelnen
Typen der Schnellstähle je nach ihrer
Legierung auch in dieser Beziehung verschieden verhalten, sei hierauf etwas
näher eingegangen.

Verzunderung, Entkohlung
und Aufkohlung. Wolfram und Molybdän sind bezüglich der Oxydationsfähigkeit gegenüber Eisen verschieden
zu bewerten, da ersteres leichter, letzteres schwerer oxydierbar ist als Eisen.
Das tiefe Eindringen von Zunder in die
Oberfläche molybdänlegierter Stähle
(s. S. 640) wird bei molybdänhaltigen
Schnellstählen wahrscheinlich infolge
des Chromgehaltes nicht mehr beobachtet. Der ungünstige Einfluß von Wolfram
zeigt sich bei hohen Temperaturen auch
bei Schnellstählen. Wie Abb. 577 darstellt, zundern die molybdänhaltigen
Stähle bis zu Temperaturen von 950°
stärker als die höher wolframhaltigen
Stähle, die ihrerseits bei 1100—1200°
erheblich stärker zundern. Bemerkenswert ist noch, daß bei vorhandener Walzhaut gegenüber blanken, gebeizten oder
bearbeiteten Proben besonders starke
Verzunderung molybdänhaltiger Stähle
beobachtet werden kann.

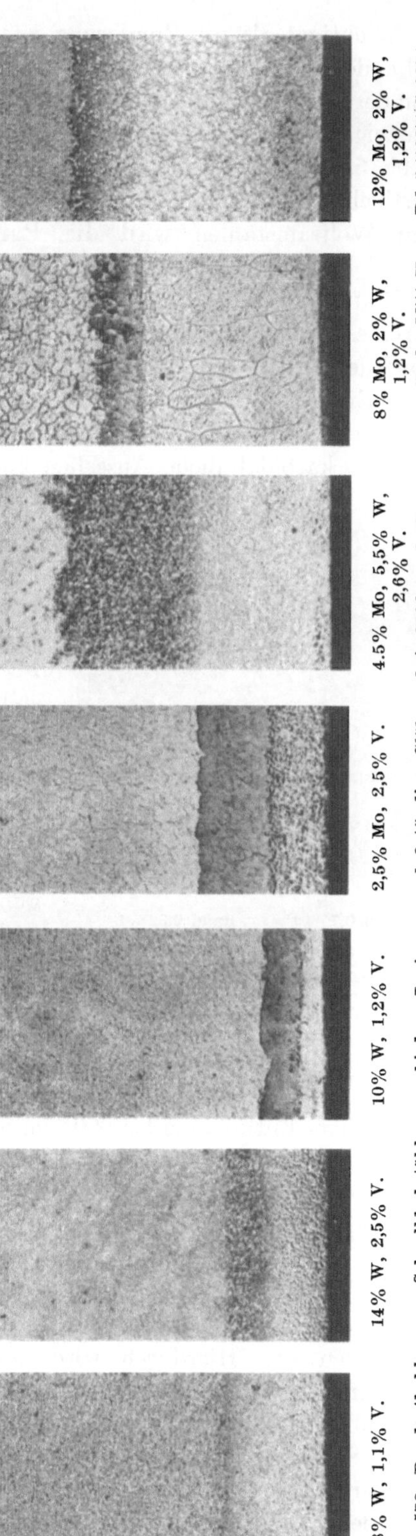

Abb. 578. Randentkohlung von Schnelldrehstählen verschiedener Legierung nach 8stündiger Glühung bei 1200°. [nach H. Schrader: Techn. Mitt. Krupp Bd. 5 (1937) S. 227/39.

Wichtiger als die Zunderung ist die Frage der Entkohlung für derartig behandelte Stähle. Bei 1200° geglühte Schnelldrehstähle lassen, abgesehen von der breiteren Randzone bei dem Stahl mit 5,5% W und 4,5% Mo, ein stetiges Ansteigen der Tiefe der entkohlten Randzone mit dem Molybdängehalt verfolgen (Abb. 578). Die Gefahr der Randentkohlung und gleichzeitig einer Molybdänverflüchtigung nimmt also mit steigendem Molybdängehalt zu. Aber auch bei den Wolframstählen wird die Randentkohlung mit dem Legierungszusatz an Wolfram stetig vergrößert. Infolgedessen ist die Randentkohlung eines Wolfram-Schnelldrehstahles mit 18% W, 1% V kaum wesentlich geringer als die eines niedrigmolybdänlegierten Stahles mit 2,4% Mo. Das Gefüge der äußersten Zone der entkohlten Randschicht besteht bei Molybdänstählen aus Ferrit und einer Eisen-Molybdän-Verbindung, während bei den Wolframstählen Wolframide auftreten. Die besonders in den Übergangszonen große Menge dieser Wolframide und das karbidähnliche Aussehen könnte das Vorliegen einer Aufkohlung vortäuschen (Abb. 579), die aber durch den niedrigen Randkohlenstoffgehalt widerlegt wird.

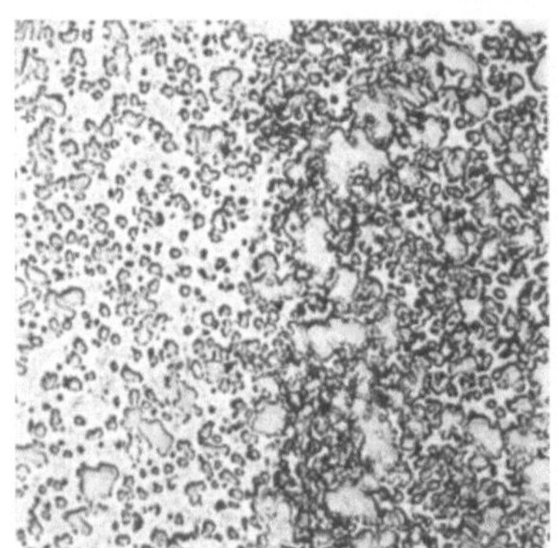

Kern 0,75% C   Rand 0,32% C
                                 V = 100.
Abb. 579. Randgefüge von entkohltem Schnelldrehstahl mit 18% W, 4% Cr, 1,1% V. [E. Houdremont u. H. Schrader: Techn. Mitt. Krupp Bd. 5 (1937) S. 227/39.]

Erwähnenswert ist in diesem Zusammenhang, daß durch Entkohlung bei Schnellstahl eine hohe Empfindlichkeit gegen Härterißbildung hervorgerufen wird. Härterisse entstehen auch dann, wenn die Entkohlung gefügemäßig kaum zu erkennen und nach dem Ablöschen nur durch eine etwas niedrigere Oberflächenhärte von 58/60 Rockwell gegenüber 64/65 Rockwell im Kern nachzuweisen ist. Daß es sich um die Folge einer Beeinträchtigung durch Randentkohlung handelt, ist dadurch zu beweisen, daß nach geringer Abarbeitung der Oberfläche ein rißfreies Härten gelingt. Eine Empfindlichkeit gegen Härterißbildung kann auch durch Entkohlung künstlich erzeugt werden. So wurde z. B. eine größere Anzahl von 10 mm-Vierkantproben eines Wolfram-Schnelldrehstahles mit 18% W und 1% V nach 10stündiger Entkohlung bei 900° im feuchten Wasserstoffstrom und ebenso nach 5stündiger Glühung bei 1000° in oxydierender Ofenatmosphäre bei Ablöschung von 1280° in Öl durchweg härterissig, während nicht entkohlte Proben desselben Stahles bei der gleichen Härtungsbehandlung rißfrei blieben. Für die Erklärung der hohen Härterißempfindlichkeit von Schnellstahl infolge Randentkohlung ist zu bedenken, daß eine unvollständige Härtung der entkohlten Randzone mit einer geringeren Volumenvergrößerung gegenüber dem voll härtenden Kern verbunden ist. Hierdurch wird eine dünne Randschicht unter hohe Zugspannungen gesetzt, zu denen noch entsprechend den beim Schnellstahl gebräuchlichen hohen Härtetemperaturen Temperaturspannungen hinzukommen. Diese Spannungsanhäufung kann offenbar, zumal weiterhin die Wolframideinlagerungen schwächend wirken, so groß werden, daß eine Auslösung durch Anreißen verursacht wird. Das Entstehen derartiger Härtespannungsrisse als Folge von Randentkohlung wurde auch bei den Molybdän-Schnellarbeitsstählen beobachtet. Da insbesondere bei komplizierten Werkzeugen, wie z. B. Fräsern, ein Nachschleifen der gesamten Arbeitsflächen praktisch unmöglich ist, würde ein entkohltes Schnellarbeitsstahlwerkzeug nur geringe Leistungen ergeben. Man war daher von jeher bestrebt, Entkohlung zu vermeiden. Es wäre naheliegend, die Oxydation der betreffenden Werkzeuge dadurch zu verhindern, daß man sie in Zementationspulver oder Holzkohle einpackt und so vor dem Zutritt von Luft schützt. Hierbei treten aber nun infolge der hohen Diffusionsgeschwindigkeit bei 1200° die umgekehrten Erscheinungen auf. Statt einer Entkohlung tritt eine Aufkohlung ein, die leicht zu einem Abplatzen der zementierten Schicht oder auch zur Bildung einer Weichhaut infolge stärkerer Austenitbildung in der kohlenstoffreichen Randzone führt (Abb. 580). Abgesehen von dem Abplatzen der kohlenstoffhaltigen Randschichten bei der Härtung oder beim Gebrauch kann sich aber

V = ¹/₄
Abb. 580. Abplatzung an einem Schnellfräser infolge Aufkohlung.

auch noch folgende Erscheinung bemerkbar machen. Infolge der Kohlenstoffaufnahme wird der Schmelzpunkt herabgesetzt, und es treten unter Umständen lokale Abschmelzungen an der Oberfläche auf. Der Härtepraktiker behauptet, der Stahl schwitzt. In Wirklichkeit stellen die sich bildenden kleinen Tröpfchen und Wärzchen nichts anderes als Schmelzperlen mit einem infolge Aufkohlung besonders tiefen Schmelzpunkt dar. Vor allem können derartige Aufkohlungserscheinungen in Salzbädern beobachtet werden bei Verwendung von Graphittiegeln zum Schmelzen des Salzbades. Abb. 581 zeigt einen solchen mit Wärzchen versehenen Spiralbohrer. Bei Untersuchung dieser angeschmolzenen Kügelchen konnten Kohlenstoffgehalte bis zu 4,2% gegenüber 0,75% im Ausgangszustand festgestellt werden.

Überhitzungsempfindlichkeit. Wichtig für die Wahl der richtigen Härtetemperatur, die möglichst nahe am Schmelzpunkt des Ledeburits liegen soll, ist die Empfindlichkeit der verschiedenen Legierungen gegen Überhitzung. Wie Abb. 582 zeigt, steigt die Überhitzungsempfindlichkeit mit fallendem Wolframgehalt etwas an, was entsprechend bei der Wahl der Härtetemperatur berücksichtigt werden muß, d. h. die Temperatur wird bei wolframfreien oder wolframarmen Stählen um etwa 40° herabzusetzen sein. Bei der gefügemäßigen Verfolgung der Überhitzung an Hand der in Abb. 567 (S. 668) gekennzeichneten Schmelzerscheinungen kann man ebenfalls feststellen, daß die hochwolframhaltigen Stähle mit über 14% W meist nur vereinzelt an

V = 1 : 1
Abb. 581. Spiralbohrer mit Wärzchen.

einigen Gefügestellen den Beginn von Schmelzerscheinungen zeigen, während bei den übrigen, insbesondere hochmolybdänhaltigen, Stählen nach Überschreitung der Grenztemperatur der große Anteil an sich bildendem Ledeburitgefüge auf eine sehr rasche Ausbreitung des Schmelzvorganges schließen läßt. Die Stähle scheinen in ihrer Zusammensetzung näher am Eutektikum zu liegen als die hochwolframhaltigen Stähle. Eine genaue Einhaltung der Härtetemperatur ist zwecks Erzielung einer guten Schnittleistung erforderlich. Auch bei den molybdänhaltigen Stählen steigt die Leistung mit steigender Härtetemperatur bis zur höchstzulässigen Grenze an (Abb. 583). Die zweckmäßigsten Anlaßtemperaturen liegen, wie Zahlentafel 135 (S. 656) zeigt, auch bei den molybdänhaltigen Stählen bei 530 bis 570°.

Glühempfindlichkeit. Wolframstähle neigen beim Ausglühen zur Ausscheidung von stabilen Wolframkarbiden, die bei den üblichen Härtetemperaturen nur schwer oder gar nicht in Lösung gehen. Bereits bei den niedriglegierten Wolframstählen bedingt eine derartige Ausscheidung von Karbiden Störungen, z. B. bei Silberstahl mit 1% W eine Verschlechterung der Härtbarkeit, beim Wolfram-Magnetstahl mit 6% W eine Herabsetzung von Koerzitivkraft und magnetischer Leistung und beim Riffelstahl mit 8% W eine Verminderung der Schnitthaltigkeit (vgl. S. 574 u. 591).

Weniger bekannt ist, daß auch Wolfram-Schnelldrehstähle empfindlich gegen eine zu langdauernde übermäßige Glühbehandlung sind und bei längeren Glühzeiten eine Beeinträchtigung ihrer Schnittleistung erfahren. Diese Beeinträchtigung kann bereits bei Glühzeiten von etwa 10 Stunden auf normalen Glühtemperaturen von 850 bis 880° eintreten, insbesondere wenn an die Glühung eine verhältnismäßig langsame Ofenabkühlung angeschlossen wird.

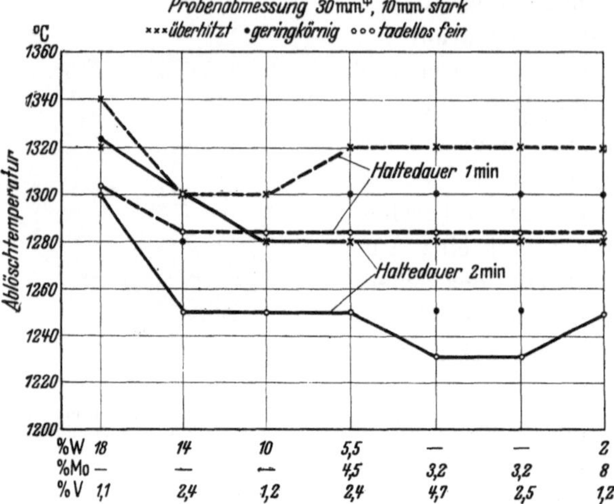

Abb. 582. Überhitzungsempfindlichkeit verschieden legierter Schnelldrehstähle, beurteilt am Härtebruchaussehen. [Nach E. Houdremont u. H. Schrader: Techn. Mitt. Krupp Bd. 5 (1937) S. 227/39.]

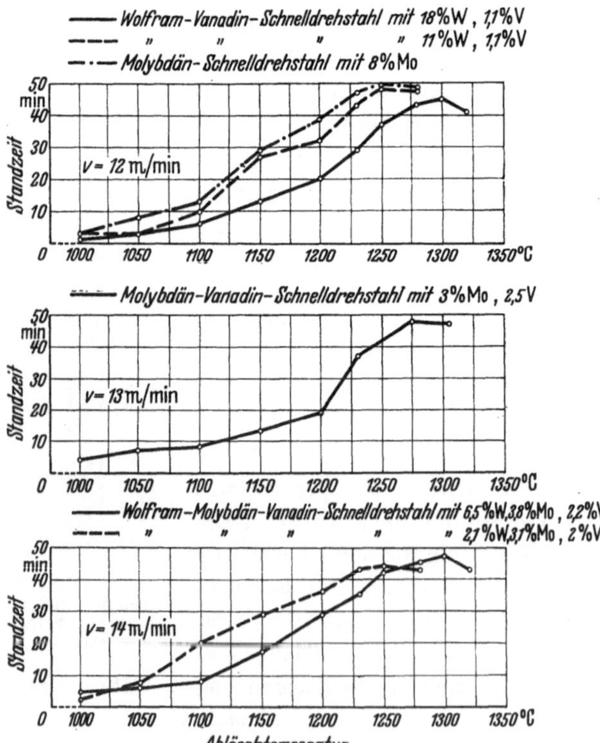

Abb. 583. Wirkung der Härtetemperatur auf die Schnittleistung bei wolframarmen und molybdänhaltigen Schnelldrehstählen im Vergleich zu einem Stahl mit 18% W (Bearbeitung durch Drehen auf vergütetem Cr-Ni-Stahl von 100 kg/mm² Festigkeit bei 1,4 mm Vorschub und 5 mm Spantiefe).

Um diese nachteilige Eigenschaft der Wolfram-Schnelldrehstähle deutlicher zu machen, wurden übermäßig lange Glühzeiten angewandt und deren Wirkung auf die Schnittleistung gegenüber einem Stahl, der im ungeglühten Schmiedezustand gehärtet wurde, für einige Schnelldrehstähle mit verschiedenem Wolframgehalt in Vergleich gestellt (Abb. 584). Hierbei zeigt sich, daß bei allen wolframarmen, molybdänhaltigen Stählen die Schnittleistung selbst bei sehr langen Glühzeiten um nicht mehr als 10%, also nur geringfügig verschlechtert wird. Etwas ungünstiger liegen die beiden hochmolybdänhaltigen Stähle bei der längsten Glühdauer, doch beträgt auch hier die Beeinträchtigung nicht mehr

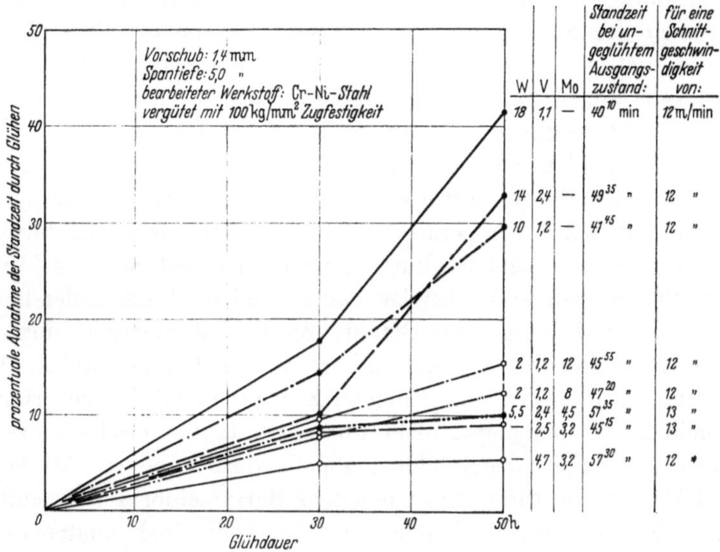

W	V	Mo	Standzeit bei ungeglühtem Ausgangszustand:	für eine Schnittgeschwindigkeit von:
18	1,1	—	40^{10} min	12 m/min
14	2,4	—	49^{35} „	12 „
10	1,2	—	41^{45} „	12 „
2	1,2	12	45^{55} „	12 „
2	1,2	8	47^{20} „	12 „
5,5	2,4	4,5	57^{35} „	13 „
—	2,5	3,2	45^{15} „	13 „
—	4,7	3,2	57^{30} „	12 „

Abb. 584. Veränderung der Schnittleistung durch Glühung vor dem Härten bei verschieden legierten Schnellarbeitsstählen. [Nach E. Houdremont u. H. Schrader: Techn. Mitt. Krupp Bd. 5 (1937) S. 227/39.]

als 15%. Bei den Wolfram-Schnelldrehstählen verursacht dagegen die Ausscheidung schwer löslicher, stabiler Wolframkarbide eine beträchtliche Herabsetzung der Schnittleistung, die bei der längsten Glühzeit 30—40% ausmachen kann. Hiervon ist auch der 10proz. Wolframstahl betroffen. In der Empfindlichkeit gegen Glühbehandlung verhalten sich Molybdän-Schnelldrehstähle also vorteilhafter als Wolfram-Schnelldrehstähle. Da alle Schnellstähle während ihrer Verarbeitung unter Umständen mehrfach geglüht werden, sind entsprechende Vorsichtsmaßnahmen (Vermeidung langer Glühzeiten und zu hoher Glühtemperaturen) zu treffen. Eine Herabsetzung der Schnittleistung kann auch gelegentlich beobachtet werden, wenn Zusätze an Wolfram oder Vanadin in Form von hochgekohlten Ferrolegierungen legiert werden und nicht durch entsprechende Schmelzführung und ausreichende Überhitzung für eine völlige Lösung der Karbide gesorgt wird. Die Verschlechterung der Schnittleistung bei Verwendung hochgekohlter Ferrolegierungen macht sich besonders dann bemerkbar, wenn die Stähle vor dem Härten einer Glühbehandlung unterzogen werden (vgl. S. 591).

Für die Kaltverarbeitung von Schnelldrehstahl durch Ziehen, Kaltwalzen oder Biegen z. B. beim Schränken von Sägezähnen, muß der Werkstoff nicht nur weich, sondern auch zäh und gut verformbar sein. Durch die übliche Glühung bei 850—900° mit anschließender langsamer Ofenabkühlung wird beste Weichheit erhalten. Die Zähigkeit kann aber durch eine zweite Glühbehandlung bei 700—750° mit nachfolgender rascher Abkühlung entweder an Luft oder bei größeren Abmessungen (Drahtringe) in Wasser noch gesteigert werden. Die Verbesserung durch diese als „Karbidglühung" bezeichnete Wärmebehandlung soll darauf beruhen[1], daß beim Abkühlen von Temperaturen oberhalb der Umwandlung die in der Grundmasse fein verteilten Sekundärkarbide sich bei der zweiten Glühung unterhalb der Umwandlung an die Primärkarbide anlagern. Dies führt zu einer stärkeren Karbidzusammenballung, die vielfach auch mit einer Erniedrigung der Härte verbunden ist. Die Tatsache, daß eine rasche Abkühlung nach der zweiten Glühung bessere Ergebnisse als eine langsame liefert, könnte auch andeuten, daß die Wirkung dieser Wärmebehandlung mit Ausscheidungsvorgängen im Zusammenhang steht.

Wärmebehandlungseinrichtungen. Zur Härtung von Schnellstahl finden sowohl Muffelöfen als insbesondere auch Salzbäder Verwendung. In beiden Fällen werden die Werkstücke, wenigstens größere Werkzeuge, zweckmäßig in einer Muffel auf Temperaturen von 850—900° langsam durchgreifend vorgewärmt und dann möglichst kurze Zeit in den auf höherer Temperatur befindlichen Ofen eingebracht. Infolge der schnellen, durchgreifenden Erwärmung im Salzbad und der großen Gefahr von Entkohlungserscheinungen sind besonders die Haltezeiten im Salzbad so kurz wie möglich zu wählen. Natürlich muß die Zeit lang genug sein, um genügend Karbide in Lösung zu bringen. Allgemeine Regeln lassen sich hierzu nicht aufstellen, da die Durchwärmzeiten dem Durchmesser und der Form des Stückes angepaßt werden müssen. Als Salzbad für diese hohen Härtetemperaturen findet meistens Bariumchlorid Verwendung. Die Entkohlung sucht man durch Aufstreuen von Holzkohle, insbesondere aber durch Zusatz von Borax, zu verhindern. Am günstigsten verhalten sich die elektrisch beheizten Salzbäder, bei denen das Salz selbst als Widerstand dient, mit einer Tiegelausmauerung aus feuerfestem Stein (Korund). Bei andersartig beheizten Salzbädern stellen sich Schwierigkeiten bezüglich des Tiegelmaterials ein. Bei der Beheizung von außen verbietet sich die Verwendung von Tiegeln aus feuerfestem Stein. Es kommen dann entweder Tiegel aus Flußeisen, das sehr zundert, in Frage, oder aus Graphit, auf deren Nachteile jedoch schon hingewiesen wurde. Hitzebeständige Stähle werden vom Salzbad bei diesen Temperaturen von 1300° sehr schnell angegriffen.

Bei der Härtung aus der Muffel wird man nach der Durchwärmung bei 850 bis 900° die betreffenden Stücke entweder mit Borax bestreuen und dann auf Härtetemperatur bringen, oder sie aber von vornherein in einen Kasten einpacken, der einen doppelten Deckel besitzt. Zwischen beiden Deckeln befindet sich etwas Holzkohle oder Gußspäne, um den Sauerstoff der eindringenden Luft zu verbrauchen. Hierbei wird die geschilderte Aufkohlung, die beim direkten Einpacken in Holzkohle oder Zementationspulver eintreten kann, vermieden. Beim Härten in der Muffel verdient die Ofenatmosphäre, abgesehen von ihrer Fähigkeit, entkohlend oder aufkohlend zu wirken, noch wegen ihrer Wärmeleitfähigkeit Beachtung. Letztere ist von Bedeutung für die Geschwindigkeit, mit der die zu härtenden Stahlstücke aufgeheizt werden. Schlechte Wärmeleitfähigkeit,

---

[1] Hohage, R., u. R. Rollet: Arch. Eisenhüttenw. Bd. 3 (1929/30) S. 33/39.

wie z. B. bei überwiegend kohlenoxydhaltigen Gasen, führt zu längeren Aufheizzeiten. Bei gleichen Wärmzeiten im Ofen wird also in einer stärker kohlensäurehaltigen Atmosphäre die Aufheizung rascher ablaufen und damit der Anteil der Haltedauer auf Härtetemperatur größer werden[1]. Verändert sich also die Gasatmosphäre durch Absinken des Kohlenoxyd- und Ansteigen des Kohlensäuregehaltes, so hat dies bei gleichbleibenden Wärmzeiten eine erhöhte Gefahr von Überhitzung bzw. Überzeitung zur Folge.

Das Ablöschen erfolgt in Öl, Petroleum oder Preßluft. Letztere Art der Härtung ergibt meistens keine so hohe Schnittleistung wie die Härtung in Öl oder Petroleum, sie besitzt aber den Vorteil, bei sehr komplizierten, tief eingearbeiteten Fräsern den geringsten Härteausschuß infolge von Spannungsrissen zu ergeben.

Eine öfter angewendete Art der Härtung besteht im Ablöschen von Härtetemperatur in einem Blei- oder Salzbad von 400—500°, entsprechend dem Vorgang der Stufenhärtung. Bei Ablöschung auf diese Temperatur bleibt der Austenitcharakter des Stahles vollkommen erhalten. Es scheiden sich nur beim Halten im Warmbad bereits entsprechende Mengen Karbid aus, und bei dem darauffolgenden Abkühlen an Luft tritt dann vollkommene Härtung ein. Auch diese Art der Härtung ist mit geringem Verzug und geringer Rißgefahr verbunden. Es muß darauf hingewiesen werden, daß auch die im Warmbad gehärteten Werkzeuge nach der Abkühlung einem Anlassen bei 530—580°, je nach dem Legierungsgrad, zu unterziehen sind, wenn sie die höchste Leistungsfähigkeit erhalten sollen.

Das Anlassen von Schnelldrehstählen erfolgt zweckentsprechend ebenfalls in Salz- oder Metallbädern. Bei den niedriglegierten Schnelldrehstählen, bei denen das hohe Anlassen keine Verbesserung mehr ergeben würde, beschränkt man sich auf ein Spannungsfreikochen bei Temperaturen, die maximal 250° betragen. Hierfür sind Ölbäder am geeignetsten. In Einzelfällen — bei komplizierten, langen und dünnen Werkzeugen, z. B. Stehbolzenbohrern usw. — läßt man auch Schnellstahlwerkzeuge bei 300° an, um eine größere Zähigkeit zu erzielen. Eine geringe Leistungsverschlechterung wird in Kauf genommen, um das Brechen infolge zu hoher Härte möglichst zu vermeiden. Für die hohen Anlaßtemperaturen von 530—580°, bei denen genaue Temperatureinhaltung für den Ausscheidungsvorgang der Karbide von ausschlaggebender Bedeutung ist, empfehlen sich Salzbäder oder auch Bleibäder. Die Haltezeit auf dieser Anlaßtemperatur muß dem Karbidausscheidungsvorgang angepaßt werden. Die günstigsten Leistungen werden bei einer Anlaßtemperatur von 560° mit 1—2stündigem Anlassen erzielt. Tiefere Temperaturen würden eine Verlängerung der Anlaßdauer bedingen, während höhere Temperaturen entsprechend kürzere Anlaßzeiten erfordern.

4. Schneidmetalle.

(Stellite, Hartmetalle und ausscheidungshärtende Legierungen.)

Die höchstlegierten Schnellarbeitsstähle werden in ihren Leistungen übertroffen von Legierungen, die unter der Bezeichnung „Stellite" und „Hartmetalle" in den Handel kommen. Wenn wir auch diese Legierungen nicht mehr

---

[1] Gill, J. P.: Trans. Amer. Soc. Met. Bd. 24 (1936) S. 735/82.

zu den Stählen rechnen können, da sie kein oder nur wenig Eisen mehr enthalten, so müssen wir sie technisch doch als den Abschluß einer langjährigen Entwicklung der legierten Werkzeugstähle betrachten.

a) Stellite.

Bei den Stelliten, deren Entwicklung auf den Amerikaner Haynes (1907) zurückgeht, handelt es sich um gegossene kohlenstoffhaltige Legierungen, die im wesentlichen aus Kobalt und mehreren Metallen der Chromgruppe, wie Chrom, Wolfram, Molybdän, bestehen, bei denen also das Eisen als Grundlage einer Schneidlegierung erstmalig aufgegeben wurde. Sie weisen im allgemeinen ein austenitisches Grundgefüge mit einem hohen Gehalt an Karbiden auf. Hartmetalle stellen dagegen im wesentlichen Karbide, gelegentlich auch andere Verbindungen der hochschmelzenden Metalle, wie Wolfram, Tantal, Titan und Molybdän, dar.

Die Zusammensetzung der für Schneidzwecke verwendeten Stellite schwankt in ziemlich weiten Grenzen, und zwar zwischen

% C	% Cr	% W	% Co	% Fe
2—4	25—33	10—25	35—55	0—10

Das Kobalt kann zum Teil durch Nickel ersetzt werden. Eine Zusammenstellung einiger gebräuchlicher Stellite und gegossener Hartmetalle gibt Zahlentafel 143, wozu aber bemerkt sei, daß die Gehalte in weiten Grenzen schwanken. Der Eisengehalt soll 10% möglichst nicht überschreiten, da

Zahlentafel 143.
Zusammensetzung der gebräuchlichsten gegossenen Schneidlegierungen.

Bezeichnung		C %	Cr %	W %	Co %	Mn %	Ni %	Mo %	V %	Ta %	Fe %
Stellite	Original Stellit .	1,5—3,0	15—35	10—25	40—55	—	—	—	—	—	Rest
	Percit	2,5—3,0	28	21	48	—	—	—	—	—	,,
	Akrit	2,5—5,0	30	16	38	—	10	4	—	—	,,
	Celsit	2,8	—	25	31	—	—	—	0,6	—	,,
	Lithinit	3	45	17	0,5	1,0	—	0,5	—	—	,,
	Stellamant . . .	2,5	19	33	44	—	—	—	—	—	,,
Gegossene Hartmetalle	Volomit	4	—	93	—	—	—	2	—	—	,,
	Miramant . . .	2	—	55	—	—	—	20	—	15	,,
	Borium	4	—	94	—	—	—	—	—	—	,,
	Arbit	4—5	3	92	—	—	—	2	—	—	,,
	Thoran	4	—	92	—	—	—	—	—	4	,,

höhere Gehalte eine beträchtliche Verschlechterung der Schnitthaltigkeit bewirken, wie dies aus einigen Zahlenwerten der Schnittleistung in Zahlentafel 144 (S. 685) hervorgeht. Bei unterschiedlichem Eisengehalt unterhalb der angegebenen Grenze von 10% läßt sich ein Ausgleich durch entsprechende Erhöhung des Wolframzusatzes erzielen, ohne daß die Leistung wesentlich beeinflußt wird. Eine bedeutende Leistungssteigerung wird durch Zusätze wie Titan, Vanadin, Tantal und Niob erreicht (s. ebenfalls Zahlentafel 144 [S. 685]). Bei Stellitlegierungen mit Zusätzen an diesen Karbidbildnern, z. B. Vanadin, läßt sich der Kobaltgehalt weitgehend durch Eisen ersetzen. Es ergibt sich zwar auch bei diesen Legierungen eine Einbuße in der Schnitthaltigkeit mit steigendem Eisen-

Zahlentafel 144. Wirkung des Eisengehaltes und verschiedener Zusammensetzungen auf die Schnitthaltigkeit von Stelliten.

Zusammensetzung									Standzeit in Minuten bei Bearbeitung von vergüteten Cr-Ni-Stahl von 100 kg/mm² Festigkeit mit einem Vorschub von 1,4 mm, einer Spantiefe von 5 mm, für Schnittgeschwindigkeiten von m/min				
C	Cr	W	Co	V	Ta	Ti	Nb	Fe	17	20	22	25	27
2,8	25,6	13,0	53,9	—	—	—	—	∾ 2	—	48	33	9	—
2,7	28,3	19,4	42,3	—	—	—	—	∾ 8	—	52	33	12	—
2,8	29,2	19,1	24,6	—	—	—	—	∾24	—	2	—	—	—
2,4	28,7	18,8	41,7	—	—	1,7	—	∾ 6	—	—	66	39	17
2,4	29,9	18,8	39,7	—	1,2	—	2,8	∾ 4	—	—	162	78	43
2,7	27,8	18,7	42,2	5,5	—	—	—	∾ 3	—	—	150	72	41
3,0	29,1	18,4	32,6	5,5	—	—	—	∾13	—	—	68	42	26
2,9	27,4	19,2	22,2	5,5	—	—	—	∾23	—	—	63	35	12
Schnelldrehstahl mit 15% Co									32	6	—	—	—

gehalt, die aber verhältnismäßig gering ist, so daß auch bei hohen Eisengehalten noch eine durchaus brauchbare Schnitthaltigkeit erhalten bleibt. Die gegenüber diesen Stelliten niedrigere Leistung von Schnelldrehstählen ist an den Vergleichszahlen eines 15 proz. Kobalt-Schnelldrehstahles zu ermessen. Die Stellite werden in Form gegossener Plättchen, die auf die Werkzeuge aufgelötet werden, verwendet oder mit dem Schweißbrenner aufgetropft. Für das Auftropfverfahren müssen die Legierungen im Kohlenstoffgehalt etwas niedriger gehalten werden, da sie weiteren Kohlenstoff aus der Schweißflamme aufnehmen. Eine Wärmebehandlung erfolgt nicht. Die Härte der Stellite im Gußzustand liegt meist zwischen 55—60 Rockwell C.

Die gegossenen Stellite sind verhältnismäßig spröde. Durch Herabsetzung des Kohlenstoff- und Wolframgehaltes gelingt es, die Legierungen schmiedbar und zäher zu machen. Solche schmiedbaren Stellite, z. B. mit

% C	% Si	% Cr	% W	% Co
1,2	2	25	4	60

sind weicher als gegossene Stellite, erreichen aber noch mit etwa 40—45 Rock-

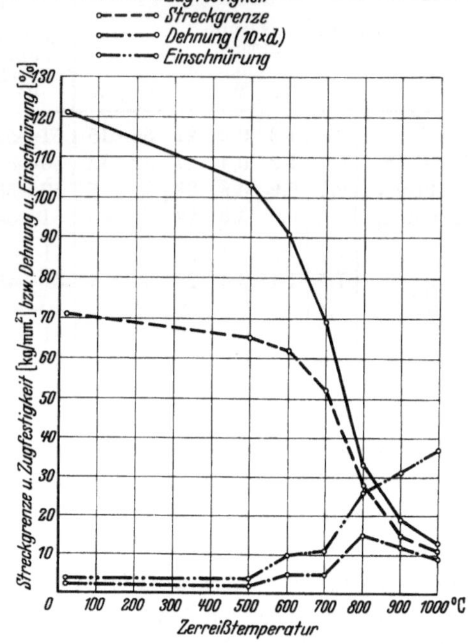

Abb. 585. Warmfestigkeitswerte einer geschmiedeten Stellitlegierung mit 1,5% C, 3% Si, 63% Co, 25% Cr, 4% Wo.

well-C Härten, die den für Warmwerkzeuge geeigneten entsprechen. Gegenüber Warmwerkzeugstählen besitzen sie aber eine wesentlich höhere Verschleißfestigkeit und sehr hohe Warmfestigkeit (Abb. 585) und haben infolgedessen z. B. als Einsätze an hoch beanspruchten Drahtpreßmatrizen überragende Leistungen ergeben. Die praktische Bedeutung der Stellite für Schneidzwecke ist in den letzten Jahren infolge der Entwicklung der Sinterhartmetalle zurückgegangen, immerhin werden sie in Amerika auch heute noch in gewissem Umfange verwendet. Statt dessen hat die Verwendung der Stellite zur Erzeugung von verschleißfesten Oberflächen durch Aufschweißen weitgehende Verbreitung gefunden. Wegen ihrer hohen Verschleiß- und Warmfestigkeit, ferner wegen ihrer Beständigkeit gegen Korrosion, Erosion und Verzunderung werden die Legierungen zur Verbesserung der Haltbarkeit an besonders hohem Verschleiß ausgesetzten Flächen aufgeschweißt, z. B. bei Ventilkegeln am Tellerrand und am Schaftende sowie bei Ventilsitzringen von Auslaßventilen in Flugzeug- und Automobilmotoren, ferner auch an Heißdampfventilen, Warmzieh- und Warmpreßwerkzeugen, Schrämpicken, Tastflächen von Lehren usw. Für diese Zwecke genügen meist niedrigere Härten als bei den Schneidlegierungen, und zwar etwa 40 bis 50 Rockwell C. Ein besonderes Anwendungsgebiet sind Erdbohrmeißel, wobei in die Stellitaufschweißung außerdem noch Sinterkarbidmetalle, wie z. B. Widia, zur Erhöhung der Verschleißfestigkeit eingebettet werden können. Eine Übersicht über derartige Stellitlegierungen für Aufschweißzwecke gibt Zahlentafel 145. Von diesen sind die hochgekohlten Legierungen vorwiegend für eine

Zahlentafel 145. Zusammensetzung, Kalt- und Warmhärte sowie Anlaßbeständigkeit von stellitähnlichen Legierungen für Aufschweißzwecke.

| Zusammensetzung in %
(Rest Eisen) | | | | | | Kalthärte | | Warmhärte geschweißt
Brinell | | | Anlaßbeständigkeit
bis...°C |
| | | | | | | autogen aufgeschweißt
R_C | elektrisch aufgeschweißt
R_C | | | | |
C	Si	Mn	Cr	Co	W			400°	600°	800°	
Für elektrische Lichtbogenschweißung { 2,6	1,2	0,3	27	55	15	51—54	48—50	400—420	380—400	330—360	> 800
2,7	1,2	0,4	27	32	12	50—53	46—49	400—420	380—400	330—360	> 800
2,2	0,9	0,6	28	11	5	50—53	46—48	350—370	300—330	220—250	800
2,1	0,9	0,6	28	—	—	51—54	46—48	300—330	230—260	150—180	500
Für Gasschmelzschweißung { 1,3	2,5	0,4	27	60	4	41—45	38—42	380—400	360—380	330—350	> 800
1,5	1,4	0,4	28	32	4	41—45	38—42	380—400	360—380	330—350	> 800
1,4	0,9	0,6	28	11	4	40—45	—	320—350	250—280	220—240	800
1,6	0,9	0,6	28	—	—	41—45	—	300—330	230—260	150—180	500
2,0	0,3	0,6	12	—	—	60—64*	—	—	—	—	—

(* gehärtet)

elektrische Lichtbogen-, die niedriggekohlten für eine Gasschmelzschweißung vorgesehen. Je nach den Anforderungen, die an die Härte der Auftragung gestellt werden, und je nach den Schweißbedingungen im Einzelfall besteht aber bei sämtlichen Legierungen die Möglichkeit, beide Schweißverfahren wahlweise anzuwenden. Bei diesen Aufschweißlegierungen kann der Anteil an Legierungselementen, vor allem an Wolfram und Kobalt, wesentlich niedriger gehalten werden als bei Stelliten für Schneidzwecke. In vielen Fällen kann sogar eine kobalt- und wolframfreie Legierung mit etwa 28% Cr durchaus ausreichend sein. Die Warmhärte fällt allerdings mit abnehmendem Kobaltgehalt ab; fernerhin ist auch die Anlaßbeständigkeit einer kobalt- und wolframfreien Legierung geringer (Zahlentafel 145 [S. 686]); ein Zusatz von Molybdän in Gehalten von 1—4% ergibt jedoch wiederum eine erhebliche Verbesserung der Anlaßbeständigkeit auch bei derartigen Legierungen. Die Zunderbeständigkeit der Stellite wird durch eine Verminderung des Kobaltgehaltes und entsprechende Erhöhung des Eisenanteils kaum wesentlich verändert. In dieser Hinsicht unterscheidet sich nur eine Legierung mit 12% Cr, die außerdem im Gegensatz zu den übrigen Legierungen nach der Aufschweißung gehärtet werden muß. Zu beachten ist jedoch, daß der Austenit in Legierungen mit weniger als etwa 30% Co nicht mehr völlig stabil ist, sondern bei der Abkühlung von hohen Temperaturen sich teilweise umwandelt. Diese mit einer Volumenvergrößerung verbundene Umwandlung wird im allgemeinen ohne schädliche Folgen sein, wenn die Aufschweißung nur bei niedrigen Temperaturen beansprucht wird oder nicht zu häufig Temperaturwechseln ausgesetzt ist. Bei Auslaßventilen von Verbrennungsmotoren treten jedoch sehr schroffe Temperaturwechsel auf, so daß hierfür stabil austenitische Legierungen erwünscht sind. Auch bei diesen ist allerdings die Temperaturwechselbeständigkeit etwas von der Legierung abhängig, und zwar wirken sich besonders höhere Kohlenstoffgehalte in Richtung einer größeren Rißempfindlichkeit aus. Beim Aufschweißen aller dieser Legierungen ist besondere Sorgfalt notwendig, um Spannungsrißbildungen zu vermeiden. Die Stücke müssen vor dem Aufschweißen auf dunkle Rotglut vorgewärmt und die Schweißung muß bei dieser Temperatur durchgeführt werden. Nach dem Schweißen ist auf langsame Abkühlung im Ofen oder unter Abdeckmitteln zu achten. Bei autogener Schweißung muß mit reduzierender Flamme gearbeitet werden, um Entkohlungen zu vermeiden und einen einwandfreien Fluß zu erzielen; zu stark reduzierende Flammen sind aber zu vermeiden, damit das Schweißgut nicht unerwünscht hoch aufkohlt.

Zusammenfassend ergibt sich also, daß die Schneidmetalle ihre den Schnellarbeitsstählen überlegenen Eigenschaften hinsichtlich Anlaßbeständigkeit und Schnittleistung bzw. Verschleißwiderstand bei hohen Temperaturen in erster Linie ihrem Gefügeaufbau auf der Basis Austenit + Karbid verdanken, wobei die Karbidmengen gegenüber den Schnellstählen bereits erheblich erhöht sind. Einen weiteren Fortschritt in dieser Richtung stellen die im nächsten Abschnitt beschriebenen, fast nur noch aus Karbiden bestehenden Hartmetalle dar.

b) Hartmetalle.

Unter Hartmetallen versteht man Legierungen, die fast nur oder doch zum überwiegenden Teil aus Karbiden der hochschmelzenden Metalle, wie Wolfram, Tantal, Titan und Molybdän, bestehen. Bei den Hartmetallen hat man grundsätzlich zwischen Guß- und Sinterhartmetall zu unterscheiden.

Die Erkenntnis der Bedeutung der Schwermetallkarbide, insbesondere der Wolframkarbide, führte in Deutschland zunächst zur Schaffung von Gußlegierungen, die nur aus hochschmelzenden Wolframkarbiden bestanden. Bereits 1914 haben Voigtländer und Lohmann die ersten Legierungen dieser Art hergestellt. Zahlreiche weitere Legierungen sind hinzugekommen. Einer allgemeinen Anwendung dieser Hartmetalle stehen jedoch ihre Sprödigkeit und Porosität hindernd im Wege. Diese Nachteile stehen in ursächlichem Zusammenhang mit den hohen Schmelzpunkten dieser Karbide, die über 2500° liegen. Je höher der Schmelzpunkt eines Metalls oder einer Legierung ist, desto größer werden die Schwierigkeiten bei der Durchführung des Schmelzprozesses wegen der Haltbarkeit des Tiegelmaterials an sich und wegen der bei der Schmelztemperatur auftretenden Reaktionen, die sicher zu beherrschen man noch nicht in der Lage ist.

Die Bedeutung der gegossenen Hartmetalle beschränkt sich im allgemeinen auf besondere Anwendungsgebiete, wie Führungsbüchsen, Sandstrahldüsen, Gesteinsbohrer u. dgl. In diesem Falle kommt es lediglich auf eine große Härte und Verschleißfestigkeit an, die den Gußhartmetallen besonders eigen sind, und nicht auf hohe Festigkeit und Zähigkeit. Für das Gebiet der Schneidwerkzeuge scheiden die Gußhartmetalle, ebenso wie die hilfsmetallfreien Sinterhartmetalle, aus.

Die Zusammensetzung der gebräuchlichsten gegossenen Hartmetalle ist in Zahlentafel 143 (S. 684) wiedergegeben.

Im Gegensatz zu den Gußhartmetallen und Stelliten haben die sog. Sinterhartmetalle ganz besondere Bedeutung gewonnen. Die Sinterhartmetalle besitzen alle einen guten Schneidwerkstoff kennzeichnenden Eigenschaften, wie Härte, Verschleißfestigkeit, Warmhärte und Zähigkeit. Alle diese Eigenschaften in einem Werkstoff zu vereinigen, galt bis zur Schaffung des heutigen Sinterhartmetalls als unerreichbar.

Das Sinterverfahren stammt aus der Keramik. Seine Aufgabe war es schon immer, Formkörper herzustellen aus Materialien, die entweder nicht oder sehr schwer schmelzbar bzw. gießbar sind, oder die sich beim Schmelzen verändern und dadurch andersartige unerwünschte Stoffe ergeben.

Indem K. Schröter[1] die hochschmelzenden Wolframkarbide in feinstzerteilter Form völlig gleichmäßig in ein niedriger schmelzendes Bindemetall (Kobalt) auf dem Sinterwege einbettete, gelang es, die wesentlichsten Eigenschaften der Karbide, nämlich Härte, Warmhärte usw., mit der Zähigkeit des Bindemetalls zu vereinigen. Die Feinkörnigkeit und Gleichmäßigkeit im Aufbau der Sinterhartmetalle ergeben eine wesentlich bessere Festigkeit und Zähigkeit als das Gußgefüge mit seinen ungleichmäßigen und groben Primärkristallen. Bei diesem Verfahren wird durch die Anwendung eines niedriger schmelzenden Hilfsmetalls, z. B. Kobalt, die Herstellungstemperatur, d. h. die Sintertemperatur, von etwa 2500° C, dem Schmelzpunkt des Wolframkarbids, auf etwa 1500° C, den Schmelzpunkt des Kobalts, herabgedrückt, eine Arbeitstemperatur, die man heute vollkommen beherrscht und bei der sich dichte, zähe und spannungsfreie Gegenstände in fast jeder Form und von beträchtlicher Größe herstellen lassen.

Die Herstellung der Sinterhartmetalle hat daher auch vieles mit den in der Keramik üblichen Verfahren gemein. Die Karbide, z. B. Wolframkarbid oder Titankarbid, werden durch Erhitzen der Metalle oder der Oxyde dieser Metalle mit Kohlenstoff gewonnen. Die bei der Karburierung zusammengefritteten Karbide werden feinst gemahlen und mit dem Hilfsmetall, z. B. Kobalt, vermischt. Das Gemisch wird dann zu Platten oder anderen Formkörpern verpreßt und diese in einer Schutzgasatmosphäre so weit erhitzt, daß sie durch das Verschweißen des Hilfsmetalls genügend Festigkeit erhalten, um durch Feilen, Bohren, Drehen oder Schleifen bearbeitbar zu werden.

Nach der Formgebung erfolgt die Fertigsinterung bei Temperaturen, die je nach der Zusammensetzung bei 1400—1700° liegen. Nach der Fertigsinterung ist eine Formgebung nur durch Schleifen mit siliziumkarbid- oder diamanthaltigen Scheiben möglich.

---

[1] D. R. P. 420689.

Wie bereits erwähnt, war das erste Sinterhartmetall eine Legierung aus Wolframkarbid und Kobalt. Diese ergab bei der Bearbeitung kurzspanender Werkstoffe, wie Hartguß, Grauguß, Kunststoff und Nichteisenmetalle, überraschende Mehrleistungen gegenüber Schnellstahl. Manche Werkstoffe, wie z. B. Manganhartstahl und Glas, konnten erst durch sie überhaupt wirtschaftlich bearbeitet werden. Bei der Stahlzerspanung zeigten Wolframkarbid-Hartmetalle auch gewisse Mehrleistungen, jedoch war bei dem hohen Preis der Hartmetalle eine Wirtschaftlichkeit dabei nicht gegeben. Erst später gelang es, durch Zusätze von Titankarbid und Tantalkarbid zum Wolframkarbid die Leistung der Sinterhartmetalle so weit zu steigern, daß auch Stähle aller Festigkeitsstufen damit wirtschaftlich bearbeitet werden konnten. Besonders hochtitankarbidhaltige Hartmetalle (bis 50% Titankarbid) haben in neuester Zeit bei der Feinstbearbeitung von Flugzeugzylindern, Kolben und Pleuellagern fast ganz den bisher für diese Arbeitszwecke üblichen Diamanten verdrängt. Ein Vergleich zwischen der Leistung von Widiahartmetall und Schnellarbeitsstahl bei der Bearbeitung von Stahl ist in Abb. 586 wiedergegeben.

Wie bei Stahllegierungen, so ist selbstverständlich auch bei den Sinterlegierungen die Gefügeausbildung von wesentlichem Einfluß auf das Leistungsverhalten. Abb. 587 und 588 zeigen das Gefüge einer Wolframkarbid-Kobalt-Legierung mit 6% Kobalt und einer Legierung aus Wolframkarbid + 16% Titankarbid und 6% Kobalt. In den titankarbidhaltigen Legierungen tritt neben den Wolframkarbid- und Kobaltphasen noch ein Mischkristall zwischen Titankarbid und Wolframkarbid auf. Wie aus den Gefügebildern hervorgeht, ist die Wolframkarbid-Titankarbid-

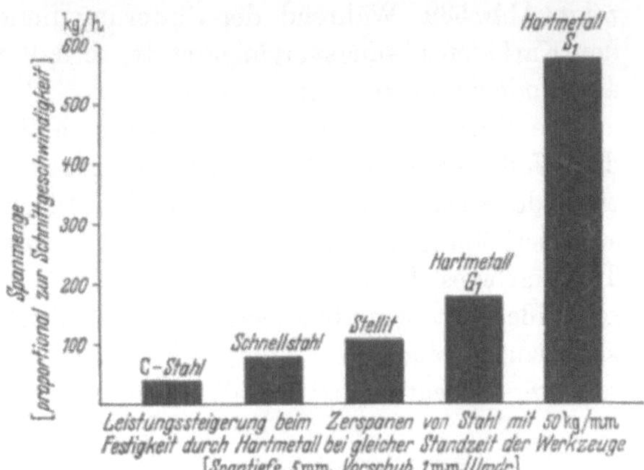

Abb. 586. Vergleich der Schnittleistung verschiedener Werkzeugstähle und Schneidmetalle.

V = 1500

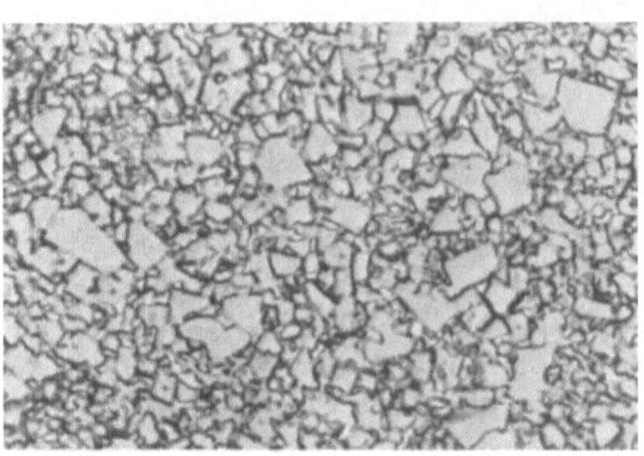

Abb. 587. Gefüge eines Sinterhartmetalles aus Wolframkarbid + 6% Co (graue kantige Kristalle: WC; dazwischen Kobalt, vgl. Abb. 589).

V = 1500

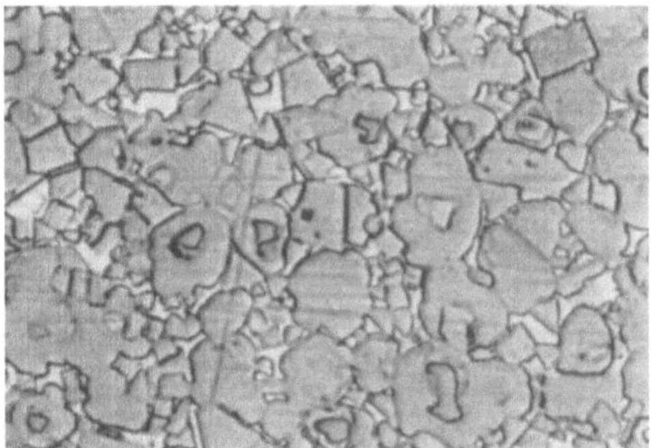

Abb. 588. Gefüge eines Sinterhartmetalles aus Wolframkarbid + 16% TiC + 6% Co (kantige Kristalle: WC; Kristalle mit abgerundeten Ecken: TiC-WC-Mischkristall mit TiC-Gitter; helle Kristalle; kobalthaltige Phase.

Kobalt-Legierung wesentlich grobkörniger als die Wolframkarbid-Kobalt-Legierung. Die Verteilung des Kobalts in einer Wolframkarbid-Kobalt-Legierung zeigt Abb. 589. Während der Sinterung finden zwischen dem Hilfsmetall und den Karbiden Lösungsvorgänge statt, so daß also nicht mehr das reine Kobalt als Bindemetall vorliegt.

Die Wirkung des Titankarbides besteht in der Erhöhung des Widerstandes der Wolframkarbid-Kobalt-Legierung gegen die bei der Stahlzerspanung auftretende Auskolkung auf der Spanablauffläche. Die Ursache für diese Widerstandserhöhung gegen die Auskolkung beruht auf der geringen Neigung des Titankarbides bzw. des Wolframkarbid-Titankarbid-Mischkristalls zum Verschweißen mit dem ablaufenden Span[1]. Gleichzeitig steigt mit erhöhtem Titankarbidzusatz auch der Widerstand gegen Oxydation, ein Vorteil, der von besonderer Bedeutung ist für die Verwendung von Hartmetall im Gebiete sehr hoher Schnittgeschwindigkeiten oder für Werkzeuge, die für Arbeitsprozesse bestimmt sind, bei denen eine Oxydation der Schneidflächen stattfindet. Die Legierungen mit geringerem Titankarbidgehalt werden für die Stahlzerspanung bei großen Spanquerschnitten und Spanunterbrechungen verwandt; die hochtitankarbidhaltigen Legierungen, die infolge ihrer geringen Festigkeit bei hohen Druckbeanspruchungen, wie sie z. B. bei größeren Spanquerschnitten und bei niedrigen Schnittgeschwindigkeiten infolge Bildung der Aufbauschneide auftreten, zum Ausbrechen neigen, finden für kleine und kleinste Spanquerschnitte, allerdings bis zu höchsten Schnittgeschwindigkeiten, Verwendung. Eine Zusammenstellung der gebräuchlichsten Sinterhartmetalle gibt Zahlentafel 146.

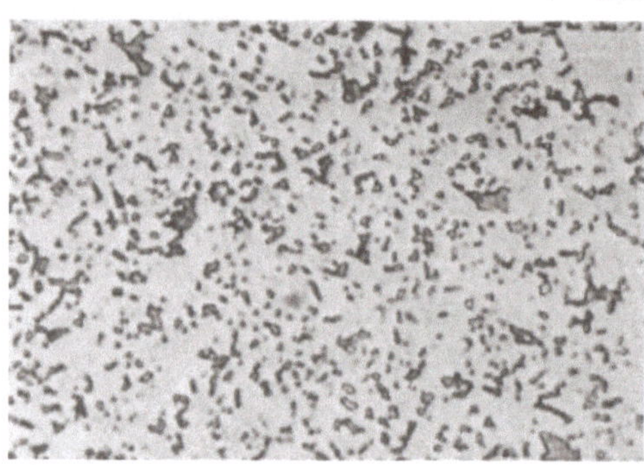

Abb. 589. Verteilung des Kobalts in einer Wolfram-Karbid-Sinterlegierung, durch Anlauffarbenätzung hervorgehoben.

Die vielseitige Anwendungsmöglichkeit der neuen Sinterhartmetalle ist hauptsächlich bedingt durch ihre beiden Eigentümlichkeiten, die Verschleißfestigkeit und die Zähigkeit. Man kann diese Eigenschaften, wie gezeigt, durch geeignete Legierungsbildung steuern. Im allgemeinen bringt eine Steigerung der Karbid-Mischkristallbildnng eine erhöhte Härte und eine vermehrte Verschleißfestigkeit, jedoch unter gleichzeitigem Nachlassen der Zähigkeit. Mit zunehmendem Hilfsmetallgehalt nimmt die Härte ab, jedoch wird die Festigkeit und Zähigkeit wesentlich erhöht. Der Titanzusatz verringert auch die

Zahlentafel 146. Zusammensetzung der gebräuchlichsten Sinterhartmetalle.

Bezeichnung	C %	W %	Ti %	Co %
Widia G 1	5,7	88,7	—	5,6
Titanit G 2	5,5	83,5	—	11,0
Böhlerit S 1	7,6	74,0	13,0	5,4
Widia S 2	7,6	71,4	13,0	8,0
Titanit S 3	6,3	83,6	4,1	6,0
Widia F 1	8,2	67,1	19,0	5,7

---

[1] Dawihl, W.: Z. techn. Phys. Bd. 21 (1940) S. 44/48.

Wärmeleitfähigkeit wesentlich. Die Sinterhartmetalle verlieren bei steigender Temperatur nur sehr langsam an Härte und weisen bei 1000° noch einen Härtewert auf, der über dem von Schnellstahl bei Raumtemperatur liegt. Die wesentlichsten physikalischen Eigenschaften einiger Hartmetalle ergeben sich aus Zahlentafel 147.

Zahlentafel 147. Zusammensetzung und Eigenschaften verschiedener Hartmetallegierungen.

Ungefähre Zusammensetzung in Proz.	Spezifisches Gewicht g/cm³	Ungefähre Härte nach Vickers	Wärmeleitfähigkeit cal / cm · sek · °C	Mittlere Wärmeausdehnung im Temperaturbereich von 20—800° C	Elektrischer Widerstand Ω·mm² / m	Ungefähre Biegebruchfestigkeit kg/mm²
WC + 6 Co	14,7	1600	0,19	$5,0 \cdot 10^{-6}$	0,2	160
WC + 11 Co . . .	14	1400	0,16	$5,5 \cdot 10^{-6}$	0,18	185
WC + 5 TiC + 6 Co	13,3	1600	0,15	$5,5 \cdot 10^{-6}$	0,25	150
WC + 16 TiC + 6 Co	11,1	1600	0,09	$6,0 \cdot 10^{-6}$	0,43	125
WC + 25 TiC + 6 Co	9,9	1650	0,05	$7,0 \cdot 10^{-6}$	0,65	110

Das Hauptanwendungsgebiet für die Sinterhartmetalle ist, wie bereits betont, die Bearbeitungstechnik. So wie seinerzeit das Aufkommen des Schnellarbeitsstahles zur Entwicklung neuer Maschinen und Arbeitsverfahren geführt hat, so ging auch mit der Einführung des Sinterhartmetalls die Entwicklung neuer Maschinen, neuer Werkzeuge sowie neuer Bearbeitungsverfahren Hand in Hand. Lagen z. B. vor dem Aufkommen der Hartmetalle die Arbeitsgeschwindigkeiten unserer Drehbänke bei etwa 25 m/min, so erreichen die neuen Hartmetalldrehbänke Geschwindigkeiten bis 300 m/min. Aus der Abb. 590 ersieht man, daß mit dem Aufkommen der Schnelldrehstähle um die Jahrhundertwende sich die

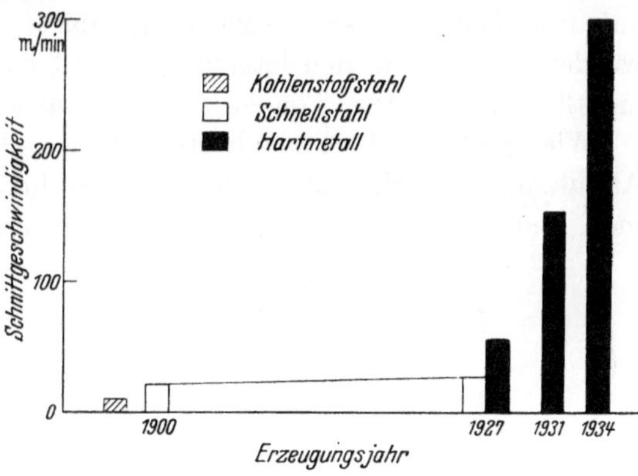

Abb. 590. Entwicklung der Schnittgeschwindigkeit mit Hartmetall (Stahl 50 kg/mm² Festigkeit. Spantiefe = 5,0 mm. Vorschub = 1,0 mm/U). [Nach E. Ammann: Z. techn. Phys. Bd. 21 (1940) S. 332/35.]

Schnittgeschwindigkeit fast verdreifacht hat, daß dagegen in der Zeit von 1900 bis 1925 die Weiterentwicklung der Schnellarbeitsstähle nur eine etwa 50proz. Erhöhung der Arbeitsgeschwindigkeiten brachte, demgegenüber aber in der kurzen Zeitspanne von 1926—1934 die Arbeitsgeschwindigkeiten durch die Entwicklung der Hartmetalle bis auf das Zehnfache gestiegen sind. Diese letzte Leistungssteigerung bewirkte eine vollkommene Umgestaltung unserer Bearbeitungsindustrie. Die Massenanfertigung der austauschbaren Maschinenelemente, wie sie die heutige Industrie mit der notwendigen Genauigkeit und Oberflächengüte verlangt, kann durch den Einsatz von Hartmetall in einem Bruchteil der früheren Zeit, und zwar mit einem wesentlich geringeren Bedarf an Facharbeitern, Maschinen und Werkstätten, geschaffen werden. Wie durch die Anwendung von Hartmetall bei hohen Schnittgeschwindigkeiten die Oberflächengüte um ein Vielfaches verbessert wird, zeigt Abb. 591.

44*

Die Arbeitszeit zur Zerspanung von 1 t Stahl beträgt auf modernen Werkzeugmaschinen bei Hartmetallverwendung etwa nur ein Neuntel der mit Schnellstahl benötigten Zeit. Für die gleiche Zerspanungsleistung benötigen wir nur etwa ein Dreißigstel der früher notwendigen Menge Schneidwerkstoffe, und da bekanntlich das Wolfram aus dem Ausland bezogen werden muß, nur etwa ein Drittel der früher notwendigen Devisen. Abb. 592 zeigt den Hartmetall- bzw. Schnellstahlverbrauch zur Zerspanung einer Tonne Stahl bei der Bearbeitung von Stählen der verschiedensten Festigkeitsstufen und bei den gängigsten Spanquerschnitten. Wenn sich die Überlegenheit des Hartmetalls auch besonders bei den Dreh- und Fräsarbeiten erwiesen hat und die Werkzeug- und Schnelldrehstähle

Abb. 591. Abdrehen einer Stahlwalze. Links: mit Schnellstahl, $v = 30$ m/min. Rechts: mit Hartmetall, $v = 250$ m/min. [Nach E. Ammann, Z. techn. Phys. Bd. 21 (1940) S. 332/35.]

auf manchen anderen Bearbeitungsgebieten von Hartmetall nicht verdrängt wurden, so sind in den letzten Jahren doch durch die Verwendung von Hartmetall Tausende von Tonnen Schnellstahl eingespart worden.

Wie groß die Verschleißfestigkeit des Hartmetalls ist, kann durch einen Abnutzungsversuch mit Hilfe eines Stahlkiesgebläses gezeigt werden. Setzt man den durch Abnutzung im Gebläse erzielten Volumenverlust für Hartmetall $= 1$, so ergeben sich für Schnelldrehstahl Abnutzungszahlen von etwa 50 und für einen gehärteten Kohlenstoffstahl von etwa 100. Der Güteabstand des Hartmetalls vom Schnelldrehstahl ist also, was die wesentliche Eigenschaft der Verschleißfestigkeit betrifft, um mehr als eine Größenordnung höher als der vom Schnellstahl zum Kohlenstoffstahl. Die Ergebnisse in Abb. 593 lassen gleichzeitig erkennen, daß Härte und Verschleißwiderstand nicht immer identisch sein müssen.

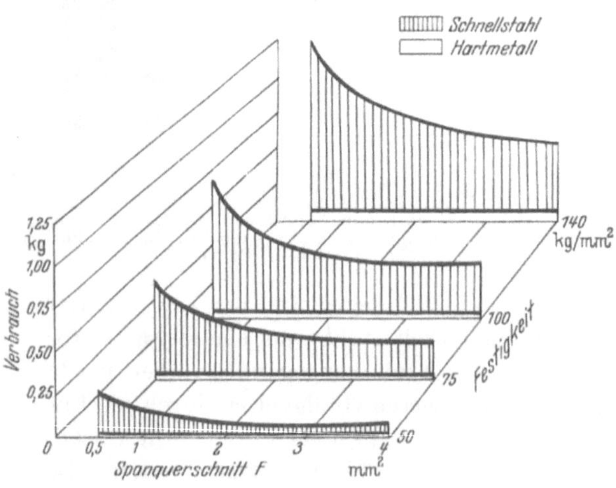

Abb. 592. Hartmetall- bzw. Schnellstahlverbrauch zur Zerspanung von 1000 kg Stahl. (Schnellstahl mit 13% W.)

Aus dieser Überlegenheit des Hartmetalls gegenüber allen anderen Legierungen kann man sich eine Vorstellung machen, welche gewaltigen Vorteile es auch bei Werkzeugen für die spanlose Formgebung, bei Ziehwerkzeugen, bei den Meßflächen der Lehren und bei anderen stark auf Verschleiß beanspruchten Maschinen und Konstruktionsteilen bringt. Bei Ziehwerkzeugen und Warmpreßmatrizen zeigen Hartmetalleinsätze etwa die 50fachen Leistungen gegenüber den bisher verwendeten hochwertigen Werkzeugstählen. Auch hier bei der spanlosen Verformung wird durch die längere Standzeit der Hartmetallwerkzeuge eine wesentlich bessere Oberflächenbeschaffenheit des Werkstückes erzielt.

Neben der Bearbeitungsindustrie haben die Hartmetalle besonders im Bergbau auf breiter Basis Eingang gefunden. Hier dienen sie hauptsächlich zum Besetzen von Kohlebohrern, Schrämwerkzeugen und Gesteinsbohrern. Durch den immer häufiger werdenden Besatz der Preßluft-Schlagbohrer im Bergbau mit Hartmetall kommt neben der Schneidhaltigkeit seine Zähigkeit überzeugend zum Ausdruck. Ein besonderes Anwendungsgebiet im Bergbau sind die großen Erdbohrmeißel für Erdöl und andere Tiefbohrungen, wobei Sinter- oder Gußhartmetalle in Stellit oder andere verschleißfeste Aufschweißlegierungen zur Erhöhung der Verschleißfestigkeit eingebettet werden.

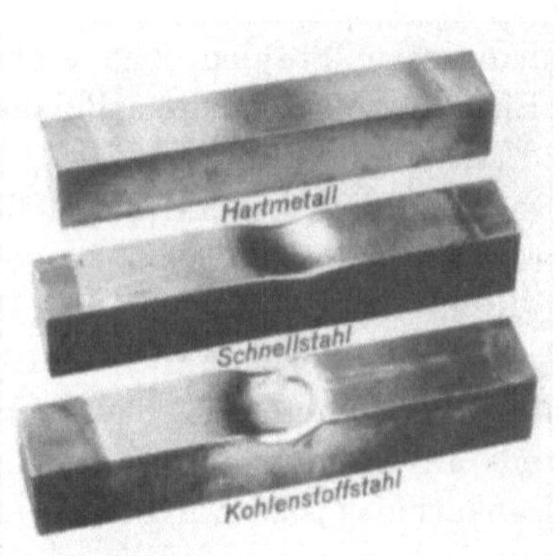

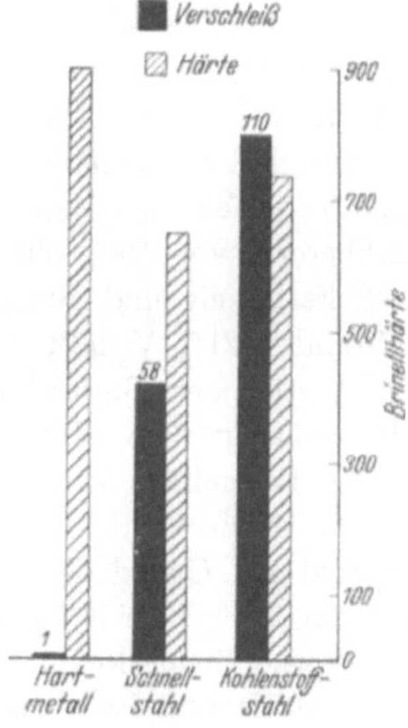

Abb. 593. Verschleißprüfung mit Stahlkies-Gebläse, Versuchsdauer: 12 Minuten. [Nach E. Ammann: Z. techn. Phys. Bd. 21 (1940) S. 332/35.]

Hartmetallwerkzeuge werden durch Auflöten und Einsetzen von Hartmetallplättchen in ein Schaftmaterial aus Kohlenstoffstahl hergestellt. Aus Ersparnisgründen wird diese Art der Werkzeugherstellung, nämlich nur die Schneide mit dem wertvolleren Metall zu besetzen, auch bei den hochwertigen Schnellarbeitsstählen angewendet.

Wenn man auch bei der Herstellung der Sinterhartmetalle in den Abmessungen beschränkt ist, so sind doch auch in dieser Richtung in letzter Zeit erhebliche Fortschritte gemacht worden, und es sind heute Abmessungen von z. B. 50 × 150 × 300 mm oder 70 ⌀ bzw. vkt. × 400 mm oder 175 ⌀ × 40 mm durchaus möglich.

c) Ausscheidungshärtende Schneidmetalle.

Außer den erwähnten Stelliten und Hartmetallen gibt es noch ausscheidungshärtende Schneidlegierungen, die auf der Basis Eisen-Wolfram unter Kobaltzusatz hergestellt werden und ihre Warmfestigkeit, d. h. Rotgluthärte, auf Grund der Ausscheidung von Wolframiden besitzen.

Im Gegensatz zu den Stelliten und Hartmetallen, deren beim Herstellungsprozeß erzielte Härte durch keinerlei Wärmebehandlung mehr verändert werden kann, werden diese Schneidlegierungen von hohen Temperaturen — beispielsweise 1200—1300° — abgeschreckt und auf die günstigste Ausscheidungstemperatur — etwa 600° — angelassen. Näheres hierüber s. unter Kobalt (S. 726 ff).

5. Vanadin in Baustählen.

a) Allgemeines.

Wie bereits aus Abb. 542 (S. 644) hervorgeht, übt Vanadin keinen wesentlichen Einfluß auf Härte und Festigkeit geglühter Stähle aus. Infolge der Karbidzusammenballung besteht höchstens die Tendenz einer Erniedrigung der Härte und Festigkeit bei Vanadinzusatz. Das Verhalten des Vanadinkarbids bei der Wärmebehandlung äußert sich hingegen deutlich in den Festigkeitseigenschaften wärmebehandelter Vanadinstähle. Da der Verteilungsgrad der Karbide sich besonders auf die Höhe der Streckgrenze auswirkt, muß man gerade hierauf bei vanadinhaltigen Stählen achten. Die Veränderungen der Festigkeitseigenschaften von niedriglegierten Vanadin- und Kohlenstoffstählen mit der Anlaßtemperatur im Vergleich zu entsprechenden vanadinfreien Stählen zeigt Abb. 594. Im Anlaßbereich von 500—600° tritt der Einfluß der Vanadinkarbidausscheidung auf Festigkeit und Streckgrenze in Erscheinung. Schon der Stahl mit 0,04% C und 0,21% V läßt nach einem anfänglichen Abfall bei 400° den erneuten Anstieg der Zugfestigkeit und Streckgrenze bei 500—650° erkennen. Noch deutlicher ist die Wirkung bei dem Stahl mit 0,04% C und 0,31% V, wo nach der Formel des Vanadinkarbides V_4C_3 nahezu der gesamte Kohlenstoffgehalt in dieser Form abgebunden sein sollte. Bei höherem Kohlenstoffgehalt (0,35%) wird auf Grund des größeren Anteils an Eisenkarbid die Festigkeitsverminderung infolge der Koagulation des Eisenkarbids bis zu Anlaßtemperaturen von 500° stärker bemerkbar; trotzdem ist auch hier, insbesondere im Streckgrenzenverhältnis und im verzögerten Abfall der Festigkeit oberhalb 500°, die Vanadinkarbidausscheidung deutlich ausgeprägt. Die geringe Verminderung der Einschnürung oberhalb 500° Anlaßtemperatur beim Stahl mit 0,36% C und 0,37% V deutet auf eine Verschlechterung der Zähigkeitseigenschaften durch den Beginn der Sonderkarbidausscheidung hin.

Die Änderung der Festigkeitseigenschaften mit steigender Anlaßdauer bei gleicher Anlaßtemperatur weist auch nochmals auf Ausscheidungsvorgänge hin. Zahlentafel 148 zeigt die Unterschiede für zwei Versuchsstähle. Während bei dem

Zahlentafel 148. Wirkung der Anlaßdauer auf die Festigkeitseigenschaften von Vanadinstählen nach Abschreckung von 950° Öl und Anlassen bei 600° nach E. Houdremont, H. Bennek und H. Schrader[1].

Stahlzusammensetzung %	Anlaßdauer Std.	Streckgrenze kg/mm²	Zugfestigkeit kg/mm²	Verhältnis von Streckgrenze zu Zugfestigkeit %	Dehnung $(l = 5d)$ %	Einschnürung %	Kerbzähigkeit[2] mkg/cm²
0,04 C 0,31 V	1	43	47,7	90,3	29,0	79	30,0
	8	48	57,1	84,4	26,4	78	22,6
0,36 C 0,37 V	1	91	101,4	89,8	18,4	57	7,9
	8	86	99,9	86,1	18,2	55	8,5

[1] Arch. Eisenhüttenw. Bd. 6 (1932/33) S. 24/34.

[2] Mesnager-Probe (10 · 10 · 55 mm) mit 2 mm Rundkerb und einem Schlagquerschnitt von 8 · 10 mm.

kohlenstoffreichen Stahl nach 8 stündiger Anlaßdauer bereits die Höchstwerte für Streckgrenze und Festigkeit überschritten sind, ist dies bei dem niedriggekohlten Werkstoff noch nicht der Fall. Eine weitere Steigerung der Anlaßdauer brachte

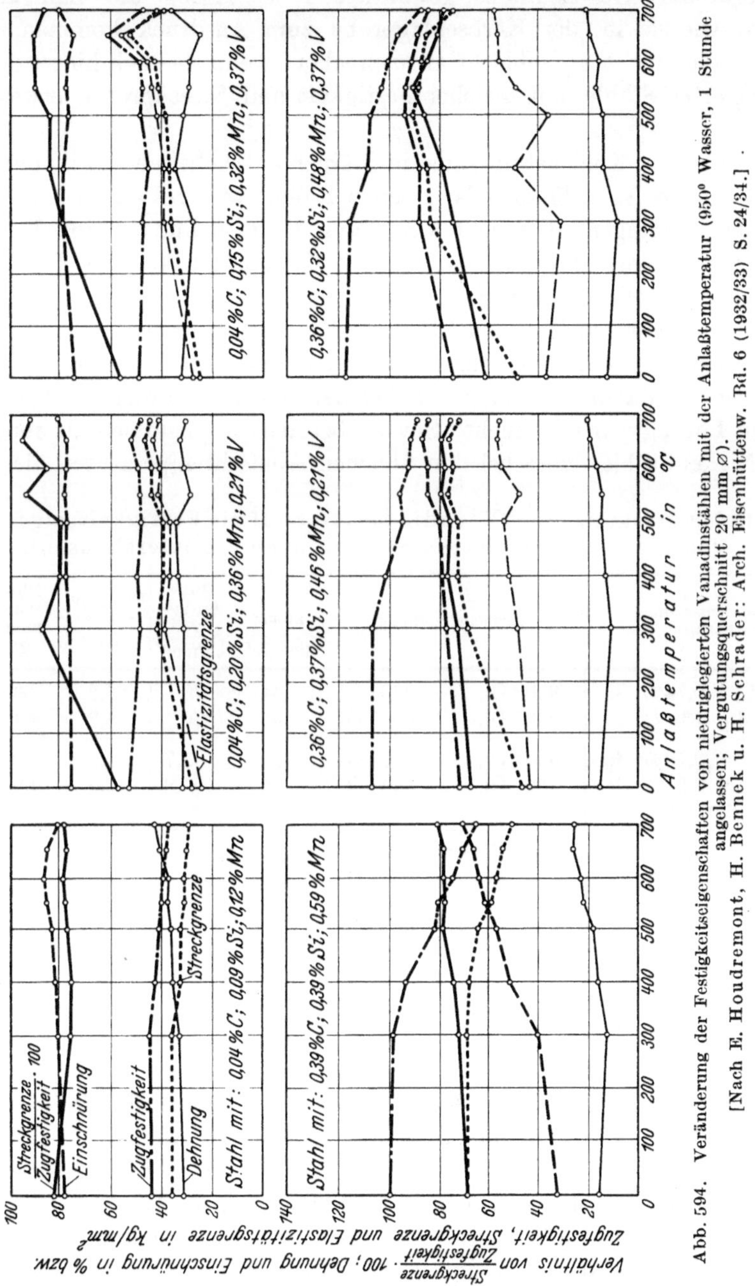

Abb. 594. Veränderung der Festigkeitseigenschaften von niedriglegierten Vanadinstählen mit der Anlaßtemperatur (950° Wasser, 1 Stunde angelassen; Vergütungsquerschnitt 20 mm ⌀).
[Nach E. Houdremont, H. Bennek u. H. Schrader: Arch. Eisenhüttenw. Bd. 6 (1932/33) S. 24/34.]

jedoch bei keinem der Stähle eine weitere Erhöhung der Eigenschaften. Erwähnenswert sind noch die hohen Festigkeitszahlen des Stahles mit 0,36% C und 0,37% V. Die Festigkeit von etwa 100 kg/mm² bei einer Streckgrenze von etwa 90 kg/mm² ist für einen derartig niedriglegierten Stahl außerordentlich hoch, vor allem für eine Anlaßtemperatur von 600°. Diese hohe Festigkeit nach weitgehendem Anlassen kann wertvoll sein, weil bei solchen Stählen infolge der hohen Anlaßtemperatur eine verhältnismäßig große Spannungsfreiheit des vergüteten Gegenstandes gewährleistet ist. Auch die Zähigkeitseigenschaften, wie sie in der Kerbschlagprobe zum Ausdruck kommen, sind bei diesen Stählen nicht als schlecht anzusprechen, wenn sie auch hinter denjenigen höher legierter Stähle mit gleicher Festigkeit und Streckgrenze etwas zurückstehen.

Die bei reinen Kohlenstoff-Vanadin-Stählen entwickelten Anschauungen über die Wirkung des Vanadinkarbids lassen sich ohne weiteres auf mehrfach legierte Baustähle übertragen; dies geht schon aus Untersuchungen von F. Rittershausen[1] aus dem Jahre 1911 hervor. In Zahlentafel 149 sind Ergebnisse aus diesen Arbeiten wiedergegeben.

Auch bei mehrfach legierten Stählen, die Vanadin enthalten, muß man auf die Höhe der Ablöschtemperatur besonders achten. Die Wirkung des Vanadins ist weitgehend davon abhängig, ob bei der Ablöschtemperatur das Vanadinkarbid in Lösung war oder nicht. Sowohl bei den Chromstählen als auch bei den Chrom-Nickel-Stählen tritt bei den üblichen Ablöschtemperaturen die Wirkung

Zahlentafel 149. Wirkung eines Vanadinzusatzes auf die Festigkeitseigenschaften von vergüteten legierten Stählen nach F. Rittershausen[1].

Zusammensetzung des Stahles	Wärmebehandlung		Streck-grenze kg/mm²	Zug-festig-keit kg/mm²	Dehnung $(l = 5\,d)$ %	Ein-schnü-rung %	Kerb-zähig-keit mkg/cm²
0,29% C, 0,14% Si, 0,15% Mn, 1% Cr	850° Öl,	600° Öl	44	70	25,2	66	23,8
	950° Öl,	600° Öl	46	70	18,3	64	18,7
0,26% C, 0,10% Si, 0,13% Mn, 0,96% Cr, 0,27% V	850° Öl,	600° Öl	40	63,7	24,8	69	15,3
	950° Öl,	600° Öl	78	100,8	16,5	59	8,0
0,31% C, 0,06% Si, 0,29% Mn, 1,17% Cr, 4,10% Ni	800° Wasser,	600° Öl	70	87	23,0	68	24,4
	900° Wasser,	600° Öl	68	90	23,8	66	21,2
	950° Wasser,	600° Öl	74	91	24,6	66	21,5
	1000° Wasser,	600° Öl	72	92	20,7	66	20,4
0,29% C, 0,24% Si, 0,26% Mn, 1,52% Cr, 4,34% Ni, 0,48% V	800° Wasser,	600° Öl	74	86	20,4	66	22,4
	900° Wasser,	600° Öl	104	117	17,5	59	10,2
	950° Wasser,	600° Öl	102	124	16,3	53	4,1
	1000° Wasser,	600° Öl	118	134	12,0	41	3,0

des Vanadins, wie aus Zahlentafel 149 hervorgeht, nur dadurch in Erscheinung, daß die Stähle mit Vanadinzusatz infolge der Abbindung von Kohlenstoff durch Vanadin etwas weicher sind. Bei einer Erhöhung der Ablöschtemperatur hingegen bleiben vanadinfreie Stähle in ihren Eigenschaften ziemlich unbeeinflußt, während jetzt beim Vanadinstahl deutlich die anlaßbeständigkeitssteigernde Wirkung des Vanadins zum Ausdruck kommt. Gleichzeitig fallen allerdings hier die Kerbzähigkeitswerte infolge der Ausscheidung verhältnismäßig stark ab. Auch bei den an sich schon anlaßbeständigen Chrom-Molybdän-Stählen tritt durch Vanadin bei Steigerung der Härtetemperaturen

---

[1] Unveröffentlicht.

eine weitere Verbesserung der Anlaßbeständigkeit ein (Abb. 555, S. 654). Bei tiefer Ablöschtemperatur entspricht ein Chrom-Molybdän-Vanadin-Stahl in seinen Eigenschaften weitgehend einem einfachen Chrom-Molybdän-Stahl; der schon hier vorhandene Wiederanstieg der Streckgrenze und Festigkeit bei 500—550° weist auf den Einfluß von Molybdän hin. Beim Ablöschen von höherer Temperatur tritt dann die Wirkung des Vanadins hinzu unter entsprechender Erhöhung der Anlaßbeständigkeit.

Auf die Verbesserung der Durchvergütung übt Vanadin bei nicht übermäßig hohen Ablöschtemperaturen einen verhältnismäßig geringen Einfluß aus. In Zahlentafel 150 sind derartige Untersuchungen an verschiedenen Querschnitten

Zahlentafel 150. Einfluß des Querschnittes auf die Festigkeitseigenschaften eines Vanadinstahles mit 0,36% C und 0,37% V nach E. Houdremont, H. Bennek und H. Schrader[1].

(Von 1000° in Öl abgelöscht und bei 500° 100 Stunden angelassen.)

Proben-durch-messer mm	Ver-schmiedung	Proben-entnahme	Streck-grenze kg/mm²	Zug-festig-keit kg/mm²	Verhältnis von Streckgrenze zu Zugfestigkeit %	Dehnung ($l = 5\,d$) %	Ein-schnürung %	Kerbzähig-keit mkg/cm²
20	49fach	—	104	112	93,0	12,7	46	4,0
40	12,2fach	außen	92	105,9	87,0	14,7	50	2,3
		innen	90	104,8	91,0	16,0	49	1,7
60	5,5fach	außen	89	104,3	85,3	14,8	45	2,2
		innen	85	102,7	82,8	13,4	40	1,5

wiedergegeben. Wie daraus hervorgeht, ist bei einem Probendurchmesser von 60 mm bereits ein Abfall der Streckgrenze gegenüber einem Durchmesser von 40 und 20 mm festzustellen, insbesondere liegt die Streckgrenze bei dem 60-mm-Stab im Innern der Probe merklich tiefer als in der Außenzone. Auffallend sind bei diesen Ergebnissen die schlechten Kerbzähigkeitswerte, die darauf zurückzuführen sind, daß durch langes Anlassen bei verhältnismäßig tiefen Temperaturen (500°) wohl der ungünstigste Verteilungsgrad des Vanadin-karbids hervorgerufen wurde. Vielleicht liegt auch hier zusätzlich eine Art Anlaßsprödigkeit vor, die bei 500° Anlaßtemperatur (s. S. 202ff.) besonders charakteristisch in Erscheinung treten kann.

Der Umstand, daß die spezifische Wirkung des Vanadins sich nur bei ver-hältnismäßig geringen Querschnittsabmessungen äußert, kann beim Vergüten größerer Stücke, z. B. 250—300 mm Durchmesser, zu ungleichmäßigen Festig-keitseigenschaften über den Querschnitt führen. Vergütet man z. B. einen Chrom-Vanadin-Stahl mit 0,35% C, 1% Cr, 0,20% V von einer Temperatur, bei der das Vanadinkarbid in Lösung geht, also etwa 900°, und läßt das entsprechende Stück auf eine Temperatur von 600° an, so wird in der äußeren Randpartie bis zu etwa 40 mm deutlich die anlaßbeständigkeitssteigernde Wirkung des Vanadins in Erscheinung treten, also verhältnismäßig hohe Festigkeit, 100 kg/mm², und hohe Streckgrenze, 80—90 kg/mm², vorliegen. Im Kern des betreffenden Stückes werden die Eigenschaften mehr denjenigen eines gewöhnlichen Chromstahles entsprechen mit etwa 80 kg/mm² Festigkeit und entsprechend tieferer Streck-

---

[1] Arch. Eisenhüttenw. 6 (1932/33) S. 24/34.

grenze von 55—60 kg/mm². Zum Teil kann dieser insbesondere in der Streckgrenze zum Ausdruck kommende Unterschied darauf beruhen, daß die Umwandlung im Kern in der Zwischenstufe erfolgt, während der Rand bis zur
Martensitstufe abgekühlt wird. Im normalisierten Zustande und ebenso im Walzzustand kann Vanadin je nach der Behandlungs- oder Endwalztemperatur eine
Steigerung der Streckgrenze infolge feiner Karbidverteilung hervorrufen. Die

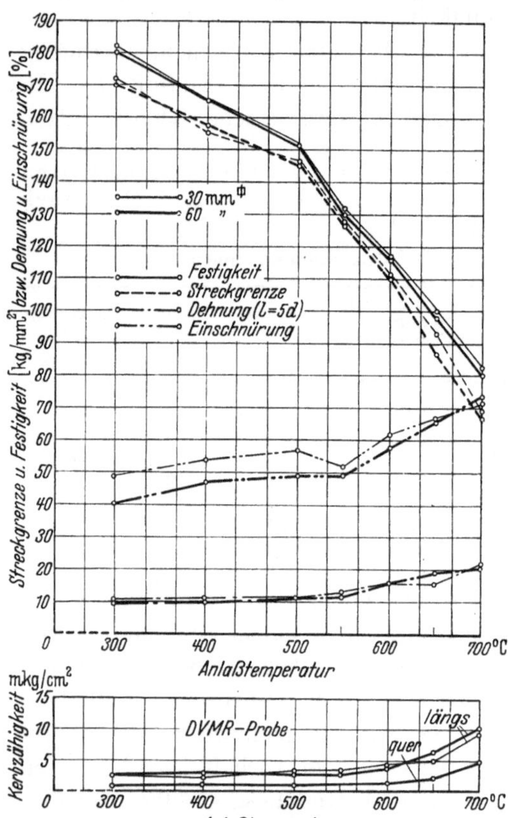

Abb. 595. Vergütungsschaubild eines Stahles mit 0,35% C,
0,30% Si, 0,69% Mn, 2,49% Cr, 0,27% V (abgeschreckt
von 850° in Öl).

Temperatur vor der Abkühlung muß
aber hoch genug sein, um das
Vanadinkarbid zur Auflösung zu
bringen. Die Abkühlung ist vielfach
eine Frage der Abmessung und muß
schnell genug erfolgen, um eine
starke Karbidzusammenballung zu
vermeiden. Durch Zusätze von Mangan oder Nickel kann dafür gesorgt
werden, daß auch bei größeren Querschnitten der entsprechende Effekt
erzielt wird. Werte für Manganbaustähle zeigt Zahlentafel 151
(S. 699), das Vergütungsschaubild
eines Chrom-Mangan-Vanadin-Stah-
les Abb. 595. Ein Beispiel für einen
gut durchvergütbaren Chrom-Nik-
kel-Wolfram-Vanadin-Stahl hoher
Festigkeitseigenschaften gibt Zahlentafel 152 (S. 699). (Stahl 8.)

Der günstige Einfluß, den Vanadin durch die feine Verteilung der
Karbide im normalisierten Zustand
auf die Streckgrenze ausüben kann,
bietet die Möglichkeit, auch bei tiefen
Kohlenstoffgehalten eine erhöhte
Streckgrenze zu erzielen, wie dies
aus den letzten Beispielen der Zahlen-
tafel 151 (S. 699) für einen Hochbaustahl etwa entsprechend dem St. 52 zu ersehen
ist. Da die Höhe des Kohlenstoffgehaltes beim Schweißen von Stählen maßgeblich ist für die Härtesteigerung neben der Schweißnaht, sind solche Legierungselemente wertvoll, die auch bei niedrigem Kohlenstoffgehalt hohe Streckgrenzen erreichen lassen, wobei dann derartige Stähle beim Schweißen keine zu
starke Aufhärtung und damit auch nur eine geringe Rißgefahr aufweisen. Auch
in diesem Sinne darf Vanadin als wertvolles Legierungselement für derartige
Zwecke angesprochen werden.

Allgemein betrachtet ergibt sich der Schluß, daß Vanadin bei Baustählen
für die Festigkeitseigenschaften ohne wesentliche Bedeutung bleibt, falls man
nicht höhere Ablöschtemperaturen wählt und die Wirkung der Vanadinkarbidausscheidung benutzt. Einen Vorteil bietet bei üblichen Ablöschtemperaturen
die Verringerung der Überhitzungsempfindlichkeit infolge der auf das Korn

Zahlentafel 151. Einfluß eines Vanadinzusatzes auf die Festigkeitseigenschaften von Mangan-Baustählen.

| Zusammensetzung | | | | | Verwendungszweck | Behandlungszustand | Streck-grenze | Festigkeit | Verhältnis von Streckgr. zu Festigkeit | Dehnung $(l = 5d)$ | Einschnü-rung |
| C | Si | Mn | Cu | V | | | | | | | |
%	%	%	%	%			kg/mm²	kg/mm²	%	%	%
0,34	—	1,52	—	—	Schmiedestücke	850° Luft, 600° angel.	46	70	66	30	59
0,35	—	1,48	—	0,10	dgl.	,,	58	76	78	27	56
0,17	0,45	1,55	0,3	—	Hochbaustahl (Bleche)	gewalzt, an Luft					
					50 mm stark	abgekühlt	35	56	62,5	28	67
					20 mm stark		37	57	65	31	72
0,18	0,47	1,50	0,3	0,10	dgl.	,,					
					50 mm stark		43,5	62	70	27	68
					20 mm stark		47	66	71	27	67

Zahlentafel 152. Zusammensetzung, Behandlung und Festigkeitseigenschaften vanadinhaltiger Baustähle.

| | C | Si | Mn | Cr | Ni | W | Mo | V | Vergütungsbehandlung | | Streck-grenze | Festigkeitseigenschaften [1] | | | |
| | | | | | | | | | gehärtet | angelassen | | Zugfestigkeit | Dehnung $(l = 5d)$ | Einschnü-rung | |
	%	%	%	%	%	%	%	%			kg/mm²	kg/mm²	%	%	
1.	0,4	0,3	1,6	—	—	—	—	0,15	880° Öl	520/580°	>80	90—110	16—11	50	
2.	0,35	0,3	0,4	2,2	—	—	—	0,15	880°,,	620/660°	>80	90—110	16—11	50	
3.	0,5	0,25	0,8	1	—	—	—	0,15	880°,,	450/680°	>80	95—110	16—10	45	(entsp. VCV 150
										460/530°	>130	140—160	9—7	25[2]	n. DIN 1665)
4.	0,3	0,3	1,7	2,6	—	—	—	0,15	880°,,	550/620°	>100	110—130	12—9	50	
5.	0,4	0,35	0,7	1,8	—	—	0,3	0,15	850°,,	610/630°	>85	110—135	12—9	40	
6.	0,3	0,35	0,7	2,5	—	—	0,25	0,20	880°,,	610/670°	>75	90—110	18—14	50	
										560/610°	>90	110—125	14—10	45	
7.	0,3	0,4	0,7	2,5	1,5	—	0,25	0,20	850°,,	560/610°	>95	105—120	16—12	50	
										400/530°	>110	120—135	14—10	40	
8.	0,5	0,3	0,4	1,2	4,2	0,9	—	0,20	880°,,	300/500°	>140	180—195	8—6	10	
9.	0,4	0,3	1,5	—	1,5	—	—	0,15	880°,,	600/650°	>75	90—110	18—14	50	

[1] Ermittelt an Querschnitten von 60 mm vkt.   [2] Ermittelt an 12 mm starken Federblättern.

wachstum hemmend wirkenden Karbidkeime. Beim Ablöschen von höheren Temperaturen ergibt sich die geschilderte Erhöhung der Anlaßbeständigkeit, also Erzielung höherer Festigkeitseigenschaften bei gleichen oder sogar höheren Anlaßtemperaturen. Allerdings fällt bei den Vanadinstählen, wenn die Temperatur höchster Anlaßbeständigkeit überschritten ist, die Festigkeit sehr steil mit steigender Anlaßtemperatur ab. Hierdurch können sich unter Umständen Schwierigkeiten beim Vergüten ergeben, wenn die gewünschte Festigkeit gerade in diesem Steilabfall liegt.

Da eine befriedigende Erklärung der Wirkung des Vanadins erst spät erfolgte, ist die Anwendung von Vanadin in Baustählen zum Teil ohne Berücksichtigung der erzielbaren Eigenschaften geschehen. Während es zunächst den Anschein hatte, als ob eine sprunghafte Entwicklung vanadinhaltiger Baustähle in immer stärkerem Ausmaß einsetzen würde, erfolgt diese auf Grund der gewonnenen Erkenntnisse jetzt in gesetzmäßigeren, ruhigeren Bahnen. Die bestechendste Eigenschaft der Vanadinstähle ist ihre Überhitzungsunempfindlichkeit und die daraus sich ergebende, auch im Walzzustand vorhandene Feinkörnigkeit. Diese Eigenschaften hatten besonders zu einer Zeit Bedeutung, als die Wärmebehandlungseinrichtungen, die die Gleichmäßigkeit und genaue Kontrolle der Ablöschtemperatur gewährleisten sollten, noch ziemlich unvollkommen waren. Für modern eingerichtete Wärmebehandlungsanlagen spielt Vanadin in dieser Hinsicht nicht mehr dieselbe Rolle. Immerhin hat gerade die Werbung diesen Vorteil der Vanadinstähle besonders stark in den Vordergrund gestellt. Bei Vergütungsstählen kann man durch Vanadin vor allem sehr hohe Elastizitäts- und Streckgrenzenwerte bei praktisch genügend hohen Anlaßtemperaturen erzielen; hier dürfte einer der wesentlichsten Vorteile des Vanadinzusatzes für hochwertige Konstruktionsstähle liegen.

Zahlentafel 153. Zusammensetzung von Chrom-Vanadin-Stählen nach dem SAE-Handbuch.

SAE-Stahl Nr.	C %	Mn %	P max %	S max %	Cr %	V min %
6115	0,10/0,20	0,30/0,60	0,04	0,045	0,80/1,10	0,15
6120	0,15/0,25	0,30/0,60	0,04	0,045	0,80/1,10	0,15
6125	0,20/0,30	0,50/0,80	0,04	0,045	0,80/1,10	0,15
6130	0,25/0,35	0,50/0,80	0,04	0,045	0,80/1,10	0,15
6135	0,30/0,40	0,50/0,80	0,04	0,045	0,80/1,10	0,15
6140	0,35/0,45	0,50/0,80	0,04	0,045	0,80/1,10	0,15
6145	0,40/0,50	0,50/0,80	0,04	0,045	0,80/1,10	0,15
6150	0,45/0,55	0,50/0,80	0,04	0,045	0,80/1,10	0,15
6195	0,90/1,05	0,20/0,45	0,03	0,035	0,80/1,10	0,15

Zahlentafel 153 gibt eine Zusammenstellung von vanadinhaltigen Baustählen der SAE-Norm. Von diesen Stählen hat vor allem der Chrom-Vanadin-Federstahl SAE Nr. 6150 (entsprechend dem deutschen Normstahl VCV 150; s. Z. 152 S. 699) eine größere Verwendung erlangt, sei es, weil er nach Härtung bei höheren Ablöschtemperaturen trotz verhältnismäßig hoher Anlaßtemperaturen hohe Festigkeit behält (s. Anlaßkurve Abb. 596), sei es, weil er bei der in der Federfabrikation viel gebräuchlichen Art der Wärmebehandlung — Härten direkt nach der Formgebung der Blätter ohne nochmaligen Temperaturausgleich — infolge seiner Unempfindlichkeit hohe Gleichmäßigkeit des Endproduktes ergibt. Stähle von der Art des SAE-Stahles 6195 sind als Kugelstähle gedacht, die sich durch besonders feines Härtegefüge auszeichnen.

Bei dem obenerwähnten Federstahl spielt neben der Unempfindlichkeit gegen Wärmebehandlung bereits die Erzielung höherer Festigkeitseigenschaften auch bei höheren Anlaßtemperaturen eine Rolle. Der Wert hoher Anlaßbeständigkeit zur Herstellung vergüteter Werkstücke mit geringen Vergütungsspannungen ist in den Abschnitten Chrom, Nickel und insbesondere Molybdän unter „Baustähle" des öfteren erwähnt worden. Es ist möglich, durch Zusatz von Vanadin alle irgendwie sonst legierten Stähle erhöht anlaßbeständig zu machen und damit trotz hoher Festigkeit die Vergütungsspannungen zu verringern. Derartige Legierungen mit entsprechenden Festigkeitseigenschaften und Anlaßtemperaturen zeigt Zahlentafel 152 (S. 699). Von besonderem Wert ist Vanadin in diesem Sinne in den Baustählen höherer Festigkeit für Nitrierhärtung (s. unter Stickstoff, S. 903, und Zahlentafel 129 [S. 624] bei Molybdän). Da die Nitrierung bei 500—530° erfolgt, müssen die Stähle ent

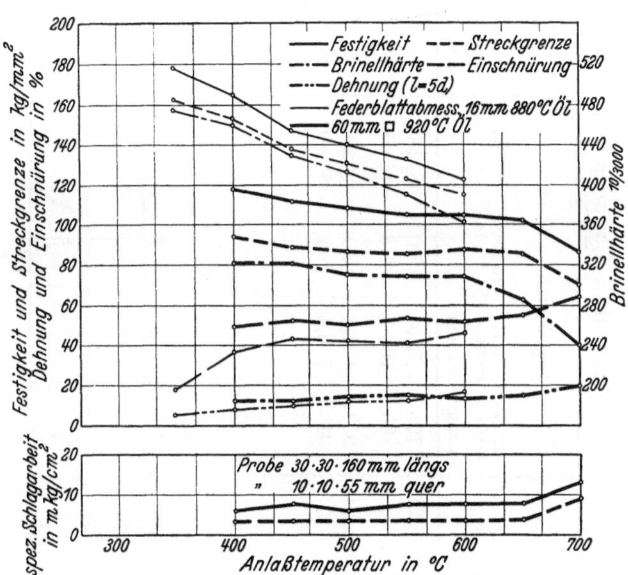

Abb. 596.   Vergütungsschaubild eines Chrom-Vanadin-Stahles mit 0,47% C, 1,1% Cr und 0,16% V.

sprechend anlaßbeständig sein. Vanadin selbst erleichtert auf Grund seiner Affinität zu Stickstoff die Nitrierung, bietet also einen doppelten Vorteil für Nitrierstähle hoher Kernfestigkeit. Bei der Entwicklung legierungsarmer Baustähle im Kriege griff man besonders auf vanadinlegierte Stähle zurück, weil dieses Legierungselement im Inland gewonnen werden konnte. Ein Beispiel eines derartigen für hochwertige Kurbelwellen angewendeten Stahles ist Stahl 1 in Zahlentafel 152 (S. 699). Die bei verschiedener Zugfestigkeit erreichbaren Streckgrenzen- und Formänderungswerte für diesen Stahl sind in Abb. 597 wiedergegeben.

Abgesehen von der Spannungsfreiheit vergüteter Bauteile spielt die hohe Anlaßbeständigkeit in Sonderfällen eine Rolle beim Schweißen. Werden Stähle höherer Festigkeit geschweißt, so tritt neben der Schweißnaht, abgesehen von der Härtewirkung in ihrer unmittelbaren Nähe (s. S. 290), etwas entfernt davon eine entsprechende Anlaßwirkung auf. In dieser angelassenen Zone können die Festigkeitseigenschaften vorher auf hohe Festigkeit vergüteter Werkstoffe wieder verlorengehen. Für viele Teile der modernen Technik ist es erwünscht, Stähle

Zahlentafel 154. Schweißbare Chrom-Mangan-Molybdän-Vanadin-Stähle hoher Festigkeit.

Zusammensetzung						Behandlung		Ungeschweißtes Blech				Autogen mit Blechstreifen aus dem gleichen Werkstoff geschweißtes Blech (nicht nachbehandelt) Schweißraupe belassen				
C	Si	Mn	Cr	Mo	V			Streck-grenze kg/mm²	Zug-festigkeit kg/mm²	Dehnung ($l=10d$) %	Biege-winkel °	Streck-grenze kg/mm²	Zug-festigkeit kg/mm²	Dehnung $l=5d$ %	Dehnung $l=10d$ %	Biege-winkel °
0,17	0,32	1,66	0,97	0,47	0,29	900° L.	1 mm Bl.	76	101,4	8,0	∼180	91	103,0	10,5	5,5	58
							2,5 „ „	76	105,6	6,8	∼180	86	100,5	11,1	6,4	48
0,15	0,32	1,28	1,05	0,63	0,30	900° L. 600° an-gelassen	1 mm Bl.	95	104,3	9,1	∼180	91	96,9	8,1	7,0	90
							2,5 „ „	94	106,4	10,2	∼180	94	102,4	9,2	8,4	75

im geschweißten Zustand mit hoher Festigkeit zu haben, die nach dem Schweißen wegen der Kompliziertheit der daraus herzustellenden Teile keiner Vergütung mehr unterworfen werden sollen. Insbesondere werden derartige Anforderungen dort gestellt, wo es auf leichte Bauweise ankommt, also z. B. beim Bau von Luftfahrzeugen. Hier, wo Stahl im Wettbewerb mit Leichtmetall steht, ist es erforderlich,

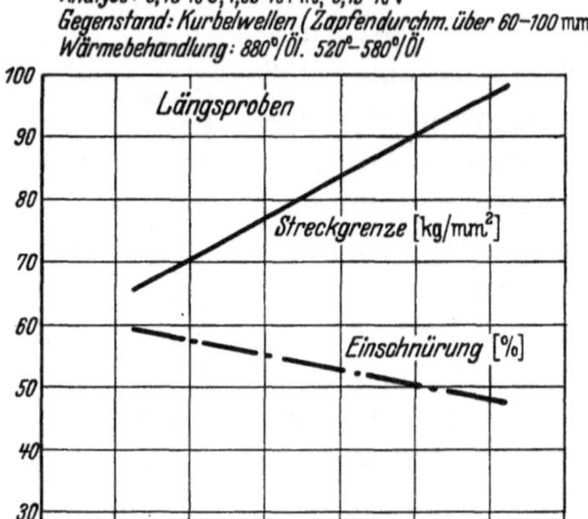

Abb. 597. Verhältnis von Streckgrenze, Dehnung und Einschnürung zur Vergütungsfestigkeit bei einem Mangan-Vanadin-Stahl. [Nach H. Kallen u. F. Meyer: Techn. Mitt. Krupp, Forschungsber. Bd. 2 (1939) S. 215/22.]

Stähle mit möglichst hoher Festigkeit und möglichst hoher Ausnutzung der Streckgrenze zu verwenden. Für Festigkeiten von 70—80 kg/mm² im geschweißten Zustand genügen hierfür Manganstähle oder Chrom-Molybdän-Stähle mit etwa 0,17% C, 2,2% Mn oder etwa 0,27% C, 1% Cr, 0,25% Mo bzw. Stähle entsprechend SAE Norm 6125—6130. Will man die Festigkeit noch weiter steigern und gleichzeitig den Kohlenstoffgehalt möglichst tief halten, um Rißerscheinungen infolge zu scharfer Aufhärtung zu vermeiden, so greift man auf die Kombination Chrom-Mangan-Vanadin-Molybdän zurück, wobei sich die in Zahlentafel 154 gekennzeichneten

Eigenschaften ergeben[1] (s. a. Zahlentafel 48, S. 292). Wie aus den Zahlen zu entnehmen ist, zeigen auch die geschweißten Proben trotz ihrer großen Unempfindlichkeit gegen Schweißrissigkeit die gewünschten Festigkeitseigenschaften von etwa 100 kg/mm^2. Die geringe Überhitzungsempfindlichkeit derartiger Stähle kommt beim Schweißen ebenfalls in einer geringeren Kornvergröberung in den Übergangszonen zum Ausdruck.

Die Verwendung von Vanadin in Stählen für tiefe Temperaturen kann in verschiedener Richtung wirken. Die Vergütungseigenschaften und damit die Zähigkeit, die vor allem für tiefe Temperaturen eine Rolle spielt, hängen vielfach mehr von der Wärmebehandlung als vom Vanadingehalt ab. Insbesondere werden geringe Vanadinzusätze bei geeigneter Wärmebehandlung wegen der durch sie bedingten Feinkörnigkeit zähigkeitsverbessernd wirken, während höhere Gehalte nicht unbedingt zu einer Verbesserung führen.

b) Vanadin in warmfesten Baustählen (Dauerstandfestigkeit).

Für die Verwendung in Baustählen bei höheren Temperaturen kann das Verhalten des Vanadinkarbids bei verschiedenen Behandlungszuständen ebenfalls von Bedeutung sein. P. Prömper und E. Pohl[2] haben bereits auf die besondere Warmfestigkeit vanadinlegierten Flußstahls hingewiesen und ihn auf Grund dieser Untersuchungen als Kesselbaustoff vorgeschlagen. Bei Nachprüfung der von Prömper und Pohl (Abb. 510, S. 608) angegebenen Werte fiel bisweilen auf, daß die dort angegebene Erhöhung der Festigkeitseigenschaften in der Wärme nicht immer bestätigt werden konnte. Das legt die Vermutung nahe, daß eine Erhöhung der Festigkeit in der Wärme nur in bestimmten Behandlungszuständen vorhanden ist, bei denen die Ausscheidung des Vanadinkarbids eine Rolle spielt. In Abb. 598 sind die Warmfestigkeitseigenschaften eines niedriggekohlten Vanadinstahles im Vergleich zu einem Kohlenstoffstahl nach verschiedenen Behandlungen angegeben. Wie man aus dieser Abbildung ersehen kann, zeichnet sich der nur gehärtete und der bei 600° angelassene Stahl durch erhöhte Warmfestigkeit aus. Bei dem nur gehärteten, nicht angelassenen Stahl ist diese Auswirkung in dem nur 20 Minuten dauernden Zerreißversuch stärker, da hier erst während der Erwärmung auf Zerreißtemperatur der Beginn der Ausscheidung herbeigeführt wird. Bei dem auf 700° angelassenen Stahl fallen dagegen die Festigkeitseigenschaften in der Wärme bereits praktisch mit denen der Kohlenstoffstähle zusammen. Man kann demnach schließen, daß sowohl die Zugfestigkeit als auch die Streckgrenze in der Wärme durch geeignete Ausscheidungsform des Sonderkarbids erhöht werden, denn bei 700° Anlaßtemperatur ist, wie aus den Anlaßversuchen hervorging, das Vanadinkarbid schon weitgehend koaguliert und somit nicht mehr wirksam. Dies wird nicht nur für das Sonderkarbid V_4C_3 gelten, sondern es werden auch andere Sonderkarbide bildende Legierungen sich ähnlich verhalten. Auf den Einfluß der Wärmebehandlung hinsichtlich Warmfestigkeit und Warmhärte wurde bereits früher[3] hingewiesen.

---

[1] S. z. B. Schweizer Patentschrift Nr. 212246.

[2] Arch. Eisenhüttenw. 1 (1927/28) S. 785/793.

[3] Siehe Wolframstähle (S. 570 u. 580), Schnellstahl (S. 666 ff.).

Zu beachten sind die geschilderten Verhältnisse bei Prüfung von Stählen im Walzzustand. Der Walzzustand ist wegen der wechselnden Walzendtemperaturen und der darauffolgenden mehr oder weniger schnellen Luftabkühlung in diesem Zusammenhang immer als unbestimmt anzusehen. Die Ergebnisse bei verschiedenen Walzquerschnitten werden entsprechende Schwankungen aufweisen.

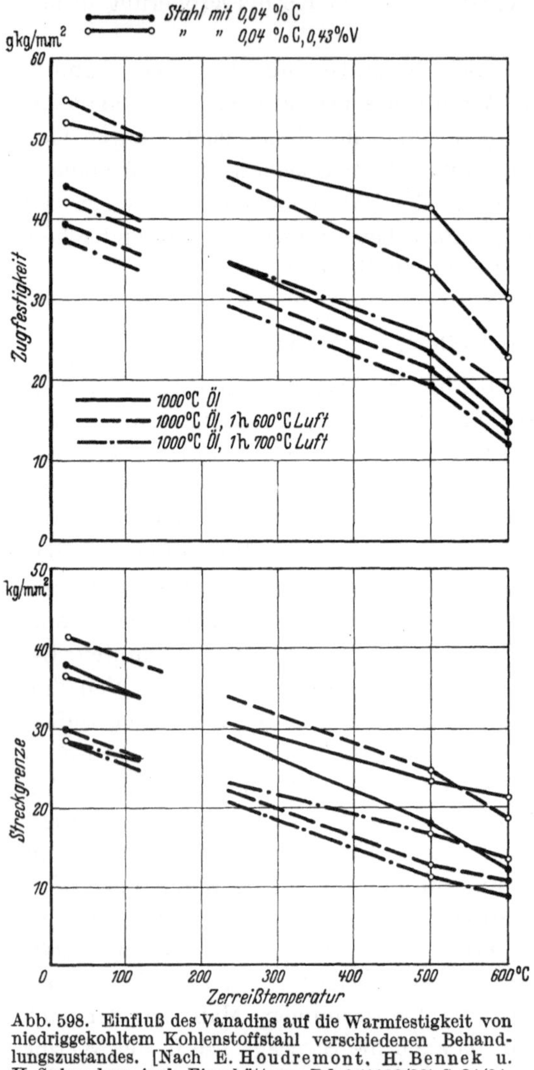

Dauerstandprüfverfahren. Besondere Beachtung verdienen die geschilderten Vorgänge bei Dauerstandprüfungen in der Wärme. Bei Bauteilen, die Dauererwärmungen bei Temperaturen von 400° und mehr ausgesetzt werden, ist es für den Konstrukteur von ausschlaggebender Bedeutung zu wissen, bis zu welcher zulässigen Spannung die betreffenden Teile bei dieser erhöhten Temperatur dauernd beansprucht werden können, ohne unzulässige Formänderungen oder Brüche zu erleiden. Aus dem Wunsche heraus, dem Konstrukteur Unterlagen für die Berechnung derartiger Bauteile zu beschaffen, haben sich mehrere Verfahren zur Beurteilung der sog. Dauerstandfestigkeit von verschiedenartigen Werkstoffen bei erhöhten Temperaturen herausgebildet.

Es hat sich nämlich gezeigt, daß bei Temperaturen oberhalb 400° der normale Zerreißversuch, auch wenn er über 1—2 Stunden ausgedehnt wird, nicht mehr die wirkliche Fließgrenze des betreffenden Werkstoffes für Dauerbeanspruchungen zu ermitteln gestattet. Es ergab sich vielmehr, daß bei verlängerten Prüfzeiten schon bei verhältnismäßig niedrigen Zugspannungen ein dauerndes weiteres Fließen der Werkstoffe eintreten kann, wie dies z. B. aus Abb. 599 hervorgeht[1]. Aus dieser Tatsache heraus ist man bemüht gewesen, für die ver-

Abb. 598. Einfluß des Vanadins auf die Warmfestigkeit von niedriggekohltem Kohlenstoffstahl verschiedenen Behandlungszustandes. [Nach E. Houdremont, H. Bennek u. H. Schrader: Arch. Eisenhüttenw. Bd. 6 (1932/33) S. 24/34.

[1] Beim Einkristall soll nach U. Dehlinger [Z. Metallkde. Bd. 31 (1939) S. 187/91; Bd. 32 (1940) S. 199/200] auf Grund thermodynamischer und atomistischer Überlegungen schon bei kleinsten Belastungen ein Fließen, wenn auch mit geringer Geschwindigkeit, eintreten; die Kriechgrenze wäre also gleich Null. In vielkristallinen Körpern müssen sich bei Formänderung die Kristalle verbiegen; hierdurch soll, solange keine Rekristallisation eintritt, eine Fließgrenze von bestimmtem von Null verschiedenem Wert entstehen.

schiedenen Werkstoffe diejenigen Spannungen genau zu ermitteln, bei denen das Fließen zum Stillstand kommt oder eine praktisch noch zulässige Dehngeschwindigkeit bzw. Gesamtdehnung in einer bestimmten Zeit nicht überschritten wird (Kriechfestigkeit, Dauerstandfestigkeit). Da die Versuche, die genaue Kriechfestigkeit zu bestimmen, sich über mehrere 1000 Stunden und somit Monate und Jahre erstrecken würden, wobei zufällige Beeinflussungen durch Erschütterungen und Temperaturschwankungen nicht ausgeschlossen wären, hat es nicht an Versuchen gefehlt, mit irgendwelchen Kurzverfahren die angenäherte Dauerstandfestigkeit von Werkstoffen zu ermitteln. Es haben sich hierbei verschiedene Kurzverfahren entwickelt.

Das in Deutschland am weitesten verbreitete Verfahren ist von A. Pomp und Mitarbeitern[1] vorgeschlagen worden. Bei diesem Verfahren werden bei konstanter Temperatur unter konstanter Zugbeanspruchung Zeitdehnungskurven aufgenommen, aus denen dann die Dehngeschwindigkeiten in bestimmten Zeit-

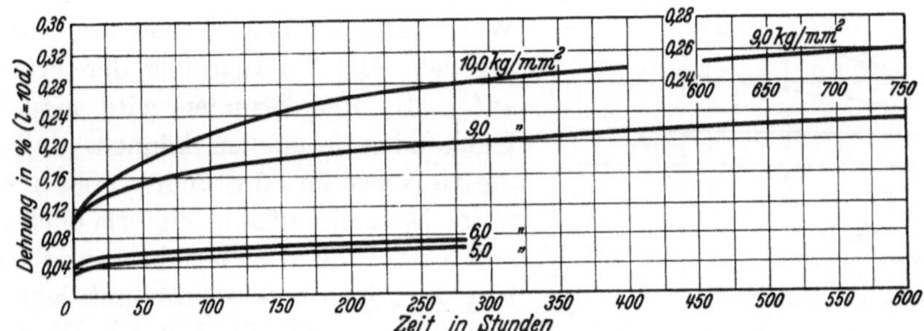

Abb. 599. Verhalten eines Stahles mit 0,14% C, 0,08% Si, 0,43% Mn, 0,20% Ni, 0,30% Mo, dessen Dauerstandfestigkeit für 550° im Abkürzungsverfahren zu 10,0 kg/mm² ermittelt wurde, bei längerem Halten, auf 550° mit geringeren Belastungen. [Nach A. Pomp u. H. Herzog: Mitt. Kais.-Wilh.-Inst. Eisenforsch. Bd. 16 (1934) S. 137/53.]

intervallen festgelegt werden. Als Dauerstandfestigkeit gibt man die größte Spannung an, mit der in dem gewählten Zeitintervall eine bestimmte Dehngeschwindigkeit nicht überschritten wird. In der Praxis hat sich für die Dehngeschwindigkeitsmessung der Zeitraum von der 25. bis 35. Stunde am meisten eingebürgert. Als Dehngeschwindigkeiten werden im allgemeinen Werte von $5—15 \cdot 10^{-4}\%/\text{Std.}$ für zulässig erachtet.

Bezüglich der Durchführung der Dauerstandfestigkeitsprüfung sei auf die Arbeiten von A. Pomp und Mitarbeitern[2], R. Mailänder[3] und insbesondere die Richtlinien des Vereins Deutscher Eisenhüttenleute[4] sowie auf DIN-Vornorm DVM-Prüfverfahren A 117 und 118 verwiesen. Eine Zusammenstellung der sonstigen Abkürzungsverfahren, von denen hier nur noch das von W. Rohn[5]

---

[1] Mitt. Kais.-Wilh.-Inst. Eisenforsch., Düsseld. Bd. 9 (1927) S. 33/52; Bd. 12 (1930) S. 127/147.

[2] Pomp, A., u. A. Dahmen: Mitt. Kais.-Wilh.-Inst. Eisenforsch. Bd. 9 (1927) S. 33/52 — Vgl. Stahl u. Eisen Bd. 47 (1927) S. 414/15. — Pomp, A., u. W. Enders: Mitt. Kais.-Wilh.-Inst. Eisenforsch. Bd. 12 (1930) S. 127/47. — Pomp, A., u. W. Höger: Mitt. Kais.-Wilh.-Inst. Eisenforsch. Bd. 14 (1932) S. 37/57 — Vgl. Stahl u. Eisen Bd. 52 (1932) S. 397.

[3] Krupp. Mh. Bd. 12 (1931) S. 242/43.

[4] Stahl u. Eisen Bd. 55 (1935) S. 1535.

[5] Rohn, W.: Z. Metallkde Bd. 24 (1932) S. 127/31.

erwähnt sei, und einen Vergleich der insbesondere im Ausland gebräuchlichen mit dem deutschen Normverfahren gibt A. Krisch[1].

So wertvoll derartige Kurzverfahren für Werkstoffe, die aus einheitlichen Mischkristallen bestehen und keinerlei Veränderung erfahren, sein können, insbesondere dann, wenn die Prüftemperatur noch unterhalb der Rekristallisationstemperatur liegt, so selbstverständlich ist es, daß sie zu falschen Schlüssen führen können, wenn irgendwelche Werkstoffveränderungen während der Prüfdauer eintreten, die in der Lage sind, die betreffenden Werkstoffe in der Wärme grundlegend zu beeinflussen. Zu solchen Vorgängen gehören vor allem alle Arten von Ausscheidungen. Wie im Falle des Vanadins nachgewiesen werden konnte, spielen sich bei 500° die Vorgänge noch derartig träge ab, daß auch nach 100 Stunden noch kein Härteabfall eintritt. Für eine Temperatur bis zu 600° und eine Prüfzeit bis zu 100 Stunden kann sich somit eine hohe Warmfestigkeit bzw. Dauerstandfestigkeit ergeben. Bei Verlängerung der Prüfdauer auf z. B. 1000 Stunden wird man unter Umständen feststellen können, daß dann die zunächst im 50-Stundenversuch ermittelte Dauerstandfestigkeit erheblich abgefallen ist. Die Kurzverfahren würden also hier dem Konstrukteur für auf sehr lange Zeit beanspruchte Gegenstände Werte vortäuschen, die nur für eine gewisse Beanspruchungsdauer gelten. Ein sicheres Urteil über die zulässige Beanspruchung in der Wärme läßt sich also nur dann gewinnen, wenn das Dehnverhalten der Werkstoffe über den gesamten Zeitraum bekannt ist, den der Konstrukteur als

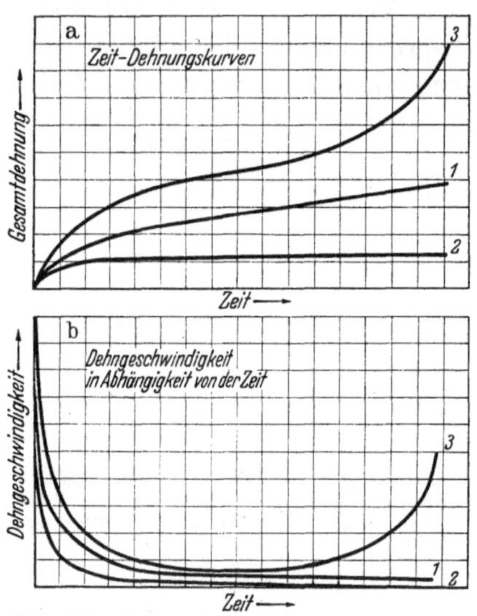

Abb. 600. Schematische Darstellung der Zeit-Dehnungskurven (a) und deren Ableitungen (b) (Dehngeschwindigkeiten) verschiedener Stahltypen unter Zugrundelegung gleicher Last.

voraussichtliche Lebensdauer der Konstruktion annimmt. Wie Abb. 600 zeigt, können sich in dieser Beziehung aber verschiedene Stahlarten sehr unterschiedlich verhalten. Kurve 1 (Abb. 600a) gibt einen Stahl mit niedriger Rekristallisationstemperatur wieder, der oberhalb dieser beansprucht ist; da keine Verfestigung eintreten kann, nimmt die Dehnung nach Abklingen der starken Anfangsdehnung etwa linear zu, die Dehngeschwindigkeit (Abb. 600b) bleibt also konstant. Kurve 2 entspricht einem Stahl mit hoher Rekristallisationstemperatur, der unterhalb des Rekristallisationsbereiches geprüft wurde. Infolge der einsetzenden Verfestigung strebt die Gesamtdehnung einem Endwert zu, die Dehngeschwindigkeit sinkt also, um allmählich dem Nullwert zuzustreben. Kurve 3 kommt einem Stahl zu, der bei der Temperatur beginnender Rekristallisation beansprucht wird; es tritt zunächst Verfestigung ein, die zu einem Abklingen der Dehnung führt. Mit dem Einsetzen der Rekristallisation nimmt dann aber die Dehnung wieder stärker zu. Ähnlich liegen die Verhältnisse bei einem ausscheidungshärtenden Stahl, bei dem die Ausscheidung während des Versuches

[1] Krisch, A.: Arch. Eisenhüttenw. Bd. 12 (1938/39) S. 199/206.

einsetzt. Die Dehnung nimmt mit dem Einsetzen der Ausscheidung langsamer zu, um aber nach ihrem Abklingen wieder steil anzusteigen[1]. Bei Ausscheidungsvorgängen, die unter starker Volumenverringerung vor sich gehen, kann gelegentlich sogar eine Verkürzung beobachtet werden. Die Dehngeschwindigkeit geht in diesen Fällen durch einen Mindestwert (Abb. 600b).

Die Tatsache, daß alle Dauerstandfestigkeitswerte, die man an Hand von abgekürzten Prüfverfahren erhält, durch Gefügeveränderungen bei längeren Gebrauchszeiten Veränderungen unterliegen können, hat insbesondere in Amerika dazu geführt, daß die Bewertung dort grundsätzlich auf Grund von Langzeitversuchen erfolgt, die sich auf mindestens 1000, wenn nicht 10000 Stunden erstrecken. Man legt dabei der Bewertung diejenige Spannung zugrunde, unter der nach den entsprechenden Zeiten eine bestimmte Maximaldehnung — beispielsweise 1% — nicht überschritten wird. Diese Bewertung hat, sofern sie nicht durch Extrapolation über zu große Zeiten erfolgt, den Vorteil, die Prüfung mit der praktischen Bewährung in stärkeren Zusammenhang zu bringen und Zufälligkeiten und Veränderungen auszuschalten. Der Nachteil dieses Verfahrens ist die außerordentlich lange Zeit, um zu entsprechenden Ergebnissen zu gelangen. Für manche Beanspruchungsfälle von kurzlebigen Maschinenelementen, wie z. B. Teilen von Abgasturbinen in Flugzeugmotoren usw., die sich auf einige 100 Stunden Betriebszeit beschränken, würde man durch Wahl von zu langen Prüfzeiten auch unter Umständen veranlaßt, zu niedrige Werte der Dauerstandfestigkeit einzusetzen und würde somit nicht zur vollen Materialausnutzung in diesen an sich möglichst leicht zu haltenden Bauteilen kommen. Grundsätzlich richtig und in solchen Fällen auch in Deutschland schon vielfach üblich ist es, die Prüfzeit der voraussichtlichen Betriebszeit und den Betriebsbedingungen weitgehend anzupassen. Für das praktische Verhalten wichtig ist es z. B. auch, daß die Beanspruchung in der Konstruktion vielfach mehrachsig ist, während die normalen Prüfungen mit einachsiger Beanspruchung durchgeführt werden. Versuche an Rohren unter Innendruck gaben z. B. zwar ähnliches Kriechverhalten wie an Stäben, nur waren längere Zeiten erforderlich, um zu einem Gleichgewichtszustand zu kommen[2].

Besondere Brucherscheinungen bei Langzeitbeanspruchung in der Wärme. Für die Verlängerung der Prüfdauer spricht auch der Umstand, daß, abgesehen von dem Einfluß von Werkstoffveränderungen auf die Dehngeschwindigkeit, auch noch Brüche eintreten können, ohne daß der Werkstoff zu starkem Fließen kommt. Bei Hochtemperaturschrauben, die im Hochdruckdampfgebiet bei 500° längere Zeit unterhalb der im Kurzversuch ermittelten Dauerstandfestigkeit beansprucht waren, beobachtete man erstmalig, daß hochdauerstandfeste Stähle mehr oder weniger „verformungslos", d. h. praktisch ohne Einschnürung und mit sehr geringer Dehnung, also mit den Kennzeichen eines Trennungsbruches, rissen. Die Kenntnis der Dehngeschwindigkeit allein genügt somit nicht, um ein Bauteil vor dem Bruch zu schützen, wenn dieser auch ohne nennenswerte bleibende Dehnung und insbesondere ohne Einschnürung erfolgen kann. Es ist bekannt, daß es beim Zerreißen von Stählen bei höheren Temperaturen bestimmte Temperaturgebiete gibt, bei denen der Bruchverlauf inter-

---

[1] Vgl. P. Grün: Arch. Eisenhüttenw. Bd. 8 (1934/35) S. 205/11.
[2] Norton, F. H.: Trans. Amer. Soc. mech. Engrs. Bd. 61 (1939) S. 239/45.

kristallin erfolgt, während bei Raumtemperatur die Brüche bei Zerreißproben durchweg intrakristallin verlaufen. Es scheint somit, daß bei bestimmten Temperaturen, die augenscheinlich in der Nähe der Temperatur beginnender Rekristallisation liegen, die Störungen, die zum Zerreißen führen, an den Korngrenzen stärker auftreten als in den Gleitlinien. Daß entsprechende Korngrenzenstörungen in verstärktem Maße auch bei Langzeitversuchen in der Wärme vorkommen, wird erhärtet durch den hier beobachteten einschnürungslosen und dehnungsarmen interkristallinen Bruch. Den Verlauf eines derartigen Bruches zeigt Abb. 601. Zwischen dem Auftreten dieser Trennungsbrüche und der betreffenden Temperatur und Spannung gibt es augenscheinlich bestimmte gesetzmäßige Beziehungen. Liegt die Spannung so hoch über der Dauerstandfestigkeit, daß ein beträchtliches Fließen des Werkstoffes eintritt, so kommt man zu einem dem üblichen Zerreißvorgang ähnlichen Bruchverlauf. Sind die Spannungen so niedrig, daß keine wesentliche Verformung eintritt, also in der Nähe der Dauerstandfestigkeit, so können sich verformungsarme Brüche einstellen. Die Zeit, die zum Trennungsbruch führt, ist um so geringer, je höher die aufgebrachte Spannung und je höher die Prüftemperatur ist. Mit absinkender Prüftemperatur und Spannung verlängern sich die Dauerstandzeiten auch für diese Bruchart[1]. Über die wirkliche Ursache dieser Brüche läßt sich heute noch nichts Genaues sagen. Aus der Tatsache, daß bei Verwendung von Chrom-Nickel-Stählen in früheren Zeiten für Hochtemperaturschrauben in Dampfkesselanlagen Versprödungserscheinungen beobachtet worden waren, die in direktem Zusammenhang mit der Anlaßsprödigkeit standen, zog man den Schluß, daß die verformungsarmen Brüche auf Anlaßsprödigkeit zurückzuführen sind. Dieser Zusammenhang konnte vermutet werden, weil man feststellte, daß die Werkstoffanteile, die dem Trennungsbruch benachbart sind, gleichfalls gelegentlich Versprödungen aufweisen. In Wirklichkeit muß aber zwischen beiden Erscheinungen scharf unterschieden werden. Während die Anlaßsprödigkeit durch genügend langes Verweilen auf rund 500° auch ohne Vorhandensein von Spannungen sich einstellt und die Versprödung selbst erst bei darauffolgender schlagartiger Beanspruchung in Erscheinung tritt, hat man es bei Trennungsbrüchen, die bei Dauerbelastung ohne schlagartige Beanspruchung entstehen, mit einem Vorgang zu tun, bei dem gleichzeitig Spannungen und Temperatur einwirken müssen. Der Trennungsbruch ist keineswegs mit einer allgemeinen Versprödung des Werkstoffes verbunden, was beispielsweise daraus hervorgeht, daß gebrochene Dauerbelastungsstäbe im Einspannkopf ihre volle Kerbzähigkeit behalten und nur im beanspruchten Schaft oder an eingekerbten Stellen, die etwas höheren Spannungen ausgesetzt waren, verspröden (Abb. 601). Während die Anlaßsprödigkeit durch eine erneute Wärmebehandlung restlos behoben werden kann, ist diese hier eintretende Korngrenzenveränderung und Versprödung durch erneute Wärmebehandlung nicht voll aufzuheben. Schließlich zeigt sich auch, daß Stähle mit ausgesprochener Neigung zu Anlaßsprödigkeit

---

[1] White, A. E., C. L. Clark u. R. L. Wilson: Trans. Amer. Soc. Met. Bd. 25 (1937) Nr. 3, S. 863/88 — Siehe auch Proc. Amer. Soc. Test. Mat. Bd. 36 (1936 II) S. 139/60. — Houdremont, E.: Mitt. Ver. Großkesselbes. Bd. 63 (1937) S. 229/42 — Vgl. auch Stahl u. Eisen Bd. 58 (1938) S. 1175. — White, A. E., C. L. Clark u. R. L. Wilson: Trans. Amer. Soc. Met. Bd. 26 (1938) S. 52/80. — Siebel, E., u. K. Wellinger: Arch. Eisenhüttenw. Bd. 13 (1939/40) S. 387/96.

im üblichen Sinne im Langzeitversuch unter Spannung nicht schneller brechen als solche Legierungen, die frei von üblicher Anlaßsprödigkeit sind. Selbstverständlich ist es möglich, daß Anlaßsprödigkeit und Versprödung unter Last nebeneinander herlaufen; daß aber Anlaßsprödigkeit nur zufällig mit dem Eintreten verformungsarmer Brüche bei höheren Temperaturen zusammenhängen kann, geht aus der Tatsache hervor, daß austenitische Stahllegierungen und weiches Flußeisen[1], bei denen man von Anlaßsprödigkeit im normalen Sinne nicht sprechen kann, ebenfalls zu interkristalliner Brüchigkeit bei Dauerbelastung neigen.

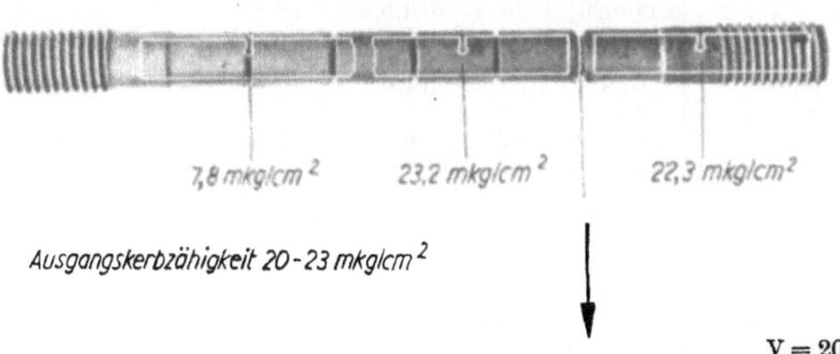

Als Folgerung ergibt sich, daß für die endgültige Beurteilung des Verhaltens eines Werkstoffes bei höheren Temperaturen nur der Langzeitversuch entscheidend sein kann. Trotzdem ist praktisch die ganze Entwicklung dauerstandfester Legierungen durch Kurzzeitversuche geleitet und erst nachträglich eine weitere Auswahl von Legierungen durch Langzeitversuche durchgeführt worden.

Einfluß der Legierung. Bei den nichtaustenitischen dauerstandfesten Werkstoffen wurde die Entwicklung bestimmt durch Verwendung von Legierungselementen, die entweder die Kristallerholungstemperatur des Mischkristalls beeinflussen oder Sonderkarbide bilden, die sich erst bei verhältnismäßig hohen Temperaturen ausscheiden und zusammenballen. Unter den erstgenannten

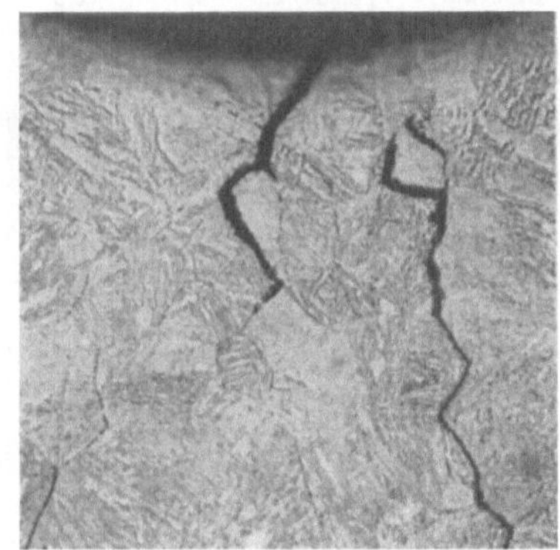
Abb. 601. Kerbzähigkeit und Gefüge eines warmfesten Stahles (interkristalline Risse in der Nähe der Bruchstelle) nach Dauerglühung bei 500° unter Last von 15 kg/mm² bis zum Bruch (7920 Std.). [E. Houdremont: Stahl u. Eisen Bd. 59 (1939) S. 1/8.]

Legierungselementen spielt das Molybdän, wie bereits in dem entsprechenden Abschnitt erwähnt, die bedeutendste Rolle, wenngleich es auch die Karbidausscheidung und -verteilung beeinflussen kann und somit eine doppelte Wirkung in dauerstandfesten Stählen ausübt. In ähnlichem Sinne wirkt in schwächerem Maße Wolfram und bis zu einem gewissen Grade auch Chrom. Zu den karbidbildenden Elementen gehört vorzugsweise das Vanadin, dessen besondere Wirksamkeit bei Temperaturen um 550° in Erscheinung tritt, während sich der Einfluß von Molybdän am deutlichsten bei etwa 500° bemerkbar macht. So findet man in den hochdauerstandfesten vergütbaren Legierungen insbesondere die Elemente Molybdän, Wolfram, Vanadin. Da bei der Verwendung von Stählen für hohe Temperaturen meist auch Wert auf eine gewisse Korrosionsbeständigkeit gegen Oxydation oder gegen Wasserstoffangriff u. dgl. gelegt wird, sind auch noch weitere Legierungselemente in solchen Stählen üblich. Vor allem

---

[1] White, A. E., C. L. Clark u. R. L. Wilson: Trans. Amer. Soc. Met. Bd. 25 (1937) S. 3/88 — S. a. Proc. Amer. Soc. Tech. Mater. Bd. 36 (1936 II) S. 139/60.

Zahlentafel 155. Dauerstandfeste Legierungen und ihre

Stahltyp	C %	Si %	Mn %	Cr %	Ni %	Mo %	V %	W %	Ti %	Nb %	
C-(Mn)-Stahl	0,1/0,5	0,1/0,3	0,5 (-1)	—	—	—	—	—	—	—	
Mn-Si-Stahl	0,15	0,5	1,0	—	—	—	—	—	—	—	
Mo-Stahl	0,1/0,15	0,2/0,4	0,6/0,8	—	—	0,3/0,4	—	—	—	—	
Cr-Mo-(Si)-Stahl	0,10/0,18	0,4/1,0	0,5	0,8/1,2	—	0,4/0,5	—	—	—	—	
Cr-V-Stahl	0,10	0,2/0,4	0,3/0,4	3	—	—	>0,1	—	—	—	
Cr-V-Stahl	0,13/0,20	0,2/0,4	0,3/0,5	1,5	—	—	0,15/0,30	—	—	—	
Cr-V-Stahl	0,2/0,3	0,2/1,0	0,3/0,5	1,5	—	—	0,4/1,2	—	—	—	
Cr-Mo-V-Stahl	0,15	0,2/1,0	0,3/0,5	1,3	—	0,2/0,25	0,18	—	—	—	
Cr-Mo-V-Stahl	<0,08	1,4/1,6	0,4/0,5	2,0/2,3	—	0,25/0,35	0,15/0,20	—	—	—	
Cr-Ni-Mo-Stahl	0,10	0,5	0,5	0,8	1,5	0,5/1,0	—	—	—	—	
Cr-Mo-V-Stahl {	0,12/0,20	0,5	0,5	1,5	—	0,4/0,5	0,4/0,5	—	—	—	
{	0,15/0,30	0,5	0,5	1,5	—	1,2	0,1/0,7	—	—	—	
Cr-Mo-V-W-Stahl {	0,20	0,5	0,5	3	—	0,4	0,8	0,5	—	—	
{	0,15/0,20	0,15/0,30	0,30/0,40	>2,5	—	<0,50	0,05/0,10	>0,50	—	—	
Cr-Mo-V-Stahl	0,17/0,22	0,15/0,30	0,30/0,40	2,5/3,0	—	0,50/0,60	0,35/0,40	—	—	—	
6% Cr-(Mo, Si, Al, V)-Stahl {	0,10	0,5/2,2	0,5	6	—	(0,5)	(0,1/0,3)	—	—	—	Al 0,5/1,0
{	0,10	0,5/2,2	0,5	6	—	(0,5/1,0)	—	—	0,3/0,5	0,5/0,8	—
Rostbeständiger 13/17% Cr-Stahl	0,05/0,20	0,3	0,5	13/17	—	—	—	—	—	—	—
13/17% Cr-Mo-Stahl	0,05/0,20	0,3	0,5	13/17	—	0,5/2,0	—	—	—	—	—
Hitzebeständiger Cr-Si-(Al)-Stahl	0,05/0,20	0,5/2,5	0,5	10/30	—	—	—	—	—	—	Al 0,5/5,0
18/8 Cr-Ni-Stahl	< 0,10	0,5/2,2	0,5	18	8	—	—	—	0,2/0,5	—	—
Hitzebeständiger Cr-Ni-(Si, Ti)-Stahl	0,10/0,15	0,5/2,5	0,5	15/25	14/36	—	—	—	0,1/0,5	—	—
Cr-Ni-W-Ti-Stahl	0,10	0,5	0,5	18	8	—	—	0,8	0,5	—	—
Cr-Ni-W-Nb-Stahl	0,10	0,5	0,5	18	8	—	—	0,8	—	1,0/1,5	—
Cr-Ni-W-Stahl	0,5/1,0	1,8	0,5	15	14	—	—	—	~2	—	—
Cr-Ni-(Fe)-Leg.	0,10/0,15	0,5/1,0	0,5/1,0	15/18	36/78	—	—	—	—	—	—
Cr-Ni-Fe-Mo-(W)-Leg.	0,10	0,5/1,0	0,5/1,0	15	56/60	7	—	(7)	—	—	—
Cr-Ni-Ti-Leg.	0,1/0,5	0,5/1,5	0,5/1,0	15/25	30/60	—	—	—	1,5/3,0	—	—
Cr-Ni-Co-Ti-Leg.	0,10	0,5	0,5	10/20	~30	—	—	—	~2	—	2Co 0/25
Cr-Ni-Co-W-Mo-Stahl	0,10	0,5	0,5	10/20	~30	4/6	(1)	4/6	(2)	(1/5)	20/25
Cr-Mn-Si-Stahl	0,10	1,5/4,0	8/20	8/18	0/2	—	—	—	(0,5)	—	—
Cr-Mn-(Ni)-W-(Mo)-Stahl	0,5/1,0	1,0/2,0	6/15	10/18	0/6	(1/2)	—	1/4	—	—	—

gilt dies für Zusätze von Chrom in wasserstoffbeständigen und von Silizium in zunderbeständigen Stählen (vgl. z. B. Abb. 602 und Zahlentafel 155).

Zurückkommend auf Vanadin ist also festzuhalten, daß seine die Dauerstandfestigkeit erhöhende Wirkung in erster Linie auf der Wechselwirkung mit Kohlenstoff beruht, in geringerem Maße auf der Beeinflussung der Grundmasse durch Erhöhung der Rekristallisationstemperatur. Dementsprechend findet man bei Stählen gleichen Kohlenstoffgehaltes mit zunehmendem Vanadingehalt eine starke Erhöhung der Dauerstandfestigkeit bis zu dem Legierungsgrad, wo infolge der abschnürenden Wirkung des Vanadins auf das γ-Gebiet die Vergütungsfähigkeit abnimmt und Ferrit im Gefüge auftritt. Die Dauerstandfestigkeit nimmt dann sprunghaft ab und steigt mit weiter zunehmendem Vanadinzusatz im Bereich der ferritischen Stähle nur noch langsam wieder an. Bei höherem Kohlenstoffgehalt verschiebt sich der Höchstwert der Dauerstandfestigkeit entsprechend der Erweiterung des γ-Gebietes zu höheren Vanadingehalten, wobei die Steigerung des Kohlenstoffzusatzes zunächst in günstigem Sinne auf die absolute Höhe des Bestwertes wirkt; sehr hohe Kohlenstoffgehalte bringen dann wieder eine Verschlechterung, und zwar scheint das Optimum durch den Beginn der vollständigen Härtbarkeit gegeben zu sein[1].

---

[1] Holtmann, W.: Mitt. Kohle- u. Eisenforsch. Bd. 3 (1941) S. 1/46.

Dauerstandfestigkeit bei verschiedenen Temperaturen.

Gefügezustand	Streckgrenze 20° kg/mm²	Zugfestigkeit	Grenzen des Streubereiches der Dauerstandfestigkeit in kg/mm² nach DVM-Verfahren A 117/118					Verwendungszweck
			400°	500°	600°	700°	800°	
Normalisiert (vergütet)	22/30	40/70	10/25	4/12	—	—	—	—
„ „	>32	47/56	19/25	6/10	—	—	—	Kesselbau
„ Vergütet „	26/30	45/55	~20	15/18	—	—	—	„
„	>30	45/60	21/32	16/32	3/5	—	—	„
„	>30	50/60	—	11/14	—	—	—	Wasserstoffbeständig
„	>35	50/70	21/32	12/18	3,5/4	—	—	Kesselbau
„	>55	80/90	40/50	22/29	4/6	—	—	„
„	>38	50/60	21/32	15/20	5/9	—	—	„
„	~27	45/55	—	~12	5/9	—	—	Hochdruckkesselbau
„	>60	80/90	50/60	29/45	3/5	—	—	„
„	>60	80/90	45/55	30/45	10/12	—	—	„
„	>60	80/90	45/60	28/50	7/15	—	—	„
„	>75	~100	54	36/45	15/18	—	—	Wasserstoffbeständig
„	>45	60/70	—	13/23	3,0/4,7	—	—	„
„	82	90	—	~36	—	—	—	„
„	30/40	50/70	—	7/10	2/4	0,3/0,8	0,1	Wasserstoffbeständig, Druckanlagen, hitzebeständige Apparate
„ (geglüht)	30/40	50/65	—	12/18	4/8	0,8	—	—
} Vergütet oder geglüht ferritisch-karbidisch	>35	55/65	30/34	12/20	2/4	0,3/0,8	—	Dampfturbinenschaufeln
	40/60	60/80	40/45	17/33	5/7	0,8/2,0	—	„
Ferritisch-karbidisch	35/45	50/70	—	7/25	2/4	0,2/2,0	0,3/0,4	Hitzebeständige Apparateteile Heizleiter
Austenitisch	>27	60/75	—	~18	12/15	4/8	—	Hitzebeständige Apparateteile
„	25/35	60/75	—	~18	10/17	5/8	2/5	{ „ Heizleiter „
„	~50	~80	—	25/41	15/21	—	—	Turbinenteile
„	~50	~80	—	40/41	18/28	~6	—	
„	45/55	85/95	—	36/37	14/20	5/9	3/5	Turbinenteile, Auslaßventile
„	>27	60/70	—	~24	9/10	6/8	2/4	Hitzebeständ. Zwecke, Heizleiter
„	>30	65/80	—	~26	14/15	10	—	Hitzebest. Zwecke, Abgasturbinen
„	45/55	75/100	—	—	35/45	18/24	4/6	Abgasturbinen
„	30/48	75/100	—	—	30/40	10/20	4/5	„
„	45	90	—	—	27/40	10/20	4/7	„
„	25/38	70/90	—	~17	12/17	6/11	2/4	Hitzebeständige Apparateteile
„	60/70	80/95	—	—	16/18	5	2/4	„ „

Eine Übersicht über eine Reihe der gebräuchlichsten dauerstandfesten Legierungen mit den für verschiedene Temperaturen erreichbaren Werten und den Hauptverwendungsgebieten gibt Zahlentafel 155. Neben einer Ausscheidung durch Sonderkarbide können natürlich auch Ausscheidungen durch andere Verbindungen in Richtung einer erhöhten Dauerstandfestigkeit wirken, sofern die Zusammenballungstemperatur für die entsprechenden Ausscheidungen hoch genug ist. In diesem Sinne verdienen auch Stähle mit Tantal bzw. Niob sowie Titan Beachtung [s. Zahlentafel 217 (S. 976 und 996)].

Bei Legierungen, deren Dauerstandfestigkeit auf einer Ausscheidung beruht, muß erstere von der Menge und auch vom Verteilungsgrad der zur Ausscheidung kommenden Bestandteile abhängig sein. Den Einfluß steigenden Vanadingehaltes, d. h. steigender Gitterverspannung infolge zunehmender Menge an ausscheidungsfähigen Karbiden, zeigt Abb. 602.

Die Abhängigkeit der Dauerstandfestigkeit vom Verteilungsgrad der ausgeschiedenen Komponente kann man ebenfalls deutlich bei vanadinhaltigen Stählen beobachten. Ähnlich wie die Festigkeit bei Raumtemperatur ist hier auch die Dauerstandfestigkeit von der Anlaßtemperatur beim Vergüten, d. h. von der Karbidverteilung, abhängig (Abb. 603). Ebenso macht sich ein Einfluß der Vergütungstemperatur insofern geltend, als mit steigender Vergütungstemperatur zunehmende Vanadinkarbidmengen in Lösung gehen und damit zur Ausscheidung in geeigneter Form befähigt werden. Es besteht insofern auch eine lose Beziehung zwischen Zugfestigkeit bei Raumtemperatur und Dauerstandfestigkeit; allerdings gilt letztere nur innerhalb ähnlicher Legierungstypen und darf keinesfalls verallgemeinert werden. Auf den Einfluß der Korngröße und der Gefügeausbildung wurde bereits auf S. 198 hingewiesen.

In Zahlentafel 155 (S. 710) sind auch die Werte der Dauerstandfestigkeit bei austenitischen Werkstoffen mit aufgeführt. Gelegentlich enthalten derartige Le-

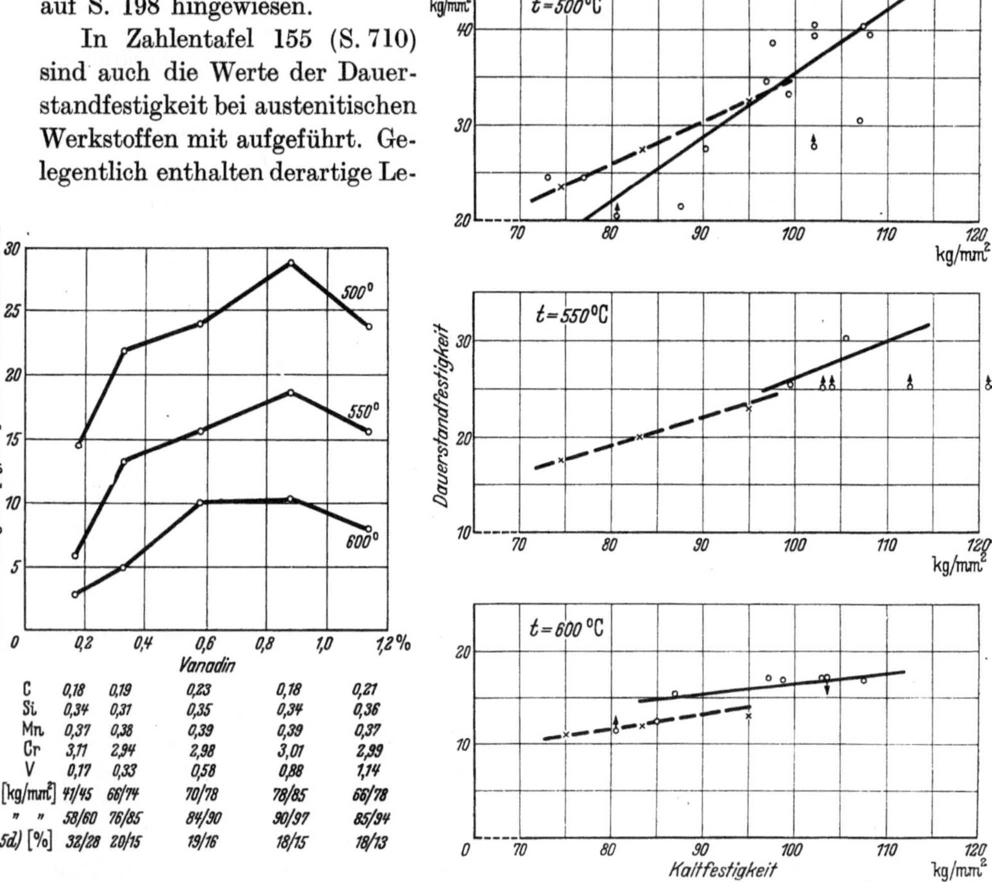

C	0,18	0,19	0,23	0,18	0,21
Si	0,34	0,31	0,35	0,34	0,36
Mn	0,37	0,38	0,39	0,39	0,37
Cr	3,11	2,94	2,98	3,01	2,99
V	0,17	0,33	0,58	0,88	1,14
Streckgrenze [kg/mm²]	41/45	66/74	70/78	78/85	66/78
Festigkeit " "	58/60	76/85	84/90	90/97	85/94
Dehnung (l=5d) [%]	32/28	20/15	19/16	18/15	18/13

Abb. 602. Einfluß von Vanadin auf die Dauerstandfestigkeit eines 3proz. Chromstahles.

Abb. 603. Dauerstandfestigkeit einer Stahllegierung mit 0,20% C, 2,8% Cr, 0,4% W, 0,4% Mn, 0,8% V, in Abhängigkeit von der Kaltfestigkeit bei verschiedenen Prüftemperaturen.

gierungen als Austenitbildner neben Nickel oder Mangan noch Kobalt, wie einige Beispiele der Zahlentafel zeigen. Die hohe Lage der Kristallerholungstemperatur ist bei austenitischen Legierungen bereits durch das raumzentrierte Gitter des Austenitmischkristalles gegeben, wobei wiederum Zusätze an Wolfram oder Molybdän günstig wirken können. Vor allem scheinen sich aber Zusätze von Tantal, Titan und Niob als ausscheidungshärtende Legierungsbestandteile auszuzeichnen (s. hierzu auch S. 453, 584, 587, 740, 979 und 997).

Die Werte obiger Zahlentafel sind wieder Ergebnisse von Kurzzeitversuchen, berücksichtigen also nicht die Neigung der verschiedenen Legierungen zu verformungsarmen Brüchen bei Dauerbelastung. Bei allen bisher untersuchten

Legierungen ist es möglich, bei Wahl entsprechender Belastungszeiten, Belastungshöhen und Temperaturen mehr oder weniger verformungsarme, interkristallin verlaufende Brüche zu erzeugen. Grundsätzlich scheint die Empfindlichkeit um so geringer zu sein, je tiefer die Beanspruchung unterhalb der Dauerstandfestigkeit liegt; aber auch bei Stählen, die praktisch bei einer bestimmten Temperatur gleiche Dauerstandfestigkeiten im Kurzversuch aufweisen, ist die Neigung zum verformungslosen Bruch verschieden. Besonders empfindlich erscheint ein Stahl entsprechend dem in Zahlentafel 155 (S. 710) an zehnter Stelle angeführten Chrom-Nickel-Molybdän-Stahl, während der gleiche Stahl ohne Nickelzusatz bereits weniger empfindlich ist (Abb. 604a). Besonders günstig schneiden auch in dieser Beziehung Chrom-Molybdän- bzw. Chrom-Wolfram-Molybdän-Stähle mit Vanadinzusatz ab (Abb. 604b). Die Tatsache, daß verschiedene Legierungen verschieden ansprechen und daß besonders eine Empfindlichkeitssteigerung durch Nickel beobachtet werden konnte, legt den Gedanken an eine beschleunigende Wirkung bestimmter Ausscheidungsvorgänge an den Korngrenzen nahe. Allerdings müßte man dann wohl annehmen, daß die Ausscheidungen nur im Stadium der Entstehung Stellen geringster Festigkeit bilden, denn Legierungen mit abgelaufener Ausscheidung neigen im allgemeinen keineswegs besonders zu Korngrenzenbruch, auch wenn die Ausscheidung deutlich interkristallin erfolgt. Schließlich könnte man auch annehmen, wie dies

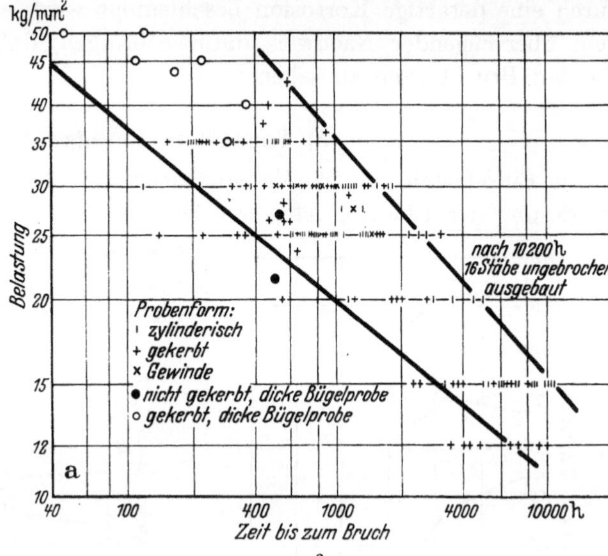

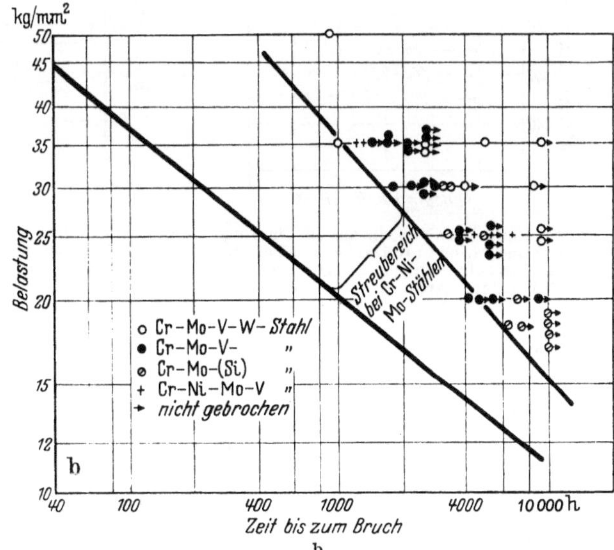

Stahl	kg/mm² Dauerstandfestigkeit bei 500° im Kurzversuch nach DVM (Din A 117/118)
Cr-Mo-V-W	35—45
Cr-Mo-V	26—40
Cr-Mo-(Si)	18—25
Cr-Ni-Mo-V	26—35
Cr-Ni-Mo	26—40

Abb. 604a und b. Bruchzeiten von 178 Probestäben aus Chrom-Nickel-Molybdän-Stählen (a) und von verschieden legierten warmfesten Stählen (b) im Dauerstandversuch bei 500°.

im amerikanischen Schrifttum[1] geschieht, daß eine Korngrenzenkorrosion (Verzunderung) von außen her zum interkristallinen Bruchverlauf beiträgt. Die
in dieser Hinsicht angestellten Versuche ergaben zwar, daß der Bruchvorgang
durch eine derartige Korrosion beschleunigt wird, es ließ sich jedoch bis jetzt
kein überzeugender Nachweis dafür erbringen, daß hierin auch die Ursache
für den Bruchbeginn zu sehen ist.

c) Vanadin in Einsatzstählen.

Im Einsatzstahl bewirkt Vanadin nach G. Tammann[2] eine geringfügige Verminderung der Eindringtiefe, erst bei Gehalten über 20% eine starke Herabsetzung. Dies bestätigt sich auch bei Untersuchungen größerer Einsatztiefen für
niedrige Zementationstemperaturen von

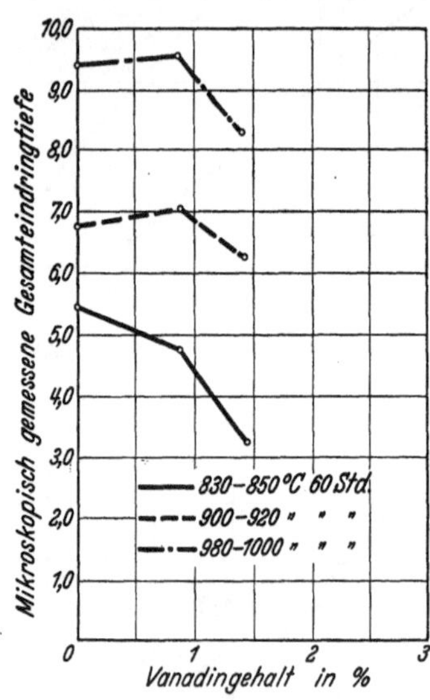

Abb. 605. Einfluß von Vanadin auf die Eindringtiefe bei Zementation in Holzkohle und Bariumkarbonat (60 : 40). [Nach E. Houdremont
u. H. Schrader: Arch. Eisenhüttenw. Bd. 8
(1934/35) S. 445/59.]

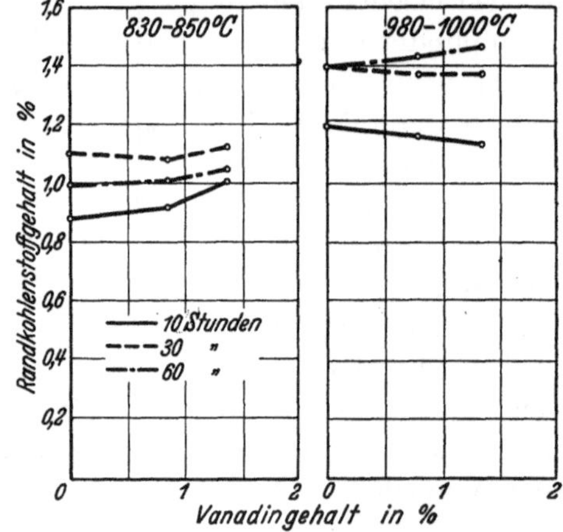

Abb. 606. Wirkung des Vanadins auf den Randkohlenstoffgehalt bei Zementation im festen Einsatz (Holzkohle
und Bariumkarbonat 60 : 40). [Nach E. Houdremont u.
H. Schrader: Arch. Eisenhüttenw. Bd. 8 (1934/35) S. 445/59].

830—850°, wie aus Abb. 605 zu ersehen ist. Bei hohen Zementationstemperaturen
findet dagegen eine Beeinträchtigung durch Vanadingehalte bis zu 0,8% nicht
statt. Der Randkohlenstoffgehalt wird im Vergleich zu Kohlenstoffstählen nur
ganz geringfügig erhöht (Abb. 606). Die verringerte Eindringtiefe der Vanadinstähle bei nur wenig verändertem Randkohlenstoffgehalt deutet auf eine verzögerte Diffusion der schwerlöslichen Sonderkarbide hin. Besonders hervorzuheben ist die hohe Feinkörnigkeit und geringe Empfindlichkeit gegen Zementationsüberhitzung von vanadinhaltigen Einsatzstählen, die in Abb. 607 zum
Ausdruck kommt. Trotz dieser stark kornverfeinernden Wirkung eines Vanadinzusatzes bei verhältnismäßig geringer Beeinträchtigung der Eindringtiefe hat
dieses Legierungselement keine breitere Anwendung in Einsatzstählen gefunden.

Es liegt dies wohl daran, daß eine Steigerung der Kernfestigkeit durch Vanadinzusätze erst bei verhältnismäßig hohen Härtetemperaturen gelingt, die
normalerweise wegen eines großen Härteverzuges vermieden werden. Bei den

---

[1] White, A. E., C. L. Clark u. R. L. Wilson: Trans. Amer. Soc. Met. Bd. 25 (1937)
S. 863/88 u. Bd. 26 (1938) S. 52/80.
[2] Ber. Werkstoffaussch. Ver. dtsch. Eisenh. Nr. 14 (1922).

üblichen Härtetemperaturen bewirkt ein Vanadinzusatz sogar eine Verminderung der Kernfestigkeitswerte, die durch eine teilweise Abbindung des Kohlenstoffs zu erklären ist (Zahlentafel 156). Es ist deshalb zweckmäßig, gleichzeitig den Kohlenstoffgehalt zu erhöhen. Soll die härtesteigernde Wirkung von

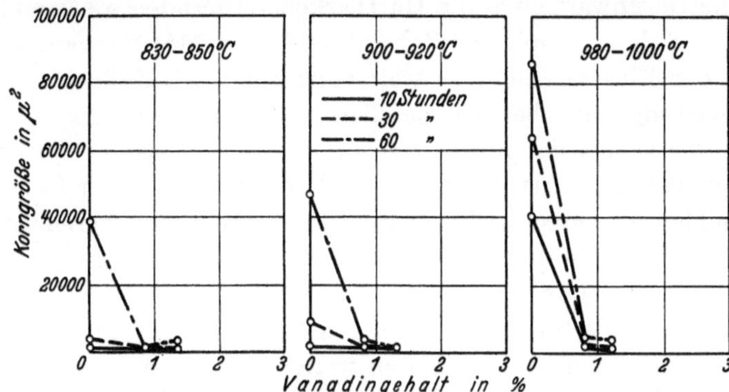

Abb. 607. Verringerte Überhitzungsempfindlichkeit durch Vanadinzusatz bei Zementationsüberhitzung (Zementation im festen Einsatz, Holzkohle und Bariumkarbonat 60 : 40). [Nach E. Houdremont u. H. Schrader: Arch. Eisenhüttenwes. Bd. 8 (1934/35) S. 445/59.]

Vanadin ausgenutzt werden, so muß die Härtetemperatur auf 920° erhöht werden. Durch den Vanadingehalt wird die Überhitzungsempfindlichkeit des Stahles so weit verbessert, daß die vanadinhaltigen Stähle derartige Härtetemperaturen noch vertragen können und sowohl in der Einsatzschicht als auch in der Kernzone genügend feinkörnig bleiben. Werden die Stähle von diesen hohen Härtetemperaturen in Öl oder Wasser abgelöscht, so ist entsprechend

Zahlentafel 156. Kernfestigkeitseigenschaften von Mangan-Vanadin-Einsatzstählen im Vergleich zu einem Manganeinsatzstahl bei verschiedenen Härtetemperaturen sowie einer Abkühlung im Stufenbad (gehärteter Querschnitt 30 mm vkt.).

Stahlzusammensetzung in %			Behandlung	Brinellhärte 10/3000	Kernfestigkeitseigenschaften				
C	Mn	V			Streckgrenze kg/mm²	Festigkeit kg/mm²	Dehnung (l=5 d) %	Einschnürung %	Kerbzähigkeit (DVMR) mkg/cm²
0,16	1,69	—	800° Öl	241	59	86,2	17,5	47	—
			860° Öl	241	66	86,6	20,0	59	—
			920° Öl	248	68	88,4	19,4	58	—
			920° in Salz von 220°	241	57	85,3	20,5	60	11,3
0,16	1,66	0,23	800° Öl	215	34	78,7	22,5	44	—
			860° Öl	255	74	90,5	19,0	58	—
			920° Öl	255	73	91,5	18,0	61	—
			920° in Salz von 220°	255	73	89,5	18,4	61	11,0
			960° Öl	309	72	107,4	10,2	41	—
			960° in Salz von 220°	290	62	99,9	15,0	41	5,9
0,24	1,62	0,52	800° Öl	255	44	92,0	16,6	39	—
			860° Öl	285	69	102,6	13,3	29	—
			920° Öl	296	84	104,7	10,8	31	—
			920° in Salz von 220°	296	72	104,3	13,3	35	7,4
			960° Öl	383	99	138,8	12,6	26	—
			960° in Salz von 220°	375	80	131,8	12,7	29	7,6

der Härtetemperatur mit einem für viele Teile unerträglichen Härteverzug zu rechnen. Dieser Verzug läßt sich erheblich einschränken, wenn eine Stufenhärtung vorgenommen wird, d. h. von der Härtetemperatur in einem Salzbad von 200—250° abgekühlt wird. Voraussetzung für die Anwendbarkeit dieses Verfahrens ist die Gegenwart eines die Härtbarkeit fördernden weiteren Legierungselementes, wie in dem Beispiel der Zahlentafel 156 (S. 715) Mangan, durch das die Härtbarkeit der Einsatzschicht so weit verstärkt wird, daß eine gleichmäßige Oberflächenhärtung auch bei der ziemlich milden Ablöschwirkung des Stufenbades gesichert ist. Bei der Stufenhärtung im Salzbad erfolgt die Umwandlung von Einsatzstählen nach Art der Zahlentafel 156 (S. 715) in der Kernzone häufig wegen der milden Abschreckwirkung des Salzes schon bei höheren Temperaturen in der Zwischenstufe, während die Randzone mit dem höheren Kohlenstoffgehalt erst bei der Abkühlung auf Raumtemperatur die Martensitstufe durchläuft. Ein Hinweis hierfür sind die tieferen Streckgrenzen in der Kernzone der im Salzbad abgelöschten Stähle. Durch weitere Legierungszusätze, wie Chrom, kann man auch die Umwandlung in der Kernzone bei Salzbadhärtung zu tieferen Temperaturen verschieben. In den bisherigen Normen sind als vanadinhaltige Einsatzstähle nur die SAE-Stähle 6115 und 6120 der Zahlentafel 153 (S. 700) genannt. Auch bei diesen Stählen könnte die Ausnutzung des Vanadins als Legierungselement nur unter Einhaltung obiger Maßnahmen erzielt werden, wobei diese für eine Stufenhärtung allerdings etwas niedrig legiert sind.

6. Einfluß von Vanadin auf die physikalischen und chemischen Eigenschaften.

Das System Eisen-Vanadin gehört zu denjenigen Systemen, bei denen durch Zusatz des zweiten Legierungspartners eine Erhöhung des Curie-Punktes (bis etwa 18% V) beobachtet wird[1].

Auch bei Kohlenstoffzusatz hält sich diese Erhöhung des Curie-Punktes noch bis zu ziemlich hohen Vanadin- und Kohlenstoffgehalten; sie beträgt bei 21% V und 2% C noch etwa 80°[2]. Dies ist leicht erklärlich, weil durch Kohlenstoffzusatz nur ein entsprechender Vanadinanteil als Karbid abgebunden wird und der Charakter des Mischkristalls keine Änderung erfährt.

---

[1] Diese Erscheinung wurde in dem hier vorliegenden Fall von U. Dehlinger [Z. Metallkde. Bd. 29 (1937) S. 388/95] in folgender Weise gedeutet. Das ferromagnetische Verhalten eines Atoms wird, wie früher dargelegt, durch die Austauschenergie zwischen seinen Elektronen bestimmt sowie durch die Austauschenergie seiner Elektronen und derjenigen der Nachbaratome; den letzteren Anteil bezeichnet man kurz als das Austauschintegral zwischen den betreffenden Nachbaratomen. Dehlinger nimmt an, daß das Austauschintegral zwischen einem Eisen- und einem Vanadinatom stark negativ ist. Im Gebiet unterhalb des CuriePunktes sind alle magnetischen Momente (Spins) der Eisenatome praktisch parallel gerichtet, nur das Moment der Vanadinatome steht antiparallel hierzu wegen des negativen Austauschintegrals. Wird nun bei Erwärmung der Legierung der Curie-Punkt überschritten, so muß ein Teil der Eisenatome sein Moment umdrehen. Ist nun das Austauschintegral zwischen Eisen- und dem Fremdatom stärker negativ als das Austauschintegral zwischen Eisenatomen positiv war, so ist zu diesem Umkehren eine größere kinetische Energie der Temperaturbewegung erforderlich, als wenn an Stelle des Fremdatoms ein Eisenatom sich befinden würde; dies bedeutet, daß der Curie-Punkt durch den Einbau eines Fremdatoms mit stark negativem Austauschintegral zwischen Eisen- und Fremdatom ansteigt.

[2] Oya, M.: Sci. Rep. Tôhoku Univ. Bd. 19 (1930) S. 331/64.

Die magnetische Sättigung des Eisens wird durch Vanadinzusatz erniedrigt, und zwar bei kleinen Vanadingehalten ähnlich wie bei kleinen Chromgehalten so, wie es einfach einer Verdünnung des Eisens mit einem unmagnetischen Bestandteil entsprechen würde[1].

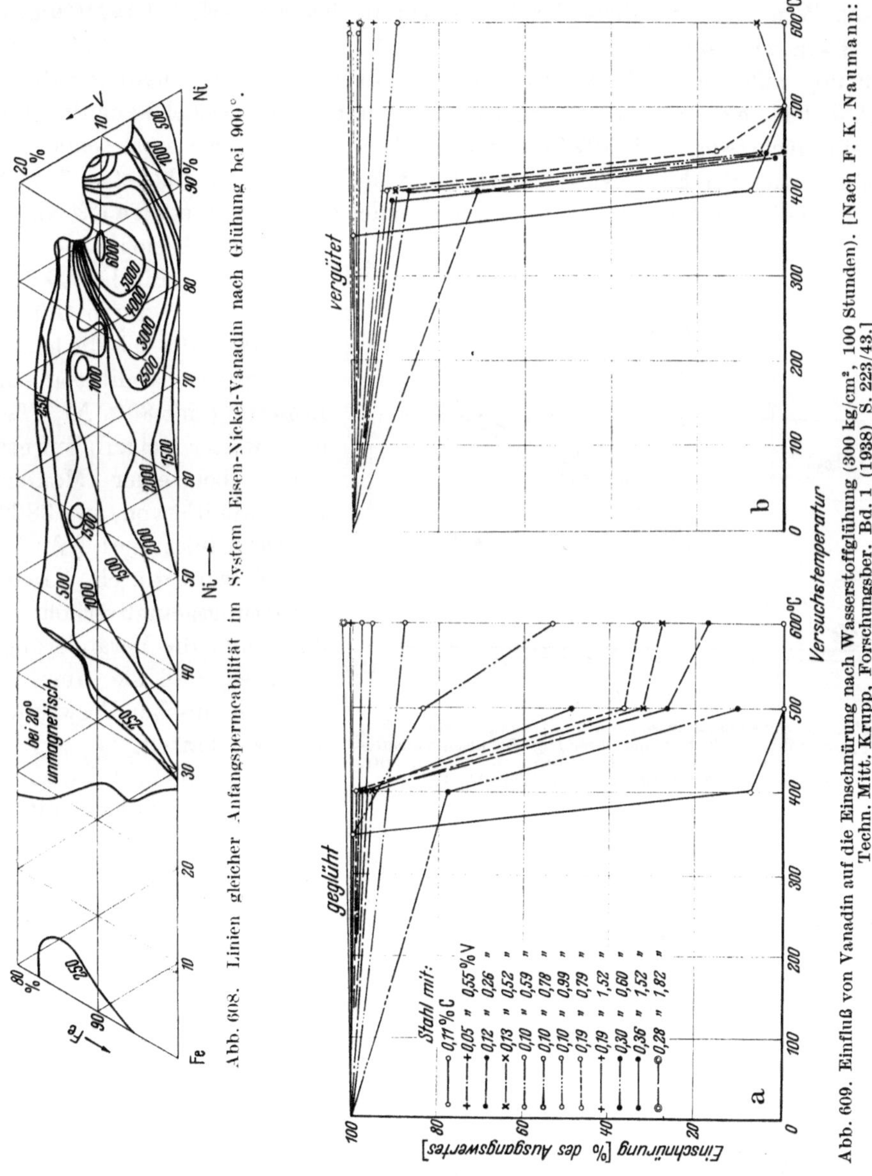

Abb. 608. Linien gleicher Anfangspermeabilität im System Eisen-Nickel-Vanadin nach Glühung bei 900°.

Abb. 609. Einfluß von Vanadin auf die Einschnürung nach Wasserstoffglühung (300 kg/cm², 100 Stunden). [Nach F. K. Naumann: Techn. Mitt. Krupp, Forschungsber. Bd. 1 (1938) S. 223/43.]

Geht man von der Tatsache aus, daß sich das Vanadinatom im einatomigen Dampf im Zustand d^3s^2 befindet, so müßte es anders auf die Sättigung einwirken; es müßte bei Annahme gleicher Elektronenkonfiguration im festen Zustand eine Sättigungsänderung entsprechend 3 Bohrschen Magnetonen herbeiführen. Da es jedoch im festen Zustand in bezug auf die Sättigung überhaupt nicht wirksam ist, sondern wie eine Verdünnung mit einem unmagnetischen Bestandteil wirkt, so ist dies nach dem Vorgang von U. Dehlinger dahin

---

[1] Fallot, M.: Diss. Straßburg 1935.

zu deuten, daß sich im festen Zustand bei Vanadin d^5s^0-Konfiguration bildet und je zwei
Vanadinatome ein Paar mit abgeschlossener d-Schale (10 Elektronen) bilden, mithin unmagnetisch sind.

Die Permeabilität des Eisens wird nach T. D. Yensen und N. A. Ziegler[1]
durch kleine Vanadinzusätze erhöht. Zu besonders guten Ergebnissen in bezug
auf die Permeabilität führte der Vanadinzusatz bei Eisen-Nickel-Legierungen[2].
Der Höchstwert der Anfangspermeabilität, der im System Eisen-Nickel beim
Permalloy mit etwa 78% Ni liegt, nimmt mit steigendem Vanadingehalt, wie
die Abb. 608 zeigt, weiter zu. Im Dreistoffsystem Eisen-Nickel-Vanadin ergibt
sich ein Höchstwert bei 80% Ni und 3—10% V; dieser Höchstwert sendet zwei
Ausläufer nach der Eisen-Nickel-Achse hin, von denen der eine bei etwa 78% Ni,
dem Permalloy, ankommt und der andere in der Gegend von etwa 45% Ni. Die

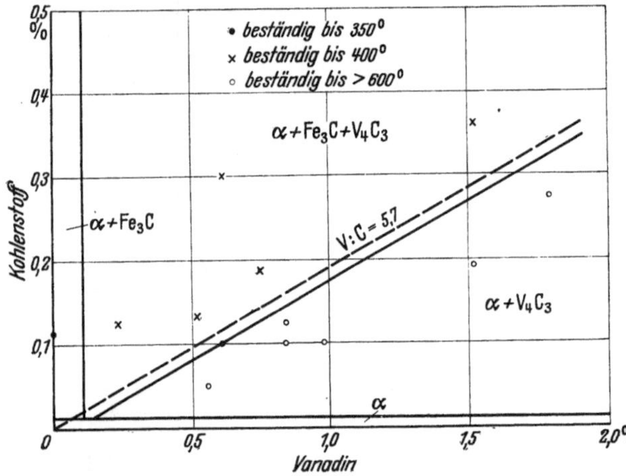

Abb. 610. Zusammenhang zwischen der Wasserstoffbeständigkeit
der Vanadinstähle bei 300 at und ihrer Lage im Eisen-Vanadin-
Kohlenstoff-Schaubild. [Nach F. K. Naumann: Techn. Mitt.
Krupp, Forschungsber. Bd. 1 (1938) S. 223/43.]

Abb. 608 bezieht sich auf
Legierungen, die bei 900° geglüht wurden; durch Glühung
bei 1100° läßt sich die höchste
Anfangspermeabilität an einer
Legierung mit 80% Ni, 7% V
noch weiter steigern auf etwa
12000 bei einer Maximal-
permeabilität von etwa 38000.

Der elektrische Wider-
stand wird durch Vanadin
erwartungsgemäß erhöht, jedoch sind die Veränderungen
nicht so, daß sie Anreiz zu
einer technischen Verwendung
gegeben hätten.

Bei magnetisch harten Va-
nadin - Eisen - Kohlenstoff - Le-
gierungen gelingt es in Analogie zu den karbidbildenden Elementen Wolfram
und Chrom, durch das Inlösunggehen von Vanadinkarbid eine Erhöhung der
Koerzitivkraft nach der Ablöschung, also eine Erhöhung des Zwangszustandes
zu erzielen. Diese Wirkung des Vanadins hat dazu geführt, daß bisweilen
Magnetstähle zur Erhöhung der Leistung Vanadinzusätze erhalten, ohne daß
allerdings gegenüber den bekannten Magnetstählen auf der Basis Chrom und
Wolfram besondere Fortschritte erreicht werden. Auf einen Sonderfall der Verwendung von Vanadin in Magnetstählen wird unter „Kobalt“ (S. 756) eingegangen.

Besonders wertvoll ist Vanadin als Legierungselement in den wasserstoffbeständigen Stählen. Die größere Stabilität des Vanadinkarbids gegenüber
dem Eisenkarbid kommt in der Beständigkeit gegen Wasserstoff bei höheren
Temperaturen und höheren Drücken zum Ausdruck, wie dies aus Abb. 600 entnommen werden kann. Da Vanadin mit dem Eisenkarbid keine Mischkristalle
eingeht, wird vollständige Wasserstoffbeständigkeit nur dann erreicht, wenn
das Verhältnis V:C mindestens 5,7 beträgt, so daß der gesamte Kohlenstoff

[1] Techn. Publ. amer. min. metallurg. Engrs. Nr. 427 (1931) S. 1/7.
[2] Kühlewein, H.: Z. anorg. allg. Chem. Bd. 218 (1934) S. 65/88.

an Vanadin abgebunden ist. Bei geringerem Vanadingehalt liegt der Restkohlenstoff als Eisenkarbid vor, das durch Wasserstoff angegriffen wird. Den Zusammenhang mit dem Zustandsschaubild Eisen-Vanadin-Kohlenstoff ersieht man aus Abb. 610, aus der hervorgeht, daß in dem Gebiet, in dem der gesamte Kohlenstoff als Vanadinkarbid abgebunden ist, die Beständigkeit bis zu Temperaturen über 600° bei 300 at Druck gesteigert wird. Da Vanadin gleichzeitig in der Lage ist, die Dauerstandfestigkeit zu erhöhen, gilt es als wertvolles Legierungselement für wasserstoffbeständige Stähle, die gleichzeitig hohe Warmfestigkeit und Dauerstandfestigkeit in dem entsprechenden Temperaturgebiet aufweisen sollen. Die Zusammensetzung derartiger wasserstoffbeständiger Stähle kann aus Zahlentafel 155 (S. 710) im Abschnitt Baustähle entnommen werden. Über den Zusammenhang zwischen der Dauerstandfestigkeit und der Vergütungsfestigkeit s. S. 712.

7. Hinweise auf den Einfluß des Vanadins bei der Stahlherstellung und -verarbeitung.

Auf die metallurgische Bedeutung des Vanadins als Desoxydations- und Denitrierungsmittel ist bereits hingewiesen worden, insbesondere auch auf den Vorteil für die Herstellung qualitativ hochstehender, in der Wärmebehandlung unempfindlicher Stähle aus großen Ofeneinheiten. Bezüglich der desoxydierenden Wirkung von Vanadin dürften die Angaben im Schrifttum zum Teil als propagandistisch übertrieben bezeichnet werden. Die Bildungswärme des Vanadinoxyds läßt darauf schließen, daß Vanadin in der Desoxydationsfähigkeit zwischen Chrom und Mangan steht. Entsprechend kann man auch beobachten, daß z. B. beim Umschmelzen hochvanadinhaltigen Schrottes im Elektroofen die Abbrandverluste nicht sehr hoch sind und beim Legieren von Vanadin in der Pfanne nur ein geringer Abbrand entsteht im Gegensatz zu schärfer wirkenden Desoxydationsmitteln.

Der Zusatz von Vanadin macht sich auch in einer größeren Feinkörnigkeit des Gußzustandes bemerkbar. Eine Erklärung für die Ursache der kornverfeinernden Wirkung von Vanadin auf den Gußzustand hat man bis heute eigentlich nicht, es sei denn, daß man auf den Einfluß von nicht im Schmelzfluß gelösten oder primär ausgeschiedenen Karbidkeimen oder auf eine Impfwirkung durch Nitridbildung zurückgreift. Obwohl diese kornverfeinernde Wirkung vor allem von günstigem Einfluß auf Stahlformguß ist, so ist sie doch auch beim Gießen von Blöcken nicht zu unterschätzen, da die feinkörnige Ausbildung des Gefüges meist mit einer schwächeren Seigerung verknüpft ist. So findet man vielfach die Ansicht, daß Vanadinzusätze in der Lage sind, das Auftreten von Flocken in Stählen zu verhindern. Es ist aber leicht nachzuweisen, daß diese Annahme bei den üblichen niedrigen Zusätzen von etwa 0,15% V keine Gültigkeit beanspruchen kann; sie ist wahrscheinlich nur auf den Einfluß des Vanadins hinsichtlich der feineren Ausbildung des Primärgefüges zurückzuführen. Die gelegentlich auftretenden Schwierigkeiten bei der Verwendung von hochgekohlten Ferrovanadinlegierungen wurden bereits auf S. 681 erwähnt.

Besondere Eigenheiten bei der Verarbeitung und Behandlung von Vanadinstählen im Vergleich zu Kohlenstoffstahl sind nicht vorhanden. Auf den Einfluß der Wärmebehandlungstemperatur ist zur Genüge hingewiesen worden.

H. Kobaltstähle.

1. Allgemeines.

a) Das System Eisen-Kobalt.

Eine besondere Stellung unter den Legierungselementen nimmt das Kobalt ein. Eisen und Kobalt bilden nach beendeter Erstarrung eine lückenlose Reihe von Mischkristallen (Abb. 611). Die A_4-Umwandlung wird durch Zusatz von Kobalt erhöht. Der Existenzbereich des δ-Eisens erstreckt sich bis nahezu 15% Kobalt. Die A_3-Umwandlung erfährt ebenfalls bis zu Gehalten von 40 bis 50% Co eine Erhöhung. Die Linien der A_4- und A_3-Umwandlung streben also weder auseinander noch zueinander, sondern verlaufen mehr oder weniger parallel, so daß man das System Eisen-Kobalt nicht ohne weiteres zu denjenigen mit erweitertem γ-Gebiet rechnen kann. Eine Erweiterung tritt erst bei 60—70% Kobalt ein. Noch viel weniger gehört Kobalt zu denjenigen Elementen, die das γ-Gebiet verkleinern oder abschnüren. Man kann daher Kobalt als ein ideales Verdünnungsmittel für Eisen ansprechen, wobei eine möglichst geringe Beeinflussung der Haltepunkte und des Kristallaufbaus der reinen Eisenlegierungen eintritt. Die rechte Seite des Diagramms ist etwas verwickelt. Die Bereiche der einzelnen Phasen des Kobalts, des hexagonalen, α- und β-Kobalts gehen aus der Darstellung hervor; für das Gebiet der Sonderstähle schaltet einstweilen diese Seite des Systems Eisen-Kobalt aus.

Kobalt ist eines der wenigen Elemente, das deutlich eine Verkleinerung des Gitterparameters im Mischkristall des Eisens hervorruft[1].

Eine genaue Darstellung des Verlaufes der A_3-Umwandlung zeigt Abb. 612. Bemerkenswert ist nicht nur die Er-

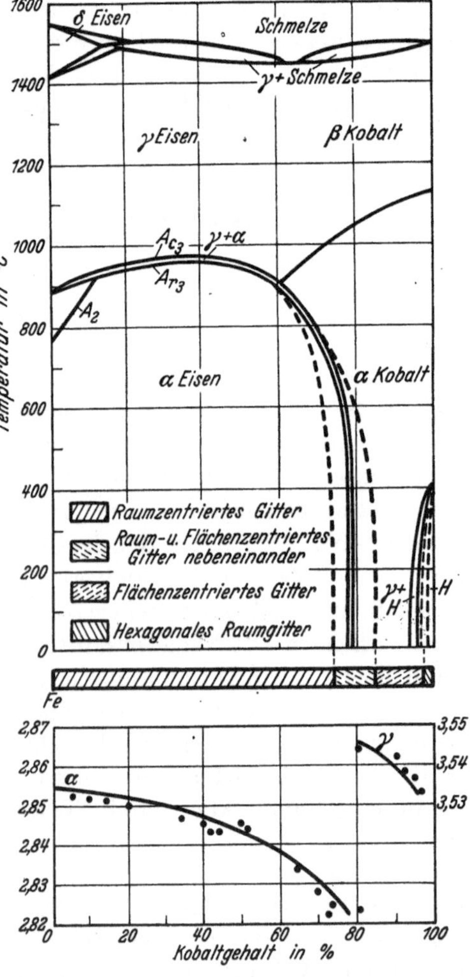

Abb. 611. Zustandsdiagramm Eisen-Kobalt. [Nach Untersuchungen von H. Masumoto: Sci. Rep. Tôhoku Univ. Bd. 15 (1926) S. 449/77; R. Ruer u. K. Kaneko: Ferrum Bd. 11 (1913/14) S. 33/39, sowie M. R. Andrews: Physic. Rev. Bd. 17 (1921) S. 261. Veränderung des Gitterparameters durch Kobalt nach A. Osawa, Sci. Rep. Tôhoku Univ. Bd. 19 (1930) S. 109/21. Die gestrichelten Linien im Diagramm beziehen sich auf diese Untersuchung.]

---

[1] Osawa, A.: Sci. Rep. Tôhoku Univ. Bd. 19 (1930) S. 109/21; das gleiche gilt nach F. Wever u. A. Müller: Mitt. Kais.-Wilh.-Inst. Eisenforsch. Bd. 11 (1929) S. 193/223 für Bor und Beryllium, wo die Änderung wegen der geringen Löslichkeit dieser Elemente im Eisen aber nur klein ist.

höhung der A_3-Umwandlung, sondern vor allem das Fehlen irgendeiner Veränderung der Hysteresis zwischen Ac_3 und Ar_3. Letzteres deutet darauf hin, daß Kobalt in Stahllegierungen nicht zu einer wesentlichen Erhöhung der Härtefähigkeit und Beeinflussung der kritischen Abkühlungsgeschwindigkeit beitragen kann.

b) Kohlenstoffhaltige Eisen-Kobalt-Legierungen.

Bei Anwesenheit von Kohlenstoff in Eisen-Kobalt-Legierungen macht sich Kobalt weder im Sinne einer Karbidbildung noch einer wesentlichen Veränderung der Haltepunkte bemerkbar[1]. Wie Abb. 613 zeigt, wird der Ac_1- und Ac_3-Punkt nur zu höheren Temperaturen verschoben, ohne daß eine wesentliche Veränderung der Hysteresis zwischen Ac und Ar eintritt. Es ist nicht ausgeschlossen, daß die Verschiebung der gesamten Umwandlungen zu höheren Temperaturen durch Kobaltzusatz mit der Verkleinerung des Gitterparameters in direktem Zusammenhang steht. Besonders stark zeigt sich diese Erhöhung bei der magnetischen Umwandlung A_2 (Abb. 613).

Die bisher erwähnten Untersuchungen erstrecken sich auf solche im Dilatometer und Saladin-Apparat, also auf die Lage der Umwandlungspunkte bei verhältnismäßig geringen Erwärmungs- und Abkühlungsgeschwindigkeiten. Für die praktische Verwendung von Stählen sind die genaue Kenntnis der Beeinflussung der Umwandlungspunkte

---

[1] Houdremont, E., u. H. Schrader: Kruppsche Mh. Bd. 13 (1932) S. 1/54; s. a. Arch. Eisenhüttenw. Bd. 5 (1931/32) S. 523/34.

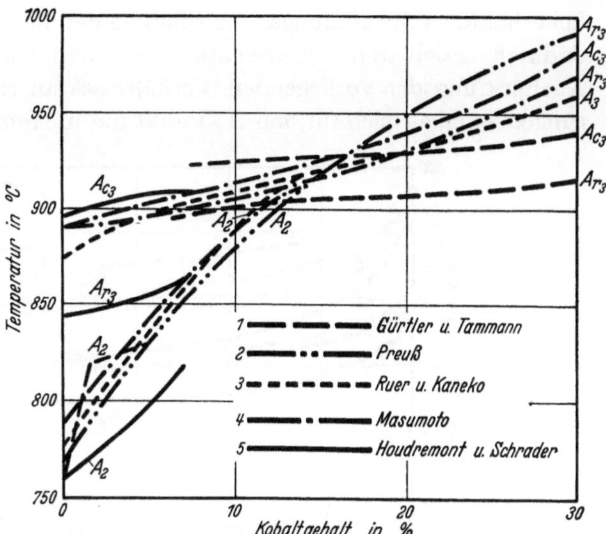

Abb. 612. Veränderung der Lage des A_2- und A_3-Punktes von Eisen durch Kobalt. [W. Gürtler u. G. Tammann: Z. anorg. Chem. Bd. 45 (1905) S. 205/44; A. Preuß: Dissert. Zürich 1912; R. Ruer u. K. Kaneko: Ferrum Bd. 11 (1913/14) S. 33/39; H. Masumoto: Sci. Rep. Tôhoku Univ. Bd. 15 (1926) S. 449/77; E. Houdremont u. H. Schrader: Kruppsche Mh. Bd. 13 (1932) S. 1/54.]

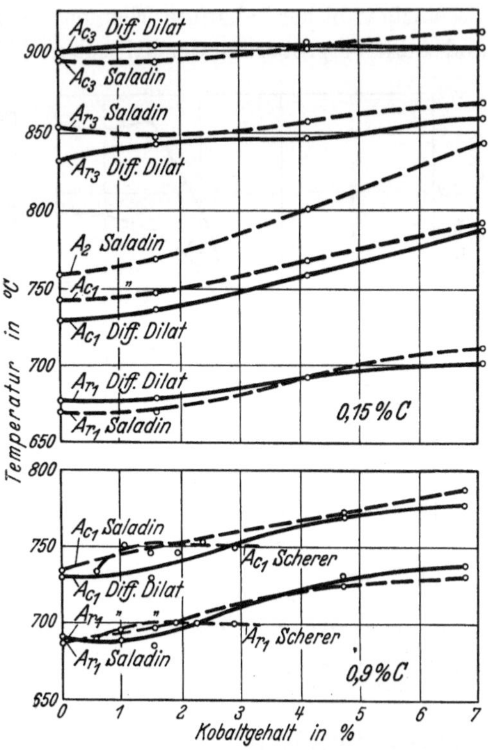

Abb. 613. Veränderung der Haltepunkte von Kohlenstoffstählen mit 0,15% C bzw. 0,9% C durch Kobaltzusatz. [Nach R. Scherer: Arch. Eisenhüttenw. Bd. 1 (1927/28) S. 325/29; E. Houdremont u. H. Schrader: Kruppsche Mh. Bd. 13 (1932) S. 1/54.]

bei erhöhten Umwandlungsgeschwindigkeiten bei der Wärmebehandlung und die
dadurch erzielbaren Eigenschaften von hauptsächlicher Bedeutung. Bei der
Nachprüfung der vorliegenden Verhältnisse an reinen Eisen-Kohlenstoff-Legierungen ergaben sich für den A_3-Punkt die in Abb. 614 aufgezeichneten Kurven.

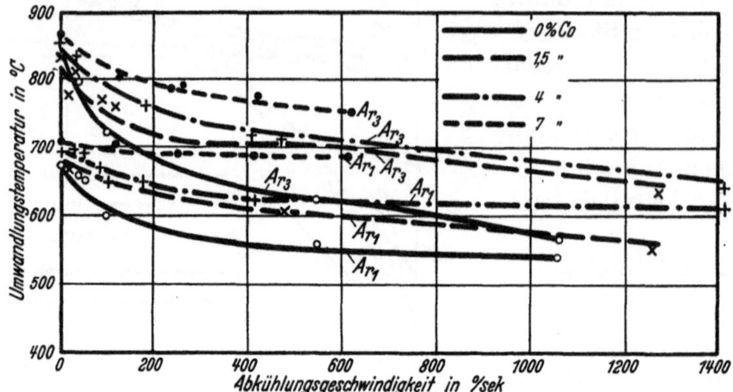

Abb. 614. Verlagerung der Umwandlungstemperatur durch die Abkühlungsgeschwindigkeit bei niedriggekohlten
Kohlenstoffstählen verschiedenen Kobaltgehaltes. [Nach E. Houdremont u. H. Schrader: Kruppsche Mh.
Bd. 13 (1932) S. 1/54.]

Sie zeigen deutlich, daß mit steigendem Kobaltzusatz auch bei erhöhter Umwandlungsgeschwindigkeit eine Erhöhung des Ar_3-Punktes eintritt, also Kobalt
als einziges bisher bekanntes Element im Sinne einer Verringerung der Hysteresis
und somit Vergrößerung der kritischen Abkühlungsgeschwindigkeit wirkt. Die in

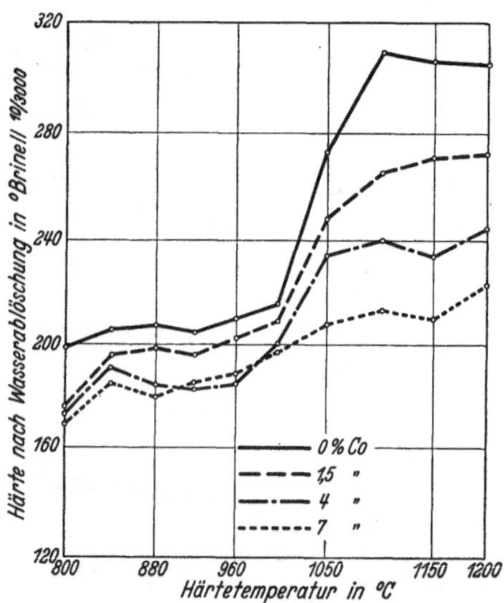

Abb. 615. Beeinträchtigung der Härtbarkeit niedrig-
gekohlter Stähle mit 0,15% C durch Kobaltzusatz.
[Nach E. Houdremont u. H. Schrader: Kruppsche Mh. Bd. 13 (1932) S. 1/54.]

Abb. 614 gekennzeichneten Verhältnisse
gelten für kohlenstoffarme Stähle mit
0,15% C. Auch bei höher kohlenstoffhaltigen Stählen tritt ein ähnlicher Einfluß des Kobalts klar zutage. Während
bei einem eutektoiden Kohlenstoffstahl
bereits bei Abkühlungsgeschwindigkeiten
von 100°/sec deutlich nur noch der Ar''-
Punkt auftritt, verschiebt sich bei 5%
Kobalt die kritische Abkühlungsgeschwindigkeit auf 200°/sec, und bei
7% Kobalt gelingt es bis zu 500°/sec
nicht mehr, die Ar'-Umwandlung restlos zu unterdrücken; sie tritt auch bei
dieser Abkühlungsgeschwindigkeit noch
deutlich in Erscheinung. Dieser im Vergleich zu anderen Elementen negative
Einfluß von Kobalt auf die kritische
Umwandlungsgeschwindigkeit muß sich
entsprechend verschlechternd in der

Härtbarkeit der betreffenden Stähle bemerkbar machen. Daß dies tatsächlich der
Fall ist, und daß auch bei Erhöhung der Härtetemperatur bis zu 1200° im Gegen-
satz zu dem Verhalten von Stählen mit karbidbildenden Legierungselementen keine
Erhöhung der Härtbarkeit eintritt, zeigt Abb. 615 für niedriggekohlte Stähle.

Bei höher kohlenstoffhaltigen Stählen kann man nicht direkt einen Abfall
der Randhärte feststellen, da es bei
Wasserhärtung und entsprechend hoher
Ablöschtemperatur bis zu Kobaltgehalten von 7% gelingt, noch immer einwandfreie Martensithärte zu erzielen.
Bei hohen Kohlenstoffgehalten macht
sich die Erhöhung der kritischen Abkühlungsgeschwindigkeit durch Kobaltzusatz vor allem in der Verringerung der
Härtetiefe bemerkbar. Wie die Ver-

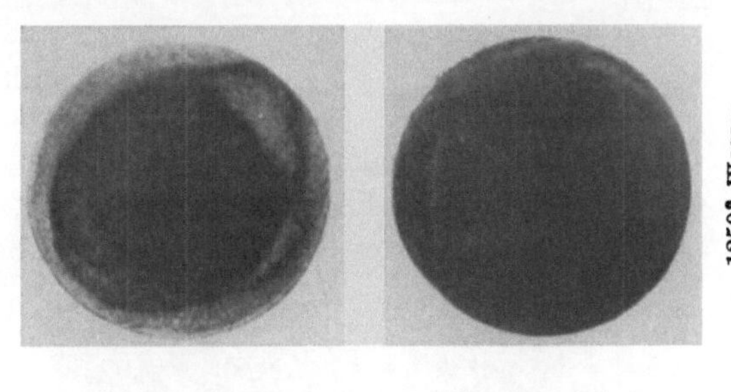

Abb. 616. Einfluß von Kobalt auf die Härtetiefe von
Werkzeugstahl mit 0,9% C.

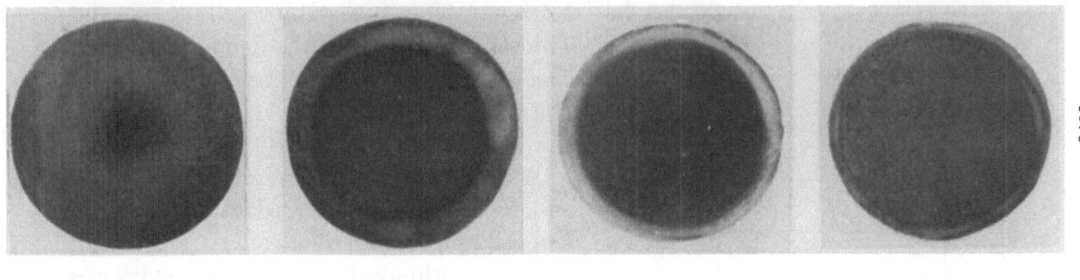
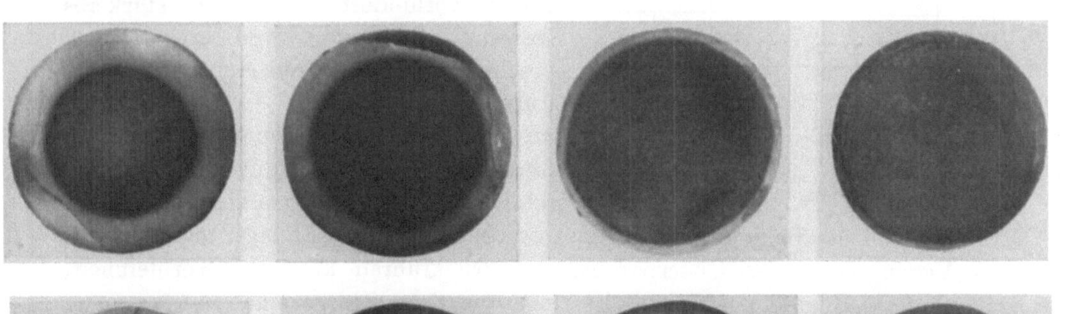
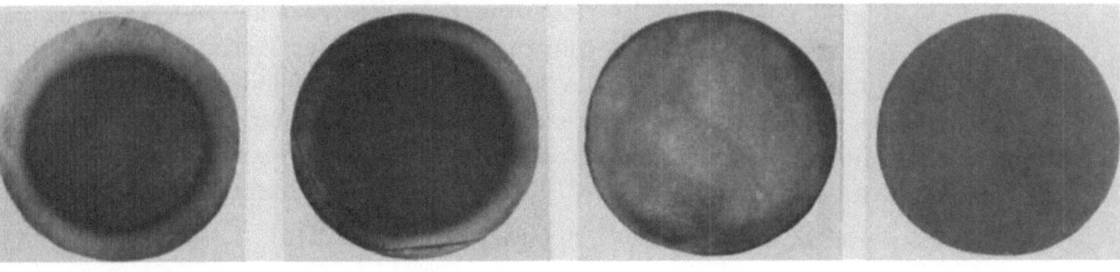

hältnisse bei einem eutektoiden Kohlenstoffstahl mit 0,9% C bei verschiedenen Kobaltgehalten liegen, veranschaulicht Abb. 616. Gleichzeitig kann man beobachten, daß das Gefüge entsprechend den in der Abb. 35 (S. 51) angedeuteten

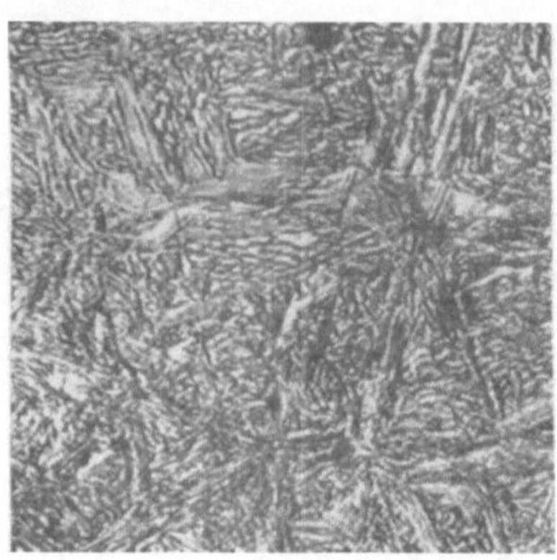
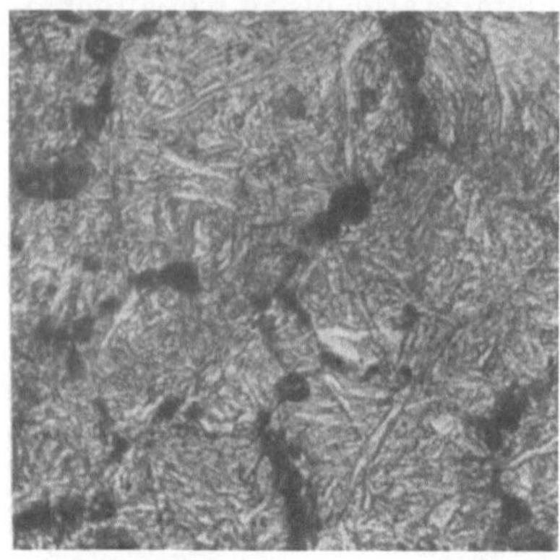

a   V = 800   b   V = 800

0% Co von 940° in Wasser abgelöscht   7% Co von 980° in Wasser abgelöscht

Ätzung: 3proz. alkoholische Salzsäure.

Abb. 617. Härtungsgefüge eines eutektoiden Kohlenstoffstahles im Vergleich zu einem Stahl gleicher Zusammensetzung mit 7% Co.

Verhältnissen bezüglich der Lage des Ar''- und Ar'-Punktes nicht mehr aus reinem Martensit, sondern aus Martensit und Troostitflecken besteht (Abb. 617). Diese Abbildung veranschaulicht auch deutlich den impfenden Einfluß der Korngrenzen auf die Umwandlung, da die Troostitflecken deutlich an den Korngrenzen liegen; von den Korngrenzen aus hat die Umwandlung Ar' begonnen, im Kern aber hat Martensitbildung (Ar'') stattgefunden.

Auffallend ist, daß die Kobaltstähle außerdem eine außerordentlich geringe Überhitzungsempfindlichkeit aufweisen. Kobalt verhindert somit ein stärkeres Kornwachstum und vergrößert dementsprechend die Härtegrenzen von Kohlenstoffstählen (Abb. 618). Im Gegensatz zu den karbidbildenden Elementen, wie z. B. Vanadin, wird man die durch Kobalt eintretende Überhitzungsunempfindlichkeit

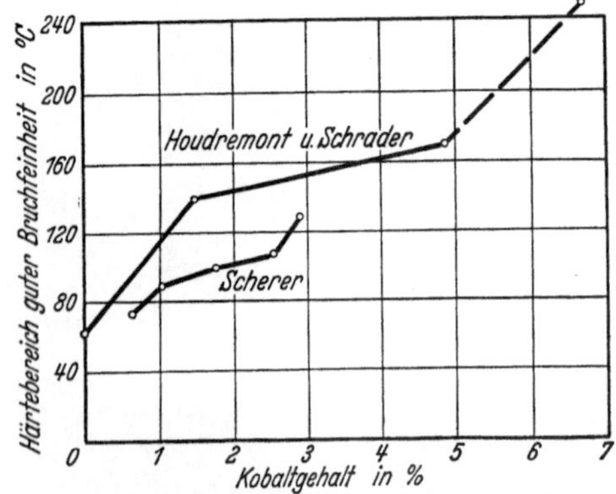

Abb. 618. Erweiterung der Härtegrenzen durch Kobalt beim eutektoiden Werkzeugstahl. [Nach R. Scherer: Arch. Eisenhüttenw. Bd. 9 (1927/28) S. 315/29; E. Houdremont u. H. Schrader: Kruppsche Mh. Bd. 13 (1932) S. 1/54.]

weniger auf die Behinderung des Kornwachstums durch Einlagerungen als auf die Verringerung des Gitterparameters zurückführen können. Kornfeinheit, verminderte Härtefähigkeit und Verringerung des Gitterparameters können im ursächlichen Zusammenhang stehen (impfende Wirkung der Korngrenzen).

Genauere Untersuchungen über die Umwandlungsgeschwindigkeiten in den einzelnen Umwandlungsstufen, insbesondere im Bereich der Zwischenstufe, liegen noch nicht vor. Ein vergrößertes Umwandlungsbestreben in der Perlitstufe zeigen Untersuchungen von E. C. Bain[1] in Übereinstimmung mit obigen

---

[1] Trans. Amer. Soc. Steel Treat. Bd. 20 (1932) S. 385/428.

Ausführungen über die Härtbarkeit. Der Martensitpunkt scheint durch Kobalt nicht wesentlich verschoben zu werden.

In gleicher Weise, wie ein Kobaltzusatz die kritische Abkühlungsgeschwindigkeit erhöht, verringert er auch die bei der Härtung entstehende Menge Restaustenit (Abb. 619).

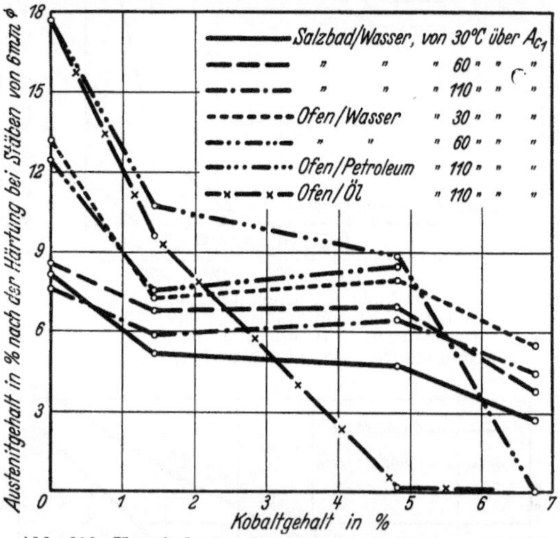

Die Kobaltstähle bleiben beim Anlassen und Ausglühen (Abb. 620) etwas härter als die entsprechenden reinen Kohlenstoffstähle. Zum Teil dürfte dies durch die große Feinkörnigkeit und den Einfluß von Kobalt auf die Grundmasse zu erklären sein, da, wie wir später noch sehen werden, Kobalt an sich die Festigkeit des Mischkristalls erhöht. Der Abfall der Festigkeit des 16 proz. Kobaltstahls bei einer Glühtemperatur von 750° ist durch Graphitbildung zu erklären (Abb. 621), da Kobaltzusätze über etwa 7% beim Glühen unterhalb A_1 zur Zerlegung des Eisenkarbids in Eisen und Temperkohle führen.

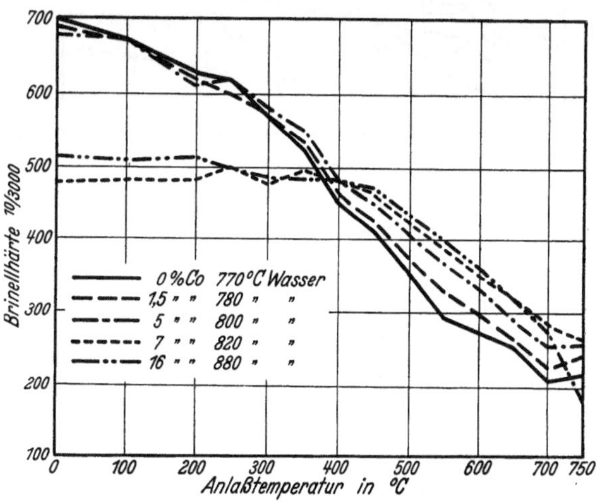

Abb. 619. Verminderung des Austenitgehaltes im gehärteten eutektoiden Kohlenstoffstahl durch Kobalt. [Nach E. Houdremont u. H. Schrader: Kruppsche Mh. Bd 13 (1932) S. 1/54.]

Im Gegensatz zu anderen zum Schwarzbruch neigenden Stählen genügt bereits eine Erwärmung in das γ-Gebiet, um den Graphit zu lösen, und auch bei nachfolgender einfacher Luftabkühlung fällt er nicht wieder aus. Die Temperkohleausscheidung gelingt danach schon durch ein einfaches Glühen dicht unterhalb der Umwandlung. Die schnelle Auflösungsfähigkeit des γ-Mischkristalls für Graphit weist schon auf eine hohe Diffusionsgeschwindigkeit des Kohlenstoff in Kobaltstählen hin. Ein weiterer Beweis wird durch das Verhalten kobalthaltiger Stähle bei Entkohlungsversuchen sowohl dicht unterhalb A_1 als oberhalb A_3 erbracht. Abb. 622 zeigt den Einfluß von Kobalt auf die Entkohlungstiefe in feuchtem Wasserstoff.

Abb. 620. Härteveränderung gehärteter Kobalt-Kohlenstoff-Stähle mit 0,9% C beim Anlassen. [Nach E. Houdremont u. H. Schrader: Kruppsche Mh. Bd. 13. (1932) S. 1/54.]

Das Verhalten kobalthaltiger Stähle beim Anlassen sowie die Erhöhung der Härte der Grundmasse durch Kobaltzusatz sowohl bei Raum- als bei erhöhten Temperaturen (s. später) führen dazu, daß kobalthaltige Kohlenstoffstähle beim Drehversuch erhöhte Schnittleistungen gegenüber reinen Kohlenstoffstählen

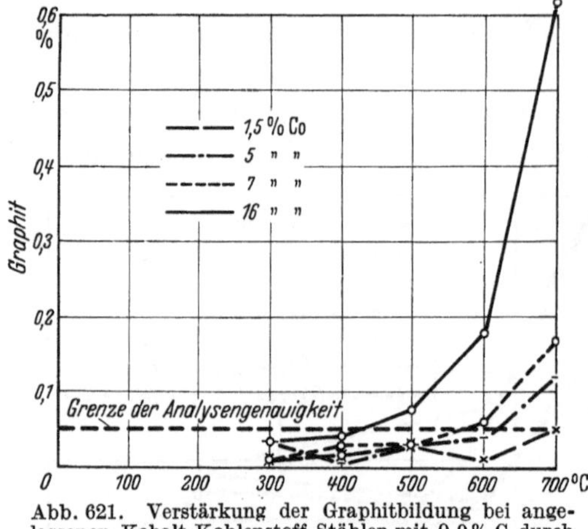

Abb. 621. Verstärkung der Graphitbildung bei angelassenen Kobalt-Kohlenstoff-Stählen mit 0,9 % C durch Kobalt. [Nach E. Houdremont u. H. Schrader: Kruppsche Mh. Bd. 13 (1932) S. 1/54.]

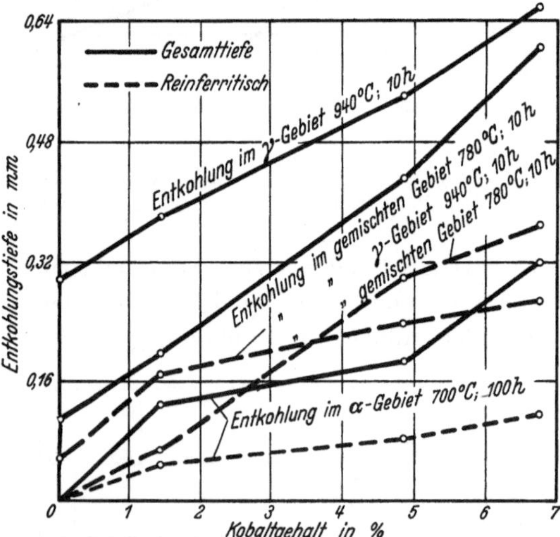

Abb. 622. Erhöhung der Entkohlbarkeit von eutektoidem Kohlenstoffstahl durch Kobalt. [Nach E. Houdremont u. H. Schrader: Kruppsche Mh. Bd. 13 (1932) S. 1/54.]

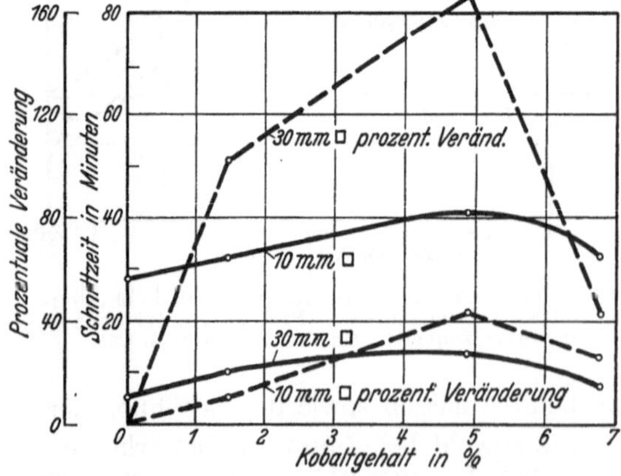

Abb. 623. Veränderung der Schnitthaltigkeit von eutektoidem Kohlenstoffstahl durch Kobalt. [Nach E. Houdremont u. H. Schrader: Kruppsche Mh. Bd. 13 (1932) S. 1/54.]

ergeben (Abb. 623). Wie aus dieser Abbildung hervorgeht, findet eine Verbesserung der Werte bei steigendem Kobaltzusatz bis zu 5 % statt. Die Verringerung der Schnittleistung bei 7 % Kobalt ist auf die ungenügende Härtefähigkeit dieses Stahles (Abb. 620) zurückzuführen. Es muß an dieser Stelle schon darauf hingewiesen werden, daß der geschilderte Einfluß von Kobalt auf die Härtefähigkeit nur für die angeführten reinen Eisen-Kohlenstoff-Legierungen gilt. Bei Zusatz von karbildbildenden Elementen scheint die Wirkung von Kobalt eine andere zu sein. Wie noch später zu sehen sein wird, härten stärker karbildhaltige Stähle mit 10—12 % Cr und 1,5 % C oder schnellstahlähnliche Legierungen bei Zusatz von Kobalt eher besser, insbesondere wird der Austenitgehalt derartiger Stahllegierungen nach der Härtung durch Kobaltzusatz wesentlich erhöht. Kobalt scheint die Ausscheidung einmal gelöster Sonderkarbide zu erschweren. Erwähnenswert ist die Verwendung von Kobalt als Bindemittel in Sinterhartmetallen. Man nimmt hier an, daß Kobalt im Wolframkarbid teilweise gelöst wird. Vielleicht liegt auch bei sonderkarbidhaltigen Stählen eine ähnliche Wirkung, d. h. eine Veränderung der Natur des Karbides vor.

c) Eisen-Kobalt-Wolfram- und Eisen-Kobalt-Molybdän-Legierungen.

Technisch interessante Eigenschaften zeigen kohlenstofffreie Legierungen des Systems Eisen-Kobalt-Wolfram und Eisen-

Kobalt-Molybdän. Bei den binären Systemen Eisen-Wolfram und Eisen-Molybdän ist darauf hingewiesen worden, daß infolge der mit der Temperatur steigenden Löslichkeit der Eisen-Wolfram- bzw. Eisen-Molybdän-Verbindungen im α-Mischkristall Legierungen mit bestimmtem Mindestgehalt an Wolfram bzw. Molybdän durch Ablöschen von hoher Temperatur mit darauffolgendem Anlassen zur Ausscheidungshärtung gebracht werden können.

In dem System Kobalt-Wolfram tritt nach W. Köster und W. Tonn[1] sowie W. P. Sykes[2] ebenfalls eine Kobalt-Wolfram-Verbindung auf, die Ausscheidungshärtung hervorrufen kann, da die Löslichkeit für diese Verbindung mit steigender Temperatur zunimmt. Zwischen den Verbindungen CoW und Fe_3W_2 besteht Mischkristallbildung, wie dies aus dem Raumdiagramm nach W. Köster (Abb. 624) hervorgeht. Diese von Köster als ϑ-Mischkristalle bezeichneten Verbindungen rufen über einen weiten Bereich des Dreistoffsystems Eisen-Kobalt-Wolfram infolge Veränderung der Löslichkeit mit steigender Temperatur Ausscheidungshärtung hervor.

Infolge des Einflusses von Wolfram auf die Abschnürung des γ-Gebietes einerseits und die große Ausdehnung des γ-Gebietes im System Eisen-Kobalt andererseits ergibt sich die Tatsache, daß der ϑ-Mischkristall einmal von Raumtemperatur angefangen bis zu Ablöschtemperaturen von 1300° im γ-Gebiet löslich ist, und zwar ist dies hauptsächlich auf der Seite der kobaltreichen und eisenarmen Legierungen der Fall. Andererseits kann die Löslichkeitsfläche vollkommen im α-Gebiet verlaufen; dies gilt vor allem für die kobaltärmeren Wolfram-Eisen-Legierungen. Außerdem liegt zwischen diesen beiden Gebieten ein Bereich, in dem die steigende Löslichkeitslinie durch die α-γ-Umwandlung unterbrochen wird, so daß wir bei diesen Legierungen ähnliche Verhältnisse vorliegen haben, wie sie bei den sonderkarbidbildenden Stählen vorhanden sind, d. h. Möglichkeit von Umwandlungs- und Ausscheidungshärtung. Zum Schluß muß noch erwähnt werden, daß zwischen dem Gebiet mit γ-α-Umwandlung erwartungsgemäß ein halbferritisches Gebiet liegen muß, ähnlich wie dies bei den Eisen-Chrom-Kohlenstoff-Legierungen der Fall ist. Die einzelnen Gebiete sind aus Abb. 624 ersichtlich.

Von besonderem Interesse ist es festzustellen, wie die Ausscheidungshärtung in Abhängigkeit von dem Charakter des Mischkristalls verläuft, in dem sich die ausscheidende Phase (ϑ-Mischkristall) auflöst bzw. ausscheidet. Wie von H. Bennek und P. Schafmeister[3] an Hand von durch Titan ausscheidungshärtenden Chrom-Nickel-Legierungen nachgewiesen werden konnte, verlaufen die Kurven der Ausscheidungshärtung im γ-Mischkristall grundsätzlich anders als im α-Mischkristall, und zwar liegen für den mit Atomen dichter besetztem γ-Mischkristall die Ausscheidungstemperaturen höher als für den α-Mischkristall. Diese Tatsache steht in Übereinstimmung mit der Verschiebung des Rekristallisationsbeginns der austenitischen Stähle gegenüber ferritischen Stählen zu höheren Temperaturen. Sowohl für die Ausscheidungsvorgänge als auch für die Rekristallisationsvorgänge ist der Platzwechsel der

---

[1] Arch. Eisenhüttenw. 5 (1931/32) S. 431/40.

[2] Trans. Amer. Inst. min. metallurg. Engrs. 73 (1926) S. 968/1008; siehe auch Stahl u. Eisen Bd. 46 (1926) S. 1833/36.

[3] Arch. Eisenhüttenw. Bd. 5 (1931/32) S. 615/20.

Atome von ausschlaggebender Bedeutung, und dieser steht somit augenscheinlich in Abhängigkeit von der Dichtheit der Netzebenenbesetzung. In gleichem
Zusammenhang wäre dann auch die Verlangsamung der Ausscheidungsvorgänge
infolge der Verringerung des Gitterparameters durch Kobalt zu erklären. Eine
volle Bestätigung dieser Beobachtungen bringen die Untersuchungen von
W. Köster[1] an den in Frage stehenden Eisen-Kobalt-Wolfram-Legierungen.

In der Abb. 624 gibt die Linie $a\alpha\vartheta\,\mathrm{Fe_3W_2}$ die Grenze für die α-Mischkri-
stalle bei Raumtemperatur an, die Linie $a'\alpha'\vartheta'\mathrm{Fe_3W_2}$ die Grenzlinie für den
α-Mischkristall bei 1300°. Alle Legierungen, die bei niedrigen Kobaltgehalten auf der Wolfram-Eisen-Seite liegen (rechts von der Linie $a'\alpha'\vartheta'$), bleiben daher rein ferritisch vom Schmelzpunkt bis zur Raumtemperatur. Die Verschiebung der Linie $a\alpha\vartheta$ nach $a'\alpha'\vartheta'$ bei höheren Tempera-turen gibt an, daß die Legierungen, die zwi-schen diesen beiden Linien liegen, sich bei höherer Temperatur im γ-Feld, bei Raumtem-peratur im Gebiet des α-Mischkristalls befin-den; sie erleiden in-folgedessen eine Um-

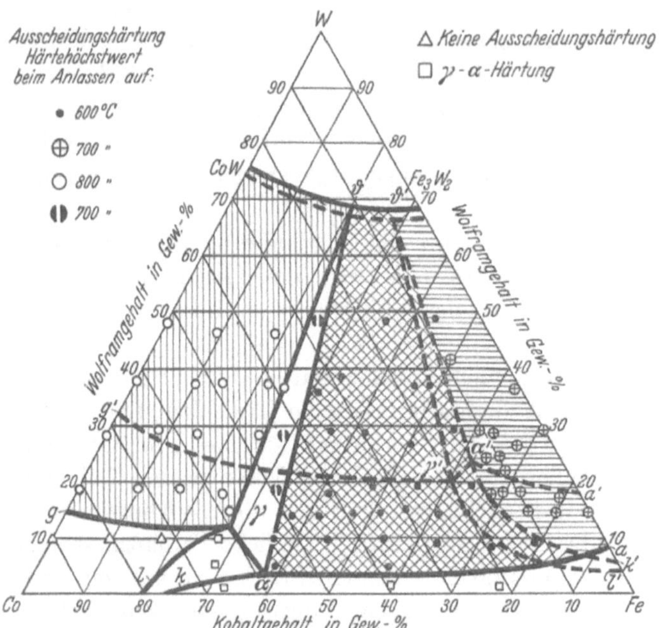

Abb. 624. Ausscheidungshärtung der Eisen-Kobalt-Wolfram-Legierungen.
[Schnitte durch das Zustandsschaubild Eisen-Kobalt-Wolfram bei 20°
(———) und 1300° (- - - - -).] [Nach W. Köster: Arch. Eisenhüttenwes.
Bd. 6 (1932/33) S. 17/23.]

wandlung γ-α während der Abkühlung, und der Übergang von den α- zu den
γ-Mischkristallegierungen erfolgt über eine kleine Mischungslücke, ähnlich wie
es bei dem System Eisen-Chrom-Kohlenstoff gezeigt wurde; d. h. es ergeben
sich auch hier zwischen beiden Gebieten sog. halbferritische Legierungen. Die
Gebiete dieser Legierungen sind angegeben durch die Felder $k\alpha\vartheta\gamma l$ bzw.
$k'\alpha'\vartheta'\gamma'l'$. Links von der Linie $\vartheta\gamma$ befinden sich alle Legierungen von Schmelztemperatur bis zu Raumtemperatur im rein austenitischen Gebiet.

Für die Ausscheidungsvorgänge ist es von Wichtigkeit, noch diejenige Linie
zu berücksichtigen, die die Löslichkeit der sich ausscheidenden Phase bei Raumtemperatur angibt. Diese Linie befindet sich auf der Kobalt-Eisen-Seite ($a\alpha\gamma g$).
Alle Legierungen, die sich unterhalb dieser Linie befinden, können somit keine
Ausscheidungsvorgänge zeigen. In diesem Gebiet können nur diejenigen Legierungen gewisse Härtungserscheinungen aufweisen, die die γ-α-Umwandlung erleiden
und auf Grund der hierbei eintretenden Gefügeveränderungen, ähnlich wie Eisen-
Kohlenstoff-Legierungen, zur direkten Abschreckhärtung befähigt sind.

---

[1] Arch. Eisenhüttenw. Bd. 6 (1932/33) S. 17/23.

Betrachtet man nun für die einzelnen Legierungsfelder die günstigsten Ausscheidungstemperaturen, bei denen der Härtehöchstwert erreicht wird, so ergibt sich, wie ebenfalls in der Abb. 624 eingetragen ist, daß man für die verschiedenen Gebiete drei optimale Ausscheidungstemperaturen, und zwar 600, 700, 800° feststellen kann. Die Temperatur der Ausscheidung von 800° entspricht denjenigen Legierungen, die rein austenitisch sind, bei denen also die Ausscheidung im γ-Gebiet verläuft. Die Ausscheidungstemperatur von 700° zeigen diejenigen Legierungen, die im rein ferritischen Gebiet liegen, während das Maximum der Ausscheidung bei 600° und ein vorzeitiger Beginn der Ausscheidung bereits bei 500° den Legierungen entspricht, die beim Ablöschen eine γ-α-Umwandlung erleiden.

Diese Verschiebung der optimalen Ausscheidungstemperatur von 700° zu 600° ist auf den ersten Augenblick auffallend, da sich beide Ausscheidungsvorgänge im α-Eisen abspielen. Sie dürfte allerdings ihre Erklärung dadurch

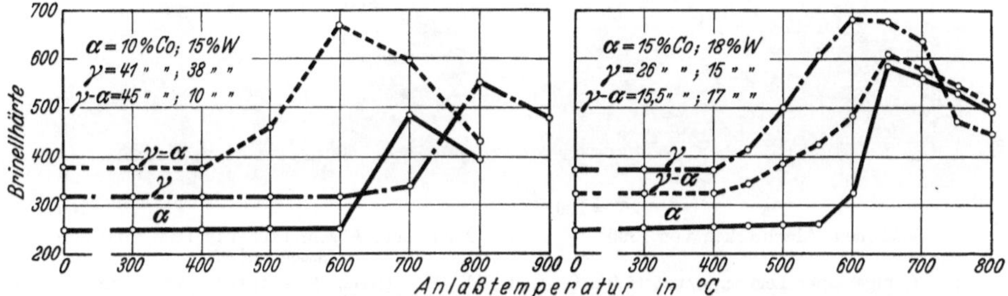

Abschreckung aus verschiedenen Zustandsfeldern entsprechend der Kurvenbechriftung.
Härtung in der gleichen Phase   Härtung in der α-Phase
Abb. 625. Einfluß des Anlassens auf die Härte von bei 1300° abgeschreckten Eisen-Kobalt-Wolfram-Legierungen. [Nach W. Köster: Arch. Eisenhüttenw. Bd. 6 (1932/33) S. 17/23.]

finden, daß die Legierungen, deren Maximum bei 600° liegt, bei der Abschreckung die γ/α-Umwandlung erleiden und durch den hierbei erzeugten Spannungszustand die Ausscheidungsvorgänge beschleunigt werden. Ähnliche Beschleunigungen, z. B. durch Spannungen als Folge von Kaltverformung, sind ja bekannt. Gleichzeitig ist charakteristisch, daß diese Legierungen mit der tiefsten Ausscheidungstemperatur die höchste Härtesteigerung erzielen lassen. Dieser Tatsache entspricht auch die Gesetzmäßigkeit, daß Ausscheidungsvorgänge, die infolge von Spannungen bei tieferen Temperaturen beginnen, zwangsweise zu feinerer Verteilung der sich ausscheidenden Phase und zu höheren Härtewerten führen. Die Abb. 625 zeigt deutlich die geschilderten Verhältnisse. Während in Abb. 625 links die typischen Unterschiede für die Ausscheidungsvorgänge im reinen α-, im reinen γ-Mischkristall und im Umwandlungsgefüge γ-α dargestellt sind, entspricht in Abb. 625 rechts die voll ausgezogene Linie einer Legierung, die nach Ablöschung von 1300° aus homogenen α-Kristalliten besteht. Die strichpunktierte Linie mit 26% Kobalt und 15% Wolfram kennzeichnet eine sich während der Abschreckung vollkommen umwandelnde Legierung. Dementsprechend liegt der Beginn der Ausscheidung, in Übereinstimmung mit der linken Seite der Abbildung für eine ähnliche Legierung, bei 400°, der optimale Wert bei 600°. Die dritte Kurve schließlich entspricht einer sog. halbferritischen Legierung mit 15,5% Co, 17% W. Sie paßt sich im Verlaufe der Ausscheidung sowohl der ferritischen als auch der aus Umwandlungsgefüge bestehenden Kurve an.

Die Gefüge der letztgenannten Legierung zeigt die Abb. 626 im abgeschreckten und umgewandelten Zustand; die Ähnlichkeit mit halbferritischen Chromstählen

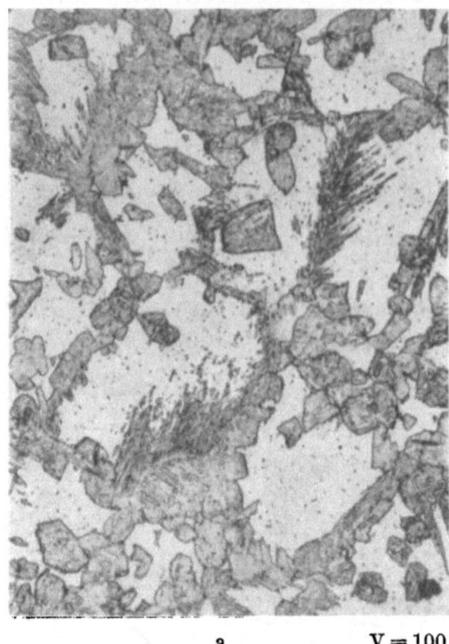

a   V = 100   b   V = 100
Nach dem Abschrecken von 1300°   Nach dem Abschrecken von 1300° und An-
                                                              lassen auf 600°

Abb. 626. Gefüge einer Legierung mit 15,5% Co und 17% W. [Nach W. Köster: Arch. Eisenhüttenw. Bd. 6 (1932/33) S. 17/23.]

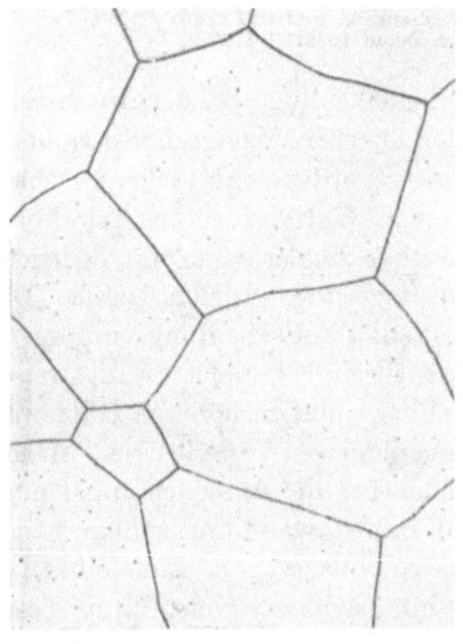

a   V = 100   b   V = 100
Nach dem Abschrecken von 1300°   Nach dem Abschrecken von 1300° und An-
                                                              lassen auf 700°

Abb. 627. Gefüge einer Legierung mit 15% Co und 18% W. [Nach W. Köster: Arch. Eisenhüttenw. Bd. 6 (1932/33) S. 17/23.]

ist unverkennbar. Der Vollständigkeit halber soll nochmals hervorgehoben werden, daß auch die Verhältnisse bei den halbferritischen Chromstählen ähnlich liegen, nur mit dem Unterschied, daß die in Lösung gehende und sich ausscheidende Phase die stabilen Chromkarbide sind. Die Ausscheidungen im Gefüge einer rein ferritischen Legierung zeigt die Abb. 627.

Einen Überblick über die bei derartigen Legierungen erzielbaren Härten gibt die Abb. 628 für zwei verschiedene Wolframgehalte wieder. An dem Anstieg der Kurve im abgeschreckten Zustand sieht man den Bereich derjenigen Legierungen, die die γ-α-Umwandlung erfahren (Umwandlungshärtung). Infolge der

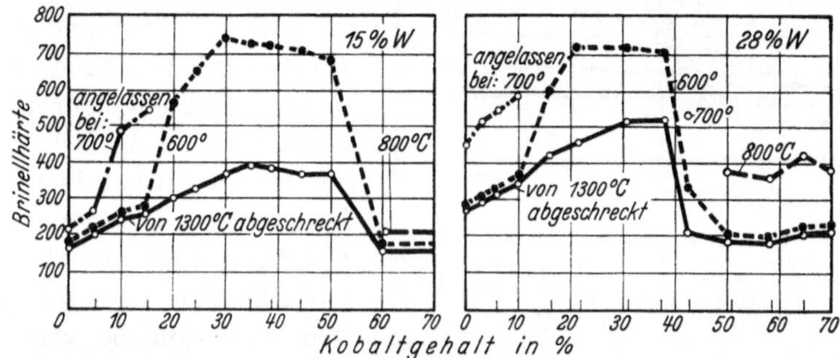

Abb. 628. Abhängigkeit der Härte von Eisen-Kobalt-Wolfram-Legierungen gleichen Wolframgehaltes vom Kobaltgehalt bei verschiedener Wärmebehandlung. [Nach W. Köster: Arch. Eisenhüttenw. Bd. 6 (1932/33) S. 17/23.]

eintretenden Umwandlung tritt eine gewisse Härtung bereits im abgelöschten Zustande auf. Für diese Legierungen ist die Anlaßtemperatur von 600° gewählt, die zu höheren Härtewerten führt, als sie bei härtbaren Spezialstählen auf der Kohlenstoffbasis erreicht werden. Die vollkommen im rein ferritischen oder austenitischen Gebiet liegenden Proben zeigen im abgeschreckten Zustand entsprechend dem Verhalten einer übersättigten festen Lösung geringe Härtewerte, auch sind die entsprechenden Werte nach der Ausscheidungshärtung geringer als bei Legierungen mit Umwandlungsgefüge.

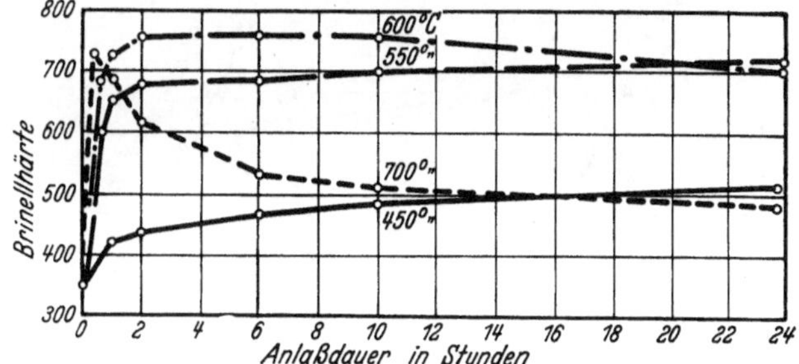

Abb. 629. Zeitliche Änderung der Härte einer von 1200° abgeschreckten Legierung mit 30% Co und 15% W bei verschiedenen Anlaßtemperaturen. [Nach W. Köster: Arch. Eisenhüttenw. Bd. 6 (1932/33) S. 17/23.]

Bei Aufstellung von Härteisothermen ergeben sich bei den Eisen-Kobalt-Wolfram-Legierungen ähnliche Bilder, wie sie bei anderen Ausscheidungsvorgängen bekannt sind. Man hat daher versucht, die Legierungen mit Umwandlungsgefüge, die die hohe Härte von über 700 Brinell erreichen lassen, als Werkzeugstähle zu verwenden, ohne daß sich diese aber aus den später erwähnten Gründen in nennenswertem Umfange einführen konnten. Als günstigste Anlaßdauer ergibt sich aus den Anlaßisothermen (Abb. 629) für 600° eine Zeit von 2 Stunden. Die Analogie dieser Legierungen mit karbidausscheidenden Schnellstählen erstreckt sich auch auf den Einfluß der Ablöschtemperatur, wie dies aus Abb. 630 bezüglich der erzielbaren Höchsthärte in Abhängigkeit von der Ablöschtemperatur hervorgeht. Der Vorteil der eintretenden γ-α-Umwandlung dürfte außerdem darin zum Ausdruck kommen, daß die entsprechenden Legierungen weniger zur Grobkornbildung als die rein ferritischen Legierungen neigen, weil das γ-Korn weniger schnell wächst als das α-Korn und außerdem eine Gefügeverfeinerung bei der Umwandlung erzielt wird[1].

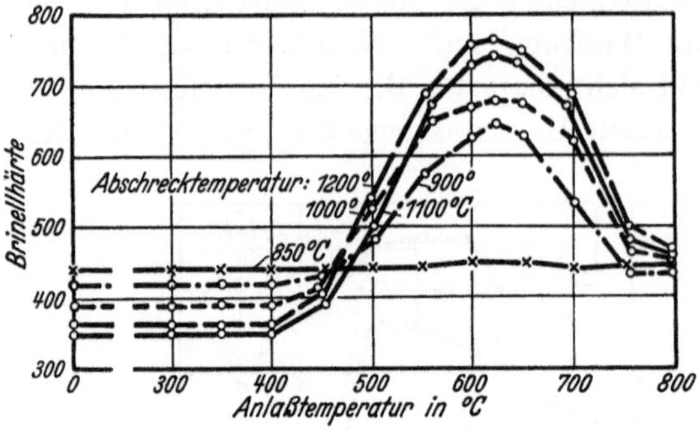

Abb. 630. Einfluß der Abschrecktemperatur auf die Härteänderung beim Anlassen einer Legierung mit 30% Co und 15% W. [Nach W. Köster: Arch. Eisenhüttenw. Bd. 6 (1932/33) S. 17/23.]

Diese von Köster in so vollkommener Weise dargestellten Verhältnisse erklären die von K. S. Seljesater und B. A. Rogers[2] ebenfalls gefundenen hohen Härten bei Eisen-Wolfram-Kobalt-Legierungen. Ähnlich verhalten sich Eisen-Molybdän-Kobalt-Legierungen. Den entsprechenden Überblick über diese Legierungen gibt Abb. 631. In dieser Abbildung sind wiederum die verschiedenen optimalen Ausscheidungstemperaturen angegeben. Da die Analogie mit den Eisen-Kobalt-Wolfram-Legierungen vollkommen ist, erübrigt sich ein näheres Eingehen (s. Erläuterung der Abb. 624).

Bereits bei den kobaltfreien Eisen-Molybdän-Legierungen mit 23% Molybdän kann durch Anlassen auf 600° eine Härte von 60 Rockwell-C erzielt werden. Die entsprechenden Eisen-Kobalt-Molybdän-Legierungen mit Umwandlungsgefüge, also z. B. Legierungen mit 30% Co, 10—20% Mo, lassen Härten von 70 Rockwell-C erreichen. Hieraus geht hervor, daß man Wolfram durch Molybdän teilweise oder ganz ersetzen kann, um zu gleichen Ergebnissen

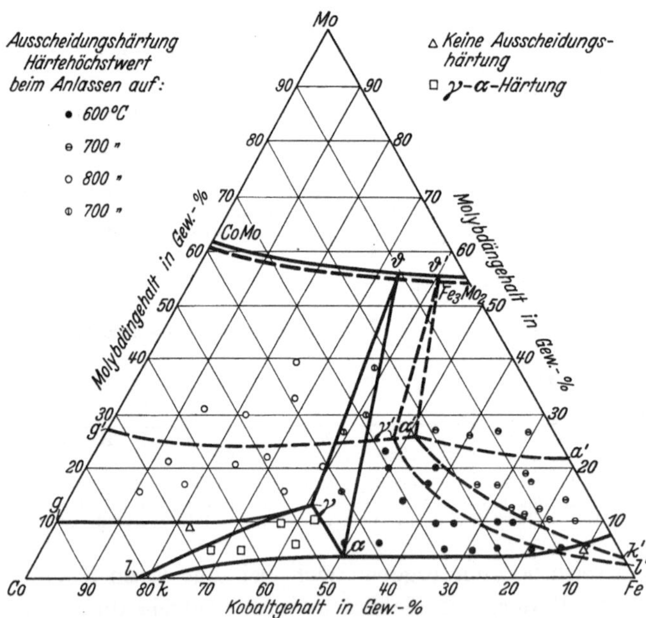

Abb. 631. Ausscheidungshärtung der Eisen-Kobalt-Molybdän-Legierungen. [Schnitte durch das Zustandsschaubild Eisen-Kobalt-Molybdän bei 20° (——) und 1300° (- - - - -).] [Nach W. Köster: Arch. Eisenhüttenw. Bd. 6 (1932/33) S. 17/23.]

zu gelangen. Die Härten, die bei diesen ausscheidungshärtenden Legierungen, die die γ-α-Umwandlung aufweisen, erzielt werden können, übersteigen die Besthärten

---

[1] Auf der kobaltreichen Seite des Dreistoffsystems kann der Verlauf der Ausscheidungshärtung auch noch durch die Umwandlung des kubischen in das hexagonale Gitter vom Kobalt her beeinflußt werden. [H. Cornelius, E. Oßwald, F. Bollenrath: Metallwirtsch. Bd. 16 (1937) S. 393/99.]

[2] Trans. Amer. Soc. Stl. Treat. Bd. 19 (1931/32) S. 553/76.

der höchstwertigen kobalthaltigen Schnellstähle. Während letztere nur Maximalwerte von 66 Rockwell-C erzielen lassen, gelingt es, bei den ausscheidungshärtenden Legierungen Härten bis zu 70—72 Rockwell-C zu erhalten. Sehr deutlich läßt sich der Unterschied in der Maximalhärte durch das verfeinerte Härtemeßverfahren nach Vickers ermitteln. Die unterschiedlichen Werte zeigt die Zahlentafel 157. Diese hohe Härte deutet auf einen außergewöhnlich hohen

Zahlentafel 157. Härte einer ausscheidungshärtenden Wolfram-Kobalt-Legierung nach verschiedenen Anlaßbehandlungen (30% Co, 18% W).

Anlaßtemperatur .	600°	700°	750°	800°	850°
Rockwellhärte . . .	69—71	66—67	63—64	58—59	53—54
Vickershärte . . .	1066—1114	940	834	734	587

Verschleißwiderstand der Legierungen hin. Da ferner diese Legierungen ihre Ausscheidungstemperatur bei etwa 600° haben, müssen sie sich auch durch eine hohe Anlaßbeständigkeit und Warmhärte auszeichnen. Sie besitzen also alle Kennzeichen, die hochwertigen Schnelldrehstählen zu eigen sind. Die bei gleicher und sogar besserer Anlaßbeständigkeit höhere Härte muß eine erhöhte Schnittleistung dieser Legierungen gegenüber den bisher bekannten Schnelldrehstählen ergeben. Diese Überlegenheit zeigt sich auch bei entsprechenden Schnittversuchen. Die Leistungen einer derartigen Legierung im Vergleich zu einem 17proz. Kobaltstahl stellt Zahlentafel 158 dar. Gegenüber den nor-

Zahlentafel 158. Schnittleistung einer ausscheidungshärtenden Kobalt-Wolfram-Legierung (30% Co, 18% W) im Vergleich zu 17proz. kobalthaltigem Schnelldrehstahl.

Bearbeitetes Material	Vorschub mm	Spantiefe mm	Schnittgeschwindigkeit		Standzeit	
			für Schnelldrehstahl m/min	für ausscheidungshärtende Legierung m/min	für Schnelldrehstahl min	für ausscheidungshärtende Legierung min
Vergüteter Cr-Ni-Stahl ⌠	1,4	5,0	17	17	7	60
v. 100 kg/mm² Festigkeit ⌡	0,18	0,5	50	65	33	37

malen Schnellstählen muß bei diesen Legierungen noch hervorgehoben werden, daß sie nach dem Ablöschen von hohen Temperaturen nicht ihre Höchsthärte aufweisen, sondern erheblich weicher sind als gehärtete Schnellstähle. Infolgedessen ist eine gewisse Bearbeitung im abgelöschten Zustand noch möglich. Das Härten findet beim darauffolgenden Anlassen auf 600° durch die Ausscheidung statt. Diese Härtung durch Anlassen ist durch große Verzugsfreiheit gekennzeichnet. Die hier gewonnenen Erkenntnisse zeigen somit Wege, um unabhängig vom Kohlenstoff- und Karbidgehalt Ergebnisse zu erzielen, die unter Umständen den Leistungen karbidhaltiger Stähle überlegen sind; trotz ihrer an sich für Werkzeugstähle wünschenswerten Eigenschaften konnten sich diese Legierungen aber wegen ihrer übermäßigen Sprödigkeit praktisch nicht einführen.

Bei den angeführten Ausscheidungsvorgängen verändern sich in üblicher Weise andere physikalische Eigenschaften, wie z. B. spezifisches Gewicht, elektrische Leitfähigkeit, Koerzitivkraft und Remanenz. Auf die starke Erhöhung der Koerzitivkraft bei Molybdän-Eisen-Legierungen durch Ausscheidung der Eisen-Molybdän-Verbindung ist bei Molybdän hingewiesen worden. Die Veränderung der physikalischen Eigenschaften bei einer Eisen-Kobalt-Wolfram-Legierung zeigt

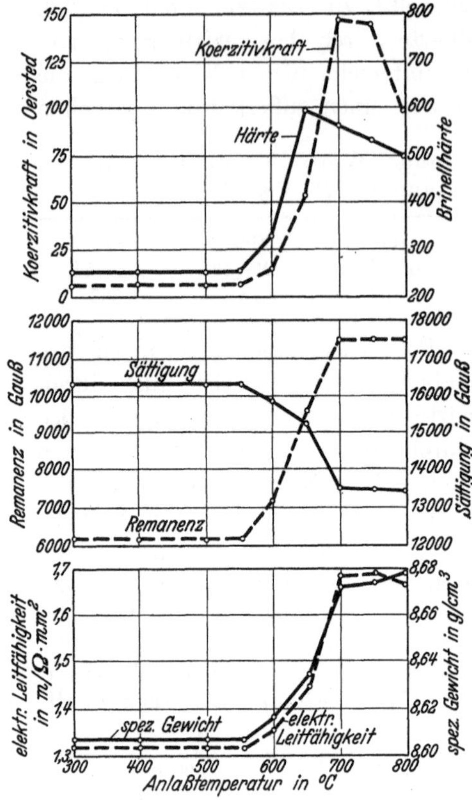

Abb. 632. Einfluß des Anlassens auf die physikalischen Eigenschaften einer von 1300° abgeschreckten Legierung mit 15% Kobalt und 18% Wolfram. [Nach W. Köster: Arch. Eisenhüttenw. Bd. 6 (1932/33) S. 17/23.]

Abb. 632. Die Legierung weist außerordentlich günstige Koerzitivkräfte bei hohen Remanenzen auf. Die Wirkung der Ausscheidung auf die physikalischen Eigenschaften wird je nach dem Grundgefüge — α-Mischkristall, γ-Mischkristall oder Umwandlungsgefüge — verschieden sein.

Interesse in magnetischer Beziehung verdienen nur die Legierungen mit γ-α-Umwandlung oder reinen α-Mischkristallen. Da bei den letzteren jede Verminderung der Remanenz infolge von Austenitbildung mit Sicherheit vermieden wird, werden höchste magnetische Eigenschaften, d. h. hohe Koerzitivkraft bei gleichzeitig hoher Remanenz zu erwarten sein, wie dies auch aus den Untersuchungen von Köster[1] über die Eisen-Molybdän-Kobalt-Legierungen für Dauermagnete hervorgeht (vgl. S. 753). Ähnliche ausscheidungshärtbare Legierungen auf Basis Ferrit, Austenit und γ/α-Umwandlungsgefüge ergeben die Eisen-Tantal-Kobalt-Legierungen, ohne in ihren Eigenschaften wesentlich Neues zu bringen[2].

2. Kobalt in Werkzeugstählen.

Nach dem bisher geschilderten Verhalten von kobalthaltigen Stählen bei der Härtung ist an eine Verwendung reiner Eisen-Kobalt-Kohlenstoff-Stähle auf dem Werkzeugstahlgebiete in größerem Umfange nicht zu denken, da beträchtliche Veränderungen der Eigenschaften nicht zu erwarten sind. Der einzige Einfluß, der zu einer praktischen Ausnützung führen könnte, ist die mit der geringen Härtefähigkeit der Kobaltstähle in Verbindung stehende Maßbeständigkeit beim Härten. Im allgemeinen kann man feststellen, daß die Maßhaltigkeit im Zusammenhang mit der Durchhärtefähigkeit der betreffenden Legierung und den Abmessungen steht. Es ist verständlich, daß verringerte Durchhärtefähigkeit, also verringerte Martensitbildung, auch eine Verringerung des Verzuges beim Härten bewirken, da bekanntlich die Martensitbildung mit Volumenvergrößerung verbunden ist und das Ausmaß des Verzuges mit dem Volumen des zu Martensit umgewandelten Gefügeanteils in einem gewissen Zusammenhang stehen

[1] Arch. Eisenhüttenw. Bd. 6 (1932/33) S. 17/23.
[2] Köster, W., u. G. Becker: Arch. Eisenhüttenw. Bd. 13 (1939/40) S. 93/94.

muß[1]. Durch Bestimmung des spezifischen Gewichts nach verschiedenen Härtungen kann man schon einen gewissen Aufschluß über das Verhalten der Stähle bekommen. Die Erhöhung der Maßbeständigkeit beim Härten durch Kobaltzusatz, gemessen an Gewindebohrern, gibt Abb. 633 im Zusammenhang mit der Durchhärtung der entsprechenden Werkzeuge wieder.

Bei reinen Kohlenstofflegierungen hat der Zusatz von Kobalt aber in dieser Beziehung noch keine praktische Bedeutung erlangt, da, wie bekannt, durch karbidbildende Elemente ähnliche geringe Durchhärtung in Verbindung mit anderen Vorteilen (s. Vanadin) erzielt werden können. Setzt man den Stahllegierungen außer Kobalt noch andere Elemente, wie Chrom, Mangan usw., zu, so daß die Stähle infolge dieser Zusätze vollkommen durchhärten, so kann sich der Einfluß von Kobalt auf die Maßbeständigkeit naturgemäß nicht mehr bemerkbar machen.

Da aber Kobalt die Schnittleistung schon bei reinen Kohlenstoffstählen erhöht, tritt auch bei den legierten ölhärtenden Stählen eine Verbesserung der Leistung ein. Für Gewindebohrer usw. sind Stähle folgender Zusammensetzung:

0,85—0,96 % C,

0,40—0,50 % Si,

2—2,5 % Co,

0,3—0,5 % V

als Wasserhärter mit schwacher Tiefenhärtung und geringem ·Verzug in Vorschlag gebracht worden, die, wenn sie auch nicht mehr eine größere Maßbeständigkeit gegenüber den bekannten ölhärtenden Stählen ergeben, doch den Vorzug einer geringen Erhöhung der Leistung beim Schnittversuch gewährleisten[2]. Eine größere Verwendung haben diese Stähle, genau wie die reinen Kobaltstähle, nicht gefunden. Dagegen gewinnt der Zusatz an Kobalt bei hochlegierten Stählen, bei denen Ausscheidungshärtungen durch Sonderkarbide oder durch andere Verbindungen, wie Wolfram-, Molybdänverbindungen usw., auftreten, eine immer größere Bedeutung.

Bereits im Jahre 1912 wurde die Verbesserung der Schnittleistung von Schnellstahl durch Kobaltzusatz erstmalig hervorgehoben[3, 4]. Während in den ersten

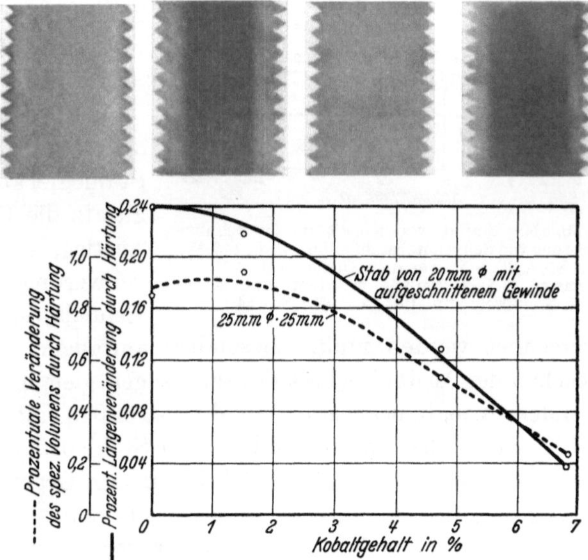

Abb. 633. Veränderung der Maßbeständigkeit von eutektoidem Kohlenstoffstahl beim Härten durch Kobaltzusatz im Zusammenhang mit einer Verstärkung des Troostitkernes bei den Kobaltstählen. [Nach Houdremont u. Schrader: Kruppsche Mh. Bd. 13 (1932) S. 1/54.]

---

[1] Maurer, E., u. W. Haufe: Stahl u. Eisen Bd. 44 (1924) S. 1720/26.

[2] Scherer, R.: Arch. Eisenhüttenw. Bd. 1 (1927/28) S. 325/29.

[3] DRP. Nr. 281386, Kl. 18b Gr. 20 vom 10. 8. 1912; Stahlwerk Becker, Krefeld.

[4] Über Schnellstähle s. a. das zusammenfassende Kapitel im Abschnitt „Vanadin" S. 655/83.

Jahren nach dieser Mitteilung noch oft die günstige Wirkung eines Kobaltzusatzes zu Schnellstahl angezweifelt wurde, ist die stark verbessernde Wirkung heute einwandfrei erkannt. Abb. 634 zeigt den günstigen Einfluß von Kobalt auf die Schnittleistung von Schnellstählen, ausgedrückt in der Schnittdauer. Man sieht, wie bis zu 17% Kobaltzusatz ein Anstieg in der Schnittleistung eintritt. Das Maximum in der Zunahme der Leistungsfähigkeit, das sich bei 1280° bei 17% Co ergibt, verschwindet bei der Härtung von 1320°, und es tritt eine Zunahme der Schnittdauer bis zu den höchsten untersuchten Kobaltgehalten von 24% ein. Man sieht hieraus, daß die volle Auswirkung sehr hoher Kobaltgehalte erst bei verhältnismäßig hohen Härtetemperaturen erreicht werden kann.

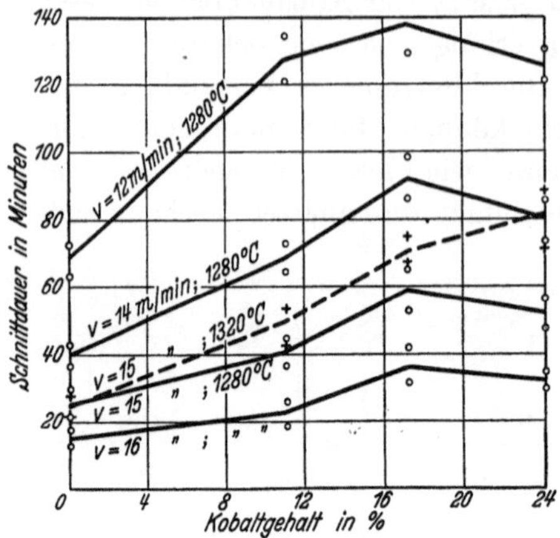

Abb. 634. Einfluß von Kobalt auf die Schnittleistung von Schnelldrehstahl mit 0,75 % C, 14 % W, 4,4 % Cr, 2,2 % V; vor dem Drehen auf 570° angelassen. [Nach Houdremont u. Schrader: Kruppsche Mh. Bd. 13 (1932) S. 1/54.]

Bei der genaueren Untersuchung der die obigen Schnittleistungen ergebenden Stähle fiel auf, daß bei steigendem Kobaltzusatz die Glühfestigkeit außerordentlich anstieg, so daß mit einer ziemlichen Erschwerung der Bearbeitbarkeit geglühten Schnelldrehstahles bei Zusatz von Kobalt gerechnet werden muß. Besonders auffallend war aber, daß nach dem Ablöschen der Austenitgehalt der im übrigen gleichlegierten Schnellstähle mit steigendem Kobaltzusatz stark zunahm, so daß es erst nach mehrfachem Anlassen bei 570° gelang, bei den höher legierten Stählen den Restaustenit zum Zerfall zu bringen. Im Gegensatz zu der Wirkung von Kobalt bei reinen Kohlenstoffstählen, bei denen eine Verzögerung der Martensit- und Verringerung der Austenitbildung ·deutlich beobachtet werden kann, wirkt Kobalt bei diesen hochlegierten sonderkarbidhaltigen Stählen also im Sinne einer Stabilisierung des Austenits. Wie aus Abb. 635 hervorgeht, wächst der Austenitgehalt nach dem Härten bei Gehalten bis zu 24% Kobalt um nahezu das Dreifache. Nach dem erstmaligen Anlassen werden diese großen Mengen Austenit größtenteils zum Zerfall gebracht. Die Restaustenitmenge beträgt aber nach einmaligem Anlassen bei dem höchsten Kobaltgehalt noch etwas über 4,5%, und erst nach zweimaligem Anlassen tritt ein vollkommener Zerfall des Restaustenits

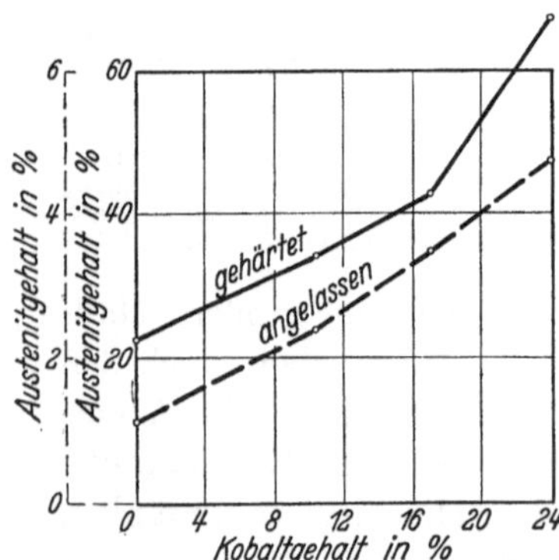

Abb. 635. Erhöhung des Austenitgehaltes im gehärteten und angelassenen Schnelldrehstahl durch Kobaltzusatz. [Nach Houdremont u. Schrader: Kruppsche Mh. Bd. 13 (1932) S. 1/54.]

ein. Es muß einstweilen dahingestellt bleiben, ob die Erweiterung des γ-Gebietes, die bei reinen Eisen-Kobalt-Legierungen erst bei über 40% Co in Erscheinung tritt, durch Zusatz von anderen Legierungselementen zu niedrigeren Kobaltgehalten verschoben wird, oder ob die verstärkte Austenitbildung in einer spezifischen Wirkung von Sonderkarbiden in einer kobalthaltigen Grundmasse, wie

z. B. Erhöhung der Karbidlöslichkeit oder Erschwerung der Karbidausscheidung, zu erblicken ist. Eine Erhöhung der Karbidlöslichkeit könnte unter Umständen von sich aus eine Erklärung für die Verbesserung der Schnittleistung durch Kobalt geben, da sich die Menge der beim Anlassen auf 600° hochdispers ausgeschiedenen Sonderkarbide vergrößern würde. Die Hauptursache für die Erhöhung der Schnittleistung durch Kobaltzusatz scheint aber darin begründet zu sein, daß Kobalt die Neigung aufweist, eine hemmende Wirkung auf Ausscheidungsvorgänge auszuüben, d. h. die Ausscheidungszeiten bei gleichen Temperaturen zu verlängern oder bei gleichen Anlaßzeiten den optimalen Ausscheidungsgrad bzw. den Beginn des Härteabfalles zu höheren Temperaturen zu verschieben. Diese Verhältnisse gehen z. B. für die Sonderkarbidausscheidungen im Schnellstahl aus Abb. 636 hervor. Diese Abbildung zeigt auch die Verminderung der Ausgangshärte im abgelöschten Zustand infolge steigender Austenitbildung.

Sehr klar wird auch die verlangsamte Ausscheidung veranschaulicht bei der Beobachtung von Anlaßisothermen (Abb. 637). Diese durch Kobalt bewirkte Trägheit der Ausscheidung steht in Übereinstimmung mit der oben geschilderten hohen Festigkeit im ausgeglühten Zustande, die ebenfalls auf eine erschwerte Zusammenballung der Karbide hinweist. Entsprechend diesem Verhalten beim Anlassen wird auch die Warmhärte, wie sie durch Messen mit

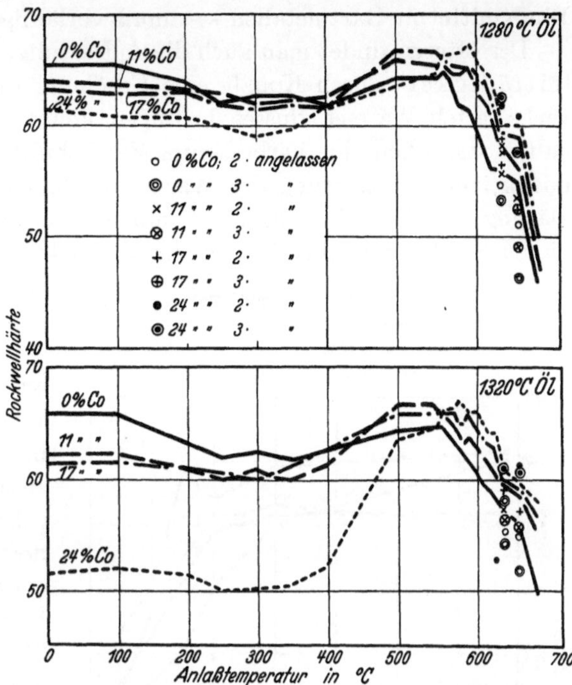

Abb. 636. Härteveränderung von gehärtetem Schnelldrehstahl verschiedenen Kobaltgehaltes beim Anlassen. [Nach Houdremont u. Schrader: Kruppsche Mh. Bd. 13 (1932) S. 1/54.]

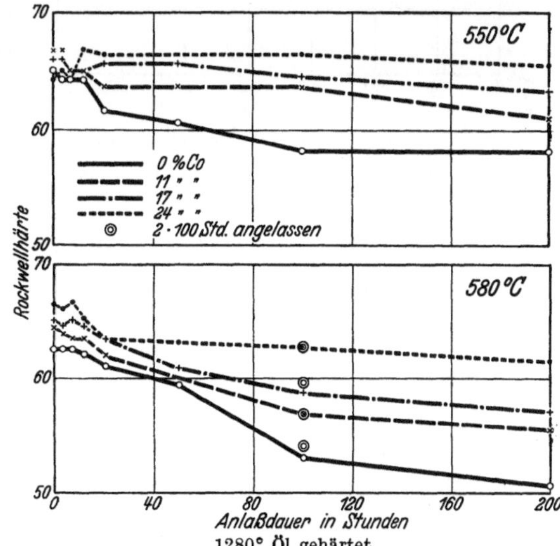

Abb. 637. Härteveränderung von gehärtetem Kobaltschnelldrehstahl in Abhängigkeit von der Anlaßzeit. [Nach Houdremont u. Schrader: Kruppsche Mh. Bd. 13 (1932) S. 1/54.]

der Widiakugel bei der entsprechenden Temperatur festgestellt werden kann, mit steigendem Kobaltzusatz erhöht (Abb. 638). Dieser geschilderte Einfluß von Kobalt dürfte genügen, um die erhöhte Schnittleistung zu erklären. Inwiefern, abgesehen von der Wirkung des Kobalt in der Grundmasse, eine geringe Aufnahme von Kobalt in das Karbid möglich ist — siehe Rolle des Kobalts als Bindemittel in Hartmetallen —, muß vorläufig dahingestellt bleiben.

Des öfteren findet man auch die Auffassung, daß die Erhöhung der Wärmeleitfähigkeit durch Kobalt eine Erhöhung der Schnittleistungen infolge des verbesserten Wärmeabflusses bedingen könnte. Bei den hier vorhandenen Gehalten, die schon eine Verbesserung der Schnittleistung erbringen, ist aber noch mit keiner Verbesserung der Wärmeleitfähigkeit zu rechnen, so daß diese Erklärung für die Erhöhung der Schnittleistung nicht stichhaltig sein kann (vgl. hierzu S. 746 und Abb. 646, in der die elektrische Leitfähigkeit wiedergegeben ist, die sich ähnlich wie die Wärmeleitfähigkeit verhält).

Die günstige Wirkung, die Kobalt auf die Anlaßbeständigkeit und Warmhärte von Schnellstahl ausübt, hat auch dazu geführt, daß Kobaltzusätze zu Warmarbeitsstählen gegeben werden, die sich aus den normalen Schnellstahllegierungen entwickelt haben, wie z. B. die Warmarbeitsstähle mit 10% W, 3% Cr, 0,3% C. Auch hier können durch Zusätze von Kobalt von 5 bis 10% und mehr entsprechende Verbesserungen erzielt werden. Verwendungszwecke sind Spritzmatrizen, Dorne in Metallrohrpressen usw.

Außer in Schnellarbeitsstahl findet Kobalt auch in hochgekohlten Chromstählen Verwendung. Ein typisches Beispiel einer solchen Legierung ist folgendes: 1,5% C,

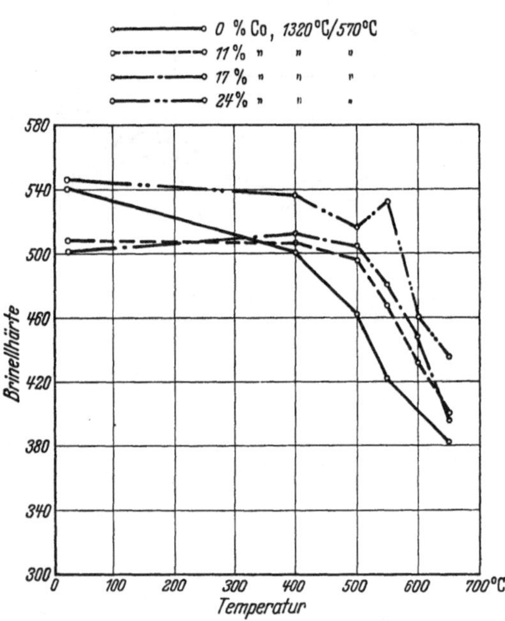

Abb. 638. Warmhärte von gehärteten und angelassenen Schnelldrehstählen verschiedenen Kobaltgehaltes bei verschiedenen Prüftemperaturen. [Nach Houdremont u. Schrader: Kruppsche Mh. Bd. 13 (1932) S. 1/54.]

12—14% Cr, 1—3% Co, 1% Mo, 1% W. Dieser Stahl unterscheidet sich von den reinen karbidischen Chromstählen ohne Kobalt durch erhöhte Verschleißfestigkeit und erhöhte Anlaßbeständigkeit. Infolge der guten Verschleißfestigkeit sind solche Stähle für Fräser sogar teilweise im gegossenen Zustand verwendet worden und haben hierbei unter bestimmten Bedingungen Leistungen ergeben, die denen hochlegierten Schnellarbeitsstahles ebenbürtig waren. Schließlich findet diese Legierung im gehärteten Zustand als besonders verschleißfester Stahl für Zieheisen, Walzsegmente, Metallsägen, Schnittstempel, Schnittplatten, hochbeanspruchte Messer, säurebeständige Kunstharzpreßformen, Matrizen zur Herstellung von Tubenverschlüssen usw. Verwendung. Die günstigste Härtung erfolgt von einer Temperatur von 950—1000° an Luft oder Öl. Bei höherer Härtetemperatur tritt Bildung von größeren Mengen von Austenit ein. In diesem Falle müssen solche Legierungen bis zu 600° angelassen werden; bei der Abkühlung erreichen sie dann durch die einsetzende Martensitbildung ihre höchste Härte. Ein besonders großes Anwendungsgebiet sind gegossene Walzstopfen und Dorne für die Rohrfabrikation sowie verschleißfeste Werkzeuge, wie Brikettschwalbungen, Führungsbacken usw., wobei eine Legierung folgender Zusammensetzung Verwendung findet:

$\sim 1{,}7\%$ C, $\sim 1{,}2\%$ Ni, 12—17% Cr, $\sim 2{,}5\%$ W, 0,25% V, $\sim 3\%$ Co.

Auf die Verwendung von Kobalt in Schneidmetallen (Stellite und Hartmetalle) ist bereits im Abschnitt Vanadin (S. 684 u. 688) eingegangen worden.

3. Kobalt in Baustählen.

a) Allgemeines.

Der hohe Preis für Kobalt würde die Verwendung dieses Elementes für Baustähle nur dann möglich machen, wenn Eigenschaften erzielt werden könnten, die durch

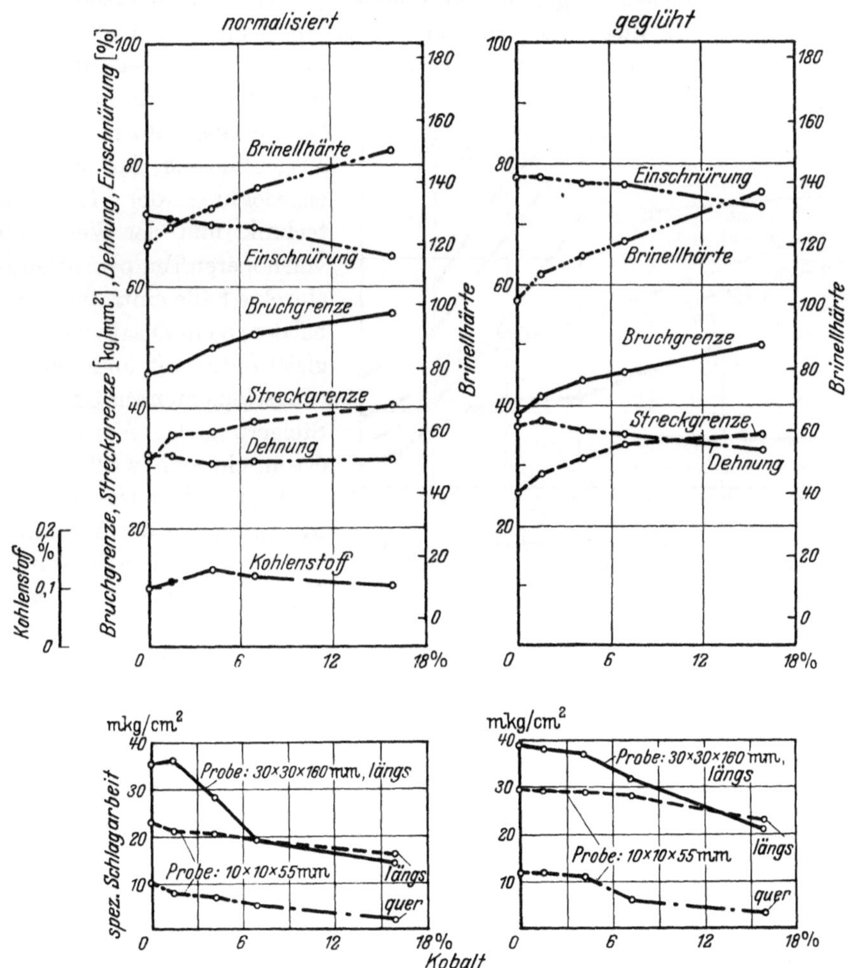

Abb. 639. Veränderung der Festigkeitseigenschaften von Flußstahl mit 0,10—0,13 % C durch Kobaltzusatz. [Nach Houdremont u. Schrader: Kruppsche Mh. Bd. 13 (1932) S. 1/54.]

andere Legierungselemente nicht erreichbar sind; es geht aber aus dem bisher Geschilderten hervor, daß von einem Zusatz von Kobalt zu Baustählen für allgemeine Verwendungszwecke nicht allzuviel zu erwarten ist. Die Verringerung der Härtbarkeit durch Kobalt weist darauf hin, daß durch Kobaltzusatz höchstens eine Verringerung der sonst für Baustähle so wichtigen Vergütbarkeit eintreten muß.

Im geglühten und normalisierten Zustand bewirkt Kobalt eine Erhöhung der Härte, Zugfestigkeit und Streckgrenze bei gleichzeitiger Verminderung der Einschnürung und Dehnung[1]. Aus dem im Abschnitt „Allgemeines" Gesagten geht hervor, daß diese Wirkung lediglich dem Hinzutritt von Kobalt in die Grundmasse zuzuschreiben ist. Die entsprechenden Werte sind aus Abb. 639 zu entnehmen. Eine Verbesserung des Verhältnisses von Streckgrenze zu Zugfestigkeit tritt hierbei nicht ein.

Die Erhöhung der Festigkeit von Kohlenstoffstahl bei Raumtemperatur durch Kobalt wirkt sich auch bei erhöhten Temperaturen aus (Abb. 640). Sie ist unabhängig von der Dauer des Zerreißversuches, da in diesem Falle nicht irgendwelche Ausscheidungsvorgänge, die von Anlaßtemperatur und Anlaßzeit abhängig sind, vorliegen, wie dies z. B. bei den karbidausscheidenden Vanadinstählen der Fall ist. Aber auch auf dem Gebiete der warmfesten Flußeisensorten hat

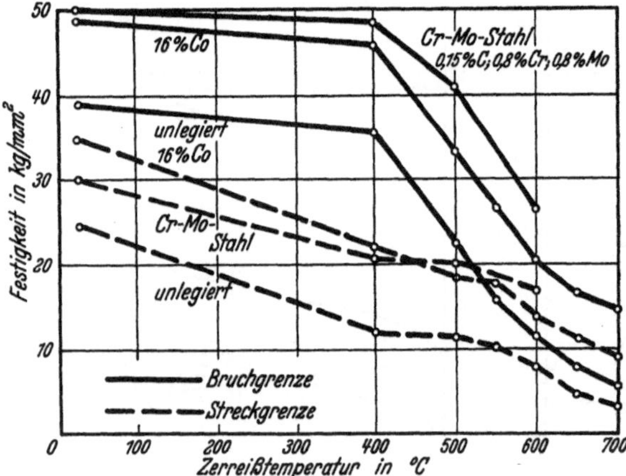

Abb. 640. Wirkung des Kobalts auf die Warmfestigkeit von Flußstahl im Vergleich mit weichem Chrom-Molybdän-Stahl. [Nach Houdremont u. Schrader:Kruppsche Mh. Bd.13 (1932) S.1/54.]

Kobalt bis heute keine Bedeutung erlangt; doch ist es nicht ausgeschlossen, daß mit Weiterentwicklung der Hochdrucktechnik und der Verwendung von höheren Temperaturen auch einzelne Fälle eintreten können, bei denen ein Zusatz von Kobalt gleichzeitig mit anderen Legierungselementen aus Gründen der Steigerung der Warmfestigkeit erwünscht sein wird.

Praktisch ausgenutzt wird die Erhöhung der Warmfestigkeit durch Kobaltzusatz bei Ventilkegelstählen für Auspuffventile. Einen Vergleich der Warmfestigkeit einiger für Ventilkegel gebrauchter Legierungen zeigt Zahlentafel 159. Man sieht eine Überlegenheit der kobalthaltigen Stähle gegenüber den kobaltfreien sonstigen Legierungen. Charakteristisch ist, daß der Unterschied in der Warmfestigkeit mit zunehmender Prüftemperatur bis 800° abnimmt, aber bei 900°, d. h. beim Übergang in den austenitischen Zustand wieder größer wird. Die Werte erreichen nicht diejenigen der hochwarmfesten austenitischen Werkstoffe; wenn zwar bei der Temperatur von 900° die Unterschiede

Zahlentafel 159. Warmfestigkeitswerte einiger Ventilkegelstähle.

Stahl	Zusammensetzung							Warmfestigkeit kg/mm² bei einer Zerreißdauer von 25 Minuten			
	C %	Si %	Mn %	Cr %	Ni %	W %	Co %	600°	700°	800°	900°
I	0,40	3,0	0,30	8,5	—	—	—	21	8,5	4,5	1,5
II	0,40	4,0	0,30	3,5	—	—	2,0	24	11	5	2,5
III	1,25	0,40	0,40	12,0	—	—	—	34	15	7,1	4,0
IV	1,3	0,35	0,35	13,0	—	—	2,0	37	19	8,5	7,5
V	0,40	1,5	0,60	13,0	13,0	2,0	—	45	28	17	8,5

[1] Dumas: nach Mars: „Die Spezialstähle" 2. Aufl. (1922) S. 483. — Houdremont, E., u. H. Schrader: Kruppsche Mh. Bd. 13 (1932) S. 1/54.

nicht mehr sehr groß sind, so muß zum Vergleich aber doch hauptsächlich die Temperatur von 800° herangezogen werden, weil die Maximaltemperatur von 900° nur am Ventilteller, und zwar am Rande, auftreten kann, während gerade der Schaft in den kritischen Temperaturbereich von 700—800° gelangt. Der Schaft ist aber der Querschnitt höchster Beanspruchung, und so treten auch die Ventilkegelbrüche meist durch Abreißen des Ventiltellers am Schaft dicht unterhalb des Tellers ein (s. a. Zahlentafel 102, S. 515).

Für höchste Beanspruchungen wird man daher nach wie vor auf die austenitischen Werkstoffe trotz ihrer geringeren Wärmeleitfähigkeit zurückgreifen und unter Umständen durch Hohlbohrungen und Salz- oder Metallfüllungen (Natrium, Kupfer oder Aluminium) die Wärmeleitfähigkeit künstlich erhöhen. Durch Nitrieren lassen sich auch diese Stähle oberflächlich härten und entsprechend in ihren Eigenschaften verbessern.

Für austenitische Werkstoffe hoher Warmfestigkeit und Dauerstandfestigkeit für Temperaturen über 600° wird gelegentlich der Zusatz von Kobalt empfohlen. Die ersten Untersuchungen an Legierungen mit etwa 70% Co und 30% Cr die Angaben über besonders hohe Warmfestigkeiten enthalten, führte G. Tamman[1] durch.

Einige Beispiele dauerstandfester austenitischer Stähle mit Kobaltzusätzen brachte bereits Zahlentafel 155 (S. 710). Praktisch gleiche Eigenschaften lassen sich im allgemeinen aber auch ohne Kobalt erzielen.

b) Kobalt in Einsatzstählen.

Sehr charakteristisch ist der Einfluß von Kobalt bei der Zementation von kobalthaltigen Flußeisensorten. Kohlenstoffgehalt-Zementationstiefe-Kurven für eine Zementation bei 900° bringt die Abb. 641. Wie diese Kurven zeigen, vermindert ein Zusatz von Kobalt die Höhe des Randkohlenstoffgehaltes und erzeugt bei höheren, Gehalten z. B. 7%, einen flacheren Verlauf der Kohlenstoffgehaltskurven zum Kern hin. Wie aus der bereits mehrfach erwähnten Arbeit von E. Houdremont und H. Schrader[2] hervorgeht, beruht diese Verminderung des Randkohlenstoffgehalts und der flachere Verlauf der Kohlenstoffgehalte zum Kern hin auf der durch Kobalt erhöhten Diffusionsgeschwindigkeit für Kohlenstoff im γ-Mischkristall.

Im Zusammenhang mit der schon hervorgehobenen Unempfindlichkeit

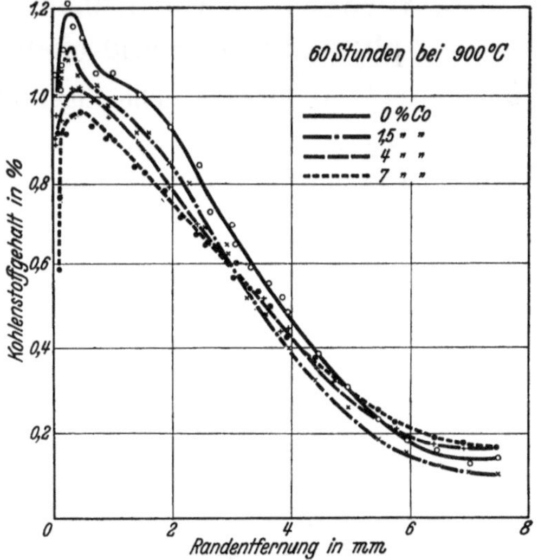

Abb. 641. Kohlenstoffgehalt-Tiefekurven von Kohlenstoffstählen verschiedenen Kobaltgehaltes bei gemeinsamer Zementationsbehandlung. [Nach Houdremont u. Schrader: Kruppsche Mh. Bd. 13 (1932) S. 1/54.]

---

[1] DRP. 270750 (1909); vgl. auch F. Wever u. U. Hashimoto: Mitt. Kais.-Wilh.-Inst. Eisenforsch. Bd. 11 (1929) S. 293/330.

[2] Kruppsche Mh. Bd. 13 (1932) S. 1/54; vgl. Arch. Eisenhüttenw. Bd. 5 (1931/32) S. 523/34.

gegen Überhitzung steht die Tatsache, daß höher kobalthaltige Stähle bei der Zementation auch bei langer Zementationsdauer und hoher Temperatur verhältnismäßig feinkörnig bleiben. Durch Ausmessung des Zementitnetzwerkes in der

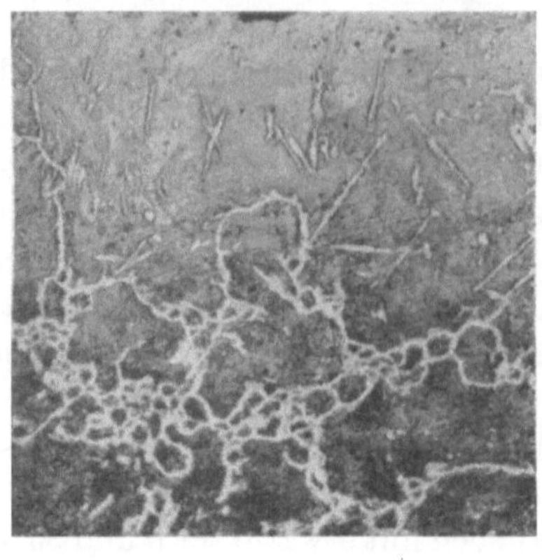

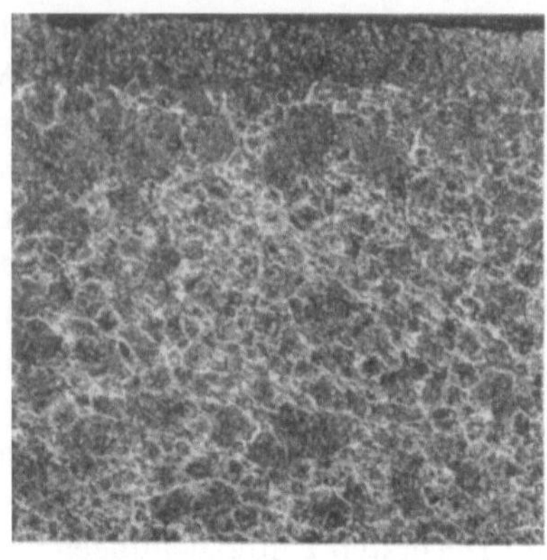

a   V = 50   b   V = 50
Unlegierter Kohlenstoffstahl   Stahl gleicher Zusammensetzung mit 7 % Kobalt

Abb. 642. Einfluß des Kobalts auf die Kornfeinheit des Zementationsgefüges (Zementitnetz) 60 Stunden bei 1050° in Holzkohle und Bariumkarbonat zementiert.

übereutektoiden Zone gelingt es, die Kornvergröberung zahlenmäßig auszuwerten. Auch aus dem Gefügebild (Abb. 642) ergibt sich schon die hohe Feinkörnigkeit des zementierten Kobaltstahles bei Kobaltgehalten von 7 %. Eine praktische Verwendung von Kobalteinsatzstählen hat bisher aber noch nicht stattgefunden.

4. Verwendung von Kobalt in Stählen mit besonderen physikalischen und chemischen Eigenschaften.

a) Physikalische Eigenschaften, Allgemeines.

Abgesehen von der umfangreichen Verwendung von Kobalt in Werkzeugstählen, insbesondere Schneidlegierungen, haben Zusätze von Kobalt in immer steigendem Maße Anwendung für Stähle mit besonderen physikalischen Eigenschaften gefunden.

Von den physikalischen Eigenschaften sollen zuerst die magnetischen betrachtet werden, da der Ferromagnetismus stets, wie am Beispiel der Eisen-Nickel-Legierungen gezeigt wurde, auch auf andere Eigenschaften von Einfluß sein kann und es auch in dem Fall des Systems Eisen-Kobalt tatsächlich ist. Von den ferromagnetischen Eigenschaften

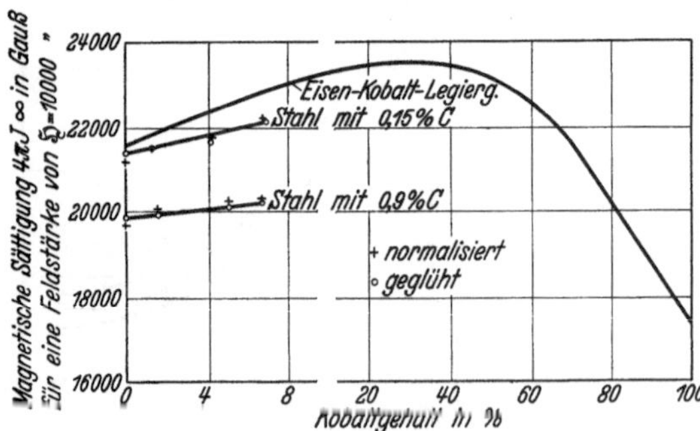

Abb. 643. Wirkung des Kobalts auf die magnetische Sättigung von Kobalt-Eisen-Legierungen (nach F. Stäblein: Werkstoffhandbuch Stahl u. Eisen O. 41, S. 1) und Kobalt-Kohlenstoff-Stählen. [Nach Houdremont u. Schrader: Kruppsche Mh. Bd. 13 (1932) S. 1/54.]

sei vorerst die Sättigung besprochen. Im allgemeinen wird durch Legierungszusätze die magnetische Sättigung des Eisens herabgesetzt. Eine Ausnahme von dieser Regel bildete das System Eisen-Nickel insofern, als durch kleinen Nickelgehalt die Sättigung sich praktisch nicht ändert. Bei Eisen-Kobalt tritt jedoch gerade der Fall ein, daß durch Kobaltzusatz die Sättigung des Eisens zunächst erhöht wird (Abb. 643).

Diese eigenartige Erscheinung, die auch in dem System Eisen-Platin auftritt, gab Veranlassung zu metallphysikalisch interessanten Betrachtungen. Der Ferromagnetismus ist eine Folge davon, daß die magnetischen Momente einzelner Elektronen (Spins) einander parallel gerichtet sind (magnetische Elementarbereiche). Werden in dem betrachteten ferromagnetischen Gitter Fremdatome gelöst, so können diese entweder in regelloser Verteilung ihrer Momentenrichtungen ohne Wechselwirkung in das Gitter eingehen oder in irgendeiner Form an der Ausrichtung der magnetischen Momente der Elektronen des lösenden Gitters teilnehmen. In dem letzten Fall sind zwei Unterfälle denkbar: entweder wird der Ferromagnetismus durch Parallelstellung der Momente verstärkt oder durch Antiparallelstellung geschwächt[1]. Der Gedanke, die Einstellung des Momentes des gelösten Atoms aus dem Sättigungsverlauf im binären System zu bestimmen, geht zurück auf R. Forrer, C. Sadron und L. Néel[2]. Es sind nach Abb. 644 die 3 Fälle zu unterscheiden, daß durch das Element B die Sättigung des ferromagnetischen Grundmetalls A in der Weise verändert wird, daß die in Abb. 644 gestrichelten Tangenten bei B entweder ein positives Moment abschneiden, das kleiner (Kurve *1*) oder größer (Kurve *2*) als das von A ist, oder ein negatives Moment von B (Kurve *3*) ergeben; unter der allerdings problematischen Annahme, daß für kleine Konzentrationen des Fremdmetalls die Mischungsregel gilt, kann man aus dem bei B abgeschnittenen Stück der Ordinate auf das Moment von B schließen, wenn es in kleiner Konzentration gelöst ist. Für Kobalt erhält man dann 3,3 Bohrsche Magnetonen, während die magnetische Sättigung des reinen Kobalt nur etwa 1,7 Bohrsche Magnetonen beträgt[3]. Dies ist wiederum ein Beweis für die bereits früher angedeutete Tatsache, daß die Elektronenkonfiguration eines Atoms nicht etwas starr Unveränderliches ist, sondern von der Umgebung, in der es sich befindet, beeinflußt wird. (Siehe z. B. Unterschiede des Atomaufbaues von Eisen im einatomigen Dampfzustand und im kristallinen Zustand (Zahlentafel 6 [S. 22], und 43 [S. 250])

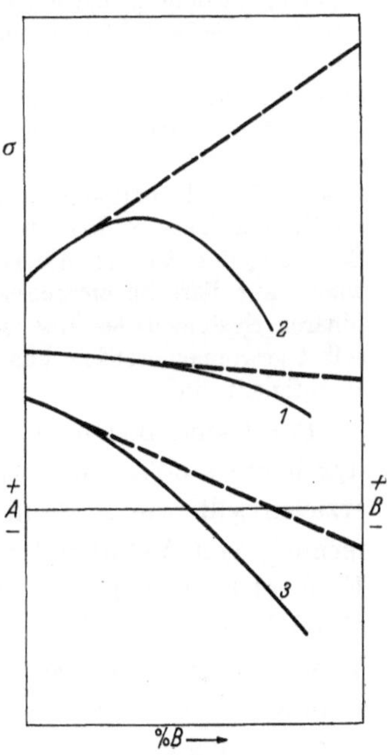

Abb. 644. Schema der Bestimmung des Momentes σ für einen in A gelösten Zusatz B nach Größe und Vorzeichen.

Beeinflussung durch fremde Nachbaratome usw.) Immer gilt dabei der Satz, daß die Energie des Gesamtsystems möglichst tief liegt. Die Frage, warum bei kleinen Kobaltzusätzen zu Eisen die Magnetonenzahl des Kobalt augenscheinlich entsprechend dem Sättigungsanstieg größer ist als im reinen Kobalt, muß auf den Einfluß des Kobalts auf die benachbarten Eisenatome bzw. von Eisen auf Kobalt zurückgeführt werden. U. Dehlinger[4] gibt folgende Deutung, deren Ausgangspunkt dabei darin besteht, daß der Ferromagnetismus eine Folge der positiven Austauschenergie zwischen den Elektronen ist (vgl. Kapitel Reines Eisen, S. 27 ff.). Der Betrag der magnetischen Sättigung wird durch die Anzahl freier Plätze in dem $3d$-Band der Elektronen gegeben, wobei ein freier Platz einen Beitrag von einem Bohrschen Magneton liefert; nach Zahlentafel 6 (S. 22) hat man im Zustand des einatomigen Dampfes bei Eisen sechs $3d$-Elektronen und zwei $4s$-Elektronen, während im festen Zustand aus Gründen der elektrischen Leitfähigkeit rund ein Elektron im $4s$-Zustand ist. Demgemäß müßte Eisen eine Sättigung entsprechend 3 Bohrschen Magnetonen haben; bei Kobalt

[1] Vgl. hierzu O. v. Auwers: Ergebn. exakt. Naturw. Bd. 16 (1937) S. 133/82.

[2] Forrer, R.: J. Phys. Radium (7) Bd. 1 (1930) S. 325. — Sadron, C.: Diss. Straßburg 1932. — Néel, L.: Diss. Straßburg 1932.

[3] Vgl. Auwers: O. v.: Ergebn. exakt. Naturw. Bd. 16 (1937) S. 133.

[4] Dehlinger, U.: Z. Metallkde. Bd. 28 (1936) S. 116/21.

und Nickel sind die entsprechenden Zahlen 2 bzw. 1. Experimentell findet man jedoch bei Kobalt und Nickel eine Kleinigkeit, nämlich etwa 0,3 Magnetonen weniger; bei Eisen aber mißt man einen größeren Betrag, nämlich 0,8 Magnetonen weniger (s. Abb. 276, S. 339). Während die genannten geringen Verminderungen bei Nickel und Kobalt auf eine Absättigung durch die magnetischen Momente der den elektrischen Stromtransport besorgenden Leitungselektronen zurückgeführt werden, gibt Dehlinger[1] Gründe dafür an, daß beim innenzentrierten α-Eisen die Verminderung anomal groß wird, und zwar durch Verminderung des Austauschintegrals. Man hat nämlich nicht nur die Austauschintegrale eines Atoms mit seinen acht nächsten, in Richtung der Raumdiagonale des Kristallgitters sitzenden Nachbarn zu betrachten, sondern auch den Einfluß der nächst weiteren, in Würfeleckpunkten befindlichen Atome. Das Austauschintegral mit den acht nächsten Nachbarn ist negativ, mit dem nächst weiteren Atom aber positiv. Der negative Anteil in der Gesamtaustauschenergie bewirkt die anomal tiefe Lage der Sättigung. Durch Zusatz von Kobalt oder Nickel wird im wachsenden Maße diese Anomalität aufgehoben und der normale Verlauf entsprechend der Mischungsregel angestrebt. Die Sättigungslinie verläuft dann parallel zu der nach der Mischungsregel zu erwartenden Verbindungsgeraden zwischen dem theoretischen Wert 3 für Eisen und 2 für Kobalt bzw. 1 für Nickel (Abb. 276, S. 339). Im System Eisen-Kobalt kommt hierdurch eine ziemliche Sättigungserhöhung zustande, während im System Eisen-Nickel eine derartige Erhöhung wegen der gegenüber Kobalt kleineren Sättigung des Nickels mindestens nicht so stark in Erscheinung treten kann. Es ist hier wieder auf diese Zusammenhänge hingewiesen als Beispiel dafür, daß durch Studium von binären Systemen des Eisens und deren Eigenschaften Einblicke in die Natur des Atoms selbst gewonnen werden können, die für die grundlegende metallkundliche Theorie von Wichtigkeit sind.

Praktische Bedeutung hat die etwa 10proz. Sättigungserhöhung des Eisens durch etwa 30% Co dort gefunden, wo man hohe Sättigungsmagnetisierung erzielen will, wie z. B. in Elektromagneten für ärztliche Instrumente zur Entfernung von Metallsplittern aus dem Auge, bei Spulenkernen, Polspitzen usw. Eine solche Legierung findet sich zuweilen unter dem Namen Permendur[2] im Handel. Die mechanische Bearbeitbarkeit wird durch wenige Prozent Mangan oder Vanadin verbessert. Der Nachteil dieser Legierung liegt bei Wechselstrombetrieb in ihrem niedrigen elektrischen Widerstand (vgl. später), der zu hohen Verlusten Veranlassung gibt. Man hat daher gelegentlich der 6- bzw. 10proz. Eisen-Kobalt-Legierung noch wenige Prozent Silizium zugesetzt, jedoch ist besonders angesichts des hohen Preises des Kobalt die Entwicklung in dieser Beziehung durch neuere Eisen-Silizium-Legierungen etwas überholt.

Mit wachsender Temperatur fällt die magnetische Sättigung bis zur Curie-Temperatur. Im System Eisen-Kobalt ist nun eine Erscheinung besonders ausgeprägt, die bereits bei den Systemen Eisen-Chrom und Eisen-Vanadin zu erwähnen war und außerdem noch im System Eisen-Cer auftritt sowie z. B. auch im ferromagnetischen Bereich des Systems Platin-Chrom[3]: mit wachsendem Zusatz dieser Elemente wächst nämlich die Curie-Temperatur. Letztere geht mit der magnetischen Sättigung in sehr vielen Fällen nicht parallel, weil die Sättigung nur vom Vorzeichen, die Curie-Temperatur jedoch auch von dem Wert der Austauschenergie abhängt; sie ist ein gewisses Maß für die Stabilität des ferromagnetischen Zustandes, d. h. für die Energie, die man zur Zerstörung der Koppelung braucht, welche zwischen den magnetischen Momenten (Spins) der verschiedenen Elektronen besteht. Diese Erscheinung verdient deswegen Erwäh-

---

[1] Siehe Fußnote 4 S. 743.

[2] Elmen, G. W.: Electr. Engng. Bd. 54 (1935) 1292/99.

[3] Vgl. hierzu z. B. U. Dehlinger: Z. Metallkde. Bd. 29 (1937) S. 388/95.

nung, weil sie das anomale Verhalten des elektrischen Widerstandes im System Eisen-Kobalt verstehen läßt. Hierzu interessiert besonders die Temperaturabhängigkeit der magnetischen Sättigung von Eisen-Kobalt-Legierungen mit mehr als etwa 15 Co. Bei diesen tritt nämlich die A_3-Umwandlung auf, bevor der Curie-Punkt der α-Phase erreicht ist. Man kann dann den wahren Curie-Punkt der α-Phase nur noch extrapolieren[1]; als Ergebnis erhält man dann die in Abb. 645 eingezeichneten Kurven. Wenn die wahre Höhe des Curie-Punktes, die bei 50% Co bis auf etwa 1130° C ansteigt, auch praktisch bei der Messung der Sättigungs-Temperatur-Kurve wegen des vorzeitigen Eintretens der A_3-Umwandlung nicht erreicht werden kann, so besitzt diese hohe Lage des wahren Curie-Punktes der bei Raumtemperatur beständigen α-Phase doch ihre übliche praktische Bedeutung für die anderen physikalischen Eigenschaften, worauf bei der Bespre-

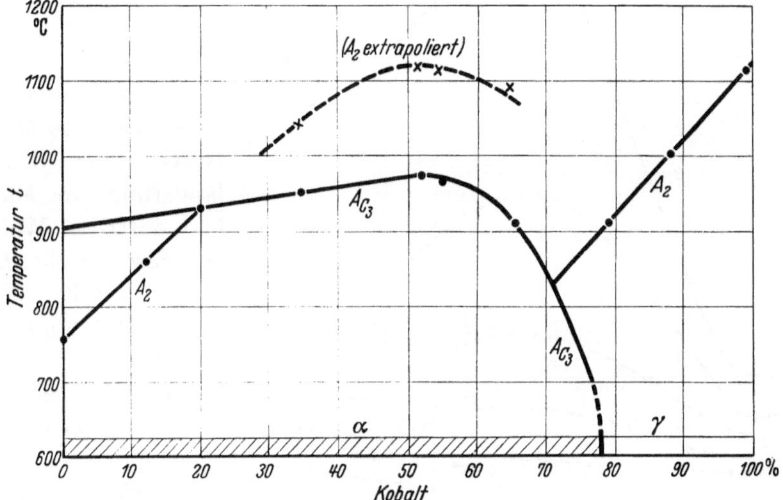

Abb. 645. Umwandlungspunkte der Eisen-Kobalt-Legierungen.

chung des elektrischen Widerstandes näher eingegangen wird. Durch einen Zusatz von etwa 10% Al wird die A_3-Temperatur über den Curie-Punkt verschoben, so daß sich der bei etwa 50% Co liegende Höchstwert der Curie-Temperatur noch beobachten läßt[2].

Die weiteren magnetischen Eigenschaften hängen nun stark davon ab, wie im Einkristall die **magnetischen Vorzugsrichtungen** verteilt sind. Eine Untersuchung hierüber wurde an Legierungen mit 30—70% Co, also im Bereich der kubisch raumzentrierten Phase durchgeführt[3]. Man findet bei 42% Co einen Wechsel in der Richtung leichtester Magnetisierbarkeit, indem unterhalb dieses Kobaltgehaltes die Würfelkante des Kristallgitters Richtung leichtester Magnetisierbarkeit ist und oberhalb davon die Raumdiagonale. Dies ist wieder ein Beispiel zu der bereits beim System Eisen-Nickel erwähnten Tatsache, daß eine Änderung in der magnetischen Vorzugsrichtung nicht mit einer Gitteränderung verbunden zu sein braucht. Eine Legierung mit 42% Co ist also magnetisch-isotrop

[1] Kußmann, A., B. Scharnow u. A. Schulze: Z. techn. Phys. Bd. 13 (1932) S. 449/60.
[2] Köster, W.: Arch. Eisenhüttenw. Bd. 7 (1933/34) S. 263/64.
[3] Shih, J. W.: Phys. Rev. Bd. 46 (1934) S. 139/47.

wie eine Eisen-Nickel-Legierung mit 76% Nickel. Die Richtungen bester Magnetisierbarkeit im Dreistoffsystem Eisen-Nickel-Kobalt sowie die Gesamtheit der magnetischisotropen Legierungen dieses Systems wurden ebenfalls untersucht[1], und es wurde u. a. dadurch festgestellt, daß im binären System Nickel-Kobalt bei 5% Co die magnetische Vorzugsrichtung von der Raumdiagonalen in die Würfelkante überwechselt, während sie bei etwa 20% Co wieder zur Raumdiagonalen zurückgeht[2]. Über die Bedeutung der magnetischen Anisotropie für die im Dreistoffsystem Eisen-Nickel-Kobalt auftretenden Perminvare, d. h. Legierungen mit konstanter, von der Größe der Feldstärke nicht abhängender Permeabilität, wurde bereits im Kapitel Nickelstähle gesprochen (S. 354).

Besonders bemerkenswert ist das System Eisen-Kobalt noch insofern, als in ihm die größte, je beobachtete Magnetostriktion, d. h. Verlängerung im Magnetfeld, auftritt. Während bei Eisen-Nickel-Legierungen mit 40—50% Ni eine Sättigungsmagnetostriktion von etwa $20 \cdot 10^{-6}$ beobachtet wird, steigt sie in der Gegend von etwa 60% Co auf Beträge um $90 \cdot 10^{-6}$; allerdings zeigen die bis jetzt bekanntgewordenen Messungen ziemliche Streuungen[3].

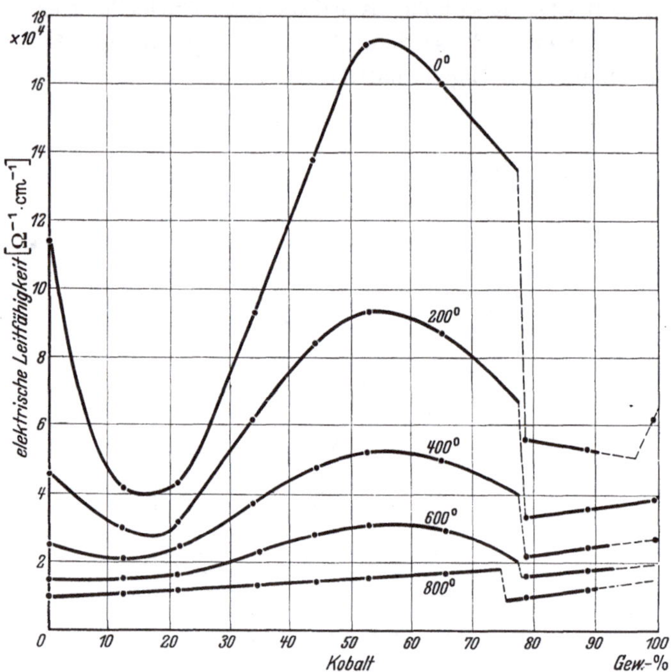

Abb. 646. Kurven der elektrischen Leitfähigkeit (Isothermen) von Eisen-Kobalt-Legierungen für verschiedene Temperaturen.

Vor der Besprechung der technisch wichtigen, magnetisch harten Legierungen sei kurz auf einige weitere physikalische Eigenschaften kohlenstofffreier Kobaltlegierungen eingegangen, die teilweise mit dem Ferromagnetismus in Beziehung stehen. Der spezifische elektrische Widerstand wurde bereits mehrfach untersucht; die zur Zeit letzten Messungen über die elektrische Leitfähigkeit sind wohl die der Physikalisch-Technischen Reichsanstalt[4]. Ihr Verlauf bei verschiedenen Temperaturen ist in Abb. 646 angegeben. Man stellt fest, daß bei tiefen Temperaturen bei etwa 50% Co ein scharfer Höchstwert der Leitfähigkeit, also ein Tiefstwert des Widerstandes auftritt, der sich bei hohen Temperaturen

---

[1] Mc. Keehan, L. W., R. G. Piety, J. D. Kleis: Phys. Rev. Bd. 50 (1936) S. 1093. — Mc. Keehan, L. W.: Phys. Rev. Bd. 51 (1937) S. 136/39.

[2] Shih, J. W.: Phys. Rev. Bd. 50 (1936) S. 376/79.

[3] Vgl. die Diskussion bei O. v. Auwers: Gmelins Hdb. anorg. Chem., Eisen, Teil D S. 324.

[4] Kußmann, A., B. Scharnow u. A. Schulze: Phys. Z. Bd. 13 (1932) S. 449/60.

verliert. Die Erklärung liefert hierfür Abb. 645; sie zeigt, daß der wahre Curie-Punkt in der Gegend von 50% Co sehr weit über Raumtemperatur liegt; es ist somit eine starke ferromagnetische Widerstandserniedrigung bei diesen Kobaltgehalten zu erwarten (s. hierüber Abschnitt „Nickel", S. 369), die jedoch naturgemäß zahlenmäßig nur tief unter dem Curie-Punkt, d. h. in der Gegend der Raumtemperatur, ins Gewicht fällt, bei höheren Temperaturen, d. h. mit Annäherung an den Curie-Punkt, aber sich verliert. Man hat auch versucht, die hohe Leitfähigkeit durch eine geordnete Phase FeCo zu erklären; jedoch spricht hiergegen die Tatsache, daß der Zustand niedrigerer Leitfähigkeit durch Abschreckung nicht auf Raumtemperatur zu übertragen ist. Ähnlich wie die elektrische Leitfähigkeit verhält sich die **Wärmeleitfähigkeit**.

Auf dem Gebiet der **Wärmeausdehnung** ist es interessant, daß der Ausdehnungskoeffizient der Eisen-Nickel-Legierung mit 31% Ni durch Kobaltzusatz bis 5% bis auf ein Minimum abnimmt[1]; derartige Legierungen werden

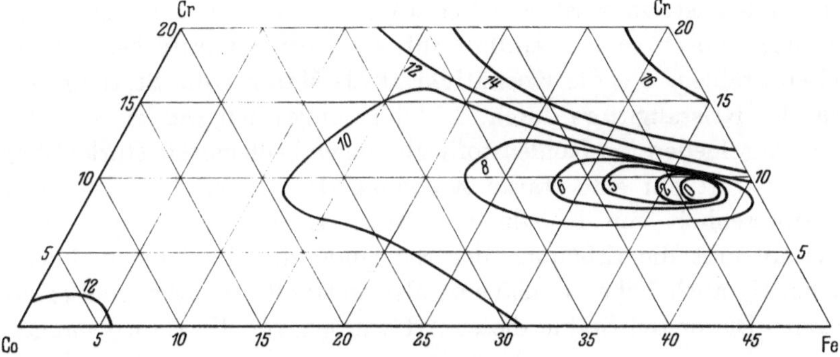

Abb. 647. Legierungen mit gleichen Wärmeausdehnungskoeffizienten (in 10⁻⁶) im System Eisen-Kobalt-Chrom.

gewöhnlich als **Superinvar** bezeichnet. Ähnlich wie im System Eisen-Nickel sich durch Kobaltzusatz die Wärmeausdehnung des Indilatans noch erniedrigen läßt, ist dies auch im System Eisen-Chrom möglich; die Nullstelle für die Wärmeausdehnung liegt hier[2] bei 9% Cr, 54% Co (vgl. Abb. 647).

Das Verhalten gegenüber Wärmeausdehnung gibt die Möglichkeit einer Verwendung entsprechender Legierungen als **Glaseinschmelzwerkstoffe**. Die Legierungen mit etwa 29% Ni, 18% Co eignen sich zum Verschmelzen mit Hartglas an Stelle von Molybdän[3]. Bei hoher Temperatur sind die Legierungen austenitisch; da Ar_3 unter Raumtemperatur liegt, so sind sie im Gebiet über Raumtemperatur reversibel. Die Brauchbarkeit der Legierung als Einschmelzwerkstoff in Hartgläsern kommt dadurch zustande, daß der Knick auf der Ausdehnungskurve, der durch den Curie-Punkt bedingt ist, etwa mit dem Umwandlungspunkt des Hartglases zusammenfällt; reine Eisen-Nickel-Legierungen sind hier ungeeignet, da bei ihnen der Knick der Ausdehnungskurve zu tief unter dem Umwandlungspunkt vom Hartglas (jedoch nicht vom Weichglas!) liegt, so daß bei der Abkühlung Spannungen zwischen Glas und Metall entstehen, wodurch

---

[1] Masumoto, H.: Sci. Rep. Tôhoku Univ. Bd. 20 (1931) 101/23.

[2] Masumoto, H.: Sci. Rep. Tôhoku Univ. Bd. 23 (1934) 265/80.

[3] Vgl. hierzu Scott, H.: J. Franklin Inst. Bd. 220 (1935) S. 733/53. — Hessenbruch, W.: Z. Metallkd. Bd. 29 (1937) S. 193/95. — Wymann, L. C.: Amer. Inst. Min. Met. Engrs., T. P. Nr. 1013 Met. Techn. Bd. 6 (1939) Nr. 1. — Metal Progr. Bd. 28 (1935) Dez. S. 32/37.

die Haltbarkeit der Glas-Metall-Verbindung beeinträchtigt wird. Die Höhe des Knickpunktes ist bei den genannten Eisen-Nickel-Kobalt-Legierungen etwa durch die Summe von Nickel und Kobalt bestimmt. Bei Kaltverarbeitung erhält man je nach der vorangegangenen Behandlung verschiedene Umwandlungserscheinungen; so kann z. B. durch Kaltwalzen und Anlassen Martensit erzeugt werden[1].

Wegen der auch bei der Verwendung als Glaseinschmelzmaterial sich als vorteilhaft erweisenden Haftfähigkeit des Oxydes wurden Legierungen mit etwa 85% Ni, 7% Co, 8% Fe gelegentlich auch als Trägerdraht von Emissionselektroden vorgeschlagen an Stelle von Reinnickel.

b) Dauermagnetstähle.

Wenn bereits bei den sonderkarbidhaltigen Schnellarbeitsstählen sowie den ausscheidungshärtbaren Wolfram-Kobalt-Eisen- und Molybdän-Kobalt-Eisen-Legierungen auf den besonderen Einfluß von Kobalt auf die Ausscheidung hingewiesen worden ist, so wird sein Verhalten in dieser Beziehung noch stärkstens bestätigt durch seinen Einfluß auf die Koerzitivkraft bei entsprechend behandelten Stählen. Da die Koerzitivkraft als Maß für die Störung der Idealgeometrie des Kristallgitters durch Baufehler angesehen werden kann[2], deutet die bei den verschiedensten Kohlenstofflegierungen beobachtete starke Steigerung der Koerzitivkraft auf eine starke Erhöhung der Gitterfehlstellen bei gleichzeitiger Anwesenheit von Kobalt im Gitter. In Verbindung mit der hohen Koerzitivkraft gibt die Erhöhung der Sättigung die Möglichkeit, Legierungen mit gleichzeitig auch hoher Remanenz, also wertvolle Dauermagnetlegierungen, zu schaffen. Die ersten Stähle dieser Art wurden von K. Honda angegeben[3].

α) Kobalthaltige Magnetstähle auf der Basis der Kohlenstoffhärtung.

Die Grundlage für die karbidhaltigen Kobaltmagnetstähle bildete der an sich schon durch hohe Koerzitivkraft ausgezeichnete 9proz. Chrommagnetstahl. Beispiele für die Zusammensetzung der heute verwendeten Magnetstähle auf der Basis der Kohlenstoffhärtung sowie die hierbei erzielten Eigenschaften gibt Zahlentafel 160 wieder. Die starke Steigerung der durch das Produkt

Zahlentafel 160. Zusammensetzung von Magnetstählen und deren Leistung.

C %	Cr %	W %	Mo %	Co %	Koerzitivkraft Oersted	Remanenz Gauß	Leistungsprodukt i. M. $B_r \cdot H_c$
1	3	—	—	—	60— 80	10500—8500	$65 \cdot 10^4$
0,65	—	6	—	—	60— 80	11500—9500	72
1	3	0,5	—	2	65— 80	10500—9500	72
1	8	—	1,5	—	90—110	8000—6500	72
1	8	—	1,0	10	140—170	9000—8000	139
1	8	—	1,0—1,5	15	160—190	9000—7500	143
1	5	5	1,0—1,5	30	250—300	9000—8000	232

[1] Siehe Fußnote 3 S. 747.

[2] Schlechtweg, H.: Metallw. Bd. 18 (1939) S. 900/03. — Forschungsber. Krupp Bd. 2 (1939) S. 163/66.

[3] Sog. K. S.-Stahl; s. K. Honda u. S. Saitô: Sci. Rep. Tôhoku Univ. Bd. 9 (1920 I) S. 417; Elektrician Bd. 85 (1920) S. 706.

Koerzitivkraft · Remanenz ausgedrückten Leistung geht aus dieser Zahlentafel deutlich hervor. Gegenüber den bekannten Chrom- und Wolframmagnetstählen, die in der Zahlentafel nochmals mit aufgeführt sind, ergeben die Kobaltmagnetstähle eine ganz erhebliche Leistungssteigerung. Für die Verwendung von Magneten spielt die Erhöhung der Koerzitivkraft vor allem dann eine Rolle, wenn von ihnen verlangt wird, daß sie auch unter dem Einfluß eines entgegengesetzten Kraftflusses nicht zu leicht entmagnetisiert werden und somit ihre magnetischen Werte verlieren sollen. Ganz besonders tritt dieser Fall z. B. bei Magneten mit großen Maulweiten und kleinen Schenkellängen ein. Den Zusammenhang zwischen Koerzitivkraft, Schenkellänge und Maulweite usw. geben die folgenden Ausführungen nach F. Stäblein an.

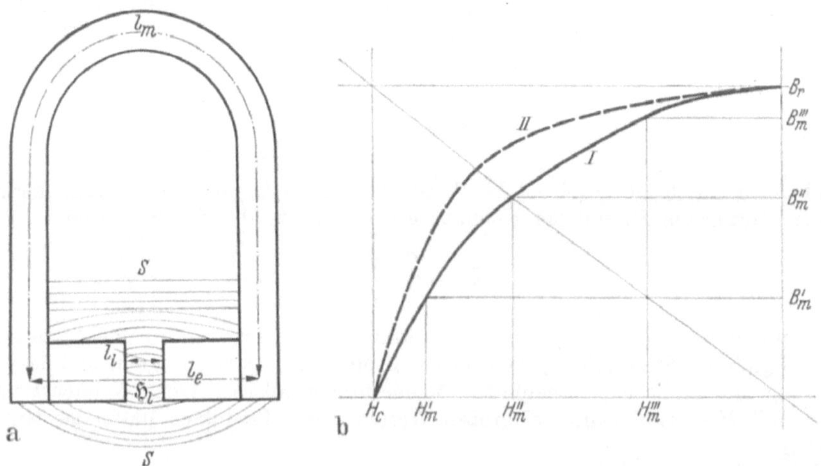

Abb. 648. Zusammenhang von Feldstärke und magnetischem Fluß mit der Maulweite eines Hufeisenmagneten.

Der eigentliche Zweck aller Dauermagnete, die z. B. in Drehspulinstrumenten, Kleindynamos oder Lautsprechern eingebaut sind, besteht in der Erzeugung eines möglichst starken Feldes zwischen den Polen. Die grundsätzlichen Überlegungen, die beim Entwurf eines Magneten bezüglich der erforderlichen Schenkellänge, der Stahlqualität (gegeben durch ihre magnetische Kennkurve), der gewünschten Feldstärke im Luftspalt und dem Querschnitt anzustellen sind, seien nachstehend kurz skizziert. Dabei werden sich gleichzeitig Richtlinien für die Ermittelung des einem bestimmten Magnetstahl beizulegenden Gütegrades ergeben, der eine vergleichende zahlenmäßige Bewertung verschiedener Magnetstähle zuläßt [vgl. auch A. Th. van Urk: Philips techn. Rdsch. Bd. 5 (1940) S. 29/36].

Es bezeichnen (vgl. Abb. 648a) H_l, q_l, l_l Feldstärke, Querschnitt und Länge des Luftspaltes; dann ist das Produkt $H_l \cdot q_l$ der Nutzkraftfluß. Die Polstücke aus Weicheisen müssen diesen Fluß durch ihren Querschnitt q_e leiten und daher eine Induktion B_e annehmen, so daß gilt

$$(1) \qquad H_l \cdot q_l = B_e \cdot q_e.$$

Damit im Eisen die Induktion B_e entsteht, ist die Feldstärke H_e nötig, die jedoch gewöhnlich vernachlässigbar klein ist. Außer dem Nutzkraftfluß ist nun immer noch ein Streufluß S vorhanden, der unvermeidlich ist, weil es keinen für Magnetismus undurchlässigen Stoff gibt, der ähnlich wirken würde wie ein Isolator gegen Elektrizität. Der Dauermagnet vom Querschnitt q_m muß beide Flüsse leiten, d. h. es gilt die Beziehung

$$(2) \qquad B_m \cdot q_m = B_e \cdot q_e + S = H_l q_l + S.$$

Natürlich ist im Magnetstahl auch eine bestimmte Feldstärke vorhanden, sie sei mit H_m bezeichnet, seine Länge mit l_m. Nun gilt für solche magnetische Kreise, die nicht mit elektrischen Strömen verkettet sind, das Gesetz, daß die Summe der Produkte aus den Feldstärken und den dazugehörigen Wegen, die man bei einem vollständigen, geschlossenen Umlauf zurücklegt, im ganzen den Wert Null liefern muß, was als Formel lautet:

$$(3) \qquad H_l \cdot l_l + H_e \cdot l_e + H_m \cdot l_m = 0$$

oder mit unbedeutender Vernachlässigung:

$$(3\,\mathrm{a}) \qquad H_l \cdot l_l + H_m \cdot l_m = 0;$$

somit wird

$$(4) \qquad H_m = - H_l \cdot \frac{l_l}{l_m}.$$

Man erkennt daraus die wichtige Tatsache, daß die Feldstärke im Magnetstahl negativ, d. h. der Induktion entgegengesetzt ist. Weiter wird sofort klar, daß diese negative Feldstärke zahlenmäßig um so größer sein wird, je kleiner die Magnetlänge l_m ist, da l_m ja auf der rechten Seite im Nenner steht. Seinem absoluten Betrag nach muß natürlich H_m kleiner sein als die Koerzitivkraft H_c des Stahles, denn sonst könnte ja keine positive Induktion und damit kein Nutzkraftfluß mehr vorhanden sein. Somit ist bei verlangtem H_l und gegebenem l_l schon

$$(5) \qquad l_m\,(\mathrm{mind.}) = l_l \cdot \frac{H_l}{H_c}$$

als Mindestmagnetlänge gegeben. In Wirklichkeit muß l_m noch größer sein, derart, daß zu dem berechneten H_m auf der Kennkurve des Magnetstahls die Induktion

$$(2\,\mathrm{a}) \qquad B_m = \frac{H_l \cdot q_l + S}{q_m}$$

gehört, was durch probeweises Einsetzen verschiedener Werte für q_m und l_m zu erreichen ist. Wie groß der Streufluß ist, kann nicht allgemein angegeben werden, und ist nach der Erfahrung mit ähnlichen, ausgeführten Magnetformen abzuschätzen. S wächst im allgemeinen mit $H_l \cdot l_l$ und kann bei großen Werten dieses Produktes 100 % des Nutzflusses übersteigen.

Multipliziert man die Gleichungen

$$(2)\ B_m \cdot q_m = H_l \cdot q_l + S \quad \text{und}\ (3\,\mathrm{a}) - H_m \cdot l_m = H_l \cdot l_l$$

miteinander, so erhält man

$$(6) \qquad - B_m \cdot H_m \cdot q_m \cdot l_m = H_l^2 \cdot q_l \cdot l_l + S \cdot H_l \cdot l_l,$$

eine Gleichung, die in verschiedener Hinsicht wertvolle Aufschlüsse vermittelt. Rechts stehen lauter Größen, die sich auf den Luftspalt, links solche, die sich auf den Dauermagneten beziehen. Sind die Abmessungen des Luftspaltes und die in ihm herrschende Feldstärke vorgeschrieben (damit ist im wesentlichen auch S festgelegt), so muß also das in (6) links stehende Produkt einen bestimmten Wert erreichen. Das Volumen des Magnetstahls ist $q_m \cdot l_m$; es darf um so kleiner sein, d. h. man kommt mit um so weniger Magnetstahl aus, je größer $- B_m \cdot H_m$ ist. $B_m \cdot H_m$ bedeutet nach dem Vorhergehenden das Produkt der im Magnetstahl herrschenden (negativen) Feldstärke mit der zugehörigen Induktion, deren gegenseitige Abhängigkeit aus der Kennkurve des Stahls (vgl. Abb. 648 b) abzulesen ist. Trägt man die verschiedenen möglichen Einzelfälle, z. B. $H_m' \cdot B_m'$, $H_m'' \cdot B_m''$, $H_m''' \cdot B_m'''$, etwa über der Feldstärke auf, so zeigt sich erfahrungsgemäß, daß das Produkt $(H_m \cdot B_m)$ ein ziemlich flaches Maximum bei denjenigen H- bzw. B-Werten durchläuft, die in der Nähe des Schnittpunktes der Kennkurve mit der Diagonalen des über ihr errichteten Rechtecks liegen. Gelingt es also, durch zweckmäßige Wahl von q_m und l_m den Arbeitspunkt des Magneten an diese Stelle zu legen, so kommt man mit dem geringsten Magnetgewicht aus, das mit dem betreffenden Stahl überhaupt möglich ist. Man kann daher mit Recht den größtmöglichen Wert des Produktes $B_m \cdot H_m$ (im Schrifttum meist mit $[B \cdot H]_{\max}$ oder „Güteziffer" bezeichnet] als eine für die Leistungsfähigkeit eines Magnetstahls kennzeichnende Zahl ansehen. Sie wird veranschaulicht durch den Flächeninhalt des größten Rechtecks, das sich der Kennkurve einbeschreiben läßt, und das sich bei gegebener Kurve durch die angedeutete geometrische Konstruktion leicht mit genügender Genauigkeit finden läßt. Nur bei Kurvenformen mit ungleichmäßigem Krümmungsverhalten, wie sie häufig bei Proben zu beobachten sind, die im Magnetfeld abgekühlt wurden (s. später Abb. 716 S. 826 und S. 831, Nickel-Aluminium-Kobalt-Legierungen), braucht die linke obere Ecke des größten eingeschriebenen Rechtecks nicht mit dem Diagonalschnittpunkt zusammenzufallen, so daß man $(B \cdot H)_{max}$ durch kurzes Probieren finden muß.

Neben der durch $(B \cdot H)_{max}$ definierten Güteziffer ist als Vergleichsmaßstab auch das Produkt $B_r \cdot H_c$ gebräuchlich, zu dessen Festlegung nur die Werte von Remanenz und Koerzitivkraft ermittelt zu werden brauchen. Es ist verständlich, daß dieses mit „Leistung" bezeichnete Maß nur bei annähernd gleicher Ausbauchung der Kurven einen brauchbaren Maßstab abgeben kann; vgl. z. B. die ausgezogene (I) und die punktierte Kurve (II) in Abb. 648b, für die $B_r \cdot H_c$ gleich sind, obwohl zweifellos der Stahl II als Magnet wertvoller ist. Das zahlenmäßige Verhältnis zwischen $(B \cdot H)_{max} : B_r \cdot H_c$ kann zwischen 0,4 und 0,9 schwanken.

Als weitere wichtige Regel ist der Gleichung (6) noch zu entnehmen, daß das Volumen und damit das Gewicht des benötigten Magnetstahls unter sonst gleichen Verhältnissen zwar proportional mit dem Rauminhalt $q_l \cdot l_l$ des Luftspaltes, aber quadratisch mit der verlangten Feldstärke im Luftspalt ansteigen muß. Da man demnach für die doppelte Feldstärke wegen der ebenfalls wachsenden Streuung mehr als das vierfache Magnetgewicht aufwenden muß, ist der Steigerung von H_l bald eine praktische Grenze gesetzt.

Aus dem Vorangegangenen ergibt sich die Folgerung, hochkobalthaltige Stähle für Magnete mit kurzen Schenkeln und großen Maulweiten zu verwenden bzw. die Möglichkeit, bei Magnetstählen mit hoher Koerzitivkraft die Magnete kürzer zu bauen. In der Praxis finden Kobaltmagnete vor allem Verwendung für Lautsprecher, ferner für Zünd- und Lichtmaschinen jeder Art. Sie wird immer dort angezeigt sein, wo man infolge baulicher Verhältnisse gezwungen ist, möglichst kurze Magnete mit hohen Leistungen einbauen zu müssen.

Die Herstellung der kobalthaltigen Magnete kann sowohl durch Walzen, Schmieden und Biegen als auch direkt durch Gießen erfolgen. Die gießtechnische Herstellung erlaubt auch komplizierte Formen; in der magnetischen Leistung kommen die gegossenen Magnete den geschmiedeten annähernd gleich. Im Gegensatz zu den noch leistungsfähigeren Nickel-Aluminium-Kobalt-Legierungen (S. 831) sind die Kohlenstoff-Kobalt-Chrom-Magnetstähle ausglühbar und bearbeitbar, was gelegentlich für die Verwendung ausschlaggebend sein kann.

Ganz besondere Sorgfalt muß der Wärmebehandlung kobalthaltiger Magnetstähle zugewendet werden. Bereits bei Wolfram- und niedriglegierten Chromstählen wurde darauf hingewiesen, daß infolge Ausscheidung von Sonderkarbiden durch Glühen eine Verschlechterung der magnetischen Eigenschaften eintreten kann, d. h. die Art der Karbidverteilung im gehärteten Zustand von Einfluß auf die magnetischen Eigenschaften ist; im gleichen Maße gilt dies für hochlegierte kobalthaltige Stähle. Der Walzzustand bzw. Gießzustand ist immer gewissen Schwankungen unterworfen, da, je nach den Abkühlungsbedingungen, eine verschiedenartige Verteilung der Karbide vorhanden ist. Es ist somit selbstverständlich, daß es nicht bei allen Abmessungen und Formen gelingt, durch eine einfache Härtung optimale Eigenschaften zu erzielen. Den optimalen Zwangszustand wird man bei feinster Karbidverteilung und größtmöglicher Menge gelösten Kohlenstoffs erreichen. Steigert man zwecks Erzielung einer möglichst hohen Kohlenstofflöslichkeit die Temperatur über ein gewisses Maß (950—1000°) hinaus, so werden bei den Kobaltlegierungen größere Mengen von Restaustenit nach der Härtung bestehen bleiben, die die magnetische Sättigung und damit auch die Remanenz, also die Leistung des Magneten, in ungünstigem Sinne beeinflussen. Aus diesem Grunde hat sich für die Behandlung der hochkobalthaltigen Magnetstähle, insbesondere mit 30% Co, ein kompliziertes Härteverfahren entwickelt: Die fertiggebogenen Magnete werden zuerst von einer hohen Temperatur, etwa 1200°, abgelöscht; durch diese Art der Ablöschung gelingt es, den höchstmöglichen Gehalt an Karbid in Lösung zu bringen. Im abgelöschten Zustand ist der Stahl praktisch vollkommen austenitisch. Durch ein leichtes Zwischenglühen bei etwa 750° wird ein außerordentlich feiner Verteilungsgrad der Karbide erzielt. In diesem feinen Verteilungszustand kann man jetzt bei der darauffolgenden Härtung von etwa 900—1000° den höchsten Zwangszustand ohne überflüssige Austenitbildung und somit die günstigsten magnetischen Eigenschaften, insbesondere günstige Koerzitivkräfte, erzielen. Es wird nicht in allen Fällen notwendig sein, solche für optimale Koerzitivkräfte angezeigten Wärmebehandlungen vorzunehmen. In vielen Fällen genügt, wie Zahlentafel 161 (S. 752) zeigt, auch ein einfaches Ablöschen zur Erzielung guter magnetischer Werte. Die erzielbaren Eigenschaften werden bei der einfachen Wärmebehandlung in Abhängigkeit von der Karbidausbildung des Guß- bzw. Walzzustandes stehen. Wenn auch die hierdurch erzielten magnetischen Werte nicht dem Bestwert entsprechen, so wird diese einfache Behandlung doch vielfach zufriedenstellende Ergebnisse liefern.

Die Empfindlichkeit gegenüber der Wärmebehandlung kann je nach der Legierung verschieden sein. So kann man z. B. den 30proz. Kobalt-Magnetstahl mit Chrom- und Molybdän- oder Chrom-, Wolfram- und ggf. Vanadinzusatz herstellen; im letzteren Falle erhält man schon nach Einfachhärtung günstigere Werte als nach Einfachhärtung der zuerst genannten Zusammensetzung (Zahlentafel 161). Im ganzen gesehen geht die letzte Entwicklung

Zahlentafel 161. Magnetische Werte von Kobaltmagnetstählen mit 30% Co.

Analyse								Härtungsart	Remanenz Gauß	Koerzitivkraft Oersted	Leistungsprodukt $B_r \cdot H_c \cdot$
C %	Si %	Mn %	Cr %	W %	Co %	V %	Mo %				
1,0	<0,40	<0,40	7,0	—	30,0	—	1,5	925° Öl	9350	215	201 · 10⁴
								760° Ofen 925° Öl	8950	210	188
								1200° Luft 750° Luft 950° Öl	8850	269,5	239
1,0	0,25	0,30	5	5	30,0	0,3	—	925° Petroleum	9300	240/270	220/250

auf diesem Gebiet dahin, den Kobaltgehalt für jeden Zweck so niedrig wie eben möglich zu halten. So genügt z. B. in gewissen speziellen Fällen bei sorgfältiger Konstruktion an Stelle des 12proz. Kobalt-Magnetstahles der 6- bis 7prozentige. Das Bestreben zur Senkung der Kobaltgehalte führte im weiteren zu einem Stahl mit nur etwa 2% Co, 3—4% Cr, 0,5—0,8% W, der etwas besser ist als der übliche Wolfram-Magnetstahl. In ähnlicher Weise ließen sich noch mehr derartige Zwischenlegierungen herstellen.

β) Kobalthaltige Magnetstähle auf der Basis Ausscheidungshärtung.

Die weitgehende Analogie, die sich bisher bei allen Härtungsvorgängen, sei es bei reiner Abschreckhärtung oder Ausscheidungshärtung in der Erzielung höchster Härte und bester Koerzitivkräfte, ergeben hat, findet eine weitere Bestätigung dadurch, daß die stark zur Ausscheidungshärtung neigenden Eisen-Kobalt-Wolfram- und Eisen-Kobalt-Molybdän-Legierungen auch außerordentlich günstige magnetische Eigenschaften aufweisen.

Bereits bei den binären Eisen-Molybdän-Legierungen wurde auf die hohe Koerzitivkraft, die sich durch Ausscheidungsvorgänge erzielen läßt, hingewiesen. Wie aus Abb. 499 (S. 596) hervorging, zeigen diese Legierungen schon sehr beachtliche Werte. Durch Zusatz von Kobalt erfahren sie noch eine weitere starke Steigerung. Derartige Legierungen, wie sie von W. Köster[1] untersucht wurden, eignen sich für magnetische Zwecke, wenn sie im rein ferritischen Gebiet der Dreistoffsysteme Eisen-Kobalt-Molybdän bzw. Eisen-Kobalt-Wolfram liegen, da dann beim Abschreckvorgang keine Verschlechterung der magnetischen Leistungsziffern infolge Austenitbildung eintreten kann (Abb. 624 u. 631). In diesen Gebieten lassen sich eine große Anzahl magnetisch wertvoller Legierungen finden.

Über die Art der Wärmebehandlung: Ablöschen von hohen Temperaturen, 1200—1300°, und Anlassen bei etwa 650 bis 700° ist bereits berichtet worden.

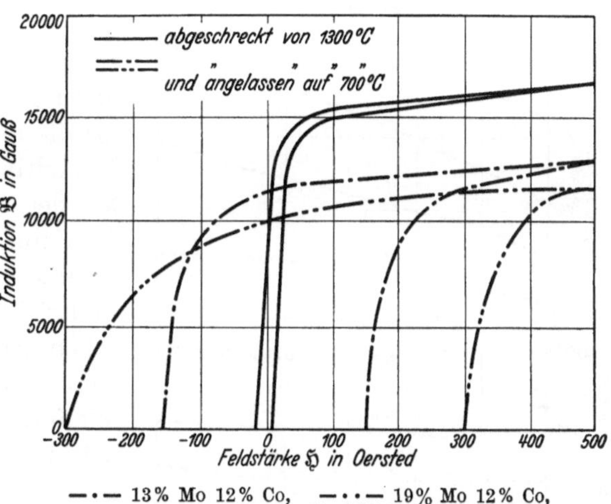

Abb. 649. Wirkung einer Abschreck- und Anlaßbehandlung auf die Ausbildung der Induktionsschleife bei zwei Fe-Co-Mo-Legierungen. [Nach W. Köster: Stahl u. Eisen Bd. 53 (1933) S. 849/55.]

Der Einfluß der Wärmebehandlung auf die magnetischen Eigenschaften geht auch aus Abb. 649 hervor. Die Anlaßtemperatur bzw. Anlaßzeit liegt zwecks Erreichung bester magnetischer Eigenschaften bei etwas höheren Werten, als dies zur Erzielung höchster Härtewerte der Fall ist, da höchste Härte im submikroskopischen Dispersitätsgrad der Ausscheidung, höchste magnetische Eigenschaften (Koerzitivkraft, Remanenz) im Bereich der beginnenden mikroskopischen Sichtbarkeit der Ausscheidung auftreten, genauer ausgedrückt dann, wenn die Wellenlänge der durch die Auscheidungen hervorgerufenen Spannungsschwankungen von der Größenordnung der Dicke der Barkhausenwand ist[2] (s. Abb. 632, für die Legierung 15% Co, 18% W). Die Abnahme der magnetischen Sättigung in Abb. 649 hängt mit dem beginnenden Platzwechsel der Atome und dem Anfang der Ausscheidung der unmagnetischen Phase (Verbindung CoWFe) zusammen.

Es wurde in der Einleitung zum Abschnitt Molybdän darauf hingewiesen, daß mit Molybdänlegierungen höhere magnetische Eigenschaften, insbesondere

---

[1] Arch. Eisenhüttenw. Bd. 6 (1932/33) S. 17/23.

[2] Becker, R., u. W. Döring: Ferromagnetismus, S. 207. Berlin 1939.

höhere Koerzitivkräfte, erreicht werden als bei den entsprechenden Wolframlegierungen und die Vermutung ausgesprochen, daß dies mit dem höheren Atomvolumen der sich ausscheidenden Molybdänverbindungen gegenüber dem der
entsprechenden Wolframverbindungen zusammenhängt. Abb. 650 zeigt den
Einfluß von Molybdän und Kobalt auf die erreichbaren magnetischen Eigenschaften. Die höchsten dem Verfasser bekannten Zahlen wurden erreicht an
einer Legierung von 15% Co, 18% Mo mit einer Koerzitivkraft von 350 und einer
Remanenz von 7500.

Gegenüber den höchstwertigen Magnetstählen auf Basis Kohlenstoffhärtung
besitzen diese ferritischen ausscheidungshärtenden Legierungen verschiedene
Vorteile. Abgesehen von der Tatsache, daß Koerzitivkräfte von 300—350 mit dieser Legierung erreicht werden können, haben auch die tiefer legierten und somit geringere Koerzitivkräfte aufweisenden Legierungen durchweg höhere Remanenzen als die anderen Magnetstähle bei gleicher Koerzitivkraft. Man braucht nur die Zahlen der Abb. 650, die nicht das jeweilige Maximum an Remanenz für bestimmte Koerzitivkräfte darstellen, zu vergleichen und sieht, daß bei Koerzitivkräften zwischen 150—180 noch Remanenzen erzielt werden wie bei 3proz. Chrom- bzw. 6proz. Wolfram-Magnetstählen. Man vergleiche z. B. die magnetischen Werte der Legierung 15% Co, 18% W in Abb. 632 mit denen von Wolframmagnetstahl. Die Entmagnetisierungskurven sind stärker ausgebaucht und daher die Remanenz stärker als bei den Wolframmagnetstählen. Dieses prägt sich auch in den Gütewerten und in dem Gesamtenergiegehalt der Hyste

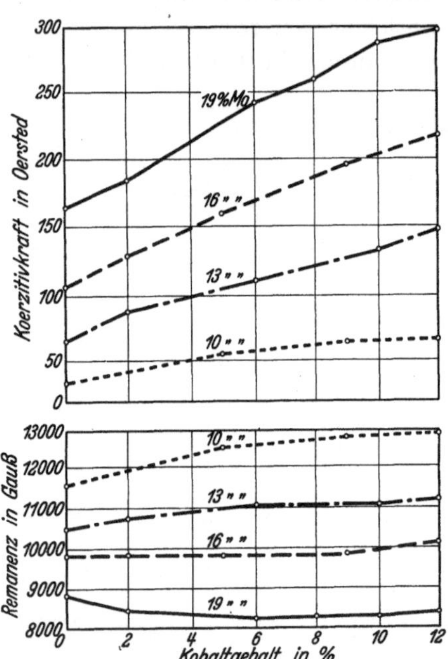

Abb. 650. Einfluß des Kobalts auf die Koerzitivkraft und Remanenz von Eisen-Molybdän-Legierungen. [Nach W. Köster: Stahl u. Eisen Bd. 53
(1933) S. 849/56.]

resisschleife zugunsten der ferritischen Magnetstähle aus[1].

Da die magnetischen Werte durch Anlassen gewonnen werden und die Anlaßtemperaturen bei etwa 700° liegen, sind diese Magnetlegierungen auch temperaturbeständig, d. h. sie büßen durch Erwärmen auf Temperaturen unterhalb
ihrer Anlaßtemperatur ihre magnetischen Eigenschaften nicht ein. Im Gegensatz hierzu verlieren die gewöhnlichen 3proz. Chrom- und 6proz. Wolframmagnetstähle an Güte bereits beim Anlassen auf über 100°, sobald der Martensitzerfall eintritt, während die höherwertigen kobalthaltigen Chrom-Kohlenstoff-
Legierungen mit 15—36% Co infolge ihres Sonderkarbidcharakters bis zu etwa
400° beständig sind (Abb. 651).

Es muß darauf hingewiesen werden, daß die ferritischen durch Ausscheidung härtenden Legierungen alle Nachteile rein ferritischer Legierungen auf

---

[1] Siehe W. Köster: Stahl u. Eisen Bd. 53 (1933) S. 849; vgl. ferner Abb. 648,
S. 749, woraus ebenfalls der Vorteil stärker ausgebauchter Kurven hervorgeht.

weisen. Im Walz- und Gußzustand und insbesondere nach der Wärmebehandlung von 1200—1300° sind sie grobkörnig und entsprechend spröde.

Auch hier zeigen sich der Forschung weitere Wege für die Entwicklung von Sonderstählen, wobei bereits zur Genüge hervorgeht, daß man auf die alleinige

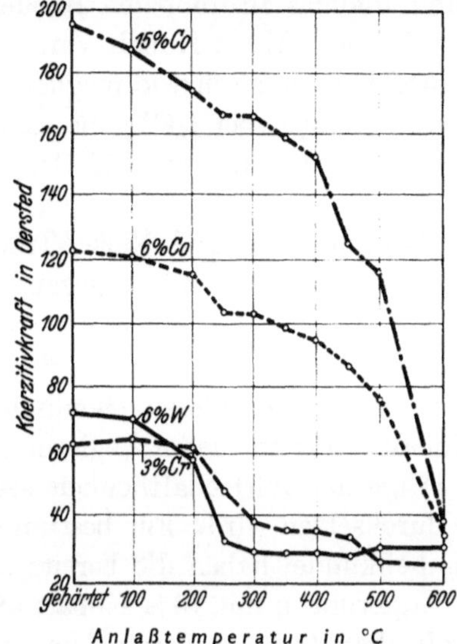

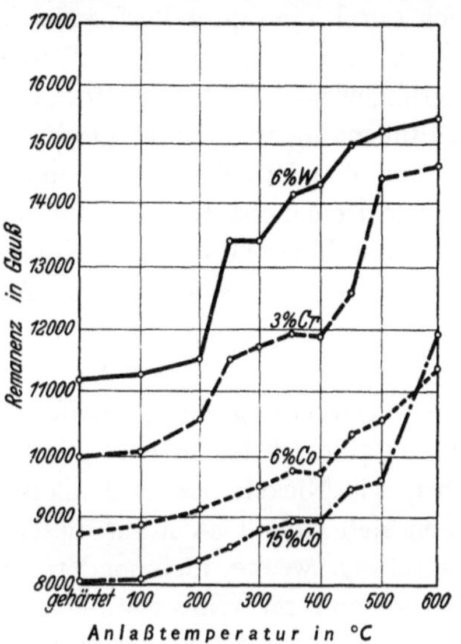

Abb. 651. Veränderung der magnetischen Eigenschaften einiger Magnetstähle mit der Anlaßtemperatur. [Nach W. Köster: Stahl u. Eisen Bd. 53 (1933) S. 849/56.]

Wirkung des Kohlenstoffs in Sonderlegierungen zur Erzielung höchster Eigenschaften nicht ausschließlich angewiesen ist.

Außer den durch Kohlenstoffhärtung bzw. Ausscheidungshärtung erzeugten Dauermagneten sind hier noch die sog. Oxydmagnete von J. Kato und T. Takei zu erwähnen, die gesinterte Preßlinge von Eisenoxyd Fe_3O_4 und Kobaltferrit $CoFe_2O_4$ sind, wobei die Abkühlung im Magnetfeld[1] erfolgt[2]. Die Koerzitivkräfte betragen bis zu 600 Oersted bei jedoch kleinen Remanenzen von nur etwa 4000 Gauß. Dabei wirkt sich die Abküh-

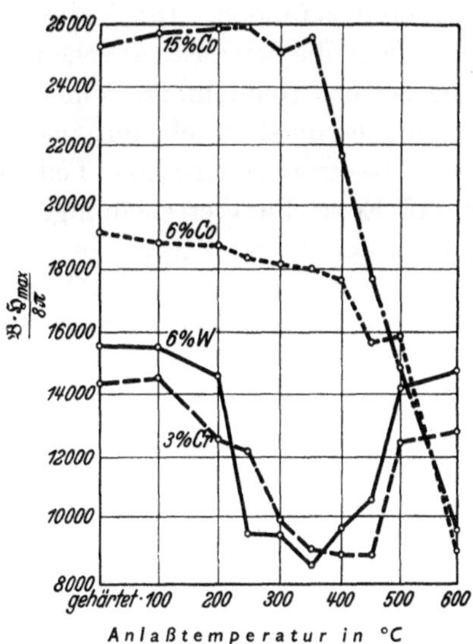

lung im Magnetfeld infolge der durch sie erreichten Parallelrichtung der Elementarbereiche (vgl. Kapitel Eisen-Nickel, S. 350) erhöhend in bezug auf die Remanenz aus; so fand W. Jellinghaus[3] ohne Magnetfeld nur Remanenzen, die im günstigsten Fall nicht ganz an 1000 Gauß herankommen.

---

[1] Über Magnetfeldabkühlung bei magnetisch harten Werkstoffen s. unter Aluminium S. 831.

[2] Honda, K., H. Masumoto u. Y. Shirakawa: Sci. Rep. Tôhoku Univ. Bd. 23 (1934) S. 365/73. — Honda, K.: Metallw. Bd. 13 (1934) S. 425/27.

[3] Jellinghaus, W.: Hochfrequenztechn. Bd. 48 (1936) S. 58/59.

Von ternären Legierungen des Kobalts sind solche mit etwa 50% Co und etwa 10% V zur Verwendung als Dauermagnete vorgeschlagen worden[1]. Diese sollen in ihrer magnetischen Leistung von ähnlicher Größenordnung sein wie der bekannte 30proz. Kobalt-Chrom-Wolfram-Magnetstahl. Sie zeichnen sich jedoch durch eine gute Verformbarkeit aus und sind bis zu dünnsten Bändern walzbar. Die genannten praktisch kohlenstofffreien Eisen-Kobalt-Vanadin-Legierungen sind nach schroffer Abkühlung sowohl mechanisch wie magnetisch verhältnismäßig weich und gewinnen durch ein Anlassen bei 600° eine Härte von etwa 600 Brinelleinheiten und eine Koerzitivkraft von etwa 250 Oersted bei einer Remanenz bis zu 8000 Gauß.

Auf die Verwendung von Kobalt in Nickel-Aluminium- und Nickel-Titan-Dauermagnetlegierungen wird im Abschnitt Aluminium (S. 831 ff.) eingegangen.

c) Chemisch beständige Legierungen.

Die Verwendung des Kobalts in Legierungen mit besonderen chemischen Eigenschaften ist bisher gering geblieben. Kobalt wirkt in diesen Legierungen ähnlich wie Nickel. Es wird allerdings eine Frage der Wirtschaftlichkeit sein, wieweit sich Kobalt auch auf diesem Gebiete durchsetzen wird. Für bestimmte Verwendungszwecke, insbesondere in der Zahnheilkunde, haben die bereits auf S. 741 wegen ihrer Warmfestigkeit erwähnten Legierungen mit 70% Kobalt und 30% Chrom auch als korrosionsfeste Werkstoffe bereits in größerem Umfange Verwendung gefunden. Ihr Vorteil liegt neben einer ausgezeichneten Mund-beständigkeit, die den austenitischen Chrom-Nickel-Stählen gleichwertig ist, darin, daß sie bei der Herstellung kleiner Formgußstücke, wie sie für Zahnersatzteile häufig notwendig sind, sehr gut auslaufen. Im geschmiedeten und kaltgewalzten Zustande besitzen sie eine hohe Federkraft und können auch hartgelötet werden, ohne daß Erweichungserscheinungen in unzulässigem Maße auftreten. Für den letztgenannten Zweck ersetzt man gelegentlich einen Teil des Kobalts durch etwa 15—20% Ni, um die Kaltverarbeitungsfähigkeit zu verbessern. Auch in zunderbeständigen Legierungen wird Kobalt verwendet. Als Widerstandsdrähte für besonders hohe Temperaturen findet man Legierungen mit 20—30% Chrom, 3—5% Kobalt, 5% Aluminium. Der elektrische Leitwiderstand dieser Legierungen beträgt bei 20° C etwa $1,4\,\Omega/\mathrm{m}\cdot\mathrm{mm}^2$ und nimmt mit steigender Temperatur nur sehr wenig zu (bei 1050° C auf etwa $1,45\,\Omega/\mathrm{m}\cdot\mathrm{mm}^2$). Die Legierungen sind rein ferritisch und werden im Gebrauch bei hohen Temperaturen grobkörnig und spröde. Sie sind zunderbeständig bis 1300° C, wobei dem Chrom- und dem Aluminiumgehalt allerdings die Hauptbedeutung zukommt.

5. Hinweise auf den Einfluß des Kobalts bei der Stahlherstellung und -verarbeitung.

Metallurgisch betrachtet, spielt Kobalt eine ähnliche Rolle wie Nickel; es ist schwerer oxydierbar als Eisen und wird somit leicht ohne Verluste auch unter oxydierenden Bedingungen mit Eisen legiert. Zu Schwefel scheinen nach den bisherigen Erkenntnissen ähnliche Beziehungen wie bei Nickel zu bestehen.

[1] Iron Age Bd. 146 (1940) Heft 5 S. 51; USA. Patent Nr. 2190667.

Die Erhöhung der Warmfestigkeit bei höheren Temperaturen durch Kobalt führt zur Erschwerung der Schmied- und Walzbarkeit kobalthaltiger Legierungen. Entsprechend lassen sich auch noch nicht alle hochkobalthaltigen, ausscheidungshärtenden Legierungen in jeder gewünschten Walzabmessung herstellen.

In reinen Eisen-Kobalt-Legierungen bewirkt Kobalt ähnlich wie Nickel (siehe Abb. 308 S. 374) ein stark verästeltes Eindringen des Zunders in das Metall.

I. Siliziumstähle.

1. Allgemeines.

Silizium ist eines der Legierungselemente, die in der Entwicklung der Stahlarten an erster Stelle eine wichtige Rolle gespielt haben.

Da die meisten feuerfesten Materialien, mit denen die flüssige Schmelze bei der Stahlherstellung in Berührung kommt, mehr oder weniger große Mengen an Kieselsäure enthalten, findet oft bereits durch die Reaktion mit diesen Auskleidungen eine Aufnahme von Silizium ins Stahlbad statt. Auch die Zusammensetzung der Eisenerze führt zu entsprechenden Siliziumanreicherungen im Roheisen. Die Höhe des Siliziumgehaltes ist bekannterweise vielfach entscheidend für die Qualitätsbewertung der Gußeisensorten. Obwohl das Silizium geschichtlich betrachtet eines der ersten Legierungselemente des Stahles war, ist auch heute die Erkenntnis über seine Wirkung in vieler Hinsicht noch nicht so weit gediehen wie über die Wirkung anderer Legierungselemente, z. B. Mangan, Nickel, Chrom, Vanadin usw.

a) Das System Eisen-Silizium.

Wie aus dem binären System Eisen-Silizium (Abb. 652) hervorgeht, gehört das Silizium zu denjenigen Elementen, die das γ-Gebiet abschnüren, und zwar genügen hierzu Gehalte von 1,7%. Silizium-Eisen-Legierungen mit 2% Si sind also bereits vom Schmelzpunkt bis zur Raumtemperatur rein ferritisch. Das α-Mischkristallgebiet ist nach höheren Siliziumgehalten zu begrenzt durch die Ausscheidungslinien von Eisen-Silizium-Verbindungen. Für letztere sind im Verlaufe der Erforschung des Systems verschiedene Formeln aufgestellt worden, wie z. B. Fe_2Si, Fe_3Si_2, $FeSi$, $FeSi_2$. Es würde aus dem Rahmen dieses Buches herausfallen, sich mit der Existenzmöglichkeit der einzelnen Verbindungen näher zu befassen[1]. Es genügt die Tatsache, daß das Mischkristallgebiet durch Ausscheidungen von Eisen-Silizium-Verbindungen begrenzt ist. Die Ausscheidungslinie der Eisen-Silizium-Verbindung zeigt mit steigender Temperatur erhöhte Löslichkeit für die Verbindung an. Die sich aus ihrem genaueren Verlauf ergebenden Schlußfolgerungen bezüglich Ausscheidungshärtung usw. liegen noch nicht endgültig fest. Bemerkenswert ist, daß die Bindung von Silizium im Mischkristall ziemlich energisch erfolgt, wie das aus den Bildungswärmen beim Legieren von Silizium zu Eisenbädern entnommen werden kann. Beim Zusatz

---

[1] Siehe hierzu M. Hansen: Der Aufbau der Zweistofflegierungen, S. 732. Berlin: Springer 1936.

von Silizium oder hochprozentigem Ferrosilizium (90% Si) beobachtet man einen erheblichen Temperaturanstieg, der auf die hohe Bindungsenergie des Siliziums[1] hinweist.

Da die Schmiedbarkeit der Eisen-Silizium- und entsprechenden Eisen-Silizium-Kohlenstoff-Legierungen eine Begrenzung bei etwa 10% Si erfährt und sich auch schon bei 7% Si eine gewisse Erschwerung der Verformbarkeit bemerkbar macht, sind schmiedbare Legierungen über 6% Si bis heute noch wenig verwendet worden. Die Kaltverformbarkeit bei Raumtemperatur hört bereits bei Siliziumgehalten von etwas über 3% auf. Diese starke Behinderung der Formänderungsfähigkeit des Siliziummischkristalls bei erhöhtem Siliziumgehalt steht in Widerspruch zu der sonst immer bei Mischkristallen beobachteten guten Verformbarkeit. Die Ursache für die schlechte Verformbarkeit ist vielleicht im Aufbau des Mischkristalls zu suchen. Bereits die verschiedene Kristallausbildung von reinem Silizium und reinem Eisen (Silizium kristallisiert tetragonal) deutet darauf hin, daß die Ausbildung eines einfachen Substitutionsmischkristalls — wie bei Eisen-Chrom, Eisen-Nickel usw.—nicht im ganzen Mischkristallgebiet wahrscheinlich ist. Durch Röntgenuntersuchungen konnten E. R. Jette und S. Greiner[2] feststellen, daß die Eisen-Silizium-Legierungen bis 15% Si einen eigenartigen unstetigen Verlauf der Gitterkonstanten in Abhängigkeit von der Zusammensetzung aufweisen. Dieses Verhalten

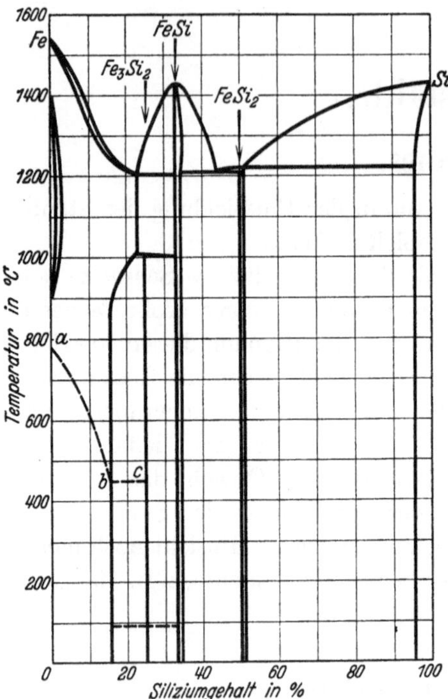

Abb. 652. System Eisen-Silizium. [Nach T. Murakami: Sci. Rep. Tôhoku Univ. 16 (1921) S. 79/92; H. Esser u. P. Oberhoffer: Werkstoffausschußbericht Nr. 69 (1925), Stahl u. Eisen Bd. 56 (1926) S. 1291; F. Wever u. P. Giani: Mitt. Kais.-Wilh.-Inst. Eisenforsch. Bd. 7 (1925) S. 59/68; Stahl u. Eisen Bd. 56 (1926) S. 49.]

kann nicht mit der Annahme eines einfachen Mischkristalls, bei dem bei regelloser Atomverteilung eine stetige Veränderung der Eigenschaft erfolgen müßte, erklärt werden. Man muß vielmehr annehmen, daß zwei verschiedene Phasen auftreten oder von einem bestimmten Siliziumgehalt (etwa 9%) die regellose Verteilung von Silizium im Mischkristall aufhört und vielleicht eine Siliziumverbindung (Fe_3Si) in den Mischkristall eintritt (Ordnungsvorgang).

b) Kohlenstoffhaltige Eisen-Silizium-Legierungen.

Durch den Zusatz von Kohlenstoff zu Eisen-Silizium-Legierungen finden zum Teil ähnliche Veränderungen statt, wie sie bei den Eisen-Chrom-Legierungen

---

[1] Körber, F., W. Oelsen, W. Middel u. H. Lichtenberg: Stahl u. Eisen Bd. 56 (1936) S. 1401/11.

[2] Trans. Amer. Inst. min. metallurg. Engrs., Iron a. Steel Div. 1933 S. 205, 250/275; vgl. Stahl u. Eisen Bd. 53 (1933) S. 1284.

beschrieben wurden, und zu denen an erster Stelle die Erweiterung des γ-Gebietes gehört (Abb. 653). Man hat also im System Eisen-Silizium-Kohlenstoff, genau wie bei Chromstählen, Legierungen, die vollkommen durch das Umwandlungsgebiet gehen, also sog. perlitische, und umwandlungsfreie, also rein ferritische.

Zwischen beiden liegt ein halbferritisches Gebiet.

Durch den Zusatz von Silizium findet eine Verschiebung der Linien des Eisen-Kohlenstoff-Diagramms nach links statt, wie dies aus Abb. 654 zu ersehen ist. Der Perlitpunkt liegt bei etwa 4% Si schon bei 0,5% C. Eine ähnliche Verschiebung erfährt die *ES*-Linie. Die Veränderung des Gebietes der unterperlitischen und überperlitischen Siliziumstähle wird durch Abb. 654 veranschaulicht. Es ergibt sich eine Gruppe ferritischer Legierungen, die durch einen

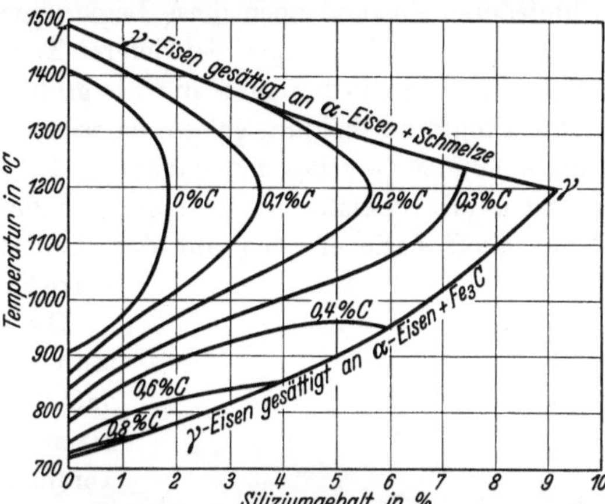

Abb. 653. Verschiebung der Umwandlungslinien im System Eisen-Silizium durch Kohlenstoff. [Nach A. Kriz u. F. Poboril: Stahl u. Eisen Bd. 50 (1930) S. 1725/27.]

schmalen Streifen halbferritischer Legierungen begrenzt wird, eine Gruppe unterperlitischer und eine Gruppe überperlitischer Siliziumstähle.

Wie vom Gußeisen her bekannt ist, erhöht Silizium die Abscheidung des Kohlenstoffes in Form von Graphit oder Temperkohle. Diese graphitisierende Wirkung macht sich auch schon bei Stählen bemerkbar, die hohen Silizium- und hohen Kohlenstoffgehalt aufweisen. Während z. B. Stähle mit 0,1% C, 4% Si noch keine stärkere Neigung zur Graphitbildung zeigen, kann man sie bei überperlitischen Stählen mit 2% Si und 0,8% C schon deutlich feststellen (Abb. 654 u. 655). Die Ausscheidung von Graphit und somit das Auftreten des Schwarzbruches tritt in diesen Stählen entsprechend dem im Kapital ,,Schwarzbruch'' (S. 220) Gesagten nach einer Glühung in der Nähe des Ac_1-Punktes auf. Die Härtbarkeit wird durch Ausscheidung von Graphit bzw. Temperkohle stark vermindert. Da das Silizium in Eisen-Kohlenstoff-Legierungen nach den bisher in der Literatur bekannt gewordenen Angaben sowohl im Grundmischkristall Ferrit oder Austenit als auch im Karbid[1] gelöst sein kann, und Silizium selbst das Bestreben hat, mit Eisen stabile Verbindungen einzugehen und auch bereits

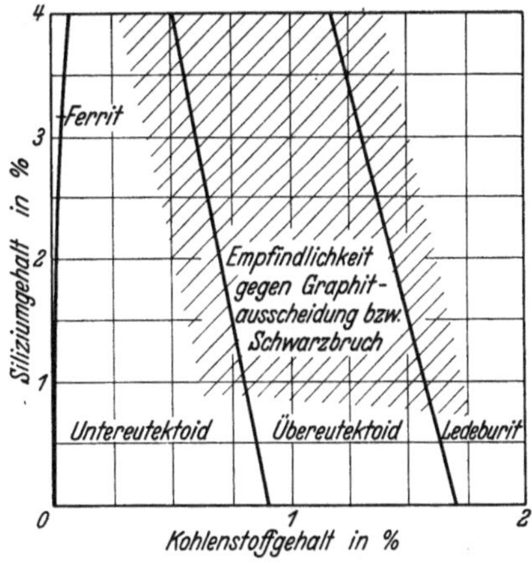

Abb. 654. Gefüge von Eisen-Silizium- und Kohlenstofflegierungen.

im Mischkristall eine hohe Bindungsenergie mit Eisen aufweist, mag die Ausscheidung des Kohlenstoffes aus dem Karbid hierauf zurückzuführen sein. Mit

---

[1] Nach Angabe von A. Kriz und F. Poboril [vgl. Stahl u. Eisen Bd. 52 (1932) S. 1229] können bis 5% Si im Zementit gelöst sein.

anderen Worten: Es können beim Glühen Umsetzungen zwischen Karbid und Grundmasse erfolgen, die eine Graphitausscheidung zur Folge haben (s. auch Wolfram S. 595). In Abb. 654 ist die Fläche der Stahllegierungen schraffiert eingetragen, die zu Schwarzbruch neigen, wobei im heiß fertiggewalzten oder geschmiedeten Zustand auch diese Legierungen frei von Graphit sein können und nur Glühen oder Verformen bei tieferen Temperaturen den Schwarzbruch hervorrufen. Diese Schraffur kann nur als grober Anhalt für die Empfindlichkeit zur Temperkohleausscheidung gelten, da es bekanntlich auch gelingt, durch genügend langes Glühen weiches manganarmes Flußeisen zum Zerfall des Karbids zu bringen. Die meisten Untersuchungen des ternären Systems Eisen-Silizium-Kohlenstoff beziehen sich auf das für das Gußeisengebiet wichtige graphitisierte System[1].

V = 200

In 3 proz. Salpetersäure geätzt

Abb. 655. Graphitausscheidung in einem Siliziumstahl mit 0,8 % C und 2 % Si.

Die starke Erhöhung der Umwandlungstemperatur durch Silizium bringt es mit sich, daß bei diesen Legierungen für Rekristallisationserscheinungen im α-Gebiet höhere Temperaturbereiche zur Verfügung stehen. Dementsprechend weisen Eisen-Silizium-Legierungen oft ein außerordentlich grobes Kristallwachstum auf. Hierauf wird noch bei Besprechung der zunderbeständigen Stähle näher eingegangen werden. Allgemein läßt sich der Grundsatz aufstellen, daß Kornvergröberung durch Rekristallisation im α-Gebiet in um so höherem Maße möglich ist, je höher die Temperaturen sind, zu denen die γ-Umwandlung verschoben wird, da erhöhte Temperaturen das starke Kristallwachstum des α-Eisens begünstigen und die Kornverfeinerung durch die Umwandlung erst bei noch höheren Temperaturen einsetzen kann.

Von Wichtigkeit für die Veränderung der Eigenschaften der Eisen-Kohlenstoff-Silizium-Legierungen ist der Einfluß des Siliziums auf die kritische Abkühlungsgeschwindigkeit.

Abb. 656 zeigt, daß die Haltepunkte A_3 und A_1 durch Silizium sowohl bei der Abkühlung als auch bei der Erwärmung eine Erhöhung erfahren. Aus dieser Veränderung der Haltepunkte kann man von Silizium keine derartig starke Beeinflussung der kritischen Abkühlungsgeschwindigkeit erwarten, wie es bei anderen Legierungselementen der Fall ist. Die Vergrößerung der Hysteresis zwischen A_{c1} und A_{r1} durch Silizium, die selbst bei der langsamen Abkühlung schon hervortritt, mit der die Kurven in Abb. 656 aufgenommen sind, deutet aber schon an, daß die Umwandlung in der Perlitstufe verzögert wird. Genauere Untersuchungen über den Einfluß von verschiedenen Silizium- und Kohlenstoffgehalten auf die Umwandlung in der Perlitstufe sowie das Auftreten einer gesonderten Zwischenstufe fehlen bislang. Tatsächlich verbessert Silizium

[1] Murakami, T.: Sci. Rep. Tôhoku Univ. Bd. 10 (1921) Nr. 2 S. 79/92 — T. Satô: Techn. Rep. Tôhoku Univ. Bd. 9 (1931) Nr. 4 S. 53/103 — Hanemann, H., u. H. Jass: Gießerei (1938) S. 293/99.

die Härtefähigkeit und verringert die kritische Abkühlungsgeschwindigkeit. Diese Verbesserung der Härtefähigkeit durch Silizium spielte in der Entwicklung der Werkzeugstähle seit langem eine gewisse Rolle. Wie eingangs erwähnt, kann der Siliziumgehalt eines Stahles durch Aufnahme von Silizium aus dem feuerfesten Material bei der Stahlherstellung beeinflußt werden. Bevor das chemische Laboratorium in den Eisenhüttenwerken in so starkem Maße Eingang gefunden hatte, wie dies heute der Fall ist, konnten derartige Einflüsse nicht ohne weiteres erfaßt werden. Man mußte sich mit der rein empirischen Feststellung veränderter Eigenschaften begnügen.

Gerade die Aufnahme des Siliziums aus der Tiegelmasse bei der Herstellung von Tiegelwerkzeugstählen war entscheidend für die geschichtliche Entwicklung.

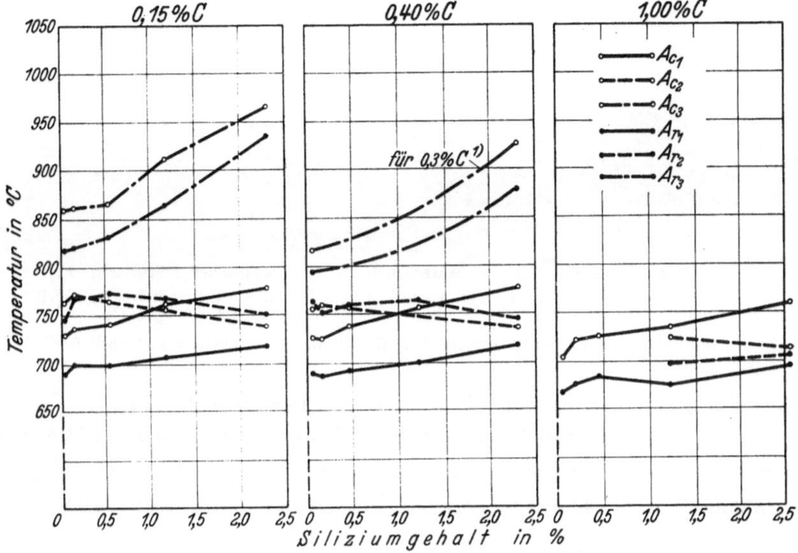

Abb. 656. Einfluß von Silizium auf die Lage der Umwandlungspunkte von Kohlenstoffstählen. [Nach A. Merz: Arch. Eisenhüttenw. Bd. 3 (1929/30) S. 587/96.]

Bekanntlich stammen die ersten Tiegelstähle aus England. Der englische Tiegelstahl mit außerordentlicher Reinheit und, wie wir heute wissen, niedrigen Gehalten an Silizium und Mangan zeichnete sich durch eine außerordentlich geringe Härtefähigkeit, was die Härtetiefe anbelangt, aus (Huntsmanstahl). Der Stahl eignete sich daher besonders für die Herstellung von Werkzeugen mit feinen Schneiden, bei denen es neben einer guten Oberflächenhärte und einer hohen Zähigkeit auf eine geringe Härteempfindlichkeit ankam. Als Krupp vor mehr als 100 Jahren nun versuchte, ebenfalls hochwertige Tiegelstähle für Werkzeuge herzustellen, stellte sich, nachdem die ersten Schwierigkeiten überwunden waren, heraus, daß die Kruppschen Tiegelstähle nicht die dünne Härteschicht des englischen Tiegelstahles erreichten, sondern erheblich tiefer durchhärteten (Abb. 657). Der Grund für dieses unterschiedliche Verhalten konnte später in der Verschiedenartigkeit der in Deutschland und England verwendeten Schmelztiegel gefunden werden. Die von Krupp hergestellten Tiegel aus Graphit mit Schamotte-Tonerdemasse enthielten eine größere Menge Kieselsäure, die infolge der Anwesenheit von Eisen und Kohlenstoff zu Silizium reduziert wurde, und zwar in um so höheren Maße, je länger man die betreffenden Stähle im Tiegelofen ausgaren ließ.

Diese unterschiedliche Härtefähigkeit des Kruppschen Tiegelstahles im Vergleich zum englischen wurde zuerst als großer Nachteil empfunden. Man verstand es aber sehr schnell, aus der Not eine Tugend zu machen und den Vorteil

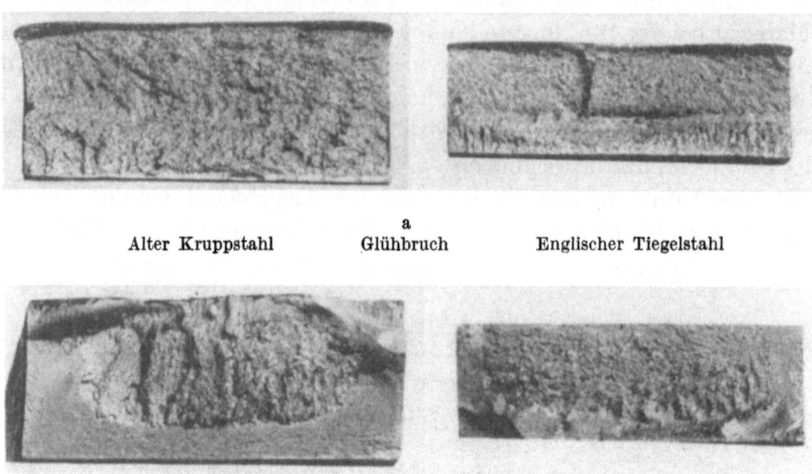

0,63% C, 0,26% Si, 0,20% Mn, 0,023% P,   1,04% C, 0,13% Si, 0,25% Mn, 0,016% P,
0,016% S, Spur Cu   0,021% S, Spur Cu

Abb. 657. Härtebruch eines englischen Tiegelstahles im Vergleich zu einem Kruppschen Tiegelstahl.

der tieferen Durchhärtung der Kruppschen Tiegelstähle überall dort anzuwenden, wo sie einen Vorteil bieten konnte. Dies war der Fall bei Werkzeugen, die besonders hohen Drücken ausgesetzt werden mußten, z. B. Kaltwalzen, Prägewerkzeugen usw. Die erfolgreiche Einführung gehärteter Kaltwalzen zum Auswalzen von Metallen durch Krupp dürfte somit letzten Endes auf diese der damaligen Zeit unbekannten Verhältnisse zurückzuführen sein.

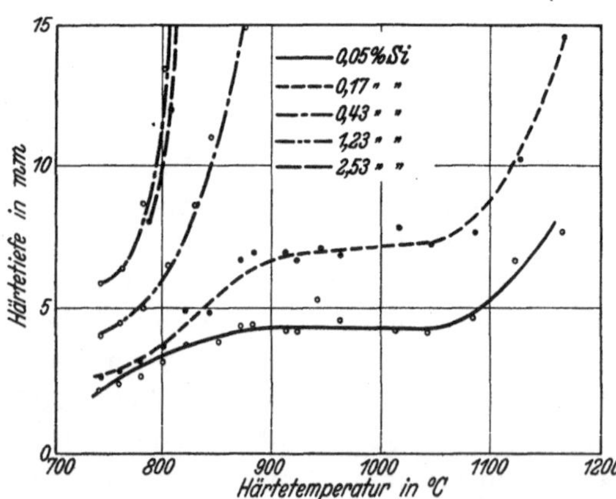

Abb. 658. Einfluß von Silizium auf das Durchhärtungsvermögen von eutektoidem Kohlenstoffstahl (Abmessung 30 mm ⌀). [Diplomarbeit R. Achterfeld, Berlin (1931).]

Den Einfluß von Silizium auf die Erhöhung der Durchhärtefähigkeit bei einem eutektoiden Werkzeugstahl zeigt Abb. 658. Deutlich tritt die sprunghafte Veränderung in der Durchhärtefähigkeit bereits beim Übergang von Stählen mit sehr geringen Siliziumgehalten zu solchen mit etwa 0,4% ein.

Man findet des öfteren in der Literatur Angaben, daß höhere Siliziumgehalte den Stahl bei der Härtung empfindlich gegen Überhitzung machen. Diese Angabe stimmt mit den praktischen Ergebnissen siliziumlegierter Stähle nicht überein. Im Gegenteil, man kann bei Steigerung des Siliziumgehaltes eine Verringerung der Überhitzungsempfindlichkeit feststellen, z. B. an dem Verhalten von Siliziumfederstählen (Abb. 659; man vergleiche hierzu auch die entsprechende Abb. 243, S. 297 über Manganfederstahl). Die Angabe, daß Silizium die Überhitzungsempfindlichkeit steigert, rührt daher, daß der sog. Huntsmanstahl mit seiner geringen Härteempfindlichkeit auch verhältnismäßig unempfindlich gegen Überhitzung war; er erfordert schon höhere Ablöschtemperaturen, um

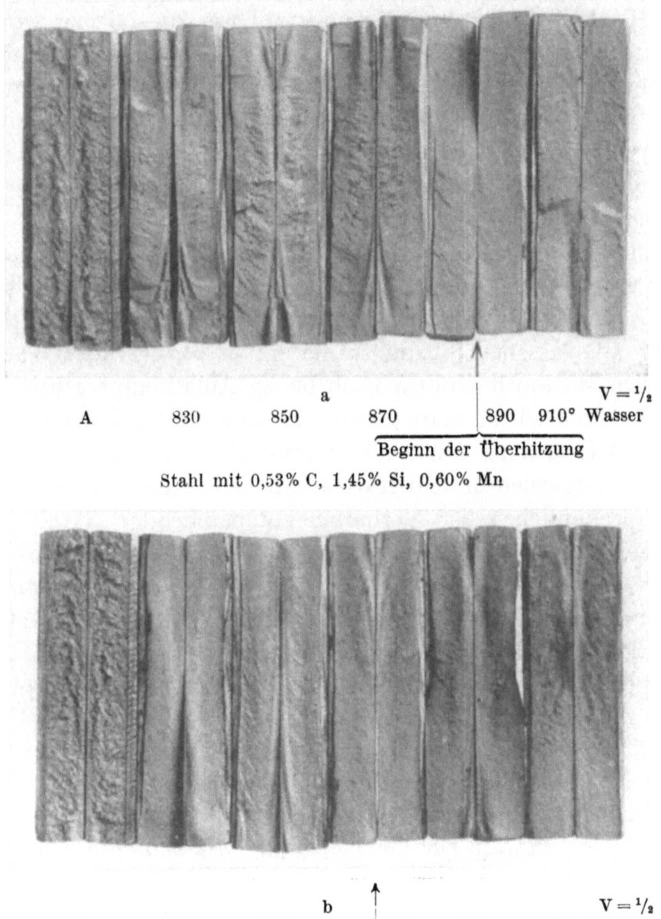

Abb. 659. Härtungsbereich von Silizium-Federstählen (Blattstärke 90 × 13 mm).

überhaupt eine gleichmäßige Härteschicht zu erhalten. Bei Anwesenheit von Silizium war dies natürlich nicht der Fall, und so zeigte tatsächlich der Stahl mit einem Siliziumgehalt von 0,3% gegenüber dem Huntsmanstahl eine gewisse Überhitzungsempfindlichkeit infolge der stärkeren Härtefähigkeit. Steigert man aber den Siliziumgehalt noch weiter, so kann man deutlich feststellen, daß damit eine gewisse Verringerung der Überhitzungsempfindlichkeit verbunden ist, zum mindesten keine weitere Verschlechterung mehr festgestellt werden kann. Es muß allerdings hier darauf aufmerksam gemacht werden, daß die Überhitzungsunempfindlichkeit bei Siliziumstählen nicht nur eine Wirkung des Legierungselementes an sich ist, sondern auch der metallurgische Einfluß des Siliziums bei der Stahlherstellung von Bedeutung ist. Es ist bereits im Kapitel über Kohlenstoffstähle eingehend darauf hingewiesen worden, daß durch feinstverteilte Einschlüsse das Kornwachstum im γ-Gebiet beeinflußt werden kann, und daß z. B. die Härteunempfindlichkeit von Bessemerstählen auf diese Ursache zurückzuführen ist. In gleichem Sinne ist es möglich, bei Siemens-Martin-Stählen durch metallurgische Behandlung, d. h. bestimmte Leitung der Desoxydation, die Härteempfindlichkeit von 2proz. Siliziumstahl um 30—50° zu verringern.

Im Zusammenhang hiermit sei auch auf die späteren Kapitel über die Zementation siliziumhaltiger Stähle hingewiesen. Zum Teil ist die in der Literatur verbreitete Ansicht über die kornvergröbernde Wirkung des Siliziums dem schon erwähnten Umstand zuzuschreiben, daß durch dieses Element die Umwandlungspunkte erhöht werden und für Rekristallisationserscheinungen im α-Gebiet ein größeres Feld zur Verfügung steht.

Sehr deutlich prägt sich der Einfluß von Silizium beim Anlassen gehärteter Stähle aus. Der Übergang von tetragonalem in kubischen Martensit wird durch Siliziumzusatz zu höheren Temperaturen verschoben. Bei der metallographischen Untersuchung angelassener Siliziumstähle mit z. B. 2% Si, 0,6% C fällt auf, daß die nadelige Martensitstruktur noch bis zu Anlaßtemperaturen von 500° in stärkerem Maße beobachtet werden kann, als dies bei Kohlenstoffstahl der Fall ist. Diese im Gefüge zum Ausdruck kommende Erhöhung der Anlaßbeständigkeit prägt sich deutlich in dem Härteabfall beim Anlassen aus. Die Abb. 660 und 661 veranschaulichen das Verhalten entsprechender Stähle mit steigendem Siliziumgehalt. Bei den niedriggekohlten Stählen fällt im gehärteten Zustand die Erhöhung der absolut erreichbaren Härte auf, was dem durch Silizium erhöhten Anteil an Perlit entspricht. Bei den Stählen mit 0,9% C fehlt naturgemäß dieser Einfluß des Siliziums auf die Abschreckhärte. Um so klarer tritt hier aber die erhöhte Anlaßbeständigkeit der höher silizierten Stähle in Erscheinung. Zu ihrer Erklärung muß man berücksichtigen, daß die ferritische Grundmasse durch Silizium eine Erhöhung der Festigkeitseigenschaften und somit auch der Härte erfährt, die naturgemäß auch im ausgeglühten Zustand, d. h. bei Glühtemperaturen von 700°, noch zu verhältnismäßig höheren Härtewerten führt. Außerdem läßt sich feststellen, daß Silizium die Zusammenballung der Karbide erschwert und hier ein Hauptgrund für die Steigerung der Anlaßbeständigkeit vorliegt. Im übrigen zeigen die Anlaßkurven einen gleichmäßigen Abfall, so daß man von einer Ausscheidung von Sonderkarbiden bei einer bestimmten Temperatur wie bei Chrom, Wolfram, Molybdän, Vanadin nicht sprechen kann. Das zeigt sich auch daran, daß die Anlaßbeständigkeit nicht von der Höhe der Ablöschtemperatur abhängig ist.

Wenn man sich das gesamte Verhalten siliziumlegierter Stähle vor Augen hält — Vergrößerung der Durchhärtefähigkeit, geringe Verbesserung der Überhitzungsunempfindlichkeit, Verbesserung der Anlaßbeständigkeit —, so erinnern die Siliziumstähle in etwa an das Verhalten von Stählen mit karbidbildenden Elementen. Wegen der starken Graphitbildung ist die Annahme der karbidbildenden Wirkung des Siliziums in Stahllegierungen bisher verneint worden; daß die graphitisierende Wirkung eines Elementes jedoch allein nicht ausreicht, um Karbidbildung in Abrede zu stellen, geht aus dem bereits erwähnten

Verhalten hoch kohlenstoff- und wolframhaltiger Stähle mit 1,5% C und 8% W,
die bekanntlich zu Schwarzbruch neigen, hervor. Ebenso ist es bekannt, daß
Zirkon in Eisen-Kohlenstoff-Legierungen ein sehr stabiles Karbid bildet, obwohl

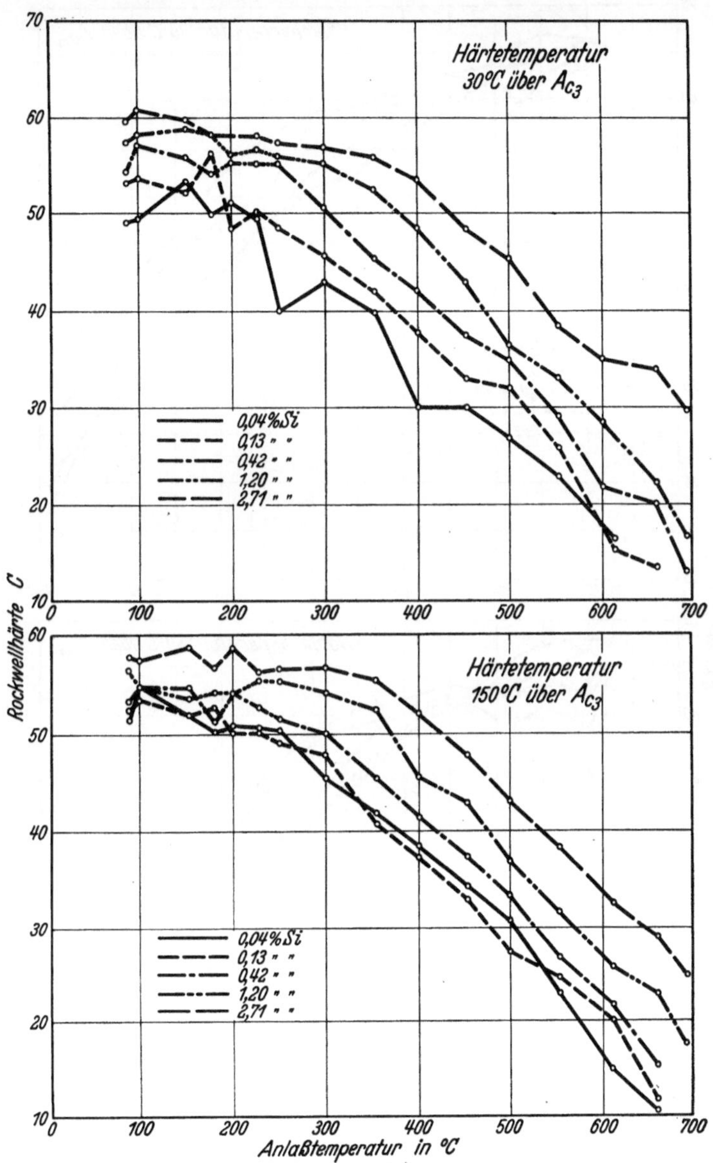

Abb. 660. Verhalten von Stählen mit 0,4% C und verschiedenen Siliziumgehalten beim Anlassen.

es andrerseits die Graphitbildung begünstigt[1]. Silizium selbst bildet mit Kohlenstoff ein sehr stabiles Karbid (Karborund), dessen Verwendung in den bekannten
Silitheizstäben auf eine hohe Temperaturbeständigkeit hinweist. Auch bei Versuchen, dieses Siliziumkarbid durch Metalloxyde zu reduzieren, fällt es durch
seine hohe Beständigkeit auf. Trotzdem konnte die Existenz eines silizium-

---

[1] Löhberg, K.: Diss. Göttingen 1933. „Das ternäre System Eisen-Kohlenstoff-Zirkon".

haltigen Sonderkarbids bis heute im Stahl nicht nachgewiesen werden. In den erwähnten Arbeiten von A. Kriz und F. Poboril[1] wird als wahrscheinlich angenommen, daß Silizium im Zementit gelöst sein kann. Man kann daher

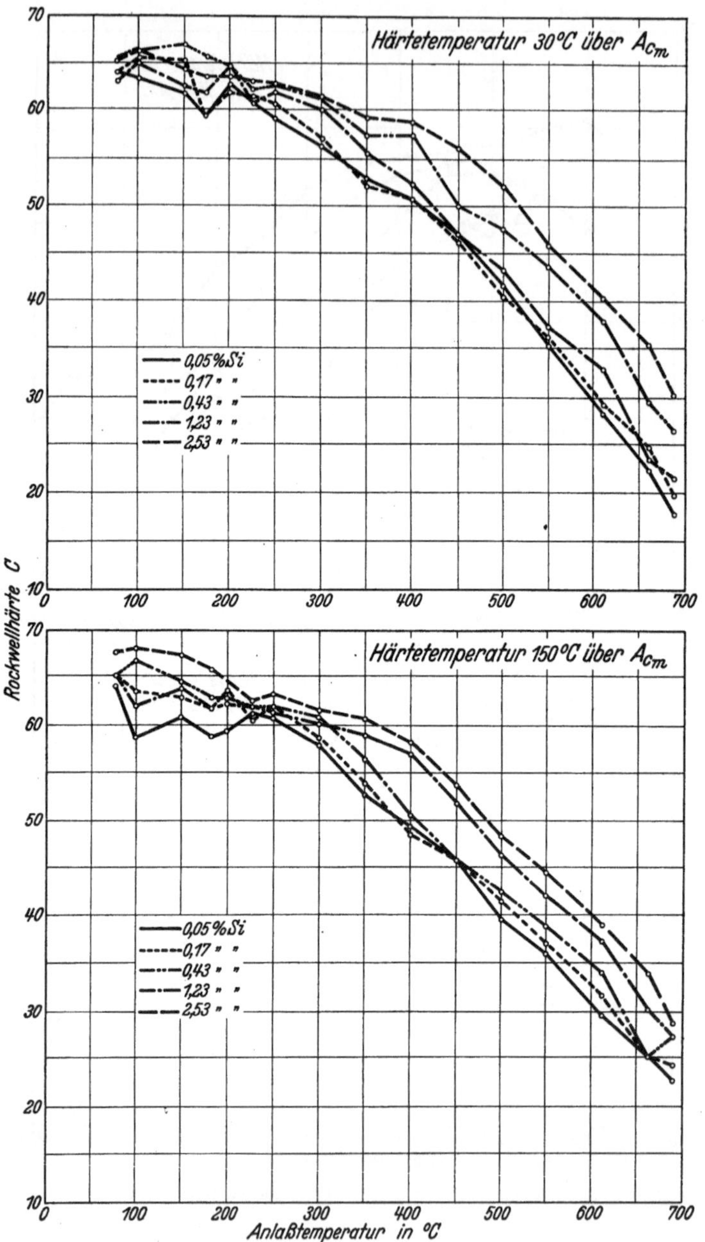

Abb. 661. Härteveränderung von eutektoiden Kohlenstoffstählen verschiedenen Siliziumgehaltes beim Anlassen.

folgern, daß der Einfluß auf die Härtbarkeit vor allem einer behinderten Diffusionsfähigkeit des Karbids zuzuschreiben ist in dem Sinne, daß Silizium ein geringeres Ausscheidungs- und Zusammenballungsvermögen des Karbids

---

[1] Stahl u. Eisen Bd. 52 (1932) S. 1229.

verursacht. Der Einfluß kann nur von dieser Seite herrühren, da die γ-α-Umwandlung durch Silizium keine Herabsetzung erfährt. Bei gleichzeitiger Anwesenheit anderer Legierungselemente, wie z. B. Chrom oder Mangan, kann Silizium ebenfalls die Durchhärtung noch verbessern, obgleich seine geringe zusätzliche Wirkung dann nicht immer deutlich in Erscheinung tritt und erst bei erhöhter Abschrecktemperatur merklich wird, wie das beispielsweise einige Untersuchungen an Chrom-Silizium-Stählen zeigen (Abb. 662).

2. Silizium in Werkzeugstählen.

Wie bereits aus dem Vergleich zwischen englischem und Kruppschem Tiegelstahl hervorgeht, wurde die Steigerung der Tiefenhärtung durch Silizium auf dem Werkzeugstahlgebiet, wenn auch unbewußt, bereits frühzeitig ausgenutzt für Werkzeuge, bei denen es vor allem auf Widerstand bei höheren Drücken ankam. Man hatte auch bald erkannt, daß durch längeres Ausgaren im Tiegel die Tiefenhärtung vergrößert wurde, und so hatte sich bei der Herstellung von Tiegelstahl die Praxis ergeben, einzelne Stähle länger im Tiegel ausgaren zu lassen und dadurch den Siliziumgehalt bis auf 0,5% zu steigern. Einer der ersten Stähle, der höhere Drücke auf Grund größerer Tiefenhärtung aushalten konnte, war ein Stahl mit 0,9% C und 0,4—0,5% Si.

Da die Bedeutung des Tiegelstahles in den letzten Jahren abgenommen hat, werden für dieselben Zwecke heute anders legierte Stähle, z. B. Chromstähle mit

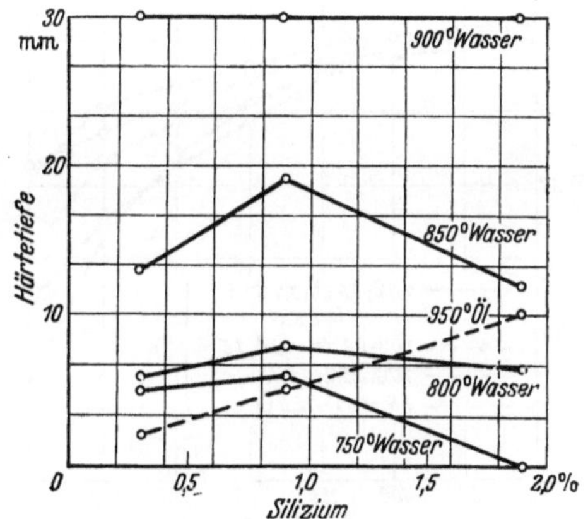

Abb. 662. Wirkung von Siliziumzusätzen auf die Einhärtungstiefe eines Chromstahles mit 0,95% C und 0,5% Cr bei Behandlung in Querschnitten von 30 mm $\varnothing$. (Nach W. Holtmann: Diplomarbeit. T. H. Berlin 1934.)

0,5—2% Chrom, verwendet, die bei der Herstellung im Elektroofen durch genaue Bemessung des Legierungszusatzes eine viel sicherere Beherrschung der Tiefenhärtung bei gleichzeitig wirtschaftlicherer Herstellung gewährleisten. Trotzdem findet man auch heute noch Reihen von Kohlenstoff-Elektro- und Siemens-Martin-Stählen mit verschiedenen Silizium- und gegebenenfalls auch Mangangehalten (Zahlentafel 162). Auch bei diesen Stählen besteht zum Teil die Absicht, durch die Veränderung der Siliziumgehalte die Härtbarkeit der Stähle je nach dem Verwendungszweck auf billige Weise zu beeinflussen.

Eine größere Verwendung haben reine Eisen-Silizium-Kohlenstoff-Legierungen auf dem Gebiete des Werkzeugstahles nicht gefunden. Teilweise trifft man

Zahlentafel 162.
Zusammensetzung einiger Kohlenstoffstähle mit erhöhten Silizium und Mangangehalten.

| | Analyse | |
C %	Si %	Mn %
0,6—1,2	0,10—0,20	max 0,25
0,6—1,2	0,15—0,25	,, 0,30
0,6—1,2	0,15—0,20	,, 0,35
0,6—1,2	0,20—0,30	0,35—0,50
0,6—1,2	0,20—0,35	0,50—0,80
0,6—1,2	0,20—0,35	0,70—0,90
0,4—0,8	0,35—0,40	0,60—0,80
0,4—0,8	0,45—0,60	0,80—1,0

für billige Hand- und Schrottmeißel Stähle mit 0,5—0,7% C bei Siliziumgehalten von 1,4—1,5% und Mangangehalten von 0,7—0,8% an. Diese Stähle können wegen der feinen Schneiden der in Frage kommenden Werkzeuge in Öl gehärtet werden, trotzdem normalerweise Wasserhärtung mit darauffolgendem Anlassen bis zu 200° zu bevorzugen ist.

Eine größere Verwendung hat Silizium als Zusatz zu anderweitig legierten Stählen gefunden. Unter den sog. bei der Härtung „stehenbleibenden" Stählen, also denjenigen Stählen, die bei Ölhärtung einen geringen Verzug aufweisen, findet man Legierungen mit 1% C, 1,5% Si, 1,5% Cr. Diese Stähle lassen auch bei Ölhärtung Glashärte erzielen. Der Verzug bei der Härtung ist nicht größer als bei dem bekannten 2proz. Manganstahl sowie den hieraus entwickelten Mangan-Chrom-, Mangan-Vanadin- oder Mangan-Chrom-Wolfram-Stählen (s. Zahlentafel 46 [S. 276]).

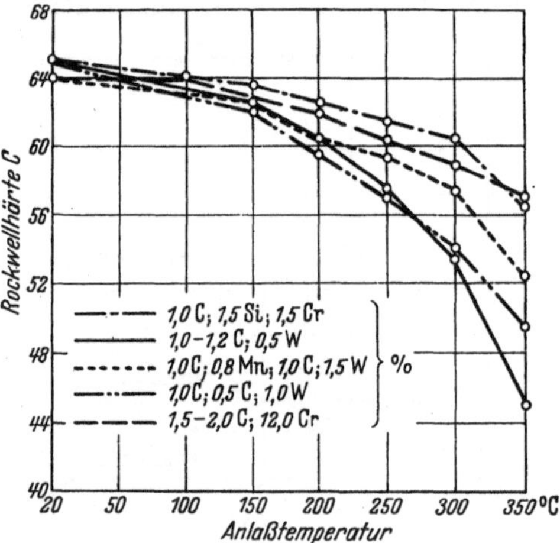

Abb. 663. Rockwellhärte von Stählen für Feinmeßwerkzeuge nach dem Anlassen bei verschiedenen Temperaturen.

Die Siliziumstähle zeichnen sich außerdem durch eine hohe Verschleißfestigkeit aus, die dazu geführt hat, daß ein Stahl mit 1,5% C, 1,5% Si, 3—6% Cr zur Bearbeitung besonders harter Stoffe, wie harter Gesteine, harter Hölzer usw., verwendet wurde. Für derartige Beanspruchung bei Schneidwerkzeugen kommt auch diesen Siliziumstählen zugute, daß sie eine höhere Anlaßbeständigkeit aufweisen. Abb. 663 zeigt nochmals die Überlegenheit des obenerwähnten Chrom-Silizium-Stahles bezüglich Anlaßbeständigkeit gegenüber verschiedenen anderslegierten Stählen. Die hohe Anlaßbeständigkeit bei niedrigen Anlaßtemperaturen läßt die Stähle zur Herstellung von Meßwerkzeugen besonders geeignet erscheinen. Da bei Anlaßtemperaturen von 250° noch Rockwell-C-Härten von über 60 Einheiten erhalten bleiben, kann man die Alterung dieser Stähle bei verhältnismäßig hohen Temperaturen (200°) vornehmen. Unter Altern von Feinmeßwerkzeugen versteht man ein tage- evtl. wochenlanges Auskochen bei erhöhter Temperatur, um das Härtungsgefüge zu stabilisieren und die kleinen Maßveränderungen, die durch Spannungsauslösung auftreten können, zu beseitigen. Da es sich hier oft um Größenänderungen von tausendstel Millimetern handelt, ist dies von außerordentlicher Wichtigkeit Ein weiterer Silizium-Chrom-Stahl mit 0,4% C, 1,75% Si, 0,5% Mn, 1,3% Cr findet vor allem für Preßluftmeißel, Döpper usw., Verwendung; er kann sowohl von 850—860° in Öl als auch von 830—840° in Wasser gehärtet werden und zeichnet sich durch sein zähes Verhalten aus.

Die Erhöhung der Anlaßbeständigkeit durch Silizium hat auch dazu geführt, den Gehalt an Silizium bei verschiedenen Warmarbeitsstählen zu erhöhen. Einige Stähle dieser Art sind in Zahlentafel 163 (S. 769) wiedergegeben. Nach den bisher gewonnenen Erkenntnissen gelingt es bereits durch Zusatz von Chrom, die Anlaßbeständigkeit von Kohlenstoffstählen zu verbessern, durch weiteren Zusatz von Molybdän läßt sich auch die Anlaßbeständigkeit des Chromstahles

Zahlentafel 163. Zusammensetzung, Wärmebehandlung und Verwendungszweck siliziumhaltiger Werkzeugstähle.

C	Si	Mn	Cr	Ni	W	Mo	V	Behandlung	Verwendungszweck
0,4	1,7	0,5	1,4	—	—	—	—	830° Wasser, Auskochen bei 100° 850° Öl, „ „ 100°	Preßluftmeißel, Handmeißel. Döpper, Kopfstempel, Nietsprenger.
0,6	1,1	1,0	0,5	—	—	—	—	850° Öl, Anlassen bei 100/200°	Preßluftmeißel, Handmeißel, Döpper, Schutzschilde.
0,9	1,5	0,5	1,1	—	—	—	—	850° Öl, Auskochen bei 100°	Fräser, Gewindebohrer, Schneideisen, Reibahlen, Faconmesser, Kaltsägen, Kaliberringe, Dorne.
1,5	1,5	0,4	3,5	—	—	—	—	850° Öl, „ „ 100°	Fräser, Gewindebohrer, Messerstähle.
0,5	1,0	0,5	1,0	—	—	—	0,15	880° Öl, Anlassen bei 100/200°	Zapfen für Kaltspritzverfahren, Prägestempel.
0,45	0,7	0,7	1,6	—	—	0,3	0,15	900° Öl, „ „ 600/650°	Warmwerkzeuge aller Art s. Zahlentafel 122 (S. 606).
0,45	2,0	0,5	1,5	—	—	0,3	0,2	900° Öl, „ „ 600/650°	Warmwerkzeuge, Warmwalzen.
0,3/0,45	0,7	0,3	1,1	—	2,0	—	—	850° Öl, Auskochen bei 100° 830° Wasser, „ „ 100°	Kaltschlagwerkzeuge, Kaltlochstempel, Scherenmesser, Döpper, Warmlochstempel, Warmmatrizen, Dauermeißel.
0,4	0,7	0,3	1,5	—	2/3	0,6	(0,4)	900° Öl, Anlassen bei 550°	Hohlpreßstempel, Rezipientenbüchsen mittlerer Beanspruchung.
0,65	0,5	0,3	1,0	—	2,0	—	—	850° Öl, Auskochen bei 100° 830° Wasser, „ „ 100°	Prägestempel, Prägegesenke, Stanzen.
0,3/0,45	0,7	0,3	1,1	—	4/5	—	—	930° Öl, Anlassen bei 500/520°	Warmwerkzeuge.
0,5	1,8	0,7	15	13	2	—	—	gegossen oder geschmiedet	Rezipientenbüchsen, Strangpreßmatrizen.

steigern, durch Zusatz von Vanadin und entsprechende Wärmebehandlung
— Ablöschen von höheren Temperaturen (s. Abb. 548) — gelingt es, auch dem
Chrom-Molybdän-Stahl noch weiter erhöhte Anlaßbeständigkeit zu verleihen, und
schließlich kann man durch Zusatz von Silizium noch eine zusätzliche Verbesserung der Anlaßbeständigkeit erzielen. In Zahlentafel 164 sind z. B. die

Zahlentafel 164. Einfluß von Legierungselementen auf die Anlaßbeständigkeit.

Stahlart	Zusammensetzung					Gehärtet in Öl von	Angelassen bei	Brinell-härte
	C %	Cr %	Mo %	V %	Si %			
Cr	0,4	1,5	—	—	—	850°	600°	∾240
Cr-Mo	0,4	1,5	0,3	—	—	850°	600°	290
Cr-Mo-V	0,4	1,5	0,3	0,2	—	920°	600°	420
Cr-Mo-V-Si . . .	0,4	1,5	0,3	0,2	1,5	920°	600°	480

Brinellhärten für entsprechende Stähle nach dem Härten und Anlassen auf 600°
wiedergegeben. Man sieht deutlich, wie bei gleichem Kohlenstoffgehalt durch
den Zusatz der entsprechenden Legierungselemente eine stets steigende Erhöhung der Anlaßbeständigkeit erreicht werden kann.

Eine besondere Verwendung von Silizium in Werkzeugstählen findet man
gelegentlich erwähnt. Bekanntlich besitzt Grauguß die Fähigkeit, infolge der
Graphitausscheidungen etwas Öl in der Oberfläche aufzunehmen und durch
eine gewisse Porosität die Gleiteigenschaften zu verbessern. Die Absicht, diese
Eigenschaft auch in Werkzeugstählen sich zunutze zu machen, hat zu Versuchen
geführt, entsprechende siliziumhaltige Werkzeugstähle zu tempern, d. h. auf
Schwarzbruch zu glühen und dann zu härten. Der Kohlenstoff- und Siliziumgehalt muß so bemessen sein, daß nur ein Teil des Kohlenstoffs als Temperkohle
ausgeschieden ist, während der andere Teil noch ausreicht, dem Stahl die genügende Glashärte zu verleihen. Ein Beispiel der Zusammensetzung eines derartigen
Stahles mit dem Graphitanteil im geglühten Zustand vor der Härtung enthält
Zahlentafel 31 (S. 223).

3. Silizium in Baustählen.

a) Allgemeines.

Im geglühten Zustand besitzen Siliziumstähle erhöhte Festigkeit und Streckgrenze, wie dies für die Festigkeit bereits aus den ersten Untersuchungen von
L. Guillet[1] und R. A. Hadfield[2] hervorgeht (Abb. 664). Erwähnenswert ist
die Abnahme der Dehnung und Kerbzähigkeit bei Siliziumgehalten oberhalb 2%.
Diese Verminderung der Dehnung und Kerbzähigkeit wird als eine Erhöhung
der Kaltsprödigkeit durch Silizium gedeutet. Hierzu ist zu bemerken, daß die
meisten Untersuchungen, die das Konstruktionsstahlgebiet betreffen, an Stählen
mit etwa 0,2% C und darunter vorgenommen wurden. Wenn auch Silizium
die Kaltverformbarkeit von Flußeisen erschwert, schon allein auf Grund der
gesteigerten Streckgrenze und Festigkeit, so ist dieser starke Abfall an Zähigkeit
aber wohl auch darauf zurückzuführen, daß die untersuchten Stähle mit mehr

---

[1] Siehe Mars: Die Spezialstähle. 2. Aufl. (1922) S. 272 u. 275.
[2] Desgl. S. 270/271.

als 2% Si größtenteils halbferritisch oder ferritisch waren. Schon bei den Chromstählen wurde gezeigt, daß der Grad der Verarbeitung einen außerordentlichen Einfluß auf die Zähigkeit derartiger Legierungen ausüben kann (S. 555). Stähle mit 0,8% C und 3% Si weisen sowohl im Walzzustand als auch vergütet gute Eigenschaften auf.

Bei weichen Flußeisensorten, wie sie für Röhrenherstellung Verwendung finden, macht sich der Einfluß geringer Siliziumgehalte auf die Festigkeitseigenschaften, insbesondere die Streckgrenze, sehr deutlich bemerkbar. Für die teilweise außerordentlich tiefen Festigkeitsstufen, wie sie bei weichstem Röhrenmaterial verlangt werden (unter 40 kg/mm²) ist es erforderlich, möglichst geringe Siliziumgehalte einzuhalten. Das gleiche gilt für die weichsten Qualitäten an Tiefzieh-

blechen. Aus diesem Grunde werden für derartige Zwecke vielfach unruhig vergossene Stähle verwendet, die keine weitgehende Desoxydation, insbesondere keine durch Silizium, erfahren. Werden aber derartige Stähle im beruhigten Gußzustand verlangt, so wird die Beruhigung mit Aluminium, das keine entsprechende Erhöhung der Festigkeitseigenschaften hervorruft, vorgenommen. Analysen von solchen Rohrwerkstoffen mit den zugehörigen Festigkeitseigenschaften gibt Zahlentafel 165 wieder (vgl. auch S. 236 Kohlenstoffstähle).

Man wird also überall dort höhere Siliziumgehalte vermeiden, wo auf besondere Verformbarkeit, insbesondere Tiefziehfähigkeit

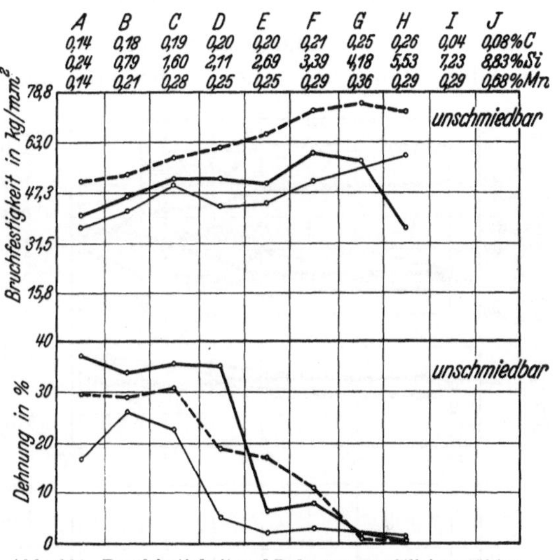

Abb. 664. Bruchfestigkeit und Dehnung von Siliziumstählen. (Nach Hadfield u. Kennedy: s. Mars: Die Spezialstähle 2. Aufl., S. 271. Verlag Enke 1922.) ———— geglühte, — — — — ungeglühte Proben mit Meßlänge 50,8 mm (Hadfield). ———— geglühte Proben mit Meßlänge 254 mm (Kennedy).

Wert gelegt wird. Dies gilt nicht nur für ganz weiche kohlenstoffarme Flußeisensorten, sondern auch für solche mit etwas erhöhtem Kohlenstoffgehalt (etwa 0,25% C), wie sie zur Herstellung von Automobilrahmen mit höheren Festigkeitswerten verwandt werden.

Zahlentafel 165. Zusammensetzung und Festigkeitswerte von Stählen für Rohre.

C %	Si %	Mn %	P %	S %	Festigkeit kg/mm²
∼0,10	Spuren	0,30/0,50	< 0,035	< 0,035	34—42
∼0,10	max 0,1	0,30/0,50	< 0,035	< 0,035	35—44
∼0,10	max 0,15	0,30/0,50	< 0,035	< 0,035	41—46

b) Silizium-Hochbau- und Vergütungsstähle.

In den letzten Jahrzehnten ist die Erhöhung der Festigkeit, insbesondere aber der Streckgrenze durch Silizium der Grund zu einer neueren Entwicklung auf dem

Zahlentafel 166. Siliziumhaltige Baustähle höherer Festigkeit für den Stahl-
bau im Vergleich mit St 37 und St 48 (s. a. Zahlentafel 184, S. 847).

	St 37	St 48	St Si	St 52 auf Si-Grundlage
C . . . . %	0,1	0,3	0,15—0,20	0,15—0,20
Si . . . . %	0—0,2	0,3	1,0—1,5	0,6—0,9
Mn . . . . %	0,4—0,6	0,4—0,6	0,5—0,8	0,7—0,9
Cu . . . . %	—	—	—	0,3—0,5
Streckgrenze . . . .kg/mm²	>21	>29	>36	>36
Festigkeit . . . . . ,,	>37	>48	>52	>52
Dehnung . . . . %	>20	>18	>20	>20
$\dfrac{\text{Streckgrenze}}{\text{Bruchgrenze}} \cdot 100\%$	55—60	60—65	70—80	65—70

Gebiete der sog. Massenstähle für den Hochbau (Träger, Profileisen usw.) geworden. Man hatte schon in früheren Jahren daran gedacht, bei Hochbauten,
Brückenbauten usw. die gewöhnlichen Flußeisensorten durch legierte Stähle
mit höheren Festigkeitseigenschaften zu ersetzen. Der erste Versuch in dieser
Richtung war die im Jahre 1909 erbaute Nickelstahlbrücke von Krupp in Essen.
Die durch die höheren Festigkeitseigenschaften ermöglichten Querschnittsverminderungen standen jedoch nicht im Verhältnis zu der Verteuerung durch
die Legierung. Erst viel später, etwa um das Jahr 1925, ging man dazu über, die
bekannte Erhöhung der Festigkeit und Streckgrenze durch Silizium für diese
Zwecke auszunutzen. Die entsprechenden Verbesserungen der Eigenschaften
zeigt Zahlentafel 166 (vgl. a. Zahlentafel 47, S. 286). Da hohe Siliziumgehalte
bei der Stahlherstellung zu starker Lunkerbildung führen, wurde der Siliziumbaustahl allmählich durch die an anderer Stelle erwähnten Mangan- und Chrom-
Kupfer-Stähle der Festigkeitsstufe St 52

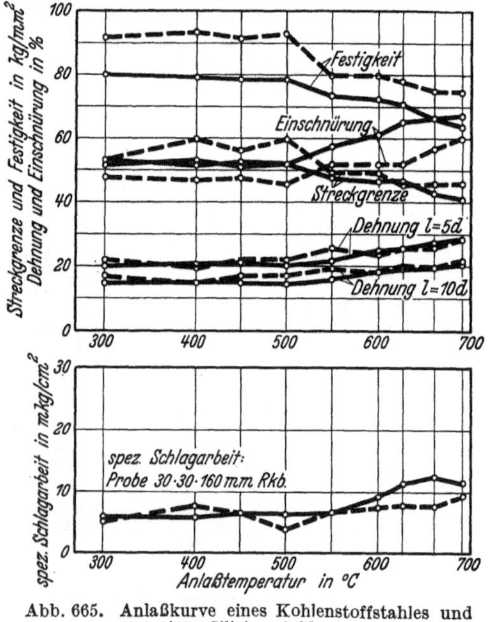

Abb. 665. Anlaßkurve eines Kohlenstoffstahles und
eines Siliziumstahles.
Stahl mit 0,41% C, 0,20% Si
——— 70 vkt. von 850° in Öl gehärtet.
Stahl mit 0,41% C, 1,43% Si
— — — 70 vkt. von 850° in Öl gehärtet.

verdrängt bzw. der ursprüngliche Siliziumgehalt von 1,5—2% auf 0,4—1% erniedrigt und durch entsprechende Mangangehalte ersetzt (s. Zahlentafel 184, S. 847).
Immerhin wurde durch den Siliziumstahl erneut die Anregung zur Verwendung
legierter Stähle auf dem Gebiete der Massenstähle gegeben.

In Amerika werden zum gleichen Zwecke niedriglegierte Nickel und Chrom
enthaltende Stähle verwendet. Der erhöhte Silizium- und Chrom-Gehalt soll,
abgesehen von der Festigkeits- und Streckgrenzensteigerung, in Verbindung mit
Kupfer und erhöhten Phosphorgehalten eine Verbesserung des Naturkorrosions-
widerstandes bewirken (vgl. Zahlentafel 184 [S. 847] und 189 [S. 855], ferner
auch S. 948).

Am deutlichsten zeigt sich die Wirkung von Silizium bei der Vergütung. Abb. 665 gibt die Vergütungsschaubilder von Stählen mit verschiedenem Siliziumgehalt wieder, aus denen die erhöhte Härtefähigkeit und Anlaßbeständigkeit des höher siliziumhaltigen Stahles hervorgeht. Der Einfluß des Siliziums tritt auch bei gleichzeitiger Verwendung von Mangan und Silizium in Erscheinung (Abb. 666).

Die verbessernde Wirkung von Silizium hat man sich bei Schaffung nickel- und molybdänfreier Baustähle während der Kriegszeit in Deutschland zunutze gemacht. Zusammensetzung und Eigenschaften dieser Legierungen sind in Zahlentafel 167 angegeben, in die auch die in Amerika genormten Mangan-Silizium-Stähle aufgenommen sind. Die Stähle nach DIN 1665 werden bis zu Abmessungen von 60 mm vkt. oder rund als gleichwertige Stähle im Austausch zu VCN 25 und VCN 35 (s. Zahlentafel 75 S. 430) bzw. VCMo 135 und VCMo 140 (s. Zahlentafel 124 S. 616) empfohlen.

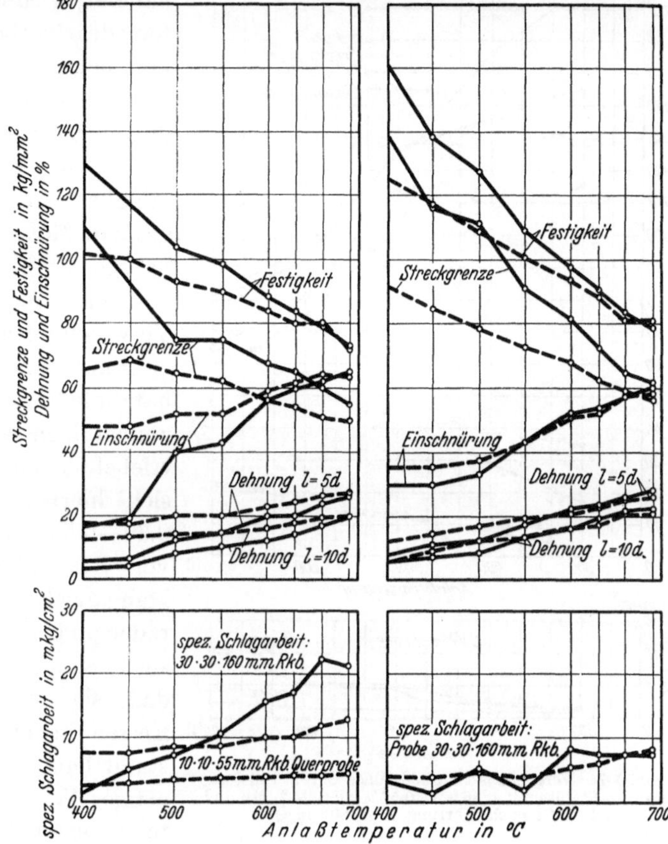

Abb. 666. Anlaßkurve eines Manganstahles und eines Mangansiliziumstahles.
Stahl mit 0,46% C, 0,32% Si, 1,40% Mn   Stahl mit 0,46% C, 1,46 % Si, 1,52% Mn
——— 35 vkt. von 850° Öl abgelöscht; — — — 70 vkt. von 850° Öl abgelöscht.

Wie unter Werkzeugstählen angeführt, erhöht Silizium auch die Verschleißfestigkeit. Diese Erhöhung der Verschleißfestigkeit macht sich bei Baustählen

Zahlentafel 167. Zusammensetzung und Eigenschaften der genormten Mangan-Silizium-Baustähle.

Bezeichnung	C	Si	Mn	Cr	Festigkeit kg/mm²	Streckgrenze kg/mm²	Dehnung (1 = 5 d) %
VMS 135 (nach DIN 1665)	0,33/0,40	1,1/1,4	1,1/1,4	—	75/90	>50	16/11 (Vergütungsschaubild entspricht etwa Abb. 666)
VMC 140 (nach DIN 1665)	0,35/0,43	0,5/0,8	1,0/1,3	1,0/1,3	90/105	>70	9/15 (Vergütungsschaubild Abb. 667)
SAE 9255	0,50/0,60	1,8/2,2	0,6/0,9	—	—	—	—
SAE 9260	0,55/0,65	1,8/2,2	0,6/0,9	—	—	—	—

bei der Bearbeitung, insbesondere beim Bohren, ungünstig bemerkbar. Abb. 668 gibt einen Vergleich der Bohrbarkeit von zwei Stählen mit verschiedenen Siliziumgehalten, auf gleiche Festigkeit behandelt, wieder. Die in der schlechten Bearbeitbarkeit zum Ausdruck kommende Verschleißfestigkeit bietet aber auch Vorteile bei der Verwendung. Sie bedingt z. B. bei Kurbelwellen gute Maßhaltigkeit und Lauffähigkeit in den Lagerstellen. In großem Maße haben solche siliziumhaltige Stähle daher für die Herstellung von Automobilkurbelwellen Verwendung gefunden.

Ein besonderes Anwendungsgebiet hat diese Verschleißfestigkeit den Siliziumstählen als Werkstoff für Getriebeteile eingebracht. Es handelt sich hierbei um Legierungen mit 0,30—0,55% C mit Siliziumgehalten von 1,3—1,7% bei gleichzeitigem Mangangehalt von etwa 0,6%. Zahnräder und -kränze aus solchen Stählen zeichnen sich durch den Vorteil aus, daß sie nicht leicht aufeinanderfressen und erhöhten Verschleißwiderstand haben. Die Eigenschaften derartiger Schmiedestücke für Getriebeteile zeigen Abb. 669 und 670.

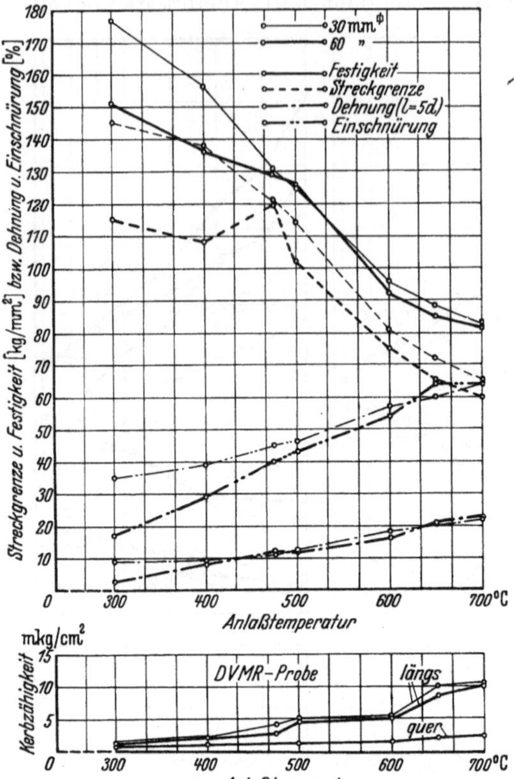

Abb. 667. Vergütungsschaubild eines Chrom-Silizium-Mangan-Stahles mit 0,36% C, 0,57% Si, 1,14% Mn und 1,17% Cr nach Härtung von 880° in Öl.

Unter dem Abschnitt Chrombaustähle wurde auf die Verwendung von Stahl mit 0,45% C, 1,5% Cr für Zylinderlaufbüchsen in Flugmotoren hingewiesen. Für diesen Zweck finden auch Mangan-Silizium-Stähle mit 0,45% C, 1,5% Si, 1% Mn Verwendung. Ebenso sind entsprechende Chrom-Silizium-Stähle mit 1,5% Cr und 1% Si bei gleichem Kohlenstoffgehalt im Gebrauch. Hier bringt die Erhöhung des Siliziumgehaltes eine Verbesserung der Laufeigenschaften auf Grund des erhöhten Verschleißwiderstandes. Bei

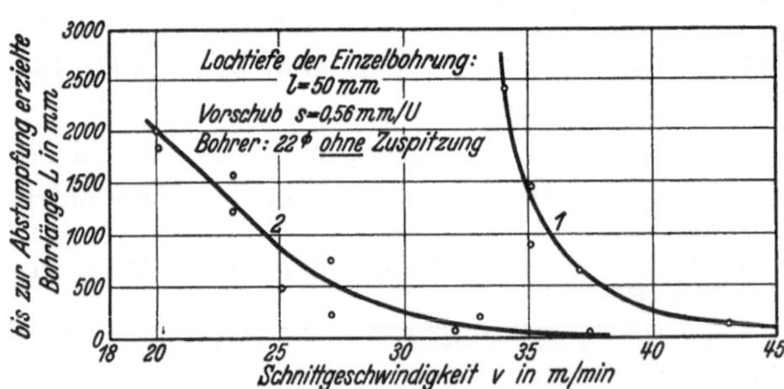

Abb. 668. Einfluß von Silizium auf die Bohrbarkeit von Siemens-Martin-Stahlguß gleicher Festigkeit. [Nach A. Wallichs u. H. Beutel: „Die Gießerei" Bd. 19 (1932) S. 245/47.]
1 = Siemens-Martin-Stahlguß, Si = 0,36%, δ_8 = 19%, Zugfestigkeit: 58,7 kg/mm². 2 = Siemens-Martin-Stahlguß, Si = 1,23%, δ_8 = 18%, Zugfestigkeit: 58,0 kg/mm².

wassergekühlten Motoren müssen die Büchsen bisweilen mit dem Kühlmantel zusammengeschweißt werden. Diese Schweißarbeit erfordert eine große Gewandtheit, da es sich um dünne komplizierte Schweißstellen handelt, die starken Temperaturschwankungen beim Schweißen ausgesetzt werden (Spannungen). Stähle mit erhöhtem Siliziumgehalt werden ungern für diese Schweißarbeiten genommen; Chrom-Silizium-Sähle verwendet man daher vor allem bei luftgekühlten Zylindern, bei denen Schweißarbeiten nicht nötig sind.

Eine besondere Verwendung hat Silizium als Zusatz zu mehrfach legierten Stählen für die Herstellung von Schutzschilden und dünnen Panzerplatten, die widerstandsfähig gegen kleinkalibrige Munition sind, gefunden. Die Zusammen-

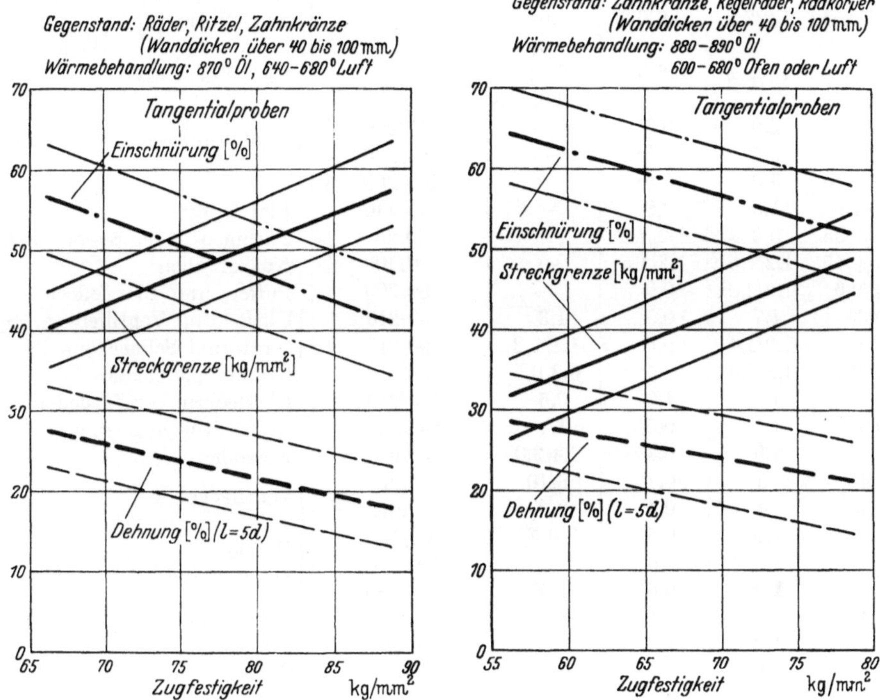

Abb. 669. Großzahlmäßig ermittelte Grenzen der an Schmiedestücken aus einem Siliziumstahl mit 0,40 bis 0,48% C, 1,40–1,80% Si, 0,50—0,80% Mn erreichbaren Festigkeitseigenschaften.

Abb. 670. Großzahlmäßig ermittelte Grenzen der an Schmiedestücken aus einem Siliziumstahl mit 0,30 bis 0,38% C, 1,10–1,50% Si, 0,60–0,80% Mn erreichbaren Festigkeitseigenschaften.

Nach H. Kallen u. F. Meyer: Techn. Mitt. Krupp, Forschungsber. Bd. 2 (1939) S. 215/22.]

setzung derartiger Stähle, die im zähharten Zustand, also nach Vergütung auf eine Festigkeit von 100—180 kg/mm², verwendet werden, zeigt Zahlentafel 168 (S. 776). Die Wahl der günstigsten Festigkeit innerhalb dieses Bereichs richtet sich nach der Art der Beschußbedingungen (Schrägbeschuß, Senkrechtbeschuß, Art des Geschosses u. dgl.). Im allgemeinen steigt der Widerstand gegen Senkrechtbeschuß mit steigender Festigkeit an.

Besonders erwähnenswert sind auch die sog. Silicrostähle mit Chromgehalten von entweder 3% oder 10% und Siliziumgehalten zwischen 1,5—3% bei Kohlenstoffgehalten von etwa 0,45%. Diese werden meistens im geglühten Zustand mit etwa 70—80 kg/mm² Festigkeit als Ventilkegelstähle verwendet. Infolge des erhöhten Silizium- oder Chromgehaltes sind diese Stähle zunderbeständig und werden bis zu Temperaturen von 800—900° durch die Abgase in Verbrennungsmotoren nicht angegriffen. Ihre Warmfestigkeit ist allerdings

Zahlentafel 168.
Zusammensetzung und Verwendungszweck von siliziumhaltigen Baustählen.

| Zusammensetzung | | | | Vergütet auf Festigkeit | Verwendungszweck |
C %	Si %	Mn %	Cr %	kg/mm²	
0,3/0,4	1,1/1,5	0,7	—	60/75	Getriebe, Zahnkränze
0,4/0,5	1,4/1,8	0,65	—	70/85	Kegelräder, Radkörper
0,35/0,55	1,5/2,0	0,7	—	80/200	Federringe, Vibrationsfedern, Puffer- u. Blattfedern
0,70	1,5	0,6[1]	—	160/200	Grammophon-, Uhrfedern
0,45/0,55	1,8/2,2	0,6/0,9	<0,045 P <0,05 S	—	SAE-Norm 9250 } Federn
0,55/0,65	1,8/2,2	0,6/0,9	<0,045 P <0,05 S	—	SAE-Norm 9260 }
0,65/0,75	2,0	0,6[1]	—	140/200	Hochbeanspruchte Schraubenfedern
0,65/0,75	2,5	0,6[1]	—	160/200	
0,65/0,75	3,0	0,6[1]	—	160/200	
0,9/1,0	1,0	0,8	—	120/140	Blattfedern
0,30/0,35	0,9	1,2/1,5	—	60/80	Turbinen-, Kompressorenwellen
0,35/0,45	1,2/1,5	1,2/1,5	—	80/100	Kurbelwellen
0,35/0,6	1,6/2,0	0,9	—	80/200	Puffer- und Blattfedern
0,35	1,7	0,5	1,3	90/210	Uhrfedern, Ventilfedern, Spiral- und Schneckenfedern
0,45	1,0/1,4	0,5	1,1/1,2	90/210	
0,5/0,7	1,3/1,6	0,5	0,3/0,5	160/210	Grammophonfedern, Uhrfedern
0,6	1,0	1,0	0,5	120/210	Ringfedern, Torsionsfedern
0,9	1,5	0,5	1,1	gehärtet	Große Kugellagerringe
0,15	1,3	0,4	2,4/3,0	50/60	Kesselbau
0,45	3	0,4	8/10	geglüht	Ventilkegel
0,45	4	0,4	2/3	geglüht	
0,35	1,5	0,5	2,0 Ni	100/180	Helme
0,4	1,8	1,0	4,0 Ni	100/180	Schutzschilde
0,4	1,0	0,6	1,5[2]	100/180	
0,4	0,7	1,1	1,1	85/105	Kurbelwellen
0,6	1,0	1,0	0,5	140/200	Federn
1,0	0,6	1,1	1,5	gehärtet	Große Kugellagerringe
0,15	1,0	0,4	0,8[3]	45/60	Hochdruckkesselbau
0,15	1,5	2,0	0,3[4]	50/60	Kesselbau

nur gering, so daß sie bei sehr hoher mechanischer Beanspruchung nicht verwendet werden können und den austenitischen Spitzenwerkstoffen für Auspuffventilkegel auf der Basis Chrom-Nickel-Wolfram nicht gleichwertig sind. Die Stähle sind verhältnismäßig empfindlich in der Wärmebehandlung, besonders wenn sie zum Kaltziehen geeignet sein sollen. Sie müssen nach dem Walzen verhältnismäßig schnell abgekühlt werden und dürfen nur kurzzeitig auf Weichglühtemperatur (750°) gehalten und anschließend schnell (in Wasser) abgekühlt werden. Andernfalls ist mit Versprödung (Ausscheidungen ?) bzw. Empfindlichkeit gegen Spannungsrißbildung beim Ziehen zu rechnen.

Ein umfangreiches Anwendungsgebiet der Siliziumstähle sind hochbeanspruchte Federn. Diese Federstähle (Zahlentafel 169 [S. 778]) weisen Siliziumgehalte von 1% bis nahezu 3% auf. Entsprechende Vergütungsschaubilder zeigen die Abb. 671—673. Da Silizium ein noch stärkeres Desoxydationsmittel als Mangan

---

[1] Bei Stählen für Ölhärtung, bei Stählen für Wasserhärtung Mangangehalte von 0,2—0,3%.
[2] dazu 0,3% Mo, 0,15% V;   [3] dazu 0,5% Mo;   [4] dazu 0,2% V.

ist, besitzen auch Siliziumstähle die beim Federstahl oft gewünschte Längsfaserung. Ähnlich wie die Manganbaustähle fallen daher auch die gesamten Siliziumbaustähle durch verschlechterte Querzähigkeitseigenschaften, insbesondere Querkerbzähigkeit, gegenüber anderen höherwertigen, vor allem chrom- und nickellegierten Stählen auf. Bei unterperlitischen Federstählen mit verhältnismäßig tiefem Kohlenstoff- und hohem Siliziumgehalt (0,4% C und 2% Si) kann man aber auch manchmal eine Faserung feststellen, die nicht auf Einschlüsse, sondern auf stärker ausgebildete Ferritzeilen zurückzuführen ist. Diese Federstähle weisen eine geringere Härtefähigkeit als die entsprechenden Manganfederstähle mit 2% Mangan auf. Wasserhärtung wird normalerweise bei diesen

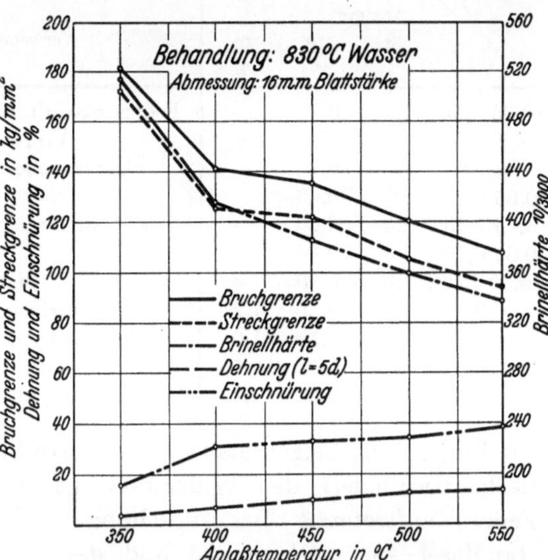

Abb. 671. Vergütungsschaubild eines Federstahles mit 0,44% C, 1,49% Si, 0,60% Mn.

Siliziumstählen bis 0,50% C angewandt werden können, während bei Manganstählen die Grenze bei ungefähr 0,40% C liegt. Auch hier zeigt sich die geringere Empfindlichkeit der Siliziumstähle bei der Härtung gegenüber den Manganstählen.

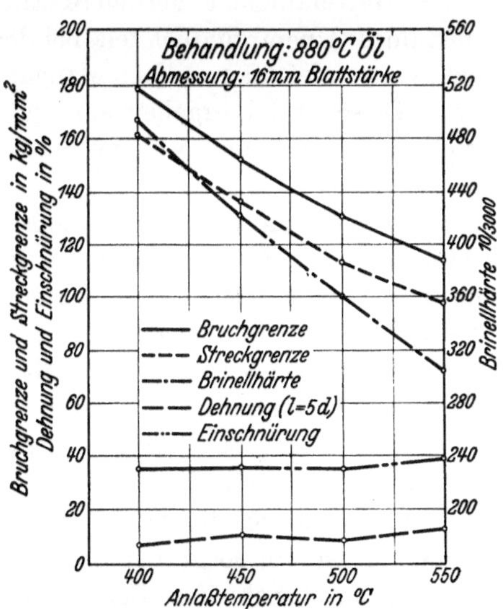

Abb. 672. Vergütungsschaubild eines Federstahles mit 0,58% C, 1,44% Si, 0,58% Mn.

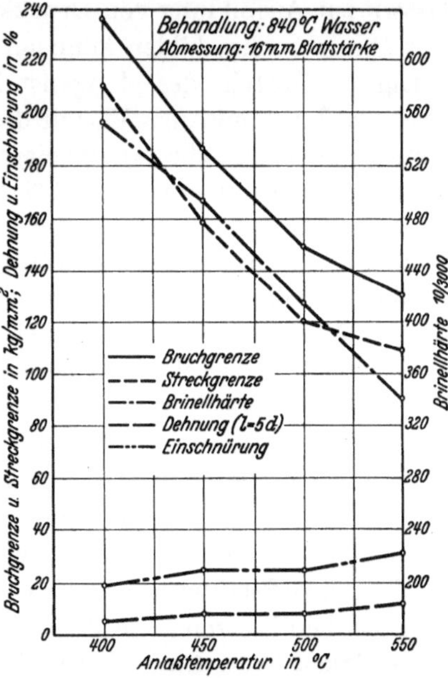

Abb. 673. Vergütungsschaubild eines Federstahles mit 0,75% C, 2,70% Si, 0,34% Mn.

Besondere Beachtung für die Herstellung von Federn aus Siliziumstahl verdient der Umstand, daß Siliziumstähle beim Walzen und Schmieden leichter

Zahlentafel 169. Zusammensetzung, Verwendungszweck und Festigkeitswerte
siliziumlegierter Federstähle.

Analyse				Verwendungszweck	Festigkeitswerte
C %	Si %	Mn %	Cr %		
0,35/0,55	1,5	0,70	—	Federringe, Puffer- und Blattfedern, Vibrationsfedern	
0,70[1]	1,5	0,70	—	Grammophon- und Uhrfedern	Streckgrenze 80—200 kg/mm², Festigkeit 90—210 kg/mm², Dehnung $L = 10d$ 10—3%
0,65/0,75[1]	2,0	0,60	—	} Hochbeanspruchte Schraubenfedern	
0,65/0,75[1]	2,5	0,60	—		
0,65/0,75[1]	3,0	0,60	—		
0,90/1,0	1,0	0,80	—	Blattfedern	
0,35	1,75	0,50	1,25	} Autofedern, Ventilfedern,	
0,45	1,0	0,50	1,0	Spiralfedern, Schneckenfedern	
0,60	1,0	1,0	0,50	Ringfedern, Torsionsfederstäbe	
0,75	1,25	0,50	0,25	Grammophon- und Uhrfedern	

zur Entkohlung neigen als anders legierte Stähle. Eine Entkohlung an der Oberfläche vermindert den Widerstand gegen Dauerbeanspruchung. Da die bei Federn auftretende Beanspruchung — Biegung und Verdrehung — in der Randfaser am stärksten ist und der Ferrit eine geringere Wechselfestigkeit besitzt als der auf größere Zugfestigkeit vergütete Grundwerkstoff, werden sich in der entkohlten Außenzone leicht Anrisse ausbilden, die dann infolge ihrer Kerbwirkung zu einem Dauerbruch der betreffenden Feder bzw. des Federblattes führen können. Gleichzeitig gibt diese weiche Oberfläche sehr leicht Veranlassung zu oberflächlichen Quetschungen, bei aufeinanderliegenden Federblättern zur Ausbildung von Druckstellen usw. die ebenfalls den Ausgangspunkt eines Dauerbruches bilden können.

Um die Vorteile des Manganstahles (bessere Härtefähigkeit, geringere Entkohlungsgefahr) mit dem Vorteil des Siliziumstahles (Unempfindlichkeit bei der Härtung, hohe Anlaßbeständigkeit) zu vereinen, verwendet man vielfach Mangan-Silizium-Stähle mit etwa 1—1,2% Mn, 1% Si. Diese Stähle ergeben eine gute Durchvergütung auch bei größeren Querschnitten und sind weniger härteempfindlich als reine Manganstähle.

Die Festigkeiten, mit denen Federstähle Verwendung finden, schwanken von 90—210 kg/mm², wie dies aus Zahlentafel 169 (S. 778) hervorgeht, in der die Verwendungszwecke und entsprechenden Festigkeitsbereiche aufgenommen sind. Der niedrige Festigkeitsbereich von 90—110 kg/mm² findet vor allem Verwendung für Vibrationsfedern, die eine geringe statische Vorlast auszuhalten haben und vor allem auf Dauerschwingung beansprucht werden. Die Herstellung von solchen Federn — es handelt sich hierbei meist um Schraubenfedern — bringt es leicht mit sich, daß die fertiggewickelten und gehärteten Federn kleinere Oberflächenverletzungen erhalten, die durch Kerbwirkung die Schwingungsfestigkeit herabsetzen. Die Wirkung solcher Kerben ist um so größer, je höher die Festigkeit liegt. Eine nachträgliche Beseitigung durch Schleifen oder Polieren ist nahezu unmöglich. Man will daher der Gefahr der Kerbwirkung durch Herabsetzung der Festigkeit begegnen. Für höchste Beanspruchungen wird der Walz-

---

[1] Bei Stählen für Wasserhärtung liegt der Mangangehalt etwa bei 0,2—0,3%, für Ölhärtung bei 0,60%.

draht vor dem Wickeln der Federn spitzenlos geschliffen, um Walzhaut und vom Walzen herrührende Fältelungen vollkommen zu entfernen. Erforderlich ist diese Art der Bearbeitung bei hochwertigen Ventilfedern für Flugzeugmotore usw. Die höchsten Festigkeitszahlen werden bei den sehr hochwertigen Federn für Grammophone, Uhren usw., angestrebt. Für diese Art von Federn werden vielfach reine Kohlenstoffstähle mit 0,9% C verwendet, doch sind, wie Untersuchungen von Poellein[1] zeigen, auch gerade Silizium-Mangan-Stähle für derartige Zwecke gut geeignet. Oft setzt man diesen Stählen zur Erhöhung der Härtefähigkeit noch bis zu 0,5% Cr zu. Die hohen Festigkeitseigenschaften dieser Federn sind dadurch bedingt, daß man bei kleinstem Raum möglichst hohe Zugkräfte anbringen will. Dementsprechend schwankt die Festigkeit zwischen 190—210 kg/mm². Die Herstellung derartiger Federn erfordert große Sorgfalt, da bei den hohen Festigkeitszahlen auch sehr kleine Verletzungen, selbst wenn sie günstig zur Beanspruchungsrichtung liegen, schnell zum Bruch führen können. Abb. 674 zeigt z. B. den Einfluß einer Längsriefe auf die Entstehung von Dauerbrüchen. Diese gehen, wie die Abbildung erkennen läßt, von der Längsriefe aus und erstrecken sich nach beiden Seiten ins Material.

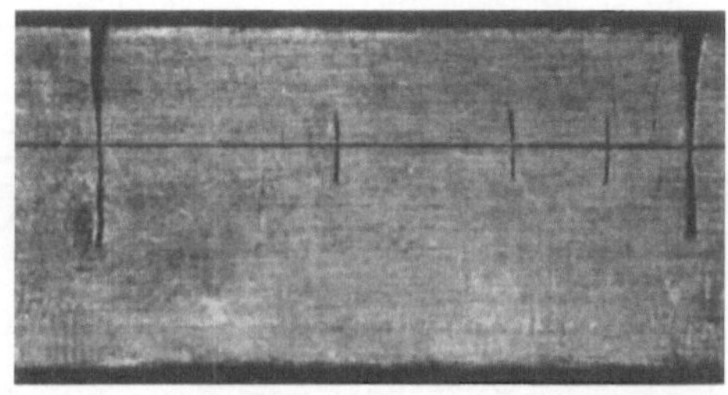

V = 1:1

Abb. 674. Längsriefe als Ausgang für Dauerbruch bei Federbandstahl. [Nach E. Houdremont u. H. Bennek: Stahl u. Eisen Bd. 52 (1932) S. 653/62.]

Außer den reinen Silizium-Mangan-Stählen haben Chrom-Silizium-Stähle viel Verwendung für Federn gefunden. Insbesondere gilt dies für Stähle mit 1,5% Si und 0,3—0,5% Cr, vor allem für Uhrfedern, die auf die oben geschilderten Festigkeiten gebracht werden. Vielfach verwendet man aber auch Chromstähle mit 1,5% Cr, denen man wiederum Silizium bis 1,5% zusetzt. Ein Stahl mit 2,5—3% Cr und 1—1,5% Si ist infolge seiner hohen Anlaßbeständigkeit geeignet für Federn, deren Federkraft bei Betriebstemperaturen bis 300° möglichst unverändert bleiben soll. Der Zusatz von Chrom und die Erhöhung des Mangangehaltes in Silizium-Federstählen hat auch noch den Erfolg, die diesen Stählen bei Kohlenstoffgehalten über 0,5% und Siliziumgehalten über 1,5% eigentümliche Neigung zu Schwarzbruch zu verhindern. Glüht man einen Silizium-Federstahl mit 0,75% C, 1,8% Si, 0,6—0,8% Mn zwecks Vornahme von mechanischen Bearbeitungen oder zum Wickeln als Schraubenfedern auf höchste Weichheit (Glühtemperatur etwa 750°), so erhält man leicht Schwarzbruch; der Kohlenstoff kann dann bis zur halben Höhe in Form von Graphit vorliegen. Der Stahl härtet in diesem Zustand ungenügend. Chromzusätze von 0,5% schaffen hier wirksame Abhilfe und verbessern weiterhin die Härtefähigkeit.

Es würde zu weit führen, hier alle möglichen Zusammensetzungen aufzuführen, bei denen von einem Siliziumzusatz Gebrauch gemacht wird. Die gebräuchlichsten Zusammensetzungen von siliziumhaltigen Stählen und deren Verwendungszweck gibt Zahlentafel 168 (S. 776) an.

---

[1] Poellein, H.: Mitt. Kais.-Wilh.-Inst. Eisenforsch. Bd. 19 (1937) S. 247/72.

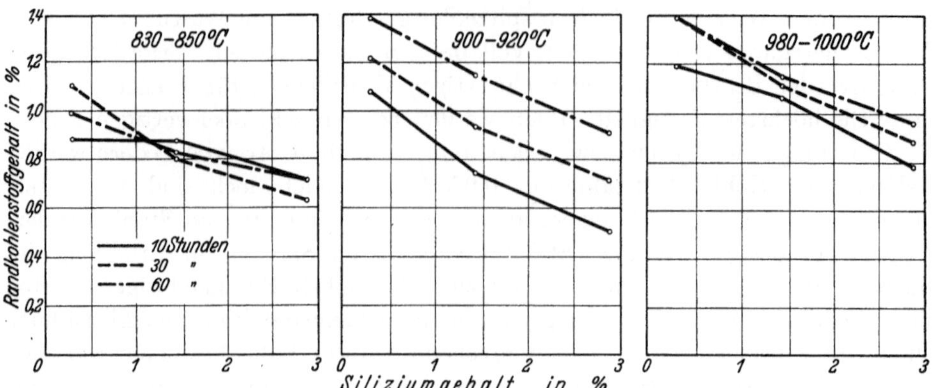

Abb. 675. Einfluß von Silizium auf den Randkohlenstoffgehalt bei Zementation. [Nach E. Houdremont u. H. Schrader: Arch. Eisenhüttenw. Bd. 8 (1934/35) S. 445/59.]

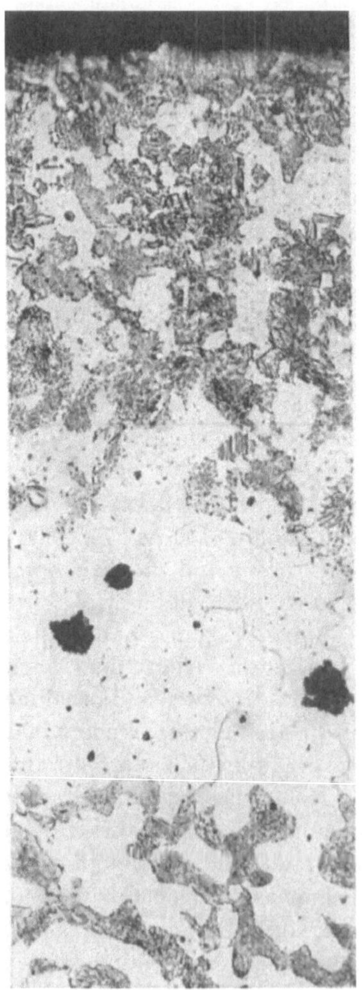

V = 250

Abb. 677. Graphitbildung in Siliziumstählen bei Zementation.

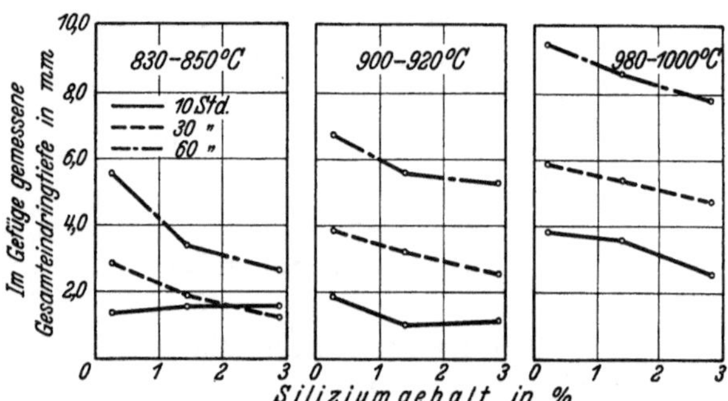

Abb. 676. Verminderung der Eindringtiefe bei Zementation durch Silizium. [Nach E. Houdremont u. H. Schrader: Arch. Eisenhüttenwes. Bd. 8 (1934/35) S. 445/59.]

c) Silizium in Einsatzstählen.

Bei der Zementation wird nach L. Guillet[1] durch Siliziumzusatz eine so weitgehende Verminderung der Eindringtiefe erhalten, daß bei einem Legierungsgehalt von 5% eine Randaufkohlung nicht mehr zustande kommt. Von E. G. Mahin und R. C. Spencer[2] wurde vorgeschlagen, diese diffusionshemmende Wirkung des Siliziums zur Vermeidung stärkerer Randaufkohlung durch eine der Zementation vorausgehende Glühung in Ferrosilizium oder auch einen Zusatz von Ferrosilizium zum Einsatzpulver auszunutzen. Bei Zementation in Holzkohle und Bariumkarbonat wird durch neuere Untersuchungen die starke Verminderung des

---

[1] Mém. C. R. Trav. Soc. Ing. civ. France 1904 S. 177/207.

[2] Trans. Amer. Soc. Stl. Treat. Bd. 15 (1929) S. 117/44.

Randkohlenstoffgehaltes (Abb. 675) und der Eindringtiefe (Abb. 676) bestätigt.
Bei höheren Gehalten an Silizium neigen die Stähle zur Graphitabscheidung,
wie dies das in Abb. 677 wiedergegebene Gefüge aus der Einsatzzone eines
3proz. Siliziumstahles erkennen läßt. Auch bei der Zementation bestätigt sich
die größere Unempfindlich-
keit siliziumlegierter Stähle
gegen Kornvergröberung bei
längerem Erwärmen auf höhere
Temperaturen (Abb. 678). Die
starke Verminderung des
Randkohlenstoffgehaltes und
der Eindringtiefe bei der Zementation deutet an, daß Silizium das Diffusionsvermögen
für Kohlenstoff im γ-Misch-
kristall vermindert. Wegen
der Gefahr einer schädlichen

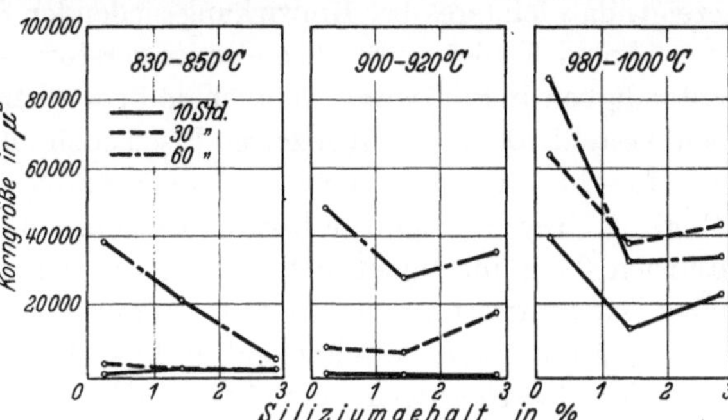

Abb. 678. Wirkung des Siliziums auf die Kornvergröberung infolge Zementationsüberhitzung. [Nach E. Houdremont u.
H. Schrader: Arch. Eisenhüttenwes. Bd. 8. (1934/35) S. 445/59.]

Graphitbildung bei höherem Silizumgehalt, haben reine Silizium-Kohlenstoff-
Stähle für Einsatzhärtung bisher keine Verwendung gefunden. Immerhin verdient der Einfluß des Siliziums bei geringeren Gehalten als Mittel zur Verminderung einer übermäßigen Randaufkohlung sowie Verbesserung der Kornfeinheit
bei der Zementation Beachtung.

4. Silizium in korrosionsbeständigen Legierungen.

a) Korrosionswiderstand gegen Säuren.

Die Verwendung von Silizium in Eisenlegierungen, die Korrosionsbeanspruchungen bei Raum- oder höheren Temperaturen ausgesetzt werden, hat
weitgehende Verbreitung gefunden. Größere Bedeutung hat der säurefeste
Siliziumeisenguß gewonnen.

Wie aus dem Zustandsschaubild Eisen-Silizium hervorgeht, bilden sich auf
der Eisenseite Mischkristalle bis zu ungefähr 15% Si, während erst oberhalb
dieses Gehaltes entsprechende Verbindungen im Gefüge auftreten. Diese Verbindungen weisen hinsichtlich ihres korrosionschemischen Verhaltens die Besonderheit auf, daß sie unter bestimmten Bedingungen gegen den Angriff von
Säuren hohe Widerstandsfähigkeit aufweisen. Auch der 15% Si enthaltende
Mischkristall zeigt bereits eine bemerkenswerte Beständigkeit gegenüber manchen
Säuren. Der Einfluß des Siliziumgehaltes äußert sich derart, daß bei Säure-
einwirkung der Angriff mit steigendem Siliziumgehalt abnimmt, wobei ferner
kennzeichnend ist, daß die Einwirkung der Säure nach Verlauf einer gewissen
Zeit nachläßt, der Angriff also bis zu einem Mindestbetrag abklingt. Letzterer Vor-
gang gibt einen Hinweis für die Erklärung der Ursachen der Säurebeständigkeit.
Die einfachste Erklärung ist die, daß durch den zunächst einsetzenden Angriff
Kieselsäure auf der Oberfläche sich ausscheidet, die eine weitere Einwirkung auf
das Material verhindert. Hierbei hängt jedoch die Schutzwirkung von den physi-

kalisch-chemischen Eigenschaften der ausgeschiedenen Kieselsäure ab, derart, daß Schutzwirkung gewährleistet ist bei Bildung einer festhaftenden und zusammenhängenden Kieselsäurehaut, während Ausscheidung in Form gallertartiger Flocken oder als Kieselsäuregel wirkungslos bleibt. Die Erfahrung hat gezeigt, daß letzteres bei Einwirkung siedender Salzsäure und Alkalien der Fall ist, während Flußsäure die Kieselsäure zerstört, so daß dementsprechend Säurebeständigkeit in Flußsäure, Alkalien und vor allem in siedenden Salzsäurelösungen nicht besteht. Demgegenüber zeigen Eisensiliziumlegierungen mit Siliziumgehalten von 15—20% gegen siedende Schwefelsäurelösungen sehr hohe Widerstandsfähigkeit. Die Gewichtsverluste überschreiten in 25—50proz. Schwefelsäurelösungen 0,3 g/hm² nicht und verringern sich darüber hinaus bei Einwirkung höher konzentrierter Schwefelsäurelösungen auf 0,1 g/hm² und darunter. In besonders hohem Maße schützend wirkt sich die bei Einwirkung siedender oxydierender Säurelösungen entstehende Kieselsäurehaut aus, so daß gegen den Angriff konzentrierter Salpetersäure bei Siedetemperatur vollkommene Beständigkeit der Legierungen mit hohem Siliziumgehalt (15—20%) besteht. Die gleiche hohe Beständigkeit weisen die Eisensiliziumlegierungen auch gegen Mischsäure sämtlicher Konzentrationen bei Siedetemperatur auf.

Die in Zahlentafel 170 zusammengestellten Analysen für Siliziumeisenguß lassen erkennen, daß dieser gefügemäßig in der Hauptsache aus reinen

Zahlentafel 170.
Zusammensetzung und mechanische Eigenschaften von Siliziumeisenguß.

Analyse					Brinellhärte	Biege-festigkeit kg/mm²	Durch-biegung mm
C %	Si %	Mn %	P %	S %			
0,70	12	0,30	0,03	0,02			
0,65	15	0,30	0,03	0,02	250—320	12—20	2—3
0,55	18	0,30	0,03	0,02			

α-Mischkristallen, gegebenenfalls mit Ausscheidungen von Eisen-Silizium-Verbindungen, besteht. Außerdem weisen die technischen Eisen-Silizium-Legierungen, die stets mehr oder weniger große Mengen Kohlenstoff enthalten, infolge dieser hohen Siliziumgehalte immer Graphit auf. Sie sind im allgemeinen nicht schmiedbar. Die Formgebung dieser Legierungen kann daher nur durch Gießen erfolgen. Ihre Festigkeitseigenschaften sind durch die Lage im Eisen-Silizium-Diagramm ebenfalls zum Teil gegeben. Da Silizium Härte und Sprödigkeit des Ferrits erheblich steigert und infolge Fehlens der γ/α-Umwandlung eine durchgreifende Wärmebehandlung nicht möglich ist, außerdem der Graphit und evtl. Ausscheidungen des Silizids die Zähigkeit noch weiterhin herabsetzen, müssen diese Legierungen sehr spröde sein. Ihre Dehnbarkeit ist praktisch gleich Null. Eine Zusammenstellung der mechanischen und auch physikalischen Eigenschaften einer 15proz. Siliziumlegierung ist in Zahlentafel 171 (S. 783) wiedergegeben, wobei für alle Werte Vergleichszahlen von Grauguß eingesetzt sind.

Die Anwendbarkeit der Silizium-Eisen-Legierungen gegenüber verschiedenen Reagenzien zeigt Zahlentafel 172 (S. 784). Von besonderer Wichtigkeit ist die umfassende Beständigkeit dieser Materialien gegen Salpeter- und Schwefelsäure der verschiedensten Konzentrationen und Temperaturen, andererseits ihre

Zahlentafel 171. Mechanische und physikalische Eigenschaften von 15proz. Siliziumeisenguß im Vergleich zu Gußeisen.

	Siliziumeisenguß	Grauguß (Zylindereisen)
Schmelzpunkt	etwa 1220°	etwa 1130°
Spezifisches Gewicht	6,9	7,12
Wärmeausdehnungskoeffizient (0—100° C)	$12{,}8 \cdot 10^{-6}$	$10{,}8 \cdot 10^{-6}$
Wärmeleitfähigkeit bezogen auf Grauguß	0,5	1
Biegefestigkeit in kg/mm² bei 600 mm Auflage und 30 mm Stabdurchmesser	20	45
Durchbiegung in mm	2—3	13
Brinellhärte (5/750/30)	etwa 320	etwa 180

Abb. 679. Apparateteile aus Siliziumeisenguß. (Entnommen von R. Wasmuht: Techn. Mitt. Krupp Bd. 1 1933 S. 31/36.)

Unbeständigkeit gegen Flußsäure auch bei Zimmertemperatur, und die beschränkte Beständigkeit gegen Salzsäure und Königswasser. Für letztere Angriffsmittel sind die Legierungen bei niedrigen Temperaturen noch verwendbar, während sie bei höheren Temperaturen, also in kochenden Säuren, versagen. Entsprechend ihrem Korrosionswiderstand finden die Eisen-Silizium-Legierungen Verwendung für Pumpenkolben, Säureleitungen, Säurekessel, Armaturen jeglicher Art, Hähne, Ventile usw. (Abb. 679).

Es muß allerdings bemerkt werden, daß diese Legierungen infolge ihrer hohen Sprödigkeit sehr empfindlich gegen Gieß- und Wärmespannungen sind und infolgedessen bei komplizierten Formen die gießtechnischen Schwierigkeiten so groß werden können, daß die praktische Ausführbarkeit in Frage gestellt sein kann. Außerdem sind die Legierungen infolge ihrer hohen Verschleißfestigkeit schwer zu bearbeiten.

Man hat des öfteren versucht, die Siliziumlegierungen durch Zusätze von Chrom, Nickel, Mangan, Kupfer oder Molybdän sowohl bezüglich ihres Verhaltens gegen Korrosion als insbesondere in ihren mechanischen Eigenschaften zu verbessern. Nach den bisher vorliegenden Untersuchungen sind hierbei gelegentlich geringe

Zahlentafel 172.

Beständigkeit von Siliziumeisenguß gegen chemische Einwirkungen.

Anmerkung: Der Beständigkeitsgrad ist im Prüfungsergebnis durch die Ziffern 1—5 ausgedrückt; es bedeutet:

Bezeichnung 1 = vollkommen beständig, Gewichtsabnahme pro Std. weniger als 0,1 g/m²
„ 2 = genügend „ „ „ „ 0,1— 1,0 „
„ 3 = ziemlich „ „ „ „ 1,0— 3,0 „
„ 4 = wenig „ „ „ „ 3,0—10,0 „
„ 5 = unbeständig, „ . „ „ über 10,0 „

Chemische Angriffsmittel	Versuchs-temperatur °C	Guß mit 14—15% Si	Guß mit 16—18% Si
A. Anorganische Säuren.			
Borsäure, kalt gesättigte Lösung	kochend	3	2
Chromsäure, spez. Gew. 1,51, 50% CrO₃	20°	1	1
„ desgl.	kochend	3	1
Flußsäure	20°	5	—
Königswasser	20°	3	2
Phosphorsäure, spez. Gew. 1,05, 10% H₃PO₄	20°	1	—
„ spez. Gew. 1,64, 80% H₃PO₄	20°	1	—
„ desgl.	kochend	5	4
Salpetersäure, verd. 1:10, spez. Gew. 1,04	20°	1	—
„ desgl.	kochend	1	1
„ verd. 1:1, spez. Gew. 1,23	20°	1	—
„ desgl.	kochend	1	—
„ konz., spez. Gew. 1,40	kochend	1	—
„ konz. rauchend, spez. Gew. 1,52	kochend	1	—
Salzsäure, verd. 1:85, 1—2proz., spez. Gew. 1,002	20°	1	—
„ desgl.	kochend	4	—
„ verd. 1:10, 3,6proz., spez. Gew. 1,017	20°	1	—
„ desgl.	kochend	5	—
„ verd. 1:1, 18,6proz., spez. Gew. 1,09	20°	2	—
„ desgl.	kochend	5	—
„ konz. 1:0, 37,2proz., spez. Gew. 1,19	20°	2	—
„ desgl.	kochend	5	—
Schwefelsäure, verd. 1:10, spez. Gew. 1,10	20°	2	1
„ desgl.	kochend	3	2
„ verd. 1:1, spez. Gew. 1,52	20°	1	—
„ desgl.	kochend	2	1
„ konz. 1:0, spez. Gew. 1,84	100°	1	—
„ desgl.	kochend	1	—
„ rauchend (11% freies SO₃), spez. Gew. 1,91	20°	1	—
„ desgl.	60°	2	—
„ desgl.	100°	5	—
Schweflige Säure, gesättigte wässerige Lösung	20°	4	3
B. Organische Säuren.			
Ameisensäure, 10proz., spez. Gew. 1,02	70°	1	—
„ desgl.	kochend	3	—
„ 50proz., spez. Gew. 1,12	70°	1	—
„ desgl.	kochend	2	1
„ 80proz., spez. Gew. 1,18	kochend	1	—
„ 100proz., spez. Gew. 1,22	kochend	1	—
Buttersäure, spez. Gew. 0,96	kochend	1	—

Zahlentafel 172. Beständigkeit von Siliziumeisenguß gegen chemische Einwirkungen (Fortsetzung).

Chemische Angriffsmittel	Versuchs-temperatur °C	Prüfungsergebnis für Guß mit 14—15% Si	Guß mit 16—18% Si
B. Organische Säuren (Fortsetzung).			
Essigsäure, 10proz., spez. Gew. 1,01	kochend	1	—
„ 50proz., spez. Gew. 1,06	kochend	1	—
„ 80proz., spez. Gew. 1,07	kochend	1	—
„ 100proz., spez. Gew. 1,05	20°	1	—
„ desgl.	kochend	2	1
Gallussäure (heiß gesättigte Lösung)	kochend	2	—
Gerbsäure, wässerige Lösung, 10proz.	20°	1	—
„ desgl.	kochend	2	—
„ wässerige Lösung, 50proz.	kochend	1	—
Milchsäure, 10proz., spez. Gew. 1,02	kochend	1	—
„ konz., spez. Gew. 1,22	kochend	1	—
Oxalsäure, 10proz. Lösung	kochend	1	—
„ 50proz. Lösung	20°	1	—
„ desgl.	kochend	2	—
Phenol (Rohkarbolsäure), 90% Phenol	kochend	1	—
Weinsäure, wässerige Lösung, 10proz.	kochend	1	—
„ „ „ 25proz.	kochend	1	—
„ „ „ 50proz.	kochend	1	—
Zitronensäure, wässerige Lösung, 10proz.	kochend	1	—
„ „ „ 25proz.	20°	1	—
„ desgl.	kochend	2	1
„ wässerige Lösung, 50proz.	20°	1	—
„ desgl.	kochend	2	1
C. Alkalisch wirkende Stoffe (Basen bzw. Laugen).			
Ammoniak, wässerige Lösung (Salmiakgeist)	20°	1	—
„ (spez. Gew. 0,91)	kochend	2	—
Kaliumhydroxyd, wässerige Lösung (Kalilauge),			
spez. Gew. 1,08	20°	1	—
„ desgl.	kochend	2	—
„ spez. Gew. 1,23	20°	1	—
„ desgl.	kochend	3	—
„ spez. Gew. 1,54	20°	1	—
„ desgl.	kochend	4	—
„ (Ätzkali) im Schmelzfluß	360°	5	—
Natriumhydroxyd, wässerige Lösung (Natronlauge),			
20proz., spez. Gew. 1,23	kochend	4	—
„ 34proz., spez. Gew. 1,37	100°	2	—
„ (Ätznatron) im Schmelzfluß . . .	318°	5	—
Natriumkarbonat (Soda) im Schmelzfluß	900°	5	—
D. Salzlösungen.			
Aluminium-Kaliumsulfat (Alaun), heiß gesättigte Lösung	kochend	1	—
„ „ geschmolzen	120—200°	2	1
Aluminiumsulfat, wässerige Lösung, 10proz.	kochend	3	—
„ kalt gesättigt	kochend	2	1
Ammoniumchlorid, wässerige Lösung, 10proz. . . .	kochend	2	—
„ „ „ 25proz. . . .	kochend	2	—
„ „ „ 50proz. . . .	kochend	2	—

Zahlentafel 172. Beständigkeit von Siliziumeisenguß gegen chemische Einwirkungen (Fortsetzung).

Chemische Angriffsmittel	Versuchstemperatur °C	Guß mit 14—15% Si	Guß mit 16—18% Si
D. Salzlösungen (Fortsetzung).			
Ammoniumnitrat, kalt gesättigte Lösung	kochend	1	—
„ heiß gesättigte Lösung	kochend	2	—
Ammoniumsulfit, $(NH_4)_2SO_3$, kalt gesättigte wässerige Lösung	20°	1	—
„ desgl.	kochend	2	—
Chromkaliumsulfat (Chromalaun), wässerige Lösung, spez. Gew. 1,5	kochend	2	—
Eisenchlorid, 1:1, wässerige Lösung	50°	5	2
Kaliumbitartrat (Weinstein), heiß gesättigte wässerige Lösung	kochend	4	3
Kaliumchlorat (chlorsaurer Kalk), wässerige Lösung, heiß gesättigt	kochend	1	—
Kaliumchlorid, wässerige Lösung, heiß gesättigt . .	kochend	2	—
Kaliumferrizyanid, wässerige Lösung, 25 proz. . . .	20°	1	—
„ desgl.	kochend	3	1
Kalziumchlorid, wässerige Lösung (spez. Gew. 1,43) .	100°	2	1
Kalziumhypochlorit (Brei)	20°	1	—
Kupferchlorid, wässerige Lösung, 10 proz.	kochend	4	3
Kupfersulfat (Kupfervitriol), wässerige Lösg., 50 proz.	kochend	2	1
Magnesium- u. Kaliumchlorid (Karnallit), kalt gesättigt	kochend	1	—
Manganchlorür, wässerige Lösung, 10 proz.	kochend	1	—
„ „ „ 50 proz.	kochend	1	—
Natriumbisulfat, geschmolzen	200°	1	—
Natriumchlorid (Kochsalz), wässerige Lösung, heiß gesättigt	kochend	2	1
„ mit Wasser angefeuchtet	20°	1	—
Natriumhypochlorit, wässerige Lösung, spez. Gew. 1,21	20°	1	—
Natriumsulfat (Glaubersalz), wässerige Lösung, spez. Gew. 1,13	kochend	2	1
Natriumsulfid, wässerige Lösung, 50 proz.	90°	5	—
Natriumsulfit, wässerige Lösung, 50 proz.	kochend	2	—
Quecksilberchlorid (Sublimat), 0,7 proz.	20°	2	1
„ desgl.	kochend	3	1
Zinkchlorid, wässerige Lösung, spez. Gew. 2,05 . . .	kochend	1	—
Zinkzyanid, mit Wasser angefeuchtet	20°	1	—
Zinksulfat, wässerige Lösung, 25 proz.	kochend	1	—
Zinnchlorid, wässerige Lösung, spez. Gew. 1,21 . . .	20°	1	—
„ desgl.	kochend	5	—
Zinnchlorür, wässerige Lösung, kalt gesättigt	50°	2	1
„ desgl.	kochend	5	3
Zinnammoniumchlorid (Pinksalz), kalt gesättigte, wässerige Lösung	20°	2	—
„ desgl.	60°	2	—
E. Sonstige Angriffsmittel.			
Brom	20°	2	1
„	kochend	5	3
Chlorgas, trocken	20°	1	—
„ feucht	20°	1	—

Zahlentafel 172. Beständigkeit von Siliziumeisenguß gegen chemische Einwirkungen (Fortsetzung).

Chemische Angriffsmittel	Versuchstemperatur °C	Prüfungsergebnis für	
		Guß mit 14—15% Si	Guß mit 16—18% Si
E. Sonstige Angriffsmittel (Fortsetzung).			
Chlorgas, feucht	100°	5	—
Chlorwasser, bei 15° mit Cl_2 gesättigt	20°	1	—
Salzsäuregas (trocken)	20°	1	—
Schwefel, siedend	445°	2	—
Schweflige Säure, feucht	20°	3	2
„ „ desgl.	250—750°	1	—
Tetrachlorkohlenstoff	kochend	1	—

Verbesserungen des Korrosionswiderstandes festgestellt worden, die aber für die meisten Verwendungszwecke praktisch ohne Bedeutung blieben. Die mechanischen Eigenschaften konnten im wesentlichen nicht verbessert werden. Da das Gefüge der hochsiliziumhaltigen Legierungen zum größten Teil aus Eisen-Silizium-Verbindungen besteht, könnte an eine Verbesserung auch nur dann gedacht werden, wenn durch ein anderes Legierungselement das Mischkristallgebiet im System Eisen-Silizium erweitert werden würde, da nur durch erweiterte Mischkristallbildung eine Verbesserung der mechanischen Eigenschaften, insbesondere der Zähigkeit, herbeigeführt werden kann. Die Silizidverbindungen werden stets spröde bleiben, und solange sie im Gefüge in starkem Maße auftreten, ist auf eine wesentliche Verbesserung nicht zu rechnen.

Geringe Zusätze von Silizium bis zu 4% werden auch vielfach zu den korrosionsbeständigen austenitischen Chrom-Nickel-Legierungen zwecks Erhöhung ihrer Beständigkeit gegen Säuren gegeben; als Beispiel sei eine Legierung mit 25% Ni, 17% Cr, 3% Si genannt[1,2]. Eine größere Verwendung scheint sie noch nicht gefunden zu haben. Siliziumzusätze bewirken auch in austenitischen Legierungen eine Abschnürung des γ-Gebietes, so daß leicht geringe Mengen δ-Mischkristall neben Austenit im Gefüge auftreten.

Wieweit für den Einfluß des Siliziums in korrosionstechnischer Beziehung neben seiner auf S. 781 ff. beschriebenen Wirkung als Legierungselement noch das Auftreten von Mischgefüge von Bedeutung ist, wurde noch nicht genügend geklärt. Man darf nicht vergessen, daß das Auftreten von Mischgefüge korrosionstechnisch eine heterogene Gefügeausbildung darstellt, die im Stahl selbst zu lokalen Elementbildungen Veranlassung geben kann; diese sind an sich im allgemeinen korrosionsmäßig nicht erwünscht, können aber für viele Nebenerscheinungen der Korrosion doch von ausschlaggebender Bedeutung sein. Im Abschnitt Chrom ist in diesem Zusammenhang der Einfluß der Ausbildung von $\delta + \gamma$-Mischgefüge auf die Vermeidung der interkristallinen Korrosion sowie auch im Hinblick auf das Auftreten von Spannungsrißkorrosion angeführt worden. Auch gegen Chloridlochfraß scheint ein erhöhter Siliziumgehalt gelegentlich von Vorteil sein zu können. In mancher anderen Beziehung, wie z. B. gegenüber dem Angriff von Salpetersäure, kann aber auch gelegentlich eine verschlechternde Wirkung

---

[1] Hatfield, W. H.: Chemistry and Ind. Bd. 45 S. 568/75 (C 1926/II S. 185/86).
[2] Monnypenny, J. H. G.: Stainless Iron and Steel, 1931, Chapman u. Hall, S. 205.

beobachtet werden. Die Uneinheitlichkeit der Beurteilung im Schrifttum wird vielfach darauf zurückzuführen sein, daß man dem Umstand der heterogenen Gefügeausbildung nicht genügend Beachtung geschenkt hat. Manche Erscheinungen, wie die obengenannten, können durch heterogene Gefügeausbildung günstig beeinflußt werden, während diese gegenüber allgemein abtragender Korrosion normalerweise ungünstig sein wird.

In niedriglegierten hochfesten Baustählen findet man, wie erwähnt, ebenfalls verschiedentlich erhöhte Siliziumgehalte, die außer der Verbesserung der Streckgrenze auch den Widerstand gegen Naturkorrosion und insbesondere gegen lochähnliche Anfressungen erhöhen sollen (vgl. z. B. Zahlentafel 47 (S. 286), 166 (S. 772) und 184 (S. 847). Auch bei diesen Stählen dürfte jedoch die verbessernde Wirkung von Silizium nicht allgemein erwiesen sein; sie kommt gelegentlich unter ganz bestimmten Bedingungen zur Geltung, ohne daß sich allgemeine Voraussagen über das Korrosionsverhalten dieser Stähle treffen lassen.

b) Korrosionswiderstand bei höheren Temperaturen.

Ähnlich wie die beim Säureangriff sich bildende Siliziumoxydschicht das darunterliegende Metall vor weiterem Angriff zu schützen vermag, solange sie durch das Angriffsmittel selbst nicht zerstört wird, liegt auch bei höheren Temperaturen eine ähnliche Wirkung des Siliziums vor. Bereits beim Erwärmen von Ferrosilizium mit 45% Si kann man feststellen, daß die Anlauffarben, die beim Stahl schon bei 150° auftreten, bei diesen Legierungen bei Temperaturen von 500—600° noch kaum bemerkbar sind. Auch beim Anlassen von Stählen, die bis zu 3% Silizium enthalten, vollzieht sich das Anlaufen von Hellgelb bis Dunkelblau erst bei höheren Temperaturen, die Ausbildung der bei normalen Eisenlegierungen sich ergebenden Eisenoxydschichten wird also durch Zusatz von Silizium stark verzögert. Bei der Besprechung der Chromlegierungen wurde darauf hingewiesen, daß diejenigen Elemente, die im flüssigen Zustand leichter oxydierbar sind als Eisen, auch in der festen Lösung bei erhöhten Temperaturen früher oxydieren und in einem gewissen Sinne, ähnlich wie in der flüssigen Lösung, das Eisen vor Verbrennung schützen. Durch Versuche konnte bei Chromlegierungen nachgewiesen werden, daß der sich bildende Zunder eine entsprechend starke Anreicherung an Chrom erfahren kann. Ähnliche Untersuchungen wurden auch an Eisen-Silizium-Legierungen durchgeführt, die 4% Silizium enthielten. Auch hier konnte festgestellt werden, daß die sich bildenden Oxydschichten nach Glühen bei Temperaturen von 800° einen außerordentlich hohen Gehalt — bis zu 50% — an Kieselsäure aufweisen. Das Verhältnis von Silizium zu Eisen, das in der Eisenlegierung selbst ungefähr 1 : 25 beträgt, verändert sich in der Oxydschicht unter Umständen also auf 1 : 2. Diese siliziumoxydreiche Zunderschicht bildet einen sehr dichten Überzug und kann unter Umständen in Form einer dünnen Haut abgezogen werden, eine Erscheinung, die jedem, der sich mit der Herstellung von 4proz. Silizium-Dynamoflußeisen befaßt hat, auch bekannt ist[1]. Da Kieselsäure ebenso wie Chromoxyd ein bekannter keramischer Baustoff mit Eignung für hohe Temperaturen ist, ergibt sich die Widerstandsfähigkeit entsprechender Legierungen gegen

---

[1] (Siliziumpelz) H. Fromm: Stahl u. Eisen Bd 53. (1933) S. 326/328.

Angriff bei hoher Temperatur eigentlich von selbst. Ein solcher Überzug verhindert den weiteren Zutritt des Angriffsmittels bei höheren Temperaturen. Die Analogie in der Wirkung des Siliziums und des Chroms bezüglich Erhöhung des Korrosionswiderstandes bei höheren Temperaturen scheint somit eine sehr weitgehende zu sein.

Die günstige Wirkung des Siliziums in der genannten Hinsicht hat zu einer weitgehenden Verwendung dieses Elementes als Zusatzelement zu zunderbeständigen Stählen geführt. Hierin wird Silizium meist in Verbindung mit anderen, zunderungshindernden Elementen gebraucht; besonders deutlich tritt seine Wirkung bei Chrom-Silizium-Eisen-Legierungen hervor. Näheres hierüber siehe unter Chrom „Zunderbeständige Legierungen" (S. 516).

Gebräuchliche Silizium-Chrom-Stähle mit ihren Beständigkeitsbereichen gibt Zahlentafel 173 wieder. Infolge des Einflusses von Silizium besitzen diese Stähle auch bei Raumtemperatur verhältnismäßig hohe Festigkeitswerte. Insbesondere gilt dies für den Walzzustand. Nur bei langsamer Ofenabkühlung lassen sich auch wesentlich tiefere Streckgrenzen- und Festigkeitseigenschaften erzielen. Die entsprechenden Werte in Abhängigkeit von der Wärmebehandlung für einen 6proz. Chrom-Silizium-Stahl zeigt Zahlentafel 174 (S. 790).

Wenn auch in vielen Fällen eine höhere Festigkeit gewünscht wird, so sind aber auch Fälle gegeben, wo man Wert auf eine möglichst niedrige Streckgrenze und Festigkeit legt. Als Beispiel sei nur auf Rohre aus zunderbeständigen Legierungen hingewiesen, wie sie z. B. für Überhitzer an Hochdruckdampfkesseln in einzelnen Fällen Verwendung gefunden haben. Da man diese Rohre unter Umständen in Überhitzerkammern oder andere Teile einwalzen und nach dem Kalteinwalzen einen möglichst dichten Schluß an den betreffenden Stellen erreichen will, ist es notwendig, daß die Streckgrenze des einzuwalzenden Materials möglichst tief ist, zumindest tiefer liegt als die Streckgrenze des betreffenden Kammerwerkstoffes. Eine allzu hohe Streckgrenze des Rohrmaterials würde somit eine unter Umständen unerwünschte Erhöhung der Festigkeitswerte des Kammermaterials bedingen.

Die diffusionshemmende Wirkung von Silizium auf Kohlenstoff kann sich bei zunderbeständigen Legierungen günstig auswirken. Bei Verwendung hitze-

Zahlentafel 173.

Zusammensetzung, Festigkeitseigenschaften und Zunderbeständigkeitsbereich einiger Chrom-Silizium-Legierungen.

Wärme-behandlung	Analyse							Streck-grenze kg/mm²	Festigkeit kg/mm²	Dehnung $L=5d$ %	Ein-schnürung %	Anwendungsbereich
	C %	Si %	Mn %	P %	S %	Cr %	Mo %					
Vergütet	<0,10	~2,0	~0,30	<0,02	<0,02	~6,0	0,30/0,50	>35	>55	>18	>50	bis 800°C
Geglüht	<0,12	~2,0	~0,50	<0,02	<0,02	~18,0	—	>35	>60	>12	>12	1000°C
Geglüht	0,25/0,30	~0,5	~0,50	<0,02	<0,02	~30,0	—	>40	>60	>12	>8	1200°C
Vergütet	0,45	~3,0	~0,50	<0,02	<0,02	~9,0	—	>70	>85	>20	>40	bis 900°C
Vergütet	0,40	~4,0	~0,50	<0,02	<0,02	~3,0	—					

Zahlentafel 174. Festigkeitseigenschaften eines Chrom-Silizium-Molybdän-Stahles bei verschiedenartiger Abkühlung nach dem Glühen.

C %	Si %	Mn %	Cr %	Mo %	Glüh-behandlung	Festigkeitswerte bei	Streck-grenze kg/mm²	Festig-keit kg/mm²	Dehnung $(L = 5d)$ %	Ein-schnü-rung %
0,07	2,0	0,46	6,0	0,43	950° Luft, 720°	langsamer Abküh-lung von 720°	33	56	31	73
						rascher Abküh-lung von 720°	52	65	26	75

beständiger Legierungen für Einsatzkästen usw., bei denen durch allzu starke Aufkohlung der Kästen selbst Zerstörungen vorkommen können, wird die Kohlenstoffaufnahme durch einen entsprechenden Siliziumzusatz wesentlich erschwert. Auch gegen den Angriff schwefelhaltiger Gase ergeben Siliziumzusätze nach den bisher vorliegenden Ergebnissen günstiges Verhalten.

Da Silizium ähnlich wie Chrom das γ-Gebiet abschnürt, so ergibt sich bei Vorhandensein Silizium + Chrom ein gemeinsamer Einfluß auf die Abschnürung des γ-Gebietes in dem Sinne, daß beide Elemente additiv wirken. Kohlenstoffarme Legierungen mit über 6% Chrom und über 2% Silizium sind daher bereits halb- oder rein ferritisch. Nur bei höheren Kohlenstoffgehalten, beispielsweise bei

V = ³/₄

Abb. 680. Rekristallisationserscheinung bei Chrom-Silizium-Stahl mit 0,4% C, 3% Si, 9% Cr.

dem bekannten Ventilkegelstahl mit 0,5% C, 9% Cr, 3% Si, liegt noch durchweg Umwandlungsgefüge vor. Bei Randentkohlungen können allerdings auch solche Stähle teilweise in das ferritische Gebiet gelangen. Immerhin sind aber die Umwandlungspunkte schon so weit nach oben verschoben (850°), daß diese Stähle bei Temperaturen von 830—750° sehr leicht zu grobkristallinen Rekristallisationserscheinungen neigen. Vor allem beim Schmieden größerer Querschnitte lassen sich kritische Reckgrade und damit Grobkornbildung nicht immer ganz vermeiden. In welchem Ausmaße hier Kornvergröberung durch Rekristallisation auftreten kann, zeigt Abb. 680. Ähnliche Rekristallisationserscheinungen können natürlich auch durch Kaltverformung und nachträgliche Glühung hervorgerufen werden.

Auf die Erhöhung der Zunderbeständigkeit durch Silizium dürfte auch die größere Gefahr der Entkohlung siliziumhaltiger Stähle beim Walzen, Schmieden und Wärmebehandeln gegenüber siliziumfreien Stählen zurückzuführen sein. Wie früher erwähnt, tritt bei kohlenstoffhaltigen Stählen eine Entkohlung dann auf, wenn die Diffusionsgeschwindigkeit für Kohlenstoff größer ist als die Oxydations-

Zahlentafel 175. Verzunderung und Entkohlung bei Silizium-
und Manganfederstahl[1].

Zusammensetzung des Stahles in Proz.			Gewichtsabnahme durch Verzunderung[2] g/h m²	Entkohlungstiefe[2] (vollständige Entkohlung bis zum Ferrit) mm
C	Si	Mn		
0,47	1,54	0,56	38,4	0,51
0,53	1,54	0,61	41,5	0,55
0,35	0,32	1,75	76,0	0,00
0,60	0,37	1,73	75,8	0,00

geschwindigkeit des Eisens. Da durch Zusatz von Silizium die Oxydationsgeschwindigkeit und somit die Verzunderung der Randschichten herabgesetzt

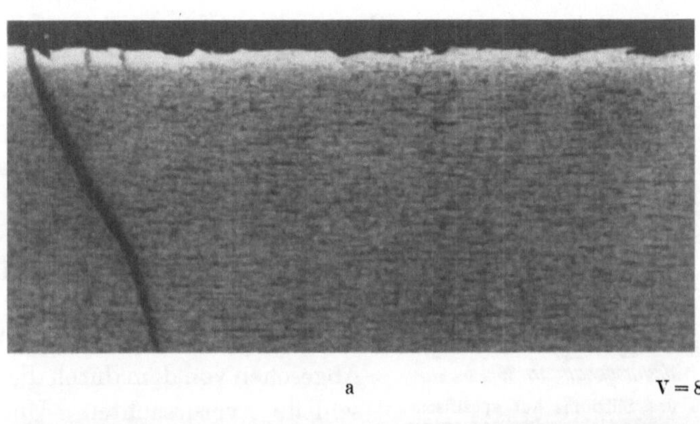

Abb. 681. Entkohlung von Silizium-Federstahl als Ursache für die Entstehung von Dauerbrüchen. [Nach E. Houdremont u. H. Bennek: Stahl u. Eisen Bd. 52 (1932) S. 653/662.]

wird, ist die Begünstigung der Entkohlung verständlich. Diesen Einfluß des
Siliziums zeigen Abb. 681 und Zahlentafel 175.

---

[1] Nach E. Houdremont u. H. Bennek: Stahl u. Eisen Bd. 52 (1932) S. 653/62.
[2] Nach 10 Stunden Glühung bei 850°.

5. Siliziumstähle mit besonderen physikalischen Eigenschaften.

Durch Zusatz von Silizium zu Eisenlegierungen finden weitgehende Veränderungen der physikalischen Eigenschaften des reinen Eisens statt. Die für die Verwendung von Silizium-Eisen-Legierungen als physikalische Stähle wichtigsten Veränderungen liegen auf dem Gebiete der magnetischen Eigenschaften und der elektrischen Leitfähigkeit.

Transformatoreneisen. Die hauptsächlichste Anwendung finden Silizium-Eisen-Legierungen für wechselstrommagnetisierte Kerne in Transformatoren und anderen elektrischen Geräten. Bei ferromagnetischen Stoffen, die für Wechselstrommagnetisierung Verwendung finden, muß man leichte und gute Magnetisierbarkeit fordern, d. h. geringe Koerzitivkraft und gute Anfangspermeabilität, damit bereits bei wenigen Amperewindungen hohe Magnetisierung erreicht werden kann. Da bei jedem Magnetisierungswechsel die gesamte Magnetisierungsschleife durchlaufen wird, werden die Verluste, die auftreten, um so größer sein, je größer der Flächeninhalt der Hysteresiskurve ist. Da die Koerzitivkraft den Flächeninhalt der Hysteresisschleife bestimmt, muß man im Hinblick auf einen möglichst hohen Nutzeffekt auf geringste Koerzitivkraft Wert legen. Abgesehen von dem durch die Hysteresisschleife verursachten Ummagnetisierungsverlust, treten in derartigen Transformatorenkernen noch weitere Verluste

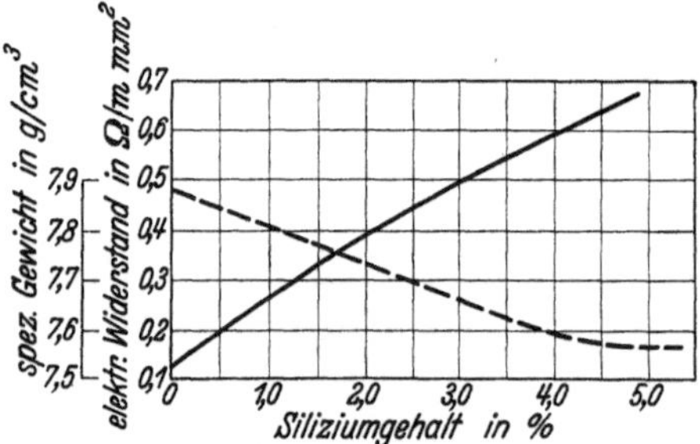

Abb. 682. Einfluß des Siliziums auf spezifisches Gewicht (———) und elektrischen Leitwiderstand ———. [Nach P. Paglianti: Metallurgie Bd. 9 (1912) S. 217/230.]

durch Wirbelströme ein. Die Wirbelstromverluste werden um so größer sein, je besser die Leitfähigkeit des betreffenden Stoffes ist. Der Wirbelstromverlust steht also im direkten Verhältnis zur Leitfähigkeit.

Die Forderungen möglichst geringer elektrischer Leitfähigkeit bei guter Magnetisierbarkeit und geringer Koerzitivkraft, also geringe Hysteresisverluste, werden weitestgehend von Eisen-Silizium-Legierungen erfüllt.

Abb. 682 zeigt die starke Erhöhung des elektrischen Widerstandes durch Silizium. Von allen bekannten Legierungselementen des Eisens wirkt Silizium neben dem Kohlenstoff am stärksten. Da gelöster Kohlenstoff im α-Eisen aber eine bei Raumtemperatur instabile Zwangslösung darstellt, die durch eine starke Erhöhung der Koerzitivkraft gekennzeichnet ist, scheidet ein Vergleich mit Kohlenstoff in diesem Zusammenhange aus.

Bezüglich der Veränderung der magnetischen Eigenschaften durch Silizium gibt Abb. 683 Aufschluß; sie bezieht sich auf die Permeabilität zu gegebener Dichte des magnetischen Flusses bei Wechselstromerregung[1].

---

[1] Hierbei ist zu beachten, daß das magnetische Feld H im Takt des Wechselstroms zeitlich periodisch schwankt; ebenso schwankt die Flußdichte B. Da dann aber B nicht in demselben Augenblick wie H seinen Höchstwert annimmt, so verliert die übliche Definition der Permeabilität als $\mu = B/H$ ihren Sinn. Das Feld ist bestimmt durch den Effektivwert der pro cm Kraftlinienweg aufgewendeten Amperewindungen. An Stelle der Permeabilität ist daher in Abb. 683 als Ordinate der Quotient $\dfrac{\mathfrak{B}_{max}}{AW_{eff/cm}}$ angegeben.

Die obere Kurve von Abb. 683 bezieht sich auf eine Eisen-Silizium-Legierung mit 3—4% Si, sie zeigt unmittelbar die gegenüber Weicheisen höhere Permeabilität. Hand in Hand damit geht eine Verminderung der Koerzitivkraft von etwa 2 auf etwa 0,6 Oersted und eine Senkung des Wattverlustes (Abb. 684). Durch den höheren elektrischen Widerstand der Eisen-Silizium-Legierungen wird der Wirbelstromverlust wie folgt erniedrigt[1]: Für unlegiertes Eisenblech ergibt sich bei einer Flußdichte von $\mathfrak{B}_{max} = 10000$ Gauß ein Wirbelstromverlust von 1,15 Watt je kg, bei $\mathfrak{B}_{max} = 15000$ Gauß ein solcher von 2,28 Watt je kg; durch

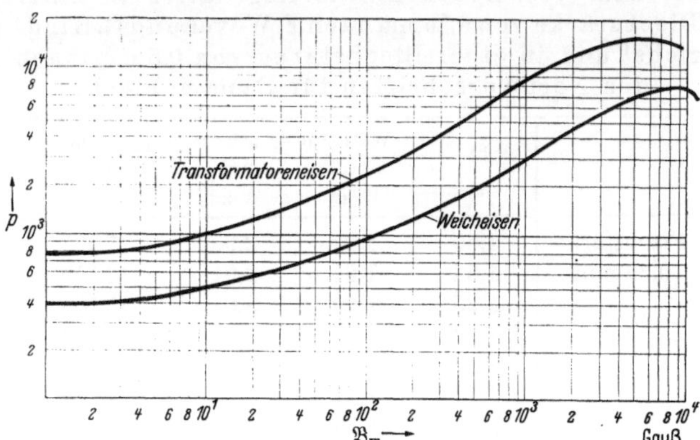

Abb. 683. Permeabilität einer Eisen-Silizium-Legierung mit 3—4% Si im Vergleich zu Weicheisen.

$\mathfrak{B}_m$ = Maximalwert der Flußdichte;
p = ein Maß für die Permeabilität

$$\left(p = \frac{\mathfrak{B}_m}{A\,W_{eff/cm}} = \frac{1}{1,775} \cdot \frac{\mathfrak{B}_m}{H_m};\right.$$ H_m = Maximalwert der Feldstärke bei Wechselstrom-Magnetisierung).

Zulegierung von 4% Si werden die entsprechenden Werte auf 0,16 bzw. 0,37 Watt je kg herabgesetzt.

Außer dem hochwertigen 4—4,5proz. Silizium-Dynamomaterial wird auch aus wirtschaftlichen Gründen noch solches mit Siliziumgehalten von 3% und sogar von 1% hergestellt. Die Wattverluste sind entsprechend größer, jedoch ist es schwierig, eine genaue Abhängigkeit der Werte vom Siliziumgehalt anzugeben, da Reinheitsgrad und Verarbeitung, d. h. vor allem die Art der Kristallausrichtung hierbei eine wesentliche Rolle spielen und den Einfluß der Legierung überdecken können. Angaben hierüber finden sich jedoch nicht in den Untersuchungen, die sich mit der Abhängigkeit der magnetischen Eigenschaften vom Siliziumgehalt beschäftigen. Einen ungefähren Anhalt bringt Zahlentafel 176 (S. 794).

Wie bereits angedeutet, sind die magnetischen Eigenschaften eines Werkstoffes, abgesehen von der Legierung, grundsätzlich durch zwei Hauptfaktoren bestimmt, nämlich die Art der Kristallgitterausrichtung im Blech und den Reinheitsgrad des Werkstoffes. Unter Reinheit im weitesten Sinne seien zusammengefaßt: die chemische Reinheit und der gelegentlich geprägte Begriff der physikalischen Reinheit, worunter eine höchstmögliche Freiheit von Gitterfehlstellen

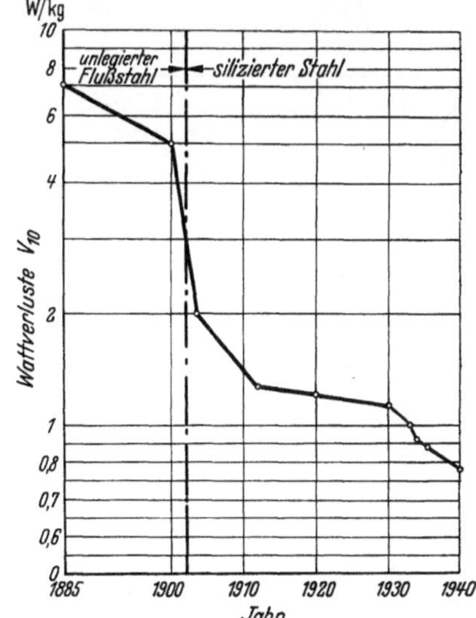

Abb. 684. Verbesserung der Wattverluste von betrieblich hergestelltem Transformatoreneisen (Firma Capito und Klein, Benrath). [Nach E. Houdremont: Stahl u. Eisen Bd. 59 (1939) S. 33/39, ergänzt.]

---

[1] Gumlich, E.: Wiss. Abh. phys.-tech. Reichsanst. Berlin Bd. 4, H. 3 (1918) S. 348/50.

Zahlentafel 176.

Magnetische Eigenschaften von Transformatorenblechen verschiedenen Siliziumgehaltes in einer Blechstärke von 0,35 mm nach F. Wever und G. Hindrichs[1] und in einer Blechstärke von 0,5 mm nach den Normvorschriften für Dynamobleche.

| | Si | Wattverluste gebeizt | | Induktionen |
| | | V_{10} | V_{15} | B_{100} |
	%	W/kg	W/kg	Gauß
Blechstärke	4,65	1,24	2,99	17 000
0,35 mm	4,54	1,21	2,91	17 100
	4,25	1,29	3,08	17 100
	4,02	1,27	3,08	17 000
	4,02	1,25	2,97	17 100
	3,89	1,27	3,03	17 100
	3,82	1,39	3,28	17 150
	3,74	1,28	3,10	17 100
Blechstärke	0,5	3,6	8,6	—
0,5 mm	1	3,0	7,4	—
	2—3	2,3	5,6	—
	4	1,7	4,0	—
		$(1,3)^2$	$(3,25)^2$	

zu verstehen ist. Der Wichtigkeit entsprechend ist im folgenden die Frage der Kristallausrichtung vorab behandelt.

Abhängigkeit der magnetischen Werte von der Kristallrichtung. Die Art, wie das Kristallgitter in den einzelnen Körnern eines technischen Werkstoffes orientiert ist, ist deswegen von Bedeutung, weil im Einkristall die magnetischen Eigenschaften von der Kristallrichtung abhängig sind und bei einer Gleichrichtung der Kristalle im vielkristallinen Zustand die gleiche Abhängigkeit besteht. Eine Ausrichtung der Kristalle in einer Richtung kann bei der Warm- und Kaltverformung gegebenenfalls in Verbindung mit rekristallisierender Glühung (s. hierzu Ausführungen im Abschnitt „Reines Eisen" S. 18, „Rekristallisation" S. 109 und „Eisen-Nickel-Legierungen" S. 352) in mehr oder minder starkem Ausmaß erreicht werden. Eine solche Ausrichtung nach bestimmten kristallographischen Richtungen in bezug auf die Magnetisierungsrichtung ist von großem Einfluß auf die magnetischen Eigenschaften. Man bezeichnet diese Kristallausrichtung, wie in früheren Kapiteln bereits öfter erwähnt, als **Textur.** Die Abhängigkeit der magnetischen Eigenschaften des Einkristalls bei Eisen-Silizium-Legierungen von der kristallographischen Lage des Feldes ist von gleicher Art wie beim reinen Eisen (S. 14), indem die Würfelkante des Kristalls die Richtung bester Magnetisierbarkeit darstellt. Wird ein Kristall nicht in dieser Vorzugslage magnetisiert, sondern in einer anderen, so ist eine größere Magnetisierungsenergie erforderlich, die man als Anisotropieenergie bezeichnet; letztere ist ein Maß für den Arbeitsunterschied, der aufzuwenden ist, um den Ein-

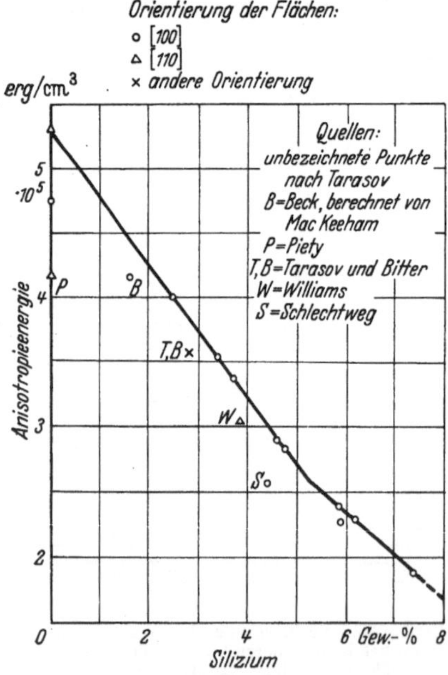

Abb. 685. Einfluß steigender Siliziumgehalte auf die Anisotropieenergie. [Nach L. P. Tarasov: Phys. Rev. Bd. 56 (1939) S. 1231/40.]

---

[1] Mitt. Kais.-Wilh.-Inst. Eisenforsch. Bd. 13 (1931) S. 273/89.

[2] Zahlenwerte für eine Blechstärke von 0,35 mm nach den Normvorschriften.

kristall nicht in der Würfelkante, sondern in einer anderen Richtung des Kristallgitters zu magnetisieren. Diese Anisotropieenergie nimmt mit wachsendem Siliziumgehalt ab[1] (Abb. 685). Den Verlauf der Permeabilitätskurven im Gebiet der Anfangspermeabilität für die günstigste Richtung (100) sowie für Flächen- und Raumdiagonale zeigt für 6 Std. bei 1300° C geglühte Einkristalle Abb. 686 nach Williams[2], wo die Anfangspermeabilitäten in den angegebenen drei Kristallrichtungen sich wie 6:3:2 verhalten; dies könnte so gedeutet werden, daß z. B. bei mit der Flächendiagonalen (110) zusammenfallender Feldrichtung nur diejenigen Komponenten des Feldes magnetisierend wirken, die in die Richtung der längs

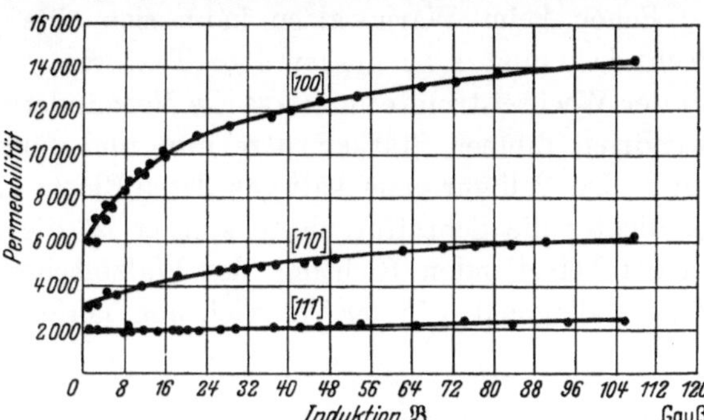

Abb. 686. Verlauf der Beziehung Permeabilität zu Induktion B im Gebiet der Anfangspermeabilität für die [100], [110] und [111] Richtungen von Einkristallen aus 3,85 proz. Siliziumeisen.

der Würfelkanten spontanen Magnetisierung fallen[3]. Das Verhalten der Permeabilität in Abhängigkeit von der Magnetisierung zeigt für 6 Stunden bei 1300° C in reinem Wasserstoff geglühte Einkristalle Abb. 687[4]; durch etwas längeres Glühen bei 1300° mit Abkühlung im Magnetfeld konnte die Maximalpermeabilität in Richtung der Würfelkante noch bis auf 1380000 gesteigert werden. Über den günstigen Einfluß einer Behandlung bei höheren Temperaturen in der Nähe des Curie-Punktes im Magnetfeld und die Ursache der Verbesserung der magnetischen Werte — spannungsfreiere magnetische Ausrichtung der Elementarbereiche — wurde unter Eisen-Nickel-Legierungen berichtet (S. 350). Durch Glühen unter Spannung lassen sich ähnliche Permeabilitätserhöhungen erreichen[5]. Wie die Permeabilität, so ist auch die Koerzitivkraft in den verschiedenen Feldrichtungen verschieden[2, 4].

Texturausbildung durch Verformung und Glühen. Diese Hinweise veranschaulichen zur Genüge, von welcher Wichtigkeit die Frage nach einer Texturausbildung bei der Verformung des Werkstoffes oder der rekristallisierenden Glühung ist. Man veranschaulicht die

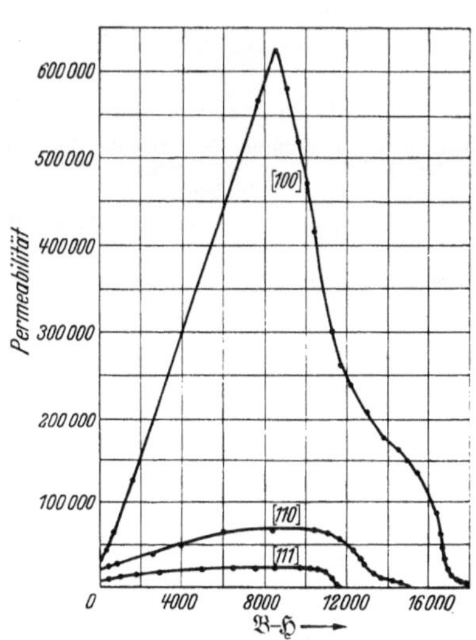

Abb. 687. Verhältnis von Permeabilität zu B-H für die [100], [110] und [111] Richtungen von Einkristallen aus 3,85 proz. Siliziumeisen (bei 1300° C in reinem Wasserstoff 1 Stunde geglüht).

[1] Tarasov, L. P.: Phys. Rev. Bd. 56 (1939) S. 1231/40.
[2] Williams, H. J.: Phys. Rev. Bd. 52 (1937) S. 1004/05.
[3] Für den, der sich mit diesen Fragen befassen will, sei auf eine Arbeit von E. Kondorsky: Phys. Rev. Bd. 53 (1938) S. 319/20 — C. R. Acad. Sci. URSS. Bd. 18 (1938) S. 325/27 sowie auf R. Becker u. W. Döring: Ferromagnetismus, Berlin 1939, S. 153, hingewiesen.
[4] Williams, H. J.: Phys. Rev. Bd. 52 (1937) S. 747/51.
[5] Schur, J. S.. u. A. S. Chochloff: Journ. exp. theor. Phys. (russ.) Bd. 10 (1940) S. 1113/15.

Texturen durch Polfiguren[1], die die Häufigkeit angeben, mit der eine bestimmte Gitterrichtung, z. B. die Flächendiagonale bzw. die zu ihr senkrechte kristallographische Ebene, in bestimmter Lage relativ zu Walz- und Querrichtung vorkommt.

Schon beim Warmwalzen kann sich eine gewisse Textur[2] ergeben. Erst recht bekommt man ausgeprägte Texturen, wenn der Werkstoff, wie bei den in der Wechselstromtechnik zwecks Verminderung der Wirbelstromverluste notwendigen dünnen Stärken (0,50 mm und dünner), noch kalt gewalzt werden muß. Die Polfigur eines kalt gewalzten Bleches mit 4,61% Si gibt Abb. 688 an[3]; je dichter die Schraffur, desto stärker ist die Häufung der Flächendiagonalen in der betreffenden Richtung des Walzbleches; man sieht also u. a., wie sich Flächendiagonalen in der Walzrichtung häufen; dies ist im wesentlichen dieselbe

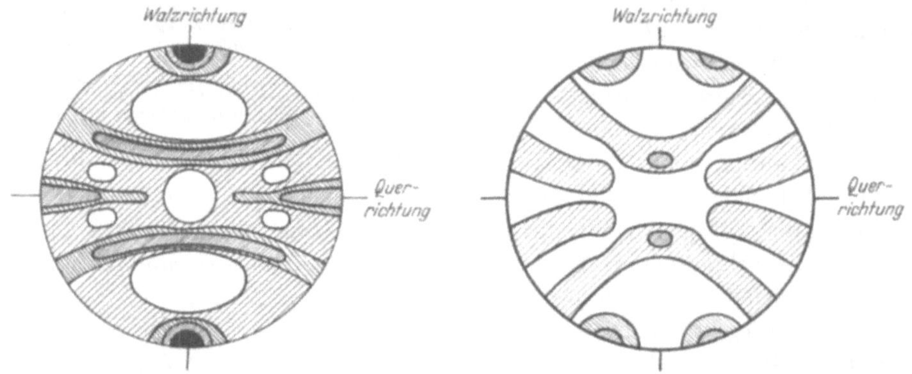

Abb. 688. Polfiguren der Dodekaederflächen von kaltgewalztem Eisen-Siliziumblech (4,61% Si, 95% Walzgrad).

Abb. 689. Polfiguren der Dodekaederflächen von rekristallisiertem Eisen-Siliziumblech (4,61% Si, 95% Walzgrad, rekristallisiert bei und unterhalb 860°).

(Nach Barrett, Ansel und Mehl.)

Art von Textur, die man bei dem Walzen von Weicheisen findet[4]. Durch eine rekristallisierende Glühung bei 860° geht diese Walztextur in eine Rekristallisationstextur über (Abb. 689). Hierbei sind die Anhäufungen der Flächendiagonalen um 17° gegen die Walzrichtung versetzt angedeutet[3]. Man könnte versucht sein anzunehmen, daß diese Veränderung beim rekristallisierenden Glühen auf eine einfache Drehung der Kristalle zurückzuführen sei. Das genauere Studium des Rekristallisationsvorganges an Hand der magnetischen Eigenschaftsveränderungen zeigt aber, daß der Übergang von der Walztextur zur Rekristallisationstextur anders erfolgt (s. S. 798). Diese Grundtexturen infolge Walzens und rekristallisierenden Glühens sind nicht die einzig möglichen. Durch mehrfaches Kaltwalzen mit Zwischenglühungen gelingt es, noch andere Texturen zu erzeugen. Wird ein gewalztes und rekristallisiertes Blech noch einer Kaltwalzung mit anschließender Rekristallisation unterzogen, ein Verfahren, das in der Praxis tagtäglich angewendet wird, so ergibt sich bei

[1] Glocker, G.: Materialprüfung mit Röntgenstrahlen. Berlin 1936.

[2] Sixtus, K. J.: Physics Bd. 6 (1935) S. 105/11.

[3] Barrett, C. S., G. Ansel, R. F. Mehl: Amer. Inst. Min. Metallurg. Engrs., Techn. Publ. Nr. 813, Met. Technol. Bd. 4 (1937) Nr. 5.

[4] Z. B. M. Gensamer u. R. F. Mehl: Amer. Inst. Min. Metallurg. Engrs., Techn. Publ. Nr. 704, Met. Technol. Bd. 3 (1936) Nr. 4. — Wever, F.: Z. Phys. Bd. 28 (1924) S. 69/90.

etwa gleichen Kaltwalzbeträgen vor und nach der Zwischenglühung bei etwa 930° und einer Schlußglühung bei 1100° eine Textur, bei der eine Würfelkante des Kristallgitters in die Walzrichtung zu liegen kommt[1], während nach der ersten Walzung dort eine Flächendiagonale (Abb. 688) lag.

Der besondere Vorteil des Kaltwalzens mit Zwischenglühungen für die magnetischen Eigenschaften besteht darin, daß bei diesem Walzverfahren eine Würfelkante des Kristallgitters, also eine magnetische Vorzugsrichtung in die Walzrichtung kommt, während nach nur einmaligem Walzen und Rekristallisation eine Flächendiagonale, also eine magnetisch ungünstigere Richtung, in die Walzrichtung fällt. Der Unterschied muß sich nach den oben beschriebenen Versuchen[2, 3] (Abb. 686 und 687) darin äußern, daß im ersten Fall, also nach mindestens zweimaliger Kaltwalzung mit Zwischenglühung, sich höhere Permeabilitäten ergeben; tatsächlich wurde eine kräftige Permeabilitätssteigerung mit Hilfe dieses Effektes von Goß[1] an technisch hergestelltem Transformatorenmaterial (vgl. Abb. 18, S. 18) gefunden[4]. Es ist jedoch zu beachten, daß ein solches Blech in verschiedenen Richtungen verschiedene magnetische Eigenschaften hat, wie dies für ein einfach gewalztes und ein rekristallisiertes Blech (Abb. 98, S. 117) bereits gezeigt wurde; so findet man z. B. bei einem in Walzrichtung des Bleches gemessenen Wattverlust V_{10} von 0,85—0,9 W/kg in der Querrichtung einen solchen von 1,4 W/kg. Demgegenüber besitzt ein texturloses Blech einen Wert von etwa 1,15 W/kg[5]. Außer den angegebenen Verfahren gibt es auch noch das sog. Kreuz-Walzverfahren (Änderung der Walzrichtung nach jedem Stich oder nach einer Anzahl von Stichen um jeweils 90°), wodurch ebenfalls Texturen erzeugt werden können[6].

Aus allgemeinem metallkundlichen Interesse verlohnt es sich, die Vorgänge bei der Rekristallisation magnetisch etwas näher zu verfolgen. Untersucht man eine Kreisscheibe aus dem zu untersuchenden Werkstoff, die an einem Draht in einem Magnetfeld aufgehängt ist, und dreht man das Magnetfeld langsam in der Ebene der Scheibe, so hat letztere die Tendenz, sich mit ihrer Vorzugsrichtung leichtester Magnetisierbarkeit in die Feldrichtung einzustellen. Hierdurch tritt ein Drehmoment auf, das durch die Torsion der Aufhängung gemessen werden kann. Bei texturlosen Blechen würde das Drehmoment in allen Richtungen zur Walzrichtung gleichbleiben. Bei texturbehafteten Blechen ergibt sich eine Abhängigkeit des Drehmomentes von der Richtung des Feldes zur Walzrichtung, wie in Abb. 690 gekennzeichnet. Das Drehmoment ist gleich Null in der magnetisch günstigsten Richtung und in der magnetisch ungünstigsten Richtung. In Abb. 690 ist das Vorzeichen des Drehmomentes so gewählt, daß magnetisch günstigste Richtungen dort liegen, wo das Drehmoment durch Null geht mit schräg nach oben weisender Tangente, während magnetisch ungünstigste Richtungen Nullstellen des Drehmomentes mit schräg nach unten weisender Tangente sind.

[1] Goss, N. P.: Trans. Amer. Soc. Met. Bd. 23 (1935) S. 511/44.

[2] Williams, H. J.: Phys. Rev. Bd. 52 (1937) S. 1004/20.

[3] Williams, H. J.: Phys. Rev. Bd. 52 (1937) S. 747/51.

[4] Vgl. auch H. H. Meyer u. H. Fahlenbrach: Techn. Mitt. Krupp Bd. 7 (1939) S. 123/32.

[5] Goss, N. P.: Trans. Amer. Soc. Met. Bd. 23 (1935) S. 511/44. — Naeser, G.: Stahl u. Eisen Bd. 55 (1935) S. 934/35.

[6] Wassermann. G.: Texturen metallischer Werkstoffe, S. 93. Berlin: Springer 1939.

Abb. 690 zeigt, daß im Kaltwalzzustand die Walzrichtung eine magnetisch ungünstige Richtung ist, während sie im rekristallisierten Zustand Vorzugsrichtung ist. Es ist bemerkenswert, daß die zu dem rekristallisierten Zustand in dieser Abbildung gehörende Kurve mehrere günstigste und ungünstigste Richtungen zeigt. Die magnetischen Eigenschaften des so hergestellten Bleches sind entsprechend in verschiedenen Richtungen verschieden. Man erhält einen interessanten Einblick in die Natur des Rekristallisationsvorganges durch das Studium der allmählichen Veränderung der zum Walzzustand gehörigen Kurve

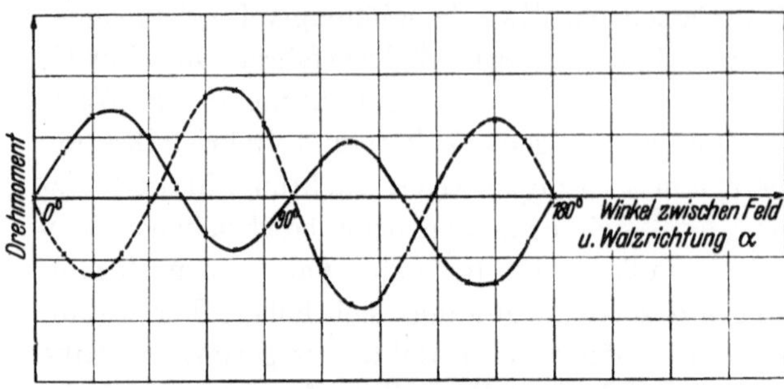

Abb. 690. Drehmoment im Magnetfeld einer 60%-kaltgewalzten Eisen-Silizium-Legierung mit 3,2% Si. – – – Kaltwalzzustand, ——— nach einstündiger Glühung bei 720° C.

von Abb. 690 durch schrittweises Anlassen. Abb. 691 zeigt die Veränderung des Größtwertes des Drehmomentes durch Anlassen nach verschieden starker Kaltwalzung[1]. Man erkennt die wichtige Tatsache, daß es zu jedem Kaltverformungsgrad eine Anlaßtemperatur gibt, bei der das Drehmoment gerade durch Null geht, bei der also der Werkstoff praktisch isotrop ist, d. h. in allen Richtungen dieselben magnetischen Eigenschaften hat. Diese für die Physik des Rekristallisationsvorgangs bedeutsame Tatsache besagt, daß die Beschreibung des Unterschiedes der Polfiguren von 688 und 689 durch eine einfache Drehung des Kristallgitters zwar formal dem Ergebnis der Röntgenuntersuchung gerecht wird, daß aber der tatsächliche Vorgang im Werkstoff keineswegs in einer allmählichen Rotation des Kristallgitters besteht, sondern nur als Endzustand einen solchen liefert, der sich vom Anfangszustand durch eine verdrehte Lage des Gitters unterscheidet. Da bei einer bestimmten Anlaßstufe ein makroskopisch praktisch isotroper Zustand durchlaufen wird, so bedeutet dies einen engen Zusammenhang zwischen der Art der wachsenden Textur

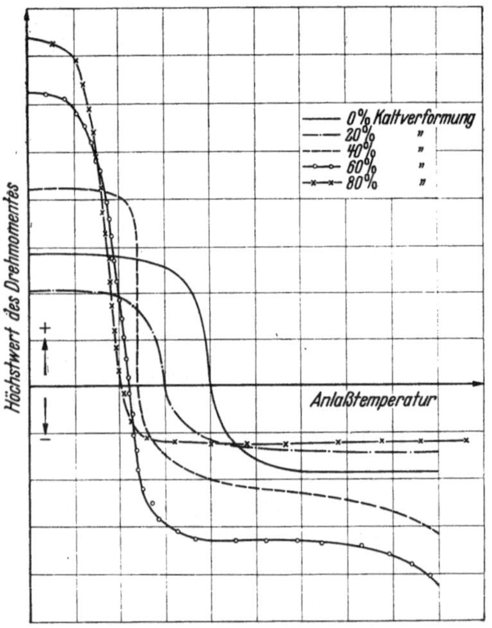

Abb. 691. Veränderung der Höchstwerte des Drehmomentes einer Eisen-Silizium-Legierung mit 3,2% Si in Abhängigkeit von der Anlaßtemperatur.

und der Verteilung und Art der im Werkstoff vorhandenen Kristallbaufehler. Auf derartige Zusammenhänge ist auch schon bei anderen Eigenschaften und

---

[1] Nach unveröffentlichten Versuchen von H. Mußmann u. H. Schlechtweg; vgl. auch L. P. Tarasov: Amer. Inst. Min. Metallurg. Engrs., Techn. Publ. Nr. 1012, Met. Technol. Bd. 6 (1939) Nr. 1.

Werkstoffen in bezug auf die Frage Rekristallisation und Kristallbaufehler bzw. Gitterstörungen hingewiesen worden. Auf die mehr theoretisch interessierende Frage, wie bei einer bestimmten Textur der Verlauf des Drehmomentes aussieht[1], sei hier nicht näher eingegangen; im speziellen Fall von Einkristallen ist es so, daß man aus diesem Verlauf ohne Röntgenanalyse direkt die Orientierung des Kristallgitters sowie die Anisotropieenergie angeben kann[2]. Es ist mit Absicht hier etwas mehr auf diese Erscheinungen eingegangen worden, weil sie ebenfalls einen Einblick in die Gedankengänge und Untersuchungsmethoden der modernen Metallkunde geben und den Rekristallisationsvorgang in einem neuen Lichte erscheinen lassen.

Abhängigkeit der magnetischen Werte vom Reinheitsgrad. Einleitend wurde erwähnt, daß außer der Kristallorientierung die Reinheit des Werkstoffes im weitesten Sinne von Bedeutung ist; hierzu gehören sowohl die Fragen der chemischen Reinheit als auch das Problem der Herstellung eines möglichst weitgehend von inneren Spannungen und Kristallbaufehlern freien Werkstoffes, was man mit physikalischer Reinheit bezeichnen könnte. An sich ist in der historischen Entwicklung die Wichtigkeit der Verunreinigungen zuerst erkannt worden, während die Fragen der Textur eine jüngere Entwicklung beeinflußt haben. Absichtlich wurde jedoch die letztere, kristallographische Seite an die Spitze gestellt, da hierdurch manche der schwierigen Fragen der technischen Herstellung eines möglichst reinen Werkstoffes sich in einer etwas durchsichtigeren Form darstellt. Manche in der Vergangenheit gelegentlich gefundenen günstigen Eigenschaften hingen vielleicht mehr mit Textureinflüssen als mit Reinheitsfragen zusammen, nur waren sie nicht als solche erkannt. Die folgenden Ausführungen sind daher allgemeiner Natur und gehen nicht auf die bereits behandelte Frage der Textur ein, trotzdem es nicht ausgeschlossen ist, daß diese gelegentlich gleichzeitig von Bedeutung sein kann.

Seit den grundlegenden Arbeiten von Hadfield[3] und von Gumlich[4] und der praktischen Pionierarbeit der Firma Capito & Klein, Benrath, in Deutschland (1903—1905), haben siliziumhaltige Bleche mit 2—4,5% Si in immer stärkerem Maße Eingang für Wechselstrommagnetisierung gefunden. Wenn die Pionierarbeit für die praktische Herstellung derartiger Dynamobleche besonders hervorgehoben ist, so liegt das daran, daß mit den gewonnenen wissenschaftlichen Erkenntnissen über die Eigenschaften der betreffenden Eisen-Silizium-Legierungen allein das Höchstmaß an erreichbaren Qualitätsziffern noch keineswegs gewährleistet war. Während die ersten Verbesserungen Fragen der Verarbeitung und metallurgische Erfahrungen allgemeiner Natur betrafen, setzten erst in den letzten Jahren die neueren verfeinerten Erkenntnisse über Textur usw. ein.

Die erste Anforderung, die an einen Werkstoff für Dynamoeisen gestellt werden mußte, war die Herstellungsmöglichkeit dünnster Bleche und Bänder

---

[1] Mußmann, H., u. H. Schlechtweg: Ann. Phys., Lpz. Bd. 38 (1940) S. 215/31; Techn. Mitt. Krupp, Forsch.-Ber. Bd. 3 (1940), S. 223/33.

[2] Schlechtweg, H.: Ann. Phys., Lpz. Bd. 27 (1936) S. 573/96. — Mußmann, H., u. H. Schlechtweg: Ann. Phys., Lpz. Bd. 32 (1938) S. 290/300 — Techn. Mitt. Krupp, Forsch.-Ber. Bd. 1 (1938) S. 161/66.

[3] Iron Steel Inst. 1889 II S. 231 — Vgl. Stahl u. Eisen 1889 S. 1000/05.

[4] Wiss. Abh. phys.-tech. Reichsanst. Berlin Bd. 4, Heft 3 (1918) S. 345/67.

(bis zu 0,35 mm und gelegentlich noch dünner), die zwecks weiterer Verminderung der Wirbelstromverluste die Möglichkeit genügender Zwischenlagen beim Aufbau der Kerne gestatteten. Während man in der ersten Zeit hauptsächlich auf die Verminderung der Wirbelstromverluste geachtet hatte, so wurden doch bald auch höhere Anforderungen an die magnetischen Eigenschaften der Legierung gestellt. An erster Stelle trat bei der Herstellung von siliziumhaltigem Dynamomaterial der ungünstige Einfluß des Kohlenstoffs auf die magnetischen Eigenschaften in Erscheinung. Bereits bei den weichen Flußeisensorten und dem Reineisen, die man für ähnliche Zwecke früher verwendete, mußte auf möglichst niedrigen Kohlenstoffgehalt geachtet werden, weil sonst beträchtliche Wattverluste eintraten. Lange Zeit hat man geglaubt, daß infolge des hohen Siliziumgehalts (4—4,5% Si in den meisten Dynamoflußeisen) der Kohlenstoff in Form von Graphit, also unschädlich, abgeschieden würde. Diese Voraussetzung hat sich als nicht richtig erwiesen, da man bei der metallographischen Untersuchung von Dynamoflußeisensorten ohne weiteres feststellen kann, daß der Kohlenstoffgehalt größtenteils in Form von Karbid vorliegt. Es ist daher von außerordentlicher Wichtigkeit, gleich von Anfang an bei der Stahlherstellung den Kohlenstoffgehalt möglichst herabzudrücken. Infolge der spezifischen Wirkung des Siliziums, die Oxydationsgeschwindigkeit herabzu

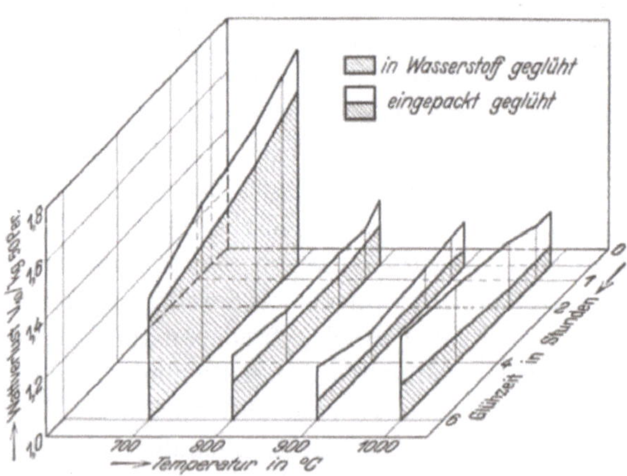

Abb. 692. Einfluß von Glühtemperatur und Glühzeit auf den Wattverlust von 4proz. Siliziumeisen bei Einpackung und Wasserstoffglühung. [Nach M. v. Moos, W. Oertel u. R. Scherer: Stahl u. Eisen Bd. 48 (1928) S. 477/85.]

setzen, tritt aber auch während der Fabrikation — Erwärmen zum Walzen auf die meist üblichen Temperaturen von 1200—1300° — noch eine starke Entkohlung auf, wie man dies beim Brechen der zum Auswalzen hocherwärmten Platinen aus Silizium-Eisen-Legierungen beobachten kann. Hierdurch ist es möglich, auch mit einem Ausgangsmaterial von 0,08% C ein Fertigfabrikat mit Kohlenstoffgehalten von 0,02—0,03% zu erzielen. Der Kohlenstoffgehalt scheint überhaupt für die erreichbaren Werte eine große Rolle zu spielen. Eine Verminderung des Kohlenstoffgehaltes bis auf wenige tausendstel Prozent (0,006%) müßte eine weitere Verbesserung der Hysteresisverluste herbeiführen. Hier gilt das gleiche wie bei reinem Eisen (s. Zahlentafel 5, S. 17).

Die Befreiung dieser Legierungen von den letzten Verunreinigungen bringt noch weitgehende Verbesserungen der magnetischen Eigenschaften, wie dies aus Abb. 692 für das durch Wasserstoffglühung entkohlte Transformatoreisen zu entnehmen ist. Der schädliche Einfluß von eingelagertem Zementit ist um so geringer, je besser er zusammengeballt ist. Im gleichen Sinne schädlich sollen nach den Untersuchungen von Yensen[1] Schwefel und Mangan sein.

<hr>

[1] J. Amer. Inst. electr. Engr. Bd. 43 (1924) S. 145; vgl. Elektrotechn. Z. Bd. 45 (1924) S. 534/36.

Für die Herstellung eines mangan- und schwefelarmen Siliziumflußeisens ist insbesondere der Elektroofen geeignet. Die Mangangehalte werden unter etwa 0,2% gehalten[1].

Da die Menge des im Blechbündel unterzubringenden Materials von der Glätte der betreffenden Bleche abhängig ist, so ist eine außerordentlich große Sauberkeit der Blechoberfläche erforderlich, um einen möglichst hohen sog. Füllfaktor in den entsprechenden elektrischen Maschinen erreichen zu können.

Besonders wichtig für die erzielbaren magnetischen Eigenschaften ist die Wärmebehandlung. Bei der Besprechung der magnetischen Eigenschaften bei den verschiedenen Legierungen ist immer darauf hingewiesen worden, daß die Höhe der Koerzitivkraft in starkem Maße von den Eigenspannungen und Störungen des idealen Gitteraufbaues durch Baufehler abhängig ist und zwar wächst sie mit Steigerung der inhomogenen Spannungen. Die Glühbehandlung hat daher die Aufgabe, durch möglichst weitgehende Beseitigung der Spannungen und Verminderung der Baufehler die Koerzitivkraft und damit auch die Wattverluste herabzusetzen. Die im Gebiet von etwa 2,5—4% Si erreichten Koerzitivkräfte bewegen sich etwa zwischen 0,1 und 0,3 Oersted[2].

Störungen des idealen Gitterbaues sind vor allem in den Korngrenzen vorhanden. Es ist daher denkbar, daß grobkörnige Bleche gegenüber feinkörnigen bei gleicher Textur und gleichem Reinheitsgrad, letzterer sowohl in chemischer Beziehung als auch mit Bezug auf Kristallbaufehler innerhalb des Korns gemeint, günstigere magnetische Eigenschaften zeigen. Da es naturgemäß schwer ist, die Bedingungen gleicher Textur und vor allem gleicher Art der Baufehler (für letztere besitzt man heute durchaus noch kein absolut sicheres Mittel zu ihrer Erfassung und Beurteilung) bei grob- und feinkristallinem Material einigermaßen einzuhalten, so ist es nicht verwunderlich, daß in der Literatur die Frage des Einflusses der Korngröße umstritten ist[3]. Bei technisch hergestellten Dynamoblechen kann gelegentlich eine magnetische Verbesserung mit steigender Korngröße beobachtet werden. Da bei allzu stark ansteigender Grobkörnigkeit eine Verminderung der Zähigkeit und Biegefähigkeit eintritt, verbietet es sich aber in vielen Fällen, eine unnötige Kornvergröberung bei der Wärmebehandlung hervorzurufen.

Eine weitere Verschlechterung der Hysteresisverluste infolge Steigerung der Koerzitivkraft tritt durch jede Art Kaltbearbeitung ein. Die starke Erhöhung der Koerzitivkraft in Abhängigkeit von der Kaltverarbeitung wurde in Abb. 89, S. 103 gezeigt. Bei der Herstellung der hochwertigen Silizium-Dynamoflußeisenbleche und -bänder müssen somit auch die durch Kaltverarbeitung erzeugten Spannungen möglichst restlos entfernt werden. Bereits beim Walzen wird bei den meist dünnen Abmessungen eine gewisse Art Kaltverarbeitung und somit Spannungserzeugung unvermeidlich sein. Bei einwandfrei wärmebehandelten und geglühten Silizium-Flußeisenblechen genügt bereits das Schneiden von Streifen

---

[1] Daeves, K.: Stahl u. Eisen Bd. 44 (1924) S. 1283/86.

[2] Strauß, B., F. Stäblein u. H. H. Meyer: Techn. Mitt. Krupp Bd. 2 (1934) S. 98/101 — Arch. techn. Messen 1933 Z. 913/14. — Meyer, H. H., u. H. Fahlenbrach: Techn. Mitt. Krupp Bd. 8 (1940) S. 29/36.

[3] Vgl. auch die Zusammenstellung von O. v. Auwers, in Gmelins Hdb. anorg. Chemie, 8. Aufl., Berlin 1936, Teil D, S. 24, 33, wo ebenfalls bewußt keine eindeutige Entscheidung in dieser Frage gefällt wird.

mittels Schere oder ein Ausstanzen ohne nachträgliches Ausglühen, um eine Verschlechterung der Wattverluste durch die erzeugten Kaltbearbeitungsspannungen herbeizuführen. Die Wärmebehandlung nach dem Walzen usw. muß somit möglichst alle Spannungen restlos beseitigen. Die Gegenüberstellung der Wattverluste im Walzzustand, geglühten Zustand und kalt geschnittenen Zustand gibt Zahlentafel 177.

Zahlentafel 177. Wattverluste von 4% Silizium enthaltenden Transformatorenblechen in verschiedenen Behandlungszuständen.

Behandlungszustand	Wattverluste V_{10} W/kg
Gewalzt	$\infty 3$
Geglüht	$\infty 1,1$
In Streifen von etwa 30 mm Breite geschnitten . . .	$\infty 1,2$

Weitere Veränderungen der magnetischen Werte, insbesondere der Koerzitivkraft, werden durch Lösüngs- und Ausscheidungsvorgänge und die damit verbundenen Spannungszustände hervorgerufen. Die Wahl der Glühtemperatur und der darauffolgenden Abkühlungsart muß also so erfolgen, daß kritische Ausscheidungen nicht auftreten können. Da die Höhe der Glühtemperatur durch die beiden erstgenannten Faktoren — Korngröße, Spannungen — in einem gewissen Sinne festgelegt ist und nur bei verhältnismäßig hohen Temperaturen eine befriedigende Lösung in diesem Sinne gefunden wird (je nach Siliziumgehalt 750—1000°), muß man damit rechnen, daß bei den gewählten Glühtemperaturen bereits bestimmte Anteile der in der Grundmasse verteilten Fremdstoffe, wie Oxyde, Karbide, Nitride usw., gelöst werden. Die Aufgabe, Spannungszustände und somit Verschlechterung der magnetischen Werte durch kritische Ausscheidung zu vermeiden, ist somit nicht so sehr eine Frage der einzuhaltenden Glühtemperatur, als vor allem der geeigneten Abkühlungsgeschwindigkeit nach dem Glühen. Vielfach trifft man in der Literatur noch die Forderung, daß die Glühtemperatur so gewählt werden muß, daß eine weitgehende Graphitisierung des noch vorhandenen Karbids stattfindet; denn der in Form von Eisenkarbid (das evtl. Silizium gelöst enthält) vorhandene Kohlenstoff erhöht in starkem

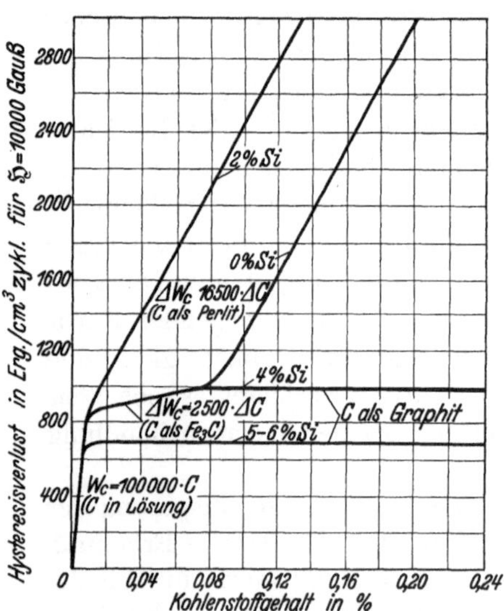

Abb. 693. Einfluß des Kohlenstoffgehaltes auf den Hysteresisverlust von Eisen-Silizium-Legierungen. [Nach T. D. Yensen: Electrician Bd. 103 (1929) S. 556/59.]

Maße die Koerzitivkraft und somit den Hysteresisverlust, wie dies aus Abb. 693 hervorgeht. Derjenige Kohlenstoff, der als Graphit ausgeschieden ist, beeinflußt die magnetischen Eigenschaften hingegen praktisch nicht. Silizium vermindert nun zwar bekannterweise die Beständigkeit des Karbids; bei den heute üblichen Siliziumgehalten von 4—4,5% in den hochwertigen Silizium-Dynamoflußeisenblechen findet eine graphitisierende Wirkung des Siliziums aber erst bei Kohlenstoffgehalten über 0,08% statt. Da infolge der Erkenntnisse über den schädlichen Einfluß von Kohlenstoff als Eisenkarbid diese hochwertigen Silizium-Eisen-Legierungen von vornherein nur mit einem Kohlenstoffgehalt von 0,03—0,08% hergestellt werden, braucht dem graphitisierenden Einfluß der Glühtemperatur in diesen Fällen keine Beachtung geschenkt werden. Die Rücksichtnahme auf ein graphitisierendes Glühen würde die Anwendung höherer Glühtemperaturen, z. B. 950°, verbieten, da sich bei diesen Temperaturen bereits wieder gewisse Anteile von Kohlenstoff im Grundgefüge lösen würden und bei nicht sehr langsamer Abkühlung in Form von Eisenkarbid zur Ausscheidung gelangen könnten.

Die günstigste Glühtemperatur ist abhängig vom Siliziumgehalt der betreffenden Bleche. Insbesondere wird man zu unterscheiden haben zwischen solchen Legierungen, die bereits rein ferritisch sind, also keine Umwandlung mehr erleiden (3—4% Si) und solchen, die noch Umwandlungen erleiden können (1—2% Si). Bei den Legierungen, die sich noch umwandeln, wird die Glühtemperatur zweckmäßig unter der Umwandlungstemperatur bleiben. Die angestrebte Korngröße wird man durch entsprechende Wahl von Endverformung und Glühtemperatur zu erreichen versuchen. In vielen Fällen wird nach der Warmformgebung eine 5—10proz. Kaltreckung vorgenommen, die bei der darauffolgenden Glühung bei 750 bis 780° den gewünschten Erfolg gibt. Eine Steigerung der Glühtemperatur über die Umwandlungstemperatur ist meist mit

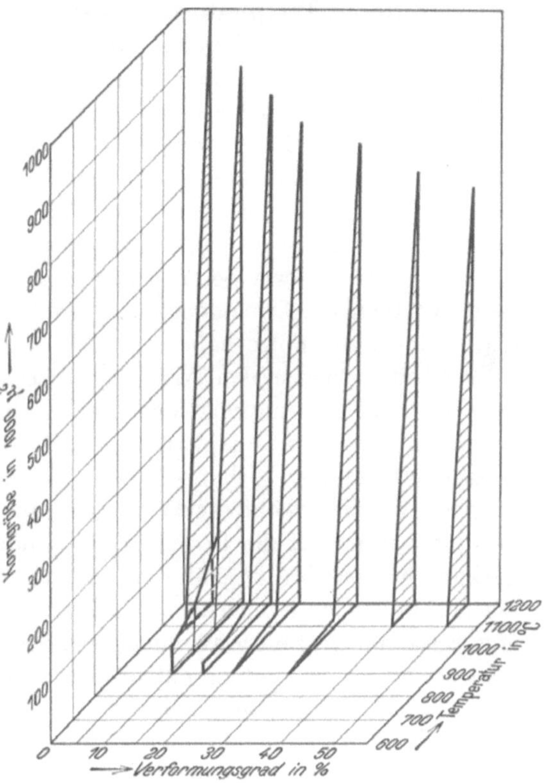

Abb. 694. Rekristallisationsschaubild von 4proz. Siliziumstahl. [Nach M. v. Moos, P. Oberhoffer u. W. Oertel: Stahl u. Eisen Bd. 48 (1928) S. 393/402.]

einer Vergrößerung der Wattverluste verbunden. Dies ist erklärlich, da durch die Umwandlungsglühung wieder eine unerwünschte Verfeinerung des Gefüges eintritt und außerdem die im γ-Eisen sich auflösenden Bestandteile, insbesondere Karbide, sich bei der nachfolgenden Abkühlung wieder in ungünstiger Form ausscheiden können. Bei den Legierungen ohne Umwandlung wird man die Glühtemperatur zu höheren Temperaturen verlegen können, beispielsweise 950° für 4proz. Siliziumflußeisen, und hierbei die günstigsten Werte erzielen.

Für diese Legierungen ohne Umwandlung gelten nur noch die Rekristallisationsgesetze. Das Rekristallisationsschaubild (Abb. 694), das bekanntlich nur einen ungefähren Zusammenhang zwischen Verformung und Korngröße liefert, zeigt den Einfluß der Glühtemperatur bei 4proz. Silizium-Dynamoflußeisen. Auch bei diesen Legierungen bedient man sich sehr oft eines Kaltwalzstichs von 5—10% Abnahme zwecks Erzielung einer gewissen Grobkörnigkeit infolge des bei diesem Reckgrad kritischen Kornwachstums.

Das Kaltwalzen von Siliziumflußeisen mit 4% Si kann nicht mehr bei Raumtemperatur vorgenommen werden; die notwendige plastische Verformbarkeit wird erst bei erhöhter Temperatur (250—300°) erreicht, so daß zum Kaltauswalzen eine entsprechende Vorwärmung vorgenommen werden muß.

Auch die Glühzeit ist entsprechend zu beachten. Den Zusammenhang zwischen Glühzeit, Glühtemperatur und Wattverlust bei 4proz. Silizium-Flußeisen zeigte Abb. 692. Wie aus der Abbildung hervorgeht, ergeben sich die besten Werte bei Temperaturen von etwa 900—950° und mittleren Glühzeiten. Bei 1000° macht sich bereits eine gewisse Verschlechterung („Ausglühung") bemerkbar. Es muß dahingestellt bleiben, ob diese Ausglühung eine Folge des starken Inlösunggehens des auch im Ferrit löslichen Karbids oder sonst löslicher kleinster Beimengungen ist, oder ob hier bereits Oxydationserscheinungen des durch Diffusion aus dem Zunder der Walzoberfläche hineinwandernden Sauerstoffs vorliegen. Für den Einfluß einer Oxydation spricht der Umstand, daß die in Abb. 692 angegebenen Werte für Wasserstoffglühung nicht so stark ansteigen wie bei normaler Paketglühung. Eine Oxydation von Silizium zu SiO_2 im Dynamomaterial muß ebenfalls eine Verschlechterung der Wattverluste zur Folge haben.

Der Unterschied in den Werten zwischen einer Wasserstoffglühung und einer normalen Paketglühung zeigt den Einfluß der Glühatmosphäre. Nach Untersuchungen von W. S. Messkin und J. M. Margolin[1] besteht der Einfluß von Wasserstoff aus zwei sich überlagernden und einander entgegenwirkenden Vorgängen. An sich erhöht die Wasserstoffaufnahme Koerzitivkraft und Wattverlust und vermindert die Permeabilität; andererseits wird die entgegengesetzte Wirkung hervorgebracht dadurch, daß die Glühung in Wasserstoff den schädlichen Einfluß einwandernden Sauerstoffes verhindert und darüber hinaus eine Entkohlung, Entschwefelung usw. des Werkstoffes bedingt. Bei normaler betriebsmäßiger Abkühlung entweicht der Wasserstoff vollständig, so daß nur der nützliche Effekt übrigbleibt.

Die Wärmebehandlung und Glühung von Dynamoflußeisenblechen erfolgt heute größtenteils in Paketen, seltener in einzelnen Tafeln, im Durchlaufofen. Das Glühen in Paketen erfordert besondere Sorgfalt. Die Stapelung der Bleche in größeren Paketen bedingt eine sehr lange Wärmzeit, ehe das Paket vollkommen auf Glühtemperatur gebracht ist. Zu beachten ist, daß bei diesen langen Glühzeiten die äußeren Bleche naturgemäß längere Zeit auf Temperatur liegen müssen als die inneren und eine absolute Gleichmäßigkeit des Produktes im ganzen Blechstapel schwer erreicht wird (vgl. Abb. 692). Auf die Wichtigkeit genügend langsamer und gleichmäßiger Abkühlung ist bereits hingewiesen worden. In einer geordneten Glüherei von Dynamoflußeisen erfolgt die Abkühlung in genau geregelten Abkühlkurven, wie beispielsweise folgende Abkühlvorschriften für 3—5% Siliziumbleche vorschreiben: Geglüht wird bei 900° C. Bis zu 450° C wird aufgeheizt mit einer Aufheizgeschwindigkeit von 45° je Stunde, bis zu 760° C mit 30° je Stunde, bis 900° mit 20° je Stunde. Dann wird die Temperatur 4 Stunden gehalten und alsdann mit 10° je Stunde bis 550° C abgekühlt. Durch eine derartig geregelte Abkühlung wird die Ausscheidung der bei hoher Temperatur gelösten Beimengungen in schädlicher Form vermieden. Der letzteren Operation

---

[1] Messkin, W. S., u. J. M. Margolin: Arch. Eisenhüttenw. Bd. 6 (1932/33) S. 399/405.

ist daher hinsichtlich langsamen Durchschreitens des Temperaturintervalls besondere Aufmerksamkeit zu schenken. Wie durch sorgfältige Beobachtung aller Regeln bei der Stahlherstellung, Verarbeitung und Wärmebehandlung die Werte für Dynamoflußeisen in den letzten Jahren verbessert worden sind, zeigte Abb. 684.

Die Möglichkeit, durch Legieren mit Silizium günstige magnetische und elektrische Eigenschaften zu erzielen und diese durch besondere chemische und physikalische Reinheit sowie Herstellung bestimmter Texturen auf ein Höchstmaß zu verbessern, hat die silizierten Flußeisensorten zu einer vielseitigen technischen Bedeutung gebracht. Durch geeignete Verarbeitung und Wärmebehandlung gelingt es vielfach, die kostspieligen hochlegierten Eisen-Nickel-Legierungen durch Siliziumeisen zu ersetzen. Einige Beispiele mit Anwendungszwecken gibt Zahlentafel 178 (S. 806) wieder. (Von der Fried. Krupp AG. Essen freundlichst überlassene Zusammenstellung der von ihr in den Handel gebrachten Hypermlegierungen.)

Die Tatsache, daß Silizium zunächst in magnetisch weichen Legierungen Verwendung fand, hatte in der Vergangenheit vielfach zu der Ansicht geführt, daß es in Dauermagnetstählen unerwünscht sei, und so fand man vielerorts die Vorschrift, den Siliziumgehalt in Wolfram- oder Chrom-Magnetstählen nicht über ein bestimmtes Maß — etwa 0,25—0,35 % Si — zu steigern. Da aber Silizium, wie in dem einleitenden Abschnitt festgestellt wurde, die Härtbarkeit

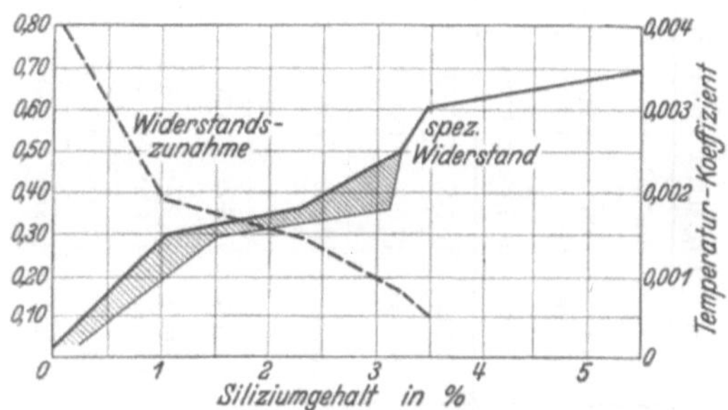

Abb. 695. Elektrischer Leitwiderstand $\left(\dfrac{\text{in } \Omega \cdot \text{mm}^2}{\text{m}}\right.$; linker Maßstab) sowie Veränderung des Temperaturkoeffizienten des elektrischen Leitwiderstandes (rel. Widerstandszunahme pro °C; rechter Maßstab) in Anhängigkeit vom Siliziumgehalt. [Nach Kolben: Rdsch. f. Techn. u. Wirtschaft Bd. 2 Nr. 1 S. 1; s. Mars: „Die Spezialstähle" Verlag Enke 2. Aufl. 1922 S. 276.]

von Eisen-Kohlenstoff-Legierungen erhöht, ist hiermit eine Vergrößerung der Koerzitivkraft verbunden. Gleichzeitig läßt sich eine gewisse Erhöhung der Remanenz und der Alterungsbeständigkeit durch entsprechenden Siliziumzusatz zu Chromstählen feststellen. Derartige Legierungen ergeben sehr günstige Werte, wie dies bereits aus Zahlentafel 90 (S. 463) hervorging. Diese Stähle haben infolge ihrer verbesserten Eigenschaften gegenüber Chromstählen und ihrer Gütewerte, die für manche Verwendungszwecke denen von Wolframstählen gleichkommen, insbesondere in Deutschland als sparstoffarme Dauermagnete Verwendung gefunden.

Außer der Steigerung des elektrischen Widerstandes ist noch der Einfluß bemerkenswert, den ein Siliziumzusatz auf die Veränderung des Widerstandes mit der Temperatur bewirkt. Bekanntlich steigt bei nahezu allen Legierungen der elektrische Widerstand mit steigender Temperatur (Temperaturkoeffizient des elektrischen Widerstandes). Wie Abb. 695 zeigt, wird diese Widerstandszunahme mit steigendem Siliziumgehalt kleiner. Dieser Einfluß kann von Wichtigkeit zur Regulierung des Temperaturkoeffizienten bei Widerstandsmaterial sein, da man dort in vielen Fällen auch bei höheren Temperaturen einen sehr gleichmäßigen Widerstand wünscht. Die Ursache für diese Verringerung des Temperaturkoeffizienten liegt darin, daß der Anfangswiderstand

Zahlentafel 178. Handelsübliche Hypermlegierungen und ihre Eigenschaften.

Werkstoff	Legierungs-basis	Spezi-fisches Ge-wicht	Spez. Wider-stand Ω mm²/m	Mittelwerte d. Permeabilität $B_{max}/A\,w_{eff}$/cm bei $Bm =$ (Geometrischer Querschnitt, Ringproben, Blechstärke: 0,35 mm) (Frequenz=50 Per.)			B bei μ max	Koerzitiv-kraft	Induktionen (Gleichstromwerte)				Sätti-gung	Wattverl. V_{10} 0,35 mm Blech-stärke	Verwendung
				0	20	Max.			10 AW/cm	25 AW/cm	50 AW/cm	100 AW/cm			
Hyperm 0	Rein-Eisen	7,86	0,12	500	800	11 000	8000	0,4—1,5	16 000	16 500	17 500	18 500	21 500	1,6	Relais, Abschirmzwecke
Hyperm 1	3 Si	7,69	0,45	500	800	8 500	7000	0,8	15 500[1]	17 000	18 000	19 300	20 000	1,5	Strom- und Spannungs-wandler
Hyperm 2	Si, V	7,69	0,45	1 700	1 800	20 000	7000	0,3	15 500[1]	17 000	18 000	19 300	20 000	1,2	Stromwandler für kleine Ströme. Reichspost-übertr.
Hyperm 3	4—5 Si	7,61	0,55	1 000	2 500	20 000	7000	0,4	14 000	14 800	15 700	17 000	19 500	0,8	Wandler
Hyperm 4	3—5 Si	7,69 / 7,61	0,45 / 0,55	500	1 700	25 000	7000	0,2—0,4	15 500[1] / 14 000[2]	17 000 / 14 800	18 000 / 15 700	19 300 / 17 000	20 000 / 20 000	0,75 / 0,8	Relais, Abschirmzwecke, Wandler
Hyperm 5	3—4 Si	7,69	0,45	800	2 500	35 000	8000	0,2	16 000	17 500	18 300	19 500	20 000	0,55	Wandler
Hyperm 7	3—4 Si	7,69	0,45	—	5 500	40 000	9000	$<$ 0,15	14 000	14 800	15 700	17 000	20 000	0,55—0,8	Relais, Abschirmzwecke, Wandler
Hyperm 20	Cr-Al	7,20	1,3	1 300[3]	1 380	3 800	2000	0,5	5 000	8 000	—	—	11 500	—	Hochfrequenz, Wandler mit konst. Fehlern, konst. Induktivität
Hyperm 6	Co-Si	7,77	0,4	700	1 100	11 500	7000	1,0	—	16 500	17 500	18 600	22 000	$V_{10} = 2,4$ $V_{15} = 5,0$	Dynamos, Motore
Hyperm 36	36 Ni	8,13	0,75	5 000 / 4 000[3]	5 500 / 4 200	40 000 / $\mu_{250} = 4800$	5000	0,1—0,3	12 500	13 000	13 000	13 000	13 000	$V_{10} = 0,6$ $V_5 = 0,18$	Relais, Wandler mit konst. Fehlern, konst. Induktivität
Hyperm 40	40 Ni+Si	8,02	0,83	4 000	5 000	40 000	5000	0,1—0,3	12 500	13 000	13 000	13 000	13 000	$V_{10} = 0,6$	Wandler bei höh. Fre-quenz
Hyperm 50	50 Ni	8,23	0,35	6 000	7 000	50 000	5000	0,03—0,1	14 500	15 000	15 000	15 000	15 000	$V_{10} = 0,5$ $V_5 = 0,15$	Relais, Wandler, Ab-schirmzwecke
Hyperm 702	Ni, Cu, Mo, V	8,74	0,65	50 000	53 000	100 000	2000	0,002—0,03	4 500	4 500	4 500	4 500	4 500	— / $V_3 = 0,015$	Relais, Wandler, Ab-schirmzwecke
Hyperm 766	Ni, W	8,93	0,6	25 000	26 000	80 000	3000	0,01—0,06	8 000	8 000	8 000	8 000	8 000	$V_5 = 0,07$ $V_3 = 0,025$	Relais, Wandler, Ab-schirmzwecke

[1] Bänder.　　[2] Stangen, Schmiedestücke, Bleche.　　[3] Material mit schwach ansteigender Permeabilität.

schon entsprechend höher ist und die durch die Temperatur bedingte Zunahme im Vergleich hierzu weniger in die Waagschale fällt (s. hierzu auch Abschnitt Chromstähle S. 459 und Nickelstähle S. 372). Da Silizium auch die Zunderbeständigkeit erhöht, ist ein höherer Siliziumzusatz bei Widerstandslegierungen außer wegen der eben angeführten Gründe auch wegen der erhöhten Korrosionsbeständigkeit erwünscht.

6. Hinweise auf den Einfluß des Siliziums bei der Stahlherstellung und -verarbeitung.

Es würde zu weit führen, die metallurgische Bedeutung des Siliziums in diesem Rahmen auch nur annähernd zu behandeln. Die durch die Verbrennung des Siliziums eingebrachten Wärmemengen bei dem sauren und basischen Herstellungsverfahren sind bereits erwähnt worden. Die Bindungswärmen zwischen Silizium und Eisen sind groß und machen sich auch bei verhältnismäßig geringen Zusätzen von Silizium zu Eisenbädern bemerkbar, vorausgesetzt, daß entsprechend hochsiliziumhaltige (etwa 90% Si) Legierungen verwendet werden, bei denen die Bindungswärme nicht in der Vorlegierung ausgenutzt wurde. Bei der Herstellung von Dynamoflußeisen durch Zugabe des Siliziums in die Pfanne, wie dies bei S.M.-Chargen vielfach geschieht, läßt sich eine derartige Temperatursteigerung gut beobachten. Gelegentlich hat man die bei Zusatz von Silizium zu Eisen frei werdende Wärmemenge auch ausgenutzt, um den Schmelzprozeß selbst und vor allem das nachfolgende Vergießen zu erleichtern. Beispielsweise bei der Herstellung der hochsiliziumhaltigen säurebeständigen Legierungen setzt man hochprozentiges Ferrosilizium in ein Bad zu, das eben zu schmelzen beginnt, oder aber man erwärmt ein inniges Gemisch von Eisen und hochprozentigem Ferrosilizium in einem entsprechenden Ofen und erleichtert so durch die eintretende Reaktion den Schmelzvorgang.

Von besonderer Bedeutung sind die Gesetzmäßigkeiten, wie sie sich durch die physikalisch-chemischen Gleichgewichtsbedingungen bei den verschiedenen Temperaturen zwischen Eisen und kieselsäurehaltigen Ofenausmauerungen ergeben, für die Führung von sauren Schmelzprozessen. Die bei saurem Herdfutter bzw. Tiegelmaterial eintretende Siliziumreduktion ist eine verhältnismäßig alte Beobachtung.

Als Desoxydationsmittel hat Silizium die Eigenschaften, zu feinen Kieselsäuresuspensionen im Stahl zu führen. Aus diesem Grunde verwendet man, um leichter abscheidbare Desoxydationsprodukte zu erhalten, für die Desoxydation oft Mischungen von Mangan und Silizium, wobei als bestes Verhältnis von Mangan zu Silizium 2:1 gilt. In einzelnen Fällen wird auch diesen Mischungen zur Hälfte des Siliziumgehaltes Aluminium zugesetzt.

Bei allen Reaktionen, die zu feinen Fällungsprodukten Veranlassung geben, ist damit zu rechnen, daß die Ausfällung um so feiner wird, je vorsichtiger die Zusätze erfolgen; erinnert sei nur an die Fällung von Bariumsulfat aus Bariumchlorid durch Schwefelsäure. Bei vorsichtigem Zusatz der Lösungen zueinander wird man eine außerordentlich feine Fällung erhalten, die sich auch nach tagelangem Stehenlassen noch nicht vollkommen abgesetzt hat. Wird aber ein Überschuß des betreffenden Fällungsmittels in der Wärme und unter Bewegung zugesetzt, so scheidet sich der Niederschlag in besser koagulierter, filtrierfähiger Form ab. In ähnlichem Sinne scheint sich aus Beobachtungen zu ergeben, daß ein Zusatz von Silizium im Überschuß zu wenig vordesoxydierten Stählen günstiger für das Endprodukt ist als die vorsichtigste Zugabe von Ferrosilizium in ein mehr oder weniger vorberuhigtes Bad.

Die Herstellung von Siliziumstählen kann praktisch in jeder Art von Ofen durchgeführt werden. Für die Herstellung von Dynamoflußeisen mit den entsprechenden geringen Gehalten an Verunreinigung scheint vor allem der Elektroofen geeignet zu sein, doch lassen sich mit den Siemens-Martin-Öfen bei sorgfältig ausgearbeiteten Verfahren gleich gute Ergebnisse erzielen.

Die erwähnte Temperatursteigerung bei Zugabe hochprozentigen Ferrosiliziums zu Eisen- und Stahlbädern gestattet es, selbst hohe Ferrosiliziumzugaben auch in der Pfanne zu geben, so daß die Herstellung hochsilizierter Stähle auch im sog. Bessemer-Verfahren und ebenfalls im Thomas-Verfahren möglich ist, vorausgesetzt, daß bei letzteren für sorgfältige Entfernung der Schlacke und Vermeidung einer entsprechenden Rückphosphorung Sorge getragen wird. Durchweg wird man aber die Herstellung von Stählen mit über dem gewöhnlichen Siliziumgehalt liegenden Prozentsätzen — von etwa 0,3% Si an —, wie er bei gewöhnlichen beruhigten Qualitäten benutzt wird, lieber im S.M.-Ofen vornehmen.

Erwähnenswert ist noch die Eigenschaft des Siliziums, die Entschweflung zu begünstigen. In diesem Sinne wird Silizium vielfach verwandt, um in Induktionsöfen bei basischer Schlacke eine stärkere Entschweflung vorzunehmen, die sonst bei Lichtbogen-Elektroöfen durch Kalziumkarbidschlacke bewirkt wird. Beim Vergießen der Siliziumstähle muß man infolge des Einflusses von Silizium auf die Abbindefähigkeit der Gase mit stärkerer Lunkerung rechnen, die durch Gegenmaßnahmen — verlorener Kopf usw. — bekämpft wird.

Auf die bei der Weiterverarbeitung auftretenden Schwierigkeiten — Randentkohlung, Begünstigung von Schwarzbruch, Kornvergröberung, Entstehung einer festhaftenden Oxydschicht (Siliziumpelz), Schwierigkeiten bei der Kaltverformung usw. — ist bereits früher hingewiesen worden.

Beim Schweißen macht sich der Einfluß des Siliziumgehaltes im Grundwerkstoff je nach der Art der Schweißung in verschiedenem Maße bemerkbar. Bei der reinen Preßschweißung (Feuer- und Wassergasschweißung) wird die Schweißbarkeit bei höheren Siliziumgehalten als etwa 0,2% erschwert, wenn nicht gleichzeitig hohe Mangangehalte vorhanden sind. Auch bei der Gasschmelzschweißung wirken höhere Siliziumgehalte insofern störend, als dadurch der Flüssigkeitsgrad des Bades verschlechtert wird. In beiden Fällen dürfte die Art der gebildeten Schlacke für das Verhalten beim Schweißen maßgeblich sein, was auch den verbessernden Einfluß eines höheren Mangangehaltes durch Bildung leichtflüssiger Mangansilikate erklärt. Bei der Lichtbogenschweißung treten im allgemeinen bei Siliziumgehalten unter etwa 0,6% keine Schwierigkeiten auf, wenngleich auch hier das Schweißverhalten im allgemeinen um so günstiger ist, je niedriger der Siliziumgehalt liegt. So gilt ein unberuhigter Stahl für besser schweißbar als ein Stahl gleicher Festigkeit, der mit Silizium beruhigt ist. Bei sehr hohen Siliziumgehalten (über etwa 0,6%) treten auch bei der Lichtbogenschweißung häufiger Schwierigkeiten auf; ob diese allein auf den Siliziumgehalt zurückzuführen sind, bedarf allerdings noch einer Klärung.

Ebenfalls aus Gründen des guten Flusses wird auch in Schweißdrähten für die Gasschmelzschweißung der Siliziumgehalt möglichst tief gehalten, sofern nicht gleichzeitig höhere Mangangehalte zulegiert werden. In nackten Elektroden für Lichtbogenschweißung ist ein Siliziumgehalt stets unerwünscht, weil er zum Spritzen führt. Nur bei umhüllten Elektroden, deren Kerndraht gleichzeitig höhere Mangangehalte aufweist, werden Siliziumgehalte bis etwa 0,3% als zulässig angesehen. Diese Angaben gelten, was die Schweißbarkeit anbetrifft, im wesentlichen nur für unlegierte Schweißzusatzwerkstoffe, bei legierten Stählen wird der Einfluß des Siliziums durch die anderen Legierungselemente weitgehend überdeckt.

K. Aluminium im Stahl.

1. Allgemeines.

Die erste Verwendung hat Aluminium in der Stahltechnik als Desoxydationsmittel gefunden. Es ist das in dieser Hinsicht wirksamste Element und findet praktisch bei allen beruhigten Stahllegierungen Verwendung; wegen seiner hohen Affinität zum Stickstoff wirkt es gleichzeitig auch als Denitrierungsmittel. Die als Folgen der Desoxydation und Denitrierung im Stahl verbleibenden Aluminiumanteile können je nach der Vorbehandlung des Stahles (verschiedene Ausgangsgehalte an Sauerstoff und Stickstoff) verschieden sein. Darüber hinaus hat Aluminium in einzelnen Fällen auch Verwendung als Legierungselement in Zusätzen bis zu mehreren Prozent gefunden. Bezüglich der Beeinflussung der Stahleigenschaften durch Aluminium muß man daher unterscheiden zwischen seiner Wirkung als Desoxydations- und Denitrierungsmittel sowie dem reinen Legierungseinfluß. Auf Grund der Tatsache, daß Aluminium wie Silizium in Gußeisen die Graphitbildung begünstigt, außerdem beide Elemente einen gleichartigen Einfluß auf die Eigenschaften von Dynamoflußeisen besitzen und sich auch in zunderbeständigen Legierungen gegenseitig ergänzen und vielfach ersetzen können, findet man gelegentlich die Behauptung einer gleichartigen Wirkung von Aluminium und Silizium in Eisenlegierungen. Diese Zusammenhänge sind jedoch mehr zufälliger Natur und sollten nicht verallgemeinert werden.

Aluminium gehört ebenso wie Silizium zu denjenigen Elementen, die das γ-Gebiet abschnüren (Abb. 696). Es unterscheidet sich von letzterem aber durch seinen Aufbau, da es zu den kubisch kristallisierenden Elementen gehört. Zur Abschnürung des γ-Gebietes reicht schon etwa 1% Aluminium aus. Die Grenzlinie wird man sich ebenfalls als Doppellinie mit einem heterogenen Bereich von α- und γ-Mischkristallen zu denken haben. Das Gebiet der ferritischen Legierungen wird durch die sich ausscheidenden Eisen-Aluminium-Verbindungen begrenzt. Nach Abb. 696 soll Mischkristallbildung bis über 30% Aluminium hinaus stattfinden.

Eine Kaltverformung von Eisen-Aluminium-Legierungen ist bis zu 8% Al möglich, während Legierungen bis zu 14% Al sich einwandfrei warmwalzen lassen. Genauere Untersuchungen im Bereich der Mischkristallbildung zeigen, daß zwischen 13 und 14% Al die magnetische Umwandlung von der Wärmebehandlung abhängig ist. Eine langsame Abkühlung durch das Temperaturgebiet um 550° führt zu einem Ordnungsvorgang, der gekennzeichnet ist durch entsprechende Wärmetönungen, Veränderungen der spez. Wärme (s. Abschnitt Nickel, S. 343) sowie der magnetischen Umwandlungspunkte. Die Ergebnisse solcher Untersuchungen sind in Abb. 697 zusammengestellt. Dieser Ordnungsvorgang tritt in einem Bereich ein, der etwa der Formel Fe₃Al entspricht. Die magnetische Umwandlung überschneidet sich mit dem Ordnungsvorgang, wodurch Temperaturverlagerungen auftreten, durch die eine Hysteresis dieser Umwandlung vorgetäuscht werden kann. Die geordnete Phase entsprechend der Zusammensetzung

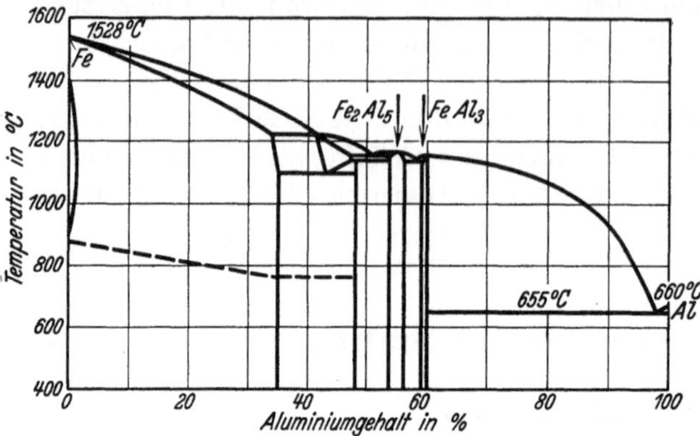

Abb. 696. System Eisen-Aluminium. [Nach A. G. C. Gwyer u. H. W. L. Phillips: J. Inst. Met., Lond. Bd. 38 (1927) Nr. 2 S. 29 bis 83 sowie F. Wever u. A. Müller: Mitt. Kais.-Wilh.-Inst. Eisenforsch. Bd. 11 (1929) S. 193/223.]

Fe₃Al macht sich auch in anderen Eigenschaften bemerkbar. So zeigt Abb. 698 die Veränderung des Gitterparameters von Eisen durch Aluminium. Bis zu Gehalten von 10% Al findet eine dauernde Erweiterung des Gitterparameters statt; mit dem beginnenden Auftreten der geordneten Phase bei höheren Gehalten zeigt dann der Verlauf der Gitterparameterkurve Unstetigkeiten. Bis zu 10% Al ist eine rein statistische Verteilung der Aluminiumatome im Gitter vorhanden, oberhalb 10% beginnt die Einordnung. Bei mehr als 20% findet eine weitere Aufweitung des Gitterparameters statt, wobei die Atomstruktur allmählich in die geordnete Struktur der Zusammensetzung FeAl eingeht. (Siehe hierzu auch S. 828 Aluminium-Nickel-Legierungen.)

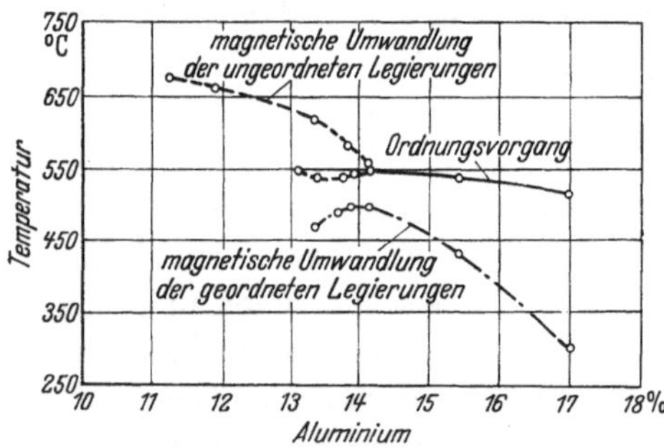

Abb. 697. Einfluß des Aluminiums auf die magnetischen Umwandlungspunkte von Eisenlegierungen. [Nach C. Sykes u. H. Evans: J. Iron Steel Inst. Bd. 131 (1935 I) S. 225/47; s. Stahl u. Eisen Bd. 55 (1935) S. 968/69.]

Durch Zusatz von Kohlenstoff tritt auch bei Aluminiumstählen eine entsprechende Erweiterung des γ-Gebietes ein, die allerdings in den Grenzen noch nicht genau festliegt. Dieser Einfluß des Kohlenstoffs ist indessen nicht so groß wie bei karbidbildenden Elementen, bei denen Kohlenstoff einen Entzug des Legierungselementes aus der Grundmasse bewirkt. So zeigt z. B. ein Stahl mit 0,30% C und 1,1% Al noch Ferritreste, die nicht durch Vergüten zu beseitigen sind, er liegt also noch nicht völlig im Umwandlungsgebiet. Hieraus ergibt sich auch bei aluminiumlegierten Stählen eine Einteilung in Stähle mit Umwandlung, also perlitische, in halbferritische und reinferritische.

Über Eisen-Aluminium-Kohlenstofflegierungen liegen verschiedene Untersuchungen vor[1]; ein vollkommenes ternäres Diagramm läßt sich hieraus aber noch nicht aufbauen. Die Frage, ob Aluminium zu den karbidbildenden Elementen gezählt werden muß, ist ebenfalls noch nicht geklärt. Tatsache ist, daß Aluminium in Gußeisenlegierungen die Graphitisierung begünstigt und ebenso in Stählen mit 1% C Schwarzbruch hervorrufen kann[2]. Es steht aber auch einwandfrei fest, daß bei höheren Aluminiumgehalten in Gußeisen die Neigung zur weißen Erstarrung begünstigt wird und entsprechende Aluminium-Eisen-Karbide auftreten, für die von Morral[3] in etwa die Zusammensetzung $Fe_3Al + 4\%$ C angegeben wird. Der Curie-Punkt des Doppelkarbides soll mit 247 bzw. 235° höher liegen als der des Zementits mit 220°. Beim Alitieren von hochkohlenstoffhaltigen Eisenproben soll nach W. Baukloh und W. Böke[4] ein Karbid Al_4C_3 auftreten, das sich in feuchter Atmosphäre zersetzt.

Die Tatsache, daß das γ-Gebiet durch Kohlenstoff erweitert wird, könnte ebenfalls zu dem Schluß verleiten, daß Aluminium im Karbid abgebunden wird; allerdings reicht diese Begründung allein nicht aus, da die Erweiterung des γ-Gebietes auch durch das Vorhandensein des Kohlenstoffes allein in gewissem Umfange erklärt werden könnte. Nähere Unterlagen hierüber wird man erst nach genaueren Untersuchungen und

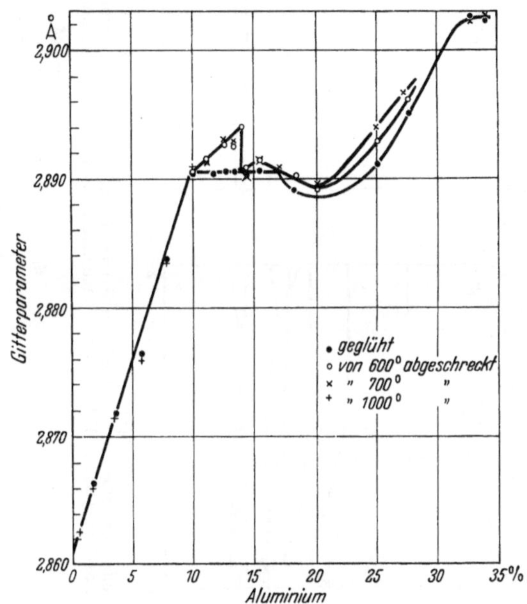

Abb. 698. Veränderung des Gitterparameters bei Eisen-Aluminium-Legierungen. [Nach A. J. Bradley u. A. H. Jay: Rev. Métall. (Auszüge) Bd. 30 (1933) S. 126.]

nach Vorliegen entsprechender chemischer Verfahren zur Karbidisolierung beibringen können. Vorläufig muß man sich daher begnügen, die Wirkung von Aluminium auf Eisen-Kohlenstoff-Legierungen festzustellen.

Die Kohlenstofflöslichkeit im γ-Eisen wird durch Aluminium zu geringeren Kohlenstoffgehalten verschoben[5], entsprechend der Perlitpunkt zu tieferen Kohlenstoffgehalten verlagert, soweit man bei ternären Legierungen vom Perlitpunkt sprechen kann. Die Lage der A_1- und A_3-Umwandlung zeigt Abb. 699. Wie aus diesen Untersuchungen hervorgeht, steigen die Temperaturen für A_1 und A_3 an. Bei den gewählten Abkühlbedingungen ergibt sich keine wesentlich vergrößerte Hysteresis zwischen den Haltepunkten beim Erwärmen und beim Abkühlen, woraus auf einen verhältnismäßig geringen Einfluß von Aluminium

---

[1] Literaturübersicht bei E. Houdremont u. H. Schrader: Stahl u. Eisen Bd. 56 (1936) S. 1412/22.

[2] Literaturnachweis s. bei E. Houdremont u. H. Schrader: Techn. Mitt. Krupp, Forschungsber. Bd. 1 (1938) S. 139/56.

[3] Morral, F. R.: J. Iron Steel Inst. Bd. 130 (1934) S. 419/28.

[4] Baukloh, W., u. W. Böke: Arch. Eisenhüttenw. Bd. 12 (1938/39) S. 345/47.

[5] Söhnchen, E., u. E. Piwowarsky: Arch. Eisenhüttenw. Bd. 5 (1931/32) S. 111/21.

auf die Härtbarkeit geschlossen werden könnte. Bei geringen Aluminiumzusätzen treten bei den kohlenstoffärmeren Legierungen gewisse Unregelmäßigkeiten auf, die unter Umständen auf das Zusammenwirken von Aluminium mit anderweitigen Beimengungen, wie Sauerstoff, Stickstoff usw., zurückgeführt werden

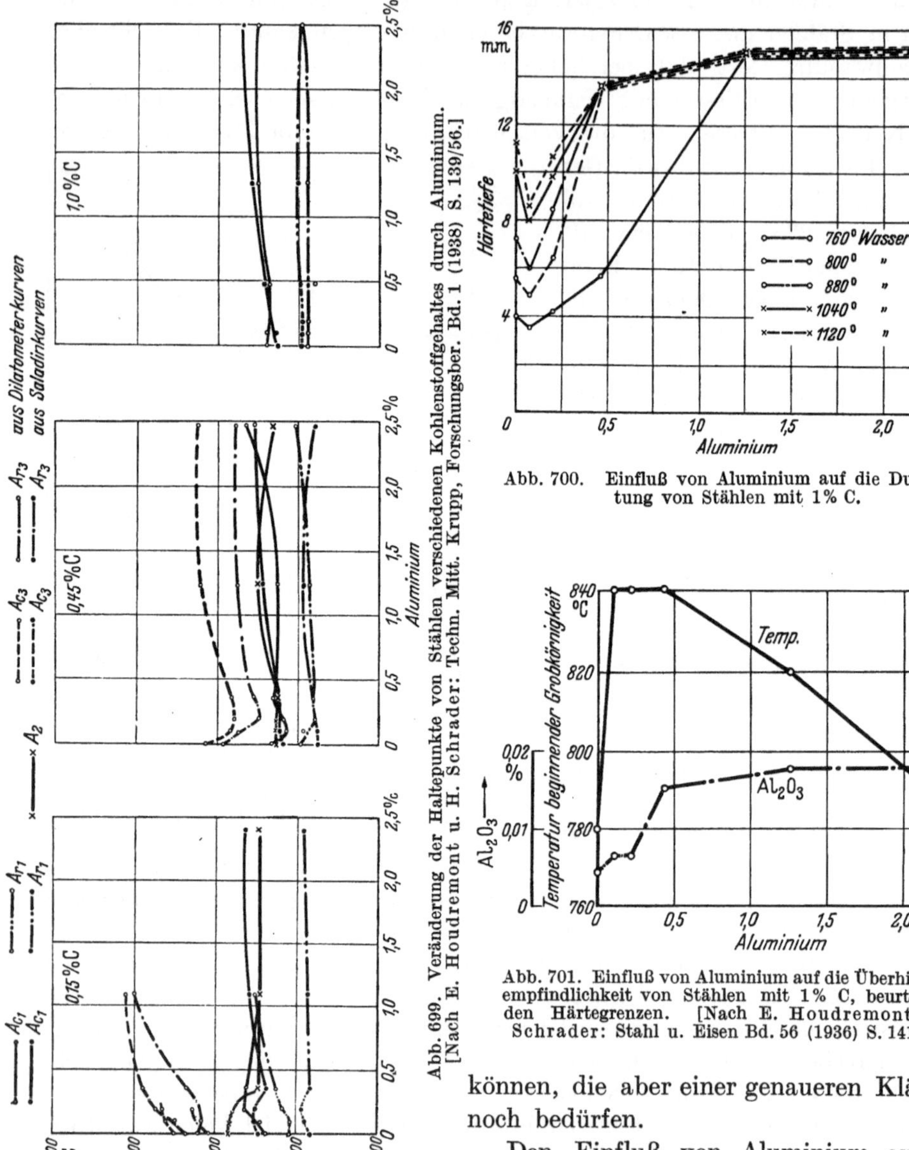

Abb. 699. Veränderung der Haltepunkte von Stählen verschiedenen Kohlenstoffgehaltes durch Aluminium. [Nach E. Houdremont u. H. Schrader: Techn. Mitt. Krupp, Forschungsber. Bd. 1 (1938) S. 139/56.]

Abb. 700. Einfluß von Aluminium auf die Durchhärtung von Stählen mit 1% C.

Abb. 701. Einfluß von Aluminium auf die Überhitzungsempfindlichkeit von Stählen mit 1% C, beurteilt an den Härtegrenzen. [Nach E. Houdremont u. H. Schrader: Stahl u. Eisen Bd. 56 (1936) S. 1412/22.]

können, die aber einer genaueren Klärung noch bedürfen.

Den Einfluß von Aluminium auf die Durchhärtung von Stählen mit 1% C bei verschiedenen Härtetemperaturen zeigt Abb. 700. Wie hieraus hervorgeht, wird die Härtbarkeit durch geringen Aluminiumzusatz bis etwa 0,1% herabgesetzt, während bei 0,5% Al die Härtetiefe des aluminiumfreien Stahles bereits wieder erreicht bzw. überschritten wird. Dies gilt zum mindesten für die Härtetemperaturen von 800° aufwärts. Man stellt also hier eine direkte Umkehr der Eigenschaftsveränderungen mit steigendem Aluminiumgehalt fest. In Überein-

stimmung mit der Verringerung der Härtefähigkeit bei geringen Aluminiumzusätzen steht die **Überhitzungsempfindlichkeit** beim Härten entsprechend
Abb. 701 sowie die Härterißempfindlichkeit. Aluminium ist also in der Lage,
in geringen Zusätzen zum Stahl die
Kornvergröberung beim Überschreiten der Umwandlung herabzusetzen,
in gleichem Sinne, wie wir es bisher
nur bei karbidbildenden Elementen
kennengelernt haben. Bei höheren
Aluminiumgehalten wird diese Wirkung wieder rückgängig gemacht;
der Stahl wird überhitzungsempfindlicher. Diese Umkehrung der Eigenschaften mit steigendem Aluminiumgehalt deutet darauf hin, daß wir
hier zwischen zwei getrennten Einflüssen zu unterscheiden haben. Bei
geringen Zusätzen von Aluminium
zum Stahl wird das Aluminium als
Desoxydations- und Denitrierungsmittel gebraucht, so daß ein Teil
des Aluminiums an Sauerstoff und
Stickstoff abgebunden wird und in
fein verteilten Ausscheidungen von
Oxyden und Nitriden vorliegt. Bei
höheren Aluminiumgehalten tritt
dann erst die reine Legierungswirkung auf. Der Einfluß des Aluminiums in Form derartiger fein
disperser Einlagerungen auf das
Kornwachstum ist verständlich. Sobald bei höheren Aluminiumgehalten der Verteilungsgrad und die
Menge der Einschlüsse verändert
wird, verschwindet auch in zunehmendem Maße der geschilderte Einfluß auf die Feinkörnigkeit und
Überhitzungsempfindlichkeit. Die
Wirkung geringer Aluminiumzusätze
muß daher auch weitgehend von der
Vorbehandlung des Stahles, insbesondere von der Höhe der Sauerstoff-
und Stickstoffgehalte abhängig sein[1].

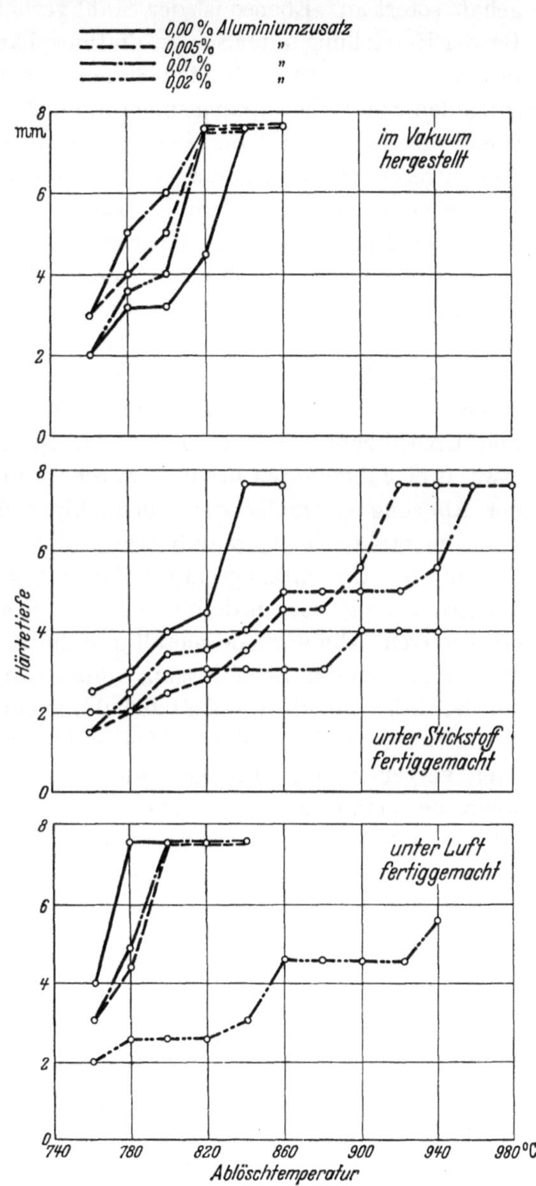

Abb. 702. Abhängigkeit der Härtbarkeit von mit verschiedenen Aluminiumzusätzen behandelten Stählen mit
1% C von der Art der Atmosphäre bei der Stahlherstellung. [Nach E. Houdremont u. H. Schrader:
Techn. Mitt. Krupp, Forschungsber. Bd. 1 (1938) S. 139/56.]

Bei einer Versuchsreihe entsprechend Abb. 702 wurden Stähle im Vakuum, unter
Stickstoff oder unter Luftatmosphäre geschmolzen und mit Aluminium behandelt.

---

[1] Siehe auch Hengstenberg, O., u. E. Houdremont: Techn. Mitt. Krupp Bd. 3
(1935) S. 189/95.

Es zeigt sich, daß der im Vakuum hergestellte Stahl nur eine verhältnismäßig geringe Beeinflussung durch steigenden Aluminiumzusatz aufweist, und zwar steigt hier die Härtefähigkeit, gemessen an der Härtetiefe, mit steigendem Aluminiumgehalt sofort an. Ebenso ist der Stahl verhältnismäßig überhitzungsempfindlich. Bei der Herstellung unter Stickstoffatmosphäre unterscheiden sich die Stähle sofort in dem oben gekennzeichneten Sinne, indem jetzt schon geringe Aluminiumzusätze den Stahl überhitzungsunempfindlich machen und die Härtetiefe entsprechend verringern. Bei der Behandlung in Luft zeigt sich nur bei den höchsten hier zugesetzten Aluminiumgehalten eine stärkere Beeinflussung. Nach diesen Untersuchungen würde dem Stickstoff in Verbindung mit Aluminium ein wesentlicher Einfluß auf die Überhitzungsempfindlichkeit und Grobkornbildung zuzuschreiben sein. In Übereinstimmung hiermit steht die Überhitzungsunempfindlichkeit der Bessemerstähle, die ja durch höheren Stickstoffgehalt gekennzeichnet sind. Dementsprechend hätte man sich vorzustellen, daß bei Aluminiumzusatz Aluminiumnitride gebildet werden, die erst bei hohen Temperaturen in Lösung gehen. Diese Eigenschaft des Aluminiums, die Feinkörnigkeit und Überhitzungsempfindlichkeit des Stahles zu beeinflussen, ist bereits vor etwa zwei Jahrzehnten erkannt worden und im Zusammenhang mit den Fragen der Alterung erstmalig zur regelmäßigen Herstellung eines sog. Feinkornstahles praktisch angewandt worden[1, 2].

Auf die Überhitzungsempfindlichkeit von Stählen, Bestimmung der Ehnkorngröße u. dgl. m. wurde im Abschnitt Kohlenstoffstähle S. 170 und 218 näher eingegangen. Die normale metallurgische Behandlung auf Feinkornstahl erfolgt, wenn man von der Beeinflussung durch Karbide, wie dies bei Vanadin erwähnt wurde, absieht, heute grundsätzlich durch entsprechenden Zusatz von Aluminium. Je nach der Vordesoxydation des Stahles wird dieser in der Pfanne oder im Ofen vorgenommen. Die Gleichmäßigkeit der Erzeugung wird gewährleistet, wenn die metallurgischen Vorbedingungen, wie Frischgeschwindigkeit, Temperatur des Schmelzungsverlaufes, sorgfältig gleichgehalten werden, damit der Zustand der Schmelzen vor dem Aluminiumzusatz möglichst gleichmäßig ist. Es ist bereits früher gesagt worden, daß man sich praktisch mit der Unterscheidung zwischen Grobkorn- und Feinkornstählen begnügen sollte, da die sog. mittleren Korngrößen meist nur ein Gemisch von Fein- oder Grobkorn darstellen. Gelegentlich kommen allerdings auch gleichmäßige mittlere Korngrößen vor. Da wir es aber bei der üblichen Bestimmung der Ehnkorngröße mit einer willkürlich festgelegten Zeit und Temperatur zu tun haben, gleichen die bei einer solchen Prüfung gefundenen Korngrößen ohnehin nicht denjenigen, die bei der praktischen Wärmebehandlung erreicht werden.

Auf die Eigenschaften von Baustählen im vergüteten Zustand wirken sich die Unterschiede zwischen Fein- und Grobkorn nur in verhältnismäßig geringfügigem Maße aus. Bei Einsatzstählen, die nur im gehärteten Zustand Verwendung finden, ergibt sich in Abhängigkeit vom Aluminiumgehalt, wie Abb. 703 zeigt, eine Verbesserung der Zähigkeitseigenschaften, besonders der Einschnürung und Kerbzähigkeit, in dem Bereich der Aluminiumzusätze, in dem eine Kornverfei-

[1] Fry, A.: Krupp. Mh. Bd. 7 (1926) S. 185/96 — Vgl. Stahl u. Eisen Bd. 46 (1926) S. 1363/64.
[2] Baumann, R.: Vortrag auf der Tagung des Allgemeinen Verbandes der Deutschen Dampfkesselüberwachungsvereine in Zürich am 7. 11. 1926.

nerung erzielt wird. Ein Einfluß der Härtetemperatur auf die Härtefähigkeit besteht, wenn man von diesen Einflüssen auf die Kornfeinheit absieht, nicht in dem Sinne, wie es bei den sonderkarbidhaltigen Stählen (s. unter Wolfram, Vanadin) beobachtet wird. Ebensowenig unterscheiden sich die Aluminiumstähle beim Anlassen, so daß auch hieraus nicht auf eine Bildung von Sonderkarbiden geschlossen werden kann. Als Legierungselement verringert Aluminium, wenn man von dem metallurgischen Einfluß auf die Feinkörnigkeit absieht, die kritische Abkühlungsgeschwindigkeit. Die Umwandlung in der Perlitstufe wird etwas erschwert. Nähere Unterlagen über die Umwandlungsgeschwindigkeit in den verschiedenen Umwandlungsstufen stehen noch nicht zur Verfügung.

Infolge der Erhöhung der Umwandlungspunkte durch Aluminium und des Übergangs zu halbferritischen und ferritischen Stählen bei höheren Aluminiumgehalten

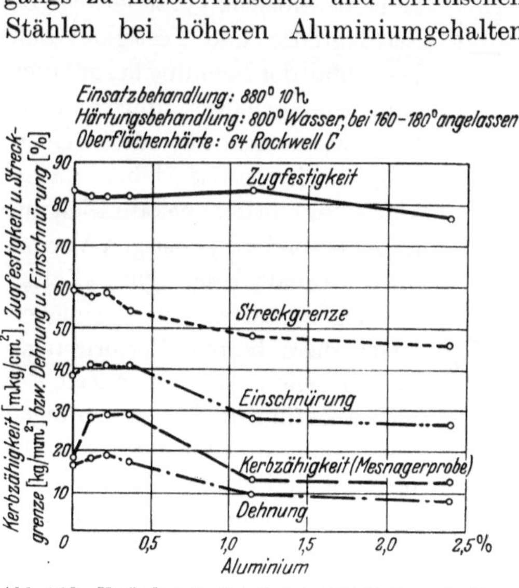

Abb. 703. Veränderung der Kernfestigkeitseigenschaften von einsatzgehärteten Kohlenstoffstählen durch Aluminium. [Nach E. Houdremont u. H. Schrader: Techn. Mitt. Krupp, Forschungsber. Bd. 1 (1938) S. 139/56.]

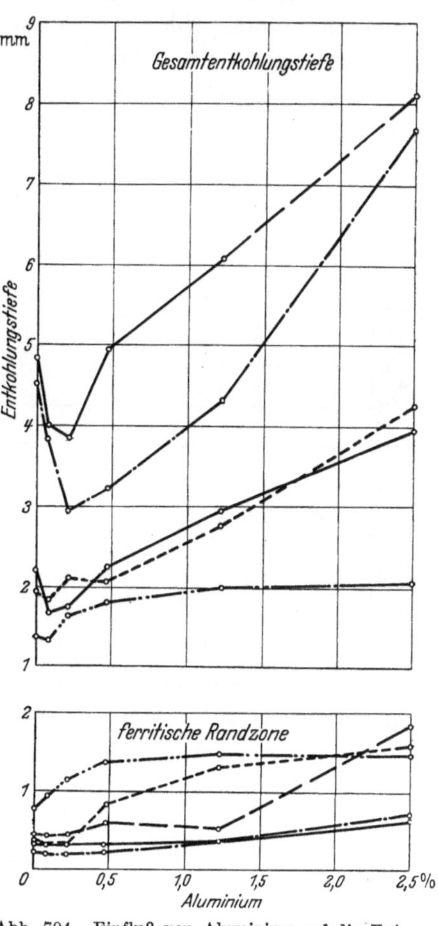

Abb. 704. Einfluß von Aluminium auf die Entkohlung von Kohlenstoffstählen mit 1% C. [Nach E. Houdremont u. H. Schrader: Techn. Mitt. Krupp, Forschungsber. Bd. 1 (1938) S. 139/56.]

gelten für Aluminiumstähle entsprechender Zusammensetzung bezüglich Rekristallisation und Grobkornbildung ähnliche Gesichtspunkte, wie sie bei Silizium und Chrom erwähnt wurden.

Von Interesse ist es vielleicht, daß auch die Entkohlung, beispielsweise in feuchtem Wasserstoff, eine ähnliche Abhängigkeit vom Aluminiumgehalt zeigt, wie dies bei den Härtungseigenschaften festgestellt wird. Den entsprechenden Einfluß zeigt Abb. 704. Wie hieraus hervorgeht, steigt die Tiefe der Entkohlung im allgemeinen mit steigendem Aluminiumgehalt laufend an, während bei geringen Aluminiumzusätzen ein Rückgang zu beobachten ist. Dies ist vermutlich darauf zurückzuführen, daß grobkörnige Stähle stärker zu Randentkohlung neigen als feinkörnige[1]. Die Wirkung des Feinkorns wäre durch eine größere Anzahl den Diffusionsvorgang hemmender Korngrenzen zu erklären.

2. Aluminium in Werkzeug- und Baustählen.

Auf dem Gebiete des Werkzeugstahles haben bis zur jüngsten Zeit noch keine Aluminiumstähle Verwendung gefunden, wenn man von der metallurgischen Beeinflußbarkeit der Überhitzungsempfindlichkeit durch kleine Aluminiumzugaben absieht. Hingegen sind verschiedene aluminiumhaltige Baustähle entwickelt worden.

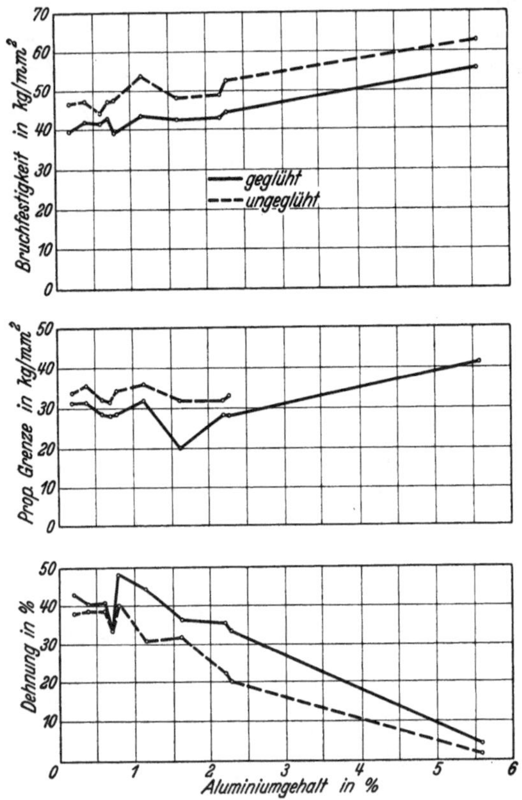

Abb. 705. Festigkeitseigenschaften von geglühten und ungeglühten Aluminiumstählen. (Nach R. A. Hadfield: s. Mars: Die Spezialstähle. Verlag Enke, 2. Aufl. 1922 S. 433.)

Der Grund für die Herstellung aluminiumhaltiger Stähle liegt allerdings nicht in dem Einfluß von Aluminium auf die Festigkeitseigenschaften. Wie Abb. 705 zeigt, tritt durch Aluminiumzusatz keine wesentliche Veränderung von Streckgrenze und Festigkeit auf. Der Abfall der Dehnung bei höheren Aluminiumgehalten dürfte auch hier wiederum mit dem Übergang ins ferritische Gebiet zu erklären sein, in dem bekanntlich nur unter besonders günstigen Verformungsverhältnissen gute Zähigkeitseigenschaften zu erreichen sind; diese besten Verformungsbedingungen, waren zur Zeit der hier angeführten Untersuchungen noch nicht in genügendem Maße bekannt und erfaßt. Der Einfluß von Aluminium auf die Vergütefähigkeit von Baustählen entspricht dem Verhalten auf die Härtefähigkeit, wie sie in Abb. 700 gezeigt wurde. Aluminium erhöht etwas die Durchvergütung. Eine einwandfreie Vergleichsmöglichkeit ist aber nicht gegeben, da aluminiumhaltige Stähle von entsprechend höheren Temperaturen vergütet werden und der Einfluß des Legierungselementes durch den Einfluß der höheren Vergütetemperatur etwas überdeckt wird. Einen Anhalt für die Wirkung ergibt Abb. 706.

Der Wert des Aluminiums in Baustählen besteht in seiner großen Affinität zu Sauerstoff und Stickstoff. Daher werden Baustähle, die alterungsunempfindlich sein sollen (z. B. Kesselbaustoffe), mit Aluminium behandelt, und

---

[1] Rowland, D. H., u. C. Upthegrove: Trans. Amer. Soc. Met. Bd. 24 (1936) S. 96/125. — Swinden, T., u. G. R. Bolsover: Stahl u. Eisen Bd. 56 (1936) S. 1113/24.

zwar in solchen Mengen, daß vollkommene Desoxydation und Denitrierung gewährleistet ist. Je nach dem Schmelzungsverfahren und dem Chargenverlauf wird die dazu notwendige Menge bis zu 0,2% Aluminium betragen. Die alterungsbeständigen Baustoffe werden im Abschnitt Stickstoff (S. 887 ff.) noch eingehender besprochen.

Die Behandlung auf Feinkornstahl, die sich bei Baustählen im üblichen Vergütungsprozeß nur geringfügig bemerkbar macht, kann aber bei der Weiterverarbeitung der Stähle von Einfluß sein. Insbesondere gilt dies für die Empfindlichkeit gegen Rißbildung beim Schweißen. Die verschiedenen Formen der Schweißempfindlichkeit sind bereits im Abschnitt Mangan auf S. 290 behandelt worden. Die dort erwähnte Neigung verschiedener Stahlarten zur Rißbildung bei der Autogenschweißung dünner Bleche kann durch Aluminiumbehandlung des Stahles bei der Erschmelzung, d. h. also durch Feinkornherstellung, wesentlich verringert werden. Wie bereits früher erwähnt wurde, weist diese Art der Schweißrisse alle Anzeichen einer Rotbrucherscheinung auf. Das Auftreten der Risse kann also nicht mit dem Härtevermögen in Zusammenhang stehen. Im Abschnitt Schwefel wird noch näher gezeigt werden, daß die Rißempfindlichkeit mit steigendem Schwefelzusatz zunimmt, was ebenfalls im

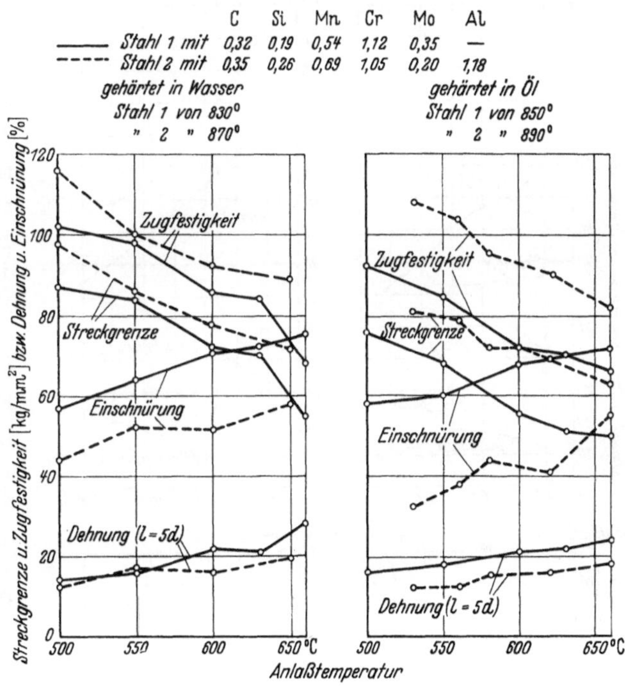

Abb. 706. Wirkung eines höheren Aluminiumgehaltes von 1,2% auf die Vergütungsfestigkeit von Chrom-Molybdän-Baustählen in einem Querschnitt von 70 mm □. [Nach E. Houdremont u. H. Schrader: Techn. Mitt. Krupp, Forschungsber. Bd. 1 (1938) S. 139/56.]

Sinne einer Rotbrucherscheinung spricht. Man könnte daher zu der Annahme geneigt sein, daß der Aluminiumzusatz in diesem Falle die Zusammensetzung und den Schmelzpunkt der Sulfide beeinflußt und auf diese Weise die Rotbruchneigung vermindert.

Neuerdings wird auch vielfach behauptet, daß die Neigung zur Rißbildung in Schweißkonstruktionen großer Wandstärken durch Aluminiumdesoxydation verringert werden soll[1]; es dürfte sich hierbei jedoch im wesentlichen um die allgemeine Zähigkeitsverbesserung durch Aluminium handeln, die bei stoßweiser mehrachsiger Beanspruchung ein schlagartiges Durchbrechen über größere Querschnitte verhindert, während keineswegs feststeht, ob die Sicherheit gegen Spannungsrißbildung beim Schweißen durch eine solche Behandlung verbessert

---

[1] Wasmuht, R.: Stahl u. Eisen Bd. 59 (1939) S. 209/12.

werden kann[1]. Im gleichen Sinne dürfte auch die gelegentlich erwähnte Verringerung der Anlaßsprödigkeit durch Aluminiumzusatz zu verstehen sein.

Nitrierstähle. Die hohe Affinität zum Stickstoff hat ferner zu einer weitgehenden Verwendung des Aluminiums als Legierungselement für Nitrierstähle (s. Abschnitt „Stickstoff", S. 901) geführt. Infolge der Bildung von Aluminiumnitrid weisen gerade die aluminiumhaltigen Stähle im nitrierten Zustande große Oberflächenhärte und Verschleißfestigkeit auf. Zur Erzielung dieser höchsten Nitriereigenschaften genügen Gehalte von 1—1,5% Al.

Das Zustandekommen der hohen Härte beim Nitriervorgang wird dadurch erklärt, daß bei der verhältnismäßig tiefen Temperatur von 500°, bei der die Nitrierung vorgenommen wird, durch Eindringen von Stickstoff in den Mischkristall stabile Nitride — in diesem Falle Aluminiumnitrid — in fein disperser Form gebildet werden. Die Zähigkeitseigenschaften derartiger aluminiumhaltiger Stähle sind sehr gut. Es muß jedoch darauf geachtet werden, daß sie nicht durch Reaktion mit Sauerstoff während des Vergießens größere Mengen von Tonerdeeinschlüssen aufnehmen. Ähnlich wie bei Silizium und Mangan können sonst derartige Einschlüsse zur Verschlechterung der Quereigenschaften führen. Abb. 707 zeigt die Vergütungsschaubilder praktisch verwendeter Nitrierstähle.

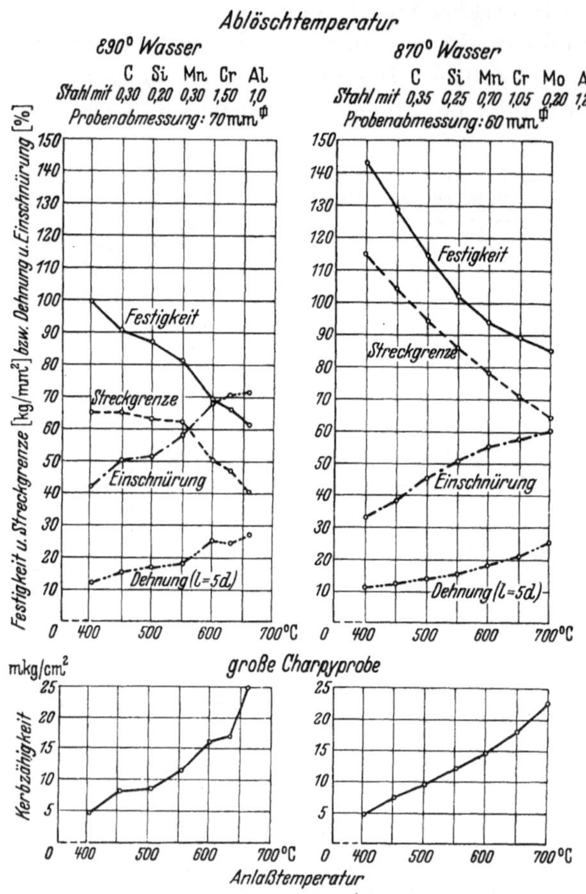

Abb. 707. Vergütungsschaubilder von Nitrierstählen.

Eine besondere Wirkung übt der Aluminiumzusatz in nickelhaltigen Nitrierstählen (etwa 2—3% Ni, 1% Cr, 0,8—1% Al) aus. Bei diesen Stählen tritt im vergüteten Zustande (850—880° Öl, 600° angelassen) während des Nitrierprozesses, der einem langzeitigen Anlassen bei 500° gleichkommt, eine Erhöhung der Härte auch im nicht nitrierten Kern der Stücke ein[2]. Mit der Härtesteigerung ist eine gewisse Verschlechterung der Zähigkeit verbunden (Abb. 708). Auf

[1] Houdremont, E., K. Schönrock u. H. J. Wiester: Techn. Mitt. Krupp, Forsch.-Ber. Bd. 2 (1939) S. 191/205; Stahl u. Eisen Bd. 59 (1939) S. 1241/48 u. 1268/73.

[2] French, H. J., u. V. O. Homerberg: Trans. Amer. Soc. Steel. Treat. Bd. 20 (1932) S. 481/506.

Grund des zeitlichen Verlaufes der Härtekurven beim Anlassen lag es zunächst nahe, diese Härtesteigerung als Ausscheidungshärtung anzusehen. Das Zustandsschaubild der Eisen-Aluminium-Nickellegierungen bietet allerdings keinen Anhaltspunkt dafür, daß in dem hier vorliegenden Legierungsbereich eine echte Ausscheidungshärtung vor sich gehen kann. Dagegen treten nach den Untersuchungen von A. J. Bradley und A. Taylor[1], auf die später noch näher eingegangen wird (S. 828), in der α-Phase Aufspaltungs- und Ordnungsvorgänge auf, und zwar auch noch bei Konzentrationen, die denen der obengenannten Nitrierstähle sehr nahe kommen. Da derartige Vorgänge wegen der damit verbundenen Störung im Gitter erfahrungsgemäß ebenfalls mit Härtesteigerungen verbunden sind, dürften sie mit größerer Wahrscheinlichkeit zur Erklärung der beschriebenen Vorgänge heranzuziehen sein als echte Ausscheidungen.

Bemerkenswert und für einen Ordnungsvorgang sprechend ist es, daß trotz der vorgehenden Vergütung von 850° in Öl und Anlassen bis auf 650° nachträglich die Härtesteigerung bei 500° verläuft. Auch nach Anlassen auf 700° ist die entsprechende Wirkung bei 500° bemerkbar und gerade bei dieser Tem-

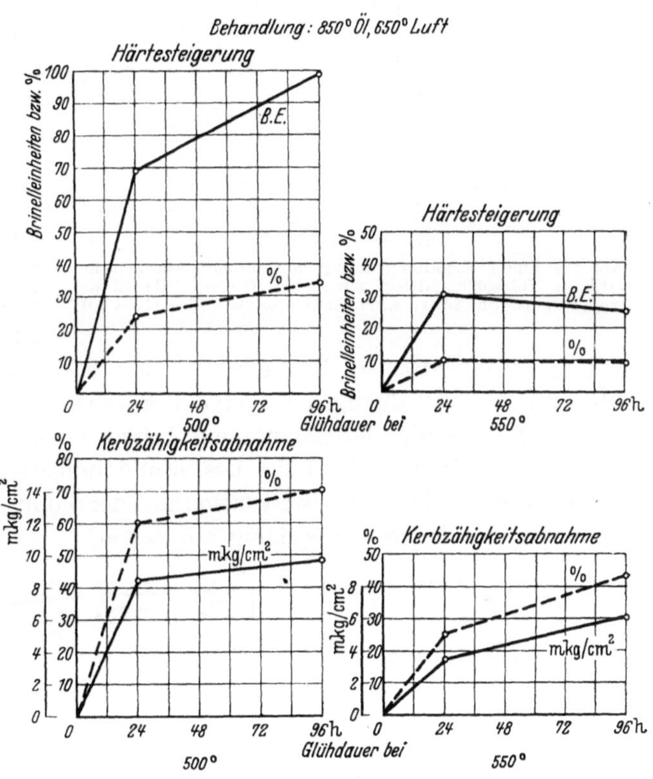

Abb. 708. Ausscheidungshärtung an einem Chrom-Nickel-Aluminium-Stahl mit 0,24% C, 1,0% Cr, 3,0% Ni, 1,0% Al, 0,3% Mo bei 500 und 550° C.

peratur, wie Abb. 708 zeigt, am ausgeprägtesten. Diese Härtesteigerung kann deswegen von Bedeutung sein, weil bei 500° auch die Nitriertemperatur liegt. Man hat es also in der Hand, bei einem derartigen Stahl, der auf etwa 240 Brinell, also eine Festigkeit von 80—85 kg/mm² vergütet und bei dieser Festigkeit verhältnismäßig gut und leicht bearbeitbar ist, während des Nitriervorganges selbst im fertigbearbeiteten Zustand die Kernhärte auf etwa 340—360 Brinell, d. h. bis zu 120 kg/mm², ansteigen zu lassen. Da die Nitrierschichten verhältnismäßig dünn sind — 0,6—0,8 mm (s. Abschnitt Stickstoff S. 905) —, ist die Kernfestigkeit für manche Teile, die höheren Beanspruchungen ausgesetzt sind, von großer Bedeutung. Trotz des gewissen Abfalles an Kerbzähigkeit dürfte sich gelegentlich eine nutzbringende Verwendung ergeben, indem

---

[1] Nature, Lond. Bd. 140 (1937) S. 1012. — Proc. roy. Soc., Lond. (A) Bd. 166 (1938) S. 353.

die Bearbeitung im verhältnismäßig weichen Zustand, die Steigerung der Festigkeit automatisch bei der Nitrierhärtung vorgenommen werden kann.

Einfluß des Aluminiums auf das Verhalten in der Kälte und Wärme. Die metallurgische Behandlung des Stahles mit Aluminium wirkt sich in einer Verbesserung der Zähigkeitseigenschaften, insbesondere der Kerbzähigkeit bei tieferen Temperaturen aus. Durch die Aluminiumdesoxydation wird der Steilabfall der Kerbzähigkeitstemperaturkurve nach tieferen Temperaturen hin verschoben, und zwar um so stärker, je vollständiger die Desoxydation ist. In besonderem Maße ist das bei der Kerbzähigkeit im gealterten Zustande der Fall, worauf im Abschnitt Stickstoff noch näher eingegangen wird. Auch bei legierten Stählen ist eine Verbesserung der Kerbzähigkeit bei tiefen Temperaturen durch Aluminiumdesoxydation zu beobachten.

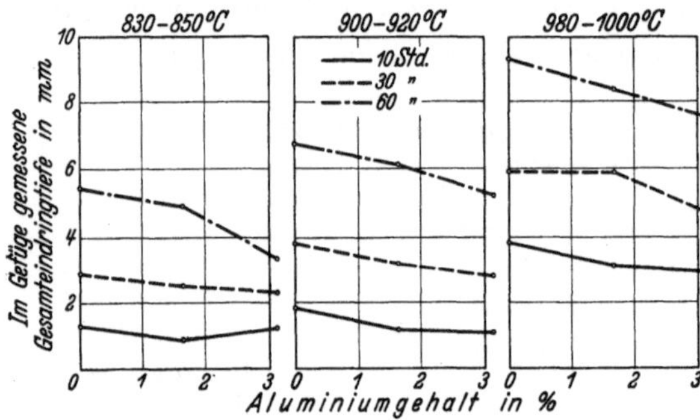

Abb. 709. Einfluß von Aluminium auf die Eindringtiefe bei Zementation in Holzkohle und Bariumkarbonat. [Nach E. Houdremont u. H. Schrader: Arch. Eisenhüttenw. Bd. 8 (1934/35) S. 445/59.]

Eine Steigerung des Aluminiumgehaltes über den zur vollständigen Desoxydation notwendigen Grad hinaus, also über etwa 0,2% metallisches Aluminium bringt keine nennenswerte Verbesserung mehr. Die günstige Wirkung des Aluminiumzusatzes ist demnach in erster Linie als eine Folge der Desoxydation und der damit erzielten Feinkörnigkeit und nicht als eine Legierungswirkung anzusehen.

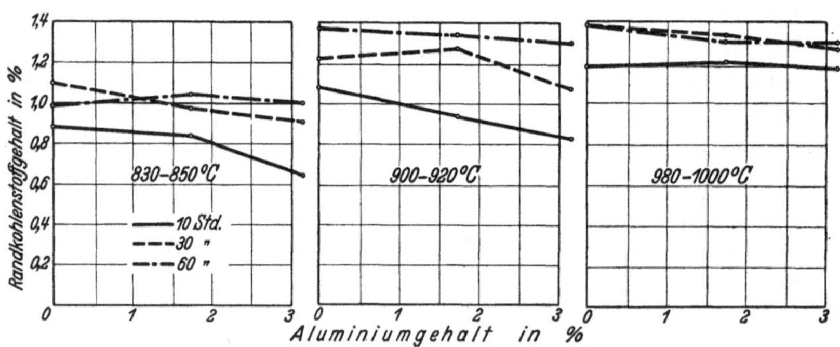

Abb. 710. Einfluß des Aluminiums auf den Randkohlenstoffgehalt. [Nach E. Houdremont u. H. Schrader: Arch. Eisenhüttenw. Bd. 8 (1934/35) S. 445/59.]

Die **Warmfestigkeit** im Kurzzerreißversuch wird durch Aluminiumzusätze nicht stärker erhöht, als dies aus der Veränderung der Kaltfestigkeitseigenschaften zu erwarten ist. Erwähnenswert ist jedoch, daß der für alterungsunfällige Stähle charakteristische Wiederanstieg der Festigkeit bei 200—300° und die damit verbundene Dehnungsverminderung (vgl. S. 231 u. 887) durch Aluminiumdesoxydation verringert bzw. bei stärkerem Aluminiumzusatz ganz verhindert wird. Auf die Dauerstandfestigkeit niedrig legierter und unlegierter Stähle wirkt sich eine Aluminiumdesoxydation oftmals ungünstig aus, weil sie zu einer Kornverfeinerung führt und so die Ausbildung des für hohe Dauerstandfestigkeit günstigsten

Gefügezustandes erschwert wird (vgl. S. 198). Bei Zusatz von Aluminium zu hochlegierten hitzebeständigen Chromstählen wird dagegen gelegentlich eine Verbesserung der Dauerstandfestigkeit bei hohen Temperaturen (etwa 800°) beobachtet; es steht jedoch nicht fest, ob hierin eine alleinige Legierungswirkung des Aluminiums zu erkennen ist oder ob diese Verbesserung nicht durch den bei derartigen Stählen stets vorhandenen höheren Stickstoffgehalt — als Folge der starken Affinität des Aluminiums zu Stickstoff — bedingt ist. Die engen Wechselbeziehungen

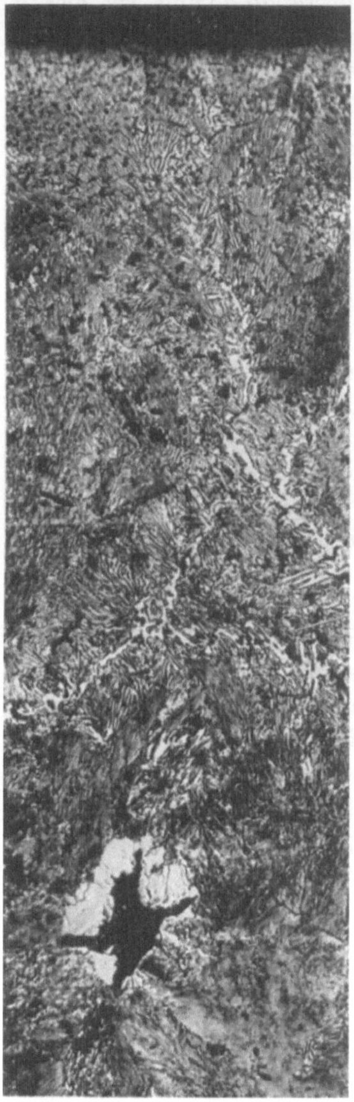

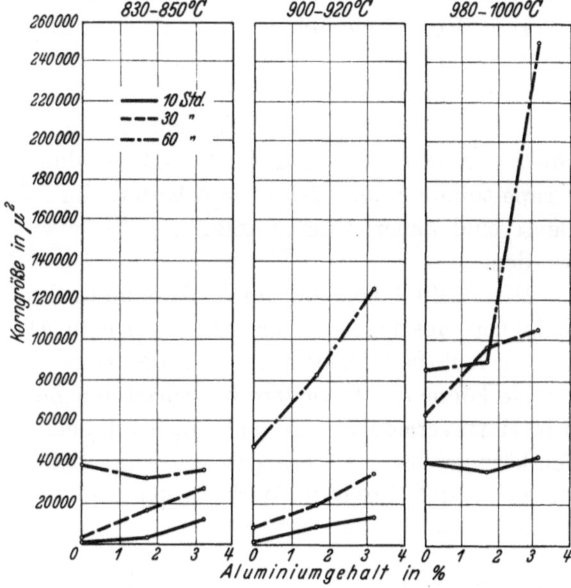

Abb. 712. Kornvergröberung bei Aluminiumstählen durch Zementationsüberhitzung. [Nach E. Houdremont u. H. Schrader: Arch. Eisenhüttenw. Bd. 8 (1934/35) S. 445/59.]

zwischen Aluminium und den Elementen Sauerstoff und Stickstoff einerseits und sein charakteristischer Einfluß auf die Gefügeausbildung andererseits erschweren es, die rein legierungstechnische Wirkung des Aluminiums in dieser Hinsicht herauszuschälen, so daß es noch weiterer Forschungsarbeit bedarf, ehe hier völlige Klarheit geschaffen ist.

Einfluß von Aluminium auf die Einsatzhärtung. Im Einsatzstahl hat Aluminium nach Guillet[1] eine ähnliche diffusionshemmende Wirkung wie Silizium. Bei Untersuchung größerer Einsatztiefen ist aber die Herabsetzung der Eindringtiefe geringer als bei Siliziumzusatz (Abb. 709). In gleicher Weise wird auch der Randkohlenstoffgehalt weniger herabgesetzt als durch einen entspre-

V = 250

Abb. 711. Randgefüge eines 1,5 proz. Aluminiumstahles nach 30 stündiger Zementation bei 980—1000° in Holzkohle und Bariumkarbonat (60 : 40).

---

[1] La Cementation des aciers au carbon et des aciers speciaux. Mém. C. R. Trav. Soc. Ing. civ. France 1904 S. 177/207.

chenden Siliziumgehalt (Abb. 710). Aluminiumhaltige Einsatzstähle neigen, ähnlich wie siliziumhaltige, beim Einsetzen zur Graphitbildung. Bei oxydhaltigem Einsatzpulver ist zu beachten, daß bei Zementationstemperaturen eine Bildung von Aluminiumoxyden in den Stahlrandschichten zustande kommt, wie dies in Abb. 711 an einem 1,5proz. Aluminiumstahl nach Zementation in Holzkohle und Bariumkarbonat zu erkennen ist. Die Gefügeaufnahme enthält weiterhin Anzeichen für die Graphitausscheidung in derartigen Stählen. Im Gegensatz zu Silizium wird durch Aluminium, vor allem bei höheren Zementationstemperaturen und längeren Zeiten, eine ziemlich starke Kornvergröberung hervorgerufen (Abb. 712). Dieses unterschiedliche Verhalten wird damit zusammenhängen, daß die Aluminiumstähle bei höheren Aluminiumgehalten als ferritische Stähle ein stärkeres Kornwachstum erfahren als z. B. Siliziumstähle, die in diesen Gehalten bei höheren Zementationstemperaturen noch im austenitischen, also umwandlungsfähigen Zustande vorliegen.

Den vorstehenden Ausführungen ist zu entnehmen, daß das Aluminium sowohl durch Verzögerung der Randaufkohlung und der Diffusion als auch durch Graphitbildung und Kornvergröberung im Einsatzstahl nachteilig wirkt; bis heute sind daher aluminiumlegierte Einsatzstähle praktisch nicht angewandt worden.

Der Einfluß von geringen Aluminiumzusätzen auf die Feinkörnigkeit und Zähigkeit einsatzgehärteter Stähle wurde in Abb. 151 (S. 182) gezeigt. Ähnliches gilt für mehrfach legierte Stähle[1]. Derartige mit Aluminium feinkörnig gemachte Stähle können insbesondere im gehärteten Zustand höhere Zähigkeit aufweisen. Ihr Härtevermögen wird entsprechend dem allgemeinen Verhalten derartiger feinkörniger Stähle herabgesetzt sein. Bei mehrfach legierten Stählen wird dieser Einfluß durch die Wirkung der Legierung vielfach überdeckt.

3. Veränderung der physikalischen Eigenschaften des Stahls durch Aluminium.

Von besonderem Interesse ist die Wirkung von Aluminium in Stählen mit besonderen physikalischen Eigenschaften. Eine kleine Besonderheit zeigen Eisen-Aluminium-Legierungen bezüglich des Elastizitätsmoduls. Bekanntlich läßt sich der Elastizitätsmodul von Eisen- und Stahllegierungen nur unwesentlich verändern. Er beträgt bei allen auf der Basis raumzentrierter ferritischer Gitter aufgebauten Stählen etwa 22000 kg/mm². Durch Härten und Anlassen treten keine wesentlichen Änderungen ein, wenn auch infolge der Verspannung des gehärteten martensitischen Zustandes gelegentlich kleinere Werte beobachtet werden können. Die austenitischen Stähle schwanken in ihrem Elastizitätsmodul zwischen 16000—20000 kg/mm². Bei Eisen-Aluminium-Legierungen mit 14% Al zeigte sich der tiefste bei einer ferritischen Eisenlegierung bisher beobachtete Wert von 11620 kg/mm² im Gußzustand und 16600 kg/mm² im geschmiedeten Zustand. Diese Legierung entspricht in etwa der Zusammen-

---

[1] Swinden, Th., u. G. R. Bolsover: Stahl u. Eisen Bd. 56 (1936) S. 1113/1124. — Houdremont, E., u. H. Schrader: Techn. Mitt. Krupp, Forschungsber. Bd. 1 (1938) S. 139/56.

setzung Fe$_3$Al. Der Elastizitätsmodul dürfte ebenfalls im Zusammenhang mit der Atomanordnung in diesem Legierungsbereich stehen. Einige vergleichende Werte verschiedener Legierungen zeigen Zahlentafel 179.

Zahlentafel 179. Elastizitätsmodul verschiedener Legierungen.

	C	Si	Mn	Cr	Ni	W	M	Al	Va	Behandlung	Modul kg/mm²
ferritische Chromstähle	0,10	1,7	0,4	6,2	—	—	0,5	—	—	800° Luft	21700
	0,10	2,3	0,5	19,0	—	—	—	—	—	850° „	22300
	0,07	0,7	0,6	28,0	—	—	—	—	—	850° „	23000
Schnellstahl .	0,86	0,4	0,5	4,1	—	11,9	0,8	—	2,3	1280° Öl 560° angel.	21700
ferritische Aluminiumstähle .	0,1	—	—	—	—	—	—	14,5	—	gegossen	11620
	0,13	—	—	—	—	—	—	14	—	geschmiedet	16600
austenitische Chrom-Nikkel-Stähle	0,12	2,1	0,9	19,6	14,9	—	—	—	—	1100° Wasser	19150
	0,13	1,9	0,7	25,5	20,5	—	—	—	—	1100° „	19200
	0,07	1,1	0,8	16,9	19,4	—	—	—	—	1100° „	21500
Hartstahl . .	1,2	—	12	—	—	—	—	—	—	gegossen	19900
austenitische Nickelstähle	0,25	—	—	—	25	—	—	—	—		18650
	0,25	—	—	—	36	—	—	—	—		14400
Stellit . . .	2,6	1,2	—	27	—	14	—	—	—	gegossen	22700
Hartmetall .	(Wolframkarbid WC + etwa 6% Co)									gesintert	58000

Eine metallphysikalisch interessante Erscheinung, die für die später zu besprechenden Dauermagnete von Bedeutung sein kann, zeigt auch der elektrische Widerstand. Wie aus Abb. 713 hervorgeht, wird der Widerstand mit steigendem Aluminiumgehalt erhöht. Im Bereich der geordneten Phase[1] entsprechend der Zusammensetzung Fe$_3$Al bei etwa 25 At.% Al (etwa 14 Gew.-% Al) tritt eine starke Erniedrigung des elektrischen Widerstandes auf, wenn sich bei langsamer Abkühlung von 700° der Ordnungsvorgang einstellen kann. (s. Abschnitt Nickelstähle, S. 343). Praktische Anwendung findet diese Erscheinung wegen des hohen Aluminiumgehaltes nicht. Aluminium hat bis jetzt nur als Zusatz in Eisen-Chrom-Legierungen mit 20—30% Cr Verwendung gefunden, da diese Legierungen ähnlich wie die entsprechenden aluminiumfreien einen von der Temperatur ziemlich wenig abhängigen Widerstand aufweisen (Abb. 714). Aus diesem Grunde und wegen ihrer guten Zunderbeständigkeit werden derartige Legierungen vielfach

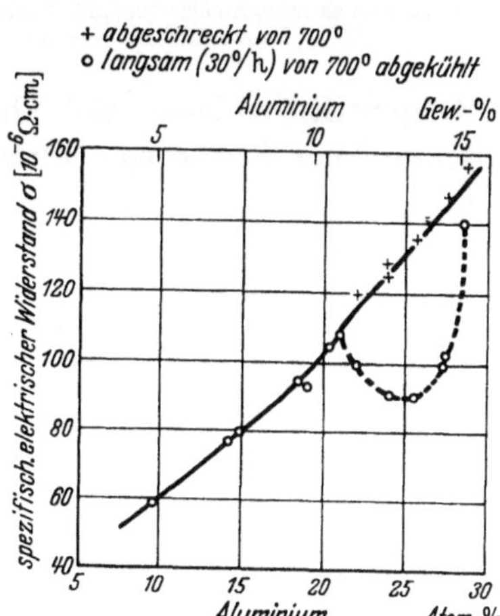

Abb. 713. Abhängigkeit des elektrischen Widerstandes der Eisen-Aluminium-Legierungen vom Aluminiumgehalt bei verschiedenen Wärmebehandlungen. [Nach C. Sykes u. H. Evans: Proc. Roy. Soc. Bd. 145 (1934) S. 529/39.]

als Heizleiter verwendet (s. „Hitzebeständige Stahllegierungen" Abschnitt Chromstähle S. 517 und Zahlentafel 107, S. 540). Der durch den Aluminiumgehalt erhöhte

---

[1] Sykes, C., u. H. Evans: Proc. roy. Soc., Lond. (A) Bd. 145 (1934) S. 533 — J. Iron Steel Inst. Bd. 131 (1935) S. 225/47. — Ref. Stahl u. Eisen Bd. 55 (1935) S. 968.

Widerstand solcher Eisen-Chrom-Aluminium-Legierungen hat auch zu ihrer Verwendung als magnetische Kerne für Hochfrequenzzwecke geführt[1].

Wie aus den Überlegungen bei Eisen-Silizium-Legierungen (S. 800ff.) bereits hervorging, sind vor allem Legierungen, die das γ-Gebiet abschnüren und mit Eisen ferritische Mischkristalle bilden, geeignet, als Dynamoblech, d. h. Material mit geringer Koerzitivkraft und geringen Wattverlusten, verwendet zu werden. Die geringe Löslichkeit des Ferrits für Karbide, die günstige Ausscheidungsmöglichkeit derartiger Einlagerungen durch Glühbehandlung sowie die unbehinderte Kristallkornausbildung bringen die Möglichkeit, geringste Spannungszustände durch Wärmebehandlung herbeizuführen. Gleichzeitig besitzen diese Legierungen im Gegensatz z. B. zu Eisen-Nickel-Legierungen infolge des gesamten magnetischen Verhaltens des Ferrits höhere magnetische Sättigungswerte.

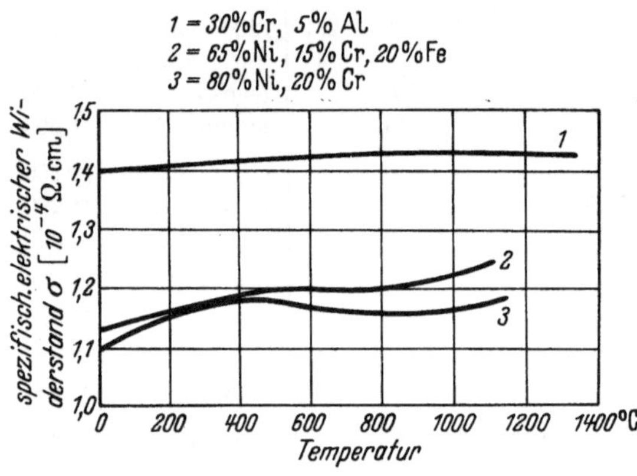

Abb. 714. Spezifischer elektrischer Widerstand von verschiedenen Chrom-Nickel- und Chrom-Aluminium-Legierungen in Abhängigkeit von der Temperatur nach einer Zusammenstellung von A. Grunert, W. Hessenbruch und K. Ruf; Die Heraens-Vakuumschmelze 1923/33, Verlag G. M. Albertis, Hanau 1933, S. 169/80,

a) Aluminiumhaltige magnetisch weiche Legierungen.

Durch Aluminium wird der spezifische elektrische Widerstand, wie Abb. 713 zeigte, in gleichem Sinne wie durch Silizium erhöht. Da hierdurch eine Verminderung des Wirbelstromverlustes eintritt, so lassen sich ähnliche magnetische Eigenschaften wie bei Eisen-Silizium-Legierungen erwarten. Wie aus den von F. Wever und G. Hindrichs[2] vorgenommenen Untersuchungen hervorgeht, sind die Wattverluste jedoch bei aluminiumlegierten Stählen bei gleicher Walz- und Wärmebehandlung nicht so günstig wie bei entsprechend legierten Siliziumstählen (Zahlentafel 180). Allerdings wird von den Verfassern selbst hervorgehoben, daß bei diesen Versuchen vielleicht die für die Aluminiumstähle günstigste Glühtemperatur nicht genau getroffen worden ist. Ein eingehenderes Studium der Walz- und Glühbedingungen könnte also noch entsprechende Verbesserungen der Eigenschaften bringen.

Zahlentafel 180. Wattverluste von Aluminiumstählen verschiedenen Siliziumgehaltes in einer Blechstärke von 0,35 mm nach Wever und Hindrichs[2].

Al	Wattverluste gebeizt	
	V_{10}	V_{15}
%	W/kg	W/kg
9,10	2,41	4,60
5,48	1,83	4,21
2,94	2,23	6,87
2,28	2,31	8,47
2,12	2,10	6,06
1,45	2,11	5,33

Legierungen, die neben gewissen Siliziumgehalten noch Aluminium aufweisen, zeigen ähnliche Wattverluste wie die heute meist verwendeten 4proz. Silizium-Dynamoflußeisen. Die entsprechenden Werte gehen aus Zahlen-

[1] Meyer, H., u. H. Fahlenbrach: Techn. Mitt. Krupp Bd. 7 (1939) S. 123/32.
[2] Wever, F., u. G. Hindrichs: Mitt. Kais.-Wilh.-Inst. Eisenforsch. Bd. 13 (1931) S. 273/89.

tafel 181 hervor. In Abhängigkeit vom Silizium- und Aluminiumgehalt in Form eines Raumdiagramms aufgetragen, ergeben sich die durch Aluminium-

Zahlentafel 181.

Wattverluste von Aluminium-Silizium-Stählen nach Wever und Hindrichs[1].

| Si | Al | Blechstärke | Wattverluste | | Wattverlust V_{10}, um-gerechnet auf 0,5 mm Blechstärke |
| | | | V_{10} | V_{15} | |
%	%	mm	W/kg	W/kg	W/kg
4,33	0,25	0,55	1,32	3,09	1,27
3,95	0,59	0,36	1,08	2,96	1,22
3,29	0,28	0,66	1,50	3,52	1,35
3,06	1,39	0,59	1,39	3,26	1,27
2,34	0,28	0,62	1,73	4,03	1,58
2,31	1,64	0,58	1,46	3,41	1,36
2,40	2,98	0,38	1,23	3,03	1,36
2,41	3,37	0,44	1,26	3,02	1,34
1,47	0,52	0,61	1,84	4,02	1,70
0,90	0,29	0,48	2,20	4,75	2,20
0,90	0,68	0,51	1,91	4,20	1,91

zusatz erreichten Verbesserungen aus Abb. 715. Die Abbildung soll hier nur die Wirkung des Aluminiums richtungsmäßig wiedergeben, bezüglich der Einzel-

heiten der Darstellung sei auf die Originalarbeit verwiesen. Wie man sieht, wirken vor allem geringe Mengen von Aluminium (bis 0,5%) besonders günstig, so daß man versucht ist an-zunehmen, daß auch der rein me-tallurgischen Wirkung des Alumi-niums eine gewisse Bedeutung zuzu-sprechen ist. Auf die ebenfalls von den obigen Verfassern festgestellte geringe Beeinflussung der Kaltsprö-digkeit und die damit verbesserte Kaltverarbeitbarkeit, Ziehbarkeit usw. durch Aluminium ist bereits oben hingewiesen worden. Vorläufig hat die Verwendung von Aluminium in Dynamoflußeisensorten keine grö-ßere praktische Bedeutung erlangt.

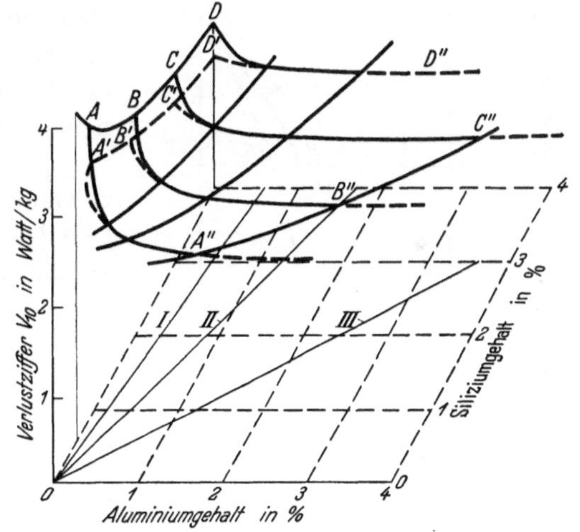

Abb. 715. Verlustziffer von Aluminium-Silizium-Stählen in Abhängigkeit vom Aluminium- und Siliziumgehalt. [Nach F. Wever und G. Hindrichs: Mitt. Kais.-Wilh.-Inst. Eisenforsch., Bd. 13 (1931) S. 273/89.]

Eine gewisse Bedeutung dürfte dem Verlauf der Permeabilität in der Eisenecke des Dreistoffsystems Eisen-Silizium-Aluminium zukommen. Die nach Masumoto[2] bei etwa 5,4% Al, 9,6% Si erreichbare Anfangspermeabilität von etwa 35000 und auch die mit 6,2% Al, 9,7% Si erzielbare Maximalpermeabilität von etwa 160000 gehören der Größenordnung an, die sich sonst nur mit Legie-rungen auf Eisen-Nickel-Basis erreichen lassen. Einer praktischen Verwendung steht jedoch bei diesen, unter dem Namen „Sendust" bekannten Legierungen,

[1] Mitt. Kais.-Wilh.-Inst. Eisenforsch., Bd. 13 (1931) S. 273/289.
[2] Masumoto, H.: Sci. Rep. Tôhoku Univ.; K. Honda: Anniv. Vol. (1936) S. 388/402.

ihre Unverformbarkeit entgegen; für Gußteile mögen sie, da ihre Koerzitivkraft unter 0,1 Oersted liegt, in gewissen Fällen am Platze sein.

Die Magnetostriktion nimmt durch Aluminiumzusatz zu[1].

Bei flächenzentrierten reversiblen Eisen-Nickel-Legierungen lassen sich durch Zusatz von 3—4% Al Werkstoffe mit konstanter Permeabilität erzeugen[2]. Die Verhältnisse liegen ähnlich wie bei dem ausführlicher untersuchten System Eisen-Nickel-Kupfer; eine eingehendere Besprechung soll daher erst dort (Abschnitt Kupfer, S. 861) vorgenommen werden. Die besten Eigenschaften erhält man bei etwa 40% Ni und 3,5% Al nach 90proz. Kaltverformung mit Anfangspermeabilitäten von etwa 65 und einer Hysterese von etwa 60 Henry/AW/cm bei einer Instabilität[3] von etwa 1,5%.

b) Aluminiumhaltige Legierungen für Dauermagnete.

Unter den aluminiumhaltigen Eisenlegierungen haben die Eisen-Nickel-Aluminium-Legierungen durch ihre Verwendung als Dauermagnete eine besondere Bedeutung erlangt. T. Mishima[4] fand in einem größeren Legierungsbereich mit Nickelgehalten zwischen etwa 15 und 35% und Aluminiumgehalten von 8—17% Werkstoffe mit Koerzitivkräften bis 600 Oersted bei Remanenzen von 5000—8000 Gauß. Diese Koerzitivkräfte sind, verglichen mit denen der früheren Magnetwerkstoffe, so hoch, daß neue Meßgeräte geschaffen werden mußten[5].

In bezug auf die Zahlen, die man für die Koerzitivkraft dabei findet, ist folgendes zu beachten. Gibt man die Magnetisierungskurve in der Form an, daß man die Magnetisierung $J = \dfrac{B - H}{4\pi}$ als Funktion des Feldes H aufzeichnet, so erhält man an derjenigen Stelle, wo $J = o$ ist, den Wert der Koerzitivkraft; man bezeichnet sie, da sie durch das Verschwinden von J definiert ist, als $_JH_c$. Nun trägt man aber auch gelegentlich B statt J als Funktion von H auf; diese letztere Kurve stellt dann keine reine Werkstoffeigenschaft mehr dar, da B außer den vom Werkstoff selbst erzeugten Kraftlinien, den J-Linien, auch noch wegen $B = 4\pi J + H$ die Kraftlinien des Luftflusses enthält, was bei den praktischen Anwendungen auch immer der Fall ist. Denjenigen Wert der Koerzitivkraft, den man für $B = o$ erhält, bezeichnet man mit $_BH_c$. Abb. 716 zeigt in schematisch übertriebener Weise, daß bei ferromagnetischen Werkstoffen mit im Vergleich zur Koerzitivkraft nicht sehr hoher Remanenz

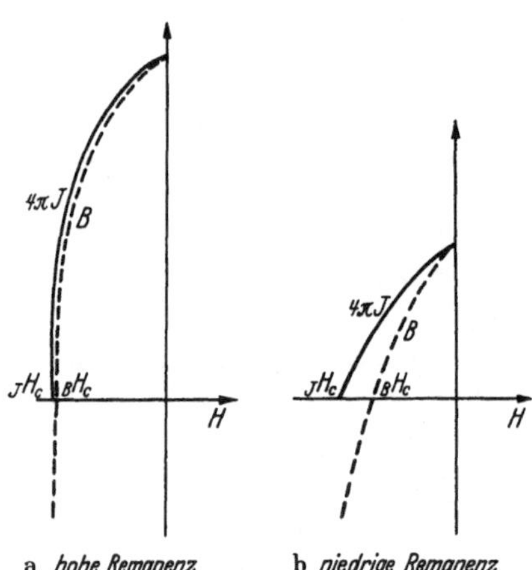

Abb. 716. Schematische Darstellung des Unterschiedes $_JH_c$ und $_BH_c$ bei Legierungen mit relativ hoher und niedriger Remanenz.

---

[1] Schulze, A.: Z. Phys. Bd. 50 (1928) S. 448/505 besonders 495.

[2] Dahl, O., u. J. Pfaffenberger: Z. techn. Phys. Bd. 15 (1934) S. 99/106.

[3] Vgl. Eisen-Nickel (S. 353); Instabilität bedeutet die prozentuale Änderung der Anfangspermeabilität durch starke Gleichfelder.

[4] Ohm: Juli 1932. Stahl u. Eisen Bd. 53 (1933) S. 79; Franz. Patent Nr. 731361 vom 13. 2. 1932. — Messkin, W. S., u. B. E. Somin: Arch. Eisenhüttenw. Bd. 8 (1934/35) S. 315/318. — Pölzguter, F.: Stahl u. Eisen Bd. 55 (1935) S. 853/860.

[5] Stäblein, F., u. R. Steinitz: Arch. Eisenhüttenw. Bd. 8 (1934/35) S. 549/54. — Nitsche, G., u. J. Pfaffenberger: VDE-Fachber. Bd. 9 (1937) S. 185/88 — Jb. Forsch.-Inst. AEG Bd. 5 (1936/37) S. 123. — Nitsche, G.: AEG-Mitt. Bd. 11 (1937) S. 384/86. — Neumann, H.: Arch. Eisenhüttenw. Bd. 11 (1937/38) S. 483/96.

die beiden Koerzitivkraftwerte $_BH_c$ und $_JH_c$ sich voneinander unterscheiden, während ihr Unterschied im Fall hoher Remanenzen, wie etwa den Chrom- oder Kobalt-Stählen, vernachlässigbar ist. Wie bereits oben erwähnt, besitzt $_JH_c$ als reiner Werkstoffkernwert einen gewissen Vorzug und liegt den Ausführungen in diesem Abschnitt zugrunde.

Die Mishima-Legierungen zeigen eine Eigentümlichkeit, die bei anderen Dauermagnetwerkstoffen nicht angetroffen wird; sie besitzen nämlich zum Teil ihre hohen Koerzitivkräfte schon im Gußzustand oder gewinnen sie durch eine Erwärmung auf Temperaturen zwischen 1000° und dem Schmelzpunkt und Abkühlung mit mittlerer Geschwindigkeit (20 bis 40° C/sec bei 1000° C), woran sich unter Umständen ein Anlassen bei Temperaturen zwischen 600 und 700° anschließen kann. Schroffes Abschrecken hingegen erniedrigt die Koerzitivkraft und auffälligerweise erreicht man dann auch beim Anlassen in den meisten Fällen nicht die Höchstwerte, die durch die Abkühlung mit geregelter Geschwindigkeit zu erreichen sind.

Der Gefügeaufbau der Mishima-Legierungen ist schwer zu deuten; man findet bei den technisch üblichen Legierungen eine homogene Erstarrung mit reichlich großem Korn. Im magnetisch günstigsten Zustand sehen die Legierungen homogen aus, und nur eine Anfärbung durch das Ätzmittel läßt eine Ausscheidung vermuten; erst bei sehr hohen Anlaßtemperaturen, wenn die magnetischen Eigenschaften bereits wieder schlechter sind, werden die ausgeschiedenen Teilchen einzeln unter dem Mikroskop sichtbar.

Es sind verschiedene, zum Teil einander widersprechende Versuche zur Erklärung der hohen Koerzitivkraft gemacht worden. Der erste beruht auf der Untersuchung des Dreistoffsystems Eisen-Nickel-Aluminium durch W. Köster[1] mittels Gefügebeobachtung, thermischer Analyse und Bestimmung der Curie-Temperatur. Es ergab sich dabei (Abb. 717), daß sich im Dreistoffsystem[2] eine Mischungslücke ausbildet zwischen flächenzentrierten γ-Kristallen und den raumzentrierten kubischen α-Kristallen. Der Bereich dieser Mischungslücke nimmt mit steigender Temperatur ab, wie dies auch aus der Abb. 717 hervorgeht. Legierungen, die bei hoher Temperatur an der Grenze des Bereiches der Mischungslücke im α-Mischkristall liegen, können durch Abschrecken eine übersättigte Lösung von α-Mischkristallen bei Raumtemperatur enthalten, die beim Anlassen entsprechend der Mischungslücke in α- und γ-Mischkristalle

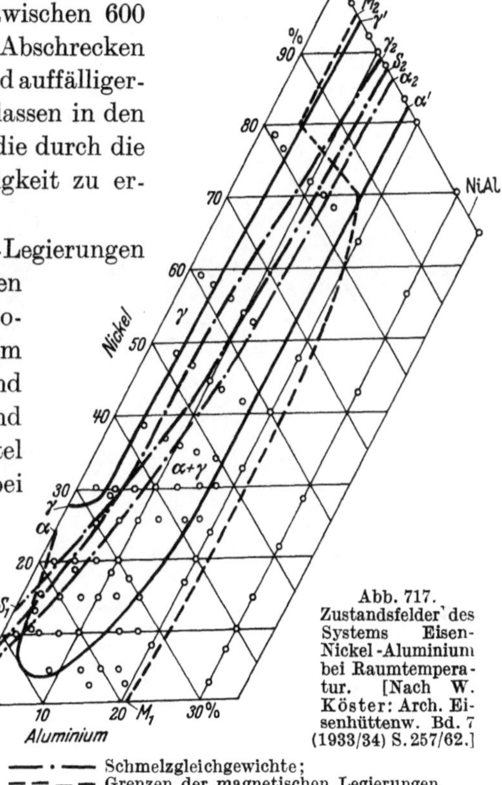

Abb. 717. Zustandsfelder des Systems Eisen-Nickel-Aluminium bei Raumtemperatur. [Nach W. Köster: Arch. Eisenhüttenw. Bd. 7 (1933/34) S. 257/62.]

—·— Schmelzgleichgewichte;
——— Grenzen der magnetischen Legierungen.

[1] Köster, W.: Stahl u. Eisen Bd. 53 (1933) S. 849/56.
[2] Köster, W.: Arch. Eisenhüttenw. Bd. 7 (1933/34) S. 257/62.

zerfällt. Bei langsamer Abkühlung von hoher Temperatur kann sich ebenfalls bereits eine feine Verteilung von γ- in α-Mischkristallen einstellen. Hierdurch erschien zunächst die Erhöhung der Koerzitivkraft auf dem Wege einer Ausscheidung oder Entmischung zweier Kristallarten mit verschiedenen Gitterparametern verständlich. Hingegen fanden R. Glocker, H. Pfister und P. Wiest[1] beim Anlassen in abgeschreckten Eisen-Nickel-Aluminium-Legierungen weder eine Änderung des Gitterparameters — dies gelang erst später H. Bumm und H. G. Müller[2] — noch eine Ausscheidung von Austenit; letztere konnte erst bei hohen Anlaßtemperaturen nachgewiesen werden, nachdem die magnetischen Werte bereits abgesunken waren. Glocker und Mitarbeiter fanden aber bei der raumzentrierten Phase eine Überstruktur; diese wurde sowohl vor wie nach dem Anlassen der abgeschreckten Legierungen beobachtet. Die magnetisch günstigsten Legierungen lagen um die Zusammensetzung 25 At.% Al (13,7 Gew.%) und 25 At.% Ni (29,7 Gew.%) herum. A. J. Bradley und A. Taylor[3] fanden nun im Gegensatz zu W. Kösters Diagramm zwei ferromagnetische raumzentrierte Phasen nebeneinander, von denen die eine (α) eisenreich ist und die andere eisenarme (α') den Grenzmischkristall der im ternären System mit einem größeren Homogenitätsbereich auftretenden Verbindung NiAl darstellt (Abb. 718). Bradley und Taylor erklären die hohe Koerzitivkraft dadurch, daß der bei hohen Temperaturen homogene raumzentrierte Mischkristall danach strebt, in die zwei genannten Phasen α und α' mit einem kleinen Parameterunterschied (Differenz des Gitterparameters zwischen den beiden Phasen 0,3 0,1%) zu zerfallen; unter den bei der technischen Wärmebehandlung herrschenden Bedingungen kommt aber der Zerfall in zwei getrennte raumzentrierte Phasen nicht zustande, sondern

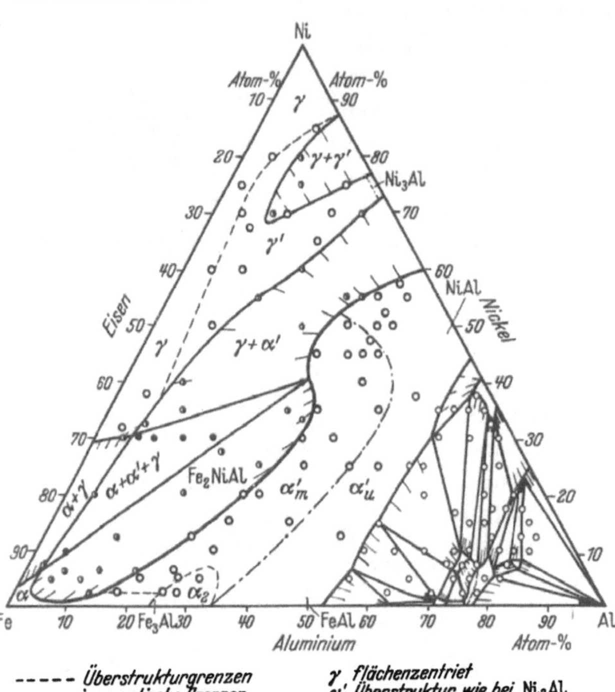

Abb. 718. System Eisen-Nickel-Aluminium (Legierungen 10° pro Std. abgekühlt). [Nach A. J. Bradley u. A. Taylor: Proc. Roy. Soc. (Al) Bd. 166 (1938) S. 353/75; in der Originalarbeit werden die flächenzentrierten Phasen mit dem Buchstaben α, die raumzentrierten mit β bezeichnet.]

tätsbereich auftretenden Verbindung NiAl darstellt (Abb. 718). Bradley und Taylor erklären die hohe Koerzitivkraft dadurch, daß der bei hohen Temperaturen homogene raumzentrierte Mischkristall danach strebt, in die zwei genannten Phasen α und α' mit einem kleinen Parameterunterschied (Differenz des Gitterparameters zwischen den beiden Phasen 0,3 0,1%) zu zerfallen; unter den bei der technischen Wärmebehandlung herrschenden Bedingungen kommt aber der Zerfall in zwei getrennte raumzentrierte Phasen nicht zustande, sondern

---

[1] Arch. Eisenhüttenw. Bd. 8 (1934/35) S. 561/63.

[2] Bumm, H., u. H. G. Müller: Wiss. Veröff. Siemens-Konz. Bd. 17 (1938) S. 425/35.

[3] Nature, Lond. Bd. 140 (1937) S. 1012/13 — Proc. roy. Soc., Lond. (A) Bd. 166 (1938) S. 353/75.

bleibt bei der Keimbildung stehen; Bradley und Taylor sprechen von „Inseln“ innerhalb der Kristalle. Wegen der Volumendifferenz entstehen innerhalb der Kristalle erhebliche Spannungen und lokale Schwankungen im Austausch-integral[1], die als Ursache der hohen Koerzitivkraft anzusehen sind. Diese neue Ansicht wird durch die Arbeit von S. Kiuti[2] gestützt. Kiuti hält die Zerfallsreaktion $\alpha \to \alpha + \alpha'$ für den wesentlichen Vorgang und erklärt außerdem den Zusammenhang mit der γ-Phase durch die Dreiphasengleichgewichte von $\alpha + \alpha' + \gamma$. Daß es sich hierbei zum Teil um Überstrukturphasen handelt, die sich bei bestimmter Abkühlung oder Erwärmung bilden, geht aus Abb. 718 hervor.

Durch Untersuchungen von J. L. Snoek[3] wird festgestellt, daß die Koerzitiv-kraft mit steigendem Zusatz der Verbindung NiAl wächst, wodurch die Ver-mutung nahegelegt ist, daß die Ausscheidung von NiAl für die hohen Koerzitiv-kräfte mitverantwortlich ist. Letztere Auffassung braucht der vorhergehend geschilderten von Bradley und Taylor nicht entgegenzustehen.

W. Dannöhl[4] hat kürzlich durch kritische Betrachtung der Beobachtungen von Köster einerseits und Bradley und Taylor sowie Kiuti andererseits die gegensätzlichen Auffassungen überbrückt. Kösters Beobachtungen be-züglich der Schmelzfläche werden im großen und ganzen bestätigt. Die Magnet-legierungen durchlaufen nach Dannöhl einen Zustandsraum homogener α-Misch-kristalle, darauf einen Zustandsraum $\alpha + \alpha'$, dann einen Zustandsraum $\alpha + \alpha' + \gamma$ und treten schließlich, weil die Löslichkeitskurve der γ-Phase rückläufig wird, wieder in den Zustandsraum $\alpha + \alpha'$ ein. Dieser Reaktionsverlauf kann vielleicht erklären, warum beim Abschrecken und Anlassen geringere Koerzitivkräfte er-reicht werden als bei Abkühlung mit mittlerer Geschwindigkeit ohne oder mit anschließendem Anlassen. Beim Abschrecken aus dem Gebiet der homogenen α-Mischkristalle und Anlassen auf niedrige Temperatur, also im unteren Bereich des $\alpha + \alpha'$-Raumes, würde sich zwar eine gewisse Erhöhung der Koerzitivkraft ergeben; beim Anlassen auf höhere Temperatur, die zur Ausscheidung von γ führt, würde aber keine weitere Verbesserung eintreten, weil gleichzeitig die ausgeschiedene α'-Phase bereits weitgehend koaguliert ist. Beim Abkühlen aus dem Gebiet der homogenen α-Mischkristalle mit mittlerer Geschwindigkeit wird dagegen durch die aufeinanderfolgende Ausscheidung von α' und γ eine stärkere Koerzitivkrafterhöhung erfolgen, sofern die Abkühlung nicht wieder so langsam ist, daß die γ-Phase den Gleichgewichtsverhältnissen entsprechend zur Auf-lösung kommt (Mehrfachaushärtung). Zur Erzielung höchster Koerzitivkräfte müßte also im oberen Bereich des $\alpha + \alpha'$-Gebietes und des $\alpha + \alpha' + \gamma$-Gebietes verhältnismäßig langsam, im unteren Bereich des $\alpha + \alpha' + \gamma$-Gebietes dagegen etwas schneller abgekühlt werden. Eine weitere Steigerung könnte dann noch erzielt werden, wenn nach einer solchen Abkühlung durch Anlassen auf ver-hältnismäßig niedrige Temperaturen für eine weitere Ausscheidung von α' ge-sorgt wird. Diese Anlaßtemperatur darf aber nicht zu nahe an der Grenze des $\alpha + \alpha' + \gamma$-Raumes liegen, um nicht wieder eine Auflösung der instabil vorliegenden

---

. [1] Komar, A., u. D. Tarassow: J. Techn. Phys. Bd. 10 (1940) S. 1745/1755.

[2] Kiuti, S.: Rep. aeron. Res. Inst., Tokio, Imp.-Univ. Bd. 13 (1938) S. 555/581 — Ref. Chem. Zbl. 1939 I S. 2565.

[3] Physica Bd. 6 (1939) S. 321/31.

[4] Arch. Eisenhüttenw. Bd. 15 (1941/42) S. 321/30 u. 379/87.

γ-Phase zu bewirken. Die Ausbildung der Überstruktur in der α'-Phase bringt nach Dannöhl noch einen kleinen, aber unwesentlichen magnetischen Effekt.

Einfluß der Wärmebehandlung und der Zusammensetzung. Die Entwicklung der aluminiumhaltigen Dauermagnetlegierungen ist den Erkenntnissen über die theoretischen Grundlagen vorausgeeilt und hinsichtlich des Einflusses der Wärmebehandlung und der Zusammensetzung im wesentlichen empirisch vor sich gegangen. Die Analyse der als Dauermagnete technisch verwendeten Eisen-Nickel-Aluminium-Dreistofflegierungen liegt bei etwa 24—28% Ni und 12—15% Al. Man erhält verschiedene magnetische Eigenschaften der Proben je nach Abkühlungsart in Sand oder Metallkokille, nach Probenquerschnitt und Analyse; die mannigfachen Effekte, die man hierbei findet, erklären sich dadurch, daß beispielsweise steigender Aluminiumgehalt im gleichen Sinne wirkt wie eine Steigerung der Abkühlungsgeschwindigkeit[1]. So kann z. B. bei großer Wandstärke zwecks Erzielung hoher Koerzitivkraft der Aluminiumgehalt an der oberen Grenze des zur Verfügung stehenden Bereiches gewählt werden. Die Bestwerte von H_c werden mit ungefähr 13% Al erreicht; höhere Zusätze führen dann bald wieder zu einem starken Abfall. Besteht die Wärmebehandlung nur in einer Abkühlung von hoher Temperatur, 1100—1250°, so entspricht einem bestimmten Aluminiumgehalt eine günstigste Abkühlungsgeschwindigkeit, die gerade den günstigsten Verteilungsgrad und Ausscheidungszustand der dispers verteilten Phasen bewirkt. Bei verschiedenen Querschnitten kann man daher die Abschreckgeschwindigkeit regulieren durch geeignete Abschreckmittel. In vielen Fällen sind die geforderten Werte am bequemsten zu erreichen durch Luftabkühlung und nachheriges Anlassen bei 600—650°. Es hat sich dabei als zweckmäßig erwiesen, die Abschreckung so zu führen, daß man nicht eine möglichst hohe Übersättigung des Mischkristalls, d. h. eine kleine Koerzitivkraft unter 100 erhält, sondern daß sich bereits nach Abkühlung zweckmäßig Koerzitivkräfte von 400 ergeben, die also nicht sehr viel unter dem Wert des durch nachheriges Anlassen erstrebten Betrages liegen.

Hoher Nickelgehalt erfordert höhere Abkühlungsgeschwindigkeiten als geringerer. Der günstigste Nickelgehalt liegt bei 28—29%. Für die Remanenz und Güteziffer gelten ähnliche Regeln; die Höchstwerte der Remanenz werden jedoch bei höheren Abkühlungsgeschwindigkeiten erhalten als die der Koerzitivkraft; für Bestwerte von $(B \cdot H)_{\mathrm{max}}$ ist eine dazwischenliegende Abkühlungsgeschwindigkeit erforderlich. Praktisch kommen je nach Größe und Zusammensetzung alle Zwischenstufen zwischen Abkühlung in Asche, ruhender Luft, Preßluft und Wasser-Öl-Emulsionen vor. Die Absolutbeträge der Remanenz sinken mit steigendem Nickelgehalt. Der Aluminiumgehalt hat zwischen 10 und 14% keine allzu große Wirkung auf die Remanenz; bei höheren Aluminiumgehalten sinkt B_r. Der Bestwert der Güteziffer wird nach W. Betteridge[2] bei 27% Ni und 13% Al erreicht. Die Wirkung der vielen vorgeschlagenen weiteren Legierungselemente ist zum Teil sehr fragwürdig. Kohlenstoff ist

---

[1] Messkin, W S., u. B. E. Somin: Arch. Eisenhüttenw. Bd. 8 (1934/35) S. 315/18. — Pölzguter, F.: Stahl u. Eisen Bd. 55 (1935) S. 853/860. — Betteridge, W.: J. Iron Steel Inst. 1939 — Ref. Stahl u. Eisen Bd. 59 (1939) S. 1091/92.

[2] Betteridge, W.: J. Iron Steel Inst. 1939 — Ref. Stahl u. Eisen Bd. 59 (1939) S. 1091/92.

schädlich und sollte möglichst 0,1% nicht überschreiten; auch Silizium soll tunlichst niedrig sein. Eine wesentliche Rolle spielen eigentlich nur Kobalt, Kupfer und Titan.

Kobalt bewirkt eine merkliche Verzögerung der Aushärtung und setzt daher die erforderliche Abkühlungsgeschwindigkeit herab. Die Remanenz wird durch Kobaltzusatz erhöht. Die Koerzitivkraft wird durch Kobalt nicht oder nicht mehr als durch entsprechende Steigerung des Nickelgehaltes verbessert. Zur Gewinnung der Bestwerte der magnetischen Leistung ist bei kobalthaltigen Legierungen meist ein Anlassen bei 650° erforderlich. Aber auch dann, wenn ein Anlassen vorgenommen wird, ist es zweckmäßig, die Abkühlung von hoher Temperatur nicht zu schnell vorzunehmen, da die dadurch entsprechend stark herabgesetzte Koerzitivkraft auch durch das Anlassen nicht voll ausgeglichen wird.

Diese Empfindlichkeit der kobalthaltigen Legierungen gegenüber der Art der Wärmebehandlung, die in vielen Fällen eine recht umständliche Wärmebehandlungsarbeit zur Folge haben kann, läßt sich durch einen Kupferzusatz stark verringern. Das Kupfer wirkt dabei im Sinne einer Beschleunigung der Ausscheidung, es macht also in dieser Beziehung die durch das Kobalt bedingte Verzögerung wieder wett. Die Remanenz wird durch Kupfer etwas vermindert.

Die wichtigste Erweiterung der Legierungsbasis Eisen-Nickel-Aluminium liegt bei den Fünfstofflegierungen Fe-Al-Ni-Co-Cu vor. Mit diesen Legierungen können bei relativ hohen Nickelgehalten hohe Koerzitivkräfte bis etwa 950 Oersted erreicht werden, andererseits erhält man bei niedrigeren Nickelgehalten hohe Güteziffern $B \cdot H_{max}$ bis zu $1,8 \cdot 10^6$.

Bei hinreichend hohen Kobaltgehalten der Fe-Ni-Al-Co-Cu-Legierungen (19—30%) steigen die Curie-Punkte auf Temperaturen über 800°C an. Diese Eigenart, zusammen mit den allerdings noch kaum erforschten Magnetostriktionseigenschaften der Legierungen, ermöglicht eine erhebliche Verbesserung des Magnetwerkstoffs durch Wärmebehandlung im magnetischen Feld[1, 2, 3]. Die Wirkung einer Abkühlung im Magnetfeld ist im Abschnitt Nickel (S. 350) näher erläutert worden. Liegt die Curie-Temperatur der Legierung hoch genug, so findet ein vorzugsweises Ausrichten der magnetischen Elementarbereiche in einer Richtung leicht statt und es gelingt, besonders hohe magnetische Eigenschaften in dieser Richtung nach Abkühlung auf Raumtemperatur festzuhalten. Die zur Entwicklung der Koerzitivkraft sowieso notwendige Abkühlung von hohen Temperaturen wird in starken Magnetfeldern ausgeführt und hierdurch dem Werkstoff eine magnetische Vorzugsrichtung eingeprägt; die Remanenz wird hierdurch erheblich gehoben und der Sättigung bis zu etwa 90% angenähert. Die Magnetisierungskurve wird stark ausgebaucht und erreicht Kurvenfüllfaktoren bis zu 70%. Die Bedeutung dieses Verlaufs der Magnetisierungskurve in bezug auf Magnetform, Verhältnis von Magnetlänge zu Luftspaltbreite usw. ergibt sich aus den Ausführungen im Abschnitt Kobalt (S. 749). Von besonderer Wichtigkeit für die Art, wie das Magnetfeld bei der Abkühlung in der Gegend der Curie-Temperatur wirkt, ist die Tatsache, daß nach Entmagnetisieren und Anlassen die auf diese Weise erzeugte Vorzugsrichtung

---

[1] Oliver, D. A., u. J. W. Shedden: Nature, Lond. Bd. 142 (1938) S. 209.

[2] Jellinghaus, W.: Techn. Mitt. Krupp, Forschungsber. Bd. 3 (1940) S. 143/45.

[3] Kayser, F.: The Engineer 20. 9. 1940, S. 183.

erhalten bleibt[1]. Dies stützt die Auffassung, daß durch das Magnetfeld eine kleine bleibende Verzerrung des Kristallgitters hervorgerufen wird[2]. Die Güteziffer $(B \cdot H)_{max}$ derartig behandelter Magnete erreicht Beträge von 4 bis $5 \cdot 10^6$. Senkrecht zur Vorzugsrichtung wird die magnetische Leistung entsprechend vermindert. Der durch die Magnetfeldbehandlung erzielte Zustand ist bis zu Temperaturen von etwa 550° beständig. Die auf diesem Wege erzielte Leistungssteigerung bedeutet trotz des hohen Legierungsgehaltes eine erhebliche Verbilligung der in der Gewichtseinheit gespeicherten magnetischen Energie.

Schließlich ist noch das Legierungselement Titan zu nennen, dessen Zusatz zum Nickel-Aluminium-Magnetstahl mehrfach empfohlen wurde[3]. Bei kleinen Zusätzen bis 3% darf man sich seine Wirkung ähnlich der des Kupfers als Beschleunigung der Aushärtung und Steigerung der Koerzitivkraft vorstellen[4]. K. Honda, H. Masumoto und Y. Shirakawa[5] fanden bereits kurz nach der Entdeckung der Nickel-Aluminium-Stähle einen Magnetstahl, der mit 15—36% Co, 10—25% Ni und 8—25% Ti sehr hoch legiert war und beachtenswerte Leistung, nämlich eine Remanenz von 7400 Gauß, eine Koerzitivkraft von 830 Oersted und ein $(B \cdot H)_{max}$ von $2{,}0 \cdot 10^6$ (nach H. Neumann[6]), aufwies (s. Zahlentafel 214 [S. 970] bei „Titan"). Man kann vermuten, daß der sog. neue K.S.-Stahl, so wie ihn Honda und Mitarbeiter herstellten, beträchtliche Aluminiummengen enthalten haben mag; trotzdem wird man ihn aber mit Rücksicht auf sein heterogenes Gefüge nicht einfach einen abgewandelten Nickel-Aluminium-Magnetstahl nennen dürfen. Bei hohen Temperaturen enthält der neue K.S.-Stahl einen merklichen Gefügeanteil von Austenit; dieser wird durch Anlassen zum mindesten teilweise zum Zerfall gebracht. Entsprechend diesem Gefügeaufbau ist der Honda-Stahl mit hohem Titangehalt durch die Magnetfeld-Wärmebehandlung nur wenig zu verbessern. Die Co-Ni-Ti-Al-Stähle mit niedrigem Titangehalt können dagegen in ähnlicher Weise, wenn auch in etwas kleinerem Ausmaße, durch die Erzielung der Vorzugsrichtung verbessert werden[7].

Verarbeitung. Was die Verarbeitung der Nickel-Aluminium-Magnetstähle angeht, so sind diese allerdings nicht schmiedbar und nicht walzbar. Sie erhalten ihre Gestalt durch Formguß und Schleifen. Infolge ihrer hohen Koerzitivkraft können die Nickel-Aluminium-Stähle noch bei sehr kleinen Dimensionsverhältnissen ohne allzu große innere Entmagnetisierung benutzt werden; hierdurch ist es in vielen Fällen möglich, statt der bei geringwertigen Magnetstählen üblichen Ring- oder Hufeisenform mit kurzen Stabformen auszukommen; angesichts der schlechten Bearbeitbarkeit des Werkstoffes ist dies ein günstiger Umstand. Die

---

[1] Jellinghaus, W.: Techn. Mitt. Krupp, Forschungsber. Bd. 3 (1940) S. 143/45.

[2] Kaya, S.: J. Fac. Sci. Hokkaido Univ. Bd. 2 (1938) S. 29/35.

[3] Engl. Patent 442127 vom 1. 5. 1934. Engl. Patent 446894 vom 4. 8. 1934. Schweizer Patent 191621 vom 3. 3. 1936; ferner zahlreiche spätere Patente.

[4] Zumbusch, W.: Arch. Eisenhüttenw. Bd. 14 (1940/41) S. 127/53.

[5] Sci. Rep. Tôhoku Univ. Bd. 23 (1934) S. 365/373; s. a. Metallwirtschaft Bd. 13 (1934) S. 425.

[6] Neumann, H.: Arch. techn. Messen, 1937, Z 912—1.

[7] Jonas, B., u. H. J. Meerkamp van Embden: Philips techn. Rdsch. Bd. 6 (1941) S. 8/11.

Bearbeitungsschwierigkeit läßt sich bis zu einem gewissen Grade umgehen, wenn man den Werkstoff pulverisiert und unter Anwendung eines geeigneten Bindemittels wie Bakelit in die gewünschte Form preßt; allerdings sinkt in solchen Fällen die Remanenz. Eine andere Möglichkeit bequemer Herstellung geeigneter Formen bietet die Herstellung auf dem Sinterwege[1] aus entsprechenden Metallpulvern, wo man zwar vielleicht nicht immer den Bestwert des magnetischen Leistungsproduktes erhält, jedoch etwa den 3fachen Wert der Biegefestigkeit, was bei der sonst geringen Festigkeit dieses Werkstoffes (etwa 25 kg/mm² Biegefestigkeit) von praktischer Bedeutung sein kann.

Die Zusammensetzung und die magnetischen Eigenschaften der wichtigsten Nickel-Aluminium-Magnetstähle gibt Zahlentafel 182 wieder.

Zahlentafel 182. Zusammensetzung und magnetische Eigenschaften der wichtigsten Nickel-Aluminium-Magnetstähle.

Ni %	Al %	Co %	Cu %	Ti %	B_r	H_c	$B_r \cdot H_c$	$B \cdot H_{max}$	
20/21	11	—	—	—	7800	250	$1{,}9 \cdot 10^6$	$1{,}0 \cdot 10^6$	
24	13	—	—	—	6800	420	2,9	1,1	
26,5	13	—	—	—	6200	550	3,4	1,25	
22	12	3	—	—	7200	330	2,4	1,1	
22	10	9,4	—	—	6500	585	3,8	—	
24	13	4,5	3	—	5800	620	3,5	1,2	
27	13	4,5	3	—	5000	720	3,6	1,3	
20	9	15	4,5	—	6900	660	4,5	1,6	ohne
—	—	—	—	—	8100	650	5,3	2,0	mit
—	—	—	—	—	5900	900	5,3	1,6	mit
24	11	15	4,5	—	5200	900	4,7	1,3	ohne
15,5	8,5	24	3	—	12000	600	7,2	4,5	mit
16	8	25	—	3	7700	655	5,0	1,7	ohne
—	—	—	—	—	9500	695	6,6	2,8	mit

Die letzten sechs Zeilen sind als Klammer zusammengefaßt mit der Bezeichnung *Magnetfeldbehandlung*.

4. Aluminium in Stählen mit besonderen chemischen Eigenschaften.

Chemischer Widerstand bei hohen Temperaturen. Besondere Bedeutung gewinnt Aluminium als Legierungselement für Stähle mit chemischer Widerstandsfähigkeit bei hohen Temperaturen. Ist schon früher darauf hingewiesen worden, daß diejenigen Elemente, die leichter oxydierbar sind als Eisen, einen Schutz des Eisens bei oxydierenden Angriffen darstellen können, so muß dies in verstärktem Maße für Aluminium gelten, da das sich bildende Oxyd ein besonders feuerfestes Material darstellt. Es ist Tatsache, daß aluminiumhaltige Eisenlegierungen eine festhaftende Aluminiumoxydschicht aufweisen, die das darunterliegende Eisen vor dem chemischen Angriff der Atmosphäre bei höheren Temperaturen schützt. Die Wirkung des Aluminiums geht aus Abb. 719 hervor. Reine Aluminium-Eisen-Legierungen sind aber nicht besonders widerstandsfähig, da die Oxydschichten bei hohen Temperaturen und mehrfacher Erwärmung und Abkühlung leicht abspringen. Besser verhalten sich Legierungen von Eisen, Aluminium und Chrom. Ein entsprechender Überblick wurde im Abschnitt Chrom gegeben (S. 517).

---

[1] Siehe z. B. W. Hotop: Stahl u. Eisen Bd. 61 (1941) S. 1105/09.

Aluminium vermag insbesondere auch den Widerstand gegen Schwefelangriff
bei höheren Temperaturen zu verbessern, wie dies Abb. 433 zeigte (S. 527).

Schutzüberzüge aus Aluminium. In diesem Zusammenhang müssen noch die
Schutzüberzüge des Aluminiums erwähnt werden, die dem Zweck dienen, gewöhnlichem Flußeisen einen erhöhten Widerstand gegen Oxydation bei hohen
Temperaturen zu geben. Man unterscheidet hierbei, abgesehen von der Möglichkeit
der Walzplattierung mit Aluminium, zwei Verfahren: Bei dem sog. „Alitieren"
werden flußeiserne Gegenstände in Aluminiumpulver eingepackt und bei höheren
Temperaturen (1050°) geglüht. Das Aluminium diffundiert bei diesen hohen
Temperaturen in das Eisen hinein und die hoch aluminiumhaltigen Randschichten

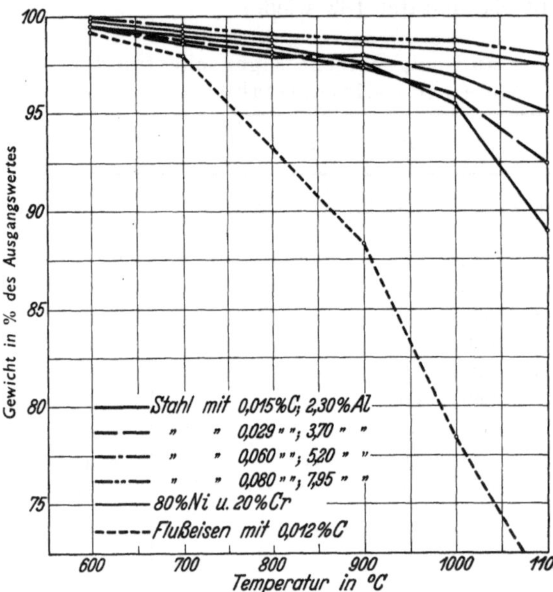

Abb. 719. Zunderbeständigkeit von Eisen-Aluminium-Legierungen im Vergleich zu Flußeisen und hochhitzebeständigem
Chrom-Nickel-Stahl. [Nach N. A. Ziegler: Trans. Amer. Inst.
min. metallurg. Engr. Techn. Publ. Nr. 450 (1932) S. 1/6; Iron
Steel Div. Nr. 100 S. 267/71.]

überdecken sich gleichzeitig mit
einer zunderbeständigen Tonerdehaut.

Bei dem zweiten Verfahren
arbeitet man bei tieferen Temperaturen. Die betreffenden
Eisenstücke werden nach entsprechender Reinigung der Oberfläche in geschmolzenes Aluminium eingetaucht, wobei ein
Aluminiumüberzug gebildet
wird, der dann beim Gebrauch
bei höheren Temperaturen in
das Eisen hineindiffundiert. Da
Aluminium nicht allzu leicht an
der reinen Eisenoberfläche
haftet, sind verschiedene Verfahren entwickelt worden, die
Oberfläche entsprechend zu präparieren. Eines der wesentlichsten Verfahren besteht darin,
das Eisen zuerst mit anderen
Metallschichten, wie Zinn, zu versehen, die leichter auf Eisen haften und gleichzeitig ihrerseits wiederum eine gute Haftfähigkeit für Aluminium aufweisen
oder es mit Aluminium zu spritzen.

Aus der Art der geschilderten Verfahren geht bereits hervor, daß das erstgenannte tiefer aluminiumhaltige Eisenschichten ergeben muß als das zweite.
Allen Verfahren ist gemeinsam, daß sie auf die Dauer weniger zunderbeständige Produkte ergeben als homogene Legierungen. Wenn nämlich im Laufe der
Zeit die mit dem Aluminium angereicherte Schicht wegzundert oder abplatzt,
geht die Schutzwirkung des Aluminiums verloren und es tritt die übliche Korrosion des Eisens ein.

Chemischer Widerstand bei Raumtemperatur. Gelegentlich findet man auch
Hinweise im Schrifttum, daß Aluminium geeignet ist, den Korrosionswiderstand
von Eisenlegierungen bei Raumtemperatur zu verbessern[1]. Eine entsprechende

---

[1] Portevin, A., u. E. Herzog: Journées de la Lutte contre la Corrosion 1939 S. 260/70
u. 453. Paris: Chimie et Industrie.

Zahlentafel 183. Korrosionswiderstand von hoch aluminiumhaltigen Eisenlegierungen im Vergleich zu 5proz. Nickelstahl und nichtrostendem Stahl[1].

Stahllegierung	Frischwasser		Seewasser	
	Verhältniszahl des Korrosionsangriffes	Gewichtsverlust in mg/cm³ pro 100 Stunden	Verhältniszahl des Korrosionsangriffes	Gewichtsverlust in mg/cm³ pro 100 Stunden
5proz. Nickelstahl	100,0	0,36	100	1,5
Weiches Eisen	68,0	0,25	53	0,8
10% Al enthaltende Eisenlegierung	48,0	0,18	47	0,7
14% Al enthaltende Eisenlegierung	16,5	0,06	33	0,6
Nichtrostender Stahl	8,0	0,03	25	0,3

Gegenüberstellung gibt beispielsweise Zahlentafel 183. Praktische Verwendung in diesem Sinne hat Aluminium aber nicht gefunden. Bei den Ergebnissen müßte berücksichtigt werden, ob das Material im blanken oder im verzunderten Zustand dem Rostvorgang ausgesetzt wird, da jeder Zunder bei einem hoch aluminiumhaltigen Material stärker tonerdehaltig sein wird. So könnte das an verzunderten Proben erhaltene Ergebnis zum Teil mit auf die Zunderausbildung zurückgeführt werden. Man findet gelegentlich Hinweise, daß niedriglegierte Chrom-Aluminium-Stähle in der Lage sind, z. B. den bei Erdrohrleitungen gefürchteten Lochfraß zu verbessern. Wie bei allen derartigen etwas rostträgeren Stählen ist aber die Bewährung nur auf wenige günstig gelagerte Fälle beschränkt. Eine allgemeine Verbreitung haben sie nicht gefunden. Vielfach sind, wie bereits des öfteren erwähnt, gerade derartige Stähle infolge lokaler Passivitätserscheinungen doppelt empfindlich gegen Lokalkorrosion, Lochfraß usw.

5. Hinweise auf den Einfluß des Aluminiums bei der Stahlherstellung und -verarbeitung.

Aluminium ist neben Silizium das bekannteste und energischeste Desoxydationsmittel, das in der Stahltechnik Verwendung findet. Seine Bedeutung kann hier nur gestreift werden. Die hohe Affinität von Aluminium zu Sauerstoff ist aus den aluminothermischen Metallgewinnungsverfahren bekannt. Metallurgisch ist ferner die Verwandtschaft von Aluminium zu Stickstoff von Bedeutung. Die Zusätze von Aluminium erfolgen meist erst im letzten Stadium der Stahlherstellung, und zwar gewöhnlich nach einer Vordesoxydation mit Mangan oder Silizium. Verwendet wird sowohl Reinaluminium wie Legierungen von Aluminium mit Silizium und Mangan. Letztere werden vor allem im Ofen, zum Teil auch in der Pfanne zugesetzt; mit Reinaluminium desoxydiert man gewöhnlich in der Pfanne, bisweilen „füttert" man auch noch in der Kokille während des Gießens der Blöcke. Die Desoxydationsprodukte des Aluminiums besitzen einen hohen Schmelzpunkt und neigen augenscheinlich zu feiner Abscheidung im Stahl. Schon Zusätze von 0,1% Al zum Stahl machen sich beim Gießen bemerkbar. Bei der Berührung des Gießstrahles mit dem Luftsauerstoff oxydiert das Aluminium und die sich bildenden Tonerdeausscheidungen bewirken, daß der Stahl sich dickflüssig vergießt. Der Stahl „schmiert" und die Oberfläche derartiger

---

[1] Entnommen aus Engineering Bd. 138 (1934) S. 578/80.

Gußblöcke ist unsauber. Besonders macht sich diese Erscheinung bei höher mit
Aluminium legierten Stählen bemerkbar. Bei Zugabe des Aluminiums im Ofen
muß man mit stärkerer Reaktion des Aluminiums mit der Ofenschlacke (Auf-
silizierung usw.) rechnen. Es ist daher zweckmäßig, die Ofenschlacke, insbesondere
von Martinöfen, nicht mit in die Pfanne gelangen zu lassen, sondern den Aluminiumstahl mit besonderen Abdeckmassen zu versehen.

Beim Zusatz von Aluminium zu Eisenschmelzen kann man wie bei Silizium
eine energische Wärmeentwicklung beobachten. Während vielfach diese Wärmeentwicklung durch die Reaktion des Aluminiums mit dem Restsauerstoff der
Schmelze gedeutet wurde, liegt aber auch ein reiner Legierungseffekt zugrunde,
wie dies die Untersuchungen von Körber und Mitarbeitern[1] zeigen. Ähnlich
wie bei Silizium ist die Bindungswärme des Aluminiums im Eisen groß und erreicht
ein Maximum in der Nähe der chemischen Verbindungen von Eisen und Aluminium. Darüber hinaus zeigt sich dann die aluminothermische Reaktionsfähigkeit
des Aluminiums, insbesondere wenn es mit oxydreichen Schlacken in Verbindung
kommt und als Schlackenreduktionsmittel Verwendung findet. Bei einer derartigen Reduktion, wie sie z. B. durch Zugabe von Aluminiumpulver auf die
Schlacke erfolgt, kann man vielfach gleichzeitig eine merkliche entschwefelnde
Wirkung beobachten.

In Abb. 700 und 701 ist der Knick in der Kurve der Überhitzungsempfindlichkeit und des Durchhärtungsvermögens bei steigendem Aluminiumgehalt ein
Anzeichen dafür, daß die ersten geringen Zusätze an Aluminium zum Stahl
nicht allein zum Legieren, sondern auch zu anderen Zwecken verbraucht
werden. Während vielfach fein verteilte Tonerde als Ursache dieser Eigenschaftsveränderungen angesehen wurde, scheint durch die auf S. 813 angeführten
Versuche dem Stickstoff eine besondere Wirksamkeit zuzukommen. Die metallurgische Bedeutung des Aluminiums ist durch diese Erkenntnis in den letzten
Jahrzehnten außerordentlich gestiegen; rankt sich doch um das Wort Aluminiumdesoxydation und Aluminiumzusätze zum fertigen Stahl die ganze Frage der
Feinkornstahlherstellung. Die erste Erscheinung die bekannt wurde, war,
daß bei Zugabe von Aluminium zum unruhig vergossenen Flußeisen in der
Kokille starke Gefügeanomalität auftritt. Erfolgt dagegen der Aluminiumzusatz
in der Pfanne oder gar im Ofen, so haben die Stähle mehr oder weniger normales
Zementationsgefüge (s. S. 166 Abschnitt Einsatzhärtung). Dies läßt sich heute
eindeutig dadurch erklären, daß es auf die erstgenannte Art gelingt, das Eisen
im letzten Augenblick durch Aluminiumzusatz von Sauerstoff zu befreien. Derartige Blöcke erhalten somit weitgehend reines Eisen, das frei von irgendwelchen
Reaktionsprodukten ist, die noch entstehen können, wenn Aluminium schon
im Ofen oder in der Pfanne zugesetzt wird und entsprechende Reaktionen mit
dem Pfannen- oder Ofenfutter noch möglich sind. Durch die weitere Entwicklung, insbesondere auch durch die Erfindung des alterungsbeständigen Izott
Stahles, wurde die Aluminiumzugabe zu schon weitgehend desoxydierten Stahlschmelzen jeder gewünschten Zusammensetzung zwecks Erzielung gewünschter
Korngröße im Stahl immer stärker in den Vordergrund gerückt. Bei genaueren
Untersuchungen über die bei steigendem Aluminiumzusatz im Stahl in Form

---

[1] Körber, F., W. Oelsen, W. Middel u. H. Lichtenberg: Stahl u. Eisen Bd. 56
(1936) S. 1401/11.

von Aluminiummetall und Aluminiumoxyd vorhandene Aluminiummenge konnten direkte Gesetzmäßigkeiten zwischen dem Aluminiumoxydgehalt und der Feinkörnigkeit nicht gefunden werden (Abb. 701). Es zeigte sich aber auch, daß die Menge des zuzusetzenden Aluminiums von dem Zustand der Vordesoxydation abhängig ist in dem Sinne, daß der gewünschte Effekt der Feinkornerzielung um so leichter vor sich geht, je besser der Stahl vordesoxydiert ist, d. h. je weniger Aluminium für die Sauerstoffabbindung verbraucht wird. Daß insbesondere bei Elektrostahl verhältnismäßig geringe Mengen Aluminium den gewünschten Effekt ergeben können, deutet nicht nur auf den Zusammenhang mit der Desoxydation hin, sondern könnte auch auf die im Elektroofen vorhandenen größeren Mengen Stickstoff zurückzuführen sein. Eine gewisse Beziehung zwischen Feinkörnigkeit und metallischem Aluminiumgehalt des Stahles ist schon eher zu erkennen.

Zusammenfassend ist festzuhalten, daß es durch Aluminiumzusätze gelingt, die Überhitzungsempfindlichkeit zu vermindern. Bei unlegierten Stählen ist es insbesondere möglich, in Zusammenhang mit der Veränderung der Überhitzungsempfindlichkeit die Härtefähigkeit und Durchhärtung entsprechend zu beeinflussen. Gerade bei unlegiertem Werkzeugstahl kommt der Gleichmäßigkeit der Härtefähigkeit eine erhöhte Bedeutung zu, während bei legiertem Werkzeugstahl die geringfügige Beeinflussung durch Aluminium meistens durch den Effekt des Legierungselementes weitestgehend überdeckt wird. Bei Vergütungsstählen ist die Frage der Korngröße meist von untergeordneter Bedeutung.

Aluminiumzusätze zum Stahl sind nicht in der Lage, Wasserstoff abzubinden. Dagegen schreibt man der gebildeten Tonerde die Fähigkeit zu, Wasserstoff in stärkerem Maße zu absorbieren und so die bei der Erstarrung erfolgende Abgabe des Wasserstoffes zu verzögern. Dies soll z. B. die Ursache für die gelegentlich auftretende Blasenbildung in Aluminiumlegierungen sein.

Bei der Weiterverarbeitung zeigen Aluminiumstähle keine besonderen Merkmale. Der beim Schmieden und Walzen sich bildende Zunder reichert sich bei Stählen mit mehr als 1% Al mit Tonerde an. Der Einfluß einer derartigen, nicht plastischen hochfeuerfesten Zunderschicht macht sich beim Walzen in einer Steigerung des Verhältnisses von Breitung zu Streckung bemerkbar. In der Randzone gewalzter und geschmiedeter Stahlstücke beobachtet man oft im Gefüge nach dem Glühen in schwach sauerstoffhaltiger Atmosphäre feine Tonerdeausscheidungen, die durch den von außen hineindiffundierenden Sauerstoff hervorgerufen werden (vgl. auch Abb. 711, S. 821). Dieser Vorgang ist erwähnenswert, weil er veranschaulicht, wie Ausscheidungen durch einen von außen hineindringenden Stoff, der eine große Affinität für eine Legierungskomponente des Mischkristalls besitzt, verursacht werden können. Bei der Nitrierhärtung z. B. liegen ähnliche Verhältnisse vor, wo Stickstoff in den Mischkristall hineindiffundiert und Aluminiumnitrid zur Ausscheidung gebracht wird, wobei außerordentlich hohe Härten entstehen.

Einschlüsse von Tonerde sind bei der Warmverformungstemperatur nicht plastisch und werden somit nicht entsprechend verformt, sondern finden sich in körniger evtl. zertrümmerter Form perlschnurartig im Gefüge eingelagert. Die Verschlechterung der Quereigenschaften gewalzten oder geschmiedeten Stahls durch Tonerdeausscheidungen wurde bereits erwähnt.

Der Einfluß des Aluminiums auf das Verhalten beim Schweißen ist noch ungeklärt. Im allgemeinen verschlackt ein Aluminiumzusatz zum Schweißdraht völlig und beeinträchtigt durch die entstehenden Tonerdeausscheidungen den guten Fluß und die Dichte der Schweißungen. Die Aluminiumgehalte, die auf Grund der Desoxydation mit Aluminium in dem zu schweißenden Stahl vorhanden sind, beeinflussen die Schmelzschweißbarkeit, was das Verhalten des Schweißgutes bezüglich Flüssigkeitsgrad, Dichte usw. anbetrifft, nicht oder nicht wesentlich. Hinsichtlich der als Folgeerscheinung des Schweißens in Frage kommenden Möglichkeiten der Rißbildung scheinen sich stark mit Aluminium desoxydierte Stähle sogar, wie auf S. 817 erwähnt, günstiger zu verhalten. Kommt dagegen Aluminium in höheren Gehalten als Legierungselement zur Anwendung, so ist seine Wirkung auf das Schweißverhalten ähnlich ungünstig wie die des Siliziums. Auf die Preßschweißbarkeit wirkt sich jedoch auch der durch die Desoxydation im Stahl vorhandene Aluminium bzw. Tonerdegehalt bereits ungünstig aus.

L. Kupfer im Stahl.

1. Allgemeines.

Das System Eisen-Kupfer. Während man in früheren Zeiten allgemein die Ansicht vertreten fand, daß Kupfer über bestimmte Gehalte hinaus sich schädlich im Stahl auswirkt, ist später eine andere Erkenntnis über die Wirkung des Kupfers in Eisenlegierungen gewonnen worden. Bereits das binäre System Eisen-Kupfer (Abb. 720) und die große Ähnlichkeit dieses Systems mit dem System Eisen-Kohlenstoff deutet darauf hin, daß bei Eisen-Kupfer-Legierungen Wärmebehandlungsmöglichkeiten vorliegen, durch die gewisse Eigenschaftsveränderungen hervorgerufen werden können. In Übereinstimmung mit dem System Eisen-Kohlenstoff weist das System Eisen-Kupfer eine erhöhte Löslichkeit für Kupfer im γ-Mischkristall gegenüber dem α-Mischkristall auf. Diese

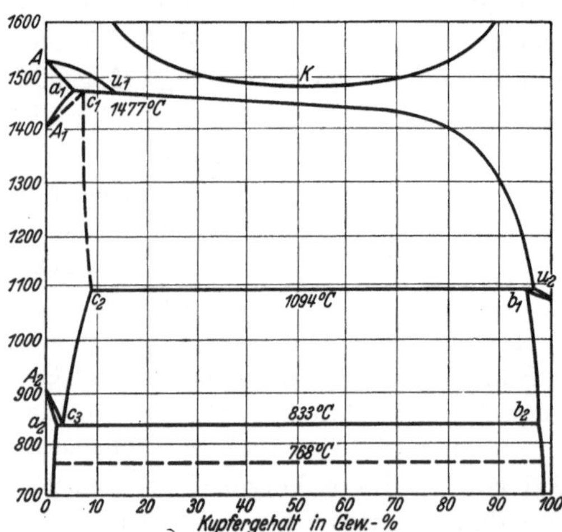

Abb. 720. System Eisen-Kupfer. [Nach R. Vogel u. W. Dannöhl: Arch. Eisenhüttenw. Bd. 8 (1934/35) S. 39/40.]

Unterschiede in der Löslichkeit müßten sich also beim Ablöschen ähnlich aus wirken, wie dies bei entsprechenden Eisen-Kohlenstoff-Legierungen der Fall ist. Aber auch im α-Eisen bleibt, wie aus Abb. 721 hervorgeht, im Temperaturbereich um 800° eine erhöhte Löslichkeit für Kupfer bis etwa 3,5% bestehen. Erst mit fallender Temperatur sinkt auch die Löslichkeit im α-Eisen sehr stark ab.

Aus dem gesamten Schaubild ergeben sich auf der Eisenseite (die kupferreiche Seite interessiert in diesem Zusammenhang nicht) nach den bisherigen

Anschauungen über Härtungsmöglichkeiten zwei Arten der Wärmebehandlung, die zu Veränderungen von Eigenschaften der Legierungen führen können, und zwar:

1. Ablöschen von Legierungen, deren Kupfergehalte zwischen $\infty 0,2\%$ Cu (Löslichkeitsgrenze für Kupfer im α-Eisen bei Raumtemperatur) und 3—3,5% Cu (Löslichkeitsgrenze für Kupfer im α-Mischkristall dicht unterhalb der α-γ-Umwandlungstemperatur) liegen.

2. Ablöschen aus dem γ-Gebiet von Legierungen, deren Kupfergehalt höher ist als der maximalen Löslichkeit im α-Eisen entspricht, also mit Kupfergehalten über 3,5%.

Löscht man Legierungen entsprechend 1. ab, so entsteht ein bei Raumtemperatur an Kupfer übersättigter Mischkristall, der beim Anlassen zu Kupferausscheidungen und somit zu Ausscheidungshärtungen führt.

Beim Ablöschen von Legierungen entsprechend 2., z. B. einer 5proz. Kupfer-Eisen-Legierung, tritt infolge des Unterschieds in der Löslichkeit von Kupfer im γ- und α-Mischkristall bereits Umwandlungshärtung während des Ablöschens und

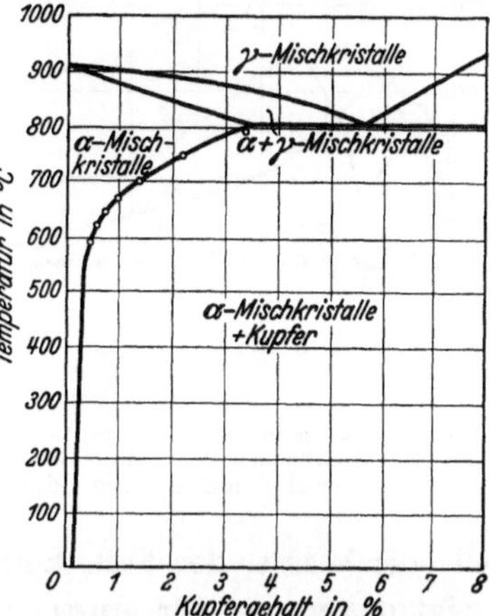

Abb. 721. Löslichkeit des Kupfers in α-Eisen. [Nach H. Buchholtz und W. Köster: Stahl'u. Eisen Bd.50 (1930) S. 688/95.]

der dabei eintretenden γ-α-Umwandlung ein, ähnlich wie bei der Martensitbildung. Das Gefüge besteht im abgelöschten Zustand aus fein verteilten Kupferausscheidungen in einem α-Mischkristall, der seinerseits noch größere Mengen Kupfer in übersättigter fester Lösung gelöst enthält. Beim Anlassen scheidet dieser Mischkristall das überschüssig gelöste Kupfer aus, wodurch eine weitere Härtesteigerung eintritt. Man hat es in diesem Falle also deutlich mit einer Kombination von Umwandlungshärtung und Ausscheidungshärtung zu tun.

Diese Möglichkeiten der Wärmebehandlung wurden von Kinnear[1] erkannt und von Nehl[2] und Buchholtz und Köster[3] genauer wissenschaftlich erklärt.

Bereits im Walzzustand muß das geschilderte Verhalten von Kupfer in Analogie zu Kohlenstoff zur Steigerung der Festigkeit führen.

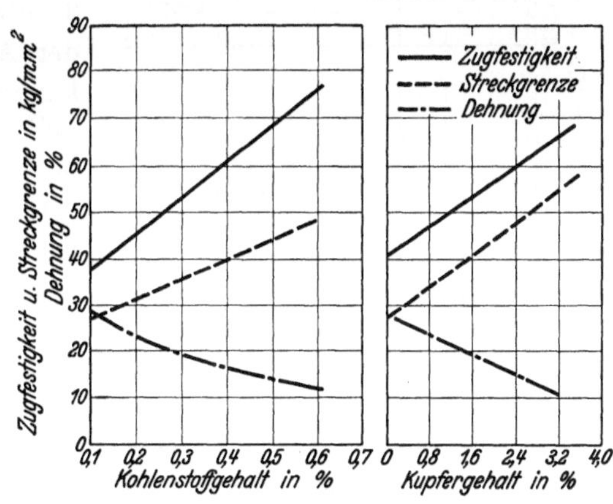

Abb. 722. Festigkeitseigenschaften von Stahl in Abhängigkeit vom Kohlenstoffgehalt und vom Kupfergehalt. [Nach F. Nehl: Stahl u. Eisen Bd. 50 1930) S. 678/86.]

Wie weit die Analogie geht, zeigt die Abb. 722[4]. Auffallend ist vor allem das günstige Verhältnis von Zugfestigkeit zu Streckgrenze, das mit steigendem

---

[1] Amer. Patent Nr. 1607086 (1926); Iron Age 128 (1930) S. 696/99 u. 820/22.
[2] Stahl u. Eisen Bd. 50 (1930) S. 678/686.   [3] Stahl u. Eisen Bd. 50 (1930) S. 687/695.
[4] Über den Einfluß niedriger Kupfergehalte (unter 0,5%), der in Abb. 722 nicht experimentell belegt wurde, s. S. 845.

Legierungsgehalt besser wird. Das deutet darauf hin, daß, je nach der Abkühlungsgeschwindigkeit und dem Kupfergehalt, bei der Abkühlung aus dem Walzzustand sich bereits Ausscheidungsvorgänge abspielen, die zu dem geschilderten Ansteigen der Streckgrenze führen.

Härtbarkeit durch Abkühlung aus dem α-Gebiet. Durch Luftabkühlung von etwa 800° gelingt es, das Kupfer zum größten Teil in Lösung zu halten. Noch vollständiger ist dies — je nach der Größe des Querschnitts — bei Ablöschung in

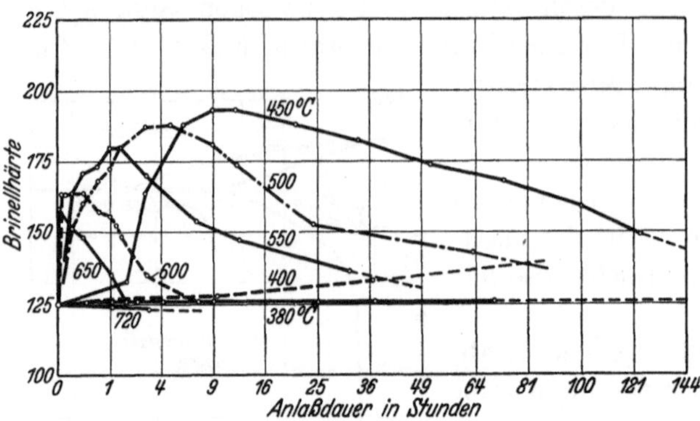

Abb. 723. Brinellhärte eines 1proz. Kupferstahles in Abhängigkeit von der Anlaßdauer bei verschiedener Anlaßtemperatur. [Nach F. Nehl: Stahl u. Eisen Bd. 50 (1930) S. 678/86.]

Öl oder Wasser der Fall. Beim Anlassen des übersättigten Kupfermischkristalls zeigt dieser den für Ausscheidungsvorgänge üblichen Härteverlauf (Abb. 723).

Die günstigste Anlaßtemperatur ist somit 450°, die eine Härtesteigerung von etwa 70 Brinelleinheiten hervorruft. Bei entsprechend höheren Temperaturen verlaufen die Härtesteigerungen in kürzeren Zeiträumen, ohne die Höchsthärte, wie sie bei 450° auftritt, zu erreichen. Bei Temperaturen von 380—400° spielt sich der Ausscheidungsvorgang noch derartig langsam ab, daß mit den hier gewählten Zeiten das Maximum der Ausscheidung noch nicht erreicht werden konnte. Entsprechend der Steigerung der Härte verhalten sich die Festigkeitseigenschaften

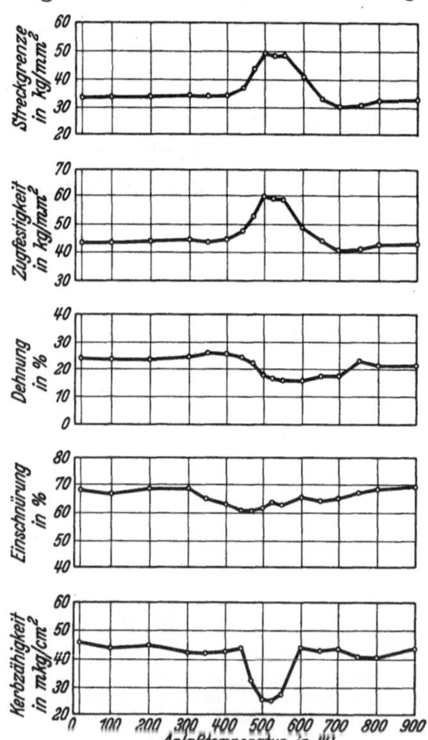

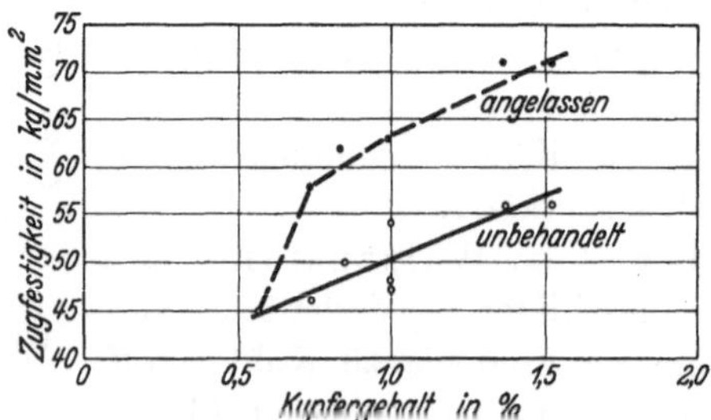

Abb. 724. Festigkeitseigenschaften eines 1proz. Kupferstahles mit 0,08% C in Abhängigkeit von der Anlaßtemperatur. [Nach F. Nehl: Stahl u. Eisen Bd. 50 (1930) S. 678/86.]

Abb. 725. Einfluß des Kupfergehaltes auf die Zugfestigkeit im unbehandelten und bei 525° angelassenen Zustand. [Nach F. Nehl: Stahl u. Eisen Bd. 50 (1930) S. 678/86.]

des betreffenden Stahles (Abb. 724). Bei den gewählten Anlaßzeiten ergibt sich beim Anlassen auf 500—550° eine beträchtliche Steigerung von Festigkeit und Streckgrenze; besonders stark steigt die letztere an, wobei die Dehnung, vor allem aber die Kerbzähigkeit, in der für Ausscheidungsvorgänge charakteristischen Weise stark abfällt.

Es wurde bereits darauf hingewiesen, daß der bezüglich Wärmebehandlung undefinierbare Walzzustand das Kupfer teilweise im ausgeschiedenen, teilweise im gelösten Zustand enthalten kann. Dementsprechend kann durch Anlassen von unbehandelten kupferhaltigen Stählen auf eine Temperatur von etwa 500°

noch eine weitere Steigerung der Zugfestigkeit und Streckgrenze hervorgerufen werden, wie dies für die Zugfestigkeit aus Abb. 725 hervorgeht.

Die optimale Ausscheidungstemperatur für Kupfer liegt erheblich höher als für die früher geschilderte Ausscheidungshärtung durch Kohlenstoff aus dem α-Eisen. Man kann also bei kohlenstoffarmen kupferhaltigen Stählen beide Vorgänge getrennt voneinander beobachten, wie dies Abb. 726 wiedergibt.

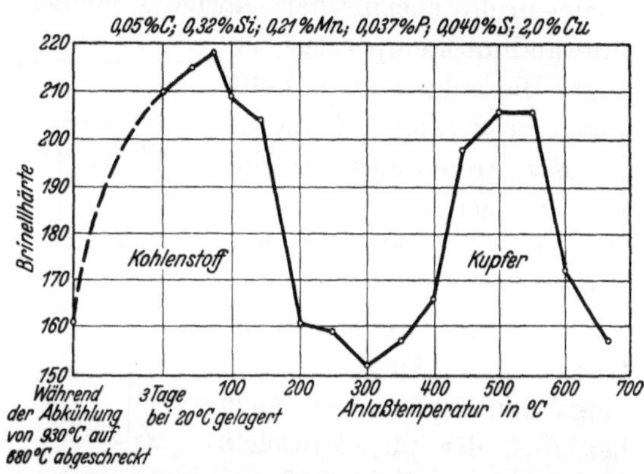

Abb. 726. Einfluß der Anlaßtemperatur bei halbstündigem Anlassen auf die Härte eines an Kohlenstoff und Kupfer gleichzeitig übersättigten α-Eisens. [Nach H. Buchholtz u. W. Köster: Stahl u. Eisen Bd. 50 (1930) S. 687/95.]

Härtung beim Ablöschen höher kupferhaltiger Legierungen aus dem γ-Gebiet. Die Kombination von Umwandlungshärtung und Ausscheidungshärtung für höher kupferhaltige Stähle zeigt Abb.727. Durch Steigerung der Ablöschtemperatur von 600° auf 900° tritt eine dauernde Erhöhung der im abgeschreckten Zustand erzielten Härte auf, die besonders bei Überschreitung des A_3-Punktes (800—850°) eine sprunghafte Veränderung erfährt und auf die unterschiedliche Löslichkeit von Kupfer im γ- und α-Eisen zurückzuführen ist. Die höchsten Härtesteigerungen werden nach einer Ablöschung von 900° und Anlassen auf 400° erzielt. Dieses Verhalten steht in guter Übereinstimmung mit den bei Eisen-Kobalt-Wolfram

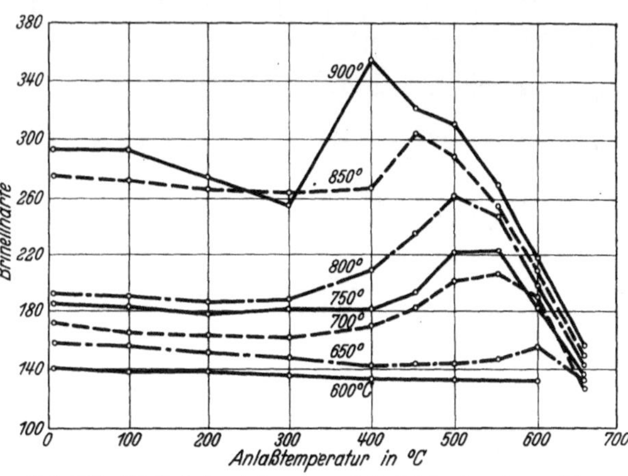

Abb. 727. Einfluß des Anlassens auf die Härte einer 5proz. Eisen-Kupfer-Legierung mit 0,04% C nach Abschrecken von verschiedenen Temperaturen. [Nach H. Buchholtz u. W. Köster: Stahl u. Eisen Bd. 50 (1930) S. 687/95.]

beobachteten Härteergebnissen, aus denen hervorging, daß bei Legierungen mit Umwandlung die Ausscheidungstemperatur tiefer liegt als bei Legierungen, bei denen während der Abkühlung keine Umwandlung eintritt. Bei Eisen-Kobalt-Wolfram-Legierungen lagen die Temperaturen stärkster Härtesteigerungen bei Stählen mit Umwandlung bei 600°, bei Stählen ohne Umwandlung bei 700° (s. S. 729). Bei den Eisen-Kupfer-Legierungen ergeben sich für die in Abb. 727

zugrunde liegenden Glühzeiten die entsprechenden Temperaturen zu 400° bzw. 500°. Also auch hier macht sich der Einfluß von Umwandlungsspannungen bemerkbar, die einen früheren Beginn der Ausscheidung veranlassen. Die Anlaßkurven zeigen denselben Verlauf, wie er bei den Sonderkarbid ausscheidenden Schnelldrehstählen beobachtet wurde. Entsprechend dem Verhalten von Eisen-Kohlenstoff-Legierungen muß man auch bei Eisen-Kupfer mit stärkeren Veränderungen des spezifischen Gewichts rechnen, sobald das Ablöschen oberhalb der Umwandlungstemperatur erfolgt. Die Folgen dieser Volumenvergrößerung (Spannungen usw.) treten also auch bei Eisen-Kupfer-Legierungen auf. Die entsprechenden Zahlenwerte zeigt Abb. 728.

Bei den verschiedenen Härte- und Ausscheidungsvorgängen ergeben sich auch bezüglich der physikalischen Eigenschaften die bekannten

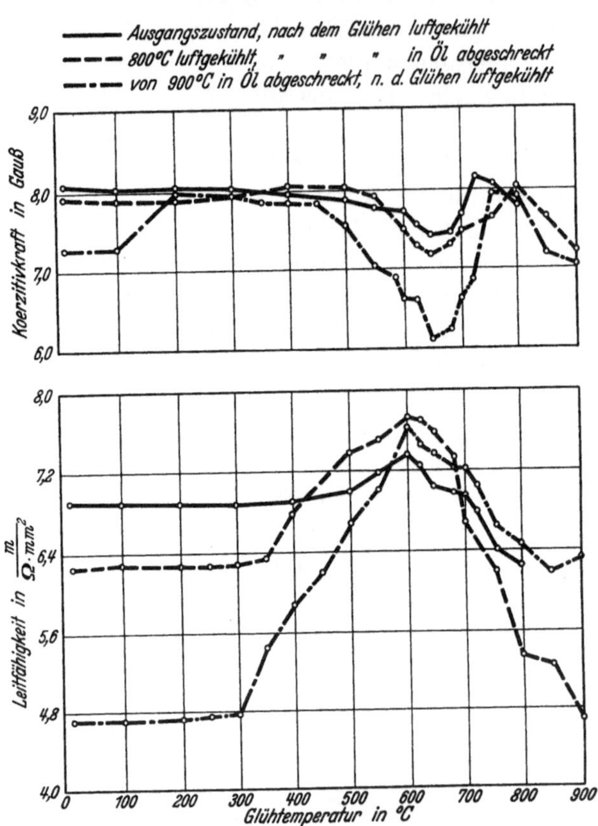

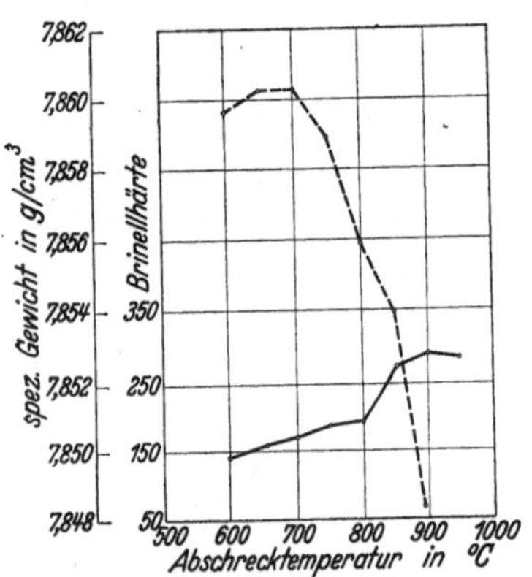

Abb. 728. Einfluß der Abschrecktemperatur auf die Härte und das spez. Gewicht einer 5proz. Eisen-Kupfer-Legierung mit 0,04 % C. [Nach H. Buchholtz u. W. Köster: Stahl u. Eisen Bd. 50 (1930) S. 687/95.]

Abb. 729. Einfluß des Glühens auf Koerzitivkraft und Leitfähigkeit einer 5proz. Eisen-Kupfer-Legierung mit 0,04 % C nach verschiedener Vorbehandlung. [Nach H. Buchholtz u. W. Köster: Stahl u. Eisen Bd. 50 (1930) S. 687/95.]

Veränderungen, die insbesondere in der Koerzitivkraft, Leitfähigkeit usw. zum Ausdruck kommen. Für eine 5proz. Kupferlegierung sind diese Werte in Abb. 729 enthalten. Durch Kupferzusätze werden auch in den bei „Aluminium" erwähnten Nickel-Aluminium-Magnetlegierungen weitere Verbesserungen der magnetischen Werte erzielt (s. S. 831). Ebenso wird bei den Dreistofflegierungen Eisen-Nickel-Kupfer die Koerzitivkraft verbessert (s. S. 866).

Eisen-Kupfer-Kohlenstoff-Legierungen. Neben den geschilderten Möglichkeiten, durch Kupfer Umwandlungshärtung und Ausscheidungshärtung herbeizuführen und dadurch eine Veränderung der Eigenschaften zu erzielen, interessiert vor allem die Frage des Einflusses von Kupfer auf die Kohlenstoffhärtung. Das System Eisen-Kohlenstoff-Kupfer ist schon in den Grenzen bis 30% Kupfer

und 5% Kohlenstoff untersucht[1]. Da aber das zugrunde gelegte System Eisen-
Kupfer nicht der Wirklichkeit entspricht, bedürfte dieses Gebiet einer erneuten
Bearbeitung. Kohlenstoff vergrößert die Mischungslücke im System Eisen-
Kupfer, und zwar scheinen geringe Kohlenstoffgehalte bis zu 0,2% vor allem
stark zu wirken[2, 3]. Bis zu den bei Stählen üblichen Kohlenstoffgehalten von
1,7% können aber einheitliche Schmelzen aus Eisen, Kohlenstoff und Kupfer
bis zu etwa 15% Cu hergestellt werden. Genauere Unterlagen über die A_1- und
A_3-Umwandlung bei reinen Eisen-Kohlenstoff-Kupfer-Legierungen fehlen, so daß
auch über die Hysteresis bei der Aufnahme von Abkühlungskurven, die ja schon
einen Maßstab für die Umwandlungsgeschwindigkeit geben kann, nicht Genaueres
auszusagen ist. Gelegentlich findet
man Hinweise, daß der Perlitpunkt
zu niedrigeren Kohlenstoffgehalten
verschoben wird. Da Kupfer aber
gleichzeitig die Umwandlung zu tieferen Temperaturen verschiebt, wenn
auch vielleicht in etwas geringerem
Maße als Nickel und Mangan, bleibt
die Frage offen, inwieweit eine
Herabsetzung der Umwandlungsgeschwindigkeit die Verschiebung
des Perlitpunktes zu tieferen Kohlenstoffgehalten vortäuscht. Bei höheren Kupfergehalten und entsprechenden Kohlenstoffgehalten scheint
Kupfer die Neigung zur Ausscheidung
von Temperkohle zu begünstigen[4].
Die Umwandlungsgeschwindigkeit
des Austenits wird durch Kupfer
herabgesetzt, d. h. Kupfer ist in der
Lage, die kritische Abkühlungsgeschwindigkeit in Eisen-

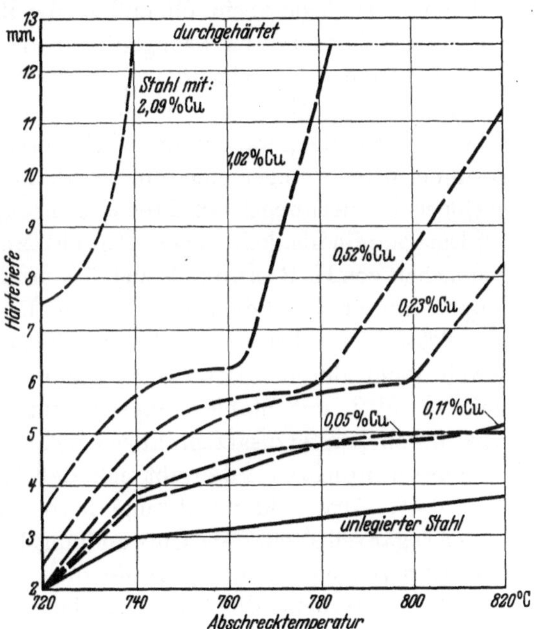

Abb. 730. Erhöhung der Härtetiefe von Stählen mit rund
0,9% C durch Kupfer. [Nach H. Bennek: Stahl u. Eisen
Bd. 55 (1935) S. 160/64.]

und Kohlenstofflegierungen zu verringern. Über die Umwandlungsgeschwindigkeit
bei verschiedenen Temperaturen (Perlitstufe, Zwischenstufe) liegen noch keine
näheren Untersuchungen vor. Die mehr den praktischen Verhältnissen angepaßten
Versuche von H. Bennek[5] bestätigen aber den entsprechenden Einfluß auf das
Härtevermögen (Abb. 730). Bereits geringe Mengen von Kupfer, z. B. 0,1—0,2%,
erhöhen deutlich die Einhärtungstiefe von Kohlenstoff-Werkzeugstahl. In den
meisten Ländern der Welt, die bei der Herstellung von Stahl nicht stets wieder
von Erzen ausgehen, sondern wesentliche Schrottsätze mitverarbeiten, enthalten
alle Stähle, bei denen nicht eine sehr sorgfältige Rohstoffauswahl erfolgt ist,

[1] Ishiwara, T., T. Yonekura u. T. Ishigaki: Sci. Rep. Tôhoku Univ. Bd. 15 (1926)
Nr. 1, S. 81/114.
[2] Iwasé, K., M. Okamoto u. T. Amemiya: Sci. Rep. Tôhoku Univ. Bd. 26 (1938)
Nr. 4, S. 618/48.
[3] Simpson, K. M., u. R. T. Banister: Metals & Alloys Bd. 7 (1936) Nr. 4. S. 88/94.
[4] Stogoff, A. F., u. W. S. Messkin: Arch. Eisenhüttenw. Bd. 2 (1928/29) S. 321/31.
[5] Techn. Mitt. Krupp Bd. 2 (1934) S. 129/33; s. a. Stahl u. Eisen Bd. 55 (1935) S. 160/64.

Kupfergehalte in der Höhe von rd. 0,2%. Der Kupfergehalt der Stähle ist dauernd im Steigen begriffen, weil Kupfer bekanntlich bei den metallurgischen Prozessen nicht aus den Stahlbädern entfernt wird und sich daher im Laufe der Zeit dauernd anreichert. Der niedrige Kupfergehalt ist beispielsweise eines von den Merkmalen, durch die sich der stets aus Erzen neu geschmolzene schwedische Stahl von den in anderen Ländern erzeugten unlegierten Stählen unterscheidet. Bekanntlich wird die gute Qualität des Schwedenstahles immer bei unlegierten Stählen hervorgehoben, während man bei legierten Stählen hiervon weniger sprechen hört. Derartige kleine Beimengungen an Legierungsbestandteilen, wie Kupfer, können das Verhalten des Stahles beeinflussen, wenn er vollkommen unlegiert sein soll, und werden ihn um so mehr beeinflussen, je dünner die herzustellenden Abmessungen sind, da sich gerade bei den dünnen Abmessungen kleine Unterschiede in der Härtefähigkeit entsprechend stärker auswirken werden. Man kann ruhig behaupten, daß die Überlegenheit des schwedischen Stahles, die gerade in der Verfeinerungsindustrie bei dünnen Abmessungen gerühmt wird, weniger eine rein metallurgische Frage ist als die Folge möglichst geringer Beimengungen an Fremdlegierungen.

Die Empfindlichkeit gegen Überhitzung wird durch Kupfergehalte nach Versuchen von H. Bennek bis zu 0,6% praktisch nicht verändert. Oberhalb 0,6% Kupfer nimmt sie in dem untersuchten Bereich bis zu 2% zu, so daß ein Stahl mit 2% Kupfer bereits bei 780° Zeichen beginnender Überhitzung aufweist, soweit nicht durch besondere metallurgische Maßnahmen auf eine besondere Feinkörnigkeit des Stahles hingearbeitet wird. Die erreichbare Höchsthärte wird durch Kupferzusatz praktisch nicht verändert.

Zusammenfassend ergibt sich, daß Kupfer in der Lage ist, bei Legierungen über 0,5% Ausscheidungshärtung herbeizuführen und bei höheren Prozentgehalten sogar selbst eine Art Umwandlungshärtung zu ergeben. Bei Eisen-Kohlenstoff-Legierungen verringert Kupfer die kritische Abkühlungsgeschwindigkeit und erhöht entsprechend die Durchhärtefähigkeit. Irgendwelche Anzeichen für die Wirkung von Kupfer im Sinne einer Karbidbildung liegen nicht vor. Beim Härten von Eisen-Kohlenstoff-Kupfer-Legierungen werden sich aber beim Anlassen Änderungen der Festigkeitseigenschaften ergeben können, die auf Kupferausscheidung in dem Temperaturbereich von 400—500° zurückzuführen sind und der Anlaßwirkung auf den kohlenstoffhaltigen Martensit entgegenlaufen. Bei der Nitrierhärtung (s. Stickstoff, S. 901) wirken Kupfergehalte über 0,5% ungünstig[1]. Dies verdient hervorgehoben zu werden, da man sonst daran denken könnte, beim Nitrieren durch Zusatz von Kupfer während des Nitriervorganges eine Art Ausscheidungshärtung und damit Verbesserung der Festigkeitseigenschaften hervorzurufen.

2. Kupfer in Werkzeug- und Baustählen.

Auf dem Gebiet der Werkzeugstähle hat Kupfer bereits in der zweiten Hälfte des vorigen Jahrhunderts frühzeitig Anwendung gefunden. Die Kaltwalzen der

---

[1] Satoh, Shun-Ichi: Trans. Amer. Inst. min. metallurg. Engrs. Iron and Steel Div. (1930) S. 192/208.

Fa. Krupp zum Auswalzen von Edelmetallen, wie Gold, Silber usw., hatten
z. B. folgende Zusammensetzung:

C %	Si %	Mn %	P %	Cu %
0,8	0,25	0,3	0,05/0,06	0,25/0,30

Der Kupferzusatz zu diesen Stählen erfolgte nach Angabe des Kruppschen
Archivs zwecks Erhöhung der Härtefähigkeit und Verbesserung der Polierbarkeit.

Trotz der durch Kupferzusatz möglichen Erhöhung der Härtefähigkeit hat
dieses Legierungselement auf dem Werkzeugstahlgebiet praktisch bis heute
keine weitere Verwendung gefunden. Zum Teil dürfte dies darauf zurückzuführen
sein, daß bei höheren Kupfergehalten sich leicht Schwierigkeiten bei der Warmformgebung herausstellen. Gelegentlich findet man im Schrifttum Hinweise
auf den Vorteil eines Zusatzes von Kupfer zu Schnellstahllegierungen. Über
einen günstigen Einfluß auf die Schnittleistung kann aber aus keinem der vorliegenden Berichte etwas entnommen werden. Meist handelt es sich darum,
durch Kupferzusatz irgendwelche Nebenerscheinungen, wie z. B. Entkohlung
hoch molybdänhaltiger Schnellstähle, manchmal auch unter gleichzeitigem Zusatz von Bor zu bekämpfen[1]. Es wird aber gleichzeitig die erschwerte Schmiedbarkeit bei Zusatz von Kupfer und Bor hervorgehoben. Eine nennenswerte
technische Verwendung ist bisher nicht bekannt geworden.

Größere Anwendung haben kupferlegierte Stähle auf dem Gebiete der Bau-
stähle gefunden. Den Anlaß zur Einführung von Kupfer gab hier die Erhöhung
der Witterungsbeständigkeit bei Flußeisen. Erst später kam die Erkenntnis der
verbessernden Wirkung von Kupfer auf die Festigkeit, insbesondere auf die
Streckgrenze niedriglegierter Stähle hinzu (Abb. 722). Bei dem Einfluß von
Kupfer auf die Festigkeitseigenschaften muß man unterscheiden zwischen einem
Kupfergehalt unter 0,5%, bei dem praktisch die Ausscheidungshärtung durch
Kupfer keine Rolle spielt, und Kupfergehalten über 0,5%, bei denen neben dem
Einfluß von Kupfer auf die Verteilung des Eisenkarbides die Ausscheidungs-
härtung durch Kupfer eine Rolle spielt. Unterhalb 0,5% Kupfer ist seine Wir-
kung auf die Festigkeit und Streckgrenze gering[2]. Erst im wärmebehandelten,
also z. B. normalisierten Zustand, kann man den Einfluß von Kupfer in der
Höhe von 0,4% gegenüber dem Normalgehalt von 0,2% und auch dann nur
durch großzahlmäßige Auswertung in einer Erhöhung der Streckgrenze um
1—2 kg/mm² feststellen, wie dies beispielsweise durch Untersuchungen eines
Stahles von der Art des St 52 mit und ohne Kupferzusatz nachgewiesen wurde[3].
Da in den meisten Untersuchungen so geringe Kupfergehalte nicht mitberück-
sichtigt werden und die Versuchsreihen gewöhnlich mit Gehalten über 0,5% Cu
anfangen, ergeben sich Darstellungen, wie sie beispielsweise die Abb. 731 bringt,
aus denen man auch für tiefere Kupfergehalte eine wesentliche Erhöhung der

---

[1] Breeler, W. R.: Amer. Soc. Met. Vortrag 20. Jahresvers. 17./21. Okt. 1938, Detroit.
— Ref. Stahl u. Eisen Bd. 59 (1939) S. 314/15.

[2] Bennek, H.: Stahl u. Eisen Bd. 55 (1935) S. 160/64.

[3] Houdremont, E., H. Bennek u. H. Neumeister: Techn. Mitt. Krupp, Forschungsberichte Bd. 2 (1939) S. 99/114.

Streckgrenze ablesen kann[1, 2]. Bei Stählen über 0,5% Cu wird der feststellbare Effekt des Kupfers sehr von der Art der Wärmebehandlung abhängig sein. Im geglühten Zustand sind die Unterschiede sehr geringfügig; im geschmiedeten und normal geglühten Zustand kommt es darauf an, ob bei der Abkühlung bereits eine Kupferausscheidung erfolgt ist oder nicht, während beim Anlassen auf 450—500° meist die hohe Streckgrenze des über 0,5% Kupfer enthaltenden, aushärtenden Stahls in Erscheinung treten wird. Bei der Ausscheidungshärtung durch Kupfer ist immer wieder auffallend die starke Erhöhung der Streckgrenze und die entsprechend viel geringere Erhöhung der Festigkeit. Die Erhöhung der Streckgrenze durch Kupfer hat dazu geführt, daß niedriglegierte Stähle mit Kupferzusatz für Hochbauzwecke Verwendung finden. Ausgehend von der Entwicklung des Baustahles St 52, in Deutschland wurde zahlreichen derartigen Baustählen Kupfer in der Größenordnung von 0,2—1% zugesetzt, wobei neben der Verbesserung der Witterungsbeständigkeit die Erhöhung der Streckgrenze als Vorteil betont wurde. Infolge der Erhöhung der Streckgrenze geben diese Stähle die Möglichkeit, entsprechend leichter zu bauen. Zahlentafel 184 (S. 847) gibt eine Zusammenstellung derartiger Hochbaustähle, worin auch die von der Deutschen Reichsbahn zugelassenen St 52-Typen (s. auch bei Mangan, S. 284) enthalten sind. Nahezu alle Vorschläge für St 52 enthielten Kupferzusätze. Die Geringfügigkeit des verbessernden Einflusses von Kupfergehalten unter 0,5% (1—2 kg/mm² Streckgrenze) wurde aber oben bereits erwähnt. Auch im Ausland enthalten die meisten niedriglegierten Baustähle höherer Festigkeit Kupferzusätze. Es erübrigt sich, hier auf Einzelheiten einzugehen, da vielfach die einzelnen Stähle aus propaganda- und patentrechtlichen Gründen nicht in einheitlicher Zusammensetzung auf den Markt gebracht werden und dadurch leider für nicht eingeweihte Fachleute eine verwirrende Fülle von Angeboten zustande kommt. Es gibt kaum eine preislich erträgliche Kombination von Legierungselementen, die in Zusammenhang hiermit für Baustähle verbesserter Festigkeit nicht angepriesen worden wäre.

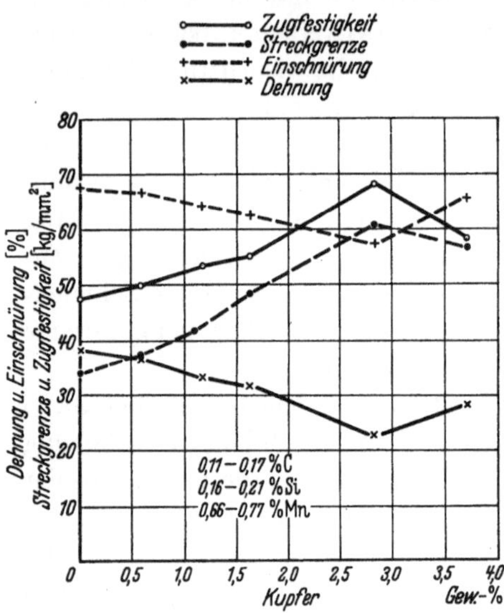

Abb. 731. Einfluß von Kupfer auf die Festigkeitseigenschaften von niedriggekohltem Stahl im normalgeglühten Zustand. [Nach C. E. Williams u. C. H. Lorig: Metals & Alloys Bd. 7 (1936) S. 57/63.]

Als besonderer Vorteil wird beim Zusatz von Kupfer zur Erhöhung der Streckgrenze erwähnt, daß es beim Schweißen des Stahls nicht im gleichen Maße eine Härtesteigerung der schnell abkühlenden Zonen neben der Schweißnaht ergibt, wie dies bei anderen Legierungselementen der Fall ist. Der Streckgrenzengewinn durch Kupfer, soweit er auf Ausscheidungshärtung beruht, kann somit schweißtechnisch günstig sein, da er im Sinne der Aufhärtung als mild

[1] Williams, C. E., u. C. H. Lorig: Metals and Alloys Bd. 7 (1936) Nr. 3, S. 57/63.
[2] Cornelius, H.: Kupfer im technischen Eisen. Berlin: Springer 1940.

Zahlentafel 184.

Zusammensetzung und Eigenschaften im Walzzustand kupferhaltiger niedriglegierter Baustähle von hoher Festigkeit[1].

| Stahl | Zusammensetzung | | | | | | | | | Abm. | Streck-grenze | Zug-festig-keit | Dehnung | |
	C %	Mn %	Si %	Cu %	Ni %	Cr %	Mo %	V %	P %		kg/mm²	kg/mm²	längs %	quer %
St 52	0,15/0,2	0,4/0,8	0,9/1,1	—	—	—	—	—	—					
	0,15/0,2	0,7/0,9	0,7/0,9	0,3/0,5	—	—	—	—	—					
	0,15/0,2	0,8/1,1	0,2/0,4	0,6/0,8	—	0,3/0,4	—	—	—	bis 18 | mm	<36	52—62	20²	18²
	0,15/0,2	0,7/0,9	0,6/0,8	0,6/0,9	—	—	—	—	—	18—30 | Dicke⁵	≧35	52—64	19²	17²
	0,15/0,2	1,0/1,2	0,3/0,5	0,5/0,7	—	—	0,1/0,3	—	—	30—50 |	≧34	52—64	18²	16²
	0,15/0,2	1,45/1,65	0,35/0,5	0,4/0,6	—	—	—	—	—					
	0,15/0,2	0,8/1,0	0,5/0,7	0,3/0,4	—	0,2/0,25	—	—	—					
Cromansil A	<0,17	1,05/1,40	0,6/0,9	—	—	0,8/1,1	—	>0,15	—	—	32—38	53—63	—	—
Cromansil B	<0,25	1,05/1,40	0,6/0,9	—	—	0,3/0,6	—	—	—	—	33—39	60—70	—	—
Cor-Ten	<0,10	0,1/0,5	0,5/1,0	0,3/0,5	—	0,5/1,5	—	—	0,1/0,2	—	>35	>50	>22³	—
Man-Ten	<0,30	1,2/1,7	<0,30	>0,20	—	—	—	—	<0,04	—	>35	>56	>20³	—
Sil-Ten	<0,40	>0,60	>0,20	>0,20	—	—	—	—	<0,04	—	>32	56—67	>18³	—
Yoloy	0,05/0,25	0,3/0,9	0,1/0,25	0,85/1,10	1,5/2,0	—	—	—	—	—	36—48	49—67	21—27⁴	—
R.D.S. 1	<0,12	0,5/1,0	—	0,5/1,5	0,5/1,0	—	>0,1	—	<0,10	—	>39	>49	25³	—
R.D.S. 1 A	<0,30	0,5/1,0	—	0,5/1,5	0,5/1,0	—	>0,1	—	<0,04	—	>49	>63	15³	—
Hi-Steel	<0,12	0,5/0,7	<0,30	0,9/1,25	0,45/0,65	—	—	—	0,1/0,15	—	38,5—42	>53	>20³	—
H.T. 50	<0,12	>0,20	<0,10	>0,35	>0,50	—	>0,05	—	0,05/0,15	—	>35	46—53	25—28³	—
Jal-Ten	<0,35	1,25/1,75	<0,30	<0,40	—	—	—	—	<0,04	—	>35	>56	>20³	—
Mayari R.	<0,14	0,5/1,0	0,05/0,50	0,5/0,7	0,25/0,75	0,2/1,0	—	—	0,04/0,12	—	>35	>49	—	—
A. W. Dyn-El	0,11/0,14	0,5/0,8	—	0,3/0,5	—	—	—	—	0,06/0,10	—	36—42	47—54	>25³	—

[1] Die Angaben für die deutschen Stähle sind von P. Hoff: Mitt. Kohle- u. Eisenforsch. Bd. 2 (1938) S. 1/82, für die amerik. Stähle von E. F. Cone: Metals and Alloys Bd. 9 (1938) S. 243/54 entnommen.
[2] $l = 10d$.   [3] $l = 50$ mm   [4] $l = 200$ mm.
[5] Techn. Lieferbedingungen der Deutschen Reichsbahn vom Januar 1937.

wirkend anzusprechen ist und somit der Spannungszustand neben der Schweißnaht unter Umständen im günstigen Sinne beeinflußt werden kann. Als Nachteil muß wiederum auf die Gefahr der Rotbrüchigkeit beim Walzen höher kupferhaltiger Stähle hingewiesen werden.

Aber nicht nur für Hochbaustähle, sondern auch für sonstige Baustähle
könnten Kupferzusätze vorteilhaft in bestimmten Schmiedestücken Verwendung finden (Zahlentafel 185). Auch bei Abmessungen von 500 mm Durch

Zahlentafel 185. Festigkeitseigenschaften eines Mangan-Kupfer-Stahles mit
0,16% C, 0,36% Si, 1,12% Mn, 0,87% Cu. (Durchmesser des Schmiedestückes 300 mm.)

Wärmebehandlung		Probenlage längs	Streckgrenze kg/mm^2	Festigkeit kg/mm^2	Dehnung $(l = 5\,d)$ %	Einschnürung %	Kerbzähigkeit[1] mkg/cm^2
Schmiedezustand, unbehandelt		Rand	32	55,3	32,0	49	14,9
		Mitte	30	53,0	24,0	32	11,9
„	450° 9 Std. Luft	Rand	48	65,0	26,0	56	5,7
		Mitte	44	63,7	21,0	43	3,2
„	500° 3 „ „	Rand	46	62,8	26,7	52	10,1
		Mitte	42	58,4	22,5	32	4,5
„	525° 1 „ „	Rand	48	63,2	24,3	51	11,9
		Mitte	42	61,0	20,3	36	3,2
850° Öl	—	Rand	38	59,2	23,3	63	
„	450° 9 Std. Luft	Rand	52	69,9	25,0	59	
		Mitte	48	62,8	23,7	44	
„	500° 3 „ „	Rand	46	63,7	23,7	58	
		Mitte	42	60,1	20,7	41	
„	525° 1 „ „	Rand	44	61,9	22,5	58	
		Mitte	40	57,5	22,0	39	
900° Luft	—	Rand	32	55,3	31,7	68	
„	450° 9 Std. Luft	Rand	46	66,3	26,0	56	
		Mitte	44	63,2	22,0	43	
„	500° 3 „ „	Rand	42	62,8	25,0	64	
		Mitte	42	60,1	23,5	49	
„	525° 1 „ „	Rand	42	61,0	25,0	64	
		Mitte	40	59,2	22,5	47	

messer macht sich der Einfluß von Kupfer noch bemerkbar. Ähnliche Eigenschaften wie an dem Mangan-Kupfer-Stahl der Zahlentafel 185 können an
Chrom-Kupfer-Stählen festgestellt werden. Durch Zusatz weiterer Legierungselemente, wie Nickel, Chrom, Molybdän, läßt sich das Grundgefüge noch
weiter beeinflussen; insbesondere gilt dies für die bekannte Wirkung dieser
Elemente auf die Kohlenstoffhärtung bei der Wärmebehandlung, während der
Kupferzusatz die gewünschte Erhöhung der Streckgrenze usw. beim Anlassen
ergibt.

Die Erhöhung der Härtefähigkeit durch Kupfer bewirkt auch bei Baustählen
eine Erhöhung der Durchvergütbarkeit, wobei es schwer hält, den spezifischen
Einfluß von Kupfer auf die Kohlenstoffhärtung einerseits sowie auf die Kupfer

---

[1] Mesnagerprobe

ausscheidungshärtung beim Vergüten andererseits — wenigstens bei den bisherigen Literaturangaben — auseinanderzuhalten. Es ist daher des öfteren vorgeschlagen worden, Kupfer in Verbindung mit Chrom und Nickel in entsprechenden hochwertigen Vergütungsstählen zu verwenden. Insbesondere empfehlen L. Grenet[1] und G. H. Clamer[2], in Chrom-Nickel-Stählen Nickel zum Teil durch Kupfer zu ersetzen. Dieser Einfluß von Kupfer bezüglich Erhöhung der Durch-

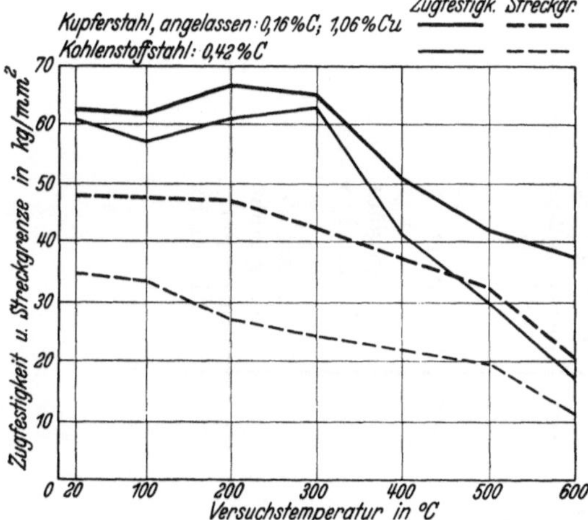

Abb. 732. Warmfestigkeit von Blechen aus angelassenem Kupfer- und Kohlenstoffstahl annähernd gleicher Ausgangsfestigkeit. [Nach F. Nehl: Stahl u. Eisen Bd. 50 (1930) S. 678/86.]

härtefähigkeit, Erniedrigung der Umwandlungspunkte, Vergrößerung der Hysteresis ist Gegenstand mehrerer Arbeiten gewesen[3].

---

[1] Grenet, L.: Iron Steel Inst. Bd. 95 (1917) S. 107/14 — Stahl u. Eisen Bd. 37 (1917) S. 931.

[2] Clamer, G. H.: Proc. Amer. Soc. Test. Mat. Bd. 10 (1910) S. 267/79; vgl. Stahl u. Eisen Bd. 34 (1914) S. 684.

[3] Breuil, P.: J. Iron Steel Inst. Bd. 74 (1907) S. 1/78. — Clevenger, G. H., u. B. Ray: Trans. Amer. Inst. min. metallurg. Engrs. Bd. 47 (1913) S. 523/68; vgl. Stahl u. Eisen Bd. 30 (1910) S. 1730. — Stogoff, A. F., u. W. S. Messkin: Arch. Eisenhüttenw. Bd. 2 (1928/29) S. 321/31. — Persoz, L.: Foundry Trade J. Bd. 40 (1929) S. 181. — Bennek, H.: Stahl u. Eisen Bd. 55 (1935) S. 160/64.

Zahlentafel 186. Zusammensetzung und Festigkeitseigenschaften von kupferlegierten Stählen für den Kesselbau (zum Teil übernommen aus F. Nehl: Stahl u. Eisen Bd. 50 (1930) S. 678/86 — Wärme Bd. 54 (1931) S. 295/99. — S. auch M. Ulrich: Techn. Mitt. Essen Bd. 30 (1937) S. 333/54).

Stahlart	Zusammensetzung %						Streckgrenze kg/mm²			Zugfestigkeit kg/mm²			Dehnung %			Einschnürung %	Dauerstandfestigkeit nach DVM-Verfahren (Garantiewerte) kg/cm²			
	C	Si	Mn	Cu	Mo	Ni	20°	400°	500°	20°	400°	500°	20°	400°	500°	20°	400°	450°	500°	550°
Kupfer-Stahl	0,12	0,16	0,65	0,85	—	—	33,4	22,5	18,1	47,4	43,5	29,6	26,0	28,5	26,7	60,0	10	6	4	3
Kupfer-Nickel-Stähle	0,11	0,18	0,80	1,05	—	1,34	39,0	26	25	52,8	51	39	25,0	36	22	61,6	16	8	5	4
	0,19	0,33	0,71	0,95	—	1,31	42,3	>22	>18	59,4	>45	>35	19,1	—	—	51,3	18	10	6	4
	0,27	0,32	0,67	0,89	—	1,50	45,3	>26	>20	66,7	>48	>36	22,0	—	—	50,0	20	12	6	3
Kupfer-Molybdän-Stähle	0,09	0,54	0,54	0,20	0,30	—	26,0	17	16	42,0	41	29	28,0	—	—	66,0	14	12	9	4
	0,14	0,20	0,61	0,22	0,34	—	30,5	22,5	20	46,0	49	36,5	20,5	—	—	56,7	17	15	12	5

Zahlentafel 187. Kupferhaltige Stähle für gegossene Automobil- und Traktorenteile nach R. H. McCarroll u. E. C. Jeter[1].

Zusammensetzung									Behandlung	Oberflächenhärte Rockwell C	Gebräuchlichste Kernfestigkeit kg/mm²	Verwendungszweck
C %	Si %	Mn %	P %	S %	Cu %	Ni %	Cr %	Mo %				
0,25/0,35	0,6/0,8	0,4/0,6	max. 0,05	max. 0,08	1,5/2,0	--	—	—	Normalgeglüht oder aus dem Zyanbad gehärtet	—	50—70	Lenkradnaben (Sandguß)
0,15/0,25	—	0,4/0,7	max. 0,04	<0,05	0,5/1,5	1,65/2,0	—	0,2/0,3	Normalgeglüht, zementiert nach Bearbeitung, entweder direkt aus dem Einsatz oder nach erneuter Erwärmung in Öl gehärtet	58—62	—	Differentialzahnräder am Traktor
0,38/0,45	—	C,6/0,9	<0,04	<0,05	0,5/1,5	—	0,8/1,1	—	Normalgeglüht oder vergütet	—	105—165	Rohlinge für Vorgelegeräder des Schaltgetriebes und Hinterachsstellerräder für Personenwagen
0,30/0,40	—	0,6/0,9	<0,04	<0,05	0,5/1,5	—	0,8/1,1	0,15/0,25	Zementiert			Übersetzungsräder am Traktor und Lastwagen
0,35/0,45	0,2/0,4	0,7/0,9	<0,05	<0,05	0,5/1,5	—	—	—	Normalgeglüht, anschließend wasservergütet	—	∾120	Hinterachsschubstangen, Vorderachsen, Lenksegmente, Hinterachsflanschen
1,35/1,60	0,85/1,1	0,7/0,9	<0,10	<0,08	1,5/2,0	—	0,4/0,5	—	Normalgeglüht, weichgeglüht	—	∾ 90	Kurbelwellen
1,4/1,6	0,9/1,1	0,8/1,0	<0,10	<0,08	2,0/2,5	—	0,15/0,2	—	Normalgeglüht, weichgeglüht	—	∾ 80	Kolben

Die Gruppe der drei mittleren Zeilen (0,38/0,45 bis 0,35/0,45) ist durch die Klammer „Schleuderguß" zusammengefaßt.

[1] Metal Progr. Bd. 37 1940, S. 521/526.

Da die Ausscheidungsvorgänge bei Kupfer sich erst bei 500° bei bestimmten Geschwindigkeiten abspielen, kann man auch bei Kurzzerreißversuchen in der Wärme eine Erhöhung der Warmfestigkeitswerte feststellen. Die Verhältnisse für den Kurzzerreißversuch zeigt Abb. 732 nach Untersuchungen von F. Nehl. Prüft man solche Stähle über größere Zeiträume — 100 Stunden und darüber — bei Prüftemperaturen von 500°, so fallen infolge des Abklingens des Ausscheidungsvorgangs die Dauerstandfestigkeitswerte ab und liegen nicht wesentlich über denjenigen von normalen Kohlenstoffstählen. Hieraus geht aber bereits hervor, daß der Gewinn an Warmfestigkeit durch Kupferzusatz insbesondere bei Temperaturen von 300—400° von technischer Bedeutung sein kann. Einen Überblick über kupferhaltige Stähle für Kesseltrommeln gibt Zahlentafel 185 (S. 849).

Bei Stahlguß, und zwar sowohl bei in Sand gegossenen Teilen als auch bei im Schleudergußverfahren hergestellten Rohlingen, z. B. von Zahnrädern, wird besonders in Amerika ein Kupferzusatz von 1—2% angewandt. Die Zusammensetzung einiger derartiger Stähle, ihre Behandlung und Anwendungsgebiete sind in Zahlentafel 187 (S. 850) angeführt. Es gelingt aber auch bei kupferfreien Legierungen ohne weiteres, ähnliche Festigkeitseigenschaften zu erreichen wie mit den kupferhaltigen Stählen. Der Kupferzusatz ist also für die Festigkeitseigenschaften der Gußstücke weniger von Bedeutung. Er bezweckt vielmehr eine Verbesserung der Dünnflüssigkeit des gegossenen Stahles und damit eine Erleichterung des Ausfließens beim Gießen komplizierter und dünnwandiger Stücke.

3. Kupfer in Einsatzstählen.

Der Einfluß von Kupfer bei der Zementation geht aus Arbeiten von E. Houdremont und H. Schrader[1] sowie S. Epstein und C. H. Lorig[2] hervor. Wie aus Abb. 733 und 734 zu ersehen ist, vermindert Kupfer den Randkohlenstoffgehalt; ebenso wird die Eindringtiefe etwas verringert. Dies läßt im Zusammenhang mit seinem günstigen Einfluß auf die Härtbarkeit die Anwendung von Kupfer in Einsatzstählen als wünschenswert erscheinen. Insbesondere sprach dafür ferner die Tatsache, daß auch bei längerer Zementationsdauer und höherer Zementationstiefe die Randkohlenstoffgehalte nicht wesentlich über den eutektoiden Gehalt ansteigen. Die Einführung nickelarmer Einsatzstähle, die meistens auf der Basis Chrom-Molybdän oder Chrom-Mangan aufgebaut sind, hat dazu geführt, daß man dem Auftreten von Randkarbiden, die bei derartigen karbidbildenden Legierungselementen besonders stark in Erscheinung treten, erhöhte Aufmerksamkeit zuwandte. Infolgedessen hat man sogar vielfach Ansammlungen von Randkarbiden, die man in den früher gebräuchlichen Chrom-Nickel-Stählen zuließ, beanstandet und in Zusammenhang mit Schwierigkeiten beim Schleifen derartiger Teile gebracht. Zum Teil waren diese Bedenken berechtigt, zum Teil waren die Risse aber nicht nur auf entsprechende Randkarbide zurückzuführen, sondern hingen vielfach mit dem allgemeinen Spannungszustand, der höheren Oberflächenhärte dieser Stähle u. dgl. m. zusammen.

---

[1] Houdremont, E., u. H. Schrader: Arch. Eisenhüttenw. Bd. 8 (1934/35) S. 445/59.
[2] Epstein, S., u. C. H. Lorig: Metals and Alloys Bd. 6 (1935) Nr. 4 S. 91/92.

Die Suche nach einem Einsatzstahl mit möglichst geringer Anhäufung von Randkarbiden und einem Maximum an Kernzähigkeitseigenschaften, führte zur Entwicklung eines kupferhaltigen, verhältnismäßig niedriglegierten Einsatz-

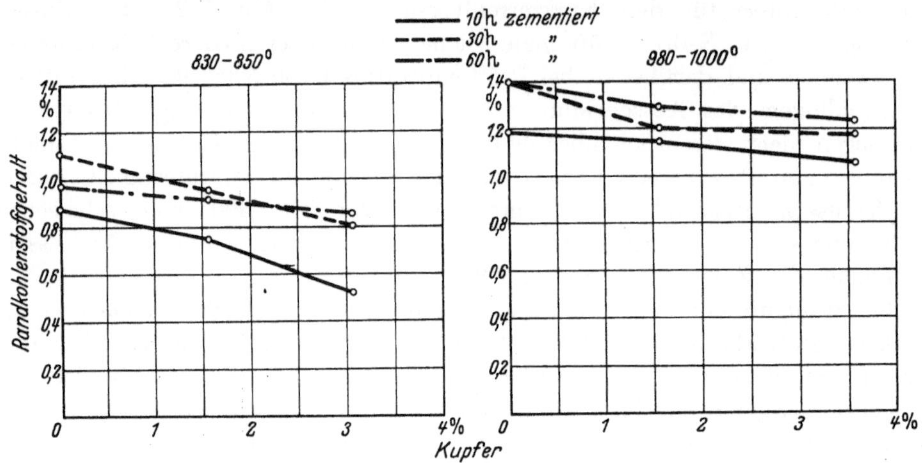

Abb. 733. Wirkung von Kupfer auf den Randkohlenstoffgehalt bei Zementation in festem Einsatzpulver (Holzkohle und Bariumkarbonat 60:40). [Nach E. Houdremont u. H. Schrader: Arch. Eisenhüttenw. Bd. 8 (1934/35) S. 445/59.]

stahles, dessen günstige Eigenschaften in bezug auf Zähigkeit und Vermeidung von Randkarbidbildung bemerkenswert sind. Die Wirkung eines Kupferzusatzes auf die Kernfestigkeitseigenschaften eines solchen Chrom-Mangan-Molybdän-

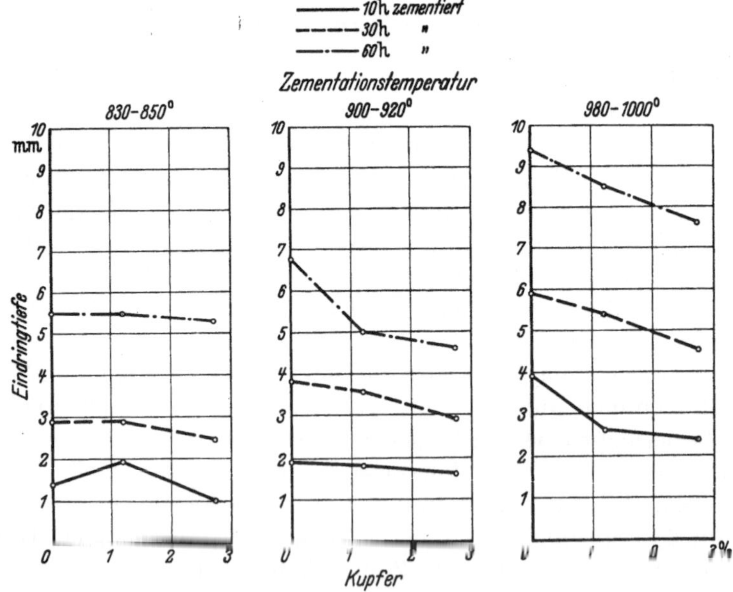

Abb. 734. Veränderung der Eindringtiefe (mikroskopisch gemessen) bei Zementation durch Kupferzusätze. [Nach E. Houdremont u. H. Schrader: Arch. Eisenhüttenw. Bd. 8 (1934/35) S. 445/59.]

Stahles geht aus Zahlentafel 188 (S. 853) hervor. Durch den Kupferzusatz wird nicht nur eine Steigerung der Durchhärtung und Kernfestigkeit erreicht, sondern gleichzeitig auch eine Verbesserung der Zähigkeit. Diese äußert sich

Zahlentafel 188.

Wirkung eines Kupferzusatzes auf die Kernfestigkeitseigenschaften eines Mangan-Chrom-Molybdän-Einsatzstahles nach Härtung von 840° in Öl.

C	Si	Mn	Cr	Mo	Cu	Abm.	Kern-härte Brinell	Streck-grenze	Festig-keit	Deh-nung $(l=5\,d)$	Ein-schnü-rung	Kerb-zähigkeit (Mesn.-Probe)
%	%	%	%	%	%	mm		kg/mm²	kg/mm²	%	%	mkg/cm²
0,20	0,34	1,18	0,62	0,26	—	30 vkt.	331	80	141,1	13,5	43	5,7
						60 „	269	56	94,6	14,2	44	10,1
0,20	0,32	1,12	0,64	0,27	1,11	30 „	409	106	146,9	13,0	50	11,8
						60 „	373	97	133,5	10,7	45	10,4

sowohl in der Kerbschlagprobe als vor allem in einem sehr zähen, sehnigen Bruchaussehen bei größeren Querschnitten. Ein weiterer Vorteil dieser Stähle ist, daß

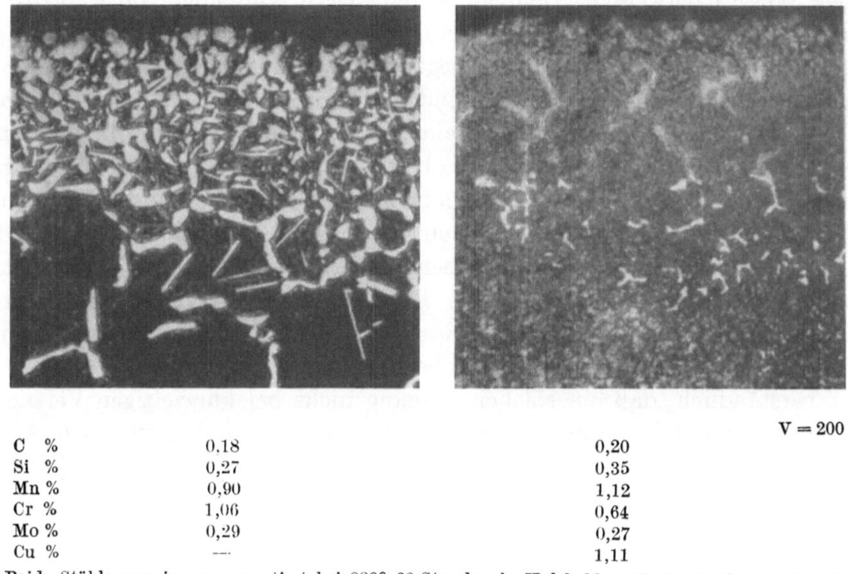

C %	0,18	0,20
Si %	0,27	0,35
Mn %	0,90	1,12
Cr %	1,06	0,64
Mo %	0,29	0,27
Cu %	—	1,11

Beide Stähle gemeinsam zementiert bei 880° 60 Stunden in Holzkohle + Bariumkarbonat (80 : 20).

Abb. 735. Randkarbidbildung eines Chrom-Molybdän-Kupfer-Einsatzstahles im Vergleich zu einem Chrom-Molybdän-Stahl bei schroffer Aufkohlung.

sie infolge ihres niedrigen Gehaltes an karbidbildenden Elementen, wie Chrom und Molybdän, bei der Zementation nicht sehr empfindlich gegen Randkarbidbildung sind. Die geringe Neigung dieser Stähle zur Überkohlung tritt besonders bei längeren Zementationszeiten und schärferen Zementationsmitteln in Erscheinung. Das unter solchen Bedingungen wesentlich günstigere Verhalten des kupferhaltigen Einsatzstahles dieser Zusammensetzung gegenüber einem Chrom-Molybdän-Einsatzstahl ist aus Abb. 735 ersichtlich. Eine stärkere Einführung dieses Stahles hat noch nicht stattgefunden, da die Entwicklung in Deutschland zu der Zeit einsetzte, als Kupfer aus kriegstechnischen Gründen gespart werden mußte.

Die schützende Wirkung von Kupferüberzügen auf Stahlteilen gegen Aufkohlung wurde bereits im Abschnitt Einsatzhärtung S. 186 erwähnt.

4. Kupfer in Stählen mit besonderem chemischem Verhalten.

Wenn schon das Schrifttum über Kupferbaustähle in den letzten Jahren sehr zahlreich war, so wird es nahezu übertroffen von den Angaben über einen durch Kupferzusätze zu Eisen- und Stahllegierungen besonders erhöhten Widerstand gegen Korrosion[1]. In Amerika wurde erstmalig der günstige Einfluß von Kupfer auf den Rostwiderstand von Flußeisen an der Luft, insbesonde re in Industriegegenden, festgestellt[2], Beobachtungen, die später auch in anderen Ländern in ähnlicher Weise gemacht wurden[3]. Bei den Untersuchungen zeigte es sich, daß Kupfergehalte von 0,2—0,3 % zur Erhöhung des Rostwiderstandes genügen und weitere Verbesserungen über 0,5 % nicht eintreten. Durch kurzzeitige Laboratoriumsversuche ließ sich dieser günstige Einfluß von Kupfer nicht in gleicher Weise nachweisen, vielmehr waren hierzu jahrelange Naturkorrosionsversuche erforderlich. Die Ursache hierfür ist begründet in der Art, in der Kupfer rostschützend wirkt. Nach den vorliegenden Anschauungen tritt bei kupferhaltigen Stählen bzw. Flußeisen während des Korrosionsvorganges eine Kupferanreicherung an der Stahloberfläche ein. Es braucht hier nicht in den Streit der Meinungen eingetreten zu werden, ob es sich hierbei um einen bei dem Korrosionsvorgang selbst sich niederschlagenden Kupferüberzug handelt oder ob die Kupferatome, die im Eisen und Stahl enthalten sind, sich direkt an der Oberfläche anreichern, weil sie nicht in gleichem Maße wie das Eisen gelöst werden[4]. Tatsache ist, daß eine entsprechende Kupferanreicherung festgestellt werden kann. Es bildet sich zwischen dem Rost- und dem Kupferbelag eine Kupferoxydschicht aus, die nach der Stahloberfläche hin dicht und festhaftend ist. Es ist verständlich, daß ein solcher Vorgang nicht bei kurzzeitigen Versuchen, sondern nur bei Jahre währenden wiederholten milden Angriffen zur Ausbildung kommt und daher nur unter entsprechenden Bedingungen eine Verbesserung des Rostwiderstandes hervorgerufen wird. Ebenso verständlich ist es, daß z. B. bei sehr dünnen Bändern ein Vorteil nicht festgestellt werden kann, wenn der Korrosionsvorgang, der zur Ausbildung der Schutzschichten führen sollte, bereits genügt, um die Dicke der betreffenden Stahlschicht zu zerstören. Gekupferte Stähle können daher keineswegs als rostsicher angesprochen werden, sondern stellen unter ganz bestimmten Bedingungen einen Typus rostträger Stähle dar. Eindeutig beobachtet sind die Vorzüge gekupferter Stähle nur bei atmosphärischer Korrosion, und zwar besonders dann, wenn die betreffenden Stahlteile in Industriegegenden liegen und dementsprechend gleichzeitig dem Angriff der in der Luft aus den Rauchgasen angereicherten aggressiveren Beimengungen, z. B. schwefliger Säure, ausgesetzt sind. (Zahlentafel 189 [S. 855].)

---

[1] Cornelius, H.: Kupfer im technischen Eisen. Berlin: Springer 1940.

[2] Williams, F. H.: Iron Age Bd. 66 (1900) 29. XI. S. 16.

[3] Daeves, K.: Stahl u. Eisen Bd. 46 (1926) S. 1857/63.

[4] S. hierzu u. a. C. Carius u. E. H. Schulz: Mitt. Forsch.-Inst. Ver. Stahlwerke, Dortmund Bd. 1 (1928/30) S. 177/99. — Ferner C. Carius: Korrosion u. Metallsch. Bd. 7 (1931) S. 181/91.

Durch Zusätze von Phosphor[1] bis etwa 0,1%, Zinn[1, 2] und Chrom[3] lassen sich unter Umständen noch gewisse Verbesserungen feststellen, insbesondere ist der Einfluß von Phosphor eindeutig, der auch schon in Zahlentafel 189 in dem besseren Verhalten des höher phosphorhaltigen Thomasstahles gegenüber dem Siemens-Martin-Stahl zum Ausdruck kommt (vgl. auch Abb. 819, S. 948). Bei Prüfungen im Boden und unter Wasser sind durch Kupfer-

Zahlentafel 189. Erhöhte Rostbeständigkeit von Blechen bei geringem Kupferzusatz nach Angaben von K. Daeves[4].

	Gewichtsverlust in kg bei	
	0,10% Cu	0,40% Cu
Korrosion in der Atmosphäre		
Siemens-Martin-Blech	1,0	0,85
Thomas-Blech	1,0	0,65
Korrosion in der Erde		
Siemens-Martin-Material . . .	0,88	0,68
Thomas-Material	0,73	0,56

zusatz keine eindeutigen Verbesserungen gegenüber normalem Flußeisen festgestellt worden. Gelegentlich finden sich auch Hinweise, daß Kupferzusatz gegenüber Lochfraß etwas günstiger wirken soll. Außer dem Vorteil verbesserter Beständigkeit gegen atmosphärische Korrosion wird den Kupferstählen nachgerühmt, daß infolge der oberflächlichen Kupferschicht und der größeren Glätte derartiger Stähle aufgetragene Schutzfarben leichter einen festhaftenden Überzug ergeben, ein Vorteil, der sich auch bei metallischen Schutzüberzügen, wie z. B. beim Verzinken, günstig auswirken soll.

Den verbessernden Einfluß von Kupfer im geschilderten Sinne hat man sich nicht nur bei Flußeisen, sondern auch bei einer ganzen Anzahl niedriglegierter Stähle zunutze gemacht. Vor allem gilt dies auch für die Baustähle etwas erhöhter Festigkeit entsprechend dem deutschen Baustahl St 52. Auch im amerikanischen Schrifttum sind eine ganze Anzahl derartiger Stähle aufgeführt, wie sie schon in Zahlentafel 184 (S. 847) zusammengestellt waren. Auch bei diesen Stählen findet man außer dem Kupferzusatz gelegentlich einen erhöhten Phosphorgehalt sowie Chromzusätze.

Über den Einfluß von Kupfer auf die Säurelöslichkeit sind die Angaben widersprechend. Nach den Untersuchungen von P. Bardenheuer und G. Thanheiser[5] ergeben geringe Kupferzusätze eine Verbesserung beim Lösen in Schwefelsäure und Salzsäure, wenn es sich um einen stärker durch Schwefel verunreinigten Stahl handelt, während bei reineren Stählen kein eindeutiger Einfluß festzustellen ist. Zur Erklärung wird die Wirkung des in Lösung gehenden Kupfers herangezogen, die bei gleichzeitiger Anwesenheit von Schwefel zu Niederschlägen von Kupfersulfid führt. Eine technische Verwendung in dieser Richtung ist bisher nicht erfolgt. In rostfreien Chrom- und Chrom-Nickel-Stählen findet man gelegentlich Kupferzusätze bis zu 2%. Hierbei wird neben einer gewissen Erhöhung der Korrosionsbeständigkeit bei halbferritischen 18proz. Chromstählen angeführt, daß diese Legierungen sich leichter kalt bearbeiten und tiefziehen

---

[1] Daeves, K.: Arch. Eisenhüttenw. Bd. 9 (1935/36) S. 37/40.

[2] Daeves, K.: Stahl u. Eisen Bd. 58 (1938) S. 603/04.

[3] Speller, F. N.: Trans. Amer. Inst. min. metallurg. Engrs., Techn. Publ. Nr. 553 S. 1/21, Met. Technol. Juni 1934.

[4] Stahl u. Eisen Bd.. 46 (1926) S. 609/611.

[5] Bardenheuer, P., u. G. Thanheiser: Mitt. Kais.-Wilhelm-Inst. Eisenforsch. Düsseldorf Bd. 14 (1932) S. 1/9.

ließen als die entsprechenden kupferfreien Legierungen. Bei richtiger Verarbeitung reiner 18proz. Chromstähle konnten im Vergleich zu kupferhaltigen
Stählen gleicher Zusammensetzung diese Unterschiede jedoch nicht bestätigt werden. Kupfer kann bei derartigen Stählen aber auch dadurch wirken, daß es in der
Lage ist, das γ-Gebiet etwas zu erweitern und somit den Anteil an vergütungs-
fähigem Gefüge zu vergrößern. Zu austenitischen Chrom-Nickel-Stählen zugesetzt, ergibt Kupfer eine gewisse Erhöhung der Salzsäure- und Schwefelsäurebeständigkeit. Insbesondere scheint sich eine gewisse Wechselwirkung zwischen

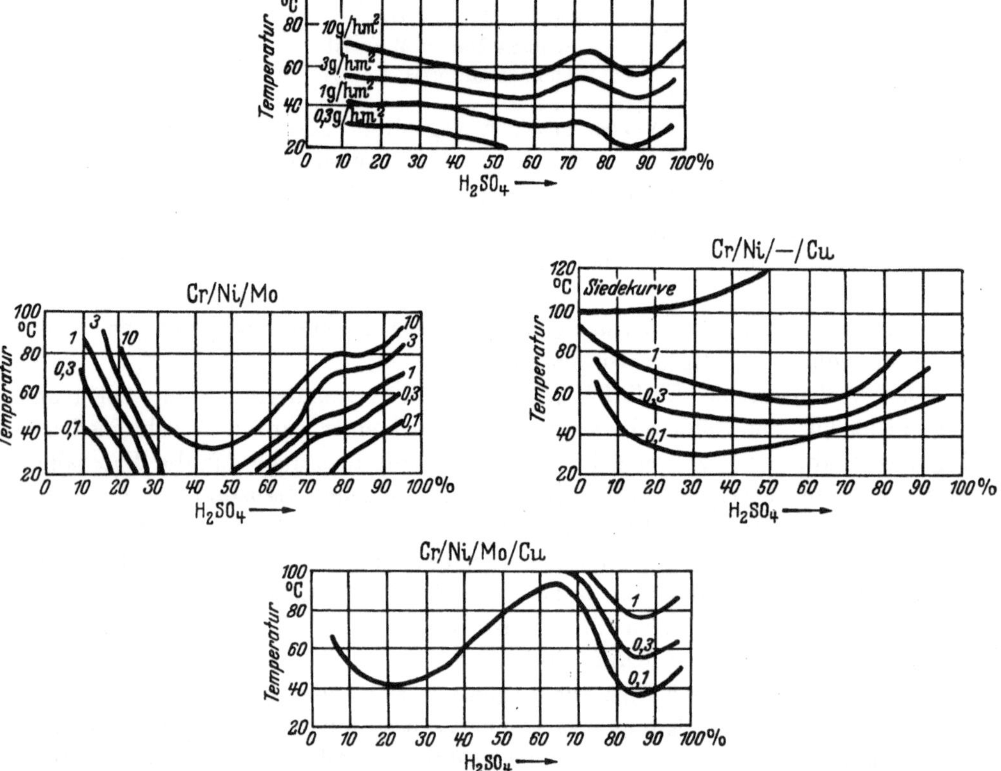

Abb. 736. Einfluß von Molybdän und Kupfer in austenitischen Chrom-Nickel-Stählen auf die Lösegeschwin-
digkeit in Schwefelsäure (Linien gleicher Gewichtsverluste).

Kupfer und Molybdän zu zeigen, so daß derartige Stähle auf der Basis Chrom-
Nickel-Molybdän ein Höchstmaß an Säurebeständigkeit aufweisen. Einige
Hinweise enthielten schon die Abb. 532 und 533 (S. 637).

Eine Übersicht über die üblichsten korrosionsfesten Legierungen mit Kupferzusatz enthält Zahlontafel 190 (S. 857). Als gut schwefelsäurebeständige Werkstoffe findet man außerdem Legierungen mit 30% Nickel und 3% Kupfer sowie
3% Silizium (schmiedbar), ferner Legierungen mit 30% Nickel, 10% Kupfer
und 3% Silizium (nur als Guß) erwähnt[1].

Abb. 736 zeigt einige Beständigkeitsdiagramme, aus denen hervorgeht, wie
erst durch geeignete Kombination des austenitischen Chrom-Nickel-Stahls mit

---

[1] Miller, J. L.: Carnegie Schol. Mem. Bd. 21 (1932) S. 111/27.

Molybdän und Kupfer die Schwefelsäurebeständigkeit sprunghaft erhöht wird[1]. In den Abbildungen sind im Temperatur-Konzentrationsfeld der Säure die Linien gleicher Gewichtsverluste eingetragen, die ähnlich zu lesen sind wie die Höhenlinien einer Landkarte. Der molybdän- und kupferfreie austenitische Stahl mit 18% Cr und 8% Ni gemäß Diagramm Cr/Ni in Abb. 736 weist mit steigender Temperatur und Konzentration zunehmende Gewichtsverluste auf und kommt für schwefelsäurehaltige Lösungen praktisch nicht in Frage, da die üblicherweise zugelassene Gewichtsverlustgrenze von $0{,}1\,\mathrm{g/m^2 \cdot h}$ fast in jedem Falle überschritten wird. Nach Zusatz von Molybdän (Diagramm Cr/Ni/Mo in Abb. 736) tritt ein Gebiet erhöhter Beständigkeit bei niedrigen und ein weiteres bei höheren Säurekonzentrationen auf. Bei mittleren Konzentrationen bewirkt Molybdän keine Verbesserung. Bei einem Zusatz von Kupfer (Diagramm Cr/Ni/-/Cu in Abb. 736) wird dagegen eine Beständigkeit in Schwefelsäure jeder Konzentration bei Raumtemperatur bzw. wenig darüber liegender Temperatur erreicht. Durch Kombination von Kupfer und Molybdän bei gleichzeitig erhöhtem Nickelgehalt (Diagramm Cr/Ni/Mo/Cu in Abb. 736, etwa entsprechend dem Stahl der Abb. 533, S. 637) wird dagegen insbesondere bei mittleren Konzentrationen die Beständigkeit gegen Schwefelsäure auch bei höheren Temperaturen bedeutend verbessert. Dieser Typ des Beständigkeitsdiagramms ist auch dem Nickel[2] und Monelmetall[3] (s. Zahlentafel 190, Legierung 4) eigen.

Zahlentafel 190. Korrosionsfeste Legierungen mit Kupferzusatz.

	C %	Cu %	Ni %	Cr %	Mo %	Ti %	Co %	Sb %	Al %
1	0,10	3	9	18	—	gegebenen- ⎰0,7	—	—	—
2	0,10	2	18	18	2	falls bis ⎱0,7	—	—	—
3	0,10	1	3—5	25—30	2	0,5	—	—	—
4	—	30—33	67—70	—	—	—	—	—	(2—5)

Auch bei Legierungen mit ferritischem Gefügecharakter läßt sich durch Kombination von Kupfer und Molybdän besonders gute Schwefelsäurebeständigkeit erreichen. Ein Beispiel hierfür ist die Legierung 3 in Zahlentafel 190, die auch in heißer Schwefelsäure bis zu einer Konzentration von etwa 40% beständig ist.

Einen besonderen Vorteil zeigen Legierungen mit 18% Chrom, 8% Nickel und Kupferzusätzen in der Größenordnung von 0,5—2% gegenüber Spannungsrißkorrosion. Der Kupfergehalt erhöht bei derartigen Legierungen gleichzeitig die Stabilität des Austenits so, daß der Stahl auch nach starker Kaltverformung noch unmagnetisch ist und daher insbesondere für Teile, die irgendwelchen Kaltverarbeitungsoperationen unterworfen wurden, Verwendung findet. Z. B. eignet er sich zur Herstellung unmagnetischer Bandagendrähte höherer Festigkeit. Da kaltbearbeitete Teile stets unter Spannung stehen, kommt gerade diesen Teilen der Vorzug der geringeren Empfindlichkeit gegen Spannungsrißkorrosion zugute.

---

[1] Rocha, H. J.: Techn. Mitt. Krupp, Forschungsber. Bd. 3 (1940) S. 191/98.

[2] Nickel-Handbuch, 2. Aufl. (1939), Nickel.

[3] Nickel-Handbuch, 2. Aufl. (1939), Kupfer/Nickel, II. Teil.

Gegen den Angriff von Hochdruckwasserstoff bewirkt Kupfer keinerlei Verbesserung. Da Kupfer kein karbidbildendes Element ist, erscheint dies verständlich. Auch in zunderbeständigen Legierungen bringt Kupfer keine Vorteile und hat auch entsprechend bisher keine Verwendung gefunden. Beim Verzundern kupferhaltiger Stähle treten kupferhaltige Schichten unter der sich bildenden Zunderschicht auf (s. Abb. 737). Diese Kupferanreicherungen können beim Verarbeiten, z. B. Warmwalzen, Schmieden, Schweißen, zu einer Brüchigkeit bei Temperaturen oberhalb 1000° führen. Die durch den unterschiedlichen Oxydationsgrad hervorgerufene Kupferanreicherung steht in Analogie zu der Anreicherung von Nickel bei nickelhaltigen Stählen. Die durch sie hervorgerufenen rotbruchähnlichen Erscheinungen bzw. das Aufrauhen der Oberfläche und die Rißbildung bei Zug- bzw. Biegebeanspruchung in der Wärme sind auf das Eindringen von Kupfer in die Korngrenzen zurückzuführen.

Eine ähnliche Wirkung kann man beim Aufstreuen von Kupfer, Rotguß oder Bronze auf erwärmtes unter Spannungen stehendes Eisen und auch gelegentlich beim Hartlöten und beim Verbundguß beobachten[1], wenn die Stahlteile nicht spannungsfrei sind (Lötbrüchigkeit, vgl. S. 530). Beim Bördeln kupferhaltiger Kesselbaustähle bei hohen Temperaturen beobachtete man[2] entsprechende Rotbrucherscheinungen, die ebenfalls auf den Einfluß des Kupfers zurückgeführt werden konnten. Bei gleichzeitiger Anwesenheit von Nickel und Kupfer kommt es nicht in diesem Maße zur Ausbildung der reinen Kupferschicht[1, 4].

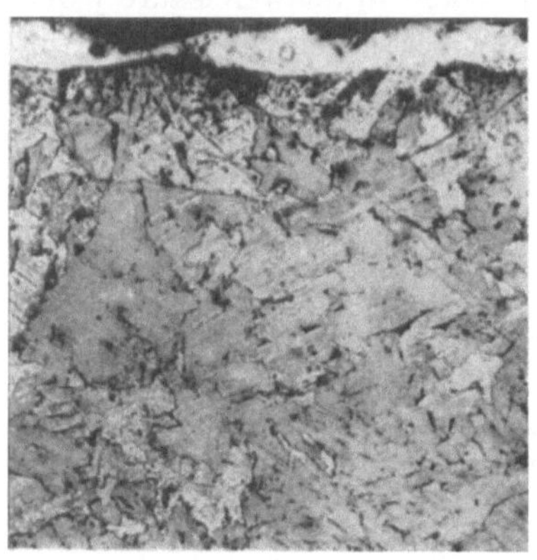

V = 100

Abb. 737. Kupferanreicherung an der Oberfläche bei oxydierendem Glühen.

Im Gegensatz zu diesem Eindringen des unter der Oxydschicht angereicherten metallischen Kupfers hat der Zunder bei kupferhaltigen Stählen nicht das Bestreben, an den Korngrenzen verästelt in den Stahl einzudringen. Die Kupferstähle verhalten sich in dieser Hinsicht also günstiger als Nickel- und Molybdänlegierungen[5]. Es hat eher den Anschein, als wenn Kupfer hier eine abdeckende Wirkung ausübt, so daß das Eindringen des Zunders behindert wird.

5. Veränderungen der physikalischen Eigenschaften des Stahles durch Kupfer.

Die physikalischen Eigenschaften verschiedener Eisen-Kupfer-Legierungen haben zu technischen Anwendungen geführt, darüber hinaus sind sie aber von allgemein metallkundlichem Interesse, weswegen hier etwas ausführlicher darauf eingegangen werden soll.

---

[1] Schottky, H., K. Schichtel u. H. Stolle: Arch. Eisenhüttenw. Bd. 4 (1930/31) S. 541/47.

[2] Michailoff-Michejeff, P. B.: Nachr. Metallind., Moskau, 1932 Nr. 6 u. 8.

[3] Clamer, G. H.: Proc. Amer. Soc. Test. Mat. Bd. 10 (1910) S. 267/79.

[4] Nehl, F.: Stahl u. Eisen Bd. 53 (1933) S. 773/78.

[5] Schrader, H.: Techn. Mitt. Krupp Bd. 2 (1934) S. 136/142.

Der Einfluß von Kupfer auf die Koerzitivkraft scheint so lange bedeutungslos zu sein, als Kupfer in fester Lösung enthalten ist. So bleiben z. B. Kupferzusätze bis zur Grenze der Löslichkeit in Eisensiliziumlegierungen[1] ohne Einfluß auf die Koerzitivkraft. Größere Gehalte steigern diese in reinen Eisenkupferlegierungen[1] dann in Verbindung mit den eintretenden Ausscheidungsvorgängen[2] (Abb. 729).

Von technischer Bedeutung ist der Einfluß des Kupfers auf die magnetischen Eigenschaften der ternären Eisen-Nickel-Kupfer-Legierungen geworden. Dieses Dreistoffsystem hat besonders dadurch so großes praktisches Interesse erlangt, weil sich in ihm sowohl hochpermeable Legierungen als auch

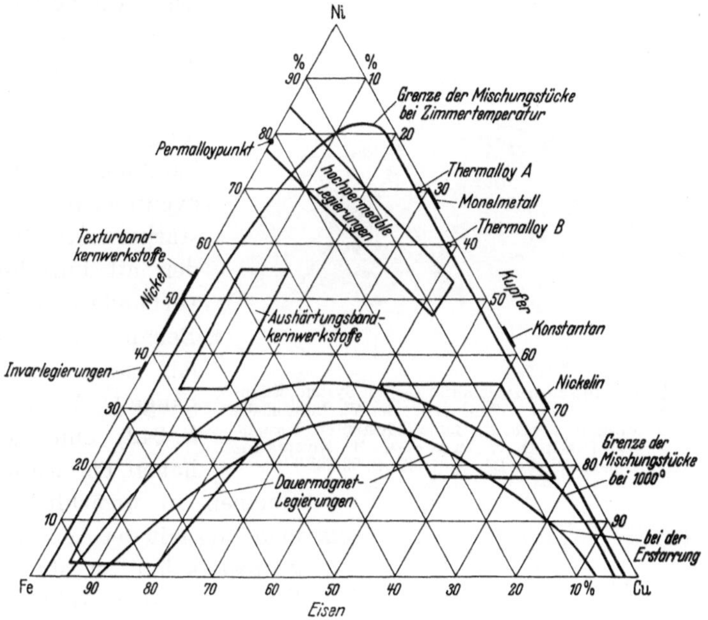

Abb. 738. Das Dreistoffsystem Eisen-Nickel-Kupfer mit den technisch wichtigsten Legierungen; Mischungslücken nach W. Köster und W. Dannöhl. [Nach H. Bumm u. H. G. Müller: Wiss. Veröff. Siemens-Werke Bd. 17 (1938) S. 126/50.]

ausscheidungshärtende Legierungen feldstärkenunabhängiger Permeabilität und schließlich sogar Dauermagnetlegierungen finden. Einen Überblick über die Verteilung der wichtigen Legierungen im Dreistoffsystem gibt Abb. 738.

a) Legierungen hoher Permeabilität.

Die hochpermeablen Legierungen sind eingehend von O. v. Auwers und H. Neumann[3] bei jeweils zwei verschiedenen Wärmebehandlungen untersucht worden, und zwar nach einstündigem Glühen bei 900° mit Ofenabkühlung bis 625° und anschließender Luftabkühlung (Permalloy-Behandlung) und nach zweistündiger Glühung bei 1100° mit langsamer Ofenabkühlung. In jedem Falle

---

[1] Kussmann, A., B. Scharnow u. W. S. Messkin: Stahl u. Eisen Bd. 50 (1930) S. 1194/97.

[2] Kussmann, A., u. B. Scharnow: Z. Phys. Bd. 54 (1929) S. 1/15. — Köster, W.: Z. Metallkde. Bd. 22 (1930) S. 289/96.

[3] Auwers, O. v., u. H. Neumann: Wiss. Veröff. Siemens-Konz. Bd. 14 (1935) Heft 2 S. 93/108.

findet man ein schmales, aber ziemlich langes Gebiet höchster Werte der Anfangspermeabilität im Bereich zwischen 40 und 80% Nickel (Abb. 739). Durch Veränderung der Wärmebehandlung von der Permalloy-Behandlung zur Glühung bei 1100° mit langsamer Abkühlung verschiebt sich dieses Gebiet etwas und außerdem wird der Bereich höchster Werte der Anfangspermeabilität schmaler. Die Ursache kann darin zu suchen sein, daß bei der langsamen Abkühlung nach der 1100°-Behandlung die Wirkung einer eventuellen Ausscheidung stärker merklich ist als bei der mit Luftabschreckung verbundenen Permalloy-Behandlung. Vielleicht spielen auch Ordnungsvorgänge (s. Abschnitt Nickel, S. 342) eine Rolle. Die hohen Permeabilitätswerte

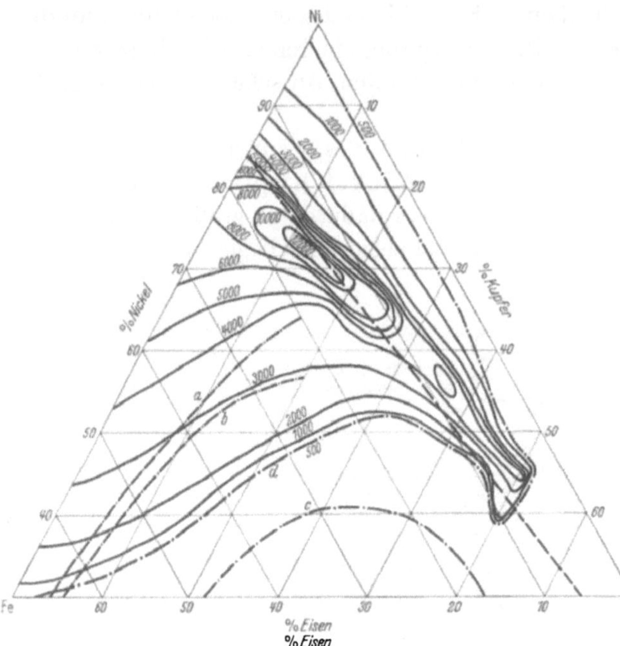

Abb. 739. Linien gleicher Anfangspermeabilität (—) im System Eisen-Nickel-Kupfer nach Permalloy-Behandlung; Lage der Mischungslücke nach verschiedenen Autoren (*a, b, c, d*); Linie konstanten Verhältnisses Ni : Fe (— — —). [Nach O. v. Auwers u. H. Neumann: Wiss. Veröff. Siemens-Werke Bd. 14 (1935) S. 93/108.]

scheinen in ursächlichem Zusammenhang mit der Änderung der Magnetostriktion zu stehen, da die Kurve für den Nullwert der Magnetostriktion, mit Ausnahme der hohen Nickelgehalte, praktisch mit den Höchstwerten für die Anfangspermeabilität zusammenfällt (Abb. 740). Dieses Ergebnis steht in Verbindung mit den bei Eisen-Nickel-Legierungen (S. 348) geschilderten Zusammenhängen zwischen Magnetostriktion und Permeabilität. Hierbei bleibt die Frage unbeantwortet, wodurch die Lage des Höchstwertes der Anfangspermeabilität innerhalb der hochpermeablen Zone auf der Linie der Magnetostriktion Null bestimmt ist. Ob auch hier wie bei Eisen-Nickel-

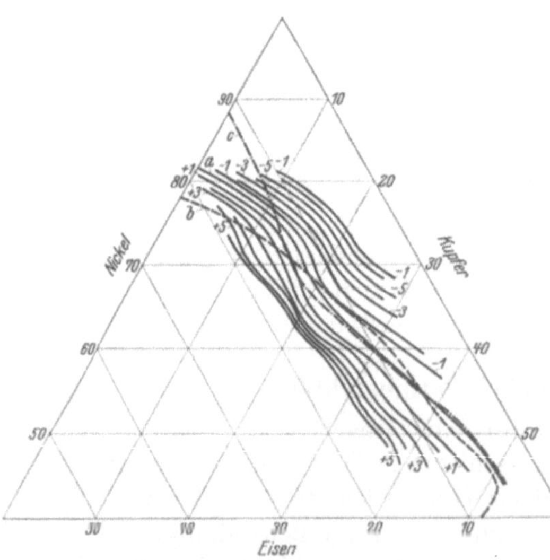

Abb. 740. Linien gleicher Magnetostriktion; Linie der Magnetostriktion Null (Kurve *a*); Linien der höchsten Anfangspermeabilität für die 1100°-Behandlung (Kurve *c*) und für die Permalloy-Behandlung (Kurve *b*). [Nach O. v. Auwers u. H. Neumann: Wiss. Veröff. Siemens-Werke Bd. 14 (1935) S. 93/108.]

Legierungen die Frage magnetischer Anisotropie in bestimmten Legierungen mit von Einfluß ist, ist noch nicht näher untersucht. Durch weitere Zusätze zu

Eisen-Nickel-Kupfer-Legierungen, wie Chrom, Mangan[1] oder Molybdän[2] und Vanadin[3], ließen sich diejenigen Legierungen entwickeln, die heute als Spitzenlegierungen der Praxis anzusehen sind. Bei Mumetall[4] (76% Ni, 5% Cu, 2% Cr) und Hyperm 766[3] wird eine Anfangspermeabilität von 12000—25000 und eine Maximalpermeabilität von 45000—60000 erreicht, während sie bei den Werkstoffen 1040[2] und Hyperm 702[3] über 25000 bzw. 60000, gemessen als Amplitudenquotient von Induktion und Feldstärke, betragen; die geringen Koerzitivkräfte dieser Legierungen von etwa 0,20—0,05 bewirken, daß sie besonders gut für Abschirmzwecke[5] geeignet sind, bei denen man durch schützende Metallhüllen Teile von Meßinstrumenten u. dgl. vor störenden äußeren Feldern schützen will.

b) Isoperme.

In Abb. 738 ist ein Gebiet als das der Aushärtungsbandkernwerkstoffe bezeichnet. Es handelt sich hier um das Gebiet der Isoperme, d. h. der Werkstoffe mit einer von der Feldstärke praktisch unabhängigen Permeabilität. Die Grunderscheinung, auf der die Existenz dieser Werkstoffe sich aufbaut, ist die Ausscheidungsfähigkeit dieser Legierungen, wenn der Kupfergehalt einen gewissen Betrag übersteigt (Ausscheidungsisoperme); durch Abschrecken aus dem Homogenitätsgebiet und nachheriges starkes Kaltwalzen von etwa 90% erhält man in allen Richtungen des entstehenden Bleches eine Remanenz, die nur wenige Prozent der Sättigung beträgt. Diese anomal niedrige Remanenz bedingt, wie bei den Eisen-Nickel-Textur-Isopermen (S. 353) besprochen, eine Permeabilität, die von der Feldstärke kaum abhängt und die durch vorübergehende starke Magnetisierung mit Gleichfeldern sich kaum verändert; ferner wird der Hystereseverlust außerordentlich klein[6]. Ausgehend von der Eisen-Nickel-Legierung mit 40% Ni wurde z. B. durch 11% Kupfer bei einem Verhältnis von Nickel zu Eisen wie 40 zu 60 gleichzeitig eine Permeabilität von $\mu = 54$ und ein Hystereseverlust von $h = 19 \dfrac{\Omega/H}{Aw/\mathrm{cm}}$ erzielt. Ähnliche, jedoch nicht ganz so gute Werte lassen sich auch durch Zusatz von etwa 4% Al zu Eisen-Nickel-Legierungen erreichen[6] (s. ferner S. 986).

Es handelt sich also bei den Eisen-Nickel-Kupfer-Isopermen um ein Zusammenwirken verschiedener metallkundlicher Vorgänge. Die Mannigfaltigkeit der Eigenschaftsveränderungen, die hierdurch möglich sind, ergibt sich aus folgendem:

Die Legierungen sind ausscheidungsfähige Legierungen; sie können also durch schnelle Abkühlung von hohen Temperaturen in einen homogenen Mischkristallzustand gebracht werden oder bereits in einem mit Ausscheidungen behafteten Zustand vorliegen infolge langsamer Abkühlung aus dem Homogenitätsgebiet bzw. infolge eines Anlassens nach mehr oder weniger schneller

[1] Mihara, K.: Japan Nickel Rev. Bd. 5 (1937) Nr. 4 S. 504/16; Bd. 7 (1939) Nr. 1 S. 63/72.

[2] Neumann, H.: Arch. techn. Messen 1934 Z 913—5.

[3] Meyer, H. H., u. H. Fahlenbrach: Techn. Mitt. Krupp Bd. 7 (1939) S. 123/32.

[4] Heraeus Vakuum-Schmelze: Arch. techn. Messen 1931 Z 913—2. — Randall, W. F.: J. Instn. electr. Engrs. Bd. 80 (1937) S. 647/67.

[5] Randall, W. F., u. G. A. V. Sowter: J. sci. Instrum. Bd. 15 (1938) S. 342/44. — Stäblein, F.: Forschungsber. Krupp Bd. 3 (1940) S. 99/102.

[6] Dahl, O.: AEG-Forschungsinst. Bd. 3 (1931/32) S. 163/68. — Dahl, O., J. Pfaffenberger u. H. Sprung: Elektr. Nachr.-Techn. Bd. 10 (1933) S. 317/32, 543/49 u. 559/63.

Abkühlung. Der Ausscheidungsvorgang selbst ist ebenfalls zu gliedern in zwei
deutlich zu trennende Stufen. Verfolgt man die Widerstandskurve beim Anlassen
homogen abgeschreckter Legierungen, so wird man feststellen (Abb. 741), daß
zuerst bei etwa 400°, also bei niedrigen Anlaßtemperaturen, und kurzen Glühzeiten eine Erhöhung des Widerstandes eintritt[1, 2]. Wenn auch ein ähnlicher
Verlauf der Widerstandskurven bei Duralumin beobachtet worden ist, kann man
sie doch als anomal bezeichnen, weil bei der Ausscheidung von Kupfer sofort ein
Widerstandsabfall eintreten müßte, wie er auch bei Eisen-Kupfer-Legierungen bei
hohen Anlaßtemperaturen und längeren Anlaßzeiten beobachtet wird. Dieser
anomale Widerstandsanstieg wird auf Platzwechselvorgänge zur Erzeugung von
Paaren von Kupferatomen zurückgeführt, die die Ausscheidung des Kupfers
einleiten. Auch sonst zeigen die Veränderungen beim Anlassen im Zusammenhang mit dem Ausscheidungsvorgang einige metallkundlich interessierende Erscheinungen. Bei etwas höheren Anlaßtem-
peraturen, als dem anomalen Widerstandsanstieg entspricht, also beispielsweise 600°,
ergibt sich mit wachsender Anlaßzeit zunächst ein Permeabilitätsanstieg, der als
Anzeichen für den beginnenden Ausfall der
Kupferatome aufgefaßt werden kann. Wegen
der hohen Anlaßtemperaturen kann man
annehmen, daß sich die bei der Ausscheidung
auftretenden Gitterverzerrungen bereits erholen. Diese Entspannung durch Erholung
bedingt einen kennzeichnenden Widerstandsabfall. Bei dem Permeabilitätshöchstwert
ist etwa 75% des Gesamtwertes des bei der
Ausscheidung stattfindenden Widerstands-
abfalles bereits eingetreten. Verlängert man

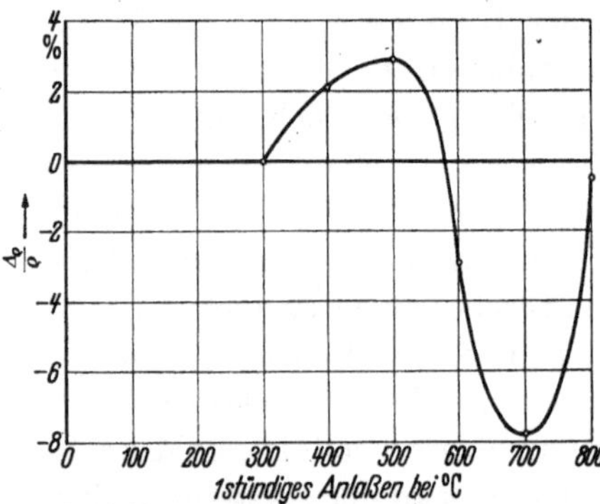

Abb. 741. Wirkung der Anlaßtemperatur auf
die Änderung des elektrischen Widerstandes
($\Delta\varrho$) einer Legierung mit etwa 35% Ni, 52% Fe
und 13% Cu (Ni : Fe = 40 : 60) (Vorbehand-
lung 1000° Wasser, dann 90% gereckt). [Nach
O. Dahl und J. Pfaffenberger: Metallwirtsch. Bd. 13 (1934) S. 543/49.]

die Anlaßzeiten bis zum Endwert des Widerstandes, so erhält man einen Abfall der
Permeabilität. Gleichzeitig beobachtet man eine Erhöhung der Koerzitivkraft,
obwohl sich jetzt der Ausscheidungsvorgang vollkommen abgespielt hat, wie
dies aus der Widerstandskurve entnommen werden kann. Diese Vorgänge können
daher nicht mehr mit einer üblichen Verspannung durch Ausscheidung in sub-
mikroskopischer Form in Zusammenhang gebracht werden. Man hat hierfür
folgende Erklärung:

Die ausgeschiedene Phase (Kupfer) verspannt beim Abkühlen von der Anlaßtemperatur das ferromagnetische Eisen-Nickel-Gitter infolge der verschiedenen
Ausdehnungskoeffizienten der beiden Phasen. Die hierbei entstehenden Spannungen wirken noch auf die magnetischen Eigenschaften, nicht mehr auf den
elektrischen Widerstand ein, da auf den Widerstand nur Gitterstörungen von
Einfluß sein können. Eine Stütze findet diese Erklärung durch die Tatsache,
daß Kupferausscheidungen aus Legierungen der Permalloy-Zusammensetzung
dieses Verhalten der Permeabilität und der Koerzitivkraft nicht zeigen, da hier
Kupfer und Grundlegierung etwa gleiche Wärmeausdehnungskoeffizienten

<hr>

[1] Dahl, O., u. J. Pfaffenberger: Metallw. Bd. 13 (1934) S. 527/30.
[2] Bumm, H., u. H. G. Müller: Wiss. Veröff. Siemens-Konz. Bd. 17 (1938) S. 126/50.

besitzen. Dies sei nur angeführt, um auf den Wert verschiedener Ausdehnungskoeffizienten sich ausscheidender Phasen einmal hingewiesen zu haben.

Durch Vorstehendes ist die Mannigfaltigkeit der Veränderungsmöglichkeiten allein durch den Ausscheidungsvorgang, also durch Wärmebehandlung, schon angedeutet. Durch starkes Kaltwalzen (etwa 90%) kann, wie bei Eisen-Nickel-Legierungen gezeigt wurde, eine Ausrichtung der Kristallkörner erfolgen, so daß man eine sog. Walztextur erhält.
Beim Kaltwalzen homogen abgeschreckter Legierungen[1] kann aber gleichzeitig während des Walzens bereits eine Ausscheidung erfolgen, die nun gegebenenfalls auch eine bestimmte Orientierung im Zusammenhang mit der Walztextur aufweisen wird. Bei derartig stark kaltgewalzten Legierungen, bei denen die Ausscheidung bereits begonnen hat,

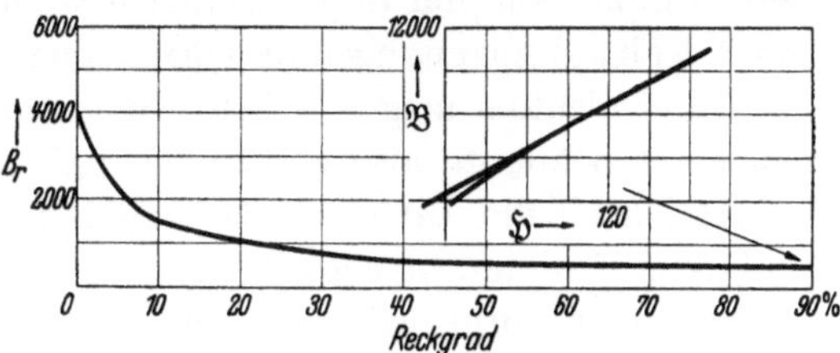

Abb. 742. Einfluß des Kaltwalzens auf die Remanenz (B_r) einer Legierung mit etwa 35% Ni, 52% Fe, 13% Cu (Ni : Fe = 40 : 60): Vorbehandlung: 2 Std., 1000°, luftgekühlt. [Nach O. Dahl u. J. Pfaffenberger: Metallwirtsch. Bd. 13 (1934) S. 543/49.]

braucht diese aber keineswegs ihren Höchstwert erreicht zu haben, sondern es können beim nachherigen Anlassen Veränderungen auftreten, die einerseits mit weiteren Ausscheidungseffekten, andererseits mit Kristallerholung und Entfestigung verknüpft sind. Diese Vielheit der Einflußgrößen bei infolge Abschreckung von hohen Temperaturen homogenen Legierungen ergibt sich in mancher Beziehung aber auch bei Legierungen, die zuerst durch Warmbehandlung zur Ausscheidung gebracht und dann einem Kaltwalzprozeß unterworfen werden. Es ist selbstverständlich, daß die magnetischen Eigenschaften der zu betrachtenden Isoperme nach starker Kaltwalzung große Unterschiede ergeben, je nachdem, ob man vom homogenen Mischkristall oder vom ausscheidungsbehafteten Gefüge ausgeht[1].

Geht man von homogen abgeschreckten Legierungen aus, so tritt durch starkes Kaltwalzen die charakteristische Herabsetzung der Remanenz ein, die von grundlegender Art ist, da ihre Höhe den Charakter der Hysteresisschleife bestimmt

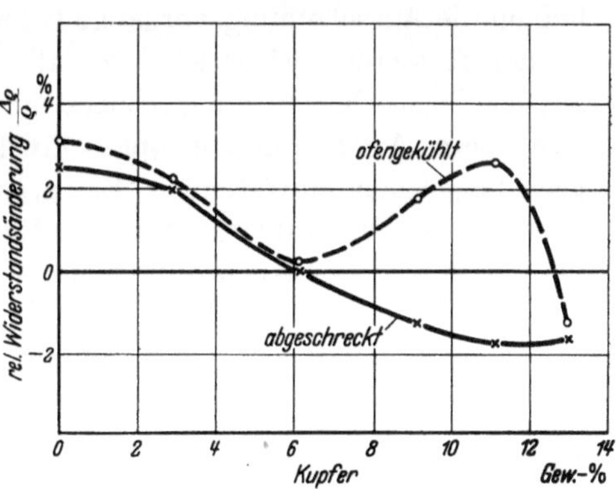

Abb. 743. Widerstandsänderung durch Kaltwalzen bei der Legierungsreihe 40 Ni : 60 Fe mit Kupferzusatz (Vorbehandlung: von 1000° abgeschreckt bzw. ofenabgekühlt, 90% Reckgrad). [Nach O. Dahl u. J. Pfaffenberger: Metallwirtsch. Bd. 13 (1934) S. 543/49.]

(Abb. 742). Aus den Veränderungen des elektrischen Widerstandes[1] kann man ersehen, daß von bestimmten Kupfergehalten an in Legierungen, bei denen das Verhältnis 60 Eisen zu 40 Nickel gewahrt bleibt, sich Ausscheidungsvorgänge während des Kaltwalzens abspielen müssen, kenntlich an einer Widerstandserniedrigung durch das Kaltwalzen. Im allgemeinen tritt durch Kaltwalzen von Metallen eine Widerstandserhöhung ein; wenn eine Widerstandserniedrigung stattfindet, kann sie also nur durch Veränderungen im Kupfergehalt, d. h. durch

---

[1] Dahl, O., u. J. Pfaffenberger: Metallw. Bd. 13 (1934) S. 527/30, 543/49 u. 559/63.

Ausscheidungen, bedingt sein. Charakteristisch ist es nun, daß oberhalb eines Kupfergehaltes, der in der Größenordnung von 6% liegt, diese Legierungen auch das typische Isopermverhalten zeigen, woraus die Tatsache einer beim Kaltwalzen eintretenden Ausscheidung ebenfalls deutlich betont wird (Abb. 743). Außer der Erniedrigung der Remanenz ist, wie bereits im einleitenden Abschnitt erwähnt, der Hysteresisverlust im kaltgewalzten Zustand niedrig. Auch dieser Effekt kann nur durch Gefügeveränderungen erklärt werden, da durch die reinen Kaltwalzspannungen im allgemeinen eher eine Erhöhung eintreten müßte.

Die erreichten magnetischen Eigenschaften sind in allen Bandrichtungen gleich. Man könnte also annehmen, daß keine Walztextur vorliegt; hiergegen spricht jedoch die Tatsache, daß die Remanenzwerte anomal klein sind. Zur Erklärung[1,2] nimmt man an, daß im Band die Ausscheidungen infolge des Walzens in gerichteter Form auftreten, und zwar senkrecht zur Bandoberfläche, so daß durch den damit verbundenen Spannungszustand eine magnetische Vorzugsrichtung senkrecht zur Bandoberfläche erzeugt wird. In Übereinstimmung hiermit fand Kersten[3,4], daß oberhalb des für Isoperme kritischen Kupfergehaltes von etwa 6%, beispielsweise 9% (vgl. Abb. 743), entsprechende Spannungen nachgewiesen werden können.

In der Praxis bedient man sich des Kunstgriffes, zur Erzeugung von Isopermen nicht vom abgeschreckten Zustand allein auszugehen, sondern die Proben vor dem Kaltwalzen kurzzeitig bei niedrigen Temperaturen anzulassen, so daß gerade der anomale Effekt der Widerstandserhöhung[5] eintritt, oder, mit anderen Worten, die Vorbereitung zur Ausscheidung gerade begonnen hat. Hierdurch scheinen die Ausscheidungsvorgänge beim Kaltwalzen selbst erleichtert zu werden, der Hystereseverlust wird vor allem noch weiter herabgesetzt, so daß die erzielten Eigenschaften entsprechend günstiger sind[6].

Die beim Anlassen von abgeschreckten und kaltgewalzten Eisen-Kupfer-Nickel-Isopermen eintretenden Eigenschaftsveränderungen haben bis jetzt zu keiner technischen Nutzanwendung geführt, doch sind auch sie immerhin metallkundlich so interessant, daß im folgenden kurz hierauf eingegangen wird. Beim Anlassen derartig stark kaltgewalzter Legierungen, bei denen während des Kaltwalzvorganges Ausscheidungen begonnen haben, muß damit gerechnet werden,

[1] Dahl, O., u. J. Pfaffenberger: Metallw. Bd. 13 (1934) S. 527/30, 543/49 u. 559/63.

[2] Dahl, O., u. F. Pawlek: Z. Metallkde. Bd. 28 (1936) S. 230/33.

[3] Kersten, M.: Z. techn. Phys. Bd. 15 (1934) S. 249/57.

[4] Kersten, M.: Wiss. Veröff. Siemens-Konz. Bd. 13 (1934) Heft 3 S. 1/9.

[5] Dahl, O., u. J. Pfaffenberger: Metallwirtsch. Bd. 13 (1934) S. 527/30, 543/49 u. 559/63.

[6] Zur Frage des inneren Mechanismus des Isoperms wurde von H. Bumm und H. G. Müller [Wiss. Veröff. Siemens-Konz. Bd. 17 (1938) S. 126/50] eine Deutung vorgeschlagen dahingehend, daß Textur und plastische Verformung in dem vorliegenden Fall so verbunden sind, daß die Gleitrichtung bei der starken Verformung senkrecht zur Blechebene zu liegen kommt. Durch die vor der Kaltverformung herbeigeführte Bildung von Kupferpaaren (Vorbereitung der Ausscheidung) sind Baufehler erzeugt, die nun wiederum Keimpunkte für die Ausbreitung des plastischen Fließens sind [A. Smekal: in Handb. d. Phys., 2. Aufl. Bd. 24 Berlin (1933) Teil 2, Kap. 5, Ziff. 20]. Diese Gleitebenen stehen nach dem, was man man von Textur und plastischem Fließen weiß, senkrecht zur Blechebene und werden nun die Orte der bevorzugten Kupferausscheidung. Auf diese Weise kommt man zu den einzelnen Säulen von Kupferatomen, die, ohne sichtbare Ausdehnung zu erlangen, senkrecht zur Walzebene orientiert sind und als Sitz der magnetischen Anomalie angesehen werden können.

daß noch weitere Ausscheidungsvorgänge einsetzen, gleichzeitig aber sich Erholungs- und Rekristallisationsvorgänge überlagern[1]. Diese Vorgänge lassen sich auch sehr schön an Hand der magnetischen Eigenschaftsveränderungen verfolgen.

Die Permeabilität im homogenen Zustand stark kaltgewalzter Legierungen zeigt bei verschiedenen Anlaßtemperaturen, insbesondere bei tieferen, eine Abhängigkeit von der Anlaßzeit[2]. Es erfolgt zunächst ein auf Erholung beruhender Anstieg der Permeabilität, auf den dann noch ein zweiter Anstieg folgt, der mit der auftretenden Rekristallisation im Zusammenhang steht. Mit steigender Anlaßtemperatur zeigt sich auch ein interessanter Hinweis auf die Störungen der Rekristallisation durch ausgeschiedene Fremdkeime. Die Temperatur, für die zum erstenmal Rekristallisation gefunden wird, steigt nämlich mit wachsendem Kupfergehalt bis zur Löslichkeitsgrenze, woraus — wie bereits angedeutet —

entnommen werden kann, daß geringe Mengen von ausgeschiedenem Kupfer den Ablauf der Rekristallisation unterbinden in Übereinstimmung mit den Hinweisen auf die Behinderung des Kristallwachstums bei Überhitzung durch Vorhandensein irgendwelcher Karbide, Nitride usw.

Beim Anlassen dieser ausscheidungsfähigen Eisen-Kupfer-Nickel-Legierungen tritt nun ebenfalls eine ausgesprochene Rekristallisationstextur auf. Hierbei ist es allerdings erforderlich, daß, wenn das Anlassen bis ins homogene Mischkristallgebiet erfolgt, in Wasser abgeschreckt wird,

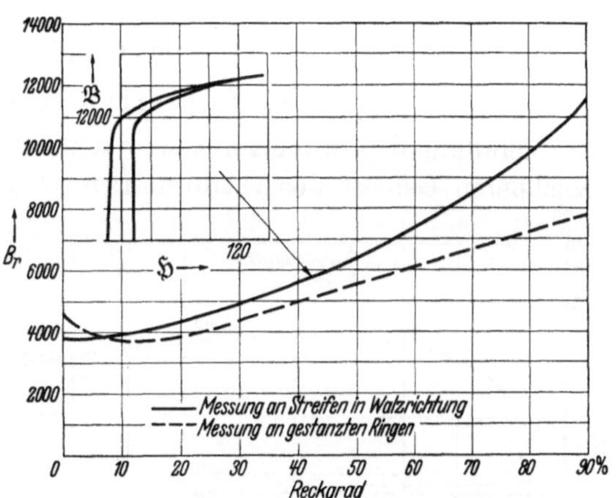

Abb. 744. Einfluß des Kaltwalzens auf die Remanenz (B_r) einer Legierung mit etwa 35% Ni, 52% Fe, 13% Cu (Ni : Fe = 40 : 60); Vorbehandlung: 2 Std., 1000°, ofengekühlt. [Nach O. Dahl u. J. Pfaffenberger: Metallwirtsch. Bd. 13 (1934) S. 543/49.]

damit die gebildete Mischkristalltextur auch erhalten bleibt und nicht wiederum Ausscheidungen beim Abkühlen auftreten. Glüht man unterhalb der Homogenitätsgrenze[3], so bleibt eine Walztextur erhalten, bei Glühung in ihrer Nähe entsteht regellos orientiertes Gefüge[4].

Bisher sind die Eigenschaftsveränderungen erörtert worden, die beim Anlassen oder Kaltwalzen homogen abgeschreckter Legierungen erhalten werden. Zum Unterschied seien nur kurz diejenigen Veränderungen erwähnt, die bei langsam abgekühlten[5] bzw. bereits vor dem Kaltwalzen stark angelassenen Legierungen entstehen, bei denen sich der Ausscheidungsvorgang schon vor der Kaltwalzung

[1] Preisach, F.: Z. Phys. Bd. 93 (1935) S. 245/68.

[2] Bumm, H., u. H. G. Müller: Wiss. Veröff. Siemens-Konz. Bd. 17 (1938) S. 126/50.

[3] Müller, H. G.: Z. Metallkde. Bd. 31 (1939) S. 322/25.

[4] Es kann allerdings zweifelhaft erscheinen, ob die Regellosigkeit eine unmittelbare Folge des Atomwechsels an der Homogenitätsgrenze ist, da man auch in anderen Legierungen, wie z. B. Eisen mit 4% Si, als Übergang von der Walztextur zur Rekristallisationstextur einen praktisch isotropen Zustand beobachtet (s. Silizium Abb. 691). [Unveröffentlichte Untersuchungen von H. Mussmann u. H. Schlechtweg; vgl. auch L. P. Tarasov: Amer. Inst. min. metallurg. Engrs., Techn. Publ. Nr. 1012, 19 S., Met. Techn. Bd. 6 (1939) Nr. 1.]

[5] Dahl, O., u. J. Pfaffenberger: Metallwirtsch. Bd. 13 (1934) S. 527/30, 543/49 u. 559/63.

weitgehend abspielen konnte. Abb. 744 zeigt den Unterschied zwischen dem Einfluß des Kaltwalzens auf derartige Legierungen im Vergleich zu den homogenen Legierungen (Abb. 742). Besonders auffällig ist bereits der Unterschied in der Hysteresisschleife bei den beiden Legierungen. Wie aus den beiden in Abb. 744 für die Remanenz gezeichneten Kurven hervorgeht, ergeben sich Unterschiede in der Remanenz je nachdem, ob man am Streifen mißt oder an gestanzten Ringen, d. h. in Walzrichtung oder nicht. Dies zeigt eindeutig, daß bei derartig stark kaltgewalzten Legierungen für die magnetischen Eigenschaften eine Vorzugslage in der Walzrichtung besteht. Hierbei handelt es sich augenscheinlich weniger um einen Textur- als um einen Spannungseffekt der beim Kaltwalzen gerichteten Ausscheidung, und zwar muß der magnetische Eisen-Nickel-Mischkristall hierfür in Richtung der Walzrichtung unter Zug stehen.

c) Dauermagnetlegierungen.

α) Kupferreiche Legierungen.

Metallkundlich interessant sind schließlich ebenfalls die in Abb. 738 gekennzeichneten Gebiete der Dauermagnetlegierungen. Es handelt sich hierbei um zwei Gebiete, in denen Legierungen mit hoher Koerzitivkraft bekanntgeworden sind. Das eine findet sich auf der kupferreichen, das andere auf der kupferarmen Seite (Abb. 738). Das Gebiet der kupferreichen Dauermagnetlegierungen zeichnet sich dadurch aus, daß die Ausscheidungen sich im flächenzentrierten, man könnte sagen austenitischen Gitter abspielen. Die technische Bedeutung dieser Legierungen[1] liegt in der Tatsache, daß sie im ausgehärteten

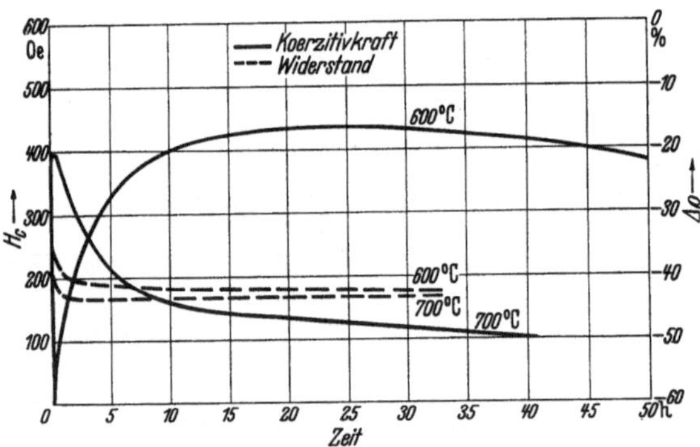

Abb. 745. Abhängigkeit der Koerzitivkraft H_c und der Änderung des spezifischen elektrischen Widerstandes $\Delta\varrho$ einer abgeschreckten Legierung mit 20% Fe, 20% Ni, 60% Cu von der Anlaßzeit bei 600 bzw. 700° C.

Zustand hohe Koerzitivkraft besitzen, aber mechanisch so weich sind, daß sie noch kaltwalzbar und leicht bearbeitbar sind. Ähnlich liegen die Verhältnisse bei Kobalt-Kupfer-Nickel-Legierungen[2] in der Gegend von 20% Ni, 60% Cu und 20% Co. Eine Legierung mit beispielsweise 40% Ni, 10% Fe und 50% Cu ist nach Abschreckung aus dem Homogenitätsgebiet (1050°/Luft) magnetisch weich (Koerzitivkraft 0,05 Oersted), nach langsamer Abkühlung hingegen magnetisch hart (Koerzitivkraft 150 Oersted)[1]. In beiden Fällen sind die Legierungen jedoch mechanisch weich. Ebenso lassen sich Anshärtungszustände dadurch erreichen, daß man nach Abschreckung aus dem Homogenitätsgebiet beispielsweise 1 Stunde bei steigenden Temperaturen anläßt[3]. Es ergeben sich hierbei Höchstwerte der Koerzitivkraft in der Größenordnung von 500 Oersted bei Remanenzen von nur

[1] Dahl, O., J. Pfaffenberger u. N. Schwartz: Metallwirtsch. Bd. 14 (1935) S. 665/70.

[2] Dannöhl, W., u. H. Neumann: Z. Metallkde. Bd. 30 (1938) S. 217/31.

[3] Neumann, H., A. Büchner u. H. Reinboth: Z. Metallkde. Bd. 29 (1937) S. 173/85.

etwa 3000 Gauß, wobei der Höchstwert der Remanenz bei tieferen Temperaturen erreicht wird als derjenige der Koerzitivkraft. In Abhängigkeit von der Anlaßzeit durchläuft die Koerzitivkraft ein Maximum[1] (Abb. 745), das dann auftritt, wenn der elektrische Widerstand bereits seinen Endwert erreicht hat[2]. Faßt man den Widerstandsabfall als Maß für die beim Ausscheiden sich abspielenden Vorgänge auf, so bedeutet dies, daß die Koerzitivkraft nicht so sehr durch die ausgeschiedene Menge, sondern vor allem durch den Koagulationsgrad der heterogenen Phase bestimmt wird, wie dies schon einleitend bei den Ausscheidungsproblemen auf S. 862 angedeutet wurde. Als Höchstwerte[1] wurden gefunden für die Koerzitivkraft $_JH_C = 600$ Oersted bei einer Legierung mit 20% Ni, 61% Cu, die von 1000° an Luft abgekühlt und $2^1/_2$ Stunden bei 600° angelassen war, und für die magnetische Leistung $(B \cdot H)_{max} = 5{,}3 \cdot 10^5$ bei 23% Ni und 59% Cu.

Durch Kaltwalzen von derartig ausgehärteten Legierungen lassen sich die magnetischen Werte noch verbessern[1, 3]. Es wurde festgestellt, daß die Koerzitivkraft und Remanenz in Abhängigkeit vom Kaltwalzgrad über Höchstwerte gehen, wobei gleichzeitig durch das Walzen die magnetischen Eigenschaften eine Orientierung erfahren[5, 6]. Das Höchstmaß an magnetischen Werten wird erreicht, wenn nach dem Walzen erneut angelassen wird, und zwar findet man bei einer Legierung mit 20% Ni und 60% Cu bei einem Kaltwalzgrad von 96% und evtl. einem nachherigen geeigneten Anlassen[1, 4] eine Remanenz von 5000 bis 6000 Gauß, eine Koerzitivkraft $_BH_C = 450{-}490$ Oersted und ein Leistungsprodukt $(B \cdot H)_{max}$ von etwa $1 \cdot 10^6$. Hiermit sind Leistungszahlen erreicht, die denen von Eisen-Nickel-Aluminium-Magnetstählen nahekommen. Wir finden also auch hier wiederum die Wirkung von Kaltwalzen, Anlassen u. dgl. bei ausscheidungsfähigen Legierungen zur Erzielung magnetisch günstiger Werte. Zur Erklärung dieser Ergebnisse lassen sich ähnliche Versuche durchführen[5, 6], wie sie beim Isoperm angestellt worden sind in bezug auf Kaltwalzen, Anlassen, Orientierungsabhängigkeit u. dgl. m.

β) Kupferarme, eisenreiche Legierungen.

Das zweite Legierungsgebiet, das sich im System Eisen-Nickel-Kupfer für Dauermagnete eignet, liegt auf der Eisenseite bei entsprechend tiefen Kupfergehalten[7]. Die entstehenden Legierungen befinden sich bei hohen Temperaturen im flächenzentrierten γ-Zustand, während sie bei der Abkühlung die γ-α-Umwandlung erfahren. Es liegt also hier die Möglichkeit vor, sowohl durch Umwandlungshärtung als durch Ausscheidungshärtung die magnetischen Eigenschaften zu beeinflussen. Man muß allerdings bei dem Hinweis auf die Umwandlungshärtung bedenken, daß eine Umwandlung nur dann Veränderungen der magnetischen Eigenschaften hervorrufen kann, wenn sie in der Lage ist,

---

[1] Neumann, H., A. Büchner u. H. Reinboth: Z. Metallkde. Bd. 29 (1937) S. 173/85.

[2] Bumm, H., u. H. G. Müller: Wiss. Veröff. Siemens-Konz. Bd. 17 (1938) S. 425/35.

[3] Dahl, O., J. Pfaffenberger u. N. Schwartz: Metallwirtsch. Bd. 14 (1935) S. 665/70.

[4] Sixtus, K.: Feinmechanik u. Präzision Bd. 49 (1941) S. 139/46. — Zumbusch, W.: Arch. Eisenhüttenw. Bd. 14 (1940/41) S. 130.

[5] Dahl, O.: Z. Metallkde. Bd. 31 (1939) S. 192/203.

[6] Müller, H. G.: Z. Elektrochem. Bd. 45 (1939) S. 674/78.

[7] Legat, H.: Metallwirtsch. Bd. 16 (1937) S. 743/49.

Spannungen ähnlich wie bei der Martensithärtung zu erzielen. Dies braucht bei den hier bezeichneten Eisen-Nickel-Kupfer-Legierungen keineswegs der Fall zu sein, da durch schnelle Abkühlung von hohen Temperaturen die Umwandlung eintreten kann, ohne daß ein Bestandteil das Bestreben hat, sich schon bei der Umwandlung auszuscheiden. Der erhaltene Endzustand kann ein α-Zustand sein mit im Mischkristall gelösten Komponenten[1] (im Gegensatz zum Verhalten des Kohlenstoffes bei der Martensitbildung). Entsprechend zeigt sich auch[2], daß dem abgeschreckten Zustand, den man statt als Martensitzustand besser als übersättigten Ferrit bezeichnen sollte, eine niedrige Koerzitivkraft zukommt. Erst bei gleichzeitiger Anwesenheit von Austenit wird diese erhöht. Es liegen also hier ähnliche Verhältnisse vor, wie sie bei dem System Eisen-Nickel-Aluminium angedeutet wurden. Im Abschnitt Mangan (S. 305) und Chrom (S. 464) wurde eingehend geschildert, wie beim Anlassen homogen abgeschreckter Legierungen sich aus der α-Phase Austenite höheren Mangan- bzw. Nickelgehaltes bilden können. Läßt man nicht bis in das homogene Austenitgebiet an, so bleiben beim Abkühlen diese Unterschiede im Gefüge und im Legierungsgehalt erhalten. Selbst wenn der beim Anlassen bei beispielsweise 550° gebildete Austenit sich beim Abkühlen auf Raumtemperatur wieder zu übersättigtem Ferrit umwandeln würde, würden zwei Phasen verschiedener Zusammensetzung und damit auch verschiedener Ausdehnungskoeffizienten in der Probe vorliegen. Die hierbei entstehenden Spannungen könnten ebenfalls die Koerzitivkraft erhöhen. Ähnlich liegen die Verhältnisse bei den hier zu beschreibenden Eisen-Nickel-Kupfer-

Zahlentafel 191. Koerzitivkraft, Remanenz und Sättigung einer Eisen-Nickel-Kupfer-Legierung bei verschiedenen Behandlungen nach W. Dannöhl[3].

Legierung mit 73% Fe, 12% Ni, 15% Cu	Nach Wärmebehandlung bei 20° C gemessene Werte			Nach Wärmebehandlung und Abkühlung auf −182° C bei 20° C gemessene Werte		
	$_JH_c$	B_r	$4\pi J = B - H$	$_JH_c$	B_r	$4\pi J = B - H$
1 Std. 1120°C Wasserabschreckung	14	nicht bestimmt	nicht bestimmt	14	nicht bestimmt	nicht bestimmt
1 Std. 1120° C Wasser, dann 1 Std. 570°C Luftabkühlung	307	3950	9650	146	4540	10650
1 Std. 1120° C Wasser, dann 1 Std. 600°C Luftabkühlung	160	4730	11500	126	5850	13500
1 Std. 1120° C Wasser, dann 2 Std. 600°C Luftabkühlung	328	3920	8350	111	5670	14000
1 Std. 1120° C Wasser, dann 1 Std. 630°C	133	5340	15750	63	6160	16100

Legierungen, wie dies aus Zahlentafel 191 hervorgeht. Die Koerzitivkraft ist höher, wenn neben einem α-Mischkristall ein austenitischer Mischkristall vorliegt. Kühlt man die angelassene Probe in flüssiger Luft ab, so folgt eine weitere Umwandlung des beim Anlassen neu gebildeten nickelreichen Austenits, und zwar um so stärker, je geringer der Nickelgehalt des Austenits war. Dies

---

[1] Dahl, O., J. Pfaffenberger u. N. Schwartz: Metallwirtsch. Bd. 14 (1935) S. 665/70.
[2] Dannöhl, W.: Z. Metallkde. Bd. 30 (1938) S. 95/99.
[3] Z. Metallkde. Bd. 30 (1938) S. 95/99.

hat zur Folge, daß die Koerzitivkraft durch die Behandlung in flüssiger Luft absinkt, während die Sättigung und Remanenz ansteigen. Die Effekte müssen um so stärker sein, je höher oder je länger der betreffende Stahl angelassen wurde, weil hierdurch der Austenitmischkristall im Nickelgehalt entsprechend beeinflußt wird und dementsprechend seine Umwandlungsfähigkeit beim Abkühlen in flüssiger Luft. Würde man eine derartige in flüssiger Luft behandelte Probe nochmals auf 600° anlassen, so würde das Spiel der Austenitbildung von neuem beginnen, wie dies Zahlentafel 192 andeutet. An einer Legierung

Zahlentafel 192. Koerzitivkraft und Remanenz einer Eisen-Nickel-Kupfer-Legierung nach verschiedener Behandlung nach W. Dannöhl[1].

Legierung mit 80% Fe, 12% Ni, 8% Cu	$_JH_c$	B_r
1 Std. 1080 °C Wasserabschreckung	9,8	nicht bestimmt
+ 2 Std. bei 600° C angelassen	105	5880
+ Abkühlung auf −182 °C	88	7140
+ 4 Std. bei 600 °C angelassen	80	5380

mit 12% Ni und 15% Cu erhält man nach einem Abschrecken von 1220° und nachherigem Anlassen auf 600° eine Koerzitivkraft von 328 Oersted bei einer Remanenz von 3920 Gauß. Im Vergleich zu anderen Dauermagnetlegierungen sind diese Werte, insbesondere was die Remanenz anbetrifft, verhältnismäßig niedrig, so daß eine größere technische Verwendung bisher nicht stattgefunden hat.

Über die Verwendung von Kupfer zur Regulierung der Abkühlungsgeschwindigkeit in Dauermagnetlegierungen auf der Basis Eisen-Nickel-Aluminium siehe Abschnitt Aluminium (S. 831).

6. Hinweise auf den Einfluß des Kupfers bei der Stahlherstellung und -verarbeitung.

Für die metallurgische Herstellung von Kupferstählen ergeben sich keine besonderen Gesichtspunkte. Gelegentlich wird die Forderung erhoben, Kupfer sofort mit dem Einsatz zuzugeben, weil es sich sonst angeblich nicht gleichmäßig legieren soll. Kupfer ist, ähnlich wie Nickel, schwerer oxydierbar als Eisen und geht daher bei allen Stahlherstellungsprozessen ins Metall über. Infolge des steigenden Zusatzes von Kupfer zu normalen Flußeisensorten und der dadurch bewirkten Anreicherung von Kupfer im Stahlschrott macht sich auf der ganzen Welt ein langsames Ansteigen des Kupfergehalts in allen Stählen bemerkbar. Der Einfluß derartiger Verunreinigungen auf die Härtefähigkeit u. a. ist in den vergangenen Abschnitten bereits erwähnt worden. Ebenso wurden die rotbruchähnlichen Erscheinungen, die beim Warmverarbeiten von kupferhaltigen Stählen auftreten können, schon behandelt. In dieser Erschwerung der Schmiedbarkeit hoch kupferhaltiger Stähle, insbesondere beim Schmieden bei sehr hohen Temperaturen, wie z. B. Gesenkschmieden, ist mit der Grund zu suchen, warum man die sonst günstigen Eigenschaften des Kupfers als Legierungselement nicht mehr ausgenutzt hat.

---

[1] Dannöhl: Z. Metallkde. Bd. 30 (1938) S. 95/99.

M. Sauerstoff im Stahl.

Es mag verwunderlich erscheinen, im Zusammenhang mit Sonderstählen die Frage von Sauerstoff im Stahl anzuschneiden, da normalerweise die Forderung erhoben werden dürfte, daß hochwertige Sonderstähle möglichst frei von Sauerstoff herzustellen sind. Man muß aber berücksichtigen, daß die meisten Stähle unter oxydierenden Bedingungen hergestellt werden oder zum mindesten im Laufe des Schmelzprozesses, bestimmt aber beim Gießen, Gelegenheit haben, mit Sauerstoff zu reagieren. Bei der Stahlherstellung wird zwar versucht, den aufgenommenen Sauerstoff durch die „Desoxydation" so weit wie möglich wieder zu entfernen; eine völlige Entfernung ist aber auch hierdurch nicht möglich. Infolgedessen enthalten alle Stähle stets eine gewisse Menge Sauerstoff. Die Wirkung dieses Sauerstoffgehaltes auf die Eigenschaften ist aber je nach der Menge und der Form, in der dieser vorliegt, verschieden. Man hat zu unterscheiden zwischen dem im Eisen gelösten Sauerstoff, der als Legierungselement wirkt und dem in Form von Einschlüssen vorliegenden gebundenen Sauerstoff. Letzterer wird wiederum je nach Menge, Art und Verteilung der Einschlüsse verschiedenen Einfluß ausüben. So wird es nicht gleichgültig sein, ob die Einschlüsse vor Beginn der Eisenkristallisation entstehen und so im Stahl mehr oder weniger zusammengeballt erscheinen oder ob sie mit dem Stahl in gleichmäßiger „eutektischer" Anordnung ausgeschieden werden[1]. Ferner wird ihre Schmelzbarkeit und ihr Verhalten bei der plastischen Verformung wichtig sein.

1. Einfluß des gelösten Sauerstoffs.

Das System Eisen-Sauerstoff. Das Zustandsdiagramm Eisen-Sauerstoff zeigt Abb. 746. Wie aus ihm zu entnehmen ist, hat reines Eisen zum mindesten im flüssigen Zustande eine erhebliche Löslichkeit für Sauerstoff, die mit steigender Temperatur zunimmt. Die Frage, ob Sauerstoff auch im festen Eisen löslich ist, wurde dagegen noch nicht ganz eindeutig geklärt. Während Abb. 746 auf Grund der Untersuchungen von H. Schenck und E. Hengler[2] eine Löslichkeit im α-Eisen von annähernd 0,2% annimmt, kommen H. Esser und H. Cornelius[3] zu dem Schluß, daß Sauerstoff im festen Eisen praktisch unlöslich sei. Sie zeichnen die Mischungslücke in festem Zustand bis zur Seite des reinen Eisens. Tatsache ist aber, daß beim Glühen von Eisen in Eisenoxyd oder Sauerstoff letzterer in das Eisen eindringt, was im Sinne einer Löslichkeit des Wüstits gedeutet werden kann. Auch die punktförmige Verteilung der Eisenoxyde bei verzunderten Stücken in der Übergangszone zum Metall hin (Abb. 747) spricht hierfür. Selbst wenn man annimmt, daß das Eindringen durch Reaktion des betreffenden Stoffes mit Eisen zustande kommt, ein Vorgang, der von Fry[4]

---

[1] Vgl. hierzu C. Benedicks u. H. Löfquist: Slagginneslutningar i järn och stål, Stockholm 1929; sowie H. Wentrup: Techn. Mitt. Krupp Bd. 5 (1937) S. 131/52.

[2] Arch. Eisenhüttenw. Bd. 5 (1931/32) S. 209/14.

[3] Stahl u. Eisen Bd. 53 (1933) S. 534/35.

[4] Dr.-Ing. Diss. A. Fry: Diffusion der Begleitelemente des technischen Eisens in festes Eisen. Berlin: Gebr. Borntraeger 1922.

mit Reaktionsdiffusion bezeichnet wird, dürfte eine gewisse Löslichkeit hierfür Voraussetzung sein. Jedenfalls wäre ein plötzlicher Löslichkeitssprung auf Null vom flüssigen in den festen Zustand etwas ungewöhnlich.

Über die Löslichkeit des Sauerstoffes in Eisen-Kohlenstoff-Legierungen gibt Abb. 748 Auskunft[1]. Auch hiernach dürfte eine Berechtigung vorhanden sein, eine wenn auch außerordentlich geringe Löslichkeit im festen Eisen bei hohen Temperaturen anzunehmen. Wenn auch diese Untersuchungen über den Einfluß des Kohlenstoffs im festen Zustande ebenfalls noch einer Nachprüfung bedürfen, so steht andererseits fest, daß schon im flüssigen Zustande durch Kohlenstoff die Löslichkeit für

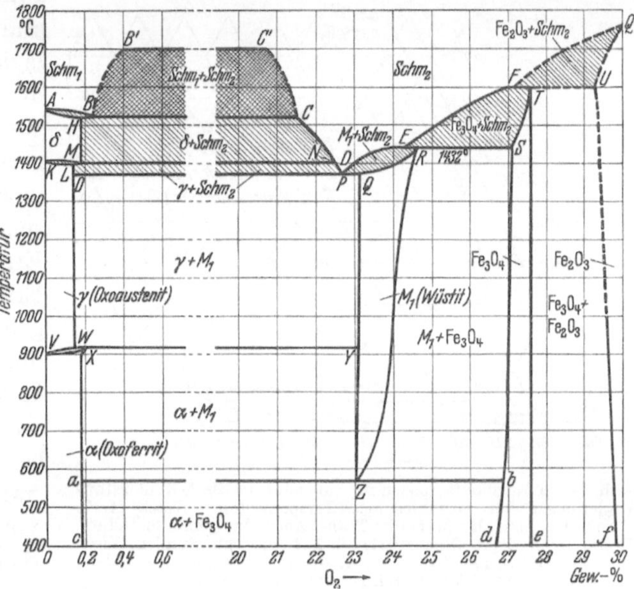

Abb. 746. Das Zustandsschaubild Eisen-Sauerstoff. [Nach R. Vogel u. E. Martin: Arch. Eisenhüttenw. Bd. 6 (1932) S. 109/11; L. B. Pfeil: Stahl u. Eisen Bd. 51 (1931) S. 948/49. — Schrifttumsübersicht s. bei M. Hansen: Der Aufbau der Zweistofflegierungen, S. 709/10. Berlin: Springer-Verlag 1936.]

Sauerstoff erheblich verringert wird. Die in Abb. 748 nach H. C. Vacher und E. H. Hamilton[2] gestrichelt eingezeichnete Kurve gibt hierfür einen Anhalt.

In noch stärkerem Maße als durch Kohlenstoff wird die Löslichkeit im flüssigen Zustande durch andere desoxydierende Elemente, wie Mangan, Silizium, Titan und Aluminium, beeinflußt, wie Abb. 749 für 1600° zeigt[3].

Soweit man also aus dem Verhalten im flüssigen auf das im festen Zustand schließen kann, ist zu erwarten, daß die Löslichkeit des Sauerstoffs in technischen Eisenlegierungen in starkem Maße von der Legierung und damit von der Natur der Sauerstoffbindung abhängen wird. Praktisch wird sie außerordentlich gering sein und in der Reihenfolge der obengenannten Elemente abnehmen.

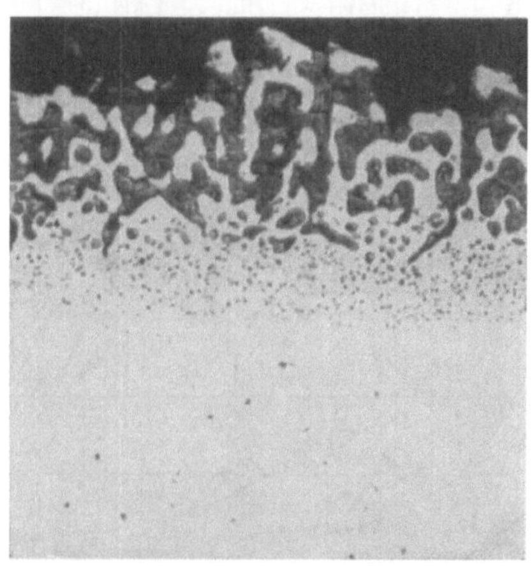

V = 100

Abb. 747. Eindringen von Sauerstoff bzw. Eisenoxyden in die Stahlrandschichten bei Verzunderung.

---

[1] Ziegler, M.: Rev. Métall. Bd. 6 (1909) S. 459/93).

[2] Stahl u. Eisen Bd. 51 (1931) S. 1033/34.

[3] Nach H. Wentrup u. B. Knapp: Techn. Mitt. Krupp, Forschungsber. Bd. 4 (1941) S. 237/56.

Ferner ist anzunehmen, daß, wie in fast allen Fällen, die Löslichkeit mit fallender Temperatur geringer wird. Demzufolge sollte man erwarten, daß der Einfluß des im festen Zustande gelösten Sauerstoffs in legierten Stählen gegenüber dem im reinen Eisen völlig zurücktritt. Es ist bei diesen geringen Gehalten daher auch nicht verwunderlich, daß Versuche bisher zu keinem klaren Ergebnis geführt haben. Die Erfassung des Einflusses des gelösten Sauerstoffgehaltes dürfte zudem insbesondere deswegen nicht leicht möglich sein, weil es nicht gelingt, bei der Sauerstoffbestimmung zwischen gelöstem und in Form von Einschlüssen vorliegenden Sauerstoffgehalt zu unterscheiden. So hat sich selbst bei Sauerstoffgehalten von 0,1—0,2%, die weit über den im Stahl vorkommenden Gehalten von 0,05% liegen, kein eindeutiger Einfluß von Sauerstoff auf die Streckgrenze, Festigkeit und Härte gezeigt. Teilweise wird eine Steigerung der Festigkeit, teilweise eine Herabsetzung derselben durch Sauerstoff festgestellt. Ziemlich übereinstimmend wird eine Verschlechterung der Zähigkeitseigenschaften, insbesondere der Dehnung und Einschnürung beobachtet[1]. Die Kaltverformbarkeit soll entsprechend durch höhere Sauerstoffgehalte verschlechtert werden. Von Interesse ist vielleicht die Feststellung, daß W. Rosenhain[2] bei Eisen mit 0,23% Sauerstoff eine 1proz. Erhöhung des elektrischen Leitwiderstandes gefunden haben will, was wieder für eine Löslichkeit von Sauerstoff im Eisen sprechen

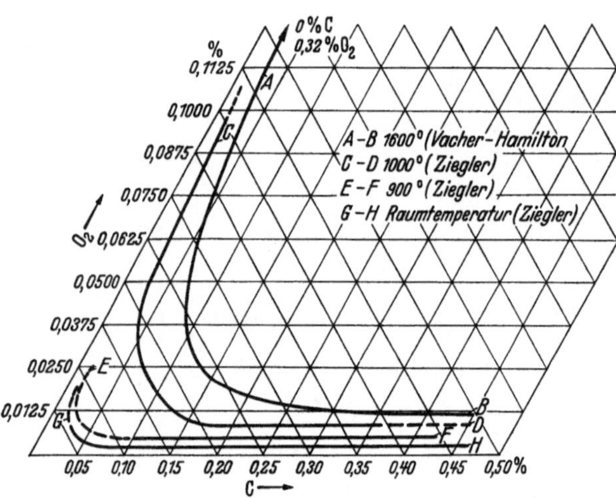

Abb. 748. Löslichkeitsgrenzen für Sauerstoff in Eisen-Kohlenstoff-Legierungen bei verschiedenen Temperaturen. [Nach H. C. Vacher u. E. H. Hamilton: Trans. Amer. Inst. min. metallurg. Ergrs., Iron Steel Diss. (1931) S. 124/40; vgl. Stahl u. Eisen Bd. 51 (1931) S. 1033/34. — N. A. Ziegler: Trans. Amer. Soc. Steel Treat. Bd. 20 (1932) S. 73/82.]

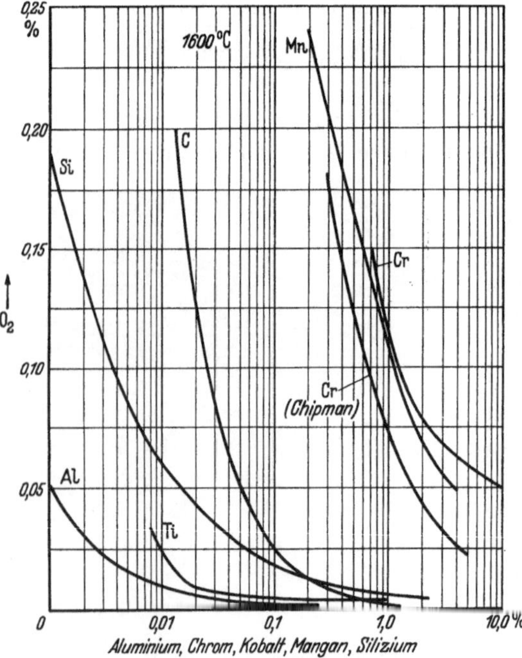

Abb. 749. Löslichkeitsgrenzen für Sauerstoff bei 1600° in Eisenlegierungen mit verschiedenen desoxydierenden Zusätzen.

---

[1] Reschka, J., E. Scheil u. E. H. Schulz: Arch. Eisenhüttenw. Bd. 6 (1932/33) S. 105/108.

[2] Rosenhain, W., u. Mitarbeiter: Iron Steel Inst. Bd. 60 (1924) S. 85/128.

würde. Versuche von W. Eilender und W. Oertel[1], an verschiedenen Stahlqualitäten den Sauerstoffgehalt in Zusammenhang mit Festigkeit, Bruchaussehen, physikalischen Eigenschaften usw. zu bringen, können nicht als schlüssig angesehen werden, da hierbei die Sauerstoffgehalte eine Höhe erreichen, wie sie in technischen Eisenlegierungen kaum vorkommen. So wurde z. B. für einen Wolfram-Magnetstahl eine Abnahme der magnetischen Leistungsziffer mit steigendem Sauerstoffgehalt festgestellt. Es ist nicht anzuzweifeln, daß Stähle mit 0,2% Sauerstoff schlechte magnetische Werte ergeben können; dem Verfasser ist es aber bisher nicht gelungen, einen Zusammenhang zwischen dem Sauerstoffgehalt und den magnetischen Werten bei den in der Stahlherstellung üblichen Sauerstoffgehalten von einigen tausendstel bis hundertstel Prozent festzustellen.

Für den Fall, daß der Sauerstoff im festen Eisen eine mit der Temperatur abnehmende Löslichkeit besitzt, ist es denkbar, daß er zur Ausscheidungshärtung fähig ist. Längere Zeit hat man deshalb auch die Alterungsanfälligkeit von Flußeisen und anderen Stahllegierungen mit dem Sauerstoffgehalt des Stahles in Zusammenhang gebracht, zumal erwiesenermaßen die Alterungsanfälligkeit mit steigender Desoxydation abnimmt. Insbesondere durch gute Desoxydation mit Aluminium kann man bekanntlich alterungsfreien Stahl erzeugen. Wenn auch heute dem Stickstoffgehalt des Stahles, der gleichzeitig bei der Desoxydation mit Aluminium abgebunden wird, wohl die größere Bedeutung zugemessen wird, so erscheint doch die Mitwirkung des Sauerstoffs noch nicht ausgeschlossen; eindeutige Beweise konnten jedoch bisher nicht erbracht werden. Mit Rücksicht auf die entscheidende Mitwirkung des Stickstoffs ist die Frage der Alterungsanfälligkeit des Stahles aber im Abschnitt Stickstoff näher behandelt (S. 887).

2. Einfluß von Sauerstoffeinschlüssen.

Die Wirkung des Sauerstoffs in Form von Einschlüssen kann verschiedener Art sein, je nachdem zu welchem Zeitpunkt die Einschlüsse entstehen und welche physikalischen Eigenschaften sie besitzen. Beginnt z. B. die Ausscheidung fester hoch schmelzender Sauerstoffeinschlüsse vor Beginn der Eisenkristallisation, so kann bereits die Primärkristallisation des Stahles hierdurch beeinflußt werden. So ist z. B. festgestellt worden, daß Tonerdeeinschlüsse unter gewissen Umständen das Primärkorn verfeinern können. Nicht kristalline Einschlüsse, wie z. B. Kieselsäure oder vor der Eisenkristallisation ausgeschiedene flüssige Einschlüsse, scheinen einen derartigen Einfluß nicht auszuüben.

Diese Keimwirkung von Einschlüssen besteht auch bei den weiteren Umwandlungsvorgängen, die sich im Stahlgefüge abspielen. So ist bekannt, daß aluminiumdesoxydierter Stahl, der in seinem Gefüge weitgehend mit feinverteilten Tonerdeeinschlüssen durchsetzt ist, auch feines Sekundärkorn aufweist. Auch der Einfluß der Desoxydation auf die Überhitzungsempfindlichkeit von Mangan- und Siliziumstählen ist offenbar auf einen derartigen Einfluß der Einschlüsse zurückzuführen. Es ist bereits erwähnt worden, daß Stähle gleicher Zusammensetzung je nach Führung des Schmelzprozesses, insbesondere je nach Art der vorgenommenen Desoxydation, wahrscheinlich auch in Abhängigkeit von der Sauerstoffaufnahme beim vorhergehenden Frischprozeß, starke Unterschiede in der Überhitzungsempfindlichkeit aufweisen (s. S. 813).

---

[1] Stahl u. Eisen Bd. 47 (1927) S. 1558/61.

Bei weitgehend desoxydierten Stählen kann der Beginn der Grobkornbildung um 50—80° zu höheren Temperaturen verschoben werden. Daß nicht nur Tonerdekeime in aluminiumdesoxydierten Stählen, sondern auch andere Einschlüsse, insbesondere wohl Nitride, von Einfluß auf die Überhitzungsempfindlichkeit sein können, beweist die Tatsache, daß auch der stickstoff- und sauerstoffreiche Bessemerstahl sehr unempfindlich gegen Überhitzung ist; er weist teilweise eine größere Härteunempfindlichkeit auf als Tiegelstahl.

Auch die Härtbarkeit des Stahles steht durch ihre Abhängigkeit von der Austenitkorngröße mit der Desoxydation bzw. mit den Einschlüssen im Stahl insofern in Zusammenhang, als mit grobem Korn die Härtbarkeit steigt (s. S. 133 u. 812).

Schließlich ist das Problem des anomalen Stahles in diesem Zusammenhang zu erwähnen. Anomale Stähle zeichnen sich bei der Zementation durch starke Auflösung des Gefüges in Zementit und Ferrit sowie durch Überhitzungsunempfindlichkeit aus. Wenn auch auf S. 168 erwähnt wurde, daß die hohe Diffusionsfähigkeit für Kohlenstoff im reinsten Eisen, z. B. bei unruhigem Flußeisen, mit der Grund für die starke anomale Zusammenballung des Zementits ist, so darf nicht vergessen werden, daß auch Keimwirkung eine frühzeitige Ausscheidung und damit Zusammenballung des Zementits unterstützen kann.

Haben die im Gefüge des Stahles ausgeschiedenen Einschlüsse einen derart niedrigen Schmelzpunkt, daß sie bereits bei Warmverformungstemperaturen, d. h. oberhalb etwa 8—900° flüssig werden, so führen sie dazu, daß der Stahl bei der Warmverformung seinen Zusammenhang verliert und der sog. Rotbruch (s. auch Abschnitt Schwefel, S. 951) eintritt. Der am niedrigsten schmelzende Oxydeinschluß ist das Eisenoxyd (Schmelzpunkt etwa 1370°), sein Schmelzpunkt wird durch Eisensulfid bis zu 940° herabgesetzt. Bei Anwesenheit von Mangan wird jedoch dieser niedrige Schmelzpunkt wieder dadurch heraufgesetzt, daß neben FeO und FeS die hochschmelzenden Verbindungen MnO und MnS gebildet werden; hierauf beruht die rotbruchverhindernde Wirkung des Mangans. Der Einfluß der Einschlüsse, der sich bei der Warmverformung als Rotbruch äußert, kann schon bei der Erstarrung von Stahlblöcken oder Stahlgußstücken als Warmrissigkeit in Erscheinung treten; es ist jedoch zu bemerken, daß Warmrissigkeit natürlich auch andere Ursachen haben kann.

Auf die Festigkeitseigenschaften des Stahles sind insbesondere solche Einschlüsse von Einfluß, die bei der Verformung zu Zeilen gestreckt werden können. Es sind dies in erster Linie die silikatischen Einschlüsse in mangan- und siliziumlegierten Stählen (neben den Sulfiden, die auch meist plastisch verformbar sind). Sie führen dazu, daß im verformten Zustand die Längs- und Quereigenschaften, insbesondere die Kerbzähigkeit unterschiedlich werden. Nicht immer bedeutet dies allerdings eine Verschlechterung, denn bei manchen Stählen, wie z. B. den Stählen für Blattfedern (s. Abschnitt Mangan, S. 298) ist dieser Unterschied erwünscht, so daß man hier sogar bestrebt ist, den Einschlußgehalt des Stahles bei Anstrebung eines bestimmten Schlackencharakters entsprechend hochzuhalten. Auch im Schweißeisen, dem die Einschlüsse bei seiner Herstellung im festen Zustand beigemengt werden, macht man von diesem Einfluß der oxydischen Verunreinigungen Gebrauch (Anbruchsicherheit).

Wegen der Verformung der Einschlüsse ist für Stähle mit stärkeren Einschlußgehalten der sog. Holzfaser- bzw. Schieferbruch charakteristisch, wozu aber erwähnt werden muß, daß Schieferbruch nicht allein durch Einschlüsse, sondern auch als Folge von Kristallseigerungen auftreten kann. Auch die Sekundärzeilenstruktur wird im wesentlichen durch Einschlüsse bedingt, an die sich der Ferrit bevorzugt anlagert. Gleichmäßig im Stahl verteilte Einschlüsse von nicht zu großer Härte sind auch bei den Automatenstählen sehr erwünscht. Normalerweise werden hier allerdings Stähle mit Sulfid oder andersartigen Einschlüssen, wie z. B. Blei, verwendet, aber auch sauerstoffreicher Stahl hat bereits günstigere Zerspanbarkeit.

Unerwünscht sind Einschlüsse wegen ihres Einflusses auf die Dauerfestigkeit von Stählen. Es kann wohl keinem Zweifel unterliegen, daß die oxydischen Verunreinigungen insbesondere dann, wenn sie im Stahlgefüge örtlich zusammengeballt vorliegen, die Dauerfestigkeit herabsetzen können, doch darf dieser Einfluß nicht überschätzt werden im Vergleich zu anderen Kerbfaktoren, wie Ölbohrungen in Kurbelwellen, Querschnittsübergängen u. dgl. Es ist festzuhalten, daß Einschlüsse nur dann die Dauerfestigkeit beeinflussen können, wenn sie eine schärfere Kerbwirkung ausüben als die praktisch immer vorhandenen konstruktionsbedingten Kerben. Aus diesem Grunde werden bekanntlich Kurbelwellen eingehend auf Einschlüsse an der Oberfläche geprüft; auch für Kugellagerstähle ist eine besondere Prüfung auf Einschlußgehalt vorgeschrieben. Auf die Dehnung des Stahles können Einschlüsse dadurch von ungünstigem Einfluß sein, daß sie das Fließen verhindern und die Dehnung und Einschnürung herabsetzen. In diesem Zusammenhange ist zu beachten, daß Einschlüsse unter Umständen zu Wasserstoffanreicherung Veranlassung geben können (s. S. 935).

Besonders grobe, makroskopisch sichtbare Einschlüsse werden oft mit „Sandstellen" bezeichnet. Die Bezeichnung stammt daher, daß diese Einschlüsse bei der Bearbeitung, z. B. beim Abdrehen der Werkstücke, sandartig herausrieseln. In den allermeisten Fällen handelt es sich bei den Sandstellen um hochschmelzende Oxyde, die bei den Stahlschmelztemperaturen noch fest waren. Zum Teil stammen sie aus den beim Vergießen des Stahls verwendeten feuerfesten Werkstoffen (Kanalsteine, ff. Mörtel) und enthalten dann vorwiegend Kieselsäure und Tonerde, zum Teil sind sie hochschmelzende Desoxydationsprodukte, die sich aus dem Stahl abgeschieden haben, z. B. tonerdereiche Mangansilikate. Die ersten sind durch geeignete Gießverfahren, z. B. fallenden Guß, zu vermeiden, die letzteren durch geeignete Führung der Desoxydation im Sinne der Bildung leichter abscheidbarer, niedriger schmelzender Desoxydationsprodukte. Infolge ihrer Größe führen Sandstellen in den meisten Fällen zum Verwerfen der Werkstücke. Es ist dies besonders unangenehm, wenn sich die Fehler erst nach einer gewissen Verarbeitung herausstellen.

Zusammenfassend ist also zu sagen, daß Sauerstoff jahrzehntelang als der Stahlschädling betrachtet wurde, den man als wesentlich für Qualitätsunterschiede verschiedener Stahlsorten ansah. So sah man den Wert eines reinen Einsatzes bei der Stahlherstellung hauptsächlich in der Sauerstofffreiheit. Heute dürfte diese Überschätzung des Einflusses von Sauerstoff im wesentlichen beseitigt sein; zum mindesten ist der Sauerstoff in gelöster Form nur von geringer Bedeutung. Anders ist dagegen seine Wirkung in Form von Einschlüssen, deren Ausbildungsform und Menge den metallischen Zusammenhang mehr oder weniger stören und damit die Eigenschaften beeinflussen.

N. Stickstoff im Stahl.

1. Allgemeines.

Während man vor zwei Jahrzehnten sich noch gewundert hätte, Stickstoff als Legierungselement im Stahl erwähnt zu finden, hat dieses Element in letzter Zeit eine immer steigende Wichtigkeit erlangt. Die technische Bedeutung des Stickstoffs in Eisen- und Stahllegierungen kann man unter drei Gesichtspunkten betrachten:

a) Die beim Schmelzen von Stahl durch die Berührung mit Luft zwangsläufig aufgenommenen Stickstoffmengen bewirken bestimmte Eigenschaftsveränderungen und sind z. B. ein hauptsächliches Charakteristikum zur Unterscheidung von Konverter- und Herdofenstahl.

b) Die Wirkung von Stickstoff als Legierungselement ist derjenigen von Kohlenstoff vergleichbar. Es gehört zu denjenigen Elementen, die das γ-Gebiet erweitern und kann eine viel größere Wirkung auf die Austenitstabilisierung haben als Kohlenstoff. Wenn Stickstoff auch bei reinen Eisen-Kohlenstoff-Legierungen in diesem Sinne keine erhöhte Bedeutung gewonnen hat, so gilt dies aber nicht mehr für legierte Stähle, wo man Stickstoff bewußt als Legierungselement verwendet. Ähnlich wie bei sonderkarbidbildenden Elementen eine Steigerung der Härtefähigkeit und eine Austenitstabilisierung beobachtet werden kann, ist dies auch bei Sondernitriden augenscheinlich im gleichen Sinne der Fall.

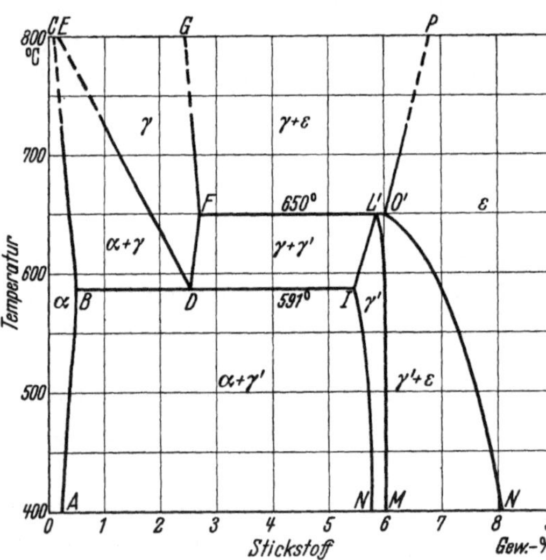

Abb. 750. Das System Eisen-Eisennitrid. [Nach O. Eisenhut u. E. Kaupp: Z. Elektrochem. Bd. 36 (1930) S. 392/404.

c) Die Tatsache, daß Stickstoff sich bis zu hohen Gehalten verhältnismäßig leicht durch Diffusion in Eisen und Eisenlegierungen einführen läßt, hat zu einer steigenden Anwendung der Verstickung von Stählen geführt mit dem Zweck, eine Oberflächenhärtung herbeizuführen, die vielfach gegenüber der Einsatzhärtung wesentliche Vorteile aufweist. Insbesondere bei legierten Stählen übertreffen die Oberflächenhärten, die so erzielt werden können, die bei der Einsatzhärtung erreichbaren erheblich.

Das System Eisen-Stickstoff. Das Zustandsschaubild Eisen-Stickstoff (Abb. 750) konnte nur auf dem Diffusionswege und nicht, wie bei den anderen Systemen üblich, durch Erschmelzung verschiedener Legierungen ermittelt werden. Flüssiges Eisen nimmt unter Atmosphärendruck verhältnismäßig wenig Stickstoff auf, der aufgenommene Stickstoff wird überdies bei der Erstarrung noch abgegeben. Ebenso scheinen die Löslichkeitsverhältnisse im γ- und α-Eisen

verschieden zu sein, wie dies aus Abb. 751 hervorgeht. Infolgedessen läßt sich das Eisen-Stickstoff-Schaubild nur mittelbar durch Zementation mit Stickstoff bis zu begrenzten Stickstoffgehalten aufstellen. Den besten Einblick in die be-
stehenden Verhältnisse gewinnt man bei
einer Verfolgung der Arbeit von A. Fry[1],
die zur Aufstellung des ersten Diagramms
führte.

Durch Glühung von feinverteiltem Eisen
im Ammoniakstrom bei Temperaturen
von 600—700° gelingt es, das Eisennitrid
Fe_2N mit 11,2% Stickstoff synthetisch herzustellen. Bei einer Erwärmung des so
gewonnenen Eisennitrids Fe_2N im Vakuum tritt bei 440—550° eine Zersetzung
ein unter Abspaltung von Stickstoff, die
einen Rückstand mit etwa 5,9% Stickstoff
ergibt, was ungefähr einer Verbindung Fe_4N
entsprechen würde. Steigert man die
Glühtemperatur im Vakuum über 560°, so
tritt eine weitere Zersetzung der mutmaß-
lichen Verbindung Fe_4N ein, und es bleibt
ein Rückstand mit einem Stickstoffgehalt
von etwa 0,5%. Dieser Gehalt von 0,5%
Stickstoff muß, wie insbesondere aus später
erwähnten Untersuchungen über niedrig
stickstoffhaltige Eisensorten hervorgeht, als Höchstkonzentration der festen
Lösung von Stickstoff im Eisen bei der Temperatur von 560° angesehen werden.

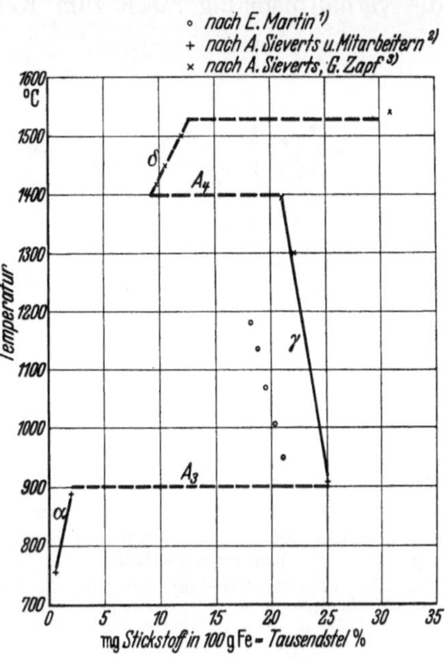

Abb. 751. Löslichkeit von Stickstoff in Eisen unter Atmosphärendruck. [Nach E. Martin: Arch. Eisenhüttenw. Bd. 3 (1929/30) S. 407/16. — Sieverts, A., u. Mitarbeitern: Z. phys. Chem. A Bd. 155 (1931) S. 299/313. — Sieverts, A., u. G. Zapf: Z. phys. Chem. A Bd. 172 (1935) S. 314/15].

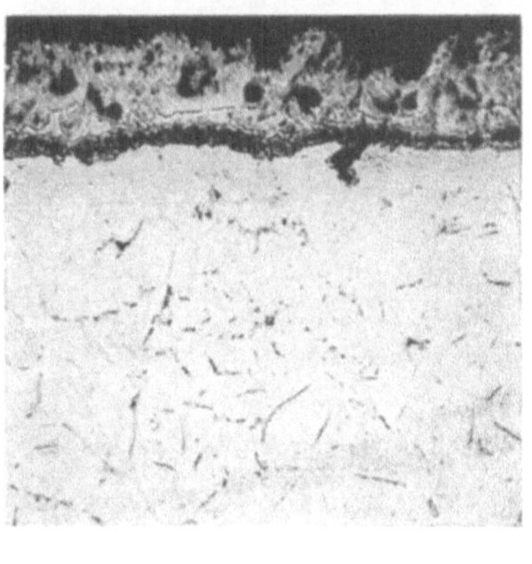
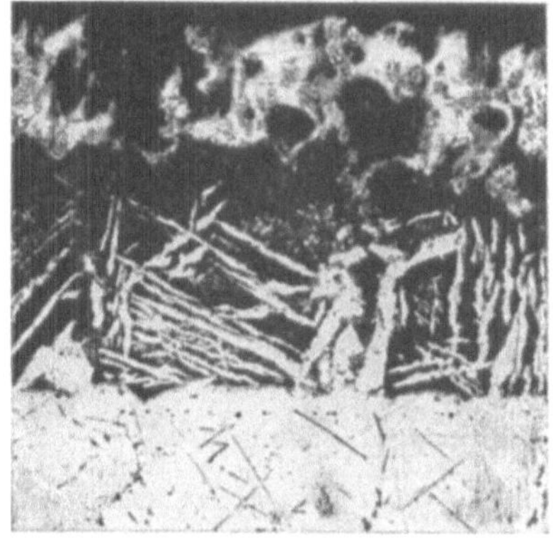
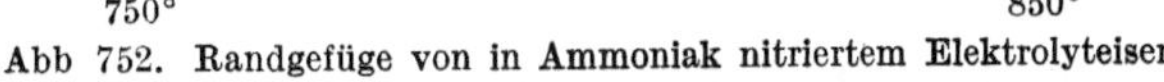

a   V = 100   b   V = 100
750°   850°

Abb 752. Randgefüge von in Ammoniak nitriertem Elektrolyteisen.

Glüht man nun nicht feinverteiltes Eisen, sondern Stababschnitte von Elektrolyteisen längere Zeit im Ammoniakstrom, so bilden sich ebenfalls

---

[1] Fry, A.: Kruppsche Mh. Bd. 4 (1923) S. 148.

an der Oberfläche ausgeprägte Nitridschichten aus (Abb. 752). Dadurch ergeben
sich hohe Gehalte von Stickstoff im äußersten Rande derartig nitrierter Proben,
die verhältnismäßig rasch zum Kern abfallen.

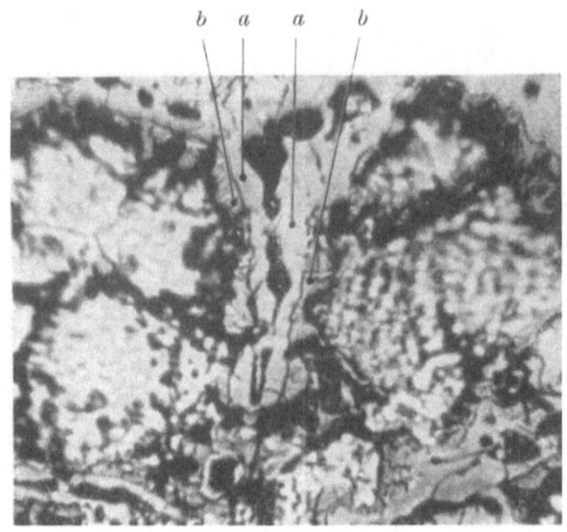

V = 1000

Elektrolyteisen, 53 Stunden in NH₃ bei 680° nitriert,
langsam abgekühlt.
Abb. 753. Fe₂N-Mischkristalle (a) und Fe₄N-Mischkristalle (b). [Nach A. Fry: Kruppsche Mh. Bd. 4
(1923) S. 137/51.] Ätzung: Pikrinsäure.

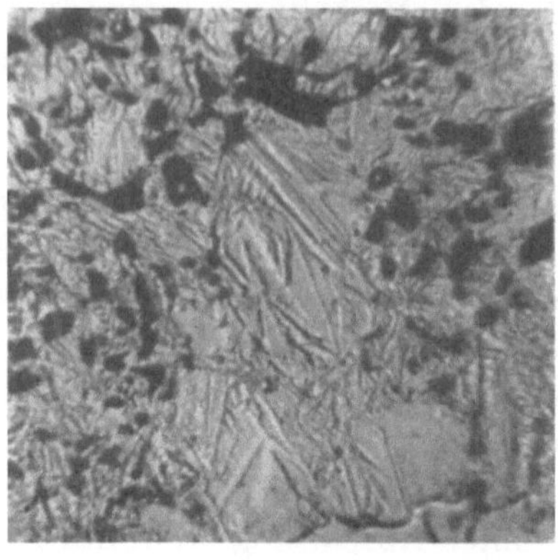

V = 600

Elektrolyteisen, 12 Stunden in NH₃ bei 680° nitriert,
von 680° in Wasser abgeschreckt.
Abb. 754. Fe₄N-Mischkristalle. [Nach A. Fry:
Kruppsche Mh. Bd. 4 (1923) S. 137/51.] Ätzung:
Pikrinsäure.

Bei einer langsamen Abkühlung nach einer Nitrierung bei 680° zerfällt
der nitrierte Rand deutlich in zwei Bestandteile, von denen der eine, soweit
es die chemische Analysengenauigkeit bei der Entnahme von feinen Oberflächen-

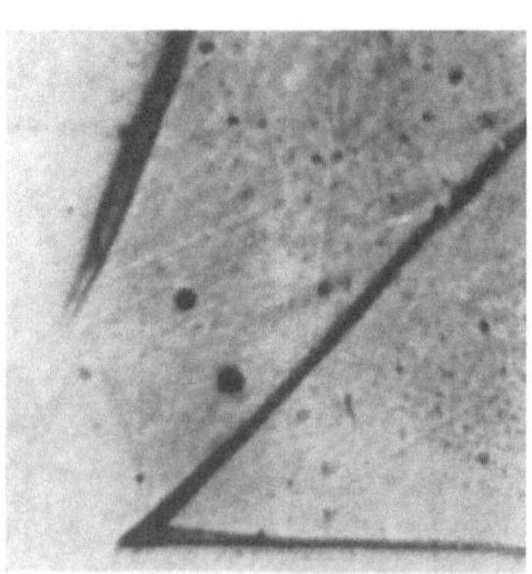

a   V = 1200

Eisennitridnadeln. Anlaßätzung

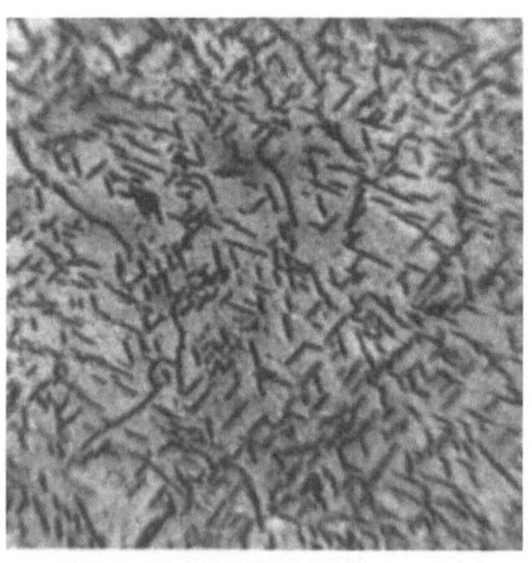

b   V = 1000

Eisennitridnadeln in Weicheisen, im Lichtbogenofen
erschmolzen. Ätzung: Pikrinsäure.

Elektrolyteisen, 24 Stunden in NH₃ bei 680° nitriert langsam abgekühlt.

Abb. 755. [Nach A. Fry: Kruppsche Mh. Bd. 4 (1923) S. 137/51.]

spänen festzustellen zuläßt, nahe an die Zusammensetzung Fe₂N herankommt,
während der zweite Bestandteil in der Hauptsache als Fe₄N mit geringen
Anteilen an gelöstem Fe₂N angesprochen wurde. Wahrscheinlich haben die
Verbindungen eine gewisse Löslichkeit für Eisen. Die Gefügebilder, die hierbei
erhalten werden, zeigt Abb. 753, wobei mit a die Eisennitridmischkristalle, die

dem Fe_2N entsprechen, mit b die dem Fe_4N entsprechenden Mischkristalle bezeichnet sind.

Schreckt man Proben, die in gleicher Weise bei 680° nitriert wurden, direkt von der Nitriertemperatur ab, so findet keine Veränderung der Eisennitridmischkristalle Fe_2N statt, während der Mischkristall Fe_4N eine martensitartige Struktur (Abb. 754) annimmt. Hieraus geht hervor, daß bei der Nitriertemperatur von 680° das letztere Nitrid in Lösung gegangen sein muß.

Zwischen dem Nitridmischkristall Fe_4N und dem eisenreicheren Bestandteil tritt, wie dies bereits die Abb. 753 zeigte, ein dunkles Eutektoid, „Braunit" genannt, auf, das allerdings selten in ähnlich klarer Weise wie der Perlit aufgelöst werden kann, sondern mehr troostitähnlichen Aufbau besitzt. Für dieses Eutektoid, das nach Fry bei 1,5% Stickstoff liegen soll, werden durch neuere Arbeiten 2% Stickstoff angegeben (s. Abb. 750), gleichzeitig wird aber seine Existenz einwandfrei durch diese Arbeiten bestätigt[1]. Auch dieses Eutektoid ergibt nach der Ablöschung von Temperaturen oberhalb 600° ein martensitisches Gefüge, so daß man mit Recht annimmt, daß das Eutektoid aus dem Mischkristall Fe_4N und Eisen gebildet wird.

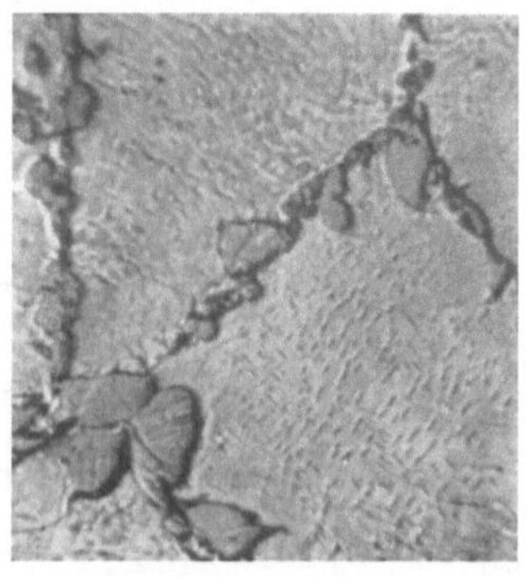

V = 600

Elektrolyteisen, 12 Stunden in NH_3 bei 680° nitriert von 550° in Wasser abgeschreckt.

Abb. 756. Fe_4N-Mischkristalle in Eisengrundmasse. [Nach A. Fry: Kruppsche Mh. Bd. 4 (1923) S. 137/51.] Ätzung: Pikrinsäure.

Die am meisten bekannte Gefügeausbildung stickstoffhaltigen Eisens sind die bekannten Nitridnadeln, die bereits in dem nitrierten Elektrolyteisen (Abb. 752) erkennbar und noch deutlicher aus der Abb. 755 zu ersehen sind. Diese Nitridnadeln, die sich vor allem innerhalb der Körner befinden, dürften dem bei der Nitriertemperatur in Lösung gehenden Anteil an Eisennitrid Fe_4N ihre Entstehung verdanken und in ihrer Zusammensetzung dieser Verbindung entsprechen. Wie sehr das Eindringen von Stickstoff bevorzugt den Korngrenzen entlang erfolgt, zeigt Abb. 756, bei der die Korngrenzen starke Ansammlungen von Nitrid Fe_4N aufweisen, während im Innern der Körner nur die feinverteilten Nitridnadeln beobachtet werden können. Da die Eisennitridnadeln bei langsamer Abkühlung erst bei 0,01% Stickstoff vollkommen verschwinden, ergibt sich die Löslichkeit von Nitrid Fe_4N und somit Stickstoff im Ferrit bei Raumtemperatur mit etwa 0,015% N_2. Nitriert man unterhalb 600°, so entsteht das Eutektoid Braunit nicht. Hieraus ergibt sich der Beweis, daß die Bildungs- bzw. Lösungstemperatur des Braunits bei etwa 600° liegen muß. Dementsprechend ergeben sich bei der Nitrierung die Gefügeverhältnisse in Abhängigkeit von der Nitriertemperatur so, wie dies die Abb. 757 veranschaulicht.

Bereits aus den geschilderten Untersuchungen geht hervor, daß die Aufstellung eines Zustandsdiagramms auf Grund von Diffusionsversuchen nicht denselben Anspruch auf Genauigkeit haben kann, wie dies bei Aufstellung normaler Zweistoffsysteme der Fall ist. Immerhin sind die Untersuchungen der grundlegenden

---

[1] Epstein, S.: Trans. Amer. Soc. Stl. Treat. Bd. 16 (1929) Okt. S. 19/65. — Eisenhut, O., u. E. Kaupp: Z. Elektrochem. Bd. 36 (1930) S. 392/404. — Lehrer, E: Elektrochem. Bd. 36 (1930) S. 460/73.

Arbeit von A. Fry[1] durch die Arbeiten von O. Eisenhut und E. Kaupp[2] sowie
E. Lehrer[3] und S. Epstein[4] soweit bestätigt worden, daß sich ein entsprechendes Diagramm für die eisenreiche Seite mit ziemlicher Sicherheit aufzeichnen läßt.
Für die Darstellung sei auf diejenige von Eisenhut und Kaupp in Abb. 750
zurückgegriffen. Das α- und γ-Gebiet entspricht den entsprechenden Phasen des
Eisens. Wie hieraus hervorgeht, erweitert Stickstoff das γ-Gebiet, ähnlich wie
Kohlenstoff. Die Herabsetzung des Existenzbereiches des γ-Eisens zu tiefen Temperaturen bis etwa 600° durch Stickstoffaufnahme kann bei gemeinsamer Zementation mit Kohlenstoff und Stickstoff auch die Aufnahmefähigkeit für Kohlenstoff
bei tiefen Zementationstemperaturen, z. B. 650°, erleichtern (s. S. 913). Die Phase γ'
ist mit dem Nitrid Fe_4N identisch, während die Bezeichnung ε dem Nitrid Fe_2N
mit 11,1% Stickstoff entspricht. Das Nitrid γ' ist flächenzentriert, die Stickstoffatome sitzen in der Würfelmitte. Die ε-Phase zeigt eine hexagonale Anordnung.

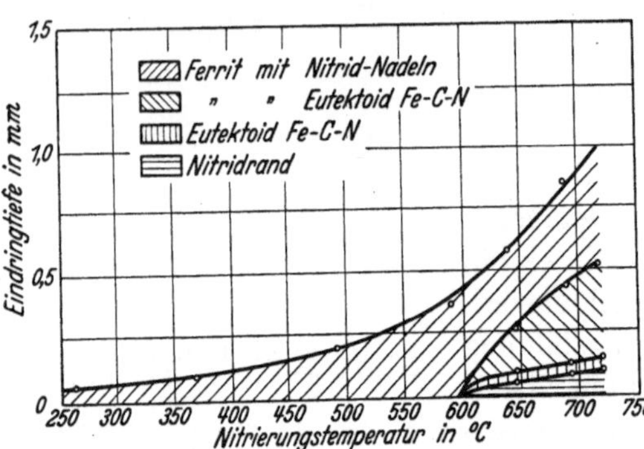

Nitrierung 50 Stunden in Ammoniak.

Abb. 757. Nitrierungsgefüge von Eisen mit 0,1% C in
Abhängigkeit von der Nitrierungstemperatur. [Nach Fry:
Kruppsche Mh. Bd. 4 (1923) S. 147.]

Wie aus dem Zustandsschaubild hervorgeht, besitzen beide eine gewisse
Löslichkeit für Eisen. Die Linie
BDJ entspricht der eutektoiden
Temperatur für die Entstehung des
Braunit, der aus α-Mischkristallen
mit etwa 0,5% Stickstoff und dem
Eisennitrid Fe_4N besteht. Die Temperatur von 650° würde einer peritektoiden Umsetzung zwischen γ-
Mischkristallen mit etwa 2,6% N_2
und dem ε-Mischkristall (Fe_2N) in
das Nitrid Fe_4N entsprechen. Über
diesen Punkt gehen die Angaben von
Eisenhut-Kaupp und Lehrer

auseinander. Letzterer nimmt eine nochmalige eutektoide Umsetzung an, bei der
aus dem ε-Mischkristall der entsprechende γ-Mischkristall und Fe_4N-Nitrid entstehen. Von Wichtigkeit ist die Linie *BA*, die die Löslichkeit von Stickstoff in
α-Eisen angibt. Der genaue Verlauf der Löslichkeitslinie ist noch nicht eindeutig
geklärt. Die Angaben der verschiedenen Untersuchungen von Fry, Eisenhut
und Kaupp sowie Köster[5] weichen etwas voneinander ab. Es genügt aber für
das weitere Verständnis, grundsätzlich festzuhalten, daß die Löslichkeit mit
abnehmender Temperatur sinkt von einem Gehalt von etwa 0,5% nach Fry
bzw. 0,1% nach A. Portevin und D. Séférian[6] bei 580° bis auf Werte
von einigen tausendstel Prozent bei Raumtemperatur. Das Zustandekommen
der einleitend beschriebenen Gefügebilder beim Nitrieren von Eisenproben
(äußerste Zone Fe_2N, anschließend Fe_4N mit Auftreten des Eutektoids Braunit,
weiter nach innen zu mit abfallendem Stickstoffgehalt das Auftreten der

[1] Fry, A.: Krupp. Mh. Bd. 4 (1923) S. 137/51.
[2] Eisenhut, O., u. E. Kaupp: Z. Elektrochem. Bd. 36 (1930) S. 392/404.
[3] Lehrer, E.: Z. Elektrochem. Bd. 36 (1930) S. 460/473.
[4] Epstein, S.: Trans. Amer. Soc. Stl. Treat. Bd. 16 (1929) Okt. S. 19/65.
[5] Köster, W.: Arch. Eisenhüttenw. Bd. 3 (1929/30) S. 553/58.
[6] Portevin, A., u. D. Séférian: C. R. Akad. Sci. 199 (1934) S. 1613/15.

Eisennitridnadeln entsprechend der Löslichkeit im α-Eisen mit abnehmender Temperatur) stehen in Übereinstimmung mit dem Schaubild, ebenso die Tatsache, daß es durch Ablöschen aus dem γ-Gebiet gelingt, martensitähnliche Gefügezustände zu erzielen. Bei Nitrierung unterhalb des eutektoiden Punktes tritt das Eutektoid nicht in Erscheinung, sondern man erhält nur die entsprechenden Nitridschichten.

Ist es bereits schwierig, die Verhältnisse in reinen Eisen-Stickstoff-Legierungen zu klären, so mehren sich die Schwierigkeiten in noch höherem Maße, wenn es sich darum handelt, das ternäre Schaubild der Eisen-Stickstoff-Kohlenstoff-Legierungen aufzustellen. Bei geringen Mengen von Kohlenstoff — bis zu 0,1% — wird das Eutektoid Braunit besonders fein und läßt sich mikroskopisch

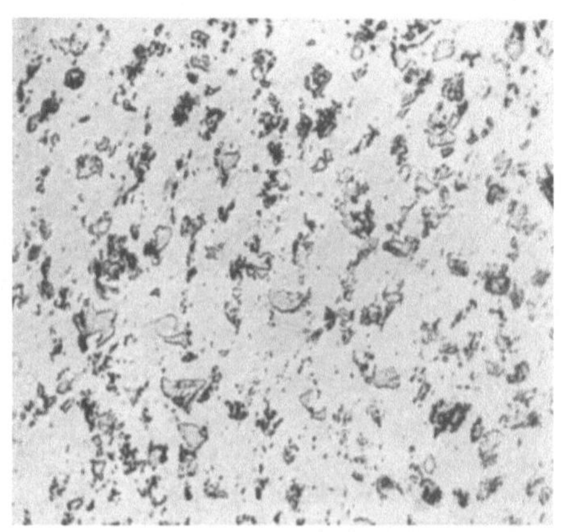

V = 100

Abb. 758. Hellgelbe, gut abgegrenzte Gefügebestandteile in nitriertem Flußeisen „Flavit". (Aus einer unveröffentlichten Untersuchung von H. Schottky.)

V = 1000

Abb. 759. Nadliges Nitrierungsgefüge am Rand eines ursprünglich troostitischen Chrom-Nickel-Stahles „Straussit". [Nach Fry: Kruppsche Mh. Bd. 4 (1923) S. 151.]

schwerer auflösen als im nitrierten Elektrolyteisen; gleichzeitig scheint der eutektoide Punkt durch Zusatz von Kohlenstoff nach niedrigen Gehalten verschoben zu werden. Die Nitridmischkristalle Fe_2N und Fe_4N erhalten bei Anwesenheit von Kohlenstoff sehr verschiedene Färbungen beim Ätzen, was darauf schließen läßt, daß verschiedene Kristalle mit unterschiedlicher Löslichkeit für Stickstoff, Eisen und Kohlenstoff vorliegen. In Stählen mit 0,7% C wurden von Fry besonders häufig hellgelbe Flecken von sorbitischer Struktur aufgefunden, die als Flavit bezeichnet werden (Abb. 758). Zwischen Karbid und Nitrid scheint keine Mischkristallbildung od. dgl. einzutreten, sondern es bildet sich bei gleichzeitiger Anwesenheit von Nitrid und Zementit ein entsprechendes ternäres Eutektoid aus, wofür auch die später zu erwähnenden Diffusionsversuche mit Kohlenstoff und Stickstoff sprechen.

Wenn man schon bei derartigen nitrierten Proben über die Zusammensetzung der betreffenden Gefügebestandteile keine genaueren Angaben machen kann, so vermehren sich die Schwierigkeiten selbstverständlich noch, wenn man zu troostitischen vergüteten Stählen, z. B. Chrom-Nickel-Stählen, übergeht. Bei nitrierten vergüteten Chrom-Nickel-Stählen kann man am Rand ein Gefüge von martensitischem Aussehen entsprechend Abb. 759 feststellen, das wahrscheinlich aus komplexen Mischkristallen besteht und von Fry als Straussit bezeichnet wurde.

2. Einfluß kleiner Stickstoffmengen auf die Stahleigenschaften.

a) Ausscheidungsvorgänge.

Die metallurgische Bedeutung des Stickstoffs gründet sich auf den Verlauf
der in Abb. 750 eingezeichneten Linie AB. Diese Linie wachsender Löslichkeit
für Eisennitrid Fe_4N mit steigender Temperatur kennzeichnet in bekannter Weise
die Möglichkeiten zu Ausscheidungshärtungseffekten, wie sie auch bei Eisen-
Kohlenstoff-, Eisen-Kupfer-, Eisen-Wolfram-, Eisen-Molybdän-Legierungen usw.

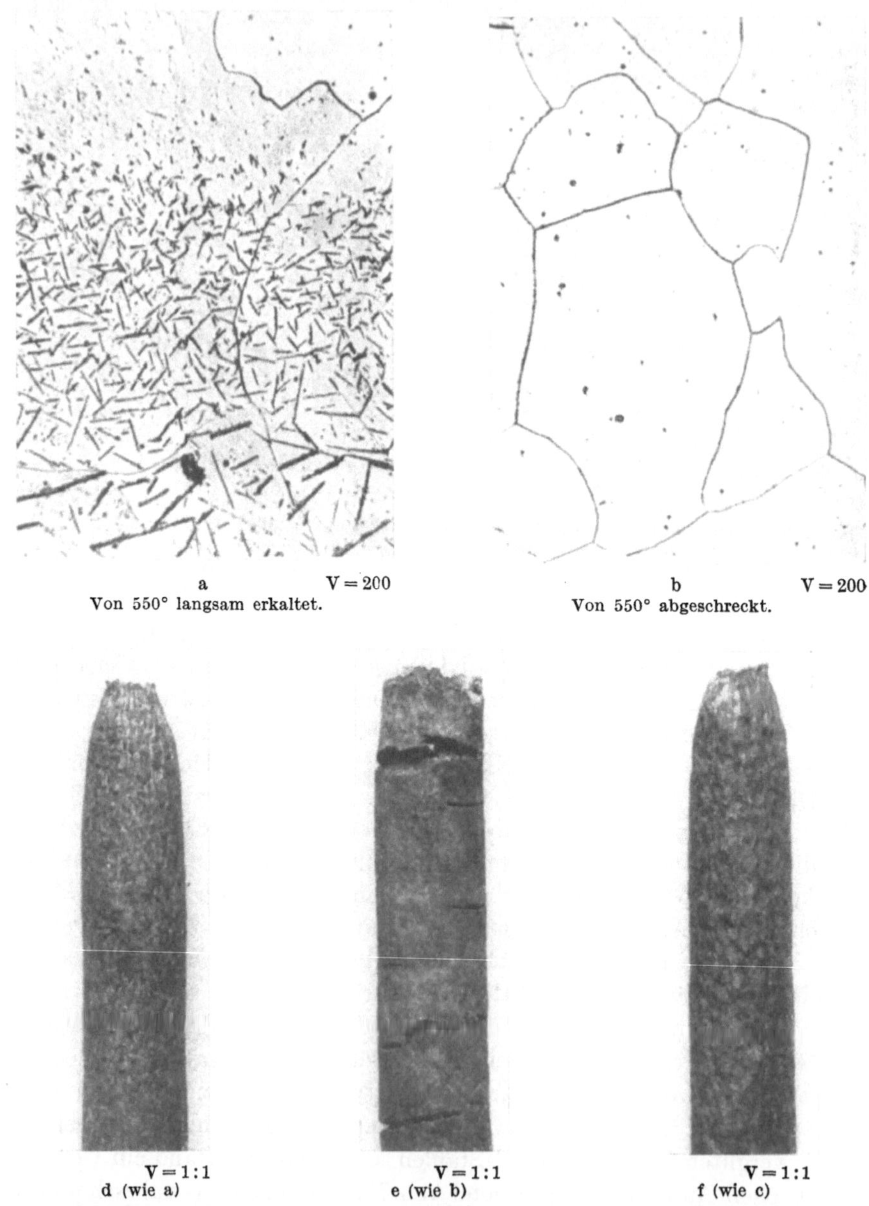

<table>
<tr><td align="center">a   V = 200
Von 550° langsam erkaltet.</td><td align="center">b   V = 200
Von 550° abgeschreckt.</td></tr>
</table>

<table>
<tr><td align="center">V = 1:1
d (wie a)</td><td align="center">V = 1:1
e (wie b)</td><td align="center">V = 1:1
f (wie c)</td></tr>
</table>

Abb. 760. Stickstoff im Gefüge nach Abschreckung und Anlassen und seine Auswirkung auf die Form der
Zerreißprobe. [Nach W. Köster: Arch. Eisenhüttenw. Bd. 3 (1929/30) S. 553/58.]

erwähnt sind. W. Köster[1] hat besonders diesem Teil des Eisen-Stickstoff-Diagramms größere Aufmerksamkeit zugewandt und die hier vorliegenden Verhältnisse genauer geklärt. Aus dem Verlauf der Linie AB ist zu entnehmen, daß durch Ablöschen von Temperaturen um 550° bei Anwesenheit von Stickstoffgehalten bis zu 0,5% der gesamte Stickstoff voraussichtlich in Lösung gehalten werden kann, während er bei langsamer Abkühlung in Form von Nitridnadeln abgeschieden werden muß. Daß diese Verhältnisse tatsächlich so liegen, zeigt deutlich die Abb. 760. Das schwach nitrierte Elektrolyteisen zeigt nach der langsamen Erkaltung bei Ätzung mit dem Fryschen Kraftlinienätzmittel deutlich

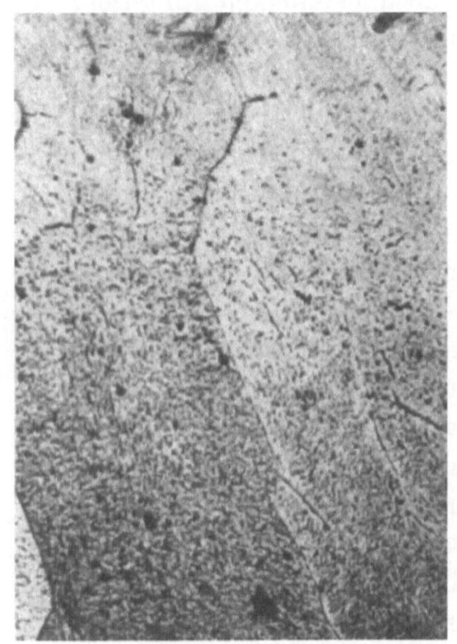

Von 550° abgeschreckt und bei 250° angelassen.

dunkel gefärbte Nitridnadeln, während es abgeschreckt ein vollkommen homogenes Mischkristallkorn erkennen läßt. Gleichzeitig zeigt aber auch die Abbildung, daß eine derartig abgeschreckte Probe nach dem Anlassen auf 250° wieder deutlich die Ausscheidungen aufweist. Auch bei Zerreißversuchen zeigen die verschiedenen Behandlungszustände verschiedene Eigenschaften. Vor allem äußert sich der unterschiedliche Behandlungszustand in der Zähigkeit, z. B. in der Einschnürung. Die langsam abgekühlte Probe unterscheidet sich in nichts von dem normalen Elektrolyteisen. Desgleichen besitzt die im abgelöschten Zustande sofort nach der Ablöschung geprüfte Probe gute Zähigkeitseigenschaften. Aber es genügen bereits geringe Lagerzeiten, um trotz des immer noch homogenen Gefüges außerordentlich große Sprödigkeitserscheinungen

auftreten zu lassen, die zu einer Verringerung der Einschnürung bis auf 5% und weniger führen können. Beim Anlassen auf 250° sind dagegen wieder verhältnismäßig gute Einschnürungswerte zu erzielen (Zahlentafel 193). Die Sprödigkeit der abgelöschten Probe zeigt an, daß nach dem Ablöschen bei Raumtemperatur sofort eine gewisse Alterung infolge Platzwechsel der Atome oder bereits submikroskopisch feiner Ausscheidungen eintritt. Ist eine gewisse Zusammenballung der Ausscheidungen eingetreten, wie dies z. B. nach dem Anlassen auf 250° der Fall ist, so verschwindet auch die Sprödigkeit wieder.

Zahlentafel 193. Mechanische Eigenschaften von nitriertem Elektrolyteisen nach verschiedenen Wärmebehandlungen nach W. Köster[1].

Wärmebehandlung	Streck-grenze kg/mm²	Zugfestig-keit kg/mm²	Dehnung %	Ein-schnürung %
Ausgangszustand nicht nitriert	15,4	26,5	48	87
Nitriert und langsam erkaltet	16,0	28,4	35	81
Von 550° abgeschreckt.	20,0	31,5	0	0
Nach dem Abschrecken bei 250° angelassen .	17,2	31,9	30	80

[1] Arch. Eisenhüttenwes. Bd. 3 (1929/30) S. 553/58.

Sehr deutlich werden die sich abspielenden Vorgänge durch Messung der elektrischen Leitfähigkeit, der Koerzitivkraft und Remanenz nach verschiedenen Behandlungen gekennzeichnet (Abb. 761—762). Beim Abschrecken tritt von 200° ab deutlich ein steigendes Inlösunggehen des Nitrids ein, das sich in einer Verminderung der Leitfähigkeit und der Koerzitivkraft äußert. Das Maximum an Lösungsfähigkeit für Stickstoff wird entsprechend der Leitfähigkeitskurve bei 600° erreicht. Beim Anlassen (Abb. 762) steigt die Koerzitivkraft bei 100° bereits auf einen Höchstwert in Übereinstimmung mit der Veränderung der elektrischen Leitfähigkeit. Die Erzeugung eines Zwangszustandes durch sehr feine Ausscheidung von Nitriden bewirkt also auch hier die bekannte Erhöhung der Koerzitivkraft. Die erzielten Veränderungen sind selbstverständlich verschieden, je nachdem, ob nach dem Anlassen die Proben im Wasser oder im Ofen erkalten. Die abgeschreckten Proben werden beim Anlassen von 200° aufwärts wieder einen Teil des Stickstoffs aufnehmen und bei einer schnellen Abkühlung dementsprechend Effekte ähnlich wie in Abb. 761 zeigen müssen. Die nach dem Anlassen im Ofen erkalteten Proben erleiden dagegen oberhalb 150° Anlaßtemperatur, also nach vollendeter Ausscheidung des Nitrids, keine wesentlichen Veränderungen der Koerzitivkraft und ebenso der elektrischen Leitfähigkeit.

Bei 100° spielt sich der Ausscheidungsvorgang noch verhältnismäßig langsam ab, wie dies aus den Isothermen gemäß Abb. 763 hervorgeht. Auffallend ist allerdings die frühere Beendigung der Ausscheidung bei nitriertem Elektrolyteisen gegenüber kohlenstoffarmem Flußeisen. Letzteres hat bei 100° auch nach

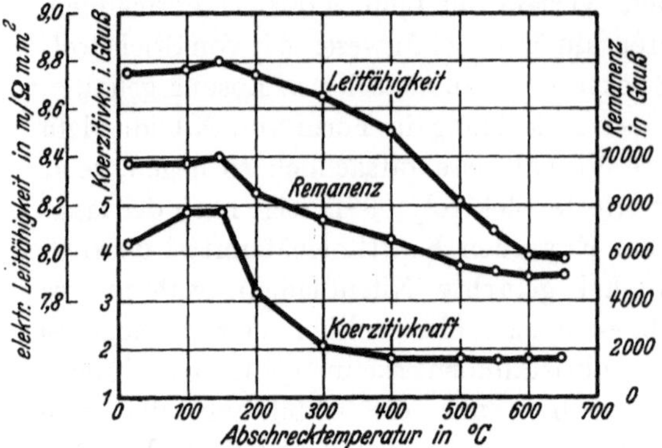

Abb. 761. Einfluß des Abschreckens auf die Koerzitivkraft, Remanenz und elektrische Leitfähigkeit nitrierten Elektrolyteisens. [Nach W. Köster: Arch. Eisenhüttenw. Bd. 3 (1929/30) S. 553/58.]

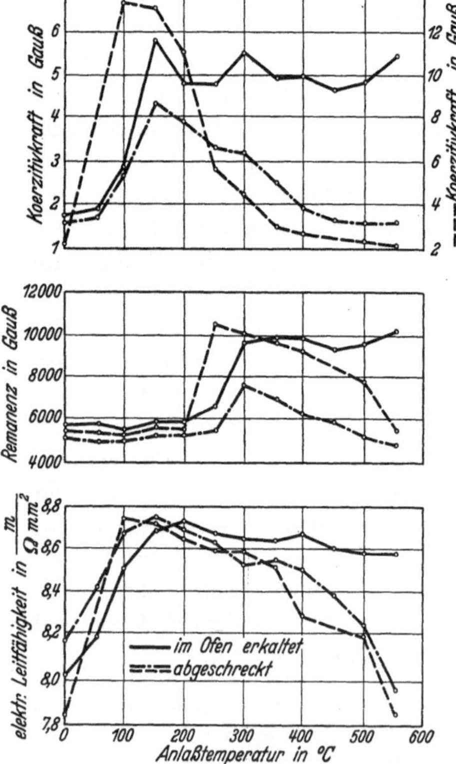

Abb. 762. Einfluß des Anlassens auf die Koerzitivkraft, Remanenz und elektrische Leitfähigkeit nitrierten Elektrolyteisens nach Abschreckung von 550°; nach dem Anlassen im Ofen erkaltet bzw. abgeschreckt. [Nach W. Köster: Arch. Eisenhüttenw. Bd. 3 (1929/30) S. 553/58.]

12 Wochen Anlaßdauer noch nicht den maximalen Effekt der Veränderung seiner physikalischen Eigenschaften erreicht. Der Grund hierfür könnte darin zu

suchen sein, daß der Stickstoffgehalt des Elektrolyteisens offenbar wesentlich höher war; es ist bekannt, daß Ausscheidungsvorgänge um so schneller verlaufen, je größer die Übersättigung ist. Die Tatsache, daß im Elektrolyteisen die Ausscheidung schneller verläuft, kann aber auch in der Reinheit des Grundmetalls begründet sein. Bei technischen Stählen dürften die weiteren Begleitelemente wahrscheinlich eine Verschleppung der Ausscheidung verursachen. Insbesondere scheint Kohlenstoff verzögernd auf die Stickstoffausscheidung zu wirken, wenn er gleichzeitig im α-Eisen gelöst ist.

Bei kohlenstoffhaltigem Stahl muß man unterscheiden versuchen zwischen dem durch Stickstoff und dem durch Kohlenstoff verursachten Effekt. Die Unterscheidung der beiden Vorgänge ist dadurch möglich, daß sie

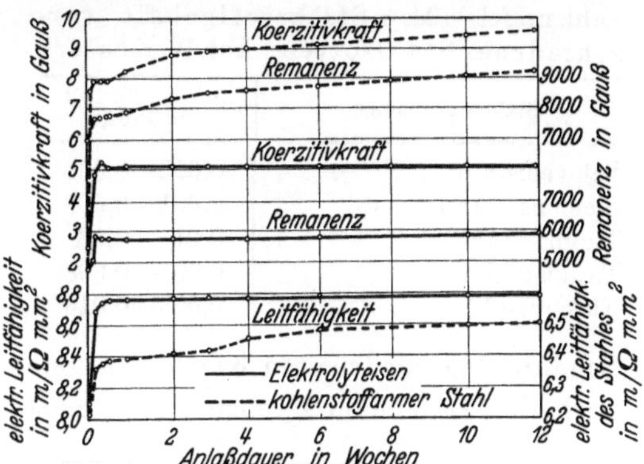

Abb. 763. Einfluß der Anlaßdauer bei 100° auf die Koerzitivkraft, Remanenz und elektrische Leitfähigkeit nitrierten Elektrolyteisens nach Abschrecken von 550°. [Nach W. Köster: Arch. Eisenhüttenw. Bd. 3 (1929/30) S. 553/58.]

sich bei etwas verschiedenen Temperaturen abspielen, wie dies aus Abb. 764 zu ersehen ist. Während das Maximum der Veränderung der Eigenschaften durch Kohlenstoffausscheidung bei etwa 250° liegt (mittlere Kurve), liegt das entsprechende Maximum für Stickstoff bei 150° (obere Kurve). Infolgedessen ergeben sich bei gleichzeitiger Anwesenheit von Stickstoff und Kohlenstoff Eigenschaftsveränderungen entsprechend der untersten Kurve, in der beide Ausscheidungsvorgänge zum Ausdruck kommen.

Berücksichtigt man, daß, wie im Abschnitt Sauerstoff erwähnt, die Möglichkeit einer gewissen Löslichkeit für Sauerstoff bei hohen Temperaturen nicht ausgeschlossen ist und hierdurch bei tieferen Temperaturen vielleicht auch noch Sauerstoffausscheidungen, die allerdings bisher nicht nachgewiesen wurden, eine Rolle spielen und sich den geschilderten Ausscheidungen von Kohlenstoff und Stickstoff überlagern könnten, so ersieht man daraus, daß die Frage der kleinsten Beimengungen in Eisen und Stahllegierungen ein sorgfältiges Studium erfordert;

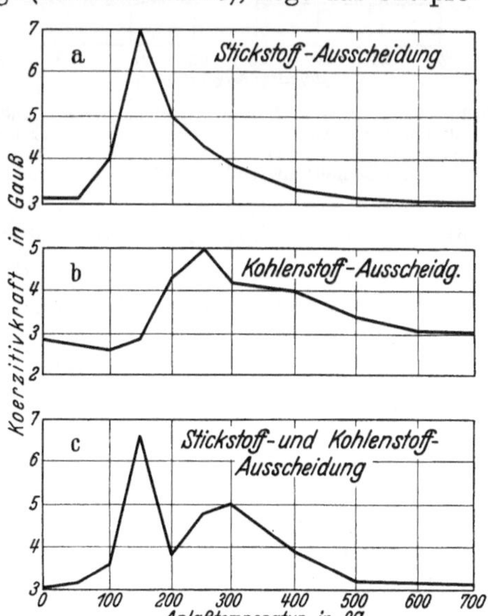

Abb. 764. Einfluß des Anlassens bei einstündiger Anlaßdauer auf die Koerzitivkraft (Überlagerung der Stickstoff- und Kohlenstoffausscheidung). [Nach W. Köster: Arch. Eisenhüttenw. Bd. 3 (1929/30) S. 637/58.]

die eindeutige Klärung, welcher Bestandteil für bestimmte Eigenschaftsänderungen verantwortlich ist, ist somit nicht immer einfach (s. Abschnitt Alterung S. 891). Dies gilt um so mehr, als die in handelsüblichen Eisensorten auftretenden Stickstoffgehalte sehr gering sind und dementsprechend auch die Effekte sich weniger deutlich ausprägen. Trotzdem muß man auch hier der Wirkung des Stickstoffs Rechnung tragen, da die Stickstoffgehalte bei den technischen Herstellungsverfahren immerhin so groß werden können, daß Ausscheidungsvorgänge und die dadurch bedingten Veränderungen der Eigenschaften, wie sie geschildert wurden, auftreten können. Die bei den verschiedenartigsten Herstellungsverfahren gefundenen Stickstoffgehalte sind in Zahlentafel 194 wiedergegeben. Nimmt man an, daß durch Anwesenheit von Kohlenstoff die Linien im Eisen-Stickstoff-Schaubild zu niedrigeren Konzentrationen verschoben werden, so erniedrigt sich auch die Löslichkeitsgrenze für Stickstoff bei Raumtemperatur zu tieferen Stickstoffgehalten. Infolgedessen ist zu erwarten, daß außer Schweißstahl und besonders gut denitrierten Siemens-Martin- und Tiegelstählen alle anderen Stähle, insbesondere aber Thomasstähle Stickstoffausscheidungserscheinungen aufweisen können, da schon in reinem Elektrolyteisen die Löslichkeitsgrenze bei Raumtemperatur mit 0,01% angegeben worden war. Die gegenüber Siemens-Martin-Stählen gleicher Festigkeit erheblich größere Verfestigungsfähigkeit des Thomasstahles und die damit in Zusammenhang stehende schlechtere Tiefziehfähigkeit (vgl. auch S. 892) dürfte zum großen Teil auf diesen höheren Stickstoffgehalt und dessen Ausscheidung während der Kaltverformung zurückzuführen sein; allerdings ist noch

Zahlentafel 194. Stickstoffgehalt verschiedener Stahlsorten nach W. Köster[1].

Stahlbezeichnung	Stickstoffgehalt in Proz.
Schweißstahl	0,003—0,005
Siemens-Martin-Stahl . .	0,001—0,008
Thomasstahl	0,01 —0,03
Tiegelstahl	0,001—0,008
Elektrostahl	0,008—0,016

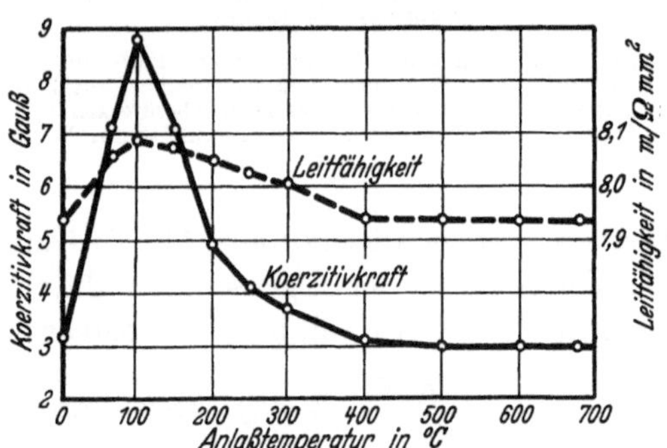

Abb. 765. Koerzitivkraft und Leitfähigkeit eines langsam erkalteten Thomasstahles in Abhängigkeit von der Anlaßtemperatur nach 14 tägiger Anlaßdauer. [Nach W. Köster: Arch. Eisenhüttenw. Bd. 3 (1929/30) S. 637/58.]

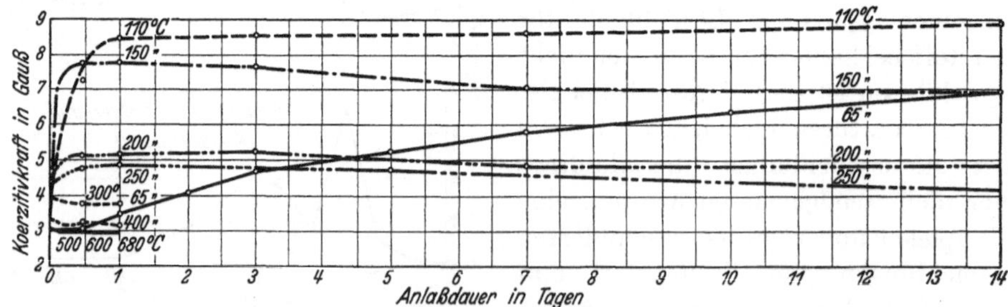

Abb. 766. Zeitliche Änderung der Koerzitivkraft eines langsam erkalteten Thomasstahles bei verschiedenen Anlaßtemperaturen. [Nach W. Köster: Arch. Eisenhüttenw. Bd. 3 (1929/30) S. 638/58.]

nicht eindeutig nachgewiesen, wieweit die sonstigen Beimengungen des Thomasstahles, insbesondere der höhere Phosphorgehalt, in gleicher Richtung wirken. Die große Analogie im Verhalten bezüglich Koerzitivkraft usw. zwischen nitriertem Elektrolyteisen und Thomasstahl mit höherem Stickstoffgehalt zeigt Abb. 765.

---

[1] Arch. Eisenhüttenw. Bd. 3 (1929/30) S. 637/58.

Die Steigerung der Koerzitivkraft bei 100° steht in Übereinstimmung mit der früher gezeigten Abb. 762 für Elektrolyteisen. Entsprechend verlaufen auch die isothermen Veränderungen bei anderen Temperaturen (Abb. 766). Die bereits bei 65° auftretende Erhöhung der Koerzitivkraft bei langer Anlaßdauer dürfte eine Erklärung für die magnetische Alterung von Thomasflußeisen geben. Es konnte beobachtet werden, daß bei Verwendung von weichstem Thomaseisen mit geringer Hysteresis im Laufe der Zeit eine wesentliche Verschlechterung der magnetischen Eigenschaften eintritt, insbesondere dann, wenn derartige Eisensorten in elektrischen Maschinen Verwendung fanden, wo infolge der auftretenden Wirbelströme auch gleichzeitig Erwärmungen bis zu Temperaturen von 50—60° vorkommen können.

Es liegt somit auch nahe, die bei der Stickstoffausscheidung auftretende Erhöhung der Sprödigkeit in Zusammenhang mit der mechanischen Alterung von Flußeisen und insbesondere von Thomasstahl zu bringen und diese nicht mehr wie früher dem Einfluß von Sauerstoff, zu mindesten nicht diesem allein, zuzuschreiben.

b) Alterung und Laugensprödigkeit (interkristalline Korrosion).

Die Tatsache, daß die Erzeugung alterungsfreien Stahles durch eine starke Desoxydation mit Aluminium gelang, ließ den Sauerstoff zuerst als die Hauptursache der Alterung erscheinen. Die Feststellung, daß Aluminium als Desoxydationsmittel gleichzeitig ein Abbindungsmittel für Stickstoff ist und die in den letzten Jahren erschienenen Arbeiten stärker auf den Einfluß von Stickstoff als von Sauerstoff bei der Alterung hinwiesen, lassen es gerechtfertigt erscheinen, die Frage des alterungsfreien Stahles im Abschnitt Stickstoff zu behandeln. Wenn auch alle bisherigen Untersuchungen eine direkte Kopplung der mechanischen Alterung und der Stickstoffausscheidung nicht eindeutig ergeben

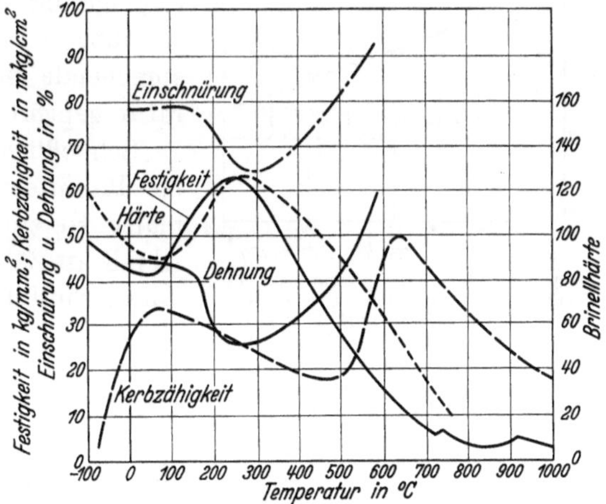

Abb. 767. Veränderung der Festigkeit, Dehnung, Härte und Kerbzähigkeit in Abhängigkeit von der Prüftemperatur bei Flußeisen. (P. Oberhoffer: Das technische Eisen, 2. Aufl. 1925 S. 280.)

haben, so dürfte nicht in Abrede gestellt werden, daß die mechanische Alterung technischen Eisens in inniger Verbindung mit seinem Stickstoffgehalt steht. Sollte er nicht als Hauptträger der mechanischen Alterung anzusprechen sein, so könnte er wenigstens als Indikator dafür gelten.

α) Mechanische Alterung.

Prüft man normal hergestellte Flußeisensorten in der Wärme bei steigender Temperatur, so ergibt sich der in Abb. 767 dargestellte Verlauf von Festigkeit, Dehnung, Einschnürung und Kerbzähigkeit. Die Festigkeit und Härte erfahren bei Steigerung der Prüftemperatur bis zum Temperaturgebiet von 200—300°

eine Steigerung gegenüber den bei Raumtemperatur gefundenen Werten, um dann allmählich auf tiefere Werte abzufallen. In dem gleichen Gebiet von 200—300° tritt eine entsprechende Verminderung der Einschnürung und Dehnung auf. Diese Verminderung der Zähigkeit ist unter dem Namen „Blausprödigkeit", der Temperaturbereich von 200—300° als Gebiet der „Blauwärme" zur Genüge bekannt. Der Abfall der Kerbzähigkeit tritt erst bei etwas erhöhten Temperaturen in Erscheinung. Dies dürfte auf die unterschiedliche Prüfgeschwindigkeit beim dynamischen Kerbzähigkeitsversuch gegenüber dem statischen Zerreißversuch zurückzuführen sein, da die Vorgänge, die zur Erzeugung der Blausprödigkeit führen, eine gewisse Zeit benötigen und infolgedessen bei der schnell verlaufenden Kerbschlagprüfung erst bei höheren Temperaturen in gleichem Ausmaß ablaufen können. Der Beweis hierfür wird dadurch gegeben, daß bei dynamischen Zerreißproben der Zähigkeitsabfall, die Erhöhung der Festigkeit usw. in gleichem Sinne zu höheren Temperaturen verschoben wird wie bei der Kerbschlagzähigkeitsprüfung.

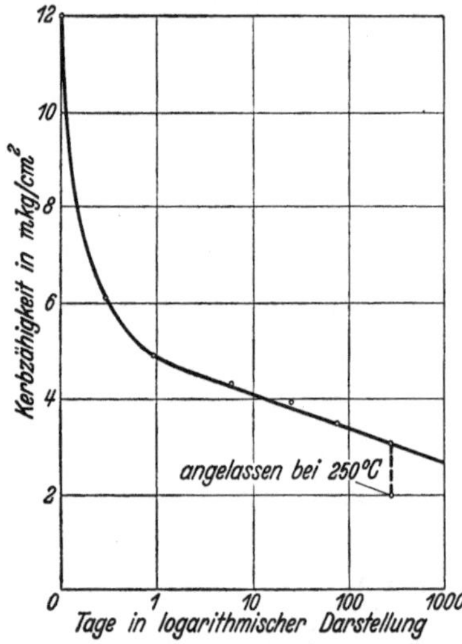

Abb. 768. Einfluß der Alterung auf die Kerbzähigkeit von Blechen aus Flußeisen. (Nach O. Bauer: Mitt. aus dem Staatl. Mat.-Prüf.-Amt Berlin 1921 S. 251/54.)

Diese Art der Festigkeitssteigerung und Zähigkeitsverminderung beim Verformen in der Wärme wird aber nicht nur dann festgestellt, wenn der Zerreißversuch selbst in der Wärme durchgeführt wird, sondern auch, wenn die Verformung bei 200—300° stattfindet und das entsprechende Material erst später bei Raumtemperatur geprüft wird.

Schließlich kann man auch beobachten, daß bei Raumtemperatur verformtes Flußeisen normaler Herstellung nach langem Lagern einen Abfall an Zähigkeit im gleichen Sinne erleidet. Dieser Einfluß der Zeit beim Lagern kaltgereckten Flußeisens wird mit Alterung bezeichnet. Am besten läßt sich diese Alterung an Hand von Kerbschlagzähigkeitszahlen verfolgen. Ein typisches Beispiel für die Alterung eines derartig behandelten Flußeisens zeigt Abb. 768. Da diese Alterungsvorgänge sich bei 200—300° schneller abspielen, kann man durch eine „künstliche Alterung" bei 200—300° in etwa einer Stunde zu den entsprechenden Tiefstwerten an Kerbzähigkeit gelangen.

Es ist somit anscheinend gleichgültig, ob eine Verformung bei etwa 250° stattfindet, ob nach einer Verformung bei Raumtemperatur auf etwa 250° erwärmt wird, oder ob nach einer Verformung bei Raumtemperatur ein Flußeisen lange Zeit hindurch gelagert wird, um die Alterung herbeizuführen. Hierdurch ergibt sich auch eine gewisse Analogie zwischen Alterung, Blausprödigkeit[1] usw. Ob aber diese Zusammenfassung der Alterung bei Raumtemperatur und bei höheren Temperaturen (200—300°) bezüglich der inneren Zusammenhänge berechtigt ist, d. h. also, ob die natürliche Alterung bei Raumtemperatur mit der künstlichen Alterung bei höheren Temperaturen unbedingt gleichgesetzt werden kann, erscheint noch ungeklärt. Gleiche äußere Erscheinungen, wie Festigkeits-

---

[1] Fettweis, F.: Stahl u. Eisen Bd. 39 (1919) S. 1/7 u. 34/41.

steigerung, Versprödung usw., brauchen, wie der Fall der Duraluminveredelung gezeigt hat, nicht unbedingt auf gleiche metallkundliche Ursachen zurückzuführen sein (s. S. 258).

Die Beurteilung eines gealterten Werkstoffs ergibt sich am klarsten aus dem Verlauf der Temperatur-Kerbzähigkeitskurve entsprechend Abb. 769. Prüft man die Kerbzähigkeit eines Stahles bei verschiedenen Temperaturen, so zeigt sich bekanntlich, daß mit abnehmender Temperatur die Kerbzähigkeit entsprechend dem Übergang vom Verformungsbruch zum Trennungsbruch mehr oder weniger steil abfällt. Durch die Alterung wird die Neigung zum Trennungsbruch erhöht. Der Abfall der Kerbzähigkeit verschiebt sich daher in Richtung des Pfeiles zu höheren Temperaturen, und zwar um so mehr, je stärker die Alterung ist. Entsprechende Zahlen für Flußeisen im normalen und gealterten Zustand gibt Zahlentafel 195 wieder. Da bei vielen Teilen, z. B. Kesselbaustoffen, Schrauben, Nietungen usw., stets die Gefahr besteht, daß während der Herstellung und des Gebrauches Kaltreckungen, die im Verlauf der Zeit zur Alterung führen, oder Verformungen bei Temperaturen im Bereich der Blausprödigkeit auftreten, kann diese Eigenart gewöhnlichen Flußstahles zu unliebsamen Sprödigkeitserscheinungen Veranlassung geben[1].

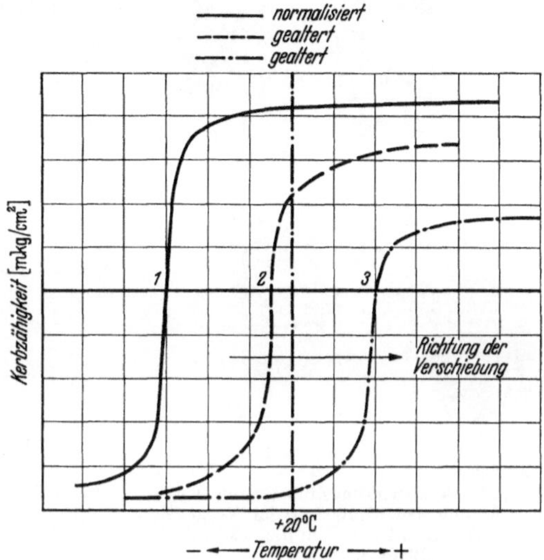

Abb. 769. Verschiebung der Kerbzähigkeitstemperaturkurve durch Altern (schematisch).

Untersuchungen von Fry[2] an kaltverformtem Flußeisen haben gezeigt, daß es gelingt, durch Erwärmen derartiger kaltverformter Stücke auf 200° und nachfolgendes Ätzen in einer kupferhaltigen salzsauren Eisenchloridlösung die verformten Zonen dunkel zu färben und sie so als sog. „Kraftwirkungsfiguren“ sichtbar zu machen (Abb. 770). Bei der mikroskopischen Untersuchung zeigen sich in diesen Zonen Ausscheidungen auf den Korn-

Zahlentafel 195. Kerbzähigkeit von unberuhigtem Flußeisen mit etwa 0,15% C und 0,50% Mn im Vergleich zu Izett-Flußeisen der gleichen Zusammensetzung in geglühtem und gealtertem Zustand[3].

Prüf-temperatur	Kerbzähigkeit in mkg/cm² bei einer Kerbschlagprobenform von 15 · 15 · 160 mm, 4 mm ⌀ Kerb und 15 · 15 mm Schlagquerschnitt			
	Gewöhnliches Flußeisen		Izett-Flußeisen	
	geglüht	gealtert[2]	geglüht	gealtert[4]
−60°	9	—	14	8
−40°	15	—	18	12
−20°	22	1	22	17
0°	24	2	24	20
+20°	25	4	25	21
+40°	26	13	26	22
+60°	26	16	26	22

[1] Epstein, S.: Proc. Amer. Soc. Test. Mat. Bd. 32 (1932 II) S. 293/374.
[2] Kruppsche Mh. Bd. 7 (1926) S. 185/96.
[3] Entnommen aus Katalog Krupp, alterungsbeständige Izettstähle.
[4] 10% gereckt und $^1/_2$ Stunde bei 250° angelassen.

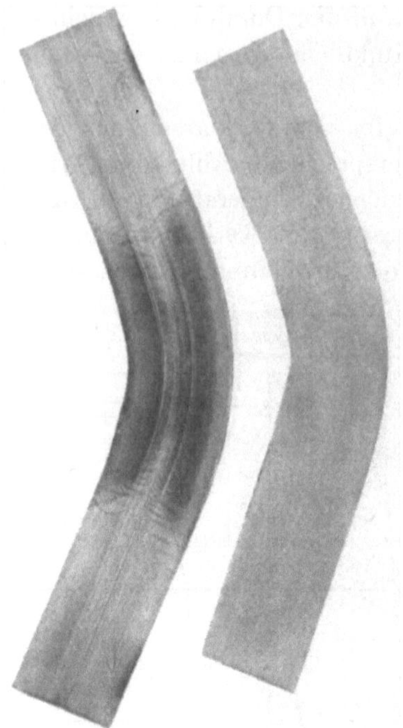

Flußeisen   Izett. $V = {}^2/_5$

Abb. 770. Kraftwirkungslinien nach Fry-scher Ätzung bei Flußeisen im Vergleich zu Izett. [Nach A. Fry: Kruppsche Mh. Bd. 7 (1926) S. 185/96.]

grenzen und in den Gleitlinien der verformten Kristalle, die die verstärkte Ätzbarkeit bewirken (Abb. 771)[1].

Beim Prüfen verschiedener Flußeisensorten ergab sich nun, daß nicht alle Flußeisensorten gleichmäßig auf die Frysche Ätzung ansprechen. Durch systematische Verfolgung stellte Fry fest, daß ein Zusammenhang zwischen dem Auftreten der Kraftwirkungsfiguren

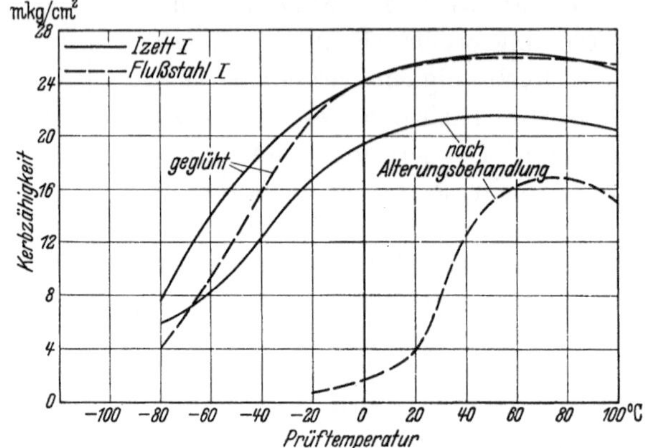

Abb. 772. Temperaturkerbzähigkeitskurven von Izett-Stahl und normalem Flußeisen gleicher Festigkeit.
(Geglüht 920°/Luft; Alterungsbehandlung: 10% kaltgereckt, 1 Std. bei 250° angelassen.)

und dem Grad der Behandlung des betreffenden Stahles mit stark desoxydierenden Mitteln besteht. Durch entsprechende Führung von Flußeisenchargen gelang es,

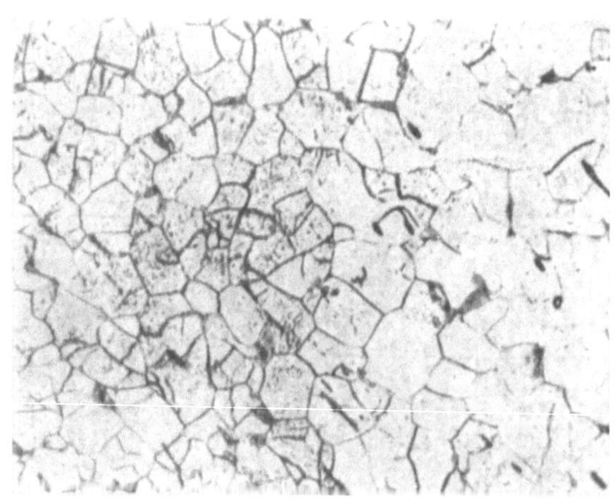

$V = 300$

Abb. 771. Korngrenzenstörungen in einem Kraftwirkungsstreifen. [Nach A. Fry: Kruppsche Mh. Bd. 7 (1926) S. 185/96.]

Sonderflußeisen zu erzeugen, die, wie aus Abb. 770 ersichtlich, im Gegensatz zu normalen Flußeisensorten nicht mehr auf die Kraftwirkungsfigurenätzung ansprechen.

Bei der Prüfung eines derartigen Flußeisens mit der Kerbschlagprobe wurde festgestellt, daß es auch die Erscheinungen der Alterungssprödigkeit nicht mehr oder nur in viel geringerem Maße aufwies als normales Flußeisen. Den Unterschied in dem Verhalten dieses unter dem Namen „Izett" von

Krupp entwickelten alterungsbeständigen Sonderflußeisens gegenüber dem normalen Kesselflußeisen geben Abb. 772 sowie Zahlentafel 195 (S. 889) wieder.

____

[1] Siehe hierzu Hanemann, H., u. A. Schrader: Atlas Metallographicus, Bd. I, Berlin 1933, S. 62/63.

Während das kaltverformte und gealterte normale Flußeisen schon bei Raumtemperatur nur noch die außerordentlich niedrige Kerbzähigkeit von unter 4 mkg/cm² gegenüber 24—26 im alterungsfreien Zustand aufweist, tritt beim Izett-Flußeisen nur ein geringfügiger Abfall von etwa 25 auf 21 mkg/cm² ein. Auch bei tiefen Temperaturen bleiben diese Unterschiede weitgehend erhalten.

Dieses Verhalten führte zu der Schlußfolgerung, daß die Erscheinung der Alterung auf Ausscheidungen zurückzuführen ist. Der zur Ausscheidung gelangende Stoff muß in normalem Kesselflußeisen in größerer Menge oder besonders ausscheidungsfähiger Gestalt vorhanden sein, da seine Ausscheidung in stärkerem Maße und über einen größeren Temperaturbereich sich auswirkt,

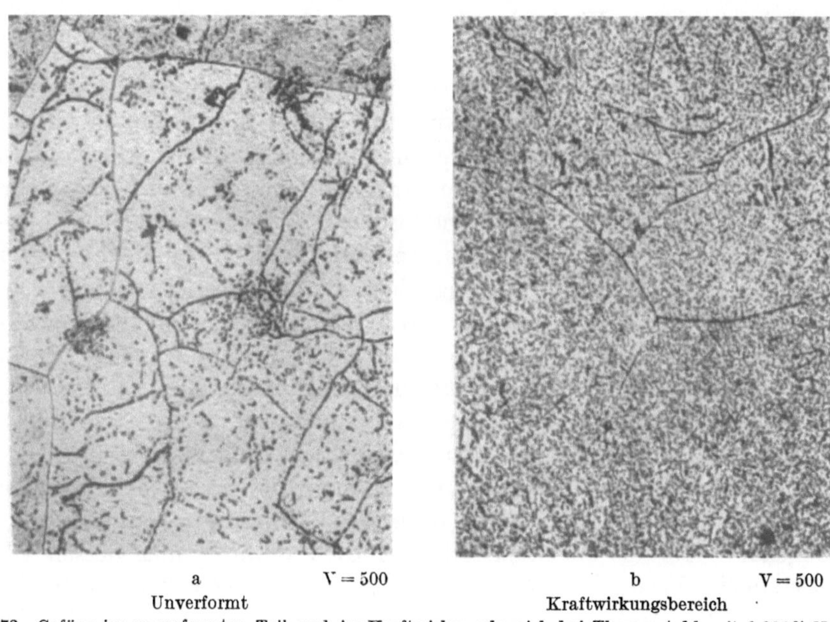

<table>
<tr><td>a</td><td>V = 500</td><td>b</td><td>V = 500</td></tr>
<tr><td>Unverformt</td><td></td><td>Kraftwirkungsbereich</td><td></td></tr>
</table>

Abb. 773. Gefüge im unverformten Teil und im Kraftwirkungsbereich bei Thomasstahl mit 0,021% N_2 nach einstündigem Anlassen bei 100°. [Nach W. Köster: Arch. Eisenhüttenw. Bd. 3 (1929/30) S. 637/58.]

während die in dem Sonderflußeisen „Izett" noch vorhandenen Mengen dieses ausscheidenden Stoffes derartig gering sind, daß die Ausscheidung sich nur in viel schwächerem Maße, vor allem auch in einem entsprechend kleineren Temperaturbereich, bemerkbar macht. Da einwandfrei ein Zusammenhang zwischen diesem Verhalten und der Behandlung mit sehr scharf desoxydierenden Mitteln, wie Aluminium, nachgewiesen werden konnte, lag es nahe, die Erscheinung des Alterns auf Ausscheidung von Sauerstoffverbindungen zurückzuführen.

Da die Frage der Löslichkeit von Sauerstoff im Eisen noch nicht eindeutig geklärt ist, ist auch die Frage möglicher Ausscheidungen nicht zu beantworten. Den Untersuchungen von W. Eilender, A. Fry u. A. Gottwald[1] zufolge konnten keine Ausscheidungseffekte im Zusammenhang mit Sauerstoff festgestellt werden im Gegensatz zur Ausscheidungshärtung durch kleine Mengen Stickstoff. Durch Aluminiumzusatz wird aber nicht nur der Sauerstoff, sondern auch der Stickstoff abgebunden und somit die Ausscheidungshärtung durch

---

[1] Eilender, W., A. Fry u. A. Gottwald: Stahl u. Eisen Bd. 54 (1934) S. 554/64.

Stickstoff verhindert. Auf einen Zusammenhang zwischen Stickstoff und mechanischer Alterung weist auch die bereits erwähnte Tatsache hin, daß die Ätzung auf Kraftwirkungsfiguren bei aluminiumdesoxydiertem Stahl nicht in dem Maße anspricht wie beispielsweise bei unberuhigtem Kesselflußeisen. Köster hat nachgewiesen, daß die Fryschen Kraftwirkungsfiguren durch Ausscheidung von Stickstoff in kaltdeformierten Teilen hervorgerufen werden können. Abb. 773 zeigt den Unterschied im Gefüge von Thomasflußeisen an verformten und unverformten Stellen nach Anlassen bei 500° und Ätzen mit dem Fryschen Ätzmittel. Ein Beweis für die Bedeutung von Stickstoff als Ursache der Kraftwirkungsfiguren wird dadurch erbracht, daß Proben, die infolge ihrer metallurgischen Herstellungsart an sich frei von Kraftwirkungsfiguren sind (Izettflußeisen), durch Nitrierung und darauffolgende Kaltverformung gegen Kraftwirkungsfigurenätzung empfindlich gemacht werden konnten (Abb. 774). Versuche von W. Eilender, H. Cornelius und H. Knüppel[1], die den Einfluß

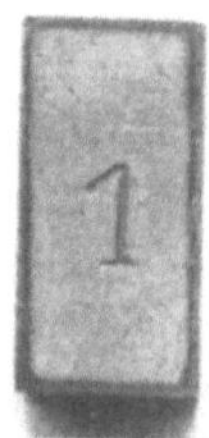

a   V = 1:1   b
Nicht nitriert   Nitriert

Abb. 774. Kraftwirkungsfiguren in nitriertem Izettstahl. [Nach W. Köster: Arch. Eisenhüttenw. Bd. 3 (1929/30) S. 637/58.]

von Sauerstoff und Stickstoff im Zusammenhang auf die mechanische Alterung weichen Stahles prüften, ergaben keinen Einfluß des Sauerstoffs, während bis zur maximalen Löslichkeit im festen Eisen ansteigende Stickstoffgehalte die Alterungsneigung erhöhten. Auch betriebsmäßig ließen sich für diese Wirkung des Stickstoffs durch großzahlmäßige Untersuchung weitere Belege erbringen.

Außer in der Kerbzähigkeit macht sich die Alterungsneigung stickstoffreicher Stähle, also insbesondere des Thomasflußeisens, auch in der Veränderung sonstiger Eigenschaften bemerkbar. So weist normaler Thomasstahl eine steilere Verfestigungskurve auf als ein stickstoffarmer S.-M.-Stahl. Infolgedessen verhält Thomasstahl sich bei der Kaltverarbeitung, insbesondere beim Tiefziehen, vielfach ungünstiger. Die Streckgrenze stickstoffhaltiger Flußeisensorten liegt im Bereich der Blauwärme ebenfalls höher. Abgesehen von der an sich schlechteren Ziehbarkeit neigt alterungsanfälliges Flußeisen, also z. B. Thomasstahl, in besonders starkem Maße zur Ausbildung der sogenannten Lüdersschen Linien, d. h. einer Art Fließfiguren, die bei Überschreitung der Streckgrenze auftreten. Hierdurch wird die Blechoberfläche rauh, was sich besonders bei Karosserieblechen unangenehm bemerkbar macht, die ohne besondere Oberflächenbearbeitung spritzlackiert werden sollen. Zur Vermeidung der Lüdersschen Linien pflegt man derartigen Blechen am Schluß der Verarbeitung einen Dressierstich von etwa 1—2% Kaltverformung zu geben. Diese Maßnahme ist jedoch nur dann wirksam, wenn das Tiefziehen unmittelbar anschließend erfolgt, weil nach Alterung wieder eine ausgeprägte Streckgrenze und damit Lüderssche Linien auftreten. Ein durch metallurgische Maßnahmen alterungssicher hergestellter Stahl ist gegen diese Erscheinung unempfindlicher. Es ist daher verständlich, daß man sich bebemüht, den Stickstoffgehalt des Thomasstahles durch Veränderung des Blasvorganges, insbesondere Senkung der Temperatur, so niedrig wie möglich zu

[1] Eilender, W., H. Cornelius u. H. Knüppel: Arch. Eisenhüttenw. Bd. 8 (1934/35) S. 507/09.

halten. Allerdings ist der eindeutige Nachweis, daß Stickstoff die alleinige Ursache der Alterung ist, nicht erbracht, da auch sehr stickstoffarme Stähle nicht frei von Alterungserscheinungen sind.

Daß es durch geeignete Schmelzführung mit Sicherheit gelingt, die Erscheinung des Alterns von Flußeisen gering zu halten, geht aus Abb. 775 hervor. Es ist selbstverständlich, daß man dem Sonderflußeisen für die Fälle, bei denen entsprechende Beanspruchungen — Verformungen mit gleichzeitigem oder nachträglichem Erwärmen oder langem Lagern — in Frage kommen, infolge seiner erhöhten Sicherheit den Vorzug geben wird.

β) **Einfluß von Wärmebehandlung und Legierung auf die Alterung von Stahl.**

Bevor die verschiedenen Einflüsse auf die Alterungsanfälligkeit von Werkstoffen behandelt werden können, müssen die Arten der Alterungsprüfung, die sich im Laufe der Zeit herausgebildet hatten, dargestellt werden. Auf Grund der historischen Entwicklung bezeichnet man meistens mit Alterungssprödigkeit denjenigen Abfall an Kerbzähigkeit, den ein Flußeisen nach dem Rekken, sei es bei Raumtemperatur oder im Blausprödigkeitsbereich, und darauffolgendem Altern, sei es durch Lagern oder durch kurze Erwärmung ins Gebiet der Blausprödigkeit, erfährt. Hierbei erfolgt die Prüfung der Kerbzähigkeit von gealtertem und nichtgealtertem Werkstoff bei Raumtemperatur.

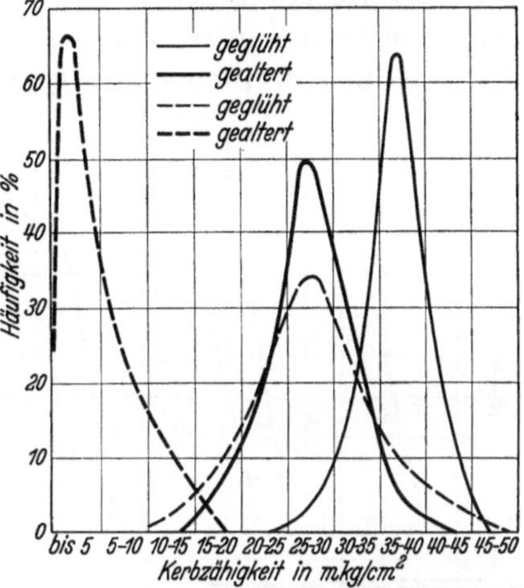

Abb. 775. Häufigste Lage der Kerbzähigkeit von Izettstahl im Vergleich zu gewöhnlichem unruhigem Flußeisen im geglühten und gealterten Zustand bei Prüfung von etwa 100 Chargen. (Entnommen aus Druckschrift Krupp: „Alterungsbeständige Izettstähle" S. 15.]

—— Sonderstahl Izett I. ——— Gewöhnl. Flußstahl I (unruhig).

Diesen Fall der Alterungsprüfung wollen wir im weiteren mit I bezeichnen.

Wie aus Abb. 776 ersichtlich, äußert sich die Alterungssprödigkeit, genauer betrachtet, in dem Verschieben der Kerbzähigkeitstemperaturkurve von niedrigen zu höheren Temperaturen. Man kann somit als Maß für die Alterungsempfindlichkeit eines Werkstoffes auch den Abstand der Temperaturkerbzähigkeitskurve im gealterten und nichtgealterten Zustand wählen. Diese Art der Alterungsempfindlichkeitsprüfung soll im folgenden mit II bezeichnet werden.

Die Beurteilung nach Fall I auf Alterungsempfindlichkeit gibt nur dann wirklich eindeutige Werte, wenn der zu untersuchende Werkstoff in seiner Temperaturkerbzähigkeitskurve so liegt, daß durch die Alterung der Steilabfall der Kerbzähigkeitstemperaturkurven über die Raumtemperatur als Prüftemperatur hinaus verschoben wird, so daß der Stahl im nicht gealterten Zustand in der Hochlage, im gealterten in der Tieflage der Kerbzähigkeit liegt (Kurve 2 und 4 in Abb. 776, S. 894). Bei Stählen, die sehr hohe Zähigkeit aufweisen und bei denen der Steilabfall der Zähigkeitstemperaturkurve im nicht gealterten Zustande bei sehr tiefen Temperaturen liegt, kann es vorkommen, daß die Alterung eine Verlagerung der Temperaturkerbzähigkeitskurve nach rechts ergibt, die genau so groß ist wie z. B. bei gewöhnlichem Flußeisen. Trotzdem gelangt die Temperaturkerbzähigkeitskurve des gealterten Werkstoffs nicht so weit nach rechts, daß auch bei Raumtemperatur bereits Sprödigkeit auftritt (etwa Kurve *3* in Abb. 776).

Dieser Fall, daß Stähle also nach dem Prüfverfahren II als alterungssspröde gelten, nach dem Prüfverfahren I dagegen nicht, ergibt sich z. B. bei legierten Stählen. Ein typisches Beispiel ergeben 3—5 proz. Nickelstähle (Abb. 776), wie sie für den Kesselbau in großen Mengen Verwendung gefunden haben. Werden solche Legierungen nur oberhalb der Raumtemperatur verwendet, so wird sich die Verlagerung der Kerbzähigkeitskurve durch Alterung auch im allgemeinen nicht ungünstig auf die Kerbzähigkeit im Gebrauch auswirken. Aus diesem Grunde wurden daher gerade diese Nickelflußeisen-Sorten mit an erster Stelle als sog. alterungssichere Baustoffe für den Kesselbau empfohlen[1] (s. a. S. 328).

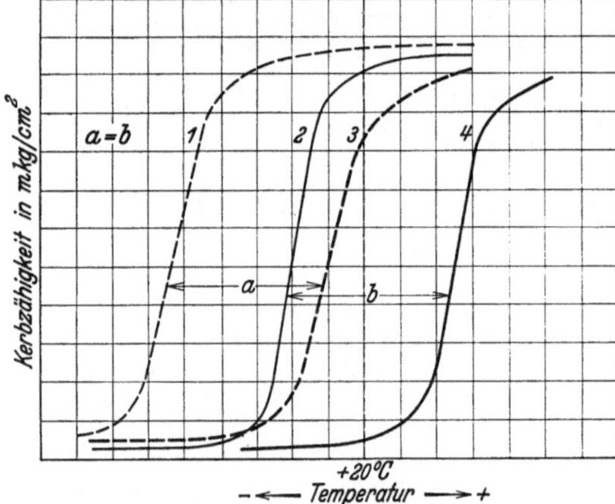

Abb. 776. Verlagerung der Kerbzähigkeitstemperaturkurve für normalisierten und gealterten Flußstahl durch Nickelzusatz.

——— Flußstahl normalisiert (2), — — — Nickelstahl normalisiert (1), ▬▬▬ Flußstahl gealtert (4), — - — - Nickelstahl gealtert (3).

In gleichem Sinne wie Legierungselemente, die kornverfeinernd und kerbzähigkeitserhöhend wirken, z. B. Nickel, muß sich auch die Kornverfeinerung durch Vergütung im Alterungsverhalten geltend machen. Auch durch das Vergüten von Flußeisen und von allen Stählen findet eine Verschiebung der Kerbzähigkeitstemperaturkurve nach tieferen Temperaturen statt. Infolgedessen erscheint ein Stahl nach einer Vergütung bei Prüfung durch die Kerbschlagprobe bei Raumtemperatur weniger alterungsempfindlich.

Wenn nun vorhin gesagt wurde, daß z. B. Nickelstähle nach der Prüfung I frei von Alterungssprödigkeit sind, nicht aber nach der Prüfung II, so gilt das nicht für alle legierten Stähle. Man kann z. B. auch bei molybdän- und chromlegierten Stählen Alterungsanfälligkeit im Sinne des Prüfverfahrens I feststellen. Durch dieselben schmelztechnischen Maßnahmen wie beim Flußeisen, also durch desoxydierende Behandlung, kann man aber bei allen Stählen die Empfindlichkeit gegen Alterung beseitigen. Durch eine solche Maßnahme wird dann z. B. auch bei Nickelstählen nicht nur die Temperaturkerbzähigkeitskurve nach niedrigeren Temperaturen verschoben, sondern gleichzeitig auch der Abstand zwischen den Kurven im gealterten und nichtgealterten Zustand verringert; die Stähle werden also dadurch auch alterungssicher im Sinne des schärferen Prüfverfahrens II.

In diesem Zusammenhang soll daran erinnert werden, daß die Desoxydations- und Denitrierungsbehandlung mit Aluminium auch in Zusammenhang steht mit der Erzeugung besonders feinkörniger Stähle (S. 814). Auch durch die metallurgische Feinkornbehandlung wird die Zähigkeit der Stähle bekanntlich erhöht, und man könnte, abgesehen von der Abbindung von Stickstoff, Sauerstoff usw. durch Aluminium, auch daran denken, einen Teil der verbessernden Wir-

---

[1] Goerens, P.: Z. VDI Bd. 68 (1924) S. 41/47.

kung der Aluminiumbehandlung auf die Feinkörnigkeit derartiger Stähle zurückzuführen. Insbesondere wird sich eine solche durch Feinkörnigkeit bedingte Zähigkeitserhöhung in der Lage der Temperaturkerbzähigkeitskurve bemerkbar machen. Für die Verbesserung der Zähigkeit könnte außer Feinkörnigkeit als solche der Umstand eine Rolle spielen, daß selbst bei einem gleichen Maß von ausscheidender Substanz diese sich bei einer größeren Anzahl Korngrenzen mehr verteilen und nicht in gleichem Maße auf der einzelnen Korngrenze auswirken würde

Es wird bisweilen behauptet, daß die Kornverfeinerung durch weitgehende Verwalzung mit tiefer Walzendtemperatur in ähnlichem Sinne wie eine Vergütung wirkt, und daß dementsprechend z. B. dünnwandige Rohre aus an sich alterungsanfälligem Flußeisen in starkem Verwalzungszustand frei von Alterungsempfindlichkeit sind[1]. Diese Behauptung trifft nicht in vollem Umfange zu. Zwar wird man bei der Kerbschlagprüfung bei Raumtemperatur in diesen dünnen Querschnitten meist keinen Unterschied zwischen normalisiertem und gealtertem Material finden können; das liegt aber daran, daß die Lage der Temperaturkerbzähigkeitskurve auch von der Form der Kerbschlagprobe abhängig ist und bei sehr kleinen Proben der Steilabfall der Kerbzähigkeit nach tieferen Temperaturen verschoben ist. Der Abstand der Kurven im gealterten und nichtgealterten Zustand bleibt aber derselbe; vor allem zeigt sich im Verhalten bei der im nächsten Abschnitt beschriebenen Laugensprödigkeitsprüfung, daß eine Verbesserung der Laugenrissigkeit, auf die es bei diesen Rohren im wesentlichen ankommt, ebenfalls durch starke Verwalzung allein nicht zu erreichen ist.

Gelegentlich findet man auch Hinweise, daß durch Glühung bei 650—680°, also dicht unterhalb A_1, die mechanische Alterungsanfälligkeit von Flußeisen beeinflußt werden kann, doch sind die hierüber angegebenen Ergebnisse nicht eindeutig.

γ) „Laugensprödigkeit" (interkristalline Korrosion).

Zu den Vorzügen des alterungsfreien Werkstoffs hinsichtlich Unveränderlichkeit der mechanischen Eigenschaften kommt noch hinzu, daß sich dieses Material auch gegen eine bestimmte Art der Korrosion, die sog. Laugensprödigkeit, wesentlich besser verhält als normales Flußeisen. Es hat sich herausgestellt, daß alterungsanfälliges Flußeisen brüchig wird, wenn es unter Zugspannungen stehend dem Angriff von heißen Laugen oder Salzlösungen (schwach saurer oder alkalischer Natur) ausgesetzt wird. Diese Brüchigkeit wird durch einen interkristallinen Korrosionsangriff hervorgerufen (Abb. 777). Derartige Korrosionsbeanspruchungen kommen sehr häufig in der chemischen Industrie bei Laugeneindampfern und dergleichen vor; sie machen die verwendeten Apparaturen unbrauchbar, obwohl der allgemeine, abtragende Oberflächenangriff durch diese Agenzien praktisch bedeutungslos ist. Auch in Dampfkesseln können derartige Zerstörungen eintreten, wenn sich die im Kesselwasser vorhandenen Salze oder Speisewasserzusätze an geeigneten Stellen, z. B. zwischen Nietnähten, anreichern. Für alle diese Zwecke hat sich die Verwendung alterungsfreier Werkstoffe als sehr wertvoll erwiesen. Es sei bemerkt, daß es noch keineswegs

---

[1] Daeves, K.: Stahl u. Eisen als Werkstoff [Gesammelte Vorträge der Werkstofftagung Bd. 3 (1928) S. 11].

feststeht, ob die mechanische Alterungsanfälligkeit und die Neigung zur interkristallinen Korrosion auf dieselbe Ursache zurückzuführen sind; es hat sich zwar
herausgestellt, daß mechanisch alterungsanfällige Werkstoffe immer auch laugen-
spröde sind, dagegen genügt normale Beständigkeit gegen mechanische Alterung
noch nicht, um auch unbedingte Laugensicherheit zu gewährleisten. Die Eignung
eines Flußeisens als laugensicherer Werkstoff muß also jeweils durch eine
besondere Korrosionsprüfung festgestellt werden. Daß aber immerhin Zusammenhänge zwischen diesen beiden Erscheinungen vorhanden zu sein scheinen, geht
z. B. aus Abb. 771 (S. 890) hervor, die zeigte, daß in Kraftwirkungsfiguren, also
an Stellen mit erhöhter Korrosionsneigung, Ausscheidungen an den Korngrenzen
beobachtet werden können, die zu verstärktem Ätzangriff führen.

Vorbedingung für die Entstehung der interkristallinen Korrosion ist eine
solche Zusammensetzung des Korrosionsmittels, daß ein Angriff des Kornes

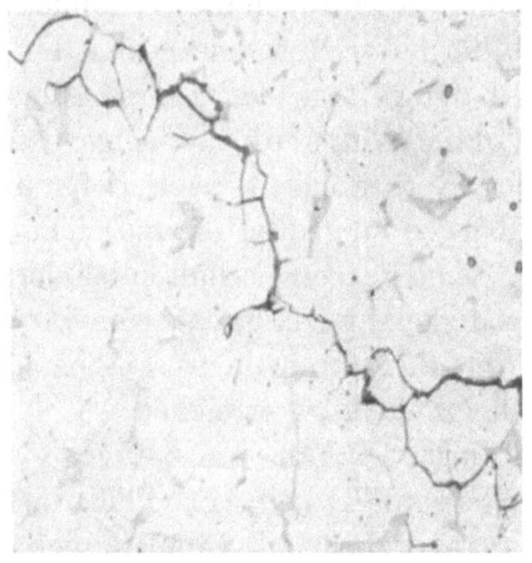

nicht stattfindet, die Kornoberfläche also
passiv bleibt, und nur die Korngrenze angegriffen wird. Das heute gebräuchlichste
und zweckentsprechendste Prüfmittel ist
eine Kalzium-Ammonium-Nitratlösung mit
etwa 60% $Ca(NO_3)_2 + 4\%$ NH_4NO_3 bei Siedetemperatur.

Aus der Tatsache, daß die Korngrenze
angegriffen wird, muß geschlossen werden,
daß diese sich in einem empfindlicheren
Zustand als das Korn selbst befindet. Des
weiteren ist von Wichtigkeit das Vorhandensein von Spannungen. Es ergeben sich somit drei Vorbedingungen für die interkristalline Korrosion des Flußeisens[1]:

$V = 200$

Abb. 777. Interkristalline Korrosion bei Flußstahl. [Nach A. Fry: Techn. Mitt. Krupp.
Bd. 2 (1934) S. 33/42.]

1. Kritischer Gefügezustand des Stahles.
2. Kritische Zusammensetzung des Korrosionsmittels.
3. Mechanische Beanspruchung.

Der kritische Gefügezustand des Stahles hängt, wie die Untersuchungen
mit besonders desoxydierten Flußeisensorten beweisen, von seiner Zusammensetzung ab. Je höher der Kohlenstoff- und Aluminiumgehalt eines Flußeisens
ist, um so sicherer ist es gegen interkristalline Korrosion. Mit verminderter
Desoxydation und wachsendem Stickstoffgehalt nimmt die Neigung zur Rißanfälligkeit zu. Laugensicher erschmolzene Stähle können durch Randentkohlung
und Verzunderung (Sauerstoff- und Stickstoffaufnahme, Oxydierung des vorhandenen metallischen Aluminiumgehaltes) wieder rißanfällig werden; die Risse
setzen sich in diesem Falle durch die ganze Blechstärke fort, während abgeho-
belte Proben desselben Stahles ohne Oxydhaut beständig bleiben. Die Vermutung,
daß es sich um kritische Ausscheidung handelt, wird dadurch bestätigt, daß
durch Wärmebehandlung ebenfalls eine Verbesserung der Laugenbeständigkeit
erzielt werden kann. Insbesondere haben sich Glühungen um und unter dem
A_1-Punkt mit nachfolgender langsamer Abkühlung als zweckentsprechend heraus-

---

[1] Houdremont, E., H. Bennek u. H. Wentrup: Stahl u. Eisen Bd. 60 (1940) S. 757/63
u. 791/97.

gestellt. Durch eine derartige Glühung könnten Ausscheidungen in ungefährlicher Form zusammengeballt werden, wodurch das günstigere Verhalten erklärt würde. Auch bei derartig geglühtem Stahl bleibt aber der günstige Einfluß einer starken Aluminiumdesoxydation erhalten. Trotz dieser Erkenntnisse ist es noch nicht möglich, über die Natur der Ausscheidungen etwas Bestimmtes auszusagen, wenn auch vieles bereits dafür spricht, daß Stickstoff einer der Urheber ist.

Die mechanischen Spannungen wirken vor allem dadurch beschleunigend auf die interkristalline Korrosion, daß sie den Stahl insgesamt und bevorzugt an den Korngrenzen aktiver machen, wie dies allgemein als gegenseitige Unterstützung der Wirkung von Spannungs- und Korrosionswirkungen bekannt ist. Außerdem fördern sie rein mechanisch das weitere Reißen.

Die geschilderte Art der interkristallinen Korrosion beobachtet man nicht nur bei Flußeisen, sondern auch bei legierten Stählen tiefen Kohlenstoffgehaltes, die nicht eine besondere metallurgische Behandlung erfahren haben. Besonders gefährlich für interkristalline Angriffe sind alle Gefügespannungen; so zeigt es sich, daß bei martensitisch gehärteten oder auf hohe Festigkeit vergüteten, d. h. tief angelassenen Stählen besondere Empfindlichkeit gegen die Rißanfälligkeit bei der Prüfung in der genannten Nitratlauge zu beobachten ist[1]. Erst durch Anlassen dicht unterhalb A_1 wird auch diese Empfindlichkeit beseitigt.

c) Stickstoff als Legierungsmittel.

Stickstoff besitzt eine starke Affinität zu verschiedenen Elementen, wie schon bei Aluminium erwähnt wurde; das gilt auch für Titan, Chrom, Vanadin und Zirkon. Man hat verschiedentlich vorgeschlagen[2], die impfende Wirkung von Nitriden zur Gefügeverfeinerung und entsprechenden Verbesserung der Festigkeitseigenschaften bei der Herstellung von Chromstahlformguß auszunutzen, insbesondere ferritischem, z. B. mit 30% Cr, der durch keine Wärmebehandlung mehr eine Kornverfeinerung erfahren kann (S. 538). Praktisch zeigte sich allerdings, daß die Wirkung des Stickstoffs bei diesen hochchromhaltigen Gußlegierungen verhältnismäßig gering, wenn nicht zu vernachlässigen ist, sofern der Werkstoff seinen ferritischen Charakter behält. Eine Gefügeverfeinerung ist erst dann zu beobachten, wenn durch den Zusatz von Stickstoff die weiter unten erwähnte teilweise Austenitbildung auftritt. Dagegen dürfte die nachweislich verfeinernde Wirkung von Vanadin- und Titanzusätzen auf das Gußgefüge von Stahlformguß wohl zum Teil auf die starke Affinität dieser Elemente zu Stickstoff (neben Kohlenstoff und Sauerstoff) zurückzuführen sein; die entsprechenden Verbindungen scheinen sich bevorzugt in einer zur Keimbildung geeigneten Verteilung auszuscheiden. Besonders zu erwähnen ist in diesem

---

[1] Derartige Stähle neigen auch bei Anwesenheit anderer Angriffsmittel zu Spannungskorrosion. So wurden beispielsweise in Gasflaschen Rißbildungen beobachtet, wenn das gespeicherte Gas feuchten Zyanwasserstoff enthielt [Buchholtz, H., u. R. Pusch: Stahl u. Eisen Bd. 62 (1942) S. 21/30]. Allerdings verliefen die Risse in diesen Fällen überwiegend intrakristallin. Es ist noch nicht sichergestellt, ob es sich hierbei um verschiedene Erscheinungsformen desselben Vorganges handelt.

[2] Franks, R.: Iron Age Bd. 132 (1933) 7. Sept. S. 10/13. — S. a. Trans. Amer. Soc. Met. Bd. 23 (1935) S. 968/94.

Zusammenhang der Einfluß von Stickstoff bei Anwesenheit von Aluminium für die Herstellung feinkörnigen überhitzungsunempfindlichen Stahles (s. S. 813). Die Nitride des Aluminiums gehen offenbar erst bei höheren Temperaturen in Lösung und erschweren deshalb unterhalb ihrer Lösungstemperatur das Kornwachstum.

Darüber hinaus hat Stickstoff auch als Legierungselement Verwendung gefunden. Stickstoff gehört zu den Elementen, die das γ-Gebiet erweitern[1, 2, 3] (s. a. Abschnitt Chromstähle, S. 448 u. 523). Seine Wirkung scheint, soweit dies aus der Untersuchung von Chromstählen mit Stickstoffzusätzen zu entnehmen ist, erheblich stärker zu sein als diejenige von Kohlenstoff. Dieser Einfluß des Stickstoffs macht sich bei Zusätzen von einigen zehntel Prozent zu halbferritischen Chromstählen, z. B. mit 19% Cr, in einer Verminderung, ja einem völligen Verschwinden des ferritischen Gefügeanteiles bemerkbar[1]. Selbst bei ferritischen Stählen mit etwa 30% Cr läßt sich auf diese Weise bei Erwärmung auf entsprechende Temperatur wieder eine teilweise α-γ-Umwandlung erzielen (vgl. Abb. 427, S. 524). Infolge dieser Austenitbildung verringert sich die Neigung zur Grobkornbildung bei höheren Temperaturen, was besonders beim Schweißen von Vorteil sein kann. Bei härtbaren und vergütbaren Chromstählen mit 15 bis 18% Cr, z. B. dem seewasserbeständigen Stahl mit 18% Cr und 2% Ni, kann der zur Verbesserung der Vergütbarkeit oft zugesetzte Nickelgehalt von 0,5—2% durch etwa 0,2% Stickstoff ersetzt werden.

Die Wirkung des Stickstoffs als Legierungselement besteht außer in seinem Einfluß auf den Mischkristall an sich auch in einem Entzug von Chrom aus der Grundmasse infolge Bildung von Chromnitriden. Der Stickstoffzusatz verringert somit den wirksamen Anteil dieses das γ-Gebiet abschnürenden Elementes und verringert auch in dieser Weise den Ferritgehalt. Es ist ferner anzunehmen, daß die Nitride des Chroms, ähnlich wie die Sonderkarbide, die kritische Abkühlungsgeschwindigkeit herabsetzen und dadurch zur Unterdrückung der martensitischen Umwandlung beitragen.

Wegen dieser Erweiterung des γ-Gebietes und der Verringerung der kritischen Abkühlungsgeschwindigkeit kann Stickstoff in austenitischen Stählen als Ersatz anderer Austenitbildner, wie z. B. Nickel, herangezogen werden. Bereits bei den Stählen mit 18% Cr und 8% Ni und anderen Legierungen, die im Grenzgebiet Austenit/Martensit liegen, bewirkt ein Zusatz von Stickstoff eine weitgehende Stabilisierung des Austenits bei Raumtemperatur. Die bei derartigen Stählen durch Kaltverformung sonst eintretende Martensitbildung wird auf diese Weise verhindert bzw. erschwert. Es ist aber auch möglich, den Nickelgehalt derartiger Stähle bis auf etwa 4% zu senken, wenn gleichzeitig der Stickstoffgehalt auf 0,2—0,3% gesteigert wird. Derartige Legierungen sind, wie Abb. 778 zeigt, fast rein austenitisch. Das gleiche gilt für Zusätze von Stickstoff zu Chrom-Mangan- oder Manganstählen und zu entsprechenden Legierungen mit Chrom, Mangan und Nickel. Als Beispiele können Stähle mit 20—22% Cr, 3,5% Mn, 3,5% Ni,

---

[1] Krivobok, V. N.: Metal Progr. Bd. 26 (1934) Nov. S. 21/25.

[2] Tofaute, W., u. H. Schottky: Techn. Mitt. Krupp, Forschungsber. Bd. 3 (1940) S. 103/10. — Siehe a. Scherer, R.: Chem. Fabr. Bd. 13 (1940) S. 373/79.

[3] Rapatz, F.: Stahl u. Eisen Bd. 61 (1941) S. 1073/78.

0,2% N_2, sowie mit etwa 15% Cr, 15% Mn, 0,2% N_2 erwähnt werden. Auffallend ist für alle austenitischen Legierungen mit erhöhtem Stickstoffgehalt die wesentlich gesteigerte Streckgrenze durch den im Austenit gelösten Stickstoff, wie dies aus Zahlentafel 83 (S. 449) und 196 (S. 900) entnommen werden kann. Hierdurch sowie durch die Tatsache, daß durch Stickstoffzusatz wertvolle Legierungselemente erspart werden können, dürfte diesen austenitischen Legierungen noch weitere Bedeutung zukommen. Die Streckgrenzen- und Festigkeitssteigerung bei Raumtemperatur kommt auch bei höheren Temperaturen in der Warmfestigkeit und Dauerstandfestigkeit zum Ausdruck (s. Zahlentafel 196, S. 900).

Bei den korrosionsfesten Chrom-Nickel- und besonders den Chrom-Mangan-Stählen hat Stickstoff außerdem einen günstigen Einfluß hinsichtlich der Empfindlichkeit gegen interkristalline Korrosion. Allerdings können stickstoffhaltige Stähle nicht durch Titanzusatz kornzerfallsbeständig gemacht werden, weil die hohe Affinität von Titan zu Stickstoff die Abbindung des Kohlenstoffes als Titankarbid verhindert. Der Kohlenstoffgehalt dieser Legierungen muß also niedrig gehalten werden. Günstiger als Titan wirken in dieser Hinsicht andere karbidbildende Elemente mit weniger enger Verwandtschaft zu Stickstoff, wie z. B. Tantal[1]. Da die Löslichkeit für Stickstoff in Eisenschmelzen gering ist, nimmt man das Einbringen von Stickstoff bei diesen Legierungen in Form von Sondernitriden, beispielsweise Chromnitriden (an Stickstoff angereichertes Ferro-Chrom usw.) vor.

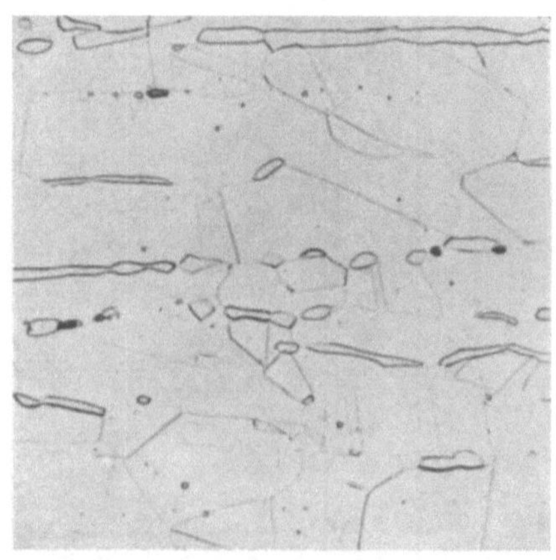

V = 500

Abb. 778. Gefügebild eines Stahles mit 23% Cr, 5% Ni und 0,26% N_2, von 1100° in Wasser abgeschreckt. [Nach W. Tofaute und H. Schottky: Arch. Eisenhüttenw. Bd. 14 (1940/41) S. 71/77.]

Zusammenfassend ergibt sich für die Verwendung von Stickstoff als beabsichtigter Legierungszusatz besonders in rostfreien und hitzebeständigen Legierungen folgendes: Bei härtbaren und vergütbaren Chromstählen mit z. B. 15—18% Cr verbessert Stickstoff die Vergütbarkeit und kann in dieser Hinsicht die üblichen Zusätze von 0,5—2% Ni ersetzen. In den halbferritischen und ferritischen Chromstählen mit über 18% Cr führt Stickstoff zum Auftreten von Austenit bzw. zur Vergrößerung des umwandlungsfähigen Gefügeanteiles; er verringert dadurch auch die Neigung zur Grobkornbildung. In austenitischen Chrom-Nickel- und Chrom-Mangan-Legierungen wird durch Stickstoff die Austenitstabilität erhöht und ein teilweiser Ersatz des Nickels durch Stickstoff ermöglicht; gleichzeitig werden die Streckgrenze und Zugfestigkeit sowie die mechanischen Eigenschaften in der Wärme verbessert.

Die Geschichte des Stickstoffs lehrt in anschaulicher Weise, wie ein und dasselbe Legierungselement einerseits als Stahlschädling bekämpft, auf der anderen Seite als Legierungselement ausgenutzt werden kann.

---

[1] Rapatz, F.: Stahl u. Eisen Bd. 61 (1941) S. 1073/78.

Zahlentafel 196.

Festigkeitseigenschaften von austenitischen Chrom-Nickel- und Chrom-Mangan-Stählen mit Stickstoffzusatz.

C %	Si %	Mn %	Cr %	Ni %	Mo %	N_2 %	Wärme-behandlung	Prüf-temperatur °C	Streck-grenze kg/mm²	Zug-festigkeit kg/mm²	Dehnung (5 x d) %	Stahlart
< 0,06	0,40	0,50	20,0	5,0	—	0,25	1100° W	20	40	70—80	55	korrosionsbeständig
< 0,06	0,40	0,50	18,0	8,0	—	—	1100° W	20	24	62	55	,,
< 0,06	0,40	0,50	20,0	5,5	1,2	0,25	1100° W	20	40	70—80	52	,,
< 0,06	0,40	0,50	18,0	8,0	1,2	—	1100° W	20	24	62	52	,,
< 0,06	0,40	0,50	20,0	6,0	2,2	0,25	1100° W	20	40	70—80	50	,,
< 0,06	0,40	0,50	18,0	8,0	2,2	—	1100° W	20	24	62	50	,,
< 0,15	2,2	1,0	25,0	11,0	—	0,25	1100° W	20	49	87	48	hitzebeständig bis 1200°
< 0,15	2,2	1,0	25,0	21,0	—	—	1100° W	20	27	63	51	,, ,, 1200°
< 0,08	0,5	8,0	15,0	1,5	—	0,10	1100° W	20	40	80—95	45	korrosionsbeständig
< 0,08	0,5	14,0	15,0	1,5	—	0,10	1100° W	20	28	65—85	55	,,
< 0,08	0,5	8,0	20,0	1,5	—	0,15	1100° W	20	42	70—80	45	,,
< 0,15	1,2	6,0	18,0	2,0	—	0,20	1100° W	20	44	85	55	hitzebeständig bis 900°
0,46	1,5	13,0	17,7	—	—	0,25	1060° Öl	20	73	105	27	Ventilkegelstahl
								600	34	61	31	
								700	32	52	20	
								800	21	31	13	
0,43	1,65	12,5	17,9	—	1,19	0,19	1060° Öl	20	61	100	36	,,
								600	34	64	34	
								700	27	49	32	
								800	20	29	28	
0,55	1,48	12,8	16,4	—	1,12	—	1060° Öl	20	53	96	32	,,
								600	35	59	26	
								700	31	38	20	
								800	17	19	35	

3. Oberflächenhärtung durch Nitrieren.

a) Allgemeines.

Aus dem einleitenden Abschnitt über die Untersuchungen am System Eisen-Stickstoff geht hervor, daß beim Nitrieren von Stahlstücken die Oberflächen mit Stickstoff angereichert werden können und entsprechende Nitridschichten mit zum Teil sehr hoher Härte entstehen. Der Vorgang ähnelt der Zementation durch Kohlenstoff, insbesondere bei Temperaturen unterhalb A_1, wo die Diffusionsfähigkeit für Kohlenstoff gering ist und es zur Ausbildung wohlausgeprägter spröder Karbidschichten kommen kann. Die Ähnlichkeit eines derartig durch Diffusionsnitrierung behandelten Stückes mit einem zementierten zeigt Abb. 779. Der Abfall im Stickstoffgehalt zum Kern hin erfolgt verhältnismäßig schnell, wie dies bei Zementation unterhalb A_1 ebenfalls der Fall sein würde. Es hat sich herausgestellt, daß die günstigsten Nitrierwirkungen durch Nitrieren unterhalb des Braunitpunktes erzielt werden. Bei Anwendung höherer Temperaturen würde man bei der Nitrierung in das Gebiet des γ-Mischkristalls gelangen. Hierdurch wird eine verhältnismäßig breite Zone des spröden ε-Nitridmischkristalls erzielt, während die Höchsthärte nicht mehr erreicht wird. Beim Durchschreiten der Umwandlung bei der Abkühlung kann eine Beeinflussung der Oberflächengüte durch die kleinen Volumenänderungen, die dicht unterhalb der äußeren spröden Nitridschichten vor sich gehen, eintreten. Praktisch erfolgt daher die Nitrierung zwecks Erzielung höchster Härte und möglichster Vermeidung spröder Nitridschichten am Rande im Temperaturgebiet

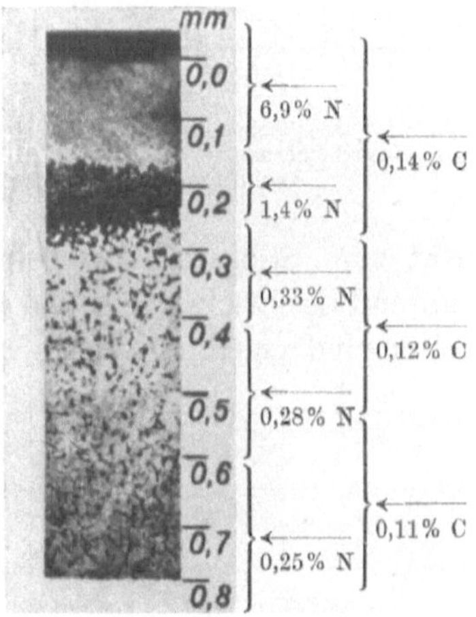

V = 50

30 Stunden in NH₃ bei 680° nitriert, langsam abgekühlt.

Abb. 779. Nitriergefüge von Flußeisen mit 0,12% C. [Nach A. Fry: Kruppsche Mh. Bd. 4 (1923) S. 137/51.] Ätzung: Pikrinsäure.

von 500—550°, d. h unterhalb der α-γ-Umwandlung stickstoffhaltigen Eisens. Bei dieser Nitriertemperatur sind die Schichtdicken des sich bildenden spröden hochstickstoffhaltigen Nitrids außerordentlich gering. Bei Herstellung von metallographischen Schliffen platzen sie meistens schon ab. Ein geringfügiges Überschleifen nitrierter Gegenstände beseitigt sie vollständig.

b) Technische Nitrierstähle.

Die bei reinen Eisen- oder Eisen-Kohlenstoff-Legierungen gewonnenen Erkenntnisse auf dem Gebiete der Stickstoffdiffusion ließen wegen der geringen Härte der nitrierten Schichten und ihrer hohen Sprödigkeit nicht ohne weiteres eine praktische Anwendung dieses Verfahrens zu. Erst die weiter durch Fry[1] gewonnenen Erkenntnisse, daß durch Zusatz von Legierungselementen zum Eisen insbesondere solcher, die selbst starke Nitridbildner sind, wie Chrom,

---

[1] Fry, A.: Krupp. Mitt. Bd. 4 (1923) S. 137/51.

Aluminium, Titan, wesentlich verbesserte Nitridschichten erzielt werden können, haben zur praktischen Nutzanwendung der Diffusionsoberflächenhärtung durch Nitrierung geführt (s. S. 818).

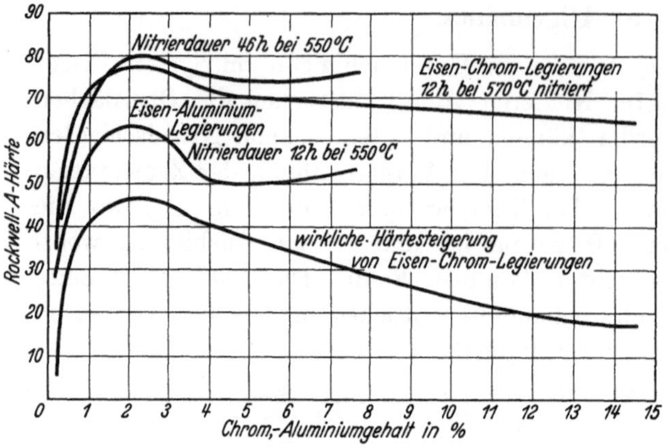

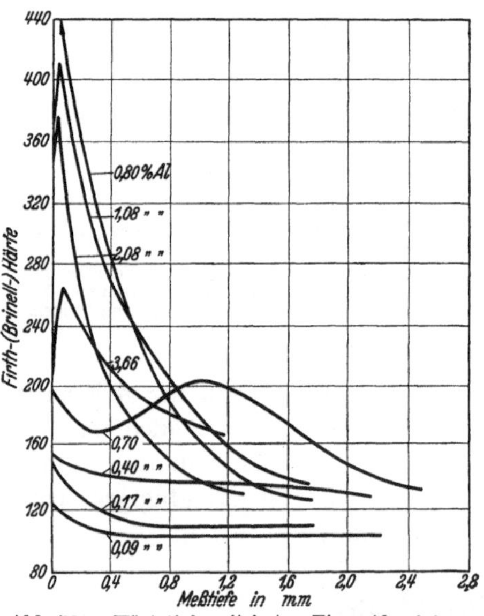

Abb. 780. Oberflächenhärte von nitrierten Eisen-Chrom- und Eisen-Aluminium-Legierungen. [Nach W. Eilender u. O. Meyer: Arch. Eisenhüttenw. Bd. 4 (1930/31) S. 343/52.]

Auch hier ist ein Vergleich der sondernitridbildenden Elemente mit den sonderkarbidbildenden Elementen bei der Zementation angebracht. Ähnlich wie beim Einwandern von Kohlenstoff in eine Legierung, die ein sonderkarbidbildendes Element enthält eine Karbidbildung eintritt, wird durch Eindiffusion von Stickstoff in eine Legierung mit einem Element mit besonderer Affinität zum Stickstoff das betreffende Nitrid aus der festen Lösung ausgefällt, während der Stickstoff in den an dem Legierungselement verarmten Mischkristall weiter eindringt und weitere Fällungsreaktionen an Ort und Stelle erzeugt. Die feine Verteilung der so entstehenden Nitride kann neben ihrer natürlichen Härte eine Erklärung für die hohe Härte der Nitridschichten geben[1].

Die Härtebestimmung oberflächennitrierter Stücke ist mit Schwierigkeiten verbunden, da diese dünnen Schichten entweder bei der Härteprüfung abplatzen können, oder der Prüfkörper durch die harte, aber dünne Randschicht sich in die weiche Grundmasse eindrückt. Erst durch Verwendung ganz feiner Härtemeßmethoden (Vickers-, Firth-Härteprüfer mit geringer Last) konnten derartige Härtebestimmungen mit genügendem Genauigkeitsgrad ausgeführt werden. Die Brinellhärteprüfung ist hierfür als ungeeignet zu verwerfen, während verfeinerte Rockwellhärtebestimmungen mit geringer Prüflast schon eher geeignet sind.

Abb. 781. Härtetiefe nitrierter Eisen-Aluminium-Legierungen (48 Stunden bei 550° nitriert). [Nach O. Meyer u. R. Hobrock: Arch. Eisenhüttenw. Bd. 5 (1031/32) S. 251/60.]

Einen Überblick über die Wirkung verschiedener Legierungselemente ergibt Zahlentafel 197 (S. 903). Da diese Untersuchungen schon zwei Jahrzehnte zurückliegen und die damals vorhandenen Härtemeßmethoden eine genauere Erfassung der wirklichen Oberflächenhärte nicht zuließen, sind die dort angegebenen

---

[1] Meyer, O. u. R. Hobrock: Arch. Eisenhüttenw. Bd. 5 (1931/32) S. 251/60.

Zahlentafel 197. Einfluß der Zusätze zum Eisen auf die Nitrierhärte nach A. Fry[1].

Bezeichnung der Stähle	C %	Zusätze		Brinellhärten[2]		Härte-steigerung
		%	%	vor der Nitrierung	nach der Nitrierung	
Elektrolyteisen	0,051	—	—	90	140	50
C-Stahl	0,62	—	—	215	234	19
,, ...	1,27	—	—	278	285	7
Si-Stahl	0,48	1,95 Si	0,33 Mn	244	317	73
,, ...	0,17	3,2 Si	0,17 Mn	207	288	81
Mn-Stahl	0,43	0,06 Si	1,50 Mn	215	285	70
Si-Mn-Stahl	0,46	1,3 Si	1,60 Mn	229	388	159
Ni-Stahl	0,33	3,6 Ni	—	191	191	0
Co-Stahl	0,20	4,93 Co	—	138	222	84
V-Stahl	0,18	0,22 V	—	157	317	160
Cr-Stahl	0,22	2,81 Cr	—	219	404	185
Al-Stahl	0,28	3,28 Al	—	174	389	215
,, ...	0,13	2,50 Al	—	145	485	340
Ti-Stahl	0,18	3,85 Ti	—	161	393	232
Cr-Ti-Stahl	0,17	2,25 Cr	0,80 Ti	147	394	247
Cr-Mn-Stahl	0,44	1,00 Mn	1,90 Cr	298	500	202
Cr-Al-Stahl	0,50	2,30 Cr	1,75 Al	310	592	282

Zahlen nicht als Absolutwerte anzusprechen[2]. Immerhin dürfte sich aber für die Wirkung des Legierungselementes auf Ausbildung der Nitrierschicht, Nitriertiefe, Sprödigkeit und Härtesteigerung ein gewisser Aufschluß ergeben, da nur diejenigen Legierungen bei der Härtemessung hohe Härte zeigen, die eine entsprechende Nitriertiefe bei gleichzeitiger Zähigkeit der Nitrierschicht aufweisen. Wie aus der Zahlentafel 197 hervorgeht, heben sich sehr deutlich die nitridbildenden Elemente Chrom, Aluminium, Titan mit günstigen Härte-

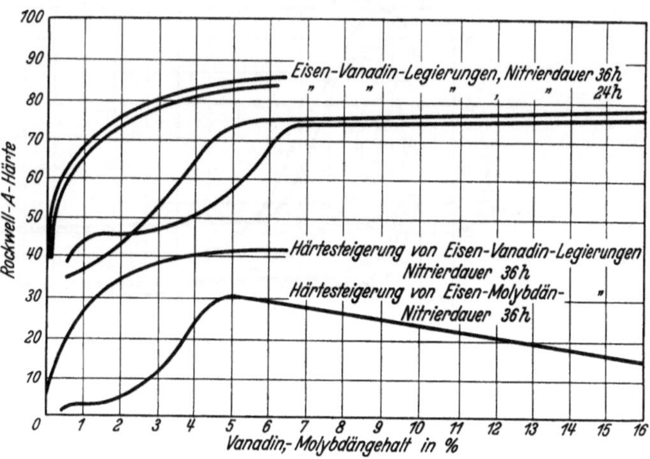

Abb. 782. Oberflächenhärte von nitrierten Eisen-Vanadin- und Eisen-Molybdän-Legierungen. [Nach W. Eilender u. O. Meyer: Arch. Eisenhüttenw. Bd. 4 (1930/31) S. 343/52.]

werten ab. Hinzu kommt Vanadin, das ebenfalls wegen seiner Verwandtschaft zu Stickstoff bekannt ist und bei höheren Gehalten wesentlich zur Verbesserung der Nitrierschicht beiträgt. Im gleichen Sinne verdienen Zusätze von Molybdän Beachtung. Neuere Messungen zeigen die Abb. 780—783. Auf der Basis Chrom - Aluminium, Chrom - Molybdän - Aluminium, Chrom - Nickel - Aluminium, Chrom-Vanadin-Molybdän usw. haben sich eine ganze Reihe von Spezialnitrierstählen entwickelt, mit denen es gelingt, genau wie bei den Einsatzstählen im Kern alle gewünschten Eigenschaften bei wesentlich höherer Randhärte zu erzeugen (Zahlentafel 198 [S. 904], vgl. a. S. 818).

[1] Kruppsche Mh. 4. Jg. (1923) S. 149.   [2] Vgl. hierzu das auf S. 902 Gesagte.

Am günstigsten lassen sich derartige Sonderstähle nitrieren, wenn sie im vergüteten Zustand vorliegen. Der geglühte Zustand hingegen ergibt im allgemeinen sprödere Nitrierschichten mit schlechterem Übergang zur Kernzone;

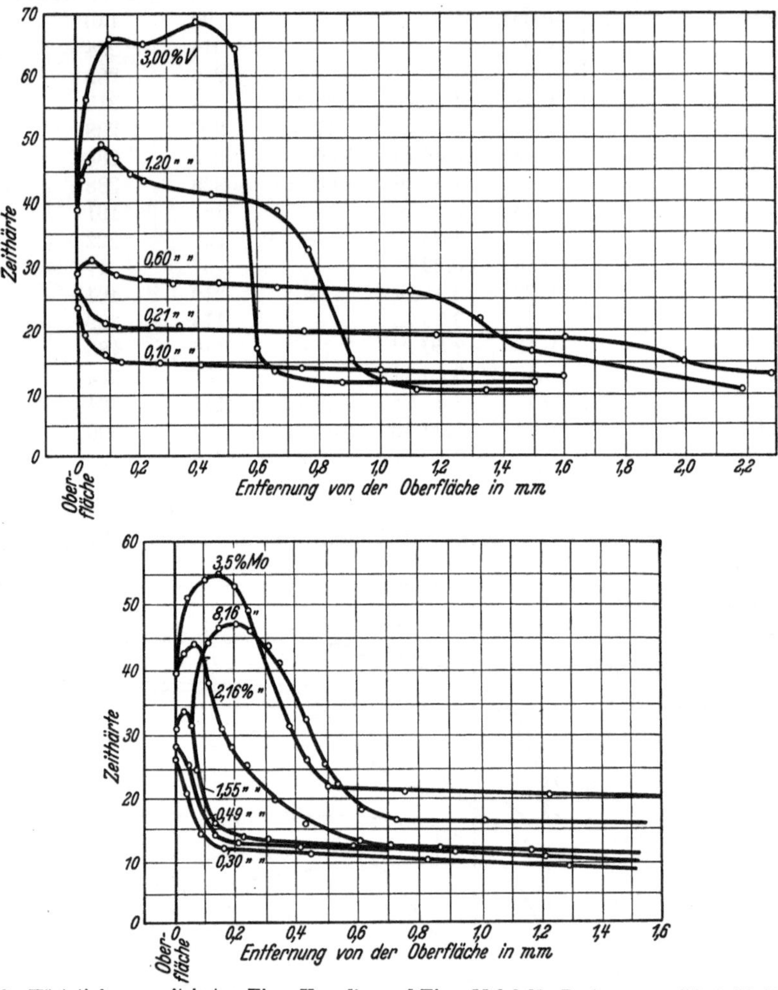

Abb. 783. Härtetiefe von nitrierten Eisen-Vanadin- und Eisen-Molybdän-Legierungen. [Nach W. Eilender u. O. Meyer: Arch. Eisenhüttenw. Bd. 4 (1930/31) S. 343/52.]

Zahlentafel 198. Einige typische Stähle für Nitrierhärtung.

C	Mn	Cr	Ni	Al	Mo	V	Streck-grenze	Festigkeit	Deh-nung ($l=5d$)	Ein-schnü-rung	Kerb-zähig-keit	Behandlung
%	%	%	%	%	%	%	kg/mm²	kg/mm²	%	%	mkg/cm²	
0,30	0,3	1,4	—	1,0	—	—	45	65—80	24—18	55	18	wasservergütet
0,35	0,7	1,5	—	1,1	—	—	60	80—100	20—14	45	15	wasser- und ölvergütet
0,35	0,7	1,1	—	1,0	0,2	—	60	80—100	20—14	45	15	wasser- und ölvergütet
0,35	0,5	1,8	1,0	1,1	0,2	—	65	85—100	22—16	45	15 ⎫	ölvergütet
							80	100—115	16—10	40	10 ⎬	
0,25	0,9	2,8	—	—	0,2	—	60	80—100	20—16	55	15 ⎫	ölvergütet
							70	100—120	16—12	50	10 ⎬	
0,30	0,7	2,5	—	—	0,2	0,2	75	90—110	18—14	50	12 ⎫	ölvergütet
							90	110—135	14—10	45	8 ⎬	

ähnlich wirken entkohlte Randschichten. Die Ausbildung des Nitriergefüges bei derartigen Sonderstählen zeigt Abb. 784. Die Wirkung der Nitrierung äußert sich metallographisch nur in einer verstärkten Ätzbarkeit des im übrigen unverändert erhalten gebliebenen Vergütungsgefüges. Nur am äußersten Rand kann man eine beim Herstellen des Schliffes leicht ausbröckelnde Nitridschicht sowie eine Ausscheidung von Nitriden auf den Korngrenzen beobachten. Im Bruchgefüge und Feinschliff zeigen nitrierte Stähle große Ähnlichkeit mit zementierten und gehärteten Stahlproben (Abb. 785). Beim Biegen von Nitrierproben treten wie bei zementierten Proben die bekannten Rißerscheinungen in der harten Oberflächenschicht auf, während das zähe Kernmaterial der Biegung standhält.

Die Nitrierhärtung kann auch mit Erfolg zur Oberflächenhärtung austenitischer Stähle angewandt werden, insbesondere gilt dies für die rostbeständigen und hitzebeständigen Chrom-Nickel- bzw. Chrom-Mangan-Stähle mit 18% Chrom, 8% Nickel bzw. 15% Chrom, 15% Nickel oder 15% Chrom,

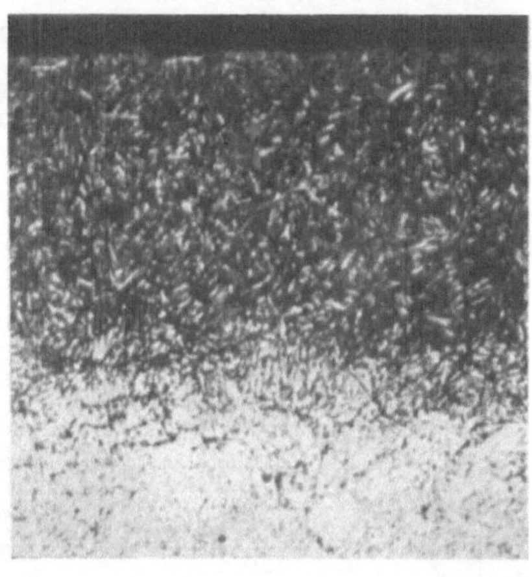

V = 200

784. Randgefüge von nitriertem Sonderstahl (0,37% C, 1,06% Cr, 1,29% Al, 0,30% Mo).

15% Mangan u. dgl. sowie die entsprechenden Stähle mit Wolframzusatz. Die Nitrierung dieser Stähle gelingt allerdings nur, wenn ihre Oberfläche vor der Nitrierung oder bei der Nitrierung selbst entpassiviert wird, was durch entsprechendes Beizen erfolgen kann, oder aber durch Zusätze zu dem zur Nitrierung verwendeten Ammoniakgas, wie z. B. Chloride, Salzsäure u. dgl. Die Nitrierung erfolgt bei höherer Temperatur als die der Vergütungsstähle, je nach Zusammensetzung bei 550 bis 600°. Diese Verbesserung der Oberflächenhärte der leicht zum Schmieren neigenden austenitischen Werkstoffe, wie z. B. die Härtung von Schäften von Ventilkegeln für Flugmotoren, hat in Einzelfällen in der Technik besondere Bedeutung erlangt.

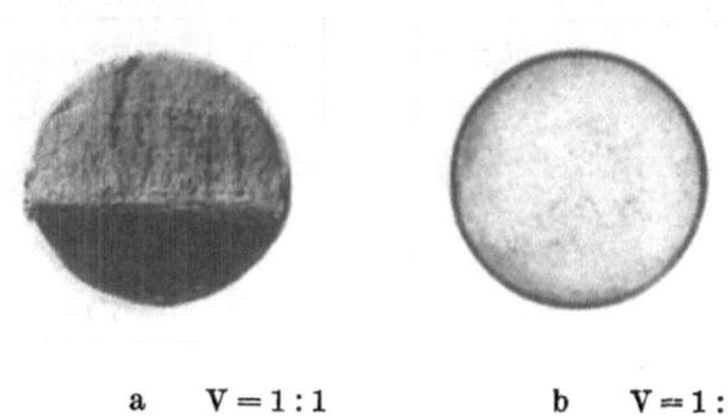

a   V = 1 : 1   b   V = 1 : 1

Abb. 785. Querbruch sowie mit Pikrinsäure geätzter Querschliff von durch Nitrierung gehärtetem Sonderstahl (0,37% C, 1,06% Cr, 1,29% Al, 0,30% Mo).

c) Eigenschaften der Nitrierschicht.

α) Nitriertiefe.

Da das Eindringen des Stickstoffs bei der verhältnismäßig geringen Löslichkeit für Stickstoff im α-Eisen (bei 500° etwa 0,4%) nur langsam vor sich geht, erfordern Nitrieroberflächenhärtungen verhältnismäßig lange Zeiten. Die Nitrierschicht besitzt nur eine geringe Tiefe, die bei den heute bekannten Stählen meistens über 1 mm nicht hinauskommt. Man hat es also bei Nitrierstahl nicht in der Hand, ähnlich wie bei Einsatzstählen die Tiefe der Nitrierschicht —

analog der Zementationsschicht — wesentlich zu beeinflussen. Man kann vor
allem die Tragfähigkeit der Nitrierschicht nicht durch Vergrößerung der
Nitriertiefe erhöhen, sondern ist gezwungen, dafür die Festigkeitseigenschaften
im Kern entsprechend zu steigern. Gegenüber den nach dem Zementationsverfahren gehärteten Stählen ist man also auf geringe Härtetiefe beschränkt, trotz
langer Nitrierzeiten, wie dies z. B. aus den Nitriertiefe-Zeitkurven (Abb. 786)
hervorgeht. Es hat nicht an Versuchen gefehlt, den Nitrierungsvorgang zu
beschleunigen und die Nitriertiefen bei gleichen Nitrierzeiten zu erhöhen. Am
bekanntesten sind die Bestrebungen, unter Anwendung hochfrequenter Schwingungen, die die kleinsten Teilchen in ihrer Schwingungsenergie beeinflussen sollten,
zu schnellerem Diffusionsvorgang bei der Nitrierung zu gelangen[1]. Nach anfänglich erfolgversprechenden Ergebnissen haben sich leider noch keine praktischen Anwendungsmöglichkeiten solcher Verfahren im großen ergeben. Eine
gewisse Vergrößerung der Nitriertiefe läßt sich
durch zweimalige Verstickung erreichen, wenn
zunächst bei niedrigen (480—500°) und dann
bei etwas höheren Temperaturen nitriert wird.
Die Höchsthärte wird dabei nicht merklich beeinflußt, wenn die Nachverstickung bei so hoher
Temperatur vorgenommen wird, daß eine Zusammenballung der Nitride noch nicht erfolgt
(unterhalb etwa 520°). Ein Nachnitrieren bei
niedrigeren Temperaturen bringt dagegen keinen
Erfolg[2]. Für die Doppelnitrierung ist ferner
zu beachten, daß ein Nachnitrieren von Teilen,
deren Nitrierschicht abgenutzt oder abgeschliffen

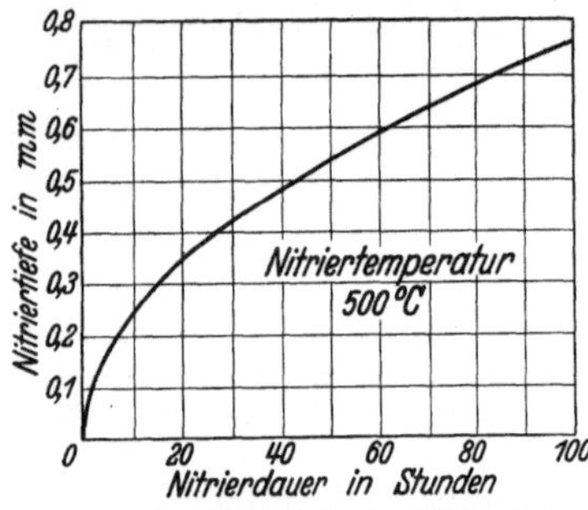

Abb. 786. Abhängigkeit der Nitriertiefe
von der Nitrierdauer bei einem Stahl
mit 0,30% C, 1,5% Si, 1% Al. [Nach
H. Kallen u. H. Schrader: aus Automob.-
techn. Z. Bd. 36 (1933) S. 484/90.]

worden ist, z. B. beim Nacharbeiten von Preßformen, nur dann ein einwandfreies
Ergebnis liefert, wenn die erste Nitrierschicht vollständig entfernt wird. Wesentlich
ist es, bei der Nitrierung blanke, saubere Oberflächen zu haben, damit nicht
durch Oxyd- oder Fettschichten usw. die Aufnahmefähigkeit für Stickstoff
stellenweise vermindert wird.

β) Härte.

Wenn auch das Oberflächenhärteverfahren durch Nitrierung bezüglich der
erreichbaren Tiefe gegenüber der leichten Anpassungsfähigkeit der Zementationstemperatur und Zementationszeit an die gewünschte Härtetiefe hinter
der normalen Einsatzhärtung zurücksteht, so bietet die Nitrierung doch andererseits große Vorteile. Diese Vorteile sind begründet in der erzielbaren Härte und
in der Ausführung des Verfahrens. Nitride besitzen eine Härte, die höher liegt
als die Martensithärte bei abgeschreckten zementierten Kohlenstoffstählen. Die
Überlegenheit nitrierter Stähle bezüglich der Härte gegenüber zementierten zeigt
Abb. 787. Bei den genauestens vorgenommenen Härtemessungen zeigt sich eine
Überlegenheit in der Härte um etwa 30%. Diese höhere Härte muß sich überall
da vorteilhaft auswirken, wo Verschleißbeanspruchungen vorliegen. Da außer

[1] Mahoux, G.: C. R. Acad. Sci., Paris Bd. 191 (1930) S. 1328/1330. — Ferner Meyer, O.,
W. Eilender u. W. Schmidt: Arch. Eisenhüttenw. 6. Jg. (1932/33) S. 241/245.
[2] Hengstenberg, O., u. F. K. Naumann: Techn. Mitt. Krupp Bd. 1 (1933) S. 47/53.

dem die Härte der Nitride bis zu ihrer Zersetzungstemperatur, also nahezu 500°, auch in der Wärme im wesentlichen erhalten bleibt, haben wir in den Nitridschichten anlaßbeständige verschleißfeste Oberflächen, die bis zu den genannten Temperaturen von 500° ihre Eigenschaften beibehalten bzw. mindestens nach dem Abkühlen ihre hohe Härte wieder aufweisen, während im Gegensatz hierzu die Martensitschicht einsatzgehärteter Stähle bei Temperaturen von 200° aufwärts ihre Härte einbüßt. Nitrierte Stähle haben somit nicht nur den Vorzug, nach Erwärmungen auf höhere Temperaturen im genannten Bereich hart zu bleiben, sondern sie sind auch in dem genannten Temperaturbereich entsprechend hart und verschleißfest.

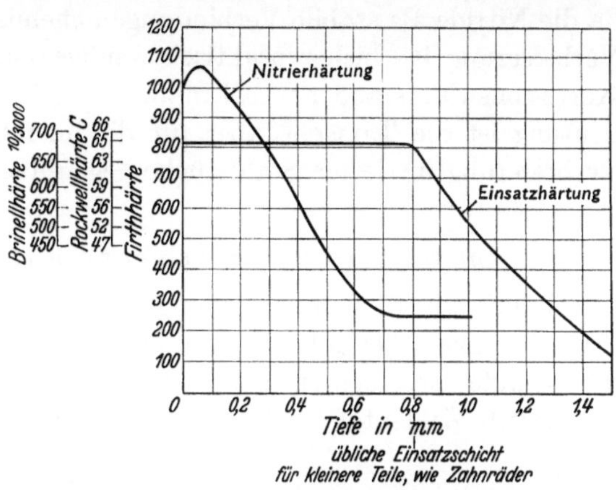

Abb. 787. Vergleich des Härteverlaufes in der gehärteten Randschicht bei Nitrierhärtung und Einsatzhärtung.

Hiervon macht man Gebrauch bei der Nitrierung von Schnellstählen und Werkzeugstählen (S. 671), insbesondere bei den meist stärker auf Verschleiß beanspruchten Schlichtwerkzeugen. Ebenso ist dies von Bedeutung für alle in der Wärme laufenden Teile, wie z. B. Zylinder von Verbrennungsmotoren, vor allem Flugzeugmotoren.

Da man heute auch durch geeignete Wahl der Legierung die Härte und den Verlauf der Härtetiefekurven nitrierter Stähle in gewissen Grenzen beeinflussen kann (Abb. 788), ergibt sich eine weitgehende Anpassungsfähigkeit nitrierter Stähle an die verschiedenen Verwendungszwecke. Während ein Chrom-Aluminium-Stahl (entsprechend der gestrichelten Kurve) und ebenso ein Chrom-Aluminium-Molybdän-Stahl mit außerordentlich hoher Randhärte für hoch auf Verschleiß beanspruchte Teile am geeignetsten ist, wird der Chrom-Molybdän-Vanadin-Stahl (ausgezogene Kurve) dann am Platze sein, wenn wegen gleichzeitiger Beanspruchung

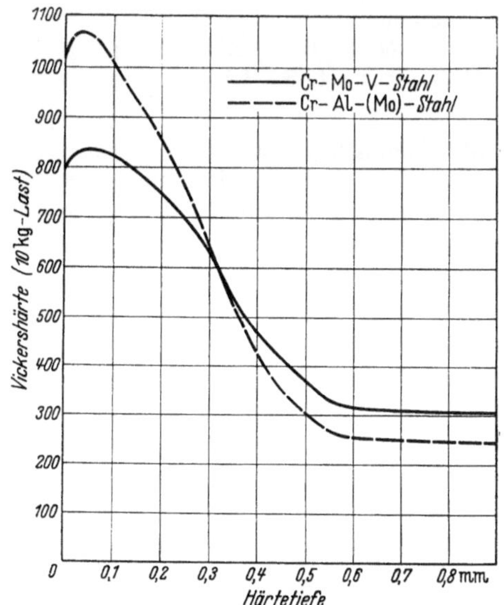

Abb. 788. Einfluß der Legierung auf die Randhärte zweier Stähle nach der Nitrierung.

auf Verschleiß und Schlag oder hohen Druck Wert auf besondere Zähigkeit der Nitrierschicht gelegt werden muß. Als Vorteil des Chrom-Molybdän-Vanadin-Stahles tritt dann der flachere Verlauf der Nitrierhärtekurve, also die größere Nitriertiefe in Erscheinung. Stähle mit der hohen Nitrierhärte sind in der Lage, Glas zu ritzen.

γ) Korrosionsbeständigkeit.

Die äußersten Zonen der Nitrierschicht zeichnen sich gegenüber den Gefügen normaler Vergütungsstähle durch eine gewisse Rostbeständigkeit aus, da die Nitride als stabile Verbindungen chemisch ziemlich beständig sind. Diese Verbesserung ist bisher praktisch weniger ausgenützt worden, da der erzielbare Korrosionswiderstand nur bei milden Angriffsmitteln ausreichend ist. Von Bedeutung ist die Tatsache aber für die im folgenden Abschnitt zu behandelnde Verbesserung nitrierter Stahlstücke gegenüber Schwingungsbeanspruchung.

δ) Einfluß der Nitrierung auf die Dauerfestigkeit.

Ähnlich wie die Einsatzhärtung ergibt auch die Nitrierung eine Erhöhung der Dauerfestigkeit bei inhomogener Beanspruchung (Biegung oder Torsion), wobei die Gründe dieselben sind, wie sie bei der Einsatzhärtung angeführt wurden (S. 108ff.). Zahlentafel 199 zeigt die Überlegenheit nitrierter Proben gegenüber

Zahlentafel 199.
Erhöhung der Biegewechselfestigkeit durch Nitrieren bei Nitrierstählen.
[Nach R. Mailänder und O. Hengstenberg; Krupp. Mh. Bd. 11 (1930) S. 252/54.]

Stahlart und Zusammensetzung %	Behandlung	Wechselfestigkeit kg/mm²	Verhältnis von Wechselfestigkeit zu Zugfestigkeit	Wechselfestigkeit nitriert zu Wechselfestigkeit unnitriert	Wechselfestigkeit im Bruchausgangspunkt kg/mm²
Chrom-Aluminium C Si Mn Cr Al (0,3 0,43 0,41 1,43 1,12)	a b c	42 40—41 55	0,52 0,51 0,66	} 1,31	— — 44
Chrom-Aluminium-Molybdän C Si Mn Cr Al Mo (0,32 0,22 0,72 1,24 0,93 0,34)	a c	48—49 62—63	0,53 0,62	} 1,29	— 49
Chrom-Aluminium-Nickel C Si Mn Cr Al Ni (0,42 0,19 0,38 1,68 1,33 2,65)	a c	55 68	0,50 0,57	} 1,24	— 58
Chrom-Molybdän C Si Mn Cr Mo (0,15 0,25 0,40 0,85 0,41)	a b c	43 46—47 67—68	0,55 0,59 0,90	} 1,57	— — 47

Mittel für nichtnitrierte Proben: 0,53

a) vergütet.
b) vergütet, dann 48 Std. bei 500° geglüht.
c) vergütet, dann 48 Std. bei 500° nitriert.

nicht nitrierten. Vor allem ist hervorzuheben, daß durch die Nitrierung auch die Oberflächenempfindlichkeit gegen Kerben vermindert und bei geringer Kerbtiefe überhaupt praktisch aufgehoben wird. Der Grund hierfür ist darin zu suchen, daß der Dauerbruch meistens vom Übergang zwischen nitrierter Randzone und nicht nitriertem Kern ausgeht und nicht von außen her erfolgt. Hierauf beziehen sich die in der letzten Spalte der Zahlentafel 199 umgerechneten Zahlenwerte für die Wechselfestigkeit. Es wurde zur Spannungsberechnung in dieser Spalte nicht der äußere Durchmesser der Probe, sondern nur der Kerndurchmesser zugrunde gelegt. Die umgerechneten Werte entsprechen den Werten eines polierten nicht nitrierten Stabes. Bleiben die Kerbtiefen im Vergleich zur Nitriertiefe gering, so wird immer noch der Bruch von der Übergangszone Rand-Kern ausgehen und infolgedessen eine Verminderung der Dauerfestigkeit nicht eintreten; erst im Vergleich zur Nitriertiefe größere Kerben veranlassen eine Verminderung der Schwingungsfestigkeit. Zum Teil dürfte die starke Wirkung der nitrierten Oberfläche auf die Dauerfestigkeit auch auf die Druckspannungen zurückzuführen sein, die beim Nitrieren infolge der Stickstoffaufnahme in der Randzone entstehen. Hierfür spricht die Beobachtung, daß auch solche Stähle durch Nitrieren in der Dauerfestigkeit wesentlich verbessert werden, bei denen die Nitrierschichten nur geringere Härte aufweisen, wie z. B. Kohlenstoffstähle oder legierte Stähle ohne ausgesprochene Sondernitridbildner (Zahlentafel 200).

Bei der Einsatzhärtung (S. 184) wurde darauf hingewiesen, daß durch Erhöhung der Einsatztiefe eine steigende Verbesserung der Dauerfestigkeit möglich

Zahlentafel 200. Erhöhung der Biegewechselfestigkeit durch Nitrieren bei unlegierten und schwachlegierten Stählen.

Stahlart und Zusammensetzung %	Behand-lung	Wechsel-festigkeit kg/mm²	Verhältnis von	
			Wechselfestig-keit zu Zug-festigkeit	Wechselfestig-keit nitriert zu Wechselfestig-keit unnitriert
Kohlenstoff C Si Mn (0,11 0,34 0,58)	a b	34 59	0,63 1,09	} 1,73
Kohlenstoff C Si Mn (0,34 0,28 0,57)	a b	45 72	0,54 0,87	} 1,60
Mangan C Si Mn (0,63 0,36 1,6)	a b	42 62	0,49 0,73	} 1,48
Silizium-Mangan C Si Mn (0,34 1,28 1,58)	a b	47 55	0,50 0,58	} 1,17
Vanadin-Mangan C Si Mn V (0,40 0,36 1,49 0,15)	a b	50 66	0,51 0,67	} 1,32
Chrom C Si Mn Cr (0,31 0,33 0,75 0,95)	a b	56 81	0,60 0,87	} 1,45
Chrom-Mangan C Si Mn Cr (0,43 0,56 1,19 1,21)	a b	66 82	0,54 0,68	} 1,24
Chrom-Silizium C Si Mn Cr (0,72 1,31 0,54 0,55)	a b	75 76	0,51 0,52	} 1,01

a) vergütet
b) vergütet, dann 48 Std. 500° nitriert.

ist, daß aber auch andererseits die Kernhärte des einsatzgehärteten Stückes von Bedeutung für die erreichbaren Werte ist. Da bei der Nitrierhärtung die Erhöhung der Nitriertiefe über ein bestimmtes Maß hinaus nicht möglich ist, bleibt nur das Mittel, durch Steigerung der Kernhärte einen weiteren Anstieg der Dauerfestigkeit zu erzielen. Wie aus Zahlentafel 201 ersichtlich, gelingt es auf diese Art und Weise durch Verwendung von Stählen mit 180—200 kg/mm² Festigkeit Dauerfestigkeiten zu erzielen, wie sie in dieser Höhe sonst im Schrifttum sowohl im gekerbten wie ungekerbten Zustand nicht bekannt sind.

Zahlentafel 201. Zusammenwirken von Kernfestigkeit und Nitrierung auf die Schwingungsfestigkeit.

| Stahlzusammensetzung | | | | | | | Behandlung | Zug-festigkeit | Biegewechselfestigkeit | |
C %	Si %	Mn %	Cr %	Mo %	Al %	V %		kg/mm²	ungekerbt kg/mm²	gekerbt[1] kg/mm²
0,35	0,25	0,70	1,1	0,2	1,1	—	nicht nitriert	92	48	29
							nitriert	92	63	—
0,30	0,40	0,65	2,5	0,2	—	0,2	nicht nitriert	106	57	32
							nitriert	106	74	—
0,40	0,35	1,5	—	—	—	0,15	nicht nitriert	98	50	34
							nitriert	98	64	52
0,47	—	—	2,7	1,1	—	1,0	nicht nitriert	184	97	57
							nitriert	184	105	70

Eine Erhöhung der Dauerfestigkeit zeigt sich unter Umständen auch bei gleichzeitigem Korrosionsangriff, da die äußerste Nitridschicht gegenüber dem Gefüge normaler Vergütungsstähle korrosionsbeständiger ist, wenn sie möglichst reich an Nitriden ist, also nach dem Nitrieren nicht abgeschliffen wurde. Der bessere Korrosionswiderstand dürfte auf die bekannte Erhöhung der chemischen Beständigkeit durch Bildung stabiler Verbindungen zurückzuführen sein. Geringe Korrosionsangriffe werden deswegen keine starke Verminderung der Dauerschwingungsfestigkeit herbeiführen, solange ihre Tiefe die Nitriertiefe nicht erreicht.

d) Durchführung der Nitrierung.

Die weiteren Vorteile der Anwendung nitrierter Stähle sind in dem Nitrierverfahren selbst begründet. Das Vorgehen bei der Nitrierhärtung ist folgendes: Nach dem Walzen, Schmieden, evtl. Vorarbeiten erfolgt die Vergütung des betreffenden Stahles auf die gewünschte Festigkeitsstufe. Nach dem Vergüten empfiehlt es sich, die oxydierte Außenhaut durch Nacharbeiten wieder zu entfernen. Das bis auf Fertigmaß bearbeitete Stück wird in einen Ofen eingebracht, langsam unter Ammoniakstrom auf 500° erwärmt, die gewünschte Zeit von im allgemeinen 1—4 Tagen auf Temperatur gehalten und im Ofen unter Ammoniakstrom wieder langsam abgekühlt. Bei der Herausnahme aus dem Ofen sind die betreffenden Stücke fertig gehärtet. Im Gegensatz zu einsatzgehärteten Stücken bedürfen diese Teile somit keinerlei Abschreckoperation, die beim Einsatzhärteverfahren zwecks Erzielung der gewünschten Kornfeinheit unter Umständen sogar mehrfach vorgenommen werden muß. Die durch das

---

[1] Stabform 9/7,5 mm ⌀; Kerb halbkreisförmig r = 0,75 mm.

Abschrecken erzeugten Spannungen führen bei zementierten Teilen zu mehr oder weniger starkem Verzug bei der Härtung, und bei komplizierten Teilen sogar leicht zu Spannungsrissen. Die Nitrierhärtung erfolgt hingegen praktisch verzugsfrei, falls darauf geachtet wird, daß die zu nitrierenden Stücke keine Spannungen mehr enthalten, die sich sonst während der Nitrierung bei 500° durch Verwerfen der betreffenden Stücke auslösen. Man muß deshalb unbedingt Wert auf größtmögliche Spannungsfreiheit vor dem Nitrieren legen.

Bei spannungsfrei vergüteten und bearbeiteten Teilen wird die Nitrierung nur infolge der Volumenvergrößerung durch Stickstoffaufnahme an der Oberfläche eine Dickenzunahme von 0,02—0,03 mm herbeiführen, die man von vornherein in etwa berücksichtigen kann. Bei einseitiger Nitrierung sehr dünner Teile kann die einseitige Volumenvergrößerung allerdings zum Verziehen des betreffenden Stückes führen. Im allgemeinen sind diese kleinen Formveränderungen regelmäßig. Die Nitrierung von Schnellstählen wird normalerweise nicht im Ammoniakstrom (Gasstrom), sondern im flüssigen Zyanbad vorgenommen, das sich ebenfalls zur Nitrierung eignet (s. S. 671). Hierzu wird der gehärtete Stahl bei Temperaturen von 500—550° je nach der gewünschten Schichtstärke und Oberflächenhärte 1—10 Stunden angelassen. Die dabei erreichte Tiefe der härteren Randschicht liegt unter 0,1 mm.

Durch Überzüge von Zinn, Nickel usw. ergibt sich die Möglichkeit, einzelne Teile vor der Nitrierung zu schützen, so daß lokale Härtungen auf einfache Art und Weise vorgenommen werden können. Man überzieht die Stellen, die weich gehalten werden sollen, mit entsprechenden Schutzüberzügen bzw. verzinnt das ganze Stück und arbeitet den Überzug an den zu härtenden Stellen ab. Der Zusatz aktivierender Gase (Chloride, Salzsäure) beim Nitrieren korrosionsbeständiger, austenitischer, zur Passivität neigender Stähle wurde bereits erwähnt.

e) Hinweise auf Anwendungen der Nitrierung.

Die Vorteile der Oberflächenhärtung durch Nitrierung kann man wie folgt zusammenfassen:

1. Die hohe Oberflächenhärte nitrierter Gegenstände macht sie außerordentlich verschleißfest.

2. Die Härtebeständigkeit der nitrierten Schicht bis zu Temperaturen von 500° erweitert den Bereich der Beanspruchungsmöglichkeit, insbesondere auf Verschleiß, bis zu dieser Temperatur.

3. Die Stickstoffaufnahme bewirkt eine Erhöhung der Schwingungsfestigkeit und macht die Oberfläche unempfindlicher gegen Kerben und Korrosionswirkungen.

4. Die Nitrierhärtung läßt sich praktisch verzugsfrei durchführen und vermeidet die bei der Martensithärtung unausbleiblichen Ablöschspannungen.

5. Die Nitrierhärtung ermöglicht bei Verwendung von Schutzüberzügen partielle Härtungen an nahezu beliebig geformten Teilen.

Der Vorteil der hohen Oberflächenhärte und Verschleißfestigkeit führt zur Verwendung nitrierter Stähle überall dort, wo starker Verschleiß zu erwarten ist, also z. B. bei Plungern und Kolbenstangen, die beim Hin- und Hergleiten in der Stopfbüchse stark auf Verschleiß beansprucht werden, insbesondere auch bei Maschinen, die bei höheren Temperaturen arbeiten, und bei denen oft mangelhafte Schmiermöglichkeiten gegeben sind. Das gleiche gilt für gleitende Maschinenteile jeder Art. Guten Eingang hat Nitrierstahl vor allem im Präzisionsmaschinenbau (Werkzeugmaschinenbau) gefunden, wo die hohe Präzision durch den geringen Verschleiß der nitrierten Stähle besser gewährleistet werden kann, als bei Verwendung anderer Werkstoffe, ferner für Ölpumpen, z. B. bei Kraftwagen, bei denen infolge kleiner Staubteilchen unter Umständen mit starkem Verschleiß zu rechnen ist. Dies gilt auch für Kurbelwellen, die sowohl für Gleitlagerung als auch Rollenlagerung im nitriergehärteten Zustand Verwendung finden. Nitrierstahl wird auch bei Landmaschinen, die dauernd in starkem Staub mit wenig sorgsamer Pflege (Ölwechsel) arbeiten müssen, am Platze sein. Das gleiche gilt für Zahnräder, bei denen man mit starkem Verschleiß rechnen muß.

Infolge der Eigenart der Nitrierhärtung — geringe Tiefe und hohe Härte der Nitrierschicht — ist es selbstverständlich, daß man beim Übergang von Einsatzhärtung zur Nitrierhärtung jeweils nachprüfen muß, ob die Konstruktion für Nitrierhärtung geeignet ist oder erst diesem Verfahren angepaßt werden muß.

Der Vorteil der Beständigkeit der Härte und der Verschleißfestigkeit bis zu 500° hat die Nitrierstähle in weitem Umfange im Hochdruckdampfgebiet Verwendung finden lassen, und zwar für Schieber, Ventile usw., ferner für Zylinder von Verbrennungsmotoren. Allen diesen Teilen kommt neben der hohen Verschleißfestigkeit die durch Nitrierung erhöhte Dauerfestigkeit zugute. Auf die Erhöhung der Schneidhaltigkeit von Schnellstahl und Werkzeugstahl durch Nitrieren wurde bereits hingewiesen. Der geringe Verzug bei der Härtung und die lokalen Härtungsmöglichkeiten haben schließlich eine große Anzahl Verwendungszwecke erschlossen, bei denen diese Vorteile voll ausgenutzt werden. Dies trifft außer für Teile bei Präzisionssmaschinen auch für solche zu, die wegen der Schwierigkeiten bei der Härtung praktisch nicht im Einsatz gehärtet werden können. Besonders wichtig sind diese Vorteile z. B. bei der Härtung von komplizierten Zahnrädern mit Schraubenverzahnung (Differentialtellerräder im Kraftwagenbau). Während man normale Zahnräder mit einfachen glatten Zahnflanken ohne weiteres nach der Einsatzhärtung nachschleifen kann, wird diese Operation bei komplizierten Verzahnungen außerordentlich erschwert und kostspielig. Hier läßt sich bei genauer Anpassung der Nitrierhärtung an die Zahnart der Härtungsvorgang so beherrschen, daß praktisch verzugsfreie Härtung erzielt wird und irgendwelche Nacharbeit im gehärteten Zustand nicht mehr notwendig ist. Ähnliche Verhältnisse liegen bei manchen Teilen von Textilmaschinen, z. B. Nadelbetten, vor. Diese oft mit dünnen Stegen und Einarbeitungen versehenen Teile können überhaupt nur durch Nitrierung gehärtet und entsprechend verschleißfest gemacht werden. Das gleiche gilt für die Herstellung von komplizierten Meßwerkzeugen, wie Kaliberringen, Bolzen, Lehren. Bei der Herstellung von Meßwerkzeugen fällt ins Gewicht, daß nitriergehärtete Stücke frei von Ablöschspannungen sind, infolgedessen auch bei langem Lagern keine wesentlichen Maßveränderungen erleiden. Bei der Herstellung von Feinmeßwerkzeugen, die nach direktem Härteverfahren behandelt werden, treten noch nach Jahren kleine Veränderungen auf, die die Genauigkeit der Werkzeuge in Frage stellen (Abb. 123, S. 141). Durch künstliche Alterung — langes Auskochen bei Temperaturen von 100 bis

150°, bei denen noch keine wesentliche Veränderung der Martensithärte eintritt — hat man diesen Übelstand bereits weitgehend beseitigt. Nitriergehärtete Stücke bieten hier eine noch größere Gewähr gegen solche Spannungen, da diese während des Nitriervorganges, der bei 500° vorgenommen wird und mehrere Tage dauert, ausgelöst werden.

Infolge der außerordentlichen Härte der äußeren Nitrierschicht einzelner Nitrierstähle muß man bei der Herstellung von Werkzeugen, Konstruktionsteilen usw. darauf achten, daß bei den betreffenden Gegenständen keine scharfen Kanten vorhanden sind, da diese ja nur noch aus einer harten Nitrierschicht bestehen würden und infolgedessen zu einer Abbröckelung und Beschädigung führen könnten.

f) Gleichzeitige Oberflächenhärtung durch Stickstoff und Kohlenstoff.

Die in den Abschnitten über Einsatzhärtung behandelten Zyanhärtebäder ergeben bei der Zementation nicht nur eine Kohlenstoff-, sondern auch eine Stickstoffaufnahme. Das gleiche gilt für Zementationsgasgemische von Kohlenoxyd und Ammoniak. Vielfach beobachtet man bei Zusatz von Ammoniak zu Kohlenoxyd abgebenden Zementationsmitteln eine größere Eindringtiefe der Zementationszone. Bei Zementationsversuchen in Leuchtgas mit 1—5% Ammoniakzusatz ergaben sich bei Zementationstemperaturen von 850° Stickstoffgehalte im äußersten Rand (0,1 mm) von 0,5—0,8%. Stickstoff scheint schneller als Kohlenstoff zu diffundieren und als eine Art Katalysator für die Kohlenstoffzementation zu wirken[1]. Allerdings wird auch dem Wasserstoff eine ähnliche Wirkung zugeschrieben. Besonders auffällig ist die fördernde Wirkung von Stickstoff bei tieferen Zementationstemperaturen, z. B. 600—700°. Nach 30—40 Minuten Zementationsdauer in flüssigem Zyankali bzw. Eisenzyankali (K_4FeCN_2) bei 600° und 670° ergeben sich Randkohlenstoffgehalte von 1,1—1,4% und Stickstoffgehalte von 1,1—1,3% bei Zementationstiefen von 0,3—1 mm.[2] Bei diesen tiefen Temperaturen wirkt Stickstoff sicherlich dadurch unterstützend, daß durch Stickstoffaufnahme das α-Eisen bei 600° bereits entsprechend der tiefen Temperatur des Braunitpunktes in γ-Eisen übergeht. Vielleicht liegt der Punkt des ternären Eutektoides Perlit-Braunit noch tiefer.

Derartige mit Stickstoff und Kohlenstoff angereicherte Einsatzschichten härten schärfer als nur kohlenstoffhaltige. Bei legierten Stählen kann entsprechend leichter eine Überhärtung — starke Restaustenitgehalte — auftreten. Durch Senkung der Einsatztemperatur auf beispielsweise 700° gelingt es, noch ausreichende Einsatztiefen zu erzielen und bei dünneren Abmessungen durch nachfolgende langsame Abkühlung, z. B. an Luft, eine ziemlich verzugsfreie Härtung zu erreichen. Mit diesem Verfahren können verschleißfeste Automobil-Zylinderbüchsen hergestellt werden, wobei die Büchsen durch Rollen und Zusammenschweißen von Blechen angefertigt werden oder durch Tiefziehen von Töpfen, deren Boden abgeschnitten wird. Die in dieser Weise aus weichem Flußeisen angefertigten Büchsen werden dann bei etwa 730° in Gemischen von

---

[1] Musatti, I., u. M. Croce (bei B. Sawyer): Trans. Amer. Soc. Steel Treat. Bd. 8 (1925 II) S. 304. — Bramley, A., u. G. Turner: Iron Steel Inst., Carnegie Scholarship Mem. Bd. 17 (1928) S. 23/66.

[2] Guzzoni, G. u. M. Porta: Metallurgia ital. Bd. 32 (1940) S. 368/75.

Ammoniak und Leuchtgas oder dgl. etwa $2^1/_2$ Stunden auf Temperatur gehalten und anschließend langsam abgekühlt. Dabei wird eine Einsatzschicht von 0,15 mm Tiefe erhalten, deren äußerste Zone sehr hart ist und Oberflächenhärten ermitteln läßt, die einer Härte von 1100 Vickers bzw. 72 Rockwell C entsprechen. Die dünnen aufgehärteten Schichten genügen, um die Lebensdauer dieser Büchsen wesentlich zu verlängern.

4. Hinweise auf den Einfluß des Stickstoffs bei der Stahlherstellung und -verarbeitung.

Aus den vorhergehenden Abschnitten geht die metallurgische Bedeutung des Stickstoffs schon zur Genüge hervor. Die Unterschiede in der Alterungsanfälligkeit, insbesondere zwischen Thomas- und S.M.-Stahl, die magnetische Alterung von Thomasmaterial, seine abweichende Verfestigungs- und Tiefziehfähigkeit u. a. m. zeigen, daß der Frage der Stickstoffaufnahme bei der Stahlherstellung erhöhte Bedeutung zugemessen werden muß. Es fehlte daher auch nicht an Versuchen, die Stickstoffaufnahme besonders beim Thomasverfahren herabzusetzen. Das sicherste Mittel wäre, den Stickstoff vom Schmelzbade fernzuhalten, was nicht gut möglich ist, wenngleich auch ein Teil des Gebläsewindes beim Thomasverfahren durch Anreicherung mit Sauerstoff stickstoffärmer gemacht werden kann. Die Stickstoffaufnahme beim Thomasverfahren hängt auch noch von weiteren Momenten, insbesondere der Verblasetemperatur ab, wofür auf die einschlägigen Arbeiten verwiesen werden kann[1-3]. Einmal vom Stahlbad aufgenommener Stickstoff kann durch energisches Kochen (Frischen) entfernt werden. Eine weitere Entfernung wäre ebenso wie bei der Desoxydation durch Zusätze denkbar, die eine hohe Affinität zum Stickstoff haben und als Nitride eine geringe Löslichkeit im Stahl besitzen, ähnlich wie dies für Sauerstoffverbindungen der Fall ist. Als Denitrierungsmittel findet man im Schrifttum Vanadin, Aluminium, Titan. Der einwandfreie Nachweis der Stickstoffentfernung mit diesen Elementen ist aber weniger erbracht als der Beweis, daß es hierdurch gelingt, die schädlichen Auswirkungen der Nitridaushärtung infolge verringerter Löslichkeit dieser Nitride im α-Eisen zu beseitigen. Die Löslichkeit von Stickstoff in Eisenschmelzen ist nicht sehr hoch; sie beträgt bei 1600° etwa 0,02—0,04%. Durch Diffusion im festen Zustand vermag Eisen dagegen erheblich größere Mengen Stickstoff aufzunehmen als im flüssigen. Beim Übergang in den flüssigen Zustand werden diese in gasförmiger Form abgegeben.

Wenn eine absichtliche Erhöhung des Stickstoffgehaltes vorgenommen werden soll, wie z. B. zur Austenitbildung in chromhaltigen Stählen, so erfolgt die Stickstoffzugabe in Form von Chromnitriden, d. h. stickstoffangereichertem Ferrochrom. Chromeisenlegierungen nehmen begierig Stickstoff auf. Legt man Ferrochrom zum Einschmelzen auf die Feuerbrücke des S.M.-Ofens, so kann man zum mindesten in der Oberfläche erhebliche Stickstoffaufnahmen (bis über 1%) feststellen.

[1] Wüst, F., u. J. Duhr: Mitt. Kais.-Wilh.-Inst. Eisenforsch. Bd. 2 (1921) S. 39/57; Bd. 4 (1922) S. 95/104.

[2] Schulz, E. H., u. R. Frerich: Mitt. Vers.-Anst. Dortm. Union Bd. 1 (1922/25) S. 251/57.

[3] Eichholz, W., G. Behrendt u. Th. Kootz: Stahl u. Eisen Bd. 60 (1940) S. 61/72 u. 727.

Die Verfeinerung des Gußgefüges durch Stickstoffzugabe wurde bereits erwähnt. Die Warmverformung wird durch Stickstoff erschwert in dem Sinne, daß sich derartige Stähle etwas härter verarbeiten lassen. Bei gleichzeitiger Anwesenheit von Stickstoff und stärkeren Nitridbildnern, wie Titan, finden sich im Gefüge entsprechende Nitrideinschlüsse vor. Bei Herstellung titanhaltigen Stahles muß hierauf Rücksicht genommen werden, insbesondere muß durch Maßnahmen beim Schmelzen und Gießen dafür Sorge getragen werden, daß derartige Einschlüsse sich nicht in ungünstiger Form im Block ansammeln und somit bei späteren Verformungsoperationen — Kalt- und Warmverformungen — zu Schwierigkeiten führen. Diese Nitridausbildungen entstehen insbesondere beim Gießen durch Reaktion des Titans mit dem Luftstickstoff. Beim Umschmelzen derartiger titanhaltiger Stähle findet eine weitgehende Abscheidung des Titans als Titannitrid statt.

O. Wasserstoff im Stahl.

Wasserstoff kann nicht als Stahllegierungselement im gebräuchlichen Sinne bezeichnet werden. Da aber manche Erscheinungen in Stählen auf den Einfluß von Wasserstoff zurückzuführen sind, ist es angebracht, in diesem Rahmen etwas näher hierauf einzugehen.

Trotz der zahlreichen Arbeiten[1,2,3,4] über Wasserstoff im Eisen ist es nicht möglich, die Beziehungen zwischen den beiden Elementen in Form eines Zweistoffsystems darzustellen.

1. Lösungs- und Diffusionsfähigkeit von Wasserstoff in Eisen- und Stahllegierungen.

Lösungsfähigkeit. Die Frage, in welcher Form Wasserstoff im Eisen aufgenommen wird, ist noch nicht geklärt. Man kann annehmen, daß es sich um eine Art Einlagerungslösung im α- und γ-Eisen handelt, ähnlich wie von Kohlenstoff im Austenit[5].

Im schmelzflüssigen Zustande können Eisen- und Stahllegierungen Wasserstoff in mehr oder weniger starkem Grade gelöst enthalten. Die Lösungsfähigkeit von Wasserstoff im Eisen ist abhängig von der Zusammensetzung der Stahllegierung, der Temperatur und dem Wasserstoffdruck. Über den Einfluß der verschiedenen Stahllegierungselemente auf die genauere Löslichkeit an Wasserstoff ist noch wenig bekannt; Nickel, Mangan, Kobalt erhöhen die Löslichkeit, Aluminium, Chrom und Kohlenstoff hingegen vermindern sie. Ein Einfluß der Legierung liegt somit zweifellos vor.

Die Lösungsfähigkeit des geschmolzenen Eisens für Wasserstoff nimmt mit fallender Temperatur etwa geradlinig ab und erfährt beim Übergang aus

---

[1] Sieverts, A.: Z. physik. Chem. Bd. 77 (1911) S. 591/613.

[2] Hüttig, G. F.: Z. angew. Chem. Bd. 39 (1926) S. 67/75; hier auch Literaturübersicht.

[3] Sieverts, A.: Z. Metallkde. Bd. 21 (1929) S. 37/46.

[4] Gmelins Handb. d. anorg. Chem., 8. Aufl., System Nr. 59: Eisen, Teil B, S. 1/6. Berlin: Verlag Chemie G. m. b. H. 1929.

[5] Baukloh, W. u. W., Hofmann: Metallwirtsch. Bd. 17 (1938) S. 655/57.

dem flüssigen in den festen Zustand eine sprunghafte Verminderung (Abb. 789 und 806). Im kristallisierten Zustande kann Eisen bei hohen Temperaturen ebenfalls noch erhebliche Mengen Wasserstoff in fester Lösung enthalten. Mit fallender Temperatur nimmt auch diese im festen Zustand gelöste Menge ab (Abb. 789). Die Umwandlung von γ- in α-Eisen zeichnet sich durch eine weitere sprunghafte Verminderung der Löslichkeit aus. Der Austenit kann somit größere Mengen Wasserstoff als der Ferrit lösen. Die Menge des gelösten Wasserstoffes ist bei den verschiedenen Temperaturen annähernd der Quadratwurzel des Wasserstoffdruckes proportional.

Bei Raumtemperatur ist die bei normalem Druck im Eisen verbleibende Wasserstoffmenge verhältnismäßig gering. Bei langsamer, z. B. Ofen-, evtl. auch Luftabkühlung, von bei hohen Temperaturen mit Wasserstoff beladenen Proben tritt bei nicht zu großen Probenabmessungen nahezu der gesamte Wasserstoff entsprechend der Löslichkeitsabnahme mit fallender Temperatur aus. Bei größeren mit Wasserstoff beladenen Proben werden die Randzonen wasserstoffärmer, während die Kernzonen wegen der zur vollständigen Diffusion nicht ausreichenden Zeit mindestens bei Luftabkühlung noch größere Mengen Wasserstoff in übersättigter Lösung enthalten. Durch Abkühlen in flüssiger Luft kann eine weitere Verminderung des im Stahl gelösten Wasserstoffs herbeigeführt werden.

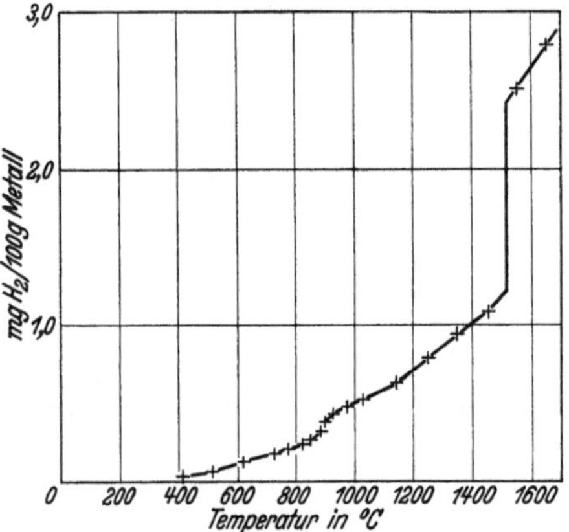

Abb. 789. Wasserstoffaufnahme von Eisen beim Erhitzen in Wasserstoffatmosphäre unter konstantem Druck in Abhängigkeit von der Temperatur. [Nach Sieverts: Z. Metallkde. Bd. 21 (1929) S. 37—46.]

Durch Erwärmen von Eisen und Stahl in Wasserstoffatmosphäre lösen sich die dem Druck und der Temperatur entsprechenden Anteile Wasserstoff (Abb. 789). Bringt man jedoch Eisenlegierungen bei Raumtemperatur mit naszierendem Wasserstoff, also Wasserstoff in atomarem Zustande, in Berührung, so diffundiert er in größerer Menge in das Eisen ein. Der Hinweis von M. Bodenstein[1], und die Beobachtungen von L. Cailletet[2], daß atomarer Wasserstoff bei Raumtemperatur durch Eisen diffundiert, molekularer Wasserstoff hingegen nicht, können durch die von P. Bardenheuer und G. Thanheiser[3] durchgeführten Versuche anschaulich bestätigt werden. Ein hohlgebohrter Zylinder aus Stahl, dessen Bohrung durch einen mit Manometer versehenen Deckel abgeschlossen ist, wird dem Angriff einer Säure an der Außenseite ausgesetzt. Der sich entwickelnde atomare Wasserstoff dringt durch die Wandungen des Stahlzylinders und scheidet sich in molekularer Form im Hohlraum des Zylinders aus. Bei genügend langer Versuchszeit kann der Innendruck hierbei ganz beträchtliche Werte von einigen hundert Atmosphären annehmen. Ein Zurückdiffundieren des molekular im Innenraum ausgeschiedenen Wasserstoffes findet trotz des

[1] Z. Elektrochem. Bd. 28 (1922) S. 517/26.
[2] C. R. Acad. Sci., Paris Bd. 58 (1864) S. 327/29 u. 1057; Bd. 80 (1875) S. 319/21.
[3] Mitt. Kaiser-Wilhelm-Inst. Eisenforsch. Bd. 10 (1928) S. 323/42.

hohen Innendruckes nicht statt. Atomar gelöster Wasserstoff kann sich mithin im Innern von Hohlräumen, z. B. an Schlackeneinschlüssen u. dgl., in Eisenlegierungen unter starker Druckentwicklung in molekularer Form ausscheiden. Dadurch kann in Eisenlegierungen mehr Wasserstoff festgehalten werden, als den Gesetzmäßigkeiten zwischen Wasserstofflöslichkeit, Temperatur und Druck entspricht.

Wie F. Körber und H. Ploum[1] zeigen konnten, ist die Fähigkeit von Eisenlegierungen und technischen Eisensorten, atomaren Wasserstoff aufzunehmen, dem reinen Eisen nicht eigen. Beim Lösen sehr reinen Eisens in reiner Säure tritt kein Wasserstoff in das Eisen ein, sondern es ist hierzu anscheinend die Mitwirkung katalytisch wirkender Elemente, die mit Wasserstoff selbst gasförmige Hydride bilden, wie z. B. Arsen, Silizium, Schwefel, Phosphor usw. erforderlich.

Diese die Wasserstoffaufnahme vermittelnden Elemente gehören zu den ständigen Beimengungen technischer Eisensorten und gelangen beim Beizen automatisch in das Beizbad, wo sie die katalytische Wirkung hervorrufen. Technische Eisensorten zeigen daher immer Wasserstoffbeladung durch Beizen. Hierbei ist wegen der bei Raumtemperatur geringen Diffusionsgeschwindigkeit die Wasserstoffaufnahme am Rand größer als im Kern.

T. Krassó[2] deutet die von F. Körber und H. Ploum festgestellte Tatsache des Einflusses von Arsen, Phosphor und Schwefel in einem etwas anderen Sinne. Er ist der Ansicht, daß die Aufnahme elektrolytisch abgeschiedenen Wasserstoffs im Stahl an einen gewissen Überspannungsgrenzwert geknüpft ist, unter-

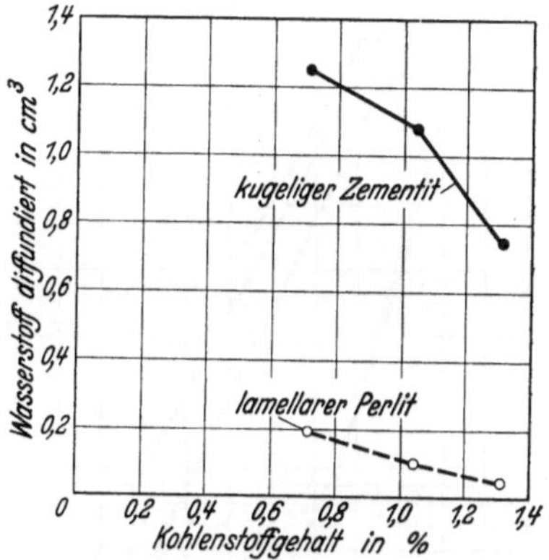

Schwefelsäure mit 387 g H_2SO_4 je Liter. Blechstärke 1,2 mm. Versuchstemperatur 40°
Abb. 790. Abhängigkeit der Wasserstoffdiffusion vom Kohlenstoffgehalt des Bleches. [Nach P. Bardenheuer u. G. Thanheiser: Mitt. Kais.-Wilh.-Inst. Eisenforsch. Bd. 10 (1928) S. 323/42.]

halb dessen die Aufnahme unendlich langsam erfolgt. Zusätze von Elektrolyten, wie z. B. Arsen, wirken dann auf die Weise, daß die Überspannung der Wasserstoffabscheidung an der Stahlkathode sich erhöht. Die Wirkung wäre nach dieser Auffassung also eine indirekte, gewissermaßen im Sinne einer Erhöhung des Wasserstoffdruckes.

Diffusionsfähigkeit. Die absolute, bei Raumtemperatur diffundierende Wasserstoffmenge ist etwas von der Legierung abhängig. Die Frage der Veränderung der Diffusionsfähigkeit für Wasserstoff in Abhängigkeit von den verschiedenen Legierungszusätzen bedarf noch genauerer Klärung. Wie die Abb. 790 zeigt, vermindert Kohlenstoff die Wasserstoffdurchlässigkeit; insbesondere ist das der Fall, wenn er als lamellarer Perlit vorliegt.

Versuche bei höheren Temperaturen (300—1050°) haben erwiesen[3], daß die Wasserstoffdurchlässigkeit bei verschieden legierten Stählen bei diesen Temperaturen größenordnungsmäßig gleich ist, wenn auch z. B. ein Stahl mit etwa

---

[1] Mitt. Kaiser-Wilhelm-Inst. Eisenforsch.rf Bd. 14 (1932) S. 229/48.

[2] Z. Elektrochem. Bd. 40 (1934) S. 826/29.

[3] Bennek, H., u. G. Klotzbach: Techn. Mitt. Krupp, Forschungsber, Bd. 4 (1941) S. 47/66; s. a. Stahl u. Eisen 61 (1941) S. 597/606 u. 624/30.

1% C gegenüber Weicheisen eine 2—3mal geringere Durchlässigkeit zeigt. Ein wesentlicher Unterschied in der Durchlässigkeit besteht aber bei ein und derselben Legierung hinsichtlich der Durchlässigkeit im γ-Kristall und im α-Kristall. Wie aus Abb. 791 ersichtlich ist, erleidet die Durchlässigkeit beim Übergang vom γ- in das α-Eisen eine sprunghafte Veränderung. Da auch die Löslichkeit für Wasserstoff im γ-Eisen größer ist als im α-Eisen, sind diese Zusammenhänge von Wichtigkeit für den Einfluß der Umwandlungstemperatur auf die mit Wasserstoff in Zusammenhang stehende Flockenbildung (s. S. 929). Bei Verschleppung der Umwandlung zu tieferen Temperaturen erfolgt durch die sprunghafte Veränderung der Löslichkeit beim Übergang von γ- in α-Eisen ein plötzlicher Anstieg des Wasserstoffdruckes im Eisen, der infolge der geringeren Diffusionsfähigkeit bei tieferer Temperatur zu inneren Spannungen Veranlassung geben kann, die um so größer sind, je tiefer die Temperatur der Umwandlung ist, d. h. je weniger die Spannungen sich ausgleichen können und je schlechter der Wasserstoff diffundieren kann[1]. Einen Hinweis auf die Abgabefähigkeit von Wasserstoff in Abhängigkeit von der Stahllegierung gaben W. Eilender, Yü Chih Chiu und F. Willems[2]. Sie beobachteten die Wasserstoffabgabe bei dünnen Proben, die in dickwandige Gußeisenkokillen vergossen wurden, sofort nach dem Vergießen. Neben dem Einfluß der Legierung spielt aber hier die Frage der Verschleppung der γ-α-Umwandlung nach tiefen Temperaturen mit eine Rolle. Auch diese Ergebnisse lassen somit eindeutig nur den Einfluß des Gefügezustandes, nicht aber den der Legierung erkennen.

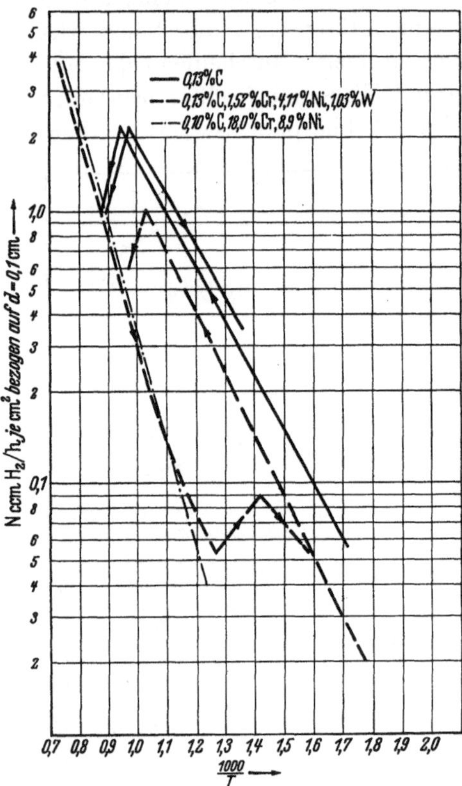

Abb. 791. Wasserstoffdurchlässigkeit in Abhängigkeit von der Temperatur bei verschieden legierten Stählen. [Nach H. Bennek u. G. Klotzbach: Stahl u. Eisen Bd. 69 (1941) S. 597/606 u. 624/30 — Techn. Mitt. Krupp, Forschungsber. Bd. 7 (1941) S. 47/66.]

Der Gegensatz zwischen der Beladung von Eisenlegierungen bei Raumtemperatur durch Beizen oder Elektrolyse und der Sättigung mit Wasserstoff bei hohen Temperaturen (Glühen in Wasserstoffatmosphären) besteht somit vor allem in einer stärkeren Anreicherung der Randzonen bei Raumtemperatur. Für die stärkere

---

[1] In einer Arbeit von A. Jaquerod und S. Gagnebin [Helv. physica. Acta Bd. 2 (1929) S. 156/58] wird darauf hingewiesen, daß bei Temperaturen zwischen 100—300° beim Eisen Diskontinuität des Diffusionsvermögens von Wasserstoff, die einer bis zu 100fachen Verlangsamung der Diffusion entspricht, eintritt. Diese Arbeit bedarf einer Nachprüfung. Die Tatsache wäre auch von Wichtigkeit für die Flockenbildung in Eisen- und Stahllegierungen, die ja bekanntlich etwa in diesem Temperaturbereich erfolgt (s. S. 932). Eine erschwerte Wasserstoffabgabe wegen Veränderung des Diffusionsvermögens hätte hier eine technische Bedeutung.

[2] Arch. Eisenhüttenw. Bd. 13 (1939/40) S. 309/16.

Wasserstoffansammlung an der Oberfläche spricht die geringere Aufnahme bei den dickeren Proben, bei denen das Verhältnis von Oberfläche zu Volumen ungünstiger wird. Abb. 792 zeigt diese Abhängigkeit der Wasserstoffdiffusion von der Blechstärke. Die Menge des diffundierenden Wasserstoffes ist auch von der Art der Beizsäure, d. h. von dem beim Beizen in der entsprechenden Säure entstehenden atomaren Wasserstoffdruck abhängig (Abb. 793).

Bei längerem Lagern mit Wasserstoff beladener Proben hat der Wasserstoff das Bestreben, aus dem Eisen auszutreten. Schneller erfolgt der Austritt beim Erwärmen auf höhere Temperaturen, beispielsweise 100—200°. Die Diffusionsfähigkeit steigt rasch mit steigender Temperatur an (Abb. 793).

Durch Kaltverformung wird einerseits die Aufnahmefähigkeit von Wasserstoff in Eisenlegierungen vermindert, andererseits einmal gelöster Wasserstoff schneller zur Ausscheidung gebracht. Der durch Beizen usw. bei Raumtemperatur in das Eisen diffundierte Wasserstoff ruft im Mischkristall einen Zwangszustand hervor, der mit einer inneren Verspannung verknüpft ist.

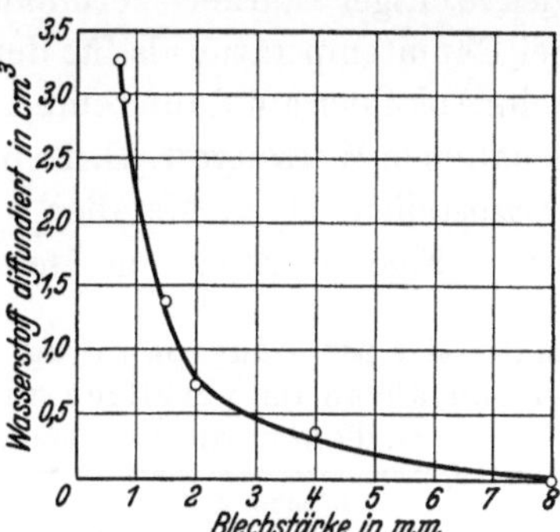

Schwefelsäure mit 387 g H_2SO_4 je Liter. Versuchstemperatur 25°.   Oberfläche 0,594 dm².

Abb. 792. Abhängigkeit der nach 6 Stunden durch Flußeisen diffundierten Wasserstoffmenge von der Blechstärke. [Nach P. Bardenheuer u. G. Thanheiser: Mitt. Kais.-Wilh.-Inst. Eisenforsch. Bd. 10 (1928) S. 323/42.]

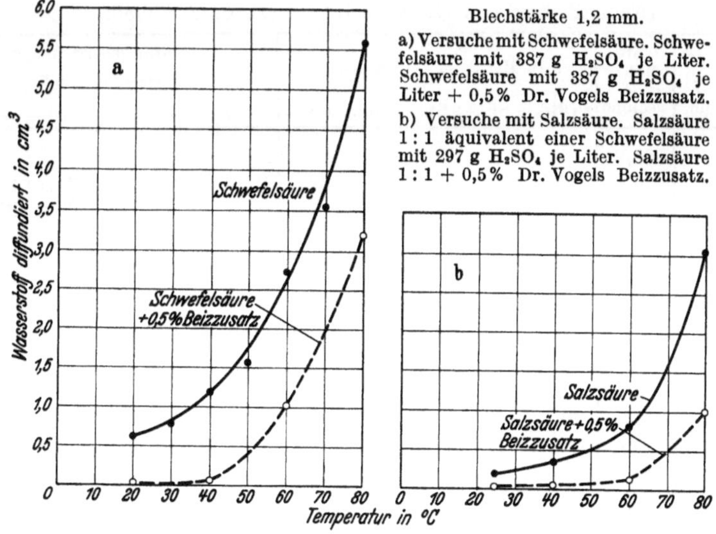

Blechstärke 1,2 mm.

a) Versuche mit Schwefelsäure. Schwefelsäure mit 387 g H_2SO_4 je Liter. Schwefelsäure mit 387 g H_2SO_4 je Liter + 0,5% Dr. Vogels Beizzusatz.

b) Versuche mit Salzsäure. Salzsäure 1 : 1 äquivalent einer Schwefelsäure mit 297 g H_2SO_4 je Liter. Salzsäure 1 : 1 + 0,5% Dr. Vogels Beizzusatz.

Abb. 793. Abhängigkeit der bei verschiedenen Beizsäuren durch Flußeisen diffundierenden Wasserstoffmenge von der Temperatur. [Nach P. Bardenheuer und G. Thanheiser: Mitt. Kais.-Wilh.-Inst. Eisenforsch. Bd. 10 (1928) S. 323/42.]

Ein an sich verspannter Zustand, wie er durch Kaltverformung erzeugt wird, wird dementsprechend natürlicherweise einer weiteren Beladung mit Spannungen (in diesem Falle durch Wasserstoffaufnahme) größeren Widerstand entgegensetzen.

920

2. Einfluß von Wasserstoff auf die mechanischen Eigenschaften.

Wasserstoff erhöht die Festigkeit von Eisen- und Stahllegierungen unter gleichzeitiger starker Verminderung der Zähigkeit. Dies gilt sowohl für den bei Raumtemperatur als für den bei höheren Temperaturen aufgenommenen und beim Abkühlen auf Raumtemperatur, z.B. durch Abschrecken, im Mischkristall festgehaltenen Wasserstoff. G. Tammann und F. Neubert[1] versuchten zahlenmäßig festzustellen, ob in Metallen aufgenommene Gase, wie Wasserstoff, die elastischen Eigenschaften von Metallen verändern. Für Eisen gibt Zahlentafel 202

Zahlentafel 202. Zugspannung von elektrolytisch mit Wasserstoff beladenen Eisendrähten im Vergleich zu unbeladenen Drähten gleicher Dehnung. [Nach G. Tammann u. F. Neubert: Z. Metallkde. Bd. 23 (1931) S. 280/81.]

Dehnung in %		1	2	4	6	8
Eisen mit Wasserstoff beladen	Zugspannung	17,7	32,2	40,4	40,4	40,4
unbeladen	in kg/mm²	14,5	28,4	38,2	38,2	38,0

die Ergebnisse für die Zugspannung bezogen auf gleiche Dehnungswerte im mit Wasserstoff beladenen und unbeladenen Zustand wieder. Die Zugspannung bei gleicher Dehnung ist im mit Wasserstoff beladenen Zustande größer. Deutlich zeigen auch die Versuche von P. Ludwik[2] (Zahlentafel 203) die

Zahlentafel 203. Veränderung der Festigkeitseigenschaften von Flußstahl durch Aufnahme und Abgabe von Wasserstoff beim Beizen und Anlassen. [Nach P. Ludwik: Z. VDI Bd. 70 (1926) S. 379/86.]

Flußstahl (0,13 C; 0,62 Mn; 0,01 Si; 0,075 S; 0,074 P) von 6 mm Durchm.	1 Std. bei 900° ausgeglüht	In H₂SO₄ (1 : 40) gebeizt					10 Std. gebeizt und dann bei 100° angelassen			bei 200° angelassen		
		½ Std.	1 Std.	3 Std.	5 Std.	10 Std.	½ Std.	3 Std.	10 Std.	½ Std.	3 Std.	10 Std.
Streckgrenze kg/mm²	26,2 26,1 26,4 26,2	26,9 27,1	27,2 27,2	27,5 27,5	27,5 27,5	27,5 27,5	27,2 27,1	25,7 25,8	25,4 27,2	24,7 25,9	26,1 25,6	25,4 26,1
Zugfestigkeit kg/mm²	37,3 37,3 37,6 37,4	37,6 37,9	38,1 37,9	37,7 37,8	38,0 38,0	37,9 38,0	37,9 38,0	37,7 37,5	37,3 37,4	37,1 37,3	37,4 37,4	36,5 37,0
Reißfestigkeit kg/mm²	93,3 92,5 90,1 93,7	70,1 68,2	60,0 61,0	56,1 54,1	53,0 52,9	51,9 51,8	55,2 56,1	71,9 72,7	83,5 85,6	79,3 74,1	81,3 82,9	87,3 85,8
Bruchdehnung %	—[3] 34,6 —[3] 33,4	28,7 27,7	27,0 23,7	22,0 22,7	21,0 17,5	18,0 19,7	21,0 20,8	23,7 30,0	31,7 28,7	—[3] 31,3	35,0 32,7	—[3] 35,0
Einschnürung %	73,7 72,9 71,9	66,6 63,5	55,0 52,0	41,5 39,0	30,8 28,4	28,0 28,0	36,3 37,6	54,8 58,5	67,1 68,0	63,7 63,3	69,3 70,6	72,0 72,0

----

[1] Z. Metallkde. Bd. 23 (1931) S. 280/81.   [2] Z. VDI Bd. 70 (1926) S. 379/86.
[3] Außerhalb der Meßlänge gerissen.

Erhöhung der Festigkeit und Streckgrenze durch Wasserstoffaufnahme unter starker Abnahme der Dehnung und Einschnürung. Die Reißfestigkeit (Zugspannung, bezogen auf den Probestabquerschnitt im Augenblick des Bruches — Maß für die Kohäsionsfestigkeit) nimmt mit steigendem Wasserstoffgehalt ab. Das mit Wasserstoff beladene Eisen verhält sich nach Ludwik so wie ein Eisen, das unter starken inneren Zugspannungen steht, was auch infolge des mehr oder weniger zwangsweise im Mischkristall verteilten Wasserstoffes sehr wahrscheinlich ist. Daß es sich um zwangsweise Verteilung handelt, geht daraus hervor, daß der Wasserstoffgehalt eines beladenen Eisens unter normalem Druck bei Raumtemperatur wieder langsam abnimmt und die Koerzitivkraft des mit Wasserstoff beladenen Eisens größer ist als diejenige des unbeladenen Eisens. Die Zahlentafel 203 (S. 920) bestätigt ebenfalls das Entweichen von Wasserstoff beim Anwärmen auf 100 und 200°, wobei die normalen mechanischen Eigenschaften wieder erreicht werden.

Zahlentafel 204. Wirkung einer Tiefkühlung in flüssiger Luft auf die Festigkeitseigenschaften eines durch Wasserstoffglühung beladenen unlegierten Stahles mit 0,34% C, 0,28% Si, 0,52% Mn nach E. Houdremont u. H. Schrader[1].

Wasserstoffbeladung	Weitere Behandlung	Prüf-tempe-ratur	Streck-grenze kg/mm²	Festig-keit kg/mm²	Deh-nung $l = 5d$ %	Ein-schnü-rung %
900° 5 Stdn. Luft	—	+20°	36,8	66,6	21,4	40
900° 5 „ „	15 Minuten in flüssiger Luft von −197°	+20°	36,4	67,0	26,3	50
900° 5 „ „	48 Stdn. bei 120° ausgekocht	+20°	37,0	66,4	27,3	53
1100° 5 „ „	—	+20°	33,4	62,3	17,2	31
1100° 5 „ „	15 Minuten in flüssiger Luft von −197°	+20°	33,9	63,4	28,5	53
1100° 5 „ „	48 Stdn. bei 120° ausgekocht	+20°	32,9	62,7	26,7	51

Ein weiteres Mittel zur Entfernung von Wasserstoff ist die Abkühlung von Stahlproben unter Raumtemperatur. Mit Wasserstoff beladene Proben, die bei Raumtemperatur verminderte Zähigkeitseigenschaften aufwiesen, werden wieder auf volle Zähigkeit gebracht, wenn sie zwischendurch eine Abkühlung bei tiefen Temperaturen, z. B. in flüssiger Luft, erhielten (Zahlentafel 204). Während die Ursache für die Wasserstoffentfernung bei 100—200° die größere Diffusionsgeschwindigkeit bei diesen erhöhten Temperaturen ist, dürfte der Grund für die Entfernung des Wasserstoffs bei tiefen Temperaturen in der verringerten Löslichkeit für Wasserstoff mit fallender Temperatur zu suchen sein, die zwangsweise ebenfalls zu einer Verminderung des Wasserstoffs bei entsprechender Abkühlung führen muß.

Am frühesten wurde der Einfluß von Wasserstoff auf die Versprödung von Eisen und Eisenlegierungen bei der Wasserstoffaufnahme infolge Beizens erkannt, ferner auch die Tatsache, daß Elektrolyteisen infolge Wasserstoffaufnahme so hart wird, daß es Glas ritzt und spröde wird[2,3,4]. Frisch gebeizter Draht kann so spröde sein, daß er beim Biegen bzw. bei nachfolgendem Kaltziehen und

---

[1] Arch. Eisenhüttenw. Bd. 15 (1941/42) S. 87/97 — Techn. Mitt. Krupp, Forschungsber. Bd. 4 (1941) S. 67/98.

[2] Cailletet, L.: C. R. Acad. Sci., Paris Bd. 80 (1875) S. 319/21.

[3] Roberts-Austen, W. C.: Proc. Instn. mech. Engr. 1899 S. 35/102.

[4] Heyn, E.: Stahl u. Eisen Bd. 20 (1900) S. 837/44.

Kaltwalzen bricht. Die Sprödigkeit ist um so höher, je größer die Wasserstoffaufnahme, d. h. je länger die Beizdauer ist. Abb. 794 zeigt den Einfluß steigenden
Wasserstoffgehaltes auf die Biegezahl. Es genügen bereits geringe Mengen Wasser-

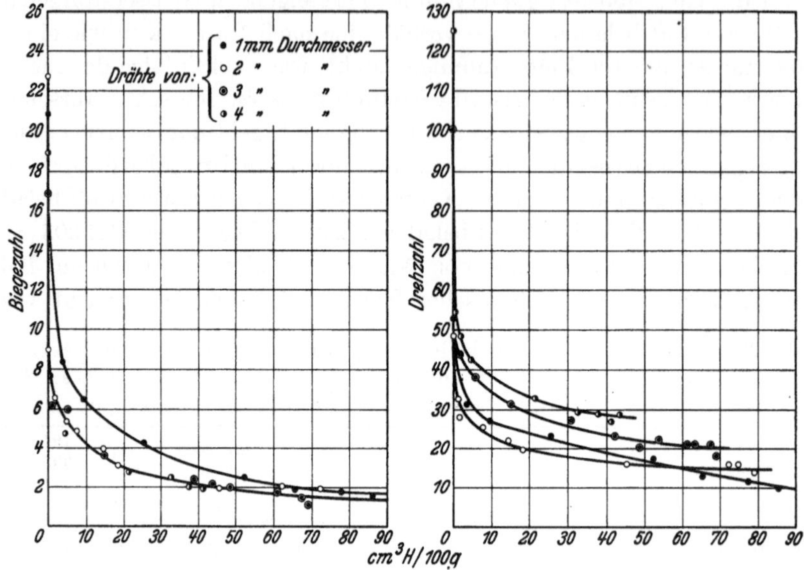

Abb. 794. Abhängigkeit der Biege- und Torsionszahl von der aufgenommenen Wasserstoffmenge bei elektro-
lytischer Wasserstoffbeladung von Drähten aus weichem Stahl mit 0,04% C; Spur Si; 0,31% Mn; 0,058% P;
0,028% S; 0,11% Cu. [Nach P. Bardenheuer u. H. Ploum: Mitt. Kais.-Wilh.-Inst. Eisenforsch.
Bd. 16 (1934) S. 129/36.]

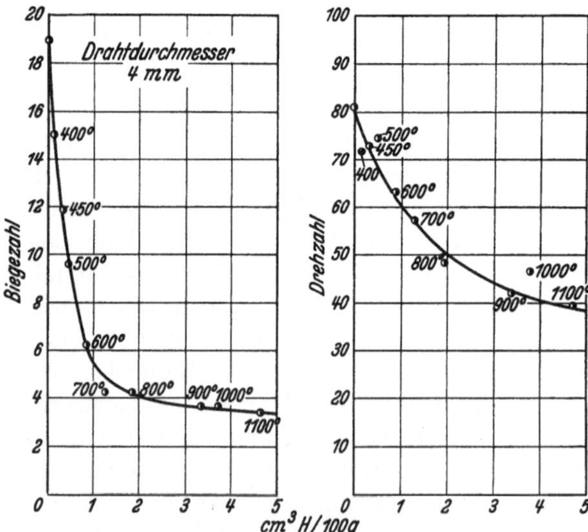

Abb. 795. Abhängigkeit der Biege- und Torsionszahl von der
aufgenommenen Wasserstoffmenge bei Beladung durch Erhitzen
in einer Wasserstoffatmosphäre mit nachfolgendem Abschrecken
(Draht aus weichem Stahl mit 0,04% C; Spur Si; 0,31% Mn;
0,058% P; 0,028% S; 0,11% Cu). [Nach P. Bardenheuer und
H. Ploum: Mitt. Kais.-Wilh.-Inst. Eisenforsch. Bd. 16 (1934)
S. 129/36.]

stoff, um die Biegungs- und Torsionszahlen eines Drahtes zu vermindern. Der bei höheren Temperaturen aus der Ofenatmosphäre oder beim Glühen in Wasserstoffatmosphäre aufgenommene Wasserstoff macht sich — falls ihm keine Zeit zum Entweichen durch sehr langsame Abkühlung gegeben wird — in gleichem Sinne bemerkbar (Abb. 795). Bereits E. Heyn hat die Versprödung aus wasserstoffhaltiger Atmosphäre abgeschreckter Eisenproben geprüft und auf die Wichtigkeit des Wasserstoffgehaltes in der Glühatmosphäre bei technologischen Proben (Abschreckbiegeprobe[1]) hinge-

---

[1] Die Abschreckbiegeprobe ist eine im Dampfkesselbau häufig vorgenommene techno-
logische Prüfung. Es wird eine Biegeprobe auf bestimmte Temperaturen, z. B. 600—700°,
erwärmt, in Wasser abgelöscht und sodann dem Biegeversuch unterworfen.

wiesen. Hierbei hob er schon die Tatsache hervor, daß die Randpartien einer derartigen Probe stärker mit Wasserstoff angereichert und versprödet sein können als der Kern. Abb. 796 zeigt den Einfluß des bei höherenTemperaturen aufgenommenenWasserstoffs nach dem Abschrecken an Hand von Biege- und Torsionszahlen; zum Vergleich ist auch der Einfluß des Abschreckens von höherer Temperatur allein durch die Glühung in trockenem Stickstoff dargestellt. Auch bei austenitischen korrosionsfesten Legierungen mit 18% Cr, 8% Ni, die längere Zeit in Hydrieranlagen bei höheren Temperaturen gearbeitet haben, kann man entsprechend der verhältnismäßig großen Aufnahmefähigkeit des nickelhaltigen Austenits für Wasserstoff Versprödungserscheinungen feststellen.

Da Eisen- und Stahllegierungen vor dem Kaltwalzen und Ziehen stets entzundernd gebeizt werden, könnte sich die Beizsprödigkeit beim Verformungsprozeß unliebsam bemerkbar machen. Man macht sich daher den Umstand zunutze, daß Wasserstoff bei längerem Lagern, schneller noch beim Erwärmen

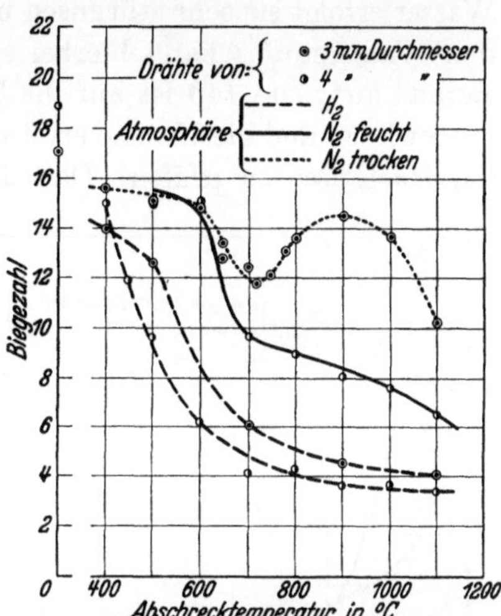

Abb. 796. Einfluß des Abschreckvorganges auf die Biegezahl. Erhitzung der Drähte aus weichem Stahl mit 0,04% C; Spur Si; 0,31% Mn; 0,058% P; 0,028% S; 0,11% Cu in feuchtem bzw. trockenem Stickstoff. [Nach P. Bardenheuer u. H. Ploum: Mitt. Kais.-Wilh.-Inst. Eisenforsch. Bd. 16 (1934) S. 129/36].

auf 100—200° unter gleichzeitiger Zunahme an Zähigkeit entweicht (Zahlentafel 203 [S. 920] und Abb. 797 und 798). Gebeizter Werkstoff ist vor der Kaltverarbeitung entsprechend zu lagern oder auf 100—200° zu erwärmen. Beim

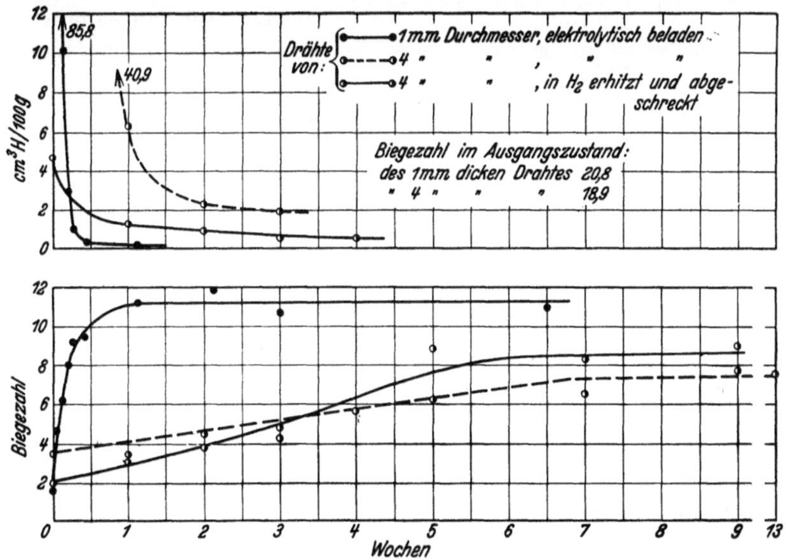

Abb. 797. Wirkung des Lagerns nach der Wasserstoffbeladung durch Elektrolyse bzw. Erhitzen in Wasserstoff auf den Wasserstoffaustritt und die Biegezahl bei einem weichen Stahldraht mit 0,04% C; Spur Si; 0,31% Mn; 0,058% P; 0,028% S; 0,11% Cu. [Nach P. Bardenheuer u. H. Ploum: Mitt. Kais.-Wilh.-Inst. Eisenforsch. Bd. 16 (1934) S. 129/36.]

Eintauchen eines frisch gebeizten Drahtes in Wasser kann man das Heraustreten des Wasserstoffs an einer Blasenbildung beobachten; beim Eintauchen in warmes Wasser erfolgt sie sehr stürmisch und plötzlich. Der Druck des sich ausscheidenden Wasserstoffes kann hierbei so groß werden, daß die Drahtstücke reißen[1]. Bereits auf Seite 146 ist auf die Rißgefahr beim Beizen gehärteter Stahlstücke hingewiesen und die Unsitte erwähnt worden, mit einem derartigen Beizverfahren auf Härterisse zu prüfen. Da schon Wasserstoff allein Drücke erzeugen kann, die zur Rißbildung genügen, ist es verständlich, daß bei bereits vorhandenen Härtespannungen die Rißgefahr beim Beizen stark erhöht wird. Abb. 799 zeigt derartige Beizrisse, die entsprechend den von der mechanischen Bearbeitung vor dem Härten herrührenden Drehriefen angeordnet sind. Die schnellere Abgabe des Wasserstoffs beim Erwärmen auf Temperaturen von beispielsweise 200° kann, wie Bardenheuer und Ploum zeigten, zu inneren Lockerstellen im Gefüge führen, so daß derartige Stücke auch nach der Wasserstoffabgabe nicht mehr die gleiche Zähigkeit wie vor der Wasserstoffaufnahme zeigen. Die langsamere Wasserstoffabgabe beim Lagern bei Raumtemperatur wirkt hingegen in diesem Sinne günstiger und führt vielfach nach entsprechender Zeit zu besseren Zähigkeitszahlen, die denjenigen des Ausgangswerkstoffes gleichkommen.

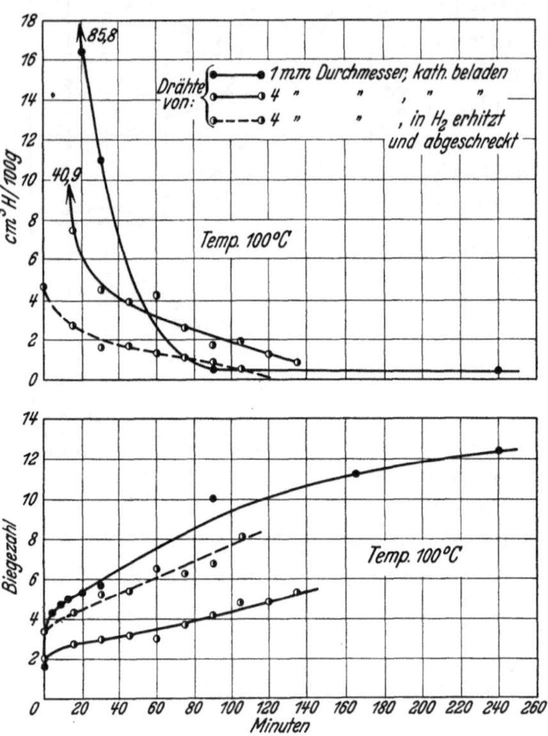

Abb. 798. Einfluß der Temperatur des siedenden Wassers auf den Wasserstoffaustritt und die Biegezahl des elektrolytisch bzw. durch Erhitzen in Wasserstoff beladenen Drahtes aus weichem Stahl mit 0,04 % C; Spur Si; 0,31 % Mn; 0,058 % P; 0,028 % S; 0,11 % Cu. [Nach P. Bardenheuer u. H. Ploum: Mitt. Kais.-Wilh.-Inst. Eisenforsch. Düsseld. Bd. 16 (1934) S. 129/36.]

Diese Ausführungen zeigen, daß das Beizen von Metallen, insbesondere von Eisen- und Stahllegierungen, erhöhte Aufmerksamkeit verlangt, im Gegensatz zu dem vielfachen Gebrauch, diese Vorgänge im Betrieb allzu leicht zu nehmen. Hinzu kommt, daß verschiedene Beizsäuren sich verschieden verhalten; so löst z. B. Salzsäure den Zunder stärker, während Schwefelsäure ihn durch Wasserstoffentwicklung besser absprengt usw.[2] Auch der Beizvorgang erfordert bei seiner Einschaltung in irgendeinen Fabrikationsprozeß ein genaues Studium und eine sorgfältige Überwachung.

---

[1] Bardenheuer, P., u. H. Ploum: Mitt. Kais.-Wilh.-Inst. Eisenforsch. Bd. 16 (1934) S. 129/36.

[2] Bardenheuer, P., u. G. Thanheiser: Mitt. Kais.-Wilh.-Inst. Eisenforsch. Bd. 10 (1928) S. 323/42, dort weitere Schrifttumsangaben.

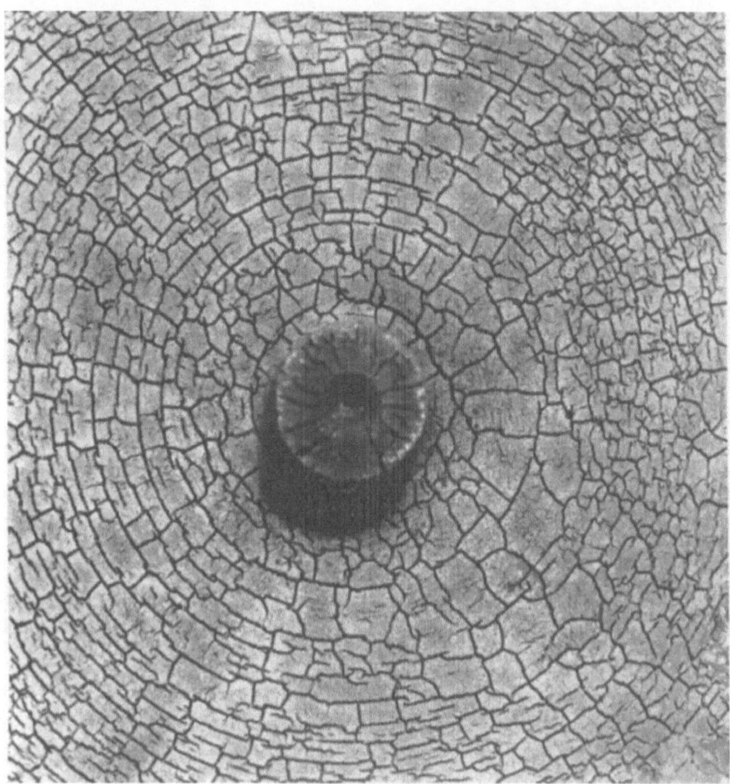

Nat. Größe

Abb. 799. Beizrisse an einem in verdünnter Salzsäure (1 : 1) warm gebeizten Stempel aus gehärtetem Chrom-Nickel-Wolfram-Stahl [nach H. Schrader: Stahl u. Eisen Bd. 54 (1934) S. 584.

3. Einfluß von Wasserstoff als Legierungselement.

Bei Stickstoff wurde erwähnt, daß dieses Legierungselement bei legierten Stählen in der Lage ist, das γ-Gebiet zu erweitern und in diesem Sinne als ein die Härtbarkeit steigerndes und die Austenitbildung förderndes Legierungselement angesehen werden kann. Da ein Zweistoffsystem Eisen-Wasserstoff nicht besteht, ist eine Eingliederung in diesem Sinne bei Wasserstoff nicht vorzunehmen. Gelegentliche Hinweise, daß durch Wasserstoffaufnahme in Eisen eine Herabsetzung der A_3-Umwandlung stattfindet, konnten nicht einwandfrei bestätigt werden[1], obwohl folgendes dafür sprechen würde. Durch Versuche an Werkzeugstahl wurde nachgewiesen, daß die Durchhärtefähigkeit von mit Wasserstoff beladenen Proben gegenüber nicht mit Wasserstoff beladenen Proben ansteigt (Abb. 800). In Übereinstimmung hiermit steht die Tatsache, daß bei Zementation von Stählen, die etwas zur anomalen Gefügeausbildung neigen, durch Wasserstoff normale Zementitausbildung bewirkt wird[2]. Dies erklärt die Tatsache, daß manche Stähle bei Zementation in Bariumkarbonat-Holzkohle anomal werden, während in wasserstoffhaltigem Leuchtgas behandelte Stähle

---

[1] Widemann, M.: Berg- u. hüttenm. Mh. montan. Hochschule Leoben Bd. 86 (1938) S. 129/32.

[2] Houdremont, E., u. P. A. Heller: Techn. Mitt. Krupp, Forschungsber. Bd. 4 (1941) S. 117/26; s. a. Stahl u. Eisen Bd. 61 (1941) S. 756/60.

normale Gefügeausbildung erhalten[1]. In Übereinstimmung hiermit steht die Feststellung, daß Wasserstoff im Gußeisen den sekundären Zementitzerfall erschwert und die Ausbildung eines perlitischen Gußeisengefüges bewirkt[2,3]. Wasserstoff wirkt also im gleichen Sinne wie ein Legierungselement, das die Härtefähigkeit steigert. Nebenbei sei erwähnt, daß auch die primäre Erstarrung von Gußeisen durch Wasserstoff bereits in Richtung einer weißen Erstarrung beeinflußt wird[4].

5 Stunden bei 1000° geglüht, anschließend in Wasser abgel.

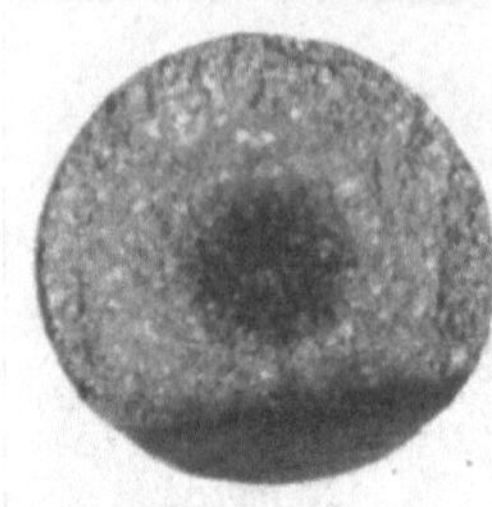

10 Stunden bei 1000° geglüht, anschließend in Wasser abgel.

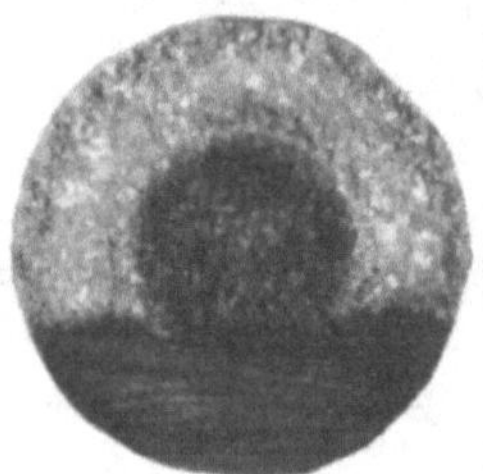

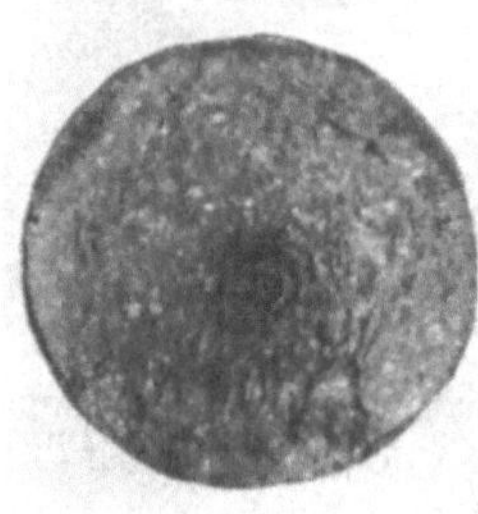

geglüht in:　　　　　　　　　　　　　　$^1/_1$ nat. Gr.

ausgebrannter Holzkohle　　　　　　trockenem Wasserstoff

Abb. 800. Einfluß einer Wasserstoffaufnahme auf die Einhärtungstiefe eines unlegierten Stahles mit 0,96% C, 0,13% Si, 0,28% Mn, beurteilt am Härtebruch. [Nach Houdremont u. Heller.]

Hierdurch gewinnt Wasserstoff im Stahl, insbesondere wenn man noch annimmt, daß er auch in Einschlüssen angereichert sein kann[5], eine neue Bedeutung. Wasserstoff dürfte eine der in geringen Mengen vorhandenen und schwer bestimmbaren Beimengungen sein, die für den Qualitätsbegriff wesentlich sind. Der Begriff des „body of steel", unter dem man insbesondere im Ausland gelegentlich alle undefinierbaren Eigenschaftsunterschiede gleichartig zusammengesetzter Stähle zusammenfasst, dürfte somit nicht zuletzt durch den Wasserstoffgehalt zu erklären sein. Unterschiede im Härteverhalten, in der Empfindlichkeit gegen Härterißbildung und auch die Auswirkung verschiedener Arten von Einschlüssen führen im Zusammenhang mit dem Wasserstoffgehalt somit zu einer neuen Betrachtungsweise.

4. Wasserstoff als Ursache von Fehlern im Stahl.

Beizblasen. Man beobachtet vielfach, daß Bleche mit glatter Walzoberfläche direkt nach dem Beizen oder bei nachfolgender Erwärmung, z. B. zum Verzinken,

[1] Bain, E. C.: Trans. amer. Soc. Steel Treat Bd. 20 (1932) S. 385/428.

[2] Siehe Fußnote 2 S. 925.

[3] Schwartz, H. A., C. M. Guilor u. M. K. Barnett: Trans. Amer. Soc. Met. Bd. 28 (1940) S. 811/29.

[4] Boyles, A.: Trans. Amer. Inst. min. metallurg. Engrs., Techn. Publ. Nr. 809 — Met. Technol. Bd. 4 (1937) Nr. 3 — Trans. Amer. Inst. min. metallurg. Engrs. Bd. 125 (1937) S. 141/99 — Vgl. auch A. Boyles: Trans. Amer. Inst. min. metallurg. Engrs., Techn. Publ. Nr. 1046, Metals Technol. Bd. 6 (1939) Nr. 3.

[5] Bennek, H., u. G. Klotzbach: Techn. Mitt. Krupp, Forschungsber. Bd. 4 (1941) S. 47/66; s. a. Stahl u. Eisen Bd. 61 (1941) S. 597/606 u. 624/30.

Emaillieren usw. aufgeworfene Oberflächen (Abb. 801) zeigen. Das Blech ist blasig geworden. Diese Beizblasen weisen bei der Untersuchung nach dem Aufbrechen meist blanke Oberflächen auf und entstehen bevorzugt an Stellen, wo unvollkommen verschweißte Gasblasenseigerungen, Lunker oder Einschlüsse vorhanden sind. Man hat sich den Vorgang nach P. Bardenheuer und G. Thanheiser[1] so vorzustellen, daß der durch das Eisen beim Beizen atomar diffundierende Wasserstoff beim Austritt an Lockerstellen (Schlacken, Mikrolunker usw.) oder Stellen, durch die er nicht diffundieren kann (Einschlüsse, bei emaillierten Teilen Emaille), sich unter Druck molekular ansammelt und zur Blasenbildung oder zum Abspringen emaillierter Schichten führt. Vielfach entstehen die Blasen erst beim Erwärmen, insbesondere bei dickeren Wandstärken der Stücke, wenn der Druck bei Raumtemperatur nicht ausreicht, um eine Ausbauchung zu be-

werkstelligen. Beim Erwärmen tritt eine Drucksteigerung durch das Ausdehnungsbestreben des Gases und eine Verminderung der Festigkeit des Werkstoffes ein, wodurch das Aufbauchen der Blasen nun leichter erfolgen kann.

Schattenstreifen. Beim Bearbeiten größerer Schmiedestücke heben sich gelegentlich Stellen hervor, die dem schneidenden Werkzeug einen irgendwie veränderten

Abb. 801. Beizblasen in einem Flußeisenblech (von Herrn Dr. P. Bardenheuer freundlichst zur Verfügung gestellt).

Widerstand entgegenstellen und sich entsprechend von der übrigen bearbeitenden Oberfläche unterscheiden; infolge der verschiedenen Schattierung derartiger Stellen entstand der Name Schattenstreifen (s. a. S. 85). Bei näherer Untersuchung erweisen sich diese Stellen als längere zusammenhängende Seigerungsstreifen, wie dieses Abb. 802 zeigt. Bei der Untersuchung größerer Gußblöcke kennzeichnen sich diese Seigerungsstreifen als die Wege von aufsteigenden Gasblasen, um die sich entsprechende Seigerungen von Phosphor und insbesondere Schwefel angeordnet haben, so als ob die mit Seigerungen angereicherte Restschmelze in den Weg der Gasblasen hineingezogen würde[2]. Da in höher gekohlten beruhigten Stählen (um solche handelt es sich meist bei den für Schattenstreifen in Frage kommenden Schmiedestücken) eine Kohlenoxydentwicklung als Ursache nicht in Frage kommt, sind hier andere Gase, insbesondere Wasserstoff, in Betracht zu ziehen. Bei der Erstarrung der Randschichten geben diese entsprechend dem Löslichkeitssprung für Wasserstoff beim Übergang vom flüssigen in den festen Zustand Gas ab, das vor den erstarrenden Schichten hergeschoben und

---

[1] Bardenheuer, P., u. G. Thanheiser: Mitt. Kais.-Wilh.-Inst. Eisenforsch. Bd. 10 (1928) S. 323/42; s. dort auch Literaturangaben.

[2] Badenheuer, F.: Stahl u. Eisen Bd. 54 (1934) S. 1073/81.

nach einer bestimmten Dicke der erstarrten Schicht und entsprechender Ansammlung das Bestreben hat, im Block aufzusteigen. Daß dieses Aufsteigen
nicht senkrecht, sondern etwas schräg nach innen erfolgt, wird damit zusammen-

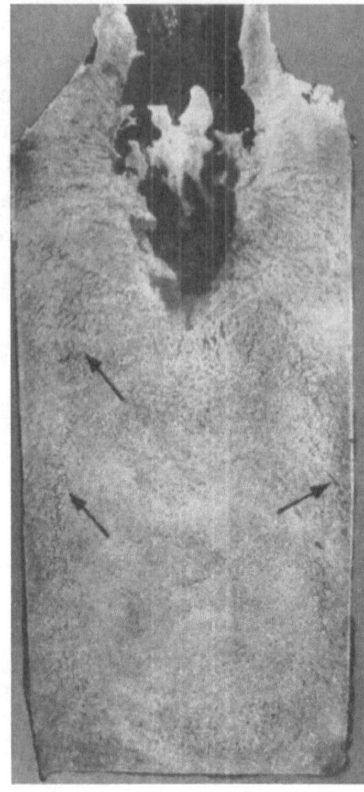
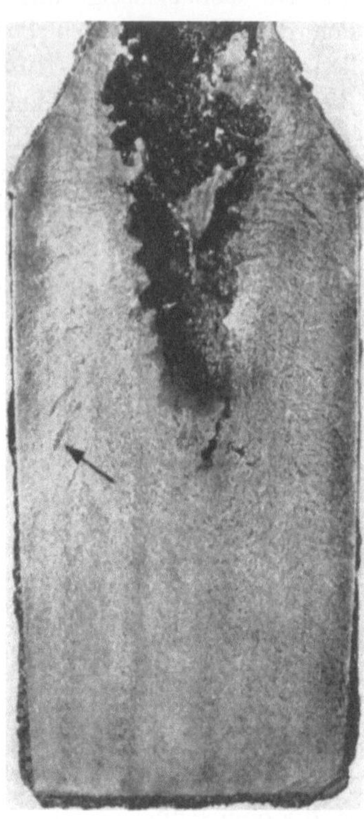

Längsschnitte ¹/₄ natürl. Gr.

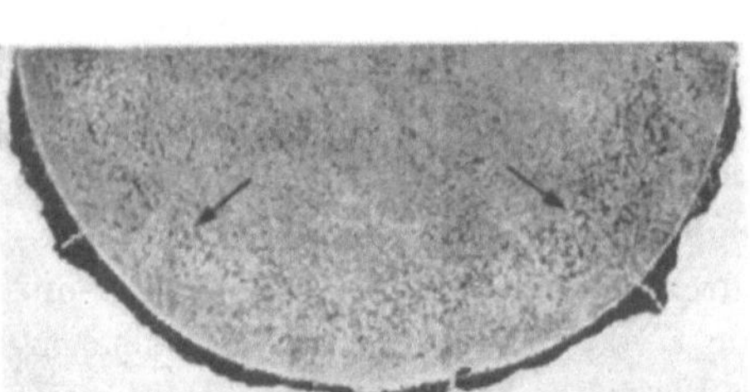

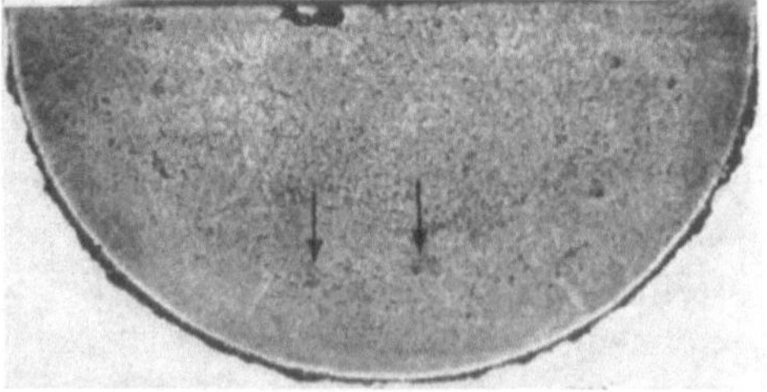

a   Querschnitte ¹/₂ natürl. Gr.   b

a) Seigerungserscheinungen im Übergang von transkristallisierter Randzone zum nicht gerichtet kristallisierten Kern.   b) Echte Schattenstreifen infolge von Gasblasen.

Abb. 802. Verschiedene Arten von Schattenstreifen an einem Chrom-Nickel-Stahl mit 0,2—0,3% C, 2,5% Ni
und 1% Cr.

hängen, daß die Gasblasen den Weg zu dem in der Innenzone heißesten und
flüssigsten Material mit größter Löslichkeit suchen.

Diese Schattenstreifenseigerungen unterscheiden sich in ihrer Entstehungsursache von anderen, ebenfalls mit der Erstarrung des Blockes in Zusammenhang
stehenden primären Seigerungen, die insbesondere im verschmiedeten Zustand
gelegentlich ähnliche Erscheinungen hervorrufen können, aber von entsprechend

geringerer Ausdehnung sind und nicht immer im gleichen Maße die den echten Schattenstreifen eigentümliche Dunkelung aufweisen. Abb. 802a zeigt im Vergleich zu Abb. 802b den Unterschied derartiger Seigerungsstreifen im Vergleich zu Schattenstreifen. Wie bereits hervorgehoben, heben letztere sich besonders bei Schwefelabzügen deutlich ab.

Flockenbildung. Stehen Schatten-streifen mit Löslichkeitsunterschieden für Gase, insbesondere Wasserstoff, beim Übergang vom festen in den flüssigen Zustand in Zusammenhang, so ergibt die abnehmende Löslichkeit für Wasserstoff im festen Zustand mit sinkender Temperatur Veranlassung zu einer weiteren Fehlererscheinung, den sog. Flocken, wobei auch dem Unterschied in der Löslichkeit und der Diffusionsfähigkeit für Wasserstoff zwischen γ- und α-Eisen eine zusätzliche Bedeutung zukommt.

Flocken sind Risse, die sich erstmals beim Abkühlen nach der Warmformgebung bilden[1]. Abb. 803 zeigt solche typischen Flocken im Bruch, Abb. 804 in der Beizscheibe eines Chrom-Nickel-Stahles. Ihre Namen Flocken haben sie auf Grund des meist mattglänzenden metallischen Aussehens bekommen, mit dem sie sich von der übrigen Bruchfläche des Stahles abheben. Je nach der Endtemperatur bei der Warmformgebung und dem Verformungsgrad ist das Gefüge der Bruchfläche der Flocken auch entsprechend verschieden grob- oder feinkörnig. Auffallend ist vor allem die bisweilen nahezu kreisrunde bis ellipsenförmige Form dieser Risse. Im Gegensatz zu dem auf S. 550 erwähnten muscheligen Bruch, der infolge von Korngrenzenrissen im Rohblock auftritt und beim Walzen bzw. Schmieden gestreckt wird, besitzen sie keine Streckung in der Verformungsrichtung.

In dem umfangreichen Schrifttum über Flocken[2] werden oft Folgeerschei-

$V = {}^1\!/_2$

Abb. 803. Flocken im Chrom-Nickel-Stahl.

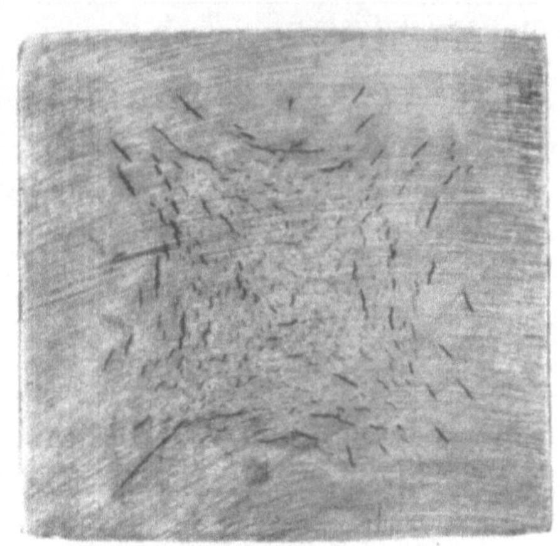

Abb. 804. $\qquad$ $V = {}^1\!/_3$
Anordnung von Flocken im gebeizten Querschnitt.

---

[1] Houdremont, E., u. H. Korschan: Stahl u. Eisen Bd. 55 (1935) S. 297/304; s. a. Techn. Mitt. Krupp Bd. 3 (1935) S. 63/73.

[2] Siehe hierzu E. Houdremont u. H. Korschan: Stahl u. Eisen Bd. 55 (1935) S. 297/304, H. Bennek, H. Schenck u. H. Müller: Stahl u. Eisen Bd. 55 (1935) S. 321/31, H. Bennek u. G. Klotzbach: Stahl u. Eisen Bd. 61 (1941) S. 597/606 u. 624/30, bzw. Techn. Mitt. Krupp Bd. 3 (1935) S. 63/86, Heft „Flocken" und Techn. Mitt. Krupp, Forschungsber. Bd. 4 (1941) S. 45/126, Heft „Wasserstoff".

nung von Rissen und Gasblasen im Gußblock als Flocken gedeutet. In dieser Beziehung sind Schrifttumsangaben mit Vorsicht zu werten. Flockenrisse gehen durch die Kristallkörner hindurch und zeichnen sich durch ein körniges, unzerriebenes, glitzerndes Bruchkorn aus, entsprechend einem verformungslosen Trennungsbruch. Dies beweist schon zur Genüge, daß die Flocken erst nach vollendeter Verformung entstanden sind. Ihr Auftreten erfolgt meistens mehr im Innern der betreffenden Stahlstücke, wo bereits vom Gußblock herrührende Verunreinigungen oder Seigerungserscheinungen vorliegen. In vielen Fällen steht die Anordnung der flockenähnlichen Spannungsrisse im Zusammenhang mit den beim Abkühlen entstehenden Spannungen. So können sie z. B. bei Vierkantmaterial die in Abb. 804 gekennzeichnete Anordnung annehmen.

Die Untersuchung auf Flocken erfolgt zweckmäßig an Hand geschliffener und gebeizter Scheiben oder an Bruchproben vergüteter oder gehärteter Stahlstücke. Im geschmiedeten bzw. gewalzten Zustande sind Flockenrisse oft so dicht geschlossen, daß sie erst durch Anwärmen der tief gebeizten Scheiben und Herausdringen der in den Rissen verbliebenen Säurereste deutlich gemacht werden können. Durch Vergüten gelingt es, Flockenrisse weiter zu lockern und leichter sichtbar zu machen. Im Bruche vergüteter Stahlstücke werden sie deutlich sichtbar (s. Abb. 803), insbesondere, wenn das umliegende Bruchgefüge einen samtartigen feinen Vergütungsbruch aufweist, wie dies beispielsweise bei legierten, vor allem Chrom-Nickel-legierten Stählen der Fall ist. Bei Kohlenstoffstählen und sonstigen Stählen mit spröderem Bruch ist die Unterscheidung im Bruchgefüge oft schwieriger. Hierauf ist es zum Teil zurückzuführen, daß Flocken in Stählen oft nicht beobachtet wurden, obwohl sie vorhanden waren.

Als Ursache der Flockenbildung werden Spannungen und metallurgische Einflüsse angegeben, und zwar:

A. Spannungen:
1. Abkühlspannungen.
2. Umwandlungsspannungen.
3. Verformungsspannungen.

B. Metallurgische Einflüsse:
1. Seigerungen.
2. Schlacken.
3. Gase.

Abkühlspannungen. Im Abschnitt Härten ist auf das Auftreten starker Spannungen hingewiesen worden, die durch die schnellere Abkühlung des Randes gegenüber dem Kern von Schmiede- oder Walzstücken entstehen. E. Maurer[1] bestätigte durch Berechnung den hohen Wert, den solche Spannungen annehmen können und sah hierin eine wesentliche Ursache der Flockenbildung. Läßt man nämlich einen flockenempfindlichen Stahl nach dem Schmieden und Walzen an Luft abkühlen, so entstehen Flocken; kühlt man unter Asche oder bei sehr empfindlichen Stählen im Ofen ab, so bleibt derselbe Stahl flockenfrei.

Umwandlungsspannungen. Aus obiger Tatsache und der Erfahrung, daß seigerungshaltiger Stahl leicht Flocken zeigte, zog P. Bardenheuer[2] den Schluß,

---

[1] Stahl u. Eisen Bd. 47 (1927) S. 1323/27.
[2] Stahl u. Eisen Bd. 45 (1925) S. 1782/83.

daß die Flocken bei der Luftabkühlung am Martensitpunkt entstehen. Er nahm an, daß in den geseigerten Stellen bei schnellem Abkühlen eine Martensitbildung bei tieferer Temperatur vor sich geht und infolge der sich ausbildenden starken Volumenunterschiede der martensitischen Seigerungsstreifen gegenüber der sorbitischen Umgebung die Flocken entstehen. Er wies auch gelegentlich einen Zusammenhang zwischen Flocken und Kristallseigerungen in Schliffbildern nach. Auch bei den höher legierten, bei Luftabkühlung durchweg martensitisch werdenden Stählen mißt man der Kristallseigerung eine wesentliche Bedeutung für das Auftreten der Flocken bei.

Verformungsspannungen. W. Eilender und H. Kiessler[1] fanden in Übereinstimmung mit früheren Angaben des Schrifttums und zahlreichen Versuchsergebnissen auf der Kruppschen Gußstahlfabrik Essen, daß flockenempfindlicher Stahl, der durch langsame Abkühlung nach der Warmverformung einmal flockenfrei geblieben war, bei darauffolgenden Erwärmungen auf eine der Walzendtemperatur entsprechende Temperatur mit anschließender Luftabkühlung flockenfrei blieb. Hieraus war bereits der Schluß zu ziehen, daß reine Abkühlungsspannungen sowie Umwandlungsspannungen nicht die hauptsächlich bestimmende Ursache der Flockenbildung sein konnten. Die Abkühlungsspannungen und Umwandlungsspannungen müssen auch beim Wiedererwärmen langsam abgekühlter, flockenfreier Stücke und der darauffolgenden Luftabkühlung in gleicher Größenanordnung auftreten und ebenso zur Flockenbildung führen wie bei der direkten Abkühlung nach dem Walzen und Schmieden. Eilender und Kiessler zogen daraus den Schluß, daß nach dem Walzen und Schmieden verbleibende Verformungsspannungen zu Abkühlungs- und Umwandlungsspannungen hinzukommen müßten, um Flocken zu erzeugen.

Seigerungen und Schlacken. Das obige Verhalten einmal durch langsame Abkühlung flockenfrei gewordener Stücke weist auch schon darauf hin, daß Schlacken und Seigerungen nicht primär die Ursache der Flocken sein können. Auch diese Fehler müßten bei mehrfachem Erwärmen und Abkühlen stets erneut zur Flockenbildung in Zusammenhang mit Spannungen führen.

Gase. I. H. Whiteley[2] nimmt an, daß schlecht desoxydierter Stahl bei höherer Temperatur durch Reaktion zwischen Kohlenstoff und Sauerstoff Kohlenoxyd unter hohem Druck entwickelt und damit Flockenbildung hervorruft.

Folgende Versuchsreihen von E. Houdremont und H. Korschan[3] zeigen, daß keine der genannten Ursachen genügt, um für sich allein die Flockenbildung zu erklären. Sie mögen alle zum Auftreten von Flocken beitragen, die primäre Ursache sind sie augenscheinlich nicht. Von flockenempfindlichen Stählen — Kugellagerstahl mit 1% C, 1,5% Cr und Chrom-Nickel-Stahl mit 0,3% C, 3,5% Ni, 1% Cr — wurden nach dem Schmieden Stücke in einen Ofen von 900° gelegt und dort bei dieser Temperatur zum Ausgleich 1 bis 3 Stunden belassen und dann an Luft gelegt. Trotz des erfolgten Temperatur- und Spannungsausgleiches zeigten diese Stücke Flocken. Verformungsspannungen waren durch den Ausgleich im Ofen vor der Luftabkühlung beseitigt und konnten somit nicht zur Flockenbildung beitragen.

---

[1] Z. VDI Bd. 76 (1932) S. 729/35.
[2] Trans. Amer. Soc. Steel. Treat. Bd. 12 (1927) S. 208/15.
[3] Houdremont, E., u. H. Korschan: Stahl u. Eisen Bd. 55 (1935) S. 297/304.

Da ein Temperaturausgleich bei 900° nicht genügte, die Flockenbildung zu vermeiden, wurden nun wiederum Stücke beider Stähle nach dem Schmieden in einen Ofen von 900° gelegt. Der Ofen kühlte mit den Stücken langsam ab, und bei Temperaturen von 800, 700, 600, 500, 400, 300, 200, 100° wurden jeweils Stücke aus dem Ofen gezogen und an Luft abgekühlt. Alle Stücke, die bei 200° und höheren Temperaturen aus dem Ofen an Luft gelegt wurden, zeigten Flocken; die bis 100° und Raumtemperatur im Ofen abgekühlten Stücke waren flockenfrei. Hervorzuheben ist noch, daß eine langsame Abkühlung im Ofen bis 300° gegenüber einer solchen bis 400 oder 500° eine Verminderung der Flockenanzahl bewirkte, ohne die Flockenbildung ganz unterdrücken zu können (Abb. 805). Bestätigt wurde diese Versuchsreihe durch folgendes: Stücke derselben Stähle wurden nach dem Schmieden an Luft abgekühlt. Während der Luftabkühlung wurde ihre Temperatur gemessen und jeweils bei einer Abkühlung auf 800, 700,

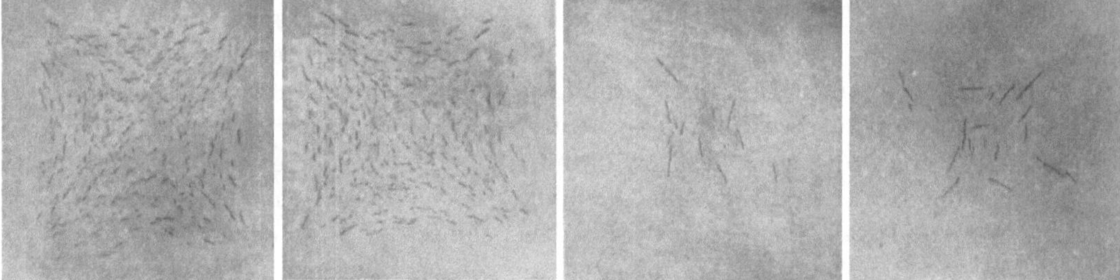

Abb. 805. Veränderung der Menge der Flockenrisse mit der Anfangstemperatur der Luftabkühlung bei 10fach verschmiedeten Schmiedestücken eines Stahles mit 0,45% C, 0,25% Si, 0,65% Mn, 3,58% Ni, 0,44% Cr.

600, 500, 400, 300, 200, 100, 20° ein Stück in einen Ofen von 600° zurückgelegt und dort langsam abgekühlt. Alle Stücke, die an der Luft nicht unter 300° abgekühlt waren, blieben flockenfrei. Luftabkühlung bis 200° und darunter rief Flockenbildung hervor.

Die Versuchsreihen besagen folgendes: Die Bildungstemperatur der Flocken liegt zwischen Raumtemperatur und 200°. Eine verlangsamte (Ofen-) Abkühlung bis zu 200° genügt nicht, um Flockenbildung zu vermeiden. Hiermit schalten Verformungs- und Abkühlspannungen als primäre Flockenursache aus. Auch Umwandlungsspannungen konnten in diesem Falle nicht die Ursache der Flockenbildung sein, da beide Stähle unter den gewählten Bedingungen — der Kugellagerstahl bei 680°, der Chrom-Nickel-Stahl bei 500° — umgewandelt waren und dann erst bei 100—200° Flockenbildung zeigten.

Seigerungen und Schlacken scheiden, wie bereits oben erwähnt, ebenfalls aus. Kohlenoxydgase aus Reaktion von Kohlenstoff und Sauerstoff bei hohen Temperaturen, wie sie I. H. Whiteley annimmt, können ebenfalls nicht bei 200° und darunter zu Rißbildung führen, da bei 900 bis 1000° gebildete Gase sich bei der Abkühlung stärker zusammenziehen als das Metall und durch die Abkühlung somit eher eine Spannungsverminderung eintreten müßte. Rißbildung könnte nur bei der Gasbildungstemperatur auftreten, im Gegensatz zu den gemachten Erfahrungen. Ebenso steht im Widerspruch zur Gastheorie von I. H. Whiteley die Tatsache, daß der sehr gut desoxydierte Elektrostahl aus dem basischen Lichtbogenofen besonders stark zur Flockenbildung neigt.

Es lag nahe, daran zu denken, daß Ausscheidungen, wie z. B. von Stickstoff, und die hierdurch eintretende Kristallversprödung und Verspannung zur Flocken-rißbildung führen, da Stickstoffausscheidungen bei derartig tiefen Temperaturen erfolgen (s. Abschnitt Stickstoff, S. 885). Diesbezügliche Untersuchungen waren aber erfolglos. Die Tatsache, daß die Flockenbildung durch bestimmte Maßnahmen, z. B. langsames Abkühlen beseitigt werden konnte — in gleichem Sinne wirkt langes Glühen bei tiefen Temperaturen, 300 bis 600° —, weist auf ein Gas als Ursache hin, das aus dem Stahl entweichen kann. Eine im Stahl mit abnehmender Temperatur abnehmende Löslichkeit und abnehmende Diffusion sich aus-scheidender Gase könnte auch zu entsprechender Drucksteigerung im Metall führen. Es ist das Verdienst von H. Schenck[1], darauf hingewiesen zu haben, daß auch durch die metallurgisch bei der Stahlherstellung festgehaltenen kleinen Wasser-stoffmengen bei der Abkühlung außerordentlich hohe Drücke im Stahl entstehen können. Von betrieblichen Beobachtungen ausgehend, hatte H. Müller[2] auf die Möglichkeit eines Zu-sammenhanges zwischen Was-serstoffgehalt des Stahles und Flockenrißbildung hingewiesen.

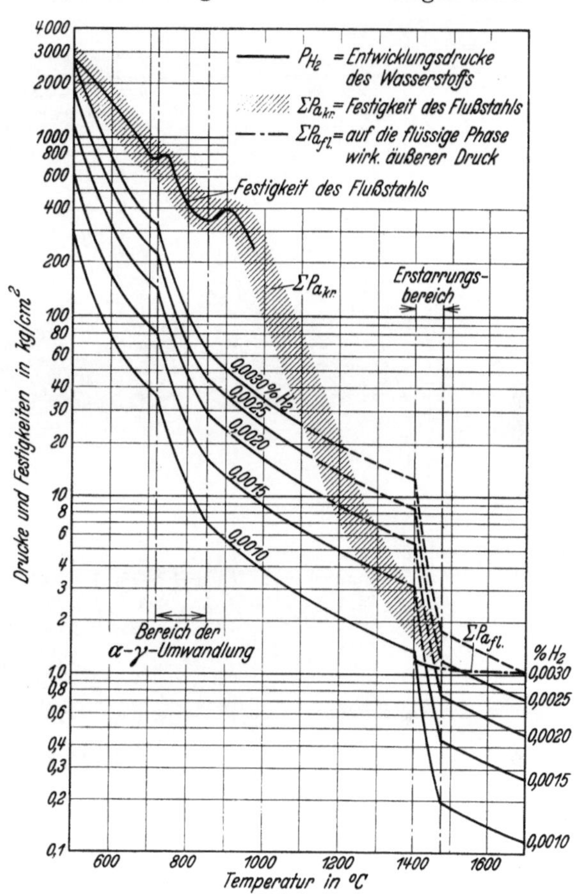

Abb. 806. Veränderung der Entwicklungsdrücke von Wasserstoff mit der Temperatur bei Flußstahl (berechnet). [Nach L. Luckemeyer-Hasse u. H. Schenck: Arch. Eisenhüttenw. Bd. 6. (1932/33) S. 209/14.]

H. Bennek[3] gelang es, den Nachweis zu erbringen, daß Flocken durch Wasser-stoff im Stahl erzeugt werden können und die Beobachtungen bei der Ent-stehung von Flocken im Betrieb[4] gut mit der Wasserstofftheorie in Einklang zu bringen sind. Abb. 806 zeigt die Wasserstoffentwicklungsdrücke in einem Flußstahl in Abhängigkeit von der Temperatur für verschiedene Wasserstoff-gehalte. Wie hieraus hervorgeht, steigen die Wasserstoffdrücke bei Temperaturen

---

[1] Luckemeyer-Hasse, L., u. H. Schenck: Arch. Eisenhüttenw. Bd. 6 (1932/33) S. 209/14.

[2] Unveröffentlichte Untersuchungen; s. hierzu auch 3.

[3] Bennek, H., H. Schenck u. H. Müller: Stahl u. Eisen Bd. 55 (1935) S. 321/31.

[4] Houdremont, E., u. H. Korschan: Stahl u. Eisen Bd. 55 (1935) S. 297/304.

unter 600° auf recht beträchtliche Werte an, die die Festigkeit, auch die Trennfestigkeit (Kohäsions-, Reißfestigkeit) des Stahles übersteigen können, wobei
zu beachten ist, daß auch die Trennfestigkeit selbst durch den Wasserstoff
herabgesetzt werden kann (s. Zahlentafel 203, S. 920). Der Schmelzpunkt und
der Übergang vom γ- zum α-Mischkristall sind entsprechend dem einleitend

a

b

Abb. 807. Durch Wasserstoffzusatz absichtlich erzeugte Flocken in einem Chrom-Nickel-Stahl (a) im Vergleich mit einem Stahl gleicher Herstellungsart und Behandlung ohne Wasserstoff (b). [Nach H. Bennek,
H. Schenck u. H. Müller: Stahl u. Eisen Bd. 55 (1935) S. 321/31.]

Gesagten durch sprunghafte Veränderungen des Wasserstoffentwicklungsdruckes
ausgezeichnet. Derartige Wasserstoffgehalte können bei normaler Stahlherstellung
vorkommen, zumal es wahrscheinlich ist, daß Wasserstoff, wie viele andere
Elemente, ebenfalls bei der Erstarrung seigert, also sich in der Restschmelze
beim Erstarrungsbeginn anreichert. Es braucht hier nur auf den bekannten
Zusammenhang zwischen Gasblasenseigerung und Gasen sowie Schattenstreifen
hingewiesen zu werden.

Abb. 807 zeigt den Einfluß von Wasserstoff bei Stählen sonst gleicher metallurgischer Herstellung auf das Auftreten von Flocken. Den Vorgang der Flockenbildung hat man sich wie folgt vorzustellen: Im gegossenen Stahl wird Wasserstoff festgehalten und beim Erstarren im Mischkristall gelöst. Gelangt der erstarrte Block ohne abzukühlen zum Auswalzen oder Schmieden, so scheidet sich erst beim Erkalten nach der Warmformgebung Wasserstoff unter entsprechender Druckentwicklung aus. Erfolgt die Abkühlung langsam und sind die Stahlstücke nicht zu groß, so steht dem Wasserstoff genügend Zeit zur Verfügung, um aus dem Stahl ohne schädliche Wirkung herauszudiffundieren. Bei schneller Abkühlung kann aber die Diffusion nicht über den ganzen Querschnitt erfolgen. Höchstens in den Randpartien gelingt sie; im Innern steigt der Wasserstoffdruck an und führt in dem kritischen Temperaturbereich von

200—100° in Übereinstimmung mit den Versuchen auf S. 932 zur Flockenbildung.

Die Gasentwicklungsdrücke werden gegenüber Abb. 806 noch wesentlich höher, wenn man an eine Reaktion zwischen Wasserstoff und Kohlenstoff unter Bildung von Methan denkt. Eine Methanbildung tritt bekanntlich bei Einwirkung von Wasserstoff unter Druck auf eisenkarbidhaltige Stähle bei gleichzeitiger Karbidzersetzung ein. Aus größeren Flockenansammlungen in einem dicken Blech aus Chrom-Nickel-Molybdän-Stahl konnten in Über-

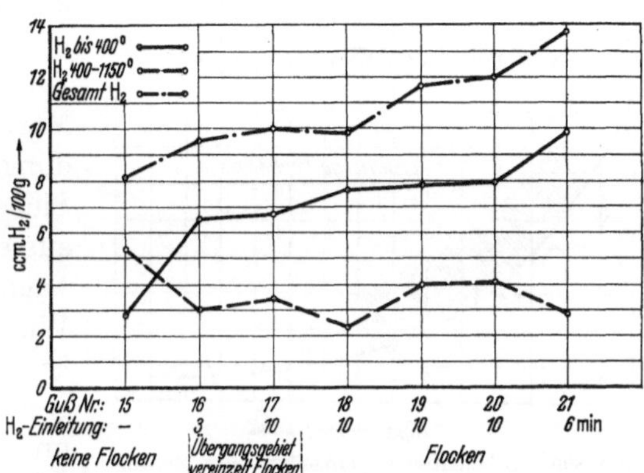

Abb. 808. Zusammenhang zwischen Wasserstoffgehalt von Gußproben und Flockenanfälligkeit nach dem Schmieden (2,5fach verschmiedet, an Luft abgekühlt) bei einem Chrom-Nickel-Wolfram-Stahl mit 0,15—0,20% C, 1,4—1,6% Cr, 4,0 bis 4,5% Ni, 1,0—1,3% W. [Nach H. Bennek u. G. Klotzbach: Stahl u. Eisen Bd. 61 (1941) S. 597/606 u. 624/30 — Techn. Mitt. Krupp, Forschungsber. Bd. 4 (1941) S. 47/66.]

einstimmung hiermit analytisch geringe Mengen Methangas nachgewiesen werden.

Bei der Untersuchung entsprechend mit Wasserstoff angereicherter Stähle konnte der Zusammenhang zwischen Flockenbildung und Wasserstoffgehalt auch analytisch festgestellt werden (Abb. 808). Insbesondere zeigt sich eine deutliche Abhängigkeit zwischen der Flockenempfindlichkeit und dem bei der Wasserstoffbestimmung bis 400° abgegebenen Wasserstoff[1].

Wenn Wasserstoff somit zwar die primäre Ursache der Flockenbildung ist, so können doch manche zusätzliche Einflüssn bei der Entstehung mitwirken. Die hauptsächlichste sekundäre Ursache sind thermische Spannungen. Man hat sich die Rißbildung bei der Flockenentstehung als Folge großen Wasserstoff- bzw. Methandruckes zu denken, zumal an Gitterfehlstellen und diffusions-

---

[1] Bei der Wasserstoffanalyse kann man unterscheiden zwischen dem während der Warmextraktion bis 400° abgegebenen Wasserstoff, den man als im Stahl gelöst betrachten kann, und dem oberhalb 400° bis zum Schmelzpunkt abgegebenen; im Temperaturbereich oberhalb 400° bis etwa 600° ist ein Minimum der Gasabgabe festzustellen. Der bei hohen Temperaturen abgegebene Wasserstoff ist wohl in irgendeiner Form als gebunden anzusehen [möglicherweise als Hydratwasser in den Einschlüssen — vgl. H. Bennek u. G. Klotzbach: Techn. Mitt. Krupp, Forschungsber. Bd. 4 (1941) S. 47/66]; Stahl u. Eisen Bd. 61 (1941) S. 597/606 und 624/30.

hemmenden Zwischenhäutchen Ausscheidung molekularen Wasserstoffs erfolgen
kann. Man kann ferner annehmen, daß an solchen Stellen durch Wasserstoffansammlung eine starke Herabsetzung der Kohäsionsfestigkeit des Stahles entsteht und nun je nach der Höhe des Wasserstoffgehaltes verschieden hohe zusätzliche Spannungen genügen, um Risse zu erzeugen. Ein bestimmter Zusammenhang zwischen äußeren Spannungen und Wasserstoffgehalt ergibt sich entsprechend
Abb. 809. Je höher der Wasserstoffgehalt, um so geringere zusätzliche Spannungen
sind erforderlich, um Flocken zu erzeugen und umgekehrt. Von besonderem Einfluß
sind die zusätzlichen Spannungen auch auf die Ausbildungsrichtung der Flocken.
Wie Abb. 810 zeigt, gelingt es, durch aufgebrachte Zugspannungen die Richtung
der Flocken zu verändern. Sie stellen sich senkrecht zur Zugachse ein.

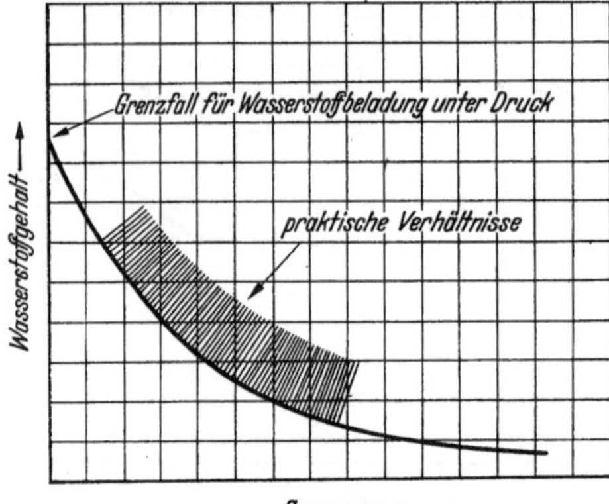

Abb. 809. Schematische Darstellung des Zusammenwirkens von Wasserstoffgehalt und Spannungen
bei der Bildung von Flockenrissen im Stahl. [Nach
E. Houdremont u. H. Schrader: Techn. Mitt.
Krupp, Forschungsber. Bd. 4 (1941) S. 67/78.]

Alle Arten von Spannungen, wie Abkühlspannungen, Umwandlungsspannungen usw., gewinnen hiermit erhöhte
Bedeutung. Auch die Umwandlung zu
Martensit im Bereich der Flockenbil-
dungstemperatur verdient in diesem
Sinne besondere Beachtung. Aber auch
aus einem anderen Grunde ist die tiefe
Lage des Martensitpunktes gefährlich.
Wie oben erwähnt und in Abb. 791 belegt,
ist die Löslichkeit und Wanderungs-
geschwindigkeit für Wasserstoff im γ-
und α-Eisen verschieden. Die Diffusionsfähigkeit ist bei gleicher Temperatur im
γ-Eisen geringer als im α-Eisen. Bei der
Abkühlung eines Stahlstückes wird,

solange es sich im γ-Zustand befindet, die Wasserstoffabgabe wegen der verminderten Diffusionsfähigkeit einerseits und der größeren Löslichkeit für
Wasserstoff andererseits geringer sein. Bei tiefer Lage der γ-α-Umwandlung
erfolgt infolge des plötzlichen Sprunges in der Löslichkeit und der Diffusionsfähigkeit beim Übergang von γ- in α-Eisen eine plötzliche Wasserstoffabgabe,
die zu einer um so höheren Drucksteigerung im Stahl führen kann, je tiefer
die Temperatur ist. Die Beobachtung, daß lufthärtende Chrom-Nickel-Stähle
besonders leicht Flocken aufweisen, findet damit eine zwanglose Erklärung, damit der Herabsetzung der Umwandlungstemperatur auch die Menge des bei tiefen
Temperaturen abzugebenden Wasserstoffes wächst. Zusätzlich können dann noch
die Umwandlungsspannungen wirken. In Übereinstimmung hiermit kann beobachtet werden, daß Stähle, deren Wasserstoffgehalt zur Flockenbildung bei der
üblichen Luftabkühlung nicht genügte, Flocken aufweisen, wenn sie in Wasser
gehärtet werden; vor allem gilt dies z. B. auch für einsatzgehärtete Teile, die
beim Zementieren Wasserstoff aufnehmen und die direkt im Anschluß an die
Zementation gehärtet werden. Bei Luftabkühlung bleiben die Stähle flockenfrei;
bei schrofferer Abkühlung in Öl oder Wasser weisen sie Flocken auf[1, 2]. Daß

---

[1] Diergarten, H.: Stahl u. Eisen Bd. 60 (1940) S. 1027/37.

[2] Houdremont, E., u. H. Schrader: Techn. Mitt. Krupp, Forschungsber. Bd. 4
(1941) S. 67/98.

Umwandlungs- und Abkühlungsspannungen aber keine unbedingte Voraussetzung für die Entstehung von Flocken sind, zeigen Versuche, bei denen Stähle unterhalb der Umwandlungstemperatur in Wasserstoff von hohem Druck geglüht und im Ofen abgekühlt worden sind. Wenn der Wasserstoffdruck hoch

Stahl mit C 0,31 Si 0,25 Mn 0,45 Cr 2,50 Ni 2,11 Mo 0,47 %

a) 60 mm ⌀-Stange nach dem Schmieden an Luft abgekühlt. (Tangentiale Abkühlungs-Zugspannungen.)

¹/₁ natürl. Gr.

b) 60 mm ⌀-Zerreißprobe bei der Luftabkühlung in axialer Richtung mit 20 kg/mm² belastet.

Abb. 810. Umlagerung der Flockenrichtung durch Zugbeanspruchung während der Luftabkühlung nach dem Schmieden bei einem 6 fach verschmiedeten Chrom-Nickel-Stahl. [Nach Houdremont, E., u. H. Schrader: Techn. Mitt. Krupp, Forschungsber. Bd. 4 (1941) S. 67—98.]

genug gewählt wurde, um ähnliche Verhältnisse zu schaffen, wie sie sich bei der Abkühlung eines bei hoher Temperatur gesättigten Stahles infolge der Löslichkeitsverminderung ergeben, so konnte deutliche Flockenbildung hervorgerufen werden (Abb. 811). Eine Entkohlung durch den Hochdruck-Wasserstoff war bei den hier angewandten kurzen Beladungszeiten noch nicht eingetreten. Die zusätzliche Wirkung von Spannungen kommt dagegen auch deutlich darin zum Ausdruck, daß Stähle, deren Wasserstoffgehalt zur Flockenbildung nicht ausreicht, beim Zerreißvorgang selbst noch flockenähnliche Fehlstellen bilden können. Es wurde vielfach beobachtet, daß bestimmte Stähle bei der Zerreißprüfung schlechtere Dehnungs- und Einschnürungswerte ergaben, wenn sie möglichst rasch nach dem Walzen bzw. nach der letzten Wärmebehandlung geprüft wurden[1]. Nach längerem Lagern, schneller nach Erwärmung auf 100°, stellten sich höhere Dehnungs- und Einschnürungswerte ein. In der Bruchfläche des sofort geprüften Zerreißstabes beobachtete man kleine, meist kreisrunde

Stahl mit	C 0,32	Si 0,26	Mn 0,54	Ni 0,54	Cr 1,27 %
nach dem Glühen Wasserablöschung				nach dem Glühen Ofenabkühlung	

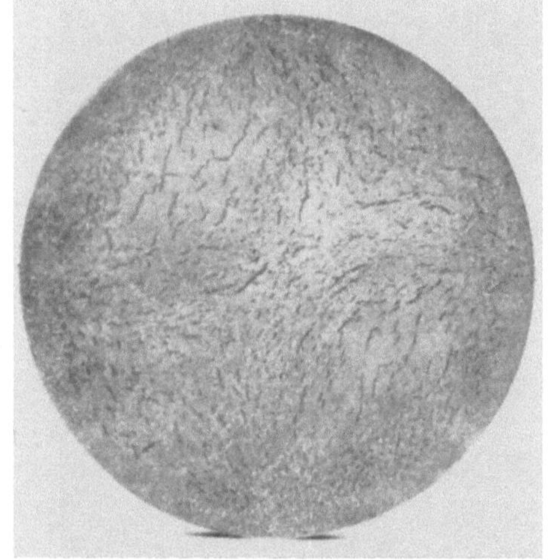
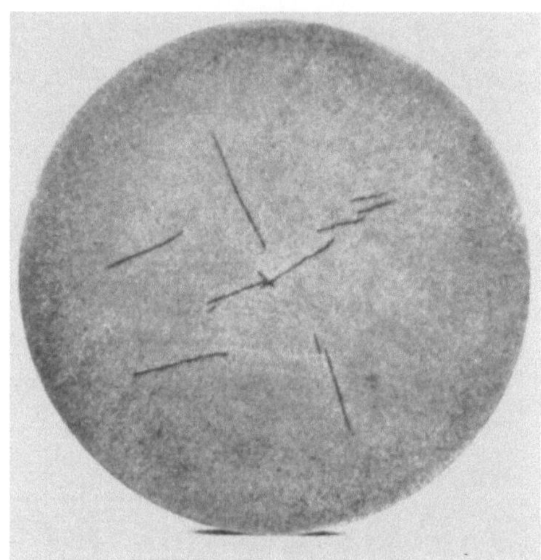

¹/₁ nat. Gr.

Abb. 811. Flockenbildung durch Wasserstoffglühung bei tiefen Temperaturen unterhalb der Umwandlung mit erhöhten Drücken (geglüht 8 Stunden 550° mit 1000 at H₂). [Nach Houdremont, E., u. H. Schrader: Techn. Mitt. Krupp, Forschungsber. Bd. 4 (1941) S. 67—98.]

flockenähnliche Erscheinungen, die sich augenscheinlich erst unter dem Einfluß der Zerreißspannungen ausbildeten, während die lange gelagerten bzw. bei 100° entgasten Proben diese Fehlstellen nicht mehr aufwiesen. Der Zusammenhang mit dem Wasserstoffgehalt des Stahles konnte entsprechend Zahlentafel 205 [S. 939] nachgewiesen werden[1, 2]. Gelegentlich kann auch bei Zerreißproben aus Schweißverbindungen, die mit dick ummantelten Elektroden

---

¹ Körber, F., u. J. Mehovar: Arch. Eisenhüttenw. Bd. 9 (1935/36) S. 331; s. a. Mitt. Kais.-Wilh.-Inst. Eisenforschg. Bd. 17 (1935) S. 89/105.

² Houdremont, E., u. H. Schrader: Techn. Mitt. Krupp, Forschungsber. Bd. 4 (1941) S. 67/98, daselbst Schrifttumsübersicht.

Zahlentafel 205. Zusammenhang zwischen Verformbarkeit beim Zerreißversuch und Wasserstoffgehalt an walzneuen Schienenstücken nach F. Körber und J. Mehovar[1].

Probe-Nr.	Vorbehandlung	Zugfestigkeit kg/mm²		Dehnung $(l = 10d)$ %		Einschnürung %		Wasserstoffgehalt cm³/100 g
1	Anlieferungszustand	88,3	88,0	9,1	9,1	10	10	2,08
2	sofort geprüft	87,6		9,1		10		2,18
3	Proben 1 Stunde bei	88,5	88,7	13,0	13,1	20	20	0,09
4	200° gewärmt	88,8		13,1		20		0,11
5	Proben 7 Wochen	89,3	89,0	12,7	12,9	21	21	0,09
6	gelagert	88,7		13,1		20		0,10
7	Schienenstück 7 Wochen	84,3	86,0	12,7	12,3	22	19	0,41
8	gelagert	87,6		11,9		16		0,32

geschweißt wurden, in der Bruchfläche eine flockenähnliche Erscheinung beobachtet werden. Das Schweißgut derartiger Elektroden weist sehr hohe Wasserstoffgehalte auf, die zum größten Teil aus den verwendeten Umhüllungsmassen stammen[2]. Je nach der Legierung können sich daher entweder echte Flocken ausbilden oder eine Vorstufe der Flockenbildung, die sich erst bei der zusätzlichen Beanspruchung des Zerreißversuches zu Trennungen auswirkt[3]. Beide Beobachtungen haben einen wertvollen weiteren Beitrag zur Erkenntnis des Zusammenwirkens von Wasserstoff und Spannungen bei der Flockenbildung ergeben. Seigerungen und Einschlüsse können daneben die Ursache zu lokalen Wasserstoffansammlungen geben, abgesehen davon, daß lokale Anreicherungen von Schlacken und Einschlüssen an sich den Materialzusammenhang bereits schwächen und somit bevorzugte Stellen zur Rißbildung sind.

Flocken, ebenso wie Primärkorngrenzenrisse (S. 550), die nicht in Verbindung mit der Außenschicht stehen und somit keiner Oxydation der Rißoberfläche ausgesetzt sind, können durch nachträgliches Schmieden wieder verschweißt und zugeschmiedet werden. Ein vorsichtiges allseitiges Schmieden ist erforderlich, weil Flocken, die in den Gleitflächen der Verformung liegen, nicht so leicht verschweißen, sondern sogar weiter aufreißen können. Richtig nachgeschmiedeter Stahl kann absolut einwandfreie Eigenschaften aufweisen. Erwähnenswert ist, daß die Gefahr des Auftretens von Flocken um so höher wird, je größer der Ausgangsblock und je geringer der Verschmiedungsgrad ist. Trotzdem konnten Flocken auch nach sehr weitgehender Verformung, z. B. in 6% W, 0,6% C enthaltendem Wolfram-Magnetstahl noch in Walzquerschnitten von 20 × 10 mm bei einem Ausgangsgußdurchmesser von 17 cm, beobachtet werden.

Nach dem geschilderten Zusammenhang zwischen Wasserstoffgehalt und Flockenrißbildung ist es verständlich, daß die verschiedenen Stahlherstellungsverfahren — Thomas-, Bessemer-, S.M.-, Tiegel-, Elektrostahl — verschieden empfindlich gegen Flocken sind. Je höher die Wasserstoffaufnahme während der Herstellung sein kann, um so größer ist die Flockenempfindlichkeit des Stahles. Basisch hergestellte Stähle, bei denen große Mengen Kalk, der im

---

[1] Arch. Eisenhüttenw. Bd. 9 (1935/36) S. 331.

[2] Bennek, H., u. F. H. Müller: Arch. Eisenhüttenw. Bd. 14 (1940/41) S. 605/15. — Techn. Mitt. Krupp, Forschungsber. Bd. 4 (1941) S. 99/116.

[3] Siehe Fußnote 3 S. 938.

gebrannten Zustand leicht Wasser aufnimmt, zugesetzt werden, sind entsprechend durchweg empfindlicher als saure Stähle. Durch einen lebhaften Kochprozeß wird infolge der dauernden Entwicklung von Kohlenoxyd beim Frischen des Stahles eine teilweise Auswaschung des Wasserstoffs eintreten. Basische Elektrostähle, die lange Zeit während der Feinungsperiode in beruhigtem Zustand unter einer kalkreichen Schlacke liegen, können dagegen entsprechend leicht hohe Mengen von Wasserstoff aufnehmen. Basischer Lichtbogenofenstahl galt daher vor der Erkenntnis der Zusammenhänge mit dem Wasserstoffgehalt als besonders flockenempfindlicher Stahl und ist es auch, wenn nicht eine sorgfältige Vortrocknung des Kalkes vorgenommen wird. Der Tiegelstahl hingegen hatte bei der Herstellung im Graphittiegel den Vorzug, daß der Stahl sich stets unter einer schwachen Kohlenoxydatmosphäre befand infolge der Reaktion des Tiegelwerkstoffes mit dem Stahl und dem Graphit; ferner erfolgten keine wasserstoffhaltigen Zusätze, der gesamte Einsatz des Tiegelofens wurde vielmehr sehr sorgfältig aussortiert.

Flocken werden seltener in hoch aluminiumhaltigen Stählen, den sog. Nitrierstählen mit etwa 1% Aluminium, beobachtet. Auch stärker sonderkarbidhaltige Stähle, z. B. Stähle mit mehr als 4% Chrom, Schnelldrehstähle, rostfreie Stähle u. dgl., weisen normalerweise keine Flocken auf. Bei Wasserstoffbeladung neigen sie mehr zu einer allgemeinen Rißempfindlichkeit, die sich besonders beim Härten in Luft, Öl oder Wasser äußert. Auch in austenitischen Stählen sind Flocken sehr selten, doch wurden sie z. B. bei Manganhartstahl und Chrom-Nickel-Wolfram-Ventilkegelstahl gelegentlich eindeutig festgestellt. Weitere Einflüsse der Legierung sind noch nicht klar herausgeschält, sie bestehen eindeutig nur insofern, als alle Legierungselemente, die die Lage des Martensitpunktes zu tieferen Temperaturen verschieben, die Flockenbildung begünstigen infolge der Zusammenhänge zwischen Löslichkeit und Diffusionsfähigkeit von Wasserstoff im γ- und α-Eisen[1].

Wasserstoff abgebende Kokillenanstriche vermehren naturgemäß die Flockenempfindlichkeit des Stahles, ebenso heißes und schnelles Gießen. Der an Wasserstoff stärker angereicherte Blockkopf ist meist empfindlicher als der Blockfuß eines und desselben Blockes. Auch aus Heiz- oder Zementationsgasen aufgenommener Wasserstoff im festen Stahl kann zur Flockenbildung führen. Alle Wasserdampf und Wasserstoff abgebenden Gase können entsprechend wirken. In Übereinstimmung hiermit zeigen sich bei Tiefzementation in wasserstoffhaltigem Leuchtgas bei hohen Temperaturen und längeren Zementationszeiten ausgeprägte Flockenbildungen (s. auch S. 936). Auch in kleineren Querschnitten konnten entsprechende Beobachtungen angestellt werden[2] (Abb. 812).

Direkt nach dem Gießen ohne Abkühlung verschmiedete Blöcke zeigen erfahrungsgemäß große Flockenempfindlichkeit; andererseits sind die Randpartion nach dem Schmieden an Luft abgekühlter Stücke meist flockenfrei. Kühlen die Gußblöcke nach dem Gießen unverarbeitet ab, so kann bei entspre-

---

[1] Bennek, H., u. G. Klotzbach: Techn. Mitt. Krupp, Forschungsber. Bd. 4 (1941) S. 47/66. — Eilender, W., Yü Chih Chiu u. F. Willems: Arch. Eisenhüttenw. Bd. 13 (1939/40) S. 309/16.

[2] Houdremont, E., u. H. Schrader: Techn. Mitt. Krupp, Forschungsber. Bd. 4 (1941) S. 67/98.

chender schneller Abkühlung auch bereits im Gußzustand Rißbildung (Primär-korngrenzenrisse, Abb. 450, (S. 549) auftreten. Bei geringer Abkühlungsgeschwin-digkeit werden auch diese unterdrückt. Derartige Primärkorngrenzenrisse im Guß-zustande verhalten sich in bezug auf die Natur ihres Auftretens (Stahlherstelungs-verfahren, Kokillenlack, schnelle und langsame Abkühlung) wie Flocken im geschmiedeten Zustande und könnten als Flocken im Gußzustand, d. h. als Folge von Wasserstoffausscheidungen bezeichnet werden, die durch nichtmetallische Einschlüsse an den Korngrenzen unterstützt werden können[1]. Im Gußzustand

¹/₁ nat. Gr.

Cr-Ni-Stahl mit 0,34% C, 4,5% Ni, 1,4% Cr bei 1100° 10 Stunden in Leuchtgas geglüht,
anschließend an Luft abgekühlt.

Abb. 812. Flockenbildung im Kern bei Zementation in Leuchtgas.

kann sich aber ein Teil des Wasserstoffes in Gasblasen und Hohlräumen sowie an Einschlüssen unter Druck ansammeln, um beim nächsten Erwärmen auf Schmiede- oder Walztemperatur, insbesondere unter der Wirkung des Schmiede-druckes, wieder gelöst zu werden. Auch diese Mengen können noch genügen, um bei nachfolgender schneller Abkühlung von Schmiede- oder Walzendtemperatur Flocken zu erzeugen.

Entkohlung. Wasserstoff ist bei höheren Temperaturen ein scharfes Ent-kohlungsmittel. Insbesondere ist feuchter Wasserstoff in Glühöfen in dieser Beziehung außerordentlich ungünstig. Bei der Umstellung kohlegefeuerter Öfen auf Gasbeheizung, insbesondere bei Verwendung wasserstoffhaltiger Gase, haben sich bei Nichtbeachtung entsprechender Vorsichtsmaßnahmen oft unan-genehme Entkohlungserscheinungen gezeigt, die sich nur durch genaue Regu-lierung der Verbrennung, evtl. unter Zusatz karburierender Mittel, vermeiden

---

[1] Houdremont, E., u. H. Korschan: Stahl u. Eisen Bd. 55 (1935) S. 297/304 — Techn. Mitt. Krupp Bd. 3 (1935) S. 63/73. — Bennek, H., H. Schenck u. H. Müller: Stahl u. Eisen Bd. 55 (1935) S. 321/28 — Techn. Mitt. Krupp Bd. 3 (1935) S. 73/86.

ließen. Trockener, sauerstofffreier Wasserstoff führt im Gegensatz zu feuchtem Wasserstoff bei niedrigem Druck nicht zur Oberflächenentkohlung (s. a. S. 128).

Von der Oberflächenentkohlung unter Atmosphärendruck, die also hauptsächlich bei gleichzeitiger Anwesenheit von Wasserstoff und Sauerstoff bei höheren Temperaturen eintritt, ist diejenige Entkohlung durch Wasserstoff zu unterscheiden, die bei Einwirkung von Wasserstoff unter hohem Druck bei verhältnismäßig tiefen Temperaturen oberhalb 250° erfolgt[1]. Während die oberflächliche Randentkohlung bei hohen Temperaturen meist ohne Wasserstoffversprödung vor sich geht, ist dies bei der Entkohlung bei tiefen Temperaturen nicht der Fall. Im Abschnitt Mangan (S. 309) ist das Grundsätzliche der Wirkung von Hochdruckwasserstoff geschildert worden. Diese Entkohlung tritt bei Kohlen-

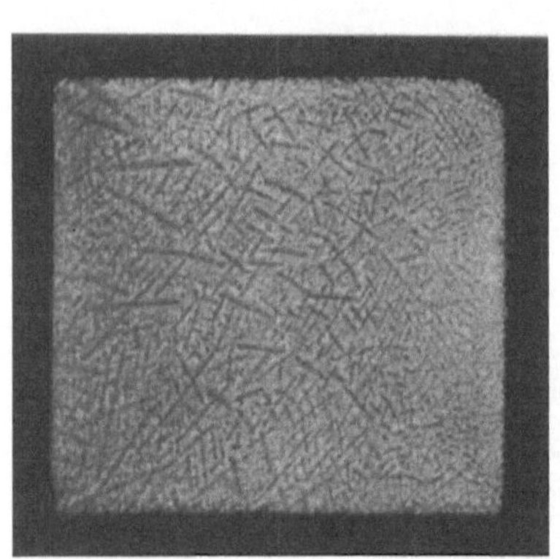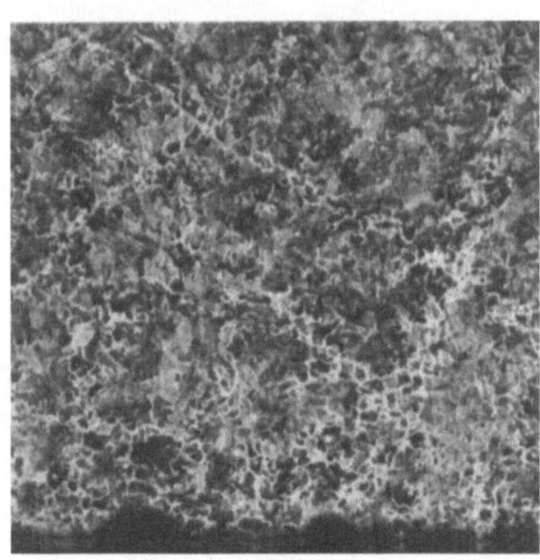

V = 2   V = 20

Stahl mit 0,76% C, 20 Stunden bei 450° in Wasserstoff von 300 at geglüht.

Abb. 813. Bevorzugter Angriff durch Entkohlung in Dendriten. [Nach Naumann, F. K.: Techn. Mitt. Krupp, Forschungsber. Bd. 1 (1938) S. 207/23.]

stoffstählen bereits bei Temperaturen oberhalb 250—300° bei Drücken von 200—300 atü auf; sie nimmt ihren Anfang von den Korngrenzen und gewissen bevorzugten Flächen innerhalb der Körner und ist mit entsprechenden Gefügeauflockerungen (Abb. 253, S. 309) verbunden. Derartig angegriffene Proben weisen einen außerordentlich starken Abfall an Kerbzähigkeit, Einschnürung und Dehnung auf. Für die Stärke des Angriffes ist außer Druck und Temperatur auch die Versuchsdauer von maßgebendem Einfluß. Hat der Angriff nach Überschreitung der zeitabhängigen Beständigkeitsgrenze in bezug auf Druck und Temperatur einmal begonnen, so dringt er verhältnismäßig schnell in den Stahl ein. Von besonderem Interesse ist die Tatsache, daß im geseigerten Werkstoff die Dendritenachsen schneller entkohlt werden als der übrige Werkstoff (Abb. 813). Die unterschiedliche Diffusionsfähigkeit von Wasserstoff an geseigerten und ungeseigerten Stellen wird hierdurch belegt; diese Unterschiede werden bei Gußblöcken auch für die Flockenbildung von Bedeutung sein. Die Stärke der Entkohlung wird durch den Verschmiedungsgrad wenig beeinflußt; ebenso ist das Feingefüge hierfür von geringer Bedeutung. Durch Auftreten von Ferrit in zusammenhängenden Netzen, besonders in Verbindung mit grobem Korn

---

[1] Naumann, K. F.: Techn. Mitt. Krupp, Forschungsber. Bd. 1 (1938) S. 207/23.

oder als Zeile, wird die Entstehung einzelner entkohlter Schichten begünstigt. Auch Kaltverformungen beschleunigen das Fortschreiten des Wasserstoffangriffes. Diese Art der Wasserstoffzerstörung, die bei höheren Temperaturen vielfach mit gleichzeitiger Rißbildung eintritt, ist von großer technischer Bedeutung für chemische Großapparaturen, in denen Reaktionen mit Wasserstoff unter hohem Druck stattfinden, wie Hydrieröfen zur Kohlehydrierung, Ammoniaksynthesen u. dgl. Die Zersetzung geht hier sicherlich über die Zersetzung der Karbide, d. h. über Methanbildung vor sich, wodurch man ebenfalls geneigt ist, bei der Flockenbildung eine Mitwirkung des Methans mit anzunehmen. Stähle mit von Wasserstoff schwer angreifbaren Sonderkarbiden (s. Abb. 438, 439 S. 533, 496 S. 593, 609, 610 S. 717) weisen erhöhte Widerstandsfähigkeit gegen diese Rißentkohlung durch Druckwasserstoff bis zu Temperaturen von 600° und darüber auf, wobei bemerkenswert ist, daß derartige Stähle auch wiederum weniger zu Flockenbildung neigen.

Die entkohlende Wirkung von Wasserstoff beim Glühen in wasserstoffhaltigen Atmosphären wird auch technisch ausgenutzt. In dem Abschnitt Silizium (Dynamoflußeisen, S. 800) wurde darauf hingewiesen, daß durch Wasserstoff eine wesentliche Verbesserung der Wattverlustziffern erreicht werden kann. Auch bei reinen Eisensorten findet durch eine Wasserstoffglühung (oberhalb 1100°) eine weitgehende Entfernung von Spuren von Kohlenstoff, evtl. auch Sauerstoff, Stickstoff, Schwefel statt. Hierdurch werden vor allem die magnetischen Eigenschaften — Permeabilität, Hysteresis usw. — wesentlich verbessert. Ein Beispiel für diese Verbesserung gab Abb. 13, S. 15.

5. Hinweise auf den Einfluß des Wasserstoffs bei der Stahlherstellung und -verarbeitung.

Die Aufnahmefähigkeit eines Stahlbades für Wasserstoff ist um so größer, je höher der Partialdruck des Wasserstoffes über der Schmelze und je geringer der Partialdruck anderer Gase in der Schmelze ist. Während der Oxydationszeit mit starker Kohlenoxydentwicklung im Stahlbad sind die Bedingungen für eine Wasserstoffaufnahme ungünstig. Am günstigsten sind sie während einer längeren Desoxydationsperiode, wie sie z. B. im basischen Lichtbogenofen betrieben wird. Die hohe Flockenempfindlichkeit so hergestellter Stähle bestätigt das.

Die Verwendung des begierig Feuchtigkeit aufnehmenden gelöschten Kalkes bei den basischen Herdfrischverfahren birgt entsprechende Gefahren in bezug auf Wasserstoffanreicherung in sich. Die Zusammensetzung des Stahles spielt ebenfalls eine Rolle für die Aufnahme von Wasserstoff. Nickel, Kobalt, Mangan vermehren und erleichtern allgemein die Aufnahme, Silizium behindert das Austreten des Wasserstoffs auch beim Übergang vom flüssigen in den festen Zustand. Hoher Kohlenstoffgehalt und Aluminiumzusätze wirken aufnahmevermindernd.

Erstarrt ein stark wasserstoffhaltiger Stahl, so verhält er sich zuerst normal. Die Erstarrung beginnt mit üblicher Einlunkerung und dann setzt nachträglich infolge der Wasserstoffabgabe am Soliduspunkt ein Steigen und Spucken des Stahles ein (Wasserstoffunruhe). Im Gegensatz hierzu steht die Sauerstoffunruhe bei der Erstarrung, die während der ganzen Erstarrung ein Kochen des Stahles unter Kohlenoxydbildung hervorruft.

Praktisch enthalten alle technisch hergestellten Stähle mehr oder weniger Wasserstoff. Solange der Wasserstoffgehalt die Löslichkeitsgrenze nicht überschreitet, braucht es zu irgendwelchen unangenehmen Erscheinungen während des Vergießens und der Erstarrung nicht zu kommen. Trotzdem kann die Gasabgabe während der Erstarrung noch von einem gewissen Einfluß auf das Primärgefüge des Blockes sein. Wie Untersuchungen von R. Hohage und R. Schäfer[1] zeigten, scheint ein gewisser Zusammenhang zwischen der Transkristallisation und dem Wasserstoffgehalt mancher Stähle zu bestehen. Untersuchungen an verschiedenen Stählen, die unter gleichen Bedingungen vergossen wurden, aber verschieden im Wasserstoffgehalt waren, zeigten eine deutlich stärkere Transkristallisation des wasserstoffbeladenen gegenüber dem wasserstofffreien Stahl. Bei eigenen Versuchen konnte dieser Zusammenhang nicht so klar nachgewiesen werden, so daß diese Verhältnisse gelegentlich einer Nachprüfung bedürfen. Daß aber eine gewisse Einwirkung zu bestehen scheint, geht auch aus den Untersuchungen von H. Bennek, H. Schenck und H. Müller[2] über den Einfluß von Wasserstoff auf die Flockenbildung hervor. Die mit Wasserstoff übersättigten Güsse zeigten ebenfalls eine gröbere Primärkristallisation als die nicht mit Wasserstoff behandelten Stähle[3]. Immerhin zeigt auch diese Beobachtung, wie der ganze Abschnitt Wasserstoff, insbesondere der geschilderte Einfluß beim Härten, auf die Rißbildung und auf das Gefüge anomaler Stähle, welche große Bedeutung der Beobachtung der kleinsten Fremdbeimengungen im Stahl beizumessen ist. Die Metallurgie der Eisen- und Stahlherstellung bedeutet heute nicht mehr allein die Kenntnis der Reaktionen zwischen Eisen, Kohlenstoff und Sauerstoff, hinzu kommen vielmehr als wesentliche Komponenten mindestens noch Stickstoff und Wasserstoff.

P. Phosphor und Schwefel im Stahl.

Wenn auch normalerweise die Elemente Phosphor und Schwefel in hochwertigen Sonderstählen als unerwünschte Verunreinigungen angesehen werden, so sind doch die Eigenschaften, die sie den Stahllegierungen verleihen können, für einzelne Verwendungszwecke von Interesse.

1. Phosphor.

Das Zustandsschaubild Eisen-Phosphor gibt Abb. 814 wieder. Erwähnenswert ist die große Mischungslücke zwischen Schmelze und erstarrten Mischkristallen, die die Veranlassung dafür ist, daß Phosphor im Gußblock und im Primärkristall verhältnismäßig stark seigert. Ein Beispiel der Blockseigerung in unberuhigten Güssen gibt später Abb. 830 S. 957. Die Diffusionsfähigkeit von Phosphor im Mischkristall ist gering, so daß diese Seigerungen auch nach längerem Erwärmen auf höhere Temperaturen und entsprechender Verschmiedung nicht völlig verschwinden, sondern nur bei längerem Halten dicht unterhalb des Schmelzpunktes an Schärfe verlieren (s. Abschnitt Glühen S. 82). Die

---

[1] Arch. Eisenhüttenw. Bd. 13 (1939/40) S. 123/25.
[2] Stahl u. Eisen Bd. 55 (1935) S. 321/31.
[3] Stahl u. Eisen Bd. 55 (1935) S. 331, vorletzter Absatz.

Ätzung auf Phosphorseigerungen nach Oberhoffer wird daher schlechthin als Primärätzung bezeichnet. Die Tatsache, daß verschieden legierte Stähle bei Ätzung nach Oberhoffer bei gleichem Phosphorgehalt unterschiedlich ansprechen, spricht dafür, daß diese Seigerungen durch die Legierung verschieden stark beeinflußt werden. Die mögliche Höhe der mikroskopischen Phosphoranreicherungen in Kristallseigerungen ist noch nicht genau erfaßt[1]; man kann daher, wie später noch zu ersehen sein wird, manche Eigenschaftsveränderungen in Eisen- und Stahllegierungen, wie z. B. die Anlaßsprödigkeit, noch nicht mit Sicherheit mit Phosphor in Zusammenhang bringen, obwohl diese durch Annahme örtlicher Anreicherung an Phosphor zwanglos erklärt werden könnten, während die durchschnittlichen Phosphorgehalte allein solche Annahmen nicht

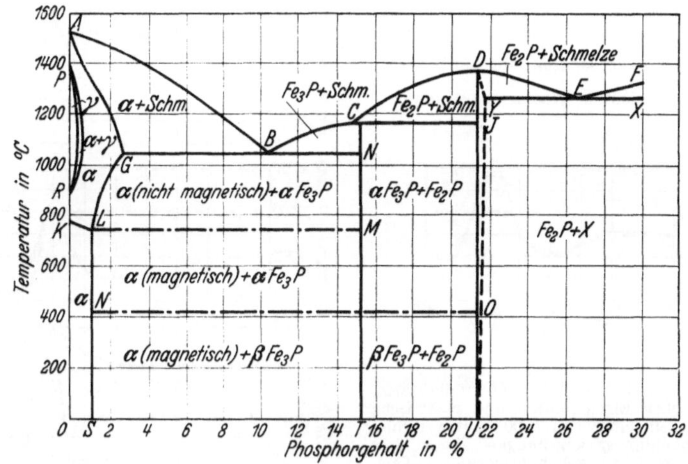

Abb. 814. Zustandsschaubild Eisen-Phosphor. [Nach J.L. Haughton: Stahl u. Eisen Bd. 47 (1927) S. 1461/62.]
———— Thermische Analyse. —·—·— Magnetische Analyse.

rechtfertigen würden. Wie das Zustandsschaubild Eisen-Phosphor zeigt, gehört Phosphor zu den Elementen, die das γ-Gebiet abschnüren. Oberhalb eines bestimmten Phosphorgehaltes (0,53—0,57% P) hat man es nur mit rein ferritischen umwandlungsfreien Legierungen zu tun[2]. Das γ-Feld wird vom α-Feld durch ein heterogenes Gebiet getrennt. Die Konzentrationsunterschiede zwischen den beiden Kristallarten sind vielleicht ebenfalls von einer gewissen Bedeutung, da auch sie sich, wie Vogel[3] nachgewiesen hat, wegen der schlechten Diffusionsfähigkeit von Phosphor nicht ohne weiteres ausgleichen.

Phosphorseigerungen können also primärer oder sekundärer Natur sein. Sie sind von Wichtigkeit, weil sie zu Ausscheidungsvorgängen Veranlassung geben können. Wie das Zustandsschaubild zeigt, steigt die Löslichkeit des Eisenphosphids im festen Zustand mit steigender Temperatur an. Die genaue Löslichkeitsgrenze bei Raumtemperatur dürfte noch nicht endgültig festliegen, kann aber mit etwas über 1% angenommen werden. Durch die Ausscheidung des Eisenphosphids lassen sich entsprechende Eigenschaftsveränderungen erzielen. Einen

---

[1] Einige Angaben s. bei H. Bennek: Arch. Eisenhüttenw. Bd. 9 (1935/36) S. 147/53.

[2] Vgl. M. Hansen: Der Aufbau der Zweistofflegierungen, S. 713/14. Berlin: Springer 1936 S. 713.

[3] Vogel, R.: Arch. Eisenhüttenw. Bd. 3 (1929/30) S. 369/81.

Einblick in die Verhältnisse gibt Abb. 815. Die Temperatur des maximalen Härteanstiegs liegt zwischen 530 und 600°.

Das Dreistoffsystem Eisen-Kohlenstoff-Phosphor ist in gewissem Umfange bis zur Verbindung Fe_3P und dem Zementit Fe_3C geklärt. Bei der Erstarrung scheint nach den Untersuchungen von Vogel[1] allerdings auch noch die Verbindung Fe_2P an den Umsetzungen beteiligt zu sein, während im festen Zustand die sich abspielenden Reaktionen von einem binären Schnitt Fe_3P—Fe_3C ausgehen sollen. Einen Überblick über das Dreistoffsystem Eisen-Kohlenstoff-Phosphor gibt Abb. 816. Während für Roheisen Phosphorgehalte von 1,8—2% von Bedeutung sein können und auch bei Grauguß die größere Dünnflüssigkeit phosphorhaltigen Eisens ausgenützt wird, verwendet man in technischen

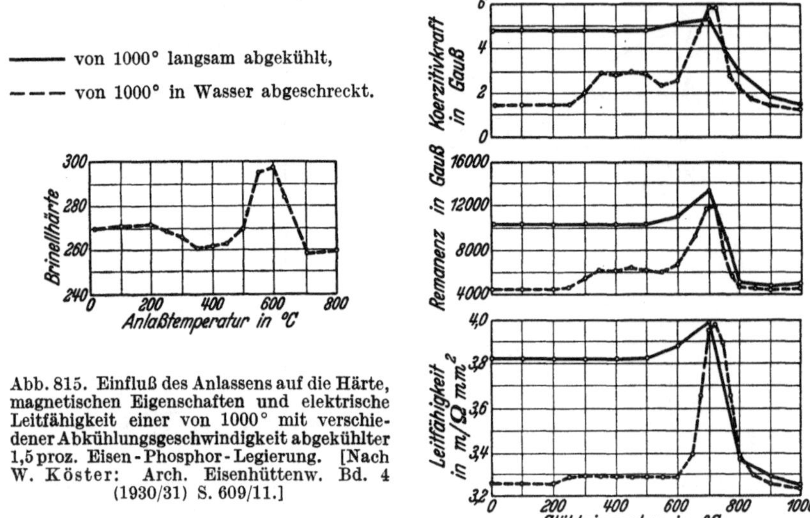

Abb. 815. Einfluß des Anlassens auf die Härte, magnetischen Eigenschaften und elektrische Leitfähigkeit einer von 1000° mit verschiedener Abkühlungsgeschwindigkeit abgekühlter 1,5 proz. Eisen-Phosphor-Legierung. [Nach W. Köster: Arch. Eisenhüttenw. Bd. 4 (1930/31) S. 609/11.]

Stählen Phosphor nur im Ausnahmefall in der Höhe von 0,2—0,3%, während die meisten Stahllegierungen weniger Phosphor enthalten und insbesondere bei hochwertigen Stählen die obere Grenze bei 0,06% bzw. sogar 0,03% liegt. Für Gußeisen ist die Tatsache von Wichtigkeit, daß Phosphor das Ledeburiteutektikum zu tieferen Kohlenstoffgehalten verschiebt. Auf die Möglichkeit, daß infolge der Mischungslücke zwischen α- und γ-Eisen und der geringen Diffusionsgeschwindigkeit bei Raumtemperatur zwei α-Mischkristalle verschiedenen Phosphorgehaltes nebeneinander bestehen können, wurde bereits hingewiesen. Dies gilt insbesondere für kohlenstoffarme Flußeisensorten mit höherem Phosphorgehalt. Bei höheren Kohlenstoffgehalten wird das γ-Gebiet erweitert, so daß eine Entmischung weniger leicht auftritt.

Ein wesentlicher Einfluß von Phosphor auf die Härtungs- und Vergütungsvorgänge konnte bisher nicht festgestellt werden. Die bereits erwähnte Neigung zur Seigerung läßt es aber wünschenswert erscheinen, den Phosphorgehalt so tief wie möglich zu halten, um irgendwelche unerwünschten Nebenerscheinungen infolge von Ausscheidungsvorgängen an phosphorreicheren Stellen zu vermeiden.

[1] Vogel, R.: Arch. Eisenhüttenw. Bd. 3 (1929/30) S. 369/81.

Die Veränderung der Festigkeitseigenschaften durch Phosphor gibt Abb. 817 wieder. Phosphor erhöht die Festigkeit und Streckgrenze. Bei höheren Phosphorgehalten fällt die spez. Schlagarbeit stärker ab; die hohe Kaltsprödigkeit ist oft mit einer Grobkörnigkeit verbunden. Diese Erscheinung macht man sich praktisch zunutze bei der Beurteilung der Entphosphorung im Thomasstahlwerk an Hand

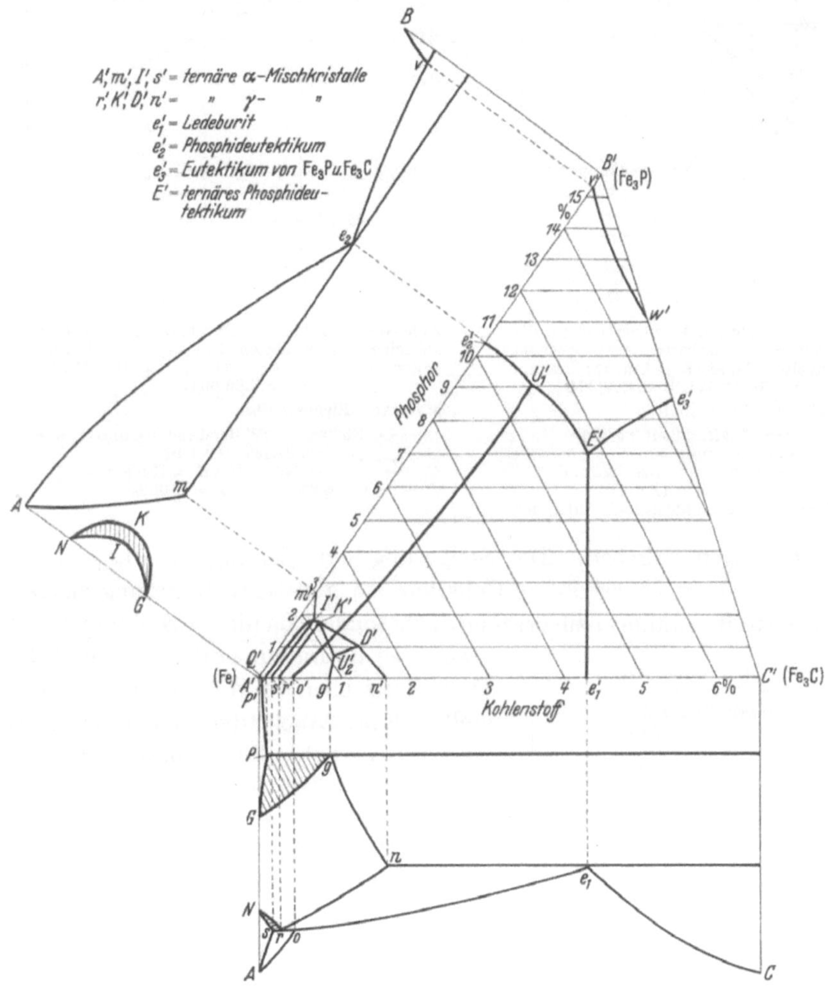

Abb. 816. Ternäres Zustandsschaubild Fe—Fe₃C—Fe₃P. [Nach R. Vogel: Arch. f. d. Eisenhüttenw. Bd. 3 (1929/30) S. 369/81.]

des Kornes von Bruchproben. Die Veränderung der physikalischen Eigenschaften zeigt Abb. 818 (s. auch Abb. 815 u. 832). Es liegen hier ähnliche Verhältnisse wie bei Eisen-Silizium-Legierungen vor. Die ferritischen Phosphorlegierungen mit über 1% P zeichnen sich durch geringe Koerzitivkraft und geringe Hysteresisverluste bei gleichzeitigem Ansteigen des elektrischen Widerstandes aus. Zusätze von Phosphor zu siliziumhaltigem Dynamoflußeisen dürften ähnlich wirken wie entsprechende Zusätze von Aluminium.

Allgemein wird Phosphor als Stahlschädling angesprochen und entsprechend bei hochwertigen Stählen die bereits erwähnte Grenze von max. 0,03%, in

Einzelfällen sogar 0,02% Phosphor angestrebt. Es finden sich aber immer wieder Stimmen, die sich für die bewußte Verwendung von Phosphor in Eisen- und

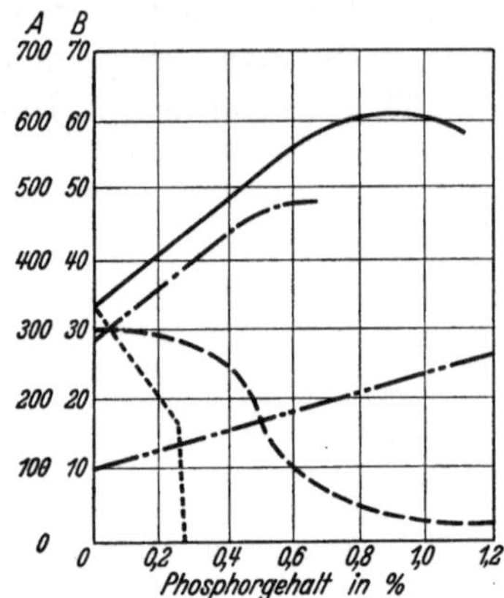

Abb. 817. Einfluß des Phosphors auf die Festigkeitseigenschaften von weichem Flußeisen. [Nach E. d'Amico: Ferrum Bd. 10 (1912/13) S. 289/304.]

Maßstab Eigenschaften

B ———— Zugfestigkeit kg/mm²
B — — — Dehnung %
B —·—·— Streckgrenze kg/mm²
A —··—··— Härte (Brinell)
B ········ Schlagfestigkeit mkg/cm²

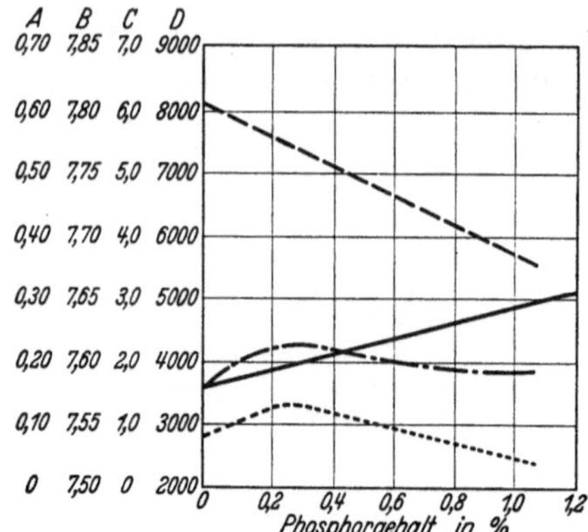

Abb. 818. Einfluß des Phosphors auf die physikalischen Eigenschaften von weichem Flußeisen. [Nach E. d'Amico: Ferrum Bd. 10 (1912/13) S. 289/304.

Maßstab Eigenschaften

 ----- Elektrischer Widerstand in Ohm·m/mm²
B ———— Spezifisches Gewicht
C — — — Koerzitivkraft ($B = 13000$)
D —·—·— Hysteresis ($B = 10000$)

Stahllegierungen erheben. Die Steigerung der Streckgrenze hat z. B. dazu geführt, Phosphor in erhöhten Gehalten als günstiges Legierungselement für leichtlegierte Baustähle anzusprechen, insbesondere da diese Erhöhung der Streckgrenze bei Raumtemperatur sich auch bei Untersuchungen in der Wärme bis zu 500° feststellen läßt. Auch die Dauerstandfestigkeit wird durch erhöhte Phosphorzusätze (bis 0,5%) bei Kohlenstoffstählen und bei Chrommolybdänstählen verbessert[1], ohne allerdings die gleiche Höhe wie etwa bei Molybdän zu erreichen. Da Phosphor gleichzeitig einen günstigen Einfluß auf die Beständigkeit des Stahles gegen die korrodierende Wirkung der Atmosphäre aufweist, findet man im Schrifttum eine ganze Anzahl derartiger niedriglegierter Baustähle empfohlen, wie sie beispielsweise in Zahlentafel 184 (S. 847) enthalten sind. Der günstige Einfluß gleichzeitiger Phosphor- und Kupferzusätze auf die Korrosionsbeständigkeit wird in Abb. 819 gezeigt. Als „Sonderstahl" in gewissem Sinne könnte man in diesem Zusammenhang sogar den Thomasstahl erwähnen,

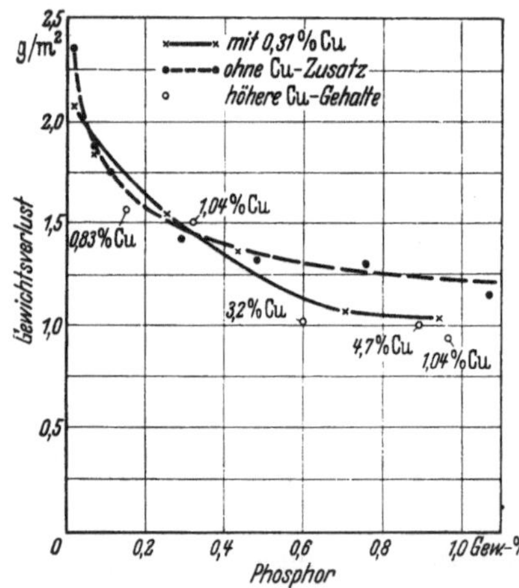

Abb. 819. Wirkung des Phosphorgehaltes in kupferfreien und kupferhaltigen Stählen auf den Gewichtsverlust von einseitig 12 Monaten der Witterung ausgesetzten Blechen. [Nach C. H. Lorig u. D. E. Krause: Metals and Alloys Bd. 7 (1936) S. 69/73.]

dessen beträchtlich höhere Verschleißfestigkeit, z. B. bei Schienen, zum Teil in dem höheren Phosphorgehalt, daneben wohl auch in dem höheren Stickstoff-

---

[1] Cross, H. C., u. D. E. Krause: Metals and Alloys Bd. 8 (1937) Nr. 2. S. 53/58.

gehalt begründet ist. Der sprödigkeitserhöhende Einfluß von Phosphor wird durch Zusätze weiterer Legierungselemente, die in der Lage sind, eine Vergütungswirkung nach dem Walzen bzw. beim Normalisieren hervorzurufen, gemindert, so daß derartige Stähle bei geschickter Kombination von praktischer Bedeutung werden können. Da man Baustähle aber stets in größeren Blockeinheiten (etwa 4 t) vergießt, wird auch bei solchen Stählen die Gefahr erhöhter Phosphorseigerungen im Kern und entsprechender Versprödungserscheinungen bestehen. Erwähnt sei hier noch, daß Phosphorzusätze auch zur Erhöhung der Streckgrenze austenitischer Stähle vorgeschlagen wurden; die erreichbare Verbesserung ist aber gering, wenn die Phosphorzusätze so bemessen werden, daß der rein austenitische Charakter erhalten bleibt. Die beabsichtigte Wirkung tritt nur dann ein, wenn durch die das γ-Gebiet abschnürende Wirkung des Phosphor größere Mengen Ferrit auftreten.

Stählen für Granaten (0,6—0,9% C, 0,6 bis 1% Mn) setzt man öfters erhöhten Phosphorgehalt zwecks Erhöhung der Sprödigkeit (größere Anzahl von Sprengstücken) zu. Eine weitere Verwendung findet Phosphor bis zu etwa 3,0% als Zusatzelement im sog. Preßmuttereisen. Der Zusatz von Phosphor vermindert das Schmieren weichen Flußeisens bei der spanabhebenden Bearbeitung. Hierbei soll ein vollkommen heruntergephosphortes Eisen, bei dem der gewünschte Phosphorgehalt durch Auflegierung mit Ferrophosphor wieder erreicht wird, sich schlechter verhalten als eine sog. Fangcharge, bei der bei einem bestimmten Phosphorgehalt der Frischprozeß unterbrochen wird. Wahrscheinlich spielen auch hier die unterschiedlichen Seigerungsverhältnisse eine Rolle. Die Bearbeitbarkeit selbst dürfte, an der Lebensdauer der Bearbeitungswerkzeuge gemessen, durch Phosphor nicht erhöht, sondern eher vermindert werden, wie dies sich insbesondere beim Bohren von Flußeisensorten mit verschiedenem Phosphorgehalt feststellen läßt. Es ergibt sich hier eine gewisse Analogie zum Silizium (Abb. 820). Beim Drehen treten diese Unterschiede nicht so deutlich in Erscheinung.

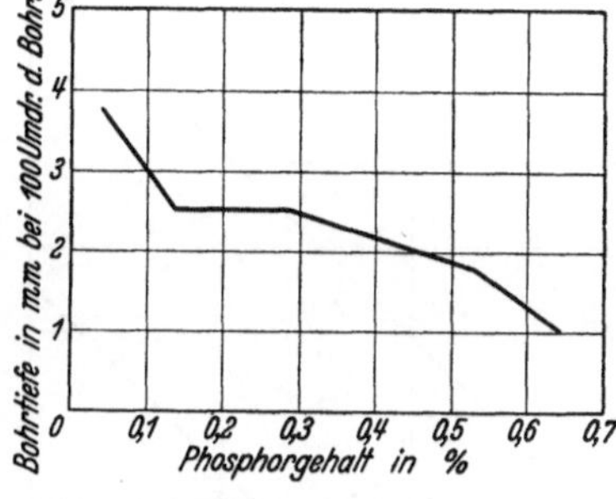

Abb. 820. Bearbeitbarkeit von Eisen mit 0,1 % C mit verschiedenem Phosphorgehalt.

Gelegentlich findet man auch Hinweise, daß Zusätze von Phosphor bis zu 1% als Zusatz zu Chrom-Aluminium-Stählen eine gewisse Verbesserung der Zunderbeständigkeit ergeben sollen[1], ohne daß derartige Zusätze weitere praktische Bedeutung erlangt hätten.

Der Kampf, ob Phosphor als nützliches oder schädliches Legierungselement anzusprechen ist, wird so lange weitergehen, wie man die Seigerungsverhältnisse im Stahl nicht genau beherrscht. Nachdem festliegt, daß Phosphor zu Ausscheidungserscheinungen mit allen Folgerungen Veranlassung geben kann, besteht die Gefahr, daß lokale Phosphoranreicherungen zu unkontrollierbaren Eigenschaftsveränderungen führen können. Dabei ist wesentlich, daß die Löslichkeitsgrenze für Phosphor bei Raumtemperatur, wie erwähnt, noch nicht festliegt, und daß die Höhe der Seigerungen andererseits nicht einwandfrei ermittelt werden kann. In diesem Zusammenhang sei auch wiederum auf den ungünstigen

---

[1] DRP. 609127.

Einfluß von Phosphor auf die Anlaßsprödigkeit hingewiesen, den bereits Abb. 177 (S. 203) zeigte. Weitere systematische Untersuchungen[1] brachten entsprechende Aufschlüsse, die den Gedanken bestärkten, die Anlaßsprödigkeit in direkten Zusammenhang mit Phosphor zu bringen und den mehr oder weniger günstigen bzw. ungünstigen Einfluß von Legierungselementen mit der Veränderung der Löslichkeit von Phosphor im Grundgefüge bzw. den Seigerungsverhältnissen zu deuten (vgl. S. 208). Hiermit würde eine Erklärung gegeben werden, warum verschiedene Schmelzen, in ein und demselben Ofen erschmolzen, Unterschiede in der Neigung zu Anlaßsprödigkeit ergeben. Unterstützt wird diese Ansicht durch Großzahluntersuchungen, die ebenfalls den Zusammenhang zwischen Phosphor und Anfälligkeit zur Anlaßsprödigkeit bestätigten (Abb. 821). Für den Einfluß des Phosphors und der Phosphorseigerung spricht auch die Tatsache, daß gegossener Stahl empfindlicher gegen Anlaßsprödigkeit ist als verschmiedeter[1]. Letztere Feststellung könnte allerdings auch so erklärt werden, daß Stahlguß an sich nicht so zäh ist und geringe Veränderungen, wie sie durch Anlaßsprödigkeit hervorgerufen werden, sich leichter und stärker auswirken als bei dem zäheren verschmiedeten Stahl. Für den Einfluß des Phosphors und gegen die Annahme einer Karbidausscheidung oder -umsetzung als Ursache der Anlaßsprödigkeit spricht im besonderen Maße die Tatsache, daß auch kohlenstoffärmste Legierungen bei entsprechendem Phosphorgehalt die charakteristischen Anzeichen der Anlaßsprödigkeit aufweisen, wenn sie von ausreichend hoher Temperatur abgeschreckt werden (Zahlentafel 206). Zu einer völligen Klärung der Ursache der Anlaßsprödigkeit wird es allerdings noch weiterer Untersuchungen bedürfen. Phosphor gehört also zu denjenigen Elementen, bei denen man sich mit dem Einfluß geringster Mengen beschäftigen muß.

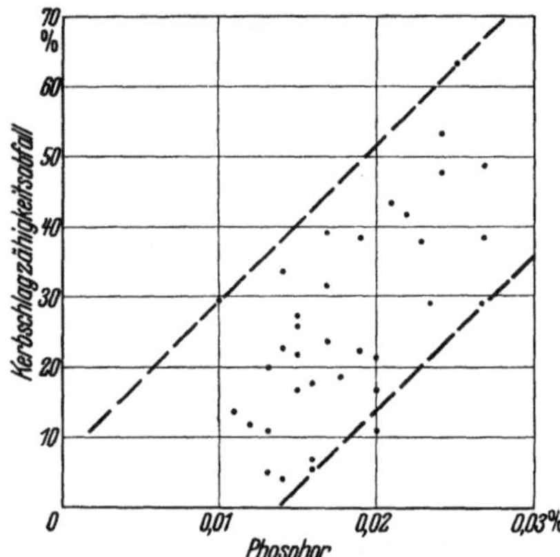

Abb. 821. Großzahlmäßig ermittelter Zusammenhang zwischen Phosphorgehalt und Anlaßsprödigkeit bei vergüteten Manganstählen mit etwa 0,45% C, 1,7% Mn nach 120 stündiger Glühung bei 500°. [Nach H. Bennek: Stahl u. Eisen Bd. 62 (1942) S. 116/17.]

Zahlentafel 206. Verhalten eines kohlenstofffreien Chrom-Nickel-Stahles mit erhöhtem Phosphorgehalt bei Behandlungen, die normalerweise Anlaßsprödigkeit auslösen.

	C 0,022	Si <0,01	Mn 0,03	P 0,13	Ni 3,30	Cr 0,51 %
Härtung	Brinellhärte gehärtet	Brinellhärte angelassen		Kerbzähigkeit (DVMR-Probe) in mkg/cm²		
		600° Wasser	600° Ofen	600° Wasser	600° Ofen	
850° Wasser	187	140	138	>23	>23	
1000° ,,	199	149	145	>23	12,2	
1200° ,,	224	179	176	11,5	6,9	

[1] Bennek, H.: Arch. Eisenhüttenw. Bd. 9 (1935/36) S. 147/54. — S. auch Diskussionsbeitrag zu E. Maurer, O. H. Wilms u. H. Kießler: Stahl u. Eisen Bd. 62 (1942) S. 116/17.

In diesem Zusammenhang hat man in den letzten Jahren dem Phosphorgehalt auch erhöhte Bedeutung bei Baustählen, die geschweißt werden sollen, geschenkt. Insbesondere bei Stählen für Luftfahrzeuge, die in dünnsten Abmessungen mit Festigkeiten von 70—100 kg/mm² geschweißt werden, hat sich durch großzahlmäßige Untersuchungen feststellen lassen, daß neben der Höhe des Kohlenstoffgehaltes vor allem die Beimengungen an Phosphor und

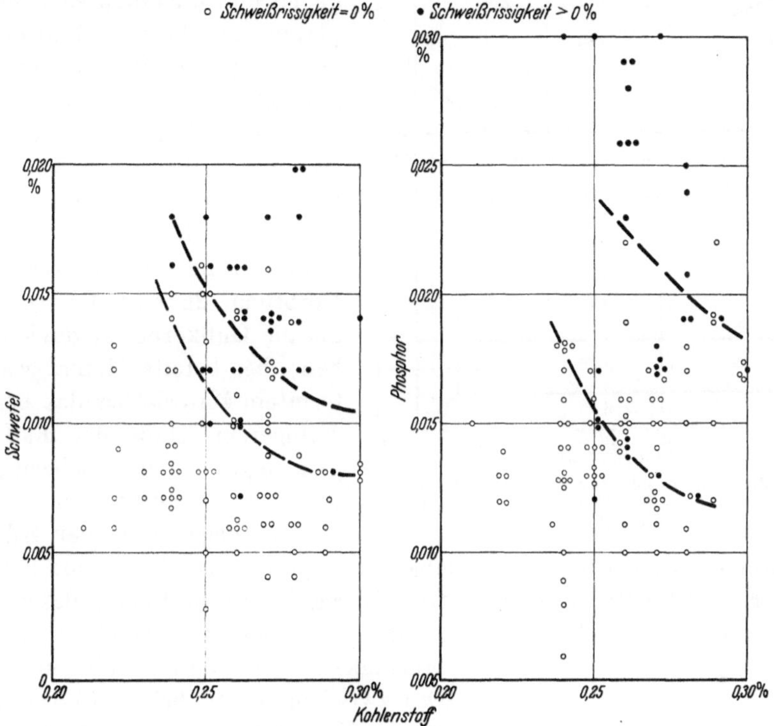

Abb. 822. Einfluß des Schwefel- und Phosphorgehaltes neben dem Kohlenstoffgehalt auf die Schweißrissigkeit eines Chrommolybdänstahles mit 0,25 % C, 1,1 % Cr, 0,2 % Mo. (Großzahlenmäßige Auswertung von 109 Schmelzungen.) [Nach J. Müller: Luftfahrt-Forsch. Bd. 17 (1940) S. 97/105.]

Schwefel für die Schweißrissigkeit mit verantwortlich sein können (Abb. 822). Bei derartigen Stählen sollen daher beide Elemente als Stahlschädlinge so gering wie möglich, d. h. unter 0,02 % P und S, gehalten werden.

2. Schwefel.

Eine größere Bedeutung hinsichtlich Verbesserung der Bearbeitbarkeit, insbesondere der Erzielung guter Oberflächenbeschaffenheit bei Automatenbearbeitung, haben Beimengungen von Schwefel gewonnen.

Die Wirkung von Schwefel in Stahllegierungen ist vor allem an den Begriff „Rotbruch" und „Heißbruch" gebunden. Eisen und Eisensulfid bilden ein niedrigschmelzendes Eutektikum (Abb. 823), das bei Zusatz von Sauerstoff, also in Gegenwart von Eisenoxydul zu noch tieferen Temperaturen verschoben wird. Bei hohen Schwefelgehalten umschließt das Eisensulfid netzartig die Primärkörner (Abb. 824). Untersucht man Eisenlegierungen, die erhöhten Schwefelgehalt haben, z. B. 0,3 %, so wird man feststellen können, daß diese

Legierungen bei der Warmformgebung zwei Brüchigkeitsbereiche haben, und zwar ein Rotbruchgebiet bei Temperaturen von etwa 800—1000° und ein sog. Heißbruchgebiet bei Temperaturen von über 1200°. Die netzartige Umhüllung der einzelnen Körner durch Schwefel mag schon die Erklärung für die mangelnde Plastizität im Rotbruchgebiet und die entsprechenden Aufplatzungen beim Schmieden und Walzen geben. Bei höherem Sauerstoffgehalt können entsprechende Oxydverbindungen ebenfalls Veranlassung zu Rotbruch sein. Insbesondere neigen mit Sauerstoff angereicherte Stähle vor allem bei Verarbeitung im Gußzustand zu Rotbruch, da hier die Oxyde sich um die Gußkörner angereichert haben; bei bereits einmal warmverformtem Material ist das bereits in geringerem Maße der Fall. Das gleiche gilt für die gleichzeitige Wirkung von Sauerstoff und Schwefel.

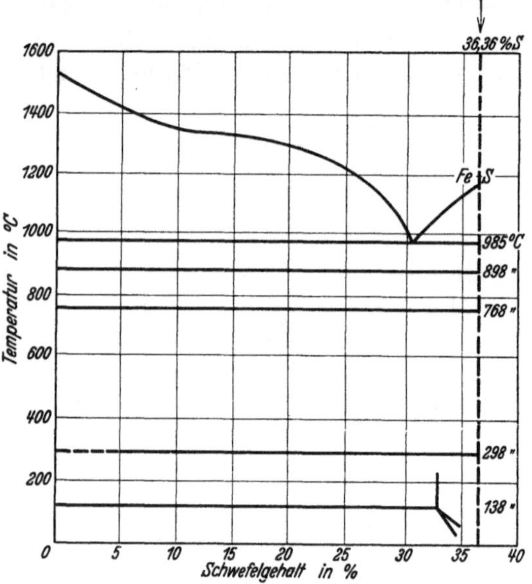

Abb. 823. Zustandsschaubild der Eisen - Schwefel - Legierungen. [Nach E. Becker: Stahl u. Eisen Bd. 32 (1912) S. 1017/21.]

Die Begrenzung der Schmiedetemperatur nach oben durch das Gebiet des Heißbruches dürfte ihre Erklärung in der starken Schmelzpunktherabsetzung durch Eisensulfid finden; das vorzeitige Schmelzen der schwefelhaltigen Korngrenzen bildet den Grund für die Heißbrüchigkeit hochschwefelhaltigen Eisens. Das zwischen diesen beiden Gebieten mangelnder Verformbarkeit liegende Temperaturgebiet genügender Schmiedbarkeit deutet darauf hin, daß Veränderungen in der Natur der Schwefelausscheidung beim Erwärmen in dieses Gebiet eintreten müssen. Diese Veränderungen könnten derart sein, daß die eingelagerten Schwefelverbindungen oder Oxyde selbst eine höhere Plastizität und Verformbarkeit erhalten, oder aber das in den Korngrenzen ausgeschiedene Sulfid infolge Diffusion bei bestimmten Temperaturen mehr oder weniger aufgelöst wird. Nach Untersuchungen von A. Niedenthal und H. Bennek[1] scheint vor allem letzterer Umstand eine Rolle zu spielen, da es nach den Ergebnissen dieser Arbeit möglich ist, durch langes Glühen die netzförmigen Schwefelausscheidungen fast völlig zum Verschwinden zu bringen (s. S. 84). Zur Erzielung der guten Verformbarkeit ist daher neben Einhaltung bestimmter Temperaturen

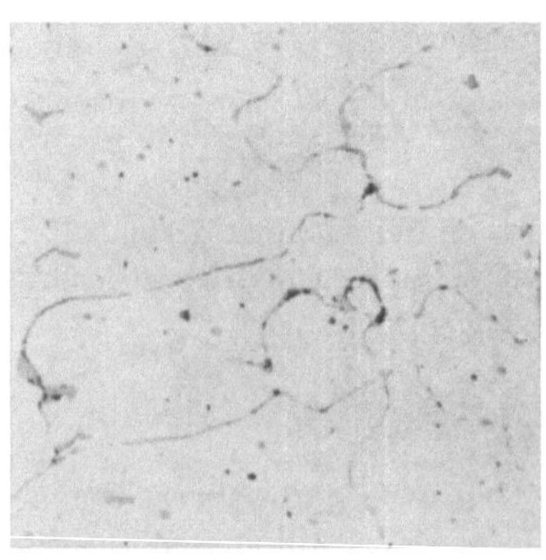

Gußzustand   V = 100

Abb. 824. Netzförmige Einschlüsse von Eisensulfid. [Nach A. Niedenthal u. H. Bennek: Arch. Eisenhüttenw. Bd. 7 (1933/34) S. 683/86.]

---

[1] Arch. Eisenhüttenw. Bd. 7 (1933/34) S. 683/86.

genügend langes Erwärmen auf diese Temperaturen notwendig. Ein Beispiel einer Veränderung von Sulfidausscheidungen in den Korngrenzen durch Glühung gibt Abb. 825 im Vergleich zu Abb. 824.

Bei dem Studium der einzelnen Legierungselemente ist bei allen karbidbilden-

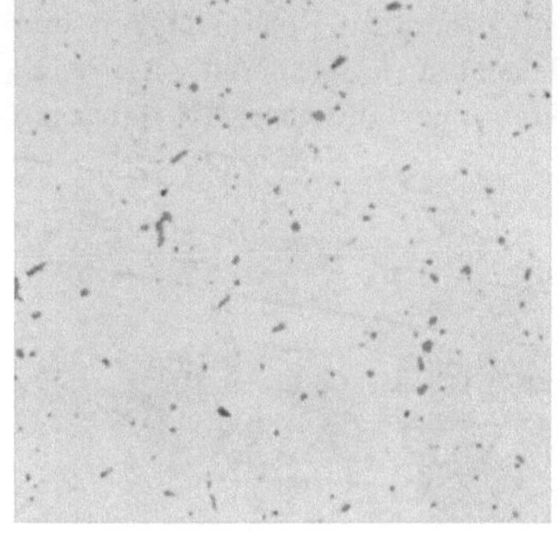

V = 100

Abb. 825. Veränderung netzförmiger Eisensulfide (s. Abb. 824) durch Glühung bei 1000°. [Nach A. Niedenthal u. H. Bennek: Arch. Eisenhüttenw. Bd. 7 (1933/34) S. 683/86.]

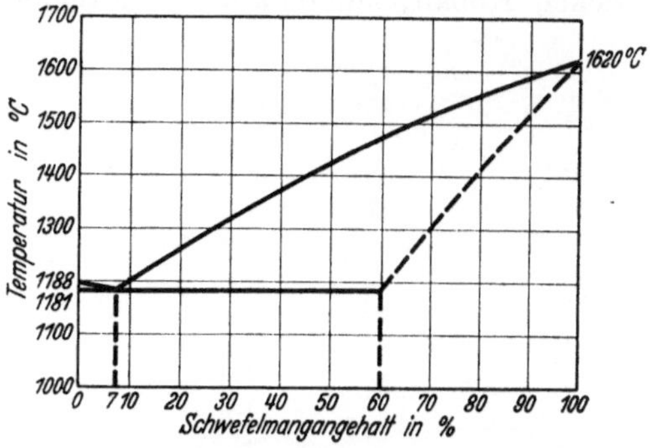

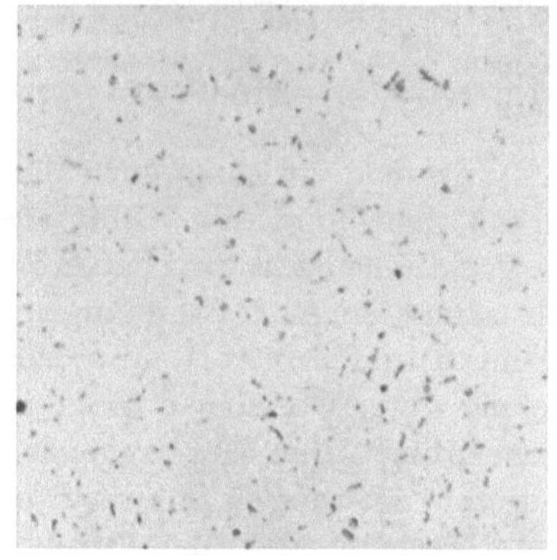

Abb. 826. Zustandsdiagramm Schwefeleisen-Schwefelmangan. [Nach Röhl, s. Oberhoffer: Das technische Eisen (1925) S. 96.]

den Elementen auf die grundlegende Veränderung des Karbids durch Legierungselemente hingewiesen worden. Auch bei Schwefel ist der Einfluß der verschiedenen Legierungselemente auf die Ausbildungsform der Sulfide, insbesondere für die Frage der Rotbrüchigkeit und Heißbrüchigkeit von ausschlaggebender Bedeutung. Die Erkenntnis über den Einfluß von Mangan in dieser Hinsicht gehört zu den klassischen Erkenntnissen in der Metallurgie des Eisens. Wie Abb. 826 zeigt, erhöht ein Zusatz von Mangansulfid zu Eisensulfid den Schmelzpunkt des Sulfideutektikums, wie überhaupt der Schmelzpunkt von Schwefelmangan über dem Schmelzpunkt von reinem Eisen liegt. Da außerdem die Affinität von Schwefel zu Mangan groß ist, werden bei genügenden Manganzusätzen in der Hauptsache Mangansulfide vorliegen, die infolge ihres hohen Schmelzpunktes wie andere hochschmelzende Einschlüsse punktförmig im Stahl verteilt sind. Den charakteristischen Unterschied gegenüber

Gußzustand V = 100

Abb. 827. Kuglige Einschlüsse von Mangansulfid. [Nach A. Niedenthal u. H. Bennek: Arch. Eisenhüttenw. Bd. 7 (1933/34) S. 683/86.]

Eisensulfid zeigt Abb. 827. Selbstverständlich können derartige Sulfideinschlüsse keine Rot- oder Heißbrucherscheinungen im Stahl hervorrufen (s. S. 312).

Bei anderen Legierungselementen werden ebenfalls stärkere Einwirkungen auf die Sulfidausbildung beobachtet, wie dies die Ergebnisse weiterer Untersuchungen von A. Niedenthal und H. Bennek im Zusammenhang mit dem Auftreten des Rotbruchgebietes zeigen (Abb. 828). Man kann bei diesen durch die Legierung beeinflußbaren Sulfiden prinzipiell zwei Arten unterscheiden, erstens diejenigen, die infolge ihres tiefen Schmelzpunktes zur netzförmigen Ausbildung neigen, zweitens diejenigen, die wie bei Manganzusatz infolge ihres verhältnismäßig hohen Schmelzpunktes mehr punktförmige Verteilung aufweisen. Dementsprechend ist auch das Verhalten bezüglich Heiß- und Rotbruch. Zur netzförmigen Ausbildung und somit zu Rotbrüchigkeit und zum Heißbruch neigen Stähle, die mit Elementen legiert sind, wie z. B. Nickel, Kobalt, Molybdän, zu Einschlußsulfiden ungefährlicher Art hingegen

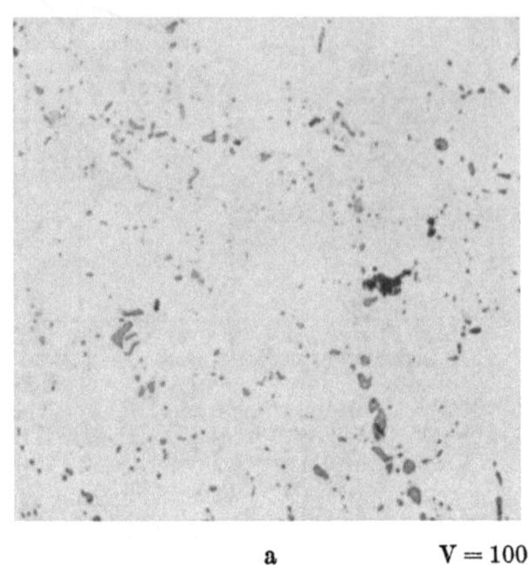

a   V = 100
Chromsulfid, Gußzustand

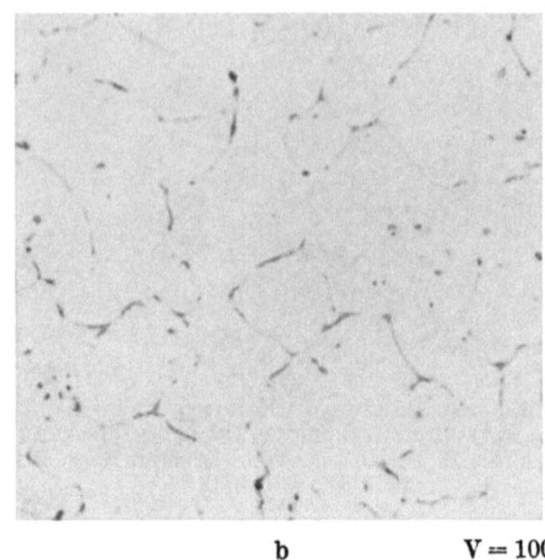

b   V = 100
Nickelsulfid, Gußzustand

Abb. 828. Wirkung verschiedener Legierungselemente auf die Sulfidausbildung. [Nach A. Niedenthal u. H. Bennek: Arch. Eisenhüttenw. Bd. 7 (1933/34) S. 683/86.]
Eisensulfid in Abb. 824. Mangansulfid in Abb. 827. Molybdänsulfid entspricht etwa Abb. 828 b und c.

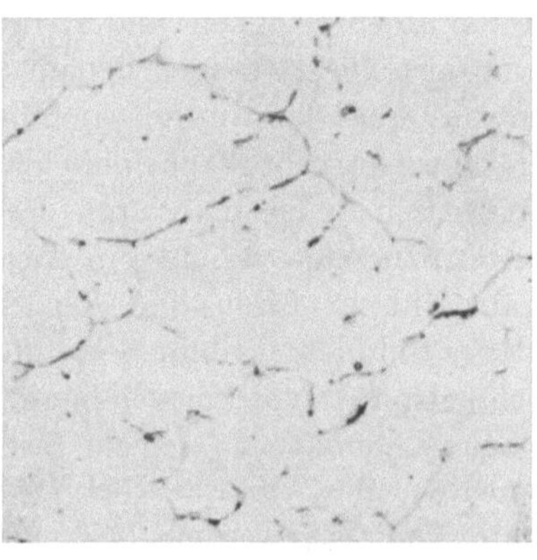

c   V = 100
Kobaltsulfid, Gußzustand

z. B. Elemente wie Chrom, Mangan, Zirkon, Beryllium usw. (Abb. 828).

Praktische Bedeutung haben Schwefelzusätze erlangt zur Erhöhung der Bearbeitungsfähigkeit und zur Erzielung guter Oberfläche (Automatenbearbeitung). Der hervorragende Einfluß von Schwefel liegt hierbei in der Unterbrechung des Metallzusammenhanges infolge feinverteilter Sulfideinlagerungen. Während bei weichem Flußeisen infolge der außerordentlich hohen Zähigkeit bei der Bearbeitung lange und zähe Späne entfallen, werden infolge der Metallunterbrechungen bei hochschwefelhaltigen Automatenstählen kurz abbrechende Späne erzeugt. Gleichzeitig damit verschwindet das sog. Schmieren, das man beim Bearbeiten weicher oder zäher Werkstoffe beobachten kann. Infolgedessen werden heute eine ganze Reihe von Stählen für Automatenbearbeitung mit erhöhtem Schwefelzusatz bis 0,3 % und gleichzeitig etwas erhöhtem Phosphorgehalt (0,06—0,12 %) hergestellt, wie dies aus Zahlentafel 207 (S. 955) hervorgeht. Bei den unlegierten Flußeisensorten kann man, wie die gleiche Zahlentafel zeigt, zwischen unruhig und ruhig vergossenen Stählen unterscheiden. Bereits in der Zusammensetzung unterscheiden sich die beiden Arten durch die Höhe

Zahlentafel 207. Zusammensetzung und Erschmelzungsart einiger unlegierter und legierter Stähle mit erhöhtem Phosphor- und Schwefelgehalt.

C %	Si %	Mn %	P %	S %	Ni %	Cr %	Herstellungsart
~0,10	Spuren	~0,80	0,10	0,15	—	—	unberuhigt
~0,10	,,	~0,50	0,09	0,22	—	—	,,
~0,10	~0,20	~0,60	0,06	0,15	—	—	beruhigt
~0,10	~0,20	~0,80	0,09	0,22	—	—	,,
~0,10	~0,20	~1,0	0,10	0,30	—	—	,,
~0,20	~0,20	~0,60	0,07	0,20	—	—	,,
~0,40	~0,20	~0,60	0,06	0,15	—	—	,,
~0,60	~0,20	~0,60	0,07	0,15	—	—	,,
~0,25	~0,30	~0,60	0,08	0,15	—	~0,35	,,
~0,15	~0,30	~0,50	0,10	0,15	~2,5	~0,75	,,
~0,20	~0,30	~0,50	0,10	0,15	~3,5	~0,75	,,
~0,10	~0,50	~0,50	0,03	0,20	—	~13,0	,,
~0,40	~0,50	~0,50	0,03	0,20	—	~14,0	,,
~0,10	~0,50	~0,50	0,03	0,20	—	~17,0	,,
~0,12	~0,50	~0,50	0,03	0,20	~8,0	~18,0	,,
0,08/0,16 [1]	—	0,60/0,90	0,09/0,13	0,10/0,18	—	—	halb beruhigt
0,15/0,25 [1]	—	0,60/0,90	max 0,06	0,075/0,15	—	—	,,
0,10/0,20 [1]	—	1,25/1,55	,, 0,050	0,08/0,13	—	—	beruhigt

des Silizium- und Mangangehaltes. Während bei den unruhig vergossenen Stählen naturgemäß eine ungleichmäßige Schwefelverteilung über den Querschnitt erzielt wird, ist bei vollkommen ruhig vergossenen Stählen eine gleichmäßige Schwefelverteilung anzutreffen. Der Vorteil des unruhigen Materials liegt in der starken Anhäufung der Verunreinigungen im Kern. Diese Kernzone verhält sich vor allem günstig bei der Automatenbearbeitung. Da bei der Verarbeitung zu Schrauben und Muttern das Gewinde meistens in dieser Zone liegt, werden derartige Automatenstähle für solche Zwecke auch bevorzugt. Für manche anderen Teile, bei denen Außenzone und Kernzone gleichen Bearbeitungsbedingungen unterworfen sind, ist es zweckmäßig, auf den gleichmäßiger geseigerten beruhigten Werkstoff zurückzugreifen. Gleichzeitig werden sich die beruhigten Stähle mit gleichmäßiger Schwefelverteilung günstiger bei der Einsatzhärtung verhalten, der viele Automatenteile (Fahrradkonusse usw.) unterworfen werden; sie werden vor allem gleichmäßigere Härtung aufweisen. Die unruhig vergossenen Automatenstähle lassen die höchste Bearbeitungsgeschwindigkeit zu. Es werden Schnittgeschwindigkeiten von 90—130 m/min je nach Querschnitt usw. angetroffen. Wegen der Abhängigkeit von Querschnitt, Spantiefe usw. sei von weiteren zahlenmäßigen Angaben abgesehen. Die beruhigten Automatenstähle sind meistens etwas härter (höhere Festigkeit und höhere Streckgrenze). Schon aus diesem Grunde tritt ein schnellerer Verschleiß der Werkzeuge ein. Je höher der Silizium- und Mangan-Gehalt ist, in um so stärkerem Maße wird sich dies bemerkbar machen.

Die Frage der sauberen Oberflächenbeschaffenheit hängt, abgesehen von der Werkstoffbeschaffenheit, von der Bearbeitungsgeschwindigkeit ab. Wie aus den

---

[1] S.A.E.-Stähle Nr. 1112/1120/1315, dem S.A.E.-Handbuch entnommen.

Untersuchungen von F. Rapatz[1], H. Opitz[2], A. Wallichs und H. Opitz[3] hervorgeht, steigt die Glätte der Oberfläche mit erhöhter Schnittgeschwindigkeit (vgl. Abb. 79, S. 93). Die Frage der höchstzulässigen Schnittgeschwindigkeit bei Automatenstählen spielt somit auch für die Oberflächenbeschaffenheit eine Rolle. Der Steigerung der Bearbeitungsgeschwindigkeit wird eine Grenze gesetzt durch die Haltbarkeit der Werkzeuge. Derjenige Automatenwerkstoff wird bevorzugt, der bei bestimmter Schnittgeschwindigkeit die längste Haltbarkeit der Werkzeuge ergibt oder bei bestimmter vorgesehener Werkzeughaltbarkeit die höchste Schnittgeschwindigkeit zuläßt. Feinste und gleichmäßige Schwefelverteilung bei höchstmöglichem Schwefelgehalt ergeben die besten Ergebnisse; grobkörniges Gefüge ist außerdem günstiger für die Bearbeitbarkeit als zähes, feinkörniges.

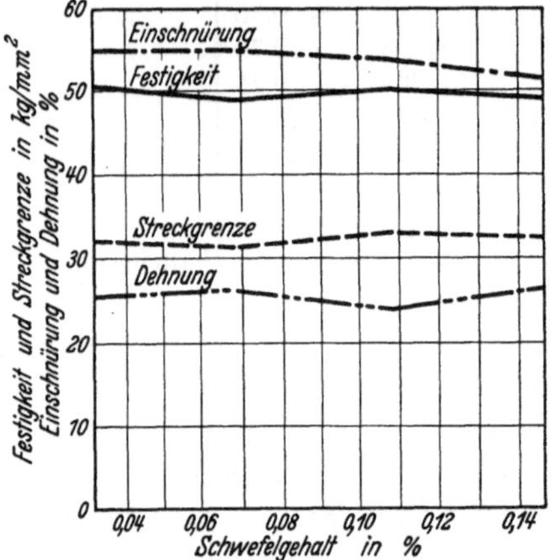

Abb. 829. Einfluß des Schwefels auf die Festigkeitseigenschaften von Stahl mit 0,32% C (Walzzustand).

Diese Erleichterung der Bearbeitung durch Schwefel hat wegen der besonders bei legierten Stählen oft beobachteten Bearbeitungsschwierigkeiten dazu geführt, daß auch legierte hochschwefelhaltige Automatenstähle hergestellt werden. Insbesondere gilt dies für die rostfreien Stähle mit 13% Cr und sogar auch für den Stahl mit 18% Cr, 8% Ni. Bekanntlich neigen gerade die weichen Chromstähle sehr leicht zum Schmieren. Lange Zeit stand der Verwendung dieser Stähle für Massenartikel die Schwierigkeit der Bearbeitbarkeit entgegen. Heute steht der Herstellung von Stählen mit Zusätzen bis 0,35% Schwefel nichts mehr im Wege. Korrosionstechnisch wirken sich diese Einschlüsse allerdings bei stärkeren chemischen Angriffen ungünstig aus; für den Rostwiderstand sind sie dagegen von untergeordneter Bedeutung. Die Lösung der Frage der Bearbeitbarkeit derartig hochlegierter Stähle durch Schwefel dürfte auf jeden Fall ihrer Verbreitung für viele Teile dienlich sein. In neuerer Zeit finden auch Selen[4] und insbesondere Blei als Ersatz der Schwefelzuschläge Anwendung mit dem gleichen Ziel der Verbesserung der Bearbeitbarkeit.

Wie aus diesem Beispiel zu ersehen ist, werden aus Gründen der wirtschaftlicheren Verarbeitung auch bei hochlegierten Stählen große Mengen von Sulfideinschlüssen in Kauf genommen. So werden selbst hochwertige Baustähle wie Chrom-Nickel- und Chrom-Nickel-Molybdän-Baustähle mit erhöhten Schwefelzusätzen zwecks Erleichterung der Bearbeitung verwendet. Während die Entwicklung der letzten 30 Jahre dahin ging, diese hochwertigen Werkstoffe in immer größerer Reinheit herzustellen, um die mechanischen Eigenschaften, vor allem die Zähigkeit und besonders die Querzähigkeit zu verbessern, dürfte bestimmt für manche Teile mit einer rückläufigen Entwicklung bezüglich Sulfid-

---

[1] Arch. Eisenhüttenw. 3. Jg. (1929/30) S. 717/20.
[2] Dissert. Aachen 1930.
[3] Arch. Eisenhüttenw. 4. Jg. (1930/31) S. 251/60.
[4] Iron Age Bd. 130 (1932) S. 404/05; Amer. Patent Nr. 1846100 (1932).

einschlüssen zu rechnen sein zugunsten der wirtschaftlicheren und leichteren Bearbeitung. An erster Stelle werden sich die Verwendungszwecke dort ergeben, wo man an Massenfabrikation denken muß, so z. B. in der Automobilindustrie, ferner dort, wo derKonstrukteur auf Grund reichhaltiger Erfahrungen nicht mehr darauf angewiesen ist, mit übertrieben hohen Sicherheitskoeffizienten zu arbeiten und die durch die Einschlüsse eintretende Verminderung der Eigenschaften in Kauf genommen werden kann.

Wie Abb. 829 zeigt, wird durch Schwefelzusatz in der Längsrichtung keine Veränderung der Festigkeit und Streckgrenze bewirkt. Die Quereigenschaften werden durch die nach dem Walzen und Schmieden gestreckten Sulfideinschlüsse verschlechtert. Da praktisch fast jeder legierte Stahl durch Schwefelzusatz zum Automatenstahl gemacht werden kann, sind der Entwicklung derartiger hochschwefelhaltiger Automatenstähle legierungsmäßig keine Grenzen gesetzt. Man wird allerdings hierbei möglichst bei den legierten Stählen diejenigen Elemente verwenden, die Rot- und Heißbrucherscheinungen vermeiden helfen.

Für den Stahlwerker selbst erwächst hierdurch eine weitere Aufgabe. Wenn es bisher schon einer großen Kenntnis bedurfte, um

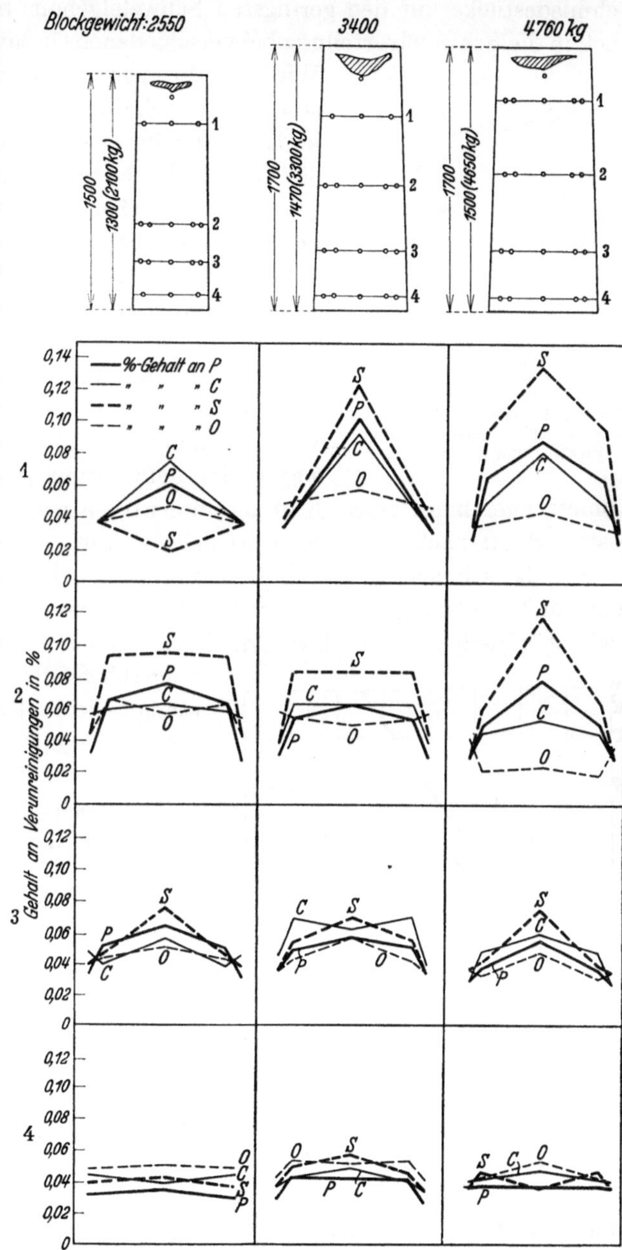

Abb. 830. Einfluß der Blockgröße auf die Seigerung bei einem Flußeisen mit einer mittleren Schmelzungsanalyse von 0,06 % C, 0,06 % P, 0,043 % S. [Nach P. Oberhoffer: Stahl u. Eisen Bd. 47 (1927) S. 1782/83.]

hochwertige Stähle höchster Reinheit herzustellen, so wird es erst recht großer Erfahrungen und Umgehung großer Schwierigkeiten bedürfen, um absichtlich verunreinigte Stähle in einem hohen Gütegrad herzustellen. Selbstverständlich werden diese Legierungen mit hohen Schwefelgehalten auf kleine Abmessungen beschränkt bleiben. Die Neigung derartiger Stähle, während der Erstarrung zu seigern, wird es stets wünschenswert erscheinen lassen, bei Herstellung großer Schmiedestücke auf den geringsten Schwefelgehalt hinzuarbeiten. Einen Einblick in die Schwefelverteilung bei verschiedenen Gußquerschnitten gibt Abb. 830.

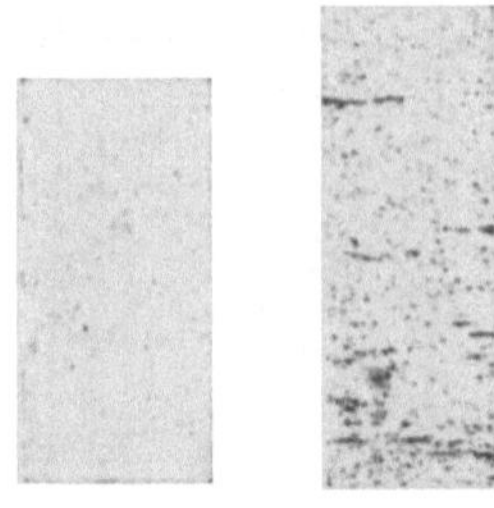

Abb. 831. Unterschiede im Gehalt an Schwefeleinschlüssen zwischen Elektro- und S.-M.-Stahl.

Wie aus ihr hervorgeht, seigert Schwefel am stärksten von allen Stahlbeimengungen. Der Schwefelgehalt im Kern und im oberen Blockteil großer Güsse kann oft das Vielfache des durchschnittlichen Schwefelgehaltes ausmachen, und manche Fehlerscheinungen im Innern großer Schmiedestücke werden zum Teil auf mit Schwefel angereicherte Korngrenzen zurückgeführt werden können (s. a. S. 88). Auch bei der Verarbeitung der gewöhnlichen Flußeisen-Automatenstähle wird man immer wieder feststellen können, daß Oberflächen- und Spannungsrisse infolge der hohen Verunreinigungen auftreten. Da Automatenstahl wegen der geforderten geringen Toleranzen in den Abmessungen meist einem Kaltzug unterworfen wird, treten die Spannungsrisse besonders oft nach dieser Kaltbearbeitung auf.

Für die schmelztechnische Herstellung von Automatenstählen hat sich gezeigt, daß es günstiger ist, den Schwefelgehalt von vornherein hochzuhalten, als nachher künstlich aufzuschwefeln. Nachträglich, z. B. in der Pfanne, künstlich aufgeschwefelte Stähle haben meistens eine weniger feine Sulfidverteilung. Die günstigsten Ergebnisse sind bisher bei der Herstellung in der Thomasbirne erzielt worden.

Praktisch machen sich die Schwefeleinschlüsse hinsichtlich der Bearbeitbarkeit bereits im unterschiedlichen Verhalten von sehr reinem Elektro- gegenüber Siemens-Martin-Stahl bemerkbar. Vergleicht man insbesondere bei hochwertigen Chrom-Nickel-Stählen die Bearbeitbarkeit zwischen Elektro- und Siemens-Martin-Stählen, so kann man meist eine bessere Bearbeitbarkeit der Siemens-Martin-Stähle feststellen. Das unterschiedliche Verhalten findet eine gewisse Erklärung durch die verschiedene Färbung des Schwefelabzuges, der die Unterschiede trotz des an sich sehr niedrigen Schwefelgehaltes zum Ausdruck bringt (Abb. 831). Sogar zwischen verschiedenen Elektroofenschmelzungen mit ähnlichem Schwefelgehalt können derartige Unterschiede in der Schwefelverteilung im Schwefelabzug festgestellt werden.

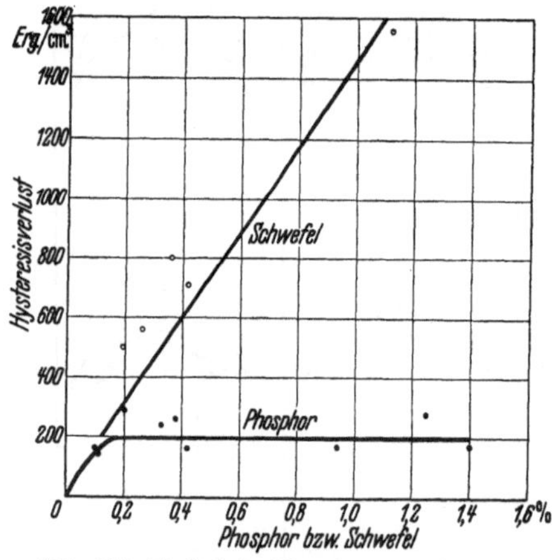

Abb. 832. Einfluß des Phosphors und Schwefels auf den Hysteresisverlust von Eisen. [Nach N. A. Ziegler: Met. Progr. Bd. 24 (Okt. 1933) S. 26/29.]

Der ungünstige Einfluß von Schwefel auf die Schweißrissigkeit von hochwertigen Flugzeugbaustählen wurde in Zusammenhang mit Phosphor erwähnt und in Abb. 822 gekennzeichnet. Daß geringe Schwefelmengen auch die magnetischen Eigenschaften von reinem Eisen ungünstig beeinflussen können, ergibt sich aus Abb. 832. Erwähnenswert ist ebenfalls der schädliche Einfluß von Schwefel bei Verzunderungsvorgängen infolge des starken Korngrenzenangriffes, der bei gleichzeitiger Anwesenheit von Schwefel und Sauerstoff auftritt. Wenn somit die Wirkung von Phosphor und Schwefel im allgemeinen auch ungünstig ist, so ist doch aus dem geschilderten Verhalten zu ersehen, daß auch diese sog. Stahlschädlinge für gewisse Zwecke nutzbar gemacht werden können.

Q. Blei im Stahl.

Das Zweistoffsystem Eisen-Blei läßt entnehmen, daß im geschmolzenen Zustand für Blei im Eisen nur eine ganz unbedeutende Löslichkeit besteht, während es im festen Zustand praktisch unlöslich ist. Aus dieser Tatsache sollte man entnehmen, daß Bleizusätze zu Eisen- und Stahllegierungen nicht in Frage kommen bzw. ohne Einfluß auf die Eigenschaften sein müßten. Dies trifft auch im großen und ganzen zu. Dennoch findet Blei als Zusatzelement zu Automatenstählen, d. h. zu Stählen, die bei spanabhebender Bearbeitung möglichst leicht bearbeitbar sein sollen, Verwendung[1]. Es wird vermutet, daß das Blei, dessen Siedepunkt bei 1610—1755°[2] angenommen wird, während derjenige der Bleioxyde bei 1475° liegen soll, im geschmolzenen Stahl dampfförmig aufgenommen wird und sich infolgedessen in einer äußerst feinen suspensionsartigen Verteilung vorfindet. Im Gegensatz zu den Automatenstählen mit höherem Schwefelgehalt, in denen zweifellos die bessere Bearbeitungsfähigkeit durch das frühzeitige Abbrechen des Spanes an gestreckten Sulfideinschlüssen herbeigeführt wird, sind bleiversetzte Stähle keineswegs grundsätzlich stärker mit Einschlüssen verunreinigt als entsprechende bleifreie Stähle.

Die Bleizusätze liegen in der Größenordnung von 0,2—0,5%. Erst bei höheren Gehalten an Blei lassen sich vereinzelt entsprechende Einschlüsse im Stahl feststellen. Trotzdem ist der Spanablauf bei bleihaltigen Stählen und bleifreiem Material verschieden. Bleihaltige Stähle ergeben kürzere Späne. Die Ursache der besseren Bear-

Zahlentafel 208. Reibungszahl eines bleihaltigen und bleifreien Flußstahles gegen gehärteten Schnelldrehstahl.

C %	Si %	Mn %	Pb %	Unter Schmierung mit Öl	Mittlere Reibungszahl μ	
					Bei Entfettung mit Benzin und ständiger Entfernung des gebildeten Verschleißpulvers	Bei Entfettung mit Benzin ohne Entfernung des Verschleißpulvers
0,17	0,33	0,52	—	0,083	0,131	0,486
0,17	0,33	0,52	0,26	0,095	0,185	0,433

[1] Der Zusatz von Blei zu Stahl ist an sich nicht neu. Er wurde zuerst in Gehalten bis zu 1% von W. Ruedel für Dynamoflußeisen erwähnt (DRP. 254864 vom 7. 6. 1911); später wurde für Chrom-Aluminium-Stähle Bleidesoxydation empfohlen (Österr. Patent Nr. 135327 vom 10. 11. 1933). Hierbei hatte der Erfinder auch Bearbeitungsversuche vorgenommen, die ähnlich wie bei Automatenmessing mit Bleizusatz die gute Automatenbearbeitbarkeit dieser Stähle gegenüber bleifreien Stählen zeigten. Weitere Hinweise über Bleizusätze und ihren Einfluß auf die spanabhebende Bearbeitbarkeit gibt das USA.-Patent 1964702 von B. S. Summers und die französischen Patente Nr. 839239 und 839240.
[2] Landolt-Börnstein: Berlin: Springer 1935, Erg.-Band 3a, S. 308.

Oberflächenbeschaffenheit	Spanbildung	Zusammensetzung					
		C %	Si %	Mn %	P %	S %	Pb %
		0,13	0,28	0,48	$<0,01$	0,015	—
		,013	0,23	0,44	$<0,01$	0,015	0,22
		0,16	0,35	0,56	0,086	0,15	—
		0,15	0,28	0,52	0,086	0,15	0,17

Abb. 833. Wirkung eines Bleizusatzes zu einem unlegierten Stahl und einem Automatenstahl auf die Oberflächenbeschaffenheit gedrehter Flächen und die Spanbildung bei gleichen Bearbeitungsbedingungen.

beitungsfähigkeit und der saubereren Schnittflächen bei bleihaltigen Stählen kann man vielleicht auf die Verminderung des Reibungswiderstandes infolge einer Schmierwirkung des bleihaltigen Werkstoffes beim Spanablauf auf der Oberfläche des Schneidstahles und damit einer geringeren Reibungswärme zurückführen. Nicht in Übereinstimmung hiermit steht, daß bei Verschleißversuchen an bleihaltigen und bleifreien Werkstoffen zwar die Neigung zum Fressen bei bleihaltigen Stählen geringer gefunden wurde, während der Reibungskoeffizient nicht als besonders niedrig bezeichnet werden kann (Zahlentafel 208 [S. 959]). Die wahre Ursache und Erklärung für das Verhalten bleihaltiger Stähle ist somit wohl noch nicht einwandfrei gegeben. Abb. 833 zeigt die Unterschiede in der Oberflächenbeschaffenheit und der Spanausbildung bei Stählen, die bleifrei sind bzw. einen höheren Schwefelgehalt, einen Bleigehalt oder einen Blei- und Schwefelgehalt aufweisen. Bei gleichzeitiger Anwesenheit von Blei und höherem Schwefelgehalt scheint das Blei in den Sulfiden mitenthalten zu sein.

Zahlentafel 209. Wirkung eines Bleizusatzes bei verschieden legierten Stählen auf den Meißelverschleiß.

Zusammensetzung									Behandlung	Festigkeit	Mittlere Verschleißmarkenbreite[1] bei einer Schnittdauer von		Schnittbedingungen		
C %	Si %	Mn %	Cr %	Ni %	Mo %	W %	V %	Pb %		kg/mm²	5 Min.	10 Min.	Vorschub mm	Spantiefe mm	Schnittgeschwindigkeit m/min
0,13	0,28	0,48	—	—	—	—	—	—	gewalzt	46	0,9	—	0,05	2,0	60
0,13	0,23	0,44	—	—	—	—	—	0,22	gewalzt	46	0,1	—			
1,03	0,36	0,47	—	—	—	—	—	—	normalgeglüht	105	0,6	0,97	0,05	1,0	25
1,09	0,38	0,47	—	—	—	—	—	0,49	normalgeglüht	104	0,33	0,62			
0,20	0,34	1,17	1,31	—	0,28	—	—	—	geglüht	60	0,4	0,85			
									gehärtet	125	0,2	0,45			
0,19	0,27	1,17	1,25	—	0,28	—	—	0,21	geglüht	60	0,05	0,25			
									gehärtet	123	0,03	0,15			
0,31	0,22	0,40	2,86	—	—	9,1	0,3	—	vergütet	127	0,5	1,15			
0,31	0,33	0,35	2,81	—	—	8,6	0,3	0,28	vergütet	123	0,3	0,75			
0,47	2,34	0,75	15,3	13,2	—	2,27	—	—	geschmiedet	101	1,35 (2 Min. Schnittd.)	—			
									v. 1020° in Wasser abgelöscht	78	0,9	—			
0,53	1,71	0,27	15,0	13,3	—	2,12	—	0,16	geschmiedet	101	0,5	—			
									v. 1020° in Wasser abgelöscht	78	0,3	—			

[1] Beschreibung des Prüfverfahrens bei H. Opitz u. E. Printz: Z. prakt. Metallbearb. Bd. 48 (1938) S. 774/79 u. 845/49.

Der verbessernde Einfluß eines Bleizusatzes auf die Bearbeitbarkeit macht sich unabhängig von der sonstigen Legierung bemerkbar, wie dies aus Zahlentafel 209 (S. 961) nach unveröffentlichten Versuchen von H. Schrader für verschiedene Werkstoffe hervorgeht. Gegenüber Schwefel haben Bleizusätze den Vorteil, daß sie die mechanischen Eigenschaften der Stahllegierungen praktisch nicht verändern. Während Schwefel die Eigenschaften in der Längsrichtung zwar auch nicht wesentlich beeinflußt, werden aber die Eigenschaften in der Querrichtung, insbesondere die Zähigkeit, verschlechtert. Stähle der verschiedensten Zusammensetzung mit und ohne Blei ergaben dagegen keine Unterschiede in den Festigkeitseigenschaften (Zahlentafel 210 [S. 963]). Blei ist auch nicht in der Lage, die Anlaßbeständigkeit von Schnellstählen u. dgl. Legierungen irgendwie zu verändern, so daß sowohl die Härte beim Anlassen als auch die Schnittleistung bei bleihaltigen und bleifreien Stählen gleichbleibt, wie dies aus Zahlentafel 211 (S. 963) entnommen werden kann. Der Vorteil günstiger Bearbeitbarkeit, insbesondere sauberer Schnittflächen, ist auch für solche Stähle unverkennbar.

Auch bei Mangan-Hartstahl ist eine etwas verbesserte Bearbeitbarkeit zu erreichen. Man könnte aus der Tatsache, daß bleihaltiger Mangan-Hartstahl leichter bearbeitbar ist, schließen, daß er auch an Verschleißbeständigkeit eingebüßt hätte. Es wäre aber verfehlt, diese Schlußfolgerung voreilig zu ziehen, da die spanabhebende Bearbeitung immerhin anders verlaufen kann als der Verschleiß bei irgendeiner anderen Beanspruchung. Bereits oben ist erwähnt, daß bleihaltiger Stahl gegen Freßerscheinungen unempfindlicher ist, der Reibungskoeffizient aber keineswegs geringer zu sein braucht (Zahlentafel 208 [S. 959]).

Da auch der Einfluß von Blei auf die Vorgänge beim Härten und Anlassen normaler Vergütungs- und Werkzeugstähle praktisch nicht nachweisbar ist, scheint hier ein universell brauchbares Mittel vorzuliegen, die spanabhebende Bearbeitbarkeit von Stählen, ganz gleich welcher gewünschten Festigkeit, zu verbessern. Die Härtbarkeit von Stahl wird durch Bleizusatz nur sehr geringfügig verändert und läßt sich nur an Kohlenstoffstählen, die sonst legierungsfrei sind, einwandfrei verfolgen. Wie Abb. 834 zeigt, härtet bleihaltiger Stahl etwas weniger tief ein und ist auch etwas überhitzungsunempfindlicher als bleifreier Stahl. Wie sich aus der Abbildung ergibt, sind die Unterschiede aber geringfügig, so daß sie bei legiertem Stahl ohne weiteres durch die üblichen

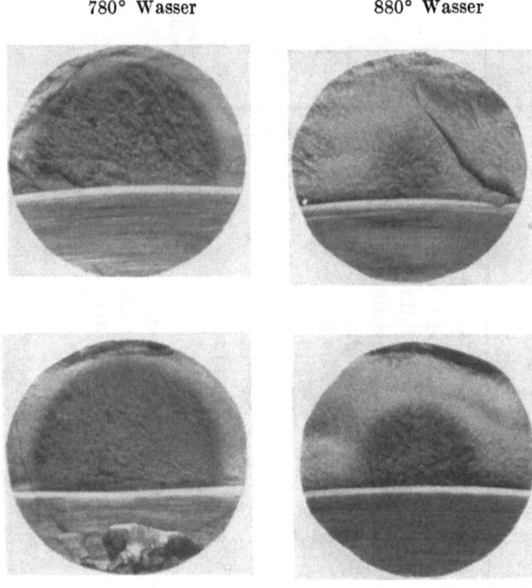

¹/₁ nat. Gr.

Abb. 834. Einfluß eines Bleizusatzes auf die Härtbarkeit eines unlegierten Werkzeugstahles.
(Oben: 1,03% C, 0,36% Si, 0,47% Mn ohne Blei; unten: 1,09% C, 0,38% Si, 0,47% Mn, 0,49% Pb.)

Zahlentafel 210. Festigkeitseigenschaften von Stählen verschiedener Legierung mit geringen Bleizusätzen im Vergleich zu bleifreien Stählen.

Bezeichnung	C %	Si %	Mn %	P %	S %	Cr %	Ni %	Mo %	W %	Pb %	Probelage	Streck-grenze kg/mm²	Festig-keit kg/mm²	Deh-nung ($l=5d$) %	Ein-schnü-rung %	Kerb-zähigkeit (DVMR) mkg/cm²
Flußeisen	0,13	0,28	0,48	<0,01	0,015	—	—	—	—	—	längs	30,9	46,0	31,5	64	18,4
											quer	25,8	43,9	21,3	56	10,5
Flußeisen mit Blei	0,13	0,23	0,44	<0,01	0,015	—	—	—	—	0,22	längs	31,8	45,5	31,2	63	16,8
											quer	29,0	47,0	26,7	56	9,3
Automatenstahl	0,16	0,35	0,56	0,086	0,15	—	—	—	—	—	längs	35,4	50,8	26,7	58	12,6
											quer	31,8	48,5	20,0	31	3,4
Automatenstahl mit Blei	0,15	0,28	0,52	0,086	0,15	—	—	—	—	0,17	längs	33,2	50,4	26,7	56	12,8
											quer	31,1	46,3	15,0	19	3,3
Cr-Mo-Einsatzstahl	0,20	0,34	1,17	—	—	1,31	—	0,28	—	—	längs 30 ⊞	100,1	129,7	13,3	51	12,1
											„ 60 ⊞	81,2	123,2	13,8	54	11,7
Cr-Mo-Einsatzstahl mit Blei . . .	0,19	0,27	1,17	—	—	1,25	—	0,28	—	0,21	„ 30 ⊞	100,3	130,5	14,3	52	11,5
											„ 60 ⊞	86,0	123,4	16,2	56	11,0
Cr-Ni-Mo-Einsatzstahl	0,17	0,30	0,54	—	—	1,81	1,86	0,35	—	—	„ 30 ⊞	111,6	135,4	13,5	49	15,1
											„ 60 ⊞	101,4	130,6	15,5	54	15,0
Cr-Ni-Mo-Einsatzstahl mit Blei . .	0,16	0,21	0,49	—	—	1,84	2,00	0,28	—	0,20	„ 30 ⊞	115,0	136,2	12,2	51	16,2
											„ 60 ⊞	107,3	131,7	14,3	56	11,3
Austenitischer Stahl	0,47	2,34	0,75	—	—	15,3	13,2	—	2,27	—	längs	48	83,1	31,5	30	—
Austenitischer Stahl mit Blei . . .	0,53	1,71	0,77	—	—	15,0	13,3	—	2,12	0,16	längs	48	84,8	27,2	27	—

Zahlentafel 211. Anlaßbeständigkeit und Schnittleistung eines Schnelldrehstahles bei geringem Bleizusatz im Vergleich zu einem bleifreien Stahl gleicher Zusammensetzung.

Zusammensetzung						Rockwellhärte C für eine Behandlung von									Standzeit in Minuten bei einer Schnittgeschwindig-keit[1] von		
						1250° Öl	angelassen bei										
C %	Cr %	W %	Mo %	V %	Pb %		250°	300°	400°	500°	550°	600°	650°	700°	12 m/min	13 m/min	14 m/min
0,76	4,3	11,1	0,8	1,5	—	64—65	61—62	59—60	59—60	63—64	64—65	61—62	57—58	48—49	62^{45}	48^{00}	33^{50}
0,71	4,0	11,2	0,8	1,4	0,11	64—65	60—61	59—60	60—61	63—64	64—65	61—62	57—58	48—49	62^{00}	48^{43}	34^{35}

[1] Geschnitten wurde vergüteter Chrom-Nickel-Stahl von 100 kg/mm² Festigkeit mit einem Vorschub von 1 mm und einer Spantiefe von 5 mm.

Schwankungen der Analysengrenzen überdeckt werden. Die Unschädlichkeit
des Bleizusatzes auf die Festigkeit erstreckt sich nicht nur auf die Festigkeit,
Streckgrenze, Dehnung und Einschnürung, sondern sie gilt auch für Kerbzähigkeit, Schwingungsfestigkeit und Dauerstandfestigkeit. Auch bezüglich der Neigung zur Alterungsanfälligkeit übt Blei, wie aus Zahlentafel 212 (S. 964)
hervorgeht, keinen merklichen Einfluß aus.

Zahlentafel 212.

Verhalten bleihaltigen Flußstahles im Vergleich zu bleifreiem bei Alterung.

| C | Si | Mn | Pb | | Ungealtert | | Gealtert | |
| | | | | | Brinellhärte | Kerb-zähigkeit | Brinellhärte | Kerb-zähigkeit |
%	%	%	%		10/3000	mkg/cm²	10/3000	mkg/cm²
0,17	0,32	0,52	—	Blockkopf	133	15,0	156—160	6,3
				Blockfuß	131	13,8	156—160	6,4
0,17	0,32	0,52	0,26	Blockkopf	133	13,1	156—160	4,1
				Blockfuß	131	13,7	156—160	4,3

Die Herstellung bleihaltiger Stähle erfordert eine gewisse Sorgfalt. Der
Zusatz von Blei kann sowohl in metallischer Form als auch in Form von Bleiver-

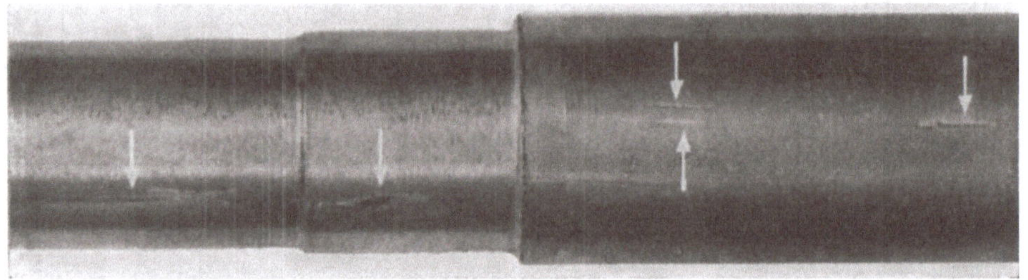

Natürl. Gr.

Abb. 835. Bei der Bearbeitung auftretende Bleiadern infolge zu hohen Bleigehaltes bzw. nicht genügend
gleichmäßiger Verteilung des Bleizusatzes im Stahl.

bindungen erfolgen, z. B. Bleioxyd, Bleiphosphat. Besonders geeignet erscheint
Bleiglanz, wenn man neben dem Bleizusatz gleichzeitig eine Steigerung des
Schwefelgehaltes herbeiführen will. Desgleichen sind auch Bleilegierungen mit
anderen Metallen, wie z. B. Antimon, Wismut, Cer als Zusatzmaterial möglich.
Der Zusatz selbst soll möglichst nicht im Ofen, sondern erst zu einem späteren
Zeitpunkt vorgenommen werden, um Verdampfungsverluste zu vermeiden. Dabei
muß die Zugabe so erfolgen, daß das Blei vom Stahl möglichst gleichmäßig auf-
genommen wird. Es ist daher zweckmäßig, den Zuschlag in Form von kleinen
Körnern in der Größe von 1—2 mm entweder in den Gießstrahl oder in die
Kokille beizugeben. Die auftretenden Bleigase sind gesundheitsschädlich und
müssen entsprechend sorgfältig abgeführt werden, wenn keine Schädigung der
Gießgrubenarbeiter stattfinden soll. Der Abbrand schwankt zwischen 20 und
50%. Die Bleiverteilung ist bei günstiger Zugabe gleichmäßig und der Stahl frei
von groben Einschlüssen, die sich meist erst bei höheren Bleigehalten von 0,5%
und darüber in der in Abb. 835 wiedergegebenen Form bemerkbar machen.

R. Titan im Stahl.

Die Erkenntnis der letzten Jahre, daß Legierungen des Eisens mit verschiedenen Elementen weitgehend die Möglichkeit zu Ausscheidungsvorgängen mit den entsprechenden Eigenschaftsveränderungen ergeben können, hat die Aufmerksamkeit auf eine ganze Anzahl von Elementen gelenkt, die bis dahin in der Stahltechnik als Legierungselement weniger beachtet wurden. Zu diesen Elementen gehören u. a. Titan, Beryllium und Bor.

1. Das System Eisen-Titan.

Titan gehört zu denjenigen Elementen, die im binären System mit Eisen das γ-Gebiet abschnüren und bei denen der Bereich der ferritischen Mischkristalle durch die Ausscheidungslinie einer Eisen-Titan-Verbindung begrenzt wird. Abb. 836 zeigt das Diagramm Eisen-Titan.

Von Wichtigkeit für das Verhalten der Eisen-Titan-Legierungen ist die Tatsache, daß die Begrenzungslinie des homogenen α-Mischkristallgebietes nicht parallel zur Temperaturachse bis zur Raumtemperatur durchläuft, sondern einen ähnlichen Verlauf hat, wie bei Eisen-Molybdän und Eisen-Wolfram. Die Löslichkeit der reinen Eisen-Titan-Legierungen bei Raumtemperatur dürfte zwischen 2—2,5%, vielleicht sogar noch tiefer liegen. Entspre-

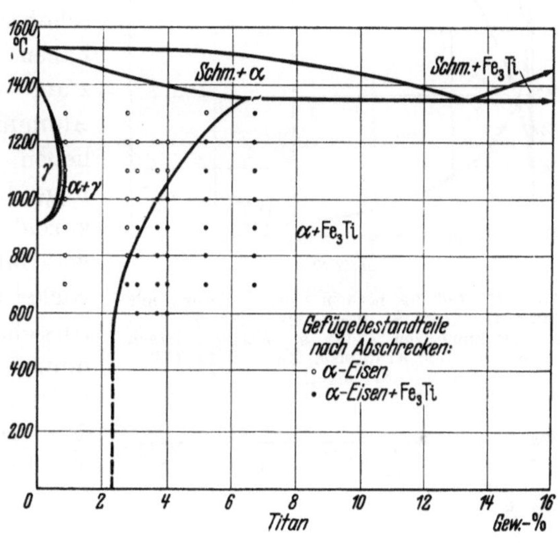

Abb. 836. Ausschnitt aus dem System Eisen—Titan. [Nach W. Tofaute u. A. Büttinghaus: Arch. Eisenhüttenw. Bd. 12 (1938) S. 33/37.]

chend dem Verlauf dieser Linie konnten Ausscheidungseffekte bei Eisen-Titan-Legierungen beobachtet werden[1, 2, 3].

---

[1] Kroll, W.: Metallwirtsch. Bd. 9 (1930) S. 1043/45.

[2] Wasmuht, R.: Arch. Eisenhüttenw. Bd. 5 (1931/32) S. 45/56 — Ferner Kruppsche Mh. Bd. 12. (1931) S. 159/78.

[3] An Stelle der Verbindung Fe₃Ti wird von H. Witte u. H. J. Wallbaum [Z. Metallkde. Bd. 30 (1938) S. 100/102] nach röntgenographischen Untersuchungen die Formel Fe₂Ti angegeben, die eine sog. „Laves-Phase" vom Typ des hexagonalen MgZn₂ ist; es sind dies Phasen, bei denen die Struktur in erster Linie rein geometrisch durch das Ineinanderpassen der Gitter der beiden Komponenten bestimmt ist und weniger durch die übrigen, vom Bau der äußeren Atomhülle abhängenden chemischen Eigenschaften [vgl. z. B. F. Laves: Naturwiss. Bd. 27 (1939) S. 65/73; F. Laves u. H. J. Wallbaum: Naturwiss. Bd. 27 (1939) S. 674/75]. In ähnlicher Weise sind die Laves-Phasen Mn₂Ti und Co₂Ti aufgebaut [Wallbaum, H. J., u. H. Witte: Z. Metallkde. Bd. 31 (1939) S. 185/87].

Sehr deutlich treten diese z. B. bei Legierungen mit 7% Titan hervor, wie dies aus Abb. 837 hervorgeht. Als günstigste Ablöschungstemperaturen kommen Temperaturen von 1200—1250° in Frage. Das Maximum der Ausscheidungshärtung liegt bei einer Temperatur von 500 bis 550°. Die erzielbare Härte ist mit der bei Kohlenstoffstählen erreichten Martensithärte vergleichbar.

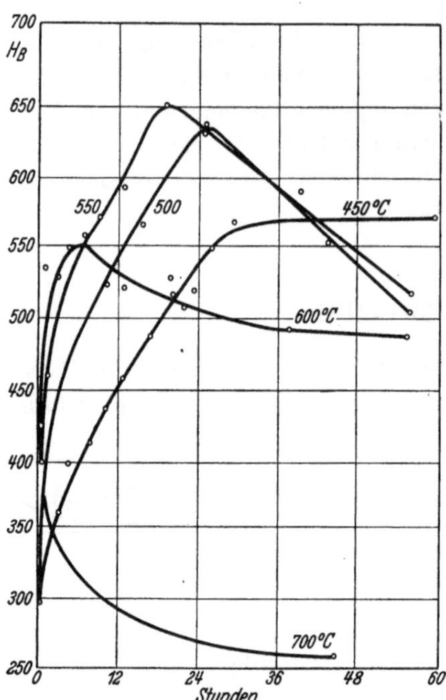

Abb. 837. Anlaßisothermen einer Legierung mit 0,02% C, 2,15% Si, 0,98% Mn, 7,3% Ti nach Abschreckung von 1250° in Wasser. [Nach R. Wasmuht: Kruppsche Mh. Bd. 12 (1931) S. 159/78.]

2. Ausscheidungshärtende Titanlegierungen.

Durch Zusatz von anderen Legierungselementen wird die Löslichkeitsgrenze von Titan zu tieferen Titangehalten verschoben. Als besonders geeignet hierzu haben sich Zusätze von Nickel und Silizium erwiesen, während Mangan und Aluminium keinerlei Einfluß erkennen ließen. Ungünstig wirkt Kohlenstoff infolge der Abbindung des Titans zu Titankarbid, wodurch die Grundmasse an Titan verarmt. Den Einfluß von Silizium und Nickel zeigen die Abb. 838 und 839. Die Ausscheidungsfähigkeit der Legierung nimmt bei gleichem Titan- und steigendem Siliziumgehalt zu, wie dies deutlich aus den Härtekurven zu entnehmen ist. Ein Einfluß von Chrom scheint sich erst oberhalb eines Chromgehaltes von 10%

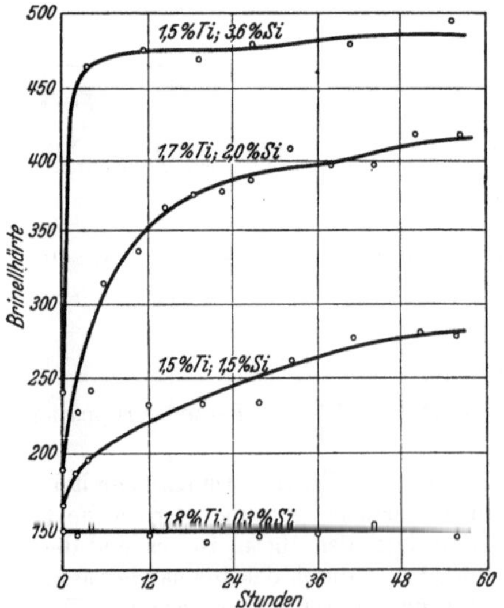

Behandlung: 1000° Wasser
500° angelassen.

Abb. 838. Einfluß des Siliziumgehaltes auf die Ausscheidungshärtung durch Titan. [Nach Wasmuht: Kruppsche Mh. Bd. 12 (1931) S. 159/78.]

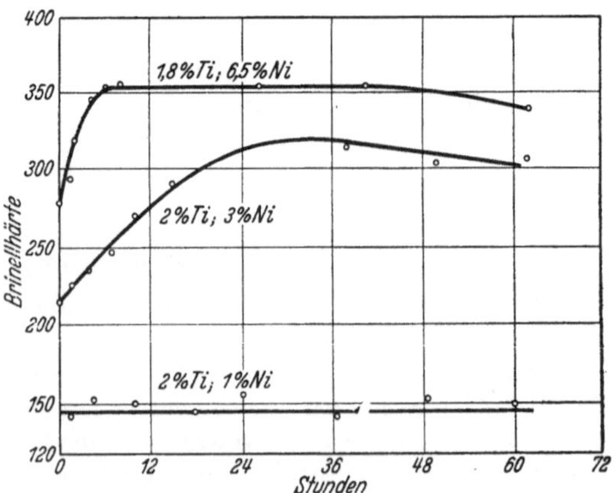

Behandlung: 1000° Wasser
500° angelassen

Abb. 839. Einfluß des Nickelgehaltes auf die Ausscheidungshärtung durch Titan. [Nach R. Wasmuht: Kruppsche Mh. Bd. 12 (1931) S. 159/78.]

bemerkbar zu machen. So konnte eine deutliche Ausscheidungshärtung bei Legierungen mit 17% Chrom und 3% Titan festgestellt werden.

Durch die Untersuchungen von W. Köster über die Systeme Eisen-Wolfram-Kobalt und Eisen-Molybdän-Kobalt ist der Einfluß von Legierungszusätzen auf die Ausscheidung nachgewiesen worden. Zur genauen Kenntnis des Einflusses verschiedener Legierungselemente wäre es notwendig, jeweils die Dreistoffsysteme genau zu kennen. Es ist anzunehmen, daß durch Zusatz von Nickel zu Eisen-Titan-Legierungen und ebenfalls durch Zusatz von Kobalt sich ähnliche Schaubilder ergeben, wie bei den erwähnten Eisen-Wolfram-Kobalt-Legierungen. Infolge der Erweiterung des γ-Gebietes durch Nickel bzw. Kobalt wird man auf Legierungen stoßen, die ins Umwandlungsgebiet fallen, d. h. die Ausscheidungshärtung mit Umwandlung ergeben, und auf solche ohne Umwandlung im rein ferritischen bzw. rein austenitischen Gebiet. Die genauere Erforschung der betreffenden Dreistoffsysteme ist noch nicht erfolgt, so daß die entsprechenden Gebiete noch nicht genau gegeneinander abgegrenzt sind. Wie die Untersuchungen am Dreistoffsystem Eisen-Eisenwolframid-Eisentitanid zeigen, bilden die Titanide und Wolframide Mischkristalle miteinander, wodurch auch die Möglichkeit des Ersatzes von Wolfram durch Titan in ausscheidungshärtenden Legierungen angezeigt wird[1].

Die Tatsache, daß Zusätze von Nickel die Ausscheidungshärtung durch Titan begünstigen, daß außerdem bei 18% Cr Ausscheidungseffekte beobachtet werden konnten, führte zu dem Versuch, die korrosionstechnisch hochwertige Legierung mit 18% Cr, 8% Ni (V 2 A) durch Ausscheidungshärtung auf höhere Festigkeitseigenschaften und Härte zu bringen. Der erhöhte Korrosionswiderstand der austenitischen 18/8-Legierungen gegenüber den martensitischen reinen Chromstählen hat es von jeher wünschenswert erscheinen lassen, die austenitischen Werkstoffe auch für solche Teile zu verwenden, bei denen es auch auf höhere Härte ankommt, also z. B. Schneidinstrumente, chirurgische Instrumente usw. Der Verwendung für diese Zwecke entgegen stand die außerordentliche Weichheit der austenitischen V 2 A-Legierungen. Nur durch starke Kaltbearbeitung gelang es bisher, die gewünschten Härten zu erzielen. Diese Kalthärtung, die durch Kalthämmern, Kaltwalzen u. dgl. vorgenommen werden mußte, ist verhältnismäßig kostspielig und kann nicht bei allen Teilen ausgeführt werden. Es lag somit nahe, Elemente, die Ausscheidungseffekte hervorrufen können, bei diesen Legierungen anzuwenden, um zu der gewünschten Härtung bei gleichzeitig hohem Korrosionswiderstand zu kommen.

Wie Abb. 840 zeigt, lassen sich auch beim V 2 A-Stahl Ausscheidungseffekte erzielen. Leider haben sich aber die großen Hoffnungen, die man diesen Legierungen entgegengebracht hat, nicht erfüllt. Durch Zusatz von Titan in diesen Mengen mußte infolge der abschnürenden Wirkung auf das γ-Gebiet eine grundlegende Veränderung des Gefüges des austenitischen V 2 A herbeigeführt werden. Bei Zusatz von 0,8% Ti zu Stählen mit 18% Cr, 8% Ni treten bereits α-Kristalle in der austenitischen Grundmasse in Erscheinung, die mit wachsendem Titangehalt an Menge zunehmen. Bei über 3% Titan liegt eine nahezu vollkommen ferritische Legierung vor (im Gefüge etwa Abb. 841a entsprechend).

---

[1] Vogel, R., u. R. Ergang: Arch. Eisenhüttenw. Bd. 12 (1938/39) S. 149/53.

Nach der Ausscheidung werden aber die Gefüge infolge der hochdispersen Ausscheidung derartig heterogen (Abb. 841 b), daß eine Verschlechterung des Korrosionswiderstandes eintritt. Die Korrosionswerte von gewöhnlichen

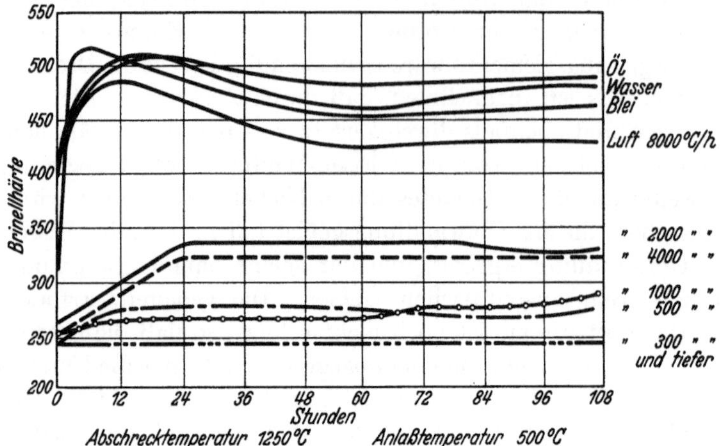

Abb. 840. Einfluß der Abkühlungsgeschwindigkeit auf die Ausscheidungshärtung eines titanhaltigen Chrom-Nickel-Stahles mit 0,15% C, 8,4% Ni, 17,5% Cr, 3,6% Ti. [Nach R. Wasmuht: Kruppsche Mh. Bd. 12 (1931) S. 159/78.]

V2A-Stählen, einem Chromstahl und entsprechenden Titanstählen zeigt Zahlentafel 213 (S. 969).

Ähnlich wie bei Eisen-Kohlenstoff-Legierungen ist es notwendig, für alle Ausscheidungslegierungen die Mindestabkühlungsgeschwindigkeit festzustellen, d. h. hier diejenige Geschwindigkeit, bei der das Maximum der festen Lösung bei

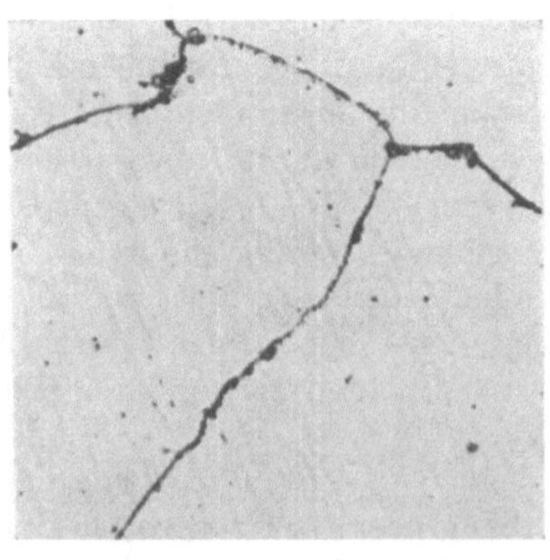 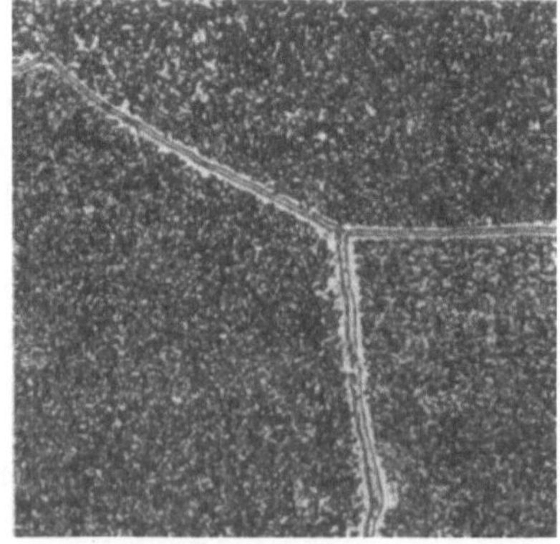

a   V = 500   b   V = 500
Abgeschreckt 1250° Eis, 207 Br.E.   Angelassen 500°/24 Stdn., 485 Br.E.

Abb. 841. Gefüge eines Titanstahles mit 0,2% C, 1,86% Si, 0,88% Mn, 5,19% Ti in verschiedenen Behandlungszuständen. [Nach R. Wasmuht: Kruppsche Mh. Bd. 12 (1931) S. 159/78.]

der Abkühlung und somit beim darauffolgenden Anlassen die stärksten Härtungseffekte (oder Veränderungen sonstiger Eigenschaften) auftreten (vgl. Abb. 840). Nur bei Wasser-, Öl- oder Bleiabkühlung lassen sich maximale Ausscheidungseffekte erzielen. Bei langsamer Abkühlung spielt sich die Ausscheidung bereits teilweise während der Abkühlung ab, so daß beim nachträglichen Anlassen das Maximum nicht mehr erreicht werden kann. Besonders geeignet sind solche Ausscheidungslegierungen für Stufenhärtung, d. h. Ablöschen in Blei- oder Salzbäder von bestimmten Temperaturen und längeres Halten auf diesen Temperaturen, so daß die Ausscheidung schon direkt nach dem Ablöschen bei der betreffenden Temperatur erfolgen kann.

Wie die meisten durch Ausscheidung gehärteten Legierungen zeichnen sich die Titanstähle der genannten Art durch verhältnismäßig hohe Sprödigkeit aus. Charakteristisch ist hierbei vor allem die niedrige Kerbzähigkeit sowie die hohe Lage von Streckgrenze zu Zugfestigkeit. Die schlechte Kerbzähigkeit ausscheidungshärtbarer Legierungen äußert sich insbesondere in einer Verlagerung des Abfalles der Kerbzähigkeitstemperaturkurve zu höheren Temperaturen ähnlich wie sie bei der mechanischen Alterung angetroffen wird. Bei höheren Temperaturen, $>100°$, können die entsprechenden Legierungen sich dagegen schon eher zähe verhalten. Infolge der Ausscheidungen ist das Gitter bereits stark verspannt, so daß plastische Verformungen nur mehr dicht unterhalb einer Last, die der Höchstlast bei Zerreißversuch entspricht, vor sich gehen können. Praktisch können Streckgrenzenlast und Höchstlast zusammenfallen.

Da die Ausscheidungshärtung nach allem Vorhergegangenen auch von Einfluß auf die magnetischen Eigenschaften ist, ist es nicht verwunderlich, wenn man Titan auch in dieser Hinsicht als Legierungselement wiederfindet. Hierbei sind ebenfalls das Eisen-Titanid bzw. seine Mehrstoffverbindungen als Ursache der Ausscheidungshärtung anzusehen. Ein Beispiel solcher titanhaltiger magnetischer Legierungen, die sich im übrigen der Basis der Aluminium-Nickel-Kobalt-Legierungen nähern, mit den erreichten Höchstwerten gibt Zahlentafel 214 (S. 970) wieder. Besonders hervorzuheben sind die von Honda entwickelten Legierungen mit 15—36% Co, 10—25% Ni und etwa 8—25% Ti, die entsprechend hohe Koerzitivkräfte und Remanenzen ergeben, ohne allerdings die von der Aluminium-Nickel-Seite entwickelten Legierungen, insbesondere die mit Magnetfeldabkühlung behandelten, zu übertreffen (vgl. S. 831 und Zahlentafel 182 [S. 833]). Auch an reinen Eisen-

Zahlentafel 213. Korrosionsbeständigkeit von durch Ausscheidung gehärteten V 2 A-Stählen im Vergleich zu gewöhnlichem V 2 A-Stahl sowie einem 14proz. Chromstahl nach H. Bennek und P. Schafmeister[1].

| Zusammensetzung | | | | Wärmebehandlung | Brinell-härte | Salpetersäure (spez. Gew. 1,04) | | Salpetersäure (spez. Gew. 1,23) | | Essigsäure (spez. Gew. 1,06) | | Salzsäure (spez. Gew. 1,017) | Schwefelsäure (spez. Gew. 1,102) |
C %	Cr %	Ni %	Ti %			kalt	kochend	kalt	kochend	kalt	kochend	kalt	kalt
0,12	18,0	8,5	—	1050° Wasser	—	0,00	0,00	0,00	0,03	0,00	0,05	0,00	0,00
0,34	13,7	0,45	—	gehärtet	—	0,05	0,20	0,07	rd. 4	0,05	unbest.	rd. 3	unbest.
0,1	18,0	8,1	2,16	1150° Wasser	211	0,003	0,03	0,004	0,16	0	1,22	1,77	0
				1150° Wasser, 24 Stdn. 450°	306	0,006	0,04	0,007	0,24	0,004	0,84	10,5	1,6 (85)
0,12	18,0	7,8	3,02	1200° Wasser, 7 Stdn. 500°	—	0,02	0,27	0,01	1,05	—	2,4	—	0,5

[1] Arch. Eisenhüttenw. Bd. 5 (1931/32) S. 615/20.

Titan-Legierungen lassen sich durch Aushärtung Erhöhungen der Koerzitivkraft bis über 50 Oersted[1] erreichen.

Es muß der weiteren Erforschung von mehrfach legierten Eisen-Titan-Stählen überlassen bleiben, festzustellen, ob noch weitere praktische Anwendungsmöglichkeiten für diese Legierungen gefunden werden.

Zahlentafel 214. Magnetische Eigenschaften von hochtitanhaltigen Kobalt-Nickel-Legierungen.

| Zusammensetzung | | | | | Koerzitivkraft | Remanenz | Güteziffer |
Co %	Ni %	Al %	Ti %	Fe %	H_c	B_r	$(B \cdot H)_{max} \cdot 10^6$
25	16	8	3	Rest	700	9500	2,8 [2]
27,2	17,7	3,7	6,7	„	820	7150	2,0 [3]
28	16	—	11	„	830	7500	
25,6	14,3	—	13,5	„	650	6100	} [4]
24,3	13,6	4,5	12,8	„	750	7200	

3. Titan in kohlenstoffhaltigen Eisenlegierungen.

Abb. 842 zeigt das Dreistoffsystem Eisen-Titan-Kohlenstoff im Bereich von Eisen-Titanid, Titankarbid, Eisenkarbid und Eisen. Die Zustandsbilder für 1100, 800 und 700° sind in Abb. 843 wiedergegeben; die Verhältnisse bei Raumtemperatur entsprechen praktisch denen bei 700°. Wie aus diesen Abbildungen zu entnehmen ist, steht bei geringen Titangehalten γ-Eisen und α-Eisen im Gleichgewicht mit Fe_3C bzw. TiC, in titanreicheren Legierungen tritt daneben noch die Eisen-Titan-Verbindung (Fe_3Ti bzw. Fe_2Ti) auf. Die Konzentration der Zustandsfelder, in denen der ternäre α-Mischkristall allein bzw. im Gleichgewicht mit Fe_3C auftritt, liegt noch nicht genau fest. Nach dem Verhalten der Titanstähle beim Härten und Anlassen ist anzunehmen, daß das Titankarbid neben Eisenkarbid schon bei niedrigeren Titangehalten auftritt, als Abb. 843 angibt. Es bedarf aber auch noch einer Nachprüfung, wieweit das Eisenkarbid selbst Titan zu lösen vermag. Ferner ist beim Vergleich verschiedener Untersuchungen an Eisen-Titan-Legierungen immer zu berücksichtigen, wieweit der Einfluß des Titans als Legierungselement für sich erfaßt wurde, da bei der Herstellung von Titanstählen meistens aluminothermisch gewonnenes Titan verwendet wird, so daß die Legierungen fast immer verschieden hohe Mengen Aluminium enthalten.

In ihrem Verhalten beim Härten und Anlassen entsprechen die Eisen-Titan-Kohlenstoff-Legierungen weitgehend den Vanadinstählen, sie zeigen also die wesentlichen Eigenarten sonderkarbidhaltiger Stähle[5]. Abb. 844 gibt den Einfluß von Titan auf die Durchhärtung von Stählen mit 1% C wieder. Mit steigendem Titangehalt nimmt die Härtetiefe stark ab. Es bedarf einer mit der Höhe des

---

[1] Seljesater, K. S., u. B. A. Rogers: Trans. Amer. Soc. Stl. Treat. Bd. 19 (1931/32) S. 553/76.

[2] Mit Magnetfeldabkühlung [vgl. W. Jellinghaus: Techn. Mitt. Krupp Bd. 3 (1940) S. 143/45].

[3] Nach H. Neumann: Arch. techn. Messen 1937 Z 912—1.

[4] Britisches Pat. 450619 vom 12. 8. 1935.

[5] Houdremont, E., F. K. Naumann u. H. Schrader: Arch. Eisenhüttenw. Bd. 16 (1942/43) S. 57/71.

Titangehaltes zunehmenden Erhöhung der Härtetemperatur, um gleiche Durchhärtung zu erzielen wie bei dem unlegierten Vergleichsstahl. Entsprechend nimmt auch die Neigung zur Kornvergröberung mit zunehmendem Titangehalt ab. Die Temperatur beginnender Härtung wird ebenfalls durch Titan erhöht;

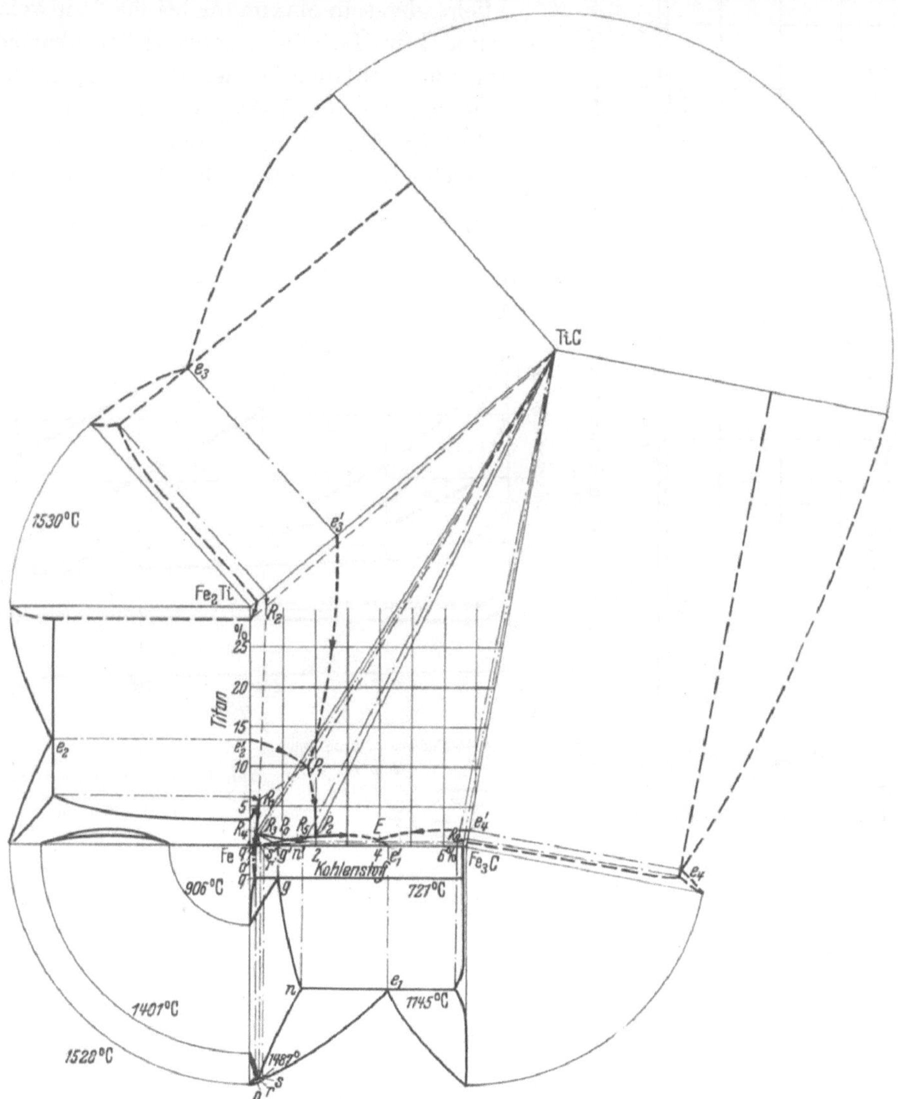

Abb. 842. Projektionsdiagramm des Zustandsschaubildes Eisen-Kohlenstoff-Titan. [Nach W. Tofaute u. A. Büttinghaus: Arch. Eisenhüttenw. Bd. 12 (1938) S. 33/37.]

ähnlich wie bei Vanadinstählen wächst die erreichbare Härte mit steigender Härtetemperatur entsprechend der in Lösung gegangenen Menge Titankarbid. Es hat jedoch den Anschein, als ob die Löslichkeit des γ-Mischkristalls für Titankarbid geringer ist als für Vanadinkarbid, da bei Stählen mit etwa 1% C, in denen das Verhältnis C:Ti wie 1:4 überschritten ist, auch bei höchsten Härtetemperaturen nicht mehr volle Härte erreicht wird, während das bei Vanadinstählen bei entsprechendem Legierungsverhältnis noch der Fall ist.

Beim Anlassen zeigen Titanlegierungen ebenfalls das charakteristische Verhalten sonderkarbidhaltiger Stähle, wie dies aus Abb. 845 und 846 zu entnehmen ist. Je höher die Ablöschtemperatur war, um so ausgesprochener ist der Ausscheidungseffekt, der sein Maximum bei 600° aufweist. Einmal in Lösung gegangene Titankarbide scheiden sich auch bei der Abkühlung schwer aus, wie aus der Tatsache hervorgeht, daß selbst bei Abkühlung an Luft von 1280° die Ausscheidungseffekte bei Kohlenstoffgehalten

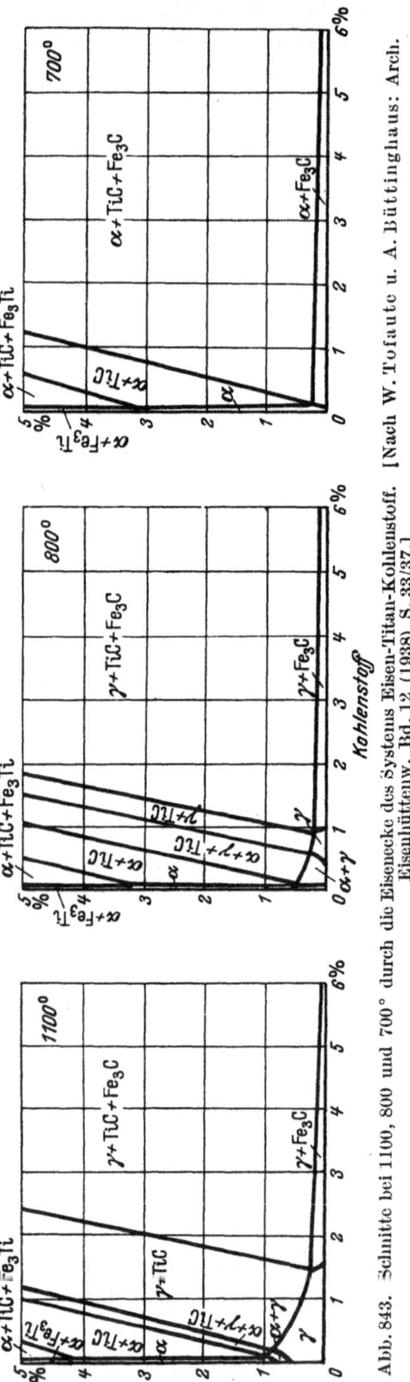

Abb. 843. Schnitte bei 1100, 800 und 700° durch die Eisenecke des Systems Eisen-Titan-Kohlenstoff. [Nach W. Tofaute u. A. Büttinghaus: Arch. Eisenhüttenw. Bd. 12 (1938) S. 33/37.]

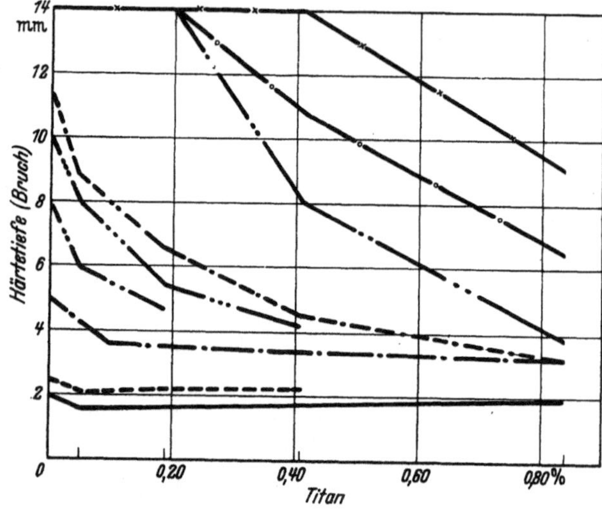

Abb. 844. Härteversuche an Stählen mit 1% C. [Nach E. Houdremont, F. K. Naumann u. H. Schrader: Arch. Eisenhüttenw. Bd. 16 (1942/43) S. 57/71; s. a. Techn. Mitt. Krupp, Forschungsber. Bd. 5 (1942) S. 245/59.

von ·0,1—1,0% noch beobachtet werden konnten (vgl. den Stahl mit 0,35% C in Abb. 846).

Anlaßisothermen im Bereich von 500 bis 650° zeigen, daß auch bei Anlaßdauern von 100 Stunden bis zu 550° der Ausscheidungseffekt sein Maximum noch nicht überschritten hat, während dies bei 600—650° bereits der Fall ist (Abb. 847).

Für den Gebrauch von Titanstählen ergibt sich folgendes: Da schon bei geringen Titangehalten beim Anlassen Ausscheidungseffekte beobachtet werden können, besteht die Möglichkeit, durch Titanzusatz in Baustählen die Streckgrenze zu erhöhen, worauf in Zusammenhang mit verschleißfesten Stählen hoher Festigkeit und hoher Streckgrenze erstmalig von W. Mathesius[1] hingewiesen wurde. Bei Flußeisen mit geringen Mengen Titan und Kohlenstoff kann eine gewisse Verbesserung der Streckgrenze schon im Walzzustand gefunden werden. Auch bei niedriglegierten Manganstählen zeigt sich der entsprechende Effekt, wie dies aus Zahlentafel 215 für einen dem St 52 entsprechenden Stahl mit Titanzusatz hervorgeht. Es ist ohne weiteres möglich, selbst bei verhältnismäßig tiefen Kohlenstoffgehalten (0,12—0,20% C) einen Stahl mit etwa 40 kg/mm² Streckgrenze und 60 kg/mm² Festigkeit zu erzeugen, den man demnach als St 60 bezeichnen könnte. Wie aus der Zahlentafel hervorgeht, zeigt sich auch hier die starke Analogie zwischen titan- und vanadinlegierten Stählen.

Bei höher legierten Stählen, die schon infolge ihrer Legierungszusätze, wie z. B. Chrom oder Chrom-Nickel, eine hohe Härtefähigkeit besitzen, kann durch Zusatz von Titan, insbesondere bei tiefen Kohlenstoffgehalten,

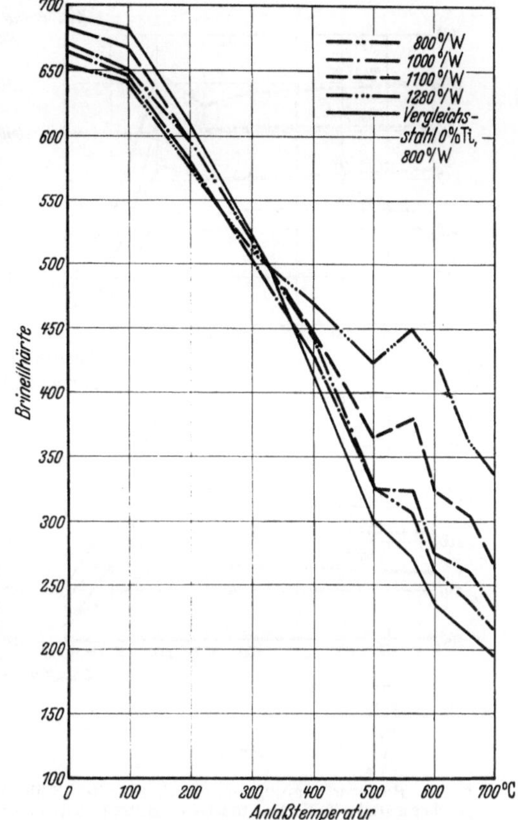

Abb. 845. Härteveränderung eines Stahles mit 1,0% C und 1,23% Ti beim Anlassen im Vergleich zu einem unlegierten Stahl. (Nach E. Houdremont, F. K. Naumann u. H. Schrader: Arch. Eisenhüttenw. Bd. 16 (1942/43) S. 57/71.) (Vergleichsstahl von 800° in Wasser gehärtet.)

Zahlentafel 215. Wirkung von Titanzusätzen auf die Festigkeitseigenschaften eines niedriggekohlten Manganstahles.

Zusammensetzung					Behandlungszustand	Probenlage	Festigkeitseigenschaften von 50 mm starken Blechen (Mittel aus je 4 Werten)			
C	Si	Mn	Ti	V			Streckgrenze	Zugfestigkeit	Dehnung $(l = 5d)$	Einschnürung
%	%	%	%	%			kg/mm²	kg/mm²	%	%
0,20	0,44	1,55	—	—	Walzzustand	längs	33	59,5	29,5	66
						quer	34	59,0	22,5	42
					normalgeglüht (880° Luft)	längs	39	60,0	31,8	71
						quer	38	60,1	25,2	52
0,20	0,47	1,47	0,14	—	Walzzustand	längs	42	62,2	24,0	59
						quer	45	61,7	23,0	46
					normalgeglüht (880° Luft)	längs	43	62,1	28,5	66
						quer	43	62,4	27,8	61
0,18	0,47	1,50	—	0,10	Walzzustand	längs	43	62,0	27,0	68
					normalgeglüht (880° Luft)	längs	44	61,5	29,2	68

[1] DRP. 408668 (1921); DRP. 606791 (1927).

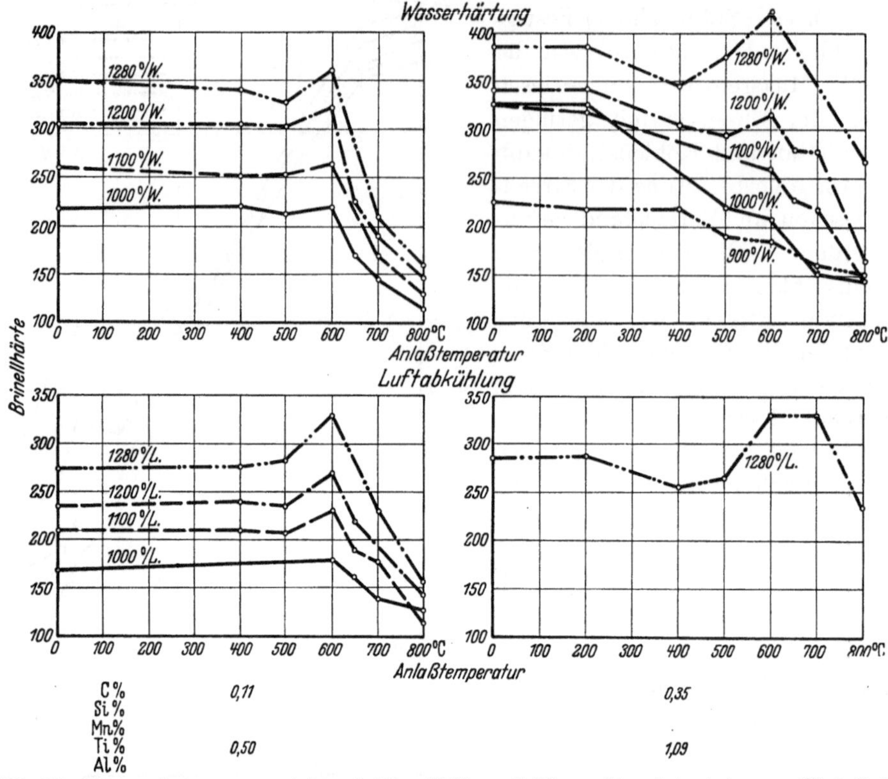

Abb. 846. Härteveränderung von niedriggekohlten Stählen mit Titanzusätzen beim Anlassen. (Nach E. Houdremont, F. K. Naumann u. H. Schrader: Arch. Eisenhüttenw. Bd. 16 (1942/43) S. 57/71.)

auch ein umgekehrter Effekt beobachtet werden infolge des Entzuges von Kohlenstoff für die Titankarbidbildung. Bei höheren Titangehalten, vor allem

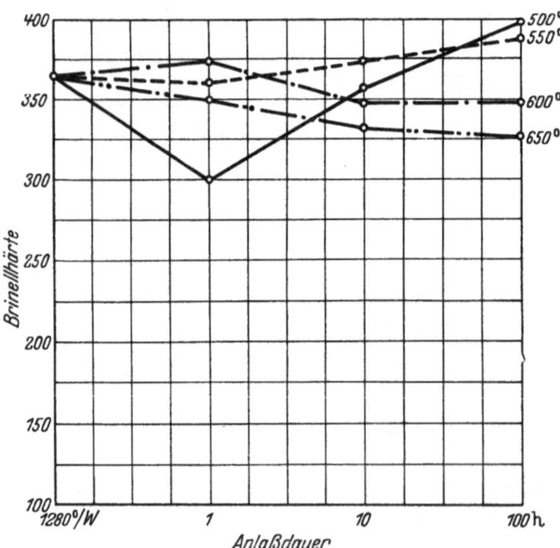

wenn dieser das 4fache des Kohlenstoffgehaltes ausmacht, kann den Stählen die Härtbarkeit bis zu sehr hohen Abschrecktemperaturen entzogen werden, wovon man gelegentlich ebenfalls in der Technik Gebrauch macht. Die wasserstoffbeständigen Stähle mit 3—5% Cr besitzen verhältnismäßig stark lufthärtende Eigenschaften, was sich insbesondere beim Schweißen dieser Legierungen unliebsam bemerkbar machen kann. Durch Zusätze von Titan (s. Zahlentafel 221 [S. 994]) wird die Härtung praktisch verhindert. In ähnlichem Sinne hat man Titan erstmalig zur Vermeidung unerwünschter Karbidausscheidungen in den nichtrostenden Stählen zwecks Vermeidung der interkristallinen

Abb. 847. Härteveränderung mit der Anlaßdauer bei Temperaturen von 500—650° für einen Stahl mit 0,35% C und 1,09% Ti nach Wasserhärtung von 1280°. (Nach E. Houdremont, F. K. Naumann u. H. Schrader: Arch. Eisenhüttenw. Bd. 16 (1942/43) S. 57/71.)

Korrosion (s. S. 499) angewendet. Bei Abbindung des Kohlenstoffgehaltes durch Titan läßt sich die Anfälligkeit gegen interkristalline Korrosion praktisch vermeiden, da die Titankarbide in diesen Legierungen erst bei Temperaturen von etwa 1300° wieder in Lösung gehen. Es muß darauf hingewiesen werden, daß bei geringen Kohlenstoffgehalten die erforderliche Menge Titan zwecks Abbindung des Kohlenstoffgehaltes so groß sein muß, daß nicht nur der Kohlenstoff, sondern auch der von Titan begierig aufgenommene Stickstoff abgebunden ist, da eine restlose Kohlenstoffbindung erst nach Absättigung des Stickstoffs stattfindet. Man kann also Titan als Kohlenstoffabbindungsmittel in den verschiedenartigsten Legierungen benutzen. Dies kann gelegentlich erwünscht sein, wenn man zur Herstellung bestimmter Legierungen nicht auf kohlenstofffreie Ausgangsstoffe zurückgreifen will. In den Abschnitten Molybdän, Wolfram sowie Kobalt sind z. B. die magnetischen Eigenschaften ausscheidungshärtender Eisen-Molybdän-Kobalt- oder Eisen-Kobalt-Wolfram-Legierungen erwähnt. Bei Anwesenheit von Kohlenstoff, also gerade in den technisch am meisten interessierenden Legierungen, würde Wolfram bzw. Molybdän als Karbid abgebunden werden und eine entsprechende Veränderung der Eigenschaften auftreten. Setzt man solchen Legierungen aber außer Wolfram und Molybdän Titan zu, so wird zunächst der Kohlenstoff an Titan abgebunden, so daß Molybdän oder Wolfram wieder wie in einer praktisch kohlenstofffreien Legierung wirken können (Zahlentafel 216).

Zahlentafel 216. Wirkung einer Erhöhung des Kohlenstoffgehaltes sowie eines Titanzusatzes auf die magnetischen Eigenschaften einer ausscheidungshärtenden Kobalt-Wolfram-Legierung (Behandlung 1200° Wasser, bei 600° je nach Legierung verschieden lange angelassen).

Zusammensetzung				Magnetische Eigenschaften von			
				Kokillenguß		Sandguß	
C	W	Co	Ti	Koerzitivkraft H_c	Remanenz Br	Koerzitivkraft H_c	Remanenz Br
%	%	%	%				
0,05	18	12	——	245	10800	244	8900 Oersted
0,5	18	12	—–	121	9100	136	8100 ,,
0,5	18	12	2,0	224	9650	251	8900 ,,

Außer den genannten Anwendungsmöglichkeiten hat Titan bis heute bei den normalen Werkzeug- und Baustählen keinen Eingang gefunden. Man könnte daran denken, die hohe Anlaßbeständigkeit des Titankarbid enthaltenden Stahles bei Schnellstahllegierungen und Warmarbeitsstählen auszunutzen. Versuche in dieser Beziehung sind bei Schnellstählen des öfteren gemacht worden, ohne daß bisher entsprechende Legierungen Eingang in die Praxis gefunden hätten, weil sie bestenfalls eine geringere Verbesserung der Überhitzungsempfindlichkeit aufweisen, dagegen in der Schneidfähigkeit beeinträchtigt sind.

Bei der Erörterung der dauerstandfesten Legierungen wurde schon mehrfach die Bedeutung von Ausscheidungsvorgängen bei höheren Temperaturen für die Dauerstandfestigkeit hervorgehoben (S. 539, 609, 703ff.). In diesem Sinne verdienen auch Titanlegierungen besonders erwähnt zu werden. Wenn auch in manchen Fällen nicht feststeht, ob die Wirkung des Titans in dieser Hinsicht auf die Ausscheidung von Eisentitanid oder Titankarbidverbindungen zurückzuführen ist, so ist aber die Tatsache festzustellen, daß Titan in nahezu allen

Zahlentafel 217. Erhöhung der Dauerstandfestigkeit in Kohlenstoff- und niedriglegierten Stählen durch Titanzusatz.

Stahlart	C %	S %	Mn %	Cr %	Ti %	Verhältnis C:Ti	Wärmebehandlung	Zerreißwerte bei 20° Streckgrenze kg/mm²	Zugfestigkeit kg/mm²	Dehnung 5×d %	Einschnürung %	Kerbzähigkeit DVMR mkg/cm²	Dauerstandfestigkeit nach V. D. Eis. kg/mm² 500°	600°
C-Ti	0,06	—	—	—	0,09	1:1,5	1000°/Luft 2 Stdn. 700°/Luft	30	41	36	71	25	6	—
	0,10	—	—	—	0,38	1:3,8	1000°/Luft 2 „ 700°/Luft	36	46	37	80	29	5—8	—
	0,09	—	—	—	0,81	1:9	1000°/Luft 2 „ 700°/Luft	15	39	38	66	6—13	10,3	—
	0,08	—	—	—	1,13	1:14	— 2 „ 700°/Luft	30	47	29	53	—	18	—
	0,10	—	—	—	2,12	1:21	— 2 „ 700°/Luft	27	47	27	68	1—2	18,2	—
C-Ti	0,22	—	—	—	0,28	1:1,3	1000°/Luft 2 Stdn. 700°/Luft	36	49	33	70	16	4,8	—
	0,20	—	—	—	0,67	1:3,3	1000°/Luft 2 „ 700°/Luft	32	47	32	79	27	7,9	—
	0,18	—	—	—	0,75	1:4	1000°/Luft 2 „ 700°/Luft	23	46	31	74	17	8,9	—
	0,19	—	—	—	2,09	1:11	— 2 „ 700°/Luft	24	46	33	69	2—5	17,4	—
	0,17	—	—	—	2,76	1:16	— 2 „ 700°/Luft	29	49	30	60	4—8	20,6	—
C-Cr-Ti	0,09	—	—	3,3	0,13	1:1,9	1050°/Luft 2 Stdn. 750°/Luft	50	61	24	74	24	8,9	—
	—	—	—	—	—	—	1050°/Luft 2 „ 750°/Luft	—	—	—	—	—	—	7,1
	0,09	0,32	0,30	3,36	0,35	1:4	1050°/Öl 2 „ 650°/Luft	65	76	19	73	22—23	11	—
	0,18	0,35	0,40	3,1	0,30	1:1,7	1050°/Öl 2 „ 650°/Luft	65	76	17	67	13—15	13,9	—
	0,21	0,35	0,42	3,14	0,65	1 3,1	1050°/Luft 2 „ 650°/Luft	31	58	28	72	18—19	13,3	—
	0,21	0,31	0,41	3,11	1,05	1:5	1050°/Öl 2 „ 650°/Luft	41	55	23	73	15—16	23,5	—
C-Mn-Ti	0,17	0,35	1,44	—	0,84	1:5	1050°/Öl 2 Stdn. 600°/Luft	44	54	23	n. b.	15—16	27	—
	0,13	0,32	1,76	—	1,00	1:8	1050°/Öl 2 „ 600°/Luft	59	70	17	„	2—3	43	—
	0,06	0,36	1,47	—	0,58	1:10	1050°/Öl 2 „ 600°/Luft	48	57	24	„	3—4	32	—
C-Cr-Mo-Ti	0,31	0,27	Mo 1,28	1,6	—	—	930°/Luft 2 Stdn. 680°/Luft	74	91	19	65	16	33	—
	0,32	0,47	0,80	1,5	0,94	—	1050°/Luft 2 „ 670°/Luft	82	90	16	55	6	38	—
	0,32	0,50	0,37	1,5	0,93	—	1050°/Luft 2 „ 610°/Luft	69	83	16	51	8	25	—
	0,25	0,43	0,37	1,5	0 45	—	1050°/Luft 2 „ 610°/Luft	68	82	18	61	9	26	—

Legierungen in der Lage ist, die Dauerstandfestigkeit zu erhöhen[1]. Bereits bei unlegiertem und niedrig mit Chrom und Molybdän legierten Flußeisen kann durch Zusatz von Titan eine Verbesserung der Dauerstandfestigkeit bei 500° beobachtet werden (Zahlentafel 217 [S. 976]). Die in dieser Zahlentafel wiedergegebenen Legierungen sind auf möglichst große Weichheit wärmebehandelt worden, da sie bei der Verwendung als Rohre auch den bezüglich Einwalzfähigkeit gestellten Anforderungen genügen müssen. Durch Abkühlung von höherer Ausgangstemperatur in Luft oder Öl, gegebenenfalls auch Wasser, und durch niedrigere Anlaßtemperaturen kann die Dauerstandfestigkeit derartiger Titanstähle noch weiter gesteigert werden. Für Legierungen mit 0,10—15% C, 0,8 bis 1,0% Ti wurde nach Luftabkühlung von 1100° eine Dauerstandfestigkeit (nach DVM) von 35—40 kg/mm² gefunden. Es ist jedoch zu beachten, daß das Anlaßintervall, innerhalb dessen bei so hoher Dauerstandfestigkeit noch gute Kerbzähigkeit erzielt werden kann, sehr schmal ist, so daß bei der praktischen Verarbeitung hierdurch unter Umständen Schwierigkeiten entstehen können. Durch Titanzusatz läßt sich auch die Dauerstandfestigkeit bei höheren Temperaturen bis etwa 600°, beurteilt nach den Ergebnissen des Kurzversuches, anscheinend noch wesentlich steigern; jedoch wird hierbei beobachtet, daß die Kurve der Dehnung gelegentlich rückläufig wird (vgl. S. 706 und Abb. 600). Es ist hieraus zu schließen, daß bei Temperaturen oberhalb 500° noch mit Kontraktion verbundene Ausscheidungsvorgänge während des Versuches auftreten, so daß diese Ergebnisse mit Vorsicht zu beurteilen ist. Ebenso wird noch zu überprüfen sein, ob die gelegentlich beobachtete sehr hohe Dauerstandfestigkeit bei 500° auch bei langen Belastungsdauern erhalten bleibt, da die hierfür erforderlichen Anlaßtemperaturen nicht viel über der Gebrauchstemperatur liegen. Das gleiche gilt naturgemäß für die Verwendung von Stählen, die im nur normalisierten Zustande ohne Anlaßbehandlung über der Betriebstemperatur verwendet werden sollen.

Zahlentafel 218. Wirkung eines Titanzusatzes auf die Dauerstandfestigkeit austenitischer Chrom-Nickel- und Chrom-Mangan-Stähle.

Zusammensetzung						Dauerstandfestigkeit in kg/mm² nach DVM (DIN Vormaß 117/118) für				Festigkeit
C %	Si %	Mn %	Cr %	Ni %	Ti %	500°	600°	700°	800°	kg/mm²
0,14	0,36	0,33	17,4	8,5	—	14	13,2	—	—	∼ 60
0,09	0,60	0,55	18,0	8,9	0,53	16—18	15—16	—	—	∼ 60
0,22	0,81	0,75	17,1	36,7	—	—	11,1	4,4	2—3	∼ 70
0,10	0,81	0,80	17,0	30,5	2,2	—	42	23	6	∼ 80
0,09	1,14	0,77	13,6	42,8	2,03	—	41,6	21,1	6,1	∼ 85
0,04	2,79	17,6	9,3	—	—	—	8,1	4,0	1,6	∼ 85
0,04	2,66	18,7	9,1	—	0,37	—	<14	7,8	3,4	∼ 70

Einen Einblick in die Wirkungsweise von Titan als Legierungselement in Molybdänflußeisen geben folgende Versuche: Ein Stahl mit 0,12% C, 0,39% Si, 0,55% Mn, 0,50% Ti, 0,66% Mo besitzt im ofenabgekühlten Zustand von 1000° nebenstehende Festigkeitswerte:

Streck-grenze kg/mm²	Festigkeit kg/mm²	Dehnung $l = 5\,d$ %	Ein-schnürung %	Kerb-zähigkeit mkg/cm²
20	45	36	78	29,2

[1] Houdremont, E., u. G. Bandel: Arch. Eisenhüttenw. Bd. 16 (1942/43) S. 85/100; Techn. Mitt. Krupp, Forschungsber. Bd. 5 (1942) S. 260/72.

Bei Luftabkühlung oder Wasserablöschung beginnt die Härtung dieses Stahles bei etwa 1000°. Wie Abb. 848 zeigt, wird die so erhaltene hohe Festigkeit und Streckgrenze bis zu Anlaßtemperaturen von 600° und sogar 650° wenig verändert, teilweise liegt sogar ein Anstieg vor, der auf die Ausscheidung von Titankarbid zurückgeführt werden muß. Die Zähigkeitseigenschaften sind entsprechend verschlechtert. Hierbei ist die Durchvergütung nicht schlecht, da Proben von 20 und 90 mm Durchmesser keine großen Unterschiede bezüglich Streckgrenze und Festigkeit aufweisen. Die gute Durchvergütung geht auch aus der Tatsache hervor, daß zwischen Luft- und Wasserabkühlung kein großer Unterschied

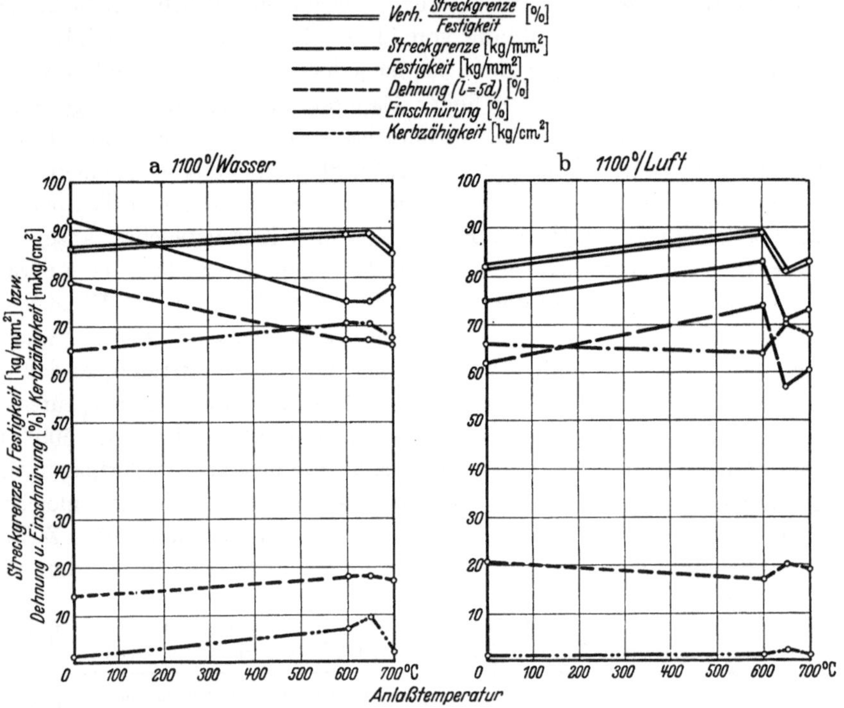

Abb. 848. Veränderung der Festigkeitseigenschaften mit der Anlaßtemperatur bei einem Stahl mit 0,12% C, 0,39% Si, 0,55% Mn, 0,66% Mo und 0,5% Ti nach Behandlung von 1100° Wasser bzw. Luft.

bezüglich der erzielten Werte vorhanden ist (Abb. 848). Bei der Warmzerreißprüfung (Abb. 849) einer von 1200° an Luft behandelten Probe zeigen sich günstige Werte für Streckgrenze und Festigkeit bis zum Temperaturgebiet von 600°. Diese erhöhte Warmfestigkeit kommt auch in Dauerstandversuchen zum Ausdruck, da z. B. für die Behandlung 1200° Luft eine Dauerstandfestigkeit (bezogen auf eine Dehngeschwindigkeit von $5 \cdot 10^{-4}\%$/Std. zwischen der 25. und 35. Stunde) von 20—30 kg/mm² bei 500° ermittelt wurde. Ein solcher Stahl ist infolge des Zusatzes von Titan außerordentlich wasserstoffbeständig bis zu 600°. Seiner praktischen Verwendung stehen vielfach die im Zustand höchster Festigkeit vorhandenen geringen Zähigkeitseigenschaften entgegen. Die brauchbarsten Ergebnisse in bezug auf Zähigkeit werden erzielt bei Wärmebehandlung 1000° Wasser oder 1000° Luft mit nachfolgendem Anlassen auf 700°.

Auch in sonstigen Legierungen mit höheren Chrom- und Molybdängehalten findet durch Zusatz von Titan eine Steigerung der Dauerstandfestigkeit statt.

Besonders charakteristisch ist sie auch in austenitischen Chrom-Nickel-Stählen (Zahlentafel 218 [S. 977]; vgl. hierzu Abschnitt Austenitische Chrom-Nickel- und Chrom-Mangan-Baustähle S. 453, ferner S. 712 und Zahlentafel 118 [S. 588]). Die höchste Dauerstandfestigkeit bei austenitischen Legierungen wird bei entsprechender Zusammensetzung im Bereich von 30—40% Ni, 15—30% Cr durch Zusatz von Titan erzielt.

Erwähnenswert ist noch die durch Titan hervorgerufene Verfeinerung des Gußgefüges von mit Titan (0,1%) behandelten Stählen. Dieser Einfluß ist auch bei legierten Stählen zu beobachten, wovon man gelegentlich bei Stahlgußstücken Gebrauch macht. Titanzusätze in Höhe von 0,1—0,2% ergeben eine gewisse Überhitzungsunempfindlichkeit beispielsweise bei Kohlenstoff-Werkzeugstählen. Da das aluminothermisch hergestellte Titan aber immer gewisse Aluminiummengen enthält, ist nicht einwandfrei nachgewiesen, ob hier das Titan selbst oder hauptsächlich das Aluminium zur Wirkung kommt.

Zementation. Der stark karbidbildende Einfluß von Titan kommt auch bei der Zementation zum Ausdruck. Während bei geringen Zementationstiefen nach Guillet[1] und Giesen[2] durch Titan im Einsatzstahl eine Herabsetzung

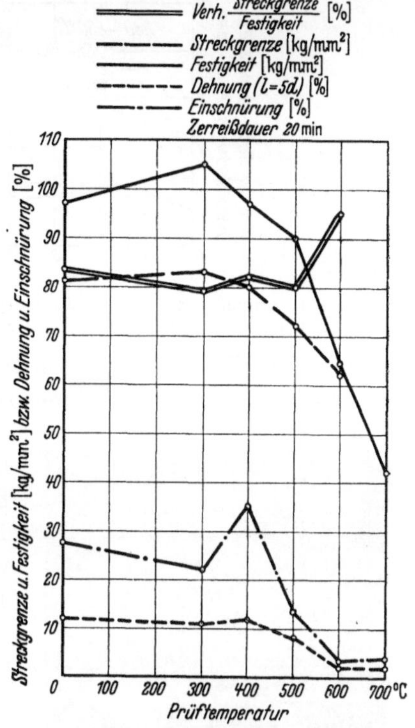

Abb. 849. Warmfestigkeitseigenschaften eines Stahles mit 0,12% C, 0,39% Si, 0,55% Mn, 0,66% Mo und 0,5% Ti nach Behandlung von 1200° an Luft.

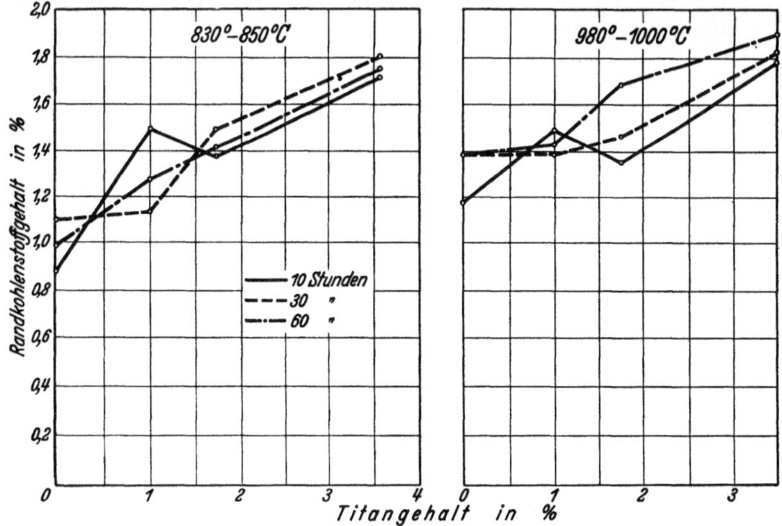

Abb. 850. Einfluß von Titan auf den Randkohlenstoffgehalt bei Zementation in Holzkohle und Bariumkarbonat.
[Nach E. Houdremont u. H. Schrader: Arch. Eisenhüttenw. Bd. 8. (1934/35) S. 445/59.]

[1] Mém. C. R. Trav. Soc. Ing. civ. France 1904 S. 177/207.
[2] Die Spezialstähle in Theorie und Praxis. Freiberg: Craz & Gerlach 1909 S. 18.

der Eindringtiefe festgestellt wird, können sich diese Verhältnisse bei Betrachtung
größerer Zementationstiefen infolge der starken Erhöhung des Randkohlenstoff-

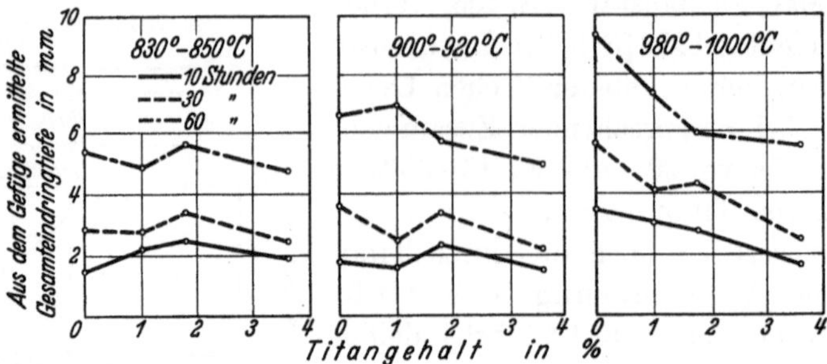

Abb. 851. Einfluß von Titan auf die Eindringtiefe bei Zementation in Holzkohle und Bariumkarbonat.
[Nach E. Houdremont u. H. Schrader: Arch. Eisenhüttenw. Bd. 8. (1934/35) S. 445/59.]

gehaltes bei Titanstählen vollkommen verändern. Wie aus Abb. 850 ersichtlich,
verursacht Titan mit zunehmendem Legierungsgehalt ein Anwachsen des Rand-

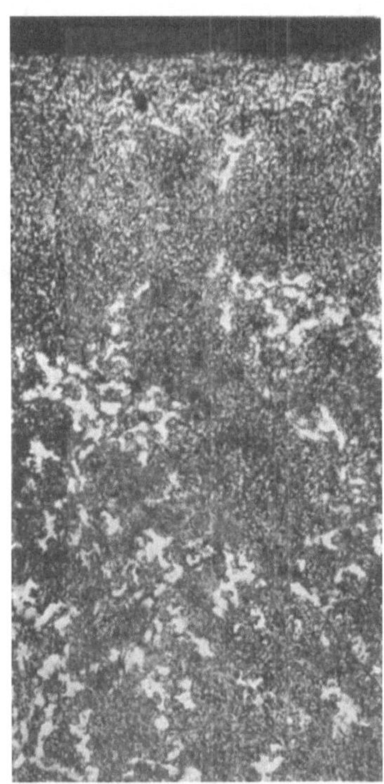

V = 250

Abb. 852. Ausbildung von Titankarbiden in der Randschicht eines zementierten Titanstahles. [Nach E. Houdremont u. H. Schrader: Arch. Eisenhüttenw. Bd. 8. (1934/35) S. 445/59.]

kohlenstoffgehaltes bis auf etwa 1,9% C. Bei
niedrigen Zementationstemperaturen von 830
bis 850° unter Verwendung von Holzkohle und
Bariumkarbonat als Zementationsmittel tritt,
wie aus Abb. 851 zu ersehen ist, eine wesentliche
Beeinflussung der Eindringtiefe nicht in Erscheinung. Bei niedrigen Titangehalten wird,
vor allem bei kürzeren Zementationszeiten, infolge der starken Anhäufung von Randkarbiden
und des damit verbundenen vergrößerten Konzentrationsgefälles eine geringe Vergrößerung
der Eindringtiefe, bei größerem Titangehalt eine
Abnahme beobachtet. Bei höheren Zementationstemperaturen nimmt die Eindringtiefe
mit steigendem Titanzusatz deutlich ab. Das
Titan schließt sich damit in seiner Wirkung bei
der Zementation vollkommen den früher beschriebenen karbidbildenden Legierungselementen, wie Chrom, Wolfram, Vanadin usw., an,
die durchweg bei ziemlich starker Erhöhung des
Randkohlenstoffgehaltes eine Verminderung der
Eindringtiefe beobachten ließen, die für eine
verzögerte Diffusion der schwerlöslichen Sonderkarbide spricht. Ähnlich wie bei Wolfram tritt
bei Titanstählen eine weitgehende Zusammenballung der in der Randzone angehäuften Randkarbide ein (Abb. 852). Fernerhin zeichnet sich

der titanhaltige Einsatzstahl, ebenso wie der höher wolfram- und vanadinhaltige,
durch eine gute Feinkörnigkeit auch bei hoher Zementationsüberhitzung aus.
Die stark kornverfeinernde Wirkung von Titanzusätzen von mehr als 1% gegenüber Kohlenstoffstählen ist aus der beträchtlichen Verminderung der Korngröße in der untereutektoiden Zone der Einsatzschicht in Abb. 853 zu ersehen.

Da durch Titanzusätze und die dadurch bedingte Abbindung des Kohlenstoffs zu schwerlöslichen Titankarbiden die Härtbarkeit von Einsatzstählen in hohem Maße beeinträchtigt wird, ist von dem Vorteil dieses Legierungszusatzes bisher praktisch noch kein Gebrauch gemacht worden.

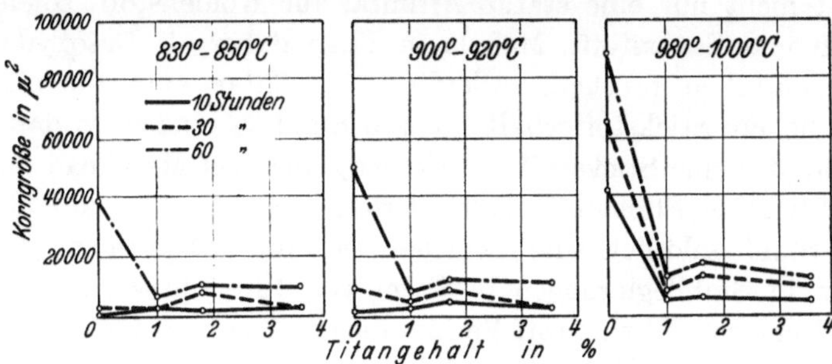

Abb. 853. Einfluß von Titan auf die Korngröße bei Zementation in Holzkohle und Bariumkarbonat. [Nach E. Houdremont u. H. Schrader: Arch. Eisenhüttenw. Bd. 8. (1934/35) S. 445/59.]

Wasserstoffbeständigkeit. Als ein stark karbidbildendes Element ist Titan auch in der Lage, die Wasserstoffbeständigkeit der Stähle zu erhöhen. Auch hier ist die Analogie zu Vanadin hervorzuheben. Die Beständigkeit von Kohlenstoffstählen gegen Wasserstoff von hohem Druck wird bis zu Temperaturen von etwa 700° und den höchsten Drücken erreicht, wenn der gesamte Kohlenstoff in Form von Titankarbid abgebunden ist (Abb. 854).

Für die praktische Anwendung von Titan in Eisen- und Stahllegierungen ergeben sich aus dem vorher Gesagten somit zahlreiche Hinweise. Auf dem Gebiet der Werkzeugstähle ist die kornverfeinernde Wirkung und die Verbesserung der Überhitzungsempfindlichkeit durch Titan sowie die erhöhte Anlaßbeständigkeit von Interesse. Bei der Herstellung von Baustählen bietet Titan die Möglichkeit, schon durch geringe Zusätze die Streckgrenze in unlegierten oder niedriglegierten Stählen

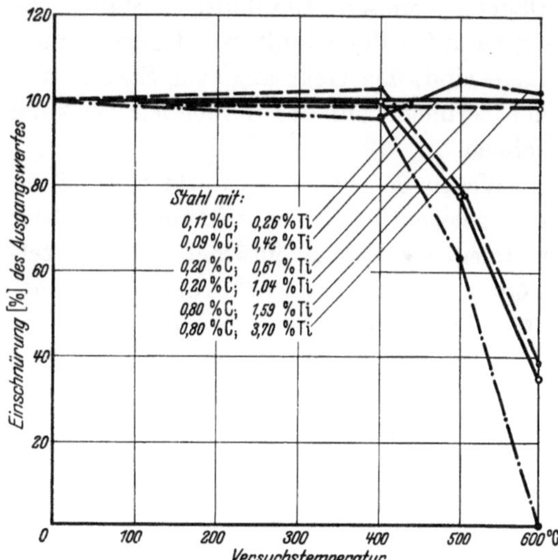

Abb. 854. Einfluß von Titan auf die Einschnürung nach Wasserstoffglühung (300 atü, 140 Stunden). [Nach F. K. Naumann: Techn. Mitt. Krupp, Forschungsber. Bd. 1 (1938) S. 223/43.]

zu erhöhen; auch die Erzeugung warmfester und dauerstandfester Baustähle bietet noch Aussichten, die bisher nicht in jeder Beziehung erschöpft worden sind. Auf korrosionschemischem Gebiet und für Stähle mit besonderen physikalischen Eigenschaften ist die Fähigkeit des Titans zur Abbindung des Kohlenstoffs und damit zur Verhinderung unerwünschter Karbidausscheidungen bzw. zur Verringerung der Härtbarkeit von Bedeutung, wenn das Verhältnis von Titan zu Kohlenstoff größer als 4:1 ist.

4. Hinweise auf den Einfluß des Titans bei der Stahlherstellung und -verarbeitung.

Titan hat nicht nur eine starke Affinität für Kohlenstoff, sondern ebenso für Stickstoff und Sauerstoff. Man kann Titan daher als Desoxydations- und Denitrierungsmittel ansprechen. Allerdings hat Titan auch die unangenehme Eigenschaft, höhere Stickstoffgehalte an den Stahl zu binden, so daß eine Denitrierung, d. h. also eine Stickstoffentfernung aus dem Metallbad durch Titanzusatz, erst bei hohen Stickstoffgehalten Erfolg zeigt. Da Titannitride im festen Zustand im Stahl unlöslich sind, scheiden sich die entsprechenden Stickstoffverbindungen in Stahllegierungen in Form von Einschlüssen ab. Auch komplexe Titan-Kohlenstoff-Stickstoff-Verbindungen (Zyanide) treten bei Anwesenheit von Stickstoff und Kohlenstoff in entsprechenden Stählen auf. Sie sind ein typisches Merkmal für die Anwesenheit von Titan in kohlenstoffhaltigen Stählen (gelbe bis rötliche eckige Einlagerungen). Bereits beim Polieren derartiger Titannitrid enthaltender Stähle fällt das matte Aussehen der polierten Flächen auf. Dies gilt insbesondere auch für die nichtrostenden 18/8-Stähle, die mit Titanzusätzen gegen interkristalline Korrosion unempfindlich gemacht worden und infolge solcher Ausscheidungen nicht hochglanzpolierfähig sind. Daneben weisen titanhaltige Stähle leicht Verunreinigungen durch Titanoxyde auf. Vorteilhaft ist dagegen die Tatsache, daß Titanzusätze in der Lage sind, das Gußgefüge von Stahlformgußstücken zu verfeinern, wahrscheinlich beruhend auf der impfenden Wirkung von Titannitrid- oder Titanzyanidkeimen.

Wegen der hohen Affinität von Titan zu Sauerstoff und Stickstoff findet sich gelegentlich im Schrifttum die Behauptung, daß es nicht gut möglich sei, titanlegierte Stähle einwandfrei herzustellen. Demgegenüber muß festgestellt werden, daß es bei sorgfältiger Vornahme der Desoxydation ohne weiteres gelingt, auch höhere Prozentsätze in den Stahl zu legieren. Bei Elektroöfen kann der Zusatz im Ofen erfolgen. Die üblichste Methode ist, das Titan dem Gießstrahl in der Pfanne zuzusetzen, wobei ein Titanausbringen bis zu 80% erzielt werden kann.

Beim Schweißen titanhaltiger Stähle brennt das Titan aus dem Schweißzusatzstoff aus, man verwendet daher zur kornzerfallsicheren Schweißung auch bei titanhaltigem 18/8-Grundwerkstoff einen titanfreien, kohlenstoffarmen oder aber tantal-nioblegierten Schweißdraht (s. S. 993). Höhere Titangehalte in Schweißdrähten sind auch deswegen unerwünscht, weil sie zu schlechtem Fließen des Schweißgutes führen; dagegen finden häufig geringe Zusätze in Höhe von etwa 0,1% Verwendung, deren Vorteil hauptsächlich in einer gewissen desoxydierenden und denitrierenden Wirkung bestehen dürfte.

Zusammenfassend kann man feststellen, daß Titan in den letzten Jahren in steigendem Maße in die Eisen- und Stahlindustrie Eingang gefunden hat und insbesondere sein Zusatz bei den nichtrostenden Stählen sowie bei den dauerstandfesten Legierungen wertvolle Ergebnisse gezeigt hat.

S. Beryllium im Stahl.

Das System Eisen-Beryllium (Abb. 855) weist große Ähnlichkeit mit dem System Eisen-Titan auf (Abschnürung des γ-Gebietes, steigende Löslichkeit für Eisen-Beryllium-Verbindungen im Ferrit). Die Löslichkeitslinie der Eisen-Beryllium-Verbindung im α-Eisen ist im obigen System nur gestrichelt eingetragen; sie verläuft wahrscheinlich weniger steil, als die Abbildung zeigt. Die Linie $a\,b\,c$ deutet die magnetische Umwandlung an. Auch hier wird es eines eingehenderen Studiums bedürfen, um den genauen Verlauf festzulegen. Feststehend ist aber auch bereits das Auftreten von Ausscheidungshärtung durch Zusatz von Beryllium zu Eisenlegierungen[1,2] (Abb. 856). An Verbindungen werden $FeBe_2$, $FeBe_5$ und eine Verbindung mit noch höherem Berylliumgehalt angenommen[3,4].

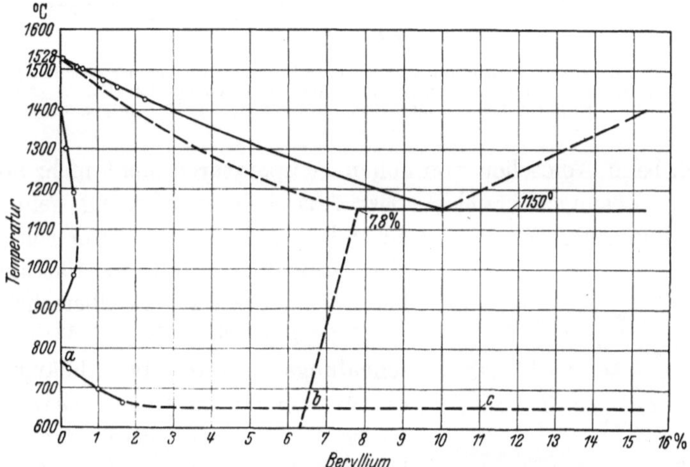

Abb. 855. System Eisen-Beryllium [Nach Angaben von F. Wever u. A. Müller: Mitt. Kais.-Wilh.-Inst. Eisenforsch. Bd. 11 (1929) S. 218/19 (γ-Gebiet und magnetische Umwandlung a—b—c) und J. S. Gajew u. R. S. Ssokolow: Metallurg Bd. 12 (1937) Nr. 4 (Eutektikale und Begrenzung der α-Phase).]

Ähnlich wie bei Eisen-Titan ist auch durch Berylliumzusatz die Ausscheidungshärtung austenitischer Legierungen, insbesondere wiederum des austenitischen rostfreien Stahles, versucht worden. Die Verhältnisse liegen hier ganz ähnlich wie bei Eisen-Titan. Da Beryllium in viel stärkerem Maße das γ-Gebiet abschnürt als Titan, wird der austenitische Charakter der betreffenden Legierungen bereits bei 1% Beryllium weitgehend verändert (Abb. 857). Auch hier sind nur noch geringe Reste Austenit im Gefüge vorhanden. Da Chrom und Beryllium sich in ihrer Wirkung bezüglich der Verringerung des γ-Gebietes unterstützen, kann man nur erwarten, daß bei Verringerung des Chromgehaltes unter gleichzeitiger Steigerung des Nickelgehaltes noch einigermaßen austenitische

---

[1] Masing, G.: Z. Metallkde. Bd. 20 (1928) S. 19/21.

[2] Kroll, W.: Wiss. Veröff. Siemens-Konz. Bd. 8 (1929) Heft 1 S. 220/35; Metallwirtsch. Bd. 9 (1930) S. 1043.

[3] Misch, L.: Z. phys. Chem. Abt. B Bd. 29 (1935) S. 42/58.

[4] In Analogie zum $FeBe_2$ (Laves-Phase, s. hierzu S. 965) wurden auch die Verbindungen $CrBe_2$, $MnBe_2$, VBe_2 $MoBe_2$. WBe_2, $AgBe_2$ und $TiBe_2$ gefunden. [Laves, F.: Naturwiss. Bd. 27 (1939) S. 65/73.]

Chrom-Nickel-Beryllium-Legierungen erhalten werden. Als Beispiel kann eine Legierung mit 12% Ni, 13% Cr, 0,6% Be angegeben werden. Wie aus Abb. 857 u. 858 hervorgeht, lassen sich bei V 2 A-Beryllium-Legierungen mit Berylliumgehalten

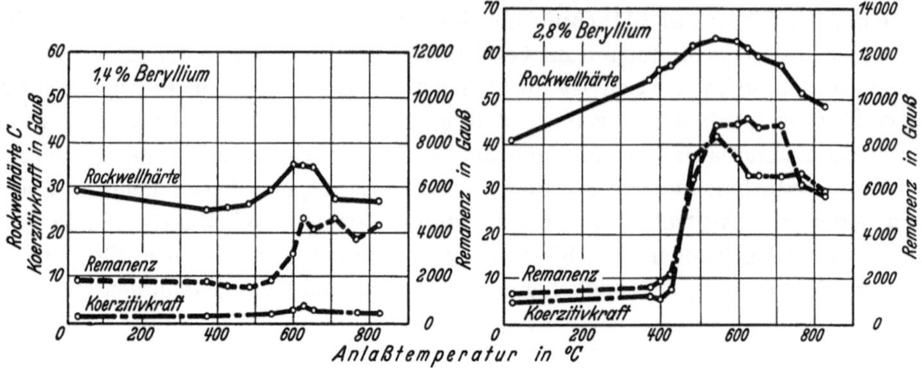

Abb. 856. Veränderung der Rockwellhärte und magnetischen Eigenschaften mit der Anlaßtemperatur bei ausscheidungsgehärteten Eisen-Beryllium-Legierungen nach Wasserablöschung von 1120°. [Nach K. S. Seljesater u. B. A. Rogers: Trans. Amer. Soc. Steel. Treat. Bd. 19 (1931/32) S. 553/76.]

um 1% auch beim Ablöschen von hohen Temperaturen nicht mehr vollkommen homogen feste Lösungen erzielen. Der Ausscheidungsvorgang geht selbst bei Wasserablöschung zum Teil schon während der Abschreckung vor sich. Man muß also annehmen, daß die Sättigungsgrenze bereits bei etwa 1% Be überschritten ist.

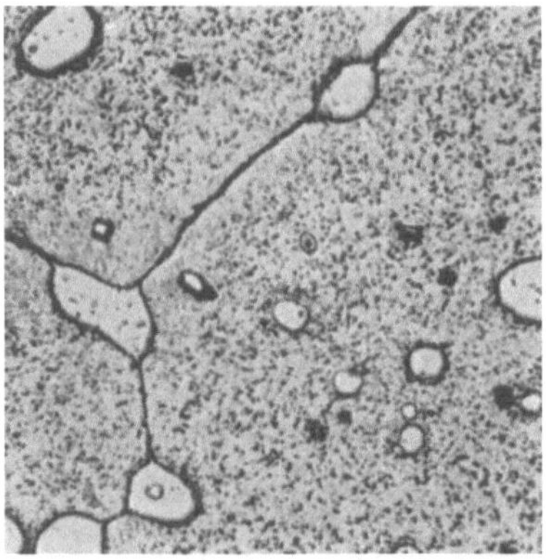

Charakteristisch ist wiederum der Ausscheidungscharakter in Abhängigkeit von der Art des Grundgefüges. Gerade an Hand dieser Legierungen gelang der später auch bei den Eisen-Wolfram-Kobalt-Legierungen geführte Nachweis, daß Ausscheidungshärtungen im austenitischen Gefüge anders verlaufen als im ferritischen, und zwar erfolgt die Ausscheidung im ferritischen Gebiet bei tieferen Temperaturen als im austenitischen Gebiet. Auf die Analogie mit den unterschiedlichen Rekristallisationsverhältnissen ist bereits hingewiesen worden. Der Austenit scheint in jeder Beziehung dasjenige Gefüge zu sein, in dem Umwandlungen und Veränderungen am trägsten verlaufen. Es dürfte

V = 500

Abb. 857. Gefüge eines Berylliumstahles mit 8% Ni, 18% Cr und 1,2% Be nach Abschreckung von 1150° in Wasser. [Nach H. Bennek u. P. Schafmeister: Arch. Eisenhüttenw. Bd. 5 (1931/32) S. 615/20.]

kein Zweifel bestehen, daß dies auf die dichtere Atombesetzung des austenitischen Gitters gegenüber dem ferritischen zurückzuführen ist. Sehr deutlich geht das unterschiedliche Verhalten aus der Abb. 858 hervor. Die nahezu rein ferritische Legierung (oben) zeigt nur einen Ausscheidungseffekt bei 500°. Die halbferritische Legierung (Mitte) weist ebenfalls noch in der Hauptsache einen Anstieg bei 500°, aber bei verlängerter Anlaßzeit auf Außerdem macht sich bereits ein zweites Ausscheidungsgebiet bei 500—700° und sogar 800° bemerkbar. Bei der rein austenitischen Legierung (unten) erfolgt die maximale Härtung bei höheren Temperaturen oder längeren Anlaßzeiten. Die absoluten Härten sind bei den ferritischen Legierungen größer als bei den austenitischen.

Einige Festigkeitseigenschaften derartiger V 2 A-Legierungen mit Berylliumzusatz gibt die Zahlentafel 219 wieder. Wie aus den Zahlen hervorgeht, zeigen die ausscheidungsgehärteten Proben große Sprödigkeit, die vor allem bei den rein ferritischen Legierungen in Erscheinung tritt. Die von 950° abgelöschten austenitischen Legierungen liegen günstiger in ihren Zähigkeitseigenschaften, dafür ist die Streckgrenze verhältnismäßig wenig erhöht, die Festigkeit hingegen ziemlich stark angewachsen.

Ähnlich wie ausscheidungshärtende Titanstähle verlieren auch diese Berylliumlegierungen teilweise ihren Korrosionswiderstand, so daß das Endziel, die austenitischen Chrom-Nickel-Stähle durch Zusatz von Beryllium bei gleichbleibendem Korrosionswiderstand zu härten, sich nicht in vollkommener Weise erzielen ließ.

Besonderes Interesse verdienen diese ausscheidungshärtenden Legierungen wegen ihrer Warmfestigkeit, da man annehmen kann, daß sie unterhalb der Ausscheidungs-

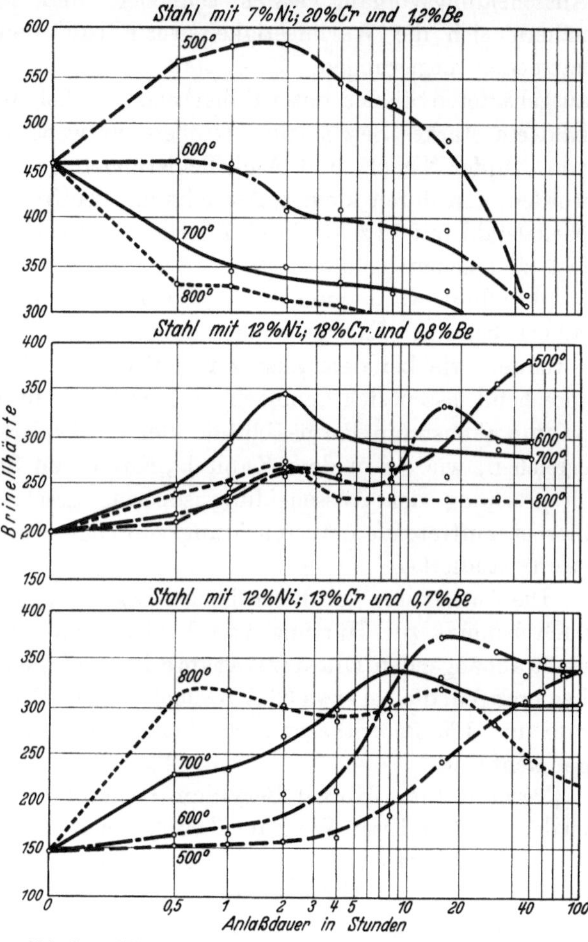

Abb. 858. Härteveränderung verschiedener Berylliumstähle nach Abschreckung von 1250° Öl und verschieden langem Anlassen auf 500—800°. [Nach H. Bennek u. P. Schafmeister: Arch. Eisenhüttenw. Bd. 5 (1931/32) S. 615/20.]

Zahlentafel 219. Festigkeitseigenschaften von berylliumhaltigen V 2 A-Stählen nach H. Bennek und P. Schafmeister[1].

Zusammensetzung				Wärmebehandlung	Brinell-härte	Streck-grenze	Zug-festig-keit	Dehnung $(l = 5\,d)$	Ein-schnü-rung
C %	Cr %	Ni %	Be %			kg/mm²	kg/mm²	%	%
0,12	18,0	8,5	—	1150° Wasser	150	20	58	58	60
0,11	19,0	8,7	1,19	950° Öl, 2 Stdn. 500°	505	—	61,2*	0	0
0,12	19,4	6,9	0,91	1150° Öl, 2 Stdn. 500°	534	—	82,1*	0	0
0,14	13,3	11,6	0,67	950° Öl, 8 Stdn. 700°	313	38	107,3	21,5	38
				1150° Öl, 8 Stdn. 700°	325	—	84*	0	0

* Vorzeitig gerissen.

[1] Arch. Eisenhüttenw. Bd. 5 (1931/32) S. 615/20.

temperatur besonders hohe Warmfestigkeitseigenschaften aufweisen werden.
Normalerweise kann man dies aber nur für kurze Beanspruchungszeiten annehmen und für Temperaturen, die tief unter der Ausscheidungstemperatur liegen.
Bei Dauerbeanspruchungen verläuft unter dem Einfluß der Spannungen der
Ausscheidungsvorgang etwas schneller, und nach beendeter Ausscheidung
nähern sich die Warmfestigkeitswerte bald denen der nicht ausscheidungshärtenden Legierungen. Z. B. trat bei Versuchen mit Federn aus derartigen
ausgehärteten Stählen unter Dauerbelastung bei 500° bei mäßiger Beanspruchung
bald ein starkes Setzen ein. Größere Verwendung hat Beryllium zum Härten
von Kupfer-Nickel- und Nickellegierungen gefunden. So ist auch versucht
worden, den durch kleinen Ausdehnungskoeffizienten gekennzeichneten 36proz.
Nickelstahl mit 12% Cr durch Zusatz von Beryllium zu härten und verschleißfest zu machen (s. a. S. 362).

Beryllium wurde zum Aushärten auch in magnetischen Eisen-Nickel-Legierungen benutzt. Es ergeben sich dabei Ausscheidungsvorgänge, die ganz ähnlich
verlaufen wie bei dem Zusatz von Kupfer zu Eisen-Nickel-Legierungen. Entsprechend lassen sich demnach auch mit Beryllium die Eigenschaften der Isoperme (konstante Permeabilität, kleiner Hystereseverlust, kleine Instabilität)
erreichen, wie sie in dem Kapitel „Kupfer im Stahl", S. 861, des näheren bei
Besprechung der Ausscheidungsisoperme geschildert wurden[1]. Die Art der
hierbei auftretenden Ausscheidungsvorgänge wurde im einzelnen von F. Preisach[2] studiert.

Die Aushärtung von Eisen-Nickel-Legierungen durch Berylliumzusätze wurde
auch benutzt zur Härtung von Legierungen mit einem von der Temperatur
nicht abhängenden Elastizitätsmodul (vgl. hierzu das Kapitel Nickel, S. 357).
Legierungen, die bei etwa 33% Ni noch etwa 6—10% Chrom, Molybdän oder Wolfram und 1% Be enthalten, wurden unter dem Namen Nivarox in den Handel
gebracht[3].

Ternäre Eisen-Kobalt-Beryllium-Legierungen zeigen eine gewisse Analogie
zu den ternären Eisen-Wolfram-Kobalt-Legierungen, ohne daß ihre Eigenschaften,
wie z. B. Koerzitivkraft und Remanenz, Veranlassung zu technischer Verwendung gaben[4]. Untersuchungen über ternäre Eisen-Kohlenstoff-Beryllium-
Legierungen liegen nur wenige vor. Aus Untersuchungen an Gußeisen mit
Berylliumzusatz scheint hervorzugehen, daß Beryllium auch ein Sonderkarbid
bildet, dem die Formel Be_2C zugeschrieben wird[5]. Die Existenz dieses Karbides,
das durch seine stahlgraue Farbe schon im ungeätzten Schliff deutlich erkennbar
ist, wurde durch Isolierung aus einer Legierung mit 1,17% C und 3,72% Be nachgewiesen[6]. Es ist auch bei sehr hohen Härtetemperaturen, bis nahezu an den
Schmelzpunkt, nicht im Stahl löslich und entzieht somit, ähnlich wie das Titan,
den zur Härtung notwendigen Kohlenstoff.

[1] Dahl, O., u. J. Pfaffenberger: Metallwirtsch. Bd. 13 (1934) S. 527/30, 543/49 u.
559/63.
[2] Z. Phys. Bd. 93 (1934) S. 245/68.
[3] Straumann, R.: Heraeus Vakuum-Schmelze 1923/33 S. 408/23 — Helv. phys. Acta
Bd. 10 (1937) S. 269/70.
[4] Köster, W.: Arch. Eisenhüttenw. Bd. 13 (1939/40) S. 227/30.
[5] Ballay, M.: C. R. Acad. Sci. Bd. 201 (1935) S. 1124/26.
[6] Gajew, J. S., u. R. S. Ssokolow: Metallurg. Bd. 12 (1937) Nr. 6 S. 11/20.

Bezüglich der **metallurgischen Bedeutung des Berylliums** sind bisher mit Rücksicht auf den hohen Preis dieses Elementes nur einige wenige Versuche ausgeführt worden. Beryllium wirkt stark desoxydierend, ähnlich wie Aluminium und Titan. Es hat ferner hohe Affinität zum Schwefel und wirkt, da sein Sulfid im Stahlbad leicht aufsteigt, in gewissem Grade entschwefelnd. Die Wirkung des Berylliumsulfides auf die Warmverformbarkeit scheint ähnlich zu sein wie die des Mangansulfides; es verringert bei hohen Schwefelgehalten die Neigung zum Rotbruch.

T. Bor im Stahl.

Bor hat in der Metallurgie als Legierungselement noch keine große Verwendung gefunden. Es ist des öfteren darauf hingewiesen worden, daß durch einen geringen Borzusatz sowohl im Guß- als auch im Walzzustand eine Gefügeverfeinerung erzielt werden kann. Aus dem System Eisen-Bor (Abb. 859) ersieht man, daß Bor nur eine geringe Löslichkeit im Eisen besitzt. Infolgedessen werden schon bei geringen Zusätzen Keimwirkungen durch Ausscheidung von Boriden vorliegen, die sich bezüglich Kornfeinheit ähnlich auswirken können wie Vanadin-, Titan-, Chrom-Karbide, -Nitride usw. Die geringe Löslichkeit von Bor ließ gleichzeitig erwarten, daß vielleicht in gewissen Grenzen Ausscheidungseffekte durch Bor auftreten können.

Bei reinen Eisen-Bor-Legierungen dürfte allerdings eine nennenswerte Ausscheidungshärtung durch Bor nicht zu erwarten sein, da die Löslichkeit des Bors im Ferrit-

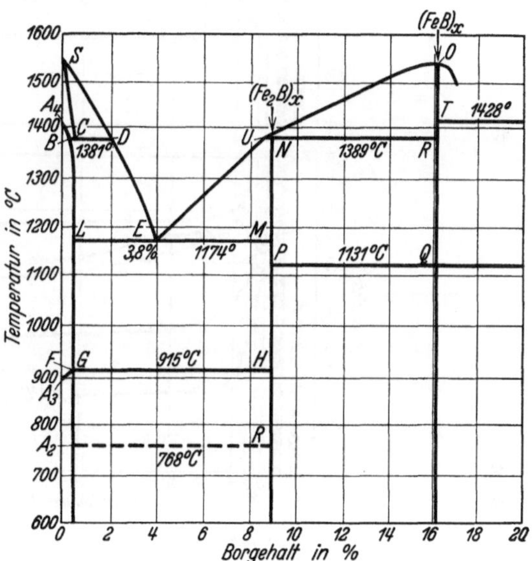

Abb. 859. Zustandsschaubild Eisen-Bor. [Nach F. Wever u. A. Müller: Mitt. Kais.-Wilh.-Inst. Eisenforsch. Bd. 11 (1929) S. 193/223.]

mischkristall sich mit steigender Temperatur nur sehr wenig ändert und darüber hinaus auch die Löslichkeit im Austenit nicht größer ist. Dagegen lassen Eisen-Bor-Legierungen mit Zusätzen, die das γ-Gebiet erweitern, wie Mangan und Nickel, beim Ablöschen und Anlassen beachtenswerte Veränderungen ihrer Härte erkennen (Abb. 860). Da im abgelöschten Zustand nahezu das Härtemaximum erreicht wird, muß man annehmen, daß bei diesen Legierungen entweder beim Ablöschen selbst bereits Ausscheidungseffekte auftreten oder doch größere Löslichkeitsunterschiede für Bor zwischen den einzelnen Phasen des Eisens (γ—α) bestehen, so daß ähnliche Effekte wie im Eisen-Kohlenstoff-System erzielt werden.

Um die Frage zu entscheiden, ob Bor Ausscheidungseffekte hervorruft, ist es von Interesse, austenitische Legierungen zu untersuchen Für den rostfreien austenitischen V 2 A-Stahl sind Versuche durchgeführt worden, deren Ergebnisse

Bor im Stahl.

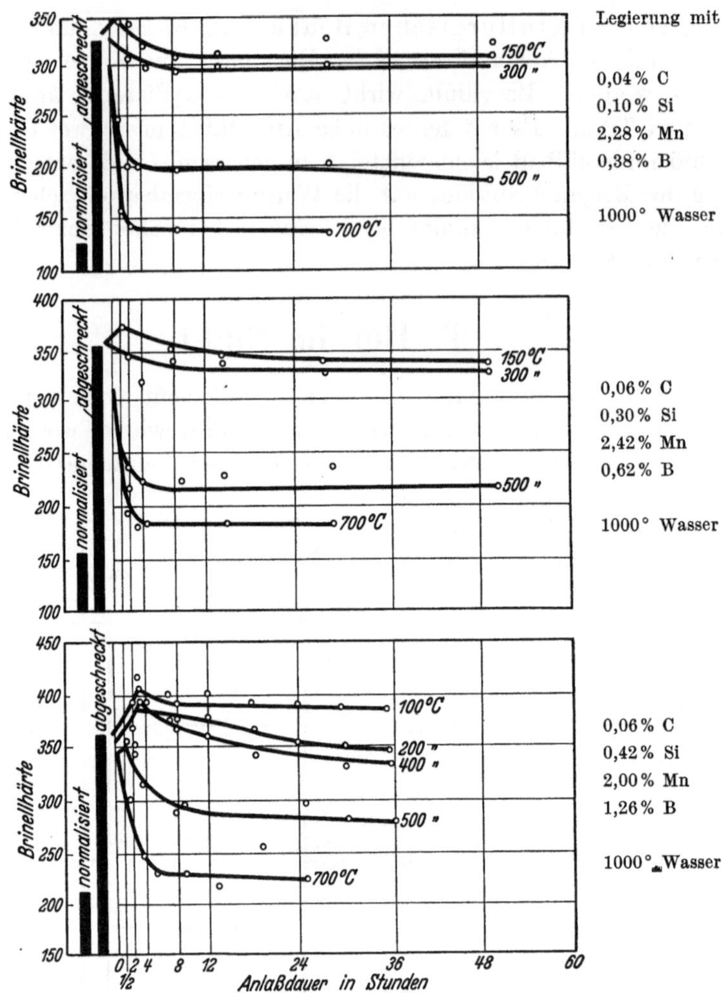

Abb. 860. Härteveränderung von manganhaltigen Eisen-Bor-Legierungen beim Anlassen. [Nach R. Wasmuht Kruppsche Mh. Bd. 12 (1931) S. 273/81.]

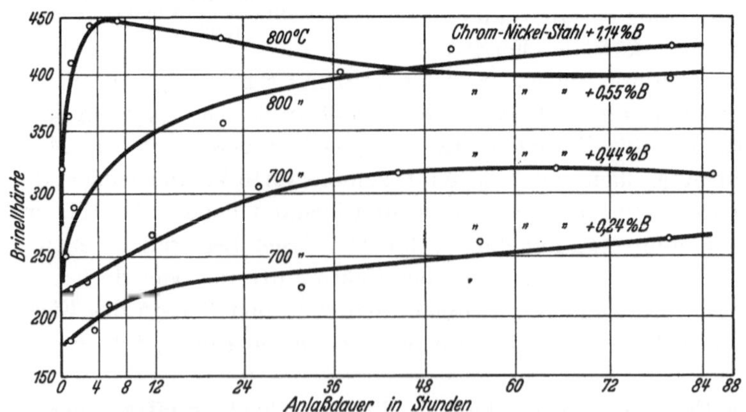

Wärmebehandlung: Abgeschreckt: 1230° Wasser. Angelassen: 800 bzw. 700°.
Abb. 861. Abhängigkeit der Aushärtung beim (18) Chrom-(8) Nickel-Bor-Stahl vom Borgehalt. [Nach R. Wasmuht: Kruppsche Mh. Bd. 12 (1931) S. 273/81.]

in Abb. 861 wiedergegeben sind. Von 0,5% Bor aufwärts zeigen diese Legierungen anscheinend Ausscheidungseffekte, deren Maximum nach Ablöschen von 1230° und Anlassen auf 800° erreicht wird.

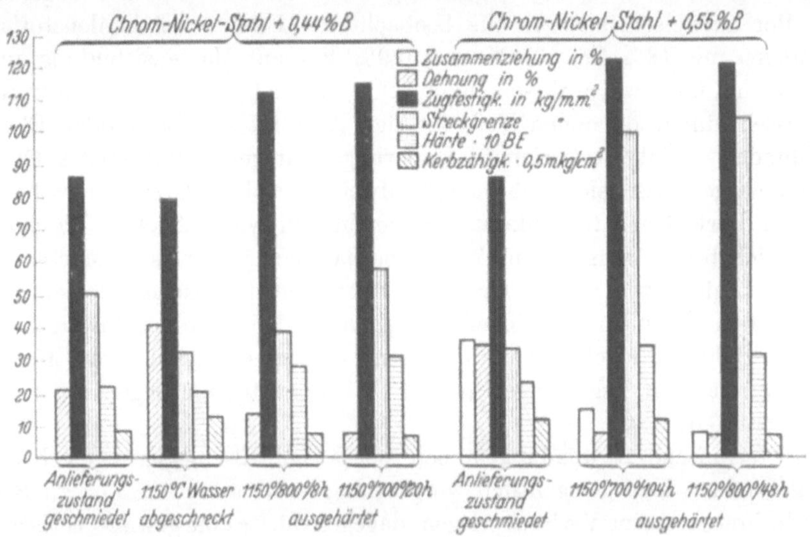

Abb. 862. Festigkeitseigenschaften von (18)Chrom- (8)Nickel-Bor-Stählen nach verschiedener Wärmebehandlung. [Nach R. Wasmuht: Kruppsche Mh. Bd. 12 (1931) S. 273/81.]

Die größten Härtungseffekte ergeben sich nach schroffer Abkühlung, d. h. bei Ablöschen in Wasser. Im abgelöschten Zustand sind die Legierungen am weichsten, die Härtezunahme nach dem Anlassen am stärksten. Angaben über die erreichten Festigkeitseigenschaften bringt Abb. 862, aus der hervorgeht, daß

Zahlentafel 220. Korrosionsbeständigkeit von durch Borausscheidung gehärtetem V 2 A-Stahl im Vergleich zu normalen V 2 A sowie Chromstahl nach H. Bennek und P. Schafmeister[1].

Zusammensetzung				Wärme-behandlung	Gewichtsabnahme in g/h m²							
					Salpetersäure (spez. Gew. 1,04)		Salpetersäure (spez. Gew. 1,23)		Essigsäure (spez. Gew. 1,06)		Salz-säure (spez. Gew. 1,017)	Schwefel-säure (spez. Gew. 1,102)
C %	Cr %	Ni %	B %		kalt	kochend	kalt	kochend	kalt	kochend	kalt	kalt
0,12	18,0	8,5	—	1050° Wasser	0,00	0,00	0,00	0,03	0,00	0,05	0,00	0,00
0,34	13,7	0,45	—	950° Öl	0,05	0,20	0,07	rd. 4	0,05	unbe-ständig	rd. 3	unbe-ständig
0,16	17,7	8,0	0,59	1150° Wasser	0,01	0,03	0,01	0,15	0,00	1,72	0,35	0,12
				1150° Wasser 48 Stdn. 700°	0,02	0,10	0,008	0,7	0,01	1,59	0,63	1,36
0,16	17,0	7,9	1,03	1150° 8 Stdn. 800°	0,8	5,5	0,01	5	—	2,8	—	7,4

eine stärkere Steigerung der Streckgrenze bei allerdings mäßiger Kerbzähigkeit erzielt werden kann. Korrosionstechnisch wirkt Bor nach einer solchen

---

[1] Arch. Eisenhüttenw. Bd. 5 (1931/32) S. 615/20.

Wärmebehandlung aber ebenfalls verschlechternd, wie dies Zahlentafel 220 zeigt. H. Cornelius[1] gibt auf Grund von Untersuchungen an Legierungen mit 16—30% Cr, 6,5—30% Ni sowie 0,8—1,7% B an, daß bei geringen Kohlenstoffgehalten alle diese Legierungen keine reine Ausscheidungshärtung durch Bor aufweisen, sondern die beobachteten Effekte bei kohlenstoffarmen Legierungen mit 18% Cr, 8% Ni und 0,9% Bor auf Martensitbildung zurückzuführen sind, und zwar wahrscheinlich infolge einer beim Anlassen eintretenden Boridausscheidung, die einen Teil der den Austenit stabilisierenden Elemente mit abbindet. Kohlenstoffreichere Legierungen hingegen (0,2—0,3% C) sollen eine eindeutige Ausscheidungshärtung aufweisen, wobei als sich ausscheidende Phase ein Borid-Karbidmischkristall angenommen wird. Auch in diesem Falle wandelt sich beim Anlassen ein Teil des borhaltigen Austenits in Martensit um, wenn die Legierungen an der Grenze des stabil austenitischen Gebiets im ternären System Eisen-Chrom-Nickel liegen. Auch bei hochnickelhaltigen Legierungen mit 30% Nickel und 15% Chrom werden entsprechende Effekte bei kohlenstoffreicheren Legierungen (0,2% C) beobachtet im Gegensatz zu Legierungen, mit 0,04% C.

Eine technische Anwendung haben borhaltige Eisenlegierungen bis heute nicht gefunden. Der gelegentlich vorgeschlagene Zusatz von Bor zu Schnelldrehstahl brachte keine Verbesserungen, dagegen dürfte eine gewisse Verbesserung der Dauerstandfestigkeit durch Bor zu erwarten sein, zumal diese schon auf Ausscheidungsvorgänge anspricht, die sich in der Härte noch nicht nennenswert auswirken.

U. Tantal und Niob im Stahl.

Die Wirkung von Tantal und Niob im Stahl entspricht weitgehend derjenigen des Titans. Die Zweistoffsysteme Eisen-Tantal[2] und Eisen-Niob[3] haben große Ähnlichkeit miteinander. Als Musterbeispiel ist das System Eisen-Niob (Abb. 863) angeführt[3]. Niob gehört ebenso wie Tantal zu denjenigen Elementen, die das γ-Gebiet einschnüren. An das abgeschnürte γ-Gebiet schließen sich sofort heterogene Felder mit Ausscheidung der Verbindung Fe_3Nb_2 bzw. ihres eisenreichen Mischkristalles (ε) an. Die Löslichkeit von Niob und Tantal im α-Eisen ist erheblich geringer, als dies bei den Elementen Wolfram, Molybdän, Titan der Fall ist. Man könnte hierbei an einen gesetzmäßigen Zusammenhang mit dem Atomradius des sich lösenden Metalles denken. Die geringe Löslichkeit führt bei niobhaltigen Eisenlegierungen bereits bei etwa 0,5% Nb zu Ausscheidungshärtungseffekten[4]. Diese Wirkung ist von Bedeutung für die Erzielung entsprechender Eigenschaften, beispielsweise erhöhter Dauerstandfestigkeit unterhalb der maximalen Ausscheidungstemperatur.

Das ternäre System Eisen-Niob-Kohlenstoff ist ebenfalls untersucht[5]. Bei Zusatz von Niob zu Eisen-Kohlenstoff-Legierungen bildet das Niob zuerst ein

[1] Arch. Eisenhüttenw. Bd. 12 (1938/39) S. 499/505.

[2] Genders, R., u. R. Harrison: J. Iron Steel Inst. Bd. 134 (1936) S. 173.

[3] Eggers, H., u. W. Peter: Mitt. Kais.-Wilh.-Inst. Eisenforsch. Bd. 20 (1938) S. 199/203.

[4] DRP. 690710 v. 23. I. 1931 der Fried. Krupp A.G., Essen; s. a. ferner F. Wever u. W. Peter: Arch. Eisenhüttenw. Bd. 15 (1941/42) S. 357/63 u 364/68.

[5] Eggers, H., u. W. Peter: Mitt. Kais.-Wilh.-Inst. Eisenforschg. Bd. 20 (1938) S. 205/11.

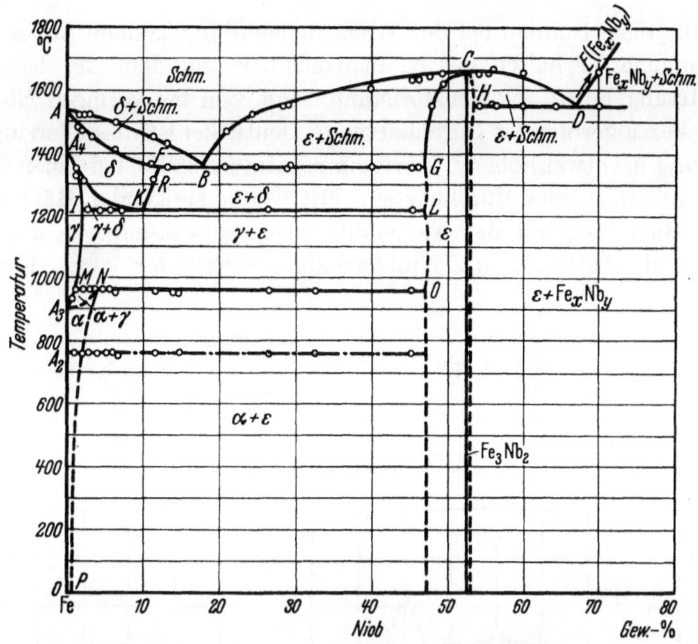

Abb. 863. Zustandsdiagramm des Zweistoffsystems Eisen-Niob. [Nach H. Eggers u. W. Peter: Mitt. Kais.-Wilh.-Inst. Eisenforsch. Bd. 20 (1938) S. 199/203.]

Karbid von der Formel Nb_4C_3 (gelegentlich wird hierfür auch die Zusammensetzung NbC angenommen). Überwiegt der Kohlenstoffgehalt die zur Bildung von Niobkarbid erforderliche Menge, so tritt neben dem Niobkarbid auch das Eisenkarbid Fe_3C auf. Mischkarbide konnten nicht beobachtet werden. Ist der Niobgehalt höher als zur Abbindung des Kohlenstoffs erforderlich ist, so kann neben Niobkarbid auch noch die Eisen-Niob-Verbindung Fe_3Nb_2 zur Ausscheidung gelangen. Einen Überblick über diese Möglichkeiten gibt Abb. 864. Bei entsprechend gewähltem Niobgehalt (1%) tritt die Niobverbindung bis etwa 0,15% C neben Niobkarbid auf. Bei höheren Kohlenstoffgehalten zeigt sich das Eisenkarbid neben Niobkarbid. Die Eigenschaftsveränderungen von

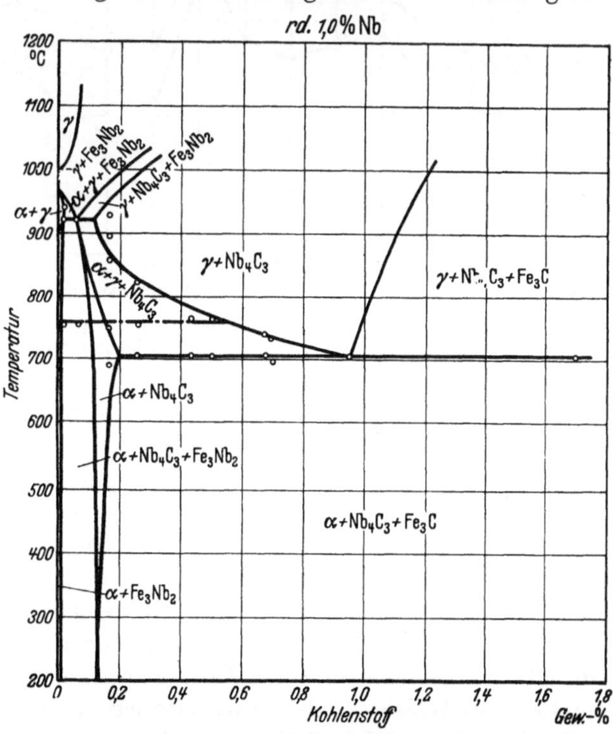

Abb. 864. Schnittschaubild durch das Dreistoffsystem Eisen-Niob-Kohlenstoff parallel zur Eisen-Kohlenstoff-Seite. [Nach H. Eggers u. W. Peter: Mitt. Kais.-Wilh.-Inst. Eisenforsch. Bd. 20 (1938) S. 205/11.

kohlenstoffhaltigen Stählen bei der Wärmebehandlung können daher beeinflußt
werden von dem Verhalten des Niobkarbids bzw. von dem des Eisen-Niobids.
Bei der Härtung 1 proz. Kohlenstoffstähle zeigt sich bei geringen Niobzusätzen
zuerst eine Verringerung der Durchhärtung. Deutlicher ist diese Verringerung der
Durchhärtung bei etwas höheren Härtetemperaturen (860°), bei denen die Kohlenstoffstähle schon stärker durchhärten. Mit weiter steigender Härtetemperatur
nimmt die Härtefähigkeit der Niobstähle wieder etwas zu, was man wohl auf
eine beginnende Auflösung des Niobkarbids zurückführen kann. Entsprechend

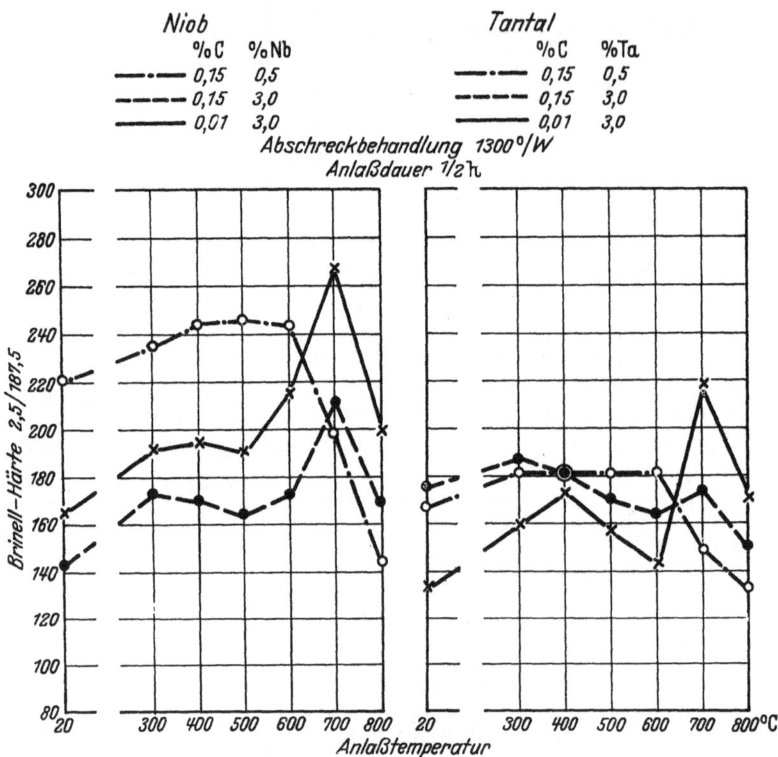

Abb. 865. Einfluß der Anlaßtemperatur auf die Härte von Niob- und Tantalstählen.
(Unveröffentlichte Untersuchungen von H. Bennek.)

dem bekannten Einfluß von eingelagerten Karbiden, die das Kornwachstum
behindern und bei der Umwandlung als Keime wirken, sind die Niobstähle mit
steigendem Niobzusatz überhitzungsunempfindlicher als niobfreie Stähle.

Das besondere Merkmal der Ausscheidung von Sonderkarbiden beim Anlassen ist auch den Niobstählen eigentümlich, doch muß man hier unterscheiden
zwischen der Ausscheidung, die durch das Niobkarbid nach Ablöschen von
kohlenstoffhaltigen Stählen von hoher Temperatur auftritt, und der Eisen-
Niobid-Ausscheidung bei kohlenstoffarmen Legierungen. Abb. 865 gibt links den
Einfluß der Anlaßtemperatur auf die Härte von Niobstählen nach Abschrecken
von 1300° in Wasser wieder. Charakteristisch für die Eisenniobidausscheidung
in Stählen, deren Niobgehalt mehr als das zehnfache des Kohlenstoffgehaltes
beträgt, ist die Temperatur des Härtemaximums bei etwa 700°; dies steht in

Übereinstimmung mit neueren Versuchen von F. Wever und W. Peter[1], die die genaue Lage des Ausscheidungshöchstwertes bei etwa 650° fanden. Dieses Maximum tritt auch in Stählen mit höheren Kohlenstoffgehalten auf, sofern der Niobzusatz mehr als das Zehnfache des Kohlenstoffgehaltes beträgt. Daneben zeigen diese Stähle aber einen mehr oder weniger deutlichen Härteanstieg im Temperaturbereich zwischen 300 und 500°. Der Stahl mit kleinerem Verhältnis von Niob zu Kohlenstoff, in welchem das Niob also vollständig als Niobkarbid gebunden ist, zeigt dagegen nur die letztgenannte Härtesteigerung zwischen 300 und 500°, nicht aber das Härtemaximum bei 650—700°. Im Gegensatz dazu fanden F. Wever und W. Peter auch bei einem Stahl, bei dem der Niobgehalt genau das Achtfache des Kohlenstoffgehaltes betrug, neben einer schwachen Härtesteigerung bei 300° ein ausgeprägtes Maximum bei 650°. Die Frage, bei welcher Temperatur die Niobkarbidausscheidung ihren Höchstwert erreicht, ist somit noch nicht eindeutig zu beantworten. Die schwächere Härtesteigerung bei 300—500° könnte hiernach dem Niobkarbid, vielleicht aber auch einer dritten Verbindung (Niobnitrid?) zugeschrieben werden; in letzterem Falle müßte man dann annehmen, daß die Eisenniobid- und die Niobkarbidausscheidung bei etwa 650—700° praktisch gleichzeitig vor sich gehen.

Das Verhalten der Tantalstähle beim Anlassen entspricht im wesentlichen dem der Niobstähle (Abb. 865 rechts). Auch das stabile Tantalkarbid, das der Formel TaC entsprechen soll[2], geht erst bei Temperaturen oberhalb 1100° merklich in Lösung. In Stählen mit höherem Kohlenstoffgehalt muß jedoch der Tantalzusatz erheblich größer sein, um die Ausscheidung der Eisen-Tantal-Verbindung eintreten zu lassen, weil die Abbindung des Tantals als Karbid einen höheren Anteil des Tantalzusatzes verbraucht. Die in früheren Zeiten von Guillet[3] durchgeführten Untersuchungen lassen keinen eindeutigen Schluß auf die Wirkung von Tantal zu.

Gegenüber Titan erfordern Tantal und Niob, wie schon aus dem Verhalten bei der Aushärtung hervorgeht, entsprechend dem höheren Atomgewicht erhöhte Zusätze, um den Kohlenstoff restlos in Form eines Karbids abzubinden: Titan etwa die vierfache, Tantal die sechzehnfache, Niob die elffache Menge. Man hat von dieser abbindenden Wirkung, ähnlich wie bei Titan, Gebrauch gemacht bei den rostfreien 18/8-Stählen, um das Auftreten der interkristallinen Korrosion zu verhindern. Niob als karbidbildendes Element hat hier insofern noch eine besondere Bedeutung, als es keine so große Affinität zu Sauerstoff besitzt wie Tantal und insbesondere Titan. Beim Schweißen derartiger korrosionsfester Legierungen mit niobhaltigen Schweißzusatzwerkstoffen brennt Niob nicht vollkommen aus dem Schweißgut heraus, wie dies z. B. bei Titan der Fall ist. Die Schweißnaht behält einen entsprechenden Niobgehalt, und es kann erreicht werden, daß das Verhältnis von Niob zu Kohlenstoff auch in der Schweißnaht noch ausreichend ist, um diese selbst bei nachträglicher Erwärmung unempfindlich gegen interkristalline Korrosion zu machen. Aus diesem Grunde werden Schweißdrähte zum Schweißen derartiger Legierungen bevorzugt aus solchen niobhaltigen Stählen hergestellt.

---

[1] Arch. Eisenhüttenw. Bd. 15 (1941/42) S. 364/68.

[2] S. z. B. K. Becker: Hochschmelzende Hartstoffe. Berlin: Chemie 1937 S. 20.

[3] C. R. Acad. Sci., Paris Bd. 145 (1907) S. 327/29. — Vgl. Mars: Die Spezialstähle 1922 S. 441.

Zahlentafel 221. Wirkung von Titan- und Niobzusätzen auf die Festigkeitseigenschaften von Chromstählen nach F. M. Becket und R. Franks[1].

C	Cr	Ti	Nb	Behandlungszustand	Brinellhärte	Streckgrenze	Festigkeit	Dehnung (für eine Länge von 50 mm)	Einschnürung	Kerbzähigkeit (Jzod-Prb.)
%	%	%	%			kg/mm²	kg/mm²	%	%	mkg/cm²
0,10	5,44	—	—	gewalzt	375	105	127,0	5	12	3,8
0,10	5,44	—	—	bei 750° 4 Stdn. mit nachfolgender Luftabkühlung geglüht	153	52	65,0	26	74	16,3
0,11	5,41	0,75	—	gewalzt	163	59	70,3	18	68	4,2
0,11	5,41	0,75	—	bei 750° 4 Stdn. mit nachfolgender Luftabkühlung geglüht	112	20	42,9	37	78	10,9
0,11	5,41	0,75	—	normalisiert durch Luftabkühlung von 900° nach 10 Min. Halten	112	20	43,6	44	79	19,4
0,09	5,62	—	1,04	gewalzt	192	69	78,0	16	62	10,2
0,09	5,62	—	1,04	bei 750° 4 Stdn. mit nachfolgender Luftabkühlung geglüht	112	23	43,6	29	78	18,7
0,09	5,62	—	1,04	normalisiert durch Luftabkühlung von 900° nach 10 Min. Halten	143	43	57,6	27	70	18,2
0,13	13,60	—	—	gewalzt	418	104	143,4	3	8	5,2
0,13	13,60	—	—	bei 750° 4 Stdn. mit nachfolgender Luftabkühlung geglüht	143	43	64,0	24	60	11,8
0,13	13,60	—	—	normalisiert durch Luftabkühlung von 900° nach 10 Min. Halten	241	82	104,8	4	6	1,4
0,11	13,35	0,85	—	gewalzt	126	25	44,5	25	70	1,7
0,11	13,35	0,85	—	bei 750° 4 Stdn. mit nachfolgender Luftabkühlung geglüht	112	27	44,5	28	70	3,5
0,11	13,35	0,85	—	normalisiert durch Luftabkühlung von 900° nach 10 Min. Halten	112	25	45,0	33	75	5,2
0,10	12,42	—	1,18	gewalzt	121	28	44,4	30	53	2,6
0,10	12,42	—	1,18	bei 750° 4 Stdn. mit nachfolgender Luftabkühlung geglüht	116	26	45,4	31	65	6,4
0,10	12,42	—	1,18	normalisiert durch Luftabkühlung von 900° nach 10 Min. Halten	112	27	44,3	37	73	13,3
0,34	13,32	1,76	—	gewalzt	143	34,4	53,5	25	55	0,5
0,34	13,32	1,76	—	normalisiert durch Luftabkühlung von 1000° nach 5 Min. Halten	124	31	52,3	27	53	2,6
0,58	13,34	2,13	—	gewalzt	179	45	70,3	21	47	0,5
0,58	13,34	2,13	—	normalisiert durch Luftabkühlung von 1000° nach 5 Min. Halten	159	39	58,3	26	51	0,7

[1] Trans. Amer. Inst. min. metallurg. Engr. Techn. Publ. Nr. 506 (1933).

Infolge der Abbindung von Kohlenstoff zu stabilen Karbiden verringern Zusätze von Tantal bzw. Niob auch die Härtbarkeit. Hiervon hat man gelegentlich Gebrauch gemacht zu Verminderung der Härtefähigkeit von wasserstoffbeständigen Chromstählen, die infolge ihres Chromgehaltes bereits leicht lufthärtend werden und entsprechend zu Schwierigkeiten bei der Verarbeitung und insbesondere beim Schweißen führen können. Zahlentafel 221 (S. 994) zeigt die Wirkung von Niob im Vergleich zu Titan. Diese Zahlentafel ließe sich entsprechend ergänzen durch gleichartige Werte von tantalhaltigen Legierungen. Derartige Stähle können nach dem Walzen oder nach irgendwelcher sonstiger Erwärmung an Luft abgekühlt werden, ohne stärkere Härtungserscheinungen aufzuweisen. Der Kohlenstoffgehalt liegt bei ihnen in Form von sog. Einschlußkarbiden vor, d. h. von Karbiden, die sich wegen ihrer Unlöslichkeit ebenso wie Schlackeneinschlüsse nicht an den Umwandlungen der Grundmasse beteiligen. Da aber der Zusatz von Niob, Tantal, Titan nicht nur der Grundmasse den Kohlenstoff entzieht, sondern auch das γ-Gebiet abschnürt, besteht die Gefahr, daß die Legierungen bei zu hohen Gehalten dieser Elemente leicht ferritisch werden, so daß sie durch Wärmebehandlung auch keine Kornverfeinerung mehr erfahren können. Nur bei geschickter Bemessung des Legierungszusatzes gelingt es, die Härtbarkeit auf ein Mindestmaß herabzudrücken, ohne die Umwandlungsfähigkeit der Legierungen verlorengehen zu lassen.

Gelegentlich findet man Hinweise, Tantal oder Niob als Zusatzelemente zu Schnellstahllegierungen zu verwenden, ohne daß sich bisher besondere Vorteile bei der Anwendung solcher Stähle gegenüber den sonst bekannten Schnellstahllegierungen ergeben hätten. In Hartmetallen wird Tantalkarbid gelegentlich verwendet, insbesondere an Stelle von Titan- oder Molybdänkarbid. Bei Zusätzen von Niob zu Schnelldrehstählen ist die Wirkung auch nicht derjenigen von beispielsweise Vanadin gleichzusetzen, da bei Anwesenheit von Niob die Stähle nach der Härtung erheblich stärker austenitisch werden, als dies bei Vanadin der Fall ist. Die starke Austenitbildung geht beispielsweise aus Zahlentafel 222 hervor. Das Absinken der Rockwellhärte zeigt, daß bereits beim

Zahlentafel 222.
Stärkere Austenitbildung beim Härten niobhaltiger Schnelldrehstähle.

Zusammensetzung						Rockwellhärte nach Ablöschung von			
C %	Cr %	W %	Mo %	V %	Nb %	1000°	1100°	1200°	1250°
1,21	3,9	2,25	2,50	—	2,28	64—65	49—50	45—46	49—50
1,36	4,1	11,3	0,74	1,36	1,65	65—66	64—65	54—55	51—52

Ablöschen von 1200° eine starke Austenitbildung eintritt. Durch mehrfaches Anlassen, ähnlich wie bei höher chromhaltigen Schnellstählen (s. S. 662), ist diese Austenitbildung zwar wieder zu beseitigen, dennoch bleibt die Leistung derartiger mehrfach angelassener Stähle gegenüber der normaler Schnellstähle zurück.

Die Niobid- oder auch die Niobkarbidausscheidung könnten nutzbringend bei der Schaffung dauerstandfester Legierungen sein. Tatsächlich läßt sich bei derartigen Legierungen bei sehr niedrigem Kohlenstoff- und hohem Niobgehalt (unter 0,1% C, etwa 1—2% Nb) durch Ablöschen von sehr hoher Temperatur (1200° und darüber, ähnlich wie bei Titan) eine Dauerstandfestigkeit von 30 bis

50 kg/mm² bei 500—550° erreichen, also mit die höchsten Werte, die bei dieser Temperatur gemessen wurden (Zahlentafel 223). Bei technisch erträglichen Abschrecktemperaturen sind die erreichbaren Dauerstandwerte, wie die Zahlentafel zeigt, jedoch schon wesentlich niedriger. Ungünstig für die Verwendung dieser auf Niobidausscheidung behandelten Stähle ist, abgesehen von der Schwierigkeit der technischen Herstellung kohlenstoffärmster Legierungen, ihr ferritischer Gefügeaufbau und damit die Unmöglichkeit, sie durch Wärmebehandlung im Sinne der Kornverfeinerung und Zähigkeitsverbesserung beeinflussen zu können. Der zur Erzielung bester Dauerstandwerte nötige Niobgehalt bei solchen sehr kohlenstoffarmen Legierungen soll sich nach W. Peter[1] verringern lassen, wenn gleichzeitig der Schwefelgehalt auf ein Mindestmaß ($<$ 0,01 bzw. sogar $<$ 0,005%) gesenkt wird, was mit der Verhinderung einer Abbindung von wirksamem Niob zu Niobsulfid erklärt werden könnte. Eine Herabsetzung des notwendigen Niobgehaltes in Stählen mit höher kohlenstoffhaltigen, betriebsmäßig herstellbaren Legierungen kann aber zweckmäßiger dadurch erreicht werden, daß man den Kohlenstoffgehalt zum größten Teil durch Titanzusätze abbindet, so daß das Niob im wesentlichen im Ferrit gelöst wird[2]. Es gelingt auf diese Weise, z. B. bei einem Stahl mit 0,09% C, 0,33% Si, 0,44% Mn, 0,022% S, 0,21% Ti, 0,45% Nb und 0,04% Ta nach Abschreckung von 1100° in Wasser und zweistündigem Anlassen bei 600° eine Dauerstandfestigkeit von etwa 42—45 kg/mm² bei 500° zu erreichen. Die Kerbzähigkeit liegt dabei wesentlich höher als die der hoch niobhaltigen Legierungen.

Zahlentafel 223. Einfluß der Wärmebehandlung auf die DVM-Dauerstandfestigkeit eines Stahles mit rd. 2% Nb und 0,13% C bei 500° [nach W. Peter: Arch. Eisenhüttenw. Bd. 15 (1941/42) S. 357/68].

Wärmebehandlung	DVM-Dauerstandfestigkeit bei 500° in kg/mm²
1300°/Wasser/600° 1 h	52
1300°/Luft	42
1200°/Wasser/600° 1 h	48
1200°/Luft	34
1100°/Wasser/600° 1 h	44
1100°/Luft	32
1000°/Wasser/600° 1 h	32
950°/Wasser/600° 1 h	22
950°/Luft	12

Zahlentafel 224. Dauerstandfestigkeit niobhaltiger austenitischer Stähle.

C %	Si %	Mn %	Cr %	Ni %	Nb %	Ta %	Dauerstandfestigkeit nach DVM-Verfahren (DIN A 117/118) 500° kg/mm²	600° kg/mm²	700° kg/mm²	800° kg/mm²
0,16	1,03	0,54	29,5	30,1	0,55	2,73	—	20,2	7,0	—
0,16	0,90	0,60	28,9	29,5	—	—	—	14,4	—	—
0,09	0,52	0,65	15,2	59,3	2,95	0,15	—	18,2	7,6	—
0,12	1,0	1,03	16,4	57,6	—	—	—	12,0	8,9	—
0,10	0,32	17,6	8,3	—	2,32	—	—	24	10,4	∞3,5
0,04	2,79	17,6	9,3	—	—	—	—	8	4	1,6

[1] Arch. Eisenhüttenw. Bd. 15 (1941/42) S. 364/68.
[2] Schweizer Patent Nr. 150984 der Fried. Krupp A.G. v. 19. VII. 1930.

Der nutzbringende Zusatz von Niob bzw. Tantal zur Erhöhung der Dauerstandfestigkeit macht sich auch bei mehrfach legierten Stählen bemerkbar, ähnlich wie Titan, so daß z. B. auch bei austenitischen Legierungen eine Erhöhung der Dauerstandfestigkeit zu beobachten ist, die allerdings bei hoch nickelhaltigen Legierungen der Wirkung eines entsprechenden Titanzusatzes nicht gleichkommt (Zahlentafel 224, S. 996; vgl. Zahlentafel 118, S. 588, und Zahlentafel 218, S. 977). Die Verbesserung der Dauerstandfestigkeit dürfte bei diesen Legierungen im wesentlichen der Wirkung des Niob- bzw. Tantalkarbides zuzuschreiben sein, da in sehr kohlenstoffarmen Legierungen mit hohem Nickelgehalt, die trotz des Niobzusatzes austenitisch bleiben, keine merkliche Ausscheidungshärtung beobachtet werden konnte. Bei Legierungen vom Typ des 18/8-Stahles treten durch Zusatz von 2—3% Nb bereits erhebliche Ferritmengen auf, die der technischen Anwendung einer etwaigen Niobidausscheidung entgegenstehen, wie dies auch bei den entsprechenden Legierungen mit hohem Titan- oder Berylliumgehalt der Fall ist.

Zementation. Niob verhält sich bei der Zementation typisch wie ein karbidbildendes Element.

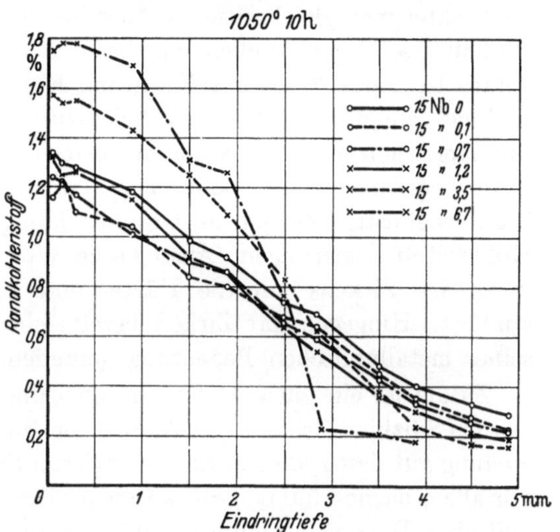

Abb. 866. Einfluß von Niobzusätzen auf die Randaufkohlung unlegierter Stähle. (Nach unveröffentlichten Untersuchungen von H. Schrader.)

Durch Zusatz von Niob wird der Randkohlenstoffgehalt entsprechend Abb. 866 erhöht, während die Zementationstiefe, wenigstens für höhere Zementationstemperaturen, etwas abnimmt. Wegen der Verminderung der Kernhärte bietet Niob keine Vorteile bei der Verwendung in Einsatzstählen. Ähnliche Überlegungen dürften auch für Tantal gelten.

V. Uran, Zirkon, Cer, Kalzium, Thorium, Antimon, Zinn, Arsen, Silber.

Uran kann ebenfalls zu den karbidbildenden Elementen gerechnet werden. Hochgekohltes Ferro-Uran löst sich im Schmelzfluß nur schwer im Eisen auf. Das Urankarbid ist bis zu einem ziemlich hohen Grade im Austenit löslich, so daß sich eine merkliche Erhöhung der Anlaßbeständigkeit durch Uran erzielen läßt[1]. Allerdings tritt in Uranstählen mit höherem Kohlenstoffgehalt schon bei recht niedrigen Abschrecktemperaturen (etwa 1000°) ein Schmelzeutektikum

---

[1] Bennek, H., u. C. G. Holzscheiter: Techn. Mitt. Krupp Bd. 3 (1935) S. 196/204 — Arch. Eisenhüttenw. Bd. 9 (1935/36) S. 193/200.

(Urankarbid-Urannitrid?) auf, das eine weitere Erhöhung der Härtetemperatur und volle Ausnutzung des Urankarbidausscheidungseffektes verhindert. Eine praktische Nutzanwendung von Uranzusätzen hat bis heute noch nicht stattgefunden, wenn auch in verschiedenen Patentanmeldungen, besonders bei Schnellstahllegierungen, Zusätze von Uran empfohlen worden sind.

Zirkon ist nach dem bisher Bekannten ebenfalls zu den karbidbildenden Elementen zu rechnen. Im Dreistoffsystem Eisen-Zirkon-Kohlenstoff[1] tritt neben Eisenkarbid das stabile Zirkonkarbid ZrC auf. Bei kohlenstoffarmen Legierungen beobachtet man gleichzeitig die Ausscheidung einer Zirkonverbindung Fe_3Zr_2. Die Verhältnisse liegen ähnlich wie bei den entsprechenden Dreistoffsystemen des Titans bzw. des Niobs mit Eisen und Kohlenstoff. Infolge der starken Karbidbildung gelingt es auch durch Zirkonzusatz, die Anfälligkeit gegen interkristalline Korrosion in den bekannten korrosionsfesten austenitischen Chrom-Nickel-Stahl-Legierungen zu bekämpfen. Trotz der Neigung zur Karbildbildung im Stahl begünstigt Zirkon die Graphitbildung in kohlenstoffreichen Eisen-Zirkon-Kohlenstoff-Legierungen (Analogie zu Wolfram, Silizium). Die spezifische Wirkung des Zirkons auf die Härte- und Anlaßvorgänge ist noch nicht näher studiert. Hingegen hat Zirkon bereits eine weitgehendere Verwendung wegen seiner metallurgischen Bedeutung gefunden.

Zirkon ist ein gutes Desoxydations- und Denitrierungsmittel. Infolgedessen werden Silizium-Zirkon- oder Aluminium-Silizium-Zirkon-Verbindungen zur Herstellung gut desoxydierter und denitrierter Stähle verwendet. Es wird dem Zirkon vor allem nachgerühmt, daß es weniger Desoxydationsprodukte im Stahl zurückläßt als z. B. stark aluminiumhaltige Desoxydationsmittel. Noch bevor man den günstigen Einfluß anderer Elemente, z. B. Chrom, auf die Sulfidbildung und damit die Vermeidung von Rot- und Heißbrucherscheinungen erkannt hatte, war bereits die diesbezüglich gute Wirkung von Zirkon festgestellt worden. Aus diesem Grunde fanden Zirkonzusätze insbesondere praktische Anwendung zur Herstellung von vollkommen beruhigtem Automatenstahl mit höherem Schwefelgehalt (0,3%). Infolge der starken Sulfidbildung scheint durch Zirkon auch eine entschwefelnde Wirkung einzutreten.

Cer. Eisenlegierungen mit etwa 70% Cer sind bekannt geworden als Zündsteine für Feuerzeuge. Ein besonderer Einfluß des Cer auf die Eigenschaften von Stahllegierungen ist noch nicht nachgewiesen. Ebenso ist die metallurgische Brauchbarkeit von Cer in seiner Wirkung als Desoxydationsmittel noch wenig erforscht.

Bei den hitzebeständigen Stählen ist darauf hingewiesen worden, daß durch besondere Maßnahmen bei der Herstellung und Anwendung besonderer Desoxydierungsmittel die Lebensdauer von Heizleiterwerkstoffen erheblich verlängert werden kann. In diesem Sinne wirken besonders Zusätze von Cer günstig, wie dies Abb. 807 kennzeichnet (s. a. S. 518).

Kalzium. Kalzium wird in der Eisen- und Stahlindustrie ebenfalls nur als Desoxydationsmittel verwendet, und zwar in der Hauptsache in Verbindung mit Silizium in Form von Siliko-Kalzium. Abgesehen von der guten desoxy-

---

[1] Vogel, R., u. K. Löhberg: Arch. Eisenhüttenw. Bd. 7 (1933/34) S. 473/78.

dierenden Wirkung wird eine technische Verwendung von Kalzium empfohlen bei der Herstellung von Heizleiterwerkstoffen im gleichen Sinne wie bei Cer zwecks Erhöhung der Zunderbeständigkeit und der Lebensdauer von elektrischen Heizelementen (Abb. 867).

Thorium. In gleichem Sinne wie Kalzium und Cer zur Verbesserung der Zunderbeständigkeit werden auch Zusätze von Thorium empfohlen (Abb. 867).

Antimon. Die Verwendung von Antimon im Stahl ist praktisch auf den einen oder anderen Sonderfall beschränkt. Irgendwelche Untersuchungen über die Veränderung der mechanischen Eigenschaften liegen nicht vor. Antimon hat lediglich Verwendung gefunden als Zusatz zu korrosionsfesten Legierungen, und zwar mit dem Ziel, deren Beständigkeit gegen Salz- und Schwefelsäure zu erhöhen. Derartige Werkstoffe, die als Gußmaterial Verwendung finden, sind Legierungen mit 65% Cu, 30% Ni, 5% Sb, die besonders widerstandsfähig gegen Schwefelsäure sind, sowie Legierungen mit 30% Ni, 10% Cr, 2% Mo, 2% Cu, 1,5% Sb, die als salzsäurebeständige Legierungen empfohlen werden. Die Wirkung des Antimons als den Korrosionswiderstand steigerndes Mittel ist ähnlich derjenigen von Kupfer in Eisenlegierungen. Beim chemischen Angriff überzieht sich die Metallegierung mit einem dunklen Belag, der hauptsächlich aus Antimon besteht und durch seine Anwesenheit die erhöhte Beständigkeit ergibt. Die Frage, ob eine derartige Antimonlegierung beständig ist, hängt also damit zusammen, ob der betreffende Belag sich ausbilden

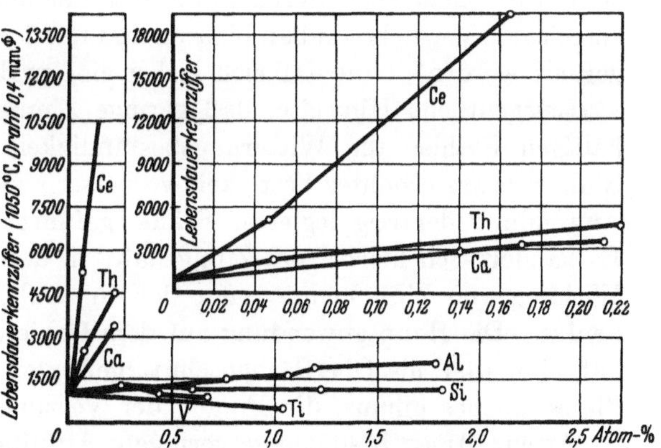

Abb. 867. Einfluß verschiedener Gehalte an Beimengungen auf die Lebensdauer von eisenhaltigem Chrom-Nickel. [Nach Hessenbruch: Metalle und Legierungen für hohe Temperaturen, S. 111. Berlin: Springer 1940.]

kann oder nicht. Infolgedessen ist es schwierig, Beständigkeitstabellen dieser Legierungen herauszugeben, da außer der Konzentration der zur Anwendung gelangenden Säure auch die Bedingungen der Inbetriebnahme u. dgl. für die Bewährung von ausschlaggebender Bedeutung sind.

Zinn. Ein weiteres Element, das gelegentlich als Zusatzelement zu Stahllegierungen Erwähnung findet, ist Zinn. Entsprechend dem binären Zustandsschaubild vermag Eisen einige Prozent Zinn in fester Lösung aufzunehmen. Hierbei gehört Zinn zu denjenigen Elementen, die das γ-Gebiet abschnüren[1]. Trotz der Löslichkeit von Zinn im Mischkristall ergeben sich schon bei verhältnismäßig niedrigen Gehalten in der Größenordnung von 0,1% in größeren Stahlblöcken erhebliche Seigerungen an Zinn. So wurden beispielsweise in einer Bramme aus schwach beruhigtem Stahl mit durchschnittlich 0,08% C, 0,30% Mn und 0,07% Sn in der Nähe des Kopfes im Kern 0,26% Sn, am Rand 0,05% Sn

---

[1] Isaac, E., u. G. Tammann: Z. anorg. allg. Chem. Bd. 53 (1907) S. 281/91. — Edwards, C. A., u. A. Preece: J. Iron Steel Inst. Bd. 124 (1931) S. 41/66.

gefunden[1]. In den USA. besteht die Vorschrift, daß hochwertige Feinbleche höchstens 0,025% Zinn enthalten dürfen. Da Zinn edler ist als Eisen und bei metallurgischen Prozessen nicht aus dem Eisenbad entfernt wird, können derartige niedrige Gehalte leicht durch Verarbeitung zinnhaltiger Abfälle (Konservendosen) erreicht werden. Nach neueren Untersuchungen sollen Zinngehalte bis 0,07% nicht schädlich sein, es wird aber verschiedentlich darauf hingewiesen, daß Zinngehalte von 0,12% im Blech zu Verarbeitungsschwierigkeiten führen. Berücksichtigt man die obengenannten Seigerungen, so würden bei einem Durchschnittsgehalt von 0,07% lokal bedeutend höhere Zinngehalte vorkommen können. Merkwürdigerweise sollen bei Zinngehalten von etwa 0,2% Störungen beim Kaltwalzen auftreten, die bei höheren Zinngehalten wieder verschwinden. Auch soll die Alterung beim Lagern bei Raumtemperatur groß sein. Allgemein wird man daher insbesondere beim Gießen von größeren Blöcken einen Zinngehalt von unter 0,04% anstreben.

Da Zinn eine mit steigender Temperatur größere Löslichkeit im Eisen besitzt, kann man auch durch Zinn Ausscheidungshärtungseffekte erzielen. Entsprechende Versuche sind an binären und ternären Eisen-Zinn-Legierungen durchgeführt worden[2], ohne daß sich bisher eine praktische Verwendung ergeben hat.

Gelegentliche Hinweise, daß geringe Zinnzusätze zu phosphor- und kupferhaltigen Stählen die Witterungsbeständigkeit von Flußeisen bzw. auch von Stählen etwas erhöhter Festigkeit verbessern sollen, haben zu keiner praktischen Anwendung derartig legierter Stähle geführt (s. Abschnitt „Kupfer" S. 855). Es handelt sich hierbei um Zinngehalte in der Größenordnung von 0,1%. Die Wirkung von Zinn könnte man sich in ähnlichem Sinne wie die von Kupfer denken. Die Hauptanwendung auf dem Gebiet der Eisen- und Stahlverwendung hat Zinn wohl als Oberflächenschutz gefunden. Es geht aber über den Rahmen dieses Buches hinaus, die Fragen der Verzinnung zu behandeln.

Arsen. Arsen besitzt eine geringere Affinität zu Sauerstoff als Eisen. Beim Erzeugen von Roheisen und Stahl aus arsenhaltigen Erzen findet sich das Arsen praktisch vollkommen in den entsprechenden Eisen- und Stahllegierungen wieder. Da Arsen ein häufiges Begleitelement von Eisenerzen ist, lassen sich gelegentlich gewisse Arsengehalte in Eisen- und Stahllegierungen nicht vermeiden. Da es auch bei den üblichen metallurgischen Prozessen nicht entfernt wird, muß man mit einem gewissen Kreislauf von Arsen und einer entsprechenden Arsenanreicherung im Laufe der Zeit rechnen. Es ist daher von Wichtigkeit, den Einfluß von Arsen auf die Stahleigenschaften zu kennen. Da Arsen im allgemeinen als Stahlschädling bezeichnet wird, ist es wesentlich, diejenigen Arsengehalte zu ermitteln, die maximal im Stahl ohne allzu schädliche Wirkung zulässig sind. Aus den neuesten Untersuchungen[3] und aus dem Schrifttum ergibt sich zusammenfassend folgendes:

---

[1] McKimm, P. J.: Steel Bd. 106 (1940) Nr. 19 S. 64, 67, 68 und Nr. 20, S. 60, 64 — S. a. Stahl u. Eisen Bd. 60 (1940) S. 935/36.

[2] Legat, H.: Metallwirtsch. Bd. 17 (1938) S. 277/78 (Eisen-Nickel-Zinn). — Köster, W., u. W. Geller: Arch. Eisenhüttenw. Bd. 8 (1934/35) S. 557/60 (Eisen-Kobalt-Zinn). — Schafmeister, P., u. R. Ergang: Techn. Mitt. Krupp, Forschungsber. Bd. 2 (1939) S. 125/38 (Eisen-Nickel-Zinn).

[3] Houdremont, E., H. Bennek u. H. Neumeister: Techn. Mitt. Krupp, Forschungsber. Bd. 1 (1938) S. 101/19 — Arch. Eisenhüttenw. 12 (1938/39) S. 91/101.

Arsen ist ohne metallurgischen Einfluß auf die Stahlherstellung. Durch Reduzieren und anschließendes Rösten gelingt es bis zu einem gewissen Grade, Arsen aus Eisenerzen als flüchtiges Arsentrioxyd zu entfernen. In unberuhigtem Stahl seigert Arsen etwa gleich stark wie Phosphor, im beruhigten ebensowenig wie Kohlenstoff, Phosphor und Schwefel. Die Warmverformbarkeit wird durch Arsenzusatz bis 1% nicht beeinflußt. Die Härtefähigkeit von unlegiertem Werkzeugstahl bleibt bis etwa 0,2% unverändert. Mit höherem Arsengehalt nimmt die Härtetiefe ab. Die α-γ-Umwandlung wird durch Arsen erhöht. In weichem Kohlenstoffstahl bzw. niedriglegiertem Baustahl wird die Zugfestigkeit und Streckgrenze etwas erhöht, während die Zähigkeitswerte entsprechend abfallen, wie dies aus Abb. 868 entnommen werden kann. Anscheinend wirkt Arsen um so stärker im Sinne einer Zähigkeitsverminderung, je härter der Stahl ist bzw. je höher die Festigkeit ist, auf die er vergütet wurde, im gehärteten Zustand also entsprechend stärker als im angelassenen Zustand. In legierten Stählen, z. B. Chrom-Nickel- oder Chrom-Molybdän-Stählen, beginnt oberhalb 0,2% As ein merkliches Ab-

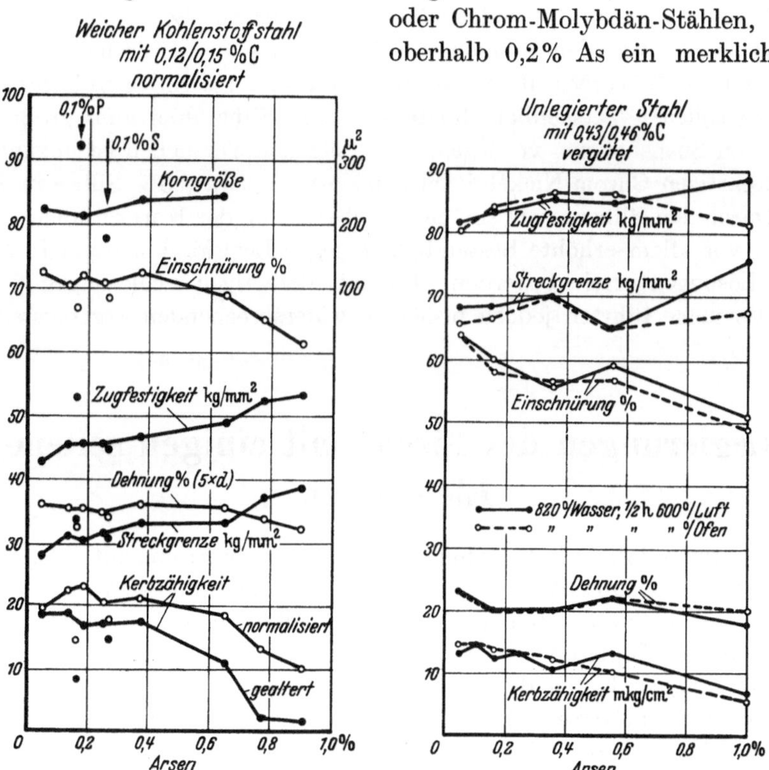

Abb. 868. Einfluß eines Arsengehaltes auf die Festigkeitseigenschaften im normalisierten und vergüteten Zustand. [Nach E. Houdremont, H. Bennek, H. Neumeister: Techn. Mitt. Krupp, Forschungsber. Bd. 1 (1938) S. 101/19.]

sinken der Zähigkeit, die um so deutlicher bemerkbar ist, je höher die Vergütungsfestigkeit des Stahles ist. Bezüglich der Kaltverformfähigkeit werden keine direkten Schädigungen beobachtet.

Die Schweißrißempfindlichkeit unlegierter und legierter Feinbleche wird bis etwa 0,25% As nicht beeinflußt. Ebenso weisen die mechanischen Werte von autogen geschweißten Flußstahlblechen bei 0,25% Arsen noch keine Verschlechterung auf. Hingegen zeigt die reine Feuerschweißbarkeit bei diesen Arsengehalten schon eine Beeinträchtigung. Gelegentliche Hinweise, daß Arsen den Korrosionswiderstand bei Naturkorrosionsversuchen steigert, bedürfen noch einer genaueren Bestätigung.

Zusammenfassend kann gesagt werden, daß bei unlegierten Stählen Arsengehalte bis zu 0,25% voraussichtlich keinen wesentlich verschlechternden Einfluß auf die Stahleigenschaften ausüben werden. Bei legierten Stählen, insbesondere Stählen, die auf hohe Festigkeit vergütet werden, wird man vorläufig eine Grenze von etwa 0,15—0,2% nicht überschreiten.

Silber. In Eisen ist Silber unlöslich[1]; die Abkühlungskurven zeigen Haltepunkte bei den Erstarrungstemperaturen der reinen Metalle. Nach langsamer Abkühlung aus dem Schmelzfluß bestehen die Legierungen aus zwei Schichten. Im System Silber-Chrom und Silber-Nickel ist beschränkte Löslichkeit im flüssigen Zustande vorhanden; das Nickel soll auch im festen Zustande eine gewisse Menge Silber lösen (bis 4%)[2]. Eisen-Silber-Legierungen haben infolgedessen keine Verwendung gefunden; dagegen ist der Zusatz von Silber verschiedentlich zu nichtrostenden Stählen von der Art des austenitischen Stahles mit 18% Cr und 8% Ni vorgeschlagen worden, die bis zu 1% Silber in fester Lösung aufnehmen sollen[3]. Tatsächlich dürfte aber das Silber hier zum größten Teil in Form von Suspensionen vorliegen. Nach eigenen Versuchen ist anzunehmen, daß in derartigen Chrom-Nickel-Stählen höchstens etwa 0,3% Silber in Lösung gehen. Durch den Silberzusatz soll eine Verbesserung der Kornzerfallsbeständigkeit[4] und vor allem erhöhte Beständigkeit gegen Lochfraßkorrosion in chloridhaltigen Lösungen erreicht werden. Die mit derartigen Legierungen durchgeführten Versuche führten jedoch bisher zu widersprechenden Ergebnissen.

W. Legierungen des Eisens mit einigen selteneren Elementen.

In den letzten Jahren haben einige Legierungen des Eisens mit Edelmetallen, insbesondere Platin und Palladium, wegen ihrer ungewöhnlichen physikalischen Eigenschaften Interesse erweckt. Wenn die technischen Anwendungsmöglichkeiten derartiger Legierungen aus naheliegenden Gründen natürlich zwar bebeschränkt sind, so bieten die in Frage kommenden Systeme doch ein hohes metallkundliches Interesse wegen der überraschenden Analogien, die sich infolge ihrer Ähnlichkeit mit dem Zustandsschaubild Eisen-Nickel auch in ihren physikalischen Eigenschaften ergeben.

Eisen-Platin. Die weitgehende Übereinstimmung des Zustandsschaubildes Eisen-Platin mit dem System Eisen-Nickel zeigt Abb. 869 (vgl. Abb. 257, S. 314). Es sei hier vor allem auf die große Ähnlichkeit im Atomaufbau von Nickel und

---

[1] Wever, F.: Arch. Eisenhüttenw. Bd. 2 (1928/29) S. 739/46.

[2] Hansen, W.: Der Aufbau der Zweistofflegierungen, S. 22 u. 42. Berlin 1936. — Petrenko, G. J.: Z. anorg. allg. Chem. Bd. 53 (1907) S. 212/15.

[3] USA.-Patent Nr. 2156915. — Steel Bd. 104 (1939) Nr 24 S. 58 u. 61. — Siehe auch R. J. Norton: Metals & Alloys Bd. 11 (1940) Nr 1 S. 18/19.

[4] D.R.P. 658635 v. 7. 1. 1932 (I. G. Farbenindustrie).

Platin hingewiesen; abgesehen von dem größeren Atomradius des Platins gegenüber Nickel ist die Elektronenkonfiguration in den äußeren Schalen gleich (s. Zahlentafel 43, S. 250). Der Vergleich von Eisen-Nickel- und Eisen-Platin-Legierungen läßt somit erkennen, wie stark die Zusammenhänge zwischen den Eigenschaften der Legierungen und dem Aufbau der Komponenten sein können. Auch im System Eisen-Platin erstreckt sich bei kleinen Platingehalten bis zu etwa 30 At% Pt ein irreversibler Bereich. Die magnetische Sättigung steigt

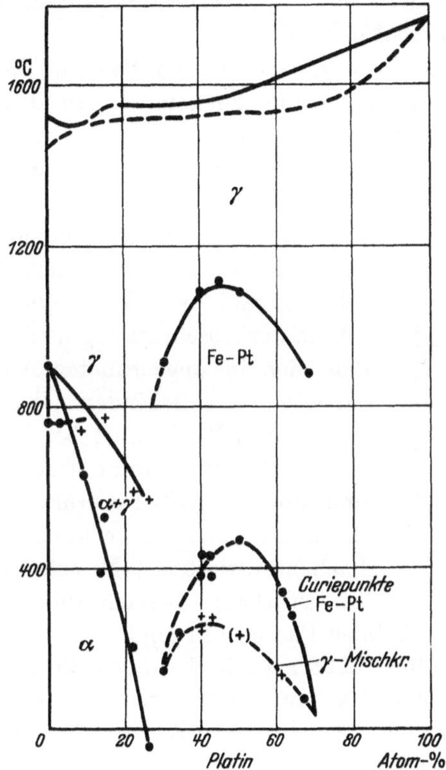

Abb. 869. Zustandsschaubild der Eisen-Platin-Legierungen. [Schmelzkurve nach E. Isaac u. G. Tammann: Z. anorg. allg. Chem. Bd. 55 (1907) S. 63/71 — Existenzbereich der Verbindungsphase FePt nach L. Graf u. A. Kussmann: Phys. Z. Bd. 36 (1935) S. 544/51.]

Abb. 870. Ausdehnungskoeffizient der Pt-Fe-Legierungen zwischen 20° und 70° C. [Nach A. Kussmann: Phys. Z. Bd. 38 (1937) S. 41.]

bis zu Gehalten von etwa 12,5% Platin linear an[1, 2]. Ähnlich wie im System Eisen-Nickel lassen kleine Platingehalte die Curie-Temperatur des Eisens unverändert; bei steigendem Platinzusatz fällt sie dann ab, und in der Nähe von 26 At% Pt sind die Legierungen praktisch unmagnetisch. In der anschließenden Gegend tiefliegender Curie-Temperaturen, wo der Volumeneffekt der Magnetostriktion besonders groß ist, wird analog den Eisen-Nickel-Legierungen eine Ausdehnungsanomalie beobachtet[3] (vgl. den Abschnitt über Invarlegierungen

---

[1] Fallot, M.: C. R. Acad. Sci., Paris Bd. 199 (1934) S. 128/29 — J. Physique Radium (7) Bd. 5 (1934) S. 146 — Ann. de Phys. (11) Bd. 10 (1938) S. 291/332.

[2] Ähnlich liegen die Verhältnisse bei Eisen-Rhodium [Fallot, M.: C. R. Acad. Sci., Paris Bd. 205 (1937) S. 558/60], während bei Eisen-Iridium nur ein schwacher Anstieg da ist [Fallot, M.: daselbst S. 517/18], bei Eisen-Ruthenium kleine Zusätze die Sättigung nicht ändern und bei Eisen-Osmium ein schwacher Abfall eintritt [Fallot, M.: daselbst S. 227/30].

[3] Kussmann, A.: Phys. Z. Bd. 38 (1937) S. 41/42.

im Kapitel Eisen-Nickel S. 360). Dieser Effekt ist bei den Eisen-Platin-Legierungen so stark, daß die Wärmeausdehnung nicht nur dem absoluten Betrag nach klein wird wie im allgemeinen bei den Eisen-Nickel-Invaren, sondern sogar negativ (Abb. 870, vgl. hierzu Abb. 294, S. 360). Die Ausdehnungsanomalie kommt, wie bereits im Abschnitt Eisen-Nickel erwähnt (S. 360), dadurch zustande, daß die starke positive Magnetostriktion bei Annäherung an den Curie-Punkt, also beim Verschwinden der spontanen Magnetisierung, zu einer Verkürzung führt; diese Verkürzung überlagert sich der Wärmeausdehnung und übersteigt sie sogar im Falle der Eisen-Platin-Invare.

Oberhalb 30 At% Pt äußert sich die Verwandtschaft zum System Eisen-Nickel wiederum im Auftreten von starkem Ferromagnetismus[1]. In diesem reversiblen Gebiet scheint die Analogie jedoch nicht mehr vollständig zu sein, vielmehr tritt noch folgende Besonderheit auf: Schreckt man die Legierungen von hoher Temperatur ab, so treten in dem Gebiet zwischen 30 und 70 At% Pt selbst bei schroffster Abschreckung noch Nadeln der in ungeordneter Atomverteilung vorliegenden Verbindung Eisen-Platin auf; bei Legierungen mit etwas unter 30 At% Pt und über 70 At% Pt erhält man dagegen durch Abschreckung einen flächenzentrierten γ-Mischkristall.

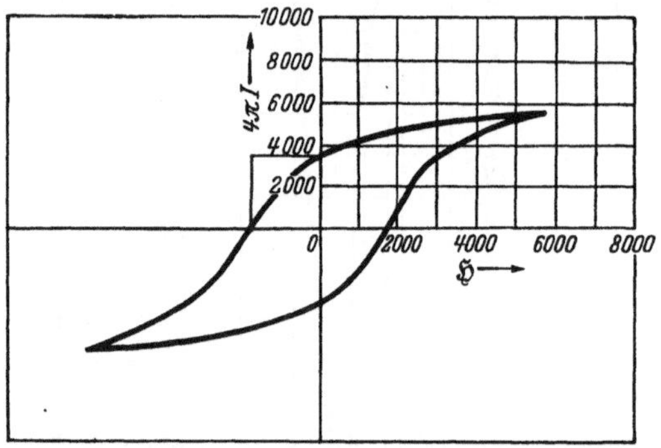

Abb. 871. Hystereseschleife einer Eisen-Platin-Legierung mit 50 At% Pt, abgeschreckt von 1300°. [Nach L. Graf u. A. Kussmann: Phys. Z. Bd. 36 (1935) S. 544/51.]

Im mittleren Bereich des γ-Zustandfeldes besteht also ein Gebiet einer stabilen Phase FePt ähnlich wie in den Systemen Eisen-Chrom und Eisen-Vanadin. Läßt man Legierungen dieses Bereiches nach Abschrecken von 1200° bei 500—700° an, so ergibt sich eine wesentliche Abnahme der Sättigung gegenüber dem abgeschreckten Zustand mit einem Minimum bei etwa 50 At% Pt; bei Erhöhung der Anlaßtemperatur setzt die Bildung der Verbindung sprungweise ein. Temperaturmagnetisierungskurven zeigen, daß in der abgeschreckten Legierung nur ein Curie-Punkt, in der angelassenen dagegen zwei auftreten. Hiervon ist der bei tieferer Temperatur auftretende dem γ-Mischkristall, der höher gelegene der intermetallischen Verbindung zuzuschreiben, die niemals als reine Phase, sondern nur im Gemenge mit dem γ-Mischkristall zu erhalten ist (Abb. 869). Es zeigt sich ferner, daß die Hysteresisschleifen bei 50 At% Pt nach Abschrecken von 1200—1300° sehr breit werden (Abb. 871), während Anlaßbehandlungen zu schmaleren Schleifen führen (vgl. die Koerzitivkraftänderung in Abb. 872). Man erhält Werte[1] von $H_c = 1800$ Oersted, $B_r = 3000$—4000 Gauß, $B_r \times H_c = 7 \cdot 10^6$, $(B \times H)_{max} = 2 \cdot 10^6$. Nach anderen Messungen[2] läßt sich bei einer Koerzitivkraft von 1750 Oersted eine Remanenz von 5800 Gauß und eine Güteziffer $(B \times H)_{max}$ von $3,7 \cdot 10^6$ erreichen. Wird ein Teil des Platins durch Rhodium ersetzt, so ergeben sich etwa dieselben

---

[1] Graf, L., u. A. Kussmann: Phys. Z. Bd. 36 (1935) S. 544/51.
[2] Neumann, H.: Arch. techn. Messen 1937 Z. 912—1.

Werte[1]. Der Grund für diese Dauermagneteigenschaften dürfte darin liegen, daß trotz des Abschreckens von 1300° aus der Mischkristallphase ein Teil der

Verbindung FePt gebildet wird, wodurch starke Gitterverzerrungen entstehen. Wenn sich die Eisen-Platin-Legierungen dieses Bereiches von den entsprechenden Eisen-Nickel-Legierungen somit in ihren magnetischen Eigenschaften zwar beträchtlich unterscheiden, so ist die Analogie, die sich aus dem gleichartigen Aufbau der Zustandsschaubilder ergibt, doch enger, als es zunächst den Anschein hat. Im System Eisen-Nickel ist, wie auf S. 313 ausgeführt, mit dem Auftreten einer geordneten Phase

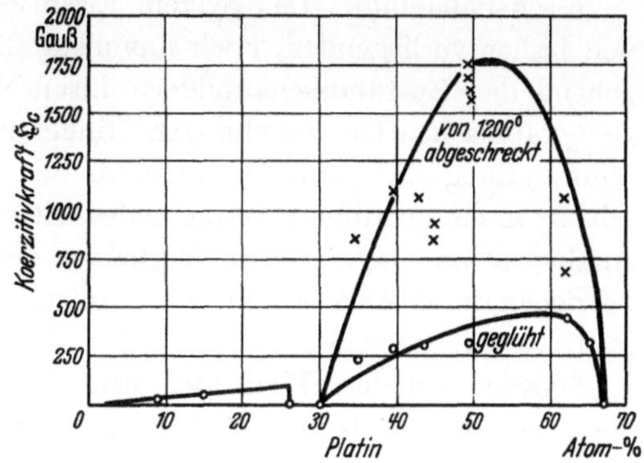

Abb. 872. Koerzitivkraft von Eisen-Platin-Legierungen bei verschiedenen Wärmebehandlungen. [Nach L. Graf u. A. Kussmann: Phys. Z. Bd. 36 (1935) S. 544/51.]

zu rechnen. Daß hierbei jedoch keine Verspannungen auftreten, die zu derartigen Erhöhungen der Koerzitivkraft führen, könnte mit der Ähnlichkeit des Atomradius bei Eisen und Nickel zu erklären sein. Der erheblich höhere Atom-

radius des Platins wirkt sich dagegen in einer größeren Gitterverspannung und dementsprechenden Eigenschaftsänderungen aus, wenn die Verbindung Eisen-Platin zur Ausscheidung kommt; das gleiche gilt, wie weiter unten ausgeführt, für das Palladium, dessen Atomradius im Verhältnis zu Eisen ebenfalls sehr groß ist.

Das Auftreten von Ferromagnetismus im Bereich von 30—70 At% Pt steht ferner in Parallele zum Verhalten von Platin in Platin-Chrom-Legierungen, wo Ferromagnetismus im Gebiet von etwa 51—78 At% Pt auftritt. Hier ist jedoch der Ferromagnetismus an einen Mischkristall gebunden, der nur im Übergangsgebiet zwischen dem Bereich einer geordneten Phase (PtCr₃) und einer ungeordneten (α-Mischkristall) ferromagnetisch ist[2] (s. auch S. 744).

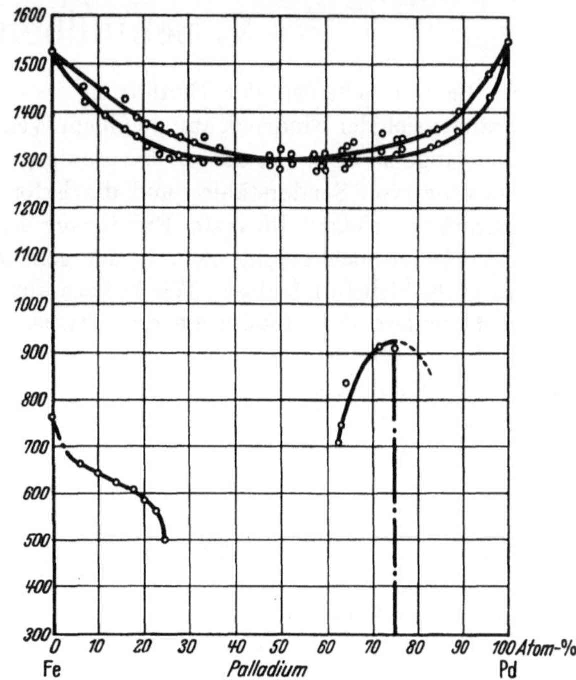

Abb. 873. Zustandsschaubild Eisen-Palladium. [Nach A. T. Grigorjew: Z. anorg. allg. Chem. Bd. 209 (1932) S. 289/307.]

Der Vollständigkeit halber sei noch erwähnt, daß die Analogie weitergeht, indem auch Kobalt-Platin-Legierungen mit 50 At% Pt durch Anlassen bei 650° die sehr hohe Koerzitivkraft von 4000 Oersted ergeben bei einer Sättigung

---

[1] Jellinghaus, W.: Z. techn. Phys. Bd. 17 (1936) S. 33/36.

[2] Friederich, E., u. A. Kussmann: Phys. Z. Bd. 36 (1935) S. 185/92.

von 5400 Gauß entsprechend einer noch annehmbaren Remanenz von etwa 3000 Gauß[1].

Eisen-Palladium. Das System Eisen-Palladium (Abb. 873) entspricht nach den bisher vorliegenden, noch unvollständigen Untersuchungen[2] ebenfalls weitgehend den Zustandsschaubildern Eisen-Nickel und Eisen-Platin. Nach röntgenographischen Untersuchungen[3] findet im Gebiet von 40—62,6 At% Pd eine Umwandlung statt von der ungeordneten Phase des kubisch flächenzentrierten Gitters in ein geordnetes tetragonales Gitter. Dementsprechend finden sich auch Analogien im magnetischen Verhalten der Legierungen mit etwa 50 At% Pd, bei denen durch Anlassen aus dem Gußzustand Koerzitivkräfte von etwa 160 Oersted erreicht werden[1].

Sonstige seltenere Elemente. Eine ähnlich hohe Koerzitivkraft wie bei der eben erwähnten Kobalt-Palladium-Legierung wurde auch an metallischem Neodym mit 7% Eisen beobachtet; die Remanenz mit etwa 800 Gauß war jedoch erheblich geringer[4]. Das System selbst ist jedoch noch nicht näher untersucht. Ebenso fehlen noch nähere Untersuchungen über Eisen-Silber-Legierungen, für die gelegentlich sehr hohe Werte der Koerzitivkraft angegeben wurden[5].

X. Schlußbemerkung.

Beim Erscheinen der Einführung in die Sonderstahlkunde im Jahre 1935 drängte sich der Eindruck auf, an einem Wendepunkt der Sonderstahlentwicklung angelangt zu sein. In den 4—5 voraufgegangenenen Jahrzehnten war die Entwicklung von Sonderstählen und die Erforschung ihrer Eigenschaften fast rein empirisch erfolgt; die erste Einführung legierter Stähle (Nickel- und Chromstähle) fiel noch in eine Zeit, in der genauere Kenntnisse des binären Systems Eisen-Kohlenstoff fehlten. Wie nahezu auf dem gesamten Gebiete der Technik, insbesondere der Metallurgie des Eisens, blieben lange Zeit wissenschaftliche und theoretische Erkenntnis hinter der praktischen Entwicklung zurück. Die empirische Arbeitsweise bedingte eine mühselige Erforschung der tausendfachen Legierungsmöglichkeiten in bezug auf die mannigfaltigen Eigenschaften chemischer, mechanischer und physikalischer Art, und man darf mit Recht erstaunt sein, wie rasch trotzdem die Einführung und Verwendung von Sonderstählen vorwärtsschritt. Für denjenigen, der sich zum ersten Male mit dem Studium der Sonderstähle befaßt, wirken diese Tausende von Ergebnissen empirischer Forschung aber verwirrend, und zu ihrer Beherrschung gehört meist jahrelange Erfahrung.

In jeder derartigen technischen Entwicklung setzt nun der Zeitpunkt ein, wo die wissenschaftliche Forschung bestehende Einzeltatsachen in ihrer Wirkung erkennt, zu klassifizieren beginnt und die großen Zusammenhänge herausschält.

---

[1] Jellinghaus, W.: Z. techn. Phys. Bd. 17 (1936) S. 33/36.

[2] Grigoriew, A. T.: Z. anorg. allg. Chem. Bd. 209 (1932) S. 295/307.

[3] Alaverdov, G., u. S. Schaflo: J. techn. Phys. (Moskau) Bd. 9 (1939) S. 211/14.

[4] Drozzina, V., u. R. Janus: Nature, Lond. Bd. 135 (1935) S. 36/37. — Vgl. z. B. auch A. Kussmann: Arch. Elektrotechn. Bd. 29 (1935) S. 297/332.

[5] Zumbusch, W.: Stahl u. Eisen Bd. 55 (1935) S. 860.

Bald ergibt sich dann der Schnittpunkt zwischen wissenschaftlicher, theoretischer Erforschung und Empirie, wo jene an Bedeutung gewinnt, diese hingegen verliert. In der Entwicklungsgeschichte legierter Sonderstähle schien dieser Wendepunkt erreicht zu sein. Die verflossenen 7 Jahre bestätigen diesen Eindruck. Manche von den in der Einführung beschriebenen systematischen Zusammenhänge sind heute schon Allgemeingut derjenigen Techniker, die sich mit den einschlägigen Fragen beschäftigen. Bereits die Einteilung der Elemente nach ihrem Verhalten zu den Umwandlungen des Eisens (Erweiterung und Einschnürung des γ-Feldes) vermittelt in großen Gruppen prinzipielle Eigenschaftsveränderungen und gemeinsame Gesichtspunkte für Wärmebehandlung und Verarbeitung (kritische Abkühlungsgeschwindigkeit, Rekristallisation ferritischer und austenitischer Legierungen, magnetische Eigenschaften). Die Affinität einer besonderen Gruppe von Elementen zu Kohlenstoff und die Analogie in der Wirkung der Sonderkarbide in Stahllegierung gestatten weitere zusammenfassende Schlußfolgerungen theoretischer und praktischer Natur.

Ergänzt werden diese Erkenntnisse durch die Erforschung ausscheidungshärtender Legierungen. Während früher alle legierten Stähle mehr oder weniger auf der Wirkung des jeweiligen Legierungselementes auf das Eisen-Kohlenstoff-Diagramm aufgebaut waren, werden hier neue Wege gezeigt, Eigenschaftsveränderungen zu erzielen, deren letzte Möglichkeiten heute noch nicht erschöpft sind. Immerhin sind auch auf diesem Gebiete die großen Analogien (Eisen-Wolfram, Eisen-Molybdän, Eisen-Titan, Eisen-Beryllium usw.) bereits angedeutet und die Zusammenhänge der Wärmebehandlung mit den wichtigen Eigenschaftsveränderungen (Härte, Anlaßbeständigkeit, Koerzitivkraft) herausgeschält. Die Ergebnisse der Erforschung der ternären Systeme Eisen-Wolfram-Kobalt, Eisen-Molybdän-Kobalt und das Verhalten der Ausscheidungseffekte im Ferrit, Austenit und im Umwandlungsgefüge gestatten es, prinzipielle Schlüsse auf das ähnliche Verhalten von Eisen-Titan-Kobalt, Eisen-Titan-Nickel, Eisen-Beryllium-Kobalt usw. zu ziehen.

Beim Studium neuer Legierungselemente in ihrer Wirkung auf die Legierungen des Eisens ist man nicht mehr auf den empirischen Leidensweg allein angewiesen. Vorversuche im kleinen Rahmen und insbesondere die genaue Kenntnis der binären bzw. ternären Systeme ermöglichen Voraussagen, die zum mindesten die Richtung für weitere Forschung und Anhaltspunkte über erzielbare Eigenschaften geben.

Von großer Wichtigkeit für die Aufklärung systematischer Zusammenhänge wurde auch die Erforschung der Kristallstruktur mittels Röntgenstrahlen. Auf solche Gesetzmäßigkeiten wie zwischen Atomradius und Kristallstruktur weisen z. B. G. Hägg[1] sowie B. Jacobson und A. Westgren[2] hin. In vorstehendem ist bereits des öfteren darauf hingedeutet worden, daß die Kristallstruktur des α-Eisens und γ-Eisens mit bestimmten Eigenschaften — Kristallisationsvermögen, Warmfestigkeit, Bildsamkeit, Kaltverfestigung, Magnetismus — in Verbindung steht. Ebenso wie z. B. der größere Gitterabstand im Ferrit gegenüber dem Austenit sicherlich das Kristallwachstum begünstigt, wird sich auch der Einfluß der verschiedenen Legierungselemente auf den Gitterparameter in dieser Hinsicht

---

[1] Z. physik. Chem. (B) Bd. 12 (1931) S. 33/56.
[2] Z. physik. Chem. (B) Bd. 20 (1933) S. 361/67.

bemerkbar machen. Hinweise scheinen sich zu ergeben in der Verringerung des Kristallwachstums (geringere Überhitzungsempfindlichkeit) durch das den Gitterparameter verengende Element Kobalt gegenüber Nickel und Mangan, die das Gitter erweitern und bekanntlich im Sinne erhöhten Kristallwachstums wirken. Ebenso scheint dieses den Gitterparameter verengende Element alle Ausscheidungsvorgänge in Eisenlegierungen zu verzögern und damit höhere Zwangszustände im Gitter hervorzurufen unter entsprechender Veränderung der Eigenschaften, wie Vergrößerung der Koerzitivkraft usw. Auch bei Eisen-Silizium-Legierungen scheinen besondere Verhältnisse im Gefügeaufbau des Mischkristalles vorzuliegen; der Einfluß sehr langsamer Abkühlung auf die Herabsetzung der bei normaler Abkühlung hoch liegenden Streckgrenze bei Siliziumstählen kann nicht auf Zusammenballungen des Zementits zurückgeführt werden, sondern muß seine Ursache im Mischkristall haben. Die bei 4% Si bereits erschwerte Kaltbildsamkeit des siliziumhaltigen Mischkristalls ist für normale Mischkristallbildung ungewöhnlich. Besondere Verhältnisse werden hier durch den stark unterschiedlichen Kristallaufbau von Silizium und Eisen angedeutet. Ähnliche Erscheinungen liegen bei Phosphor vor. All diese Fragen werden durch näheres Studium des Aufbaues der kleinsten Teilchen sicherlich noch manche systematische Klärung erfahren.

Neben diesen systematischen Zusammenhängen beginnt aber bereits heute sich noch eine größere Linie auf dem Gebiete der Metallforschung abzuzeichnen. Einen gewissen Überblick erhält man insbesondere bei der Verfolgung der Erforschung physikalischer Eigenschaften, die in engem Zusammenhang mit der modernen Atomtheorie stehen. Da alle Eigenschaften mit dem Feinbau der Materie zusammenhängen müssen, erscheint die Zurückführung der Eigenschaften verschiedener Legierungen und ihrer Veränderung durch Legierungszusätze auf den Atomaufbau verständlich. Mögen die Arbeiten der modernen Physik auf diesem Gebiet auch vorläufig dem Hüttenmann teilweise kompliziert erscheinen, so zeichnen sich doch auf einzelnen Gebieten schon größere Zusammenhänge ab, wie dies z. B. auf dem Gebiet der Eisen-Nickel-Legierungen anzudeuten versucht wurde. Diese Anfänge geben den Mut zu der Erwartung, daß derartige grundsätzliche Erkenntnisse weiter geeignet sein werden, die Vielheit der Einzelerscheinungen noch stärker zusammenzufassen und der weit fortgeschrittenen Zersplitterung des Spezialistentums eines Tages wieder die Universitas des theoretisch ausgebildeten Metallkundlers gegenüberzustellen.

Namenverzeichnis.

Aall, N. H. 316, 383.
Abbegg, R. 536.
Aborn, R. H. 396, 642.
Achterfeld, R. 762.
Ackermann, D. E. 480, 481.
Ackley, R. A. 6.
Adelsköld, V. 564, 597.
Adenstedt, H. 35.
Ahrens, E. 33.
Akulow, N. S. 347
Alaverdov, G. 1006.
Albrecht, C. 532.
Allen, N. P. 318.
Amemiya, T. 843.
d'Amico, E. 948.
Ammann, E. 691, 692, 693.
Andrews, M. R. 720.
Ansel, G. 796.
Archer, R. S. 182.
Arnold, J. O. 265, 379.
Aston, J. 304.
Austin, C. R. 12, 186. 222, 396, 455.
— J. B. 32, 34.
Auwers, O. v. 316, 354, 356, 743, 746, 801, 859, 860.
Avery, J. W. 509, 515.

Badenheuer, F. 86, 544, 594, 927.
Bain, E. C. 54, 60, 377, 384, 396, 397, 402, 642, 724, 926.
Ballay, M. 986.
Bandel, G. 378, 429, 509, 512, 516, 517, 520, 521, 522, 523, 525, 528, 535, 977.
Banister, R. T. 843.
Bardenheuer, P. 855, 916, 917, 919, 922, 923, 924, 927, 930.
Barnett, M. K. 926.
Barrett, C. S. 796.
Basart, J. C. M. 110.
Bauer, O. 77, 465, 522, 888.
Baukloh, W. 537, 811, 915.
Baumann, R. 814.
Bautz, W. 181, 185.
Becker, G. 734.
— K. 564, 993.

Becker, R. 14, 341, 343, 344, 345, 346, 347, 348, 357, 358, 753, 795.
Becket, F. M. 994.
Behrendt, G. 914.
Benedicks, C. 34, 38, 469, 870.
Bennek, H. 81, 83, 84, 187, 208, 228, 257, 297, 299, 321, 322, 383, 389, 390, 404, 437, 568, 570, 642, 644, 645, 646, 647, 648, 649, 650, 655, 694, 695, 697, 704, 727, 779, 791, 843, 844, 845, 849, 896, 917, 918, 926, 929, 933, 934, 935, 939, 940, 941, 944, 945, 950, 952, 953, 954, 969, 984, 985, 989, 992, 997, 1000, 1001.
Bethe, H. 368, 373.
Betteridge, W. 830.
Beutel, H. 774.
Beyer, H. G. 314, 344.
Bischof. W. 642.
Bittel, H. 371.
Blechschmidt, E. 356.
Bodenstein, M. 916.
Boehme, W. 103.
Böke, W. 811.
Börnstein, R. 303, 959.
Bohr, N. 21, 26.
Bollenrath, F. 459, 732.
Bolsover, G. R. 816, 822.
Bonte, F. R. 222.
Bosch, C. 537.
Botschwar, A. A. 108, 584.
Boudouard, O. 459.
Boyles, A. 926.
Bozorth, R. M. 17, 350.
Bradley, A. J. 811, 819, 828, 829.
Bramley, A. 157, 913.
Brandsma, W. F. 667.
Brearly, H. 187, 331, 439.
Breeler, W. R. 845.
Breuil, P. 849.
Brjuchanow, A. 102.
Brühl. F. 401, 402, 631, 632.
Bryce, J. T. 154.
Buchholtz, H. 140, 499, 839, 841, 842, 897.

Buchmann, W. 181.
Bucknall, E. H. 396.
Büchner, A. 866, 867.
Bühler, H. 140.
Bürklin, E. 102.
Büttinghaus, A. 377, 378, 379, 380, 381, 382, 383, 386, 397, 402, 424, 965, 971, 972.
Bumm, H. 828, 859, 862, 864, 865, 867.
Bungardt, W. 33, 459.
Burgers, W. G. 96, 97, 98, 110, 352, 353.
Burgess, C. F. 304.
— C. O. 377, 401, 402.
— G. K. 36.
Burns, J. L. 182.
Buttig, H. 379.

Caglioti, V. 105, 107, 327, 609.
Cailletet, L. 916, 921.
Carius, C. 496, 503, 854.
Carnot, A. 379.
Carrard, A. 33.
Chartkoff, E. P. 633.
Chaussain, M. 35.
Cheney, W. L. 76.
Chevenard, P. 360, 361, 364, 389, 502.
Chiu, Yü Chih 918, 940.
Chochloff, A. S. 795.
Choultine, A. Y. 527.
Cioffi, P. P. 15, 17.
Clamer, G. H. 849.
Clark, C. L. 708, 709, 714.
Cleaves, H. E. 3, 19.
Clevenger, G. H. 849.
Clyne, R. W. 585.
Cone, E. F. 847.
Cooke, W. T. 356.
Cornelius, H. 455, 732, 846, 854, 870, 892, 989.
Cowan, R. J. 154.
Croce, M. 913.
Cross, H. C. 948.
Crowther, O. H. 11.
Curie, P. 5.

Dabringhaus, H. 615.
Daeves, K. 564, 567, 801, 854, 855, 895.

Sachverzeichnis.